BKI Baukosten 2025 Neubau
Teil 1

Statistische Kostenkennwerte für Gebäude

BKI Baukosten 2025 Neubau
Statistische Kostenkennwerte für Gebäude

BKI Baukosteninformationszentrum (Hrsg.)
Stuttgart: BKI, 2025

Mitarbeit:
Hannes Spielbauer (Geschäftsführer)
Brigitte Lechler (Prokuristin)
Dokumentation: Catrin Baumeister, Julia Bellmann, Anna Bertling, Heike Elsäßer,
Sabine Egenberger, Virginia Lammet, Irmgard Schauer, Sibylle Vogelmann
Produktmanagement: Tabea Wessel
Jeannette Sturm

Fachautoren:
Univ.-Prof. Dr.-Ing. Wolfdietrich Kalusche und Dr.-Ing. Sebastian Herke

Layout, Satz:
Marvin Bisceglie
Hans-Peter Freund
Thomas Fütterer

Fachliche Begleitung:
Beirat Baukosteninformationszentrum
Stephan Weber (Vorsitzender)
Markus Lehrmann (stellv. Vorsitzender)
Prof. Dr. Bert Bielefeld
Markus Fehrs
Andrea Geister-Herbolzheimer
Prof. Dr. Wolfdietrich Kalusche
David Meuer
Martin Müller
Markus Weise

Anschrift:
Seelbergstraße 4, 70372 Stuttgart
Kundenbetreuung: (0711) 954 854-0
Baukosten-Hotline: (0711) 954 854-41
Telefax: (0711) 954 854-54
info@bki.de
www.bki.de

Vorwort

Die Planung der Baukosten bildet einen wesentlichen Bestandteil der Leistung der Architektenschaft. Kompetente Kostenermittlungen beruhen auf qualifizierten Vergleichsdaten und Methoden. Daher gehört die Bereitstellung aktueller Daten zur Baukostenermittlung zu den wichtigsten Aufgaben des BKI seit seiner Gründung im Jahr 1996.

Nach DIN 276:2018-12, der wichtigsten Norm für die Kostenplanung im Bauwesen, müssen bereits bei der Kostenschätzung, die zur Entscheidung über die Vorplanung dient, die Gesamtkosten nach Kostengruppen in der zweiten Ebene der Kostengliederung ermittelt werden. Der vorliegende Band „BKI Baukosten 2025 Neubau Gebäude" enthält Kostenkennwerte bis zur 2. Ebene der DIN 276.

Die Fachbuchreihe „Baukosten Neubau" erscheint jährlich. Dabei werden alle Kostenkennwerte auf Basis neu dokumentierter Objekte und neuer statistischer Auswertungen aktualisiert. Die Kosten, Kostenkennwerte und Positionen dieser neuen Objekte tragen in allen drei Bänden zur Aktualisierung bei. Mit den integrierten „BKI Regionalfaktoren 2025" kann der Nutzer eine Anpassung der Bundesdurchschnittswerte an den jeweiligen Stadt- bzw. Landkreis seines Bauorts vornehmen.

Neben der Aktualisierung der einzelnen Stichproben zu jeder Gebäudeart baut das BKI auch das Angebot der verschiedenen Gebäudearten stetig aus. Somit konnten für die diesjährige Ausgabe des Statistikbandes Gebäude durch gezielte Akquisition neuer Objekte erneut eine neue Gebäudeart gebildet werden.

Neben den Einzel- und Doppelgaragen, Mehrfachgaragen, Hochgaragen und Carports gibt es nun auch die Fahrradparkhäuser als neue Gebäudeart.

Die Fachbuchreihe Baukosten Neubau 2025 (Statistische Kostenkennwerte) besteht aus den drei Teilen:
Baukosten Gebäude 2025 (Teil 1)
Baukosten Bauelemente 2025 (Teil 2)
Baukosten Positionen 2025 (Teil 3)

Die Bände sind aufeinander abgestimmt und unterstützen bei der Anwendung in allen Planungsphasen. Je Band sind ausführliche Erläuterung zur fachgerechten Anwendung enthalten. Weitere Praxistipps und Hinweise zum Verfahren werden in den BKI-Workshops und im "BKI Handbuch Kostenplanung im Hochbau" vermittelt. Bei der einfachen Zuordnung der Baukosten nach Kostengruppen unterstützt der "BKI Bildkommentar DIN 276 / DIN 277".

Der Dank des BKI gilt allen Architektinnen und Architekten, die Daten und Unterlagen zur Verfügung stellen. Sie profitieren von der Dokumentationsarbeit des BKI und unterstützen nebenbei den eigenen Berufsstand. Die in Buchform veröffentlichten Architekt*innen-Projekte bilden eine fundierte und anschauliche Dokumentation gebauter Architektur.

Zur Pflege der Baukostendatenbanken sucht BKI weitere Objekte aus allen Bundesländern. Bewerbungsbögen zur Objekt-Veröffentlichung von Hochbauten und Freianlagen werden im Internet unter www.bki.de/projekt-einreichen zur Verfügung gestellt. Auch die Bereitstellung von Leistungsverzeichnissen mit Positionen und Vergabepreisen ist möglich, mehr Info dazu finden Sie unter www.bki.de/lv-daten.

Besonderer Dank gilt abschließend auch dem BKI-Beirat, der mit seiner Expertise aus der Praxis der Architektenschaft, den Architekten- und Ingenieurkammern, Normausschüssen und Universitäten zum Gelingen der BKI-Fachinformationen beiträgt.

Wir wünschen allen Anwender*innen der neuen Fachbuchreihe 2025 viel Erfolg in allen Phasen der Kostenplanung und vor allem eine große Übereinstimmung zwischen geplanten und rea-lisierten Baukosten im Sinne zufriedener Bauherr*innen. Anregungen und Kritik zur Verbesserung der BKI-Fachbücher sind uns jederzeit willkommen.

Hannes Spielbauer - Geschäftsführer
Brigitte Lechler - Prokuristin

Baukosteninformationszentrum
Deutscher Architektenkammern GmbH
Stuttgart, im Mai 2025

Inhalt	Seite

Vorbemerkungen und Erläuterungen

Einführung	8
Benutzerhinweise	8
Neue BKI Neubau-Dokumentationen 2024-2025	14
Erläuterungen zur Fachbuchreihe BKI Baukosten Neubau	40
Erläuterungen der Seitentypen (Musterseiten)	
Kostenkennwerte für Kosten des Bauwerks	52
Kostenkennwerte für Kostengruppen (1. und 2. Ebene)	54
Kostenkennwerte für die Kostengruppe 700 Baunebenkosten	56
Prozentanteile der Kosten für Leistungsbereiche nach STLB	58
Planungskennwerte für Flächen und Rauminhalte DIN 277	60
Objektübersicht	62
Standardeinordnung	64
Auswahl kostenrelevanter Baukonstruktionen und Technischer Anlagen	66
Erläuterungen Baukostensimulationsmodell	70
Häufig gestellte Fragen	
Fragen zur Flächenberechnung	76
Fragen zur Wohnflächenberechnung	77
Fragen zur Kostengruppenzuordnung	78
Fragen zu Kosteneinflussfaktoren	79
Fragen zur Handhabung der von BKI herausgegebenen Bücher	81
Fragen zu weiteren BKI Produkten	83
Fachartikel von Univ.-Prof. Dr.-Ing. Wolfdietrich Kalusche	
„Anteil der Wohnfläche an der Gesamtfläche von Mehrfamilienhäusern"	88
Fachartikel von Univ.-Prof. Dr.-Ing. Wolfdietrich Kalusche	
„Die Kosten der Technischen Anlagen von Gebäuden im Wandel der Zeit"	104
Fachartikel von Univ.-Prof. Dr.-Ing. Wolfdietrich Kalusche und Dr.-Ing. Sebastian Herke	
„Orientierungswerte und frühzeitige Ermittlung der Baunebenkosten ausgewählter Gebäudearten"	122
Abkürzungsverzeichnis	144
Gliederung in Leistungsbereiche nach STLB-Bau	146

Kostenkennwerte für Gebäude

Übersicht Kostenkennwerte für Gebäudearten

Übersicht Kosten des Bauwerks (KG 300+400 DIN 276) in €/m² BGF	
Übersicht Kosten des Bauwerks (KG 300+400 DIN 276) in €/m³ BRI	
1 Büro- und Verwaltungsgebäude	
Standardeinordnung bei Büro- und Verwaltungsgebäuden	156
Büro- und Verwaltungsgebäude, einfacher Standard	160
Büro- und Verwaltungsgebäude, mittlerer Standard	166
Büro- und Verwaltungsgebäude, hoher Standard	186
Büro- und Verwaltungsgebäude, Holzbauweise	200
2 Gebäude für Forschung und Lehre	
Instituts- und Laborgebäude	208

3	**Gebäude des Gesundheitswesens**	
	Medizinische Einrichtungen	222
	Pflegeheime	236
	Gebäude für Erholungszwecke	250
4	**Schulen und Kindergärten**	
	Schulen	
	Allgemeinbildende Schulen	258
	Schulen, Holzbauweise	276
	Berufliche Schulen	284
	Förder- und Sonderschulen	292
	Weiterbildungseinrichtungen	300
	Kindergärten	
	Kindergärten, nicht unterkellert	
	Standardeinordnung bei Kindergärten, nicht unterkellert	308
	Kindergärten, nicht unterkellert, einfacher Standard	312
	Kindergärten, nicht unterkellert, mittlerer Standard	320
	Kindergärten, nicht unterkellert, hoher Standard	340
	Kindergärten, Holzbauweise, nicht unterkellert	352
	Kindergärten, unterkellert	372
5	**Sportbauten**	
	Sport- und Mehrzweckhallen	
	Sport- und Mehrzweckhallen	382
	Sporthallen (Einfeldhallen)	392
	Sporthallen (Dreifeldhallen)	402
	Schwimmhallen	414
6	**Wohngebäude**	
	Ein- und Zweifamilienhäuser	
	Ein- und Zweifamilienhäuser, unterkellert	
	Standardeinordnung bei unterkellerten Ein- und Zweifamilienhäusern	418
	Ein- und Zweifamilienhäuser, unterkellert, einfacher Standard	422
	Ein- und Zweifamilienhäuser, unterkellert, mittlerer Standard	428
	Ein- und Zweifamilienhäuser, unterkellert, hoher Standard	440
	Ein- und Zweifamilienhäuser, nicht unterkellert	
	Standardeinordnung bei nicht unterkellerten Ein- und Zweifamilienhäusern	458
	Ein- und Zweifamilienhäuser, nicht unterkellert, einfacher Standard	462
	Ein- und Zweifamilienhäuser, nicht unterkellert, mittlerer Standard	468
	Ein- und Zweifamilienhäuser, nicht unterkellert, hoher Standard	488
	Ein- und Zweifamilienhäuser, Passivhausstandard	
	Ein- und Zweifamilienhäuser, Passivhausstandard, Massivbauweise	502
	Ein- und Zweifamilienhäuser, Passivhausstandard, Holzbauweise	514
	Ein- und Zweifamilienhäuser, Holzbauweise	
	Ein- und Zweifamilienhäuser, Holzbauweise, unterkellert	528
	Ein- und Zweifamilienhäuser, Holzbauweise, nicht unterkellert	544
	Doppel- und Reihenend- / Reihenhäuser	
	Doppel- und Reihenendhäuser	
	Standardeinordnung bei Doppel- und Reihenendhäusern	560
	Doppel- und Reihenendhäuser, einfacher Standard	564
	Doppel- und Reihenendhäuser, mittlerer Standard	570
	Doppel- und Reihenendhäuser, hoher Standard	578
	Doppel- und Reihenendhäuser, Holzbauweise	586

6 Wohngebäude (Fortsetzung)

Reihenhäuser
  Standardeinordnung bei Reihenhäusern 592
    Reihenhäuser, einfacher Standard 596
    Reihenhäuser, mittlerer Standard 602
    Reihenhäuser, hoher Standard 610

Mehrfamilienhäuser

Mehrfamilienhäuser, mit bis zu 6 WE
  Standardeinordnung bei Mehrfamilienhäusern, mit bis zu 6 WE 616
    Mehrfamilienhäuser, mit bis zu 6 WE, einfacher Standard 620
    Mehrfamilienhäuser, mit bis zu 6 WE, mittlerer Standard 626
    Mehrfamilienhäuser, mit bis zu 6 WE, hoher Standard 636
Mehrfamilienhäuser, mit 6 bis 19 WE
  Standardeinordnung bei Mehrfamilienhäusern, mit 6 bis 19 WE 648
    Mehrfamilienhäuser, mit 6 bis 19 WE, einfacher Standard 652
    Mehrfamilienhäuser, mit 6 bis 19 WE, mittlerer Standard 658
    Mehrfamilienhäuser, mit 6 bis 19 WE, hoher Standard 674
Mehrfamilienhäuser, mit 20 und mehr WE
  Standardeinordnung bei Mehrfamilienhäusern, mit 20 und mehr WE 688
    Mehrfamilienhäuser, mit 20 und mehr WE, einfacher Standard 692
    Mehrfamilienhäuser, mit 20 und mehr WE, mittlerer Standard 700
    Mehrfamilienhäuser, mit 20 und mehr WE, hoher Standard 716
Mehrfamilienhäuser, Passivhäuser 726
Mehrfamilienhäuser, Holzbauweise 736
Wohnhäuser, mit bis zu 15% Mischnutzung
  Standardeinordnung bei Wohnhäusern, mit bis zu 15% Mischnutzung 746
    Wohnhäuser, mit bis zu 15% Mischnutzung, einfacher Standard 750
    Wohnhäuser, mit bis zu 15% Mischnutzung, mittlerer Standard 756
    Wohnhäuser, mit bis zu 15% Mischnutzung, hoher Standard 766
Wohnhäuser, mit mehr als 15% Mischnutzung 778

Seniorenwohnungen

Standardeinordnung bei Seniorenwohnungen 792
  Seniorenwohnungen, mittlerer Standard 796
  Seniorenwohnungen, hoher Standard 806

Beherbergung

Wohnheime und Internate 814
Hotels 830

7 Gewerbegebäude

Gaststätten und Kantinen

Gaststätten, Kantinen und Mensen 836

Gebäude für Produktion

Industrielle Produktionsgebäude, Massivbauweise 850
Industrielle Produktionsgebäude, überwiegend Skelettbauweise 858
Betriebs- und Werkstätten, eingeschossig 868
Betriebs- und Werkstätten, mehrgeschossig, geringer Hallenanteil 876
Betriebs- und Werkstätten, mehrgeschossig, hoher Hallenanteil 886

Gebäude für Handel und Lager

Geschäftshäuser, mit Wohnungen 894
Geschäftshäuser, ohne Wohnungen 902
Verbrauchermärkte 908
Autohäuser 916

7 Gewerbegebäude (Fortsetzung)
Lagergebäude, ohne Mischnutzung 922
Lagergebäude, mit bis zu 25% Mischnutzung 932
Lagergebäude, mit mehr als 25% Mischnutzung 940
Garagen
Einzel- und Doppelgaragen 948
Mehrfachgaragen 954
Hochgaragen 960
Fahrradparkhäuser 966
Carports 972
Tiefgaragen 978
Bereitschaftsdienste
Feuerwehrhäuser 986
Öffentliche Bereitschaftsdienste 1002

8 Bauwerke für technische Zwecke

9 Kulturgebäude
Gebäude für kulturelle Zwecke
Bibliotheken, Museen und Ausstellungen 1008
Theater 1020
Gemeindezentren
Standardeinordnung bei Gemeindezentren 1026
Gemeindezentren, einfacher Standard 1030
Gemeindezentren, mittlerer Standard 1036
Gemeindezentren, hoher Standard 1048
Gemeindezentren, Holzbauweise 1058
Gebäude für religiöse Zwecke
Sakralbauten 1068
Friedhofsgebäude 1074

BKI-NHK 2025
Erläuterungen 1087
Wohngebäude, Gebäudetyp 1-3 1088
Wohngebäude, Gebäudetyp 1-5 1089
Nichtwohngebäude, Gebäudetyp 6-13 1090
Nichtwohngebäude, Gebäudetyp 14-17 1091

Anhang
Regionalfaktoren 2025 für Deutschland 1094
Regionalfaktoren 2025 für Österreich und den Europa-Raum 1098

Einführung

Dieses Fachbuch wendet sich an Architekt*innen, Ingenieure*innen, Sachverständige und an alle sonstigen Fachleute, die mit Kostenermittlungen von Hochbaumaßnahmen in den frühen Planungsphasen befasst sind. Es deckt den dafür erforderlichen Bedarf an Orientierungswerten ab, die bei der Grundlagenermittlung und Vorplanung benötigt werden, um die Baukosten zu ermitteln. Im Tabellenteil werden Kostenkennwerte und Planungskennwerte für 87 Gebäudearten angegeben.

Alle Kennwerte basieren auf der Analyse realer, abgerechneter Vergleichsobjekte, die derzeit in den BKI-Baukostendatenbanken verfügbar sind. Zu jeder Gebäudeart sind alle Objekte dargestellt, die zur Kennwertbildung herangezogen wurden. Diese wurden an die DIN 276:2018-12 angepasst bzw. nach DIN 276:2018 erhoben. Die Darstellung erlaubt es dem Anwender*innen, bei der Kostenermittlung von der Kostenkennwertmethode zur Objektvergleichsmethode zu wechseln, bzw. die ermittelten Kosten anhand ausgewählter Objekte auf Plausibilität zu prüfen. Die ausführlichen Dokumentationen dieser Objekte können beim BKI angefordert werden.

Dieses Fachbuch erscheint jährlich neu, so dass der Benutzer*in stets aktuelle Kostenkennwerte zur Hand hat. Differenziertere Kostenkennwerte der 3. Ebene DIN 276 und BKI Elementarten enthält der dieses Fachbuch ergänzende Teil 2: Statistische Kostenkennwerte für Bauelemente. Im Teil 3: Statistische Kostenkennwerte für Positionen werden außer Positionspreisen auch Mustertexte und Kurztexte fertiggestellter Objekte in leistungsbereichsorientierter Anordnung veröffentlicht.

Benutzerhinweise

1. Definitionen
Kostenkennwerte sind Werte, die das Verhältnis von Kosten bestimmter Kostengruppen nach DIN 276:2018-12 zu bestimmten Bezugseinheiten nach DIN 277:2021-08 darstellen.
Planungskennwerte im Sinne dieser Veröffentlichung sind Werte, die das Verhältnis bestimmter Flächen und Rauminhalte zueinander darstellen, angegeben als Prozentsätze oder als Faktoren.

2. Kostenstand und Mehrwertsteuer
Kostenstand aller Kennwerte ist das 1. Quartal 2025. Alle Kostenkennwerte dieser Fachbuchreihe enthalten die Mehrwertsteuer. Die Angabe aller Kostenkennwerte erfolgt in Euro.
Die vorliegenden Kosten- und Planungskennwerte sind Orientierungswerte. Sie können nicht als Richtwerte im Sinne einer verpflichtenden Unter- oder Obergrenze angewendet werden.

3. Datengrundlage - Haftung
Grundlage der Tabellen sind statistische Analysen abgerechneter Bauvorhaben. Die Daten wurden mit größtmöglicher Sorgfalt vom BKI bzw. seinen Dokumentationsstellen erhoben und zusammengestellt. Für die Richtigkeit, Aktualität und Vollständigkeit dieser Daten, Analysen und Tabellen übernehmen jedoch weder die Herausgebenden noch BKI eine Haftung, ebenso nicht für Druckfehler und fehlerhafte Angaben. Die Benutzung dieses Fachbuchs und die Umsetzung der darin erhaltenen Informationen erfolgen auf eigenes Risiko.

Angesichts der vielfältigen Kosteneinflussfaktoren müssen Anwender*innen die genannten Orientierungswerte eigenverantwortlich prüfen und entsprechend dem jeweiligen Verwendungszweck anpassen.

4. Betrachtung der Kostenauswirkungen aktueller Energiestandards
Gerade im Hinblick auf die wiederholte Verschärfung gesetzgeberischer Anforderungen an die energetische Qualität, insbesondere von Neubauten, wird von Kunden-

seite die Frage nach dem Energiestandard der statistischen Fachbuchreihe BKI Baukosten gestellt.

BKI hat Untersuchungen zu den kostenmäßigen Auswirkungen der erhöhten energetischen Qualität von Neubauten vorgenommen. Die Untersuchungen zeigen, dass energetisch bedingte Kostensteigerungen durch Rationalisierungseffekte größtenteils kompensiert werden.

BKI dokumentiert derzeit ca. 200 neue Objekte pro Jahr, die zur Erneuerung der statistischen Auswertungen verwendet werden. Etwa im gleichen Maße werden ältere Objekte aus den Auswertungen entfernt. Mit den hohen Dokumentationszahlen der letzten Jahre wurden die BKI-Datenbanken damit noch aktueller.

In nahezu allen energetisch relevanten Gebäudearten sind zudem Objekte enthalten, die über den gesetzlich geforderten energetischen Standard hinausgehen. Diese Objekte kompensieren einzelne Objekte, die den aktuellen energetischen Standard nicht erreichen. Insgesamt wird daher ein ausgeglichenes Objektgefüge pro Gebäudeart erreicht.

Obwohl BKI fertiggestellte und schlussabgerechnete Objekte dokumentiert, können durch die Dokumentation von Objekten, die über das gesetzgeberisch geforderte Maß energetischer Qualität hinausgehen, Kostenkennwerte für aktuell geforderte energetische Standards ausgewiesen werden. Die Kostenkennwerte der Fachbuchreihe BKI Baukosten 2025 entsprechen somit dem aktuell gesetzlich geforderten energetischem Niveau.

5. Anwendungsbereiche

Die Kostenkennwerte dienen als Orientierungswerte für Kostenermittlungen in den frühen Planungsphasen, z. B. zur Aufstellung eines „Kostenrahmens" auf der Grundlage von Bedarfsplänen oder Baumassenkonzepten und bei Kostenschätzungen auf der Grundlage von Vorplanungen, für Mittelbedarfsplanungen von Investor*innen, für Plausibilitätsprüfungen von Kostenermittlungen Dritter, für Begutachtungen von Beleihungsanträgen durch Kreditinstitute, für Werterermittlungsgutachten u.ä. Zwecke.
Für die Projektentwicklung und die frühen Planungsphasen werden auch die Kostenkennwerte für Vorbereitende Maßnahmen, Außenanlagen und Freiflächen, sowie Ausstattung und Kunstwerke ausgewiesen. Gleiches gilt für die Kosten und den Flächenbedarf für Nutzeinheiten und den Bauzeitbedarf bezogen auf die Brutto-Grundfläche.

Die formalen Anforderungen hinsichtlich der Darstellung der Ergebnisse einer Kostenermittlung sind in DIN 276-1:2018-12 unter Ziffer 4 Grundsätze der Kostenplanung festgelegt.

6. Geltungsbereiche

Die genannten Kostenkennwerte spiegeln in etwa das durchschnittliche Baukostenniveau in Deutschland für die jeweilige Kategorie von Gebäudearten wider. Die Geltungsbereiche der Tabellenwerte sind fließend. Die „von-/bis-Werte" markieren weder nach oben noch nach unten absolute Grenzwerte. Um diesen Sachverhalt zu verdeutlichen, werden objektbezogene Kostenkennwerte angegeben, die teilweise außerhalb des statistisch ermittelten „Streubereichs" (Standardabweichung) liegen. Es empfiehlt sich daher in Einzelfällen, ergänzend die Kostendokumentationen bestimmter Objekte beim BKI zu beschaffen, um die Ermittlungsergebnisse ggf. anhand der Daten dieser Vergleichsobjekte anzupassen.

7. Berechnung der „von-/bis-Werte"

Im Fachbuch „BKI Baukosten Gebäude, Statistische Kostenkennwerte (Teil 1)" wird eine Berechnung der Streubereiche (auch als „von-/bis-Werte" bezeichnet) durchgeführt. Der Streubereich wird in der Grafik „Vergleichsobjekte" als Balken markiert.
Um dem Umstand Rechnung zu tragen, dass im Bauwesen Abweichungen nach oben wahrscheinlicher sind als Abweichungen nach unten, werden die Werte oberhalb des Mittelwertes getrennt von den Werten unterhalb des Mittelwertes betrachtet.

Besonders teure Gebäude haben somit keinen Einfluss auf die statistischen Werte unterhalb des Mittelwerts.

Der Mittelwert liegt daher nicht zwingend in der Mitte des Streubereiches (z. B. 25 27 31). In den Tabellen wird kenntlich gemacht, ob nur ein Einzelwert vorliegt (z. B. - 27 -), oder ob mehrere Werte vorliegen, die aber noch keine Berechnung der Bandbreite zulassen (z. B. 27 27 27).

Der Vorteil dieser Betrachtungsweise liegt in der genaueren Wiedergabe der Realitäten im Bauwesen.

8. Kosteneinflüsse
In den Bandbreiten der Kostenkennwerte spiegeln sich die vielfältigen Kosteneinflüsse aus Nutzung, Markt, Gebäudegeometrie, Ausführungsstandard, Projektgröße etc. wider.
Die Orientierungswerte können nicht schematisch übernommen werden, sondern müssen entsprechend den spezifischen Planungsbedingungen überprüft und ggf. angepasst werden. Mögliche Einflüsse, die eine Anpassung der Orientierungswerte erforderlich machen, können sein:
- besondere Nutzungsanforderungen
- Standortbedingungen (Erschließung, Immission, Topografie, Bodenbeschaffenheit)
- Bauwerksgeometrie (Grundrissform, Geschosszahlen, Geschosshöhen, Dachform, Dachaufbauten)
- Bauwerksqualität (gestalterische, funktionale und konstruktive Besonderheiten),
- Baumarkt (Zeit, regionaler Baumarkt, Vergabeart).

9. Budgetierung nach Kostengruppen
Die in den Tabellen „Kostenkennwerte für die Kostengruppen der 1. und 2. Ebene DIN 276" genannten Prozentanteile ermöglichen eine erste grobe Aufteilung der ermittelten Bauwerkskosten in „Teilbudgets". Solche geschätzten „Teilbudgets" können als Kontrollgrößen dienen für die entsprechenden, zu einem späteren Zeitpunkt und anhand genauerer Planungsunterlagen ermittelten Kosten (Kostenkontrolle).

Aus Prozentsätzen abgeleitete Kostenaussagen können ferner zur Überprüfung von Kostenermittlungen dienen, die auf büroeigenen Kostendaten oder den Angaben Dritter basieren (Plausibilitätskontrolle). Die Ableitung von überschlägig geschätzten Teilbudgets schafft auch die Voraussetzung, dass die kostenplanerisch relevanten Kostenanteile erkennbar werden, bei denen z. B. die Entwicklung kostensparender Alternativen primär Erfolg verspricht (Kostentransparenz, Kostenplanung, Kostensteuerung).

10. Budgetierung nach Vergabeeinheiten
In den Tabellen „Kostenkennwerte für Leistungsbereiche" sind nur die Leistungsbereichskosten in die Prozentsätze eingegangen, die den Kostengruppen 300 und 400 zuzuordnen sind; also nicht z. B. Erdarbeiten nach LB 002, die nach DIN 276 ggf. zur Kostengruppe 500 (Außenanlagen und Freiflächen) gehören. Die unter „Rohbau" und „Ausbau" zusammengefassten Leistungsbereiche sind nicht exakt der Kostengruppe 300 gleichzusetzen (nur näherungsweise!). Mit Hilfe der angegebenen Prozentsätze lassen sich die ermittelten Bauwerkskosten in Teilbudgets für einzelne Leistungsbereiche aufteilen. Man sollte jedoch nicht den Eindruck erwecken, die Kosten solcher Teilbudgets nach Leistungsbereichen seien bereits (wie später unerlässlich) aus Einzelansätzen „Menge x Einheitspreis" positionsweise ermittelt worden. Die auf diese Weise überschlägig ermittelten Leistungsbereichskosten können aber zur Kostenkontrolle der späteren Ausschreibungsergebnisse herangezogen werden.

11. Planungskennwerte / Baukostensimulationsmodell
Neben den Kosten werden von BKI auch die Flächen und Rauminhalte der abgerechneten Objekte dokumentiert. Aus den einzelnen Flächen und Rauminhalten werden Planungskennwerte gebildet. Ein Planungskennwert stellt das Verhältnis bestimmter Flächen und Rauminhalte zueinander dar, z. B. der Anteil der Verkehrsfläche an der Nutzungsfläche, angegeben als Proz-

entwert oder als Faktor. Die Planungskennwerte aller Objekte einer Gebäudeart werden statistisch ausgewertet und auf der vierten Seite jeder Gebäudeart dargestellt. Sie erlauben z. B. die Überprüfung der Wirtschaftlichkeit einer Entwurfslösung.

Es werden auch die Flächen der Grobelemente (2. Ebene nach DIN 276) ausgewertet und ihr Anteil an der Nutzungsfläche (NUF) und der Brutto-Grundfläche (BGF) dokumentiert. Diese Planungskennwerte können dazu dienen, die Grobelementflächen einer Planung statistisch zu ermitteln, solange konkrete Planungen oder Skizzen noch nicht vorliegen. Anhand der Brutto-Grundfläche kann somit z. B. eine statistische Aussage über die zu erwartende Menge der Außenwandfläche getroffen werden. Multipliziert mit dem Kostenkennwert der Außenwand können dadurch die Kosten der Außenwand ermittelt werden. BKI spricht bei diesem Verfahren vom „Baukostensimulationsmodell“. Eine komplett ausgeführte Baukostensimulation liefert als Ergebnis einen Kostenrahmen mit Kosten für die 1. und 2. Ebene DIN 276 der Kostengruppen 300 und 400.

Für die Baukostensimulation hat BKI eine Excel-Tabelle vorbereitet.
Diese wird kostenfrei im Internet unter: www.bki.de/kostensimulationsmodell zur Verfügung gestellt. Hier werden auch weitere Informationen zu den Grundlagen des Verfahrens und der Handhabung der Tabelle angeboten.

12. Regionalisierung der Daten
Grundlage der BKI Regionalfaktoren sind Daten aus der amtlichen Bautätigkeitsstatistik der statistischen Landesämter, eigene Berechnungen auch unter Verwendung von Schwerpunktpositionen und regionale Umfragen. Zusätzlich wurden von BKI Verfahren entwickelt, um die Eingangsdaten auf Plausibilität prüfen und ggf. anpassen zu können. Auf der Grundlage dieser Berechnungen hat BKI einen bundesdeutschen Mittelwert gebildet. Anhand des Mittelwertes lassen sich die einzelnen Land- und Stadtkreise prozentual einordnen. Diese Prozentwerte wurden die Grundlage der BKI Deutschlandkarte mit „Regionalfaktoren für Deutschland".

Für die größeren Inseln Deutschlands wurden separate Regionalfaktoren ermittelt. Dazu wurde der zugehörige Landkreis in Festland und Inseln unterteilt. Alle Inseln eines Landkreises erhalten durch dieses Verfahren den gleichen Regionalfaktor. Der Regionalfaktor des Festlandes enthält keine Inseln mehr und ist daher gegenüber früheren Ausgaben verringert.

Die Kosten der Objekte der BKI Datenbanken wurden auf den Bundesdurchschnitt umgerechnet. Für den Anwender bedeutet die Umrechnung der Daten auf den Bundesdurchschnitt, dass einzelne Kostenkennwerte oder das Ergebnis einer Kostenermittlung mit dem Regionalfaktor des Standorts des geplanten Objekts multipliziert werden können. Die BKI Landkreisfaktoren befinden sich im Anhang des Buchs.

13. Urheberrechte
Alle Objektinformationen sind urheberrechtlich geschützt. Dies gilt auch für die daraus abgeleiteten Auswertungen (Statistiken). Die Urheberrechte liegen bei den jeweiligen Büros, Personen bzw. beim BKI. Es ist ausschließlich eine Anwendung der Daten im Rahmen der praktischen Kostenplanung im Hochbau zugelassen. Die Nutzung der Objektinformationen für einen anderen als den Vertragszweck ist nicht zulässig. Dies gilt auch für die daraus abgeleiteten Auswertungen (Statistiken). Eine Vervielfältigung des Werks oder von Teilen daraus außer für den Vertragszweck ist nur mit ausdrücklicher Genehmigung des Herausgebers gestattet. Auch eine Übersetzung oder Bearbeitung, insbesondere eine Übertragung des Werks oder Teilen daraus in elektronische Systeme, ist nur mit ausdrücklicher Genehmigung des Herausgebers gestattet.

Neue BKI Neubau-Dokumentationen 2024-2025

1300-0313 Verwaltungsgebäude, Archiv (134 AP)
Büro- und Verwaltungsgebäude, mittlerer Standard
JSP ARCHITEKTEN Gesell. für Gesamtplanung mbH
Dresden

1300-0314 Bürogebäude (31 AP)
Büro- und Verwaltungsgebäude, mittlerer Standard
Björnsen Beratende Ingenieure GmbH
Koblenz

1300-0315 Bürogebäude (45 AP)
Büro- und Verwaltungsgebäude, mittlerer Standard
STUDIO SOZIA Calavetta Häberle Architekten BDA PartGmbB

1300-0316 Verwaltungsgebäude (191 AP)
Büro- und Verwaltungsgebäude, hoher Standard
RSE+ Architekten Ingenieure GmbH
Kassel

1300-0317 Bürogebäude (29 AP)
Büro- und Verwaltungsgebäude, mittlerer Standard
Architektur & Planung Plum & Schlemmer
Mainz

1300-0318 Bürogebäude (29 AP), Forschung (5 AP)
Büro- und Verwaltungsgebäude, Holzbauweise
pwpMAS Architekten PartG mbB
Darmstadt

1300-0319 Amtsverwaltung (36 AP)
Büro- und Verwaltungsgebäude, mittlerer Standard
Planungsring Mumm + Partner GbR
Treia

1300-0321 Bürogebäude (30 AP)
Büro- und Verwaltungsgebäude, mittlerer Standard
Architekturbüro Christoph Habbig
Neuss

1300-0325 Verwaltungsgebäude (90 AP)
Büro- und Verwaltungsgebäude, mittlerer Standard
NEXT Bielefeld GmbH
Bielefeld

1300-0326 Bürogebäude (43 AP)
Büro- und Verwaltungsgebäude, mittlerer Standard
Schmidt Thüner Architekten PartG mbB
Schnallenberg

1300-0327 Bürogebäude (260 AP), TG (115 STP)
Büro- und Verwaltungsgebäude, mittlerer Standard
ruby^3 architekten BDA
Darmstadt

2200-0066 Fakultätsgebäude (45 AP, 580 Studierende)
Berufliche Schulen
springmeier architekten gbr
Braunschweig

Fotopräsentation der Objekte

2200-0067 Seminargebäude
Schulen, Holzbauweise
meuer - planen beraten Architekten GmbH
München

4100-0239 Grundschule (10 Klassen, 200 Schüler)
Allgemeinbildende Schulen
Kleine + Potthoff Architekten
Korbach

4100-0241 Schule (9 Klassen, 235 Schüler)
Allgemeinbildende Schulen
NPC Naumann Petersen Conrad Joesten Architekten und beratende Ingenieure mbB, Bremen

4100-0242 Schule (31 Klassen, 650 Schüler)
Allgemeinbildende Schulen
weicken architekten partmbB
Unna

4100-0245 Gymnasium, Lernzentrum (150 Schüler)
Allgemeinbildende Schulen
jup.arc weinert jegenhorst juraschek architekten partmbb, Winsen/Luhe

4100-0248 Grundschule (8 Klassen, 200 Schüler)
Allgemeinbildende Schulen
Architektur.SCHÖN
Wiesbaden

4100-0251 Grundschule (18 Klassen, 450 Schüler)
Allgemeinbildende Schulen
⌂ Heidacker Architekten PartG mbB, Bischofsheim & Sinopoli Architekten, Alzey

4100-0252 Grundschule (16 Klassen, 260 Schüler)
Allgemeinbildende Schulen
⌂ AG5 Architekten + Stadtplaner PartGmbB Darmstadt

4100-0257 Ganztagsschule (4 Kl), Mensa (135 Sitzplätze)
Schulen, Holzbauweise
⌂ Goergens Miklautz Partner GmbB & dreier + lauterbach architekten und ingenieure gmbh, München

4200-0042 Akademiegebäude (160 Auszubildende)
Schulen, Holzbauweise
⌂ Numrich Albrecht Klumpp Gesell. von Architekten mbH, Berlin

4200-0043 Pflegeschule (14 Klassen, 285 Schüler)
Berufliche Schulen
⌂ Architekten BDA Naujack.Rind.Hof GmbH, Koblenz & Arch. brüchner-hüttemann pasch GmbH, Bielefeld

4300-0027 Schule für Kinder mit Sehbehinderung
Förder- und Sonderschulen
⌂ Georg Scheel Wetzel Architekten GmbH, Berlin & Seitz Architektur, Aschaffenburg

4400-0333 Kindertagesstätte (3 Gruppen, 35 Kinder)
Kindergärten, Holzbauweise, nicht unterkellert
Wolfgang Helmle Freier Architekt
Ellwangen

4400-0367 Kindergarten (7 Gruppen, 130 Kinder)
Kindergärten, Holzbauweise, nicht unterkellert
K9 Architekten Borgards Lösch Pichl Piribauer
BDA DWB, Freiburg

4400-0389 Kindertagesstätte (6 Gruppen, 100 Kinder)
Kindergärten, Holzbauweise, nicht unterkellert
Hochbauamt Heidelberg und AAg Architekten GmbH
Heidelberg

4400-0392 Kindertagesstätte (4 Gruppen, 70 Kinder)
Kindergärten, Holzbauweise, nicht unterkellert
ZIEBELL + PARTNER Architektur- und Planungs GmbH
Lübeck

4400-0393 Kindertagesstätte (7 Gruppen, 136 Kinder)
Kindergärten, Holzbauweise, nicht unterkellert
Schmitt Vogels Architekten GmbH
Bamberg

4400-0394 Kindertagesstätte (6 Gruppen, 77 Kinder)
Kindergärten, nicht unterkellert, mittlerer Standard
Planungsring Mumm + Partner GbR
Treia

4400-0395 Kindertagesstätte (6 Gruppen, 130 Kinder)
Kindergärten, nicht unterkellert, hoher Standard
OKF Architekten GmbH
Osnabrück

4400-0397 Kindertagesstätte (6 Gruppen, 111 Kinder)
Kindergärten, Holzbauweise, nicht unterkellert
lucas architekten GmbH
Hainburg

4400-0398 Kindertagesstätte (6 Gruppen, 60 Kinder)
Kindergärten, nicht unterkellert, mittlerer Standard
cubus plan gmbh
Berlin

4400-0399 Kindertagesstätte (4 Gruppen, 100 Kinder)
Kindergärten, nicht unterkellert, mittlerer Standard
raum-z architekten gmbh
Frankfurt a.M.

4400-0400 Kindertagesstätte (4 Gr), Wohnungen (10 WE)
Kindergärten, unterkellert
HY Architekten Birli Fritsch Part GmbB
Griesheim

4400-0401 Kindertagesstätte (7 Gr), Familienzentrum
Kindergärten, unterkellert
Fischer Rüdenauer Architekten PartmbB
Stuttgart

4400-0402 Kindertagesstätte (5 Gruppen, 90 Kinder)
Kindergärten, nicht unterkellert, mittlerer Standard
MICHAEL KOPPETSCH ARCHITEKT
Burscheid

4400-0403 Kindertagesstätte (4 Gruppen, 75 Kinder)
Kindergärten, Holzbauweise, nicht unterkellert
abdelkader architekten bda Partnerschaft mbB
Münster

4400-0407 Kindertagesstätte (4 Gruppen, 90 Kinder)
Kindergärten, Holzbauweise, nicht unterkellert
ra plus | mevißen hillmann harder hille architekten-partnerschaft mbB, Hannover

4400-0408 Kinderhaus (6 Gruppen, 174 Kinder)
Kindergärten, Holzbauweise, nicht unterkellert
HILGARTH Architekten-Stadtplaner
Marktredwitz

4400-0411 Kinderhaus (3 Gruppen)
Kindergärten, nicht unterkellert, mittlerer Standard
Schnabel Architekten GmbH
Bad Kötzting

4400-0412 Kindergarten (3 Gruppen, 40 Kinder)
Kindergärten, nicht unterkellert, mittlerer Standard
JANIAK + LIPPERT Architekten und Ingenieure GmbH
Fockbek

4400-0413 Kindertagesstätte (6 Gruppen, 130 Kinder)
Kindergärten, nicht unterkellert, hoher Standard
⌂ Hüdepohl . Ferner Architektur- und Ingenieurgesellschaft mbH, Osnabrück

4400-0414 Kindertagesstätte (4 Gruppen, 77 Kinder)
Kindergärten, nicht unterkellert, einfacher Standard
⌂ Böll Architekten GmbH
Essen

4400-0415 Kindergarten (2 Gruppen, 20 Kinder)
Kindergärten, nicht unterkellert, hoher Standard
⌂ Architekturbüro Silke Zanter, Heide &
FB-Architekten, Gettorf

4400-0416 Kindertagesstätte (4 Gruppen, 74 Kinder)
Kindergärten, nicht unterkellert, mittlerer Standard
⌂ HAAS + HAAS Architekten I Stadtplaner I Beratender Ingenieur PartGmbB, Eibelstadt

4400-0417 Kindergarten (4 Gruppen, 100 Kinder)
Kindergärten, Holzbauweise, nicht unterkellert
⌂ köhler architekten + beratende Ingenieure GmbH
Gauting

4400-0418 Kindertagesstätte (8 Gruppen, 120 Kinder)
Kindergärten, nicht unterkellert, hoher Standard
⌂ Dipl.-Ing. (FH) Christian Gerhardy, Stadtverwaltung
Wittlich

4400-0419 Kinderhaus (2 Gruppen, 40 Kinder)
Kindergärten, Holzbauweise, nicht unterkellert
⌂ Goergens Miklautz Partner GmbB & dreier + lauterbach architekten und ingenieure gmbh, München

4500-0021 Bildungsgebäude, Sportcampus
Weiterbildungseinrichtungen
⌂ prosa Architektur + Stadtplanung BDA
Darmstadt

4500-0022 Seminarhaus (60 Sitzplätze)
Weiterbildungseinrichtungen
⌂ KRAMPITZ Architekten GbR
Soltau

5300-0024 Umkleide-, Personalgebäude Freizeitbad (10 AP)
Gebäude für Erholungszwecke
⌂ ams architekten gbr
Hamburg

6100-1593 Mehrfamilienhaus (3 WE)
Mehrfamilienhäuser, Holzbauweise
⌂ bonfanti ARCHITEKTEN Anke und Ralph Bonfanti
Wiehl-Weiershagen

6100-1668 Wohnanlage (3 Gebäude, 24 WE)
Mehrfamilienhäuser, mit 20 oder mehr WE, mittl. Standard
⌂ mayerwittig Architektur und Stadtplanung
Cottbus

© Herbert Bucher

6100-1671 Einfamilienhaus
Ein- u. Zweifamilienhäuser, Holzbauweise, nicht unterkellert
BUCHER | HÜTTINGER - ARCHITEKTUR INNEN ARCHITEKTUR, Betzenstein

© sw | a sternberg werner

6100-1683 Ferienhaus
Ein- u. Zweifamilienhäuser, nicht unterkell., hoher Standard
sw I a sternberg werner architekten PartG mbB
Ahrensburg

© Julian Martitz

6100-1684 Mehrfamilienhäuser (3 Gebäude, 34 WE), TG
Mehrfamilienhäuser, mit 20 oder mehr WE, mittl. Standard
Architekturbüro pk nord Blencke und Knoll BDA
Hannover

© Casper Sessler

6100-1685 Mehrfamilienhäuser, Kita (9 WE, 120 Kinder)
Wohnhäuser, mit mehr als 15% Mischnutzung
ZRS Architekten GvA mbH
Berlin

© Angela Elbing

6100-1687 Wohnheim (27 WE, 31 Betten)
Wohnheime und Internate
Fountis Jeschonnek Gesellschaft von Architekten mbH
Berlin

© MZ Architektur Meier + Zeug

6100-1688 Mehrgenerationenhaus (2 WE, 1 GE)
Wohnhäuser, mit bis zu 15% Mischnutzung, hoh. Standard
MZ Architektur Meier + Zeug
Rostock

6100-1689 Wohn- und Geschäftshaus (9 WE, 1 GE)
Wohnhäuser, mit mehr als 15% Mischnutzung
⌂ kmg Architekten und Ingenieure Kablitz-Meinel-Guderian PartG mbB, Wittenberg

6100-1690 Einfamilienhaus
Ein- und Zweifamilienhäuser unterkellert, hoher Standard
⌂ wening.architekten
Groß Glienicke

6100-1691 Mehrfamilienhaus (17 WE, 2 GE)
Mehrfamilienhäuser, mit 6 bis 19 WE, mittlerer Standard
⌂ Praeger Richter Architekten BDA
Berlin

6100-1692 Mehrfamilienhaus (10 WE), TG (10 STP)
Mehrfamilienhäuser, mit 6 bis 19 WE, mittlerer Standard
⌂ BERGHAUS ARCHITEKTEN
Hamm

6100-1695 Mehrfamilienhaus (21 WE)
Mehrfamilienhäuser, mit 20 oder mehr WE, mittl. Standard
⌂ a hoch i netzwerk Lisa Groß
Dillingen

6100-1696 Zweifamilienhaus
Ein- und Zweifamilienhäuser, Holzbauweise, unterkellert
⌂ grotheer architektur
Wyk auf Föhr

6100-1698 Zweifamilienhaus (2 WE)
Ein- u. Zweifamilienhäuser, Holzbauweise, nicht unterkellert
sunder plaßmann . noll plan + bau gmbh
Kassel

6100-1699 Mehrfamilienhaus (13 WE)
Mehrfamilienhäuser, mit 6 bis 19 WE, mittlerer Standard
nentwig.notbohm ARCHITEKTEN
Hamburg

6100-1701 Mehrfamilienhaus (18 WE), TG (22 STP)
Mehrfamilienhäuser, mit 6 bis 19 WE, mittlerer Standard
P4_ARCHITEKTEN BDA
Frankenthal

6100-1702 Mini-Wohnhaus
Ein- u. Zweifamilienhäuser, Holzbauweise, nicht unterkellert
Peter Gröbmayr GmbH & Co.KG
Glonn

6100-1703 Mehrfamilienhaus (6 WE), Carport
Mehrfamilienhäuser, mit 6 bis 19 WE, mittlerer Standard
vorndran design Andrè Vorndran
Hollstadt

6100-1705 Wohnanlage (40 WE), Kita (77 Kinder), TG
Wohnhäuser, mit bis zu 15% Mischnutzung, hoh. Standard
Wohnbau Mainz GmbH
Mainz

6100-1706 Wohnanlage (10 Gebäude, 148 WE), TG
Mehrfamilienhäuser, mit 20 oder mehr WE, mittl. Standard
Architekten PETER + PASCHEN GmbH
Hamburg

6100-1707 Mehrfamilienhäuser (7 Gebäude, 96 WE), TG
Mehrfamilienhäuser, mit 20 oder mehr WE, mittl. Standard
happarchitecture JJh Architektengesellschaft mbH
Frankfurt am Main

6100-1708 Einfamilienhaus
Ein- u. Zweifamilienhäuser, unterkellert, mittlerer Standard
+studio moeve Planungsbüro bda GmbH & Co. KG
Darmstadt

6100-1709 Einfamilienhaus, Doppelgarage
Ein- u. Zweifamilienhäuser, unterkellert, mittlerer Standard
+studio moeve Planungsbüro bda GmbH & Co. KG
Darmstadt

6100-1710 Einfamilienhaus
Ein- und Zweifamilienhäuser, Holzbauweise, unterkellert
Martin Wäsler Architekturbüro
Glonn

6100-1714 Einfamilienhaus, Sportraum, Doppelgarage
Ein- u. Zweifamilienhäuser, Holzbauweise, nicht unterkellert
Studio Hofmann Architektur und Umgebung
Passau

© Dirk Günter

6100-1715 Einfamilienhaus, Doppelgarage
Ein- und Zweifamilienhäuser, Holzbauweise, unterkellert
pfanzelt architekten GmbH
Lechbruck am See

© Atelier Dirk Altenkirch

6100-1717 Einfamilienhaus, Einliegerwohnung
Ein- u. Zweifamilienhäuser, nicht unterkell., mittl. Standard
Schweikert Schilling Architektur und Gestaltung
PartGmbB, Karlsruhe

© Markus Traub Fotografie

6100-1719 Doppelhaus
Doppel- und Reihenendhäuser, mittlerer Standard
MuG Architekten
München

© Stefan Müller

6100-1722 Mehrfamilienhaus (12 WE)
Mehrfamilienhäuser, mit 6 bis 19 WE, hoher Standard
as2architektur schomers.schürmann
Bremen

© Architekturbüro Ullrich Runge

6100-1723 Mehrfamilienhaus (5 WE)
Mehrfamilienhäuser, mit bis zu 6 WE, hoher Standard
Architekturbüro Ullrich Runge
Delmenhorst

© k+a architekten

6100-1724 Wohn- und Geschäftshaus (19 WE, 3 GE)
Mehrfamilienhäuser, mit 6 bis 19 WE, hoher Standard
k+a architekten partg mbb bda
Hannover

6100-1725 Mehrfamilienhaus (31 WE), TG (26 STP)
Mehrfamilienhäuser, mit 20 oder mehr WE, hoh. Standard
schüch & cassau architekten bda + beratender Ingenieur PartGmbB, Stade

6100-1727 Mehrfamilienhaus (4 WE)
Mehrfamilienhäuser, Holzbauweise
Freie Architektin Carina Zoth
Westernohe

6100-1728 Einfamilienhaus, Büro
Ein- und Zweifamilienhäuser unterkellert, hoher Standard
Eichenseher Architektur + Stadtplanung
Niederviehbach

6100-1729 Mehrfamilienhaus (29 WE)
Mehrfamilienhäuser, mit 20 oder mehr WE, mittl. Standard
Butzlaff Tewes Architekten + Ingenieure
Brande-Hörnerkirchen

6100-1730 Einfamilienhaus, Gästewohnung
Ein- und Zweifamilienhäuser, Holzbauweise, unterkellert
Architekturbüro Huber
Kempten

6100-1732 Einfamilienhaus
Ein- u. Zweifamilienhäuser, Holzbauweise, nicht unterkellert
arminschmitz architekt bda
Bad Neuenahr-Ahrweiler

6100-1734 Einfamilienhaus
Ein- u. Zweifamilienhäuser, Holzbauweise, nicht unterkellert
Wirth Architekten BDA PartgmbB
Bremen

6100-1735 Wohnanlage (104 WE), Kita (5 Gr), TG (92 STP)
Mehrfamilienhäuser, mit 20 oder mehr WE, mittl. Standard
HÜBOTTER + STÜRKEN + DIMITROVA Architektur & Stadtplanung BDA Partnerschaftsgesell. MBB, Hannover

6100-1736 Mehrfamilienhaus (10 WE), TG (9 STP)
Mehrfamilienhäuser, mit 6 bis 19 WE, mittlerer Standard
Böll Architekten GmbH
Essen

6100-1740 Einfamilienhaus
Ein- u. Zweifamilienhäuser, Holzbauweise, nicht unterkellert
Zimmerei Müller GmbH, Merle Müller, Architektin
Soest

6100-1742 Einfamilienhaus
Ein- u. Zweifamilienhäuser, Holzbauweise, nicht unterkellert
Regina Bruchhäuser Architektin
Alzenau

6100-1743 Mehrfamilienhaus (16 WE), TG (17 STP)
Mehrfamilienhäuser, mit 6 bis 19 WE, hoher Standard
LRW Architektur und Stadtplanung PartG mbB
Hamburg

6100-1744 Mehrfamilienhaus (12 WE)
Mehrfamilienhäuser, Holzbauweise
Christoph Harney Architekt
Kassel

6100-1745 Einfamilienhaus, Garage
Ein- u. Zweifamilienhäuser, nicht unterkell., mittl. Standard
Gütig Architektur
Bornheim-Hersel

6100-1749 Mehrfamilienhäuser (131 WE), Kita, TG (132 STP)
Mehrfamilienhäuser, mit 20 oder mehr WE, hoh. Standard
planungsgruppe DREI Part GmbB
Mühltal

6200-0124 Carport, Fahrradabstellraum
Carports
BRATHUHN + KÖNIG Architektur- u. Ingenieur-PartGmbB, Braunschweig

6200-0128 Seniorenwohnanlage (2 Gebäude, 36 WE)
Seniorenwohnungen, mittlerer Standard
Fountis Jeschonnek Gesellschaft von Architekten mbH
Berlin

6200-0129 Hospiz (12 Betten)
Pflegeheime
Planungsring Mumm + Partner GbR
Treia

6200-0130 Betreutes Wohnen (31 WE), Tagespflege (17 Pl)
Seniorenwohnungen, hoher Standard
soleo* GmbH
Düsseldorf

6200-0131 Wohnanlage für Menschen mit Behinderung
Seniorenwohnungen, mittlerer Standard
consilio pro
Möhnesee-Günne

6200-0134 Studierendenwohnheim (174 WE)
Wohnheime und Internate
ACMS Architekten GmbH
Wuppertal

6200-0135 Übergangswohnheim (48 Betten)
Wohnheime und Internate
W. u. J. Derix GmbH & Co.
Niederkrüchten

6200-0136 Übergangswohnheim (120 Betten)
Wohnheime und Internate
W. u. J. Derix GmbH & Co.
Niederkrüchten

6400-0120 Jugendfreizeitstätte (3 Gruppen, 100 Kinder)
Kindergärten, Holzbauweise, nicht unterkellert
brück.jordan architekten ingenieure PartGmbB
Würzburg

6400-0126 Gemeindehaus (140 Sitzplätze)
Gemeindezentren, Holzbauweise
Bindhammer Architekten, Stadtplaner und Beratender Ingenieur Part mbB, Bayerbach

6400-0128 Gemeindehaus, Gruppenpfarramt (6 AP)
Gemeindezentren, hoher Standard
MoRe Architekten PartGmbB
Freiburg

6400-0129 Dorfgemeinschaftshaus
Gemeindezentren, Holzbauweise
HILGARTH Architekten-Stadtplaner
Marktredwitz

6400-0130 Gemeindehaus (199 Sitzplätze)
Gemeindezentren, Holzbauweise
PLAN@K Architekten Kress PartGmbB
Erlangen

6400-0132 Dorfgemeinschaftshaus (120 Sitzplätze)
Gemeindezentren, mittlerer Standard
Haas + Haas Architekt I Stadtplaner I Beratender Ingenieur PartGmbB, Eibelstadt

6500-0062 Multifunktionsgebäude, Mensa (199 Sitze)
Gemeindezentren, mittlerer Standard
Paskopulos Architekten
Lüneburg

© atelier05

6500-0063 Verwaltungsgebäude (20 AP), Betriebsrestaurant
Gaststätten, Kantinen und Mensen
atelier05 Architektur + Innenarchitektur
Jürgenshagen

© A-Z Architekten BDA

6600-0038 Gästehaus, Seminarhotel (28 Betten)
Hotels
A-Z Architekten BDA
Wiesbaden

© Sigurd Steinprinz

6600-0039 Boardinghouse (40 Zimmer)
Hotels
ACMS Architekten GmbH
Wuppertal

© Florian Holzherr

7100-0074 Produktionshalle (22 AP)
Industrielle Produktionsgebäude, überwiegend Skelettbau
K + H Architekten PartG mbB
Hildesheim

© SVS Sports GmbH

7300-0113 Gewerbehalle, Showroom
Lagergebäude, mit mehr als 25% Mischnutzung
Schmidt Thüner Architekten PartG mbB
Schmallenberg

© Matthias Baumgartner

7600-0089 Rettungswache (2 Fahrzeuge)
Feuerwehrhäuser
brack architekten
Kempten

7600-0103 Feuerwehrgerätehaus (3 Fahrzeuge)
Feuerwehrhäuser
Architekturbüro Michaeli & Jung
St. Ingbert Rohrbach

7600-0104 Feuerwehrhaus (3 Fahrzeuge)
Feuerwehrhäuser
Butzlaff Tewes Architekten + Ingenieure
Brande-Hörnerkirchen

7600-0105 Feuerwehrzentrum (36 AP, 10 Fahrzeuge)
Feuerwehrhäuser
eggersmende architekten PartG mbB
Braunschweig

7600-0106 Feuerwehrhaus (2 Fahrzeuge)
Feuerwehrhäuser
Schnabel Architekten GmbH
Bad Kötzting

7700-0095 Schüttgutlager
Lagergebäude, ohne Mischnutzung
Hallmann Architekten
Havelberg

7700-0097 Lagerhalle, Werkstattgebäude (16 AP)
Lagergebäude, ohne Mischnutzung
Acconci Architekten GmbH
Soest

7800-0035 Fahrradparkhaus (1.032 STP)
Fahrradparkhäuser
SCHOYERER ARCHITEKTEN_SYRA
Mainz

7800-0037 Parkhaus (77 STP)
Hochgaragen
kg5 architekten Küstermeier I Gentner
Düsseldorf

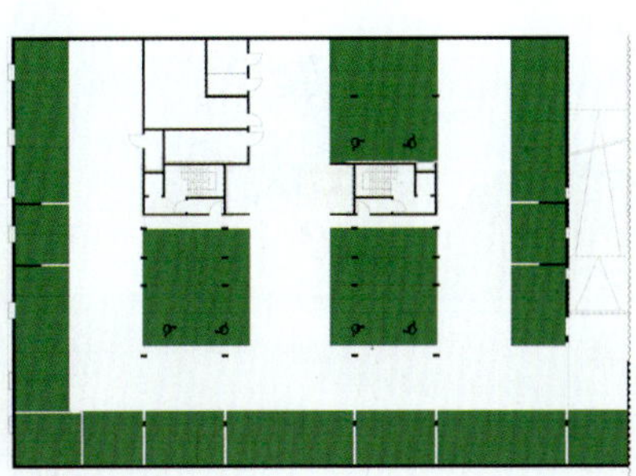

7800-0039 Tiefgarage (68 STP) für Bürogebäude
Tiefgaragen
Plan. Concept Architekten GmbH
Osnabrück

7800-0040 Tiefgarage (53 STP) für Wohnanlage
Tiefgaragen
BIWERMAU Architekten BDA
Hamburg

7800-0041 Tiefgaragen (55 STP) für Wohnanlage
Tiefgaragen
BIWERMAU Architekten BDA
Hamburg

7800-0042 Tiefgarage (31 STP) für Wohnanlage
Tiefgaragen
NEUMEISTER & PARINGER ARCHITEKTEN BDA

7800-0043 Tiefgarage (13 STP) für Mehrfamilienhaus
Tiefgaragen
Sommer + Sommer Architekten BDA
Berlin

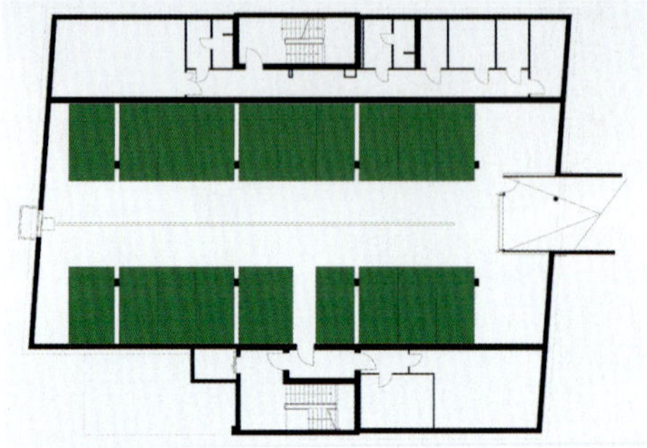

7800-0044 Tiefgarage (19 STP) für Landratsamt
Tiefgaragen
ArGe Gurland+Seher+Rapp Architekten
Biberach a.d. Riss

9100-0199 Kirchenzentrum (199 Sitzplätze)
Gemeindezentren, mittlerer Standard
ksw architekten + stadtplaner gmbh
Hannover

9100-0217 Stadtarchiv (7 AP)
Bibliotheken, Museen und Ausstellungen
CODE UNIQUE Architekten GmbH
Dresden

9100-0219 Musikschule
Schulen, Holzbauweise
SIEKER ARCHITEKTEN
Bielefeld

9100-0223 Stadtteilzentrum, Veranstaltungsraum
Gemeindezentren, mittlerer Standard
pätzold kremer architekten PartG mbB
Offenbach am Main

9100-0226 Konzertsaal (1.956 Sitzplätze)
Theater

gmp International GmbH
Berlin

Erläuterungen zur Fachbuchreihe BKI Baukosten Neubau

Erläuterungen zur Fachbuchreihe BKI Baukosten Neubau

Die Fachbuchreihe BKI Baukosten besteht aus drei Bänden:
- Baukosten Gebäude Neubau 2025, Statistische Kostenkennwerte (Teil 1)
- Baukosten Bauelemente Neubau 2025, Statistische Kostenkennwerte (Teil 2)
- Baukosten Positionen Neubau 2025, Statistische Kostenkennwerte (Teil 3)

Die drei Fachbücher für den Neubau sind für verschiedene Stufen der Kostenermittlungen vorgesehen. Daneben gibt es noch eine vergleichbare Buchreihe für den Altbau (Bauen im Bestand), gegliedert in zwei Fachbücher. Nähere Informationen dazu erscheinen in den entsprechenden Büchern. Die nachfolgende Schnellübersicht erläutert Inhalt und Verwendungszweck:

BKI FACHBUCHREIHE Baukosten Neubau 2025		
	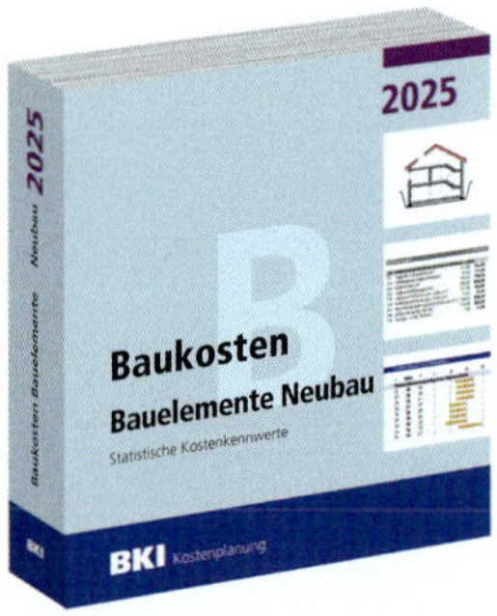	
BKI Baukosten Gebäude	**BKI Baukosten Bauelemente**	**BKI Baukosten Positionen**
Inhalt: Kosten des Bauwerks, 1. und 2. Ebene nach DIN 276 von 87 Gebäudearten	Inhalt: 3. Ebene DIN 276 und Elementarten nach BKI, außerdem Lebensdauern von Bauteilen, Grobelementarten und Kosten im Stahlbau	Inhalt: Positionen nach Leistungsbereichsgliederung für Rohbau, Ausbau, Technische Gebäudeausrüstung und Freianlagen
Geeignet[1] für Kostenrahmen, Kostenschätzung	Geeignet für Kostenberechnung und Kostenvoranschlag	Geeignet für bepreiste Leistungsverzeichnisse und Kostenanschlag
HOAI Phasen 1 und 2	HOAI Phasen 3 bis 6	HOAI Phasen 6 und 8
[1] BKI empfiehlt, bereits ab Vorlage erster Skizzen oder Vorentwürfe Kosten in der 2. Ebene nach DIN 276 zu ermitteln (Grobelementmethode).		

Die Buchreihe BKI Baukosten enthält für die verschiedenen Stufen der Kostenermittlung unterschiedliche Tabellen und Grafiken. Ihre Anwendung soll nachfolgend kurz dargestellt werden.

Für die Ermittlung der „ersten Zahl" werden auf der ersten Seite jeder Gebäudeart die Kosten des Bauwerks insgesamt angegeben. Je nach Informationsstand kann der Kostenkennwert (KKW) pro m³ BRI (Brutto-Rauminhalt), m² BGF (Brutto-Grundfläche) oder m² NUF (Nutzungsfläche) verwendet werden.

Diese Kennwerte sind geeignet, um bereits ohne Vorentwurf erste Kostenaussagen auf der Grundlage von Bedarfsberechnungen treffen zu können.

Für viele Gebäudearten existieren zusätzlich Kostenkennwerte pro Nutzeinheit. In allen Büchern der Reihe BKI Baukosten werden die statistischen Kostenkennwerte mit Mittelwert (Fettdruck) und Streubereich (von- und bis-Wert) angegeben (Abb. 1; BKI Baukosten Gebäude).

In der unteren Grafik der ersten Seite zu einer Gebäudeart sind die Kostenkennwerte der an der Stichprobe beteiligten Objekte zur Erläuterung der Bandbreite der Kostenkennwerte abgebildet. In allen Büchern wird in der Fußzeile der Kostenstand und die Mehrwertsteuer angegeben. (Abb. 2; BKI Baukosten Gebäude)

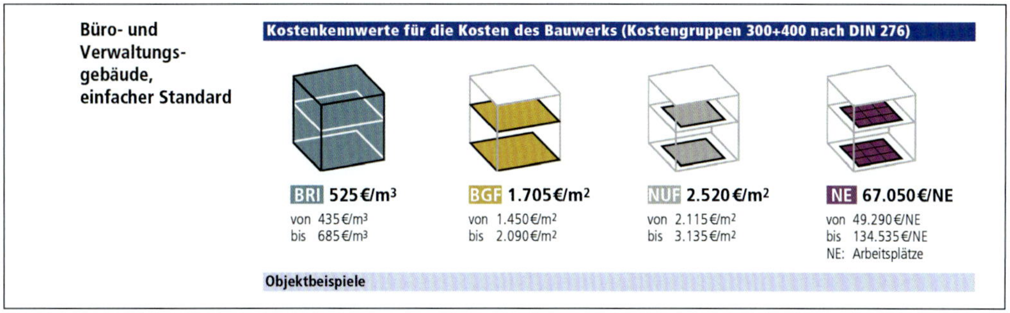

Abb. 1 aus BKI Baukosten Gebäude: Kostenkennwerte des Bauwerks

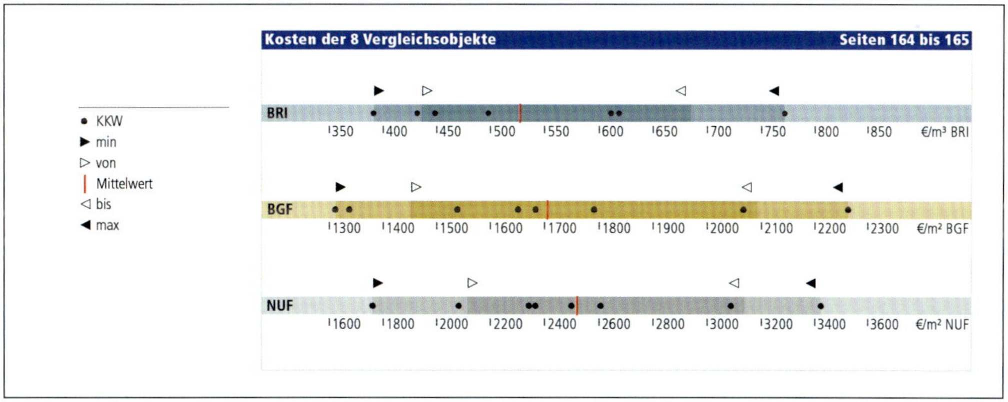

Abb. 2 aus BKI Baukosten Gebäude: Kostenkennwerte der Objekte einer Gebäudeart

Kostenrahmen, Kostenschätzung

Die obere Tabelle der zweiten Seite zu einer Gebäudeart differenziert die Kosten des Bauwerks in die Kostengruppen der 1. Ebene für den Kostenrahmen. Es werden nicht nur die Kostenkennwerte für das Bauwerk – getrennt nach Baukonstruktionen und Technische Anlagen – sondern ebenfalls für „Vorbereitende Maßnahmen" des Grundstücks, „Außenanlagen und Freiflächen", „Ausstattung und Kunstwerke", „Baunebenkosten" genannt. Für Plausibilitätsprüfungen sind zusätzlich die Prozentanteile der einzelnen Kostengruppen ausgewiesen. (Abb. 3; BKI Baukosten Gebäude)

Für die Kostenschätzung müssen nach neuer DIN 276 die Gesamtkosten nach Kostengruppen in der 2. Ebene der Kostengliederung ermittelt werden. Dazu müssen die Mengen der Kostengruppen 310 Baugrube/Erdbau bis 360 Dächer und die BGF ermittelt werden. Eine Kostenermittlung auf der 2. Ebene ist somit bereits durch Ermittlung von lediglich sieben Mengen möglich. (Abb. 4; BKI Baukosten Gebäude)

In den Benutzerhinweisen am Anfang des Fachbuchs „BKI Baukosten Gebäude, Statistische Kostenkennwerte Teil 1" ist eine „Auswahl kostenrelevanter Baukonstruktionen und Technischer Anlagen" aufgelistet. Sie unterstützen bei der Standardeinordnung einzelner Projekte. Weiterhin gibt die Auflistung Hinweise, welche Ausführungen in den Kostengruppen der 2. Ebene kostenmindernd bzw. kostensteigernd wirken. Dementsprechend sind Kostenkennwerte über oder unter dem Durchschnittswert auszuwählen. Eine rein systematische Verwendung des Mittelwerts reicht für eine qualifizierte Kostenermittlung nicht aus. (Abb. 5; BKI Baukosten Gebäude)

Kostenkennwerte für die Kostengruppen der 1. und 2. Ebene DIN 276

KG	Kostengruppen der 1. Ebene	Einheit	▷	€/Einheit	◁	▷	% an 300+400	◁
100	Grundstück	m²GF	–	–	–	–	–	–
200	Vorbereitende Maßnahmen	m²GF	4	**14**	23	1,0	**2,6**	7,3
300	Bauwerk – Baukonstruktionen	m²BGF	1.111	**1.415**	1.642	79,1	**83,0**	87,4
400	Bauwerk – Technische Anlagen	m²BGF	205	**290**	393	12,6	**17,0**	20,9
	Bauwerk 300+400	m²BGF	1.451	**1.705**	2.092	100,0	**100,0**	100,0
500	Außenanlagen und Freiflächen	m²AF	64	**125**	289	2,0	**6,0**	13,9
600	Ausstattung und Kunstwerke	m²BGF	70	**170**	229	5,2	**9,9**	12,2
700	Baunebenkosten*	m²BGF	402	**449**	495	23,6	**26,3**	29,1 ◁
800	Finanzierung	m²BGF	–	–	–	–	–	–

* Auf Grundlage der HOAI 2021 berechnete Werte nach §§ 35, 52, 56. Weitere Informationen siehe Seite 56

Abb. 3 aus BKI Baukosten Gebäude: Kostenkennwerte der 1. Ebene

KG	Kostengruppen der 2. Ebene	Einheit	▷	€/Einheit	◁	▷	% an 1. Ebene	◁
310	Baugrube / Erdbau	m³BGI	16	**37**	49	1,5	**1,8**	2,3
320	Gründung, Unterbau	m²GRF	330	**424**	609	9,0	**15,6**	19,9
330	Außenwände / vertikal außen	m²AWF	401	**460**	490	23,6	**25,7**	29,8
340	Innenwände / vertikal innen	m²IWF	190	**297**	355	16,0	**19,4**	26,0
350	Decken / horizontal	m²DEF	308	**393**	478	0,0	**12,3**	18,7
360	Dächer	m²DAF	368	**482**	674	14,3	**21,4**	33,4
370	Infrastrukturanlagen		–	–	–	–	–	–
380	Baukonstruktive Einbauten	m²BGF	< 1	**4**	10	< 0,1	**0,3**	0,8
390	Sonst. Maßnahmen für Baukonst.	m²BGF	44	**51**	64	3,0	**3,5**	3,9
300	**Bauwerk – Baukonstruktionen**	**m²BGF**					**100,0**	
410	Abwasser-, Wasser-, Gasanlagen	m²BGF	28	**48**	79	11,6	**18,6**	22,9
420	Wärmeversorgungsanlagen	m²BGF	57	**73**	98	21,2	**34,5**	55,6
430	Raumlufttechnische Anlagen	m²BGF	–	**2**	–	0,0	**0,5**	0,8
440	Elektrische Anlagen	m²BGF	63	**80**	107	32,4	**33,3**	33,8
450	Kommunikationstechnische Anlagen	m²BGF	5	**15**	29	1,9	**6,0**	13,3
460	Förderanlagen	m²BGF	–	**63**	–	0,0	**6,5**	19,6
470	Nutzungsspez. / verfahrenstech. Anl.	m²BGF	–	**5**	–	0,0	**0,6**	1,7
480	Gebäude- und Anlagenautomation	m²BGF	–	–	–	–	–	–
490	Sonst. Maßnahmen f. techn. Anl.	m²BGF	–	–	–	–	–	–
400	**Bauwerk – Technische Anlagen**	**m²BGF**					**100,0**	

Abb. 4 aus BKI Baukosten Gebäude: Kostenkennwerte der 2. Ebene

Auswahl kostenrelevanter Baukonstruktionen

310 Baugrube/Erdbau
- **kostenmindernd:**
  Nur Oberboden abtragen, Wiederverwertung des Aushubs auf dem Grundstück, keine Deponiegebühr, kurze Transportwege, wiederverwertbares Aushubmaterial für Verfüllung
+ **kostensteigernd:**
  Wasserhaltung, Grundwasserabsenkung, Baugrubenverbau, Spundwände, Baugrubensicherung mit Großbohrpfählen, Felsbohrungen, schwer lösbare Bodenarten oder Fels

320 Gründung, Unterbau
- **kostenmindernd:**
  Kein Fußbodenaufbau auf der Gründungsfläche, keine Dämmmaßnahmen auf oder unter der Gründungsfläche
+ **kostensteigernd:**
  Teurer Fußbodenaufbau auf der Gründungsfläche, Bodenverbesserung, Bodenkanäle, Perimeterdämmung oder sonstige, teure Dämmmaßnahmen, versetzte Ebenen, hoher Wasserandrang

330 Außenwände/Vertikale Baukonstruktionen, außen

mauerwerk, Ganzglastüren, Vollholztüren Brandschutztüren, sonstige hochwertige Türen, hohe Anforderungen an Statik, Brandschutz, Schallschutz, Raumakustik und Optik, Edelstahlgeländer, raumhohe Verfliesung

350 Decke/Horizontale Baukonstruktionen
- **kostenmindernd:**
  Einfache Bodenbeläge, wenige und einfache Treppen, geringe Spannweiten
+ **kostensteigernd:**
  Doppelboden, hochwertige Holz- und Natursteinbeläge, Metall- und Holzbekleidungen, Edelstahltreppen, hohe Anforderungen an Brandschutz, Schallschutz, Raumakustik und Optik, hohe Spannweiten

360 Dächer
- **kostenmindernd:**
  Einfache Geometrie, wenig Durchdringungen
+ **kostensteigernd:**
  Aufwändige Geometrie wie Mansarddach, Gauben, Metalldeckung, Glasdächer oder Glasoberlichter, begeh-/befahrbare Flachdächer, Begrünung, Schutzelemente wie Edelstahl-Geländer

Abb. 5 aus BKI Baukosten Gebäude: Kostenrelevante Baukonstruktionen

Die Mengen der 2. Ebene können alternativ statistisch mit den Planungskennwerten auf der vierten Seite jeder Gebäudeart näherungsweise ermittelt werden. (Abb. 6; aus BKI Baukosten Gebäude: Planungskennwerte)
Eine Tabelle zur Anwendung dieser Planungskennwerte ist unter:
www.bki.de/kostensimulationsmodell für Neubau als Excel-Tabelle erhältlich. Die Anwendung dieser Tabelle ist dort ebenfalls beschrieben.

Die Werte, die über dieses statistische Verfahren ermittelt werden, sind für die weitere Verwendung auf Plausibilität zu prüfen und anzupassen.

In BKI Baukosten Gebäude befindet sich auf der dritten Seite zu jeder Gebäudeart eine Aufschlüsselung nach Leistungsbereichen für eine überschlägige Aufteilung der Bauwerkskosten. (Abb. 7; BKI Baukosten Gebäude)

Für die Kostenaufstellung nach Leistungsbereichen existiert folgender Ansatz:
Bereits nach Kostengruppen ermittelte Kosten können prozentual, mit Hilfe der Angaben in den Prozentspalten, in die voraussichtlich anfallenden Leistungsbereiche aufgeteilt werden.

Die Ergebnisse dieser „Budgetierung" können die positionsorientierte Aufstellung der Leistungsbereichskosten nicht ersetzen. Für Plausibilitätsprüfungen bzw. grobe Kostenaussagen z. B. für Finanzierungsanfragen sind sie jedoch gut geeignet.

Planungskennwerte für Flächen und Rauminhalte nach DIN 277

Grundflächen		▷	Fläche/NUF (%)	◁	▷	Fläche/BGF (%)	◁
NUF	Nutzungsfläche	100,0	**100,0**	100,0	66,7	**68,0**	69,2
TF	Technikfläche	2,3	**2,9**	4,3	1,6	**1,9**	2,8
VF	Verkehrsfläche	18,5	**21,8**	23,4	12,5	**14,6**	16,3
NRF	Netto-Raumfläche	122,6	**124,7**	127,6	82,2	**84,5**	85,7
KGF	Konstruktions-Grundfläche	20,1	**22,9**	26,8	14,3	**15,5**	17,8
BGF	Brutto-Grundfläche	145,2	**147,6**	150,6	100,0	**100,0**	100,0

Brutto-Rauminhalte		▷	BRI/NUF (m)	◁	▷	BRI/BGF (m)	◁
BRI	Brutto-Rauminhalt	4,55	**4,86**	5,40	3,19	**3,30**	3,83

Flächen von Nutzeinheiten	▷	NUF/Einheit (m²)	◁	▷	BGF/Einheit (m²)	◁
Nutzeinheit: Arbeitsplätze	23,95	**26,96**	26,96	37,34	**40,14**	40,14

Lufttechnisch behandelte Flächen	▷	Fläche/NUF (%)	◁	▷	Fläche/BGF (%)	◁
Entlüftete Fläche	2,8	**2,8**	2,8	2,0	**2,0**	2,0
Be- und entlüftete Fläche	95,1	**95,1**	95,1	61,9	**61,9**	61,9
Teilklimatisierte Fläche	–	–	–	–	–	–
Klimatisierte Fläche	–	–	–	–	–	–

KG	Kostengruppen (2. Ebene)	Einheit	▷	Menge/NUF	◁	▷	Menge/BGF	◁
310	Baugrube / Erdbau	m³BGI	1,29	**1,39**	1,39	0,86	**0,93**	0,93
320	Gründung, Unterbau	m²GRF	0,82	**0,82**	0,82	0,56	**0,58**	0,58
330	Außenwände / vertikal außen	m²AWF	1,14	**1,14**	1,14	0,79	**0,79**	0,82
340	Innenwände / vertikal innen	m²IWF	1,40	**1,40**	1,57	0,82	**0,97**	0,97
350	Decken / horizontal	m²DEF	0,94	**0,94**	0,94	0,64	**0,64**	0,64
360	Dächer	m²DAF	0,93	**0,98**	0,98	0,68	**0,69**	0,69
370	Infrastrukturanlagen		–	–	–	–	–	–
380	Baukonstruktive Einbauten	m²BGF	1,45	**1,48**	1,51	1,00	**1,00**	1,00
390	Sonst. Maßnahmen für Baukonst.	m²BGF	1,45	**1,48**	1,51	1,00	**1,00**	1,00
300	**Bauwerk – Baukonstruktionen**	**m²BGF**	1,45	**1,48**	1,51	1,00	**1,00**	1,00

Abb. 6 aus BKI Baukosten Gebäude: Planungskennwerte

Büro- und Verwaltungsgebäude, einfacher Standard

Prozentanteile der Kosten für Leistungsbereiche nach STLB (Kosten Bauwerk nach DIN 276)

LB	Leistungsbereiche	7,5% 15% 22,5% 30%	▷	% an 300+400	◁
000	Baustellen-, Verkehrssich.- u. Sicherh.einr. inkl. 001		0,6	**1,9**	3,2
002	Erdarbeiten		1,5	**1,9**	2,5
006	Spezialtiefbauarbeiten inkl. 005		–	–	–
009	Entwässerungskanalarbeiten inkl. 011		0,3	**0,5**	0,9
010	Drän- und Versickerarbeiten		0,0	**0,1**	0,6
012	Mauerarbeiten		1,3	**5,0**	8,4
013	Betonarbeiten		16,0	**20,2**	23,5
014	Natur-, Betonwerksteinarbeiten		< 0,1	**0,2**	0,5
016	Zimmer- und Holzbauarbeiten		0,8	**3,3**	5,6
017	Stahlbauarbeiten		0,6	**3,7**	11,9
018	Abdichtungsarbeiten		0,4	**1,1**	2,8
020	Dachdeckungsarbeiten		2,1	**3,5**	4,6
021	Dachabdichtungsarbeiten		0,0	**0,3**	1,2
022	Klempnerarbeiten		0,8	**2,0**	3,3
	Rohbau		40,1	**43,6**	50,7
023	Putz- und Stuckarbeiten, Wärmedämmsysteme		1,6	**4,6**	7,0

Abb. 7 aus BKI Baukosten Gebäude: Kostenkennwerte für Leistungsbereiche

Kostenberechnung

In der DIN 276 wird für Kostenberechnungen festgelegt, dass die Kosten bis zur 3. Ebene der Kostengliederung ermittelt werden müssen. (Abb. 8; BKI Baukosten Bauelemente)

Für die Kostengruppen 380, 390 und 410 bis 490 ist lediglich die BGF zu ermitteln, da hier sämtliche Kostenkennwerte auf die BGF bezogen sind. Da in der Regel nicht in allen Kostengruppen Kosten anfallen und viele Mengenermittlungen mehrfach verwendet werden können, ist die Mengenermittlung der 3. Ebene ebenfalls mit relativ wenigen Mengen (ca. 15 bis 25) möglich. (Abb. 9; BKI Baukosten Bauelemente)

Eine besondere Bedeutung kann der 3. Ebene der DIN 276 beim Bauen im Bestand im Rahmen der Bewertung der mitzuverarbeitenden Bausubstanz zukommen, die auch in der aktualisierten HOAI 2021 enthalten ist. Denn erst in der 3. Ebene DIN 276 ist eine Differenzierung der Bauteile in die tragende Konstruktion und die Oberflächen (innen und außen) gegeben. Beim Bauen im Bestand sind häufig die Oberflächen zu erneuern. Wesentliche Teile der Gründung und der Tragkonstruktion bleiben faktisch unverändert, werden planerisch aber erfasst und mitverarbeitet. Deren Kostenanteile werden erst durch die Differenzierung der Kosten ab der 3. Ebene ablesbar. Daher können die Neubaukosten der 3. Ebene oft wichtige Kennwerte für die Bewertung der mitzuverarbeitenden Bausubstanz darstellen.

334
Außenwand-öffnungen

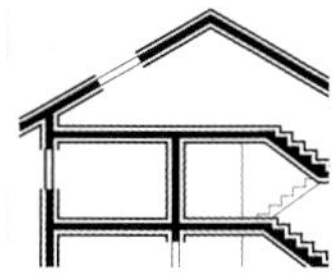

Einheit: m²
Außenwandöffnungs-fläche

Gebäudeart	▷	€/Einheit	◁	KG an 300
1 Büro- und Verwaltungsgebäude				
Büro- und Verwaltungsgebäude, einfacher Standard	419,00	**491,00**	621,00	7,3%
Büro- und Verwaltungsgebäude, mittlerer Standard	785,00	**1.123,00**	2.043,00	11,7%
Büro- und Verwaltungsgebäude, hoher Standard	880,00	**1.287,00**	1.756,00	12,7%
Büro- und Verwaltungsgebäude, Holzbauweise	713,00	**874,00**	990,00	8,7%
2 Gebäude für Forschung und Lehre				
Instituts- und Laborgebäude	1.121,00	**1.514,00**	2.668,00	13,5%
3 Gebäude des Gesundheitswesens				
Medizinische Einrichtungen	481,00	**762,00**	903,00	8,9%
Pflegeheime	705,00	**956,00**	1.247,00	7,6%
Gebäude für Erholungszwecke	1.193,00	**1.442,00**	2.288,00	12,0%
4 Schulen und Kindergärten				
Allgemeinbildende Schulen	825,00	**1.186,00**	1.829,00	15,2%
Schulen, Holzbauweise	1.073,00	**1.437,00**	2.997,00	9,3%
Berufliche Schulen	876,00	**1.152,00**	1.593,00	10,9%
Förder- und Sonderschulen	924,00	**3.268,00**	12.597,00	13,0%
Weiterbildungseinrichtungen	1.315,00	**1.375,00**	1.469,00	19,0%
Kindergärten, nicht unterkellert, einfacher Standard	704,00	**911,00**	1.015,00	8,9%
Kindergärten, nicht unterkellert, mittlerer Standard	879,00	**1.048,00**	1.605,00	11,0%
Kindergärten, nicht unterkellert, hoher Standard	840,00	**1.052,00**	1.264,00	11,0%
Kindergärten, Holzbauweise, nicht unterkellert	790,00	**1.003,00**	1.224,00	8,1%
Kindergärten, unterkellert	967,00	**1.045,00**	1.240,00	10,0%

Abb. 8 aus BKI Baukosten Bauelemente: Kostenkennwerte der 3. Ebene

444 Niederspannungsinstallationsanlagen	Gebäudeart	▷	€/Einheit	◁	KG an 400
	1 Büro- und Verwaltungsgebäude				
	Büro- und Verwaltungsgebäude, einfacher Standard	28,00	**46,00**	57,00	19,9%
	Büro- und Verwaltungsgebäude, mittlerer Standard	85,00	**119,00**	175,00	18,8%
	Büro- und Verwaltungsgebäude, hoher Standard	94,00	**125,00**	191,00	14,1%
	Büro- und Verwaltungsgebäude, Holzbauweise	58,00	**105,00**	150,00	18,7%
	2 Gebäude für Forschung und Lehre				
	Instituts- und Laborgebäude	48,00	**107,00**	158,00	8,2%
	3 Gebäude des Gesundheitswesens				
	Medizinische Einrichtungen	97,00	**140,00**	222,00	18,1%
	Pflegeheime	69,00	**104,00**	125,00	11,5%
	Gebäude für Erholungszwecke	103,00	**149,00**	217,00	8,2%
	4 Schulen und Kindergärten				
	Allgemeinbildende Schulen	61,00	**92,00**	121,00	16,6%
	Schulen, Holzbauweise	66,00	**98,00**	134,00	16,7%
	Berufliche Schulen	97,00	**151,00**	197,00	17,4%
	Förder- und Sonderschulen	92,00	**141,00**	306,00	22,3%
	Weiterbildungseinrichtungen	91,00	**176,00**	345,00	20,0%

Abb. 9 aus BKI Baukosten Bauelemente: Kostenkennwerte der 3. Ebene für Kostengruppe 400

Kostenvoranschlag

Mit dem Begriff „Kostenvoranschlag" wird in der neuen DIN 276 gegenüber der Vorgängernorm ein neuer Begriff eingeführt. Der Kostenvoranschlag wird als die Ermittlung der Kosten auf der Grundlage der Ausführungsplanung und der Vorbereitung der Vergabe definiert. Die neue Kostenermittlungsstufe entspricht dem bisherigen „Kostenanschlag". Die DIN 276 fordert, dass die Gesamtkosten nach Kostengruppen in der 3. Ebene der Kostengliederung ermittelt und darüber hinaus nach technischen Merkmalen oder herstellungsmäßigen Gesichtspunkten weiter untergliedert werden. Anschließend sollen die Kosten in Vergabeeinheiten nach der für das jeweilige Bauprojekt vorgesehenen Vergabe- und Ausführungsstruktur geordnet werden. Diese Ordnung erleichtert es in den nachfolgenden Kostenermittlungen, dass die Angebote, Aufträge und Abrechnungen zusammengestellt, kontrolliert und verglichen werden können.

Für die geforderte Untergliederung der 3. Ebene sind die im Band „Bauelemente" enthaltenen BKI Elementarten besonders geeignet. Die darin enthaltene Aufteilung in Leistungsbereiche ermöglicht eine ausführungsorientierte Gliederung. Diese Leistungsbereiche können dann zu den geforderten projektspezifischen Vergabeeinheiten zusammengestellt werden.

334.20	**Fenstertüren**				
01	**AW Fenstertür, Holz, einflüglig, Fensterbank**	1.218,00	**1.388,00**	1.643,00	
	Einheit: St Öffnung				
	026 Fenster, Außentüren				91,1%
02	**AW Fenstertür, Holz, zweiflüglig, Fensterbank**	2.443,00	**2.690,00**	2.941,00	
	Einheit: St Öffnung				
	026 Fenster, Außentüren				92,4%

Abb. 10 aus BKI Baukosten Bauelemente: Kostenkennwerte für Elementarten

Kostenanschlag

Der Kostenanschlag ist nach Kostenrahmen, Kostenschätzung, Kostenberechnung und Kostenvoranschlag die fünfte Stufe der Kostenermittlungen nach DIN 276. Er dient den Entscheidungen über die Vergaben und die Ausführung. Die HOAI-Novelle 2013 beinhaltet in der Leistungsphase 6 „Vorbereitung der Vergabe" eine wesentliche Änderung: Als Grundleistung wird hier das „Ermitteln der Kosten auf Grundlage vom Planer bepreister Leistungsverzeichnisse" aufgeführt. Auch in der HOAI 2021 ist die Grundleistung unverändert enthalten. Nach der Begründung zur 7. HOAI-Novelle wird durch diese präzisierte Kostenermittlung und -kontrolle der Kostenanschlag entbehrlich. Dies heißt jedoch nicht, dass auf die 3. Ebene der DIN 276 verzichtet werden kann. Die 3. Ebene der DIN 276 und die BKI Elementarten sind wichtige Zwischenschritte auf dem Weg zu bepreisten Leistungsverzeichnissen.

335
Außenwand-bekleidungen, außen

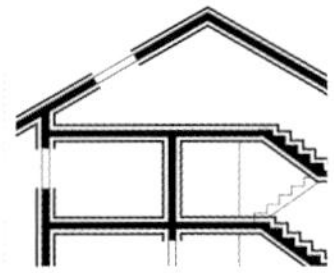

KG.OZ		▷	€/Einheit	◁	LB an EA
335.10	**Unterkonstruktion**				
01	**AW Sockelabdichtung, MDS, Sockelprofil**	59,00	**63,00**	72,00	
	Einheit: m² Sockelfläche				
	018 Abdichtungsarbeiten				66,4%
	023 Putz- und Stuckarbeiten, Wärmedämmsysteme				33,6%
02	**AW Abdichtung Bodenfeuchte, MDS**	50,00	**53,00**	61,00	
	Einheit: m² Abdichtungsfläche				
	018 Abdichtungsarbeiten				100,0%
03	**AW Abdichtung Bodenfeuchte, PMBC**	57,00	**61,00**	70,00	
	Einheit: m² Abdichtungsfläche				
	018 Abdichtungsarbeiten				100,0%
04	**AW Wärmedämmung, XPS 100, Noppenbahn**	74,00	**80,00**	91,00	
	Einheit: m² Bekleidungsfläche				
	018 Abdichtungsarbeiten				100,0%
05	**AW Wärmedämmung, XPS 120, Noppenbahn**	77,00	**83,00**	93,00	
	Einheit: m² Bekleidungsfläche				
	018 Abdichtungsarbeiten				100,0%

Abb. 11 aus BKI Baukosten Bauelemente: Kostenkennwerte für Elementarten

Positionspreise

Zum Bepreisen von Leistungsverzeichnissen, Vorbereitung der Vergabe sowie Prüfen von Preisen eignet sich der Band BKI Baukosten Positionen, Statistische Kostenkennwerte (Teil 3). In diesem Band werden Positionen aus den BKI-Positionsdatenbanken ausgewertet und tabellarisch mit Minimal-, Von-, Mittel-, Bis- sowie Maximalpreisen aufgelistet. Aufgeführt sind jeweils Brutto- und Nettopreise. (Abb. 12; BKI Baukosten Positionen)

Die Von-, Mittel-, Bis-Preise stellen dabei die übliche Bandbreite der Positionspreise dar. Minimal- und Maximalpreise bezeichnen die kleinsten und größten aufgetretenen Preise einer in den BKI-Positionsdatenbanken dokumentierten Position. Sie stellen jedoch keine absolute Unter- oder Obergrenze dar. Die Positionen sind gegliedert nach den Leistungsbereichen des Standardleistungsbuchs. Es werden Positionen für Rohbau, Ausbau, Technische Gebäudeausrüstung und Freianlagen dokumentiert.
Ergänzt werden die statistisch ausgewerteten Baupreise durch Mustertexte für die Ausschreibung von Bauleistungen. Diese werden von Fachautoren verfasst und i.d.R. von Fachverbänden geprüft. Die Verbände sind in der Fußzeile für den jeweiligen Leistungsbereich benannt.
(Abb. 13; BKI Baukosten Positionen)

LB 012
Mauerarbeiten

012

Mauerarbeiten							Preise €
Nr.	**Positionen**	**Einheit**	►	▷	**ø brutto €** ø netto €	◁	◄
1	Querschnittsabdichtung, Mauerwerk bis 15cm	m	1 1	3 3	**4** **3**	5 4	8 6
2	Querschnittsabdichtung, Mauerwerk bis 17,5cm	m	2 2	5 4	**6** **5**	7 6	10 8
3	Querschnittsabdichtung, Mauerwerk bis 24cm	m	3 3	5 5	**6** **5**	8 7	13 11
4	Querschnittsabdichtung, Mauerwerk bis 36,5cm	m	5 4	8 7	**9** **8**	11 9	16 13
5	Dämmstein, Mauerwerk, 11,5cm	m	33 27	46 39	**52** **44**	61 51	80 67
6	Dämmstein, Mauerwerk, 17,5cm	m	40 33	58 48	**65** **55**	80 67	117 99
7	Dämmstein, Mauerwerk, 24cm	m	55 46	77 65	**86** **72**	109 92	159 133
8	Dämmstein, KS-Mauerwerk, 11,5cm	m	32 27	38 32	**40** **33**	43 36	47 40

Abb. 12 aus BKI Baukosten Positionen: Positionspreise

LB 012
Mauerarbeiten

Nr. **Kurztext** / Langtext — Kostengruppe
► ▷ **ø netto €** ◁ ◄ [Einheit] Ausf.-Dauer Positionsnummer

A 1 Querschnittsabdichtung, Mauerwerk — Beschreibung für Pos. **1-4**

Querschnittsabdichtung in/unter Mauerwerkswänden aus Bitumenbahnen, gegen Bodenfeuchte und nichtdrückendes Wasser gem. DIN 18533; inkl. Abgleichen der Auflagerfläche.
Raumnutzungsklasse: RN1-E (geringe Anforderung)
Wassereinwirkungsklasse: W4-E (Bodenfeuchte am Wandsockel, sowie Kapillarwasser in und unter Wänden)
Rissklasse: R1-E (gering)
Rissüberbrückungsklasse: RÜ1-E (geringe Rissüberbrückung bis 0,2 mm)

1 Querschnittsabdichtung, Mauerwerk bis 15cm — KG **342**

Wie Ausführungsbeschreibung A 1
Mauerdicke: bis 15 cm
Abdichtung: Bitumendichtungsbahn G 200 DD

1€ 3€ **3€** 4€ 6€ [m] ⏱ 0,04 h/m 012.000.093

Abb. 13 aus BKI Baukosten Positionen: Mustertexte

Detaillierte Kostenangaben zu einzelnen Objekten

In BKI Baukosten Gebäude existiert zu jeder Gebäudeart eine Objektübersicht mit den ausgewerteten Objekten, die zu den Stichproben beigetragen haben. (Abb. 14; BKI Baukosten Gebäude)

Diese Übersicht erlaubt den Übergang von der Kostenkennwertmethode auf der Grundlage einer statistischen Auswertung, wie sie in der Buchreihe "BKI Baukosten" gebildet wird, zur Objektvergleichsmethode auf der Grundlage einer objektorientierten Darstellung, wie sie in den "BKI Objektdaten" enthalten ist. Alle Objekte sind mit einer Objektnummer versehen, unter der eine Einzeldokumentation bei BKI geführt wird. Weiterhin ist angegeben, in welchem Fachbuch der Reihe BKI Objektdaten das betreffende Objekt veröffentlicht wurde.

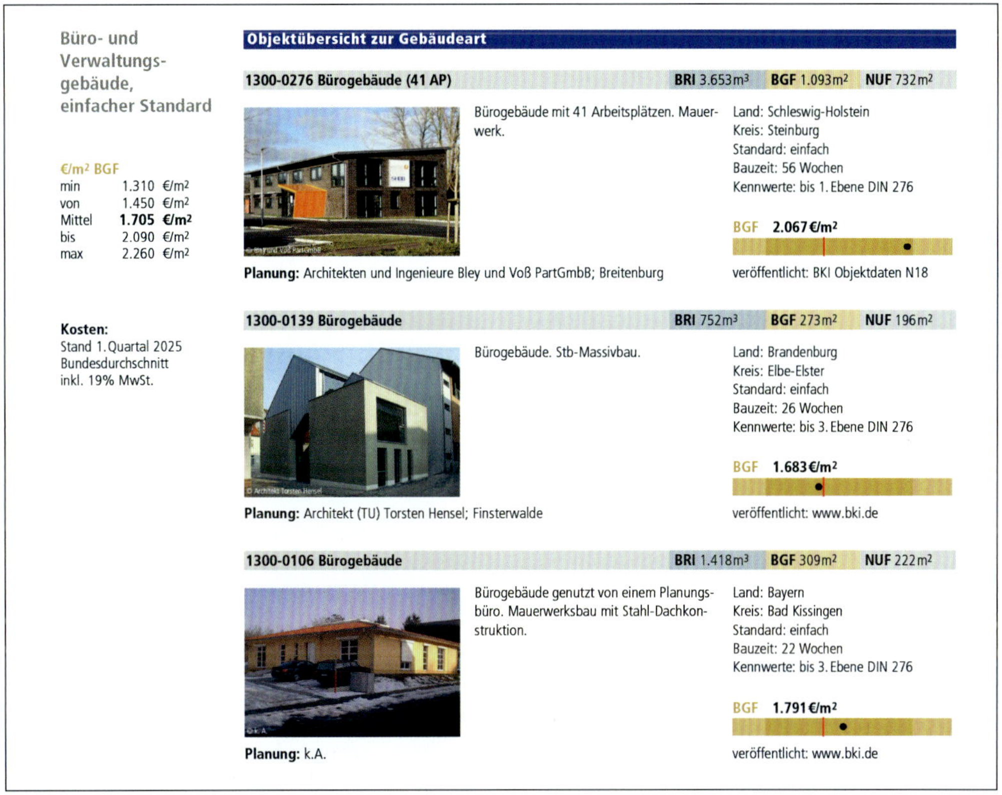

Büro- und Verwaltungsgebäude, einfacher Standard

€/m² BGF

min	1.310	€/m²
von	1.450	€/m²
Mittel	**1.705**	**€/m²**
bis	2.090	€/m²
max	2.260	€/m²

Kosten:
Stand 1. Quartal 2025
Bundesdurchschnitt
inkl. 19% MwSt.

Objektübersicht zur Gebäudeart

1300-0276 Bürogebäude (41 AP) — **BRI** 3.653m³ **BGF** 1.093m² **NUF** 732m²

Bürogebäude mit 41 Arbeitsplätzen. Mauerwerk.

Land: Schleswig-Holstein
Kreis: Steinburg
Standard: einfach
Bauzeit: 56 Wochen
Kennwerte: bis 1. Ebene DIN 276

BGF **2.067 €/m²**

Planung: Architekten und Ingenieure Bley und Voß PartGmbB; Breitenburg

veröffentlicht: BKI Objektdaten N18

1300-0139 Bürogebäude — **BRI** 752m³ **BGF** 273m² **NUF** 196m²

Bürogebäude. Stb-Massivbau.

Land: Brandenburg
Kreis: Elbe-Elster
Standard: einfach
Bauzeit: 26 Wochen
Kennwerte: bis 3. Ebene DIN 276

BGF **1.683 €/m²**

Planung: Architekt (TU) Torsten Hensel; Finsterwalde

veröffentlicht: www.bki.de

1300-0106 Bürogebäude — **BRI** 1.418m³ **BGF** 309m² **NUF** 222m²

Bürogebäude genutzt von einem Planungsbüro. Mauerwerksbau mit Stahl-Dachkonstruktion.

Land: Bayern
Kreis: Bad Kissingen
Standard: einfach
Bauzeit: 22 Wochen
Kennwerte: bis 3. Ebene DIN 276

BGF **1.791 €/m²**

Planung: k.A.

veröffentlicht: www.bki.de

Abb. 14 aus BKI Baukosten Gebäude: Objektübersicht

Erläuterungen

1

Büro- und Verwaltungsgebäude, einfacher Standard

Kostenkennwerte für die Kosten des Bauwerks (Kostengruppen 300+400 nach DIN 276)

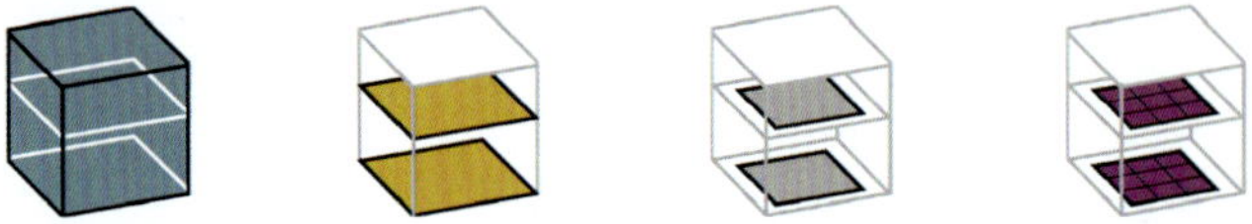

BRI	BGF	NUF	NE
525 €/m³	**1.705 €/m²**	**2.520 €/m²**	**67.050 €/NE**
von 435 €/m³	von 1.450 €/m²	von 2.115 €/m²	von 49.290 €/NE
bis 685 €/m³	bis 2.090 €/m²	bis 3.135 €/m²	bis 134.535 €/NE
			NE: Arbeitsplätze

2

Objektbeispiele

Kosten:
Stand 1. Quartal 2025
Bundesdurchschnitt
inkl. 19% MwSt.

3

1300-0102

1300-0097

1300-0139

1300-0276

1300-0089

1300-0099

Kosten der 8 Vergleichsobjekte **Seiten 164 bis 165**

4

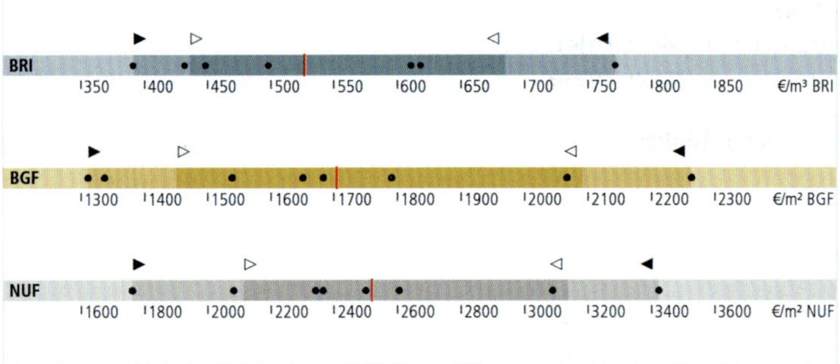

- ● KKW
- ▶ min
- ▷ von
- | Mittelwert
- ◁ bis
- ◀ max

© BKI Baukosteninformationszentrum

Kostenstand: 1. Quartal 2025, Bundesdurchschnitt, **inkl. 19% MwSt.**

Erläuterung nebenstehender Tabellen und Abbildungen

Kostenkennwerte für die Kosten des Bauwerks (Kostengruppe 300+400 DIN 276)

①

Bezeichnung der Gebäudeart

②

Kostenkennwerte für Bauwerkskosten inkl. MwSt. mit Kostenstand 1. Quartal 2025.
Kosten und Kostenkennwerte umgerechnet auf den Bundesdurchschnitt.

Angabe von Streubereich (Standardabweichung; „von-/bis"-Werte) und Mittelwert (Fettdruck).
- Bauwerkskosten: Summe der Kostengruppen 300 und 400 (DIN 276)
- Kostengruppe 300: Bauwerk-Baukonstruktionen
- Kostengruppe 400: Bauwerk-Technische Anlagen
- BRI: Brutto-Rauminhalt (Summe der Regelfall (R)- und Sonderfall (S)-Rauminhalte nach DIN 277)
- BGF: Brutto-Grundfläche (Summe der Regelfall (R)- und Sonderfall (S)-Rauminhalte nach DIN 277)
- NUF: Nutzungsfläche (Summe der Regelfall (R)- und Sonderfall (S)-Rauminhalte nach DIN 277)
- NE: Nutzeinheit

Auf volle 5 bzw. 10€ gerundete Werte

③

Zeigt Abbildungen beispielhaft ausgewählter Vergleichsobjekte aus der jeweiligen Gebäudeart. Die Objektnummer verweist auf die in den BKI-Baukostendatenbanken verfügbare Objektdokumentation. Diese Objektnummer ermöglicht es, bei Bedarf von der Kostenkennwertmethode zur Objektvergleichsmethode zu wechseln. Weitere Objektnachweise finden sich in der Objektübersicht zu dieser Gebäudeart.

Vergleichsobjekte

④

Die Punkte zeigen auf die objektbezogenen Kostenkennwerte €/m^3 BRI, €/m^2 BGF und €/m^2 NUF der Vergleichsobjekte. Diese Tabelle verdeutlicht den Sachverhalt, dass die Kostenkennwerte realer und abgerechneter Einzelobjekte auch außerhalb des statistisch ermittelten Streubereichs (Standardabweichung) liegen können. Der farbintensive innere Bereich stellt diesen Streubereich (von-bis) grafisch mit der Angabe des Mittelwerts dar. Von allen Vergleichsobjekten können beim BKI bei Bedarf die ausführlichen Kostendokumentationen angefordert werden. Die Breiten der Streubereiche variieren bei den unterschiedlichen Gebäudearten. Eine Übersicht über alle Gebäudearten mit einheitlicher Skala befindet sich auf Seite 148-154.

Kostenkennwerte für die Kostengruppen der 1. und 2.Ebene DIN 276

(1)

KG	Kostengruppen der 1. Ebene	Einheit	▷	€/Einheit	◁	▷	% an 300+400	◁
100	Grundstück	m²GF	–	–	–	–	–	–
200	Vorbereitende Maßnahmen	m²GF	4	**14**	23	1,0	**2,6**	7,3
300	Bauwerk – Baukonstruktionen	m²BGF	1.111	**1.415**	1.642	79,1	**83,0**	87,4
400	Bauwerk – Technische Anlagen	m²BGF	205	**290**	393	12,6	**17,0**	20,9
	Bauwerk 300+400	m²BGF	1.451	**1.705**	2.092	100,0	**100,0**	100,0
500	Außenanlagen und Freiflächen	m²AF	64	**125**	289	2,0	**6,0**	13,9
600	Ausstattung und Kunstwerke	m²BGF	70	**170**	229	5,2	**9,9**	12,2
700	Baunebenkosten*	m²BGF	402	**449**	495	23,6	**26,3**	29,1 ◁
800	Finanzierung	m²BGF	–	–	–	–	–	–

* Auf Grundlage der HOAI 2021 berechnete Werte nach §§ 35, 52, 56. Weitere Informationen siehe Seite 56

(2)

KG	Kostengruppen der 2. Ebene	Einheit	▷	€/Einheit	◁	▷	% an 1. Ebene	◁
310	Baugrube / Erdbau	m³BGI	16	**37**	49	1,5	**1,8**	2,3
320	Gründung, Unterbau	m²GRF	330	**424**	609	9,0	**15,6**	19,9
330	Außenwände / vertikal außen	m²AWF	401	**460**	490	23,6	**25,7**	29,8
340	Innenwände / vertikal innen	m²IWF	190	**297**	355	16,0	**19,4**	26,0
350	Decken / horizontal	m²DEF	308	**393**	478	0,0	**12,3**	18,7
360	Dächer	m²DAF	368	**482**	674	14,3	**21,4**	33,4
370	Infrastrukturanlagen		–	–	–	–	–	–
380	Baukonstruktive Einbauten	m²BGF	< 1	**4**	10	< 0,1	**0,3**	0,8
390	Sonst. Maßnahmen für Baukonst.	m²BGF	44	**51**	64	3,0	**3,5**	3,9
300	**Bauwerk – Baukonstruktionen**	**m²BGF**					**100,0**	
410	Abwasser-, Wasser-, Gasanlagen	m²BGF	28	**48**	79	11,6	**18,6**	22,9
420	Wärmeversorgungsanlagen	m²BGF	57	**73**	98	21,2	**34,5**	55,6
430	Raumlufttechnische Anlagen	m²BGF	–	**2**	–	0,0	**0,5**	0,8
440	Elektrische Anlagen	m²BGF	63	**80**	107	32,4	**33,3**	33,8
450	Kommunikationstechnische Anlagen	m²BGF	5	**15**	29	1,9	**6,0**	13,3
460	Förderanlagen	m²BGF	–	**63**	–	0,0	**6,5**	19,6
470	Nutzungsspez. / verfahrenstech. Anl.	m²BGF	–	**5**	–	0,0	**0,6**	1,7
480	Gebäude- und Anlagenautomation	m²BGF	–	–	–	–	–	–
490	Sonst. Maßnahmen f. techn. Anl.	m²BGF	–	–	–	–	–	–
400	**Bauwerk – Technische Anlagen**	**m²BGF**					**100,0**	

(3)

Prozentanteile der Kosten 2.Ebene an den Kosten des Bauwerks nach DIN 276 (Von/Mittel/Bis)

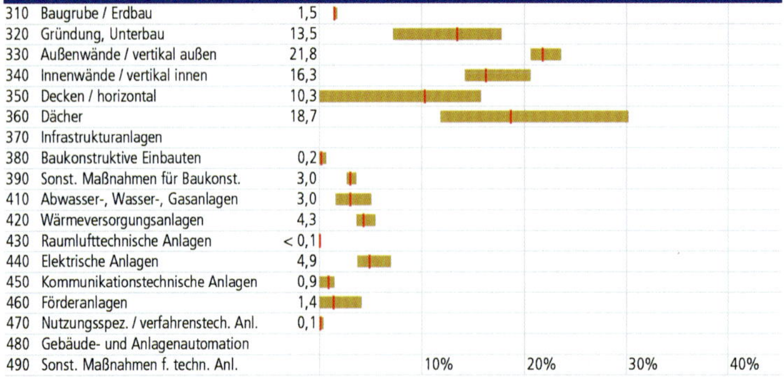

Kostenstand: 1. Quartal 2025, Bundesdurchschnitt, **inkl. 19% MwSt.**

Erläuterung nebenstehender Baukostentabellen

Alle Kostenkennwerte enthalten die Mehrwertsteuer. Kostenstand: 1. Quartal 2025.
Kosten und Kostenkennwerte umgerechnet auf den Bundesdurchschnitt.
Die Bezugseinheiten der Kostenkennwerte entsprechen der DIN 276:2018-12: Mengen und Bezugseinheiten.

Kostenkennwerte für die Kostengruppen der 1. und 2. Ebene DIN 276

①

Kostenkennwerte in €/Einheit für die Kostengruppen 200 bis 600 der 1. Ebene DIN 276 mit Angabe von Mittelwert (Spalte: €/Einheit) und Standardabweichung („von-/bis"-Werte).
Anteil der jeweiligen Kostengruppen in Prozent der Bauwerkskosten (100%) mit Angabe von Mittelwert (Spalte: % an 300 + 400) und Streubereich („von-/bis"-Werte). Die Werte in den Spalten „von" bzw. „bis" sind aus statistischen Gründen nicht addierbar, sonstige Abweichungen sind rundungsbedingt.

②

Angaben zum Bauwerk, jedoch für Kostengruppen der 2. Ebene DIN 276. Die Kostenkennwerte zur Kostengruppe 300 (Bauwerk-Baukonstruktionen) sind wegen der unterschiedlichen Bezugseinheiten nicht addierbar.
Bei der Ermittlung der Kostenkennwerte dieser Tabelle variiert der Stichprobenumfang von Kostengruppe zu Kostengruppe und auch gegenüber dem Stichprobenumfang der Tabelle der 1. Ebene. Um kostenplanerisch realistische Kostenkennwerte für die einzelnen Kostengruppen angeben zu können, wurden bei jeder Kostengruppe nur diejenigen Objekte einbezogen, bei denen für die betreffende Kostengruppe auch tatsächlich Kosten angefallen sind.
Zur Berechnung der Prozentanteile wurden jedoch alle Objekte herangezogen, zwischen den Kostenkennwerten und den Prozentanteilen kann daher kein direkter Bezug hergeleitet werden.
Beispiel: Da Büro- und Verwaltungsgebäude, einfacher Standard nicht immer eine Förderanlage enthalten, ergibt sich bezogen auf die gesamte Stichprobe der geringe mittlere Prozentanteil von nur 6,5% an den Kosten der Technischen Anlagen. Diesem Prozentsatz steht der Kostenkennwert von 63€/m² BGF gegenüber, ermittelt aus den Objekten, bei denen Kosten für Förderanlagen abgerechnet worden sind.

Prozentualer Anteil der Kostengruppen der 2. Ebene an den Kosten des Bauwerks nach DIN 276

③

Die grafische Darstellung verdeutlicht, welchen durchschnittlichen Anteil die Kostengruppen der 2. Ebene DIN 276 an den Bauwerkskosten (Kostengruppe 300 + 400 = 100%) haben. Für Kostenermittlungen werden die kostenplanerisch besonders relevanten Kostengruppen auch optisch sofort erkennbar. Der senkrechte Strich markiert den durchschnittlichen Prozentanteil (Mittelwert); der farbige Balken visualisiert den „Streubereich" (Standardabweichung). Bei der Aufsummierung aller Prozentanteile der Kostengruppen sind Abweichungen zu 100% rundungsbedingt.

Kostenkennwerte für die Kostengruppen der 1. und 2.Ebene DIN 276

KG	Kostengruppen der 1.Ebene	Einheit	▷	€/Einheit	◁	▷	% an 300+400	◁
100	Grundstück	m²GF	–	–	–	–	–	–
200	Vorbereitende Maßnahmen	m²GF	4	**14**	23	1,0	**2,6**	7,3
300	Bauwerk – Baukonstruktionen	m²BGF	1.111	**1.415**	1.642	79,1	**83,0**	87,4
400	Bauwerk – Technische Anlagen	m²BGF	205	**290**	393	12,6	**17,0**	20,9
	Bauwerk 300+400	m²BGF	1.451	**1.705**	2.092	100,0	**100,0**	100,0
500	Außenanlagen und Freiflächen	m²AF	64	**125**	289	2,0	**6,0**	13,9
600	Ausstattung und Kunstwerke	m²BGF	70	**170**	229	5,2	**9,9**	12,2
700	Baunebenkosten*	m²BGF	402	**449**	495	23,6	**26,3**	29,1
800	Finanzierung	m²BGF	–	–	–	–	–	–

(1)

◁ * Auf Grundlage der HOAI 2021 berechnete Werte nach §§ 35, 52, 56. Weitere Informationen siehe Seite 56

KG	Kostengruppen der 2.Ebene	Einheit	▷	€/Einheit	◁	▷	% an 1. Ebene	◁
310	Baugrube / Erdbau	m³BGI	16	**37**	49	1,5	**1,8**	2,3
320	Gründung, Unterbau	m²GRF	330	**424**	609	9,0	**15,6**	19,9
330	Außenwände / vertikal außen	m²AWF	401	**460**	490	23,6	**25,7**	29,8
340	Innenwände / vertikal innen	m²IWF	190	**297**	355	16,0	**19,4**	26,0
350	Decken / horizontal	m²DEF	308	**393**	478	0,0	**12,3**	18,7
360	Dächer	m²DAF	368	**482**	674	14,3	**21,4**	33,4
370	Infrastrukturanlagen		–	–	–	–	–	–
380	Baukonstruktive Einbauten	m²BGF	< 1	**4**	10	< 0,1	**0,3**	0,8
390	Sonst. Maßnahmen für Baukonst.	m²BGF	44	**51**	64	3,0	**3,5**	3,9
300	**Bauwerk – Baukonstruktionen**	**m²BGF**					**100,0**	
410	Abwasser-, Wasser-, Gasanlagen	m²BGF	28	**48**	79	11,6	**18,6**	22,9
420	Wärmeversorgungsanlagen	m²BGF	57	**73**	98	21,2	**34,5**	55,6
430	Raumlufttechnische Anlagen	m²BGF	–	**2**	–	0,0	**0,5**	0,8
440	Elektrische Anlagen	m²BGF	63	**80**	107	32,4	**33,3**	33,8
450	Kommunikationstechnische Anlagen	m²BGF	5	**15**	29	1,9	**6,0**	13,3
460	Förderanlagen	m²BGF	–	**63**	–	0,0	**6,5**	19,6
470	Nutzungsspez. / verfahrenstech. Anl.	m²BGF	–	**5**	–	0,0	**0,6**	1,7
480	Gebäude- und Anlagenautomation	m²BGF	–	–	–	–	–	–
490	Sonst. Maßnahmen f. techn. Anl.	m²BGF	–	–	–	–	–	–
400	**Bauwerk – Technische Anlagen**	**m²BGF**					**100,0**	

Prozentanteile der Kosten 2.Ebene an den Kosten des Bauwerks nach DIN 276 (Von/Mittel/Bis)

KG	Kostengruppe	%
310	Baugrube / Erdbau	1,5
320	Gründung, Unterbau	13,5
330	Außenwände / vertikal außen	21,8
340	Innenwände / vertikal innen	16,3
350	Decken / horizontal	10,3
360	Dächer	18,7
370	Infrastrukturanlagen	
380	Baukonstruktive Einbauten	0,2
390	Sonst. Maßnahmen für Baukonst.	3,0
410	Abwasser-, Wasser-, Gasanlagen	3,0
420	Wärmeversorgungsanlagen	4,3
430	Raumlufttechnische Anlagen	< 0,1
440	Elektrische Anlagen	4,9
450	Kommunikationstechnische Anlagen	0,9
460	Förderanlagen	1,4
470	Nutzungsspez. / verfahrenstech. Anl.	0,1
480	Gebäude- und Anlagenautomation	
490	Sonst. Maßnahmen f. techn. Anl.	

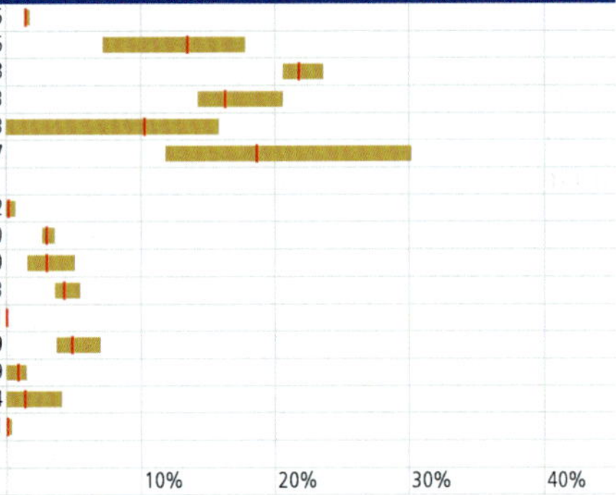

Kostenstand: 1.Quartal 2025, Bundesdurchschnitt, **inkl. 19% MwSt.**

Erläuterung nebenstehender Baukostentabellen

Alle Kostenkennwerte enthalten die Mehrwertsteuer. Kostenstand: 1. Quartal 2025.
Kosten und Kostenkennwerte umgerechnet auf den Bundesdurchschnitt.
Die Bezugseinheiten der Kostenkennwerte entsprechen der DIN 276:2018-12: Mengen und Bezugseinheiten.

Kostenkennwerte für die Kostengruppe 700 Baunebenkosten

(1)

Im Fachbuch „BKI Baukosten 2025 - Gebäude" werden die Honorare für die Architekten- und Ingenieurleistungen rechnerisch ermittelt. Als Grundlage dienen die Bauwerkskosten (KG 300 und 400) der jeweiligen Objekte, welche eine detaillierte Berechnung ermöglichen.

Für jedes in der Gebäudeart enthaltene Objekt wurden anhand der jeweils anrechenbaren Kosten:
- die Honorare für Grundleistungen bei Gebäuden und Innenräumen (Honorartafel § 35),
- die Honorare für Grundleistungen bei Tragwerksplanungen (Honorartafel §52),
- die Honorare für Grundleistungen der Technischen Ausrüstung (Honorartafel §56).

Es handelt sich dabei um regelmäßig anfallende Leistungsbilder der HOAI. Die berechneten Honorare beinhalten jeweils alle Grundleistungen (100%) des Leistungsbildes und keine besonderen Leistungen.

Je nach Anforderung können weitere Leistungsbilder (z.B. für Freianlagen, Umweltverträglichkeitsstudien, Bauphysik, Geotechnik, Ingenieurvermessung und weitere) und besondere Leistungen erforderlich werden. Diese müssen bei Kostenermittlungen separat ermittelt und kostenplanerisch erfasst werden. Dafür kann der Artikel „Orientierungswerte und frühzeitige Ermittlung der Baunebenkosten ausgewählter Gebäudearten" von Univ.-Prof. Dr.-Ing. Wolfdietrich Kalusche und Dr.-Ing. Sebastian Herke (ab Seite 122) eine wesentliche Hilfestellung geben, oder die ebenfalls bei BKI erhältliche Software „BKI Honorarermittler".

Die Honorarberechnungen wurden jeweils für den Mindest-, Mittel- und Höchstsatz der entsprechenden Leistungsbilder berechnet und in der BKI Systematik bei den Von-, Mittel-, und Bis-Werten eingetragen. Bei mehreren möglichen Honorarzonen wurde die jeweils niedrigere gewählt.

Für die rechnerisch ermittelten Kostenkennwerte der KG 700 wurde eine blaue Schriftfarbe verwendet, um diese von den empirisch erhobenen Werten der anderen Kostengruppen abzuheben. Damit soll auch verdeutlicht werden, dass der hier abgebildete Kostenkennwert nicht die gesamten Kosten der KG 700 abbildet. Es werden ausschließlich die Honorare nach den Paragrafen 35, 52, 56 der HOAI 2013 ermittelt. Für eine überschlägige Berechnung der weiteren Bestandteile der Baunebenkosten wird die Tabelle 10 im Artikel „Orientierungswerte und fühzeitige Ermittlung der Baunebenkosten ausgewählter Gebäudearten" empfohlen.

Büro- und Verwaltungsgebäude, einfacher Standard

Kosten:
Stand 1.Quartal 2025
Bundesdurchschnitt
inkl. 19% MwSt.

Prozentanteile der Kosten für Leistungsbereiche nach STLB (Kosten Bauwerk nach DIN 276)

	LB	Leistungsbereiche	7,5% 15% 22,5% 30%	▷	% an 300+400	◁
	000	Baustellen-, Verkehrssich.- u. Sicherh.einr. inkl. 001		0,6	**1,9**	3,2
	002	Erdarbeiten		1,5	**1,9**	2,5
	006	Spezialtiefbauarbeiten inkl. 005		–	–	–
	009	Entwässerungskanalarbeiten inkl. 011		0,3	**0,5**	0,9
	010	Drän- und Versickerarbeiten		0,0	**0,1**	0,6
1	012	Mauerarbeiten		1,3	**5,0**	8,4
	013	Betonarbeiten		16,0	**20,2**	23,5
	014	Natur-, Betonwerksteinarbeiten		< 0,1	**0,2**	0,5
	016	Zimmer- und Holzbauarbeiten		0,8	**3,3**	5,6
	017	Stahlbauarbeiten		0,6	**3,7**	11,9
	018	Abdichtungsarbeiten		0,4	**1,1**	2,8
	020	Dachdeckungsarbeiten		2,1	**3,5**	4,6
	021	Dachabdichtungsarbeiten		0,0	**0,3**	1,2
	022	Klempnerarbeiten		0,8	**2,0**	3,3
		Rohbau		40,1	**43,6**	50,7
	023	Putz- und Stuckarbeiten, Wärmedämmsysteme		1,6	**4,6**	7,0
	024	Fliesen- und Plattenarbeiten		1,4	**2,8**	7,0
	025	Estricharbeiten		1,4	**2,6**	6,3
	026	Fenster, Außentüren inkl. 029, 032		5,0	**7,1**	9,5
	027	Tischlerarbeiten		2,4	**4,2**	8,7
	028	Parkettarbeiten, Holzpflasterarbeiten		–	–	–
	030	Rollladenarbeiten		1,2	**2,6**	4,4
	031	Metallbauarbeiten inkl. 035		2,0	**7,0**	12,7
	034	Maler- und Lackiererarbeiten inkl. 037		1,7	**2,6**	3,9
	036	Bodenbelagarbeiten		2,3	**3,0**	5,1
	038	Vorgehängte hinterlüftete Fassaden		–	–	–
	039	Trockenbauarbeiten		3,2	**5,8**	11,9
2		**Ausbau**		38,2	**42,5**	46,3
	040	Wärmeversorgungsanl. - Betriebseinr. inkl. 041		3,3	**4,7**	6,1
	042	Gas- und Wasserinstallation, Leitungen inkl. 043		0,6	**1,1**	2,5
	044	Abwasseranlagen - Leitungen, Abläufe, Armaturen		< 0,1	**0,2**	0,5
	045	GWE - Einrichtungsgegenstände inkl. 046		0,2	**0,8**	1,4
	047	Dämm- und Brandschutzarbeiten an techn. Anlagen		< 0,1	**0,2**	0,6
	049	Feuerlöschanlagen, Feuerlöschgeräte		–	–	–
	050	Blitzschutz- und Erdungsanlagen		< 0,1	**0,2**	0,3
	052	Mittelspannungsanlagen		–	–	–
	053	Niederspannungsanlagen inkl. 054		2,1	**3,4**	4,6
	055	Sicherheits- und Ersatzstromversorgungsanlagen		–	–	–
	057	Gebäudesystemtechnik		–	–	–
	058	Leuchten und Lampen inkl. 059		< 0,1	**1,4**	2,6
	060	Such-, Signal-, elektroakust. Anl., Med. inkl. 064		< 0,1	**0,2**	0,5
	061	Kommunikations- und Übertragungsnetze inkl. 062		< 0,1	**0,3**	1,2
	063	Gefahrenmeldeanlagen		–	–	–
	069	Aufzüge		0,0	**1,0**	4,0
	070	Gebäudeautomation		–	–	–
	075	Raumlufttechnische Anlagen inkl. 078		0,0	**< 0,1**	0,1
		Gebäudetechnik		11,2	**13,5**	18,1
3		Sonstige Leistungsbereiche inkl. 008, 033, 051		0,0	**0,5**	1,8

- ● KKW
- ▶ min
- ▷ von
- | Mittelwert
- ◁ bis
- ◀ max

Kostenstand: 1.Quartal 2025, Bundesdurchschnitt, **inkl. 19% MwSt.**

Erläuterung nebenstehender Baukostentabelle

Alle Kostenkennwerte enthalten die Mehrwertsteuer. Kostenstand: 1. Quartal 2025.
Kosten und Kostenkennwerte umgerechnet auf den Bundesdurchschnitt.

Prozentanteile der Kosten für Leistungsbereiche nach STLB (Kosten des Bauwerks DIN 276)

①

LB-Nummer nach Standardleistungsbuch (STLB).
Bezeichnung des Leistungsbereichs (zum Teil abgekürzt).

Die grafische Darstellung verdeutlicht, welchen durchschnittlichen Anteil die einzelnen Leistungsbereiche an den Bauwerkskosten (Kostengruppe 300 + 400 = 100%) haben. Für Kostenermittlungen werden die kostenplanerisch besonders relevanten Leistungsbereiche auch optisch sofort erkennbar. Der senkrechte Strich markiert den durchschnittlichen Prozentanteil (Mittelwert); der farbige Balken visualisiert den „Streubereich" (Standardabweichung). Bei der Aufsummierung aller Prozentanteile der Leistungsbereiche sind Abweichungen zu 100% rundungsbedingt.

Anteil der jeweiligen Leistungsbereiche in Prozent der Bauwerkskosten (100%):
Mittelwerte: siehe Spalte „% an 300 + 400"
Standardabweichung: siehe Spalten „von/bis".

②

Prozentanteile für „Leistungsbereichspakete" als Zusammenfassung bestimmter Leistungsbereiche. Leistungsbereiche mit relativ geringem Kostenanteil wurden in Einzelfällen mit anderen Leistungsbereichen zusammengefasst.

Beispiel:
LB 000 Baustelleneinrichtung zusammengefasst mit
LB 001 Gerüstarbeiten (Angabe: inkl. 001)
vollständige Leistungsbereichsgliederung siehe S. 146

③

Ergänzende, den STLB-Leistungsbereichen nicht zuordenbare Leistungsbereiche, zusammengefasst mit den LB-Nr. 008, 033, 051 u.a.

Anmerkung:
Die Werte in den Spalten „von" bzw. „bis" sind aus statistischen Gründen nicht addierbar, sonstige Abweichungen sind rundungsbedingt. Bei zu geringem Stichprobenumfang entfällt bei einzelnen Leistungsbereichen die Angabe „von/bis".

Planungskennwerte für Flächen und Rauminhalte nach DIN 277

①

Grundflächen		▷	Fläche/NUF (%)	◁	▷	Fläche/BGF (%)	◁
NUF	Nutzungsfläche	100,0	**100,0**	100,0	66,7	**68,0**	69,2
TF	Technikfläche	2,3	**2,9**	4,3	1,6	**1,9**	2,8
VF	Verkehrsfläche	18,5	**21,8**	23,4	12,5	**14,6**	16,3
NRF	Netto-Raumfläche	122,6	**124,7**	127,6	82,2	**84,5**	85,7
KGF	Konstruktions-Grundfläche	20,1	**22,9**	26,8	14,3	**15,5**	17,8
BGF	Brutto-Grundfläche	145,2	**147,6**	150,6	100,0	**100,0**	100,0

②

Brutto-Rauminhalte		▷	BRI/NUF (m)	◁	▷	BRI/BGF (m)	◁
BRI	Brutto-Rauminhalt	4,55	**4,86**	5,40	3,19	**3,30**	3,83

③

Flächen von Nutzeinheiten	▷	NUF/Einheit (m²)	◁	▷	BGF/Einheit (m²)	◁
Nutzeinheit: Arbeitsplätze	23,95	**26,96**	26,96	37,34	**40,14**	40,14

④

Lufttechnisch behandelte Flächen	▷	Fläche/NUF (%)	◁	▷	Fläche/BGF (%)	◁
Entlüftete Fläche	2,8	**2,8**	2,8	2,0	**2,0**	2,0
Be- und entlüftete Fläche	95,1	**95,1**	95,1	61,9	**61,9**	61,9
Teilklimatisierte Fläche	–	–	–	–	–	–
Klimatisierte Fläche	–	–	–	–	–	–

⑤

KG	Kostengruppen (2. Ebene)	Einheit	▷	Menge/NUF	◁	▷	Menge/BGF	◁
310	Baugrube / Erdbau	m³BGI	1,29	**1,39**	1,39	0,86	**0,93**	0,93
320	Gründung, Unterbau	m²GRF	0,82	**0,82**	0,82	0,56	**0,58**	0,58
330	Außenwände / vertikal außen	m²AWF	1,14	**1,14**	1,14	0,79	**0,79**	0,82
340	Innenwände / vertikal innen	m²IWF	1,40	**1,40**	1,57	0,82	**0,97**	0,97
350	Decken / horizontal	m²DEF	0,94	**0,94**	0,94	0,64	**0,64**	0,64
360	Dächer	m²DAF	0,93	**0,98**	0,98	0,68	**0,69**	0,69
370	Infrastrukturanlagen		–	–	–	–	–	–
380	Baukonstruktive Einbauten	m²BGF	1,45	**1,48**	1,51	1,00	**1,00**	1,00
390	Sonst. Maßnahmen für Baukonst.	m²BGF	1,45	**1,48**	1,51	1,00	**1,00**	1,00
300	**Bauwerk – Baukonstruktionen**	**m²BGF**	1,45	**1,48**	1,51	1,00	**1,00**	1,00

Planungskennwerte für Bauzeiten — 8 Vergleichsobjekte

⑥

Bauzeit in Wochen

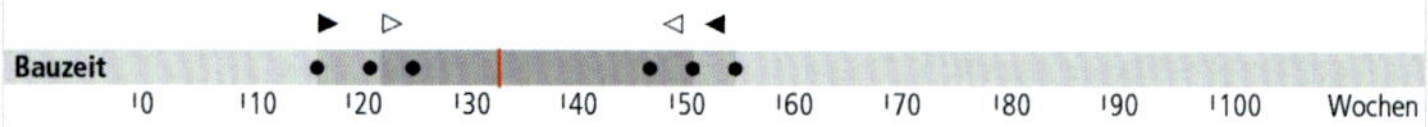

Kostenstand: 1. Quartal 2025, Bundesdurchschnitt, **inkl. 19% MwSt.**

Verwaltung | Wissenschaft | Gesundheit | Bildung | Sport | Wohnen | Gewerbe | Versorgung | Kultur

Erläuterung nebenstehender Planungskennwerttabellen

Planungskennwerte für Grundflächen und Rauminhalte DIN 277

In Ergänzung der Kostenkennwerttabellen werden für jede Gebäudeart Planungskennwerte angegeben, die die Überprüfung der Wirtschaftlichkeit einer Entwurfslösung anhand nicht-monetärer Kennwerte ermöglichen.
Ein Planungskennwert im Sinne dieser Veröffentlichung ist ein Wert, der das Verhältnis bestimmter Flächen und Rauminhalte darstellt, angegeben als Prozentwert oder als Faktor (Mengenverhältnis).

①

Grundflächen im Verhältnis zur Nutzungsfläche (NUF = 100%) und Brutto-Grundfläche (BGF = 100%) in Prozent. Angegeben sind Mittelwerte und Streubereich (Spalten „von" bzw. „bis"). Die „von-/bis"-Werte sind aus statistischen Gründen nicht addierbar, sonstige Abweichungen sind entweder rundungsbedingt oder es lagen bei einzelnen Objekten nicht alle Flächenangaben vor.

②

Verhältnis von BRI zur Nutzungsfläche und zur Brutto-Grundfläche (mittlere Geschosshöhe), angegeben als Faktor (in Meter).

③

Verhältnis der Nutzeinheiten (NE) zur Nutzungsfläche und Brutto-Grundfläche.

④

Verhältnis von lufttechnisch behandelten Flächen (nach BKI) zur Nutzungsfläche und zur Brutto-Grundfläche in Prozent. Diese Angaben sind nicht bei allen Objekten verfügbar. Wenn in der Tabelle kein Streubereich angegeben ist, handelt es sich bei dem Mittelwert um den Wert eines einzelnen Objekts.

⑤

Verhältnis der Mengen dieser Kostengruppen nach DIN 276 („Grobelemente") zur Nutzungs- und Brutto-Grundfläche, angegeben als Faktor. Wenn aus der Grundlagenermittlung die Nutzungsfläche oder Brutto-Grundfläche für ein Projekt bekannt ist, ein Vorentwurf als Grundlage für Mengenermittlungen aber noch nicht vorliegt, so können mit diesen Faktoren die Grobelementmengen überschlägig ermittelt werden.

⑥

Die statistische Auswertung der Bauzeiten der einzelnen Objekte zeigt die mittlere Bauzeit, sowie den Von-Bis-Bereich und die Minimal- und Maximal-Zeiten jeweils in Wochen. Die Skala wechselt, um die unterschiedliche Zeitdauer bei wechselnden Gebäudearten darstellen zu können. Untypische Objekte werden nicht in die Auswertung einbezogen.

1 2 3 4 5 6 7

Büro- und Verwaltungsgebäude, einfacher Standard

€/m² BGF

min	1.310	€/m²
von	1.450	€/m²
Mittel	**1.705**	**€/m²**
bis	2.090	€/m²
max	2.260	€/m²

Kosten:
Stand 1. Quartal 2025
Bundesdurchschnitt
inkl. 19% MwSt.

Objektübersicht zur Gebäudeart

1300-0276 Bürogebäude (41 AP) — **BRI** 3.653 m³ **BGF** 1.093 m² **NUF** 732 m²

Bürogebäude mit 41 Arbeitsplätzen. Mauerwerk.

Land: Schleswig-Holstein
Kreis: Steinburg
Standard: einfach
Bauzeit: 56 Wochen
Kennwerte: bis 1. Ebene DIN 276

BGF **2.067 €/m²**

Planung: Architekten und Ingenieure Bley und Voß PartGmbB; Breitenburg

veröffentlicht: BKI Objektdaten N18

1300-0139 Bürogebäude — **BRI** 752 m³ **BGF** 273 m² **NUF** 196 m²

Bürogebäude. Stb-Massivbau.

Land: Brandenburg
Kreis: Elbe-Elster
Standard: einfach
Bauzeit: 26 Wochen
Kennwerte: bis 3. Ebene DIN 276

BGF **1.683 €/m²**

Planung: Architekt (TU) Torsten Hensel; Finsterwalde

veröffentlicht: www.bki.de

1300-0106 Bürogebäude — **BRI** 1.418 m³ **BGF** 309 m² **NUF** 222 m²

Bürogebäude genutzt von einem Planungsbüro. Mauerwerksbau mit Stahl-Dachkonstruktion.

Land: Bayern
Kreis: Bad Kissingen
Standard: einfach
Bauzeit: 22 Wochen
Kennwerte: bis 3. Ebene DIN 276

BGF **1.791 €/m²**

Planung: k.A.

veröffentlicht: www.bki.de

1300-0102 Verwaltungsgebäude, Wohnung (1 WE) — **BRI** 1.604 m³ **BGF** 528 m² **NUF** 393 m²

Bürogebäude für 15 Mitarbeitende, Empfangsbüro, Verkaufsraum, Ausstellungshalle, Betriebswohnung (110 m² WFL). Mauerwerksbau.

Land: Nordrhein-Westfalen
Kreis: Köln, Stadt
Standard: einfach
Bauzeit: 52 Wochen
Kennwerte: bis 1. Ebene DIN 276

BGF **1.311 €/m²**

Planung: Franz Markus Moster Architekturbüro; Köln

veröffentlicht: www.bki.de

Kostenstand: 1. Quartal 2025, Bundesdurchschnitt, **inkl. 19% MwSt.**

Erläuterung nebenstehender Baukostentabellen

Alle Kostenkennwerte enthalten die Mehrwertsteuer. Kostenstand: 1. Quartal 2025.
Kosten und Kostenkennwerte umgerechnet auf den Bundesdurchschnitt.
Die Bezugseinheiten der Kostenkennwerte entsprechen der DIN 276:2018-12: Mengen und Bezugseinheiten.

Tabellen zur Objektübersicht

①

Objektnummer und Objektbezeichnung. Unter der Objektnummer kann die komplette Kostendokumentation beim BKI erworben werden.

②

Angaben zu Brutto-Rauminhalt (BRI), Brutto-Grundfläche (BGF) und Nutzungsfläche (NUF) nach DIN 277

③

Abbildung und Nutzungsbeschreibung des Objektes mit Nennung des überwiegenden Konstruktionsprinzips dieses Objekts z. B. Massivbau, Stahlskelettbau, Holzbau usw.

④

a) Angaben zum Bundesland
b) Angaben zum Kreis
c) Angaben zum Standard
d) Angaben zur Bauzeit
e) „Kennwerte" gibt die Kostengliederungstiefe nach DIN 276 an. Die BKI Objekte sind unterschiedlich detailliert dokumentiert: Eine Kurzdokumentation enthält Kosteninformationen bis zur 1. Ebene DIN 276, eine Grobdokumentation bis zur 2. Ebene DIN 276 und eine Langdokumentation bis zur 3. Ebene und teilweise darüber hinaus bis zu den Elementarten einzelner Kostengruppen.

⑤

Planendes und/oder ausführendes Architektur- oder Planungsbüro.

⑥

Kosten des Bauwerks (KG 300+400) in €/m² BGF.

⑦

Lineare Skala mit Angabe der Kosten des Objekts als schwarzer Punkt • (Kostengruppe 300+400 in €/m² BGF), der „von-/bis-"-Werte (dunkler Bereich) und Angabe der „min-/max-"-Werte (heller Bereich) und des Mittelwertes (roter Strich) der zugehörigen Gebäudeart.

Arbeitsblatt zur Standardeinordnung bei Büro- und Verwaltungsgebäuden

Kosten:
Stand 1. Quartal 2025
Bundesdurchschnitt
inkl. 19% MwSt.

- ● KKW
- ► min
- ▷ von
- | Mittelwert
- ◁ bis
- ◄ max

Kostenkennwerte für die Kosten des Bauwerks (Kostengruppen 300+400 nach DIN 276)

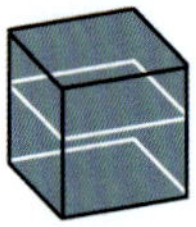

BRI 790 €/m³
von 610 €/m³
bis 1.030 €/m³

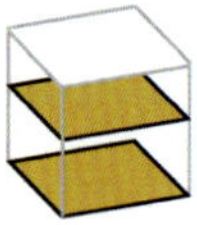

BGF 2.905 €/m²
von 2.195 €/m²
bis 3.835 €/m²

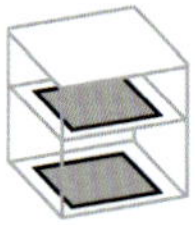

NUF 4.585 €/m²
von 3.305 €/m²
bis 6.160 €/m²

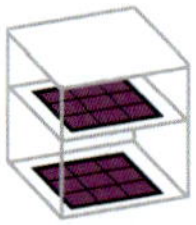

NE 121.890 €/NE
von 73.355 €/NE
bis 218.020 €/NE
NE: Arbeitsplätze

Standardzuordnung

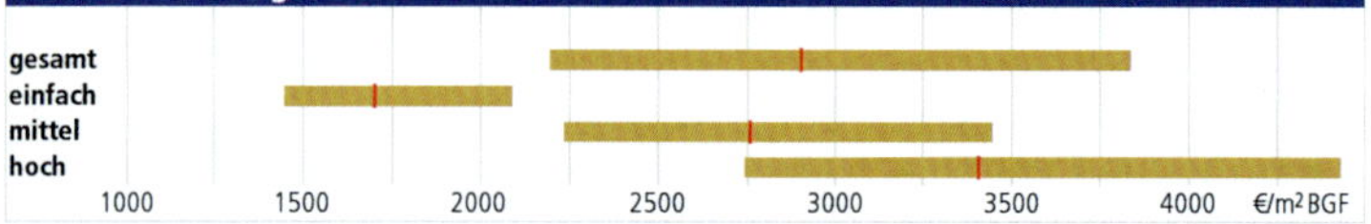

Standardeinordnung für Ihr Projekt:

KG	Kostengruppen der 2. Ebene	niedrig	mittel	hoch	Punkte
310	Baugrube / Erdbau				
320	Gründung, Unterbau	2	3	4	
330	Außenwände/Vert. Baukonstrukt., außen	6	7	9	
340	Innenwände/Vert. Baukonstrukt., innen	3	4	6	
350	Decken/Horizontale Baukonstruktionen	3	4	5	
360	Dächer	2	3	5	
370	Infrastrukturanlagen				
380	Baukonstruktive Einbauten	0	0	1	
390	Sonst. Maßnahmen für Baukonstrukt.				
410	Abwasser-, Wasser-, Gasanlagen	1	1	1	
420	Wärmeversorgungsanlagen	1	2	2	
430	Raumlufttechnische Anlagen	0	1	2	
440	Elektrische Anlagen	2	2	3	
450	Kommunikationstechnische Anlagen	0	1	1	
460	Förderanlagen	0	1	1	
470	Nutzungsspez. u. verfahrenstechn. Anl.	0	0	0	
480	Gebäude- und Anlagenautomation	0	1	1	
490	Sonst. Maßnahmen für techn. Anlagen				

Punkte: 20 bis 26 = einfach 27 bis 34 = mittel 35 bis 41 = hoch **Ihr Projekt (Summe):**

Erläuterung:
Obenstehende Tabelle soll Ihnen die Zuordnung zu den Gebäudearten mit einfachem, mittlerem und hohem Standard erleichtern. Schätzen Sie für jedes Grobelement ab, ob die Aufwendungen niedrig, mittel oder hoch sein werden und übertragen Sie die Punkte in die rechte Spalte. Bilden Sie die Summe der rechten Spalte und ordnen Sie Ihr Projekt nach dem Schema der untersten Zeile ein. Nehmen Sie dieses Schema auch als Hinweis darauf, bei welchen Kostengruppen Sie den Mittelwert nach oben oder unten anpassen sollten.

Kostenstand: 1. Quartal 2025, Bundesdurchschnitt, **inkl. 19% MwSt.**

Erläuterung nebenstehender Tabellen

Arbeitsblatt zur Standardeinordnung bei verschiedenen Gebäudearten

Einige Gebäudearten werden vom BKI nach Standard unterteilt.
Unter Standard versteht BKI nicht nur Unterschiede in der Ausstattung eines Gebäudes, auch hochwertige Außenbauteile, wie z. B. eine Natursteinfassade, können die Standardeinordnung eines Gebäudes beeinflussen. Auch an die Konstruktion können durch den Standard erhöhte Anforderungen gestellt werden, z. B. wenn ein Flachdach befahrbar sein muss. Kostenintensive Aufwendungen im Bereich der Baugrube erhöhen zwar die Kosten des Bauwerks; wirken sich aber nicht auf den Standard des Gebäudes aus. Alle diese projektspezifischen Besonderheiten wirken zusammen. Es gibt also keine eindeutige „Wenn-dann-Beziehung".
Der Standard eines Objektes hat Auswirkungen auf seinen Kostenkennwert.
Allerdings besteht in der Praxis oft das Problem, die richtige Einordnung zu finden. Genügt z. B. die schon erwähnte Natursteinfassade, um ein ansonsten eher durchschnittliches Gebäude in die Kategorie „hoher Standard" einzuordnen?

Um eine gewisse Hilfestellung zu geben, wenn es darum geht, das eigene Projekt einer Gebäudeart zuzuordnen, wurde bei allen nach Standards unterteilten Gebäudearten eine Gebäudeklasse vorangestellt. Diese Gebäudeklasse ist eine Zusammenfassung der drei nach Standards unterteilten Gebäudearten. Die Gebäudeklassen erlauben es, einfach und schnell die Bandbreite von Kostenkennwerten festzustellen, die die Gebäudeart ohne Unterteilung in Standards aufweisen würde. Zusätzlich wird in der Gebäudeklasse eine Methode vorgestellt, die es erlaubt das eigene Projekt anhand einer Matrix einer der nachfolgenden unterteilten Gebäudearten zuzuordnen. Der Nutzer kann in dieser Matrix die einzelnen Grobelemente wie in einem Fragebogen bewerten. Eine Auswahl von Baumaßnahmen, die kostenmindernd oder kostensteigernd wirken, wird in der Übersicht auf Seite 66-68 dargestellt (Die Maßnahmen sind beispielhaft gewählt und erheben keinen Anspruch auf Vollständigkeit). Die Gesamtpunktzahl zeigt am Ende bei welchem Standard das Projekt am besten einzuordnen ist. Besonders sinnvoll ist diese Vorgehensweise, wenn noch mit den Kostenkennwerten der ersten Ebene gearbeitet wird und eine differenziertere Betrachtung auf der zweiten Ebene nicht möglich oder nicht gewollt ist.

Bei der Bearbeitung der zweiten Ebene kann dieses Schema zusätzlich ein Hinweis darauf sein, welche Kostengruppen evtl. nach oben oder unten angepasst werden sollten. Ein Projekt, das beispielsweise überwiegend beim mittleren Standard einzuordnen ist, aber bei den Außenwänden einen hohen Standard aufweist, wird insgesamt zwar der Gebäudeart „mittlerer Standard" zugeordnet. Es ist aber in diesem Fall empfehlenswert, die Kostenkennwerte der Außenwand nach oben anzupassen.

310 Baugrube/Erdbau

- **kostenmindernd:**
Nur Oberboden abtragen, Wiederverwertung des Aushubs auf dem Grundstück, keine Deponiegebühr, kurze Transportwege, wiederverwertbares Aushubmaterial für Verfüllung

+ **kostensteigernd:**
Wasserhaltung, Grundwasserabsenkung, Baugrubenverbau, Spundwände, Baugrubensicherung mit Großbohrpfählen, Felsbohrungen, schwer lösbare Bodenarten oder Fels

320 Gründung, Unterbau

- **kostenmindernd:**
Kein Fußbodenaufbau auf der Gründungsfläche, keine Dämmmaßnahmen auf oder unter der Gründungsfläche

+ **kostensteigernd:**
Teurer Fußbodenaufbau auf der Gründungsfläche, Bodenverbesserung, Bodenkanäle, Perimeterdämmung oder sonstige, teure Dämmmaßnahmen, versetzte Ebenen, hoher Wasserandrang

330 Außenwände/Vertikale Baukonstruktionen, außen

- **kostenmindernd:**
(Monolithisches) Mauerwerk, Putzfassade, geringe Anforderungen an Statik, Brandschutz, Schallschutz und Optik

+ **kostensteigernd:**
Vorhangfassaden, Natursteinfassade, Pfosten-Riegel-Konstruktionen, Sichtmauerwerk, Passivhausfenster, Verblendmauerwerk, hochwertige Fenster oder Sonderverglasungen, Lärmschutzmaßnahmen, Sonnenschutzanlagen

340 Innenwände/Vertikale Baukonstruktionen, innen

- **kostenmindernd:**
Großer Anteil an Kellertrennwänden, Sanitärtrennwänden, einfachen Montagewänden, sparsame Verfliesung

+ **kostensteigernd:**
Hoher Anteil an mobilen Trennwänden, Schrankwänden, verglasten Wänden, Sichtmauerwerk, Ganzglastüren, Vollholztüren Brandschutztüren, sonstige hochwertige Türen, hohe Anforderungen an Statik, Brandschutz, Schallschutz, Raumakustik und Optik, Edelstahlgeländer, raumhohe Verfliesung

350 Decke/Horizontale Baukonstruktionen

- **kostenmindernd:**
Einfache Bodenbeläge, wenige und einfache Treppen, geringe Spannweiten

+ **kostensteigernd:**
Doppelboden, hochwertige Holz- und Natursteinbeläge, Metall- und Holzbekleidungen, Edelstahltreppen, hohe Anforderungen an Brandschutz, Schallschutz, Raumakustik und Optik, hohe Spannweiten

360 Dächer

- **kostenmindernd:**
Einfache Geometrie, wenig Durchdringungen

+ **kostensteigernd:**
Aufwändige Geometrie wie Mansarddach, Gauben, Metalldeckung, Glasdächer oder Glasoberlichter, begeh-/befahrbare Flachdächer, Begrünung, Schutzelemente wie Edelstahl-Geländer

380 Baukonstruktive Einbauten

+ **kostensteigernd:**
Hoher Anteil Einbauschränke, -regale und andere fest eingebaute Bauteile

390 Sonstige Maßnahmen für Baukonstruktionen

+ **kostensteigernd:**
Baustraße, Baustellenbüro, Schlechtwetterbau, Notverglasungen, provisorische Beheizung, aufwändige Gerüstarbeiten, lange Vorhaltzeiten

410 Abwasser-, Wasser-, Gasanlagen

- **kostenmindernd:**
  Wenige, günstige Sanitärobjekte, zentrale Anordnung von Ent- und Versorgungsleitungen

+ **kostensteigernd:**
  Barrierefreie Sanitärausstattung, Regenwassernutzungsanlage, Schmutzwasserhebeanlage, Benzinabscheider, Fett- und Stärkeabscheider, Druckerhöhungsanlagen, Enthärtungsanlagen

420 Wärmeversorgungsanlagen

+ **kostensteigernd:**
  Solarkollektoren, Blockheizkraftwerk, Fußbodenheizung, Wärmepumpen mit Erdsonden/Erdkollektoren

430 Raumlufttechnische Anlagen

- **kostenmindernd:**
  Einzelraumlüftung

+ **kostensteigernd:**
  Klimaanlage, Wärmerückgewinnung

440 Elektrische Anlagen

- **kostenmindernd:**
  Wenig Steckdosen, Schalter und Brennstellen

+ **kostensteigernd:**
  Blitzschutzanlagen, Sicherheits- und Notbeleuchtungsanlage, Elektroleitungen in Leerrohren, Photovoltaikanlagen, Unterbrechungsfreie Ersatzstromanlagen, Zentralbatterieanlagen

450 Kommunikations-, sicherheits- und informationstechnische Anlagen

+ **kostensteigernd:**
  Brandmeldeanlagen, Einbruchsmeldeanlagen, Video-Überwachungsanlage, Lautsprecheranlage, EDV-Verkabelung, Konferenzanlage, Personensuchanlage, Zeiterfassungsanlage

460 Förderanlagen

+ **kostensteigernd:**
  Personenaufzüge (mit Glaskabinen), Lastenaufzug, Doppelparkanlagen, Fahrtreppen, Hydraulikanlagen

470 Nutzungsspezifische und verfahrenstechnische Anlagen

+ **kostensteigernd:**
  Feuerlösch- und Meldeanlagen, Sprinkleranlagen, Feuerlöschgeräte, Küchentechnische Anlagen, Wasseraufbereitungsanlagen, Desinfektions- und Sterilisationseinrichtungen

480 Gebäude- und Anlagenautomation

+ **kostensteigernd:**
  Überwachungs-, Steuer-, Regel- und Optimierungseinrichtungen zur automatischen Durchführung von technischen Funktionsabläufen

Erläuterung Baukostensimulationstabelle

Baukosten-Simulationsmodell

Die Baukostensimulation kann für die 87 Gebäudearten aus dem Fachbuch „BKI Baukosten Gebäude Neubau" angewendet werden und liefert schnelle Ergebnisse für einen Kostenrahmen in der Struktur der DIN 276.
Die Ergebnisse werden nach der Kostengliederung der DIN 276 in der 2. Ebene dargestellt. Dies hat den Vorteil, dass die Ergebnisse nachfolgender Kostenermittlungsstufen damit verglichen werden können. Um verlässliche und exakte Kostenschätzungen nach DIN 276 durchzuführen, bedarf es einer genauen Mengen- und Kostenkennwert-Ermittlung mit Hilfe der BKI-Baukostendatenbanken.

Kostensimulationsmodell

KG	Kostengruppen der 2. Ebene	Einheit	Mengen mit PlanungsKennWerten				KostenKennWerte	Kosten
Berechnungsmethode:			BGF *	PKW/BGF	= Simulation →	gewählt *	KKW € gewählt =	Kosten €
310	Baugrube / Erdbau	m^3 BGI	BGF für alle Zeilen		0,00			0,00
320	Gründung, Unterbau	m^2 GRF			0,00			0,00
330	Außenwände / Vertikale Baukonstruktionen, außen	m^2 AWF			0,00			0,00
340	Innenwände / Vertikale Baukonstruktionen, innen	m^2 IWF			0,00			0,00
350	Decken / Horizontale Baukonstruktionen	m^2 DEF			0,00			0,00
360	Dächer	m^2 DAF			0,00			0,00
370	Infrastrukturanlagen				0,00			0,00
380	Baukonstruktive Einbauten	m^2 BGF		1,00	0,00	0,00		0,00
390	Sonstige Maßnahmen für Baukonstruktionen	m^2 BGF		1,00	0,00	0,00		0,00
300	**Bauwerk - Baukonstruktionen**						**Σ300:**	**0,00**
410	Abwasser-, Wasser-, Gasanlagen	m^2 BGF		1,00	0,00	0,00		0,00
420	Wärmeversorgungsanlagen	m^2 BGF		1,00	0,00	0,00		0,00
430	Raumlufttechnische Anlagen	m^2 BGF		1,00	0,00	0,00		0,00
440	Elektrische Anlagen	m^2 BGF		1,00	0,00	0,00		0,00
450	Kommunikations-, sicherheits- und informationstechnische Anlagen	m^2 BGF		1,00	0,00	0,00		0,00
460	Förderanlagen	m^2 BGF		1,00	0,00	0,00		0,00
470	Nutzungsspezifische und verfahrenstechnische Anlagen	m^2 BGF		1,00	0,00	0,00		0,00
480	Gebäude- und Anlagenautomation	m^2 BGF		1,00	0,00	0,00		0,00
490	Sonstige Maßnahmen für technische Anlagen	m^2 BGF		1,00	0,00	0,00		0,00
400	**Bauwerk - Technische Anlagen**						**Σ400:**	**0,00**
Summe 300+400							**Σ300+400:**	**0,00**

= BGF eintragen
= Werte aus "BKI Baukosten Gebäude" übertragen
Zellen, in denen Angaben vom Anwender erwartet werden, sind farbig markiert!

Download zu finden unter: www.bki.de/kostensimulationsmodell

Zum besseren Verständnis sei an dieser Stelle kurz der fachliche Hintergrund der BKI-Berechnungsmethodik zum Baukosten-Simulationsmodell erläutert:
Die abgerechneten Objekte der Neubau BKI-Baukostendatenbanken sind 87 Gebäudearten zugeordnet. Eine Gebäudeart umfasst beispielsweise die Objektgruppe „Sport- und Mehrzweckhallen". Für die abgerechneten Objekte dieser Gruppe liegen unter anderem Baukostenauswertungen und Planungskennzahlen vor. Die BKI-Baukostenauswertungen beinhalten für diese Objektgruppe beispielsweise statistische Mittelwerte für:

- Baukosten 1. Ebene DIN 276 (z. B. für KG 300 Bauwerk- Baukonstruktionen)
- Baukosten 2. Ebene DIN 276 (z. B. für KG 330 Außenwände/Vertikale Baukonstruktionen, außen)
- Baukosten nach Leistungsbereichen (z. B. für LB 012 Mauerarbeiten)

Diese gründlichen Baukostenauswertungen in Verbindung mit den objektbezogenen Planungskennzahlen sind die Grundlage für die BKI-Baukostensimulation.
Die Planungskennzahlen liefern Mengenansätze für die kostenentscheidenden Grobelemente im Verhältnis zu Brutto-Grundfläche z. B. für:

- Baugrube (m^3 BGI Baugrubeninhalt / Erdbaurauminhalt)
- Gründung (m^2 GRF Gründungsfläche / Unterbaufläche)
- Außenwände (m^2 AWF Außenwandfläche / Fläche der vertikalen Baukonstruktionen, außen)
- Innenwände (m^2 IWF Innenwandfläche / Fläche der vertikalen Baukonstruktionen, innen)
- Decken (m^2 DEF Deckenfläche / Fläche der horizontalen Baukonstruktionen)
- Dächer (m^2 DAF Dachfläche)

Mit Angaben der Brutto-Grundfläche kann somit eine statistische Aussage über die zu erwartende Menge z. B. Außenwandfläche getroffen werden. Multipliziert mit z. B. dem mittleren Kostenkennwert (KKW z. B. 736€/m^2 AWF für KG 330 Außenwände / Vertikale Baukonstruktionen, außen) wird dadurch die Baukostensimulation für dieses Grobelement wie auch für alle anderen Grobelemente durchgeführt.

Eine komplett ausgeführte Baukosten-Simulation liefert als Ergebnis einen Kostenrahmen mit Kosten:

- für die 1. Ebene DIN 276
- für die 2. Ebene DIN 276 Kostengruppe 300 (Grobelemente)
- für die 2. Ebene DIN 276 Kostengruppe 400

Die so ermittelten Kosten können mit der Tabelle „Prozentanteile der Kosten für Leistungsbereiche nach STLB" und deren Angaben in der Spalte „% an 300+400" dann noch den Leistungsbereichen nach STLB zugeordnet werden.

(1) (2) (3) (4) (5) (6) (7) (8)

Kostensimulationsmodell

KG	Kostengruppen der 2. Ebene	Einheit	Mengen mit PlanungsKennWerten				KostenKennWerte	Kosten
Berechnungsmethode:			BGF *	PKW/BGF =	Simulation →	gewählt *	KKW € gewählt =	Kosten €
310	Baugrube / Erdbau	m³ BGI	1.450	1,01	1.465	1.465	54	79.110
320	Gründung, Unterbau	m² GRF	BGF für alle Zeilen	0,84	1.218	1.220	457	557.540
330	Außenwände / Vertikale Baukonstruktionen, außen	m² AWF		1,00	1.450	1.450	736	1.067.200
340	Innenwände / Vertikale Baukonstruktionen, innen	m² IWF		0,51	740	740	388	287.120
350	Decken / Horizontale Baukonstruktionen	m² DEF		0,24	348	350	714	249.900
360	Dächer	m² DAF		1,00	1.450	1.450	734	1.064.300
370	Infrastrukturanlagen			0,00	0	0	0	0
380	Baukonstruktive Einbauten	m² BGF		1,00	1.450	1.450	22	31.900
390	Sonstige Maßnahmen für Baukonstruktionen	m² BGF		1,00	1.450	1.450	82	118.900
300	**Bauwerk - Baukonstruktionen**						**Σ300:**	**3.455.970**
410	Abwasser-, Wasser-, Gasanlagen	m² BGF		1,00	1.450	1.450	113	163.850
420	Wärmeversorgungsanlagen	m² BGF		1,00	1.450	1.450	105	152.250
430	Raumlufttechnische Anlagen	m² BGF		1,00	1.450	1.450	82	118.900
440	Elektrische Anlagen	m² BGF		1,00	1.450	1.450	205	297.250
450	Kommunikations-, sicherheits- und informationstechnische Anlagen	m² BGF		1,00	1.450	1.450	35	50.750
460	Förderanlagen	m² BGF		1,00	1.450	1.450	0	0
470	Nutzungsspezifische und verfahrenstechnische Anlagen	m² BGF		1,00	1.450	1.450	2	2.900
480	Gebäude- und Anlagenautomation	m² BGF		1,00	1.450	1.450	35	50.750
490	Sonstige Maßnahmen für technische Anlagen	m² BGF		1,00	1.450	1.450	1	1.450
400	**Bauwerk - Technische Anlagen**						**Σ400:**	**838.100**
Summe 300+400							**Σ300+400:**	**4.294.070**

= BGF eintragen
= Werte aus "BKI Baukosten Gebäude" übertragen
Zellen, in denen Angaben vom Anwender erwartet werden, sind farbig markiert!

Baukosten-Simulationsmodell 2. Ebene ausgefüllt anhand der Gebäudeart „Sport- und Mehrzweckhallen"

Erläuterung nebenstehender Baukostensimulationstabelle

Erläuterung der Tabelle „Baukosten-Simulationsmodell" 2. Ebene anhand der Gebäudeart Sport- und Mehrzweckhallen (S. 382)

①

Die Überschriftenzeile gliedert in die Berechnungsschritte:

- Kostengruppen der 2. Ebene wählen
- Mengen mit Planungskennwerten ermitteln
- Kostenkennwerte wählen
- Kosten errechnen.

②

Die Methodenzeile erläutert die Rechenschritte des Modells.

③

Die BGF muss nur einmal eingetragen werden und gilt für alle folgenden Zeilen der Tabelle.

④

Die Planungskennwerte/BGF werden mit der BGF multipliziert (S. 385; Planungskennwerte der 2. Ebene der Gebäudeart Sport- und Mehrzweckhallen)

⑤

Das errechnete Ergebnis wird in der Spalte „Simulation" eingetragen.

⑥

Die simulierten Ergebnisse aus der Spalte „Simulation" werden auf Plausibilität geprüft, wenn erforderlich korrigiert und dann in der Spalte „gewählt" eingetragen.

⑦

In die Spalte „KKW € gewählt" werden die Kostenkennwerte der entsprechenden Kostengruppe eingetragen (S. 383; Kostenkennwerte der 2. Ebene).

⑧

In der Spalte „Kosten" werden die Einträge der Spalten „gewählt" und „KKW € gewählt" von Excel multipliziert und in den Summenzeilen zu Zwischensummen und Endsumme addiert.

Kostensimulationsmodell Zusammenfassung					
KG	Kostengruppen der 1. Ebene	Menge	Einh.	KKW €	Kosten €
100	Grundstück		m² GF		0
200	Vorbereitende Maßnahmen	6.000	m² GF	13	78.000
300	Bauwerk - Baukonstruktionen	1.450	m² BGF	2.383	3.455.970
400	Bauwerk - Technische Anlagen	1.450	m² BGF	578	838.100
	Bauwerk	1.450	m² BGF	2.961	4.294.070
500	Außenanlagen und Freiflächen	1.400	m² AF	299,0	418.600
600	Ausstattung und Kunstwerke	1.450	m² BGF	84,0	121.800
700	Baunebenkosten	1.450	m² BGF		1.073.518
800	Finanzierung	1.450	m² BGF		107.352
	Gesamtkosten			**Σ100 bis 800:**	**6.093.339**
(1)	Regionalfaktor (Land- oder Stadtkreis)	Rottweil		0,962	5.861.792
		Kostenstand Buch	aktuelles Quartal	aktueller Index	
(2)	Anpassung Baupreisindex (Basisjahr 2021)	132,6	1. Quartal 2025	132,6	5.861.792
(3)	Prognose bis zur Vergabe			1,03%	**5.922.169**

= Übertrag der BGF aus Tabelle "2. Ebene"

= Werte aus "BKI Baukosten Gebäude" übertragen

Zellen, in denen Angaben vom Anwender erwartet werden, sind farbig markiert!

Baukosten-Simulationsmodell 1. Ebene ausgefüllt anhand der Gebäudeart „Sport- und Mehrzweckhallen“

Erläuterung nebenstehender Baukostensimulationstabelle

Erläuterung der Tabelle „Baukosten-Simulationsmodell" 1. Ebene

Die Zusammenfassung der Kosten auf der ersten Ebene der DIN 276 nutzen Sie um die verbleibenden Kostengruppen zu ergänzen und so die Gesamtkosten zu erhalten.

Das Ergebnis der Kostenermittlung kann hier mit dem Regionalfaktor (aus dem Anhang der BKI Baukosten Gebäude) und dem aktuellen Baupreisindex fortgeschrieben werden.

Zur Fortschreibung der Baukosten benutzt BKI den Baupreisindex des Statistischen Bundesamtes für den Neubau von Wohngebäuden insgesamt (inkl. MwSt.) mit der Basis 2021=100.

Es wird auch die Möglichkeit einer Prognose in die Zukunft angeboten, um die Bauherrschaft umfassend zu informieren.

①

Gewünschten Regionalfaktor aus dem Buchanhang einfügen, in diesem Beispiel:
Rottweil 0,962.

②

Neuesten Baupreisindex für den Neubau von Wohngebäuden insgesamt (inkl. MwSt.), Basis 2021=100 eintragen: www.bki.de/baupreisindex

③

Mögliche Kostenprognose von der Kostenschätzung bis zur Vergabe in Abstimmung mit der Bauherrschaft als prozentuale Steigerung.

Häufig gestellte Fragen

Fragen zur Flächenberechnung (DIN 277):

1. Wie wird die BGF berechnet?	Die Brutto-Grundfläche ist die Summe der Grundflächen aller Grundrissebenen. Nicht dazu gehören die Grundflächen von nicht nutzbaren Dachflächen (Kriechböden) und von konstruktiv bedingten Hohlräumen (z. B. über abgehängter Decke). (DIN 277:2021-08) Bei den Gebäudearten Dachausbau und Aufstockung nur bezogen auf die Grundrissebene des Dachs.
2. Gehört der Keller bzw. eine Tiefgarage mit zur BGF?	Ja, im Gegensatz zur Geschossfläche nach § 20 Baunutzungsverordnung (BauNVo) gehört auch der Keller bzw. die Tiefgarage zur BGF.
3. Wie werden Luftgeschosse (z. B. Züblinhaus) nach DIN 277 berechnet?	Die Rauminhalte der Luftgeschosse zählen zum Regelfall der Raumumschließung (R) BRI (R). Die Grundflächen der untersten Ebene der Luftgeschosse und Stege, Treppen, Galerien etc. innerhalb der Luftgeschosse zählen zur Brutto-Grundfläche BGF (R). Vorsicht ist vor allem bei Kostenermittlungen mit Kostenkennwerten des Brutto-Rauminhalts geboten.
4. Welchen Flächen ist die Garage zuzurechnen?	Die Stellplatzflächen von Garagen werden zur Nutzungsfläche gezählt, die Fahrbahn ist Verkehrsfläche.
5. Wird die Diele oder ein Flur zur Nutzungsfläche gezählt?	Normalerweise nicht, da eine Diele oder ein Flur zur Verkehrsfläche gezählt wird. Wenn die Diele aber als Wohnraum genutzt werden kann, z. B. als Essplatz, wird sie zur Nutzungsfläche gezählt.
6. Zählt eine nicht umschlossene oder nicht überdeckte Terrasse einer Sporthalle, die als Eingang und Fluchtweg dient, zur Nutzungsfläche?	Die Terrasse ist nicht Bestandteil der Grundflächen des Bauwerks nach DIN 277. Sie bildet daher keine BGF und damit auch keine Nutzungsfläche. Die Funktion als Eingang oder Fluchtweg ändert daran nichts.

7. Zählt eine Außentreppe zum Keller zur BGF?	Wenn die Treppe allseitig umschlossen ist, z. B. mit einem Geländer, ist sie als Verkehrsfläche zu werten. Nach DIN 277:2021-08 gilt: Grundflächen und Rauminhalte sind nach ihrer Zugehörigkeit zu den folgenden Bereichen getrennt zu ermitteln: Regelfall der Raumumschließung (R): Räume und Grundflächen, die Nutzungen der Netto-Raumfläche entsprechend Tabelle 1 aufweisen und die bei allen Begrenzungsflächen des Raums (Boden, Decke, Wand) vollständig umschlossen sind. Dazu gehören nicht nur Innenräume, die von der Witterung geschützt sind, sondern auch solche allseitig umschlossenen Räume, die über Öffnungen mit dem Außenklima verbunden sind; Sonderfall der Raumumschließung (S): Räume und Grundflächen, die Nutzungen der Netto-Raumfläche entsprechend Tabelle 1 aufweisen und mit dem Bauwerk konstruktiv verbunden sind, jedoch nicht bei allen Begrenzungsflächen des Raums (Boden, Decke, Wand) vollständig umschlossen sind (z. B. Loggien, Balkone, Terrassen auf Flachdächern, unterbaute Innenhöfe, Eingangsbereiche, Außentreppen). Die Außentreppe stellt also demnach einen Sonderfall der Raumumschließung (S) dar. Wenn die Treppe allerdings über einen Tiefgarten ins UG führt, wird sie zu den Außenanlagen gezählt. Sie bildet dann keine BGF. Die Kosten für den Tiefgarten mit Treppe sind bei den Außenanlagen zu erfassen.
8. Ist eine Abstellkammer mit Heizung eine Technikfläche?	Es kommt auf die überwiegende Nutzung an. Wenn über 50% der Kammer zum Abstellen genutzt werden können, wird sie als Abstellraum gezählt. Es kann also Gebäude ohne Technikfläche geben.
9. Ist die NUF gleich der Wohnfläche?	Nein, die DIN 277 kennt den Begriff Wohnfläche nicht. Zur Nutzungsfläche gehören grundsätzlich keine Verkehrsflächen, während bei der Wohnfläche zumindest die Verkehrsflächen innerhalb der Wohnung hinzugerechnet werden. Die Abweichungen sind dadurch meistens nicht unerheblich.

Fragen zur Wohnflächenberechnung (WoFlV):

10. Wie wird die Wohnfläche (NE: Wohnfläche) bei Wohngebäuden bei BKI berechnet?	Die Berechnung der bei BKI auf der Startseite der Wohngebäude angegebenen "NE: Wohnfläche" erfolgt nach der Wohnflächenberechnung WoFlV.

11. Wird ein Hobbyraum im Keller zur Wohnfläche gezählt?	Wenn der Hobbyraum nicht innerhalb der Wohnung liegt, wird er nicht zur Wohnfläche gezählt. Beim Einfamilienhaus gilt: Das ganze Haus stellt die Wohnung dar. Der Hobbyraum liegt also innerhalb der Wohnung und wird mitgezählt, wenn er die Qualitäten eines Aufenthaltsraums nach LBO aufweist.
12. Wird eine Diele oder ein Flur zur Wohnfläche gezählt?	Wenn die Diele oder der Flur in der Wohnung liegt ja, ansonsten nicht.
13. In welchem Umfang sind Balkone oder Terrassen bei der Wohnfläche zu rechnen?	Balkone und Terrassen werden von BKI zu einem Viertel zur Wohnfläche gerechnet. Die Anrechnung zur Hälfte wird nicht verwendet, da sie in der WoFIV als Ausnahme definiert ist.
14. Zählt eine Empore/Galerie im Zimmer als eigene Wohnfläche oder Nutzungsfläche?	Wenn es sich um ein unlösbar mit dem Baukörper verbundenes Bauteil handelt, zählt die Empore mit. Anders beim nachträglich eingebauten Hochbett, das zählt zum Mobiliar. Für die verbleibende Höhe über der Empore ist die 1 bis 2m Regel nach WoFIV anzuwenden: „Die Grundflächen von Räumen und Raumteilen mit einer lichten Höhe von mindestens zwei Metern sind vollständig, von Räumen und Raumteilen mit einer lichten Höhe von mindestens einem Meter und weniger als zwei Metern sind zur Hälfte anzurechnen."

Fragen zur Kostengruppenzuordnung (DIN 276):

15. Wo werden Abbruchkosten zugeordnet?	Abbruchkosten ganzer Gebäude im Sinne von „Bebaubarkeit des Grundstücks herstellen" werden der KG 212 Abbruchmaßnahmen zugeordnet. Abbruchkosten einzelner Bauteile, insbesondere bei Sanierungen werden den jeweiligen Kostengruppen der 2. oder 3. Ebene (Wände, Decken, Dächer) zugeordnet. Wo diese Aufteilung nicht möglich ist, werden die Abbruchkosten der KG 394 Abbruchmaßnahmen zugeordnet, weil z. B. die Abbruchkosten verschiedenster Bauteile pauschal abgerechnet wurden. Analog gilt dies auch für die Kostengruppen 400 und 500.

16. Wo muss ich die Kosten des Aushubs für Abwasser- oder Wasserleitungen zuordnen?	Diese Kosten werden wie auch alle anderen Rohrgraben- und Schachtaushubskosten der KG 311 zugeordnet, sofern der Aushub unterhalb des Gebäudes anfällt. Die Kosten für Rohrgraben- und Schachtaushub zwischen Gebäudeaußenkante und Grundstücksgrenze gehören in die KG 511. Die Kosten des Rohrgraben- und Schachtaushubs innerhalb von Erschließungsflächen werden der KG 220 ff. oder KG 230 ff. zugeordnet.
17. Wie werden Eigenleistungen bewertet?	Nach DIN 276:2018-12, gilt: 4.2.11 Die Werte von unentgeltlich eingebrachten Gütern und Leistungen (z. B. Materialien, Eigenleistungen) sind den betreffenden Kostengruppen zuzurechnen, aber gesondert auszuweisen. Dafür sind die aktuellen Marktwerte dieser Güter und Leistungen zu ermitteln und einzusetzen. Nach HOAI §4 (2) gilt: Als anrechenbare Kosten nach Absatz 2 gelten ortsübliche Preise, wenn der Auftraggeber: • selbst Lieferungen oder Leistungen übernimmt • von bauausführenden Unternehmern oder von Lieferanten sonst nicht übliche Vergünstigungen erhält • Lieferungen oder Leistungen in Gegenrechnung ausführt oder • vorhandene oder vorbeschaffte Baustoffe oder Bauteile einbauen lässt.

Fragen zu Kosteneinflussfaktoren:

18. Welchen Einfluss hat die Konjunktur auf die Baukosten?	Der Einfluss der Konjunktur auf die Baukosten wird häufig überschätzt. Er ist meist geringer als der anderer Kosteneinflussfaktoren. BKI Untersuchungen haben ergeben, dass die Baukosten bei mittlerer Konjunktur manchmal höher sind als bei hoher Konjunktur.

19. Gibt es beim BKI Regionalfaktoren?

Der Anhang dieser Ausgabe enthält eine Liste der Regionalfaktoren aller deutschen Land- und Stadtkreise, sowie für die Nord- und Ostsee-Inseln. Die Faktoren wurden auf Grundlage von Daten aus den statistischen Landesämtern gebildet, die wiederum aus den Angaben der Antragsteller von Bauanträgen entstammen. Die Regionalfaktoren werden von BKI zusätzlich als farbiges Poster im DIN A1 Format angeboten.
Die Faktoren geben Aufschluss darüber, inwiefern die Baukosten in einer bestimmten Region Deutschlands teurer oder günstiger liegen als im Bundesdurchschnitt. Sie können dazu verwendet werden, die BKI Baukosten an das besondere Baupreisniveau einer Region anzupassen.
Die Angaben wurden durch Untersuchungen des BKI weitgehend verifiziert. Dennoch können Abweichungen zu den angegebenen Werten entstehen. In Grenznähe zu einem Land-Stadtkreis mit anderen Baupreisfaktoren sollte dessen Baupreisniveau mit berücksichtigt werden, da die Übergänge zwischen den Land-Stadtkreisen fließend sind. Die Besonderheiten des Einzelfalls können ebenfalls zu Abweichungen führen.
Siehe auch Benutzerhinweise, 12. Regionalisierung der Daten (Seite 11).

20. Standardzuordnung

Einige Gebäudearten werden vom BKI nach ihrem Standard in „einfach", „mittel" und „hoch" unterteilt. Diese Unterteilung wurde immer dann vorgenommen, wenn der Standard als ein wesentlicher Kostenfaktor festgestellt wurde. Grundsätzlich gilt, dass immer mehrere Kosteneinflussfaktoren auf die Kosten und damit auf die Kostenkennwerte einwirken. Einige dieser vielen Faktoren seien hier aufgelistet:

- Zeitpunkt der Ausschreibung
- Art der Ausschreibung
- Regionale Konjunktur
- Gebäudegröße
- Lage der Baustelle, Erreichbarkeit

usw.

Wenn bei einem Gebäude große Mengen an Bauteilen hoher Qualität die übrigen Kosteneinflussfaktoren überlagern, dann wird von einem „hohen Standard" gesprochen.
Für Gebäudearten mit Standardunterteilung gibt es in „BKI Baukosten Gebäude, Statistische Kostenkennwerte" zu Beginn der jeweiligen Gebäudeart ein Arbeitsblatt zur Standardeinordnung.

21. Wie gehe ich mit der aktuellen Baukostenentwicklung um?	Zur Bewertung aktueller Baukostenentwicklungen führen wir zusätzlich Befragungen zu regionalen Baukosten-Niveaus nach Leistungsbereichen durch. Die Ergebnisse stellen wir den Anwender*innen der BKI-Fachbuchreihe zur Verfügung, unter: *www.bki.de/baukostenentwicklungen*. Damit können die Risiken kurzfristiger Materialpreis- und Lohnkosten-Veränderungen verbessert prognostiziert werden, wie sie die normkonforme Kostenplanung nach DIN 276 verlangt.

Fragen zur Handhabung der von BKI herausgegebenen Bücher:

22. Ist die MwSt. in den Kostenkennwerten enthalten?	Bei allen Kostenkennwerten in „BKI Baukosten" ist die gültige MwSt. enthalten (zum Zeitpunkt der Herausgabe 19%). In „BKI Baukosten Positionen Neubau, Statistische Kostenkennwerte" und „BKI Baukosten Positionen Altbau, Statistische Kostenkennwerte" werden die Kostenkennwerte, wie bei Positionspreisen üblich, zusätzlich ohne MwSt. dargestellt. Kostenstand und MwSt. wird auf jeder Seite als Fußzeile angegeben.
23. Hat das Baujahr der Objekte einen Einfluss auf die angegebenen Kosten?	Nein, alle Kosten wurden über den Baupreisindex auf einen einheitlichen zum Zeitpunkt der Herausgabe aktuellen Kostenstand umgerechnet. Der Kostenstand wird auf jeder Seite als Fußzeile angegeben. Allenfalls sind Korrekturen zwischen dem Kostenstand zum Zeitpunkt der Herausgabe und dem aktuellen Kostenstand durchzuführen.
24. Wo finde ich weitere Informationen zu den einzelnen Objekten einer Gebäudeart?	Alle Objekte einer Gebäudeart sind einzeln mit Kurzbeschreibung, Angabe der BGF und anderer wichtiger Kostenfaktoren aufgeführt. Die Objektdokumentationen sind veröffentlicht in den Fachbüchern „Objektdaten" und können als PDF-Datei unter ihrer Objektnummer bei BKI bestellt werden, Telefon: 0711 954 854-41.
25. Was mache ich, wenn ich keine passende Gebäudeart finde?	In aller Regel findet man verwandte Gebäudearten, deren Kostenkennwerte der 2. Ebene (Grobelemente) wegen ähnlicher Konstruktionsart übernommen werden können.

26. Wo findet man Kostenkennwerte für Abbruch?	Im Fachbuch „BKI Baukosten Gebäude Altbau - Statistische Kostenkennwerte" gibt es Elementarten zu Abbruch und Demontagearbeiten. Im Fachbuch „BKI Baukosten Positionen Altbau - Statistische Kostenkennwerte" gibt es Mustertexte für Teilleistungen zu „LB 384 - Abbruch und Rückbauarbeiten". Im Fachbuch „BKI Baupreise kompakt Altbau" gibt es Positionspreise und Kurztexte zu „LB 384 - Abbruch und Rückbauarbeiten". Die Mustertexte für Teilleistungen zu „LB 384 - Abbruch und Rückbauarbeiten" und deren Positionspreise sind auch auf der DVD BKI Positionen und im BKI Kostenplaner enthalten.
27. Warum ist die Summe der Kostenkennwerte in der Kostengruppen (KG) 310-390 nicht gleich dem Kostenkennwert der KG 300, aber bei der KG 400 ist eine Summenbildung möglich?	In den Kostengruppen 310-390 ändern sich die Einheiten (310 Baugrube/Erdbau gemessen in m^3, 320 Gründung, Unterbau gemessen in m^2); eine Addition der Kostenkennwerte ist nicht möglich. In den Kostengruppen 410-490 ist die Bezugsgröße immer BGF, dadurch ist eine Addition prinzipiell möglich.
28. Manchmal stimmt die Summe der Kostenkennwerte der 2. Ebene der Kostengruppe 400 trotzdem nicht mit dem Kostenkennwert der 1. Ebene überein; warum nicht?	Die Anzahl der Objekte, die auf der 1. Ebene dokumentiert werden, kann von der Anzahl der Objekte der 2. Ebene abweichen. Dann weichen auch die Kostenkennwerte voneinander ab, da es sich um unterschiedliche Stichproben handelt. Es fallen auch nicht bei allen Objekten Kosten in jeder Kostengruppe an (Beispiel KG 461 Aufzugsanlagen).
29. Nutzungskosten, Lebenszykluskosten	Seit 2010 bringt BKI in Zusammenarbeit mit dem Institut für Bauökonomie der Universität Stuttgart ein Fachbuch mit Nutzungskosten ausgewählter Objekte heraus. Die Reihe wird kontinuierlich erweitert. Das Fachbuch Nutzungskosten Gebäude 2020/2021 fasst einzelne Objekte zu statistischen Auswertungen zusammen.
30. Lohn- und Materialkosten	BKI dokumentiert Baukosten nicht getrennt nach Lohn- und Materialanteil.
31. Gibt es Angaben zu Kostenflächenarten?	Nein, BKI hält die Grobelementmethode für geeigneter. Solange Grobelementmengen nicht vorliegen, besteht die Möglichkeit der Ableitung der Grobelementmengen aus den Verhältniszahlen von Vergleichsobjekten (siehe Planungskennwerte und Baukostensimulation).

32. Sind die Inhalte von „BKI Baukosten Gebäude (Teil 1), Statistische Kostenkennwerte" und „BKI Baukosten Bauelemente (Teil 2), Statistische Kostenkennwerte" auch im Kostenplaner enthalten?

Ja, im BKI Kostenplaner Statistik sind alle Objekte mit den Kosten bis zur 3. Ebene nach DIN 276 enthalten.

Im BKI Kostenplaner Statistik plus sind zudem die vom BKI gebildeten Ausführungsklassen und Elementarten enthalten. Darüber hinaus ermöglicht der BKI Kostenplaner den Zugriff auf alle Einzeldokumentationen von tausenden Objekten.

33. Worin unterscheiden sich die Fachbuchreihen „BKI Baukosten" und „BKI Objektdaten"

In der Fachbuchreihe BKI Objektdaten erscheinen abgerechnete Einzelobjekte eines bestimmten Teilbereichs des Bauens (A=Altbau, N=Neubau, E=Energieeffizientes Bauen, IR=Innenräume, F=Freianlagen). In der Fachbuchreihe BKI Baukosten erscheinen hingegen statistische Kostenkennwerte von Gebäudearten, die aus den Einzelobjekten gebildet werden.

Die Kostenplanung mit Einzelobjekten oder mit statistischen Kostenkennwerten haben spezifische Vor- und Nachteile:

Planung mit Objektdaten (BKI Objektdaten):

- Vorteil: Wenn es gelingt ein vergleichbares Einzelobjekt oder passende Bauausführungen zu finden ist die Genauigkeit besser als mit statistischen Kostenkennwerten. Die Unsicherheit, die der Streubereich (von-bis-Werte) mit sich bringt, entfällt.
- Nachteil: Passende Vergleichsobjekte oder Bauausführungen zu finden kann mühsam oder erfolglos sein.

Planung mit statistischen Kostenkennwerten (BKI Baukosten):

- Vorteil: Über die BKI Gebäudearten ist man recht schnell am Ziel, aufwändiges Suchen entfällt.
- Nachteil: Genauere Prüfung, ob die Mittelwerte übernommen werden können oder noch nach oben oder unten angepasst werden müssen, ist unerlässlich.

34. In welchen Produkten dokumentiert BKI Positionspreise?

Preise für Positionen mit statistischer Auswertung werden in „BKI Baukosten Positionen, Statistische Kostenkennwerte Neubau (Teil 3) und Altbau (Teil 5)" und „BKI Baupreise kompakt Neu- und Altbau" herausgegeben.
In Software-Form sind Preise mit den vorformulierten BKI-Mustertexten in der Software „BKI Kostenplaner - Statistik plus [Positionen]" und „BKI Positionen" enthalten.
Ausgewählte Positionspreise enthalten die Fachbücher „Konstruktionsdetails K1 bis K4", „Objektdaten Technische Gebäudeausrüstung G1 bis G7" sowie die BKI „Objektdaten Freianlagen".
Im Sonderband Objektdaten S2 - Barrierefreies Bauen erscheint eine Auswahl von besonderen Positionen zum Barrierefreien Bauen.

35. Worin unterscheiden sich die Bände N1 bis N20 (A1 bis A12)

Die Bücher unterscheiden sich lediglich durch die Auswahl der dokumentierten Einzelobjekte. Der Aufbau der Bände ist gleich. In der BKI Fachbuchreihe Objektdaten erscheinen in unregelmäßigen Abständen Folgebände mit neu dokumentierten Einzelobjekten. Speziell bei den Altbaubänden A1 bis A12 ist es nützlich, alle Bände zu besitzen, da es im Bereich Altbau notwendig ist, mit passenden Vergleichsobjekten zu planen. Je mehr Vergleichsobjekte vorhanden sind, desto höher ist die „Trefferquote". Bände der Fachbuchreihe Objektdaten sollten deshalb langfristig aufbewahrt werden.

BKI plant für zukünftige Ausgaben des vorliegenden Fachbuchs zusätzlich sogenannte Aufwandsdaten zu erfassen. Sofern ausreichend Daten akquiriert werden können, erfolgt die Publikation dieser Daten wie im Folgenden beschrieben:

36. Was ist mit Aufwandsdaten gemeint?	Aufwandsdaten stellen den Zeitaufwand für Produktivleistungen eines Architekturauftrags dar. Als Produktivleistungen gelten: • Beratung bzgl. Planung und die Ausführung des Bauvorhabens • Erstellung von Zeichnungen, Berechnungen und Beschreibungen • Koordination und Integration der Beiträge fachlich Beteiligter • Erstellung von Genehmigungsunterlagen • Vorbereitung und Mitwirken bei der Vergabe • Objektüberwachung und Mitwirken bei der Abnahme u.v.m. Produktivleistungen werden nicht nur von Mitarbeiter*innen, sondern auch von Inhaber*innen/Partner*innen und Dritten erbracht und den Personalaufwendungen zugeordnet. In den BKI-Objektdokumentationen werden – soweit vom Objektplaner angegeben – die Aufwandsdaten für Produktivleistungen der Leistungsphasen 1 bis 8 dargestellt. Die Angabe des Zeitaufwands erfolgt in Arbeitstagen (1 AT = 8 Stunden).

Diese Liste wird laufend erweitert und im Internet unter www.bki.de/faq-kostenplanung.html veröffentlicht.

Anteil der Wohnfläche an der Gesamtfläche von Mehrfamilienhäusern

von Univ.-Prof. Dr.-Ing. Wolfdietrich Kalusche

Anteil der Wohnfläche an der Gesamtfläche von Mehrfamilienhäusern

ein Beitrag von Wolfdietrich Kalusche

2. Aktualisierte Fassung, Stand 2025

„Die Untersuchung zum Anteil der Wohnfläche an der Gesamtfläche von Mehrfamilienhäusern wurde in dieser Form erstmals im Jahr 2022 durchgeführt und im Frühjahr 2023 veröffentlicht. Grundlage waren 223 Vergleichsobjekte. Für die 2. Fassung in diesem Jahr standen 271 Vergleichsobjekte zur Verfügung. Die aktuellen aus den Grundflächen gebildeten Planungskennwerte, z.B. Wohnfläche / Brutto-Grundfläche, unterscheiden sich nur geringfügig gegenüber denen der ersten Untersuchung. Somit können die empfohlenen Orientierungswerte für die Planung von Mehrfamilienhäusern bestätigt werden."

Vorbemerkung

Die vorliegende Untersuchung geht der Frage nach, wie hoch der Anteil der Wohnfläche an der Gesamtfläche von Mehrfamilienhäusern sein kann. Im Gespräch mit Vertreter*innen der Bauherrenseite einerseits und Architekt*innen andererseits werden schon einmal Werte genannt, die sehr hoch erscheinen. Sind 80 % Wohnfläche möglich? Und wie wurde das gerechnet? Sind Planungen mit einem Anteil von 50 % Ergebnis einer mangelhaften Architekturplanung?

Es werden entsprechende Überlegungen angestellt und umfangreich Daten ausgewertet. Grundlage hierfür sind vor allem Vergleichsobjekte und deren Planungskennwerte von 271 Mehrfamilienhäusern, die vom Baukosteninformationszentrum Deutscher Architektenkammern (BKI) dokumentiert wurden. Die Vergleichsobjekte werden in mehrere Gebäudearten unterteilt. Es werden die Größe der Gebäude – Anzahl der Wohneinheiten (WE) – und der Standard des Objekts – einfach, mittel, hoch – unterschieden. Neben den Wohneinheiten sind häufig auch Kfz-Stellplätze zu berücksichtigen.

Mehrfamilienhäuser – Wohneinheiten, Standard und Kfz-Stellplätze

(→ Tab. 1)

Die Mehrzahl der Gebäude hat nur eine Nutzung: das Wohnen. Hierzu gehören neben den Wohneinheiten auch Abstellflächen, zum Beispiel im Keller. Zum Teil enthalten die Mehrfamilienhäuser Kfz-Stellplätze, auch Tiefgaragen. Hierzu liegen dem Verfasser die Mengen und Grundflächen nicht vor. Die Grundflächen von Kfz-Stellplätzen beanspruchen je Einheit wenigstens 25 m^2 Netto-Raumfläche, etwa zu gleichen Teilen Nutzungsfläche und Verkehrsfläche. Da sich die Stellplätze überwiegend in Keller- oder Tiefgeschossen befinden, welche für Wohnungen nicht in Betracht kommen, wird diesbezüglich kein entscheidender Einfluss auf den Anteil der Wohnfläche gesehen.

Einige Gebäudearten, so auch Mehrfamilienhäuser, werden von BKI nach Standards unterteilt. Unter Standard versteht BKI nicht nur Unterschiede in der Qualität der Baumaterialien. Auch Grundflächen, Bauwerkskosten oder Bauzeiten können unterschiedlich sein. Die Vergleichsobjekte mit geringem Standard verfügen durchweg über sehr wenige Kfz-Stellplätze.

Gebäude mit mittlerem Standard und mit mehr als sechs Wohneinheiten verfügen über viele Stellplätze. Das bedeutet aber nicht, dass für jede Wohnung ein Stellplatz vorhanden wäre. Bei Mehrfamilienhäusern mit mehr als 20 Wohneinheiten und mit hohem Standard sind vielfach Tiefgaragen mit einer ausreichenden Zahl von Stellplätzen vorhanden.

Sonstige Nutzungen wie Büros, Arztpraxen, Ladengeschäfte, Kindertagesstätten, Cafés oder Eisdielen kommen bei den hier untersuchten Gebäudearten nicht vor. Siehe dazu die Wohnhäuser mit Mischnutzung.

(BKI (Hrsg.): Baukosten Gebäude Neubau 2025. Statistische Kostenkennwerte, Stuttgart 2025, S. 746-790)

Flächenwirtschaftlichkeit

Der Vergleich der Grundflächen von Gebäuden erlaubt die Beurteilung deren Technischer Wirtschaftlichkeit, insbesondere der Flächenwirtschaftlichkeit. Das Verhältnis von unterschiedlichen Flächenarten, die einerseits als Output und andererseits als Input verstanden werden, wird als „Flächenwirtschaftlichkeit" bezeichnet.

Hierbei sind zu unterscheiden: die Flächenwirtschaftlichkeit einer Bebauung (wird nicht weiter behandelt) und die Flächenwirtschaftlichkeit eines Gebäudes (wird weiterverfolgt).

Die Flächenwirtschaftlichkeit eines Gebäudes hat das Verhältnis der Grundflächen zum Gegenstand, z.B. Nutzungsfläche/Brutto-Grundfläche (NUF/BGF) oder Wohnfläche/Brutto-Grundfläche (WFL/BGF). Je größer dieser Verhältniswert ausfällt, z.B. 60/100 für Wohnfläche/Brutto-Grundfläche (WFL/BGF), desto höher ist die Flächenwirtschaftlichkeit. Der Wohnflächenanteil in Prozent ergibt sich als Kehrwert der BKI-Faktoren BGF/WFL. Ziel ist es, von Beginn der Planung, eine realistische Einschätzung der Wohnfläche bzw. des Wohnflächenanteils zu gewinnen.

Dabei ist zu bedenken, dass bei allen Gebäudearten – so auch bei Mehrfamilienhäusern – weitere Grundflächen Einfluss haben: Nutzungsflächen außerhalb der Wohnungen, z.B. Abstellräume im Keller, Technikflächen für die Ver- und Entsorgung des Gebäudes, Verkehrsflächen außerhalb der Wohnungen, z.B. Treppenhäuser, auch Aufzugsschächte, sowie Konstruktions-Grundflächen, insbesondere als Außen- und Innenwände. Hierzu werden zahlreiche Beispiele

Gebäudearten	Vergleichsobjekte	Kfz-Stellplätze
Mehrfamilienhäuser, mit bis zu 6 WE		
einfacher Standard	8	sehr wenige
mittlerer Standard	21	keine
hoher Standard	32	viele
Mehrfamilienhäuser, mit 6 bis 19 WE		
einfacher Standard	8	sehr wenige
mittlerer Standard	44	wenige
hoher Standard	33	wenige
Mehrfamilienhäuser, mit 20 oder mehr WE		
einfacher Standard	14	sehr wenige
mittlerer Standard	47	wenige
hoher Standard	19	viele
Mehrfamilienhäuser, Passivhäuser		
ohne Unterscheidung von Standards	24	sehr wenige
Mehrfamilienhäuser, Holzbauweise		
ohne Unterscheidung von Standards	21	sehr wenige
Gesamt	271	

Tab. 1: Mehrfamilienhäuser – Wohneinheiten, Standard und Kfz-Stellplätze.
(BKI (Hrsg.): Baukosten Gebäude Neubau 2025. Statistische Kostenkennwerte, Stuttgart 2025, S. 616-724)

Anmerkung: Die Gebäudeart Mehrfamilienhäuser Holzbau ist neu hinzugekommen. Siehe auch den Beitrag zum Vergleich von Holzbau und Massivbau im Literaturverzeichnis.

zu Mehrfamilienhäusern und auch ganz anderen Gebäuden gezeigt **(vgl. Tabellen 2, 3, 4, 5, 6 und 7)**. Die Flächenwirtschaftlichkeit wird oft als Maßstab für die wirtschaftliche Planung herangezogen. Entsprechende Kennwerte, z.B. Wohnfläche zu Gesamtfläche, werden dann von der Auftraggeberschaft für die Objektplanung vorgegeben.

Welche Grundfläche wird als die Gesamtfläche verstanden?

Dazu gibt es in der Bau- und Immobilienwirtschaft durchaus verschiedene Auffassungen. Die folgenden werden aus unterschiedlichen Blickwinkeln herangezogen:

- Geschossfläche nach Baunutzungsverordnung (BauNVO) in Verbindung mit der Landesbauordnung (LBO)
- Brutto-Grundfläche (BGF) gesamt
- Brutto-Grundfläche (BGF) anteilig

Geschossflächenzahl und Geschossfläche

Die Geschossflächenzahl (GFZ) regelt im qualifizierten Bebauungsplan das Verhältnis der zulässigen Geschossfläche zur Fläche des Grundstücks. Die Geschossfläche eines Gebäudes setzt sich zusammen aus:

- der Summe der Flächen seiner Vollgeschosse (siehe dazu die einschlägige Landesbauordnung) einschließlich der Außen- und Innenwände, der Treppenhäuser sowie etwaiger in die Verkehrsfläche auskragender Gebäudeteile,
- den Flächen von Aufenthaltsräumen in anderen Geschossen als Vollgeschossen (z.B. Keller- und Dachgeschossen) einschließlich der zu ihnen gehörenden Treppenräume und einschließlich der Außenwände.

Nicht zu berücksichtigen sind bei der Ermittlung der Geschossfläche Balkone, Loggien und Terrassen.

(vgl. § 20 BauNVO)

Geschossfläche und Brutto-Grundfläche im Vergleich

(→ Abb. 1)

Wie man anhand der Abbildung 1 erkennen kann, ist bei Unterkellerung und begehbarem Dachgeschoss schon die Anzahl der Geschosse bzw. der Grundrissebenen unterschiedlich. Die Geschossfläche beträgt in diesem Fall nur die Hälfte der Brutto-Grundfläche. Dient die Geschossfläche als Gesamtfläche, z.B. für die Ermittlung des Wohnflächenanteils, ist der Prozentwert (hier deutlich) höher als bei einer Berechnung mit der Brutto-Grundfläche. Wird die Gesamtfläche nicht bezeichnet, kann das zu einem Irrtum bzw. zu einer Fehleinschätzung der Flächenwirtschaftlichkeit führen. Zudem werden die Geschossfläche und die Brutto-Grundfläche grundsätzlich etwas unterschiedlich ermittelt.

Brutto-Grundfläche, gesamt oder anteilig

Die Brutto-Grundfläche ist die „Gesamtheit der Grundflächen aller Geschosse oder eines Teilbereichs des Bauwerks, die sich in Netto-Raumfläche (NRF) und Konstruktions-Grundfläche (KGF) gliedert."

Bei der Ermittlung der Brutto-Grundflächen nach DIN 277:2021-8 ist zu beachten, dass die „Grundflächen und Rauminhalte entsprechend ihrer unterschiedlichen Raumumschließung nach den folgenden Bereichen getrennt zu ermitteln" sind. Dabei werden die Grundflächen – wie auch der Rauminhalt – in den

- Regelfall der Raumumschließung (R) als vollständig und allseitig umschlossen und
- Sonderfall der Raumumschließung (S) als mit dem Bauwerk konstruktiv fest verbunden, jedoch nicht bei allen Begrenzungsflächen des Raums vollständig umschlossen

unterschieden.

(vgl. DIN 277:2021-08, Ziffer 5.7, S. 9-10)

Baunutzungsverordnung		**DIN 277**
	Dachgeschoss	Grundrissebene
Vollgeschoss	Obergeschoss	Grundrissebene
Vollgeschoss	Erdgeschoss	Grundrissebene
	Kellergeschoss	Grundrissebene
Geschossfläche		Brutto-Grundfläche (BGF)

Abb. 1: Geschossfläche und Brutto-Grundfläche im Vergleich.

Anmerkung:

Seit Inkrafttreten der DIN 277-1:1973-05 und bis Inkrafttreten der DIN 277:2016-01 wurden die Grundflächen und Rauminhalte von Bauwerken unterschieden:

- Bereich a: überdeckt und allseitig in voller Höhe umschlossen;
- Bereich b: überdeckt, jedoch nicht allseitig in voller Höhe umschlossen;
- Bereich c: nicht überdeckt.

Das bedeutet praktisch, dass zum Beispiel Loggien, Balkone, Dachterrassen, unterbaute Eingangsbereiche und Höfe sowie Außentreppen in die Flächenermittlung einbezogen werden können oder auch nicht. Bei Flächenermittlungen ist darauf hinzuweisen, nach welchem Prinzip gerechnet wurde.

Bei den Planungskennwerten des BKI handelt es sich bei Grundflächen und Rauminhalten um die „Summe der Regelfall (R) und Sonderfall (S)-Rauminhalte nach DIN 277".

(vgl. BKI (Hrsg.): Baukosten Gebäude Neubau 2025. Statistische Kostenkennwerte, Stuttgart 2025, S. 53)

Eine Brutto-Grundfläche, die nach dem Regelfall-Prinzip ermittelt wird, und die Brutto-Grundfläche, welche die Grundflächen nach dem Sonderfall-Prinzip berücksichtigt, unterscheidet sich fast immer. Je nach Anzahl und Größe der Balkone, Loggien, oder bei einer Laubengangerschließung usw. kann bei Mehrfamilienhäusern der Unterschied der Brutto-Grundfläche 10 und mehr Prozent betragen.

Vereinzelt wird eine „Brutto-Grundfläche oberirdisch" für einen Vergleich oder eine Kennwertermittlung herangezogen. Das kann sinnvoll sein, um unter Beachtung städtebaulicher Vorgaben (Art und Maß der baulichen Nutzung, insbesondere Geschossflächenzahl bzw. Geschossfläche) die Bebaubarkeit eines Grundstücks einzuschätzen. Auch hierbei kann der Unterschied zur „vollständigen BGF (R+S)" erheblich sein. Bei mehrgeschossigen Mehrfamilienhäusern kann der Unterschied der Brutto-Grundfläche 20 und mehr Prozent betragen.

Der Verfasser empfiehlt, für die Ermittlung von Grundflächen (und Rauminhalten) sowie für die Bildung von Planungskennwerten sowie von Kostenkennwerten immer die gesamte Brutto-Grundfläche (R+S) anzuwenden und dieses zu erläutern und zu dokumentieren.

Nutzungsfläche (NUF)

Die Nutzungsfläche (NUF) ist diejenige Grundfläche, welche den Zweckbestimmungen des Bauwerks dient. Sie ist ein Teil der Netto-Raumfläche (NRF).

(vgl. DIN 277:2021-08, Ziffer 3.5, S. 5)

Die Nutzungsfläche wird in sieben Nutzungsflächenarten unterschieden. Für Mehrfamilienhäuser kommen in Betracht:

- Wohnen und Aufenthalt (NUF1): Wohnräume, Schlafräume, [...], Küchen in Wohnungen, [...].,
- Sonstige Nutzungen (NUF 7): Abstellräume, Fahrradräume, Müllsammelräume, Fahrzeugabstellflächen, [...], Sanitärräume (Toiletten einschließlich Vorräume, Waschräume, Duschräume, [...]), Putzräume usw.).

(vgl. DIN 277:2021-08, Ziffer 4.2, S. 6-7)

Planungskennwerte von 271 Wohngebäuden – Verhältnis NUF/BGF

(→ Tab. 2)

Bei den untersuchten Mehrfamilienhäusern (Tab. 2) beträgt der Anteil der Nutzungsfläche an der Brutto-Grundfläche überwiegend rund 65 – 70 %. Die Mehrfamilienhäuser, mit 6 bis 19 WE, hoher Standard, weisen im Mittel eine großzügige Verkehrsfläche und eine etwas höhere Technikfläche zum Nachteil der Nutzungsfläche aus.

Mehrfamilienhaus – Unterscheidung der Grundflächen nach DIN 277

(→ Abb. 2)

Die Nutzungsfläche beinhaltet bei Wohngebäuden die Grundflächen der Wohnung einschließlich Balkon oder Loggia sowie außerhalb der Wohnung weitere Flächen zum Beispiel im Keller oder in einem nicht ausgebauten Dachgeschoss.

Technikfläche (TF)

Die Technikfläche (TF) ist Teil der Netto-Raumfläche (NRF). Sie dient der Unterbringung der technischen Anlagen zur Versorgung und Entsorgung des Bauwerks, z. B. von Wärmeversorgungsanlagen. Der Flächenbedarf kann je nach Art, Größe und Nutzungsanforderungen des Gebäudes sehr unterschiedlich sein.

Planungskennwerte von 271 Wohngebäuden – Verhältnis TF/BGF

(→ Tab. 3)

Die Technikfläche ist grundsätzlich nicht Gegenstand eines Raumprogramms. Wenn der Objektplanung eine Bedarfsplanung vorausgeht und wenn diese von Ingenieuren für die Planung der Technischen Anlagen begleitet wird, sollte zur Technikfläche eine Angabe gemacht werden. Der Anteil der Technikfläche an der Brutto-Grundfläche der untersuchten Mehrfamilienhäuser reicht von rund 1 bis über 6 %, letzte bei Gebäuden mit hohem Standard bzw. bei Passivhäusern. Der Mittelwert beträgt rund 2 % und ist damit vergleichsweise gering. Bei unterkellerten Ein- und Zweifamilienhäusern, hoher Standard, macht die Technikfläche zum Vergleich im Mittel rund 3 % aus.

(BKI (Hrsg.): Baukosten Gebäude Neubau 2025. Statistische Kostenkennwerte, Stuttgart 2025, S. 440-443)

Anmerkung:

Zur Technikfläche siehe auch den Beitrag zu den Technischen Anlagen im Literaturverzeichnis.

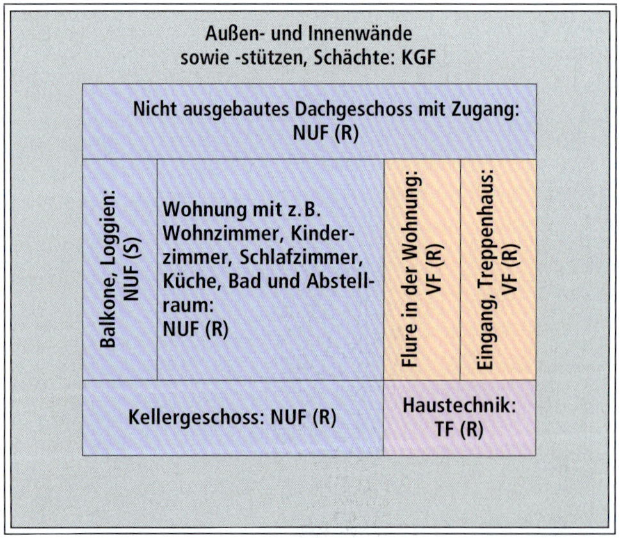

Erläuterungen:

BGF **Brutto-Grundfläche:** Gesamtheit der Grundflächen aller Geschosse des Bauwerks, vgl. Darstellung.

KGF **Konstruktions-Grundfläche:** Anteil der Brutto-Grundfläche (BGF), der die Grundflächen der aufgehenden Baukonstruktionen des Bauwerks umfasst

NUF **Nutzungsfläche:** Anteil der Netto-Raumfläche (NRF), der den Zweckbestimmungen des Bauwerks dient, z. B. Wohnen.

TF **Technikfläche:** Anteil der Netto-Raumfläche (NRF) für die technischen Anlagen zur Versorgung und Entsorgung des Bauwerks, z. B. Raum für Haustechnik.

VF **Verkehrsfläche:** Anteil der Netto-Raumfläche (NRF) für die horizontale und vertikale Verkehrserschließung des Bauwerks, sowohl innerhalb einer Wohnung und als Eingang eines Gebäudes und als Treppenhaus.

Abb. 2: Mehrfamilienhaus – Unterscheidung der Grundflächen nach DIN 277 – schematische und nichtproportionale Darstellung.

Planungskennwerte von Wohngebäuden (MFH) – Nutzungsfläche (NUF) zur Brutto-Grundfläche (BGF)	NUF/BGF		
	von	mittel	bis
Mehrfamilienhäuser, mit bis zu 6 WE, einfacher Standard, 8 Vergleichsobjekte, S. 620-623	66,1	67,4	69,3
Mehrfamilienhäuser, mit bis zu 6 WE, mittlerer Standard, 21 Vergleichsobjekte, S. 626-629	63,2	67,7	71,5
Mehrfamilienhäuser, mit bis zu 6 WE, hoher Standard, 32 Vergleichsobjekte, S. 636-639	58,7	64,5	68,6
Mehrfamilienhäuser, mit 6 bis 19 WE, einfacher Standard, 8 Vergleichsobjekte, S. 652-655	67,5	70,3	72,3
Mehrfamilienhäuser, mit 6 bis 19 WE, mittlerer Standard, 44 Vergleichsobjekte, S. 658-661	63,2	65,9	68,7
Mehrfamilienhäuser, mit 6 bis 19 WE, hoher Standard, 33 Vergleichsobjekte, S. 674-677	65,5	68,0	72,1
Mehrfamilienhäuser, mit 20 oder mehr WE, einfacher Standard, 14 Vergleichsobjekte, S. 692-695	66,5	69,0	74,4
Mehrfamilienhäuser, mit 20 oder mehr WE, mittlerer Standard, 47 Vergleichsobjekte, S. 700-703	62,2	65,5	69,2
Mehrfamilienhäuser, mit 20 oder mehr WE, hoher Standard, 19 Vergleichsobjekte, S. 716-719	64,8	68,1	72,3
Mehrfamilienhäuser, Passivhäuser, 24 Vergleichsobjekte, S. 726-729	62,6	68,1	71,5
Mehrfamilienhäuser, Holzbauweise, 21 Vergleichsobjekte, S. 736-739	62,4	65,5	70,5

Tab. 2: Planungskennwerte von 271 Wohngebäuden, WE = Wohneinheit) – Verhältnis von Nutzungsfläche (NUF) zur Brutto-Grundfläche (BGF). (BKI (Hrsg.): Baukosten Gebäude Neubau 2025. Statistische Kostenkennwerte, Stuttgart 2025, S. 620-724) .

Planungskennwerte von Wohngebäuden (MFH) – Technikfläche (TF) zur Brutto-Grundfläche (BGF)	TF/BGF		
	von	mittel	bis
Mehrfamilienhäuser, mit bis zu 6 WE, einfacher Standard, 8 Vergleichsobjekte, S. 620-623	1,8	2,1	2,3
Mehrfamilienhäuser, mit bis zu 6 WE, mittlerer Standard, 21 Vergleichsobjekte, S. 626-629	1,7	2,3	5,1
Mehrfamilienhäuser, mit bis zu 6 WE, hoher Standard, 32 Vergleichsobjekte, S. 636-639	1,9	2,3	3,8
Mehrfamilienhäuser, mit 6 bis 19 WE, einfacher Standard, 8 Vergleichsobjekte, S. 652-655	1,0	1,2	1,6
Mehrfamilienhäuser, mit 6 bis 19 WE, mittlerer Standard, 44 Vergleichsobjekte, S. 658-661	1,2	1,6	2,5
Mehrfamilienhäuser, mit 6 bis 19 WE, hoher Standard, 33 Vergleichsobjekte, S. 674-677	1,4	1,8	5,7
Mehrfamilienhäuser, mit 20 oder mehr WE, einfacher Standard, 14 Vergleichsobjekte, S. 692-695	1,1	1,2	1,6
Mehrfamilienhäuser, mit 20 oder mehr WE, mittlerer Standard, 47 Vergleichsobjekte, S. 700-703	1,0	1,3	1,9
Mehrfamilienhäuser, mit 20 oder mehr WE, hoher Standard, 19 Vergleichsobjekte, S. 716-719	1,0	1,3	1,8
Mehrfamilienhäuser, Passivhäuser, 24 Vergleichsobjekte, S. 726-729	2,0	2,5	6,6
Mehrfamilienhäuser, Holzbauweise, 21 Vergleichsobjekte, S. 736-739	1,6	1,9	3,0

Tab. 3: Planungskennwerte von 271 Wohngebäuden, WE = Wohneinheit) – Verhältnis von Technikfläche (KGF) zur Brutto-Grundfläche (BGF). (BKI (Hrsg.): Baukosten Gebäude Neubau 2025. Statistische Kostenkennwerte, Stuttgart 2025, S. 620-724)

Verkehrsfläche (VF)

Die Verkehrsfläche (VF) ist sowohl ein Teil der Brutto-Grundfläche als auch der Brutto-Raumfläche. Sie dient der Erschließung des Gebäudes. Umgangssprachlich handelt es sich um Eingangsräume oder -hallen, Treppenräume, Rolltreppen, Grundflächen von Aufzugsschächten, welche für jedes Geschoss angerechnet werden, sowie Laubengänge und Fluchtbalkone. Werden im Gebäude Fahrzeuge abgestellt, kommen Ein- und Ausfahrten, Fahrgassen, Rangierflächen zwischen den Stellplätzen und gegebenenfalls Rampen hinzu.

Auch die Flure und Dielen innerhalb von Wohnungen sind nach DIN 277 Verkehrsflächen.

Planungskennwerte von 271 Wohngebäuden – Verhältnis VF/BGF

(→ Tab. 4)

Der Anteil der Verkehrsfläche an der Brutto-Grundfläche der untersuchten Mehrfamilienhäuser beträgt im Mittel 12 – 15 %. Wie sich die Verkehrsfläche auf die Erschließung des Gebäudes einerseits und die Flure und Dielen innerhalb der Wohnungen andererseits aufteilt, wird bislang nicht dokumentiert. Schätzungsweise entfallen im Durchschnitt zwei Drittel auf das Gebäude und ein Drittel auf die Wohnungen.

Soweit die Verkehrsflächen in Gebäuden die Funktion als Flucht- und Rettungsweg erfüllen müssen, sind die Anforderungen der jeweiligen Landesbauordnung zu beachten, zum Beispiel müssen die nutzbare Breite von Treppenläufen, Treppenabsätzen notwendiger Treppen und Flure für den größten zu erwartenden Verkehr genügen.

Den Anteil der Verkehrsfläche an der Brutto-Grundfläche schon vor der Objektplanung einzuschätzen, ist nicht einfach. Entsprechende Planungskennwerte sind hilfreich. Daneben ist das Erschließungskonzept zu beachten. Bei Mehrfamilienhäusern geht es bei der Erschließung außerhalb der Wohnung vorrangig darum, wie viele Wohneinheiten pro Geschoss durch ein Treppenhaus erschlossen werden, z. B. Zweispänner, Dreispänner, Laubengangerschließung, und ob es einen Personenaufzug gibt.

Planungskennwerte von Wohngebäuden (MFH) – Verkehrsfläche (VF) zur Brutto-Grundfläche (BGF)	**VF/BGF**		
	von	mittel	bis
Mehrfamilienhäuser, mit bis zu 6 WE, einfacher Standard, 8 Vergleichsobjekte, S. 620-623	11,4	13,6	15,7
Mehrfamilienhäuser, mit bis zu 6 WE, mittlerer Standard, 21 Vergleichsobjekte, S. 626-629	8,6	11,5	15,7
Mehrfamilienhäuser, mit bis zu 6 WE, hoher Standard, 32 Vergleichsobjekte, S. 636-639	11,3	14,6	20,8
Mehrfamilienhäuser, mit 6 bis 19 WE, einfacher Standard, 8 Vergleichsobjekte, S. 652-655	8,9	11,1	11,9
Mehrfamilienhäuser, mit 6 bis 19 WE, mittlerer Standard, 44 Vergleichsobjekte, S. 658-661	12,5	15,4	18,6
Mehrfamilienhäuser, mit 6 bis 19 WE, hoher Standard, 33 Vergleichsobjekte, S. 674-677	10,5	13,9	16,6
Mehrfamilienhäuser, mit 20 oder mehr WE, einfacher Standard, 14 Vergleichsobjekte, S. 692-695	11,3	12,8	15,0
Mehrfamilienhäuser, mit 20 oder mehr WE, mittlerer Standard, 47 Vergleichsobjekte, S. 700-703	13,7	16,3	19,5
Mehrfamilienhäuser, mit 20 oder mehr WE, hoher Standard, 19 Vergleichsobjekte, S. 716-719	11,2	14,0	17,1
Mehrfamilienhäuser, Passivhäuser, 24 Vergleichsobjekte, S. 726-729	9,2	11,8	18,3
Mehrfamilienhäuser, Holzbauweise, 21 Vergleichsobjekte, S. 736-739	11,7	15,3	19,9

Tab. 4: Planungskennwerte von 271 Wohngebäuden, WE = Wohneinheit) – Verhältnis von Verkehrsfläche (VF) zur Brutto-Grundfläche (BGF). (BKI (Hrsg.): Baukosten Gebäude Neubau 2025. Statistische Kostenkennwerte, Stuttgart 2025, S. 620-724)

Anmerkung:

Nach der Wohnflächenverordnung zählen Flure und Dielen (Verkehrsfläche nach DIN 277) innerhalb von Wohnungen gleichzeitig zur Wohnfläche. Treppen mit über drei Steigungen und deren Treppenabsätze innerhalb von Wohnungen bleiben bei der Wohnflächenermittlung außer Betracht. (vgl. § 3 WoFlV)

Konstruktions-Grundfläche (KGF)

Die Konstruktions-Grundfläche (KGF) ist Teil der Brutto-Grundfläche (BGF). Sie umfasst die Grundflächen der aufgehenden Baukonstruktionen des Bauwerks. Dazu gehören tragende und nicht tragende Innen- und Außenwände sowie Vormauerungen, Vorwandinstallationen und Bekleidungen, die raumhoch sind; Installationshohlräume und Wandschlitze in den aufgehenden Baukonstruktionen; Wandöffnungen und Wandnischen (z.B. Türen, Fenster, Durchgänge) mit einem lichten Querschnitt von =1,0m^2 sowie Grundflächen von Installations- und Aufzugsschächten mit einem lichten Querschnitt von =1,0 m^2 in jedem Geschoss, durch das sie führen.

(vgl. DIN 277:2021-08, Ziffer 6.3, S. 11)

Planungskennwerte von 271 Wohngebäuden – Verhältnis KGF/BGF

(→ Tab. 5)

Wie man der Tabelle 5 entnehmen kann, beträgt der Anteil der Konstruktions-Grundfläche an der Brutto-Grundfläche rund 16 – 18%. Zu den Einflussfaktoren zählen unter anderem die Bauweise – im Sinne des Bebauungsplans, das Raumkonzept, z.B. „offene Wohnform", sowie die Konstruktion von Tragwerk und Wänden. Die Grundflächen der Außenwände – nicht nur von Wohngebäuden – sind in den letzten Jahren durch das Aufbringen von Wärmedämmverbundsystemen deutlich größer geworden.

Von einer „offenen Wohnform" oder einem „offenen Grundriss" wird gesprochen, wenn Funktionen mehrerer Räume zu einem größeren Raum zusammengefasst werden. So können die Küche, das Esszimmer und das Wohnzimmer zu einem Raum zusammengefügt werden, der zudem noch sonst erforderliche Flure ersetzen kann. Die so entstehende Raumsituation kann als großzügig empfunden werden.

Planungskennwerte von Wohngebäuden (MFH) – Konstruktions-Grundfläche (KGF) zur Brutto-Grundfläche (BGF)	**KGF/BGF**		
	von	mittel	bis
Mehrfamilienhäuser, mit bis zu 6 WE, einfacher Standard, 8 Vergleichsobjekte, S. 620-623	15,5	16,9	19,2
Mehrfamilienhäuser, mit bis zu 6 WE, mittlerer Standard, 21 Vergleichsobjekte, S. 626-629	15,6	18,5	22,9
Mehrfamilienhäuser, mit bis zu 6 WE, hoher Standard, 32 Vergleichsobjekte, S. 636-639	16,2	18,6	21,4
Mehrfamilienhäuser, mit 6 bis 19 WE, einfacher Standard, 8 Vergleichsobjekte, S. 652-655	15,2	17,4	20,1
Mehrfamilienhäuser, mit 6 bis 19 WE, mittlerer Standard, 44 Vergleichsobjekte, S. 658-661	15,7	17,2	18,7
Mehrfamilienhäuser, mit 6 bis 19 WE, hoher Standard, 33 Vergleichsobjekte, S. 674-677	14,9	16,7	18,6
Mehrfamilienhäuser, mit 20 oder mehr WE, einfacher Standard, 14 Vergleichsobjekte, S. 692-695	13,9	17,0	19,1
Mehrfamilienhäuser, mit 20 oder mehr WE, mittlerer Standard, 47 Vergleichsobjekte, S. 700-703	15,2	16,9	18,6
Mehrfamilienhäuser, mit 20 oder mehr WE, hoher Standard, 19 Vergleichsobjekte, S. 716-719	15,0	16,6	18,6
Mehrfamilienhäuser, Passivhäuser, 24 Vergleichsobjekte, S. 726-729	15,6	17,7	20,4
Mehrfamilienhäuser, Holzbauweise, 21 Vergleichsobjekte, S. 736-739	15,4	17,2	19,6

Tab. 5: Planungskennwerte von 271 Wohngebäuden, WE = Wohneinheit) – Verhältnis von Konstruktions-Grundfläche (KGF) zur Brutto-Grundfläche (BGF). (BKI (Hrsg.): Baukosten Gebäude Neubau 2025. Statistische Kostenkennwerte, Stuttgart 2025, S. 620-724)

Durch die Zusammenfassung der Funktionen werden Innenwände eingespart. Gleichzeitig wird bei gegebener Grundrissfläche die Nutzungsfläche bzw. die Wohnfläche größer. Seit zwei Jahren werden die Mehrfamilienhäuser in Holzbauweise als eigene Gebäudeart dokumentiert. Der Anteil der Konstruktions-Grundfläche der Holzhäuser ist im Mittel 2–4 % geringer als die der anderen Vergleichsobjekte, die als Massivbauten zusammengefasst werden können.

Entsprechend kann bei den Mehrfamilienhäusern in Holzbauweise bei gleicher Brutto-Grundfläche die Netto-Raumfläche (NRF) ein wenig größer ausfallen. Das kann auch für die Wohnfläche zutreffen, allerdings nur in einem Umfang von rund 2 Prozent. Siehe auch den Beitrag zum Vergleich von Holzbau und Massivbau im Literaturverzeichnis.

Der Anteil der Konstruktions-Grundfläche wird beim Wohnungsbau oft unterschätzt. Das kann daran liegen, dass bei anderen Gebäudearten, zum Beispiel Büro- und Verwaltungsgebäuden, Verbrauchermärkten, Lagergebäuden, Kindergärten oder Sporthallen, die Konstruktions-Grundfläche geringer ausfällt.

Planungskennwerte weiterer Gebäudearten – Verhältnis KGF/BGF

(→ Tab. 6)

Hinweis: Die Ermittlung der Konstruktions-Grundfläche kann „Anstelle einer Ermittlung anhand von einzelnen Maßen des Bauwerks […] als Differenz aus der Brutto-Grundfläche (BGF) und der Netto-Raumfläche (NRF) ermittelt werden. […]"
(DIN 277:2021-08, Ziffer 6.2, S. 11)

Wohnfläche: Wohnflächenverordnung oder Wildwest

Die Wohnfläche ist im Wohnungsbau und in der Wohnungswirtschaft eine wichtige Grundlage

- für das Raumprogramm oder als entsprechende Vorgabe für das Wohngebäude
- als Bezugseinheit für erste Kostenermittlungen sowie als Grundlage für die Kostenkontrolle und die Kostensteuerung
- der Preiskalkulation für den Verkauf oder die Vermietung von Wohngebäuden oder Wohnungen
- der Betriebskostenabrechnung und der Planung der Instandhaltung bzw. Modernisierung während der Nutzungsdauer des Gebäudes sowie
- für die Bewertung entsprechender Immobilien.

Damit wird deutlich, wie wichtig eine realistische Einschätzung des Wohnflächenanteils an der Gesamtfläche eines Gebäudes bereits vor dem Beginn der Objektplanung ist. Entsprechendes gilt für die Planung und die Ausführung der Gebäude. Insofern wäre es zu begrüßen, wenn es ein allgemein gültiges, besser noch ein verbindliches Regelwerk für die Ermittlung der Wohnfläche geben würde.

Der Blick auf die Wohnungswirtschaft und den Wohnungsbau von den 1950er Jahren bis heute zeigt die große Vielfalt der Möglichkeiten.

Folgende Regelwerke gab und gibt es:

- DIN 283-1:1951-03, Wohnungen - Teil 1: Begriffe, und die DIN 283-2:1962-02, Wohnungen - Teil 2: Berechnung der Wohnflächen und Nutzflächen, wurden 1983 zurückgezogen und zwischenzeitlich durch die Zweite

Planungskennwerte anderer Gebäudearten – Konstruktions-Grundfläche zu Brutto-Grundfläche in %	KGF/BGF (%)		
	von	mittel	bis
Büro- und Verwaltungsgebäude, mittlerer Standard, 60 Vergleichsobjekte, S. 166-169	13,4	15,4	17,5
Verbrauchermärkte, 15 Vergleichsobjekte, S. 908-911	8,9	10,6	12,9
Lagergebäude, ohne Mischnutzung, 26 Vergleichsobjekte, S. 922-925	6,4	8,3	11,1
Kindergärten, Massivbau, nicht unterkellert, mittlerer Standard, 63 Vergleichsobjekte, S. 320-323	12,7	14,3	16,1
Sporthallen (Einfeldhallen) 21 Vergleichsobjekte, S. 392-395	9,5	11,5	13,5

Tab. 6: Planungskennwerte ausgewählter Gebäudearten – Konstruktions-Grundfläche zu Brutto-Grundfläche in Prozent.
(BKI (Hrsg.): Baukosten Gebäude Neubau 2025. Statistische Kostenkennwerte, S. 166-925)

Berechnungsverordnung sowie schließlich durch die Wohnflächenverordnung ersetzt.
- Verordnung über wohnungswirtschaftliche Berechnungen nach dem Zweiten Wohnungsbaugesetz in der Fassung vom 17.10.1957 (Zweite Berechnungsverordnung - II. BV) wurde in Bezug auf die Ermittlung der Wohnfläche durch die Wohnflächenverordnung ersetzt. Sie hat Bestandsschutz bei Objekten, die vor dem 1. Januar 2004 gebaut und in Verträgen, die vor demselben Zeitpunkt geschlossen wurden.
- TGL 9552:1981-07 Wohngebäude. Allgemeine Forderungen an Wohnhäuser und Wohnungen, gültig auf dem Staatsgebiet der Deutschen Demokratischen Republik. Die Abkürzung TGL bedeutet Technische Normen, Gütevorschriften und Lieferbedingungen und ist einer DIN-Norm vergleichbar. (TGL 9552 Bl.01 07/1981 Wohngebäude. Allgemeine Forderungen an Wohnhäuser und Wohnungen (uni-weimar.de)
- Wohnflächenverordnung (WoFlV:2004-01) zur Ermittlung der Wohnfläche (WFL): ist eine Grundlage für die Objektplanung im Wohnungsbau. Die Wohnfläche wird mehrheitlich im Mietvertrag angegeben, wobei es sich in der Regel um Circa-Angaben handelt. Darüber hinaus werden die Betriebskosten, vorzugsweise nach der Betriebskostenverordnung (BetrKV:2004-01), auf die Mietfläche umgelegt.
- DIN 277:2021-08, Grundflächen und Rauminhalte im Hochbau, ist eine Grundlage der Kostenplanung nach DIN 276:2018-12, Kosten im Bauwesen. Weiterhin dient sie der Bemessung der Nutzungsfläche (NUF) von Keller-, Abstellräumen oder Kraftfahrzeugstellplätzen über die Wohnfläche hinaus.
- Richtlinien der Gesellschaft für Immobilienwirtschaftliche Forschung (gif e.V.), unter anderem: gif-Richtlinie für die Wohnflächenberechnung (MF/W), Stand: 01.05.2012.

Hinsichtlich der Anwendung der genannten Regelwerke herrscht Vertragsfreiheit. Das macht den Vergleich von Flächenermittlungen oder Angeboten nicht leichter.

Exkurs: Das Wochenmagazin „Der Spiegel" hat diese Situation einmal unter dem Titel „Wohnflächen-Berechnung „Es herrscht Wildwest" auf den Punkt gebracht: „Wohnfläche ist nicht gleich Wohnfläche: Bei der Angabe von Quadratmeterzahlen werden Haushersteller, Makler, Bauträger oder Vermieter kreativ. Seltsamerweise sind dem Erfindungsreichtum wenig Grenzen gesetzt – im Regelungsland Deutschland ist gerade diese wichtige Frage kaum reguliert. [...] Der Grund für den Wohnflächen-Wahnwitz ist einfach. "Es gibt im frei finanzierten Wohnungsbau keine verbindliche Flächenberechnung" [...]. Auch bei Mietwohnungen werden unterschiedliche Messlatten angelegt. Nur kann der Mieter hier an Ort und Stelle entscheiden, ob ihm die Wohnung zusagt oder eben nicht – Flächenmaß hin oder her. Zudem geben immer mehr Vermieter ausdrücklich nur eine ungefähre Größe an und beugen so späteren Streitigkeiten vor."

(http://www.spiegel.de/wirtschaft/wohnflaechen-berechnung-es-herrscht-wildwest-a-310937.html)

Warum ist das so und wie kann man damit umgehen?

Die Existenz der verschiedenen Regelwerke für die Ermittlung der Wohnfläche ist weitgehend politisch begründet, das gilt vor allem für die „alte Bundesrepublik". Der Wohnungswirtschaft und dem Normungswesen ist es über Jahrzehnte nicht gelungen ein allgemein gültiges Regelwerk zu schaffen. Juristen bezeichnen die damit entstandene Situation als Vertragsfreiheit. Einfach ausgedrückt bedeutet das: Jeder kann – so weit nicht das Wohnraumförderungsgesetz greift – die Ermittlung der Wohnfläche so gestalten, wie er das möchte. Das ist für Mieter oder Käufer von Wohnungen völlig unbefriedigend. Für die Erhebung von Daten, für Wirtschaftlichkeitsberechnungen oder wissenschaftliche Untersuchungen kann es nur einen Weg geben: Die konsequente Anwendung der Verordnung zur Berechnung der Wohnfläche und allenfalls ergänzend der DIN 277.

(Wohnflächenverordnung – WoFlV) vom 25. November 2003 (BGBl. I S. 2346).

Kurz zusammengefasst geht es bei der Wohnflächenverordnung um folgendes: Die Wohnfläche einer Wohnung umfasst die Grundflächen der Räume, die ausschließlich zu dieser Wohnung gehören. Zur Wohnfläche gehören auch die Grundflächen von Wintergärten, Schwimmbädern und ähnlichen nach allen Seiten geschlossenen Räumen sowie Balkonen, Loggien, Dachgärten und Terrassen, wenn sie ausschließlich zu der Wohnung gehören. Die

Ermittlung der Grundflächen unterscheidet sich bei Grundflächen unterschiedlicher lichter Höhe, z.B. unter Schrägen, und bei Balkonen und Loggien. Deren Grundflächen oder Teilflächen können zu einem Viertel oder zur Hälfte angerechnet werden.

Bei der Ermittlung der Wohnfläche stellt die Anrechnung der Grundflächen von Balkonen, Loggien, Dachgärten und Terrassen mit einem Viertel den Regelfall dar. Sie können jedoch auch höchstens zur Hälfte angerechnet werden.

Auftraggeber haben naturgemäß ein Interesse an einer möglichst großen Wohnfläche. Auf der Grundlage vorliegender Urteile, Veröffentlichungen und Gespräche mit Auftraggebern und Architekt*innen empfiehlt der Verfasser die Beachtung folgender Kriterien. Balkone, Loggien, Dachgärten und Terrassen können bei der Ermittlung der Wohnfläche nach der Wohnflächenverordnung (WoFlV) die Anrechnung zur Hälfte der Wohnfläche anstatt zu einem Viertel begründen:

- Baulicher Zustand: nicht nur mangelfrei, sondern sehr hohen Ansprüchen genügend (luxuriös),
- Größe und Proportion der Grundfläche: ausreichende Liege- und Sitzmöglichkeiten für Entspannung und Geselligkeit,
- baulicher Schutz vor Beeinträchtigung der Nutzbarkeit: Sichtschutz, Schallschutz, Witterungsschutz (Grundfläche ist weitgehend überdeckt oder überdacht),
- attraktives Umfeld: Sonnenseite, Ausblick auf reizvolle Natur oder Bebauung,
- keine Störungen aus dem Umfeld: Verkehrslärm, Geruchsbelästigung u.v.m.

Anteil der Wohnfläche an der Brutto-Grundfläche

Der Anteil der Wohnfläche an der Gesamtfläche von Wohngebäuden, hier an Mehrfamilienhäusern, wird oft hoch eingeschätzt oder vorgegeben. Das liegt wohl auch daran, dass eine andere Grundfläche als die (vollständige) Brutto-Grundfläche als Bezugseinheit verwendet wird. Es werden auch eine „oberirdische Brutto-Grundfläche" oder die Geschossfläche (nach BauNVO) angesetzt. Auch die Ermittlung der Wohnfläche folgt manchmal anderen Regeln oder Auffassungen. Das reicht bis hin zu einer Wohn-/Nutzfläche. Damit geht dann die Vergleichbarkeit von Flächenangaben oder Flächenkennwerten völlig verloren.

Planungskennwerte von 271 Wohngebäuden – Faktoren WFL/BGF

(→ Tab. 7)

Der Wohnflächenanteil ergibt sich aus dem Kehrwert der von BKI angegebenen Planungskennwerte Brutto-Grundfläche (BGF) zu Wohnfläche, z.B. 1,87 oder 187 %. Der Wohnflächenanteil beträgt in diesem Fall 0,53 oder 53 %.

Die Wohnfläche (WFL) macht bei Mehrfamilienhäusern, soweit es sich um Massivbauten handelt, im Mittel rund 53 – 56 Prozent der Brutto-Grundfläche aus. Wie an den Von-Bis-Werten in der Tabelle 7 zu erkennen ist, können die Werte auch geringer oder höher ausfallen.

Die Mehrfamilienhäuser als Passivhäuser weisen eine geringere Verkehrsfläche und Konstruktions-Grundfläche, jedoch eine etwas höhere Technikfläche aus. Dadurch kann die Wohnfläche als Teil der Brutto-Grundfläche im Mittel 60 Prozent erreichen. Sie ist damit als bei den sonstigen Gebäudearten.

Wie schon zuvor festgestellt wurde, kann bei den Mehrfamilienhäusern als Holzbauten die Wohnfläche rund 2 Prozent größer sein als bei vergleichbaren Massivbauten.

Mehrfamilienhaus – Anteil der Wohnfläche (WLF) an der Gesamtfläche (BGF)

(→ Abb. 3)

Mehrfamilienhaus – Nutzungsfläche (NUF) außerhalb der Wohnfläche

(→ Abb. 4)

Bei den Nutzungsflächen außerhalb der Wohnfläche handelt es sich hauptsächlich um Grundflächen im Keller bzw. in Untergeschossen, Dachräumen oder Anbauten. Diese Flächen sind bei Mehrfamilienhäusern in der Regel nicht direkt von einer Wohnung zugänglich. Sie werden von den Bewohnern z.B. als Abstellräume, Fahrradräume, Müllsammelräume, Fahrzeugabstellflächen (vgl. NUF 7 Sonstige Nutzungen) genutzt.

Diese Nutzungsflächen sind grundsätzlich Gegenstand eines Raumprogramms, z.B. Mieterkeller oder Kfz-Abstellflächen. Zum Teil ergeben sie sich aus der Geometrie der Entwurfsplanung.

In Miet- und Kaufverträgen werden als Mietgegenstand in der Regel die Wohnfläche, Kellerräume und gegebenenfalls Stellplätze getrennt aufgeführt. Nicht zu befürworten ist die Addition oder Vermischung der Wohnfläche als Wohn-Nutzfläche. Für baufachliche Laien wird dadurch der Vergleich von Flächenangaben erschwert.

Hierzu ein Zitat, welches den Sachverhalt verdeutlicht: „Während es für Mieter grundsätzlich günstiger ist, wenn die WoFlV zur Wohnraumberechnung angewandt wird, fahren Vermieter mit der Wohnflächenberechnung nach DIN 277 besser, da dort mehr Wohnfläche berücksichtigt wird und die Raumhöhe keine Rolle spielt. Die offiziell zur Verfügung stehende Fläche – die Nutzfläche – ist somit größer und der Mietpreis kann entsprechend höher angesetzt werden. Um Konflikte zwischen beiden Parteien zu vermeiden, sollten Vermieter im Mietvertrag deshalb immer klar aufführen, nach welcher Berechnungsart sie die Wohnfläche ermittelt haben."

(Wohnfläche & Wohnflächenberechnung | immoverkauf24)

Planungskennwerte von Wohngebäuden (MFH) – Brutto-Grundfläche (BGF) zu Wohnfläche (WFL) und Wohnfläche (WFL) zu Brutto-Grundfläche (BGF)	**WFL/BGF**		
	von	mittel	bis
Mehrfamilienhäuser, mit bis zu 6 WE, einfacher Standard, 8 Vergleichsobjekte, S. 620-623	0,53	0,51	0,50
Mehrfamilienhäuser, mit bis zu 6 WE, mittlerer Standard, 21 Vergleichsobjekte, S. 626-629	0,59	0,53	0,41
Mehrfamilienhäuser, mit bis zu 6 WE, hoher Standard, 32 Vergleichsobjekte, S. 636-639	**0,55**	**0,51**	**0,40**
Mehrfamilienhäuser, mit 6 bis 19 WE, einfacher Standard, 8 Vergleichsobjekte, S. 652-655	0,59	0,54	0,49
Mehrfamilienhäuser, mit 6 bis 19 WE, mittlerer Standard, 44 Vergleichsobjekte, S. 658-661	0,55	0,52	0,45
Mehrfamilienhäuser, mit 6 bis 19 WE, hoher Standard, 33 Vergleichsobjekte, S. 674-677	0,58	0,52	0,46
Mehrfamilienhäuser, mit 20 oder mehr WE, einfacher Standard, 14 Vergleichsobjekte, S. 692-695	0,54	0,50	0,43
Mehrfamilienhäuser, mit 20 oder mehr WE, mittlerer Standard, 47 Vergleichsobjekte, S. 700-703	0,57	0,54	0,50
Mehrfamilienhäuser, mit 20 oder mehr WE, hoher Standard, 19 Vergleichsobjekte, S. 716-719	0,55	0,52	0,48
Mehrfamilienhäuser, Passivhäuser, 24 Vergleichsobjekte, S. 726-729	**0,64**	**0,58**	**0,54**
Mehrfamilienhäuser, Holzbauweise, 21 Vergleichsobjekte, S. 736-739	0,60	0,56	0,42

Tab. 7: Planungskennwerte von 271 Wohngebäuden, WE = Wohneinheit) – Verhältnis von Brutto-Grundfläche (BGF) zu Wohnfläche (WFL) und Verhältnis von Wohnfläche (WFL) zu Brutto-Grundfläche (BGF) = Wohnflächenanteil.
(BKI (Hrsg.): Baukosten Gebäude Neubau 2025. Statistische Kostenkennwerte, Stuttgart 2025, S. 620-748)

Anteil der Wohnfläche (WFL) an der Gesamtfläche (BGF)

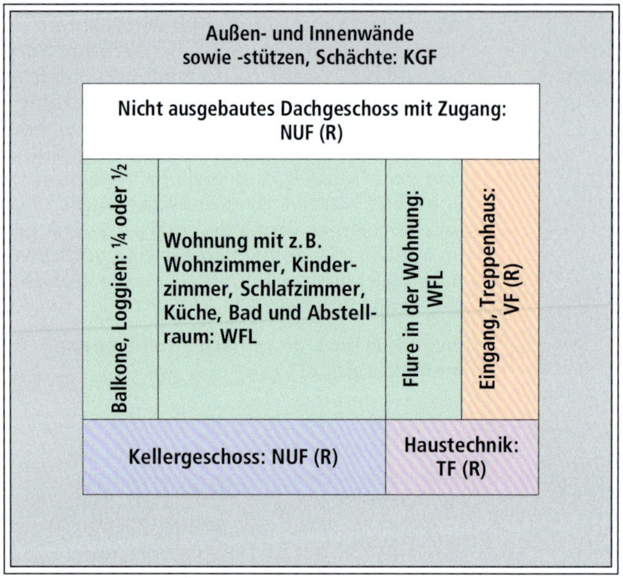

Abb. 3: Mehrfamilienhaus – Anteil der Wohnfläche (WFL) an der Gesamtfläche (BGF), schematische, nichtproportionale Darstellung.

Anteil der Nutzungsfläche (NUF) außerhalb der Wohnfläche (WFL) an der Gesamtfläche (BGF)

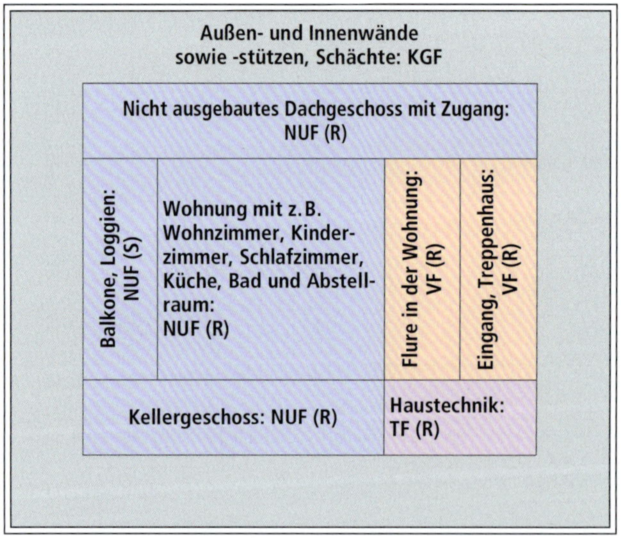

Abb. 4: Mehrfamilienhaus – Nutzungsfläche (NUF) außerhalb der Wohnfläche (WFL) an der Gesamtfläche (BGF), schematische, nichtproportionale Darstellung der Grundflächen.

Erläuterungen:

BGF **Brutto-Grundfläche:** Gesamtheit der Grundflächen aller Geschosse des Bauwerks, vgl. Darstellung.

KGF **Konstruktions-Grundfläche:** Anteil der Brutto-Grundfläche (BGF), der die Grundflächen der aufgehenden Baukonstruktionen des Bauwerks umfasst

NUF **Nutzungsfläche:** Anteil der Netto-Raumfläche (NRF), der den Zweckbestimmungen des Bauwerks dient, z. B. Wohnen.

TF **Technikfläche:** Anteil der Netto-Raumfläche (NRF) für die technischen Anlagen zur Versorgung und Entsorgung des Bauwerks, z. B. Raum für Haustechnik.

VF **Verkehrsfläche:** Anteil der Netto-Raumfläche (NRF) für die horizontale und vertikale Verkehrserschließung des Bauwerks, sowohl innerhalb einer Wohnung und als Eingang eines Gebäudes und als Treppenhaus.

WFL **Wohnfläche:** Grundflächen der Räume, die ausschließlich zu einer Wohnung gehören.

Zusammenfassung und Empfehlungen für die Praxis

In Bezug auf die Angabe von Grundflächen in Kauf- oder Mietverträgen besteht Vertragsfreiheit. Unzweckmäßige und verwirrende Angaben zu den Flächen kommen in der Praxis häufig vor.

Für die Wirtschaftlichkeitsermittlungen, realistische Aufgabenstellungen sowie die Optimierung der Planung sind Flächenermittlungen und die Anwendung qualifizierter Planungskennwerte unverzichtbar. Grundlagen entsprechender Ermittlungen sollen die DIN 277:2021-08, Grundflächen und Rauminhalte im Hochbau, und bei Wohngebäuden daneben die Verordnung zur Berechnung der Wohnfläche (Wohnflächenverordnung – WoFlV), Inkrafttreten 01.01.2004, sein.

Wenn das Bauvorhaben gut starten soll!

Auftraggeber von Bauvorhaben, hier von Mehrfamilienhäusern, haben meist klare Vorstellungen, welchen Anforderungen das Objekt genügen soll. Sie machen Angaben zu Anzahl, Größe und Standard der Wohneinheiten und sonstiger Nutzungen. Sie kennen den Wert oder Preis des Baugrundstücks, stellen Überlegungen zu Finanzierung und Wirtschaftlichkeit an. Sie orientieren sich an der voraussichtlich erzielbaren Netto-Kaltmiete oder dem Verkaufspreis für einen Quadratmeter Wohnfläche am Standort. Ihre Kalkulationen und ihre Erwartungen teilen sie ihren Architekt*innen meist nicht mit. Jedoch werden in der Regel Zielgrößen genannt wie zum Beispiel der „Anteil der Wohnfläche an der Gesamtfläche" des zu planenden Mehrfamilienhauses". Werden hierbei Größenordnungen wie 80 % genannt? Sind tatsächlich Wohnflächen nach der Wohnflächenverordnung gemeint? Welche Grundfläche wird als Ausgangsgröße verstanden, etwa die Geschossfläche nach Baunutzungsverordnung? Dann besteht Gesprächsbedarf!

Orientierungswerte zu den Grundflächen für die Planung von Mehrfamilienhäusern

(→ Tab. 8)

Der Anteil der Wohnfläche an der Brutto-Grundfläche von Mehrfamilienhäusern kann sowohl bei den Passivhäusern als auch bei den Holzbauten etwas höher sein.

Der vorliegende Beitrag soll für Auftraggebende wie für Architekt*innen eine Hilfestellung sein, um bei der Klärung der Aufgabenstellung realistische Planungsgrundlagen zu vereinbaren. Wie die vorgestellten Kennwerte zeigen, sind bei Beachtung der anerkannten Regelwerke zu den Grundflächen die tatsächlichen Werte realisierter Bauvorhaben – hier BKI-Planungskennwerte – deutlich unterschiedlich zu mancher Wunschvorstellung. Die Prozentwerte in **Tabelle 8** sollen nicht als Optimum, sondern der Orientierung dienen.

Orientierungswerte für die Planung von Mehrfamilienhäusern	Von-bis-Wert
Nutzungsfläche (NUF)	65 – 70 %
Technikfläche (TF)	2 %
Verkehrsfläche (VF)	12 – 15 %
Konstruktions-Grundfläche (KGF)	16 – 18 %
Brutto-Grundfläche (BGF)	100 %
Wohnfläche (WFL)	53 – 55 %

Tab: 8: Orientierungswerte zu den Grundflächen für die Planung von Mehrfamilienhäusern.

Literaturverzeichnis

BKI (Hrsg.): Baukosten Gebäude Neubau 2025. Statistische Kostenkennwerte, Stuttgart 2025

Baugesetzbuch in der Fassung der Bekanntmachung vom 3. November 2017 (BGBl. I S. 3634), das zuletzt durch Artikel 3 des Gesetzes vom 20. Dezember 2023 (BGBl. 2023 I Nr. 394) geändert worden ist

Kalusche, Wolfdietrich: Vergleich Holzbau und Massivbau – Grundflächen, Bauwerkskosten, Bauzeiten, 2. vollständig aktualisierte und erweiterte Fassung. In: BKI (Hrsg.): Sonderband S6 Holzbau, Stuttgart 2024, S. 58-92

Kalusche, Wolfdietrich: Die Kosten der Technischen Anlagen von Gebäuden im Wandel der Zeit. In: BKI (Hrsg.): Baukosten Gebäude Neubau 2025. Statistische Kostenkennwerte, Stuttgart 2025, S. 104-119

Kalusche, Wolfdietrich: Wie groß ist die Wohnfläche von Mehrfamilienhäusern?

In: Deutsches Architektenblatt (dabonline), Stand: 02.05.2023.

[https://www.dabonline.de/2023/05/02/wie-gross-was-gehoert-zu-wohnflaeche-mehrfamilienhaeuser-wfl-bgf-nuf/]

Kalusche, Wolfdietrich: Anteil der Wohnfläche an der Gesamtfläche von Mehrfamilienhäusern. In: BKI (Hrsg.): Baukosten Gebäude Neubau 2023. Statistische Kostenkennwerte, Stuttgart 2023, S. 86-100

Verordnung zur Berechnung der Wohnfläche (Wohnflächenverordnung - WoFlV). Vom 25. November 2003 (BGBl. I S. 2346)

Verordnung zur Berechnung der Wohnfläche (Wohnflächenverordnung - WoFlV). Vom 25. November 2003 (BGBl. I S. 2346)

DIN 277:2021-08, Grundflächen und Rauminhalte im Hochbau

DIN 277-1:1973-05, Grundflächen und Rauminhalte von Hochbauten; Begriffe, Berechnungsgrundlagen

Internet:

Wohnfläche & Wohnflächenberechnung | immoverkauf24

http://www.spiegel.de/wirtschaft/wohnflaechen-berechnung-es-herrscht-wildwest-a-310937.html)

Die Kosten der Technischen Anlagen von Gebäuden im Wandel der Zeit

von Univ.-Prof. Dr.-Ing. Wolfdietrich Kalusche

Die Kosten der Technischen Anlagen von Gebäuden im Wandel der Zeit

ein Beitrag von Wolfdietrich Kalusche

Vorbemerkung

„Nichts ist beständiger als der Wandel."
Das trifft auch auf die Anforderungen an Gebäude zu. Hierbei handelt es sich einerseits um Gesetze, Verordnungen sowie Normen und andererseits um unterschiedlichste Nutzeranforderungen. Zur Erfüllung der Anforderungen dienen unter anderem Technische Anlagen in Gebäuden. Deren Anteil an den Bauwerkskosten nimmt in den letzten Jahren teilweise deutlich zu.

Die vorliegende Untersuchung soll folgende Fragen beantworten:

1. Nimmt der Anteil der Technischen Anlagen an den Bauwerkskosten grundsätzlich oder bei bestimmten Gebäudearten zu?
2. Sind auch die Technikflächen betroffen?
3. Was sollen Auftraggebende beim Aufstellen eines Kostenrahmens beachten?
4. Worauf ist bei der wirtschaftlichen Planung von Gebäuden zu achten?
5. Ist die Koordination der an der Planung fachlich Beteiligten durch Architekt*innen betroffen?

Für die Beantwortung vor allem der ersten Fragestellung liegen unter anderem Planungs- und Kostenwerte von Gebäuden aus den Jahren 1998 und 2024 vor.

1. Untersuchung der Anteile der Technischen Anlagen an den Bauwerkskosten

Das Baukosteninformationszentrum Deutscher Architektenkammern (BKI) bietet unter anderem statistische Kostenkennwerte, Planungskennwerte und Werte zu Bauzeiten von Gebäuden (Neubauten) an, die für Kostenermittlungen in den frühen Leistungsphasen und weitere Ermittlungen besonders geeignet sind. Ein Schwerpunkt sind Kostenkennwerte zu den Bauwerkskosten (KG 300+400) einer Vielzahl von Gebäudearten.

Vergleichende Untersuchungen der Kosten von Technischen Anlagen als Teil der Bauwerkskosten zeigen, dass diese sich je nach Gebäudeart deutlich unterscheiden und sich zudem in den letzten 26 Jahren unterschiedlich entwickelt haben. Die folgenden zwei Beispiele machen dies deutlich.

Beispiel 1: Lagergebäude ohne Mischnutzung (7700)

Es liegen im Jahr 2024 für diese Gebäudeart 19 Vergleichsobjekte vor. Die Anteile der Kosten von Technischen Anlagen an den Bauwerkskosten variieren von 5,0% bis 30,4%. Unterschiede bestehen besonders bei den Wärmeversorgungsanlagen (KG 420), den Raumlufttechnischen Anlagen (KG 430) sowie den Nutzungsspezifischen und verfahrenstechnischen Anlagen (KG 470).
[BKI Baukosten 2024 Neubau, Statistische Kostenkennwerte für Gebäude 2024, S. 887]

Anmerkung: Die oben genannten Technischen Anlagen wurden seinerzeit als Wärmeversorgungsanlagen (KG 420), Lufttechnische Anlagen (KG 430) und Nutzungsspezifische Anlagen (KG 470) bezeichnet. [vgl. DIN 276:1993-06]

Beispiel 2: Feuerwehrhäuser (7600)

Es liegen im Jahr 2024 für diese Gebäudeart 37 Vergleichsobjekte vor. Im Zeitraum von 1998 bis 2024 sind die Anteile der Kosten von Technischen Anlagen an den Bauwerkskosten durchschnittlich von 17,8% auf 25,9% gestiegen. Das ist eine erhebliche Steigerung. Dabei sind vor allem Zunahmen bei den elektrischen Anlagen (KG 440), den Kommunikationsanlagen (KG 450) und den Nutzungsspezifischen und verfahrenstechnischen Anlagen (KG 470) festzustellen.
[BKI Baukosten 1998, Teil 1: Kostenkennwerte für Gebäude 1998, S. 185]
[BKI Baukosten 2024 Neubau, Statistische Kostenkennwerte für Gebäude 2024, S. 939]

Anmerkung: Die oben genannten Technischen Anlagen wurden zuvor als Starkstromanlagen (KG 440), Fernmeldeanlagen (KG 450) und Nutzungsspezifische Anlagen (KG 470) unterschieden bzw. bezeichnet. [vgl. DIN 276:1993-06].

Wenn für eine Gebäudeart wie die Lagergebäude ohne Mischnutzung, insgesamt 19 Vergleichsobjekte vorliegen, kann davon ausgegangen werden, dass die Anforderungen an diese eine Gebäudeart und damit deren Eigenschaften zum Teil sehr unterschiedlich sind. Das betrifft weniger die Baukonstruktionen als die Technischen Anlagen, in diesem Fall besonders die bauklimatischen Eigenschaften. In der jeweiligen Beschreibung der Objekte werden unterschiedliche Lagergüter angegeben. Es werden zum Beispiel genannt: Streugut bzw. Streusalz einer Straßenmeisterei, Landmaschinen, Lebensmittel, Tiefkühlwaren. So unterschiedlich wie die Lagergüter sind, so unterschiedlich können auch die Gebäude sein. Darauf ist bei der Auswahl von Vergleichsobjekten zu achten.

Bei den Planungs- und Kostenkennwerten – wie auch den Bauzeiten – handelt es sich um statistische Werte, die nach Gebäudearten und teilweise nach Standards, nach Konstruktionsweisen, nach Größe des Gebäudes oder der Anzahl der Nutzeinheiten, z.B. Wohneinheiten, unterschieden werden.

Jedes Jahr kommen zahlreiche neue Vergleichsobjekte hinzu und andere werden herausgenommen. Damit verändern sich auch die Planungskennwerte und die Bauzeiten entsprechend den Entwicklungen im Bauwesen. Auch beim Vergleich der anteiligen Kosten der Technischen Anlagen an den Bauwerkskosten – gemessen in Prozent – können Veränderungen festgestellt werden. Diese sind Gegenstand der vorliegenden Untersuchung.

Für die jeweiligen Anteile der Kosten von Technischen Anlagen an den Bauwerkskosten liegen für alle Gebäudearten Kostenkennwerte vor. Dabei handelt es sich zunächst um Mittelwerte, z.B. 39,1% bei den Instituts- und Laborgebäuden (Stand 2024).
[BKI Baukosten 2024 Neubau, Statistische Kostenkennwerte für Gebäude 2024, S. 213]

Beim Vergleich der Kennwerte wird deutlich, wie unterschiedlich diese je nach Gebäudeart sind. Weiterhin hat sich in den zurückliegenden 26 Jahren bei einigen Gebäudearten der Anteil der Kosten der Technischen Anlagen an den Bauwerkskosten kaum verändert, bei anderen hat er dagegen deutlich zugenommen.

Die dokumentierten Vergleichsobjekte werden in Gebäudearten unterschieden. Ein wesentlicher Gesichtspunkt dafür ist der Nutzungszweck, z. B. Schule. Liegt eine große Anzahl von Vergleichsobjekten gleichen Nutzungszwecks vor, z. B. 100 Schulen, werden diese nach weiteren Gesichtspunkten aufgeteilt, z. B. der Schulart: Allgemeinbildende Schulen, Berufsschulen, Förder- und Sonderschulen.

Eine weitere Möglichkeit der Unterscheidung von Vergleichsobjekten, z.B. Wohngebäuden, ist die Bauweise, z. B. freistehende Einfamilienhäuser, Doppelhäuser, Reihenhäuser. Unterschieden werden Nutzungsarten auch nach Standards, z. B. einfach, mittel, hoch, oder danach, ob sie unterkellert oder nicht unterkellert sind.

Seit drei Jahren werden zudem Holzbauten, in Abgrenzung zu Massivbauten, als Gebäudearten ausgewiesen. Je nach Gebäudeart kann festgestellt werden, dass sich sowohl die Grundflächen und Rauminhalte, die Bauwerkskosten, die Bauzeiten und daraus gebildete Planungskennwerte und Kostenkennwerte unterscheiden. Das gilt auch für den Anteil der Kosten Technischer Anlagen an den Bauwerkskosten.

Im Jahr 1998 reichten für die Dokumentation der Vergleichsobjekte noch rund 50 Gebäudearten aus. Aufgrund der Zunahme der Vergleichsobjekte auf über 4.000 ist die Zahl der Gebäudearten deutlich gewachsen, es sind inzwischen rund 86 Neubaugebäudearten. Vereinzelt sind zudem auch deren Bezeichnungen verändert worden.

Für die vorliegende Untersuchung wurden diejenigen Gebäudearten für den Vergleich der Anteile der Kosten von Technischen Anlagen an den Bauwerkskosten ausgewählt, bei denen
- eine überdurchschnittlich große Zahl von Vergleichsobjekten vorliegt, z. B. Büro- und Verwaltungsgebäude,
- Technische Anlagen für die Nutzung grundsätzlich erforderlich sind, z. B. Instituts- und Laborgebäude.

Bislang nicht enthalten sind nach der Auswahl Gebäudearten, bei denen
- die Vergleichsobjekte der Gebäudeart sehr unterschiedlich sind, z. B. Hoch- und Tiefgaragen,
- Gebäude mit Mischnutzung, z. B. Wohnhäuser mit Mischnutzung.

Grundlage sind zunächst die statistischen Verhältniswerte in der ersten Ebene der Kostengliederung der DIN 276. Betrachtet werden die Kosten der Technischen Anlagen (KG 400) im Verhältnis zu den Bauwerkskosten (KG 300+400) in Prozent.

Untersuchung von Gebäudearten in der ersten Ebene der Kostengliederung

Unter den genannten Gesichtspunkten werden zwölf Gebäudearten bzw. Gruppen von Gebäudearten in der ersten Ebene der Kostengliederung in Bezug auf die Technischen Anlagen verglichen. Es handelt sich dabei um (aktuelle Bezeichnung und Ordnungsnummer):
- Büro- und Verwaltungsgebäude (1300)
- Instituts- und Laborgebäude (2200, 7100)
- Schulen (4100, 4200, 4300)
- Kindergärten (4400)
- Sportbauten (5100, 5200)
- Wohngebäude (6100) – Ein- und Zweifamilienhäuser
- Wohngebäude (6100) – Doppel- und Reihenhäuser
- Wohngebäude (6100) – Mehrfamilienhäuser
- Gaststätten, Kantinen, Mensen (6500)
- Betriebs- und Werkstätten (7300)
- Feuerwehrhäuser (7600)
- Lagergebäude (7700)

→ **Tabelle 01** zeigt die Anteile der Kosten von Technischen Anlagen an den Bauwerkskosten der ausgewählten Gebäude bzw. Gruppen von Gebäudearten in den Jahren 1998 und 2024.

Anmerkung: Zu Auswahl und Zusammensetzung der Vergleichsobjekte siehe Anhang.

Bei fast allen Gebäudearten, die ausgewählt wurden, ist ein Anstieg der anteiligen Kosten der Technischen Anlagen an den Bauwerkskosten festzustellen. Ausnahmen sind lediglich die Sportbauten und die Betriebs- und Werkstätten. Mittlere Zunahmen zeigen sich bei Büro- und Verwaltungsgebäuden und bei einem Teil der Wohngebäude (Ein- und Zweifamilienhäusern, Doppel- und Reihenhäusern). Als hoch werden die Zunahmen bei den Instituts- und Laborgebäuden, den Schulen und den Mehrfamilienhäusern bewertet. Sehr hoch ist die Zunahme bei den Kindergärten und den Feuerwehrhäusern. Für die letzten beiden Gruppen (hoch, sehr hoch) werden die Technischen Anlagen in der zweiten Ebene der Kostengliederung (KG 410 bis KG 480) vertieft untersucht.

Untersuchung von Gebäudearten in der zweiten Ebene der Kostengliederung

Die zweite Ebene der Kostengliederung der Technischen Anlagen (KG 400) bildet die Anlagengruppen ab. Diese dienen auch der Unterscheidung von Leistungsbildern in der Honorarordnung für Architekten und Ingenieure (HOAI), soweit es um die Planung der Technischen Ausrüstung geht. Im Verlauf der letzten 30 Jahre ist die Norm seit Inkrafttreten der DIN 276:1993-06 mehrmals überarbeitet worden. [vgl. DIN 276:2006-11, DIN 276:2008-12, DIN 276:2018-12].

Die grundsätzliche Struktur, d.h. die erste und zweite Ebene der Kostengliederung, wurde beibehalten, einzelne Begriffe wurden überarbeitet. Zum Beispiel wurde die Bezeichnung Fernmelde- und informationstechnische Anlagen (KG 450) in Kommunikations-, sicherheits- und informationstechnische Anlagen (KG 450) umbenannt. **(→ Tab. 02)**

Anteile der Kosten von Technischen Anlagen an den Bauwerkskosten	Jahr 1998	Jahr 2024	Zunahme
Büro- und Verwaltungsgebäude (1300)	22,1 %	24,8 %	mittel
Instituts- und Laborgebäude (2200, 7100)	33,1 %	39,1 %	hoch
Schulen (4100, 4200, 4300)	19,8 %	24,0 %	hoch
Kindergärten (4400)	16,7 %	21,1 %	sehr hoch
Sportbauten (5100, ohne 5200 Schwimmhallen)	22,6 %	22,3 %	–
Wohngebäude (6100) – Ein- und Zweifamilienhäuser	16,0 %	19,1 %	mittel
Wohngebäude (6100) – Doppel- und Reihenhäuser	16,6 %	19,3 %	mittel
Wohngebäude (6100) – Mehrfamilienhäuser	16,5 %	20,6 %	hoch
Pflegeheime (6200)	27,4 %	28,0 %	gering
Gaststätten, Kantinen, Mensen (6500)	26,1 %	28,4 %	gering
Betriebs- und Werkstätten (7300)	24,7 %	24,0 %	–
Feuerwehrhäuser (7600)	17,8 %	25,9 %	sehr hoch
Lagergebäude (7700)	16,0 %	17,1 %	gering

Tab. 01: Anteile der Kosten von Technischen Anlagen an den Bauwerkskosten der ausgewählten Gebäudearten in Prozent für die Bezugsjahre 2024 und 1998. Anmerkung: Zu Auswahl und Zusammensetzung der Vergleichsobjekte siehe Anhang.

Kosten der Technische Anlagen (KG 400), zweite Ebene der Kostengliederung	
DIN 276:1993-06, Kosten im Hochbau	**DIN 276:2018-12, Kosten im Bauwesen**
410 Abwasser-, Wasser-, Gasanlagen	410 Abwasser-, Wasser-, Gasanlagen
420 Wärmeversorgungsanlagen	420 Wärmeversorgungsanlagen
430 Lufttechnische Anlagen	430 Raumlufttechnische Anlagen
440 Starkstromanlagen	440 Elektrische Anlagen
450 Fernmelde- und informationstechnische Anlagen	450 Kommunikations-, sicherheits- und informationstechnische Anlagen
460 Förderanlagen	460 Förderanlagen
470 Nutzungsspezifische Anlagen	470 Nutzungsspezifische und verfahrenstechnische Anlagen
480 Gebäudeautomation	480 Gebäude- und Anlagenautomation
490 Sonstige Maßnahmen für technische Anlagen	490 Sonstige Maßnahmen für technische Anlagen

Tab. 02: Bauwerk – Technische Anlagen, zweite Ebene der Kostengliederung – Gegenüberstellung der Bezeichnungen der Fassungen DIN 276 1993 und 2018. [DIN 276:1993-06, Kosten im Hochbau; DIN 276:2018-12, Kosten im Bauwesen]

In der dritten Ebene der Kostengliederung wurde mit der Novellierung der DIN 276:2006-11 die KG 414 Feuerlöschanlagen aus KG 410 Abwasser -, Wasser-, Gasanlagen herausgenommen und als KG 474 Feuerlöschanlagen in KG 470 Nutzungsspezifische und verfahrenstechnische Anlagen eingefügt. Die Nutzungsspezifischen Anlagen (Hochbau) wurden um die verfahrenstechnischen Anlagen (Ingenieurbau) erweitert (beide KG 480).

Unter den gegebenen Voraussetzungen können – von den Feuerlöschanlagen (KG 474) abgesehen – die Kostenanteile der Jahre 1998 und 2024 für grundsätzliche Betrachtungen verglichen werden.

In → **Tabelle 03** werden die wesentlichen Kosten der Technischen Anlagen (KG 400) in der zweiten Ebene der Kostengliederung bzw. den Anlagegruppen der Gebäudearten gezeigt, bei denen hohe und sehr hohe Zunahmen der Kosten der Technischen Anlagen an den Bauwerkskosten festgestellt werden konnten.

Die Zunahmen der Kosten der Technischen Anlagen an den Bauwerkskosten fallen je nach Gebäudeart und Anlagengruppe unterschiedlich aus. Die Ursachen hierfür lassen sich auf der Grundlage der vorliegenden Daten nicht im Einzelnen herleiten. Es ist festzustellen, dass die Anteile der Kosten der Technischen Anlagen

- je nach Gebäudeart unterschiedlich sind,
- auch innerhalb einer Gebäudeart große Unterschiede bestehen und
- im Betrachtungszeitraum (1998-2024) teilweise deutlich gestiegen sind und
- bestimmte Anlagegruppen dazu beigetragen haben.

Für das Aufstellen eines Kostenrahmens – hier KG 400 – durch die Bauherrenschaft sowie für die Koordination und Integration der Kostenplanung durch die Objektplanung soll nicht mit (veralteten) Richtwerten oder groben Orientierungswerten gearbeitet werden. Die Mitwirkung von Ingenieuren für die Planung der Technischen Anlagen ist grundsätzlich anzuraten. Eine Fehleinschätzung der Kosten der Technischen Anlagen zu Beginn eines Bauprojekts ist meist nur schwer zu korrigieren.

Kosten der Technische Anlagen (KG 400), zweite Ebene der Kostengliederung – Gebäudearten mit hohen und sehr hohen Zunahmen der Kosten der Technischen Anlagen an den Bauwerkskosten und Anlagegruppen		**Gebäudearten**					
KG	**Kostengruppe**	**Instituts- und Laborgebäude**	**Schulen**	**Kindergärten**	**Mehrfamilienhäuser**	**Feuerwehrhäuser**	**[...]**
400	Bauwerk – Technische Anlagen	–	–	–	–	–	–
410	Abwasser-, Wasser-, Gasanlagen	–	–	–	–	–	–
420	Wärmeversorgungsanlagen	–	–	–	–	–	–
430	Raumlufttechnische Anlagen	x	x		x	x	–
440	Elektrische Anlagen			x	x	x	–
450	Kommunikations-, sicherheits- und informationstechnische Anlagen	x	–	x	–	–	–
460	Förderanlagen	–	x	–	x	–	–
470	Nutzungsspezifische [...] Anlagen (Hochbau)	–	x	–	–	x	–
480	Gebäude- und Anlagenautomation	x	–	–	–	–	–
490	Sonstige Maßnahmen für technische Anlagen	–	–	–	–	–	–

Tab. 03: Kosten der Technischen Anlagen (KG 400), zweite Ebene der Kostengliederung – Gebäudearten mit hoher und sehr hoher Zunahme der Kosten der Technischen Anlagen an den Bauwerkskosten und den Anlagegruppen. [DIN 276:2018-12, Ziffer 5.4, S. 23-27]

2. Technikfläche oder Funktionsfläche, Technische Funktionsfläche

Für die Unterbringung der Technischen Anlagen, z.B. Wärmeerzeugungsanlagen, werden Flächen benötigt, die üblicherweise nicht Gegenstand eines Flächenprogramms bzw. eines Raumprogramms sind. Denn als Programmflächen sollen ausschließlich Nutzungsflächen bzw. Wohnflächen enthalten. Die Grundfläche zur Unterbringung der Technischen Anlagen wird in der gültigen Fassung der DIN 277:2021-08, Grundflächen und Rauminhalte von Bauwerken im Hochbau, als Technikfläche bezeichnet. Eine Technikfläche ist die „Teilfläche der Netto-Raumfläche (NRF) für die Technischen Anlagen zur Versorgung und Entsorgung des Bauwerks."
[vgl. DIN 277:2021-08, S. 5]

Die Technikfläche wurde in den vorangegangenen Jahren unterschiedlich bezeichnet – so auch in den BKI-Produkten – beziehungsweise umbenannt:

- In den 1980er Jahren wurde die Grundfläche zur Unterbringung der Technischen Anlagen als Funktionsfläche (FF) bezeichnet.
  [vgl. DIN 277:1987-06 – Teil 1: Begriffe, Berechnungsgrundlagen]
- Im Jahr 2005 wurde die Funktionsfläche (FF) in Technische Funktionsfläche (TF) umbenannt.
  [vgl. DIN 277-1:2005-02 – Teil 1: Begriffe, Ermittlungsgrundlagen]
- Im Jahr 2016 wurde die Technische Funktionsfläche (TF) in Technikfläche (TF) umbenannt.
  [vgl. DIN 277-1: 2016-01 – Teil 1: Hochbau]

Wesentliche Unterschiede der Ermittlung der Grundfläche bestehen jedoch nicht. Damit kann die Funktionsfläche (FF) in Angaben von 1998, z.B. BKI Baukosten 1998, Teil 1: Kostenkennwerte für Gebäude 1998, ohne Weiteres mit solchen von 2024 verglichen werden, z.B. BKI Baukosten 2024 Neubau, Statistische Kostenkennwerte für Gebäude 2024.

Bei der Ermittlung der Technikfläche sind folgende Regelungen zu beachten:

- „Grundflächen, die als Ergänzungsflächen zum Betrieb technischer Anlagen zur Ver- und Entsorgung des Bauwerks unmittelbar erforderlich sind (z.B. Lagerflächen für Brennstoffe, Löschwasser), gehören nicht zur Nutzungsfläche (NUF), sondern zur Technikfläche (TF)."
  [DIN 277:2021-08, S. 8]
- „Grundflächen für technische Anlagen oder Einbauten, die der Steuerung oder dem Betrieb besonderer nutzungsspezifischer Geräte oder Anlagen dienen (z.B. EDV-Serverraum, Kompressor-Raum für die Druckluftanlage einer Werkstatt oder Schalträume für medizinische Einrichtungen), sind nicht der Technikfläche (TF) zuzuordnen, sondern der Nutzungsfläche (NUF) [...] Sonstige Nutzungen (NUF 7). Dies gilt auch für Ergänzungsflächen, die für den Betrieb nutzungsspezifischer Einrichtungen erforderlich sind (z.B. Lüftungsanlage für Serverraum, Absauganlage mit Spänelager für Holzwerkstatt)."
  [DIN 277:2021-08, S. 9]

Da die Technikfläche in der Regel nicht Gegenstand eines Flächenprogramms bzw. eines Raumprogramms ist, soll der erforderliche Bedarf an Grundfläche für die Unterbringung der Technischen Anlagen so früh wie möglich geschätzt oder auf der Grundlage von statistischen Planungskennwerten ermittelt werden.

Die Technikfläche kann zunächst einmal mit Hilfe von Planungskennwerten überschlägig auf die Nutzungsfläche (NUF) beaufschlagt werden (Faktor = m^2 TF/m^2 NUF in Prozent, z.B. 5,1/100). Sicherer ist allerdings die Ermittlung der Technikfläche ausgehend von der Brutto-Grundfläche (BGF) auf der Grundlage von statistischen Planungskennwerten (Faktor = m^2 TF/m^2 BGF in Prozent, z.B. 2,9/100). Dabei finden weitere Grundflächen wie die Verkehrsfläche (VF) und die Konstruktions-Grundfläche (KGF) als Teile der Brutto-Grundfläche Berücksichtigung. Im Übrigen benötigen neben der Nutzungsfläche vor allem auch die Verkehrsfläche und die Technikfläche selbst eine Ver- und Entsorgung mit z.B. Heizung, Klima, Lüftung und Strom.
[vgl. BKI Baukosten 2024 Neubau, Statistische Kostenkennwerte für Gebäude 2024, S. 263]

Die Ermittlung ist für den Kostenrahmen relevant, weil der Umfang der Technischen Anlagen sich auf die Grundfläche und teilweise auch auf die Geschosshöhe auswirkt. Bei der Verlegung von Kanälen und Leitungen in Schächten, Doppelböden und abgehängten Decken sind die jeweiligen Querschnitte, gegebenenfalls ein Gefälle und Querungen sowie die notwendigen Bewegungsräume für die Installation und Wartung einzuschätzen. Dabei sind meist auch die Kosten der Baukonstruktionen (KG 300), z.B. Tragwerk und Innenausbau, betroffen.

Je höher der Anteil der Kosten von Technischen Anlagen an den Bauwerkskosten ist, desto höher ist wahrscheinlich der Anteil der Technikfläche an der Brutto-Grundfläche des Gebäudes. Um hierfür eine Einschätzung zu erhalten, sollen Planungskennwerte gegenübergestellt werden. Dafür wird auf die Gebäudearten Bezug genommen, bei denen der Anteil der Kosten von Technischen Anlagen an den Bauwerkskosten im Zeitraum von 1998 bis 2024 überdurchschnittlich zugenommen hat.

Das sind Schulen (hier Allgemeinbildende Schulen), Kindergärten (insbesondere Kindergärten, nicht unterkellert) und Feuerwehrhäuser. Zwar konnte auch bei Instituts- und Laborgebäuden sowie bei Wohngebäuden (Mehrfamilienhäuser) eine überdurchschnittliche Zunahme festgestellt werden. Allerdings sind diese Gebäudearten in ihren Eigenschaften so unterschiedlich, dass allgemeingültige Aussagen auf der Grundlage von Planungskennwerten in Bezug auf die Technikfläche nicht getroffen werden können.

(→ Tab. 04)

Anmerkung: Im Jahr 1998 wurde bei der Dokumentation der Vergleichsobjekte auf die Unterscheidung in unterkellerte und nicht unterkellerte Gebäude bei den Kindergärten bzw. Kindertagesstätten verzichtet. Eine Unterkellerung von Kindergärten ist nach wie vor die Ausnahme.

Bei diesen Vergleichsobjekten hat nicht nur der Anteil der Kosten von Technischen Anlagen an den Bauwerkskosten zugenommen, sondern es hat sich zudem der Anteil der Technikfläche vergrößert, siehe → **Tabelle 04**.

Das Ergebnis erscheint plausibel, soll aber nicht ohne Weiteres verallgemeinert werden. Denn die Mehrzahl der Anlagen hat sich sowohl hinsichtlich der Leistungsfähigkeit als auch des Flächenbedarfs sehr unterschiedlich entwickelt. Viele Anlagen sind kleiner und gleichzeitig leistungsfähiger geworden. Diesbezüglich ist die Mitwirkung von Ingenieuren für die Planung der Technischen Anlagen notwendig.

Anteil der Technikfläche (TF), vormals Funktionsfläche (FF), an der Brutto-Grundfläche (BGF) in Prozent	**Jahr 1998**	**Jahr 2024**	**Zunahme**
Allgemeinbildende Schulen (4100)	2,4 %	2,9 %	mittel
Kindergärten, nicht unterkellert (4400)	1,7 %	2,2 %	hoch
Feuerwehrhäuser (7600)	2,6 %	3,6 %	sehr hoch

Tab. 04: Veränderung der Technikfläche von 1998 bis 2024 – Allgemeinbildende Schulen, Kindergärten und Feuerwehrhäuser (Mittelwerte).

Planungsgrundlagen (Auszug)	**Vorgaben**
Gebäudeart	Allgemeinbildende Schulen, Gymnasium
Nutzeinheiten (NE)	500 Schülerinnen und Schüler (SUS)
Nutzungsfläche (NUF)	ca. 3.600 m²
Brutto- Grundfläche (BGF)	ca.5.200 m²
Technikfläche (TF)	Ist einzuschätzen.
Bauwerkskosten	ca. 10.000.000 €
Kosten Bauwerk – Baukonstruktionen (KG 300)	[...]
Kosten Bauwerk – Technische Anlagen (KG 400)	Ist einzuschätzen.
[...] weitere Planungsgrundlagen	[...]

Tab. 05: Planungsgrundlagen (Auszug) – Beispiel: Gymnasium (Allgemeinbildende Schule).

Die Angabe der anteiligen Kosten der Technischen Anlagen an den Bauwerkskosten in Prozent und die Angabe der Technikfläche als Teil der Brutto-Grundfläche in Prozent ist nicht ohne Weiteres anschaulich. Zum besseren Verständnis sind einfache Ermittlungen zu empfehlen, verbunden mit folgender Frage:

Wie groß muss für ein Gymnasium (Allgemeinbildende Schule) mit einer Kapazität von rund 500 Schülerinnen und Schülern (SUS) die Technikfläche unter Berücksichtigung der Technischen Anlagen sein?

(→ Tab. 05)

Der Kostenkennwert Kosten der Technischen Anlagen/Bauwerkskosten (KG 300/KG 300+400) für Allgemeinbildende Schulen (Stand 2024) wird mit den Prozentwerten von 19,2 bis 27,9 und im Mittel 23,4 angegeben. [BKI Baukosten 2024 Neubau, Statistische Kostenkennwerte für Gebäude 2024, S. 261]

Der Planungskennwert Technikfläche/Brutto-Grundfläche (TF/BGF) für Allgemeinbildende Schulen (Stand 2024) wird mit den Prozentwerten von 2,2 bis 6,7 und im Mittel 2,9 angegeben. [vgl. BKI Baukosten 2024 Neubau, Statistische Kostenkennwerte für Gebäude 2024, S. 263]

Bezogen auf die Bauwerkskosten des Gymnasiums von ca. 10.000.000 € und die Brutto-Grundfläche von ca. 5.200 m² können ohne weitere Untersuchungen Kosten der Technischen Anlagen von 1,92 bis 2,79 Mio. € und im Mittel 2,34 Mio. € und eine Technikfläche von rund 100 bis 230 m² für angemessen betrachtet werden.

Wegen der großen Unterschiede der Flächen und der Kostenwerte ist so früh wie möglich die Mitwirkung der Ingenieure für die Planung der Technischen Anlagen in Anspruch zu nehmen, vorzugsweise im Zusammenhang mit der Bedarfsplanung und spätestens beim Klären der Aufgabenstellung (HOAI-LPH 1 Grundlagenermittlung).

Als Kosteneinflüsse, die sich auch auf den Flächenbedarf auswirken können, kommen bei Allgemeinbildenden Schule in Betracht:

- Raumlufttechnische Anlagen, insbesondere Lüftungsanlagen (KG 431)
- Aufzugsanlagen, insbesondere Personenaufzüge (KG 461)
- Küchentechnische Anlagen (KG 471)
- […]

3. Wirtschaftliche Planung von Gebäuden

Berufsaufgabe der Architekt*innen „ist insbesondere die gestaltende, technische, wirtschaftliche, ökologische und soziale Planung von Bauwerken." So beschreibt es das Architektengesetz von Baden-Württemberg. Unter wirtschaftlicher Planung ist vor allem die Berücksichtigung der vom Auftraggeber genannten Baukosten zu verstehen.

In diesem Zusammenhang obliegt den Architekt*innen wenigstens die Kostenplanung im Bereich der Baukonstruktionen sowie die Koordination und Integration der Kostenplanung für die Technischen Anlagen, die zu den Leistungen der an der Planung Beteiligten gehört. Zu den an der Planung Beteiligten zählen in jedem Fall die Ingenieur*innen, welche die Technischen Anlagen der jeweiligen Anlagengruppe(n) planen.

Die Anforderungen der DIN 276:2018-12 an die Kostenermittlungen der Baukonstruktionen (KG 300) und der Technischen Anlagen (KG 400) sind strukturell gleich, zusammen ergeben sie die Bauwerkskosten (KG 300+400). Die Kostenplanung der Architekt*innen und der Ingenieur*innen beginnt, soweit sie nach Architekten- oder Ingenieurvertrag den Leistungsbildern der Honorarordnung für Architekten und Ingenieure (HOAI) folgen, mit der Kostenschätzung und schließen mit der Kostenfeststellung ab. In der Leistungsphase 2 (Vorplanung) heißt es „Kostenschätzung nach DIN 276, Vergleich mit den finanziellen Rahmenbedingungen." [HOAI 2021, Anlage 10 (zu § 34 Absatz 4, § 35 Absatz 7)]

Als finanzielle Rahmenbedingungen sind die Vorgaben des Auftraggebers oder ein Kostenrahmen zu verstehen. Der Begriff Kostenrahmen ist schon seit vielen Jahren bekannt, aber erst mit der DIN 276-1:2006-11, Kosten im Bauwesen, Teil 1: Hochbau, findet der Kostenrahmen als erste von nunmehr fünf Stufen der Kostenermittlung Eingang in die Norm. Zwei Jahre danach wurde die DIN 276-1:2008-12 veröffentlicht, in Bezug auf den Kostenrahmen gab es keine Änderung.

4. Kostenrahmen der Auftraggebenden

In die Leistungsbilder der Honorarordnung für Architekten und Ingenieure, z.B. HOAI 2013, ist der Kostenrahmen als Grundleistung nicht aufgenommen worden. Insofern darf ein Kostenrahmen als Bestandteil der Planungsgrundlagen oder mindestens als Vorgabe für die Beauftragung von Architekten- und Ingenieurleistungen vom Auftraggeber erwartet werden.

Gewerbliche Bauherren und Öffentliche Bauherren verfügen in der Regel über baufachlich erfahrenes Personal, um einen der Norm entsprechenden Kostenrahmen aufzustellen. Von Privaten Bauherren wird man nicht in jedem Fall erwarten können, dass sie einen Kostenrahmen aufstellen können. Stattdessen wird eher eine Kostenangabe zu erwarten sein, die mehr der Finanzierbarkeit als der geplanten Investition entspricht. In einem solchen Fall ist eine Beratung durch Architekt*innen notwendig.

Im Folgenden wird die erste Fassung des Kostenrahmens (DIN 276-1:2006-11 bzw. DIN 276-1:2008-12) und anschließend wird zum Vergleich die aktuelle Fassung des Kostenrahmens (DIN 276-1:2018-12) jeweils mit Kostenwerten wiedergegeben.

Kostenrahmen (DIN 276-1:2006-11 bzw. DIN 276-1:2008-12)

„Der Kostenrahmen dient als eine Grundlage für die Entscheidung über die Bedarfsplanung sowie für grundsätzliche Wirtschaftlichkeits- und Finanzierungsüberlegungen und zur Festlegung der Kostenvorgabe.

Bei dem Kostenrahmen werden insbesondere folgende Informationen zugrunde gelegt:

- quantitative Bedarfsangaben, z.B. Raumprogramm mit Nutzeinheiten, Funktionselemente und deren Flächen;
- qualitative Bedarfsangaben, z.B. bautechnische Anforderungen, Funktionsanforderungen, Ausstattungsstandards;
- gegebenenfalls auch Angaben zum Standort.

Im Kostenrahmen müssen innerhalb der Gesamtkosten mindestens die Bauwerkskosten gesondert ausgewiesen werden."
[DIN 276-1:2006-11, Ziffer 3.4.1, S. 7; DIN 276-1:2008-12, Ziffer 3.4.1, S. 7]

Grundlage eines Kostenrahmens sollten quantitative und qualitative Bedarfsangaben sowie gegebenenfalls Angaben zum Standort sein. Es waren mindestens zwei Kostenwerte anzugeben: die Gesamtkosten (KG 100-700) und die Bauwerkskosten (KG 300+400).

Kostenrahmen nach DIN 276:2008-12

(→ Tab. 06)

Häufig wurden bislang die Bauwerkskosten auf der Grundlage einfacher Kostenkennwerte wie €/m² BGF oder €/m³ BRI ermittelt. Dabei werden die Kosten der Technischen Anlagen nicht ausgewiesen. Es ist hierzu anzumerken, dass die Kosten der Technischen Anlagen (KG 400) als Teil der Bauwerkskosten sehr unterschiedlich sein können. → **Tabelle 06** zeigt die Kostenwerte in der ersten Ebene der Kostengliederung.

<table>
<tr><th>Kostengruppen</th><th>Kosten (€)</th></tr>
<tr><td>100 Grundstück</td><td></td></tr>
<tr><td>200 Herrichten und Erschließen</td><td></td></tr>
<tr><td>300 Bauwerk – Baukonstruktionen</td><td rowspan="2">5.500.000 €</td></tr>
<tr><td>400 Bauwerk – Technische Anlagen</td></tr>
<tr><td>500 Außenanlagen und Freiflächen</td><td></td></tr>
<tr><td>600 Ausstattung und Kunstwerke</td><td></td></tr>
<tr><td>700 Baunebenkosten</td><td></td></tr>
<tr><td>Gesamtkosten</td><td>10.000.000 €</td></tr>
</table>

Tab. 06: Kostenrahmen mit mindestens zwei Kostenwerten nach DIN 276:2008-12, Beispiel. [Gliederung gemäß DIN 276:2008-12, Ziffer 4.1, S. 10]

Kostenrahmen (DIN 276-1:2018-12)

Für die aktuelle DIN 276:2018, Kosten im Bauwesen, wurden unter anderem die Stufen der Kostenermittlung im Hinblick auf eine kontinuierliche Kostenplanung erweitert und redaktionell überarbeitet. Ferner wurden die Anforderungen an die Gliederungstiefe der Kostenermittlungen erweitert.
[vgl. DIN 276:2018-12, Änderungen Ziffer h, S. 3]

„Der Kostenrahmen dient der Entscheidung über die Bedarfsplanung, grundsätzlichen Wirtschaftlichkeits- und Finanzierungsüberlegungen sowie der Festlegung einer Kostenvorgabe.

Bei dem Kostenrahmen werden insbesondere folgende Informationen zugrunde gelegt:

- gegebenenfalls Angaben zum Standort;
- quantitative und qualitative Bedarfsangaben (z.B. Raumprogramm mit Nutzeinheiten, Funktionselemente und deren Flächen, bautechnische Anforderungen, Funktionsanforderungen, Ausstattungsstandards), aufgrund der Bedarfsplanung, z.B. nach DIN 18205;
- gegebenenfalls auch Berechnung der Mengen von Bezugseinheiten der Kostengruppen nach dieser Norm und nach der Normenreihe DIN 277;
- erläuternde Angaben zur organisatorischen und terminlichen Abwicklung des Bauprojekts.

Im Kostenrahmen müssen die Gesamtkosten nach Kostengruppen in der ersten Ebene der Kostengliederung ermittelt werden."
[DIN 276:2018-12, S. 9)

Für den Kostenrahmen bedeutet dies: Ergänzung bzw. Anwendung der Bedarfsplanung (DIN 18205), weitere Angaben zu den Grundlagen der Planung sowie Mengen von Bezugseinheiten (z.B. DIN 277), Erläuterung zur organisatorischen und terminlichen Abwicklung des Bauprojekts sowie Ermittlung der Gesamtkosten nach Kostengruppen in der ersten Ebene der Kostengliederung. Siehe dazu → **Tabelle 07**.

Kostenrahmen nach DIN 276:2018-12

Bei einem Kostenrahmen nach DIN 276:2018-12 werden die Kosten in der ersten Ebene der Kostengliederung unterschieden. Es werden die Kosten der Baukonstruktionen (KG 300) und die Kosten der Technischen Anlagen (KG 400) als Bestandteile der Bauwerkskosten (KG 300+400) getrennt ausgewiesen. Es geht bei der Betrachtung der Kosten der Technischen Anlagen von Gebäuden darum, dass sie von Anfang an, vorzugsweise schon beim Aufstellen des Kostenrahmens, mit einem angemessenen Verhältnis zu den Kosten der Baukonstruktionen Berücksichtigung finden.

Kostengruppen	Kosten
100 Grundstück	1.750.000€
200 Vorbereitende Maßnahmen	250.000€
300 Bauwerk – Baukonstruktionen	4.000.000€
400 Bauwerk – Technische Anlagen	1.500.000€
500 Außenanlagen und Freiflächen	300.000€
600 Ausstattung und Kunstwerke	200.000€
700 Baunebenkosten	1.250.000€
800 Finanzierung	750.000€
Gesamtkosten	10.000.000€

Tab. 07: Kostenrahmen mit neun Kostenwerten nach DIN 276:2018-12, Beispiel. [Gliederung gemäß DIN 276:2018-12, Ziffer 5.1, S. 12-13]

Die Technischen Anlagen nach DIN 276:2018-12

Die DIN 276:2018-12 unterscheidet die Technischen Anlagen (KG 400) der Bauwerke, zu denen Hochbauten, Ingenieurbauten und Infrastrukturanlagen zählen, unterschieden in der zweiten Ebene der Kostengliederung wie folgt:

410 Abwasser-, Wasser-, Gasanlagen
420 Wärmeversorgungsanlagen
430 Raumlufttechnische Anlagen
440 Elektrische Anlagen
450 Kommunikations-, sicherheits- und informationstechnische Anlagen
460 Förderanlagen
470 Nutzungsspezifische und verfahrenstechnische Anlagen
480 Gebäude- und Anlagenautomation
490 Sonstige Maßnahmen für technische Anlagen
[vgl. DIN 276:2018-12, Ziffer 5.4, S. 23-28]

Es handelt sich hierbei um Bauleistungen und Lieferungen zur Herstellung der technischen Anlagen für Bauwerke einschließlich übergreifender Maßnahmen im Zusammenhang mit den Technischen Anlagen insgesamt. Dazu gehören auch die den einzelnen technischen Anlagen zugehörigen Gestelle, Befestigungen, Armaturen, Wärme- und Kältedämmungen, Schall- und Brandschutzvorkehrungen, Abdeckungen, Verkleidungen, Anstriche, Kennzeichnungen sowie die werkseitig integrierten Mess-, Steuer- und Regelanlagen. Dazu zählen, soweit erforderlich, auch die Betriebskosten bis zur Abnahme.

Nicht zu den Technischen Anlagen gehören die Arbeiten bzw. Kosten, die für das Erstellen und Schließen von Schlitzen, die Herstellung von Durchführungen in Form von Rohr- und Kabelgräben erforderlich sind. Diese zählen in der Regel zu den Baukonstruktionen (KG 300).
[vgl. DIN 276:2018-12, Ziffer 5.4, S. 17]

Die Kostengliederung der Norm spiegelt sich in der Struktur der Anwendungsbereiche der Fachplanung bzw. der Anlagegruppen wider. Der in der HOAI verwendete Begriff Technische Ausrüstung ist dem der Technischen Anlagen gleichbedeutend, auch der Begriff Technische Gebäudeausrüstung (TGA) wird im Hochbau häufig verwendet.

„(2) Zur Technischen Ausrüstung gehören folgende Anlagengruppen:
1. Abwasser-, Wasser- und Gasanlagen,
2. Wärmeversorgungsanlagen,
3. Lufttechnische Anlagen,
4. Starkstromanlagen,
5. Fernmelde- und informationstechnische Anlagen,
6. Förderanlagen,
7. Nutzungsspezifische Anlagen und verfahrenstechnische Anlagen,
8. Gebäudeautomation und Automation von Ingenieurbauwerken."

[HOAI 2021, § 53]

Für die Planung der Technischen Anlagen bzw. der Technischen Gebäudeausrüstung werden zum großen Teil unterschiedliche Qualifikationen vorausgesetzt. Entsprechend bringen die Fachplaner*innen neben praktischer Erfahrung in der Regel ein Studium der Versorgungstechnik, Elektrotechnik, Energietechnik oder des Maschinenbaus mit. Auch die Planungsbüros sind in der Mehrzahl auf bestimmte Anlagegruppen spezialisiert. Deswegen werden für ein Bauprojekt selten ein, aber häufig mehrere Ingenieurbüros beauftragt.

Je mehr Planungsbüros mitwirken, desto anspruchsvoller ist die vom Objektplaner zu erbringende Koordination der Planung, so auch der Kostenplanung.

Wie auch das Aufstellen eines Kostenrahmens gemäß DIN 276:2018-12 sind die Kosten der Technischen Anlagen anzugeben. Bei Unsicherheit über diesen Teil der Kosten ist eine fachliche Beratung zu empfehlen. Das „Mitwirken bei der Bedarfsplanung für komplexe Nutzungen zur Analyse der Bedürfnisse, Ziele und einschränkenden Gegebenheiten (Kosten, Termine und andere Rahmenbedingungen) des Bauherrn und wichtiger Beteiligter" ist eine Besondere Leistung in der Honorarordnung für Architekten und Ingenieure (HOAI) und sollte genutzt werden.
[HOAI 2021, Anlage 15 (zu § 55 Absatz 3, § 56 Absatz 3)]

Häufig werden die Kosten für die Technischen Anlagen nur grob geschätzt, auch wenn die Anforderungen an die Ver- und Entsorgung, den technischen Komfort und die Sicherheit des zu planenden Gebäudes hoch sind.

Planungsgrundlagen, insbesondere Kosten der Technischen Anlagen

Die Kosten der Technischen Anlagen sind ein wichtiger Teil sowohl der Bauwerkskosten als auch der Gesamtkosten von Bauprojekten. Der Kostenrahmen ist ein wichtiger Bestandteil der Planungsgrundlagen für Architekten- und Ingenieurleistungen. Er darf vom Auftraggeber einer Baumaßnahme erwartet werden.

Zu den Planungsgrundlagen gehören über den Kostenrahmen hinaus ein Raumprogramm, ein Funktionsprogramm, ein Ausstattungsprogramm, eine Standardbeschreibung, Angaben zu Standort und Grundstück sowie ein Terminrahmen. Im Zusammenhang mit Überlegungen zur Finanzierung und zur Wirtschaftlichkeit der geplanten Investition ist sicherzustellen, dass die mit den Planungsgrundlagen vorgegebenen Anforderungen an das Gebäude und dessen geplante Nutzung realistisch sind. Wenn ein vorhandenes Gebäude für die Nutzung in Betracht gezogen wird, sind vor Beginn der Objekt- und Fachplanung eine umfassende Bestandsaufnahme des Objekts sowie gegebenenfalls weitere Untersuchungen erforderlich.

5. Koordination der an der Planung fachlich Beteiligten

Nachdem sich der Bauherr und die Auftragnehmenden über die Planungsgrundlagen einschließlich des Kostenrahmens ausgetauscht und die Aufgabenstellung geklärt haben, übernimmt der Objektplaner umfangreiche Aufgaben der Koordination und Integration für die Planung insgesamt und vor allem auch für die Kostenplanung, vgl. → **Tabelle 08**.

Entsprechende Grundleistungen und normative Verweisungen sind in den Leistungsbildern der Honorarordnung für Architekten und Ingenieure (HOAI) enthalten. Sie werden in der Regel in die Verträge der an der Planung Beteiligten übernommen. Dazu gehören die Koordination der an der Planung Beteiligten und die Integration von deren Leistungen (im Rahmen der Mitwirkung) in die Gesamtplanung.

Zur Koordination des Objektplaners gehört unter anderem die Vorgabe von Strukturen. Er hat zudem darauf zu achten, dass die genannten Beiträge vollständig und frei von Überschneidungen sind und rechtzeitig vorliegen. Der Einsatz einer einheitlichen Software ist von Vorteil.

Die Fachingenieure für die Planung der Technischen Anlagen erarbeiten die Planung der jeweiligen Anlagengruppe(n), z.B. für die elektrischen Anlagen (KG 440). Dazu gehören auch Kostenermittlungen sowie die Kostenkontrolle und deren Weitergabe an den Objektplaner.

Auch der Fachingenieur für Tragwerksplanung hat bei der Kostenplanung mitzuwirken. Dazu gehören in den frühen Leistungsphasen:

- Beraten in statisch-konstruktiver Hinsicht unter Berücksichtigung der Belange der Standsicherheit, der Gebrauchsfähigkeit und der Wirtschaftlichkeit (LPH 2 b)
- Mitwirken bei der Kostenschätzung und bei der Terminplanung (LPH 2 e)
- Überschlägiges Ermitteln der Betonstahlmengen im Stahlbetonbau, der Stahlmengen im Stahlbau und der Holzmengen im Ingenieurholzbau (LPH 3 d)
- Mitwirken bei der Kostenberechnung und bei der Terminplanung (LPH g)
- Mitwirken beim Vergleich der Kostenberechnung mit der Kostenschätzung (LPH h)
- […]

[Anlage 14 (zu § 51 Absatz 5, § 52 Absatz 2, HOAI 2021]

Grundleistungen der Kostenplanung – Koordinieren, Mitwirken und Integrieren			
LPH	**Leistungsbild Gebäude und Innenräume**	**Leistungsbild Tragwerksplanung**	**Leistungsbild Technische Ausrüstung**
1	a) Klären der Aufgabenstellung auf Grundlage der Vorgaben oder der Bedarfsplanung des Auftraggebers (hier: Kostenrahmen)	a) Klären der Aufgabenstellung auf Grund der Vorgaben oder der Bedarfsplanung des Auftraggebers im Benehmen mit dem Objektplaner (hier: Kostenrahmen)	a) Klären der Aufgabenstellung auf Grund der Vorgaben oder der Bedarfsplanung des Auftraggebers im Benehmen mit dem Objektplaner (hier: Kostenrahmen)
2	b) Abstimmen der Zielvorstellungen, Hinweisen auf Zielkonflikte (hier: Kostenziele) e) Bereitstellen der Arbeitsergebnisse als Grundlage für die anderen an der Planung fachlich Beteiligten sowie Koordination und Integration von deren Leistungen g) Kostenschätzung nach DIN 276, Vergleich mit den finanziellen Rahmenbedingungen (auch Kostenrahmen)	e) Mitwirken bei der Kostenschätzung und bei der Terminplanung	f) Kostenschätzung nach DIN 276 (2. Ebene) und Terminplanung
3	b) Bereitstellen der Arbeitsergebnisse als Grundlage für die anderen an der Planung fachlich Beteiligten sowie Koordination und Integration von deren Leistungen e) Kostenberechnung nach DIN 276 und Vergleich mit der Kostenschätzung	g) Mitwirken bei der Kostenberechnung und bei der Terminplanung	f) Kostenberechnung nach DIN 276 (3. Ebene) und Terminplanung
4	–	–	–
5	c) Bereitstellen der Arbeitsergebnisse als Grundlage für die anderen an der Planung fachlich Beteiligten, sowie Koordination und Integration von deren Leistungen		
6	d) Ermitteln der Kosten auf der Grundlage vom Planer bepreister Leistungsverzeichnisse e) Kostenkontrolle durch Vergleich der vom Planer bepreisten Leistungsverzeichnisse mit der Kostenberechnung	–	d) Ermitteln der Kosten auf Grundlage der vom Planer bepreisten Leistungsverzeichnisse e) Kostenkontrolle durch Vergleich der vom Planer bepreisten
7	–	–	–
8	b) Mitwirken bei der Koordination der am Projekt Beteiligten i) Kostenkontrolle durch Überprüfen der Leistungsabrechnung der bauausführenden Unternehmen im Vergleich zu den Vertragspreisen j) Kostenfeststellung, zum Beispiel nach DIN 276	–	h) Kostenkontrolle durch Überprüfen der Leistungsabrechnungen der ausführenden Unternehmen im Vergleich zu den Vertragspreisen und dem Kostenanschlag i) Kostenfeststellung
9	–	–	–

Tab. 08: Grundleistungen der Kostenplanung – Koordinieren, Mitwirken und Integrieren.
(Anlage 10, (zu § 34 Absatz 4, § 35 Absatz 7), Anlage 14 (zu § 51 Absatz 5, § 52 Absatz 2), Anlage 15 (zu § 55 Absatz 3, § 56 Absatz 3) HOAI 2021)

In Bezug auf die Technischen Anlagen hat der Tragwerksplaner darauf zu achten, dass die tragenden Wände und Decken auf die Anordnung von Zentralen und Leitungen der Technischen Anlagen abgestimmt sind und den Grundsätzen der Wirtschaftlichkeit genügen. Eine Kostenermittlung für das Tragwerk wird man vom Tragwerksplaner in der Regel nicht erwarten können.

Der Objektplaner übernimmt im Rahmen der Integration die Beiträge der Ingenieure für die Planung der Technischen Anlagen – je nach Anlagengruppe – sowie die Angaben des Tragwerksplaners in die Gesamtplanung. Er hat nicht die Aufgabe – und in der Regel nicht die Kenntnisse – um die Beiträge der an der Planung fachlich Beteiligten fachtechnisch zu prüfen. Es ist aber notwendig, dass er die entsprechenden Kosten auf Plausibilität überprüft. Das kann durch den Vergleich der Kosten einer vorangegangenen Kostenermittlung oder mit Kostenkennwerten von zur Verfügung stehenden Kostendatensammlungen geschehen.

Zusammenfassung

Im Zeitraum von 1998 bis 2024 haben sich die Anforderungen an Gebäude teilweise erheblich verändert. Ursächlich waren Gesetze, Verordnungen sowie Normen, aber auch Nutzeranforderungen. Das hat dazu geführt, dass heutzutage anders geplant und gebaut wird als noch vor 26 Jahren. Dabei haben sich auch besonders Art und Umfang der Technischen Anlagen von Gebäuden gewandelt. Der Anteil der Technischen Anlagen an den Bauwerkskosten ist größer und der Anteil der Baukonstruktionen ist bei vielen Gebäudearten entsprechen geringer geworden.

Das gilt vor allem für Kindergärten und Feuerwehrhäuser, aber auch für Instituts- und Laborgebäude, Schulen und Mehrfamilienhäuser.
In vielen Fällen konnten die Veränderungen auf einzelne Anlagegruppen, z.B. Raumlufttechnische Anlagen, Elektrische Anlagen, Kommunikations-, sicherheits- und informationstechnische Anlagen, Förderanlagen oder Nutzungsspezifische Anlagen als verursacht erkannt werden. Ein geringerer Anteil Technischer Anlagen ist praktisch nicht anzutreffen.

Für die Planung geht es unter anderem darum, dass beim Aufstellen eines Kostenrahmens die Kosten der Technischen Anlagen im angemessenen Umfang berücksichtigt werden. Die Mitwirkung von Ingenieuren für die Planung der Technischen Anlagen ist grundsätzlich anzuraten. Eine Fehleinschätzung der Kosten der Technischen Anlagen zu Beginn eines Bauprojekts soll vermieden werden.

Genauso wichtig wie die Kosten der Technischen Anlagen sind die erforderlichen Grundflächen und Rauminhalte für Technikzentralen, Leitungen und Endgeräte, also Technikflächen, Schächte und abgehängte Decken.

Die Aufgaben der Objektplanung der Koordination und Integration in der Zusammenarbeit mit den an der Planung Beteiligen (Tragwerksplanung und Technische Ausrüstung) sind umfangreich und verantwortungsvoll.

Die vorliegende Untersuchung zu den Technischen Anlagen möge dafür hilfreich sein. Eine Frage bleibt allerdings offen: Wird der Anteil der Technischen Anlagen weiter ansteigen oder nicht? Auf jeden Fall bleibt das Thema aktuell.

Literatur

Architektengesetz in der Fassung vom 28. März 2011 (GBl. S. 152) zuletzt geändert durch Verordnung vom 21. Dezember 2021 (GBl. 2022, S. 1, 5)

Baukosteninformationszentrum Deutscher Architektenkammern (Hrsg.): BKI Baukosten Gebäude Neubau 1998. Statistische Kostenkennwerte, Baukosteninformationszentrum Deutscher Architektenkammern, Stuttgart 1998

Baukosteninformationszentrum Deutscher Architektenkammern (Hrsg.): BKI Baukosten Gebäude Neubau 2024. Statistische Kostenkennwerte, Baukosteninformationszentrum Deutscher Architektenkammern, Stuttgart 2024

DIN 276:1993-06, Kosten im Hochbau

DIN 276:2018-12, Kosten im Bauwesen

Heraklit von Ephesos, Philosoph (etwa 520 v. Chr. bis um 460 v. Chr.): „Nichts ist beständiger als der Wandel."
[https://gutezitate.com/zitat/187854]

Honorarordnung für Architekten und Ingenieure (HOAI 2021)

Autor

Univ.-Prof. (em.) Dr.-Ing. Wolfdietrich Kalusche, Architekt und Diplom-Wirtschaftsingenieur, BKI-Beirat

Anhang:

Auswahl und Zusammensetzung der Vergleichsobjekte

• Büro- und Verwaltungsgebäude (1300)
Es werden 57 Verwaltungsgebäude (einfacher bis mittlerer Standard, mittlerer bis hoher Standard, hoher Standard) des Jahres 1998 mit 105 Büro- und Verwaltungsgebäuden (einfacher Standard, mittlerer Standard, hoher Standard, Holzbauweise) des Jahres 2024 verglichen.

• Instituts- und Laborgebäude (2200, 7100)
Es werden 4 Laborgebäude und 4 Institutsgebäude für Lehre und Forschung des Jahres 1998 mit 38 Instituts- und Laborgebäuden des Jahres 2024 verglichen.

• Schulen (4100, 4200, 4300)
Es werden 20 Allgemeinbildende Schulen, 7 Berufliche Schulen und 10 Sonderschulen des Jahres 1998 mit 44 Allgemeinbildenden Schulen, 12 Schulen in Holzbauweise, 10 Beruflichen Schulen, 15 Förder- und Sonderschulen sowie 12 Weiterbildungseinrichtungen des Jahres 2024 verglichen.

• Kindergärten (4400)
Es werden 75 Kindergärten und Kindertagesstätten (1 bis 2 Gruppen, 3 und mehr Gruppen) des Jahres 1998 mit 153 Kindergärten (nicht unterkellert, einfacher Standard, mittlerer Standard, hoher Standard sowie in Holzbauweise und unterkellert) des Jahres 2024 verglichen.

• Sportbauten (5100, ohne 5200 Schwimmhallen)
Es werden 6 Turn- und Mehrzweckhallen sowie 18 Sporthallen (Typ 15/27, Typ 27/45) des Jahres 1998 mit 15 Sport- und Mehrzweckhallen sowie 49 Sporthallen (Einfeldhallen, Mehrfeldhallen) des Jahres 2024 verglichen.

• Wohngebäude (6100) – Ein- und Zweifamilienhäuser
Es werden 64 Ein- und Zweifamilienhäuser (einfacher bis mittlerer Standard, mittlerer bis hoher Standard, hoher Standard) des Jahres 1998 mit 285 Ein- und Zweifamilienhäusern (unterkellert, einfacher Standard, mittlerer Standard, hoher Standard, sowie nicht unterkellert, einfacher Standard, mittlerer Standard, hoher Standard, ferner Passivhausstandard, Massivbauweise, und Passivhausstandard, Holzbauweise, weiterhin Holzbauweise, unterkellert, und Holzbauweise, nicht unterkellert) des Jahres 2024 verglichen.

• Wohngebäude (6100) – Doppel- und Reihenhäuser
Es werden 23 Reihenhäuser (einfacher bis mittlerer Standard, mittlerer bis hoher Standard) des Jahres 1998 mit 60 Doppel- und Reihenhäusern (einfacher, mittlerer, hoher Standard), Doppel- und Reihenhäusern Holzbauweise und Reihenhäusern (einfacher, mittlerer, hoher Standard) des Jahres 2024 verglichen.

• Wohngebäude (6100) – Mehrfamilienhäuser
Es werden 72 Mehrfamilienhäuser (einfacher bis mittlerer Standard, mittlerer bis hoher Standard, hoher Standard) des Jahres 1998 mit 208 Mehrfamilienhäusern (mit bis zu 6 WE, einfacher Standard, mittlerer Standard, hoher Standard, mit 6 bis zu 19 WE, einfacher Standard, mittlerer Standard, hoher Standard, mit 20 oder mehr WE, einfacher Standard, mittlerer Standard, hoher Standard) des Jahres 2024 verglichen.

• Pflegeheime (6200)
Es werden 11 Alten und Pflegeheime des Jahres 1998 mit 31 Pflegeheimen des Jahres 2024 verglichen.

• Gaststätten, Kantinen, Mensen (6500)
Es werden 9 Gaststätten, Kantinen und Mensen des Jahres 1998 mit 32 Objekten derselben Gebäudeart des Jahres 2024 verglichen.

• Betriebs- und Werkstätten (7300)
Es werden 22 Betriebs- und Werkstätten (eingeschossig, mehrgeschossig) des Jahres 1998 mit 44 Betriebs- und Werkstätten (eingeschossig, mehrgeschossig, geringer Hallenanteil, mehrgeschossig, hoher Hallenanteil) des Jahres 2024 verglichen.

• Feuerwehrhäuser (7600)
Es werden 20 Feuerwehrhäuser des Jahres 1998 mit 37 Objekten derselben Gebäudeart des Jahres 2024 verglichen.

• Lagergebäude (7700)
Es werden 19 Lager- und Versandgebäude (mittlere Geschosshöhe bis 5 m, mittlere Geschosshöhe 5 m bis 7, mittlere Geschosshöhe über 7 m) des Jahres 1998 mit 36 Lagergebäuden (ohne Mischnutzung, mit bis zu 25 % Mischnutzung, mit mehr als 25 % Mischnutzung) des Jahres 2024 verglichen.

Orientierungswerte und frühzeitige Ermittlung der Baunebenkosten ausgewählter Gebäudearten

von Univ.-Prof. Dr.-Ing. Wolfdietrich Kalusche
und
Dr.-Ing. Sebastian Herke

Orientierungswerte und frühzeitige Ermittlung der Baunebenkosten ausgewählter Gebäudearten

Autoren: Wolfdietrich Kalusche
Sebastian Herke

Die Baunebenkosten (KG 700) und die Kosten der Finanzierung (KG 800) machen einen nicht unerheblichen Teil an den Gesamtkosten (KG 100–800) eines Bauprojekts aus. Die Erhebung von Kostendaten und die Bildung von Kostenkennwerten der entsprechenden Aufwendungen sind wesentlich schwieriger als die der Bauwerkskosten (KG 300 und 400). Das liegt unter anderem daran, dass häufig Anteile nicht erfasst oder nicht offengelegt werden. Jedoch gelten als Kosten im Bauwesen nach DIN 276 „Aufwendungen, insbesondere für Güter, Leistungen, Steuern und Abgaben, die mit der Vorbereitung, Planung und Ausführung von Bauprojekten verbunden sind." [DIN 276:2018-12, Ziffer 3.1] Weiter heißt es: „Die Gesamtkosten sind vollständig zu erfassen und zu dokumentieren". [DIN 276:2018-12, Ziffer 4.2.3]

Viele Kostenermittlungen sind unvollständig. Die ermittelten Kosten dürfen in solchen Fällen deswegen nicht als Gesamtkosten bezeichnet werden. Die genaue Ermittlung der Gesamtkosten (Investition) ist eine unabdingbare Voraussetzung für die Kostensicherheit und die ausreichende Mittelbereitstellung (Finanzierung) eines Bauvorhabens.

Das Baukosteninformationszentrum Deutscher Architektenkammern (BKI) hat über viele Jahre Kostenwerte der Baunebenkosten erhoben. Es konnten zwar in den meisten Fällen die Kosten der Objekt- und Fachplanung (KG 730 und 740) oder die Allgemeinen Baunebenkosten (KG 760) dokumentiert werden, aber vor allem die Kosten der Bauherrenaufgaben (KG 710) und der Finanzierung (KG 800) wurden nur selten ermittelt oder bereitgestellt.

Es kommt hinzu, dass mit der 7. Novelle der Honorarordnung für Architekten und Ingenieure im Jahr 2013 die Leistungsbilder und die Honorartabellen verändert wurden. Statistische Kostenkennwerte der Baunebenkosten aus abgerechneten Honorarverträgen nach der HOAI 2009 sind deswegen als Grundlage für die Kostenermittlung aktuell geplanter Baumaßnahmen nicht ohne Weiteres geeignet. Denn die Honorare nach der HOAI 2013 fallen zum überwiegenden Teil höher aus, als in den vorangegangenen Jahren.

Aufgrund der wenigen und nicht aussagekräftigen Daten wurde in den früheren Veröffentlichungen die Kostengruppe 700 (Baunebenkosten) nicht als Kostenkennwert in den Datensammlungen des BKI abgebildet.

Mit Inkrafttreten der HOAI 2021 ist für Honorarvereinbarungen der verbindliche Preisrahmen aus Mindest- und Höchstsatz für Grundleistungen entfallen. Ob und in welchem Ausmaß sich die Honorare von Architekten und Ingenieure dadurch verändern, insbesondere geringer ausfallen, kann statistisch noch nicht belegt werden. Deswegen werden im vorliegenden Beitrag alle Berechnungen noch ohne Berücksichtigung eines solchen denkbaren Effekts ermittelt. Für eine gegebenenfalls notwendige Korrektur, z.B. einen Minderungsfaktor auf Grund eines stärkeren Preiswettbewerbs auf dem Markt für Planungsleistungen, ist es noch zu früh.

Seit dem Jahr 2018 werden erstmalig die Honorare für die Objektplanung eigenständig ermittelt. Als Grundlage dienen die Bauwerkskosten (KG 300 und 400) der jeweiligen Objekte, welche eine detaillierte Berechnung ermöglichen. Ein entsprechender Kostenkennwert wird in den Tabellen der Kostengruppen der ersten Ebene angegeben.

Dieser dort abgebildete Kostenkennwert ist nicht mit den gesamten Kosten der KG 700 zu verwechseln. Vielmehr werden ausschließlich die Honorare nach den Paragrafen 35, 40, 52, 56 der HOAI 2013 ermittelt. Der Wert für die Objektplanung beträgt rund zwei Drittel der Baunebenkosten [siehe **Tab. 7**] und bildet somit den überwiegenden Anteil der Kostengruppe 700.

Zur frühzeitigen Ermittlung der vollständigen Baunebenkosten und der Kosten der Finanzierung bei der Objektplanung wurde deshalb erstmals im Jahr 2014 im Band BKI Baukosten Gebäude – Statistische Kostenkennwerte Teil 1 ein Fachaufsatz zu den Baunebenkosten veröffentlicht. Dieser enthält Orientierungswerte, ein Verfahren sowie ein Beispiel für die Ermittlung. Eine weitere Überarbeitung erfolgte im Jahr 2016, in der die Baunebenkosten hinsichtlich verschiedener Nutzungsarten untersucht werden. Das vorliegende Kapitel stellt im Vergleich hierzu eine Überarbeitung und Erweiterung der Grundlagen und der Beispielermittlung dar. Es berücksichtigt die Änderungen in der Fassung der Kostengliederung der DIN 276:2018-12. Auf die Vollständigkeit der Kostenermittlung, also der Gesamtkosten (KG 100–800) wird dabei nach wie vor besonderer Wert gelegt.

In vorherigen Fassungen der DIN 276 waren die Kosten der Finanzierung Bestandteil der Baunebenkosten und in der Kostengruppe 760 (Finanzierungskosten) verortet. [vgl. DIN 276-1:2008-12] In der DIN 276:2018-12 wird die Kostengliederung um eine Kostengruppe auf insgesamt acht Kostengruppen erweitert. Die Kosten der Finanzierung werden in der Kostengruppe 800 gesondert berücksichtigt. Aufgrund der vormaligen Zusammengehörigkeit wird dennoch eine gemeinsame Betrachtung der Kostengruppen 700 und 800 erforderlich.

Die frühzeitige Ermittlung der Baunebenkosten und Kosten der Finanzierung soll zur Kostensicherheit beitragen. Sie soll außerdem möglichst vollständig sein und Überraschungen vermeiden helfen – im Sinne von: „Leider haben wir das Honorar eines wichtigen am Projekt Beteiligten vergessen." Sobald der Bauherr die Verträge mit seinem Objekt- und Fachplaner geschlossen oder erste Gebühren entrichtet hat, soll die frühzeitige Ermittlung schrittweise durch genauere Ermittlungen ersetzt werden.

Eine weitere Voraussetzung für die Kostensicherheit ist die richtige Zuordnung von Kostenwerten unter Verwendung der korrekten Begriffe. So ging es schon bei der Entstehung der DIN 276 im Jahr 1934 darum, „der im Bauwesen herrschenden Begriffsverwirrung entgegenzutreten." [Winkler 1994, S. 9f.] Das ist auch heute noch von nicht zu unterschätzender Bedeutung.

1 Beginn der Regelung und Begriffsbestimmung

Die Nebenkosten im Bauwesen waren lange Zeit unzureichend definiert. In der ersten Fassung der DIN 276, Kosten von Hochbauten und damit zusammenhängenden Leistungen, aus dem Jahr 1934 wurden die Nebenkosten nicht gesondert beschrieben. So werden die wesentlichen Bestandteile der Nebenkosten wie folgt zusammengefasst:

I. „Die Aufwendungen für Maßnahmen, die mit dem Kauf des Baugrundstückes verbunden sind.
II. Die Aufwendungen für Maßnahmen, die mit der Erschließung (Baufreimachung) des Baugrundstückes verbunden sind.
III. Die Aufwendungen für Planung, Bauleitung und Bauausführung.

IV. Aufwendungen für baupolizeiliche Prüfungen und Genehmigungen.
V. Aufwendungen für die Beschaffung und Verzinsung der Mittel zum Grunderwerb und zur Bauausführung."
[Kleffner 1936, S. 9f.]

In der Fassung der DIN 276:1943-08, Kosten von Hochbauten, werden die einzelnen Bereiche der Nebenkosten getrennt ausgewiesen. Bis heute ist diese Gliederung Bestandteil der Norm. Die Beschreibung folgt der Auffassung, dass Nebenkosten im Bauwesen unter verschiedenen Aspekten zu betrachten und zwingend voneinander zu trennen sind. Im Wesentlichen sind dies in der Systematik der DIN 276:2018-12 die Kosten für

- den Erwerb des Baugrundstückes
- (KG 120 – Grundstücksnebenkosten),
- die vorbereitenden Maßnahmen am Grundstück (KG 200 – Vorbereitende Maßnahmen) sowie
- die Planung und Durchführung (KG 700 – Baunebenkosten).

Die ursprünglich als Nebenkosten bezeichneten Leistungen sind inhaltlich zu trennen und den entsprechenden Kostengruppen zuzuordnen. Für die Ermittlung der Kostengruppen 120 und 200 existieren ausreichend Beispiele in der Fachliteratur.

Im Folgenden werden die Baunebenkosten als „Kosten, die bei der Planung und Ausführung auf der Grundlage von Honorarordnungen, Gebührenordnungen oder nach weiteren vertraglichen Vereinbarungen entstehen" beschrieben. [Ruf 2019, S. 155]

Mehrere Regelwerke und unterschiedliche Begriffe

Der Begriff „Baunebenkosten" wird im Bauwesen durch Normen und Verordnungen abgegrenzt. Eine Beschreibung findet sich in folgenden Regelwerken:

- Zweite Berechnungsverordnung (2. BV)
- Immobilienwertermittlungsverordnung (vorher Wertermittlungsverordnung)
- DIN 276:2018-12 – Kosten im Bauwesen

Die einzelnen Regelwerke beziehen sich dabei auf verschiedene Teilbereiche im Bauwesen. Die Zweite Berechnungsverordnung ist bei der Wirtschaftlichkeitsberechnung im öffentlich geförderten Wohnungsbau anzuwenden. Dies schließt andere Gebäudearten aus. Die 2. Berechnungsverordnung beschreibt ebenso Höchstsätze für die Verwaltungsleistungen des Bauherrn, d. h. Kosten bei der Vorbereitung und Durchführung von Bauprojekten. [vgl. 2. BV 2007, § 8 Abs. 3] Diese unterscheiden sich wesentlich von den Honoraren, die der Ausschuss der Verbände und Kammern der Ingenieure und Architekten für die Honorarordnung e. V. (AHO) zusammengestellt hat.

Die Baunebenkosten werden in der Zweite Berechnungsverordnung definiert als

1. „die Kosten der Architekten- und Ingenieurleistungen,
2. die Kosten der dem Bauherrn obliegenden Verwaltungsleistungen bei Vorbereitung und Durchführung des Bauvorhabens,
3. die Kosten der Behördenleistungen bei Vorbereitung und Durchführung des Bauvorhabens, soweit sie nicht Erwerbskosten sind,
4. die Kosten der Beschaffung der Finanzierungsmittel, die Kosten der Zwischenfinanzierung und, soweit sie auf die Bauzeit fallen, die Kapitalkosten und die Steuerbelastungen des Baugrundstücks,
5. die Kosten der Beschaffung von Darlehen und Zuschüssen zur Deckung von laufenden Aufwendungen, Fremdkapitalkosten, Annuitäten und Bewirtschaftungskosten,
6. sonstige Nebenkosten bei Vorbereitung und Durchführung des Bauvorhabens."

[2. Berechnungsverordnung 2007, § 5 Abs. 4]

Die Immobilienwertermittlungsverordnung nimmt Bezug auf „die Verkehrswerte (Marktwerte) von Grundstücken". Dabei werden die Normalherstellungskosten, als Kosten, „die marktüblich für die Neuerrichtung einer entsprechenden baulichen Anlage aufzuwenden wären", betrachtet. Dazu „gehören auch die üblicherweise entstehenden Baunebenkosten, insbesondere Kosten für Planung, Baudurchführung, behördliche Prüfungen und Genehmigungen." [ImmoWertV 2010, § 22 Abs. 2]

Die Zweite Berechnungsverordnung und die Immobilienwertermittlungsverordnung beziehen sich inhaltlich auf Teilbereiche im Bauwesen. Die DIN 276:2018-12 – Kosten im Bauwesen ist hingegen für alle Bauprojekte im Hochbau anzuwenden.

Die meisten Regelwerke verweisen auf die Bestimmungen der DIN 276. So werden in der Verwaltungsvorschrift über die Durchführung von Bauaufgaben der Freien und Hansestadt Hamburg (VV-Bau) die Baunebenkosten als „alle mit der eigentlichen Baumaßnahme untrennbar verbundenen Kosten [...] entsprechend Kostengruppe 700 der DIN 276-1 in der jeweils geltenden Fassung" beschrieben. [VV Bau „Freien und Hansestadt Hamburg" 2015, S. 7f.]

2 Aufgaben des Objektplaners

Die Kostenermittlung gehört zu den Berufsaufgaben des Objektplaners. Er ist dabei auf die Mitwirkung des Bauherrn und auf Beiträge anderer an der Planung fachlich Beteiligter angewiesen. Den Bauherrn hierauf hinzuweisen, gehört zu den Beratungspflichten des Objektplaners.

Häufig befindet sich bereits zu Beginn der Planung das Grundstück im Eigentum des Bauherrn. Den Kaufpreis oder den Grundstückswert (KG 110) sowie die Grundstücksnebenkosten (KG 120) und die Kosten für Rechte Dritter (KG 130), z. B. für Abfindungen und Entschädigungen, soll der Bauherr dem Objektplaner für die Kostenermittlung angeben. Die Vorbereitenden Maßnahmen (KG 200) und damit die Ermittlung der Kosten, um das Grundstück bebauen zu können, sind ebenfalls zu berücksichtigen.

Aufgabe des Objektplaners ist die Kostenermittlung mindestens in Bezug auf die Bauwerkskosten (BWK) der Kostengruppen 300 und 400. Die Kosten der Baukonstruktionen (KG 300) ermittelt er selbst. Weiter koordiniert er die Leistungen der an der Planung fachlich Beteiligten und integriert deren Beiträge in seine Eigenplanung. Das sind vor allem Angaben des Tragwerksplaners und der Fachingenieure für die Planung der Technischen Anlagen (KG 400). Sind für die Objektbereiche Innenräume oder Außenanlagen und Freiflächen weitere Planer beauftragt, werden deren anteilige Kostenermittlungen ebenfalls zur Vervollständigung der Kostenplanung benötigt. Deshalb arbeitet der Innenarchitekt die anteiligen Bauwerkskosten (KG 300 und 400) sowie die Kosten der Ausstattung und Kunstwerke (KG 600) zu. Das gilt ebenso für den Landschaftsarchitekten in Bezug auf die Kosten der Außenanlagen und Freiflächen (KG 500).

Die Berücksichtigung der Baunebenkosten (KG 700) und der Kosten der Finanzierung (KG 800) gehört auf jeden Fall zur vollständigen Kostenermittlung, da diese einen erheblichen Anteil an den Gesamtkosten haben. In der Praxis ist das leider die Ausnahme. Die Gründe dafür sind vielfältig:

- Die Höhe der anfallenden Kosten wird unterschätzt.
- Leistungen, die zu den Baunebenkosten gehören, sind zu Beginn der Planung nicht vollständig bekannt.
- Datensammlungen fehlen bisher weitgehend.
- Orientierungswerte, wie sie in der Praxis mitgeteilt werden, sind meist veraltet oder beziehen sich nur auf Teile der Baunebenkosten.
- Eigenleistungen des Bauherrn führen nicht zu Zahlungen und werden deshalb nicht als Kosten berücksichtigt.

Dieses Kapitel soll dem Objektplaner helfen, schon zu Beginn einer Planung

- die Vollständigkeit der Kostenermittlung sicherzustellen und
- durch eine einfache Rechnung mit Orientierungswerten die Kosten nachvollziehbar und angemessen abzuschätzen.

Dabei wird auf die Berücksichtigung der Bauherrenaufgaben (KG 710), der Objekt- und Fachplanung (KG 730 und 740) und der Kosten der Finanzierung (KG 800) besonderer Wert gelegt. Denn diese Kostenanteile fehlen bei der Kostenermittlung in der Praxis am häufigsten.

Die Höhe der Gesamtkosten (KG 100–800) als Ergebnis einer vollständigen Kostenermittlung ist eine notwendige Information für den Bauherrn. Auf dieser Grundlage kann er entscheiden, ob er das Objekt finanzieren und betreiben oder veräußern kann. Der Objektplaner trägt einerseits aufgrund seiner Fachkompetenz und Erfahrung die Verantwortung dafür, dass dem Bauherrn dies gelingen kann. Der Bauherr hat andererseits die Mitwirkungspflicht gegenüber seinem Objektplaner, ihm alle notwendigen Unterlagen zur Verfügung zu stellen, damit dieser seine Leistungen erbringen kann. Das sind unter anderem Angaben zu Eigenleistungen sowie Angebote und Abrechnungen zu Planungs- und Bauleistungen.

Kostenkennwerte für die Baunebenkosten (KG 700) und für die Finanzierung (KG 800)

Die Dokumentation von Kostenkennwerten erfolgt herkömmlich vor allem für die Bauwerkskosten (KG 300 und 400), also die Baukonstruktionen (KG 300) und die Technischen Anlagen (KG 400). Für alle dazu gehörenden Baukonstruktionen, z. B. Innenwände (KG 340), und Technische Anlagen, z. B. Raumlufttechnische Anlagen (KG 430), liegen umfassende Datensammlungen vor. Sie erlauben eine genaue Kostenermittlung sowohl für den Neubau als auch für das Bauen im Bestand. Hierzu sind zahlreiche Produkte des Baukosteninformationszentrums Deutscher Architektenkammern (BKI) erschienen.

Die Kosten der Finanzierung (KG 800) waren bis zur Novellierung der DIN 276 im Jahr 2018 Bestandteil der Baunebenkosten. Aufgrund dessen liegen keine gesonderten Daten zur Berechnung der KG 800 vor. Oftmals wurden die Kosten der Finanzierung bei bisherigen Kostenermittlungen nicht berücksichtigt.

Kostenkennwerte zu den Baunebenkosten stehen oftmals nicht zur Verfügung. Nur vereinzelt findet man ungefähre Angaben zur Höhe der Baunebenkosten in der Fachliteratur. Das gilt insbesondere für den Aufwand bei der Wahrnehmung der Bauherrenaufgaben und für die Kosten der Finanzierung vor Beginn der Nutzung. Sollten diese dem Bauherrn nicht bekannt sein oder dem Objektplaner nicht vorliegen, muss dieser die Kostenermittlung um den Hinweis ergänzen: „Die Kostengruppen 710 Bauherrenaufgaben und 800 Finanzierung sind in der Kostenermittlung nicht oder nicht vollständig enthalten." Das gilt für andere nicht enthaltene Kostenwerte entsprechend.

Angaben zu den Baunebenkosten macht Willi Hasselmann in seinem Fachbuch zur Baukostenplanung. Er gibt für den Wohnungsbau Prozentwerte für ausgewählte Baunebenkosten an. [siehe **Tab. 1**] Leider sind auch diese Angaben nicht ganz vollständig. Als Schätzung wird dabei die KG 700 mit 15 bis 20 % der Kostengruppen 300 bis 600 angegeben.

Kostengruppen	Baunebenkosten nach Hasselmann
710 Bauherrenaufgaben	ca. 2,5 % der Kostengruppen 300–600
730 Objektplanung	ca. 8,0–15,0 % der Kostengruppen 300–600
740 Fachplanung	
760 Allgemeine Baunebenkosten	ca. 2,0–5,0 % der Kostengruppen 300–600

Tab. 1: Baunebenkosten als Prozentwerte der KG 300–600. [vgl. Hasselmann 1997, S. 45]

Gebäudeart	Baunebenkosten nach NHK 2010
Ein- und Zweifamilienhäuser, Doppelhäuser, Reihenhäuser	17 %
Mehrfamilienhäuser	19 %
Banken/Geschäftshäuser	22 %
Bürogebäude	18 %
Gemeindezentren, Saalbauten/Veranstaltungsgebäude	18 %
Kindergärten, Schulen	20–21 %
Wohnheime, Alten-/Pflegeheime	18 %
Krankenhäuser, Tageskliniken	21 %
Beherbergungsstätten, Verpflegungseinrichtungen	21 %
Sporthallen	17 %
Freizeitbäder/Heilbäder	24 %
Verbrauchermärkte	16 %
Kauf-/Warenhäuser	22 %
Produktionsgebäude	18 %
Theater	22 %

Tab. 2: Baunebenkosten als Prozentwerte der Bauwerkskosten, Auszug. [Sachwertrichtlinie – SW-RL]

Die Höhe der Baunebenkosten wird in der Praxis prozentual auf unterschiedliche Bezugswerte beaufschlagt. Weder die Prozentwerte noch die Grundlagen sind einheitlich, da die Ansätze zur Berechnung verschieden sind.

Bei den Normalherstellungskosten (NHK 2010) sind die Baunebenkosten im Kostenkennwert eingerechnet und werden in Prozent angegeben (Von-Hundert-Rechnung). [siehe **Tab. 2**] Die Baunebenkosten beschreiben dabei ausschließlich die Objekt- und Fachplanung (KG 730 und 740) sowie Prüfungen, Genehmigungen, Abnahmen (KG 762) nach DIN 276. Die Prozentwerte der Baunebenkosten nach NHK 2010 berücksichtigen die Honoraranpassung der HOAI 2021 noch nicht.

In der Praxis werden Angaben zu den Baunebenkosten bereits in der frühen Planungsphase benötigt. So verwenden Kreditinstitute wie die Landesbausparkasse Baden-Württemberg (LBS) pauschale Angaben – rund 18 bis 25 % der Baukosten – bei der Finanzierung. [vgl. Landesbausparkasse Baden-Württemberg 2013]

In der Regel werden die aufgeführten Werte nicht ausreichend erläutert, sind veraltet und werden dem heutigen Aufwand für Planung, Steuerung und weiteren Maßnahmen nicht gerecht. Die Bezugsgröße (Baukosten oder Bauwerkskosten) und die entsprechenden Kostengruppen, auf welche sich diese Werte beziehen, sind unvollständig. Um diesem Mangel abzuhelfen, wird mit dem vorliegenden Kapitel ein einfaches Verfahren zur frühzeitigen Ermittlung der Baunebenkosten bei Gebäuden vorgestellt. Damit ist der Objektplaner in der Lage, bereits in der Leistungsphase 1 (Grundlagenermittlung) die vollständigen Baunebenkosten und Kosten der Finanzierung ausreichend genau abzuschätzen.

3 Baunebenkosten (KG 700)

Die Baunebenkosten berücksichtigen unterschiedliche Aufwendungen und sind über jeweils verschiedene Verfahren zu ermitteln. Die Gliederung der Baunebenkosten orientiert sich vorwiegend an den Projektbeteiligten. [vgl. Hasselmann/Weiß 2005, S. 68]

Im Leitfaden für Wirtschaftlichkeitsuntersuchungen bei der Vorbereitung von Hochbaumaßnahmen des Bundes (WU Hochbau) wird deshalb empfohlen, bereits in den frühen Leistungsphasen eine Detaillierung der Kostengruppe auf 2. Ebene durchzuführen. [vgl. WU Hochbau 2014, S. 48]

Die DIN 276 gliedert die KG 700 in der 2. Ebene wie folgt:

- 710 Bauherrenaufgaben
- 720 Vorbereitung der Objektplanung
- 730 Objektplanung
- 740 Fachplanung
- 750 Künstlerische Leistungen
- 760 Allgemeine Baunebenkosten
- 790 Sonstige Baunebenkosten

Im vorliegenden Kapitel werden die Kostengruppen der Baunebenkosten in der 2. Ebene der Gliederung erläutert. Weiterhin werden Prozentwerte zu den Baunebenkosten als Aufschlag auf einen einfachen und einheitlichen Bezugswert angegeben. Als Bezugswert dient die Höhe der Bauwerkskosten (KG 300 und 400). Denn mindestens diese sollen bereits im Kostenrahmen der Leistungsphase 1 (Grundlagenermittlung) nach HOAI 2021 gesondert ausgewiesen sein. Die Mehrwertsteuer ist nicht Bestandteil der Berechnung. Für eine erste überschlägige Ermittlung und unter dem Vorbehalt späterer Berechnungen sind die Netto-Bauwerkskosten (KG 300 und 400) als Grundlage für die Betrachtung ausreichend. Die Netto-Bauwerkskosten werden in der frühzeitigen Ermittlung der Baunebenkosten vereinfacht den anrechenbaren Kosten gleichgesetzt.

Bei der beschriebenen Ermittlung der Baunebenkosten werden die Kosten Vorbereitenden Maßnahmen (KG 200), die Kosten der Außenanlagen und Freiflächen (KG 500) und die Kosten von Ausstattung und Kunstwerken (KG 600) noch nicht berücksichtigt, um das Verfahren möglichst einfach zu halten. Bei der Mehrzahl der Neubauten sind diese Kostenanteile eher gering. Selbstverständlich dürfen sie nicht vergessen werden.

Die Prozentwerte der Baunebenkosten wurden aus abgerechneten Objekten (Neubau) gewonnen und werden in Von-bis-Werten angegeben. Sie sollen als Orientierungswerte verstanden werden und für eine erste Ermittlung der Baunebenkosten genügen. So bald wie möglich sind sie durch konkrete Kostenwerte, z. B. Honorarermittlungen auf der Grundlage von abgeschlossenen Verträgen, oder anderen Nachweisen zu ersetzen.

3.1 Bauherrenaufgaben (KG 710)

Die Bauherrenaufgaben beschreiben die baubegleitenden Aufgaben des Bauherrn, die dieser persönlich, als Projektleitung, oder durch die Beauftragung Dritter, als Projektsteuerung, wahrnimmt.

In seiner Funktion als Auftraggeber hat der Bauherr die Projektleitung (KG 711) zur Vertretung seiner Bauherreninteressen wahrzunehmen. Hierzu gehören unter anderem das Festlegen der Projektziele, das Aufstellen eines Organisations- und Terminplanes für die Bauaufgabe, der Abschluss von Verträgen zur Verwirklichung der Projektziele, das Prüfen der Planungsergebnisse auf Einhaltung der Planungsvorgaben und die rechtsgeschäftliche Abnahme aller beauftragten Vertragsleistungen. Für eine erste Ermittlung sind hierfür rund 2 bis 3 % der Netto-Bauwerkskosten ausreichend.

In einzelnen Fällen kann eine Bedarfsplanung (KG 712) erforderlich werden. Bedarfsplanung im Bauwesen bedeutet nach dem nationalen Vorwort zur DIN 18205

- „die methodische Ermittlung der Bedürfnisse von Bauherren und Nutzern,
- deren zielgerichtete Aufbereitung als
- ‚Bedarf' und
- dessen Übersetzung in eine für den Planer, Architekten und Ingenieur verständliche Aufgabenstellung."

[DIN 18205:1996-04, Bedarfsplanung im Bauwesen]

Die Bedarfsplanung ist ein Prozess. Dieser „besteht darin,

1. die Bedürfnisse, Ziele und einschränkenden Gegebenheiten (die Mittel, die Raumbedingungen) des Bauherrn und wichtiger Beteiligter zu ermitteln und zu analysieren. [...]
2. alle damit zusammenhängenden Probleme zu formulieren, deren Lösung man vom Architekten erwartet."

[DIN 18205:1996-04, Bedarfsplanung im Bauwesen]

Ein Leistungsbild oder eine Honorarordnung für die Bedarfsplanung gibt es bisher nicht. Der Aufwand für eine Bedarfsplanung kann in Abhängigkeit von der Aufgabenstellung sehr hoch sein. Für die nachfolgenden Ausführungen ist die Bedarfsplanung im Sinne einer umfassenden, von einem Bedarfsplaner vorgenommenen Analyse nicht enthalten.

Weitere Leistungen, wie die Rechts- und Steuerberatung, werden in der KG 719 zusammengefasst. Dies betrifft auch Kosten, die als Bauherrenaufgaben anfallen, aber nicht den Kostengruppen 711 bis 715 zuzuordnen sind.

Projektsteuerung (KG 713)

Zu seiner zeitlichen und fachlichen Entlastung kann der Bauherr eine Projektsteuerung (KG 713) beauftragen. Das Leistungsbild der Projektsteuerung wurde erstmals in groben Zügen im Paragrafen 31 der HOAI 1977 beschrieben. Es war für die praktische Anwendung nicht ausreichend und ist im Zuge der 6. Änderungsnovelle der HOAI im Jahr 2009 entfallen. Seit dem Jahr 1990 arbeitet der Ausschuss der Verbände und Kammern der Ingenieure und Architekten für die Honorarordnung (AHO) unter dem Titel „Untersuchungen zum Leistungsbild und zur Vergütung der Projektsteuerung" an entsprechenden Regelungen. Die aktuelle Fassung liegt als Heft Nr. 9 der Schriftenreihe der AHO-Fachkommission vor. [vgl. AHO-Fachkommission Projektmanagement in der Bau- und Immobilienwirtschaft – Standards für Leistungen und Vergütung: AHO Heft 9, 2020]

Rund zwei Drittel der Bauherrenaufgaben (KG 710) können an eine Projektsteuerung (KG 713) übertragen werden. Umgekehrt verbleibt in der Regel ein Drittel der Bauherrenaufgaben beim Auftraggeber in Form der Projektleitung (KG 711). Die Leistungen der Projektsteuerung unterliegen sowohl dem Preisals auch dem Leistungswettbewerb und werden demnach frei vereinbart.

Die Bauherrenaufgaben werden je nachdem, ob es sich um einen

- privaten Bauherrn (z. B. ein privater Haushalt),
- erwerbswirtschaftlichen Bauherrn (z. B. ein Bauträger) oder
- öffentlichen Bauherrn (z. B. eine Kommune)

handelt, in zeitlicher und fachlicher Hinsicht unterschiedlich wahrgenommen.

Private Bauherren kümmern sich um ihr Bauvorhaben nach Feierabend und kommen meist nicht auf die Idee, die in dieser Form erbrachten Eigenleistungen als Kosten im Sinne der DIN 276 zu erfassen. Erwerbswirtschaftliche Bauherren würden, wenn sie dies unterließen, falsch kalkulieren und auf Dauer nicht erfolgreich bleiben. Bei den öffentlichen Bauherren werden zum überwiegenden Teil die Personal- und Sachkosten für die Betreuung von Bauvorhaben insgesamt erfasst, aber nicht in jedem Fall dem einzelnen Objekt zugerechnet.

Im AHO Heft Nr. 9 findet sich eine Honorarempfehlung für die Grundleistungen der Projektsteuerung. Die Vergütung der Grundleistungen der Projektsteuerung reicht von rund 1 % für große Objekte der Honorarzone I bei hohen anrechenbaren Kosten (50.000.000 €) bis zu rund 9 % für sehr kleine Objekte der Honorarzone V bei sehr geringen anrechenbaren Kosten (500.000 €). Für die Ermittlung der Kosten für die Projektsteuerung (KG 713) werden die angegebenen Prozentwerte als Empfehlung der AHO übernommen. [siehe **Tab. 3**]

Die anrechenbaren Kosten nach AHO entsprechen den Gesamtkosten, ohne die KG 110, KG 710 und KG 800. Die Mehrwertsteuer ist nicht Bestandteil der Berechnung. [vgl. AHO 2020, § 6 Abs. 1 a] Für eine erste überschlägige Ermittlung und unter dem Vorbehalt späterer Berechnungen sind auch hier die Netto-Bauwerkskosten (KG 300 und 400) als Grundlage für die Ermittlung ausreichend.

Bei kleinen Projekten mit anrechenbaren Kosten unter 2.000.000 € ergibt in der Regel eine Projektsteuerung wenig Sinn. Jedoch sind die Aufwendungen des Bauherrn, vor allem sein zeitlicher Einsatz, zu bewerten. Hier kann ein geringerer Anteil von rund 1 bis 3 % der Bauwerkskosten angenommen werden.

Einfache Ermittlung der Bauherrenaufgaben (KG 710)

Wenn der Bauherr vor der Wahl steht, zu bauen, zu kaufen oder zu mieten und hierzu einen Kostenvergleich aufstellt, muss die Kostenermittlung für den Neubau vollständig sein und seinen eigenen Aufwand als Bauherrenaufgaben (KG 710) beinhalten.

Die Bauherrenaufgaben machen je nach Größe, Schwierigkeit und Dauer eines Projektes sowie abhängig von der Anzahl der am Projekt Beteiligten rund ein Viertel bis ein Halb des Aufwandes der erforderlichen Objekt- und Fachplanung aus. Will man also die Kosten der Bauherrenaufgaben einschätzen und hat keine bessere Grundlage zur Verfügung, kann einfach ein entsprechender Teil der Architekten- und Ingenieurhonorare als Maßstab für den notwendigen Aufwand auf der Seite des Bauherrn angesetzt werden. Prozentwerte von 3 bis 8 % der Bauwerkskosten sollen hierfür ausreichen. Im öffentlichen Hochbau werden dafür teilweise bis zu 10 % angesetzt. [vgl. WU Hochbau 2014, S. 51]

Andernfalls sind die Kosten der Projektsteuerung nach AHO zu ermitteln. Das Verhältnis der Aufwendungen für die Projektsteuerung im Verhältnis zur Projektleitung liegt dann bei 2 zu 1.

Die Vorbereitung eines Projekts seitens des Bauherrn ist aufwendig. Teilweise ist eine Bedarfs- oder Betriebsplanung erforderlich. Dies rechtfertigt einen entsprechend hohen Ansatz der Bauherrenaufgaben.

3.2 Vorbereitung der Objektplanung (KG 720)

Zur Vorbereitung der Objektplanung können Untersuchungen (KG 721) in Form von Standortanalysen, Baugrundgutachten, Gutachten für die Verkehrsanbindung, Bestandsanalysen, z. B. Umweltverträglichkeitsprüfungen, erforderlich sein. Gutachten zu Wertermittlungen (KG 722) der Objekte sollen, insofern diese nicht in der KG 126 erfasst sind, ausgewiesen werden. Als vorbereitende Bebauungsstudien können auch Städtebauliche Leistungen (KG 723) anfallen. Ebenso sind der Land-

Anrechenbare Kosten	Honorarzone I Mittelwert	Honorarzone II Mittelwert	Honorarzone III Mittelwert	Honorarzone IV Mittelwert	Honorarzone V Mittelwert
500.000 €	4,4 %	5,5 %	6,8 %	7,9 %	9,0 %
1.000.000 €	4,0 %	5,0 %	6,1 %	7,1 %	8,1 %
2.000.000 €	3,5 %	4,4 %	5,4 %	6,2 %	7,1 %
5.000.000 €	2,9 %	3,6 %	4,4 %	5,1 %	5,9 %
10.000.000 €	2,4 %	3,0 %	3,7 %	4,3 %	4,9 %
20.000.000 €	2,0 %	2,5 %	3,0 %	3,5 %	3,9 %
50.000.000 €	1,4 %	1,7 %	2,0 %	2,3 %	2,7 %

Tab. 3: Gekürzte Honorartafel Projektsteuerung, Umrechnung der Honorare in Prozentwerte. [vgl. AHO 2020, § 6 Abs. 5]

schaftsplan oder der Grünordnungsplan als Landschaftsplanerische Leistungen (KG 724) zu beachten. Die Kosten eines Architektenwettbewerbs werden unter Wettbewerbe (KG 725) erfasst. Für sonstige Kosten der Vorbereitung der Objektplanung steht die Kostengruppe 729 zur Verfügung.

Die Honorare für Städtebauliche Leistungen (KG 723) sind nach § 21 HOAI und die Honorare für landschaftsplanerische Leistungen nach § 31 HOAI zu ermitteln.

Wird ein Architektenwettbewerb, z. B. ein Realisierungswettbewerb, durchgeführt, soll die Auslobungsunterlage mindestens die Leistungsphase 1 (Grundlagenermittlung) umfassen. Die Arbeiten der Wettbewerbsteilnehmer haben weitgehend der Leistungsphase 2 (Vorplanung) zu entsprechen. Die Kosten für die Auslobung, Durchführung und Dokumentation liegen in jedem Fall deutlich höher als das vergleichbare Honorar für die Leistungsphase 2 (Vorplanung) im Fall der direkten Beauftragung. Zu den Aufwendungen gehören in der Regel die Wettbewerbsvorbereitung, die Preisgelder, die Wettbewerbsprüfungen und die Kosten für die Jury (Gutachter). Als Kosten für den Wettbewerb können im Allgemeinen bis zu 2 % der Bauwerkskosten angesetzt werden. Die Kosten für Planungswettbewerbe sind nach der Richtlinie für Planungswettbewerbe (RPW 2013) anzugeben.

3.3 Objekt- und Fachplanung (KG 730 und 740)

Die Leistungen der Objektplanung umfassen die Planung in Form von Skizzen, Zeichnungen, Berechnungen und Erläuterungen, Vorschläge zur Beauftragung von fachlich Beteiligten, die Vorbereitung und Mitwirkung bei Ausschreibung und Vergabe sowie die Objektüberwachung. Darüber hinaus obliegt dem Objektplaner die Integration der Beiträge anderer an der Planung fachlich Beteiligter sowie die technische und terminliche Koordination der ausführenden Firmen. Als Leistungen der Fachlich Beteiligten fallen vor allem die Tragwerksplanung und Planung der Technischen Ausrüstung an.

In der vorherigen Fassung der DIN 276 waren die Tragwerksplanung (KG 735 nach DIN 276-1:2008-12) und die Planung der Technischen Ausrüstung (KG 736 nach DIN 276-1:2008-12) Bestandteil der Architekten- und Ingenieurleistungen der KG 730. In der neuen Fassung der DIN 276 werden diese Kosten der Fachplanung (KG 740) zugeordnet und sind in den Kostengruppen KG 741 (Tragwerksplanung) und KG 742 (Technische Ausrüstung) verortet.

Objektplanung (KG 730)

Die Vergütung des Objektplaners wird auf der Grundlage der Honorarordnung für Architekten und Ingenieure (HOAI) ermittelt. Dabei sind unter anderem die Größe des Bauvorhabens, gemessen an den anrechenbaren Kosten, und die Schwierigkeit der Planung durch Bestimmung einer Honorarzone maßgebend.

Die Vergütung der Grundleistungen der Objektplanung Gebäude reicht von rund 6 % für sehr große Objekte der Honorarzone I bei sehr hohen anrechenbaren Kosten (25.000.000 €) bis zu rund 24 % für sehr kleine Objekte der Honorarzone V bei sehr geringen anrechenbaren Kosten (50.000 €). Für eine erste Ermittlung der Kosten für Gebäude und Innenräume (KG 731) sollen die angegebenen Prozentwerte ausreichend genau sein. [siehe **Tab. 4**] Die Minderung des Honorars bei hohen Kosten der Technischen Anlagen [vgl. HOAI 2013, § 33 Abs. 2] und die etwaige Beauftragung von Besonderen Leistungen sollen erst nach Abschluss der Architekten- und Ingenieurverträge in ei-

Anrechenbare Kosten	Honorarzone I Mittelwert	Honorarzone II Mittelwert	Honorarzone III Mittelwert	Honorarzone IV Mittelwert	Honorarzone V Mittelwert
50.000 €	12,6 %	14,9 %	18,1 %	21,4 %	23,7 %
100.000 €	11,7 %	13,8 %	16,9 %	19,9 %	22,0 %
500.000 €	9,8 %	11,6 %	14,1 %	16,7 %	18,4 %
1.000.000 €	9,0 %	10,7 %	13,0 %	15,3 %	17,0 %
2.000.000 €	8,4 %	9,9 %	12,0 %	14,2 %	15,7 %
5.000.000 €	7,5 %	8,8 %	10,7 %	12,7 %	14,0 %
25.000.000 €	6,2 %	7,4 %	9,0 %	10,6 %	11,7%

Tab. 4: Gekürzte Honorartafel Objektplanung für Gebäude und Innenräume, Umrechnung der Honorare in Prozentwerte. [vgl. HOAI 2021, § 35 Abs. 1]

ner weiteren Ermittlung Berücksichtigung finden. Für eine erste Ermittlung und unter dem Vorbehalt späterer Berechnungen sind die Netto-Bauwerkskosten (KG 300 und 400) als Grundlage für diese Betrachtung ausreichend. Bei der Honorarermittlung wird grundsätzlich die Mehrwertsteuer nicht berücksichtigt.

Bei größeren Bauvorhaben, z. B. anrechenbare Kosten in Höhe von 5.000.000 €, mittlerer Honorarzone und einem Objektplanervertrag mit einem Leistungsbild über alle Leistungsphasen kann von einem Honorar für die Grundleistungen in Höhe von rund 11 % der Bauwerkskosten ausgegangen werden. In der Praxis werden Besondere Leistungen nicht immer in vollem Umfang honoriert, sei es, dass der Planer ein gesondertes Honorar dafür nicht einfordert oder der Bauherr ganz einfach nicht bereit ist, diese angemessen zu vergüten. Ob die Regelungen der Honorarordnung für Architekten und Ingenieure von den Vertragsparteien eingehalten werden, soll an dieser Stelle nicht erörtert werden.

Tragwerksplanung (KG 741) und Technische Ausrüstung (KG 742)

Gegenstand der Tragwerksplanung (Statik) ist die Standsicherheit des Bauwerkes. Hierfür erarbeitet der Tragwerksplaner (Statiker) eine Lösung hinsichtlich der Baustoffe, der Bauarten, des Herstellungsverfahrens sowie der Art der Gründung auf der Grundlage der Objektplanung und unter Beachtung der in die Planung zu integrierenden Beiträge der weiteren fachlich Beteiligten, z. B. Ingenieure für Bodenmechanik und Technische Anlagen. In Abstimmung mit dem Objektplaner erstellt er bereits zu Beginn der Planung ein statisch-konstruktives Konzept für das Tragwerk und trifft eine grundlegende Festlegung der konstruktiven Details und Hauptabmessungen des Tragwerkes für die tragenden Querschnitte, Aussparungen und Fugen, die Ausbildung der Auflager und Knotenpunkte sowie der Verbindungsmittel. Hierzu gehören ferner das Aufstellen eines Lastenplanes sowie gegebenenfalls der Nachweis der Erdbebensicherung.

Die Leistungen bei der Planung der Technischen Anlagen durch die Fachlich Beteiligten sind ein Beitrag für die Objektplanung und dienen zur Auslegung der Systeme und Anlagenteile des jeweiligen Fachbereiches bzw. für die jeweilige Anlagengruppe, z. B. die Elektrotechnik. Ergebnisse der Planung der Technischen Anlagen sind insbesondere die Erarbeitung von Planungskonzepten, die Untersuchung alternativer Lösungsmöglichkeiten und Wirtschaftlichkeitsvorbetrachtungen, das Aufstellen von Funktionsschemata und Prinzipschaltbildern der Anlagen, die Berechnung und Bemessung sowie die zeichnerische Darstellung mit Dimensionen und Anlagenbeschreibung, die Angabe und Abstimmung der für die Tragwerksplanung notwendigen Durchführungen und Lastangaben. Weiterhin ist das Mitwirken bei der Kostenermittlung und bei der Kostenkontrolle zu nennen. [vgl. HOAI 2021, Anlage 15 zu § 55 Abs. 3, § 56 Abs. 3]

Einfache Ermittlung der Kosten der Objektplanung (KG 730), der Tragwerksplanung (KG 741) und der Planung der Technischen Ausrüstung (KG 742)

Für die Ermittlung der Honorare der an der Planung fachlich Beteiligten enthält die Honorarordnung die entsprechenden Leistungsbilder, Honorartafeln und ergänzenden Regelungen.

Es wird davon ausgegangen, dass das Verhältnis der Honorare des Objektplaners zu den Honoraren der Tragwerksplanung und Technischen Ausrüstung von rund 70 zu 30 bei einfachen Gebäuden, z. B. einfachen Wohngebäuden, bis zu einem Verhältnis von rund 50 zu 50 bei besonders komplexen und hoch installierten Gebäuden, z. B. Schwimmhallen oder medizinischen Einrichtungen, reicht. Man kann also vorbehaltlich genauer Ermittlungen der Ingenieurhonorare auch mit Verhältniswerten rechnen. [siehe **Tab. 5**]

Honoraranteile nach Honorarzonen	Zone I	Zone II	Zone III	Zone IV	Zone V
Gebäude und Innenräume (KG 731)	70 %	65 %	60 %	55 %	50 %
Tragwerksplanung (KG 741) und Technische Ausrüstung (KG 742)	30 %	35 %	40 %	45 %	50 %

Tab. 5: Honoraranteile der Objekt- und Fachplanung

Wurde im vorangegangenen Abschnitt von einem Verhältniswert von 11 % für das Honorar des Objektplaners ausgegangen, so ergeben sich bei einem Schwierigkeitsgrad im Bereich der Honorarzonen II bis IV für die Kosten der Objektplanung (KG 730) und Fachplanung (KG 741 und 742) in den meisten Fällen rund 17 bis 22 % der Bauwerkskosten.

Fachplanung (KG 740)

Die Kostengruppe 740 wurde in Fachplanung umbenannt und enthält die bereits beschriebenen Kosten der Tragwerksplanung (KG 741) und der Planung der Technischen Ausrüstung (KG 742). Zudem beinhaltet die Fachplanung weitere Bestandteile, die vorher der Kostengruppe Gutachten und Beratung (KG 740 der DIN 276-1:2008-12) zugeordnet waren. Zu diesen gehören die Bauphysik (KG 743), die Geotechnik (KG 744) und die Ingenieurvermessung (KG 745). Letztere beschreibt vermessungstechnische Leistungen mit Ausnahme von Leistungen, die aufgrund landesrechtlicher Vorschriften anfallen – z. B. zum Zweck der Landvermessung (siehe KG 121).

Ferner gehören dazu die Leistungen für Lichttechnik und Tageslichttechnik (KG 746). Die Leistungen im Brandschutz (KG 747) beschreiben z. B. die Anfertigung von Flucht- und Rettungsplänen. Zu Altlasten, Kampfmitteln und kulturhistorischen Funden (KG 748) zählen u. a. Leistungen zur Kampfmittelräumung. Die Kosten der Fachplanung (ohne die KG 741 und 742) liegen bei mittleren und größeren Bauvorhaben bei 1 bis 3 % der Bauwerkskosten. Bei einfachen oder kleinen Gebäuden fallen sie lediglich für die Bauvermessung an und liegen um 1 %.

Die Leistungen der Fachplanung der DIN 276:2018-12 lassen sich den Leistungen nach HOAI zuordnen. [siehe **Tab. 6**]

3.4 Künstlerische Leistungen (KG 750)

Zum einen kann es sich um Kunstwettbewerbe (KG 751) handeln und dabei um die Kosten für die Durchführung von Wettbewerben zur Erarbeitung eines Konzepts für Kunstwerke und künstlerisch gestaltete Bauteile. Zum anderen zählen die Honorare (KG 752) als Kosten für die geistig-schöpferische Leistung für Kunstwerke und künstlerisch gestaltete Bauteile dazu. Die Honorare sind dabei von den Kosten des Kunstwerks zu trennen, was nicht immer möglich ist. Angaben zu den Kosten der Kunst sollen hier nicht gemacht werden. In den meisten Fällen entstehen hierfür keine Kosten.

3.5 Allgemeine Baunebenkosten (KG 760)

Zu den Allgemeinen Baunebenkosten gehören die Kosten für Gutachten und Beratung (KG 761). Zudem werden Prüfungen, Genehmigungen und Abnahmen (KG 762) aufgeführt. Zu diesen zählen z. B. Gebühren für das Baugenehmigungsverfahren, Prüfung der Tragwerksplanung (Prüfstatik) sowie für Prüfungen und Abnahmen Technischer Anlagen, z. B. Brandmeldeanlagen, durch das zuständige Bauordnungsamt oder den Technischen Überwachungsverein. Die Gebühren dazu sind in den jeweiligen Gebührenordnungen der Länder beschrieben. [vgl. AVerwGebO NRW; BbgBauGebO]

DIN 276:2018 (KG 740)	HOAI 2013 (Anlage 1 zu § 3 Absatz 1)
KG 741 Tragwerksplanung	Tragwerksplanung (Fachplanung Abschnitt 1)
KG 742 Technische Anlagen	Technische Ausrüstung (Fachplanung Abschnitt 2)
KG 743 Bauphysik	Bauphysik (1.2)
KG 744 Geotechnik	Geotechnik (1.3)
KG 745 Ingenieurvermessung	Ingenieurvermessung (1.4)
KG 746 Lichttechnik, Tageslichttechnik	keine Angaben [1]
KG 747 Brandschutz	keine Angaben [2]
KG 748 Altlasten, Kampfmittel, kulturhistorische Funde	Umweltverträglichkeitsstudie (1.1)

[1] Leistungen sind abzugrenzen zu § 55 Technische Ausrüstung HOAI
[2] Leistungen sind abzugrenzen zu Grundleistungen der HOAI [vgl. BGH 2012]

Tab. 6: Kosten nach DIN 276 und Beratungsleistungen nach HOAI 2021.

Abb. 1: Büroflächen im Baucontainer, für die Bewirtschaftung der Baustelle (KG 763).

In der Regel fallen Bewirtschaftungskosten (KG 763) an, diese ergeben sich aus der Bereitstellung von Büroflächen für die Bauherrenorganisation und die Objektüberwachung einschließlich der damit verbundenen Nebenkosten für Beheizung, Beleuchtung und Reinigung. Auch die Bewachung der Baustelle wird hierzu gezählt. [siehe **Abb. 1**]

Die Bemusterung (Bemusterungskosten – KG 764), z. B. von Fassadenelementen, Ausbaukonstruktionen oder Sanitärobjekten, Modellversuche und Eignungsmessungen dienen dem Bauherrn zur Entscheidung bei der Planung und können erhebliche Kosten verursachen. Die Kosten für Materialprüfungen sind ebenso zu berücksichtigen. Damit sind Güte- und Gebrauchsprüfungen von Stoffen und Bauteilen gemeint, die über den in den Allgemeinen Technischen Vertragsbedingungen (ATV) oder sonst vertraglich vorgeschriebenen Umfang hinausgehen. [vgl. RBBau 2015, K8 1/1]

Werden Anlagen nach der Abnahme in Betrieb genommen, z. B. Heizungsanlagen, dann zählen die verbrauchte Energie und die erforderliche Stillstandwartung zu den Betriebskosten nach der Abnahme (KG 765).

Zu den Versicherungen (KG 766) während der Bauzeit gehören die Bauleistungsversicherung, die Bauherrenhaftpflichtversicherung, die Feuerrohbauversicherung und die Unfallversicherung. Zwar sind die genannten Versicherungen unverzichtbar, die Kosten hierfür fallen bei einer ersten Ermittlung wie in diesem Fall nicht ins Gewicht. Es kann hierfür auch ein Versicherungszwang aufgrund von Landesgesetzen oder Ortsstatuten besteht.

Als Sonstiges zur KG 760 (KG 769) werden die Kosten für Vervielfältigung und Dokumentation, Post- und Fernsprechgebühren gerechnet. Neben den bereits genannten Punkten sind weiterhin Bestandteil die Grundsteinlegung oder das Richtfest.

Die Allgemeinen Baunebenkosten werden durch Kosten für Prüfungen, Genehmigungen und Abnahmen (KG 762) bestimmt und liegen im Fall von Neubauten bei rund 1 % der Bauwerkskosten. In besonderen Fällen, so bei Umbauten, Erweiterungsbauten, Modernisierungen oder Maßnahmen mit sehr hohen Sicherheitsanforderungen können sie bis zu 3 % der Bauwerkskosten oder mehr ausmachen.

3.6 Sonstige Baunebenkosten (KG 790)

Kosten für Aufwendungen und Leistungen, welche nicht den vorherigen Kostengruppen zuzuordnen sind, werden in den sonstigen Baunebenkosten berücksichtigt. Zu beachten sind hierbei die in der Richtlinie für die Durchführung von Bauaufgaben des Bundes (RBBau) beschriebenen Ausführungen, welche teilweise von der Beschreibung der DIN 276 abweichen. [vgl. RBBau 2015, K8 1/1]

4 Ermittlung der Baunebenkosten (KG 700)

Soweit dem Bauherrn und dem Objektplaner zu Beginn eines Bauvorhabens noch keine besseren Informationen über die voraussichtliche Höhe der Baunebenkosten vorliegen, können die folgenden Von-bis-Werte zur Orientierung [siehe **Tab. 7**, mittlere Spalte] bei Neubauten (Honorarzone II bis IV) für eine erste Ermittlung zu Hilfe genommen werden. Die in der rechten Spalte angegebenen Prozentwerte sind für die Ermittlung der vollständigen Baunebenkosten im vorangegangenen Beispiel hergeleitet worden.

Ermittlung der Baunebenkosten ausgewählter Gebäudearten

Die Ermittlung der Baunebenkosten berücksichtigt nicht die objektspezifischen Eigenschaften, die sich aus der jeweiligen Gebäudeart ergeben. Im Folgenden wird untersucht, welche Auswirkung die Gebäudeart auf die Kostengruppe 700 hat. Dazu werden exemplarisch acht unterschiedliche Gebäudearten betrachtet. Die Auswahl orientiert sich an der Unterteilung der Gebäude nach BKI.

Es wird angenommen, dass für jede Gebäudeart nur eine bestimmte Objektgröße mit zugehörigen Bauwerkskosten in Betracht kommen. Dadurch sind die Kosten der Honorare für die Objektplanung und weitere Leistungen genauer zu beschreiben.

Bei einigen Gebäudearten, wie medizinischen Einrichtungen (Krankenhäuser), kommen die Randbereiche der Honorartafeln meist nicht in Betracht. Medizinische Einrichtungen werden in der Objektliste nach HOAI 2021 der Honorarzone IV und V zugeordnet. Es ist davon auszugehen, dass bei diesen Gebäuden ein hoher Planungsaufwand vorliegt. Eine niedrige Honorarzone und geringe anrechenbare Kosten sind deshalb meist auszuschließen.

Bei Planungsbeginn kennt der Bauherr eine Vielzahl an Rahmenbedingungen oder sie werden seitens der Objektplanung ermittelt. Neben der Gebäudeart sind dies die Objektgröße und der Objektstandard. Es kann daraus für jede Gebäudeart eine durchschnittliche Projektgröße abgeleitet werden. Dokumentiert sind diese Werte in BKI Baukosten Gebäude, Statistische Kostenkennwerte (Teil 1). Vergleicht man die dokumentierten Gebäude, lassen sich diese nach Größe (Grundflächen nach DIN 277) und Kosten (Kostenkennwerte der Bauwerkskosten nach DIN 276) eingrenzen.

Auf der Grundlage von vereinfachten Berechnungen und mittels der Kostenkennwerte der BKI-Daten lassen sich Orientierungswerte für die Projektgröße ableiten.

Kostengruppen		Von-bis-Werte	gewählt
710	Bauherrenaufgaben	2 % – 8 %	5 %
720	Vorbereitung der Objektplanung	0 % – 2 %	1 %
730	Objektplanung	18 % – 25 %	22 %
740	Fachplanung		
750	Künstlerische Leistungen	hier vernachlässigt	
760	Allgemeine Baunebenkosten	1 % – 3 %	2 %
790	Sonstige Baunebenkosten	hier vernachlässigt	
700	Baunebenkosten	21 % – 38 %	30%

Tab. 7: Orientierungswerte für Baunebenkosten, bezogen auf die Bauwerkskosten (ohne KG 200, KG 500 und KG 600) von Gebäuden (Honorarzone II bis IV).

Gebäudeart	Objektgröße BGF		Bauwerkskosten		Honorarzone	
	Von-bis-Werte		Von-bis-Werte		AHO	HOAI
Bürogebäude (mittlerer Standard)	500 m^2	2.000 m^2	500.000 €	2.500.000 €	III	III
Gebäude des Gesundheitswesens (medizinische Einrichtungen)	1.000 m^2	15.000 m^2	1.500.000 €	25.000.000 €	V	IV-V
Schulen (Allgemeinbildende Schulen)	1.500 m^2	3.000 m^2	2.000.000 €	4.000.000 €	III	III
Sportbauten (Sport- und Mehrzweckhallen)	1.000 m^2	4.000 m^2	1.500.000 €	6.000.000 €	IV	IV-V
Wohngebäude (EFH, unterkellert, mittlerer Standard)	300 m^2	400 m^2	300.000 €	400.000 €	I	III-IV
Wohngebäude (MFH, 6–19 WE, mittlerer Standard)	1.000 m^2	2.500 m^2	700.000 €	2.000.000 €	II	III-IV
Wohngebäude (MFH, 6–19 WE, mittlerer Standard, Modernisierung, BAK 1920–1945)	1.000 m^2	2.500 m^2	600.000 €	1.700.000 €	II	III-IV
Gewerbegebäude (Industrielle Produktion, Massivbauweise)	1.000 m^2	5.000 m^2	1.000.000 €	5.000.000 €	IV	III-V

Tab. 8: Zusammenhang zwischen durchschnittlicher Objektgröße und durchschnittlichen Bauwerkskosten nach Gebäudeart. [Kostenstand: 1. Quartal 2024, ohne MwSt.]

Bei Bürogebäuden, mittlerer Standard, sind Objekte mit einer durchschnittlichen Brutto-Grundfläche (BGF) von 500 m² bis 2.000 m² dokumentiert. Bei dieser Objektgröße liegen die Bauwerkskosten (ohne MwSt.) bei rund 500.000 bis 2.500.000 € (Kostenstand 1. Quartal 2025). Eine Zuordnung der Bauwerkskosten erfolgt für alle acht ausgewählten Gebäudearten. [siehe **Tab. 8**, mittlere Spalte]

Mittels der durchschnittlichen Projektgröße können detaillierte Angaben zu den Honoraren für die Projektsteuerung (KG 713) und Objekt- und Fachplanung (KG 730 und 740) erfolgen. Dafür werden die Netto-Bauwerkskosten (KG 300 und 400) zugrunde gelegt. Auf eine Unterscheidung der anrechenbaren Kosten nach den Honoraren der Objektplaner sowie der fachlich Beteiligten wird verzichtet. Die Honorarzone ist nach HOAI über die Objektliste (vgl. HOAI 2013, Anhang 10) zu ermitteln. Die Einordnung in die Honorarzone nach AHO erfolgt mittels der Beschreibung der Standardzuordnung nach BKI und orientiert sich an der Honorarzone nach HOAI. Mit diesen Angaben lassen sich über die prozentualen Mittelwerte in den **Tabellen 3 und 4** detaillierte Aussagen zu den Honoraren treffen. Mit Ausnahme der Einfamilienhäuser, kann für die Bauherrenaufgaben (KG 710) rund 6 bis 10 % der Bauwerkskosten angesetzt werden. [siehe **Tab. 10**] Die Aufwendungen der Projektsteuerung (KG 713) haben daran einen Anteil von zwei Drittel.

Die Kostengruppe 720 beinhaltet, neben den Kosten für Untersuchungen sowie Städtebauliche und Landschaftsplanerische Leistungen, hauptsächlich die Kosten für Wettbewerbe (KG 725). Vor allem bei öffentlichen Hochbauprojekten werden Planungswettbewerbe durchgeführt. Die Kosten dafür entsprechen in etwa den Kosten der Leistungsphase 2 nach § 34 Abs. 3 HOAI. Eine Gegenüberstellung der Prozentwerte nach Gebäudeart verdeutlicht, dass als Mittelwert rund 1 % der Bauwerkskosten für die Planungswettbewerbe ausreichend ist. [siehe **Tab. 9**] Für die Kostengruppe 720 können somit bis zu 2 % der Bauwerkskosten veranschlagt werden.

Die Aufwendungen der Fachplanung (KG 740) variieren je nach Schwierigkeitsgrad der Planung und Anforderungen an die Technische Ausrüstung. Bei Wohngebäuden sind geringe Kosten anzunehmen. Bei öffentlichen Bauvorhaben und Bauprojekten mit hohem Anteil an Technischer Ausrüstung sind höhere Kosten zu veranschlagen.

KG	Bürogebäude	med. Einrichtungen	Schulen	Sportbauten	Wohngebäude (EFH)	Wohngebäude (MFH)	Wohngebäude (Bestand)	Gewerbegebäude
725	0,9 %	0,9 %	0,8 %	1,0 %	0 %[1]	1,0 %[1]	1,3 %	1,0 %
[1] Bei Einfamilienhäuser (EFH) werden in der Regel keine Planungswettbewerbe durchgeführt.								

Tab. 9: Kosten für Planungswettbewerbe, bezogen auf die Bauwerkskosten von Gebäuden (ohne KG 200, KG 500 und KG 600).

<table>
<tr><th>KG</th><th>Bürogebäude</th><th>med. Einrichtungen</th><th>Schulen</th><th>Sportbauten</th><th>Wohngebäude (EFH)</th><th>Wohngebäude (MFH)</th><th>Wohngebäude (Bestand)</th><th>Gewerbegebäude</th></tr>
<tr><td></td><td colspan="8">Von-bis-Werte</td></tr>
<tr><td>710</td><td>7 % – 9 %</td><td>5 % – 10 %</td><td>6 % – 8 %</td><td>7 % – 9 %</td><td>1 % – 6 %</td><td>6 % – 7 %</td><td>8 % – 9 %</td><td>7 % – 10 %</td></tr>
<tr><td>720</td><td>0 % – 2 %</td><td>0 % – 2 %</td><td>0 % – 2 %</td><td>0 % – 2 %</td><td>0 % – 1 %</td><td>0 % – 2 %</td><td>0 % – 2 %</td><td>0 % – 2 %</td></tr>
<tr><td>730</td><td rowspan="2">22 % – 25 %</td><td rowspan="2">24 % – 34 %</td><td rowspan="2">21 % – 23 %</td><td rowspan="2">25 % – 33 %</td><td rowspan="2">25 % – 35 %</td><td rowspan="2">22 % – 29 %</td><td rowspan="2">29 % – 38 %</td><td rowspan="2">22 % – 33 %</td></tr>
<tr><td>740</td></tr>
<tr><td>750</td><td colspan="8">hier vernachlässigt</td></tr>
<tr><td>760</td><td>2 %</td><td>3 %</td><td>3 %</td><td>2 %</td><td>1 %</td><td>1 %</td><td>2 %</td><td>2 %</td></tr>
<tr><td>790</td><td colspan="8">hier vernachlässigt</td></tr>
<tr><td>700</td><td>31 % – 38 %</td><td>32 % – 49 %</td><td>30 % – 36 %</td><td>34 % – 46 %</td><td>27 % – 43 %</td><td>29 % – 39 %</td><td>39 % – 51 %</td><td>31 % – 47 %</td></tr>
</table>

Tab. 10: Orientierungswerte für Baunebenkosten nach Gebäudeart, bezogen auf die Bauwerkskosten (ohne KG 200, KG 500 und KG 600).

Die Allgemeinen Baunebenkosten (KG 760) werden mit 1 bis 3 % der Bauwerkskosten bewertet. Dies richtet sich vor allem nach dem Aufwand und dem Schwierigkeitsgrad bei der Planung. So sind bei Einfamilienhäusern (EFH) weniger Gutachten und Beratungsleistungen erforderlich, als bei anderen Gebäudearten.

Sind die Baunebenkosten für das Bauen im Bestand, z. B. Erweiterungsbauten, Umbauten oder Modernisierungen, zu ermitteln, dann ist zu berücksichtigen, dass die Bauwerkskosten im Unterschied zu einem Neubau vergleichsweise gering sind. Gleichzeitig erfordern Aufgaben wie die Objektplanung (KG 730) oder die Allgemeinen Baunebenkosten (KG 760) einen wesentlich höheren Aufwand als bei einem Neubau.

Vergleicht man die Tabellen 7 und 10, ergibt sich eine Differenzierung der Baunebenkosten nach der Gebäudeart. Bei Gebäuden mit einem geringen Anteil an Fachplanung und Bauherrenaufgaben, wie Einfamilienhäuser, liegen die Baunebenkosten bei rund 27 bis 43 % der Bauwerkskosten. Bei Objekten mit hohem Anteil an Technischen Anlagen, Beratungsleistungen sowie umfangreichen Bauherrenaufgaben, wie medizinischen Einrichtungen (Krankenhäuser), betragen die Baunebenkosten bis zu 50 % der Bauwerkskosten. Auch beim Bauen im Bestand sind höhere Angaben zu den Baunebenkosten zu erwarten.

5 Finanzierung (KG 800)

Zur Finanzierung gehören die Kosten der Finanzierungsnebenkosten (KG 810), die Fremdkapitalzinsen (KG 820), die Eigenkapitalzinsen (KG 830) sowie die Bürgschaften (KG 840). Bei letzten handelt es sich um Eigenleistungen, hier als kalkulatorische Eigenkapitalverzinsung bezeichnet, die in der Kostenermittlung berücksichtigt werden müssen.

Die Kosten der Finanzierung ergeben sich aus der Höhe des Zinssatzes für das im Projekt gebundene Kapital sowie der Dauer der Kapitalbindung. Die Nebenkosten für die Kreditbeschaffung und Bearbeitungsgebühren erhöhen den Zinssatz meist nur um rund 0,1 Prozentpunkte. Die Art der Finanzierung, also ob Eigen- oder Fremdmittel eingesetzt werden, ist zwar für die Liquiditätsplanung des Bauherrn von entscheidender Bedeutung, nicht aber für die Ermittlung der Kosten. Denn für den Einsatz von Eigenkapital ist bei vollständiger Betrachtung für die entgangenen (Haben-)Zinsen (Opportunitätskosten) die kalkulatorische Eigenkapitalverzinsung anzusetzen.

Private Bauherren, die sich den Traum vom eigenen Haus erfüllen, vergessen in ihren Berechnungen fast immer die kalkulatorische Verzinsung der Eigenmittel, angefangen vom Grundstück bis zu den verwendeten Ersparnissen.

Ganz anders sieht es bei einem erwerbswirtschaftlichen Bauherrn, z. B. einem Bauträger, aus. Er muss als Bauherr auf Zeit für alle gebundenen Mittel eine angemessene Rendite erwirtschaften, die es ihm erlaubt, den Grunderwerb, die Planung, Ausführung und die Vermarktung der Immobilie zu finanzieren. Seine Rendite muss so hoch sein, dass wenigstens der eigene Aufwand, die Fremdkapitalkosten, eine ausreichende Verzinsung des Eigenkapitals sowie das unternehmerische Risiko abgedeckt sind.

Öffentliche Bauherren, angesprochen sind Bund, Länder und Kommunen, finanzieren ihre Bauvorhaben grundsätzlich aus Steuermitteln und bauen überwiegend auf eigenen Grundstücken. Ein Ausweis der Kosten für die Bauherrenaufgaben, für Leistungen der Objekt- und Fachplanung sowie für die Finanzierung wird unterschiedlich gehandhabt. Gibt es für die Deckung eines Bedarfs die Varianten Neubau, Kauf oder Miete, ist die vollständige Kostenermittlung als eine Grundlage für den Wirtschaftlichkeitsvergleich unverzichtbar.

Für private Bauherren ist die Angabe der Kosten der Finanzierung entscheidend, da bei der Finanzierung durch Kreditinstitute oder bei Fördermaßnahmen nur „die Kosten der Beratung, Planung und Baubegleitung, die im unmittelbaren Zusammenhang mit den Maßnahmen zur Verbesserung der Energieeffizienz stehen, anerkannt" werden. Die Trennung der Aufwendungen ist dahingehend notwendig, da die „Kosten der Beschaffung der Finanzierungsmittel, Kosten der Zwischenfinanzierung, Kapitalkosten, Steuerbelastung des Baugrundstückes, Kosten von Behörden- und Verwaltungsleistungen sowie Umzugskosten und Ausweichquartiere" nicht förderfähig sind. [KfW 2016, S. 2f.]

Exkurs Kapitalmarkt und Entwicklung der Baugeldzinsen seit 1967

Die Kosten der Finanzierung machen je nach

Zinssatz und Dauer des Bauvorhabens einen erheblichen Teil der Gesamtkosten aus. Bei einem Zinssatz über 5,0 % pro Jahr und mehreren Jahren Planungs- und Bauzeit können sie höher ausfallen als die Kosten aller Objekt- und Fachplanungen zusammen.

Bei dem Beispiel der Ermittlung wurden die Kosten der mehrjährigen Kapitalbindung mit einem einheitlichen Zinssatz von 5,0 % pro Jahr ermittelt. Es steht dem Anwender dieses Verfahrens frei, mit einem anderen Zinssatz zu rechnen. Wir befanden uns in den letzten Jahren in einer Tiefzinsphase. Baufinanzierungen wurden zu einem Zinssatz von rund 1,0 % pro Jahr möglich. Die Zinsen für Baugeld lagen nach Angaben der Deutschen Bundesbank bei 1,07 % pro Jahr (Stand: Februar 2021). Langfristig betrachtet war es ein ungewöhnlich niedriger Wert. Er war kurzfristig für Investitionen, z. B. Bauvorhaben von Vorteil und wurde für eine Finanzierung mit Fremdkapital begrüßt.

Somit stieg die Nachfrage nach Immobilien als Geldanlage. Für denjenigen, der eine Immobilieninvestition mit Eigenkapital finanzierte, waren allerdings 2,0 % Eigenkapitalrentabilität nicht akzeptabel. Denn die Eigenkapitalrentabilität steht nicht nur für die Bereitstellung von Kapital, sondern auch für den Inflationsausgleich und das Investitionsrisiko.

Wie sich der Zinssatz für die Baufinanzierung (Baugeldzinsen) in den Jahren seit 1967 entwickelt hat, zeigt sich am Beispiel der Abbildung 2 Wohnungsbaukredite an private Haushalte.

Seit 2021 steigen die Baugeldzinsen wieder deutlich an. Der Zinssatz ist je nach Zinsbindungsfrist, z.B. fünf oder 30 Jahre etwas unterschiedlich. Damit bekommt der Anteil der Finanzierung (KG 800) an den Gesamtkosten bzw. an der Investition ein ganz anderes Gewicht.

In Verbindung mit den seit ebenfalls 2021 steigenden Preise für Bauleistungen werden Bauvorhaben deutlich teurer. Die Baupreisentwicklung betrug nach Angaben des Statistischen Bundesamtes und Eigenberechnungen der Verfasser im Zeitraum von 2006 bis Anfang 2021 durchschnittlich lediglich 2,8 Prozent pro Jahr. Vergleichbar mit der schlagartigen Entwicklung der Zinskosten stiegen auch Preise für Bauleistungen. Die Baupreissteigerung im Jahreszeitraum vom 4. Quartal 2021 (Baupreisindex 132,3) zum 4. Quartal 2022 (Baupreisindex 154,7) betrugt schließlich 16,9 Prozent.

(Quelle: Statistisches Bundesamt Deutschland, Fachserie 17 Reihe 4, Preisindex für den Neubau von "Wohngebäude insgesamt", www.destatis.de sowie Berechnungen der Autoren)

Es ist unsicher, welchen Einfluss die steigenden Baukosten auf die Nachfrage nach Immobilien haben werden. Den Verfassern sind allerdings Bauvorhaben bekannt, insbesondere im Wohnungsbau, auf deren Realisierung bereits kurzfristig verzichtet wurde, obwohl die Ausschreibungsunterlagen bereits erstellt waren. Umso wichtiger ist es, in Anbetracht der aktuellen

Abb. 2: Entwicklung der Baugeldzinsen von 1967 bis 2025 in Deutschland. [vgl. Deutsche Bundesbank: Zinsstatistik – Wohnungsbaukredite an private Haushalte mit anfänglicher Zinsbindung von 5 bis 10 Jahren (SUD118), Stand: Februar 2025]

Entwicklungen Kostenermittlungen noch sorgfältiger als bisher die aufzustellen und Prognosen der Kostenentwicklung zu wagen. Siehe hierzu: Kalusche, Wolfdietrich: Prognose der Baukosten, in: Deutsche Bauzeitschrift 11/2019, S. 60-61 oder https://www.dbz.de/artikel/dbz_Prognose_der_Baukosten_3458180.html)

6 Ermittlung der Kosten der Finanzierung vor Nutzungsbeginn

Gegenstand der Finanzierung sind das Grundstück sowie alle Planungs- und Bauleistungen, die vor dem Nutzungsbeginn Eigen- oder Fremdmittel binden. Die Ermittlung der Kosten der Finanzierung (KG 800) wird an einem Beispiel gezeigt. [siehe **Tab. 11**] Es handelt sich um ein mehrgeschossiges Bürogebäude mittleren Standards. Folgende Annahmen werden getroffen:

- Das Grundstück wird zum Beginn der Planung erworben und mit einem Kredit finanziert, dafür sind Zinsen an die Bank zu zahlen. Oder es ist bereits Eigentum des Bauherrn, dann wird es bewertet und der Bauherr setzt auf dieser Grundlage eine kalkulatorische Eigenkapitalverzinsung an. In beiden Fällen ist von Beginn der Planung bis zum Abschluss der Baumaßnahme eine Kapitalbindung im Grundstück von 100 % des Grundstückswertes (KG 110) zu berücksichtigen.
- Die Bauleistungen (entsprechen den Bauwerkskosten) sind über einen längeren Zeitraum während der Bauausführung zu finanzieren. Die durchschnittliche Kapitalbindung von Beginn der Bauarbeiten (0 %) bis zur Fertigstellung (100 %) des Bauwerkes beträgt im Mittel die Hälfte (50 %) der geleisteten Zahlungen.
- Die Baunebenkosten werden in diesem Beispiel mit 25 %, auf die Bauwerkskosten gerechnet, angesetzt. Sie fallen vereinfacht betrachtet von Planungsbeginn (0 %) bis zum Abschluss der Baumaßnahme (100 %) an. Die Kapitalbindung hierfür wird im Mittel mit 50 % angesetzt.
- Zum Abschluss der Baumaßnahme sind die Rechnungen für die Bauleistungen und die Planungsleistungen in der Regel noch nicht vollständig bezahlt. Es wird in diesem Fall ein Zahlungsstand von 80 % unterstellt.
- Für die Dauer des Bauvorhabens wird angenommen, dass bereits nach 12 Monaten Planung die Bauarbeiten beginnen und diese 24 Monate dauern. Daraus ergibt sich eine Projektdauer von 36 Monaten, welche für die Bauherrenaufgaben, die Objekt- und Fachplanung sowie weitere Aufwendungen als Teil der Baunebenkosten zu berücksichtigen ist.
  Sie ist ebenso für die Kapitalbindung im Grundstück maßgebend.
- Für das im Projekt gebundene Kapital wird eine Verzinsung der Fremd- und Eigenmittel in Höhe von einheitlich 5 % pro Jahr festgelegt (Erläuterung siehe oben).
- Der Zinseszinseffekt wird aus Gründen der Vereinfachung vernachlässigt.
- Die Vorbereitenden Maßnahmen (KG 200), Außenanlagen und Freiflächen (KG 500) so-

Kostengruppen	Kosten	Zahlungsstand	Zinssatz	Dauer der Kapitalbindung	Anteil der Kapitalbindung	Kosten der Finanzierung (KG 800)
100 Grundstück	1.800.000 €	100 %	5 %	36 Mon.	100 %	270.000 €
200 Vorbereitende Maßnahmen	werden vorerst nicht berücksichtigt					
300 Bauwerk – Baukonstruktionen 400 Bauwerk – Technische Anlagen	5.000.000 €	80 %	5 %	24 Mon.	50 %	200.000 €
500 Außenanlagen und Freiflächen	werden vorerst nicht berücksichtigt					
600 Ausstattung und Kunstwerke	werden vorerst nicht berücksichtigt					
700 Baunebenkosten	1.250.000 €	80 %	5 %	36 Mon.	50 %	75.000 €
Zwischensumme	**8.050.000 €**	–	–	–	–	–
800 Finanzierung	545.000 €	–	–	–	–	545.000 €
Gesamtkosten (ohne KG 200, KG 500 und KG 600)	**8.595.000 €**	–	–	–	–	–

Tab. 11: Ermittlung der Finanzierung (KG 800) an einem Beispiel.
[Kostenstand: 1. Quartal 2025, ohne MwSt.]

wie Ausstattung und Kunstwerke (KG 600) werden vorerst nicht berücksichtigt.

Die Höhe der ermittelten Kosten der Finanzierung beträgt 545.000 €. Die Gesamtkosten addieren sich aus 8.050.000 € und 545.000 € zu 8.595.000 €.

Die Kosten der Finanzierung können entweder als Anteil an den Gesamtkosten (ohne KG 200, KG 500 und KG 600) oder als Zuschlag auf die Bauwerkskosten (BWK) gerechnet werden. [siehe **Tab. 12**]

Die Gesamtkosten für das Beispiel betragen 8.595.000 €. Die Kostengruppe 800 hat einen Anteil von rund 6 % (Von-Hundert-Rechnung) an den Gesamtkosten. Anders betrachtet machen sie rund 11 % der Bauwerkskosten aus (Auf-Hundert-Rechnung). Auf den Bezugswert einer Berechnung ist also immer zu achten.

Kosten der Finanzierung als Variable

Die oben dargestellte Berechnung der Kosten der Finanzierung berücksichtigt einen Zinssatz für das gebunden Kapital von 5 % und eine Projektdauer von maximal 36 Monaten (12 Monate Planung und 24 Monate Bauausführung). In der Praxis können jedoch – in Abhängigkeit von der Objektart – unterschiedliche Projektdauern auftreten. Zudem verändert sich der Zinssatz für Fremd- und Eigenkapital. Zwar befinden wir uns zurzeit in einer Phase mit niedrigen Zinssätzen, ein Anstieg ist in Zukunft jedoch nicht auszuschließen.

Um den Einfluss der Projektdauer und des Zinssatzes auf die Kosten der Finanzierung (KG 800) zu verdeutlichen, werden im Folgenden diese Kostenbestandteile untersucht. Zudem wird ein dynamischer Ansatz zur Berechnung gewählt, um den Zinseszinseffekt zu berücksichtigen.

Für die Ermittlung wird ein Beispielprojekt zugrunde gelegt. Zusammenfassend ergeben sich zum einen Kosten für das Grundstück und die Vorbereitenden Maßnahmen (KG 100–200), zum anderen Kosten für das Bauwerk, die

Außenanlagen und Freiflächen, die Ausstattung und Kunstwerke sowie die Baunebenkosten (KG 300-700). [siehe **Tab. 13**] Der Zahlungsstand variiert von 80 bis 100 %, in Abhängigkeit geleisteter Zahlungen. Die Kapitalbindung für nicht abnutzbare Güter (Grundstück) beträgt 100 %. Die durchschnittliche Kapitalbindung

Kostengruppen	Kosten	Bauwerkskosten = 100,0 %	Gesamtkosten = 100,0 %
100 Grundstück	1.800.000 €	36,0 %	21,0 %
200 Vorbereitende Maßnahmen	werden vorerst nicht berücksichtigt		
300 Bauwerk – Baukonstruktionen	5.000.000 €	100 %	58,0 %
400 Bauwerk – Technische Anlagen			
500 Außenanlagen und Freiflächen	werden vorerst nicht berücksichtigt		
600 Ausstattung und Kunstwerke	werden vorerst nicht berücksichtigt		
700 Baunebenkosten	1.250.000 €	25,0 %	15,0 %
800 Finanzierung	545.000 €	11,0 %	6,0 %
Gesamtkosten (ohne KG 200, KG 500 und KG 600)	8.595.000 €	172,0 %	100,0 %

Tab. 12: Baunebenkosten in Prozent der Bauwerkskosten (KG 300 und 400) und der Gesamtkosten (ohne KG 200, KG 500 und KG 600). [Kostenstand: 1. Quartal 2025, ohne MwSt.]

Kostengruppen	Kosten	Zahlungsstand	Anteil der Kapitalbindung
100 Grundstück	100.000 €	100 %	100 %
200 Vorbereitende Maßnahmen			
300 Bauwerk – Baukonstruktionen	400.000 €	80 %	50 %
400 Bauwerk – Technische Anlagen			
500 Außenanlagen und Freiflächen			
600 Ausstattung und Kunstwerke			
700 Baunebenkosten			

Tab. 13: Ermittlung der Kosten der KG 100 bis 700.

für Zahlungen der Kostengruppen 300 bis 700 beläuft sich auf 50 %.

Eine dynamische Betrachtung (Zinseszinseffekt) ergibt vor allem bei langen Projektdauern Sinn. Die Berechnung erfolgt durch die Zinseszinsformel: $K_n = K_0 \times q^n$

Das zu berücksichtigende Anfangskapital K_0 resultiert aus dem Produkt von Investitionskosten, Zahlungsstand und Anteil der Kapitalbindung. [siehe **Tab. 13**] Der Aufzinsfaktor ergibt sich aus dem Zinsfaktor (q), bestehend aus dem Zinssatz (im oben genannten Beispiel 1 bis 10 %) sowie der Potenz (n) des Zinsfaktors in Höhe des Zeitraumes (im oben genannten Beispiel 1 bis 10 Jahre). [siehe **Tab. 14**] [Anmerkung: der Zinsfaktor wird aus der Formel $q = 1 + p/100$ berechnet]

Das ermittelte Endkapital zum Bezugszeitraum (Kn) beschreibt die Kosten inkl. des Anfangskapitals. Durch den Abzug des Anfangskapitals (K0) vom Endkapital (Kn) lassen sich die Kosten der Finanzierung (KG 800) ermitteln. [siehe **Tab. 15**]

Im vorliegenden Beispiel variieren die Kosten der Kostengruppe 800 zwischen 2.600 und 414.440 €. Betrachtet man einen Projektzeitraum von 2 bis 5 Jahren und einen Zinssatz von 2,0 bis 4,0 %, betragen die Kosten rund 10.000 bis 56.000 €. Bezogen auf die Gesamtkosten (KG 100–800) belaufen sich die Kosten der Finanzierung (KG 800) auf rund 2,0 bis 10,0 %. [siehe **Tab. 16**]

7 Schlussbemerkung

Die Beispiele zeigen, wie die Gesamtkosten auf der Grundlage weniger Angaben und Annahmen ermittelt werden und welchen Anteil die Baunebenkosten (KG 700) und insbesondere die Kosten der Finanzierung (KG 800) haben können. Auch der Einfluss der Projektdauer und des Zinssatzes auf die Gesamtkosten eines Bauvorhabens lässt sich durch die Variationen der Faktoren Zeit und Zins feststellen.

Es bleibt zu beachten, dass nicht alle Aufwendungen der KG 700 bei jeder Gebäudeart anfallen. So sind bei kleineren Projekten die Bauherrenaufgaben (KG 710) oft nicht in vollem Umfang erforderlich. Dies bedeutet jedoch nicht, dass die Kosten für entsprechende Leistungen zu vernachlässigen sind. In diesem Fall ist es notwendig, abhängig von der Projektgröße, die Bedingungen zu beachten.

	1,0 %	2,0 %	3,0 %	4,0 %	5,0 %	6,0 %	7,0 %	8,0 %	9,0 %	10,0 %
1 Jahr	1,010	1,020	1,030	1,040	1,050	1,060	1,070	1,080	1,090	1,100
2 Jahre	1,020	1,040	1,061	1,082	1,103	1,124	1,145	1,166	1,188	1,210
3 Jahre	1,030	1,061	1,093	1,125	1,158	1,191	1,225	1,260	1,295	1,331
4 Jahre	1,041	1,082	1,126	1,170	1,216	1,262	1,311	1,360	1,412	1,464
5 Jahre	1,051	1,104	1,159	1,217	1,276	1,338	1,403	1,469	1,539	1,611
6 Jahre	1,062	1,126	1,194	1,265	1,340	1,419	1,501	1,587	1,677	1,772
7 Jahre	1,072	1,149	1,230	1,316	1,407	1,504	1,606	1,714	1,828	1,949
8 Jahre	1,083	1,172	1,267	1,369	1,477	1,594	1,718	1,851	1,993	2,144
9 Jahre	1,094	1,195	1,305	1,423	1,551	1,689	1,838	1,999	2,172	2,358
10 Jahre	1,105	1,219	1,344	1,480	1,629	1,791	1,967	2,159	2,367	2,594

Tab. 14: Aufzinsfaktoren

	1,0 %	2,0 %	3,0 %	4,0 %	5,0 %	6,0 %	7,0 %	8,0 %	9,0 %	10,0 %
1 Jahr	2.600 €	5.200 €	7.800 €	10.400 €	13.000 €	15.600 €	18.200 €	20.800 €	23.400 €	26.000 €
2 Jahre	5.200 €	10.400 €	15.860 €	21.320 €	26.780 €	32.240 €	37.700 €	43.160 €	48.880 €	54.600 €
3 Jahre	7.800 €	15.860 €	24.180 €	32.500 €	41.080 €	49.660 €	58.500 €	67.600 €	76.700 €	86.060 €
4 Jahre	10.660 €	21.320 €	32.760 €	44.200 €	56.160 €	68.120 €	80.860 €	93.600 €	107.120 €	120.640 €
5 Jahre	13.260 €	27.040 €	41.340 €	56.420 €	71.760 €	87.880 €	104.780 €	121.940 €	140.140 €	158.860 €
6 Jahre	16.120 €	32.760 €	50.440 €	68.900 €	88.400 €	108.940 €	130.260 €	152.620 €	176.020 €	200.720 €
7 Jahre	18.720 €	38.740 €	59.800 €	82.160 €	105.820 €	131.040 €	157.560 €	185.640 €	215.280 €	246.740 €
8 Jahre	21.580 €	44.720 €	69.420 €	95.940 €	124.020 €	154.440 €	186.680 €	221.260 €	258.180 €	297.440 €
9 Jahre	24.440 €	50.700 €	79.300 €	109.980 €	143.260 €	179.140 €	217.880 €	259.740 €	304.720 €	353.080 €
10 Jahre	27.300 €	56.940 €	89.440 €	124.800 €	163.540 €	205.660 €	251.420 €	301.340 €	355.420 €	414.440 €

Tab. 15: Kosten der Finanzierung (KG 800)

	1,0 %	2,0 %	3,0 %	4,0 %	5,0 %	6,0 %	7,0 %	8,0 %	9,0 %	10,0 %
1 Jahr	0,5 %	1,0 %	1,5 %	2,0 %	2,5 %	3,0 %	3,5 %	4,0 %	4,5 %	4,9 %
2 Jahre	1,0 %	2,0 %	3,1 %	4,1 %	5,1 %	6,1 %	7,0 %	7,9 %	8,9 %	9,8 %
3 Jahre	1,5 %	3,1 %	4,6 %	6,1 %	7,6 %	9,0 %	10,5 %	11,9 %	13,3 %	14,7 %
4 Jahre	2,1 %	4,1 %	6,1 %	8,1 %	10,1 %	12,0 %	13,9 %	15,8 %	17,6 %	19,4 %
5 Jahre	2,6 %	5,1 %	7,6 %	10,1 %	12,6 %	14,9 %	17,3 %	19,6 %	21,9 %	24,1 %
6 Jahre	3,1 %	6,1 %	9,2 %	12,1 %	15,0 %	17,9 %	20,7 %	23,4 %	26,0 %	28,6 %
7 Jahre	3,6 %	7,2 %	10,7 %	14,1 %	17,5 %	20,8 %	24,0 %	27,1 %	30,1 %	33,0 %
8 Jahre	4,1 %	8,2 %	12,2 %	16,1 %	19,9 %	23,6 %	27,2 %	30,7 %	34,1 %	37,3 %
9 Jahre	4,7 %	9,2 %	13,7 %	18,0 %	22,3 %	26,4 %	30,4 %	34,2 %	37,9 %	41,4 %
10 Jahre	5,2 %	10,2 %	15,2 %	20,0 %	24,6 %	29,1 %	33,5 %	37,6 %	41,5 %	45,3 %

Tab. 16: Kosten der Finanzierung in Prozent der Gesamtkosten (KG 100–800)

Bei großen Infrastrukturprojekten wie Flughäfen oder Sonderbauten (Theater) sind die Aufwendungen für die Baunebenkosten sehr hoch. Der (prozentuale) Anteil der Baunebenkosten an den Bauwerkskosten (KG 300 und 400) unterscheidet sich jedoch nicht wesentlich von anderen Gebäudearten mit geringen Gesamtkosten.

Es ist zu beobachten, dass der Anteil der Baunebenkosten an den Gesamtkosten bei allen Gebäudearten in den letzten Jahren zunimmt. Eine Zunahme ist vor allem durch die gestiegenen Honorare für Objekt- und Fachplaner sowie Projektsteuerer ersichtlich. Des Weiteren ist eine Zunahme erforderlicher Gutachten und Beratungsleistungen zu verzeichnen. Die Höhe der Baunebenkosten spiegelt damit auch die gestiegenen Ansprüche an Gebäude und die behördlichen Auflagen wider.

Die Höhe der Kosten der Finanzierung variiert und ist in Abhängigkeit von Zinssatz und Projektdauer zu betrachten. Bei einer kurzen Projektdauer (von bis zu 3 Jahren) sind 5 Prozent der Gesamtkosten realistisch. Bei längeren Projektdauern (ab 5 Jahren) sollten bis zu 10 Prozent der Gesamtkosten für die Kostengruppe 800 berücksichtigt werden.

Literatur

Gerichtsurteile, Gesetze, Normen und Rechtsverordnungen

Allgemeine Verwaltungsgebührenordnung (AVerwGebO NRW), in der Fassung vom 03. Juli 2001, zuletzt geändert am 15. Februar 2016.

Bundesgerichtshof, Urteil vom 26. Januar 2012 (Az.: VII ZR 128/11), erschienen in NJW 2012, 1575-1578.

DIN 276:1934-08 – Kosten von Hochbauten und damit zusammenhängenden Leistungen

DIN 276:1943-08 – Kosten von Hochbauten

DIN 276:2018-12 – Kosten im Bauwesen

DIN 277-1:2021-08 – Grundflächen und Rauminhalte im Hochbau

DIN 18205:1996-04 – Bedarfsplanung im Bauwesen

DIN 18205:2016-11 – Bedarfsplanung im Bauwesen

Richtlinien für Planungswettbewerbe (RPW 2013), in der Fassung vom 31. Januar 2013.

Richtlinien für die Durchführung von Bauaufgaben des Bundes (RBBau), in der Fassung vom 19. März 2009, zuletzt geändert am 12. Januar 2015.

Richtlinie zur Ermittlung des Sachwerts (Sachwertrichtlinie – SW-RL), in der Fassung vom 05. September 2012.

Verordnung über die Gebühren in bauordnungsrechtlichen Angelegenheiten im Land Brandenburg (Brandenburgische Baugebührenordnung – BbgBauGebO), in der Fassung vom 20. August 2009, zuletzt geändert am 03. August 2015.

Verordnung über die Grundsätze für die Ermittlung der Verkehrswerte von Grundstücken (Immobilienwertermittlungsverordnung – ImmoWertV), in der Fassung vom 19. Mai 2010, zuletzt geändert am 26. November 2019.

Verordnung über die Honorare für Architekten- und Ingenieurleistungen (Honorarordnung für Architekten und Ingenieure – HOAI), in der Fassung vom 01. Januar 2021.

Verordnung über Sicherheit und Gesundheitsschutz auf Baustellen (Baustellenverordnung – BaustellV), in der Fassung vom 10. Juni 1998, zuletzt geändert am 23. Dezember 2004.

Verordnung über wohnungswirtschaftliche Berechnungen nach dem Zweiten Wohnungsbaugesetz (Zweite Berechnungsverordnung – 2. BV), in der Fassung vom 12. Oktober 1990, zuletzt geändert am 23. November 2007.

Verwaltungsvorschriften über die Durchführung von Bauaufgaben der Freien und Hansestadt Hamburg (VV-Bau), in der Fassung vom 15. Dezember 1994, zuletzt geändert Dezember 2015.

Sachtitel

AHO Ausschuss der Ingenieurverbände und Ingenieurkammern für die Honorarordnung e. V. (Hrsg.): Leistungen nach der Baustellenverordnung: AHO Heft 15, 3. Aufl., Köln: Bundesanzeiger, 2022.

AHO-Fachkommission Projektsteuerung/Projektmanagement (Hrsg.): Projektmanagement in der Bau- und Immobilienwirtschaft – Standards für Leistungen und Vergütungen: AHO Heft 9. 5. Aufl., Köln: Bundesanzeiger, 2020.

Ruf, Hans-Ulrich: BKI Bildkommentar DIN 276/DIN 277. 6. Aufl., Stuttgart: BKI, 2022.

Bundesministerium für Umwelt, Naturschutz, Bau und Reaktorsicherheit (BMUB) (Hrsg.): Leitfaden WU Hochbau – Wirtschaftlichkeitsuntersuchungen bei der Vorbereitung von Hochbaumaßnahmen des Bundes, 3. Aufl., Berlin: BMUB, 2014.

Deutsche Bundesbank (Hrsg.): Zinsstatistik – Gegenüberstellung der Instrumentenkategorien der MFI-Zinsstatistik 2023.

Hasselmann, Willi: Praktische Baukostenplanung und -kontrolle. Köln: R. Müller Verlag, 1997.

Hasselmann, Willi; Liebscher, Klaus: Normengerechtes Bauen – Kosten, Grundflächen und Rauminhalte von Hochbauten nach DIN 276 und DIN 277, 20. Aufl., Köln: R. Müller Verlag, 2008.

Kalusche, Wolfdietrich (Hrsg.): BKI Handbuch HOAI 2013. Der Praxisleitfaden zur sicheren Anwendung der neuen Honorarordnung für Architekten und Ingenieure, Baukosteninformationszentrum Deutscher Architektenkammern: Stuttgart, 2013.

Kalusche, Wolfdietrich: Frühzeitige Ermittlung der Baunebenkosten bei der Gebäudeplanung. In: BKI Baukosteninformationszentrum Deutscher Architektenkammern (Hrsg.): BKI Baukosten Gebäude 2014 – Statistische Kostenkennwerte Teil 1, Stuttgart 2014, S. 44–55.

Kalusche, Wolfdietrich: Projektmanagement für Bauherren und Planer. 4. Aufl., München: De Gruyter Oldenbourg Verlag, 2016.

Kleffner, Walter: Die Baunebenkosten im Wohnungsbau – unter besonderer Berücksichtigung der Anliegerkosten, Berlin: Verlagsges. Müller, 1936.

Kreditanstalt für Wiederaufbau (KfW): Anlage zu den Merkblättern Energieeffizient Sanieren – Kredit (151, 152) und Investitionszuschuss (430). Stand 2016.

Landesbausparkasse Baden-Württemberg LBS (Hrsg.): LBS-Hausdiagnose. Stuttgart, 2013.

Winkler, Walter: Hochbaukosten, Flächen, Rauminhalte – Kommentar zur DIN 276, 277, 18022 und 18960 Teil 1. 8. Aufl., Braunschweig: Friedr. Vieweg & Sohn, 1994.

Abkürzungsverzeichnis

Abkürzung	Bezeichnung
AF	Außenanlagenfläche
AP	Arbeitsplätze
APP	Appartement
AWF	Außenwandfläche
BGF	Brutto-Grundfläche (Summe der Regelfall (R)- und Sonderfall (S)-Flächen nach DIN 277)
BGI	Baugrubeninhalt
bis	oberer Grenzwert des Streubereichs um einen Mittelwert
BRI	Brutto-Rauminhalt (Summe der Regelfall (R)- und Sonderfall (S)-Rauminhalte nach DIN 277)
BRI/BGF (m)	Verhältnis von Brutto-Rauminhalt zur Brutto-Grundfläche angegeben in Meter
BRI/NUF (m)	Verhältnis von Brutto-Rauminhalt zur Nutzungsfläche angegeben in Meter
DAF	Dachfläche
DEF	Deckenfläche
DIN 276	Kosten im Bauwesen (DIN 276:2018-12)
DIN 277	Grundflächen und Rauminhalte im Hochbau (DIN 277:2021-08)
DHH	Doppelhaushälfte
ELW	Einliegerwohnung
ETW	Etagenwohnung
€/Einheit	Spaltenbezeichnung für Mittelwerte zu den Kosten bezogen auf eine Einheit der Bezugsgröße
€/m² BGF	Spaltenbezeichnung für Mittelwerte zu den Kosten bezogen auf Brutto-Grundfläche
GF	Grundstücksfläche
Fläche/BGF (%)	Anteil der angegebenen Fläche zur Brutto-Grundfläche in Prozent
Fläche/NUF (%)	Anteil der angegebenen Fläche zur Nutzungsfläche in Prozent
GRF	Gründungsfläche
inkl.	einschließlich
IWF	Innenwandfläche
Kfz	Kraftfahrzeug
KG	Kostengruppe
KGF	Konstruktions-Grundfläche (Summe der Regelfall (R)- und Sonderfall (S)-Flächen nach DIN 277)
Kita	Kindertagesstätte
LB	Leistungsbereich
Menge/BGF	Menge der genannten Kostengruppen-Bezugsgröße bezogen auf die Menge der Brutto-Grundfläche
Menge/NUF	Menge der genannten Kostengruppen-Bezugsgröße bezogen auf die Menge der Nutzungsfläche
NE	Nutzeinheit
NUF	Nutzungsfläche (Summe der Regelfall (R)- und Sonderfall (S)-Flächen nach DIN 277)
NRF	Netto-Raumfläche (Summe der Regelfall (R)- und Sonderfall (S)-Flächen nach DIN 277)
Obj.-Nr.	Nummer des Objekts in der BKI-Baukostendatenbanken
RH	Reihenhaus
STP	Stellplatz
STLB	Standardleistungsbuch
TF	Technikfläche (Summe der Regelfall (R)- und Sonderfall (S)-Flächen nach DIN 277)
TG	Tiefgarage
VF	Verkehrsfläche (Summe der Regelfall (R)- und Sonderfall (S)-Flächen nach DIN 277)
von	unterer Grenzwert des Streubereichs um einen Mittelwert
WE	Wohneinheit
WFL	Wohnfläche
Ø	Mittelwert
300+400	Zusammenfassung der Kostengruppen Bauwerk-Baukonstruktionen und Bauwerk-Technische Anlagen
% an 300+400	Kostenanteil der jeweiligen Kostengruppe an den Kosten des Bauwerks
% an 300	Kostenanteil der jeweiligen Kostengruppe an der Kostengruppe Bauwerk-Baukonstruktion
% an 400	Kostenanteil der jeweiligen Kostengruppe an der Kostengruppe Bauwerk-Technische Anlagen

Abkürzungsverzeichnis (Fortsetzung)

Abkürzung	Bezeichnung
N13	BKI OBJEKTDATEN N13 Neubau, erschienen 2015
N15	BKI OBJEKTDATEN N15 Neubau, erschienen 2017
N16	BKI OBJEKTDATEN N16 Neubau, erschienen 2018
N17	BKI OBJEKTDATEN N17 Neubau, erschienen 2021*
N18	BKI OBJEKTDATEN N18 Neubau, erschienen 2022
N19	BKI OBJEKTDATEN N19 Neubau, erschienen 2023
N20	BKI OBJEKTDATEN N20 Neubau, erschienen 2024
N21	BKI OBJEKTDATEN N21 Neubau - Mauerwerk, Stahl und Stahlbeton, erscheint 2025
N22	BKI OBJEKTDATEN N22 Neubau - Holzbau, erscheint 2026
E5	BKI OBJEKTDATEN E5 Energieeffizientes Bauen im Neubau und Altbau, erschienen 2013
E6	BKI OBJEKTDATEN E6 Energieeffizientes Bauen im Neubau und Altbau, erschienen 2015
E7	BKI OBJEKTDATEN E7 Energieeffizientes Bauen im Neubau, erschienen 2017
E8	BKI OBJEKTDATEN E8 Energieeffizientes Bauen im Neubau, erschienen 2020
E9	BKI OBJEKTDATEN E9 Energieeffizientes Bauen im Neubau, erschienen 2021
F7	BKI OBJEKTDATEN F7 Freianlagen, erschienen 2016
S2	BKI OBJEKTDATEN S2 - Sonderband Barrierefreies Bauen, erschienen 2017
S6	BKI OBJEKTDATEN S2 - Sonderband Holzbau, erschienen 2024

* Bücher als Printausgabe bereits vergriffen und können im eBook Format erworben werden

KG Nummer	Abkürzung	Kostengruppen-Bezeichnung
330	Außenwände / vertikal außen	Außenwände/Vertikale Baukonstruktionen, außen
340	Innenwände / vertikal innen	Innenwände/Vertikale Baukonstruktionen, innen
350	Decken / horizontal	Decken / Horizontale Baukonstuktionen
450	Kommunikationstechnische Anlagen	Kommunikations-, sicherheits- und informationstechnische Anlagen
470	Nutzungsspez. u. verfahrenstech. Anl.	Nutzungsspezifische und verfahrenstechnische Anlagen

Gliederung in Leistungsbereiche nach STLB-Bau

Als Beispiel für eine ausführungsorientierte Ergänzung der Kostengliederung werden im Folgenden die Leistungsbereiche des Standardleistungsbuches für das Bauwesen in einer Übersicht dargestellt.

000 Baustelleneinrichtungen; Verkehrssicherungs- und Sicherheitseinrichtungen
001 Gerüstarbeiten
002 Erdarbeiten
003 Landschaftsbauarbeiten
004 Landschaftsbauarbeiten, Pflanzen
005 Brunnenbauarbeiten und Aufschlussbohrungen
006 Spezialtiefbauarbeiten
007 Untertagebauarbeiten
008 Wasserhaltungsarbeiten
009 Entwässerungskanalarbeiten
010 Drän- und Versickerungsarbeiten
011 Abscheider- und Kleinkläranlagen
012 Mauerarbeiten
013 Betonarbeiten
014 Natur-, Betonwerksteinarbeiten
016 Zimmer- und Holzbauarbeiten
017 Stahlbauarbeiten
018 Abdichtungsarbeiten
019 Kampfmittelräumarbeiten
020 Dachdeckungsarbeiten
021 Dachabdichtungsarbeiten
022 Klempnerarbeiten
023 Putz- und Stuckarbeiten, Wärmedämmsysteme
024 Fliesen- und Plattenarbeiten
025 Estricharbeiten
026 Fenster, Außentüren
027 Tischlerarbeiten
028 Parkettarbeiten, Holzpflasterarbeiten
029 Beschlagarbeiten
030 Rollladenarbeiten
031 Metallbauarbeiten
032 Verglasungsarbeiten
033 Baureinigungsarbeiten
034 Maler- und Lackierarbeiten, Beschichtungen
035 Korrosionsschutzarbeiten an Stahlbauten
036 Bodenbelagsarbeiten
037 Tapezierarbeiten
038 Vorgehängte hinterlüftete Fassaden
039 Trockenbauarbeiten
040 Wärmeversorgungsanlagen - Betriebseinrichtungen
041 Wärmeversorgungsanlagen - Leitungen, Armaturen, Heizflächen
042 Gas- und Wasseranlagen - Leitungen und Armaturen
043 Druckrohrleitungen für Gas, Wasser und Abwasser
044 Abwasseranlagen - Leitung, Abläufe, Armaturen
045 Gas-, Wasser- und Entwässerungsanlagen - Ausstattung, Elemente, Fertigbäder
046 Gas-, Wasser- und Entwässerungsanlagen - Betriebseinrichtungen
047 Dämm- und Brandschutzarbeiten an technischen Anlagen
049 Feuerlöschanlagen, Feuerlöschgeräte
050 Blitzschutz- / Erdungsanlagen, Überspannungsschutz
051 Kabelleitungstiefbauarbeiten
052 Mittelspannungsanlagen
053 Niederspannungsanlagen - Kabel/Leitungen, Verlegesysteme, Installationsgeräte
054 Niederspannungsanlagen - Verteilersysteme und Einbaugeräte
055 Sicherheits- und Ersatzstromversorgungsanlagen
057 Gebäudesystemtechnik
058 Leuchten und Lampen
059 Sicherheitsbeleuchtungsanlagen
060 Such-, Signal-, Zeitdienst-, Antennen-, elektroakustische Anlagen, Medientechnik
061 Kommunikations- und Übertragungsnetze
062 Kommunikationsanlagen
063 Gefahrenmeldeanlagen
064 Zutrittskontroll-, Zeiterfassungssysteme
069 Aufzüge
070 Gebäudeautomation
075 Raumlufttechnische Anlagen
078 Kälteanlagen für raumlufttechnische Anlagen
080 Straßen, Wege, Plätze
081 Betonerhaltungsarbeiten
082 Bekämpfender Holzschutz
084 Abbruch-, Rückbau- und Schadstoffsanierungsarbeiten
085 Rohrvortriebsarbeiten
087 Abfallentsorgung, Verwertung und Beseitigung
090 Baulogistik
091 Stundenlohnarbeiten
096 Bauarbeiten an Bahnübergängen
097 Bauarbeiten an Gleisen und Weichen
098 Witterungsschutzmaßnahmen

Übersicht Kostenkennwerte für Gebäudearten nach BGF und BRI

Kosten des Bauwerks in €/m² BGF

Kosten:
Stand 1. Quartal 2025
Bundesdurchschnitt
inkl. 19% MwSt.

Einheit: m² BGF
Brutto-Grundfläche

Von-Mittel-Bis-Werte

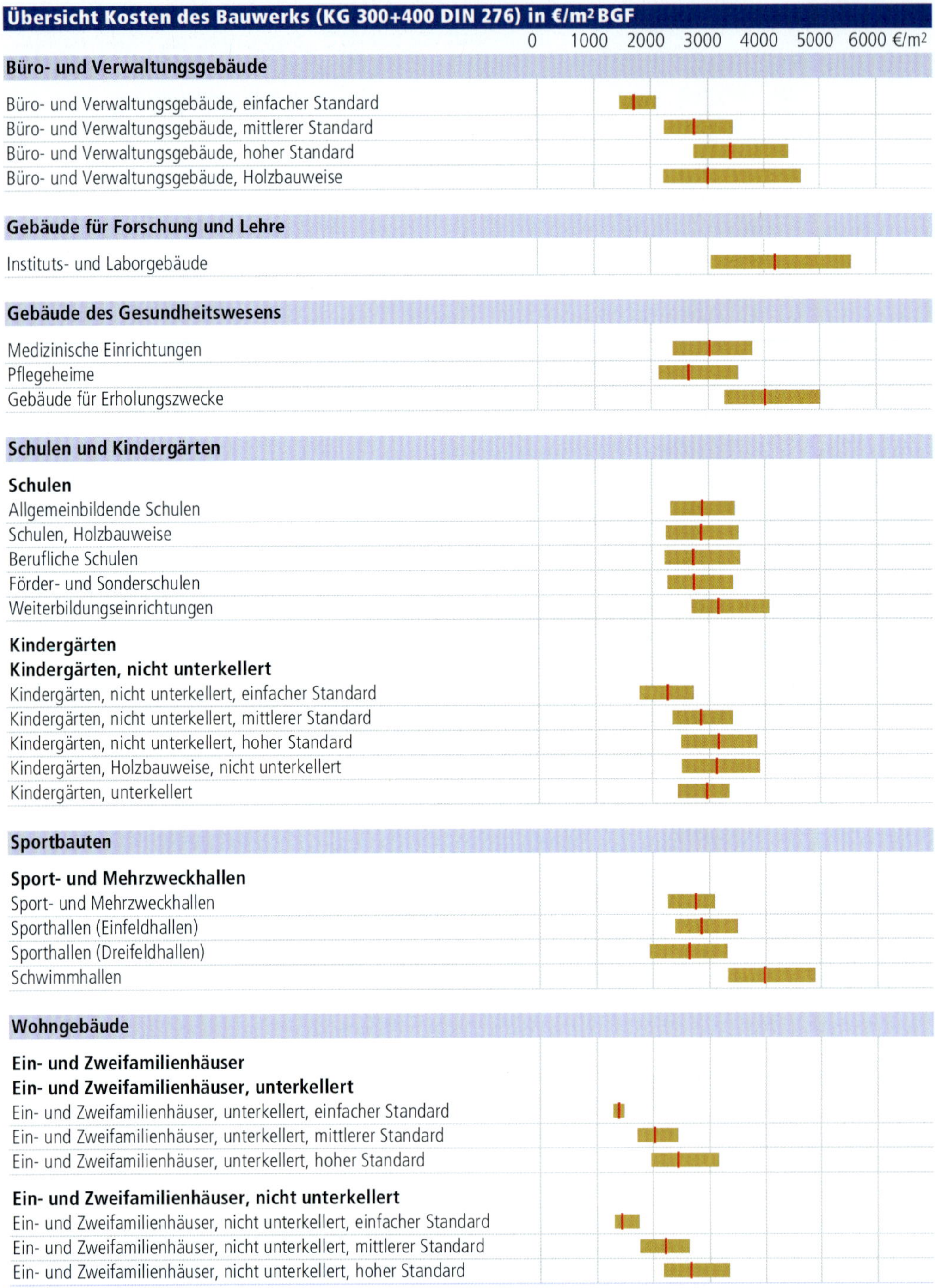

Übersicht Kosten des Bauwerks (KG 300+400 DIN 276) in €/m² BGF

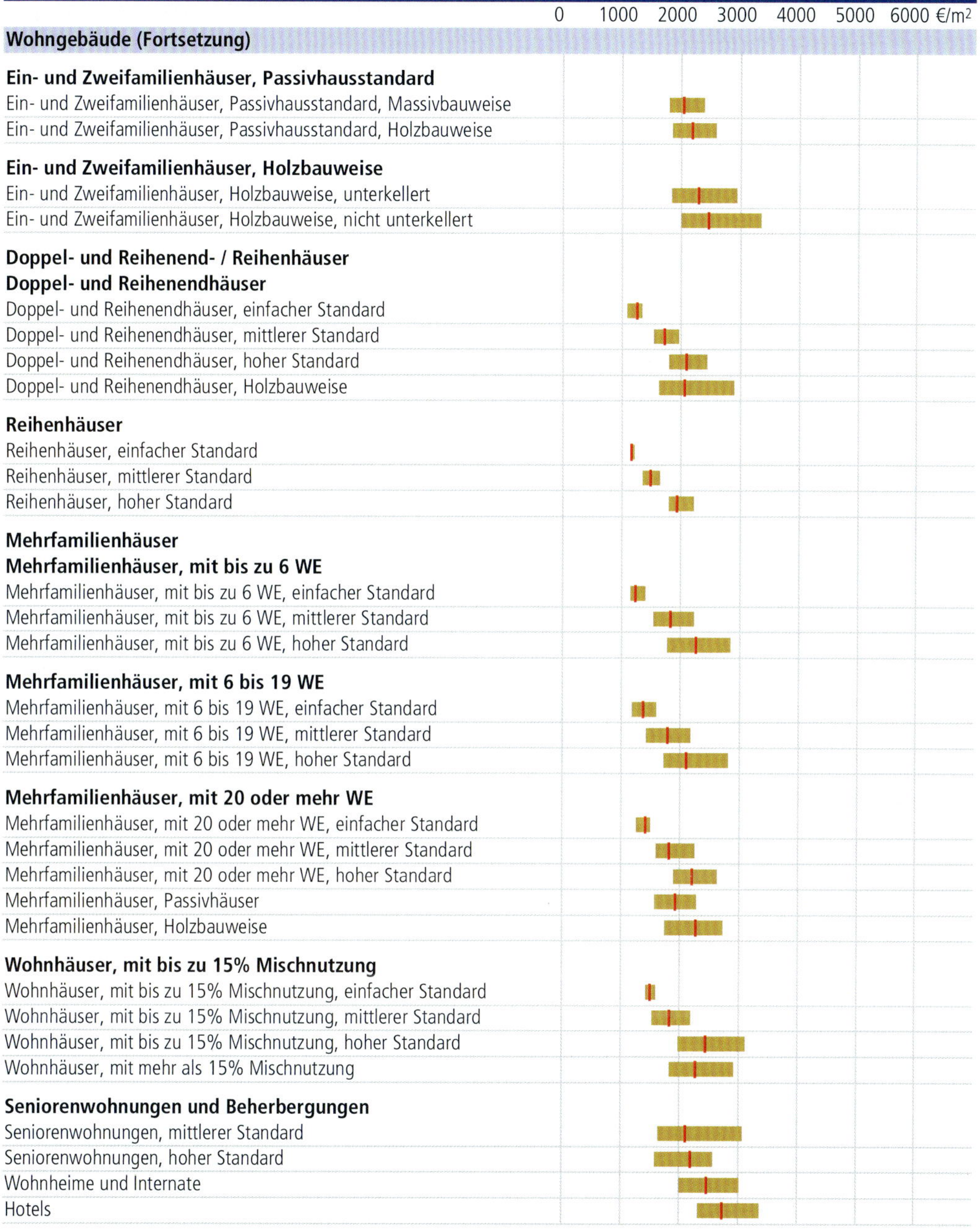

Einheit: m² BGF
Brutto-Grundfläche

Kosten des Bauwerks in €/m² BGF

Kosten:
Stand 1. Quartal 2025
Bundesdurchschnitt
inkl. 19% MwSt.

Einheit: m² BGF
Brutto-Grundfläche

Von-Mittel-Bis-Werte

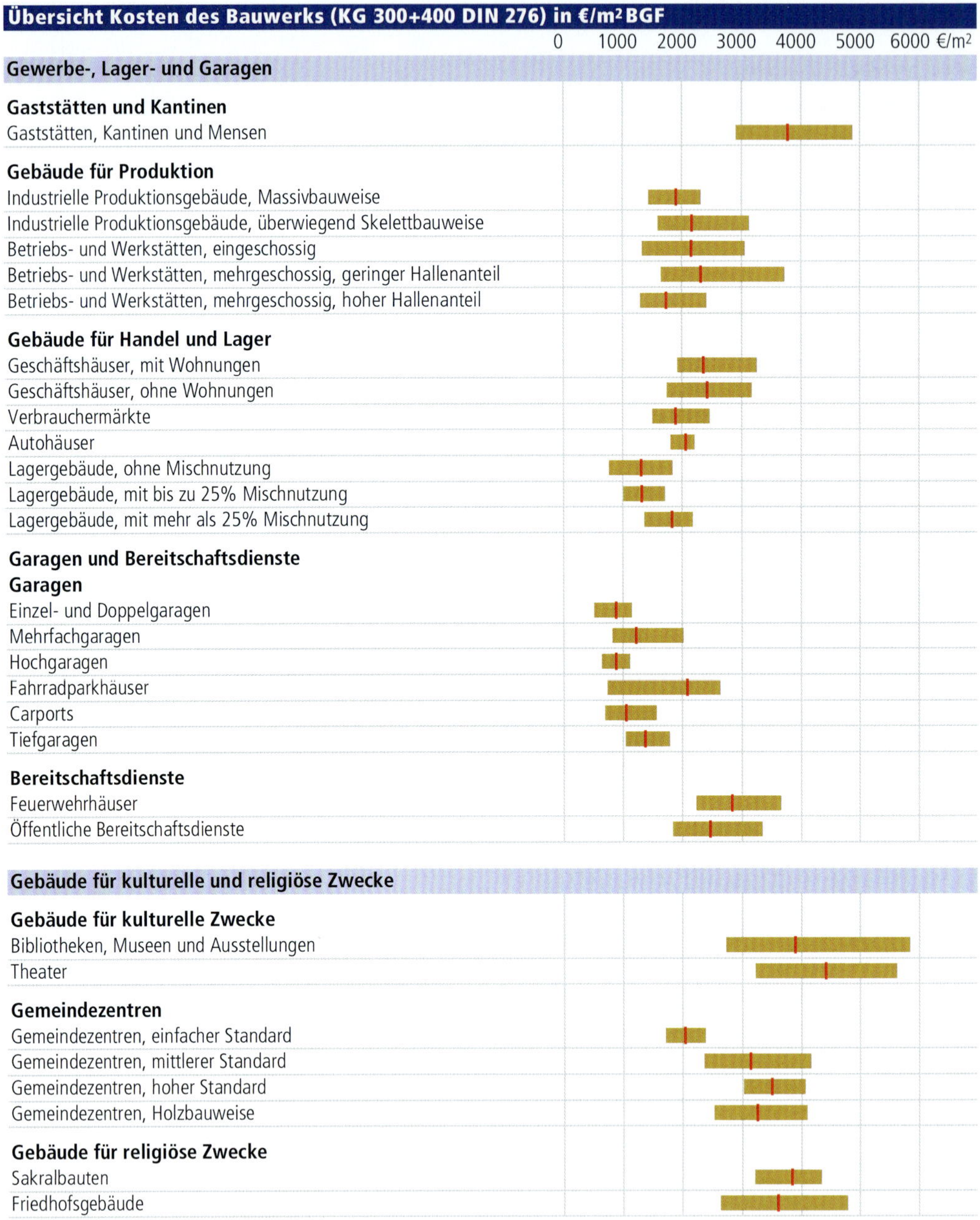

Kosten des Bauwerks in €/m³ BRI

Kosten:
Stand 1. Quartal 2025
Bundesdurchschnitt
inkl. 19% MwSt.

Einheit: m³ BRI
Brutto-Rauminhalt

Von-Mittel-Bis-Werte

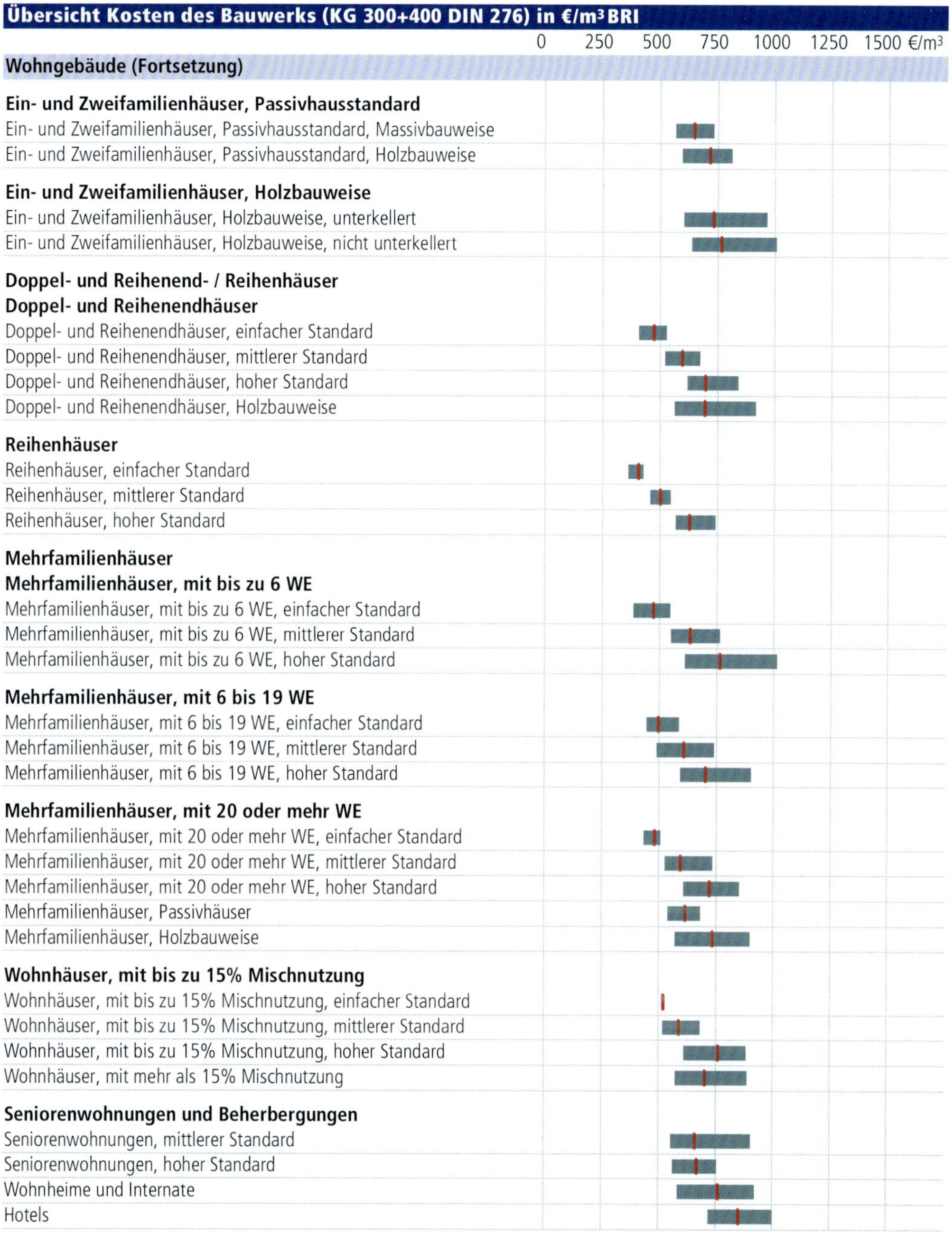

Einheit: m³ BRI
Brutto-Rauminhalt

Kosten des Bauwerks in €/m³ BRI

Kosten:
Stand 1. Quartal 2025
Bundesdurchschnitt
inkl. 19% MwSt.

Einheit: m³ BRI
Brutto-Rauminhalt

Von-Mittel-Bis-Werte

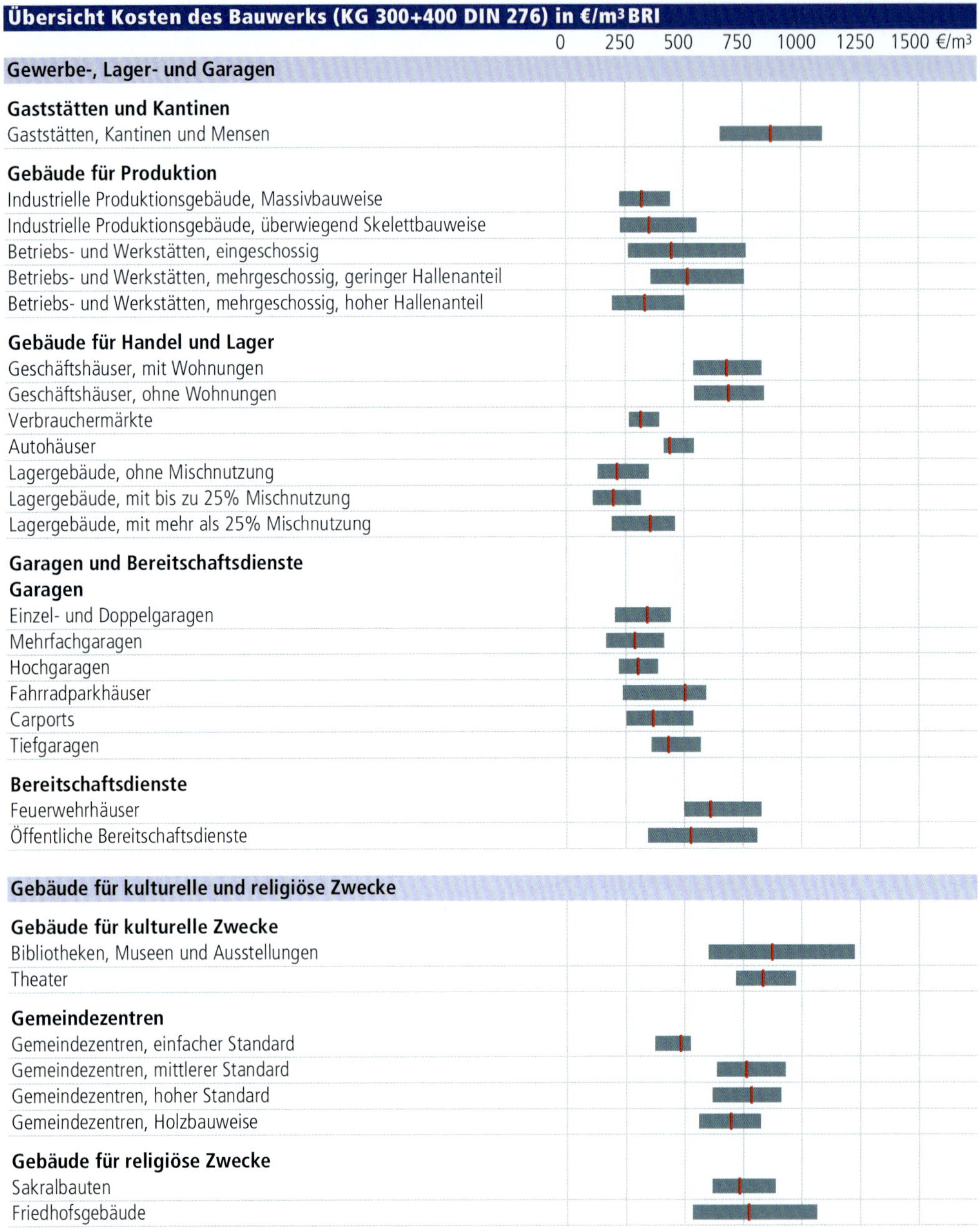

Kostenkennwerte für Gebäude

Büro- und Verwaltungsgebäude

Gebäude für Forschung und Lehre

Gebäude des Gesundheitswesens

Schulen und Kindergärten

Sportbauten

Wohngebäude

Gewerbegebäude

Bauwerke für technische Zwecke

Kulturgebäude

Arbeitsblatt zur Standardeinordnung bei Büro- und Verwaltungsgebäuden

Kosten:
Stand 1. Quartal 2025
Bundesdurchschnitt
inkl. 19% MwSt.

Kostenkennwerte für die Kosten des Bauwerks (Kostengruppen 300+400 nach DIN 276)

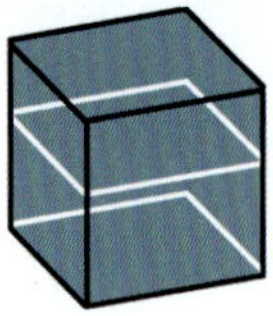

BRI 790 €/m³
von 610 €/m³
bis 1.030 €/m³

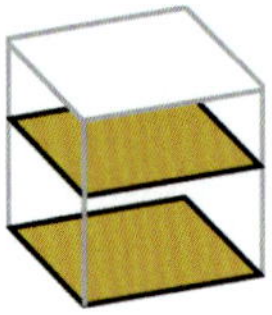

BGF 2.905 €/m²
von 2.195 €/m²
bis 3.835 €/m²

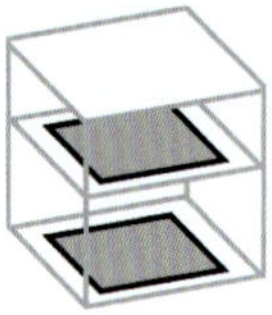

NUF 4.585 €/m²
von 3.305 €/m²
bis 6.160 €/m²

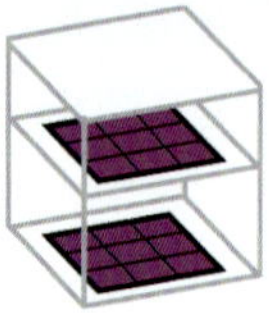

NE 121.890 €/NE
von 73.355 €/NE
bis 218.020 €/NE
NE: Arbeitsplätze

Standardzuordnung

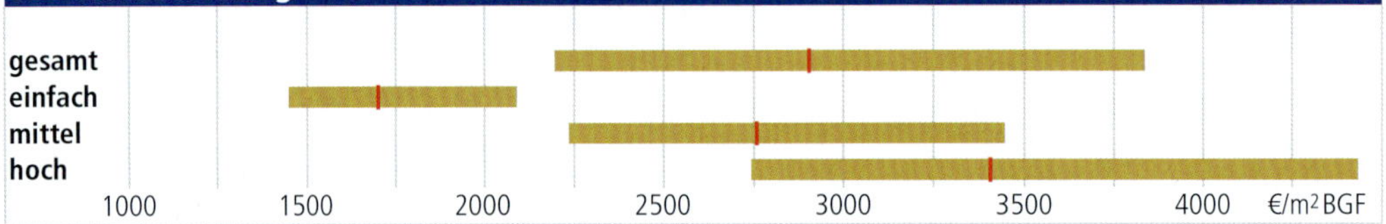

- ● KKW
- ► min
- ▷ von
- | Mittelwert
- ◁ bis
- ◄ max

Standardeinordnung für Ihr Projekt:

KG	Kostengruppen der 2. Ebene	niedrig	mittel	hoch	Punkte
310	Baugrube / Erdbau				
320	Gründung, Unterbau	2	3	4	
330	Außenwände/Vert. Baukonstrukt., außen	6	7	9	
340	Innenwände/Vert. Baukonstrukt., innen	3	4	6	
350	Decken/Horizontale Baukonstruktionen	3	4	5	
360	Dächer	2	3	5	
370	Infrastrukturanlagen				
380	Baukonstruktive Einbauten	0	0	1	
390	Sonst. Maßnahmen für Baukonstrukt.				
410	Abwasser-, Wasser-, Gasanlagen	1	1	1	
420	Wärmeversorgungsanlagen	1	2	2	
430	Raumlufttechnische Anlagen	0	1	2	
440	Elektrische Anlagen	2	2	3	
450	Kommunikationstechnische Anlagen	0	1	1	
460	Förderanlagen	0	1	1	
470	Nutzungsspez. u. verfahrenstechn. Anl.	0	0	0	
480	Gebäude- und Anlagenautomation	0	1	1	
490	Sonst. Maßnahmen für techn. Anlagen				

Punkte: 20 bis 26 = einfach 27 bis 34 = mittel 35 bis 41 = hoch Ihr Projekt (Summe):

Erläuterung:
Obenstehende Tabelle soll Ihnen die Zuordnung zu den Gebäudearten mit einfachem, mittlerem und hohem Standard erleichtern. Schätzen Sie für jedes Grobelement ab, ob die Aufwendungen niedrig, mittel oder hoch sein werden und übertragen Sie die Punkte in die rechte Spalte. Bilden Sie die Summe der rechten Spalte und ordnen Sie Ihr Projekt nach dem Schema der untersten Zeile ein. Nehmen Sie dieses Schema auch als Hinweis darauf, bei welchen Kostengruppen Sie den Mittelwert nach oben oder unten anpassen sollten.

Kostenkennwerte für die Kostengruppen der 1. und 2.Ebene DIN 276

KG	Kostengruppen der 1.Ebene	Einheit	▷	€/Einheit	◁	▷	% an 300+400	◁
100	Grundstück	m²GF	–	**–**	–	–	**–**	–
200	Vorbereitende Maßnahmen	m²GF	19	**87**	490	0,8	**2,6**	7,7
300	Bauwerk – Baukonstruktionen	m²BGF	1.662	**2.141**	2.809	69,0	**74,3**	81,0
400	Bauwerk – Technische Anlagen	m²BGF	471	**764**	1.091	19,0	**25,7**	31,0
	Bauwerk 300+400	m²BGF	2.197	**2.905**	3.837	100,0	**100,0**	100,0
500	Außenanlagen und Freiflächen	m²AF	100	**305**	1.109	2,7	**6,9**	15,5
600	Ausstattung und Kunstwerke	m²BGF	16	**93**	277	0,5	**3,1**	8,6
700	Baunebenkosten*	m²BGF	521	**581**	640	18,3	**20,4**	22,4 ◁
800	Finanzierung	m²BGF	–	**–**	–	–	**–**	–

* Auf Grundlage der HOAI 2021 berechnete Werte nach §§ 35, 52, 56. Weitere Informationen siehe Seite 56

KG	Kostengruppen der 2.Ebene	Einheit	▷	€/Einheit	◁	▷	% an 1.Ebene	◁
310	Baugrube / Erdbau	m³BGI	44	**88**	196	1,3	**3,0**	7,5
320	Gründung, Unterbau	m²GRF	421	**589**	930	6,6	**10,5**	16,5
330	Außenwände / vertikal außen	m²AWF	660	**961**	1.349	27,0	**33,0**	40,6
340	Innenwände / vertikal innen	m²IWF	315	**427**	643	12,5	**17,7**	23,1
350	Decken / horizontal	m²DEF	468	**595**	782	9,8	**16,1**	20,5
360	Dächer	m²DAF	496	**678**	965	9,2	**12,9**	19,2
370	Infrastrukturanlagen		–	**–**	–	–	**–**	–
380	Baukonstruktive Einbauten	m²BGF	10	**37**	112	0,2	**1,2**	4,0
390	Sonst. Maßnahmen für Baukonst.	m²BGF	68	**128**	227	3,3	**5,7**	8,4
300	**Bauwerk – Baukonstruktionen**	**m²BGF**					**100,0**	
410	Abwasser-, Wasser-, Gasanlagen	m²BGF	53	**77**	103	8,4	**12,3**	20,1
420	Wärmeversorgungsanlagen	m²BGF	97	**153**	240	15,6	**23,5**	37,3
430	Raumlufttechnische Anlagen	m²BGF	39	**120**	237	3,2	**12,5**	22,3
440	Elektrische Anlagen	m²BGF	140	**224**	349	26,0	**32,1**	41,1
450	Kommunikationstechnische Anlagen	m²BGF	41	**75**	145	6,1	**10,3**	15,9
460	Förderanlagen	m²BGF	26	**45**	75	0,2	**3,4**	8,8
470	Nutzungsspez. / verfahrenstech. Anl.	m²BGF	3	**15**	44	< 0,1	**1,0**	5,5
480	Gebäude- und Anlagenautomation	m²BGF	33	**74**	117	0,2	**4,7**	10,2
490	Sonst. Maßnahmen f. techn. Anl.	m²BGF	2	**6**	20	< 0,1	**0,2**	1,4
400	**Bauwerk – Technische Anlagen**	**m²BGF**					**100,0**	

Prozentanteile der Kosten 2.Ebene an den Kosten des Bauwerks nach DIN 276 (Von/Mittel/Bis)

KG	Kostengruppe	%
310	Baugrube / Erdbau	2,2
320	Gründung, Unterbau	8,1
330	Außenwände / vertikal außen	25,0
340	Innenwände / vertikal innen	13,3
350	Decken / horizontal	12,1
360	Dächer	9,9
370	Infrastrukturanlagen	
380	Baukonstruktive Einbauten	0,9
390	Sonst. Maßnahmen für Baukonst.	4,2
410	Abwasser-, Wasser-, Gasanlagen	2,8
420	Wärmeversorgungsanlagen	5,4
430	Raumlufttechnische Anlagen	3,4
440	Elektrische Anlagen	7,7
450	Kommunikationstechnische Anlagen	2,5
460	Förderanlagen	0,9
470	Nutzungsspez. / verfahrenstech. Anl.	0,3
480	Gebäude- und Anlagenautomation	1,3
490	Sonst. Maßnahmen f. techn. Anl.	< 0,1

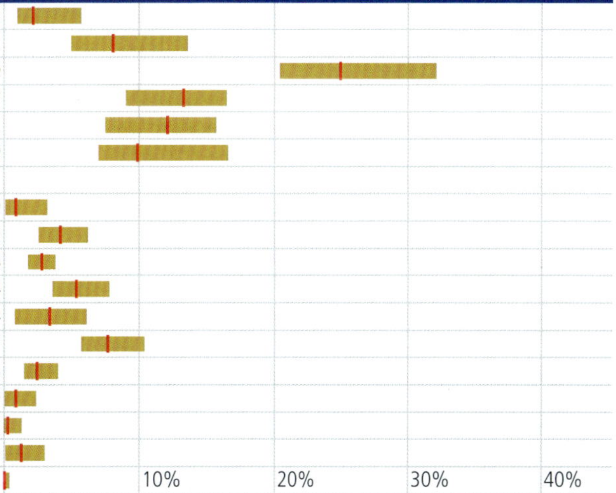

Kosten:
Stand 1.Quartal 2025
Bundesdurchschnitt
inkl. 19% MwSt.

Prozentanteile der Kosten für Leistungsbereiche nach STLB (Kosten Bauwerk nach DIN 276)

LB	Leistungsbereiche	▷	% an 300+400	◁
000	Baustellen-, Verkehrssich.- u. Sicherh.einr. inkl. 001	1,9	**3,4**	4,7
002	Erdarbeiten	1,1	**2,2**	5,3
006	Spezialtiefbauarbeiten inkl. 005	< 0,1	**0,9**	3,7
009	Entwässerungskanalarbeiten inkl. 011	0,1	**0,4**	0,9
010	Drän- und Versickerarbeiten	< 0,1	**< 0,1**	0,3
012	Mauerarbeiten	1,1	**4,0**	11,6
013	Betonarbeiten	13,3	**17,9**	22,6
014	Natur-, Betonwerksteinarbeiten	< 0,1	**0,5**	2,1
016	Zimmer- und Holzbauarbeiten	< 0,1	**1,4**	6,7
017	Stahlbauarbeiten	< 0,1	**0,8**	5,1
018	Abdichtungsarbeiten	0,2	**0,6**	1,5
020	Dachdeckungsarbeiten	< 0,1	**0,7**	3,5
021	Dachabdichtungsarbeiten	1,1	**2,9**	5,1
022	Klempnerarbeiten	0,5	**1,1**	2,4
	Rohbau	30,8	**36,8**	43,6
023	Putz- und Stuckarbeiten, Wärmedämmsysteme	1,1	**3,9**	8,1
024	Fliesen- und Plattenarbeiten	0,5	**1,2**	3,1
025	Estricharbeiten	0,8	**1,8**	3,8
026	Fenster, Außentüren inkl. 029, 032	2,5	**6,9**	11,8
027	Tischlerarbeiten	1,9	**3,9**	7,2
028	Parkettarbeiten, Holzpflasterarbeiten	< 0,1	**0,3**	1,7
030	Rollladenarbeiten	0,9	**2,2**	3,8
031	Metallbauarbeiten inkl. 035	3,2	**8,0**	14,5
034	Maler- und Lackiererarbeiten inkl. 037	1,5	**2,4**	4,1
036	Bodenbelagarbeiten	1,0	**1,9**	3,3
038	Vorgehängte hinterlüftete Fassaden	< 0,1	**1,4**	7,0
039	Trockenbauarbeiten	2,9	**5,1**	8,9
	Ausbau	34,2	**38,9**	44,2
040	Wärmeversorgungsanl. - Betriebseinr. inkl. 041	3,4	**5,0**	7,3
042	Gas- und Wasserinstallation, Leitungen inkl. 043	0,4	**0,6**	1,2
044	Abwasseranlagen - Leitungen, Abläufe, Armaturen	0,3	**0,6**	1,1
045	GWE - Einrichtungsgegenstände inkl. 046	0,6	**1,0**	1,7
047	Dämm- und Brandschutzarbeiten an techn. Anlagen	0,3	**0,7**	1,3
049	Feuerlöschanlagen, Feuerlöschgeräte	< 0,1	**0,1**	1,4
050	Blitzschutz- und Erdungsanlagen	0,1	**0,3**	0,4
052	Mittelspannungsanlagen	0,0	**< 0,1**	0,4
053	Niederspannungsanlagen inkl. 054	3,5	**4,9**	7,9
055	Sicherheits- und Ersatzstromversorgungsanlagen	< 0,1	**0,2**	1,0
057	Gebäudesystemtechnik	< 0,1	**0,3**	2,4
058	Leuchten und Lampen inkl. 059	1,1	**2,3**	3,2
060	Such-, Signal-, elektroakust. Anl., Med. inkl. 064	< 0,1	**0,3**	0,6
061	Kommunikations- und Übertragungsnetze inkl. 062	0,6	**1,3**	2,2
063	Gefahrenmeldeanlagen	0,1	**0,7**	1,7
069	Aufzüge	< 0,1	**0,9**	2,3
070	Gebäudeautomation	< 0,1	**1,1**	2,8
075	Raumlufttechnische Anlagen inkl. 078	0,6	**3,2**	5,7
	Gebäudetechnik	16,8	**23,4**	29,0
	Sonstige Leistungsbereiche inkl. 008, 033, 051	0,2	**0,8**	2,2

(Balkendiagramm-Skala: 7,5% · 15% · 22,5% · 30%)

● KKW
▶ min
▷ von
| Mittelwert
◁ bis
◀ max

Planungskennwerte für Flächen und Rauminhalte nach DIN 277

Grundflächen		▷	Fläche/NUF (%)	◁	▷	Fläche/BGF (%)	◁
NUF	Nutzungsfläche	100,0	**100,0**	100,0	60,4	**64,3**	68,0
TF	Technikfläche	4,1	**5,5**	9,6	2,5	**3,4**	5,6
VF	Verkehrsfläche	22,1	**27,4**	36,2	14,0	**17,0**	20,7
NRF	Netto-Raumfläche	127,0	**132,8**	142,6	82,4	**84,7**	86,7
KGF	Konstruktions-Grundfläche	20,7	**24,3**	28,8	13,3	**15,3**	17,6
BGF	Brutto-Grundfläche	149,2	**157,1**	168,7	100,0	**100,0**	100,0

Brutto-Rauminhalte		▷	BRI/NUF (m)	◁	▷	BRI/BGF (m)	◁
BRI	Brutto-Rauminhalt	5,35	**5,77**	6,43	3,47	**3,68**	4,06

Flächen von Nutzeinheiten	▷	NUF/Einheit (m²)	◁	▷	BGF/Einheit (m²)	◁
Nutzeinheit: Arbeitsplätze	22,71	**26,87**	41,45	34,83	**41,91**	61,20

Lufttechnisch behandelte Flächen	▷	Fläche/NUF (%)	◁	▷	Fläche/BGF (%)	◁
Entlüftete Fläche	9,1	**9,7**	9,7	6,0	**6,6**	6,6
Be- und entlüftete Fläche	36,7	**40,7**	44,7	24,0	**26,4**	29,0
Teilklimatisierte Fläche	48,6	**48,6**	54,4	32,4	**32,4**	37,3
Klimatisierte Fläche	2,6	**2,6**	2,6	1,6	**1,6**	1,6

KG	Kostengruppen (2. Ebene)	Einheit	▷	Menge/NUF	◁	▷	Menge/BGF	◁
310	Baugrube / Erdbau	m³ BGI	1,09	**1,46**	2,57	0,67	**0,91**	1,55
320	Gründung, Unterbau	m² GRF	0,50	**0,60**	0,87	0,32	**0,39**	0,57
330	Außenwände / vertikal außen	m² AWF	1,04	**1,24**	1,60	0,67	**0,78**	0,99
340	Innenwände / vertikal innen	m² IWF	1,18	**1,40**	1,66	0,78	**0,90**	1,05
350	Decken / horizontal	m² DEF	0,86	**0,97**	1,15	0,54	**0,62**	0,70
360	Dächer	m² DAF	0,56	**0,66**	0,96	0,36	**0,43**	0,64
370	Infrastrukturanlagen		–	**–**	–	–	**–**	–
380	Baukonstruktive Einbauten	m² BGF	1,49	**1,57**	1,69	1,00	**1,00**	1,00
390	Sonst. Maßnahmen für Baukonst.	m² BGF	1,49	**1,57**	1,69	1,00	**1,00**	1,00
300	**Bauwerk – Baukonstruktionen**	**m² BGF**	1,49	**1,57**	1,69	1,00	**1,00**	1,00

Planungskennwerte für Bauzeiten

Bauzeit in Wochen

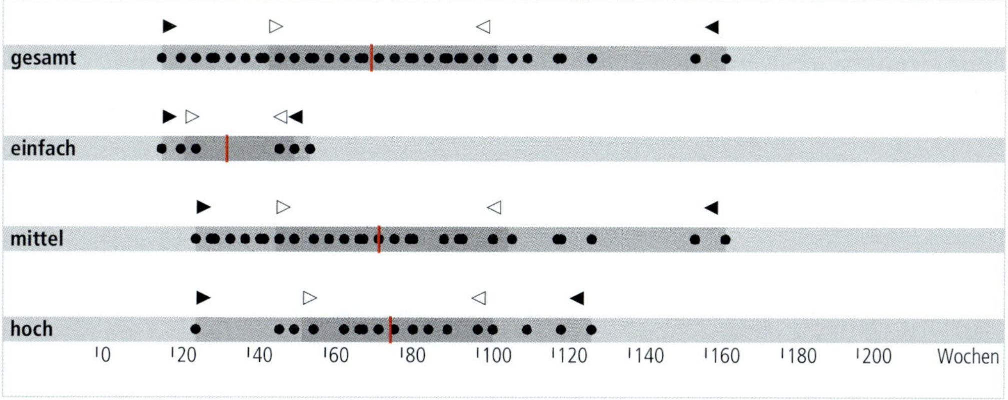

Büro- und Verwaltungsgebäude, einfacher Standard

Kosten:
Stand 1. Quartal 2025
Bundesdurchschnitt
inkl. 19% MwSt.

Kostenkennwerte für die Kosten des Bauwerks (Kostengruppen 300+400 nach DIN 276)

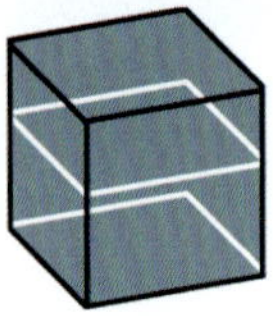

BRI 525 €/m³
von 435 €/m³
bis 685 €/m³

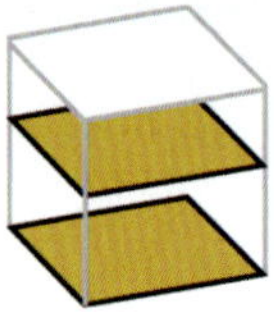

BGF 1.705 €/m²
von 1.450 €/m²
bis 2.090 €/m²

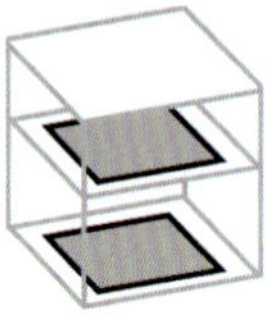

NUF 2.520 €/m²
von 2.115 €/m²
bis 3.135 €/m²

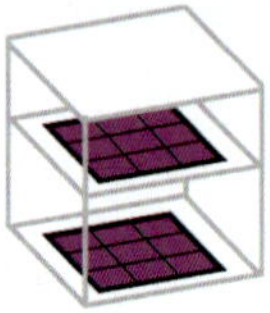

NE 67.050 €/NE
von 49.290 €/NE
bis 134.535 €/NE
NE: Arbeitsplätze

Objektbeispiele

1300-0102

1300-0097

1300-0139

1300-0276

1300-0089

1300-0099

Kosten der 8 Vergleichsobjekte

Seiten 164 bis 165

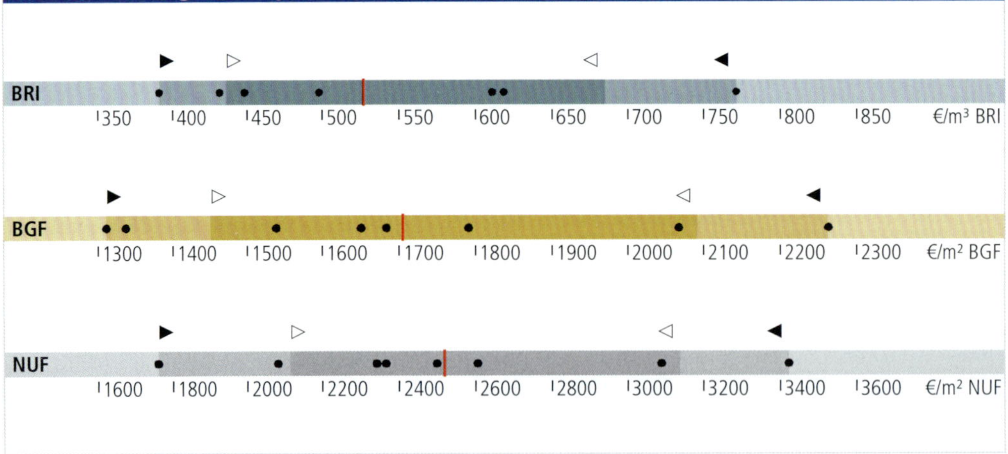

- ● KKW
- ▶ min
- ▷ von
- | Mittelwert
- ◁ bis
- ◀ max

Kostenkennwerte für die Kostengruppen der 1. und 2. Ebene DIN 276

KG	Kostengruppen der 1. Ebene	Einheit	▷	€/Einheit	◁	▷	% an 300+400	◁
100	Grundstück	m²GF	–	**–**	–	–	**–**	–
200	Vorbereitende Maßnahmen	m²GF	4	**14**	23	1,0	**2,6**	7,3
300	Bauwerk – Baukonstruktionen	m²BGF	1.111	**1.415**	1.642	79,1	**83,0**	87,4
400	Bauwerk – Technische Anlagen	m²BGF	205	**290**	393	12,6	**17,0**	20,9
	Bauwerk 300+400	m²BGF	1.451	**1.705**	2.092	100,0	**100,0**	100,0
500	Außenanlagen und Freiflächen	m²AF	64	**125**	289	2,0	**6,0**	13,9
600	Ausstattung und Kunstwerke	m²BGF	70	**170**	229	5,2	**9,9**	12,2
700	Baunebenkosten*	m²BGF	402	**449**	495	23,6	**26,3**	29,1 ◁
800	Finanzierung	m²BGF	–	**–**	–	–	**–**	–

* Auf Grundlage der HOAI 2021 berechnete Werte nach §§ 35, 52, 56. Weitere Informationen siehe Seite 56

KG	Kostengruppen der 2. Ebene	Einheit	▷	€/Einheit	◁	▷	% an 1. Ebene	◁
310	Baugrube / Erdbau	m³BGI	16	**37**	49	1,5	**1,8**	2,3
320	Gründung, Unterbau	m²GRF	330	**424**	609	9,0	**15,6**	19,9
330	Außenwände / vertikal außen	m²AWF	401	**460**	490	23,6	**25,7**	29,8
340	Innenwände / vertikal innen	m²IWF	190	**297**	355	16,0	**19,4**	26,0
350	Decken / horizontal	m²DEF	308	**393**	478	0,0	**12,3**	18,7
360	Dächer	m²DAF	368	**482**	674	14,3	**21,4**	33,4
370	Infrastrukturanlagen		–	**–**	–	–	**–**	–
380	Baukonstruktive Einbauten	m²BGF	< 1	**4**	10	< 0,1	**0,3**	0,8
390	Sonst. Maßnahmen für Baukonst.	m²BGF	44	**51**	64	3,0	**3,5**	3,9
300	**Bauwerk – Baukonstruktionen**	**m²BGF**					**100,0**	
410	Abwasser-, Wasser-, Gasanlagen	m²BGF	28	**48**	79	11,6	**18,6**	22,9
420	Wärmeversorgungsanlagen	m²BGF	57	**73**	98	21,2	**34,5**	55,6
430	Raumlufttechnische Anlagen	m²BGF	–	**2**	–	0,0	**0,5**	0,8
440	Elektrische Anlagen	m²BGF	63	**80**	107	32,4	**33,3**	33,8
450	Kommunikationstechnische Anlagen	m²BGF	5	**15**	29	1,9	**6,0**	13,3
460	Förderanlagen	m²BGF	–	**63**	–	0,0	**6,5**	19,6
470	Nutzungsspez. / verfahrenstech. Anl.	m²BGF	–	**5**	–	0,0	**0,6**	1,7
480	Gebäude- und Anlagenautomation	m²BGF	–	**–**	–	–	**–**	–
490	Sonst. Maßnahmen f. techn. Anl.	m²BGF	–	**–**	–	–	**–**	–
400	**Bauwerk – Technische Anlagen**	**m²BGF**					**100,0**	

Prozentanteile der Kosten 2. Ebene an den Kosten des Bauwerks nach DIN 276 (Von/Mittel/Bis)

KG	Kostengruppe	%
310	Baugrube / Erdbau	1,5
320	Gründung, Unterbau	13,5
330	Außenwände / vertikal außen	21,8
340	Innenwände / vertikal innen	16,3
350	Decken / horizontal	10,3
360	Dächer	18,7
370	Infrastrukturanlagen	
380	Baukonstruktive Einbauten	0,2
390	Sonst. Maßnahmen für Baukonst.	3,0
410	Abwasser-, Wasser-, Gasanlagen	3,0
420	Wärmeversorgungsanlagen	4,3
430	Raumlufttechnische Anlagen	< 0,1
440	Elektrische Anlagen	4,9
450	Kommunikationstechnische Anlagen	0,9
460	Förderanlagen	1,4
470	Nutzungsspez. / verfahrenstech. Anl.	0,1
480	Gebäude- und Anlagenautomation	
490	Sonst. Maßnahmen f. techn. Anl.	

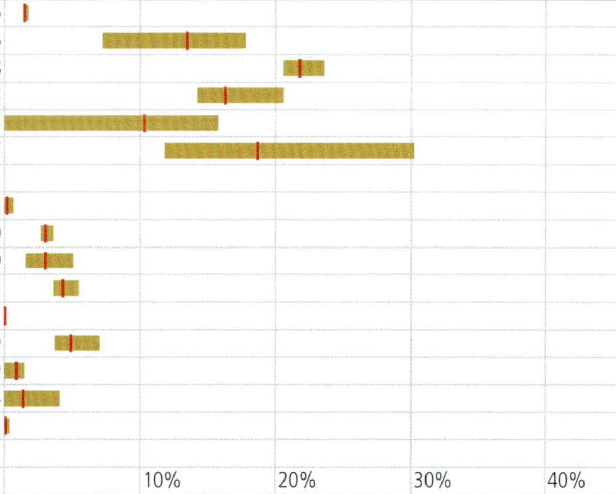

Büro- und Verwaltungsgebäude, einfacher Standard

Kosten:
Stand 1. Quartal 2025
Bundesdurchschnitt
inkl. 19% MwSt.

Prozentanteile der Kosten für Leistungsbereiche nach STLB (Kosten Bauwerk nach DIN 276)

LB	Leistungsbereiche	7,5% 15% 22,5% 30%	▷	% an 300+400	◁
000	Baustellen-, Verkehrssich.- u. Sicherh.einr. inkl. 001		0,6	**1,9**	3,2
002	Erdarbeiten		1,5	**1,9**	2,5
006	Spezialtiefbauarbeiten inkl. 005		–	**–**	–
009	Entwässerungskanalarbeiten inkl. 011		0,3	**0,5**	0,9
010	Drän- und Versickerarbeiten		0,0	**0,1**	0,6
012	Mauerarbeiten		1,3	**5,0**	8,4
013	Betonarbeiten		16,0	**20,2**	23,5
014	Natur-, Betonwerksteinarbeiten		< 0,1	**0,2**	0,5
016	Zimmer- und Holzbauarbeiten		0,8	**3,3**	5,6
017	Stahlbauarbeiten		0,6	**3,7**	11,9
018	Abdichtungsarbeiten		0,4	**1,1**	2,8
020	Dachdeckungsarbeiten		2,1	**3,5**	4,6
021	Dachabdichtungsarbeiten		0,0	**0,3**	1,2
022	Klempnerarbeiten		0,8	**2,0**	3,3
	Rohbau		40,1	**43,6**	50,7
023	Putz- und Stuckarbeiten, Wärmedämmsysteme		1,6	**4,6**	7,0
024	Fliesen- und Plattenarbeiten		1,4	**2,8**	7,0
025	Estricharbeiten		1,4	**2,6**	6,3
026	Fenster, Außentüren inkl. 029, 032		5,0	**7,1**	9,5
027	Tischlerarbeiten		2,4	**4,2**	8,7
028	Parkettarbeiten, Holzpflasterarbeiten		–	**–**	–
030	Rollladenarbeiten		1,2	**2,6**	4,4
031	Metallbauarbeiten inkl. 035		2,0	**7,0**	12,7
034	Maler- und Lackiererarbeiten inkl. 037		1,7	**2,6**	3,9
036	Bodenbelagarbeiten		2,3	**3,0**	5,1
038	Vorgehängte hinterlüftete Fassaden		–	**–**	–
039	Trockenbauarbeiten		3,2	**5,8**	11,9
	Ausbau		38,2	**42,5**	46,3
040	Wärmeversorgungsanl. - Betriebseinr. inkl. 041		3,3	**4,7**	6,1
042	Gas- und Wasserinstallation, Leitungen inkl. 043		0,6	**1,1**	2,5
044	Abwasseranlagen - Leitungen, Abläufe, Armaturen		< 0,1	**0,2**	0,5
045	GWE - Einrichtungsgegenstände inkl. 046		0,2	**0,8**	1,4
047	Dämm- und Brandschutzarbeiten an techn. Anlagen		< 0,1	**0,2**	0,6
049	Feuerlöschanlagen, Feuerlöschgeräte		–	**–**	–
050	Blitzschutz- und Erdungsanlagen		< 0,1	**0,2**	0,3
052	Mittelspannungsanlagen		–	**–**	–
053	Niederspannungsanlagen inkl. 054		2,1	**3,4**	4,6
055	Sicherheits- und Ersatzstromversorgungsanlagen		–	**–**	–
057	Gebäudesystemtechnik		–	**–**	–
058	Leuchten und Lampen inkl. 059		< 0,1	**1,4**	2,6
060	Such-, Signal-, elektroakust. Anl., Med. inkl. 064		< 0,1	**0,2**	0,5
061	Kommunikations- und Übertragungsnetze inkl. 062		< 0,1	**0,3**	1,2
063	Gefahrenmeldeanlagen		–	**–**	–
069	Aufzüge		0,0	**1,0**	4,0
070	Gebäudeautomation		–	**–**	–
075	Raumlufttechnische Anlagen inkl. 078		0,0	**< 0,1**	0,1
	Gebäudetechnik		11,2	**13,5**	18,1
	Sonstige Leistungsbereiche inkl. 008, 033, 051		0,0	**0,5**	1,8

● KKW
▶ min
▷ von
| Mittelwert
◁ bis
◀ max

Planungskennwerte für Flächen und Rauminhalte nach DIN 277

Grundflächen		▷	Fläche/NUF (%)	◁	▷	Fläche/BGF (%)	◁
NUF	Nutzungsfläche	100,0	**100,0**	100,0	66,7	**68,0**	69,2
TF	Technikfläche	2,3	**2,9**	4,3	1,6	**1,9**	2,8
VF	Verkehrsfläche	18,5	**21,8**	23,4	12,5	**14,6**	16,3
NRF	Netto-Raumfläche	122,6	**124,7**	127,6	82,2	**84,5**	85,7
KGF	Konstruktions-Grundfläche	20,1	**22,9**	26,8	14,3	**15,5**	17,8
BGF	Brutto-Grundfläche	145,2	**147,6**	150,6	100,0	**100,0**	100,0

Brutto-Rauminhalte		▷	BRI/NUF (m)	◁	▷	BRI/BGF (m)	◁
BRI	Brutto-Rauminhalt	4,55	**4,86**	5,40	3,19	**3,30**	3,83

Flächen von Nutzeinheiten	▷	NUF/Einheit (m^2)	◁	▷	BGF/Einheit (m^2)	◁
Nutzeinheit: Arbeitsplätze	23,95	**26,96**	26,96	37,34	**40,14**	40,14

Lufttechnisch behandelte Flächen	▷	Fläche/NUF (%)	◁	▷	Fläche/BGF (%)	◁
Entlüftete Fläche	2,8	**2,8**	2,8	2,0	**2,0**	2,0
Be- und entlüftete Fläche	95,1	**95,1**	95,1	61,9	**61,9**	61,9
Teilklimatisierte Fläche	–	**–**	–	–	**–**	–
Klimatisierte Fläche	–	**–**	–	–	**–**	–

KG	Kostengruppen (2. Ebene)	Einheit	▷	Menge/NUF	◁	▷	Menge/BGF	◁
310	Baugrube / Erdbau	m^3 BGI	1,29	**1,39**	1,39	0,86	**0,93**	0,93
320	Gründung, Unterbau	m^2 GRF	0,82	**0,82**	0,82	0,56	**0,58**	0,58
330	Außenwände / vertikal außen	m^2 AWF	1,14	**1,14**	1,14	0,79	**0,79**	0,82
340	Innenwände / vertikal innen	m^2 IWF	1,40	**1,40**	1,57	0,82	**0,97**	0,97
350	Decken / horizontal	m^2 DEF	0,94	**0,94**	0,94	0,64	**0,64**	0,64
360	Dächer	m^2 DAF	0,93	**0,98**	0,98	0,68	**0,69**	0,69
370	Infrastrukturanlagen		–	**–**	–	–	**–**	–
380	Baukonstruktive Einbauten	m^2 BGF	1,45	**1,48**	1,51	1,00	**1,00**	1,00
390	Sonst. Maßnahmen für Baukonst.	m^2 BGF	1,45	**1,48**	1,51	1,00	**1,00**	1,00
300	**Bauwerk – Baukonstruktionen**	**m^2 BGF**	1,45	**1,48**	1,51	1,00	**1,00**	1,00

Planungskennwerte für Bauzeiten — 8 Vergleichsobjekte

Bauzeit in Wochen

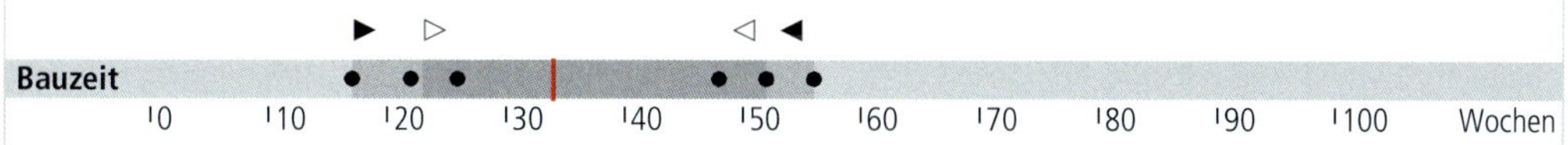

Büro- und Verwaltungsgebäude, einfacher Standard

€/m² BGF

min	1.310	€/m²
von	1.450	€/m²
Mittel	**1.705**	**€/m²**
bis	2.090	€/m²
max	2.260	€/m²

Kosten:
Stand 1. Quartal 2025
Bundesdurchschnitt
inkl. 19% MwSt.

Objektübersicht zur Gebäudeart

1300-0276 Bürogebäude (41 AP) — BRI 3.653 m³ | BGF 1.093 m² | NUF 732 m²

Bürogebäude mit 41 Arbeitsplätzen. Mauerwerk.

Land: Schleswig-Holstein
Kreis: Steinburg
Standard: einfach
Bauzeit: 56 Wochen
Kennwerte: bis 1. Ebene DIN 276

BGF **2.067 €/m²**

Planung: Architekten und Ingenieure Bley und Voß PartGmbB; Breitenburg

veröffentlicht: BKI Objektdaten N18

1300-0139 Bürogebäude — BRI 752 m³ | BGF 273 m² | NUF 196 m²

Bürogebäude. Stb-Massivbau.

Land: Brandenburg
Kreis: Elbe-Elster
Standard: einfach
Bauzeit: 26 Wochen
Kennwerte: bis 3. Ebene DIN 276

BGF **1.683 €/m²**

Planung: Architekt (TU) Torsten Hensel; Finsterwalde

veröffentlicht: www.bki.de

1300-0106 Bürogebäude — BRI 1.418 m³ | BGF 309 m² | NUF 222 m²

Bürogebäude genutzt von einem Planungsbüro. Mauerwerksbau mit Stahl-Dachkonstruktion.

Land: Bayern
Kreis: Bad Kissingen
Standard: einfach
Bauzeit: 22 Wochen
Kennwerte: bis 3. Ebene DIN 276

BGF **1.791 €/m²**

Planung: k.A.

veröffentlicht: www.bki.de

1300-0102 Verwaltungsgebäude, Wohnung (1 WE) — BRI 1.604 m³ | BGF 528 m² | NUF 393 m²

Bürogebäude für 15 Mitarbeitende, Empfangsbüro, Verkaufsraum, Ausstellungshalle, Betriebswohnung (110m² WFL). Mauerwerksbau.

Land: Nordrhein-Westfalen
Kreis: Köln, Stadt
Standard: einfach
Bauzeit: 52 Wochen
Kennwerte: bis 1. Ebene DIN 276

BGF **1.311 €/m²**

Planung: Franz Markus Moster Architekturbüro; Köln

veröffentlicht: www.bki.de

Objektübersicht zur Gebäudeart

1300-0097 Verwaltungsgebäude, Sozialstation

BRI 3.003 m³ **BGF** 875 m² **NUF** 569 m²

Bürogebäude als Massivbau mit Holzdachstuhl für zehn Mitarbeiter als Verwaltungsgebäude einer Sozialstation mit Sitzungsräumen. Mauerwerksbau.

Land: Rheinland-Pfalz
Kreis: Südliche Weinstraße
Standard: einfach
Bauzeit: 48 Wochen
Kennwerte: bis 3. Ebene DIN 276

BGF **1.538 €/m²**

Planung: Peter Rheinwalt Architekturbüro; Edesheim

veröffentlicht: www.bki.de

1300-0091 Bürogebäude

BRI 1.124 m³ **BGF** 377 m² **NUF** 242 m²

Architekturbüro mit zwölf Arbeitsplätzen. Stahlbetonskelettbau.

Land: Bayern
Kreis: München
Standard: einfach
Bauzeit: 17 Wochen
Kennwerte: bis 1. Ebene DIN 276

BGF **1.337 €/m²**

Planung: Reichart + Leibhard Architekten Dipl.-Ing.; Unterschleißheim

veröffentlicht: www.bki.de

1300-0089 Bürogebäude (52 AP)

BRI 5.032 m³ **BGF** 1.518 m² **NUF** 961 m²

Bürogebäude für 52 Arbeitsplätze, Besprechungszimmer, Schulungsräume. Stahlbetonbau.

Land: Bayern
Kreis: Eichstätt
Standard: einfach
Bauzeit: 26 Wochen
Kennwerte: bis 1. Ebene DIN 276

BGF **1.650 €/m²**

Planung: Architektur + Projektmanagement Bachschuster; Ingolstadt

veröffentlicht: www.bki.de

1300-0099 Bürogebäude - Passivhaus

BRI 647 m³ **BGF** 221 m² **NUF** 146 m²

Einzelbüros, ein Büro mit Ausstellungsfläche. Mauerwerksbau.

Land: Niedersachsen
Kreis: Oldenburg, Stadt
Standard: einfach
Bauzeit: 26 Wochen
Kennwerte: bis 1. Ebene DIN 276

BGF **2.262 €/m²**

Planung: Architekturbüro team 3 Ulf Brannies, Rita Fredeweß; Oldenburg

veröffentlicht: www.bki.de

Büro- und Verwaltungsgebäude, mittlerer Standard

Kostenkennwerte für die Kosten des Bauwerks (Kostengruppen 300+400 nach DIN 276)

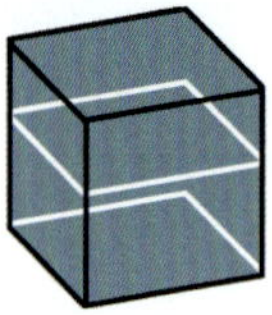

BRI 750 €/m³
von 610 €/m³
bis 945 €/m³

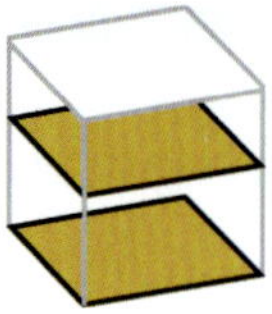

BGF 2.760 €/m²
von 2.235 €/m²
bis 3.450 €/m²

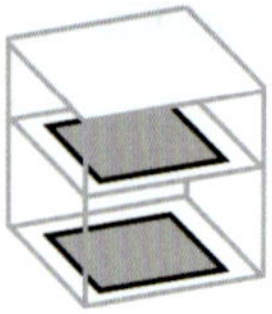

NUF 4.395 €/m²
von 3.340 €/m²
bis 5.675 €/m²

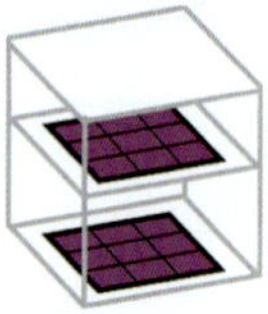

NE 113.840 €/NE
von 70.575 €/NE
bis 203.965 €/NE
NE: Arbeitsplätze

Objektbeispiele

Kosten:
Stand 1. Quartal 2025
Bundesdurchschnitt
inkl. 19% MwSt.

1300-0327

1300-0326

1300-0325

Kosten der 59 Vergleichsobjekte

Seiten 170 bis 184

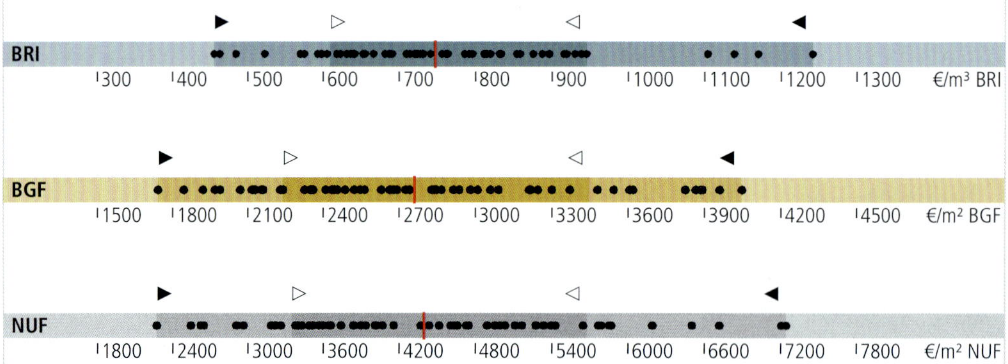

- ● KKW
- ▶ min
- ▷ von
- | Mittelwert
- ◁ bis
- ◀ max

Kostenkennwerte für die Kostengruppen der 1. und 2. Ebene DIN 276

KG	Kostengruppen der 1. Ebene	Einheit	▷	€/Einheit	◁	▷	% an 300+400	◁
100	Grundstück	m² GF	–	**–**	–	–	**–**	–
200	Vorbereitende Maßnahmen	m² GF	11	**71**	328	0,6	**2,8**	6,2
300	Bauwerk – Baukonstruktionen	m² BGF	1.664	**2.036**	2.534	68,5	**74,1**	80,2
400	Bauwerk – Technische Anlagen	m² BGF	484	**725**	982	19,8	**25,9**	31,5
	Bauwerk 300+400	m² BGF	2.237	**2.760**	3.448	100,0	**100,0**	100,0
500	Außenanlagen und Freiflächen	m² AF	87	**269**	1.078	3,0	**7,0**	16,2
600	Ausstattung und Kunstwerke	m² BGF	10	**47**	180	0,4	**1,8**	7,8
700	Baunebenkosten*	m² BGF	496	**552**	609	18,1	**20,2**	22,3
800	Finanzierung	m² BGF	–	**–**	–	–	**–**	–

◁ * Auf Grundlage der HOAI 2021 berechnete Werte nach §§ 35, 52, 56. Weitere Informationen siehe Seite 56

KG	Kostengruppen der 2. Ebene	Einheit	▷	€/Einheit	◁	▷	% an 1. Ebene	◁
310	Baugrube / Erdbau	m³ BGI	45	**88**	233	1,0	**2,6**	6,3
320	Gründung, Unterbau	m² GRF	425	**575**	898	6,7	**10,8**	16,5
330	Außenwände / vertikal außen	m² AWF	681	**926**	1.229	26,8	**32,7**	39,7
340	Innenwände / vertikal innen	m² IWF	293	**374**	476	13,2	**18,0**	22,0
350	Decken / horizontal	m² DEF	488	**589**	787	10,2	**16,8**	21,6
360	Dächer	m² DAF	493	**630**	910	7,8	**12,2**	15,9
370	Infrastrukturanlagen		–	**–**	–	–	**–**	–
380	Baukonstruktive Einbauten	m² BGF	14	**43**	97	0,2	**1,4**	3,9
390	Sonst. Maßnahmen für Baukonst.	m² BGF	65	**110**	159	3,5	**5,5**	7,6
300	**Bauwerk – Baukonstruktionen**	**m² BGF**					**100,0**	
410	Abwasser-, Wasser-, Gasanlagen	m² BGF	55	**73**	101	8,3	**12,1**	18,3
420	Wärmeversorgungsanlagen	m² BGF	99	**142**	241	15,5	**22,0**	31,8
430	Raumlufttechnische Anlagen	m² BGF	25	**96**	182	3,4	**11,9**	21,3
440	Elektrische Anlagen	m² BGF	157	**220**	352	26,5	**33,5**	43,7
450	Kommunikationstechnische Anlagen	m² BGF	52	**68**	90	8,0	**11,2**	17,2
460	Förderanlagen	m² BGF	29	**44**	83	0,3	**3,2**	7,8
470	Nutzungsspez. / verfahrenstech. Anl.	m² BGF	5	**19**	49	< 0,1	**1,4**	5,9
480	Gebäude- und Anlagenautomation	m² BGF	33	**67**	98	0,1	**4,6**	9,7
490	Sonst. Maßnahmen f. techn. Anl.	m² BGF	2	**5**	24	< 0,1	**0,2**	1,1
400	**Bauwerk – Technische Anlagen**	**m² BGF**					**100,0**	

Prozentanteile der Kosten 2. Ebene an den Kosten des Bauwerks nach DIN 276 (Von/Mittel/Bis)

KG	Kostengruppe	%
310	Baugrube / Erdbau	2,0
320	Gründung, Unterbau	8,2
330	Außenwände / vertikal außen	24,8
340	Innenwände / vertikal innen	13,4
350	Decken / horizontal	12,6
360	Dächer	9,2
370	Infrastrukturanlagen	
380	Baukonstruktive Einbauten	1,0
390	Sonst. Maßnahmen für Baukonst.	4,1
410	Abwasser-, Wasser-, Gasanlagen	2,8
420	Wärmeversorgungsanlagen	5,4
430	Raumlufttechnische Anlagen	3,2
440	Elektrische Anlagen	8,2
450	Kommunikationstechnische Anlagen	2,6
460	Förderanlagen	0,9
470	Nutzungsspez. / verfahrenstech. Anl.	0,3
480	Gebäude- und Anlagenautomation	1,3
490	Sonst. Maßnahmen f. techn. Anl.	< 0,1

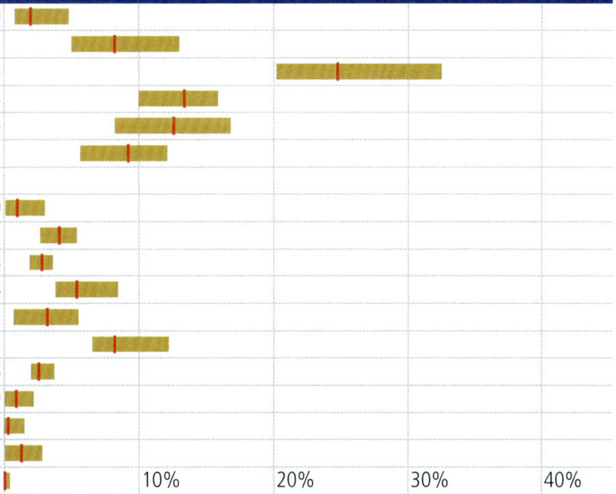

 Erläuterungen zu den Tabellen siehe Seite 54 und 56 Kostenstand: 1. Quartal 2025, Bundesdurchschnitt, **inkl. 19% MwSt.**

Kosten:
Stand 1. Quartal 2025
Bundesdurchschnitt
inkl. 19% MwSt.

Prozentanteile der Kosten für Leistungsbereiche nach STLB (Kosten Bauwerk nach DIN 276)

LB	Leistungsbereiche	7,5% 15% 22,5% 30%	▷	% an 300+400	◁
000	Baustellen-, Verkehrssich.- u. Sicherh.einr. inkl. 001		2,2	**3,3**	4,2
002	Erdarbeiten		0,9	**2,0**	4,6
006	Spezialtiefbauarbeiten inkl. 005		0,1	**1,1**	4,6
009	Entwässerungskanalarbeiten inkl. 011		< 0,1	**0,5**	0,9
010	Drän- und Versickerarbeiten		< 0,1	**< 0,1**	0,2
012	Mauerarbeiten		1,3	**4,4**	12,5
013	Betonarbeiten		15,0	**19,3**	23,8
014	Natur-, Betonwerksteinarbeiten		< 0,1	**0,4**	1,6
016	Zimmer- und Holzbauarbeiten		< 0,1	**0,3**	3,5
017	Stahlbauarbeiten		< 0,1	**0,4**	2,8
018	Abdichtungsarbeiten		< 0,1	**0,4**	0,9
020	Dachdeckungsarbeiten		< 0,1	**< 0,1**	0,3
021	Dachabdichtungsarbeiten		2,2	**3,7**	5,5
022	Klempnerarbeiten		0,4	**1,1**	2,3
	Rohbau		31,5	**37,0**	42,9
023	Putz- und Stuckarbeiten, Wärmedämmsysteme		1,3	**4,2**	8,7
024	Fliesen- und Plattenarbeiten		0,4	**1,0**	2,3
025	Estricharbeiten		0,7	**1,7**	3,3
026	Fenster, Außentüren inkl. 029, 032		3,9	**7,6**	12,5
027	Tischlerarbeiten		2,0	**3,7**	5,9
028	Parkettarbeiten, Holzpflasterarbeiten		< 0,1	**0,3**	1,9
030	Rollladenarbeiten		0,7	**1,9**	3,6
031	Metallbauarbeiten inkl. 035		3,0	**6,9**	14,4
034	Maler- und Lackiererarbeiten inkl. 037		1,7	**2,6**	4,5
036	Bodenbelagarbeiten		1,1	**2,0**	3,6
038	Vorgehängte hinterlüftete Fassaden		< 0,1	**1,3**	6,2
039	Trockenbauarbeiten		3,3	**5,1**	7,6
	Ausbau		34,1	**38,2**	44,7
040	Wärmeversorgungsanl. - Betriebseinr. inkl. 041		3,4	**5,0**	7,7
042	Gas- und Wasserinstallation, Leitungen inkl. 043		0,3	**0,5**	0,9
044	Abwasseranlagen - Leitungen, Abläufe, Armaturen		0,3	**0,7**	1,1
045	GWE - Einrichtungsgegenstände inkl. 046		0,7	**1,0**	1,6
047	Dämm- und Brandschutzarbeiten an techn. Anlagen		0,4	**0,8**	1,2
049	Feuerlöschanlagen, Feuerlöschgeräte		< 0,1	**0,2**	1,9
050	Blitzschutz- und Erdungsanlagen		0,1	**0,3**	0,5
052	Mittelspannungsanlagen		0,0	**< 0,1**	0,4
053	Niederspannungsanlagen inkl. 054		4,2	**5,4**	9,7
055	Sicherheits- und Ersatzstromversorgungsanlagen		< 0,1	**0,1**	0,8
057	Gebäudesystemtechnik		< 0,1	**0,5**	3,0
058	Leuchten und Lampen inkl. 059		1,5	**2,2**	3,1
060	Such-, Signal-, elektroakust. Anl., Med. inkl. 064		< 0,1	**0,3**	0,7
061	Kommunikations- und Übertragungsnetze inkl. 062		1,1	**1,7**	2,4
063	Gefahrenmeldeanlagen		0,2	**0,6**	1,6
069	Aufzüge		< 0,1	**0,9**	2,2
070	Gebäudeautomation		< 0,1	**0,9**	2,7
075	Raumlufttechnische Anlagen inkl. 078		0,7	**3,1**	5,3
	Gebäudetechnik		18,2	**24,1**	29,0
	Sonstige Leistungsbereiche inkl. 008, 033, 051		0,2	**0,7**	1,6

- ● KKW
- ▶ min
- ▷ von
- | Mittelwert
- ◁ bis
- ◀ max

Planungskennwerte für Flächen und Rauminhalte nach DIN 277

Grundflächen		▷	Fläche/NUF (%)	◁	▷	Fläche/BGF (%)	◁
NUF	Nutzungsfläche	100,0	**100,0**	100,0	60,0	**63,9**	68,2
TF	Technikfläche	4,0	**5,2**	7,1	2,5	**3,2**	4,5
VF	Verkehrsfläche	22,2	**28,7**	38,4	14,0	**17,5**	21,7
NRF	Netto-Raumfläche	127,5	**133,7**	143,8	82,5	**84,6**	86,6
KGF	Konstruktions-Grundfläche	21,0	**24,5**	28,8	13,4	**15,4**	17,5
BGF	Brutto-Grundfläche	149,0	**158,2**	169,7	100,0	**100,0**	100,0

Brutto-Rauminhalte		▷	BRI/NUF (m)	◁	▷	BRI/BGF (m)	◁
BRI	Brutto-Rauminhalt	5,49	**5,88**	6,60	3,55	**3,71**	4,06

Flächen von Nutzeinheiten	▷	NUF/Einheit (m²)	◁	▷	BGF/Einheit (m²)	◁
Nutzeinheit: Arbeitsplätze	22,16	**26,51**	43,52	33,79	**41,40**	63,50

Lufttechnisch behandelte Flächen	▷	Fläche/NUF (%)	◁	▷	Fläche/BGF (%)	◁
Entlüftete Fläche	1,6	**1,6**	1,6	0,9	**0,9**	0,9
Be- und entlüftete Fläche	9,2	**9,2**	9,2	5,7	**5,7**	5,7
Teilklimatisierte Fläche	2,9	**2,9**	2,9	1,8	**1,8**	1,8
Klimatisierte Fläche	2,6	**2,6**	2,6	1,6	**1,6**	1,6

KG	Kostengruppen (2. Ebene)	Einheit	▷	Menge/NUF	◁	▷	Menge/BGF	◁
310	Baugrube / Erdbau	m³ BGI	0,96	**1,38**	2,78	0,57	**0,84**	1,66
320	Gründung, Unterbau	m² GRF	0,51	**0,62**	0,85	0,31	**0,39**	0,52
330	Außenwände / vertikal außen	m² AWF	0,99	**1,19**	1,40	0,63	**0,74**	0,85
340	Innenwände / vertikal innen	m² IWF	1,35	**1,51**	1,70	0,83	**0,95**	1,01
350	Decken / horizontal	m² DEF	0,89	**0,95**	1,18	0,54	**0,60**	0,67
360	Dächer	m² DAF	0,54	**0,65**	0,91	0,34	**0,41**	0,56
370	Infrastrukturanlagen		–	**–**	–	–	**–**	–
380	Baukonstruktive Einbauten	m² BGF	1,49	**1,58**	1,70	1,00	**1,00**	1,00
390	Sonst. Maßnahmen für Baukonst.	m² BGF	1,49	**1,58**	1,70	1,00	**1,00**	1,00
300	**Bauwerk – Baukonstruktionen**	**m² BGF**	1,49	**1,58**	1,70	1,00	**1,00**	1,00

Planungskennwerte für Bauzeiten — 59 Vergleichsobjekte

Bauzeit in Wochen

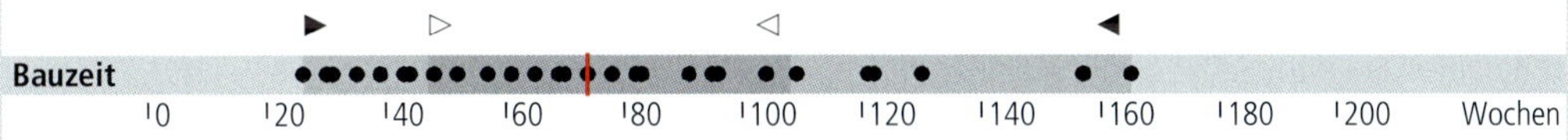

Büro- und Verwaltungsgebäude, mittlerer Standard

€/m² BGF

min	1.740	€/m²
von	2.235	€/m²
Mittel	**2.760**	**€/m²**
bis	3.450	€/m²
max	4.045	€/m²

Kosten:
Stand 1. Quartal 2025
Bundesdurchschnitt
inkl. 19% MwSt.

Objektübersicht zur Gebäudeart

1300-0326 Bürogebäude (43 AP)

BRI 6.067 m³ **BGF** 1.702 m² **NUF** 976 m²

Verwaltungsgebäude mit Beratungsräumen für 43 Arbeitsplätze. Massivbau.

Land: Nordrhein-Westfalen
Kreis: Hochsauerlandkreis
Standard: mittel
Bauzeit: 91 Wochen
Kennwerte: bis 1. Ebene DIN 276

BGF **2.723 €/m²**

Planung: Schmidt Thüner Architekten PartG mbB; Schnallenberg

vorgesehen: BKI Objektdaten N21

1300-0325 Verwaltungsgebäude (90 AP)

BRI 12.156 m³ **BGF** 3.677 m² **NUF** 2.297 m²

Verwaltungsgebäude für 90 Arbeitsplätze im KfW-40-Standard mit flexiblen Nutzungsmöglichkeiten für verschiedene Mieter. Stb-Skelettbau.

Land: Nordrhein-Westfalen
Kreis: Bielefeld, Stadt
Standard: mittel
Bauzeit: 65 Wochen
Kennwerte: bis 1. Ebene DIN 276

BGF **3.865 €/m²**

Planung: NEXT Bielefeld GmbH; Bielefeld

vorgesehen: BKI Objektdaten N21

1300-0319 Amtsverwaltung (36 AP)

BRI 6.479 m³ **BGF** 1.790 m² **NUF** 997 m²

Zweigeschossiges Verwaltungsgebäude mit 36 Arbeitsplätzen sowie Sitzungssaal, Trauzimmer und Bürgerbüros. Massivbau.

Land: Schleswig-Holstein
Kreis: Schleswig-Flensburg
Standard: mittel
Bauzeit: 78 Wochen
Kennwerte: bis 3. Ebene DIN 276

BGF **3.212 €/m²**

Planung: Planungsring Mumm + Partner GbR; Treia

vorgesehen: BKI Objektdaten N21

1300-0315 Bürogebäude (45 AP)

BRI 2.950 m³ **BGF** 836 m² **NUF** 534 m²

Bürogebäude mit 45 Arbeitsplätzen. Ein einfacher Umbau in ein Wohngebäude wurde bereits in Planung und Bau berücksichtigt. Stahlbeton.

Land: Baden-Württemberg
Kreis: Breisgau-Hochschwarzwald
Standard: mittel
Bauzeit: 74 Wochen
Kennwerte: bis 1. Ebene DIN 276

BGF **2.226 €/m²**

Planung: STUDIO SOZIA Calavetta Häberle Architekten BDA PartGmbB

vorgesehen: BKI Objektdaten N21

Objektübersicht zur Gebäudeart

1300-0308 Bürogebäude (65 AP), Volkshochschule (7 AP)

BRI 14.129 m³ | **BGF** 3.904 m² | **NUF** 2.924 m²

Bürogebäude mit Räumen für die Verwaltung, den Landkreis sowie Lehrräume für die Volkshochschule und Co-Working-Zone für Star-Up Unternehmen. Massivbau.

Land: Mecklenburg-Vorpommern
Kreis: Ludwigslust-Parchim
Standard: mittel
Bauzeit: 78 Wochen
Kennwerte: bis 1. Ebene DIN 276

BGF **3.009 €/m²**

Planung: Sven Buck + Partner Freischaffende Architekten PartGmbB; Neustadt-Glewe

veröffentlicht: BKI Objektdaten N20

1300-0321 Bürogebäude (30 AP)

BRI 2.466 m³ | **BGF** 787 m² | **NUF** 523 m²

Bürogebäude mit 30 Arbeitsplätzen. Massivbau.

Land: Nordrhein-Westfalen
Kreis: Rhein-Kreis Neuss
Standard: mittel
Bauzeit: 157 Wochen
Kennwerte: bis 1. Ebene DIN 276

BGF **3.891 €/m²**

Planung: Architekturbüro Christoph Habbig; Neuss

vorgesehen: BKI Objektdaten N21

1300-0327 Bürogebäude (260 AP), TG

BRI 27.414 m³ | **BGF** 8.894 m² | **NUF** 6.382 m²

Bürogebäude mit 260 Arbeitsplätzen und Tiefgarage mit 115 Stellplätzen. Massivbau.

Land: Hessen
Kreis: Darmstadt, Stadt
Standard: mittel
Bauzeit: 83 Wochen
Kennwerte: bis 1. Ebene DIN 276

BGF **2.127 €/m²**

Planung: ruby³ architekten BDA; Darmstadt

vorgesehen: BKI Objektdaten N21

1300-0306 Bürogebäude (240 AP)

BRI 24.126 m³ | **BGF** 6.303 m² | **NUF** 3.939 m²

Mediencampus, Bürogebäude für 240 Arbeitsplätzen und Forum für Veranstaltungen wie Kleinmessen, Vorträge und Workshops. Massivbau.

Land: Nordrhein-Westfalen
Kreis: Aachen, Städteregion
Standard: mittel
Bauzeit: 95 Wochen
Kennwerte: bis 1. Ebene DIN 276

BGF **3.619 €/m²**

Planung: SSP AG; Bochum

veröffentlicht: BKI Objektdaten N20

€/m² BGF

min	1.740	€/m²
von	2.235	€/m²
Mittel	**2.760**	**€/m²**
bis	3.450	€/m²
max	4.045	€/m²

Kosten:
Stand 1. Quartal 2025
Bundesdurchschnitt
inkl. 19% MwSt.

Objektübersicht zur Gebäudeart

1300-0298 Verwaltungsgebäude, temporär (150 AP)*

BRI 9.932 m³ **BGF** 2.475 m² **NUF** 1.840 m²

Temporäres Verwaltungsgebäude mit 150 Arbeitsplätzen in System-Modulbauweise. Modulbau.

Land: Hessen
Kreis: Darmstadt, Stadt
Standard: mittel
Bauzeit: 48 Wochen*
Kennwerte: bis 1. Ebene DIN 276

BGF 3.195 €/m²

Planung: grüningerarchitekten I BDA; Darmstadt

veröffentlicht: BKI Objektdaten N20
* Nicht in der Auswertung enthalten

1300-0293 Rathaus (30 AP)

BRI 4.330 m³ **BGF** 911 m² **NUF** 523 m²

Verwaltungssitz mit Trausaal und Büros mit 30 Arbeitsplätzen. Massivbau.

Land: Sachsen-Anhalt
Kreis: Börde
Standard: mittel
Bauzeit: 83 Wochen
Kennwerte: bis 1. Ebene DIN 276

BGF 2.936 €/m²

Planung: Liebnerstadtfeld Architekten; Magdeburg

veröffentlicht: BKI Objektdaten N19

1300-0314 Bürogebäude (31 AP)

BRI 3.325 m³ **BGF** 827 m² **NUF** 444 m²

Erweiterung eines Bürogebäudes für 31 Arbeitsplätze mit Übergang zum Bestandsgebäude. Stb-Skelettbau.

Land: Rheinland-Pfalz
Kreis: Mayen-Koblenz
Standard: mittel
Bauzeit: 57 Wochen
Kennwerte: bis 1. Ebene DIN 276

BGF 3.605 €/m²

Planung: Björnsen Beratende Ingenieure GmbH; Koblenz

vorgesehen: BKI Objektdaten N21

1300-0313 Verwaltungsgebäude, Archiv (134 AP)

BRI 20.945 m³ **BGF** 5.836 m² **NUF** 3.803 m²

Verwaltungsgebäude mit 134 Arbeitsplätzen für Landesamt für Geologie und Bergwesen mit Archiven, Laboren und einer Fachbibliothek. Massivbau.

Land: Sachsen-Anhalt
Kreis: Halle (Saale), Stadt
Standard: mittel
Bauzeit: 165 Wochen
Kennwerte: bis 1. Ebene DIN 276

BGF 3.369 €/m²

Planung: JSP ARCHITEKTEN Gesellschaft für Gesamtplanung mbH; Dresden

vorgesehen: BKI Objektdaten N21

1300-0296 Rathaus (8 AP)

BRI 3.167 m³ | **BGF** 774 m² | **NUF** 472 m²

Rathaus mit acht Arbeitsplätzen. Massivbau.

Land: Bayern
Kreis: Cham
Standard: mittel
Bauzeit: 104 Wochen
Kennwerte: bis 1. Ebene DIN 276

BGF 3.217 €/m²

Planung: Schnabel Architekten GmbH; Bad Kötzting

veröffentlicht: BKI Objektdaten N19

1300-0317 Bürogebäude (29 AP)

BRI 7.316 m³ | **BGF** 1.974 m² | **NUF** 1.292 m²

Bürogebäude für 29 Mitarbeitende sowie Lagerräume und Personalräume für die Mitarbeitende des Straßenreinigungsbetriebs. Massivbau.

Land: Rheinland-Pfalz
Kreis: Mainz, Stadt
Standard: mittel
Bauzeit: 130 Wochen
Kennwerte: bis 1. Ebene DIN 276

BGF 3.245 €/m²

Planung: Architektur & Planung Plum & Schlemmer; Mainz

vorgesehen: BKI Objektdaten N21

1300-0310 Rathaus (35 SP), Sitzungssaal (199 Sitzplätze)

BRI 7.883 m³ | **BGF** 1.917 m² | **NUF** 1.127 m²

Rathaus mit Bürgerbüro und Sitzungssaal mit 199 Sitzplätzen sowie Standesamt und Bauamt mit entsprechenden Nebenräumen. Massivbau.

Land: Bayern
Kreis: Rosenheim
Standard: mittel
Bauzeit: 122 Wochen
Kennwerte: bis 1. Ebene DIN 276

BGF 3.823 €/m²

Planung: Behnisch Architekten München Partnerschaft mbB; München

veröffentlicht: BKI Objektdaten N20

1300-0304 Bürogebäude (84 AP)

BRI 4.555 m³ | **BGF** 1.190 m² | **NUF** 912 m²

Bürogebäude für flexible Arbeitsplatzkonzepte. Massivbau.

Land: Nordrhein-Westfalen
Kreis: Rhein-Erft-Kreis
Standard: mittel
Bauzeit: 52 Wochen
Kennwerte: bis 1. Ebene DIN 276

BGF 1.741 €/m²

Planung: KRAUS Architekten und Ingenieure GmbH; Köln

veröffentlicht: BKI Objektdaten N20

Büro- und Verwaltungsgebäude, mittlerer Standard

€/m² BGF

min	1.740	€/m²
von	2.235	€/m²
Mittel	**2.760**	**€/m²**
bis	3.450	€/m²
max	4.045	€/m²

Kosten:
Stand 1.Quartal 2025
Bundesdurchschnitt
inkl. 19% MwSt.

Objektübersicht zur Gebäudeart

1300-0277 Bürogebäude (22 AP)

BRI 2.363 m³ **BGF** 779 m² **NUF** 493 m²

Bürogebäude mit 22 Arbeitsplätzen. Mauerwerk.

Land: Hamburg
Kreis: Hamburg, Stadt
Standard: mittel
Bauzeit: 48 Wochen
Kennwerte: bis 1. Ebene DIN 276

BGF 2.152 €/m²

Planung: Architekturbüro Pflügelbauer & Scheffczyk PartGmbB; Hamburg

veröffentlicht: BKI Objektdaten N18

1300-0282 Bürogebäude (24 AP)

BRI 4.024 m³ **BGF** 1.210 m² **NUF** 748 m²

Bürogebäude mit 24 Arbeitsplätzen für eine Anwaltskanzlei und ein Notariat sowie 29 Pkw-Stellplätze. Stahlbeton.

Land: Nordrhein-Westfalen
Kreis: Recklinghausen
Standard: mittel
Bauzeit: 52 Wochen
Kennwerte: bis 1. Ebene DIN 276

BGF 1.989 €/m²

Planung: Architekturbüro Dipl. Ing. Stefan Risthaus; Dorsten

veröffentlicht: BKI Objektdaten N18

1300-0269 Bürogebäude (116 AP), TG (68 STP)

BRI 23.569 m³ **BGF** 6.765 m² **NUF** 4.104 m²

Bürogebäude mit flexibler Raumnutzung für 116 Arbeitsplätze und Tiefgarage mit 68 Stellplätzen. Stb-Skelettbau.

Land: Niedersachsen
Kreis: Osnabrück, Stadt
Standard: mittel
Bauzeit: 83 Wochen
Kennwerte: bis 3. Ebene DIN 276

BGF 2.827 €/m²

Planung: Plan. Concept Architekten GmbH; Osnabrück

veröffentlicht: BKI Objektdaten E9

1300-0281 Architekturbüro (10 AP)

BRI 1.107 m³ **BGF** 302 m² **NUF** 208 m²

Architekturbüro mit zwei Büroeinheiten für zehn Mitarbeitende. Massivbau.

Land: Nordrhein-Westfalen
Kreis: Kleve
Standard: mittel
Bauzeit: 52 Wochen
Kennwerte: bis 1. Ebene DIN 276

BGF 4.044 €/m²

Planung: Dipl. Ing. (FH) Gaby Heghmann-Jakobs Aplacon GmbH; Straelen

veröffentlicht: BKI Objektdaten N18

Objektübersicht zur Gebäudeart

1300-0263 Büro-/Entwicklungsgebäude (320 AP)

BRI 25.170 m³ **BGF** 6.527 m² **NUF** 4.285 m²

Büro- und Entwicklungsgebäude mit 320 Arbeitsplätzen. Stahlbetonbau.

Land: Saarland
Kreis: Saarbrücken, Regionalverband
Standard: mittel
Bauzeit: 69 Wochen
Kennwerte: bis 1. Ebene DIN 276

BGF **3.544 €/m²**

Planung: Planungsgruppe Prof. Focht + Partner GmbH; Saarbrücken

veröffentlicht: BKI Objektdaten N17

1300-0284 Praxis- und Bürogebäude (42 AP), TG (22 STP)

BRI 8.271 m³ **BGF** 2.386 m² **NUF** 1.414 m²

Geschäftshaus mit Praxis, Laden und einem kleinen Café. Massivbau.

Land: Bayern
Kreis: Starnberg
Standard: mittel
Bauzeit: 74 Wochen
Kennwerte: bis 1. Ebene DIN 276

BGF **2.159 €/m²**

Planung: s+p dinkel Architektur GmbH; Gilching

veröffentlicht: BKI Objektdaten N18

1300-0274 Verwaltungsgebäude (40 AP)

BRI 5.185 m³ **BGF** 1.544 m² **NUF** 955 m²

Verwaltungsgebäude mit 40 Arbeitsplätzen. Stahlbeton.

Land: Hessen
Kreis: Waldeck-Frankenberg
Standard: mittel
Bauzeit: 70 Wochen
Kennwerte: bis 1. Ebene DIN 276

BGF **2.432 €/m²**

Planung: Kleine + Potthoff Architekten; Korbach

veröffentlicht: BKI Objektdaten N18

1300-0279 Rathaus (85 AP), Bürgersaal

BRI 11.851 m³ **BGF** 2.688 m² **NUF** 1.668 m²

Rathaus (85 AP) mit Bürgersaal und Begegnungsstätte. Stb-Skelettbau.

Land: Nordrhein-Westfalen
Kreis: Oberbergischer Kreis
Standard: mittel
Bauzeit: 121 Wochen
Kennwerte: bis 3. Ebene DIN 276

BGF **2.937 €/m²**

Planung: ARCHWERK Generalplaner KG; Bochum

veröffentlicht: BKI Objektdaten N18

€/m² BGF

min	1.740	€/m²
von	2.235	€/m²
Mittel	**2.760**	**€/m²**
bis	3.450	€/m²
max	4.045	€/m²

Kosten:
Stand 1. Quartal 2025
Bundesdurchschnitt
inkl. 19% MwSt.

Objektübersicht zur Gebäudeart

1300-0275 Rathaus, Veranstaltungssaal (35 AP)

BRI 10.553 m³ **BGF** 2.228 m² **NUF** 1.201 m²

© Clemens Born

Rathaus mit 35 Arbeitsplätzen und Veranstaltungssaal mit 250 Sitzplätzen. Mauerwerk.

Land: Niedersachsen
Kreis: Celle
Standard: mittel
Bauzeit: 65 Wochen
Kennwerte: bis 1. Ebene DIN 276

BGF 3.883 €/m²

Planung: htm.a Hartmann Architektur GmbH; Hannover

veröffentlicht: BKI Objektdaten N18

1300-0283 Verwaltungsgebäude (34 AP)

BRI 5.224 m³ **BGF** 1.502 m² **NUF** 821 m²

© Peter Alt Architekten Stadtplaner

Verwaltungsgebäude als Ergänzungsbau mit 34 Arbeitsplätzen. Stb-Skelettbau.

Land: Saarland
Kreis: Saarbrücken, Regionalverband
Standard: mittel
Bauzeit: 122 Wochen
Kennwerte: bis 3. Ebene DIN 276

BGF 3.958 €/m²

Planung: Peter Alt Architekten Stadtplaner; Saarbrücken

veröffentlicht: BKI Objektdaten N19

1300-0272 Bürogebäude (10 AP)

BRI 1.439 m³ **BGF** 402 m² **NUF** 239 m²

© Janek Pfeufer

Bürogebäude mit zehn Arbeitsplätzen. Mauerwerk.

Land: Saarland
Kreis: Saarbrücken, Regionalverband
Standard: mittel
Bauzeit: 43 Wochen
Kennwerte: bis 3. Ebene DIN 276

BGF 2.913 €/m²

Planung: janek pfeufer architektur gmbh; Saarbrücken

veröffentlicht: BKI Objektdaten N18

1300-0268 Bürogebäude (226 AP), TG (32 STP)

BRI 18.391 m³ **BGF** 5.355 m² **NUF** 3.352 m²

© Christian Burmester

Bürogebäude (226 AP). Stahlbeton.

Land: Niedersachsen
Kreis: Oldenburg, Stadt
Standard: mittel
Bauzeit: 61 Wochen
Kennwerte: bis 1. Ebene DIN 276

BGF 2.545 €/m²

Planung: Angelis & Partner Architekten mbB; Oldenburg

veröffentlicht: BKI Objektdaten N17

Objektübersicht zur Gebäudeart

1300-0261 Rathaus (12 AP) — BRI 3.644 m³ | BGF 1.011 m² | NUF 625 m²

© Erich Spahn

Rathaus mit zwölf Arbeitsplätzen. Massivbau.

Land: Bayern
Kreis: Regensburg
Standard: mittel
Bauzeit: 82 Wochen
Kennwerte: bis 1. Ebene DIN 276

BGF 3.299 €/m²

Planung: Stefan Schretzenmayr Architekt BDA; Regensburg

veröffentlicht: BKI Objektdaten N17

1300-0285 Bürogebäude (900 AP), TG (130 STP) — BRI 64.380 m³ | BGF 17.510 m² | NUF 13.218 m²

© martin kunze, hamburg

Bürogebäude mit Betriebsrestaurant, 900 Arbeitsplätzen sowie Tiefgarage mit 130 Stellplätzen. Stb-Skelettbau.

Land: Hamburg
Kreis: Hamburg, Stadt
Standard: mittel
Bauzeit: 65 Wochen
Kennwerte: bis 1. Ebene DIN 276

BGF 1.919 €/m²

Planung: Schenk Fleischhaker Architekten Partnerschaft mbB; Hamburg

veröffentlicht: BKI Objektdaten N18

1300-0260 Bürogebäude (25 AP) — BRI 5.604 m³ | BGF 1.143 m² | NUF 790 m²

© Olaf Mahlstedt

Bürogebäude mit Seminarräumen und einer Wohnung. Stahlbetonbau.

Land: Niedersachsen
Kreis: Hannover, Region
Standard: mittel
Bauzeit: 57 Wochen
Kennwerte: bis 1. Ebene DIN 276

BGF 3.479 €/m²

Planung: Architekten Höhlich & Schmotz; Burgdorf

veröffentlicht: BKI Objektdaten N17

1300-0258 Bürogebäude (14 AP) — BRI 1.537 m³ | BGF 452 m² | NUF 293 m²

© Philip Ruopp

Architekturbüro mit 14 Arbeitsplätzen. Massivbau.

Land: Baden-Württemberg
Kreis: Alb-Donau-Kreis
Standard: mittel
Bauzeit: 31 Wochen
Kennwerte: bis 1. Ebene DIN 276

BGF 2.485 €/m²

Planung: ott_architekten BDA partnerschaft mbB; Laichingen

veröffentlicht: BKI Objektdaten E9

Büro- und Verwaltungsgebäude, mittlerer Standard

€/m² BGF

min	1.740	€/m²
von	2.235	€/m²
Mittel	**2.760**	**€/m²**
bis	3.450	€/m²
max	4.045	€/m²

Kosten:
Stand 1. Quartal 2025
Bundesdurchschnitt
inkl. 19% MwSt.

Objektübersicht zur Gebäudeart

1300-0255 Verwaltungsgebäude (200 AP), TG (88 STP)

BRI 22.850 m³ **BGF** 6.500 m² **NUF** 4.141 m²

Verwaltungsgebäude (200 AP) mit Tiefgarage (88 STP). Beton-Sandwichelemente.

Land: Baden-Württemberg
Kreis: Rhein-Neckar-Kreis
Standard: mittel
Bauzeit: 74 Wochen
Kennwerte: bis 1. Ebene DIN 276

BGF 2.238 €/m²

Planung: Neff Kuhn Architekten Studio PPANK; Weinheim

veröffentlicht: BKI Objektdaten N17

1300-0246 Bürogebäude, Kanzlei (60 AP)

BRI 8.776 m³ **BGF** 2.341 m² **NUF** 1.155 m²

Bürogebäude mit 60 Arbeitsplätzen. Mauerwerksbau.

Land: Niedersachsen
Kreis: Oldenburg, Stadt
Standard: mittel
Bauzeit: 57 Wochen
Kennwerte: bis 1. Ebene DIN 276

BGF 2.676 €/m²

Planung: kbg architekten bagge grothoff partner; Oldenburg

veröffentlicht: BKI Objektdaten E8

1300-0238 Bürogebäude, Lagerhalle - Effizienzhaus 70

BRI 2.307 m³ **BGF** 504 m² **NUF** 407 m²

Bürogebäude mit Lagerhalle. Massivbau.

Land: Bayern
Kreis: Bamberg
Standard: mittel
Bauzeit: 52 Wochen
Kennwerte: bis 1. Ebene DIN 276

BGF 2.119 €/m²

Planung: Eis Architekten GmbH; Bamberg

veröffentlicht: BKI Objektdaten E8

1300-0226 Bürogebäude (8 AP), Garagen (4 STP)

BRI 1.636 m³ **BGF** 393 m² **NUF** 226 m²

Bürogebäude (9 AP) mit vier Garagen. Massivbau.

Land: Sachsen
Kreis: Meißen
Standard: mittel
Bauzeit: 39 Wochen
Kennwerte: bis 3. Ebene DIN 276

BGF 2.664 €/m²

Planung: G.N.b.h. Architekten Grill und Neumann Partnerschaft; Dresden

veröffentlicht: BKI Objektdaten E7

1300-0237 Bürogebäude (30 AP)

BRI 3.574 m³ **BGF** 959 m² **NUF** 716 m²

Bürogebäude mit 30 Arbeitsplätzen. Stahlbeton.

Land: Hessen
Kreis: Kassel, Stadt
Standard: mittel
Bauzeit: 35 Wochen
Kennwerte: bis 1. Ebene DIN 276

BGF **2.661 €/m²**

Planung: crep.D Architekten BDA; Kassel

veröffentlicht: BKI Objektdaten E8

1300-0231 Bürogebäude (95 AP)

BRI 16.002 m³ **BGF** 4.490 m² **NUF** 3.067 m²

Bürogebäude mit 95 Arbeitsplätzen und Kinderbetreuung. Stb-Skelettbau.

Land: Niedersachsen
Kreis: Wittmund
Standard: mittel
Bauzeit: 83 Wochen
Kennwerte: bis 3. Ebene DIN 276

BGF **2.837 €/m²**

Planung: kbg architekten bagge grothoff partner; Oldenburg

veröffentlicht: BKI Objektdaten N17

1300-0224 Verwaltungsgebäude (205 AP), TG (33 STP)

BRI 27.616 m³ **BGF** 7.957 m² **NUF** 5.916 m²

Verwaltungsgebäude (205 AP) mit Tiefgarage (33 STP). STB-Massivbau.

Land: Baden-Württemberg
Kreis: Biberach
Standard: mittel
Bauzeit: 91 Wochen
Kennwerte: bis 3. Ebene DIN 276

BGF **2.979 €/m²**

Planung: Braunger Wörtz Architekten GmbH; Ulm

veröffentlicht: BKI Objektdaten E7

1300-0227 Verwaltungsgebäude (42 AP)

BRI 5.950 m³ **BGF** 1.593 m² **NUF** 1.116 m²

Verwaltungsgebäude mit öffentlichem Kundenbereich und Caféteria (42 AP). Massivbau.

Land: Hessen
Kreis: Darmstadt-Dieburg
Standard: mittel
Bauzeit: 130 Wochen
Kennwerte: bis 3. Ebene DIN 276

BGF **2.690 €/m²**

Planung: +studio moeve Planungsbüro bda GmbH & Co. KG; Darmstadt

veröffentlicht: BKI Objektdaten E9

€/m² BGF

min	1.740	€/m²
von	2.235	€/m²
Mittel	**2.760**	**€/m²**
bis	3.450	€/m²
max	4.045	€/m²

Kosten:
Stand 1. Quartal 2025
Bundesdurchschnitt
inkl. 19% MwSt.

Objektübersicht zur Gebäudeart

1300-0204 Bürogebäude (84 AP)

BRI 7.580 m³ **BGF** 1.816 m² **NUF** 1.191 m²

Bürogebäude mit 84 Arbeitsplätzen, Schulungs- und Konferenzraum. Stahlbetonfertigteilkonstruktion.

Land: Sachsen
Kreis: Dresden, Stadt
Standard: mittel
Bauzeit: 35 Wochen
Kennwerte: bis 1. Ebene DIN 276

BGF **2.866 €/m²**

Planung: P6 architektening. BSC Bauplanung Sachsen Consult GmbH & Co KG; Dresden

veröffentlicht: BKI Objektdaten E6

1300-0239 Technologiezentrum

BRI 11.186 m³ **BGF** 3.088 m² **NUF** 1.693 m²

Technologiezentrum mit Mietflächen für Werkstatt-, Labor- und Büronutzungen. Stahlbeton.

Land: Thüringen
Kreis: Jena, Stadt
Standard: mittel
Bauzeit: 91 Wochen
Kennwerte: bis 1. Ebene DIN 276

BGF **2.740 €/m²**

Planung: Wagner + Günther Architekten; Jena

veröffentlicht: BKI Objektdaten E8

1300-0213 Bürogebäude (18 AP)

BRI 2.031 m³ **BGF** 515 m² **NUF** 311 m²

Bürogebäude als Teil eines Betriebsgebäudes (18 AP). Mauerwerksbau.

Land: Bremen
Kreis: Bremen, Stadt
Standard: mittel
Bauzeit: 39 Wochen
Kennwerte: bis 3. Ebene DIN 276

BGF **2.352 €/m²**

Planung: Püffel Architekten; Bremen

veröffentlicht: BKI Objektdaten N13

1300-0229 Bürogebäude (125 AP), TG

BRI 21.886 m³ **BGF** 5.982 m² **NUF** 4.132 m²

Bürogebäude mit 125 Arbeitsplätzen, Caféteria und Tiefgarage. Stahlbetonbau.

Land: Bayern
Kreis: München, Stadt
Standard: mittel
Bauzeit: 96 Wochen
Kennwerte: bis 1. Ebene DIN 276

BGF **2.345 €/m²**

Planung: Wandel Lorch Götze Wach GmbH; Frankfurt am Main

veröffentlicht: BKI Objektdaten E7

Objektübersicht zur Gebäudeart

1300-0214 Bürogebäude (29 AP)

BRI 2.143 m³ **BGF** 626 m² **NUF** 383 m²

Bürogebäude (29 AP). Mauerwerksbau.

Land: Niedersachsen
Kreis: Gifhorn
Standard: mittel
Bauzeit: 43 Wochen
Kennwerte: bis 3. Ebene DIN 276

BGF **1.967 €/m²**

Planung: Die Planschmiede 2KS GmbH & Co. KG; Hankensbüttel

veröffentlicht: BKI Objektdaten E7

1300-0242 Rathaus (55 AP) - Passivhaus

BRI 10.258 m³ **BGF** 2.735 m² **NUF** 1.835 m²

Rathaus mit 55 Arbeitsplätzen als Passivhaus. Massivbau.

Land: Brandenburg
Kreis: Oder-Spree
Standard: mittel
Bauzeit: 109 Wochen
Kennwerte: bis 1. Ebene DIN 276

BGF **2.454 €/m²**

Planung: Schmidtmann u. Gölling Architektur- und Ingenieurgesellschaft mbH; Berlin

veröffentlicht: BKI Objektdaten E8

1300-0223 Verwaltungsgebäude, Schulungszentrum (330 AP), TG

BRI 34.016 m³ **BGF** 9.746 m² **NUF** 5.438 m²

Verwaltungsgebäude mit Schulungsräumen und Kantine. Massivbau.

Land: Hessen
Kreis: Darmstadt, Stadt
Standard: mittel
Bauzeit: 78 Wochen
Kennwerte: bis 1. Ebene DIN 276

BGF **2.521 €/m²**

Planung: Architekturbüro Georg Schmitt; Darmstadt

veröffentlicht: BKI Objektdaten N15

1300-0205 Bürogebäude (100 AP)

BRI 12.366 m³ **BGF** 3.725 m² **NUF** 2.618 m²

Bürogebäude mit variablen Grundrissen, Gastronomie und Showroom im EG, Durchfahrt zum Parkhaus mit Pförtnerloge. Massivbau.

Land: Nordrhein-Westfalen
Kreis: Bonn, Stadt
Standard: mittel
Bauzeit: 74 Wochen
Kennwerte: bis 3. Ebene DIN 276

BGF **2.628 €/m²**

Planung: Ulrich Griebel Planungsgesellschaft mbH; Köln

veröffentlicht: BKI Objektdaten E6

€/m² BGF

min	1.740	€/m²
von	2.235	€/m²
Mittel	**2.760**	**€/m²**
bis	3.450	€/m²
max	4.045	€/m²

Kosten:
Stand 1. Quartal 2025
Bundesdurchschnitt
inkl. 19% MwSt.

Objektübersicht zur Gebäudeart

1300-0211 Gewerbezentrum (110 AP), TG (16 STP)

BRI 10.716 m³ **BGF** 2.962 m² **NUF** 1.790 m²

Gewerbezentrum mit Büroräumen für die Kreativwirtschaft (110 AP). Stahlbeton.

Land: Thüringen
Kreis: Weimar, Stadt
Standard: mittel
Bauzeit: 78 Wochen
Kennwerte: bis 1. Ebene DIN 276

BGF 3.091 €/m²

Planung: gildehaus.reich architekten BDA; Weimar

veröffentlicht: BKI Objektdaten N13

1300-0199 Verwaltungsgebäude (48 AP)

BRI 7.279 m³ **BGF** 1.984 m² **NUF** 1.075 m²

Verwaltungsgebäude mit Einzel- und Doppelbüros. Stb-Skelettbau.

Land: Schleswig-Holstein
Kreis: Schleswig-Flensburg
Standard: mittel
Bauzeit: 48 Wochen
Kennwerte: bis 3. Ebene DIN 276

BGF 3.060 €/m²

Planung: architekturbüro p. sindram Architekt Paul Sindram; Schleswig

veröffentlicht: BKI Objektdaten E6

1300-0194 Bürogebäude (18 AP)

BRI 2.973 m³ **BGF** 734 m² **NUF** 511 m²

Bürogebäude mit 18 Arbeitsplätzen. Mauerwerksbau.

Land: Nordrhein-Westfalen
Kreis: Siegen-Wittgenstein
Standard: mittel
Bauzeit: 44 Wochen
Kennwerte: bis 1. Ebene DIN 276

BGF 1.843 €/m²

Planung: projektplan gmbh Dipl.-Ing., Architektin Annika Menze; Siegen

veröffentlicht: BKI Objektdaten N13

1300-0209 Gemeindeverwaltung, Jugendclub (3 AP)

BRI 988 m³ **BGF** 300 m² **NUF** 193 m²

Gemeindeverwaltung mit drei Arbeitsplätzen und Jugendclub. Mauerwerksbau.

Land: Thüringen
Kreis: Weimarer Land
Standard: mittel
Bauzeit: 57 Wochen
Kennwerte: bis 1. Ebene DIN 276

BGF 2.408 €/m²

Planung: Architekturbüro Ludewig; Weimar

veröffentlicht: BKI Objektdaten N13

Objektübersicht zur Gebäudeart

1300-0195 Bürogebäude (200 AP)

BRI 20.960 m³ | **BGF** 5.610 m² | **NUF** 3.600 m²

© Achim Banck

Bürogebäude (Verlagshaus) mit 200 Arbeitsplätzen, Redaktionen, Besprechungen. Massivbauweise.

Land: Schleswig-Holstein
Kreis: Flensburg, Stadt
Standard: mittel
Bauzeit: 48 Wochen
Kennwerte: bis 1. Ebene DIN 276

BGF **2.847 €/m²**

Planung: ARGE Brodersen - Hain - Ladehoff; Flensburg

veröffentlicht: BKI Objektdaten N13

1300-0175 Bürogebäude

BRI 6.296 m³ | **BGF** 1.542 m² | **NUF** 1.061 m²

© Büro für Architektur André Richter

Bürogebäude für 37 Mitarbeitende. Massivbau.

Land: Hessen
Kreis: Offenbach am Main, Stadt
Standard: mittel
Bauzeit: 74 Wochen
Kennwerte: bis 3. Ebene DIN 276

BGF **2.322 €/m²**

Planung: Büro für Architektur André Richter bei b@ugilde-architekten; Diez

veröffentlicht: BKI Objektdaten N11

1300-0173 Bürogebäude

BRI 2.283 m³ | **BGF** 600 m² | **NUF** 380 m²

© Tobias Freytag

Bürogebäude mit 26 Arbeitsplätzen. Massivbau.

Land: Nordrhein-Westfalen
Kreis: Steinfurt
Standard: mittel
Bauzeit: 35 Wochen
Kennwerte: bis 3. Ebene DIN 276

BGF **1.842 €/m²**

Planung: Bayer Berresheim Architekten Anuschka Wahl; Aachen

veröffentlicht: BKI Objektdaten N11

1300-0179 Verwaltungsgebäude (455 AP)

BRI 37.260 m³ | **BGF** 11.097 m² | **NUF** 7.538 m²

© bbp : architekten

Verwaltungsgebäude mit Großraumbüros. Massivbau.

Land: Schleswig-Holstein
Kreis: Kiel, Stadt
Standard: mittel
Bauzeit: 91 Wochen
Kennwerte: bis 3. Ebene DIN 276

BGF **2.442 €/m²**

Planung: bbp : architekten bda brockstedt.bergfeld.petersen; Kiel

veröffentlicht: BKI Objektdaten N13

€/m² BGF

min	1.740	€/m²
von	2.235	€/m²
Mittel	**2.760**	**€/m²**
bis	3.450	€/m²
max	4.045	€/m²

Kosten:
Stand 1. Quartal 2025
Bundesdurchschnitt
inkl. 19% MwSt.

Objektübersicht zur Gebäudeart

1300-0165 Bürogebäude

BRI 1.934 m³ **BGF** 565 m² **NUF** 359 m²

Bürogebäude für 33 Mitarbeitende. Massivbau.

Land: Niedersachsen
Kreis: Osnabrück
Standard: mittel
Bauzeit: 30 Wochen
Kennwerte: bis 3. Ebene DIN 276

BGF 2.069 €/m²

Planung: Dälken Ingenieurgesellschaft mbH & Co. KG; Georgsmarienhütte

veröffentlicht: BKI Objektdaten N11

1300-0176 Bürogebäude

BRI 1.987 m³ **BGF** 557 m² **NUF** 370 m²

Bürogebäude. Mauerwerksbau.

Land: Thüringen
Kreis: Saalfeld-Rudolstadt
Standard: mittel
Bauzeit: 26 Wochen
Kennwerte: bis 3. Ebene DIN 276

BGF 2.114 €/m²

Planung: Architekturbüro Martin Raffelt; Pößneck

veröffentlicht: BKI Objektdaten N11

1300-0163 Bürogebäude

BRI 20.453 m³ **BGF** 5.908 m² **NUF** 3.021 m²

Bürogebäude für 160 Mitarbeitende und einer Tiefgarage mit 32 Stellplätzen. Stb-Konstruktion.

Land: Baden-Württemberg
Kreis: Stuttgart, Stadt
Standard: mittel
Bauzeit: 69 Wochen
Kennwerte: bis 3. Ebene DIN 276

BGF 2.358 €/m²

Planung: D'Inka Scheible Hoffmann Architekten BDA; Fellbach

veröffentlicht: BKI Objektdaten N11

1300-0158 Bürogebäude mit Werkstätten

BRI 96.356 m³ **BGF** 24.532 m² **NUF** 18.350 m²

Verwaltungs- Labor- und Werkstättengebäude. Stb-Skelettkonstruktion.

Land: Bayern
Kreis: München, Stadt
Standard: mittel
Bauzeit: 109 Wochen
Kennwerte: bis 3. Ebene DIN 276

BGF 2.562 €/m²

Planung: h4a Gessert + Randecker Architekten BDA; Stuttgart

veröffentlicht: BKI Objektdaten N11

Büro- und Verwaltungsgebäude, hoher Standard

Kostenkennwerte für die Kosten des Bauwerks (Kostengruppen 300+400 nach DIN 276)

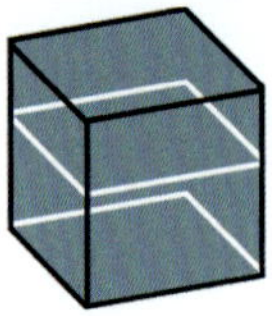

BRI 920 €/m³
von 750 €/m³
bis 1.155 €/m³

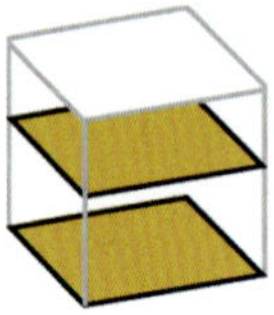

BGF 3.410 €/m²
von 2.745 €/m²
bis 4.435 €/m²

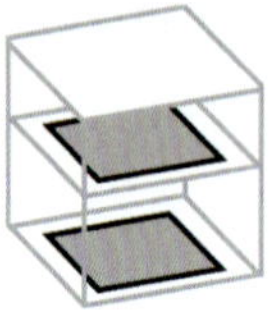

NUF 5.360 €/m²
von 4.215 €/m²
bis 7.015 €/m²

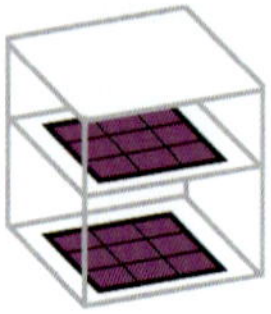

NE 145.245 €/NE
von 90.600 €/NE
bis 249.315 €/NE
NE: Arbeitsplätze

Kosten:
Stand 1. Quartal 2025
Bundesdurchschnitt
inkl. 19% MwSt.

Objektbeispiele

1300-0309

1300-0307

1300-0294

Kosten der 36 Vergleichsobjekte Seiten 190 bis 199

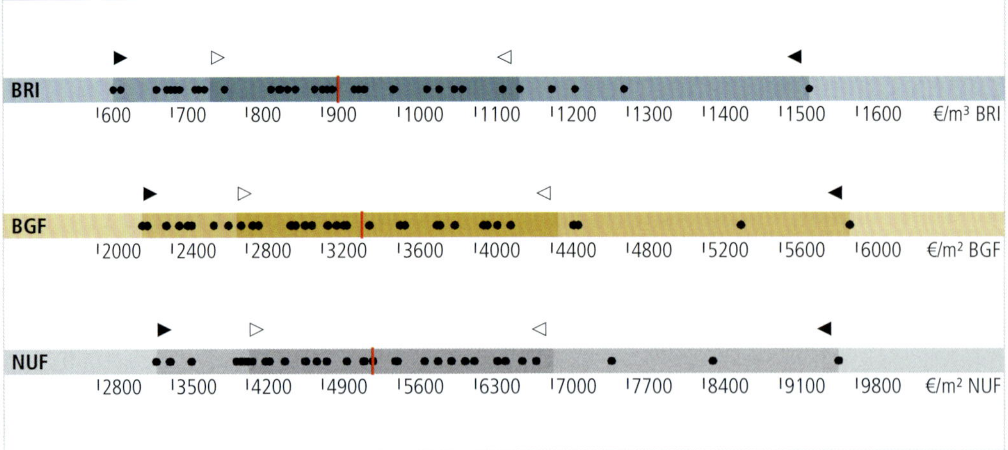

- ● KKW
- ▶ min
- ▷ von
- | Mittelwert
- ◁ bis
- ◀ max

Kostenstand: 1. Quartal 2025, Bundesdurchschnitt, **inkl. 19% MwSt.**

Kostenkennwerte für die Kostengruppen der 1. und 2. Ebene DIN 276

KG	Kostengruppen der 1. Ebene	Einheit	▷	€/Einheit	◁	▷	% an 300+400	◁
100	Grundstück	m² GF	–	**–**	–	–	**–**	–
200	Vorbereitende Maßnahmen	m² GF	28	**128**	636	0,9	**2,3**	9,7
300	Bauwerk – Baukonstruktionen	m² BGF	1.966	**2.475**	3.181	68,6	**72,7**	77,9
400	Bauwerk – Technische Anlagen	m² BGF	697	**934**	1.297	22,1	**27,3**	31,4
	Bauwerk 300+400	m² BGF	2.746	**3.408**	4.433	100,0	**100,0**	100,0
500	Außenanlagen und Freiflächen	m² AF	145	**408**	1.221	2,2	**6,9**	14,5
600	Ausstattung und Kunstwerke	m² BGF	23	**152**	323	0,5	**4,0**	7,8
700	Baunebenkosten*	m² BGF	590	**657**	724	17,3	**19,3**	21,3
800	Finanzierung	m² BGF	–	**–**	–	–	**–**	–

◁ * Auf Grundlage der HOAI 2021 berechnete Werte nach §§ 35, 52, 56. Weitere Informationen siehe Seite 56

KG	Kostengruppen der 2. Ebene	Einheit	▷	€/Einheit	◁	▷	% an 1. Ebene	◁
310	Baugrube / Erdbau	m³ BGI	51	**101**	154	1,5	**3,8**	8,6
320	Gründung, Unterbau	m² GRF	440	**654**	985	6,0	**8,6**	13,5
330	Außenwände / vertikal außen	m² AWF	854	**1.144**	1.562	28,8	**35,3**	41,9
340	Innenwände / vertikal innen	m² IWF	412	**549**	786	11,2	**16,9**	24,3
350	Decken / horizontal	m² DEF	505	**638**	812	13,6	**15,9**	18,7
360	Dächer	m² DAF	623	**809**	1.128	7,9	**11,8**	13,8
370	Infrastrukturanlagen		–	**–**	–	–	**–**	–
380	Baukonstruktive Einbauten	m² BGF	11	**40**	156	0,2	**1,1**	4,1
390	Sonst. Maßnahmen für Baukonst.	m² BGF	79	**176**	276	3,5	**6,6**	9,8
300	**Bauwerk – Baukonstruktionen**	**m² BGF**					**100,0**	
410	Abwasser-, Wasser-, Gasanlagen	m² BGF	69	**90**	109	7,8	**11,1**	20,2
420	Wärmeversorgungsanlagen	m² BGF	134	**192**	260	15,3	**23,1**	39,0
430	Raumlufttechnische Anlagen	m² BGF	93	**181**	295	7,0	**16,5**	24,8
440	Elektrische Anlagen	m² BGF	203	**267**	416	24,3	**29,4**	35,8
450	Kommunikationstechnische Anlagen	m² BGF	54	**100**	220	5,5	**9,9**	15,0
460	Förderanlagen	m² BGF	22	**45**	70	< 0,1	**2,9**	5,9
470	Nutzungsspez. / verfahrenstech. Anl.	m² BGF	3	**12**	55	< 0,1	**0,6**	4,3
480	Gebäude- und Anlagenautomation	m² BGF	42	**83**	148	1,2	**6,1**	11,6
490	Sonst. Maßnahmen f. techn. Anl.	m² BGF	3	**8**	22	< 0,1	**0,3**	1,7
400	**Bauwerk – Technische Anlagen**	**m² BGF**					**100,0**	

Prozentanteile der Kosten 2. Ebene an den Kosten des Bauwerks nach DIN 276 (Von/Mittel/Bis)

KG	Kostengruppe	%
310	Baugrube / Erdbau	2,9
320	Gründung, Unterbau	6,4
330	Außenwände / vertikal außen	26,2
340	Innenwände / vertikal innen	12,3
350	Decken / horizontal	11,7
360	Dächer	8,8
370	Infrastrukturanlagen	
380	Baukonstruktive Einbauten	0,8
390	Sonst. Maßnahmen für Baukonst.	4,8
410	Abwasser-, Wasser-, Gasanlagen	2,7
420	Wärmeversorgungsanlagen	5,7
430	Raumlufttechnische Anlagen	4,6
440	Elektrische Anlagen	7,6
450	Kommunikationstechnische Anlagen	2,7
460	Förderanlagen	0,8
470	Nutzungsspez. / verfahrenstech. Anl.	0,2
480	Gebäude- und Anlagenautomation	1,7
490	Sonst. Maßnahmen f. techn. Anl.	< 0,1

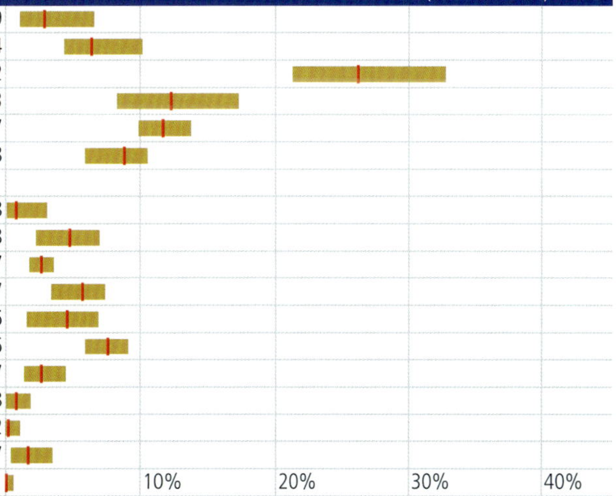

 Kostenstand: 1. Quartal 2025, Bundesdurchschnitt, **inkl. 19% MwSt.**

Prozentanteile der Kosten für Leistungsbereiche nach STLB (Kosten Bauwerk nach DIN 276)

LB	Leistungsbereiche	▷	% an 300+400	◁
000	Baustellen-, Verkehrssich.- u. Sicherh.einr. inkl. 001	2,1	**3,9**	5,4
002	Erdarbeiten	1,4	**2,5**	6,0
006	Spezialtiefbauarbeiten inkl. 005	< 0,1	**0,8**	2,8
009	Entwässerungskanalarbeiten inkl. 011	< 0,1	**0,3**	0,5
010	Drän- und Versickerarbeiten	< 0,1	**< 0,1**	0,4
012	Mauerarbeiten	0,6	**2,9**	8,9
013	Betonarbeiten	11,4	**14,7**	18,3
014	Natur-, Betonwerksteinarbeiten	0,2	**0,8**	3,0
016	Zimmer- und Holzbauarbeiten	0,2	**2,4**	8,9
017	Stahlbauarbeiten	< 0,1	**0,6**	2,1
018	Abdichtungsarbeiten	0,4	**0,8**	1,7
020	Dachdeckungsarbeiten	0,0	**0,8**	3,3
021	Dachabdichtungsarbeiten	0,8	**2,6**	4,7
022	Klempnerarbeiten	0,5	**0,9**	1,7
	Rohbau	28,9	**34,3**	41,7
023	Putz- und Stuckarbeiten, Wärmedämmsysteme	0,7	**3,1**	7,1
024	Fliesen- und Plattenarbeiten	0,4	**1,0**	1,7
025	Estricharbeiten	0,9	**1,7**	3,8
026	Fenster, Außentüren inkl. 029, 032	0,6	**5,7**	11,9
027	Tischlerarbeiten	1,6	**4,3**	8,5
028	Parkettarbeiten, Holzpflasterarbeiten	0,0	**0,3**	1,3
030	Rollladenarbeiten	1,2	**2,5**	3,7
031	Metallbauarbeiten inkl. 035	4,3	**10,3**	15,1
034	Maler- und Lackiererarbeiten inkl. 037	1,2	**1,9**	3,0
036	Bodenbelagarbeiten	0,6	**1,4**	2,1
038	Vorgehängte hinterlüftete Fassaden	< 0,1	**1,9**	8,1
039	Trockenbauarbeiten	2,6	**4,8**	10,3
	Ausbau	33,6	**39,0**	43,0
040	Wärmeversorgungsanl. - Betriebseinr. inkl. 041	3,4	**5,3**	7,2
042	Gas- und Wasserinstallation, Leitungen inkl. 043	0,4	**0,7**	0,9
044	Abwasseranlagen - Leitungen, Abläufe, Armaturen	0,4	**0,6**	1,4
045	GWE - Einrichtungsgegenstände inkl. 046	0,7	**1,1**	2,2
047	Dämm- und Brandschutzarbeiten an techn. Anlagen	0,5	**0,9**	1,7
049	Feuerlöschanlagen, Feuerlöschgeräte	< 0,1	**< 0,1**	0,2
050	Blitzschutz- und Erdungsanlagen	0,2	**0,3**	0,4
052	Mittelspannungsanlagen	0,0	**< 0,1**	0,4
053	Niederspannungsanlagen inkl. 054	3,3	**4,6**	6,7
055	Sicherheits- und Ersatzstromversorgungsanlagen	< 0,1	**0,3**	1,7
057	Gebäudesystemtechnik	0,0	**< 0,1**	0,6
058	Leuchten und Lampen inkl. 059	1,7	**2,6**	3,8
060	Such-, Signal-, elektroakust. Anl., Med. inkl. 064	< 0,1	**0,3**	0,7
061	Kommunikations- und Übertragungsnetze inkl. 062	0,7	**1,1**	2,2
063	Gefahrenmeldeanlagen	0,3	**1,0**	2,0
069	Aufzüge	< 0,1	**0,8**	1,9
070	Gebäudeautomation	0,4	**1,6**	3,3
075	Raumlufttechnische Anlagen inkl. 078	1,5	**4,3**	6,6
	Gebäudetechnik	20,8	**25,6**	30,2
	Sonstige Leistungsbereiche inkl. 008, 033, 051	0,3	**1,1**	3,1

Kosten:
Stand 1. Quartal 2025
Bundesdurchschnitt
inkl. 19% MwSt.

- ● KKW
- ▶ min
- ▷ von
- | Mittelwert
- ◁ bis
- ◀ max

Planungskennwerte für Flächen und Rauminhalte nach DIN 277

Grundflächen		▷	Fläche/NUF (%)	◁	▷	Fläche/BGF (%)	◁
NUF	Nutzungsfläche	100,0	**100,0**	100,0	60,5	**64,1**	67,0
TF	Technikfläche	4,9	**6,6**	13,2	3,0	**4,1**	7,1
VF	Verkehrsfläche	22,7	**26,7**	32,2	14,5	**16,7**	18,8
NRF	Netto-Raumfläche	128,0	**133,1**	142,1	82,3	**84,7**	86,8
KGF	Konstruktions-Grundfläche	20,6	**24,3**	29,2	13,2	**15,3**	17,7
BGF	Brutto-Grundfläche	151,1	**157,4**	168,3	100,0	**100,0**	100,0

Brutto-Rauminhalte		▷	BRI/NUF (m)	◁	▷	BRI/BGF (m)	◁
BRI	Brutto-Rauminhalt	5,45	**5,81**	6,26	3,52	**3,70**	4,13

Flächen von Nutzeinheiten	▷	NUF/Einheit (m²)	◁	▷	BGF/Einheit (m²)	◁
Nutzeinheit: Arbeitsplätze	23,79	**27,43**	36,49	36,46	**43,03**	56,83

Lufttechnisch behandelte Flächen	▷	Fläche/NUF (%)	◁	▷	Fläche/BGF (%)	◁
Entlüftete Fläche	24,8	**24,8**	24,8	16,8	**16,8**	16,8
Be- und entlüftete Fläche	45,0	**45,0**	45,0	29,4	**29,4**	29,4
Teilklimatisierte Fläche	71,5	**71,5**	71,5	47,7	**47,7**	47,7
Klimatisierte Fläche	–	**–**	–	–	**–**	–

KG	Kostengruppen (2. Ebene)	Einheit	▷	Menge/NUF	◁	▷	Menge/BGF	◁
310	Baugrube / Erdbau	m³ BGI	1,30	**1,62**	2,32	0,82	**1,03**	1,42
320	Gründung, Unterbau	m² GRF	0,48	**0,52**	0,58	0,30	**0,34**	0,40
330	Außenwände / vertikal außen	m² AWF	1,12	**1,35**	1,71	0,75	**0,86**	1,06
340	Innenwände / vertikal innen	m² IWF	1,04	**1,22**	1,54	0,66	**0,79**	1,08
350	Decken / horizontal	m² DEF	0,82	**1,01**	1,08	0,55	**0,65**	0,74
360	Dächer	m² DAF	0,53	**0,61**	0,72	0,34	**0,40**	0,49
370	Infrastrukturanlagen		–	**–**	–	–	**–**	–
380	Baukonstruktive Einbauten	m² BGF	1,51	**1,57**	1,68	1,00	**1,00**	1,00
390	Sonst. Maßnahmen für Baukonst.	m² BGF	1,51	**1,57**	1,68	1,00	**1,00**	1,00
300	**Bauwerk – Baukonstruktionen**	**m² BGF**	1,51	**1,57**	1,68	1,00	**1,00**	1,00

Planungskennwerte für Bauzeiten — 35 Vergleichsobjekte

Bauzeit in Wochen

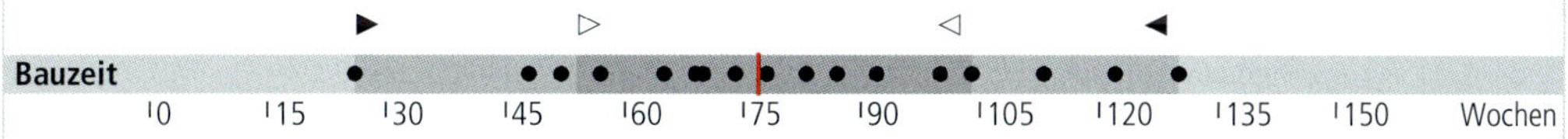

Büro- und Verwaltungsgebäude, hoher Standard

€/m² BGF

min	2.240	€/m²
von	2.745	€/m²
Mittel	**3.410**	**€/m²**
bis	4.435	€/m²
max	5.960	€/m²

Kosten:
Stand 1. Quartal 2025
Bundesdurchschnitt
inkl. 19% MwSt.

Objektübersicht zur Gebäudeart

1300-0316 Verwaltungsgebäude (191 AP)

BRI 22.302 m³ **BGF** 6.030 m² **NUF** 3.972 m²

Bürogebäude mit 191 Arbeitsplätzen. Stahlbeton.

Land: Hessen
Kreis: Waldeck-Frankenberg
Standard: hoch
Bauzeit: 104 Wochen
Kennwerte: bis 1. Ebene DIN 276

BGF 2.701 €/m²

Planung: RSE+ Architekten Ingenieure GmbH; Kassel

vorgesehen: BKI Objektdaten N21

1300-0309 Büro-/Lagergebäude (40 AP), Wohnungen (4 WE)

BRI 14.309 m³ **BGF** 2.921 m² **NUF** 2.053 m²

Büro- und Verwaltungsgebäude für 35 Mitarbeitende mit Produktionshalle für fünf Mitarbeiter sowie vier Monteurswohnungen. Massivbau.

Land: Mecklenburg-Vorpommern
Kreis: Rostock
Standard: hoch
Bauzeit: 104 Wochen
Kennwerte: bis 1. Ebene DIN 276

BGF 3.327 €/m²

Planung: MZ Architektur Meier + Zeug; Rostock

veröffentlicht: BKI Objektdaten N20

1300-0288 Bürogebäude (34 AP), Vinothek

BRI 2.810 m³ **BGF** 771 m² **NUF** 555 m²

Bürogebäude mit 34 Arbeitsplätzen und Vinothek mit Shop und Weinlager. Stahlbeton.

Land: Hessen
Kreis: Rheingau-Taunus-Kreis
Standard: hoch
Bauzeit: 52 Wochen
Kennwerte: bis 1. Ebene DIN 276

BGF 3.031 €/m²

Planung: Ries+Ries Architekten Ingenieure GmbH; Budenheim bei Mainz

veröffentlicht: BKI Objektdaten N18

1300-0273 Bürogebäude (6 AP)

BRI 776 m³ **BGF** 237 m² **NUF** 133 m²

Bürogebäude mit sechs Arbeitsplätzen. Mauerwerk.

Land: Sachsen
Kreis: Mittelsachsen
Standard: hoch
Bauzeit: 57 Wochen
Kennwerte: bis 3. Ebene DIN 276

BGF 2.769 €/m²

Planung: Ingenieurbüro Nebe; Frankenberg

veröffentlicht: BKI Objektdaten N18

Objektübersicht zur Gebäudeart

1300-0311 Bürogebäude (17 AP)

BRI 2.481 m³ **BGF** 741 m² **NUF** 403 m²

Bürogebäude mit 17 Arbeitsplätzen. Massivbau.

Land: Niedersachsen
Kreis: Oldenburg, Stadt
Standard: hoch
Bauzeit: 57 Wochen
Kennwerte: bis 1. Ebene DIN 276

BGF 3.037 €/m²

Planung: Otto Architektur; Oldenburg

veröffentlicht: BKI Objektdaten N20

1300-0307 Bürogebäude (15 AP)

BRI 2.851 m³ **BGF** 562 m² **NUF** 390 m²

Bürogebäude mit 15 Arbeitsplätzen. Mischkonstruktion.

Land: Schleswig-Holstein
Kreis: Dithmarschen
Standard: hoch
Bauzeit: 52 Wochen
Kennwerte: bis 1. Ebene DIN 276

BGF 4.512 €/m²

Planung: Steinwender Architekten GmbH; Heide

veröffentlicht: BKI Objektdaten N20

1300-0300 Verwaltungsgebäude (40 AP)

BRI 5.166 m³ **BGF** 1.508 m² **NUF** 963 m²

Verwaltungsgebäude mit Staffelgeschoss für 40 Mitarbeitende. Stahlbeton.

Land: Nordrhein-Westfalen
Kreis: Wesel
Standard: hoch
Bauzeit: 70 Wochen
Kennwerte: bis 1. Ebene DIN 276

BGF 3.272 €/m²

Planung: r|eese a|rchitekten; Moers

veröffentlicht: BKI Objektdaten N20

1300-0287 Büro- und Verwaltungsgebäude (10 AP)

BRI 2.298 m³ **BGF** 679 m² **NUF** 424 m²

Büro- und Verwaltungsgebäude in Hotelanlage integriert. Massivbau.

Land: Mecklenburg-Vorpommern
Kreis: Vorpommern-Greifswald
Standard: hoch
Bauzeit: 70 Wochen
Kennwerte: bis 1. Ebene DIN 276

BGF 4.062 €/m²

Planung: Achim Dreischmeier Architekt BDA und Stadtplaner; Ostseebad Koserow

veröffentlicht: BKI Objektdaten N18

€/m² BGF

min	2.240	€/m²
von	2.745	€/m²
Mittel	**3.410**	**€/m²**
bis	4.435	€/m²
max	5.960	€/m²

Kosten:
Stand 1. Quartal 2025
Bundesdurchschnitt
inkl. 19% MwSt.

Objektübersicht zur Gebäudeart

1300-0278 Verwaltungsgebäude Technologiezentrum (152 AP)

BRI 17.559 m³ **BGF** 4.337 m² **NUF** 3.135 m²

Technologiezentrum mit 152 Arbeitsplätzen. Stahlbeton.

Land: Niedersachsen
Kreis: Hannover, Region
Standard: hoch
Bauzeit: 65 Wochen
Kennwerte: bis 1. Ebene DIN 276

BGF 3.814 €/m²

Planung: htm.a Hartmann Architektur GmbH; Hannover

veröffentlicht: BKI Objektdaten N18

1300-0294 Bürogebäude (238 AP)

BRI 22.926 m³ **BGF** 6.663 m² **NUF** 4.604 m²

Bürogebäude mit Caféteria für ein IT-Entwicklungsunternehmen mit 238 Arbeitsplätzen. Massivbau.

Land: Niedersachsen
Kreis: Ammerland
Standard: hoch
Bauzeit: 122 Wochen
Kennwerte: bis 1. Ebene DIN 276

BGF 3.143 €/m²

Planung: kbg architekten bagge grothoff halupzok; Oldenburg

veröffentlicht: BKI Objektdaten N19

1300-0252 Verwaltungsgebäude (34 AP)*

BRI 2.272 m³ **BGF** 653 m² **NUF** 387 m²

Verwaltungsgebäude mit Doppelbüros für 34 Arbeitsplätze. Stb-Skelettbau.

Land: Schleswig-Holstein
Kreis: Schleswig-Flensburg
Standard: mittel
Bauzeit: 74 Wochen
Kennwerte: bis 3. Ebene DIN 276

BGF 5.611 €/m²

Planung: architekturbüro p. sindram Architekt Paul Sindram; Schleswig

veröffentlicht: BKI Objektdaten E8
* Nicht in der Auswertung enthalten

1300-0271 Bürogebäude (350 AP), TG (45 STP)

BRI 30.073 m³ **BGF** 8.385 m² **NUF** 5.706 m²

Bürogebäude mit ca. 350 Arbeitsplätzen, Gastronomie im Erdgeschoss und Tiefgarage mit 45 Stellplätzen. Stb-Skelettbau.

Land: Berlin
Kreis: Berlin, Stadt
Standard: hoch
Bauzeit: 130 Wochen
Kennwerte: bis 3. Ebene DIN 276

BGF 3.229 €/m²

Planung: AHM Architekten; Berlin

veröffentlicht: BKI Objektdaten N18

1300-0253 Bürogebäude (40 AP)

BRI 4.306 m³ **BGF** 1.143 m² **NUF** 744 m²

Bürogebäude für 40 Arbeitsplätze. Stahlbeton.

Land: Niedersachsen
Kreis: Hannover, Region
Standard: hoch
Bauzeit: 83 Wochen
Kennwerte: bis 3. Ebene DIN 276

BGF 4.043 €/m²

Planung: htm.a Hartmann Architektur GmbH; Hannover

veröffentlicht: BKI Objektdaten N17

1300-0257 Bürogebäude (50 AP)

BRI 10.788 m³ **BGF** 3.080 m² **NUF** 2.077 m²

Bürogebäude mit Einzelbüros. Stb-Skelettbau.

Land: Berlin
Kreis: Berlin, Stadt
Standard: hoch
Bauzeit: 83 Wochen
Kennwerte: bis 1. Ebene DIN 276

BGF 4.536 €/m²

Planung: Hüffer.Ramin Architekten; Berlin

veröffentlicht: BKI Objektdaten N17

1300-0286 Büro- und Verwaltungsgebäude (80 AP)

BRI 9.771 m³ **BGF** 2.861 m² **NUF** 1.619 m²

Büro- und Verwaltungsgebäude mit 80 Arbeitsplätzen und einer Wohneinheit mit 126m² Wohnfläche. Stahlbeton.

Land: Rheinland-Pfalz
Kreis: Mayen-Koblenz
Standard: hoch
Bauzeit: 69 Wochen
Kennwerte: bis 1. Ebene DIN 276

BGF 2.368 €/m²

Planung: PLANFAKTUR ARCHITEKTEN BDA PartGmbB; Montabaur

veröffentlicht: BKI Objektdaten N19

1300-0256 Verwaltungszentrum (121 AP), TG (8 STP)

BRI 20.750 m³ **BGF** 5.559 m² **NUF** 3.344 m²

Verwaltungszentrum der Bürgerdienste (121 AP). Massivbau.

Land: Baden-Württemberg
Kreis: Ulm, Stadt
Standard: hoch
Bauzeit: 122 Wochen
Kennwerte: bis 1. Ebene DIN 276

BGF 3.226 €/m²

Planung: Bez + Kock Architekten; Stuttgart

veröffentlicht: BKI Objektdaten N17

€/m² BGF

min	2.240	€/m²
von	2.745	€/m²
Mittel	**3.410**	**€/m²**
bis	4.435	€/m²
max	5.960	€/m²

Kosten:
Stand 1. Quartal 2025
Bundesdurchschnitt
inkl. 19% MwSt.

Objektübersicht zur Gebäudeart

1300-0240 Büro- und Wohngebäude - Effizienzhaus 40 PLUS

BRI 1.142 m³ **BGF** 324 m² **NUF** 242 m²

Büro mit sechs Arbeitsplätzen und Loftwohnung. Stb-Massivbau.

Land: Baden-Württemberg
Kreis: Tübingen
Standard: hoch
Bauzeit: 26 Wochen
Kennwerte: bis 3. Ebene DIN 276

BGF 2.503 €/m²

Planung: Architekt Rainer Graf Architektur + Energiekonzepte; Ofterdingen

veröffentlicht: BKI Objektdaten E8

1300-0241 Entwicklungs- und Verwaltungszentrum

BRI 18.460 m³ **BGF** 5.142 m² **NUF** 3.345 m²

Entwicklungs- und Verwaltungszentrum (160 AP). Stb-Skelettbau.

Land: Nordrhein-Westfalen
Kreis: Bochum, Stadt
Standard: hoch
Bauzeit: 48 Wochen
Kennwerte: bis 1. Ebene DIN 276

BGF 2.266 €/m²

Planung: Kemper Steiner & Partner Architekten GmbH; Bochum

veröffentlicht: BKI Objektdaten N16

1300-0265 Bürogebäude (70 AP), Praxis (18 AP)

BRI 8.945 m³ **BGF** 2.726 m² **NUF** 1.602 m²

Bürogebäude (70 AP) mit Arztpraxis (18 AP) und OP-Zentrum. Stb-Skelettbauweise.

Land: Bremen
Kreis: Bremen, Stadt
Standard: hoch
Bauzeit: 104 Wochen
Kennwerte: bis 1. Ebene DIN 276

BGF 2.438 €/m²

Planung: Gruppe GME Architekten BDA; Achim

veröffentlicht: BKI Objektdaten N17

1300-0264 Verwaltungsgebäude (52 AP)

BRI 9.993 m³ **BGF** 2.577 m² **NUF** 1.595 m²

Verwaltungsgebäude mit 52 Arbeitsplätzen. Stahlbeton.

Land: Niedersachsen
Kreis: Osnabrück, Stadt
Standard: hoch
Bauzeit: 100 Wochen
Kennwerte: bis 1. Ebene DIN 276

BGF 5.961 €/m²

Planung: Riemann Gesellschaft von Architekten mbH; Lübeck

veröffentlicht: BKI Objektdaten E9

1300-0234 Bürogebäude (38 AP)

BRI 4.593 m³ **BGF** 1.224 m² **NUF** 728 m²

Bürogebäude für 38 Arbeitsplätze. Massivbau.

Land: Hessen
Kreis: Fulda
Standard: hoch
Bauzeit: 48 Wochen
Kennwerte: bis 3. Ebene DIN 276

BGF **2.621 €/m²**

Planung: Sturm und Wartzeck GmbH Architekten BDA Innenarchitekten; Dipperz

veröffentlicht: BKI Objektdaten N18

1300-0244 Verwaltungs- und Hörsaalgebäude (53 AP)

BRI 9.588 m³ **BGF** 2.593 m² **NUF** 1.472 m²

Verwaltung- und Hörsaalgebäude mit 53 Arbeitsplätzen, zwei Hörsälen (je 120 Sitzplätze) und fünf Seminarräumen (je 30 Sitzplätze). Massivbau.

Land: Bayern
Kreis: Landshut
Standard: hoch
Bauzeit: 104 Wochen
Kennwerte: bis 1. Ebene DIN 276

BGF **3.893 €/m²**

Planung: POS architekten ZT gmbh; Wien

veröffentlicht: BKI Objektdaten N16

1300-0230 Bürogebäude (144 AP), Gastronomie, TG (29 STP)

BRI 20.436 m³ **BGF** 5.503 m² **NUF** 3.802 m²

Bürogebäude mit 144 Arbeitsplätzen, Tiefgarage (29 STP) und Gastronomie mit 120 Sitzplätzen. Massivbau.

Land: Bremen
Kreis: Bremen, Stadt
Standard: hoch
Bauzeit: 52 Wochen
Kennwerte: bis 1. Ebene DIN 276

BGF **2.860 €/m²**

Planung: dt+p Architekten und Ingenieure GmbH; Bremen

veröffentlicht: BKI Objektdaten N16

1300-0225 Bürogebäude (44 AP)

BRI 6.484 m³ **BGF** 1.784 m² **NUF** 1.011 m²

Bürogebäude mit Netzleitstelle (44 AP). MW-Massivbau.

Land: Mecklenburg-Vorpommern
Kreis: Schwerin, Stadt
Standard: hoch
Bauzeit: 52 Wochen
Kennwerte: bis 3. Ebene DIN 276

BGF **3.446 €/m²**

Planung: Dipl.-Ing. Architekt E. Schneekloth + Partner; Schwerin

veröffentlicht: BKI Objektdaten N15

Büro- und Verwaltungsgebäude, hoher Standard

€/m² BGF

min	2.240	€/m²
von	2.745	€/m²
Mittel	**3.410**	**€/m²**
bis	4.435	€/m²
max	5.960	€/m²

Kosten:
Stand 1. Quartal 2025
Bundesdurchschnitt
inkl. 19% MwSt.

Objektübersicht zur Gebäudeart

1300-0233 Büro- und Ausstellungsgebäude (32 AP)

BRI 6.947 m³ **BGF** 1.884 m² **NUF** 1.107 m²

Büro- und Ausstellungsgebäude mit bis zu 32 Arbeitsplätzen. Stb-Konstruktion.

Land: Baden-Württemberg
Kreis: Ludwigsburg
Standard: hoch
Bauzeit: 113 Wochen
Kennwerte: bis 1. Ebene DIN 276

BGF 3.106 €/m²

Planung: fmb architekten Norman Binder, Andreas-Thomas Mayer; Stuttgart

veröffentlicht: BKI Objektdaten N16

1300-0248 Bürogebäude (405 AP)

BRI 46.127 m³ **BGF** 12.780 m² **NUF** 8.244 m²

Bürogebäude mit 405 Arbeitsplätzen und TG-Stellplätzen (122 St). Mauerwerksbau.

Land: Hessen
Kreis: Wiesbaden, Stadt
Standard: hoch
Bauzeit: 87 Wochen
Kennwerte: bis 1. Ebene DIN 276

BGF 2.242 €/m²

Planung: grabowski.spork GmbH; Wiesbaden

veröffentlicht: BKI Objektdaten E8

1300-0220 Bürogebäude Bankfiliale (26 AP)

BRI 6.918 m³ **BGF** 1.842 m² **NUF** 1.140 m²

Kompetenzzentrum einer Bank. Stb-Massivbau.

Land: Baden-Württemberg
Kreis: Göppingen
Standard: hoch
Bauzeit: 78 Wochen
Kennwerte: bis 3. Ebene DIN 276

BGF 3.893 €/m²

Planung: dauner rommel schalk architekten; Göppingen

veröffentlicht: BKI Objektdaten N15

1300-0222 Bürogebäude (130 AP)

BRI 10.677 m³ **BGF** 3.663 m² **NUF** 2.502 m²

Bürogebäude mit 130 Arbeitsplätzen. Stb-Skelettbau.

Land: Brandenburg
Kreis: Brandenburg a.d. Havel
Standard: hoch
Bauzeit: 100 Wochen
Kennwerte: bis 3. Ebene DIN 276

BGF 3.311 €/m²

Planung: Dr. Krekeler Generalplaner GmbH; Brandenburg an der Havel

veröffentlicht: BKI Objektdaten E7

1300-0219 Bürogebäude (72 AP), Hochschule

BRI 7.952 m³ **BGF** 2.201 m² **NUF** 1.085 m²

Bürogebäude für eine Hochschule mit Einzelbüros und Seminarräumen (72 AP). Stb-Konstruktion.

Land: Nordrhein-Westfalen
Kreis: Köln, Stadt
Standard: hoch
Bauzeit: 82 Wochen*
Kennwerte: bis 1. Ebene DIN 276

BGF 4.184 €/m²

Planung: Heinle, Wischer und Partner Freie Architekten GbR; Köln

veröffentlicht: BKI Objektdaten E7
* Nicht in der Auswertung enthalten

1300-0184 Pforte*

BRI 265 m³ **BGF** 104 m² **NUF** 47 m²

Pforte mit Pförtnerraum, Arztzimmer, Wartebereich und WC. Stb-Konstruktion.

Land: Baden-Württemberg
Kreis: Neckar-Odenwald-Kreis
Standard: hoch
Bauzeit: 26 Wochen
Kennwerte: bis 1. Ebene DIN 276

BGF 4.209 €/m²

Planung: Link Architekten; Walldürn

veröffentlicht: BKI Objektdaten N12
* Nicht in der Auswertung enthalten

1300-0189 Verwaltungsgebäude (60 AP)

BRI 11.570 m³ **BGF** 3.233 m² **NUF** 2.325 m²

Verwaltungsgebäude mit 60 Arbeitsplätzen. Stb-Skelettkonstruktion.

Land: Nordrhein-Westfalen
Kreis: Duisburg, Stadt
Standard: hoch
Bauzeit: 74 Wochen
Kennwerte: bis 1. Ebene DIN 276

BGF 3.056 €/m²

Planung: Gruppe GME Architekten BDA; Achim

veröffentlicht: BKI Objektdaten N12

1300-0188 Bürogebäude (120 AP), TG (20 STP)

BRI 12.500 m³ **BGF** 3.550 m² **NUF** 2.396 m²

Bürogebäude mit 120 Arbeitsplätzen und höchsten Nachhaltigkeitsstandards. Stb-Konstruktion.

Land: Baden-Württemberg
Kreis: Stuttgart, Stadt
Standard: hoch
Bauzeit: 78 Wochen
Kennwerte: bis 1. Ebene DIN 276

BGF 2.480 €/m²

Planung: blocher partners GmbH; Stuttgart

veröffentlicht: BKI Objektdaten N12

€/m² BGF

min	2.240	€/m²
von	2.745	€/m²
Mittel	**3.410**	**€/m²**
bis	4.435	€/m²
max	5.960	€/m²

Kosten:
Stand 1. Quartal 2025
Bundesdurchschnitt
inkl. 19% MwSt.

Objektübersicht zur Gebäudeart

1300-0202 Verwaltungsgebäude (30 AP)

BRI 6.568 m³ | **BGF** 1.728 m² | **NUF** 1.119 m²

© Hampel Kotzur & Kollegen

Verwaltungsgebäude (30 AP) mit Großraumbüros, Laboren und Archiv. Massivbau.

Land: Brandenburg
Kreis: Cottbus, Stadt
Standard: hoch
Bauzeit: 70 Wochen
Kennwerte: bis 1. Ebene DIN 276

BGF 3.604 €/m²

Planung: Hampel Kotzur & Kollegen Architekten und Ingenieure; Cottbus

veröffentlicht: BKI Objektdaten E6

1300-0190 Rathaus

BRI 4.035 m³ | **BGF** 1.103 m² | **NUF** 609 m²

© Toni Ott

Verwaltungsgebäude mit zwölf Arbeitsplätzen. Stb-Konstruktion.

Land: Bayern
Kreis: Pfaffenhofen a.d. Ilm
Standard: hoch
Bauzeit: 83 Wochen
Kennwerte: bis 1. Ebene DIN 276

BGF 3.629 €/m²

Planung: Eck-Fehmi-Zett Architekten BDA; Landshut

veröffentlicht: BKI Objektdaten N12

1300-0131 Bürogebäude

BRI 1.827 m³ | **BGF** 478 m² | **NUF** 311 m²

© Architekt Rüdiger Schmitt

Bürogebäude. Mauerwerksbau.

Land: Rheinland-Pfalz
Kreis: Mainz, Stadt
Standard: hoch
Bauzeit: 52 Wochen
Kennwerte: bis 3. Ebene DIN 276

BGF 3.798 €/m²

Planung: Dipl.-Ing. Architekt Rüdiger Schmitt; Mainz

veröffentlicht: www.bki.de

1300-0128 Bürogebäude

BRI 10.308 m³ | **BGF** 2.350 m² | **NUF** 1.678 m²

© modus.architekten

Bürogebäude für eine Rundfunkanstalt mit 160 Mitarbeitenden. Stb-Konstruktion mit Stb-Decken und Flachdach.

Land: Brandenburg
Kreis: Potsdam, Stadt
Standard: hoch
Bauzeit: 57 Wochen
Kennwerte: bis 3. Ebene DIN 276

BGF 5.394 €/m²

Planung: modus.architekten Dipl.-Ing. Holger Kalla; Potsdam

veröffentlicht: www.bki.de

1300-0120 Bürogebäude, Wohnen (1 WE)

BRI 6.971 m³ **BGF** 1.836 m² **NUF** 1.268 m²

Bürogebäude mit Archiv und Wohnung (155m² WFL). Mauerwerksbau.

Land: Hessen
Kreis: Main-Taunus-Kreis
Standard: hoch
Bauzeit: 52 Wochen
Kennwerte: bis 3. Ebene DIN 276

BGF **4.115 €/m²**

Planung: Planergruppe Hytrek, Thomas, Weyell und Weyell GmbH; Wiesbaden

veröffentlicht: www.bki.de

1300-0129 Bürogebäude - Passivhaus

BRI 32.233 m³ **BGF** 8.374 m² **NUF** 5.425 m²

Bürogebäude für 420 Mitarbeitende im Passivhausstandard. Stb-Skelettbau mit vorgehängten Holzfassadenelementen.

Land: Baden-Württemberg
Kreis: Ulm, Stadt
Standard: hoch
Bauzeit: 92 Wochen
Kennwerte: bis 3. Ebene DIN 276

BGF **2.830 €/m²**

Planung: oehler + arch kom architekten ingenieure; Bretten

veröffentlicht: www.bki.de

Büro- und Verwaltungsgebäude, Holzbauweise

Kostenkennwerte für die Kosten des Bauwerks (Kostengruppen 300+400 nach DIN 276)

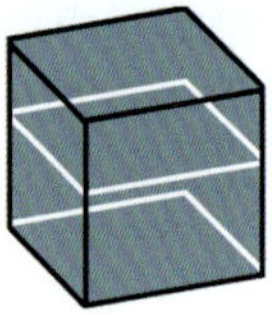

BRI 755 €/m³
von 540 €/m³
bis 1.055 €/m³

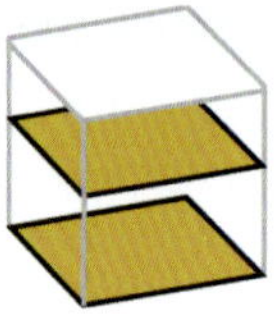

BGF 3.010 €/m²
von 2.220 €/m²
bis 4.655 €/m²

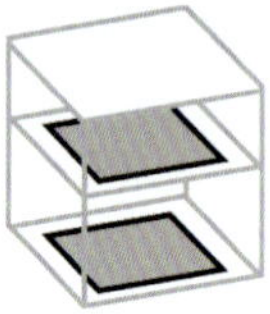

NUF 4.310 €/m²
von 2.965 €/m²
bis 6.380 €/m²

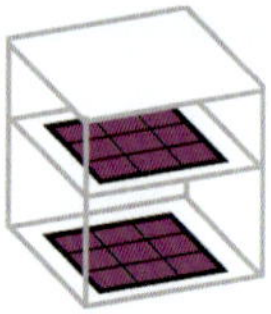

NE 86.980 €/NE
von 50.995 €/NE
bis 127.620 €/NE
NE: Arbeitsplätze

Kosten:
Stand 1. Quartal 2025
Bundesdurchschnitt
inkl. 19% MwSt.

Objektbeispiele

1300-0316

1300-0318

1300-0292

Kosten der 12 Vergleichsobjekte

Seiten 204 bis 207

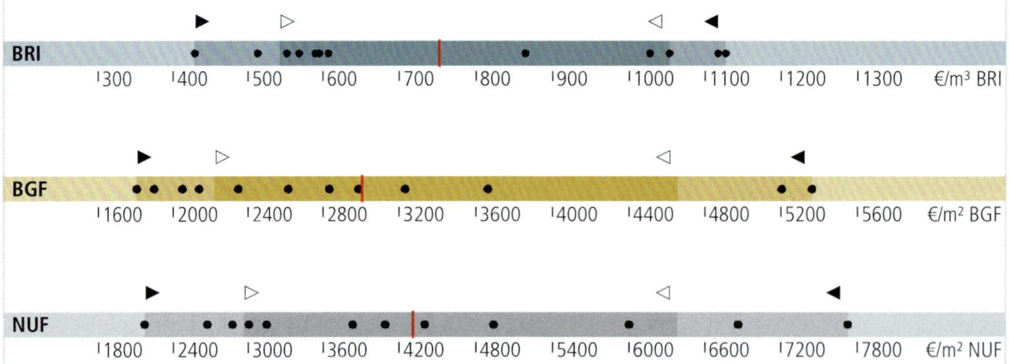

- ● KKW
- ▶ min
- ▷ von
- | Mittelwert
- ◁ bis
- ◀ max

Kostenkennwerte für die Kostengruppen der 1. und 2.Ebene DIN 276

KG	Kostengruppen der 1.Ebene	Einheit	▷	€/Einheit	◁	▷	% an 300+400	◁
100	Grundstück	m^2 GF	–	**–**	–	–	**–**	–
200	Vorbereitende Maßnahmen	m^2 GF	< 1	**< 1**	< 1	0,2	**0,6**	1,7
300	Bauwerk – Baukonstruktionen	m^2 BGF	1.736	**2.380**	3.765	71,7	**78,8**	84,5
400	Bauwerk – Technische Anlagen	m^2 BGF	432	**630**	1.092	15,5	**21,2**	28,3
	Bauwerk 300+400	m^2 BGF	2.219	**3.010**	4.655	100,0	**100,0**	100,0
500	Außenanlagen und Freiflächen	m^2 AF	23	**78**	133	1,1	**2,6**	5,6
600	Ausstattung und Kunstwerke	m^2 BGF	7	**14**	21	0,3	**0,5**	0,6
700	Baunebenkosten*	m^2 BGF	623	**695**	767	21,0	**23,4**	25,8 ◁
800	Finanzierung	m^2 BGF	–	**–**	–	–	**–**	–

* Auf Grundlage der HOAI 2021 berechnete Werte nach §§ 35, 52, 56. Weitere Informationen siehe Seite 56

KG	Kostengruppen der 2.Ebene	Einheit	▷	€/Einheit	◁	▷	% an 1.Ebene	◁
310	Baugrube / Erdbau	m^3 BGI	34	**66**	102	0,4	**0,7**	1,7
320	Gründung, Unterbau	m^2 GRF	432	**526**	649	6,8	**14,6**	18,1
330	Außenwände / vertikal außen	m^2 AWF	467	**657**	890	27,7	**32,7**	38,7
340	Innenwände / vertikal innen	m^2 IWF	219	**330**	463	5,8	**13,3**	16,1
350	Decken / horizontal	m^2 DEF	409	**524**	710	3,8	**12,9**	20,9
360	Dächer	m^2 DAF	515	**632**	980	13,2	**19,2**	34,0
370	Infrastrukturanlagen		–	**–**	–	–	**–**	–
380	Baukonstruktive Einbauten	m^2 BGF	46	**58**	70	0,0	**1,6**	3,3
390	Sonst. Maßnahmen für Baukonst.	m^2 BGF	67	**94**	171	4,0	**5,0**	7,7
300	**Bauwerk – Baukonstruktionen**	**m^2 BGF**					**100,0**	
410	Abwasser-, Wasser-, Gasanlagen	m^2 BGF	50	**67**	80	8,2	**12,3**	16,8
420	Wärmeversorgungsanlagen	m^2 BGF	110	**130**	140	4,4	**19,1**	34,4
430	Raumlufttechnische Anlagen	m^2 BGF	41	**129**	216	7,5	**19,0**	28,7
440	Elektrische Anlagen	m^2 BGF	121	**223**	276	32,4	**37,7**	42,9
450	Kommunikationstechnische Anlagen	m^2 BGF	20	**45**	118	3,9	**6,3**	11,7
460	Förderanlagen	m^2 BGF	–	**20**	–	0,0	**0,5**	2,0
470	Nutzungsspez. / verfahrenstech. Anl.	m^2 BGF	–	**< 1**	–	0,0	**< 0,1**	< 0,1
480	Gebäude- und Anlagenautomation	m^2 BGF	43	**78**	112	0,0	**4,8**	9,9
490	Sonst. Maßnahmen f. techn. Anl.	m^2 BGF	3	**4**	5	0,0	**0,3**	0,6
400	**Bauwerk – Technische Anlagen**	**m^2 BGF**					**100,0**	

Prozentanteile der Kosten 2.Ebene an den Kosten des Bauwerks nach DIN 276 (Von/Mittel/Bis)

KG	Kostengruppe	%
310	Baugrube / Erdbau	0,5
320	Gründung, Unterbau	11,3
330	Außenwände / vertikal außen	24,7
340	Innenwände / vertikal innen	10,2
350	Decken / horizontal	9,5
360	Dächer	14,8
370	Infrastrukturanlagen	
380	Baukonstruktive Einbauten	1,2
390	Sonst. Maßnahmen für Baukonst.	3,7
410	Abwasser-, Wasser-, Gasanlagen	2,9
420	Wärmeversorgungsanlagen	3,9
430	Raumlufttechnische Anlagen	5,1
440	Elektrische Anlagen	9,1
450	Kommunikationstechnische Anlagen	1,6
460	Förderanlagen	0,2
470	Nutzungsspez. / verfahrenstech. Anl.	< 0,1
480	Gebäude- und Anlagenautomation	1,4
490	Sonst. Maßnahmen f. techn. Anl.	< 0,1

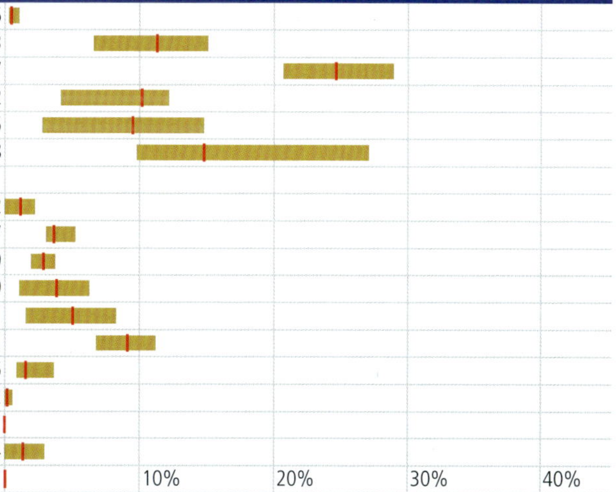

 Erläuterungen zu den Tabellen siehe Seite 54 und 56 Kostenstand: 1. Quartal 2025, Bundesdurchschnitt, **inkl. 19% MwSt.**

Kosten:
Stand 1. Quartal 2025
Bundesdurchschnitt
inkl. 19% MwSt.

Prozentanteile der Kosten für Leistungsbereiche nach STLB (Kosten Bauwerk nach DIN 276)

LB	Leistungsbereiche	▷	% an 300+400	◁
000	Baustellen-, Verkehrssich.- u. Sicherh.einr. inkl. 001	2,4	**3,3**	4,4
002	Erdarbeiten	0,5	**1,2**	1,8
006	Spezialtiefbauarbeiten inkl. 005	0,2	**1,1**	3,7
009	Entwässerungskanalarbeiten inkl. 011	0,2	**0,4**	0,7
010	Drän- und Versickerarbeiten	0,0	**0,2**	0,8
012	Mauerarbeiten	< 0,1	**1,5**	5,9
013	Betonarbeiten	7,4	**12,6**	19,0
014	Natur-, Betonwerksteinarbeiten	0,0	**0,6**	1,3
016	Zimmer- und Holzbauarbeiten	7,8	**12,8**	17,5
017	Stahlbauarbeiten	< 0,1	**0,4**	0,7
018	Abdichtungsarbeiten	< 0,1	**0,6**	1,1
020	Dachdeckungsarbeiten	–	**–**	–
021	Dachabdichtungsarbeiten	3,7	**5,4**	7,4
022	Klempnerarbeiten	0,7	**1,5**	2,4
	Rohbau	37,2	**41,6**	46,8
023	Putz- und Stuckarbeiten, Wärmedämmsysteme	0,7	**3,1**	5,5
024	Fliesen- und Plattenarbeiten	0,2	**0,6**	0,9
025	Estricharbeiten	0,7	**2,1**	3,5
026	Fenster, Außentüren inkl. 029, 032	3,6	**7,1**	10,5
027	Tischlerarbeiten	0,9	**4,0**	7,1
028	Parkettarbeiten, Holzpflasterarbeiten	0,2	**1,0**	3,2
030	Rollladenarbeiten	0,3	**1,1**	1,9
031	Metallbauarbeiten inkl. 035	3,6	**6,0**	11,7
034	Maler- und Lackiererarbeiten inkl. 037	0,1	**1,2**	1,6
036	Bodenbelagarbeiten	0,5	**1,9**	3,8
038	Vorgehängte hinterlüftete Fassaden	0,0	**2,0**	4,1
039	Trockenbauarbeiten	3,9	**4,5**	4,9
	Ausbau	32,4	**34,6**	36,4
040	Wärmeversorgungsanl. - Betriebseinr. inkl. 041	1,0	**3,7**	6,1
042	Gas- und Wasserinstallation, Leitungen inkl. 043	0,4	**0,5**	0,8
044	Abwasseranlagen - Leitungen, Abläufe, Armaturen	0,3	**0,5**	0,8
045	GWE - Einrichtungsgegenstände inkl. 046	1,0	**1,4**	2,4
047	Dämm- und Brandschutzarbeiten an techn. Anlagen	0,2	**0,6**	1,6
049	Feuerlöschanlagen, Feuerlöschgeräte	0,0	**< 0,1**	< 0,1
050	Blitzschutz- und Erdungsanlagen	0,2	**0,3**	0,4
052	Mittelspannungsanlagen	0,0	**0,2**	0,9
053	Niederspannungsanlagen inkl. 054	4,2	**6,9**	9,8
055	Sicherheits- und Ersatzstromversorgungsanlagen	0,0	**0,3**	1,0
057	Gebäudesystemtechnik	–	**–**	–
058	Leuchten und Lampen inkl. 059	0,4	**1,4**	2,5
060	Such-, Signal-, elektroakust. Anl., Med. inkl. 064	< 0,1	**0,5**	1,8
061	Kommunikations- und Übertragungsnetze inkl. 062	0,7	**0,9**	1,1
063	Gefahrenmeldeanlagen	< 0,1	**0,2**	0,9
069	Aufzüge	0,0	**0,2**	0,6
070	Gebäudeautomation	0,0	**1,4**	3,0
075	Raumlufttechnische Anlagen inkl. 078	1,6	**4,7**	7,8
	Gebäudetechnik	18,3	**23,6**	29,0
	Sonstige Leistungsbereiche inkl. 008, 033, 051	0,1	**0,2**	0,5

- ● KKW
- ▶ min
- ▷ von
- | Mittelwert
- ◁ bis
- ◀ max

 Erläuterungen zu den Tabellen siehe Seite 58

Planungskennwerte für Flächen und Rauminhalte nach DIN 277

Grundflächen		▷	Fläche/NUF (%)	◁	▷	Fläche/BGF (%)	◁
NUF	Nutzungsfläche	100,0	**100,0**	100,0	64,3	**71,1**	76,6
TF	Technikfläche	2,9	**3,5**	4,3	1,9	**2,4**	2,8
VF	Verkehrsfläche	13,7	**18,3**	31,9	8,7	**11,8**	17,4
NRF	Netto-Raumfläche	116,6	**121,0**	136,0	82,0	**84,7**	87,1
KGF	Konstruktions-Grundfläche	18,8	**22,2**	25,7	12,9	**15,3**	18,0
BGF	Brutto-Grundfläche	134,1	**143,2**	161,0	100,0	**100,0**	100,0

Brutto-Rauminhalte		▷	BRI/NUF (m)	◁	▷	BRI/BGF (m)	◁
BRI	Brutto-Rauminhalt	5,21	**5,75**	6,23	3,74	**4,05**	4,35

Flächen von Nutzeinheiten	▷	NUF/Einheit (m²)	◁	▷	BGF/Einheit (m²)	◁
Nutzeinheit: Arbeitsplätze	20,53	**23,98**	35,15	28,39	**34,02**	44,55

Lufttechnisch behandelte Flächen	▷	Fläche/NUF (%)	◁	▷	Fläche/BGF (%)	◁
Entlüftete Fläche	–	**–**	–	–	**–**	–
Be- und entlüftete Fläche	–	**–**	–	–	**–**	–
Teilklimatisierte Fläche	–	**–**	–	–	**–**	–
Klimatisierte Fläche	–	**–**	–	–	**–**	–

KG	Kostengruppen (2. Ebene)	Einheit	▷	Menge/NUF	◁	▷	Menge/BGF	◁
310	Baugrube / Erdbau	m³ BGI	0,27	**0,35**	0,35	0,16	**0,22**	0,22
320	Gründung, Unterbau	m² GRF	0,60	**0,73**	0,73	0,42	**0,55**	0,55
330	Außenwände / vertikal außen	m² AWF	1,21	**1,39**	1,47	0,92	**0,97**	1,03
340	Innenwände / vertikal innen	m² IWF	0,90	**1,12**	1,22	0,59	**0,78**	0,92
350	Decken / horizontal	m² DEF	0,90	**0,92**	0,92	0,56	**0,58**	0,58
360	Dächer	m² DAF	0,70	**0,83**	0,83	0,51	**0,64**	0,64
370	Infrastrukturanlagen		–	**–**	–	–	**–**	–
380	Baukonstruktive Einbauten	m² BGF	1,34	**1,43**	1,61	1,00	**1,00**	1,00
390	Sonst. Maßnahmen für Baukonst.	m² BGF	1,34	**1,43**	1,61	1,00	**1,00**	1,00
300	**Bauwerk – Baukonstruktionen**	**m² BGF**	1,34	**1,43**	1,61	1,00	**1,00**	1,00

Planungskennwerte für Bauzeiten — 12 Vergleichsobjekte

Bauzeit in Wochen

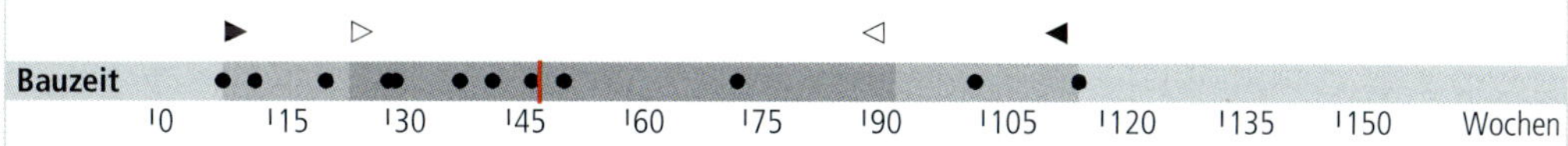

€/m² BGF

min	1.805	€/m²
von	2.220	€/m²
Mittel	**3.010**	**€/m²**
bis	4.655	€/m²
max	5.365	€/m²

Kosten:
Stand 1. Quartal 2025
Bundesdurchschnitt
inkl. 19% MwSt.

Objektübersicht zur Gebäudeart

1300-0318 Bürogebäude (29 AP), Forschung (5 AP)

BRI 11.351 m³ **BGF** 2.364 m² **NUF** 1.848 m²

Bürogebäude mit 29 Arbeitsplätzen sowie Forschungsbereich mit fünf Arbeitsplätzen. Holzbau.

Land: Nordrhein-Westfalen
Kreis: Siegen-Wittgenstein
Standard: hoch
Bauzeit: 104 Wochen
Kennwerte: bis 1. Ebene DIN 276

BGF 5.364 €/m²

Planung: pwpMAS Architekten PartG mbB; Darmstadt

veröffentlicht: BKI Objektdaten S6

1300-0305 Bürogebäude (13 AP)

BRI 1.948 m³ **BGF** 405 m² **NUF** 281 m²

Bürogebäude mit 13 Arbeitsplätzen. Holzbau.

Land: Rheinland-Pfalz
Kreis: Rhein-Hunsrück-Kreis
Standard: hoch
Bauzeit: 43 Wochen
Kennwerte: bis 1. Ebene DIN 276

BGF 2.831 €/m²

Planung: Dillig Architekten GmbH; Simmern

veröffentlicht: BKI Objektdaten N20

1300-0266 Bürocontainer (3 AP)

BRI 332 m³ **BGF** 72 m² **NUF** 48 m²

Pavillon mit drei Büro-Arbeitsplätzen. Holztafelbau, Stahlbau.

Land: Hessen
Kreis: Offenbach am Main, Stadt
Standard: einfach
Bauzeit: 9 Wochen
Kennwerte: bis 1. Ebene DIN 276

BGF 5.203 €/m²

Planung: freiraum4plus; Wiesbaden

veröffentlicht: BKI Objektdaten N17

1300-0302 Amtsverwaltung (24 AP)*

BRI 3.671 m³ **BGF** 1.196 m² **NUF** 482 m²

Rathausneubau als Erweiterung der ortsansässigen Amtsverwaltung für 24 Arbeitsplätze. Holzbau.

Land: Mecklenburg-Vorpommern
Kreis: Ludwigslust-Parchim
Standard: hoch
Bauzeit: 122 Wochen
Kennwerte: bis 1. Ebene DIN 276

BGF 4.837 €/m²

Planung: ppp architekten + stadtplaner gmbh; Lübeck

veröffentlicht: BKI Objektdaten N20
* Nicht in der Auswertung enthalten

Objektübersicht zur Gebäudeart

1300-0292 Landratsamt (136 AP), TG (19 STP)

BRI 17.068 m³ **BGF** 4.569 m² **NUF** 2.458 m²

Landratsamt mit Kfz-Zulassungsstelle, Gesundheitsamt und IT-Abteilung. Holzbau.

Land: Baden-Württemberg
Kreis: Biberach
Standard: hoch
Bauzeit: 117 Wochen
Kennwerte: bis 3. Ebene DIN 276

BGF 3.228 €/m²

Planung: ArGe Gurland+Seher+Rapp Architekten; Biberach a.d. Riss

veröffentlicht: BKI Objektdaten N19

1300-0259 Bürogebäude (30 AP)

BRI 4.373 m³ **BGF** 858 m² **NUF** 746 m²

Bürogebäude mit 30 Arbeitsplätzen. Mischkonstruktion.

Land: Baden-Württemberg
Kreis: Zollernalbkreis
Standard: hoch
Bauzeit: 52 Wochen
Kennwerte: bis 3. Ebene DIN 276

BGF 2.612 €/m²

Planung: RAINER GRAF architekten GmbH; Ofterdingen

veröffentlicht: BKI Objektdaten E9

1300-0254 Bürogebäude (8 AP)

BRI 755 m³ **BGF** 226 m² **NUF** 161 m²

Bürogebäude für acht Arbeitsplätze. Holzrahmenbau.

Land: Hessen
Kreis: Fulda
Standard: einfach
Bauzeit: 22 Wochen
Kennwerte: bis 3. Ebene DIN 276

BGF 1.897 €/m²

Planung: AW+ Planungsgesellschaft mbH; Eiterfeld

veröffentlicht: BKI Objektdaten E9

1300-0235 Bürogebäude (12 AP)

BRI 742 m³ **BGF** 255 m² **NUF** 173 m²

Büro mit zwölf Arbeitsplätzen. Massivholzbau.

Land: Hessen
Kreis: Groß-Gerau
Standard: mittel
Bauzeit: 31 Wochen
Kennwerte: bis 1. Ebene DIN 276

BGF 2.989 €/m²

Planung: MIND Architects Collective; Bischofsheim

veröffentlicht: BKI Objektdaten N17

€/m² BGF

min	1.805	€/m²
von	2.220	€/m²
Mittel	**3.010**	**€/m²**
bis	4.655	€/m²
max	5.365	€/m²

Kosten:
Stand 1. Quartal 2025
Bundesdurchschnitt
inkl. 19% MwSt.

Objektübersicht zur Gebäudeart

1300-0249 Verwaltungsgebäude (42 AP)

BRI 8.340 m³ **BGF** 2.323 m² **NUF** 1.293 m²

Büro- und Verwaltungsgebäude für die Organisationen und Einrichtungen der Forst-, Holz- und Landwirtschaft (42 AP). Holzskelettbau, Massivholzbau.

Land: Bayern
Kreis: Oberallgäu
Standard: mittel
Bauzeit: 74 Wochen
Kennwerte: bis 1. Ebene DIN 276

BGF 2.136 €/m²

Planung: f64 Architekten und Stadtplaner PartGmbB; Kempten

veröffentlicht: BKI Objektdaten N17

1300-0203 Bürogebäude (17 AP)

BRI 1.370 m³ **BGF** 250 m² **NUF** 187 m²

Bürogebäude für max. 17 Arbeitsplätze. Holzrahmenbau.

Land: Bayern
Kreis: Kulmbach
Standard: mittel
Bauzeit: 13 Wochen
Kennwerte: bis 1. Ebene DIN 276

BGF 2.346 €/m²

Planung: 2wei Plus architekten GmbH; Bamberg

veröffentlicht: BKI Objektdaten E6

1300-0210 Büro- und Präsentationsgebäude (6 AP)

BRI 914 m³ **BGF** 263 m² **NUF** 195 m²

Büro- und Präsentationsgebäude mit sechs Arbeitsplätzen. Mischkonstruktion, Stahlbeton, Holzrahmenbau.

Land: Niedersachsen
Kreis: Osnabrück
Standard: hoch
Bauzeit: 39 Wochen
Kennwerte: bis 1. Ebene DIN 276

BGF 3.662 €/m²

Planung: Architekturbüro W. Poggemann, Architekt u. Bauing.; Georgsmarienhütte

veröffentlicht: BKI Objektdaten E6

1300-0166 Verwaltungsgebäude, TG - Passivhaus

BRI 4.287 m³ **BGF** 1.441 m² **NUF** 1.198 m²

Verwaltungsgebäude (60 AP) mit Tiefgarage (15 STP) als Passivhaus. Mischkonstruktion, Stahlbeton, Holzrahmenbau.

Land: Nordrhein-Westfalen
Kreis: Wesel
Standard: einfach
Bauzeit: 30 Wochen
Kennwerte: bis 1. Ebene DIN 276

BGF 1.805 €/m²

Planung: Neuhaus & Bassfeld GmbH; Dinslaken

veröffentlicht: BKI Objektdaten E5

1300-0146 Verwaltungsgebäude

BRI 2.864 m³ | **BGF** 772 m² | **NUF** 550 m²

Verwaltungsgebäude. Mauerwerk, Holzrahmenbau.

Land: Saarland
Kreis: St. Wendel
Standard: mittel
Bauzeit: 48 Wochen
Kennwerte: bis 3. Ebene DIN 276

BGF **2.048 €/m²**

Planung: S.I.G. SCHROLL CONSULT GmbH Dipl.-Ing. (FH) Sven Schroll; Saarbrücken

veröffentlicht: BKI Objektdaten N10

Kostenkennwerte für die Kosten des Bauwerks (Kostengruppen 300+400 nach DIN 276)

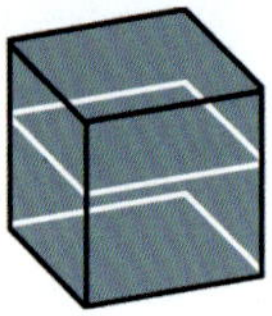

BRI 945 €/m³
von 720 €/m³
bis 1.235 €/m³

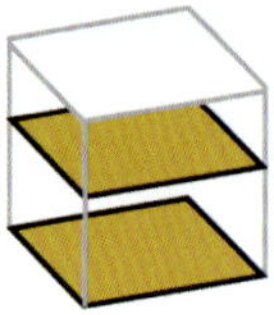

BGF 4.190 €/m²
von 3.055 €/m²
bis 5.555 €/m²

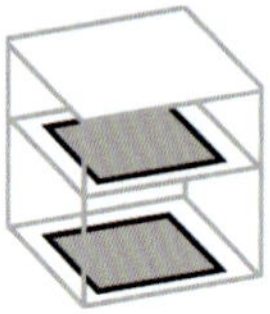

NUF 7.760 €/m²
von 5.185 €/m²
bis 11.680 €/m²

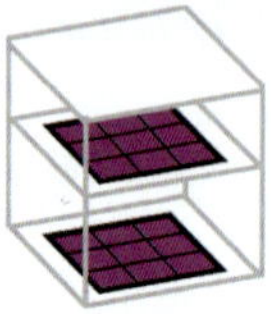

NE 267.560 €/NE
von 140.145 €/NE
bis 615.055 €/NE
NE: Arbeitsplätze

Objektbeispiele

Kosten:
Stand 1. Quartal 2025
Bundesdurchschnitt
inkl. 19% MwSt.

2200-0062

2200-0063

2200-0064

7100-0059

2200-0041

2200-0039

Kosten der 38 Vergleichsobjekte

Seiten 212 bis 221

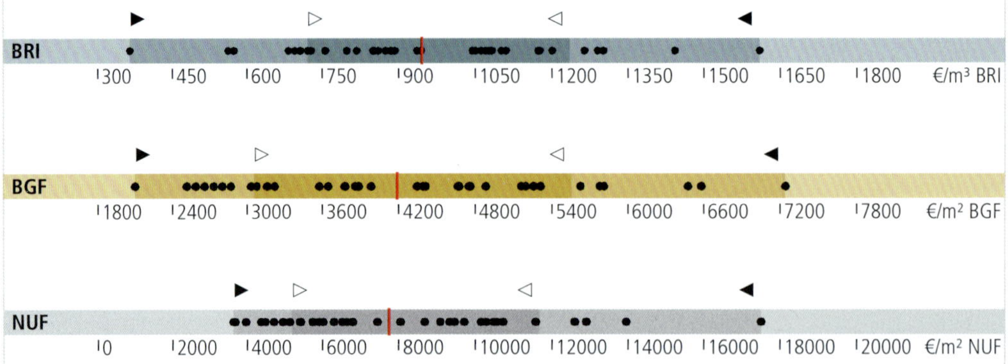

- ● KKW
- ▶ min
- ▷ von
- | Mittelwert
- ◁ bis
- ◀ max

Kostenkennwerte für die Kostengruppen der 1. und 2.Ebene DIN 276

KG	Kostengruppen der 1. Ebene	Einheit	▷	€/Einheit	◁	▷	% an 300+400	◁
100	Grundstück	m2 GF	–	**–**	–	–	**–**	–
200	Vorbereitende Maßnahmen	m2 GF	17	**72**	347	0,7	**2,2**	6,7
300	Bauwerk – Baukonstruktionen	m2 BGF	1.912	**2.467**	3.062	51,7	**60,9**	73,9
400	Bauwerk – Technische Anlagen	m2 BGF	994	**1.722**	2.750	26,1	**39,1**	48,3
	Bauwerk 300+400	m2 BGF	3.053	**4.189**	5.553	100,0	**100,0**	100,0
500	Außenanlagen und Freiflächen	m2 AF	131	**337**	747	3,0	**6,1**	10,2
600	Ausstattung und Kunstwerke	m2 BGF	32	**162**	890	0,8	**3,8**	20,5
700	Baunebenkosten*	m2 BGF	832	**889**	946	20,0	**21,4**	22,8 ◁
800	Finanzierung	m2 BGF	–	**–**	–	–	**–**	–

* Auf Grundlage der HOAI 2021 berechnete Werte nach §§ 35, 52, 56. Weitere Informationen siehe Seite 56

KG	Kostengruppen der 2. Ebene	Einheit	▷	€/Einheit	◁	▷	% an 1. Ebene	◁
310	Baugrube / Erdbau	m3 BGI	48	**75**	155	0,3	**0,8**	1,4
320	Gründung, Unterbau	m2 GRF	404	**457**	513	10,9	**14,2**	17,4
330	Außenwände / vertikal außen	m2 AWF	593	**817**	1.094	31,2	**36,0**	41,0
340	Innenwände / vertikal innen	m2 IWF	336	**429**	536	12,4	**16,6**	18,2
350	Decken / horizontal	m2 DEF	604	**662**	831	7,5	**12,6**	18,2
360	Dächer	m2 DAF	350	**464**	509	13,2	**14,0**	14,7
370	Infrastrukturanlagen		–	**–**	–	–	**–**	–
380	Baukonstruktive Einbauten	m2 BGF	–	**47**	–	0,0	**0,5**	1,9
390	Sonst. Maßnahmen für Baukonst.	m2 BGF	69	**108**	140	3,6	**5,4**	7,1
300	**Bauwerk – Baukonstruktionen**	**m2 BGF**					**100,0**	
410	Abwasser-, Wasser-, Gasanlagen	m2 BGF	69	**118**	265	4,7	**7,1**	10,0
420	Wärmeversorgungsanlagen	m2 BGF	95	**199**	456	6,6	**11,3**	16,8
430	Raumlufttechnische Anlagen	m2 BGF	407	**625**	1.200	28,0	**39,4**	50,1
440	Elektrische Anlagen	m2 BGF	164	**233**	386	8,5	**17,4**	24,0
450	Kommunikationstechnische Anlagen	m2 BGF	30	**87**	111	3,9	**5,5**	7,1
460	Förderanlagen	m2 BGF	–	**26**	–	0,0	**0,5**	2,1
470	Nutzungsspez. / verfahrenstech. Anl.	m2 BGF	194	**277**	442	5,0	**13,5**	34,8
480	Gebäude- und Anlagenautomation	m2 BGF	41	**90**	182	1,2	**4,6**	8,8
490	Sonst. Maßnahmen f. techn. Anl.	m2 BGF	4	**23**	42	< 0,1	**0,5**	1,7
400	**Bauwerk – Technische Anlagen**	**m2 BGF**					**100,0**	

Prozentanteile der Kosten 2.Ebene an den Kosten des Bauwerks nach DIN 276 (Von/Mittel/Bis)

KG	Kostengruppe	%
310	Baugrube / Erdbau	0,4
320	Gründung, Unterbau	8,2
330	Außenwände / vertikal außen	20,5
340	Innenwände / vertikal innen	9,7
350	Decken / horizontal	7,6
360	Dächer	8,1
370	Infrastrukturanlagen	
380	Baukonstruktive Einbauten	0,2
390	Sonst. Maßnahmen für Baukonst.	3,0
410	Abwasser-, Wasser-, Gasanlagen	3,0
420	Wärmeversorgungsanlagen	4,9
430	Raumlufttechnische Anlagen	16,4
440	Elektrische Anlagen	7,0
450	Kommunikationstechnische Anlagen	2,4
460	Förderanlagen	0,2
470	Nutzungsspez. / verfahrenstech. Anl.	6,0
480	Gebäude- und Anlagenautomation	2,0
490	Sonst. Maßnahmen f. techn. Anl.	0,2

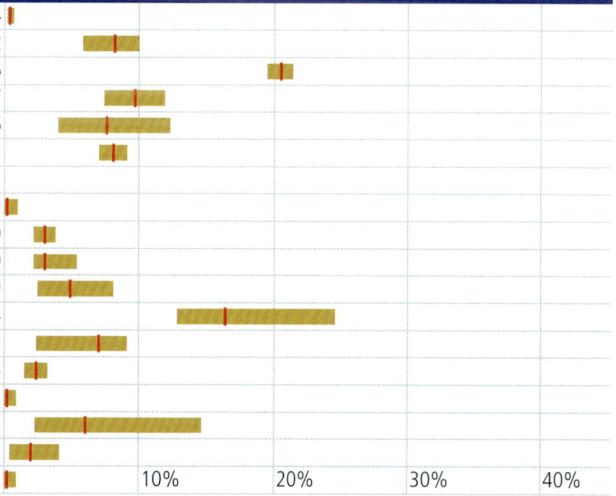

 Kostenstand: 1. Quartal 2025, Bundesdurchschnitt, **inkl. 19% MwSt.**

Kosten:
Stand 1. Quartal 2025
Bundesdurchschnitt
inkl. 19% MwSt.

Prozentanteile der Kosten für Leistungsbereiche nach STLB (Kosten Bauwerk nach DIN 276)

LB	Leistungsbereiche	▷	% an 300+400	◁
000	Baustellen-, Verkehrssich.- u. Sicherh.einr. inkl. 001	2,0	**3,2**	4,9
002	Erdarbeiten	0,3	**0,9**	1,7
006	Spezialtiefbauarbeiten inkl. 005	0,0	**0,2**	1,0
009	Entwässerungskanalarbeiten inkl. 011	0,2	**0,5**	1,4
010	Drän- und Versickerarbeiten	< 0,1	**0,2**	0,8
012	Mauerarbeiten	0,4	**1,5**	3,2
013	Betonarbeiten	10,9	**12,9**	14,6
014	Natur-, Betonwerksteinarbeiten	< 0,1	**0,3**	0,8
016	Zimmer- und Holzbauarbeiten	0,0	**0,3**	1,4
017	Stahlbauarbeiten	0,3	**1,8**	3,9
018	Abdichtungsarbeiten	< 0,1	**0,4**	0,8
020	Dachdeckungsarbeiten	0,0	**0,3**	1,4
021	Dachabdichtungsarbeiten	2,4	**3,1**	3,9
022	Klempnerarbeiten	< 0,1	**0,5**	0,9
	Rohbau	17,6	**26,1**	28,6
023	Putz- und Stuckarbeiten, Wärmedämmsysteme	1,0	**1,4**	2,0
024	Fliesen- und Plattenarbeiten	0,4	**1,1**	1,4
025	Estricharbeiten	0,9	**1,3**	1,6
026	Fenster, Außentüren inkl. 029, 032	5,2	**9,7**	15,9
027	Tischlerarbeiten	0,7	**1,7**	3,1
028	Parkettarbeiten, Holzpflasterarbeiten	0,0	**< 0,1**	0,2
030	Rollladenarbeiten	0,0	**0,5**	0,9
031	Metallbauarbeiten inkl. 035	2,4	**4,1**	5,8
034	Maler- und Lackiererarbeiten inkl. 037	0,9	**1,7**	2,9
036	Bodenbelagarbeiten	0,9	**1,2**	2,2
038	Vorgehängte hinterlüftete Fassaden	0,0	**5,4**	9,5
039	Trockenbauarbeiten	1,3	**3,9**	5,5
	Ausbau	26,4	**32,0**	36,5
040	Wärmeversorgungsanl. - Betriebseinr. inkl. 041	2,8	**4,8**	8,3
042	Gas- und Wasserinstallation, Leitungen inkl. 043	0,5	**1,5**	3,0
044	Abwasseranlagen - Leitungen, Abläufe, Armaturen	0,3	**1,0**	2,4
045	GWE - Einrichtungsgegenstände inkl. 046	0,2	**1,0**	2,4
047	Dämm- und Brandschutzarbeiten an techn. Anlagen	1,2	**1,3**	1,8
049	Feuerlöschanlagen, Feuerlöschgeräte	< 0,1	**< 0,1**	0,1
050	Blitzschutz- und Erdungsanlagen	< 0,1	**0,2**	0,5
052	Mittelspannungsanlagen	–	**–**	–
053	Niederspannungsanlagen inkl. 054	3,6	**6,4**	10,4
055	Sicherheits- und Ersatzstromversorgungsanlagen	–	**–**	–
057	Gebäudesystemtechnik	0,0	**0,2**	1,0
058	Leuchten und Lampen inkl. 059	< 0,1	**1,3**	2,5
060	Such-, Signal-, elektroakust. Anl., Med. inkl. 064	< 0,1	**0,8**	3,7
061	Kommunikations- und Übertragungsnetze inkl. 062	0,5	**2,0**	8,2
063	Gefahrenmeldeanlagen	< 0,1	**1,1**	1,8
069	Aufzüge	0,0	**0,6**	1,8
070	Gebäudeautomation	< 0,1	**0,9**	2,2
075	Raumlufttechnische Anlagen inkl. 078	9,7	**16,0**	24,3
	Gebäudetechnik	29,5	**39,1**	45,8
	Sonstige Leistungsbereiche inkl. 008, 033, 051	0,3	**2,8**	12,7

- ● KKW
- ▶ min
- ▷ von
- | Mittelwert
- ◁ bis
- ◀ max

 Erläuterungen zu den Tabellen siehe Seite 58

Planungskennwerte für Flächen und Rauminhalte nach DIN 277

Grundflächen		▷	Fläche/NUF (%)	◁	▷	Fläche/BGF (%)	◁
NUF	Nutzungsfläche	100,0	**100,0**	100,0	52,1	**56,7**	62,9
TF	Technikfläche	15,4	**19,9**	34,3	7,8	**10,2**	15,2
VF	Verkehrsfläche	27,1	**33,9**	40,9	15,0	**18,2**	21,0
NRF	Netto-Raumfläche	143,2	**153,8**	170,9	81,8	**85,2**	87,1
KGF	Konstruktions-Grundfläche	22,3	**27,1**	35,6	12,9	**14,8**	18,2
BGF	Brutto-Grundfläche	166,1	**180,9**	202,3	100,0	**100,0**	100,0

Brutto-Rauminhalte		▷	BRI/NUF (m)	◁	▷	BRI/BGF (m)	◁
BRI	Brutto-Rauminhalt	7,28	**8,05**	9,23	4,19	**4,46**	5,35

Flächen von Nutzeinheiten	▷	NUF/Einheit (m²)	◁	▷	BGF/Einheit (m²)	◁
Nutzeinheit: Arbeitsplätze	28,00	**35,01**	61,66	49,88	**62,66**	109,37

Lufttechnisch behandelte Flächen	▷	Fläche/NUF (%)	◁	▷	Fläche/BGF (%)	◁
Entlüftete Fläche	7,5	**11,8**	11,8	4,2	**6,8**	6,8
Be- und entlüftete Fläche	79,2	**89,9**	103,3	44,3	**49,5**	49,5
Teilklimatisierte Fläche	96,3	**96,3**	96,3	45,4	**45,4**	45,4
Klimatisierte Fläche	30,8	**30,8**	30,8	15,1	**15,1**	15,1

KG	Kostengruppen (2. Ebene)	Einheit	▷	Menge/NUF	◁	▷	Menge/BGF	◁
310	Baugrube / Erdbau	m³ BGI	0,29	**0,35**	0,35	0,19	**0,22**	0,22
320	Gründung, Unterbau	m² GRF	0,94	**0,97**	1,19	0,58	**0,62**	0,62
330	Außenwände / vertikal außen	m² AWF	1,27	**1,46**	1,46	0,84	**0,94**	0,94
340	Innenwände / vertikal innen	m² IWF	1,21	**1,21**	1,28	0,79	**0,79**	0,79
350	Decken / horizontal	m² DEF	0,55	**0,55**	0,58	0,37	**0,37**	0,39
360	Dächer	m² DAF	0,94	**0,96**	1,15	0,58	**0,62**	0,62
370	Infrastrukturanlagen		–	**–**	–	–	**–**	–
380	Baukonstruktive Einbauten	m² BGF	1,66	**1,81**	2,02	1,00	**1,00**	1,00
390	Sonst. Maßnahmen für Baukonst.	m² BGF	1,66	**1,81**	2,02	1,00	**1,00**	1,00
300	**Bauwerk – Baukonstruktionen**	**m² BGF**	1,66	**1,81**	2,02	1,00	**1,00**	1,00

Planungskennwerte für Bauzeiten — 36 Vergleichsobjekte

Bauzeit in Wochen

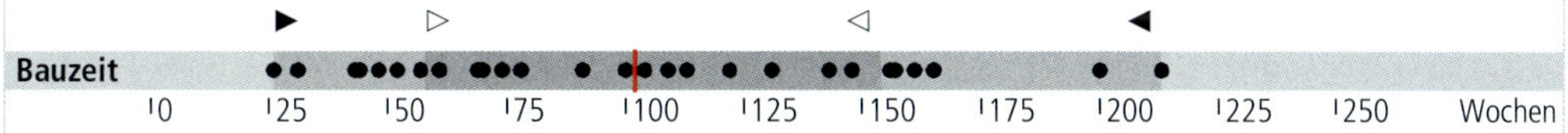

€/m² BGF

min	2.100	€/m²
von	3.055	€/m²
Mittel	**4.190**	**€/m²**
bis	5.555	€/m²
max	7.240	€/m²

Kosten:
Stand 1. Quartal 2025
Bundesdurchschnitt
inkl. 19% MwSt.

Objektübersicht zur Gebäudeart

2200-0064 Forschungsgebäude (110 AP)

BRI 40.182 m³ **BGF** 8.045 m² **NUF** 4.657 m²

Büro- und Forschungsgebäude mit Seminarbereichen, Laboren, Kantine und Kindertagesstätte. Massivbau.

Land: Bayern
Kreis: Würzburg, Stadt
Standard: hoch
Bauzeit: 148 Wochen
Kennwerte: bis 1. Ebene DIN 276

BGF **2.865 €/m²**

Planung: GKT-Architekten; Würzburg

veröffentlicht: BKI Objektdaten N20

2200-0062 Atelier-/Werkhallen, Veranstaltungshalle

BRI 15.576 m³ **BGF** 2.033 m² **NUF** 1.550 m²

Atelier- und Werkhallen für eine Kunsthochschule mit Multifunktionsnutzung für bis zu 400 Personen. Mischkonstruktion.

Land: Bremen
Kreis: Bremen, Stadt
Standard: einfach
Bauzeit: 57 Wochen
Kennwerte: bis 1. Ebene DIN 276

BGF **2.798 €/m²**

Planung: GSP Gerlach Schneider Partner Architekten mbB; Bremen

veröffentlicht: BKI Objektdaten N20

2200-0061 Institutsgebäude (189 AP), Hörsaal

BRI 16.691 m³ **BGF** 3.944 m² **NUF** 2.239 m²

Institutsgebäude mit Hörsälen, Verwaltung und Forschungslaboren. Stahlbeton.

Land: Mecklenburg-Vorpommern
Kreis: Rostock
Standard: mittel
Bauzeit: 165 Wochen
Kennwerte: bis 1. Ebene DIN 276

BGF **3.775 €/m²**

Planung: sehw architektur GmbH; Berlin

veröffentlicht: BKI Objektdaten N20

2200-0059 Laborgebäude (17 AP)

BRI 9.162 m³ **BGF** 1.794 m² **NUF** 940 m²

Testinghalle mit Laboren, Werkstätten und Werkstatthallen. Massivbau.

Land: Berlin
Kreis: Berlin, Stadt
Standard: hoch
Bauzeit: 113 Wochen
Kennwerte: bis 1. Ebene DIN 276

BGF **5.622 €/m²**

Planung: DGI Bauwerk Gesellschaft von Architekten mbH; Berlin

veröffentlicht: BKI Objektdaten N19

Objektübersicht zur Gebäudeart

2200-0063 Labor-/Bürogebäude, Prüffeldhalle (39 AP) | **BRI** 18.469 m³ | **BGF** 3.062 m² | **NUF** 1.761 m²

Labor- und Bürogebäude mit Prüffeldhalle inklusive Erdbebenprüfstand und Brandlabore mit 39 Arbeitsplätzen. Holzbau.

Land: Niedersachsen
Kreis: Braunschweig, Stadt
Standard: hoch
Bauzeit: 157 Wochen
Kennwerte: bis 1. Ebene DIN 276

BGF 7.242 €/m²

Planung: ZELUBA DGI Bauwerk Gesellschaft; Berlin

veröffentlicht: BKI Objektdaten N20

7100-0067 Labor- und Verwaltungsgebäude (80 AP) | **BRI** 16.415 m³ | **BGF** 3.482 m² | **NUF** 2.435 m²

Labor- und Verwaltungsgebäude mit 80 Arbeitsplätzen. Stb-Skelettbau.

Land: Sachsen
Kreis: Leipzig, Stadt
Standard: hoch
Bauzeit: 161 Wochen
Kennwerte: bis 1. Ebene DIN 276

BGF 4.408 €/m²

Planung: DENK ARCHITEKTEN INGENIEURE GmbH; Leipzig

veröffentlicht: BKI Objektdaten N19

2200-0057 Forschungsgebäude (80 AP) | **BRI** 23.824 m³ | **BGF** 4.834 m² | **NUF** 2.493 m²

Forschungsgebäude mit 80 Büro- und Laborarbeitsplätzen. Mischkonstruktion.

Land: Bayern
Kreis: Aschaffenburg
Standard: hoch
Bauzeit: 131 Wochen
Kennwerte: bis 1. Ebene DIN 276

BGF 5.308 €/m²

Planung: BHBVT Gesellschaft v. Architekten mbH; Berlin

veröffentlicht: BKI Objektdaten E9

7100-0061 Isotopenlabor (13 AP)* | **BRI** 5.007 m³ | **BGF** 1.224 m² | **NUF** 361 m²

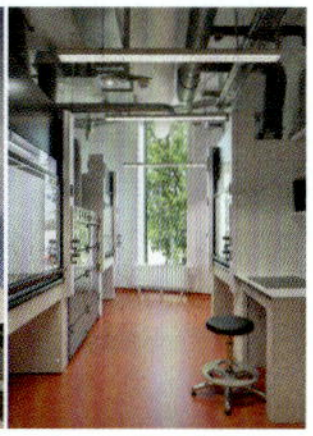

Isotopenlabor mit zehn Arbeitsplätzen im Labor und drei Arbeitsplätzen im Institut. Stb-Skelettbau.

Land: Schleswig-Holstein
Kreis: Lübeck, Stadt
Standard: hoch
Bauzeit: 126 Wochen
Kennwerte: bis 1. Ebene DIN 276

BGF 11.006 €/m²

Planung: hammeskrause architekten bda; Stuttgart

veröffentlicht: BKI Objektdaten N19
* Nicht in der Auswertung enthalten

Objektübersicht zur Gebäudeart

€/m² BGF

min	2.100	€/m²
von	3.055	€/m²
Mittel	**4.190**	**€/m²**
bis	5.555	€/m²
max	7.240	€/m²

Kosten:
Stand 1. Quartal 2025
Bundesdurchschnitt
inkl. 19% MwSt.

2200-0054 Institutsgebäude (25 AP)

BRI 2.221 m³ **BGF** 554 m² **NUF** 355 m²

© Kaiser Schweitzer Architekten

Institutsgebäude für den Fachbereich Architektur (25AP). Massivbau.

Land: Nordrhein-Westfalen
Kreis: Aachen, Städteregion
Standard: mittel
Bauzeit: 69 Wochen
Kennwerte: bis 1. Ebene DIN 276

BGF **3.781 €/m²**

Planung: Kaiser Schweitzer Architekten; Aachen

veröffentlicht: BKI Objektdaten N17

2200-0060 Forschungs- und Laborgebäude (275 AP)

BRI 91.551 m³ **BGF** 15.024 m² **NUF** 7.435 m²

© Gustav Williet

Technikum als Forschungs- und Laboreinrichtung mit Büro- und Seminargebäude des Deutschen Biomasseforschungszentrums (DBFZ) mit 275 Arbeitsplätzen. Holzbau.

Land: Sachsen
Kreis: Leipzig, Stadt
Standard: hoch
Bauzeit: 200 Wochen
Kennwerte: bis 1. Ebene DIN 276

BGF **5.192 €/m²**

Planung: Schulz und Schulz Architekten GmbH; Leipzig

veröffentlicht: BKI Objektdaten N19

2200-0058 Institutsgebäude (150 AP)

BRI 37.250 m³ **BGF** 8.393 m² **NUF** 4.136 m²

© Uwe Brodmann Fotografie

Institutsgebäude mit Laboren zur wissenschaftlichen Ausbildung und Forschung. Stahlbeton.

Land: Nordrhein-Westfalen
Kreis: Düsseldorf, Stadt
Standard: mittel
Bauzeit: 143 Wochen
Kennwerte: bis 1. Ebene DIN 276

BGF **4.664 €/m²**

Planung: Uniklinik Düsseldorf Schneider+Sendelbach Architektenges.; Braunschweig

veröffentlicht: BKI Objektdaten N18

7100-0054 Laborgebäude (23 AP)

BRI 2.230 m³ **BGF** 502 m² **NUF** 360 m²

Dentallabor für Zahntechnik (23 AP). Holzrahmen.

Land: Nordrhein-Westfalen
Kreis: Oberbergischer Kreis
Standard: mittel
Bauzeit: 26 Wochen
Kennwerte: bis 1. Ebene DIN 276

BGF **3.887 €/m²**

Planung: grau. architektur Dipl.-Ing. Architektin Petra Grau

veröffentlicht: BKI Objektdaten N16

Objektübersicht zur Gebäudeart

7100-0059 Laborgebäude (285 AP)

BRI 46.054 m³ **BGF** 10.547 m² **NUF** 5.283 m²

Laborgebäude mit acht Laboreinheiten und 285 Arbeitsplätzen. Massivbau.

Land: Berlin
Kreis: Berlin, Stadt
Standard: hoch
Bauzeit: 213 Wochen
Kennwerte: bis 1. Ebene DIN 276

BGF 4.676 €/m²

Planung: Staab Architekten GmbH; Berlin

veröffentlicht: BKI Objektdaten N17

2200-0051 Lehrsaalgebäude, Institut der Feuerwehr

BRI 18.438 m³ **BGF** 4.223 m² **NUF** 2.493 m²

Lehrsaalgebäude mit Büroräumen für ein Institut der Feuerwehr. Massivbau.

Land: Nordrhein-Westfalen
Kreis: Münster, Stadt
Standard: hoch
Bauzeit: 113 Wochen
Kennwerte: bis 1. Ebene DIN 276

BGF 3.860 €/m²

Planung: behet bondzio lin architekten GmbH & Co.KG; Münster

veröffentlicht: BKI Objektdaten N16

2200-0055 Labor- und Bürogebäude (80 AP)

BRI 61.468 m³ **BGF** 12.444 m² **NUF** 6.242 m²

Institut für Fischereiökologie und Seefischerei. Stb-Skelettbau.

Land: Bremen
Kreis: Bremerhaven, Stadt
Standard: hoch
Bauzeit: 157 Wochen
Kennwerte: bis 1. Ebene DIN 276

BGF 5.809 €/m²

Planung: Staab Architekten GmbH; Berlin

veröffentlicht: BKI Objektdaten N17

7100-0053 Laborgebäude (50 AP),

BRI 12.042 m³ **BGF** 2.803 m² **NUF** 1.896 m²

Labor- und Betriebsgebäude mit Verwaltungsteil (50 AP). Stahlbeton.

Land: Thüringen
Kreis: Jena, Stadt
Standard: hoch
Bauzeit: 48 Wochen
Kennwerte: bis 3. Ebene DIN 276

BGF 3.031 €/m²

Planung: sittig-architekten; Jena

veröffentlicht: BKI Objektdaten E7

€/m² BGF

min	2.100	€/m²
von	3.055	€/m²
Mittel	**4.190**	**€/m²**
bis	5.555	€/m²
max	7.240	€/m²

Kosten:
Stand 1. Quartal 2025
Bundesdurchschnitt
inkl. 19% MwSt.

Objektübersicht zur Gebäudeart

2200-0046 Forschungs- und Laborgebäude (250 AP)

BRI 38.114 m³ **BGF** 8.519 m² **NUF** 3.983 m²

Forschungs- und Laborgebäude mit 250 Arbeitsplätzen. Stb-Skelettbau.

Land: Berlin
Kreis: Berlin, Stadt
Standard: mittel
Bauzeit: 143 Wochen
Kennwerte: bis 1. Ebene DIN 276

BGF 4.750 €/m²

Planung: Bodamer Faber Architekten BDA (LPH 2-5); Stuttgart

veröffentlicht: BKI Objektdaten N16

2200-0042 Forschungs- und Entwicklungszentrum (138 AP)

BRI 18.946 m³ **BGF** 5.069 m² **NUF** 2.933 m²

Forschungs- und Entwicklungszentrum mit 138 Arbeitsplätzen. Mauerwerk.

Land: Nordrhein-Westfalen
Kreis: Siegen-Wittgenstein
Standard: mittel
Bauzeit: 43 Wochen
Kennwerte: bis 1. Ebene DIN 276

BGF 2.100 €/m²

Planung: Architekturbüro Dipl. Ing. M. Lobe; Wiesbaden

veröffentlicht: BKI Objektdaten N13

2200-0049 Bioforschungszentrum

BRI 10.704 m³ **BGF** 2.385 m² **NUF** 882 m²

Bioforschungszentrum (70 AP) mit zwei Laborebenen, teilweise mit metallfreien Räumen. Stahlbeton.

Land: Bayern
Kreis: Erlangen, Stadt
Standard: hoch
Bauzeit: 109 Wochen
Kennwerte: bis 1. Ebene DIN 276

BGF 6.473 €/m²

Planung: Grabow + Hofmann Architektenpartnerschaft BDA; Nürnberg

veröffentlicht: BKI Objektdaten N16

2200-0044 Labor- und Praktikumsgebäude

BRI 19.981 m³ **BGF** 5.039 m² **NUF** 2.675 m²

Institut für Pharmakologie, Pharmazie und Experimentelle Therapie mit 96 Mitarbeitenden und 130 Studierenden. Stb-Wände, Pfosten-Riegel-Fassade.

Land: Mecklenburg-Vorpommern
Kreis: Vorpommern-Greifswald
Standard: hoch
Bauzeit: 122 Wochen
Kennwerte: bis 1. Ebene DIN 276

BGF 5.160 €/m²

Planung: MHB GmbH; Rostock

veröffentlicht: BKI Objektdaten N15

2200-0050 Forschungsgebäude, Rechenzentrum (215 AP)

BRI 27.341 m³ **BGF** 6.923 m² **NUF** 3.343 m²

Forschungsgebäude und Rechenzentrum mit 215 Arbeitsplätzen. Stb-Konstruktion.

Land: Brandenburg
Kreis: Potsdam, Stadt
Standard: mittel
Bauzeit: 156 Wochen
Kennwerte: bis 1. Ebene DIN 276

BGF **4.386 €/m²**

Planung: BHBVT Gesellschaft von Architekten mbH; Berlin

veröffentlicht: BKI Objektdaten N16

2200-0041 Laborgebäude (312 AP)

BRI 22.355 m³ **BGF** 4.891 m² **NUF** 2.190 m²

Laborgebäude für die Fakultät Chemie und Physik, mit 312 Arbeitsplätzen. Massivbau.

Land: Sachsen
Kreis: Mittelsachsen
Standard: mittel
Bauzeit: 104 Wochen
Kennwerte: bis 1. Ebene DIN 276

BGF **5.775 €/m²**

Planung: CODE UNIQUE Architekten GmbH; Dresden

veröffentlicht: BKI Objektdaten N13

2200-0036 Laborgebäude für Umweltprüfungen (21 AP)

BRI 11.784 m³ **BGF** 2.621 m² **NUF** 1.535 m²

Laborgebäude für Umweltprüfungen mit Laborarbeitsplätzen und Büroräumen. Massivbau.

Land: Hessen
Kreis: Offenbach am Main, Stadt
Standard: mittel
Bauzeit: 44 Wochen
Kennwerte: bis 1. Ebene DIN 276

BGF **3.984 €/m²**

Planung: Architekturbüro Dipl. Ing. Manfred Lobe; Wiesbaden

veröffentlicht: BKI Objektdaten N13

2200-0043 Forschungslabor Mikroelektronik*

BRI 60.096 m³ **BGF** 11.757 m² **NUF** 2.753 m²

Forschungslabor der Mikroelektronik mit Reinräumen. Massivbau.

Land: Schleswig-Holstein
Kreis: Steinburg
Standard: mittel
Bauzeit: 135 Wochen
Kennwerte: bis 1. Ebene DIN 276

BGF **3.918 €/m²**

Planung: HTP Hidde Timmermann Architekten GmbH; Braunschweig

veröffentlicht: BKI Objektdaten N15
* Nicht in der Auswertung enthalten

€/m² BGF

min	2.100	€/m²
von	3.055	€/m²
Mittel	**4.190**	**€/m²**
bis	5.555	€/m²
max	7.240	€/m²

Kosten:
Stand 1. Quartal 2025
Bundesdurchschnitt
inkl. 19% MwSt.

Objektübersicht zur Gebäudeart

7100-0047 Büro-, Laborgebäude, Nanobioanalytik-Zentrum — BRI 21.345 m³ | BGF 5.553 m² | NUF 2.708 m²

© Werner Huthmacher

Büro- und Laborgebäude (Nano-Bioanalytik Zentrum) mit 100 Arbeitsplätzen. Massivbau.

Land: Nordrhein-Westfalen
Kreis: Münster, Stadt
Standard: mittel
Bauzeit: 78 Wochen
Kennwerte: bis 1. Ebene DIN 276

BGF 2.795 €/m²

Planung: Staab Architekten GmbH; Berlin

veröffentlicht: BKI Objektdaten E6

2200-0039 Laborgebäude (50 AP) — BRI 6.823 m³ | BGF 1.495 m² | NUF 1.075 m²

© Stefan Kiefer

Laborgebäude (S2 und S3 Labore) und Büroräume für Lebensmittel- und Umweltanalysen. Stb-Skelettkonstruktion.

Land: Bayern
Kreis: Regensburg
Standard: hoch
Bauzeit: 61 Wochen
Kennwerte: bis 1. Ebene DIN 276

BGF 3.880 €/m²

Planung: Architekten Brune+Brune; Göttingen

veröffentlicht: BKI Objektdaten N13

2200-0037 Laborgebäude (Hochschule) — BRI 6.167 m³ | BGF 1.485 m² | NUF 987 m²

© Stephan Schute

Laborgebäude für eine Hochschule mit 16 Arbeitsplätzen. Massivbau.

Land: Niedersachsen
Kreis: Osnabrück, Stadt
Standard: hoch
Bauzeit: 74 Wochen
Kennwerte: bis 1. Ebene DIN 276

BGF 4.339 €/m²

Planung: pbr Planungsbüro Rohling AG; Osnabrück

veröffentlicht: BKI Objektdaten N13

2200-0031 Lehr- und Lernzentrum, Kita (5 Gruppen), Café — BRI 11.481 m³ | BGF 3.453 m² | NUF 1.986 m²

© Thomas Ott, www.o2t.de

Lehr- und Lernzentrum für medizinische Lehre (39 AP) mit Kindertagesstätte (30 Kinder) und Café (28 Sitzplätze). Massivbau.

Land: Hessen
Kreis: Marburg-Biedenkopf
Standard: mittel
Bauzeit: 48 Wochen
Kennwerte: bis 1. Ebene DIN 276

BGF 2.511 €/m²

Planung: Artec Architekten; Marburg

veröffentlicht: BKI Objektdaten N12

Objektübersicht zur Gebäudeart

2200-0029 Verfügungsgebäude Ingenieurwissenschaften

BRI 11.479 m^3 **BGF** 2.748 m^2 **NUF** 1.506 m^2

© Schneider + Sendelbach Architektengesellschaft

Verfügungsgebäude für angewandte Ingenieurwissenschaften (86 Arbeitsplätze), Büros, Labore, Messräume. Stahlbeton-Massivbau.

Land: Saarland
Kreis: Saarbrücken, Regionalverband
Standard: mittel
Bauzeit: 61 Wochen
Kennwerte: bis 1. Ebene DIN 276

BGF **3.158 €/m^2**

Planung: Schneider + Sendelbach Architektenges. mbH; Braunschweig

veröffentlicht: BKI Objektdaten N12

2200-0026 Institutsgebäude Fischereiwesen

BRI 4.548 m^3 **BGF** 1.113 m^2 **NUF** 525 m^2

© Klemens Ortmeyer

Forschungseinrichtung mit 33 Laborplätzen. Stb-Skelettbau auf Pfahlgründung.

Land: Niedersachsen
Kreis: Cuxhaven
Standard: mittel
Bauzeit: 70 Wochen
Kennwerte: bis 1. Ebene DIN 276

BGF **6.578 €/m^2**

Planung: HTP Hidde Timmermann Partnerschaft; Braunschweig

veröffentlicht: BKI Objektdaten N12

2200-0045 Zentrum für Medien und Soziale Forschung

BRI 55.951 m^3 **BGF** 13.466 m^2 **NUF** 7.239 m^2

© Werner Huthmacher

Zentrum für Medien und Soziale Forschung mit Tiefgarage (100 STP). Stb-Konstruktion.

Land: Sachsen
Kreis: Mittelsachsen
Standard: hoch
Bauzeit: 217 Wochen*
Kennwerte: bis 1. Ebene DIN 276

BGF **3.573 €/m^2**

Planung: Georg Bumiller Ges. von Architekten mbH; Berlin

veröffentlicht: BKI Objektdaten N15
* Nicht in der Auswertung enthalten

7100-0041 Laborgebäude, Büros, Technikum

BRI 3.430 m^3 **BGF** 888 m^2 **NUF** 661 m^2

© aip vügten + partner GmbH

Laborgebäude mit Büroräumen, Produktionsraum, Musterversand. Stahlskelettkonstruktion.

Land: Niedersachsen
Kreis: Verden
Standard: mittel
Bauzeit: 31 Wochen
Kennwerte: bis 3. Ebene DIN 276

BGF **2.727 €/m^2**

Planung: aip vügten + partner GmbH; Bremen

veröffentlicht: BKI Objektdaten N11

Objektübersicht zur Gebäudeart

€/m² BGF

min	2.100	€/m²
von	3.055	€/m²
Mittel	**4.190**	**€/m²**
bis	5.555	€/m²
max	7.240	€/m²

Kosten:
Stand 1. Quartal 2025
Bundesdurchschnitt
inkl. 19% MwSt.

2200-0040 Instituts- und Bibliotheksgebäude (254 AP)

BRI 50.692 m³ **BGF** 12.579 m² **NUF** 7.889 m²

Institutsgebäude der philosophischen Fakultät mit Arbeits- und Seminarräumen sowie Bibliothek, Erweiterungsbau. Stb-Skelettbau in Mischbauweise.

Land: Niedersachsen
Kreis: Göttingen
Standard: hoch
Bauzeit: 100 Wochen
Kennwerte: bis 1. Ebene DIN 276

BGF 3.218 €/m²

Planung: Architekten Prof. Klaus Sill; Hamburg

veröffentlicht: BKI Objektdaten E6

2200-0038 Instituts- und Seminargebäude (115 AP)

BRI 22.217 m³ **BGF** 5.713 m² **NUF** 3.217 m²

Instituts- und Seminargebäude (zwei Baukörper) mit Hörsälen, Unterrichtsräumen, Konferenzraum, Seminarräumen und Büros. Stb-Konstruktion.

Land: Schleswig-Holstein
Kreis: Kiel, Stadt
Standard: mittel
Bauzeit: 91 Wochen
Kennwerte: bis 1. Ebene DIN 276

BGF 2.652 €/m²

Planung: Schnittger Architekten+ Partner GmbH; Kiel

veröffentlicht: BKI Objektdaten N13

2200-0030 Forschungszentrum

BRI 22.735 m³ **BGF** 5.579 m² **NUF** 2.773 m²

Forschungszentrum für Pharmakologie, Pharmazie und experimentelle Therapie. Stb-Konstruktion.

Land: Mecklenburg-Vorpommern
Kreis: Vorpommern-Greifswald
Standard: hoch
Bauzeit: 122 Wochen
Kennwerte: bis 1. Ebene DIN 276

BGF 5.256 €/m²

Planung: MHB GmbH; Rostock

veröffentlicht: BKI Objektdaten N12

2200-0028 Institutsgebäude

BRI 10.072 m³ **BGF** 2.290 m² **NUF** 1.258 m²

Institutsgebäude für ein astrophysikalisches Institut mit 48 Arbeitsplätzen. Stb-Konstruktion.

Land: Brandenburg
Kreis: Potsdam, Stadt
Standard: mittel
Bauzeit: 78 Wochen
Kennwerte: bis 1. Ebene DIN 276

BGF 4.763 €/m²

Planung: BHBVT Gesellschaft von Architekten mbH; Berlin

veröffentlicht: BKI Objektdaten N12

2200-0017 Hochschule

BRI 27.429 m³ **BGF** 7.376 m² **NUF** 4.804 m²

Neubau einer Hochschule mit insgesamt fünf Gebäuden: drei Atelierhäuser, Zentralgebäude mit Verwaltung und Seminartrakt, zentrales Caféteria-Gebäude mit Bibliothek. Ateliers: Massivholzbau; Caféteria, Verwaltung: Stahlbeton, Mauerwerk.

Land: Nordrhein-Westfalen
Kreis: Rhein-Sieg-Kreis
Standard: mittel
Bauzeit: 74 Wochen
Kennwerte: bis 1. Ebene DIN 276

BGF 2.583 €/m²

Planung: Freie Planungsgruppe 7; Stuttgart

veröffentlicht: BKI Objektdaten N10

2200-0016 Institutsgebäude

BRI 38.640 m³ **BGF** 9.061 m² **NUF** 3.735 m²

Institutsgebäude für Polymertechnik der Fraunhofer Gesellschaft. Stb-Skelettbau, Pfosten-Riegel-Fassade.

Land: Baden-Württemberg
Kreis: Karlsruhe
Standard: mittel
Bauzeit: 100 Wochen
Kennwerte: bis 1. Ebene DIN 276

BGF 3.073 €/m²

Planung: weinbrenner.single.arabzadeh ArchitektenWerkgemeinschaft; Nürtingen

veröffentlicht: www.bki.de

2200-0007 Physikalisches Institut

BRI 1.238 m³ **BGF** 278 m² **NUF** 169 m²

Forschungslabore, Büroräume. Mauerwerksbau.

Land: Bayern
Kreis: Würzburg, Stadt
Standard: mittel
Bauzeit: 52 Wochen
Kennwerte: bis 3. Ebene DIN 276

BGF 3.645 €/m²

Planung: Scholz & Völker Architektengemeinschaft; Würzburg

veröffentlicht: www.bki.de

2200-0009 Lehr- und Laborgebäude

BRI 10.856 m³ **BGF** 2.607 m² **NUF** 1.583 m²

Neubau mit Labor- und Seminarräumen als Erweiterung für eine Hochschule. Stb-Konstruktion.

Land: Thüringen
Kreis: Weimar, Stadt
Standard: hoch
Bauzeit: 243 Wochen*
Kennwerte: bis 3. Ebene DIN 276

BGF 4.885 €/m²

Planung: K+H Architekten Freie Architekten und Stadtplaner; Stuttgart

veröffentlicht: www.bki.de
* Nicht in der Auswertung enthalten

Verwaltung | Wissenschaft | Gesundheit | Bildung | Sport | Wohnen | Gewerbe | Versorgung | Kultur

Kostenkennwerte für die Kosten des Bauwerks (Kostengruppen 300+400 nach DIN 276)

BRI 785 €/m³
von 660 €/m³
bis 930 €/m³

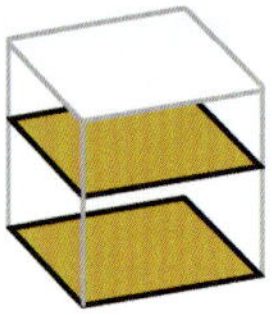

BGF 3.030 €/m²
von 2.380 €/m²
bis 3.785 €/m²

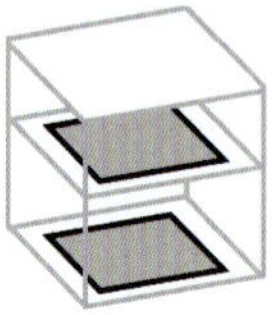

NUF 5.565 €/m²
von 4.150 €/m²
bis 7.865 €/m²

Kosten:
Stand 1. Quartal 2025
Bundesdurchschnitt
inkl. 19% MwSt.

Objektbeispiele

3500-0005

3300-0017

3300-0015

Kosten der 33 Vergleichsobjekte

Seiten 226 bis 234

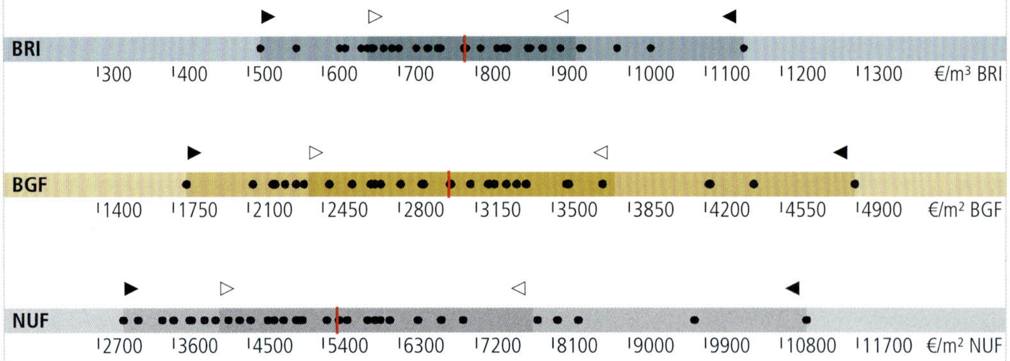

- ● KKW
- ▶ min
- ▷ von
- | Mittelwert
- ◁ bis
- ◀ max

Kostenstand: 1. Quartal 2025, Bundesdurchschnitt, **inkl. 19% MwSt.**

Kostenkennwerte für die Kostengruppen der 1. und 2. Ebene DIN 276

KG	Kostengruppen der 1. Ebene	Einheit	▷	€/Einheit	◁	▷	% an 300+400	◁
100	Grundstück	m²GF	–	**–**	–	–	**–**	–
200	Vorbereitende Maßnahmen	m²GF	10	**29**	67	0,7	**1,2**	2,4
300	Bauwerk – Baukonstruktionen	m²BGF	1.717	**2.081**	2.606	61,0	**69,5**	76,5
400	Bauwerk – Technische Anlagen	m²BGF	603	**947**	1.437	23,5	**30,5**	39,0
	Bauwerk 300+400	m²BGF	2.380	**3.028**	3.785	100,0	**100,0**	100,0
500	Außenanlagen und Freiflächen	m²AF	188	**444**	1.672	3,0	**6,0**	10,8
600	Ausstattung und Kunstwerke	m²BGF	63	**164**	407	1,8	**4,9**	10,3
700	Baunebenkosten*	m²BGF	624	**670**	716	20,7	**22,2**	23,7 ◁
800	Finanzierung	m²BGF	–	**–**	–	–	**–**	–

* Auf Grundlage der HOAI 2021 berechnete Werte nach §§ 35, 52, 56. Weitere Informationen siehe Seite 56

KG	Kostengruppen der 2. Ebene	Einheit	▷	€/Einheit	◁	▷	% an 1. Ebene	◁
310	Baugrube / Erdbau	m³BGI	65	**113**	199	2,7	**3,1**	3,9
320	Gründung, Unterbau	m²GRF	407	**509**	700	7,9	**9,7**	10,7
330	Außenwände / vertikal außen	m²AWF	588	**780**	888	25,4	**27,5**	31,2
340	Innenwände / vertikal innen	m²IWF	222	**307**	351	18,2	**22,5**	24,7
350	Decken / horizontal	m²DEF	393	**494**	555	12,5	**18,7**	22,3
360	Dächer	m²DAF	346	**568**	680	8,8	**11,2**	15,5
370	Infrastrukturanlagen		–	**–**	–	–	**–**	–
380	Baukonstruktive Einbauten	m²BGF	34	**45**	56	0,0	**1,6**	2,4
390	Sonst. Maßnahmen für Baukonst.	m²BGF	59	**96**	120	4,7	**5,6**	6,1
300	**Bauwerk – Baukonstruktionen**	**m²BGF**					**100,0**	
410	Abwasser-, Wasser-, Gasanlagen	m²BGF	95	**116**	130	13,7	**16,2**	20,6
420	Wärmeversorgungsanlagen	m²BGF	51	**63**	69	7,0	**9,0**	12,4
430	Raumlufttechnische Anlagen	m²BGF	13	**136**	216	2,2	**16,5**	23,6
440	Elektrische Anlagen	m²BGF	227	**268**	344	33,3	**36,8**	43,2
450	Kommunikationstechnische Anlagen	m²BGF	65	**81**	111	10,4	**10,9**	11,1
460	Förderanlagen	m²BGF	27	**45**	55	4,7	**6,3**	9,4
470	Nutzungsspez. / verfahrenstech. Anl.	m²BGF	–	**57**	–	0,0	**1,8**	5,3
480	Gebäude- und Anlagenautomation	m²BGF	15	**29**	43	0,0	**2,1**	3,5
490	Sonst. Maßnahmen f. techn. Anl.	m²BGF	3	**4**	5	0,1	**0,4**	1,0
400	**Bauwerk – Technische Anlagen**	**m²BGF**					**100,0**	

Prozentanteile der Kosten 2. Ebene an den Kosten des Bauwerks nach DIN 276 (Von/Mittel/Bis)

KG	Kostengruppe	%
310	Baugrube / Erdbau	2,1
320	Gründung, Unterbau	6,8
330	Außenwände / vertikal außen	19,2
340	Innenwände / vertikal innen	15,4
350	Decken / horizontal	12,7
360	Dächer	8,0
370	Infrastrukturanlagen	
380	Baukonstruktive Einbauten	1,1
390	Sonst. Maßnahmen für Baukonst.	3,9
410	Abwasser-, Wasser-, Gasanlagen	4,9
420	Wärmeversorgungsanlagen	2,7
430	Raumlufttechnische Anlagen	5,0
440	Elektrische Anlagen	11,3
450	Kommunikationstechnische Anlagen	3,3
460	Förderanlagen	2,0
470	Nutzungsspez. / verfahrenstech. Anl.	0,7
480	Gebäude- und Anlagenautomation	0,7
490	Sonst. Maßnahmen f. techn. Anl.	0,1

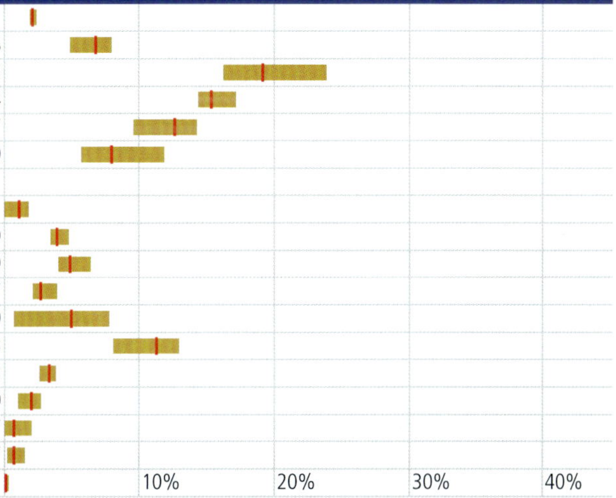

 Erläuterungen zu den Tabellen siehe Seite 54 und 56 Kostenstand: 1. Quartal 2025, Bundesdurchschnitt, **inkl. 19% MwSt.**

Prozentanteile der Kosten für Leistungsbereiche nach STLB (Kosten Bauwerk nach DIN 276)

LB	Leistungsbereiche	▷	% an 300+400	◁
000	Baustellen-, Verkehrssich.- u. Sicherh.einr. inkl. 001	2,3	**2,9**	3,5
002	Erdarbeiten	0,5	**2,2**	2,9
006	Spezialtiefbauarbeiten inkl. 005	0,0	**0,3**	1,3
009	Entwässerungskanalarbeiten inkl. 011	< 0,1	**0,5**	1,0
010	Drän- und Versickerarbeiten	0,0	**< 0,1**	< 0,1
012	Mauerarbeiten	1,2	**4,9**	8,7
013	Betonarbeiten	13,3	**15,3**	17,0
014	Natur-, Betonwerksteinarbeiten	0,0	**0,9**	1,2
016	Zimmer- und Holzbauarbeiten	0,4	**1,8**	3,2
017	Stahlbauarbeiten	< 0,1	**0,9**	1,9
018	Abdichtungsarbeiten	< 0,1	**0,3**	0,6
020	Dachdeckungsarbeiten	0,0	**< 0,1**	0,3
021	Dachabdichtungsarbeiten	1,9	**2,8**	3,7
022	Klempnerarbeiten	0,6	**1,3**	3,4
	Rohbau	29,4	**34,1**	38,4
023	Putz- und Stuckarbeiten, Wärmedämmsysteme	1,2	**2,6**	3,9
024	Fliesen- und Plattenarbeiten	0,9	**1,3**	1,8
025	Estricharbeiten	1,3	**1,6**	1,9
026	Fenster, Außentüren inkl. 029, 032	4,3	**7,3**	10,4
027	Tischlerarbeiten	0,9	**2,7**	3,4
028	Parkettarbeiten, Holzpflasterarbeiten	< 0,1	**0,5**	1,5
030	Rollladenarbeiten	0,2	**0,8**	1,2
031	Metallbauarbeiten inkl. 035	3,2	**3,8**	4,3
034	Maler- und Lackiererarbeiten inkl. 037	1,8	**2,7**	3,4
036	Bodenbelagarbeiten	1,3	**2,2**	3,0
038	Vorgehängte hinterlüftete Fassaden	1,2	**2,0**	2,9
039	Trockenbauarbeiten	7,3	**8,0**	8,6
	Ausbau	32,2	**35,3**	38,7
040	Wärmeversorgungsanl. - Betriebseinr. inkl. 041	2,0	**3,2**	4,7
042	Gas- und Wasserinstallation, Leitungen inkl. 043	0,7	**1,2**	1,8
044	Abwasseranlagen - Leitungen, Abläufe, Armaturen	0,8	**1,6**	2,5
045	GWE - Einrichtungsgegenstände inkl. 046	1,0	**1,8**	2,6
047	Dämm- und Brandschutzarbeiten an techn. Anlagen	0,7	**0,7**	0,9
049	Feuerlöschanlagen, Feuerlöschgeräte	0,0	**0,2**	0,4
050	Blitzschutz- und Erdungsanlagen	0,1	**0,4**	0,5
052	Mittelspannungsanlagen	–	**–**	–
053	Niederspannungsanlagen inkl. 054	4,8	**6,0**	7,4
055	Sicherheits- und Ersatzstromversorgungsanlagen	0,0	**0,2**	0,7
057	Gebäudesystemtechnik	< 0,1	**0,4**	1,4
058	Leuchten und Lampen inkl. 059	1,8	**3,4**	7,0
060	Such-, Signal-, elektroakust. Anl., Med. inkl. 064	0,2	**0,6**	1,4
061	Kommunikations- und Übertragungsnetze inkl. 062	0,4	**1,1**	1,7
063	Gefahrenmeldeanlagen	0,2	**0,9**	1,6
069	Aufzüge	1,3	**2,2**	2,8
070	Gebäudeautomation	0,1	**0,5**	1,5
075	Raumlufttechnische Anlagen inkl. 078	0,7	**5,1**	7,3
	Gebäudetechnik	25,2	**29,4**	37,9
	Sonstige Leistungsbereiche inkl. 008, 033, 051	0,3	**1,2**	3,5

Kosten:
Stand 1. Quartal 2025
Bundesdurchschnitt
inkl. 19% MwSt.

- ● KKW
- ▶ min
- ▷ von
- | Mittelwert
- ◁ bis
- ◀ max

Planungskennwerte für Flächen und Rauminhalte nach DIN 277

Grundflächen		▷	Fläche/NUF (%)	◁	▷	Fläche/BGF (%)	◁
NUF	Nutzungsfläche	100,0	**100,0**	100,0	50,1	**56,4**	60,7
TF	Technikfläche	6,1	**7,7**	12,7	3,2	**4,0**	6,4
VF	Verkehrsfläche	33,9	**41,8**	63,6	18,2	**22,0**	26,1
NRF	Netto-Raumfläche	140,3	**149,5**	175,1	78,1	**82,4**	84,9
KGF	Konstruktions-Grundfläche	27,2	**32,5**	48,1	15,1	**17,6**	21,9
BGF	Brutto-Grundfläche	170,1	**182,0**	221,8	100,0	**100,0**	100,0

Brutto-Rauminhalte		▷	BRI/NUF (m)	◁	▷	BRI/BGF (m)	◁
BRI	Brutto-Rauminhalt	6,45	**7,01**	8,32	3,64	**3,85**	4,35

Flächen von Nutzeinheiten	▷	NUF/Einheit (m²)	◁	▷	BGF/Einheit (m²)	◁
Nutzeinheit:	–	–	–	–	–	–

Lufttechnisch behandelte Flächen	▷	Fläche/NUF (%)	◁	▷	Fläche/BGF (%)	◁
Entlüftete Fläche	–	–	–	–	–	–
Be- und entlüftete Fläche	12,6	**12,6**	12,6	7,2	**7,2**	7,2
Teilklimatisierte Fläche	–	–	–	–	–	–
Klimatisierte Fläche	–	–	–	–	–	–

KG	Kostengruppen (2. Ebene)	Einheit	▷	Menge/NUF	◁	▷	Menge/BGF	◁
310	Baugrube / Erdbau	m³ BGI	1,06	**1,11**	1,11	0,59	**0,61**	0,61
320	Gründung, Unterbau	m² GRF	0,56	**0,63**	0,63	0,27	**0,35**	0,35
330	Außenwände / vertikal außen	m² AWF	1,08	**1,11**	1,11	0,55	**0,60**	0,60
340	Innenwände / vertikal innen	m² IWF	2,28	**2,28**	2,38	1,19	**1,23**	1,23
350	Decken / horizontal	m² DEF	1,06	**1,19**	1,19	0,63	**0,63**	0,71
360	Dächer	m² DAF	0,54	**0,63**	0,63	0,35	**0,35**	0,40
370	Infrastrukturanlagen		–	–	–	–	–	–
380	Baukonstruktive Einbauten	m² BGF	1,70	**1,82**	2,22	1,00	**1,00**	1,00
390	Sonst. Maßnahmen für Baukonst.	m² BGF	1,70	**1,82**	2,22	1,00	**1,00**	1,00
300	**Bauwerk – Baukonstruktionen**	**m² BGF**	1,70	**1,82**	2,22	1,00	**1,00**	1,00

Planungskennwerte für Bauzeiten — 32 Vergleichsobjekte

Bauzeit in Wochen

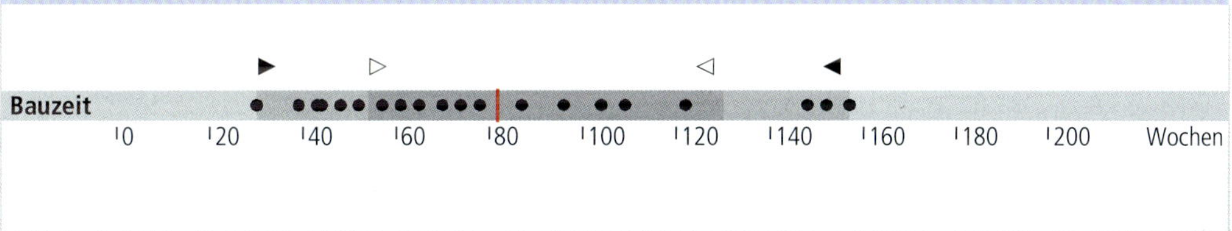

€/m² BGF

min	1.810	€/m²
von	2.380	€/m²
Mittel	**3.030**	**€/m²**
bis	3.785	€/m²
max	4.885	€/m²

Kosten:
Stand 1. Quartal 2025
Bundesdurchschnitt
inkl. 19% MwSt.

Objektübersicht zur Gebäudeart

3100-0035 Ärztehaus, Privatklinik, OP-Zentrum, Radiologie

BRI 27.352 m³ **BGF** 7.055 m² **NUF** 3.818 m²

Ärztehaus mit elf Praxen, einer Privatklinik mit fünf Betten, einem OP-Zentrum mit drei OP-Sälen sowie Wohnung im DG und Tiefgarage. Massivbau.

Land: Hessen
Kreis: Marburg-Biedenkopf
Standard: hoch
Bauzeit: 78 Wochen
Kennwerte: bis 1. Ebene DIN 276

BGF 3.206 €/m²

Planung: integrale planung; Marburg

veröffentlicht: BKI Objektdaten N20

3100-0034 Gemeinschaftspraxis (2 AP)*

BRI 484 m³ **BGF** 188 m² **NUF** 141 m²

Praxis für Psychotherapie zur späteren Nutzung als Einfamilienhaus. Holzbau.

Land: Mecklenburg-Vorpommern
Kreis: Vorpommern-Rügen
Standard: mittel
Bauzeit: 26 Wochen
Kennwerte: bis 1. Ebene DIN 276

BGF 1.422 €/m²

*

Planung: SUERMANN ARCHITEKTIN; Greifswald

veröffentlicht: BKI Objektdaten N19
* Nicht in der Auswertung enthalten

3300-0018 Klinik für Psychiatrie, Klinikschule

BRI 25.664 m³ **BGF** 7.614 m² **NUF** 4.232 m²

Fachklinik für Kinder- und Jugendpsychiatrie mit 60 Betten sowie Klinikschule mit sieben Klassen für bis zu 60 Schüler. Mauerwerk.

Land: Schleswig-Holstein
Kreis: Lübeck, Stadt
Standard: mittel
Bauzeit: 109 Wochen
Kennwerte: bis 1. Ebene DIN 276

BGF 2.120 €/m²

Planung: Heske Hochgürtel Lohse Architekten PartGmbB; Lübeck

veröffentlicht: BKI Objektdaten N20

3100-0033 Arztpraxis für Oralchirurgie, Kinderzahnheilkunde

BRI 1.537 m³ **BGF** 400 m² **NUF** 217 m²

Arztpraxis für Oralchirurgie und Kinderzahnheilkunde. Holzbau.

Land: Bayern
Kreis: Donau-Ries
Standard: mittel
Bauzeit: 39 Wochen
Kennwerte: bis 1. Ebene DIN 276

BGF 4.423 €/m²

Planung: PURE GRUPPE Architektengesellschaft mbH; Regensburg

veröffentlicht: BKI Objektdaten N19

3100-0032 Medizinisches Versorgungszentrum (35 AP)

BRI 7.194 m³ | **BGF** 1.854 m² | **NUF** 1.235 m²

Medizinisches Versorgungszentrum mit Strahlentherapie und Onkologie (35 AP). Stahlbeton.

Land: Rheinland-Pfalz
Kreis: Pirmasens, Stadt
Standard: hoch
Bauzeit: 70 Wochen
Kennwerte: bis 1. Ebene DIN 276

BGF **3.378 €/m²**

Planung: ACE Ing.-Consult GmbH&Co. KG Fr. Architekt P. Müller Camarena; Karlsruhe

veröffentlicht: BKI Objektdaten N18

3100-0031 Praxishaus (15 AP)

BRI 3.998 m³ | **BGF** 711 m² | **NUF** 379 m²

Medizinische Behandlung von Patienten in drei verschiedenen Arztpraxen. Massivbau.

Land: Brandenburg
Kreis: Barnim
Standard: mittel
Bauzeit: 61 Wochen
Kennwerte: bis 1. Ebene DIN 276

BGF **4.216 €/m²**

Planung: Parmakerli-Fountis Gesellschaft von Architekten mbH; Kleinmachnow

veröffentlicht: BKI Objektdaten N18

3100-0036 Medizinisches Versorgungszentrum (25 AP)

BRI 7.276 m³ | **BGF** 1.443 m² | **NUF** 725 m²

Neubau eines Facharzt- und Sanitätszentrums mit 25 Arbeitsplätzen. Massivbau.

Land: Brandenburg
Kreis: Märkisch-Oderland
Standard: hoch
Bauzeit: 152 Wochen
Kennwerte: bis 1. Ebene DIN 276

BGF **4.221 €/m²**

Planung: Bernhardt + Bergemann und Beckmann Partner mbB; Neubrandenburg

veröffentlicht: BKI Objektdaten N20

3300-0017 Fachklinik für Psychiatrie (176 Betten)

BRI 56.101 m³ | **BGF** 14.997 m² | **NUF** 6.647 m²

Neubau als Erweiterung einer psychiatrischen Fachklinik mit 176 Betten, übergeordnete Konferenz- und Multifunktionsfläche für gesamtes Klinikareal. Massivbau.

Land: Niedersachsen
Kreis: Ammerland
Standard: hoch
Bauzeit: 157 Wochen
Kennwerte: bis 1. Ebene DIN 276

BGF **3.123 €/m²**

Planung: PL Architekten GmbH; Aachen

veröffentlicht: BKI Objektdaten N20

Objektübersicht zur Gebäudeart

€/m² BGF

min	1.810	€/m²
von	2.380	€/m²
Mittel	**3.030**	**€/m²**
bis	3.785	€/m²
max	4.885	€/m²

Kosten:
Stand 1. Quartal 2025
Bundesdurchschnitt
inkl. 19% MwSt.

3500-0006 Therapie- und Kreativzentrum (50 Kinder)

BRI 2.663 m³ **BGF** 587 m² **NUF** 407 m²

Therapie- und Kreativzentrum für 50 Kinder. Massivholzbau.

Land: Bremen
Kreis: Bremen, Stadt
Standard: hoch
Bauzeit: 43 Wochen
Kennwerte: bis 1. Ebene DIN 276

BGF 3.573 €/m²

Planung: ulrich TILGNER thomas GROTZ Architekten GmbH; Bremen

veröffentlicht: BKI Objektdaten N17

3300-0015 Psychiatrische Tagesklinik (106 Plätze)

BRI 35.923 m³ **BGF** 10.105 m² **NUF** 5.812 m²

Psychiatrische Tagesklinik mit Ambulanzzentrum und TG (25 STP). Massivbau.

Land: Baden-Württemberg
Kreis: Reutlingen
Standard: mittel
Bauzeit: 122 Wochen
Kennwerte: bis 1. Ebene DIN 276

BGF 2.359 €/m²

Planung: Hartmaier + Partner Freie Architekten BDA; Reutlingen

veröffentlicht: BKI Objektdaten N17

3100-0029 Praxis-, Labor- und Bürogebäude

BRI 5.134 m³ **BGF** 1.465 m² **NUF** 940 m²

Physio-, Ergo- und Logopädiepraxis, Zahnarztpraxis mit Labor, zwei Büros. Massivbau.

Land: Bayern
Kreis: Bad Kissingen
Standard: hoch
Bauzeit: 48 Wochen
Kennwerte: bis 1. Ebene DIN 276

BGF 3.288 €/m²

Planung: Architekturwerkstatt Bornkessel; Hammelburg

veröffentlicht: BKI Objektdaten N16

3500-0005 Therapiezentrum (10 AP)

BRI 2.329 m³ **BGF** 653 m² **NUF** 402 m²

Therapiezentrum mit 14 Behandlungsräumen. Mischkonstruktion.

Land: Bayern
Kreis: Forchheim
Standard: hoch
Bauzeit: 52 Wochen
Kennwerte: bis 1. Ebene DIN 276

BGF 2.217 €/m²

Planung: GRIMM ARCHITEKTEN BDA; Nürnberg

veröffentlicht: BKI Objektdaten N17

3300-0014 Fachklinik für Psychosomatik

BRI 15.777 m³ **BGF** 4.366 m² **NUF** 2.463 m²

Fachklinik für Psychosomatik mit 44 Betten. Massivbau.

Land: Niedersachsen
Kreis: Ammerland
Standard: hoch
Bauzeit: 96 Wochen
Kennwerte: bis 1. Ebene DIN 276

BGF 3.206 €/m²

Planung: GSP Gerlach Schneider Partner Architekten mbB; Bremen

veröffentlicht: BKI Objektdaten N16

3100-0024 Praxishaus (7 AP)

BRI 1.231 m³ **BGF** 408 m² **NUF** 240 m²

Praxishaus mit zwei Arztpraxen und sieben Arbeitsplätzen. Massivbau.

Land: Nordrhein-Westfalen
Kreis: Heinsberg
Standard: hoch
Bauzeit: 52 Wochen
Kennwerte: bis 1. Ebene DIN 276

BGF 2.224 €/m²

Planung: RONGEN ARCHITEKTEN PartG mbB; Wassenberg

veröffentlicht: BKI Objektdaten N16

3100-0025 Arztpraxis

BRI 727 m³ **BGF** 188 m² **NUF** 108 m²

Arztpraxis mit Seminarraum. Massivholzbau.

Land: Bayern
Kreis: Bad Tölz
Standard: mittel
Bauzeit: 30 Wochen
Kennwerte: bis 1. Ebene DIN 276

BGF 2.912 €/m²

Planung: Planungsbüro Beham BIAV; Dietramszell

veröffentlicht: BKI Objektdaten N16

3200-0026 Geriatrische Klinik

BRI 24.600 m³ **BGF** 6.198 m² **NUF** 3.343 m²

Geriatrische Klinik mit 80 Betten und 15 Betten der Tagesklinik. Massivbau.

Land: Brandenburg
Kreis: Frankfurt (Oder), Stadt
Standard: mittel
Bauzeit: 70 Wochen
Kennwerte: bis 1. Ebene DIN 276

BGF 3.335 €/m²

Planung: HDR GmbH; Berlin

veröffentlicht: BKI Objektdaten N16

€/m² BGF

min	1.810	€/m²
von	2.380	€/m²
Mittel	**3.030**	**€/m²**
bis	3.785	€/m²
max	4.885	€/m²

Kosten:
Stand 1. Quartal 2025
Bundesdurchschnitt
inkl. 19% MwSt.

Objektübersicht zur Gebäudeart

3100-0021 Praxis für Allgemeinmedizin

BRI 1.052 m³ **BGF** 288 m² **NUF** 182 m²

© Altgott + Schneiders Architekten

Arztpraxis für Allgemeinmedizin mit Behandlungszimmern (4St) und einem Labor. Mauerwerksbau.

Land: Nordrhein-Westfalen
Kreis: Düren
Standard: mittel
Bauzeit: 57 Wochen
Kennwerte: bis 1. Ebene DIN 276

BGF **2.685 €/m²**

Planung: Altgott + Schneiders Architekten; Aachen

veröffentlicht: BKI Objektdaten N15

3100-0027 Ärztehaus (8 Praxen)

BRI 19.956 m³ **BGF** 5.388 m² **NUF** 2.874 m²

© Maximilian Gottwald

Ärztehaus mit acht Praxen. Massivbau.

Land: Bayern
Kreis: Neuburg-Schrobenhausen
Standard: mittel
Bauzeit: 74 Wochen
Kennwerte: bis 1. Ebene DIN 276

BGF **2.903 €/m²**

Planung: ABHD Architekten Beck und Denzinger; Neuburg

veröffentlicht: BKI Objektdaten N16

3500-0004 Rehaklinik für suchtkranke Menschen

BRI 18.114 m³ **BGF** 5.383 m² **NUF** 3.605 m²

© k. A.

Rehaklinik für suchtkranke Menschen. Mauerwerksbau.

Land: Niedersachsen
Kreis: Emsland
Standard: mittel
Bauzeit: 78 Wochen
Kennwerte: bis 1. Ebene DIN 276

BGF **2.321 €/m²**

Planung: Hüdepohl . Ferner Architektur- und Ingenieurgesellschaft mbH; Osnabrück

veröffentlicht: BKI Objektdaten N15

3200-0022 Geriatrie (88 Betten), Tagesklinik (10 Plätze)

BRI 19.363 m³ **BGF** 5.140 m² **NUF** 3.210 m²

© Meike Hansen, Archimage

Neubau einer Geriatrie mit 88 Betten und Tagesklinik (10 Plätze). Mauerwerksbau.

Land: Hamburg
Kreis: Hamburg, Stadt
Standard: mittel
Bauzeit: 87 Wochen
Kennwerte: bis 1. Ebene DIN 276

BGF **2.478 €/m²**

Planung: euroterra GmbH architekten ingenieure; Hamburg

veröffentlicht: BKI Objektdaten N15

3100-0028 Ärztehaus (5 Praxen), Apotheke

BRI 14.177 m³ **BGF** 3.520 m² **NUF** 1.767 m²

© k.A.

Ärztehaus mit fünf Arztpraxen und Apotheke. Stahlbeton.

Land: Thüringen
Kreis: Weimarer Land
Standard: mittel
Bauzeit: 70 Wochen
Kennwerte: bis 1. Ebene DIN 276

BGF **2.270 €/m²**

Planung: Junk & Reich Architekten BDA Planungsgesellschaft mbH; Weimar

veröffentlicht: BKI Objektdaten N16

3200-0025 Zentrum für Neurologie und Geriatrie (220 Betten)

BRI 67.605 m³ **BGF** 16.067 m² **NUF** 8.815 m²

© Kossmann Maslo Architekten

Klinik für Neurologie mit 220 Betten. Stb-Konstruktion.

Land: Niedersachsen
Kreis: Osnabrück, Stadt
Standard: mittel
Bauzeit: 148 Wochen
Kennwerte: bis 1. Ebene DIN 276

BGF **3.728 €/m²**

Planung: Kossmann Maslo Architekten Planungsgesellschaft mbH + Co.KG; Münster

veröffentlicht: BKI Objektdaten N16

3200-0023 Psychosomatische Klinik (40 Betten)

BRI 39.727 m³ **BGF** 9.443 m² **NUF** 4.720 m²

© Jan Kobel

Psychosomatische Klinik mit 40 Betten. Stb-Skelettbau.

Land: Bayern
Kreis: Schweinfurt, Stadt
Standard: mittel
Bauzeit: 152 Wochen
Kennwerte: bis 1. Ebene DIN 276

BGF **3.035 €/m²**

Planung: Heinle, Wischer und Partner Freie Architekten; Köln

veröffentlicht: BKI Objektdaten N15

3100-0013 Praxis-Klinik Zahnarzt

BRI 1.296 m³ **BGF** 389 m² **NUF** 211 m²

© DANIELA LASKE PHOTOGRAPHIE

Zahnarzt-Praxis-Klinik mit Behandlungszimmern (5St), OP, Röntgen, Warteraum. Mauerwerksbau.

Land: Sachsen-Anhalt
Kreis: Magdeburg, Stadt
Standard: mittel
Bauzeit: 39 Wochen
Kennwerte: bis 1. Ebene DIN 276

BGF **3.032 €/m²**

Planung: Architekturbüro AW GmbH; Magdeburg

veröffentlicht: BKI Objektdaten N12

€/m² BGF

min	1.810	€/m²
von	2.380	€/m²
Mittel	**3.030**	**€/m²**
bis	3.785	€/m²
max	4.885	€/m²

Kosten:
Stand 1. Quartal 2025
Bundesdurchschnitt
inkl. 19% MwSt.

Objektübersicht zur Gebäudeart

3300-0010 Klinik Psychosomat. Medizin und Psychotherapie

BRI 13.433 m³ **BGF** 3.530 m² **NUF** 2.076 m²

© Albrecht Imanuel Schnabel

Universitätsklinikum zur ambulanten und stationären Betreuung von Patienten für psychosomatische Medizin und Psychotherapie. Stb-Skelettkonstruktion, Pfosten-Riegel-Konstruktion.

Land: Bayern
Kreis: Neu-Ulm
Standard: mittel
Bauzeit: 96 Wochen
Kennwerte: bis 1. Ebene DIN 276

BGF **2.583 €/m²**

Planung: Tiemann-Petri und Partner Freie Architekten BDA; Stuttgart

veröffentlicht: BKI Objektdaten E7

3300-0006 Tagesklinik Allgemeinpsychiatrie

BRI 9.500 m³ **BGF** 2.370 m² **NUF** 1.317 m²

© Dr. Schrammen Architekten

Tagesklinik für Geronto- und Allgemeinpsychiatrie. Massivbau.

Land: Nordrhein-Westfalen
Kreis: Viersen
Standard: hoch
Bauzeit: 78 Wochen
Kennwerte: bis 3. Ebene DIN 276

BGF **2.668 €/m²**

Planung: Dr. Schrammen Architekten BDA; Mönchengladbach

veröffentlicht: BKI Objektdaten N13

3100-0016 Medizinisches Versorgungszentrum (12 AP)

BRI 4.163 m³ **BGF** 1.186 m² **NUF** 715 m²

© Architekturbüro Prell und Partner

Medizinisches Zentrum für sozialpsychiatrische Versorgung für Kinder, Jugendliche und ihre Angehörigen. Mauerwerksbau.

Land: Hamburg
Kreis: Hamburg, Stadt
Standard: mittel
Bauzeit: 70 Wochen
Kennwerte: bis 3. Ebene DIN 276

BGF **1.810 €/m²**

Planung: Architekturbüro Prell und Partner; Hamburg

veröffentlicht: BKI Objektdaten N13

3100-0012 Zahnklinik - Effizienzhaus 40

BRI 2.441 m³ **BGF** 748 m² **NUF** 216 m²

© karl gold architekten

Arztpraxis mit fünf Behandlungsplätzen. Empfang, Behandlungszimmer, Röntgen, OP. Massivbau.

Land: Hessen
Kreis: Main-Taunus-Kreis
Standard: hoch
Bauzeit: 44 Wochen
Kennwerte: bis 1. Ebene DIN 276

BGF **3.209 €/m²**

Planung: karl gold architekten; Hochheim

veröffentlicht: BKI Objektdaten E5

3100-0010 Tagesklinik Psychiatrie

BRI 4.837 m³ **BGF** 1.178 m² **NUF** 644 m²

Tagesklinik für Kinder- u. Jugendpsychiatrie und Psychotherapie (2 Gruppen, 12 Kinder, 12 Jugendliche). Mauerwerksbau.

Land: Thüringen
Kreis: Eisenach, Stadt
Standard: mittel
Bauzeit: 65 Wochen
Kennwerte: bis 1. Ebene DIN 276

BGF 3.562 €/m²

Planung: Architektengemeinschaft Schwieger & Ortmann; Göttingen/Mühlhausen

veröffentlicht: BKI Objektdaten N11

3200-0019 Krankenhaus (620 Betten)

BRI 331.327 m³ **BGF** 69.637 m² **NUF** 34.821 m²

Krankenhaus mit 620 Betten für sämtlichen medizinischen Abteilungen und 13 OPs. Stahlbeton.

Land: Baden-Württemberg
Kreis: Rems-Murr-Kreis
Standard: hoch
Bauzeit: 270 Wochen*
Kennwerte: bis 1. Ebene DIN 276

BGF 4.886 €/m²

Planung: ARGE: Hascher-Jehle Architektur und Monnerjan-Kast-Walter Architekten

veröffentlicht: BKI Objektdaten N13
* Nicht in der Auswertung enthalten

3300-0004 Zentrum für Psychiatrie

BRI 18.721 m³ **BGF** 5.555 m² **NUF** 3.186 m²

Psychiatrische Einrichtung mit 76 Betten, Eingangshalle, Therapie-, Untersuchungs- und Aufenthaltsräumen. Stb-Skelettbau mit Sichtbeton AW.

Land: Baden-Württemberg
Kreis: Bodenseekreis
Standard: hoch
Bauzeit: 104 Wochen
Kennwerte: bis 1. Ebene DIN 276

BGF 2.714 €/m²

Planung: huber staudt architekten bda Gesellschaft von; Berlin

veröffentlicht: BKI Objektdaten N12

3300-0008 Klinik für psychosomatische Medizin (195 Betten)

BRI 65.446 m³ **BGF** 18.927 m² **NUF** 12.445 m²

Klinik für psychosomatische Medizin mit 195 Betten, Eingangshalle, Großküche, Arzt- und Therapieräumen sowie Tiefgarage. Mauerwerksbau.

Land: Schleswig-Holstein
Kreis: Segeberg
Standard: hoch
Bauzeit: 148 Wochen
Kennwerte: bis 1. Ebene DIN 276

BGF 3.232 €/m²

Planung: Planungsgesellschaft Masur & Partner mbH; Hamburg

veröffentlicht: BKI Objektdaten N13

€/m² BGF

min	1.810	€/m²
von	2.380	€/m²
Mittel	**3.030**	**€/m²**
bis	3.785	€/m²
max	4.885	€/m²

Kosten:
Stand 1. Quartal 2025
Bundesdurchschnitt
inkl. 19% MwSt.

Objektübersicht zur Gebäudeart

3100-0007 Ärztehaus, Apotheke

BRI 14.435 m³ **BGF** 4.239 m² **NUF** 2.950 m²

Ärztehaus mit Apotheke und 13 Arztpraxen. Stb-Konstruktion; Stb-Hohlkammerdecken; Stb-Flachdach.

Land: Nordrhein-Westfalen
Kreis: Unna
Standard: hoch
Bauzeit: 48 Wochen
Kennwerte: bis 1. Ebene DIN 276

BGF 2.212 €/m²

Planung: Köhler Architekten; Dortmund

veröffentlicht: BKI Objektdaten N10

3100-0009 Ärztehaus

BRI 59.759 m³ **BGF** 14.886 m² **NUF** 6.947 m²

Ärztehaus mit medizinischem Versorgungszentrum (ambulante Patientenversorgung). Massivbau.

Land: Bayern
Kreis: Ingolstadt, Stadt
Standard: mittel
Bauzeit: 96 Wochen
Kennwerte: bis 3. Ebene DIN 276

BGF 2.805 €/m²

Planung: Ludes Generalplaner GmbH Stefan Ludes Architekten; Berlin

veröffentlicht: BKI Objektdaten N11

Verwaltung
Wissenschaft
Gesundheit
Bildung
Sport
Wohnen
Gewerbe
Versorgung
Kultur

Kostenkennwerte für die Kosten des Bauwerks (Kostengruppen 300+400 nach DIN 276)

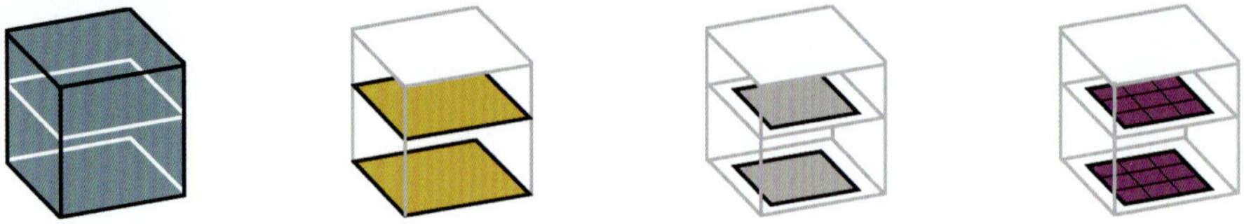

BRI 775 €/m³	BGF 2.660 €/m²	NUF 4.320 €/m²	NE 210.505 €/NE
von 635 €/m³	von 2.130 €/m²	von 3.310 €/m²	von 145.990 €/NE
bis 965 €/m³	bis 3.540 €/m²	bis 5.690 €/m²	bis 342.340 €/NE
			NE: Betten

Objektbeispiele

Kosten:
Stand 1. Quartal 2025
Bundesdurchschnitt
inkl. 19% MwSt.

6200-0129

6400-0122

6200-0123

Kosten der 32 Vergleichsobjekte — Seiten 240 bis 248

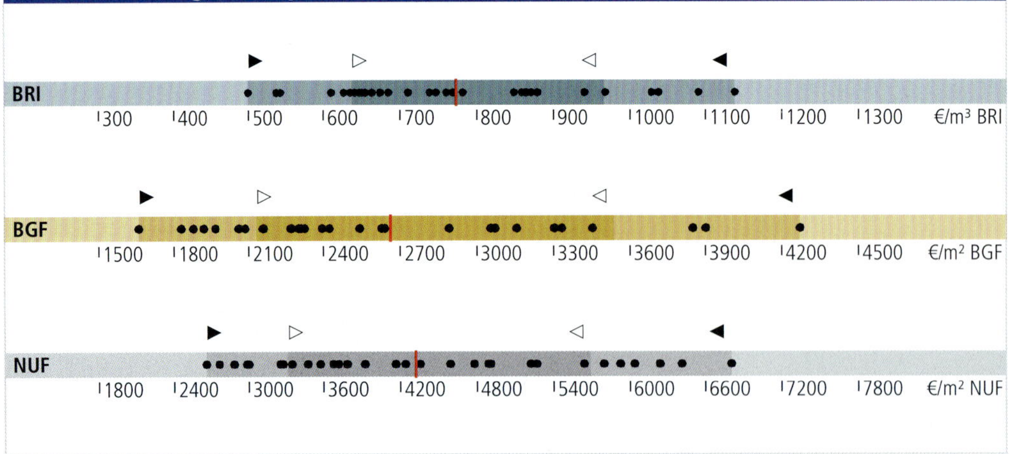

- ● KKW
- ▶ min
- ▷ von
- | Mittelwert
- ◁ bis
- ◀ max

Kostenstand: 1. Quartal 2025, Bundesdurchschnitt, **inkl. 19% MwSt.**

Kostenkennwerte für die Kostengruppen der 1. und 2. Ebene DIN 276

KG	Kostengruppen der 1. Ebene	Einheit	▷	€/Einheit	◁	▷	% an 300+400	◁
100	Grundstück	m² GF	–	**–**	–	–	**–**	–
200	Vorbereitende Maßnahmen	m² GF	12	**37**	103	0,6	**1,7**	3,7
300	Bauwerk – Baukonstruktionen	m² BGF	1.448	**1.901**	2.530	64,3	**71,1**	75,9
400	Bauwerk – Technische Anlagen	m² BGF	548	**760**	957	24,1	**28,9**	35,7
	Bauwerk 300+400	m² BGF	2.130	**2.661**	3.538	100,0	**100,0**	100,0
500	Außenanlagen und Freiflächen	m² AF	196	**425**	1.459	3,3	**6,6**	11,6
600	Ausstattung und Kunstwerke	m² BGF	64	**161**	270	1,9	**6,1**	9,2
700	Baunebenkosten*	m² BGF	502	**556**	610	18,7	**20,7**	22,7 ◁
800	Finanzierung	m² BGF	–	**–**	–	–	**–**	–

* Auf Grundlage der HOAI 2021 berechnete Werte nach §§ 35, 52, 56. Weitere Informationen siehe Seite 56

KG	Kostengruppen der 2. Ebene	Einheit	▷	€/Einheit	◁	▷	% an 1. Ebene	◁
310	Baugrube / Erdbau	m³ BGI	30	**62**	115	1,4	**2,5**	6,3
320	Gründung, Unterbau	m² GRF	269	**469**	602	8,4	**12,2**	23,1
330	Außenwände / vertikal außen	m² AWF	639	**835**	1.100	22,4	**26,6**	29,7
340	Innenwände / vertikal innen	m² IWF	311	**345**	460	20,9	**25,0**	27,7
350	Decken / horizontal	m² DEF	367	**467**	586	3,3	**15,2**	22,8
360	Dächer	m² DAF	366	**458**	606	8,5	**13,7**	21,1
370	Infrastrukturanlagen		–	**–**	–	–	**–**	–
380	Baukonstruktive Einbauten	m² BGF	3	**20**	81	< 0,1	**0,9**	2,3
390	Sonst. Maßnahmen für Baukonst.	m² BGF	38	**79**	232	2,3	**3,9**	6,9
300	**Bauwerk – Baukonstruktionen**	**m² BGF**					**100,0**	
410	Abwasser-, Wasser-, Gasanlagen	m² BGF	179	**234**	284	21,0	**26,1**	34,2
420	Wärmeversorgungsanlagen	m² BGF	70	**94**	145	7,4	**10,3**	14,7
430	Raumlufttechnische Anlagen	m² BGF	78	**147**	201	9,3	**15,8**	19,7
440	Elektrische Anlagen	m² BGF	182	**206**	293	19,3	**22,7**	27,5
450	Kommunikationstechnische Anlagen	m² BGF	88	**105**	117	10,9	**11,5**	12,5
460	Förderanlagen	m² BGF	43	**52**	61	0,0	**4,3**	5,5
470	Nutzungsspez. / verfahrenstech. Anl.	m² BGF	60	**100**	188	3,3	**8,7**	16,0
480	Gebäude- und Anlagenautomation	m² BGF	3	**7**	9	< 0,1	**0,4**	0,9
490	Sonst. Maßnahmen f. techn. Anl.	m² BGF	2	**3**	3	0,0	**0,2**	0,3
400	**Bauwerk – Technische Anlagen**	**m² BGF**					**100,0**	

Prozentanteile der Kosten 2. Ebene an den Kosten des Bauwerks nach DIN 276 (Von/Mittel/Bis)

KG	Kostengruppe	%
310	Baugrube / Erdbau	1,5
320	Gründung, Unterbau	8,1
330	Außenwände / vertikal außen	17,1
340	Innenwände / vertikal innen	15,9
350	Decken / horizontal	9,1
360	Dächer	9,1
370	Infrastrukturanlagen	
380	Baukonstruktive Einbauten	0,6
390	Sonst. Maßnahmen für Baukonst.	2,6
410	Abwasser-, Wasser-, Gasanlagen	9,7
420	Wärmeversorgungsanlagen	3,5
430	Raumlufttechnische Anlagen	5,4
440	Elektrische Anlagen	7,9
450	Kommunikationstechnische Anlagen	4,1
460	Förderanlagen	1,6
470	Nutzungsspez. / verfahrenstech. Anl.	3,5
480	Gebäude- und Anlagenautomation	0,2
490	Sonst. Maßnahmen f. techn. Anl.	< 0,1

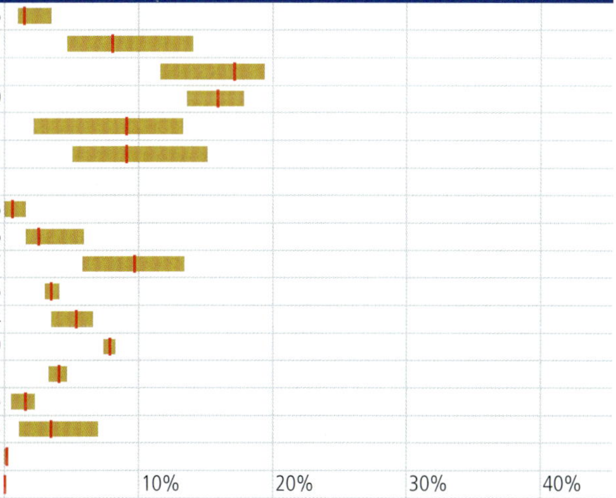

Prozentanteile der Kosten für Leistungsbereiche nach STLB (Kosten Bauwerk nach DIN 276)

LB	Leistungsbereiche	▷	% an 300+400	◁
000	Baustellen-, Verkehrssich.- u. Sicherh.einr. inkl. 001	1,4	**2,8**	5,5
002	Erdarbeiten	0,9	**1,8**	3,6
006	Spezialtiefbauarbeiten inkl. 005	–	**–**	–
009	Entwässerungskanalarbeiten inkl. 011	0,0	**0,6**	0,9
010	Drän- und Versickerarbeiten	< 0,1	**0,1**	0,3
012	Mauerarbeiten	1,5	**3,5**	5,0
013	Betonarbeiten	7,4	**12,6**	15,8
014	Natur-, Betonwerksteinarbeiten	0,0	**0,2**	0,8
016	Zimmer- und Holzbauarbeiten	0,4	**3,8**	12,2
017	Stahlbauarbeiten	0,0	**0,2**	0,6
018	Abdichtungsarbeiten	0,3	**0,8**	1,6
020	Dachdeckungsarbeiten	0,0	**1,3**	2,9
021	Dachabdichtungsarbeiten	1,8	**2,3**	3,4
022	Klempnerarbeiten	0,6	**1,5**	3,0
	Rohbau	28,2	**31,5**	36,9
023	Putz- und Stuckarbeiten, Wärmedämmsysteme	1,4	**2,5**	3,7
024	Fliesen- und Plattenarbeiten	1,5	**2,7**	4,1
025	Estricharbeiten	1,4	**1,7**	2,0
026	Fenster, Außentüren inkl. 029, 032	4,7	**7,4**	10,0
027	Tischlerarbeiten	2,3	**4,5**	6,9
028	Parkettarbeiten, Holzpflasterarbeiten	0,1	**0,6**	2,8
030	Rollladenarbeiten	0,9	**1,2**	1,5
031	Metallbauarbeiten inkl. 035	1,7	**3,4**	5,0
034	Maler- und Lackiererarbeiten inkl. 037	1,1	**1,6**	2,0
036	Bodenbelagarbeiten	0,9	**1,6**	2,8
038	Vorgehängte hinterlüftete Fassaden	0,0	**1,1**	4,1
039	Trockenbauarbeiten	2,5	**6,7**	12,2
	Ausbau	28,5	**35,0**	40,9
040	Wärmeversorgungsanl. - Betriebseinr. inkl. 041	2,4	**3,0**	3,7
042	Gas- und Wasserinstallation, Leitungen inkl. 043	1,5	**1,7**	2,0
044	Abwasseranlagen - Leitungen, Abläufe, Armaturen	0,9	**1,3**	2,0
045	GWE - Einrichtungsgegenstände inkl. 046	3,2	**5,6**	10,9
047	Dämm- und Brandschutzarbeiten an techn. Anlagen	0,4	**0,8**	1,0
049	Feuerlöschanlagen, Feuerlöschgeräte	< 0,1	**< 0,1**	0,4
050	Blitzschutz- und Erdungsanlagen	0,2	**0,3**	0,8
052	Mittelspannungsanlagen	0,0	**< 0,1**	0,5
053	Niederspannungsanlagen inkl. 054	3,2	**4,0**	4,8
055	Sicherheits- und Ersatzstromversorgungsanlagen	0,0	**< 0,1**	0,2
057	Gebäudesystemtechnik	–	**–**	–
058	Leuchten und Lampen inkl. 059	2,2	**2,9**	3,6
060	Such-, Signal-, elektroakust. Anl., Med. inkl. 064	0,4	**1,1**	1,7
061	Kommunikations- und Übertragungsnetze inkl. 062	0,9	**1,3**	2,0
063	Gefahrenmeldeanlagen	1,2	**1,8**	2,3
069	Aufzüge	0,5	**1,7**	2,2
070	Gebäudeautomation	< 0,1	**0,2**	0,3
075	Raumlufttechnische Anlagen inkl. 078	2,3	**5,0**	7,6
	Gebäudetechnik	25,2	**31,0**	37,6
	Sonstige Leistungsbereiche inkl. 008, 033, 051	0,5	**2,5**	4,8

Kosten:
Stand 1. Quartal 2025
Bundesdurchschnitt
inkl. 19% MwSt.

- ● KKW
- ▶ min
- ▷ von
- | Mittelwert
- ◁ bis
- ◀ max

Planungskennwerte für Flächen und Rauminhalte nach DIN 277

Grundflächen		▷	Fläche/NUF (%)	◁	▷	Fläche/BGF (%)	◁
NUF	Nutzungsfläche	100,0	**100,0**	100,0	58,3	**62,1**	64,5
TF	Technikfläche	2,7	**3,6**	7,7	1,6	**2,2**	4,1
VF	Verkehrsfläche	26,4	**31,1**	36,2	16,4	**19,0**	21,2
NRF	Netto-Raumfläche	129,9	**134,7**	141,6	81,7	**83,2**	84,5
KGF	Konstruktions-Grundfläche	25,1	**27,4**	32,2	15,5	**16,8**	18,3
BGF	Brutto-Grundfläche	156,5	**162,1**	174,3	100,0	**100,0**	100,0

Brutto-Rauminhalte		▷	BRI/NUF (m)	◁	▷	BRI/BGF (m)	◁
BRI	Brutto-Rauminhalt	5,18	**5,57**	6,11	3,27	**3,45**	3,85

Flächen von Nutzeinheiten	▷	NUF/Einheit (m²)	◁	▷	BGF/Einheit (m²)	◁
Nutzeinheit: Betten	51,27	**56,12**	78,90	81,19	**91,86**	128,59

Lufttechnisch behandelte Flächen	▷	Fläche/NUF (%)	◁	▷	Fläche/BGF (%)	◁
Entlüftete Fläche	–	–	–	–	–	–
Be- und entlüftete Fläche	44,5	**44,5**	44,5	27,8	**27,8**	27,8
Teilklimatisierte Fläche	–	–	–	–	–	–
Klimatisierte Fläche	–	–	–	–	–	–

KG	Kostengruppen (2. Ebene)	Einheit	▷	Menge/NUF	◁	▷	Menge/BGF	◁
310	Baugrube / Erdbau	m³ BGI	0,96	**1,26**	1,66	0,57	**0,78**	1,01
320	Gründung, Unterbau	m² GRF	0,74	**0,80**	1,03	0,45	**0,49**	0,67
330	Außenwände / vertikal außen	m² AWF	0,89	**0,91**	1,04	0,54	**0,55**	0,60
340	Innenwände / vertikal innen	m² IWF	1,77	**2,01**	2,18	1,06	**1,21**	1,27
350	Decken / horizontal	m² DEF	1,06	**1,06**	1,14	0,65	**0,65**	0,68
360	Dächer	m² DAF	0,81	**0,90**	1,04	0,50	**0,54**	0,67
370	Infrastrukturanlagen		–	–	–	–	–	–
380	Baukonstruktive Einbauten	m² BGF	1,56	**1,62**	1,74	1,00	**1,00**	1,00
390	Sonst. Maßnahmen für Baukonst.	m² BGF	1,56	**1,62**	1,74	1,00	**1,00**	1,00
300	**Bauwerk – Baukonstruktionen**	**m² BGF**	1,56	**1,62**	1,74	1,00	**1,00**	1,00

Planungskennwerte für Bauzeiten — 32 Vergleichsobjekte

Bauzeit in Wochen

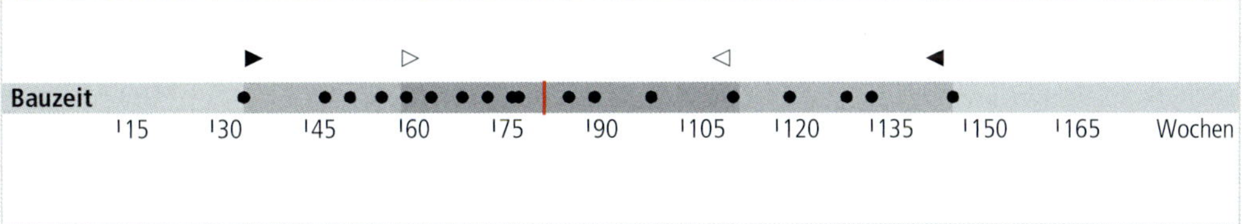

Objektübersicht zur Gebäudeart

€/m² BGF

min	1.660	€/m²
von	2.130	€/m²
Mittel	**2.660**	**€/m²**
bis	3.540	€/m²
max	4.270	€/m²

Kosten:
Stand 1. Quartal 2025
Bundesdurchschnitt
inkl. 19% MwSt.

6200-0129 Hospiz (12 Betten)

BRI 6.712 m³ **BGF** 1.984 m² **NUF** 1.289 m²

Hospiz mit zwölf Betten und zwei Gästezimmern. Massivbau.

Land: Schleswig-Holstein
Kreis: Dithmarschen
Standard: mittel
Bauzeit: 78 Wochen
Kennwerte: bis 1. Ebene DIN 276

BGF 3.850 €/m²

Planung: Planungsring Mumm + Partner GbR; Treia

vorgesehen: BKI Objektdaten N21

6400-0122 Heilpädagogische Tagesstätte (20 AP), Wohnungen

BRI 6.562 m³ **BGF** 2.214 m² **NUF** 1.417 m²

Heilpädagogische Tagesstätte für Kinder und Jugendliche verschiedener Atlersstufen. Mischnutzung als Tageseinrichtung, betreutes Wohnen und Mitarbeiterwohnen. Massivbau.

Land: Bayern
Kreis: München, Stadt
Standard: hoch
Bauzeit: 91 Wochen
Kennwerte: bis 1. Ebene DIN 276

BGF 1.918 €/m²

Planung: Kammerl & Kollegen; Pfaffing

veröffentlicht: BKI Objektdaten N20

6200-0119 Wohnheim für Menschen mit Behinderung (24 Betten)

BRI 4.823 m³ **BGF** 1.722 m² **NUF** 1.135 m²

Wohnheim mit 24 Betten für Menschen mit Behinderung. Massivbau.

Land: Nordrhein-Westfalen
Kreis: Coesfeld
Standard: mittel
Bauzeit: 65 Wochen
Kennwerte: bis 1. Ebene DIN 276

BGF 2.157 €/m²

Planung: abdelkader architekten bda Partnerschaft mbB; Münster

veröffentlicht: BKI Objektdaten N19

6200-0109 Mehrfamilienhaus (16 WE, 28 Betten)

BRI 9.266 m³ **BGF** 2.942 m² **NUF** 1.816 m²

Mehrfamilienhaus für inklusives Wohnen mit 28 Betten und freie Mietwohnungen (16 WE). Mauerwerk.

Land: Brandenburg
Kreis: Brandenburg a.d. Havel
Standard: mittel
Bauzeit: 87 Wochen
Kennwerte: bis 1. Ebene DIN 276

BGF 2.422 €/m²

Planung: Parmakerli-Fountis Gesellschaft von Architekten mbH; Kleinmachnow

veröffentlicht: BKI Objektdaten N18

6200-0117 Hospiz (18 Betten)

BRI 5.811 m³ **BGF** 1.453 m² **NUF** 871 m²

Hospitz für stationäre und ambulante Nutzung, insgesamt 18 Betten und Seminarräume. Massivbau.

Land: Brandenburg
Kreis: Prignitz
Standard: mittel
Bauzeit: 70 Wochen
Kennwerte: bis 1. Ebene DIN 276

BGF **2.541 €/m²**

Planung: Rheinländer Meineke Partnerschaft von Architekten mbB; Neuruppin

veröffentlicht: BKI Objektdaten N19

6200-0116 Hospiz (12 Betten)

BRI 5.349 m³ **BGF** 1.411 m² **NUF** 826 m²

Hospiz mit zwölf Betten und zwei Gästeräumen. Massivbau.

Land: Schleswig-Holstein
Kreis: Schleswig-Flensburg
Standard: mittel
Bauzeit: 65 Wochen
Kennwerte: bis 1. Ebene DIN 276

BGF **3.302 €/m²**

Planung: Planungsring Mumm + Partner GbR; Treia

veröffentlicht: BKI Objektdaten N19

6400-0121 Pflegeheim (147 Betten, 36 Tagesplätze)

BRI 36.043 m³ **BGF** 11.592 m² **NUF** 6.183 m²

Pflegeheim mit 147 Pflegebetten und 36 Plätzen in der Tagesklinik. Massivbau.

Land: Berlin
Kreis: Berlin, Stadt
Standard: hoch
Bauzeit: 113 Wochen
Kennwerte: bis 1. Ebene DIN 276

BGF **2.323 €/m²**

Planung: MHB Architekten + Ingenieure GmbH; Berlin

veröffentlicht: BKI Objektdaten N20

6200-0121 Wohnheim für Menschen mit Behinderung (19 Betten)

BRI 4.840 m³ **BGF** 1.630 m² **NUF** 798 m²

Wohneinrichtung für Menschen mit Behinderungen mit 19 Betten in drei Wohngemeinschaften. Massivbau.

Land: Hessen
Kreis: Darmstadt, Stadt
Standard: mittel
Bauzeit: 135 Wochen
Kennwerte: bis 1. Ebene DIN 276

BGF **3.054 €/m²**

Planung: Eßmann I Gärtner I Nieper Architekten GbR; Darmstadt

veröffentlicht: BKI Objektdaten N19

Objektübersicht zur Gebäudeart

€/m² BGF

min	1.660	€/m²
von	2.130	€/m²
Mittel	**2.660**	**€/m²**
bis	3.540	€/m²
max	4.270	€/m²

Kosten:
Stand 1. Quartal 2025
Bundesdurchschnitt
inkl. 19% MwSt.

6200-0126 Wohnheim für Menschen mit Behinderung

BRI 4.503 m³ **BGF** 1.086 m² **NUF** 656 m²

Wohnheim mit 16 Betten für Menschen mit Beeinträchtigungen. Mauerwerk.

Land: Hessen
Kreis: Kassel, Stadt
Standard: mittel
Bauzeit: 91 Wochen
Kennwerte: bis 1. Ebene DIN 276

BGF 3.156 €/m²

Planung: foundation 5+ architekten BDA; Kassel

veröffentlicht: BKI Objektdaten N20

6200-0115 Hospiz (10 Betten)

BRI 4.861 m³ **BGF** 1.359 m² **NUF** 779 m²

Hospiz mit zehn Einbettzimmern und zwei Gästezimmern. Holzbau.

Land: Bayern
Kreis: Rosenheim
Standard: hoch
Bauzeit: 131 Wochen
Kennwerte: bis 3. Ebene DIN 276

BGF 3.901 €/m²

Planung: Sweco GmbH; München

veröffentlicht: BKI Objektdaten N19

6200-0118 Begegnungsstätte, Tagespflege, Wohnheim

BRI 9.199 m³ **BGF** 2.899 m² **NUF** 1.820 m²

Begegnungsstätte für Jung und Alt mit sozialer Mischnutzung, Tagespflege (18 Plätze), Sozialstation (35 AP) und Wohnheim fürJugendliche und Erwachsene mit Einschränkungen (15 WE). Holzbau.

Land: Nordrhein-Westfalen
Kreis: Minden-Lübbecke
Standard: hoch
Bauzeit: 57 Wochen
Kennwerte: bis 1. Ebene DIN 276

BGF 3.071 €/m²

Planung: Architekten Bökamp; Bad Oeynhausen

veröffentlicht: BKI Objektdaten N19

6200-0123 Wohnheim für Menschen mit Behinderung

BRI 4.895 m³ **BGF** 1.655 m² **NUF** 964 m²

Wohnheim mit 22 Einzelzimmern für Menschen mit Beeinträchtigungen. Massivbau.

Land: Nordrhein-Westfalen
Kreis: Rhein-Sieg-Kreis
Standard: mittel
Bauzeit: 70 Wochen
Kennwerte: bis 1. Ebene DIN 276

BGF 3.069 €/m²

Planung: Brechtel Architekten PartG mbB; Köln

veröffentlicht: BKI Objektdaten N20

6200-0099 Wohnheim für Menschen mit Behinderung (24 Betten)

BRI 7.877 m³ | **BGF** 2.668 m² | **NUF** 1.775 m²

Wohnheim für Menschen mit Behinderung mit 24 Wohnplätzen in drei Wohngruppen und eine Büroeinheit. Massivholzbau.

Land: Bayern
Kreis: Garmisch-Partenkirchen
Standard: mittel
Bauzeit: 91 Wochen
Kennwerte: bis 1. Ebene DIN 276

BGF 2.308 €/m²

Planung: Steinert Architekten GmbH; Garmisch-Partenkirchen

veröffentlicht: BKI Objektdaten E9

6200-0096 Hospiz (14 Betten)

BRI 4.815 m³ | **BGF** 1.271 m² | **NUF** 660 m²

Hospiz mit zwölf Gästezimmern, zwei Angehörigenzimmern mit vier Büros und zwei Schwesternzimmern. KS-Massivbau.

Land: Brandenburg
Kreis: Teltow-Fläming
Standard: mittel
Bauzeit: 74 Wochen
Kennwerte: bis 1. Ebene DIN 276

BGF 3.331 €/m²

Planung: ELZ Architekten BDA; Potsdam

veröffentlicht: BKI Objektdaten N17

6200-0100 Tagespflege für Senioren (18 Plätze)

BRI 1.620 m³ | **BGF** 375 m² | **NUF** 249 m²

Tagespflege für Senioren (18 Betreuungsplätze). Massivbau.

Land: Nordrhein-Westfalen
Kreis: Paderborn
Standard: mittel
Bauzeit: 48 Wochen
Kennwerte: bis 1. Ebene DIN 276

BGF 2.159 €/m²

Planung: Hüllmann Architekten & Ingenieure; Delbrück

veröffentlicht: BKI Objektdaten E9

6200-0084 Wohn- und Pflegeheim (28 Betten)

BRI 5.731 m³ | **BGF** 1.612 m² | **NUF** 1.017 m²

Wohn- und Pflegeheim mit 28 Betten. Stb-Konstruktion.

Land: Baden-Württemberg
Kreis: Neckar-Odenwald-Kreis
Standard: hoch
Bauzeit: 74 Wochen
Kennwerte: bis 1. Ebene DIN 276

BGF 2.626 €/m²

Planung: Ecker Architekten; Heidelberg

veröffentlicht: BKI Objektdaten N16

Objektübersicht zur Gebäudeart

€/m² BGF

min	1.660	€/m²
von	2.130	€/m²
Mittel	**2.660**	**€/m²**
bis	3.540	€/m²
max	4.270	€/m²

Kosten:
Stand 1. Quartal 2025
Bundesdurchschnitt
inkl. 19% MwSt.

6200-0088 Tagespflege, Demenzerkrankte (24 Betreuungsplätze) — BRI 1.908 m³ | BGF 386 m² | NUF 273 m²

Tagespflege für Demenzerkrankte mit 24 Betreuungsplätzen und Angehörigen-café. Massivbau.

Land: Rheinland-Pfalz
Kreis: Kaiserslautern, Stadt
Standard: mittel
Bauzeit: 100 Wochen
Kennwerte: bis 1. Ebene DIN 276

BGF 4.272 €/m²

Planung: AV1 Architekten GmbH; Kaiserslautern

veröffentlicht: BKI Objektdaten E8

6200-0094 Tagespflegeeinrichtung — BRI 1.906 m³ | BGF 559 m² | NUF 338 m²

Tagespflegeeinrichtung für 18 Patienten. Massivbau.

Land: Thüringen
Kreis: Erfurt, Stadt
Standard: mittel
Bauzeit: 48 Wochen
Kennwerte: bis 1. Ebene DIN 276

BGF 2.893 €/m²

Planung: hauschild architekten; Erfurt

veröffentlicht: BKI Objektdaten N17

6200-0081 Wohnpflegeheim (16 Betten) — BRI 7.977 m³ | BGF 2.408 m² | NUF 1.452 m²

Wohnpflegeheim mit 16 Betten und Bereiche für offene Hilfe. Massivbau.

Land: Bayern
Kreis: Memmingen, Stadt
Standard: mittel
Bauzeit: 65 Wochen
Kennwerte: bis 1. Ebene DIN 276

BGF 2.154 €/m²

Planung: Haindl + Kollegen GmbH; München

veröffentlicht: BKI Objektdaten N16

3400-0023 Seniorenpflegeheim (65 Betten) — BRI 11.835 m³ | BGF 4.155 m² | NUF 2.748 m²

Seniorenpflegeheim (65 Betten) mit Vollküche und Gemeinschaftsräume. Massivbau.

Land: Niedersachsen
Kreis: Hannover, Region
Standard: mittel
Bauzeit: 57 Wochen
Kennwerte: bis 1. Ebene DIN 276

BGF 1.827 €/m²

Planung: SAUER ARCHITEKTUR- UND INGENIEURBÜRO; Hildesheim

veröffentlicht: BKI Objektdaten N17

6200-0078 Pflegewohnheim für Menschen mit Demenz (96 Plätze)

BRI 19.130 m³ **BGF** 5.778 m² **NUF** 3.769 m²

Planung: Feddersen Architekten; Berlin

Pflegewohnheim für Menschen mit Demenz mit 96 Pflegeplätzen. Massivbau.

Land: Bayern
Kreis: Forchheim
Standard: mittel
Bauzeit: 78 Wochen
Kennwerte: bis 1. Ebene DIN 276

BGF 2.266 €/m²

veröffentlicht: BKI Objektdaten N16

6200-0060 Kinderhospiz (10 Betten)

BRI 7.654 m³ **BGF** 2.208 m² **NUF** 1.380 m²

Planung: hupfauf_thiels architekten bda; Wiesbaden

Kinderhospiz mit zehn Betten (5 WE), Saal, Elternappartments, Besprechungsräume, gemeinschaftlicher Wohn- und Essbereich, Büroräume. Massivbau.

Land: Hessen
Kreis: Wiesbaden, Stadt
Standard: mittel
Bauzeit: 52 Wochen
Kennwerte: bis 1. Ebene DIN 276

BGF 2.298 €/m²

veröffentlicht: BKI Objektdaten N13

6200-0070 Tagesförderstätte (22 Pflegeplätze)

BRI 2.419 m³ **BGF** 591 m² **NUF** 392 m²

Planung: Johannsen und Fuchs; Husum

Tagesförderstätte für Menschen mit Behinderung. Mauerwerksbau.

Land: Schleswig-Holstein
Kreis: Schleswig-Flensburg
Standard: mittel
Bauzeit: 35 Wochen
Kennwerte: bis 1. Ebene DIN 276

BGF 3.850 €/m²

veröffentlicht: BKI Objektdaten N15

3400-0022 Seniorenpflegeheim (90 Betten)

BRI 20.482 m³ **BGF** 6.357 m² **NUF** 4.187 m²

Planung: DGM Architekten; Krefeld

Seniorenpflegeheim mit 90 Betten. Massivbau.

Land: Nordrhein-Westfalen
Kreis: Krefeld, Stadt
Standard: mittel
Bauzeit: 100 Wochen
Kennwerte: bis 3. Ebene DIN 276

BGF 1.966 €/m²

veröffentlicht: BKI Objektdaten N15

Objektübersicht zur Gebäudeart

€/m² BGF

min	1.660	€/m²
von	2.130	€/m²
Mittel	**2.660**	**€/m²**
bis	3.540	€/m²
max	4.270	€/m²

Kosten:
Stand 1. Quartal 2025
Bundesdurchschnitt
inkl. 19% MwSt.

6200-0042 Pflegeheim und Betreutes Wohnen

BRI 45.121 m³ **BGF** 14.737 m² **NUF** 9.207 m²

Seniorenpflegeheim mit 119 Pflegezimmern und Betreutes Wohnen (79 WE). Im Erdgeschoss befindet sich die Verwaltung, ein Veranstaltungssaal, das Foyer, eine Arztpraxis und ein Friseur. Massivbau.

Land: Berlin
Kreis: Berlin, Stadt
Standard: mittel
Bauzeit: 113 Wochen
Kennwerte: bis 1. Ebene DIN 276

BGF 1.660 €/m²

veröffentlicht: BKI Objektdaten N11

Planung: feddersenarchitekten; Berlin

6200-0037 Pflegeheim (27 Betten)

BRI 6.250 m³ **BGF** 1.402 m² **NUF** 886 m²

Altenpflegeheim mit 26 Betten und ein Bett zur besonderen Verfügung. Mauerwerksbau.

Land: Nordrhein-Westfalen
Kreis: Rhein-Sieg-Kreis
Standard: hoch
Bauzeit: 61 Wochen
Kennwerte: bis 3. Ebene DIN 276

BGF 2.393 €/m²

veröffentlicht: BKI Objektdaten N11

Planung: amb bruckner architekten; Lohmar

6200-0051 Pflegehospiz (12 Betten)

BRI 4.274 m³ **BGF** 1.071 m² **NUF** 753 m²

Pflegehospiz mit zehn Pflegezimmer und zwei Gästezimmer. Mauerwerk.

Land: Bayern
Kreis: Bayreuth, Stadt
Standard: mittel
Bauzeit: 79 Wochen
Kennwerte: bis 1. Ebene DIN 276

BGF 3.453 €/m²

veröffentlicht: BKI Objektdaten N12

Planung: Becher & Partner Architekten / Innenarchitekten; Bayreuth

3400-0020 Pflegeheim (90 Betten)

BRI 19.924 m³ **BGF** 6.517 m² **NUF** 4.109 m²

Pflegeheim mit 90 Betten und acht altersgerechten Wohnungen. Mauerwerksbau; Stb-Decken; Stb-Flachdach.

Land: Thüringen
Kreis: Jena, Stadt
Standard: mittel
Bauzeit: 70 Wochen
Kennwerte: bis 1. Ebene DIN 276

BGF 2.060 €/m²

veröffentlicht: BKI Objektdaten N10

Planung: ICS Ingenieur-Consult Sens GmbH; Jena

3400-0019 Pflegewohnheim (60 Betten)*

BRI 15.556 m³ **BGF** 6.494 m² **NUF** 4.354 m²

Pflegewohnheim mit Kapelle, 60 vollstationären Pflegeplätzen, nicht unterkellert. Mauerwerksbau; Holzdachkonstruktion.

Land: Nordrhein-Westfalen
Kreis: Paderborn
Standard: mittel
Bauzeit: 122 Wochen
Kennwerte: bis 1. Ebene DIN 276

BGF 1.421 €/m²

*

Planung: Schützdeller-Münstermann Architekten; Rheda-Wiedenbrück

veröffentlicht: BKI Objektdaten N10
* Nicht in der Auswertung enthalten

3400-0018 Pflegewohnheim (82 Betten)

BRI 16.650 m³ **BGF** 5.814 m² **NUF** 3.782 m²

Pflegewohnheim mit 82 vollstationären Pflegeplätzen. Massivbau; Holzdachkonstruktion.

Land: Nordrhein-Westfalen
Kreis: Bielefeld, Stadt
Standard: mittel
Bauzeit: 148 Wochen
Kennwerte: bis 1. Ebene DIN 276

BGF 1.875 €/m²

Planung: Schützdeller-Münstermann Architekten; Rheda-Wiedenbrück

veröffentlicht: BKI Objektdaten N10

6200-0036 Alten-und Pflegeheim mit Kita

BRI 10.874 m³ **BGF** 3.268 m² **NUF** 2.038 m²

Pflegeheim mit 50 Plätzen, Kindertagesstätte mit zwei Gruppen, Erstellung gemeinsam mit Objekt 6100-0644. Stb-Konstruktion.

Land: Baden-Württemberg
Kreis: Reutlingen
Standard: mittel
Bauzeit: 87 Wochen
Kennwerte: bis 1. Ebene DIN 276

BGF 2.085 €/m²

Planung: Ackermann & Raff Architekten Stadtplaner BDA; Tübingen

veröffentlicht: www.bki.de

3400-0016 Seniorenpflegeheim (72 Betten)

BRI 17.088 m³ **BGF** 5.346 m² **NUF** 3.264 m²

Pflegeheim mit 72 Betten, Küche und Wäscherei. Massivbau; Stb-Flachdach.

Land: Baden-Württemberg
Kreis: Zollernalbkreis
Standard: mittel
Bauzeit: 122 Wochen
Kennwerte: bis 3. Ebene DIN 276

BGF 2.270 €/m²

Planung: Architekturbüro Walter Haller; Albstadt

veröffentlicht: BKI Objektdaten N10

Objektübersicht zur Gebäudeart

3400-0021 Altenpflegeheim (80 Betten) - Passivhaus

BRI 15.070 m^3 | **BGF** 4.909 m^2 | **NUF** 2.818 m^2

Altenpflegeheim mit 80 Pflegeplätzen, Passivhausstandard. Massivbau.

Land: Nordrhein-Westfalen
Kreis: Mönchengladbach, Stadt
Standard: mittel
Bauzeit: 91 Wochen
Kennwerte: bis 3. Ebene DIN 276

BGF **2.637 €/m²**

Planung: RONGEN ARCHITEKTEN PartG mbB; Wassenberg

veröffentlicht: BKI Objektdaten E6

€/m² BGF

min	1.660	€/m²
von	2.130	€/m²
Mittel	**2.660**	**€/m²**
bis	3.540	€/m²
max	4.270	€/m²

Kosten:
Stand 1. Quartal 2025
Bundesdurchschnitt
inkl. 19% MwSt.

Kostenkennwerte für die Kosten des Bauwerks (Kostengruppen 300+400 nach DIN 276)

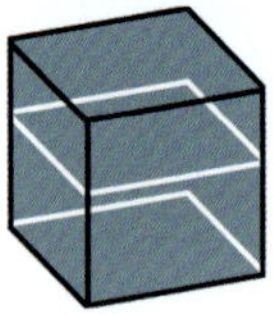

BRI 1.035 €/m³
von 705 €/m³
bis 1.375 €/m³

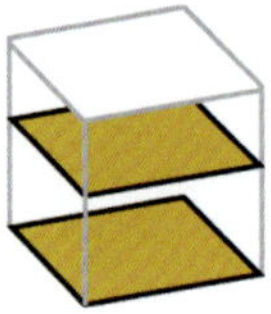

BGF 4.010 €/m²
von 3.290 €/m²
bis 5.005 €/m²

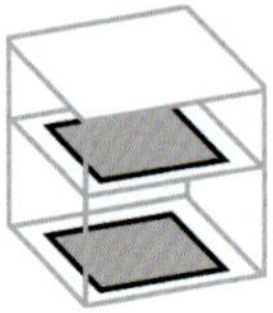

NUF 5.785 €/m²
von 4.610 €/m²
bis 6.810 €/m²

Objektbeispiele

Kosten:
Stand 1. Quartal 2025
Bundesdurchschnitt
inkl. 19% MwSt.

5300-0024

5300-0016

5300-0012

Kosten der 10 Vergleichsobjekte

Seiten 254 bis 256

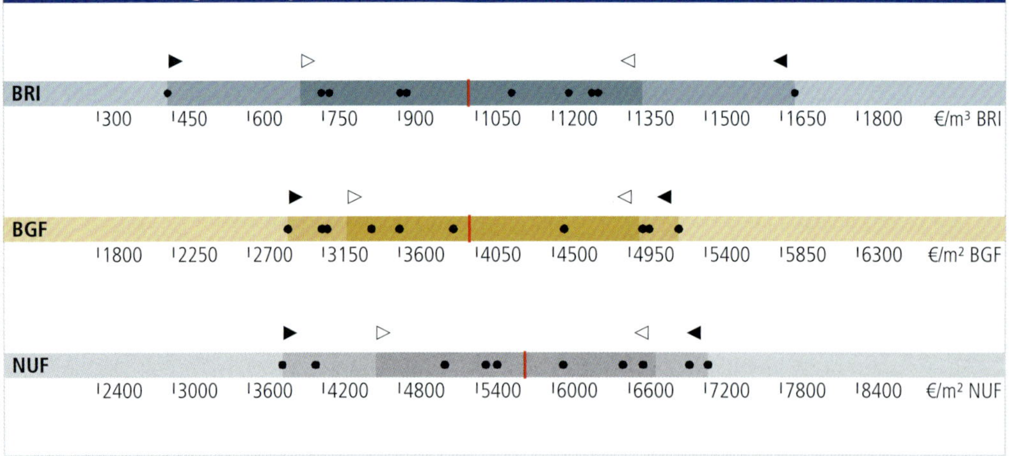

- ● KKW
- ▶ min
- ▷ von
- | Mittelwert
- ◁ bis
- ◀ max

Kostenkennwerte für die Kostengruppen der 1. und 2.Ebene DIN 276

KG	Kostengruppen der 1.Ebene	Einheit	▷	€/Einheit	◁	▷	% an 300+400	◁
100	Grundstück	m²GF	–	**–**	–	–	**–**	–
200	Vorbereitende Maßnahmen	m²GF	< 1	**3**	8	1,5	**3,8**	8,5
300	Bauwerk – Baukonstruktionen	m²BGF	2.763	**3.183**	3.872	71,3	**80,6**	91,0
400	Bauwerk – Technische Anlagen	m²BGF	278	**826**	1.297	9,0	**19,4**	28,7
	Bauwerk 300+400	m²BGF	3.288	**4.009**	5.007	100,0	**100,0**	100,0
500	Außenanlagen und Freiflächen	m²AF	53	**163**	346	5,8	**18,6**	31,0
600	Ausstattung und Kunstwerke	m²BGF	21	**115**	490	0,5	**2,3**	9,3
700	Baunebenkosten*	m²BGF	947	**1.055**	1.164	23,6	**26,3**	29,0
800	Finanzierung	m²BGF	–	**–**	–	–	**–**	–

* Auf Grundlage der HOAI 2021 berechnete Werte nach §§ 35, 52, 56. Weitere Informationen siehe Seite 56

KG	Kostengruppen der 2.Ebene	Einheit	▷	€/Einheit	◁	▷	% an 1.Ebene	◁
310	Baugrube / Erdbau	m³BGI	34	**55**	87	0,0	**1,4**	2,7
320	Gründung, Unterbau	m²GRF	437	**511**	536	14,5	**15,6**	17,2
330	Außenwände / vertikal außen	m²AWF	670	**810**	1.312	32,8	**41,3**	48,3
340	Innenwände / vertikal innen	m²IWF	351	**374**	393	6,8	**11,4**	14,2
350	Decken / horizontal	m²DEF	–	**626**	–	0,0	**1,7**	8,6
360	Dächer	m²DAF	452	**594**	769	15,5	**23,5**	28,2
370	Infrastrukturanlagen		–	**–**	–	–	**–**	–
380	Baukonstruktive Einbauten	m²BGF	2	**84**	165	< 0,1	**1,0**	5,2
390	Sonst. Maßnahmen für Baukonst.	m²BGF	71	**116**	207	2,6	**4,0**	9,1
300	**Bauwerk – Baukonstruktionen**	**m²BGF**					**100,0**	
410	Abwasser-, Wasser-, Gasanlagen	m²BGF	22	**264**	446	18,5	**31,7**	39,4
420	Wärmeversorgungsanlagen	m²BGF	68	**204**	295	23,0	**40,3**	71,1
430	Raumlufttechnische Anlagen	m²BGF	21	**92**	226	0,7	**3,9**	9,7
440	Elektrische Anlagen	m²BGF	5	**170**	282	8,1	**17,3**	29,2
450	Kommunikationstechnische Anlagen	m²BGF	26	**55**	112	0,4	**2,3**	5,0
460	Förderanlagen	m²BGF	–	**–**	–	–	**–**	–
470	Nutzungsspez. / verfahrenstech. Anl.	m²BGF	–	**415**	–	0,0	**4,5**	22,3
480	Gebäude- und Anlagenautomation	m²BGF	–	**–**	–	–	**–**	–
490	Sonst. Maßnahmen f. techn. Anl.	m²BGF	–	**11**	–	0,0	**0,1**	0,6
400	**Bauwerk – Technische Anlagen**	**m²BGF**					**100,0**	

Prozentanteile der Kosten 2.Ebene an den Kosten des Bauwerks nach DIN 276 (Von/Mittel/Bis)

KG	Kostengruppe	%
310	Baugrube / Erdbau	1,0
320	Gründung, Unterbau	12,8
330	Außenwände / vertikal außen	33,9
340	Innenwände / vertikal innen	8,8
350	Decken / horizontal	1,3
360	Dächer	19,3
370	Infrastrukturanlagen	
380	Baukonstruktive Einbauten	0,7
390	Sonst. Maßnahmen für Baukonst.	3,1
410	Abwasser-, Wasser-, Gasanlagen	6,3
420	Wärmeversorgungsanlagen	5,2
430	Raumlufttechnische Anlagen	1,1
440	Elektrische Anlagen	4,2
450	Kommunikationstechnische Anlagen	0,7
460	Förderanlagen	
470	Nutzungsspez. / verfahrenstech. Anl.	1,6
480	Gebäude- und Anlagenautomation	
490	Sonst. Maßnahmen f. techn. Anl.	< 0,1

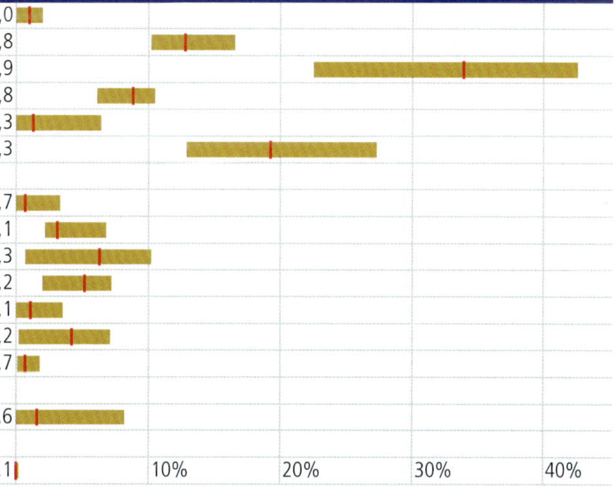

Prozentanteile der Kosten für Leistungsbereiche nach STLB (Kosten Bauwerk nach DIN 276)

LB	Leistungsbereiche	▷	% an 300+400	◁
000	Baustellen-, Verkehrssich.- u. Sicherh.einr. inkl. 001	1,7	**2,8**	6,7
002	Erdarbeiten	1,5	**2,2**	3,4
006	Spezialtiefbauarbeiten inkl. 005	0,0	**< 0,1**	< 0,1
009	Entwässerungskanalarbeiten inkl. 011	0,3	**0,8**	1,5
010	Drän- und Versickerarbeiten	0,0	**0,1**	0,2
012	Mauerarbeiten	4,2	**11,3**	17,6
013	Betonarbeiten	5,9	**9,1**	19,7
014	Natur-, Betonwerksteinarbeiten	0,0	**1,0**	2,5
016	Zimmer- und Holzbauarbeiten	4,0	**10,6**	19,8
017	Stahlbauarbeiten	0,0	**1,8**	5,6
018	Abdichtungsarbeiten	1,1	**1,8**	4,1
020	Dachdeckungsarbeiten	0,0	**0,6**	2,9
021	Dachabdichtungsarbeiten	4,5	**6,8**	9,8
022	Klempnerarbeiten	0,6	**3,1**	5,0
	Rohbau	39,6	**51,9**	67,1
023	Putz- und Stuckarbeiten, Wärmedämmsysteme	1,5	**3,2**	6,1
024	Fliesen- und Plattenarbeiten	3,5	**5,1**	7,9
025	Estricharbeiten	0,8	**1,5**	2,0
026	Fenster, Außentüren inkl. 029, 032	0,5	**6,4**	10,9
027	Tischlerarbeiten	1,4	**7,7**	11,9
028	Parkettarbeiten, Holzpflasterarbeiten	–	**–**	–
030	Rollladenarbeiten	–	**–**	–
031	Metallbauarbeiten inkl. 035	0,0	**0,7**	3,6
034	Maler- und Lackiererarbeiten inkl. 037	0,3	**1,2**	1,9
036	Bodenbelagarbeiten	0,0	**0,6**	1,7
038	Vorgehängte hinterlüftete Fassaden	0,0	**1,7**	8,7
039	Trockenbauarbeiten	0,8	**3,4**	5,0
	Ausbau	27,0	**31,4**	35,0
040	Wärmeversorgungsanl. - Betriebseinr. inkl. 041	0,0	**3,8**	6,4
042	Gas- und Wasserinstallation, Leitungen inkl. 043	0,0	**1,8**	3,4
044	Abwasseranlagen - Leitungen, Abläufe, Armaturen	0,2	**1,0**	2,5
045	GWE - Einrichtungsgegenstände inkl. 046	0,0	**2,6**	5,0
047	Dämm- und Brandschutzarbeiten an techn. Anlagen	0,0	**1,1**	2,3
049	Feuerlöschanlagen, Feuerlöschgeräte	–	**–**	–
050	Blitzschutz- und Erdungsanlagen	0,2	**0,5**	1,6
052	Mittelspannungsanlagen	0,0	**< 0,1**	0,2
053	Niederspannungsanlagen inkl. 054	0,4	**2,3**	4,8
055	Sicherheits- und Ersatzstromversorgungsanlagen	–	**–**	–
057	Gebäudesystemtechnik	–	**–**	–
058	Leuchten und Lampen inkl. 059	0,0	**1,4**	2,5
060	Such-, Signal-, elektroakust. Anl., Med. inkl. 064	< 0,1	**0,2**	0,7
061	Kommunikations- und Übertragungsnetze inkl. 062	0,0	**0,1**	0,3
063	Gefahrenmeldeanlagen	0,0	**0,4**	2,1
069	Aufzüge	–	**–**	–
070	Gebäudeautomation	–	**–**	–
075	Raumlufttechnische Anlagen inkl. 078	0,0	**1,2**	3,6
	Gebäudetechnik	0,2	**16,5**	27,6
	Sonstige Leistungsbereiche inkl. 008, 033, 051	0,0	**0,2**	0,8

Kosten:
Stand 1. Quartal 2025
Bundesdurchschnitt
inkl. 19% MwSt.

● KKW
▶ min
▷ von
| Mittelwert
◁ bis
◀ max

Planungskennwerte für Flächen und Rauminhalte nach DIN 277

Grundflächen		▷	Fläche/NUF (%)	◁	▷	Fläche/BGF (%)	◁
NUF	Nutzungsfläche	100,0	**100,0**	100,0	62,5	**70,0**	75,4
TF	Technikfläche	3,2	**3,8**	5,2	2,1	**2,6**	3,2
VF	Verkehrsfläche	16,8	**21,1**	21,1	9,2	**12,0**	12,0
NRF	Netto-Raumfläche	111,8	**118,2**	149,6	78,0	**80,6**	83,1
KGF	Konstruktions-Grundfläche	26,8	**28,2**	33,9	16,9	**19,4**	22,0
BGF	Brutto-Grundfläche	137,0	**146,4**	169,7	100,0	**100,0**	100,0

Brutto-Rauminhalte		▷	BRI/NUF (m)	◁	▷	BRI/BGF (m)	◁
BRI	Brutto-Rauminhalt	5,63	**6,18**	9,66	3,72	**4,11**	5,12

Flächen von Nutzeinheiten	▷	NUF/Einheit (m²)	◁	▷	BGF/Einheit (m²)	◁
Nutzeinheit:	–	**–**	–	–	**–**	–

Lufttechnisch behandelte Flächen	▷	Fläche/NUF (%)	◁	▷	Fläche/BGF (%)	◁
Entlüftete Fläche	–	**–**	–	–	**–**	–
Be- und entlüftete Fläche	–	**–**	–	–	**–**	–
Teilklimatisierte Fläche	–	**–**	–	–	**–**	–
Klimatisierte Fläche	–	**–**	–	–	**–**	–

KG	Kostengruppen (2. Ebene)	Einheit	▷	Menge/NUF	◁	▷	Menge/BGF	◁
310	Baugrube / Erdbau	m³ BGI	2,50	**2,57**	2,57	1,79	**1,81**	1,81
320	Gründung, Unterbau	m² GRF	1,24	**1,32**	1,46	0,91	**0,91**	0,94
330	Außenwände / vertikal außen	m² AWF	1,91	**2,39**	3,04	1,38	**1,65**	1,89
340	Innenwände / vertikal innen	m² IWF	1,18	**1,30**	1,38	0,74	**0,91**	0,99
350	Decken / horizontal	m² DEF	0,57	**0,57**	0,57	0,37	**0,37**	0,37
360	Dächer	m² DAF	1,65	**1,69**	1,85	1,15	**1,18**	1,28
370	Infrastrukturanlagen		–	**–**	–	–	**–**	–
380	Baukonstruktive Einbauten	m² BGF	1,37	**1,46**	1,70	1,00	**1,00**	1,00
390	Sonst. Maßnahmen für Baukonst.	m² BGF	1,37	**1,46**	1,70	1,00	**1,00**	1,00
300	**Bauwerk – Baukonstruktionen**	**m² BGF**	1,37	**1,46**	1,70	1,00	**1,00**	1,00

Planungskennwerte für Bauzeiten — 10 Vergleichsobjekte

Bauzeit in Wochen

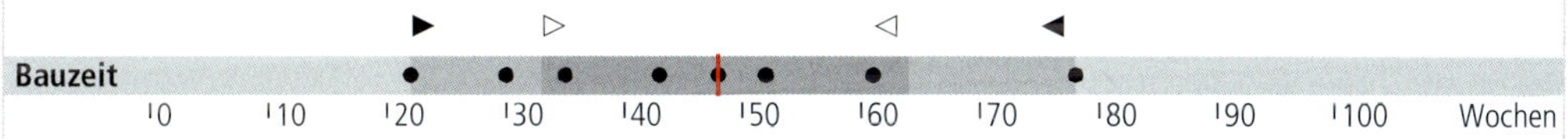

€/m² BGF

min	2.935	€/m²
von	3.290	€/m²
Mittel	**4.010**	**€/m²**
bis	5.005	€/m²
max	5.240	€/m²

Kosten:
Stand 1. Quartal 2025
Bundesdurchschnitt
inkl. 19% MwSt.

Objektübersicht zur Gebäudeart

5300-0021 Duschhaus (4 Duschen)

BRI 72 m³ **BGF** 24 m² **NUF** 17 m²

Duschhaus mit vier Umzieh- und Duschgelegenheiten. Holzbau.

Land: Bayern
Kreis: Landsberg am Lech
Standard: hoch
Bauzeit: 61 Wochen
Kennwerte: bis 1. Ebene DIN 276

BGF **5.028 €/m²**

Planung: ARCHITEKTanBORD Dipl.-Ing. Viktor Walter; Augsburg

veröffentlicht: BKI Objektdaten N20

5300-0024 Umkleide-, Personalgebäude Freizeitbad (10 AP)

BRI 2.237 m³ **BGF** 545 m² **NUF** 436 m²

Umkleide- und Personalgebäude für ein Freizeitbad mit zehn Arbeitsplätzen. Massivbau.

Land: Schleswig-Holstein
Kreis: Stormarn
Standard: mittel
Bauzeit: 78 Wochen
Kennwerte: bis 1. Ebene DIN 276

BGF **5.241 €/m²**

Planung: ams architekten gbr; Hamburg

vorgesehen: BKI Objektdaten N21

5200-0020 Badeanstalt

BRI 656 m³ **BGF** 204 m² **NUF** 132 m²

Badeanstalt. Mauerwerk.

Land: Mecklenburg-Vorpommern
Kreis: Mecklenburgische Seenplatte
Standard: mittel
Bauzeit: 30 Wochen
Kennwerte: bis 3. Ebene DIN 276

BGF **3.599 €/m²**

Planung: Sabine Reimann Dipl. Ing. Architektin; Wesenberg

veröffentlicht: BKI Objektdaten N18

5300-0018 Pfahlbauten Mehrzweckgebäude

BRI 4.037 m³ **BGF** 603 m² **NUF** 291 m²

Pfahlbau mit zwei Gebäuden auf einer Plattform mit Strandrettung, Strandkorb-Vermietung, Erste-Hilfe-Raum, Ausstellungsraum und WCs. Holzrahmenbau.

Land: Schleswig-Holstein
Kreis: Nordfriesland
Standard: hoch
Bauzeit: 48 Wochen
Kennwerte: bis 1. Ebene DIN 276

BGF **2.936 €/m²**

Planung: limbrecht jensen rudolph ARCHITEKTEN PartGmbB; Niebüll

veröffentlicht: BKI Objektdaten N17

5300-0016 Strandbad, Gastronomie

BRI 2.024 m³ | **BGF** 492 m² | **NUF** 345 m²

Gastronomiegebäude mit Umkleidekabinen, Sanitärräume, Sauna. Massivbau.

Land: Schleswig-Holstein
Kreis: Ostholstein
Standard: mittel
Bauzeit: 43 Wochen
Kennwerte: bis 3. Ebene DIN 276

BGF 5.065 €/m²

Planung: architekturbüro bielke und struve partgmbb; Eutin

veröffentlicht: BKI Objektdaten N18

5300-0015 Strandbad, Café

BRI 1.796 m³ | **BGF** 419 m² | **NUF** 300 m²

Strandbad mit Umkleiden und Café. Stahlbeton.

Land: Hessen
Kreis: Waldeck-Frankenberg
Standard: mittel
Bauzeit: 61 Wochen
Kennwerte: bis 3. Ebene DIN 276

BGF 3.914 €/m²

Planung: Architekturbüro Müntinga und Puy; Bad Arolsen

veröffentlicht: BKI Objektdaten N18

5300-0012 Seebadeanstalt, Gastronomie

BRI 464 m³ | **BGF** 122 m² | **NUF** 101 m²

Seebadeanstalt und Gastronomie mit 38 Sitzplätzen. Holzrahmenbau.

Land: Schleswig-Holstein
Kreis: Rendsburg-Eckernförde
Standard: mittel
Bauzeit: 22 Wochen
Kennwerte: bis 1. Ebene DIN 276

BGF 3.432 €/m²

Planung: Eckhart Wundram Architekt; Bordesholm

veröffentlicht: BKI Objektdaten N13

9900-0006 Aktiv- und Erholungspark, Spielhaus*

BRI 602 m³ | **BGF** 197 m² | **NUF** 159 m²

Spielhaus in Aktiv- und Erholungspark für Familienhotelanlage zur Erweiterung der Outdoor-Angebote. Holzskelettbau.

Land: Mecklenburg-Vorpommern
Kreis: Vorpommern-Greifswald
Standard: hoch
Bauzeit: 52 Wochen
Kennwerte: bis 3. Ebene DIN 276

BGF 1.967 €/m²

*

Planung: Achim Dreischmeier Architekt BDA und Stadtplaner; Ostseebad Koserow

veröffentlicht: BKI Objektdaten F7
* Nicht in der Auswertung enthalten

Gebäude für Erholungszwecke

Objektübersicht zur Gebäudeart

€/m² BGF

min	2.935	€/m²
von	3.290	€/m²
Mittel	**4.010**	**€/m²**
bis	5.005	€/m²
max	5.240	€/m²

Kosten:
Stand 1. Quartal 2025
Bundesdurchschnitt
inkl. 19% MwSt.

9900-0005 Aktiv- und Erholungspark, Backhaus

BRI 253 m³ | **BGF** 61 m² | **NUF** 50 m²

Backhaus in Aktiv- und Erholungspark für Familienhotelanlage zur Erweiterung der Outdoor-Angebote. Holzskelettbau.

Land: Mecklenburg-Vorpommern
Kreis: Vorpommern-Greifswald
Standard: hoch
Bauzeit: 52 Wochen
Kennwerte: bis 3. Ebene DIN 276

BGF **3.173 €/m²**

Planung: Achim Dreischmeier Architekt BDA und Stadtplaner; Ostseebad Koserow

veröffentlicht: BKI Objektdaten F7

3600-0002 Aktiv- und Erholungspark, Saunahaus

BRI 644 m³ | **BGF** 153 m² | **NUF** 93 m²

Saunahaus in Aktiv- und Erholungspark für Familienhotelanlage zur Erweiterung der Outdoor-Angebote. Mauerwerk und Holzfachwerk.

Land: Mecklenburg-Vorpommern
Kreis: Vorpommern-Greifswald
Standard: hoch
Bauzeit: 52 Wochen
Kennwerte: bis 3. Ebene DIN 276

BGF **3.139 €/m²**

Planung: Achim Dreischmeier Architekt BDA und Stadtplaner; Ostseebad Koserow

veröffentlicht: BKI Objektdaten F7

3600-0001 Saunagebäude

BRI 430 m³ | **BGF** 121 m² | **NUF** 83 m²

Saunagebäude. Massivbau.

Land: Brandenburg
Kreis: Brandenburg a.d. Havel
Standard: mittel
Bauzeit: 35 Wochen
Kennwerte: bis 1. Ebene DIN 276

BGF **4.566 €/m²**

Planung: KÖBER-PLAN GmbH Architekten und Ingenieure; Brandenburg an der Havel

veröffentlicht: BKI Objektdaten N13

Allgemeinbildende Schulen

Kostenkennwerte für die Kosten des Bauwerks (Kostengruppen 300+400 nach DIN 276)

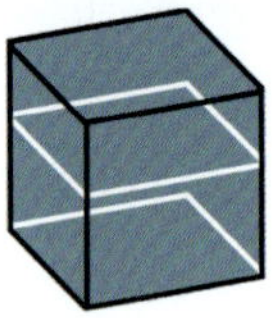

BRI 685 €/m³
von 555 €/m³
bis 845 €/m³

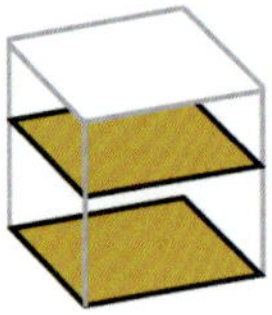

BGF 2.885 €/m²
von 2.330 €/m²
bis 3.475 €/m²

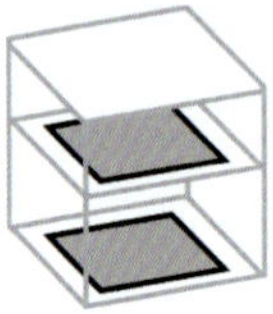

NUF 4.655 €/m²
von 3.685 €/m²
bis 5.735 €/m²

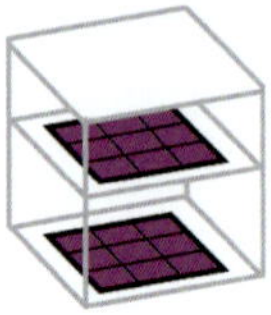

NE 34.920 €/NE
von 21.295 €/NE
bis 51.660 €/NE
NE: Schüler

Kosten:
Stand 1. Quartal 2025
Bundesdurchschnitt
inkl. 19% MwSt.

Objektbeispiele

4100-0251

4100-0248

4100-0245

Kosten der 51 Vergleichsobjekte

Seiten 262 bis 274

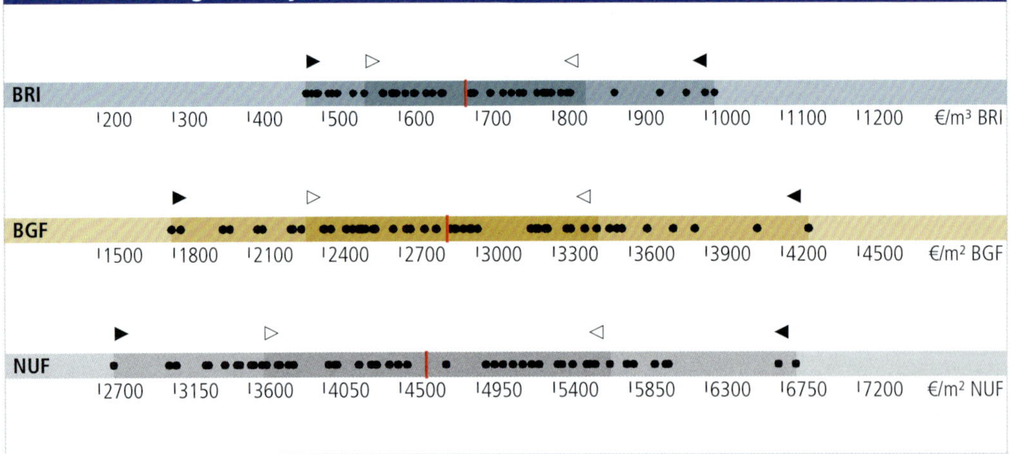

- ● KKW
- ▶ min
- ▷ von
- | Mittelwert
- ◁ bis
- ◀ max

Kostenkennwerte für die Kostengruppen der 1. und 2. Ebene DIN 276

KG	Kostengruppen der 1. Ebene	Einheit	▷	€/Einheit	◁	▷	% an 300+400	◁
100	Grundstück	m² GF	–	**–**	–	–	**–**	–
200	Vorbereitende Maßnahmen	m² GF	9	**26**	49	1,1	**3,1**	11,1
300	Bauwerk – Baukonstruktionen	m² BGF	1.782	**2.183**	2.610	70,8	**76,0**	80,3
400	Bauwerk – Technische Anlagen	m² BGF	511	**702**	977	19,7	**24,0**	29,2
	Bauwerk 300+400	m² BGF	2.328	**2.885**	3.475	100,0	**100,0**	100,0
500	Außenanlagen und Freiflächen	m² AF	67	**166**	297	2,2	**6,7**	12,7
600	Ausstattung und Kunstwerke	m² BGF	23	**87**	185	0,8	**3,0**	6,2
700	Baunebenkosten*	m² BGF	480	**535**	590	16,6	**18,5**	20,5
800	Finanzierung	m² BGF	–	**–**	–	–	**–**	–

* Auf Grundlage der HOAI 2021 berechnete Werte nach §§ 35, 52, 56. Weitere Informationen siehe Seite 56

KG	Kostengruppen der 2. Ebene	Einheit	▷	€/Einheit	◁	▷	% an 1. Ebene	◁
310	Baugrube / Erdbau	m³ BGI	24	**51**	81	2,0	**3,2**	7,5
320	Gründung, Unterbau	m² GRF	428	**602**	867	11,3	**14,7**	20,8
330	Außenwände / vertikal außen	m² AWF	722	**995**	1.277	26,7	**29,6**	33,9
340	Innenwände / vertikal innen	m² IWF	415	**505**	547	7,5	**15,5**	20,5
350	Decken / horizontal	m² DEF	432	**574**	635	5,0	**12,8**	16,7
360	Dächer	m² DAF	503	**602**	666	12,2	**17,1**	25,4
370	Infrastrukturanlagen		–	**–**	–	–	**–**	–
380	Baukonstruktive Einbauten	m² BGF	6	**21**	44	0,2	**1,0**	2,5
390	Sonst. Maßnahmen für Baukonst.	m² BGF	83	**129**	199	4,7	**6,1**	8,4
300	**Bauwerk – Baukonstruktionen**	**m² BGF**					**100,0**	
410	Abwasser-, Wasser-, Gasanlagen	m² BGF	48	**75**	102	11,6	**13,1**	16,0
420	Wärmeversorgungsanlagen	m² BGF	62	**103**	183	9,0	**20,3**	31,6
430	Raumlufttechnische Anlagen	m² BGF	23	**94**	184	2,0	**11,9**	22,9
440	Elektrische Anlagen	m² BGF	128	**164**	235	18,8	**31,4**	40,8
450	Kommunikationstechnische Anlagen	m² BGF	7	**36**	51	2,0	**5,9**	11,9
460	Förderanlagen	m² BGF	17	**27**	34	1,5	**3,9**	5,6
470	Nutzungsspez. / verfahrenstech. Anl.	m² BGF	52	**101**	146	0,0	**7,5**	16,0
480	Gebäude- und Anlagenautomation	m² BGF	26	**57**	84	0,4	**4,0**	9,7
490	Sonst. Maßnahmen f. techn. Anl.	m² BGF	4	**16**	40	0,1	**1,9**	14,3
400	**Bauwerk – Technische Anlagen**	**m² BGF**					**100,0**	

Prozentanteile der Kosten 2. Ebene an den Kosten des Bauwerks nach DIN 276 (Von/Mittel/Bis)

KG	Kostengruppe	%
310	Baugrube / Erdbau	2,5
320	Gründung, Unterbau	11,7
330	Außenwände / vertikal außen	23,3
340	Innenwände / vertikal innen	11,9
350	Decken / horizontal	9,8
360	Dächer	13,7
370	Infrastrukturanlagen	
380	Baukonstruktive Einbauten	0,8
390	Sonst. Maßnahmen für Baukonst.	4,7
410	Abwasser-, Wasser-, Gasanlagen	2,8
420	Wärmeversorgungsanlagen	4,3
430	Raumlufttechnische Anlagen	2,8
440	Elektrische Anlagen	6,4
450	Kommunikationstechnische Anlagen	1,3
460	Förderanlagen	0,9
470	Nutzungsspez. / verfahrenstech. Anl.	1,8
480	Gebäude- und Anlagenautomation	0,9
490	Sonst. Maßnahmen f. techn. Anl.	0,2

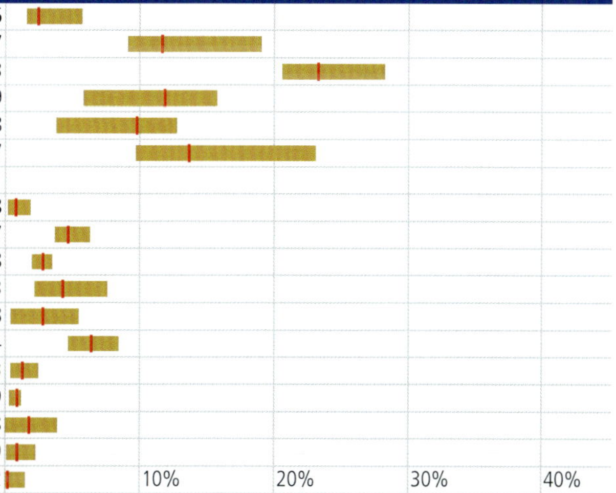

 Kostenstand: 1. Quartal 2025, Bundesdurchschnitt, **inkl. 19% MwSt.**

Prozentanteile der Kosten für Leistungsbereiche nach STLB (Kosten Bauwerk nach DIN 276)

Kosten:
Stand 1. Quartal 2025
Bundesdurchschnitt
inkl. 19% MwSt.

LB	Leistungsbereiche	▷	% an 300+400	◁
000	Baustellen-, Verkehrssich.- u. Sicherh.einr. inkl. 001	2,8	**3,9**	4,9
002	Erdarbeiten	2,6	**3,5**	5,9
006	Spezialtiefbauarbeiten inkl. 005	0,0	**0,8**	2,2
009	Entwässerungskanalarbeiten inkl. 011	< 0,1	**0,2**	0,5
010	Drän- und Versickerarbeiten	< 0,1	**0,3**	1,1
012	Mauerarbeiten	0,6	**1,8**	9,2
013	Betonarbeiten	15,2	**17,5**	21,3
014	Natur-, Betonwerksteinarbeiten	0,0	**0,9**	2,1
016	Zimmer- und Holzbauarbeiten	0,7	**4,8**	32,6
017	Stahlbauarbeiten	< 0,1	**1,2**	2,4
018	Abdichtungsarbeiten	0,4	**0,8**	1,4
020	Dachdeckungsarbeiten	0,0	**< 0,1**	0,2
021	Dachabdichtungsarbeiten	2,9	**4,1**	8,2
022	Klempnerarbeiten	0,6	**1,4**	3,9
	Rohbau	35,3	**41,1**	62,4
023	Putz- und Stuckarbeiten, Wärmedämmsysteme	0,9	**2,1**	5,0
024	Fliesen- und Plattenarbeiten	0,3	**0,8**	1,3
025	Estricharbeiten	1,4	**1,6**	1,9
026	Fenster, Außentüren inkl. 029, 032	4,1	**11,0**	13,7
027	Tischlerarbeiten	1,5	**4,3**	6,4
028	Parkettarbeiten, Holzpflasterarbeiten	0,0	**0,2**	0,5
030	Rollladenarbeiten	0,2	**0,8**	1,2
031	Metallbauarbeiten inkl. 035	2,4	**6,5**	11,8
034	Maler- und Lackiererarbeiten inkl. 037	0,8	**1,4**	2,2
036	Bodenbelagarbeiten	1,5	**2,0**	2,9
038	Vorgehängte hinterlüftete Fassaden	0,1	**1,2**	3,0
039	Trockenbauarbeiten	2,5	**4,8**	5,9
	Ausbau	23,2	**36,6**	40,1
040	Wärmeversorgungsanl. - Betriebseinr. inkl. 041	2,0	**4,0**	7,5
042	Gas- und Wasserinstallation, Leitungen inkl. 043	0,6	**0,8**	1,2
044	Abwasseranlagen - Leitungen, Abläufe, Armaturen	0,3	**0,8**	1,3
045	GWE - Einrichtungsgegenstände inkl. 046	0,4	**0,9**	1,1
047	Dämm- und Brandschutzarbeiten an techn. Anlagen	0,5	**1,1**	1,7
049	Feuerlöschanlagen, Feuerlöschgeräte	0,0	**< 0,1**	< 0,1
050	Blitzschutz- und Erdungsanlagen	0,1	**0,2**	0,4
052	Mittelspannungsanlagen	–	**–**	–
053	Niederspannungsanlagen inkl. 054	3,0	**4,2**	6,0
055	Sicherheits- und Ersatzstromversorgungsanlagen	0,0	**0,1**	0,3
057	Gebäudesystemtechnik	–	**–**	–
058	Leuchten und Lampen inkl. 059	0,8	**2,0**	3,1
060	Such-, Signal-, elektroakust. Anl., Med. inkl. 064	< 0,1	**0,3**	0,7
061	Kommunikations- und Übertragungsnetze inkl. 062	< 0,1	**0,6**	1,2
063	Gefahrenmeldeanlagen	< 0,1	**0,4**	0,9
069	Aufzüge	0,3	**0,9**	1,2
070	Gebäudeautomation	< 0,1	**0,9**	2,3
075	Raumlufttechnische Anlagen inkl. 078	0,3	**2,6**	5,0
	Gebäudetechnik	14,8	**19,8**	22,5
	Sonstige Leistungsbereiche inkl. 008, 033, 051	0,4	**2,4**	4,5

(Diagrammskala: 7,5% · 15% · 22,5% · 30%)

- ● KKW
- ▶ min
- ▷ von
- | Mittelwert
- ◁ bis
- ◀ max

Planungskennwerte für Flächen und Rauminhalte nach DIN 277

Grundflächen		▷	Fläche/NUF (%)	◁	▷	Fläche/BGF (%)	◁
NUF	Nutzungsfläche	100,0	**100,0**	100,0	58,1	**62,6**	66,4
TF	Technikfläche	3,9	**5,1**	13,7	2,2	**2,9**	6,5
VF	Verkehrsfläche	27,2	**32,8**	41,3	17,0	**19,9**	23,7
NRF	Netto-Raumfläche	131,2	**137,8**	151,0	83,1	**85,4**	87,6
KGF	Konstruktions-Grundfläche	19,9	**23,8**	29,2	12,4	**14,6**	16,9
BGF	Brutto-Grundfläche	153,2	**161,6**	177,3	100,0	**100,0**	100,0

Brutto-Rauminhalte		▷	BRI/NUF (m)	◁	▷	BRI/BGF (m)	◁
BRI	Brutto-Rauminhalt	6,41	**6,83**	7,42	4,03	**4,25**	4,70

Flächen von Nutzeinheiten	▷	NUF/Einheit (m²)	◁	▷	BGF/Einheit (m²)	◁
Nutzeinheit: Schüler	6,16	**7,48**	9,66	9,92	**12,03**	14,64

Lufttechnisch behandelte Flächen	▷	Fläche/NUF (%)	◁	▷	Fläche/BGF (%)	◁
Entlüftete Fläche	2,3	**2,3**	2,3	1,3	**1,3**	1,3
Be- und entlüftete Fläche	134,0	**135,6**	138,3	77,0	**81,4**	81,4
Teilklimatisierte Fläche	0,4	**0,4**	0,4	0,2	**0,2**	0,2
Klimatisierte Fläche	–	**–**	–	–	**–**	–

KG	Kostengruppen (2. Ebene)	Einheit	▷	Menge/NUF	◁	▷	Menge/BGF	◁
310	Baugrube / Erdbau	m³ BGI	1,87	**2,47**	3,18	1,17	**1,49**	1,85
320	Gründung, Unterbau	m² GRF	0,78	**0,82**	1,02	0,45	**0,52**	0,76
330	Außenwände / vertikal außen	m² AWF	0,90	**1,05**	1,36	0,59	**0,67**	1,01
340	Innenwände / vertikal innen	m² IWF	1,05	**1,16**	1,26	0,60	**0,70**	0,78
350	Decken / horizontal	m² DEF	0,82	**0,86**	0,98	0,47	**0,50**	0,54
360	Dächer	m² DAF	0,83	**0,91**	1,19	0,51	**0,58**	0,89
370	Infrastrukturanlagen		–	**–**	–	–	**–**	–
380	Baukonstruktive Einbauten	m² BGF	1,53	**1,62**	1,77	1,00	**1,00**	1,00
390	Sonst. Maßnahmen für Baukonst.	m² BGF	1,53	**1,62**	1,77	1,00	**1,00**	1,00
300	**Bauwerk – Baukonstruktionen**	**m² BGF**	1,53	**1,62**	1,77	1,00	**1,00**	1,00

Planungskennwerte für Bauzeiten — 51 Vergleichsobjekte

Bauzeit in Wochen

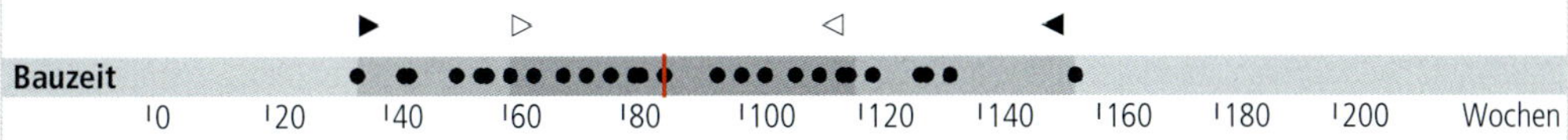

€/m² BGF

min	1.790	€/m²
von	2.330	€/m²
Mittel	**2.885**	**€/m²**
bis	3.475	€/m²
max	4.305	€/m²

Kosten:
Stand 1. Quartal 2025
Bundesdurchschnitt
inkl. 19% MwSt.

Objektübersicht zur Gebäudeart

4100-0248 Grundschule (8 Klassen, 200 Schüler)

BRI 12.783 m³ **BGF** 3.050 m² **NUF** 1.779 m²

© Architektur.SCHÖN

Grundschule mit acht Klassen für 200 Schüler. Mauerwerk.

Land: Hessen
Kreis: Wiesbaden, Stadt
Standard: hoch
Bauzeit: 43 Wochen
Kennwerte: bis 1. Ebene DIN 276

BGF 3.265 €/m²

Planung: Architektur.SCHÖN; Wiesbaden

vorgesehen: BKI Objektdaten N21

4100-0252 Grundschule (16 Klassen, 260 Schüler)

BRI 10.368 m³ **BGF** 2.659 m² **NUF** 1.747 m²

© AG5 Architekten

Erweiterung einer Grundschule um ein Gebäude für 16 Klassen mit 260 Schülern. Massivbau.

Land: Hessen
Kreis: Marburg-Biedenkopf
Standard: mittel
Bauzeit: 117 Wochen
Kennwerte: bis 1. Ebene DIN 276

BGF 2.796 €/m²

Planung: AG5 Architekten + Stadtplaner PartGmbB; Darmstadt

vorgesehen: BKI Objektdaten N21

4100-0241 Schule (9 Klassen, 235 Schüler)

BRI 9.054 m³ **BGF** 1.599 m² **NUF** 1.096 m²

© NPC Architekten

Schulzentrum mit sechs Klassenräumen und drei Fachunterrichtsräumen für 235 Schüler. Mauerwerk.

Land: Niedersachsen
Kreis: Diepholz
Standard: mittel
Bauzeit: 70 Wochen
Kennwerte: bis 1. Ebene DIN 276

BGF 3.266 €/m²

Planung: NPC Naumann Petersen Conrad Joesten Architekten/Ing. mbB; Bremen

vorgesehen: BKI Objektdaten N21

4100-0229 Grundschule (16 Klassen, 360 Schüler) - Passivhaus

BRI 23.361 m³ **BGF** 5.256 m² **NUF** 4.064 m²

© Thomas Kleiner

Ganztags-Grundschule mit 16 Klassen für 360 Schüler, Einfeld-Turnhalle und Mensa, als Passivhaus. Stahlbeton.

Land: Bremen
Kreis: Bremen, Stadt
Standard: hoch
Bauzeit: 87 Wochen
Kennwerte: bis 1. Ebene DIN 276

BGF 2.916 €/m²

Planung: Architektengruppe Rosengart + Partner BDA; Bremen

veröffentlicht: BKI Objektdaten N19

4100-0251 Grundschule (18 Klassen, 450 Schüler)

BRI 16.697 m³ **BGF** 4.240 m² **NUF** 2.492 m²

Grundschule mit 18 Klassen für 450 Schüler. Massivbau.

Land: Rheinland-Pfalz
Kreis: Mainz, Stadt
Standard: mittel
Bauzeit: 156 Wochen
Kennwerte: bis 1. Ebene DIN 276

BGF **3.239 €/m²**

Planung: Heidacker Architekten PartG mbB Sinopoli Architekten; Bischofsheim

vorgesehen: BKI Objektdaten N21

4100-0242 Schule (31 Klassen, 650 Schüler)

BRI 31.575 m³ **BGF** 7.685 m² **NUF** 4.613 m²

Schule mit 31 Klassen für 650 Schüler. Massivbau.

Land: Nordrhein-Westfalen
Kreis: Unna
Standard: hoch
Bauzeit: 156 Wochen
Kennwerte: bis 1. Ebene DIN 276

BGF **4.101 €/m²**

Planung: weicken architekten partmbB; Unna

vorgesehen: BKI Objektdaten N21

4100-0245 Gymnasium, Lernzentrum (150 Schüler)

BRI 10.500 m³ **BGF** 2.443 m² **NUF** 1.618 m²

Oberstufenzentrum eines Gymnasiums mit Selbstlernzentrum für 150 Schüler. Massivbau.

Land: Niedersachsen
Kreis: Harburg
Standard: mittel
Bauzeit: 70 Wochen
Kennwerte: bis 1. Ebene DIN 276

BGF **2.972 €/m²**

Planung: jup.arc weinert jegenhorst juraschek architekten partmbb; Winsen/Luhe

vorgesehen: BKI Objektdaten N21

4100-0240 Gemeinschaftsschule (18 Klassen, 432 Schüler)

BRI 12.823 m³ **BGF** 3.248 m² **NUF** 2.011 m²

Schulneubau als Erweiterung für Clusterschule mit 18 Klassen und 432 Schüler. Stb-Skelettbau.

Land: Baden-Württemberg
Kreis: Lörrach
Standard: mittel
Bauzeit: 96 Wochen
Kennwerte: bis 1. Ebene DIN 276

BGF **3.230 €/m²**

Planung: ARCHITEKTURBUERO 1 ZT GmbH, Linz (AT) und Büro HERZOG; Lörrach

veröffentlicht: BKI Objektdaten N20

€/m² BGF

min	1.790	€/m²
von	2.330	€/m²
Mittel	**2.885**	**€/m²**
bis	3.475	€/m²
max	4.305	€/m²

Kosten:
Stand 1. Quartal 2025
Bundesdurchschnitt
inkl. 19% MwSt.

Objektübersicht zur Gebäudeart

4100-0233 Oberschule (24 Klassen, 500 Schüler)

BRI 20.978 m³ **BGF** 4.667 m² **NUF** 2.786 m²

© www.kasperjensen.com

Oberschule mit 24 Klassen für ca. 500 Schüler. Massivbau.

Land: Bremen
Kreis: Bremen, Stadt
Standard: mittel
Bauzeit: 135 Wochen
Kennwerte: bis 1. Ebene DIN 276

BGF 3.351 €/m²

Planung: tsj-architekten gmbh; Lübeck

veröffentlicht: BKI Objektdaten N20

4100-0223 Grundschule (8 Klassen, 224 Schüler), Sporthalle

BRI 20.045 m³ **BGF** 4.126 m² **NUF** 2.713 m²

© Ralf Buscher Photography

Grundschule mit Einfeld-Sporthalle für acht Klassen mit 224 Schülern sowie Gemeindebibliothek. Massivbau.

Land: Nordrhein-Westfalen
Kreis: Herford
Standard: hoch
Bauzeit: 65 Wochen
Kennwerte: bis 1. Ebene DIN 276

BGF 3.567 €/m²

Planung: BKS Architekten GmbH; Lübbecke

veröffentlicht: BKI Objektdaten N19

4100-0235 Gesamtschule (15 Klassen, 360 Schüler)

BRI 10.584 m³ **BGF** 3.101 m² **NUF** 1.391 m²

© WOLLENWEBERARCHITEKTUR

Neubau als Erweiterung einer bestehenden Gesamtschule mit Unterrichtsräumen und Fachräumen. Massivbau.

Land: Nordrhein-Westfalen
Kreis: Krefeld, Stadt
Standard: mittel
Bauzeit: 96 Wochen
Kennwerte: bis 1. Ebene DIN 276

BGF 2.723 €/m²

Planung: WOLLENWEBERARCHITEKTUR; Düsseldorf

veröffentlicht: BKI Objektdaten N20

4100-0217 Schule (12 Klassen, 275 Schüler)

BRI 5.387 m³ **BGF** 1.371 m² **NUF** 922 m²

© JOCHEN STÜBER

Schule als Klassenhaus mit zwölf Klassen für 275 Schüler. Massivbau.

Land: Hamburg
Kreis: Hamburg, Stadt
Standard: mittel
Bauzeit: 57 Wochen
Kennwerte: bis 1. Ebene DIN 276

BGF 2.428 €/m²

Planung: MoRe Architekten PartGmbB; Hamburg

veröffentlicht: BKI Objektdaten N18

4100-0239 Grundschule (10 Klassen, 200 Schüler)

BRI 13.943 m³ | **BGF** 3.596 m² | **NUF** 2.243 m²

Grundschule mit zehn Klassen für 200 Kinder. Massivbau.

Land: Hessen
Kreis: Waldeck-Frankenberg
Standard: mittel
Bauzeit: 118 Wochen
Kennwerte: bis 1. Ebene DIN 276

BGF **2.309 €/m²**

Planung: Kleine + Potthoff Architekten; Korbach

vorgesehen: BKI Objektdaten N21

4100-0222 Oberstufengymnasium (450 Schüler)

BRI 26.759 m³ | **BGF** 6.690 m² | **NUF** 4.038 m²

Oberstufengymnasium für 450 Schüler mit hoher technischer Ausstattung. Stahlbeton.

Land: Hessen
Kreis: Wiesbaden, Stadt
Standard: hoch
Bauzeit: 131 Wochen
Kennwerte: bis 1. Ebene DIN 276

BGF **3.519 €/m²**

Planung: architektei mey gmbh; Frankfurt am Main

veröffentlicht: BKI Objektdaten N19

4100-0219 Gymnasium (12 Klassen, 330 Schüler)

BRI 4.244 m³ | **BGF** 1.170 m² | **NUF** 716 m²

Dreigeschossiges temporäres Schulgebäude für zwölf Klassen mit 330 Schülern. Holzbau.

Land: Niedersachsen
Kreis: Braunschweig, Stadt
Standard: einfach
Bauzeit: 52 Wochen
Kennwerte: bis 1. Ebene DIN 276

BGF **3.667 €/m²**

Planung: werk.um architekten; Darmstadt

veröffentlicht: BKI Objektdaten N19

4100-0218 Schule (2 Klassen), Mensa (80 Sitzplätze)

BRI 3.360 m³ | **BGF** 837 m² | **NUF** 579 m²

Schulneubau als Erweiterung mit Mensa und Betreuungsflächen für zwei Klassen und 204 Schüler. Massivbau.

Land: Hessen
Kreis: Offenbach
Standard: mittel
Bauzeit: 56 Wochen
Kennwerte: bis 1. Ebene DIN 276

BGF **3.769 €/m²**

Planung: raum-z architekten gmbh; Frankfurt

veröffentlicht: BKI Objektdaten N18

Objektübersicht zur Gebäudeart

€/m² BGF

min	1.790	€/m²
von	2.330	€/m²
Mittel	**2.885**	**€/m²**
bis	3.475	€/m²
max	4.305	€/m²

Kosten:
Stand 1.Quartal 2025
Bundesdurchschnitt
inkl. 19% MwSt.

4100-0230 Grundschule, Ganztagsbereich (100 Schüler)

BRI 8.102 m³ **BGF** 1.765 m² **NUF** 1.085 m²

Einzügige Grundschule mit Ganztagsbereich, Aula, Fachräumen, Klassen- und Gruppenräumen sowie Verwaltungsflächen. Vier Klassen für 75-100 Schüler. Mauerwerk.

Land: Schleswig-Holstein
Kreis: Steinburg
Standard: mittel
Bauzeit: 100 Wochen
Kennwerte: bis 1. Ebene DIN 276

BGF 3.469 €/m²

Planung: BPVARCHITEKTEN; Hamburg

veröffentlicht: BKI Objektdaten N20

4100-0207 Grundschule (5 Klassen, 125 Schüler)

BRI 8.910 m³ **BGF** 2.440 m² **NUF** 1.601 m²

Grundschule fünf Klassen, 125 Schüler. Massivbau.

Land: Sachsen
Kreis: Nordsachsen
Standard: hoch
Bauzeit: 78 Wochen
Kennwerte: bis 1. Ebene DIN 276

BGF 2.909 €/m²

Planung: IPROconsult GmbH; Dresden

veröffentlicht: BKI Objektdaten N17

4100-0212 Gesamtschule (10 Klassen, 264 Schüler)

BRI 11.128 m³ **BGF** 2.519 m² **NUF** 1.611 m²

Gesamtschule mit zehn Klassen für 264 Schüler. Stahlbeton.

Land: Niedersachsen
Kreis: Nienburg (Weser)
Standard: mittel
Bauzeit: 78 Wochen
Kennwerte: bis 1. Ebene DIN 276

BGF 4.303 €/m²

Planung: ppp architekten + stadtplaner gmbh; Lübeck

veröffentlicht: BKI Objektdaten N18

4100-0213 Grundschule (18 Klassen, 504 Schüler)

BRI 42.301 m³ **BGF** 8.461 m² **NUF** 5.555 m²

Grundschule mit 18 Klassen und 504 Schüler. Stb-Skelettbau.

Land: Brandenburg
Kreis: Potsdam, Stadt
Standard: mittel
Bauzeit: 104 Wochen
Kennwerte: bis 1. Ebene DIN 276

BGF 2.945 €/m²

Planung: sehw architektur GmbH; Berlin

veröffentlicht: BKI Objektdaten E9

Objektübersicht zur Gebäudeart

4100-0227 Schule (18 Klassen, 504 Schüler)

BRI 23.230 m³ **BGF** 5.212 m² **NUF** 3.565 m²

Stadtteilschule mit 16 Klassen und 384 Schülern, Mensa, Schülercafé, Aula, Bücherei sowie Technik- und Musikfachräumen. Stahlbeton.

Land: Hamburg
Kreis: Hamburg, Stadt
Standard: mittel
Bauzeit: 113 Wochen
Kennwerte: bis 1. Ebene DIN 276

BGF 2.133 €/m²

Planung: SEHW Architekten PartG mbB; Hamburg

veröffentlicht: BKI Objektdaten N19

4100-0205 Grundschule (8 Klassen, 224 Schüler)

BRI 12.772 m³ **BGF** 3.133 m² **NUF** 1.762 m²

Grundschule mit acht Klassen und 224 Schülern. Stahlbetonbau.

Land: Sachsen
Kreis: Dresden, Stadt
Standard: mittel
Bauzeit: 82 Wochen
Kennwerte: bis 1. Ebene DIN 276

BGF 2.840 €/m²

Planung: ARGE R.B.Z. AB Raum und Bau GmbH + AGZ Zimmermann GmbH; Dresden

veröffentlicht: BKI Objektdaten E9

4100-0199 Grundschule (16 Klassen, 400 Schüler)

BRI 14.485 m³ **BGF** 3.399 m² **NUF** 2.262 m²

Grundschule mit 16 Klassen und 400 Schülern. Mauerwerksbau.

Land: Schleswig-Holstein
Kreis: Schleswig-Flensburg
Standard: mittel
Bauzeit: 65 Wochen
Kennwerte: bis 1. Ebene DIN 276

BGF 2.739 €/m²

Planung: Architekten Johannsen und Partner mbB; Hamburg

veröffentlicht: BKI Objektdaten E8

4100-0211 Grundschule (4 Klassen, 88 Schüler)

BRI 10.578 m³ **BGF** 1.761 m² **NUF** 1.147 m²

Grundschule mit vier Klassen und 88 Schülern sowie Mehrzweck- und Gymnastikraum. Mauerwerk.

Land: Hamburg
Kreis: Hamburg, Stadt
Standard: mittel
Bauzeit: 122 Wochen
Kennwerte: bis 1. Ebene DIN 276

BGF 3.546 €/m²

Planung: Gössler Kinz Kerber Schippmann; Hamburg

veröffentlicht: BKI Objektdaten N18

Objektübersicht zur Gebäudeart

€/m² BGF

min	1.790	€/m²
von	2.330	€/m²
Mittel	**2.885**	**€/m²**
bis	3.475	€/m²
max	4.305	€/m²

Kosten:
Stand 1. Quartal 2025
Bundesdurchschnitt
inkl. 19% MwSt.

4100-0188 Grundschule (10 Klassen, 240 Schüler), Mensa

BRI 11.328 m³ **BGF** 2.942 m² **NUF** 1.857 m²

Grundschule mit zehn Klassen für 240 Schüler, Mensa. Stb-Konstruktion.

Land: Nordrhein-Westfalen
Kreis: Rhein-Kreis Neuss
Standard: mittel
Bauzeit: 44 Wochen
Kennwerte: bis 1. Ebene DIN 276

BGF **1.994 €/m²**

Planung: Werkgemeinschaft Quasten-Mundt; Grevenbroich

veröffentlicht: BKI Objektdaten N16

4100-0177 Grundschule (10 Klassen, 280 Schüler)

BRI 7.660 m³ **BGF** 2.069 m² **NUF** 1.354 m²

Grundschule mit zehn Klassen und 280 Schülern. Mauerwerksbau.

Land: Hamburg
Kreis: Hamburg, Stadt
Standard: mittel
Bauzeit: 70 Wochen
Kennwerte: bis 1. Ebene DIN 276

BGF **1.825 €/m²**

Planung: k.A.

veröffentlicht: BKI Objektdaten N16

4100-0197 Grundschule (3 Klasse, 90 Schüler)

BRI 1.996 m³ **BGF** 517 m² **NUF** 328 m²

Grundschule mit drei Klassen für 90 Schüler. MW-Massivbau.

Land: Brandenburg
Kreis: Potsdam, Stadt
Standard: mittel
Bauzeit: 74 Wochen
Kennwerte: bis 1. Ebene DIN 276

BGF **3.855 €/m²**

Planung: Behrens & Heinlein Architekten BDA; Potsdam

veröffentlicht: BKI Objektdaten N17

4100-0191 Gesamtschule (240 Schüler), Mensa, Bibliothek

BRI 11.425 m³ **BGF** 2.994 m² **NUF** 1.979 m²

Gesamtschule mit 8 Klassen, Mensa, Küche und Bibliothek. Massivbau.

Land: Nordrhein-Westfalen
Kreis: Rhein-Sieg-Kreis
Standard: hoch
Bauzeit: 100 Wochen
Kennwerte: bis 1. Ebene DIN 276

BGF **3.002 €/m²**

Planung: ZACHARIAS PLANUNGSGRUPPE; Sankt Augustin

veröffentlicht: BKI Objektdaten N17

4100-0189 Grundschule (12 Klassen, 360 Schüler)

BRI 13.760 m³ **BGF** 3.330 m² **NUF** 2.320 m²

© ARCHITEKTURBÜRO TABERY

Grundschule mit drei Lernhäusern, zwölf Klassenzimmern für 360 Schüler . Massivbau.

Land: Niedersachsen
Kreis: Rotenburg (Wümme)
Standard: mittel
Bauzeit: 61 Wochen
Kennwerte: bis 3. Ebene DIN 276

BGF **2.561 €/m²**

Planung: ARCHITEKTURBÜRO TABERY; Bremervörde

veröffentlicht: BKI Objektdaten E9

4100-0178 Gymnasium (6 Klassen), Sporthalle (Einfeldhalle)

BRI 10.394 m³ **BGF** 2.095 m² **NUF** 1.459 m²

© Franziska Evers

Neubau mit sechs Klassenräumen, Sporthalle und Umkleiden (für Schul- und Vereinssport getrennt) als Erweiterung für eine Schule. Massivbau.

Land: Hamburg
Kreis: Hamburg, Stadt
Standard: hoch
Bauzeit: 56 Wochen
Kennwerte: bis 1. Ebene DIN 276

BGF **2.672 €/m²**

Planung: Dohse Architekten; Hamburg

veröffentlicht: BKI Objektdaten N16

4100-0193 Ganztagsschule (320 Kinder), Sporthalle

BRI 24.737 m³ **BGF** 5.930 m² **NUF** 3.573 m²

© Nina Straßgütl

Montessori-Gesamtschule (320 Schüler) mit Sporthalle und Mensa. Stb-Konstruktion.

Land: Bayern
Kreis: Freising
Standard: mittel
Bauzeit: 87 Wochen
Kennwerte: bis 1. Ebene DIN 276

BGF **2.022 €/m²**

Planung: Numrich Albrecht Klumpp Gesellschaft von Architekten mbH; Berlin

veröffentlicht: BKI Objektdaten N17

4100-0170 Grundschule (400 Schüler) - Passivhausbauweise

BRI 27.063 m³ **BGF** 6.380 m² **NUF** 3.038 m²

© PFP Planungs GmbH

Grundschule in Passivhausbauweise mit 16 Klassen und 400 Schülern. Stahlbetonbau.

Land: Hessen
Kreis: Frankfurt am Main, Stadt
Standard: mittel
Bauzeit: 135 Wochen
Kennwerte: bis 1. Ebene DIN 276

BGF **2.510 €/m²**

Planung: PFP Planungs GmbH Prof. Jörg Friedrich; Hamburg

veröffentlicht: BKI Objektdaten E7

€/m² BGF

min	1.790	€/m²
von	2.330	€/m²
Mittel	**2.885**	**€/m²**
bis	3.475	€/m²
max	4.305	€/m²

Kosten:
Stand 1. Quartal 2025
Bundesdurchschnitt
inkl. 19% MwSt.

Objektübersicht zur Gebäudeart

4100-0166 Gymnasium (21 Klassen, 600 Schüler)

BRI 14.908 m³ **BGF** 3.666 m² **NUF** 2.022 m²

Neubau als Erweiterung eines Gymnasiums (21 Klassen). Mauerwerksbau.

Land: Schleswig-Holstein
Kreis: Rendsburg-Eckernförde
Standard: mittel
Bauzeit: 82 Wochen
Kennwerte: bis 1. Ebene DIN 276

BGF 2.403 €/m²

Planung: Schüler Architekten Schüler Böller Bahnemann; Rendsburg

veröffentlicht: BKI Objektdaten N15

4100-0169 Mittelschule (360 Schüler), Sporthalle

BRI 40.446 m³ **BGF** 8.160 m² **NUF** 5.863 m²

Mittelschule (12 Klassen, 360 Schüler), Sporthalle (Dreifeldhalle). Stb-Skelettbau.

Land: Bayern
Kreis: Fürstenfeldbruck
Standard: mittel
Bauzeit: 104 Wochen
Kennwerte: bis 1. Ebene DIN 276

BGF 2.534 €/m²

Planung: Hausmann Architekten GmbH; Aachen

veröffentlicht: BKI Objektdaten E7

4100-0155 Grundschule (580 Sch), Kindertagesstätte (123 Ki)

BRI 38.200 m³ **BGF** 8.155 m² **NUF** 5.829 m²

Kinderzentrum mit Grundschule (20 Klassen, 580 Schüler), Zweifeldsporthalle und Kindertagesstätte (7 Gruppen, 123 Kinder). Mauerwerksbau.

Land: Schleswig-Holstein
Kreis: Herzogtum Lauenburg
Standard: mittel
Bauzeit: 70 Wochen
Kennwerte: bis 1. Ebene DIN 276

BGF 2.591 €/m²

Planung: Spengler · Wiescholek Architekten Stadtplaner; Hamburg

veröffentlicht: BKI Objektdaten N13

4100-0162 Gesamtschule (10 Klassen, 280 Schüler)

BRI 18.967 m³ **BGF** 4.585 m² **NUF** 2.319 m²

Gesamtschule mit zehn Klassen für 280 Schüler. Massivbau.

Land: Sachsen-Anhalt
Kreis: Salzlandkreis
Standard: mittel
Bauzeit: 104 Wochen
Kennwerte: bis 1. Ebene DIN 276

BGF 2.969 €/m²

Planung: ARGE Junk&Reich / Hartmann + Helm Planungsgesellschaft mbH; Weimar

veröffentlicht: BKI Objektdaten N15

4100-0158 Gemeinschaftsschule (14 Klassen, 336 Schüler) **BRI** 13.027 m³ **BGF** 2.776 m² **NUF** 1.653 m²

© Stephan Baumann

Neubau für eine Gesamtschule als Erweiterung für 336 Schüler (14 Klassen). Massivbau.

Land: Schleswig-Holstein
Kreis: Schleswig-Flensburg
Standard: mittel
Bauzeit: 74 Wochen
Kennwerte: bis 1. Ebene DIN 276

BGF **2.978 €/m²**

Planung: petersen pörksen partner architekten + stadtplaner | bda; Lübeck

veröffentlicht: BKI Objektdaten E6

4100-0181 Grundschule (450 Schüler), Sporthalle - Passivhaus **BRI** 42.986 m³ **BGF** 8.630 m² **NUF** 5.330 m²

© Michael Moser

Grundschule für 450 Kinder mit Dreifeldhalle und Hort als Passivhaus. Stahlbetonbau.

Land: Sachsen
Kreis: Leipzig, Stadt
Standard: hoch
Bauzeit: 130 Wochen
Kennwerte: bis 1. Ebene DIN 276

BGF **2.548 €/m²**

Planung: pbr Planungsbüro Rohling AG; Braunschweig

veröffentlicht: BKI Objektdaten N16

4100-0154 Gesamtschule (750 Schüler) **BRI** 22.185 m³ **BGF** 5.486 m² **NUF** 2.965 m²

© Fromme + Linsenhoff

Gesamtschule (2. Bauabschnitt) mit 750 Schülern, Naturwissenschaftsräume, Unterrichtsräume, Bibliothek. Stb-Konstruktion.

Land: Brandenburg
Kreis: Oberhavel
Standard: mittel
Bauzeit: 70 Wochen
Kennwerte: bis 1. Ebene DIN 276

BGF **3.276 €/m²**

Planung: Fromme + Linsenhoff; Berlin

veröffentlicht: BKI Objektdaten E6

4100-0151 Gesamtschule (270 Schüler) - Passivhaus **BRI** 8.441 m³ **BGF** 2.136 m² **NUF** 1.325 m²

© Thomas Ott

Neubau als Erweiterung für eine Gesamtschule mit Klassen- und Gruppenräumen (10St), Fachklassenräumen (4St), Bibliothek und Lehrerzimmer. Stb-Konstruktion.

Land: Hessen
Kreis: Groß-Gerau
Standard: hoch
Bauzeit: 83 Wochen
Kennwerte: bis 1. Ebene DIN 276

BGF **2.398 €/m²**

Planung: Thomas Grüninger Architekten BDA; Darmstadt

veröffentlicht: BKI Objektdaten E6

Objektübersicht zur Gebäudeart

€/m² BGF

min	1.790	€/m²
von	2.330	€/m²
Mittel	**2.885**	**€/m²**
bis	3.475	€/m²
max	4.305	€/m²

Kosten:
Stand 1. Quartal 2025
Bundesdurchschnitt
inkl. 19% MwSt.

4100-0168 Realschule (400 Schüler)

BRI 18.862 m³ **BGF** 4.511 m² **NUF** 2.530 m²

Neubau einer 2,5-zügigen Realschule (286 Schüler) mit Ganztagsbereich. Stb-Konstruktion.

Land: Baden-Württemberg
Kreis: Stuttgart, Stadt
Standard: mittel
Bauzeit: 104 Wochen
Kennwerte: bis 3. Ebene DIN 276

BGF **2.895 €/m²**

Planung: KBK Architektengesellschaft Belz | Lutz mbH; Stuttgart

veröffentlicht: BKI Objektdaten S2

4100-0147 Grundschule (12 Klassen, 288 Schüler)

BRI 15.614 m³ **BGF** 4.021 m² **NUF** 2.363 m²

Grundschule mit zwölf Klassen für 288 Schüler, Mensa, Küche und Werkräumen. Massivbau.

Land: Bremen
Kreis: Bremerhaven, Stadt
Standard: mittel
Bauzeit: 70 Wochen
Kennwerte: bis 1. Ebene DIN 276

BGF **2.542 €/m²**

Planung: me di um Architekten; Hamburg

veröffentlicht: BKI Objektdaten E6

4100-0153 Grundschule (6 Klassen, 150 Schüler) - Passivhaus

BRI 6.145 m³ **BGF** 1.418 m² **NUF** 913 m²

Grundschule mit sechs Klassen für 150 Schüler, Bibliothek und Speiseraum als Passivhaus. Mauerwerksbau.

Land: Hessen
Kreis: Offenbach
Standard: hoch
Bauzeit: 52 Wochen
Kennwerte: bis 1. Ebene DIN 276

BGF **3.422 €/m²**

Planung: RitterBauer Architekten GmbH; Aschaffenburg

veröffentlicht: BKI Objektdaten N13

4100-0144 Gymnasium (12 Klassen, 310 Schüler) - Passivhaus

BRI 14.824 m³ **BGF** 4.144 m² **NUF** 2.528 m²

Gymnasium mit zwölf Klassen und 310 Schülern. Massivbau.

Land: Hamburg
Kreis: Hamburg, Stadt
Standard: hoch
Bauzeit: 87 Wochen
Kennwerte: bis 1. Ebene DIN 276

BGF **2.487 €/m²**

Planung: me di um Architekten; Hamburg

veröffentlicht: BKI Objektdaten E5

4100-0126 Gebäude für betreute Grundschule (100 Schüler)

BRI 2.260 m³ | **BGF** 650 m² | **NUF** 442 m²

Gebäude für die betreute Grundschule (100 Schüler). Kinder werden hier außerhalb der Unterrichtszeiten betreut. Mauerwerksbau.

Land: Schleswig-Holstein
Kreis: Stormarn
Standard: mittel
Bauzeit: 35 Wochen
Kennwerte: bis 1. Ebene DIN 276

BGF 2.274 €/m²

Planung: Architekturbüro Gunther Wördemann; Quickborn

veröffentlicht: BKI Objektdaten N11

4100-0145 Grundschule (4 Klassen), Caféteria - Passivhaus

BRI 7.562 m³ | **BGF** 1.780 m² | **NUF** 1.046 m²

Grundschule (4 Klassen) mit Fach- und Betreuungsräumen, Vollküche und Speisesaal mit 75 Sitzplätzen. Massivbau.

Land: Hessen
Kreis: Frankfurt am Main, Stadt
Standard: mittel
Bauzeit: 100 Wochen
Kennwerte: bis 3. Ebene DIN 276

BGF 3.368 €/m²

Planung: EGN Darmstadt mit Hochbauamt der Stadt Frankfurt

veröffentlicht: BKI Objektdaten E5

4100-0140 Grundschule (4 Klassen) - Passivhaus

BRI 6.570 m³ | **BGF** 1.557 m² | **NUF** 980 m²

Dreizügige Grundschule mit vier Klassen, Nachmittagsbetreuung und Vollküche mit Speisesaal. Massivbau.

Land: Hessen
Kreis: Frankfurt am Main, Stadt
Standard: mittel
Bauzeit: 100 Wochen
Kennwerte: bis 3. Ebene DIN 276

BGF 3.211 €/m²

Planung: EGN Darmstadt mit Hochbauamt der Stadt Frankfurt

veröffentlicht: BKI Objektdaten E5

4100-0120 Schulzentrum (1.800 Schüler), Sporthalle

BRI 106.309 m³ | **BGF** 28.274 m² | **NUF** 14.650 m²

Gymnasium und Fach- und Berufsoberschule mit dreifach Sporthalle, Parkdeck (185 STP), Hausmeisterwohnung (175 m² WFL). Stb-Skelettkonstruktion.

Land: Bayern
Kreis: Fürstenfeldbruck
Standard: mittel
Bauzeit: 109 Wochen
Kennwerte: bis 3. Ebene DIN 276

BGF 1.790 €/m²

Planung: Bauer Kurz Stockburger & Partner; München

veröffentlicht: BKI Objektdaten N13

€/m² BGF

min	1.790	€/m²
von	2.330	€/m²
Mittel	**2.885**	**€/m²**
bis	3.475	€/m²
max	4.305	€/m²

Kosten:
Stand 1. Quartal 2025
Bundesdurchschnitt
inkl. 19% MwSt.

Objektübersicht zur Gebäudeart

4100-0078 Gymnasium (10 Klassen, 300 Schüler)

BRI 7.739 m³ **BGF** 2.078 m² **NUF** 1.262 m²

Neubau als Erweiterung eines Gymnasiums mit zehn Klassen, Caféteria, Pausenhalle, Sanitärräumen. Mauerwerksbau; Stb-Filigrandach, Holzpultdachkonstruktion.

Land: Niedersachsen
Kreis: Verden
Standard: mittel
Bauzeit: 52 Wochen
Kennwerte: bis 3. Ebene DIN 276

BGF **2.153 €/m²**

Planung: Fritz-Dieter Tollé Architekt BDB Architekten Stadtplaner Ingenieure; Verden

veröffentlicht: BKI Objektdaten N10

4100-0069 Freie Ev. Schule

BRI 12.436 m³ **BGF** 2.690 m² **NUF** 1.611 m²

Neubau als Erweiterung einer Schule. Stb-Konstruktion.

Land: Baden-Württemberg
Kreis: Reutlingen
Standard: mittel
Bauzeit: 83 Wochen
Kennwerte: bis 3. Ebene DIN 276

BGF **2.266 €/m²**

Planung: Hartmaier + Partner Freie Architekten; Reutlingen

veröffentlicht: BKI Objektdaten N11

4100-0061 Pausenhalle, Verbindungsgängen

BRI 1.670 m³ **BGF** 325 m² **NUF** 253 m²

Pausenhalle mit Verbindungsgängen zwischen Schulgebäude und Sporthalle. Multifunktionale Nutzungsmöglichkeiten für Schulfeste, Elternversammlungen, Theateraufführungen oder Ausstellungen. Die Pausenhalle bietet 450 Stehplätze oder 227 Sitzplätze. Die Nutz- und die Verkehrsfläche bilden die Pausenhalle. Mauerwerksbau.

Land: Bayern
Kreis: Freising
Standard: mittel
Bauzeit: 44 Wochen
Kennwerte: bis 3. Ebene DIN 276

BGF **2.600 €/m²**

Planung: Architekturbüro Hermann Woermann; Freising

veröffentlicht: www.bki.de

Kostenkennwerte für die Kosten des Bauwerks (Kostengruppen 300+400 nach DIN 276)

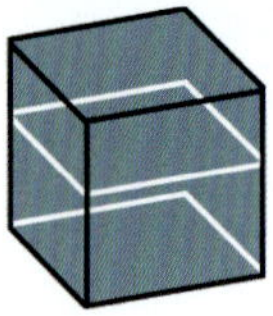

BRI 695 €/m³
von 580 €/m³
bis 870 €/m³

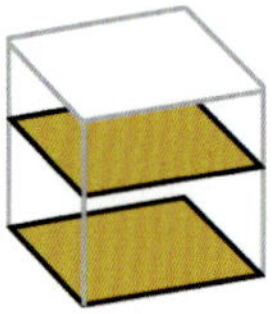

BGF 2.870 €/m²
von 2.245 €/m²
bis 3.530 €/m²

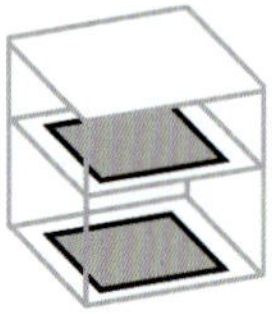

NUF 4.405 €/m²
von 3.275 €/m²
bis 5.870 €/m²

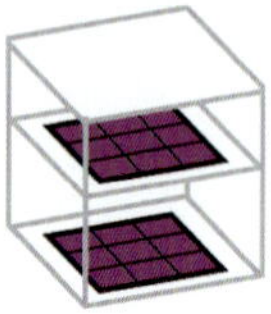

NE 22.640 €/NE
von 12.625 €/NE
bis 36.405 €/NE
NE: Schüler

Objektbeispiele

Kosten:
Stand 1. Quartal 2025
Bundesdurchschnitt
inkl. 19% MwSt.

2200-0067

9100-0219

4100-0257

Kosten der 14 Vergleichsobjekte

Seiten 280 bis 283

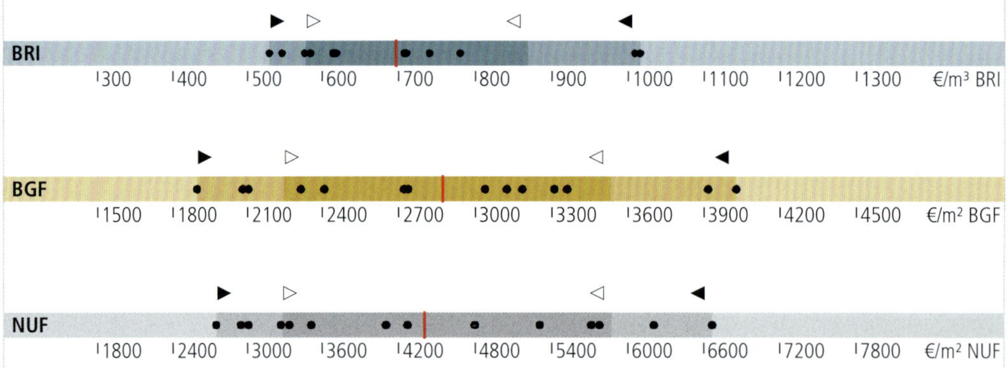

- ● KKW
- ▶ min
- ▷ von
- | Mittelwert
- ◁ bis
- ◀ max

Kostenkennwerte für die Kostengruppen der 1. und 2.Ebene DIN 276

KG	Kostengruppen der 1.Ebene	Einheit	▷	€/Einheit	◁	▷	% an 300+400	◁
100	Grundstück	m²GF	–	**–**	–	–	**–**	–
200	Vorbereitende Maßnahmen	m²GF	2	**6**	31	0,5	**1,7**	3,9
300	Bauwerk – Baukonstruktionen	m²BGF	1.847	**2.226**	2.909	71,2	**77,9**	84,3
400	Bauwerk – Technische Anlagen	m²BGF	408	**646**	912	15,7	**22,1**	28,8
	Bauwerk 300+400	m²BGF	2.245	**2.872**	3.531	100,0	**100,0**	100,0
500	Außenanlagen und Freiflächen	m²AF	27	**181**	1.065	1,1	**5,3**	10,2
600	Ausstattung und Kunstwerke	m²BGF	5	**65**	227	0,2	**2,3**	8,1
700	Baunebenkosten*	m²BGF	568	**633**	698	19,9	**22,2**	24,5 ◁
800	Finanzierung	m²BGF	–	**–**	–	–	**–**	–

* Auf Grundlage der HOAI 2021 berechnete Werte nach §§ 35, 52, 56. Weitere Informationen siehe Seite 56

KG	Kostengruppen der 2.Ebene	Einheit	▷	€/Einheit	◁	▷	% an 1.Ebene	◁
310	Baugrube / Erdbau	m³BGI	29	**93**	166	0,9	**1,9**	4,7
320	Gründung, Unterbau	m²GRF	450	**536**	687	12,8	**16,1**	21,5
330	Außenwände / vertikal außen	m²AWF	646	**872**	1.061	24,2	**33,1**	35,1
340	Innenwände / vertikal innen	m²IWF	351	**382**	420	12,4	**15,0**	16,6
350	Decken / horizontal	m²DEF	438	**607**	767	0,0	**9,8**	15,3
360	Dächer	m²DAF	451	**615**	837	14,0	**18,9**	24,3
370	Infrastrukturanlagen		–	**–**	–	–	**–**	–
380	Baukonstruktive Einbauten	m²BGF	2	**8**	22	< 0,1	**0,4**	1,2
390	Sonst. Maßnahmen für Baukonst.	m²BGF	50	**97**	144	3,0	**4,7**	8,0
300	**Bauwerk – Baukonstruktionen**	**m²BGF**					**100,0**	
410	Abwasser-, Wasser-, Gasanlagen	m²BGF	64	**101**	168	9,1	**18,3**	27,2
420	Wärmeversorgungsanlagen	m²BGF	65	**84**	117	10,6	**15,4**	26,9
430	Raumlufttechnische Anlagen	m²BGF	11	**77**	152	2,4	**10,3**	19,2
440	Elektrische Anlagen	m²BGF	135	**214**	307	25,1	**35,8**	45,7
450	Kommunikationstechnische Anlagen	m²BGF	26	**56**	86	5,3	**9,1**	12,6
460	Förderanlagen	m²BGF	36	**62**	112	0,5	**3,8**	9,9
470	Nutzungsspez. / verfahrenstech. Anl.	m²BGF	6	**27**	66	< 0,1	**1,4**	5,2
480	Gebäude- und Anlagenautomation	m²BGF	59	**84**	97	0,0	**5,5**	12,1
490	Sonst. Maßnahmen f. techn. Anl.	m²BGF	2	**4**	6	< 0,1	**0,3**	1,7
400	**Bauwerk – Technische Anlagen**	**m²BGF**					**100,0**	

Prozentanteile der Kosten 2.Ebene an den Kosten des Bauwerks nach DIN 276 (Von/Mittel/Bis)

KG	Kostengruppe	%
310	Baugrube / Erdbau	1,5
320	Gründung, Unterbau	12,6
330	Außenwände / vertikal außen	25,7
340	Innenwände / vertikal innen	11,5
350	Decken / horizontal	7,1
360	Dächer	14,8
370	Infrastrukturanlagen	
380	Baukonstruktive Einbauten	0,3
390	Sonst. Maßnahmen für Baukonst.	3,5
410	Abwasser-, Wasser-, Gasanlagen	3,7
420	Wärmeversorgungsanlagen	3,3
430	Raumlufttechnische Anlagen	2,8
440	Elektrische Anlagen	7,8
450	Kommunikationstechnische Anlagen	2,2
460	Förderanlagen	1,1
470	Nutzungsspez. / verfahrenstech. Anl.	0,4
480	Gebäude- und Anlagenautomation	1,6
490	Sonst. Maßnahmen f. techn. Anl.	< 0,1

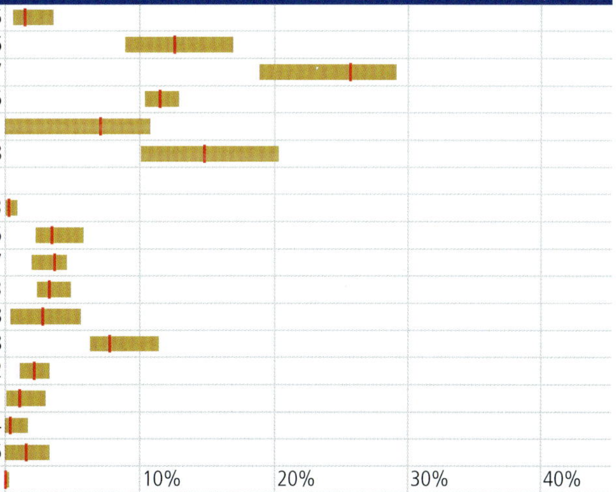

 Erläuterungen zu den Tabellen siehe Seite 54 und 56   Kostenstand: 1.Quartal 2025, Bundesdurchschnitt, **inkl. 19% MwSt.**

Schulen, Holzbauweise

Prozentanteile der Kosten für Leistungsbereiche nach STLB (Kosten Bauwerk nach DIN 276)

LB	Leistungsbereiche	7,5% 15% 22,5% 30%	▷	% an 300+400	◁
000	Baustellen-, Verkehrssich.- u. Sicherh.einr. inkl. 001		1,9	**3,1**	5,2
002	Erdarbeiten		1,1	**1,9**	3,8
006	Spezialtiefbauarbeiten inkl. 005		–	**–**	–
009	Entwässerungskanalarbeiten inkl. 011		0,0	**0,3**	0,5
010	Drän- und Versickerarbeiten		0,0	**< 0,1**	0,4
012	Mauerarbeiten		0,0	**1,6**	3,6
013	Betonarbeiten		7,2	**10,8**	15,1
014	Natur-, Betonwerksteinarbeiten		< 0,1	**0,1**	0,6
016	Zimmer- und Holzbauarbeiten		7,8	**17,0**	28,9
017	Stahlbauarbeiten		–	**–**	–
018	Abdichtungsarbeiten		0,5	**1,4**	2,2
020	Dachdeckungsarbeiten		0,0	**2,4**	5,3
021	Dachabdichtungsarbeiten		0,0	**2,5**	4,4
022	Klempnerarbeiten		0,6	**1,7**	3,0
	Rohbau		38,2	**42,8**	51,0
023	Putz- und Stuckarbeiten, Wärmedämmsysteme		0,9	**3,8**	10,1
024	Fliesen- und Plattenarbeiten		0,7	**1,2**	2,1
025	Estricharbeiten		0,5	**1,7**	3,0
026	Fenster, Außentüren inkl. 029, 032		6,9	**9,4**	11,6
027	Tischlerarbeiten		2,1	**3,0**	3,4
028	Parkettarbeiten, Holzpflasterarbeiten		< 0,1	**1,3**	3,9
030	Rollladenarbeiten		0,3	**0,8**	1,5
031	Metallbauarbeiten inkl. 035		0,2	**1,5**	3,1
034	Maler- und Lackiererarbeiten inkl. 037		1,1	**1,9**	3,2
036	Bodenbelagarbeiten		0,3	**1,5**	2,6
038	Vorgehängte hinterlüftete Fassaden		0,0	**3,7**	5,9
039	Trockenbauarbeiten		2,8	**4,9**	7,2
	Ausbau		31,3	**34,7**	38,9
040	Wärmeversorgungsanl. - Betriebseinr. inkl. 041		2,4	**3,1**	4,8
042	Gas- und Wasserinstallation, Leitungen inkl. 043		0,4	**0,8**	2,1
044	Abwasseranlagen - Leitungen, Abläufe, Armaturen		0,3	**0,6**	1,0
045	GWE - Einrichtungsgegenstände inkl. 046		1,3	**2,1**	3,0
047	Dämm- und Brandschutzarbeiten an techn. Anlagen		< 0,1	**0,5**	0,9
049	Feuerlöschanlagen, Feuerlöschgeräte		< 0,1	**< 0,1**	0,2
050	Blitzschutz- und Erdungsanlagen		0,4	**0,6**	0,9
052	Mittelspannungsanlagen		–	**–**	–
053	Niederspannungsanlagen inkl. 054		3,4	**4,7**	6,8
055	Sicherheits- und Ersatzstromversorgungsanlagen		–	**–**	–
057	Gebäudesystemtechnik		< 0,1	**0,4**	2,6
058	Leuchten und Lampen inkl. 059		2,1	**2,9**	4,7
060	Such-, Signal-, elektroakust. Anl., Med. inkl. 064		0,2	**0,4**	0,9
061	Kommunikations- und Übertragungsnetze inkl. 062		0,4	**0,6**	1,0
063	Gefahrenmeldeanlagen		0,3	**0,9**	1,5
069	Aufzüge		0,0	**0,8**	1,6
070	Gebäudeautomation		0,0	**0,9**	3,0
075	Raumlufttechnische Anlagen inkl. 078		0,4	**2,7**	5,5
	Gebäudetechnik		16,6	**21,9**	27,5
	Sonstige Leistungsbereiche inkl. 008, 033, 051		0,2	**0,5**	2,0

Kosten:
Stand 1.Quartal 2025
Bundesdurchschnitt
inkl. 19% MwSt.

- ● KKW
- ▶ min
- ▷ von
- | Mittelwert
- ◁ bis
- ◀ max

Planungskennwerte für Flächen und Rauminhalte nach DIN 277

Grundflächen		▷	Fläche/NUF (%)	◁	▷	Fläche/BGF (%)	◁
NUF	Nutzungsfläche	100,0	**100,0**	100,0	59,1	**67,6**	74,7
TF	Technikfläche	5,2	**7,0**	14,2	3,1	**4,1**	7,4
VF	Verkehrsfläche	16,4	**22,3**	28,8	10,6	**13,7**	18,1
NRF	Netto-Raumfläche	121,1	**128,8**	135,9	75,6	**85,2**	88,1
KGF	Konstruktions-Grundfläche	19,8	**25,2**	57,6	11,9	**14,8**	24,4
BGF	Brutto-Grundfläche	142,5	**154,0**	188,9	100,0	**100,0**	100,0

Brutto-Rauminhalte		▷	BRI/NUF (m)	◁	▷	BRI/BGF (m)	◁
BRI	Brutto-Rauminhalt	5,94	**6,32**	7,34	3,94	**4,14**	4,51

Flächen von Nutzeinheiten	▷	NUF/Einheit (m²)	◁	▷	BGF/Einheit (m²)	◁
Nutzeinheit: Schüler	4,63	**5,61**	7,59	7,00	**8,76**	10,90

Lufttechnisch behandelte Flächen	▷	Fläche/NUF (%)	◁	▷	Fläche/BGF (%)	◁
Entlüftete Fläche	–	**–**	–	–	**–**	–
Be- und entlüftete Fläche	136,7	**136,7**	136,7	53,0	**53,0**	53,0
Teilklimatisierte Fläche	–	**–**	–	–	**–**	–
Klimatisierte Fläche	–	**–**	–	–	**–**	–

KG	Kostengruppen (2. Ebene)	Einheit	▷	Menge/NUF	◁	▷	Menge/BGF	◁
310	Baugrube / Erdbau	m³ BGI	0,54	**0,75**	0,94	0,41	**0,49**	0,58
320	Gründung, Unterbau	m² GRF	0,83	**0,94**	1,03	0,57	**0,64**	0,67
330	Außenwände / vertikal außen	m² AWF	1,12	**1,23**	1,37	0,76	**0,82**	0,89
340	Innenwände / vertikal innen	m² IWF	1,12	**1,23**	1,51	0,71	**0,80**	0,93
350	Decken / horizontal	m² DEF	0,75	**0,80**	0,80	0,42	**0,46**	0,46
360	Dächer	m² DAF	0,84	**0,98**	1,06	0,56	**0,66**	0,69
370	Infrastrukturanlagen		–	**–**	–	–	**–**	–
380	Baukonstruktive Einbauten	m² BGF	1,43	**1,54**	1,89	1,00	**1,00**	1,00
390	Sonst. Maßnahmen für Baukonst.	m² BGF	1,43	**1,54**	1,89	1,00	**1,00**	1,00
300	**Bauwerk – Baukonstruktionen**	**m² BGF**	1,43	**1,54**	1,89	1,00	**1,00**	1,00

Planungskennwerte für Bauzeiten — 14 Vergleichsobjekte

Bauzeit in Wochen

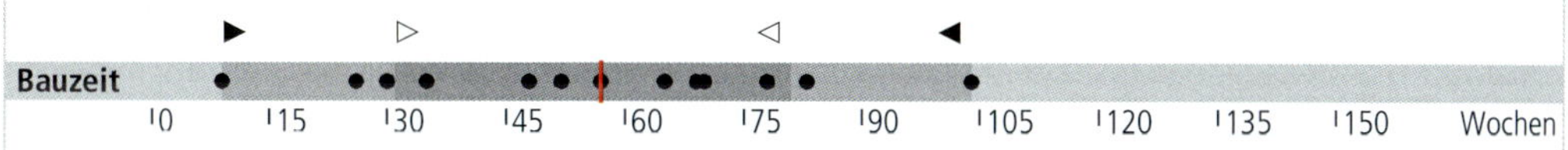

€/m² BGF

min	1.895	€/m²
von	2.245	€/m²
Mittel	**2.870**	**€/m²**
bis	3.530	€/m²
max	4.025	€/m²

Kosten:
Stand 1. Quartal 2025
Bundesdurchschnitt
inkl. 19% MwSt.

Objektübersicht zur Gebäudeart

2200-0067 Seminargebäude*

BRI 8.276 m³ **BGF** 2.120 m² **NUF** 1.395 m²

Seminargebäude mit Hörsälen, Laborenu und Entrepreneurbereich sowie Büroräumen. Holzbau.

Land: Bayern
Kreis: Ingolstadt, Stadt
Standard: mittel
Bauzeit: 26 Wochen
Kennwerte: bis 3. Ebene DIN 276

BGF 2.573 €/m²

Planung: meuer - planen beraten Architekten GmbH; München

vorgesehen: BKI Objektdaten N21
* Nicht in der Auswertung enthalten

9100-0219 Musikschule

BRI 1.019 m³ **BGF** 240 m² **NUF** 166 m²

Musikräume zur musikalischen Förderung von Menschen mit Behinderung. Holzrahmenbau.

Land: Nordrhein-Westfalen
Kreis: Bielefeld, Stadt
Standard: hoch
Bauzeit: 78 Wochen
Kennwerte: bis 1. Ebene DIN 276

BGF 3.309 €/m²

Planung: SIEKER ARCHITEKTEN; Bielefeld

vorgesehen: BKI Objektdaten N21

4200-0042 Akademiegebäude (160 Auszubildende)*

BRI 4.231 m³ **BGF** 1.053 m² **NUF** 548 m²

Seminarräume und großer E-Prüfungssaal für Weiterbildende der Verwaltungsakademie. Holzrahmenbau.

Land: Berlin
Kreis: Berlin, Stadt
Standard: mittel
Bauzeit: 126 Wochen
Kennwerte: bis 1. Ebene DIN 276

BGF 5.657 €/m² *

Planung: Numrich Albrecht Klumpp Gesellschaft von Architekten mbH; Berlin

veröffentlicht: BKI Objektdaten S6
* Nicht in der Auswertung enthalten

4100-0257 Ganztagsschule (4 Klassen), Mensa (135 Sitzplätze)

BRI 6.288 m³ **BGF** 1.328 m² **NUF** 781 m²

Erweiterung der Ganztagsschule um vier Klassenräumen für 125 Schüler, eine Mensa mit 135 Sitzplätzen. Holzbau.

Land: Bayern
Kreis: Ebersberg
Standard: mittel
Bauzeit: 78 Wochen
Kennwerte: bis 1. Ebene DIN 276

BGF 3.359 €/m²

Planung: Goergens Miklautz dreier + lauterbach; München

vorgesehen: BKI Objektdaten N21

Objektübersicht zur Gebäudeart

4100-0224 Schule (6 Klassen, 180 Schüler)

BRI 3.685 m³ **BGF** 949 m² **NUF** 558 m²

© Frank Aussieker

Interims-Schulgebäude mit sechs Klassen und 180 Schülern. Holzbau.

Land: Niedersachsen
Kreis: Hannover, Region
Standard: mittel
Bauzeit: 35 Wochen
Kennwerte: bis 1. Ebene DIN 276

BGF **3.916 €/m²**

Planung: MOSAIK architekt:innen bda; Hannover

veröffentlicht: BKI Objektdaten N19

4200-0039 Bildungszentrum Holzbauberufe (4 Klassen)

BRI 18.752 m³ **BGF** 3.556 m² **NUF** 2.635 m²

© Daniel Vieser

Bildungszentrum Holzbau, vier Klassen. Holzbau.

Land: Baden-Württemberg
Kreis: Biberach
Standard: hoch
Bauzeit: 57 Wochen
Kennwerte: bis 3. Ebene DIN 276

BGF **3.038 €/m²**

Planung: Lieb Architekten BDA; Freudenstadt

veröffentlicht: BKI Objektdaten N19

4100-0204 Unterrichtsgebäude (2 Klassen, 56 Schüler)

BRI 872 m³ **BGF** 220 m² **NUF** 167 m²

© Klaus Nauber

Unterrichtsgebäude mit zwei Klassenräumen für 28 Schüler. Holzbau.

Land: Sachsen
Kreis: Leipzig, Stadt
Standard: mittel
Bauzeit: 30 Wochen
Kennwerte: bis 3. Ebene DIN 276

BGF **4.027 €/m²**

Planung: MURZIK architekten; Leipzig

veröffentlicht: BKI Objektdaten N18

4100-0200 Selbstlernzentrum (60 Schüler)

BRI 1.170 m³ **BGF** 260 m² **NUF** 236 m²

© Meike Hansen, Archimage

Selbstlernzentrum eines reinen Oberstufen-Standorts zweier Schulen. Holzskelettbau, Holzrahmenbau.

Land: Hamburg
Kreis: Hamburg, Stadt
Standard: mittel
Bauzeit: 26 Wochen
Kennwerte: bis 1. Ebene DIN 276

BGF **3.183 €/m²**

Planung: tun-architektur PartGmbB; Hamburg

veröffentlicht: BKI Objektdaten N17

€/m² BGF

min	1.895	€/m²
von	2.245	€/m²
Mittel	**2.870**	**€/m²**
bis	3.530	€/m²
max	4.025	€/m²

Kosten:
Stand 1. Quartal 2025
Bundesdurchschnitt
inkl. 19% MwSt.

Objektübersicht zur Gebäudeart

4100-0192 Ganztagsschule (96 Schüler) - Passivhaus

BRI 3.952 m³ **BGF** 1.165 m² **NUF** 452 m²

Jahrgangshaus mit vier Klassen und 96 Schüler als Passivhaus. Massivbau, Holzrahmenbau.

Land: Bremen
Kreis: Bremen, Stadt
Standard: mittel
Bauzeit: 69 Wochen
Kennwerte: bis 3. Ebene DIN 276

BGF **2.406 €/m²**

Planung: Architekten_FSB; Bremen

veröffentlicht: BKI Objektdaten E9

4100-0198 Gesamtschule Tanz- und Atelierräume (3 Klassen)

BRI 2.439 m³ **BGF** 575 m² **NUF** 452 m²

Ateliergebäude mit drei Unterrichtsräumen für Waldorfschule. Holzrahmenbau.

Land: Sachsen-Anhalt
Kreis: Magdeburg, Stadt
Standard: mittel
Bauzeit: 83 Wochen
Kennwerte: bis 1. Ebene DIN 276

BGF **2.312 €/m²**

Planung: qbatur Planungsgenossenschaft eG; Quedlinburg

veröffentlicht: BKI Objektdaten N17

4100-0175 Grundschule (4 Klassen, 160 Schüler)

BRI 9.671 m³ **BGF** 2.170 m² **NUF** 1.780 m²

Grundschule mit vier Klassen für 160 Schüler. Mischkonstruktion: Holzrahmenbau, Mauerwerk, Stahlbeton.

Land: Niedersachsen
Kreis: Lüchow-Dannenberg
Standard: mittel
Bauzeit: 70 Wochen
Kennwerte: bis 3. Ebene DIN 276

BGF **2.735 €/m²**

Planung: ralf pohlmann architekten; Waddeweitz

veröffentlicht: BKI Objektdaten E8

4100-0183 Mittelschule (5 Klassen, 125 Schüler)

BRI 6.921 m³ **BGF** 1.883 m² **NUF** 1.200 m²

Mittelschule mit fünf Klassen für 125 Schüler. Massivholzbau, Stahlbeton.

Land: Bayern
Kreis: Eichstätt
Standard: hoch
Bauzeit: 52 Wochen
Kennwerte: bis 1. Ebene DIN 276

BGF **2.719 €/m²**

Planung: ABHD Architekten Beck und Denzinger; Neuburg

veröffentlicht: BKI Objektdaten E8

4100-0167 Oberschule (2 Klassen, 40 Schüler)

BRI 606 m³ | **BGF** 178 m² | **NUF** 125 m²

Oberschule mit zwei Klassen für 40 Schüler. Holzrahmenbau.

Land: Niedersachsen
Kreis: Harburg
Standard: mittel
Bauzeit: 9 Wochen
Kennwerte: bis 3. Ebene DIN 276

BGF **2.102 €/m²**

Planung: Bosse Westphal Schäffer Architekten; Winsen/Luhe

veröffentlicht: BKI Objektdaten N16

4100-0174 Gesamtschule (10 Klassen, 188 Schüler)

BRI 2.180 m³ | **BGF** 608 m² | **NUF** 419 m²

Gesamtschule für zehn Gruppen mit 188 Kindern. Holzrahmenbau, Massivbau.

Land: Thüringen
Kreis: Saalfeld-Rudolstadt
Standard: mittel
Bauzeit: 48 Wochen
Kennwerte: bis 3. Ebene DIN 276

BGF **1.895 €/m²**

Planung: Tectum Hille Kobelt Architekten BDA; Weimar

veröffentlicht: BKI Objektdaten E8

4100-0179 Gymnasium, Sporthalle - Plusenergiehaus

BRI 81.390 m³ | **BGF** 16.046 m² | **NUF** 8.672 m²

Gymnasium mit 32 Klassen für 960 Schüler, mit Aula und Dreifeldhalle, als Plusenergiehaus. Holzrahmenbau, Holzskelettbau.

Land: Bayern
Kreis: Augsburg
Standard: mittel
Bauzeit: 104 Wochen
Kennwerte: bis 1. Ebene DIN 276

BGF **3.122 €/m²**

Planung: H. Kaufmann ZT GmbH & F. Nagler Architekten GmbH; München

veröffentlicht: BKI Objektdaten E8

4100-0160 Grundschule (150 Schüler), Hort (100 Kinder)

BRI 4.371 m³ | **BGF** 1.227 m² | **NUF** 782 m²

Grundschule (6 Klassen) für 150 Schüler und Hort (100 Kinder). Holzbau.

Land: Sachsen-Anhalt
Kreis: Magdeburg, Stadt
Standard: mittel
Bauzeit: 65 Wochen
Kennwerte: bis 1. Ebene DIN 276

BGF **2.080 €/m²**

Planung: qbatur Planungsbüro GmbH; Quedlinburg

veröffentlicht: BKI Objektdaten N13

Berufliche Schulen

Kostenkennwerte für die Kosten des Bauwerks (Kostengruppen 300+400 nach DIN 276)

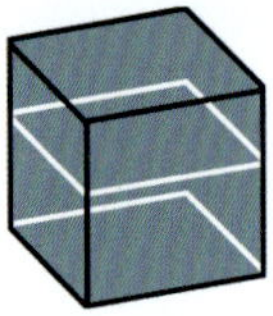

BRI 690 €/m³
von 530 €/m³
bis 900 €/m³

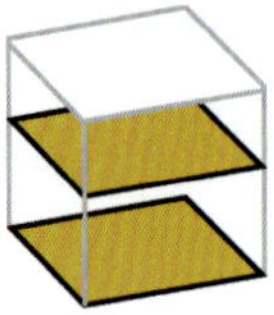

BGF 2.735 €/m²
von 2.225 €/m²
bis 3.565 €/m²

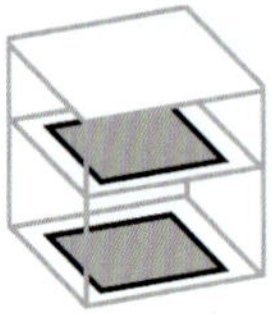

NUF 4.285 €/m²
von 3.065 €/m²
bis 5.695 €/m²

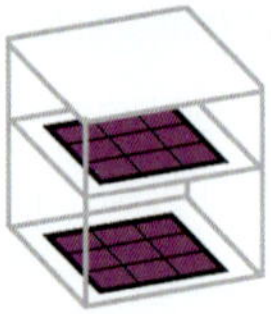

NE 33.865 €/NE
von 20.015 €/NE
bis 62.395 €/NE
NE: Auszubildende

Objektbeispiele

Kosten:
Stand 1. Quartal 2025
Bundesdurchschnitt
inkl. 19% MwSt.

4200-0043

2200-0066

4200-0032

Kosten der 12 Vergleichsobjekte — Seiten 288 bis 290

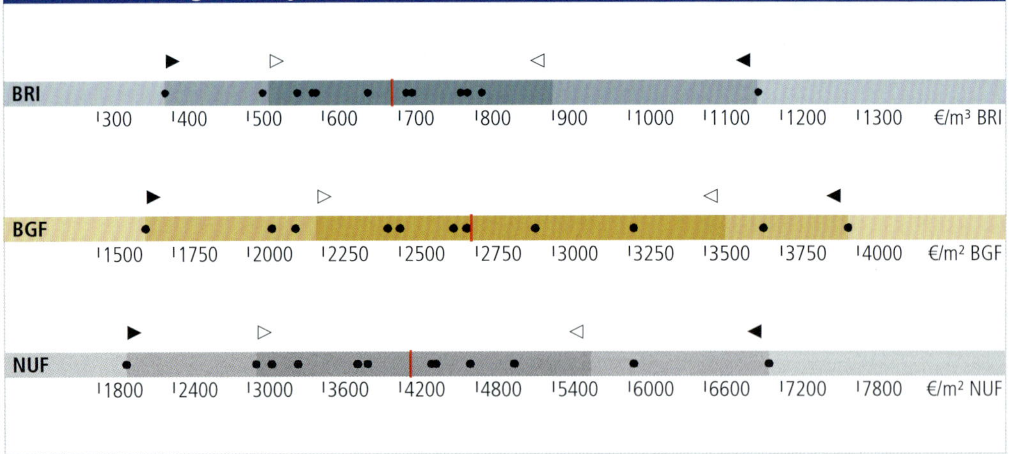

- ● KKW
- ▶ min
- ▷ von
- | Mittelwert
- ◁ bis
- ◀ max

Kostenstand: 1. Quartal 2025, Bundesdurchschnitt, **inkl. 19% MwSt.**

Kostenkennwerte für die Kostengruppen der 1. und 2. Ebene DIN 276

KG	Kostengruppen der 1. Ebene	Einheit	▷	€/Einheit	◁	▷	% an 300+400	◁
100	Grundstück	m² GF	–	**–**	–	–	**–**	–
200	Vorbereitende Maßnahmen	m² GF	7	**76**	489	0,8	**2,5**	12,3
300	Bauwerk – Baukonstruktionen	m² BGF	1.553	**1.951**	2.449	68,3	**71,4**	74,6
400	Bauwerk – Technische Anlagen	m² BGF	606	**784**	1.042	25,4	**28,6**	31,7
	Bauwerk 300+400	m² BGF	2.227	**2.735**	3.565	100,0	**100,0**	100,0
500	Außenanlagen und Freiflächen	m² AF	15	**84**	223	1,1	**3,4**	6,4
600	Ausstattung und Kunstwerke	m² BGF	26	**89**	162	0,6	**3,1**	5,2
700	Baunebenkosten*	m² BGF	465	**518**	571	17,1	**19,0**	21,0 ◁
800	Finanzierung	m² BGF	–	**–**	–	–	**–**	–

* Auf Grundlage der HOAI 2021 berechnete Werte nach §§ 35, 52, 56. Weitere Informationen siehe Seite 56

KG	Kostengruppen der 2. Ebene	Einheit	▷	€/Einheit	◁	▷	% an 1. Ebene	◁
310	Baugrube / Erdbau	m³ BGI	27	**42**	58	1,6	**1,9**	2,9
320	Gründung, Unterbau	m² GRF	253	**346**	434	6,1	**13,4**	21,5
330	Außenwände / vertikal außen	m² AWF	784	**895**	1.009	22,3	**29,0**	36,1
340	Innenwände / vertikal innen	m² IWF	354	**473**	624	11,4	**13,2**	17,2
350	Decken / horizontal	m² DEF	283	**605**	743	0,2	**10,5**	21,8
360	Dächer	m² DAF	417	**593**	755	12,8	**24,8**	38,4
370	Infrastrukturanlagen		–	**–**	–	–	**–**	–
380	Baukonstruktive Einbauten	m² BGF	9	**51**	124	< 0,1	**2,0**	4,3
390	Sonst. Maßnahmen für Baukonst.	m² BGF	49	**100**	187	2,7	**5,2**	10,6
300	**Bauwerk – Baukonstruktionen**	**m² BGF**					**100,0**	
410	Abwasser-, Wasser-, Gasanlagen	m² BGF	73	**111**	279	10,3	**13,1**	19,6
420	Wärmeversorgungsanlagen	m² BGF	51	**109**	144	8,0	**13,6**	16,7
430	Raumlufttechnische Anlagen	m² BGF	67	**117**	152	3,7	**12,7**	18,2
440	Elektrische Anlagen	m² BGF	186	**223**	278	23,0	**31,4**	51,2
450	Kommunikationstechnische Anlagen	m² BGF	50	**60**	74	6,5	**8,1**	11,1
460	Förderanlagen	m² BGF	23	**51**	129	0,5	**3,3**	7,3
470	Nutzungsspez. / verfahrenstech. Anl.	m² BGF	9	**133**	232	2,4	**12,2**	29,8
480	Gebäude- und Anlagenautomation	m² BGF	59	**83**	131	0,7	**5,6**	15,4
490	Sonst. Maßnahmen f. techn. Anl.	m² BGF	1	**3**	4	0,0	**0,1**	0,4
400	**Bauwerk – Technische Anlagen**	**m² BGF**					**100,0**	

Prozentanteile der Kosten 2. Ebene an den Kosten des Bauwerks nach DIN 276 (Von/Mittel/Bis)

310	Baugrube / Erdbau	1,4
320	Gründung, Unterbau	9,7
330	Außenwände / vertikal außen	20,6
340	Innenwände / vertikal innen	9,4
350	Decken / horizontal	7,3
360	Dächer	17,9
370	Infrastrukturanlagen	
380	Baukonstruktive Einbauten	1,3
390	Sonst. Maßnahmen für Baukonst.	3,7
410	Abwasser-, Wasser-, Gasanlagen	3,8
420	Wärmeversorgungsanlagen	3,9
430	Raumlufttechnische Anlagen	3,7
440	Elektrische Anlagen	8,9
450	Kommunikationstechnische Anlagen	2,3
460	Förderanlagen	1,0
470	Nutzungsspez. / verfahrenstech. Anl.	3,5
480	Gebäude- und Anlagenautomation	1,5
490	Sonst. Maßnahmen f. techn. Anl.	< 0,1

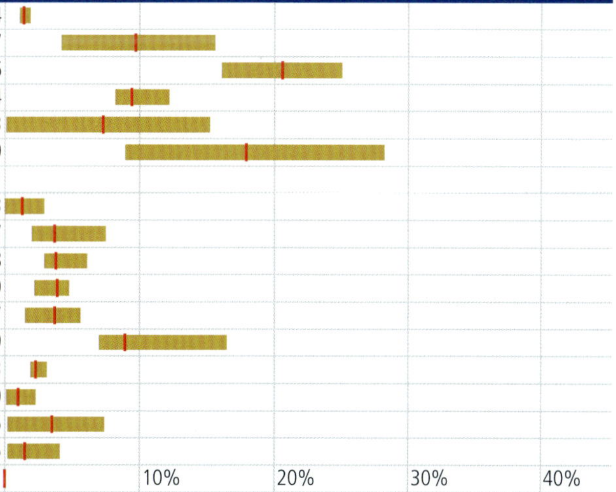

Prozentanteile der Kosten für Leistungsbereiche nach STLB (Kosten Bauwerk nach DIN 276)

LB	Leistungsbereiche	5% 10% 15% 20%	▷	% an 300+400	◁
000	Baustellen-, Verkehrssich.- u. Sicherh.einr. inkl. 001		1,1	**3,3**	7,0
002	Erdarbeiten		1,0	**2,0**	3,6
006	Spezialtiefbauarbeiten inkl. 005		0,0	**< 0,1**	0,4
009	Entwässerungskanalarbeiten inkl. 011		0,4	**1,0**	1,4
010	Drän- und Versickerarbeiten		0,0	**< 0,1**	< 0,1
012	Mauerarbeiten		0,5	**1,2**	3,5
013	Betonarbeiten		9,5	**12,7**	17,3
014	Natur-, Betonwerksteinarbeiten		0,1	**0,4**	0,8
016	Zimmer- und Holzbauarbeiten		< 0,1	**10,3**	17,4
017	Stahlbauarbeiten		0,2	**1,3**	5,3
018	Abdichtungsarbeiten		< 0,1	**0,2**	0,6
020	Dachdeckungsarbeiten		0,0	**< 0,1**	0,5
021	Dachabdichtungsarbeiten		1,3	**3,5**	7,0
022	Klempnerarbeiten		0,9	**2,8**	5,4
	Rohbau		30,8	**38,7**	44,4
023	Putz- und Stuckarbeiten, Wärmedämmsysteme		0,6	**1,4**	2,5
024	Fliesen- und Plattenarbeiten		0,3	**1,0**	1,9
025	Estricharbeiten		0,8	**2,0**	6,1
026	Fenster, Außentüren inkl. 029, 032		1,6	**6,1**	10,2
027	Tischlerarbeiten		3,2	**6,3**	11,1
028	Parkettarbeiten, Holzpflasterarbeiten		0,3	**1,2**	4,1
030	Rollladenarbeiten		0,4	**1,3**	2,0
031	Metallbauarbeiten inkl. 035		3,3	**6,8**	16,4
034	Maler- und Lackiererarbeiten inkl. 037		0,4	**1,4**	2,2
036	Bodenbelagarbeiten		0,1	**1,1**	4,8
038	Vorgehängte hinterlüftete Fassaden		0,2	**1,3**	3,0
039	Trockenbauarbeiten		1,0	**3,6**	8,6
	Ausbau		29,0	**33,3**	38,4
040	Wärmeversorgungsanl. - Betriebseinr. inkl. 041		1,9	**3,1**	3,9
042	Gas- und Wasserinstallation, Leitungen inkl. 043		0,6	**1,0**	1,6
044	Abwasseranlagen - Leitungen, Abläufe, Armaturen		0,2	**0,3**	0,5
045	GWE - Einrichtungsgegenstände inkl. 046		0,7	**0,9**	1,2
047	Dämm- und Brandschutzarbeiten an techn. Anlagen		0,6	**1,5**	3,2
049	Feuerlöschanlagen, Feuerlöschgeräte		0,0	**< 0,1**	< 0,1
050	Blitzschutz- und Erdungsanlagen		< 0,1	**0,7**	1,6
052	Mittelspannungsanlagen		–	**–**	–
053	Niederspannungsanlagen inkl. 054		3,8	**6,0**	10,1
055	Sicherheits- und Ersatzstromversorgungsanlagen		< 0,1	**< 0,1**	0,3
057	Gebäudesystemtechnik		–	**–**	–
058	Leuchten und Lampen inkl. 059		1,7	**2,5**	3,0
060	Such-, Signal-, elektroakust. Anl., Med. inkl. 064		< 0,1	**0,2**	0,6
061	Kommunikations- und Übertragungsnetze inkl. 062		0,4	**1,0**	2,0
063	Gefahrenmeldeanlagen		0,4	**1,0**	1,8
069	Aufzüge		0,1	**1,0**	2,6
070	Gebäudeautomation		0,3	**1,9**	4,1
075	Raumlufttechnische Anlagen inkl. 078		1,4	**3,5**	5,8
	Gebäudetechnik		19,4	**24,6**	27,4
	Sonstige Leistungsbereiche inkl. 008, 033, 051		0,8	**3,3**	7,2

Kosten:
Stand 1.Quartal 2025
Bundesdurchschnitt
inkl. 19% MwSt.

- ● KKW
- ▶ min
- ▷ von
- | Mittelwert
- ◁ bis
- ◀ max

 Erläuterungen zu den Tabellen siehe Seite 58

Planungskennwerte für Flächen und Rauminhalte nach DIN 277

Grundflächen		▷	Fläche/NUF (%)	◁	▷	Fläche/BGF (%)	◁
NUF	Nutzungsfläche	100,0	**100,0**	100,0	62,1	**66,2**	73,0
TF	Technikfläche	4,0	**5,6**	7,5	2,3	**3,5**	4,1
VF	Verkehrsfläche	20,7	**30,0**	36,9	12,6	**18,2**	21,6
NRF	Netto-Raumfläche	125,4	**135,7**	142,1	86,5	**87,9**	89,1
KGF	Konstruktions-Grundfläche	17,4	**19,6**	23,3	10,9	**12,1**	13,5
BGF	Brutto-Grundfläche	141,6	**155,3**	164,1	100,0	**100,0**	100,0

Brutto-Rauminhalte		▷	BRI/NUF (m)	◁	▷	BRI/BGF (m)	◁
BRI	Brutto-Rauminhalt	5,81	**6,17**	6,64	3,74	**4,06**	4,56

Flächen von Nutzeinheiten	▷	NUF/Einheit (m²)	◁	▷	BGF/Einheit (m²)	◁
Nutzeinheit: Auszubildende	8,90	**11,11**	11,91	11,75	**14,74**	15,39

Lufttechnisch behandelte Flächen	▷	Fläche/NUF (%)	◁	▷	Fläche/BGF (%)	◁
Entlüftete Fläche	1,9	**1,9**	1,9	1,3	**1,3**	1,3
Be- und entlüftete Fläche	93,5	**93,5**	93,5	55,6	**55,6**	55,6
Teilklimatisierte Fläche	54,3	**54,3**	54,3	37,4	**37,4**	37,4
Klimatisierte Fläche	–	**–**	–	–	**–**	–

KG	Kostengruppen (2. Ebene)	Einheit	▷	Menge/NUF	◁	▷	Menge/BGF	◁
310	Baugrube / Erdbau	m³ BGI	1,11	**1,46**	2,07	0,83	**1,02**	1,17
320	Gründung, Unterbau	m² GRF	0,82	**0,91**	0,96	0,64	**0,69**	0,72
330	Außenwände / vertikal außen	m² AWF	0,93	**0,96**	1,25	0,63	**0,67**	0,88
340	Innenwände / vertikal innen	m² IWF	0,73	**0,79**	0,93	0,49	**0,55**	0,60
350	Decken / horizontal	m² DEF	0,70	**0,70**	0,77	0,43	**0,43**	0,49
360	Dächer	m² DAF	0,87	**1,05**	1,17	0,67	**0,80**	0,89
370	Infrastrukturanlagen		–	**–**	–	–	**–**	–
380	Baukonstruktive Einbauten	m² BGF	1,42	**1,55**	1,64	1,00	**1,00**	1,00
390	Sonst. Maßnahmen für Baukonst.	m² BGF	1,42	**1,55**	1,64	1,00	**1,00**	1,00
300	**Bauwerk – Baukonstruktionen**	**m² BGF**	1,42	**1,55**	1,64	1,00	**1,00**	1,00

Planungskennwerte für Bauzeiten — 12 Vergleichsobjekte

Bauzeit in Wochen

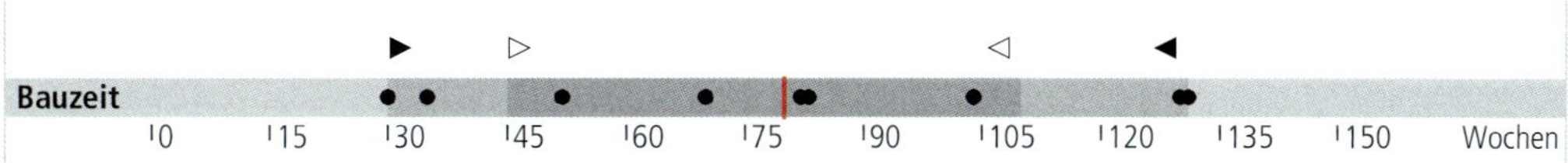

€/m² BGF

min	1.655	€/m²
von	2.225	€/m²
Mittel	**2.735**	**€/m²**
bis	3.565	€/m²
max	3.965	€/m²

Kosten:
Stand 1.Quartal 2025
Bundesdurchschnitt
inkl. 19% MwSt.

Objektübersicht zur Gebäudeart

4200-0043 Pflegeschule (14 Klassen, 285 Schüler)

BRI 11.962 m³ **BGF** 2.801 m² **NUF** 1.575 m²

Pflegeschule mit 14 Klassen für 385 Schüler. Massivbau.

Land: Nordrhein-Westfalen
Kreis: Paderborn
Standard: mittel
Bauzeit: 82 Wochen
Kennwerte: bis 1. Ebene DIN 276

BGF 2.500 €/m²

Planung: Architekten BDA Naujack.Rind.Hof GmbH; Koblenz

vorgesehen: BKI Objektdaten N21

2200-0066 Fakultätsgebäude (45 AP, 580 Studierende)

BRI 17.297 m³ **BGF** 5.481 m² **NUF** 2.848 m²

Fakultätsgebäude mit der komplexen Nutzung als Simulationskrankenhaus mit Laboren, Vorlesungssälen und Lernbereichen für 580 Studierende. Stahlbeton.

Land: Niedersachsen
Kreis: Wolfsburg, Stadt
Standard: mittel
Bauzeit: 131 Wochen
Kennwerte: bis 1. Ebene DIN 276

BGF 3.691 €/m²

Planung: springmeier architekten gbr; Braunschweig

vorgesehen: BKI Objektdaten N21

4200-0036 Ausbildungszentrum Pflegeberufe (150 Schüler)

BRI 11.587 m³ **BGF** 3.072 m² **NUF** 1.773 m²

Ausbildungszentrum für Krankenpflege, Kinderkrankenpflege und Altenpflege. Stahlbetonbau.

Land: Schleswig-Holstein
Kreis: Steinburg
Standard: mittel
Bauzeit: 52 Wochen
Kennwerte: bis 1. Ebene DIN 276

BGF 2.941 €/m²

Planung: Planungsring Mumm + Partner GbR; Treia

veröffentlicht: BKI Objektdaten N17

4200-0032 Berufsschule

BRI 3.107 m³ **BGF** 562 m² **NUF** 474 m²

Schulungsräume für Schreinerlehrlinge. Holzskelettbau, Mauerwerk.

Land: Bayern
Kreis: Cham
Standard: mittel
Bauzeit: 35 Wochen
Kennwerte: bis 3. Ebene DIN 276

BGF 3.264 €/m²

Planung: PH2 Architektur + Stadtplanung; Eschlkam

veröffentlicht: BKI Objektdaten N17

4200-0030 Berufliche Schule (42 Klassen, 1.590 Azubis)

BRI 40.177 m³ **BGF** 10.473 m² **NUF** 7.212 m²

Kaufmännische Berufsschule mit 42 Klassen für 1.240 Schüler (Teilzeit) und 350 Schüler (Vollzeit). Tiefgarage (52 Plätze). Massivbau.

Land: Bayern
Kreis: Nürnberg, Stadt
Standard: mittel
Bauzeit: 104 Wochen
Kennwerte: bis 1. Ebene DIN 276

BGF **2.717 €/m²**

Planung: Michel + Wolf + Partner Freie Architekten BDA; Stuttgart

veröffentlicht: BKI Objektdaten N13

4200-0022 Unterrichts- und Werkstattgebäude (50 Azubis)

BRI 5.548 m³ **BGF** 1.303 m² **NUF** 1.067 m²

Unterrichts- und Werkstattgebäude für die Fachbereiche Bau- und Holztechnik der berufsbildenden Schulen. Holzrahmenbau.

Land: Niedersachsen
Kreis: Lüchow-Dannenberg
Standard: mittel
Bauzeit: 30 Wochen
Kennwerte: bis 3. Ebene DIN 276

BGF **1.657 €/m²**

Planung: ralf pohlmann architekten; Waddeweitz

veröffentlicht: BKI Objektdaten N13

4200-0027 Berufliche Schule (450 Azubis) - Passivhaus

BRI 7.300 m³ **BGF** 2.341 m² **NUF** 1.285 m²

Berufliche Schule mit 18 Klassen für 450 Schüler als Passivhaus. Stb-Konstruktion.

Land: Hessen
Kreis: Wiesbaden, Stadt
Standard: mittel
Bauzeit: 82 Wochen
Kennwerte: bis 1. Ebene DIN 276

BGF **2.459 €/m²**

Planung: hupfauf_thiels architekten bda; Wiesbaden

veröffentlicht: BKI Objektdaten E6

4200-0021 Kompetenzzentrum

BRI 16.850 m³ **BGF** 4.417 m² **NUF** 3.111 m²

Neubau für berufsbezogene Aus- und Weiterbildung als Kompetenzzentrum im Bereich Hochtechnologie und Solarwirtschaft. Stb-Fertigteilbau.

Land: Thüringen
Kreis: Erfurt, Stadt
Standard: mittel
Bauzeit: 52 Wochen
Kennwerte: bis 1. Ebene DIN 276

BGF **2.157 €/m²**

Planung: hks ARCHITEKTEN + GESAMTPLANER GmbH; Erfurt

veröffentlicht: BKI Objektdaten N10

Objektübersicht zur Gebäudeart

€/m² BGF

min	1.655	€/m²
von	2.225	€/m²
Mittel	**2.735**	**€/m²**
bis	3.565	€/m²
max	3.965	€/m²

Kosten:
Stand 1. Quartal 2025
Bundesdurchschnitt
inkl. 19% MwSt.

4200-0017 Berufliche Oberschule (224 Azubis)

BRI 9.088 m³ **BGF** 2.394 m² **NUF** 1.370 m²

© Kröff Architekten-Diplomingenieure

Neubau als Erweiterung einer Fachober- und Berufsoberschule. Massivholzbau.

Land: Bayern
Kreis: Rosenheim, Stadt
Standard: mittel
Bauzeit: 83 Wochen
Kennwerte: bis 2. Ebene DIN 276

BGF **2.718 €/m²**

Planung: Kröff Architekten-Diplomingenieure; Wasserburg

veröffentlicht: BKI Objektdaten N10

4200-0018 Gewerbliche Schule

BRI 11.551 m³ **BGF** 2.351 m² **NUF** 1.545 m²

© Projektgemeinschaft ELWERT&STOTTELE

Technisches Gymnasium, Berufskollegs, Fachschule für Maschinen- und Bautechnik, Meisterschule Maurer/Betonbauer und Zimmerer, Berufsfachschulen für Bau-, Elektro-, Metall- und Fahrzeugtechnik, Berufsvorbereitungsjahr, Berufseinstiegsjahr. Massivbau.

Land: Baden-Württemberg
Kreis: Biberach
Standard: hoch
Bauzeit: 70 Wochen
Kennwerte: bis 3. Ebene DIN 276

BGF **3.967 €/m²**

Planung: Projektgemeinschaft ELWERT&STOTTELE; Ravensburg

veröffentlicht: BKI Objektdaten N11

4200-0008 Berufliche Schule

BRI 54.163 m³ **BGF** 17.152 m² **NUF** 10.502 m²

© Projektgemeinschaft ELWERT&STOTTELE

Kaufmännische Berufsschule, Wirtschaftsschule, Kaufmännische Berufskollegs, Wirtschaftsgymnasium, Tiefgarage mit 148 Stellplätzen. Stb-Konstruktion.

Land: Baden-Württemberg
Kreis: Biberach
Standard: hoch
Bauzeit: 104 Wochen
Kennwerte: bis 3. Ebene DIN 276

BGF **2.079 €/m²**

Planung: Projektgemeinschaft ELWERT&STOTTELE; Ravensburg

veröffentlicht: BKI Objektdaten N11

4200-0013 Überbetriebliches Bildungszentrum, Hallen

BRI 22.539 m³ **BGF** 4.375 m² **NUF** 3.672 m²

© Architekten Richter Altmann Jyrch

Ausbildungszentrum mit 160 Ausbildungsplätzen. Stb-Skelettbau.

Land: Brandenburg
Kreis: Cottbus, Stadt
Standard: mittel
Bauzeit: 130 Wochen
Kennwerte: bis 3. Ebene DIN 276

BGF **2.674 €/m²**

Planung: Architekten BDA Richter Altmann Jyrch; Cottbus

veröffentlicht: www.bki.de

Kostenkennwerte für die Kosten des Bauwerks (Kostengruppen 300+400 nach DIN 276)

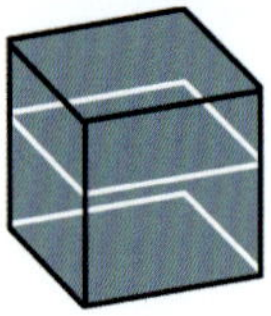

BRI 670€/m³
von 545€/m³
bis 845€/m³

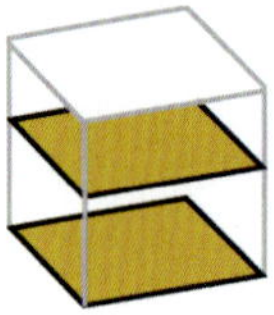

BGF 2.735€/m²
von 2.280€/m²
bis 3.435€/m²

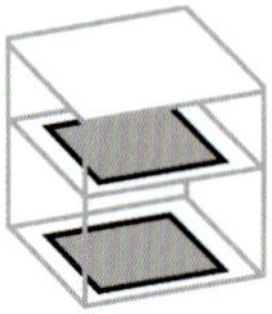

NUF 4.520€/m²
von 3.385€/m²
bis 5.860€/m²

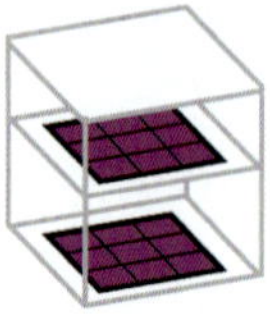

NE 123.780€/NE
von 59.300€/NE
bis 282.465€/NE
NE: Schüler

Kosten:
Stand 1. Quartal 2025
Bundesdurchschnitt
inkl. 19% MwSt.

Objektbeispiele

4300-0027

4300-0026

4300-0025

Kosten der 16 Vergleichsobjekte

Seiten 296 bis 299

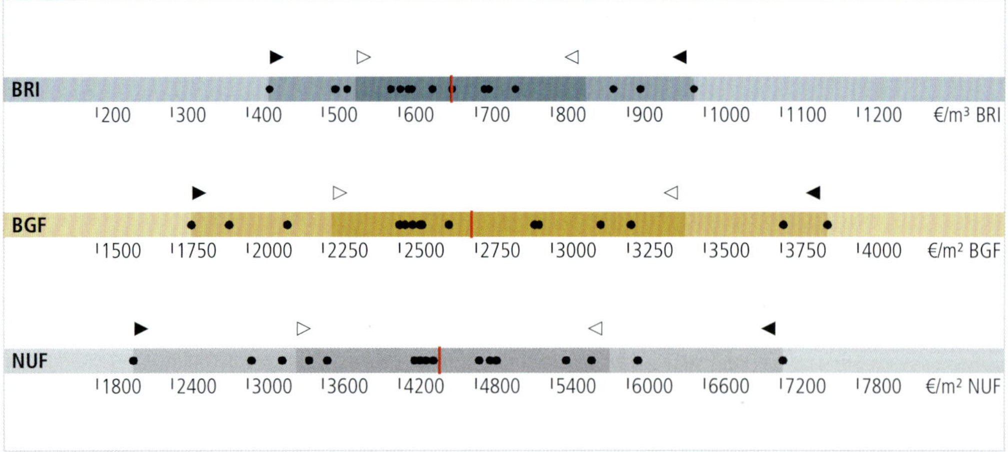

- ● KKW
- ▶ min
- ▷ von
- | Mittelwert
- ◁ bis
- ◀ max

Kostenkennwerte für die Kostengruppen der 1. und 2.Ebene DIN 276

KG	Kostengruppen der 1.Ebene	Einheit	▷	€/Einheit	◁	▷	% an 300+400	◁
100	Grundstück	m²GF	–	**–**	–	–	**–**	–
200	Vorbereitende Maßnahmen	m²GF	8	**20**	85	0,7	**1,6**	3,2
300	Bauwerk – Baukonstruktionen	m²BGF	1.652	**2.053**	2.556	70,7	**74,9**	79,4
400	Bauwerk – Technische Anlagen	m²BGF	551	**683**	919	20,6	**25,1**	29,3
	Bauwerk 300+400	m²BGF	2.279	**2.736**	3.436	100,0	**100,0**	100,0
500	Außenanlagen und Freiflächen	m²AF	127	**408**	3.074	3,5	**7,6**	12,9
600	Ausstattung und Kunstwerke	m²BGF	6	**69**	177	0,2	**2,4**	5,5
700	Baunebenkosten*	m²BGF	551	**591**	631	20,4	**21,9**	23,4 ◁
800	Finanzierung	m²BGF	–	**–**	–	–	**–**	–

* Auf Grundlage der HOAI 2021 berechnete Werte nach §§ 35, 52, 56. Weitere Informationen siehe Seite 56

KG	Kostengruppen der 2.Ebene	Einheit	▷	€/Einheit	◁	▷	% an 1.Ebene	◁
310	Baugrube / Erdbau	m³BGI	21	**40**	69	0,7	**1,9**	3,5
320	Gründung, Unterbau	m²GRF	429	**525**	753	9,1	**11,7**	14,9
330	Außenwände / vertikal außen	m²AWF	653	**926**	1.128	22,1	**26,8**	30,1
340	Innenwände / vertikal innen	m²IWF	354	**433**	608	17,2	**19,2**	21,5
350	Decken / horizontal	m²DEF	516	**597**	669	8,4	**15,4**	19,3
360	Dächer	m²DAF	443	**572**	692	12,8	**15,6**	19,1
370	Infrastrukturanlagen		–	**–**	–	–	**–**	–
380	Baukonstruktive Einbauten	m²BGF	30	**71**	130	1,4	**3,3**	6,2
390	Sonst. Maßnahmen für Baukonst.	m²BGF	94	**128**	199	4,9	**6,0**	7,7
300	**Bauwerk – Baukonstruktionen**	**m²BGF**					**100,0**	
410	Abwasser-, Wasser-, Gasanlagen	m²BGF	62	**102**	133	12,3	**16,1**	20,2
420	Wärmeversorgungsanlagen	m²BGF	90	**139**	207	17,0	**22,1**	34,9
430	Raumlufttechnische Anlagen	m²BGF	19	**40**	80	3,2	**6,3**	11,1
440	Elektrische Anlagen	m²BGF	156	**213**	320	23,5	**34,2**	42,1
450	Kommunikationstechnische Anlagen	m²BGF	28	**44**	64	3,8	**7,5**	10,8
460	Förderanlagen	m²BGF	20	**38**	57	2,3	**5,6**	10,0
470	Nutzungsspez. / verfahrenstech. Anl.	m²BGF	5	**26**	75	0,9	**4,1**	11,6
480	Gebäude- und Anlagenautomation	m²BGF	12	**27**	41	1,2	**3,8**	7,0
490	Sonst. Maßnahmen f. techn. Anl.	m²BGF	< 1	**3**	7	< 0,1	**0,2**	1,2
400	**Bauwerk – Technische Anlagen**	**m²BGF**					**100,0**	

Prozentanteile der Kosten 2.Ebene an den Kosten des Bauwerks nach DIN 276 (Von/Mittel/Bis)

KG	Kostengruppe	%
310	Baugrube / Erdbau	1,5
320	Gründung, Unterbau	8,9
330	Außenwände / vertikal außen	20,6
340	Innenwände / vertikal innen	14,7
350	Decken / horizontal	11,8
360	Dächer	11,9
370	Infrastrukturanlagen	
380	Baukonstruktive Einbauten	2,5
390	Sonst. Maßnahmen für Baukonst.	4,7
410	Abwasser-, Wasser-, Gasanlagen	3,9
420	Wärmeversorgungsanlagen	5,5
430	Raumlufttechnische Anlagen	1,5
440	Elektrische Anlagen	7,8
450	Kommunikationstechnische Anlagen	1,7
460	Förderanlagen	1,2
470	Nutzungsspez. / verfahrenstech. Anl.	0,9
480	Gebäude- und Anlagenautomation	0,8
490	Sonst. Maßnahmen f. techn. Anl.	< 0,1

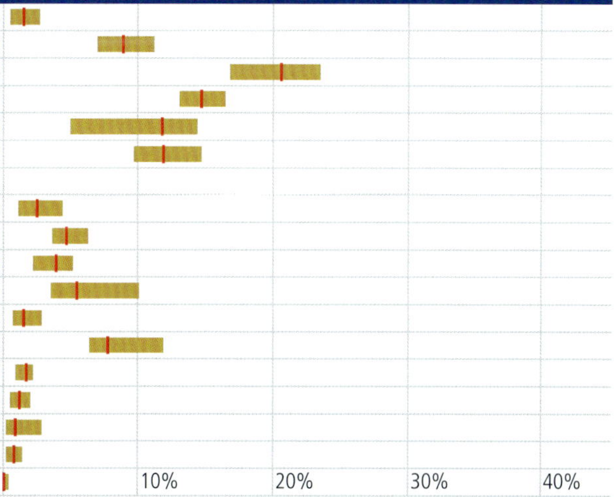

 Erläuterungen zu den Tabellen siehe Seite 54 und 56 Kostenstand: 1.Quartal 2025, Bundesdurchschnitt, **inkl. 19% MwSt.**

Prozentanteile der Kosten für Leistungsbereiche nach STLB (Kosten Bauwerk nach DIN 276)

LB	Leistungsbereiche	▷	% an 300+400	◁
000	Baustellen-, Verkehrssich.- u. Sicherh.einr. inkl. 001	1,9	**3,5**	5,0
002	Erdarbeiten	1,5	**2,8**	5,2
006	Spezialtiefbauarbeiten inkl. 005	< 0,1	**0,5**	3,7
009	Entwässerungskanalarbeiten inkl. 011	< 0,1	**0,6**	1,9
010	Drän- und Versickerarbeiten	< 0,1	**0,1**	0,3
012	Mauerarbeiten	0,1	**2,5**	5,2
013	Betonarbeiten	15,4	**19,3**	23,1
014	Natur-, Betonwerksteinarbeiten	< 0,1	**0,2**	0,6
016	Zimmer- und Holzbauarbeiten	1,4	**4,2**	12,3
017	Stahlbauarbeiten	< 0,1	**1,0**	2,6
018	Abdichtungsarbeiten	0,3	**0,6**	1,0
020	Dachdeckungsarbeiten	0,0	**< 0,1**	0,7
021	Dachabdichtungsarbeiten	0,6	**2,6**	4,8
022	Klempnerarbeiten	0,7	**2,4**	7,4
	Rohbau	35,1	**40,3**	46,4
023	Putz- und Stuckarbeiten, Wärmedämmsysteme	0,7	**2,5**	4,7
024	Fliesen- und Plattenarbeiten	0,7	**1,4**	2,8
025	Estricharbeiten	1,3	**1,6**	1,8
026	Fenster, Außentüren inkl. 029, 032	0,4	**6,4**	10,4
027	Tischlerarbeiten	4,1	**6,4**	7,9
028	Parkettarbeiten, Holzpflasterarbeiten	< 0,1	**0,8**	2,4
030	Rollladenarbeiten	0,4	**0,9**	1,3
031	Metallbauarbeiten inkl. 035	2,2	**5,7**	12,2
034	Maler- und Lackiererarbeiten inkl. 037	0,9	**1,2**	1,9
036	Bodenbelagarbeiten	0,4	**1,7**	3,0
038	Vorgehängte hinterlüftete Fassaden	< 0,1	**1,6**	6,2
039	Trockenbauarbeiten	4,1	**6,4**	7,3
	Ausbau	29,2	**36,8**	41,0
040	Wärmeversorgungsanl. - Betriebseinr. inkl. 041	3,1	**5,7**	9,8
042	Gas- und Wasserinstallation, Leitungen inkl. 043	0,5	**1,0**	2,0
044	Abwasseranlagen - Leitungen, Abläufe, Armaturen	0,3	**0,6**	1,0
045	GWE - Einrichtungsgegenstände inkl. 046	0,4	**1,3**	2,2
047	Dämm- und Brandschutzarbeiten an techn. Anlagen	0,2	**0,4**	0,9
049	Feuerlöschanlagen, Feuerlöschgeräte	< 0,1	**< 0,1**	< 0,1
050	Blitzschutz- und Erdungsanlagen	0,2	**0,3**	0,5
052	Mittelspannungsanlagen	0,0	**0,3**	2,4
053	Niederspannungsanlagen inkl. 054	3,4	**5,7**	9,3
055	Sicherheits- und Ersatzstromversorgungsanlagen	< 0,1	**0,4**	1,8
057	Gebäudesystemtechnik	0,0	**0,2**	1,8
058	Leuchten und Lampen inkl. 059	0,4	**1,6**	2,8
060	Such-, Signal-, elektroakust. Anl., Med. inkl. 064	< 0,1	**0,2**	0,5
061	Kommunikations- und Übertragungsnetze inkl. 062	0,3	**0,7**	1,5
063	Gefahrenmeldeanlagen	< 0,1	**0,4**	0,7
069	Aufzüge	0,5	**1,3**	2,0
070	Gebäudeautomation	< 0,1	**0,3**	0,9
075	Raumlufttechnische Anlagen inkl. 078	0,5	**1,3**	2,7
	Gebäudetechnik	18,1	**21,8**	26,0
	Sonstige Leistungsbereiche inkl. 008, 033, 051	0,2	**1,1**	2,4

Kosten:
Stand 1. Quartal 2025
Bundesdurchschnitt
inkl. 19% MwSt.

- ● KKW
- ▶ min
- ▷ von
- | Mittelwert
- ◁ bis
- ◀ max

Planungskennwerte für Flächen und Rauminhalte nach DIN 277

Grundflächen		▷	Fläche/NUF (%)	◁	▷	Fläche/BGF (%)	◁
NUF	Nutzungsfläche	100,0	**100,0**	100,0	59,0	**62,4**	69,4
TF	Technikfläche	4,6	**5,7**	12,1	2,7	**3,3**	6,5
VF	Verkehrsfläche	24,9	**32,8**	44,8	15,0	**19,2**	24,2
NRF	Netto-Raumfläche	129,9	**138,4**	149,1	81,7	**84,8**	86,4
KGF	Konstruktions-Grundfläche	20,8	**25,0**	32,0	13,6	**15,2**	18,3
BGF	Brutto-Grundfläche	150,8	**163,4**	174,1	100,0	**100,0**	100,0

Brutto-Rauminhalte		▷	BRI/NUF (m)	◁	▷	BRI/BGF (m)	◁
BRI	Brutto-Rauminhalt	5,99	**6,80**	7,58	3,95	**4,14**	4,36

Flächen von Nutzeinheiten	▷	NUF/Einheit (m²)	◁	▷	BGF/Einheit (m²)	◁
Nutzeinheit: Schüler	27,65	**35,29**	68,39	47,64	**60,90**	116,22

Lufttechnisch behandelte Flächen	▷	Fläche/NUF (%)	◁	▷	Fläche/BGF (%)	◁
Entlüftete Fläche	–	**–**	–	–	**–**	–
Be- und entlüftete Fläche	–	**–**	–	–	**–**	–
Teilklimatisierte Fläche	–	**–**	–	–	**–**	–
Klimatisierte Fläche	–	**–**	–	–	**–**	–

KG	Kostengruppen (2. Ebene)	Einheit	▷	Menge/NUF	◁	▷	Menge/BGF	◁
310	Baugrube / Erdbau	m³ BGI	1,56	**1,88**	2,27	0,91	**1,08**	1,41
320	Gründung, Unterbau	m² GRF	0,78	**0,83**	0,83	0,43	**0,47**	0,47
330	Außenwände / vertikal außen	m² AWF	0,99	**1,10**	1,18	0,57	**0,62**	0,73
340	Innenwände / vertikal innen	m² IWF	1,53	**1,67**	1,97	0,85	**0,95**	1,05
350	Decken / horizontal	m² DEF	0,62	**0,89**	1,05	0,51	**0,51**	0,56
360	Dächer	m² DAF	0,92	**1,02**	1,10	0,50	**0,57**	0,61
370	Infrastrukturanlagen		–	**–**	–	–	**–**	–
380	Baukonstruktive Einbauten	m² BGF	1,51	**1,63**	1,74	1,00	**1,00**	1,00
390	Sonst. Maßnahmen für Baukonst.	m² BGF	1,51	**1,63**	1,74	1,00	**1,00**	1,00
300	**Bauwerk – Baukonstruktionen**	**m² BGF**	1,51	**1,63**	1,74	1,00	**1,00**	1,00

Planungskennwerte für Bauzeiten — 15 Vergleichsobjekte

Bauzeit in Wochen

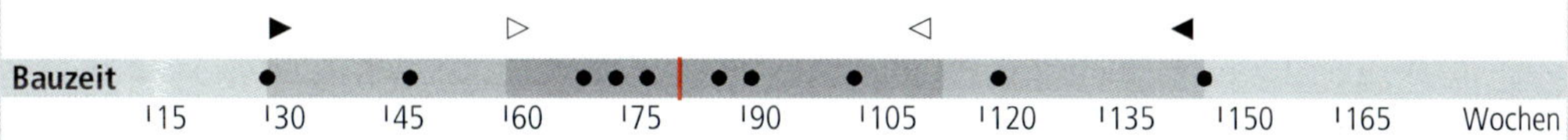

Objektübersicht zur Gebäudeart

€/m² BGF

min	1.815	€/m²
von	2.280	€/m²
Mittel	**2.735**	**€/m²**
bis	3.435	€/m²
max	3.900	€/m²

Kosten:
Stand 1. Quartal 2025
Bundesdurchschnitt
inkl. 19% MwSt.

4300-0026 Förderschule, Erweiterungsbau

BRI 1.119 m³ **BGF** 319 m² **NUF** 277 m²

Neubau als Erweiterung für Sonderschulförderzentrum mit zwei Klassenräumen, Gruppenraum, Garderobe und Toiletten. Holzbau.

Land: Bayern
Kreis: Freising
Standard: hoch
Bauzeit: 30 Wochen
Kennwerte: bis 1. Ebene DIN 276

BGF **1.813 €/m²**

Planung: hiendl_schineis architekten; Passau

veröffentlicht: BKI Objektdaten N20

4300-0025 Berufsbildungszentrum für Menschen mit Behinderung

BRI 12.172 m³ **BGF** 3.043 m² **NUF** 2.155 m²

Berufsbildungszentrum für Menschen mit Behinderung. Mauerwerk.

Land: Nordrhein-Westfalen
Kreis: Recklinghausen
Standard: mittel
Bauzeit: 87 Wochen
Kennwerte: bis 1. Ebene DIN 276

BGF **2.572 €/m²**

Planung: Steinke + Zils Architekten und Partner mbB; Marl

veröffentlicht: BKI Objektdaten N20

4300-0027 Schule für Kinder mit Sehbehinderung

BRI 15.250 m³ **BGF** 3.854 m² **NUF** 2.084 m²

Förderschule mit Tagesstätte für bis zu 38 schwer seh- und mehrfachbehinderte Kinder in sechs Klassen sowie Therapiebad, Freianlagen und Sporteinrichtungen. Massivbau.

Land: Bayern
Kreis: Aschaffenburg, Stadt
Standard: hoch
Bauzeit: 148 Wochen
Kennwerte: bis 1. Ebene DIN 276

BGF **3.901 €/m²**

Planung: Georg Scheel Wetzel Architekten GmbH; Berlin

vorgesehen: BKI Objektdaten N21

4200-0041 Werkstattgebäude, Berufsschule (6 Klassen)

BRI 7.250 m³ **BGF** 1.700 m² **NUF** 1.158 m²

Werkstattgebäude mit sechs Klassen für eine Berufsschule mit sonderpädagogischem Schwerpunkt. Holzbau.

Land: Berlin
Kreis: Berlin, Stadt
Standard: mittel
Bauzeit: 70 Wochen
Kennwerte: bis 1. Ebene DIN 276

BGF **3.756 €/m²**

Planung: ZRS Architekten GvA mbH; Berlin

veröffentlicht: BKI Objektdaten N20

4300-0024 Sonderpädagogisches Förderzentrum (45 Schüler)

BRI 5.252 m³ **BGF** 1.406 m² **NUF** 786 m²

Sonderpädagogische Bildungs- & Beratungszentrum, Förderschwerpunkt körperliche und motorische Entwicklung mit sechs Klassenräumen für 45 Schüler. Massivbau.

Land: Baden-Württemberg
Kreis: Hohenlohekreis
Standard: mittel
Bauzeit: 74 Wochen
Kennwerte: bis 1. Ebene DIN 276

BGF 2.498 €/m²

Planung: Wolfgang Helmle Freier Architekt BDA; Ellwangen

veröffentlicht: BKI Objektdaten N17

4300-0023 Sonderpädagogisches Förderzentrum

BRI 14.950 m³ **BGF** 3.434 m² **NUF** 2.096 m²

Sonderpädagogisches Förderzentrum mit neun Klassen (106 Schüler) und zwei Kindergartengruppen (16 Kinder). Stb-Konstruktion.

Land: Bayern
Kreis: Freyung-Grafenau
Standard: mittel
Bauzeit: 104 Wochen
Kennwerte: bis 3. Ebene DIN 276

BGF 2.661 €/m²

Planung: ssp - planung GmbH; Waldkirchen

veröffentlicht: BKI Objektdaten N16

4300-0022 Förderschule, Werkstätten, Büros, Café

BRI 13.734 m³ **BGF** 3.860 m² **NUF** 2.605 m²

Förderschule mit Werkstätten und Bürogebäude mit Kantine und Café. Mauerwerk.

Land: Schleswig-Holstein
Kreis: Lübeck, Stadt
Standard: mittel
Bauzeit: 78 Wochen
Kennwerte: bis 1. Ebene DIN 276

BGF 3.258 €/m²

Planung: Konermann Siegmund Architekten BDA; Lübeck

veröffentlicht: BKI Objektdaten N13

4300-0020 Förderschule (19 Klassen, 300 Schüler)

BRI 18.943 m³ **BGF** 4.187 m² **NUF** 2.680 m²

Förderschule mit 19 Klassen und ca. 300 Schüler, Fachräume, Verwaltung. Mauerwerksbau.

Land: Sachsen
Kreis: Sächsische Schweiz
Standard: mittel
Bauzeit: 48 Wochen
Kennwerte: bis 3. Ebene DIN 276

BGF 1.938 €/m²

Planung: Hoffmann.Seifert.Partner Architekten und Ingenieure; Crimmitschau

veröffentlicht: BKI Objektdaten N11

€/m² BGF

min	1.815	€/m²
von	2.280	€/m²
Mittel	**2.735**	**€/m²**
bis	3.435	€/m²
max	3.900	€/m²

Kosten:
Stand 1. Quartal 2025
Bundesdurchschnitt
inkl. 19% MwSt.

Objektübersicht zur Gebäudeart

4300-0018 Förderschule (5 Klassen, 38 Schüler)

BRI 7.821 m³ **BGF** 1.760 m² **NUF** 915 m²

Förderschule mit vier bis fünf Klassen für 38 Schüler, als Ergänzung zu einem Schulzentrum. Massivbau.

Land: Schleswig-Holstein
Kreis: Stormarn
Standard: mittel
Bauzeit: 87 Wochen
Kennwerte: bis 3. Ebene DIN 276

BGF 3.160 €/m²

Planung: Trapez Architektur GmbH; Hamburg

veröffentlicht: BKI Objektdaten N11

4300-0011 Förderschule (4 Klassen, 52 Schüler)

BRI 23.586 m³ **BGF** 4.911 m² **NUF** 2.541 m²

Förderschule für körperliche und motorische Entwicklung mit Turn- und Schwimmhalle. Stahlbetonbau.

Land: Nordrhein-Westfalen
Kreis: Euskirchen
Standard: mittel
Bauzeit: 78 Wochen
Kennwerte: bis 2. Ebene DIN 276

BGF 2.957 €/m²

Planung: 3Pass Architekt/innen Burkard Koob Kusch; Köln

veröffentlicht: BKI Objektdaten N10

4300-0017 Förderschule (13 Klassen, 120 Schüler)

BRI 36.983 m³ **BGF** 7.504 m² **NUF** 4.417 m²

Förderschule, 13 Klassenräume, Fachklassen, Turnhalle, Schwimmhalle, barrierefrei. Stb-Konstruktion.

Land: Nordrhein-Westfalen
Kreis: Oberhausen, Stadt
Standard: hoch
Bauzeit: 74 Wochen
Kennwerte: bis 1. Ebene DIN 276

BGF 2.540 €/m²

Planung: Architekten KLMT; Düsseldorf

veröffentlicht: BKI Objektdaten N11

4300-0009 Schule für Schüler mit Hörsprachbehinderung

BRI 4.221 m³ **BGF** 1.078 m² **NUF** 639 m²

Schule für Schüler mit Hörsprachbehinderung für 20 Schüler in zehn Klassen, Unterrichts- und Therapieräume, Aufzug. Massivbau.

Land: Rheinland-Pfalz
Kreis: Frankenthal (Pfalz), Stadt
Standard: mittel
Bauzeit: 74 Wochen
Kennwerte: bis 3. Ebene DIN 276

BGF 2.943 €/m²

Planung: Behnisch Architekten; Frankenthal

veröffentlicht: BKI Objektdaten N11

4300-0008 Sonderschule für Schüler mit geistiger Behinderung

BRI 7.809 m³ | **BGF** 2.201 m² | **NUF** 1.433 m²

© AAg Loebner Schäfer Weber

Sonderschule mit elf Klassen für Schüler mit geistiger Behinderung. Stb-Konstruktion, 2.OG und Dach Holzkonstruktion.

Land: Baden-Württemberg
Kreis: Mannheim, Stadt
Standard: mittel
Bauzeit: 70 Wochen
Kennwerte: bis 1. Ebene DIN 276

BGF 2.130 €/m²

Planung: AAg Architekten GmbH; Heidelberg

veröffentlicht: www.bki.de

4300-0007 Schule für körperbehinderte Schüler (11 Klassen)

BRI 25.312 m³ | **BGF** 5.791 m² | **NUF** 3.030 m²

© Stefan Müller

Schule für körperbehinderte Schüler mit Klassen- und Gruppenräumen, Fachunterrichts-, Therapie- und Verwaltungsräumen für 132 Schüler in elf Klassen. Stahl-Skelettbau.

Land: Nordrhein-Westfalen
Kreis: Rheinisch-Bergischer Kreis
Standard: hoch
Bauzeit: 91 Wochen
Kennwerte: bis 3. Ebene DIN 276

BGF 2.571 €/m²

Planung: schlösser architekten BDA Dipl.-Ing. Horst Schlösser; Köln

veröffentlicht: www.bki.de

4300-0021 Heimsonderschule, Schwimmbecken

BRI 14.975 m³ | **BGF** 4.187 m² | **NUF** 2.436 m²

© Maximilian Otto und Ursula Hüfftlein-Otto

Heimsonderschule für blinde und sehbehinderte Kinder und Jugendliche mit Mehrfachbehinderungen. Ein Kindergarten mit zwei Gruppen ist mit im Gebäude. Massivbau.

Land: Baden-Württemberg
Kreis: Heidenheim
Standard: mittel
Bauzeit: 122 Wochen
Kennwerte: bis 2. Ebene DIN 276

BGF 2.565 €/m²

Planung: Maximilian Otto und Ursula Hüfftlein-Otto; Stuttgart

veröffentlicht: BKI Objektdaten N12

4300-0015 Förderschule

BRI 37.875 m³ | **BGF** 8.002 m² | **NUF** 5.770 m²

© alberts.architekten

Förderschule mit neuem Schulkonzept einer integrativen Beschulung von lernschwachen bis mehrfachbehinderten Kindern. 22 Klassen mit 220 Schülern. Mauerwerksbau.

Land: Nordrhein-Westfalen
Kreis: Bielefeld, Stadt
Standard: hoch
Bauzeit: 217 Wochen*
Kennwerte: bis 1. Ebene DIN 276

BGF 2.515 €/m²

Planung: alberts.architekten BDA; Bielefeld

veröffentlicht: BKI Objektdaten N10
* Nicht in der Auswertung enthalten

Kostenkennwerte für die Kosten des Bauwerks (Kostengruppen 300+400 nach DIN 276)

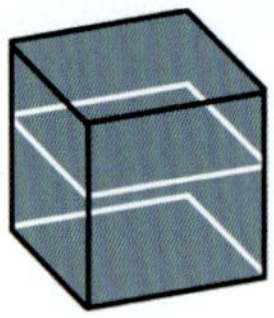

BRI 765 €/m³
von 615 €/m³
bis 925 €/m³

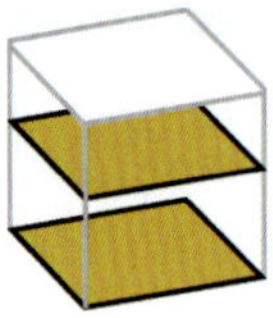

BGF 3.170 €/m²
von 2.695 €/m²
bis 4.075 €/m²

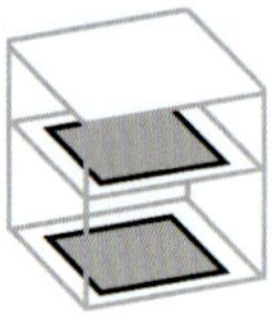

NUF 4.875 €/m²
von 3.910 €/m²
bis 6.450 €/m²

Objektbeispiele

Kosten:
Stand 1. Quartal 2025
Bundesdurchschnitt
inkl. 19% MwSt.

4200-0038

4500-0021

4500-0013

Kosten der 14 Vergleichsobjekte

Seiten 304 bis 307

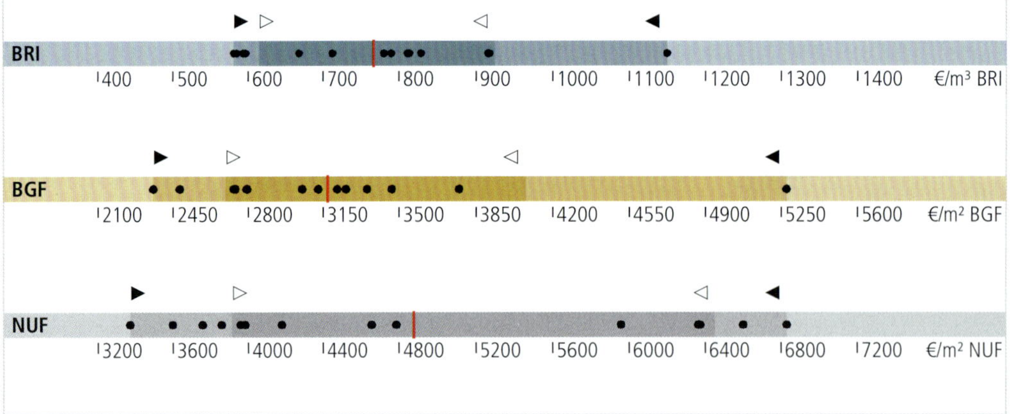

- ● KKW
- ▶ min
- ▷ von
- | Mittelwert
- ◁ bis
- ◀ max

Kostenstand: 1. Quartal 2025, Bundesdurchschnitt, **inkl. 19% MwSt.**

Kostenkennwerte für die Kostengruppen der 1. und 2. Ebene DIN 276

KG	Kostengruppen der 1. Ebene	Einheit	▷	€/Einheit	◁	▷	% an 300+400	◁
100	Grundstück	m² GF	–	**–**	–	–	**–**	–
200	Vorbereitende Maßnahmen	m² GF	8	**11**	15	0,5	**0,7**	1,4
300	Bauwerk – Baukonstruktionen	m² BGF	2.007	**2.391**	2.900	69,0	**76,0**	82,3
400	Bauwerk – Technische Anlagen	m² BGF	515	**780**	1.213	17,7	**24,0**	31,0
	Bauwerk 300+400	m² BGF	2.693	**3.171**	4.076	100,0	**100,0**	100,0
500	Außenanlagen und Freiflächen	m² AF	52	**140**	348	4,5	**8,9**	20,5
600	Ausstattung und Kunstwerke	m² BGF	31	**129**	396	1,1	**4,5**	13,4
700	Baunebenkosten*	m² BGF	691	**745**	799	21,6	**23,3**	25,0 ◁
800	Finanzierung	m² BGF	–	**–**	–	–	**–**	–

* Auf Grundlage der HOAI 2021 berechnete Werte nach §§ 35, 52, 56. Weitere Informationen siehe Seite 56

KG	Kostengruppen der 2. Ebene	Einheit	▷	€/Einheit	◁	▷	% an 1. Ebene	◁
310	Baugrube / Erdbau	m³ BGI	32	**35**	36	0,6	**1,7**	4,4
320	Gründung, Unterbau	m² GRF	353	**664**	770	10,0	**16,3**	24,1
330	Außenwände / vertikal außen	m² AWF	889	**1.025**	1.170	27,7	**31,1**	34,5
340	Innenwände / vertikal innen	m² IWF	484	**569**	660	13,0	**17,2**	20,5
350	Decken / horizontal	m² DEF	491	**699**	803	0,0	**12,2**	16,3
360	Dächer	m² DAF	471	**533**	715	8,9	**16,4**	23,7
370	Infrastrukturanlagen		–	**–**	–	–	**–**	–
380	Baukonstruktive Einbauten	m² BGF	61	**64**	67	0,0	**1,5**	3,0
390	Sonst. Maßnahmen für Baukonst.	m² BGF	45	**86**	129	1,7	**3,6**	5,3
300	**Bauwerk – Baukonstruktionen**	**m² BGF**					**100,0**	
410	Abwasser-, Wasser-, Gasanlagen	m² BGF	79	**111**	144	11,5	**21,7**	50,2
420	Wärmeversorgungsanlagen	m² BGF	61	**115**	248	5,0	**16,7**	21,4
430	Raumlufttechnische Anlagen	m² BGF	43	**75**	104	8,4	**11,5**	20,7
440	Elektrische Anlagen	m² BGF	122	**218**	445	23,8	**28,7**	42,8
450	Kommunikationstechnische Anlagen	m² BGF	10	**42**	84	2,2	**4,8**	9,7
460	Förderanlagen	m² BGF	24	**48**	91	1,0	**3,9**	7,3
470	Nutzungsspez. / verfahrenstech. Anl.	m² BGF	12	**81**	215	1,2	**7,1**	23,7
480	Gebäude- und Anlagenautomation	m² BGF	37	**90**	144	0,0	**5,6**	12,8
490	Sonst. Maßnahmen f. techn. Anl.	m² BGF	< 1	**< 1**	< 1	< 0,1	**< 0,1**	0,1
400	**Bauwerk – Technische Anlagen**	**m² BGF**					**100,0**	

Prozentanteile der Kosten 2. Ebene an den Kosten des Bauwerks nach DIN 276 (Von/Mittel/Bis)

KG	Kostengruppe	%
310	Baugrube / Erdbau	1,2
320	Gründung, Unterbau	13,2
330	Außenwände / vertikal außen	24,1
340	Innenwände / vertikal innen	13,5
350	Decken / horizontal	9,0
360	Dächer	13,1
370	Infrastrukturanlagen	
380	Baukonstruktive Einbauten	1,1
390	Sonst. Maßnahmen für Baukonst.	2,7
410	Abwasser-, Wasser-, Gasanlagen	3,5
420	Wärmeversorgungsanlagen	3,6
430	Raumlufttechnische Anlagen	2,5
440	Elektrische Anlagen	6,6
450	Kommunikationstechnische Anlagen	1,3
460	Förderanlagen	1,0
470	Nutzungsspez. / verfahrenstech. Anl.	1,9
480	Gebäude- und Anlagenautomation	1,5
490	Sonst. Maßnahmen f. techn. Anl.	< 0,1

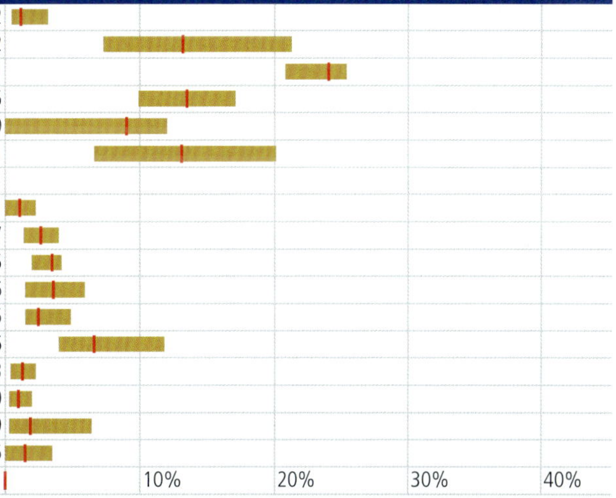

 Erläuterungen zu den Tabellen siehe Seite 54 und 56 Kostenstand: 1. Quartal 2025, Bundesdurchschnitt, **inkl. 19% MwSt.**

Prozentanteile der Kosten für Leistungsbereiche nach STLB (Kosten Bauwerk nach DIN 276)

Kosten:
Stand 1. Quartal 2025
Bundesdurchschnitt
inkl. 19% MwSt.

LB	Leistungsbereiche	▷	% an 300+400	◁
000	Baustellen-, Verkehrssich.- u. Sicherh.einr. inkl. 001	1,0	**2,4**	3,9
002	Erdarbeiten	1,8	**3,6**	7,8
006	Spezialtiefbauarbeiten inkl. 005	0,0	**0,3**	1,1
009	Entwässerungskanalarbeiten inkl. 011	0,2	**0,8**	1,5
010	Drän- und Versickerarbeiten	0,0	**0,3**	0,6
012	Mauerarbeiten	0,2	**1,7**	3,7
013	Betonarbeiten	8,2	**15,0**	21,9
014	Natur-, Betonwerksteinarbeiten	–	**–**	–
016	Zimmer- und Holzbauarbeiten	< 0,1	**14,1**	33,4
017	Stahlbauarbeiten	0,2	**1,1**	2,0
018	Abdichtungsarbeiten	0,3	**0,3**	0,5
020	Dachdeckungsarbeiten	0,0	**0,5**	1,1
021	Dachabdichtungsarbeiten	1,7	**3,4**	4,2
022	Klempnerarbeiten	0,3	**1,1**	1,7
	Rohbau	36,6	**44,6**	66,2
023	Putz- und Stuckarbeiten, Wärmedämmsysteme	0,0	**0,3**	0,8
024	Fliesen- und Plattenarbeiten	0,4	**1,5**	2,5
025	Estricharbeiten	1,7	**2,1**	2,6
026	Fenster, Außentüren inkl. 029, 032	0,8	**8,8**	16,8
027	Tischlerarbeiten	4,6	**8,7**	12,5
028	Parkettarbeiten, Holzpflasterarbeiten	0,0	**0,5**	2,0
030	Rollladenarbeiten	0,8	**0,9**	1,1
031	Metallbauarbeiten inkl. 035	0,0	**5,2**	7,5
034	Maler- und Lackiererarbeiten inkl. 037	0,4	**0,8**	1,2
036	Bodenbelagarbeiten	0,7	**1,7**	4,5
038	Vorgehängte hinterlüftete Fassaden	0,0	**1,7**	3,3
039	Trockenbauarbeiten	0,6	**2,0**	3,6
	Ausbau	24,5	**34,2**	38,2
040	Wärmeversorgungsanl. - Betriebseinr. inkl. 041	1,3	**3,4**	5,7
042	Gas- und Wasserinstallation, Leitungen inkl. 043	0,5	**0,7**	1,1
044	Abwasseranlagen - Leitungen, Abläufe, Armaturen	< 0,1	**0,5**	1,0
045	GWE - Einrichtungsgegenstände inkl. 046	0,5	**1,1**	2,8
047	Dämm- und Brandschutzarbeiten an techn. Anlagen	0,2	**0,6**	1,1
049	Feuerlöschanlagen, Feuerlöschgeräte	0,0	**< 0,1**	< 0,1
050	Blitzschutz- und Erdungsanlagen	< 0,1	**0,2**	0,3
052	Mittelspannungsanlagen	0,0	**< 0,1**	0,4
053	Niederspannungsanlagen inkl. 054	2,9	**5,5**	11,8
055	Sicherheits- und Ersatzstromversorgungsanlagen	0,0	**< 0,1**	0,3
057	Gebäudesystemtechnik	–	**–**	–
058	Leuchten und Lampen inkl. 059	0,8	**1,7**	2,6
060	Such-, Signal-, elektroakust. Anl., Med. inkl. 064	0,0	**< 0,1**	< 0,1
061	Kommunikations- und Übertragungsnetze inkl. 062	< 0,1	**0,2**	0,5
063	Gefahrenmeldeanlagen	< 0,1	**0,2**	0,7
069	Aufzüge	0,3	**1,0**	2,0
070	Gebäudeautomation	0,0	**1,4**	3,4
075	Raumlufttechnische Anlagen inkl. 078	1,5	**2,5**	4,9
	Gebäudetechnik	12,2	**19,2**	24,9
	Sonstige Leistungsbereiche inkl. 008, 033, 051	0,3	**1,9**	6,9

- ● KKW
- ▶ min
- ▷ von
- | Mittelwert
- ◁ bis
- ◀ max

Planungskennwerte für Flächen und Rauminhalte nach DIN 277

Grundflächen		▷	Fläche/NUF (%)	◁	▷	Fläche/BGF (%)	◁
NUF	Nutzungsfläche	100,0	**100,0**	100,0	60,3	**66,3**	70,2
TF	Technikfläche	4,6	**6,2**	10,4	2,8	**4,0**	6,1
VF	Verkehrsfläche	21,2	**28,2**	45,8	13,1	**17,2**	24,2
NRF	Netto-Raumfläche	127,1	**134,0**	149,1	85,5	**87,2**	88,0
KGF	Konstruktions-Grundfläche	17,8	**19,8**	22,3	12,0	**12,8**	14,5
BGF	Brutto-Grundfläche	144,3	**153,7**	171,1	100,0	**100,0**	100,0

Brutto-Rauminhalte		▷	BRI/NUF (m)	◁	▷	BRI/BGF (m)	◁
BRI	Brutto-Rauminhalt	5,85	**6,39**	7,40	3,82	**4,16**	4,25

Flächen von Nutzeinheiten	▷	NUF/Einheit (m²)	◁	▷	BGF/Einheit (m²)	◁
Nutzeinheit:	–	–	–	–	–	–

Lufttechnisch behandelte Flächen	▷	Fläche/NUF (%)	◁	▷	Fläche/BGF (%)	◁
Entlüftete Fläche	–	–	–	–	–	–
Be- und entlüftete Fläche	11,8	**11,8**	11,8	6,5	**6,5**	6,5
Teilklimatisierte Fläche	81,2	**81,2**	81,2	48,1	**48,1**	48,1
Klimatisierte Fläche	–	–	–	–	–	–

KG	Kostengruppen (2. Ebene)	Einheit	▷	Menge/NUF	◁	▷	Menge/BGF	◁
310	Baugrube / Erdbau	m³ BGI	2,67	**2,90**	2,90	1,68	**1,72**	1,72
320	Gründung, Unterbau	m² GRF	0,90	**0,94**	1,06	0,54	**0,62**	0,62
330	Außenwände / vertikal außen	m² AWF	1,17	**1,17**	1,21	0,73	**0,75**	0,84
340	Innenwände / vertikal innen	m² IWF	0,96	**1,21**	1,23	0,66	**0,78**	0,99
350	Decken / horizontal	m² DEF	0,91	**0,91**	0,95	0,55	**0,55**	0,56
360	Dächer	m² DAF	1,15	**1,20**	1,49	0,63	**0,80**	0,80
370	Infrastrukturanlagen		–	–	–	–	–	–
380	Baukonstruktive Einbauten	m² BGF	1,44	**1,54**	1,71	1,00	**1,00**	1,00
390	Sonst. Maßnahmen für Baukonst.	m² BGF	1,44	**1,54**	1,71	1,00	**1,00**	1,00
300	**Bauwerk – Baukonstruktionen**	**m² BGF**	1,44	**1,54**	1,71	1,00	**1,00**	1,00

Planungskennwerte für Bauzeiten — 14 Vergleichsobjekte

Bauzeit in Wochen

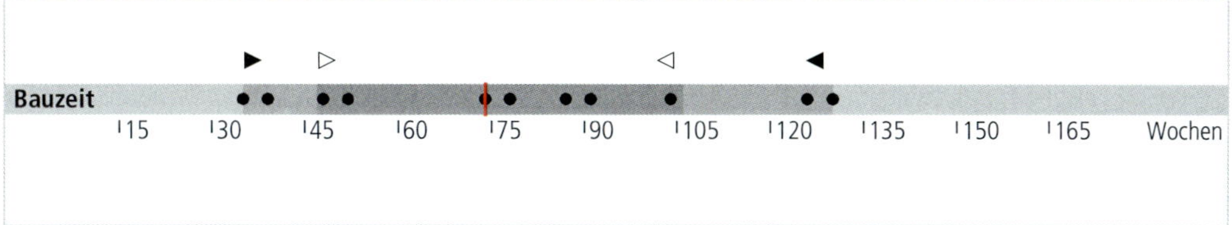

€/m² BGF

min	2.355	€/m²
von	2.695	€/m²
Mittel	**3.170**	**€/m²**
bis	4.075	€/m²
max	5.275	€/m²

Kosten:
Stand 1. Quartal 2025
Bundesdurchschnitt
inkl. 19% MwSt.

Objektübersicht zur Gebäudeart

4500-0022 Seminarhaus (60 Sitzplätze)

BRI 1.430 m³ **BGF** 312 m² **NUF** 241 m²

Seminarhaus mit 60 Sitzplätzen. Mauerwerk.

Land: Niedersachsen
Kreis: Heidekreis
Standard: hoch
Bauzeit: 48 Wochen
Kennwerte: bis 1. Ebene DIN 276

BGF **5.274 €/m²**

Planung: KRAMPITZ Architekten GbR; Soltau

vorgesehen: BKI Objektdaten N21

4500-0021 Bildungsgebäude, Sportcampus

BRI 5.991 m³ **BGF** 2.010 m² **NUF** 1.378 m²

Bildungsgebäude mit Sportcampus. Holzbau.

Land: Hessen
Kreis: Bergstraße
Standard: mittel
Bauzeit: 104 Wochen
Kennwerte: bis 1. Ebene DIN 276

BGF **2.730 €/m²**

Planung: prosa Architektur + Stadtplanung BDA; Darmstadt

vorgesehen: BKI Objektdaten N21

4200-0040 Bildungszentrum (5 Klassen, 115 Schüler)

BRI 5.768 m³ **BGF** 1.278 m² **NUF** 622 m²

Bildungszentrum für Berufe im Gesundheitswesen mit fünf Klassen für 115 Schüler. Massivbau.

Land: Schleswig-Holstein
Kreis: Neumünster, Stadt
Standard: mittel
Bauzeit: 48 Wochen
Kennwerte: bis 1. Ebene DIN 276

BGF **3.214 €/m²**

Planung: Planungsring Mumm + Partner GbR; Treia

veröffentlicht: BKI Objektdaten N19

4200-0038 Ausbildungszentrum Pflegeberufe

BRI 13.804 m³ **BGF** 3.656 m² **NUF** 2.126 m²

Katholische Akademie für Gesundheitsberufe. Stahlbeton.

Land: Nordrhein-Westfalen
Kreis: Dortmund, Stadt
Standard: hoch
Bauzeit: 78 Wochen
Kennwerte: bis 1. Ebene DIN 276

BGF **3.465 €/m²**

Planung: Köhler Architekten; Dortmund

veröffentlicht: BKI Objektdaten N18

Objektübersicht zur Gebäudeart

4500-0019 Tagungsgebäude (40 Sitzplätze) — BRI 1.058 m³ | BGF 231 m² | NUF 159 m²

Neubau Tagungsgebäude für Seminar- und Unterrichtszwecke mit 40 Sitzplätzen als Ergänzung des vorhandenen Gebäudebestands an einer Sportschule. Massivbau.

Land: Mecklenburg-Vorpommern
Kreis: Rostock
Standard: mittel
Bauzeit: 48 Wochen
Kennwerte: bis 1. Ebene DIN 276

BGF **2.739 €/m²**

Planung: Kruse Architekten; Güstrow

veröffentlicht: BKI Objektdaten N19

4200-0035 Bildungszentrum (400 Schüler) — BRI 12.617 m³ | BGF 3.396 m² | NUF 2.184 m²

Bildungszentrum für 400 Schüler. Holzrahmenbau, Holzmassivbau, Stahlbeton.

Land: Berlin
Kreis: Berlin, Stadt
Standard: mittel
Bauzeit: 78 Wochen
Kennwerte: bis 1. Ebene DIN 276

BGF **2.480 €/m²**

Planung: Kersten Kopp Architekten GmbH; Berlin

veröffentlicht: BKI Objektdaten N17

4100-0164 Musikunterrichtsräume (5 Klassen) — BRI 1.500 m³ | BGF 400 m² | NUF 262 m²

Musikunterrichtsräume (5 St), Instrumentenlager für ein Gymnasium. Beton-Sandwich-Fertigteile.

Land: Nordrhein-Westfalen
Kreis: Mettmann
Standard: mittel
Bauzeit: 35 Wochen
Kennwerte: bis 1. Ebene DIN 276

BGF **3.050 €/m²**

Planung: pagelhenn architektinnenarchitekt; Hilden

veröffentlicht: BKI Objektdaten N15

4500-0018 Technologie- und Bildungszentrum* — BRI 5.342 m³ | BGF 1.304 m² | NUF 792 m²

Technologiezentrum für Energieeffizienz und Barrierefreiheit. Pfosten-Riegel-Konstruktion, Massivbau.

Land: Nordrhein-Westfalen
Kreis: Köln, Stadt
Standard: hoch
Bauzeit: 65 Wochen
Kennwerte: bis 1. Ebene DIN 276

BGF **6.617 €/m²** *

Planung: SSP AG; Bochum

veröffentlicht: BKI Objektdaten E8
* Nicht in der Auswertung enthalten

€/m² BGF

min	2.355	€/m²
von	2.695	€/m²
Mittel	**3.170**	**€/m²**
bis	4.075	€/m²
max	5.275	€/m²

Kosten:
Stand 1. Quartal 2025
Bundesdurchschnitt
inkl. 19% MwSt.

Objektübersicht zur Gebäudeart

4200-0031 Fachakademie Sozialpädagogik (9 Kl, 250 Schüler) — BRI 10.129 m³ · BGF 2.528 m² · NUF 1.651 m²

Fachakademie für 250 Schüler (9 Klassen). Stahlbetonbau.

Land: Bayern
Kreis: Nürnberger Land
Standard: mittel
Bauzeit: 87 Wochen
Kennwerte: bis 1. Ebene DIN 276

BGF 3.124 €/m²

Planung: Dömges Architekten AG; Regensburg

veröffentlicht: BKI Objektdaten N15

4500-0014 Schule für Heilerziehungspflege (84 Schüler) — BRI 2.343 m³ · BGF 497 m² · NUF 386 m²

Schule für Heilerziehungspflege mit drei Klassen und 84 Schüler. Massivbauweise.

Land: Nordrhein-Westfalen
Kreis: Mönchengladbach, Stadt
Standard: mittel
Bauzeit: 39 Wochen
Kennwerte: bis 1. Ebene DIN 276

BGF 2.794 €/m²

Planung: Sillmanns GmbH Architekten und Ingenieure; Mönchengladbach

veröffentlicht: BKI Objektdaten N13

4500-0013 Überbetriebliche Bildungsstätte — BRI 15.519 m³ · BGF 3.252 m² · NUF 2.416 m²

Überbetriebliche Bildungsstätte mit dreigeschossigem Verwaltungs-, Unterweisungs- und Versorgungstrakt und eingeschossigem Werkstatt- und Lagerbereich. 124 Ausbildungsplätze. Mauerwerksbau.

Land: Nordrhein-Westfalen
Kreis: Düsseldorf, Stadt
Standard: mittel
Bauzeit: 74 Wochen
Kennwerte: bis 1. Ebene DIN 276

BGF 2.791 €/m²

Planung: WALLMEIER STUMMBILLIG Planungs GmbH, Architekten BDA; Herne

veröffentlicht: BKI Objektdaten N10

4500-0012 Förderbereich, Mehrzwecksaal — BRI 1.602 m³ · BGF 389 m² · NUF 303 m²

Förderbereich, barrierefreier Ausbau und flexibel nutzbarer Saalbereich. Holzrahmenbau.

Land: Thüringen
Kreis: Kyffhäuserkreis
Standard: mittel
Bauzeit: 52 Wochen
Kennwerte: bis 2. Ebene DIN 276

BGF 3.254 €/m²

Planung: TECTUM, Heinrich - Hille Ingenieure und Architekten BDA; Weimar

veröffentlicht: BKI Objektdaten N10

Objektübersicht zur Gebäudeart

4200-0015 Berufsschule

BRI 43.870 m³ **BGF** 10.801 m² **NUF** 7.550 m²

Berufsschule mit Werkstatt- und Laborräumen, Klassenräume für Gewerbe, Kaufleute und Hauswirtschaft. Stb-Skelettbau.

Land: Baden-Württemberg
Kreis: Tuttlingen
Standard: mittel
Bauzeit: 126 Wochen
Kennwerte: bis 3. Ebene DIN 276

BGF **2.357 €/m²**

Planung: habermann.stock.decker Architekten; Lemgo

veröffentlicht: www.bki.de

4500-0009 Berufsförderungswerk

BRI 12.105 m³ **BGF** 2.601 m² **NUF** 1.540 m²

Ausbildungsgebäude für 140 Rehabilitanden in drei bis fünf Gruppen, Technikräume für Medien, Lernzentrum mit neuen Medien, Internet-Café. Stb-Konstruktion mit Stb-Decken und Flachdach.

Land: Rheinland-Pfalz
Kreis: Mayen-Koblenz
Standard: hoch
Bauzeit: 91 Wochen
Kennwerte: bis 3. Ebene DIN 276

BGF **3.773 €/m²**

Planung: plp Architekten Generalplaner; Hamburg

veröffentlicht: www.bki.de

4200-0011 Überbetriebliches Berufsbildungszentrum

BRI 6.788 m³ **BGF** 1.677 m² **NUF** 884 m²

Klassenräume für die berufliche Ausbildung, Verwaltung, Mensa mit Küche, Sanitärräume. Mauerwerksbau.

Land: Brandenburg
Kreis: Cottbus, Stadt
Standard: mittel
Bauzeit: 130 Wochen
Kennwerte: bis 3. Ebene DIN 276

BGF **3.352 €/m²**

Planung: Architekten BDA Richter Altmann Jyrch; Cottbus

veröffentlicht: www.bki.de

Arbeitsblatt zur Standardeinordnung bei Kindergärten, nicht unterkellert

Kosten:
Stand 1. Quartal 2025
Bundesdurchschnitt
inkl. 19% MwSt.

Kostenkennwerte für die Kosten des Bauwerks (Kostengruppen 300+400 nach DIN 276)

BRI 725 €/m³
von 595 €/m³
bis 930 €/m³

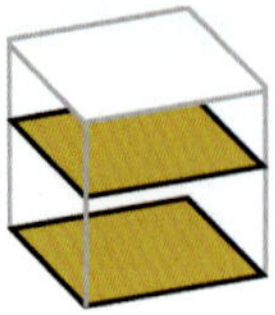

BGF 2.870 €/m²
von 2.320 €/m²
bis 3.560 €/m²

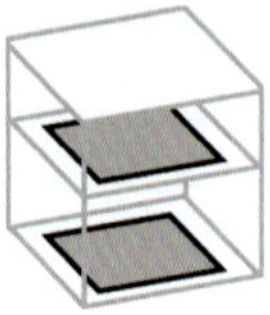

NUF 4.315 €/m²
von 3.355 €/m²
bis 5.445 €/m²

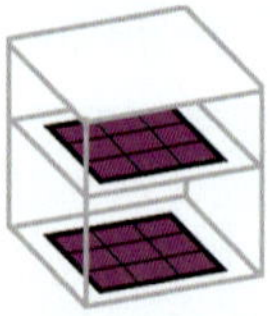

NE 38.085 €/NE
von 26.300 €/NE
bis 58.720 €/NE
NE: Kinder

Standardzuordnung

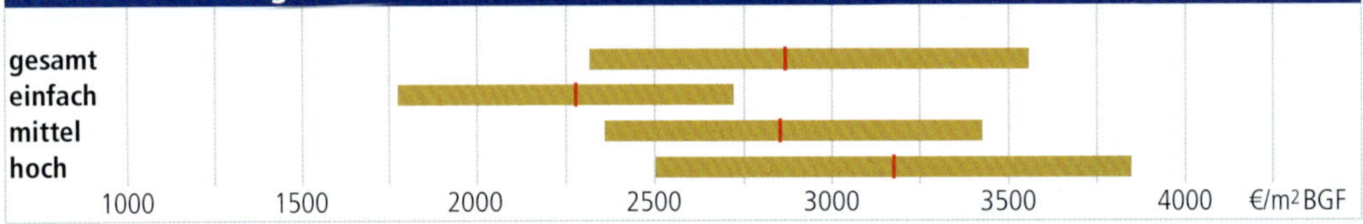

Standardeinordnung für Ihr Projekt:

KG	Kostengruppen der 2. Ebene	niedrig	mittel	hoch	Punkte
310	Baugrube / Erdbau				
320	Gründung, Unterbau	4	5	6	
330	Außenwände/Vert. Baukonstrukt., außen	6	7	9	
340	Innenwände/Vert. Baukonstrukt., innen	4	5	6	
350	Decken/Horizontale Baukonstruktionen	1	2	2	
360	Dächer	5	7	8	
370	Infrastrukturanlagen				
380	Baukonstruktive Einbauten	1	1	2	
390	Sonst. Maßnahmen für Baukonstrukt.				
410	Abwasser-, Wasser-, Gasanlagen	1	2	2	
420	Wärmeversorgungsanlagen	1	1	2	
430	Raumlufttechnische Anlagen	0	1	2	
440	Elektrische Anlagen	2	2	3	
450	Kommunikationstechnische Anlagen	0	0	1	
460	Förderanlagen	0	0	0	
470	Nutzungsspez. u. verfahrenstechn. Anl.	0	0	1	
480	Gebäude- und Anlagenautomation	0	1	1	
490	Sonst. Maßnahmen für techn. Anlagen				

Punkte: 25 bis 30 = einfach 31 bis 39 = mittel 40 bis 45 = hoch Ihr Projekt (Summe):

Erläuterung:
Obenstehende Tabelle soll Ihnen die Zuordnung zu den Gebäudearten mit einfachem, mittlerem und hohem Standard erleichtern. Schätzen Sie für jedes Grobelement ab, ob die Aufwendungen niedrig, mittel oder hoch sein werden und übertragen Sie die Punkte in die rechte Spalte. Bilden Sie die Summe der rechten Spalte und ordnen Sie Ihr Projekt nach dem Schema der untersten Zeile ein. Nehmen Sie dieses Schema auch als Hinweis darauf, bei welchen Kostengruppen Sie den Mittelwert nach oben oder unten anpassen sollten.

- ● KKW
- ▶ min
- ▷ von
- | Mittelwert
- ◁ bis
- ◀ max

 Kostenstand: 1. Quartal 2025, Bundesdurchschnitt, **inkl. 19% MwSt.**

Kostenkennwerte für die Kostengruppen der 1. und 2. Ebene DIN 276

KG	Kostengruppen der 1. Ebene	Einheit	▷	€/Einheit	◁	▷	% an 300+400	◁
100	Grundstück	m² GF	–	**–**	–	–	**–**	–
200	Vorbereitende Maßnahmen	m² GF	9	**28**	75	1,1	**2,8**	5,8
300	Bauwerk – Baukonstruktionen	m² BGF	1.792	**2.208**	2.721	72,0	**77,1**	81,7
400	Bauwerk – Technische Anlagen	m² BGF	475	**664**	932	18,3	**22,9**	28,0
	Bauwerk 300+400	m² BGF	2.318	**2.871**	3.559	100,0	**100,0**	100,0
500	Außenanlagen und Freiflächen	m² AF	100	**211**	435	6,9	**12,7**	21,9
600	Ausstattung und Kunstwerke	m² BGF	66	**144**	299	2,2	**5,2**	10,3
700	Baunebenkosten*	m² BGF	557	**621**	685	19,5	**21,7**	23,9 ◁
800	Finanzierung	m² BGF	–	**–**	–	–	**–**	–

* Auf Grundlage der HOAI 2021 berechnete Werte nach §§ 35, 52, 56. Weitere Informationen siehe Seite 56

KG	Kostengruppen der 2. Ebene	Einheit	▷	€/Einheit	◁	▷	% an 1. Ebene	◁
310	Baugrube / Erdbau	m³ BGI	22	**40**	52	0,5	**1,5**	3,2
320	Gründung, Unterbau	m² GRF	366	**419**	507	12,5	**17,6**	20,9
330	Außenwände / vertikal außen	m² AWF	622	**746**	940	23,8	**28,5**	34,5
340	Innenwände / vertikal innen	m² IWF	277	**348**	423	13,0	**17,1**	19,6
350	Decken / horizontal	m² DEF	454	**648**	1.209	0,9	**4,8**	11,2
360	Dächer	m² DAF	383	**504**	634	19,2	**24,3**	29,2
370	Infrastrukturanlagen		–	**–**	–	–	**–**	–
380	Baukonstruktive Einbauten	m² BGF	23	**68**	143	0,2	**2,6**	5,4
390	Sonst. Maßnahmen für Baukonst.	m² BGF	35	**67**	113	1,8	**3,4**	5,4
300	**Bauwerk – Baukonstruktionen**	**m² BGF**					**100,0**	
410	Abwasser-, Wasser-, Gasanlagen	m² BGF	85	**114**	153	15,9	**23,0**	30,2
420	Wärmeversorgungsanlagen	m² BGF	80	**103**	152	14,5	**21,6**	33,5
430	Raumlufttechnische Anlagen	m² BGF	26	**76**	174	1,9	**11,3**	22,9
440	Elektrische Anlagen	m² BGF	123	**164**	237	25,8	**31,7**	37,0
450	Kommunikationstechnische Anlagen	m² BGF	14	**30**	56	2,9	**6,0**	12,6
460	Förderanlagen	m² BGF	26	**43**	52	0,0	**1,6**	7,9
470	Nutzungsspez. / verfahrenstech. Anl.	m² BGF	3	**30**	58	0,1	**2,7**	9,9
480	Gebäude- und Anlagenautomation	m² BGF	25	**56**	102	< 0,1	**1,6**	8,6
490	Sonst. Maßnahmen f. techn. Anl.	m² BGF	2	**5**	8	< 0,1	**0,4**	1,6
400	**Bauwerk – Technische Anlagen**	**m² BGF**					**100,0**	

Prozentanteile der Kosten 2. Ebene an den Kosten des Bauwerks nach DIN 276 (Von/Mittel/Bis)

KG	Kostengruppe	%
310	Baugrube / Erdbau	1,2
320	Gründung, Unterbau	13,9
330	Außenwände / vertikal außen	22,5
340	Innenwände / vertikal innen	13,6
350	Decken / horizontal	3,9
360	Dächer	19,3
370	Infrastrukturanlagen	
380	Baukonstruktive Einbauten	2,1
390	Sonst. Maßnahmen für Baukonst.	2,7
410	Abwasser-, Wasser-, Gasanlagen	4,7
420	Wärmeversorgungsanlagen	4,4
430	Raumlufttechnische Anlagen	2,6
440	Elektrische Anlagen	6,6
450	Kommunikationstechnische Anlagen	1,2
460	Förderanlagen	0,4
470	Nutzungsspez. / verfahrenstech. Anl.	0,6
480	Gebäude- und Anlagenautomation	0,4
490	Sonst. Maßnahmen f. techn. Anl.	< 0,1

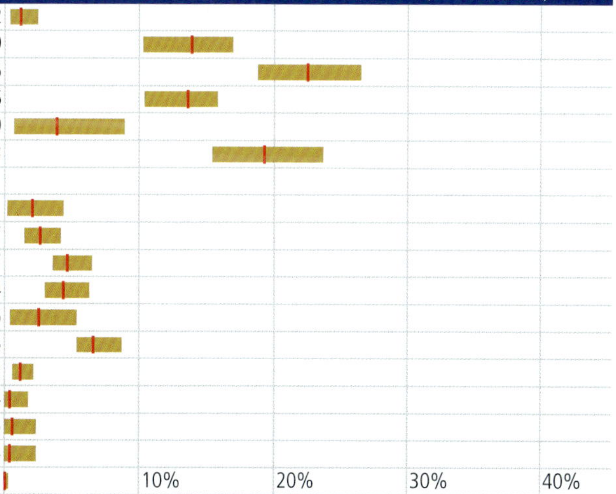

 Erläuterungen zu den Tabellen siehe Seite 54 und 56 Kostenstand: 1. Quartal 2025, Bundesdurchschnitt, **inkl. 19% MwSt.**

Kosten:
Stand 1. Quartal 2025
Bundesdurchschnitt
inkl. 19% MwSt.

● KKW
▶ min
▷ von
| Mittelwert
◁ bis
◀ max

Prozentanteile der Kosten für Leistungsbereiche nach STLB (Kosten Bauwerk nach DIN 276)

LB	Leistungsbereiche	▷	% an 300+400	◁
000	Baustellen-, Verkehrssich.- u. Sicherh.einr. inkl. 001	1,3	**2,5**	3,7
002	Erdarbeiten	1,3	**2,6**	6,3
006	Spezialtiefbauarbeiten inkl. 005	< 0,1	**0,3**	2,4
009	Entwässerungskanalarbeiten inkl. 011	0,2	**0,4**	1,0
010	Drän- und Versickerarbeiten	0,0	**< 0,1**	0,3
012	Mauerarbeiten	1,1	**4,9**	8,9
013	Betonarbeiten	6,2	**9,3**	12,1
014	Natur-, Betonwerksteinarbeiten	0,0	**< 0,1**	< 0,1
016	Zimmer- und Holzbauarbeiten	4,2	**9,8**	17,0
017	Stahlbauarbeiten	< 0,1	**0,3**	1,7
018	Abdichtungsarbeiten	0,6	**1,0**	1,6
020	Dachdeckungsarbeiten	0,2	**1,6**	4,1
021	Dachabdichtungsarbeiten	1,2	**4,1**	7,3
022	Klempnerarbeiten	1,3	**2,4**	5,8
	Rohbau	35,0	**39,1**	44,1
023	Putz- und Stuckarbeiten, Wärmedämmsysteme	2,2	**4,8**	8,2
024	Fliesen- und Plattenarbeiten	1,0	**1,6**	2,6
025	Estricharbeiten	1,0	**1,8**	2,7
026	Fenster, Außentüren inkl. 029, 032	5,2	**8,3**	12,6
027	Tischlerarbeiten	4,3	**6,4**	9,9
028	Parkettarbeiten, Holzpflasterarbeiten	0,0	**0,3**	1,8
030	Rollladenarbeiten	0,7	**1,5**	2,1
031	Metallbauarbeiten inkl. 035	0,4	**2,5**	5,7
034	Maler- und Lackiererarbeiten inkl. 037	1,2	**1,9**	2,6
036	Bodenbelagarbeiten	2,1	**2,7**	3,6
038	Vorgehängte hinterlüftete Fassaden	< 0,1	**1,7**	5,6
039	Trockenbauarbeiten	4,9	**6,4**	9,3
	Ausbau	36,0	**39,8**	43,1
040	Wärmeversorgungsanl. - Betriebseinr. inkl. 041	2,9	**4,4**	6,2
042	Gas- und Wasserinstallation, Leitungen inkl. 043	0,8	**1,2**	1,9
044	Abwasseranlagen - Leitungen, Abläufe, Armaturen	0,5	**0,9**	1,7
045	GWE - Einrichtungsgegenstände inkl. 046	1,4	**2,1**	3,1
047	Dämm- und Brandschutzarbeiten an techn. Anlagen	0,2	**0,7**	1,2
049	Feuerlöschanlagen, Feuerlöschgeräte	< 0,1	**< 0,1**	< 0,1
050	Blitzschutz- und Erdungsanlagen	0,3	**0,6**	1,2
052	Mittelspannungsanlagen	–	**–**	–
053	Niederspannungsanlagen inkl. 054	2,4	**3,4**	4,8
055	Sicherheits- und Ersatzstromversorgungsanlagen	–	**–**	–
057	Gebäudesystemtechnik	< 0,1	**0,2**	1,8
058	Leuchten und Lampen inkl. 059	1,3	**2,8**	4,5
060	Such-, Signal-, elektroakust. Anl., Med. inkl. 064	< 0,1	**0,3**	1,1
061	Kommunikations- und Übertragungsnetze inkl. 062	0,1	**0,3**	0,6
063	Gefahrenmeldeanlagen	0,2	**0,5**	1,1
069	Aufzüge	0,0	**0,4**	1,8
070	Gebäudeautomation	0,0	**0,3**	1,4
075	Raumlufttechnische Anlagen inkl. 078	0,3	**2,3**	4,7
	Gebäudetechnik	16,7	**20,3**	23,7
	Sonstige Leistungsbereiche inkl. 008, 033, 051	0,1	**0,8**	2,5

Planungskennwerte für Flächen und Rauminhalte nach DIN 277

Grundflächen		▷	Fläche/NUF (%)	◁	▷	Fläche/BGF (%)	◁
NUF	Nutzungsfläche	100,0	**100,0**	100,0	63,5	**67,3**	71,2
TF	Technikfläche	2,6	**3,3**	7,4	1,7	**2,2**	4,3
VF	Verkehrsfläche	19,4	**24,6**	31,0	12,9	**16,0**	19,1
NRF	Netto-Raumfläche	122,4	**127,9**	134,4	83,4	**85,4**	87,0
KGF	Konstruktions-Grundfläche	19,4	**22,1**	27,0	13,0	**14,6**	16,6
BGF	Brutto-Grundfläche	142,4	**150,0**	159,9	100,0	**100,0**	100,0

Brutto-Rauminhalte		▷	BRI/NUF (m)	◁	▷	BRI/BGF (m)	◁
BRI	Brutto-Rauminhalt	5,52	**6,00**	6,61	3,73	**4,00**	4,35

Flächen von Nutzeinheiten	▷	NUF/Einheit (m²)	◁	▷	BGF/Einheit (m²)	◁
Nutzeinheit: Kinder	7,77	**8,83**	11,68	11,66	**13,29**	17,88

Lufttechnisch behandelte Flächen	▷	Fläche/NUF (%)	◁	▷	Fläche/BGF (%)	◁
Entlüftete Fläche	4,4	**4,4**	4,4	3,0	**3,0**	3,0
Be- und entlüftete Fläche	120,1	**120,1**	120,1	83,1	**83,1**	83,1
Teilklimatisierte Fläche	–	–	–	–	–	–
Klimatisierte Fläche	–	–	–	–	–	–

KG	Kostengruppen (2. Ebene)	Einheit	▷	Menge/NUF	◁	▷	Menge/BGF	◁
310	Baugrube / Erdbau	m³ BGI	0,82	**1,07**	1,76	0,51	**0,70**	1,17
320	Gründung, Unterbau	m² GRF	1,11	**1,22**	1,35	0,69	**0,81**	0,87
330	Außenwände / vertikal außen	m² AWF	1,04	**1,15**	1,41	0,69	**0,75**	0,90
340	Innenwände / vertikal innen	m² IWF	1,29	**1,46**	1,57	0,87	**0,96**	1,04
350	Decken / horizontal	m² DEF	0,28	**0,38**	0,55	0,18	**0,24**	0,33
360	Dächer	m² DAF	1,26	**1,44**	1,55	0,80	**0,95**	1,02
370	Infrastrukturanlagen		–	–	–	–	–	–
380	Baukonstruktive Einbauten	m² BGF	1,42	**1,50**	1,60	1,00	**1,00**	1,00
390	Sonst. Maßnahmen für Baukonst.	m² BGF	1,42	**1,50**	1,60	1,00	**1,00**	1,00
300	**Bauwerk – Baukonstruktionen**	**m² BGF**	1,42	**1,50**	1,60	1,00	**1,00**	1,00

Planungskennwerte für Bauzeiten

Bauzeit in Wochen

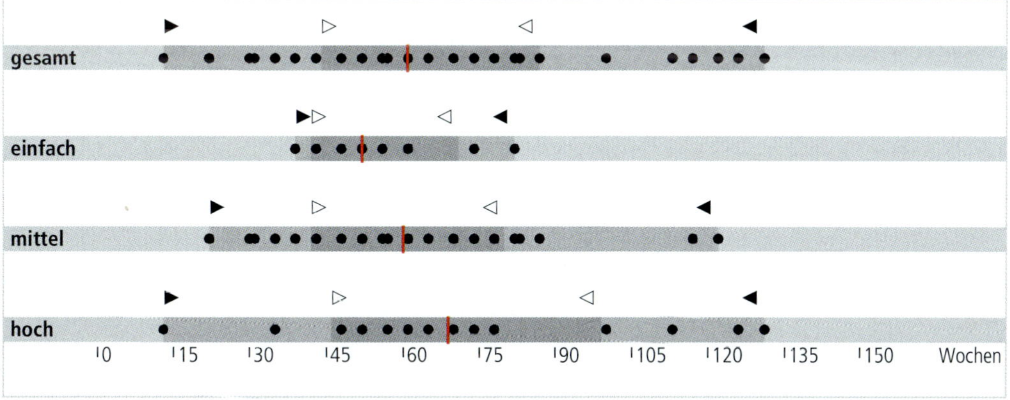

Kindergärten, nicht unterkellert, einfacher Standard

Kostenkennwerte für die Kosten des Bauwerks (Kostengruppen 300+400 nach DIN 276)

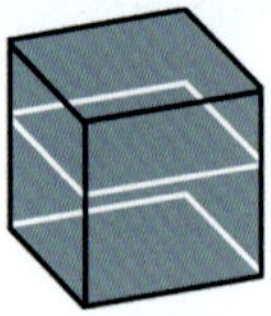

BRI 590€/m³
von 485€/m³
bis 710€/m³

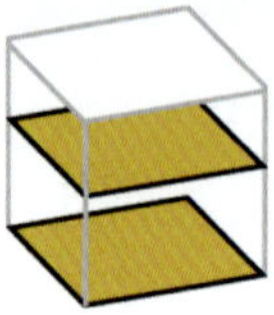

BGF 2.280€/m²
von 1.780€/m²
bis 2.725€/m²

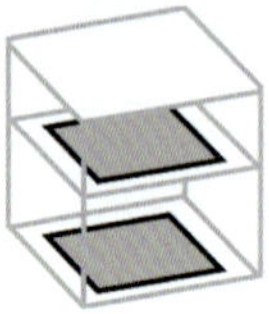

NUF 3.360€/m²
von 2.545€/m²
bis 4.120€/m²

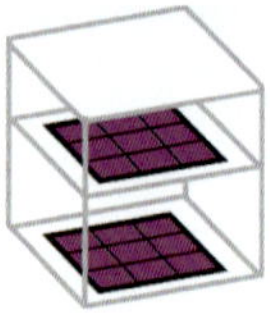

NE 24.615€/NE
von 17.740€/NE
bis 33.395€/NE
NE: Kinder

Kosten:
Stand 1.Quartal 2025
Bundesdurchschnitt
inkl. 19% MwSt.

Objektbeispiele

4400-0414

4400-0307

4400-0297

Kosten der 11 Vergleichsobjekte

Seiten 316 bis 318

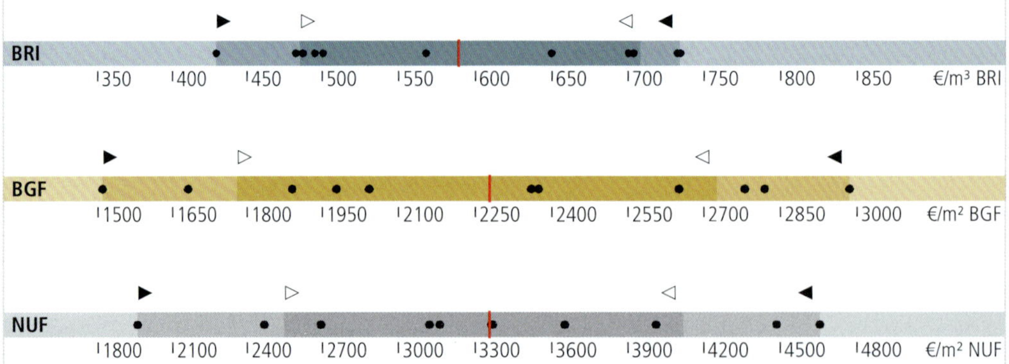

- ● KKW
- ▶ min
- ▷ von
- | Mittelwert
- ◁ bis
- ◀ max

Kostenkennwerte für die Kostengruppen der 1. und 2.Ebene DIN 276

KG	Kostengruppen der 1. Ebene	Einheit	▷	€/Einheit	◁	▷	% an 300+400	◁
100	Grundstück	m² GF	–	**–**	–	–	**–**	–
200	Vorbereitende Maßnahmen	m² GF	10	**33**	141	1,1	**3,9**	7,1
300	Bauwerk – Baukonstruktionen	m² BGF	1.436	**1.818**	2.152	75,4	**80,1**	85,3
400	Bauwerk – Technische Anlagen	m² BGF	287	**461**	616	14,7	**19,9**	24,6
	Bauwerk 300+400	m² BGF	1.779	**2.279**	2.725	100,0	**100,0**	100,0
500	Außenanlagen und Freiflächen	m² AF	48	**118**	181	6,4	**14,6**	25,3
600	Ausstattung und Kunstwerke	m² BGF	12	**121**	224	0,5	**5,7**	10,1
700	Baunebenkosten*	m² BGF	472	**526**	580	20,9	**23,3**	25,7
800	Finanzierung	m² BGF	–	**–**	–	–	**–**	–

◁ * Auf Grundlage der HOAI 2021 berechnete Werte nach §§ 35, 52, 56. Weitere Informationen siehe Seite 56

KG	Kostengruppen der 2. Ebene	Einheit	▷	€/Einheit	◁	▷	% an 1. Ebene	◁
310	Baugrube / Erdbau	m³ BGI	21	**40**	50	0,6	**1,3**	2,5
320	Gründung, Unterbau	m² GRF	303	**381**	421	18,1	**22,0**	24,2
330	Außenwände / vertikal außen	m² AWF	641	**661**	696	26,2	**27,2**	28,7
340	Innenwände / vertikal innen	m² IWF	288	**375**	418	18,5	**19,7**	21,9
350	Decken / horizontal	m² DEF	–	**1.192**	–	0,0	**1,5**	4,5
360	Dächer	m² DAF	321	**382**	412	19,9	**23,5**	25,8
370	Infrastrukturanlagen		–	**–**	–	–	**–**	–
380	Baukonstruktive Einbauten	m² BGF	54	**58**	62	0,0	**2,3**	3,5
390	Sonst. Maßnahmen für Baukonst.	m² BGF	20	**44**	87	1,3	**2,5**	4,8
300	**Bauwerk – Baukonstruktionen**	**m² BGF**					**100,0**	
410	Abwasser-, Wasser-, Gasanlagen	m² BGF	93	**111**	149	22,0	**26,0**	28,3
420	Wärmeversorgungsanlagen	m² BGF	90	**95**	102	19,5	**23,1**	29,9
430	Raumlufttechnische Anlagen	m² BGF	14	**49**	69	4,4	**10,5**	13,6
440	Elektrische Anlagen	m² BGF	108	**152**	181	34,7	**35,2**	36,0
450	Kommunikationstechnische Anlagen	m² BGF	7	**23**	32	3,2	**5,2**	8,1
460	Förderanlagen	m² BGF	–	**–**	–	–	**–**	–
470	Nutzungsspez. / verfahrenstech. Anl.	m² BGF	–	**–**	–	–	**–**	–
480	Gebäude- und Anlagenautomation	m² BGF	–	**–**	–	–	**–**	–
490	Sonst. Maßnahmen f. techn. Anl.	m² BGF	–	**–**	–	–	**–**	–
400	**Bauwerk – Technische Anlagen**	**m² BGF**					**100,0**	

Prozentanteile der Kosten 2.Ebene an den Kosten des Bauwerks nach DIN 276 (Von/Mittel/Bis)

KG	Kostengruppe	%
310	Baugrube / Erdbau	1,0
320	Gründung, Unterbau	17,6
330	Außenwände / vertikal außen	21,6
340	Innenwände / vertikal innen	15,7
350	Decken / horizontal	1,2
360	Dächer	18,7
370	Infrastrukturanlagen	
380	Baukonstruktive Einbauten	1,9
390	Sonst. Maßnahmen für Baukonst.	2,0
410	Abwasser-, Wasser-, Gasanlagen	5,2
420	Wärmeversorgungsanlagen	4,5
430	Raumlufttechnische Anlagen	2,2
440	Elektrische Anlagen	7,1
450	Kommunikationstechnische Anlagen	1,1
460	Förderanlagen	
470	Nutzungsspez. / verfahrenstech. Anl.	
480	Gebäude- und Anlagenautomation	
490	Sonst. Maßnahmen f. techn. Anl.	

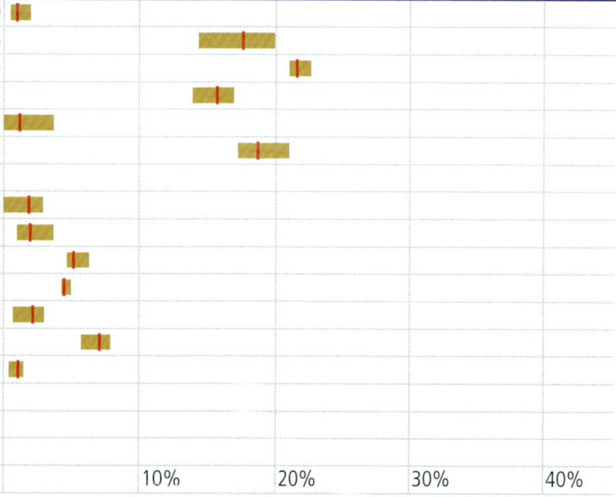

Kindergärten, nicht unterkellert, einfacher Standard

Kosten:
Stand 1. Quartal 2025
Bundesdurchschnitt
inkl. 19% MwSt.

Prozentanteile der Kosten für Leistungsbereiche nach STLB (Kosten Bauwerk nach DIN 276)

LB	Leistungsbereiche	▷	% an 300+400	◁
000	Baustellen-, Verkehrssich.- u. Sicherh.einr. inkl. 001	0,7	**1,7**	2,3
002	Erdarbeiten	1,8	**2,8**	4,2
006	Spezialtiefbauarbeiten inkl. 005	0,0	**1,0**	2,1
009	Entwässerungskanalarbeiten inkl. 011	< 0,1	**0,6**	1,0
010	Drän- und Versickerarbeiten	–	–	–
012	Mauerarbeiten	2,7	**5,3**	8,3
013	Betonarbeiten	6,3	**8,7**	10,2
014	Natur-, Betonwerksteinarbeiten	0,0	**< 0,1**	< 0,1
016	Zimmer- und Holzbauarbeiten	8,7	**13,2**	17,5
017	Stahlbauarbeiten	–	–	–
018	Abdichtungsarbeiten	0,6	**1,3**	2,0
020	Dachdeckungsarbeiten	0,7	**1,3**	2,0
021	Dachabdichtungsarbeiten	0,6	**4,3**	6,8
022	Klempnerarbeiten	1,2	**1,6**	1,9
	Rohbau	38,1	**41,7**	43,9
023	Putz- und Stuckarbeiten, Wärmedämmsysteme	1,4	**4,6**	6,5
024	Fliesen- und Plattenarbeiten	1,9	**2,6**	3,1
025	Estricharbeiten	1,3	**1,9**	2,3
026	Fenster, Außentüren inkl. 029, 032	7,2	**7,8**	8,8
027	Tischlerarbeiten	5,3	**7,4**	9,3
028	Parkettarbeiten, Holzpflasterarbeiten	–	–	–
030	Rollladenarbeiten	1,1	**1,3**	1,6
031	Metallbauarbeiten inkl. 035	0,2	**1,4**	2,4
034	Maler- und Lackiererarbeiten inkl. 037	1,8	**2,2**	2,7
036	Bodenbelagarbeiten	2,9	**3,2**	3,6
038	Vorgehängte hinterlüftete Fassaden	–	–	–
039	Trockenbauarbeiten	4,9	**5,7**	6,9
	Ausbau	35,4	**38,2**	41,8
040	Wärmeversorgungsanl. - Betriebseinr. inkl. 041	4,0	**4,4**	4,7
042	Gas- und Wasserinstallation, Leitungen inkl. 043	1,1	**1,3**	1,4
044	Abwasseranlagen - Leitungen, Abläufe, Armaturen	0,3	**0,9**	1,2
045	GWE - Einrichtungsgegenstände inkl. 046	1,9	**2,5**	3,2
047	Dämm- und Brandschutzarbeiten an techn. Anlagen	0,2	**0,3**	0,5
049	Feuerlöschanlagen, Feuerlöschgeräte	–	–	–
050	Blitzschutz- und Erdungsanlagen	0,3	**0,8**	1,3
052	Mittelspannungsanlagen	–	–	–
053	Niederspannungsanlagen inkl. 054	2,8	**3,4**	4,2
055	Sicherheits- und Ersatzstromversorgungsanlagen	–	–	–
057	Gebäudesystemtechnik	–	–	–
058	Leuchten und Lampen inkl. 059	2,7	**3,0**	3,4
060	Such-, Signal-, elektroakust. Anl., Med. inkl. 064	< 0,1	**0,2**	0,3
061	Kommunikations- und Übertragungsnetze inkl. 062	< 0,1	**0,4**	0,6
063	Gefahrenmeldeanlagen	0,4	**0,5**	0,6
069	Aufzüge	–	–	–
070	Gebäudeautomation	–	–	–
075	Raumlufttechnische Anlagen inkl. 078	1,5	**2,2**	3,1
	Gebäudetechnik	18,1	**19,9**	21,8
	Sonstige Leistungsbereiche inkl. 008, 033, 051	0,0	**0,3**	0,6

- ● KKW
- ▶ min
- ▷ von
- | Mittelwert
- ◁ bis
- ◀ max

Planungskennwerte für Flächen und Rauminhalte nach DIN 277

Grundflächen		▷	Fläche/NUF (%)	◁	▷	Fläche/BGF (%)	◁
NUF	Nutzungsfläche	100,0	**100,0**	100,0	66,0	**68,5**	71,8
TF	Technikfläche	1,9	**2,4**	3,0	1,3	**1,6**	2,0
VF	Verkehrsfläche	17,5	**24,5**	31,1	12,5	**16,2**	19,6
NRF	Netto-Raumfläche	119,8	**126,9**	133,7	84,9	**86,3**	87,1
KGF	Konstruktions-Grundfläche	18,8	**20,1**	23,0	12,9	**13,7**	15,1
BGF	Brutto-Grundfläche	139,9	**147,0**	151,6	100,0	**100,0**	100,0

Brutto-Rauminhalte		▷	BRI/NUF (m)	◁	▷	BRI/BGF (m)	◁
BRI	Brutto-Rauminhalt	5,35	**5,68**	6,04	3,68	**3,86**	3,96

Flächen von Nutzeinheiten	▷	NUF/Einheit (m²)	◁	▷	BGF/Einheit (m²)	◁
Nutzeinheit: Kinder	6,75	**7,23**	9,43	9,31	**10,52**	12,92

Lufttechnisch behandelte Flächen	▷	Fläche/NUF (%)	◁	▷	Fläche/BGF (%)	◁
Entlüftete Fläche	–	**–**	–	–	**–**	–
Be- und entlüftete Fläche	112,8	**112,8**	112,8	85,8	**85,8**	85,8
Teilklimatisierte Fläche	–	**–**	–	–	**–**	–
Klimatisierte Fläche	–	**–**	–	–	**–**	–

KG	Kostengruppen (2. Ebene)	Einheit	▷	Menge/NUF	◁	▷	Menge/BGF	◁
310	Baugrube / Erdbau	m³ BGI	0,72	**0,74**	0,74	0,48	**0,48**	0,48
320	Gründung, Unterbau	m² GRF	1,39	**1,41**	1,41	0,96	**0,96**	0,97
330	Außenwände / vertikal außen	m² AWF	0,93	**1,01**	1,01	0,69	**0,69**	0,70
340	Innenwände / vertikal innen	m² IWF	1,31	**1,31**	1,37	0,84	**0,90**	0,90
350	Decken / horizontal	m² DEF	0,08	**0,08**	0,08	0,06	**0,06**	0,06
360	Dächer	m² DAF	1,50	**1,51**	1,51	1,03	**1,03**	1,03
370	Infrastrukturanlagen		–	**–**	–	–	**–**	–
380	Baukonstruktive Einbauten	m² BGF	1,40	**1,47**	1,52	1,00	**1,00**	1,00
390	Sonst. Maßnahmen für Baukonst.	m² BGF	1,40	**1,47**	1,52	1,00	**1,00**	1,00
300	**Bauwerk – Baukonstruktionen**	**m² BGF**	1,40	**1,47**	1,52	1,00	**1,00**	1,00

Planungskennwerte für Bauzeiten — 11 Vergleichsobjekte

Bauzeit in Wochen

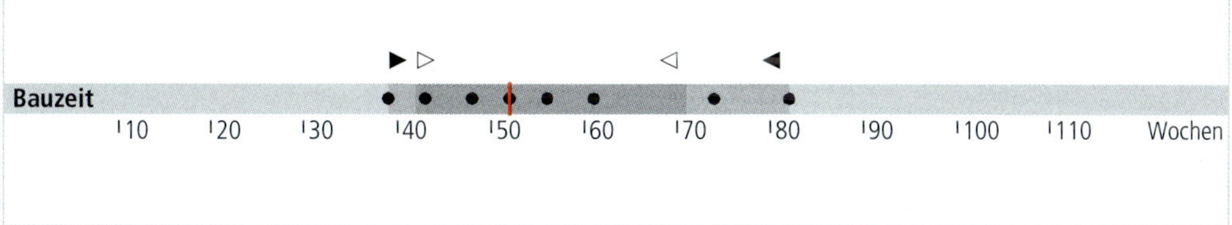

€/m² BGF

min	1.510	€/m²
von	1.780	€/m²
Mittel	**2.280**	**€/m²**
bis	2.725	€/m²
max	2.985	€/m²

Kosten:
Stand 1. Quartal 2025
Bundesdurchschnitt
inkl. 19% MwSt.

Objektübersicht zur Gebäudeart

4400-0414 Kindertagesstätte (4 Gruppen, 77 Kinder)

BRI 3.804 m³ **BGF** 936 m² **NUF** 600 m²

© Thomas Mayer Archive

Kindertagesstätte mit vier Gruppen für 77 Kinder. Mischkonstruktion.

Land: Nordrhein-Westfalen
Kreis: Essen, Stadt
Standard: einfach
Bauzeit: 82 Wochen
Kennwerte: bis 1. Ebene DIN 276

BGF 2.984 €/m²

Planung: Böll Architekten GmbH; Essen

vorgesehen: BKI Objektdaten N21

4400-0296 Kindertagesstätte (3 Gruppen, 75 Kinder)

BRI 1.925 m³ **BGF** 500 m² **NUF** 386 m²

© architekturbüro raum-modul

Kindertagesstätte für 75 Kinder in drei Gruppen mit Mittagsbetreuung. Massivbau.

Land: Bayern
Kreis: Ingolstadt, Stadt
Standard: einfach
Bauzeit: 39 Wochen
Kennwerte: bis 1. Ebene DIN 276

BGF 2.819 €/m²

Planung: architekturbüro raum-modul Stephan Karches Florian Schweiger; Ingolstadt

veröffentlicht: BKI Objektdaten N16

4400-0307 Kita (4 Gruppen, 100 Kinder)

BRI 4.338 m³ **BGF** 1.051 m² **NUF** 637 m²

© wagner + ewald architekten

Kindertagesstätte mit vier Gruppen für 100 Kinder. Holzrahmenbau.

Land: Hessen
Kreis: Groß-Gerau
Standard: einfach
Bauzeit: 43 Wochen
Kennwerte: bis 3. Ebene DIN 276

BGF 2.042 €/m²

Planung: wagner + ewald architekten; Ginsheim-Gustavsburg

veröffentlicht: BKI Objektdaten E8

4400-0297 Kindertagesstätte (6 Gruppen, 126 Kinder)

BRI 4.424 m³ **BGF** 1.120 m² **NUF** 694 m²

© Thomas Ott, www.o2t.de

Kindertagesstätte mit sechs Gruppen für 126 Kinder. Mauerwerksbau.

Land: Hessen
Kreis: Main-Taunus-Kreis
Standard: einfach
Bauzeit: 52 Wochen
Kennwerte: bis 1. Ebene DIN 276

BGF 2.780 €/m²

Planung: raum-z architekten gmbh; Frankfurt

veröffentlicht: BKI Objektdaten N16

Objektübersicht zur Gebäudeart

4400-0293 Kinderkrippe (3 Gruppen, 36 Kinder)

BRI 2.560 m³ **BGF** 612 m² **NUF** 466 m²

Kindergrippe mit drei Gruppen für 36 Kinder. MW-Massivbau.

Land: Bayern
Kreis: Neuburg-Schrobenhausen
Standard: einfach
Bauzeit: 56 Wochen
Kennwerte: bis 3. Ebene DIN 276

BGF **2.374 €/m²**

Planung: Architekturbüro Schwalm; Karlskron

veröffentlicht: BKI Objektdaten E8

4400-0218 Kindertagesstätte (6 Gruppen, 100 Kinder)

BRI 3.684 m³ **BGF** 974 m² **NUF** 643 m²

Kindertagesstätte mit sechs Gruppen für 100 Kinder. Mauerwerk, Stahlbeton, Holzskelettbau.

Land: Sachsen
Kreis: Leipzig, Stadt
Standard: einfach
Bauzeit: 74 Wochen
Kennwerte: bis 1. Ebene DIN 276

BGF **2.650 €/m²**

Planung: Susanne Hofmann Architekten und die Baupiloten BDA; Berlin

veröffentlicht: BKI Objektdaten N13

4400-0135 Kindertagesstätte (6 Gruppen, 100 Kinder)

BRI 3.790 m³ **BGF** 924 m² **NUF** 578 m²

Kindertagesstätte mit sechs Gruppen für 100 Kinder. Mauerwerksbau.

Land: Brandenburg
Kreis: Potsdam-Mittelmark
Standard: einfach
Bauzeit: 39 Wochen
Kennwerte: bis 1. Ebene DIN 276

BGF **1.978 €/m²**

Planung: KÖBER-PLAN GmbH; Brandenburg

veröffentlicht: BKI Objektdaten N11

4400-0097 Kindertagesstätte (5 Gruppen)

BRI 4.276 m³ **BGF** 1.102 m² **NUF** 773 m²

Kindertagesstätte, fünf Gruppen, Mehrzweckraum, Küchen, Sanitärräume. Mauerwerksbau.

Land: Thüringen
Kreis: Erfurt, Stadt
Standard: einfach
Bauzeit: 48 Wochen
Kennwerte: bis 3. Ebene DIN 276

BGF **1.889 €/m²**

Planung: Architekten- und Ingenieurgruppe Erfurt & Partner GmbH; Erfurt

veröffentlicht: www.bki.de

€/m² BGF

min	1.510	€/m²
von	1.780	€/m²
Mittel	**2.280**	**€/m²**
bis	2.725	€/m²
max	2.985	€/m²

Kosten:
Stand 1. Quartal 2025
Bundesdurchschnitt
inkl. 19% MwSt.

Objektübersicht zur Gebäudeart

4400-0091 Kindergarten (6 Gruppen)

BRI 3.113 m³ | **BGF** 885 m² | **NUF** 682 m²

Kindergarten mit sechs Gruppen. Mauerwerksbau.

Land: Thüringen
Kreis: Hildburghausen
Standard: einfach
Bauzeit: 39 Wochen
Kennwerte: bis 1. Ebene DIN 276

BGF **1.509 €/m²**

Planung: Krauß & Partner Architekturbüro; Scheusingen

veröffentlicht: www.bki.de

4400-0090 Kindergarten (2 Gruppen)

BRI 1.534 m³ | **BGF** 457 m² | **NUF** 311 m²

Kindergarten mit zwei Gruppen. Mauerwerksbau.

Land: Baden-Württemberg
Kreis: Tübingen
Standard: einfach
Bauzeit: 61 Wochen
Kennwerte: bis 1. Ebene DIN 276

BGF **1.681 €/m²**

Planung: Ackermann & Raff Freie Architekten BDA; Tübingen

veröffentlicht: www.bki.de

4400-0077 Kindergarten (5 Gruppen)

BRI 4.811 m³ | **BGF** 1.325 m² | **NUF** 929 m²

Fünf Kindergartengruppen mit je 25 Kindern. Mauerwerksbau.

Land: Niedersachsen
Kreis: Wesermarsch
Standard: einfach
Bauzeit: 43 Wochen
Kennwerte: bis 1. Ebene DIN 276

BGF **2.360 €/m²**

Planung: Architekturbüro Bocklage + Buddelmeyer

veröffentlicht: www.bki.de

Kindergärten, nicht unterkellert, mittlerer Standard

Kostenkennwerte für die Kosten des Bauwerks (Kostengruppen 300+400 nach DIN 276)

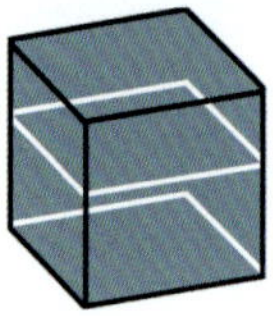

BRI 725 €/m³
von 610 €/m³
bis 940 €/m³

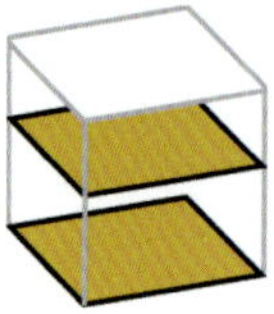

BGF 2.855 €/m²
von 2.360 €/m²
bis 3.425 €/m²

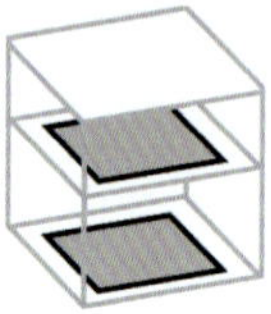

NUF 4.275 €/m²
von 3.400 €/m²
bis 5.195 €/m²

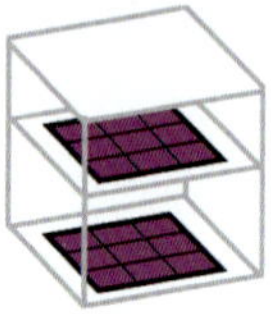

NE 36.915 €/NE
von 26.330 €/NE
bis 49.315 €/NE
NE: Kinder

Objektbeispiele

Kosten:
Stand 1. Quartal 2025
Bundesdurchschnitt
inkl. 19% MwSt.

4400-0416

4400-0412

4400-0399

Kosten der 63 Vergleichsobjekte Seiten 324 bis 339

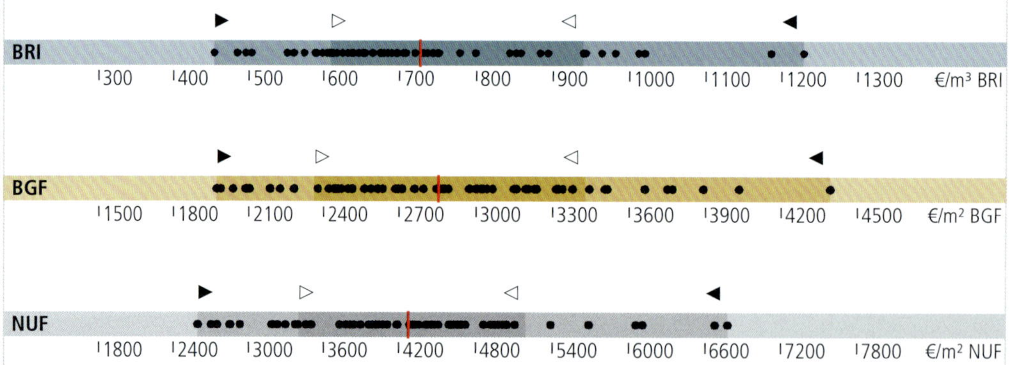

- ● KKW
- ▶ min
- ▷ von
- | Mittelwert
- ◁ bis
- ◀ max

Kostenkennwerte für die Kostengruppen der 1. und 2.Ebene DIN 276

KG	Kostengruppen der 1.Ebene	Einheit	▷	€/Einheit	◁	▷	% an 300+400	◁
100	Grundstück	m^2 GF	–	**–**	–	–	**–**	–
200	Vorbereitende Maßnahmen	m^2 GF	8	**24**	49	1,1	**2,4**	4,7
300	Bauwerk – Baukonstruktionen	m^2 BGF	1.812	**2.189**	2.633	71,6	**76,8**	81,0
400	Bauwerk – Technische Anlagen	m^2 BGF	495	**666**	892	19,0	**23,2**	28,4
	Bauwerk 300+400	m^2 BGF	2.362	**2.854**	3.427	100,0	**100,0**	100,0
500	Außenanlagen und Freiflächen	m^2 AF	101	**205**	394	7,3	**12,8**	22,2
600	Ausstattung und Kunstwerke	m^2 BGF	76	**155**	339	2,4	**5,4**	11,0
700	Baunebenkosten*	m^2 BGF	553	**616**	679	19,4	**21,7**	23,9 ◁
800	Finanzierung	m^2 BGF	–	**–**	–	–	**–**	–

* Auf Grundlage der HOAI 2021 berechnete Werte nach §§ 35, 52, 56. Weitere Informationen siehe Seite 56

KG	Kostengruppen der 2.Ebene	Einheit	▷	€/Einheit	◁	▷	% an 1.Ebene	◁
310	Baugrube / Erdbau	m^3 BGI	28	**41**	56	0,6	**1,5**	2,6
320	Gründung, Unterbau	m^2 GRF	378	**417**	504	10,5	**16,3**	19,0
330	Außenwände / vertikal außen	m^2 AWF	598	**771**	979	24,4	**30,7**	35,9
340	Innenwände / vertikal innen	m^2 IWF	233	**324**	392	12,1	**17,1**	19,1
350	Decken / horizontal	m^2 DEF	329	**484**	604	0,4	**5,8**	13,8
360	Dächer	m^2 DAF	391	**493**	570	16,9	**22,6**	26,4
370	Infrastrukturanlagen		–	**–**	–	–	**–**	–
380	Baukonstruktive Einbauten	m^2 BGF	8	**54**	152	0,3	**2,0**	5,9
390	Sonst. Maßnahmen für Baukonst.	m^2 BGF	39	**78**	129	1,7	**4,0**	5,7
300	**Bauwerk – Baukonstruktionen**	**m^2 BGF**					**100,0**	
410	Abwasser-, Wasser-, Gasanlagen	m^2 BGF	84	**126**	158	14,3	**24,4**	31,9
420	Wärmeversorgungsanlagen	m^2 BGF	76	**107**	147	12,6	**21,6**	33,7
430	Raumlufttechnische Anlagen	m^2 BGF	17	**86**	204	1,8	**8,8**	25,8
440	Elektrische Anlagen	m^2 BGF	125	**177**	267	26,2	**31,5**	37,8
450	Kommunikationstechnische Anlagen	m^2 BGF	19	**37**	74	3,3	**7,4**	16,3
460	Förderanlagen	m^2 BGF	–	**52**	–	0,0	**1,4**	9,8
470	Nutzungsspez. / verfahrenstech. Anl.	m^2 BGF	2	**23**	83	0,2	**2,2**	14,4
480	Gebäude- und Anlagenautomation	m^2 BGF	13	**57**	102	0,0	**2,0**	8,9
490	Sonst. Maßnahmen f. techn. Anl.	m^2 BGF	3	**6**	9	< 0,1	**0,7**	1,8
400	**Bauwerk – Technische Anlagen**	**m^2 BGF**					**100,0**	

Prozentanteile der Kosten 2.Ebene an den Kosten des Bauwerks nach DIN 276 (Von/Mittel/Bis)

310	Baugrube / Erdbau	1,1
320	Gründung, Unterbau	12,7
330	Außenwände / vertikal außen	23,9
340	Innenwände / vertikal innen	13,4
350	Decken / horizontal	4,6
360	Dächer	17,7
370	Infrastrukturanlagen	
380	Baukonstruktive Einbauten	1,6
390	Sonst. Maßnahmen für Baukonst.	3,1
410	Abwasser-, Wasser-, Gasanlagen	5,1
420	Wärmeversorgungsanlagen	4,5
430	Raumlufttechnische Anlagen	2,3
440	Elektrische Anlagen	6,8
450	Kommunikationstechnische Anlagen	1,4
460	Förderanlagen	0,3
470	Nutzungsspez. / verfahrenstech. Anl.	0,6
480	Gebäude- und Anlagenautomation	0,6
490	Sonst. Maßnahmen f. techn. Anl.	0,1

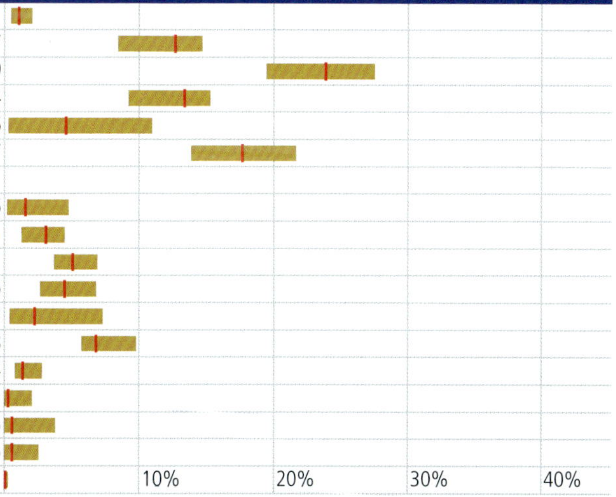

 Erläuterungen zu den Tabellen siehe Seite 54 und 56 Kostenstand: 1.Quartal 2025, Bundesdurchschnitt, **inkl. 19% MwSt.**

Prozentanteile der Kosten für Leistungsbereiche nach STLB (Kosten Bauwerk nach DIN 276)

LB	Leistungsbereiche	▷	% an 300+400	◁
000	Baustellen-, Verkehrssich.- u. Sicherh.einr. inkl. 001	1,5	**2,7**	4,1
002	Erdarbeiten	1,0	**1,6**	2,3
006	Spezialtiefbauarbeiten inkl. 005	0,0	**0,1**	1,0
009	Entwässerungskanalarbeiten inkl. 011	0,2	**0,4**	0,7
010	Drän- und Versickerarbeiten	0,0	**< 0,1**	0,1
012	Mauerarbeiten	0,0	**4,1**	8,8
013	Betonarbeiten	5,7	**9,6**	12,9
014	Natur-, Betonwerksteinarbeiten	–	**–**	–
016	Zimmer- und Holzbauarbeiten	2,7	**9,9**	15,7
017	Stahlbauarbeiten	< 0,1	**0,2**	0,5
018	Abdichtungsarbeiten	0,8	**1,0**	1,3
020	Dachdeckungsarbeiten	0,0	**1,6**	5,9
021	Dachabdichtungsarbeiten	1,4	**4,5**	7,2
022	Klempnerarbeiten	1,0	**1,5**	2,2
	Rohbau	33,7	**37,4**	41,9
023	Putz- und Stuckarbeiten, Wärmedämmsysteme	1,9	**5,1**	9,1
024	Fliesen- und Plattenarbeiten	0,8	**1,3**	2,1
025	Estricharbeiten	0,7	**2,0**	2,9
026	Fenster, Außentüren inkl. 029, 032	5,3	**8,3**	13,1
027	Tischlerarbeiten	4,1	**5,5**	9,5
028	Parkettarbeiten, Holzpflasterarbeiten	0,0	**0,4**	2,5
030	Rollladenarbeiten	0,6	**1,5**	2,1
031	Metallbauarbeiten inkl. 035	0,2	**2,3**	7,5
034	Maler- und Lackiererarbeiten inkl. 037	1,0	**1,7**	2,3
036	Bodenbelagarbeiten	2,4	**2,9**	4,0
038	Vorgehängte hinterlüftete Fassaden	0,6	**3,2**	6,8
039	Trockenbauarbeiten	5,2	**6,5**	13,2
	Ausbau	36,7	**40,5**	43,4
040	Wärmeversorgungsanl. - Betriebseinr. inkl. 041	2,5	**4,5**	6,3
042	Gas- und Wasserinstallation, Leitungen inkl. 043	0,7	**1,2**	2,3
044	Abwasseranlagen - Leitungen, Abläufe, Armaturen	0,6	**1,2**	1,9
045	GWE - Einrichtungsgegenstände inkl. 046	1,5	**2,0**	3,2
047	Dämm- und Brandschutzarbeiten an techn. Anlagen	0,3	**0,8**	1,4
049	Feuerlöschanlagen, Feuerlöschgeräte	0,0	**< 0,1**	< 0,1
050	Blitzschutz- und Erdungsanlagen	0,3	**0,6**	1,1
052	Mittelspannungsanlagen	–	**–**	–
053	Niederspannungsanlagen inkl. 054	2,8	**3,8**	5,5
055	Sicherheits- und Ersatzstromversorgungsanlagen	–	**–**	–
057	Gebäudesystemtechnik	< 0,1	**0,3**	2,3
058	Leuchten und Lampen inkl. 059	1,1	**2,6**	5,2
060	Such-, Signal-, elektroakust. Anl., Med. inkl. 064	< 0,1	**0,4**	1,2
061	Kommunikations- und Übertragungsnetze inkl. 062	< 0,1	**0,3**	0,5
063	Gefahrenmeldeanlagen	0,1	**0,6**	1,2
069	Aufzüge	0,0	**0,3**	2,1
070	Gebäudeautomation	0,0	**0,2**	0,9
075	Raumlufttechnische Anlagen inkl. 078	0,3	**2,1**	6,3
	Gebäudetechnik	17,7	**21,0**	25,7
	Sonstige Leistungsbereiche inkl. 008, 033, 051	0,2	**1,1**	3,3

Kosten:
Stand 1. Quartal 2025
Bundesdurchschnitt
inkl. 19% MwSt.

- ● KKW
- ▶ min
- ▷ von
- | Mittelwert
- ◁ bis
- ◀ max

Planungskennwerte für Flächen und Rauminhalte nach DIN 277

Grundflächen		▷	Fläche/NUF (%)	◁	▷	Fläche/BGF (%)	◁
NUF	Nutzungsfläche	100,0	**100,0**	100,0	63,4	**67,4**	71,3
TF	Technikfläche	2,2	**2,8**	4,5	1,5	**1,8**	2,8
VF	Verkehrsfläche	20,6	**25,4**	32,1	13,5	**16,5**	19,4
NRF	Netto-Raumfläche	123,4	**128,2**	135,3	83,9	**85,7**	87,3
KGF	Konstruktions-Grundfläche	18,9	**21,6**	25,8	12,7	**14,3**	16,1
BGF	Brutto-Grundfläche	142,3	**149,7**	160,5	100,0	**100,0**	100,0

Brutto-Rauminhalte		▷	BRI/NUF (m)	◁	▷	BRI/BGF (m)	◁
BRI	Brutto-Rauminhalt	5,43	**5,96**	6,52	3,69	**3,98**	4,33

Flächen von Nutzeinheiten	▷	NUF/Einheit (m^2)	◁	▷	BGF/Einheit (m^2)	◁
Nutzeinheit: Kinder	7,84	**8,87**	11,09	11,79	**13,27**	16,97

Lufttechnisch behandelte Flächen	▷	Fläche/NUF (%)	◁	▷	Fläche/BGF (%)	◁
Entlüftete Fläche	8,4	**8,4**	8,4	5,7	**5,7**	5,7
Be- und entlüftete Fläche	127,5	**127,5**	127,5	80,4	**80,4**	80,4
Teilklimatisierte Fläche	–	**–**	–	–	**–**	–
Klimatisierte Fläche	–	**–**	–	–	**–**	–

KG	Kostengruppen (2. Ebene)	Einheit	▷	Menge/NUF	◁	▷	Menge/BGF	◁
310	Baugrube / Erdbau	m^3 BGI	0,85	**1,18**	1,73	0,57	**0,74**	1,10
320	Gründung, Unterbau	m^2 GRF	1,07	**1,22**	1,35	0,66	**0,78**	0,84
330	Außenwände / vertikal außen	m^2 AWF	1,18	**1,30**	1,48	0,76	**0,82**	0,85
340	Innenwände / vertikal innen	m^2 IWF	1,62	**1,67**	1,73	1,01	**1,05**	1,10
350	Decken / horizontal	m^2 DEF	0,43	**0,57**	0,60	0,25	**0,33**	0,35
360	Dächer	m^2 DAF	1,25	**1,45**	1,55	0,88	**0,92**	1,01
370	Infrastrukturanlagen		–	**–**	–	–	**–**	–
380	Baukonstruktive Einbauten	m^2 BGF	1,42	**1,50**	1,60	1,00	**1,00**	1,00
390	Sonst. Maßnahmen für Baukonst.	m^2 BGF	1,42	**1,50**	1,60	1,00	**1,00**	1,00
300	**Bauwerk – Baukonstruktionen**	**m^2 BGF**	1,42	**1,50**	1,60	1,00	**1,00**	1,00

Planungskennwerte für Bauzeiten — 62 Vergleichsobjekte

Bauzeit in Wochen

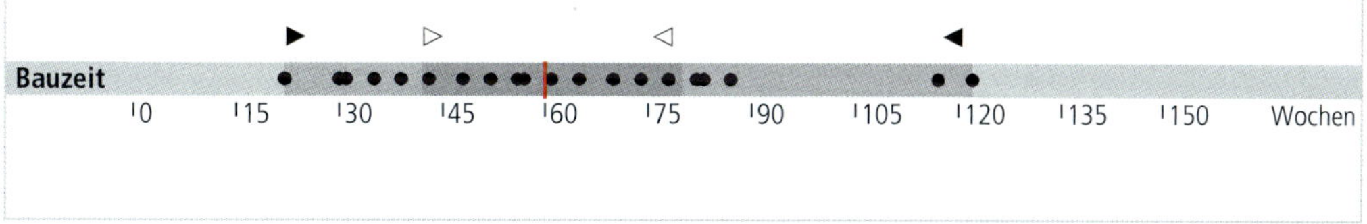

Kindergärten, nicht unterkellert, mittlerer Standard

€/m² BGF

min	1.970	€/m²
von	2.360	€/m²
Mittel	**2.855**	**€/m²**
bis	3.425	€/m²
max	4.395	€/m²

Kosten:
Stand 1. Quartal 2025
Bundesdurchschnitt
inkl. 19% MwSt.

Objektübersicht zur Gebäudeart

4400-0412 Kindergarten (3 Gruppen, 40 Kinder)

BRI 3.336 m³ **BGF** 825 m² **NUF** 540 m²

Kindergarten mit drei Gruppen für 40 Kinder, verteilt auf zwei U3- und eine Ü3-Gruppe. Mauerwerk.

Land: Schleswig-Holstein
Kreis: Rendsburg-Eckernförde
Standard: mittel
Bauzeit: 56 Wochen
Kennwerte: bis 1. Ebene DIN 276

BGF 2.613 €/m²

Planung: JANIAK + LIPPERT Architekten und Ingenieure GmbH; Fockbek

vorgesehen: BKI Objektdaten N21

4400-0416 Kindertagesstätte (4 Gruppen, 74 Kinder)

BRI 6.328 m³ **BGF** 1.157 m² **NUF** 822 m²

Kindertagesstätte mit vier Gruppen für 74 Kinder. Massivbau.

Land: Bayern
Kreis: Würzburg
Standard: mittel
Bauzeit: 82 Wochen
Kennwerte: bis 1. Ebene DIN 276

BGF 2.710 €/m²

Planung: HAAS + HAAS Architekten I Stadtplaner I Ber. Ing. PartGmbB; Eibelstadt

vorgesehen: BKI Objektdaten N21

4400-0394 Kindertagesstätte (6 Gruppen, 77 Kinder)

BRI 3.906 m³ **BGF** 1.388 m² **NUF** 932 m²

Kindertagesstätte mit sechs Gruppen für 77 Kinder. Massivbau.

Land: Schleswig-Holstein
Kreis: Kiel, Stadt
Standard: mittel
Bauzeit: 82 Wochen
Kennwerte: bis 1. Ebene DIN 276

BGF 3.338 €/m²

Planung: Planungsring Mumm + Partner GbR; Treia

vorgesehen: BKI Objektdaten N21

4400-0385 Kindertagesstätte (2 Gruppen, 50 Kinder)

BRI 994 m³ **BGF** 348 m² **NUF** 266 m²

Kindertagesstätte mit zwei Gruppen für 50 Kinder als Container-Modulbau. Modulbau.

Land: Niedersachsen
Kreis: Osnabrück, Stadt
Standard: mittel
Bauzeit: 30 Wochen
Kennwerte: bis 1. Ebene DIN 276

BGF 3.515 €/m²

Planung: Plan.Concept Architekten GmbH; Osnabrück

vorgesehen: BKI Objektdaten N21

4400-0371 Kindertagesstätte (4 Gruppen, 80 Kinder)

BRI 3.851 m³ | **BGF** 878 m² | **NUF** 638 m²

Kindertagesstätte mit vier Gruppen für 80 Kinder. Mauerwerk.

Land: Schleswig-Holstein
Kreis: Nordfriesland
Standard: mittel
Bauzeit: 48 Wochen
Kennwerte: bis 1. Ebene DIN 276

BGF **2.793 €/m²**

Planung: JF ARCHITEKTEN UND STADTPLANER Fuchs und Dycker BDA; Husum

veröffentlicht: BKI Objektdaten N20

4400-0384 Kindertagesstätte (4 Gruppen, 80 Kinder)

BRI 4.747 m³ | **BGF** 961 m² | **NUF** 673 m²

Kindertagesstätte mit vier Gruppen für 80 Kinder. Mauerwerk.

Land: Niedersachsen
Kreis: Göttingen
Standard: mittel
Bauzeit: 56 Wochen
Kennwerte: bis 1. Ebene DIN 276

BGF **3.443 €/m²**

Planung: RSE+ Architekten Ingenieure GmbH; Kassel

veröffentlicht: BKI Objektdaten N20

4400-0370 Kindertagesstätte (6 Gruppen, 100 Kinder)

BRI 5.980 m³ | **BGF** 1.515 m² | **NUF** 816 m²

Kindertagesstätte mit sechs Gruppen für 100 Kinder. Mauerwerk.

Land: Schleswig-Holstein
Kreis: Nordfriesland
Standard: mittel
Bauzeit: 61 Wochen
Kennwerte: bis 1. Ebene DIN 276

BGF **2.496 €/m²**

Planung: JF ARCHITEKTEN UND STADTPLANER Fuchs und Dycker BDA; Husum

veröffentlicht: BKI Objektdaten N20

4400-0388 Kinderhaus (5 Gruppen, 99 Kinder)

BRI 6.749 m³ | **BGF** 1.686 m² | **NUF** 932 m²

Kindertagesstätte für drei Kindergartengruppen und zwei Krippengruppen, insgesamt 99 Kinder. Massivbau.

Land: Bayern
Kreis: Freising
Standard: mittel
Bauzeit: 78 Wochen
Kennwerte: bis 1. Ebene DIN 276

BGF **3.378 €/m²**

Planung: Firmhofer + Günther Architekten PartG mbB; München

veröffentlicht: BKI Objektdaten N20

€/m² BGF

min	1.970	€/m²
von	2.360	€/m²
Mittel	**2.855**	**€/m²**
bis	3.425	€/m²
max	4.395	€/m²

Kosten:
Stand 1. Quartal 2025
Bundesdurchschnitt
inkl. 19% MwSt.

Objektübersicht zur Gebäudeart

4400-0399 Kindertagesstätte (4 Gruppen, 100 Kinder)

BRI 4.089 m³ **BGF** 1.064 m² **NUF** 611 m²

Kindertagesstätte mit vier Gruppen für 100 Kinder. Modulbau.

Land: Hessen
Kreis: Groß-Gerau
Standard: mittel
Bauzeit: 22 Wochen
Kennwerte: bis 1. Ebene DIN 276

BGF **3.891 €/m²**

Planung: raum-z architekten gmbh; Frankfurt

vorgesehen: BKI Objektdaten N21

4400-0402 Kindertagesstätte (5 Gruppen, 90 Kinder)

BRI 4.384 m³ **BGF** 1.147 m² **NUF** 858 m²

Kindertagesstätte für fünf Gruppen mit 90 Kindern. Stahlbeton.

Land: Nordrhein-Westfalen
Kreis: Rhein-Erft-Kreis
Standard: mittel
Bauzeit: 61 Wochen
Kennwerte: bis 1. Ebene DIN 276

BGF **2.614 €/m²**

Planung: MICHAEL KOPPETSCH ARCHITEKT; Burscheid

vorgesehen: BKI Objektdaten N21

4400-0398 Kindertagesstätte (6 Gruppen, 60 Kinder)

BRI 2.499 m³ **BGF** 608 m² **NUF** 405 m²

Kindertagesstätte für 42 Kindergartenkinder und 18 Krippenkinder. Holzbau.

Land: Mecklenburg-Vorpommern
Kreis: Vorpommern-Greifswald
Standard: mittel
Bauzeit: 117 Wochen
Kennwerte: bis 1. Ebene DIN 276

BGF **4.032 €/m²**

Planung: cubus plan gmbh; Berlin

vorgesehen: BKI Objektdaten N21

4400-0363 Kindertagesstätte (5 Gruppen, 95 Kinder)

BRI 5.879 m³ **BGF** 1.532 m² **NUF** 1.065 m²

Kindertagesstätte mit fünf Gruppen für 95 Kinder. Massivbau.

Land: Niedersachsen
Kreis: Grafschaft Bentheim
Standard: mittel
Bauzeit: 82 Wochen
Kennwerte: bis 1. Ebene DIN 276

BGF **3.065 €/m²**

Planung: abdelkader architekten bda Partnerschaft mbB; Münster

veröffentlicht: BKI Objektdaten N19

Objektübersicht zur Gebäudeart

4400-0411 Kinderhaus (3 Gruppen)

BRI 3.671 m³ **BGF** 1.014 m² **NUF** 742 m²

Kinderhaus für zwei Krippengruppen mit insgesamt 24 Plätzen und eine Kindergartengruppe mit 25 Plätzen. Mauerwerk.

Land: Bayern
Kreis: Schwandorf
Standard: mittel
Bauzeit: 61 Wochen
Kennwerte: bis 1. Ebene DIN 276

BGF 3.236 €/m²

Planung: Schnabel Architekten GmbH; Bad Kötzting

vorgesehen: BKI Objektdaten N21

4400-0369 Kindertagesstätte (4 Gruppen, 84 Kinder)

BRI 3.712 m³ **BGF** 862 m² **NUF** 567 m²

Kindertagesstätte für vier Gruppen und 84 Kinder. Holzbau.

Land: Nordrhein-Westfalen
Kreis: Düsseldorf, Stadt
Standard: mittel
Bauzeit: 74 Wochen
Kennwerte: bis 1. Ebene DIN 276

BGF 4.393 €/m²

Planung: WOLLENWEBERARCHITEKTUR; Düsseldorf

veröffentlicht: BKI Objektdaten N20

4400-0387 Kindertagesstätte (5 Gruppen, 70 Kinder)

BRI 4.714 m³ **BGF** 1.083 m² **NUF** 745 m²

Kindertagesstätte für drei Krippengruppen und zwei Kindergartengruppen, insgesamt 70 Kinder. Massivbau.

Land: Schleswig-Holstein
Kreis: Pinneberg
Standard: mittel
Bauzeit: 61 Wochen
Kennwerte: bis 1. Ebene DIN 276

BGF 3.203 €/m²

Planung: BKSA Hamburg GmbH; Hamburg

veröffentlicht: BKI Objektdaten N20

4400-0382 Kindertagesstätte (4 Gruppen, 100 Kinder)

BRI 4.819 m³ **BGF** 1.163 m² **NUF** 790 m²

Kindertagesstätte mit vier Gruppen für 100 Kinder. Stahlbeton.

Land: Rheinland-Pfalz
Kreis: Zweibrücken, Stadt
Standard: mittel
Bauzeit: 165 Wochen*
Kennwerte: bis 1. Ebene DIN 276

BGF 3.660 €/m²

Planung: Stadtbauamt Zweibrücken; Zweibrücken

veröffentlicht: BKI Objektdaten N20
* Nicht in der Auswertung enthalten

€/m² BGF

min	1.970	€/m²
von	2.360	€/m²
Mittel	**2.855**	**€/m²**
bis	3.425	€/m²
max	4.395	€/m²

Kosten:
Stand 1. Quartal 2025
Bundesdurchschnitt
inkl. 19% MwSt.

Objektübersicht zur Gebäudeart

4400-0352 Kindergarten (5 Gruppen, 105 Kinder)

BRI 5.405 m³ **BGF** 1.332 m² **NUF** 941 m²

Kindergarten mit fünf Gruppen für 105 Kinder. Massivbau.

Land: Niedersachsen
Kreis: Grafschaft Bentheim
Standard: mittel
Bauzeit: 65 Wochen
Kennwerte: bis 1. Ebene DIN 276

BGF **3.042 €/m²**

Planung: Architekturbüro Jan Lindschulte; Nordhorn

veröffentlicht: BKI Objektdaten N18

4400-0346 Kindertagesstätte (10 Gruppen, 220 Kinder)

BRI 7.648 m³ **BGF** 1.959 m² **NUF** 1.382 m²

Kindertagesstätte für 220 Hortkinder der angrenzenden Grundschule. Massivbau.

Land: Mecklenburg-Vorpommern
Kreis: Schwerin, Stadt
Standard: mittel
Bauzeit: 87 Wochen
Kennwerte: bis 1. Ebene DIN 276

BGF **2.440 €/m²**

Planung: GPK Architekten GmbH Großmann-Groth-Kasbohm; Lübeck

veröffentlicht: BKI Objektdaten N18

4400-0355 Kindertagesstätte (5 Gruppen, 74 Kinder)

BRI 4.706 m³ **BGF** 943 m² **NUF** 622 m²

Kindertagesstätte für 74 Kinder. Massivbau.

Land: Sachsen
Kreis: Zwickau
Standard: mittel
Bauzeit: 70 Wochen
Kennwerte: bis 1. Ebene DIN 276

BGF **3.749 €/m²**

Planung: BAUCONZEPT ® PLANUNGSGESELLSCHAFT MBH; Lichtenstein

veröffentlicht: BKI Objektdaten N19

4400-0350 Kinderhaus (4 Gruppen, 74 Kinder)

BRI 4.536 m³ **BGF** 1.134 m² **NUF** 849 m²

Kinderhaus für 50 Kindergartenplätze und 24 Krippenplätze. Mauerwerk.

Land: Bayern
Kreis: Freising
Standard: mittel
Bauzeit: 65 Wochen
Kennwerte: bis 1. Ebene DIN 276

BGF **3.769 €/m²**

Planung: Goldbrunner + Hrycyk Architekten; München

veröffentlicht: BKI Objektdaten N19

4400-0330 Kindertagesstätte (7 Gruppen, 90 Kinder)

BRI 3.656 m³ **BGF** 904 m² **NUF** 569 m²

Kindertagesstätte mit sieben Gruppen für 90 Kindergartenkinder. KS-Massivbau.

Land: Brandenburg
Kreis: Potsdam, Stadt
Standard: mittel
Bauzeit: 52 Wochen
Kennwerte: bis 1. Ebene DIN 276

BGF 2.457 €/m²

Planung: Gutheil Kuhn Architekten; Potsdam

veröffentlicht: BKI Objektdaten E9

4400-0328 Kindertagesstätte (13 Gruppen, 200 Kinder)

BRI 10.318 m³ **BGF** 2.410 m² **NUF** 1.465 m²

Kindertagesstätte mit 13 Gruppen für 70 Kindergartenkinder und 130 Hortkinder. KS-Massivbau.

Land: Brandenburg
Kreis: Brandenburg a.d. Havel
Standard: mittel
Bauzeit: 74 Wochen
Kennwerte: bis 1. Ebene DIN 276

BGF 2.845 €/m²

Planung: KÖBER-PLAN GmbH; Brandenburg

veröffentlicht: BKI Objektdaten N17

4400-0318 Kindertagesstätte (7 Gruppen, 145 Kinder)

BRI 7.818 m³ **BGF** 1.742 m² **NUF** 1.117 m²

Kindertagesstätte mit sieben Gruppen für 145 Kinder. Massivbau.

Land: Niedersachsen
Kreis: Gifhorn
Standard: mittel
Bauzeit: 70 Wochen
Kennwerte: bis 1. Ebene DIN 276

BGF 2.871 €/m²

Planung: Gödde Architekten; Gifhorn

veröffentlicht: BKI Objektdaten N16

4400-0334 Kindertagesstätte (8 Gruppen, 150 Kinder)

BRI 7.157 m³ **BGF** 1.649 m² **NUF** 1.094 m²

Kindertagesstätte für acht Gruppen mit zwei integrative Gruppen, Mehrzweckraum, Küche sowie zwei Mensen. Holzbau.

Land: Rheinland-Pfalz
Kreis: Bernkastel-Wittlich
Standard: mittel
Bauzeit: 70 Wochen
Kennwerte: bis 3. Ebene DIN 276

BGF 2.185 €/m²

Planung: Dipl.-Ing. (FH) Christian Gerhardy Stadtverwaltung Wittlich; Wittlich

veröffentlicht: BKI Objektdaten N20

€/m² BGF

min	1.970	€/m²
von	2.360	€/m²
Mittel	**2.855**	**€/m²**
bis	3.425	€/m²
max	4.395	€/m²

Kosten:
Stand 1. Quartal 2025
Bundesdurchschnitt
inkl. 19% MwSt.

Objektübersicht zur Gebäudeart

4400-0323 Kindertagesstätte (4 Gruppen, 74 Kinder)

BRI 4.035 m³ **BGF** 954 m² **NUF** 758 m²

© Constantin Meyer

Kindertagesstätte mit vier Gruppen und 74 Kindern. Hybridbauweise.

Land: Hessen
Kreis: Kassel
Standard: mittel
Bauzeit: 39 Wochen
Kennwerte: bis 1. Ebene DIN 276

BGF 3.149 €/m²

Planung: ARGE: foundation 5+ architekten; Kassel und Bankert Linker Hupfeld; Kassel

veröffentlicht: BKI Objektdaten N17

4400-0320 Kindertagesstätte (3 Gruppen, 57 Kinder)

BRI 3.426 m³ **BGF** 751 m² **NUF** 501 m²

© k.A.

Kindertagesstätte (3 Gruppen) für 57 Kinder. Mauerwerksbau.

Land: Saarland
Kreis: Saarpfalz-Kreis
Standard: mittel
Bauzeit: 78 Wochen
Kennwerte: bis 1. Ebene DIN 276

BGF 2.973 €/m²

Planung: Dipl.-Ing. Mario Morschett; Gersheim

veröffentlicht: BKI Objektdaten N17

4400-0298 Kinderhort (2 Gruppen, 40 Kinder)

BRI 1.343 m³ **BGF** 317 m² **NUF** 186 m²

© Rainer Erhard

Hortgebäude (2 Gruppen, 40 Kinder), temporäre Nutzung als Grundschule (1 Klasse, 40 Schüler). Holzrahmenbau.

Land: Niedersachsen
Kreis: Lüchow-Dannenberg
Standard: mittel
Bauzeit: 22 Wochen
Kennwerte: bis 3. Ebene DIN 276

BGF 2.998 €/m²

Planung: ralf pohlmann architekten; Waddeweitz

veröffentlicht: BKI Objektdaten E8

4400-0340 Kindertagesstätte (6 Gruppen, 150 Kinder)

BRI 6.614 m³ **BGF** 1.618 m² **NUF** 1.139 m²

© Volker Wolfmeyer

Kindertagesstätte mit Hortbetreuung. Massivbau.

Land: Bayern
Kreis: Traunstein
Standard: mittel
Bauzeit: 122 Wochen
Kennwerte: bis 1. Ebene DIN 276

BGF 2.892 €/m²

Planung: Lechner · Lechner Architekten GmbH; Traunstein

veröffentlicht: BKI Objektdaten E9

4400-0326 Kindertagesstätte (6 Gruppen, 99 Kinder)

BRI 6.417 m³ | **BGF** 1.604 m² | **NUF** 1.068 m²

Bewegungs- und Ernährungskita mit sechs Gruppen und 99 Kindern. Mauerwerksbau.

Land: Hessen
Kreis: Darmstadt, Stadt
Standard: mittel
Bauzeit: 65 Wochen
Kennwerte: bis 1. Ebene DIN 276

BGF **2.878 €/m²**

Planung: raum-z architekten gmbh; Frankfurt

veröffentlicht: BKI Objektdaten N17

4400-0316 Kindertagesstätte (5 Gruppen, 97 Kinder)

BRI 4.227 m³ | **BGF** 1.085 m² | **NUF** 714 m²

Kindertagesstätte für fünf Gruppen mit 97 Kindern. Massivholzbau.

Land: Saarland
Kreis: Saarpfalz-Kreis
Standard: mittel
Bauzeit: 65 Wochen
Kennwerte: bis 3. Ebene DIN 276

BGF **3.321 €/m²**

Planung: Prof. Rollmann + Partner Architekten PartGmbB; Homburg

veröffentlicht: BKI Objektdaten E8

4400-0321 Kindertagesstätte (4 Gruppen, 100 Kinder)

BRI 4.479 m³ | **BGF** 980 m² | **NUF** 647 m²

Kindertagesstätte mit vier Gruppen und 100 Kindern. Mauerwerksbau.

Land: Hessen
Kreis: Groß-Gerau
Standard: mittel
Bauzeit: 43 Wochen
Kennwerte: bis 1. Ebene DIN 276

BGF **2.975 €/m²**

Planung: prosa Architektur + Stadtplanung Quasten Rauh PartGmbB; Darmstadt

veröffentlicht: BKI Objektdaten N17

4400-0300 Kindertagesstätte (6 Gruppen, 102 Kinder)

BRI 3.828 m³ | **BGF** 1.059 m² | **NUF** 679 m²

Kindertagesstätte für sechs Gruppen mit 102 Kindern. Mauerwerk.

Land: Sachsen
Kreis: Leipzig, Stadt
Standard: mittel
Bauzeit: 57 Wochen
Kennwerte: bis 1. Ebene DIN 276

BGF **2.684 €/m²**

Planung: wittig brösdorf architekten; Leipzig

veröffentlicht: BKI Objektdaten E8

Objektübersicht zur Gebäudeart

€/m² BGF

min	1.970	€/m²
von	2.360	€/m²
Mittel	**2.855**	**€/m²**
bis	3.425	€/m²
max	4.395	€/m²

Kosten:
Stand 1. Quartal 2025
Bundesdurchschnitt
inkl. 19% MwSt.

4400-0319 Kindertagesstätte (6 Gruppen, 120 Kinder) — **BRI** 5.383 m³ **BGF** 1.484 m² **NUF** 884 m²

Kindertagesstätte (6 Gruppen, 120-150 Kinder). Mauerwerk.

Land: Nordrhein-Westfalen
Kreis: Wuppertal, Stadt
Standard: mittel
Bauzeit: 65 Wochen
Kennwerte: bis 1. Ebene DIN 276

BGF 2.223 €/m²

Planung: hmp ARCHITEKTEN ALLNOCH UND HÜTT GmbH; Köln

veröffentlicht: BKI Objektdaten N17

4400-0286 Kindertagesstätte (4 Gruppen, 80 Kinder) — **BRI** 4.579 m³ **BGF** 1.243 m² **NUF** 652 m²

Kindertagesstätte mit vier Gruppen für 80 Kinder. MW-Massivbau.

Land: Nordrhein-Westfalen
Kreis: Rhein-Kreis Neuss
Standard: mittel
Bauzeit: 57 Wochen
Kennwerte: bis 3. Ebene DIN 276

BGF 2.448 €/m²

Planung: Werkgemeinschaft Quasten-Mundt; Grevenbroich

veröffentlicht: BKI Objektdaten N16

4400-0292 Kindertagesstätte (6 Gruppen, 100 Kinder) — **BRI** 5.044 m³ **BGF** 1.397 m² **NUF** 806 m²

Kindertagesstätte (6 Gruppen, 100 Kinder). Massivbau, Holzrahmenbau.

Land: Hessen
Kreis: Wiesbaden, Stadt
Standard: mittel
Bauzeit: 57 Wochen
Kennwerte: bis 1. Ebene DIN 276

BGF 2.512 €/m²

Planung: grabowski.spork GmbH; Wiesbaden

veröffentlicht: BKI Objektdaten N15

4400-0299 Kindertagesstätte (7 Gruppen, 108 Kinder) — **BRI** 4.250 m³ **BGF** 1.295 m² **NUF** 888 m²

Kindertagesstätte mit sieben Gruppen für 108 Kinder, Kindergartenbereich integrativ. Mauerwerk.

Land: Sachsen
Kreis: Leipzig, Stadt
Standard: mittel
Bauzeit: 39 Wochen
Kennwerte: bis 1. Ebene DIN 276

BGF 2.182 €/m²

Planung: wittig brösdorf architekten; Leipzig

veröffentlicht: BKI Objektdaten E8

Objektübersicht zur Gebäudeart

4400-0290 Kindertagesstätte (3 Gruppen, 55 Kinder) | BRI 3.547 m³ | BGF 909 m² | NUF 676 m²

Kindertagesstätte mit drei Gruppen und 55 Kindern. Massivbau.

Land: Niedersachsen
Kreis: Oldenburg, Stadt
Standard: mittel
Bauzeit: 56 Wochen
Kennwerte: bis 1. Ebene DIN 276

BGF **2.375 €/m²**

Planung: neun grad architektur BDA; Oldenburg

veröffentlicht: BKI Objektdaten N15

4400-0303 Kindertagesstätte (3 Gruppen, 58 Kinder) | BRI 1.801 m³ | BGF 520 m² | NUF 349 m²

Kindertagesstätte mit drei Gruppen und 58 Kindern. Mauerwerksbau.

Land: Hamburg
Kreis: Hamburg, Stadt
Standard: mittel
Bauzeit: 48 Wochen
Kennwerte: bis 1. Ebene DIN 276

BGF **2.694 €/m²**

Planung: acollage. architektur urbanistik; Hamburg

veröffentlicht: BKI Objektdaten N16

4400-0268 Kindertagesstätte (4 Gruppen, 76 Kinder), 9 WE | BRI 6.783 m³ | BGF 2.160 m² | NUF 1.345 m²

Kindertagesstätte mit vier Gruppen für 76 Kinder sowie Beratungsstelle, acht Einzimmerwohnungen und einer Wohngemeinschaft. Mauerwerksbau.

Land: Niedersachsen
Kreis: Lüneburg
Standard: mittel
Bauzeit: 61 Wochen
Kennwerte: bis 1. Ebene DIN 276

BGF **3.026 €/m²**

Planung: pmp Projekt GmbH; Hamburg

veröffentlicht: BKI Objektdaten N15

4400-0254 Kindertagesstätte (3 Gruppen, 60 Kinder) | BRI 2.799 m³ | BGF 725 m² | NUF 580 m²

Kindertagesstätte mit drei Gruppen für 60 Kinder. Massivbau.

Land: Thüringen
Kreis: Jena, Stadt
Standard: mittel
Bauzeit: 74 Wochen
Kennwerte: bis 1. Ebene DIN 276

BGF **2.281 €/m²**

Planung: sittig-architekten; Jena

veröffentlicht: BKI Objektdaten N13

€/m² BGF

min	1.970	€/m²
von	2.360	€/m²
Mittel	**2.855**	**€/m²**
bis	3.425	€/m²
max	4.395	€/m²

Kosten:
Stand 1. Quartal 2025
Bundesdurchschnitt
inkl. 19% MwSt.

Objektübersicht zur Gebäudeart

4400-0287 Kindertagesstätte (5 Gruppen, 86 Kinder)

BRI 5.148 m³ **BGF** 1.184 m² **NUF** 864 m²

Kindertagesstätte (5 Gruppen, 86 Kinder). Mauerwerksbau.

Land: Saarland
Kreis: Saarlouis
Standard: mittel
Bauzeit: 70 Wochen
Kennwerte: bis 1. Ebene DIN 276

BGF 1.969 €/m²

Planung: Leinen und Schmitt Architekten; Saarlouis

veröffentlicht: BKI Objektdaten N15

4400-0294 Kindertagesstätte (5 Gruppen, 125 Kinder)

BRI 5.588 m³ **BGF** 1.194 m² **NUF** 779 m²

Kindertagesstätte mit fünf Gruppen für 85 Kindern. Mauerwerksbau.

Land: Niedersachsen
Kreis: Hannover, Region
Standard: mittel
Bauzeit: 56 Wochen
Kennwerte: bis 1. Ebene DIN 276

BGF 3.228 €/m²

Planung: Stricker Architekten BDA; Hannover

veröffentlicht: BKI Objektdaten E7

4400-0274 Kindertagesstätte (7 Gruppen, 117 Kinder)

BRI 4.228 m³ **BGF** 1.120 m² **NUF** 759 m²

Kindertagesstätte mit sieben Gruppen (117 Kinder). Mauerwerk.

Land: Sachsen
Kreis: Dresden, Stadt
Standard: mittel
Bauzeit: 65 Wochen
Kennwerte: bis 1. Ebene DIN 276

BGF 2.758 €/m²

Planung: dd1 architekten Eckhard Helfrich Lars-Olaf Schmidt; Dresden

veröffentlicht: BKI Objektdaten N15

4400-0242 Kindertagesstätte (10 Gruppen, 171 Kinder)

BRI 6.231 m³ **BGF** 1.773 m² **NUF** 1.438 m²

Kindertagesstätte mit Kinderkrippe (3 Gruppen, 45 Kinder) und Kindergarten (5 Gruppen, 126 Kinder) sowie Integrationsplätzen (6St). Mauerwerksbau.

Land: Sachsen
Kreis: Leipzig, Stadt
Standard: mittel
Bauzeit: 39 Wochen
Kennwerte: bis 1. Ebene DIN 276

BGF 2.102 €/m²

Planung: wittig brösdorf architekten; Leipzig

veröffentlicht: BKI Objektdaten N13

 Erläuterungen zu den Tabellen siehe Seite 62

Objektübersicht zur Gebäudeart

4400-0241 Kindertagesstätte (6 Gruppen, 100 Kinder)

BRI 3.820 m³ **BGF** 1.034 m² **NUF** 829 m²

Kindertagesstätte mit Kindergarten (4 Gruppen) und Kinderkrippe (2 Gruppen) für insgesamt 100 Kinder. Mauerwerksbau.

Land: Sachsen
Kreis: Leipzig, Stadt
Standard: mittel
Bauzeit: 35 Wochen
Kennwerte: bis 1. Ebene DIN 276

BGF 2.280 €/m²

Planung: wittig brösdorf architekten; Leipzig

veröffentlicht: BKI Objektdaten N13

4400-0231 Kindertagesstätte (7 Gruppen, 140 Kinder)

BRI 4.128 m³ **BGF** 1.192 m² **NUF** 828 m²

Kindertagesstätte mit sieben Gruppen für 140 Kinder. Mauerwerksbau.

Land: Hamburg
Kreis: Hamburg, Stadt
Standard: mittel
Bauzeit: 39 Wochen
Kennwerte: bis 1. Ebene DIN 276

BGF 2.035 €/m²

Planung: Knaack & Prell Architekten; Hamburg

veröffentlicht: BKI Objektdaten N15

4400-0262 Kindertagesstätte (3 Gruppen, 55 Kinder)

BRI 2.418 m³ **BGF** 648 m² **NUF** 492 m²

Kindertagesstätte mit zwei Krippengruppen und einer Kitagruppe für insgesamt 55 Kinder. Massivbau.

Land: Niedersachsen
Kreis: Braunschweig, Stadt
Standard: mittel
Bauzeit: 43 Wochen
Kennwerte: bis 1. Ebene DIN 276

BGF 3.504 €/m²

Planung: maurer - ARCHITEKTUR; Vechelde

veröffentlicht: BKI Objektdaten N13

4400-0271 Kinderkrippe (4 Gruppen, 48 Kinder)

BRI 3.002 m³ **BGF** 867 m² **NUF** 627 m²

Kinderkrippe mit vier Gruppenräumen für 48 Kinder. Mauerwerksbau.

Land: Bayern
Kreis: München, Stadt
Standard: mittel
Bauzeit: 83 Wochen
Kennwerte: bis 1. Ebene DIN 276

BGF 1.986 €/m²

Planung: Landherr Architekten; München

veröffentlicht: BKI Objektdaten N15

€/m² BGF

min	1.970	€/m²
von	2.360	€/m²
Mittel	**2.855**	**€/m²**
bis	3.425	€/m²
max	4.395	€/m²

Kosten:
Stand 1. Quartal 2025
Bundesdurchschnitt
inkl. 19% MwSt.

Objektübersicht zur Gebäudeart

4400-0224 Kindertagesstätte (5 Gruppen, 99 Kinder)

BRI 5.721 m³ **BGF** 1.231 m² **NUF** 776 m²

© dresel architekt

Kindertagesstätte mit drei Kindergartengruppen und zwei Kinderkrippengruppen für insgesamt 99 Kinder. Mauerwerksbau.

Land: Bayern
Kreis: Bamberg
Standard: mittel
Bauzeit: 57 Wochen
Kennwerte: bis 1. Ebene DIN 276

BGF 3.158 €/m²

Planung: dresel architekt; Altendorf

veröffentlicht: BKI Objektdaten E6

4400-0278 Kindertagesstätte (105 Kinder), Stadtteiltreff

BRI 6.132 m³ **BGF** 1.579 m² **NUF** 1.079 m²

© Zooey Braun

Kindertagesstätte mit sechs Gruppen für 105 Kinder sowie einen Mehrzwecksaal (140m² NUF). Massivbau.

Land: Baden-Württemberg
Kreis: Böblingen
Standard: mittel
Bauzeit: 78 Wochen
Kennwerte: bis 1. Ebene DIN 276

BGF 2.859 €/m²

Planung: (se)arch Freie Architekten BDA; Stuttgart

veröffentlicht: BKI Objektdaten N15

4400-0210 Kinderkrippe (2 Gruppen, 22 Kinder)

BRI 1.089 m³ **BGF** 345 m² **NUF** 235 m²

© Ron Ronson

Kinderkrippe mit zwei Gruppen für 22 Kinder. Mauerwerksbau.

Land: Bayern
Kreis: Altötting
Standard: mittel
Bauzeit: 39 Wochen
Kennwerte: bis 1. Ebene DIN 276

BGF 3.194 €/m²

Planung: studio lot Architektur / Innenarchitektur; Altötting

veröffentlicht: BKI Objektdaten N12

4400-0200 Kindertagesstätte U3 (3 Gruppen, 27 Kinder)

BRI 1.730 m³ **BGF** 491 m² **NUF** 344 m²

© Püffel Architekten

Kindertagesstätte U3 mit drei Gruppen für 27 Kinder. Mauerwerksbau.

Land: Bremen
Kreis: Bremen, Stadt
Standard: mittel
Bauzeit: 48 Wochen
Kennwerte: bis 1. Ebene DIN 276

BGF 3.313 €/m²

Planung: Püffel Architekten; Bremen

veröffentlicht: BKI Objektdaten N12

4400-0162 Kinderkrippe

BRI 1.192 m³ **BGF** 314 m² **NUF** 193 m²

Kinderkrippe mit einem Gruppenraum für 15 Kinder mit der Möglichkeit der Erweiterung. Mauerwerksbau.

Land: Niedersachsen
Kreis: Gifhorn
Standard: mittel
Bauzeit: 35 Wochen
Kennwerte: bis 3. Ebene DIN 276

BGF 2.093 €/m²

Planung: Die Planschmiede 2KS GmbH & Co. KG; Hankensbüttel

veröffentlicht: BKI Objektdaten N11

4400-0246 Kindertagesstätte (200 Kinder)

BRI 8.150 m³ **BGF** 2.021 m² **NUF** 1.408 m²

Kindertagesstätte mit vier Gruppen für 200 Kinder, Indoor-Spielplatz und Bistro. Massivbau.

Land: Brandenburg
Kreis: Teltow-Fläming
Standard: mittel
Bauzeit: 65 Wochen
Kennwerte: bis 1. Ebene DIN 276

BGF 2.634 €/m²

Planung: Architekturbüro Thyssen; Berlin

veröffentlicht: BKI Objektdaten N13

4400-0187 Hort (4 Gruppen)

BRI 3.386 m³ **BGF** 882 m² **NUF** 593 m²

Schulhort und Freizeiteinrichtung für 102 Kinder in vier Gruppen. Mauerwerksbau, Dachtragwerk: Stahl/Holz.

Land: Brandenburg
Kreis: Cottbus, Stadt
Standard: mittel
Bauzeit: 70 Wochen
Kennwerte: bis 1. Ebene DIN 276

BGF 2.707 €/m²

Planung: Keller Mayer Wittig Architekten Stadtplaner Bauforscher; Cottbus

veröffentlicht: BKI Objektdaten N12

4400-0213 Kindertagesstätte (5 Gruppen, 60 Kinder)

BRI 3.935 m³ **BGF** 1.124 m² **NUF** 734 m²

Kindertagesstätte (5 Gruppen, 60 Kinder) mit Bewegungsraum. Mauerwerksbau.

Land: Schleswig-Holstein
Kreis: Lübeck, Stadt
Standard: mittel
Bauzeit: 52 Wochen
Kennwerte: bis 1. Ebene DIN 276

BGF 3.004 €/m²

Planung: ppp architekten + generalplaner gmbh; Lübeck

veröffentlicht: BKI Objektdaten N12

€/m² BGF

min	1.970	€/m²
von	2.360	€/m²
Mittel	**2.855**	**€/m²**
bis	3.425	€/m²
max	4.395	€/m²

Kosten:
Stand 1. Quartal 2025
Bundesdurchschnitt
inkl. 19% MwSt.

Objektübersicht zur Gebäudeart

4400-0185 Kindertagesstätte (12 Gruppen, 210 Kinder)

BRI 8.859 m³ **BGF** 2.057 m² **NUF** 1.272 m²

© KÖBER-PLAN

Kindertagesstätte mit zwölf Gruppen für 210 Grundschulkinder. Mauerwerksbau.

Land: Brandenburg
Kreis: Havelland
Standard: mittel
Bauzeit: 52 Wochen
Kennwerte: bis 3. Ebene DIN 276

BGF 2.085 €/m²

Planung: KÖBER-PLAN GmbH; Brandenburg

veröffentlicht: BKI Objektdaten N11

4400-0184 Kindertagesstätte (14 Gruppen, 178 Kinder)

BRI 8.532 m³ **BGF** 1.974 m² **NUF** 1.479 m²

© Brenncke Architekten

Kindertagesstätte mit 14 Gruppen (178 Kinder). Die Kindertagesstätte besteht aus vier Gebäudeteilen mit unterschiedlichen Nutzungen (Kinderkrippe, Gemeinschaftsbereich, Kindergarten (2St). Mauerwerksbau.

Land: Mecklenburg-Vorpommern
Kreis: Schwerin, Stadt
Standard: mittel
Bauzeit: 52 Wochen
Kennwerte: bis 1. Ebene DIN 276

BGF 2.419 €/m²

Planung: Brenncke Architekten GbR; Schwerin

veröffentlicht: BKI Objektdaten N12

4400-0176 Kindertagesstätte (5 Gruppen)

BRI 4.164 m³ **BGF** 842 m² **NUF** 510 m²

© bauplanung plauen Architekten und Ingenieure

Kindertagesstätte mit Kinderkrippe (3 Gruppen, 35 Kinder) und Kindergarten (2 Gruppen, 25 Kinder). Mauerwerksbau.

Land: Sachsen
Kreis: Mittelsachsen
Standard: mittel
Bauzeit: 56 Wochen
Kennwerte: bis 1. Ebene DIN 276

BGF 3.018 €/m²

Planung: bauplanung plauen gmbh Architekten und Ingenieure; Plauen

veröffentlicht: BKI Objektdaten N11

4400-0214 Kindertagesstätte (8 Gruppen, 144 Kinder)

BRI 5.858 m³ **BGF** 1.542 m² **NUF** 922 m²

© Volker Kreidler

Kindertagesstätte mit acht Gruppen für 144 Kinder. Mauerwerksbau.

Land: Sachsen
Kreis: Dresden, Stadt
Standard: mittel
Bauzeit: 52 Wochen
Kennwerte: bis 1. Ebene DIN 276

BGF 2.562 €/m²

Planung: Klinkenbusch + Kunze; Dresden

veröffentlicht: BKI Objektdaten N12

4400-0192 Kinderkrippe (4 Gruppen)

BRI 4.491 m³ **BGF** 1.079 m² **NUF** 680 m²

© Freischlad + Holz Architekten

Kinderkrippe mit vier Gruppen für 40 Kinder. Massivbau.

Land: Hessen
Kreis: Darmstadt, Stadt
Standard: mittel
Bauzeit: 57 Wochen
Kennwerte: bis 1. Ebene DIN 276

BGF **2.515 €/m²**

Planung: Freischlad + Holz Architekten BDA; Darmstadt

veröffentlicht: BKI Objektdaten N12

4400-0226 Kindertagesstätte, Familienzentrum (8 Gruppen)

BRI 6.428 m³ **BGF** 1.760 m² **NUF** 1.076 m²

© Wacker Zeiger Architekten

Kindertagesstätte mit acht Gruppen für 120 Kinder sowie Beratungsstelle. Mauerwerksbau.

Land: Schleswig-Holstein
Kreis: Herzogtum Lauenburg
Standard: mittel
Bauzeit: 61 Wochen
Kennwerte: bis 1. Ebene DIN 276

BGF **2.469 €/m²**

Planung: Wacker Zeiger Architekten; Hamburg

veröffentlicht: BKI Objektdaten N13

4400-0112 Kindertagesstätte

BRI 1.561 m³ **BGF** 395 m² **NUF** 292 m²

© Blumers Architekten

Kindertagesstätte für eine Grundschule mit Gruppen- und Freizeiträumen. Mauerwerksbau; BSH-Dachkonstruktion.

Land: Berlin
Kreis: Berlin, Stadt
Standard: mittel
Bauzeit: 31 Wochen
Kennwerte: bis 3. Ebene DIN 276

BGF **2.587 €/m²**

Planung: Blumers Architekten; Berlin

veröffentlicht: www.bki.de

Verwaltung | Wissenschaft | Gesundheit | **Bildung** | Sport | Wohnen | Gewerbe | Versorgung | Kultur

Kindergärten, nicht unterkellert, hoher Standard

Kostenkennwerte für die Kosten des Bauwerks (Kostengruppen 300+400 nach DIN 276)

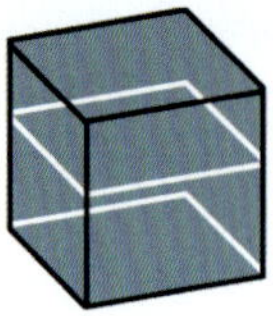
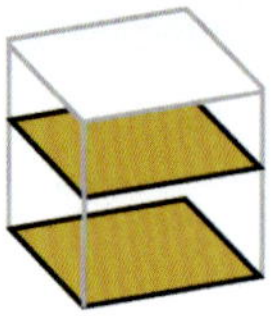
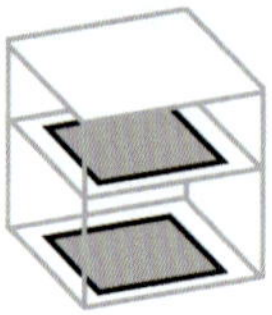
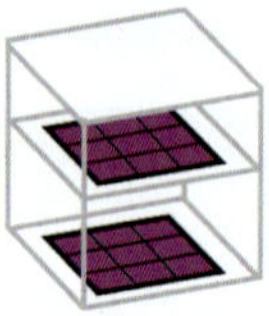

BRI 775 €/m³	BGF 3.175 €/m²	NUF 4.825 €/m²	NE 46.985 €/NE
von 640 €/m³	von 2.505 €/m²	von 3.760 €/m²	von 33.000 €/NE
bis 955 €/m³	bis 3.845 €/m²	bis 6.100 €/m²	bis 83.315 €/NE
			NE: Kinder

Objektbeispiele

Kosten:
Stand 1. Quartal 2025
Bundesdurchschnitt
inkl. 19% MwSt.

4400-0418

4400-0415

4400-0395

Kosten der 25 Vergleichsobjekte

Seiten 344 bis 350

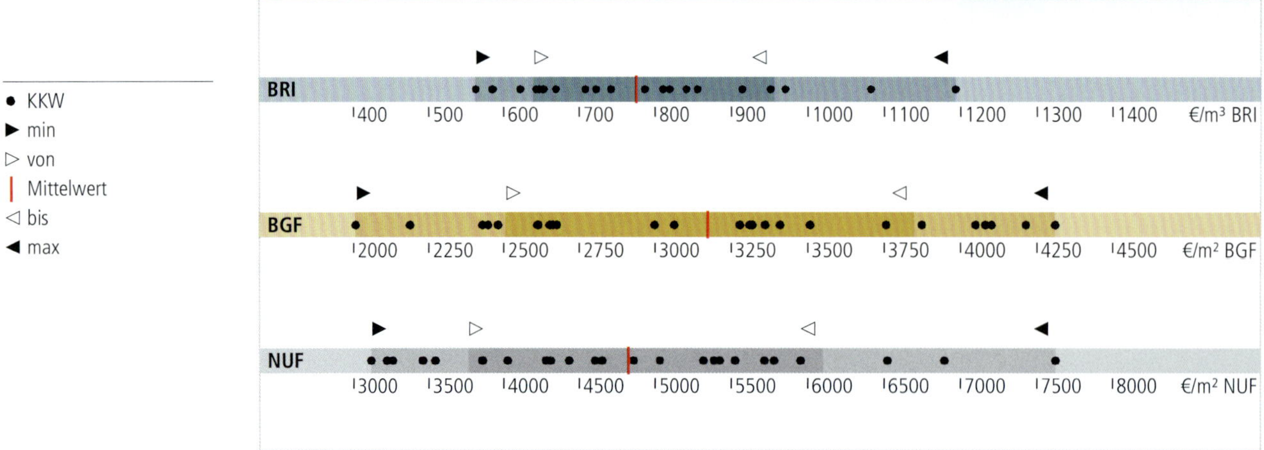

Kostenkennwerte für die Kostengruppen der 1. und 2. Ebene DIN 276

KG	Kostengruppen der 1. Ebene	Einheit	▷	€/Einheit	◁	▷	% an 300+400	◁
100	Grundstück	m² GF	–	**–**	–	–	**–**	–
200	Vorbereitende Maßnahmen	m² GF	22	**44**	147	1,9	**3,7**	9,4
300	Bauwerk – Baukonstruktionen	m² BGF	1.958	**2.426**	2.967	71,4	**76,7**	81,5
400	Bauwerk – Technische Anlagen	m² BGF	519	**749**	1.037	18,5	**23,3**	28,6
	Bauwerk 300+400	m² BGF	2.505	**3.175**	3.847	100,0	**100,0**	100,0
500	Außenanlagen und Freiflächen	m² AF	115	**270**	546	5,4	**11,6**	17,4
600	Ausstattung und Kunstwerke	m² BGF	68	**124**	228	2,2	**4,4**	7,5
700	Baunebenkosten*	m² BGF	605	**674**	743	19,0	**21,1**	23,3
800	Finanzierung	m² BGF	–	**–**	–	–	**–**	–

◁ * Auf Grundlage der HOAI 2021 berechnete Werte nach §§ 35, 52, 56. Weitere Informationen siehe Seite 56

KG	Kostengruppen der 2. Ebene	Einheit	▷	€/Einheit	◁	▷	% an 1. Ebene	◁
310	Baugrube / Erdbau	m³ BGI	8	**39**	50	0,4	**1,8**	5,1
320	Gründung, Unterbau	m² GRF	381	**452**	534	13,9	**16,6**	19,1
330	Außenwände / vertikal außen	m² AWF	655	**766**	870	21,4	**25,7**	30,8
340	Innenwände / vertikal innen	m² IWF	341	**372**	462	13,6	**15,3**	19,5
350	Decken / horizontal	m² DEF	488	**676**	1.225	4,6	**5,6**	6,5
360	Dächer	m² DAF	535	**614**	837	22,9	**28,0**	32,7
370	Infrastrukturanlagen		–	**–**	–	–	**–**	–
380	Baukonstruktive Einbauten	m² BGF	56	**103**	134	1,0	**3,8**	6,7
390	Sonst. Maßnahmen für Baukonst.	m² BGF	54	**65**	97	2,6	**3,2**	4,8
300	**Bauwerk – Baukonstruktionen**	**m² BGF**					**100,0**	
410	Abwasser-, Wasser-, Gasanlagen	m² BGF	76	**94**	114	15,5	**18,5**	21,8
420	Wärmeversorgungsanlagen	m² BGF	78	**103**	165	15,2	**20,6**	36,0
430	Raumlufttechnische Anlagen	m² BGF	24	**82**	131	4,6	**16,2**	27,9
440	Elektrische Anlagen	m² BGF	131	**150**	203	23,7	**29,6**	36,1
450	Kommunikationstechnische Anlagen	m² BGF	5	**21**	28	1,2	**4,1**	5,4
460	Förderanlagen	m² BGF	26	**39**	51	0,0	**3,2**	6,8
470	Nutzungsspez. / verfahrenstech. Anl.	m² BGF	32	**39**	42	0,0	**5,5**	7,8
480	Gebäude- und Anlagenautomation	m² BGF	–	**52**	–	0,0	**2,0**	8,2
490	Sonst. Maßnahmen f. techn. Anl.	m² BGF	1	**2**	3	0,0	**0,2**	0,4
400	**Bauwerk – Technische Anlagen**	**m² BGF**					**100,0**	

Prozentanteile der Kosten 2. Ebene an den Kosten des Bauwerks nach DIN 276 (Von/Mittel/Bis)

KG	Kostengruppe	%
310	Baugrube / Erdbau	1,4
320	Gründung, Unterbau	13,2
330	Außenwände / vertikal außen	20,6
340	Innenwände / vertikal innen	12,2
350	Decken / horizontal	4,5
360	Dächer	22,4
370	Infrastrukturanlagen	
380	Baukonstruktive Einbauten	3,1
390	Sonst. Maßnahmen für Baukonst.	2,6
410	Abwasser-, Wasser-, Gasanlagen	3,7
420	Wärmeversorgungsanlagen	4,1
430	Raumlufttechnische Anlagen	3,2
440	Elektrische Anlagen	5,9
450	Kommunikationstechnische Anlagen	0,8
460	Förderanlagen	0,7
470	Nutzungsspez. / verfahrenstech. Anl.	1,1
480	Gebäude- und Anlagenautomation	0,5
490	Sonst. Maßnahmen f. techn. Anl.	< 0,1

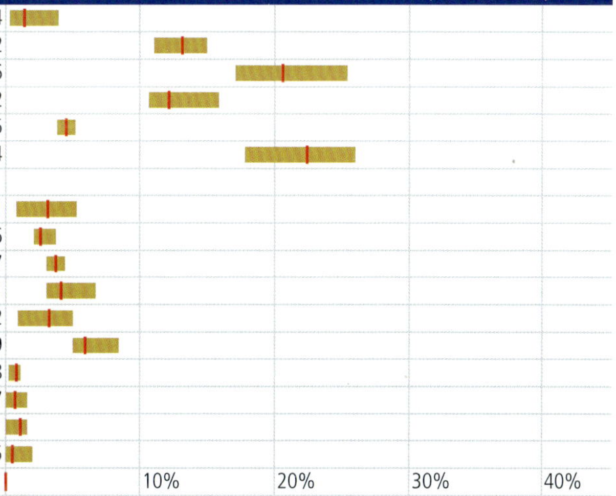

Kosten:
Stand 1. Quartal 2025
Bundesdurchschnitt
inkl. 19% MwSt.

● KKW
► min
▷ von
| Mittelwert
◁ bis
◄ max

Prozentanteile der Kosten für Leistungsbereiche nach STLB (Kosten Bauwerk nach DIN 276)

LB	Leistungsbereiche	▷	% an 300+400	◁
000	Baustellen-, Verkehrssich.- u. Sicherh.einr. inkl. 001	2,0	**2,7**	3,4
002	Erdarbeiten	2,0	**4,3**	9,6
006	Spezialtiefbauarbeiten inkl. 005	–	**–**	–
009	Entwässerungskanalarbeiten inkl. 011	0,1	**0,4**	0,9
010	Drän- und Versickerarbeiten	0,0	**< 0,1**	0,4
012	Mauerarbeiten	3,2	**5,8**	8,5
013	Betonarbeiten	6,4	**9,1**	10,4
014	Natur-, Betonwerksteinarbeiten	–	**–**	–
016	Zimmer- und Holzbauarbeiten	4,0	**7,0**	14,9
017	Stahlbauarbeiten	0,0	**0,6**	2,3
018	Abdichtungsarbeiten	0,4	**0,9**	1,2
020	Dachdeckungsarbeiten	1,0	**1,7**	2,5
021	Dachabdichtungsarbeiten	0,9	**3,3**	5,7
022	Klempnerarbeiten	2,5	**4,4**	9,1
	Rohbau	35,8	**40,2**	45,2
023	Putz- und Stuckarbeiten, Wärmedämmsysteme	2,7	**4,5**	5,2
024	Fliesen- und Plattenarbeiten	1,3	**1,5**	1,7
025	Estricharbeiten	1,1	**1,4**	1,7
026	Fenster, Außentüren inkl. 029, 032	4,1	**8,6**	12,9
027	Tischlerarbeiten	2,7	**7,0**	8,6
028	Parkettarbeiten, Holzpflasterarbeiten	0,0	**0,5**	1,2
030	Rollladenarbeiten	0,7	**1,6**	2,3
031	Metallbauarbeiten inkl. 035	2,4	**3,6**	4,7
034	Maler- und Lackiererarbeiten inkl. 037	1,5	**1,9**	3,0
036	Bodenbelagarbeiten	1,7	**2,0**	2,2
038	Vorgehängte hinterlüftete Fassaden	< 0,1	**0,5**	2,0
039	Trockenbauarbeiten	5,7	**6,7**	8,6
	Ausbau	36,6	**39,8**	43,0
040	Wärmeversorgungsanl. - Betriebseinr. inkl. 041	3,0	**4,0**	6,6
042	Gas- und Wasserinstallation, Leitungen inkl. 043	0,8	**1,2**	1,5
044	Abwasseranlagen - Leitungen, Abläufe, Armaturen	0,2	**0,5**	0,6
045	GWE - Einrichtungsgegenstände inkl. 046	1,2	**1,7**	2,3
047	Dämm- und Brandschutzarbeiten an techn. Anlagen	0,2	**0,7**	1,2
049	Feuerlöschanlagen, Feuerlöschgeräte	0,0	**< 0,1**	< 0,1
050	Blitzschutz- und Erdungsanlagen	0,2	**0,4**	0,6
052	Mittelspannungsanlagen	–	**–**	–
053	Niederspannungsanlagen inkl. 054	1,9	**2,9**	3,8
055	Sicherheits- und Ersatzstromversorgungsanlagen	–	**–**	–
057	Gebäudesystemtechnik	0,0	**0,2**	0,7
058	Leuchten und Lampen inkl. 059	1,4	**2,9**	4,2
060	Such-, Signal-, elektroakust. Anl., Med. inkl. 064	< 0,1	**0,1**	0,2
061	Kommunikations- und Übertragungsnetze inkl. 062	0,1	**0,2**	0,2
063	Gefahrenmeldeanlagen	< 0,1	**0,5**	1,0
069	Aufzüge	0,0	**0,7**	1,6
070	Gebäudeautomation	0,0	**0,5**	2,0
075	Raumlufttechnische Anlagen inkl. 078	0,8	**2,7**	4,2
	Gebäudetechnik	16,4	**19,3**	22,1
	Sonstige Leistungsbereiche inkl. 008, 033, 051	0,2	**0,7**	2,1

Planungskennwerte für Flächen und Rauminhalte nach DIN 277

Grundflächen		▷	Fläche/NUF (%)	◁	▷	Fläche/BGF (%)	◁
NUF	Nutzungsfläche	100,0	**100,0**	100,0	63,1	**66,5**	70,6
TF	Technikfläche	4,1	**5,2**	11,4	2,5	**3,3**	6,8
VF	Verkehrsfläche	18,5	**22,5**	26,1	12,2	**14,5**	16,5
NRF	Netto-Raumfläche	122,3	**127,5**	132,3	81,6	**84,2**	86,2
KGF	Konstruktions-Grundfläche	20,6	**24,4**	30,0	13,8	**15,8**	18,4
BGF	Brutto-Grundfläche	143,7	**151,8**	159,6	100,0	**100,0**	100,0

Brutto-Rauminhalte		▷	BRI/NUF (m)	◁	▷	BRI/BGF (m)	◁
BRI	Brutto-Rauminhalt	5,85	**6,23**	6,99	3,85	**4,11**	4,50

Flächen von Nutzeinheiten	▷	NUF/Einheit (m²)	◁	▷	BGF/Einheit (m²)	◁
Nutzeinheit: Kinder	8,28	**9,45**	13,46	12,55	**14,55**	20,58

Lufttechnisch behandelte Flächen	▷	Fläche/NUF (%)	◁	▷	Fläche/BGF (%)	◁
Entlüftete Fläche	0,4	**0,4**	0,4	0,3	**0,3**	0,3
Be- und entlüftete Fläche	–	**–**	–	–	**–**	–
Teilklimatisierte Fläche	–	**–**	–	–	**–**	–
Klimatisierte Fläche	–	**–**	–	–	**–**	–

KG	Kostengruppen (2. Ebene)	Einheit	▷	Menge/NUF	◁	▷	Menge/BGF	◁
310	Baugrube / Erdbau	m³ BGI	0,78	**1,13**	1,13	0,55	**0,80**	0,80
320	Gründung, Unterbau	m² GRF	1,06	**1,08**	1,08	0,74	**0,75**	0,76
330	Außenwände / vertikal außen	m² AWF	0,88	**1,00**	1,00	0,64	**0,68**	0,68
340	Innenwände / vertikal innen	m² IWF	1,18	**1,21**	1,37	0,84	**0,84**	0,88
350	Decken / horizontal	m² DEF	0,28	**0,28**	0,29	0,19	**0,19**	0,19
360	Dächer	m² DAF	1,30	**1,35**	1,46	0,91	**0,94**	1,01
370	Infrastrukturanlagen		–	**–**	–	–	**–**	–
380	Baukonstruktive Einbauten	m² BGF	1,44	**1,52**	1,60	1,00	**1,00**	1,00
390	Sonst. Maßnahmen für Baukonst.	m² BGF	1,44	**1,52**	1,60	1,00	**1,00**	1,00
300	**Bauwerk – Baukonstruktionen**	**m² BGF**	1,44	**1,52**	1,60	1,00	**1,00**	1,00

Planungskennwerte für Bauzeiten — 24 Vergleichsobjekte

Bauzeit in Wochen

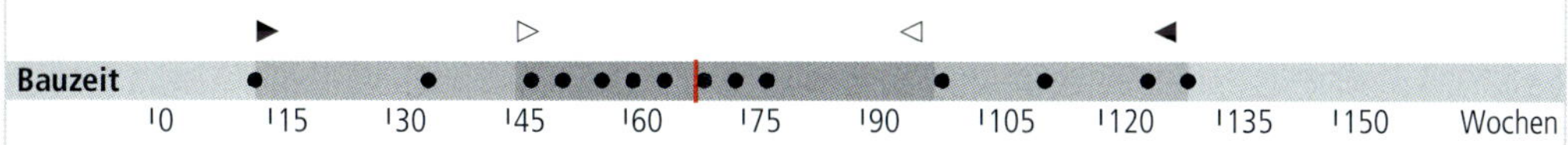

Kindergärten, nicht unterkellert, hoher Standard

€/m² BGF

min	2.005	€/m²
von	2.505	€/m²
Mittel	**3.175**	**€/m²**
bis	3.845	€/m²
max	4.310	€/m²

Kosten:
Stand 1. Quartal 2025
Bundesdurchschnitt
inkl. 19% MwSt.

Objektübersicht zur Gebäudeart

4400-0415 Kindergarten (2 Gruppen, 20 Kinder) — **BRI** 2.813 m³ **BGF** 514 m² **NUF** 348 m²

Kindergarten für zwei Krippengruppen mit je zehn Kindern, erweiterbar auf eine dritte Ü3-Gruppe. Mauerwerk.

Land: Schleswig-Holstein
Kreis: Dithmarschen
Standard: hoch
Bauzeit: 35 Wochen
Kennwerte: bis 1. Ebene DIN 276

BGF 3.872 €/m²

Planung: FB-Architekten; Gettorf

vorgesehen: BKI Objektdaten N21

4400-0373 Kindertagesstätte (90 Kinder), Pflegedienst — **BRI** 8.403 m³ **BGF** 2.006 m² **NUF** 1.523 m²

Kindertagesstätte mit sechs Gruppen für 90 Kinder, Pflegedienst mit sechs Mitarbeitenden und ein Multifunktions-Versammlungsraum mit 56 Sitzplätzen. Massivbau.

Land: Mecklenburg-Vorpommern
Kreis: Mecklenburgische Seenplatte
Standard: hoch
Bauzeit: 61 Wochen
Kennwerte: bis 1. Ebene DIN 276

BGF 2.447 €/m²

Planung: OCEAN ARCHITECTS GmbH; Waren

veröffentlicht: BKI Objektdaten N20

4400-0413 Kindertagesstätte (6 Gruppen, 130 Kinder) — **BRI** 9.046 m³ **BGF** 2.472 m² **NUF** 1.525 m²

Kindertagesstätte mit sechs Gruppen für 130 Kinder. Mauerwerk.

Land: Niedersachsen
Kreis: Osnabrück
Standard: hoch
Bauzeit: 113 Wochen
Kennwerte: bis 1. Ebene DIN 276

BGF 2.997 €/m²

Planung: Hüdepohl . Ferner Architektur- und Ingenieurgesellschaft mbH; Osnabrück

vorgesehen: BKI Objektdaten N21

4400-0395 Kindertagesstätte (6 Gruppen, 130 Kinder) — **BRI** 5.992 m³ **BGF** 1.343 m² **NUF** 948 m²

Kindertagesstätte mit sechs Gruppen für 130 Kinder. Holzbau.

Land: Niedersachsen
Kreis: Osnabrück
Standard: hoch
Bauzeit: 74 Wochen
Kennwerte: bis 1. Ebene DIN 276

BGF 4.080 €/m²

Planung: OKF Architekten GmbH; Osnabrück

vorgesehen: BKI Objektdaten N21

4400-0418 Kindertagesstätte (8 Gruppen, 120 Kinder) BRI 16.752 m³ BGF 4.194 m² NUF 2.614 m²

Kindertagesstätte für acht Gruppen und 120 Kindern, das Haus der Jugend mit Theaterräumen und ein Mehrgenerationenhaus mit Kurs- und Gruppenräumen. Holzbau.

Land: Rheinland-Pfalz
Kreis: Bernkastel-Wittlich
Standard: hoch
Bauzeit: 131 Wochen
Kennwerte: bis 1. Ebene DIN 276

BGF 3.360 €/m²

Planung: Dipl.-Ing. (FH) Christian Gerhardy; Wittlich

vorgesehen: BKI Objektdaten N21

4400-0368 Kindertagesstätte (3 Gruppen, 75 Kinder) BRI 5.712 m³ BGF 1.316 m² NUF 727 m²

Kindergarten mit drei Gruppen mit 75 Kindern. Massivbau.

Land: Bayern
Kreis: Ostallgäu
Standard: hoch
Bauzeit: 74 Wochen
Kennwerte: bis 1. Ebene DIN 276

BGF 4.213 €/m²

Planung: Freitag Hartmann Arch.; Berlin und pur architekten petri und raff; München

veröffentlicht: BKI Objektdaten N20

4400-0353 Kindertagesstätte (6 Gruppen, 137 Kinder) BRI 6.631 m³ BGF 1.775 m² NUF 1.190 m²

Kindertagesstätte für 137 Kinder. Mauerwerk.

Land: Hessen
Kreis: Offenbach
Standard: hoch
Bauzeit: 78 Wochen
Kennwerte: bis 1. Ebene DIN 276

BGF 2.188 €/m²

Planung: Dillig Architekten GmbH; Simmern

veröffentlicht: BKI Objektdaten N19

4400-0381 Kindertagesstätte (6 Gruppen, 60 Kinder) BRI 5.301 m³ BGF 1.310 m² NUF 854 m²

Kindertagesstätte mit sechs Gruppen und 60 Kindern U3. Stahlbeton.

Land: Hessen
Kreis: Frankfurt am Main, Stadt
Standard: hoch
Bauzeit: 191 Wochen*
Kennwerte: bis 1. Ebene DIN 276

BGF 3.278 €/m²

Planung: pressel & müller architekten; Frankfurt am Main

veröffentlicht: BKI Objektdaten N20
* Nicht in der Auswertung enthalten

€/m² BGF

min	2.005	€/m²
von	2.505	€/m²
Mittel	**3.175**	**€/m²**
bis	3.845	€/m²
max	4.310	€/m²

Kosten:
Stand 1. Quartal 2025
Bundesdurchschnitt
inkl. 19% MwSt.

Objektübersicht zur Gebäudeart

4400-0317 Kindertagesstätte (50 Kinder) - Modulbau

BRI 1.223 m³ **BGF** 338 m² **NUF** 245 m²

Kindertagesstätte mit drei Gruppen für 50 Kinder. Modulbauweise in Stahlrahmenkonstruktion.

Land: Niedersachsen
Kreis: Osnabrück, Stadt
Standard: hoch
Bauzeit: 13 Wochen
Kennwerte: bis 1. Ebene DIN 276

BGF 4.310 €/m²

Planung: Lüttmann Generalplaner GmbH; Ostbevern

veröffentlicht: BKI Objektdaten N16

4400-0322 Kindertagesstätte (4 Gruppen, 100 Kinder)

BRI 4.792 m³ **BGF** 1.120 m² **NUF** 773 m²

Kindertagesstätte mit vier Gruppen für 100 Kinder. Massivbau.

Land: Baden-Württemberg
Kreis: Breisgau-Hochschwarzwald
Standard: hoch
Bauzeit: 57 Wochen
Kennwerte: bis 3. Ebene DIN 276

BGF 2.660 €/m²

Planung: Werkgruppe Freiburg Miller & Glos Part mbB Freie Architekten; Freiburg

veröffentlicht: BKI Objektdaten N19

4400-0311 Hortgebäude, Mensa, Jugendclub (143 Schüler)

BRI 6.260 m³ **BGF** 1.656 m² **NUF** 1.161 m²

Hortgebäude für 143 Schüler mit Mensa und Jugendclub. Mischkonstruktion.

Land: Brandenburg
Kreis: Teltow-Fläming
Standard: hoch
Bauzeit: 70 Wochen
Kennwerte: bis 3. Ebene DIN 276

BGF 2.427 €/m²

Planung: Planungswerk Näther Wucke PartGmbB; Berlin

veröffentlicht: BKI Objektdaten N18

4400-0313 Kindertagesstätte (60 Kinder) - Passivhaus

BRI 2.470 m³ **BGF** 712 m² **NUF** 410 m²

Kindertagesstätte für 60 Kinder und vier Gruppenräumen, Ruheräume und Differenzierungsräume. Massivbau.

Land: Bremen
Kreis: Bremen, Stadt
Standard: hoch
Bauzeit: 61 Wochen
Kennwerte: bis 1. Ebene DIN 276

BGF 3.756 €/m²

Planung: Gruppe GME Architekten BDA; Achim

veröffentlicht: BKI Objektdaten E8

Objektübersicht zur Gebäudeart

4400-0308 Kindertagesstätte (75 Kinder)

BRI 2.590 m³ | **BGF** 541 m² | **NUF** 409 m²

Kindertagesstätte mit zwei Krippengruppen und drei Kitagruppen (75 Kinder). Mauerwerk.

Land: Brandenburg
Kreis: Ostprignitz-Ruppin
Standard: hoch
Bauzeit: 74 Wochen
Kennwerte: bis 1. Ebene DIN 276

BGF 4.100 €/m²

Planung: kleyer.koblitz.letzel.freivogel ges. v. architekten mbh; Berlin

veröffentlicht: BKI Objektdaten N16

4400-0305 Kindertagesstätte (125 Kinder) - Passivhaus

BRI 6.370 m³ | **BGF** 1.567 m² | **NUF** 971 m²

Kindertagesstätte (6 Gruppen, 125 Kinder). Mauerwerk.

Land: Hessen
Kreis: Bergstraße
Standard: hoch
Bauzeit: 57 Wochen
Kennwerte: bis 1. Ebene DIN 276

BGF 2.650 €/m²

Planung: VOLK architekten Roland Volk Dipl.-Ing. Architekt; Bensheim

veröffentlicht: BKI Objektdaten E8

4400-0302 Kindertagesstätte (6 Gruppen, 85 Kinder)

BRI 3.416 m³ | **BGF** 812 m² | **NUF** 625 m²

Kindertagesstätte mit sechs Gruppen für 85 Kinder. Stb-Konstruktion.

Land: Berlin
Kreis: Berlin, Stadt
Standard: hoch
Bauzeit: 61 Wochen
Kennwerte: bis 1. Ebene DIN 276

BGF 3.409 €/m²

Planung: LANDHERR / Architekten und Ingenieure GmbH; Hoppegarten

veröffentlicht: BKI Objektdaten N16

4400-0309 Kindertagesstätte (6 Gruppen, 100 Kinder)

BRI 6.548 m³ | **BGF** 1.677 m² | **NUF** 1.134 m²

Kindertagesstätte mit vier Gruppen für Ü3-Kinder und zwei Gruppen für U3-Kinder. Massivbau.

Land: Baden-Württemberg
Kreis: Esslingen
Standard: hoch
Bauzeit: 100 Wochen
Kennwerte: bis 1. Ebene DIN 276

BGF 2.610 €/m²

Planung: ZOLL Architekten Stadtplaner GmbH; Stuttgart

veröffentlicht: BKI Objektdaten E8

Kindergärten, nicht unterkellert, hoher Standard

€/m² BGF

min	2.005	€/m²
von	2.505	€/m²
Mittel	**3.175**	**€/m²**
bis	3.845	€/m²
max	4.310	€/m²

Kosten:
Stand 1. Quartal 2025
Bundesdurchschnitt
inkl. 19% MwSt.

Objektübersicht zur Gebäudeart

4400-0312 Kindertagesstätte (4 Gruppen, 90 Kinder)

BRI 3.674 m³ **BGF** 866 m² **NUF** 576 m²

Kindertagesstätte mit vier Gruppen für 90 Kinder. Mauerwerksbau.

Land: Rheinland-Pfalz
Kreis: Alzey-Worms
Standard: hoch
Bauzeit: 52 Wochen
Kennwerte: bis 1. Ebene DIN 276

BGF 3.062 €/m²

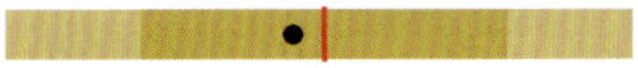

Planung: ARGE Kopf / Sinopoli Architekten; Alzey

veröffentlicht: BKI Objektdaten E8

4400-0272 Kindertagesstätte (7 Gruppen, 130 Kinder)

BRI 6.683 m³ **BGF** 1.854 m² **NUF** 1.231 m²

Kindertagesstätte mit sieben Gruppenräumen für 130 Kinder. Massivbau.

Land: Baden-Württemberg
Kreis: Rhein-Neckar-Kreis
Standard: hoch
Bauzeit: 126 Wochen
Kennwerte: bis 1. Ebene DIN 276

BGF 2.674 €/m²

Planung: pbs architekten Gerlach Wolf Böhning Planungsgesellschaft mbH; Aachen

veröffentlicht: BKI Objektdaten E7

4400-0239 Kindertagesstätte (5 Gruppen, 75 Kinder)

BRI 5.165 m³ **BGF** 1.223 m² **NUF** 763 m²

Kindertagesstätte mit fünf Gruppen für 75 Kinder. Massivbau.

Land: Bayern
Kreis: Nürnberg, Stadt
Standard: hoch
Bauzeit: 74 Wochen
Kennwerte: bis 1. Ebene DIN 276

BGF 3.318 €/m²

Planung: Grabow + Hofmann Architektenpartnerschaft BDA; Nürnberg

veröffentlicht: BKI Objektdaten N13

4400-0227 Kindertagesstätte (8 Gruppen, 120 Kinder)

BRI 5.706 m³ **BGF** 1.839 m² **NUF** 1.042 m²

Kindertagesstätte mit acht Gruppen für 120 Kinder. Mauerwerksbau.

Land: Berlin
Kreis: Berlin, Stadt
Standard: hoch
Bauzeit: 61 Wochen
Kennwerte: bis 1. Ebene DIN 276

BGF 2.007 €/m²

Planung: pk Architekten und Ingenieure; Berlin

veröffentlicht: BKI Objektdaten N13

Objektübersicht zur Gebäudeart

4400-0141 Kindertagesstätte (2 Gruppen, 30 Kinder)

BRI 2.433 m³ **BGF** 479 m² **NUF** 287 m²

Kindertagesstätte (2 Gruppen) für 30 Kleinkinder (1-3 Jahre). Im OG gesondertes Informationsbüro und Elternberatung. Mauerwerksbau.

Land: Niedersachsen
Kreis: Hannover, Region
Standard: hoch
Bauzeit: 35 Wochen
Kennwerte: bis 1. Ebene DIN 276

BGF **3.311 €/m²**

Planung: Jörn Knop Architekt + Innenarchitekt; Wunstorf

veröffentlicht: BKI Objektdaten N11

4400-0144 Kindertagesstätte - Passivhaus

BRI 2.702 m³ **BGF** 610 m² **NUF** 358 m²

Kindertagesstätte (3 Gruppen, 55 Kinder) als Passivhaus. Gebäude ist komplett erdüberdeckt und öffnet sich nur nach Süden. Sichtbetonkonstruktion.

Land: Niedersachsen
Kreis: Göttingen
Standard: hoch
Bauzeit: 52 Wochen
Kennwerte: bis 1. Ebene DIN 276

BGF **4.048 €/m²**

Planung: Despang Architekten; Radebeul bei Dresden

veröffentlicht: BKI Objektdaten E5

4400-0142 Kindertagesstätte (4 Gruppen) - Effizienzhaus 70

BRI 3.296 m³ **BGF** 894 m² **NUF** 674 m²

Ersatzneubau einer Kindertagesstätte (4 Gruppen, 74 Kinder), Effizienzhaus 70. Gruppenräume konsequent nach Süden orientiert. Mauerwerkskonstruktion.

Land: Bayern
Kreis: Nürnberg, Stadt
Standard: hoch
Bauzeit: 65 Wochen
Kennwerte: bis 1. Ebene DIN 276

BGF **3.507 €/m²**

Planung: plankoepfe nuernberg R. Wölfel - A. Volkmar, Architekten; Nürnberg

veröffentlicht: BKI Objektdaten E5

4400-0128 Kindertagesstätte (4 Gruppen, 72 Kinder)

BRI 3.350 m³ **BGF** 829 m² **NUF** 503 m²

Kindertagesstätte für 72 Kinder in vier Gruppen im Passivhausstandard. Mauerwerksbau.

Land: Sachsen
Kreis: Sächsische Schweiz
Standard: hoch
Bauzeit: 48 Wochen
Kennwerte: bis 3. Ebene DIN 276

BGF **2.613 €/m²**

Planung: Architektengemeinschaft Reiter & Rentzsch; Dresden

veröffentlicht: www.bki.de

€/m² BGF

min	2.005	€/m²
von	2.505	€/m²
Mittel	**3.175**	**€/m²**
bis	3.845	€/m²
max	4.310	€/m²

Kosten:
Stand 1. Quartal 2025
Bundesdurchschnitt
inkl. 19% MwSt.

Objektübersicht zur Gebäudeart

4400-0064 Kindertagesstätte (4 Gruppen, 100 Kinder) **BRI** 4.514 m³ **BGF** 1.023 m² **NUF** 814 m²

Viergruppiger Kindergarten mit Hort- und Krippenplätzen, im EG drei Funktionsbereiche: Eingangsbereich mit Mehrzweckraum, entlang des Flures die vier Gruppenräume, im Norden Neben- und Funktionsräume. Mauerwerksbau.

Land: Rheinland-Pfalz
Kreis: Mayen-Koblenz
Standard: hoch
Bauzeit: 78 Wochen
Kennwerte: bis 3. Ebene DIN 276

BGF **2.480 €/m²**

Planung: Günter Heinrich Architekturbüro; Bendorf

veröffentlicht: www.bki.de

Verwaltung
Wissenschaft
Gesundheit
Bildung
Sport
Wohnen
Gewerbe
Versorgung
Kultur

Kindergärten, Holzbauweise, nicht unterkellert

Kostenkennwerte für die Kosten des Bauwerks (Kostengruppen 300+400 nach DIN 276)

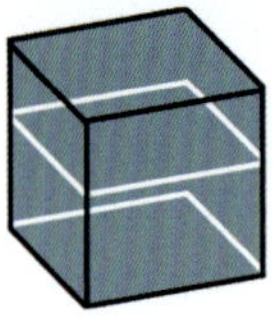

BRI 775 €/m³
von 635 €/m³
bis 950 €/m³

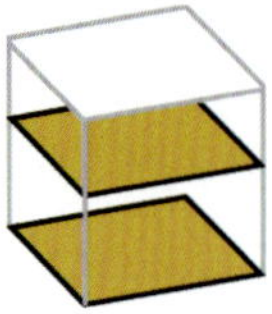

BGF 3.140 €/m²
von 2.520 €/m²
bis 3.900 €/m²

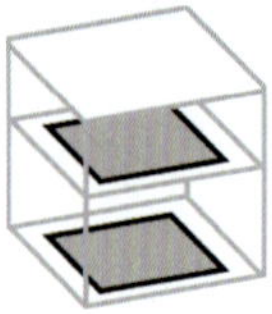

NUF 4.690 €/m²
von 3.655 €/m²
bis 5.855 €/m²

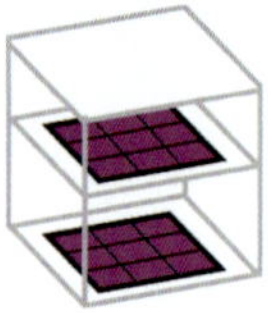

NE 42.240 €/NE
von 29.270 €/NE
bis 56.440 €/NE
NE: Kinder

Objektbeispiele

Kosten:
Stand 1. Quartal 2025
Bundesdurchschnitt
inkl. 19% MwSt.

6400-0120

4400-0419

4400-0408

Kosten der 58 Vergleichsobjekte — Seiten 356 bis 370

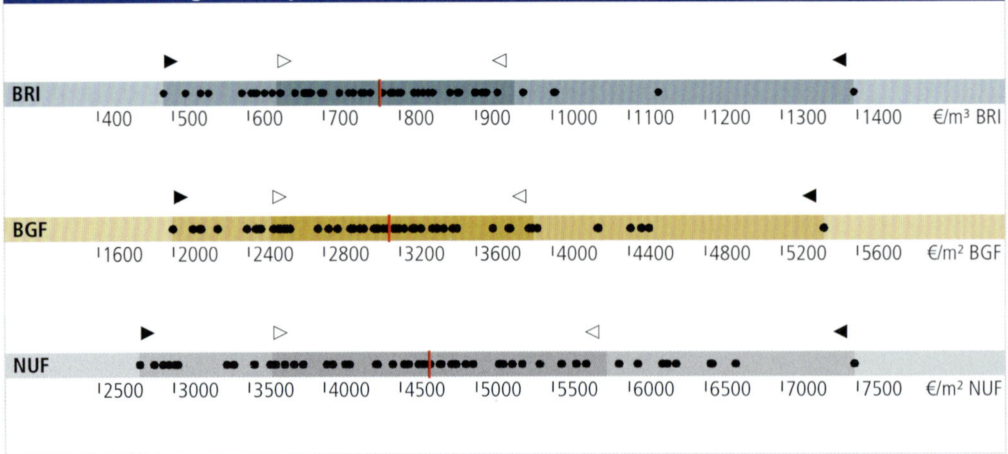

- ● KKW
- ▶ min
- ▷ von
- | Mittelwert
- ◁ bis
- ◀ max

Kostenstand: 1. Quartal 2025, Bundesdurchschnitt, **inkl. 19% MwSt.**

Kostenkennwerte für die Kostengruppen der 1. und 2. Ebene DIN 276

KG	Kostengruppen der 1. Ebene	Einheit	▷	€/Einheit	◁	▷	% an 300+400	◁
100	Grundstück	m^2 GF	–	**–**	–	–	**–**	–
200	Vorbereitende Maßnahmen	m^2 GF	11	**31**	64	1,4	**3,7**	7,3
300	Bauwerk – Baukonstruktionen	m^2 BGF	1.992	**2.440**	3.048	73,1	**77,9**	82,1
400	Bauwerk – Technische Anlagen	m^2 BGF	497	**700**	965	17,9	**22,1**	26,9
	Bauwerk 300+400	m^2 BGF	2.519	**3.140**	3.902	100,0	**100,0**	100,0
500	Außenanlagen und Freiflächen	m^2 AF	146	**447**	2.875	5,6	**10,6**	18,8
600	Ausstattung und Kunstwerke	m^2 BGF	33	**102**	239	1,1	**3,4**	8,4
700	Baunebenkosten*	m^2 BGF	599	**668**	737	19,3	**21,5**	23,7
800	Finanzierung	m^2 BGF	–	**–**	–	–	**–**	–

* Auf Grundlage der HOAI 2021 berechnete Werte nach §§ 35, 52, 56. Weitere Informationen siehe Seite 56

KG	Kostengruppen der 2. Ebene	Einheit	▷	€/Einheit	◁	▷	% an 1. Ebene	◁
310	Baugrube / Erdbau	m^3 BGI	35	**65**	117	1,1	**2,3**	4,0
320	Gründung, Unterbau	m^2 GRF	372	**473**	781	11,8	**16,9**	23,9
330	Außenwände / vertikal außen	m^2 AWF	669	**807**	999	21,8	**28,1**	36,2
340	Innenwände / vertikal innen	m^2 IWF	328	**416**	512	12,5	**16,6**	19,9
350	Decken / horizontal	m^2 DEF	706	**1.059**	1.429	0,3	**5,8**	18,1
360	Dächer	m^2 DAF	405	**538**	705	15,6	**21,5**	28,0
370	Infrastrukturanlagen		–	**–**	–	–	**–**	–
380	Baukonstruktive Einbauten	m^2 BGF	80	**110**	151	2,5	**4,4**	5,9
390	Sonst. Maßnahmen für Baukonst.	m^2 BGF	51	**101**	142	2,7	**4,4**	6,1
300	**Bauwerk – Baukonstruktionen**	**m^2 BGF**					**100,0**	
410	Abwasser-, Wasser-, Gasanlagen	m^2 BGF	101	**129**	168	18,6	**23,5**	32,8
420	Wärmeversorgungsanlagen	m^2 BGF	80	**128**	198	15,2	**22,5**	32,1
430	Raumlufttechnische Anlagen	m^2 BGF	34	**82**	134	2,8	**9,9**	16,5
440	Elektrische Anlagen	m^2 BGF	135	**204**	302	30,3	**34,3**	39,8
450	Kommunikationstechnische Anlagen	m^2 BGF	20	**42**	66	1,0	**5,6**	8,2
460	Förderanlagen	m^2 BGF	31	**43**	55	0,0	**1,1**	6,9
470	Nutzungsspez. / verfahrenstech. Anl.	m^2 BGF	< 1	**31**	61	< 0,1	**1,1**	6,5
480	Gebäude- und Anlagenautomation	m^2 BGF	24	**39**	80	0,0	**1,7**	6,0
490	Sonst. Maßnahmen f. techn. Anl.	m^2 BGF	2	**4**	6	< 0,1	**0,2**	0,8
400	**Bauwerk – Technische Anlagen**	**m^2 BGF**					**100,0**	

Prozentanteile der Kosten 2. Ebene an den Kosten des Bauwerks nach DIN 276 (Von/Mittel/Bis)

KG	Kostengruppe	%
310	Baugrube / Erdbau	1,8
320	Gründung, Unterbau	13,4
330	Außenwände / vertikal außen	22,5
340	Innenwände / vertikal innen	13,2
350	Decken / horizontal	4,6
360	Dächer	17,1
370	Infrastrukturanlagen	
380	Baukonstruktive Einbauten	3,5
390	Sonst. Maßnahmen für Baukonst.	3,5
410	Abwasser-, Wasser-, Gasanlagen	4,6
420	Wärmeversorgungsanlagen	4,5
430	Raumlufttechnische Anlagen	2,2
440	Elektrische Anlagen	7,0
450	Kommunikationstechnische Anlagen	1,2
460	Förderanlagen	0,3
470	Nutzungsspez. / verfahrenstech. Anl.	0,3
480	Gebäude- und Anlagenautomation	0,4
490	Sonst. Maßnahmen f. techn. Anl.	< 0,1

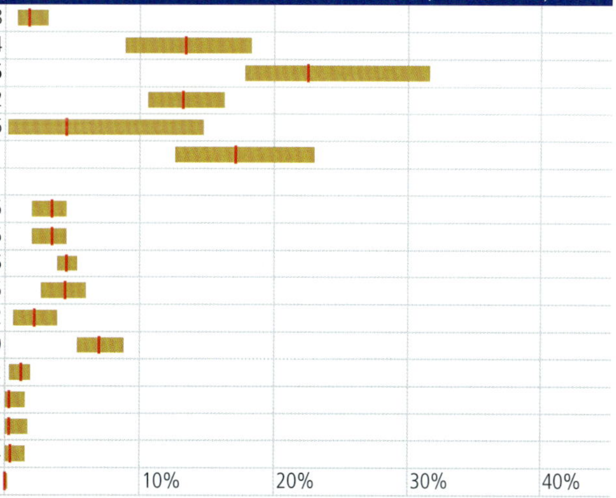

 Erläuterungen zu den Tabellen siehe Seite 54 und 56 Kostenstand: 1. Quartal 2025, Bundesdurchschnitt, **inkl. 19% MwSt.**

Prozentanteile der Kosten für Leistungsbereiche nach STLB (Kosten Bauwerk nach DIN 276)

LB	Leistungsbereiche	▷	% an 300+400	◁
000	Baustellen-, Verkehrssich.- u. Sicherh.einr. inkl. 001	1,6	**2,9**	3,8
002	Erdarbeiten	1,2	**2,8**	6,3
006	Spezialtiefbauarbeiten inkl. 005	< 0,1	**< 0,1**	0,9
009	Entwässerungskanalarbeiten inkl. 011	< 0,1	**0,4**	0,9
010	Drän- und Versickerarbeiten	0,0	**0,1**	0,4
012	Mauerarbeiten	< 0,1	**0,5**	2,0
013	Betonarbeiten	4,2	**5,8**	9,5
014	Natur-, Betonwerksteinarbeiten	–	**–**	–
016	Zimmer- und Holzbauarbeiten	17,0	**24,7**	33,8
017	Stahlbauarbeiten	< 0,1	**0,7**	2,2
018	Abdichtungsarbeiten	0,2	**1,2**	2,6
020	Dachdeckungsarbeiten	–	**–**	–
021	Dachabdichtungsarbeiten	2,6	**5,2**	8,5
022	Klempnerarbeiten	0,6	**1,8**	2,5
	Rohbau	42,9	**46,1**	50,4
023	Putz- und Stuckarbeiten, Wärmedämmsysteme	0,0	**0,2**	0,9
024	Fliesen- und Plattenarbeiten	0,4	**1,2**	1,7
025	Estricharbeiten	0,3	**1,3**	2,0
026	Fenster, Außentüren inkl. 029, 032	3,6	**7,6**	10,3
027	Tischlerarbeiten	3,1	**7,7**	11,0
028	Parkettarbeiten, Holzpflasterarbeiten	< 0,1	**1,1**	2,7
030	Rollladenarbeiten	0,2	**0,9**	1,9
031	Metallbauarbeiten inkl. 035	0,2	**1,3**	5,4
034	Maler- und Lackiererarbeiten inkl. 037	0,7	**1,5**	2,6
036	Bodenbelagarbeiten	1,0	**2,6**	12,3
038	Vorgehängte hinterlüftete Fassaden	0,5	**3,6**	7,6
039	Trockenbauarbeiten	1,7	**4,3**	6,2
	Ausbau	28,1	**33,2**	37,4
040	Wärmeversorgungsanl. - Betriebseinr. inkl. 041	2,5	**4,3**	5,8
042	Gas- und Wasserinstallation, Leitungen inkl. 043	0,9	**1,4**	3,5
044	Abwasseranlagen - Leitungen, Abläufe, Armaturen	0,3	**0,7**	1,2
045	GWE - Einrichtungsgegenstände inkl. 046	0,9	**1,8**	2,8
047	Dämm- und Brandschutzarbeiten an techn. Anlagen	0,2	**0,6**	0,9
049	Feuerlöschanlagen, Feuerlöschgeräte	0,0	**< 0,1**	< 0,1
050	Blitzschutz- und Erdungsanlagen	0,4	**0,7**	1,4
052	Mittelspannungsanlagen	–	**–**	–
053	Niederspannungsanlagen inkl. 054	2,7	**4,3**	7,0
055	Sicherheits- und Ersatzstromversorgungsanlagen	< 0,1	**0,2**	1,8
057	Gebäudesystemtechnik	0,0	**0,3**	1,9
058	Leuchten und Lampen inkl. 059	0,7	**2,0**	2,6
060	Such-, Signal-, elektroakust. Anl., Med. inkl. 064	< 0,1	**0,2**	0,4
061	Kommunikations- und Übertragungsnetze inkl. 062	< 0,1	**0,3**	0,7
063	Gefahrenmeldeanlagen	0,2	**0,7**	1,2
069	Aufzüge	< 0,1	**0,3**	1,5
070	Gebäudeautomation	0,0	**0,2**	0,8
075	Raumlufttechnische Anlagen inkl. 078	0,6	**2,0**	3,7
	Gebäudetechnik	15,8	**19,8**	24,3
	Sonstige Leistungsbereiche inkl. 008, 033, 051	0,2	**0,9**	3,1

Kosten:
Stand 1.Quartal 2025
Bundesdurchschnitt
inkl. 19% MwSt.

- ● KKW
- ▶ min
- ▷ von
- | Mittelwert
- ◁ bis
- ◀ max

Planungskennwerte für Flächen und Rauminhalte nach DIN 277

Grundflächen		▷	Fläche/NUF (%)	◁	▷	Fläche/BGF (%)	◁
NUF	Nutzungsfläche	100,0	**100,0**	100,0	63,3	**67,6**	72,7
TF	Technikfläche	2,3	**2,9**	4,1	1,5	**1,9**	2,6
VF	Verkehrsfläche	19,1	**25,7**	34,6	12,2	**16,5**	20,3
NRF	Netto-Raumfläche	121,7	**128,7**	137,8	84,5	**86,1**	87,7
KGF	Konstruktions-Grundfläche	18,1	**20,9**	24,3	12,3	**13,9**	15,5
BGF	Brutto-Grundfläche	140,5	**149,6**	160,5	100,0	**100,0**	100,0

Brutto-Rauminhalte		▷	BRI/NUF (m)	◁	▷	BRI/BGF (m)	◁
BRI	Brutto-Rauminhalt	5,54	**6,10**	6,81	3,87	**4,08**	4,51

Flächen von Nutzeinheiten	▷	NUF/Einheit (m²)	◁	▷	BGF/Einheit (m²)	◁
Nutzeinheit: Kinder	8,08	**9,25**	12,05	11,95	**13,73**	17,43

Lufttechnisch behandelte Flächen	▷	Fläche/NUF (%)	◁	▷	Fläche/BGF (%)	◁
Entlüftete Fläche	–	–	–	–	–	–
Be- und entlüftete Fläche	84,0	**117,8**	126,3	76,4	**76,4**	78,5
Teilklimatisierte Fläche	–	–	–	–	–	–
Klimatisierte Fläche	–	–	–	–	–	–

KG	Kostengruppen (2. Ebene)	Einheit	▷	Menge/NUF	◁	▷	Menge/BGF	◁
310	Baugrube / Erdbau	m³ BGI	1,06	**1,39**	2,05	0,69	**0,91**	1,29
320	Gründung, Unterbau	m² GRF	1,14	**1,22**	1,31	0,72	**0,81**	0,84
330	Außenwände / vertikal außen	m² AWF	1,13	**1,19**	1,38	0,72	**0,78**	0,95
340	Innenwände / vertikal innen	m² IWF	1,24	**1,39**	1,58	0,83	**0,89**	0,99
350	Decken / horizontal	m² DEF	0,38	**0,52**	0,55	0,20	**0,29**	0,31
360	Dächer	m² DAF	1,22	**1,38**	1,51	0,78	**0,91**	1,00
370	Infrastrukturanlagen		–	–	–	–	–	–
380	Baukonstruktive Einbauten	m² BGF	1,41	**1,50**	1,60	1,00	**1,00**	1,00
390	Sonst. Maßnahmen für Baukonst.	m² BGF	1,41	**1,50**	1,60	1,00	**1,00**	1,00
300	**Bauwerk – Baukonstruktionen**	**m² BGF**	1,41	**1,50**	1,60	1,00	**1,00**	1,00

Planungskennwerte für Bauzeiten — 58 Vergleichsobjekte

Bauzeit in Wochen

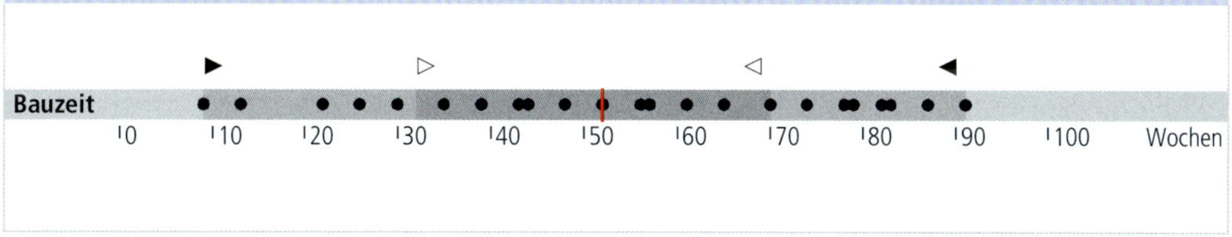

€/m² BGF

min	1.995	€/m²
von	2.520	€/m²
Mittel	**3.140**	**€/m²**
bis	3.900	€/m²
max	5.420	€/m²

Kosten:
Stand 1. Quartal 2025
Bundesdurchschnitt
inkl. 19% MwSt.

Objektübersicht zur Gebäudeart

4400-0403 Kindertagesstätte (4 Gruppen, 75 Kinder)

BRI 4.053 m³ | **BGF** 1.071 m² | **NUF** 662 m²

Kindertagesstätte für vier Gruppen und 75 Kinder. Holzbau.

Land: Nordrhein-Westfalen
Kreis: Warendorf
Standard: mittel
Bauzeit: 48 Wochen
Kennwerte: bis 1. Ebene DIN 276

BGF **3.277 €/m²**

Planung: abdelkader architekten bda Partnerschaft mbB; Münster

vorgesehen: BKI Objektdaten N21

4400-0383 Kindertagesstätte (4 Gruppen, 74 Kinder)

BRI 4.803 m³ | **BGF** 1.151 m² | **NUF** 742 m²

Kindertagesstätte für zwei Regelgruppen und zwei Kleinkindgruppen. Holzbau.

Land: Bayern
Kreis: Ansbach
Standard: mittel
Bauzeit: 52 Wochen
Kennwerte: bis 1. Ebene DIN 276

BGF **3.005 €/m²**

Planung: Dipl.Ing. (FH) Martin Szymanski; Satteldorf-Gröningen

veröffentlicht: BKI Objektdaten N20

4400-0389 Kindertagesstätte (6 Gruppen, 100 Kinder)

BRI 7.264 m³ | **BGF** 1.651 m² | **NUF** 1.223 m²

Kindertagesstätte für vier Kita- und zwei Krippengruppen in Niedrigenergiebauweise. Holzbau.

Land: Baden-Württemberg
Kreis: Heidelberg, Stadt
Standard: hoch
Bauzeit: 26 Wochen
Kennwerte: bis 3. Ebene DIN 276

BGF **3.687 €/m²**

Planung: Hochbauamt Heidelberg und AAg Architekten GmbH; Heidelberg

vorgesehen: BKI Objektdaten N21

4400-0397 Kindertagesstätte (6 Gruppen, 111 Kinder)

BRI 5.718 m³ | **BGF** 1.581 m² | **NUF** 961 m²

Kindertagesstätte mit sechs Gruppen für 111 Kinder. Massivbau.

Land: Hessen
Kreis: Main-Kinzig-Kreis
Standard: mittel
Bauzeit: 87 Wochen
Kennwerte: bis 1. Ebene DIN 276

BGF **3.477 €/m²**

Planung: lucas architekten GmbH; Hainburg

vorgesehen: BKI Objektdaten N21

Objektübersicht zur Gebäudeart

4400-0392 Kindertagesstätte (4 Gruppen, 70 Kinder)

BRI 4.299 m³ **BGF** 1.036 m² **NUF** 697 m²

Kindertagesstätte mit vier Gruppen für 70 Kinder. Mauerwerk.

Land: Schleswig-Holstein
Kreis: Lübeck, Stadt
Standard: mittel
Bauzeit: 52 Wochen
Kennwerte: bis 1. Ebene DIN 276

BGF 3.108 €/m²

Planung: ZIEBELL + PARTNER Architektur- und Planungs GmbH; Lübeck

veröffentlicht: BKI Objektdaten S6

4400-0386 Kindertagesstätte (11 Gruppen, 200 Kinder)

BRI 10.225 m³ **BGF** 2.449 m² **NUF** 1.451 m²

Kindertagesstätte für 200 Kinder in vier Krippengruppen und sieben Kindergartengruppen. Stb-Skelettbau.

Land: Sachsen
Kreis: Leipzig, Stadt
Standard: mittel
Bauzeit: 74 Wochen
Kennwerte: bis 1. Ebene DIN 276

BGF 3.876 €/m²

Planung: DNR Daab Nordheim Reutler PartGmbB; Leipzig

veröffentlicht: BKI Objektdaten N20

4400-0378 Kindergarten (6 Gruppen, 150 Kinder)

BRI 8.792 m³ **BGF** 1.637 m² **NUF** 1.118 m²

Kindergarten für sechs Gruppen und 150 Kinder sowie Verwaltungsräume für die Pfarrgemeinde. Holzbau.

Land: Bayern
Kreis: Pfaffenhofen a.d.Ilm
Standard: mittel
Bauzeit: 70 Wochen
Kennwerte: bis 1. Ebene DIN 276

BGF 3.174 €/m²

Planung: Architekturbüro Obereisenbuchner; Pfaffenhofen

veröffentlicht: BKI Objektdaten N20

4400-0417 Kindergarten (4 Gruppen, 100 Kinder)

BRI 5.699 m³ **BGF** 1.614 m² **NUF** 1.150 m²

Kindergarten mit vier Gruppen für 100 Kinder. Holzbau.

Land: Bayern
Kreis: Traunstein
Standard: mittel
Bauzeit: 52 Wochen
Kennwerte: bis 1. Ebene DIN 276

BGF 2.388 €/m²

Planung: köhler architekten + beratende Ingenieure GmbH; Gauting

vorgesehen: BKI Objektdaten N21

€/m² BGF

min	1.995 €/m²
von	2.520 €/m²
Mittel	**3.140 €/m²**
bis	3.900 €/m²
max	5.420 €/m²

Kosten:
Stand 1. Quartal 2025
Bundesdurchschnitt
inkl. 19% MwSt.

Objektübersicht zur Gebäudeart

4400-0361 Kindergarten (2 Gruppen, 42 Kinder)

BRI 2.525 m³ **BGF** 595 m² **NUF** 395 m²

Kindergarten für zwei Gruppen und 42 Kinder. Holzbau.

Land: Bayern
Kreis: Hof
Standard: mittel
Bauzeit: 61 Wochen
Kennwerte: bis 1. Ebene DIN 276

BGF 2.952 €/m²

Planung: hüttnerarchitekten; Lichtenberg

veröffentlicht: BKI Objektdaten N19

6400-0120 Jugendfreizeitstätte (3 Gruppen, 100 Kinder)

BRI 3.304 m³ **BGF** 795 m² **NUF** 520 m²

Jugendfreizeitstätte zur gemeinsamen Nutzung von Kindern und Jugendlichen. Holzbau.

Land: Bayern
Kreis: Schweinfurt, Stadt
Standard: mittel
Bauzeit: 43 Wochen
Kennwerte: bis 3. Ebene DIN 276

BGF 3.162 €/m²

Planung: brück.jordan architekten ingenieure PartGmbB; Würzburg

veröffentlicht: BKI Objektdaten S6

4400-0380 Kindertagesstätte (5 Gruppen, 105 Kinder)

BRI 5.808 m³ **BGF** 1.349 m² **NUF** 984 m²

Kindertagesstätte mit Krippengruppen für 105 Kinder sowie ein Familienzentrum mit Beratungsräumen. Holzbau.

Land: Niedersachsen
Kreis: Verden
Standard: hoch
Bauzeit: 70 Wochen
Kennwerte: bis 1. Ebene DIN 276

BGF 3.777 €/m²

Planung: ulrich TILGNER thomas GROTZ Architekten GmbH; Bremen

veröffentlicht: BKI Objektdaten N20

4400-0419 Kinderhaus (2 Gruppen, 40 Kinder)

BRI 4.167 m³ **BGF** 938 m² **NUF** 634 m²

Kinderhaus mit zwei Gruppen für 40 Kinder. Holzbau.

Land: Bayern
Kreis: Ebersberg
Standard: mittel
Bauzeit: 78 Wochen
Kennwerte: bis 1. Ebene DIN 276

BGF 3.498 €/m²

Planung: Goergens Miklautz Partner GmbB; München

vorgesehen: BKI Objektdaten N21

4400-0408 Kinderhaus (6 Gruppen, 174 Kinder)*

BRI 12.100 m³ | **BGF** 2.790 m² | **NUF** 1.604 m²

Kinderhaus für 174 Kinder in sechs Gruppen. Holzbau.

Land: Bayern
Kreis: Wunsiedel
Standard: hoch
Bauzeit: 92 Wochen
Kennwerte: bis 1. Ebene DIN 276

BGF 2.838 €/m²

Planung: HILGARTH Architekten-Stadtplaner; Marktredwitz

vorgesehen: BKI Objektdaten N21
* Nicht in der Auswertung enthalten

4400-0365 Kindergarten (6 Gruppen, 126 Kinder)

BRI 6.335 m³ | **BGF** 1.297 m² | **NUF** 1.042 m²

Kindergarten mit sechs Gruppen für 126 Kinder. Holzbau.

Land: Bayern
Kreis: Eichstätt
Standard: hoch
Bauzeit: 61 Wochen
Kennwerte: bis 1. Ebene DIN 276

BGF 4.464 €/m²

Planung: abhd architekten denzinger und partner mbB; Neuburg

veröffentlicht: BKI Objektdaten N20

4400-0360 Kinderkrippe (3 Gruppen, 45 Kinder)

BRI 2.359 m³ | **BGF** 609 m² | **NUF** 411 m²

Kinderkrippe mit drei Gruppen für 45 Kinder. Holzbau.

Land: Niedersachsen
Kreis: Wesermarsch
Standard: mittel
Bauzeit: 65 Wochen
Kennwerte: bis 1. Ebene DIN 276

BGF 4.408 €/m²

Planung: KUKUK Architekten Partnerschaftsgesellschaft mbB; Bremen

veröffentlicht: BKI Objektdaten N19

4100-0225 Schülerhort (3 Gruppen, 81 Kinder)

BRI 2.754 m³ | **BGF** 613 m² | **NUF** 412 m²

Neubau für Speisesaal und Betreuungsräume. Holzbau.

Land: Nordrhein-Westfalen
Kreis: Viersen
Standard: mittel
Bauzeit: 74 Wochen
Kennwerte: bis 1. Ebene DIN 276

BGF 4.504 €/m²

Planung: Hayner Salgert Architekten PartmbB; Düsseldorf

veröffentlicht: BKI Objektdaten N19

€/m² BGF

min	1.995	€/m²
von	2.520	€/m²
Mittel	**3.140**	**€/m²**
bis	3.900	€/m²
max	5.420	€/m²

Kosten:
Stand 1. Quartal 2025
Bundesdurchschnitt
inkl. 19% MwSt.

Objektübersicht zur Gebäudeart

4400-0349 Kinderhaus (8 Gruppen, 161 Kinder)

BRI 8.630 m³ **BGF** 2.518 m² **NUF** 1.830 m²

Kinderhaus für 50 Hortplätze, 75 Kindergartenplätze und 36 Krippenplätze. Holzbau.

Land: Bayern
Kreis: Weißenburg-Gunzenhausen
Standard: mittel
Bauzeit: 44 Wochen
Kennwerte: bis 1. Ebene DIN 276

BGF **2.567 €/m²**

Planung: Hrycyk Architekten; München

veröffentlicht: BKI Objektdaten N18

4400-0407 Kindertagesstätte (4 Gruppen, 90 Kinder)

BRI 4.681 m³ **BGF** 1.106 m² **NUF** 717 m²

Kindertagesstätte mit vier Gruppen für 90 Kinder. Holzbau.

Land: Niedersachsen
Kreis: Hannover, Region
Standard: hoch
Bauzeit: 52 Wochen
Kennwerte: bis 1. Ebene DIN 276

BGF **3.392 €/m²**

Planung: ra plus | mevißen hillmann harder hille architektenpartnerschaft; Hannover

vorgesehen: BKI Objektdaten N21

4400-0364 Kindertagesstätte (5 Gruppen, 100 Kinder)

BRI 4.022 m³ **BGF** 1.109 m² **NUF** 760 m²

Kindertagesstätte mit fünf Gruppen für 100 Kinder. Holzbau.

Land: Rheinland-Pfalz
Kreis: Alzey-Worms
Standard: mittel
Bauzeit: 70 Wochen
Kennwerte: bis 1. Ebene DIN 276

BGF **3.263 €/m²**

Planung: werk.um architekten; Darmstadt

veröffentlicht: BKI Objektdaten N20

4400-0366 Kinderhaus (4 Gruppen, 74 Kinder)

BRI 6.132 m³ **BGF** 1.011 m² **NUF** 686 m²

Kinderhaus für vier Gruppen mit insgesamt 74 Kindern. Holzbau.

Land: Bayern
Kreis: Neumarkt i.d.OPf.
Standard: mittel
Bauzeit: 56 Wochen
Kennwerte: bis 1. Ebene DIN 276

BGF **4.240 €/m²**

Planung: Berschneider + Berschneider GmbH Architekten + Innenarchitekten; Pilsach

veröffentlicht: BKI Objektdaten N20

4400-0359 Kindertagesstätte (4 Gruppen, 75 Kinder) — BRI 3.998 m³ | BGF 1.140 m² | NUF 719 m²

Kindertagesstätte für vier Gruppen und 75 Kinder. Massivbau.

Land: Nordrhein-Westfalen
Kreis: Hochsauerlandkreis
Standard: mittel
Bauzeit: 44 Wochen
Kennwerte: bis 1. Ebene DIN 276

BGF **2.870 €/m²**

Planung: abdelkader architekten bda Partnerschaft mbB; Münster

veröffentlicht: BKI Objektdaten N19

4400-0393 Kindertagesstätte (7 Gruppen, 136 Kinder) — BRI 8.272 m³ | BGF 1.967 m² | NUF 1.176 m²

Kindertagesstätte mit drei Krippenplätze und vier Kindergartengruppen, 136 Kinder. Massivbau.

Land: Bayern
Kreis: Bamberg
Standard: hoch
Bauzeit: 78 Wochen
Kennwerte: bis 1. Ebene DIN 276

BGF **3.082 €/m²**

Planung: Schmitt Vogels Architekten GmbH; Bamberg

vorgesehen: BKI Objektdaten N21

4400-0348 Kinderhort (4 Gruppen, 100 Kinder) — BRI 4.451 m³ | BGF 1.026 m² | NUF 701 m²

Kinderhort für 100 Schulkinder. Holzbau.

Land: Bayern
Kreis: Landshut
Standard: mittel
Bauzeit: 57 Wochen
Kennwerte: bis 1. Ebene DIN 276

BGF **3.370 €/m²**

Planung: goldbrunner + hrycyk architekten; München

veröffentlicht: BKI Objektdaten N18

4400-0356 Kindergarten (4 Gruppen, 112 Kinder), Wohnungen — BRI 4.984 m³ | BGF 1.205 m² | NUF 838 m²

Kindergarten für 112 Kinder und vier Wohnungen für das Personal. Holzbau.

Land: Bayern
Kreis: Freising
Standard: mittel
Bauzeit: 79 Wochen
Kennwerte: bis 3. Ebene DIN 276

BGF **3.267 €/m²**

Planung: goldbrunner + hrycyk architekten; München

veröffentlicht: BKI Objektdaten N19

€/m² BGF

min	1.995	€/m²
von	2.520	€/m²
Mittel	**3.140**	**€/m²**
bis	3.900	€/m²
max	5.420	€/m²

Kosten:
Stand 1. Quartal 2025
Bundesdurchschnitt
inkl. 19% MwSt.

Objektübersicht zur Gebäudeart

4400-0354 Kindertagesstätte (5 Gruppen, 90 Kinder)

BRI 5.075 m³ **BGF** 1.424 m² **NUF** 806 m²

Kindertagesstätte für fünf Gruppen mit 90 Kindern, einem Mehrzweckraum und einer Cateringküche, die auch zum Kochen vor Ort vorgerüstet ist. Holzbau.

Land: Hessen
Kreis: Bergstraße
Standard: mittel
Bauzeit: 70 Wochen
Kennwerte: bis 1. Ebene DIN 276

BGF 3.429 €/m²

Planung: werk.um architekten; Darmstadt

veröffentlicht: BKI Objektdaten N19

4400-0347 Kindertagesstätte (7 Gruppen, 110 Kinder)

BRI 4.868 m³ **BGF** 1.185 m² **NUF** 724 m²

Kindertagesstätte für 110 Kinder ohne feste Gruppenbildung in vier Themenräumen. Holzbau.

Land: Brandenburg
Kreis: Potsdam, Stadt
Standard: hoch
Bauzeit: 52 Wochen
Kennwerte: bis 1. Ebene DIN 276

BGF 2.766 €/m²

Planung: Werkgruppe Kleinmachnow Architekten PartGmbB; Kleinmachnow

veröffentlicht: BKI Objektdaten N18

4400-0351 Kindertagesstätte (6 Gruppen, 138 Kinder)

BRI 7.542 m³ **BGF** 1.587 m² **NUF** 945 m²

Kindertagesstätte mit sechs Gruppen bzw. 138 Kindern. Holzbau.

Land: Bayern
Kreis: Eichstätt
Standard: hoch
Bauzeit: 70 Wochen
Kennwerte: bis 1. Ebene DIN 276

BGF 3.892 €/m²

Planung: Bär Stadelmann Stöcker Architekten und Stadtplaner PartGmbH; Nürnberg

veröffentlicht: BKI Objektdaten N18

4400-0333 Kindertagesstätte (3 Gruppen, 35 Kinder)

BRI 3.156 m³ **BGF** 645 m² **NUF** 394 m²

Inklusive Kindertagesstätte mit drei Gruppen für 35 Kinder. Holzbau.

Land: Baden-Württemberg
Kreis: Ostalbkreis
Standard: mittel
Bauzeit: 39 Wochen
Kennwerte: bis 3. Ebene DIN 276

BGF 3.306 €/m²

Planung: Wolfgang Helmle Freier Architekt; Ellwangen

veröffentlicht: BKI Objektdaten S6

4400-0367 Kindergarten (7 Gruppen, 130 Kinder)

BRI 8.116 m³ **BGF** 1.731 m² **NUF** 1.135 m²

© Yohan Zerdoun

Kindergarten mit sieben Gruppen für 130 Kinder, Regenerierküche. Holzbau.

Land: Baden-Württemberg
Kreis: Schwäbisch Hall
Standard: mittel
Bauzeit: 91 Wochen
Kennwerte: bis 3. Ebene DIN 276

BGF 3.190 €/m²

Planung: K9 Architekten Borgards Lösch Pichl Piribauer BDA DWB; Freiburg

veröffentlicht: BKI Objektdaten S6

4400-0345 Kindertagesstätte (2 Gruppen, 45 Kinder)

BRI 1.547 m³ **BGF** 398 m² **NUF** 288 m²

© Hanno Keppel Image Photography

Kindertagesstätte für 45 Kinder. Holzbau.

Land: Niedersachsen
Kreis: Braunschweig, Stadt
Standard: hoch
Bauzeit: 65 Wochen
Kennwerte: bis 1. Ebene DIN 276

BGF 5.420 €/m²

Planung: maurer - ARCHITEKTUR Jensen Gronau Architekten BDA; Vechelde

veröffentlicht: BKI Objektdaten N18

4400-0362 Kindertagesstätte (6 Gruppen, 124 Kinder)

BRI 6.446 m³ **BGF** 1.678 m² **NUF** 953 m²

© Simon Sommer

Kindertagesstätte mit sechs Gruppen für 124 Kinder. Massivbau.

Land: Bayern
Kreis: Berchtesgadener Land
Standard: mittel
Bauzeit: 82 Wochen
Kennwerte: bis 3. Ebene DIN 276

BGF 2.463 €/m²

Planung: härtner ito architekten PartGmbB; Stuttgart

veröffentlicht: BKI Objektdaten N19

4400-0344 Kindertagesstätte (4 Gruppen, 60 Kinder)

BRI 3.496 m³ **BGF** 840 m² **NUF** 601 m²

© Martin Lukas Kim

Kindertagesstätte mit vier Gruppen und 60 Kindern. Holzbau.

Land: Schleswig-Holstein
Kreis: Dithmarschen
Standard: mittel
Bauzeit: 39 Wochen
Kennwerte: bis 1. Ebene DIN 276

BGF 2.529 €/m²

Planung: JEBENS SCHOOF ARCHITEKTEN BDA; Heide

veröffentlicht: BKI Objektdaten N18

€/m² BGF

min	1.995	€/m²
von	2.520	€/m²
Mittel	**3.140**	**€/m²**
bis	3.900	€/m²
max	5.420	€/m²

Kosten:
Stand 1. Quartal 2025
Bundesdurchschnitt
inkl. 19% MwSt.

Objektübersicht zur Gebäudeart

4400-0339 Kindertagesstätte (99 Kinder)

BRI 4.450 m³ **BGF** 1.200 m² **NUF** 801 m²

Kindertagesstätte (5 Gruppen, 99 Kinder). Mischkonstruktion.

Land: Bayern
Kreis: Weilheim-Schongau
Standard: hoch
Bauzeit: 70 Wochen
Kennwerte: bis 1. Ebene DIN 276

BGF 2.451 €/m²

Planung: Angele Architekten GmbH; Oberhausen

veröffentlicht: BKI Objektdaten E9

4400-0301 Kindertagesstätte (1 Gruppe, 25 Kinder)

BRI 604 m³ **BGF** 184 m² **NUF** 125 m²

Kindertagesstätte mit einer Gruppe für max. 25 Kinder. Massivholzbau.

Land: Hamburg
Kreis: Hamburg, Stadt
Standard: mittel
Bauzeit: 22 Wochen
Kennwerte: bis 1. Ebene DIN 276

BGF 2.616 €/m²

Planung: Bosse Westphal Schäffer Architekten; Winsen/Luhe

veröffentlicht: BKI Objektdaten N16

4400-0310 Kindergarten (4 Gruppen, 80 Kinder)

BRI 3.757 m³ **BGF** 853 m² **NUF** 638 m²

Kindergarten für vier Gruppen mit 80 Kindern. Holzrahmenbau.

Land: Nordrhein-Westfalen
Kreis: Bottrop, Stadt
Standard: mittel
Bauzeit: 35 Wochen
Kennwerte: bis 1. Ebene DIN 276

BGF 2.145 €/m²

Planung: Kemper Steiner & Partner Architekten GmbH; Bochum

veröffentlicht: BKI Objektdaten E8

4400-0284 Kinderhort (6 Gruppen, 150 Kinder)

BRI 6.211 m³ **BGF** 1.740 m² **NUF** 976 m²

Kinderhort (6 Gruppen, 150 Kinder). Massivholzbau.

Land: Bayern
Kreis: Starnberg
Standard: hoch
Bauzeit: 35 Wochen
Kennwerte: bis 1. Ebene DIN 276

BGF 2.437 €/m²

Planung: Raum und Bau Planungsgesellschaft mbH; München

veröffentlicht: BKI Objektdaten E7

4400-0288 Kinderkrippe (1 Gruppe, 12 Kinder) - Modulbau

BRI 480 m³ | **BGF** 135 m² | **NUF** 98 m²

Kinderkrippe mit sieben Modulen in Holzrahmenbau je Gruppe mit zwölf Kindern, das siebte Modul ist für Kinderwagen oder als Lager nutzbar. Holztafelbau.

Land: Niedersachsen
Kreis: Harburg
Standard: mittel
Bauzeit: 9 Wochen
Kennwerte: bis 3. Ebene DIN 276

BGF 2.146 €/m²

Planung: Bosse Westphal Schäffer Architekten; Winsen/Luhe

veröffentlicht: BKI Objektdaten N16

4400-0273 Kinderkrippe (2 Gruppen, 30 Kinder)

BRI 1.812 m³ | **BGF** 428 m² | **NUF** 292 m²

Kinderkrippe mit zwei Gruppen für 30 Kinder. Holzrahmenbau.

Land: Niedersachsen
Kreis: Harburg
Standard: mittel
Bauzeit: 39 Wochen
Kennwerte: bis 1. Ebene DIN 276

BGF 2.586 €/m²

Planung: Bosse Westphal Schäffer Architekten; Winsen/Luhe

veröffentlicht: BKI Objektdaten N15

4400-0255 Kinderkrippe (4 Gruppen, 40 Kinder)

BRI 2.252 m³ | **BGF** 611 m² | **NUF** 489 m²

Kinderkrippe mit vier Gruppen für 40 Kinder. Holzbau.

Land: Schleswig-Holstein
Kreis: Flensburg, Stadt
Standard: mittel
Bauzeit: 48 Wochen
Kennwerte: bis 1. Ebene DIN 276

BGF 3.309 €/m²

Planung: heinobrodersen architekt; Flensburg

veröffentlicht: BKI Objektdaten N13

4400-0259 Kinderkrippe (4 Gruppen, 40 Kinder)

BRI 4.175 m³ | **BGF** 830 m² | **NUF** 511 m²

Kinderkrippe mit vier Gruppen für 40 Kinder. Holzrahmenbau.

Land: Bremen
Kreis: Bremerhaven, Stadt
Standard: mittel
Bauzeit: 43 Wochen
Kennwerte: bis 1. Ebene DIN 276

BGF 3.173 €/m²

Planung: Architekturbüro Werner Grannemann; Bremerhaven

veröffentlicht: BKI Objektdaten N13

Kindergärten, Holzbauweise, nicht unterkellert

€/m² BGF

min	1.995	€/m²
von	2.520	€/m²
Mittel	**3.140**	**€/m²**
bis	3.900	€/m²
max	5.420	€/m²

Kosten:
Stand 1. Quartal 2025
Bundesdurchschnitt
inkl. 19% MwSt.

Objektübersicht zur Gebäudeart

4400-0289 Kindergarten (1 Gruppe, 12 Kinder) - Modulbau

BRI 386 m³ **BGF** 104 m² **NUF** 75 m²

Kindergarten mit fünf Modulen in Holzrahmenbau für eine Gruppe mit zwölf Kindern. Holzmodulbau.

Land: Niedersachsen
Kreis: Harburg
Standard: mittel
Bauzeit: 9 Wochen
Kennwerte: bis 3. Ebene DIN 276

BGF **1.996 €/m²**

Planung: Bosse Westphal Schäffer Architekten; Winsen/Luhe

veröffentlicht: BKI Objektdaten N16

4400-0267 Kindergarten (2 Gruppen, 50 Kinder)

BRI 2.221 m³ **BGF** 538 m² **NUF** 341 m²

Kindergarten mit zwei Gruppen für 50 Kinder. Holzrahmenbau.

Land: Bayern
Kreis: München
Standard: hoch
Bauzeit: 83 Wochen
Kennwerte: bis 1. Ebene DIN 276

BGF **3.769 €/m²**

Planung: Breitenbücher Hirschbeck Architektengesellschaft mbH; München

veröffentlicht: BKI Objektdaten N15

4400-0250 Kinderkrippe (4 Gruppen, 50 Kinder)

BRI 3.712 m³ **BGF** 1.000 m² **NUF** 554 m²

Kinderkrippe mit vier Gruppen für 50 Kinder. Holzrahmenbau, Massivholzbau.

Land: Bayern
Kreis: Traunstein
Standard: mittel
Bauzeit: 35 Wochen
Kennwerte: bis 3. Ebene DIN 276

BGF **3.130 €/m²**

Planung: Leonhard Architekten; München

veröffentlicht: BKI Objektdaten N16

4400-0245 Kindertagesstätte (9 Gruppen, 150 Kinder)

BRI 5.900 m³ **BGF** 1.866 m² **NUF** 1.323 m²

Kindertagesstätte mit neun Gruppen für 150 Kinder, Elterncafé und Sprachförderungsraum. Holzrahmenbau.

Land: Schleswig-Holstein
Kreis: Segeberg
Standard: mittel
Bauzeit: 52 Wochen
Kennwerte: bis 1. Ebene DIN 276

BGF **2.144 €/m²**

Planung: güldenzopf rohrberg architektur + design; Hamburg

veröffentlicht: BKI Objektdaten N13

Objektübersicht zur Gebäudeart

4400-0256 Kinderkrippe (4 Gruppen, 48 Kinder)

BRI 3.900 m³ | **BGF** 1.033 m² | **NUF** 908 m²

© Quirin Leppert

Kinderkrippe mit vier Gruppen für 48 Kinder. Massivholzbau.

Land: Bayern
Kreis: München
Standard: mittel
Bauzeit: 39 Wochen
Kennwerte: bis 1. Ebene DIN 276

BGF **2.985 €/m²**

Planung: Schindhelm Moser Architekten; München

veröffentlicht: BKI Objektdaten E7

4400-0235 Kinderkrippe (3 Gruppen, 36 Kinder)

BRI 1.669 m³ | **BGF** 427 m² | **NUF** 304 m²

© Jörn Blohm

Kinderkrippe mit drei Gruppen für 36 Kinder. Massivholzbau.

Land: Bayern
Kreis: Freising
Standard: mittel
Bauzeit: 22 Wochen
Kennwerte: bis 1. Ebene DIN 276

BGF **3.218 €/m²**

Planung: goldbrunner + hrycyk architekten; München

veröffentlicht: BKI Objektdaten N13

4400-0247 Kindertagesstätte (2 Gruppen, 20 Kinder)

BRI 2.340 m³ | **BGF** 588 m² | **NUF** 379 m²

© Meyer Steffens Architekten und Stadtplaner

Kindertagesstätte mit zwei Gruppen für 20 Kinder. Holzrahmenbau.

Land: Schleswig-Holstein
Kreis: Lübeck, Stadt
Standard: hoch
Bauzeit: 30 Wochen
Kennwerte: bis 1. Ebene DIN 276

BGF **2.938 €/m²**

Planung: Meyer Steffens Architekten und Stadtplaner BDA; Lübeck

veröffentlicht: BKI Objektdaten N13

4400-0266 Kindertagesstätte (5 Gruppen, 80 Kinder)

BRI 2.488 m³ | **BGF** 594 m² | **NUF** 422 m²

© Markurt Architekturkontor

Kindertagesstätte mit fünf Gruppen für 80 Kinder, Multifunktionsraum, zwei Schlafräume und Küche. Holzrahmenbau, Mauerwerk.

Land: Sachsen
Kreis: Leipzig
Standard: hoch
Bauzeit: 13 Wochen
Kennwerte: bis 1. Ebene DIN 276

BGF **2.600 €/m²**

Planung: Markurt Architekturkontor; Wermsdorf

veröffentlicht: BKI Objektdaten E7

€/m² BGF

min	1.995	€/m²
von	2.520	€/m²
Mittel	**3.140**	**€/m²**
bis	3.900	€/m²
max	5.420	€/m²

Kosten:
Stand 1. Quartal 2025
Bundesdurchschnitt
inkl. 19% MwSt.

Objektübersicht zur Gebäudeart

4400-0237 Kindertagesstätte (4 Gruppen, 36 Kinder)

BRI 3.341 m³ **BGF** 821 m² **NUF** 573 m²

Kindertagesstätte als heilpädagogische Einrichtung für je zwei Gruppen im Kindergartenalter und im Schulalter. Holzskelettbau.

Land: Bayern
Kreis: München, Stadt
Standard: mittel
Bauzeit: 39 Wochen
Kennwerte: bis 3. Ebene DIN 276

BGF 2.100 €/m²

Planung: dreier + lauterbach architekten und ingenieure gmbh; München

veröffentlicht: BKI Objektdaten E6

4400-0216 Kinderkrippe (4 Gruppen, 60 Kinder)

BRI 3.101 m³ **BGF** 827 m² **NUF** 576 m²

Kinderkrippe für vier Gruppen mit 60 Kindern. Holzrahmenbau, Mauerwerk.

Land: Sachsen
Kreis: Erzgebirgskreis
Standard: mittel
Bauzeit: 48 Wochen
Kennwerte: bis 3. Ebene DIN 276

BGF 2.823 €/m²

Planung: heine I reichold architekten Partnerschaftsgesellschaft mbB; Lichtenstein

veröffentlicht: BKI Objektdaten N15

4400-0282 Kindertagesstätte (8 Gruppen, 140 Kinder)

BRI 5.339 m³ **BGF** 1.536 m² **NUF** 918 m²

Kindertagesstätte mit acht Gruppen und 140 Kindern, barrierefrei. Holzrahmenbau.

Land: Hamburg
Kreis: Hamburg, Stadt
Standard: mittel
Bauzeit: 39 Wochen
Kennwerte: bis 1. Ebene DIN 276

BGF 2.232 €/m²

Planung: Neustadtarchitekten (LPH 1-5) mit lup-architekten (LPH 6-9); Hamburg

veröffentlicht: BKI Objektdaten N15

4400-0249 Kindertagesstätte (6 Gruppen, 90 Kinder)

BRI 5.839 m³ **BGF** 1.428 m² **NUF** 780 m²

Kindertagesstätte mit sechs Gruppen für 90 Kinder mit Foyer, Mehrzweckraum, Gruppenräumen und Intensiv- und Schlafräume. Holztafelbaubau, Holzrahmenbau.

Land: Rheinland-Pfalz
Kreis: Alzey-Worms
Standard: mittel
Bauzeit: 61 Wochen
Kennwerte: bis 1. Ebene DIN 276

BGF 3.396 €/m²

Planung: AV1 Architekten GmbH; Kaiserslautern

veröffentlicht: BKI Objektdaten N13

4400-0225 Kinderkrippe (2 Gruppen, 30 Kinder)

BRI 2.309 m³ | **BGF** 474 m² | **NUF** 370 m²

Kinderkrippe mit zwei Gruppen für 30 Kinder. Holzrahmenbau.

Land: Niedersachsen
Kreis: Harburg
Standard: hoch
Bauzeit: 39 Wochen
Kennwerte: bis 1. Ebene DIN 276

BGF **3.130 €/m²**

Planung: Bosse Westphal Schäffer Architekten; Winsen/Luhe

veröffentlicht: BKI Objektdaten E6

4400-0263 Kindertagesstätte (2 Gruppen, 37 Kinder)

BRI 2.414 m³ | **BGF** 539 m² | **NUF** 443 m²

Kindertagesstätte für zwei Gruppen (Kindergartengruppe mit 25 Kindern und Kinderkrippengruppe mit zwölf Kindern), Personalräume, Mehrzweckraum. Massivholzbau.

Land: Bayern
Kreis: Eichstätt
Standard: mittel
Bauzeit: 57 Wochen
Kennwerte: bis 1. Ebene DIN 276

BGF **3.921 €/m²**

Planung: ABHD Architekten Beck und Denzinger; Neuburg

veröffentlicht: BKI Objektdaten N13

4400-0240 Kindertagesstätte (6 Gruppen, 149 Kinder)

BRI 6.351 m³ | **BGF** 1.823 m² | **NUF** 1.533 m²

Kindertagesstätte mit 149 Kindern und sechs Gruppen. Massivholzbau.

Land: Bayern
Kreis: Freising
Standard: hoch
Bauzeit: 48 Wochen
Kennwerte: bis 1. Ebene DIN 276

BGF **3.060 €/m²**

Planung: Hirner und Riehl Architekten und Stadtplaner BDA; München

veröffentlicht: BKI Objektdaten N13

4400-0234 Kindertagesstätte (5 Gruppen) - Passivhaus

BRI 5.152 m³ | **BGF** 1.221 m² | **NUF** 820 m²

Kindertagesstätte mit fünf Gruppen für 100 Kinder als Passivhaus. Holzrahmenbau.

Land: Hessen
Kreis: Frankfurt am Main, Stadt
Standard: hoch
Bauzeit: 70 Wochen
Kennwerte: bis 1. Ebene DIN 276

BGF **4.234 €/m²**

Planung: Birk Heilmeyer und Frenzel Gesellschaft von Architekten mbH; Stuttgart

veröffentlicht: BKI Objektdaten E6

€/m² BGF

min	1.995	€/m²
von	2.520	€/m²
Mittel	**3.140**	**€/m²**
bis	3.900	€/m²
max	5.420	€/m²

Kosten:
Stand 1. Quartal 2025
Bundesdurchschnitt
inkl. 19% MwSt.

Objektübersicht zur Gebäudeart

4400-0190 Kindertagesstätte (4 Gruppen)

BRI 3.122 m³ **BGF** 799 m² **NUF** 583 m²

Kindergarten und Krippe, vier Gruppen mit 72 Kindern. Holzrahmenbauweise auf Stb-Fundament.

Land: Hamburg
Kreis: Hamburg, Stadt
Standard: mittel
Bauzeit: 26 Wochen
Kennwerte: bis 1. Ebene DIN 276

BGF **2.136 €/m²**

Planung: bmwquadrat architekten; Hamburg

veröffentlicht: BKI Objektdaten N12

4400-0265 Kinderkrippe (6 Gruppen, 72 Kinder)

BRI 4.763 m³ **BGF** 1.297 m² **NUF** 682 m²

Kinderkrippe mit sechs Gruppen für 72 Kinder. Holzrahmenbau.

Land: Bayern
Kreis: Eichstätt
Standard: mittel
Bauzeit: 52 Wochen
Kennwerte: bis 3. Ebene DIN 276

BGF **2.554 €/m²**

Planung: ABHD Architekten Beck und Denzinger; Neuburg

veröffentlicht: BKI Objektdaten N16

4400-0189 Kindertagesstätte (8 Gruppen)

BRI 3.797 m³ **BGF** 1.123 m² **NUF** 829 m²

Kindertagesstätte mit acht Gruppen für 120 Kinder. Holztafelbau.

Land: Brandenburg
Kreis: Potsdam, Stadt
Standard: mittel
Bauzeit: 48 Wochen
Kennwerte: bis 1. Ebene DIN 276

BGF **3.072 €/m²**

Planung: larssonarchitekten; Berlin

veröffentlicht: BKI Objektdaten N12

 Erläuterungen zu den Tabellen siehe Seite 62

Kostenkennwerte für die Kosten des Bauwerks (Kostengruppen 300+400 nach DIN 276)

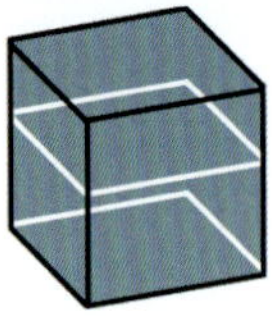

BRI 775 €/m³
von 675 €/m³
bis 925 €/m³

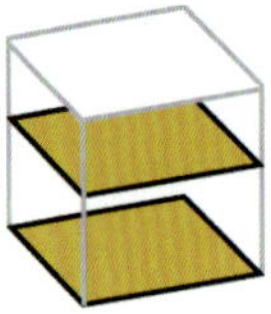

BGF 2.965 €/m²
von 2.445 €/m²
bis 3.370 €/m²

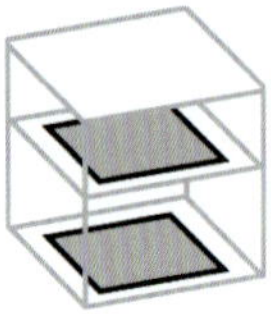

NUF 4.685 €/m²
von 3.805 €/m²
bis 5.775 €/m²

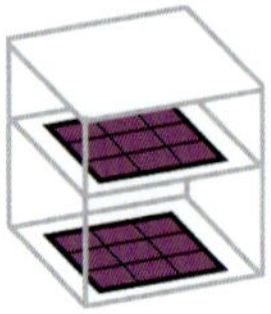

NE 51.030 €/NE
von 25.485 €/NE
bis 77.705 €/NE
NE: Kinder

Kosten:
Stand 1. Quartal 2025
Bundesdurchschnitt
inkl. 19% MwSt.

Objektbeispiele

4400-0401

4400-0400

4400-0379

Kosten der 19 Vergleichsobjekte

Seiten 376 bis 381

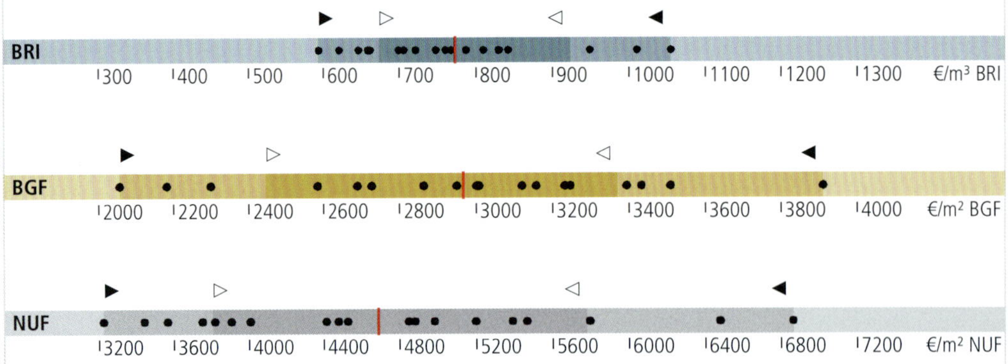

- ● KKW
- ▶ min
- ▷ von
- | Mittelwert
- ◁ bis
- ◀ max

Kostenkennwerte für die Kostengruppen der 1. und 2.Ebene DIN 276

KG	Kostengruppen der 1.Ebene	Einheit	▷	€/Einheit	◁	▷	% an 300+400	◁
100	Grundstück	m2 GF	–	**–**	–	–	**–**	–
200	Vorbereitende Maßnahmen	m2 GF	6	**23**	44	0,7	**1,7**	3,2
300	Bauwerk – Baukonstruktionen	m2 BGF	1.973	**2.328**	2.672	75,3	**78,7**	82,3
400	Bauwerk – Technische Anlagen	m2 BGF	469	**638**	791	17,7	**21,3**	24,7
	Bauwerk 300+400	m2 BGF	2.444	**2.966**	3.370	100,0	**100,0**	100,0
500	Außenanlagen und Freiflächen	m2 AF	122	**244**	494	4,9	**9,1**	15,0
600	Ausstattung und Kunstwerke	m2 BGF	33	**104**	203	1,1	**3,8**	8,0
700	Baunebenkosten*	m2 BGF	545	**608**	671	18,5	**20,6**	22,7 ◁
800	Finanzierung	m2 BGF	–	**–**	–	–	**–**	–

* Auf Grundlage der HOAI 2021 berechnete Werte nach §§ 35, 52, 56. Weitere Informationen siehe Seite 56

KG	Kostengruppen der 2.Ebene	Einheit	▷	€/Einheit	◁	▷	% an 1.Ebene	◁
310	Baugrube / Erdbau	m3 BGI	22	**34**	46	1,6	**2,6**	5,6
320	Gründung, Unterbau	m2 GRF	428	**445**	461	7,1	**12,8**	15,1
330	Außenwände / vertikal außen	m2 AWF	489	**756**	873	24,0	**27,9**	31,7
340	Innenwände / vertikal innen	m2 IWF	328	**383**	517	14,2	**16,3**	17,0
350	Decken / horizontal	m2 DEF	372	**583**	792	3,3	**8,6**	14,5
360	Dächer	m2 DAF	450	**695**	958	16,5	**19,7**	23,0
370	Infrastrukturanlagen		–	**–**	–	–	**–**	–
380	Baukonstruktive Einbauten	m2 BGF	59	**146**	228	1,0	**6,6**	8,9
390	Sonst. Maßnahmen für Baukonst.	m2 BGF	98	**118**	143	4,1	**5,4**	6,6
300	**Bauwerk – Baukonstruktionen**	**m2 BGF**					**100,0**	
410	Abwasser-, Wasser-, Gasanlagen	m2 BGF	89	**117**	152	17,2	**22,7**	29,5
420	Wärmeversorgungsanlagen	m2 BGF	72	**111**	146	13,5	**22,4**	33,6
430	Raumlufttechnische Anlagen	m2 BGF	5	**77**	149	0,8	**13,1**	26,0
440	Elektrische Anlagen	m2 BGF	100	**185**	271	27,8	**32,4**	44,0
450	Kommunikationstechnische Anlagen	m2 BGF	11	**23**	34	3,0	**4,0**	5,0
460	Förderanlagen	m2 BGF	–	**62**	–	0,0	**2,2**	8,7
470	Nutzungsspez. / verfahrenstech. Anl.	m2 BGF	1	**1**	2	< 0,1	**0,3**	0,5
480	Gebäude- und Anlagenautomation	m2 BGF	–	**50**	–	0,0	**2,5**	10,0
490	Sonst. Maßnahmen f. techn. Anl.	m2 BGF	2	**7**	11	< 0,1	**0,5**	1,7
400	**Bauwerk – Technische Anlagen**	**m2 BGF**					**100,0**	

Prozentanteile der Kosten 2.Ebene an den Kosten des Bauwerks nach DIN 276 (Von/Mittel/Bis)

KG	Kostengruppe	%
310	Baugrube / Erdbau	2,2
320	Gründung, Unterbau	10,4
330	Außenwände / vertikal außen	22,6
340	Innenwände / vertikal innen	13,2
350	Decken / horizontal	7,0
360	Dächer	15,9
370	Infrastrukturanlagen	
380	Baukonstruktive Einbauten	5,3
390	Sonst. Maßnahmen für Baukonst.	4,4
410	Abwasser-, Wasser-, Gasanlagen	4,2
420	Wärmeversorgungsanlagen	4,1
430	Raumlufttechnische Anlagen	2,5
440	Elektrische Anlagen	6,4
450	Kommunikationstechnische Anlagen	0,8
460	Förderanlagen	0,5
470	Nutzungsspez. / verfahrenstech. Anl.	< 0,1
480	Gebäude- und Anlagenautomation	0,4
490	Sonst. Maßnahmen f. techn. Anl.	0,1

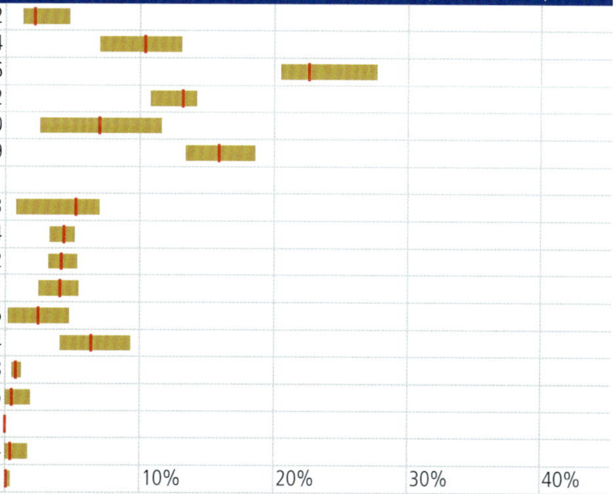

 Erläuterungen zu den Tabellen siehe Seite 54 und 56 Kostenstand: 1.Quartal 2025, Bundesdurchschnitt, **inkl. 19% MwSt.**

Kosten:
Stand 1.Quartal 2025
Bundesdurchschnitt
inkl. 19% MwSt.

Prozentanteile der Kosten für Leistungsbereiche nach STLB (Kosten Bauwerk nach DIN 276)

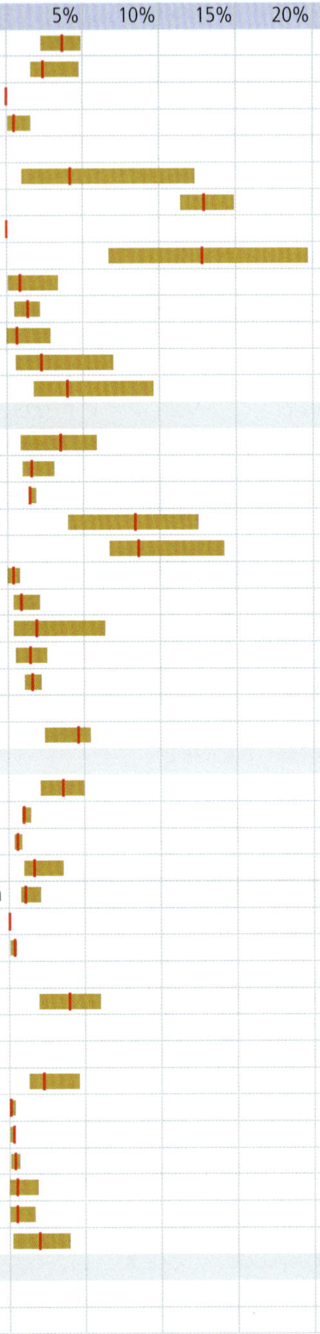

LB	Leistungsbereiche	▷	% an 300+400	◁
000	Baustellen-, Verkehrssich.- u. Sicherh.einr. inkl. 001	2,3	**3,7**	4,9
002	Erdarbeiten	1,6	**2,4**	4,8
006	Spezialtiefbauarbeiten inkl. 005	0,0	**< 0,1**	< 0,1
009	Entwässerungskanalarbeiten inkl. 011	0,1	**0,5**	1,6
010	Drän- und Versickerarbeiten	–	**–**	–
012	Mauerarbeiten	1,0	**4,2**	12,3
013	Betonarbeiten	11,4	**12,9**	14,9
014	Natur-, Betonwerksteinarbeiten	0,0	**< 0,1**	< 0,1
016	Zimmer- und Holzbauarbeiten	6,7	**12,8**	19,7
017	Stahlbauarbeiten	0,1	**0,9**	3,4
018	Abdichtungsarbeiten	0,5	**1,4**	2,2
020	Dachdeckungsarbeiten	0,0	**0,7**	2,9
021	Dachabdichtungsarbeiten	0,6	**2,3**	7,0
022	Klempnerarbeiten	1,8	**4,0**	9,6
	Rohbau	43,7	**46,0**	51,8
023	Putz- und Stuckarbeiten, Wärmedämmsysteme	0,9	**3,5**	5,9
024	Fliesen- und Plattenarbeiten	1,0	**1,6**	3,1
025	Estricharbeiten	1,4	**1,5**	1,9
026	Fenster, Außentüren inkl. 029, 032	4,0	**8,4**	12,5
027	Tischlerarbeiten	6,7	**8,6**	14,2
028	Parkettarbeiten, Holzpflasterarbeiten	0,0	**0,4**	0,8
030	Rollladenarbeiten	0,4	**0,9**	2,1
031	Metallbauarbeiten inkl. 035	0,4	**1,9**	6,4
034	Maler- und Lackiererarbeiten inkl. 037	0,5	**1,5**	2,6
036	Bodenbelagarbeiten	1,1	**1,6**	2,2
038	Vorgehängte hinterlüftete Fassaden	–	**–**	–
039	Trockenbauarbeiten	2,4	**4,6**	5,4
	Ausbau	31,0	**34,6**	38,8
040	Wärmeversorgungsanl. - Betriebseinr. inkl. 041	2,1	**3,6**	5,0
042	Gas- und Wasserinstallation, Leitungen inkl. 043	0,9	**1,0**	1,5
044	Abwasseranlagen - Leitungen, Abläufe, Armaturen	0,4	**0,6**	0,9
045	GWE - Einrichtungsgegenstände inkl. 046	1,0	**1,7**	3,6
047	Dämm- und Brandschutzarbeiten an techn. Anlagen	0,8	**1,1**	2,1
049	Feuerlöschanlagen, Feuerlöschgeräte	< 0,1	**< 0,1**	< 0,1
050	Blitzschutz- und Erdungsanlagen	0,1	**0,4**	0,5
052	Mittelspannungsanlagen	–	**–**	–
053	Niederspannungsanlagen inkl. 054	2,0	**4,0**	6,0
055	Sicherheits- und Ersatzstromversorgungsanlagen	–	**–**	–
057	Gebäudesystemtechnik	–	**–**	–
058	Leuchten und Lampen inkl. 059	1,3	**2,3**	4,6
060	Such-, Signal-, elektroakust. Anl., Med. inkl. 064	< 0,1	**0,1**	0,4
061	Kommunikations- und Übertragungsnetze inkl. 062	< 0,1	**0,3**	0,4
063	Gefahrenmeldeanlagen	0,1	**0,4**	0,7
069	Aufzüge	0,0	**0,5**	1,9
070	Gebäudeautomation	< 0,1	**0,5**	1,7
075	Raumlufttechnische Anlagen inkl. 078	0,2	**2,0**	4,0
	Gebäudetechnik	13,8	**18,6**	23,0
	Sonstige Leistungsbereiche inkl. 008, 033, 051	0,3	**0,9**	2,5

- ● KKW
- ▶ min
- ▷ von
- | Mittelwert
- ◁ bis
- ◀ max

Planungskennwerte für Flächen und Rauminhalte nach DIN 277

Grundflächen		▷	Fläche/NUF (%)	◁	▷	Fläche/BGF (%)	◁
NUF	Nutzungsfläche	100,0	**100,0**	100,0	60,4	**64,3**	67,9
TF	Technikfläche	3,7	**4,7**	6,7	2,3	**3,0**	4,0
VF	Verkehrsfläche	20,4	**26,2**	32,3	12,3	**15,9**	19,0
NRF	Netto-Raumfläche	124,0	**130,9**	137,4	79,8	**83,3**	84,6
KGF	Konstruktions-Grundfläche	24,6	**26,8**	36,3	15,4	**16,7**	20,2
BGF	Brutto-Grundfläche	150,8	**157,8**	170,7	100,0	**100,0**	100,0

Brutto-Rauminhalte		▷	BRI/NUF (m)	◁	▷	BRI/BGF (m)	◁
BRI	Brutto-Rauminhalt	5,63	**6,05**	6,58	3,68	**3,85**	4,10

Flächen von Nutzeinheiten	▷	NUF/Einheit (m²)	◁	▷	BGF/Einheit (m²)	◁
Nutzeinheit: Kinder	9,42	**12,17**	20,03	13,86	**18,77**	29,25

Lufttechnisch behandelte Flächen	▷	Fläche/NUF (%)	◁	▷	Fläche/BGF (%)	◁
Entlüftete Fläche	3,2	**3,2**	3,2	2,0	**2,0**	2,0
Be- und entlüftete Fläche	–	**–**	–	–	**–**	–
Teilklimatisierte Fläche	–	**–**	–	–	**–**	–
Klimatisierte Fläche	–	**–**	–	–	**–**	–

KG	Kostengruppen (2. Ebene)	Einheit	▷	Menge/NUF	◁	▷	Menge/BGF	◁
310	Baugrube / Erdbau	m³ BGI	2,01	**2,44**	2,99	1,36	**1,61**	1,84
320	Gründung, Unterbau	m² GRF	0,79	**0,93**	1,06	0,55	**0,64**	0,74
330	Außenwände / vertikal außen	m² AWF	1,17	**1,25**	1,26	0,81	**0,84**	0,84
340	Innenwände / vertikal innen	m² IWF	1,42	**1,43**	1,44	0,94	**0,97**	1,00
350	Decken / horizontal	m² DEF	0,39	**0,55**	0,67	0,23	**0,35**	0,42
360	Dächer	m² DAF	0,95	**1,04**	1,04	0,58	**0,71**	0,81
370	Infrastrukturanlagen		–	**–**	–	–	**–**	–
380	Baukonstruktive Einbauten	m² BGF	1,51	**1,58**	1,71	1,00	**1,00**	1,00
390	Sonst. Maßnahmen für Baukonst.	m² BGF	1,51	**1,58**	1,71	1,00	**1,00**	1,00
300	**Bauwerk – Baukonstruktionen**	**m² BGF**	1,51	**1,58**	1,71	1,00	**1,00**	1,00

Planungskennwerte für Bauzeiten — 19 Vergleichsobjekte

Bauzeit in Wochen

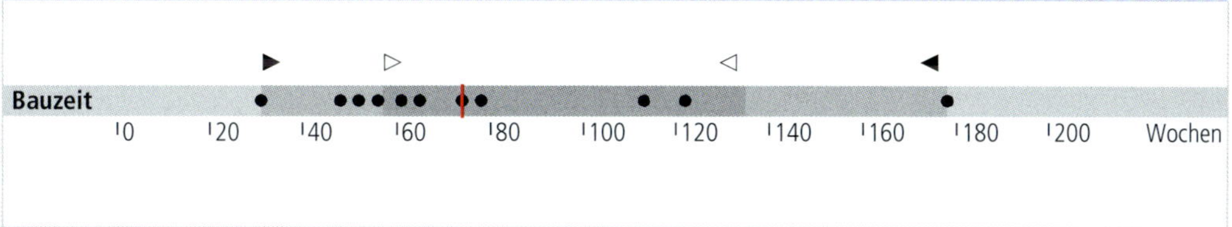

€/m² BGF

min	2.055	€/m²
von	2.445	€/m²
Mittel	**2.965**	**€/m²**
bis	3.370	€/m²
max	3.910	€/m²

Kosten:
Stand 1. Quartal 2025
Bundesdurchschnitt
inkl. 19% MwSt.

Objektübersicht zur Gebäudeart

4400-0401 Kindertagesstätte (7 Gruppen), Familienzentrum

BRI 7.935 m³ **BGF** 2.140 m² **NUF** 1.219 m²

Kindertagesstätte für sieben Gruppen, 124 Kinder sowie ein Familienzentrum. Holzbau.

Land: Hessen
Kreis: Odenwaldkreis
Standard: hoch
Bauzeit: 113 Wochen
Kennwerte: bis 1. Ebene DIN 276

BGF 3.910 €/m²

Planung: Fischer Rüdenauer Architekten PartmbB; Stuttgart

vorgesehen: BKI Objektdaten N21

4400-0358 Schulhort (15 Gruppen, 250 Kinder)

BRI 8.106 m³ **BGF** 2.110 m² **NUF** 1.594 m²

Neubau eines Schulhorts mit 15 Gruppen für 250 Kinder als Anbau an ein Grundschul- und Mensagebäude. Holzbau.

Land: Brandenburg
Kreis: Teltow-Fläming
Standard: mittel
Bauzeit: 74 Wochen
Kennwerte: bis 1. Ebene DIN 276

BGF 2.950 €/m²

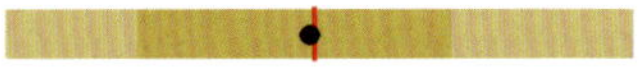

Planung: °pha design Banniza, Hermann, Öchsner und Partner; Potsdam

veröffentlicht: BKI Objektdaten N19

4400-0372 Kindertagesstätte (4 Gruppen, 87 Kinder)

BRI 6.093 m³ **BGF** 1.577 m² **NUF** 1.127 m²

Kindertagesstätte mit vier Gruppen für 87 Kinder. Massivbau.

Land: Hessen
Kreis: Fulda
Standard: mittel
Bauzeit: 65 Wochen
Kennwerte: bis 1. Ebene DIN 276

BGF 2.726 €/m²

Planung: trapp wagner Architekten + Ingenieure PartG mbB; Hünfeld

veröffentlicht: BKI Objektdaten N20

4400-0400 Kindertagesstätte (4 Gruppen), Wohnungen (10 WE)

BRI 7.907 m³ **BGF** 2.327 m² **NUF** 1.536 m²

Kindertagesstätte mit vier Gruppen für 74 Kinder sowie zehn Wohnungen. Massivbau.

Land: Hessen
Kreis: Offenbach
Standard: mittel
Bauzeit: 178 Wochen
Kennwerte: bis 1. Ebene DIN 276

BGF 3.432 €/m²

Planung: HY Architekten Birli Fritsch Part GmbB; Griesheim

vorgesehen: BKI Objektdaten N21

4400-0379 Kindertagesstätte (148 Kinder), Gemeindesaal

BRI 19.105 m³ **BGF** 4.751 m² **NUF** 3.156 m²

© Michael Heinrich

Kindertagesstätte mit vier Gruppen für Krippenkinder und vier Gruppen für Kindergartenkinder, insgesamt 148 Plätze. Verwaltungsräume für die Stadtverwaltung und ein Multifunktionssaal mit 199 Sitzplätzen für Veranstaltungen, Tiefgarage mit neun Stellplätzen. Stahlbeton.

Land: Bayern
Kreis: München
Standard: hoch
Bauzeit: 122 Wochen
Kennwerte: bis 1. Ebene DIN 276

BGF **3.008 €/m²**

Planung: PSA Pfletscher und Steffan Architekten + Ingenieure; München

veröffentlicht: BKI Objektdaten N20

4400-0357 Kinderhaus (4 Gruppen, 74 Kinder)

BRI 3.931 m³ **BGF** 1.009 m² **NUF** 605 m²

© Sebastian Schels

Kinderhaus für 74 Kinder. Holzbau.

Land: Bayern
Kreis: Landshut
Standard: mittel
Bauzeit: 61 Wochen
Kennwerte: bis 3. Ebene DIN 276

BGF **3.232 €/m²**

Planung: goldbrunner + hrycyk architekten; München

veröffentlicht: BKI Objektdaten N19

4400-0285 Kinderkrippe (3 Gr, 30 Kinder) - Effizienzhaus 85

BRI 3.647 m³ **BGF** 843 m² **NUF** 587 m²

© Jörg Hempel

Kinderkrippe (3 Gruppen, 30 Kinder), Effizienzhaus 85. Stahlbeton, Holzrahmenbau.

Land: Saarland
Kreis: Saarbrücken, Regionalverband
Standard: hoch
Bauzeit: 56 Wochen
Kennwerte: bis 1. Ebene DIN 276

BGF **3.120 €/m²**

Planung: ARGE: Architekten Naujack/Rind/Hof; Koblenz mit M. Mertes; Saarbrücken

veröffentlicht: BKI Objektdaten E7

4400-0275 Grundschulhort (300 Kinder)

BRI 4.720 m³ **BGF** 1.058 m² **NUF** 657 m²

© Lehrecke Witschurke Architekten

Kindertagesstätte (300 Kinder) für Grundschule. KS-Mauerwerk, Stahlbeton, Pfosten-Riegel-Konstruktion.

Land: Berlin
Kreis: Berlin, Stadt
Standard: mittel
Bauzeit: 65 Wochen
Kennwerte: bis 1. Ebene DIN 276

BGF **3.393 €/m²**

Planung: Lehrecke Witschurke Architekten; Berlin

veröffentlicht: BKI Objektdaten N15

Objektübersicht zur Gebäudeart

€/m² BGF

min	2.055	€/m²
von	2.445	€/m²
Mittel	**2.965**	**€/m²**
bis	3.370	€/m²
max	3.910	€/m²

Kosten:
Stand 1. Quartal 2025
Bundesdurchschnitt
inkl. 19% MwSt.

4400-0260 Kinderkrippe (2 Gruppen, 24 Kinder)

BRI 1.559 m³ **BGF** 441 m² **NUF** 336 m²

Kinderkrippe mit zwei Gruppen für 24 Kinder. Massivbau.

Land: Bayern
Kreis: München
Standard: mittel
Bauzeit: 48 Wochen
Kennwerte: bis 3. Ebene DIN 276

BGF 2.863 €/m²

Planung: Firmhofer + Günther Architekten PartG mbB; München

veröffentlicht: BKI Objektdaten E7

4400-0233 Kinderkrippe (4 Gruppen, 60 Kinder) - Passivhaus

BRI 5.505 m³ **BGF** 1.404 m² **NUF** 821 m²

Kinderkrippe mit vier Gruppen und 60 Kindern in Passivhausstandard. Holzständerkonstruktion und Massivbau.

Land: Bayern
Kreis: Ostallgäu
Standard: mittel
Bauzeit: 31 Wochen
Kennwerte: bis 1. Ebene DIN 276

BGF 2.583 €/m²

Planung: müllerschurr.architekten; Marktoberdorf

veröffentlicht: BKI Objektdaten E6

4400-0238 Kindertagesstätte (4 Gruppen, 64 Kinder)

BRI 3.942 m³ **BGF** 933 m² **NUF** 670 m²

Kindertagesstätte (4 Gruppen, 64 Kinder) mit vier Gruppenräumen, Wickelräumen, Mehrzweckraum, Personalräumen und Küche. Leichtbetonfertigbauelemente, Holzsparrendach.

Land: Bayern
Kreis: Ingolstadt, Stadt
Standard: mittel
Bauzeit: 61 Wochen
Kennwerte: bis 1. Ebene DIN 276

BGF 3.508 €/m²

Planung: architekturbüro raum-modul Stefan Karches; Ingolstadt

veröffentlicht: BKI Objektdaten E6

4400-0243 Familienzentrum, Kinderkrippe (2 Gruppen)

BRI 5.661 m³ **BGF** 1.592 m² **NUF** 1.134 m²

Familienzentrum mit Kinderkrippe (30 Kinder, zwei Gruppen), Musikschule, Café, Beratungsräume. Massivbau.

Land: Niedersachsen
Kreis: Braunschweig, Stadt
Standard: mittel
Bauzeit: 52 Wochen
Kennwerte: bis 1. Ebene DIN 276

BGF 2.297 €/m²

Planung: bplan architekten stadtplaner & ingenieure; Braunschweig

veröffentlicht: BKI Objektdaten N13

4400-0244 Kindertagesstätte (5 Gruppen, 125 Kinder)

BRI 4.247 m³ **BGF** 1.209 m² **NUF** 740 m²

Kindertagesstätte mit fünf Gruppen für 125 Kinder, Mehrzweckraum, Küche, Sanitärräume. Massivbau.

Land: Rheinland-Pfalz
Kreis: Mainz, Stadt
Standard: einfach
Bauzeit: 61 Wochen
Kennwerte: bis 1. Ebene DIN 276

BGF 2.181 €/m²

Planung: Meurer Generalplaner; Frankfurt am Main

veröffentlicht: BKI Objektdaten N13

4400-0230 Kindertagesstätte (6 Gruppen, 90 Kinder)

BRI 6.541 m³ **BGF** 1.701 m² **NUF** 918 m²

Kindertagesstätte mit sechs Gruppen für 90 Kinder und Räume für mobile Jugendarbeit (20-30 Jugendliche). Holzrahmenbau, Stahlbeton.

Land: Baden-Württemberg
Kreis: Stuttgart, Stadt
Standard: hoch
Bauzeit: 78 Wochen
Kennwerte: bis 1. Ebene DIN 276

BGF 2.689 €/m²

Planung: Schaugg Architekten Diana Schaugg; Stuttgart

veröffentlicht: BKI Objektdaten E6

4400-0188 Kindergarten (2 Gruppen, 40 Kinder)*

BRI 2.472 m³ **BGF** 852 m² **NUF** 543 m²

Kindergarten mit zwei Gruppen und 40 Kindern. Holzrahmenbau.

Land: Rheinland-Pfalz
Kreis: Neuwied
Standard: mittel
Bauzeit: 43 Wochen
Kennwerte: bis 3. Ebene DIN 276

BGF 1.282 €/m²

Planung: P2 Architektur mit Energie Dipl.-Ing. Silke Pesau; Unkel

veröffentlicht: BKI Objektdaten N13
* Nicht in der Auswertung enthalten

4400-0207 Kinderkrippe (3 Gruppen, 40 Kinder)

BRI 3.560 m³ **BGF** 1.041 m² **NUF** 583 m²

Kinderkrippe mit drei Gruppen für 40 Kinder. Massivbau.

Land: Sachsen-Anhalt
Kreis: Burgenlandkreis
Standard: hoch
Bauzeit: 74 Wochen
Kennwerte: bis 1. Ebene DIN 276

BGF 3.245 €/m²

Planung: TRÄNKNER ARCHITEKTEN, Architekt Matthias Tränkner; Naumburg (Saale)

veröffentlicht: BKI Objektdaten N12

€/m² BGF

min	2.055	€/m²
von	2.445	€/m²
Mittel	**2.965**	**€/m²**
bis	3.370	€/m²
max	3.910	€/m²

Kosten:
Stand 1. Quartal 2025
Bundesdurchschnitt
inkl. 19% MwSt.

Objektübersicht zur Gebäudeart

4400-0220 Kindertagesstätte (5 Gruppen, 70 Kinder)

BRI 5.670 m³ **BGF** 1.251 m² **NUF** 937 m²

Kindertagesstätte mit fünf Gruppen für 70 Kinder. Massivholzbau, Stahlbeton.

Land: Hessen
Kreis: Frankfurt am Main, Stadt
Standard: einfach
Bauzeit: 65 Wochen
Kennwerte: bis 3. Ebene DIN 276

BGF 3.001 €/m²

Planung: ARGE raum-z gmbh architekten klaus leber architekten bda; Frankfurt

veröffentlicht: BKI Objektdaten E6

4400-0199 Kinderkrippe (4 Gruppen)

BRI 3.958 m³ **BGF** 1.056 m² **NUF** 515 m²

Kinderkrippe mit vier Gruppen (48 Kinder). Stahlbetonmauerwerk.

Land: Bayern
Kreis: Landshut
Standard: mittel
Bauzeit: 65 Wochen
Kennwerte: bis 1. Ebene DIN 276

BGF 3.156 €/m²

Planung: Eck-Fehmi-Zett Architekten BDA; Landshut

veröffentlicht: BKI Objektdaten E5

4400-0191 Hort Montessori Grundschule (10 Gruppen)

BRI 4.932 m³ **BGF** 1.293 m² **NUF** 801 m²

Teilunterkellerter Hortneubau in Turmform für 250 Schüler mit zehn Gruppenräumen, Küche, Speiseraum, Lager, Personalraum, Kuschel- und Kletterraum. Pfahlgründungen erforderlich, Bestandsgebäudeanbindung, tragende Stahlbetonwandscheiben.

Land: Berlin
Kreis: Berlin, Stadt
Standard: mittel
Bauzeit: 74 Wochen
Kennwerte: bis 1. Ebene DIN 276

BGF 3.004 €/m²

Planung: Kersten + Kopp Architekten BDA; Berlin

veröffentlicht: BKI Objektdaten N12

4400-0130 Kindergarten (2 Gruppen) - Passivhaus*

BRI 3.390 m³ **BGF** 855 m² **NUF** 625 m²

Kindergarten im Passivhausstandard mit zwei Gruppen für 40 Kinder. Holzrahmenbau.

Land: Österreich
Kreis: Vorarlberg
Standard: hoch
Bauzeit: 48 Wochen
Kennwerte: bis 3. Ebene DIN 276

BGF 2.634 €/m²

Planung: Architekt DI Bernardo Bader; Dornbirn (AT)

veröffentlicht: www.bki.de
* Nicht in der Auswertung enthalten

4400-0120 Kindertagesstätte (4 Gruppen)*

BRI 1.881 m³ | **BGF** 590 m² | **NUF** 365 m²

© Architekturbüro Nülken

Kindertagesstätte, vier Gruppen, 60 Kinder, vier Gruppenräume, Sanitärräume, Büro- und Personalraum, Nebenräume. Mauerwerksbau; Stb-Flachdach.

Land: Brandenburg
Kreis: Oder-Spree
Standard: einfach
Bauzeit: 35 Wochen
Kennwerte: bis 1. Ebene DIN 276

BGF **1.608 €/m²**

Planung: Architekturbüro Nülken GbR; Frankfurt (Oder)

veröffentlicht: BKI Objektdaten N10
* Nicht in der Auswertung enthalten

4400-0107 Kindertagesstätte (3 Gruppen, 75 Kinder)

BRI 3.073 m³ | **BGF** 887 m² | **NUF** 530 m²

© Miele + Rabe Architekten

Kindertagesstätte mit drei Gruppen für 75 Kinder. Mauerwerksbau mit Stb-Decken, Holzdachkonstruktion und Stb-Flachdach.

Land: Nordrhein-Westfalen
Kreis: Hagen, Stadt
Standard: mittel
Bauzeit: 65 Wochen
Kennwerte: bis 3. Ebene DIN 276

BGF **2.056 €/m²**

Planung: Miele + Rabe Dipl.-Ing. Architekten AKNW; Hagen-Hohenlimburg

veröffentlicht: www.bki.de

Kostenkennwerte für die Kosten des Bauwerks (Kostengruppen 300+400 nach DIN 276)

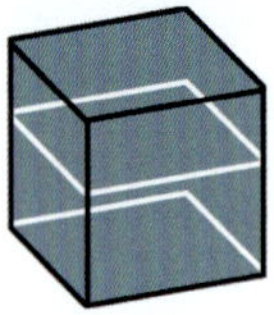

BRI 470 €/m³
von 375 €/m³
bis 620 €/m³

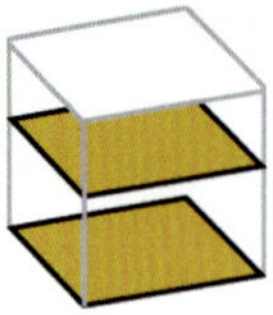

BGF 2.755 €/m²
von 2.265 €/m²
bis 3.100 €/m²

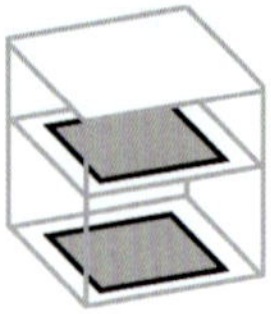

NUF 3.880 €/m²
von 3.165 €/m²
bis 4.715 €/m²

Kosten:
Stand 1. Quartal 2025
Bundesdurchschnitt
inkl. 19% MwSt.

Objektbeispiele

5100-0140

5100-0136

5100-0100

5100-0142

5100-0114

5100-0098

Kosten der 15 Vergleichsobjekte

Seiten 386 bis 390

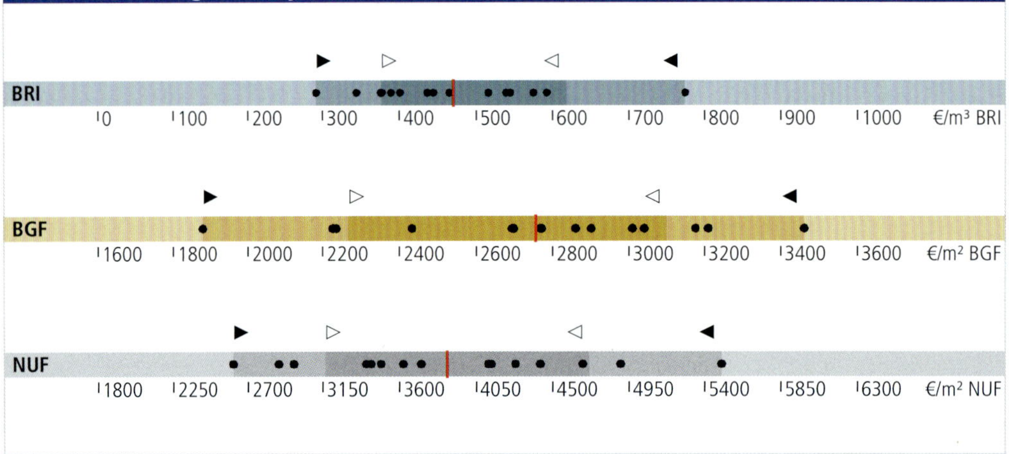

- ● KKW
- ▶ min
- ▷ von
- | Mittelwert
- ◁ bis
- ◀ max

Kostenkennwerte für die Kostengruppen der 1. und 2.Ebene DIN 276

KG	Kostengruppen der 1.Ebene	Einheit	▷	€/Einheit	◁	▷	% an 300+400	◁
100	Grundstück	m²GF	–	**–**	–	–	**–**	–
200	Vorbereitende Maßnahmen	m²GF	4	**13**	23	0,9	**2,4**	5,4
300	Bauwerk – Baukonstruktionen	m²BGF	1.760	**2.104**	2.509	70,5	**76,2**	82,5
400	Bauwerk – Technische Anlagen	m²BGF	449	**653**	838	17,5	**23,8**	29,5
	Bauwerk 300+400	m²BGF	2.267	**2.757**	3.099	100,0	**100,0**	100,0
500	Außenanlagen und Freiflächen	m²AF	110	**299**	746	2,4	**6,8**	16,4
600	Ausstattung und Kunstwerke	m²BGF	34	**84**	198	1,0	**3,2**	6,3
700	Baunebenkosten*	m²BGF	600	**644**	687	21,8	**23,4**	25,0 ◁
800	Finanzierung	m²BGF	–	**–**	–	–	**–**	–

* Auf Grundlage der HOAI 2021 berechnete Werte nach §§ 35, 52, 56. Weitere Informationen siehe Seite 56

KG	Kostengruppen der 2.Ebene	Einheit	▷	€/Einheit	◁	▷	% an 1.Ebene	◁
310	Baugrube / Erdbau	m³BGI	18	**54**	74	0,3	**2,8**	4,3
320	Gründung, Unterbau	m²GRF	429	**457**	475	15,1	**16,8**	17,9
330	Außenwände / vertikal außen	m²AWF	630	**736**	801	27,1	**30,1**	34,6
340	Innenwände / vertikal innen	m²IWF	230	**388**	667	2,6	**8,7**	11,7
350	Decken / horizontal	m²DEF	570	**714**	857	0,0	**5,4**	8,1
360	Dächer	m²DAF	562	**734**	1.079	25,5	**31,6**	42,3
370	Infrastrukturanlagen		–	**–**	–	–	**–**	–
380	Baukonstruktive Einbauten	m²BGF	13	**22**	32	0,2	**0,7**	1,6
390	Sonst. Maßnahmen für Baukonst.	m²BGF	9	**82**	125	0,3	**4,0**	6,2
300	**Bauwerk – Baukonstruktionen**	**m²BGF**					**100,0**	
410	Abwasser-, Wasser-, Gasanlagen	m²BGF	95	**113**	146	16,8	**26,6**	44,3
420	Wärmeversorgungsanlagen	m²BGF	52	**105**	184	14,1	**18,5**	27,4
430	Raumlufttechnische Anlagen	m²BGF	15	**82**	115	7,4	**13,4**	16,7
440	Elektrische Anlagen	m²BGF	68	**205**	298	32,2	**36,6**	45,2
450	Kommunikationstechnische Anlagen	m²BGF	10	**35**	60	0,6	**3,2**	8,1
460	Förderanlagen	m²BGF	–	**–**	–	–	**–**	–
470	Nutzungsspez. / verfahrenstech. Anl.	m²BGF	–	**2**	–	0,0	**< 0,1**	0,3
480	Gebäude- und Anlagenautomation	m²BGF	–	**35**	–	0,0	**1,6**	4,7
490	Sonst. Maßnahmen f. techn. Anl.	m²BGF	–	**< 1**	–	0,0	**< 0,1**	< 0,1
400	**Bauwerk – Technische Anlagen**	**m²BGF**					**100,0**	

Prozentanteile der Kosten 2.Ebene an den Kosten des Bauwerks nach DIN 276 (Von/Mittel/Bis)

KG	Kostengruppe	%
310	Baugrube / Erdbau	2,2
320	Gründung, Unterbau	13,5
330	Außenwände / vertikal außen	24,5
340	Innenwände / vertikal innen	6,6
350	Decken / horizontal	4,0
360	Dächer	26,1
370	Infrastrukturanlagen	
380	Baukonstruktive Einbauten	0,6
390	Sonst. Maßnahmen für Baukonst.	3,0
410	Abwasser-, Wasser-, Gasanlagen	4,0
420	Wärmeversorgungsanlagen	3,8
430	Raumlufttechnische Anlagen	3,0
440	Elektrische Anlagen	7,4
450	Kommunikationstechnische Anlagen	0,8
460	Förderanlagen	
470	Nutzungsspez. / verfahrenstech. Anl.	< 0,1
480	Gebäude- und Anlagenautomation	0,4
490	Sonst. Maßnahmen f. techn. Anl.	< 0,1

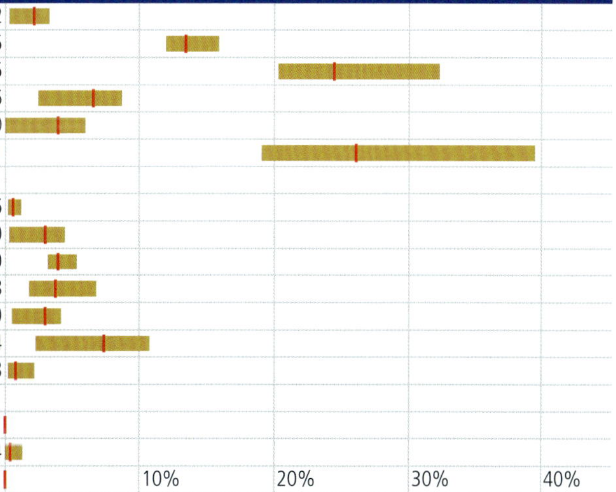

Kosten:
Stand 1. Quartal 2025
Bundesdurchschnitt
inkl. 19% MwSt.

Prozentanteile der Kosten für Leistungsbereiche nach STLB (Kosten Bauwerk nach DIN 276)

LB	Leistungsbereiche	▷	% an 300+400	◁
000	Baustellen-, Verkehrssich.- u. Sicherh.einr. inkl. 001	0,8	**2,6**	4,4
002	Erdarbeiten	1,0	**2,7**	4,4
006	Spezialtiefbauarbeiten inkl. 005	0,0	**0,5**	1,9
009	Entwässerungskanalarbeiten inkl. 011	< 0,1	**0,3**	0,8
010	Drän- und Versickerarbeiten	0,0	**< 0,1**	0,2
012	Mauerarbeiten	0,6	**2,4**	4,1
013	Betonarbeiten	10,8	**15,1**	19,4
014	Natur-, Betonwerksteinarbeiten	–	**–**	–
016	Zimmer- und Holzbauarbeiten	5,8	**9,0**	12,4
017	Stahlbauarbeiten	0,0	**2,3**	5,5
018	Abdichtungsarbeiten	0,1	**0,4**	0,9
020	Dachdeckungsarbeiten	0,0	**2,4**	4,8
021	Dachabdichtungsarbeiten	1,7	**6,4**	19,8
022	Klempnerarbeiten	0,4	**1,3**	3,6
	Rohbau	38,9	**45,5**	52,3
023	Putz- und Stuckarbeiten, Wärmedämmsysteme	1,9	**2,5**	3,0
024	Fliesen- und Plattenarbeiten	0,4	**1,7**	3,0
025	Estricharbeiten	0,9	**1,1**	1,5
026	Fenster, Außentüren inkl. 029, 032	0,8	**4,7**	8,6
027	Tischlerarbeiten	0,9	**2,0**	2,9
028	Parkettarbeiten, Holzpflasterarbeiten	0,0	**2,8**	6,2
030	Rollladenarbeiten	0,0	**0,2**	0,9
031	Metallbauarbeiten inkl. 035	2,3	**12,0**	24,6
034	Maler- und Lackiererarbeiten inkl. 037	1,1	**2,6**	6,5
036	Bodenbelagarbeiten	0,6	**2,0**	3,4
038	Vorgehängte hinterlüftete Fassaden	0,0	**0,7**	2,8
039	Trockenbauarbeiten	0,7	**2,1**	6,1
	Ausbau	30,4	**34,5**	37,8
040	Wärmeversorgungsanl. - Betriebseinr. inkl. 041	1,8	**3,8**	5,5
042	Gas- und Wasserinstallation, Leitungen inkl. 043	0,4	**0,9**	2,2
044	Abwasseranlagen - Leitungen, Abläufe, Armaturen	1,2	**1,5**	2,6
045	GWE - Einrichtungsgegenstände inkl. 046	0,6	**1,4**	3,2
047	Dämm- und Brandschutzarbeiten an techn. Anlagen	0,2	**0,5**	0,8
049	Feuerlöschanlagen, Feuerlöschgeräte	0,0	**< 0,1**	< 0,1
050	Blitzschutz- und Erdungsanlagen	0,1	**0,3**	0,5
052	Mittelspannungsanlagen	–	**–**	–
053	Niederspannungsanlagen inkl. 054	2,1	**4,0**	9,6
055	Sicherheits- und Ersatzstromversorgungsanlagen	0,0	**0,4**	1,0
057	Gebäudesystemtechnik	–	**–**	–
058	Leuchten und Lampen inkl. 059	0,8	**2,1**	3,4
060	Such-, Signal-, elektroakust. Anl., Med. inkl. 064	0,0	**0,1**	0,3
061	Kommunikations- und Übertragungsnetze inkl. 062	< 0,1	**0,3**	1,1
063	Gefahrenmeldeanlagen	0,0	**0,5**	1,0
069	Aufzüge	–	**–**	–
070	Gebäudeautomation	0,0	**0,5**	1,0
075	Raumlufttechnische Anlagen inkl. 078	0,5	**3,1**	4,1
	Gebäudetechnik	6,4	**19,7**	24,6
	Sonstige Leistungsbereiche inkl. 008, 033, 051	0,1	**0,3**	0,7

● KKW
▶ min
▷ von
| Mittelwert
◁ bis
◀ max

Planungskennwerte für Flächen und Rauminhalte nach DIN 277

Grundflächen		▷	Fläche/NUF (%)	◁	▷	Fläche/BGF (%)	◁
NUF	Nutzungsfläche	100,0	**100,0**	100,0	66,2	**72,1**	75,9
TF	Technikfläche	5,7	**7,7**	12,3	3,8	**5,2**	7,2
VF	Verkehrsfläche	14,8	**17,5**	25,7	10,3	**11,9**	15,4
NRF	Netto-Raumfläche	117,4	**123,1**	135,2	85,8	**87,7**	89,0
KGF	Konstruktions-Grundfläche	15,8	**17,5**	20,1	11,0	**12,3**	14,2
BGF	Brutto-Grundfläche	133,6	**140,5**	153,6	100,0	**100,0**	100,0

Brutto-Rauminhalte		▷	BRI/NUF (m)	◁	▷	BRI/BGF (m)	◁
BRI	Brutto-Rauminhalt	7,24	**8,54**	9,57	5,47	**6,07**	6,67

Flächen von Nutzeinheiten	▷	NUF/Einheit (m²)	◁	▷	BGF/Einheit (m²)	◁
Nutzeinheit:	–	–	–	–	–	–

Lufttechnisch behandelte Flächen	▷	Fläche/NUF (%)	◁	▷	Fläche/BGF (%)	◁
Entlüftete Fläche	13,1	**13,1**	13,1	9,7	**9,7**	9,7
Be- und entlüftete Fläche	46,5	**46,5**	46,5	34,6	**34,6**	34,6
Teilklimatisierte Fläche	–	–	–	–	–	–
Klimatisierte Fläche	–	–	–	–	–	–

KG	Kostengruppen (2. Ebene)	Einheit	▷	Menge/NUF	◁	▷	Menge/BGF	◁
310	Baugrube / Erdbau	m³ BGI	1,05	**1,42**	1,42	1,01	**1,01**	1,25
320	Gründung, Unterbau	m² GRF	1,13	**1,13**	1,21	0,79	**0,84**	0,84
330	Außenwände / vertikal außen	m² AWF	1,26	**1,29**	1,29	0,91	**1,00**	1,00
340	Innenwände / vertikal innen	m² IWF	0,71	**0,72**	0,72	0,47	**0,51**	0,51
350	Decken / horizontal	m² DEF	0,35	**0,35**	0,35	0,24	**0,24**	0,24
360	Dächer	m² DAF	1,34	**1,34**	1,34	1,00	**1,00**	1,04
370	Infrastrukturanlagen		–	–	–	–	–	–
380	Baukonstruktive Einbauten	m² BGF	1,34	**1,41**	1,54	1,00	**1,00**	1,00
390	Sonst. Maßnahmen für Baukonst.	m² BGF	1,34	**1,41**	1,54	1,00	**1,00**	1,00
300	**Bauwerk – Baukonstruktionen**	**m² BGF**	1,34	**1,41**	1,54	1,00	**1,00**	1,00

Planungskennwerte für Bauzeiten **15 Vergleichsobjekte**

Bauzeit in Wochen

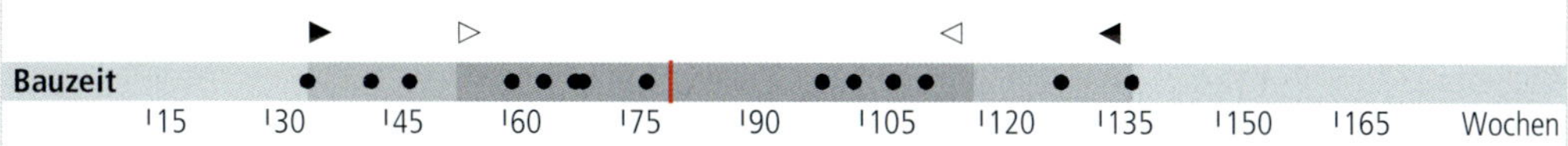

€/m² BGF

min	1.880	€/m²
von	2.265	€/m²
Mittel	**2.755**	**€/m²**
bis	3.100	€/m²
max	3.460	€/m²

Kosten:
Stand 1. Quartal 2025
Bundesdurchschnitt
inkl. 19% MwSt.

Objektübersicht zur Gebäudeart

5100-0140 Sporthalle (Zweifeldhalle)

BRI 17.871 m³ **BGF** 2.164 m² **NUF** 1.677 m²

Sporthalle als Zweifeldhalle mit dazugehörigen Nebenräumen. Massivbau.

Land: Sachsen
Kreis: Mittelsachsen
Standard: mittel
Bauzeit: 139 Wochen
Kennwerte: bis 1. Ebene DIN 276

BGF 3.209 €/m²

Planung: BAUCONZEPT® PLANUNGSGESELLSCHAFT MBH; Lichtenstein

veröffentlicht: BKI Objektdaten N20

5100-0136 Sporthalle (Zweifeldhalle)

BRI 15.930 m³ **BGF** 2.375 m² **NUF** 1.677 m²

Zweifeldhalle, dreifach teilbar, mit aufklappbarem Tribünenbereich für die Nutzung für Schule und Vereine. Stb-Skelettbau.

Land: Brandenburg
Kreis: Potsdam-Mittelmark
Standard: mittel
Bauzeit: 104 Wochen
Kennwerte: bis 1. Ebene DIN 276

BGF 3.461 €/m²

Planung: Scheidt Kasprusch Architekten; Berlin

veröffentlicht: BKI Objektdaten N20

5100-0142 Mehrzweckhalle (540 Sitzplätze)

BRI 25.474 m³ **BGF** 3.784 m² **NUF** 2.381 m²

Mehrzweckhalle für Sport und andere Veranstaltungen mit Tribüne. Massivbau.

Land: Rheinland-Pfalz
Kreis: Trier, Stadt
Standard: mittel
Bauzeit: 109 Wochen
Kennwerte: bis 1. Ebene DIN 276

BGF 2.694 €/m²

Planung: Naujack.Rind.Hof GmbH, Koblenz und PLANFAKTUR PartGmbB; Montabaur

veröffentlicht: BKI Objektdaten N20

5100-0114 Sport- und Mehrzweckhalle (Einfeldhalle)

BRI 7.302 m³ **BGF** 1.240 m² **NUF** 955 m²

Sport- und Mehrzweckhalle (Einfeldhalle) für Schulsport und Veranstaltungen. Stahlbeton, Holzrahmenbau.

Land: Berlin
Kreis: Berlin, Stadt
Standard: mittel
Bauzeit: 100 Wochen
Kennwerte: bis 1. Ebene DIN 276

BGF 3.176 €/m²

Planung: Kersten + Kopp Architekten BDA; Berlin

veröffentlicht: BKI Objektdaten E7

Objektübersicht zur Gebäudeart

5100-0100 Mehrzweckhalle (Dreifeldhalle)

BRI 14.937 m³ **BGF** 2.314 m² **NUF** 1.665 m²

Sporthalle (Dreifeldhalle) mit Mehrzweckraum für Schul-, Vereinsbetrieb und Konzertnutzung. Massivbau, Stahl-Dachträger.

Land: Hessen
Kreis: Offenbach
Standard: hoch
Bauzeit: 48 Wochen
Kennwerte: bis 1. Ebene DIN 276

BGF 1.878 €/m²

Planung: Dillig Architekten GmbH; Simmern

veröffentlicht: BKI Objektdaten N13

5100-0098 Sporthalle (Zweifeldhalle), Mehrzweckraum

BRI 15.590 m³ **BGF** 2.396 m² **NUF** 1.802 m²

Sporthalle (Zweifeldhalle) für Schul- und Vereinssport mit Tribüne (ca. 100 Personen), Kraftraum, Mehrzweckraum, Geräteräume, Umkleideräume, Duschen. Mischkonstruktion.

Land: Sachsen-Anhalt
Kreis: Salzlandkreis
Standard: mittel
Bauzeit: 43 Wochen
Kennwerte: bis 1. Ebene DIN 276

BGF 2.235 €/m²

Planung: Steinblock Architekten; Magdeburg

veröffentlicht: BKI Objektdaten N13

5100-0097 Sporthalle (Dreifeldhalle), Mehrzweckraum

BRI 22.256 m³ **BGF** 3.011 m² **NUF** 2.433 m²

Sporthalle (Dreifeldhalle) mit Mehrzweckraum (400 Sitzplätze). Mauerwerksbau.

Land: Hamburg
Kreis: Hamburg, Stadt
Standard: mittel
Bauzeit: 61 Wochen
Kennwerte: bis 1. Ebene DIN 276

BGF 2.772 €/m²

Planung: BKS Architekten GmbH; Hamburg

veröffentlicht: BKI Objektdaten N13

5100-0081 Mehrzweckhalle, Aula

BRI 7.172 m³ **BGF** 976 m² **NUF** 610 m²

Mehrzweckhalle mit 400 Zuschauerplätzen, einer Bühne und einer Aula. Mauerwerksbau, Holzdachstuhl.

Land: Hamburg
Kreis: Hamburg, Stadt
Standard: hoch
Bauzeit: 70 Wochen
Kennwerte: bis 3. Ebene DIN 276

BGF 2.767 €/m²

Planung: Architekturbüro Prell und Partner; Hamburg

veröffentlicht: BKI Objektdaten N13

€/m² BGF

min	1.880	€/m²
von	2.265	€/m²
Mittel	**2.755**	**€/m²**
bis	3.100	€/m²
max	3.460	€/m²

Kosten:
Stand 1. Quartal 2025
Bundesdurchschnitt
inkl. 19% MwSt.

Objektübersicht zur Gebäudeart

5100-0072 Sport- und Mehrzweckhalle

BRI 5.770 m³ **BGF** 1.036 m² **NUF** 740 m²

© Architekturbüro Steiner

Sport- und Mehrzweckhalle für Grundschule und Stadt. Massivbau.

Land: Hessen
Kreis: Waldeck-Frankenberg
Standard: mittel
Bauzeit: 48 Wochen
Kennwerte: bis 1. Ebene DIN 276

BGF **2.432 €/m²**

Planung: Architekturbüro Steiner; Vöhl-Ederbringhausen

veröffentlicht: BKI Objektdaten N10

5100-0080 Sport- und Mehrzweckhalle*

BRI 19.097 m³ **BGF** 3.031 m² **NUF** 2.459 m²

© Archigraphie, Steffen Vogt

Zweifeldhalle für Kultur- und Sportnutzung. Holzskelettbau, Stahlbeton, Mauerwerk.

Land: Baden-Württemberg
Kreis: Reutlingen
Standard: hoch
Bauzeit: 70 Wochen
Kennwerte: bis 1. Ebene DIN 276

BGF **4.178 €/m²** *

Planung: wulf architekten gmbh; Stuttgart

veröffentlicht: BKI Objektdaten N12
* Nicht in der Auswertung enthalten

5100-0071 Mehrzweckgebäude

BRI 13.968 m³ **BGF** 2.752 m² **NUF** 1.506 m²

Mehrzweckgebäude mit drei Funktionsbereichen: Verwaltung- und Seminarbereich, Foyer, Mehrzweckraum und Spielraumtheater. Massivbau.

Land: Schleswig-Holstein
Kreis: Kiel, Stadt
Standard: mittel
Bauzeit: 65 Wochen
Kennwerte: bis 1. Ebene DIN 276

BGF **3.009 €/m²**

Planung: agn Paul Niederberghaus & Partner GmbH i. Halle; Halle/Saale

veröffentlicht: BKI Objektdaten N10

5100-0042 Sport- und Mehrzweckhalle

BRI 5.716 m³ **BGF** 1.195 m² **NUF** 923 m²

© barth architekten

Mehrzwecknutzung Sport und Veranstaltungen. Mischkonstruktion.

Land: Bayern
Kreis: Starnberg
Standard: mittel
Bauzeit: 35 Wochen
Kennwerte: bis 1. Ebene DIN 276

BGF **2.226 €/m²**

Planung: barth architekten; Gauting

veröffentlicht: www.bki.de

5100-0089 Mehrzweckhalle (Dreifeldhalle), Mensa

BRI 18.200 m³ **BGF** 2.830 m² **NUF** 2.170 m²

© Dietmar Strauß

Mehrzweckhalle (Dreifeldhalle) mit 100 Sitzplätzen (Tribüne), 800 Besucher (Halle) und Mensa mit 100 Sitzplätzen. Mischkonstruktion.

Land: Baden-Württemberg
Kreis: Ostalbkreis
Standard: mittel
Bauzeit: 69 Wochen
Kennwerte: bis 1. Ebene DIN 276

BGF **2.859 €/m²**

Planung: ARCHITEKTUR 109 M. Arnold + A. Fentzloff Freie Architekten BDA; Stuttgart

veröffentlicht: BKI Objektdaten N12

5100-0069 Sport- und Messehalle*

BRI 24.823 m³ **BGF** 2.854 m² **NUF** 2.341 m²

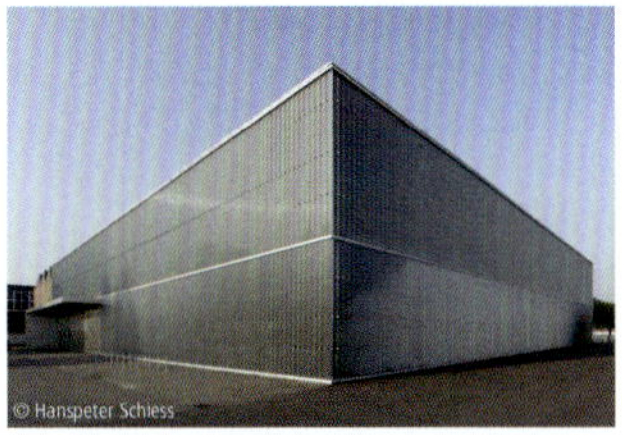
© Hanspeter Schiess

Der Neubau ist als multifunktionale Halle konzipiert. Der Foyerbereich dient als gelenkartige Verbindung zur Messestraße und zur Sporthalle. Stahlbetonbau.

Land: Österreich
Kreis: Vorarlberg
Standard: mittel
Bauzeit: 78 Wochen
Kennwerte: bis 1. Ebene DIN 276

BGF **4.623 €/m²** *

Planung: Cukrowicz Nachbaur Architekten ZT GmbH; Bregenz (AT)

veröffentlicht: BKI Objektdaten N10
* Nicht in der Auswertung enthalten

5100-0038 Mehrzwecksporthalle (Zweifeldhalle)*

BRI 12.499 m³ **BGF** 2.187 m² **NUF** 1.846 m²

© Dieter Zumpe Architekt

Zweifeldmehrzwecksporthalle (1.055 m²), Geräteräume, Sanitärräume, Empore. Mauerwerksbau.

Land: Thüringen
Kreis: Wartburgkreis
Standard: mittel
Bauzeit: 52 Wochen
Kennwerte: bis 3. Ebene DIN 276

BGF **1.390 €/m²** *

Planung: Architekt Dipl.-Ing. (TU) Dieter Zumpe; Felsberg

veröffentlicht: www.bki.de
* Nicht in der Auswertung enthalten

5100-0036 Mehrzweckhalle

BRI 374 m³ **BGF** 95 m² **NUF** 83 m²

© Wohnbau Mainz GmbH

Mehrzweckhalle mit Geräteraum und WC. Stb-Konstruktion.

Land: Rheinland-Pfalz
Kreis: Mainz, Stadt
Standard: hoch
Bauzeit: 113 Wochen
Kennwerte: bis 3. Ebene DIN 276

BGF **3.039 €/m²**

Planung: Wohnbau Mainz GmbH; Mainz

veröffentlicht: www.bki.de

Objektübersicht zur Gebäudeart

5100-0028 Mehrzweckhalle

BRI 30.338 m³ **BGF** 5.700 m² **NUF** 3.535 m²

Dreifeld-Sporthalle mit mobiler Tribüne und Nebenräume, Saal mit Kleinkunstbühne, Foyer mit Garderobe, Kindergarten, Restaurant, Konferenzräume, Kraftsportraum, Jugendzentrum, Teilunterkellerung als Lagerflächen. Mauerwerksbau.

Land: Hessen
Kreis: Wetteraukreis
Standard: mittel
Bauzeit: 78 Wochen
Kennwerte: bis 1. Ebene DIN 276

BGF **2.900 €/m²**

Planung: Prof. Bremmer-Lorenz-Frielinghaus Planungsgesellschaft mbH; Friedberg

veröffentlicht: www.bki.de

5100-0022 Sport- und Mehrzweckhalle

BRI 5.661 m³ **BGF** 1.207 m² **NUF** 899 m²

Mehrzweckhalle mit abteilbarer Bühne für Schulen und Vereine; Jugendraum unter der Bühne. Stb-Skelettbau.

Land: Baden-Württemberg
Kreis: Tübingen
Standard: einfach
Bauzeit: 130 Wochen
Kennwerte: bis 3. Ebene DIN 276

BGF **2.699 €/m²**

Planung: Ackermann & Raff Freie Architekten BDA; Tübingen

veröffentlicht: www.bki.de

€/m² BGF

min	1.880	€/m²
von	2.265	€/m²
Mittel	**2.755**	**€/m²**
bis	3.100	€/m²
max	3.460	€/m²

Kosten:
Stand 1. Quartal 2025
Bundesdurchschnitt
inkl. 19% MwSt.

Sporthallen (Einfeldhallen)

Kostenkennwerte für die Kosten des Bauwerks (Kostengruppen 300+400 nach DIN 276)

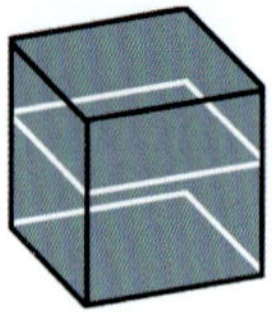

BRI 470 €/m³
von 395 €/m³
bis 620 €/m³

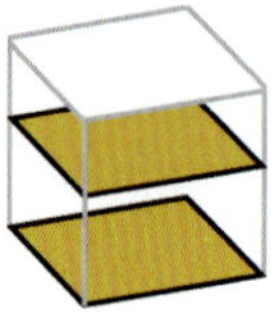

BGF 2.855 €/m²
von 2.390 €/m²
bis 3.505 €/m²

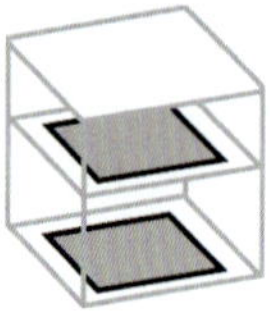

NUF 3.915 €/m²
von 3.170 €/m²
bis 4.975 €/m²

Kosten:
Stand 1. Quartal 2025
Bundesdurchschnitt
inkl. 19% MwSt.

Objektbeispiele

5100-0099

5100-0117

5100-0118

5100-0115

5100-0110

5100-0141

Kosten der 19 Vergleichsobjekte Seiten 396 bis 401

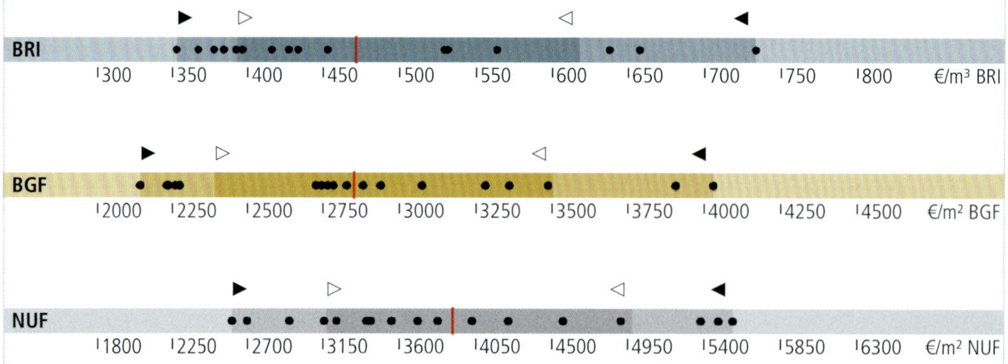

- ● KKW
- ▶ min
- ▷ von
- | Mittelwert
- ◁ bis
- ◀ max

Kostenkennwerte für die Kostengruppen der 1. und 2.Ebene DIN 276

KG	Kostengruppen der 1.Ebene	Einheit	▷	€/Einheit	◁	▷	% an 300+400	◁
100	Grundstück	m² GF	–	**–**	–	–	**–**	–
200	Vorbereitende Maßnahmen	m² GF	2	**21**	74	0,8	**3,3**	7,8
300	Bauwerk – Baukonstruktionen	m² BGF	1.822	**2.188**	2.565	71,9	**77,2**	83,0
400	Bauwerk – Technische Anlagen	m² BGF	461	**664**	969	17,0	**22,8**	28,1
	Bauwerk 300+400	m² BGF	2.391	**2.853**	3.504	100,0	**100,0**	100,0
500	Außenanlagen und Freiflächen	m² AF	36	**137**	215	3,2	**9,1**	22,4
600	Ausstattung und Kunstwerke	m² BGF	13	**48**	126	0,4	**1,6**	3,3
700	Baunebenkosten*	m² BGF	561	**625**	689	19,7	**21,9**	24,2 ◁
800	Finanzierung	m² BGF	–	**–**	–	–	**–**	–

* Auf Grundlage der HOAI 2021 berechnete Werte nach §§ 35, 52, 56. Weitere Informationen siehe Seite 56

KG	Kostengruppen der 2.Ebene	Einheit	▷	€/Einheit	◁	▷	% an 1.Ebene	◁
310	Baugrube / Erdbau	m³ BGI	28	**39**	49	1,4	**3,1**	4,7
320	Gründung, Unterbau	m² GRF	342	**414**	480	14,4	**17,6**	18,9
330	Außenwände / vertikal außen	m² AWF	526	**698**	767	25,1	**28,2**	31,8
340	Innenwände / vertikal innen	m² IWF	390	**433**	475	11,0	**12,9**	14,8
350	Decken / horizontal	m² DEF	151	**541**	781	0,3	**3,2**	6,1
360	Dächer	m² DAF	439	**541**	797	19,5	**27,7**	33,6
370	Infrastrukturanlagen		–	**–**	–	–	**–**	–
380	Baukonstruktive Einbauten	m² BGF	14	**41**	55	0,3	**1,5**	2,6
390	Sonst. Maßnahmen für Baukonst.	m² BGF	85	**121**	212	4,3	**5,9**	10,4
300	**Bauwerk – Baukonstruktionen**	**m² BGF**					**100,0**	
410	Abwasser-, Wasser-, Gasanlagen	m² BGF	88	**111**	166	20,2	**22,5**	25,1
420	Wärmeversorgungsanlagen	m² BGF	77	**129**	185	18,2	**26,3**	36,1
430	Raumlufttechnische Anlagen	m² BGF	10	**46**	85	2,6	**7,9**	13,1
440	Elektrische Anlagen	m² BGF	125	**178**	229	27,2	**37,1**	47,1
450	Kommunikationstechnische Anlagen	m² BGF	16	**22**	30	3,5	**5,0**	9,5
460	Förderanlagen	m² BGF	–	**–**	–	–	**–**	–
470	Nutzungsspez. / verfahrenstech. Anl.	m² BGF	–	**–**	–	–	**–**	–
480	Gebäude- und Anlagenautomation	m² BGF	–	**22**	–	0,0	**0,8**	3,1
490	Sonst. Maßnahmen f. techn. Anl.	m² BGF	< 1	**6**	10	< 0,1	**0,4**	1,4
400	**Bauwerk – Technische Anlagen**	**m² BGF**					**100,0**	

Prozentanteile der Kosten 2.Ebene an den Kosten des Bauwerks nach DIN 276 (Von/Mittel/Bis)

KG	Kostengruppe	%
310	Baugrube / Erdbau	2,5
320	Gründung, Unterbau	14,1
330	Außenwände / vertikal außen	22,7
340	Innenwände / vertikal innen	10,3
350	Decken / horizontal	2,7
360	Dächer	22,2
370	Infrastrukturanlagen	
380	Baukonstruktive Einbauten	1,2
390	Sonst. Maßnahmen für Baukonst.	4,7
410	Abwasser-, Wasser-, Gasanlagen	4,3
420	Wärmeversorgungsanlagen	4,9
430	Raumlufttechnische Anlagen	1,8
440	Elektrische Anlagen	7,3
450	Kommunikationstechnische Anlagen	0,9
460	Förderanlagen	
470	Nutzungsspez. / verfahrenstech. Anl.	
480	Gebäude- und Anlagenautomation	0,2
490	Sonst. Maßnahmen f. techn. Anl.	0,1

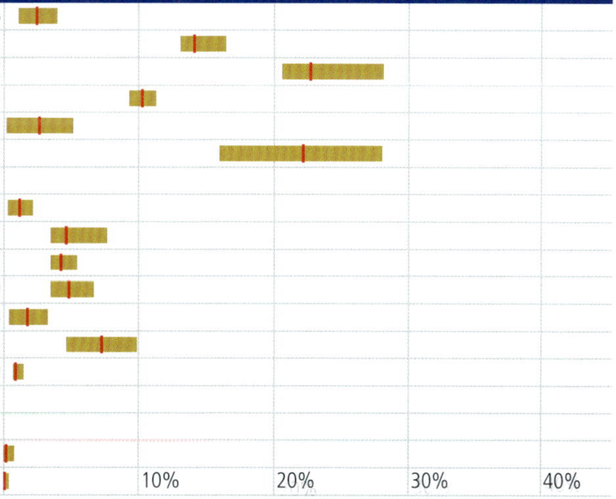

Prozentanteile der Kosten für Leistungsbereiche nach STLB (Kosten Bauwerk nach DIN 276)

LB	Leistungsbereiche	▷	% an 300+400	◁
000	Baustellen-, Verkehrssich.- u. Sicherh.einr. inkl. 001	3,3	**4,5**	8,1
002	Erdarbeiten	2,2	**3,7**	7,2
006	Spezialtiefbauarbeiten inkl. 005	–	**–**	–
009	Entwässerungskanalarbeiten inkl. 011	0,0	**0,2**	0,5
010	Drän- und Versickerarbeiten	0,0	**0,2**	0,4
012	Mauerarbeiten	0,7	**2,1**	3,1
013	Betonarbeiten	5,0	**12,7**	15,4
014	Natur-, Betonwerksteinarbeiten	–	**–**	–
016	Zimmer- und Holzbauarbeiten	8,8	**15,8**	23,1
017	Stahlbauarbeiten	–	**–**	–
018	Abdichtungsarbeiten	0,0	**0,6**	0,8
020	Dachdeckungsarbeiten	1,2	**4,3**	7,3
021	Dachabdichtungsarbeiten	0,0	**2,7**	5,6
022	Klempnerarbeiten	1,0	**2,1**	4,6
	Rohbau	44,6	**48,9**	60,2
023	Putz- und Stuckarbeiten, Wärmedämmsysteme	1,3	**3,5**	6,1
024	Fliesen- und Plattenarbeiten	2,0	**2,3**	3,2
025	Estricharbeiten	0,4	**1,0**	1,6
026	Fenster, Außentüren inkl. 029, 032	3,4	**4,5**	5,6
027	Tischlerarbeiten	1,9	**4,3**	6,7
028	Parkettarbeiten, Holzpflasterarbeiten	–	**–**	–
030	Rollladenarbeiten	–	**–**	–
031	Metallbauarbeiten inkl. 035	0,5	**1,7**	3,1
034	Maler- und Lackiererarbeiten inkl. 037	0,8	**1,4**	2,0
036	Bodenbelagarbeiten	3,6	**4,5**	5,5
038	Vorgehängte hinterlüftete Fassaden	0,0	**2,6**	5,4
039	Trockenbauarbeiten	1,9	**4,7**	7,6
	Ausbau	25,7	**30,4**	34,9
040	Wärmeversorgungsanl. - Betriebseinr. inkl. 041	3,1	**4,7**	6,3
042	Gas- und Wasserinstallation, Leitungen inkl. 043	0,6	**0,9**	2,0
044	Abwasseranlagen - Leitungen, Abläufe, Armaturen	0,3	**0,6**	1,1
045	GWE - Einrichtungsgegenstände inkl. 046	1,9	**2,3**	2,7
047	Dämm- und Brandschutzarbeiten an techn. Anlagen	0,2	**0,6**	1,1
049	Feuerlöschanlagen, Feuerlöschgeräte	–	**–**	–
050	Blitzschutz- und Erdungsanlagen	0,2	**0,7**	0,8
052	Mittelspannungsanlagen	–	**–**	–
053	Niederspannungsanlagen inkl. 054	1,4	**2,5**	3,6
055	Sicherheits- und Ersatzstromversorgungsanlagen	0,0	**0,1**	0,6
057	Gebäudesystemtechnik	–	**–**	–
058	Leuchten und Lampen inkl. 059	2,4	**4,0**	8,6
060	Such-, Signal-, elektroakust. Anl., Med. inkl. 064	< 0,1	**0,1**	0,4
061	Kommunikations- und Übertragungsnetze inkl. 062	< 0,1	**< 0,1**	0,2
063	Gefahrenmeldeanlagen	0,4	**0,7**	1,0
069	Aufzüge	–	**–**	–
070	Gebäudeautomation	0,0	**0,2**	0,8
075	Raumlufttechnische Anlagen inkl. 078	0,4	**1,7**	3,0
	Gebäudetechnik	14,3	**19,3**	24,5
	Sonstige Leistungsbereiche inkl. 008, 033, 051	0,3	**1,4**	2,5

Kosten:
Stand 1. Quartal 2025
Bundesdurchschnitt
inkl. 19% MwSt.

- ● KKW
- ▶ min
- ▷ von
- | Mittelwert
- ◁ bis
- ◀ max

Planungskennwerte für Flächen und Rauminhalte nach DIN 277

Grundflächen		▷	Fläche/NUF (%)	◁	▷	Fläche/BGF (%)	◁
NUF	Nutzungsfläche	100,0	**100,0**	100,0	70,4	**73,8**	76,9
TF	Technikfläche	3,5	**4,6**	8,6	2,6	**3,2**	5,5
VF	Verkehrsfläche	13,0	**16,4**	20,7	9,1	**11,5**	13,6
NRF	Netto-Raumfläche	117,7	**121,1**	129,0	86,5	**88,5**	90,5
KGF	Konstruktions-Grundfläche	13,0	**16,1**	20,3	9,5	**11,5**	13,5
BGF	Brutto-Grundfläche	132,4	**137,1**	144,9	100,0	**100,0**	100,0

Brutto-Rauminhalte		▷	BRI/NUF (m)	◁	▷	BRI/BGF (m)	◁
BRI	Brutto-Rauminhalt	7,87	**8,39**	9,17	5,71	**6,13**	6,58

Flächen von Nutzeinheiten	▷	NUF/Einheit (m^2)	◁	▷	BGF/Einheit (m^2)	◁
Nutzeinheit:	–	–	–	–	–	–

Lufttechnisch behandelte Flächen	▷	Fläche/NUF (%)	◁	▷	Fläche/BGF (%)	◁
Entlüftete Fläche	57,7	**57,7**	57,7	48,4	**48,4**	48,4
Be- und entlüftete Fläche	3,9	**3,9**	3,9	3,3	**3,3**	3,3
Teilklimatisierte Fläche	–	–	–	–	–	–
Klimatisierte Fläche	–	–	–	–	–	–

KG	Kostengruppen (2. Ebene)	Einheit	▷	Menge/NUF	◁	▷	Menge/BGF	◁
310	Baugrube / Erdbau	m^3 BGI	1,54	**1,92**	2,65	1,24	**1,53**	2,00
320	Gründung, Unterbau	m^2 GRF	0,97	**1,07**	1,09	0,83	**0,87**	0,89
330	Außenwände / vertikal außen	m^2 AWF	1,00	**1,01**	1,06	0,80	**0,82**	0,84
340	Innenwände / vertikal innen	m^2 IWF	0,69	**0,74**	0,76	0,57	**0,60**	0,62
350	Decken / horizontal	m^2 DEF	0,18	**0,18**	0,20	0,15	**0,15**	0,15
360	Dächer	m^2 DAF	1,27	**1,27**	1,33	1,04	**1,04**	1,11
370	Infrastrukturanlagen		–	–	–	–	–	–
380	Baukonstruktive Einbauten	m^2 BGF	1,32	**1,37**	1,45	1,00	**1,00**	1,00
390	Sonst. Maßnahmen für Baukonst.	m^2 BGF	1,32	**1,37**	1,45	1,00	**1,00**	1,00
300	**Bauwerk – Baukonstruktionen**	**m^2 BGF**	1,32	**1,37**	1,45	1,00	**1,00**	1,00

Planungskennwerte für Bauzeiten — 19 Vergleichsobjekte

Bauzeit in Wochen

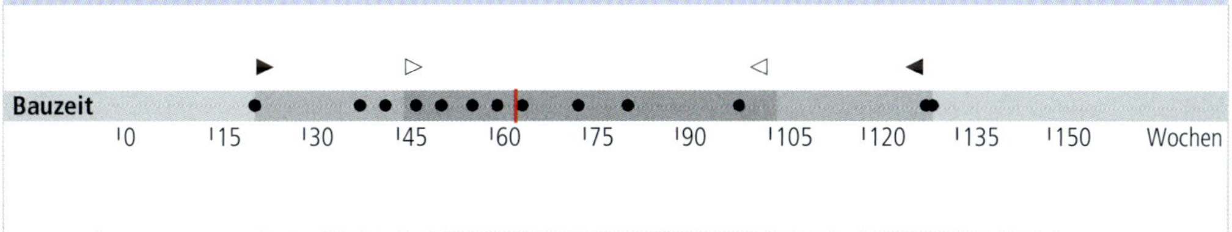

Objektübersicht zur Gebäudeart

€/m² BGF

min	2.145	€/m²
von	2.390	€/m²
Mittel	**2.855**	**€/m²**
bis	3.505	€/m²
max	4.030	€/m²

Kosten:
Stand 1. Quartal 2025
Bundesdurchschnitt
inkl. 19% MwSt.

5100-0141 Sporthalle (Einfeldhalle)

BRI 9.835 m³ **BGF** 1.697 m² **NUF** 1.040 m²

Einfeldsporthalle mit Nebenräumen, sowie ebenerdige Parkplätze unter der Halle. Stahlbeton.

Land: Rheinland-Pfalz
Kreis: Rhein-Hunsrück-Kreis
Standard: mittel
Bauzeit: 100 Wochen
Kennwerte: bis 1. Ebene DIN 276

BGF 2.272 €/m²

Planung: Dillig Architekten GmbH; Simmern

veröffentlicht: BKI Objektdaten N20

5100-0128 Sporthalle (Einfeldhalle)

BRI 4.978 m³ **BGF** 816 m² **NUF** 658 m²

Sporthalle (Einfeldhalle) für Grundschule, Lagerräume, Technikraum, Umkleiden (2St), Duschen, WCs, Geräteraum. Mauerwerk.

Land: Schleswig-Holstein
Kreis: Nordfriesland
Standard: mittel
Bauzeit: 39 Wochen
Kennwerte: bis 3. Ebene DIN 276

BGF 2.763 €/m²

Planung: JF ARCHITEKTEN UND STADTPLANER Fuchs und Dycker BDA; Husum

veröffentlicht: BKI Objektdaten N20

5100-0131 Sporthalle (Einfeldhalle)

BRI 5.854 m³ **BGF** 845 m² **NUF** 592 m²

Sporthalle (Einfeldhalle) mit Umkleideräumen, WCs, Duschen und Technikraum. Holzbau.

Land: Bayern
Kreis: Dingolfing-Landau
Standard: hoch
Bauzeit: 57 Wochen
Kennwerte: bis 1. Ebene DIN 276

BGF 3.906 €/m²

Planung: Wagner Architekten; Dingolfing

veröffentlicht: BKI Objektdaten N19

5100-0117 Sporthalle (Einfeldhalle)

BRI 4.515 m³ **BGF** 986 m² **NUF** 604 m²

Sporthalle (Einfeldhalle) für Schul- und Vereinssport. Mischkonstruktion.

Land: Bayern
Kreis: Roth
Standard: mittel
Bauzeit: 57 Wochen
Kennwerte: bis 1. Ebene DIN 276

BGF 3.359 €/m²

Planung: Dömges Architekten AG; Regensburg

veröffentlicht: BKI Objektdaten N16

5100-0118 Sporthalle (1,5-Feldhalle) **BRI** 13.560 m³ **BGF** 1.866 m² **NUF** 1.206 m²

© Ernst Fesseler

Sporthalle für Schul- und Vereinssport. Stb-Konstruktion.

Land: Baden-Württemberg
Kreis: Ravensburg
Standard: hoch
Bauzeit: 131 Wochen
Kennwerte: bis 1. Ebene DIN 276

BGF **2.742 €/m²**

Planung: wurm architektur; Ravensburg

veröffentlicht: BKI Objektdaten N16

5100-0115 Sporthalle (Einfeldhalle) **BRI** 4.292 m³ **BGF** 737 m² **NUF** 559 m²

© Tectum Hille Kobelt

Sporthalle als Einfeldhalle. Holzrahmenbau, Stahlbeton, Mauerwerk.

Land: Thüringen
Kreis: Saalfeld-Rudolstadt
Standard: mittel
Bauzeit: 52 Wochen
Kennwerte: bis 3. Ebene DIN 276

BGF **2.235 €/m²**

Planung: Tectum Hille Kobelt Architekten BDA; Weimar

veröffentlicht: BKI Objektdaten E8

5100-0110 Sporthalle (Einfeldhalle) - Passivhaus **BRI** 6.260 m³ **BGF** 959 m² **NUF** 639 m²

© L.A.

Sporthalle (Einfeldhalle). Stahlbetonfertigteilbau und Mauerwerksbau.

Land: Niedersachsen
Kreis: Osnabrück
Standard: mittel
Bauzeit: 48 Wochen
Kennwerte: bis 1. Ebene DIN 276

BGF **2.827 €/m²**

Planung: Hüdepohl . Ferner Architektur- und Ingenieurgesellschaft mbH; Osnabrück

veröffentlicht: BKI Objektdaten N15

5100-0103 Sporthalle (Einfeldhalle) **BRI** 5.017 m³ **BGF** 786 m² **NUF** 663 m²

© Fugmann Architekten GmbH

Sporthalle (Einfeldhalle) für Grundschul- und Vereinssport. Massivbau.

Land: Sachsen
Kreis: Zwickau
Standard: mittel
Bauzeit: 48 Wochen
Kennwerte: bis 1. Ebene DIN 276

BGF **2.725 €/m²**

Planung: Fugmann Architekten GmbH; Falkenstein

veröffentlicht: BKI Objektdaten N15

€/m² BGF

min	2.145	€/m²
von	2.390	€/m²
Mittel	**2.855**	**€/m²**
bis	3.505	€/m²
max	4.030	€/m²

Kosten:
Stand 1. Quartal 2025
Bundesdurchschnitt
inkl. 19% MwSt.

Objektübersicht zur Gebäudeart

5100-0112 Sporthalle

BRI 7.713 m³ **BGF** 1.017 m² **NUF** 796 m²

© Dohse Architekten

Sporthalle (1,5-Feldhalle) für Schul- und Vereinssport. Stb-Konstruktion, BSH-Dachträger, Mauerwerksbau (Nebenräume).

Land: Niedersachsen
Kreis: Harburg
Standard: mittel
Bauzeit: 52 Wochen
Kennwerte: bis 1. Ebene DIN 276

BGF 2.783 €/m²

Planung: Dohse Architekten; Hamburg

veröffentlicht: BKI Objektdaten N15

5100-0099 Sporthalle (Einfeldhalle)

BRI 3.332 m³ **BGF** 527 m² **NUF** 433 m²

© hettl architektur

Einfeldsporthalle mit Umkleide- und Sanitärräumen. Massivbau, Stahltragwerk Dach.

Land: Bayern
Kreis: Fürth
Standard: mittel
Bauzeit: 61 Wochen
Kennwerte: bis 1. Ebene DIN 276

BGF 4.029 €/m²

Planung: hettl architektur; Obermichelbach

veröffentlicht: BKI Objektdaten E7

5100-0090 Sportzentrum (Einfeldhalle)

BRI 9.775 m³ **BGF** 1.690 m² **NUF** 1.137 m²

© Bernd Lohse

Sporthalle (Einfeldhalle) mit Multifunktionshalle, Kraftraum und Entspannungsraum. Mischkonstruktion.

Land: Niedersachsen
Kreis: Wolfsburg, Stadt
Standard: hoch
Bauzeit: 52 Wochen
Kennwerte: bis 1. Ebene DIN 276

BGF 3.073 €/m²

Planung: Dohle + Lohse Architekten GmbH; Braunschweig

veröffentlicht: BKI Objektdaten N12

5100-0085 Sporthalle (Einfeldhalle)

BRI 5.400 m³ **BGF** 973 m² **NUF** 746 m²

© Thomas Grüninger Architekten BDA

Einfeldsporthalle mit Gymnastikhalle. Massivbau, Holzrahmenbau.

Land: Hessen
Kreis: Bergstraße
Standard: mittel
Bauzeit: 74 Wochen
Kennwerte: bis 1. Ebene DIN 276

BGF 2.937 €/m²

Planung: Thomas Grüninger Architekten BDA; Darmstadt

veröffentlicht: BKI Objektdaten N12

 Erläuterungen zu den Tabellen siehe Seite 62

5100-0088 Sporthalle (Einfeldhalle), Schulbühne

BRI 14.323 m³ **BGF** 2.502 m² **NUF** 1.800 m²

Sporthalle mit Schulbühne (500 Sitzplätze). Massivbau.

Land: Bayern
Kreis: Deggendorf
Standard: mittel
Bauzeit: 65 Wochen
Kennwerte: bis 1. Ebene DIN 276

BGF **2.270 €/m²**

Planung: Schnabel Architekten GmbH; Bad Kötzting

veröffentlicht: BKI Objektdaten N12

5100-0084 Sporthalle (Einfeldhalle)

BRI 5.423 m³ **BGF** 998 m² **NUF** 661 m²

Sporthalle (Einfeldhalle) mit max. 460 Sitzplätzen für Schul- und Vereinsveranstaltungen. Stb-Konstruktion, Holzleimbinder im Dach.

Land: Bayern
Kreis: München, Stadt
Standard: mittel
Bauzeit: 82 Wochen
Kennwerte: bis 1. Ebene DIN 276

BGF **2.259 €/m²**

Planung: Moosmang Architekten; Gräfelfing

veröffentlicht: BKI Objektdaten N12

5100-0086 Sport- und Schwimmhalle*

BRI 9.802 m³ **BGF** 1.824 m² **NUF** 1.159 m²

Einfeldsporthalle mit Schwimmhalle. Stb-Konstruktion.

Land: Hessen
Kreis: Frankfurt am Main, Stadt
Standard: hoch
Bauzeit: 91 Wochen
Kennwerte: bis 1. Ebene DIN 276

BGF **4.862 €/m²** *

Planung: Baufrösche Architekten und Stadtplaner GmbH; Kassel

veröffentlicht: BKI Objektdaten N12
* Nicht in der Auswertung enthalten

5100-0091 Sporthalle (Einfeldhalle)

BRI 3.889 m³ **BGF** 779 m² **NUF** 635 m²

Sporthalle (Einfeldhalle) für Schul- und Vereinssportnutzung. Massivbau.

Land: Niedersachsen
Kreis: Diepholz
Standard: mittel
Bauzeit: 43 Wochen
Kennwerte: bis 1. Ebene DIN 276

BGF **3.281 €/m²**

Planung: Karola Lindner Gemeinde Stuhr; Stuhr

veröffentlicht: BKI Objektdaten N13

Verwaltung | Wissenschaft | Gesundheit | Bildung | **Sport** | Wohnen | Gewerbe | Versorgung | Kultur

Sporthallen (Einfeldhallen)

€/m² BGF

min	2.145	€/m²
von	2.390	€/m²
Mittel	**2.855**	**€/m²**
bis	3.505	€/m²
max	4.030	€/m²

Kosten:
Stand 1. Quartal 2025
Bundesdurchschnitt
inkl. 19% MwSt.

Objektübersicht zur Gebäudeart

5100-0074 Sporthalle (Einfeldhalle) - Passivhaus

BRI 6.336 m³ **BGF** 966 m² **NUF** 626 m²

Einfeldsporthalle im Passivhausstandard. Erdgeschoss mit Foyer und Umkleiden, Untergeschoss mit teilbarer Sportfläche, Geräteräumen und Regieraum. Stb-Konstruktion.

Land: Brandenburg
Kreis: Märkisch-Oderland
Standard: mittel
Bauzeit: 48 Wochen
Kennwerte: bis 1. Ebene DIN 276

BGF **3.487 €/m²**

Planung: BAUCONZEPT® PLANUNGSGESELLSCHAFT MBH; Lichtenstein

veröffentlicht: www.bki.de

5100-0049 Sporthalle (Einfeldhalle)

BRI 4.220 m³ **BGF** 667 m² **NUF** 571 m²

Einfeldsporthalle, vormittags wird die Halle für Schulsport genutzt, abends für Vereinssport. Holzrahmenbau.

Land: Schleswig-Holstein
Kreis: Herzogtum Lauenburg
Standard: einfach
Bauzeit: 22 Wochen
Kennwerte: bis 3. Ebene DIN 276

BGF **2.230 €/m²**

Planung: Die Planschmiede 2KS GmbH & Co. KG; Hankensbüttel

veröffentlicht: BKI Objektdaten N10

5100-0073 Sporthalle (Einfeldhalle)

BRI 4.133 m³ **BGF** 741 m² **NUF** 589 m²

Einfeldsporthalle mit Geräteräumen, Umkleiden, Sanitärräumen und Galerie. Stb-Konstruktion.

Land: Nordrhein-Westfalen
Kreis: Aachen, Städteregion
Standard: mittel
Bauzeit: 48 Wochen
Kennwerte: bis 1. Ebene DIN 276

BGF **2.143 €/m²**

Planung: Finkeldei Architekten; Linnich

veröffentlicht: BKI Objektdaten N11

5100-0030 Sporthalle*

BRI 4.855 m³ **BGF** 809 m² **NUF** 669 m²

Sporthalle (15x27m), Sportgeräteraum, Anbau mit zwei Umkleide- und Sanitärräumen, barrierefreies WC mit Behelfsdusche, Übungsleiterraum mit Sanitärbereich. Stahlskelettbau.

Land: Sachsen-Anhalt
Kreis: Wittenberg
Standard: einfach
Bauzeit: 35 Wochen
Kennwerte: bis 1. Ebene DIN 276

BGF **1.593 €/m²**

Planung: Schmidt + Krause Architekturbüro; Bannewitz

veröffentlicht: www.bki.de
* Nicht in der Auswertung enthalten

5100-0025 Sporthalle

BRI 8.777 m³ **BGF** 1.207 m² **NUF** 1.013 m²

Sporthalle in Holzkonstruktion, Nutzung durch Schulen und Vereine, Umkleiden, Sanitärräume und Halle im EG, Zuschauergalerie und Lüftung im OG. Holzskelettbau.

Land: Sachsen
Kreis: Erzgebirgskreis
Standard: mittel
Bauzeit: 130 Wochen
Kennwerte: bis 3. Ebene DIN 276

BGF **2.880 €/m²**

Planung: Dieter Gogolin Dipl.-Ing. Architekt; Marienberg

veröffentlicht: www.bki.de

Sporthallen (Dreifeldhallen)

Kostenkennwerte für die Kosten des Bauwerks (Kostengruppen 300+400 nach DIN 276)

BRI 385 €/m³
von 280 €/m³
bis 480 €/m³

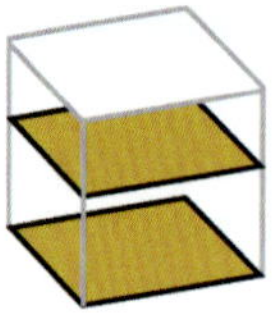

BGF 2.640 €/m²
von 1.945 €/m²
bis 3.320 €/m²

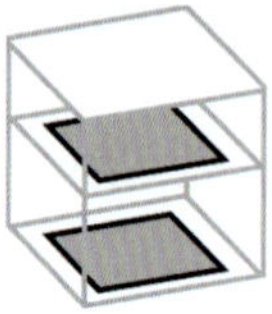

NUF 3.590 €/m²
von 2.630 €/m²
bis 4.630 €/m²

Kosten:
Stand 1. Quartal 2025
Bundesdurchschnitt
inkl. 19% MwSt.

Objektbeispiele

5100-0121

5100-0127

5100-0130

5100-0109

5100-0119

5100-0106

Kosten der 29 Vergleichsobjekte Seiten 406 bis 413

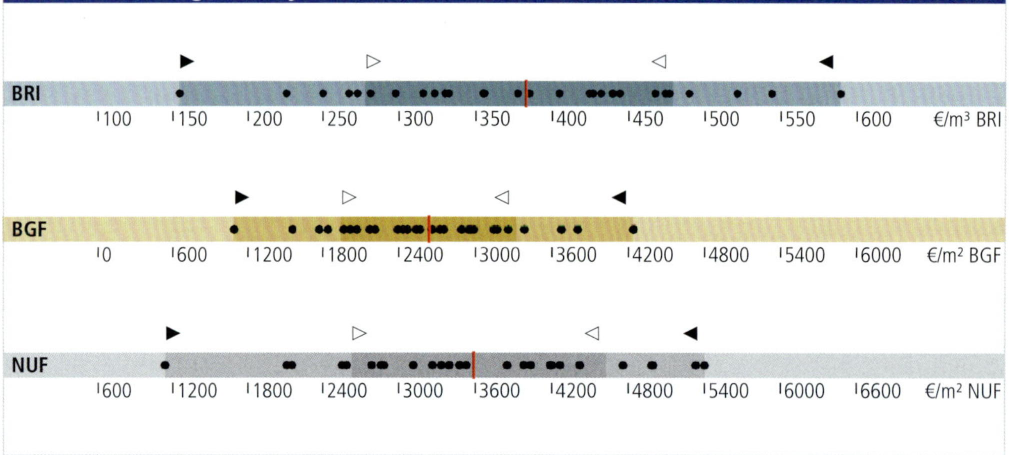

- ● KKW
- ▶ min
- ▷ von
- | Mittelwert
- ◁ bis
- ◀ max

Kostenkennwerte für die Kostengruppen der 1. und 2. Ebene DIN 276

KG	Kostengruppen der 1. Ebene	Einheit	▷	€/Einheit	◁	▷	% an 300+400	◁
100	Grundstück	m² GF	–	**–**	–	–	**–**	–
200	Vorbereitende Maßnahmen	m² GF	9	**39**	158	1,1	**2,9**	8,1
300	Bauwerk – Baukonstruktionen	m² BGF	1.520	**2.080**	2.710	75,7	**78,5**	83,6
400	Bauwerk – Technische Anlagen	m² BGF	388	**561**	709	16,4	**21,5**	24,3
	Bauwerk 300+400	m² BGF	1.947	**2.641**	3.320	100,0	**100,0**	100,0
500	Außenanlagen und Freiflächen	m² AF	53	**146**	280	2,3	**5,7**	10,1
600	Ausstattung und Kunstwerke	m² BGF	24	**54**	96	0,9	**2,3**	4,5
700	Baunebenkosten*	m² BGF	452	**504**	557	17,4	**19,4**	21,4
800	Finanzierung	m² BGF	–	**–**	–	–	**–**	–

◁ * Auf Grundlage der HOAI 2021 berechnete Werte nach §§ 35, 52, 56. Weitere Informationen siehe Seite 56

KG	Kostengruppen der 2. Ebene	Einheit	▷	€/Einheit	◁	▷	% an 1. Ebene	◁
310	Baugrube / Erdbau	m³ BGI	27	**37**	44	0,3	**2,5**	3,2
320	Gründung, Unterbau	m² GRF	374	**420**	451	10,7	**14,5**	15,6
330	Außenwände / vertikal außen	m² AWF	623	**755**	956	17,2	**20,7**	23,2
340	Innenwände / vertikal innen	m² IWF	373	**429**	507	8,9	**12,9**	15,7
350	Decken / horizontal	m² DEF	575	**649**	782	5,4	**7,9**	12,4
360	Dächer	m² DAF	372	**526**	575	22,2	**25,8**	31,1
370	Infrastrukturanlagen		–	**–**	–	–	**–**	–
380	Baukonstruktive Einbauten	m² BGF	149	**164**	185	6,7	**7,9**	10,0
390	Sonst. Maßnahmen für Baukonst.	m² BGF	96	**171**	271	4,8	**7,8**	11,9
300	**Bauwerk – Baukonstruktionen**	**m² BGF**					**100,0**	
410	Abwasser-, Wasser-, Gasanlagen	m² BGF	103	**131**	172	14,5	**22,2**	27,8
420	Wärmeversorgungsanlagen	m² BGF	106	**166**	219	19,1	**27,1**	31,9
430	Raumlufttechnische Anlagen	m² BGF	50	**114**	155	9,7	**17,6**	22,3
440	Elektrische Anlagen	m² BGF	122	**147**	177	21,4	**24,3**	26,2
450	Kommunikationstechnische Anlagen	m² BGF	19	**37**	62	1,9	**5,0**	9,9
460	Förderanlagen	m² BGF	17	**23**	30	0,0	**1,4**	3,5
470	Nutzungsspez. / verfahrenstech. Anl.	m² BGF	< 1	**2**	5	< 0,1	**0,3**	1,3
480	Gebäude- und Anlagenautomation	m² BGF	26	**33**	39	0,0	**2,1**	5,5
490	Sonst. Maßnahmen f. techn. Anl.	m² BGF	< 1	**< 1**	< 1	< 0,1	**< 0,1**	0,1
400	**Bauwerk – Technische Anlagen**	**m² BGF**					**100,0**	

Prozentanteile der Kosten 2. Ebene an den Kosten des Bauwerks nach DIN 276 (Von/Mittel/Bis)

KG	Kostengruppe	%
310	Baugrube / Erdbau	2,0
320	Gründung, Unterbau	11,3
330	Außenwände / vertikal außen	16,1
340	Innenwände / vertikal innen	9,9
350	Decken / horizontal	6,1
360	Dächer	20,2
370	Infrastrukturanlagen	
380	Baukonstruktive Einbauten	6,1
390	Sonst. Maßnahmen für Baukonst.	6,0
410	Abwasser-, Wasser-, Gasanlagen	4,8
420	Wärmeversorgungsanlagen	5,9
430	Raumlufttechnische Anlagen	4,1
440	Elektrische Anlagen	5,4
450	Kommunikationstechnische Anlagen	1,1
460	Förderanlagen	0,3
470	Nutzungsspez. / verfahrenstech. Anl.	< 0,1
480	Gebäude- und Anlagenautomation	0,5
490	Sonst. Maßnahmen f. techn. Anl.	< 0,1

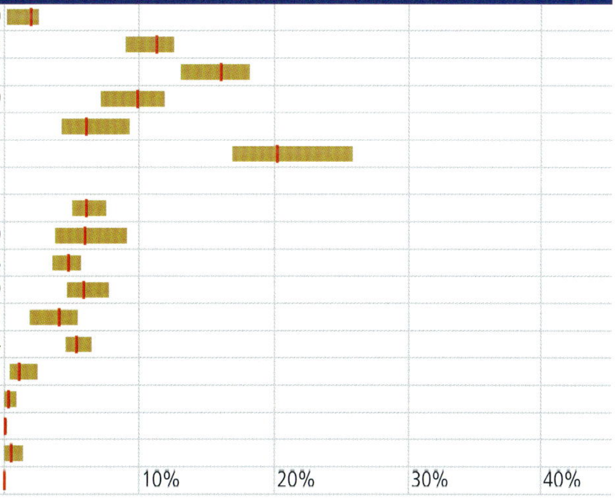

 Erläuterungen zu den Tabellen siehe Seite 54 und 56 Kostenstand: 1. Quartal 2025, Bundesdurchschnitt, **inkl. 19% MwSt.**

Prozentanteile der Kosten für Leistungsbereiche nach STLB (Kosten Bauwerk nach DIN 276)

Kosten:
Stand 1. Quartal 2025
Bundesdurchschnitt
inkl. 19% MwSt.

LB	Leistungsbereiche	▷	% an 300+400	◁
000	Baustellen-, Verkehrssich.- u. Sicherh.einr. inkl. 001	2,5	**4,4**	6,8
002	Erdarbeiten	1,8	**3,8**	8,8
006	Spezialtiefbauarbeiten inkl. 005	0,0	**0,6**	2,0
009	Entwässerungskanalarbeiten inkl. 011	0,3	**0,9**	2,3
010	Drän- und Versickerarbeiten	0,0	**0,2**	0,5
012	Mauerarbeiten	0,6	**1,8**	3,1
013	Betonarbeiten	12,0	**15,3**	22,7
014	Natur-, Betonwerksteinarbeiten	< 0,1	**0,1**	0,6
016	Zimmer- und Holzbauarbeiten	< 0,1	**0,7**	3,9
017	Stahlbauarbeiten	1,6	**6,7**	12,0
018	Abdichtungsarbeiten	0,2	**0,5**	1,3
020	Dachdeckungsarbeiten	< 0,1	**1,8**	10,9
021	Dachabdichtungsarbeiten	1,5	**4,8**	8,3
022	Klempnerarbeiten	0,3	**1,8**	5,5
	Rohbau	39,4	**43,6**	48,1
023	Putz- und Stuckarbeiten, Wärmedämmsysteme	0,2	**1,3**	2,4
024	Fliesen- und Plattenarbeiten	1,4	**2,3**	3,2
025	Estricharbeiten	0,5	**0,7**	1,0
026	Fenster, Außentüren inkl. 029, 032	0,8	**2,4**	5,7
027	Tischlerarbeiten	3,8	**5,8**	7,6
028	Parkettarbeiten, Holzpflasterarbeiten	0,0	**< 0,1**	0,3
030	Rollladenarbeiten	0,1	**0,7**	1,8
031	Metallbauarbeiten inkl. 035	2,8	**8,5**	12,1
034	Maler- und Lackiererarbeiten inkl. 037	0,8	**1,4**	1,9
036	Bodenbelagarbeiten	2,9	**4,2**	6,5
038	Vorgehängte hinterlüftete Fassaden	0,1	**0,8**	2,0
039	Trockenbauarbeiten	1,2	**2,9**	6,8
	Ausbau	27,8	**30,9**	34,3
040	Wärmeversorgungsanl. - Betriebseinr. inkl. 041	4,5	**6,0**	7,5
042	Gas- und Wasserinstallation, Leitungen inkl. 043	0,2	**1,0**	2,0
044	Abwasseranlagen - Leitungen, Abläufe, Armaturen	0,4	**1,0**	1,5
045	GWE - Einrichtungsgegenstände inkl. 046	1,1	**2,3**	3,7
047	Dämm- und Brandschutzarbeiten an techn. Anlagen	< 0,1	**0,3**	1,1
049	Feuerlöschanlagen, Feuerlöschgeräte	< 0,1	**< 0,1**	< 0,1
050	Blitzschutz- und Erdungsanlagen	< 0,1	**0,2**	0,3
052	Mittelspannungsanlagen	0,0	**< 0,1**	0,4
053	Niederspannungsanlagen inkl. 054	2,5	**4,0**	5,5
055	Sicherheits- und Ersatzstromversorgungsanlagen	–	**–**	–
057	Gebäudesystemtechnik	0,0	**0,3**	1,7
058	Leuchten und Lampen inkl. 059	< 0,1	**1,5**	2,5
060	Such-, Signal-, elektroakust. Anl., Med. inkl. 064	< 0,1	**0,5**	0,9
061	Kommunikations- und Übertragungsnetze inkl. 062	< 0,1	**0,2**	1,3
063	Gefahrenmeldeanlagen	< 0,1	**0,5**	1,4
069	Aufzüge	0,0	**0,4**	0,8
070	Gebäudeautomation	0,0	**0,2**	0,8
075	Raumlufttechnische Anlagen inkl. 078	1,2	**3,2**	5,0
	Gebäudetechnik	17,9	**21,6**	24,3
	Sonstige Leistungsbereiche inkl. 008, 033, 051	0,8	**3,9**	5,5

● KKW
▶ min
▷ von
| Mittelwert
◁ bis
◀ max

Planungskennwerte für Flächen und Rauminhalte nach DIN 277

Grundflächen		▷	Fläche/NUF (%)	◁	▷	Fläche/BGF (%)	◁
NUF	Nutzungsfläche	100,0	**100,0**	100,0	71,2	**74,5**	80,1
TF	Technikfläche	4,4	**5,7**	9,5	3,1	**4,0**	6,4
VF	Verkehrsfläche	12,4	**16,1**	19,5	9,1	**11,6**	13,9
NRF	Netto-Raumfläche	116,8	**121,8**	127,4	88,7	**90,2**	92,1
KGF	Konstruktions-Grundfläche	10,6	**13,5**	15,6	7,9	**9,8**	11,3
BGF	Brutto-Grundfläche	127,3	**135,3**	141,9	100,0	**100,0**	100,0

Brutto-Rauminhalte		▷	BRI/NUF (m)	◁	▷	BRI/BGF (m)	◁
BRI	Brutto-Rauminhalt	8,69	**9,39**	10,21	6,50	**6,95**	7,40

Flächen von Nutzeinheiten	▷	NUF/Einheit (m²)	◁	▷	BGF/Einheit (m²)	◁
Nutzeinheit:	–	–	–	–	–	–

Lufttechnisch behandelte Flächen	▷	Fläche/NUF (%)	◁	▷	Fläche/BGF (%)	◁
Entlüftete Fläche	4,9	**7,4**	7,4	3,4	**5,3**	5,3
Be- und entlüftete Fläche	50,0	**53,6**	67,8	35,7	**38,4**	54,7
Teilklimatisierte Fläche	–	–	–	–	–	–
Klimatisierte Fläche	–	–	–	–	–	–

KG	Kostengruppen (2. Ebene)	Einheit	▷	Menge/NUF	◁	▷	Menge/BGF	◁
310	Baugrube / Erdbau	m³ BGI	1,27	**2,29**	2,67	0,94	**1,62**	1,86
320	Gründung, Unterbau	m² GRF	0,97	**1,04**	1,10	0,70	**0,73**	0,75
330	Außenwände / vertikal außen	m² AWF	0,82	**0,84**	0,90	0,56	**0,59**	0,61
340	Innenwände / vertikal innen	m² IWF	0,80	**0,92**	1,01	0,57	**0,64**	0,69
350	Decken / horizontal	m² DEF	0,32	**0,35**	0,36	0,23	**0,25**	0,27
360	Dächer	m² DAF	1,36	**1,53**	1,71	0,97	**1,08**	1,26
370	Infrastrukturanlagen		–	–	–	–	–	–
380	Baukonstruktive Einbauten	m² BGF	1,27	**1,35**	1,42	1,00	**1,00**	1,00
390	Sonst. Maßnahmen für Baukonst.	m² BGF	1,27	**1,35**	1,42	1,00	**1,00**	1,00
300	**Bauwerk – Baukonstruktionen**	**m² BGF**	1,27	**1,35**	1,42	1,00	**1,00**	1,00

Planungskennwerte für Bauzeiten — 29 Vergleichsobjekte

Bauzeit in Wochen

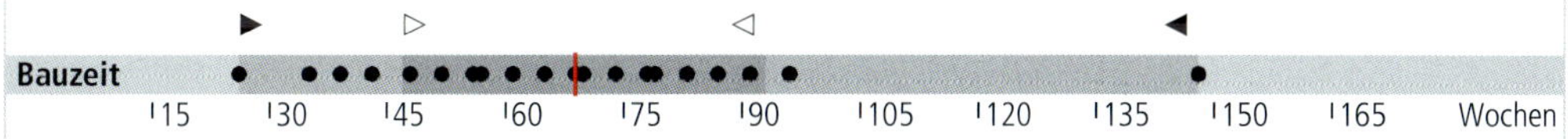

€/m² BGF

min	1.090	€/m²
von	1.945	€/m²
Mittel	**2.640**	**€/m²**
bis	3.320	€/m²
max	4.240	€/m²

Kosten:
Stand 1. Quartal 2025
Bundesdurchschnitt
inkl. 19% MwSt.

Objektübersicht zur Gebäudeart

5100-0133 Sporthalle (Dreifeldhalle)

BRI 23.919 m³ **BGF** 3.054 m² **NUF** 2.068 m²

Dreifeldsporthalle mit Tribüne, Nebenräumen und Parkplätzen. Mischkonstruktion.

Land: Brandenburg
Kreis: Havelland
Standard: hoch
Bauzeit: 65 Wochen
Kennwerte: bis 1. Ebene DIN 276

BGF 3.382 €/m²

Planung: Galandi Schirmer Architekten + Ingenieure GmbH; Berlin

veröffentlicht: BKI Objektdaten N18

5100-0134 Stahlleichtbauhalle (Dreifeldhalle)*

BRI 10.723 m³ **BGF** 1.289 m² **NUF** 1.260 m²

temporäre Einfeld-Sporthalle. Stahlbau.

Land: Rheinland-Pfalz
Kreis: Trier-Saarburg
Standard: einfach
Bauzeit: 13 Wochen
Kennwerte: bis 1. Ebene DIN 276

BGF 816 €/m²

Planung: Dillig Architekten GmbH; Simmern

veröffentlicht: BKI Objektdaten N18
* Nicht in der Auswertung enthalten

5100-0135 Sporthalle (Dreifeldhalle)

BRI 17.660 m³ **BGF** 2.266 m² **NUF** 1.778 m²

Dreifeld-Sporthalle. Massivbau.

Land: Niedersachsen
Kreis: Osnabrück, Stadt
Standard: mittel
Bauzeit: 91 Wochen
Kennwerte: bis 1. Ebene DIN 276

BGF 4.238 €/m²

Planung: BKS Architekten GmbH; Lübbecke

veröffentlicht: BKI Objektdaten N19

5100-0130 Sporthalle (Doppel-Dreifeldhalle)

BRI 32.800 m³ **BGF** 4.946 m² **NUF** 3.698 m²

Doppel-Dreifeldsporthalle für Ausbildung und Training der Sportfachverbände, des Landessportbundes und des Olympiastützpunktes. Stahlbeton.

Land: Hessen
Kreis: Frankfurt am Main, Stadt
Standard: mittel
Bauzeit: 87 Wochen
Kennwerte: bis 1. Ebene DIN 276

BGF 3.142 €/m²

Planung: blfp planungs gmbh; Friedberg

veröffentlicht: BKI Objektdaten N17

5100-0127 Sporthalle (Dreifeldhalle) **BRI** 29.217 m³ **BGF** 4.351 m² **NUF** 2.985 m²

Sporthalle. Massivbau.

Land: Niedersachsen
Kreis: Vechta
Standard: mittel
Bauzeit: 78 Wochen
Kennwerte: bis 3. Ebene DIN 276

BGF 2.387 €/m²

Planung: MRO Partnerschaft mbB Architekt Kahnert, Ber. Ing. Martens; Oldenburg

veröffentlicht: BKI Objektdaten N19

5100-0126 Tennishalle (Dreifeldhalle) **BRI** 13.563 m³ **BGF** 1.925 m² **NUF** 1.838 m²

Tennishalle als Dreifeldhalle. Holzbau.

Land: Hessen
Kreis: Darmstadt, Stadt
Standard: einfach
Bauzeit: 35 Wochen
Kennwerte: bis 1. Ebene DIN 276

BGF 1.088 €/m²

Planung: raum-z architekten gmbh; Frankfurt

veröffentlicht: BKI Objektdaten N17

5100-0123 Sporthalle (Zweifeldhalle) **BRI** 13.027 m³ **BGF** 1.884 m² **NUF** 1.420 m²

Sporthalle (Zweifeldhalle) mit 194 Sitzplätzen und zwei barrierefreien Stellplätzen. Massivbau.

Land: Sachsen
Kreis: Mittelsachsen
Standard: mittel
Bauzeit: 61 Wochen
Kennwerte: bis 1. Ebene DIN 276

BGF 2.662 €/m²

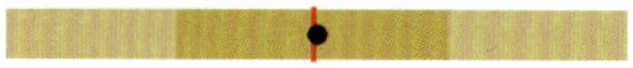

Planung: BAUCONZEPT® PLANUNGSGESELLSCHAFT MBH; Lichtenstein/Sachsen

veröffentlicht: BKI Objektdaten N16

5100-0125 Sporthalle (2,5-Feldhalle) **BRI** 16.628 m³ **BGF** 2.516 m² **NUF** 1.714 m²

Sporthalle (Zweifeldhalle). Stb-Konstruktion, Dachkonstruktion BSH-Träger mit unterspannter Stahlkonstruktion.

Land: Bayern
Kreis: Rosenheim
Standard: mittel
Bauzeit: 79 Wochen
Kennwerte: bis 1. Ebene DIN 276

BGF 1.767 €/m²

Planung: Planungsgruppe Strasser GmbH; Traunstein

veröffentlicht: BKI Objektdaten N17

€/m² BGF

min	1.090	€/m²
von	1.945	€/m²
Mittel	**2.640**	**€/m²**
bis	3.320	€/m²
max	4.240	€/m²

Kosten:
Stand 1. Quartal 2025
Bundesdurchschnitt
inkl. 19% MwSt.

Objektübersicht zur Gebäudeart

5100-0121 Sporthalle (Zweifeldhalle) - Passivhaus

BRI 12.355 m³ **BGF** 1.698 m² **NUF** 1.238 m²

Sporthalle (Zweifeldhalle). Massivbau.

Land: Nordrhein-Westfalen
Kreis: Aachen, Städteregion
Standard: mittel
Bauzeit: 78 Wochen
Kennwerte: bis 1. Ebene DIN 276

BGF 2.944 €/m²

Planung: KRESINGS Architekten; Münster

veröffentlicht: BKI Objektdaten N17

5100-0119 Sporthalle (Dreifeldhalle)

BRI 19.662 m³ **BGF** 2.874 m² **NUF** 1.811 m²

Sporthalle (Dreifeldhalle). Massivbau.

Land: Niedersachsen
Kreis: Hameln-Pyrmont
Standard: mittel
Bauzeit: 70 Wochen
Kennwerte: bis 1. Ebene DIN 276

BGF 2.428 €/m²

Planung: Baufrösche Architekten und Stadtplaner GmbH; Kassel

veröffentlicht: BKI Objektdaten E8

5100-0111 Sporthalle (Dreifeldhalle)

BRI 15.840 m³ **BGF** 2.066 m² **NUF** 1.679 m²

Sporthalle (Dreifeldhalle). Mauerwerksbau.

Land: Hamburg
Kreis: Hamburg, Stadt
Standard: mittel
Bauzeit: 39 Wochen
Kennwerte: bis 1. Ebene DIN 276

BGF 2.533 €/m²

Planung: Wischhusen Architektur; Hamburg

veröffentlicht: BKI Objektdaten N15

5100-0105 Sporthalle (Zweifeldhalle)

BRI 11.896 m³ **BGF** 1.543 m² **NUF** 1.186 m²

Zweifeldhalle für Schul- und Vereinssport mit Besuchergalerie. Stb-Konstruktion, BSH-Dachträger.

Land: Bayern
Kreis: Schweinfurt, Stadt
Standard: mittel
Bauzeit: 57 Wochen
Kennwerte: bis 1. Ebene DIN 276

BGF 2.564 €/m²

Planung: Stadt Schweinfurt Stadtentwicklungs- und Hochbauamt; Schweinfurt

veröffentlicht: BKI Objektdaten N15

5100-0113 Sporthalle (Zweifeldhalle) - Passivhausbauweise*

BRI 15.382 m³ **BGF** 2.084 m² **NUF** 1.325 m²

Sporthalle als Zweifeldhalle (unter Geländeniveau). Stahlbetonbau.

Land: Hessen
Kreis: Frankfurt am Main, Stadt
Standard: mittel
Bauzeit: 135 Wochen*
Kennwerte: bis 1. Ebene DIN 276

BGF 4.645 €/m²

Planung: PFP Planungs GmbH Prof. Jörg Friedrich; Hamburg

veröffentlicht: BKI Objektdaten E7
* Nicht in der Auswertung enthalten

5100-0102 Sporthalle (Dreifeldhalle)

BRI 21.472 m³ **BGF** 2.898 m² **NUF** 1.982 m²

Dreifeldhalle für Schul- und Vereinssport mit Tribüne (312 Sitzplätze). Stb-Konstruktion, BSH-Dachträger.

Land: Saarland
Kreis: Saarpfalz-Kreis
Standard: mittel
Bauzeit: 56 Wochen
Kennwerte: bis 1. Ebene DIN 276

BGF 3.255 €/m²

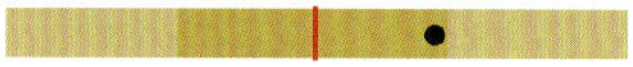

Planung: Architekturbüro Morschett; Gersheim

veröffentlicht: BKI Objektdaten N15

5100-0096 Sporthalle (Zweifeldhalle)

BRI 14.786 m³ **BGF** 1.813 m² **NUF** 1.581 m²

Zweifeldhalle für Schul- und Vereinssport mit Tribüne. Massivbau.

Land: Schleswig-Holstein
Kreis: Pinneberg
Standard: mittel
Bauzeit: 61 Wochen
Kennwerte: bis 1. Ebene DIN 276

BGF 1.839 €/m²

Planung: dt+p Dorkowski, Tülp und Partner Architekten+Ingenieure GmbH; Bremen

veröffentlicht: BKI Objektdaten N13

5100-0109 Sporthalle (Zweifeldhalle), TG (64 STP)

BRI 18.593 m³ **BGF** 3.306 m² **NUF** 2.678 m²

Zweifeldhalle, Tribüne mit 200 Sitzplätzen, Außenspielfeld, Tiefgarage (64 STP). Stb-Konstruktion.

Land: Baden-Württemberg
Kreis: Stuttgart, Stadt
Standard: hoch
Bauzeit: 78 Wochen
Kennwerte: bis 1. Ebene DIN 276

BGF 2.752 €/m²

Planung: Tiemann-Petri und Partner Freie Architekten BDA; Stuttgart

veröffentlicht: BKI Objektdaten E7

Objektübersicht zur Gebäudeart

€/m² BGF

min	1.090	€/m²
von	1.945	€/m²
Mittel	**2.640**	**€/m²**
bis	3.320	€/m²
max	4.240	€/m²

Kosten:
Stand 1.Quartal 2025
Bundesdurchschnitt
inkl. 19% MwSt.

5100-0108 Sporthalle (Zweifeldhalle)

BRI 12.765 m³ **BGF** 1.773 m² **NUF** 1.362 m²

Sporthalle (Zweifeldhalle) für Schul- und Vereinssportnutzung. Massivbau, Holzbinderdachkonstruktion.

Land: Bayern
Kreis: Traunstein
Standard: mittel
Bauzeit: 70 Wochen
Kennwerte: bis 1. Ebene DIN 276

BGF **1.964 €/m²**

Planung: Planungsgruppe Strasser GmbH; Traunstein

veröffentlicht: BKI Objektdaten N15

5100-0106 Sporthalle (Zweifeldhalle)

BRI 15.979 m³ **BGF** 2.229 m² **NUF** 1.442 m²

Zweifeldhalle für Schul- und Vereinssport mit Foyer und Tribüne (ca. 200 Sitzplätze). Stahlbetonbau, Holzbinder.

Land: Bayern
Kreis: Traunstein
Standard: mittel
Bauzeit: 87 Wochen
Kennwerte: bis 1. Ebene DIN 276

BGF **2.015 €/m²**

Planung: Planungsgruppe Strasser GmbH; Traunstein

veröffentlicht: BKI Objektdaten E7

5100-0095 Sporthalle (Zweifeldhalle)

BRI 14.431 m³ **BGF** 2.049 m² **NUF** 1.538 m²

Sporthalle (Zweifeldhalle) mit Foyer und Tribüne (150 Sitzplätze). Stb-Konstruktion, BSH-Dachträger.

Land: Baden-Württemberg
Kreis: Esslingen
Standard: mittel
Bauzeit: 61 Wochen
Kennwerte: bis 1. Ebene DIN 276

BGF **2.988 €/m²**

Planung: Glück + Partner GmbH; Stuttgart

veröffentlicht: BKI Objektdaten N13

5100-0092 Sporthalle (Dreifeldhalle)

BRI 26.904 m³ **BGF** 3.873 m² **NUF** 2.884 m²

Freistehende Sport- und Mehrzweckhalle (Dreifeldhalle) für zwei Schulen. Stb-Massivbau.

Land: Rheinland-Pfalz
Kreis: Bernkastel-Wittlich
Standard: mittel
Bauzeit: 96 Wochen
Kennwerte: bis 3. Ebene DIN 276

BGF **2.963 €/m²**

Planung: Architekten BDA Naujack.Rind.Hof GmbH; Koblenz

veröffentlicht: BKI Objektdaten N15

5100-0120 Sporthalle (Zweifeldhalle)

BRI 20.376 m^3 **BGF** 3.279 m^2 **NUF** 2.369 m^2

© Dillig Architekten GmbH

Sporthalle (Zweifeldhalle) mit Fitness- und Kraftraum. Massivbau.

Land: Hessen
Kreis: Offenbach am Main, Stadt
Standard: hoch
Bauzeit: 43 Wochen
Kennwerte: bis 1. Ebene DIN 276

BGF **1.552 €/m^2**

Planung: Dillig Architekten GmbH; Simmern

veröffentlicht: BKI Objektdaten N16

5100-0116 Sporthalle (Dreifeldhalle)

BRI 17.009 m^3 **BGF** 2.556 m^2 **NUF** 1.935 m^2

© Klemens Ortmeyer

Sporthalle (Dreifeldhalle) für Ballsportarten, wird vom Sportverein genutzt. Stahlbeton, Stahlkonstruktion.

Land: Berlin
Kreis: Berlin, Stadt
Standard: mittel
Bauzeit: 148 Wochen
Kennwerte: bis 1. Ebene DIN 276

BGF **3.171 €/m^2**

Planung: Alten Architekten; Berlin

veröffentlicht: BKI Objektdaten E7

5100-0087 Sporthalle (Zweifeld), Dachspielfeld - Passivhaus

BRI 15.697 m^3 **BGF** 1.817 m^2 **NUF** 1.295 m^2

© Baufrösche Architekten und Stadtplaner GmbH

Zweifeldsporthalle mit Dachspielfeld, Passivhaus. Stb-Konstruktion.

Land: Hessen
Kreis: Frankfurt am Main, Stadt
Standard: mittel
Bauzeit: 83 Wochen
Kennwerte: bis 1. Ebene DIN 276

BGF **3.801 €/m^2**

Planung: Baufrösche Architekten und Stadtplaner GmbH; Kassel

veröffentlicht: BKI Objektdaten E5

5100-0083 Sporthalle (Zweifeldhalle)

BRI 11.492 m^3 **BGF** 1.547 m^2 **NUF** 1.187 m^2

© sander.hofrichter architekten Partnerschaft

Schulsporthalle mit Zuschauergalerie (Zweifeldhalle). Stb-Konstruktion.

Land: Rheinland-Pfalz
Kreis: Landau in der Pfalz, Stadt
Standard: mittel
Bauzeit: 43 Wochen
Kennwerte: bis 1. Ebene DIN 276

BGF **2.210 €/m^2**

Planung: sander.hofrichter architekten Partnerschaft; Ludwigshafen

veröffentlicht: BKI Objektdaten N12

Sporthallen (Dreifeldhallen)

€/m² BGF

min	1.090	€/m²
von	1.945	€/m²
Mittel	**2.640**	**€/m²**
bis	3.320	€/m²
max	4.240	€/m²

Kosten:
Stand 1. Quartal 2025
Bundesdurchschnitt
inkl. 19% MwSt.

Objektübersicht zur Gebäudeart

5100-0070 Sporthalle (Zweifeldhalle)

BRI 11.338 m³ **BGF** 1.572 m² **NUF** 1.310 m²

Zweifeldsporthalle, Geräteräume, Umkleiden, Sanitärräume, Übungsleiter. Massivbau.

Land: Nordrhein-Westfalen
Kreis: Paderborn
Standard: mittel
Bauzeit: 48 Wochen
Kennwerte: bis 1. Ebene DIN 276

BGF **2.723 €/m²**

Planung: BREITHAUPT ARCHITEKTEN Andreas Breithaupt Architekt BDA; Salzkotten

veröffentlicht: BKI Objektdaten N10

5100-0043 Sporthalle

BRI 14.885 m³ **BGF** 2.218 m² **NUF** 1.727 m²

Schulsporthalle mit anteiliger Vereinsnutzung und separater Gymnastikhalle. Stb-Wände, Spannbetonhohlkammerdecken, Holzbinder.

Land: Nordrhein-Westfalen
Kreis: Ennepe-Ruhr-Kreis
Standard: mittel
Bauzeit: 69 Wochen
Kennwerte: bis 1. Ebene DIN 276

BGF **2.170 €/m²**

Planung: Frielinghaus Schüren Architekten; Witten

veröffentlicht: www.bki.de

5100-0068 Schulsporthalle (Zweifeldhalle)

BRI 10.329 m³ **BGF** 1.657 m² **NUF** 1.221 m²

Schulsporthalle, Zweifeldhalle. Stahlbetonbau, Dach Holzbinder.

Land: Baden-Württemberg
Kreis: Stuttgart, Stadt
Standard: mittel
Bauzeit: 83 Wochen
Kennwerte: bis 1. Ebene DIN 276

BGF **3.672 €/m²**

Planung: Glück + Partner GmbH; Stuttgart

veröffentlicht: BKI Objektdaten N10

5100-0045 Sporthalle (Zweifeldhalle)

BRI 13.849 m³ **BGF** 2.114 m² **NUF** 1.528 m²

Zweifeldsporthalle, Schul- und Vereinsnutzung. Mauerwerksbau, Stahlfachwerkbinder, BSH-Nebenträger, Trapezblech.

Land: Nordrhein-Westfalen
Kreis: Gütersloh
Standard: hoch
Bauzeit: 52 Wochen
Kennwerte: bis 1. Ebene DIN 276

BGF **2.068 €/m²**

Planung: KNIRR+PITTIG ARCHITEKTEN; Essen

veröffentlicht: www.bki.de

5100-0040 Sporthalle (Dreifeldhalle)

BRI 20.145 m³ **BGF** 3.545 m² **NUF** 2.376 m²

© architekturfotografie roland halbe

Sporthalle mit drei Hallenteilen und einer Zuschauertribüne für 200 Personen. Stb-Konstruktion.

Land: Baden-Württemberg
Kreis: Ulm, Stadt
Standard: hoch
Bauzeit: 78 Wochen
Kennwerte: bis 3. Ebene DIN 276

BGF **2.961 €/m²**

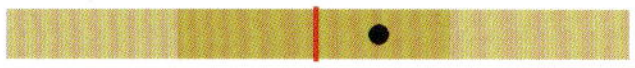

Planung: Auer + Weber + Partner Seidel : Architekten; München

veröffentlicht: www.bki.de

5100-0037 Sporthalle (Dreifeldhalle)

BRI 15.493 m³ **BGF** 2.794 m² **NUF** 2.024 m²

© PAI Planungsteam Architekten + Ingenieure

Sporthalle Typ 27/45 mit Mehrzweckhalle (224m²) und Konditionsraum (40m²), Zuschauertribüne für 300 Personen. Stb-Konstruktion.

Land: Baden-Württemberg
Kreis: Ludwigsburg
Standard: mittel
Bauzeit: 74 Wochen
Kennwerte: bis 3. Ebene DIN 276

BGF **2.463 €/m²**

Planung: PAI Planungsteam Architekten + Ingenieure; Schwieberdingen

veröffentlicht: www.bki.de

5100-0024 Sporthalle (Dreifeldhalle)

BRI 19.031 m³ **BGF** 3.075 m² **NUF** 2.085 m²

© BAURCONSULT

Dreifeld-Sporthalle für ein Gymnasium (Objekt 4100-0011), mit separatem Kraftsportraum, Teleskoptribüne. Stahlskelettbau.

Land: Thüringen
Kreis: Sonneberg
Standard: mittel
Bauzeit: 26 Wochen
Kennwerte: bis 3. Ebene DIN 276

BGF **2.892 €/m²**

Planung: BAURCONSULT GbR Architekten+Ingenieure; Stuttgart

veröffentlicht: www.bki.de

Kostenkennwerte für die Kosten des Bauwerks (Kostengruppen 300+400 nach DIN 276)

BRI 790 €/m³
von 660 €/m³
bis 1.075 €/m³

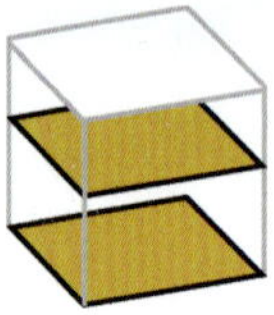

BGF 3.980 €/m²
von 3.340 €/m²
bis 4.885 €/m²

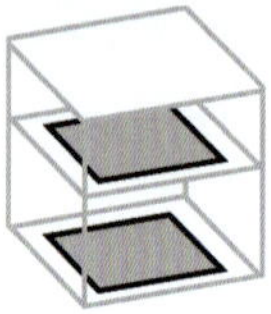

NUF 8.160 €/m²
von 6.380 €/m²
bis 10.805 €/m²

Objektbeispiele

Kosten:
Stand 1. Quartal 2025
Bundesdurchschnitt
inkl. 19% MwSt.

5200-0011

5200-0009

5200-0018

5200-0008

5200-0010

5200-0009

Kosten der 7 Vergleichsobjekte

Seiten 416 bis 417

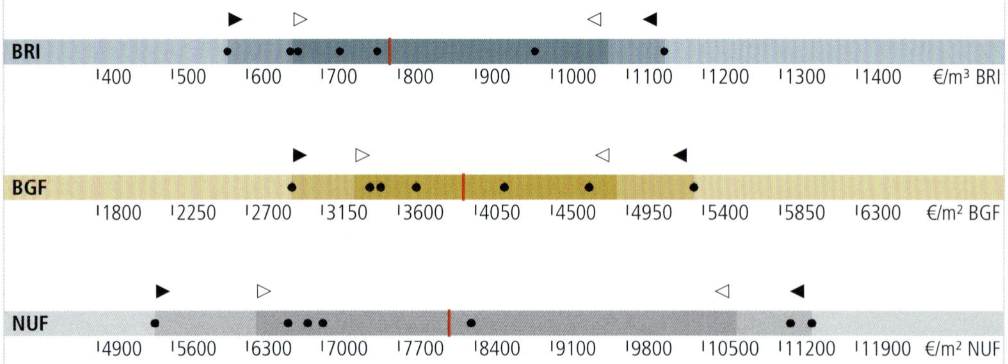

- ● KKW
- ▶ min
- ▷ von
- | Mittelwert
- ◁ bis
- ◀ max

Kostenkennwerte für die Kostengruppen der 1. und 2.Ebene DIN 276

KG	Kostengruppen der 1. Ebene	Einheit	▷	€/Einheit	◁	▷	% an 300+400	◁
100	Grundstück	m² GF	–	**–**	–	–	**–**	–
200	Vorbereitende Maßnahmen	m² GF	2	**6**	8	0,5	**0,8**	1,4
300	Bauwerk – Baukonstruktionen	m² BGF	2.156	**2.473**	2.758	54,3	**63,2**	67,8
400	Bauwerk – Technische Anlagen	m² BGF	1.149	**1.508**	2.435	32,2	**36,8**	45,7
	Bauwerk 300+400	m² BGF	3.338	**3.981**	4.887	100,0	**100,0**	100,0
500	Außenanlagen und Freiflächen	m² AF	95	**206**	627	2,1	**7,1**	10,3
600	Ausstattung und Kunstwerke	m² BGF	43	**53**	63	1,0	**1,4**	1,7
700	Baunebenkosten*	m² BGF	865	**924**	984	21,2	**22,7**	24,2 ◁
800	Finanzierung	m² BGF	–	**–**	–	–	**–**	–

* Auf Grundlage der HOAI 2021 berechnete Werte nach §§ 35, 52, 56. Weitere Informationen siehe Seite 56

Planungskennwerte für Flächen und Rauminhalte nach DIN 277

Grundflächen		▷	Fläche/NUF (%)	◁	▷	Fläche/BGF (%)	◁
NUF	Nutzungsfläche	100,0	**100,0**	100,0	47,4	**49,8**	51,3
TF	Technikfläche	40,4	**51,5**	58,5	18,9	**25,3**	28,0
VF	Verkehrsfläche	16,3	**19,4**	26,3	7,8	**9,5**	13,1
NRF	Netto-Raumfläche	166,7	**170,9**	180,9	82,6	**84,6**	84,9
KGF	Konstruktions-Grundfläche	28,3	**31,5**	33,6	15,1	**15,4**	17,4
BGF	Brutto-Grundfläche	196,8	**202,3**	214,4	100,0	**100,0**	100,0

Brutto-Rauminhalte		▷	BRI/NUF (m)	◁	▷	BRI/BGF (m)	◁
BRI	Brutto-Rauminhalt	9,20	**10,37**	11,05	4,76	**5,14**	5,64

Flächen von Nutzeinheiten	▷	NUF/Einheit (m²)	◁	▷	BGF/Einheit (m²)	◁
Nutzeinheit:	–	**–**	–	–	**–**	–

Lufttechnisch behandelte Flächen	▷	Fläche/NUF (%)	◁	▷	Fläche/BGF (%)	◁
Entlüftete Fläche	120,6	**120,6**	120,6	56,1	**56,1**	56,1
Be- und entlüftete Fläche	77,5	**77,5**	77,5	42,3	**42,3**	42,3
Teilklimatisierte Fläche	–	**–**	–	–	**–**	–
Klimatisierte Fläche	–	**–**	–	–	**–**	–

Planungskennwerte für Bauzeiten — 7 Vergleichsobjekte

Bauzeit in Wochen

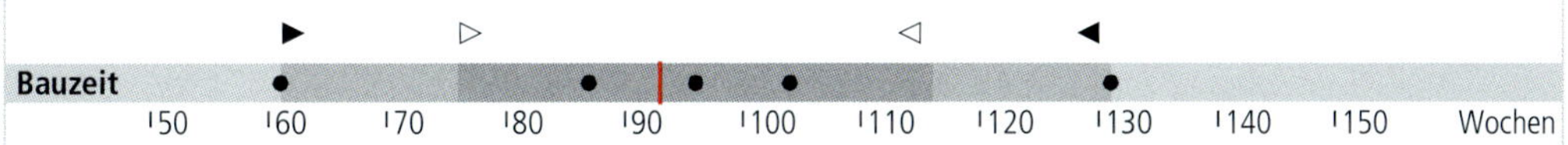

Objektübersicht zur Gebäudeart

€/m² BGF

min	2.965	€/m²
von	3.340	€/m²
Mittel	**3.980**	**€/m²**
bis	4.885	€/m²
max	5.345	€/m²

Kosten:
Stand 1. Quartal 2025
Bundesdurchschnitt
inkl. 19% MwSt.

5200-0017 Bewegungsbad*

BRI 1.046 m³ **BGF** 220 m² **NUF** 145 m²

© Martin Lukas Kim

Bewegungsbad für Schädel-Hirn-Trauma-Patienten. Holzrahmenbau.

Land: Schleswig-Holstein
Kreis: Dithmarschen
Standard: mittel
Bauzeit: 57 Wochen
Kennwerte: bis 1. Ebene DIN 276

BGF **6.833 €/m²**

*

Planung: JEBENS SCHOOF ARCHITEKTEN BDA; Heide

veröffentlicht: BKI Objektdaten N16
* Nicht in der Auswertung enthalten

5200-0018 Schwimmhalle

BRI 29.183 m³ **BGF** 4.524 m² **NUF** 2.390 m²

© Rüdiger Eichhorn

Schwimmhalle mit wettkampfgerechtem Schwimmerbecken mit sechs 25-Meter-Bahnen, Mehrzweckbecken mit vier 25-Meter-Bahnen mit variabler Wassertiefe (1,35-1,80m), Planschbecken mit 25m². Massivbau.

Land: Mecklenburg-Vorpommern
Kreis: Schwerin, Stadt
Standard: mittel
Bauzeit: 87 Wochen
Kennwerte: bis 1. Ebene DIN 276

BGF **3.701 €/m²**

Planung: BAUCONZEPT® PLANUNGSGESELLSCHAFT MBH; Lichtenstein/Sachsen

veröffentlicht: BKI Objektdaten N16

5200-0011 Schwimmhalle

BRI 15.190 m³ **BGF** 2.775 m² **NUF** 1.400 m²

© Steffen Spitzner

Schwimmhalle mit Mehrzweckbecken (25m), Planschbecken, Umkleiden, Sanitär- und Personalräume. Stb-Konstruktion, Stahlfachwerkträger (Dachkonstruktion).

Land: Sachsen
Kreis: Erzgebirgskreis
Standard: mittel
Bauzeit: 96 Wochen
Kennwerte: bis 2. Ebene DIN 276

BGF **4.219 €/m²**

Planung: BAUCONZEPT® PLANUNGSGESELLSCHAFT MBH; Lichtenstein

veröffentlicht: BKI Objektdaten N13

5200-0009 Hallenbad, Umkleiden für Freibad

BRI 13.684 m³ **BGF** 2.832 m² **NUF** 1.184 m²

© Klemens Ortmeyer

Hallenbad (2 Becken), Umkleiden, Foyer sowie Umkleiden/Sanitärbereich (88m²) für Freibad. Stb-Konstruktion, Dachtragwerk Holz.

Land: Nordrhein-Westfalen
Kreis: Leverkusen, Stadt
Standard: mittel
Bauzeit: 61 Wochen
Kennwerte: bis 1. Ebene DIN 276

BGF **4.723 €/m²**

Planung: schmersahl I biermann I prüssner Architekten + Stadtplaner; Bad Salzuflen

veröffentlicht: BKI Objektdaten N11

5200-0010 Sportbad

BRI 22.526 m³ **BGF** 4.240 m² **NUF** 2.157 m²

Sportbad für Schul- und Vereinsnutzung. 25m Edelstahlbecken, Nichtschwimmer- und Planschbecken, Saunaanlage. Stahlbeton, Dachkonstruktion mit Leimholzbindern.

Land: Sachsen-Anhalt
Kreis: Anhalt-Bitterfeld
Standard: mittel
Bauzeit: 87 Wochen
Kennwerte: bis 1. Ebene DIN 276

BGF 3.490 €/m²

Planung: BAUCONZEPT® PLANUNGSGESELLSCHAFT MBH; Lichtenstein

veröffentlicht: BKI Objektdaten N11

5200-0008 Erlebnis- und Sportbad

BRI 22.107 m³ **BGF** 4.303 m² **NUF** 2.209 m²

Freizeitorientiertes Sportbad mit Badehalle und Saunaanlage. Stb-Konstruktion.

Land: Thüringen
Kreis: Altenburger Land
Standard: mittel
Bauzeit: 87 Wochen
Kennwerte: bis 1. Ebene DIN 276

BGF 3.427 €/m²

Planung: BAUCONZEPT ® PLANUNGSGESELLSCHAFT MBH; Lichtenstein

veröffentlicht: BKI Objektdaten N11

5200-0002 Freizeitbad, 5 Becken

BRI 21.183 m³ **BGF** 5.160 m² **NUF** 2.816 m²

Freizeitbad im ländlichen Raum mit fünf Becken, Umkleiden, 54m-Rutschbahn, Sauna, Solarien, Caféteria, Nebenräume. Stahlbetonbau.

Land: Baden-Württemberg
Kreis: Alb-Donau-Kreis
Standard: mittel
Bauzeit: 131 Wochen
Kennwerte: bis 2. Ebene DIN 276

BGF 2.967 €/m²

Planung: k.A.

veröffentlicht: www.bki.de

5200-0001 Therapie-Schulschwimmhalle

BRI 1.877 m³ **BGF** 403 m² **NUF** 188 m²

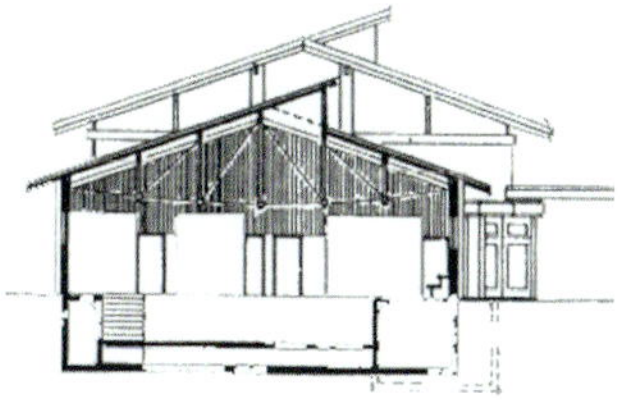

Therapie-Schulschwimmhalle, Becken (6x10m), mit Hubboden, Gegenstromanlage; Umkleide- und Waschräume; im UG Technikräume (Lüftung, Hausanschluss Elektro und Sanitär); im Anschluss an Objekt 5100-0012 gebaut, Zugang zum Untergeschoss nur von dort. Stahlbetonbau.

Land: Baden-Württemberg
Kreis: Karlsruhe
Standard: mittel
Bauzeit: 104 Wochen
Kennwerte: bis 2. Ebene DIN 276

BGF 5.344 €/m²

Planung: k.A.

veröffentlicht: www.bki.de

Arbeitsblatt zur Standardeinordnung bei Ein- und Zweifamilienhäusern, unterkellert

Kosten:
Stand 1. Quartal 2025
Bundesdurchschnitt
inkl. 19% MwSt.

Kostenkennwerte für die Kosten des Bauwerks (Kostengruppen 300+400 nach DIN 276)

BRI 705 €/m³
von 570 €/m³
bis 925 €/m³

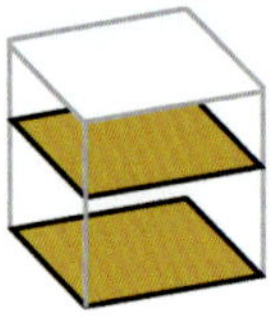

BGF 2.200 €/m²
von 1.715 €/m²
bis 2.910 €/m²

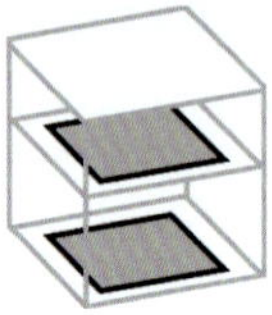

NUF 3.345 €/m²
von 2.535 €/m²
bis 4.490 €/m²

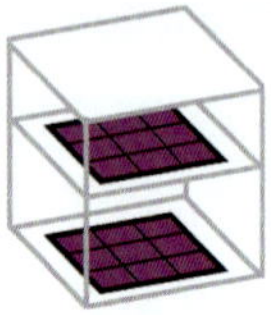

NE 4.230 €/NE
von 3.255 €/NE
bis 5.685 €/NE
NE: Wohnfläche

Standardzuordnung

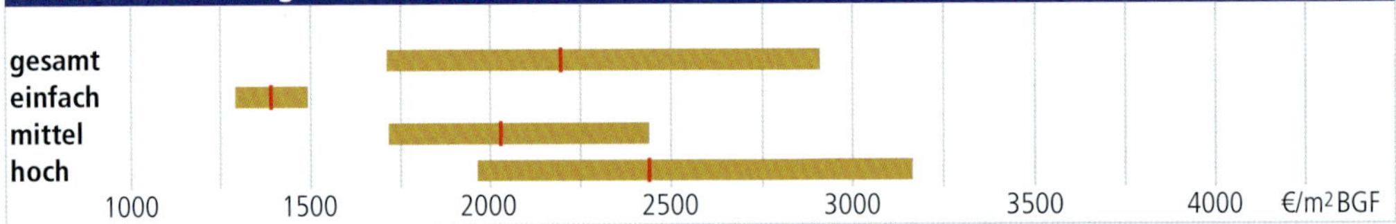

Standardeinordnung für Ihr Projekt:

KG	Kostengruppen der 2. Ebene	niedrig	mittel	hoch	Punkte
310	Baugrube / Erdbau				
320	Gründung, Unterbau	1	2	2	
330	Außenwände/Vert. Baukonstrukt., außen	6	8	9	
340	Innenwände/Vert. Baukonstrukt., innen	2	2	3	
350	Decken/Horizontale Baukonstruktionen	3	4	5	
360	Dächer	2	3	4	
370	Infrastrukturanlagen				
380	Baukonstruktive Einbauten	0	0	1	
390	Sonst. Maßnahmen für Baukonstrukt.				
410	Abwasser-, Wasser-, Gasanlagen	1	1	2	
420	Wärmeversorgungsanlagen	1	2	2	
430	Raumlufttechnische Anlagen	0	0	1	
440	Elektrische Anlagen	1	1	2	
450	Kommunikationstechnische Anlagen	0	0	0	
460	Förderanlagen	0	0	0	
470	Nutzungsspez. u. verfahrenstechn. Anl.	0	0	0	
480	Gebäude- und Anlagenautomation	0	0	1	
490	Sonst. Maßnahmen für techn. Anlagen				

Punkte: 17 bis 21 = einfach 22 bis 27 = mittel 28 bis 32 = hoch Ihr Projekt (Summe):

Erläuterung:
Obenstehende Tabelle soll Ihnen die Zuordnung zu den Gebäudearten mit einfachem, mittlerem und hohem Standard erleichtern. Schätzen Sie für jedes Grobelement ab, ob die Aufwendungen niedrig, mittel oder hoch sein werden und übertragen Sie die Punkte in die rechte Spalte. Bilden Sie die Summe der rechten Spalte und ordnen Sie Ihr Projekt nach dem Schema der untersten Zeile ein. Nehmen Sie dieses Schema auch als Hinweis darauf, bei welchen Kostengruppen Sie den Mittelwert nach oben oder unten anpassen sollten.

- ● KKW
- ► min
- ▷ von
- | Mittelwert
- ◁ bis
- ◄ max

Kostenkennwerte für die Kostengruppen der 1. und 2.Ebene DIN 276

KG	Kostengruppen der 1.Ebene	Einheit	▷	€/Einheit	◁	▷	% an 300+400	◁
100	Grundstück	m²GF	–	**–**	–	–	**–**	–
200	Vorbereitende Maßnahmen	m²GF	6	**18**	42	0,8	**2,1**	5,3
300	Bauwerk – Baukonstruktionen	m²BGF	1.403	**1.784**	2.372	76,7	**81,4**	85,2
400	Bauwerk – Technische Anlagen	m²BGF	277	**414**	580	14,8	**18,6**	23,3
	Bauwerk 300+400	m²BGF	1.716	**2.198**	2.912	100,0	**100,0**	100,0
500	Außenanlagen und Freiflächen	m²AF	42	**153**	482	2,9	**6,6**	13,0
600	Ausstattung und Kunstwerke	m²BGF	14	**55**	142	0,6	**2,9**	7,7
700	Baunebenkosten*	m²BGF	515	**574**	633	23,6	**26,3**	29,0 ◁
800	Finanzierung	m²BGF	–	**–**	–	–	**–**	–

* Auf Grundlage der HOAI 2021 berechnete Werte nach §§ 35, 52, 56. Weitere Informationen siehe Seite 56

KG	Kostengruppen der 2.Ebene	Einheit	▷	€/Einheit	◁	▷	% an 1.Ebene	◁
310	Baugrube / Erdbau	m³BGI	22	**38**	55	2,3	**3,8**	6,1
320	Gründung, Unterbau	m²GRF	282	**362**	475	6,2	**8,0**	10,5
330	Außenwände / vertikal außen	m²AWF	447	**581**	751	34,2	**39,3**	44,2
340	Innenwände / vertikal innen	m²IWF	235	**287**	354	9,4	**12,3**	15,5
350	Decken / horizontal	m²DEF	426	**522**	704	15,4	**19,0**	24,1
360	Dächer	m²DAF	374	**485**	653	9,9	**13,1**	17,0
370	Infrastrukturanlagen		–	**–**	–	–	**–**	–
380	Baukonstruktive Einbauten	m²BGF	15	**40**	121	0,1	**1,0**	4,2
390	Sonst. Maßnahmen für Baukonst.	m²BGF	31	**60**	97	2,1	**3,5**	6,1
300	**Bauwerk – Baukonstruktionen**	**m²BGF**					**100,0**	
410	Abwasser-, Wasser-, Gasanlagen	m²BGF	77	**106**	154	19,2	**26,9**	34,1
420	Wärmeversorgungsanlagen	m²BGF	120	**168**	235	28,8	**41,2**	51,8
430	Raumlufttechnische Anlagen	m²BGF	17	**46**	96	< 0,1	**4,7**	14,2
440	Elektrische Anlagen	m²BGF	49	**93**	169	14,7	**21,4**	30,8
450	Kommunikationstechnische Anlagen	m²BGF	9	**18**	41	2,4	**4,2**	7,0
460	Förderanlagen	m²BGF	–	**–**	–	–	**–**	–
470	Nutzungsspez. / verfahrenstech. Anl.	m²BGF	–	**–**	–	–	**–**	–
480	Gebäude- und Anlagenautomation	m²BGF	22	**51**	60	< 0,1	**1,5**	9,6
490	Sonst. Maßnahmen f. techn. Anl.	m²BGF	–	**4**	–	0,0	**< 0,1**	0,7
400	**Bauwerk – Technische Anlagen**	**m²BGF**					**100,0**	

Prozentanteile der Kosten 2.Ebene an den Kosten des Bauwerks nach DIN 276 (Von/Mittel/Bis)

KG	Kostengruppe	%
310	Baugrube / Erdbau	3,1
320	Gründung, Unterbau	6,4
330	Außenwände / vertikal außen	31,6
340	Innenwände / vertikal innen	9,9
350	Decken / horizontal	15,4
360	Dächer	10,6
370	Infrastrukturanlagen	
380	Baukonstruktive Einbauten	0,8
390	Sonst. Maßnahmen für Baukonst.	2,8
410	Abwasser-, Wasser-, Gasanlagen	5,1
420	Wärmeversorgungsanlagen	7,8
430	Raumlufttechnische Anlagen	1,0
440	Elektrische Anlagen	4,2
450	Kommunikationstechnische Anlagen	0,8
460	Förderanlagen	
470	Nutzungsspez. / verfahrenstech. Anl.	
480	Gebäude- und Anlagenautomation	0,4
490	Sonst. Maßnahmen f. techn. Anl.	< 0,1

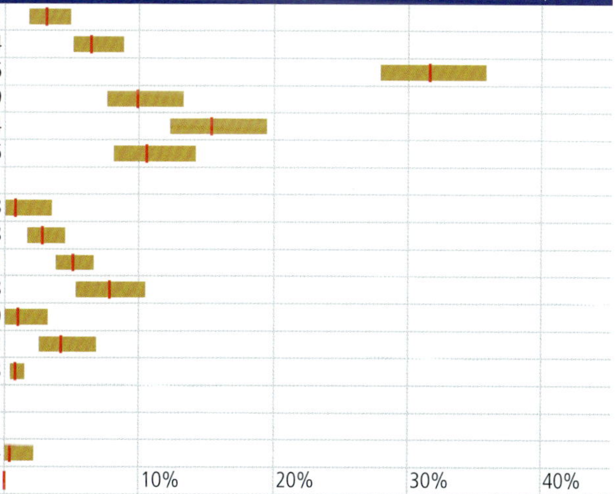

 Erläuterungen zu den Tabellen siehe Seite 54 und 56 Kostenstand: 1.Quartal 2025, Bundesdurchschnitt, **inkl. 19% MwSt.**

Kosten:
Stand 1. Quartal 2025
Bundesdurchschnitt
inkl. 19% MwSt.

Prozentanteile der Kosten für Leistungsbereiche nach STLB (Kosten Bauwerk nach DIN 276)

LB	Leistungsbereiche	▷	% an 300+400	◁
000	Baustellen-, Verkehrssich.- u. Sicherh.einr. inkl. 001	1,6	**2,6**	4,2
002	Erdarbeiten	1,9	**3,1**	4,4
006	Spezialtiefbauarbeiten inkl. 005	–	**–**	–
009	Entwässerungskanalarbeiten inkl. 011	0,2	**0,7**	1,5
010	Drän- und Versickerarbeiten	< 0,1	**0,3**	1,0
012	Mauerarbeiten	3,8	**8,7**	14,4
013	Betonarbeiten	11,4	**15,3**	19,0
014	Natur-, Betonwerksteinarbeiten	< 0,1	**0,6**	2,7
016	Zimmer- und Holzbauarbeiten	2,0	**5,3**	15,2
017	Stahlbauarbeiten	< 0,1	**0,5**	3,3
018	Abdichtungsarbeiten	0,5	**1,4**	2,5
020	Dachdeckungsarbeiten	0,9	**2,7**	5,0
021	Dachabdichtungsarbeiten	0,1	**1,0**	3,5
022	Klempnerarbeiten	1,0	**1,7**	3,5
	Rohbau	38,5	**43,9**	50,5
023	Putz- und Stuckarbeiten, Wärmedämmsysteme	4,4	**7,4**	10,9
024	Fliesen- und Plattenarbeiten	1,5	**2,8**	4,9
025	Estricharbeiten	1,1	**1,6**	2,4
026	Fenster, Außentüren inkl. 029, 032	6,1	**8,7**	14,0
027	Tischlerarbeiten	2,1	**4,0**	7,5
028	Parkettarbeiten, Holzpflasterarbeiten	1,0	**2,6**	4,3
030	Rollladenarbeiten	0,7	**1,9**	3,0
031	Metallbauarbeiten inkl. 035	0,9	**2,6**	6,3
034	Maler- und Lackiererarbeiten inkl. 037	1,2	**2,5**	3,8
036	Bodenbelagarbeiten	< 0,1	**0,5**	1,8
038	Vorgehängte hinterlüftete Fassaden	0,0	**0,2**	3,5
039	Trockenbauarbeiten	1,1	**2,9**	4,6
	Ausbau	32,0	**37,7**	43,2
040	Wärmeversorgungsanl. - Betriebseinr. inkl. 041	5,5	**7,3**	9,8
042	Gas- und Wasserinstallation, Leitungen inkl. 043	0,8	**1,1**	1,9
044	Abwasseranlagen - Leitungen, Abläufe, Armaturen	0,3	**0,6**	1,2
045	GWE - Einrichtungsgegenstände inkl. 046	1,5	**2,4**	3,7
047	Dämm- und Brandschutzarbeiten an techn. Anlagen	0,1	**0,3**	0,6
049	Feuerlöschanlagen, Feuerlöschgeräte	–	**–**	–
050	Blitzschutz- und Erdungsanlagen	0,1	**0,2**	0,4
052	Mittelspannungsanlagen	–	**–**	–
053	Niederspannungsanlagen inkl. 054	2,3	**3,6**	5,6
055	Sicherheits- und Ersatzstromversorgungsanlagen	< 0,1	**0,2**	4,2
057	Gebäudesystemtechnik	0,0	**< 0,1**	1,5
058	Leuchten und Lampen inkl. 059	< 0,1	**0,3**	1,2
060	Such-, Signal-, elektroakust. Anl., Med. inkl. 064	< 0,1	**0,2**	0,7
061	Kommunikations- und Übertragungsnetze inkl. 062	0,2	**0,5**	0,8
063	Gefahrenmeldeanlagen	< 0,1	**< 0,1**	0,2
069	Aufzüge	–	**–**	–
070	Gebäudeautomation	< 0,1	**0,3**	2,2
075	Raumlufttechnische Anlagen inkl. 078	< 0,1	**0,8**	2,7
	Gebäudetechnik	14,1	**18,1**	22,9
	Sonstige Leistungsbereiche inkl. 008, 033, 051	< 0,1	**0,3**	1,2

- ● KKW
- ▶ min
- ▷ von
- | Mittelwert
- ◁ bis
- ◀ max

Planungskennwerte für Flächen und Rauminhalte nach DIN 277

Grundflächen		▷	Fläche/NUF (%)	◁	▷	Fläche/BGF (%)	◁
NUF	Nutzungsfläche	100,0	**100,0**	100,0	63,3	**66,3**	69,1
TF	Technikfläche	3,5	**4,7**	8,5	2,3	**3,0**	4,9
VF	Verkehrsfläche	13,4	**16,4**	20,3	8,7	**10,6**	12,5
NRF	Netto-Raumfläche	117,7	**121,1**	127,8	78,3	**80,0**	81,9
KGF	Konstruktions-Grundfläche	27,1	**30,6**	34,1	18,1	**20,0**	21,7
BGF	Brutto-Grundfläche	145,9	**151,7**	159,9	100,0	**100,0**	100,0

Brutto-Rauminhalte		▷	BRI/NUF (m)	◁	▷	BRI/BGF (m)	◁
BRI	Brutto-Rauminhalt	4,46	**4,76**	5,39	2,97	**3,14**	3,62

Flächen von Nutzeinheiten	▷	NUF/Einheit (m²)	◁	▷	BGF/Einheit (m²)	◁
Nutzeinheit: Wohnfläche	1,14	**1,26**	1,43	1,73	**1,91**	2,15

Lufttechnisch behandelte Flächen	▷	Fläche/NUF (%)	◁	▷	Fläche/BGF (%)	◁
Entlüftete Fläche	–	–	–	–	–	–
Be- und entlüftete Fläche	107,2	**107,2**	107,2	67,7	**67,7**	67,7
Teilklimatisierte Fläche	–	–	–	–	–	–
Klimatisierte Fläche	–	–	–	–	–	–

KG	Kostengruppen (2. Ebene)	Einheit	▷	Menge/NUF	◁	▷	Menge/BGF	◁
310	Baugrube / Erdbau	m³ BGI	2,37	**2,83**	6,09	1,54	**1,84**	3,73
320	Gründung, Unterbau	m² GRF	0,51	**0,57**	0,68	0,33	**0,37**	0,44
330	Außenwände / vertikal außen	m² AWF	1,61	**1,78**	2,00	1,05	**1,16**	1,32
340	Innenwände / vertikal innen	m² IWF	0,98	**1,11**	1,46	0,64	**0,72**	0,95
350	Decken / horizontal	m² DEF	0,84	**0,94**	1,04	0,53	**0,61**	0,67
360	Dächer	m² DAF	0,63	**0,70**	0,78	0,41	**0,46**	0,51
370	Infrastrukturanlagen		–	–	–	–	–	–
380	Baukonstruktive Einbauten	m² BGF	1,46	**1,52**	1,60	1,00	**1,00**	1,00
390	Sonst. Maßnahmen für Baukonst.	m² BGF	1,46	**1,52**	1,60	1,00	**1,00**	1,00
300	**Bauwerk – Baukonstruktionen**	**m² BGF**	1,46	**1,52**	1,60	1,00	**1,00**	1,00

Planungskennwerte für Bauzeiten

Bauzeit in Wochen

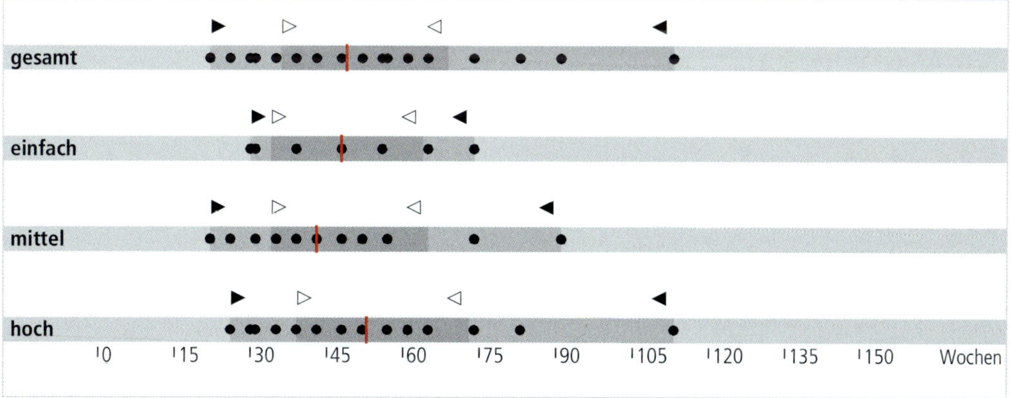

Ein- und Zweifamilienhäuser, unterkellert, einfacher Standard

Kostenkennwerte für die Kosten des Bauwerks (Kostengruppen 300+400 nach DIN 276)

BRI 500 €/m³
von 475 €/m³
bis 545 €/m³

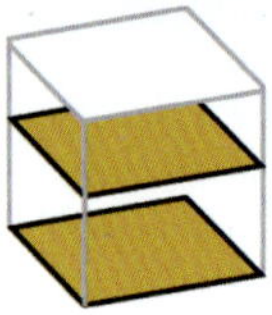

BGF 1.395 €/m²
von 1.295 €/m²
bis 1.495 €/m²

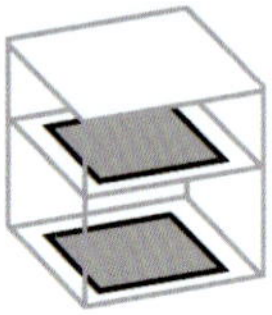

NUF 2.010 €/m²
von 1.895 €/m²
bis 2.140 €/m²

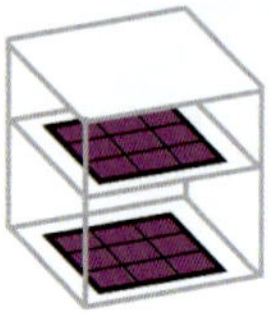

NE 2.820 €/NE
von 1.955 €/NE
bis 3.600 €/NE
NE: Wohnfläche

Objektbeispiele

Kosten:
Stand 1. Quartal 2025
Bundesdurchschnitt
inkl. 19% MwSt.

6100-0513

6100-0247

6100-0225

6100-0445

6100-0351

6100-0485

Kosten der 8 Vergleichsobjekte

Seiten 426 bis 427

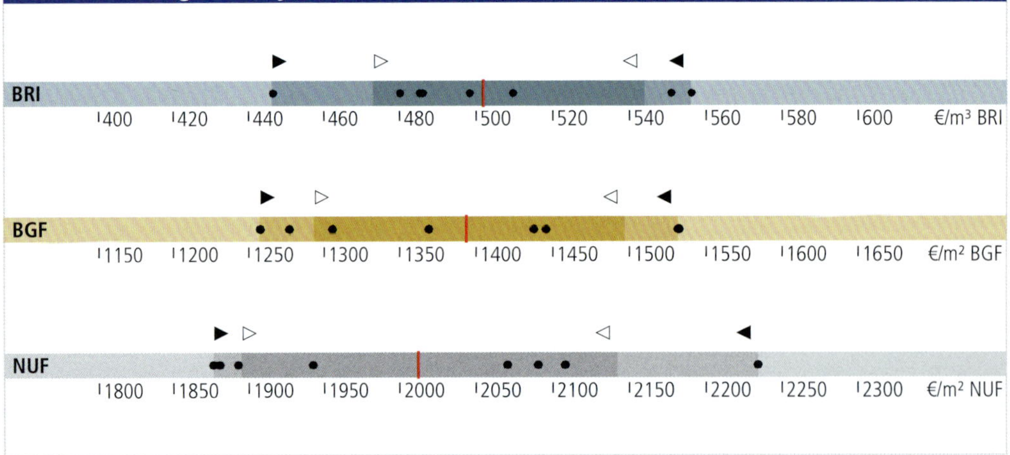

- ● KKW
- ▶ min
- ▷ von
- | Mittelwert
- ◁ bis
- ◀ max

Kostenkennwerte für die Kostengruppen der 1. und 2.Ebene DIN 276

KG	Kostengruppen der 1.Ebene	Einheit	▷	€/Einheit	◁	▷	% an 300+400	◁
100	Grundstück	m² GF	–	**–**	–	–	**–**	–
200	Vorbereitende Maßnahmen	m² GF	–	**20**	–	3,5	**3,5**	3,5
300	Bauwerk – Baukonstruktionen	m² BGF	1.106	**1.196**	1.279	83,7	**85,8**	88,3
400	Bauwerk – Technische Anlagen	m² BGF	159	**198**	237	11,7	**14,2**	16,3
	Bauwerk 300+400	m² BGF	1.293	**1.394**	1.497	100,0	**100,0**	100,0
500	Außenanlagen und Freiflächen	m² AF	29	**31**	37	2,3	**3,6**	4,8
600	Ausstattung und Kunstwerke	m² BGF	–	**76**	–	5,5	**5,5**	5,5
700	Baunebenkosten*	m² BGF	348	**389**	429	24,9	**27,8**	30,7 ◁
800	Finanzierung	m² BGF	–	**–**	–	–	**–**	–

* Auf Grundlage der HOAI 2021 berechnete Werte nach §§ 35, 52, 56. Weitere Informationen siehe Seite 56

KG	Kostengruppen der 2.Ebene	Einheit	▷	€/Einheit	◁	▷	% an 1.Ebene	◁
310	Baugrube / Erdbau	m³ BGI	28	**39**	58	3,2	**4,6**	7,0
320	Gründung, Unterbau	m² GRF	196	**270**	308	6,9	**8,4**	9,4
330	Außenwände / vertikal außen	m² AWF	340	**403**	439	25,8	**32,9**	36,7
340	Innenwände / vertikal innen	m² IWF	238	**265**	313	14,2	**14,2**	14,2
350	Decken / horizontal	m² DEF	387	**409**	439	18,0	**20,7**	22,6
360	Dächer	m² DAF	242	**358**	422	11,2	**17,2**	20,3
370	Infrastrukturanlagen		–	**–**	–	–	**–**	–
380	Baukonstruktive Einbauten	m² BGF	–	**–**	–	–	**–**	–
390	Sonst. Maßnahmen für Baukonst.	m² BGF	11	**23**	42	1,0	**1,9**	3,2
300	**Bauwerk – Baukonstruktionen**	**m² BGF**					**100,0**	
410	Abwasser-, Wasser-, Gasanlagen	m² BGF	51	**73**	87	30,8	**34,4**	39,8
420	Wärmeversorgungsanlagen	m² BGF	69	**88**	100	29,5	**43,3**	50,4
430	Raumlufttechnische Anlagen	m² BGF	–	**–**	–	–	**–**	–
440	Elektrische Anlagen	m² BGF	30	**39**	59	15,1	**18,7**	25,2
450	Kommunikationstechnische Anlagen	m² BGF	5	**8**	13	1,8	**3,7**	5,0
460	Förderanlagen	m² BGF	–	**–**	–	–	**–**	–
470	Nutzungsspez. / verfahrenstech. Anl.	m² BGF	–	**–**	–	–	**–**	–
480	Gebäude- und Anlagenautomation	m² BGF	–	**–**	–	–	**–**	–
490	Sonst. Maßnahmen f. techn. Anl.	m² BGF	–	**–**	–	–	**–**	–
400	**Bauwerk – Technische Anlagen**	**m² BGF**					**100,0**	

Prozentanteile der Kosten 2.Ebene an den Kosten des Bauwerks nach DIN 276 (Von/Mittel/Bis)

KG	Kostengruppe	%
310	Baugrube / Erdbau	3,9
320	Gründung, Unterbau	7,1
330	Außenwände / vertikal außen	27,9
340	Innenwände / vertikal innen	12,1
350	Decken / horizontal	17,6
360	Dächer	14,6
370	Infrastrukturanlagen	
380	Baukonstruktive Einbauten	
390	Sonst. Maßnahmen für Baukonst.	1,6
410	Abwasser-, Wasser-, Gasanlagen	5,3
420	Wärmeversorgungsanlagen	6,6
430	Raumlufttechnische Anlagen	
440	Elektrische Anlagen	2,8
450	Kommunikationstechnische Anlagen	0,6
460	Förderanlagen	
470	Nutzungsspez. / verfahrenstech. Anl.	
480	Gebäude- und Anlagenautomation	
490	Sonst. Maßnahmen f. techn. Anl.	

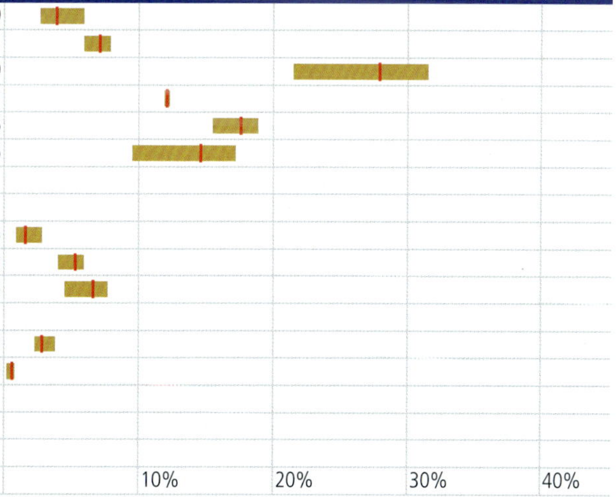

Prozentanteile der Kosten für Leistungsbereiche nach STLB (Kosten Bauwerk nach DIN 276)

LB	Leistungsbereiche	▷	% an 300+400	◁
000	Baustellen-, Verkehrssich.- u. Sicherh.einr. inkl. 001	1,2	**1,8**	2,6
002	Erdarbeiten	2,4	**3,9**	5,0
006	Spezialtiefbauarbeiten inkl. 005	–	**–**	–
009	Entwässerungskanalarbeiten inkl. 011	0,2	**1,2**	1,9
010	Drän- und Versickerarbeiten	0,1	**1,0**	1,6
012	Mauerarbeiten	12,4	**15,3**	17,7
013	Betonarbeiten	14,2	**15,6**	17,5
014	Natur-, Betonwerksteinarbeiten	0,7	**0,8**	1,1
016	Zimmer- und Holzbauarbeiten	4,2	**5,8**	6,8
017	Stahlbauarbeiten	–	**–**	–
018	Abdichtungsarbeiten	0,7	**1,4**	2,0
020	Dachdeckungsarbeiten	5,5	**6,3**	7,2
021	Dachabdichtungsarbeiten	–	**–**	–
022	Klempnerarbeiten	1,0	**1,4**	1,9
	Rohbau	52,4	**54,7**	56,8
023	Putz- und Stuckarbeiten, Wärmedämmsysteme	6,4	**7,4**	8,9
024	Fliesen- und Plattenarbeiten	2,7	**3,6**	4,3
025	Estricharbeiten	1,6	**2,3**	2,9
026	Fenster, Außentüren inkl. 029, 032	4,7	**5,1**	5,9
027	Tischlerarbeiten	1,8	**2,4**	2,9
028	Parkettarbeiten, Holzpflasterarbeiten	1,6	**2,3**	3,2
030	Rollladenarbeiten	0,8	**1,8**	2,8
031	Metallbauarbeiten inkl. 035	0,8	**2,0**	2,8
034	Maler- und Lackiererarbeiten inkl. 037	3,5	**3,6**	3,8
036	Bodenbelagarbeiten	0,4	**0,8**	1,2
038	Vorgehängte hinterlüftete Fassaden	–	**–**	–
039	Trockenbauarbeiten	0,0	**0,6**	1,1
	Ausbau	30,2	**31,9**	34,6
040	Wärmeversorgungsanl. - Betriebseinr. inkl. 041	4,6	**5,6**	6,2
042	Gas- und Wasserinstallation, Leitungen inkl. 043	1,0	**1,1**	1,2
044	Abwasseranlagen - Leitungen, Abläufe, Armaturen	0,3	**0,6**	0,7
045	GWE - Einrichtungsgegenstände inkl. 046	1,6	**2,0**	2,6
047	Dämm- und Brandschutzarbeiten an techn. Anlagen	0,2	**0,4**	0,7
049	Feuerlöschanlagen, Feuerlöschgeräte	–	**–**	–
050	Blitzschutz- und Erdungsanlagen	< 0,1	**0,1**	0,1
052	Mittelspannungsanlagen	–	**–**	–
053	Niederspannungsanlagen inkl. 054	2,2	**2,6**	2,9
055	Sicherheits- und Ersatzstromversorgungsanlagen	–	**–**	–
057	Gebäudesystemtechnik	–	**–**	–
058	Leuchten und Lampen inkl. 059	< 0,1	**< 0,1**	< 0,1
060	Such-, Signal-, elektroakust. Anl., Med. inkl. 064	< 0,1	**0,2**	0,2
061	Kommunikations- und Übertragungsnetze inkl. 062	0,1	**0,4**	0,6
063	Gefahrenmeldeanlagen	–	**–**	–
069	Aufzüge	–	**–**	–
070	Gebäudeautomation	–	**–**	–
075	Raumlufttechnische Anlagen inkl. 078	–	**–**	–
	Gebäudetechnik	12,0	**13,0**	13,9
	Sonstige Leistungsbereiche inkl. 008, 033, 051	0,2	**0,4**	0,6

Kosten:
Stand 1. Quartal 2025
Bundesdurchschnitt
inkl. 19% MwSt.

- ● KKW
- ► min
- ▷ von
- | Mittelwert
- ◁ bis
- ◄ max

Planungskennwerte für Flächen und Rauminhalte nach DIN 277

Grundflächen		▷	Fläche/NUF (%)	◁	▷	Fläche/BGF (%)	◁
NUF	Nutzungsfläche	100,0	**100,0**	100,0	66,4	**69,4**	71,8
TF	Technikfläche	3,2	**4,1**	4,4	2,1	**2,7**	2,7
VF	Verkehrsfläche	13,2	**15,1**	16,9	9,1	**10,4**	11,2
NRF	Netto-Raumfläche	117,5	**119,2**	124,4	80,7	**82,5**	85,1
KGF	Konstruktions-Grundfläche	21,6	**25,5**	27,6	14,9	**17,5**	19,3
BGF	Brutto-Grundfläche	139,7	**144,7**	151,4	100,0	**100,0**	100,0

Brutto-Rauminhalte		▷	BRI/NUF (m)	◁	▷	BRI/BGF (m)	◁
BRI	Brutto-Rauminhalt	3,81	**4,02**	4,10	2,69	**2,79**	2,92

Flächen von Nutzeinheiten	▷	NUF/Einheit (m^2)	◁	▷	BGF/Einheit (m^2)	◁
Nutzeinheit: Wohnfläche	1,29	**1,46**	1,58	1,77	**2,17**	2,26

Lufttechnisch behandelte Flächen	▷	Fläche/NUF (%)	◁	▷	Fläche/BGF (%)	◁
Entlüftete Fläche	–	**–**	–	–	**–**	–
Be- und entlüftete Fläche	–	**–**	–	–	**–**	–
Teilklimatisierte Fläche	–	**–**	–	–	**–**	–
Klimatisierte Fläche	–	**–**	–	–	**–**	–

KG	Kostengruppen (2. Ebene)	Einheit	▷	Menge/NUF	◁	▷	Menge/BGF	◁
310	Baugrube / Erdbau	m^3 BGI	2,09	**2,09**	2,33	1,43	**1,43**	1,61
320	Gründung, Unterbau	m^2 GRF	0,53	**0,54**	0,54	0,36	**0,36**	0,36
330	Außenwände / vertikal außen	m^2 AWF	1,39	**1,39**	1,49	0,90	**0,94**	0,94
340	Innenwände / vertikal innen	m^2 IWF	0,93	**0,93**	0,94	0,61	**0,63**	0,63
350	Decken / horizontal	m^2 DEF	0,86	**0,86**	0,87	0,59	**0,59**	0,59
360	Dächer	m^2 DAF	0,82	**0,82**	0,83	0,53	**0,55**	0,55
370	Infrastrukturanlagen		–	**–**	–	–	**–**	–
380	Baukonstruktive Einbauten	m^2 BGF	1,40	**1,45**	1,51	1,00	**1,00**	1,00
390	Sonst. Maßnahmen für Baukonst.	m^2 BGF	1,40	**1,45**	1,51	1,00	**1,00**	1,00
300	**Bauwerk – Baukonstruktionen**	**m^2 BGF**	1,40	**1,45**	1,51	1,00	**1,00**	1,00

Planungskennwerte für Bauzeiten **8 Vergleichsobjekte**

Bauzeit in Wochen

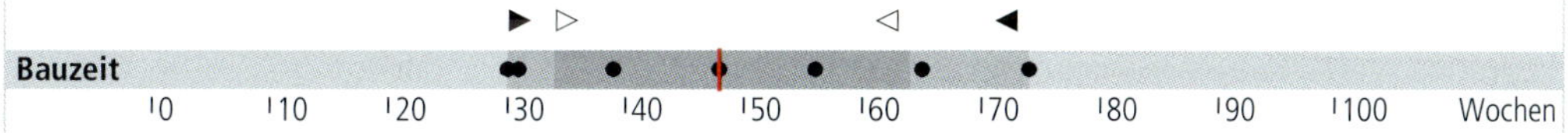

Ein- und Zweifamilienhäuser, unterkellert, einfacher Standard

€/m² BGF

min	1.255	€/m²
von	1.295	€/m²
Mittel	**1.395**	**€/m²**
bis	1.495	€/m²
max	1.530	€/m²

Kosten:
Stand 1. Quartal 2025
Bundesdurchschnitt
inkl. 19% MwSt.

Objektübersicht zur Gebäudeart

6100-0513 Wohnhaus (2 WE)

BRI 1.844 m³ | **BGF** 678 m² | **NUF** 472 m²

Zweifamilienhaus mit getrennten Eingängen (236m² WFL). Mauerwerksbau.

Land: Bayern
Kreis: Donau-Ries
Standard: einfach
Bauzeit: 56 Wochen
Kennwerte: bis 3. Ebene DIN 276

BGF 1.305 €/m²

Planung: Planungsgruppe 5.4.3 Architekten & Ingenieure GbR; Freilassing

veröffentlicht: www.bki.de

6100-0485 Einfamilienhaus

BRI 879 m³ | **BGF** 292 m² | **NUF** 200 m²

Wohnhaus mit Garage, unterkellert. Mauerwerksbau.

Land: Nordrhein-Westfalen
Kreis: Rheinisch-Bergischer Kreis
Standard: einfach
Bauzeit: 31 Wochen
Kennwerte: bis 3. Ebene DIN 276

BGF 1.531 €/m²

Planung: Kopner Architekten; Bergisch Gladbach

veröffentlicht: www.bki.de

6100-0445 Einfamilienhaus

BRI 893 m³ | **BGF** 345 m² | **NUF** 224 m²

Einfamilienhaus (127m² WFL II.BVO) mit Garage. Mauerwerksbau.

Land: Bayern
Kreis: Regensburg
Standard: einfach
Bauzeit: 39 Wochen
Kennwerte: bis 3. Ebene DIN 276

BGF 1.257 €/m²

Planung: Dipl.-Ing. Reinhard Gorgon Architekt; Regensburg

veröffentlicht: www.bki.de

6100-0351 Einfamilienhaus, Garage

BRI 850 m³ | **BGF** 323 m² | **NUF** 199 m²

Einfamilienwohnhaus mit Garage. Mauerwerksbau.

Land: Thüringen
Kreis: Greiz
Standard: einfach
Bauzeit: 30 Wochen
Kennwerte: bis 1. Ebene DIN 276

BGF 1.277 €/m²

Planung: thoma architekten; Zeulenroda

veröffentlicht: www.bki.de

6100-0225 Einfamilienhaus, ELW

BRI 1.220 m³ **BGF** 421 m² **NUF** 291 m²

Einfamilienwohnhaus mit Einliegerwohnung. Mauerwerksbau.

Land: Sachsen-Anhalt
Kreis: Anhalt-Bitterfeld
Standard: einfach
Bauzeit: 39 Wochen
Kennwerte: bis 1. Ebene DIN 276

BGF 1.446 €/m²

Planung: Banisch Architektur- und Ingenieurbüro; Köthen

veröffentlicht: www.bki.de

6100-0166 Einfamilienhaus

BRI 950 m³ **BGF** 295 m² **NUF** 226 m²

Einfamilienwohnhaus (258 m² WFL II.BVO). Mauerwerksbau.

Land: Nordrhein-Westfalen
Kreis: Rhein-Erft-Kreis
Standard: einfach
Bauzeit: 65 Wochen
Kennwerte: bis 1. Ebene DIN 276

BGF 1.437 €/m²

Planung: Franz Markus Moster Architekturbüro; Köln

veröffentlicht: www.bki.de

6100-0247 Einfamilienhaus, ELW

BRI 1.201 m³ **BGF** 483 m² **NUF** 350 m²

Einliegerwohnung, Abstellräume im UG, Hauptwohnung, Garage im EG, Dachgeschoss nicht ausgebaut. Mauerwerksbau.

Land: Bayern
Kreis: Schweinfurt
Standard: einfach
Bauzeit: 48 Wochen
Kennwerte: bis 1. Ebene DIN 276

BGF 1.369 €/m²

Planung: k.A.

veröffentlicht: www.bki.de

6100-0283 Einfamilienhaus, Garage

BRI 768 m³ **BGF** 279 m² **NUF** 203 m²

Einfamilienwohnhaus (125 m² WFL II.BVO), Garage, voll unterkellert. Mauerwerksbau.

Land: Sachsen
Kreis: Zwickau
Standard: einfach
Bauzeit: 74 Wochen
Kennwerte: bis 1. Ebene DIN 276

BGF 1.532 €/m²

Planung: Barbara Schindler Architekturbüro; Chemnitz

veröffentlicht: www.bki.de

Ein- und Zweifamilienhäuser, unterkellert, mittlerer Standard

Kostenkennwerte für die Kosten des Bauwerks (Kostengruppen 300+400 nach DIN 276)

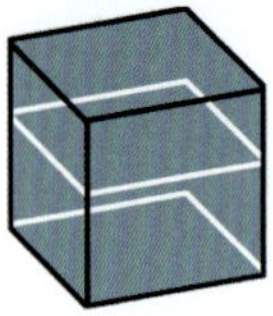

BRI 645 €/m³
von 560 €/m³
bis 760 €/m³

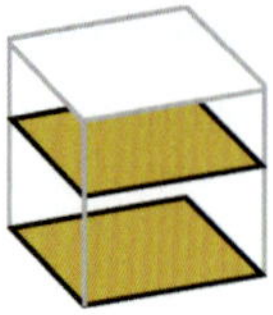

BGF 2.035 €/m²
von 1.720 €/m²
bis 2.440 €/m²

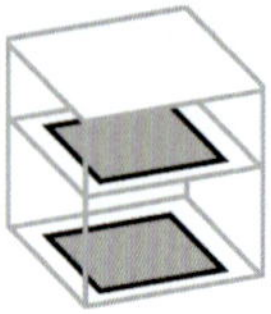

NUF 3.055 €/m²
von 2.540 €/m²
bis 3.590 €/m²

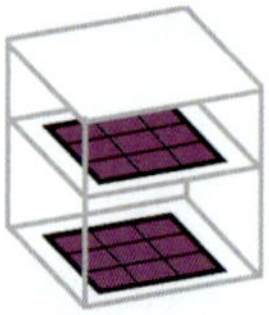

NE 3.865 €/NE
von 3.215 €/NE
bis 5.080 €/NE
NE: Wohnfläche

Objektbeispiele

Kosten:
Stand 1. Quartal 2025
Bundesdurchschnitt
inkl. 19% MwSt.

6100-1708

6100-1709

6100-1553

Kosten der 26 Vergleichsobjekte Seiten 432 bis 438

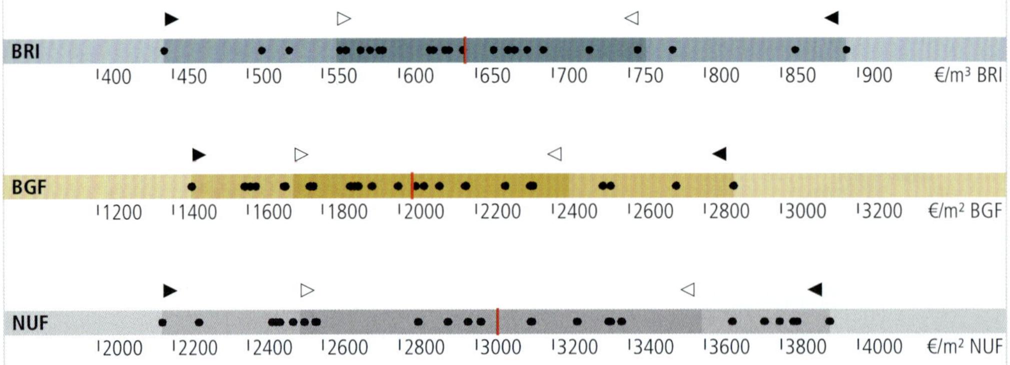

- ● KKW
- ▶ min
- ▷ von
- | Mittelwert
- ◁ bis
- ◀ max

Kostenkennwerte für die Kostengruppen der 1. und 2. Ebene DIN 276

KG	Kostengruppen der 1. Ebene	Einheit	▷	€/Einheit	◁	▷	% an 300+400	◁
100	Grundstück	m²GF	–	**–**	–	–	**–**	–
200	Vorbereitende Maßnahmen	m²GF	6	**17**	38	0,7	**2,4**	6,8
300	Bauwerk – Baukonstruktionen	m²BGF	1.411	**1.631**	2.006	76,1	**80,4**	84,6
400	Bauwerk – Technische Anlagen	m²BGF	304	**402**	567	15,4	**19,6**	23,9
	Bauwerk 300+400	m²BGF	1.722	**2.033**	2.442	100,0	**100,0**	100,0
500	Außenanlagen und Freiflächen	m²AF	35	**218**	590	2,2	**6,1**	10,9
600	Ausstattung und Kunstwerke	m²BGF	9	**35**	163	0,4	**1,9**	9,2
700	Baunebenkosten*	m²BGF	492	**548**	605	24,3	**27,1**	29,9 ◁
800	Finanzierung	m²BGF	–	**–**	–	–	**–**	–

* Auf Grundlage der HOAI 2021 berechnete Werte nach §§ 35, 52, 56. Weitere Informationen siehe Seite 56

KG	Kostengruppen der 2. Ebene	Einheit	▷	€/Einheit	◁	▷	% an 1. Ebene	◁
310	Baugrube / Erdbau	m³BGI	32	**44**	59	3,0	**4,5**	7,2
320	Gründung, Unterbau	m²GRF	291	**329**	408	5,7	**7,3**	8,5
330	Außenwände / vertikal außen	m²AWF	439	**533**	650	35,2	**39,5**	43,6
340	Innenwände / vertikal innen	m²IWF	227	**252**	288	9,7	**12,1**	15,9
350	Decken / horizontal	m²DEF	411	**455**	514	15,7	**18,8**	22,8
360	Dächer	m²DAF	382	**454**	576	10,7	**13,3**	15,5
370	Infrastrukturanlagen		–	**–**	–	–	**–**	–
380	Baukonstruktive Einbauten	m²BGF	10	**23**	67	< 0,1	**0,5**	2,2
390	Sonst. Maßnahmen für Baukonst.	m²BGF	34	**63**	97	2,4	**4,1**	6,5
300	**Bauwerk – Baukonstruktionen**	**m²BGF**					**100,0**	
410	Abwasser-, Wasser-, Gasanlagen	m²BGF	79	**106**	169	19,5	**27,3**	34,4
420	Wärmeversorgungsanlagen	m²BGF	123	**162**	219	21,8	**40,0**	49,0
430	Raumlufttechnische Anlagen	m²BGF	26	**55**	121	< 0,1	**5,5**	15,9
440	Elektrische Anlagen	m²BGF	51	**94**	150	16,3	**22,5**	30,6
450	Kommunikationstechnische Anlagen	m²BGF	7	**14**	21	1,9	**3,6**	5,1
460	Förderanlagen	m²BGF	–	**–**	–	–	**–**	–
470	Nutzungsspez. / verfahrenstech. Anl.	m²BGF	–	**–**	–	–	**–**	–
480	Gebäude- und Anlagenautomation	m²BGF	22	**38**	53	0,0	**1,1**	7,3
490	Sonst. Maßnahmen f. techn. Anl.	m²BGF	–	**–**	–	–	**–**	–
400	**Bauwerk – Technische Anlagen**	**m²BGF**					**100,0**	

Prozentanteile der Kosten 2. Ebene an den Kosten des Bauwerks nach DIN 276 (Von/Mittel/Bis)

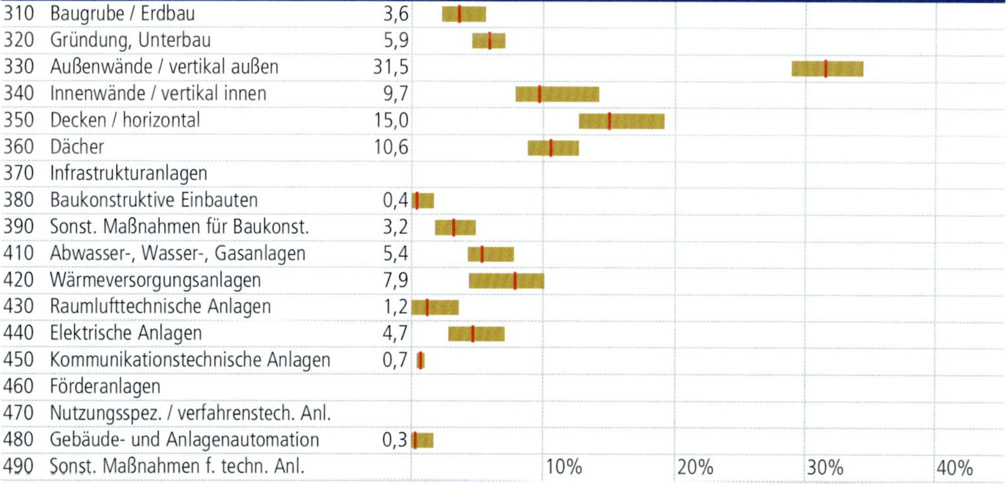

 Erläuterungen zu den Tabellen siehe Seite 54 und 56 Kostenstand: 1. Quartal 2025, Bundesdurchschnitt, **inkl. 19% MwSt.**

Kosten:
Stand 1. Quartal 2025
Bundesdurchschnitt
inkl. 19% MwSt.

Prozentanteile der Kosten für Leistungsbereiche nach STLB (Kosten Bauwerk nach DIN 276)

LB	Leistungsbereiche	▷	% an 300+400	◁
000	Baustellen-, Verkehrssich.- u. Sicherh.einr. inkl. 001	1,8	**3,0**	4,8
002	Erdarbeiten	2,3	**3,3**	4,7
006	Spezialtiefbauarbeiten inkl. 005	–	–	–
009	Entwässerungskanalarbeiten inkl. 011	0,2	**0,8**	1,6
010	Drän- und Versickerarbeiten	< 0,1	**0,3**	0,6
012	Mauerarbeiten	3,3	**9,2**	15,4
013	Betonarbeiten	10,3	**13,3**	17,4
014	Natur-, Betonwerksteinarbeiten	< 0,1	**0,1**	0,5
016	Zimmer- und Holzbauarbeiten	2,8	**7,6**	22,4
017	Stahlbauarbeiten	< 0,1	**0,5**	2,4
018	Abdichtungsarbeiten	0,6	**1,6**	2,5
020	Dachdeckungsarbeiten	1,0	**2,9**	4,3
021	Dachabdichtungsarbeiten	0,0	**0,3**	0,7
022	Klempnerarbeiten	1,3	**1,8**	2,8
	Rohbau	40,7	**44,7**	49,5
023	Putz- und Stuckarbeiten, Wärmedämmsysteme	4,7	**7,9**	11,7
024	Fliesen- und Plattenarbeiten	1,9	**3,0**	5,0
025	Estricharbeiten	1,2	**1,8**	2,5
026	Fenster, Außentüren inkl. 029, 032	6,2	**8,0**	10,8
027	Tischlerarbeiten	2,5	**3,7**	5,4
028	Parkettarbeiten, Holzpflasterarbeiten	1,0	**2,2**	3,1
030	Rollladenarbeiten	0,5	**1,6**	2,6
031	Metallbauarbeiten inkl. 035	0,8	**1,9**	5,7
034	Maler- und Lackiererarbeiten inkl. 037	0,8	**2,3**	3,6
036	Bodenbelagarbeiten	< 0,1	**0,5**	2,2
038	Vorgehängte hinterlüftete Fassaden	0,0	**< 0,1**	1,3
039	Trockenbauarbeiten	1,4	**2,9**	4,7
	Ausbau	30,7	**36,0**	43,3
040	Wärmeversorgungsanl. - Betriebseinr. inkl. 041	6,1	**7,6**	9,2
042	Gas- und Wasserinstallation, Leitungen inkl. 043	0,9	**1,3**	2,3
044	Abwasseranlagen - Leitungen, Abläufe, Armaturen	0,3	**0,6**	0,8
045	GWE - Einrichtungsgegenstände inkl. 046	1,6	**2,6**	4,0
047	Dämm- und Brandschutzarbeiten an techn. Anlagen	0,1	**0,3**	0,7
049	Feuerlöschanlagen, Feuerlöschgeräte	–	–	–
050	Blitzschutz- und Erdungsanlagen	< 0,1	**0,2**	0,5
052	Mittelspannungsanlagen	–	–	–
053	Niederspannungsanlagen inkl. 054	2,3	**4,0**	6,3
055	Sicherheits- und Ersatzstromversorgungsanlagen	0,0	**0,4**	5,8
057	Gebäudesystemtechnik	–	–	–
058	Leuchten und Lampen inkl. 059	< 0,1	**0,1**	0,5
060	Such-, Signal-, elektroakust. Anl., Med. inkl. 064	< 0,1	**0,2**	0,4
061	Kommunikations- und Übertragungsnetze inkl. 062	0,2	**0,5**	0,7
063	Gefahrenmeldeanlagen	0,0	**< 0,1**	0,2
069	Aufzüge	–	–	–
070	Gebäudeautomation	0,0	**0,3**	1,7
075	Raumlufttechnische Anlagen inkl. 078	< 0,1	**0,7**	2,4
	Gebäudetechnik	15,2	**18,9**	22,9
	Sonstige Leistungsbereiche inkl. 008, 033, 051	< 0,1	**0,4**	1,9

- ● KKW
- ▶ min
- ▷ von
- | Mittelwert
- ◁ bis
- ◀ max

Planungskennwerte für Flächen und Rauminhalte nach DIN 277

Grundflächen		▷	Fläche/NUF (%)	◁	▷	Fläche/BGF (%)	◁
NUF	Nutzungsfläche	100,0	**100,0**	100,0	63,4	**66,8**	69,3
TF	Technikfläche	3,1	**4,3**	7,0	2,1	**2,7**	4,1
VF	Verkehrsfläche	13,8	**16,5**	20,8	9,1	**10,7**	12,8
NRF	Netto-Raumfläche	117,4	**120,7**	127,0	78,6	**80,2**	81,7
KGF	Konstruktions-Grundfläche	27,3	**30,1**	34,2	18,3	**19,8**	21,4
BGF	Brutto-Grundfläche	145,3	**150,8**	159,8	100,0	**100,0**	100,0

Brutto-Rauminhalte		▷	BRI/NUF (m)	◁	▷	BRI/BGF (m)	◁
BRI	Brutto-Rauminhalt	4,51	**4,81**	5,77	3,03	**3,20**	4,01

Flächen von Nutzeinheiten	▷	NUF/Einheit (m²)	◁	▷	BGF/Einheit (m²)	◁
Nutzeinheit: Wohnfläche	1,15	**1,27**	1,41	1,74	**1,91**	2,06

Lufttechnisch behandelte Flächen	▷	Fläche/NUF (%)	◁	▷	Fläche/BGF (%)	◁
Entlüftete Fläche	–	–	–	–	–	–
Be- und entlüftete Fläche	107,2	**107,2**	107,2	67,7	**67,7**	67,7
Teilklimatisierte Fläche	–	–	–	–	–	–
Klimatisierte Fläche	–	–	–	–	–	–

KG	Kostengruppen (2. Ebene)	Einheit	▷	Menge/NUF	◁	▷	Menge/BGF	◁
310	Baugrube / Erdbau	m³ BGI	2,02	**2,37**	2,68	1,31	**1,53**	1,76
320	Gründung, Unterbau	m² GRF	0,46	**0,53**	0,58	0,30	**0,34**	0,38
330	Außenwände / vertikal außen	m² AWF	1,62	**1,81**	2,00	1,06	**1,17**	1,33
340	Innenwände / vertikal innen	m² IWF	0,98	**1,18**	1,64	0,64	**0,76**	1,07
350	Decken / horizontal	m² DEF	0,90	**0,97**	1,05	0,58	**0,63**	0,65
360	Dächer	m² DAF	0,65	**0,70**	0,78	0,42	**0,45**	0,50
370	Infrastrukturanlagen		–	–	–	–	–	–
380	Baukonstruktive Einbauten	m² BGF	1,45	**1,51**	1,60	1,00	**1,00**	1,00
390	Sonst. Maßnahmen für Baukonst.	m² BGF	1,45	**1,51**	1,60	1,00	**1,00**	1,00
300	**Bauwerk – Baukonstruktionen**	**m² BGF**	1,45	**1,51**	1,60	1,00	**1,00**	1,00

Planungskennwerte für Bauzeiten — 26 Vergleichsobjekte

Bauzeit in Wochen

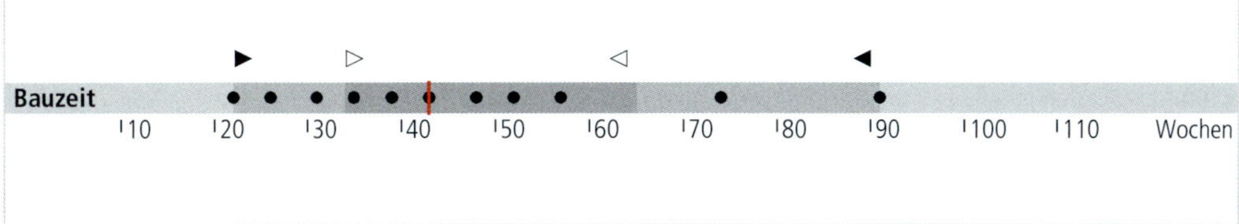

€/m² BGF

min	1.450	€/m²
von	1.720	€/m²
Mittel	**2.035**	**€/m²**
bis	2.440	€/m²
max	2.875	€/m²

Kosten:
Stand 1. Quartal 2025
Bundesdurchschnitt
inkl. 19% MwSt.

Objektübersicht zur Gebäudeart

6100-1577 Einfamilienhaus

BRI 865 m³ **BGF** 141 m² **NUF** 100 m²

Einfamilienhaus. Massivbau.

Land: Mecklenburg-Vorpommern
Kreis: Rostock
Standard: mittel
Bauzeit: 48 Wochen
Kennwerte: bis 1. Ebene DIN 276

BGF 2.724 €/m²

Planung: Roland Unterbusch Architekt; Rostock

veröffentlicht: BKI Objektdaten N19

6100-1522 Einfamilienhaus, Doppelgarage

BRI 1.503 m³ **BGF** 449 m² **NUF** 329 m²

Einfamilienhaus mit Doppelgarage. Massivbau.

Land: Bayern
Kreis: Neustadt a.d.Waldnaab
Standard: hoch
Bauzeit: 57 Wochen
Kennwerte: bis 1. Ebene DIN 276

BGF 2.875 €/m²

Planung: Fichtner Gruber Architekten; Weiden

veröffentlicht: BKI Objektdaten E9

6100-1709 Einfamilienhaus, Doppelgarage

BRI 1.246 m³ **BGF** 387 m² **NUF** 287 m²

Einfamilienhaus mit freistehender Doppelgarage. Mauerwerk.

Land: Hessen
Kreis: Wiesbaden, Stadt
Standard: mittel
Bauzeit: 39 Wochen
Kennwerte: bis 1. Ebene DIN 276

BGF 2.174 €/m²

Planung: +studio moeve Planungsbüro bda GmbH & Co. KG; Darmstadt

vorgesehen: BKI Objektdaten N21

6100-1708 Einfamilienhaus

BRI 960 m³ **BGF** 336 m² **NUF** 253 m²

Einfamilienhaus mit einer zweiten, untergeordneten Wohneinheit und einer Doppelgarage. Mauerwerk.

Land: Hessen
Kreis: Main-Taunus-Kreis
Standard: mittel
Bauzeit: 74 Wochen
Kennwerte: bis 1. Ebene DIN 276

BGF 2.551 €/m²

Planung: +studio moeve Planungsbüro bda GmbH & Co. KG; Darmstadt

vorgesehen: BKI Objektdaten N21

6100-1529 Zweifamilienhaus, Garage

BRI 1.151 m³ **BGF** 383 m² **NUF** 231 m²

© KNYCHALLA + TEAM

Zweifamilienhaus mit Garage. Massivbau.

Land: Bayern
Kreis: Neumarkt i.d.OPf.
Standard: mittel
Bauzeit: 91 Wochen
Kennwerte: bis 1. Ebene DIN 276

BGF 1.892 €/m²

Planung: KNYCHALLA + TEAM ARCHITEKTUR + FREIRAUM; Neumarkt i.d.OPf.

veröffentlicht: BKI Objektdaten N18

6100-1553 Einfamilienhaus, Doppelgarage

BRI 963 m³ **BGF** 345 m² **NUF** 236 m²

© +studio moeve

Einfamilienhaus mit 209m² WFL und Doppelgarage. Mauerwerk.

Land: Hessen
Kreis: Main-Taunus-Kreis
Standard: mittel
Bauzeit: 52 Wochen
Kennwerte: bis 1. Ebene DIN 276

BGF 1.765 €/m²

Planung: +studio moeve Planungsbüro bda GmbH & Co. KG; Darmstadt

veröffentlicht: BKI Objektdaten N18

6100-1442 Einfamilienhaus - Effizienzhaus 55

BRI 1.115 m³ **BGF** 346 m² **NUF** 206 m²

© hartmann I s architekten BDA

Einfamilienhaus als Effizienzhaus 55. Mauerwerk.

Land: Nordrhein-Westfalen
Kreis: Warendorf
Standard: mittel
Bauzeit: 39 Wochen
Kennwerte: bis 3. Ebene DIN 276

BGF 1.872 €/m²

Planung: hartmann I s architekten BDA; Telgte

veröffentlicht: BKI Objektdaten E9

6100-1527 Einfamilienhaus

BRI 719 m³ **BGF** 242 m² **NUF** 131 m²

© Prof. Dieter Leistner

Einfamilienhaus mit überdachtem Freisitz. Massivholzbau, Massivbau.

Land: Bayern
Kreis: Schweinfurt
Standard: mittel
Bauzeit: 39 Wochen
Kennwerte: bis 3. Ebene DIN 276

BGF 2.063 €/m²

Planung: claus arnold architekt bda; Würzburg

veröffentlicht: BKI Objektdaten N18

€/m² BGF

min	1.450	€/m²
von	1.720	€/m²
Mittel	**2.035**	**€/m²**
bis	2.440	€/m²
max	2.875	€/m²

Kosten:
Stand 1. Quartal 2025
Bundesdurchschnitt
inkl. 19% MwSt.

Objektübersicht zur Gebäudeart

6100-1489 Einfamilienhaus

BRI 1.725 m³ **BGF** 503 m² **NUF** 321 m²

Einfamilienhaus. Massivbau.

Land: Nordrhein-Westfalen
Kreis: Rhein-Kreis Neuss
Standard: mittel
Bauzeit: 22 Wochen
Kennwerte: bis 1. Ebene DIN 276

BGF **2.341 €/m²**

Planung: Kleszczewski + Partner Architekten; Grevenbroich

veröffentlicht: BKI Objektdaten N17

6100-1289 Einfamilienhaus, Garage

BRI 961 m³ **BGF** 287 m² **NUF** 189 m²

Einfamilienhaus (142m² WFL) mit Garage. Holzrahmenbau.

Land: Nordrhein-Westfalen
Kreis: Viersen
Standard: mittel
Bauzeit: 35 Wochen
Kennwerte: bis 3. Ebene DIN 276

BGF **2.531 €/m²**

Planung: bau grün ! energieeff. Gebäude Arch. Daniel Finocchiaro; Mönchengladbach

veröffentlicht: BKI Objektdaten E8

6100-1352 Einfamilienhaus, Carport

BRI 886 m³ **BGF** 294 m² **NUF** 206 m²

Einfamilienhaus (180m² WFL) mit Carport. Massivbau.

Land: Nordrhein-Westfalen
Kreis: Rhein-Sieg-Kreis
Standard: mittel
Bauzeit: 52 Wochen
Kennwerte: bis 1. Ebene DIN 276

BGF **2.349 €/m²**

Planung: Architekturbüro Freudenberg; Bad Honnef

veröffentlicht: BKI Objektdaten N16

6100-1275 Einfamilienhaus - Effizienzhaus 70

BRI 1.018 m³ **BGF** 414 m² **NUF** 276 m²

Einfamilienhaus (178m² WFL) als Effizienzhaus 70, teilunterkellert. Mauerwerksbau.

Land: Nordrhein-Westfalen
Kreis: Rheinisch-Bergischer Kreis
Standard: mittel
Bauzeit: 39 Wochen
Kennwerte: bis 1. Ebene DIN 276

BGF **1.448 €/m²**

Planung: Klotz Planen und Bauen GmbH & Co. KG; Schalksmühle

veröffentlicht: BKI Objektdaten E7

6100-1338 Einfamilienhaus, ELW - Effizienzhaus 40

BRI 1.184 m³ | **BGF** 356 m² | **NUF** 235 m²

Einfamilienhaus mit ELW und Garage. KS-Massivbau.

Land: Baden-Württemberg
Kreis: Reutlingen
Standard: mittel
Bauzeit: 31 Wochen
Kennwerte: bis 3. Ebene DIN 276

BGF 1.882 €/m²

Planung: Architekt Rainer Graf Architektur + Energiekonzepte; Ofterdingen

veröffentlicht: BKI Objektdaten E8

6100-1200 Einfamilienhaus - Effizienzhaus 70

BRI 1.178 m³ | **BGF** 347 m² | **NUF** 210 m²

Einfamilienhaus Effizienzhaus 70. Mauerwerksbau, Holz-Mansarddach.

Land: Brandenburg
Kreis: Potsdam-Mittelmark
Standard: mittel
Bauzeit: 39 Wochen
Kennwerte: bis 3. Ebene DIN 276

BGF 2.276 €/m²

Planung: Sommer + Sommer Architekten BDA; Berlin

veröffentlicht: BKI Objektdaten E7

6100-1123 Einfamilienhaus - Effizienzhaus 55

BRI 933 m³ | **BGF** 325 m² | **NUF** 192 m²

Einfamilienhaus. Mauerwerksbau.

Land: Sachsen
Kreis: Dresden, Stadt
Standard: mittel
Bauzeit: 35 Wochen
Kennwerte: bis 3. Ebene DIN 276

BGF 1.928 €/m²

Planung: eckehardt schmidt architekten; Dresden

veröffentlicht: BKI Objektdaten E6

6100-1102 Einfamilienhaus - Effizienzhaus 70

BRI 891 m³ | **BGF** 272 m² | **NUF** 184 m²

Einfamilienhaus (161 m² WFL) als Effizienzhaus 70. Massivbau.

Land: Hamburg
Kreis: Hamburg, Stadt
Standard: mittel
Bauzeit: 43 Wochen
Kennwerte: bis 1. Ebene DIN 276

BGF 2.041 €/m²

Planung: gnosa architekten; Hamburg

veröffentlicht: BKI Objektdaten E6

Ein- und Zwei-
familienhäuser,
unterkellert,
mittlerer Standard

€/m² BGF

min	1.450	€/m²
von	1.720	€/m²
Mittel	**2.035**	**€/m²**
bis	2.440	€/m²
max	2.875	€/m²

Kosten:
Stand 1.Quartal 2025
Bundesdurchschnitt
inkl. 19% MwSt.

Objektübersicht zur Gebäudeart

6100-1082 Einfamilienhaus - Effizienzhaus 55

BRI 1.039m³ **BGF** 366m² **NUF** 259m²

Einfamilienwohnhaus mit Carport. Massivbau.

Land: Baden-Württemberg
Kreis: Breisgau-Hochschwarzwald
Standard: mittel
Bauzeit: 26 Wochen
Kennwerte: bis 3. Ebene DIN 276

BGF **1.605€/m²**

Planung: Werkgruppe Freiburg Architekten; Freiburg

veröffentlicht: BKI Objektdaten E6

6100-1171 Einfamilienhaus, Garage

BRI 1.071m³ **BGF** 337m² **NUF** 211m²

Einfamilienhaus (155m² WFL), mit Garage. Mauerwerk.

Land: Nordrhein-Westfalen
Kreis: Köln, Stadt
Standard: mittel
Bauzeit: 48 Wochen
Kennwerte: bis 1. Ebene DIN 276

BGF **2.105€/m²**

Planung: stkn architekten; Köln

veröffentlicht: BKI Objektdaten N13

6100-1054 Einfamilienhaus, Garage

BRI 926m³ **BGF** 313m² **NUF** 206m²

Einfamilienhaus (169m² WFL) mit Garage. Mauerwerksbau.

Land: Thüringen
Kreis: Erfurt, Stadt
Standard: mittel
Bauzeit: 35 Wochen
Kennwerte: bis 1. Ebene DIN 276

BGF **1.699€/m²**

Planung: Funken Architekten; Erfurt

veröffentlicht: BKI Objektdaten N12

6100-1145 Einfamilienhaus, Carport

BRI 820m³ **BGF** 296m² **NUF** 213m²

Einfamilienhaus an Hanglage mit 199m² WFL. Mauerwerksbau.

Land: Baden-Württemberg
Kreis: Konstanz
Standard: mittel
Bauzeit: 35 Wochen
Kennwerte: bis 1. Ebene DIN 276

BGF **1.775€/m²**

Planung: Architekturbüro Sebastian Baingo; Radolfzell

veröffentlicht: BKI Objektdaten N13

6100-0697 Einfamilienhaus

BRI 1.173 m³ **BGF** 389 m² **NUF** 251 m²

Einfamilienhaus (165m² WFL). Mauerwerksbau; Stb-Decken; Holzdachkonstruktion.

Land: Brandenburg
Kreis: Potsdam-Mittelmark
Standard: mittel
Bauzeit: 31 Wochen
Kennwerte: bis 3. Ebene DIN 276

BGF **1.591 €/m²**

Planung: TSSB architekten.ingenieure . Berlin; Berlin

veröffentlicht: BKI Objektdaten N10

6100-0669 Einfamilienhaus

BRI 1.092 m³ **BGF** 343 m² **NUF** 218 m²

Einfamilienwohnhaus (161m² WFL), Doppelgarage. Mauerwerksbau; Stb-Decken; Holzdachkonstruktion.

Land: Nordrhein-Westfalen
Kreis: Coesfeld
Standard: mittel
Bauzeit: 57 Wochen
Kennwerte: bis 3. Ebene DIN 276

BGF **1.621 €/m²**

Planung: Architekt Dipl.-Ing. Marcel Köhler; Lüdinghausen

veröffentlicht: www.bki.de

6100-0750 Einfamilienhaus, Einliegerwohnung

BRI 1.213 m³ **BGF** 420 m² **NUF** 287 m²

Einfamilienhaus mit Einliegerwohnung (240m² WFL), Sauna, Doppelgarage. Mauerwerksbau.

Land: Baden-Württemberg
Kreis: Böblingen
Standard: mittel
Bauzeit: 43 Wochen
Kennwerte: bis 3. Ebene DIN 276

BGF **1.695 €/m²**

Planung: BAUART X Ltd. Ingenieurgesellschaft für Bauwesen; Stuttgart

veröffentlicht: BKI Objektdaten N12

6100-0676 Einfamilienhaus - KfW 60

BRI 1.252 m³ **BGF** 372 m² **NUF** 279 m²

Einfamilienwohnhaus (170m² WFL), KfW 60 Standard, Doppelgarage, Wärmepumpe. Mauerwerksbau; Stb-Decke; Holzdachkonstruktion.

Land: Bayern
Kreis: Berchtesgadener Land
Standard: mittel
Bauzeit: 43 Wochen
Kennwerte: bis 3. Ebene DIN 276

BGF **1.891 €/m²**

Planung: Planungsgruppe 5.4.3 Architekten & Ingenieure GbR; Freilassing

veröffentlicht: www.bki.de

Ein- und Zwei-familienhäuser, unterkellert, mittlerer Standard

€/m² BGF

min	1.450	€/m²
von	1.720	€/m²
Mittel	**2.035**	**€/m²**
bis	2.440	€/m²
max	2.875	€/m²

Kosten:
Stand 1. Quartal 2025
Bundesdurchschnitt
inkl. 19% MwSt.

Objektübersicht zur Gebäudeart

6100-0662 Einfamilienhaus

BRI 1.090 m³ **BGF** 363 m² **NUF** 265 m²

Einfamilienwohnhaus, Holzbauweise (194m² WFL), Garage. Mauerwerksbau; Stb-Decken; Holzdachkonstruktion.

Land: Hessen
Kreis: Bergstraße
Standard: mittel
Bauzeit: 39 Wochen
Kennwerte: bis 3. Ebene DIN 276

BGF **2.172 €/m²**

Planung: Architekt Dipl.-Ing. Alexander Böhm; Heidelberg

veröffentlicht: BKI Objektdaten N10

6100-0572 Einfamilienhaus mit ELW

BRI 939 m³ **BGF** 292 m² **NUF** 185 m²

Wohnhaus mit Einliegerwohnung. Mauerwerksbau mit Stb-Decken und geneigtem Holzdach.

Land: Hessen
Kreis: Lahn-Dill-Kreis
Standard: mittel
Bauzeit: 35 Wochen
Kennwerte: bis 3. Ebene DIN 276

BGF **1.996 €/m²**

Planung: Nemesis Architekten Becker + Ohlmann; Kassel

veröffentlicht: www.bki.de

Ein- und Zweifamilienhäuser, unterkellert, hoher Standard

Kosten:
Stand 1. Quartal 2025
Bundesdurchschnitt
inkl. 19% MwSt.

Kostenkennwerte für die Kosten des Bauwerks (Kostengruppen 300+400 nach DIN 276)

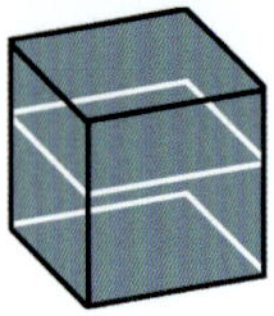

BRI 775 €/m³
von 615 €/m³
bis 985 €/m³

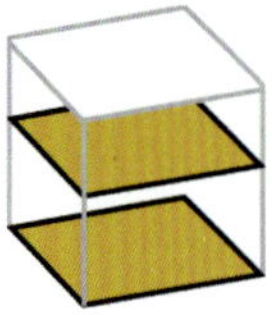

BGF 2.440 €/m²
von 1.970 €/m²
bis 3.165 €/m²

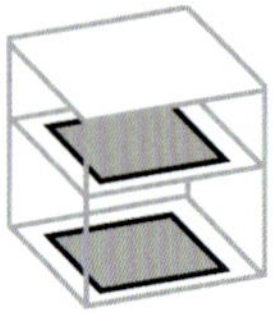

NUF 3.755 €/m²
von 2.920 €/m²
bis 4.885 €/m²

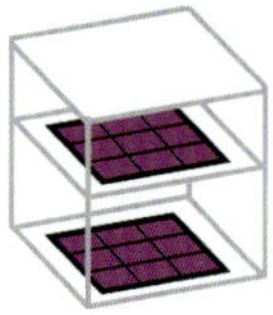

NE 4.580 €/NE
von 3.545 €/NE
bis 6.005 €/NE
NE: Wohnfläche

Objektbeispiele

6100-1690

6100-1728

6100-1629

Kosten der 44 Vergleichsobjekte

Seiten 444 bis 456

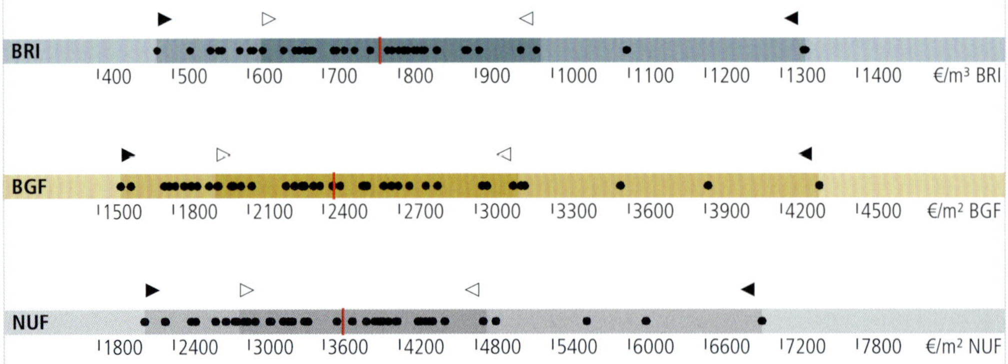

- ● KKW
- ▶ min
- ▷ von
- | Mittelwert
- ◁ bis
- ◀ max

Kostenkennwerte für die Kostengruppen der 1. und 2. Ebene DIN 276

KG	Kostengruppen der 1. Ebene	Einheit	▷	€/Einheit	◁	▷	% an 300+400	◁
100	Grundstück	m² GF	–	**–**	–	–	**–**	–
200	Vorbereitende Maßnahmen	m² GF	6	**18**	48	0,8	**1,8**	4,0
300	Bauwerk – Baukonstruktionen	m² BGF	1.604	**1.982**	2.618	76,6	**81,1**	84,6
400	Bauwerk – Technische Anlagen	m² BGF	336	**461**	622	15,4	**18,9**	23,4
	Bauwerk 300+400	m² BGF	1.969	**2.442**	3.167	100,0	**100,0**	100,0
500	Außenanlagen und Freiflächen	m² AF	49	**131**	356	3,2	**7,5**	14,5
600	Ausstattung und Kunstwerke	m² BGF	20	**65**	147	0,8	**3,2**	7,8
700	Baunebenkosten*	m² BGF	559	**623**	687	23,0	**25,6**	28,3
800	Finanzierung	m² BGF	–	**–**	–	–	**–**	–

◁ * Auf Grundlage der HOAI 2021 berechnete Werte nach §§ 35, 52, 56. Weitere Informationen siehe Seite 56

KG	Kostengruppen der 2. Ebene	Einheit	▷	€/Einheit	◁	▷	% an 1. Ebene	◁
310	Baugrube / Erdbau	m³ BGI	8	**31**	44	1,0	**3,0**	3,8
320	Gründung, Unterbau	m² GRF	315	**412**	528	6,9	**8,5**	13,0
330	Außenwände / vertikal außen	m² AWF	508	**665**	811	36,1	**40,4**	45,4
340	Innenwände / vertikal innen	m² IWF	255	**325**	378	8,8	**12,0**	15,3
350	Decken / horizontal	m² DEF	482	**608**	791	14,9	**18,9**	25,3
360	Dächer	m² DAF	406	**541**	711	9,1	**12,1**	16,4
370	Infrastrukturanlagen		–	**–**	–	–	**–**	–
380	Baukonstruktive Einbauten	m² BGF	19	**49**	135	0,4	**1,7**	5,8
390	Sonst. Maßnahmen für Baukonst.	m² BGF	37	**64**	101	2,2	**3,4**	5,6
300	**Bauwerk – Baukonstruktionen**	**m² BGF**					**100,0**	
410	Abwasser-, Wasser-, Gasanlagen	m² BGF	80	**113**	148	17,6	**24,9**	31,7
420	Wärmeversorgungsanlagen	m² BGF	145	**191**	252	33,7	**41,9**	54,4
430	Raumlufttechnische Anlagen	m² BGF	7	**41**	73	0,2	**5,0**	12,7
440	Elektrische Anlagen	m² BGF	53	**104**	187	13,5	**21,0**	31,7
450	Kommunikationstechnische Anlagen	m² BGF	14	**25**	61	3,0	**4,9**	8,6
460	Förderanlagen	m² BGF	–	**–**	–	–	**–**	–
470	Nutzungsspez. / verfahrenstech. Anl.	m² BGF	–	**–**	–	–	**–**	–
480	Gebäude- und Anlagenautomation	m² BGF	55	**59**	68	0,0	**2,3**	10,8
490	Sonst. Maßnahmen f. techn. Anl.	m² BGF	–	**4**	–	0,0	**< 0,1**	0,7
400	**Bauwerk – Technische Anlagen**	**m² BGF**					**100,0**	

Prozentanteile der Kosten 2. Ebene an den Kosten des Bauwerks nach DIN 276 (Von/Mittel/Bis)

KG	Kostengruppe	%
310	Baugrube / Erdbau	2,4
320	Gründung, Unterbau	6,8
330	Außenwände / vertikal außen	32,6
340	Innenwände / vertikal innen	9,7
350	Decken / horizontal	15,2
360	Dächer	9,8
370	Infrastrukturanlagen	
380	Baukonstruktive Einbauten	1,4
390	Sonst. Maßnahmen für Baukonst.	2,6
410	Abwasser-, Wasser-, Gasanlagen	4,7
420	Wärmeversorgungsanlagen	8,1
430	Raumlufttechnische Anlagen	1,1
440	Elektrische Anlagen	4,1
450	Kommunikationstechnische Anlagen	1,0
460	Förderanlagen	
470	Nutzungsspez. / verfahrenstech. Anl.	
480	Gebäude- und Anlagenautomation	0,5
490	Sonst. Maßnahmen f. techn. Anl.	< 0,1

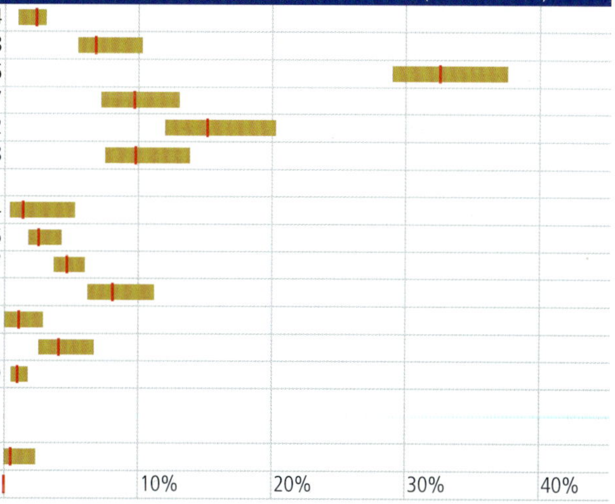

 Kostenstand: 1. Quartal 2025, Bundesdurchschnitt, **inkl. 19% MwSt.**

Ein- und Zweifamilienhäuser, unterkellert, hoher Standard

Kosten:
Stand 1. Quartal 2025
Bundesdurchschnitt
inkl. 19% MwSt.

Prozentanteile der Kosten für Leistungsbereiche nach STLB (Kosten Bauwerk nach DIN 276)

LB	Leistungsbereiche	▷	% an 300+400	◁
000	Baustellen-, Verkehrssich.- u. Sicherh.einr. inkl. 001	1,5	**2,4**	3,4
002	Erdarbeiten	1,5	**2,6**	3,4
006	Spezialtiefbauarbeiten inkl. 005	–	**–**	–
009	Entwässerungskanalarbeiten inkl. 011	0,3	**0,6**	1,0
010	Drän- und Versickerarbeiten	< 0,1	**0,2**	0,6
012	Mauerarbeiten	3,4	**6,7**	10,0
013	Betonarbeiten	15,0	**17,1**	23,2
014	Natur-, Betonwerksteinarbeiten	0,1	**1,0**	3,5
016	Zimmer- und Holzbauarbeiten	0,5	**3,0**	5,3
017	Stahlbauarbeiten	< 0,1	**0,6**	4,3
018	Abdichtungsarbeiten	0,4	**1,1**	2,3
020	Dachdeckungsarbeiten	0,4	**1,8**	3,6
021	Dachabdichtungsarbeiten	0,2	**1,8**	3,8
022	Klempnerarbeiten	0,9	**1,7**	4,7
	Rohbau	34,6	**40,7**	43,9
023	Putz- und Stuckarbeiten, Wärmedämmsysteme	4,1	**6,9**	11,0
024	Fliesen- und Plattenarbeiten	1,0	**2,4**	4,5
025	Estricharbeiten	0,9	**1,4**	1,9
026	Fenster, Außentüren inkl. 029, 032	6,4	**10,1**	15,3
027	Tischlerarbeiten	1,9	**4,7**	8,9
028	Parkettarbeiten, Holzpflasterarbeiten	1,3	**3,0**	5,4
030	Rollladenarbeiten	1,1	**2,2**	3,3
031	Metallbauarbeiten inkl. 035	1,1	**3,4**	7,5
034	Maler- und Lackiererarbeiten inkl. 037	1,5	**2,4**	3,8
036	Bodenbelagarbeiten	< 0,1	**0,4**	1,6
038	Vorgehängte hinterlüftete Fassaden	< 0,1	**0,3**	4,8
039	Trockenbauarbeiten	1,7	**3,3**	5,0
	Ausbau	37,4	**40,5**	44,6
040	Wärmeversorgungsanl. - Betriebseinr. inkl. 041	5,4	**7,4**	10,4
042	Gas- und Wasserinstallation, Leitungen inkl. 043	0,7	**0,9**	1,3
044	Abwasseranlagen - Leitungen, Abläufe, Armaturen	0,3	**0,7**	1,4
045	GWE - Einrichtungsgegenstände inkl. 046	1,3	**2,3**	3,3
047	Dämm- und Brandschutzarbeiten an techn. Anlagen	0,1	**0,3**	0,5
049	Feuerlöschanlagen, Feuerlöschgeräte	–	**–**	–
050	Blitzschutz- und Erdungsanlagen	0,1	**0,2**	0,4
052	Mittelspannungsanlagen	–	**–**	–
053	Niederspannungsanlagen inkl. 054	2,1	**3,4**	4,7
055	Sicherheits- und Ersatzstromversorgungsanlagen	< 0,1	**< 0,1**	0,2
057	Gebäudesystemtechnik	0,0	**0,2**	1,5
058	Leuchten und Lampen inkl. 059	0,2	**0,6**	1,5
060	Such-, Signal-, elektroakust. Anl., Med. inkl. 064	0,1	**0,3**	0,8
061	Kommunikations- und Übertragungsnetze inkl. 062	0,2	**0,5**	0,8
063	Gefahrenmeldeanlagen	< 0,1	**0,1**	0,3
069	Aufzüge	–	**–**	–
070	Gebäudeautomation	0,0	**0,4**	2,7
075	Raumlufttechnische Anlagen inkl. 078	< 0,1	**1,1**	2,9
	Gebäudetechnik	14,6	**18,5**	23,7
	Sonstige Leistungsbereiche inkl. 008, 033, 051	< 0,1	**0,3**	0,9

● KKW
▶ min
▷ von
| Mittelwert
◁ bis
◀ max

Planungskennwerte für Flächen und Rauminhalte nach DIN 277

Grundflächen		▷	Fläche/NUF (%)	◁	▷	Fläche/BGF (%)	◁
NUF	Nutzungsfläche	100,0	**100,0**	100,0	62,8	**65,5**	68,4
TF	Technikfläche	3,9	**5,1**	9,5	2,6	**3,2**	5,4
VF	Verkehrsfläche	13,4	**16,5**	20,3	8,7	**10,6**	12,5
NRF	Netto-Raumfläche	117,8	**121,6**	128,7	77,7	**79,4**	81,0
KGF	Konstruktions-Grundfläche	28,8	**31,9**	34,9	19,0	**20,6**	22,3
BGF	Brutto-Grundfläche	147,8	**153,5**	161,3	100,0	**100,0**	100,0

Brutto-Rauminhalte		▷	BRI/NUF (m)	◁	▷	BRI/BGF (m)	◁
BRI	Brutto-Rauminhalt	4,53	**4,86**	5,20	3,02	**3,16**	3,37

Flächen von Nutzeinheiten	▷	NUF/Einheit (m²)	◁	▷	BGF/Einheit (m²)	◁
Nutzeinheit: Wohnfläche	1,13	**1,24**	1,37	1,74	**1,88**	2,09

Lufttechnisch behandelte Flächen	▷	Fläche/NUF (%)	◁	▷	Fläche/BGF (%)	◁
Entlüftete Fläche	–	**–**	–	–	**–**	–
Be- und entlüftete Fläche	–	**–**	–	–	**–**	–
Teilklimatisierte Fläche	–	**–**	–	–	**–**	–
Klimatisierte Fläche	–	**–**	–	–	**–**	–

KG	Kostengruppen (2. Ebene)	Einheit	▷	Menge/NUF	◁	▷	Menge/BGF	◁
310	Baugrube / Erdbau	m³ BGI	3,04	**3,47**	7,86	1,94	**2,25**	4,75
320	Gründung, Unterbau	m² GRF	0,55	**0,62**	0,73	0,35	**0,40**	0,48
330	Außenwände / vertikal außen	m² AWF	1,74	**1,84**	2,06	1,12	**1,20**	1,34
340	Innenwände / vertikal innen	m² IWF	0,97	**1,09**	1,25	0,64	**0,71**	0,81
350	Decken / horizontal	m² DEF	0,80	**0,93**	1,03	0,52	**0,60**	0,68
360	Dächer	m² DAF	0,62	**0,67**	0,75	0,40	**0,44**	0,50
370	Infrastrukturanlagen		–	**–**	–	–	**–**	–
380	Baukonstruktive Einbauten	m² BGF	1,48	**1,54**	1,61	1,00	**1,00**	1,00
390	Sonst. Maßnahmen für Baukonst.	m² BGF	1,48	**1,54**	1,61	1,00	**1,00**	1,00
300	**Bauwerk – Baukonstruktionen**	**m² BGF**	1,48	**1,54**	1,61	1,00	**1,00**	1,00

Planungskennwerte für Bauzeiten — 44 Vergleichsobjekte

Bauzeit in Wochen

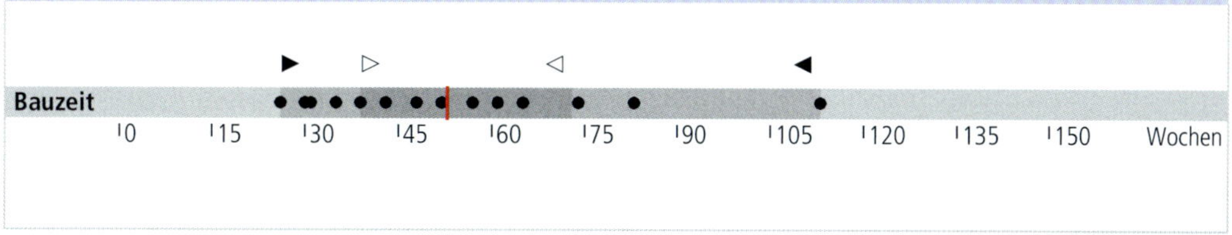

€/m² BGF

min	1.590	€/m²
von	1.970	€/m²
Mittel	**2.440**	**€/m²**
bis	3.165	€/m²
max	4.350	€/m²

Kosten:
Stand 1. Quartal 2025
Bundesdurchschnitt
inkl. 19% MwSt.

Objektübersicht zur Gebäudeart

6100-1679 Einfamilienhaus, Garage

BRI 978 m³ | **BGF** 300 m² | **NUF** 220 m²

Einfamilienhaus (154,42m² WFL) mit unterkellerter Garage. Massivbau.

Land: Nordrhein-Westfalen
Kreis: Kleve
Standard: hoch
Bauzeit: 39 Wochen
Kennwerte: bis 1. Ebene DIN 276

BGF 3.191 €/m²

Planung: Patrick Lehn Architekt BDA; Kevelaer

veröffentlicht: BKI Objektdaten N20

6100-1690 Einfamilienhaus

BRI 1.059 m³ | **BGF** 385 m² | **NUF** 253 m²

Einfamilienhaus mit Einliegerwohnung und insgesamt 199m² Wohnfläche. Massivbau.

Land: Brandenburg
Kreis: Potsdam, Stadt
Standard: hoch
Bauzeit: 74 Wochen
Kennwerte: bis 3. Ebene DIN 276

BGF 2.637 €/m²

Planung: wening.architekten; Groß Glienicke

vorgesehen: BKI Objektdaten N21

6100-1598 Einfamilienhaus

BRI 488 m³ | **BGF** 149 m² | **NUF** 92 m²

Einfamilienhaus. Massivbau.

Land: Nordrhein-Westfalen
Kreis: Köln, Stadt
Standard: hoch
Bauzeit: 48 Wochen
Kennwerte: bis 1. Ebene DIN 276

BGF 4.351 €/m²

Planung: Till Robin Kurz Architekt; Köln

veröffentlicht: BKI Objektdaten N19

6100-1728 Einfamilienhaus, Büro

BRI 1.585 m³ | **BGF** 465 m² | **NUF** 350 m²

Einfamilienhaus mit Büroräumen, separater Wohneinheit und einem Doppelcarport. Massivbau.

Land: Bayern
Kreis: Dingolfing-Landau
Standard: hoch
Bauzeit: 74 Wochen
Kennwerte: bis 1. Ebene DIN 276

BGF 1.631 €/m²

Planung: Eichenseher Architektur + Stadtplanung; Niederviehbach

vorgesehen: BKI Objektdaten N21

Objektübersicht zur Gebäudeart

6100-1678 Einfamilienhaus, Doppelgarage

BRI 1.291 m³ **BGF** 440 m² **NUF** 280 m²

© Lioba Schneider

Einfamilienhaus mit Doppelgarage. Massivbau.

Land: Nordrhein-Westfalen
Kreis: Rhein-Sieg-Kreis
Standard: hoch
Bauzeit: 74 Wochen
Kennwerte: bis 1. Ebene DIN 276

BGF 3.910 €/m²

Planung: Corneille Uedingslohmann Architekten; Köln

veröffentlicht: BKI Objektdaten N20

6100-1630 Einfamilienhaus, Garage

BRI 824 m³ **BGF** 299 m² **NUF** 182 m²

© Ben Van Skyhawk

Einfamilienhaus mit Garage und Fahrradabstellplatz. Massivbau.

Land: Nordrhein-Westfalen
Kreis: Mettmann
Standard: hoch
Bauzeit: 61 Wochen
Kennwerte: bis 1. Ebene DIN 276

BGF 3.025 €/m²

Planung: Wendling Architektur; Köln-Deutz

veröffentlicht: BKI Objektdaten N20

6100-1629 Einfamilienhaus, Carport (2 STP)

BRI 1.358 m³ **BGF** 355 m² **NUF** 230 m²

© Rudi Rach

Einfamilienhaus mit integriertem Carport. Massivbau.

Land: Rheinland-Pfalz
Kreis: Trier-Saarburg
Standard: hoch
Bauzeit: 74 Wochen
Kennwerte: bis 1. Ebene DIN 276

BGF 3.146 €/m²

Planung: cl.ar Carsten Larusch Architektur; Bitburg

veröffentlicht: BKI Objektdaten N20

6100-1549 Einfamilienhaus*

BRI 1.154 m³ **BGF** 381 m² **NUF** 228 m²

© KNYCHALLA + TEAM

unterkellertes Einfamilienhaus mit Doppelgarage. Massivbau.

Land: Bayern
Kreis: Neumarkt i.d.OPf.
Standard: hoch
Bauzeit: 87 Wochen*
Kennwerte: bis 1. Ebene DIN 276

BGF 2.012 €/m²

Planung: KNYCHALLA + TEAM ARCHITEKTUR + FREIRAUM; Neumarkt i.d.OPf.

veröffentlicht: BKI Objektdaten N18
* Nicht in der Auswertung enthalten

€/m² BGF

min	1.590	€/m²
von	1.970	€/m²
Mittel	**2.440**	**€/m²**
bis	3.165	€/m²
max	4.350	€/m²

Kosten:
Stand 1. Quartal 2025
Bundesdurchschnitt
inkl. 19% MwSt.

Objektübersicht zur Gebäudeart

6100-1569 Einfamilienhaus

BRI 1.196 m³ **BGF** 365 m² **NUF** 216 m²

Einfamilienhaus mit 226 m² Wohnfläche. Mauerwerk.

Land: Bayern
Kreis: Fürstenfeldbruck
Standard: hoch
Bauzeit: 52 Wochen
Kennwerte: bis 1. Ebene DIN 276

BGF 2.385 €/m²

Planung: Architekturbüro Huber Freier Architekt; Kempten

veröffentlicht: BKI Objektdaten N18

6100-1468 Einfamilienhaus

BRI 1.255 m³ **BGF** 388 m² **NUF** 234 m²

Einfamilienhaus (238 m² WFL). Mauerwerk.

Land: Nordrhein-Westfalen
Kreis: Rhein-Erft-Kreis
Standard: hoch
Bauzeit: 52 Wochen
Kennwerte: bis 1. Ebene DIN 276

BGF 2.694 €/m²

Planung: Grotegut Architekten Inhaber Dirk Hellings; Bonn

veröffentlicht: BKI Objektdaten E9

6100-1473 Einfamilienhaus*

BRI 1.117 m³ **BGF** 322 m² **NUF** 228 m²

Einfamilienhaus (233 m² WFL). Holzrahmenbau, Stahlbeton.

Land: Berlin
Kreis: Berlin, Stadt
Standard: hoch
Bauzeit: 57 Wochen
Kennwerte: bis 1. Ebene DIN 276

BGF 4.762 €/m² *

Planung: rundzwei Architekten BDA; Berlin

veröffentlicht: BKI Objektdaten E9
* Nicht in der Auswertung enthalten

6100-1445 Einfamilienhaus, Carport

BRI 1.136 m³ **BGF** 344 m² **NUF** 237 m²

Einfamilienhaus (197 m² WFL) mit Nebengebäude (Carport mit Abstellraum). Mauerwerk.

Land: Bayern
Kreis: Bad Tölz
Standard: hoch
Bauzeit: 39 Wochen
Kennwerte: bis 1. Ebene DIN 276

BGF 2.804 €/m²

Planung: Beham Architekten; Dietramszell

veröffentlicht: BKI Objektdaten E9

6100-1490 Einfamilienhaus

BRI 1.135 m³ | **BGF** 364 m² | **NUF** 227 m²

Einfamilienhaus mit 180m² Wohnfläche. Mauerwerk.

Land: Brandenburg
Kreis: Havelland
Standard: hoch
Bauzeit: 65 Wochen
Kennwerte: bis 1. Ebene DIN 276

BGF 2.310 €/m²

Planung: wening.architekten; Potsdam

veröffentlicht: BKI Objektdaten E9

6100-1390 Einfamilienhaus*

BRI 2.118 m³ | **BGF** 645 m² | **NUF** 439 m²

Einfamilienhaus mit 450m² WFL als Effizienzhaus. Mauerwerksbau.

Land: Hamburg
Kreis: Hamburg, Stadt
Standard: hoch
Bauzeit: 70 Wochen
Kennwerte: bis 1. Ebene DIN 276

BGF 4.745 €/m²

*

Planung: güldenzopf rohrberg architektur + design; Hamburg

veröffentlicht: BKI Objektdaten N17
* Nicht in der Auswertung enthalten

6100-1420 Zweifamilienhaus, Garage - Effizienzhaus 40 Plus

BRI 1.426 m³ | **BGF** 466 m² | **NUF** 292 m²

Zweifamilienhaus mit Garage. Mauerwerksbau.

Land: Hamburg
Kreis: Hamburg, Stadt
Standard: hoch
Bauzeit: 39 Wochen
Kennwerte: bis 1. Ebene DIN 276

BGF 2.467 €/m²

Planung: Sieckmann Walther Architekten; Hamburg

veröffentlicht: BKI Objektdaten E8

6100-1423 Einfamilienhaus, Garage

BRI 1.435 m³ | **BGF** 449 m² | **NUF** 315 m²

Einfamilienhaus mit unterkellerter Doppelgarage. Massivholzbau, Stahlbeton.

Land: Baden-Württemberg
Kreis: Rems-Murr-Kreis
Standard: hoch
Bauzeit: 39 Wochen
Kennwerte: bis 1. Ebene DIN 276

BGF 1.979 €/m²

Planung: BF ARCHITEKTUR Bettina Müller-Fauth; Welzheim/Eselshalden

veröffentlicht: BKI Objektdaten N17

Ein- und Zweifamilienhäuser, unterkellert, hoher Standard

€/m² BGF

min	1.590 €/m²
von	1.970 €/m²
Mittel	**2.440 €/m²**
bis	3.165 €/m²
max	4.350 €/m²

Kosten:
Stand 1. Quartal 2025
Bundesdurchschnitt
inkl. 19% MwSt.

Objektübersicht zur Gebäudeart

6100-1354 Einfamilienhaus

BRI 1.119 m³ **BGF** 363 m² **NUF** 255 m²

Einfamilienhaus. Mauerwerk.

Land: Brandenburg
Kreis: Potsdam, Stadt
Standard: hoch
Bauzeit: 35 Wochen
Kennwerte: bis 1. Ebene DIN 276

BGF 2.436 €/m²

Planung: wening.architekten; Potsdam

veröffentlicht: BKI Objektdaten E8

6100-1610 Einfamilienhaus

BRI 591 m³ **BGF** 182 m² **NUF** 114 m²

Einfamilienhaus mit 68m² Grundfläche im Effizienzhaus-55-Standard. Stahlbeton.

Land: Bayern
Kreis: Augsburg
Standard: hoch
Bauzeit: 113 Wochen
Kennwerte: bis 1. Ebene DIN 276

BGF 3.567 €/m²

Planung: Niebler + Thormann Architekten GmbH; Donauwörth

veröffentlicht: BKI Objektdaten N20

6100-1331 Einfamilienhaus, Garagen (2 ST)

BRI 1.142 m³ **BGF** 436 m² **NUF** 297 m²

Einfamilienhaus (196m² WFL) mit zwei Garagen. Massivbau.

Land: Baden-Württemberg
Kreis: Heilbronn
Standard: hoch
Bauzeit: 57 Wochen
Kennwerte: bis 1. Ebene DIN 276

BGF 1.591 €/m²

Planung: Architekturbüro VÖHRINGER; Leingarten

veröffentlicht: BKI Objektdaten E8

6100-1425 Zweifamilienhaus, Garage

BRI 2.038 m³ **BGF** 666 m² **NUF** 422 m²

Zweifamilienhaus mit Doppelgarage. Mauerwerksbau.

Land: Bayern
Kreis: Starnberg
Standard: hoch
Bauzeit: 52 Wochen
Kennwerte: bis 1. Ebene DIN 276

BGF 1.841 €/m²

Planung: gramming rosenmüller architekten; München

veröffentlicht: BKI Objektdaten N17

6100-1247 Einfamilienhaus, Carport

BRI 900 m³ | **BGF** 251 m² | **NUF** 158 m²

Einfamilienhaus (140m² WFL) mit Carport. Massivbau.

Land: Brandenburg
Kreis: Potsdam-Mittelmark
Standard: hoch
Bauzeit: 35 Wochen
Kennwerte: bis 1. Ebene DIN 276

BGF **2.556 €/m²**

Planung: Küssner Architekten BDA; Kleinmachnow

veröffentlicht: BKI Objektdaten N15

6100-1387 Einfamilienhaus

BRI 1.418 m³ | **BGF** 435 m² | **NUF** 262 m²

Einfamilienhaus. Mauerwerk.

Land: Niedersachsen
Kreis: Hannover, Region
Standard: hoch
Bauzeit: 74 Wochen
Kennwerte: bis 3. Ebene DIN 276

BGF **2.669 €/m²**

Planung: KISSERARCHITEKTUR Dipl.-Ing. Architekt Gordon Kisser; Isernhagen

veröffentlicht: BKI Objektdaten N18

6100-1301 Einfamilienhaus, Garage - Effizienzhaus 85

BRI 1.156 m³ | **BGF** 344 m² | **NUF** 240 m²

Einfamilienhaus (176m² WFL) als Effizienzhaus 85 mit Teilunterkellerung. Mauerwerk.

Land: Bayern
Kreis: Roth
Standard: hoch
Bauzeit: 61 Wochen
Kennwerte: bis 1. Ebene DIN 276

BGF **3.044 €/m²**

Planung: biefang | pemsel Architekten GmbH; Nürnberg

veröffentlicht: BKI Objektdaten N15

6100-1194 Einfamilienhaus, Garage - Effizienzhaus 70

BRI 1.392 m³ | **BGF** 394 m² | **NUF** 273 m²

Einfamilienhaus mit Garage, Effizienzhaus 70. Massivbau.

Land: Berlin
Kreis: Berlin, Stadt
Standard: hoch
Bauzeit: 30 Wochen
Kennwerte: bis 3. Ebene DIN 276

BGF **2.852 €/m²**

Planung: 3PO Bopst Melan Architektenpartnerschaft BDA

veröffentlicht: BKI Objektdaten E7

€/m² BGF

min	1.590	€/m²
von	1.970	€/m²
Mittel	**2.440**	**€/m²**
bis	3.165	€/m²
max	4.350	€/m²

Kosten:
Stand 1. Quartal 2025
Bundesdurchschnitt
inkl. 19% MwSt.

Objektübersicht zur Gebäudeart

6100-1229 Einfamilienhaus, Doppelgarage - Effizienzhaus 70

BRI 1.554 m³ **BGF** 494 m² **NUF** 338 m²

Einfamilienhaus (292m² WFL) mit Doppelgarage als Effizienzhaus 70. Massivbau.

Land: Nordrhein-Westfalen
Kreis: Rhein-Kreis Neuss
Standard: hoch
Bauzeit: 30 Wochen
Kennwerte: bis 1. Ebene DIN 276

BGF **1.763 €/m²**

Planung: Werkgemeinschaft Quasten-Mundt; Grevenbroich

veröffentlicht: BKI Objektdaten E7

6100-1316 Einfamilienhaus, Carport*

BRI 1.150 m³ **BGF** 469 m² **NUF** 332 m²

Einfamilienhaus (266m² WFL) mit Carport. Mischkonstruktion.

Land: Brandenburg
Kreis: Oder-Spree
Standard: hoch
Bauzeit: 109 Wochen
Kennwerte: bis 3. Ebene DIN 276

BGF **3.534 €/m²**

Planung: Dritte Haut° Architekten Dipl.-Ing. Architekt Peter Garkisch; Berlin

veröffentlicht: BKI Objektdaten N17
* Nicht in der Auswertung enthalten

6100-1257 Einfamilienhaus, Garage

BRI 950 m³ **BGF** 313 m² **NUF** 167 m²

Einfamilienhaus (126m² WFL) mit Garage, teilunterkellert. Massivbau.

Land: Nordrhein-Westfalen
Kreis: Rhein-Kreis Neuss
Standard: hoch
Bauzeit: 61 Wochen
Kennwerte: bis 1. Ebene DIN 276

BGF **2.312 €/m²**

Planung: cordes architektur; Erkelenz

veröffentlicht: BKI Objektdaten N15

6100-1245 Einfamilienhaus, Doppelgarage

BRI 1.613 m³ **BGF** 539 m² **NUF** 402 m²

Einfamilienhaus (262m² WFL) mit Doppelgarage. Massivbau.

Land: Bayern
Kreis: Miltenberg
Standard: hoch
Bauzeit: 43 Wochen
Kennwerte: bis 1. Ebene DIN 276

BGF **2.039 €/m²**

Planung: HWP Holl - Wieden Partnerschaft Architekten & Stadtplaner; Würzburg

veröffentlicht: BKI Objektdaten N15

6100-1212 Einfamilienhaus, Carport - Effizienzhaus 55

BRI 1.264 m³ | **BGF** 345 m² | **NUF** 216 m²

Einfamilienhaus (196 m² WFL) mit Carport und Lichthof als Effizienzhaus 55. Mauerwerksbau.

Land: Nordrhein-Westfalen
Kreis: Paderborn
Standard: hoch
Bauzeit: 52 Wochen
Kennwerte: bis 1. Ebene DIN 276

BGF **2.069 €/m²**

Planung: Anja Dohle Architektin; Paderborn

veröffentlicht: BKI Objektdaten E7

6100-1135 Einfamilienhaus - Effizienzhaus 55

BRI 1.250 m³ | **BGF** 390 m² | **NUF** 227 m²

Einfamilienhaus (228 m² WFL) als Effizienzhaus 55. Massivbau.

Land: Bayern
Kreis: München, Stadt
Standard: hoch
Bauzeit: 52 Wochen
Kennwerte: bis 1. Ebene DIN 276

BGF **2.561 €/m²**

Planung: pmp Architekten Anton Meyer; Dachau

veröffentlicht: BKI Objektdaten E6

6100-1281 Einfamilienhaus, Garage - Effizienzhaus 70

BRI 1.227 m³ | **BGF** 413 m² | **NUF** 250 m²

Einfamilienhaus (245 m² WFL) mit Garage. Mauerwerksbau.

Land: Baden-Württemberg
Kreis: Neckar-Odenwald-Kreis
Standard: hoch
Bauzeit: 48 Wochen
Kennwerte: bis 1. Ebene DIN 276

BGF **1.980 €/m²**

Planung: Huber Architekten Partnerschaft Joachim Huber, Freier Architekt; Billigheim

veröffentlicht: BKI Objektdaten E7

6100-1090 Einfamilienhaus, Garage

BRI 1.159 m³ | **BGF** 424 m² | **NUF** 284 m²

Einfamilienhaus (233 m² WFL), mit Garage. Mauerwerksbau.

Land: Baden-Württemberg
Kreis: Rems-Murr-Kreis
Standard: hoch
Bauzeit: 52 Wochen
Kennwerte: bis 1. Ebene DIN 276

BGF **2.323 €/m²**

Planung: Bohn Architekten; Stuttgart

veröffentlicht: BKI Objektdaten N13

€/m² BGF

min	1.590	€/m²
von	1.970	€/m²
Mittel	**2.440**	**€/m²**
bis	3.165	€/m²
max	4.350	€/m²

Kosten:
Stand 1. Quartal 2025
Bundesdurchschnitt
inkl. 19% MwSt.

Objektübersicht zur Gebäudeart

6100-1141 Einfamilienhaus, Garage

BRI 1.402 m³ **BGF** 510 m² **NUF** 346 m²

Einfamilienhaus mit 248m² WFL. Mauerwerksbau.

Land: Nordrhein-Westfalen
Kreis: Rhein-Kreis Neuss
Standard: hoch
Bauzeit: 48 Wochen
Kennwerte: bis 1. Ebene DIN 276

BGF 1.975 €/m²

Planung: Architekturbüro Berhausen; Köln

veröffentlicht: BKI Objektdaten N13

6100-0988 Einfamilienhaus, Doppelgarage

BRI 1.755 m³ **BGF** 634 m² **NUF** 467 m²

Einfamilienhaus mit Doppelgarage. Mauerwerksbau.

Land: Bayern
Kreis: Fürstenfeldbruck
Standard: hoch
Bauzeit: 35 Wochen
Kennwerte: bis 1. Ebene DIN 276

BGF 1.871 €/m²

Planung: arktek - Architekturbüro Dipl.-Ing. Dipl.-Ing. (FH) Jürgen H. Kraus; Puchheim

veröffentlicht: BKI Objektdaten N12

6100-1040 Einfamilienhaus - Effizienzhaus 70

BRI 1.444 m³ **BGF** 388 m² **NUF** 238 m²

Einfamilienhaus (200m² WFL) mit Untergeschoss als "weiße Wanne". Ausstattung des Hauses mit BUS-Technik für weltweite Abrufbarkeit der technischen Betriebszustände. Massivbau.

Land: Bayern
Kreis: Würzburg
Standard: hoch
Bauzeit: 65 Wochen
Kennwerte: bis 3. Ebene DIN 276

BGF 1.942 €/m²

Planung: Paprota Architektur Christoph Paprota; Würzburg

veröffentlicht: BKI Objektdaten E5

6100-1015 Einfamilienhaus, Garage - KfW 70

BRI 1.115 m³ **BGF** 404 m² **NUF** 279 m²

Einfamilienhaus mit Garage (190m² WFL), Hanglage. Massivbau.

Land: Sachsen
Kreis: Zwickau
Standard: hoch
Bauzeit: 65 Wochen
Kennwerte: bis 1. Ebene DIN 276

BGF 1.893 €/m²

Planung: heine I reichold architekten Partnerschaftsgesellschaft mbB; Lichtenstein

veröffentlicht: BKI Objektdaten E5

Objektübersicht zur Gebäudeart

6100-1125 Einfamilienhaus, Doppelgarage
BRI 1.005 m³ **BGF** 354 m² **NUF** 265 m²

Einfamilienhaus (183m² WFL) mit Doppelgarage. Mauerwerk.

Land: Thüringen
Kreis: Erfurt, Stadt
Standard: hoch
Bauzeit: 61 Wochen
Kennwerte: bis 1. Ebene DIN 276

BGF **2.282 €/m²**

Planung: Bauer Architektur; Weimar

veröffentlicht: BKI Objektdaten N13

6100-1049 Einfamilienhaus - Effizienzhaus 85
BRI 1.101 m³ **BGF** 340 m² **NUF** 204 m²

Einfamilienwohnhaus (209m² WFL) als Effizienzhaus 85. Mauerwerksbau.

Land: Nordrhein-Westfalen
Kreis: Viersen
Standard: hoch
Bauzeit: 31 Wochen
Kennwerte: bis 1. Ebene DIN 276

BGF **1.783 €/m²**

Planung: Dipl.-Ing. Architektin Sandra Poetters; Willich

veröffentlicht: BKI Objektdaten E6

6100-0914 Einfamilienhaus
BRI 1.176 m³ **BGF** 405 m² **NUF** 272 m²

Einfamilienwohnhaus (184m² WFL). Massivbau.

Land: Bayern
Kreis: Traunstein
Standard: hoch
Bauzeit: 48 Wochen
Kennwerte: bis 3. Ebene DIN 276

BGF **2.573 €/m²**

Planung: Architekturbüro von Seidlein Röhrl; München

veröffentlicht: BKI Objektdaten N12

6100-0896 Einfamilienhaus - Effizienzhaus 70
BRI 909 m³ **BGF** 283 m² **NUF** 180 m²

Einfamilienhaus als Effizienzhaus 70, vollunterkellert. Mauerwerksbau.

Land: Sachsen
Kreis: Dresden, Stadt
Standard: hoch
Bauzeit: 61 Wochen
Kennwerte: bis 3. Ebene DIN 276

BGF **2.666 €/m²**

Planung: TSSB architekten.ingenieure; Dresden

veröffentlicht: www.bki.de

€/m² BGF

min	1.590	€/m²
von	1.970	€/m²
Mittel	**2.440**	**€/m²**
bis	3.165	€/m²
max	4.350	€/m²

Kosten:
Stand 1. Quartal 2025
Bundesdurchschnitt
inkl. 19% MwSt.

Objektübersicht zur Gebäudeart

6100-0906 Einfamilienhaus - Effizienzhaus 55

BRI 683 m³ **BGF** 242 m² **NUF** 135 m²

© Werkgruppe Freiburg Architekten

Reihenendhaus (145m² WFL). Mauerwerksbau.

Land: Baden-Württemberg
Kreis: Emmendingen
Standard: hoch
Bauzeit: 26 Wochen
Kennwerte: bis 3. Ebene DIN 276

BGF 1.869 €/m²

Planung: Werkgruppe Freiburg Architekten; Freiburg

veröffentlicht: BKI Objektdaten E5

6100-0746 Einfamilienhaus

BRI 1.273 m³ **BGF** 428 m² **NUF** 291 m²

© TSSB architekten.ingenieure

Einfamilienwohnhaus (181m² WFL). Mauerwerksbau.

Land: Sachsen
Kreis: Sächsische Schweiz
Standard: hoch
Bauzeit: 48 Wochen
Kennwerte: bis 3. Ebene DIN 276

BGF 2.031 €/m²

Planung: TSSB architekten.ingenieure; Dresden

veröffentlicht: BKI Objektdaten N10

6100-0696 Einfamilienhaus

BRI 1.568 m³ **BGF** 408 m² **NUF** 271 m²

© Architekt Franz-Georg Schröck

Einfamilienwohnhaus mit 212m² WFL. Mauerwerksbau.

Land: Bayern
Kreis: Augsburg
Standard: hoch
Bauzeit: 83 Wochen
Kennwerte: bis 3. Ebene DIN 276

BGF 2.112 €/m²

Planung: Architekt Franz-Georg Schröck; Kempten

veröffentlicht: BKI Objektdaten N11

6100-0649 Einfamilienhaus

BRI 1.108 m³ **BGF** 310 m² **NUF** 216 m²

© Architekturbüro Walter Haller

Einfamilienhaus mit hohem Standard (163m² WFL). Massivbau; Stb-Decke; Stb-Flachdach.

Land: Baden-Württemberg
Kreis: Zollernalbkreis
Standard: hoch
Bauzeit: 57 Wochen
Kennwerte: bis 3. Ebene DIN 276

BGF 3.176 €/m²

Planung: Architekturbüro Walter Haller; Albstadt

veröffentlicht: www.bki.de

 Kostenstand: 1. Quartal 2025, Bundesdurchschnitt, **inkl. 19% MwSt.**

6100-0678 Einfamilienhaus, Garage

BRI 2.967 m³ **BGF** 878 m² **NUF** 577 m²

Einfamilienhaus mit Garage (364m² WFL). Mauerwerksbau; Stb-Filigrandecken, Stahltreppe; Stb-Flachdach.

Land: Baden-Württemberg
Kreis: Schwäbisch Hall
Standard: hoch
Bauzeit: 57 Wochen
Kennwerte: bis 3. Ebene DIN 276

BGF 2.738 €/m²

Planung: Architektur Udo Richter Dipl.-Ing. Freier Architekt; Heilbronn

veröffentlicht: www.bki.de

6100-0640 Einfamilienhaus - KfW 40

BRI 842 m³ **BGF** 242 m² **NUF** 163 m²

Einfamilienwohnhaus im KfW 40 Standard (177m² WFL). Mauerwerksbau; Stb-Decken; Holzdachkonstruktion.

Land: Hamburg
Kreis: Hamburg, Stadt
Standard: hoch
Bauzeit: 30 Wochen
Kennwerte: bis 3. Ebene DIN 276

BGF 2.248 €/m²

Planung: luenzmann architektur; Hamburg

veröffentlicht: www.bki.de

6100-0747 Einfamilienhaus, Einliegerwohnung

BRI 994 m³ **BGF** 324 m² **NUF** 203 m²

Einfamilienhaus mit Einliegerwohnung (238m² WFL). Mauerwerksbau.

Land: Sachsen
Kreis: Leipzig
Standard: hoch
Bauzeit: 52 Wochen
Kennwerte: bis 3. Ebene DIN 276

BGF 1.806 €/m²

Planung: büro labs vonhelmolt architekten und ingenieure PartGmbB; Falkensee

veröffentlicht: BKI Objektdaten N11

6100-0607 Zweifamilienhaus*

BRI 1.636 m³ **BGF** 576 m² **NUF** 408 m²

Stadtvilla mit zwei Wohneinheiten (1x198m², 1x110m² WFL) in denkmalgeschütztem gründerzeitlichem Villenviertel. Alle Arbeiten waren abzustimmen. Mauerwerksbau.

Land: Sachsen-Anhalt
Kreis: Burgenlandkreis
Standard: hoch
Bauzeit: 61 Wochen
Kennwerte: bis 3. Ebene DIN 276

BGF 1.700 €/m²

Planung: TRÄNKNER ARCHITEKTEN, Architekt Matthias Tränkner; Naumburg (Saale)

veröffentlicht: www.bki.de
* Nicht in der Auswertung enthalten

€/m² BGF

min	1.590	€/m²
von	1.970	€/m²
Mittel	**2.440**	**€/m²**
bis	3.165	€/m²
max	4.350	€/m²

Kosten:
Stand 1. Quartal 2025
Bundesdurchschnitt
inkl. 19% MwSt.

Objektübersicht zur Gebäudeart

6100-0504 Einfamilienhaus | **BRI** 1.290 m³ | **BGF** 429 m² | **NUF** 294 m²

Einfamilienhaus mit zusätzlicher Dusche für Mitarbeitende der Gärtnerei. Mauerwerksbau.

Land: Hessen
Kreis: Main-Taunus-Kreis
Standard: hoch
Bauzeit: 39 Wochen
Kennwerte: bis 3. Ebene DIN 276

BGF **2.358 €/m²**

Planung: gold diplomingenieure architekten; Hochheim

veröffentlicht: www.bki.de

Arbeitsblatt zur Standardeinordnung bei Ein- und Zweifamilienhäusern, nicht unterkellert

Kostenkennwerte für die Kosten des Bauwerks (Kostengruppen 300+400 nach DIN 276)

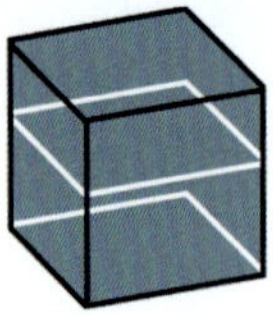

BRI 725€/m³
von 585€/m³
bis 910€/m³

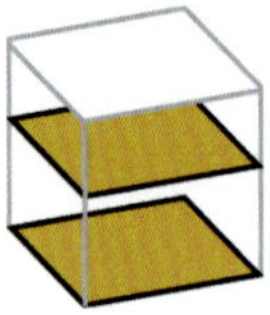

BGF 2.315€/m²
von 1.770€/m²
bis 2.900€/m²

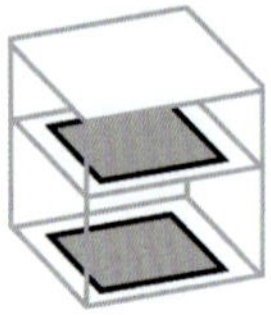

NUF 3.465€/m²
von 2.640€/m²
bis 4.470€/m²

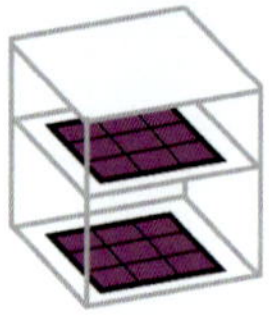

NE 3.690€/NE
von 2.975€/NE
bis 4.760€/NE
NE: Wohnfläche

Kosten:
Stand 1. Quartal 2025
Bundesdurchschnitt
inkl. 19% MwSt.

Standardzuordnung

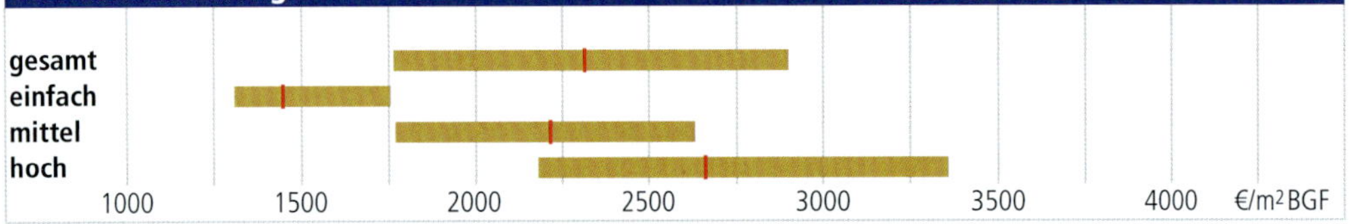

- ● KKW
- ▶ min
- ▷ von
- | Mittelwert
- ◁ bis
- ◀ max

Standardeinordnung für Ihr Projekt:

KG	Kostengruppen der 2. Ebene	niedrig	mittel	hoch	Punkte
310	Baugrube / Erdbau				
320	Gründung, Unterbau	2	3	4	
330	Außenwände/Vert. Baukonstrukt., außen	6	8	9	
340	Innenwände/Vert. Baukonstrukt., innen	2	2	3	
350	Decken/Horizontale Baukonstruktionen	3	3	3	
360	Dächer	3	3	4	
370	Infrastrukturanlagen				
380	Baukonstruktive Einbauten	0	0	1	
390	Sonst. Maßnahmen für Baukonstrukt.				
410	Abwasser-, Wasser-, Gasanlagen	1	1	2	
420	Wärmeversorgungsanlagen	2	2	3	
430	Raumlufttechnische Anlagen	0	0	1	
440	Elektrische Anlagen	1	1	2	
450	Kommunikationstechnische Anlagen	0	0	0	
460	Förderanlagen	0	0	0	
470	Nutzungsspez. u. verfahrenstechn. Anl.	0	0	0	
480	Gebäude- und Anlagenautomation	0	0	0	
490	Sonst. Maßnahmen für techn. Anlagen				

Punkte: 20 bis 22 = einfach 23 bis 27 = mittel 28 bis 32 = hoch Ihr Projekt (Summe):

Erläuterung:
Obenstehende Tabelle soll Ihnen die Zuordnung zu den Gebäudearten mit einfachem, mittlerem und hohem Standard erleichtern. Schätzen Sie für jedes Grobelement ab, ob die Aufwendungen niedrig, mittel oder hoch sein werden und übertragen Sie die Punkte in die rechte Spalte. Bilden Sie die Summe der rechten Spalte und ordnen Sie Ihr Projekt nach dem Schema der untersten Zeile ein. Nehmen Sie dieses Schema auch als Hinweis darauf, bei welchen Kostengruppen Sie den Mittelwert nach oben oder unten anpassen sollten.

 Erläuterungen zu den Tabellen siehe Seite 64

Kostenkennwerte für die Kostengruppen der 1. und 2. Ebene DIN 276

KG	Kostengruppen der 1. Ebene	Einheit	▷	€/Einheit	◁	▷	% an 300+400	◁
100	Grundstück	m² GF	–	**–**	–	–	**–**	–
200	Vorbereitende Maßnahmen	m² GF	5	**20**	56	0,8	**2,3**	6,1
300	Bauwerk – Baukonstruktionen	m² BGF	1.451	**1.871**	2.332	77,2	**81,0**	84,7
400	Bauwerk – Technische Anlagen	m² BGF	313	**447**	639	15,3	**19,0**	22,8
	Bauwerk 300+400	m² BGF	1.768	**2.317**	2.901	100,0	**100,0**	100,0
500	Außenanlagen und Freiflächen	m² AF	71	**217**	1.404	3,0	**7,2**	13,8
600	Ausstattung und Kunstwerke	m² BGF	12	**49**	136	0,6	**2,1**	5,7
700	Baunebenkosten*	m² BGF	564	**629**	694	24,5	**27,3**	30,1 ◁
800	Finanzierung	m² BGF	–	**–**	–	–	**–**	–

* Auf Grundlage der HOAI 2021 berechnete Werte nach §§ 35, 52, 56. Weitere Informationen siehe Seite 56

KG	Kostengruppen der 2. Ebene	Einheit	▷	€/Einheit	◁	▷	% an 1. Ebene	◁
310	Baugrube / Erdbau	m³ BGI	33	**54**	89	0,7	**1,6**	2,8
320	Gründung, Unterbau	m² GRF	374	**458**	541	11,2	**13,5**	16,6
330	Außenwände / vertikal außen	m² AWF	468	**575**	695	31,4	**36,8**	40,7
340	Innenwände / vertikal innen	m² IWF	232	**287**	369	9,4	**12,2**	16,2
350	Decken / horizontal	m² DEF	390	**484**	621	9,2	**13,1**	17,8
360	Dächer	m² DAF	341	**491**	647	13,0	**17,3**	22,1
370	Infrastrukturanlagen		–	**–**	–	–	**–**	–
380	Baukonstruktive Einbauten	m² BGF	19	**52**	88	< 0,1	**1,3**	4,4
390	Sonst. Maßnahmen für Baukonst.	m² BGF	41	**76**	186	2,4	**4,3**	8,3
300	**Bauwerk – Baukonstruktionen**	**m² BGF**					**100,0**	
410	Abwasser-, Wasser-, Gasanlagen	m² BGF	81	**111**	147	21,6	**28,2**	34,4
420	Wärmeversorgungsanlagen	m² BGF	126	**178**	275	32,2	**44,3**	53,6
430	Raumlufttechnische Anlagen	m² BGF	7	**30**	55	0,2	**3,1**	12,5
440	Elektrische Anlagen	m² BGF	55	**86**	180	14,6	**20,6**	31,3
450	Kommunikationstechnische Anlagen	m² BGF	8	**16**	30	2,1	**3,8**	5,9
460	Förderanlagen	m² BGF	–	**–**	–	–	**–**	–
470	Nutzungsspez. / verfahrenstech. Anl.	m² BGF	–	**–**	–	–	**–**	–
480	Gebäude- und Anlagenautomation	m² BGF	–	**–**	–	–	**–**	–
490	Sonst. Maßnahmen f. techn. Anl.	m² BGF	2	**4**	8	0,0	**< 0,1**	0,8
400	**Bauwerk – Technische Anlagen**	**m² BGF**					**100,0**	

Prozentanteile der Kosten 2. Ebene an den Kosten des Bauwerks nach DIN 276 (Von/Mittel/Bis)

KG	Kostengruppe	%
310	Baugrube / Erdbau	1,3
320	Gründung, Unterbau	10,9
330	Außenwände / vertikal außen	29,7
340	Innenwände / vertikal innen	9,9
350	Decken / horizontal	10,6
360	Dächer	13,9
370	Infrastrukturanlagen	
380	Baukonstruktive Einbauten	1,0
390	Sonst. Maßnahmen für Baukonst.	3,5
410	Abwasser-, Wasser-, Gasanlagen	5,4
420	Wärmeversorgungsanlagen	8,4
430	Raumlufttechnische Anlagen	0,7
440	Elektrische Anlagen	4,0
450	Kommunikationstechnische Anlagen	0,8
460	Förderanlagen	
470	Nutzungsspez. / verfahrenstech. Anl.	
480	Gebäude- und Anlagenautomation	
490	Sonst. Maßnahmen f. techn. Anl.	< 0,1

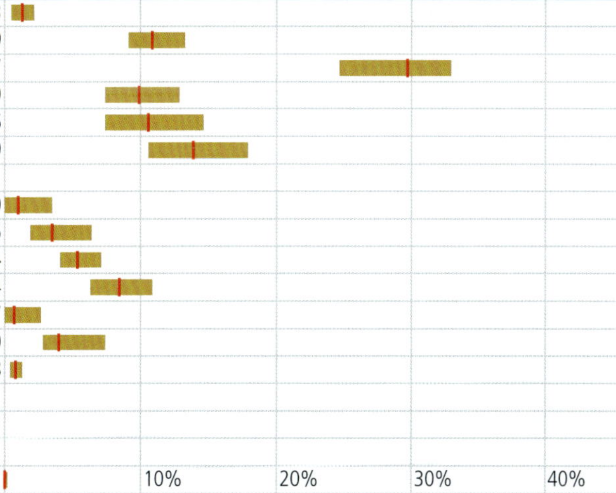

Kosten:
Stand 1. Quartal 2025
Bundesdurchschnitt
inkl. 19% MwSt.

Prozentanteile der Kosten für Leistungsbereiche nach STLB (Kosten Bauwerk nach DIN 276)

LB	Leistungsbereiche	▷	% an 300+400	◁
000	Baustellen-, Verkehrssich.- u. Sicherh.einr. inkl. 001	1,5	**2,9**	4,8
002	Erdarbeiten	1,3	**2,2**	3,3
006	Spezialtiefbauarbeiten inkl. 005	–	**–**	–
009	Entwässerungskanalarbeiten inkl. 011	0,1	**0,7**	1,9
010	Drän- und Versickerarbeiten	< 0,1	**0,1**	0,8
012	Mauerarbeiten	6,6	**9,7**	14,5
013	Betonarbeiten	9,3	**12,7**	16,6
014	Natur-, Betonwerksteinarbeiten	< 0,1	**0,3**	1,2
016	Zimmer- und Holzbauarbeiten	1,9	**5,4**	12,6
017	Stahlbauarbeiten	< 0,1	**0,3**	2,0
018	Abdichtungsarbeiten	0,2	**0,7**	1,2
020	Dachdeckungsarbeiten	0,2	**2,3**	5,0
021	Dachabdichtungsarbeiten	0,3	**3,3**	7,1
022	Klempnerarbeiten	1,0	**1,7**	2,8
	Rohbau	36,6	**42,2**	49,3
023	Putz- und Stuckarbeiten, Wärmedämmsysteme	5,2	**8,7**	11,7
024	Fliesen- und Plattenarbeiten	1,7	**3,1**	7,0
025	Estricharbeiten	1,3	**2,0**	3,2
026	Fenster, Außentüren inkl. 029, 032	5,9	**9,8**	13,2
027	Tischlerarbeiten	2,1	**4,7**	7,8
028	Parkettarbeiten, Holzpflasterarbeiten	< 0,1	**1,6**	3,2
030	Rollladenarbeiten	0,1	**1,0**	3,1
031	Metallbauarbeiten inkl. 035	0,4	**1,4**	5,2
034	Maler- und Lackiererarbeiten inkl. 037	1,5	**2,4**	3,9
036	Bodenbelagarbeiten	0,2	**1,1**	3,0
038	Vorgehängte hinterlüftete Fassaden	0,0	**0,6**	4,5
039	Trockenbauarbeiten	1,0	**3,0**	4,5
	Ausbau	31,9	**39,3**	43,7
040	Wärmeversorgungsanl. - Betriebseinr. inkl. 041	5,9	**7,6**	10,4
042	Gas- und Wasserinstallation, Leitungen inkl. 043	0,9	**1,4**	2,7
044	Abwasseranlagen - Leitungen, Abläufe, Armaturen	0,3	**0,7**	1,2
045	GWE - Einrichtungsgegenstände inkl. 046	1,5	**2,6**	4,3
047	Dämm- und Brandschutzarbeiten an techn. Anlagen	< 0,1	**0,2**	0,6
049	Feuerlöschanlagen, Feuerlöschgeräte	–	**–**	–
050	Blitzschutz- und Erdungsanlagen	< 0,1	**0,3**	0,5
052	Mittelspannungsanlagen	–	**–**	–
053	Niederspannungsanlagen inkl. 054	2,4	**3,5**	5,7
055	Sicherheits- und Ersatzstromversorgungsanlagen	–	**–**	–
057	Gebäudesystemtechnik	–	**–**	–
058	Leuchten und Lampen inkl. 059	< 0,1	**0,4**	1,3
060	Such-, Signal-, elektroakust. Anl., Med. inkl. 064	< 0,1	**0,2**	0,6
061	Kommunikations- und Übertragungsnetze inkl. 062	0,2	**0,5**	1,0
063	Gefahrenmeldeanlagen	< 0,1	**< 0,1**	0,5
069	Aufzüge	–	**–**	–
070	Gebäudeautomation	–	**–**	–
075	Raumlufttechnische Anlagen inkl. 078	< 0,1	**0,7**	2,7
	Gebäudetechnik	14,6	**18,1**	22,0
	Sonstige Leistungsbereiche inkl. 008, 033, 051	< 0,1	**0,4**	2,3

- ● KKW
- ▶ min
- ▷ von
- | Mittelwert
- ◁ bis
- ◀ max

Planungskennwerte für Flächen und Rauminhalte nach DIN 277

Grundflächen		▷	Fläche/NUF (%)	◁	▷	Fläche/BGF (%)	◁
NUF	Nutzungsfläche	100,0	**100,0**	100,0	64,6	**67,3**	70,9
TF	Technikfläche	3,0	**3,7**	5,8	2,0	**2,5**	3,9
VF	Verkehrsfläche	11,3	**14,3**	18,7	7,5	**9,4**	11,6
NRF	Netto-Raumfläche	114,4	**117,7**	122,9	75,9	**79,0**	81,5
KGF	Konstruktions-Grundfläche	27,3	**31,6**	37,4	18,5	**21,0**	24,1
BGF	Brutto-Grundfläche	142,6	**149,3**	156,3	100,0	**100,0**	100,0

Brutto-Rauminhalte		▷	BRI/NUF (m)	◁	▷	BRI/BGF (m)	◁
BRI	Brutto-Rauminhalt	4,40	**4,80**	5,38	2,98	**3,21**	3,54

Flächen von Nutzeinheiten	▷	NUF/Einheit (m²)	◁	▷	BGF/Einheit (m²)	◁
Nutzeinheit: Wohnfläche	1,00	**1,08**	1,27	1,51	**1,60**	1,83

Lufttechnisch behandelte Flächen	▷	Fläche/NUF (%)	◁	▷	Fläche/BGF (%)	◁
Entlüftete Fläche	–	**–**	–	–	**–**	–
Be- und entlüftete Fläche	79,2	**79,2**	79,2	55,5	**55,5**	56,4
Teilklimatisierte Fläche	–	**–**	–	–	**–**	–
Klimatisierte Fläche	6,9	**6,9**	6,9	4,7	**4,7**	4,7

KG	Kostengruppen (2. Ebene)	Einheit	▷	Menge/NUF	◁	▷	Menge/BGF	◁
310	Baugrube / Erdbau	m³ BGI	0,66	**0,92**	1,45	0,45	**0,62**	0,91
320	Gründung, Unterbau	m² GRF	0,64	**0,73**	0,87	0,45	**0,50**	0,60
330	Außenwände / vertikal außen	m² AWF	1,39	**1,60**	1,77	0,95	**1,09**	1,22
340	Innenwände / vertikal innen	m² IWF	0,96	**1,04**	1,21	0,65	**0,71**	0,83
350	Decken / horizontal	m² DEF	0,63	**0,69**	0,76	0,42	**0,46**	0,51
360	Dächer	m² DAF	0,77	**0,90**	1,02	0,52	**0,61**	0,74
370	Infrastrukturanlagen		–	**–**	–	–	**–**	–
380	Baukonstruktive Einbauten	m² BGF	1,43	**1,49**	1,56	1,00	**1,00**	1,00
390	Sonst. Maßnahmen für Baukonst.	m² BGF	1,43	**1,49**	1,56	1,00	**1,00**	1,00
300	**Bauwerk – Baukonstruktionen**	**m² BGF**	1,43	**1,49**	1,56	1,00	**1,00**	1,00

Planungskennwerte für Bauzeiten

Bauzeit in Wochen

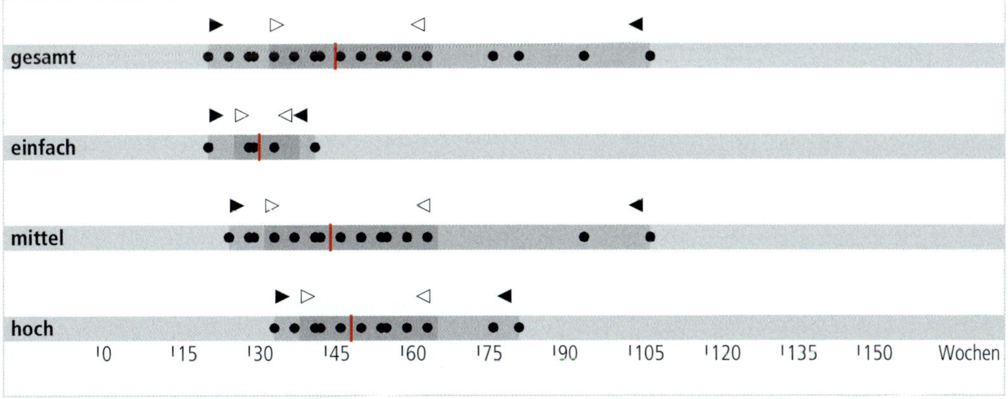

Ein- und Zweifamilienhäuser, nicht unterkellert, einfacher Standard

Kostenkennwerte für die Kosten des Bauwerks (Kostengruppen 300+400 nach DIN 276)

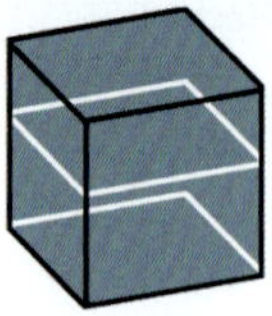

BRI 525 €/m³
von 485 €/m³
bis 565 €/m³

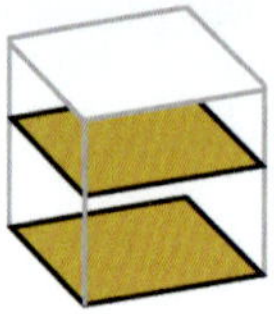

BGF 1.450 €/m²
von 1.310 €/m²
bis 1.760 €/m²

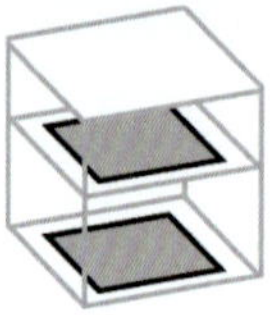

NUF 2.200 €/m²
von 1.910 €/m²
bis 2.705 €/m²

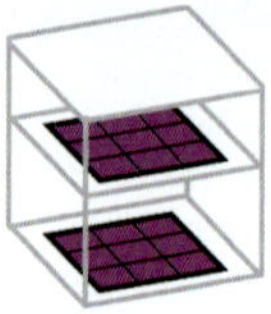

NE 2.325 €/NE
von 1.930 €/NE
bis 2.655 €/NE
NE: Wohnfläche

Kosten:
Stand 1. Quartal 2025
Bundesdurchschnitt
inkl. 19% MwSt.

Objektbeispiele

6100-0977

6100-0803

6100-0930

Kosten der 6 Vergleichsobjekte

Seiten 466 bis 467

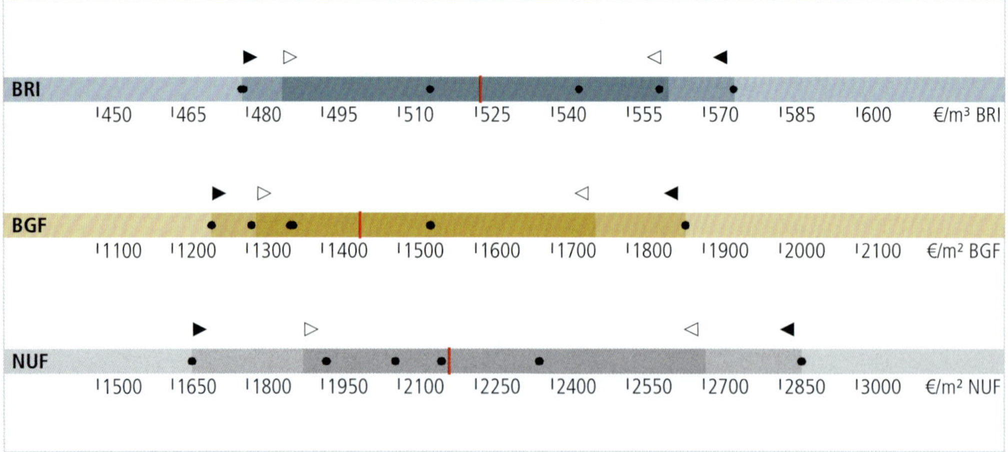

- ● KKW
- ▶ min
- ▷ von
- | Mittelwert
- ◁ bis
- ◀ max

Kostenkennwerte für die Kostengruppen der 1. und 2.Ebene DIN 276

KG	Kostengruppen der 1.Ebene	Einheit	▷	€/Einheit	◁	▷	% an 300+400	◁
100	Grundstück	m² GF	–	**–**	–	–	**–**	–
200	Vorbereitende Maßnahmen	m² GF	–	**2**	–	0,3	**0,3**	0,3
300	Bauwerk – Baukonstruktionen	m² BGF	1.051	**1.186**	1.471	75,3	**81,7**	84,8
400	Bauwerk – Technische Anlagen	m² BGF	202	**263**	330	15,2	**18,3**	24,7
	Bauwerk 300+400	m² BGF	1.312	**1.449**	1.758	100,0	**100,0**	100,0
500	Außenanlagen und Freiflächen	m² AF	23	**69**	115	2,7	**6,9**	11,1
600	Ausstattung und Kunstwerke	m² BGF	–	**15**	–	1,1	**1,1**	1,1
700	Baunebenkosten*	m² BGF	387	**431**	476	26,8	**29,8**	32,9
800	Finanzierung	m² BGF	–	**–**	–	–	**–**	–

◁ * Auf Grundlage der HOAI 2021 berechnete Werte nach §§ 35, 52, 56. Weitere Informationen siehe Seite 56

KG	Kostengruppen der 2.Ebene	Einheit	▷	€/Einheit	◁	▷	% an 1.Ebene	◁
310	Baugrube / Erdbau	m³ BGI	28	**60**	92	1,2	**1,5**	1,7
320	Gründung, Unterbau	m² GRF	358	**421**	484	13,5	**15,3**	17,0
330	Außenwände / vertikal außen	m² AWF	387	**450**	513	34,5	**37,5**	40,6
340	Innenwände / vertikal innen	m² IWF	215	**223**	231	11,7	**11,9**	12,1
350	Decken / horizontal	m² DEF	332	**354**	375	17,1	**18,4**	19,6
360	Dächer	m² DAF	212	**220**	228	9,2	**10,6**	11,9
370	Infrastrukturanlagen		–	**–**	–	–	**–**	–
380	Baukonstruktive Einbauten	m² BGF	–	**–**	–	–	**–**	–
390	Sonst. Maßnahmen für Baukonst.	m² BGF	40	**52**	64	3,8	**4,9**	6,0
300	**Bauwerk – Baukonstruktionen**	**m² BGF**					**100,0**	
410	Abwasser-, Wasser-, Gasanlagen	m² BGF	54	**76**	98	30,4	**32,4**	34,5
420	Wärmeversorgungsanlagen	m² BGF	89	**94**	99	34,8	**42,6**	50,5
430	Raumlufttechnische Anlagen	m² BGF	–	**34**	–	0,0	**6,0**	12,1
440	Elektrische Anlagen	m² BGF	31	**35**	38	13,5	**15,6**	17,7
450	Kommunikationstechnische Anlagen	m² BGF	2	**8**	14	1,4	**3,2**	5,1
460	Förderanlagen	m² BGF	–	**–**	–	–	**–**	–
470	Nutzungsspez. / verfahrenstech. Anl.	m² BGF	–	**–**	–	–	**–**	–
480	Gebäude- und Anlagenautomation	m² BGF	–	**–**	–	–	**–**	–
490	Sonst. Maßnahmen f. techn. Anl.	m² BGF	–	**–**	–	–	**–**	–
400	**Bauwerk – Technische Anlagen**	**m² BGF**					**100,0**	

Prozentanteile der Kosten 2.Ebene an den Kosten des Bauwerks nach DIN 276 (Von/Mittel/Bis)

KG	Kostengruppe	%
310	Baugrube / Erdbau	1,2
320	Gründung, Unterbau	12,7
330	Außenwände / vertikal außen	30,9
340	Innenwände / vertikal innen	9,8
350	Decken / horizontal	15,1
360	Dächer	8,8
370	Infrastrukturanlagen	
380	Baukonstruktive Einbauten	
390	Sonst. Maßnahmen für Baukonst.	4,0
410	Abwasser-, Wasser-, Gasanlagen	5,7
420	Wärmeversorgungsanlagen	7,2
430	Raumlufttechnische Anlagen	1,3
440	Elektrische Anlagen	2,7
450	Kommunikationstechnische Anlagen	0,6
460	Förderanlagen	
470	Nutzungsspez. / verfahrenstech. Anl.	
480	Gebäude- und Anlagenautomation	
490	Sonst. Maßnahmen f. techn. Anl.	

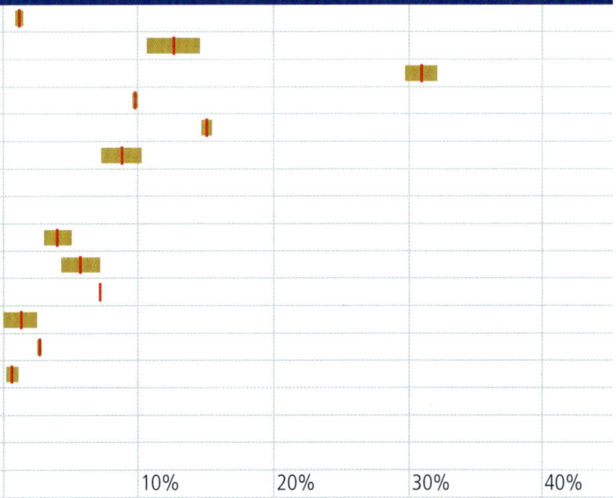

 Erläuterungen zu den Tabellen siehe Seite 54 und 56 Kostenstand: 1.Quartal 2025, Bundesdurchschnitt, **inkl. 19% MwSt.**

Ein- und Zweifamilienhäuser, nicht unterkellert, einfacher Standard

Kosten:
Stand 1. Quartal 2025
Bundesdurchschnitt
inkl. 19% MwSt.

- ● KKW
- ▶ min
- ▷ von
- | Mittelwert
- ◁ bis
- ◀ max

Prozentanteile der Kosten für Leistungsbereiche nach STLB (Kosten Bauwerk nach DIN 276)

LB	Leistungsbereiche	▷	% an 300+400	◁
000	Baustellen-, Verkehrssich.- u. Sicherh.einr. inkl. 001	3,0	**4,0**	5,1
002	Erdarbeiten	1,5	**2,1**	2,7
006	Spezialtiefbauarbeiten inkl. 005	–	**–**	–
009	Entwässerungskanalarbeiten inkl. 011	0,0	**0,9**	1,7
010	Drän- und Versickerarbeiten	–	**–**	–
012	Mauerarbeiten	8,1	**13,8**	19,5
013	Betonarbeiten	12,5	**13,5**	14,4
014	Natur-, Betonwerksteinarbeiten	–	**–**	–
016	Zimmer- und Holzbauarbeiten	1,8	**4,1**	6,3
017	Stahlbauarbeiten	0,0	**0,2**	0,5
018	Abdichtungsarbeiten	0,0	**0,5**	1,1
020	Dachdeckungsarbeiten	3,4	**4,2**	5,1
021	Dachabdichtungsarbeiten	0,0	**0,3**	0,6
022	Klempnerarbeiten	1,0	**1,2**	1,5
	Rohbau	37,1	**44,9**	52,7
023	Putz- und Stuckarbeiten, Wärmedämmsysteme	7,9	**11,2**	14,6
024	Fliesen- und Plattenarbeiten	0,8	**1,7**	2,5
025	Estricharbeiten	2,1	**3,6**	5,1
026	Fenster, Außentüren inkl. 029, 032	6,9	**7,2**	7,5
027	Tischlerarbeiten	3,8	**4,0**	4,2
028	Parkettarbeiten, Holzpflasterarbeiten	0,0	**1,4**	2,8
030	Rollladenarbeiten	1,1	**2,2**	3,3
031	Metallbauarbeiten inkl. 035	0,6	**0,6**	0,7
034	Maler- und Lackiererarbeiten inkl. 037	1,1	**1,5**	1,9
036	Bodenbelagarbeiten	0,0	**2,0**	3,9
038	Vorgehängte hinterlüftete Fassaden	0,0	**0,9**	1,9
039	Trockenbauarbeiten	1,2	**2,9**	4,6
	Ausbau	35,4	**39,3**	43,1
040	Wärmeversorgungsanl. - Betriebseinr. inkl. 041	5,3	**6,0**	6,7
042	Gas- und Wasserinstallation, Leitungen inkl. 043	0,9	**2,5**	4,0
044	Abwasseranlagen - Leitungen, Abläufe, Armaturen	0,0	**0,2**	0,4
045	GWE - Einrichtungsgegenstände inkl. 046	0,0	**1,9**	3,9
047	Dämm- und Brandschutzarbeiten an techn. Anlagen	0,0	**0,2**	0,5
049	Feuerlöschanlagen, Feuerlöschgeräte	–	**–**	–
050	Blitzschutz- und Erdungsanlagen	0,0	**0,1**	0,3
052	Mittelspannungsanlagen	–	**–**	–
053	Niederspannungsanlagen inkl. 054	2,4	**2,9**	3,4
055	Sicherheits- und Ersatzstromversorgungsanlagen	–	**–**	–
057	Gebäudesystemtechnik	–	**–**	–
058	Leuchten und Lampen inkl. 059	0,0	**0,2**	0,3
060	Such-, Signal-, elektroakust. Anl., Med. inkl. 064	0,1	**0,1**	0,1
061	Kommunikations- und Übertragungsnetze inkl. 062	< 0,1	**0,5**	0,9
063	Gefahrenmeldeanlagen	–	**–**	–
069	Aufzüge	–	**–**	–
070	Gebäudeautomation	–	**–**	–
075	Raumlufttechnische Anlagen inkl. 078	0,0	**1,2**	2,4
	Gebäudetechnik	11,8	**15,8**	19,8
	Sonstige Leistungsbereiche inkl. 008, 033, 051	–	**–**	–

Planungskennwerte für Flächen und Rauminhalte nach DIN 277

Grundflächen		▷	Fläche/NUF (%)	◁	▷	Fläche/BGF (%)	◁
NUF	Nutzungsfläche	100,0	**100,0**	100,0	65,1	**66,3**	70,0
TF	Technikfläche	3,6	**4,1**	5,9	2,0	**2,7**	3,9
VF	Verkehrsfläche	9,0	**13,2**	16,2	6,2	**8,7**	10,6
NRF	Netto-Raumfläche	114,8	**116,6**	118,5	77,1	**77,3**	79,8
KGF	Konstruktions-Grundfläche	29,6	**34,7**	35,8	20,2	**22,7**	22,9
BGF	Brutto-Grundfläche	143,7	**151,3**	154,2	100,0	**100,0**	100,0

Brutto-Rauminhalte		▷	BRI/NUF (m)	◁	▷	BRI/BGF (m)	◁
BRI	Brutto-Rauminhalt	4,00	**4,18**	4,45	2,61	**2,76**	2,97

Flächen von Nutzeinheiten	▷	NUF/Einheit (m²)	◁	▷	BGF/Einheit (m²)	◁
Nutzeinheit: Wohnfläche	1,05	**1,06**	1,14	1,54	**1,59**	1,71

Lufttechnisch behandelte Flächen	▷	Fläche/NUF (%)	◁	▷	Fläche/BGF (%)	◁
Entlüftete Fläche	–	**–**	–	–	**–**	–
Be- und entlüftete Fläche	–	**–**	–	–	**–**	–
Teilklimatisierte Fläche	–	**–**	–	–	**–**	–
Klimatisierte Fläche	–	**–**	–	–	**–**	–

KG	Kostengruppen (2. Ebene)	Einheit	▷	Menge/NUF	◁	▷	Menge/BGF	◁
310	Baugrube / Erdbau	m³ BGI	0,55	**0,55**	0,55	0,40	**0,40**	0,40
320	Gründung, Unterbau	m² GRF	0,57	**0,57**	0,57	0,39	**0,39**	0,39
330	Außenwände / vertikal außen	m² AWF	1,30	**1,30**	1,30	0,91	**0,91**	0,91
340	Innenwände / vertikal innen	m² IWF	0,83	**0,83**	0,83	0,58	**0,58**	0,58
350	Decken / horizontal	m² DEF	0,81	**0,81**	0,81	0,56	**0,56**	0,56
360	Dächer	m² DAF	0,74	**0,74**	0,74	0,52	**0,52**	0,52
370	Infrastrukturanlagen		–	**–**	–	–	**–**	–
380	Baukonstruktive Einbauten	m² BGF	1,44	**1,51**	1,54	1,00	**1,00**	1,00
390	Sonst. Maßnahmen für Baukonst.	m² BGF	1,44	**1,51**	1,54	1,00	**1,00**	1,00
300	**Bauwerk – Baukonstruktionen**	**m² BGF**	1,44	**1,51**	1,54	1,00	**1,00**	1,00

Planungskennwerte für Bauzeiten — 6 Vergleichsobjekte

Bauzeit in Wochen

€/m² BGF

min	1.250	€/m²
von	1.310	€/m²
Mittel	**1.450**	**€/m²**
bis	1.760	€/m²
max	1.875	€/m²

Kosten:
Stand 1.Quartal 2025
Bundesdurchschnitt
inkl. 19% MwSt.

Objektübersicht zur Gebäudeart

6100-0930 Einfamilienhaus

BRI 611 m³ **BGF** 270 m² **NUF** 180 m²

Einfamilienhaus (146m² WFL). Zwei hintereinandergeschaltete Treppen verbinden die drei Geschosse. Mauerwerksbau.

Land: Brandenburg
Kreis: Oder-Spree
Standard: einfach
Bauzeit: 22 Wochen
Kennwerte: bis 1. Ebene DIN 276

BGF 1.305 €/m²

Planung: ARCHOFFICE.net Sebastian Knieknecht, freier Architekt; Lawitz

veröffentlicht: BKI Objektdaten N11

6100-0977 Einfamilienhaus, Garage

BRI 826 m³ **BGF** 331 m² **NUF** 215 m²

Einfamilienwohnhaus mit Garage. Mauerwerksbau.

Land: Rheinland-Pfalz
Kreis: Neuwied
Standard: einfach
Bauzeit: 31 Wochen
Kennwerte: bis 3. Ebene DIN 276

BGF 1.361 €/m²

Planung: P2 Architektur mit Energie Dipl.-Ing. Silke Pesau; Unkel

veröffentlicht: BKI Objektdaten N12

6100-0963 Einfamilienhaus, Carport

BRI 702 m³ **BGF** 210 m² **NUF** 136 m²

Einfamilienhaus (136m² WFL). Wohnen, Kochen, Essen und Technik im EG. Schlafen, Kinder und Bad im DG. Mauerwerksbau.

Land: Bayern
Kreis: Würzburg
Standard: einfach
Bauzeit: 31 Wochen
Kennwerte: bis 1. Ebene DIN 276

BGF 1.876 €/m²

Planung: Büro für Städtebau und Architektur Dr. Hartmut Holl; Würzburg

veröffentlicht: BKI Objektdaten N11

6100-0803 Einfamilienhaus - KfW 40

BRI 881 m³ **BGF** 311 m² **NUF** 193 m²

Einfamilienhaus KfW 40, nicht unterkellert, mit Garage. Mauerwerksbau.

Land: Rheinland-Pfalz
Kreis: Mayen-Koblenz
Standard: einfach
Bauzeit: 43 Wochen
Kennwerte: bis 1. Ebene DIN 276

BGF 1.358 €/m²

Planung: objektraum architekten Dipl.-Ing. Architekt Jan Kujanek; Winningen

veröffentlicht: www.bki.de

Objektübersicht zur Gebäudeart

6100-0333 Einfamilienhaus

BRI 636 m³ | **BGF** 213 m² | **NUF** 138 m²

Einfamilienhaus (139m² WFL, II.BVO; nicht ausgebauter Spitzboden als Abstellfläche. Mauerwerksbau.

Land: Sachsen
Kreis: Zwickau
Standard: einfach
Bauzeit: 35 Wochen
Kennwerte: bis 1. Ebene DIN 276

BGF 1.541 €/m²

Planung: Architekturbüro Büschel + Partner; Dippoldiswalde

veröffentlicht: www.bki.de

6100-0416 Einfamilienhaus

BRI 742 m³ | **BGF** 284 m² | **NUF** 210 m²

Einfamilienwohnhaus (198m² WFL II.BVO). Mauerwerksbau.

Land: Thüringen
Kreis: Gotha
Standard: einfach
Bauzeit: 30 Wochen
Kennwerte: bis 3. Ebene DIN 276

BGF 1.252 €/m²

Planung: Planungsgruppe Barthelmey Architekt Dipl.-Ing. Stefan Barthelmey; Erfurt

veröffentlicht: www.bki.de

Ein- und Zweifamilienhäuser, nicht unterkellert, mittlerer Standard

Kostenkennwerte für die Kosten des Bauwerks (Kostengruppen 300+400 nach DIN 276)

BRI 675 €/m³
von 560 €/m³
bis 785 €/m³

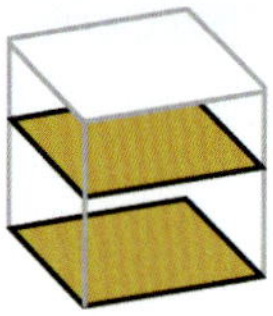

BGF 2.220 €/m²
von 1.770 €/m²
bis 2.635 €/m²

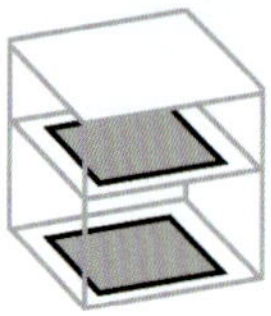

NUF 3.305 €/m²
von 2.640 €/m²
bis 4.035 €/m²

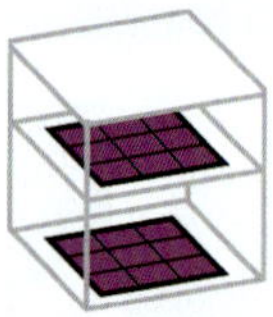

NE 3.455 €/NE
von 2.960 €/NE
bis 4.005 €/NE
NE: Wohnfläche

Kosten:
Stand 1. Quartal 2025
Bundesdurchschnitt
inkl. 19% MwSt.

Objektbeispiele

6100-1717

6100-1631

6100-1745

Kosten der 52 Vergleichsobjekte

Seiten 472 bis 486

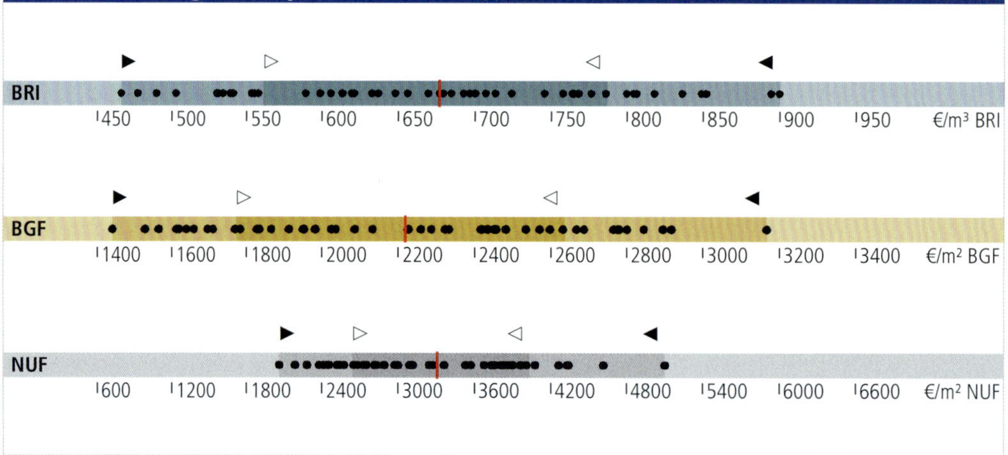

- ● KKW
- ▶ min
- ▷ von
- | Mittelwert
- ◁ bis
- ◀ max

Kostenkennwerte für die Kostengruppen der 1. und 2. Ebene DIN 276

KG	Kostengruppen der 1. Ebene	Einheit	▷	€/Einheit	◁	▷	% an 300+400	◁
100	Grundstück	m² GF	–	**–**	–	–	**–**	–
200	Vorbereitende Maßnahmen	m² GF	9	**26**	68	1,2	**3,1**	7,0
300	Bauwerk – Baukonstruktionen	m² BGF	1.468	**1.798**	2.153	77,8	**81,2**	85,1
400	Bauwerk – Technische Anlagen	m² BGF	306	**420**	563	14,9	**18,8**	22,2
	Bauwerk 300+400	m² BGF	1.772	**2.218**	2.636	100,0	**100,0**	100,0
500	Außenanlagen und Freiflächen	m² AF	68	**255**	1.667	2,9	**6,5**	11,6
600	Ausstattung und Kunstwerke	m² BGF	11	**51**	120	0,5	**2,2**	5,1
700	Baunebenkosten*	m² BGF	546	**608**	671	24,7	**27,5**	30,3 ◁
800	Finanzierung	m² BGF	–	**–**	–	–	**–**	–

* Auf Grundlage der HOAI 2021 berechnete Werte nach §§ 35, 52, 56. Weitere Informationen siehe Seite 56

KG	Kostengruppen der 2. Ebene	Einheit	▷	€/Einheit	◁	▷	% an 1. Ebene	◁
310	Baugrube / Erdbau	m³ BGI	23	**41**	51	0,5	**1,3**	2,1
320	Gründung, Unterbau	m² GRF	356	**447**	520	12,1	**14,1**	17,7
330	Außenwände / vertikal außen	m² AWF	464	**572**	666	31,4	**37,3**	41,1
340	Innenwände / vertikal innen	m² IWF	216	**263**	313	8,7	**12,2**	15,4
350	Decken / horizontal	m² DEF	379	**453**	604	4,7	**11,7**	14,0
360	Dächer	m² DAF	345	**458**	561	14,0	**18,3**	23,5
370	Infrastrukturanlagen		–	**–**	–	–	**–**	–
380	Baukonstruktive Einbauten	m² BGF	55	**66**	86	0,0	**1,0**	5,0
390	Sonst. Maßnahmen für Baukonst.	m² BGF	37	**71**	159	2,3	**4,1**	7,3
300	**Bauwerk – Baukonstruktionen**	**m² BGF**					**100,0**	
410	Abwasser-, Wasser-, Gasanlagen	m² BGF	94	**120**	152	24,6	**29,8**	37,1
420	Wärmeversorgungsanlagen	m² BGF	105	**156**	193	30,1	**38,8**	49,0
430	Raumlufttechnische Anlagen	m² BGF	5	**33**	59	0,3	**4,4**	13,7
440	Elektrische Anlagen	m² BGF	63	**100**	210	16,0	**23,1**	35,1
450	Kommunikationstechnische Anlagen	m² BGF	8	**16**	28	1,9	**3,9**	5,8
460	Förderanlagen	m² BGF	–	**–**	–	–	**–**	–
470	Nutzungsspez. / verfahrenstech. Anl.	m² BGF	–	**–**	–	–	**–**	–
480	Gebäude- und Anlagenautomation	m² BGF	–	**–**	–	–	**–**	–
490	Sonst. Maßnahmen f. techn. Anl.	m² BGF	< 1	**2**	3	0,0	**< 0,1**	0,5
400	**Bauwerk – Technische Anlagen**	**m² BGF**					**100,0**	

Prozentanteile der Kosten 2. Ebene an den Kosten des Bauwerks nach DIN 276 (Von/Mittel/Bis)

KG	Kostengruppe	%
310	Baugrube / Erdbau	1,0
320	Gründung, Unterbau	11,2
330	Außenwände / vertikal außen	29,8
340	Innenwände / vertikal innen	9,8
350	Decken / horizontal	9,4
360	Dächer	14,7
370	Infrastrukturanlagen	
380	Baukonstruktive Einbauten	0,8
390	Sonst. Maßnahmen für Baukonst.	3,2
410	Abwasser-, Wasser-, Gasanlagen	5,9
420	Wärmeversorgungsanlagen	7,7
430	Raumlufttechnische Anlagen	1,0
440	Elektrische Anlagen	4,7
450	Kommunikationstechnische Anlagen	0,8
460	Förderanlagen	
470	Nutzungsspez. / verfahrenstech. Anl.	
480	Gebäude- und Anlagenautomation	
490	Sonst. Maßnahmen f. techn. Anl.	< 0,1

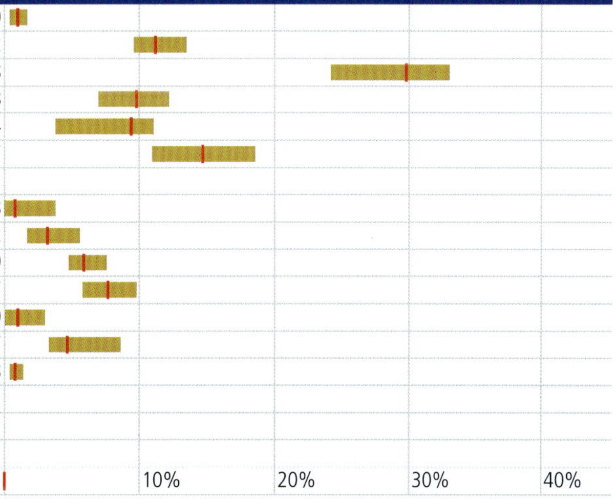

Ein- und Zweifamilienhäuser, nicht unterkellert, mittlerer Standard

Kosten:
Stand 1. Quartal 2025
Bundesdurchschnitt
inkl. 19% MwSt.

● KKW
▶ min
▷ von
| Mittelwert
◁ bis
◀ max

Prozentanteile der Kosten für Leistungsbereiche nach STLB (Kosten Bauwerk nach DIN 276)

LB	Leistungsbereiche	▷	% an 300+400	◁
000	Baustellen-, Verkehrssich.- u. Sicherh.einr. inkl. 001	1,7	**3,1**	5,7
002	Erdarbeiten	1,2	**1,9**	2,6
006	Spezialtiefbauarbeiten inkl. 005	–	**–**	–
009	Entwässerungskanalarbeiten inkl. 011	< 0,1	**0,8**	2,0
010	Drän- und Versickerarbeiten	0,0	**< 0,1**	0,6
012	Mauerarbeiten	5,1	**9,3**	13,1
013	Betonarbeiten	9,7	**12,2**	13,9
014	Natur-, Betonwerksteinarbeiten	< 0,1	**0,3**	0,9
016	Zimmer- und Holzbauarbeiten	2,5	**5,4**	11,9
017	Stahlbauarbeiten	< 0,1	**0,4**	3,0
018	Abdichtungsarbeiten	0,3	**0,8**	1,4
020	Dachdeckungsarbeiten	0,7	**2,9**	6,1
021	Dachabdichtungsarbeiten	0,3	**3,3**	7,6
022	Klempnerarbeiten	1,2	**1,7**	2,3
	Rohbau	35,9	**42,1**	47,9
023	Putz- und Stuckarbeiten, Wärmedämmsysteme	5,9	**9,6**	12,1
024	Fliesen- und Plattenarbeiten	2,0	**3,4**	7,9
025	Estricharbeiten	1,2	**1,9**	2,9
026	Fenster, Außentüren inkl. 029, 032	6,7	**9,2**	13,4
027	Tischlerarbeiten	1,6	**3,9**	6,7
028	Parkettarbeiten, Holzpflasterarbeiten	0,1	**1,6**	3,2
030	Rollladenarbeiten	0,1	**0,9**	3,4
031	Metallbauarbeiten inkl. 035	0,3	**1,4**	5,6
034	Maler- und Lackiererarbeiten inkl. 037	1,5	**2,6**	4,1
036	Bodenbelagarbeiten	0,1	**0,9**	2,6
038	Vorgehängte hinterlüftete Fassaden	0,0	**0,2**	2,2
039	Trockenbauarbeiten	1,4	**3,4**	4,8
	Ausbau	30,9	**38,9**	42,9
040	Wärmeversorgungsanl. - Betriebseinr. inkl. 041	5,3	**7,1**	9,1
042	Gas- und Wasserinstallation, Leitungen inkl. 043	1,0	**1,4**	2,6
044	Abwasseranlagen - Leitungen, Abläufe, Armaturen	0,4	**0,8**	1,4
045	GWE - Einrichtungsgegenstände inkl. 046	1,8	**2,6**	3,7
047	Dämm- und Brandschutzarbeiten an techn. Anlagen	< 0,1	**0,3**	0,7
049	Feuerlöschanlagen, Feuerlöschgeräte	–	**–**	–
050	Blitzschutz- und Erdungsanlagen	< 0,1	**0,3**	0,5
052	Mittelspannungsanlagen	–	**–**	–
053	Niederspannungsanlagen inkl. 054	2,8	**4,1**	6,5
055	Sicherheits- und Ersatzstromversorgungsanlagen	–	**–**	–
057	Gebäudesystemtechnik	–	**–**	–
058	Leuchten und Lampen inkl. 059	0,1	**0,5**	1,5
060	Such-, Signal-, elektroakust. Anl., Med. inkl. 064	< 0,1	**0,2**	0,6
061	Kommunikations- und Übertragungsnetze inkl. 062	0,2	**0,5**	1,0
063	Gefahrenmeldeanlagen	0,0	**< 0,1**	0,1
069	Aufzüge	–	**–**	–
070	Gebäudeautomation	–	**–**	–
075	Raumlufttechnische Anlagen inkl. 078	< 0,1	**0,9**	3,0
	Gebäudetechnik	15,9	**18,8**	23,2
	Sonstige Leistungsbereiche inkl. 008, 033, 051	< 0,1	**0,2**	1,2

Planungskennwerte für Flächen und Rauminhalte nach DIN 277

Grundflächen		▷	Fläche/NUF (%)	◁	▷	Fläche/BGF (%)	◁
NUF	Nutzungsfläche	100,0	**100,0**	100,0	65,3	**67,4**	70,5
TF	Technikfläche	3,0	**3,7**	5,5	2,0	**2,4**	3,7
VF	Verkehrsfläche	11,1	**13,8**	16,7	7,5	**9,2**	10,8
NRF	Netto-Raumfläche	114,2	**117,3**	120,5	75,8	**79,0**	81,6
KGF	Konstruktions-Grundfläche	27,3	**31,6**	37,4	18,4	**21,0**	24,2
BGF	Brutto-Grundfläche	142,8	**148,9**	153,8	100,0	**100,0**	100,0

Brutto-Rauminhalte		▷	BRI/NUF (m)	◁	▷	BRI/BGF (m)	◁
BRI	Brutto-Rauminhalt	4,53	**4,90**	5,52	3,05	**3,29**	3,62

Flächen von Nutzeinheiten	▷	NUF/Einheit (m²)	◁	▷	BGF/Einheit (m²)	◁
Nutzeinheit: Wohnfläche	0,99	**1,07**	1,22	1,48	**1,59**	1,79

Lufttechnisch behandelte Flächen	▷	Fläche/NUF (%)	◁	▷	Fläche/BGF (%)	◁
Entlüftete Fläche	–	**–**	–	–	**–**	–
Be- und entlüftete Fläche	79,2	**79,2**	79,2	55,5	**55,5**	56,4
Teilklimatisierte Fläche	–	**–**	–	–	**–**	–
Klimatisierte Fläche	–	**–**	–	–	**–**	–

KG	Kostengruppen (2. Ebene)	Einheit	▷	Menge/NUF	◁	▷	Menge/BGF	◁
310	Baugrube / Erdbau	m³ BGI	0,65	**0,86**	1,12	0,45	**0,61**	0,77
320	Gründung, Unterbau	m² GRF	0,63	**0,74**	0,92	0,46	**0,53**	0,70
330	Außenwände / vertikal außen	m² AWF	1,30	**1,55**	1,73	0,92	**1,10**	1,22
340	Innenwände / vertikal innen	m² IWF	0,96	**1,06**	1,24	0,69	**0,75**	0,86
350	Decken / horizontal	m² DEF	0,59	**0,65**	0,76	0,41	**0,45**	0,52
360	Dächer	m² DAF	0,85	**0,94**	1,09	0,59	**0,66**	0,78
370	Infrastrukturanlagen		–	**–**	–	–	**–**	–
380	Baukonstruktive Einbauten	m² BGF	1,43	**1,49**	1,54	1,00	**1,00**	1,00
390	Sonst. Maßnahmen für Baukonst.	m² BGF	1,43	**1,49**	1,54	1,00	**1,00**	1,00
300	**Bauwerk – Baukonstruktionen**	**m² BGF**	1,43	**1,49**	1,54	1,00	**1,00**	1,00

Planungskennwerte für Bauzeiten — 52 Vergleichsobjekte

Bauzeit in Wochen

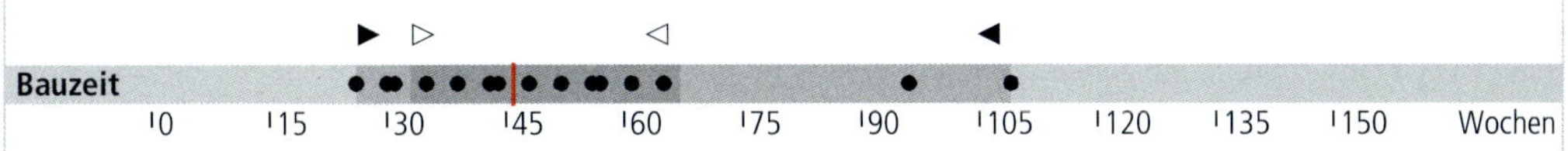

€/m² BGF

min	1.440	€/m²
von	1.770	€/m²
Mittel	**2.220**	**€/m²**
bis	2.635	€/m²
max	3.165	€/m²

Kosten:
Stand 1. Quartal 2025
Bundesdurchschnitt
inkl. 19% MwSt.

Objektübersicht zur Gebäudeart

6100-1672 Einfamilienhaus

BRI 436 m³ **BGF** 132 m² **NUF** 101 m²

Einfamilienhaus mit 115m² WFL. Holzbau.

Land: Bayern
Kreis: Starnberg
Standard: mittel
Bauzeit: 39 Wochen
Kennwerte: bis 3. Ebene DIN 276

BGF 2.801 €/m²

Planung: brack architekten; Kempten

veröffentlicht: BKI Objektdaten S6

6100-1717 Einfamilienhaus, Einliegerwohnung

BRI 1.126 m³ **BGF** 376 m² **NUF** 256 m²

Einfamilienhaus mit Einliegerwohnung. Massivbau.

Land: Rheinland-Pfalz
Kreis: Südliche Weinstraße
Standard: mittel
Bauzeit: 57 Wochen
Kennwerte: bis 1. Ebene DIN 276

BGF 2.287 €/m²

Planung: Schweikert Schilling Architektur und Gestaltung PartGmbB; Karlsruhe

vorgesehen: BKI Objektdaten N21

6100-1631 Mehrfamilienhaus (2 WE)

BRI 923 m³ **BGF** 250 m² **NUF** 169 m²

Zweifamilienhaus an bestehendes Wohnhaus angebaut mit drei Stellplätzen. Massivbau.

Land: Nordrhein-Westfalen
Kreis: Rheinisch-Bergischer Kreis
Standard: mittel
Bauzeit: 52 Wochen
Kennwerte: bis 1. Ebene DIN 276

BGF 2.631 €/m²

Planung: Wendling Architektur; Köln-Deutz

veröffentlicht: BKI Objektdaten N20

6100-1661 Einfamilienhaus, Nebengebäude

BRI 1.249 m³ **BGF** 251 m² **NUF** 164 m²

Einfamilienhaus mit Nebengebäude. Holzbau.

Land: Rheinland-Pfalz
Kreis: Rhein-Lahn-Kreis
Standard: mittel
Bauzeit: 52 Wochen
Kennwerte: bis 1. Ebene DIN 276

BGF 2.435 €/m²

Planung: b@ugilde architekten; Diez

veröffentlicht: BKI Objektdaten N20

Objektübersicht zur Gebäudeart

6100-1658 Einfamilienhaus

BRI 450 m³ | **BGF** 151 m² | **NUF** 102 m²

Einfamilienhaus mit 122 m² WFL. Mauerwerk.

Land: Baden-Württemberg
Kreis: Main-Tauber-Kreis
Standard: mittel
Bauzeit: 39 Wochen
Kennwerte: bis 3. Ebene DIN 276

BGF 2.686 €/m²

Planung: claus arnold architekt bda; Würzburg

veröffentlicht: BKI Objektdaten N20

6100-1745 Einfamilienhaus, Garage

BRI 853 m³ | **BGF** 238 m² | **NUF** 172 m²

Freistehendes Einfamilienhaus mit Garage. Stahlbeton.

Land: Nordrhein-Westfalen
Kreis: Leverkusen, Stadt
Standard: mittel
Bauzeit: 52 Wochen
Kennwerte: bis 1. Ebene DIN 276

BGF 2.895 €/m²

Planung: Gütig Architektur; Bornheim-Hersel

vorgesehen: BKI Objektdaten N21

6100-1558 Zweifamilienhaus

BRI 1.270 m³ | **BGF** 353 m² | **NUF** 225 m²

Zweifamilienhaus mit 289 m² Wohnfläche. Mauerwerk.

Land: Hamburg
Kreis: Hamburg, Stadt
Standard: mittel
Bauzeit: 57 Wochen
Kennwerte: bis 1. Ebene DIN 276

BGF 2.765 €/m²

Planung: Architekt Reichwald GmbH; Hamburg

veröffentlicht: BKI Objektdaten N18

6100-1518 Einfamilienhaus, Büro (4 AP)

BRI 1.256 m³ | **BGF** 342 m² | **NUF** 233 m²

Einfamilienhaus mit Büro (4 AP). Massivbau.

Land: Brandenburg
Kreis: Potsdam-Mittelmark
Standard: mittel
Bauzeit: 44 Wochen
Kennwerte: bis 1. Ebene DIN 276

BGF 2.780 €/m²

Planung: architekturbüro.wiesenburg ulrich.kaunath; Wiesenburg

veröffentlicht: BKI Objektdaten E9

Ein- und Zweifamilienhäuser, nicht unterkellert, mittlerer Standard

€/m² BGF

min	1.440	€/m²
von	1.770	€/m²
Mittel	**2.220**	**€/m²**
bis	2.635	€/m²
max	3.165	€/m²

Kosten:
Stand 1. Quartal 2025
Bundesdurchschnitt
inkl. 19% MwSt.

Objektübersicht zur Gebäudeart

6100-1497 Einfamilienhaus, Nebengebäude

BRI 651 m³ **BGF** 158 m² **NUF** 100 m²

Einfamilienhaus mit Nebengebäude als Gästebereich mit Abstellraum. Holzrahmenbau.

Land: Mecklenburg-Vorpommern
Kreis: Nordwestmecklenburg
Standard: mittel
Bauzeit: 26 Wochen
Kennwerte: bis 1. Ebene DIN 276

BGF 2.917 €/m²

Planung: Hatzius Sarramona Architekten; Hamburg

veröffentlicht: BKI Objektdaten N17

6100-1459 Singlehaus*

BRI 292 m³ **BGF** 75 m² **NUF** 49 m²

Wohngebäude für eine Person. Mischkonstruktion.

Land: Mecklenburg-Vorpommern
Kreis: Vorpommern-Rügen
Standard: mittel
Bauzeit: 30 Wochen
Kennwerte: bis 1. Ebene DIN 276

BGF 2.467 €/m²

Planung: plan² Architekturbüro Stendel; Ribnitz-Damgarten

veröffentlicht: BKI Objektdaten N17
* Nicht in der Auswertung enthalten

6100-1540 Einfamilienhaus, Garage

BRI 858 m³ **BGF** 246 m² **NUF** 154 m²

Einfamilienhaus mit Garage. Massivbau.

Land: Berlin
Kreis: Berlin, Stadt
Standard: mittel
Bauzeit: 109 Wochen
Kennwerte: bis 1. Ebene DIN 276

BGF 2.416 €/m²

Planung: Valerie Söder Architectin, Ing.arch.; Berlin

veröffentlicht: BKI Objektdaten N19

6100-1547 Einfamilienhaus, Garagen (2 STP)

BRI 798 m³ **BGF** 248 m² **NUF** 154 m²

Einfamilienhaus mit zwei Garagen. Stahlbeton.

Land: Bayern
Kreis: Rosenheim
Standard: mittel
Bauzeit: 48 Wochen
Kennwerte: bis 1. Ebene DIN 276

BGF 2.333 €/m²

Planung: Kontrapunkt Architektur GmbH; München

veröffentlicht: BKI Objektdaten N18

6100-1542 Einfamilienhaus

BRI 677 m³ | **BGF** 233 m² | **NUF** 150 m²

Einfamilienhaus in Split-Level-Bauweise. Massivbau.

Land: Nordrhein-Westfalen
Kreis: Coesfeld
Standard: mittel
Bauzeit: 48 Wochen
Kennwerte: bis 1. Ebene DIN 276

BGF 2.432 €/m²

Planung: Kai Binnewies Dipl. Ing. Architekt; Havixbeck

veröffentlicht: BKI Objektdaten N18

6100-1446 Singlehaus*

BRI 216 m³ | **BGF** 63 m² | **NUF** 50 m²

Minihaus als Singlehaus in Fertigteilbauweise. Holztafelbau.

Land: Brandenburg
Kreis: Potsdam-Mittelmark
Standard: mittel
Bauzeit: 22 Wochen
Kennwerte: bis 1. Ebene DIN 276

BGF 5.261 €/m²

*

Planung: Dipl.-Ing. (FH) Architektin Franca Wacker SchwörerHaus KG; Hohenstein

veröffentlicht: BKI Objektdaten N17
* Nicht in der Auswertung enthalten

6100-1464 Einfamilienhaus, Carport

BRI 788 m³ | **BGF** 290 m² | **NUF** 196 m²

Einfamilienhaus mit Carport. Massivbau.

Land: Niedersachsen
Kreis: Göttingen
Standard: mittel
Bauzeit: 35 Wochen
Kennwerte: bis 3. Ebene DIN 276

BGF 2.086 €/m²

Planung: Fuchs Architekten BDA; Göttingen

veröffentlicht: BKI Objektdaten E9

6100-1421 Einfamilienhaus Garage

BRI 836 m³ | **BGF** 230 m² | **NUF** 147 m²

Einfamilienhaus mit Garage. Mauerwerksbau.

Land: Hamburg
Kreis: Hamburg, Stadt
Standard: mittel
Bauzeit: 31 Wochen
Kennwerte: bis 1. Ebene DIN 276

BGF 2.259 €/m²

Planung: MUDLAFF & OTTE Architekten PartGmbB; Hamburg

veröffentlicht: BKI Objektdaten N17

€/m² BGF

min	1.440	€/m²
von	1.770	€/m²
Mittel	**2.220**	**€/m²**
bis	2.635	€/m²
max	3.165	€/m²

Kosten:
Stand 1. Quartal 2025
Bundesdurchschnitt
inkl. 19% MwSt.

Objektübersicht zur Gebäudeart

6100-1450 Einfamilienhaus*

BRI 563 m³ **BGF** 183 m² **NUF** 144 m²

Einfamilienhaus als Single-Haus. Mauerwerksbau.

Land: Saarland
Kreis: Saarlouis
Standard: mittel
Bauzeit: 43 Wochen
Kennwerte: bis 1. Ebene DIN 276

BGF 2.066 €/m²

Planung: Architekturbüro a hoch i netzwerk Lisa Groß; Dillingen

veröffentlicht: BKI Objektdaten N17
* Nicht in der Auswertung enthalten

6100-1391 Ferienhaus*

BRI 204 m³ **BGF** 60 m² **NUF** 41 m²

Ferienhaus (40m² WFL), mit Wohn-Schlafraum, Küche, Bad und Kinderempore. Mauerwerk.

Land: Brandenburg
Kreis: Barnim
Standard: mittel
Bauzeit: 78 Wochen
Kennwerte: bis 1. Ebene DIN 276

BGF 4.417 €/m²

 *

Planung: Tillmann Wagner Architekten BDA; Berlin

veröffentlicht: BKI Objektdaten N17
* Nicht in der Auswertung enthalten

6100-1376 Einfamilienhaus

BRI 761 m³ **BGF** 201 m² **NUF** 127 m²

Einfamilienhaus mit 134m² WFL. Mauerwerk, Porenbeton.

Land: Brandenburg
Kreis: Oberhavel
Standard: mittel
Bauzeit: 35 Wochen
Kennwerte: bis 1. Ebene DIN 276

BGF 2.450 €/m²

Planung: Jirka + Nadansky Architekten; Hohen Neuendorf

veröffentlicht: BKI Objektdaten N16

6100-1373 Einfamilienhaus mit Carport

BRI 1.055 m³ **BGF** 391 m² **NUF** 300 m²

Einfamilienhaus mit Carport und Abstellraum. Mauerwerk.

Land: Niedersachsen
Kreis: Hannover, Region
Standard: mittel
Bauzeit: 44 Wochen
Kennwerte: bis 3. Ebene DIN 276

BGF 1.826 €/m²

Planung: seyfarth stahlhut architekten dba PartGmbB; Hannover

veröffentlicht: BKI Objektdaten N17

Objektübersicht zur Gebäudeart

6100-1358 Einfamilienhaus - Effizienzhaus 70

BRI 797 m³ **BGF** 266 m² **NUF** 160 m²

Einfamilienhaus (162m² WFL), Energieeffizienz 70. Massivholzbau.

Land: Bayern
Kreis: Unterallgäu
Standard: mittel
Bauzeit: 52 Wochen
Kennwerte: bis 1. Ebene DIN 276

BGF 2.322 €/m²

Planung: SoHo Architektur; Memmingen

veröffentlicht: BKI Objektdaten E8

6100-1414 Zweifamilienhaus - Effizienzhaus 70

BRI 1.354 m³ **BGF** 413 m² **NUF** 261 m²

Zweifamilienhaus (216m² WFL) als Effizienzhaus 70%. Massivbau.

Land: Thüringen
Kreis: Nordhausen
Standard: mittel
Bauzeit: 61 Wochen
Kennwerte: bis 1. Ebene DIN 276

BGF 1.528 €/m²

Planung: Architekturbüro Wagner; Nordhausen

veröffentlicht: BKI Objektdaten N17

6100-1410 Einfamilienhaus

BRI 910 m³ **BGF** 250 m² **NUF** 182 m²

Einfamilienhaus (165m² WFL). Holzrahmenbau.

Land: Bayern
Kreis: Forchheim
Standard: mittel
Bauzeit: 48 Wochen
Kennwerte: bis 1. Ebene DIN 276

BGF 2.570 €/m²

Planung: GRIMM ARCHITEKTEN BDA; Nürnberg

veröffentlicht: BKI Objektdaten N17

6100-1340 Einfamilienhaussiedlung (12 WE)

BRI 7.401 m³ **BGF** 2.403 m² **NUF** 1.641 m²

Einfamilienhaussiedlung mit zwölf Gebäuden (12 WE). Massivbau.

Land: Berlin
Kreis: Berlin, Stadt
Standard: mittel
Bauzeit: 109 Wochen
Kennwerte: bis 1. Ebene DIN 276

BGF 1.865 €/m²

Planung: Arnold und Gladisch Objektplanung Generalplanung GmbH; Berlin

veröffentlicht: BKI Objektdaten N16

€/m² BGF

min	1.440	€/m²
von	1.770	€/m²
Mittel	**2.220**	**€/m²**
bis	2.635	€/m²
max	3.165	€/m²

Kosten:
Stand 1. Quartal 2025
Bundesdurchschnitt
inkl. 19% MwSt.

Objektübersicht zur Gebäudeart

6100-1259 Doppelhaushälfte, Carport

BRI 687 m³ **BGF** 244 m² **NUF** 157 m²

Doppelhaushälfte (139 m² WFL) mit Carport und Dachterrasse. Mauerwerksbau aus Dämmsteinen.

Land: Nordrhein-Westfalen
Kreis: Olpe
Standard: mittel
Bauzeit: 52 Wochen
Kennwerte: bis 1. Ebene DIN 276

BGF **1.658 €/m²**

Planung: T A T O R T architektur Dipl.-Ing. Nicole Wigger; Attendorn

veröffentlicht: BKI Objektdaten N15

6100-1256 Doppelhaushälfte, Carport

BRI 710 m³ **BGF** 224 m² **NUF** 155 m²

Doppelhaushälfte (138 m² WFL) mit Carport. Mauerwerksbau aus Dämmsteinen.

Land: Nordrhein-Westfalen
Kreis: Olpe
Standard: mittel
Bauzeit: 52 Wochen
Kennwerte: bis 1. Ebene DIN 276

BGF **1.695 €/m²**

Planung: T A T O R T architektur Dipl.-Ing. Nicole Wigger; Attendorn

veröffentlicht: BKI Objektdaten N15

6100-1288 Einfamilienhaus, Garage

BRI 691 m³ **BGF** 248 m² **NUF** 192 m²

Einfamilienhaus (125 m² WFL) mit Garage. Mauerwerksbau, Sparrendach.

Land: Brandenburg
Kreis: Oberspreewald-Lausitz
Standard: mittel
Bauzeit: 30 Wochen
Kennwerte: bis 1. Ebene DIN 276

BGF **2.226 €/m²**

Planung: Jörg Karwath / Lunau Architektur; Cottbus

veröffentlicht: BKI Objektdaten N15

6100-1328 Ferienhaus (Ferienhaussiedlung)*

BRI 297 m³ **BGF** 120 m² **NUF** 95 m²

Ferienhaus (99 m² WFL). Massivbau.

Land: Thüringen
Kreis: Kyffhäuserkreis
Standard: mittel
Bauzeit: 26 Wochen
Kennwerte: bis 1. Ebene DIN 276

BGF **1.245 €/m²**

*

Planung: ARCHITEKT MAURICE FIEDLER; Erfurt

veröffentlicht: BKI Objektdaten N16
* Nicht in der Auswertung enthalten

6100-1411 Einfamilienhaus, Garage

BRI 713 m³ | **BGF** 184 m² | **NUF** 114 m²

Einfamilienhaus (130m² WFL) mit Garage. Mauerwerk.

Land: Baden-Württemberg
Kreis: Rems-Murr-Kreis
Standard: mittel
Bauzeit: 65 Wochen
Kennwerte: bis 1. Ebene DIN 276

BGF 3.166 €/m²

Planung: Birk Heilmeyer und Frenzel Gesellschaft von Architekten mbH; Stuttgart

veröffentlicht: BKI Objektdaten N17

6100-1364 Einfamilienhaus - Effizienzhaus 55

BRI 957 m³ | **BGF** 237 m² | **NUF** 150 m²

Einfamilienhaus mit 178m² Wohnfläche. Massivbau.

Land: Brandenburg
Kreis: Oberhavel
Standard: mittel
Bauzeit: 39 Wochen
Kennwerte: bis 1. Ebene DIN 276

BGF 2.419 €/m²

Planung: Jirka + Nadansky Architekten; Hohen Neuendorf

veröffentlicht: BKI Objektdaten E8

6100-1315 Einfamilienhaus

BRI 649 m³ | **BGF** 229 m² | **NUF** 136 m²

Einfamilienhaus. Mauerwerksbau.

Land: Niedersachsen
Kreis: Osterholz
Standard: mittel
Bauzeit: 35 Wochen
Kennwerte: bis 1. Ebene DIN 276

BGF 2.534 €/m²

Planung: Püffel Architekten; Bremen

veröffentlicht: BKI Objektdaten N16

6100-1309 Einfamilienhaus

BRI 775 m³ | **BGF** 272 m² | **NUF** 171 m²

Einfamilienhaus mit 138m² WFL. Mauerwerk.

Land: Brandenburg
Kreis: Potsdam, Stadt
Standard: mittel
Bauzeit: 43 Wochen
Kennwerte: bis 1. Ebene DIN 276

BGF 1.949 €/m²

Planung: Reimers Architekten; Potsdam

veröffentlicht: BKI Objektdaten N16

€/m² BGF

min	1.440	€/m²
von	1.770	€/m²
Mittel	**2.220**	**€/m²**
bis	2.635	€/m²
max	3.165	€/m²

Kosten:
Stand 1. Quartal 2025
Bundesdurchschnitt
inkl. 19% MwSt.

Objektübersicht zur Gebäudeart

6100-1363 Einfamilienhaus - Effizienzhaus 70*

BRI 719 m³ **BGF** 148 m² **NUF** 124 m²

Einfamilienhaus (124m² WFL) mit Sheddach als Effizienzhaus 70. Massivbau.

Land: Nordrhein-Westfalen
Kreis: Bottrop, Stadt
Standard: mittel
Bauzeit: 48 Wochen
Kennwerte: bis 1. Ebene DIN 276

BGF 4.370 €/m² *

Planung: Romann Architektur; Oberhausen

veröffentlicht: BKI Objektdaten E8
* Nicht in der Auswertung enthalten

6100-1324 Einfamilienhaus

BRI 731 m³ **BGF** 215 m² **NUF** 145 m²

Einfamilienhaus (160m² WFL) mit Carport, nicht unterkellert. Holztafelbau.

Land: Thüringen
Kreis: Erfurt, Stadt
Standard: mittel
Bauzeit: 26 Wochen
Kennwerte: bis 1. Ebene DIN 276

BGF 2.667 €/m²

Planung: Funken Architekten; Erfurt

veröffentlicht: BKI Objektdaten N16

6100-1295 Einfamilienhaus

BRI 814 m³ **BGF** 298 m² **NUF** 202 m²

Einfamilienhaus (195m² WFL) mit Dachterrasse und Carport. Mauerwerk.

Land: Niedersachsen
Kreis: Ammerland
Standard: mittel
Bauzeit: 48 Wochen
Kennwerte: bis 1. Ebene DIN 276

BGF 1.912 €/m²

Planung: Hartmann-Eberlei Architekten; Oldenburg

veröffentlicht: BKI Objektdaten N15

6100-1419 Einfamilienhaus

BRI 1.189 m³ **BGF** 338 m² **NUF** 220 m²

Einfamilienhaus (201m² WFL). Mischkonstruktion.

Land: Bayern
Kreis: Ansbach, Stadt
Standard: mittel
Bauzeit: 56 Wochen
Kennwerte: bis 1. Ebene DIN 276

BGF 2.453 €/m²

Planung: GRIMM ARCHITEKTEN BDA; Nürnberg

veröffentlicht: BKI Objektdaten N17

6100-1205 Einfamilienhaus, Garage

BRI 1.185 m^3 **BGF** 395 m^2 **NUF** 238 m^2

Einfamilienhaus (192 m^2 WFL) mit Garage. Mauerwerksbau.

Land: Brandenburg
Kreis: Brandenburg a.d. Havel
Standard: mittel
Bauzeit: 48 Wochen
Kennwerte: bis 1. Ebene DIN 276

BGF 1.618 €/m^2

Planung: Märkplan GmbH; Brandenburg

veröffentlicht: BKI Objektdaten N15

6100-1218 Einfamilienhaus - Effizienzhaus 40

BRI 713 m^3 **BGF** 262 m^2 **NUF** 183 m^2

Einfamilienhaus für zwei Personen (112 m^2 WFL). Mauerwerk.

Land: Nordrhein-Westfalen
Kreis: Mönchengladbach, Stadt
Standard: mittel
Bauzeit: 56 Wochen
Kennwerte: bis 1. Ebene DIN 276

BGF 1.440 €/m^2

Planung: bau grün ! energieeff. Gebäude Arch. Daniel Finocchiaro; Mönchengladbach

veröffentlicht: BKI Objektdaten N15

6100-1148 Einfamilienhaus, Carport, barrierefrei

BRI 691 m^3 **BGF** 186 m^2 **NUF** 138 m^2

Barrierefreies Einfamilienhaus (117 m^2 WFL) mit Carport. Massivbau.

Land: Niedersachsen
Kreis: Lüneburg
Standard: mittel
Bauzeit: 30 Wochen
Kennwerte: bis 1. Ebene DIN 276

BGF 2.845 €/m^2

Planung: batzik meinheit architekten PartG mbB; Lüneburg

veröffentlicht: BKI Objektdaten N13

6100-1264 Einfamilienhaus, Garage

BRI 923 m^3 **BGF** 272 m^2 **NUF** 182 m^2

Einfamilienhaus mit Garage (183 m^2 WFL). Mauerwerksbau.

Land: Thüringen
Kreis: Erfurt, Stadt
Standard: mittel
Bauzeit: 48 Wochen
Kennwerte: bis 1. Ebene DIN 276

BGF 2.597 €/m^2

Planung: VITAMINOFFICE ARCHITEKTEN BDA; Erfurt

veröffentlicht: BKI Objektdaten E7

Ein- und Zwei-familienhäuser, nicht unterkellert, mittlerer Standard

€/m² BGF

min	1.440	€/m²
von	1.770	€/m²
Mittel	**2.220**	**€/m²**
bis	2.635	€/m²
max	3.165	€/m²

Kosten:
Stand 1. Quartal 2025
Bundesdurchschnitt
inkl. 19% MwSt.

Objektübersicht zur Gebäudeart

6100-1265 Einfamilienhaus, Garage — BRI 590 m³ | BGF 181 m² | NUF 116 m²

Einfamilienhaus (129m² WFL) mit Garage, nicht unterkellert. Mauerwerksbau.

Land: Nordrhein-Westfalen
Kreis: Dortmund, Stadt
Standard: mittel
Bauzeit: 48 Wochen
Kennwerte: bis 1. Ebene DIN 276

BGF **2.775 €/m²**

Planung: SCHAMP & SCHMALÖER Architekten Stadtplaner PartGmbB; Dortmund

veröffentlicht: BKI Objektdaten N15

6100-1168 Einfamilienhaus, Carport - Effizienzhaus 40 — BRI 856 m³ | BGF 269 m² | NUF 182 m²

Einfamilienhaus mit Carport als Effizienzhaus 40. Massivbau.

Land: Niedersachsen
Kreis: Vechta
Standard: mittel
Bauzeit: 35 Wochen
Kennwerte: bis 1. Ebene DIN 276

BGF **2.024 €/m²**

Planung: Planlabor + Bauwerkstatt GmbH; Vechta

veröffentlicht: BKI Objektdaten E6

6100-1140 Einfamilienhaus, Carport - Effizienzhaus 70 — BRI 925 m³ | BGF 253 m² | NUF 176 m²

Einfamilienhaus (176m² WFL) mit Carport als Effizienzhaus 70. Mischkonstruktion.

Land: Bayern
Kreis: Traunstein
Standard: mittel
Bauzeit: 35 Wochen
Kennwerte: bis 1. Ebene DIN 276

BGF **2.481 €/m²**

Planung: Michael Feil Architekt; Regensburg

veröffentlicht: BKI Objektdaten E6

6100-1151 Einfamilienhaus, Doppelgarage - Effizienzhaus 70 — BRI 914 m³ | BGF 371 m² | NUF 236 m²

Einfamilienhaus (200m² WFL) für sechs Personen als Effizienzhaus 70. Mauerwerk.

Land: Nordrhein-Westfalen
Kreis: Steinfurt
Standard: mittel
Bauzeit: 35 Wochen
Kennwerte: bis 1. Ebene DIN 276

BGF **1.982 €/m²**

Planung: 23-7architektur; Münster

veröffentlicht: BKI Objektdaten E6

6100-1142 Einfamilienhaus, Garage - Effizienzhaus 55

BRI 1.235 m³ **BGF** 428 m² **NUF** 298 m²

Einfamilienhaus (226m² WFL) mit Garage. Mauerwerksbau.

Land: Nordrhein-Westfalen
Kreis: Euskirchen
Standard: mittel
Bauzeit: 43 Wochen
Kennwerte: bis 3. Ebene DIN 276

BGF **1.769 €/m²**

Planung: Concavis Architekten + Ingenieure; Bornheim

veröffentlicht: BKI Objektdaten E6

6100-1132 Einfamilienhaus, Nebengebäude - Effizienzhaus 55

BRI 879 m³ **BGF** 250 m² **NUF** 180 m²

Einfamilienhaus (171m² WFL) mit Nebengebäude. Mauerwerksbau.

Land: Thüringen
Kreis: Gotha
Standard: mittel
Bauzeit: 48 Wochen
Kennwerte: bis 3. Ebene DIN 276

BGF **2.225 €/m²**

Planung: grosskopf-architekten Sebastian Großkopf; Gotha

veröffentlicht: BKI Objektdaten E6

6100-1244 Einfamilienhaus, Doppelgarage - Effizienzhaus 70

BRI 1.116 m³ **BGF** 348 m² **NUF** 246 m²

Einfamilienwohnhaus (212m² WFL) als Effizienzhaus 70 mit Doppelgarage. Mauerwerk.

Land: Bayern
Kreis: Würzburg
Standard: mittel
Bauzeit: 35 Wochen
Kennwerte: bis 1. Ebene DIN 276

BGF **1.612 €/m²**

Planung: HWP Holl - Wieden Partnerschaft Architekten & Stadtplaner; Würzburg

veröffentlicht: BKI Objektdaten E7

6100-1170 Einfamilienhaus, Doppelgarage

BRI 835 m³ **BGF** 236 m² **NUF** 160 m²

Einfamilienwohnhaus (160m² WFL), nicht unterkellert mit Doppelgarage. Mauerwerk.

Land: Bayern
Kreis: Mühldorf a.Inn
Standard: mittel
Bauzeit: 48 Wochen
Kennwerte: bis 1. Ebene DIN 276

BGF **1.912 €/m²**

Planung: Viktor Filimonow Architekt; München

veröffentlicht: BKI Objektdaten N13

€/m² BGF

min	1.440	€/m²
von	1.770	€/m²
Mittel	**2.220**	**€/m²**
bis	2.635	€/m²
max	3.165	€/m²

Kosten:
Stand 1. Quartal 2025
Bundesdurchschnitt
inkl. 19% MwSt.

Objektübersicht zur Gebäudeart

6100-1080 Einfamilienhaus, Garage

BRI 676 m³ **BGF** 219 m² **NUF** 146 m²

Einfamilienhaus (159m² WFL) mit Garage. Massivbau.

Land: Sachsen
Kreis: Leipzig, Stadt
Standard: mittel
Bauzeit: 35 Wochen
Kennwerte: bis 1. Ebene DIN 276

BGF **1.638 €/m²**

Planung: Augustin + Imkamp freie Architekten GbR; Leipzig

veröffentlicht: BKI Objektdaten N13

6100-1116 Einfamilienhaus - Effizienzhaus 70

BRI 915 m³ **BGF** 279 m² **NUF** 200 m²

Einfamilienhaus einer Wohnbebauung mit 326 Wohneinheiten. Mauerwerksbau.

Land: Hessen
Kreis: Wiesbaden, Stadt
Standard: mittel
Bauzeit: 96 Wochen
Kennwerte: bis 3. Ebene DIN 276

BGF **1.565 €/m²**

Planung: Junghans + Formhals GmbH; Weiterstadt

veröffentlicht: BKI Objektdaten E6

6100-0935 Einfamilienhaus, Garage

BRI 887 m³ **BGF** 361 m² **NUF** 222 m²

Einfamilienhaus mit Garage (158m² WFL). Mauerwerksbau.

Land: Brandenburg
Kreis: Havelland
Standard: mittel
Bauzeit: 26 Wochen
Kennwerte: bis 1. Ebene DIN 276

BGF **1.834 €/m²**

Planung: Behrens & Heinlein Architekten BDA; Potsdam

veröffentlicht: BKI Objektdaten N11

6100-1006 Zweifamilienhaus - KfW 70

BRI 1.006 m³ **BGF** 274 m² **NUF** 208 m²

Zweifamilienhaus (203m² WFL) mit einer Wohnung im EG und einer Wohnung im OG. Mauerwerksbau.

Land: Sachsen
Kreis: Dresden, Stadt
Standard: mittel
Bauzeit: 26 Wochen
Kennwerte: bis 1. Ebene DIN 276

BGF **2.457 €/m²**

Planung: h.e.i.z. Haus Architektur.Stadtplanung Partnerschaft mbB; Dresden

veröffentlicht: BKI Objektdaten E5

6100-0903 Einfamilienhaus

BRI 962 m³ **BGF** 369 m² **NUF** 248 m²

Einfamilienhaus (175m² WFL) nicht unterkellert, aus Porenbeton-Mauerwerk. Mauerwerksbau.

Land: Berlin
Kreis: Berlin, Stadt
Standard: mittel
Bauzeit: 35 Wochen
Kennwerte: bis 3. Ebene DIN 276

BGF 1.709 €/m²

Planung: TSSB architekten.ingenieure; Berlin

veröffentlicht: BKI Objektdaten N12

6100-0822 Einfamilienhaus

BRI 687 m³ **BGF** 209 m² **NUF** 130 m²

Einfamilienhaus mit Carport und separatem Abstellraum im Garten Kriechboden als Abstellfläche im Dachgeschoss. Mauerwerksbau.

Land: Niedersachsen
Kreis: Braunschweig, Stadt
Standard: mittel
Bauzeit: 35 Wochen
Kennwerte: bis 3. Ebene DIN 276

BGF 2.036 €/m²

Planung: BRATHUHN + KÖNIG Architektur- u. Ingenieur-PartGmbB; Braunschweig

veröffentlicht: BKI Objektdaten N11

6100-1131 Einfamilienhaus, Carport

BRI 1.004 m³ **BGF** 261 m² **NUF** 193 m²

Einfamilienhaus (187m² WFL) mit Carport und Außenabstellraum. Mauerwerksbau.

Land: Niedersachsen
Kreis: Schaumburg
Standard: mittel
Bauzeit: 52 Wochen
Kennwerte: bis 3. Ebene DIN 276

BGF 2.132 €/m²

Planung: seyfarth stahlhut I architekten bda; Hannover

veröffentlicht: BKI Objektdaten N13

6100-0733 Einfamilienhaus

BRI 841 m³ **BGF** 264 m² **NUF** 187 m²

Einfamilienwohnhaus mit Garage (171m² WFL). Mauerwerksbau.

Land: Niedersachsen
Kreis: Gifhorn
Standard: mittel
Bauzeit: 52 Wochen
Kennwerte: bis 3. Ebene DIN 276

BGF 1.952 €/m²

Planung: Die Planschmiede 2KS GmbH & Co. KG; Hankensbüttel

veröffentlicht: BKI Objektdaten N11

€/m² BGF

min	1.440	€/m²
von	1.770	€/m²
Mittel	**2.220**	**€/m²**
bis	2.635	€/m²
max	3.165	€/m²

Kosten:
Stand 1. Quartal 2025
Bundesdurchschnitt
inkl. 19% MwSt.

Objektübersicht zur Gebäudeart

6100-0672 Einfamilienhaus

BRI 695 m³ **BGF** 217 m² **NUF** 154 m²

Einfamilienwohnhaus mit Carport und Kellerersatzraum. Mauerwerksbau; Stb-Decke; Holzdachkonstruktion.

Land: Nordrhein-Westfalen
Kreis: Soest
Standard: mittel
Bauzeit: 26 Wochen
Kennwerte: bis 3. Ebene DIN 276

BGF 1.783 €/m²

Planung: Dipl.-Ing. Architekt Michael Wiemers; Soest

veröffentlicht: BKI Objektdaten N10

6100-0547 Einfamilienhaus

BRI 709 m³ **BGF** 198 m² **NUF** 148 m²

Einfamilienwohnhaus (140m² WFL II.BVO), nicht unterkellert. Mauerwerksbau.

Land: Hessen
Kreis: Wiesbaden, Stadt
Standard: mittel
Bauzeit: 35 Wochen
Kennwerte: bis 3. Ebene DIN 276

BGF 1.980 €/m²

Planung: Architekt Armin Loose; Wiesbaden

veröffentlicht: www.bki.de

Ein- und Zweifamilienhäuser, nicht unterkellert, hoher Standard

Kostenkennwerte für die Kosten des Bauwerks (Kostengruppen 300+400 nach DIN 276)

BRI 840 €/m³
von 690 €/m³
bis 1.035 €/m³

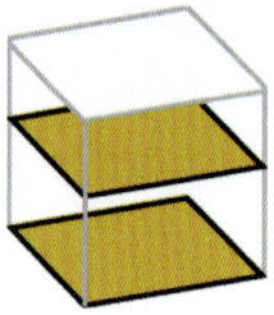

BGF 2.665 €/m²
von 2.180 €/m²
bis 3.360 €/m²

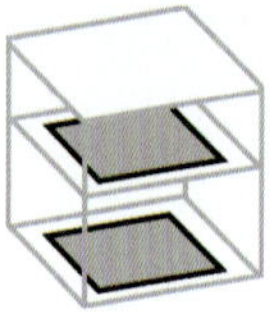

NUF 3.995 €/m²
von 3.070 €/m²
bis 5.015 €/m²

NE 4.325 €/NE
von 3.460 €/NE
bis 5.365 €/NE
NE: Wohnfläche

Kosten:
Stand 1. Quartal 2025
Bundesdurchschnitt
inkl. 19% MwSt.

Objektbeispiele

6100-1606

6100-1523

6100-1654

Kosten der 30 Vergleichsobjekte **Seiten 492 bis 500**

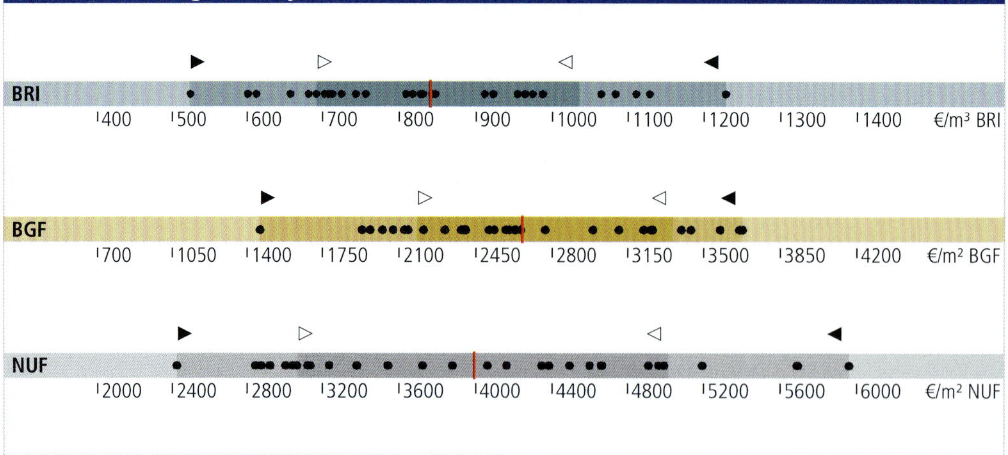

- ● KKW
- ▶ min
- ▷ von
- | Mittelwert
- ◁ bis
- ◀ max

 Kostenstand: 1. Quartal 2025, Bundesdurchschnitt, **inkl. 19% MwSt.**

Kostenkennwerte für die Kostengruppen der 1. und 2. Ebene DIN 276

KG	Kostengruppen der 1. Ebene	Einheit	▷	€/Einheit	◁	▷	% an 300+400	◁
100	Grundstück	m² GF	–	**–**	–	–	**–**	–
200	Vorbereitende Maßnahmen	m² GF	2	**10**	27	0,3	**1,0**	2,1
300	Bauwerk – Baukonstruktionen	m² BGF	1.747	**2.134**	2.618	76,7	**80,4**	84,2
400	Bauwerk – Technische Anlagen	m² BGF	367	**530**	724	15,8	**19,6**	23,3
	Bauwerk 300+400	m² BGF	2.182	**2.664**	3.359	100,0	**100,0**	100,0
500	Außenanlagen und Freiflächen	m² AF	65	**165**	427	3,3	**8,5**	17,6
600	Ausstattung und Kunstwerke	m² BGF	13	**52**	157	0,5	**2,1**	6,5
700	Baunebenkosten*	m² BGF	632	**704**	777	23,8	**26,5**	29,3 ◁
800	Finanzierung	m² BGF	–	**–**	–	–	**–**	–

* Auf Grundlage der HOAI 2021 berechnete Werte nach §§ 35, 52, 56. Weitere Informationen siehe Seite 56

KG	Kostengruppen der 2. Ebene	Einheit	▷	€/Einheit	◁	▷	% an 1. Ebene	◁
310	Baugrube / Erdbau	m³ BGI	41	**69**	103	1,2	**2,2**	3,6
320	Gründung, Unterbau	m² GRF	398	**483**	564	10,5	**12,2**	15,5
330	Außenwände / vertikal außen	m² AWF	517	**609**	767	31,1	**35,9**	40,1
340	Innenwände / vertikal innen	m² IWF	271	**336**	408	9,8	**12,2**	17,7
350	Decken / horizontal	m² DEF	444	**555**	625	11,1	**13,9**	19,5
360	Dächer	m² DAF	506	**599**	777	14,5	**17,2**	21,0
370	Infrastrukturanlagen		–	**–**	–	–	**–**	–
380	Baukonstruktive Einbauten	m² BGF	19	**45**	104	0,5	**1,9**	4,8
390	Sonst. Maßnahmen für Baukonst.	m² BGF	40	**88**	199	2,2	**4,5**	9,5
300	**Bauwerk – Baukonstruktionen**	**m² BGF**					**100,0**	
410	Abwasser-, Wasser-, Gasanlagen	m² BGF	72	**107**	138	18,3	**24,9**	30,2
420	Wärmeversorgungsanlagen	m² BGF	162	**228**	315	46,3	**52,6**	60,0
430	Raumlufttechnische Anlagen	m² BGF	2	**16**	29	< 0,1	**0,6**	4,9
440	Elektrische Anlagen	m² BGF	52	**76**	116	12,7	**18,0**	23,3
450	Kommunikationstechnische Anlagen	m² BGF	10	**17**	36	2,4	**3,8**	6,4
460	Förderanlagen	m² BGF	–	**–**	–	–	**–**	–
470	Nutzungsspez. / verfahrenstech. Anl.	m² BGF	–	**–**	–	–	**–**	–
480	Gebäude- und Anlagenautomation	m² BGF	–	**–**	–	–	**–**	–
490	Sonst. Maßnahmen f. techn. Anl.	m² BGF	–	**8**	–	0,0	**0,1**	1,2
400	**Bauwerk – Technische Anlagen**	**m² BGF**					**100,0**	

Prozentanteile der Kosten 2. Ebene an den Kosten des Bauwerks nach DIN 276 (Von/Mittel/Bis)

KG	Kostengruppe	%
310	Baugrube / Erdbau	1,8
320	Gründung, Unterbau	9,9
330	Außenwände / vertikal außen	29,3
340	Innenwände / vertikal innen	10,0
350	Decken / horizontal	11,3
360	Dächer	14,0
370	Infrastrukturanlagen	
380	Baukonstruktive Einbauten	1,6
390	Sonst. Maßnahmen für Baukonst.	3,6
410	Abwasser-, Wasser-, Gasanlagen	4,5
420	Wärmeversorgungsanlagen	9,7
430	Raumlufttechnische Anlagen	0,1
440	Elektrische Anlagen	3,3
450	Kommunikationstechnische Anlagen	0,7
460	Förderanlagen	
470	Nutzungsspez. / verfahrenstech. Anl.	
480	Gebäude- und Anlagenautomation	
490	Sonst. Maßnahmen f. techn. Anl.	< 0,1

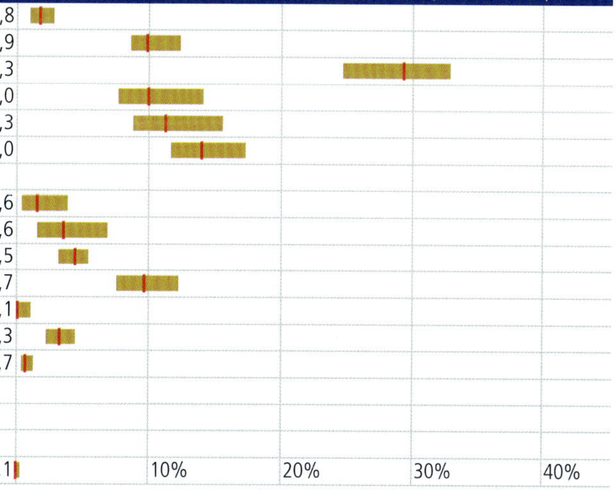

 Erläuterungen zu den Tabellen siehe Seite 54 und 56 Kostenstand: 1. Quartal 2025, Bundesdurchschnitt, **inkl. 19% MwSt.**

Ein- und Zweifamilienhäuser, nicht unterkellert, hoher Standard

Kosten:
Stand 1. Quartal 2025
Bundesdurchschnitt
inkl. 19% MwSt.

Prozentanteile der Kosten für Leistungsbereiche nach STLB (Kosten Bauwerk nach DIN 276)

LB	Leistungsbereiche	▷	% an 300+400	◁
000	Baustellen-, Verkehrssich.- u. Sicherh.einr. inkl. 001	1,4	**2,3**	3,1
002	Erdarbeiten	1,7	**2,7**	4,0
006	Spezialtiefbauarbeiten inkl. 005	–	**–**	–
009	Entwässerungskanalarbeiten inkl. 011	< 0,1	**0,5**	1,2
010	Drän- und Versickerarbeiten	0,0	**0,2**	1,0
012	Mauerarbeiten	7,6	**9,4**	12,6
013	Betonarbeiten	7,6	**13,3**	18,3
014	Natur-, Betonwerksteinarbeiten	< 0,1	**0,5**	1,6
016	Zimmer- und Holzbauarbeiten	1,3	**5,7**	14,6
017	Stahlbauarbeiten	0,0	**0,1**	0,5
018	Abdichtungsarbeiten	< 0,1	**0,5**	0,9
020	Dachdeckungsarbeiten	< 0,1	**1,0**	2,8
021	Dachabdichtungsarbeiten	0,7	**3,9**	7,1
022	Klempnerarbeiten	0,9	**1,8**	3,6
	Rohbau	37,3	**41,8**	50,7
023	Putz- und Stuckarbeiten, Wärmedämmsysteme	5,1	**6,8**	10,1
024	Fliesen- und Plattenarbeiten	1,5	**2,9**	7,4
025	Estricharbeiten	1,3	**1,8**	2,4
026	Fenster, Außentüren inkl. 029, 032	3,6	**11,2**	13,5
027	Tischlerarbeiten	2,4	**5,9**	8,8
028	Parkettarbeiten, Holzpflasterarbeiten	0,0	**1,7**	3,2
030	Rollladenarbeiten	0,0	**0,8**	2,5
031	Metallbauarbeiten inkl. 035	0,5	**1,7**	4,7
034	Maler- und Lackiererarbeiten inkl. 037	1,4	**2,3**	3,6
036	Bodenbelagarbeiten	< 0,1	**1,1**	2,6
038	Vorgehängte hinterlüftete Fassaden	0,0	**1,2**	6,0
039	Trockenbauarbeiten	0,7	**2,5**	3,9
	Ausbau	32,5	**39,9**	44,7
040	Wärmeversorgungsanl. - Betriebseinr. inkl. 041	6,7	**8,8**	11,2
042	Gas- und Wasserinstallation, Leitungen inkl. 043	0,8	**1,0**	1,5
044	Abwasseranlagen - Leitungen, Abläufe, Armaturen	0,4	**0,7**	0,9
045	GWE - Einrichtungsgegenstände inkl. 046	1,7	**2,7**	5,3
047	Dämm- und Brandschutzarbeiten an techn. Anlagen	< 0,1	**0,2**	0,5
049	Feuerlöschanlagen, Feuerlöschgeräte	–	**–**	–
050	Blitzschutz- und Erdungsanlagen	< 0,1	**0,3**	0,7
052	Mittelspannungsanlagen	–	**–**	–
053	Niederspannungsanlagen inkl. 054	2,1	**2,8**	4,1
055	Sicherheits- und Ersatzstromversorgungsanlagen	–	**–**	–
057	Gebäudesystemtechnik	–	**–**	–
058	Leuchten und Lampen inkl. 059	< 0,1	**0,2**	0,6
060	Such-, Signal-, elektroakust. Anl., Med. inkl. 064	< 0,1	**0,2**	0,7
061	Kommunikations- und Übertragungsnetze inkl. 062	0,2	**0,4**	1,0
063	Gefahrenmeldeanlagen	< 0,1	**0,2**	0,8
069	Aufzüge	–	**–**	–
070	Gebäudeautomation	–	**–**	–
075	Raumlufttechnische Anlagen inkl. 078	< 0,1	**0,1**	1,1
	Gebäudetechnik	14,3	**17,5**	21,1
	Sonstige Leistungsbereiche inkl. 008, 033, 051	0,1	**0,7**	3,4

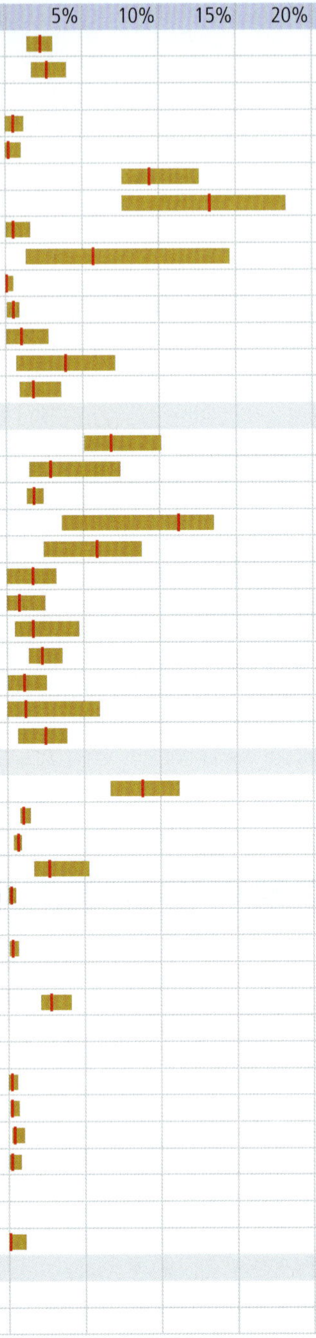

- ● KKW
- ▶ min
- ▷ von
- | Mittelwert
- ◁ bis
- ◀ max

Planungskennwerte für Flächen und Rauminhalte nach DIN 277

Grundflächen		▷	Fläche/NUF (%)	◁	▷	Fläche/BGF (%)	◁
NUF	Nutzungsfläche	100,0	**100,0**	100,0	63,6	**67,4**	71,6
TF	Technikfläche	3,0	**3,7**	6,3	1,9	**2,5**	4,3
VF	Verkehrsfläche	12,5	**15,4**	21,5	8,0	**10,0**	12,8
NRF	Netto-Raumfläche	114,8	**118,7**	126,3	76,6	**79,6**	81,7
KGF	Konstruktions-Grundfläche	26,9	**30,9**	36,8	18,3	**20,4**	23,4
BGF	Brutto-Grundfläche	142,0	**149,7**	159,4	100,0	**100,0**	100,0

Brutto-Rauminhalte		▷	BRI/NUF (m)	◁	▷	BRI/BGF (m)	◁
BRI	Brutto-Rauminhalt	4,38	**4,74**	5,27	3,00	**3,17**	3,40

Flächen von Nutzeinheiten	▷	NUF/Einheit (m²)	◁	▷	BGF/Einheit (m²)	◁
Nutzeinheit: Wohnfläche	1,03	**1,10**	1,34	1,54	**1,64**	1,91

Lufttechnisch behandelte Flächen	▷	Fläche/NUF (%)	◁	▷	Fläche/BGF (%)	◁
Entlüftete Fläche	–	**–**	–	–	**–**	–
Be- und entlüftete Fläche	–	**–**	–	–	**–**	–
Teilklimatisierte Fläche	–	**–**	–	–	**–**	–
Klimatisierte Fläche	6,9	**6,9**	6,9	4,7	**4,7**	4,7

KG	Kostengruppen (2. Ebene)	Einheit	▷	Menge/NUF	◁	▷	Menge/BGF	◁
310	Baugrube / Erdbau	m³ BGI	0,83	**1,07**	1,39	0,52	**0,68**	0,84
320	Gründung, Unterbau	m² GRF	0,65	**0,74**	0,83	0,41	**0,48**	0,50
330	Außenwände / vertikal außen	m² AWF	1,59	**1,74**	1,80	1,00	**1,13**	1,25
340	Innenwände / vertikal innen	m² IWF	0,96	**1,06**	1,15	0,62	**0,68**	0,81
350	Decken / horizontal	m² DEF	0,66	**0,71**	0,77	0,42	**0,46**	0,48
360	Dächer	m² DAF	0,71	**0,88**	0,89	0,43	**0,56**	0,61
370	Infrastrukturanlagen		–	**–**	–	–	**–**	–
380	Baukonstruktive Einbauten	m² BGF	1,42	**1,50**	1,59	1,00	**1,00**	1,00
390	Sonst. Maßnahmen für Baukonst.	m² BGF	1,42	**1,50**	1,59	1,00	**1,00**	1,00
300	**Bauwerk – Baukonstruktionen**	**m² BGF**	1,42	**1,50**	1,59	1,00	**1,00**	1,00

Planungskennwerte für Bauzeiten — 29 Vergleichsobjekte

Bauzeit in Wochen

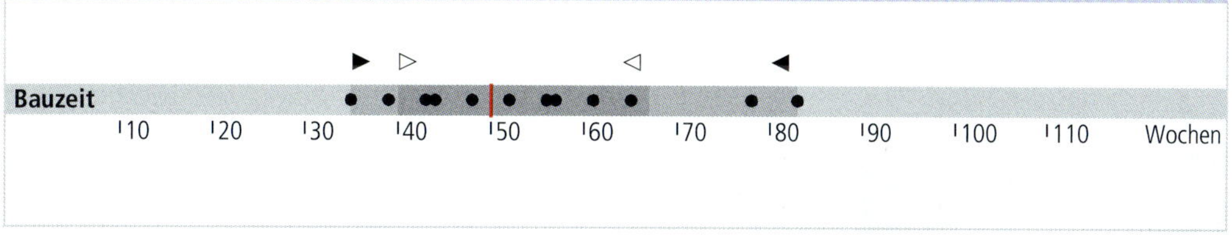

€/m² BGF

min	1.460	€/m²
von	2.180	€/m²
Mittel	**2.665**	**€/m²**
bis	3.360	€/m²
max	3.675	€/m²

Kosten:
Stand 1. Quartal 2025
Bundesdurchschnitt
inkl. 19% MwSt.

Objektübersicht zur Gebäudeart

6100-1683 Ferienhaus*

BRI 472 m³ **BGF** 170 m² **NUF** 101 m²

Ferienhaus mit 105m² Wohnfläche. Mauerwerk.

Land: Mecklenburg-Vorpommern
Kreis: Vorpommern-Rügen
Standard: hoch
Bauzeit: 52 Wochen
Kennwerte: bis 1. Ebene DIN 276

BGF 4.110 €/m² *

Planung: sw I a sternberg werner architekten PartG mbB; Ahrensburg

vorgesehen: BKI Objektdaten N21
* Nicht in der Auswertung enthalten

6100-1628 Einfamilienhaus

BRI 483 m³ **BGF** 147 m² **NUF** 125 m²

Kleines, barrierefreies Einfamilienhaus in ländlicher Umgebung. Massivbau.

Land: Nordrhein-Westfalen
Kreis: Euskirchen
Standard: hoch
Bauzeit: 43 Wochen
Kennwerte: bis 1. Ebene DIN 276

BGF 2.655 €/m²

Planung: Kai Matzak; Köln

veröffentlicht: BKI Objektdaten N20

6100-1606 Einfamilienhaus mit Aufzug

BRI 731 m³ **BGF** 245 m² **NUF** 158 m²

Einfamilienhaus mit Aufzugsanlage (174m² WFL). Mauerwerk.

Land: Schleswig-Holstein
Kreis: Ostholstein
Standard: hoch
Bauzeit: 61 Wochen
Kennwerte: bis 1. Ebene DIN 276

BGF 3.660 €/m²

Planung: Architekturbüro Griebel; Lensahn

veröffentlicht: BKI Objektdaten N19

6100-1597 Einfamilienhaus

BRI 815 m³ **BGF** 291 m² **NUF** 185 m²

Einfamilienhaus mit Doppelcarport. Massivbau.

Land: Nordrhein-Westfalen
Kreis: Herford
Standard: hoch
Bauzeit: 35 Wochen
Kennwerte: bis 1. Ebene DIN 276

BGF 2.586 €/m²

Planung: Architekten Bökamp; Bad Oeynhausen

veröffentlicht: BKI Objektdaten N19

6100-1602 Einfamilienhaus

BRI 874 m³ **BGF** 262 m² **NUF** 171 m²

Einfamilienhaus mit 206m² Wohnfläche. Massivbau.

Land: Bayern
Kreis: Kelheim
Standard: hoch
Bauzeit: 65 Wochen
Kennwerte: bis 1. Ebene DIN 276

BGF **3.253 €/m²**

Planung: Marianne Kolbitsch; Elsendorf

veröffentlicht: BKI Objektdaten N19

6100-1574 Einfamilienhaus, 3D-Betondruck*

BRI 748 m³ **BGF** 220 m² **NUF** 139 m²

Einfamilienhaus (151m² WFL) im 3D-Druck. Massivbau.

Land: Nordrhein-Westfalen
Kreis: Warendorf
Standard: hoch
Bauzeit: 48 Wochen
Kennwerte: bis 1. Ebene DIN 276

BGF **4.046 €/m²** *

Planung: MENSE-KORTE GbR; Beckum

veröffentlicht: BKI Objektdaten N19
* Nicht in der Auswertung enthalten

6100-1551 Einfamilienhaus, Garage

BRI 946 m³ **BGF** 357 m² **NUF** 241 m²

barrierefreies Einfamilienhaus, als Alterswohnsitz. Massivbau.

Land: Niedersachsen
Kreis: Vechta
Standard: hoch
Bauzeit: 39 Wochen
Kennwerte: bis 1. Ebene DIN 276

BGF **1.966 €/m²**

Planung: Timmermeister + Belz PartGmbB; Holdorf

veröffentlicht: BKI Objektdaten N18

6100-1654 Einfamilienhaus, Doppelgarage

BRI 1.272 m³ **BGF** 356 m² **NUF** 240 m²

Einfamilienhaus (226m² WFL) mit Doppelgarage. Mauerwerk.

Land: Niedersachsen
Kreis: Hannover, Region
Standard: hoch
Bauzeit: 78 Wochen
Kennwerte: bis 1. Ebene DIN 276

BGF **2.510 €/m²**

Planung: Zymara Loitzenbauer Giesecke Architekten BDA; Hannover

veröffentlicht: BKI Objektdaten N20

Verwaltung | Wissenschaft | Gesundheit | Bildung | Sport | **Wohnen** | Gewerbe | Versorgung | Kultur

€/m² BGF

min	1.460	€/m²
von	2.180	€/m²
Mittel	**2.665**	**€/m²**
bis	3.360	€/m²
max	3.675	€/m²

Kosten:
Stand 1. Quartal 2025
Bundesdurchschnitt
inkl. 19% MwSt.

Objektübersicht zur Gebäudeart

6100-1638 Doppelhaus (2 WE), Wellnessbereich

BRI 1.611 m³ **BGF** 396 m² **NUF** 240 m²

Doppelhaus als Ferienhaus mit zwei Wohneinheiten und einem Nebengebäude mit Wellnessbereich. Massivbau.

Land: Rheinland-Pfalz
Kreis: Eifelkreis Bitburg-Prüm
Standard: hoch
Bauzeit: 83 Wochen
Kennwerte: bis 1. Ebene DIN 276

BGF 3.441 €/m²

Planung: architekten Borne + Heinz + Linden PartGmbB; Bitburg

veröffentlicht: BKI Objektdaten N20

6100-1526 Einfamilienhaus, Garage

BRI 932 m³ **BGF** 292 m² **NUF** 202 m²

Einfamilienhaus mit Garage. Mauerwerk.

Land: Niedersachsen
Kreis: Delmenhorst, Stadt
Standard: hoch
Bauzeit: 35 Wochen
Kennwerte: bis 1. Ebene DIN 276

BGF 3.396 €/m²

Planung: Architekturbüro Ullrich Runge; Delmenhorst

veröffentlicht: BKI Objektdaten N18

6100-1506 Einfamilienhaus, Garage

BRI 1.188 m³ **BGF** 322 m² **NUF** 228 m²

Einfamilienhaus (216 m² WFL) mit Garage. Mauerwerk.

Land: Niedersachsen
Kreis: Hannover, Region
Standard: hoch
Bauzeit: 43 Wochen
Kennwerte: bis 1. Ebene DIN 276

BGF 3.110 €/m²

Planung: Zymara Loitzenbauer Giesecke Architekten BDA; Hannover

veröffentlicht: BKI Objektdaten E9

6100-1505 Einfamilienhaus

BRI 684 m³ **BGF** 236 m² **NUF** 140 m²

Einfamilienhaus. Mischkonstruktion.

Land: Schleswig-Holstein
Kreis: Ostholstein
Standard: hoch
Bauzeit: 48 Wochen
Kennwerte: bis 3. Ebene DIN 276

BGF 2.768 €/m²

Planung: Architekturbüro Griebel; Lensahn

veröffentlicht: BKI Objektdaten E9

6100-1452 Einfamilienhaus

BRI 956 m³ | **BGF** 284 m² | **NUF** 192 m²

© Thomas Rudolf

Einfamilienhaus (188m² WFL). Mischkonstruktion.

Land: Bayern
Kreis: Erding
Standard: hoch
Bauzeit: 35 Wochen
Kennwerte: bis 1. Ebene DIN 276

BGF 2.395 €/m²

Planung: DWA David Wolfertstetter Architektur; Dorfen

veröffentlicht: BKI Objektdaten E9

6100-1482 Einfamilienhaus, Garage

BRI 878 m³ | **BGF** 291 m² | **NUF** 213 m²

© Torsten Wolff

Einfamilienhaus (192m² WFL) mit Garage. Mauerwerk.

Land: Thüringen
Kreis: Wartburgkreis
Standard: hoch
Bauzeit: 44 Wochen
Kennwerte: bis 3. Ebene DIN 276

BGF 2.139 €/m²

Planung: M.A. Architekt Torsten Wolff; Erfurt

veröffentlicht: BKI Objektdaten N17

6100-1435 Einfamilienhaus mit Garage - Effizienzhaus 55

BRI 840 m³ | **BGF** 291 m² | **NUF** 154 m²

© JA:3 Architekten

Einfamilienhaus mit Garage als Effizienzhaus 55. MW-Massivbau.

Land: Niedersachsen
Kreis: Celle
Standard: hoch
Bauzeit: 61 Wochen
Kennwerte: bis 3. Ebene DIN 276

BGF 2.632 €/m²

Planung: JA:3 Architekten, Ingenieure, Innenarchitekten; Winsen (Aller)

veröffentlicht: BKI Objektdaten E8

6100-1481 Einfamilienhaus

BRI 898 m³ | **BGF** 272 m² | **NUF** 187 m²

© Architekturbüro G. Hauptvogel-Flatau

Einfamilienhaus. Massivbau.

Land: Brandenburg
Kreis: Potsdam, Stadt
Standard: hoch
Bauzeit: 43 Wochen
Kennwerte: bis 1. Ebene DIN 276

BGF 3.573 €/m²

Planung: Architekturbüro G. Hauptvogel-Flatau; Potsdam

veröffentlicht: BKI Objektdaten E9

Ein- und Zweifamilienhäuser, nicht unterkellert, hoher Standard

€/m² BGF

min	1.460	€/m²
von	2.180	€/m²
Mittel	**2.665**	**€/m²**
bis	3.360	€/m²
max	3.675	€/m²

Kosten:
Stand 1. Quartal 2025
Bundesdurchschnitt
inkl. 19% MwSt.

Objektübersicht zur Gebäudeart

6100-1467 Einfamilienhaus — **BRI** 626 m³ | **BGF** 251 m² | **NUF** 171 m²

Einfamilienhaus (154m² WFL). Mischkonstruktion.

Land: Bayern
Kreis: Deggendorf
Standard: hoch
Bauzeit: 135 Wochen*
Kennwerte: bis 1. Ebene DIN 276

BGF 2.070 €/m²

Planung: architekturbüro plandesign; Deggendorf

veröffentlicht: BKI Objektdaten E9
* Nicht in der Auswertung enthalten

6100-1361 Zweifamilienhaus — **BRI** 847 m³ | **BGF** 256 m² | **NUF** 182 m²

Zweifamilienhaus mit 156m² WFL. Mauerwerk.

Land: Nordrhein-Westfalen
Kreis: Wesel
Standard: hoch
Bauzeit: 52 Wochen
Kennwerte: bis 1. Ebene DIN 276

BGF 2.022 €/m²

Planung: Architekturbüro Beate Kempkens; Xanten

veröffentlicht: BKI Objektdaten N16

6100-1444 Einfamilienhaus, Garage (5 STP)* — **BRI** 1.737 m³ | **BGF** 523 m² | **NUF** 374 m²

Einfamilienhaus mit 318m² Wohnfläche und fünf Garagenstellplätzen. Stahlbeton.

Land: Brandenburg
Kreis: Brandenburg a.d. Havel
Standard: hoch
Bauzeit: 61 Wochen
Kennwerte: bis 3. Ebene DIN 276

BGF 6.101 €/m² *

Planung: HOLON ARCHITEKTEN; Hamburg

veröffentlicht: BKI Objektdaten N18
* Nicht in der Auswertung enthalten

6100-1523 Einfamilienhaus, Doppelcarport - Effizienzhaus 55 — **BRI** 836 m³ | **BGF** 285 m² | **NUF** 202 m²

Einfamilienhaus mit Doppelcarport. Holzbau.

Land: Niedersachsen
Kreis: Harburg
Standard: hoch
Bauzeit: 43 Wochen
Kennwerte: bis 1. Ebene DIN 276

BGF 3.264 €/m²

Planung: jup.arc weinert jegenhorst juraschek architekten partmbb; Winsen/Luhe

veröffentlicht: BKI Objektdaten E9

6100-1491 Einfamilienhaus

BRI 720m³ **BGF** 221m² **NUF** 136m²

Einfamilienhaus mit 155m² WFL. Massivbau.

Land: Mecklenburg-Vorpommern
Kreis: Vorpommern-Rügen
Standard: hoch
Bauzeit: 78 Wochen
Kennwerte: bis 1.Ebene DIN 276

BGF **3.676€/m²**

Planung: MÖHRING ARCHITEKTEN; Berlin

veröffentlicht: BKI Objektdaten N17

6100-1246 Zweifamilienhaus, Garage

BRI 913m³ **BGF** 299m² **NUF** 225m²

Zweifamilienhaus (201m² WFL) mit Garage. Mauerwerksbau.

Land: Nordrhein-Westfalen
Kreis: Viersen
Standard: hoch
Bauzeit: 48 Wochen
Kennwerte: bis 1.Ebene DIN 276

BGF **2.308€/m²**

Planung: raumumraum architekten Aldenhoff, Langenbahn, Möhring; Düsseldorf

veröffentlicht: BKI Objektdaten N15

6100-1271 Zweifamilienhaus, Einliegerwohnung, Doppelgarage

BRI 1.625m³ **BGF** 567m² **NUF** 431m²

Zweifamilienhaus (257m² WFL) mit Einliegerwohnung und Doppelgarage, nicht unterkellert. Massivbau.

Land: Baden-Württemberg
Kreis: Karlsruhe
Standard: hoch
Bauzeit: 56 Wochen
Kennwerte: bis 1.Ebene DIN 276

BGF **2.383€/m²**

Planung: m_architekten gmbh mattias huismans, judith haas fr. architekten; Karlsruhe

veröffentlicht: BKI Objektdaten N15

6100-1230 Einfamilienhaus, Carport - Effizienzhaus 70

BRI 779m³ **BGF** 215m² **NUF** 130m²

Einfamilienhaus (134m² WFL) mit Carport. Massivbau.

Land: Nordrhein-Westfalen
Kreis: Hochsauerlandkreis
Standard: hoch
Bauzeit: 52 Wochen
Kennwerte: bis 1.Ebene DIN 276

BGF **2.626€/m²**

Planung: masseck. architekten+generalplaner; Arnsberg

veröffentlicht: BKI Objektdaten E7

Ein- und Zweifamilienhäuser, nicht unterkellert, hoher Standard

€/m² BGF

min	1.460	€/m²
von	2.180	€/m²
Mittel	**2.665**	**€/m²**
bis	3.360	€/m²
max	3.675	€/m²

Kosten:
Stand 1. Quartal 2025
Bundesdurchschnitt
inkl. 19% MwSt.

Objektübersicht zur Gebäudeart

6100-1351 Einfamilienhaus — BRI 646 m³ — BGF 208 m² — NUF 139 m²

Einfamilienhaus (140m² WFL). Mauerwerk.

Land: Niedersachsen
Kreis: Hannover, Region
Standard: hoch
Bauzeit: 35 Wochen
Kennwerte: bis 1. Ebene DIN 276

BGF 2.989 €/m²

Planung: mm architekten Martin A. Müller Architekt BDA; Hannover

veröffentlicht: BKI Objektdaten N16

6100-1260 Einfamilienhaus — BRI 1.237 m³ — BGF 379 m² — NUF 262 m²

Einfamilienhaus (283m² WFL). Massivbau.

Land: Nordrhein-Westfalen
Kreis: Aachen, Städteregion
Standard: hoch
Bauzeit: 57 Wochen
Kennwerte: bis 1. Ebene DIN 276

BGF 3.222 €/m²

Planung: Zweering Helmus Architekten PartGmbB; Aachen

veröffentlicht: BKI Objektdaten N15

6100-1165 Einfamilienhaus, Garage - Effizienzhaus 70 — BRI 811 m³ — BGF 265 m² — NUF 161 m²

Einfamilienhaus mit separater Garage, als Abstellraum genutzt. Mauerwerksbau.

Land: Schleswig-Holstein
Kreis: Ostholstein
Standard: hoch
Bauzeit: 39 Wochen
Kennwerte: bis 3. Ebene DIN 276

BGF 2.535 €/m²

Planung: Mißfeldt Kraß Architekten BDA; Lübeck

veröffentlicht: BKI Objektdaten N13

6100-1124 Einfamilienhaus — BRI 1.050 m³ — BGF 297 m² — NUF 212 m²

Einfamilienhaus mit Garage. Mauerwerksbau.

Land: Thüringen
Kreis: Unstrut-Hainich-Kreis
Standard: hoch
Bauzeit: 48 Wochen
Kennwerte: bis 3. Ebene DIN 276

BGF 2.405 €/m²

Planung: Bauer Architektur; Weimar

veröffentlicht: BKI Objektdaten N13

Objektübersicht zur Gebäudeart

6100-1093 Zweifamilienhaus

BRI 1.874 m³ **BGF** 673 m² **NUF** 405 m²

Freistehendes Zweifamilienhaus mit 358 m² WFL. Mauerwerk, Stahlbeton, Holzrahmenbau.

Land: Sachsen
Kreis: Dresden, Stadt
Standard: hoch
Bauzeit: 48 Wochen
Kennwerte: bis 3. Ebene DIN 276

BGF **1.458 €/m²**

Planung: TSSB architekten.ingenieure; Dresden

veröffentlicht: BKI Objektdaten N13

6100-1020 Einfamilienhaus - KfW 40

BRI 1.111 m³ **BGF** 346 m² **NUF** 232 m²

Einfamilienhaus (195 m² WFL). Mauerwerk.

Land: Nordrhein-Westfalen
Kreis: Aachen, Städteregion
Standard: hoch
Bauzeit: 48 Wochen
Kennwerte: bis 1. Ebene DIN 276

BGF **1.928 €/m²**

Planung: BAUSTRUCTURA Hennig & Müller Partnerschaftsgesellschaft; Würselen

veröffentlicht: BKI Objektdaten N12

6100-0900 Einfamilienhaus

BRI 881 m³ **BGF** 277 m² **NUF** 186 m²

Einfamilienhaus mit großzügiger Verglasung zum Patio, Dachterrasse, wasserführender Kamin, Luftwärmepumpe, Solaranlage, hochwertige technische Ausstattung. Mauerwerksbau.

Land: Berlin
Kreis: Berlin, Stadt
Standard: hoch
Bauzeit: 56 Wochen
Kennwerte: bis 3. Ebene DIN 276

BGF **2.602 €/m²**

Planung: Gewers & Pudewill GPAI GmbH; Berlin

veröffentlicht: BKI Objektdaten N11

6100-0748 Einfamilienhaus

BRI 703 m³ **BGF** 220 m² **NUF** 150 m²

Einfamilienhaus (168 m² WFL). Mauerwerksbau.

Land: Brandenburg
Kreis: Havelland
Standard: hoch
Bauzeit: 39 Wochen
Kennwerte: bis 3. Ebene DIN 276

BGF **2.212 €/m²**

Planung: büro labs vonhelmolt architekten und ingenieure PartGmbB; Falkensee

veröffentlicht: BKI Objektdaten N11

Ein- und Zwei-familienhäuser, nicht unterkellert, hoher Standard

€/m² BGF

min	1.460	€/m²
von	2.180	€/m²
Mittel	**2.665**	**€/m²**
bis	3.360	€/m²
max	3.675	€/m²

Kosten:
Stand 1. Quartal 2025
Bundesdurchschnitt
inkl. 19% MwSt.

Objektübersicht zur Gebäudeart

6100-0581 Einfamilienhaus, Carport

BRI 1.258 m³ **BGF** 390 m² **NUF** 275 m²

Einfamilienwohnhaus. Mauerwerksbau.

Land: Bayern
Kreis: Donau-Ries
Standard: hoch
Bauzeit: 39 Wochen
Kennwerte: bis 3. Ebene DIN 276

BGF 2.122 €/m²

Planung: Planungsgemeinschaft Zehetmayr und Lippert; Bad Aibling

veröffentlicht: www.bki.de

Ein- und Zweifamilienhäuser, Passivhausstandard, Massivbauweise

Kostenkennwerte für die Kosten des Bauwerks (Kostengruppen 300+400 nach DIN 276)

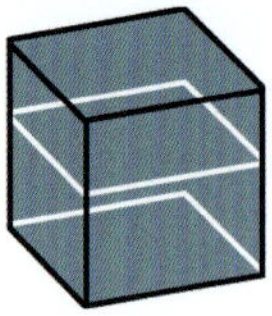

BRI 645 €/m³
von 565 €/m³
bis 735 €/m³

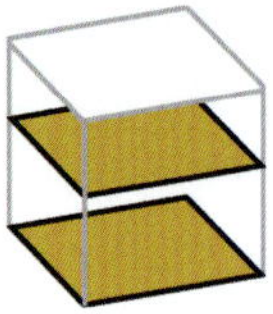

BGF 2.040 €/m²
von 1.795 €/m²
bis 2.395 €/m²

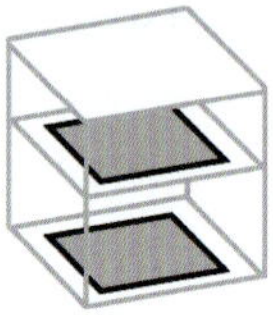

NUF 3.010 €/m²
von 2.555 €/m²
bis 3.560 €/m²

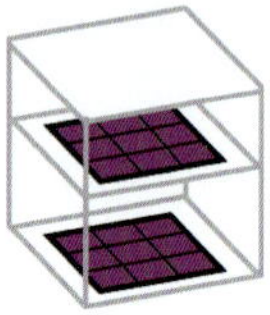

NE 3.505 €/NE
von 2.965 €/NE
bis 4.370 €/NE
NE: Wohnfläche

Objektbeispiele

Kosten:
Stand 1. Quartal 2025
Bundesdurchschnitt
inkl. 19% MwSt.

6100-0827

6100-1178

6100-1029

6100-1164

6100-1270

6100-0877

Kosten der 22 Vergleichsobjekte

Seiten 506 bis 512

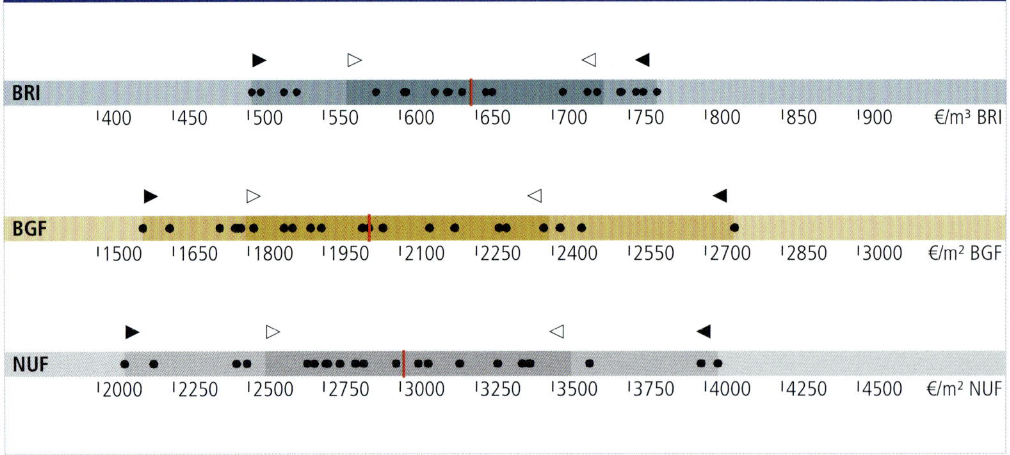

● KKW
▶ min
▷ von
| Mittelwert
◁ bis
◀ max

Kostenstand: 1. Quartal 2025, Bundesdurchschnitt, **inkl. 19% MwSt.**

Kostenkennwerte für die Kostengruppen der 1. und 2.Ebene DIN 276

KG	Kostengruppen der 1.Ebene	Einheit	▷	€/Einheit	◁	▷	% an 300+400	◁
100	Grundstück	m^2 GF	–	**–**	–	–	**–**	–
200	Vorbereitende Maßnahmen	m^2 GF	3	**6**	14	0,3	**0,6**	1,6
300	Bauwerk – Baukonstruktionen	m^2 BGF	1.359	**1.600**	1.898	73,9	**78,3**	81,9
400	Bauwerk – Technische Anlagen	m^2 BGF	367	**438**	545	18,1	**21,7**	26,1
	Bauwerk 300+400	m^2 BGF	1.794	**2.038**	2.393	100,0	**100,0**	100,0
500	Außenanlagen und Freiflächen	m^2 AF	12	**36**	68	1,0	**2,9**	5,1
600	Ausstattung und Kunstwerke	m^2 BGF	3	**6**	9	0,1	**0,3**	0,4
700	Baunebenkosten*	m^2 BGF	520	**580**	639	25,6	**28,5**	31,4
800	Finanzierung	m^2 BGF	–	**–**	–	–	**–**	–

◁ * Auf Grundlage der HOAI 2021 berechnete Werte nach §§ 35, 52, 56. Weitere Informationen siehe Seite 56

KG	Kostengruppen der 2.Ebene	Einheit	▷	€/Einheit	◁	▷	% an 1.Ebene	◁
310	Baugrube / Erdbau	m^3 BGI	30	**54**	126	1,6	**3,5**	11,1
320	Gründung, Unterbau	m^2 GRF	368	**461**	643	7,3	**10,6**	15,3
330	Außenwände / vertikal außen	m^2 AWF	503	**607**	707	40,7	**43,3**	46,8
340	Innenwände / vertikal innen	m^2 IWF	231	**255**	304	9,2	**10,9**	12,9
350	Decken / horizontal	m^2 DEF	359	**434**	542	11,4	**14,8**	20,9
360	Dächer	m^2 DAF	389	**473**	559	11,5	**13,7**	16,7
370	Infrastrukturanlagen		–	**–**	–	–	**–**	–
380	Baukonstruktive Einbauten	m^2 BGF	8	**12**	17	0,0	**0,1**	0,9
390	Sonst. Maßnahmen für Baukonst.	m^2 BGF	35	**52**	86	2,0	**3,2**	4,7
300	**Bauwerk – Baukonstruktionen**	**m^2 BGF**					**100,0**	
410	Abwasser-, Wasser-, Gasanlagen	m^2 BGF	86	**119**	167	18,1	**27,5**	37,6
420	Wärmeversorgungsanlagen	m^2 BGF	73	**130**	186	17,9	**29,2**	42,9
430	Raumlufttechnische Anlagen	m^2 BGF	69	**105**	192	6,6	**19,9**	36,7
440	Elektrische Anlagen	m^2 BGF	56	**87**	261	12,0	**18,3**	35,0
450	Kommunikationstechnische Anlagen	m^2 BGF	8	**15**	25	1,2	**3,1**	5,0
460	Förderanlagen	m^2 BGF	–	**–**	–	–	**–**	–
470	Nutzungsspez. / verfahrenstech. Anl.	m^2 BGF	–	**–**	–	–	**–**	–
480	Gebäude- und Anlagenautomation	m^2 BGF	10	**39**	54	< 0,1	**2,0**	9,3
490	Sonst. Maßnahmen f. techn. Anl.	m^2 BGF	–	**–**	–	–	**–**	–
400	**Bauwerk – Technische Anlagen**	**m^2 BGF**					**100,0**	

Prozentanteile der Kosten 2.Ebene an den Kosten des Bauwerks nach DIN 276 (Von/Mittel/Bis)

KG	Kostengruppe	%
310	Baugrube / Erdbau	2,7
320	Gründung, Unterbau	8,4
330	Außenwände / vertikal außen	33,9
340	Innenwände / vertikal innen	8,5
350	Decken / horizontal	11,5
360	Dächer	10,8
370	Infrastrukturanlagen	
380	Baukonstruktive Einbauten	0,1
390	Sonst. Maßnahmen für Baukonst.	2,5
410	Abwasser-, Wasser-, Gasanlagen	5,9
420	Wärmeversorgungsanlagen	6,5
430	Raumlufttechnische Anlagen	4,0
440	Elektrische Anlagen	4,1
450	Kommunikationstechnische Anlagen	0,7
460	Förderanlagen	
470	Nutzungsspez. / verfahrenstech. Anl.	
480	Gebäude- und Anlagenautomation	0,5
490	Sonst. Maßnahmen f. techn. Anl.	

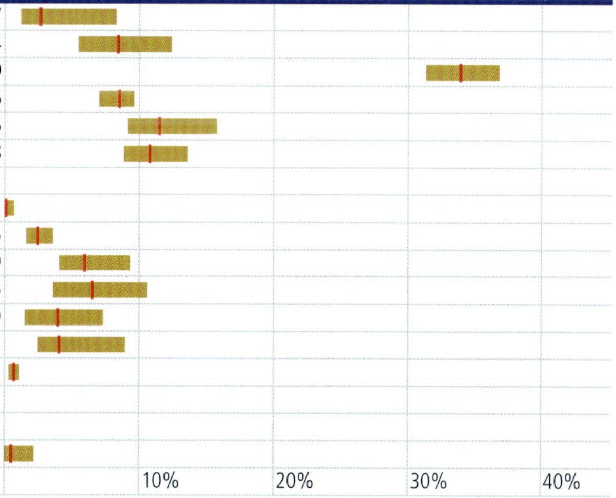

 Kostenstand: 1.Quartal 2025, Bundesdurchschnitt, **inkl. 19% MwSt.**

Verwaltung
Wissenschaft
Gesundheit
Bildung
Sport
Wohnen
Gewerbe
Versorgung
Kultur

Kosten:
Stand 1.Quartal 2025
Bundesdurchschnitt
inkl. 19% MwSt.

Prozentanteile der Kosten für Leistungsbereiche nach STLB (Kosten Bauwerk nach DIN 276)

LB	Leistungsbereiche	5% 10% 15% 20%	▷	% an 300+400	◁
000	Baustellen-, Verkehrssich.- u. Sicherh.einr. inkl. 001		1,5	**2,3**	3,5
002	Erdarbeiten		2,0	**3,1**	5,5
006	Spezialtiefbauarbeiten inkl. 005		< 0,1	**0,6**	7,0
009	Entwässerungskanalarbeiten inkl. 011		0,2	**0,6**	1,1
010	Drän- und Versickerarbeiten		< 0,1	**0,2**	0,4
012	Mauerarbeiten		3,7	**7,1**	9,7
013	Betonarbeiten		9,4	**14,0**	17,6
014	Natur-, Betonwerksteinarbeiten		0,0	**< 0,1**	0,2
016	Zimmer- und Holzbauarbeiten		3,2	**8,3**	16,2
017	Stahlbauarbeiten		< 0,1	**0,6**	2,8
018	Abdichtungsarbeiten		0,4	**1,2**	2,6
020	Dachdeckungsarbeiten		< 0,1	**0,9**	2,4
021	Dachabdichtungsarbeiten		0,3	**2,1**	4,8
022	Klempnerarbeiten		0,9	**1,3**	1,7
	Rohbau		36,7	**42,3**	49,2
023	Putz- und Stuckarbeiten, Wärmedämmsysteme		4,1	**9,4**	12,0
024	Fliesen- und Plattenarbeiten		1,7	**2,3**	4,0
025	Estricharbeiten		1,1	**1,8**	3,0
026	Fenster, Außentüren inkl. 029, 032		7,6	**9,7**	13,9
027	Tischlerarbeiten		1,4	**2,8**	4,5
028	Parkettarbeiten, Holzpflasterarbeiten		0,8	**2,3**	3,8
030	Rollladenarbeiten		0,6	**2,2**	3,5
031	Metallbauarbeiten inkl. 035		< 0,1	**0,8**	2,7
034	Maler- und Lackiererarbeiten inkl. 037		1,5	**2,3**	3,7
036	Bodenbelagarbeiten		< 0,1	**0,4**	1,8
038	Vorgehängte hinterlüftete Fassaden		< 0,1	**0,2**	2,6
039	Trockenbauarbeiten		0,9	**2,2**	4,9
	Ausbau		31,7	**36,5**	41,3
040	Wärmeversorgungsanl. - Betriebseinr. inkl. 041		3,5	**6,3**	10,1
042	Gas- und Wasserinstallation, Leitungen inkl. 043		0,8	**1,5**	2,4
044	Abwasseranlagen - Leitungen, Abläufe, Armaturen		0,5	**0,8**	2,3
045	GWE - Einrichtungsgegenstände inkl. 046		1,7	**2,8**	5,0
047	Dämm- und Brandschutzarbeiten an techn. Anlagen		< 0,1	**0,3**	0,7
049	Feuerlöschanlagen, Feuerlöschgeräte		–	**–**	–
050	Blitzschutz- und Erdungsanlagen		0,1	**0,5**	2,7
052	Mittelspannungsanlagen		–	**–**	–
053	Niederspannungsanlagen inkl. 054		2,5	**3,6**	10,6
055	Sicherheits- und Ersatzstromversorgungsanlagen		–	**–**	–
057	Gebäudesystemtechnik		0,0	**0,2**	2,4
058	Leuchten und Lampen inkl. 059		< 0,1	**< 0,1**	0,4
060	Such-, Signal-, elektroakust. Anl., Med. inkl. 064		< 0,1	**0,2**	0,4
061	Kommunikations- und Übertragungsnetze inkl. 062		0,1	**0,4**	0,6
063	Gefahrenmeldeanlagen		< 0,1	**< 0,1**	0,5
069	Aufzüge		–	**–**	–
070	Gebäudeautomation		0,0	**0,3**	2,0
075	Raumlufttechnische Anlagen inkl. 078		1,0	**3,9**	7,0
	Gebäudetechnik		17,5	**20,8**	26,0
	Sonstige Leistungsbereiche inkl. 008, 033, 051		< 0,1	**0,4**	1,7

- ● KKW
- ▶ min
- ▷ von
- | Mittelwert
- ◁ bis
- ◀ max

Planungskennwerte für Flächen und Rauminhalte nach DIN 277

Grundflächen		▷	Fläche/NUF (%)	◁	▷	Fläche/BGF (%)	◁
NUF	Nutzungsfläche	100,0	**100,0**	100,0	66,4	**68,1**	71,3
TF	Technikfläche	3,4	**4,2**	5,4	2,2	**2,8**	3,6
VF	Verkehrsfläche	11,0	**13,4**	16,7	7,3	**8,9**	10,8
NRF	Netto-Raumfläche	112,7	**116,2**	119,2	77,0	**78,9**	81,5
KGF	Konstruktions-Grundfläche	26,7	**31,3**	34,6	18,5	**21,1**	23,0
BGF	Brutto-Grundfläche	141,4	**147,4**	151,6	100,0	**100,0**	100,0

Brutto-Rauminhalte		▷	BRI/NUF (m)	◁	▷	BRI/BGF (m)	◁
BRI	Brutto-Rauminhalt	4,38	**4,66**	5,06	3,04	**3,16**	3,33

Flächen von Nutzeinheiten	▷	NUF/Einheit (m²)	◁	▷	BGF/Einheit (m²)	◁
Nutzeinheit: Wohnfläche	1,09	**1,19**	1,35	1,61	**1,74**	2,01

Lufttechnisch behandelte Flächen	▷	Fläche/NUF (%)	◁	▷	Fläche/BGF (%)	◁
Entlüftete Fläche	36,7	**36,7**	36,7	28,6	**28,6**	28,6
Be- und entlüftete Fläche	117,2	**117,2**	117,9	78,5	**78,5**	81,6
Teilklimatisierte Fläche	–	–	–	–	–	–
Klimatisierte Fläche	–	–	–	–	–	–

KG	Kostengruppen (2. Ebene)	Einheit	▷	Menge/NUF	◁	▷	Menge/BGF	◁
310	Baugrube / Erdbau	m³ BGI	1,33	**1,69**	2,11	0,82	**1,13**	1,40
320	Gründung, Unterbau	m² GRF	0,48	**0,56**	0,68	0,33	**0,38**	0,44
330	Außenwände / vertikal außen	m² AWF	1,65	**1,78**	2,02	1,10	**1,20**	1,36
340	Innenwände / vertikal innen	m² IWF	0,90	**1,08**	1,27	0,61	**0,72**	0,83
350	Decken / horizontal	m² DEF	0,73	**0,82**	0,91	0,48	**0,55**	0,58
360	Dächer	m² DAF	0,64	**0,73**	0,77	0,43	**0,49**	0,53
370	Infrastrukturanlagen		–	–	–	–	–	–
380	Baukonstruktive Einbauten	m² BGF	1,41	**1,47**	1,52	1,00	**1,00**	1,00
390	Sonst. Maßnahmen für Baukonst.	m² BGF	1,41	**1,47**	1,52	1,00	**1,00**	1,00
300	**Bauwerk – Baukonstruktionen**	**m² BGF**	1,41	**1,47**	1,52	1,00	**1,00**	1,00

Planungskennwerte für Bauzeiten — 22 Vergleichsobjekte

Bauzeit in Wochen

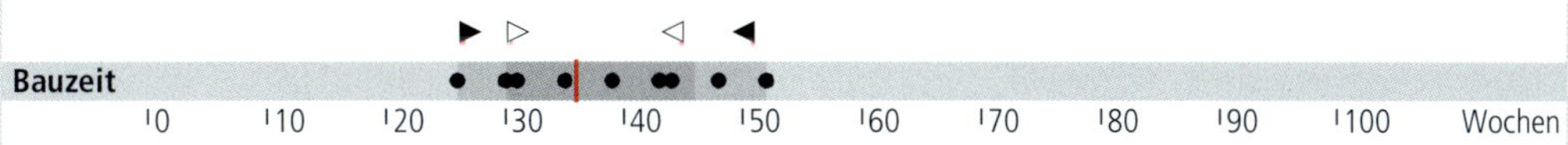

Ein- und Zwei-familienhäuser, Passivhausstandard, Massivbauweise

€/m² BGF

min	1.590	€/m²
von	1.795	€/m²
Mittel	**2.040**	**€/m²**
bis	2.395	€/m²
max	2.755	€/m²

Kosten:
Stand 1.Quartal 2025
Bundesdurchschnitt
inkl. 19% MwSt.

Objektübersicht zur Gebäudeart

6100-1270 Einfamilienhaus - Passivhaus

BRI 638 m³ | **BGF** 215 m² | **NUF** 140 m²

Einfamilienhaus im Passivhausstandard (150m² WFL), nicht unterkellert. Mauerwerk.

Land: Nordrhein-Westfalen
Kreis: Münster, Stadt
Standard: mittel
Bauzeit: 48 Wochen
Kennwerte: bis 1. Ebene DIN 276

BGF **2.208 €/m²**

Planung: buildinggreen Planungsbüro; Münster

veröffentlicht: BKI Objektdaten E7

6100-1164 Einfamilienhaus, ELW - Passivhaus

BRI 1.385 m³ | **BGF** 501 m² | **NUF** 322 m²

Einfamilienhaus mit Einliegerwohnung. Massivbauweise.

Land: Nordrhein-Westfalen
Kreis: Aachen, Städteregion
Standard: mittel
Bauzeit: 39 Wochen
Kennwerte: bis 3. Ebene DIN 276

BGF **1.773 €/m²**

Planung: RONGEN ARCHITEKTEN PartG mbB; Wassenberg

veröffentlicht: BKI Objektdaten E6

6100-1335 Einfamilienhaus, Garagen - Passivhaus

BRI 1.704 m³ | **BGF** 504 m² | **NUF** 321 m²

Einfamilienhaus mit separatem Gästebereich und Garage als Passivhaus. Holzrahmenbau, Mauerwerk.

Land: Nordrhein-Westfalen
Kreis: Heinsberg
Standard: hoch
Bauzeit: 30 Wochen
Kennwerte: bis 3. Ebene DIN 276

BGF **2.037 €/m²**

Planung: RONGEN ARCHITEKTEN PartG mbB; Wassenberg

veröffentlicht: BKI Objektdaten E8

6100-1019 Einfamilienhaus - Passivhaus

BRI 721 m³ | **BGF** 244 m² | **NUF** 168 m²

Wohnhaus (97m² WFL). Mauerwerksbau.

Land: Sachsen
Kreis: Dresden, Stadt
Standard: mittel
Bauzeit: 35 Wochen
Kennwerte: bis 1. Ebene DIN 276

BGF **1.870 €/m²**

Planung: architekten dd Dipl.-Ing. Dietmar Eichelmann; Dresden

veröffentlicht: BKI Objektdaten E5

6100-1178 Einfamilienhaus - Passivhaus

BRI 884 m³ **BGF** 260 m² **NUF** 168 m²

Einfamilienhaus als Passivhaus mit 155m² WFL. Mauerwerksbau.

Land: Baden-Württemberg
Kreis: Reutlingen
Standard: mittel
Bauzeit: 26 Wochen
Kennwerte: bis 3. Ebene DIN 276

BGF 1.779 €/m²

Planung: Architekt Rainer Graf Architektur + Energiekonzepte; Ofterdingen

veröffentlicht: BKI Objektdaten E6

6100-0986 Einfamilienhaus - Passivhaus*

BRI 1.096 m³ **BGF** 347 m² **NUF** 235 m²

Einfamilienhaus, vom Passivhaus Institut zertifiziert, hat den Plusstandard erreicht, mit Garage. Mauerwerksbau.

Land: Bayern
Kreis: Aichach-Friedberg
Standard: hoch
Bauzeit: 70 Wochen
Kennwerte: bis 3. Ebene DIN 276

BGF 3.085 €/m² *

Planung: Architekturbüro Friedl Dr. Werner Friedl Master of Science; Adelzhausen

veröffentlicht: BKI Objektdaten E5
* Nicht in der Auswertung enthalten

6100-1029 Einfamilienhaus - Passivhaus

BRI 964 m³ **BGF** 303 m² **NUF** 202 m²

Einfamilienhaus als Passivhaus (172m² WFL), das in zwei Wohneinheiten aufgeteilt werden kann. Mauerwerksbau mit Verblendmauerwerk.

Land: Schleswig-Holstein
Kreis: Steinburg
Standard: hoch
Bauzeit: 30 Wochen
Kennwerte: bis 1. Ebene DIN 276

BGF 1.923 €/m²

Planung: Architekturbüro Rühmann; Steenfeld

veröffentlicht: BKI Objektdaten E5

6100-0827 Einfamilienhaus, ELW - Passivhaus

BRI 677 m³ **BGF** 211 m² **NUF** 138 m²

Einfamilienhaus mit Einliegerwohnung im Passivhausstandard (155m² WFL). Mauerwerksbau.

Land: Baden-Württemberg
Kreis: Karlsruhe
Standard: einfach
Bauzeit: 43 Wochen
Kennwerte: bis 3. Ebene DIN 276

BGF 2.024 €/m²

Planung: Heidrun Hausch Dipl.-Ing. (FH) BAUKONTOR hrp; Karlsruhe

veröffentlicht: www.bki.de

€/m² BGF

min	1.590	€/m²
von	1.795	€/m²
Mittel	**2.040**	**€/m²**
bis	2.395	€/m²
max	2.755	€/m²

Kosten:
Stand 1. Quartal 2025
Bundesdurchschnitt
inkl. 19% MwSt.

Objektübersicht zur Gebäudeart

6100-0807 Einfamilienhaus - Passivhaus

BRI 842 m³ **BGF** 272 m² **NUF** 211 m²

Einfamilienwohnhaus im Passivhausstandard (160m² WFL). Mauerwerksbau.

Land: Baden-Württemberg
Kreis: Esslingen
Standard: hoch
Bauzeit: 43 Wochen
Kennwerte: bis 3. Ebene DIN 276

BGF 2.383 €/m²

Planung: ASs Flassak & Tehrani Freie Architekten und Stadtplaner; Stuttgart

veröffentlicht: www.bki.de

6100-0877 Einfamilienhaus - Passivhaus

BRI 737 m³ **BGF** 271 m² **NUF** 204 m²

Einfamilienhaus im Passivhausstandard (141m² WFL). Mauerwerksbau.

Land: Nordrhein-Westfalen
Kreis: Mönchengladbach, Stadt
Standard: mittel
Bauzeit: 48 Wochen
Kennwerte: bis 3. Ebene DIN 276

BGF 1.642 €/m²

Planung: bau grün ! energieeff. Gebäude Arch. Daniel Finocchiaro; Mönchengladbach

veröffentlicht: www.bki.de

6100-0792 Einfamilienhaus - Passivhaus

BRI 1.077 m³ **BGF** 368 m² **NUF** 255 m²

Einfamilienhaus im Passivhausstandard (158m² WFL), Doppelgarage. Das UG und die Garage sind unbeheizt. Holzrahmenbau, Stahlbeton, Mauerwerk.

Land: Baden-Württemberg
Kreis: Tübingen
Standard: hoch
Bauzeit: 26 Wochen
Kennwerte: bis 3. Ebene DIN 276

BGF 2.065 €/m²

Planung: Architekt Rainer Graf Architektur + Energiekonzepte; Ofterdingen

veröffentlicht: www.bki.de

6100-0760 Einfamilienhaus - Passivhaus

BRI 766 m³ **BGF** 231 m² **NUF** 163 m²

Einfamilienhaus, Passivhaus, nicht unterkellert. Thermo-Module, betonverfüllt.

Land: Rheinland-Pfalz
Kreis: Eifelkreis Bitburg-Prüm
Standard: mittel
Bauzeit: 31 Wochen
Kennwerte: bis 1. Ebene DIN 276

BGF 2.414 €/m²

Planung: k.A.

veröffentlicht: www.bki.de

Objektübersicht zur Gebäudeart

6100-0975 Einfamilienhaus, Doppelgarage - Plusenergiehaus

BRI 1.061 m³ **BGF** 350 m² **NUF** 232 m²

Einfamilienhaus (144m² WFL) als Kettenhaus mit Doppelgarage. Mauerwerksbau.

Land: Bayern
Kreis: Regensburg, Stadt
Standard: mittel
Bauzeit: 31 Wochen
Kennwerte: bis 1. Ebene DIN 276

BGF **1.886 €/m²**

Planung: Michaela Berkmüller Architektin; Regensburg

veröffentlicht: BKI Objektdaten E5

6100-0779 Einfamilienhaus - Passivhaus

BRI 1.210 m³ **BGF** 439 m² **NUF** 295 m²

Einfamilienhaus im Passivhausstandard (247m² WFL). Mauerwerksbau.

Land: Bayern
Kreis: Starnberg
Standard: mittel
Bauzeit: 35 Wochen
Kennwerte: bis 3. Ebene DIN 276

BGF **1.809 €/m²**

Planung: Schindler Architekten mit Dipl.-Ing. (FH) H. Reineking; Planegg

veröffentlicht: www.bki.de

6100-0777 Einfamilienhaus - Passivhaus

BRI 772 m³ **BGF** 255 m² **NUF** 171 m²

Einfamilienwohnhaus, Passivhaus, Massivbau. Mauerwerksbau.

Land: Brandenburg
Kreis: Cottbus, Stadt
Standard: mittel
Bauzeit: 30 Wochen
Kennwerte: bis 1. Ebene DIN 276

BGF **2.294 €/m²**

Planung: Dirk Böhme; Cottbus

veröffentlicht: www.bki.de

6100-0862 Einfamilienhaus - Passivhaus

BRI 911 m³ **BGF** 249 m² **NUF** 172 m²

Einfamilienhaus im Passivhausstandard (211m² WFL). Mauerwerksbau.

Land: Brandenburg
Kreis: Oberhavel
Standard: mittel
Bauzeit: 48 Wochen
Kennwerte: bis 3. Ebene DIN 276

BGF **2.756 €/m²**

Planung: Jirka + Nadansky Architekten; Borgsdorf

veröffentlicht: www.bki.de

€/m² BGF

min	1.590	€/m²
von	1.795	€/m²
Mittel	**2.040**	**€/m²**
bis	2.395	€/m²
max	2.755	€/m²

Kosten:
Stand 1. Quartal 2025
Bundesdurchschnitt
inkl. 19% MwSt.

Objektübersicht zur Gebäudeart

6100-0789 Einfamilienhaus - Passivhaus

BRI 856 m³ **BGF** 255 m² **NUF** 185 m²

Einfamilienhaus mit Einliegerwohnung, Passivhaus. Mauerwerksbau.

Land: Hamburg
Kreis: Hamburg, Stadt
Standard: mittel
Bauzeit: 52 Wochen
Kennwerte: bis 1. Ebene DIN 276

BGF **1.785 €/m²**

Planung: Architektengruppe Voß Detlef Voß; Tostedt

veröffentlicht: www.bki.de

6100-0774 Einfamilienhaus - Passivhaus*

BRI 926 m³ **BGF** 315 m² **NUF** 203 m²

Einfamilienhaus Passivhaus. Mauerwerksbau.

Land: Rheinland-Pfalz
Kreis: Rhein-Lahn-Kreis
Standard: mittel
Bauzeit: 30 Wochen
Kennwerte: bis 1. Ebene DIN 276

BGF **1.513 €/m²**

Planung: k.A.

veröffentlicht: www.bki.de
* Nicht in der Auswertung enthalten

6100-0736 Einfamilienhaus - Passivhaus

BRI 1.138 m³ **BGF** 342 m² **NUF** 237 m²

Einfamilienhaus als Passivhaus mit Carport, nicht unterkellert, Garage Bestand. Mauerwerksbau; Stb-Decken; Holzdachkonstruktion.

Land: Nordrhein-Westfalen
Kreis: Gütersloh
Standard: hoch
Bauzeit: 31 Wochen
Kennwerte: bis 1. Ebene DIN 276

BGF **1.944 €/m²**

Planung: Schützdeller-Münstermann Architekten; Rheda-Wiedenbrück

veröffentlicht: www.bki.de

6100-0773 Einfamilienhaus - Passivhaus*

BRI 663 m³ **BGF** 199 m² **NUF** 125 m²

Einfamilienhaus, Passivhaus, nicht unterkellert. Mauerwerksbau.

Land: Rheinland-Pfalz
Kreis: Westerwaldkreis
Standard: mittel
Bauzeit: 35 Wochen
Kennwerte: bis 1. Ebene DIN 276

BGF **2.823 €/m²**

Planung: k.A.

veröffentlicht: www.bki.de
* Nicht in der Auswertung enthalten

6100-1047 Einfamilienhaus - Passivhaus

BRI 697 m³ | **BGF** 203 m² | **NUF** 142 m²

Einfamilienhaus, nicht unterkellert (156m² WFL), Passivhaus. Mauerwerksbau.

Land: Thüringen
Kreis: Erfurt, Stadt
Standard: mittel
Bauzeit: 30 Wochen
Kennwerte: bis 1. Ebene DIN 276

BGF **1.742 €/m²**

Planung: Ulrike Ludewig Freie Architekten; Weimar

veröffentlicht: BKI Objektdaten E5

6100-0714 Einfamilienhaus - Passivhaus

BRI 1.205 m³ | **BGF** 324 m² | **NUF** 197 m²

Einfamilienhaus im Passivhausstandard. Mauerwerksbau.

Land: Bayern
Kreis: Fürstenfeldbruck
Standard: mittel
Bauzeit: 44 Wochen
Kennwerte: bis 3. Ebene DIN 276

BGF **2.457 €/m²**

Planung: Planungsbüro future-proved Alexander Grab; Augsburg

veröffentlicht: www.bki.de

6100-0636 Einfamilienhaus - Passivhaus

BRI 661 m³ | **BGF** 207 m² | **NUF** 132 m²

Einfamilienwohnhaus mit Carport, (144m² WFL). Mauerwerksbau.

Land: Bremen
Kreis: Bremen, Stadt
Standard: hoch
Bauzeit: 26 Wochen
Kennwerte: bis 3. Ebene DIN 276

BGF **2.309 €/m²**

Planung: team 3 - architekturbüro; Oldenburg

veröffentlicht: www.bki.de

6100-0653 Einfamilienhaus - Plusenergiehaus*

BRI 1.435 m³ | **BGF** 474 m² | **NUF** 301 m²

Einfamilienhaus (210m² WFL), Plusenergiehaus in Passivbauweise, Fotovoltaik, Fassadenkollektoren, der jährliche Energieüberschuss ca. 35%, der Überschuss wird als Strom ins Netz eingespeist, Carport. Das Haus wurde zertifiziert. Mauerwerksbau; Stb-Decken; Holzdachkonstruktion.

Land: Bayern
Kreis: Augsburg, Stadt
Standard: hoch
Bauzeit: 56 Wochen
Kennwerte: bis 3. Ebene DIN 276

BGF **3.118 €/m²** *

Planung: Architekturbüro Dipl.-Ing. (FH) Werner Friedl; Adelzhausen

veröffentlicht: www.bki.de
* Nicht in der Auswertung enthalten

Ein- und Zweifamilienhäuser, Passivhausstandard, Massivbauweise

€/m² BGF

min	1.590	€/m²
von	1.795	€/m²
Mittel	**2.040**	**€/m²**
bis	2.395	€/m²
max	2.755	€/m²

Kosten:
Stand 1. Quartal 2025
Bundesdurchschnitt
inkl. 19% MwSt.

Objektübersicht zur Gebäudeart

6100-0680 Einfamilienhaus - Passivhaus

BRI 967 m³ **BGF** 305 m² **NUF** 232 m²

© Werkgruppe Freiburg Architekten

Einfamilienhaus mit Carport. Stb-WU-Keller; Mauerwerksbau; Stb-Decken; Holzdachkonstruktion.

Land: Baden-Württemberg
Kreis: Ortenaukreis
Standard: hoch
Bauzeit: 39 Wochen
Kennwerte: bis 1. Ebene DIN 276

BGF **1.590 €/m²**

Planung: Werkgruppe Freiburg Architekten; Freiburg

veröffentlicht: www.bki.de

6100-0625 Einfamilienhaus - Passivhaus

BRI 677 m³ **BGF** 233 m² **NUF** 152 m²

© Johann-Christian Fromme

Einfamilienhaus im Passivhausstandard (170m² WFL). Mauerwerksbau.

Land: Sachsen-Anhalt
Kreis: Halle (Saale), Stadt
Standard: mittel
Bauzeit: 35 Wochen
Kennwerte: bis 3. Ebene DIN 276

BGF **2.158 €/m²**

Planung: Johann-Christian Fromme Freier Architekt; Halle

veröffentlicht: www.bki.de

Ein- und Zweifamilienhäuser, Passivhausstandard, Holzbauweise

Kostenkennwerte für die Kosten des Bauwerks (Kostengruppen 300+400 nach DIN 276)

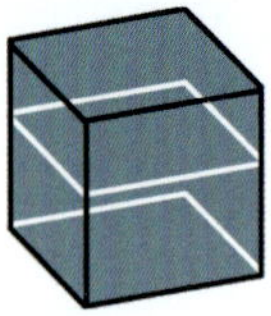

BRI 715 €/m³
von 595 €/m³
bis 810 €/m³

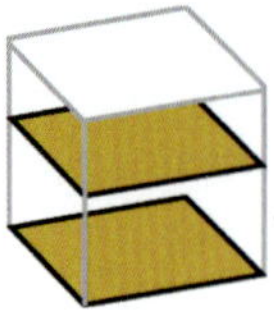

BGF 2.190 €/m²
von 1.845 €/m²
bis 2.595 €/m²

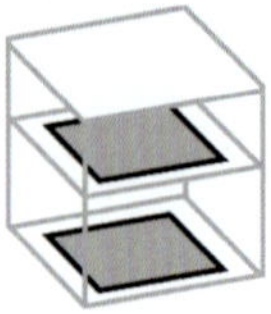

NUF 3.315 €/m²
von 2.795 €/m²
bis 3.980 €/m²

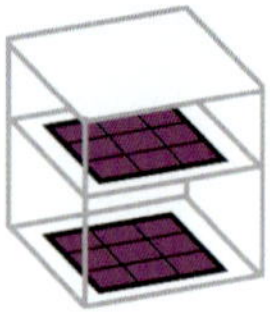

NE 3.795 €/NE
von 3.260 €/NE
bis 4.870 €/NE
NE: Wohnfläche

Kosten:
Stand 1. Quartal 2025
Bundesdurchschnitt
inkl. 19% MwSt.

Objektbeispiele

6100-1209

6100-1042

6100-1017

6100-1474

6100-1559

6100-0970

Kosten der 36 Vergleichsobjekte

Seiten 518 bis 527

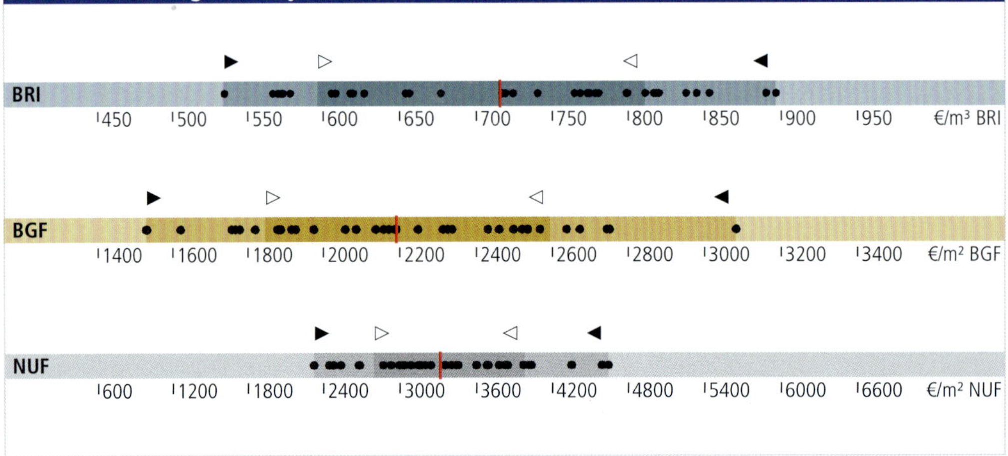

- ● KKW
- ▶ min
- ▷ von
- | Mittelwert
- ◁ bis
- ◀ max

Kostenkennwerte für die Kostengruppen der 1. und 2. Ebene DIN 276

KG	Kostengruppen der 1. Ebene	Einheit	▷	€/Einheit	◁	▷	% an 300+400	◁
100	Grundstück	m² GF	–	**–**	–	–	**–**	–
200	Vorbereitende Maßnahmen	m² GF	6	**17**	39	0,5	**1,5**	2,8
300	Bauwerk – Baukonstruktionen	m² BGF	1.443	**1.738**	2.033	74,9	**79,4**	84,1
400	Bauwerk – Technische Anlagen	m² BGF	324	**453**	602	15,9	**20,6**	25,1
	Bauwerk 300+400	m² BGF	1.845	**2.191**	2.595	100,0	**100,0**	100,0
500	Außenanlagen und Freiflächen	m² AF	41	**91**	177	2,1	**4,5**	9,0
600	Ausstattung und Kunstwerke	m² BGF	3	**59**	115	0,1	**2,7**	5,2
700	Baunebenkosten*	m² BGF	544	**607**	669	24,9	**27,7**	30,5 ◁
800	Finanzierung	m² BGF	–	**–**	–	–	**–**	–

◁ * Auf Grundlage der HOAI 2021 berechnete Werte nach §§ 35, 52, 56. Weitere Informationen siehe Seite 56

KG	Kostengruppen der 2. Ebene	Einheit	▷	€/Einheit	◁	▷	% an 1. Ebene	◁
310	Baugrube / Erdbau	m³ BGI	37	**56**	93	1,2	**2,2**	3,8
320	Gründung, Unterbau	m² GRF	313	**486**	600	6,7	**11,6**	14,9
330	Außenwände / vertikal außen	m² AWF	577	**695**	850	40,1	**43,5**	47,3
340	Innenwände / vertikal innen	m² IWF	246	**301**	401	7,7	**10,4**	12,4
350	Decken / horizontal	m² DEF	423	**520**	595	10,2	**13,5**	17,3
360	Dächer	m² DAF	436	**528**	648	12,0	**14,6**	17,2
370	Infrastrukturanlagen		–	**–**	–	–	**–**	–
380	Baukonstruktive Einbauten	m² BGF	16	**69**	106	< 0,1	**1,2**	5,8
390	Sonst. Maßnahmen für Baukonst.	m² BGF	35	**54**	69	2,3	**3,0**	4,4
300	**Bauwerk – Baukonstruktionen**	**m² BGF**					**100,0**	
410	Abwasser-, Wasser-, Gasanlagen	m² BGF	97	**138**	197	18,6	**27,2**	37,0
420	Wärmeversorgungsanlagen	m² BGF	90	**153**	248	7,8	**23,8**	42,3
430	Raumlufttechnische Anlagen	m² BGF	79	**125**	206	11,4	**23,3**	37,8
440	Elektrische Anlagen	m² BGF	74	**124**	245	16,1	**23,0**	42,9
450	Kommunikationstechnische Anlagen	m² BGF	8	**17**	25	0,7	**2,5**	4,2
460	Förderanlagen	m² BGF	–	**–**	–	–	**–**	–
470	Nutzungsspez. / verfahrenstech. Anl.	m² BGF	–	**11**	–	0,0	**0,1**	2,2
480	Gebäude- und Anlagenautomation	m² BGF	–	**–**	–	–	**–**	–
490	Sonst. Maßnahmen f. techn. Anl.	m² BGF	–	**–**	–	–	**–**	–
400	**Bauwerk – Technische Anlagen**	**m² BGF**					**100,0**	

Prozentanteile der Kosten 2. Ebene an den Kosten des Bauwerks nach DIN 276 (Von/Mittel/Bis)

KG	Kostengruppe	%
310	Baugrube / Erdbau	1,7
320	Gründung, Unterbau	9,0
330	Außenwände / vertikal außen	34,0
340	Innenwände / vertikal innen	8,1
350	Decken / horizontal	10,5
360	Dächer	11,4
370	Infrastrukturanlagen	
380	Baukonstruktive Einbauten	1,0
390	Sonst. Maßnahmen für Baukonst.	2,3
410	Abwasser-, Wasser-, Gasanlagen	5,9
420	Wärmeversorgungsanlagen	5,2
430	Raumlufttechnische Anlagen	5,0
440	Elektrische Anlagen	5,3
450	Kommunikationstechnische Anlagen	0,6
460	Förderanlagen	
470	Nutzungsspez. / verfahrenstech. Anl.	< 0,1
480	Gebäude- und Anlagenautomation	
490	Sonst. Maßnahmen f. techn. Anl.	

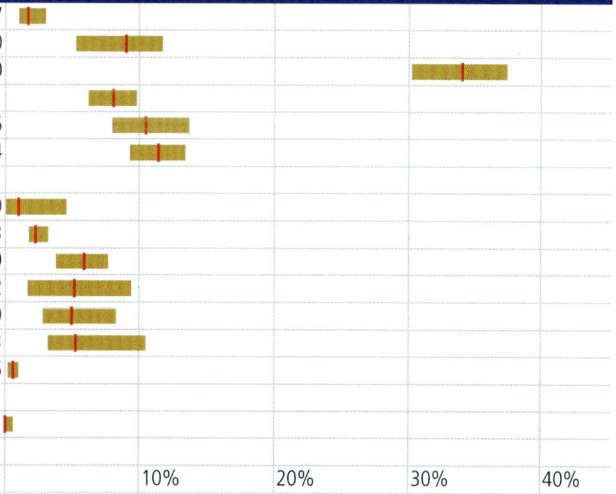

 Kostenstand: 1. Quartal 2025, Bundesdurchschnitt, **inkl. 19% MwSt.**

Ein- und Zweifamilienhäuser, Passivhausstandard, Holzbauweise

Kosten:
Stand 1. Quartal 2025
Bundesdurchschnitt
inkl. 19% MwSt.

Prozentanteile der Kosten für Leistungsbereiche nach STLB (Kosten Bauwerk nach DIN 276)

LB	Leistungsbereiche	▷	% an 300+400	◁
000	Baustellen-, Verkehrssich.- u. Sicherh.einr. inkl. 001	1,2	**2,1**	2,5
002	Erdarbeiten	1,1	**2,0**	3,0
006	Spezialtiefbauarbeiten inkl. 005	–	**–**	–
009	Entwässerungskanalarbeiten inkl. 011	0,1	**0,6**	1,2
010	Drän- und Versickerarbeiten	< 0,1	**0,3**	1,0
012	Mauerarbeiten	0,3	**0,9**	1,7
013	Betonarbeiten	4,3	**7,5**	11,3
014	Natur-, Betonwerksteinarbeiten	< 0,1	**0,2**	1,4
016	Zimmer- und Holzbauarbeiten	23,5	**28,5**	44,0
017	Stahlbauarbeiten	0,0	**0,5**	3,4
018	Abdichtungsarbeiten	0,3	**1,0**	2,4
020	Dachdeckungsarbeiten	0,2	**1,4**	3,5
021	Dachabdichtungsarbeiten	0,3	**1,4**	2,8
022	Klempnerarbeiten	0,8	**1,3**	1,9
	Rohbau	41,8	**47,6**	59,3
023	Putz- und Stuckarbeiten, Wärmedämmsysteme	0,4	**2,3**	4,4
024	Fliesen- und Plattenarbeiten	1,1	**2,0**	3,1
025	Estricharbeiten	1,0	**1,8**	2,8
026	Fenster, Außentüren inkl. 029, 032	5,3	**9,3**	12,2
027	Tischlerarbeiten	1,4	**3,4**	6,4
028	Parkettarbeiten, Holzpflasterarbeiten	0,7	**2,1**	3,1
030	Rollladenarbeiten	0,9	**2,2**	2,9
031	Metallbauarbeiten inkl. 035	0,4	**1,7**	3,3
034	Maler- und Lackiererarbeiten inkl. 037	1,0	**2,1**	3,6
036	Bodenbelagarbeiten	< 0,1	**0,7**	1,8
038	Vorgehängte hinterlüftete Fassaden	0,0	**0,4**	3,0
039	Trockenbauarbeiten	0,9	**3,2**	6,3
	Ausbau	16,7	**31,1**	36,2
040	Wärmeversorgungsanl. - Betriebseinr. inkl. 041	1,3	**4,9**	9,0
042	Gas- und Wasserinstallation, Leitungen inkl. 043	1,0	**1,7**	2,4
044	Abwasseranlagen - Leitungen, Abläufe, Armaturen	0,3	**0,7**	1,1
045	GWE - Einrichtungsgegenstände inkl. 046	1,1	**2,5**	4,3
047	Dämm- und Brandschutzarbeiten an techn. Anlagen	< 0,1	**0,3**	0,6
049	Feuerlöschanlagen, Feuerlöschgeräte	–	**–**	–
050	Blitzschutz- und Erdungsanlagen	< 0,1	**< 0,1**	0,2
052	Mittelspannungsanlagen	–	**–**	–
053	Niederspannungsanlagen inkl. 054	3,0	**5,1**	9,5
055	Sicherheits- und Ersatzstromversorgungsanlagen	–	**–**	–
057	Gebäudesystemtechnik	–	**–**	–
058	Leuchten und Lampen inkl. 059	< 0,1	**0,2**	0,7
060	Such-, Signal-, elektroakust. Anl., Med. inkl. 064	< 0,1	**0,1**	0,3
061	Kommunikations- und Übertragungsnetze inkl. 062	< 0,1	**0,4**	0,7
063	Gefahrenmeldeanlagen	< 0,1	**< 0,1**	0,2
069	Aufzüge	–	**–**	–
070	Gebäudeautomation	–	**–**	–
075	Raumlufttechnische Anlagen inkl. 078	2,7	**4,8**	7,8
	Gebäudetechnik	17,9	**20,9**	24,7
	Sonstige Leistungsbereiche inkl. 008, 033, 051	< 0,1	**0,4**	2,4

- ● KKW
- ▶ min
- ▷ von
- | Mittelwert
- ◁ bis
- ◀ max

Planungskennwerte für Flächen und Rauminhalte nach DIN 277

Grundflächen		▷	Fläche/NUF (%)	◁	▷	Fläche/BGF (%)	◁
NUF	Nutzungsfläche	100,0	**100,0**	100,0	62,8	**66,3**	68,7
TF	Technikfläche	4,2	**5,6**	10,0	2,8	**3,6**	6,2
VF	Verkehrsfläche	9,1	**12,3**	15,0	6,1	**8,1**	9,7
NRF	Netto-Raumfläche	114,7	**117,9**	120,4	74,3	**78,1**	81,1
KGF	Konstruktions-Grundfläche	28,9	**33,8**	43,0	18,9	**21,9**	25,7
BGF	Brutto-Grundfläche	146,9	**151,7**	162,2	100,0	**100,0**	100,0

Brutto-Rauminhalte		▷	BRI/NUF (m)	◁	▷	BRI/BGF (m)	◁
BRI	Brutto-Rauminhalt	4,37	**4,65**	5,09	2,88	**3,07**	3,29

Flächen von Nutzeinheiten	▷	NUF/Einheit (m²)	◁	▷	BGF/Einheit (m²)	◁
Nutzeinheit: Wohnfläche	1,10	**1,19**	1,45	1,64	**1,80**	2,20

Lufttechnisch behandelte Flächen	▷	Fläche/NUF (%)	◁	▷	Fläche/BGF (%)	◁
Entlüftete Fläche	–	–	–	–	–	–
Be- und entlüftete Fläche	80,8	**92,7**	103,0	51,7	**59,6**	65,2
Teilklimatisierte Fläche	7,4	**7,4**	7,4	4,6	**4,6**	4,6
Klimatisierte Fläche	–	–	–	–	–	–

KG	Kostengruppen (2. Ebene)	Einheit	▷	Menge/NUF	◁	▷	Menge/BGF	◁
310	Baugrube / Erdbau	m³ BGI	0,96	**1,23**	1,70	0,64	**0,82**	1,08
320	Gründung, Unterbau	m² GRF	0,57	**0,64**	0,71	0,38	**0,44**	0,48
330	Außenwände / vertikal außen	m² AWF	1,60	**1,74**	1,92	1,09	**1,17**	1,30
340	Innenwände / vertikal innen	m² IWF	0,81	**0,96**	1,07	0,54	**0,65**	0,71
350	Decken / horizontal	m² DEF	0,61	**0,70**	0,83	0,40	**0,47**	0,53
360	Dächer	m² DAF	0,66	**0,78**	0,92	0,45	**0,53**	0,63
370	Infrastrukturanlagen		–	–	–	–	–	–
380	Baukonstruktive Einbauten	m² BGF	1,47	**1,52**	1,62	1,00	**1,00**	1,00
390	Sonst. Maßnahmen für Baukonst.	m² BGF	1,47	**1,52**	1,62	1,00	**1,00**	1,00
300	**Bauwerk – Baukonstruktionen**	**m² BGF**	1,47	**1,52**	1,62	1,00	**1,00**	1,00

Planungskennwerte für Bauzeiten — 36 Vergleichsobjekte

Bauzeit in Wochen

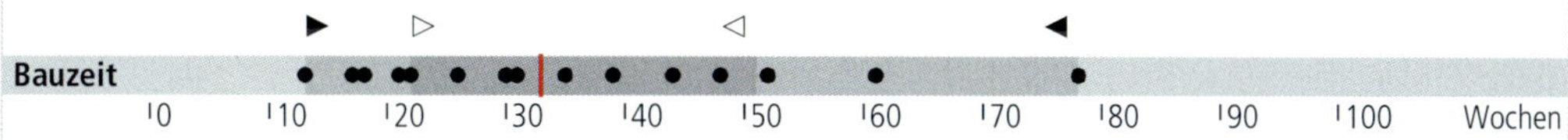

Verwaltung
Wissenschaft
Gesundheit
Bildung
Sport
Wohnen
Gewerbe
Versorgung
Kultur

Ein- und Zweifamilienhäuser, Passivhausstandard, Holzbauweise

€/m² BGF

min	1.530	€/m²
von	1.845	€/m²
Mittel	**2.190**	**€/m²**
bis	2.595	€/m²
max	3.080	€/m²

Kosten:
Stand 1. Quartal 2025
Bundesdurchschnitt
inkl. 19% MwSt.

Objektübersicht zur Gebäudeart

6100-1474 Einfamilienhaus - Passivhaus

BRI 904 m³ | **BGF** 318 m² | **NUF** 214 m²

© Yvonne & Sebastian Fehlings, Medilor

Einfamilienhaus. Holzrahmenbau.

Land: Nordrhein-Westfalen
Kreis: Mönchengladbach, Stadt
Standard: mittel
Bauzeit: 35 Wochen
Kennwerte: bis 1. Ebene DIN 276

BGF **2.324 €/m²**

Planung: bau grün ! energieeff. Gebäude Arch. Daniel Finocchiaro; Mönchengladbach

veröffentlicht: BKI Objektdaten E9

6100-1562 Einfamilienhaus, Büro - Passivhaus*

BRI 1.253 m³ | **BGF** 354 m² | **NUF** 255 m²

© spectrum fotostudio

Einfamilienhaus mit Einliegerwohnung, Büro und Ausstellungsraum. Holzbau.

Land: Baden-Württemberg
Kreis: Schwäbisch Hall
Standard: hoch
Bauzeit: 148 Wochen*
Kennwerte: bis 3. Ebene DIN 276

BGF **3.469 €/m²** *

Planung: Shakti Haus; Bad König

veröffentlicht: BKI Objektdaten N19
* Nicht in der Auswertung enthalten

6100-1360 Einfamilienhaus, Garage - Passivhaus

BRI 795 m³ | **BGF** 298 m² | **NUF** 184 m²

© Sebastian Fehlings

Einfamilienhaus mit 173m² WFL und Garage mit Abstellraum. Holztafelbau.

Land: Nordrhein-Westfalen
Kreis: Wesel
Standard: mittel
Bauzeit: 26 Wochen
Kennwerte: bis 1. Ebene DIN 276

BGF **1.530 €/m²**

Planung: bau grün ! energieeff. Gebäude Arch. Daniel Finocchiaro; Mönchengladbach

veröffentlicht: BKI Objektdaten E8

6100-1326 Einfamilienhaus, Carport - Passivhaus

BRI 958 m³ | **BGF** 365 m² | **NUF** 185 m²

© RONGEN ARCHITEKTEN

Einfamilienhaus (145m² WFL) mit Carport. Holzrahmenbau.

Land: Nordrhein-Westfalen
Kreis: Heinsberg
Standard: mittel
Bauzeit: 26 Wochen
Kennwerte: bis 1. Ebene DIN 276

BGF **1.621 €/m²**

Planung: RONGEN ARCHITEKTEN PartG mbB; Wassenberg

veröffentlicht: BKI Objektdaten E8

6100-1559 Einfamilienhaus, Praxis - Passivhaus

BRI 1.605 m³ **BGF** 610 m² **NUF** 415 m²

© Rolf Messmer

Einfamilienhaus mit Praxis. Holzbau.

Land: Baden-Württemberg
Kreis: Tuttlingen
Standard: mittel
Bauzeit: 52 Wochen
Kennwerte: bis 3. Ebene DIN 276

BGF **2.136 €/m²**

Planung: messmerarchitektur gmbh; Wehingen

veröffentlicht: BKI Objektdaten N19

6100-1169 Reihenendhaus - Passivhaus

BRI 730 m³ **BGF** 250 m² **NUF** 151 m²

© Architekturbüro Thyroff-Krause

Reihenendhaus (132m² WFL) als Passivhaus. Holzrahmenbau.

Land: Schleswig-Holstein
Kreis: Segeberg
Standard: mittel
Bauzeit: 22 Wochen
Kennwerte: bis 1. Ebene DIN 276

BGF **1.914 €/m²**

Planung: Architekturbüro Thyroff-Krause; Kaltenkirchen

veröffentlicht: BKI Objektdaten E6

6100-1156 Reihenmittelhaus - Passivhaus

BRI 616 m³ **BGF** 212 m² **NUF** 148 m²

© Architekturbüro Thyroff-Krause

Reihenmittelhaus (148m² WFL) als Passivhaus. Holzrahmenbau.

Land: Schleswig-Holstein
Kreis: Segeberg
Standard: mittel
Bauzeit: 22 Wochen
Kennwerte: bis 1. Ebene DIN 276

BGF **2.157 €/m²**

Planung: Architekturbüro Thyroff-Krause; Kaltenkirchen

veröffentlicht: BKI Objektdaten E6

6100-1209 Zweifamilienhaus, Garage - Passivhaus

BRI 1.464 m³ **BGF** 443 m² **NUF** 309 m²

© Sabine Schmidt freie architektin

Zweifamilienhaus mit 244m² WFL als Passivhaus. Holzrahmenbau.

Land: Baden-Württemberg
Kreis: Enzkreis
Standard: hoch
Bauzeit: 61 Wochen
Kennwerte: bis 1. Ebene DIN 276

BGF **1.766 €/m²**

Planung: Sabine Schmidt freie architektin; Scheidegg

veröffentlicht: BKI Objektdaten E7

€/m² BGF

min	1.530	€/m²
von	1.845	€/m²
Mittel	**2.190**	**€/m²**
bis	2.595	€/m²
max	3.080	€/m²

Kosten:
Stand 1. Quartal 2025
Bundesdurchschnitt
inkl. 19% MwSt.

Objektübersicht zur Gebäudeart

6100-1287 Einfamilienhaus - Effizienzhaus Plus*

BRI 886 m³ | **BGF** 283 m² | **NUF** 183 m²

Einfamilienhaus (185m² WFL), Effizienzhaus Plus. Holzrahmenbau.

Land: Nordrhein-Westfalen
Kreis: Wuppertal, Stadt
Standard: hoch
Bauzeit: 18 Wochen
Kennwerte: bis 1. Ebene DIN 276

BGF 4.900 €/m² *

Planung: SchwörerHaus KG Franca Wacker; Hohenstein-Oberstetten

veröffentlicht: BKI Objektdaten E7
* Nicht in der Auswertung enthalten

6100-1181 Einfamilienhaus, Garage - Passivhaus*

BRI 948 m³ | **BGF** 288 m² | **NUF** 165 m²

Einfamilienhaus mit Garage in Passivbauweise in Hanglage. Stahlbeton, Holzrahmenbau.

Land: Nordrhein-Westfalen
Kreis: Leverkusen, Stadt
Standard: hoch
Bauzeit: 26 Wochen
Kennwerte: bis 3. Ebene DIN 276

BGF 3.620 €/m² *

Planung: Architektin Katharina Hellmann; Leverkusen

veröffentlicht: BKI Objektdaten E6
* Nicht in der Auswertung enthalten

6100-1058 Doppelhaushälfte - Passivhaus

BRI 790 m³ | **BGF** 235 m² | **NUF** 160 m²

Doppelhaushälfte als Passivhaus (125m² WFL). Holzrahmenbau.

Land: Nordrhein-Westfalen
Kreis: Aachen, Städteregion
Standard: mittel
Bauzeit: 31 Wochen
Kennwerte: bis 1. Ebene DIN 276

BGF 2.568 €/m²

Planung: Agathos Baukontor Dipl. Ing. Bernward Sutmann; Roetgen

veröffentlicht: BKI Objektdaten E6

6100-0947 Doppelhaushälfte - Passivhaus

BRI 542 m³ | **BGF** 198 m² | **NUF** 146 m²

Doppelhaushälfte als Passivhaus. Holzrahmenbau.

Land: Hamburg
Kreis: Hamburg, Stadt
Standard: hoch
Bauzeit: 13 Wochen
Kennwerte: bis 1. Ebene DIN 276

BGF 1.973 €/m²

Planung: Architekturbüro Thyroff-Krause; Kaltenkirchen

veröffentlicht: BKI Objektdaten E5

6100-1177 Einfamilienhaus, Carport - Passivhaus

BRI 634 m³ | **BGF** 196 m² | **NUF** 144 m²

Einfamilienhaus mit Carport, nicht unterkellert. Holzrahmenbau.

Land: Baden-Württemberg
Kreis: Tübingen
Standard: mittel
Bauzeit: 22 Wochen
Kennwerte: bis 3. Ebene DIN 276

BGF 2.520 €/m²

Planung: Architekt Rainer Graf Architektur + Energiekonzepte; Ofterdingen

veröffentlicht: BKI Objektdaten E6

6100-1017 Einfamilienhaus - Passivhaus

BRI 602 m³ | **BGF** 197 m² | **NUF** 118 m²

Einfamilienhaus (127 m² WFL). Holzrahmenbau.

Land: Sachsen
Kreis: Meißen
Standard: mittel
Bauzeit: 30 Wochen
Kennwerte: bis 1. Ebene DIN 276

BGF 2.744 €/m²

Planung: architekten dd Dipl.-Ing. Dietmar Eichelmann; Dresden

veröffentlicht: BKI Objektdaten E5

6100-0970 Einfamilienhaus, Garage - Passivhaus

BRI 1.575 m³ | **BGF** 543 m² | **NUF** 364 m²

Einfamilienhaus (274 m² WFL) in Passivhausbauweise. Die Teilunterkellerung ist ungedämmt. Holzrahmenbau.

Land: Nordrhein-Westfalen
Kreis: Münster, Stadt
Standard: hoch
Bauzeit: 39 Wochen
Kennwerte: bis 1. Ebene DIN 276

BGF 2.247 €/m²

Planung: Entwurf: Dejozé & Dr. Ammann; Münster, Ausführung: Büro Thiel; Münster

veröffentlicht: BKI Objektdaten E5

6100-1018 Einfamilienhaus - Passivhaus

BRI 741 m³ | **BGF** 239 m² | **NUF** 151 m²

Einfamilienhaus (162 m² WFL). Holzrahmenbau.

Land: Sachsen
Kreis: Dresden, Stadt
Standard: mittel
Bauzeit: 39 Wochen
Kennwerte: bis 1. Ebene DIN 276

BGF 2.535 €/m²

Planung: architekten dd Dipl.-Ing. Dietmar Eichelmann; Dresden

veröffentlicht: BKI Objektdaten E5

Ein- und Zweifamilienhäuser, Passivhausstandard, Holzbauweise

€/m² BGF

min	1.530	€/m²
von	1.845	€/m²
Mittel	**2.190**	**€/m²**
bis	2.595	€/m²
max	3.080	€/m²

Kosten:
Stand 1. Quartal 2025
Bundesdurchschnitt
inkl. 19% MwSt.

Objektübersicht zur Gebäudeart

6100-0796 Einfamilienhaus - Passivhaus

BRI 947 m³ **BGF** 372 m² **NUF** 228 m²

Einfamilienhaus im Passivhausstandard (168m² WFL), das UG ist unbeheizt, Zugang direkt aus der warmen Hülle. Garage. Holzrahmenbau.

Land: Baden-Württemberg
Kreis: Reutlingen
Standard: hoch
Bauzeit: 22 Wochen
Kennwerte: bis 3. Ebene DIN 276

BGF 2.085 €/m²

Planung: Architekt Rainer Graf Architektur + Energiekonzepte; Ofterdingen

veröffentlicht: www.bki.de

6100-1042 Einfamilienhaus, Doppelgarage - Passivhaus

BRI 1.060 m³ **BGF** 325 m² **NUF** 226 m²

Nichtunterkellertes Einfamilienhaus mit Doppelgarage (183m² WFL). Holzrahmenbau.

Land: Bayern
Kreis: Rosenheim
Standard: hoch
Bauzeit: 31 Wochen
Kennwerte: bis 1. Ebene DIN 276

BGF 2.752 €/m²

Planung: Wimmer Architekten; Rosenheim

veröffentlicht: BKI Objektdaten E6

6100-0811 Einfamilienhaus - Passivhaus

BRI 1.085 m³ **BGF** 286 m² **NUF** 202 m²

Einfamilienhaus im Passivhausstandard (168m² WFL). Holzrahmenbau, Holzskelettbau.

Land: Rheinland-Pfalz
Kreis: Neuwied
Standard: mittel
Bauzeit: 17 Wochen
Kennwerte: bis 3. Ebene DIN 276

BGF 2.170 €/m²

Planung: Raum für Architektur Dipl.-Ing. Kay Künzel; Wachtberg

veröffentlicht: www.bki.de

6100-0765 Einfamilienhaus - Passivhaus

BRI 959 m³ **BGF** 287 m² **NUF** 199 m²

Einfamilienwohnhaus im Passivhausstandard (223m² WFL). Holzrahmenbau.

Land: Hessen
Kreis: Wetteraukreis
Standard: mittel
Bauzeit: 26 Wochen
Kennwerte: bis 3. Ebene DIN 276

BGF 2.672 €/m²

Planung: Martin Wamsler Freier Architekt BDA Dipl.-Ing. (FH); Friedrichshafen

veröffentlicht: www.bki.de

6100-0981 Einfamilienhaus - Passivhaus

BRI 583 m³ | **BGF** 254 m² | **NUF** 161 m²

Wohnhaus für sechs Personen (148m² WFL), das bei Bedarf in zwei Wohneinheiten aufgeteilt werden kann. Massivholzbau.

Land: Baden-Württemberg
Kreis: Tübingen
Standard: mittel
Bauzeit: 22 Wochen
Kennwerte: bis 1. Ebene DIN 276

BGF 1.925 €/m²

Planung: amunt architekten martenson und nagel theissen; Aachen, Stuttgart

veröffentlicht: BKI Objektdaten E5

6100-0870 Einfamilienhaus - Plusenergiehaus

BRI 1.173 m³ | **BGF** 364 m² | **NUF** 230 m²

Freistehendes, sonnenoptimiertes Gebäude als experimentelles Plusenergiehaus, kompakte Hülle um einen Betonkern (124m² WFL). Holztafelbau.

Land: Brandenburg
Kreis: Oberhavel
Standard: mittel
Bauzeit: 39 Wochen
Kennwerte: bis 2. Ebene DIN 276

BGF 2.336 €/m²

Planung: Jirka + Nadansky Architekten; Borgsdorf

veröffentlicht: www.bki.de

6100-0794 Einfamilienhaus - Passivhaus

BRI 770 m³ | **BGF** 253 m² | **NUF** 166 m²

Einfamilienhaus im Passivhausstandard (131m² WFL), das UG ist unbeheizt, Zugang aus der warmen Hülle. Holzrahmenbau.

Land: Baden-Württemberg
Kreis: Reutlingen
Standard: mittel
Bauzeit: 21 Wochen
Kennwerte: bis 3. Ebene DIN 276

BGF 1.756 €/m²

Planung: Architekt Rainer Graf Architektur + Energiekonzepte; Ofterdingen

veröffentlicht: www.bki.de

6100-0810 Einfamilienhaus - Passivhaus

BRI 848 m³ | **BGF** 250 m² | **NUF** 179 m²

Einfamilienhaus im Passivhausstandard (171m² WFL). Holzrahmenbau.

Land: Nordrhein-Westfalen
Kreis: Rhein-Sieg-Kreis
Standard: mittel
Bauzeit: 21 Wochen
Kennwerte: bis 3. Ebene DIN 276

BGF 2.637 €/m²

Planung: Raum für Architektur Dipl.-Ing. Kay Künzel; Wachtberg

veröffentlicht: www.bki.de

Ein- und Zweifamilienhäuser, Passivhausstandard, Holzbauweise

€/m² BGF

min	1.530	€/m²
von	1.845	€/m²
Mittel	**2.190**	**€/m²**
bis	2.595	€/m²
max	3.080	€/m²

Kosten:
Stand 1. Quartal 2025
Bundesdurchschnitt
inkl. 19% MwSt.

Objektübersicht zur Gebäudeart

6100-0809 Einfamilienhaus - Passivhaus

BRI 908 m³ | **BGF** 282 m² | **NUF** 207 m²

© Raum für Architektur

Einfamilienhaus im Passivhausstandard (201m² WFL). Holzrahmenbau, Holzskelettbau.

Land: Nordrhein-Westfalen
Kreis: Rhein-Sieg-Kreis
Standard: mittel
Bauzeit: 17 Wochen
Kennwerte: bis 3. Ebene DIN 276

BGF 2.313 €/m²

Planung: Raum für Architektur Dipl.-Ing. Kay Künzel; Wachtberg

veröffentlicht: www.bki.de

6100-0766 Einfamilienhaus - Passivhaus

BRI 908 m³ | **BGF** 291 m² | **NUF** 192 m²

© Martin Wamsler Freier Architekt

Einfamilienwohnhaus im Passivhausstandard (155m² WFL). Holzrahmenbau.

Land: Baden-Württemberg
Kreis: Böblingen
Standard: mittel
Bauzeit: 26 Wochen
Kennwerte: bis 3. Ebene DIN 276

BGF 1.886 €/m²

Planung: Martin Wamsler Freier Architekt BDA Dipl.-Ing. (FH); Friedrichshafen

veröffentlicht: www.bki.de

6100-0895 Einfamilienhaus*

BRI 942 m³ | **BGF** 303 m² | **NUF** 170 m²

© Herbert Stolz

Einfamilienhaus als Modellprojekt mit neuentwickeltem Gebäudekonzept. Das Konzept basiert auf solarer Energiegewinnung. Holzrahmenbau.

Land: Bayern
Kreis: Regensburg, Stadt
Standard: hoch
Bauzeit: 43 Wochen
Kennwerte: bis 1. Ebene DIN 276

BGF 3.324 €/m² *

Planung: fabi architekten bda; Regensburg

veröffentlicht: www.bki.de
* Nicht in der Auswertung enthalten

6100-0832 Wohnhaus (2 WE) - Passivhaus

BRI 803 m³ | **BGF** 306 m² | **NUF** 220 m²

© August Bruns GmbH & Co.KG

Passivhaus (2 WE), Fertighaus. Holzrahmenbau.

Land: Rheinland-Pfalz
Kreis: Westerwaldkreis
Standard: mittel
Bauzeit: 13 Wochen
Kennwerte: bis 1. Ebene DIN 276

BGF 1.778 €/m²

Planung: August Bruns GmbH & Co.KG; Berge

veröffentlicht: www.bki.de

6100-0715 Einfamilienhaus - Passivhaus

BRI 696 m³ **BGF** 255 m² **NUF** 162 m²

© Planungsbüro future-proved

Einfamilienhaus im Passivhausstandard. Holzrahmenbau.

Land: Bayern
Kreis: Nürnberg, Stadt
Standard: mittel
Bauzeit: 30 Wochen
Kennwerte: bis 3. Ebene DIN 276

BGF **2.430 €/m²**

Planung: Planungsbüro future-proved Alexander Grab; Augsburg

veröffentlicht: www.bki.de

6100-0799 Einfamilienhaus - Passivhaus

BRI 1.104 m³ **BGF** 306 m² **NUF** 210 m²

© Fürstberger, Büro für Energieoptimierung und Architektur

Einfamilienhaus Passivhaus, nicht unterkellert, Holzbau mit freistehender Garage. Holzrahmenbau.

Land: Bayern
Kreis: Freyung-Grafenau
Standard: hoch
Bauzeit: 39 Wochen
Kennwerte: bis 1. Ebene DIN 276

BGF **2.057 €/m²**

Planung: Fürstberger, Büro f. Energieoptimierung Architektur u. Baubiologie; Zenting

veröffentlicht: www.bki.de

6100-0808 Einfamilienhaus - Passivhaus

BRI 952 m³ **BGF** 246 m² **NUF** 143 m²

© Winfried Mannert Architekt + Stadtplaner

Einfamilienhaus, Passivhaus (133 m² WFL) in Holzrahmenbauweise. Holzrahmenbau.

Land: Rheinland-Pfalz
Kreis: Bad Kreuznach
Standard: hoch
Bauzeit: 26 Wochen
Kennwerte: bis 1. Ebene DIN 276

BGF **2.532 €/m²**

Planung: Winfried Mannert Architekt Architektur- und Stadtplanung; Bad Kreuznach

veröffentlicht: www.bki.de

6100-0778 Reihenmittelhaus - Passivhaus

BRI 901 m³ **BGF** 291 m² **NUF** 187 m²

© Kauer & Brodmeier GbR Planungsgemeinschaft

Reihenmittelhaus als Passivhaus. Holzrahmenbau.

Land: Bayern
Kreis: München, Stadt
Standard: mittel
Bauzeit: 78 Wochen
Kennwerte: bis 1. Ebene DIN 276

BGF **1.882 €/m²**

Planung: Kauer & Brodmeier GbR Planungsgemeinschaft; München

veröffentlicht: www.bki.de

€/m² BGF

min	1.530	€/m²
von	1.845	€/m²
Mittel	**2.190**	**€/m²**
bis	2.595	€/m²
max	3.080	€/m²

Kosten:
Stand 1. Quartal 2025
Bundesdurchschnitt
inkl. 19% MwSt.

Objektübersicht zur Gebäudeart

6100-0899 Einfamilienhaus, ELW - Passivhaus

BRI 1.533 m³ **BGF** 580 m² **NUF** 382 m²

Einfamilienhaus mit ELW als Passivhaus (258m² WFL). Holzständerkonstruktion.

Land: Nordrhein-Westfalen
Kreis: Duisburg, Stadt
Standard: hoch
Bauzeit: 44 Wochen
Kennwerte: bis 1. Ebene DIN 276

BGF 1.528 €/m²

Planung: Architekturbüro Böhmer; Duisburg

veröffentlicht: BKI Objektdaten E5

6100-0813 Einfamilienhaus - Passivhaus

BRI 674 m³ **BGF** 211 m² **NUF** 128 m²

Einfamilienwohnhaus im Passivhausstandard (120m² WFL). Holzrahmenbau, Holzskelettbau.

Land: Baden-Württemberg
Kreis: Böblingen
Standard: mittel
Bauzeit: 18 Wochen
Kennwerte: bis 3. Ebene DIN 276

BGF 2.460 €/m²

Planung: Martin Wamsler Freier Architekt BDA Dipl.-Ing. (FH); Friedrichshafen

veröffentlicht: www.bki.de

6100-0679 Einfamilienhaus - Passivhaus

BRI 794 m³ **BGF** 270 m² **NUF** 201 m²

Einfamilienhaus im Passivhausstandard mit Garage. Stb-Keller; Holztafelbau.

Land: Nordrhein-Westfalen
Kreis: Soest
Standard: mittel
Bauzeit: 52 Wochen
Kennwerte: bis 1. Ebene DIN 276

BGF 1.819 €/m²

Planung: Werkgruppe Freiburg Architekten; Freiburg

veröffentlicht: www.bki.de

6100-0627 Einfamilienhaus - Passivhaus

BRI 933 m³ **BGF** 282 m² **NUF** 175 m²

Einfamilienwohnhaus als Energiegewinnhaus. Holzrahmenbau.

Land: Rheinland-Pfalz
Kreis: Germersheim
Standard: mittel
Bauzeit: 26 Wochen
Kennwerte: bis 1. Ebene DIN 276

BGF 1.877 €/m²

Planung: Dipl.-Ing. (FH) Wolfgang Klein; Pleisweiler-Oberhofen

veröffentlicht: www.bki.de

6100-0853 Einfamilienhaus - Passivhaus

BRI 1.465 m³ **BGF** 419 m² **NUF** 283 m²

Einfamilienhaus, Passivhaus, ökologische Bauweise (306m² WFL), Untergeschoss in Stahlbeton. Holzrahmenbau.

Land: Bayern
Kreis: Erlangen, Stadt
Standard: hoch
Bauzeit: 52 Wochen
Kennwerte: bis 1. Ebene DIN 276

BGF **2.190 €/m²**

Planung: Architekturbüro Frau Farzaneh Nouri-Schellinger; Erlangen

veröffentlicht: www.bki.de

6100-0587 Einfamilienhaus - Passivhaus

BRI 889 m³ **BGF** 246 m² **NUF** 163 m²

Einfamilienhaus im Passivhausstandard (168m² WFL). Holzrahmenbau, Holzskelettbau.

Land: Bayern
Kreis: Freising
Standard: hoch
Bauzeit: 48 Wochen
Kennwerte: bis 3. Ebene DIN 276

BGF **3.081 €/m²**

Planung: Architekturbüro Dipl.-Ing. (FH) Werner Friedl; Adelzhausen

veröffentlicht: www.bki.de

6100-0575 Einfamilienhaus - Passivhaus

BRI 903 m³ **BGF** 279 m² **NUF** 194 m²

Einfamilienhaus im Passivhausstandard (184m² WFL). Holzkonstruktion.

Land: Baden-Württemberg
Kreis: Tuttlingen
Standard: mittel
Bauzeit: 48 Wochen
Kennwerte: bis 3. Ebene DIN 276

BGF **2.497 €/m²**

Planung: Martin Wamsler Freier Architekt BDA Dipl.-Ing. (FH); Friedrichshafen

veröffentlicht: www.bki.de

6100-0571 Einfamilienhaus - Passivhaus

BRI 878 m³ **BGF** 321 m² **NUF** 222 m²

Einfamilienwohnhaus im Passivhausstandard (211m² WFL). Holzrahmenbau, Stahlbeton.

Land: Baden-Württemberg
Kreis: Ostalbkreis
Standard: mittel
Bauzeit: 44 Wochen
Kennwerte: bis 3. Ebene DIN 276

BGF **2.185 €/m²**

Planung: Martin Wamsler Freier Architekt BDA Dipl.-Ing. (FH); Friedrichshafen

veröffentlicht: www.bki.de

Ein- und Zweifamilienhäuser, Holzbauweise, unterkellert

Kosten:
Stand 1. Quartal 2025
Bundesdurchschnitt
inkl. 19% MwSt.

Kostenkennwerte für die Kosten des Bauwerks (Kostengruppen 300+400 nach DIN 276)

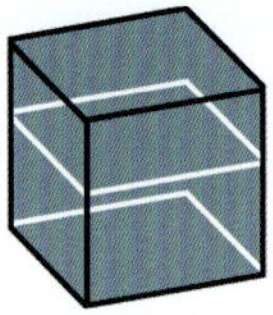

BRI 730 €/m³
von 600 €/m³
bis 965 €/m³

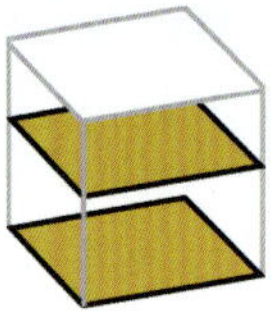

BGF 2.300 €/m²
von 1.845 €/m²
bis 2.940 €/m²

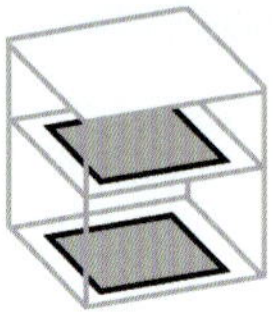

NUF 3.465 €/m²
von 2.675 €/m²
bis 4.515 €/m²

NE 4.190 €/NE
von 3.275 €/NE
bis 5.470 €/NE
NE: Wohnfläche

Objektbeispiele

6100-1730

6100-1715

6100-1696

Kosten der 40 Vergleichsobjekte

Seiten 532 bis 542

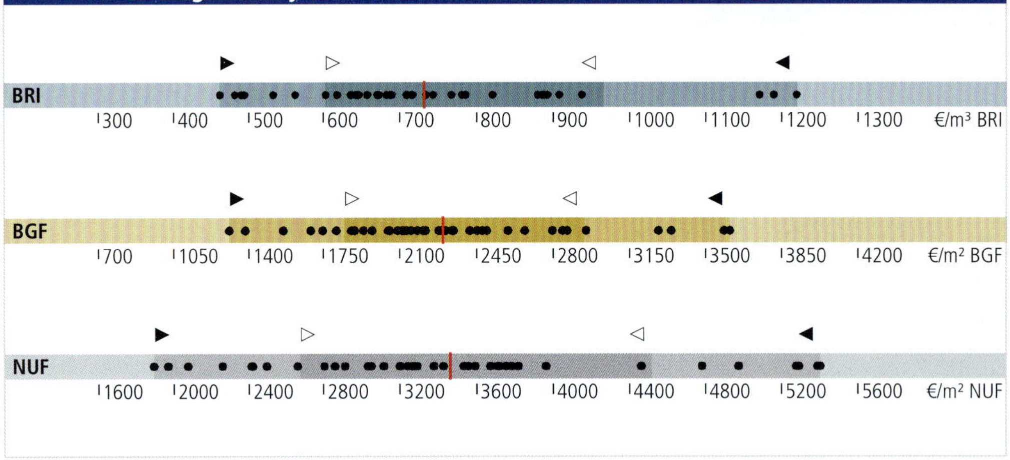

- ● KKW
- ▶ min
- ▷ von
- | Mittelwert
- ◁ bis
- ◀ max

Kostenkennwerte für die Kostengruppen der 1. und 2. Ebene DIN 276

KG	Kostengruppen der 1. Ebene	Einheit	▷	€/Einheit	◁	▷	% an 300+400	◁
100	Grundstück	m²GF	–	**–**	–	–	**–**	–
200	Vorbereitende Maßnahmen	m²GF	22	**49**	109	1,3	**3,0**	5,0
300	Bauwerk – Baukonstruktionen	m²BGF	1.482	**1.869**	2.342	77,5	**81,4**	85,4
400	Bauwerk – Technische Anlagen	m²BGF	315	**429**	639	14,6	**18,6**	22,5
	Bauwerk 300+400	m²BGF	1.844	**2.298**	2.942	100,0	**100,0**	100,0
500	Außenanlagen und Freiflächen	m²AF	76	**193**	588	3,1	**6,3**	11,8
600	Ausstattung und Kunstwerke	m²BGF	14	**36**	74	0,6	**1,6**	3,1
700	Baunebenkosten*	m²BGF	537	**599**	661	23,8	**26,5**	29,3 ◁
800	Finanzierung	m²BGF	–	**–**	–	–	**–**	–

* Auf Grundlage der HOAI 2021 berechnete Werte nach §§ 35, 52, 56. Weitere Informationen siehe Seite 56

KG	Kostengruppen der 2. Ebene	Einheit	▷	€/Einheit	◁	▷	% an 1. Ebene	◁
310	Baugrube / Erdbau	m³BGI	25	**38**	56	2,0	**2,8**	4,2
320	Gründung, Unterbau	m²GRF	246	**331**	477	5,8	**7,9**	11,8
330	Außenwände / vertikal außen	m²AWF	416	**543**	685	40,6	**43,9**	48,9
340	Innenwände / vertikal innen	m²IWF	205	**256**	364	8,6	**11,8**	14,5
350	Decken / horizontal	m²DEF	324	**411**	527	10,4	**16,7**	21,4
360	Dächer	m²DAF	371	**462**	586	11,4	**13,2**	19,0
370	Infrastrukturanlagen		–	**–**	–	–	**–**	–
380	Baukonstruktive Einbauten	m²BGF	2	**49**	97	< 0,1	**0,4**	4,3
390	Sonst. Maßnahmen für Baukonst.	m²BGF	33	**57**	131	2,4	**3,4**	6,1
300	**Bauwerk – Baukonstruktionen**	**m²BGF**					**100,0**	
410	Abwasser-, Wasser-, Gasanlagen	m²BGF	80	**110**	161	23,0	**30,6**	36,1
420	Wärmeversorgungsanlagen	m²BGF	109	**144**	207	31,5	**40,7**	54,3
430	Raumlufttechnische Anlagen	m²BGF	24	**43**	71	0,3	**6,1**	15,2
440	Elektrische Anlagen	m²BGF	49	**72**	147	13,5	**19,5**	29,2
450	Kommunikationstechnische Anlagen	m²BGF	6	**9**	16	1,8	**2,7**	4,4
460	Förderanlagen	m²BGF	–	**–**	–	–	**–**	–
470	Nutzungsspez. / verfahrenstech. Anl.	m²BGF	–	**10**	–	0,0	**0,2**	2,6
480	Gebäude- und Anlagenautomation	m²BGF	–	**–**	–	–	**–**	–
490	Sonst. Maßnahmen f. techn. Anl.	m²BGF	–	**13**	–	0,0	**0,2**	2,2
400	**Bauwerk – Technische Anlagen**	**m²BGF**					**100,0**	

Prozentanteile der Kosten 2. Ebene an den Kosten des Bauwerks nach DIN 276 (Von/Mittel/Bis)

KG	Kostengruppe	%
310	Baugrube / Erdbau	2,2
320	Gründung, Unterbau	6,4
330	Außenwände / vertikal außen	35,6
340	Innenwände / vertikal innen	9,5
350	Decken / horizontal	13,4
360	Dächer	10,7
370	Infrastrukturanlagen	
380	Baukonstruktive Einbauten	0,3
390	Sonst. Maßnahmen für Baukonst.	2,7
410	Abwasser-, Wasser-, Gasanlagen	5,7
420	Wärmeversorgungsanlagen	8,1
430	Raumlufttechnische Anlagen	1,1
440	Elektrische Anlagen	3,6
450	Kommunikationstechnische Anlagen	0,5
460	Förderanlagen	
470	Nutzungsspez. / verfahrenstech. Anl.	< 0,1
480	Gebäude- und Anlagenautomation	
490	Sonst. Maßnahmen f. techn. Anl.	< 0,1

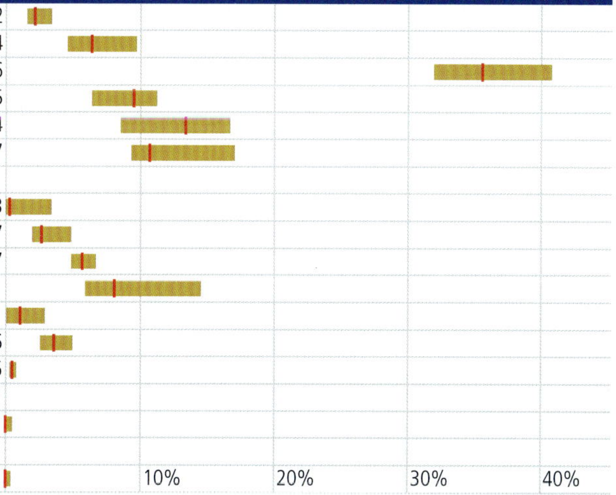

 Erläuterungen zu den Tabellen siehe Seite 54 und 56 Kostenstand: 1. Quartal 2025, Bundesdurchschnitt, **inkl. 19% MwSt.**

Kosten:
Stand 1. Quartal 2025
Bundesdurchschnitt
inkl. 19% MwSt.

● KKW
▶ min
▷ von
| Mittelwert
◁ bis
◀ max

Prozentanteile der Kosten für Leistungsbereiche nach STLB (Kosten Bauwerk nach DIN 276)

LB	Leistungsbereiche	▷	% an 300+400	◁
000	Baustellen-, Verkehrssich.- u. Sicherh.einr. inkl. 001	1,8	**2,6**	4,2
002	Erdarbeiten	1,4	**2,5**	3,6
006	Spezialtiefbauarbeiten inkl. 005	< 0,1	**< 0,1**	< 0,1
009	Entwässerungskanalarbeiten inkl. 011	0,2	**0,6**	1,8
010	Drän- und Versickerarbeiten	< 0,1	**0,2**	0,5
012	Mauerarbeiten	0,9	**2,6**	6,5
013	Betonarbeiten	8,9	**11,0**	15,6
014	Natur-, Betonwerksteinarbeiten	< 0,1	**0,1**	0,6
016	Zimmer- und Holzbauarbeiten	20,2	**26,2**	33,9
017	Stahlbauarbeiten	0,0	**0,1**	0,8
018	Abdichtungsarbeiten	0,2	**1,0**	2,0
020	Dachdeckungsarbeiten	< 0,1	**1,4**	3,0
021	Dachabdichtungsarbeiten	< 0,1	**0,9**	3,4
022	Klempnerarbeiten	0,7	**2,6**	6,1
	Rohbau	44,9	**51,8**	61,0
023	Putz- und Stuckarbeiten, Wärmedämmsysteme	0,7	**1,9**	4,3
024	Fliesen- und Plattenarbeiten	1,1	**1,8**	3,5
025	Estricharbeiten	0,7	**1,6**	3,5
026	Fenster, Außentüren inkl. 029, 032	4,7	**7,2**	8,4
027	Tischlerarbeiten	1,9	**3,7**	5,7
028	Parkettarbeiten, Holzpflasterarbeiten	< 0,1	**1,4**	3,0
030	Rollladenarbeiten	0,2	**1,3**	1,9
031	Metallbauarbeiten inkl. 035	0,2	**1,9**	5,0
034	Maler- und Lackiererarbeiten inkl. 037	0,0	**1,6**	1,9
036	Bodenbelagarbeiten	0,0	**0,5**	1,7
038	Vorgehängte hinterlüftete Fassaden	0,0	**2,3**	9,4
039	Trockenbauarbeiten	2,2	**4,7**	7,2
	Ausbau	23,6	**30,0**	36,1
040	Wärmeversorgungsanl. - Betriebseinr. inkl. 041	5,3	**7,4**	12,1
042	Gas- und Wasserinstallation, Leitungen inkl. 043	1,2	**1,6**	2,5
044	Abwasseranlagen - Leitungen, Abläufe, Armaturen	0,5	**0,8**	1,5
045	GWE - Einrichtungsgegenstände inkl. 046	1,9	**2,6**	3,8
047	Dämm- und Brandschutzarbeiten an techn. Anlagen	0,1	**0,4**	0,8
049	Feuerlöschanlagen, Feuerlöschgeräte	–	**–**	–
050	Blitzschutz- und Erdungsanlagen	0,1	**0,3**	0,6
052	Mittelspannungsanlagen	–	**–**	–
053	Niederspannungsanlagen inkl. 054	2,7	**3,5**	4,4
055	Sicherheits- und Ersatzstromversorgungsanlagen	–	**–**	–
057	Gebäudesystemtechnik	–	**–**	–
058	Leuchten und Lampen inkl. 059	< 0,1	**< 0,1**	0,4
060	Such-, Signal-, elektroakust. Anl., Med. inkl. 064	< 0,1	**0,1**	0,3
061	Kommunikations- und Übertragungsnetze inkl. 062	0,1	**0,3**	0,5
063	Gefahrenmeldeanlagen	0,0	**< 0,1**	< 0,1
069	Aufzüge	–	**–**	–
070	Gebäudeautomation	–	**–**	–
075	Raumlufttechnische Anlagen inkl. 078	< 0,1	**1,1**	2,7
	Gebäudetechnik	15,6	**18,1**	21,1
	Sonstige Leistungsbereiche inkl. 008, 033, 051	0,0	**0,1**	0,3

Planungskennwerte für Flächen und Rauminhalte nach DIN 277

Grundflächen		▷	Fläche/NUF (%)	◁	▷	Fläche/BGF (%)	◁
NUF	Nutzungsfläche	100,0	**100,0**	100,0	64,2	**67,1**	71,1
TF	Technikfläche	3,7	**4,8**	7,3	2,5	**3,2**	4,8
VF	Verkehrsfläche	12,5	**15,5**	20,1	8,3	**10,1**	12,4
NRF	Netto-Raumfläche	116,5	**120,2**	124,3	77,3	**80,3**	82,3
KGF	Konstruktions-Grundfläche	26,0	**29,9**	36,0	17,7	**19,7**	22,7
BGF	Brutto-Grundfläche	142,4	**150,1**	157,5	100,0	**100,0**	100,0

Brutto-Rauminhalte		▷	BRI/NUF (m)	◁	▷	BRI/BGF (m)	◁
BRI	Brutto-Rauminhalt	4,43	**4,72**	5,10	3,01	**3,15**	3,33

Flächen von Nutzeinheiten	▷	NUF/Einheit (m²)	◁	▷	BGF/Einheit (m²)	◁
Nutzeinheit: Wohnfläche	1,11	**1,20**	1,35	1,66	**1,79**	1,97

Lufttechnisch behandelte Flächen	▷	Fläche/NUF (%)	◁	▷	Fläche/BGF (%)	◁
Entlüftete Fläche	–	**–**	–	–	**–**	–
Be- und entlüftete Fläche	–	**–**	–	–	**–**	–
Teilklimatisierte Fläche	–	**–**	–	–	**–**	–
Klimatisierte Fläche	–	**–**	–	–	**–**	–

KG	Kostengruppen (2. Ebene)	Einheit	▷	Menge/NUF	◁	▷	Menge/BGF	◁
310	Baugrube / Erdbau	m³ BGI	1,24	**1,72**	1,89	0,85	**1,22**	1,39
320	Gründung, Unterbau	m² GRF	0,47	**0,52**	0,75	0,33	**0,37**	0,49
330	Außenwände / vertikal außen	m² AWF	1,63	**1,79**	1,91	1,16	**1,26**	1,34
340	Innenwände / vertikal innen	m² IWF	0,97	**1,01**	1,09	0,64	**0,71**	0,77
350	Decken / horizontal	m² DEF	0,69	**0,85**	0,91	0,48	**0,60**	0,63
360	Dächer	m² DAF	0,57	**0,63**	0,88	0,42	**0,44**	0,56
370	Infrastrukturanlagen		–	**–**	–	–	**–**	–
380	Baukonstruktive Einbauten	m² BGF	1,42	**1,50**	1,58	1,00	**1,00**	1,00
390	Sonst. Maßnahmen für Baukonst.	m² BGF	1,42	**1,50**	1,58	1,00	**1,00**	1,00
300	**Bauwerk – Baukonstruktionen**	**m² BGF**	1,42	**1,50**	1,58	1,00	**1,00**	1,00

Planungskennwerte für Bauzeiten — 40 Vergleichsobjekte

Bauzeit in Wochen

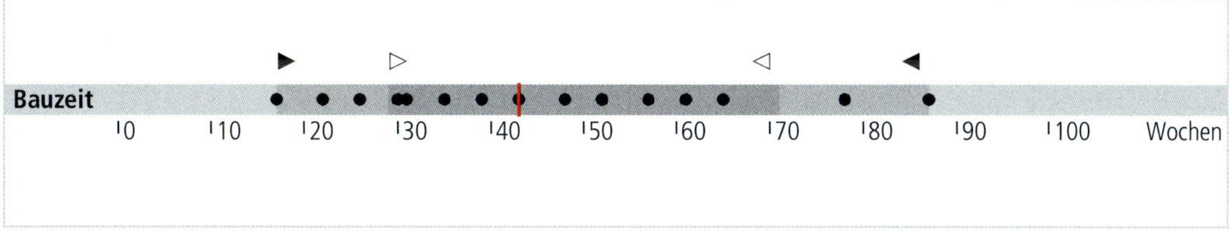

€/m² BGF

min	1.305	€/m²
von	1.845	€/m²
Mittel	**2.300**	**€/m²**
bis	2.940	€/m²
max	3.610	€/m²

Kosten:
Stand 1. Quartal 2025
Bundesdurchschnitt
inkl. 19% MwSt.

Objektübersicht zur Gebäudeart

6100-1696 Zweifamilienhaus — BRI 1.501 m³ | BGF 487 m² | NUF 325 m²

Zweifamilienhaus mit 331 m² Wohnfläche. Massivbau.

Land: Schleswig-Holstein
Kreis: Nordfriesland
Standard: hoch
Bauzeit: 87 Wochen
Kennwerte: bis 1. Ebene DIN 276

BGF **3.610 €/m²**

Planung: grotheer architektur; Wyk auf Föhr

veröffentlicht: BKI Objektdaten S6

6100-1710 Einfamilienhaus* — BRI 820 m³ | BGF 255 m² | NUF 169 m²

Einfamilienhaus mit aufgeständerter Terrasse. Holzbau.

Land: Bayern
Kreis: Garmisch-Partenkirchen
Standard: mittel
Bauzeit: 74 Wochen
Kennwerte: bis 1. Ebene DIN 276

BGF **3.028 €/m²**

Planung: Martin Wäsler Architekturbüro; Glonn

vorgesehen: BKI Objektdaten N21
* Nicht in der Auswertung enthalten

6100-1715 Einfamilienhaus, Doppelgarage — BRI 1.094 m³ | BGF 324 m² | NUF 191 m²

Einfamilienhaus in Holzmassivbauweise mit Doppelgarage. Massivbau.

Land: Bayern
Kreis: Rosenheim
Standard: hoch
Bauzeit: 35 Wochen
Kennwerte: bis 1. Ebene DIN 276

BGF **2.218 €/m²**

Planung: pfanzelt architekten GmbH; Lechbruck am See

vorgesehen: BKI Objektdaten N21

6100-1730 Einfamilienhaus, Gästewohnung — BRI 1.973 m³ | BGF 672 m² | NUF 456 m²

Einfamilienhaus mit Gästewohnung und Außenpool. Holzrahmenbau.

Land: Bayern
Kreis: Oberallgäu
Standard: hoch
Bauzeit: 87 Wochen
Kennwerte: bis 1. Ebene DIN 276

BGF **3.584 €/m²**

Planung: Architekturbüro Huber; Kempten

vorgesehen: BKI Objektdaten N21

Objektübersicht zur Gebäudeart

6100-1592 Einfamilienhaus - Effizienzhaus 40 — BRI 2.074 m³ — BGF 554 m² — NUF 350 m²

Einfamilienhaus mit 368 m² Wohnfläche. Holzbau.

Land: Hamburg
Kreis: Hamburg, Stadt
Standard: hoch
Bauzeit: 52 Wochen
Kennwerte: bis 1. Ebene DIN 276

BGF **3.341 €/m²**

Planung: Sieckmann Walther Architekten; Hamburg

veröffentlicht: BKI Objektdaten N19

6100-1591 Einfamilienhaus, Großgarage* — BRI 1.824 m³ — BGF 405 m² — NUF 300 m²

Einfamilienhaus am Hang mit 213 m² Wohnfläche, Großgarage und ungedämmtem Untergeschoss. Massivholzbau.

Land: Hessen
Kreis: Bergstraße
Standard: hoch
Bauzeit: 113 Wochen
Kennwerte: bis 1. Ebene DIN 276

BGF **4.973 €/m²** *

Planung: planteamB architekten + ingenieure; Michelstadt

veröffentlicht: BKI Objektdaten N19
* Nicht in der Auswertung enthalten

6100-1568 Einfamilienhaus, Carport — BRI 704 m³ — BGF 234 m² — NUF 163 m²

Einfamilienhaus mit Carport. Holzbau.

Land: Bayern
Kreis: Würzburg
Standard: mittel
Bauzeit: 65 Wochen
Kennwerte: bis 1. Ebene DIN 276

BGF **2.670 €/m²**

Planung: claus arnold architekt bda; Würzburg

veröffentlicht: BKI Objektdaten N18

6100-1575 Einfamilienhaus, Garage — BRI 938 m³ — BGF 290 m² — NUF 185 m²

Barrierefreies Einfamilienhaus (154 m² WFL) mit freistehender unterkellerter Garage. Holzbau.

Land: Baden-Württemberg
Kreis: Mannheim, Stadt
Standard: hoch
Bauzeit: 39 Wochen
Kennwerte: bis 3. Ebene DIN 276

BGF **2.842 €/m²**

Planung: sgfa schäfer gaukel kammerer freie architekten partnerschaft mbb; Karlsruhe

veröffentlicht: BKI Objektdaten N19

€/m² BGF

min	1.305	€/m²
von	1.845	€/m²
Mittel	**2.300**	**€/m²**
bis	2.940	€/m²
max	3.610	€/m²

Kosten:
Stand 1. Quartal 2025
Bundesdurchschnitt
inkl. 19% MwSt.

Objektübersicht zur Gebäudeart

6100-1564 Einfamilienhaus, Garage

BRI 1.114 m³ **BGF** 343 m² **NUF** 211 m²

Einfamilienhaus mit einer Doppelgarage. Holzbau.

Land: Baden-Württemberg
Kreis: Calw
Standard: hoch
Bauzeit: 43 Wochen
Kennwerte: bis 1. Ebene DIN 276

BGF **2.950 €/m²**

Planung: Partner und Partner Architekten; Berlin

veröffentlicht: BKI Objektdaten N18

6100-1601 Einfamilienhaus mit Doppelgarage

BRI 1.301 m³ **BGF** 472 m² **NUF** 287 m²

Einfamilienhaus mit Doppelgarage. Massivbau.

Land: Bayern
Kreis: Garmisch-Partenkirchen
Standard: hoch
Bauzeit: 87 Wochen
Kennwerte: bis 1. Ebene DIN 276

BGF **3.281 €/m²**

Planung: Laubender Architektur; Bad Heilbrunn

veröffentlicht: BKI Objektdaten N19

6100-1541 Einfamilienhäuser (6 Gebäude)

BRI 4.939 m³ **BGF** 1.642 m² **NUF** 1.002 m²

Sechs Einfamilienhäuser mit einer Wohnfläche von 153m² bis 183m². Holzbau.

Land: Baden-Württemberg
Kreis: Esslingen
Standard: hoch
Bauzeit: 52 Wochen
Kennwerte: bis 1. Ebene DIN 276

BGF **2.308 €/m²**

Planung: ASs Flassak & Tehrani Freie Architekten und Stadtplaner; Stuttgart

veröffentlicht: BKI Objektdaten N19

6100-1556 Doppelhaushälfte (1 WE)

BRI 948 m³ **BGF** 313 m² **NUF** 204 m²

Doppelhaushälfte. Holzbau.

Land: Bayern
Kreis: Lindau (Bodensee)
Standard: mittel
Bauzeit: 30 Wochen
Kennwerte: bis 1. Ebene DIN 276

BGF **2.088 €/m²**

Planung: riekMANUFAKTUR; Nonnenhorn

veröffentlicht: BKI Objektdaten N18

6100-1531 Einfamilienhaus

BRI 836 m^3 **BGF** 280 m^2 **NUF** 183 m^2

Einfamilienhaus mit 161,12 m^2 WFL. Holzbau.

Land: Nordrhein-Westfalen
Kreis: Rheinisch-Bergischer Kreis
Standard: hoch
Bauzeit: 39 Wochen
Kennwerte: bis 1. Ebene DIN 276

BGF **2.117 €/m^2**

Planung: Grosche Burgmer Architekten Part GmbB; Köln

veröffentlicht: BKI Objektdaten E9

6100-1535 Einfamilienhaus

BRI 1.456 m^3 **BGF** 456 m^2 **NUF** 319 m^2

Einfamilienhaus. Holzbau.

Land: Hamburg
Kreis: Hamburg, Stadt
Standard: mittel
Bauzeit: 48 Wochen
Kennwerte: bis 1. Ebene DIN 276

BGF **2.178 €/m^2**

Planung: Laura Hirsch Architektin; Hamburg

veröffentlicht: BKI Objektdaten N18

6100-1407 Einfamilienhaus, Doppelgarage - Effizienzhaus 55

BRI 855 m^3 **BGF** 288 m^2 **NUF** 192 m^2

Einfamilienhaus als Effizienzhaus 55 mit Doppelgarage. Holzrahmenbau.

Land: Baden-Württemberg
Kreis: Heidenheim
Standard: mittel
Bauzeit: 26 Wochen
Kennwerte: bis 1. Ebene DIN 276

BGF **2.130 €/m^2**

Planung: 2P-Raum Architekten; Nattheim

veröffentlicht: BKI Objektdaten N17

6100-1382 Einfamilienhaus, teilunterkellert

BRI 747 m^3 **BGF** 234 m^2 **NUF** 142 m^2

Einfamilienhaus mit 150 m^2 WFL. Holzrahmenbau.

Land: Hamburg
Kreis: Hamburg, Stadt
Standard: mittel
Bauzeit: 22 Wochen
Kennwerte: bis 1. Ebene DIN 276

BGF **2.149 €/m^2**

Planung: Hatzius Sarramona Architekten; Hamburg

veröffentlicht: BKI Objektdaten N16

€/m² BGF

min	1.305	€/m²
von	1.845	€/m²
Mittel	**2.300**	**€/m²**
bis	2.940	€/m²
max	3.610	€/m²

Kosten:
Stand 1. Quartal 2025
Bundesdurchschnitt
inkl. 19% MwSt.

Objektübersicht zur Gebäudeart

6100-1268 Einfamilienhaus, Garage - Effizienzhaus 55

BRI 1.350 m³ **BGF** 408 m² **NUF** 292 m²

Einfamilienhaus (244m² WFL) mit Garage als Effizienzhaus 55. Holzrahmenbau.

Land: Nordrhein-Westfalen
Kreis: Mettmann
Standard: hoch
Bauzeit: 31 Wochen
Kennwerte: bis 1. Ebene DIN 276

BGF 2.345 €/m²

Planung: kg architektur Dipl.-Ing. Arch. Kai Grosche; Köln

veröffentlicht: BKI Objektdaten E7

6100-1365 Einfamilienhaus - Effizienzhaus 40

BRI 954 m³ **BGF** 282 m² **NUF** 172 m²

Einfamilienhaus mit 148m² WFL, Effizienzhaus 40. Holztafelbau.

Land: Berlin
Kreis: Berlin, Stadt
Standard: hoch
Bauzeit: 52 Wochen
Kennwerte: bis 1. Ebene DIN 276

BGF 2.418 €/m²

Planung: Jirka + Nadansky Architekten; Hohen Neuendorf

veröffentlicht: BKI Objektdaten E8

6100-1291 Einfamilienhaus, Garage

BRI 942 m³ **BGF** 308 m² **NUF** 240 m²

Einfamilienhaus (160m² WFL) mit Garage (2 STP). Holzrahmenbau.

Land: Hessen
Kreis: Darmstadt-Dieburg
Standard: hoch
Bauzeit: 78 Wochen
Kennwerte: bis 3. Ebene DIN 276

BGF 2.864 €/m²

Planung: +studio moeve Planungsbüro bda GmbH & Co. KG; Darmstadt

veröffentlicht: BKI Objektdaten N17

6100-1106 Einfamilienhaus, Garage - Effizienzhaus 70

BRI 1.038 m³ **BGF** 394 m² **NUF** 296 m²

Einfamilienhaus (165m² WFL) mit Keller und Garage mit Abstellraum. Massivholzbau, Holzrahmenbau.

Land: Nordrhein-Westfalen
Kreis: Viersen
Standard: hoch
Bauzeit: 31 Wochen
Kennwerte: bis 3. Ebene DIN 276

BGF 1.809 €/m²

Planung: Lilienström Architekten PartG mbB; Dormagen

veröffentlicht: BKI Objektdaten E7

6100-1158 Einfamilienhaus, Carport

BRI 676 m³ **BGF** 224 m² **NUF** 150 m²

Einfamilienhaus für zwei Personen (129m² WFL) und Carport. Holzrahmenbau.

Land: Nordrhein-Westfalen
Kreis: Wuppertal, Stadt
Standard: mittel
Bauzeit: 31 Wochen
Kennwerte: bis 1. Ebene DIN 276

BGF 2.475 €/m²

Planung: grau. architektur Dipl.-Ing. Architektin Petra Grau; Wuppertal

veröffentlicht: BKI Objektdaten N13

6100-1254 Einfamilienhaus - Effizienzhaus 55

BRI 740 m³ **BGF** 191 m² **NUF** 124 m²

Einfamilienhaus (129m² WFL). Holzskelettbau.

Land: Baden-Württemberg
Kreis: Ludwigsburg
Standard: hoch
Bauzeit: 26 Wochen
Kennwerte: bis 1. Ebene DIN 276

BGF 2.338 €/m²

Planung: son.tho architekten; Besigheim

veröffentlicht: BKI Objektdaten N15

6100-1094 Einfamilienhaus - Effizienzhaus 70

BRI 1.488 m³ **BGF** 473 m² **NUF** 266 m²

Einfamilienhaus (324m² WFL) als Effizienzhaus 70, UG in Stahlbeton. Holzrahmenbau.

Land: Schleswig-Holstein
Kreis: Stormarn
Standard: mittel
Bauzeit: 39 Wochen
Kennwerte: bis 1. Ebene DIN 276

BGF 2.796 €/m²

Planung: Wacker Zeiger Architekten; Hamburg

veröffentlicht: BKI Objektdaten E6

6100-0980 Einfamilienhaus - Effizienzhaus 55

BRI 944 m³ **BGF** 275 m² **NUF** 185 m²

Einfamilienhaus (137m² WFL), Wohnen/Essen und Küche im EG, Schlafen Arbeiten und Bad im OG. Holzrahmenbau.

Land: Baden-Württemberg
Kreis: Karlsruhe, Stadt
Standard: mittel
Bauzeit: 22 Wochen
Kennwerte: bis 1. Ebene DIN 276

BGF 1.931 €/m²

Planung: evaplan Architektur + Stadtplanung; Karlsruhe

veröffentlicht: BKI Objektdaten E5

€/m² BGF

min	1.305	€/m²
von	1.845	€/m²
Mittel	**2.300**	**€/m²**
bis	2.940	€/m²
max	3.610	€/m²

Kosten:
Stand 1.Quartal 2025
Bundesdurchschnitt
inkl. 19% MwSt.

Objektübersicht zur Gebäudeart

6100-0991 Einfamilienhaus
BRI 969 m³ **BGF** 353 m² **NUF** 232 m²

Einfamilienhaus mit Garage. Holzrahmenbau, Mauerwerk, Stahlbeton.

Land: Nordrhein-Westfalen
Kreis: Mönchengladbach, Stadt
Standard: hoch
Bauzeit: 43 Wochen
Kennwerte: bis 3.Ebene DIN 276

BGF **1.745 €/m²**

Planung: bau grün ! energieeff. Gebäude Arch. Daniel Finocchiaro; Mönchengladbach

veröffentlicht: BKI Objektdaten N13

6100-1044 Einfamilienhaus - Effizienzhaus 85
BRI 844 m³ **BGF** 281 m² **NUF** 181 m²

Einfamilienhaus (131m² WFL) als Effizienzhaus 85. Massivholzbau.

Land: Sachsen-Anhalt
Kreis: Burgenlandkreis
Standard: mittel
Bauzeit: 30 Wochen
Kennwerte: bis 1.Ebene DIN 276

BGF **2.204 €/m²**

Planung: TRÄNKNER ARCHITEKTEN, Architekt Matthias Tränkner; Naumburg (Saale)

veröffentlicht: BKI Objektdaten E5

6100-1031 Einfamilienhaus - Effizienzhaus 70
BRI 939 m³ **BGF** 298 m² **NUF** 192 m²

Energiesparendes Einfamilienhaus mit klarer Struktur (200m² WFL); Keller in WU-Beton. Holzrahmenbau.

Land: Bayern
Kreis: Regensburg
Standard: mittel
Bauzeit: 26 Wochen
Kennwerte: bis 3.Ebene DIN 276

BGF **1.558 €/m²**

Planung: Planungsgruppe Barthelmey Architekt Dipl.-Ing. Stefan Barthelmey; Erfurt

veröffentlicht: BKI Objektdaten E5

6100-0911 Einfamilienhaus
BRI 805 m³ **BGF** 252 m² **NUF** 175 m²

Einfamilienhaus am Steilhang (172m² WFL). Niedrigenergiestandard. Holzrahmenbau.

Land: Bayern
Kreis: Landshut, Stadt
Standard: hoch
Bauzeit: 22 Wochen
Kennwerte: bis 1.Ebene DIN 276

BGF **2.495 €/m²**

Planung: brenner architekten; München

veröffentlicht: BKI Objektdaten N11

6100-0873 Einfamilienhaus - Effizienzhaus 70

BRI 1.222 m³ | **BGF** 360 m² | **NUF** 220 m²

Einfamilienhaus (206 m² WFL), mit Musikzimmer im UG für Musikunterricht. Massivholzbau.

Land: Bayern
Kreis: München
Standard: hoch
Bauzeit: 43 Wochen
Kennwerte: bis 1. Ebene DIN 276

BGF 2.278 €/m²

Planung: Jaks Architekten + Ingenieure; München

veröffentlicht: BKI Objektdaten E5

6100-0907 Einfamilienhaus, Doppelgarage*

BRI 1.324 m³ | **BGF** 395 m² | **NUF** 263 m²

Einfamilienhaus als 'reduzierter' Baukörper (236 m² WFL). Holzrahmenbau.

Land: Baden-Württemberg
Kreis: Reutlingen
Standard: hoch
Bauzeit: 48 Wochen
Kennwerte: bis 1. Ebene DIN 276

BGF 2.867 €/m²

Planung: OEHMIGEN RAUSCHKE ARCHITEKTEN; Stuttgart

veröffentlicht: BKI Objektdaten N11
* Nicht in der Auswertung enthalten

6100-0885 Einfamilienhaus - Effizienzhaus 40

BRI 1.376 m³ | **BGF** 386 m² | **NUF** 270 m²

Einfamilienhaus, Effizienzhaus 40 (214 m² WFL). Holzrahmenbau.

Land: Bayern
Kreis: Regensburg
Standard: hoch
Bauzeit: 35 Wochen
Kennwerte: bis 1. Ebene DIN 276

BGF 2.287 €/m²

Planung: fabi architekten bda; Regensburg

veröffentlicht: www.bki.de

6100-0883 Einfamilienhaus - KfW 60

BRI 1.159 m³ | **BGF** 351 m² | **NUF** 256 m²

Einfamilienhaus (191 m² WFL), Niedrigenergiehaus. Holzrahmenbau.

Land: Hamburg
Kreis: Hamburg, Stadt
Standard: hoch
Bauzeit: 61 Wochen
Kennwerte: bis 1. Ebene DIN 276

BGF 2.592 €/m²

Planung: Hatzius Sarramona Architekten; Hamburg

veröffentlicht: BKI Objektdaten E5

€/m² BGF

min	1.305	€/m²
von	1.845	€/m²
Mittel	**2.300**	**€/m²**
bis	2.940	€/m²
max	3.610	€/m²

Kosten:
Stand 1. Quartal 2025
Bundesdurchschnitt
inkl. 19% MwSt.

Objektübersicht zur Gebäudeart

6100-0874 Doppelhaushälfte, Garage

BRI 980 m³ | **BGF** 308 m² | **NUF** 207 m²

Doppelhaushälfte (143m² WFL) mit Garage. Massivholzbau.

Land: Bayern
Kreis: Freising
Standard: hoch
Bauzeit: 22 Wochen
Kennwerte: bis 1. Ebene DIN 276

BGF **2.052 €/m²**

Planung: Jaks Architekten + Ingenieure; München

veröffentlicht: BKI Objektdaten N11

6100-0905 Einfamilienhaus - KfW 40

BRI 903 m³ | **BGF** 276 m² | **NUF** 172 m²

Einfamilienhaus (163m² WFL). Holzrahmenbau.

Land: Baden-Württemberg
Kreis: Breisgau-Hochschwarzwald
Standard: hoch
Bauzeit: 26 Wochen
Kennwerte: bis 3. Ebene DIN 276

BGF **2.108 €/m²**

Planung: Werkgruppe Freiburg Architekten; Freiburg

veröffentlicht: BKI Objektdaten E5

6100-0867 Doppelhaushälfte, Garage

BRI 960 m³ | **BGF** 314 m² | **NUF** 204 m²

Doppelhaushälfte mit Garage (148m² WFL). Keller WU-Beton. Holzrahmenbau.

Land: Nordrhein-Westfalen
Kreis: Rhein-Erft-Kreis
Standard: mittel
Bauzeit: 35 Wochen
Kennwerte: bis 1. Ebene DIN 276

BGF **1.891 €/m²**

Planung: Architekturbüro Anna Orzessek; Köln

veröffentlicht: BKI Objektdaten N11

6100-0835 Einfamilienhaus, Garage

BRI 962 m³ | **BGF** 292 m² | **NUF** 236 m²

Einfamilienhaus mit Garage an Hanglage. Holzrahmenbau.

Land: Brandenburg
Kreis: Märkisch-Oderland
Standard: hoch
Bauzeit: 78 Wochen
Kennwerte: bis 1. Ebene DIN 276

BGF **2.451 €/m²**

Planung: TRU Architekten Partnerschaft mbB; Berlin

veröffentlicht: BKI Objektdaten N10

6100-0834 Einfamilienhaus - KfW 40

BRI 635 m³ | **BGF** 233 m² | **NUF** 133 m²

Einfamilienhaus, KfW 40 (140m² WFL). Holzrahmenbau.

Land: Nordrhein-Westfalen
Kreis: Lippe
Standard: mittel
Bauzeit: 39 Wochen
Kennwerte: bis 1. Ebene DIN 276

BGF 1.877 €/m²

Planung: Architekturbüro A. Weiser; Detmold

veröffentlicht: BKI Objektdaten N11

6100-0711 Einfamilienhaus*

BRI 459 m³ | **BGF** 156 m² | **NUF** 112 m²

Wohnhaus für zwei Personen als Erweiterung des bestehenden Gebäudes zum Mehrgenerationenhaus. Holzskelettbau.

Land: Nordrhein-Westfalen
Kreis: Rhein-Sieg-Kreis
Standard: hoch
Bauzeit: 30 Wochen
Kennwerte: bis 1. Ebene DIN 276

BGF 3.392 €/m²

Planung: Architekturbüro Waldorfplan; Bonn

veröffentlicht: BKI Objektdaten N10
* Nicht in der Auswertung enthalten

6100-0550 Doppelhaushälfte, Holzbau

BRI 591 m³ | **BGF** 187 m² | **NUF** 136 m²

Doppelhaushälfte als Klimaholzhaus, Niedrigenergiestandard (123m² WFL II.BVO). Holztafelbau.

Land: Baden-Württemberg
Kreis: Bodenseekreis
Standard: mittel
Bauzeit: 17 Wochen
Kennwerte: bis 3. Ebene DIN 276

BGF 2.046 €/m²

Planung: Freier Architekt Dipl.-Ing. Tim Günther; Sipplingen

veröffentlicht: www.bki.de

6100-0549 Doppelhaushälfte - KfW 60

BRI 691 m³ | **BGF** 244 m² | **NUF** 168 m²

Doppelhaushälfte. Holzrahmenbau, Stahlbeton.

Land: Bayern
Kreis: Weilheim-Schongau
Standard: mittel
Bauzeit: 78 Wochen
Kennwerte: bis 3. Ebene DIN 276

BGF 1.307 €/m²

Planung: Erber Architekten; Lindau

veröffentlicht: www.bki.de

€/m² BGF

min	1.305	€/m²
von	1.845	€/m²
Mittel	**2.300**	**€/m²**
bis	2.940	€/m²
max	3.610	€/m²

Kosten:
Stand 1. Quartal 2025
Bundesdurchschnitt
inkl. 19% MwSt.

Objektübersicht zur Gebäudeart

6100-0545 Doppelhaushälfte - KfW 40

BRI 844 m³ **BGF** 294 m² **NUF** 206 m²

© Erber Architekten

Doppelhaushälfte. Holzrahmenbau, Stahlbeton.

Land: Bayern
Kreis: Weilheim-Schongau
Standard: mittel
Bauzeit: 26 Wochen
Kennwerte: bis 3. Ebene DIN 276

BGF **1.381 €/m²**

Planung: Erber Architekten; Lindau

veröffentlicht: www.bki.de

6100-0556 Reihenmittelhaus

BRI 662 m³ **BGF** 208 m² **NUF** 156 m²

© Jünger + Logar Architekten

Reihenmittelhaus als Niedrigenergiehaus, unterkellert. Holzrahmenbau.

Land: Hessen
Kreis: Darmstadt, Stadt
Standard: mittel
Bauzeit: 57 Wochen
Kennwerte: bis 3. Ebene DIN 276

BGF **1.560 €/m²**

Planung: Architekten + Diplom-Ingenieure Jünger + Logar; Darmstadt

veröffentlicht: www.bki.de

6100-0552 Reihenendhaus

BRI 714 m³ **BGF** 225 m² **NUF** 168 m²

© Jünger + Logar Architekten

Reihenendhaus als Niedrigenergiehaus, unterkellert. Holzrahmenbau.

Land: Hessen
Kreis: Darmstadt, Stadt
Standard: mittel
Bauzeit: 57 Wochen
Kennwerte: bis 3. Ebene DIN 276

BGF **1.689 €/m²**

Planung: Architekten + Diplom-Ingenieure Jünger + Logar; Darmstadt

veröffentlicht: www.bki.de

6100-0495 Einfamilienhaus, Holzrahmenbau

BRI 1.028 m³ **BGF** 332 m² **NUF** 262 m²

© Planungsgruppe Barthelmey

Einfamilienhaus mit Einliegerwohnung (257 m² WFL II.BVO). Holzrahmenbau.

Land: Hessen
Kreis: Frankfurt am Main, Stadt
Standard: hoch
Bauzeit: 22 Wochen
Kennwerte: bis 3. Ebene DIN 276

BGF **1.972 €/m²**

Planung: Planungsgruppe Barthelmey Architekt Dipl.-Ing. Stefan Barthelmey; Erfurt

veröffentlicht: www.bki.de

Ein- und Zweifamilienhäuser, Holzbauweise, nicht unterkellert

Kostenkennwerte für die Kosten des Bauwerks (Kostengruppen 300+400 nach DIN 276)

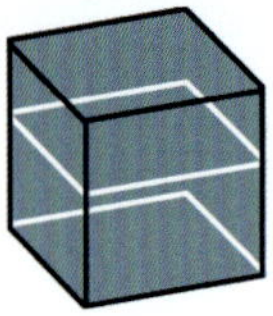

BRI 770€/m³
von 635€/m³
bis 1.005€/m³

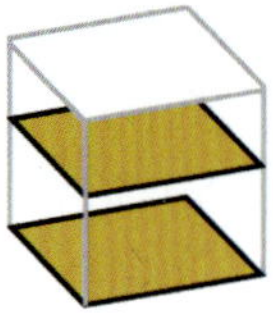

BGF 2.460€/m²
von 2.000€/m²
bis 3.340€/m²

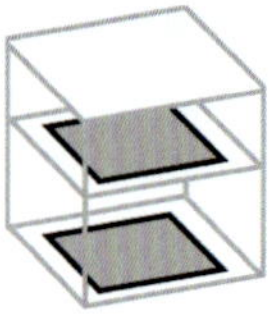

NUF 3.705€/m²
von 2.835€/m²
bis 5.325€/m²

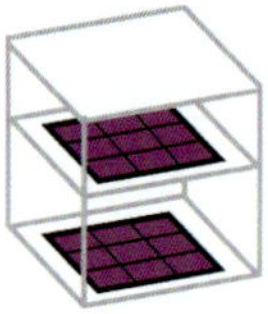

NE 3.690€/NE
von 2.980€/NE
bis 5.075€/NE
NE: Wohnfläche

Kosten:
Stand 1. Quartal 2025
Bundesdurchschnitt
inkl. 19% MwSt.

Objektbeispiele

6100-1742

6100-1732

6100-1671

Kosten der 35 Vergleichsobjekte Seiten 548 bis 558

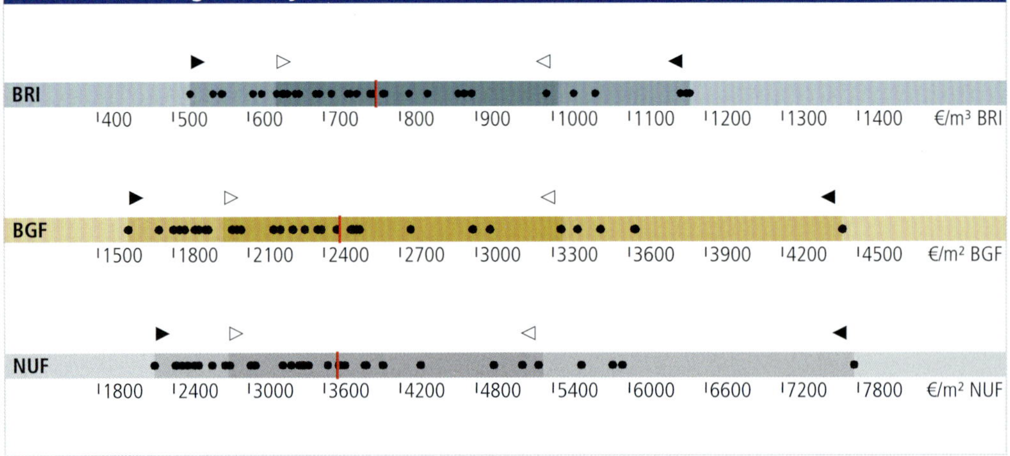

- ● KKW
- ▶ min
- ▷ von
- | Mittelwert
- ◁ bis
- ◀ max

Kostenkennwerte für die Kostengruppen der 1. und 2. Ebene DIN 276

KG	Kostengruppen der 1. Ebene	Einheit	▷	€/Einheit	◁	▷	% an 300+400	◁
100	Grundstück	m² GF	–	**–**	–	–	**–**	–
200	Vorbereitende Maßnahmen	m² GF	7	**22**	91	0,8	**2,3**	6,4
300	Bauwerk – Baukonstruktionen	m² BGF	1.581	**1.997**	2.658	73,7	**81,2**	86,2
400	Bauwerk – Technische Anlagen	m² BGF	315	**465**	751	13,8	**18,8**	26,3
	Bauwerk 300+400	m² BGF	1.998	**2.462**	3.338	100,0	**100,0**	100,0
500	Außenanlagen und Freiflächen	m² AF	28	**160**	623	1,5	**4,0**	8,3
600	Ausstattung und Kunstwerke	m² BGF	17	**97**	559	0,6	**2,5**	12,6
700	Baunebenkosten*	m² BGF	605	**674**	744	24,8	**27,7**	30,5
800	Finanzierung	m² BGF	–	**–**	–	–	**–**	–

* Auf Grundlage der HOAI 2021 berechnete Werte nach §§ 35, 52, 56. Weitere Informationen siehe Seite 56

KG	Kostengruppen der 2. Ebene	Einheit	▷	€/Einheit	◁	▷	% an 1. Ebene	◁
310	Baugrube / Erdbau	m³ BGI	23	**54**	129	0,6	**1,6**	3,5
320	Gründung, Unterbau	m² GRF	368	**439**	716	11,1	**12,4**	15,7
330	Außenwände / vertikal außen	m² AWF	464	**590**	732	37,6	**41,4**	46,3
340	Innenwände / vertikal innen	m² IWF	197	**273**	367	7,8	**10,7**	12,1
350	Decken / horizontal	m² DEF	300	**398**	518	5,2	**10,7**	13,8
360	Dächer	m² DAF	380	**499**	752	15,0	**18,6**	25,3
370	Infrastrukturanlagen		–	**–**	–	–	**–**	–
380	Baukonstruktive Einbauten	m² BGF	24	**41**	75	0,0	**0,7**	2,3
390	Sonst. Maßnahmen für Baukonst.	m² BGF	35	**69**	112	2,1	**4,0**	6,7
300	**Bauwerk – Baukonstruktionen**	**m² BGF**					**100,0**	
410	Abwasser-, Wasser-, Gasanlagen	m² BGF	60	**95**	142	17,9	**24,7**	31,6
420	Wärmeversorgungsanlagen	m² BGF	113	**149**	214	33,6	**39,4**	50,4
430	Raumlufttechnische Anlagen	m² BGF	37	**47**	61	0,0	**9,9**	13,2
440	Elektrische Anlagen	m² BGF	53	**86**	174	15,5	**21,4**	35,3
450	Kommunikationstechnische Anlagen	m² BGF	6	**12**	26	1,2	**3,2**	5,2
460	Förderanlagen	m² BGF	–	**–**	–	–	**–**	–
470	Nutzungsspez. / verfahrenstech. Anl.	m² BGF	–	**12**	–	0,0	**0,3**	2,7
480	Gebäude- und Anlagenautomation	m² BGF	–	**21**	–	0,0	**1,0**	8,7
490	Sonst. Maßnahmen f. techn. Anl.	m² BGF	–	**–**	–	–	**–**	–
400	**Bauwerk – Technische Anlagen**	**m² BGF**					**100,0**	

Prozentanteile der Kosten 2. Ebene an den Kosten des Bauwerks nach DIN 276 (Von/Mittel/Bis)

KG	Kostengruppe	%
310	Baugrube / Erdbau	1,3
320	Gründung, Unterbau	10,1
330	Außenwände / vertikal außen	34,1
340	Innenwände / vertikal innen	8,8
350	Decken / horizontal	8,8
360	Dächer	15,3
370	Infrastrukturanlagen	
380	Baukonstruktive Einbauten	0,5
390	Sonst. Maßnahmen für Baukonst.	3,2
410	Abwasser-, Wasser-, Gasanlagen	4,4
420	Wärmeversorgungsanlagen	7,0
430	Raumlufttechnische Anlagen	1,8
440	Elektrische Anlagen	4,0
450	Kommunikationstechnische Anlagen	0,6
460	Förderanlagen	
470	Nutzungsspez. / verfahrenstech. Anl.	< 0,1
480	Gebäude- und Anlagenautomation	0,1
490	Sonst. Maßnahmen f. techn. Anl.	

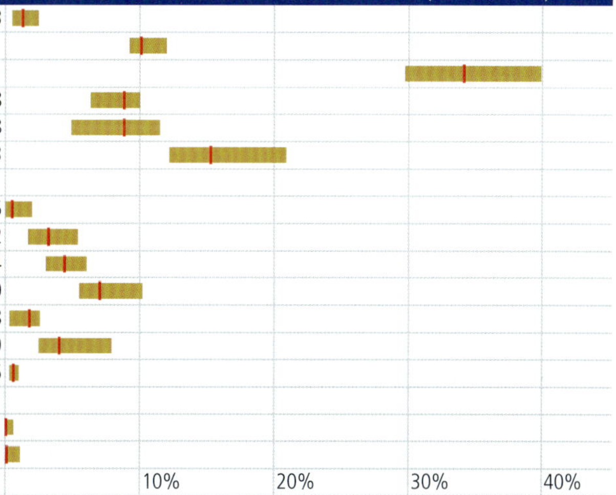

 Erläuterungen zu den Tabellen siehe Seite 54 und 56 Kostenstand: 1. Quartal 2025, Bundesdurchschnitt, **inkl. 19% MwSt.**

Ein- und Zweifamilienhäuser, Holzbauweise, nicht unterkellert

Kosten:
Stand 1. Quartal 2025
Bundesdurchschnitt
inkl. 19% MwSt.

Prozentanteile der Kosten für Leistungsbereiche nach STLB (Kosten Bauwerk nach DIN 276)

LB	Leistungsbereiche	▷	% an 300+400	◁
000	Baustellen-, Verkehrssich.- u. Sicherh.einr. inkl. 001	1,8	**2,8**	4,9
002	Erdarbeiten	1,2	**2,4**	3,2
006	Spezialtiefbauarbeiten inkl. 005	–	**–**	–
009	Entwässerungskanalarbeiten inkl. 011	0,1	**0,9**	2,9
010	Drän- und Versickerarbeiten	< 0,1	**< 0,1**	0,8
012	Mauerarbeiten	< 0,1	**0,4**	2,2
013	Betonarbeiten	3,9	**5,0**	8,6
014	Natur-, Betonwerksteinarbeiten	0,0	**< 0,1**	0,7
016	Zimmer- und Holzbauarbeiten	25,4	**35,1**	42,8
017	Stahlbauarbeiten	0,0	**0,2**	1,1
018	Abdichtungsarbeiten	0,2	**0,6**	1,4
020	Dachdeckungsarbeiten	0,0	**1,2**	2,9
021	Dachabdichtungsarbeiten	0,5	**2,4**	9,0
022	Klempnerarbeiten	1,1	**2,9**	4,8
	Rohbau	46,3	**54,1**	60,2
023	Putz- und Stuckarbeiten, Wärmedämmsysteme	0,7	**2,4**	3,5
024	Fliesen- und Plattenarbeiten	0,9	**1,4**	2,7
025	Estricharbeiten	0,6	**1,7**	2,2
026	Fenster, Außentüren inkl. 029, 032	7,0	**9,9**	13,4
027	Tischlerarbeiten	1,5	**2,8**	4,6
028	Parkettarbeiten, Holzpflasterarbeiten	0,1	**1,7**	3,6
030	Rollladenarbeiten	0,8	**2,3**	4,2
031	Metallbauarbeiten inkl. 035	0,0	**< 0,1**	0,4
034	Maler- und Lackiererarbeiten inkl. 037	0,4	**1,6**	4,0
036	Bodenbelagarbeiten	0,0	**1,1**	2,5
038	Vorgehängte hinterlüftete Fassaden	–	**–**	–
039	Trockenbauarbeiten	0,8	**3,2**	4,6
	Ausbau	23,4	**28,1**	32,1
040	Wärmeversorgungsanl. - Betriebseinr. inkl. 041	3,0	**5,8**	9,3
042	Gas- und Wasserinstallation, Leitungen inkl. 043	1,0	**2,5**	13,9
044	Abwasseranlagen - Leitungen, Abläufe, Armaturen	0,1	**0,4**	0,7
045	GWE - Einrichtungsgegenstände inkl. 046	0,6	**1,5**	2,0
047	Dämm- und Brandschutzarbeiten an techn. Anlagen	< 0,1	**< 0,1**	0,2
049	Feuerlöschanlagen, Feuerlöschgeräte	–	**–**	–
050	Blitzschutz- und Erdungsanlagen	< 0,1	**0,2**	0,5
052	Mittelspannungsanlagen	–	**–**	–
053	Niederspannungsanlagen inkl. 054	2,1	**3,6**	7,3
055	Sicherheits- und Ersatzstromversorgungsanlagen	–	**–**	–
057	Gebäudesystemtechnik	0,0	**0,3**	2,3
058	Leuchten und Lampen inkl. 059	< 0,1	**0,4**	0,9
060	Such-, Signal-, elektroakust. Anl., Med. inkl. 064	0,0	**0,1**	0,2
061	Kommunikations- und Übertragungsnetze inkl. 062	0,1	**0,4**	0,7
063	Gefahrenmeldeanlagen	0,0	**< 0,1**	< 0,1
069	Aufzüge	–	**–**	–
070	Gebäudeautomation	–	**–**	–
075	Raumlufttechnische Anlagen inkl. 078	0,3	**1,8**	2,6
	Gebäudetechnik	13,3	**17,0**	21,9
	Sonstige Leistungsbereiche inkl. 008, 033, 051	< 0,1	**0,8**	3,7

- ● KKW
- ▶ min
- ▷ von
- | Mittelwert
- ◁ bis
- ◀ max

Planungskennwerte für Flächen und Rauminhalte nach DIN 277

Grundflächen		▷	Fläche/NUF (%)	◁	▷	Fläche/BGF (%)	◁
NUF	Nutzungsfläche	100,0	**100,0**	100,0	64,3	**67,8**	70,4
TF	Technikfläche	3,5	**4,7**	9,4	2,3	**3,0**	5,5
VF	Verkehrsfläche	10,9	**13,7**	17,2	7,0	**9,0**	10,5
NRF	Netto-Raumfläche	114,7	**118,2**	122,7	77,0	**79,7**	81,3
KGF	Konstruktions-Grundfläche	27,5	**30,6**	36,7	18,7	**20,3**	23,0
BGF	Brutto-Grundfläche	143,5	**148,8**	157,3	100,0	**100,0**	100,0

Brutto-Rauminhalte		▷	BRI/NUF (m)	◁	▷	BRI/BGF (m)	◁
BRI	Brutto-Rauminhalt	4,42	**4,77**	5,28	3,01	**3,21**	3,42

Flächen von Nutzeinheiten	▷	NUF/Einheit (m²)	◁	▷	BGF/Einheit (m²)	◁
Nutzeinheit: Wohnfläche	0,94	**1,02**	1,12	1,38	**1,50**	1,65

Lufttechnisch behandelte Flächen	▷	Fläche/NUF (%)	◁	▷	Fläche/BGF (%)	◁
Entlüftete Fläche	–	–	–	–	–	–
Be- und entlüftete Fläche	–	–	–	–	–	–
Teilklimatisierte Fläche	–	–	–	–	–	–
Klimatisierte Fläche	–	–	–	–	–	–

KG	Kostengruppen (2. Ebene)	Einheit	▷	Menge/NUF	◁	▷	Menge/BGF	◁
310	Baugrube / Erdbau	m³ BGI	0,76	**0,87**	1,34	0,52	**0,59**	0,79
320	Gründung, Unterbau	m² GRF	0,67	**0,74**	0,90	0,49	**0,52**	0,65
330	Außenwände / vertikal außen	m² AWF	1,68	**1,81**	2,00	1,17	**1,24**	1,29
340	Innenwände / vertikal innen	m² IWF	0,95	**1,03**	1,23	0,66	**0,71**	0,75
350	Decken / horizontal	m² DEF	0,53	**0,67**	0,70	0,36	**0,46**	0,53
360	Dächer	m² DAF	0,91	**0,97**	1,07	0,63	**0,67**	0,76
370	Infrastrukturanlagen		–	–	–	–	–	–
380	Baukonstruktive Einbauten	m² BGF	1,44	**1,49**	1,57	1,00	**1,00**	1,00
390	Sonst. Maßnahmen für Baukonst.	m² BGF	1,44	**1,49**	1,57	1,00	**1,00**	1,00
300	**Bauwerk – Baukonstruktionen**	**m² BGF**	1,44	**1,49**	1,57	1,00	**1,00**	1,00

Planungskennwerte für Bauzeiten — 35 Vergleichsobjekte

Bauzeit in Wochen

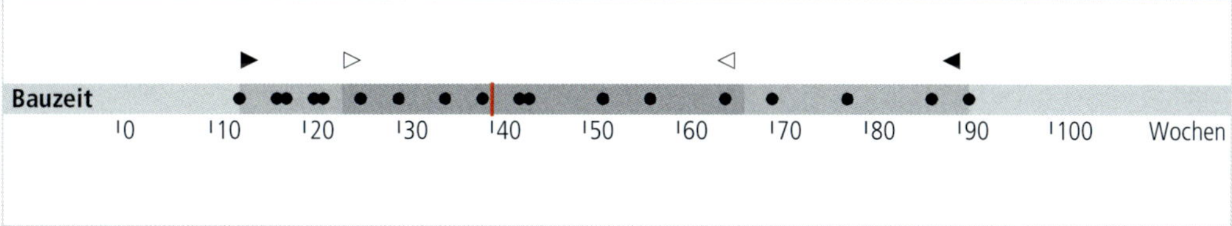

Ein- und Zweifamilienhäuser, Holzbauweise, nicht unterkellert

€/m² BGF

min	1.620	€/m²
von	2.000	€/m²
Mittel	**2.460**	**€/m²**
bis	3.340	€/m²
max	4.435	€/m²

Kosten:
Stand 1. Quartal 2025
Bundesdurchschnitt
inkl. 19% MwSt.

Objektübersicht zur Gebäudeart

6100-1698 Zweifamilienhaus

BRI 680 m³ | **BGF** 233 m² | **NUF** 141 m²

Wohnhaus mit zwei Wohneinheiten und 118 m² Wohnfläche. Holzbau.

Land: Hessen
Kreis: Kassel
Standard: mittel
Bauzeit: 52 Wochen
Kennwerte: bis 1. Ebene DIN 276

BGF **2.373 €/m²**

Planung: sunder plaßmann . noll plan+bau gmbh; Kassel

veröffentlicht: BKI Objektdaten S6

6100-1671 Einfamilienhaus

BRI 670 m³ | **BGF** 188 m² | **NUF** 109 m²

Einfamilienhaus mit 127m² WFL. Holzbau.

Land: Bayern
Kreis: Forchheim
Standard: mittel
Bauzeit: 52 Wochen
Kennwerte: bis 3. Ebene DIN 276

BGF **2.525 €/m²**

Planung: BUCHER | HÜTTINGER - ARCHITEKTUR INNEN ARCHITEKTUR; Betzenstein

vorgesehen: BKI Objektdaten N21

6100-1734 Einfamilienhaus

BRI 738 m³ | **BGF** 237 m² | **NUF** 159 m²

Einfamilienhaus als Holzrotunde. Holzbau.

Land: Niedersachsen
Kreis: Rotenburg (Wümme)
Standard: mittel
Bauzeit: 91 Wochen
Kennwerte: bis 1. Ebene DIN 276

BGF **2.274 €/m²**

Planung: Wirth Architekten BDA PartgmbB; Bremen

vorgesehen: BKI Objektdaten N21

6100-1740 Einfamilienhaus

BRI 586 m³ | **BGF** 173 m² | **NUF** 103 m²

Einfamilienhaus in Holzrahmenbauweise. Holzbau.

Land: Nordrhein-Westfalen
Kreis: Soest
Standard: mittel
Bauzeit: 39 Wochen
Kennwerte: bis 1. Ebene DIN 276

BGF **3.487 €/m²**

Planung: Zimmerei Müller GmbH Merle Müller, Architektin; Soest

vorgesehen: BKI Objektdaten N21

6100-1615 Einfamilienhaus

BRI 564 m³ **BGF** 182 m² **NUF** 111 m²

Einfamilienhaus. Holzbau.

Land: Baden-Württemberg
Kreis: Lörrach
Standard: mittel
Bauzeit: 70 Wochen
Kennwerte: bis 1. Ebene DIN 276

BGF 3.623 €/m²

Planung: mann architektur+ Prof. Michael Mann; Erfurt

veröffentlicht: BKI Objektdaten N20

6100-1611 Tiny House*

BRI 115 m³ **BGF** 30 m² **NUF** 18 m²

Tiny House zur privaten Wohnnutzung und als Gästehaus (1 WE) mit 21 m² Wohnfläche. Holzbau.

Land: Bayern
Kreis: Traunstein
Standard: hoch
Bauzeit: 18 Wochen*
Kennwerte: bis 1. Ebene DIN 276

BGF 3.538 €/m²

Planung: DIESSBACHER ARCHITEKTUR GmbH; Traunstein

veröffentlicht: BKI Objektdaten N20
* Nicht in der Auswertung enthalten

6100-1742 Einfamilienhaus

BRI 755 m³ **BGF** 201 m² **NUF** 115 m²

Einfamilienhaus in Holzrahmenbauweise. Holzbau.

Land: Bayern
Kreis: Aschaffenburg
Standard: hoch
Bauzeit: 26 Wochen
Kennwerte: bis 1. Ebene DIN 276

BGF 4.437 €/m²

Planung: Regina Bruchhäuser Architektin; Alzenau

vorgesehen: BKI Objektdaten N21

6100-1702 Mini-Wohnhaus

BRI 198 m³ **BGF** 64 m² **NUF** 44 m²

Kleines Wohnhaus als Holzmodulbau. Holzbau.

Land: Bayern
Kreis: Ebersberg
Standard: hoch
Bauzeit: 44 Wochen
Kennwerte: bis 1. Ebene DIN 276

BGF 3.620 €/m²

Planung: Peter Gröbmayr GmbH & Co.KG; Glonn

vorgesehen: BKI Objektdaten N21

€/m² BGF

min	1.620	€/m²
von	2.000	€/m²
Mittel	**2.460**	**€/m²**
bis	3.340	€/m²
max	4.435	€/m²

Kosten:
Stand 1. Quartal 2025
Bundesdurchschnitt
inkl. 19% MwSt.

Objektübersicht zur Gebäudeart

6100-1550 Einfamilienhaus, Doppelgarage — BRI 684 m³ | BGF 250 m² | NUF 164 m²

Einfamilienhaus in Ständerbauweise mit Doppelgarage. Holzbau.

Land: Brandenburg
Kreis: Barnim
Standard: mittel
Bauzeit: 39 Wochen
Kennwerte: bis 1. Ebene DIN 276

BGF **2.449 €/m²**

Planung: burgemeister+marx architekten; Berlin

veröffentlicht: BKI Objektdaten N18

6100-1732 Einfamilienhaus — BRI 840 m³ | BGF 247 m² | NUF 178 m²

Einfamilienhaus mit Carport und Abstellraum. Holzbau.

Land: Rheinland-Pfalz
Kreis: Ahrweiler
Standard: mittel
Bauzeit: 44 Wochen
Kennwerte: bis 1. Ebene DIN 276

BGF **2.197 €/m²**

Planung: arminschmitz architekt bda; Bad Neuenahr-Ahrweiler

vorgesehen: BKI Objektdaten N21

6100-1714 Einfamilienhaus, Sportraum, Doppelgarage — BRI 2.161 m³ | BGF 644 m² | NUF 434 m²

Einfamilienhaus mit Sportraum und Doppelgarage. Holzbau.

Land: Bayern
Kreis: Passau
Standard: mittel
Bauzeit: 87 Wochen
Kennwerte: bis 1. Ebene DIN 276

BGF **3.330 €/m²**

Planung: Studio Hofmann Architektur und Umgebung; Passau

vorgesehen: BKI Objektdaten N21

6100-1594 Einfamilienhaus — BRI 617 m³ | BGF 193 m² | NUF 144 m²

Haus für Zwei. Holzbau.

Land: Bayern
Kreis: Traunstein
Standard: mittel
Bauzeit: 22 Wochen
Kennwerte: bis 1. Ebene DIN 276

BGF **1.799 €/m²**

Planung: Ina Veit; Siegsdorf

veröffentlicht: BKI Objektdaten N19

6100-1539 Einfamilienhaus

BRI 521 m³ | **BGF** 131 m² | **NUF** 94 m²

Wohnhaus auf Einzelfundamenten in Kiefernwald. Holzbau.

Land: Brandenburg
Kreis: Dahme-Spreewald
Standard: mittel
Bauzeit: 44 Wochen
Kennwerte: bis 1. Ebene DIN 276

BGF **2.199 €/m²**

Planung: Zeller & Moye; Berlin

veröffentlicht: BKI Objektdaten N18

6100-1565 Einfamilienhaus

BRI 646 m³ | **BGF** 202 m² | **NUF** 122 m²

Einfamilienhaus mit 169m² WFL. Holzbau.

Land: Hessen
Kreis: Kassel
Standard: mittel
Bauzeit: 39 Wochen
Kennwerte: bis 1. Ebene DIN 276

BGF **2.069 €/m²**

Planung: Nina und Michael Bohl Dipl. Ing. M. Sc. Architekten; Wolfhagen

veröffentlicht: BKI Objektdaten N18

6100-1618 Ferienhaus*

BRI 283 m³ | **BGF** 162 m² | **NUF** 101 m²

Ferienhaus. Holzbau.

Land: Mecklenburg-Vorpommern
Kreis: Mecklenburgische Seenplatte
Standard: hoch
Bauzeit: 65 Wochen
Kennwerte: bis 1. Ebene DIN 276

BGF **2.718 €/m²**

Planung: Wanja Wechselberger Studio & Legeer Architekten; Berlin

veröffentlicht: BKI Objektdaten N20
* Nicht in der Auswertung enthalten

6100-1546 Einfamilienhaus, Carport

BRI 678 m³ | **BGF** 211 m² | **NUF** 127 m²

Einfamilienwohnhaus mit Carport. Holzbau.

Land: Niedersachsen
Kreis: Lüneburg
Standard: mittel
Bauzeit: 26 Wochen
Kennwerte: bis 1. Ebene DIN 276

BGF **3.395 €/m²**

Planung: Henschke Schulze Reimers Architekten; Lüneburg

veröffentlicht: BKI Objektdaten N18

€/m² BGF

min	1.620	€/m²
von	2.000	€/m²
Mittel	**2.460**	**€/m²**
bis	3.340	€/m²
max	4.435	€/m²

Kosten:
Stand 1. Quartal 2025
Bundesdurchschnitt
inkl. 19% MwSt.

Objektübersicht zur Gebäudeart

6100-1563 Ferienhaus (1 WE), Garage

BRI 537 m³ **BGF** 159 m² **NUF** 120 m²

Ferienhaus mit einer Wohneinheit und angebauter Garage. Holzbau.

Land: Sachsen
Kreis: Bautzen
Standard: mittel
Bauzeit: 35 Wochen
Kennwerte: bis 3. Ebene DIN 276

BGF 2.506 €/m²

Planung: meyer-bassin und partner freie architekten bda; Dresden

veröffentlicht: BKI Objektdaten N19

6100-1495 Einfamilienhaus

BRI 848 m³ **BGF** 287 m² **NUF** 202 m²

Einfamilienhaus. Holzbau.

Land: Niedersachsen
Kreis: Vechta
Standard: mittel
Bauzeit: 21 Wochen
Kennwerte: bis 3. Ebene DIN 276

BGF 1.822 €/m²

Planung: Ruge+Göllner GmbH; Vechta

veröffentlicht: BKI Objektdaten N18

6100-1344 Einfamilienhaus

BRI 649 m³ **BGF** 232 m² **NUF** 167 m²

Einfamilienhaus (130m² WFL). Holzrahmenbau.

Land: Nordrhein-Westfalen
Kreis: Rhein-Kreis Neuss
Standard: mittel
Bauzeit: 30 Wochen
Kennwerte: bis 1. Ebene DIN 276

BGF 2.052 €/m²

Planung: bau grün ! energieeff. Gebäude Arch. Daniel Finocchiaro; Mönchengladbach

veröffentlicht: BKI Objektdaten E8

6100-1513 Einfamilienhaus

BRI 688 m³ **BGF** 202 m² **NUF** 154 m²

Einfamilienhaus (161m² WFL). Holzbau.

Land: Bayern
Kreis: Freyung-Grafenau
Standard: mittel
Bauzeit: 65 Wochen
Kennwerte: bis 1. Ebene DIN 276

BGF 2.987 €/m²

Planung: Maximilian Hartinger; München

veröffentlicht: BKI Objektdaten E9

6100-1304 Einfamilienhaus, ELW

BRI 836 m³ **BGF** 229 m² **NUF** 136 m²

Einfamilienhaus mit Einliegerwohnung und Carport (190m² WFL). Holzrahmenbau.

Land: Nordrhein-Westfalen
Kreis: Ennepe-Ruhr-Kreis
Standard: hoch
Bauzeit: 13 Wochen
Kennwerte: bis 1. Ebene DIN 276

BGF 3.055 €/m²

Planung: adbarchitektur; Wuppertal

veröffentlicht: BKI Objektdaten N16

6100-1449 Ferienhaus (1 WE)*

BRI 727 m³ **BGF** 217 m² **NUF** 122 m²

Ferienhaus mit Galerieebene (1 WE). Massivholzbau.

Land: Mecklenburg-Vorpommern
Kreis: Vorpommern-Rügen
Standard: hoch
Bauzeit: 44 Wochen
Kennwerte: bis 1. Ebene DIN 276

BGF 2.094 €/m²

Planung: Straub Beutin Architekten; Berlin

veröffentlicht: BKI Objektdaten N17
* Nicht in der Auswertung enthalten

6100-1325 Einfamilienhaus - Effizienzhaus 40

BRI 705 m³ **BGF** 270 m² **NUF** 158 m²

Einfamilienhaus mit 178m² Wohnfläche. Massivholzbau.

Land: Bayern
Kreis: Oberallgäu
Standard: mittel
Bauzeit: 17 Wochen
Kennwerte: bis 1. Ebene DIN 276

BGF 2.032 €/m²

Planung: brack architekten; Kempten

veröffentlicht: BKI Objektdaten E8

6100-1253 Wochenendhaus*

BRI 334 m³ **BGF** 110 m² **NUF** 82 m²

Wochenendhaus (98m² WFL). Holzrahmenbau.

Land: Brandenburg
Kreis: Ostprignitz-Ruppin
Standard: mittel
Bauzeit: 30 Wochen
Kennwerte: bis 1. Ebene DIN 276

BGF 3.713 €/m²

Planung: Hütten & Paläste Architekten; Berlin

veröffentlicht: BKI Objektdaten N15
* Nicht in der Auswertung enthalten

€/m² BGF

min	1.620	€/m²
von	2.000	€/m²
Mittel	**2.460**	**€/m²**
bis	3.340	€/m²
max	4.435	€/m²

Kosten:
Stand 1. Quartal 2025
Bundesdurchschnitt
inkl. 19% MwSt.

Objektübersicht zur Gebäudeart

6100-1339 Einfamilienhaus, Garage - Effizienzhaus 40

BRI 1.010 m³ **BGF** 313 m² **NUF** 231 m²

Einfamilienhaus mit Garage. Holzrahmenbau.

Land: Baden-Württemberg
Kreis: Reutlingen
Standard: hoch
Bauzeit: 26 Wochen
Kennwerte: bis 3. Ebene DIN 276

BGF 2.225 €/m²

Planung: Architekt Rainer Graf Architektur + Energiekonzepte; Ofterdingen

veröffentlicht: BKI Objektdaten E8

6100-1272 Einfamilienhäuser (2 Gebäude)

BRI 1.051 m³ **BGF** 352 m² **NUF** 201 m²

Einfamilienhäuser (2 St., 108+130m² WFL), nicht unterkellert. Massivholzbau.

Land: Bayern
Kreis: Rosenheim
Standard: mittel
Bauzeit: 57 Wochen
Kennwerte: bis 1. Ebene DIN 276

BGF 2.321 €/m²

Planung: finsterwalderarchitekten; Stephanskirchen

veröffentlicht: BKI Objektdaten E7

6100-1240 Einfamilienhaus, Carport - Effizienzhaus 70

BRI 1.069 m³ **BGF** 288 m² **NUF** 226 m²

Einfamilienhaus (180m² WFL) mit Dachterrasse und Carport. Holzrahmenbau.

Land: Bayern
Kreis: Regensburg
Standard: hoch
Bauzeit: 17 Wochen
Kennwerte: bis 1. Ebene DIN 276

BGF 1.936 €/m²

Planung: LÖSER-SCHWARZOTT ENERGIE.BEWUSSTE. ARCHITEKTUR.; Regenstauf

veröffentlicht: BKI Objektdaten E7

6100-1276 Einfamilienhaus, Garage

BRI 841 m³ **BGF** 280 m² **NUF** 200 m²

Einfamilienhaus (180m² WFL) in einer Baulücke mit Garage. Holzrahmenbau.

Land: Brandenburg
Kreis: Brandenburg a.d. Havel
Standard: mittel
Bauzeit: 26 Wochen
Kennwerte: bis 1. Ebene DIN 276

BGF 1.937 €/m²

Planung: Märkplan GmbH; Brandenburg an der Havel

veröffentlicht: BKI Objektdaten E7

6100-1211 Einfamilienhaus, Carport - Effizienzhaus 40*

BRI 928 m³ | **BGF** 243 m² | **NUF** 174 m²

© Matthias Kestel

Einfamilienhaus mit 152m² WFL als Effizienzhaus 40. Massivholzbau.

Land: Bayern
Kreis: Erding
Standard: hoch
Bauzeit: 26 Wochen
Kennwerte: bis 1. Ebene DIN 276

BGF 3.421 €/m²

Planung: Wolfertstetter Architektur; München

veröffentlicht: BKI Objektdaten E7
* Nicht in der Auswertung enthalten

6100-1273 Einfamilienhaus

BRI 790 m³ | **BGF** 218 m² | **NUF** 168 m²

© Josefine Unterhauser

Einfamilienhaus (192m² WFL), nicht unterkellert. Massivholzbau.

Land: Bayern
Kreis: Rosenheim
Standard: mittel
Bauzeit: 43 Wochen
Kennwerte: bis 1. Ebene DIN 276

BGF 2.514 €/m²

Planung: finsterwalderarchitekten; Stephanskirchen

veröffentlicht: BKI Objektdaten E7

6100-1217 Einfamilienhaus, Garage - Effizienzhaus 40

BRI 493 m³ | **BGF** 201 m² | **NUF** 145 m²

© bau grün !

Einfamilienhaus (125m² WFL) mit Garage, Effizienzhaus 40. Holzrahmenbau.

Land: Nordrhein-Westfalen
Kreis: Mönchengladbach, Stadt
Standard: mittel
Bauzeit: 39 Wochen
Kennwerte: bis 1. Ebene DIN 276

BGF 1.620 €/m²

Planung: bau grün ! energieeff. Gebäude Arch. Daniel Finocchiaro; Mönchengladbach

veröffentlicht: BKI Objektdaten E7

6100-1133 Einfamilienhaus

BRI 347 m³ | **BGF** 123 m² | **NUF** 90 m²

© ARCHITEKTanBORD

Einfamilienhaus (98m² WFL). Holzrahmenbau.

Land: Bayern
Kreis: Augsburg
Standard: mittel
Bauzeit: 13 Wochen
Kennwerte: bis 1. Ebene DIN 276

BGF 1.883 €/m²

Planung: ARCHITEKTanBORD Dipl.-Ing. Viktor Walter; Augsburg

veröffentlicht: BKI Objektdaten N13

€/m² BGF

min	1.620	€/m²
von	2.000	€/m²
Mittel	**2.460**	**€/m²**
bis	3.340	€/m²
max	4.435	€/m²

Kosten:
Stand 1. Quartal 2025
Bundesdurchschnitt
inkl. 19% MwSt.

Objektübersicht zur Gebäudeart

6100-1266 Ferienhaus*

BRI 460 m³ **BGF** 140 m² **NUF** 108 m²

Ferienhaus mit 102 m² WFL. Massivholzbau.

Land: Mecklenburg-Vorpommern
Kreis: Vorpommern-Rügen
Standard: mittel
Bauzeit: 56 Wochen
Kennwerte: bis 1. Ebene DIN 276

BGF 3.116 €/m²

Planung: gorinistreck architekten; Berlin

veröffentlicht: BKI Objektdaten N15
* Nicht in der Auswertung enthalten

6100-1214 Einfamilienhaus, Garage - Effizienzhaus 70

BRI 1.194 m³ **BGF** 360 m² **NUF** 252 m²

Einfamilienhaus mit 336 m² WFL als Effizienzhaus 70. Massivholzbau.

Land: Bayern
Kreis: Neuburg-Schrobenhausen
Standard: hoch
Bauzeit: 78 Wochen
Kennwerte: bis 1. Ebene DIN 276

BGF 2.538 €/m²

Planung: Thomas Pscherer Architekt; München

veröffentlicht: BKI Objektdaten E7

6100-1097 Einfamilienhaus, Carport - Effizienzhaus 55

BRI 716 m³ **BGF** 226 m² **NUF** 143 m²

Einfamilienhaus mit Carport und Technikraum im Außenbereich. Holzrahmenbau.

Land: Bayern
Kreis: Lichtenfels
Standard: hoch
Bauzeit: 35 Wochen
Kennwerte: bis 3. Ebene DIN 276

BGF 1.924 €/m²

Planung: Planungsgruppe Barthelmey Architekt Dipl.-Ing. Stefan Barthelmey; Erfurt

veröffentlicht: BKI Objektdaten E6

6100-1213 Einfamilienhaus, Atelier - Effizienzhaus 70*

BRI 1.298 m³ **BGF** 352 m² **NUF** 280 m²

Einfamilienhaus (275 m² WFL) mit Atelier als Effizienzhaus 70. Massivholzbau.

Land: Hessen
Kreis: Main-Kinzig-Kreis
Standard: hoch
Bauzeit: 48 Wochen
Kennwerte: bis 1. Ebene DIN 276

BGF 4.530 €/m² *

Planung: Jenner+Mayer Architekten; Wiesbaden

veröffentlicht: BKI Objektdaten E7
* Nicht in der Auswertung enthalten

6100-1086 Einfamilienhaus - Effizienzhaus 55

BRI 571 m³ **BGF** 177 m² **NUF** 117 m²

Einfamilienhaus (140m² WFL) als Effizienzhaus 55. Holzrahmenbau.

Land: Nordrhein-Westfalen
Kreis: Recklinghausen
Standard: mittel
Bauzeit: 26 Wochen
Kennwerte: bis 1. Ebene DIN 276

BGF 2.450 €/m²

Planung: puschmann architektur Jonas Puschmann; Recklinghausen

veröffentlicht: BKI Objektdaten E6

6100-1190 Einfamilienhaus, Garage - Effizienzhaus 40

BRI 656 m³ **BGF** 220 m² **NUF** 167 m²

Einfamilienhaus mit Garage, Effizienzhaus 40. Holzrahmenbau.

Land: Bayern
Kreis: Oberallgäu
Standard: mittel
Bauzeit: 70 Wochen
Kennwerte: bis 3. Ebene DIN 276

BGF 1.898 €/m²

Planung: brack architekten; Kempten

veröffentlicht: BKI Objektdaten E6

6100-1096 Einfamilienhaus, Garagen

BRI 819 m³ **BGF** 264 m² **NUF** 193 m²

Einfamilienhaus (153m² WFL) mit zwei Garagen. Holzrahmenbau.

Land: Nordrhein-Westfalen
Kreis: Dortmund, Stadt
Standard: mittel
Bauzeit: 22 Wochen
Kennwerte: bis 3. Ebene DIN 276

BGF 2.741 €/m²

Planung: puschmann architektur; Recklinghausen

veröffentlicht: BKI Objektdaten N15

6100-1083 Einfamilienhaus, Carport - Effizienzhaus 70

BRI 865 m³ **BGF** 236 m² **NUF** 164 m²

Einfamilienhaus mit 147m² WFL als Effizienzhaus 70. Holzrahmenbau.

Land: Nordrhein-Westfalen
Kreis: Hochsauerlandkreis
Standard: mittel
Bauzeit: 39 Wochen
Kennwerte: bis 1. Ebene DIN 276

BGF 2.388 €/m²

Planung: Architekturbüro Peter Walach; Schmallenberg

veröffentlicht: BKI Objektdaten E6

€/m² BGF

min	1.620	€/m²
von	2.000	€/m²
Mittel	**2.460**	**€/m²**
bis	3.340	€/m²
max	4.435	€/m²

Kosten:
Stand 1. Quartal 2025
Bundesdurchschnitt
inkl. 19% MwSt.

Objektübersicht zur Gebäudeart

6100-0719 Einfamilienhaus Lehmbau

BRI 792 m³ | **BGF** 243 m² | **NUF** 159 m²

Einfamilienwohnhaus (166m² WFL), Holzrahmenwände, Lehmputz. Holzrahmenbau.

Land: Thüringen
Kreis: Erfurt, Stadt
Standard: mittel
Bauzeit: 22 Wochen
Kennwerte: bis 3. Ebene DIN 276

BGF **1.842 €/m²**

Planung: Planungsgruppe Barthelmey Architekt Dipl.-Ing. Stefan Barthelmey; Erfurt

veröffentlicht: BKI Objektdaten N10

6100-0720 Einfamilienhaus, Lehmbau

BRI 609 m³ | **BGF** 212 m² | **NUF** 153 m²

Einfamilienwohnhaus (150m² WFL), Holzrahmenbau, Lehmputz. Holzrahmenbau.

Land: Sachsen
Kreis: Sächsische Schweiz
Standard: mittel
Bauzeit: 18 Wochen
Kennwerte: bis 3. Ebene DIN 276

BGF **1.741 €/m²**

Planung: Planungsgruppe Barthelmey Architekt Dipl.-Ing. Stefan Barthelmey; Erfurt

veröffentlicht: BKI Objektdaten N10

Arbeitsblatt zur Standardeinordnung bei Doppel- und Reihenendhäusern

Kosten:
Stand 1. Quartal 2025
Bundesdurchschnitt
inkl. 19% MwSt.

● KKW
► min
▷ von
| Mittelwert
◁ bis
◄ max

Kostenkennwerte für die Kosten des Bauwerks (Kostengruppen 300+400 nach DIN 276)

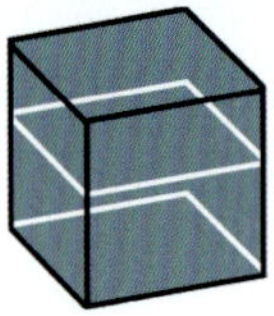

BRI 605 €/m³
von 500 €/m³
bis 735 €/m³

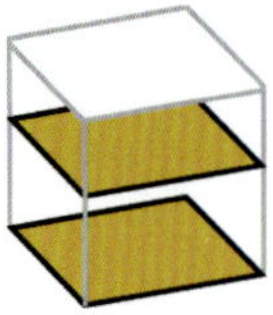

BGF 1.750 €/m²
von 1.415 €/m²
bis 2.160 €/m²

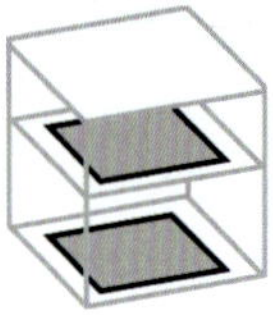

NUF 2.615 €/m²
von 2.040 €/m²
bis 3.290 €/m²

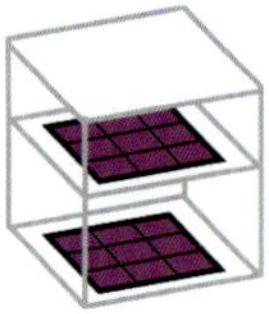

NE 2.905 €/NE
von 2.205 €/NE
bis 3.505 €/NE
NE: Wohnfläche

Standardzuordnung

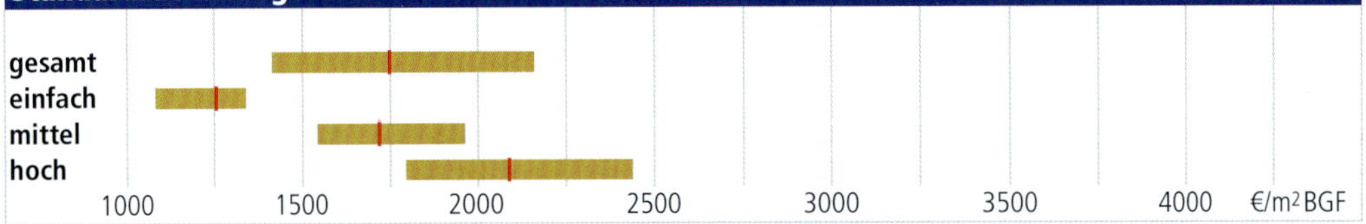

Standardeinordnung für Ihr Projekt:

KG	Kostengruppen der 2. Ebene	niedrig	mittel	hoch	Punkte
310	Baugrube / Erdbau				
320	Gründung, Unterbau	1	2	2	
330	Außenwände/Vert. Baukonstrukt., außen	6	7	9	
340	Innenwände/Vert. Baukonstrukt., innen	2	3	3	
350	Decken/Horizontale Baukonstruktionen	3	4	5	
360	Dächer	2	3	4	
370	Infrastrukturanlagen				
380	Baukonstruktive Einbauten	0	1	1	
390	Sonst. Maßnahmen für Baukonstrukt.				
410	Abwasser-, Wasser-, Gasanlagen	1	2	2	
420	Wärmeversorgungsanlagen	2	2	3	
430	Raumlufttechnische Anlagen	0	0	0	
440	Elektrische Anlagen	1	1	2	
450	Kommunikationstechnische Anlagen	0	0	0	
460	Förderanlagen	0	0	0	
470	Nutzungsspez. u. verfahrenstechn. Anl.	0	0	0	
480	Gebäude- und Anlagenautomation	0	0	0	
490	Sonst. Maßnahmen für techn. Anlagen				

Punkte: 18 bis 21 = einfach 22 bis 27 = mittel 28 bis 31 = hoch Ihr Projekt (Summe):

Erläuterung:
Obenstehende Tabelle soll Ihnen die Zuordnung zu den Gebäudearten mit einfachem, mittlerem und hohem Standard erleichtern. Schätzen Sie für jedes Grobelement ab, ob die Aufwendungen niedrig, mittel oder hoch sein werden und übertragen Sie die Punkte in die rechte Spalte. Bilden Sie die Summe der rechten Spalte und ordnen Sie Ihr Projekt nach dem Schema der untersten Zeile ein. Nehmen Sie dieses Schema auch als Hinweis darauf, bei welchen Kostengruppen Sie den Mittelwert nach oben oder unten anpassen sollten.

Kostenkennwerte für die Kostengruppen der 1. und 2.Ebene DIN 276

KG	Kostengruppen der 1.Ebene	Einheit	▷	€/Einheit	◁	▷	% an 300+400	◁
100	Grundstück	m^2 GF	–	**–**	–	–	**–**	–
200	Vorbereitende Maßnahmen	m^2 GF	8	**24**	56	0,5	**1,8**	3,8
300	Bauwerk – Baukonstruktionen	m^2 BGF	1.180	**1.406**	1.755	77,3	**80,7**	85,3
400	Bauwerk – Technische Anlagen	m^2 BGF	221	**344**	449	14,7	**19,3**	22,7
	Bauwerk 300+400	m^2 BGF	1.415	**1.750**	2.161	100,0	**100,0**	100,0
500	Außenanlagen und Freiflächen	m^2 AF	84	**159**	276	3,5	**7,6**	11,1
600	Ausstattung und Kunstwerke	m^2 BGF	6	**15**	29	0,3	**0,9**	1,3
700	Baunebenkosten*	m^2 BGF	435	**485**	535	25,0	**27,9**	30,8
800	Finanzierung	m^2 BGF	–	**–**	–	–	**–**	–

* Auf Grundlage der HOAI 2021 berechnete Werte nach §§ 35, 52, 56. Weitere Informationen siehe Seite 56

KG	Kostengruppen der 2.Ebene	Einheit	▷	€/Einheit	◁	▷	% an 1.Ebene	◁
310	Baugrube / Erdbau	m^3 BGI	30	**58**	83	0,3	**3,2**	4,7
320	Gründung, Unterbau	m^2 GRF	223	**300**	400	5,2	**7,7**	11,2
330	Außenwände / vertikal außen	m^2 AWF	357	**449**	533	32,8	**37,0**	41,8
340	Innenwände / vertikal innen	m^2 IWF	192	**248**	310	10,4	**13,8**	18,0
350	Decken / horizontal	m^2 DEF	354	**448**	569	14,8	**21,7**	26,0
360	Dächer	m^2 DAF	326	**413**	521	10,5	**13,0**	17,4
370	Infrastrukturanlagen		–	**–**	–	–	**–**	–
380	Baukonstruktive Einbauten	m^2 BGF	20	**44**	83	0,0	**0,6**	4,8
390	Sonst. Maßnahmen für Baukonst.	m^2 BGF	24	**42**	68	1,8	**3,0**	4,5
300	**Bauwerk – Baukonstruktionen**	**m^2 BGF**					**100,0**	
410	Abwasser-, Wasser-, Gasanlagen	m^2 BGF	69	**102**	145	22,4	**31,3**	40,2
420	Wärmeversorgungsanlagen	m^2 BGF	83	**134**	189	30,6	**40,1**	52,0
430	Raumlufttechnische Anlagen	m^2 BGF	8	**37**	55	0,6	**6,3**	14,3
440	Elektrische Anlagen	m^2 BGF	42	**67**	116	14,9	**19,1**	29,3
450	Kommunikationstechnische Anlagen	m^2 BGF	5	**12**	19	1,5	**3,2**	6,0
460	Förderanlagen	m^2 BGF	–	**–**	–	–	**–**	–
470	Nutzungsspez. / verfahrenstech. Anl.	m^2 BGF	–	**–**	–	–	**–**	–
480	Gebäude- und Anlagenautomation	m^2 BGF	–	**–**	–	–	**–**	–
490	Sonst. Maßnahmen f. techn. Anl.	m^2 BGF	–	**1**	–	0,0	**< 0,1**	0,5
400	**Bauwerk – Technische Anlagen**	**m^2 BGF**					**100,0**	

Prozentanteile der Kosten 2.Ebene an den Kosten des Bauwerks nach DIN 276 (Von/Mittel/Bis)

310	Baugrube / Erdbau	2,6
320	Gründung, Unterbau	6,1
330	Außenwände / vertikal außen	29,7
340	Innenwände / vertikal innen	11,1
350	Decken / horizontal	17,4
360	Dächer	10,4
370	Infrastrukturanlagen	
380	Baukonstruktive Einbauten	0,5
390	Sonst. Maßnahmen für Baukonst.	2,4
410	Abwasser-, Wasser-, Gasanlagen	6,1
420	Wärmeversorgungsanlagen	7,8
430	Raumlufttechnische Anlagen	1,3
440	Elektrische Anlagen	3,9
450	Kommunikationstechnische Anlagen	0,7
460	Förderanlagen	
470	Nutzungsspez. / verfahrenstech. Anl.	
480	Gebäude- und Anlagenautomation	
490	Sonst. Maßnahmen f. techn. Anl.	< 0,1

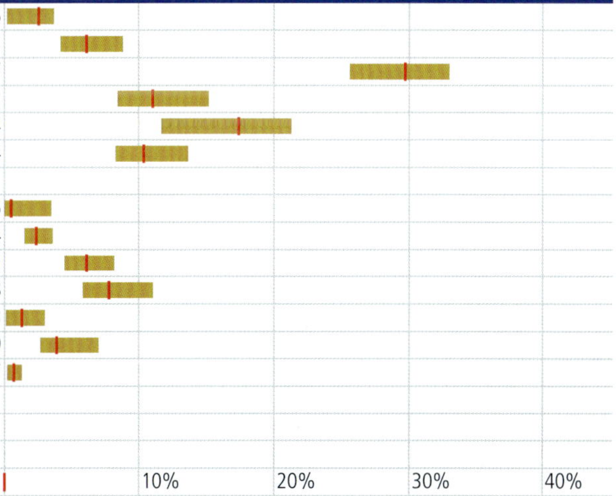

 Erläuterungen zu den Tabellen siehe Seite 54 und 56 Kostenstand: 1.Quartal 2025, Bundesdurchschnitt, **inkl. 19% MwSt.**

Kosten:
Stand 1. Quartal 2025
Bundesdurchschnitt
inkl. 19% MwSt.

● KKW
▶ min
▷ von
| Mittelwert
◁ bis
◀ max

Prozentanteile der Kosten für Leistungsbereiche nach STLB (Kosten Bauwerk nach DIN 276)

LB	Leistungsbereiche	▷	% an 300+400	◁
000	Baustellen-, Verkehrssich.- u. Sicherh.einr. inkl. 001	1,2	**1,9**	3,0
002	Erdarbeiten	1,4	**3,0**	4,1
006	Spezialtiefbauarbeiten inkl. 005	–	**–**	–
009	Entwässerungskanalarbeiten inkl. 011	< 0,1	**0,5**	1,5
010	Drän- und Versickerarbeiten	0,0	**< 0,1**	0,4
012	Mauerarbeiten	5,4	**9,6**	18,7
013	Betonarbeiten	10,6	**16,3**	26,7
014	Natur-, Betonwerksteinarbeiten	< 0,1	**0,3**	0,9
016	Zimmer- und Holzbauarbeiten	2,4	**5,3**	16,0
017	Stahlbauarbeiten	< 0,1	**0,5**	3,1
018	Abdichtungsarbeiten	0,2	**0,6**	1,5
020	Dachdeckungsarbeiten	0,8	**2,6**	3,9
021	Dachabdichtungsarbeiten	0,1	**1,2**	4,1
022	Klempnerarbeiten	0,8	**1,2**	1,7
	Rohbau	37,2	**43,2**	50,1
023	Putz- und Stuckarbeiten, Wärmedämmsysteme	6,0	**8,5**	10,5
024	Fliesen- und Plattenarbeiten	1,9	**2,9**	5,3
025	Estricharbeiten	1,3	**1,7**	2,2
026	Fenster, Außentüren inkl. 029, 032	5,3	**7,0**	8,9
027	Tischlerarbeiten	2,0	**3,1**	6,0
028	Parkettarbeiten, Holzpflasterarbeiten	0,2	**1,7**	3,1
030	Rollladenarbeiten	0,3	**1,7**	2,8
031	Metallbauarbeiten inkl. 035	1,1	**3,6**	7,2
034	Maler- und Lackiererarbeiten inkl. 037	1,2	**2,5**	3,3
036	Bodenbelagarbeiten	0,1	**1,1**	3,1
038	Vorgehängte hinterlüftete Fassaden	0,0	**0,2**	2,5
039	Trockenbauarbeiten	1,2	**2,6**	4,3
	Ausbau	30,3	**36,6**	41,6
040	Wärmeversorgungsanl. - Betriebseinr. inkl. 041	5,9	**7,6**	10,8
042	Gas- und Wasserinstallation, Leitungen inkl. 043	1,0	**1,7**	3,8
044	Abwasseranlagen - Leitungen, Abläufe, Armaturen	0,8	**1,5**	3,8
045	GWE - Einrichtungsgegenstände inkl. 046	1,4	**2,2**	3,5
047	Dämm- und Brandschutzarbeiten an techn. Anlagen	0,1	**0,4**	0,9
049	Feuerlöschanlagen, Feuerlöschgeräte	–	**–**	–
050	Blitzschutz- und Erdungsanlagen	< 0,1	**0,2**	0,4
052	Mittelspannungsanlagen	–	**–**	–
053	Niederspannungsanlagen inkl. 054	2,9	**3,7**	6,0
055	Sicherheits- und Ersatzstromversorgungsanlagen	–	**–**	–
057	Gebäudesystemtechnik	–	**–**	–
058	Leuchten und Lampen inkl. 059	< 0,1	**0,4**	1,8
060	Such-, Signal-, elektroakust. Anl., Med. inkl. 064	0,1	**0,2**	0,5
061	Kommunikations- und Übertragungsnetze inkl. 062	0,2	**0,4**	1,0
063	Gefahrenmeldeanlagen	0,0	**< 0,1**	0,2
069	Aufzüge	–	**–**	–
070	Gebäudeautomation	–	**–**	–
075	Raumlufttechnische Anlagen inkl. 078	0,2	**1,5**	3,0
	Gebäudetechnik	17,9	**19,9**	23,9
	Sonstige Leistungsbereiche inkl. 008, 033, 051	< 0,1	**0,3**	0,9

 Erläuterungen zu den Tabellen siehe Seite 58

Kostenstand: 1. Quartal 2025, Bundesdurchschnitt, **inkl. 19% MwSt.**

Planungskennwerte für Flächen und Rauminhalte nach DIN 277

Grundflächen		▷	Fläche/NUF (%)	◁	▷	Fläche/BGF (%)	◁
NUF	Nutzungsfläche	100,0	**100,0**	100,0	64,2	**67,7**	71,0
TF	Technikfläche	3,4	**4,8**	6,8	2,3	**3,1**	4,2
VF	Verkehrsfläche	12,8	**15,2**	22,0	8,6	**10,0**	13,1
NRF	Netto-Raumfläche	116,7	**120,0**	127,9	78,4	**80,9**	82,7
KGF	Konstruktions-Grundfläche	25,3	**28,7**	33,2	17,3	**19,1**	21,6
BGF	Brutto-Grundfläche	142,4	**148,7**	158,2	100,0	**100,0**	100,0

Brutto-Rauminhalte		▷	BRI/NUF (m)	◁	▷	BRI/BGF (m)	◁
BRI	Brutto-Rauminhalt	3,97	**4,28**	4,60	2,73	**2,88**	3,06

Flächen von Nutzeinheiten	▷	NUF/Einheit (m²)	◁	▷	BGF/Einheit (m²)	◁
Nutzeinheit: Wohnfläche	1,06	**1,16**	1,37	1,54	**1,70**	1,94

Lufttechnisch behandelte Flächen	▷	Fläche/NUF (%)	◁	▷	Fläche/BGF (%)	◁
Entlüftete Fläche	–	**–**	–	–	**–**	–
Be- und entlüftete Fläche	–	**–**	–	–	**–**	–
Teilklimatisierte Fläche	–	**–**	–	–	**–**	–
Klimatisierte Fläche	–	**–**	–	–	**–**	–

KG	Kostengruppen (2. Ebene)	Einheit	▷	Menge/NUF	◁	▷	Menge/BGF	◁
310	Baugrube / Erdbau	m³ BGI	1,37	**1,56**	1,88	0,90	**1,06**	1,34
320	Gründung, Unterbau	m² GRF	0,45	**0,50**	0,63	0,31	**0,35**	0,43
330	Außenwände / vertikal außen	m² AWF	1,45	**1,67**	1,98	0,99	**1,14**	1,30
340	Innenwände / vertikal innen	m² IWF	0,95	**1,10**	1,30	0,66	**0,76**	0,91
350	Decken / horizontal	m² DEF	0,83	**0,94**	1,04	0,57	**0,64**	0,69
360	Dächer	m² DAF	0,58	**0,63**	0,77	0,41	**0,44**	0,55
370	Infrastrukturanlagen		–	**–**	–	–	**–**	–
380	Baukonstruktive Einbauten	m² BGF	1,42	**1,49**	1,58	1,00	**1,00**	1,00
390	Sonst. Maßnahmen für Baukonst.	m² BGF	1,42	**1,49**	1,58	1,00	**1,00**	1,00
300	**Bauwerk – Baukonstruktionen**	**m² BGF**	1,42	**1,49**	1,58	1,00	**1,00**	1,00

Planungskennwerte für Bauzeiten

Bauzeit in Wochen

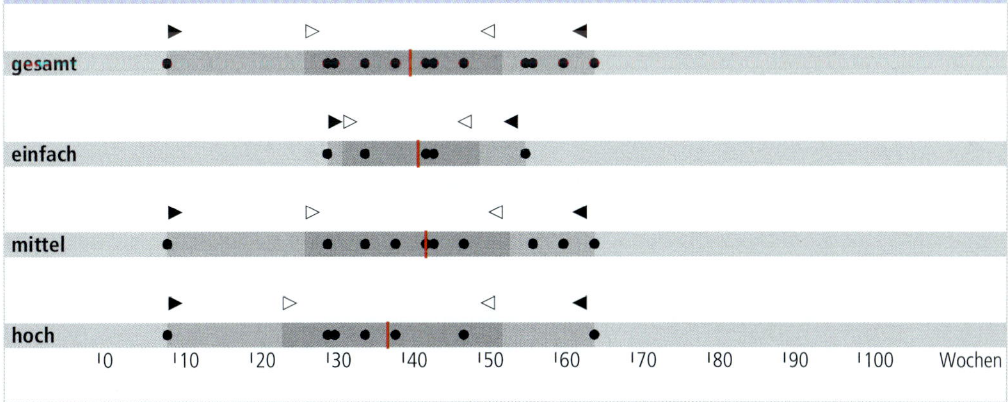

Kostenstand: 1. Quartal 2025, Bundesdurchschnitt, **inkl. 19% MwSt.**

Doppel- und Reihenendhäuser, einfacher Standard

Kosten:
Stand 1. Quartal 2025
Bundesdurchschnitt
inkl. 19% MwSt.

Kostenkennwerte für die Kosten des Bauwerks (Kostengruppen 300+400 nach DIN 276)

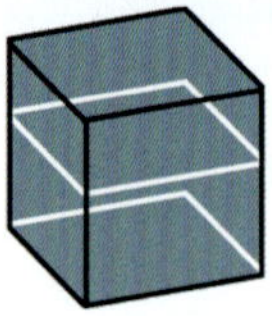

BRI 475 €/m³
von 405 €/m³
bis 530 €/m³

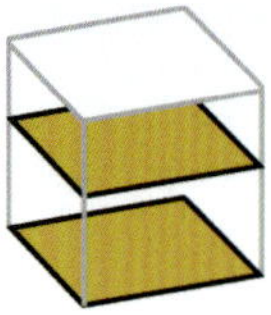

BGF 1.255 €/m²
von 1.085 €/m²
bis 1.340 €/m²

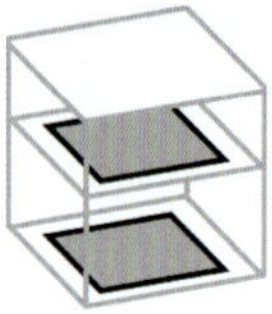

NUF 1.830 €/m²
von 1.485 €/m²
bis 2.120 €/m²

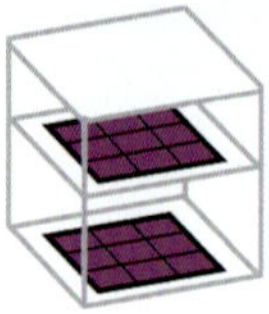

NE 2.435 €/NE
von 1.850 €/NE
bis 2.980 €/NE
NE: Wohnfläche

Objektbeispiele

6100-0440

6100-1277

6100-0323

6100-0269

6100-1369

6100-0259

Kosten der 6 Vergleichsobjekte

Seiten 568 bis 569

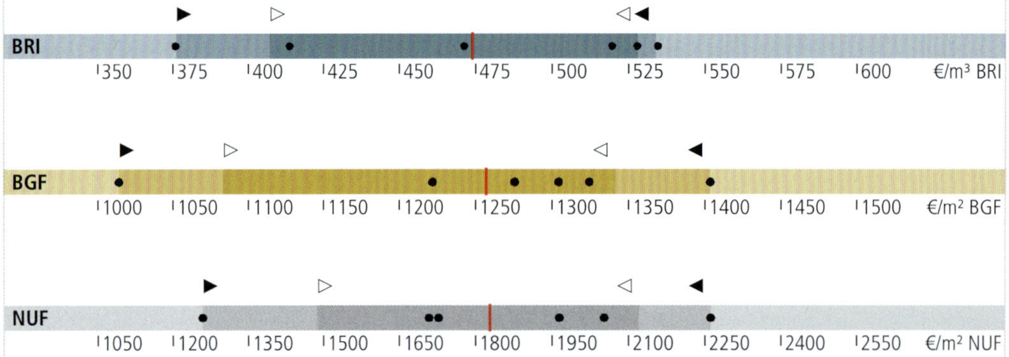

- ● KKW
- ▶ min
- ▷ von
- | Mittelwert
- ◁ bis
- ◀ max

Kostenkennwerte für die Kostengruppen der 1. und 2.Ebene DIN 276

KG	Kostengruppen der 1. Ebene	Einheit	▷	€/Einheit	◁	▷	% an 300+400	◁
100	Grundstück	m²GF	–	**–**	–	–	**–**	–
200	Vorbereitende Maßnahmen	m²GF	3	**11**	27	0,2	**1,2**	3,1
300	Bauwerk – Baukonstruktionen	m²BGF	930	**1.050**	1.119	79,8	**83,7**	87,8
400	Bauwerk – Technische Anlagen	m²BGF	144	**207**	268	12,2	**16,3**	20,2
	Bauwerk 300+400	m²BGF	1.083	**1.257**	1.341	100,0	**100,0**	100,0
500	Außenanlagen und Freiflächen	m²AF	72	**116**	161	5,5	**9,0**	12,4
600	Ausstattung und Kunstwerke	m²BGF	7	**9**	11	0,5	**0,7**	0,9
700	Baunebenkosten*	m²BGF	320	**357**	394	25,4	**28,3**	31,3 ◁
800	Finanzierung	m²BGF	–	**–**	–	–	**–**	–

* Auf Grundlage der HOAI 2021 berechnete Werte nach §§ 35, 52, 56. Weitere Informationen siehe Seite 56

KG	Kostengruppen der 2. Ebene	Einheit	▷	€/Einheit	◁	▷	% an 1. Ebene	◁
310	Baugrube / Erdbau	m³BGI	35	**72**	88	0,0	**3,6**	4,5
320	Gründung, Unterbau	m²GRF	152	**255**	322	4,0	**6,8**	8,3
330	Außenwände / vertikal außen	m²AWF	357	**417**	503	30,2	**35,4**	38,6
340	Innenwände / vertikal innen	m²IWF	168	**202**	246	12,0	**16,0**	18,3
350	Decken / horizontal	m²DEF	327	**355**	443	22,7	**25,1**	26,7
360	Dächer	m²DAF	303	**328**	346	9,5	**11,0**	12,0
370	Infrastrukturanlagen		–	**–**	–	–	**–**	–
380	Baukonstruktive Einbauten	m²BGF	–	**–**	–	–	**–**	–
390	Sonst. Maßnahmen für Baukonst.	m²BGF	15	**23**	37	1,5	**2,2**	3,3
300	**Bauwerk – Baukonstruktionen**	**m²BGF**					**100,0**	
410	Abwasser-, Wasser-, Gasanlagen	m²BGF	53	**75**	93	28,5	**36,8**	41,8
420	Wärmeversorgungsanlagen	m²BGF	64	**94**	147	39,0	**44,0**	52,9
430	Raumlufttechnische Anlagen	m²BGF	–	**–**	–	–	**–**	–
440	Elektrische Anlagen	m²BGF	19	**36**	46	12,9	**16,6**	18,7
450	Kommunikationstechnische Anlagen	m²BGF	1	**8**	16	0,6	**2,6**	6,2
460	Förderanlagen	m²BGF	–	**–**	–	–	**–**	–
470	Nutzungsspez. / verfahrenstech. Anl.	m²BGF	–	**–**	–	–	**–**	–
480	Gebäude- und Anlagenautomation	m²BGF	–	**–**	–	–	**–**	–
490	Sonst. Maßnahmen f. techn. Anl.	m²BGF	–	**1**	–	0,0	**< 0,1**	0,5
400	**Bauwerk – Technische Anlagen**	**m²BGF**					**100,0**	

Prozentanteile der Kosten 2.Ebene an den Kosten des Bauwerks nach DIN 276 (Von/Mittel/Bis)

KG	Kostengruppe	%
310	Baugrube / Erdbau	3,0
320	Gründung, Unterbau	5,6
330	Außenwände / vertikal außen	29,4
340	Innenwände / vertikal innen	13,4
350	Decken / horizontal	21,0
360	Dächer	9,2
370	Infrastrukturanlagen	
380	Baukonstruktive Einbauten	
390	Sonst. Maßnahmen für Baukonst.	1,8
410	Abwasser-, Wasser-, Gasanlagen	5,9
420	Wärmeversorgungsanlagen	7,4
430	Raumlufttechnische Anlagen	
440	Elektrische Anlagen	2,8
450	Kommunikationstechnische Anlagen	0,5
460	Förderanlagen	
470	Nutzungsspez. / verfahrenstech. Anl.	
480	Gebäude- und Anlagenautomation	
490	Sonst. Maßnahmen f. techn. Anl.	< 0,1

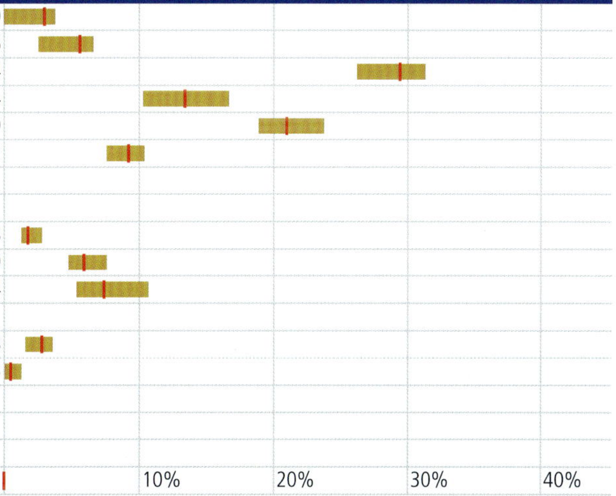

 Kostenstand: 1. Quartal 2025, Bundesdurchschnitt, **inkl. 19% MwSt.**

Kosten:
Stand 1. Quartal 2025
Bundesdurchschnitt
inkl. 19% MwSt.

Prozentanteile der Kosten für Leistungsbereiche nach STLB (Kosten Bauwerk nach DIN 276)

LB	Leistungsbereiche	▷	% an 300+400	◁
000	Baustellen-, Verkehrssich.- u. Sicherh.einr. inkl. 001	1,2	**1,4**	1,7
002	Erdarbeiten	3,1	**3,6**	3,9
006	Spezialtiefbauarbeiten inkl. 005	–	**–**	–
009	Entwässerungskanalarbeiten inkl. 011	0,0	**0,4**	0,7
010	Drän- und Versickerarbeiten	0,0	**< 0,1**	0,2
012	Mauerarbeiten	2,1	**4,2**	6,5
013	Betonarbeiten	19,3	**26,7**	32,9
014	Natur-, Betonwerksteinarbeiten	–	**–**	–
016	Zimmer- und Holzbauarbeiten	1,4	**2,3**	3,4
017	Stahlbauarbeiten	–	**–**	–
018	Abdichtungsarbeiten	< 0,1	**0,2**	0,3
020	Dachdeckungsarbeiten	0,9	**1,8**	3,1
021	Dachabdichtungsarbeiten	0,0	**1,6**	3,2
022	Klempnerarbeiten	0,8	**1,0**	1,4
	Rohbau	39,7	**43,2**	48,6
023	Putz- und Stuckarbeiten, Wärmedämmsysteme	8,2	**8,8**	9,3
024	Fliesen- und Plattenarbeiten	1,9	**3,4**	4,3
025	Estricharbeiten	2,0	**2,1**	2,3
026	Fenster, Außentüren inkl. 029, 032	7,1	**8,7**	9,9
027	Tischlerarbeiten	1,8	**1,9**	1,9
028	Parkettarbeiten, Holzpflasterarbeiten	0,0	**1,0**	1,9
030	Rollladenarbeiten	1,1	**2,2**	3,9
031	Metallbauarbeiten inkl. 035	0,1	**1,2**	2,2
034	Maler- und Lackiererarbeiten inkl. 037	2,5	**2,8**	3,2
036	Bodenbelagarbeiten	1,5	**2,9**	4,7
038	Vorgehängte hinterlüftete Fassaden	–	**–**	–
039	Trockenbauarbeiten	2,5	**2,6**	2,6
	Ausbau	34,8	**37,7**	40,1
040	Wärmeversorgungsanl. - Betriebseinr. inkl. 041	6,0	**8,5**	10,3
042	Gas- und Wasserinstallation, Leitungen inkl. 043	1,7	**3,0**	4,4
044	Abwasseranlagen - Leitungen, Abläufe, Armaturen	0,8	**0,9**	1,0
045	GWE - Einrichtungsgegenstände inkl. 046	1,5	**2,0**	2,7
047	Dämm- und Brandschutzarbeiten an techn. Anlagen	0,2	**0,6**	1,0
049	Feuerlöschanlagen, Feuerlöschgeräte	–	**–**	–
050	Blitzschutz- und Erdungsanlagen	< 0,1	**0,1**	0,3
052	Mittelspannungsanlagen	–	**–**	–
053	Niederspannungsanlagen inkl. 054	2,9	**3,1**	3,4
055	Sicherheits- und Ersatzstromversorgungsanlagen	–	**–**	–
057	Gebäudesystemtechnik	–	**–**	–
058	Leuchten und Lampen inkl. 059	< 0,1	**< 0,1**	0,1
060	Such-, Signal-, elektroakust. Anl., Med. inkl. 064	< 0,1	**0,3**	0,5
061	Kommunikations- und Übertragungsnetze inkl. 062	< 0,1	**0,4**	0,6
063	Gefahrenmeldeanlagen	0,0	**< 0,1**	< 0,1
069	Aufzüge	–	**–**	–
070	Gebäudeautomation	–	**–**	–
075	Raumlufttechnische Anlagen inkl. 078	–	**–**	–
	Gebäudetechnik	17,6	**19,1**	21,0
	Sonstige Leistungsbereiche inkl. 008, 033, 051	–	**–**	–

● KKW
▶ min
▷ von
| Mittelwert
◁ bis
◀ max

Planungskennwerte für Flächen und Rauminhalte nach DIN 277

Grundflächen		▷	Fläche/NUF (%)	◁	▷	Fläche/BGF (%)	◁
NUF	Nutzungsfläche	100,0	**100,0**	100,0	68,6	**69,8**	73,6
TF	Technikfläche	2,4	**3,5**	4,3	1,7	**2,3**	2,6
VF	Verkehrsfläche	13,1	**16,1**	19,8	8,7	**10,8**	13,2
NRF	Netto-Raumfläche	115,7	**119,5**	124,1	80,9	**83,0**	83,2
KGF	Konstruktions-Grundfläche	21,4	**24,9**	28,3	16,8	**17,0**	19,1
BGF	Brutto-Grundfläche	138,0	**144,4**	147,6	100,0	**100,0**	100,0

Brutto-Rauminhalte		▷	BRI/NUF (m)	◁	▷	BRI/BGF (m)	◁
BRI	Brutto-Rauminhalt	3,80	**3,85**	3,96	2,54	**2,67**	2,89

Flächen von Nutzeinheiten	▷	NUF/Einheit (m²)	◁	▷	BGF/Einheit (m²)	◁
Nutzeinheit: Wohnfläche	1,22	**1,33**	1,52	1,78	**1,93**	2,08

Lufttechnisch behandelte Flächen	▷	Fläche/NUF (%)	◁	▷	Fläche/BGF (%)	◁
Entlüftete Fläche	–	**–**	–	–	**–**	–
Be- und entlüftete Fläche	–	**–**	–	–	**–**	–
Teilklimatisierte Fläche	–	**–**	–	–	**–**	–
Klimatisierte Fläche	–	**–**	–	–	**–**	–

KG	Kostengruppen (2. Ebene)	Einheit	▷	Menge/NUF	◁	▷	Menge/BGF	◁
310	Baugrube / Erdbau	m³ BGI	0,93	**1,00**	1,06	0,64	**0,70**	0,70
320	Gründung, Unterbau	m² GRF	0,38	**0,40**	0,46	0,27	**0,28**	0,29
330	Außenwände / vertikal außen	m² AWF	1,20	**1,30**	1,31	0,83	**0,91**	1,01
340	Innenwände / vertikal innen	m² IWF	1,11	**1,17**	1,23	0,77	**0,84**	0,98
350	Decken / horizontal	m² DEF	1,00	**1,05**	1,05	0,72	**0,74**	0,76
360	Dächer	m² DAF	0,46	**0,50**	0,57	0,31	**0,35**	0,39
370	Infrastrukturanlagen		–	**–**	–	–	**–**	–
380	Baukonstruktive Einbauten	m² BGF	1,38	**1,44**	1,48	1,00	**1,00**	1,00
390	Sonst. Maßnahmen für Baukonst.	m² BGF	1,38	**1,44**	1,48	1,00	**1,00**	1,00
300	**Bauwerk – Baukonstruktionen**	**m² BGF**	1,38	**1,44**	1,48	1,00	**1,00**	1,00

Planungskennwerte für Bauzeiten — 5 Vergleichsobjekte

Bauzeit in Wochen

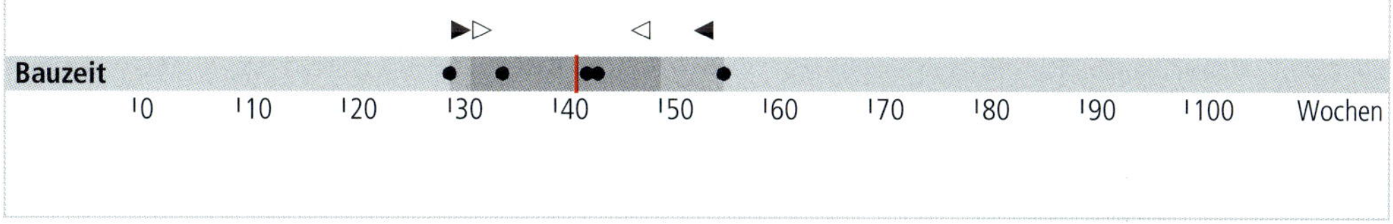

€/m² BGF

min	1.015	€/m²
von	1.085	€/m²
Mittel	**1.255**	**€/m²**
bis	1.340	€/m²
max	1.405	€/m²

Kosten:
Stand 1. Quartal 2025
Bundesdurchschnitt
inkl. 19% MwSt.

Objektübersicht zur Gebäudeart

6100-1369 Doppelhaushälfte - Effizienzhaus 40

BRI 734 m³ **BGF** 279 m² **NUF** 173 m²

Doppelhaushälfte. MW-Massivbau.

Land: Baden-Württemberg
Kreis: Tübingen
Standard: einfach
Bauzeit: 43 Wochen
Kennwerte: bis 3. Ebene DIN 276

BGF 1.403 €/m²

Planung: Architekt Rainer Graf Architektur + Energiekonzepte; Ofterdingen

veröffentlicht: BKI Objektdaten E8

6100-1277 Doppelhaus (2 WE)

BRI 1.496 m³ **BGF** 646 m² **NUF** 462 m²

Doppelhaus für zwei Wohneinheiten. Massivbau.

Land: Nordrhein-Westfalen
Kreis: Rhein-Kreis Neuss
Standard: mittel
Bauzeit: 56 Wochen
Kennwerte: bis 3. Ebene DIN 276

BGF 1.222 €/m²

Planung: Lilienström Architekten PartG mbB; Dormagen

veröffentlicht: BKI Objektdaten N17

6100-0440 Reihenendhaus

BRI 633 m³ **BGF** 201 m² **NUF** 152 m²

Reihenendhaus im Rahmen von 15 kostengünstigen Reihenhäusern ohne Bauträger in einer Bauherrengemeinschaft mit Einzelvergaben und Pauschalierungen. Stahlbetonbau.

Land: Baden-Württemberg
Kreis: Rems-Murr-Kreis
Standard: einfach
Bauzeit: 44 Wochen
Kennwerte: bis 3. Ebene DIN 276

BGF 1.304 €/m²

Planung: Rolf Neddermann Dr.-Ing. Freier Architekt; Remshalden-Grunbach

veröffentlicht: www.bki.de

6100-0269 Doppelhaushälfte - Niedrigenergie

BRI 656 m³ **BGF** 242 m² **NUF** 157 m²

Doppelhaushälfte als Niedrigenergiehaus. Mauerwerksbau.

Land: Baden-Württemberg
Kreis: Main-Tauber-Kreis
Standard: einfach
Bauzeit: 30 Wochen
Kennwerte: bis 1. Ebene DIN 276

BGF 1.275 €/m²

Planung: Ernst-Paul Kolbe Dipl.-Ing.; Großrinderfeld-Schönfeld

veröffentlicht: www.bki.de

6100-0323 Doppelhaus (2 WE)

BRI 1.420 m³ **BGF** 557 m² **NUF** 360 m²

© Dr. Schneider + Schult Freie Architekten

In einer Gebäudehälfte nachträglich bei Nutzungsänderung der Räume im EG und OG (freiberufliche Nutzung) ausgebaut. Mauerwerksbau.

Land: Thüringen
Kreis: Suhl, Stadt
Standard: einfach
Bauzeit: 35 Wochen
Kennwerte: bis 2. Ebene DIN 276

BGF **1.324 €/m²**

Planung: Dr. Schneider + Schult Dipl.-Ing. Freie Architekten BDA; Suhl

veröffentlicht: www.bki.de

6100-0259 Doppelhaus (2 WE) - Niedrigenergie

BRI 1.442 m³ **BGF** 534 m² **NUF** 431 m²

© Architekturbüro Burkard Reineking

Doppelhäuser im Niedrigenergiehaus-Standard, Abstellräume im UG, Wohnräume, Küchen im EG, Schlafräume, Bäder im OG, Gasthermen im DG. Mauerwerksbau.

Land: Bayern
Kreis: Starnberg
Standard: einfach
Bauzeit: 96 Wochen*
Kennwerte: bis 2. Ebene DIN 276

BGF **1.014 €/m²**

Planung: Burkhard Reineking Dipl.-Ing. Architekt; Gauting

veröffentlicht: www.bki.de
* Nicht in der Auswertung enthalten

Doppel- und Reihenendhäuser, mittlerer Standard

Kostenkennwerte für die Kosten des Bauwerks (Kostengruppen 300+400 nach DIN 276)

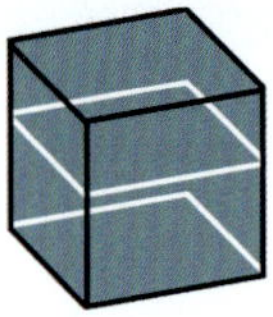

BRI 600 €/m³
von 520 €/m³
bis 675 €/m³

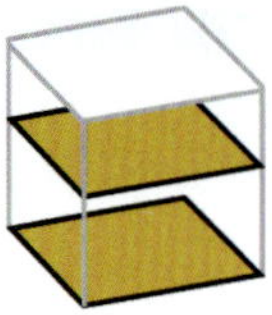

BGF 1.720 €/m²
von 1.545 €/m²
bis 1.965 €/m²

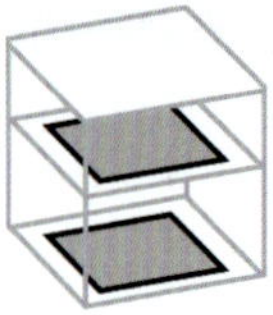

NUF 2.590 €/m²
von 2.185 €/m²
bis 3.075 €/m²

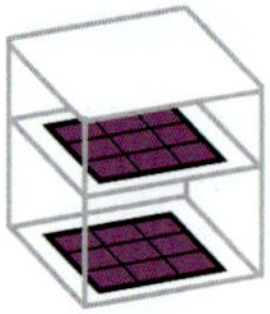

NE 2.855 €/NE
von 2.290 €/NE
bis 3.260 €/NE
NE: Wohnfläche

Kosten:
Stand 1. Quartal 2025
Bundesdurchschnitt
inkl. 19% MwSt.

Objektbeispiele

6100-1719

6100-1475

6100-1426

Kosten der 16 Vergleichsobjekte

Seiten 574 bis 577

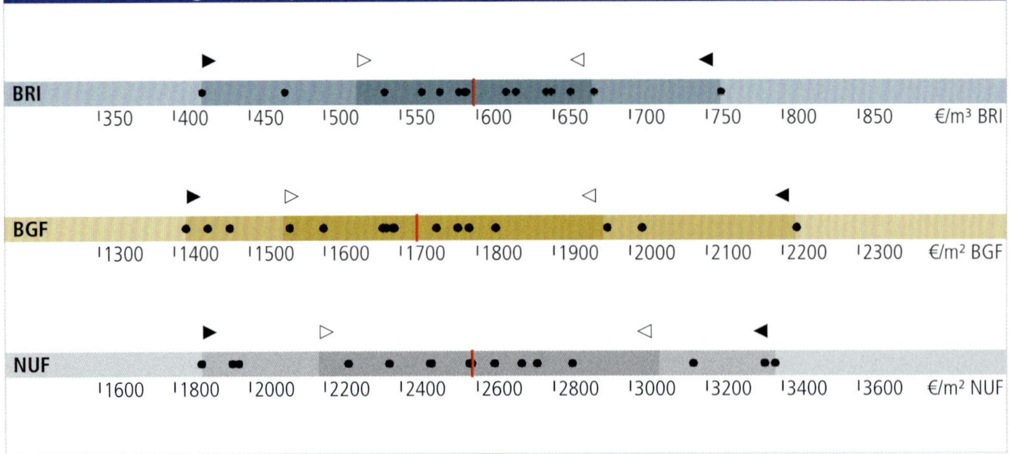

- ● KKW
- ▶ min
- ▷ von
- | Mittelwert
- ◁ bis
- ◀ max

Kostenkennwerte für die Kostengruppen der 1. und 2. Ebene DIN 276

KG	Kostengruppen der 1. Ebene	Einheit	▷	€/Einheit	◁	▷	% an 300+400	◁
100	Grundstück	m²GF	–	**–**	–	–	**–**	–
200	Vorbereitende Maßnahmen	m²GF	7	**25**	53	0,7	**1,8**	3,4
300	Bauwerk – Baukonstruktionen	m²BGF	1.261	**1.390**	1.584	77,2	**80,9**	84,5
400	Bauwerk – Technische Anlagen	m²BGF	242	**332**	404	15,5	**19,1**	22,8
	Bauwerk 300+400	m²BGF	1.545	**1.722**	1.965	100,0	**100,0**	100,0
500	Außenanlagen und Freiflächen	m²AF	35	**97**	160	2,0	**4,9**	9,7
600	Ausstattung und Kunstwerke	m²BGF	7	**13**	20	0,4	**0,8**	1,3
700	Baunebenkosten*	m²BGF	435	**485**	535	25,3	**28,2**	31,1 ◁
800	Finanzierung	m²BGF	–	**–**	–	–	**–**	–

* Auf Grundlage der HOAI 2021 berechnete Werte nach §§ 35, 52, 56. Weitere Informationen siehe Seite 56

KG	Kostengruppen der 2. Ebene	Einheit	▷	€/Einheit	◁	▷	% an 1. Ebene	◁
310	Baugrube / Erdbau	m³BGI	23	**44**	71	0,5	**2,5**	4,0
320	Gründung, Unterbau	m²GRF	234	**318**	404	5,3	**8,6**	12,7
330	Außenwände / vertikal außen	m²AWF	344	**468**	561	33,2	**36,2**	39,7
340	Innenwände / vertikal innen	m²IWF	234	**268**	317	10,5	**14,2**	19,1
350	Decken / horizontal	m²DEF	353	**467**	555	13,3	**20,0**	25,5
360	Dächer	m²DAF	311	**389**	451	9,9	**13,7**	17,4
370	Infrastrukturanlagen		–	**–**	–	–	**–**	–
380	Baukonstruktive Einbauten	m²BGF	–	**83**	–	0,0	**1,1**	7,7
390	Sonst. Maßnahmen für Baukonst.	m²BGF	40	**55**	82	2,8	**3,8**	5,3
300	**Bauwerk – Baukonstruktionen**	**m²BGF**					**100,0**	
410	Abwasser-, Wasser-, Gasanlagen	m²BGF	66	**100**	128	17,2	**27,6**	35,7
420	Wärmeversorgungsanlagen	m²BGF	95	**137**	206	23,9	**36,9**	49,6
430	Raumlufttechnische Anlagen	m²BGF	14	**46**	58	3,8	**12,2**	15,4
440	Elektrische Anlagen	m²BGF	57	**71**	141	14,8	**19,1**	30,7
450	Kommunikationstechnische Anlagen	m²BGF	11	**16**	23	2,9	**4,3**	6,2
460	Förderanlagen	m²BGF	–	**–**	–	–	**–**	–
470	Nutzungsspez. / verfahrenstech. Anl.	m²BGF	–	**–**	–	–	**–**	–
480	Gebäude- und Anlagenautomation	m²BGF	–	**–**	–	–	**–**	–
490	Sonst. Maßnahmen f. techn. Anl.	m²BGF	–	**–**	–	–	**–**	–
400	**Bauwerk – Technische Anlagen**	**m²BGF**					**100,0**	

Prozentanteile der Kosten 2. Ebene an den Kosten des Bauwerks nach DIN 276 (Von/Mittel/Bis)

KG	Kostengruppe	%
310	Baugrube / Erdbau	2,0
320	Gründung, Unterbau	6,8
330	Außenwände / vertikal außen	28,8
340	Innenwände / vertikal innen	11,2
350	Decken / horizontal	15,9
360	Dächer	10,8
370	Infrastrukturanlagen	
380	Baukonstruktive Einbauten	0,8
390	Sonst. Maßnahmen für Baukonst.	3,0
410	Abwasser-, Wasser-, Gasanlagen	5,6
420	Wärmeversorgungsanlagen	7,6
430	Raumlufttechnische Anlagen	2,6
440	Elektrische Anlagen	4,1
450	Kommunikationstechnische Anlagen	0,9
460	Förderanlagen	
470	Nutzungsspez. / verfahrenstech. Anl.	
480	Gebäude- und Anlagenautomation	
490	Sonst. Maßnahmen f. techn. Anl.	

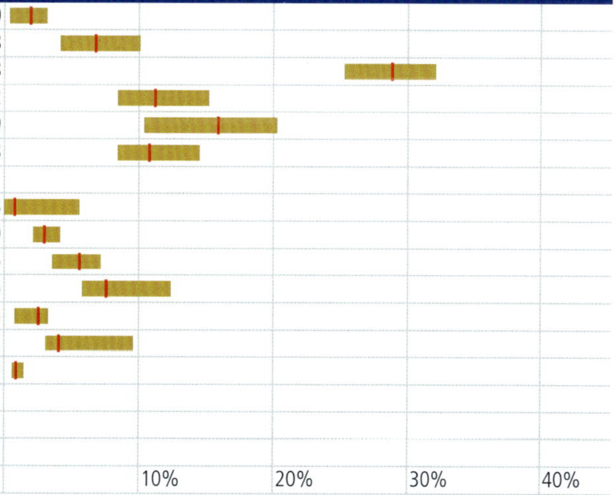

 Erläuterungen zu den Tabellen siehe Seite 54 und 56 Kostenstand: 1. Quartal 2025, Bundesdurchschnitt, **inkl. 19% MwSt.**

Doppel- und Reihenendhäuser, mittlerer Standard

Kosten:
Stand 1. Quartal 2025
Bundesdurchschnitt
inkl. 19% MwSt.

Prozentanteile der Kosten für Leistungsbereiche nach STLB (Kosten Bauwerk nach DIN 276)

LB	Leistungsbereiche	▷	% an 300+400	◁
000	Baustellen-, Verkehrssich.- u. Sicherh.einr. inkl. 001	1,6	**2,2**	3,0
002	Erdarbeiten	1,2	**2,8**	3,8
006	Spezialtiefbauarbeiten inkl. 005	–	**–**	–
009	Entwässerungskanalarbeiten inkl. 011	0,1	**0,6**	1,7
010	Drän- und Versickerarbeiten	–	**–**	–
012	Mauerarbeiten	7,2	**11,7**	23,4
013	Betonarbeiten	10,5	**14,7**	21,1
014	Natur-, Betonwerksteinarbeiten	0,1	**0,4**	0,8
016	Zimmer- und Holzbauarbeiten	3,2	**4,6**	6,7
017	Stahlbauarbeiten	0,0	**0,2**	1,3
018	Abdichtungsarbeiten	0,3	**0,6**	1,2
020	Dachdeckungsarbeiten	2,9	**3,7**	4,7
021	Dachabdichtungsarbeiten	0,0	**0,1**	1,0
022	Klempnerarbeiten	0,7	**1,1**	1,7
	Rohbau	36,1	**42,7**	48,0
023	Putz- und Stuckarbeiten, Wärmedämmsysteme	6,1	**8,8**	11,5
024	Fliesen- und Plattenarbeiten	1,8	**3,1**	6,2
025	Estricharbeiten	1,2	**1,7**	2,3
026	Fenster, Außentüren inkl. 029, 032	5,0	**6,4**	8,3
027	Tischlerarbeiten	2,3	**3,8**	7,5
028	Parkettarbeiten, Holzpflasterarbeiten	0,2	**1,3**	2,7
030	Rollladenarbeiten	0,5	**1,5**	2,8
031	Metallbauarbeiten inkl. 035	1,1	**3,8**	7,6
034	Maler- und Lackiererarbeiten inkl. 037	1,4	**2,5**	3,5
036	Bodenbelagarbeiten	0,2	**1,0**	1,7
038	Vorgehängte hinterlüftete Fassaden	–	**–**	–
039	Trockenbauarbeiten	1,7	**3,3**	5,0
	Ausbau	31,7	**37,2**	40,9
040	Wärmeversorgungsanl. - Betriebseinr. inkl. 041	5,3	**7,0**	10,0
042	Gas- und Wasserinstallation, Leitungen inkl. 043	0,8	**1,4**	2,3
044	Abwasseranlagen - Leitungen, Abläufe, Armaturen	0,7	**1,2**	2,2
045	GWE - Einrichtungsgegenstände inkl. 046	1,4	**2,1**	3,1
047	Dämm- und Brandschutzarbeiten an techn. Anlagen	0,2	**0,4**	0,7
049	Feuerlöschanlagen, Feuerlöschgeräte	–	**–**	–
050	Blitzschutz- und Erdungsanlagen	0,2	**0,2**	0,4
052	Mittelspannungsanlagen	–	**–**	–
053	Niederspannungsanlagen inkl. 054	2,8	**3,6**	6,2
055	Sicherheits- und Ersatzstromversorgungsanlagen	–	**–**	–
057	Gebäudesystemtechnik	–	**–**	–
058	Leuchten und Lampen inkl. 059	< 0,1	**0,3**	1,8
060	Such-, Signal-, elektroakust. Anl., Med. inkl. 064	0,1	**0,2**	0,4
061	Kommunikations- und Übertragungsnetze inkl. 062	0,3	**0,6**	1,2
063	Gefahrenmeldeanlagen	0,0	**< 0,1**	0,2
069	Aufzüge	–	**–**	–
070	Gebäudeautomation	–	**–**	–
075	Raumlufttechnische Anlagen inkl. 078	0,7	**2,5**	3,2
	Gebäudetechnik	17,7	**19,7**	24,9
	Sonstige Leistungsbereiche inkl. 008, 033, 051	< 0,1	**0,4**	1,1

- ● KKW
- ▶ min
- ▷ von
- | Mittelwert
- ◁ bis
- ◀ max

 Erläuterungen zu den Tabellen siehe Seite 58

Planungskennwerte für Flächen und Rauminhalte nach DIN 277

Grundflächen		▷	Fläche/NUF (%)	◁	▷	Fläche/BGF (%)	◁
NUF	Nutzungsfläche	100,0	**100,0**	100,0	62,6	**67,4**	70,3
TF	Technikfläche	3,6	**5,4**	7,8	2,4	**3,5**	4,7
VF	Verkehrsfläche	12,8	**14,6**	24,4	8,6	**9,5**	13,7
NRF	Netto-Raumfläche	117,0	**120,0**	130,5	77,8	**80,3**	82,3
KGF	Konstruktions-Grundfläche	26,4	**29,8**	34,9	17,7	**19,7**	22,2
BGF	Brutto-Grundfläche	143,4	**149,8**	162,7	100,0	**100,0**	100,0

Brutto-Rauminhalte		▷	BRI/NUF (m)	◁	▷	BRI/BGF (m)	◁
BRI	Brutto-Rauminhalt	4,06	**4,33**	4,66	2,77	**2,89**	3,09

Flächen von Nutzeinheiten	▷	NUF/Einheit (m²)	◁	▷	BGF/Einheit (m²)	◁
Nutzeinheit: Wohnfläche	1,06	**1,13**	1,38	1,52	**1,67**	1,90

Lufttechnisch behandelte Flächen	▷	Fläche/NUF (%)	◁	▷	Fläche/BGF (%)	◁
Entlüftete Fläche	–	**–**	–	–	**–**	–
Be- und entlüftete Fläche	–	**–**	–	–	**–**	–
Teilklimatisierte Fläche	–	**–**	–	–	**–**	–
Klimatisierte Fläche	–	**–**	–	–	**–**	–

KG	Kostengruppen (2. Ebene)	Einheit	▷	Menge/NUF	◁	▷	Menge/BGF	◁
310	Baugrube / Erdbau	m³ BGI	1,65	**1,69**	1,96	1,05	**1,12**	1,34
320	Gründung, Unterbau	m² GRF	0,52	**0,55**	0,61	0,35	**0,38**	0,42
330	Außenwände / vertikal außen	m² AWF	1,58	**1,67**	1,89	1,10	**1,13**	1,21
340	Innenwände / vertikal innen	m² IWF	0,97	**1,12**	1,31	0,67	**0,77**	0,94
350	Decken / horizontal	m² DEF	0,87	**0,89**	0,97	0,58	**0,60**	0,64
360	Dächer	m² DAF	0,74	**0,75**	0,83	0,50	**0,52**	0,59
370	Infrastrukturanlagen		–	**–**	–	–	**–**	–
380	Baukonstruktive Einbauten	m² BGF	1,43	**1,50**	1,63	1,00	**1,00**	1,00
390	Sonst. Maßnahmen für Baukonst.	m² BGF	1,43	**1,50**	1,63	1,00	**1,00**	1,00
300	**Bauwerk – Baukonstruktionen**	**m² BGF**	1,43	**1,50**	1,63	1,00	**1,00**	1,00

Planungskennwerte für Bauzeiten — 15 Vergleichsobjekte

Bauzeit in Wochen

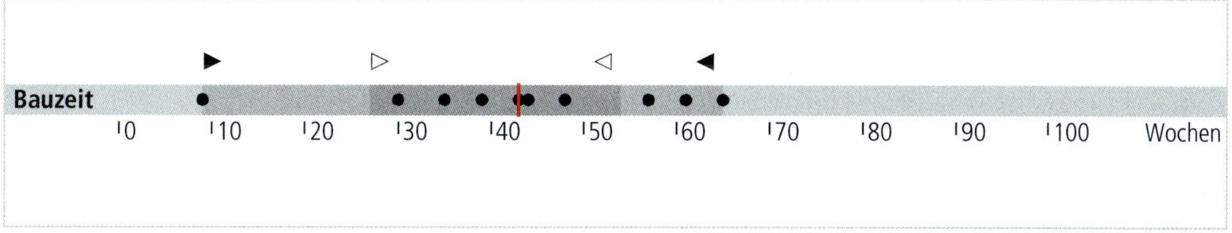

Verwaltung
Wissenschaft
Gesundheit
Bildung
Sport
Wohnen
Gewerbe
Versorgung
Kultur

Doppel- und Reihenendhäuser, mittlerer Standard

€/m² BGF

min	1.415	€/m²
von	1.545	€/m²
Mittel	**1.720**	**€/m²**
bis	1.965	€/m²
max	2.220	€/m²

Kosten:
Stand 1. Quartal 2025
Bundesdurchschnitt
inkl. 19% MwSt.

Objektübersicht zur Gebäudeart

6100-1719 Doppelhaus

BRI 1.711 m³ **BGF** 599 m² **NUF** 392 m²

© Markus Traub Fotografie

Doppelhaus mit 400m² Wohnfläche. Massivbau.

Land: Bayern
Kreis: Starnberg
Standard: hoch
Bauzeit: 57 Wochen
Kennwerte: bis 1. Ebene DIN 276

BGF 1.691 €/m²

Planung: MuG Architekten; München

vorgesehen: BKI Objektdaten N21

6100-1475 Doppelhaus (2WE)

BRI 986 m³ **BGF** 338 m² **NUF** 222 m²

© k. A.

Zweifamilienhaus, je Doppelhaushälfte mit ca. 120m² Wohnfläche. Mauerwerk.

Land: Nordrhein-Westfalen
Kreis: Aachen, Städteregion
Standard: mittel
Bauzeit: 65 Wochen
Kennwerte: bis 1. Ebene DIN 276

BGF 2.218 €/m²

Planung: jb | architektur Josef Basic; Würselen

veröffentlicht: BKI Objektdaten N17

6100-1426 Doppelhaushälfte - Passivhaus

BRI 764 m³ **BGF** 262 m² **NUF** 154 m²

© RONGEN ARCHITEKTEN

Einfamilienhaus als Passivhaus. MW-Massivbau.

Land: Nordrhein-Westfalen
Kreis: Aachen, Städteregion
Standard: mittel
Bauzeit: 39 Wochen
Kennwerte: bis 3. Ebene DIN 276

BGF 1.970 €/m²

Planung: RONGEN ARCHITEKTEN PartG mbB; Wassenberg

veröffentlicht: BKI Objektdaten E8

6100-1349 Doppelhäuser (2 WE) - Effizienzhaus 55

BRI 1.676 m³ **BGF** 626 m² **NUF** 483 m²

© Architekturbüro Jakob Krimmel

Doppelhäuser (2 WE) mit Doppelgaragen (4 STP). Massivbau.

Land: Baden-Württemberg
Kreis: Bodenseekreis
Standard: mittel
Bauzeit: 48 Wochen
Kennwerte: bis 1. Ebene DIN 276

BGF 1.444 €/m²

Planung: Architekturbüro Jakob Krimmel; Bermatingen

veröffentlicht: BKI Objektdaten E8

Objektübersicht zur Gebäudeart

6100-1154 Doppelhaushälfte - Effizienzhaus 55

BRI 844 m³ **BGF** 284 m² **NUF** 192 m²

Doppelhaushälfte (160m² WFL). Mauerwerksbau, Holzdachstuhl.

Land: Baden-Württemberg
Kreis: Freiburg im Breisgau
Standard: mittel
Bauzeit: 43 Wochen
Kennwerte: bis 3. Ebene DIN 276

BGF **1.747 €/m²**

Planung: Werkgruppe Freiburg Architekten; Freiburg

veröffentlicht: BKI Objektdaten E7

6100-1208 Doppelhaushälfte - Effizienzhaus 70

BRI 617 m³ **BGF** 218 m² **NUF** 116 m²

Doppelhaushälfte mit 108m² WFL als Effizienzhaus 70. Mauerwerksbau.

Land: Baden-Württemberg
Kreis: Stuttgart, Stadt
Standard: mittel
Bauzeit: 61 Wochen
Kennwerte: bis 1. Ebene DIN 276

BGF **1.680 €/m²**

Planung: k.A.

veröffentlicht: BKI Objektdaten N15

6100-1065 Reihenendhaus - Effizienzhaus 85

BRI 611 m³ **BGF** 206 m² **NUF** 145 m²

Reihenendhaus (165m² WFL). Mauerwerksbau.

Land: Sachsen
Kreis: Leipzig, Stadt
Standard: mittel
Bauzeit: 44 Wochen
Kennwerte: bis 1. Ebene DIN 276

BGF **1.676 €/m²**

Planung: Augustin + Imkamp freie Architekten GbR; Leipzig

veröffentlicht: BKI Objektdaten E6

6100-1032 Doppelhaus - KfW 40

BRI 817 m³ **BGF** 263 m² **NUF** 192 m²

Doppelhaus mit großformatiger Klinkerverblendung, zwei Wohneinheiten (212m² WFL). Mauerwerksbau.

Land: Schleswig-Holstein
Kreis: Rendsburg-Eckernförde
Standard: mittel
Bauzeit: 30 Wochen
Kennwerte: bis 3. Ebene DIN 276

BGF **2.015 €/m²**

Planung: Architekturbüro Rühmann; Steenfeld

veröffentlicht: BKI Objektdaten E5

€/m² BGF

min	1.415	€/m²
von	1.545	€/m²
Mittel	**1.720**	**€/m²**
bis	1.965	€/m²
max	2.220	€/m²

Kosten:
Stand 1. Quartal 2025
Bundesdurchschnitt
inkl. 19% MwSt.

Objektübersicht zur Gebäudeart

6100-1149 Doppelhaus - Effizienzhaus 55

BRI 1.480 m³ **BGF** 536 m² **NUF** 360 m²

Doppelhaus als Effizienzhaus 55 mit zwei Wohneinheiten. Mauerwerksbau, Holzdach.

Land: Baden-Württemberg
Kreis: Lörrach
Standard: mittel
Bauzeit: 35 Wochen
Kennwerte: bis 3. Ebene DIN 276

BGF 1.824 €/m²

Planung: Werkgruppe Freiburg Architekten; Freiburg

veröffentlicht: BKI Objektdaten E6

6100-1115 Doppelhaushälfte - Effizienzhaus 70

BRI 928 m³ **BGF** 264 m² **NUF** 197 m²

Doppelhaushälfte einer Wohnbebauung mit 326 Wohneinheiten. Mauerwerksbau.

Land: Hessen
Kreis: Wiesbaden, Stadt
Standard: mittel
Bauzeit: 96 Wochen*
Kennwerte: bis 3. Ebene DIN 276

BGF 1.473 €/m²

Planung: Junghans + Formhals GmbH; Weiterstadt

veröffentlicht: BKI Objektdaten E6
* Nicht in der Auswertung enthalten

6100-1101 Doppelhaushälfte, Carport

BRI 834 m³ **BGF** 336 m² **NUF** 231 m²

Doppelhaushälfte (179m² WFL), vollunterkellert mit Außenkellerraum und Carport. Mauerwerksbau.

Land: Baden-Württemberg
Kreis: Esslingen
Standard: mittel
Bauzeit: 48 Wochen
Kennwerte: bis 1. Ebene DIN 276

BGF 1.553 €/m²

Planung: KILTZ KAZMAIER ARCHITEKTEN; Kirchheim

veröffentlicht: BKI Objektdaten N13

6100-0886 Doppelhaushälfte (2 WE) - KfW 60

BRI 1.060 m³ **BGF** 382 m² **NUF** 246 m²

Doppelhaushälfte mit ELW, KfW 60 (197m² WFL). Mauerwerksbau.

Land: Baden-Württemberg
Kreis: Esslingen
Standard: mittel
Bauzeit: 48 Wochen
Kennwerte: bis 1. Ebene DIN 276

BGF 1.598 €/m²

Planung: BERTRAM KILTZ ARCHITEKT; Kirchheim-Teck

veröffentlicht: www.bki.de

Objektübersicht zur Gebäudeart

6100-0613 Doppelhaushälfte, Garage

BRI 532 m^3 | **BGF** 184 m^2 | **NUF** 133 m^2

Doppelhaushälfte (115 m^2 WFL). Mauerwerksbau; Holzdachkonstruktion.

Land: Nordrhein-Westfalen
Kreis: Düren
Standard: mittel
Bauzeit: 35 Wochen
Kennwerte: bis 3. Ebene DIN 276

BGF 1.789 €/m²

Planung: FRANKE Architektur I Innenarchitektur; Düren

veröffentlicht: www.bki.de

6100-0689 Reihenendhaus

BRI 548 m^3 | **BGF** 183 m^2 | **NUF** 133 m^2

Reihenendhaus mit einer Wohneinheit, Technikzentrale mit Gas-Brennwerttherme für drei Wohneinheiten. Stb-Fertigteilwände; Stb-Decken; Stb-Massivdach.

Land: Baden-Württemberg
Kreis: Karlsruhe
Standard: mittel
Bauzeit: 9 Wochen
Kennwerte: bis 1. Ebene DIN 276

BGF 1.415 €/m²

Planung: Architektur & Projektentwicklung GmbH; Dielheim

veröffentlicht: www.bki.de

6100-0610 Doppelhaushälfte - KfW 60

BRI 484 m^3 | **BGF** 169 m^2 | **NUF** 100 m^2

Einfamilienhaus mit Wohn-, Esszimmer, Küche, Arbeitszimmer, Abstellraum in EG, Elternschlafzimmer, ein Kinderzimmer, Badezimmer im DG. Mauerwerksbau, Lehminnenwände mit Stb-Decken und Holzdachkonstruktion.

Land: Berlin
Kreis: Berlin, Stadt
Standard: mittel
Bauzeit: 35 Wochen
Kennwerte: bis 1. Ebene DIN 276

BGF 1.689 €/m²

Planung: Architekturbüro Dipl.-Ing. Joachim Dettki; Berlin

veröffentlicht: www.bki.de

6100-0539 Doppelhäuser

BRI 1.638 m^3 | **BGF** 595 m^2 | **NUF** 399 m^2

Doppelhäuser (372 m^2 WFL). Mauerwerksbau.

Land: Baden-Württemberg
Kreis: Heidelberg, Stadt
Standard: mittel
Bauzeit: 44 Wochen
Kennwerte: bis 3. Ebene DIN 276

BGF 1.775 €/m²

Planung: Architekt Dipl.-Ing. Alexander Böhm; Heidelberg

veröffentlicht: BKI Objektdaten N10

Doppel- und Reihenendhäuser, hoher Standard

Kostenkennwerte für die Kosten des Bauwerks (Kostengruppen 300+400 nach DIN 276)

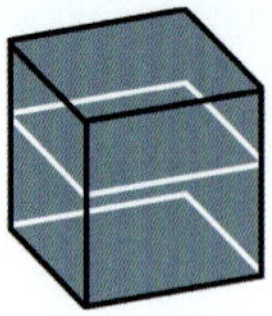

BRI 700 €/m³
von 620 €/m³
bis 840 €/m³

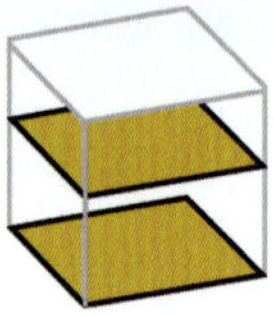

BGF 2.090 €/m²
von 1.800 €/m²
bis 2.440 €/m²

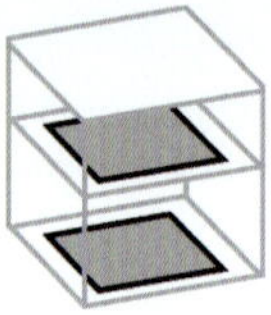

NUF 3.120 €/m²
von 2.645 €/m²
bis 3.615 €/m²

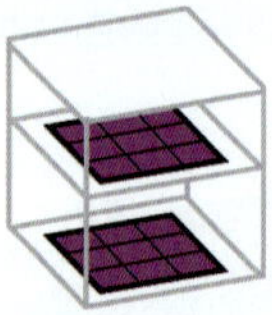

NE 3.355 €/NE
von 2.705 €/NE
bis 4.065 €/NE
NE: Wohnfläche

Objektbeispiele

Kosten:
Stand 1. Quartal 2025
Bundesdurchschnitt
inkl. 19% MwSt.

6100-1322

6100-1604

6100-1596

Kosten der 10 Vergleichsobjekte

Seiten 582 bis 585

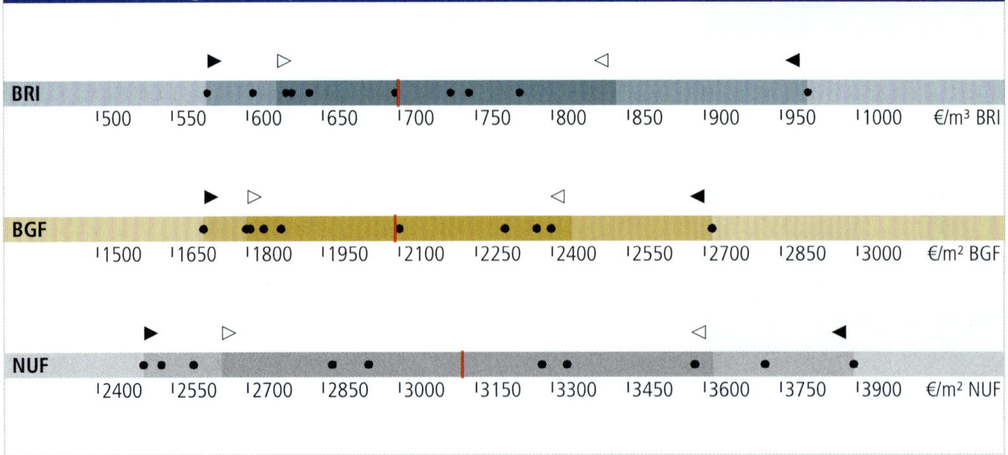

- ● KKW
- ▶ min
- ▷ von
- | Mittelwert
- ◁ bis
- ◀ max

Kostenkennwerte für die Kostengruppen der 1. und 2. Ebene DIN 276

KG	Kostengruppen der 1. Ebene	Einheit	▷	€/Einheit	◁	▷	% an 300+400	◁
100	Grundstück	m²GF	–	**–**	–	–	**–**	–
200	Vorbereitende Maßnahmen	m²GF	11	**30**	68	0,6	**2,0**	4,4
300	Bauwerk – Baukonstruktionen	m²BGF	1.385	**1.646**	1.919	75,4	**78,7**	81,5
400	Bauwerk – Technische Anlagen	m²BGF	362	**444**	529	18,5	**21,3**	24,6
	Bauwerk 300+400	m²BGF	1.798	**2.090**	2.439	100,0	**100,0**	100,0
500	Außenanlagen und Freiflächen	m²AF	146	**228**	317	6,5	**9,5**	10,9
600	Ausstattung und Kunstwerke	m²BGF	2	**21**	33	< 0,1	**1,0**	1,5
700	Baunebenkosten*	m²BGF	503	**561**	619	24,4	**27,1**	29,9 ◁
800	Finanzierung	m²BGF	–	**–**	–	–	**–**	–

* Auf Grundlage der HOAI 2021 berechnete Werte nach §§ 35, 52, 56. Weitere Informationen siehe Seite 56

KG	Kostengruppen der 2. Ebene	Einheit	▷	€/Einheit	◁	▷	% an 1. Ebene	◁
310	Baugrube / Erdbau	m³BGI	38	**62**	87	1,1	**3,9**	5,5
320	Gründung, Unterbau	m²GRF	264	**320**	421	5,7	**7,3**	9,6
330	Außenwände / vertikal außen	m²AWF	383	**454**	504	35,0	**39,8**	45,0
340	Innenwände / vertikal innen	m²IWF	194	**266**	337	9,0	**10,9**	11,5
350	Decken / horizontal	m²DEF	407	**515**	594	14,0	**20,6**	25,2
360	Dächer	m²DAF	494	**530**	642	12,0	**14,0**	21,0
370	Infrastrukturanlagen		–	**–**	–	–	**–**	–
380	Baukonstruktive Einbauten	m²BGF	10	**24**	38	0,0	**0,5**	1,6
390	Sonst. Maßnahmen für Baukonst.	m²BGF	25	**42**	59	1,3	**2,8**	3,9
300	**Bauwerk – Baukonstruktionen**	**m²BGF**					**100,0**	
410	Abwasser-, Wasser-, Gasanlagen	m²BGF	100	**132**	180	24,6	**31,2**	40,5
420	Wärmeversorgungsanlagen	m²BGF	151	**169**	228	33,7	**40,6**	50,8
430	Raumlufttechnische Anlagen	m²BGF	5	**21**	41	0,7	**4,4**	10,9
440	Elektrische Anlagen	m²BGF	62	**92**	135	15,4	**21,6**	30,2
450	Kommunikationstechnische Anlagen	m²BGF	5	**10**	17	1,2	**2,3**	3,9
460	Förderanlagen	m²BGF	–	**–**	–	–	**–**	–
470	Nutzungsspez. / verfahrenstech. Anl.	m²BGF	–	**–**	–	–	**–**	–
480	Gebäude- und Anlagenautomation	m²BGF	–	**–**	–	–	**–**	–
490	Sonst. Maßnahmen f. techn. Anl.	m²BGF	–	**–**	–	–	**–**	–
400	**Bauwerk – Technische Anlagen**	**m²BGF**					**100,0**	

Prozentanteile der Kosten 2. Ebene an den Kosten des Bauwerks nach DIN 276 (Von/Mittel/Bis)

KG	Kostengruppe	%
310	Baugrube / Erdbau	3,1
320	Gründung, Unterbau	5,7
330	Außenwände / vertikal außen	31,2
340	Innenwände / vertikal innen	8,6
350	Decken / horizontal	16,1
360	Dächer	11,0
370	Infrastrukturanlagen	
380	Baukonstruktive Einbauten	0,4
390	Sonst. Maßnahmen für Baukonst.	2,2
410	Abwasser-, Wasser-, Gasanlagen	6,8
420	Wärmeversorgungsanlagen	8,7
430	Raumlufttechnische Anlagen	0,9
440	Elektrische Anlagen	4,7
450	Kommunikationstechnische Anlagen	0,5
460	Förderanlagen	
470	Nutzungsspez. / verfahrenstech. Anl.	
480	Gebäude- und Anlagenautomation	
490	Sonst. Maßnahmen f. techn. Anl.	

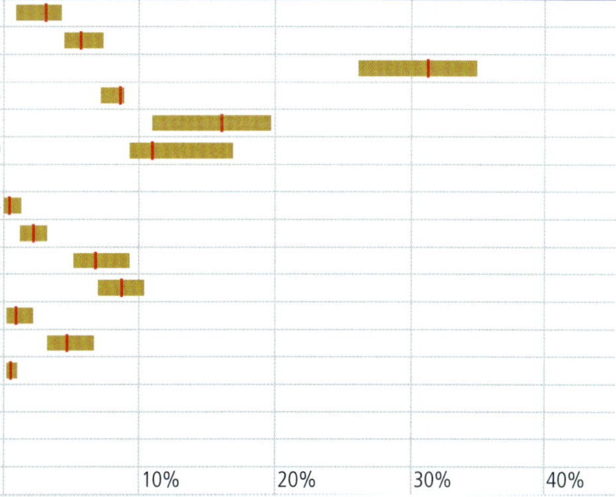

Verwaltung
Wissenschaft
Gesundheit
Bildung
Sport
Wohnen
Gewerbe
Versorgung
Kultur

Kosten:
Stand 1. Quartal 2025
Bundesdurchschnitt
inkl. 19% MwSt.

Prozentanteile der Kosten für Leistungsbereiche nach STLB (Kosten Bauwerk nach DIN 276)

LB	Leistungsbereiche	▷	% an 300+400	◁
000	Baustellen-, Verkehrssich.- u. Sicherh.einr. inkl. 001	0,9	**1,8**	3,1
002	Erdarbeiten	0,9	**3,1**	4,4
006	Spezialtiefbauarbeiten inkl. 005	–	**–**	–
009	Entwässerungskanalarbeiten inkl. 011	0,1	**0,3**	1,2
010	Drän- und Versickerarbeiten	< 0,1	**0,2**	0,7
012	Mauerarbeiten	7,0	**9,8**	14,4
013	Betonarbeiten	7,3	**12,5**	16,4
014	Natur-, Betonwerksteinarbeiten	< 0,1	**0,5**	1,1
016	Zimmer- und Holzbauarbeiten	1,8	**8,1**	21,0
017	Stahlbauarbeiten	0,2	**1,2**	5,0
018	Abdichtungsarbeiten	0,2	**1,0**	2,0
020	Dachdeckungsarbeiten	0,5	**1,5**	2,9
021	Dachabdichtungsarbeiten	0,8	**2,4**	4,4
022	Klempnerarbeiten	1,0	**1,4**	1,7
	Rohbau	39,6	**43,8**	58,7
023	Putz- und Stuckarbeiten, Wärmedämmsysteme	6,0	**7,8**	9,7
024	Fliesen- und Plattenarbeiten	1,8	**2,4**	3,3
025	Estricharbeiten	1,3	**1,5**	1,9
026	Fenster, Außentüren inkl. 029, 032	5,1	**6,7**	7,6
027	Tischlerarbeiten	2,1	**3,0**	4,4
028	Parkettarbeiten, Holzpflasterarbeiten	1,5	**2,8**	3,7
030	Rollladenarbeiten	0,0	**1,7**	2,3
031	Metallbauarbeiten inkl. 035	1,3	**4,7**	6,9
034	Maler- und Lackiererarbeiten inkl. 037	0,6	**2,2**	3,0
036	Bodenbelagarbeiten	< 0,1	**0,2**	0,9
038	Vorgehängte hinterlüftete Fassaden	0,0	**0,5**	2,5
039	Trockenbauarbeiten	0,5	**1,5**	3,1
	Ausbau	27,3	**35,0**	42,3
040	Wärmeversorgungsanl. - Betriebseinr. inkl. 041	6,5	**7,8**	10,0
042	Gas- und Wasserinstallation, Leitungen inkl. 043	0,0	**1,4**	1,8
044	Abwasseranlagen - Leitungen, Abläufe, Armaturen	0,9	**2,4**	4,6
045	GWE - Einrichtungsgegenstände inkl. 046	1,6	**2,6**	4,0
047	Dämm- und Brandschutzarbeiten an techn. Anlagen	< 0,1	**0,3**	0,7
049	Feuerlöschanlagen, Feuerlöschgeräte	–	**–**	–
050	Blitzschutz- und Erdungsanlagen	< 0,1	**0,2**	0,5
052	Mittelspannungsanlagen	–	**–**	–
053	Niederspannungsanlagen inkl. 054	2,9	**4,1**	5,6
055	Sicherheits- und Ersatzstromversorgungsanlagen	–	**–**	–
057	Gebäudesystemtechnik	–	**–**	–
058	Leuchten und Lampen inkl. 059	0,2	**0,8**	2,8
060	Such-, Signal-, elektroakust. Anl., Med. inkl. 064	0,2	**0,2**	0,3
061	Kommunikations- und Übertragungsnetze inkl. 062	< 0,1	**0,2**	0,4
063	Gefahrenmeldeanlagen	–	**–**	–
069	Aufzüge	–	**–**	–
070	Gebäudeautomation	–	**–**	–
075	Raumlufttechnische Anlagen inkl. 078	0,2	**0,9**	2,2
	Gebäudetechnik	19,1	**20,8**	23,4
	Sonstige Leistungsbereiche inkl. 008, 033, 051	0,0	**0,3**	1,0

● KKW
▶ min
▷ von
| Mittelwert
◁ bis
◀ max

Planungskennwerte für Flächen und Rauminhalte nach DIN 277

Grundflächen		▷	Fläche/NUF (%)	◁	▷	Fläche/BGF (%)	◁
NUF	Nutzungsfläche	100,0	**100,0**	100,0	66,5	**67,1**	68,9
TF	Technikfläche	3,7	**4,6**	5,7	2,5	**3,1**	3,6
VF	Verkehrsfläche	13,3	**15,5**	16,9	9,2	**10,4**	11,0
NRF	Netto-Raumfläche	118,6	**120,2**	122,8	79,8	**80,5**	81,7
KGF	Konstruktions-Grundfläche	27,6	**29,3**	32,0	18,3	**19,5**	20,2
BGF	Brutto-Grundfläche	145,8	**149,5**	150,9	100,0	**100,0**	100,0

Brutto-Rauminhalte		▷	BRI/NUF (m)	◁	▷	BRI/BGF (m)	◁
BRI	Brutto-Rauminhalt	4,30	**4,47**	4,77	2,92	**2,99**	3,12

Flächen von Nutzeinheiten	▷	NUF/Einheit (m²)	◁	▷	BGF/Einheit (m²)	◁
Nutzeinheit: Wohnfläche	1,02	**1,07**	1,13	1,50	**1,59**	1,73

Lufttechnisch behandelte Flächen	▷	Fläche/NUF (%)	◁	▷	Fläche/BGF (%)	◁
Entlüftete Fläche	–	**–**	–	–	**–**	–
Be- und entlüftete Fläche	–	**–**	–	–	**–**	–
Teilklimatisierte Fläche	–	**–**	–	–	**–**	–
Klimatisierte Fläche	–	**–**	–	–	**–**	–

KG	Kostengruppen (2. Ebene)	Einheit	▷	Menge/NUF	◁	▷	Menge/BGF	◁
310	Baugrube / Erdbau	m³ BGI	1,89	**1,96**	2,04	1,28	**1,34**	1,50
320	Gründung, Unterbau	m² GRF	0,49	**0,53**	0,53	0,33	**0,36**	0,42
330	Außenwände / vertikal außen	m² AWF	1,92	**2,03**	2,29	1,23	**1,36**	1,42
340	Innenwände / vertikal innen	m² IWF	0,97	**1,01**	1,32	0,63	**0,67**	0,84
350	Decken / horizontal	m² DEF	0,85	**0,89**	0,99	0,56	**0,60**	0,63
360	Dächer	m² DAF	0,54	**0,61**	0,72	0,38	**0,40**	0,45
370	Infrastrukturanlagen		–	**–**	–	–	**–**	–
380	Baukonstruktive Einbauten	m² BGF	1,46	**1,49**	1,51	1,00	**1,00**	1,00
390	Sonst. Maßnahmen für Baukonst.	m² BGF	1,46	**1,49**	1,51	1,00	**1,00**	1,00
300	**Bauwerk – Baukonstruktionen**	**m² BGF**	1,46	**1,49**	1,51	1,00	**1,00**	1,00

Planungskennwerte für Bauzeiten — 9 Vergleichsobjekte

Bauzeit in Wochen

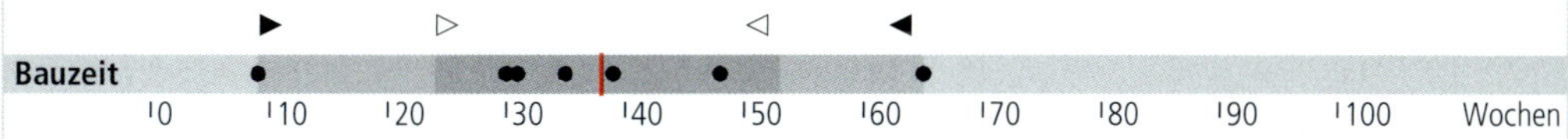

€/m² BGF

min	1.710	€/m²
von	1.800	€/m²
Mittel	**2.090**	**€/m²**
bis	2.440	€/m²
max	2.715	€/m²

Kosten:
Stand 1. Quartal 2025
Bundesdurchschnitt
inkl. 19% MwSt.

Objektübersicht zur Gebäudeart

6100-1596 Doppelhaushälfte

BRI 974m³ **BGF** 329m² **NUF** 212m²

© HOLTZ architekten

Doppelhaushälfte mit Garage. Massivbau.

Land: Nordrhein-Westfalen
Kreis: Bochum, Stadt
Standard: hoch
Bauzeit: 48 Wochen
Kennwerte: bis 1. Ebene DIN 276

BGF 2.307 €/m²

Planung: HOLTZ architekten Christiani Kolbe PartGmbB; Dortmund

veröffentlicht: BKI Objektdaten N19

6100-1619 Reihenmittelhaus, Doppelcarport*

BRI 913m³ **BGF** 294m² **NUF** 193m²

© Marco Kany

Reihenendhaus mit Doppelcarport und 224m² Wohnfläche. Massivbau.

Land: Saarland
Kreis: Saarbrücken, Regionalverband
Standard: hoch
Bauzeit: 83 Wochen
Kennwerte: bis 1. Ebene DIN 276

BGF 3.113 €/m² *

Planung: SCHNEEWEISS ARCHITEKTEN; Saarbrücken

veröffentlicht: BKI Objektdaten N20
* Nicht in der Auswertung enthalten

6100-1604 Doppelhäuser, Einfamilienhäuser (9 WE)

BRI 3.845m³ **BGF** 1.370m² **NUF** 956m²

© Annegret Liebscher-Tauber

Drei Doppelhäuser und drei Einfamilienhäuser mit insgesamt 1.117m² Wohnfläche. Holzbau.

Land: Berlin
Kreis: Berlin, Stadt
Standard: mittel
Bauzeit: 148 Wochen*
Kennwerte: bis 1. Ebene DIN 276

BGF 2.714 €/m²

Planung: Liebscher-Tauber und Tauber Architekten PartG mbB; Berlin

veröffentlicht: BKI Objektdaten N20
* Nicht in der Auswertung enthalten

6100-1296 Doppelhaus (2 WE)

BRI 1.070m³ **BGF** 311m² **NUF** 201m²

© Bauer Architektur

Doppelhaus (211m² WFL). Massivbau.

Land: Thüringen
Kreis: Weimar, Stadt
Standard: hoch
Bauzeit: 65 Wochen
Kennwerte: bis 1. Ebene DIN 276

BGF 2.398 €/m²

Planung: Bauer Architektur; Weimar

veröffentlicht: BKI Objektdaten N15

6100-1322 Doppelhaus (2 WE)

BRI 2.148 m³ **BGF** 719 m² **NUF** 487 m²

Doppelhaus (384m² WFL). Massivbau.

Land: Hamburg
Kreis: Hamburg, Stadt
Standard: hoch
Bauzeit: 48 Wochen
Kennwerte: bis 3. Ebene DIN 276

BGF 1.712 €/m²

Planung: T-O-M architekten PartGmbB; Hamburg

veröffentlicht: BKI Objektdaten N17

6100-1238 Wohnhäuser (2 WE), Garage*

BRI 1.469 m³ **BGF** 506 m² **NUF** 392 m²

Wohnhäuser mit zwei Wohneinheiten (279m² WFL) und Garage (2 STP). Mauerwerksbau.

Land: Hessen
Kreis: Main-Kinzig-Kreis
Standard: hoch
Bauzeit: 65 Wochen
Kennwerte: bis 1. Ebene DIN 276

BGF 3.823 €/m²

Planung: hkr.architekten gmbh hänsel + rollmann; Gelnhausen

veröffentlicht: BKI Objektdaten N15
* Nicht in der Auswertung enthalten

6100-0966 Doppelhaushälfte - KfW 85

BRI 763 m³ **BGF** 262 m² **NUF** 167 m²

Einfamilien-Doppelhaushälfte, KfW 85 (143m² WFL). Massivbau.

Land: Baden-Württemberg
Kreis: Freiburg im Breisgau
Standard: hoch
Bauzeit: 30 Wochen
Kennwerte: bis 3. Ebene DIN 276

BGF 1.831 €/m²

Planung: Werkgruppe Freiburg Architekten; Freiburg

veröffentlicht: BKI Objektdaten E5

6100-0845 Reihenendhaus*

BRI 767 m³ **BGF** 279 m² **NUF** 196 m²

Reihenendhaus (210m² WFL). Mauerwerksbau.

Land: Saarland
Kreis: Saarbrücken, Regionalverband
Standard: hoch
Bauzeit: 56 Wochen
Kennwerte: bis 3. Ebene DIN 276

BGF 3.123 €/m²

Planung: Lauer - Architekten; Saarbrücken

veröffentlicht: BKI Objektdaten N11
* Nicht in der Auswertung enthalten

€/m² BGF

min	1.710	€/m²
von	1.800	€/m²
Mittel	**2.090**	**€/m²**
bis	2.440	€/m²
max	2.715	€/m²

Kosten:
Stand 1. Quartal 2025
Bundesdurchschnitt
inkl. 19% MwSt.

Objektübersicht zur Gebäudeart

6100-0728 Doppelhaus

BRI 1.375 m³ **BGF** 490 m² **NUF** 340 m²

© Architekturbüro Mesch-Fehrle

Neubau Doppelhaus mit zwei Wohneinheiten und je einer Garage für jede Haushälfte. Massivbau.

Land: Baden-Württemberg
Kreis: Esslingen
Standard: hoch
Bauzeit: 35 Wochen
Kennwerte: bis 3. Ebene DIN 276

BGF 1.797 €/m²

Planung: Architekturbüro Mesch-Fehrle; Aichtal-Grötzingen

veröffentlicht: BKI Objektdaten N12

6100-0688 Reihenendhaus mit Wärmepumpe

BRI 548 m³ **BGF** 183 m² **NUF** 133 m²

© Architektur & Projektentwicklung GmbH

Reihenendhaus mit einer Wohneinheit, gemeinsame Technikzentrale mit Wärmepumpen für drei Wohneinheiten. Stb-Fertigteilwände; Stb-Decken; Stb-Massivdach.

Land: Baden-Württemberg
Kreis: Karlsruhe
Standard: hoch
Bauzeit: 9 Wochen
Kennwerte: bis 1. Ebene DIN 276

BGF 1.805 €/m²

Planung: Architektur & Projektentwicklung GmbH; Dielheim

veröffentlicht: www.bki.de

6100-0595 Doppelhaushälfte - KfW 40

BRI 487 m³ **BGF** 170 m² **NUF** 107 m²

© Architekturbüro Dettki

Doppelhaushälfte aus natürlichen Baustoffen, Lehm, Holz, Poroton. Mauerwerksbau, Lehminnenwände mit Stb-Decken und Holzdachkonstruktion.

Land: Berlin
Kreis: Berlin, Stadt
Standard: hoch
Bauzeit: 35 Wochen
Kennwerte: bis 3. Ebene DIN 276

BGF 2.099 €/m²

Planung: Architekturbüro Dipl.-Ing. Joachim Dettki; Berlin

veröffentlicht: www.bki.de

6100-0494 Doppelhaus

BRI 1.737 m³ **BGF** 546 m² **NUF** 395 m²

© F+R Architekten Prof. Florian Fink

Doppelhaus (337 m² WFL); Erdgeschoss als Wohnbereich mit offener Küche und offener Treppe ins Obergeschoss. Mauerwerksbau.

Land: Hessen
Kreis: Darmstadt-Dieburg
Standard: hoch
Bauzeit: 39 Wochen
Kennwerte: bis 3. Ebene DIN 276

BGF 2.369 €/m²

Planung: F+R Architekten Prof. Florian Fink BDA; Bickenbach an der Bergstraße

veröffentlicht: www.bki.de

6100-0394 Doppelhaushälfte - Niedrigenergie

BRI 611 m³ **BGF** 205 m² **NUF** 130 m²

Doppelhaushälfte, nicht unterkellert; Niedrigenergiehausstandard. Mauerwerksbau.

Land: Baden-Württemberg
Kreis: Rhein-Neckar-Kreis
Standard: hoch
Bauzeit: 31 Wochen
Kennwerte: bis 1. Ebene DIN 276

BGF **1.865 €/m²**

Planung: Thomas Fabrinsky Dipl.-Ing. Freier Architekt; Karlsruhe

veröffentlicht: www.bki.de

 Kostenstand: 1. Quartal 2025, Bundesdurchschnitt, **inkl. 19% MwSt.**

Kostenkennwerte für die Kosten des Bauwerks (Kostengruppen 300+400 nach DIN 276)

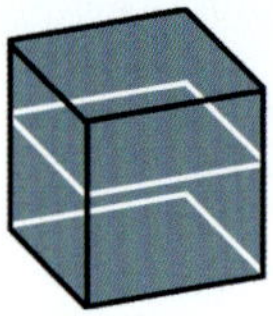

BRI 695 €/m³
von 565 €/m³
bis 920 €/m³

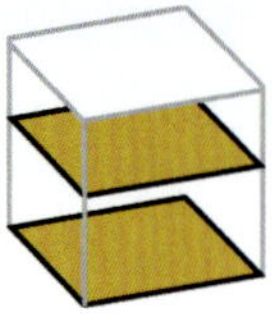

BGF 2.060 €/m²
von 1.625 €/m²
bis 2.900 €/m²

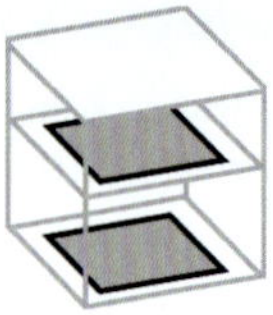

NUF 3.080 €/m²
von 2.475 €/m²
bis 4.170 €/m²

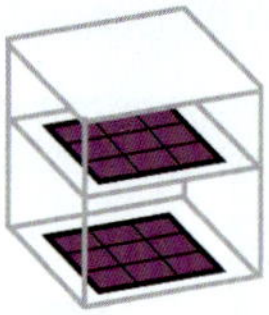

NE 3.300 €/NE
von 2.640 €/NE
bis 4.110 €/NE
NE: Wohnfläche

Kosten:
Stand 1. Quartal 2025
Bundesdurchschnitt
inkl. 19% MwSt.

Objektbeispiele

6100-1586

6100-1199

6100-1584

Kosten der 8 Vergleichsobjekte

Seiten 590 bis 591

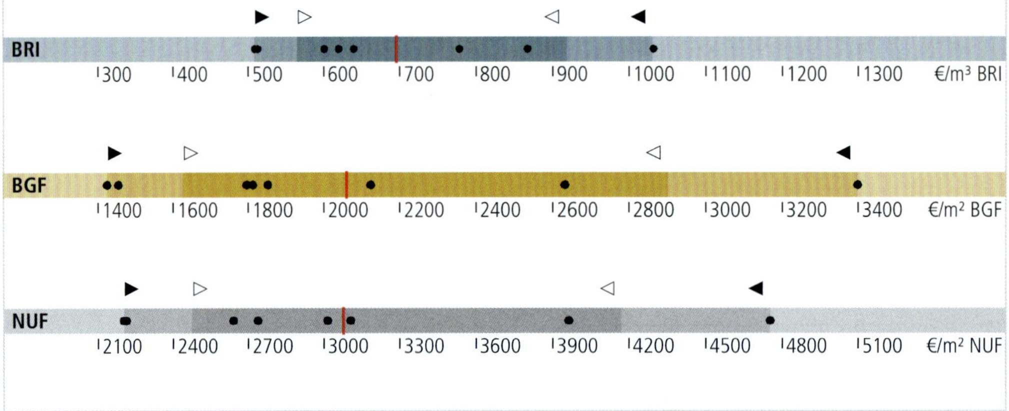

- ● KKW
- ▶ min
- ▷ von
- | Mittelwert
- ◁ bis
- ◀ max

Kostenkennwerte für die Kostengruppen der 1. und 2.Ebene DIN 276

KG	Kostengruppen der 1.Ebene	Einheit	▷	€/Einheit	◁	▷	% an 300+400	◁
100	Grundstück	m² GF	–	**–**	–	–	**–**	–
200	Vorbereitende Maßnahmen	m² GF	4	**54**	89	1,4	**4,0**	8,8
300	Bauwerk – Baukonstruktionen	m² BGF	1.270	**1.685**	2.458	74,8	**80,9**	84,8
400	Bauwerk – Technische Anlagen	m² BGF	275	**376**	446	15,2	**19,1**	25,2
	Bauwerk 300+400	m² BGF	1.625	**2.061**	2.901	100,0	**100,0**	100,0
500	Außenanlagen und Freiflächen	m² AF	55	**79**	127	3,1	**3,6**	4,3
600	Ausstattung und Kunstwerke	m² BGF	–	**3**	–	0,2	**0,2**	0,2
700	Baunebenkosten*	m² BGF	504	**562**	620	24,8	**27,6**	30,5 ◁
800	Finanzierung	m² BGF	–	**–**	–	–	**–**	–
KG	**Kostengruppen der 2.Ebene**	**Einheit**	▷	**€/Einheit**	◁	▷	**% an 1.Ebene**	◁
310	Baugrube / Erdbau	m³ BGI	34	**52**	105	0,6	**1,3**	3,4
320	Gründung, Unterbau	m² GRF	303	**391**	500	8,1	**10,4**	17,4
330	Außenwände / vertikal außen	m² AWF	380	**572**	809	37,6	**40,8**	49,7
340	Innenwände / vertikal innen	m² IWF	183	**279**	360	10,2	**13,7**	17,7
350	Decken / horizontal	m² DEF	400	**460**	619	11,5	**14,9**	17,6
360	Dächer	m² DAF	298	**470**	899	11,8	**14,7**	17,7
370	Infrastrukturanlagen		–	**–**	–	–	**–**	–
380	Baukonstruktive Einbauten	m² BGF	–	**–**	–	–	**–**	–
390	Sonst. Maßnahmen für Baukonst.	m² BGF	52	**73**	118	3,7	**4,2**	4,7
300	**Bauwerk – Baukonstruktionen**	**m² BGF**					**100,0**	
410	Abwasser-, Wasser-, Gasanlagen	m² BGF	83	**110**	177	19,7	**28,9**	37,7
420	Wärmeversorgungsanlagen	m² BGF	116	**164**	181	38,7	**42,8**	46,9
430	Raumlufttechnische Anlagen	m² BGF	14	**22**	37	1,0	**4,5**	8,1
440	Elektrische Anlagen	m² BGF	47	**84**	124	15,5	**21,2**	35,5
450	Kommunikationstechnische Anlagen	m² BGF	8	**10**	15	2,2	**2,7**	3,9
460	Förderanlagen	m² BGF	–	**–**	–	–	**–**	–
470	Nutzungsspez. / verfahrenstech. Anl.	m² BGF	–	**–**	–	–	**–**	–
480	Gebäude- und Anlagenautomation	m² BGF	–	**–**	–	–	**–**	–
490	Sonst. Maßnahmen f. techn. Anl.	m² BGF	–	**–**	–	–	**–**	–
400	**Bauwerk – Technische Anlagen**	**m² BGF**					**100,0**	

* Auf Grundlage der HOAI 2021 berechnete Werte nach §§ 35, 52, 56. Weitere Informationen siehe Seite 56

Prozentanteile der Kosten 2.Ebene an den Kosten des Bauwerks nach DIN 276 (Von/Mittel/Bis)

KG	Kostengruppe	%
310	Baugrube / Erdbau	1,0
320	Gründung, Unterbau	8,2
330	Außenwände / vertikal außen	33,0
340	Innenwände / vertikal innen	11,1
350	Decken / horizontal	11,9
360	Dächer	11,8
370	Infrastrukturanlagen	
380	Baukonstruktive Einbauten	
390	Sonst. Maßnahmen für Baukonst.	3,4
410	Abwasser-, Wasser-, Gasanlagen	5,2
420	Wärmeversorgungsanlagen	8,5
430	Raumlufttechnische Anlagen	0,8
440	Elektrische Anlagen	4,5
450	Kommunikationstechnische Anlagen	0,5
460	Förderanlagen	
470	Nutzungsspez. / verfahrenstech. Anl.	
480	Gebäude- und Anlagenautomation	
490	Sonst. Maßnahmen f. techn. Anl.	

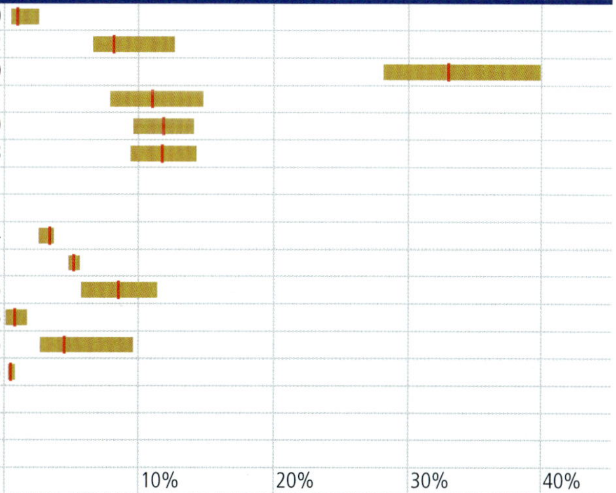

Kosten:
Stand 1. Quartal 2025
Bundesdurchschnitt
inkl. 19% MwSt.

Prozentanteile der Kosten für Leistungsbereiche nach STLB (Kosten Bauwerk nach DIN 276)

LB	Leistungsbereiche	▷	% an 300+400	◁
000	Baustellen-, Verkehrssich.- u. Sicherh.einr. inkl. 001	2,8	**3,3**	3,7
002	Erdarbeiten	0,6	**1,2**	1,8
006	Spezialtiefbauarbeiten inkl. 005	–	**–**	–
009	Entwässerungskanalarbeiten inkl. 011	0,0	**0,5**	1,1
010	Drän- und Versickerarbeiten	0,0	**< 0,1**	0,4
012	Mauerarbeiten	1,0	**5,0**	9,0
013	Betonarbeiten	4,5	**8,2**	9,7
014	Natur-, Betonwerksteinarbeiten	–	**–**	–
016	Zimmer- und Holzbauarbeiten	12,2	**24,5**	28,8
017	Stahlbauarbeiten	0,0	**0,4**	1,7
018	Abdichtungsarbeiten	< 0,1	**0,7**	1,4
020	Dachdeckungsarbeiten	0,7	**2,9**	5,2
021	Dachabdichtungsarbeiten	0,0	**0,2**	0,9
022	Klempnerarbeiten	0,9	**2,3**	6,2
	Rohbau	40,7	**49,4**	58,6
023	Putz- und Stuckarbeiten, Wärmedämmsysteme	0,2	**1,5**	4,9
024	Fliesen- und Plattenarbeiten	1,0	**1,6**	3,2
025	Estricharbeiten	< 0,1	**0,7**	1,6
026	Fenster, Außentüren inkl. 029, 032	7,9	**8,7**	10,9
027	Tischlerarbeiten	1,8	**3,5**	5,4
028	Parkettarbeiten, Holzpflasterarbeiten	1,3	**4,7**	8,7
030	Rollladenarbeiten	0,2	**1,3**	2,4
031	Metallbauarbeiten inkl. 035	0,0	**0,4**	1,6
034	Maler- und Lackiererarbeiten inkl. 037	1,3	**2,0**	2,6
036	Bodenbelagarbeiten	0,0	**0,3**	1,3
038	Vorgehängte hinterlüftete Fassaden	0,0	**2,8**	6,6
039	Trockenbauarbeiten	3,0	**4,7**	9,1
	Ausbau	25,3	**32,3**	40,9
040	Wärmeversorgungsanl. - Betriebseinr. inkl. 041	5,4	**7,7**	10,7
042	Gas- und Wasserinstallation, Leitungen inkl. 043	0,9	**1,6**	2,3
044	Abwasseranlagen - Leitungen, Abläufe, Armaturen	0,4	**0,6**	1,1
045	GWE - Einrichtungsgegenstände inkl. 046	1,9	**2,3**	2,8
047	Dämm- und Brandschutzarbeiten an techn. Anlagen	0,0	**0,2**	0,4
049	Feuerlöschanlagen, Feuerlöschgeräte	–	**–**	–
050	Blitzschutz- und Erdungsanlagen	0,2	**0,3**	0,4
052	Mittelspannungsanlagen	0,0	**< 0,1**	< 0,1
053	Niederspannungsanlagen inkl. 054	2,1	**3,9**	9,5
055	Sicherheits- und Ersatzstromversorgungsanlagen	–	**–**	–
057	Gebäudesystemtechnik	–	**–**	–
058	Leuchten und Lampen inkl. 059	0,0	**0,3**	0,8
060	Such-, Signal-, elektroakust. Anl., Med. inkl. 064	< 0,1	**0,1**	0,3
061	Kommunikations- und Übertragungsnetze inkl. 062	< 0,1	**0,4**	0,6
063	Gefahrenmeldeanlagen	–	**–**	–
069	Aufzüge	–	**–**	–
070	Gebäudeautomation	–	**–**	–
075	Raumlufttechnische Anlagen inkl. 078	0,1	**0,8**	1,6
	Gebäudetechnik	14,1	**18,3**	23,6
	Sonstige Leistungsbereiche inkl. 008, 033, 051	–	**–**	–

• KKW
▶ min
▷ von
| Mittelwert
◁ bis
◀ max

Planungskennwerte für Flächen und Rauminhalte nach DIN 277

Grundflächen		▷	Fläche/NUF (%)	◁	▷	Fläche/BGF (%)	◁
NUF	Nutzungsfläche	100,0	**100,0**	100,0	63,8	**66,5**	68,0
TF	Technikfläche	3,1	**4,3**	5,7	2,1	**2,9**	3,7
VF	Verkehrsfläche	14,1	**16,8**	18,4	9,6	**11,1**	12,3
NRF	Netto-Raumfläche	118,6	**121,1**	122,3	78,4	**80,5**	82,0
KGF	Konstruktions-Grundfläche	27,9	**29,6**	34,3	18,0	**19,5**	21,6
BGF	Brutto-Grundfläche	147,1	**150,7**	157,6	100,0	**100,0**	100,0

Brutto-Rauminhalte		▷	BRI/NUF (m)	◁	▷	BRI/BGF (m)	◁
BRI	Brutto-Rauminhalt	4,13	**4,44**	4,65	2,79	**2,95**	3,07

Flächen von Nutzeinheiten	▷	NUF/Einheit (m^2)	◁	▷	BGF/Einheit (m^2)	◁
Nutzeinheit: Wohnfläche	1,01	**1,09**	1,12	1,52	**1,65**	1,79

Lufttechnisch behandelte Flächen	▷	Fläche/NUF (%)	◁	▷	Fläche/BGF (%)	◁
Entlüftete Fläche	91,0	**91,0**	91,0	61,6	**61,6**	61,6
Be- und entlüftete Fläche	–	**–**	–	–	**–**	–
Teilklimatisierte Fläche	–	**–**	–	–	**–**	–
Klimatisierte Fläche	–	**–**	–	–	**–**	–

KG	Kostengruppen (2. Ebene)	Einheit	▷	Menge/NUF	◁	▷	Menge/BGF	◁
310	Baugrube / Erdbau	m^3 BGI	0,67	**0,93**	0,93	0,45	**0,64**	0,64
320	Gründung, Unterbau	m^2 GRF	0,58	**0,62**	0,62	0,39	**0,42**	0,42
330	Außenwände / vertikal außen	m^2 AWF	1,80	**1,83**	1,96	1,25	**1,25**	1,40
340	Innenwände / vertikal innen	m^2 IWF	1,16	**1,20**	1,27	0,78	**0,82**	0,85
350	Decken / horizontal	m^2 DEF	0,76	**0,77**	0,83	0,52	**0,53**	0,56
360	Dächer	m^2 DAF	0,81	**0,84**	0,91	0,57	**0,58**	0,60
370	Infrastrukturanlagen		–	**–**	–	–	**–**	–
380	Baukonstruktive Einbauten	m^2 BGF	1,47	**1,51**	1,58	1,00	**1,00**	1,00
390	Sonst. Maßnahmen für Baukonst.	m^2 BGF	1,47	**1,51**	1,58	1,00	**1,00**	1,00
300	**Bauwerk – Baukonstruktionen**	**m^2 BGF**	1,47	**1,51**	1,58	1,00	**1,00**	1,00

Planungskennwerte für Bauzeiten — 8 Vergleichsobjekte

Bauzeit in Wochen

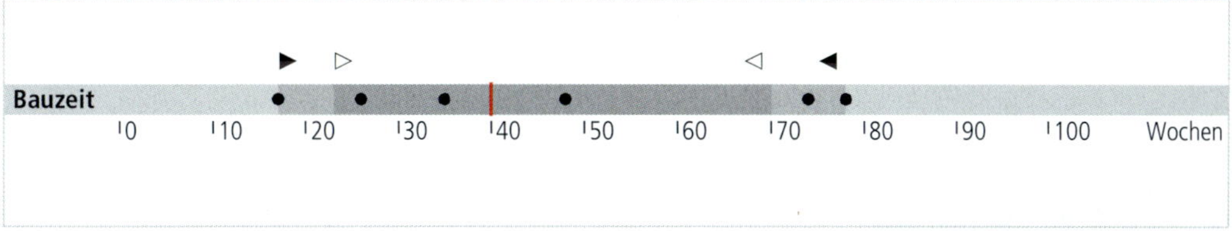

Doppel- und Reihenendhäuser, Holzbauweise

€/m² BGF

min	1.425	€/m²
von	1.625	€/m²
Mittel	**2.060**	**€/m²**
bis	2.900	€/m²
max	3.400	€/m²

Kosten:
Stand 1. Quartal 2025
Bundesdurchschnitt
inkl. 19% MwSt.

Objektübersicht zur Gebäudeart

6100-1673 Reihenendhaus

BRI 970 m³ **BGF** 287 m² **NUF** 191 m²

Reihenendhaus mit 178m² Wohnfläche. Holzbau.

Land: Bremen
Kreis: Bremen, Stadt
Standard: hoch
Bauzeit: 35 Wochen
Kennwerte: bis 1. Ebene DIN 276

BGF 2.631 €/m²

Planung: ARGE Architekten Dennes Janßen, Dennis Winkler; Bremen

veröffentlicht: BKI Objektdaten N20

6100-1584 Doppelhaushälfte

BRI 496 m³ **BGF** 202 m² **NUF** 138 m²

Ein Doppelhaus mit 133m² Wohnfläche. Holzbau.

Land: Brandenburg
Kreis: Potsdam Mittelmark
Standard: mittel
Bauzeit: 78 Wochen
Kennwerte: bis 1. Ebene DIN 276

BGF 2.123 €/m²

Planung: Architekturbüro Ralf Tschöpe; Baruth

veröffentlicht: BKI Objektdaten N19

6100-1586 Doppelhaus (2 WE)

BRI 791 m³ **BGF** 240 m² **NUF** 172 m²

Doppelhaus mit zwei Wohneinheiten. Holzbau.

Land: Schleswig-Holstein
Kreis: Dithmarschen
Standard: mittel
Bauzeit: 74 Wochen
Kennwerte: bis 3. Ebene DIN 276

BGF 3.398 €/m²

Planung: JEBENS SCHOOF ARCHITEKTEN BDA; Heide

veröffentlicht: BKI Objektdaten N19

6100-1199 Doppelhaus - Effizienzhaus 55

BRI 930 m³ **BGF** 328 m² **NUF** 216 m²

Doppelhaus mit 240m² WFL als Effizienzhaus 55. Mauerwerk, Holzrahmenbau.

Land: Hessen
Kreis: Schwalm-Eder-Kreis
Standard: einfach
Bauzeit: 17 Wochen
Kennwerte: bis 3. Ebene DIN 276

BGF 1.454 €/m²

Planung: Planungsbüro Clobes GmbH; Wabern

veröffentlicht: BKI Objektdaten E7

6100-1028 Doppelhaushälfte, Carport - Effizienzhaus 55

BRI 1.014 m³ | **BGF** 350 m² | **NUF** 208 m²

Doppelhaushälfte (164 m² WFL) als Effizienzhaus 55 mit Carport. Holzrahmenbau.

Land: Nordrhein-Westfalen
Kreis: Bochum, Stadt
Standard: mittel
Bauzeit: 26 Wochen
Kennwerte: bis 1. Ebene DIN 276

BGF **1.795 €/m²**

Planung: Aslaksen-Schürholz Architektin; Bochum

veröffentlicht: BKI Objektdaten E5

6100-1048 Doppelhaushälfte - KfW 60

BRI 1.843 m³ | **BGF** 658 m² | **NUF** 423 m²

Doppelhaushälfte (326 m² WFL), KfW 60. Holzrahmenbau, Mauerwerk, Stahlbeton.

Land: Bayern
Kreis: München, Stadt
Standard: mittel
Bauzeit: 48 Wochen
Kennwerte: bis 1. Ebene DIN 276

BGF **1.424 €/m²**

Planung: Hirschhäuser Liedtke Architekten BDA; München

veröffentlicht: BKI Objektdaten E5

6100-0663 Doppelhaushälfte - KfW 40

BRI 660 m³ | **BGF** 233 m² | **NUF** 160 m²

Doppelhaushälfte, teilunterkellert, Bauzeit vier Monate durch Elementbauweise. Massivholzbau.

Land: Bayern
Kreis: Landsberg am Lech
Standard: hoch
Bauzeit: 17 Wochen
Kennwerte: bis 3. Ebene DIN 276

BGF **1.811 €/m²**

Planung: Büro Architekten GrundRiss Gerhard Ringler; Landsberg am Lech

veröffentlicht: www.bki.de

6100-0212 Doppelhaushälfte

BRI 564 m³ | **BGF** 183 m² | **NUF** 124 m²

Doppelhaushälfte, nicht unterkellert, Wohnebene mit offener Küche; Schlafräume in Obergeschossen. Holzrahmenbau.

Land: Baden-Württemberg
Kreis: Enzkreis
Standard: hoch
Bauzeit: 26 Wochen
Kennwerte: bis 3. Ebene DIN 276

BGF **1.851 €/m²**

Planung: Kottkamp & Schneider Freie Architekten VFA; Stuttgart

veröffentlicht: www.bki.de

Arbeitsblatt zur Standardeinordnung bei Reihenhäusern

Kosten:
Stand 1. Quartal 2025
Bundesdurchschnitt
inkl. 19% MwSt.

Kostenkennwerte für die Kosten des Bauwerks (Kostengruppen 300+400 nach DIN 276)

BRI 525 €/m³
von 445 €/m³
bis 630 €/m³

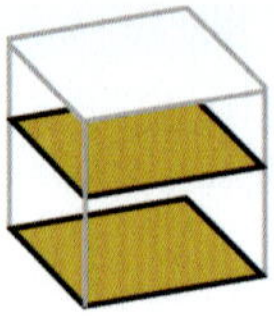

BGF 1.570 €/m²
von 1.330 €/m²
bis 1.940 €/m²

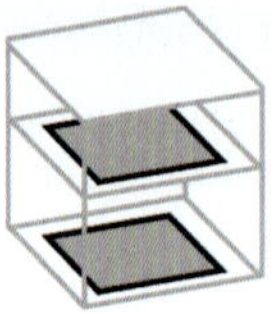

NUF 2.205 €/m²
von 1.755 €/m²
bis 2.830 €/m²

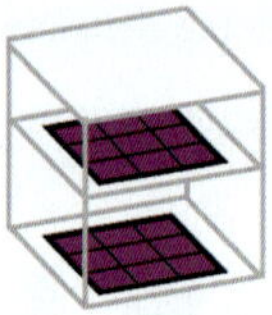

NE 2.480 €/NE
von 1.980 €/NE
bis 3.090 €/NE
NE: Wohnfläche

Standardzuordnung

Standardeinordnung für Ihr Projekt:

KG	Kostengruppen der 2. Ebene	niedrig	mittel	hoch	Punkte
310	Baugrube / Erdbau				
320	Gründung, Unterbau	1	2	3	
330	Außenwände/Vert. Baukonstrukt., außen	7	8	9	
340	Innenwände/Vert. Baukonstrukt., innen	3	3	4	
350	Decken/Horizontale Baukonstruktionen	5	5	6	
360	Dächer	2	3	4	
370	Infrastrukturanlagen				
380	Baukonstruktive Einbauten	0	0	0	
390	Sonst. Maßnahmen für Baukonstrukt.				
410	Abwasser-, Wasser-, Gasanlagen	2	2	2	
420	Wärmeversorgungsanlagen	2	2	3	
430	Raumlufttechnische Anlagen	0	1	1	
440	Elektrische Anlagen	1	1	1	
450	Kommunikationstechnische Anlagen	0	0	0	
460	Förderanlagen	0	0	0	
470	Nutzungsspez. u. verfahrenstechn. Anl.	0	0	0	
480	Gebäude- und Anlagenautomation	0	0	0	
490	Sonst. Maßnahmen für techn. Anlagen				
Punkte: 23 bis 25 = einfach	**26 bis 30 = mittel**	**31 bis 33 = hoch**		**Ihr Projekt (Summe):**	

Erläuterung:
Obenstehende Tabelle soll Ihnen die Zuordnung zu den Gebäudearten mit einfachem, mittlerem und hohem Standard erleichtern. Schätzen Sie für jedes Grobelement ab, ob die Aufwendungen niedrig, mittel oder hoch sein werden und übertragen Sie die Punkte in die rechte Spalte. Bilden Sie die Summe der rechten Spalte und ordnen Sie Ihr Projekt nach dem Schema der untersten Zeile ein. Nehmen Sie dieses Schema auch als Hinweis darauf, bei welchen Kostengruppen Sie den Mittelwert nach oben oder unten anpassen sollten.

- ● KKW
- ▶ min
- ▷ von
- | Mittelwert
- ◁ bis
- ◀ max

Kostenkennwerte für die Kostengruppen der 1. und 2. Ebene DIN 276

KG	Kostengruppen der 1. Ebene	Einheit	▷	€/Einheit	◁	▷	% an 300+400	◁
100	Grundstück	m² GF	–	**–**	–	–	**–**	–
200	Vorbereitende Maßnahmen	m² GF	13	**45**	84	0,9	**2,9**	5,1
300	Bauwerk – Baukonstruktionen	m² BGF	1.039	**1.266**	1.514	76,6	**80,6**	85,9
400	Bauwerk – Technische Anlagen	m² BGF	224	**307**	426	14,1	**19,4**	23,4
	Bauwerk 300+400	m² BGF	1.329	**1.572**	1.942	100,0	**100,0**	100,0
500	Außenanlagen und Freiflächen	m² AF	35	**94**	146	2,4	**5,2**	8,3
600	Ausstattung und Kunstwerke	m² BGF	2	**25**	141	0,1	**1,4**	7,9
700	Baunebenkosten*	m² BGF	362	**403**	445	23,1	**25,8**	28,4 ◁
800	Finanzierung	m² BGF	–	**–**	–	–	**–**	–

* Auf Grundlage der HOAI 2021 berechnete Werte nach §§ 35, 52, 56. Weitere Informationen siehe Seite 56

KG	Kostengruppen der 2. Ebene	Einheit	▷	€/Einheit	◁	▷	% an 1. Ebene	◁
310	Baugrube / Erdbau	m³ BGI	43	**70**	95	1,9	**2,9**	3,9
320	Gründung, Unterbau	m² GRF	169	**337**	516	4,3	**8,9**	13,5
330	Außenwände / vertikal außen	m² AWF	300	**408**	502	29,9	**34,9**	41,6
340	Innenwände / vertikal innen	m² IWF	166	**225**	289	10,3	**14,3**	20,0
350	Decken / horizontal	m² DEF	331	**434**	602	20,4	**23,0**	26,1
360	Dächer	m² DAF	259	**422**	633	11,0	**13,1**	16,4
370	Infrastrukturanlagen		–	**–**	–	–	**–**	–
380	Baukonstruktive Einbauten	m² BGF	–	**1**	–	0,0	**< 0,1**	0,1
390	Sonst. Maßnahmen für Baukonst.	m² BGF	20	**37**	53	1,9	**2,8**	3,7
300	**Bauwerk – Baukonstruktionen**	**m² BGF**					**100,0**	
410	Abwasser-, Wasser-, Gasanlagen	m² BGF	80	**109**	139	28,2	**34,1**	38,2
420	Wärmeversorgungsanlagen	m² BGF	92	**128**	206	30,9	**38,9**	45,5
430	Raumlufttechnische Anlagen	m² BGF	7	**39**	68	2,7	**9,2**	18,4
440	Elektrische Anlagen	m² BGF	34	**48**	58	11,8	**15,1**	18,7
450	Kommunikationstechnische Anlagen	m² BGF	7	**12**	20	0,5	**2,7**	5,0
460	Förderanlagen	m² BGF	–	**–**	–	–	**–**	–
470	Nutzungsspez. / verfahrenstech. Anl.	m² BGF	–	**–**	–	–	**–**	–
480	Gebäude- und Anlagenautomation	m² BGF	–	**–**	–	–	**–**	–
490	Sonst. Maßnahmen f. techn. Anl.	m² BGF	–	**1**	–	0,0	**< 0,1**	0,5
400	**Bauwerk – Technische Anlagen**	**m² BGF**					**100,0**	

Prozentanteile der Kosten 2. Ebene an den Kosten des Bauwerks nach DIN 276 (Von/Mittel/Bis)

KG	Kostengruppe	%
310	Baugrube / Erdbau	2,3
320	Gründung, Unterbau	7,0
330	Außenwände / vertikal außen	27,7
340	Innenwände / vertikal innen	11,5
350	Decken / horizontal	18,3
360	Dächer	10,4
370	Infrastrukturanlagen	
380	Baukonstruktive Einbauten	< 0,1
390	Sonst. Maßnahmen für Baukonst.	2,2
410	Abwasser-, Wasser-, Gasanlagen	6,9
420	Wärmeversorgungsanlagen	8,1
430	Raumlufttechnische Anlagen	2,0
440	Elektrische Anlagen	3,1
450	Kommunikationstechnische Anlagen	0,5
460	Förderanlagen	
470	Nutzungsspez. / verfahrenstech. Anl.	
480	Gebäude- und Anlagenautomation	
490	Sonst. Maßnahmen f. techn. Anl.	< 0,1

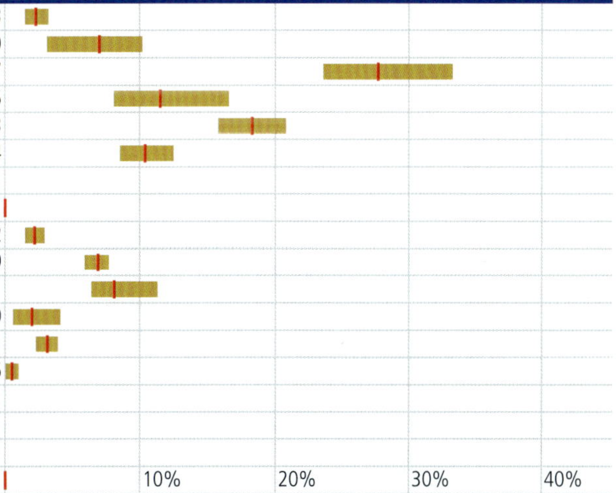

Prozentanteile der Kosten für Leistungsbereiche nach STLB (Kosten Bauwerk nach DIN 276)

Kosten:
Stand 1. Quartal 2025
Bundesdurchschnitt
inkl. 19% MwSt.

LB	Leistungsbereiche	▷	% an 300+400	◁
000	Baustellen-, Verkehrssich.- u. Sicherh.einr. inkl. 001	1,2	**1,9**	2,7
002	Erdarbeiten	1,4	**2,2**	3,3
006	Spezialtiefbauarbeiten inkl. 005	0,0	**0,4**	3,7
009	Entwässerungskanalarbeiten inkl. 011	0,3	**0,7**	1,0
010	Drän- und Versickerarbeiten	0,0	**< 0,1**	0,2
012	Mauerarbeiten	1,6	**4,7**	10,3
013	Betonarbeiten	8,0	**14,4**	36,4
014	Natur-, Betonwerksteinarbeiten	< 0,1	**0,7**	1,5
016	Zimmer- und Holzbauarbeiten	4,6	**14,8**	28,4
017	Stahlbauarbeiten	< 0,1	**0,3**	1,4
018	Abdichtungsarbeiten	0,1	**0,4**	0,8
020	Dachdeckungsarbeiten	0,5	**2,4**	4,8
021	Dachabdichtungsarbeiten	0,4	**1,2**	2,9
022	Klempnerarbeiten	0,9	**1,3**	2,6
	Rohbau	39,9	**45,4**	51,6
023	Putz- und Stuckarbeiten, Wärmedämmsysteme	1,0	**3,4**	5,8
024	Fliesen- und Plattenarbeiten	1,6	**2,3**	3,0
025	Estricharbeiten	2,0	**2,5**	3,0
026	Fenster, Außentüren inkl. 029, 032	5,7	**7,1**	9,2
027	Tischlerarbeiten	1,7	**3,8**	5,6
028	Parkettarbeiten, Holzpflasterarbeiten	0,7	**2,7**	5,2
030	Rollladenarbeiten	< 0,1	**0,8**	2,0
031	Metallbauarbeiten inkl. 035	0,5	**2,0**	5,1
034	Maler- und Lackiererarbeiten inkl. 037	1,7	**2,3**	3,5
036	Bodenbelagarbeiten	0,3	**1,3**	3,1
038	Vorgehängte hinterlüftete Fassaden	< 0,1	**1,0**	3,4
039	Trockenbauarbeiten	3,4	**5,5**	9,5
	Ausbau	30,2	**34,6**	38,3
040	Wärmeversorgungsanl. - Betriebseinr. inkl. 041	5,7	**7,3**	9,4
042	Gas- und Wasserinstallation, Leitungen inkl. 043	1,6	**2,4**	5,2
044	Abwasseranlagen - Leitungen, Abläufe, Armaturen	1,1	**1,4**	1,9
045	GWE - Einrichtungsgegenstände inkl. 046	1,5	**2,2**	3,2
047	Dämm- und Brandschutzarbeiten an techn. Anlagen	0,3	**0,7**	2,5
049	Feuerlöschanlagen, Feuerlöschgeräte	–	**–**	–
050	Blitzschutz- und Erdungsanlagen	< 0,1	**< 0,1**	0,1
052	Mittelspannungsanlagen	–	**–**	–
053	Niederspannungsanlagen inkl. 054	2,0	**2,8**	3,7
055	Sicherheits- und Ersatzstromversorgungsanlagen	< 0,1	**< 0,1**	0,5
057	Gebäudesystemtechnik	–	**–**	–
058	Leuchten und Lampen inkl. 059	< 0,1	**0,2**	0,4
060	Such-, Signal-, elektroakust. Anl., Med. inkl. 064	< 0,1	**< 0,1**	0,2
061	Kommunikations- und Übertragungsnetze inkl. 062	< 0,1	**0,3**	0,8
063	Gefahrenmeldeanlagen	0,0	**< 0,1**	0,5
069	Aufzüge	–	**–**	–
070	Gebäudeautomation	–	**–**	–
075	Raumlufttechnische Anlagen inkl. 078	0,8	**2,2**	3,9
	Gebäudetechnik	17,6	**19,8**	22,8
	Sonstige Leistungsbereiche inkl. 008, 033, 051	0,0	**0,2**	0,9

● KKW
▶ min
▷ von
| Mittelwert
◁ bis
◀ max

Planungskennwerte für Flächen und Rauminhalte nach DIN 277

Grundflächen		▷	Fläche/NUF (%)	◁	▷	Fläche/BGF (%)	◁
NUF	Nutzungsfläche	100,0	**100,0**	100,0	68,9	**72,4**	75,0
TF	Technikfläche	2,4	**3,1**	4,9	1,6	**2,2**	3,2
VF	Verkehrsfläche	9,9	**12,5**	14,8	7,0	**8,8**	10,2
NRF	Netto-Raumfläche	112,0	**115,1**	118,5	78,2	**83,0**	84,3
KGF	Konstruktions-Grundfläche	21,8	**24,1**	33,6	15,7	**17,0**	21,8
BGF	Brutto-Grundfläche	134,8	**139,3**	147,6	100,0	**100,0**	100,0

Brutto-Rauminhalte		▷	BRI/NUF (m)	◁	▷	BRI/BGF (m)	◁
BRI	Brutto-Rauminhalt	3,90	**4,18**	4,54	2,88	**2,99**	3,08

Flächen von Nutzeinheiten	▷	NUF/Einheit (m^2)	◁	▷	BGF/Einheit (m^2)	◁
Nutzeinheit: Wohnfläche	1,05	**1,13**	1,36	1,50	**1,57**	1,81

Lufttechnisch behandelte Flächen	▷	Fläche/NUF (%)	◁	▷	Fläche/BGF (%)	◁
Entlüftete Fläche	50,8	**50,8**	50,8	33,9	**33,9**	33,9
Be- und entlüftete Fläche	93,2	**93,2**	98,5	64,6	**64,6**	73,6
Teilklimatisierte Fläche	–	**–**	–	–	**–**	–
Klimatisierte Fläche	–	**–**	–	–	**–**	–

KG	Kostengruppen (2. Ebene)	Einheit	▷	Menge/NUF	◁	▷	Menge/BGF	◁
310	Baugrube / Erdbau	m^3 BGI	0,64	**0,87**	0,97	0,48	**0,63**	0,73
320	Gründung, Unterbau	m^2 GRF	0,38	**0,43**	0,52	0,29	**0,31**	0,36
330	Außenwände / vertikal außen	m^2 AWF	1,29	**1,52**	1,85	0,98	**1,10**	1,29
340	Innenwände / vertikal innen	m^2 IWF	1,00	**1,09**	1,40	0,75	**0,81**	1,08
350	Decken / horizontal	m^2 DEF	0,88	**0,92**	0,94	0,64	**0,67**	0,71
360	Dächer	m^2 DAF	0,52	**0,59**	0,81	0,39	**0,42**	0,56
370	Infrastrukturanlagen		–	**–**	–	–	**–**	–
380	Baukonstruktive Einbauten	m^2 BGF	1,35	**1,39**	1,48	1,00	**1,00**	1,00
390	Sonst. Maßnahmen für Baukonst.	m^2 BGF	1,35	**1,39**	1,48	1,00	**1,00**	1,00
300	**Bauwerk – Baukonstruktionen**	**m^2 BGF**	1,35	**1,39**	1,48	1,00	**1,00**	1,00

Planungskennwerte für Bauzeiten

Bauzeit in Wochen

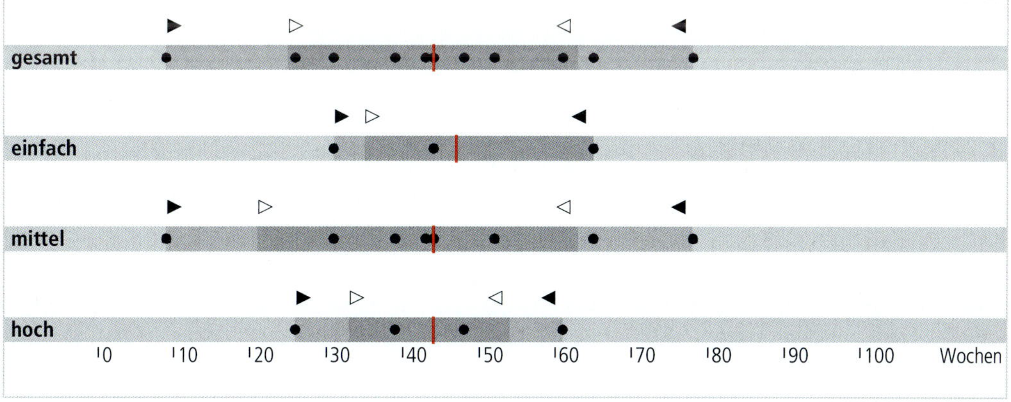

Reihenhäuser, einfacher Standard

Kostenkennwerte für die Kosten des Bauwerks (Kostengruppen 300+400 nach DIN 276)

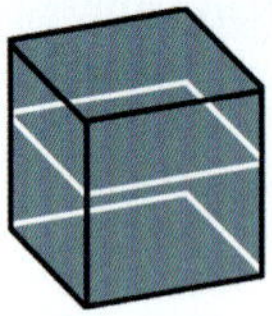

BRI 405 €/m³
von 360 €/m³
bis 430 €/m³

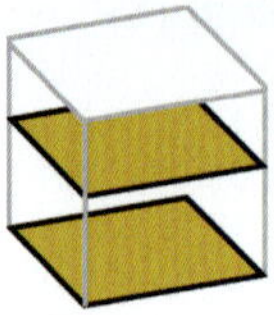

BGF 1.165 €/m²
von 1.145 €/m²
bis 1.215 €/m²

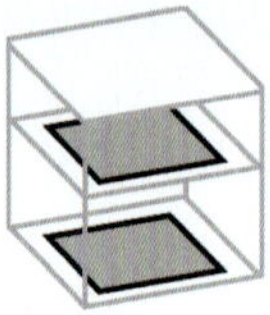

NUF 1.480 €/m²
von 1.410 €/m²
bis 1.515 €/m²

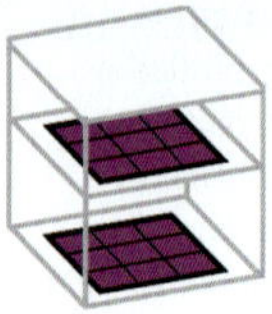

NE 1.785 €/NE
von 1.565 €/NE
bis 2.005 €/NE
NE: Wohnfläche

Objektbeispiele

Kosten:
Stand 1. Quartal 2025
Bundesdurchschnitt
inkl. 19% MwSt.

6100-0254

6100-0929

6100-0437

Kosten der 3 Vergleichsobjekte Seite 600

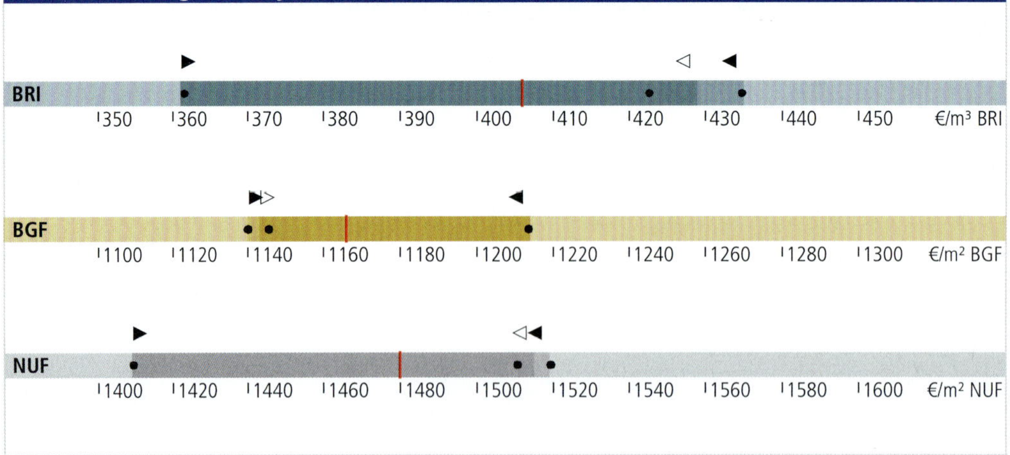

- ● KKW
- ▶ min
- ▷ von
- | Mittelwert
- ◁ bis
- ◀ max

Kostenkennwerte für die Kostengruppen der 1. und 2.Ebene DIN 276

KG	Kostengruppen der 1.Ebene	Einheit	▷	€/Einheit	◁	▷	% an 300+400	◁
100	Grundstück	m^2 GF	–	**–**	–	–	**–**	–
200	Vorbereitende Maßnahmen	m^2 GF	–	**5**	–	0,3	**0,3**	0,3
300	Bauwerk – Baukonstruktionen	m^2 BGF	915	**942**	996	77,0	**80,9**	87,0
400	Bauwerk – Technische Anlagen	m^2 BGF	149	**224**	276	13,0	**19,1**	23,0
	Bauwerk 300+400	m^2 BGF	1.143	**1.166**	1.214	100,0	**100,0**	100,0
500	Außenanlagen und Freiflächen	m^2 AF	57	**89**	150	1,3	**5,7**	8,4
600	Ausstattung und Kunstwerke	m^2 BGF	< 1	**3**	5	< 0,1	**0,2**	0,4
700	Baunebenkosten*	m^2 BGF	301	**336**	370	25,8	**28,8**	31,8
800	Finanzierung	m^2 BGF	–	**–**	–	–	**–**	–

◁ * Auf Grundlage der HOAI 2021 berechnete Werte nach §§ 35, 52, 56. Weitere Informationen siehe Seite 56

KG	Kostengruppen der 2.Ebene	Einheit	▷	€/Einheit	◁	▷	% an 1.Ebene	◁
310	Baugrube / Erdbau	m^3 BGI	43	**66**	108	1,4	**2,3**	3,8
320	Gründung, Unterbau	m^2 GRF	136	**258**	340	3,2	**8,9**	12,4
330	Außenwände / vertikal außen	m^2 AWF	251	**351**	416	30,2	**31,5**	34,0
340	Innenwände / vertikal innen	m^2 IWF	163	**194**	238	17,7	**19,5**	22,9
350	Decken / horizontal	m^2 DEF	275	**319**	343	22,9	**24,5**	25,4
360	Dächer	m^2 DAF	170	**283**	347	9,3	**11,5**	12,6
370	Infrastrukturanlagen		–	**–**	–	–	**–**	–
380	Baukonstruktive Einbauten	m^2 BGF	–	**1**	–	0,0	**< 0,1**	0,1
390	Sonst. Maßnahmen für Baukonst.	m^2 BGF	10	**17**	20	1,1	**1,8**	2,2
300	**Bauwerk – Baukonstruktionen**	**m^2 BGF**					**100,0**	
410	Abwasser-, Wasser-, Gasanlagen	m^2 BGF	60	**78**	88	30,9	**35,7**	39,0
420	Wärmeversorgungsanlagen	m^2 BGF	72	**94**	131	39,2	**41,8**	43,4
430	Raumlufttechnische Anlagen	m^2 BGF	3	**7**	14	1,0	**2,9**	4,1
440	Elektrische Anlagen	m^2 BGF	22	**40**	49	15,3	**17,5**	21,3
450	Kommunikationstechnische Anlagen	m^2 BGF	3	**7**	11	0,0	**1,9**	3,1
460	Förderanlagen	m^2 BGF	–	**–**	–	–	**–**	–
470	Nutzungsspez. / verfahrenstech. Anl.	m^2 BGF	–	**–**	–	–	**–**	–
480	Gebäude- und Anlagenautomation	m^2 BGF	–	**–**	–	–	**–**	–
490	Sonst. Maßnahmen f. techn. Anl.	m^2 BGF	–	**1**	–	0,0	**0,2**	0,5
400	**Bauwerk – Technische Anlagen**	**m^2 BGF**					**100,0**	

Prozentanteile der Kosten 2.Ebene an den Kosten des Bauwerks nach DIN 276 (Von/Mittel/Bis)

KG	Kostengruppe	%
310	Baugrube / Erdbau	1,9
320	Gründung, Unterbau	7,0
330	Außenwände / vertikal außen	25,5
340	Innenwände / vertikal innen	15,9
350	Decken / horizontal	19,9
360	Dächer	9,3
370	Infrastrukturanlagen	
380	Baukonstruktive Einbauten	< 0,1
390	Sonst. Maßnahmen für Baukonst.	1,4
410	Abwasser-, Wasser-, Gasanlagen	6,7
420	Wärmeversorgungsanlagen	8,0
430	Raumlufttechnische Anlagen	0,6
440	Elektrische Anlagen	3,4
450	Kommunikationstechnische Anlagen	0,4
460	Förderanlagen	
470	Nutzungsspez. / verfahrenstech. Anl.	
480	Gebäude- und Anlagenautomation	
490	Sonst. Maßnahmen f. techn. Anl.	< 0,1

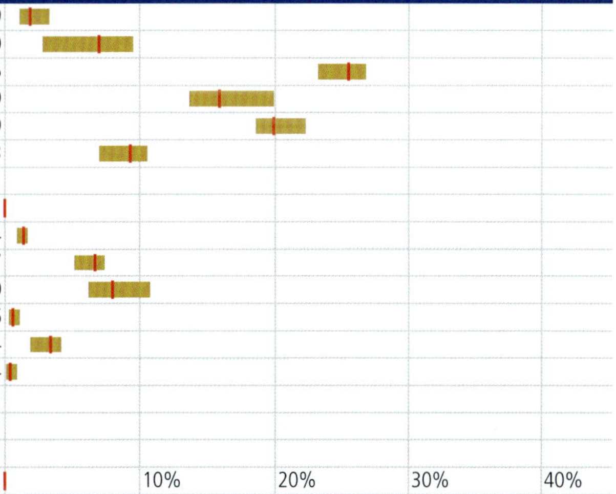

 Kostenstand: 1. Quartal 2025, Bundesdurchschnitt, **inkl. 19% MwSt.**

Prozentanteile der Kosten für Leistungsbereiche nach STLB (Kosten Bauwerk nach DIN 276)

LB	Leistungsbereiche	▷	% an 300+400	◁
000	Baustellen-, Verkehrssich.- u. Sicherh.einr. inkl. 001	1,0	**1,2**	1,3
002	Erdarbeiten	2,4	**2,7**	2,9
006	Spezialtiefbauarbeiten inkl. 005	–	**–**	–
009	Entwässerungskanalarbeiten inkl. 011	0,0	**0,5**	1,0
010	Drän- und Versickerarbeiten	0,0	**0,1**	0,3
012	Mauerarbeiten	0,0	**0,7**	1,3
013	Betonarbeiten	5,0	**24,3**	43,7
014	Natur-, Betonwerksteinarbeiten	0,7	**1,0**	1,3
016	Zimmer- und Holzbauarbeiten	0,5	**9,0**	17,4
017	Stahlbauarbeiten	–	**–**	–
018	Abdichtungsarbeiten	0,0	**0,3**	0,5
020	Dachdeckungsarbeiten	0,0	**2,0**	4,0
021	Dachabdichtungsarbeiten	0,0	**2,0**	4,1
022	Klempnerarbeiten	0,5	**0,9**	1,2
	Rohbau	35,6	**44,6**	53,6
023	Putz- und Stuckarbeiten, Wärmedämmsysteme	2,7	**3,0**	3,4
024	Fliesen- und Plattenarbeiten	2,2	**2,4**	2,7
025	Estricharbeiten	2,6	**2,8**	3,1
026	Fenster, Außentüren inkl. 029, 032	6,8	**6,8**	6,9
027	Tischlerarbeiten	2,3	**4,2**	6,1
028	Parkettarbeiten, Holzpflasterarbeiten	–	**–**	–
030	Rollladenarbeiten	0,0	**1,5**	3,0
031	Metallbauarbeiten inkl. 035	< 0,1	**0,4**	0,7
034	Maler- und Lackiererarbeiten inkl. 037	1,3	**2,6**	3,9
036	Bodenbelagarbeiten	2,3	**3,1**	4,0
038	Vorgehängte hinterlüftete Fassaden	–	**–**	–
039	Trockenbauarbeiten	3,0	**7,4**	11,8
	Ausbau	27,5	**34,3**	41,1
040	Wärmeversorgungsanl. - Betriebseinr. inkl. 041	6,3	**8,5**	10,6
042	Gas- und Wasserinstallation, Leitungen inkl. 043	1,3	**3,7**	6,2
044	Abwasseranlagen - Leitungen, Abläufe, Armaturen	1,1	**1,6**	2,2
045	GWE - Einrichtungsgegenstände inkl. 046	1,0	**1,7**	2,3
047	Dämm- und Brandschutzarbeiten an techn. Anlagen	0,2	**0,4**	0,6
049	Feuerlöschanlagen, Feuerlöschgeräte	–	**–**	–
050	Blitzschutz- und Erdungsanlagen	0,0	**< 0,1**	0,1
052	Mittelspannungsanlagen	–	**–**	–
053	Niederspannungsanlagen inkl. 054	3,3	**3,7**	4,0
055	Sicherheits- und Ersatzstromversorgungsanlagen	–	**–**	–
057	Gebäudesystemtechnik	–	**–**	–
058	Leuchten und Lampen inkl. 059	0,0	**< 0,1**	< 0,1
060	Such-, Signal-, elektroakust. Anl., Med. inkl. 064	0,0	**< 0,1**	0,1
061	Kommunikations- und Übertragungsnetze inkl. 062	0,0	**< 0,1**	0,1
063	Gefahrenmeldeanlagen	0,0	**0,3**	0,6
069	Aufzüge	–	**–**	–
070	Gebäudeautomation	–	**–**	–
075	Raumlufttechnische Anlagen inkl. 078	0,6	**0,9**	1,1
	Gebäudetechnik	18,9	**20,9**	23,0
	Sonstige Leistungsbereiche inkl. 008, 033, 051	0,0	**0,2**	0,3

Kosten:
Stand 1. Quartal 2025
Bundesdurchschnitt
inkl. 19% MwSt.

- ● KKW
- ▶ min
- ▷ von
- | Mittelwert
- ◁ bis
- ◀ max

Planungskennwerte für Flächen und Rauminhalte nach DIN 277

Grundflächen		▷	Fläche/NUF (%)	◁	▷	Fläche/BGF (%)	◁
NUF	Nutzungsfläche	100,0	**100,0**	100,0	78,9	**78,9**	79,6
TF	Technikfläche	1,0	**1,0**	1,1	0,8	**0,8**	0,9
VF	Verkehrsfläche	8,8	**9,0**	9,0	6,8	**7,0**	7,0
NRF	Netto-Raumfläche	109,5	**110,0**	110,0	86,7	**86,7**	86,8
KGF	Konstruktions-Grundfläche	16,9	**16,9**	17,0	13,2	**13,3**	13,3
BGF	Brutto-Grundfläche	125,8	**126,9**	126,9	100,0	**100,0**	100,0

Brutto-Rauminhalte		▷	BRI/NUF (m)	◁	▷	BRI/BGF (m)	◁
BRI	Brutto-Rauminhalt	3,50	**3,67**	3,67	2,77	**2,89**	2,89

Flächen von Nutzeinheiten	▷	NUF/Einheit (m²)	◁	▷	BGF/Einheit (m²)	◁
Nutzeinheit: Wohnfläche	1,23	**1,23**	1,23	1,56	**1,56**	1,56

Lufttechnisch behandelte Flächen	▷	Fläche/NUF (%)	◁	▷	Fläche/BGF (%)	◁
Entlüftete Fläche	0,9	**0,9**	0,9	0,7	**0,7**	0,7
Be- und entlüftete Fläche	–	**–**	–	–	**–**	–
Teilklimatisierte Fläche	–	**–**	–	–	**–**	–
Klimatisierte Fläche	–	**–**	–	–	**–**	–

KG	Kostengruppen (2. Ebene)	Einheit	▷	Menge/NUF	◁	▷	Menge/BGF	◁
310	Baugrube / Erdbau	m³ BGI	0,46	**0,63**	0,63	0,38	**0,50**	0,50
320	Gründung, Unterbau	m² GRF	0,38	**0,38**	0,39	0,30	**0,30**	0,30
330	Außenwände / vertikal außen	m² AWF	1,04	**1,15**	1,15	0,80	**0,90**	0,90
340	Innenwände / vertikal innen	m² IWF	1,14	**1,28**	1,28	0,92	**1,01**	1,01
350	Decken / horizontal	m² DEF	0,93	**0,93**	0,96	0,73	**0,73**	0,73
360	Dächer	m² DAF	0,48	**0,51**	0,51	0,39	**0,40**	0,40
370	Infrastrukturanlagen		–	**–**	–	–	**–**	–
380	Baukonstruktive Einbauten	m² BGF	1,26	**1,27**	1,27	1,00	**1,00**	1,00
390	Sonst. Maßnahmen für Baukonst.	m² BGF	1,26	**1,27**	1,27	1,00	**1,00**	1,00
300	**Bauwerk – Baukonstruktionen**	**m² BGF**	1,26	**1,27**	1,27	1,00	**1,00**	1,00

Planungskennwerte für Bauzeiten — 3 Vergleichsobjekte

Bauzeit in Wochen

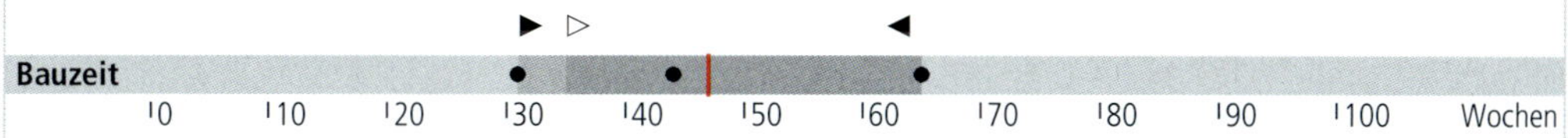

Reihenhäuser, einfacher Standard

€/m² BGF

min	1.140	€/m²
von	1.145	€/m²
Mittel	**1.165**	**€/m²**
bis	1.215	€/m²
max	1.215	€/m²

Kosten:
Stand 1. Quartal 2025
Bundesdurchschnitt
inkl. 19% MwSt.

Objektübersicht zur Gebäudeart

Reihenhäuser mit fünf Ferienwohnungen. Holzrahmenbau, Holzskelettbau.

Land: Sachsen-Anhalt
Kreis: Harz
Standard: einfach
Bauzeit: 65 Wochen
Kennwerte: bis 3. Ebene DIN 276

BGF **1.214 €/m²**

Planung: qbatur Planungsbüro GmbH; Quedlinburg

veröffentlicht: BKI Objektdaten N11

6100-0437 Reihenmittelhaus

BRI 633 m³ **BGF** 201 m² **NUF** 152 m²

Reihenmittelhaus im Rahmen von 15 kostengünstigen Reihenhäusern ohne Bauträger in einer Bauherrengemeinschaft mit Einzelvergaben und Pauschalierungen. Stahlbetonbau.

Land: Baden-Württemberg
Kreis: Rems-Murr-Kreis
Standard: einfach
Bauzeit: 44 Wochen
Kennwerte: bis 3. Ebene DIN 276

BGF **1.140 €/m²**

Planung: Rolf Neddermann Dr.-Ing. Freier Architekt; Remshalden-Grunbach

veröffentlicht: www.bki.de

6100-0254 Reihenhäuser (3 WE) - Niedrigenergie

BRI 1.552 m³ **BGF** 589 m² **NUF** 479 m²

Drei Reihenhäuser im Niedrigenergiehaus-Standard, Abstellräume im UG, Wohnräume, Küchen im EG, Schlafräume, Bäder im OG, Gasthermen im DG. Mauerwerksbau.

Land: Bayern
Kreis: Starnberg
Standard: einfach
Bauzeit: 31 Wochen
Kennwerte: bis 2. Ebene DIN 276

BGF **1.145 €/m²**

Planung: Burkhard Reineking Dipl.-Ing. Architekt; Gauting

veröffentlicht: www.bki.de

Reihenhäuser, mittlerer Standard

Kostenkennwerte für die Kosten des Bauwerks (Kostengruppen 300+400 nach DIN 276)

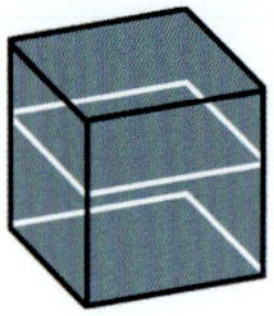

BRI 500 €/m³
von 460 €/m³
bis 545 €/m³

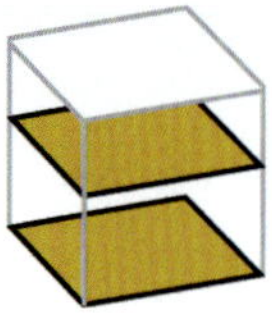

BGF 1.490 €/m²
von 1.355 €/m²
bis 1.650 €/m²

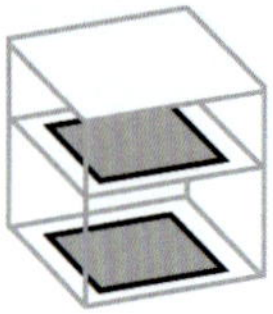

NUF 2.105 €/m²
von 1.830 €/m²
bis 2.515 €/m²

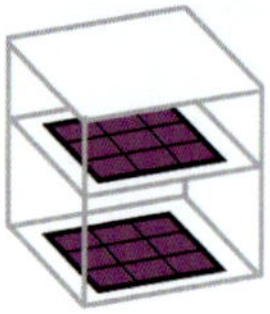

NE 2.435 €/NE
von 2.015 €/NE
bis 3.255 €/NE
NE: Wohnfläche

Kosten:
Stand 1. Quartal 2025
Bundesdurchschnitt
inkl. 19% MwSt.

Objektbeispiele

6100-1476

6100-1079

6100-1348

6100-1176

6100-0691

6100-0563

Kosten der 12 Vergleichsobjekte

Seiten 606 bis 608

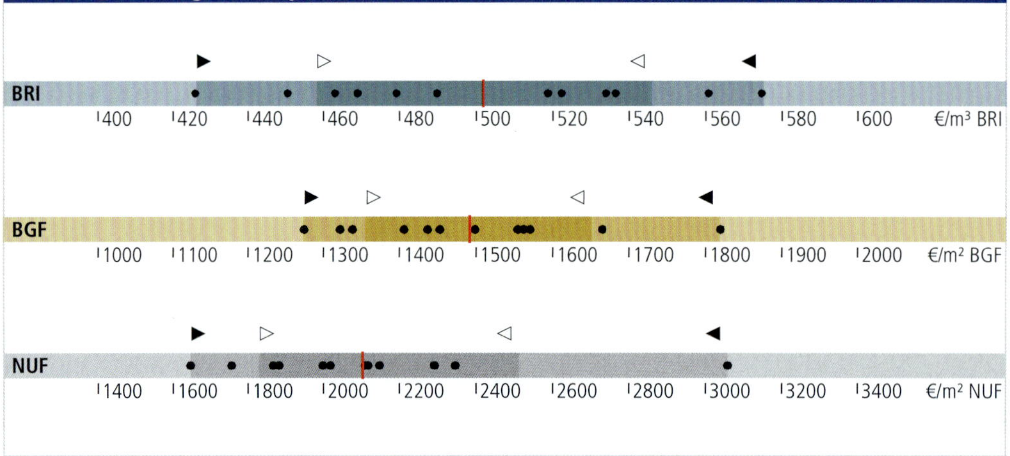

- ● KKW
- ▶ min
- ▷ von
- | Mittelwert
- ◁ bis
- ◀ max

Kostenkennwerte für die Kostengruppen der 1. und 2. Ebene DIN 276

KG	Kostengruppen der 1. Ebene	Einheit	▷	€/Einheit	◁	▷	% an 300+400	◁
100	Grundstück	m² GF	–	**–**	–	–	**–**	–
200	Vorbereitende Maßnahmen	m² GF	19	**51**	91	0,7	**3,5**	5,4
300	Bauwerk – Baukonstruktionen	m² BGF	1.087	**1.195**	1.323	75,8	**80,3**	85,2
400	Bauwerk – Technische Anlagen	m² BGF	224	**296**	393	14,8	**19,7**	24,2
	Bauwerk 300+400	m² BGF	1.355	**1.492**	1.651	100,0	**100,0**	100,0
500	Außenanlagen und Freiflächen	m² AF	29	**91**	161	2,0	**5,2**	8,2
600	Ausstattung und Kunstwerke	m² BGF	–	**< 1**	–	< 0,1	**< 0,1**	< 0,1
700	Baunebenkosten*	m² BGF	335	**373**	412	22,5	**25,1**	27,7 ◁
800	Finanzierung	m² BGF	–	**–**	–	–	**–**	–

* Auf Grundlage der HOAI 2021 berechnete Werte nach §§ 35, 52, 56. Weitere Informationen siehe Seite 56

KG	Kostengruppen der 2. Ebene	Einheit	▷	€/Einheit	◁	▷	% an 1. Ebene	◁
310	Baugrube / Erdbau	m³ BGI	71	**83**	104	2,0	**3,0**	3,5
320	Gründung, Unterbau	m² GRF	192	**299**	353	4,8	**9,9**	12,6
330	Außenwände / vertikal außen	m² AWF	277	**369**	416	35,7	**39,7**	42,3
340	Innenwände / vertikal innen	m² IWF	134	**175**	201	8,4	**10,8**	12,4
350	Decken / horizontal	m² DEF	339	**353**	380	18,4	**20,0**	22,4
360	Dächer	m² DAF	198	**337**	424	12,5	**13,5**	14,0
370	Infrastrukturanlagen		–	**–**	–	–	**–**	–
380	Baukonstruktive Einbauten	m² BGF	–	**–**	–	–	**–**	–
390	Sonst. Maßnahmen für Baukonst.	m² BGF	23	**35**	43	2,4	**3,2**	4,3
300	**Bauwerk – Baukonstruktionen**	**m² BGF**					**100,0**	
410	Abwasser-, Wasser-, Gasanlagen	m² BGF	87	**98**	117	25,9	**33,5**	38,7
420	Wärmeversorgungsanlagen	m² BGF	103	**118**	149	36,9	**39,7**	41,1
430	Raumlufttechnische Anlagen	m² BGF	7	**39**	71	1,2	**7,4**	19,7
440	Elektrische Anlagen	m² BGF	39	**47**	53	14,0	**16,1**	19,2
450	Kommunikationstechnische Anlagen	m² BGF	9	**12**	16	0,9	**3,2**	6,5
460	Förderanlagen	m² BGF	–	**–**	–	–	**–**	–
470	Nutzungsspez. / verfahrenstech. Anl.	m² BGF	–	**–**	–	–	**–**	–
480	Gebäude- und Anlagenautomation	m² BGF	–	**–**	–	–	**–**	–
490	Sonst. Maßnahmen f. techn. Anl.	m² BGF	–	**–**	–	–	**–**	–
400	**Bauwerk – Technische Anlagen**	**m² BGF**					**100,0**	

Prozentanteile der Kosten 2. Ebene an den Kosten des Bauwerks nach DIN 276 (Von/Mittel/Bis)

KG	Kostengruppe	%
310	Baugrube / Erdbau	2,4
320	Gründung, Unterbau	7,7
330	Außenwände / vertikal außen	31,3
340	Innenwände / vertikal innen	8,6
350	Decken / horizontal	15,8
360	Dächer	10,6
370	Infrastrukturanlagen	
380	Baukonstruktive Einbauten	
390	Sonst. Maßnahmen für Baukonst.	2,5
410	Abwasser-, Wasser-, Gasanlagen	7,0
420	Wärmeversorgungsanlagen	8,4
430	Raumlufttechnische Anlagen	1,8
440	Elektrische Anlagen	3,4
450	Kommunikationstechnische Anlagen	0,6
460	Förderanlagen	
470	Nutzungsspez. / verfahrenstech. Anl.	
480	Gebäude- und Anlagenautomation	
490	Sonst. Maßnahmen f. techn. Anl.	

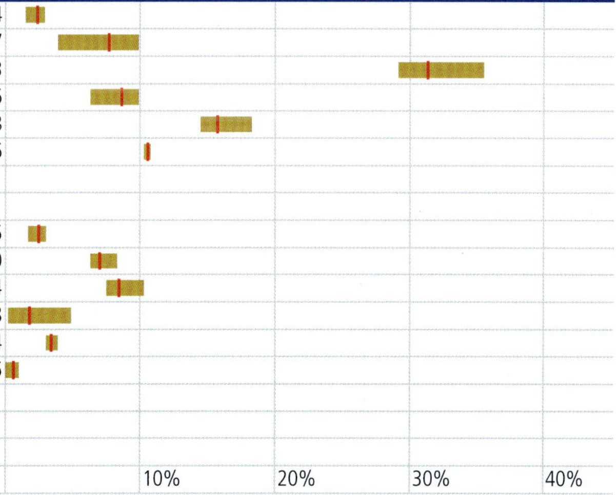

 Erläuterungen zu den Tabellen siehe Seite 54 und 56 Kostenstand: 1. Quartal 2025, Bundesdurchschnitt, **inkl. 19% MwSt.**

Kosten:
Stand 1. Quartal 2025
Bundesdurchschnitt
inkl. 19% MwSt.

Prozentanteile der Kosten für Leistungsbereiche nach STLB (Kosten Bauwerk nach DIN 276)

LB	Leistungsbereiche	7,5% 15% 22,5% 30%	▷	% an 300+400	◁
000	Baustellen-, Verkehrssich.- u. Sicherh.einr. inkl. 001		1,7	**2,5**	3,2
002	Erdarbeiten		1,3	**1,4**	1,5
006	Spezialtiefbauarbeiten inkl. 005		–	**–**	–
009	Entwässerungskanalarbeiten inkl. 011		0,8	**0,8**	0,9
010	Drän- und Versickerarbeiten		–	**–**	–
012	Mauerarbeiten		3,1	**6,7**	10,3
013	Betonarbeiten		12,3	**18,5**	24,7
014	Natur-, Betonwerksteinarbeiten		0,0	**0,1**	0,3
016	Zimmer- und Holzbauarbeiten		10,2	**11,1**	12,0
017	Stahlbauarbeiten		–	**–**	–
018	Abdichtungsarbeiten		0,1	**0,2**	0,3
020	Dachdeckungsarbeiten		1,6	**2,0**	2,3
021	Dachabdichtungsarbeiten		1,0	**1,3**	1,5
022	Klempnerarbeiten		0,9	**1,0**	1,1
	Rohbau		42,7	**45,6**	48,5
023	Putz und Stuckarbeiten, Wärmedämmsysteme		0,4	**3,1**	5,7
024	Fliesen- und Plattenarbeiten		1,6	**1,8**	1,9
025	Estricharbeiten		2,1	**2,5**	2,9
026	Fenster, Außentüren inkl. 029, 032		6,5	**7,7**	8,8
027	Tischlerarbeiten		2,8	**3,6**	4,5
028	Parkettarbeiten, Holzpflasterarbeiten		0,5	**1,4**	2,4
030	Rollladenarbeiten		0,0	**0,6**	1,3
031	Metallbauarbeiten inkl. 035		< 0,1	**2,8**	5,6
034	Maler- und Lackiererarbeiten inkl. 037		1,8	**2,1**	2,4
036	Bodenbelagarbeiten		1,2	**1,9**	2,6
038	Vorgehängte hinterlüftete Fassaden		0,0	**2,0**	4,1
039	Trockenbauarbeiten		3,5	**4,9**	6,3
	Ausbau		33,9	**34,4**	35,0
040	Wärmeversorgungsanl. - Betriebseinr. inkl. 041		6,9	**8,2**	9,4
042	Gas- und Wasserinstallation, Leitungen inkl. 043		1,7	**1,9**	2,1
044	Abwasseranlagen - Leitungen, Abläufe, Armaturen		1,2	**1,3**	1,5
045	GWE - Einrichtungsgegenstände inkl. 046		1,8	**1,9**	2,0
047	Dämm- und Brandschutzarbeiten an techn. Anlagen		0,4	**0,5**	0,6
049	Feuerlöschanlagen, Feuerlöschgeräte		–	**–**	–
050	Blitzschutz- und Erdungsanlagen		0,0	**< 0,1**	0,2
052	Mittelspannungsanlagen		–	**–**	–
053	Niederspannungsanlagen inkl. 054		2,7	**3,0**	3,3
055	Sicherheits- und Ersatzstromversorgungsanlagen		–	**–**	–
057	Gebäudesystemtechnik		–	**–**	–
058	Leuchten und Lampen inkl. 059		0,0	**< 0,1**	< 0,1
060	Such-, Signal-, elektroakust. Anl., Med. inkl. 064		0,0	**< 0,1**	< 0,1
061	Kommunikations- und Übertragungsnetze inkl. 062		0,0	**0,4**	0,8
063	Gefahrenmeldeanlagen		–	**–**	–
069	Aufzüge		–	**–**	–
070	Gebäudeautomation		–	**–**	–
075	Raumlufttechnische Anlagen inkl. 078		0,5	**2,7**	4,9
	Gebäudetechnik		16,5	**20,0**	23,4
	Sonstige Leistungsbereiche inkl. 008, 033, 051		–	**–**	–

● KKW
▶ min
▷ von
| Mittelwert
◁ bis
◀ max

Planungskennwerte für Flächen und Rauminhalte nach DIN 277

Grundflächen		▷	Fläche/NUF (%)	◁	▷	Fläche/BGF (%)	◁
NUF	Nutzungsfläche	100,0	**100,0**	100,0	68,5	**71,8**	74,7
TF	Technikfläche	2,4	**3,4**	5,5	1,6	**2,3**	3,7
VF	Verkehrsfläche	9,1	**12,0**	13,9	6,3	**8,4**	9,8
NRF	Netto-Raumfläche	111,5	**114,5**	117,9	76,1	**81,9**	83,0
KGF	Konstruktions-Grundfläche	23,6	**25,9**	36,8	17,0	**18,1**	23,9
BGF	Brutto-Grundfläche	135,6	**140,5**	148,5	100,0	**100,0**	100,0

Brutto-Rauminhalte		▷	BRI/NUF (m)	◁	▷	BRI/BGF (m)	◁
BRI	Brutto-Rauminhalt	3,97	**4,19**	4,52	2,87	**2,97**	3,04

Flächen von Nutzeinheiten	▷	NUF/Einheit (m²)	◁	▷	BGF/Einheit (m²)	◁
Nutzeinheit: Wohnfläche	1,09	**1,17**	1,42	1,52	**1,63**	1,89

Lufttechnisch behandelte Flächen	▷	Fläche/NUF (%)	◁	▷	Fläche/BGF (%)	◁
Entlüftete Fläche	100,6	**100,6**	100,6	67,1	**67,1**	67,1
Be- und entlüftete Fläche	100,6	**100,6**	100,6	67,1	**67,1**	67,1
Teilklimatisierte Fläche	–	**–**	–	–	**–**	–
Klimatisierte Fläche	–	**–**	–	–	**–**	–

KG	Kostengruppen (2. Ebene)	Einheit	▷	Menge/NUF	◁	▷	Menge/BGF	◁
310	Baugrube / Erdbau	m³ BGI	0,53	**0,58**	0,58	0,36	**0,41**	0,41
320	Gründung, Unterbau	m² GRF	0,44	**0,51**	0,51	0,32	**0,35**	0,35
330	Außenwände / vertikal außen	m² AWF	1,69	**1,74**	1,74	1,12	**1,23**	1,23
340	Innenwände / vertikal innen	m² IWF	0,97	**0,97**	0,99	0,68	**0,68**	0,69
350	Decken / horizontal	m² DEF	0,86	**0,89**	0,89	0,62	**0,63**	0,63
360	Dächer	m² DAF	0,61	**0,73**	0,73	0,43	**0,50**	0,50
370	Infrastrukturanlagen		–	**–**	–	–	**–**	–
380	Baukonstruktive Einbauten	m² BGF	1,36	**1,40**	1,48	1,00	**1,00**	1,00
390	Sonst. Maßnahmen für Baukonst.	m² BGF	1,36	**1,40**	1,48	1,00	**1,00**	1,00
300	**Bauwerk – Baukonstruktionen**	**m² BGF**	1,36	**1,40**	1,48	1,00	**1,00**	1,00

Planungskennwerte für Bauzeiten — 11 Vergleichsobjekte

Bauzeit in Wochen

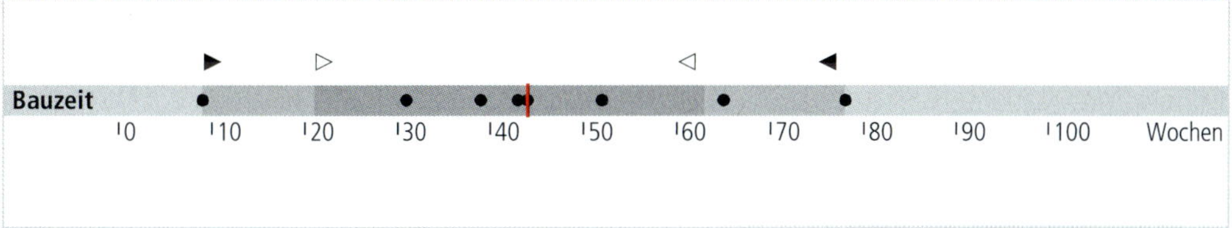

€/m² BGF

min	1.275	€/m²
von	1.355	€/m²
Mittel	**1.490**	**€/m²**
bis	1.650	€/m²
max	1.820	€/m²

Kosten:
Stand 1. Quartal 2025
Bundesdurchschnitt
inkl. 19% MwSt.

Objektübersicht zur Gebäudeart

6100-1476 Reihenhäuser (4 WE)

BRI 2.327 m³ **BGF** 760 m² **NUF** 531 m²

© Christian Eblenkamp

Reihenhäuser (4WE). Mauerwerk.

Land: Nordrhein-Westfalen
Kreis: Paderborn
Standard: mittel
Bauzeit: 65 Wochen
Kennwerte: bis 1. Ebene DIN 276

BGF 1.499 €/m²

Planung: Hüllmann - Architekten & Ingenieure; Delbrück

veröffentlicht: BKI Objektdaten E9

6100-1255 Reihenhäuser (4 WE)

BRI 2.839 m³ **BGF** 1.007 m² **NUF** 666 m²

© Füllemann Architekten

Vier Reihenhäuser (633m² WFL). Mauerwerksbau.

Land: Bayern
Kreis: Starnberg
Standard: mittel
Bauzeit: 43 Wochen
Kennwerte: bis 1. Ebene DIN 276

BGF 1.322 €/m²

Planung: Füllemann Architekten GmbH; Gilching

veröffentlicht: BKI Objektdaten N15

6100-1348 3 Reihenhäuser - Effizienzhaus 55

BRI 2.349 m³ **BGF** 877 m² **NUF** 676 m²

© Architekturbüro Jakob Krimmel

Reihenhäuser (3 WE) mit Doppelgaragen (6 STP). Massivbau.

Land: Baden-Württemberg
Kreis: Bodenseekreis
Standard: mittel
Bauzeit: 52 Wochen
Kennwerte: bis 1. Ebene DIN 276

BGF 1.437 €/m²

Planung: Architekturbüro Jakob Krimmel; Bermatingen

veröffentlicht: BKI Objektdaten E8

6100-1176 Reihenhäuser (4 WE)

BRI 3.431 m³ **BGF** 1.133 m² **NUF** 758 m²

© reichardt architekten

Reihenhäuser mit vier Wohneinheiten. Mauerwerk.

Land: Hamburg
Kreis: Hamburg, Stadt
Standard: mittel
Bauzeit: 65 Wochen
Kennwerte: bis 1. Ebene DIN 276

BGF 1.571 €/m²

Planung: reichardt architekten; Hamburg

veröffentlicht: BKI Objektdaten N13

Objektübersicht zur Gebäudeart

6100-1079 Reihenhäuser (4 WE) - Effizienzhaus 85

BRI 2.466 m³ **BGF** 830 m² **NUF** 603 m²

Reihenhäuser (4 WE) mit 642 m² WFL. Mauerwerksbau.

Land: Sachsen
Kreis: Leipzig, Stadt
Standard: mittel
Bauzeit: 44 Wochen
Kennwerte: bis 1. Ebene DIN 276

BGF 1.665 €/m²

Planung: Augustin + Imkamp freie Architekten GbR; Leipzig

veröffentlicht: BKI Objektdaten E6

6100-0769 4 Reihenhäuser - KfW 40

BRI 3.137 m³ **BGF** 991 m² **NUF** 590 m²

Reihenhäuser (4-Spänner). Holzrahmenbau.

Land: Bayern
Kreis: München, Stadt
Standard: mittel
Bauzeit: 78 Wochen
Kennwerte: bis 1. Ebene DIN 276

BGF 1.819 €/m²

Planung: Kauer & Brodmeier GbR Planungsgemeinschaft; München

veröffentlicht: www.bki.de

6100-0691 Reihenmittelhaus

BRI 545 m³ **BGF** 182 m² **NUF** 141 m²

Reihenmittelhaus mit einer Wohneinheit, Technikzentrale für drei Wohneinheiten im Nachbarhaus. Stb-Fertigteilwände; Stb-Decken; Stb-Massivdach.

Land: Baden-Württemberg
Kreis: Karlsruhe
Standard: mittel
Bauzeit: 9 Wochen
Kennwerte: bis 1. Ebene DIN 276

BGF 1.273 €/m²

Planung: Architektur & Projektentwicklung GmbH; Dielheim

veröffentlicht: www.bki.de

6100-0690 Reihenmittelhaus mit Wärmepumpe

BRI 545 m³ **BGF** 182 m² **NUF** 141 m²

Reihenmittelhaus mit einer Wohneinheit, Technikzentrale für drei Wohneinheiten im Nachbarhaus. Stb-Fertigteilwände; Stb-Decken; Stb-Massivdach.

Land: Baden-Württemberg
Kreis: Karlsruhe
Standard: mittel
Bauzeit: 9 Wochen
Kennwerte: bis 1. Ebene DIN 276

BGF 1.562 €/m²

Planung: Architektur & Projektentwicklung GmbH; Dielheim

veröffentlicht: www.bki.de

€/m² BGF

min	1.275	€/m²
von	1.355	€/m²
Mittel	**1.490**	**€/m²**
bis	1.650	€/m²
max	1.820	€/m²

Kosten:
Stand 1. Quartal 2025
Bundesdurchschnitt
inkl. 19% MwSt.

Objektübersicht zur Gebäudeart

6100-0684 8 Reihenhäuser - KfW 40

BRI 6.911 m³ **BGF** 2.374 m² **NUF** 1.962 m²

Reihenhäuser mit acht Wohneinheiten.
Holztafelbau.

Land: Baden-Württemberg
Kreis: Freiburg im Breisgau
Standard: mittel
Bauzeit: 39 Wochen
Kennwerte: bis 1. Ebene DIN 276

BGF **1.554 €/m²**

Planung: Werkgruppe Freiburg Architekten; Freiburg

veröffentlicht: www.bki.de

6100-0563 Mehrfamilienhaus (5 WE)

BRI 3.241 m³ **BGF** 1.033 m² **NUF** 709 m²

Fünffamilienhaus in Reihenhausgrundrissen.
Mauerwerksbau.

Land: Hessen
Kreis: Groß-Gerau
Standard: mittel
Bauzeit: 44 Wochen
Kennwerte: bis 3. Ebene DIN 276

BGF **1.453 €/m²**

Planung: agplus Dipl.-Ing. Architekt Klaus Korbjuhn; Frankfurt

veröffentlicht: BKI Objektdaten N10

6100-0533 Reihenhäuser (3 WE)

BRI 2.245 m³ **BGF** 804 m² **NUF** 613 m²

Drei Reihenhäuser (490m² WFL II.BVO).
Holzrahmenbau.

Land: Baden-Württemberg
Kreis: Freiburg im Breisgau
Standard: mittel
Bauzeit: 31 Wochen
Kennwerte: bis 3. Ebene DIN 276

BGF **1.338 €/m²**

Planung: Architekturbüro Volkmar Bensch Freier Architekt; Denzlingen

veröffentlicht: www.bki.de

6100-0505 Reihenhausanlage (9 WE)

BRI 4.954 m³ **BGF** 1.587 m² **NUF** 1.058 m²

Reihenhausanlage mit neun Wohneinheiten.
Holzskelettbau, Stahlbeton.

Land: Baden-Württemberg
Kreis: Reutlingen
Standard: mittel
Bauzeit: 109 Wochen*
Kennwerte: bis 2. Ebene DIN 276

BGF **1.406 €/m²**

Planung: Hartmaier + Partner Freie Architekten; Münsingen

veröffentlicht: www.bki.de
* Nicht in der Auswertung enthalten

Reihenhäuser, hoher Standard

Kostenkennwerte für die Kosten des Bauwerks (Kostengruppen 300+400 nach DIN 276)

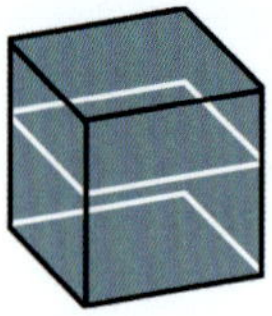

BRI 630 €/m³
von 570 €/m³
bis 745 €/m³

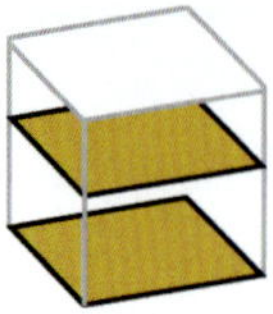

BGF 1.935 €/m²
von 1.800 €/m²
bis 2.215 €/m²

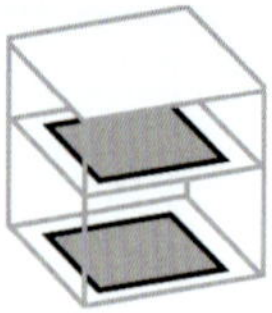

NUF 2.775 €/m²
von 2.425 €/m²
bis 3.165 €/m²

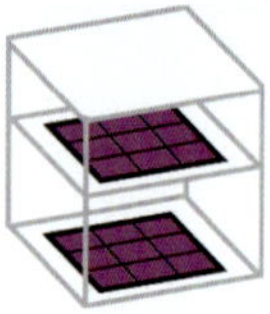

NE 2.810 €/NE
von 2.580 €/NE
bis 3.005 €/NE
NE: Wohnfläche

Kosten:
Stand 1. Quartal 2025
Bundesdurchschnitt
inkl. 19% MwSt.

Objektbeispiele

6100-0682

6100-0710

6100-1204

6100-0892

6100-1204

6100-1084

Kosten der 6 Vergleichsobjekte

Seiten 614 bis 615

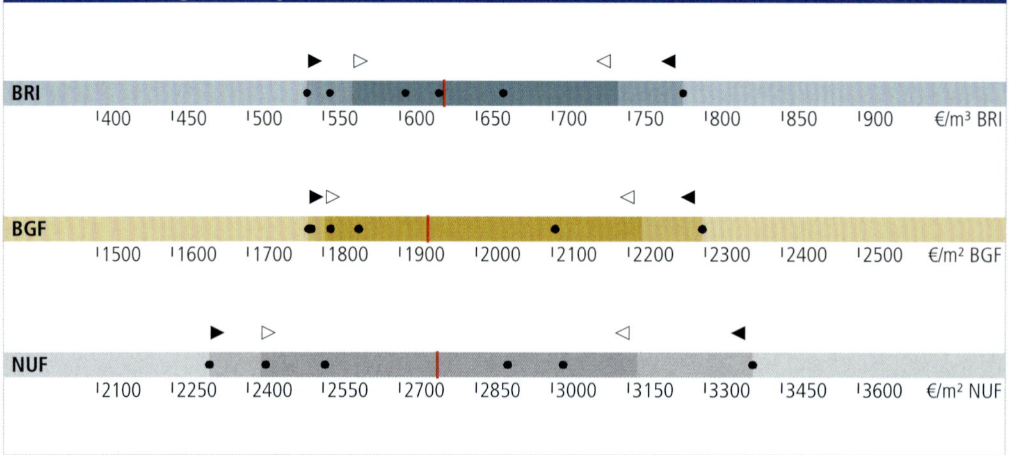

- ● KKW
- ▶ min
- ▷ von
- | Mittelwert
- ◁ bis
- ◀ max

Kostenkennwerte für die Kostengruppen der 1. und 2. Ebene DIN 276

KG	Kostengruppen der 1. Ebene	Einheit	▷	€/Einheit	◁	▷	% an 300+400	◁
100	Grundstück	m² GF	–	**–**	–	–	**–**	–
200	Vorbereitende Maßnahmen	m² GF	10	**47**	73	1,7	**2,4**	3,8
300	Bauwerk – Baukonstruktionen	m² BGF	1.449	**1.568**	1.703	78,3	**81,2**	86,9
400	Bauwerk – Technische Anlagen	m² BGF	237	**369**	453	13,1	**18,8**	21,7
	Bauwerk 300+400	m² BGF	1.802	**1.937**	2.217	100,0	**100,0**	100,0
500	Außenanlagen und Freiflächen	m² AF	43	**102**	136	3,5	**5,0**	8,2
600	Ausstattung und Kunstwerke	m² BGF	2	**48**	141	< 0,1	**2,7**	7,9
700	Baunebenkosten*	m² BGF	446	**497**	548	23,0	**25,6**	28,3
800	Finanzierung	m² BGF	–	**–**	–	–	**–**	–

* Auf Grundlage der HOAI 2021 berechnete Werte nach §§ 35, 52, 56. Weitere Informationen siehe Seite 56

KG	Kostengruppen der 2. Ebene	Einheit	▷	€/Einheit	◁	▷	% an 1. Ebene	◁
310	Baugrube / Erdbau	m³ BGI	37	**63**	86	2,6	**3,2**	4,9
320	Gründung, Unterbau	m² GRF	205	**424**	658	3,6	**8,3**	13,9
330	Außenwände / vertikal außen	m² AWF	410	**479**	618	27,5	**33,8**	41,0
340	Innenwände / vertikal innen	m² IWF	247	**285**	322	9,5	**13,1**	18,1
350	Decken / horizontal	m² DEF	511	**580**	674	21,6	**24,2**	26,8
360	Dächer	m² DAF	494	**591**	869	10,7	**14,1**	17,7
370	Infrastrukturanlagen		–	**–**	–	–	**–**	–
380	Baukonstruktive Einbauten	m² BGF	–	**–**	–	–	**–**	–
390	Sonst. Maßnahmen für Baukonst.	m² BGF	39	**53**	57	2,9	**3,3**	4,1
300	**Bauwerk – Baukonstruktionen**	**m² BGF**					**100,0**	
410	Abwasser-, Wasser-, Gasanlagen	m² BGF	137	**142**	155	26,2	**33,4**	36,1
420	Wärmeversorgungsanlagen	m² BGF	118	**161**	283	29,5	**36,0**	53,6
430	Raumlufttechnische Anlagen	m² BGF	48	**63**	76	10,1	**15,2**	19,3
440	Elektrische Anlagen	m² BGF	44	**54**	65	11,1	**12,6**	17,3
450	Kommunikationstechnische Anlagen	m² BGF	10	**15**	24	0,6	**2,8**	5,1
460	Förderanlagen	m² BGF	–	**–**	–	–	**–**	–
470	Nutzungsspez. / verfahrenstech. Anl.	m² BGF	–	**–**	–	–	**–**	–
480	Gebäude- und Anlagenautomation	m² BGF	–	**–**	–	–	**–**	–
490	Sonst. Maßnahmen f. techn. Anl.	m² BGF	–	**–**	–	–	**–**	–
400	**Bauwerk – Technische Anlagen**	**m² BGF**					**100,0**	

Prozentanteile der Kosten 2. Ebene an den Kosten des Bauwerks nach DIN 276 (Von/Mittel/Bis)

KG	Kostengruppe	%
310	Baugrube / Erdbau	2,5
320	Gründung, Unterbau	6,5
330	Außenwände / vertikal außen	26,7
340	Innenwände / vertikal innen	10,3
350	Decken / horizontal	19,0
360	Dächer	11,0
370	Infrastrukturanlagen	
380	Baukonstruktive Einbauten	
390	Sonst. Maßnahmen für Baukonst.	2,6
410	Abwasser-, Wasser-, Gasanlagen	7,1
420	Wärmeversorgungsanlagen	7,8
430	Raumlufttechnische Anlagen	3,2
440	Elektrische Anlagen	2,7
450	Kommunikationstechnische Anlagen	0,6
460	Förderanlagen	
470	Nutzungsspez. / verfahrenstech. Anl.	
480	Gebäude- und Anlagenautomation	
490	Sonst. Maßnahmen f. techn. Anl.	

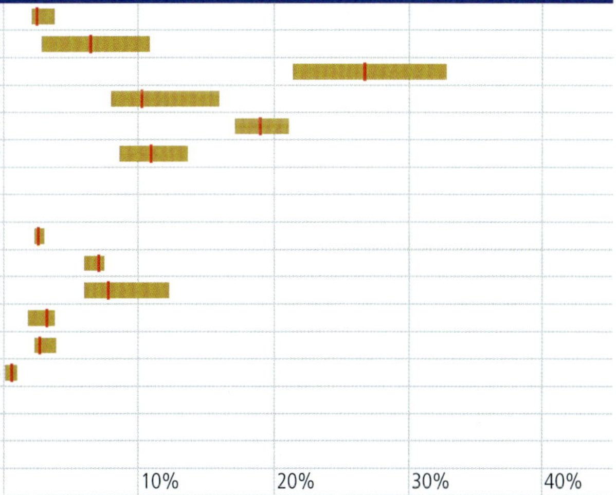

 Erläuterungen zu den Tabellen siehe Seite 54 und 56 Kostenstand: 1. Quartal 2025, Bundesdurchschnitt, **inkl. 19% MwSt.**

Kosten:
Stand 1. Quartal 2025
Bundesdurchschnitt
inkl. 19% MwSt.

Prozentanteile der Kosten für Leistungsbereiche nach STLB (Kosten Bauwerk nach DIN 276)

LB	Leistungsbereiche	7,5% 15% 22,5% 30%	▷	% an 300+400	◁
000	Baustellen-, Verkehrssich.- u. Sicherh.einr. inkl. 001		1,0	**1,9**	2,4
002	Erdarbeiten		1,4	**2,3**	3,6
006	Spezialtiefbauarbeiten inkl. 005		0,0	**0,7**	3,7
009	Entwässerungskanalarbeiten inkl. 011		0,4	**0,7**	1,2
010	Drän- und Versickerarbeiten		< 0,1	**0,1**	0,2
012	Mauerarbeiten		2,1	**5,5**	10,3
013	Betonarbeiten		6,4	**8,7**	11,8
014	Natur-, Betonwerksteinarbeiten		< 0,1	**0,7**	1,7
016	Zimmer- und Holzbauarbeiten		2,9	**18,7**	30,8
017	Stahlbauarbeiten		0,0	**0,6**	1,4
018	Abdichtungsarbeiten		0,2	**0,5**	0,9
020	Dachdeckungsarbeiten		0,0	**2,7**	5,1
021	Dachabdichtungsarbeiten		0,3	**0,8**	1,6
022	Klempnerarbeiten		0,9	**1,6**	2,6
	Rohbau		41,5	**45,6**	51,7
023	Putz- und Stuckarbeiten, Wärmedämmsysteme		0,7	**3,6**	6,2
024	Fliesen- und Plattenarbeiten		1,7	**2,5**	3,5
025	Estricharbeiten		1,9	**2,3**	3,0
026	Fenster, Außentüren inkl. 029, 032		5,2	**7,1**	9,4
027	Tischlerarbeiten		1,1	**3,7**	5,6
028	Parkettarbeiten, Holzpflasterarbeiten		3,0	**4,4**	6,1
030	Rollladenarbeiten		< 0,1	**0,6**	1,4
031	Metallbauarbeiten inkl. 035		0,8	**2,3**	4,9
034	Maler- und Lackiererarbeiten inkl. 037		1,7	**2,2**	3,3
036	Bodenbelagarbeiten		0,0	**0,3**	0,8
038	Vorgehängte hinterlüftete Fassaden		< 0,1	**0,9**	2,9
039	Trockenbauarbeiten		3,0	**4,9**	7,5
	Ausbau		30,9	**34,9**	37,6
040	Wärmeversorgungsanl. - Betriebseinr. inkl. 041		5,2	**6,5**	8,4
042	Gas- und Wasserinstallation, Leitungen inkl. 043		1,5	**2,1**	3,1
044	Abwasseranlagen - Leitungen, Abläufe, Armaturen		1,1	**1,3**	1,6
045	GWE - Einrichtungsgegenstände inkl. 046		1,7	**2,5**	3,7
047	Dämm- und Brandschutzarbeiten an techn. Anlagen		0,3	**1,0**	3,2
049	Feuerlöschanlagen, Feuerlöschgeräte		–	**–**	–
050	Blitzschutz- und Erdungsanlagen		< 0,1	**0,1**	0,2
052	Mittelspannungsanlagen		–	**–**	–
053	Niederspannungsanlagen inkl. 054		1,8	**2,4**	3,4
055	Sicherheits- und Ersatzstromversorgungsanlagen		0,0	**< 0,1**	0,5
057	Gebäudesystemtechnik		–	**–**	–
058	Leuchten und Lampen inkl. 059		0,1	**0,3**	0,6
060	Such-, Signal-, elektroakust. Anl., Med. inkl. 064		0,0	**0,1**	0,2
061	Kommunikations- und Übertragungsnetze inkl. 062		< 0,1	**0,3**	0,8
063	Gefahrenmeldeanlagen		0,0	**< 0,1**	< 0,1
069	Aufzüge		–	**–**	–
070	Gebäudeautomation		–	**–**	–
075	Raumlufttechnische Anlagen inkl. 078		1,1	**2,5**	3,4
	Gebäudetechnik		15,7	**19,2**	20,6
	Sonstige Leistungsbereiche inkl. 008, 033, 051		< 0,1	**0,3**	1,4

- ● KKW
- ► min
- ▷ von
- | Mittelwert
- ◁ bis
- ◄ max

Planungskennwerte für Flächen und Rauminhalte nach DIN 277

Grundflächen		▷	Fläche/NUF (%)	◁	▷	Fläche/BGF (%)	◁
NUF	Nutzungsfläche	100,0	**100,0**	100,0	66,7	**70,3**	72,8
TF	Technikfläche	3,6	**3,8**	4,9	2,4	**2,6**	3,1
VF	Verkehrsfläche	12,8	**15,1**	17,0	8,9	**10,5**	11,8
NRF	Netto-Raumfläche	115,9	**118,9**	121,2	79,8	**83,3**	84,7
KGF	Konstruktions-Grundfläche	21,4	**24,2**	24,2	15,3	**16,7**	20,2
BGF	Brutto-Grundfläche	138,4	**143,1**	151,5	100,0	**100,0**	100,0

Brutto-Rauminhalte		▷	BRI/NUF (m)	◁	▷	BRI/BGF (m)	◁
BRI	Brutto-Rauminhalt	4,25	**4,42**	4,79	3,06	**3,09**	3,15

Flächen von Nutzeinheiten	▷	NUF/Einheit (m^2)	◁	▷	BGF/Einheit (m^2)	◁
Nutzeinheit: Wohnfläche	0,97	**1,03**	1,10	1,40	**1,46**	1,51

Lufttechnisch behandelte Flächen	▷	Fläche/NUF (%)	◁	▷	Fläche/BGF (%)	◁
Entlüftete Fläche	–	**–**	–	–	**–**	–
Be- und entlüftete Fläche	89,5	**89,5**	89,5	63,3	**63,3**	63,3
Teilklimatisierte Fläche	–	**–**	–	–	**–**	–
Klimatisierte Fläche	–	**–**	–	–	**–**	–

KG	Kostengruppen (2. Ebene)	Einheit	▷	Menge/NUF	◁	▷	Menge/BGF	◁
310	Baugrube / Erdbau	m^3 BGI	1,26	**1,26**	1,35	0,89	**0,89**	1,01
320	Gründung, Unterbau	m^2 GRF	0,41	**0,41**	0,43	0,27	**0,29**	0,30
330	Außenwände / vertikal außen	m^2 AWF	1,48	**1,63**	1,91	1,07	**1,15**	1,36
340	Innenwände / vertikal innen	m^2 IWF	1,01	**1,03**	1,03	0,72	**0,74**	0,74
350	Decken / horizontal	m^2 DEF	0,92	**0,93**	0,95	0,65	**0,66**	0,66
360	Dächer	m^2 DAF	0,54	**0,54**	0,59	0,34	**0,38**	0,42
370	Infrastrukturanlagen		–	**–**	–	–	**–**	–
380	Baukonstruktive Einbauten	m^2 BGF	1,38	**1,43**	1,52	1,00	**1,00**	1,00
390	Sonst. Maßnahmen für Baukonst.	m^2 BGF	1,38	**1,43**	1,52	1,00	**1,00**	1,00
300	**Bauwerk – Baukonstruktionen**	**m^2 BGF**	1,38	**1,43**	1,52	1,00	**1,00**	1,00

Planungskennwerte für Bauzeiten — 6 Vergleichsobjekte

Bauzeit in Wochen

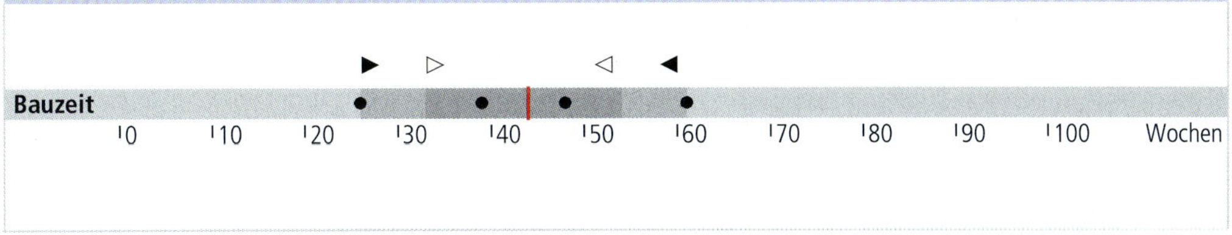

€/m² BGF

min	1.780	€/m²
von	1.800	€/m²
Mittel	**1.935**	**€/m²**
bis	2.215	€/m²
max	2.295	€/m²

Kosten:
Stand 1. Quartal 2025
Bundesdurchschnitt
inkl. 19% MwSt.

Objektübersicht zur Gebäudeart

6100-1204 7 Reihenhäuser - Passivhausbauweise
BRI 5.161 m³ **BGF** 1.638 m² **NUF** 1.140 m²

© ASs Flassak & Tehrani

Neubau von sieben Reihenhäusern als Passivhäuser mit insgesamt 14 Stellplätzen und gemeinsamer Heizzentrale. Holzrahmenbau, Massivbau.

Land: Baden-Württemberg
Kreis: Esslingen
Standard: mittel
Bauzeit: 48 Wochen
Kennwerte: bis 3. Ebene DIN 276

BGF 2.104 €/m²

Planung: ASs Flassak & Tehrani Freie Architekten und Stadtplaner; Stuttgart

veröffentlicht: BKI Objektdaten E7

6100-1084 Reihenhäuser (10 WE), TG*
BRI 8.177 m³ **BGF** 1.691 m² **NUF** 1.327 m²

© HGMB Architekten GmbH + Co. KG

Reihenhausanlage (10 WE) mit 1.277 m² WFL und Tiefgarage (25 STP). Mauerwerksbau.

Land: Nordrhein-Westfalen
Kreis: Mettmann
Standard: hoch
Bauzeit: 131 Wochen
Kennwerte: bis 1. Ebene DIN 276

BGF 2.618 €/m² *

Planung: HGMB Architekten GmbH + Co. KG; Düsseldorf

veröffentlicht: BKI Objektdaten N13
* Nicht in der Auswertung enthalten

6100-0710 Reihenhäuser (4 WE)
BRI 2.636 m³ **BGF** 798 m² **NUF** 611 m²

© Stephan Witte Architekt AKNW

Reihenhäuser (4 WE), nicht unterkellert, gemeinsame Wärmeversorgung. Holzskelettbau.

Land: Nordrhein-Westfalen
Kreis: Rhein-Erft-Kreis
Standard: hoch
Bauzeit: 61 Wochen
Kennwerte: bis 1. Ebene DIN 276

BGF 1.780 €/m²

Planung: Dipl.-Ing. Stephan Witte Architekt AKNW; Köln

veröffentlicht: BKI Objektdaten N10

6100-0682 Reihenhäuser (4 WE) - Passivhaus
BRI 2.913 m³ **BGF** 987 m² **NUF** 748 m²

© Werkgruppe Freiburg Architekten

Vier Reihenhäuser im Passivhausstandard (600 m² WFL). Holzrahmenbau.

Land: Baden-Württemberg
Kreis: Rottweil
Standard: hoch
Bauzeit: 39 Wochen
Kennwerte: bis 3. Ebene DIN 276

BGF 1.846 €/m²

Planung: Werkgruppe Freiburg Architekten; Freiburg

veröffentlicht: www.bki.de

6100-0892 Reihenmittelhaus - Passivhaus

BRI 1.117 m³ **BGF** 347 m² **NUF** 212 m²

Reihenmittelhaus mit 249m² Wohnfläche als Passivhaus. Holzrahmenbau.

Land: Bayern
Kreis: Erlangen, Stadt
Standard: hoch
Bauzeit: 48 Wochen
Kennwerte: bis 1. Ebene DIN 276

BGF **1.784 €/m²**

Planung: Architekturbüro Frau Farzaneh Nouri-Schellinger; Erlangen

veröffentlicht: www.bki.de

6100-0542 Reihenmittelhaus

BRI 687 m³ **BGF** 235 m² **NUF** 159 m²

Reihenmittelhaus (180m² WFL II.BV), zunächst als freistehendes Haus errichtet. Mauerwerksbau.

Land: Baden-Württemberg
Kreis: Heidelberg, Stadt
Standard: hoch
Bauzeit: 39 Wochen
Kennwerte: bis 3. Ebene DIN 276

BGF **2.296 €/m²**

Planung: Architekt Dipl.-Ing. Alexander Böhm; Heidelberg

veröffentlicht: BKI Objektdaten N10

6100-0534 Reihenhaus

BRI 785 m³ **BGF** 262 m² **NUF** 185 m²

Einfamilienhaus, Reihenhausbauweise (149m² WFL). Mauerwerksbau, Holzdachkonstruktion.

Land: Baden-Württemberg
Kreis: Rhein-Neckar-Kreis
Standard: hoch
Bauzeit: 26 Wochen
Kennwerte: bis 3. Ebene DIN 276

BGF **1.810 €/m²**

Planung: Architekt Dipl.-Ing. Alexander Böhm; Heidelberg

veröffentlicht: www.bki.de

Arbeitsblatt zur Standardeinordnung bei Mehrfamilienhäusern, mit bis zu 6 WE

Kosten:
Stand 1. Quartal 2025
Bundesdurchschnitt
inkl. 19% MwSt.

Kostenkennwerte für die Kosten des Bauwerks (Kostengruppen 300+400 nach DIN 276)

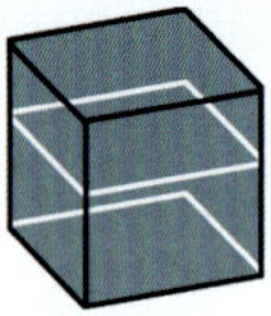

BRI 685 €/m³
von 540 €/m³
bis 920 €/m³

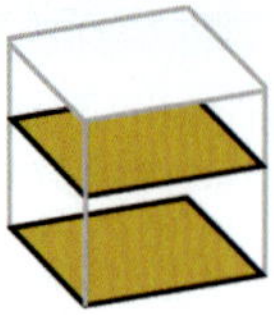

BGF 1.990 €/m²
von 1.510 €/m²
bis 2.625 €/m²

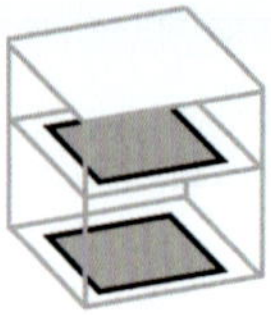

NUF 3.070 €/m²
von 2.225 €/m²
bis 4.155 €/m²

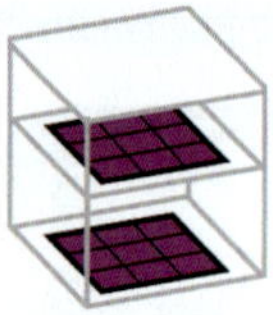

NE 3.770 €/NE
von 2.830 €/NE
bis 5.195 €/NE
NE: Wohnfläche

Standardzuordnung

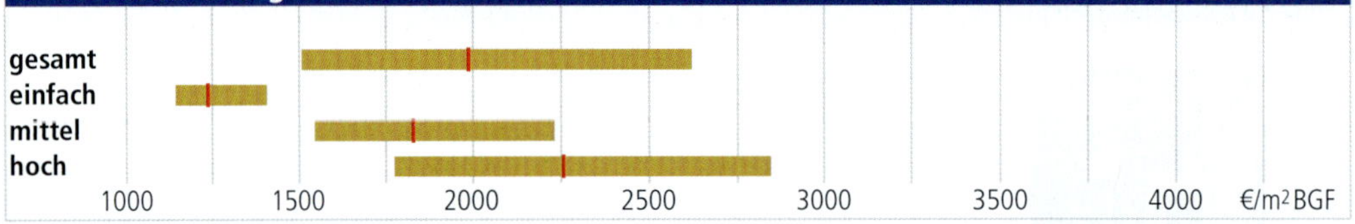

Standardeinordnung für Ihr Projekt:

KG	Kostengruppen der 2. Ebene	niedrig	mittel	hoch	Punkte
310	Baugrube / Erdbau				
320	Gründung, Unterbau	1	2	2	
330	Außenwände/Vert. Baukonstrukt., außen	6	7	9	
340	Innenwände/Vert. Baukonstrukt., innen	4	4	5	
350	Decken/Horizontale Baukonstruktionen	5	6	7	
360	Dächer	3	4	5	
370	Infrastrukturanlagen				
380	Baukonstruktive Einbauten	0	0	0	
390	Sonst. Maßnahmen für Baukonstrukt.				
410	Abwasser-, Wasser-, Gasanlagen	1	2	2	
420	Wärmeversorgungsanlagen	1	2	2	
430	Raumlufttechnische Anlagen	0	0	1	
440	Elektrische Anlagen	1	1	2	
450	Kommunikationstechnische Anlagen	0	0	0	
460	Förderanlagen	0	0	0	
470	Nutzungsspez. u. verfahrenstechn. Anl.	0	0	0	
480	Gebäude- und Anlagenautomation	0	0	0	
490	Sonst. Maßnahmen für techn. Anlagen				

Punkte: 22 bis 25 = einfach 26 bis 31 = mittel 32 bis 35 = hoch Ihr Projekt (Summe):

Erläuterung:
Obenstehende Tabelle soll Ihnen die Zuordnung zu den Gebäudearten mit einfachem, mittlerem und hohem Standard erleichtern. Schätzen Sie für jedes Grobelement ab, ob die Aufwendungen niedrig, mittel oder hoch sein werden und übertragen Sie die Punkte in die rechte Spalte. Bilden Sie die Summe der rechten Spalte und ordnen Sie Ihr Projekt nach dem Schema der untersten Zeile ein. Nehmen Sie dieses Schema auch als Hinweis darauf, bei welchen Kostengruppen Sie den Mittelwert nach oben oder unten anpassen sollten.

- ● KKW
- ▶ min
- ▷ von
- | Mittelwert
- ◁ bis
- ◀ max

 Erläuterungen zu den Tabellen siehe Seite 64

Kostenkennwerte für die Kostengruppen der 1. und 2.Ebene DIN 276

KG	Kostengruppen der 1.Ebene	Einheit	▷	€/Einheit	◁	▷	% an 300+400	◁
100	Grundstück	m² GF	–	**–**	–	–	**–**	–
200	Vorbereitende Maßnahmen	m² GF	23	**70**	237	0,9	**2,7**	6,4
300	Bauwerk – Baukonstruktionen	m² BGF	1.226	**1.599**	2.127	77,0	**80,4**	84,0
400	Bauwerk – Technische Anlagen	m² BGF	280	**392**	551	16,0	**19,6**	23,0
	Bauwerk 300+400	m² BGF	1.512	**1.991**	2.623	100,0	**100,0**	100,0
500	Außenanlagen und Freiflächen	m² AF	106	**243**	607	2,6	**4,8**	8,8
600	Ausstattung und Kunstwerke	m² BGF	11	**25**	66	0,6	**1,0**	2,3
700	Baunebenkosten*	m² BGF	418	**466**	514	21,3	**23,7**	26,2
800	Finanzierung	m² BGF	–	**–**	–	–	**–**	–

◁ * Auf Grundlage der HOAI 2021 berechnete Werte nach §§ 35, 52, 56. Weitere Informationen siehe Seite 56

KG	Kostengruppen der 2.Ebene	Einheit	▷	€/Einheit	◁	▷	% an 1.Ebene	◁
310	Baugrube / Erdbau	m³ BGI	27	**46**	90	0,7	**2,4**	3,8
320	Gründung, Unterbau	m² GRF	247	**386**	700	5,5	**7,4**	10,4
330	Außenwände / vertikal außen	m² AWF	425	**550**	735	25,4	**29,8**	34,9
340	Innenwände / vertikal innen	m² IWF	225	**268**	320	13,7	**16,6**	21,3
350	Decken / horizontal	m² DEF	412	**507**	603	19,1	**23,7**	28,0
360	Dächer	m² DAF	423	**619**	904	11,9	**14,8**	18,1
370	Infrastrukturanlagen		–	**–**	–	–	**–**	–
380	Baukonstruktive Einbauten	m² BGF	3	**8**	34	< 0,1	**0,2**	1,3
390	Sonst. Maßnahmen für Baukonst.	m² BGF	30	**72**	131	2,6	**5,1**	9,9
300	**Bauwerk – Baukonstruktionen**	**m² BGF**					**100,0**	
410	Abwasser-, Wasser-, Gasanlagen	m² BGF	75	**104**	136	22,3	**32,2**	41,4
420	Wärmeversorgungsanlagen	m² BGF	74	**104**	150	22,8	**31,4**	38,8
430	Raumlufttechnische Anlagen	m² BGF	5	**21**	54	1,0	**4,5**	14,7
440	Elektrische Anlagen	m² BGF	52	**80**	126	18,4	**23,5**	35,0
450	Kommunikationstechnische Anlagen	m² BGF	8	**14**	22	1,9	**3,6**	5,2
460	Förderanlagen	m² BGF	57	**62**	69	0,0	**4,9**	14,9
470	Nutzungsspez. / verfahrenstech. Anl.	m² BGF	–	**< 1**	–	0,0	**< 0,1**	0,2
480	Gebäude- und Anlagenautomation	m² BGF	–	**–**	–	–	**–**	–
490	Sonst. Maßnahmen f. techn. Anl.	m² BGF	–	**< 1**	–	0,0	**< 0,1**	0,1
400	**Bauwerk – Technische Anlagen**	**m² BGF**					**100,0**	

Prozentanteile der Kosten 2.Ebene an den Kosten des Bauwerks nach DIN 276 (Von/Mittel/Bis)

KG	Kostengruppe	%
310	Baugrube / Erdbau	1,9
320	Gründung, Unterbau	6,0
330	Außenwände / vertikal außen	24,0
340	Innenwände / vertikal innen	13,4
350	Decken / horizontal	19,1
360	Dächer	11,9
370	Infrastrukturanlagen	
380	Baukonstruktive Einbauten	0,2
390	Sonst. Maßnahmen für Baukonst.	4,1
410	Abwasser-, Wasser-, Gasanlagen	6,1
420	Wärmeversorgungsanlagen	5,9
430	Raumlufttechnische Anlagen	1,0
440	Elektrische Anlagen	4,6
450	Kommunikationstechnische Anlagen	0,7
460	Förderanlagen	1,0
470	Nutzungsspez. / verfahrenstech. Anl.	< 0,1
480	Gebäude- und Anlagenautomation	
490	Sonst. Maßnahmen f. techn. Anl.	< 0,1

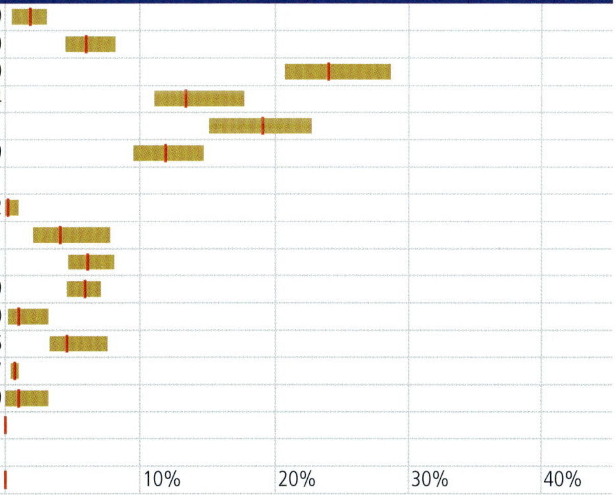

 Kostenstand: 1.Quartal 2025, Bundesdurchschnitt, **inkl. 19% MwSt.**

Kosten:
Stand 1. Quartal 2025
Bundesdurchschnitt
inkl. 19% MwSt.

- ● KKW
- ▶ min
- ▷ von
- | Mittelwert
- ◁ bis
- ◀ max

Prozentanteile der Kosten für Leistungsbereiche nach STLB (Kosten Bauwerk nach DIN 276)

LB	Leistungsbereiche	5% 10% 15% 20%	▷	% an 300+400	◁
000	Baustellen-, Verkehrssich.- u. Sicherh.einr. inkl. 001		1,4	**2,4**	4,1
002	Erdarbeiten		1,1	**2,2**	3,4
006	Spezialtiefbauarbeiten inkl. 005		–	**–**	–
009	Entwässerungskanalarbeiten inkl. 011		0,2	**0,6**	1,7
010	Drän- und Versickerarbeiten		0,0	**0,1**	0,5
012	Mauerarbeiten		4,9	**9,3**	14,5
013	Betonarbeiten		12,1	**17,6**	21,1
014	Natur-, Betonwerksteinarbeiten		0,2	**1,3**	2,8
016	Zimmer- und Holzbauarbeiten		2,3	**4,3**	9,0
017	Stahlbauarbeiten		< 0,1	**0,7**	4,0
018	Abdichtungsarbeiten		0,2	**0,7**	1,4
020	Dachdeckungsarbeiten		0,8	**2,6**	5,1
021	Dachabdichtungsarbeiten		0,4	**1,8**	4,5
022	Klempnerarbeiten		0,9	**2,1**	4,9
	Rohbau		41,9	**45,9**	49,7
023	Putz- und Stuckarbeiten, Wärmedämmsysteme		3,3	**6,4**	10,0
024	Fliesen- und Plattenarbeiten		2,0	**3,5**	5,7
025	Estricharbeiten		1,4	**1,8**	2,3
026	Fenster, Außentüren inkl. 029, 032		4,2	**6,3**	9,1
027	Tischlerarbeiten		1,7	**3,1**	5,1
028	Parkettarbeiten, Holzpflasterarbeiten		0,0	**0,9**	2,2
030	Rollladenarbeiten		0,5	**1,4**	2,6
031	Metallbauarbeiten inkl. 035		1,2	**3,3**	6,8
034	Maler- und Lackiererarbeiten inkl. 037		2,1	**3,0**	4,7
036	Bodenbelagarbeiten		0,2	**1,2**	3,0
038	Vorgehängte hinterlüftete Fassaden		< 0,1	**0,5**	4,9
039	Trockenbauarbeiten		2,0	**3,7**	6,0
	Ausbau		32,0	**35,3**	39,1
040	Wärmeversorgungsanl. - Betriebseinr. inkl. 041		4,1	**5,4**	6,8
042	Gas- und Wasserinstallation, Leitungen inkl. 043		0,9	**2,1**	3,8
044	Abwasseranlagen - Leitungen, Abläufe, Armaturen		0,2	**0,9**	1,7
045	GWE - Einrichtungsgegenstände inkl. 046		0,8	**2,1**	3,8
047	Dämm- und Brandschutzarbeiten an techn. Anlagen		0,2	**0,5**	1,1
049	Feuerlöschanlagen, Feuerlöschgeräte		0,0	**< 0,1**	< 0,1
050	Blitzschutz- und Erdungsanlagen		< 0,1	**0,2**	0,3
052	Mittelspannungsanlagen		–	**–**	–
053	Niederspannungsanlagen inkl. 054		2,9	**4,1**	6,8
055	Sicherheits- und Ersatzstromversorgungsanlagen		–	**–**	–
057	Gebäudesystemtechnik		0,0	**< 0,1**	0,3
058	Leuchten und Lampen inkl. 059		0,1	**0,4**	0,9
060	Such-, Signal-, elektroakust. Anl., Med. inkl. 064		< 0,1	**0,2**	0,5
061	Kommunikations- und Übertragungsnetze inkl. 062		< 0,1	**0,3**	0,5
063	Gefahrenmeldeanlagen		0,0	**< 0,1**	0,2
069	Aufzüge		0,0	**1,4**	3,7
070	Gebäudeautomation		–	**–**	–
075	Raumlufttechnische Anlagen inkl. 078		0,2	**0,7**	3,2
	Gebäudetechnik		14,0	**18,3**	21,2
	Sonstige Leistungsbereiche inkl. 008, 033, 051		0,1	**0,5**	1,1

Planungskennwerte für Flächen und Rauminhalte nach DIN 277

Grundflächen		▷	Fläche/NUF (%)	◁	▷	Fläche/BGF (%)	◁
NUF	Nutzungsfläche	100,0	**100,0**	100,0	60,8	**66,0**	70,0
TF	Technikfläche	2,8	**3,6**	7,3	1,8	**2,3**	4,3
VF	Verkehrsfläche	16,4	**21,4**	37,8	10,5	**13,4**	19,4
NRF	Netto-Raumfläche	120,2	**125,0**	142,6	78,2	**81,6**	84,1
KGF	Konstruktions-Grundfläche	24,3	**28,4**	34,9	15,9	**18,4**	21,8
BGF	Brutto-Grundfläche	145,7	**153,4**	171,4	100,0	**100,0**	100,0

Brutto-Rauminhalte		▷	BRI/NUF (m)	◁	▷	BRI/BGF (m)	◁
BRI	Brutto-Rauminhalt	4,15	**4,48**	5,27	2,75	**2,92**	3,12

Flächen von Nutzeinheiten	▷	NUF/Einheit (m²)	◁	▷	BGF/Einheit (m²)	◁
Nutzeinheit: Wohnfläche	1,15	**1,24**	1,44	1,75	**1,91**	2,40

Lufttechnisch behandelte Flächen	▷	Fläche/NUF (%)	◁	▷	Fläche/BGF (%)	◁
Entlüftete Fläche	5,8	**5,8**	5,8	4,3	**4,3**	4,3
Be- und entlüftete Fläche	83,0	**83,0**	83,0	46,6	**46,6**	46,6
Teilklimatisierte Fläche	–	**–**	–	–	**–**	–
Klimatisierte Fläche	–	**–**	–	–	**–**	–

KG	Kostengruppen (2. Ebene)	Einheit	▷	Menge/NUF	◁	▷	Menge/BGF	◁
310	Baugrube / Erdbau	m³ BGI	0,94	**1,51**	2,01	0,65	**0,98**	1,27
320	Gründung, Unterbau	m² GRF	0,42	**0,43**	0,53	0,27	**0,29**	0,34
330	Außenwände / vertikal außen	m² AWF	0,99	**1,16**	1,33	0,67	**0,77**	0,90
340	Innenwände / vertikal innen	m² IWF	1,09	**1,26**	1,36	0,76	**0,85**	0,93
350	Decken / horizontal	m² DEF	0,81	**0,97**	1,11	0,55	**0,65**	0,69
360	Dächer	m² DAF	0,45	**0,52**	0,60	0,31	**0,35**	0,42
370	Infrastrukturanlagen		–	**–**	–	–	**–**	–
380	Baukonstruktive Einbauten	m² BGF	1,46	**1,53**	1,71	1,00	**1,00**	1,00
390	Sonst. Maßnahmen für Baukonst.	m² BGF	1,46	**1,53**	1,71	1,00	**1,00**	1,00
300	**Bauwerk – Baukonstruktionen**	**m² BGF**	1,46	**1,53**	1,71	1,00	**1,00**	1,00

Planungskennwerte für Bauzeiten

Bauzeit in Wochen

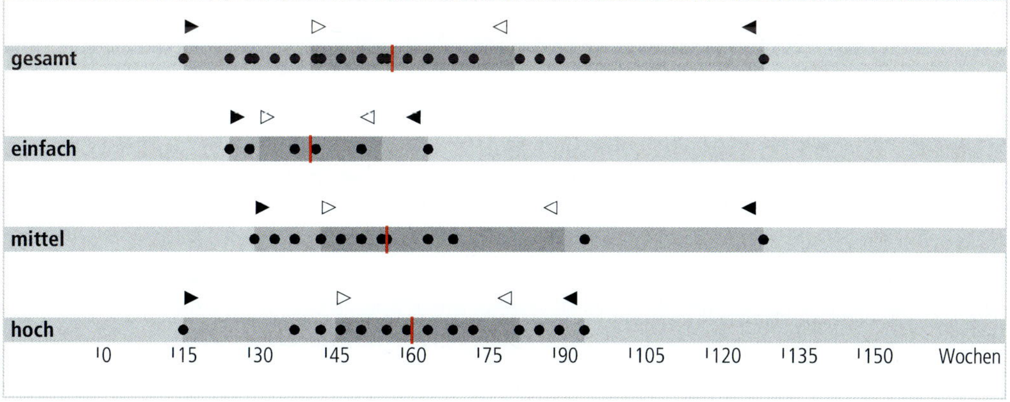

Mehrfamilienhäuser, mit bis zu 6 WE, einfacher Standard

Kostenkennwerte für die Kosten des Bauwerks (Kostengruppen 300+400 nach DIN 276)

BRI 475 €/m³
von 385 €/m³
bis 545 €/m³

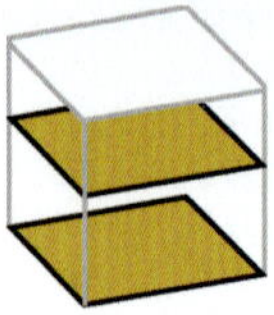

BGF 1.240 €/m²
von 1.145 €/m²
bis 1.410 €/m²

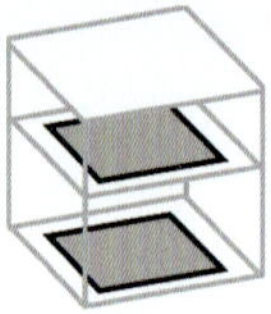

NUF 1.860 €/m²
von 1.540 €/m²
bis 2.145 €/m²

NE 2.540 €/NE
von 2.365 €/NE
bis 2.845 €/NE
NE: Wohnfläche

Objektbeispiele

Kosten:
Stand 1. Quartal 2025
Bundesdurchschnitt
inkl. 19% MwSt.

6100-1381

6100-0702

6100-0213

Kosten der 7 Vergleichsobjekte

Seiten 624 bis 625

- ● KKW
- ▶ min
- ▷ von
- | Mittelwert
- ◁ bis
- ◀ max

Kostenkennwerte für die Kostengruppen der 1. und 2.Ebene DIN 276

KG	Kostengruppen der 1.Ebene	Einheit	▷	€/Einheit	◁	▷	% an 300+400	◁
100	Grundstück	m² GF	–	**–**	–	–	**–**	–
200	Vorbereitende Maßnahmen	m² GF	23	**26**	29	1,0	**1,2**	1,6
300	Bauwerk – Baukonstruktionen	m² BGF	950	**1.031**	1.141	80,4	**83,2**	85,6
400	Bauwerk – Technische Anlagen	m² BGF	162	**209**	247	14,4	**16,8**	19,6
	Bauwerk 300+400	m² BGF	1.147	**1.239**	1.409	100,0	**100,0**	100,0
500	Außenanlagen und Freiflächen	m² AF	97	**121**	140	3,3	**4,6**	6,5
600	Ausstattung und Kunstwerke	m² BGF	–	**–**	–	–	**–**	–
700	Baunebenkosten*	m² BGF	289	**323**	356	23,3	**26,0**	28,7 ◁
800	Finanzierung	m² BGF	–	**–**	–	–	**–**	–

* Auf Grundlage der HOAI 2021 berechnete Werte nach §§ 35, 52, 56. Weitere Informationen siehe Seite 56

KG	Kostengruppen der 2.Ebene	Einheit	▷	€/Einheit	◁	▷	% an 1.Ebene	◁
310	Baugrube / Erdbau	m³ BGI	8	**19**	30	0,3	**1,7**	3,0
320	Gründung, Unterbau	m² GRF	184	**201**	217	5,9	**6,2**	6,5
330	Außenwände / vertikal außen	m² AWF	330	**343**	357	19,1	**23,2**	27,3
340	Innenwände / vertikal innen	m² IWF	194	**268**	342	19,1	**23,6**	28,1
350	Decken / horizontal	m² DEF	314	**405**	495	25,5	**26,4**	27,3
360	Dächer	m² DAF	326	**344**	361	15,9	**15,9**	15,9
370	Infrastrukturanlagen		–	**–**	–	–	**–**	–
380	Baukonstruktive Einbauten	m² BGF	–	**3**	–	0,0	**0,1**	0,3
390	Sonst. Maßnahmen für Baukonst.	m² BGF	18	**27**	35	1,9	**2,9**	3,9
300	**Bauwerk – Baukonstruktionen**	**m² BGF**					**100,0**	
410	Abwasser-, Wasser-, Gasanlagen	m² BGF	62	**78**	95	39,1	**41,2**	43,2
420	Wärmeversorgungsanlagen	m² BGF	58	**69**	80	36,7	**36,8**	36,9
430	Raumlufttechnische Anlagen	m² BGF	–	**2**	–	0,0	**0,4**	0,9
440	Elektrische Anlagen	m² BGF	34	**38**	42	19,2	**20,4**	21,6
450	Kommunikationstechnische Anlagen	m² BGF	–	**3**	–	0,0	**1,1**	2,1
460	Förderanlagen	m² BGF	–	**–**	–	–	**–**	–
470	Nutzungsspez. / verfahrenstech. Anl.	m² BGF	–	**< 1**	–	0,0	**< 0,1**	0,2
480	Gebäude- und Anlagenautomation	m² BGF	–	**–**	–	–	**–**	–
490	Sonst. Maßnahmen f. techn. Anl.	m² BGF	–	**–**	–	–	**–**	–
400	**Bauwerk – Technische Anlagen**	**m² BGF**					**100,0**	

Prozentanteile der Kosten 2.Ebene an den Kosten des Bauwerks nach DIN 276 (Von/Mittel/Bis)

KG	Kostengruppe	%
310	Baugrube / Erdbau	1,4
320	Gründung, Unterbau	5,1
330	Außenwände / vertikal außen	19,4
340	Innenwände / vertikal innen	19,6
350	Decken / horizontal	22,0
360	Dächer	13,2
370	Infrastrukturanlagen	
380	Baukonstruktive Einbauten	0,1
390	Sonst. Maßnahmen für Baukonst.	2,4
410	Abwasser-, Wasser-, Gasanlagen	7,0
420	Wärmeversorgungsanlagen	6,2
430	Raumlufttechnische Anlagen	< 0,1
440	Elektrische Anlagen	3,4
450	Kommunikationstechnische Anlagen	0,2
460	Förderanlagen	
470	Nutzungsspez. / verfahrenstech. Anl.	< 0,1
480	Gebäude- und Anlagenautomation	
490	Sonst. Maßnahmen f. techn. Anl.	

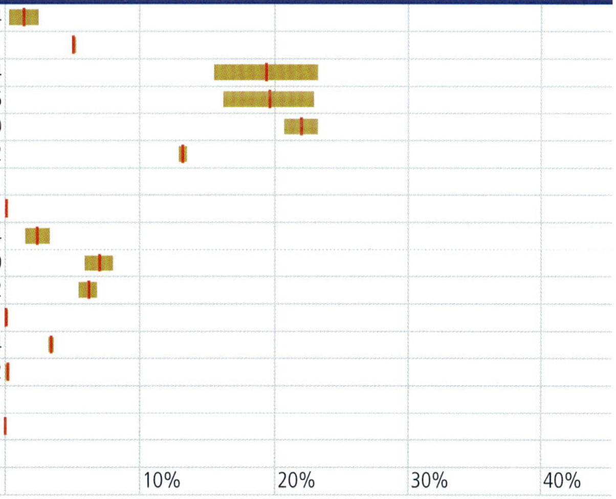

Mehrfamilienhäuser, mit bis zu 6 WE, einfacher Standard

Kosten:
Stand 1. Quartal 2025
Bundesdurchschnitt
inkl. 19% MwSt.

Prozentanteile der Kosten für Leistungsbereiche nach STLB (Kosten Bauwerk nach DIN 276)

LB	Leistungsbereiche	5% 10% 15% 20%	▷	% an 300+400	◁
000	Baustellen-, Verkehrssich.- u. Sicherh.einr. inkl. 001		0,5	**1,8**	2,2
002	Erdarbeiten		1,3	**2,1**	3,5
006	Spezialtiefbauarbeiten inkl. 005		–	**–**	–
009	Entwässerungskanalarbeiten inkl. 011		0,3	**0,9**	2,0
010	Drän- und Versickerarbeiten		0,0	**0,1**	0,4
012	Mauerarbeiten		10,3	**11,6**	13,4
013	Betonarbeiten		15,8	**18,6**	20,0
014	Natur-, Betonwerksteinarbeiten		0,0	**0,8**	2,0
016	Zimmer- und Holzbauarbeiten		2,0	**3,0**	4,4
017	Stahlbauarbeiten		–	**–**	–
018	Abdichtungsarbeiten		0,3	**0,7**	0,9
020	Dachdeckungsarbeiten		1,1	**3,1**	4,2
021	Dachabdichtungsarbeiten		0,3	**1,3**	2,2
022	Klempnerarbeiten		0,7	**1,5**	2,1
	Rohbau		41,8	**45,6**	50,5
023	Putz- und Stuckarbeiten, Wärmedämmsysteme		7,2	**9,7**	12,8
024	Fliesen- und Plattenarbeiten		2,1	**4,3**	5,0
025	Estricharbeiten		1,9	**2,3**	2,6
026	Fenster, Außentüren inkl. 029, 032		2,6	**4,2**	5,8
027	Tischlerarbeiten		1,5	**2,9**	5,0
028	Parkettarbeiten, Holzpflasterarbeiten		–	**–**	–
030	Rollladenarbeiten		0,0	**0,5**	0,9
031	Metallbauarbeiten inkl. 035		2,2	**3,1**	3,7
034	Maler- und Lackiererarbeiten inkl. 037		3,1	**4,2**	5,0
036	Bodenbelagarbeiten		1,1	**2,4**	3,3
038	Vorgehängte hinterlüftete Fassaden		–	**–**	–
039	Trockenbauarbeiten		2,9	**4,1**	8,5
	Ausbau		30,1	**37,8**	39,9
040	Wärmeversorgungsanl. - Betriebseinr. inkl. 041		4,0	**5,1**	5,9
042	Gas- und Wasserinstallation, Leitungen inkl. 043		0,3	**2,7**	4,5
044	Abwasseranlagen - Leitungen, Abläufe, Armaturen		< 0,1	**0,7**	2,9
045	GWE - Einrichtungsgegenstände inkl. 046		0,0	**1,9**	5,7
047	Dämm- und Brandschutzarbeiten an techn. Anlagen		< 0,1	**0,2**	0,3
049	Feuerlöschanlagen, Feuerlöschgeräte		0,0	**< 0,1**	< 0,1
050	Blitzschutz- und Erdungsanlagen		< 0,1	**< 0,1**	0,1
052	Mittelspannungsanlagen		–	**–**	–
053	Niederspannungsanlagen inkl. 054		2,9	**3,1**	3,5
055	Sicherheits- und Ersatzstromversorgungsanlagen		–	**–**	–
057	Gebäudesystemtechnik		–	**–**	–
058	Leuchten und Lampen inkl. 059		< 0,1	**0,2**	0,3
060	Such-, Signal-, elektroakust. Anl., Med. inkl. 064		0,0	**< 0,1**	0,2
061	Kommunikations- und Übertragungsnetze inkl. 062		–	**–**	–
063	Gefahrenmeldeanlagen		–	**–**	–
069	Aufzüge		0,0	**1,9**	4,8
070	Gebäudeautomation		–	**–**	–
075	Raumlufttechnische Anlagen inkl. 078		0,0	**0,2**	0,3
	Gebäudetechnik		12,2	**16,1**	18,7
	Sonstige Leistungsbereiche inkl. 008, 033, 051		0,3	**0,5**	1,0

- ● KKW
- ▶ min
- ▷ von
- | Mittelwert
- ◁ bis
- ◀ max

Planungskennwerte für Flächen und Rauminhalte nach DIN 277

Grundflächen		▷	Fläche/NUF (%)	◁	▷	Fläche/BGF (%)	◁
NUF	Nutzungsfläche	100,0	**100,0**	100,0	66,1	**67,4**	69,3
TF	Technikfläche	2,8	**3,2**	3,6	1,8	**2,1**	2,3
VF	Verkehrsfläche	17,0	**20,5**	23,9	11,4	**13,6**	15,7
NRF	Netto-Raumfläche	119,7	**123,8**	127,9	80,8	**83,1**	84,5
KGF	Konstruktions-Grundfläche	23,1	**25,5**	29,8	15,5	**16,9**	19,2
BGF	Brutto-Grundfläche	145,6	**149,2**	152,6	100,0	**100,0**	100,0

Brutto-Rauminhalte		▷	BRI/NUF (m)	◁	▷	BRI/BGF (m)	◁
BRI	Brutto-Rauminhalt	3,85	**3,97**	4,33	2,45	**2,67**	2,86

Flächen von Nutzeinheiten	▷	NUF/Einheit (m^2)	◁	▷	BGF/Einheit (m^2)	◁
Nutzeinheit: Wohnfläche	1,22	**1,28**	1,35	1,86	**1,94**	1,97

Lufttechnisch behandelte Flächen	▷	Fläche/NUF (%)	◁	▷	Fläche/BGF (%)	◁
Entlüftete Fläche	5,8	**5,8**	5,8	4,3	**4,3**	4,3
Be- und entlüftete Fläche	–	**–**	–	–	**–**	–
Teilklimatisierte Fläche	–	**–**	–	–	**–**	–
Klimatisierte Fläche	–	**–**	–	–	**–**	–

KG	Kostengruppen (2. Ebene)	Einheit	▷	Menge/NUF	◁	▷	Menge/BGF	◁
310	Baugrube / Erdbau	m^3 BGI	0,92	**0,92**	0,92	0,68	**0,68**	0,68
320	Gründung, Unterbau	m^2 GRF	0,39	**0,39**	0,39	0,29	**0,29**	0,29
330	Außenwände / vertikal außen	m^2 AWF	0,83	**0,83**	0,83	0,62	**0,62**	0,62
340	Innenwände / vertikal innen	m^2 IWF	1,12	**1,12**	1,12	0,84	**0,84**	0,84
350	Decken / horizontal	m^2 DEF	0,86	**0,86**	0,86	0,64	**0,64**	0,64
360	Dächer	m^2 DAF	0,58	**0,58**	0,58	0,43	**0,43**	0,43
370	Infrastrukturanlagen		–	**–**	–	–	**–**	–
380	Baukonstruktive Einbauten	m^2 BGF	1,46	**1,49**	1,53	1,00	**1,00**	1,00
390	Sonst. Maßnahmen für Baukonst.	m^2 BGF	1,46	**1,49**	1,53	1,00	**1,00**	1,00
300	**Bauwerk – Baukonstruktionen**	**m^2 BGF**	1,46	**1,49**	1,53	1,00	**1,00**	1,00

Planungskennwerte für Bauzeiten — 7 Vergleichsobjekte

Bauzeit in Wochen

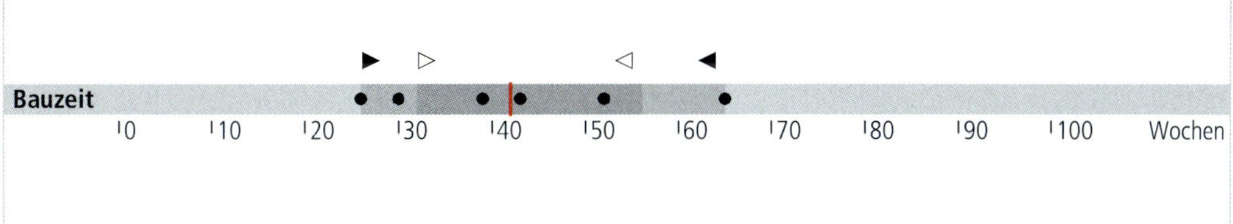

€/m² BGF

min	1.055	€/m²
von	1.145	€/m²
Mittel	**1.240**	**€/m²**
bis	1.410	€/m²
max	1.440	€/m²

Kosten:
Stand 1. Quartal 2025
Bundesdurchschnitt
inkl. 19% MwSt.

Objektübersicht zur Gebäudeart

6100-1381 Flüchtlingsunterkunft (6 WE) - Effizienzhaus 70* — BRI 1.384 m³ — BGF 493 m² — NUF 362 m²

Flüchtlingsunterkunft mit sechs Wohneinheiten für 29 Betten. Mauerwerk.

Land: Baden-Württemberg
Kreis: Rems-Murr-Kreis
Standard: einfach
Bauzeit: 48 Wochen
Kennwerte: bis 1. Ebene DIN 276

BGF 1.815 €/m² *

Planung: archifaktur Freier Architekt Julian Bärlin; Winterbach

veröffentlicht: BKI Objektdaten E8
* Nicht in der Auswertung enthalten

6100-1059 Mehrfamilienhaus (3 WE) - Effizienzhaus 85 — BRI 1.232 m³ — BGF 472 m² — NUF 288 m²

Mehrfamilienhaus (3 WE) mit 230m² Wohnfläche. Mauerwerk.

Land: Hessen
Kreis: Main-Taunus-Kreis
Standard: einfach
Bauzeit: 52 Wochen
Kennwerte: bis 1. Ebene DIN 276

BGF 1.442 €/m²

Planung: Stiehl + Lüders Baubetreuung GbR; Wiesbaden

veröffentlicht: BKI Objektdaten E6

6100-0698 Mehrfamilienhaus (4 WE) — BRI 1.479 m³ — BGF 706 m² — NUF 446 m²

Mehrfamilienwohnhaus mit vier Eigentumswohnungen. Mauerwerksbau; Stb-Filigrandecke; Holzsatteldach.

Land: Nordrhein-Westfalen
Kreis: Paderborn
Standard: einfach
Bauzeit: 30 Wochen
Kennwerte: bis 1. Ebene DIN 276

BGF 1.238 €/m²

Planung: jacobs. Architekturbüro; Paderborn

veröffentlicht: BKI Objektdaten N10

6100-0700 Mehrfamilienhaus (6 WE) — BRI 2.435 m³ — BGF 900 m² — NUF 583 m²

Mehrfamilienwohnhaus (6 WE), Tiefgarage. Mauerwerksbau; Stb-Filigrandecke; Holzflachdach.

Land: Nordrhein-Westfalen
Kreis: Paderborn
Standard: einfach
Bauzeit: 43 Wochen
Kennwerte: bis 1. Ebene DIN 276

BGF 1.368 €/m²

Planung: jacobs. Architekturbüro; Paderborn

veröffentlicht: BKI Objektdaten N10

6100-0702 Mehrfamilienhaus (3 WE)

BRI 1.622 m³ **BGF** 663 m² **NUF** 466 m²

Mehrfamilienwohnhaus mit drei Wohneinheiten. Mauerwerksbau; Stb-Filigrandecke; Holzwalmdach.

Land: Nordrhein-Westfalen
Kreis: Paderborn
Standard: einfach
Bauzeit: 39 Wochen
Kennwerte: bis 1. Ebene DIN 276

BGF **1.173 €/m²**

Planung: jacobs. Architekturbüro; Paderborn

veröffentlicht: BKI Objektdaten N10

6100-0299 Mehrfamilienhaus (6 WE)

BRI 2.229 m³ **BGF** 708 m² **NUF** 451 m²

Mehrfamilienwohnhaus mit sechs Wohnungen (331 m² WFL), unterkellert. Mauerwerksbau.

Land: Sachsen
Kreis: Meißen
Standard: einfach
Bauzeit: 39 Wochen
Kennwerte: bis 1. Ebene DIN 276

BGF **1.224 €/m²**

Planung: Wolfgang Pilz Dipl. Ing. Architekt; Dresden

veröffentlicht: www.bki.de

6100-0213 Mehrfamilienhaus (6 WE)

BRI 2.685 m³ **BGF** 904 m² **NUF** 671 m²

Mehrfamilienhaus mit Büroeinheit im KG, pro Geschoss zwei Wohnungen, im DG über zwei Ebenen. Mauerwerksbau.

Land: Bayern
Kreis: Nürnberg, Stadt
Standard: einfach
Bauzeit: 26 Wochen
Kennwerte: bis 3. Ebene DIN 276

BGF **1.055 €/m²**

Planung: Manfred Hierer Dipl.-Ing. Architekt; Cadolzburg

veröffentlicht: www.bki.de

6100-0219 Mehrfamilienhaus (6 WE), Doppelgarage

BRI 2.101 m³ **BGF** 778 m² **NUF** 579 m²

Mehrfamilienhaus mit sechs Wohnungen mit Terrasse oder Balkon (4x 2 Zimmer, 2x 3 Zimmer); Teilunterkellerung, getrennte Mieterkeller, Wasch- und Trockenraum, Fahrradabstellplatz. Mauerwerksbau.

Land: Hessen
Kreis: Darmstadt-Dieburg
Standard: einfach
Bauzeit: 65 Wochen
Kennwerte: bis 3. Ebene DIN 276

BGF **1.176 €/m²**

Planung: Schlösser & Schepers a+p Architekten + Partner; Babenhausen

veröffentlicht: www.bki.de

Mehrfamilienhäuser, mit bis zu 6 WE, mittlerer Standard

Kostenkennwerte für die Kosten des Bauwerks (Kostengruppen 300+400 nach DIN 276)

BRI 635 €/m³
von 550 €/m³
bis 765 €/m³

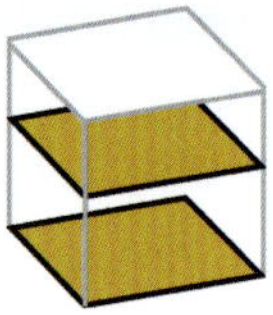

BGF 1.835 €/m²
von 1.550 €/m²
bis 2.230 €/m²

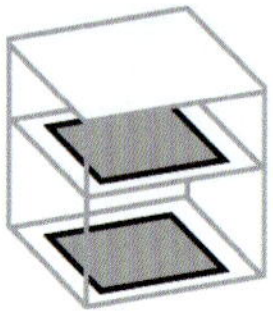

NUF 2.745 €/m²
von 2.240 €/m²
bis 3.570 €/m²

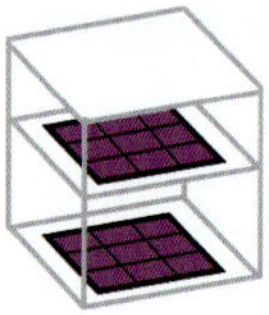

NE 3.215 €/NE
von 2.560 €/NE
bis 3.950 €/NE
NE: Wohnfläche

Objektbeispiele

Kosten:
Stand 1. Quartal 2025
Bundesdurchschnitt
inkl. 19% MwSt.

6100-1408

6100-1674

6100-1453

6100-1334

6100-1128

6100-1043

Kosten der 21 Vergleichsobjekte

Seiten 630 bis 635

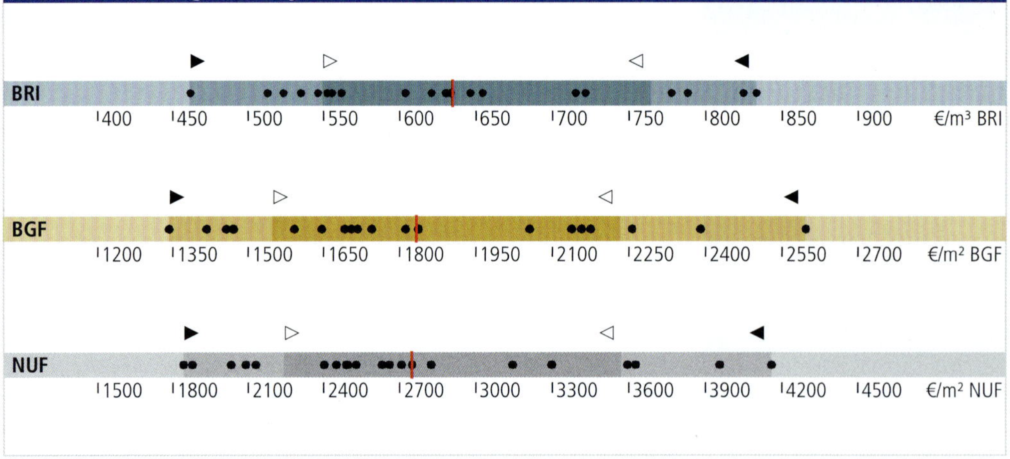

- ● KKW
- ▶ min
- ▷ von
- | Mittelwert
- ◁ bis
- ◀ max

Kostenkennwerte für die Kostengruppen der 1. und 2. Ebene DIN 276

KG	Kostengruppen der 1. Ebene	Einheit	▷	€/Einheit	◁	▷	% an 300+400	◁
100	Grundstück	m2 GF	–	**–**	–	–	**–**	–
200	Vorbereitende Maßnahmen	m2 GF	33	**96**	330	1,5	**5,1**	8,2
300	Bauwerk – Baukonstruktionen	m2 BGF	1.252	**1.473**	1.809	76,8	**80,4**	83,4
400	Bauwerk – Technische Anlagen	m2 BGF	289	**360**	495	16,6	**19,6**	23,2
	Bauwerk 300+400	m2 BGF	1.548	**1.833**	2.232	100,0	**100,0**	100,0
500	Außenanlagen und Freiflächen	m2 AF	67	**174**	320	2,6	**5,0**	10,4
600	Ausstattung und Kunstwerke	m2 BGF	1	**9**	12	< 0,1	**0,6**	0,7
700	Baunebenkosten*	m2 BGF	402	**448**	495	22,0	**24,6**	27,1 ◁
800	Finanzierung	m2 BGF	–	**–**	–	–	**–**	–

* Auf Grundlage der HOAI 2021 berechnete Werte nach §§ 35, 52, 56. Weitere Informationen siehe Seite 56

KG	Kostengruppen der 2. Ebene	Einheit	▷	€/Einheit	◁	▷	% an 1. Ebene	◁
310	Baugrube / Erdbau	m3 BGI	45	**70**	141	< 0,1	**2,3**	3,9
320	Gründung, Unterbau	m2 GRF	284	**342**	423	5,4	**7,8**	11,5
330	Außenwände / vertikal außen	m2 AWF	452	**518**	609	28,5	**30,7**	33,8
340	Innenwände / vertikal innen	m2 IWF	229	**250**	291	12,7	**14,9**	18,2
350	Decken / horizontal	m2 DEF	436	**487**	560	16,5	**23,8**	28,5
360	Dächer	m2 DAF	327	**522**	670	12,6	**14,5**	17,5
370	Infrastrukturanlagen		–	**–**	–	–	**–**	–
380	Baukonstruktive Einbauten	m2 BGF	2	**3**	4	0,0	**< 0,1**	0,3
390	Sonst. Maßnahmen für Baukonst.	m2 BGF	27	**74**	155	2,1	**6,0**	13,3
300	**Bauwerk – Baukonstruktionen**	**m2 BGF**					**100,0**	
410	Abwasser-, Wasser-, Gasanlagen	m2 BGF	61	**108**	143	20,4	**36,1**	45,5
420	Wärmeversorgungsanlagen	m2 BGF	63	**94**	117	19,7	**31,7**	40,4
430	Raumlufttechnische Anlagen	m2 BGF	6	**15**	44	1,3	**3,7**	13,0
440	Elektrische Anlagen	m2 BGF	50	**78**	170	17,6	**25,0**	50,8
450	Kommunikationstechnische Anlagen	m2 BGF	8	**10**	13	2,6	**3,5**	4,6
460	Förderanlagen	m2 BGF	–	**–**	–	–	**–**	–
470	Nutzungsspez. / verfahrenstech. Anl.	m2 BGF	–	**–**	–	–	**–**	–
480	Gebäude- und Anlagenautomation	m2 BGF	–	**–**	–	–	**–**	–
490	Sonst. Maßnahmen f. techn. Anl.	m2 BGF	–	**–**	–	–	**–**	–
400	**Bauwerk – Technische Anlagen**	**m2 BGF**					**100,0**	

Prozentanteile der Kosten 2. Ebene an den Kosten des Bauwerks nach DIN 276 (Von/Mittel/Bis)

KG	Kostengruppe	%
310	Baugrube / Erdbau	1,9
320	Gründung, Unterbau	6,2
330	Außenwände / vertikal außen	24,8
340	Innenwände / vertikal innen	12,0
350	Decken / horizontal	19,3
360	Dächer	11,7
370	Infrastrukturanlagen	
380	Baukonstruktive Einbauten	< 0,1
390	Sonst. Maßnahmen für Baukonst.	4,7
410	Abwasser-, Wasser-, Gasanlagen	6,8
420	Wärmeversorgungsanlagen	6,0
430	Raumlufttechnische Anlagen	0,8
440	Elektrische Anlagen	5,0
450	Kommunikationstechnische Anlagen	0,7
460	Förderanlagen	
470	Nutzungsspez. / verfahrenstech. Anl.	
480	Gebäude- und Anlagenautomation	
490	Sonst. Maßnahmen f. techn. Anl.	

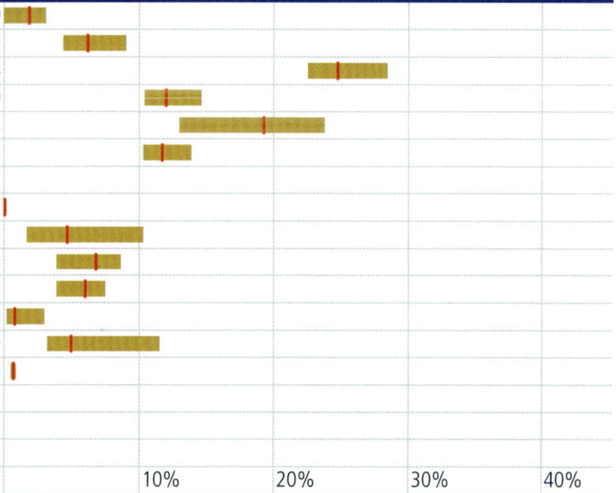

 Erläuterungen zu den Tabellen siehe Seite 54 und 56 Kostenstand: 1. Quartal 2025, Bundesdurchschnitt, **inkl. 19% MwSt.**

Prozentanteile der Kosten für Leistungsbereiche nach STLB (Kosten Bauwerk nach DIN 276)

LB	Leistungsbereiche	▷	% an 300+400	◁
000	Baustellen-, Verkehrssich.- u. Sicherh.einr. inkl. 001	1,1	**1,9**	4,5
002	Erdarbeiten	0,4	**1,9**	2,8
006	Spezialtiefbauarbeiten inkl. 005	–	**–**	–
009	Entwässerungskanalarbeiten inkl. 011	0,0	**0,4**	0,7
010	Drän- und Versickerarbeiten	0,0	**0,2**	0,8
012	Mauerarbeiten	8,9	**10,5**	13,8
013	Betonarbeiten	9,4	**13,7**	18,6
014	Natur-, Betonwerksteinarbeiten	0,6	**1,7**	2,4
016	Zimmer- und Holzbauarbeiten	3,6	**7,5**	11,4
017	Stahlbauarbeiten	< 0,1	**1,3**	6,4
018	Abdichtungsarbeiten	< 0,1	**0,5**	0,9
020	Dachdeckungsarbeiten	1,8	**4,2**	6,0
021	Dachabdichtungsarbeiten	0,0	**0,4**	1,1
022	Klempnerarbeiten	1,0	**2,0**	3,4
	Rohbau	41,4	**46,0**	50,8
023	Putz- und Stuckarbeiten, Wärmedämmsysteme	2,1	**4,7**	6,0
024	Fliesen- und Plattenarbeiten	1,6	**3,2**	5,4
025	Estricharbeiten	1,4	**1,7**	2,1
026	Fenster, Außentüren inkl. 029, 032	4,6	**6,8**	8,9
027	Tischlerarbeiten	2,3	**3,0**	4,2
028	Parkettarbeiten, Holzpflasterarbeiten	0,0	**0,7**	1,9
030	Rollladenarbeiten	0,7	**1,3**	1,7
031	Metallbauarbeiten inkl. 035	2,0	**5,0**	10,3
034	Maler- und Lackiererarbeiten inkl. 037	2,2	**2,4**	2,7
036	Bodenbelagarbeiten	0,3	**1,3**	2,9
038	Vorgehängte hinterlüftete Fassaden	0,0	**0,3**	0,7
039	Trockenbauarbeiten	3,4	**4,7**	6,8
	Ausbau	32,5	**35,0**	38,2
040	Wärmeversorgungsanl. - Betriebseinr. inkl. 041	3,8	**5,3**	7,0
042	Gas- und Wasserinstallation, Leitungen inkl. 043	1,0	**2,3**	3,5
044	Abwasseranlagen - Leitungen, Abläufe, Armaturen	0,5	**1,1**	1,4
045	GWE - Einrichtungsgegenstände inkl. 046	1,9	**2,5**	2,9
047	Dämm- und Brandschutzarbeiten an techn. Anlagen	0,2	**0,8**	1,5
049	Feuerlöschanlagen, Feuerlöschgeräte	–	**–**	–
050	Blitzschutz- und Erdungsanlagen	0,1	**0,2**	0,2
052	Mittelspannungsanlagen	–	**–**	–
053	Niederspannungsanlagen inkl. 054	3,1	**4,8**	10,9
055	Sicherheits- und Ersatzstromversorgungsanlagen	–	**–**	–
057	Gebäudesystemtechnik	–	**–**	–
058	Leuchten und Lampen inkl. 059	0,2	**0,3**	0,5
060	Such-, Signal-, elektroakust. Anl., Med. inkl. 064	< 0,1	**0,1**	0,2
061	Kommunikations- und Übertragungsnetze inkl. 062	0,2	**0,4**	0,8
063	Gefahrenmeldeanlagen	0,0	**< 0,1**	0,2
069	Aufzüge	–	**–**	–
070	Gebäudeautomation	–	**–**	–
075	Raumlufttechnische Anlagen inkl. 078	0,2	**0,8**	3,0
	Gebäudetechnik	14,4	**18,6**	21,0
	Sonstige Leistungsbereiche inkl. 008, 033, 051	< 0,1	**0,4**	1,1

Kosten:
Stand 1.Quartal 2025
Bundesdurchschnitt
inkl. 19% MwSt.

- ● KKW
- ▶ min
- ▷ von
- | Mittelwert
- ◁ bis
- ◀ max

Planungskennwerte für Flächen und Rauminhalte nach DIN 277

Grundflächen		▷	Fläche/NUF (%)	◁	▷	Fläche/BGF (%)	◁
NUF	Nutzungsfläche	100,0	**100,0**	100,0	63,2	**67,7**	71,5
TF	Technikfläche	2,7	**3,7**	8,6	1,7	**2,3**	5,1
VF	Verkehrsfläche	12,9	**17,3**	26,5	8,6	**11,5**	15,7
NRF	Netto-Raumfläche	117,0	**121,0**	129,6	77,1	**81,5**	84,4
KGF	Konstruktions-Grundfläche	23,5	**28,1**	37,1	15,6	**18,5**	22,9
BGF	Brutto-Grundfläche	141,8	**149,1**	160,9	100,0	**100,0**	100,0

Brutto-Rauminhalte		▷	BRI/NUF (m)	◁	▷	BRI/BGF (m)	◁
BRI	Brutto-Rauminhalt	4,04	**4,30**	4,60	2,79	**2,89**	3,03

Flächen von Nutzeinheiten	▷	NUF/Einheit (m²)	◁	▷	BGF/Einheit (m²)	◁
Nutzeinheit: Wohnfläche	1,16	**1,26**	1,52	1,68	**1,87**	2,40

Lufttechnisch behandelte Flächen	▷	Fläche/NUF (%)	◁	▷	Fläche/BGF (%)	◁
Entlüftete Fläche	–	**–**	–	–	**–**	–
Be- und entlüftete Fläche	–	**–**	–	–	**–**	–
Teilklimatisierte Fläche	–	**–**	–	–	**–**	–
Klimatisierte Fläche	–	**–**	–	–	**–**	–

KG	Kostengruppen (2. Ebene)	Einheit	▷	Menge/NUF	◁	▷	Menge/BGF	◁
310	Baugrube / Erdbau	m³ BGI	1,17	**1,17**	1,25	0,80	**0,80**	0,85
320	Gründung, Unterbau	m² GRF	0,38	**0,39**	0,39	0,26	**0,29**	0,29
330	Außenwände / vertikal außen	m² AWF	1,07	**1,07**	1,12	0,69	**0,77**	0,87
340	Innenwände / vertikal innen	m² IWF	0,89	**1,07**	1,19	0,67	**0,77**	0,79
350	Decken / horizontal	m² DEF	0,70	**0,87**	0,97	0,63	**0,63**	0,68
360	Dächer	m² DAF	0,50	**0,52**	0,52	0,37	**0,38**	0,47
370	Infrastrukturanlagen		–	**–**	–	–	**–**	–
380	Baukonstruktive Einbauten	m² BGF	1,42	**1,49**	1,61	1,00	**1,00**	1,00
390	Sonst. Maßnahmen für Baukonst.	m² BGF	1,42	**1,49**	1,61	1,00	**1,00**	1,00
300	**Bauwerk – Baukonstruktionen**	**m² BGF**	1,42	**1,49**	1,61	1,00	**1,00**	1,00

Planungskennwerte für Bauzeiten — 21 Vergleichsobjekte

Bauzeit in Wochen

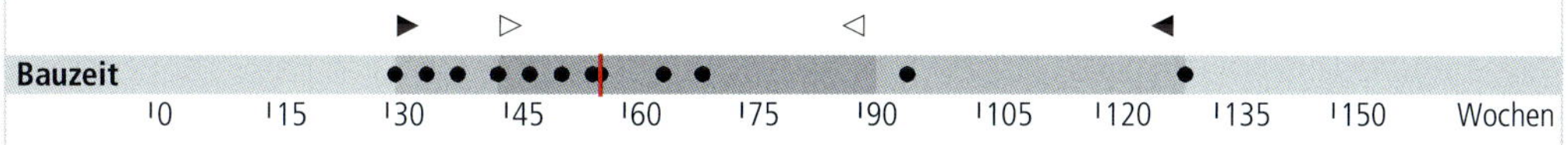

Verwaltung
Wissenschaft
Gesundheit
Bildung
Sport
Wohnen
Gewerbe
Versorgung
Kultur

Mehrfamilienhäuser, mit bis zu 6 WE, mittlerer Standard

€/m² BGF

min	1.340	€/m²
von	1.550	€/m²
Mittel	**1.835**	**€/m²**
bis	2.230	€/m²
max	2.595	€/m²

Kosten:
Stand 1. Quartal 2025
Bundesdurchschnitt
inkl. 19% MwSt.

Objektübersicht zur Gebäudeart

6100-1674 Mehrfamilienhaus (3 WE)

BRI 1.608 m³ **BGF** 511 m² **NUF** 335 m²

Mehrfamilienhaus mit drei Wohnungen und 327m² Wohnfläche. Mauerwerk.

Land: Hessen
Kreis: Offenbach
Standard: mittel
Bauzeit: 131 Wochen
Kennwerte: bis 1. Ebene DIN 276

BGF **2.596 €/m²**

Planung: petri architekten; Dreieich

veröffentlicht: BKI Objektdaten N20

6100-1543 Mehrfamilienhaus (4 WE)

BRI 1.539 m³ **BGF** 613 m² **NUF** 355 m²

Mehrfamilienhaus mit vier Wohneinheiten. Mauerwerk.

Land: Niedersachsen
Kreis: Osnabrück
Standard: mittel
Bauzeit: 52 Wochen
Kennwerte: bis 1. Ebene DIN 276

BGF **1.591 €/m²**

Planung: Ingenieurbüro Gerdom; Bad Essen

veröffentlicht: BKI Objektdaten N18

6100-1521 Mehrfamilienhaus (5 WE), Büro (15 AP), TG (13 STP)

BRI 4.478 m³ **BGF** 1.565 m² **NUF** 849 m²

Mehrfamilienhaus mit fünf Wohneinheiten (439,68m² WFL), eine Büroeinheit und Tiefgarage (13 STP). Massivbau.

Land: Bayern
Kreis: Neumarkt i.d.OPf.
Standard: mittel
Bauzeit: 70 Wochen
Kennwerte: bis 1. Ebene DIN 276

BGF **2.256 €/m²**

Planung: KNYCHALLA + TEAM ARCHITEKTUR + FREIRAUM; Neumarkt

veröffentlicht: BKI Objektdaten E9

6100-1453 Mehrfamilienhaus (3 WE), Carport

BRI 2.122 m³ **BGF** 707 m² **NUF** 487 m²

Mehrfamilienhaus (347m² WFL) mit drei Wohneinheiten und Carport. Massivbau.

Land: Bayern
Kreis: Landsberg am Lech
Standard: mittel
Bauzeit: 56 Wochen
Kennwerte: bis 1. Ebene DIN 276

BGF **1.811 €/m²**

Planung: Jo Güth Architekt; München

veröffentlicht: BKI Objektdaten E9

6100-1406 Mehrfamilienhaus (3 WE)

BRI 2.023 m³ **BGF** 611 m² **NUF** 445 m²

Mehrfamilienhaus mit drei Wohneinheiten. Mauerwerksbau.

Land: Hessen
Kreis: Frankfurt am Main, Stadt
Standard: mittel
Bauzeit: 52 Wochen
Kennwerte: bis 1.Ebene DIN 276

BGF 2.056 €/m²

Planung: Gerstner Kaluza Architektur GmbH; Frankfurt am Main

veröffentlicht: BKI Objektdaten N17

6100-1334 Mehrfamilienhaus (6 WE)

BRI 1.954 m³ **BGF** 681 m² **NUF** 453 m²

Mehrfamilienhaus mit sechs Wohneinheiten (457m² WFL). Mauerwerksbau.

Land: Hamburg
Kreis: Hamburg, Stadt
Standard: mittel
Bauzeit: 52 Wochen
Kennwerte: bis 1.Ebene DIN 276

BGF 2.390 €/m²

Planung: güldenzopf rohrberg architektur + design; Hamburg

veröffentlicht: BKI Objektdaten N16

6100-1408 Mehrfamilienhaus (5 WE) - Effizienzhaus 55

BRI 3.103 m³ **BGF** 1.130 m² **NUF** 817 m²

Mehrfamilienhaus mit fünf Maisonette-Wohnungen (579m² WFL) und Tiefgarage (5 STP), Effizienzhaus 55. Massivbau.

Land: Bayern
Kreis: München, Stadt
Standard: mittel
Bauzeit: 70 Wochen
Kennwerte: bis 1.Ebene DIN 276

BGF 1.468 €/m²

Planung: Architekten HBH Hilzinger Bittcher-Zeitz; München

veröffentlicht: BKI Objektdaten N17

6100-1377 Mehrfamilienhaus (3 WE)

BRI 1.206 m³ **BGF** 447 m² **NUF** 357 m²

Dreifamilienhaus. Mischkonstruktion.

Land: Hessen
Kreis: Darmstadt, Stadt
Standard: mittel
Bauzeit: 52 Wochen
Kennwerte: bis 3.Ebene DIN 276

BGF 1.704 €/m²

Planung: +studio moeve Planungsbüro bda GmbH & Co. KG; Darmstadt

veröffentlicht: BKI Objektdaten N17

Mehrfamilienhäuser, mit bis zu 6 WE, mittlerer Standard

€/m² BGF

min	1.340	€/m²
von	1.550	€/m²
Mittel	**1.835**	**€/m²**
bis	2.230	€/m²
max	2.595	€/m²

Kosten:
Stand 1. Quartal 2025
Bundesdurchschnitt
inkl. 19% MwSt.

Objektübersicht zur Gebäudeart

6100-1310 Mehrfamilienhaus (5 WE) - Effizienzhaus 70
BRI 2.047 m³ **BGF** 777 m² **NUF** 453 m²

Mehrfamilienhaus mit fünf Wohneinheiten (461 m² WFL) als Effizienzhaus 70, nicht unterkellert. Mauerwerksbau.

Land: Nordrhein-Westfalen
Kreis: Borken
Standard: mittel
Bauzeit: 48 Wochen
Kennwerte: bis 1. Ebene DIN 276

BGF 1.455 €/m²

Planung: Architekturbüro Hermann Josef Steverding; Stadtlohn

veröffentlicht: BKI Objektdaten S2

6100-1294 Mehrfamilienhaus (3 WE) - Effizienzhaus 40
BRI 2.007 m³ **BGF** 714 m² **NUF** 559 m²

Mehrfamilienhaus dreigeschossig mit drei Wohnungen, Garagengebäude mit Werkstatt, zweigeschossig, Lager im OG. Mischbauweise.

Land: Schleswig-Holstein
Kreis: Rendsburg Eckernförde
Standard: mittel
Bauzeit: 96 Wochen
Kennwerte: bis 3. Ebene DIN 276

BGF 1.471 €/m²

Planung: Architekturbüro Rühmann; Steenfeld

veröffentlicht: BKI Objektdaten E8

6100-1226 Mehrfamilienhaus (5 WE)
BRI 2.700 m³ **BGF** 966 m² **NUF** 637 m²

Mehrfamilienhaus (5 WE) mit 445 m² WFL. Mauerwerksbau.

Land: Brandenburg
Kreis: Oberhavel
Standard: mittel
Bauzeit: 39 Wochen
Kennwerte: bis 1. Ebene DIN 276

BGF 2.174 €/m²

Planung: Sabine Reimann Dipl. Ing. Architektin; Wesenberg

veröffentlicht: BKI Objektdaten N15

6100-1398 Mehrfamilienhaus (5 WE) - Effizienzhaus 70
BRI 1.611 m³ **BGF** 574 m² **NUF** 417 m²

Mehrfamilienhaus (5 WE) mit 393 m² WFL als Effizienzhaus 70. Mauerwerksbau.

Land: Niedersachsen
Kreis: Delmenhorst, Stadt
Standard: mittel
Bauzeit: 39 Wochen
Kennwerte: bis 1. Ebene DIN 276

BGF 1.837 €/m²

Planung: Architekturbüro Ullrich Runge; Delmenhorst

veröffentlicht: BKI Objektdaten E8

6100-1225 Mehrfamilienhaus (6 WE) - Effizienzhaus 70

BRI 4.858 m^3 **BGF** 1.469 m^2 **NUF** 997 m^2

© Schenk Perfler Architekten GbR

Mehrfamilienhaus (6 WE). Massivbau.

Land: Berlin
Kreis: Berlin, Stadt
Standard: mittel
Bauzeit: 56 Wochen
Kennwerte: bis 1. Ebene DIN 276

BGF **1.836 €/m^2**

Planung: Schenk Perfler Architekten GbR; Berlin

veröffentlicht: BKI Objektdaten E7

6100-1055 Mehrfamilienhaus (3 WE)

BRI 867 m^3 **BGF** 290 m^2 **NUF** 197 m^2

© Funken Architekten

Mehrfamilienhaus mit drei Wohneinheiten (225 m^2 WFL). Mauerwerksbau.

Land: Thüringen
Kreis: Erfurt, Stadt
Standard: mittel
Bauzeit: 31 Wochen
Kennwerte: bis 1. Ebene DIN 276

BGF **2.137 €/m^2**

Planung: Funken Architekten; Erfurt

veröffentlicht: BKI Objektdaten N12

6100-1043 Wohngebäude, zwei Ferienwohnungen (3 WE)

BRI 1.650 m^3 **BGF** 552 m^2 **NUF** 328 m^2

© TRÄNKNER ARCHITEKTEN

Wohngebäude mit zwei Ferienwohnungen im EG und einer Wohnung im OG/DG (292 m^2 WFL). Mauerwerksbau.

Land: Sachsen-Anhalt
Kreis: Burgenlandkreis
Standard: mittel
Bauzeit: 44 Wochen
Kennwerte: bis 1. Ebene DIN 276

BGF **2.157 €/m^2**

Planung: TRÄNKNER ARCHITEKTEN, Architekt Matthias Tränkner; Naumburg (Saale)

veröffentlicht: BKI Objektdaten N12

6100-1128 Mehrfamilienhaus (6 WE)

BRI 2.950 m^3 **BGF** 1.110 m^2 **NUF** 717 m^2

Mehrfamilienhaus sechs Wohneinheiten (621 m^2 WFL). Mauerwerksbau.

Land: Hamburg
Kreis: Hamburg, Stadt
Standard: mittel
Bauzeit: 65 Wochen
Kennwerte: bis 1. Ebene DIN 276

BGF **1.717 €/m^2**

Planung: BCT Architekt; Hamburg

veröffentlicht: BKI Objektdaten N13

€/m² BGF

min	1.340	€/m²
von	1.550	€/m²
Mittel	**1.835**	**€/m²**
bis	2.230	€/m²
max	2.595	€/m²

Kosten:
Stand 1. Quartal 2025
Bundesdurchschnitt
inkl. 19% MwSt.

Objektübersicht zur Gebäudeart

6100-1064 Stadthäuser (3 WE)

BRI 2.327 m³ **BGF** 800 m² **NUF** 583 m²

© Kromat Bauplanungs-Service

Drei Stadthäuser im Verbund (535 m² WFL). Massivbauweise.

Land: Berlin
Kreis: Berlin, Stadt
Standard: mittel
Bauzeit: 44 Wochen
Kennwerte: bis 1. Ebene DIN 276

BGF 1.342 €/m²

Planung: Kromat Bauplanungs-Service GmbH; Königs Wusterhausen-Zernsdorf

veröffentlicht: BKI Objektdaten N13

6100-0566 Mehrfamilienhaus (3 WE)

BRI 1.386 m³ **BGF** 516 m² **NUF** 364 m²

© Architekt Wolfgang Vogl

Mehrfamilienhaus mit drei Wohneinheiten (251 m² WFL II.BVO). Mauerwerksbau mit Stb-Decken und geneigtem Holzdach.

Land: Hessen
Kreis: Main Kinzig Kreis
Standard: mittel
Bauzeit: 35 Wochen
Kennwerte: bis 3. Ebene DIN 276

BGF 1.691 €/m²

Planung: Architekt Wolfgang Vogl; Bad Homburg

veröffentlicht: www.bki.de

6100-0530 Mehrfamilienhaus (6 WE)

BRI 2.320 m³ **BGF** 840 m² **NUF** 569 m²

© Freie Architekten Blattmann + Oswald

Mehrfamilienhaus (6 WE; 469 m² WFL II.BVO), unterkellert. Mauerwerksbau.

Land: Baden-Württemberg
Kreis: Ludwigsburg
Standard: mittel
Bauzeit: 44 Wochen
Kennwerte: bis 3. Ebene DIN 276

BGF 1.416 €/m²

Planung: Freie Architekten Blattmann + Oswald; Markgröningen

veröffentlicht: www.bki.de

6100-0363 Wohnhaus, barrierefrei (4 WE)

BRI 2.200 m³ **BGF** 689 m² **NUF** 483 m²

© riemannArchitekten

Zwei Wohneinheiten für Rollstuhlfahrer, zwei Wohneinheiten barrierefrei nach DIN 18025. Mauerwerksbau.

Land: Nordrhein-Westfalen
Kreis: Bonn, Stadt
Standard: mittel
Bauzeit: 57 Wochen
Kennwerte: bis 1. Ebene DIN 276

BGF 1.745 €/m²

Planung: Büro für Architektur und Städtebau, Architekt Prof. Peter Riemann; Bonn

veröffentlicht: www.bki.de

6100-0369 Mehrfamilienhaus (3 WE) - Niedrigenergie

BRI 1.592 m³ **BGF** 543 m² **NUF** 365 m²

Mehrfamilienhaus mit drei Wohneinheiten. Mauerwerksbau.

Land: Hessen
Kreis: Darmstadt-Dieburg
Standard: mittel
Bauzeit: 65 Wochen
Kennwerte: bis 3. Ebene DIN 276

BGF **1.646 €/m²**

Planung: F+R Architekten Prof. Florian Fink BDA; Bickenbach an der Bergstraße

veröffentlicht: www.bki.de

Mehrfamilienhäuser, mit bis zu 6 WE, hoher Standard

Kostenkennwerte für die Kosten des Bauwerks (Kostengruppen 300+400 nach DIN 276)

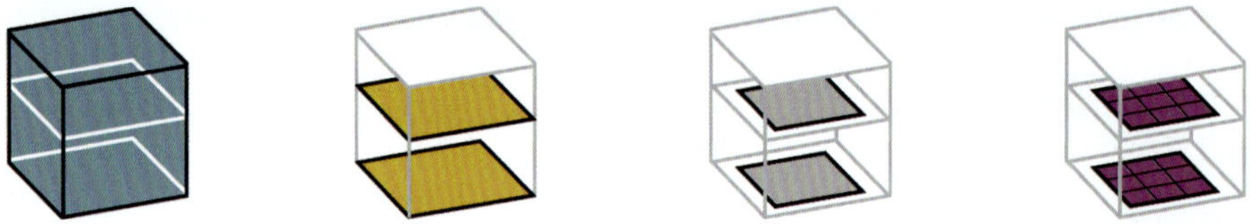

BRI 765 €/m³	BGF 2.260 €/m²	NUF 3.550 €/m²	NE 4.330 €/NE
von 610 €/m³	von 1.780 €/m²	von 2.715 €/m²	von 3.375 €/NE
bis 1.015 €/m³	bis 2.845 €/m²	bis 4.545 €/m²	bis 5.820 €/NE
			NE: Wohnfläche

Objektbeispiele

Kosten:
Stand 1. Quartal 2025
Bundesdurchschnitt
inkl. 19% MwSt.

6100-1723

6100-1432

6100-1466

Kosten der 32 Vergleichsobjekte

Seiten 640 bis 647

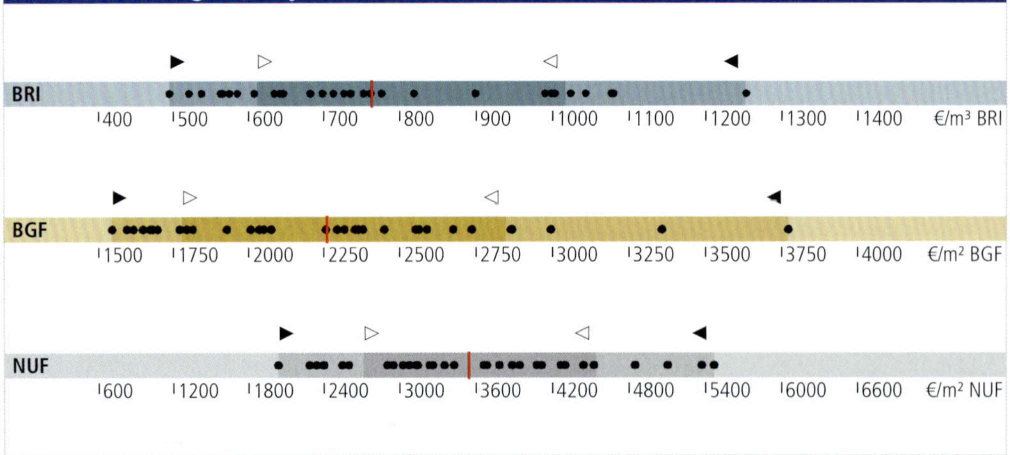

- ● KKW
- ▶ min
- ▷ von
- | Mittelwert
- ◁ bis
- ◀ max

Kostenstand: 1. Quartal 2025, Bundesdurchschnitt, **inkl. 19% MwSt.**

Kostenkennwerte für die Kostengruppen der 1. und 2. Ebene DIN 276

KG	Kostengruppen der 1. Ebene	Einheit	▷	€/Einheit	◁	▷	% an 300+400	◁
100	Grundstück	m²GF	–	**–**	–	–	**–**	–
200	Vorbereitende Maßnahmen	m²GF	19	**62**	190	0,6	**1,6**	3,0
300	Bauwerk – Baukonstruktionen	m²BGF	1.415	**1.806**	2.321	76,7	**79,8**	84,0
400	Bauwerk – Technische Anlagen	m²BGF	351	**453**	598	16,0	**20,2**	23,3
	Bauwerk 300+400	m²BGF	1.778	**2.259**	2.847	100,0	**100,0**	100,0
500	Außenanlagen und Freiflächen	m²AF	162	**325**	855	2,3	**4,8**	7,9
600	Ausstattung und Kunstwerke	m²BGF	17	**32**	76	0,7	**1,3**	2,4
700	Baunebenkosten*	m²BGF	456	**508**	561	20,3	**22,7**	25,0
800	Finanzierung	m²BGF	–	**–**	–	–	**–**	–

◁ * Auf Grundlage der HOAI 2021 berechnete Werte nach §§ 35, 52, 56. Weitere Informationen siehe Seite 56

KG	Kostengruppen der 2. Ebene	Einheit	▷	€/Einheit	◁	▷	% an 1. Ebene	◁
310	Baugrube / Erdbau	m³BGI	28	**41**	60	1,3	**2,7**	4,0
320	Gründung, Unterbau	m²GRF	251	**460**	793	5,4	**7,5**	9,6
330	Außenwände / vertikal außen	m²AWF	530	**622**	897	26,7	**31,0**	35,5
340	Innenwände / vertikal innen	m²IWF	238	**280**	327	14,0	**16,0**	17,8
350	Decken / horizontal	m²DEF	473	**545**	661	20,0	**22,9**	27,3
360	Dächer	m²DAF	574	**749**	1.010	11,5	**14,6**	19,2
370	Infrastrukturanlagen		–	**–**	–	–	**–**	–
380	Baukonstruktive Einbauten	m²BGF	3	**14**	34	< 0,1	**0,3**	1,7
390	Sonst. Maßnahmen für Baukonst.	m²BGF	43	**83**	125	3,1	**5,0**	6,8
300	**Bauwerk – Baukonstruktionen**	**m²BGF**					**100,0**	
410	Abwasser-, Wasser-, Gasanlagen	m²BGF	87	**108**	130	22,6	**27,5**	32,0
420	Wärmeversorgungsanlagen	m²BGF	83	**120**	160	23,5	**29,8**	37,0
430	Raumlufttechnische Anlagen	m²BGF	6	**27**	58	1,0	**5,9**	15,3
440	Elektrische Anlagen	m²BGF	73	**92**	116	19,6	**23,3**	27,0
450	Kommunikationstechnische Anlagen	m²BGF	9	**17**	23	2,7	**4,3**	5,7
460	Förderanlagen	m²BGF	57	**62**	69	0,0	**9,1**	15,1
470	Nutzungsspez. / verfahrenstech. Anl.	m²BGF	–	**–**	–	–	**–**	–
480	Gebäude- und Anlagenautomation	m²BGF	–	**–**	–	–	**–**	–
490	Sonst. Maßnahmen f. techn. Anl.	m²BGF	–	**< 1**	–	0,0	**< 0,1**	0,1
400	**Bauwerk – Technische Anlagen**	**m²BGF**					**100,0**	

Prozentanteile der Kosten 2. Ebene an den Kosten des Bauwerks nach DIN 276 (Von/Mittel/Bis)

KG	Kostengruppe	%
310	Baugrube / Erdbau	2,1
320	Gründung, Unterbau	6,0
330	Außenwände / vertikal außen	24,7
340	Innenwände / vertikal innen	12,8
350	Decken / horizontal	18,3
360	Dächer	11,7
370	Infrastrukturanlagen	
380	Baukonstruktive Einbauten	0,3
390	Sonst. Maßnahmen für Baukonst.	4,0
410	Abwasser-, Wasser-, Gasanlagen	5,5
420	Wärmeversorgungsanlagen	5,9
430	Raumlufttechnische Anlagen	1,3
440	Elektrische Anlagen	4,7
450	Kommunikationstechnische Anlagen	0,9
460	Förderanlagen	2,0
470	Nutzungsspez. / verfahrenstech. Anl.	
480	Gebäude- und Anlagenautomation	
490	Sonst. Maßnahmen f. techn. Anl.	< 0,1

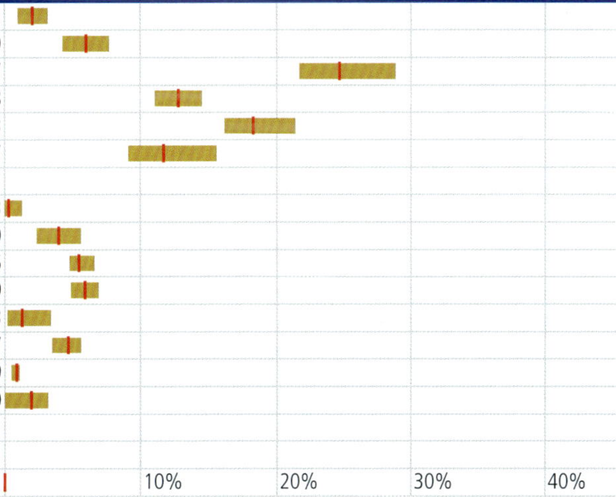

 Erläuterungen zu den Tabellen siehe Seite 54 und 56 Kostenstand: 1. Quartal 2025, Bundesdurchschnitt, **inkl. 19% MwSt.**

Prozentanteile der Kosten für Leistungsbereiche nach STLB (Kosten Bauwerk nach DIN 276)

Kosten:
Stand 1. Quartal 2025
Bundesdurchschnitt
inkl. 19% MwSt.

LB	Leistungsbereiche	▷	% an 300+400	◁
000	Baustellen-, Verkehrssich.- u. Sicherh.einr. inkl. 001	2,1	**3,1**	4,4
002	Erdarbeiten	1,5	**2,5**	3,9
006	Spezialtiefbauarbeiten inkl. 005	–	**–**	–
009	Entwässerungskanalarbeiten inkl. 011	0,2	**0,6**	1,7
010	Drän- und Versickerarbeiten	< 0,1	**< 0,1**	0,4
012	Mauerarbeiten	3,6	**7,1**	17,8
013	Betonarbeiten	16,2	**19,5**	23,7
014	Natur-, Betonwerksteinarbeiten	0,4	**1,4**	3,6
016	Zimmer- und Holzbauarbeiten	1,8	**3,1**	5,5
017	Stahlbauarbeiten	0,0	**0,8**	2,6
018	Abdichtungsarbeiten	0,2	**0,9**	1,7
020	Dachdeckungsarbeiten	0,0	**1,4**	3,3
021	Dachabdichtungsarbeiten	0,4	**2,9**	4,9
022	Klempnerarbeiten	1,0	**2,5**	7,6
	Rohbau	43,1	**46,0**	49,1
023	Putz- und Stuckarbeiten, Wärmedämmsysteme	1,8	**5,5**	7,7
024	Fliesen- und Plattenarbeiten	2,1	**3,3**	6,9
025	Estricharbeiten	1,4	**1,7**	2,0
026	Fenster, Außentüren inkl. 029, 032	5,6	**7,3**	10,1
027	Tischlerarbeiten	1,5	**3,4**	5,4
028	Parkettarbeiten, Holzpflasterarbeiten	0,3	**1,7**	2,5
030	Rollladenarbeiten	0,9	**1,9**	3,3
031	Metallbauarbeiten inkl. 035	0,3	**2,2**	4,2
034	Maler- und Lackiererarbeiten inkl. 037	1,9	**2,6**	4,6
036	Bodenbelagarbeiten	< 0,1	**0,4**	3,0
038	Vorgehängte hinterlüftete Fassaden	< 0,1	**1,1**	8,1
039	Trockenbauarbeiten	0,8	**3,0**	4,3
	Ausbau	31,2	**34,0**	36,7
040	Wärmeversorgungsanl. - Betriebseinr. inkl. 041	4,5	**5,7**	7,2
042	Gas- und Wasserinstallation, Leitungen inkl. 043	0,9	**1,7**	2,5
044	Abwasseranlagen - Leitungen, Abläufe, Armaturen	0,4	**0,8**	1,3
045	GWE - Einrichtungsgegenstände inkl. 046	1,4	**2,0**	2,3
047	Dämm- und Brandschutzarbeiten an techn. Anlagen	0,3	**0,6**	1,0
049	Feuerlöschanlagen, Feuerlöschgeräte	–	**–**	–
050	Blitzschutz- und Erdungsanlagen	< 0,1	**0,2**	0,3
052	Mittelspannungsanlagen	–	**–**	–
053	Niederspannungsanlagen inkl. 054	2,8	**4,2**	4,9
055	Sicherheits- und Ersatzstromversorgungsanlagen	–	**–**	–
057	Gebäudesystemtechnik	0,0	**< 0,1**	0,3
058	Leuchten und Lampen inkl. 059	0,2	**0,5**	1,2
060	Such-, Signal-, elektroakust. Anl., Med. inkl. 064	< 0,1	**0,4**	0,6
061	Kommunikations- und Übertragungsnetze inkl. 062	0,2	**0,4**	0,6
063	Gefahrenmeldeanlagen	0,0	**< 0,1**	0,2
069	Aufzüge	0,0	**1,9**	3,2
070	Gebäudeautomation	–	**–**	–
075	Raumlufttechnische Anlagen inkl. 078	0,2	**0,9**	3,4
	Gebäudetechnik	14,8	**19,5**	21,8
	Sonstige Leistungsbereiche inkl. 008, 033, 051	0,1	**0,5**	1,3

- ● KKW
- ▶ min
- ▷ von
- | Mittelwert
- ◁ bis
- ◀ max

Planungskennwerte für Flächen und Rauminhalte nach DIN 277

Grundflächen		▷	Fläche/NUF (%)	◁	▷	Fläche/BGF (%)	◁
NUF	Nutzungsfläche	100,0	**100,0**	100,0	58,7	**64,5**	68,6
TF	Technikfläche	2,9	**3,6**	6,4	1,9	**2,3**	3,8
VF	Verkehrsfläche	18,6	**24,3**	42,5	11,3	**14,6**	20,8
NRF	Netto-Raumfläche	121,8	**127,9**	148,4	78,6	**81,4**	83,8
KGF	Konstruktions-Grundfläche	24,9	**29,3**	34,0	16,2	**18,6**	21,4
BGF	Brutto-Grundfläche	149,2	**157,2**	178,9	100,0	**100,0**	100,0

Brutto-Rauminhalte		▷	BRI/NUF (m)	◁	▷	BRI/BGF (m)	◁
BRI	Brutto-Rauminhalt	4,40	**4,71**	5,62	2,85	**2,99**	3,21

Flächen von Nutzeinheiten	▷	NUF/Einheit (m²)	◁	▷	BGF/Einheit (m²)	◁
Nutzeinheit: Wohnfläche	1,15	**1,22**	1,34	1,81	**1,93**	2,45

Lufttechnisch behandelte Flächen	▷	Fläche/NUF (%)	◁	▷	Fläche/BGF (%)	◁
Entlüftete Fläche	–	**–**	–	–	**–**	–
Be- und entlüftete Fläche	83,0	**83,0**	83,0	46,6	**46,6**	46,6
Teilklimatisierte Fläche	–	**–**	–	–	**–**	–
Klimatisierte Fläche	–	**–**	–	–	**–**	–

KG	Kostengruppen (2. Ebene)	Einheit	▷	Menge/NUF	◁	▷	Menge/BGF	◁
310	Baugrube / Erdbau	m³ BGI	1,17	**1,83**	2,03	0,74	**1,15**	1,39
320	Gründung, Unterbau	m² GRF	0,46	**0,47**	0,57	0,27	**0,29**	0,31
330	Außenwände / vertikal außen	m² AWF	1,09	**1,29**	1,41	0,70	**0,81**	0,93
340	Innenwände / vertikal innen	m² IWF	1,35	**1,42**	1,48	0,87	**0,90**	0,98
350	Decken / horizontal	m² DEF	0,97	**1,06**	1,22	0,61	**0,66**	0,72
360	Dächer	m² DAF	0,43	**0,50**	0,57	0,28	**0,32**	0,36
370	Infrastrukturanlagen		–	**–**	–	–	**–**	–
380	Baukonstruktive Einbauten	m² BGF	1,49	**1,57**	1,79	1,00	**1,00**	1,00
390	Sonst. Maßnahmen für Baukonst.	m² BGF	1,49	**1,57**	1,79	1,00	**1,00**	1,00
300	**Bauwerk – Baukonstruktionen**	**m² BGF**	1,49	**1,57**	1,79	1,00	**1,00**	1,00

Planungskennwerte für Bauzeiten — 31 Vergleichsobjekte

Bauzeit in Wochen

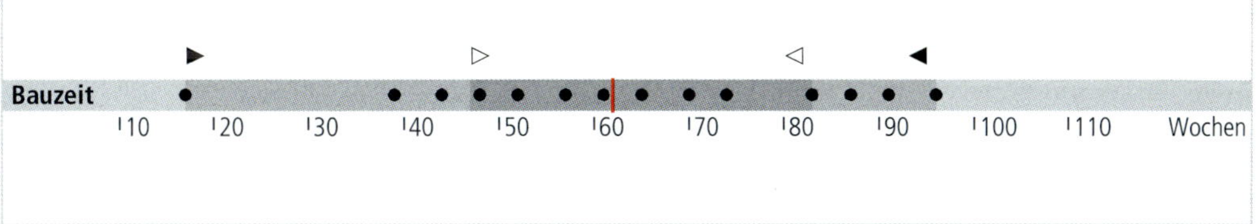

Mehrfamilienhäuser, mit bis zu 6 WE, hoher Standard

€/m² BGF

min	1.545	€/m²
von	1.780	€/m²
Mittel	**2.260**	**€/m²**
bis	2.845	€/m²
max	3.770	€/m²

Kosten:
Stand 1. Quartal 2025
Bundesdurchschnitt
inkl. 19% MwSt.

Objektübersicht zur Gebäudeart

6100-1723 Mehrfamilienhaus (5 WE)

BRI 1.866 m³ **BGF** 714 m² **NUF** 468 m²

© Architekturbüro Ullrich Runge

Mehrfamilienhaus mit fünf Wohnungen. Massivbau.

Land: Niedersachsen
Kreis: Delmenhorst, Stadt
Standard: hoch
Bauzeit: 96 Wochen
Kennwerte: bis 1. Ebene DIN 276

BGF **2.676 €/m²**

Planung: Architekturbüro Ullrich Runge; Delmenhorst

vorgesehen: BKI Objektdaten N21

6100-1616 Mehrfamilienhaus (6 WE)

BRI 2.722 m³ **BGF** 904 m² **NUF** 635 m²

© Peter Eichler Fotografie

Mehrfamilienhaus mit sechs Wohneinheiten. Massivbau.

Land: Sachsen-Anhalt
Kreis: Halle (Saale), Stadt
Standard: hoch
Bauzeit: 61 Wochen
Kennwerte: bis 1. Ebene DIN 276

BGF **3.771 €/m²**

Planung: DNR Daab Nordheim Reutler PartGmbB; Leipzig

veröffentlicht: BKI Objektdaten N20

6100-1572 Mehrfamilienhaus (6 WE) - Effizienzhaus 55

BRI 2.644 m³ **BGF** 992 m² **NUF** 587 m²

© Meyer Steffens BDA

Mehrfamilienhaus mit sechs Wohneinheiten. Massivbau.

Land: Schleswig-Holstein
Kreis: Lübeck, Stadt
Standard: hoch
Bauzeit: 74 Wochen
Kennwerte: bis 1. Ebene DIN 276

BGF **2.868 €/m²**

Planung: Meyer Steffens Architekten und Stadtplan; Lübeck

veröffentlicht: BKI Objektdaten N19

6100-1581 Mehrfamilienhaus (3 WE)

BRI 1.657 m³ **BGF** 570 m² **NUF** 351 m²

© ulip photography

Mehrfamilienhaus mit drei Wohneinheiten. Massivbau.

Land: Hessen
Kreis: Main-Taunus-Kreis
Standard: hoch
Bauzeit: 17 Wochen
Kennwerte: bis 1. Ebene DIN 276

BGF **2.255 €/m²**

Planung: mz3 architekten ingenieure GmbH; Mainz

veröffentlicht: BKI Objektdaten N19

6100-1621 Mehrfamilienhaus (5 WE)

BRI 2.421 m³ | **BGF** 873 m² | **NUF** 578 m²

Mehrfamilienhaus mit fünf Wohnungen und 456m² Wohnfläche. Massivbau.

Land: Schleswig-Holstein
Kreis: Lübeck, Stadt
Standard: hoch
Bauzeit: 87 Wochen
Kennwerte: bis 1. Ebene DIN 276

BGF 2.995 €/m²

Planung: Henrik Becker Architekt ETH; Hamburg

veröffentlicht: BKI Objektdaten N20

6100-1639 Mehrfamilienhaus (5 WE)

BRI 2.551 m³ | **BGF** 727 m² | **NUF** 451 m²

Mehrfamilienhaus mit fünf Wohneinheiten und acht Stellplätzen. Massivbau.

Land: Bayern
Kreis: Erding
Standard: hoch
Bauzeit: 61 Wochen
Kennwerte: bis 1. Ebene DIN 276

BGF 2.449 €/m²

Planung: Planungsgruppe Heilmaier; Erding

veröffentlicht: BKI Objektdaten N20

6100-1447 Mehrfamilienhaus (4 WE) - Effizienzhaus 55

BRI 2.215 m³ | **BGF** 699 m² | **NUF** 505 m²

Mehrfamilienhaus mit vier Wohneinheiten in Hanglage. Stb-Massiv.

Land: Baden-Württemberg
Kreis: Ostalbkreis
Standard: hoch
Bauzeit: 65 Wochen
Kennwerte: bis 1. Ebene DIN 276

BGF 1.648 €/m²

Planung: 2N 2L Architektur; Schwäbisch Gmünd

veröffentlicht: BKI Objektdaten E9

6100-1524 Mehrfamilienhaus (6 WE)

BRI 4.424 m³ | **BGF** 1.360 m² | **NUF** 850 m²

Mehrfamilienhaus mit sechs Wohneinheiten und sechs Garagenstellplätze. Massivbau.

Land: Sachsen
Kreis: Leipzig, Stadt
Standard: hoch
Bauzeit: 83 Wochen
Kennwerte: bis 3. Ebene DIN 276

BGF 2.364 €/m²

Planung: Augustin + Imkamp freie Architekten GbR; Leipzig

veröffentlicht: BKI Objektdaten N18

€/m² BGF

min	1.545	€/m²
von	1.780	€/m²
Mittel	**2.260**	**€/m²**
bis	2.845	€/m²
max	3.770	€/m²

Kosten:
Stand 1. Quartal 2025
Bundesdurchschnitt
inkl. 19% MwSt.

Objektübersicht zur Gebäudeart

6100-1460 Mehrfamilienhaus (6 WE)

BRI 1.959 m³ **BGF** 767 m² **NUF** 459 m²

© Jochen Stüber

Mehrfamilienhaus (6 WE). Mauerwerksbau.

Land: Hamburg
Kreis: Hamburg, Stadt
Standard: hoch
Bauzeit: 91 Wochen
Kennwerte: bis 1. Ebene DIN 276

BGF 2.551 €/m²

Planung: Babis. C. Tekeoglou BCT Architekt; Hamburg

veröffentlicht: BKI Objektdaten N17

6100-1432 Mehrfamilienhaus (4 WE)

BRI 2.683 m³ **BGF** 933 m² **NUF** 630 m²

© Werkgruppe Freiburg Architekten

Mehrfamilienhaus (4 WE). Massivbau.

Land: Baden-Württemberg
Kreis: Freiburg im Breisgau
Standard: hoch
Bauzeit: 48 Wochen
Kennwerte: bis 3. Ebene DIN 276

BGF 1.616 €/m²

Planung: Werkgruppe Freiburg Architekten; Freiburg

veröffentlicht: BKI Objektdaten N19

6100-1409 Mehrfamilienhaus (5 WE), TG (5 STP)

BRI 3.540 m³ **BGF** 1.177 m² **NUF** 786 m²

© Architekten HBH

Mehrfamilienhaus (5 WE), Penthousewohneinheit (insgesamt 604m² WFL) und Tiefgarage (5 STP). Massivbau.

Land: Bayern
Kreis: München, Stadt
Standard: hoch
Bauzeit: 57 Wochen
Kennwerte: bis 1. Ebene DIN 276

BGF 1.697 €/m²

Planung: Architekten HBH Hilzinger Bittcher-Zeitz; München

veröffentlicht: BKI Objektdaten N17

6100-1337 Mehrfamilienhaus (5 WE)

BRI 2.815 m³ **BGF** 880 m² **NUF** 617 m²

© TILIA-Innovation GmbH

Mehrfamilienhaus (5 WE) mit Gemeinderaum für die benachbarte Kapelle. Massivbau.

Land: Brandenburg
Kreis: Potsdam-Mittelmark
Standard: hoch
Bauzeit: 48 Wochen
Kennwerte: bis 3. Ebene DIN 276

BGF 2.353 €/m²

Planung: Küssner Architekten BDA; Kleinmachnow

veröffentlicht: BKI Objektdaten E8

6100-1359 Mehrfamilienhaus (6 WE) - Effizienzhaus 55

BRI 2.397 m³ | **BGF** 768 m² | **NUF** 507 m²

Mehrfamilienhaus mit sechs Wohneinheiten (454m² WFL). Massivbau.

Land: Nordrhein-Westfalen
Kreis: Aachen, Städteregion
Standard: hoch
Bauzeit: 44 Wochen
Kennwerte: bis 1. Ebene DIN 276

BGF **1.544 €/m²**

Planung: BAUSTRUCTURA Architekturbüro Dipl.-Ing. Martin Hennig; Stolberg

veröffentlicht: BKI Objektdaten E8

6100-1418 Mehrfamilienhaus (5 WE), TG - Effizienzhaus 70

BRI 3.984 m³ | **BGF** 1.049 m² | **NUF** 532 m²

Mehrfamilienhaus mit fünf Wohneinheiten (439m² WFL), Tiefgarage (5 STP) als Effizienzhaus 70. Massivbau.

Land: Nordrhein-Westfalen
Kreis: Dortmund, Stadt
Standard: hoch
Bauzeit: 57 Wochen
Kennwerte: bis 1. Ebene DIN 276

BGF **2.589 €/m²**

Planung: SCHAMP & SCHMALÖER Architekten Stadtplaner PartGmbB; Dortmund

veröffentlicht: BKI Objektdaten N17

6100-1466 Mehrfamilienhaus (3 WE), Garage

BRI 1.272 m³ | **BGF** 358 m² | **NUF** 229 m²

Mehrfamilienhaus (3 WE) mit Garage. Mischkonstruktion.

Land: Bayern
Kreis: Bayreuth
Standard: hoch
Bauzeit: 161 Wochen*
Kennwerte: bis 1. Ebene DIN 276

BGF **2.006 €/m²**

Planung: BUCHER | HÜTTINGER - ARCHITEKTUR INNEN ARCHITEKTUR; Betzenstein

veröffentlicht: BKI Objektdaten E9
* Nicht in der Auswertung enthalten

6100-1249 Mehrfamilienhaus (6 WE), TG (6 STP)

BRI 3.420 m³ | **BGF** 1.266 m² | **NUF** 838 m²

Mehrfamilienwohnhaus mit sechs Wohneinheiten (611m² WFL) und Tiefgarage (6 STP). Massivbau.

Land: Baden-Württemberg
Kreis: Heidenheim
Standard: hoch
Bauzeit: 70 Wochen
Kennwerte: bis 1. Ebene DIN 276

BGF **2.033 €/m²**

Planung: Architekturbüro Rolf Keck, Dipl.-Ing. (FH); Heidenheim

veröffentlicht: BKI Objektdaten N15

€/m² BGF

min	1.545	€/m²
von	1.780	€/m²
Mittel	**2.260**	**€/m²**
bis	2.845	€/m²
max	3.770	€/m²

Kosten:
Stand 1. Quartal 2025
Bundesdurchschnitt
inkl. 19% MwSt.

Objektübersicht zur Gebäudeart

6100-1312 Mehrfamilienhaus (5 WE), TG (5 STP)

BRI 3.934 m³ **BGF** 1.222 m² **NUF** 751 m²

Mehrfamilienhaus mit fünf Wohneinheiten und Tiefgarage (5 STP) als KfW 70-Gebäude. Stahlbetonbau.

Land: Hamburg
Kreis: Hamburg, Stadt
Standard: hoch
Bauzeit: 61 Wochen
Kennwerte: bis 1. Ebene DIN 276

BGF 3.356 €/m²

Planung: Reichardt + Partner Architekten; Hamburg

veröffentlicht: BKI Objektdaten N16

6100-1311 Mehrfamilienhaus (4 WE), TG (6 STP)

BRI 3.484 m³ **BGF** 1.160 m² **NUF** 652 m²

Mehrfamilienhaus mit vier Wohneinheiten (541m² WFL) und Tiefgarage. Mauerwerk.

Land: Hamburg
Kreis: Hamburg, Stadt
Standard: hoch
Bauzeit: 74 Wochen
Kennwerte: bis 3. Ebene DIN 276

BGF 1.926 €/m²

Planung: Leistner Fahr Architektenpartnerschaft; Reinbek

veröffentlicht: BKI Objektdaten E8

6100-1356 Mehrfamilienhaus (3 WE) - Effizienzhaus 70

BRI 2.169 m³ **BGF** 667 m² **NUF** 494 m²

Mehrfamilienhaus mit drei Wohneinheiten (357m² WFL), Effizienzhaus 70. Mauerwerksbau.

Land: Nordrhein-Westfalen
Kreis: Gelsenkirchen, Stadt
Standard: hoch
Bauzeit: 74 Wochen
Kennwerte: bis 1. Ebene DIN 276

BGF 2.318 €/m²

Planung: puschmann architektur; Recklinghausen

veröffentlicht: BKI Objektdaten E8

6100-1231 Mehrfamilienhaus (4 WE) - Effizienzhaus 70

BRI 2.018 m³ **BGF** 698 m² **NUF** 486 m²

Mehrfamilienhaus (4 WE) mit 448m² WFL als Effizienzhaus 70. Mauerwerksbau.

Land: Hamburg
Kreis: Hamburg, Stadt
Standard: hoch
Bauzeit: 48 Wochen
Kennwerte: bis 1. Ebene DIN 276

BGF 2.863 €/m²

Planung: Architekt Reichwald GmbH; Hamburg

veröffentlicht: BKI Objektdaten E7

6100-1136 Mehrfamilienhaus (3 WE), TG - Effizienzhaus 70

BRI 2.551 m³ **BGF** 817 m² **NUF** 341 m²

Mehrfamilienwohnhaus (208m² WFL), Tiefgarage mit acht Stellplätzen. Massivbau.

Land: Bayern
Kreis: München, Stadt
Standard: hoch
Bauzeit: 52 Wochen
Kennwerte: bis 1. Ebene DIN 276

BGF 1.792 €/m²

Planung: pmp Architekten Anton Meyer; Dachau

veröffentlicht: BKI Objektdaten E6

6100-1216 Mehrfamilienhaus (6 WE), TG - Effizienzhaus 70

BRI 4.440 m³ **BGF** 1.374 m² **NUF** 863 m²

Mehrfamilienhaus (6 WE) mit 680m² WFL und Tiefgarage als Effizienzhaus 70. Mauerwerksbau.

Land: Hamburg
Kreis: Hamburg, Stadt
Standard: hoch
Bauzeit: 48 Wochen
Kennwerte: bis 1. Ebene DIN 276

BGF 2.048 €/m²

Planung: STLH Architekten; Hamburg

veröffentlicht: BKI Objektdaten E7

6100-1239 Mehrfamilienhaus (3 WE) , TG (3 STP)

BRI 2.262 m³ **BGF** 829 m² **NUF** 511 m²

Mehrfamilienhaus (3 WE) mit Tiefgarage (3 STP). Kellerwände als Stb-Wände, Mauerwerk.

Land: Hamburg
Kreis: Hamburg, Stadt
Standard: hoch
Bauzeit: 61 Wochen
Kennwerte: bis 1. Ebene DIN 276

BGF 2.737 €/m²

Planung: Spengler · Wiescholek Architekten Stadtplaner; Hamburg

veröffentlicht: BKI Objektdaten N15

6100-1119 Mehrfamilienhaus (6 WE) - Effizienzhaus 70

BRI 3.467 m³ **BGF** 1.335 m² **NUF** 909 m²

Mehrfamilienhaus (722m² WFL) mit Etagenwohnungen (6 St) als Effizienzhaus 70. Mauerwerk.

Land: Nordrhein-Westfalen
Kreis: Mettmann
Standard: hoch
Bauzeit: 57 Wochen
Kennwerte: bis 1. Ebene DIN 276

BGF 1.770 €/m²

Planung: Dipl.-Ing. Architekt Wilhelm Jussen; Ratingen

veröffentlicht: BKI Objektdaten E6

€/m² BGF

min	1.545	€/m²
von	1.780	€/m²
Mittel	**2.260**	**€/m²**
bis	2.845	€/m²
max	3.770	€/m²

Kosten:
Stand 1. Quartal 2025
Bundesdurchschnitt
inkl. 19% MwSt.

Objektübersicht zur Gebäudeart

6100-0998 Mehrfamilienhaus (4 WE), TG - Passivhaus

BRI 3.073 m³ **BGF** 1.029 m² **NUF** 633 m²

© kuhs architekten freiburg

Mehrfamilienhaus (4 WE) mit Tiefgarage als Passivhaus. Massivbau.

Land: Baden-Württemberg
Kreis: Breisgau-Hochschwarzwald
Standard: hoch
Bauzeit: 61 Wochen
Kennwerte: bis 3. Ebene DIN 276

BGF **1.812 €/m²**

Planung: kuhs architekten freiburg dipl-ing.(fh) winfried kuhs; Freiburg

veröffentlicht: BKI Objektdaten E5

6100-1152 Appartementhaus (5 WE), TG (9 STP)

BRI 4.674 m³ **BGF** 1.609 m² **NUF** 1.039 m²

© reichardt architekten

Mehrfamilienhaus (5 WE) mit 798 m² WFL und Tiefgarage. Mauerwerk.

Land: Hamburg
Kreis: Hamburg, Stadt
Standard: hoch
Bauzeit: 61 Wochen
Kennwerte: bis 1. Ebene DIN 276

BGF **2.378 €/m²**

Planung: reichardt architekten; Hamburg

veröffentlicht: BKI Objektdaten N13

6100-1030 Wohnanlage (6 WE)

BRI 3.696 m³ **BGF** 1.250 m² **NUF** 886 m²

© Rossdeutsch + Schmidt Architekten

Wohnanlage aus drei Reihenhäusern und einem Apartmenthaus mit drei Wohneinheiten (740 m² WFL). Massivbau.

Land: Bayern
Kreis: Nürnberg, Stadt
Standard: hoch
Bauzeit: 57 Wochen
Kennwerte: bis 1. Ebene DIN 276

BGF **2.293 €/m²**

Planung: Rossdeutsch + Schmidt Architekten; Nürnberg

veröffentlicht: BKI Objektdaten N12

6100-0999 Mehrfamilienhaus (6 WE) - Effizienzhaus 55

BRI 3.808 m³ **BGF** 1.399 m² **NUF** 959 m²

© Lon Godin

Mehrfamilienhaus mit sechs Wohneinheiten (785 m² WFL). Stahlbeton- und Mauerwerksbau.

Land: Berlin
Kreis: Berlin, Stadt
Standard: hoch
Bauzeit: 87 Wochen
Kennwerte: bis 1. Ebene DIN 276

BGF **2.073 €/m²**

Planung: Anne Lampen Architekten BDA; Berlin

veröffentlicht: BKI Objektdaten E5

6100-0812 Mehrfamilienhaus-Villa (5 WE)

BRI 3.031m³ **BGF** 1.165m² **NUF** 962m²

Mehrfamilienhaus-Villa (5 WE), Tiefgarage mit acht Stellplätzen. Mauerwerksbau.

Land: Hessen
Kreis: Wiesbaden, Stadt
Standard: hoch
Bauzeit: 52 Wochen
Kennwerte: bis 1. Ebene DIN 276

BGF **1.680 €/m²**

Planung: Heidacker Architekten; Bischofsheim

veröffentlicht: BKI Objektdaten N10

6100-0718 Mehrfamilienhaus (5 WE)

BRI 3.362m³ **BGF** 1.132m² **NUF** 622m²

Mehrfamilienhaus mit fünf Wohneinheiten (496m² WFL). Mauerwerksbau.

Land: Bayern
Kreis: München, Stadt
Standard: hoch
Bauzeit: 87 Wochen
Kennwerte: bis 3. Ebene DIN 276

BGF **1.594 €/m²**

Planung: Architekt Michael Knecht; Augsburg

veröffentlicht: BKI Objektdaten N10

6100-0639 Mehrfamilienhaus (4 WE)

BRI 1.413m³ **BGF** 496m² **NUF** 327m²

Mehrfamilienhaus mit vier Wohneinheiten (318m² WFL). Mauerwerksbau; Stb-Decken, Metalltreppen; Porenbeton Dachplatten mit Holzsparren.

Land: Niedersachsen
Kreis: Hannover, Region
Standard: hoch
Bauzeit: 39 Wochen
Kennwerte: bis 3. Ebene DIN 276

BGF **2.562 €/m²**

Planung: Architekturbüro Dipl.-Ing. Gordon Kisser; Isernhagen

veröffentlicht: www.bki.de

6100-0630 Mehrfamilienhaus (4 WE)

BRI 1.639m³ **BGF** 573m² **NUF** 399m²

Mehrfamilienhaus mit vier Wohneinheiten (395m² WFL), Maisonette-Wohnung in OG, eine Souterrain-Wohnung. Mauerwerksbau.

Land: Nordrhein-Westfalen
Kreis: Köln, Stadt
Standard: hoch
Bauzeit: 39 Wochen
Kennwerte: bis 3. Ebene DIN 276

BGF **1.671 €/m²**

Planung: Architektur . Ingenieurbüro Dipl.-Ing. Reinhard Jo Billstein; Köln

veröffentlicht: www.bki.de

Arbeitsblatt zur Standardeinordnung bei Mehrfamilienhäusern, mit 6 bis 19 WE

Kosten:
Stand 1. Quartal 2025
Bundesdurchschnitt
inkl. 19% MwSt.

● KKW
► min
▷ von
| Mittelwert
◁ bis
◄ max

Kostenkennwerte für die Kosten des Bauwerks (Kostengruppen 300+400 nach DIN 276)

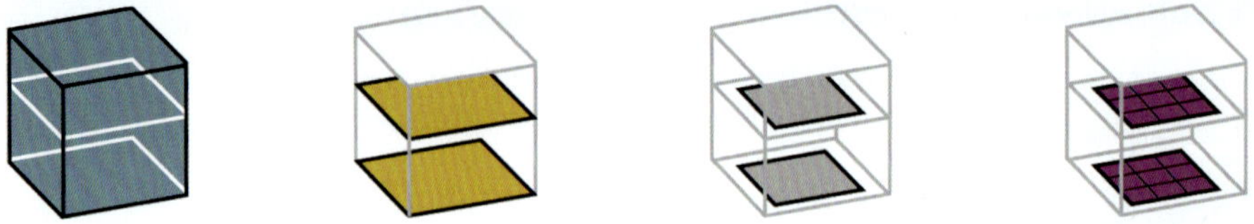

BRI 635 €/m³
von 505 €/m³
bis 795 €/m³

BGF 1.870 €/m²
von 1.460 €/m²
bis 2.420 €/m²

NUF 2.810 €/m²
von 2.140 €/m²
bis 3.685 €/m²

NE 3.440 €/NE
von 2.730 €/NE
bis 4.780 €/NE
NE: Wohnfläche

Standardzuordnung

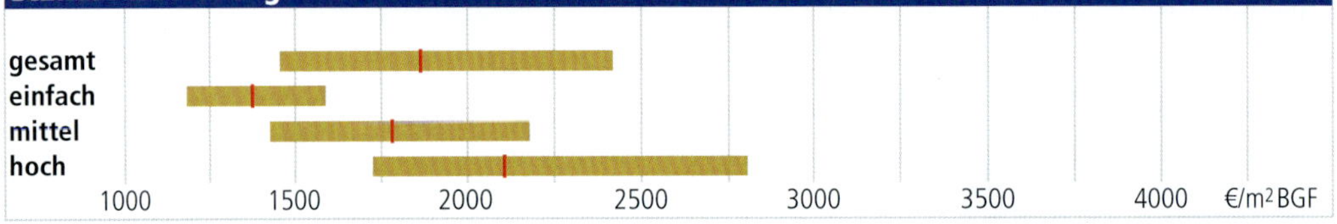

Standardeinordnung für Ihr Projekt:

KG	Kostengruppen der 2. Ebene	niedrig	mittel	hoch	Punkte
310	Baugrube / Erdbau				
320	Gründung, Unterbau	1	2	2	
330	Außenwände/Vert. Baukonstrukt., außen	5	6	9	
340	Innenwände/Vert. Baukonstrukt., innen	3	4	5	
350	Decken/Horizontale Baukonstruktionen	5	6	6	
360	Dächer	2	3	4	
370	Infrastrukturanlagen				
380	Baukonstruktive Einbauten	0	0	1	
390	Sonst. Maßnahmen für Baukonstrukt.				
410	Abwasser-, Wasser-, Gasanlagen	1	2	2	
420	Wärmeversorgungsanlagen	1	1	2	
430	Raumlufttechnische Anlagen	0	0	1	
440	Elektrische Anlagen	1	1	1	
450	Kommunikationstechnische Anlagen	0	0	0	
460	Förderanlagen	0	1	1	
470	Nutzungsspez. u. verfahrenstechn. Anl.	0	0	0	
480	Gebäude- und Anlagenautomation	0	0	0	
490	Sonst. Maßnahmen für techn. Anlagen				

Punkte: 19 bis 23 = einfach 24 bis 29 = mittel 30 bis 34 = hoch Ihr Projekt (Summe):

Erläuterung:
Obenstehende Tabelle soll Ihnen die Zuordnung zu den Gebäudearten mit einfachem, mittlerem und hohem Standard erleichtern. Schätzen Sie für jedes Grobelement ab, ob die Aufwendungen niedrig, mittel oder hoch sein werden und übertragen Sie die Punkte in die rechte Spalte. Bilden Sie die Summe der rechten Spalte und ordnen Sie Ihr Projekt nach dem Schema der untersten Zeile ein. Nehmen Sie dieses Schema auch als Hinweis darauf, bei welchen Kostengruppen Sie den Mittelwert nach oben oder unten anpassen sollten.

Kostenkennwerte für die Kostengruppen der 1. und 2. Ebene DIN 276

KG	Kostengruppen der 1. Ebene	Einheit	▷	€/Einheit	◁	▷	% an 300+400	◁
100	Grundstück	m²GF	–	**–**	–	–	**–**	–
200	Vorbereitende Maßnahmen	m²GF	33	**97**	300	1,0	**2,6**	6,1
300	Bauwerk – Baukonstruktionen	m²BGF	1.176	**1.480**	1.928	75,3	**79,5**	83,3
400	Bauwerk – Technische Anlagen	m²BGF	275	**388**	547	16,7	**20,5**	24,7
	Bauwerk 300+400	m²BGF	1.460	**1.869**	2.420	100,0	**100,0**	100,0
500	Außenanlagen und Freiflächen	m²AF	117	**299**	694	2,1	**4,6**	8,6
600	Ausstattung und Kunstwerke	m²BGF	7	**31**	86	0,4	**1,4**	3,7
700	Baunebenkosten*	m²BGF	349	**389**	429	18,8	**21,0**	23,2 ◁
800	Finanzierung	m²BGF	–	**–**	–	–	**–**	–

* Auf Grundlage der HOAI 2021 berechnete Werte nach §§ 35, 52, 56. Weitere Informationen siehe Seite 56

KG	Kostengruppen der 2. Ebene	Einheit	▷	€/Einheit	◁	▷	% an 1. Ebene	◁
310	Baugrube / Erdbau	m³BGI	37	**60**	90	2,4	**4,1**	5,8
320	Gründung, Unterbau	m²GRF	245	**318**	447	5,4	**7,5**	10,7
330	Außenwände / vertikal außen	m²AWF	402	**495**	663	25,1	**28,2**	36,0
340	Innenwände / vertikal innen	m²IWF	206	**242**	303	14,8	**17,7**	21,7
350	Decken / horizontal	m²DEF	384	**438**	489	21,9	**24,6**	28,5
360	Dächer	m²DAF	394	**453**	574	9,7	**13,2**	16,9
370	Infrastrukturanlagen		–	**–**	–	–	**–**	–
380	Baukonstruktive Einbauten	m²BGF	4	**15**	48	0,1	**0,7**	3,0
390	Sonst. Maßnahmen für Baukonst.	m²BGF	26	**50**	96	2,1	**4,0**	6,8
300	**Bauwerk – Baukonstruktionen**	**m²BGF**					**100,0**	
410	Abwasser-, Wasser-, Gasanlagen	m²BGF	59	**87**	105	24,7	**32,8**	41,8
420	Wärmeversorgungsanlagen	m²BGF	52	**77**	123	20,4	**27,6**	35,9
430	Raumlufttechnische Anlagen	m²BGF	8	**22**	62	2,6	**6,9**	19,4
440	Elektrische Anlagen	m²BGF	39	**57**	78	15,9	**20,9**	27,7
450	Kommunikationstechnische Anlagen	m²BGF	6	**11**	20	2,1	**3,9**	6,7
460	Förderanlagen	m²BGF	30	**40**	51	0,4	**7,8**	15,5
470	Nutzungsspez. / verfahrenstech. Anl.	m²BGF	–	**< 1**	–	< 0,1	**< 0,1**	0,2
480	Gebäude- und Anlagenautomation	m²BGF	–	**–**	–	–	**–**	–
490	Sonst. Maßnahmen f. techn. Anl.	m²BGF	< 1	**2**	3	< 0,1	**< 0,1**	0,7
400	**Bauwerk – Technische Anlagen**	**m²BGF**					**100,0**	

Prozentanteile der Kosten 2. Ebene an den Kosten des Bauwerks nach DIN 276 (Von/Mittel/Bis)

KG	Kostengruppe	%
310	Baugrube / Erdbau	3,3
320	Gründung, Unterbau	6,1
330	Außenwände / vertikal außen	23,0
340	Innenwände / vertikal innen	14,4
350	Decken / horizontal	20,1
360	Dächer	10,8
370	Infrastrukturanlagen	
380	Baukonstruktive Einbauten	0,6
390	Sonst. Maßnahmen für Baukonst.	3,2
410	Abwasser-, Wasser-, Gasanlagen	5,9
420	Wärmeversorgungsanlagen	5,1
430	Raumlufttechnische Anlagen	1,4
440	Elektrische Anlagen	3,8
450	Kommunikationstechnische Anlagen	0,7
460	Förderanlagen	1,5
470	Nutzungsspez. / verfahrenstech. Anl.	< 0,1
480	Gebäude- und Anlagenautomation	
490	Sonst. Maßnahmen f. techn. Anl.	< 0,1

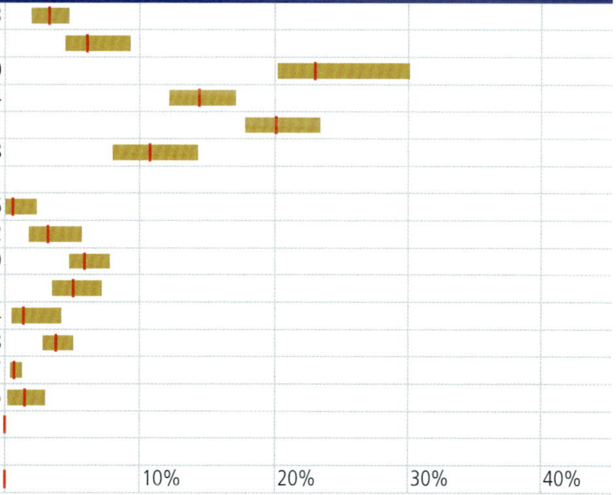

Kosten:
Stand 1. Quartal 2025
Bundesdurchschnitt
inkl. 19% MwSt.

Prozentanteile der Kosten für Leistungsbereiche nach STLB (Kosten Bauwerk nach DIN 276)

LB	Leistungsbereiche	7,5% 15% 22,5% 30%	▷	% an 300+400	◁
000	Baustellen-, Verkehrssich.- u. Sicherh.einr. inkl. 001		1,5	**2,6**	5,1
002	Erdarbeiten		1,8	**3,4**	5,0
006	Spezialtiefbauarbeiten inkl. 005		< 0,1	**0,5**	2,2
009	Entwässerungskanalarbeiten inkl. 011		0,1	**0,4**	1,0
010	Drän- und Versickerarbeiten		< 0,1	**0,2**	0,5
012	Mauerarbeiten		5,0	**8,7**	13,1
013	Betonarbeiten		19,7	**23,9**	28,5
014	Natur-, Betonwerksteinarbeiten		< 0,1	**1,0**	2,0
016	Zimmer- und Holzbauarbeiten		0,4	**2,3**	3,9
017	Stahlbauarbeiten		< 0,1	**< 0,1**	0,3
018	Abdichtungsarbeiten		0,5	**0,8**	1,5
020	Dachdeckungsarbeiten		< 0,1	**1,0**	2,7
021	Dachabdichtungsarbeiten		0,6	**2,4**	4,1
022	Klempnerarbeiten		0,7	**1,2**	2,1
	Rohbau		43,4	**48,6**	53,9
023	Putz- und Stuckarbeiten, Wärmedämmsysteme		4,6	**7,1**	10,7
024	Fliesen- und Plattenarbeiten		1,7	**2,5**	3,7
025	Estricharbeiten		1,3	**1,8**	2,3
026	Fenster, Außentüren inkl. 029, 032		4,1	**5,0**	6,4
027	Tischlerarbeiten		1,8	**2,5**	4,5
028	Parkettarbeiten, Holzpflasterarbeiten		0,1	**1,3**	2,7
030	Rollladenarbeiten		< 0,1	**0,8**	1,5
031	Metallbauarbeiten inkl. 035		3,4	**4,6**	6,4
034	Maler- und Lackiererarbeiten inkl. 037		2,4	**2,8**	4,2
036	Bodenbelagarbeiten		0,2	**1,0**	1,8
038	Vorgehängte hinterlüftete Fassaden		0,0	**0,1**	0,9
039	Trockenbauarbeiten		1,2	**3,6**	7,0
	Ausbau		28,1	**33,1**	37,4
040	Wärmeversorgungsanl. - Betriebseinr. inkl. 041		3,3	**4,6**	6,7
042	Gas- und Wasserinstallation, Leitungen inkl. 043		1,1	**1,9**	3,7
044	Abwasseranlagen - Leitungen, Abläufe, Armaturen		0,6	**1,3**	2,8
045	GWE - Einrichtungsgegenstände inkl. 046		0,9	**1,8**	2,8
047	Dämm- und Brandschutzarbeiten an techn. Anlagen		0,3	**0,7**	1,0
049	Feuerlöschanlagen, Feuerlöschgeräte		< 0,1	**< 0,1**	< 0,1
050	Blitzschutz- und Erdungsanlagen		< 0,1	**0,1**	0,2
052	Mittelspannungsanlagen		–	**–**	–
053	Niederspannungsanlagen inkl. 054		2,5	**3,5**	4,7
055	Sicherheits- und Ersatzstromversorgungsanlagen		–	**–**	–
057	Gebäudesystemtechnik		0,0	**< 0,1**	< 0,1
058	Leuchten und Lampen inkl. 059		0,1	**0,3**	0,7
060	Such-, Signal-, elektroakust. Anl., Med. inkl. 064		< 0,1	**0,2**	0,5
061	Kommunikations- und Übertragungsnetze inkl. 062		0,1	**0,3**	0,6
063	Gefahrenmeldeanlagen		< 0,1	**0,1**	0,6
069	Aufzüge		0,0	**1,5**	2,8
070	Gebäudeautomation		–	**–**	–
075	Raumlufttechnische Anlagen inkl. 078		0,4	**1,3**	3,9
	Gebäudetechnik		14,2	**17,8**	21,2
	Sonstige Leistungsbereiche inkl. 008, 033, 051		< 0,1	**0,5**	1,4

- ● KKW
- ▶ min
- ▷ von
- | Mittelwert
- ◁ bis
- ◀ max

Planungskennwerte für Flächen und Rauminhalte nach DIN 277

Grundflächen		▷	Fläche/NUF (%)	◁	▷	Fläche/BGF (%)	◁
NUF	Nutzungsfläche	100,0	**100,0**	100,0	64,4	**67,1**	70,6
TF	Technikfläche	1,9	**2,4**	5,8	1,3	**1,6**	4,0
VF	Verkehrsfläche	17,1	**22,2**	28,6	11,3	**14,4**	17,6
NRF	Netto-Raumfläche	119,1	**124,4**	130,7	81,1	**83,0**	84,6
KGF	Konstruktions-Grundfläche	22,6	**25,7**	29,1	15,4	**17,0**	18,9
BGF	Brutto-Grundfläche	143,3	**150,1**	157,1	100,0	**100,0**	100,0

Brutto-Rauminhalte		▷	BRI/NUF (m)	◁	▷	BRI/BGF (m)	◁
BRI	Brutto-Rauminhalt	4,14	**4,41**	4,76	2,80	**2,94**	3,05

Flächen von Nutzeinheiten	▷	NUF/Einheit (m²)	◁	▷	BGF/Einheit (m²)	◁
Nutzeinheit: Wohnfläche	1,17	**1,26**	1,42	1,75	**1,90**	2,15

Lufttechnisch behandelte Flächen	▷	Fläche/NUF (%)	◁	▷	Fläche/BGF (%)	◁
Entlüftete Fläche	5,1	**5,1**	5,3	4,0	**4,0**	4,1
Be- und entlüftete Fläche	87,5	**87,6**	87,6	58,7	**59,3**	59,3
Teilklimatisierte Fläche	–	**–**	–	–	**–**	–
Klimatisierte Fläche	–	**–**	–	–	**–**	–

KG	Kostengruppen (2. Ebene)	Einheit	▷	Menge/NUF	◁	▷	Menge/BGF	◁
310	Baugrube / Erdbau	m³ BGI	1,09	**1,37**	2,16	0,76	**0,93**	1,47
320	Gründung, Unterbau	m² GRF	0,37	**0,42**	0,50	0,25	**0,28**	0,33
330	Außenwände / vertikal außen	m² AWF	0,92	**1,03**	1,21	0,64	**0,70**	0,77
340	Innenwände / vertikal innen	m² IWF	1,11	**1,33**	1,54	0,80	**0,90**	1,06
350	Decken / horizontal	m² DEF	0,90	**0,99**	1,04	0,61	**0,67**	0,72
360	Dächer	m² DAF	0,45	**0,51**	0,58	0,31	**0,35**	0,39
370	Infrastrukturanlagen		–	**–**	–	–	**–**	–
380	Baukonstruktive Einbauten	m² BGF	1,43	**1,50**	1,57	1,00	**1,00**	1,00
390	Sonst. Maßnahmen für Baukonst.	m² BGF	1,43	**1,50**	1,57	1,00	**1,00**	1,00
300	**Bauwerk – Baukonstruktionen**	**m² BGF**	1,43	**1,50**	1,57	1,00	**1,00**	1,00

Planungskennwerte für Bauzeiten

Bauzeit in Wochen

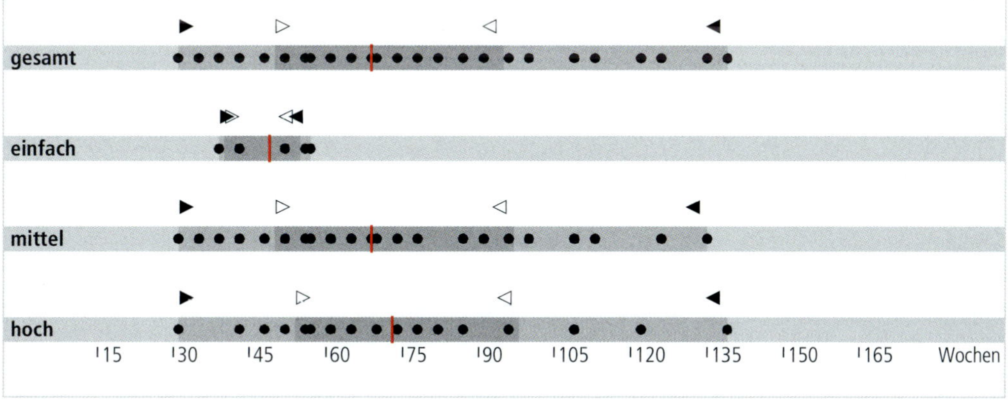

Mehrfamilienhäuser, mit 6 bis 19 WE, einfacher Standard

Kostenkennwerte für die Kosten des Bauwerks (Kostengruppen 300+400 nach DIN 276)

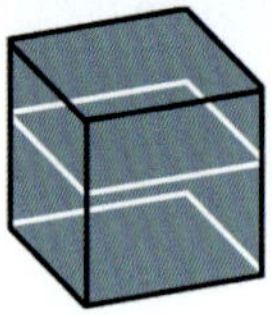

BRI 495 €/m³
von 445 €/m³
bis 585 €/m³

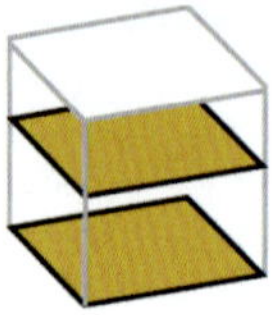

BGF 1.380 €/m²
von 1.185 €/m²
bis 1.590 €/m²

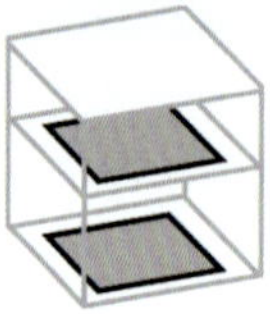

NUF 1.985 €/m²
von 1.680 €/m²
bis 2.535 €/m²

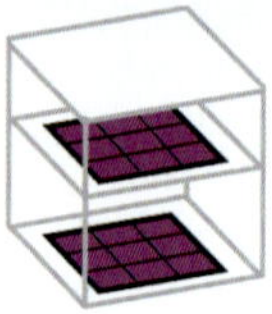

NE 2.530 €/NE
von 1.995 €/NE
bis 3.110 €/NE
NE: Wohnfläche

Objektbeispiele

Kosten:
Stand 1. Quartal 2025
Bundesdurchschnitt
inkl. 19% MwSt.

6100-1320

6100-0968

6100-0628

6100-1251

6100-0701

6100-0383

Kosten der 8 Vergleichsobjekte Seiten 656 bis 657

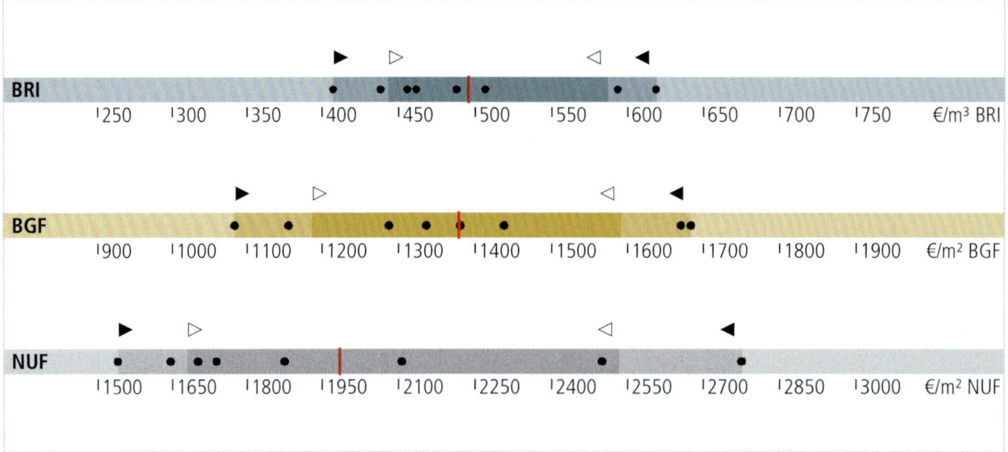

- ● KKW
- ▶ min
- ▷ von
- | Mittelwert
- ◁ bis
- ◀ max

Kostenkennwerte für die Kostengruppen der 1. und 2. Ebene DIN 276

KG	Kostengruppen der 1. Ebene	Einheit	▷	€/Einheit	◁	▷	% an 300+400	◁
100	Grundstück	m² GF	–	**–**	–	–	**–**	–
200	Vorbereitende Maßnahmen	m² GF	25	**36**	43	1,5	**2,1**	2,8
300	Bauwerk – Baukonstruktionen	m² BGF	978	**1.116**	1.260	72,7	**81,3**	83,6
400	Bauwerk – Technische Anlagen	m² BGF	210	**263**	445	16,4	**18,7**	27,3
	Bauwerk 300+400	m² BGF	1.186	**1.379**	1.592	100,0	**100,0**	100,0
500	Außenanlagen und Freiflächen	m² AF	55	**121**	266	2,2	**4,8**	10,7
600	Ausstattung und Kunstwerke	m² BGF	–	**4**	–	0,3	**0,3**	0,3
700	Baunebenkosten*	m² BGF	283	**316**	348	20,7	**23,1**	25,5
800	Finanzierung	m² BGF	–	**–**	–	–	**–**	–

* Auf Grundlage der HOAI 2021 berechnete Werte nach §§ 35, 52, 56. Weitere Informationen siehe Seite 56

KG	Kostengruppen der 2. Ebene	Einheit	▷	€/Einheit	◁	▷	% an 1. Ebene	◁
310	Baugrube / Erdbau	m³ BGI	48	**54**	70	1,0	**3,0**	3,7
320	Gründung, Unterbau	m² GRF	246	**334**	577	5,3	**7,5**	9,6
330	Außenwände / vertikal außen	m² AWF	409	**491**	675	25,8	**26,8**	29,6
340	Innenwände / vertikal innen	m² IWF	221	**263**	308	15,5	**17,4**	18,7
350	Decken / horizontal	m² DEF	432	**463**	494	24,1	**27,2**	33,2
360	Dächer	m² DAF	402	**438**	510	11,8	**13,7**	15,3
370	Infrastrukturanlagen		–	**–**	–	–	**–**	–
380	Baukonstruktive Einbauten	m² BGF	–	**37**	–	0,0	**0,7**	2,7
390	Sonst. Maßnahmen für Baukonst.	m² BGF	19	**48**	120	1,1	**3,9**	7,3
300	**Bauwerk – Baukonstruktionen**	**m² BGF**					**100,0**	
410	Abwasser-, Wasser-, Gasanlagen	m² BGF	78	**92**	110	31,6	**37,8**	43,7
420	Wärmeversorgungsanlagen	m² BGF	61	**77**	93	19,4	**32,2**	37,4
430	Raumlufttechnische Anlagen	m² BGF	5	**17**	41	1,4	**4,8**	14,2
440	Elektrische Anlagen	m² BGF	43	**54**	89	17,0	**21,8**	28,2
450	Kommunikationstechnische Anlagen	m² BGF	6	**8**	16	2,5	**3,3**	5,6
460	Förderanlagen	m² BGF	–	**–**	–	–	**–**	–
470	Nutzungsspez. / verfahrenstech. Anl.	m² BGF	–	**–**	–	–	**–**	–
480	Gebäude- und Anlagenautomation	m² BGF	–	**–**	–	–	**–**	–
490	Sonst. Maßnahmen f. techn. Anl.	m² BGF	–	**3**	–	0,0	**0,2**	0,9
400	**Bauwerk – Technische Anlagen**	**m² BGF**					**100,0**	

Prozentanteile der Kosten 2. Ebene an den Kosten des Bauwerks nach DIN 276 (Von/Mittel/Bis)

KG	Kostengruppe	%
310	Baugrube / Erdbau	2,4
320	Gründung, Unterbau	6,2
330	Außenwände / vertikal außen	22,1
340	Innenwände / vertikal innen	14,3
350	Decken / horizontal	22,4
360	Dächer	11,3
370	Infrastrukturanlagen	
380	Baukonstruktive Einbauten	0,6
390	Sonst. Maßnahmen für Baukonst.	3,2
410	Abwasser-, Wasser-, Gasanlagen	6,7
420	Wärmeversorgungsanlagen	5,6
430	Raumlufttechnische Anlagen	0,8
440	Elektrische Anlagen	3,8
450	Kommunikationstechnische Anlagen	0,6
460	Förderanlagen	
470	Nutzungsspez. / verfahrenstech. Anl.	
480	Gebäude- und Anlagenautomation	
490	Sonst. Maßnahmen f. techn. Anl.	< 0,1

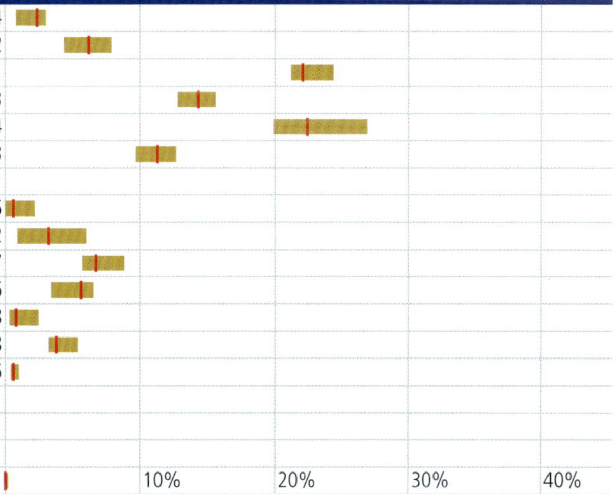

Prozentanteile der Kosten für Leistungsbereiche nach STLB (Kosten Bauwerk nach DIN 276)

LB	Leistungsbereiche	▷	% an 300+400	◁
000	Baustellen-, Verkehrssich.- u. Sicherh.einr. inkl. 001	1,1	**2,6**	6,1
002	Erdarbeiten	0,7	**2,4**	3,0
006	Spezialtiefbauarbeiten inkl. 005	0,0	**1,1**	4,3
009	Entwässerungskanalarbeiten inkl. 011	0,0	**0,4**	0,8
010	Drän- und Versickerarbeiten	0,2	**0,4**	0,6
012	Mauerarbeiten	11,0	**13,8**	21,1
013	Betonarbeiten	17,3	**21,1**	24,7
014	Natur-, Betonwerksteinarbeiten	0,0	**0,8**	1,7
016	Zimmer- und Holzbauarbeiten	2,6	**2,9**	3,7
017	Stahlbauarbeiten	–	**–**	–
018	Abdichtungsarbeiten	0,5	**0,9**	1,5
020	Dachdeckungsarbeiten	0,0	**2,3**	3,4
021	Dachabdichtungsarbeiten	0,2	**0,8**	2,4
022	Klempnerarbeiten	0,7	**1,1**	2,1
	Rohbau	48,1	**50,5**	57,0
023	Putz- und Stuckarbeiten, Wärmedämmsysteme	3,5	**5,6**	9,6
024	Fliesen- und Plattenarbeiten	1,1	**3,1**	4,0
025	Estricharbeiten	1,5	**1,9**	3,1
026	Fenster, Außentüren inkl. 029, 032	3,6	**5,0**	6,4
027	Tischlerarbeiten	1,9	**2,3**	3,1
028	Parkettarbeiten, Holzpflasterarbeiten	0,0	**1,4**	3,2
030	Rollladenarbeiten	0,0	**0,8**	1,5
031	Metallbauarbeiten inkl. 035	2,4	**4,0**	5,7
034	Maler- und Lackiererarbeiten inkl. 037	2,6	**3,4**	5,7
036	Bodenbelagarbeiten	0,0	**1,2**	1,7
038	Vorgehängte hinterlüftete Fassaden	0,0	**0,1**	0,5
039	Trockenbauarbeiten	2,0	**3,7**	5,0
	Ausbau	28,7	**32,5**	35,5
040	Wärmeversorgungsanl. - Betriebseinr. inkl. 041	3,4	**4,8**	6,1
042	Gas- und Wasserinstallation, Leitungen inkl. 043	1,8	**2,8**	5,3
044	Abwasseranlagen - Leitungen, Abläufe, Armaturen	0,4	**1,2**	2,1
045	GWE - Einrichtungsgegenstände inkl. 046	0,4	**1,8**	3,5
047	Dämm- und Brandschutzarbeiten an techn. Anlagen	0,2	**0,8**	1,0
049	Feuerlöschanlagen, Feuerlöschgeräte	–	**–**	–
050	Blitzschutz- und Erdungsanlagen	< 0,1	**0,1**	0,2
052	Mittelspannungsanlagen	–	**–**	–
053	Niederspannungsanlagen inkl. 054	2,7	**3,6**	4,4
055	Sicherheits- und Ersatzstromversorgungsanlagen	–	**–**	–
057	Gebäudesystemtechnik	–	**–**	–
058	Leuchten und Lampen inkl. 059	0,2	**0,5**	1,2
060	Such-, Signal-, elektroakust. Anl., Med. inkl. 064	0,0	**0,1**	0,2
061	Kommunikations- und Übertragungsnetze inkl. 062	0,1	**0,3**	0,7
063	Gefahrenmeldeanlagen	0,0	**< 0,1**	< 0,1
069	Aufzüge	–	**–**	–
070	Gebäudeautomation	–	**–**	–
075	Raumlufttechnische Anlagen inkl. 078	< 0,1	**0,7**	2,5
	Gebäudetechnik	16,1	**16,7**	17,3
	Sonstige Leistungsbereiche inkl. 008, 033, 051	0,0	**0,2**	0,5

Kosten:
Stand 1. Quartal 2025
Bundesdurchschnitt
inkl. 19% MwSt.

- ● KKW
- ▶ min
- ▷ von
- | Mittelwert
- ◁ bis
- ◀ max

Planungskennwerte für Flächen und Rauminhalte nach DIN 277

Grundflächen		▷	Fläche/NUF (%)	◁	▷	Fläche/BGF (%)	◁
NUF	Nutzungsfläche	100,0	**100,0**	100,0	67,5	**70,3**	72,3
TF	Technikfläche	1,5	**1,7**	2,2	1,0	**1,2**	1,6
VF	Verkehrsfläche	12,7	**16,1**	18,3	8,9	**11,1**	11,9
NRF	Netto-Raumfläche	115,9	**117,8**	120,4	79,9	**82,6**	84,8
KGF	Konstruktions-Grundfläche	22,4	**25,2**	31,0	15,2	**17,4**	20,1
BGF	Brutto-Grundfläche	139,8	**143,1**	150,0	100,0	**100,0**	100,0

Brutto-Rauminhalte		▷	BRI/NUF (m)	◁	▷	BRI/BGF (m)	◁
BRI	Brutto-Rauminhalt	3,71	**3,98**	4,13	2,69	**2,78**	2,87

Flächen von Nutzeinheiten	▷	NUF/Einheit (m²)	◁	▷	BGF/Einheit (m²)	◁
Nutzeinheit: Wohnfläche	1,21	**1,29**	1,40	1,69	**1,83**	2,03

Lufttechnisch behandelte Flächen	▷	Fläche/NUF (%)	◁	▷	Fläche/BGF (%)	◁
Entlüftete Fläche	6,9	**6,9**	6,9	5,4	**5,4**	5,4
Be- und entlüftete Fläche	111,9	**111,9**	111,9	82,9	**82,9**	82,9
Teilklimatisierte Fläche	–	–	–	–	–	–
Klimatisierte Fläche	–	–	–	–	–	–

KG	Kostengruppen (2. Ebene)	Einheit	▷	Menge/NUF	◁	▷	Menge/BGF	◁
310	Baugrube / Erdbau	m³ BGI	0,70	**0,85**	0,85	0,51	**0,61**	0,79
320	Gründung, Unterbau	m² GRF	0,34	**0,38**	0,38	0,25	**0,27**	0,27
330	Außenwände / vertikal außen	m² AWF	0,87	**0,92**	1,10	0,59	**0,66**	0,74
340	Innenwände / vertikal innen	m² IWF	1,06	**1,11**	1,17	0,76	**0,78**	0,83
350	Decken / horizontal	m² DEF	0,93	**0,93**	0,98	0,64	**0,67**	0,68
360	Dächer	m² DAF	0,48	**0,50**	0,53	0,34	**0,36**	0,36
370	Infrastrukturanlagen		–	–	–	–	–	–
380	Baukonstruktive Einbauten	m² BGF	1,40	**1,43**	1,50	1,00	**1,00**	1,00
390	Sonst. Maßnahmen für Baukonst.	m² BGF	1,40	**1,43**	1,50	1,00	**1,00**	1,00
300	**Bauwerk – Baukonstruktionen**	**m² BGF**	1,40	**1,43**	1,50	1,00	**1,00**	1,00

Planungskennwerte für Bauzeiten — 8 Vergleichsobjekte

Bauzeit in Wochen

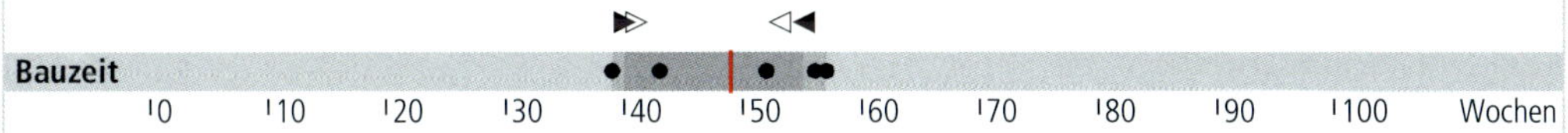

€/m² BGF

min	1.085	€/m²
von	1.185	€/m²
Mittel	**1.380**	**€/m²**
bis	1.590	€/m²
max	1.685	€/m²

Kosten:
Stand 1. Quartal 2025
Bundesdurchschnitt
inkl. 19% MwSt.

Objektübersicht zur Gebäudeart

6100-1320 Mehrfamilienhaus (14 WE)

BRI 4.088 m³ **BGF** 1.502 m² **NUF** 911 m²

Mehrfamilienhaus (14 WE) mit 978m² WFL. Mauerwerk.

Land: Bayern
Kreis: Neumarkt i.d.OPf.
Standard: einfach
Bauzeit: 57 Wochen
Kennwerte: bis 1. Ebene DIN 276

BGF **1.683 €/m²**

Planung: KNYCHALLA + TEAM ARCHITEKTUR + FREIRAUM; Neumarkt i.d.OPf.

veröffentlicht: BKI Objektdaten N16

6100-1251 Mehrfamilienhäuser (16 WE)

BRI 5.438 m³ **BGF** 1.932 m² **NUF** 1.291 m²

Zwei Mehrfamilienhäuser mit 16 WE. Mauerwerk.

Land: Hamburg
Kreis: Hamburg, Stadt
Standard: einfach
Bauzeit: 52 Wochen
Kennwerte: bis 3. Ebene DIN 276

BGF **1.670 €/m²**

Planung: Plan-R-Architektenbüro Joachim Reinig; Hamburg

veröffentlicht: BKI Objektdaten N16

6100-0968 Mehrfamilienhaus (8 WE) - Effizienzhaus 70

BRI 3.052 m³ **BGF** 1.038 m² **NUF** 769 m²

Mehrfamilienhaus (8 WE, 722m² WFL), Effizienzhaus 70. Im EG befinden sich die Pkw-Stellplätze, in den Obergeschossen die Mietwohnungen in unterschiedlichen Größen. Mauerwerksbau.

Land: Nordrhein-Westfalen
Kreis: Paderborn
Standard: einfach
Bauzeit: 43 Wochen
Kennwerte: bis 1. Ebene DIN 276

BGF **1.287 €/m²**

Planung: jacobs. Architekturbüro; Paderborn

veröffentlicht: BKI Objektdaten E5

6100-0701 Mehrfamilienhaus (8 WE)

BRI 2.283 m³ **BGF** 858 m² **NUF** 565 m²

Mehrfamilienwohnhaus, acht Wohneinheiten, geförderte Mietwohnungen. Mauerwerksbau; Stb-Filigrandecke; Holzwalmdach.

Land: Nordrhein-Westfalen
Kreis: Paderborn
Standard: einfach
Bauzeit: 56 Wochen
Kennwerte: bis 1. Ebene DIN 276

BGF **1.083 €/m²**

Planung: jacobs. Architekturbüro; Paderborn

veröffentlicht: BKI Objektdaten N10

6100-0628 Mehrfamilienhaus (18 WE), TG (18 STP)

BRI 8.057 m³ **BGF** 2.839 m² **NUF** 1.938 m²

Mehrfamilienhaus mit 18 WE (1.195 m² WFL) und einer Tiefgarage mit 18 Stellplätzen. Mauerwerksbau mit Stb-Decken und Holzdachkonstruktion. Massivbau; KS-Innenmauerwerk; Stb-Decken; Holzdachkonstruktion.

Land: Nordrhein-Westfalen
Kreis: Dortmund, Stadt
Standard: einfach
Bauzeit: 57 Wochen
Kennwerte: bis 3. Ebene DIN 276

BGF **1.437 €/m²**

Planung: planungsbüro brenker hoppe tegethoff gbr; Dortmund

veröffentlicht: BKI Objektdaten N10

6100-0383 Mehrfamilienhaus (9 WE), Garage

BRI 3.359 m³ **BGF** 1.342 m² **NUF** 1.006 m²

Mehrfamilienhaus mit neun Wohneinheiten (745 m² WFL II.BVO), sechs Garagen im UG. Mauerwerksbau.

Land: Baden-Württemberg
Kreis: Alb-Donau-Kreis
Standard: einfach
Bauzeit: 39 Wochen
Kennwerte: bis 2. Ebene DIN 276

BGF **1.155 €/m²**

Planung: Joachim Hauser Dipl.-Ing. Architekt; Ehingen/Donau

veröffentlicht: www.bki.de

6100-0221 Mehrfamilienhaus (9 WE), TG

BRI 4.379 m³ **BGF** 1.599 m² **NUF** 1.256 m²

Wohnhaus mit vier Dreizimmerwohnungen (95 m² WFL II.BVO), zwei Einzimmerwohnung (49 m² WFL II.BVO), zwei Dreizimmerwohnungen mit Studio (143 m² WFL II.BVO), Einzimmerwohnung mit Studio (81 m² WFL II.BVO); Tiefgarage mit zehn Stellplätzen, Kellerräume, Wasch- und Trockenraum. Mauerwerksbau.

Land: Hessen
Kreis: Hochtaunuskreis
Standard: einfach
Bauzeit: 52 Wochen
Kennwerte: bis 3. Ebene DIN 276

BGF **1.336 €/m²**

Planung: E. Beilfuss + U. Hoffmann Dipl.-Ing. Architekten; Bad Homburg

veröffentlicht: www.bki.de

6100-0251 Mehrfamilienhäuser (9 WE)

BRI 4.655 m³ **BGF** 1.535 m² **NUF** 1.131 m²

Wohnungen mit gehobenem Ausbau wie z.B. Kamin, Ganzglastüren, Naturstein, 40 m² Kellerräume. Mauerwerksbau.

Land: Rheinland-Pfalz
Kreis: Westerwaldkreis
Standard: einfach
Bauzeit: 39 Wochen
Kennwerte: bis 1. Ebene DIN 276

BGF **1.381 €/m²**

Planung: Stefan Musil Dipl.-Ing. Freier Architekt BDA; Ransbach-Baumbach

veröffentlicht: www.bki.de

Mehrfamilienhäuser, mit 6 bis 19 WE, mittlerer Standard

Kostenkennwerte für die Kosten des Bauwerks (Kostengruppen 300+400 nach DIN 276)

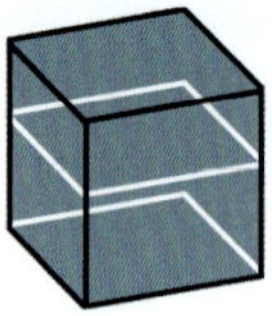

BRI 610 €/m³
von 490 €/m³
bis 740 €/m³

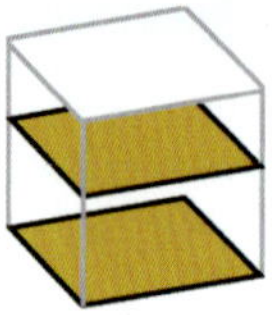

BGF 1.785 €/m²
von 1.430 €/m²
bis 2.180 €/m²

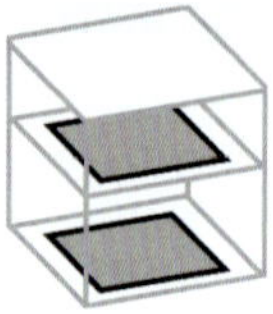

NUF 2.730 €/m²
von 2.130 €/m²
bis 3.385 €/m²

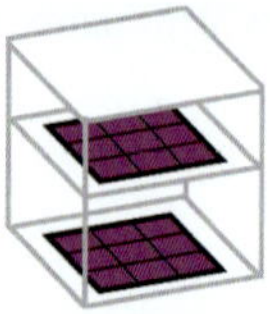

NE 3.250 €/NE
von 2.710 €/NE
bis 3.960 €/NE
NE: Wohnfläche

Objektbeispiele

Kosten:
Stand 1. Quartal 2025
Bundesdurchschnitt
inkl. 19% MwSt.

6100-1692

6100-1701

6100-1736

Kosten der 45 Vergleichsobjekte **Seiten 662 bis 673**

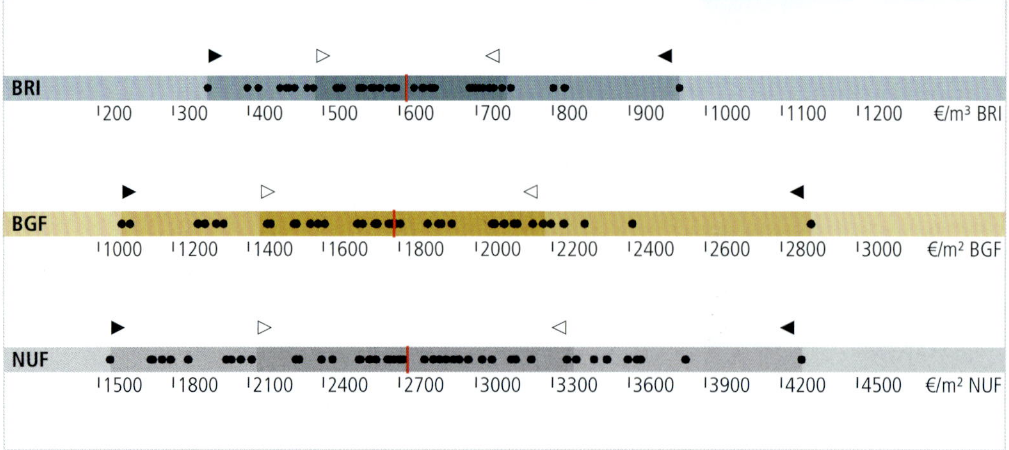

- ● KKW
- ▶ min
- ▷ von
- | Mittelwert
- ◁ bis
- ◀ max

Kostenkennwerte für die Kostengruppen der 1. und 2. Ebene DIN 276

KG	Kostengruppen der 1. Ebene	Einheit	▷	€/Einheit	◁	▷	% an 300+400	◁
100	Grundstück	m2 GF	–	**–**	–	–	**–**	–
200	Vorbereitende Maßnahmen	m2 GF	32	**100**	284	1,0	**2,9**	7,5
300	Bauwerk – Baukonstruktionen	m2 BGF	1.142	**1.407**	1.717	75,3	**79,1**	83,2
400	Bauwerk – Technische Anlagen	m2 BGF	273	**378**	510	16,8	**20,9**	24,7
	Bauwerk 300+400	m2 BGF	1.430	**1.785**	2.180	100,0	**100,0**	100,0
500	Außenanlagen und Freiflächen	m2 AF	105	**280**	543	2,2	**4,4**	8,0
600	Ausstattung und Kunstwerke	m2 BGF	7	**29**	78	0,4	**1,4**	3,5
700	Baunebenkosten*	m2 BGF	335	**374**	412	18,9	**21,0**	23,2 ◁
800	Finanzierung	m2 BGF	–	**–**	–	–	**–**	–

* Auf Grundlage der HOAI 2021 berechnete Werte nach §§ 35, 52, 56. Weitere Informationen siehe Seite 56

KG	Kostengruppen der 2. Ebene	Einheit	▷	€/Einheit	◁	▷	% an 1. Ebene	◁
310	Baugrube / Erdbau	m3 BGI	29	**56**	90	2,4	**4,2**	5,7
320	Gründung, Unterbau	m2 GRF	237	**325**	425	5,4	**7,6**	11,3
330	Außenwände / vertikal außen	m2 AWF	412	**480**	563	25,2	**27,8**	30,8
340	Innenwände / vertikal innen	m2 IWF	174	**218**	238	14,7	**18,1**	22,4
350	Decken / horizontal	m2 DEF	371	**432**	466	23,9	**25,6**	27,8
360	Dächer	m2 DAF	353	**422**	467	9,8	**12,7**	16,8
370	Infrastrukturanlagen		–	**–**	–	–	**–**	–
380	Baukonstruktive Einbauten	m2 BGF	3	**13**	48	0,2	**0,8**	3,5
390	Sonst. Maßnahmen für Baukonst.	m2 BGF	20	**41**	71	1,9	**3,3**	5,3
300	**Bauwerk – Baukonstruktionen**	**m2 BGF**					**100,0**	
410	Abwasser-, Wasser-, Gasanlagen	m2 BGF	51	**79**	105	22,4	**29,9**	44,6
420	Wärmeversorgungsanlagen	m2 BGF	44	**83**	135	20,2	**28,4**	37,1
430	Raumlufttechnische Anlagen	m2 BGF	8	**29**	73	2,8	**9,4**	22,2
440	Elektrische Anlagen	m2 BGF	36	**64**	79	18,5	**23,4**	30,3
450	Kommunikationstechnische Anlagen	m2 BGF	5	**9**	16	1,3	**2,9**	4,3
460	Förderanlagen	m2 BGF	27	**34**	39	0,0	**6,0**	11,7
470	Nutzungsspez. / verfahrenstech. Anl.	m2 BGF	–	**–**	–	–	**–**	–
480	Gebäude- und Anlagenautomation	m2 BGF	–	**–**	–	–	**–**	–
490	Sonst. Maßnahmen f. techn. Anl.	m2 BGF	–	**–**	–	–	**–**	–
400	**Bauwerk – Technische Anlagen**	**m2 BGF**					**100,0**	

Prozentanteile der Kosten 2. Ebene an den Kosten des Bauwerks nach DIN 276 (Von/Mittel/Bis)

KG	Kostengruppe	%
310	Baugrube / Erdbau	3,4
320	Gründung, Unterbau	6,2
330	Außenwände / vertikal außen	22,5
340	Innenwände / vertikal innen	14,5
350	Decken / horizontal	20,7
360	Dächer	10,3
370	Infrastrukturanlagen	
380	Baukonstruktive Einbauten	0,6
390	Sonst. Maßnahmen für Baukonst.	2,6
410	Abwasser-, Wasser-, Gasanlagen	5,4
420	Wärmeversorgungsanlagen	5,4
430	Raumlufttechnische Anlagen	2,0
440	Elektrische Anlagen	4,4
450	Kommunikationstechnische Anlagen	0,6
460	Förderanlagen	1,3
470	Nutzungsspez. / verfahrenstech. Anl.	
480	Gebäude- und Anlagenautomation	
490	Sonst. Maßnahmen f. techn. Anl.	

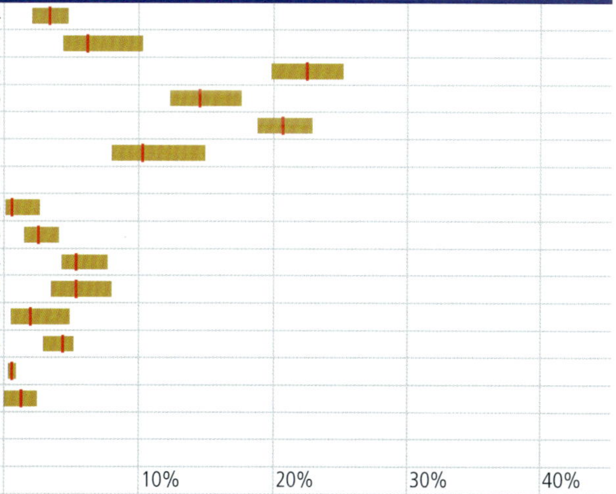

 Erläuterungen zu den Tabellen siehe Seite 54 und 56 Kostenstand: 1. Quartal 2025, Bundesdurchschnitt, **inkl. 19% MwSt.**

Mehrfamilienhäuser, mit 6 bis 19 WE, mittlerer Standard

Kosten:
Stand 1. Quartal 2025
Bundesdurchschnitt
inkl. 19% MwSt.

Prozentanteile der Kosten für Leistungsbereiche nach STLB (Kosten Bauwerk nach DIN 276)

LB	Leistungsbereiche	7,5% 15% 22,5% 30%	▷	% an 300+400	◁
000	Baustellen-, Verkehrssich.- u. Sicherh.einr. inkl. 001		1,3	**2,4**	3,4
002	Erdarbeiten		1,9	**3,6**	4,9
006	Spezialtiefbauarbeiten inkl. 005		0,0	**0,3**	1,2
009	Entwässerungskanalarbeiten inkl. 011		0,1	**0,3**	0,6
010	Drän- und Versickerarbeiten		< 0,1	**< 0,1**	0,3
012	Mauerarbeiten		3,8	**7,2**	9,7
013	Betonarbeiten		20,1	**24,2**	30,6
014	Natur-, Betonwerksteinarbeiten		0,0	**0,7**	1,6
016	Zimmer- und Holzbauarbeiten		0,2	**2,6**	4,5
017	Stahlbauarbeiten		< 0,1	**< 0,1**	0,2
018	Abdichtungsarbeiten		0,4	**0,7**	1,2
020	Dachdeckungsarbeiten		0,0	**0,9**	2,4
021	Dachabdichtungsarbeiten		1,0	**2,5**	3,6
022	Klempnerarbeiten		0,7	**1,2**	1,5
	Rohbau		43,1	**46,7**	53,9
023	Putz- und Stuckarbeiten, Wärmedämmsysteme		5,8	**7,6**	9,1
024	Fliesen- und Plattenarbeiten		1,9	**2,4**	3,9
025	Estricharbeiten		1,6	**2,0**	2,3
026	Fenster, Außentüren inkl. 029, 032		4,2	**5,0**	6,5
027	Tischlerarbeiten		1,5	**2,1**	3,3
028	Parkettarbeiten, Holzpflasterarbeiten		0,3	**1,2**	2,4
030	Rollladenarbeiten		0,0	**0,7**	1,1
031	Metallbauarbeiten inkl. 035		3,7	**4,8**	6,4
034	Maler- und Lackiererarbeiten inkl. 037		2,4	**2,8**	3,7
036	Bodenbelagarbeiten		0,4	**1,3**	2,0
038	Vorgehängte hinterlüftete Fassaden		0,0	**0,2**	1,4
039	Trockenbauarbeiten		1,8	**4,1**	7,6
	Ausbau		30,4	**34,3**	36,2
040	Wärmeversorgungsanl. - Betriebseinr. inkl. 041		3,3	**4,9**	7,3
042	Gas- und Wasserinstallation, Leitungen inkl. 043		1,1	**1,8**	3,3
044	Abwasseranlagen - Leitungen, Abläufe, Armaturen		0,5	**1,0**	1,4
045	GWE - Einrichtungsgegenstände inkl. 046		1,6	**1,8**	2,3
047	Dämm- und Brandschutzarbeiten an techn. Anlagen		0,3	**0,8**	1,1
049	Feuerlöschanlagen, Feuerlöschgeräte		–	**–**	–
050	Blitzschutz- und Erdungsanlagen		< 0,1	**< 0,1**	0,2
052	Mittelspannungsanlagen		–	**–**	–
053	Niederspannungsanlagen inkl. 054		2,6	**4,0**	4,9
055	Sicherheits- und Ersatzstromversorgungsanlagen		–	**–**	–
057	Gebäudesystemtechnik		0,0	**< 0,1**	< 0,1
058	Leuchten und Lampen inkl. 059		< 0,1	**0,3**	0,5
060	Such-, Signal-, elektroakust. Anl., Med. inkl. 064		< 0,1	**0,2**	0,4
061	Kommunikations- und Übertragungsnetze inkl. 062		0,2	**0,3**	0,5
063	Gefahrenmeldeanlagen		< 0,1	**< 0,1**	0,1
069	Aufzüge		0,0	**1,3**	2,5
070	Gebäudeautomation		–	**–**	–
075	Raumlufttechnische Anlagen inkl. 078		0,5	**1,9**	4,5
	Gebäudetechnik		12,2	**18,5**	21,4
	Sonstige Leistungsbereiche inkl. 008, 033, 051		0,1	**0,5**	1,2

- ● KKW
- ▶ min
- ▷ von
- | Mittelwert
- ◁ bis
- ◀ max

Planungskennwerte für Flächen und Rauminhalte nach DIN 277

Grundflächen		▷	Fläche/NUF (%)	◁	▷	Fläche/BGF (%)	◁
NUF	Nutzungsfläche	100,0	**100,0**	100,0	63,2	**65,9**	68,7
TF	Technikfläche	1,9	**2,4**	3,9	1,2	**1,6**	2,5
VF	Verkehrsfläche	19,1	**24,0**	30,6	12,5	**15,4**	18,6
NRF	Netto-Raumfläche	121,3	**126,4**	133,0	81,3	**82,8**	84,3
KGF	Konstruktions-Grundfläche	23,7	**26,4**	29,1	15,7	**17,2**	18,7
BGF	Brutto-Grundfläche	146,1	**152,7**	159,6	100,0	**100,0**	100,0

Brutto-Rauminhalte		▷	BRI/NUF (m)	◁	▷	BRI/BGF (m)	◁
BRI	Brutto-Rauminhalt	4,21	**4,49**	4,77	2,79	**2,94**	3,04

Flächen von Nutzeinheiten	▷	NUF/Einheit (m2)	◁	▷	BGF/Einheit (m2)	◁
Nutzeinheit: Wohnfläche	1,18	**1,26**	1,44	1,80	**1,91**	2,18

Lufttechnisch behandelte Flächen	▷	Fläche/NUF (%)	◁	▷	Fläche/BGF (%)	◁
Entlüftete Fläche	7,3	**7,3**	7,3	5,7	**5,7**	5,7
Be- und entlüftete Fläche	75,5	**75,5**	75,5	47,6	**47,6**	47,6
Teilklimatisierte Fläche	–	**–**	–	–	**–**	–
Klimatisierte Fläche	–	**–**	–	–	**–**	–

KG	Kostengruppen (2. Ebene)	Einheit	▷	Menge/NUF	◁	▷	Menge/BGF	◁
310	Baugrube / Erdbau	m3 BGI	1,24	**1,49**	2,38	0,81	**1,01**	1,73
320	Gründung, Unterbau	m2 GRF	0,34	**0,40**	0,45	0,23	**0,27**	0,29
330	Außenwände / vertikal außen	m2 AWF	0,95	**1,02**	1,15	0,64	**0,68**	0,73
340	Innenwände / vertikal innen	m2 IWF	1,36	**1,46**	1,59	0,87	**0,97**	1,13
350	Decken / horizontal	m2 DEF	0,99	**1,03**	1,05	0,67	**0,68**	0,73
360	Dächer	m2 DAF	0,47	**0,52**	0,60	0,32	**0,35**	0,40
370	Infrastrukturanlagen		–	**–**	–	–	**–**	–
380	Baukonstruktive Einbauten	m2 BGF	1,46	**1,53**	1,60	1,00	**1,00**	1,00
390	Sonst. Maßnahmen für Baukonst.	m2 BGF	1,46	**1,53**	1,60	1,00	**1,00**	1,00
300	**Bauwerk – Baukonstruktionen**	**m2 BGF**	1,46	**1,53**	1,60	1,00	**1,00**	1,00

Planungskennwerte für Bauzeiten — 45 Vergleichsobjekte

Bauzeit in Wochen

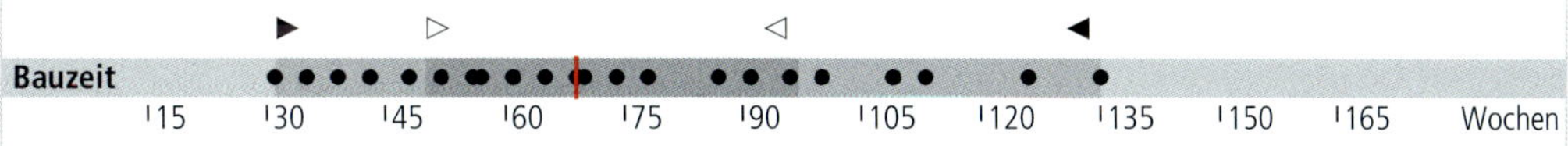

€/m² BGF

min	1.060	€/m²
von	1.430	€/m²
Mittel	**1.785**	**€/m²**
bis	2.180	€/m²
max	2.880	€/m²

Kosten:
Stand 1. Quartal 2025
Bundesdurchschnitt
inkl. 19% MwSt.

Objektübersicht zur Gebäudeart

6100-1736 Mehrfamilienhaus (10 WE), TG (9 STP)

BRI 6.245 m³ **BGF** 2.237 m² **NUF** 1.261 m²

Mehrfamilienhaus mit zehn Wohnungen und neun Tiefgaragenplätzen. Massivbau.

Land: Nordrhein-Westfalen
Kreis: Essen, Stadt
Standard: mittel
Bauzeit: 87 Wochen
Kennwerte: bis 1. Ebene DIN 276

BGF **2.048 €/m²**

Planung: Böll Architekten GmbH; Essen

vorgesehen: BKI Objektdaten N21

6100-1699 Mehrfamilienhaus (13 WE)

BRI 3.160 m³ **BGF** 1.060 m² **NUF** 712 m²

Mehrfamilienhaus mit 13 WE und 655 m² Wohnfläche. Mauerwerk.

Land: Hamburg
Kreis: Hamburg, Stadt
Standard: mittel
Bauzeit: 109 Wochen
Kennwerte: bis 1. Ebene DIN 276

BGF **2.878 €/m²**

Planung: nentwig.notbohm ARCHITEKTEN; Hamburg

vorgesehen: BKI Objektdaten N21

6100-1692 Mehrfamilienhaus (10 WE), TG (10 STP)

BRI 5.104 m³ **BGF** 1.820 m² **NUF** 1.187 m²

Mehrfamilienhaus mit zehn Wohnungen und Tiefgarage im Untergeschoss für zehn Pkw. Massivbau.

Land: Nordrhein-Westfalen
Kreis: Hamm, Stadt
Standard: mittel
Bauzeit: 52 Wochen
Kennwerte: bis 1. Ebene DIN 276

BGF **1.937 €/m²**

Planung: BERGHAUS ARCHITEKTEN; Hamm

vorgesehen: BKI Objektdaten N21

6100-1703 Mehrfamilienhaus (6 WE), Carport

BRI 3.863 m³ **BGF** 1.255 m² **NUF** 779 m²

Zwei Mehrfamilienhäuser mit zwölf Wohneinheiten. Stahlbeton.

Land: Bayern
Kreis: Rhön-Grabfeld
Standard: mittel
Bauzeit: 91 Wochen
Kennwerte: bis 1. Ebene DIN 276

BGF **1.062 €/m²**

Planung: vorndran design Andrè Vorndran; Hollstadt

vorgesehen: BKI Objektdaten N21

6100-1691 Mehrfamilienhaus (17 WE, 2 GE)

BRI 8.309 m³ **BGF** 2.703 m² **NUF** 1.921 m²

Mehrfamilienhaus mit 17 Wohneinheiten und zwei Gewerbeeinheiten. Mischkonstruktion.

Land: Berlin
Kreis: Berlin, Stadt
Standard: mittel
Bauzeit: 126 Wochen
Kennwerte: bis 1.Ebene DIN 276

BGF **2.149 €/m²**

Planung: Praeger Richter Architekten BDA; Berlin

vorgesehen: BKI Objektdaten N21

6100-1589 Mehrfamilienhaus (7 WE) TG (5 STP)

BRI 2.130 m³ **BGF** 837 m² **NUF** 511 m²

Mehrfamilienhaus mit sieben Wohneinheiten. Massivbau.

Land: Bayern
Kreis: Mühldorf a.Inn
Standard: mittel
Bauzeit: 70 Wochen
Kennwerte: bis 1.Ebene DIN 276

BGF **2.074 €/m²**

Planung: aris Anglhuber und Reithmeier PartGmbB; Kraiburg am Inn

veröffentlicht: BKI Objektdaten N19

6100-1677 Mehrfamilienhaus (17 WE)

BRI 6.762 m³ **BGF** 2.227 m² **NUF** 1.449 m²

Mehrfamilienhaus mit 17 Wohnungen zwischen zwei und fünf Zimmern, an einem Innenhof mit 17 Stellplätzen. Massivbau.

Land: Nordrhein-Westfalen
Kreis: Duisburg, Stadt
Standard: mittel
Bauzeit: 74 Wochen
Kennwerte: bis 1.Ebene DIN 276

BGF **1.910 €/m²**

Planung: Druschke Architektur | BDA; Duisburg

veröffentlicht: BKI Objektdaten N20

6100-1585 Mehrfamilienhaus (15 WE), TG (17 STP)

BRI 5.213 m³ **BGF** 2.084 m² **NUF** 1.231 m²

Mehrfamilienhaus mit 15 Wohneinheiten und einer Tiefgarage. Stahlbeton.

Land: Nordrhein-Westfalen
Kreis: Soest
Standard: mittel
Bauzeit: 48 Wochen
Kennwerte: bis 1.Ebene DIN 276

BGF **1.603 €/m²**

Planung: BLA. Ballhorn Lempke Architekten GmbH; Lippstadt

veröffentlicht: BKI Objektdaten N19

€/m² BGF

min	1.060	€/m²
von	1.430	€/m²
Mittel	**1.785**	**€/m²**
bis	2.180	€/m²
max	2.880	€/m²

Kosten:
Stand 1. Quartal 2025
Bundesdurchschnitt
inkl. 19% MwSt.

Objektübersicht zur Gebäudeart

6100-1701 Mehrfamilienhaus (18 WE), TG (22 STP)

BRI 8.238 m³ **BGF** 2.961 m² **NUF** 1.944 m²

Mehrfamilienhaus mit 18 Wohnungen und einer Tiefgarage mit 22 Stellplätzen. Massivbau.

Land: Rheinland-Pfalz
Kreis: Frankenthal (Pfalz), Stadt
Standard: mittel
Bauzeit: 70 Wochen
Kennwerte: bis 1. Ebene DIN 276

BGF 2.072 €/m²

Planung: P4_ARCHITEKTEN BDA; Frankenthal

vorgesehen: BKI Objektdaten N21

6100-1632 Mehrfamilienhäuser (2 Gebäude, 15 WE)

BRI 6.395 m³ **BGF** 2.110 m² **NUF** 1.367 m²

Zwei Mehrfamilienhäuser mit 15 Wohneinheiten und 16 Stellplätzen. Massivbau.

Land: Bayern
Kreis: Regensburg, Stadt
Standard: mittel
Bauzeit: 113 Wochen
Kennwerte: bis 1. Ebene DIN 276

BGF 2.175 €/m²

Planung: Architekturbüro Ferdinand Weber; Regensburg

veröffentlicht: BKI Objektdaten N20

6100-1580 Mehrfamilienhaus (6 WE)

BRI 1.897 m³ **BGF** 638 m² **NUF** 396 m²

Mehrfamilienhaus mit sechs Wohneinheiten. Massivbau.

Land: Bayern
Kreis: Mühldorf a.Inn
Standard: mittel
Bauzeit: 52 Wochen
Kennwerte: bis 1. Ebene DIN 276

BGF 2.148 €/m²

Planung: aris Anglhuber und Reithmeier PartGmbB; Kraiburg am Inn

veröffentlicht: BKI Objektdaten N19

6100-1498 Mehrfamilienhäuser mit 2 Gebäuden (18 WE)

BRI 6.711 m³ **BGF** 2.069 m² **NUF** 1.295 m²

Zwei Mehrfamilienhäuser als sozialer Wohnungsbau mit 18 WE und 1.270 m² Wohnfläche. Mauerwerk.

Land: Saarland
Kreis: Saarlouis
Standard: mittel
Bauzeit: 70 Wochen
Kennwerte: bis 1. Ebene DIN 276

BGF 2.283 €/m²

Planung: Architekturbüro Steffen; Überherrn

veröffentlicht: BKI Objektdaten N17

Objektübersicht zur Gebäudeart

6100-1516 Mehrfamilienhaus (14 WE), TG (14 STP)

BRI 8.025m³ **BGF** 2.552m² **NUF** 1.488m²

Mehrfamilienhaus mit 14 Wohneinheiten (1.270m² WFL) und Tiefgarage. Massivbau.

Land: Thüringen
Kreis: Erfurt, Stadt
Standard: mittel
Bauzeit: 74 Wochen
Kennwerte: bis 1.Ebene DIN 276

BGF **2.229€/m²**

Planung: Schettler & Partner PartGmbB; Weimar

veröffentlicht: BKI Objektdaten E9

6100-1441 Mehrfamilienhaus (14 WE)

BRI 3.983m³ **BGF** 1.496m² **NUF** 1.036m²

Mehrfamilienhaus mit 14 WE. Mauerwerksbau.

Land: Hamburg
Kreis: Hamburg, Stadt
Standard: mittel
Bauzeit: 52 Wochen
Kennwerte: bis 1.Ebene DIN 276

BGF **1.584€/m²**

Planung: MMST Architekten GmbH; Hamburg

veröffentlicht: BKI Objektdaten N17

6100-1424 Mehrfamilienhaus (10 WE), TG (10 STP)

BRI 6.045m³ **BGF** 2.086m² **NUF** 1.324m²

Mehrfamilienhäuser (2 Gebäude) mit 935m² WFL und Tiefgarage (10 STP). Massivbau.

Land: Bayern
Kreis: München, Stadt
Standard: mittel
Bauzeit: 69 Wochen
Kennwerte: bis 1.Ebene DIN 276

BGF **1.313€/m²**

Planung: Jo Güth | Architekt; München

veröffentlicht: BKI Objektdaten E8

6100-1469 Mehrfamilienhaus (14 WE)

BRI 5.460m³ **BGF** 1.822m² **NUF** 1.358m²

Mehrfamilienhaus mit 14 WE (995m²). Mauerwerksbau.

Land: Nordrhein-Westfalen
Kreis: Duisburg, Stadt
Standard: mittel
Bauzeit: 87 Wochen
Kennwerte: bis 1.Ebene DIN 276

BGF **1.783€/m²**

Planung: Druschke Architektur | BDA; Duisburg

veröffentlicht: BKI Objektdaten E9

€/m² BGF

min	1.060	€/m²
von	1.430	€/m²
Mittel	**1.785**	**€/m²**
bis	2.180	€/m²
max	2.880	€/m²

Kosten:
Stand 1. Quartal 2025
Bundesdurchschnitt
inkl. 19% MwSt.

Objektübersicht zur Gebäudeart

6100-1403 Mehrfamilienhaus (8 WE)

BRI 1.995 m³ **BGF** 651 m² **NUF** 395 m²

Mehrfamilienhaus mit acht Wohneinheiten als Sozialwohnungsbau und Folgeunterbringung für Heimatvertriebene. Massivbau.

Land: Baden-Württemberg
Kreis: Esslingen
Standard: mittel
Bauzeit: 56 Wochen
Kennwerte: bis 3. Ebene DIN 276

BGF **1.735 €/m²**

Planung: KILTZ KAZMAIER ARCHITEKTEN; Kirchheim unter Teck

veröffentlicht: BKI Objektdaten N17

6100-1517 Mehrfamilienhaus (13 WE)

BRI 7.331 m³ **BGF** 2.228 m² **NUF** 1.460 m²

Mehrfamilienhaus mit 13 Wohneinheiten (1.483m² WFL). Massivbau.

Land: Sachsen-Anhalt
Kreis: Magdeburg, Stadt
Standard: mittel
Bauzeit: 91 Wochen
Kennwerte: bis 1. Ebene DIN 276

BGF **2.108 €/m²**

Planung: META architektur GmbH; Magdeburg

veröffentlicht: BKI Objektdaten N18

6100-1454 Mehrfamilienhaus (17 WE)

BRI 7.320 m³ **BGF** 2.430 m² **NUF** 1.735 m²

Mehrfamilienhaus mit 17 WE. Massivbau.

Land: Berlin
Kreis: Berlin, Stadt
Standard: mittel
Bauzeit: 96 Wochen
Kennwerte: bis 1. Ebene DIN 276

BGF **1.902 €/m²**

Planung: buero eins punkt null; Berlin

veröffentlicht: BKI Objektdaten E9

6100-1401 Mehrfamilienhaus (13 WE), TG - Effizienzhaus 55

BRI 6.458 m³ **BGF** 2.255 m² **NUF** 1.404 m²

Mehrfamilienhaus mit 13 Wohneinheiten und Tiefgarage als Effizienzhaus 55. Massivbau.

Land: Baden-Württemberg
Kreis: Freiburg im Breisgau
Standard: mittel
Bauzeit: 52 Wochen
Kennwerte: bis 3. Ebene DIN 276

BGF **1.264 €/m²**

Planung: Werkgruppe Freiburg Architekten; Freiburg

veröffentlicht: BKI Objektdaten E9

6100-1400 Mehrfamilienhaus (13 WE), TG - Effizienzhaus 55

BRI 6.268 m^3 **BGF** 2.200 m^2 **NUF** 1.403 m^2

Mehrfamilienhaus mit 13 Wohneinheiten und Tiefgarage als Effizienzhaus 55. Massivbau.

Land: Baden-Württemberg
Kreis: Freiburg im Breisgau
Standard: mittel
Bauzeit: 52 Wochen
Kennwerte: bis 3. Ebene DIN 276

BGF 1.282 €/m^2

Planung: Werkgruppe Freiburg Architekten; Freiburg

veröffentlicht: BKI Objektdaten E9

6100-1477 Mehrfamilienhaus, seniorengerecht (8 WE), TG

BRI 5.483 m^3 **BGF** 1.692 m^2 **NUF** 979 m^2

Seniorengerechtes Wohnen, Bewohnerzimmer mit Bad (6 WE), Wohnungen (7 WE), Tiefgarage (9 STP). Massivbau.

Land: Nordrhein-Westfalen
Kreis: Paderborn
Standard: mittel
Bauzeit: 65 Wochen
Kennwerte: bis 1. Ebene DIN 276

BGF 1.772 €/m^2

Planung: huellmann. Architekten & Ingenieure; Delbrück

veröffentlicht: BKI Objektdaten E9

6100-1488 Mehrgenerationenhaus (19 WE), TG (16 STP)

BRI 10.995 m^3 **BGF** 3.480 m^2 **NUF** 2.434 m^2

Mehrgenerationenhaus mit Tiefgarage. Massivbau.

Land: Baden-Württemberg
Kreis: Stuttgart, Stadt
Standard: mittel
Bauzeit: 96 Wochen
Kennwerte: bis 1. Ebene DIN 276

BGF 2.195 €/m^2

Planung: von Ey Architektur PartG mbB; Berlin

veröffentlicht: BKI Objektdaten E9

6100-1416 Mehrfamilienhaus (10 WE) - Effizienzhaus 70

BRI 3.847 m^3 **BGF** 1.515 m^2 **NUF** 960 m^2

Mehrfamilienhaus (10 WE) mit 840 m^2 WFL als Effizienzhaus 70. Massivbau.

Land: Nordrhein-Westfalen
Kreis: Rhein-Sieg-Kreis
Standard: mittel
Bauzeit: 57 Wochen
Kennwerte: bis 1. Ebene DIN 276

BGF 1.458 €/m^2

Planung: aaw Architektenbüro Arno Weirich; Alfter

veröffentlicht: BKI Objektdaten N17

€/m² BGF

min	1.060	€/m²
von	1.430	€/m²
Mittel	**1.785**	**€/m²**
bis	2.180	€/m²
max	2.880	€/m²

Kosten:
Stand 1. Quartal 2025
Bundesdurchschnitt
inkl. 19% MwSt.

Objektübersicht zur Gebäudeart

6100-1461 Mehrfamilienhaus (15 WE), TG (17 STP) — BRI 8.577 m³ | BGF 2.839 m² | NUF 1.746 m²

Mehrfamilienhaus mit 14 WE, einer Gästewohnung sowie einer Tiefgarage mit 17 Stellplätzen. Stb-Skelettbau.

Land: Hessen
Kreis: Darmstadt, Stadt
Standard: mittel
Bauzeit: 91 Wochen
Kennwerte: bis 1. Ebene DIN 276

BGF **1.563 €/m²**

Planung: werk.um architekten; Darmstadt

veröffentlicht: BKI Objektdaten N17

6100-1417 Mehrfamilienhaus (8 WE) - Effizienzhaus 70 — BRI 2.997 m³ | BGF 1.070 m² | NUF 739 m²

Mehrfamilienhaus (8 WE) mit 670m² WFL als Effizienzhaus 70. Massivbau.

Land: Nordrhein-Westfalen
Kreis: Rhein-Sieg-Kreis
Standard: mittel
Bauzeit: 35 Wochen
Kennwerte: bis 1. Ebene DIN 276

BGF **1.801 €/m²**

Planung: aaw Architektenbüro Arno Weirich; Alfter

veröffentlicht: BKI Objektdaten N17

6100-1439 Mehrfamilienhaus (16 WE), Ladengeschäft — BRI 8.594 m³ | BGF 2.926 m² | NUF 1.921 m²

Mehrfamilienhaus mit 16 Wohneinheiten (1.446m² WFL) und Ladengeschäft. Massivbau.

Land: Thüringen
Kreis: Erfurt, Stadt
Standard: mittel
Bauzeit: 100 Wochen
Kennwerte: bis 1. Ebene DIN 276

BGF **1.742 €/m²**

Planung: Hauschild Architekten; Erfurt

veröffentlicht: BKI Objektdaten N17

6100-1470 Wohnhaus (13 WE, 2 GE) — BRI 6.137 m³ | BGF 2.406 m² | NUF 1.685 m²

Wohn- und Gewerbeobjekt mit 13 Wohneinheiten. Stb-Skelettbau.

Land: Berlin
Kreis: Berlin, Stadt
Standard: mittel
Bauzeit: 135 Wochen
Kennwerte: bis 1. Ebene DIN 276

BGF **2.042 €/m²**

Planung: orange architekten; Berlin

veröffentlicht: BKI Objektdaten E9

6100-1355 Mehrfamilienhaus (17 WE)

BRI 6.511 m³ **BGF** 2.252 m² **NUF** 1.653 m²

© ARNT HAUG

Mehrfamilienhaus mit 17 Wohneinheiten. Massivbau.

Land: Hamburg
Kreis: Hamburg, Stadt
Standard: mittel
Bauzeit: 78 Wochen
Kennwerte: bis 3. Ebene DIN 276

BGF 1.788 €/m²

Planung: EBERT ARCHITEKTUR; Hamburg

veröffentlicht: BKI Objektdaten N18

6100-1347 Mehrfamilienhäuser (5+7 WE) - Effizienzhaus 55

BRI 6.708 m³ **BGF** 2.271 m² **NUF** 1.294 m²

© Architekturbüro Jakob Krimmel

Zwei Wohnhäuser mit fünf und sieben Wohneinheiten. Massivbau.

Land: Baden-Württemberg
Kreis: Bodenseekreis
Standard: mittel
Bauzeit: 65 Wochen
Kennwerte: bis 1. Ebene DIN 276

BGF 1.526 €/m²

Planung: Architekturbüro Jakob Krimmel; Bermatingen

veröffentlicht: BKI Objektdaten E8

6100-1313 Mehrfamilienhaus (7 WE) - Effizienzhaus 70

BRI 4.668 m³ **BGF** 1.459 m² **NUF** 1.059 m²

Mehrfamilienhaus mit sieben Wohneinheiten (847 m² WFL) und Multifunktionsraum, Effizienzhaus 70. Mauerwerksbau.

Land: Berlin
Kreis: Berlin, Stadt
Standard: mittel
Bauzeit: 52 Wochen
Kennwerte: bis 1. Ebene DIN 276

BGF 1.874 €/m²

Planung: büro 1.0 architektur +; Berlin

veröffentlicht: BKI Objektdaten N16

6100-1235 Mehrfamilienhaus (11 WE), TG (14 STP)

BRI 5.495 m³ **BGF** 1.901 m² **NUF** 1.475 m²

© Heidacker Architekten

Mehrfamilienhaus mit elf Wohneinheiten (1.067 m² WFL) und Tiefgarage (14 STP). Mauerwerksbau.

Land: Hessen
Kreis: Groß-Gerau
Standard: mittel
Bauzeit: 48 Wochen
Kennwerte: bis 1. Ebene DIN 276

BGF 1.332 €/m²

Planung: Heidacker Architekten; Bischofsheim

veröffentlicht: BKI Objektdaten N15

€/m² BGF

min	1.060	€/m²
von	1.430	€/m²
Mittel	**1.785**	**€/m²**
bis	2.180	€/m²
max	2.880	€/m²

Kosten:
Stand 1. Quartal 2025
Bundesdurchschnitt
inkl. 19% MwSt.

Objektübersicht zur Gebäudeart

6100-1157 Mehrfamilienhaus (12 WE), TG - Effizienzhaus 70

BRI 9.059 m³ **BGF** 3.040 m² **NUF** 2.370 m²

© AIN Architektur-Ingenieur- Netzwerk GmbH

Mehrfamilienhaus (1.430m² WFL) mit Tiefgarage als Effizienzhaus 70. Mauerwerksbau.

Land: Sachsen-Anhalt
Kreis: Halle (Saale), Stadt
Standard: mittel
Bauzeit: 78 Wochen
Kennwerte: bis 1. Ebene DIN 276

BGF 1.449 €/m²

Planung: AIN Architektur-Ingenieur- Netzwerk GmbH; Halle (Saale)

veröffentlicht: BKI Objektdaten E6

6100-1319 Mehrfamilienhaus (9 WE)

BRI 4.009 m³ **BGF** 1.358 m² **NUF** 931 m²

© Konstantin Pichler

Mehrfamilienhaus (9 WE) mit 817m² WFL. Massivbau.

Land: Nordrhein-Westfalen
Kreis: Köln, Stadt
Standard: mittel
Bauzeit: 48 Wochen
Kennwerte: bis 1. Ebene DIN 276

BGF 2.408 €/m²

Planung: Kastner Pichler Architekten; Köln

veröffentlicht: BKI Objektdaten N16

6100-1130 Mehrfamilienhaus (18 WE) - Effizienzhaus 70

BRI 7.224 m³ **BGF** 2.339 m² **NUF** 1.472 m²

© Werkgemeinschaft Quasten-Mundt

Mehrfamilienhaus (18 WE). Massivbau.

Land: Nordrhein-Westfalen
Kreis: Rhein-Kreis Neuss
Standard: mittel
Bauzeit: 52 Wochen
Kennwerte: bis 3. Ebene DIN 276

BGF 1.603 €/m²

Planung: Werkgemeinschaft Quasten-Mundt; Grevenbroich

veröffentlicht: BKI Objektdaten E6

6100-1129 Mehrfamilienhaus (12 WE) - Effizienzhaus 70

BRI 4.681 m³ **BGF** 1.522 m² **NUF** 951 m²

© Werkgemeinschaft Quasten-Mundt

Mehrfamilienhaus (12 WE). Massivbau.

Land: Nordrhein-Westfalen
Kreis: Rhein-Kreis Neuss
Standard: mittel
Bauzeit: 39 Wochen
Kennwerte: bis 3. Ebene DIN 276

BGF 1.690 €/m²

Planung: Werkgemeinschaft Quasten-Mundt; Grevenbroich

veröffentlicht: BKI Objektdaten E6

6100-1292 Mehrfamilienhäuser (12 WE)

BRI 4.609 m³ | **BGF** 1.575 m² | **NUF** 919 m²

Mehrfamilienhäuser, zwei Gebäude mit zwölf Wohneinheiten (775 m² WFL). Mauerwerk.

Land: Nordrhein-Westfalen
Kreis: Mettmann
Standard: mittel
Bauzeit: 74 Wochen
Kennwerte: bis 1. Ebene DIN 276

BGF 2.098 €/m²

Planung: HGMB Architekten GmbH + Co. KG; Düsseldorf

veröffentlicht: BKI Objektdaten N15

6100-1163 Mehrfamilienhaus (10 WE) - Effizienzhaus 55

BRI 4.834 m³ | **BGF** 1.488 m² | **NUF** 1.082 m²

Mehrfamilienhaus mit zehn Wohneinheiten (984 m² WFL) als Effizienzhaus 55. Mauerwerk.

Land: Berlin
Kreis: Berlin, Stadt
Standard: mittel
Bauzeit: 61 Wochen
Kennwerte: bis 1. Ebene DIN 276

BGF 2.098 €/m²

Planung: büro 1.0 architektur+; Berlin

veröffentlicht: BKI Objektdaten E6

6100-1070 Mehrfamilienhaus (10 WE) - Effizienzhaus 70

BRI 4.754 m³ | **BGF** 1.726 m² | **NUF** 1.243 m²

Mehrfamilienhaus (10 WE) mit 1.068 m² WFL, Laubengang. Mauerwerksbau.

Land: Niedersachsen
Kreis: Celle
Standard: mittel
Bauzeit: 48 Wochen
Kennwerte: bis 1. Ebene DIN 276

BGF 1.520 €/m²

Planung: JA:3; Winsen (Aller)

veröffentlicht: BKI Objektdaten E6

6100-1061 Mehrfamilienhaus (12 WE), TG - Effizienzhaus 70

BRI 8.650 m³ | **BGF** 2.734 m² | **NUF** 1.738 m²

Mehrfamilienhaus mit zwölf Wohneinheiten (1.595 m² WFL), Tiefgarage (15 STP). Massivbauweise.

Land: Sachsen
Kreis: Leipzig, Stadt
Standard: mittel
Bauzeit: 70 Wochen
Kennwerte: bis 1. Ebene DIN 276

BGF 1.779 €/m²

Planung: Augustin + Imkamp freie Architekten GbR; Leipzig

veröffentlicht: BKI Objektdaten E6

€/m² BGF

min	1.060	€/m²
von	1.430	€/m²
Mittel	**1.785**	**€/m²**
bis	2.180	€/m²
max	2.880	€/m²

Kosten:
Stand 1. Quartal 2025
Bundesdurchschnitt
inkl. 19% MwSt.

Objektübersicht zur Gebäudeart

6100-1073 Mehrfamilienhaus (17 WE), TG - Effizienzhaus 70

BRI 10.384 m³ **BGF** 3.197 m² **NUF** 1.922 m²

Mehrfamilienhaus (1.780 m² WFL) mit 17 Eigentumswohnungen und Gemeinschaftsraum. Massivbau.

Land: Berlin
Kreis: Berlin, Stadt
Standard: mittel
Bauzeit: 65 Wochen
Kennwerte: bis 1. Ebene DIN 276

BGF **1.703 €/m²**

Planung: kampmann+architekten gmbh; Berlin

veröffentlicht: BKI Objektdaten E6

6100-0994 Mehrfamilienhaus (16 WE)

BRI 4.131 m³ **BGF** 1.703 m² **NUF** 1.098 m²

Mehrfamilienhaus mit 16 WE (939 m² WFL), Mehrzweckraum. Mauerwerksbau.

Land: Nordrhein-Westfalen
Kreis: Unna
Standard: mittel
Bauzeit: 48 Wochen
Kennwerte: bis 1. Ebene DIN 276

BGF **1.738 €/m²**

Planung: k.A.

veröffentlicht: BKI Objektdaten N12

6100-0706 Mehrfamilienhaus (8 WE), TG

BRI 3.470 m³ **BGF** 1.093 m² **NUF** 787 m²

Mehrfamilienhaus (8 WE) mit acht Tiefgaragenstellplätzen und drei Stellplätzen. Mauerwerksbau.

Land: Baden-Württemberg
Kreis: Heilbronn
Standard: mittel
Bauzeit: 31 Wochen
Kennwerte: bis 3. Ebene DIN 276

BGF **1.264 €/m²**

Planung: Architektur Udo Richter Dipl.-Ing. Freier Architekt; Heilbronn

veröffentlicht: BKI Objektdaten N11

6100-0707 Mehrfamilienhaus (6+6 WE), TG (13 STP)

BRI 5.956 m³ **BGF** 2.267 m² **NUF** 1.589 m²

Zwei Mehrfamilienhäuser mit je sechs Wohnungen und 13 Tiefgaragenstellplätzen. Mauerwerksbau.

Land: Baden-Württemberg
Kreis: Heilbronn
Standard: mittel
Bauzeit: 43 Wochen
Kennwerte: bis 3. Ebene DIN 276

BGF **1.084 €/m²**

Planung: Architektur Udo Richter Dipl.-Ing. Freier Architekt; Heilbronn

veröffentlicht: BKI Objektdaten N11

Objektübersicht zur Gebäudeart

6100-0732 Mehrfamilienhaus (15 WE), TG (16 STP) | **BRI** 8.103m³ | **BGF** 3.019m² | **NUF** 2.164m²

Zwei Mehrfamilienhäuser mit 15 Wohneinheiten und Tiefgarage (1.616m² WFL). Massivbau.

Land: Baden-Württemberg
Kreis: Esslingen
Standard: mittel
Bauzeit: 56 Wochen
Kennwerte: bis 3. Ebene DIN 276

BGF **1.283€/m²**

Planung: Architekturbüro Mesch-Fehrle; Aichtal-Grötzingen

veröffentlicht: BKI Objektdaten N12

Verwaltung | Wissenschaft | Gesundheit | Bildung | Sport | **Wohnen** | Gewerbe | Versorgung | Kultur

Kostenkennwerte für die Kosten des Bauwerks (Kostengruppen 300+400 nach DIN 276)

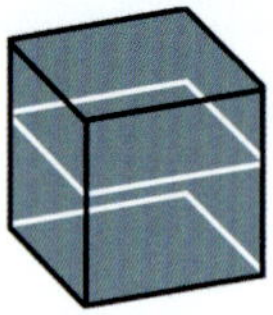

BRI 705 €/m³
von 595 €/m³
bis 900 €/m³

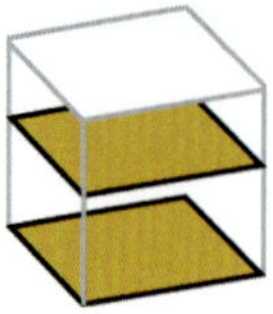

BGF 2.110 €/m²
von 1.730 €/m²
bis 2.810 €/m²

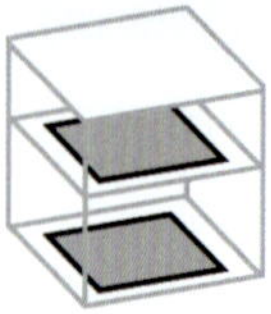

NUF 3.125 €/m²
von 2.490 €/m²
bis 4.180 €/m²

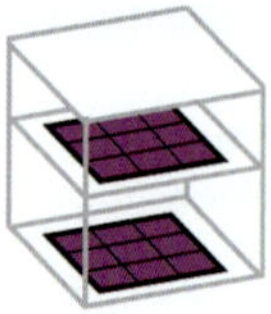

NE 3.980 €/NE
von 3.105 €/NE
bis 5.570 €/NE
NE: Wohnfläche

Objektbeispiele

Kosten:
Stand 1. Quartal 2025
Bundesdurchschnitt
inkl. 19% MwSt.

6100-1724

6100-1608

6100-1595

Kosten der 32 Vergleichsobjekte

Seiten 678 bis 686

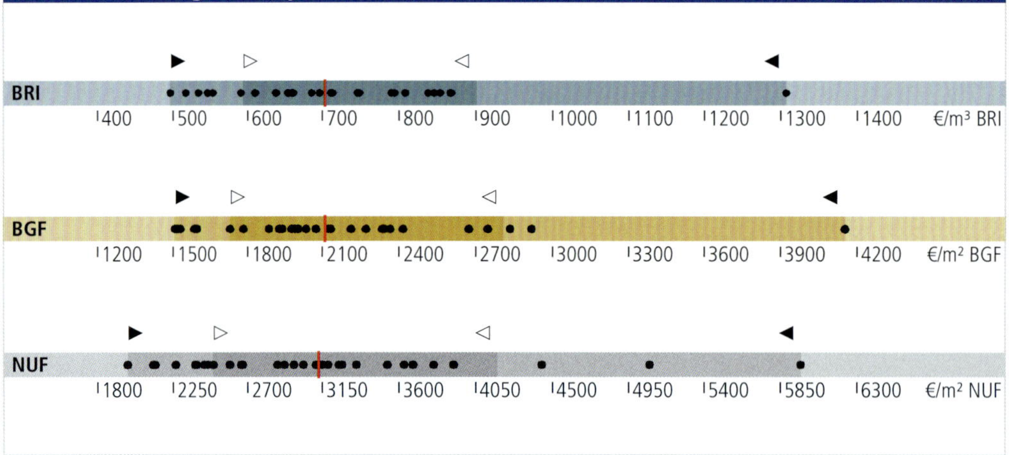

- ● KKW
- ▶ min
- ▷ von
- | Mittelwert
- ◁ bis
- ◀ max

 Erläuterungen zu den Tabellen siehe Seite 52

Kostenstand: 1. Quartal 2025, Bundesdurchschnitt, **inkl. 19% MwSt.**

Kostenkennwerte für die Kostengruppen der 1. und 2. Ebene DIN 276

KG	Kostengruppen der 1. Ebene	Einheit	▷	€/Einheit	◁	▷	% an 300+400	◁
100	Grundstück	m^2 GF	–	**–**	–	–	**–**	–
200	Vorbereitende Maßnahmen	m^2 GF	38	**111**	345	1,1	**2,3**	4,8
300	Bauwerk – Baukonstruktionen	m^2 BGF	1.372	**1.675**	2.213	75,5	**79,6**	83,1
400	Bauwerk – Technische Anlagen	m^2 BGF	310	**433**	595	16,9	**20,4**	24,5
	Bauwerk 300+400	m^2 BGF	1.728	**2.108**	2.809	100,0	**100,0**	100,0
500	Außenanlagen und Freiflächen	m^2 AF	168	**368**	915	1,9	**4,7**	8,7
600	Ausstattung und Kunstwerke	m^2 BGF	8	**39**	100	0,4	**1,7**	3,9
700	Baunebenkosten*	m^2 BGF	384	**428**	472	18,3	**20,4**	22,6
800	Finanzierung	m^2 BGF	–	**–**	–	–	**–**	–

* Auf Grundlage der HOAI 2021 berechnete Werte nach §§ 35, 52, 56. Weitere Informationen siehe Seite 56

KG	Kostengruppen der 2. Ebene	Einheit	▷	€/Einheit	◁	▷	% an 1. Ebene	◁
310	Baugrube / Erdbau	m^3 BGI	45	**68**	94	2,7	**4,7**	6,3
320	Gründung, Unterbau	m^2 GRF	234	**298**	339	5,6	**7,4**	10,1
330	Außenwände / vertikal außen	m^2 AWF	398	**519**	795	24,6	**29,7**	42,5
340	Innenwände / vertikal innen	m^2 IWF	229	**263**	339	14,2	**17,5**	21,4
350	Decken / horizontal	m^2 DEF	371	**429**	505	20,1	**21,5**	22,7
360	Dächer	m^2 DAF	432	**508**	679	8,7	**13,6**	17,6
370	Infrastrukturanlagen		–	**–**	–	–	**–**	–
380	Baukonstruktive Einbauten	m^2 BGF	5	**13**	39	0,2	**0,7**	3,2
390	Sonst. Maßnahmen für Baukonst.	m^2 BGF	47	**65**	103	3,6	**5,1**	8,0
300	**Bauwerk – Baukonstruktionen**	**m^2 BGF**					**100,0**	
410	Abwasser-, Wasser-, Gasanlagen	m^2 BGF	89	**96**	108	30,2	**33,7**	36,9
420	Wärmeversorgungsanlagen	m^2 BGF	56	**68**	92	20,3	**23,5**	26,9
430	Raumlufttechnische Anlagen	m^2 BGF	8	**14**	28	2,8	**4,7**	9,6
440	Elektrische Anlagen	m^2 BGF	32	**47**	56	12,3	**16,5**	18,8
450	Kommunikationstechnische Anlagen	m^2 BGF	11	**16**	26	4,3	**5,7**	11,8
460	Förderanlagen	m^2 BGF	29	**45**	53	11,5	**15,8**	20,2
470	Nutzungsspez. / verfahrenstech. Anl.	m^2 BGF	–	**< 1**	–	0,0	**< 0,1**	0,2
480	Gebäude- und Anlagenautomation	m^2 BGF	–	**–**	–	–	**–**	–
490	Sonst. Maßnahmen f. techn. Anl.	m^2 BGF	–	**< 1**	–	0,0	**< 0,1**	0,3
400	**Bauwerk – Technische Anlagen**	**m^2 BGF**					**100,0**	

Prozentanteile der Kosten 2. Ebene an den Kosten des Bauwerks nach DIN 276 (Von/Mittel/Bis)

KG	Kostengruppe	%
310	Baugrube / Erdbau	3,8
320	Gründung, Unterbau	6,0
330	Außenwände / vertikal außen	24,4
340	Innenwände / vertikal innen	14,2
350	Decken / horizontal	17,5
360	Dächer	11,0
370	Infrastrukturanlagen	
380	Baukonstruktive Einbauten	0,6
390	Sonst. Maßnahmen für Baukonst.	4,2
410	Abwasser-, Wasser-, Gasanlagen	6,1
420	Wärmeversorgungsanlagen	4,4
430	Raumlufttechnische Anlagen	0,9
440	Elektrische Anlagen	3,1
450	Kommunikationstechnische Anlagen	1,0
460	Förderanlagen	2,9
470	Nutzungsspez. / verfahrenstech. Anl.	< 0,1
480	Gebäude- und Anlagenautomation	
490	Sonst. Maßnahmen f. techn. Anl.	< 0,1

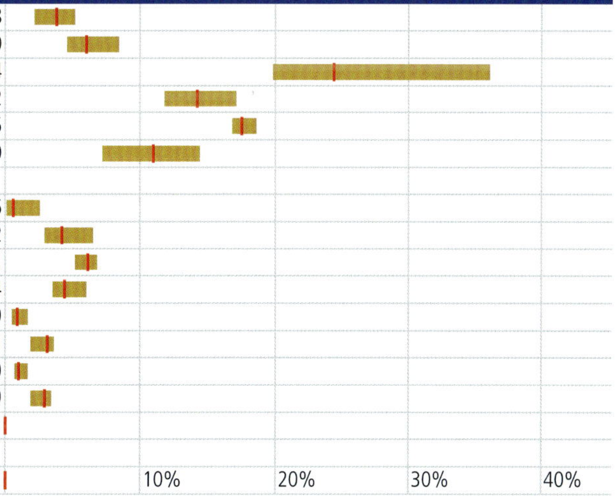

Mehrfamilienhäuser, mit 6 bis 19 WE, hoher Standard

Kosten:
Stand 1. Quartal 2025
Bundesdurchschnitt
inkl. 19% MwSt.

Prozentanteile der Kosten für Leistungsbereiche nach STLB (Kosten Bauwerk nach DIN 276)

LB	Leistungsbereiche	▷	% an 300+400	◁
000	Baustellen-, Verkehrssich.- u. Sicherh.einr. inkl. 001	2,1	**3,1**	7,1
002	Erdarbeiten	1,4	**3,8**	5,2
006	Spezialtiefbauarbeiten inkl. 005	0,2	**0,6**	1,3
009	Entwässerungskanalarbeiten inkl. 011	0,1	**0,6**	1,4
010	Drän- und Versickerarbeiten	< 0,1	**0,2**	0,6
012	Mauerarbeiten	5,3	**7,6**	9,5
013	Betonarbeiten	24,1	**25,4**	28,4
014	Natur-, Betonwerksteinarbeiten	0,3	**1,5**	2,6
016	Zimmer- und Holzbauarbeiten	0,2	**1,4**	2,7
017	Stahlbauarbeiten	0,0	**< 0,1**	0,3
018	Abdichtungsarbeiten	0,4	**0,8**	1,6
020	Dachdeckungsarbeiten	0,0	**0,3**	1,1
021	Dachabdichtungsarbeiten	1,3	**3,4**	5,0
022	Klempnerarbeiten	0,7	**1,5**	2,8
	Rohbau	43,1	**50,2**	53,9
023	Putz- und Stuckarbeiten, Wärmedämmsysteme	4,7	**7,4**	14,0
024	Fliesen- und Plattenarbeiten	1,5	**2,2**	3,0
025	Estricharbeiten	1,1	**1,4**	1,7
026	Fenster, Außentüren inkl. 029, 032	4,3	**4,8**	5,4
027	Tischlerarbeiten	2,2	**3,1**	5,3
028	Parkettarbeiten, Holzpflasterarbeiten	< 0,1	**1,3**	2,7
030	Rollladenarbeiten	0,2	**0,9**	2,2
031	Metallbauarbeiten inkl. 035	3,9	**4,8**	7,7
034	Maler- und Lackiererarbeiten inkl. 037	2,2	**2,5**	3,0
036	Bodenbelagarbeiten	0,1	**0,5**	1,3
038	Vorgehängte hinterlüftete Fassaden	0,0	**< 0,1**	0,5
039	Trockenbauarbeiten	0,9	**2,6**	9,8
	Ausbau	27,0	**31,5**	41,1
040	Wärmeversorgungsanl. - Betriebseinr. inkl. 041	3,2	**4,1**	5,8
042	Gas- und Wasserinstallation, Leitungen inkl. 043	0,4	**1,4**	1,9
044	Abwasseranlagen - Leitungen, Abläufe, Armaturen	1,1	**1,9**	5,4
045	GWE - Einrichtungsgegenstände inkl. 046	0,5	**1,9**	2,5
047	Dämm- und Brandschutzarbeiten an techn. Anlagen	0,2	**0,6**	0,9
049	Feuerlöschanlagen, Feuerlöschgeräte	0,0	**< 0,1**	< 0,1
050	Blitzschutz- und Erdungsanlagen	< 0,1	**< 0,1**	0,1
052	Mittelspannungsanlagen	–	**–**	–
053	Niederspannungsanlagen inkl. 054	2,1	**2,8**	3,3
055	Sicherheits- und Ersatzstromversorgungsanlagen	–	**–**	–
057	Gebäudesystemtechnik	–	**–**	–
058	Leuchten und Lampen inkl. 059	< 0,1	**0,3**	0,6
060	Such-, Signal-, elektroakust. Anl., Med. inkl. 064	0,1	**0,3**	0,6
061	Kommunikations- und Übertragungsnetze inkl. 062	< 0,1	**0,4**	0,5
063	Gefahrenmeldeanlagen	< 0,1	**0,3**	0,8
069	Aufzüge	1,9	**2,8**	3,3
070	Gebäudeautomation	–	**–**	–
075	Raumlufttechnische Anlagen inkl. 078	0,3	**0,8**	1,7
	Gebäudetechnik	15,1	**17,7**	20,8
	Sonstige Leistungsbereiche inkl. 008, 033, 051	< 0,1	**0,6**	1,9

(Diagrammskala: 7,5% · 15% · 22,5% · 30%)

- ● KKW
- ► min
- ▷ von
- | Mittelwert
- ◁ bis
- ◄ max

Planungskennwerte für Flächen und Rauminhalte nach DIN 277

Grundflächen		▷	Fläche/NUF (%)	◁	▷	Fläche/BGF (%)	◁
NUF	Nutzungsfläche	100,0	**100,0**	100,0	65,6	**68,0**	72,1
TF	Technikfläche	2,1	**2,6**	7,9	1,4	**1,8**	5,7
VF	Verkehrsfläche	16,1	**21,3**	26,4	10,5	**13,9**	16,6
NRF	Netto-Raumfläche	117,4	**123,2**	128,3	81,4	**83,3**	85,1
KGF	Konstruktions-Grundfläche	21,7	**24,9**	28,3	14,9	**16,7**	18,6
BGF	Brutto-Grundfläche	140,8	**148,1**	154,3	100,0	**100,0**	100,0

Brutto-Rauminhalte		▷	BRI/NUF (m)	◁	▷	BRI/BGF (m)	◁
BRI	Brutto-Rauminhalt	4,16	**4,42**	4,79	2,85	**2,99**	3,10

Flächen von Nutzeinheiten	▷	NUF/Einheit (m^2)	◁	▷	BGF/Einheit (m^2)	◁
Nutzeinheit: Wohnfläche	1,17	**1,27**	1,39	1,72	**1,90**	2,14

Lufttechnisch behandelte Flächen	▷	Fläche/NUF (%)	◁	▷	Fläche/BGF (%)	◁
Entlüftete Fläche	1,2	**1,2**	1,2	1,0	**1,0**	1,0
Be- und entlüftete Fläche	–	**–**	–	–	**–**	–
Teilklimatisierte Fläche	–	**–**	–	–	**–**	–
Klimatisierte Fläche	–	**–**	–	–	**–**	–

KG	Kostengruppen (2. Ebene)	Einheit	▷	Menge/NUF	◁	▷	Menge/BGF	◁
310	Baugrube / Erdbau	m^3 BGI	1,11	**1,53**	2,18	0,83	**1,04**	1,47
320	Gründung, Unterbau	m^2 GRF	0,42	**0,47**	0,56	0,29	**0,32**	0,37
330	Außenwände / vertikal außen	m^2 AWF	1,01	**1,13**	1,15	0,68	**0,76**	0,82
340	Innenwände / vertikal innen	m^2 IWF	1,08	**1,29**	1,47	0,77	**0,88**	1,01
350	Decken / horizontal	m^2 DEF	0,90	**0,96**	1,05	0,57	**0,66**	0,68
360	Dächer	m^2 DAF	0,43	**0,49**	0,57	0,30	**0,34**	0,36
370	Infrastrukturanlagen		–	**–**	–	–	**–**	–
380	Baukonstruktive Einbauten	m^2 BGF	1,41	**1,48**	1,54	1,00	**1,00**	1,00
390	Sonst. Maßnahmen für Baukonst.	m^2 BGF	1,41	**1,48**	1,54	1,00	**1,00**	1,00
300	**Bauwerk – Baukonstruktionen**	**m^2 BGF**	1,41	**1,48**	1,54	1,00	**1,00**	1,00

Planungskennwerte für Bauzeiten — 32 Vergleichsobjekte

Bauzeit in Wochen

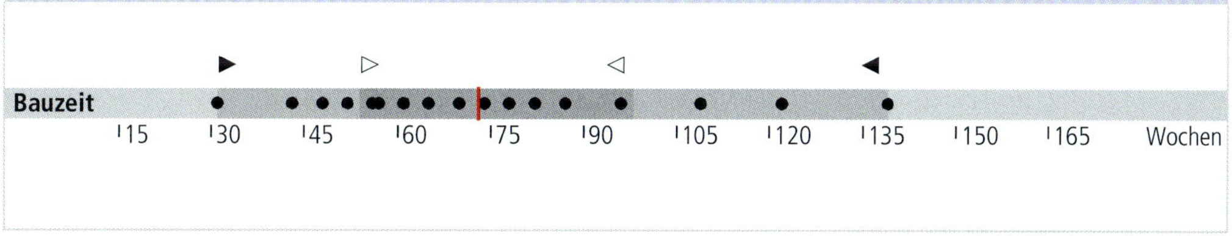

Objektübersicht zur Gebäudeart

€/m² BGF

min	1.505	€/m²
von	1.730	€/m²
Mittel	**2.110**	**€/m²**
bis	2.810	€/m²
max	4.150	€/m²

Kosten:
Stand 1. Quartal 2025
Bundesdurchschnitt
inkl. 19% MwSt.

6100-1620 Mehrfamilienhäuser (2 Gebäude, 16 WE), TG (19 STP)

BRI 9.332 m³ **BGF** 3.086 m² **NUF** 1.900 m²

Zwei Mehrfamilienhäuser mit 16 WE, 1.348m² Wohnfläche sowie gemeinsamer Tiefgarage mit 19 Stellplätzen. Massivbau.

Land: Hessen
Kreis: Marburg-Biedenkopf
Standard: hoch
Bauzeit: 78 Wochen
Kennwerte: bis 1. Ebene DIN 276

BGF **1.925 €/m²**

Planung: integrale planung; Marburg

veröffentlicht: BKI Objektdaten N20

6100-1608 Mehrfamilienhaus (11 WE), TG (9 STP)

BRI 4.753 m³ **BGF** 1.588 m² **NUF** 1.120 m²

Mehrfamilienhaus mit elf Wohneinheiten und Tiefgarage für neun Stellplätze. Zwei weitere Stellplätze im Außenbereich. Massivbau.

Land: Nordrhein-Westfalen
Kreis: Dortmund, Stadt
Standard: hoch
Bauzeit: 61 Wochen
Kennwerte: bis 1. Ebene DIN 276

BGF **2.363 €/m²**

Planung: Heiderich Architekten; Lünen

veröffentlicht: BKI Objektdaten N19

6100-1675 Mehrfamilienhäuser (2 Gebäude, 15 WE)

BRI 6.998 m³ **BGF** 2.155 m² **NUF** 1.556 m²

Zwei Mehrfamilienhäuser mit 15 Wohnungen und 1.432 m² Wohnfläche. Mauerwerk.

Land: Niedersachsen
Kreis: Hannover, Region
Standard: hoch
Bauzeit: 78 Wochen
Kennwerte: bis 1. Ebene DIN 276

BGF **2.746 €/m²**

Planung: saboArchitekten BDA; Hannover

veröffentlicht: BKI Objektdaten N20

6100-1743 Mehrfamilienhaus (16 WE), TG (17 STP)

BRI 9.286 m³ **BGF** 3.307 m² **NUF** 2.074 m²

Mehrfamilienhaus mit 13 Wohneinheiten und 1.729 m² Wohnfläche und einer Tiefgarage mit 17 Stellplätzen. Massivbau.

Land: Hamburg
Kreis: Hamburg, Stadt
Standard: hoch
Bauzeit: 96 Wochen
Kennwerte: bis 1. Ebene DIN 276

BGF **1.996 €/m²**

Planung: LRW Architektur und Stadtplanung PartG mbB; Hamburg

vorgesehen: BKI Objektdaten N21

6100-1722 Mehrfamilienhaus (12 WE)

BRI 2.285 m³ **BGF** 719 m² **NUF** 500 m²

© Stefan Müller

Mehrfamilienhaus mit zwölf Wohneinheiten. Mauerwerk.

Land: Bremen
Kreis: Bremen, Stadt
Standard: hoch
Bauzeit: 139 Wochen
Kennwerte: bis 1. Ebene DIN 276

BGF **4.151 €/m²**

Planung: as2architektur schomers.schürmann; Bremen

vorgesehen: BKI Objektdaten N21

6100-1617 Mehrfamilienhaus (9 WE)

BRI 5.874 m³ **BGF** 2.053 m² **NUF** 1.325 m²

© edelhoff + reska architekten und partner mbB

Mehrfamilienhaus mit neun Wohnungen und 13 Tiefgaragenplätzen. Massivbau.

Land: Nordrhein-Westfalen
Kreis: Remscheid, Stadt
Standard: hoch
Bauzeit: 70 Wochen
Kennwerte: bis 1. Ebene DIN 276

BGF **1.884 €/m²**

Planung: edelhoff + reska architekten und partner mbB; Remscheid

veröffentlicht: BKI Objektdaten N20

6100-1605 Mehrfamilienhaus (11 WE)

BRI 5.616 m³ **BGF** 1.851 m² **NUF** 1.335 m²

© Markus Löffelhardt

Mehrfamilienhaus mit elf Wohneinheiten und 1.194 m² Wohnfläche. Massivbau.

Land: Berlin
Kreis: Berlin, Stadt
Standard: hoch
Bauzeit: 78 Wochen
Kennwerte: bis 1. Ebene DIN 276

BGF **2.270 €/m²**

Planung: pfeifer architekten; Berlin und Patzschke Schwebel und wbs3 architekten

veröffentlicht: BKI Objektdaten N20

6100-1669 Mehrfamilienhäuser (2 Gebäude, 18 WE, 2 GE)

BRI 9.576 m³ **BGF** 3.148 m² **NUF** 2.094 m²

© Thomas Straub

Zwei Mehrfamilienhäuser mit 18 Wohneinheiten und zwei Gewerbeeinheiten in einer Baulücke. Stahlbeton.

Land: Berlin
Kreis: Berlin, Stadt
Standard: mittel
Bauzeit: 122 Wochen
Kennwerte: bis 1. Ebene DIN 276

BGF **2.414 €/m²**

Planung: IFUB GmbH; Berlin

veröffentlicht: BKI Objektdaten S6

€/m² BGF

min	1.505	€/m²
von	1.730	€/m²
Mittel	**2.110**	**€/m²**
bis	2.810	€/m²
max	4.150	€/m²

Kosten:
Stand 1. Quartal 2025
Bundesdurchschnitt
inkl. 19% MwSt.

Objektübersicht zur Gebäudeart

6100-1595 Mehrfamilienhaus (2 Gebäude, 12 WE), Passivhäuser

BRI 5.882 m³ **BGF** 1.919 m² **NUF** 1.233 m²

Zwei Mehrfamilienhäuser mit insgesamt zwölf Wohneinheiten. Massivbau.

Land: Nordrhein-Westfalen
Kreis: Rhein-Kreis Neuss
Standard: hoch
Bauzeit: 78 Wochen
Kennwerte: bis 1. Ebene DIN 276

BGF 2.001 €/m²

Planung: Sulke und Strümpel-Walter Architekten Partnerschaft mbB; Krefeld

veröffentlicht: BKI Objektdaten N19

6100-1555 Mehrfamilienhaus (2 Gebäude, 7 WE), TG (13 STP)

BRI 6.128 m³ **BGF** 1.793 m² **NUF** 1.031 m²

Mehrfamilienprojekt mit zwei Gebäuden und sieben Wohneinheiten sowie gemeinsamer Tiefgarage mit 13 Stellplätzen. Massivbau.

Land: Hessen
Kreis: Darmstadt-Dieburg
Standard: hoch
Bauzeit: 74 Wochen
Kennwerte: bis 1. Ebene DIN 276

BGF 2.918 €/m²

Planung: ruby³ architekten BDA; Darmstadt

veröffentlicht: BKI Objektdaten N18

6100-1724 Wohn- und Geschäftshaus (19 WE, 3 GE)

BRI 10.617 m³ **BGF** 3.252 m² **NUF** 2.077 m²

Wohn-und Geschäftshaus mit 19 Wohnungen und drei Gewerbeeinheiten für fünf Arbeitsplätze. Massivbau.

Land: Niedersachsen
Kreis: Hannover, Region
Standard: hoch
Bauzeit: 109 Wochen
Kennwerte: bis 1. Ebene DIN 276

BGF 2.834 €/m²

Planung: k+a architekten partg mbb bda; Hannover

vorgesehen: BKI Objektdaten N21

6100-1537 Mehrfamilienhaus (12 WE), TG (13 STP)

BRI 6.955 m³ **BGF** 2.290 m² **NUF** 1.664 m²

Mehrfamilienhaus mit zwölf Wohneinheiten und Tiefgarage für 13 STP. Massivbau.

Land: Nordrhein-Westfalen
Kreis: Bonn, Stadt
Standard: hoch
Bauzeit: 87 Wochen
Kennwerte: bis 1. Ebene DIN 276

BGF 1.938 €/m²

Planung: Grotegut Architekten Inhaber Dirk Hellings; Bonn

veröffentlicht: BKI Objektdaten N19

Objektübersicht zur Gebäudeart

6100-1496 Ferienwohnanlage (8 WE)*

BRI 2.795 m³ | **BGF** 930 m² | **NUF** 594 m²

Ferienwohnungs-Komplex bestehend aus zwei Doppelhäusern und vier Reihenhäusern mit insgesamt acht Wohneinheiten sowie zwei Nebengebäuden: einer Sauna und einem Gebäude mit Wasch- und Abstellräumen. Mauerwerksbau.

Land: Schleswig-Holstein
Kreis: Ostholstein
Standard: hoch
Bauzeit: 61 Wochen
Kennwerte: bis 1. Ebene DIN 276

BGF 3.289 €/m²

Planung: Architekturbüro Griebel; Lensahn

veröffentlicht: BKI Objektdaten N17
* Nicht in der Auswertung enthalten

6100-1499 Reihenhausanlage (9 WE)

BRI 6.229 m³ | **BGF** 2.044 m² | **NUF** 1.429 m²

Drei Reihenhäuser und zwei Mehrfamilienhäuser mit je drei Wohnungen (1.026 m² WFL). Mauerwerk.

Land: Niedersachsen
Kreis: Hannover, Region
Standard: hoch
Bauzeit: 96 Wochen
Kennwerte: bis 1. Ebene DIN 276

BGF 2.121 €/m²

Planung: saboArchitekten BDA; Hannover

veröffentlicht: BKI Objektdaten N17

6100-1486 Mehrfamilienhaus (18 WE)*

BRI 3.922 m³ | **BGF** 1.245 m² | **NUF** 827 m²

Mehrfamilienhaus mit 18 Wohneinheiten. Mischkonstruktion.

Land: Berlin
Kreis: Berlin, Stadt
Standard: hoch
Bauzeit: 87 Wochen
Kennwerte: bis 1. Ebene DIN 276

BGF 3.107 €/m²

Planung: rundzwei Architekten; Berlin

veröffentlicht: BKI Objektdaten E9
* Nicht in der Auswertung enthalten

6100-1471 Mehrfamilienhaus (12 WE), TG (9 STP)

BRI 7.050 m³ | **BGF** 2.185 m² | **NUF** 1.434 m²

Mehrfamilienhaus mit zwölf Wohneinheiten (1.260 m² WFL) und Tiefgarage mit neun Stellplätzen. Stahlbeton.

Land: Berlin
Kreis: Berlin, Stadt
Standard: hoch
Bauzeit: 74 Wochen
Kennwerte: bis 1. Ebene DIN 276

BGF 2.132 €/m²

Planung: pfeifer architekten; Berlin

veröffentlicht: BKI Objektdaten E9

Mehrfamilienhäuser, mit 6 bis 19 WE, hoher Standard

€/m² BGF

min	1.505	€/m²
von	1.730	€/m²
Mittel	**2.110**	**€/m²**
bis	2.810	€/m²
max	4.150	€/m²

Kosten:
Stand 1. Quartal 2025
Bundesdurchschnitt
inkl. 19% MwSt.

Objektübersicht zur Gebäudeart

6100-1353 Mehrfamilienhaus (8 WE) - Effizienzhaus 70

BRI 4.150 m³ **BGF** 1.430 m² **NUF** 948 m²

© Nicole Beisswenger

Mehrfamilienhaus mit acht Wohneinheiten (730m² WFL), Garagen (8 STP), Effizienzhaus 70. Massivbau.

Land: Baden-Württemberg
Kreis: Zollernalbkreis
Standard: hoch
Bauzeit: 61 Wochen
Kennwerte: bis 1. Ebene DIN 276

BGF 1.583 €/m²

Planung: Sprenger Architekten und Partner mbB; Hechingen

veröffentlicht: BKI Objektdaten E8

6100-1395 Mehrfamilienhäuser (13 WE, 4 STP), TG (9 STP)

BRI 6.094 m³ **BGF** 2.492 m² **NUF** 1.507 m²

© k. A.

Mehrfamilienhäuser mit 13 WE (1.163m² WFL), Teilunterkellerung und Tiefgarage (9 STP). Mauerwerk.

Land: Bayern
Kreis: Fürth, Stadt
Standard: hoch
Bauzeit: 70 Wochen
Kennwerte: bis 1. Ebene DIN 276

BGF 1.975 €/m²

Planung: Architekt Karsten Kundinger Wohnbau ROST GmbH; Fürth

veröffentlicht: BKI Objektdaten N17

6100-1318 Mehrfamilienhaus (11 WE) - Effizienzhaus 70

BRI 6.109 m³ **BGF** 1.952 m² **NUF** 1.290 m²

© Olaf Mahlstedt

Mehrfamilienhaus (11 WE) mit 1.154m² WFL als Effizienzhaus 70. Massivbau.

Land: Niedersachsen
Kreis: Hannover, Region
Standard: hoch
Bauzeit: 61 Wochen
Kennwerte: bis 1. Ebene DIN 276

BGF 2.333 €/m²

Planung: agsta Architekten und Ingenieure; Hannover

veröffentlicht: BKI Objektdaten E7

6100-1303 Mehrfamilienhaus (11 WE)

BRI 3.763 m³ **BGF** 1.326 m² **NUF** 941 m²

© Tomas Riehle

Mehrfamilienhaus mit elf Wohneinheiten (700m² WFL). Mauerwerksbau.

Land: Nordrhein-Westfalen
Kreis: Duisburg, Stadt
Standard: hoch
Bauzeit: 57 Wochen
Kennwerte: bis 1. Ebene DIN 276

BGF 1.729 €/m²

Planung: Druschke Architektur | BDA; Duisburg

veröffentlicht: BKI Objektdaten N16

6100-1261 Mehrfamilienhaus (16 WE) - Effizienzhaus 70

BRI 8.860 m³ | **BGF** 3.282 m² | **NUF** 2.098 m²

Mehrfamilienhaus mit 16 WE (1.866 m² WFL), Tiefgarage (16 STP) als Effizienzhaus 70. Mauerwerksbau.

Land: Niedersachsen
Kreis: Harburg
Standard: hoch
Bauzeit: 74 Wochen
Kennwerte: bis 1. Ebene DIN 276

BGF **1.595 €/m²**

Planung: Architektengruppe Voß; Tostedt

veröffentlicht: BKI Objektdaten E7

6100-1299 Mehrfamilienhaus (19 WE) - Effizienzhaus 70

BRI 5.766 m³ | **BGF** 1.870 m² | **NUF** 1.275 m²

Mehrfamilienhaus (19 WE) sowie Büro- und Gemeinschaftsnutzung, Effizienzhaus 70. Mauerwerksbau.

Land: Bremen
Kreis: Bremen, Stadt
Standard: hoch
Bauzeit: 78 Wochen
Kennwerte: bis 1. Ebene DIN 276

BGF **2.673 €/m²**

Planung: ulrich TILGNER thomas GROTZ Architekten GmbH; Bremen

veröffentlicht: BKI Objektdaten E7

6100-1252 Mehrfamilienhaus (7 WE) TG (32 STP)

BRI 7.073 m³ | **BGF** 2.589 m² | **NUF** 1.643 m²

Mehrfamilienhaus mit sieben Wohneinheiten und Tiefgarage mit 32 Stellplätzen. Massivbau.

Land: Hamburg
Kreis: Hamburg, Stadt
Standard: hoch
Bauzeit: 43 Wochen
Kennwerte: bis 3. Ebene DIN 276

BGF **1.511 €/m²**

Planung: Holst Becker Architekten PartGmbB; Hamburg

veröffentlicht: BKI Objektdaten N17

6100-0938 Mehrfamilienhaus (9 WE), TG (14 STP)

BRI 7.856 m³ | **BGF** 2.547 m² | **NUF** 1.740 m²

Mehrfamilienhaus (9 WE, 1.273 m² WFL) mit Tiefgarage (14 STP). Mauerwerksbau.

Land: Niedersachsen
Kreis: Braunschweig, Stadt
Standard: hoch
Bauzeit: 57 Wochen
Kennwerte: bis 1. Ebene DIN 276

BGF **2.034 €/m²**

Planung: Perler und Scheurer Architekten Ruth Scheurer, Architektin BDA; Freiburg

veröffentlicht: BKI Objektdaten N11

€/m² BGF

min	1.505	€/m²
von	1.730	€/m²
Mittel	**2.110**	**€/m²**
bis	2.810	€/m²
max	4.150	€/m²

Kosten:
Stand 1. Quartal 2025
Bundesdurchschnitt
inkl. 19% MwSt.

Objektübersicht zur Gebäudeart

6100-0958 Mehrfamilienhaus (14 WE)

BRI 3.940 m³ **BGF** 1.221 m² **NUF** 938 m²

Mehrfamilienhaus (14 WE, 927m² WFL). Sichtbetonkonstruktion mit Kerndämmung.

Land: Mecklenburg-Vorpommern
Kreis: Schwerin, Stadt
Standard: hoch
Bauzeit: 82 Wochen
Kennwerte: bis 1. Ebene DIN 276

BGF 2.211 €/m²

Planung: jäger jäger Planungsgesellschaft mbH; Schwerin

veröffentlicht: BKI Objektdaten N11

6100-0943 Mehrfamilienhaus (12 WE) - KfW 40

BRI 3.732 m³ **BGF** 1.340 m² **NUF** 1.001 m²

Mehrfamilienhaus, KfW 40 (12 WE, 821m² WFL), Laubengangerschließung. Mauerwerksbau.

Land: Nordrhein-Westfalen
Kreis: Mettmann
Standard: hoch
Bauzeit: 70 Wochen
Kennwerte: bis 1. Ebene DIN 276

BGF 1.987 €/m²

Planung: Jaeger / Leschhorn Spar- und Bauverein e.G.; Velbert

veröffentlicht: BKI Objektdaten N11

6100-0908 Mehrfamilienhaus (3+6 WE), TG (5 STP)

BRI 5.213 m³ **BGF** 1.692 m² **NUF** 1.039 m²

Zwei Mehrfamilienhäuser mit drei und sechs Wohnungen (787m² WFL) und fünf Tiefgaragenstellplätzen. Mauerwerksbau.

Land: Hamburg
Kreis: Hamburg, Stadt
Standard: hoch
Bauzeit: 56 Wochen
Kennwerte: bis 3. Ebene DIN 276

BGF 1.591 €/m²

Planung: Kantstein Architekten Busse + Rampendahl Psg.; Hamburg

veröffentlicht: BKI Objektdaten N11

6100-1008 Appartementhaus (10 WE) - Effizienzhaus 60

BRI 2.865 m³ **BGF** 905 m² **NUF** 603 m²

Apartmenthaus mit zehn Wohnungen und Gemeinschaftsbereich mit Gemeinschaftsküche. Mauerwerksbau.

Land: Nordrhein-Westfalen
Kreis: Lippe
Standard: hoch
Bauzeit: 48 Wochen
Kennwerte: bis 1. Ebene DIN 276

BGF 2.073 €/m²

Planung: Bits & Beits GmbH Büro für Architektur; Bad Salzuflen

veröffentlicht: BKI Objektdaten N12

6100-0891 Mehrfamilienhaus (14 WE), TG

BRI 12.308 m³ **BGF** 4.407 m² **NUF** 2.802 m²

Mehrfamilienwohnhaus (14 WE) mit TG (42 STP), teilweise auch für umliegende Gebäude. Mauerwerksbau.

Land: Bayern
Kreis: München, Stadt
Standard: hoch
Bauzeit: 87 Wochen
Kennwerte: bis 1. Ebene DIN 276

BGF 2.340 €/m²

Planung: Unterlandstättner Architekten; München

veröffentlicht: BKI Objektdaten N11

6100-0693 Mehrfamilienhaus (18 WE), TG (27 STP)

BRI 7.711 m³ **BGF** 2.777 m² **NUF** 2.132 m²

Mehrfamilienhaus mit 18 WE (1.545 m² WFL), Tiefgarage. Mauerwerksbau; Stb-Decken; Stb-Flachdach.

Land: Baden-Württemberg
Kreis: Ludwigsburg
Standard: hoch
Bauzeit: 65 Wochen
Kennwerte: bis 3. Ebene DIN 276

BGF 1.518 €/m²

Planung: Steinhilber+Weis Architekten; Stuttgart

veröffentlicht: BKI Objektdaten N10

6100-0687 Zwei Mehrfamilienhäuser (2x7 WE)

BRI 3.783 m³ **BGF** 1.132 m² **NUF** 942 m²

Zwei Mehrfamilienhäuser, neun Tiefgaragenstellplätze, fünf Garagen. Mauerwerksbau; Stb-Decken; Holzdachkonstruktion.

Land: Nordrhein-Westfalen
Kreis: Siegen-Wittgenstein
Standard: hoch
Bauzeit: 31 Wochen
Kennwerte: bis 1. Ebene DIN 276

BGF 1.782 €/m²

Planung: runkel.freie architekten; Siegen

veröffentlicht: www.bki.de

6100-0582 Mehrfamilienhaus (10 WE), TG (10 STP), Baulücke

BRI 4.218 m³ **BGF** 1.708 m² **NUF** 1.047 m²

Mehrfamilienhaus mit zehn Wohneinheiten (868 m² WFL II.BVO) mit Tiefgarage mit zehn Stellplätzen. Mauerwerksbau mit Stb-Decken und Holzdachkonstruktion.

Land: Hamburg
Kreis: Hamburg, Stadt
Standard: hoch
Bauzeit: 65 Wochen
Kennwerte: bis 3. Ebene DIN 276

BGF 1.506 €/m²

Planung: Holst Becker Architekten; Hamburg

veröffentlicht: www.bki.de

Verwaltung | Wissenschaft | Gesundheit | Bildung | Sport | **Wohnen** | Gewerbe | Versorgung | Kultur

€/m² BGF

min	1.505	€/m²
von	1.730	€/m²
Mittel	**2.110**	**€/m²**
bis	2.810	€/m²
max	4.150	€/m²

Kosten:
Stand 1. Quartal 2025
Bundesdurchschnitt
inkl. 19% MwSt.

Objektübersicht zur Gebäudeart

6100-0561 Mehrfamilienhaus (11 WE), TG (11 STP)

BRI 3.929 m³ **BGF** 1.276 m² **NUF** 915 m²

Mehrfamilienhaus mit elf Wohneinheiten (730m² WFL II.BVO), Tiefgarage. Mauerwerksbau mit Stb-Decken, Stb-Flachdach und geneigtem Holzdach.

Land: Baden-Württemberg
Kreis: Ludwigsburg
Standard: hoch
Bauzeit: 48 Wochen
Kennwerte: bis 3. Ebene DIN 276

BGF **1.528 €/m²**

Planung: Freie Architekten Blattmann + Oswald; Markgröningen

veröffentlicht: www.bki.de

6100-0161 Mehrfamilienhaus (9 WE), TG

BRI 4.782 m³ **BGF** 1.753 m² **NUF** 1.379 m²

Wohnhaus (9 WE) an alter Stadtmauer mit Café, Bäckerei und Fleischer im EG; Tiefgarage. Mauerwerksbau.

Land: Sachsen
Kreis: Bautzen
Standard: hoch
Bauzeit: 52 Wochen
Kennwerte: bis 3. Ebene DIN 276

BGF **1.782 €/m²**

Planung: k. A.

veröffentlicht: www.bki.de

Arbeitsblatt zur Standardeinordnung bei Mehrfamilienhäusern, mit 20 oder mehr WE

Kosten:
Stand 1. Quartal 2025
Bundesdurchschnitt
inkl. 19% MwSt.

Kostenkennwerte für die Kosten des Bauwerks (Kostengruppen 300+400 nach DIN 276)

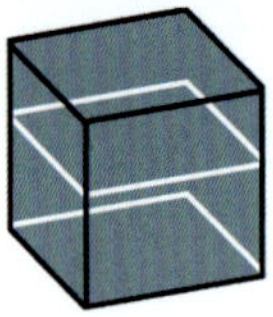

BRI 605 €/m³
von 515 €/m³
bis 770 €/m³

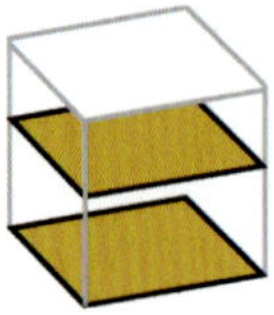

BGF 1.845 €/m²
von 1.535 €/m²
bis 2.355 €/m²

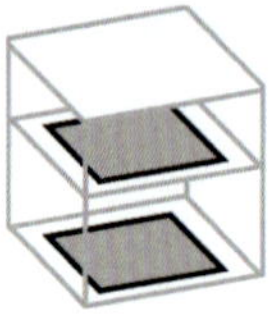

NUF 2.785 €/m²
von 2.250 €/m²
bis 3.605 €/m²

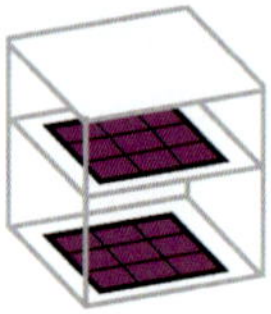

NE 3.450 €/NE
von 2.780 €/NE
bis 4.510 €/NE
NE: Wohnfläche

Standardzuordnung

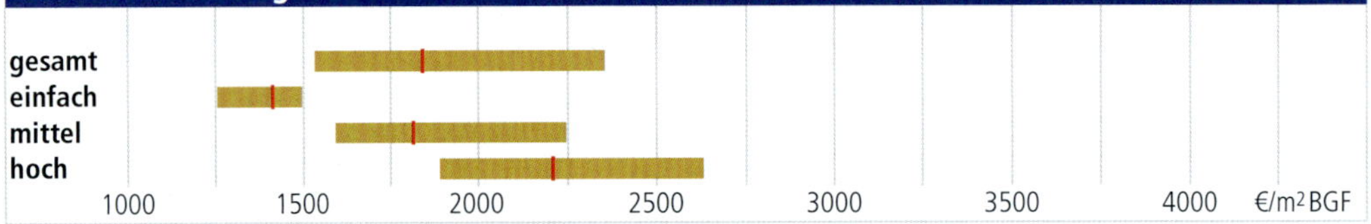

Standardeinordnung für Ihr Projekt:

KG	Kostengruppen der 2. Ebene	niedrig	mittel	hoch	Punkte
310	Baugrube / Erdbau				
320	Gründung, Unterbau	1	2	3	
330	Außenwände/Vert. Baukonstrukt., außen	6	7	9	
340	Innenwände/Vert. Baukonstrukt., innen	3	4	5	
350	Decken/Horizontale Baukonstruktionen	4	6	7	
360	Dächer	2	3	4	
370	Infrastrukturanlagen				
380	Baukonstruktive Einbauten	0	0	1	
390	Sonst. Maßnahmen für Baukonstrukt.				
410	Abwasser-, Wasser-, Gasanlagen	2	2	3	
420	Wärmeversorgungsanlagen	1	2	3	
430	Raumlufttechnische Anlagen	0	0	1	
440	Elektrische Anlagen	1	1	2	
450	Kommunikationstechnische Anlagen	0	0	0	
460	Förderanlagen	1	1	1	
470	Nutzungsspez. u. verfahrenstechn. Anl.	0	0	0	
480	Gebäude- und Anlagenautomation	0	0	0	
490	Sonst. Maßnahmen für techn. Anlagen				

Punkte: 21 bis 25 = einfach   26 bis 33 = mittel   34 bis 39 = hoch   Ihr Projekt (Summe):

Erläuterung:
Obenstehende Tabelle soll Ihnen die Zuordnung zu den Gebäudearten mit einfachem, mittlerem und hohem Standard erleichtern. Schätzen Sie für jedes Grobelement ab, ob die Aufwendungen niedrig, mittel oder hoch sein werden und übertragen Sie die Punkte in die rechte Spalte. Bilden Sie die Summe der rechten Spalte und ordnen Sie Ihr Projekt nach dem Schema der untersten Zeile ein. Nehmen Sie dieses Schema auch als Hinweis darauf, bei welchen Kostengruppen Sie den Mittelwert nach oben oder unten anpassen sollten.

- ● KKW
- ▶ min
- ▷ von
- | Mittelwert
- ◁ bis
- ◀ max

Kostenkennwerte für die Kostengruppen der 1. und 2.Ebene DIN 276

KG	Kostengruppen der 1. Ebene	Einheit	▷	€/Einheit	◁	▷	% an 300+400	◁
100	Grundstück	m^2 GF	–	**–**	–	–	**–**	–
200	Vorbereitende Maßnahmen	m^2 GF	21	**85**	469	0,7	**2,7**	13,6
300	Bauwerk – Baukonstruktionen	m^2 BGF	1.207	**1.446**	1.835	74,5	**78,5**	82,1
400	Bauwerk – Technische Anlagen	m^2 BGF	310	**399**	586	17,9	**21,5**	25,5
	Bauwerk 300+400	m^2 BGF	1.536	**1.845**	2.357	100,0	**100,0**	100,0
500	Außenanlagen und Freiflächen	m^2 AF	132	**290**	607	2,7	**5,1**	8,6
600	Ausstattung und Kunstwerke	m^2 BGF	5	**17**	80	0,3	**0,8**	3,4
700	Baunebenkosten*	m^2 BGF	289	**323**	356	15,8	**17,6**	19,4
800	Finanzierung	m^2 BGF	–	**–**	–	–	**–**	–

◁ * Auf Grundlage der HOAI 2021 berechnete Werte nach §§ 35, 52, 56. Weitere Informationen siehe Seite 56

KG	Kostengruppen der 2. Ebene	Einheit	▷	€/Einheit	◁	▷	% an 1. Ebene	◁
310	Baugrube / Erdbau	m^3 BGI	38	**61**	100	2,5	**4,0**	6,1
320	Gründung, Unterbau	m^2 GRF	265	**413**	584	4,6	**8,6**	11,3
330	Außenwände / vertikal außen	m^2 AWF	434	**535**	729	23,3	**28,0**	32,9
340	Innenwände / vertikal innen	m^2 IWF	199	**235**	296	13,7	**16,8**	20,8
350	Decken / horizontal	m^2 DEF	362	**426**	524	18,5	**24,3**	28,7
360	Dächer	m^2 DAF	387	**488**	627	9,0	**11,0**	13,8
370	Infrastrukturanlagen		–	**–**	–	–	**–**	–
380	Baukonstruktive Einbauten	m^2 BGF	3	**12**	43	0,1	**0,7**	2,7
390	Sonst. Maßnahmen für Baukonst.	m^2 BGF	44	**86**	211	3,4	**6,7**	14,2
300	**Bauwerk – Baukonstruktionen**	**m^2 BGF**					**100,0**	
410	Abwasser-, Wasser-, Gasanlagen	m^2 BGF	83	**104**	142	25,3	**31,1**	39,4
420	Wärmeversorgungsanlagen	m^2 BGF	59	**89**	135	18,9	**25,8**	35,6
430	Raumlufttechnische Anlagen	m^2 BGF	9	**24**	59	1,8	**6,0**	15,1
440	Elektrische Anlagen	m^2 BGF	53	**78**	118	16,7	**23,0**	30,7
450	Kommunikationstechnische Anlagen	m^2 BGF	8	**17**	29	2,7	**5,0**	9,2
460	Förderanlagen	m^2 BGF	27	**46**	80	2,0	**8,7**	19,4
470	Nutzungsspez. / verfahrenstech. Anl.	m^2 BGF	2	**2**	3	< 0,1	**0,1**	0,7
480	Gebäude- und Anlagenautomation	m^2 BGF	–	**–**	–	–	**–**	–
490	Sonst. Maßnahmen f. techn. Anl.	m^2 BGF	< 1	**2**	9	< 0,1	**0,2**	1,2
400	**Bauwerk – Technische Anlagen**	**m^2 BGF**					**100,0**	

Prozentanteile der Kosten 2.Ebene an den Kosten des Bauwerks nach DIN 276 (Von/Mittel/Bis)

310	Baugrube / Erdbau	3,2
320	Gründung, Unterbau	6,7
330	Außenwände / vertikal außen	22,1
340	Innenwände / vertikal innen	13,1
350	Decken / horizontal	19,2
360	Dächer	8,6
370	Infrastrukturanlagen	
380	Baukonstruktive Einbauten	0,5
390	Sonst. Maßnahmen für Baukonst.	5,2
410	Abwasser-, Wasser-, Gasanlagen	6,5
420	Wärmeversorgungsanlagen	5,5
430	Raumlufttechnische Anlagen	1,3
440	Elektrische Anlagen	4,8
450	Kommunikationstechnische Anlagen	1,1
460	Förderanlagen	1,9
470	Nutzungsspez. / verfahrenstech. Anl.	< 0,1
480	Gebäude- und Anlagenautomation	
490	Sonst. Maßnahmen f. techn. Anl.	< 0,1

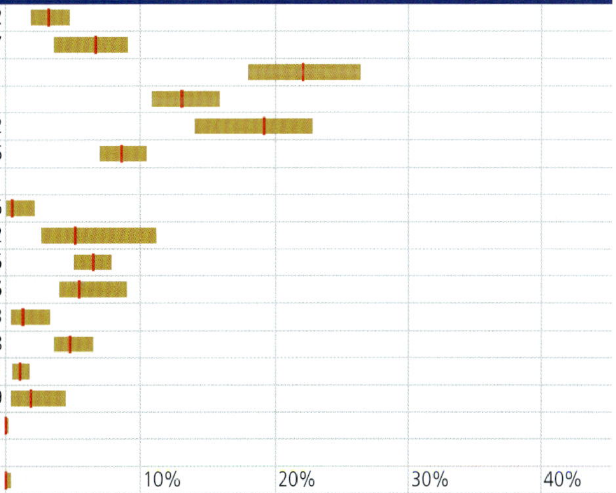

 Erläuterungen zu den Tabellen siehe Seite 54 und 56 Kostenstand: 1. Quartal 2025, Bundesdurchschnitt, **inkl. 19% MwSt.**

Kosten:
Stand 1. Quartal 2025
Bundesdurchschnitt
inkl. 19% MwSt.

Prozentanteile der Kosten für Leistungsbereiche nach STLB (Kosten Bauwerk nach DIN 276)

LB	Leistungsbereiche	▷	% an 300+400	◁
000	Baustellen-, Verkehrssich.- u. Sicherh.einr. inkl. 001	2,0	**3,6**	5,3
002	Erdarbeiten	1,7	**3,0**	4,4
006	Spezialtiefbauarbeiten inkl. 005	0,0	**0,8**	2,4
009	Entwässerungskanalarbeiten inkl. 011	0,1	**0,3**	0,7
010	Drän- und Versickerarbeiten	< 0,1	**0,2**	0,5
012	Mauerarbeiten	1,9	**6,2**	9,5
013	Betonarbeiten	16,6	**21,9**	32,1
014	Natur-, Betonwerksteinarbeiten	< 0,1	**0,8**	1,9
016	Zimmer- und Holzbauarbeiten	0,2	**1,3**	2,9
017	Stahlbauarbeiten	< 0,1	**1,4**	8,1
018	Abdichtungsarbeiten	< 0,1	**0,5**	1,0
020	Dachdeckungsarbeiten	< 0,1	**1,4**	3,7
021	Dachabdichtungsarbeiten	0,8	**2,2**	4,2
022	Klempnerarbeiten	0,9	**1,3**	2,3
	Rohbau	40,0	**44,9**	50,3
023	Putz- und Stuckarbeiten, Wärmedämmsysteme	3,1	**6,1**	8,3
024	Fliesen- und Plattenarbeiten	1,1	**2,0**	3,3
025	Estricharbeiten	1,4	**2,0**	2,9
026	Fenster, Außentüren inkl. 029, 032	4,2	**5,4**	7,5
027	Tischlerarbeiten	1,7	**2,5**	3,7
028	Parkettarbeiten, Holzpflasterarbeiten	< 0,1	**1,1**	2,4
030	Rollladenarbeiten	0,3	**0,9**	1,5
031	Metallbauarbeiten inkl. 035	2,9	**4,9**	7,3
034	Maler- und Lackiererarbeiten inkl. 037	1,6	**2,5**	3,3
036	Bodenbelagarbeiten	0,3	**1,4**	2,4
038	Vorgehängte hinterlüftete Fassaden	0,0	**0,5**	2,1
039	Trockenbauarbeiten	2,8	**3,8**	6,0
	Ausbau	27,6	**33,1**	36,7
040	Wärmeversorgungsanl. - Betriebseinr. inkl. 041	3,6	**5,1**	8,2
042	Gas- und Wasserinstallation, Leitungen inkl. 043	1,4	**2,4**	4,8
044	Abwasseranlagen - Leitungen, Abläufe, Armaturen	0,8	**1,2**	2,6
045	GWE - Einrichtungsgegenstände inkl. 046	0,9	**1,9**	3,2
047	Dämm- und Brandschutzarbeiten an techn. Anlagen	0,6	**1,1**	2,2
049	Feuerlöschanlagen, Feuerlöschgeräte	0,0	**< 0,1**	0,2
050	Blitzschutz- und Erdungsanlagen	0,1	**0,2**	0,4
052	Mittelspannungsanlagen	0,0	**< 0,1**	< 0,1
053	Niederspannungsanlagen inkl. 054	3,2	**4,1**	5,8
055	Sicherheits- und Ersatzstromversorgungsanlagen	–	**–**	–
057	Gebäudesystemtechnik	–	**–**	–
058	Leuchten und Lampen inkl. 059	0,2	**0,6**	1,3
060	Such-, Signal-, elektroakust. Anl., Med. inkl. 064	0,1	**0,4**	1,6
061	Kommunikations- und Übertragungsnetze inkl. 062	0,3	**0,5**	0,9
063	Gefahrenmeldeanlagen	< 0,1	**0,1**	0,2
069	Aufzüge	0,4	**1,9**	4,4
070	Gebäudeautomation	–	**–**	–
075	Raumlufttechnische Anlagen inkl. 078	0,4	**1,3**	3,5
	Gebäudetechnik	17,5	**20,9**	24,5
	Sonstige Leistungsbereiche inkl. 008, 033, 051	0,3	**1,1**	6,9

Diagrammskala: 7,5% · 15% · 22,5% · 30%

- ● KKW
- ▶ min
- ▷ von
- | Mittelwert
- ◁ bis
- ◀ max

 Erläuterungen zu den Tabellen siehe Seite 58

Planungskennwerte für Flächen und Rauminhalte nach DIN 277

Grundflächen		▷	Fläche/NUF (%)	◁	▷	Fläche/BGF (%)	◁
NUF	Nutzungsfläche	100,0	**100,0**	100,0	63,7	**66,8**	71,1
TF	Technikfläche	1,5	**1,9**	2,9	1,0	**1,3**	1,9
VF	Verkehrsfläche	18,2	**23,2**	29,9	12,1	**15,1**	18,2
NRF	Netto-Raumfläche	120,2	**125,1**	131,7	81,3	**83,2**	85,2
KGF	Konstruktions-Grundfläche	21,8	**25,6**	29,1	14,8	**16,8**	18,7
BGF	Brutto-Grundfläche	142,8	**150,7**	159,1	100,0	**100,0**	100,0

Brutto-Rauminhalte		▷	BRI/NUF (m)	◁	▷	BRI/BGF (m)	◁
BRI	Brutto-Rauminhalt	4,30	**4,58**	4,93	2,91	**3,04**	3,16

Flächen von Nutzeinheiten	▷	NUF/Einheit (m²)	◁	▷	BGF/Einheit (m²)	◁
Nutzeinheit: Wohnfläche	1,17	**1,26**	1,45	1,76	**1,89**	2,11

Lufttechnisch behandelte Flächen	▷	Fläche/NUF (%)	◁	▷	Fläche/BGF (%)	◁
Entlüftete Fläche	72,1	**72,1**	72,1	46,0	**46,0**	46,0
Be- und entlüftete Fläche	79,6	**81,4**	86,8	52,8	**55,6**	55,6
Teilklimatisierte Fläche	–	–	–	–	–	–
Klimatisierte Fläche	–	–	–	–	–	–

KG	Kostengruppen (2. Ebene)	Einheit	▷	Menge/NUF	◁	▷	Menge/BGF	◁
310	Baugrube / Erdbau	m^3 BGI	1,11	**1,38**	2,23	0,80	**0,97**	1,59
320	Gründung, Unterbau	m^2 GRF	0,31	**0,38**	0,41	0,22	**0,26**	0,30
330	Außenwände / vertikal außen	m^2 AWF	0,91	**1,01**	1,23	0,63	**0,70**	0,85
340	Innenwände / vertikal innen	m^2 IWF	1,18	**1,33**	1,56	0,80	**0,92**	1,02
350	Decken / horizontal	m^2 DEF	0,92	**1,02**	1,08	0,65	**0,71**	0,76
360	Dächer	m^2 DAF	0,34	**0,42**	0,48	0,24	**0,29**	0,33
370	Infrastrukturanlagen		–	–	–	–	–	–
380	Baukonstruktive Einbauten	m^2 BGF	1,43	**1,51**	1,59	1,00	**1,00**	1,00
390	Sonst. Maßnahmen für Baukonst.	m^2 BGF	1,43	**1,51**	1,59	1,00	**1,00**	1,00
300	**Bauwerk – Baukonstruktionen**	**m^2 BGF**	1,43	**1,51**	1,59	1,00	**1,00**	1,00

Planungskennwerte für Bauzeiten

Bauzeit in Wochen

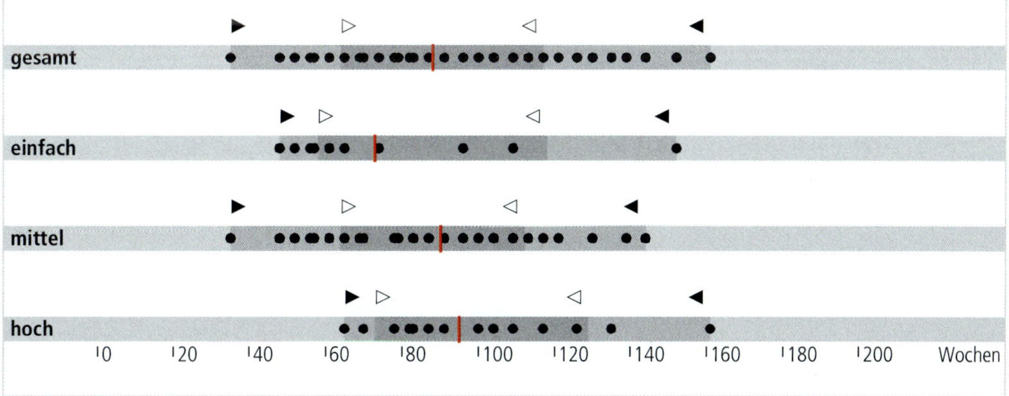

Mehrfamilienhäuser, mit 20 oder mehr WE, einfacher Standard

Kosten:
Stand 1. Quartal 2025
Bundesdurchschnitt
inkl. 19% MwSt.

Kostenkennwerte für die Kosten des Bauwerks (Kostengruppen 300+400 nach DIN 276)

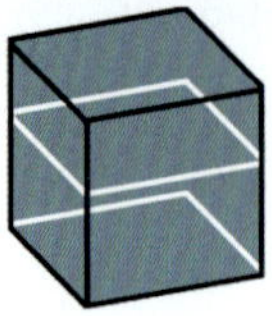

BRI 480 €/m³
von 435 €/m³
bis 510 €/m³

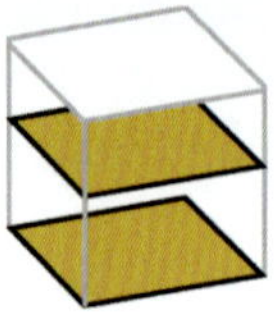

BGF 1.415 €/m²
von 1.260 €/m²
bis 1.500 €/m²

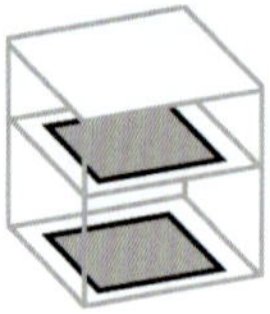

NUF 2.065 €/m²
von 1.760 €/m²
bis 2.255 €/m²

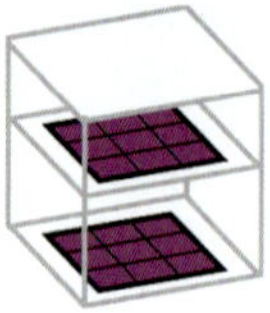

NE 2.780 €/NE
von 2.330 €/NE
bis 3.435 €/NE
NE: Wohnfläche

Objektbeispiele

6100-1451

6100-1290

6100-1248

6100-1436

6100-1279

6100-1072

Kosten der 14 Vergleichsobjekte

Seiten 696 bis 699

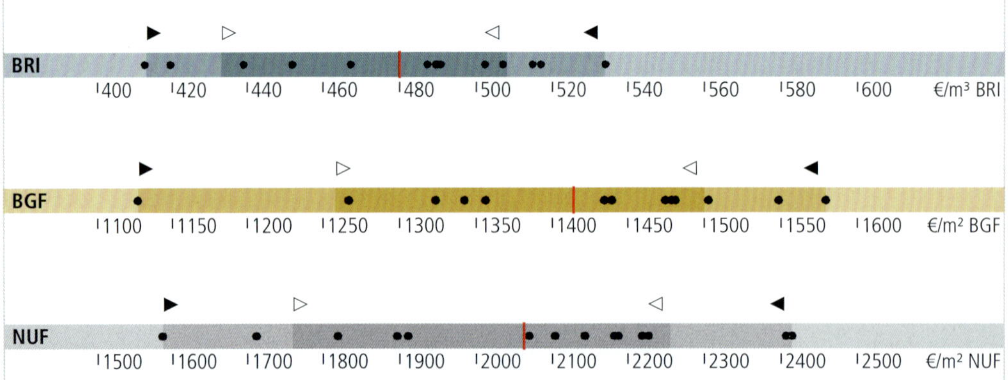

- ● KKW
- ▶ min
- ▷ von
- | Mittelwert
- ◁ bis
- ◀ max

Kostenkennwerte für die Kostengruppen der 1. und 2.Ebene DIN 276

KG	Kostengruppen der 1.Ebene	Einheit	▷	€/Einheit	◁	▷	% an 300+400	◁
100	Grundstück	m^2 GF	–	**–**	–	–	**–**	–
200	Vorbereitende Maßnahmen	m^2 GF	12	**51**	83	0,2	**2,3**	3,9
300	Bauwerk – Baukonstruktionen	m^2 BGF	975	**1.107**	1.185	75,3	**78,3**	81,4
400	Bauwerk – Technische Anlagen	m^2 BGF	248	**307**	344	18,6	**21,7**	24,7
	Bauwerk 300+400	m^2 BGF	1.258	**1.414**	1.500	100,0	**100,0**	100,0
500	Außenanlagen und Freiflächen	m^2 AF	111	**196**	369	2,0	**4,4**	7,2
600	Ausstattung und Kunstwerke	m^2 BGF	1	**3**	5	< 0,1	**0,2**	0,3
700	Baunebenkosten*	m^2 BGF	237	**264**	292	16,8	**18,7**	20,7 ◁
800	Finanzierung	m^2 BGF	–	**–**	–	–	**–**	–

* Auf Grundlage der HOAI 2021 berechnete Werte nach §§ 35, 52, 56. Weitere Informationen siehe Seite 56

KG	Kostengruppen der 2.Ebene	Einheit	▷	€/Einheit	◁	▷	% an 1.Ebene	◁
310	Baugrube / Erdbau	m^3 BGI	43	**58**	69	2,7	**4,7**	6,7
320	Gründung, Unterbau	m^2 GRF	187	**264**	358	3,1	**6,9**	10,5
330	Außenwände / vertikal außen	m^2 AWF	341	**452**	495	23,0	**27,4**	31,8
340	Innenwände / vertikal innen	m^2 IWF	174	**219**	273	14,3	**16,7**	19,3
350	Decken / horizontal	m^2 DEF	341	**400**	559	23,4	**27,9**	29,6
360	Dächer	m^2 DAF	327	**429**	560	8,9	**11,1**	13,1
370	Infrastrukturanlagen		–	**–**	–	–	**–**	–
380	Baukonstruktive Einbauten	m^2 BGF	2	**6**	9	< 0,1	**0,2**	0,8
390	Sonst. Maßnahmen für Baukonst.	m^2 BGF	33	**51**	73	3,1	**5,1**	7,3
300	**Bauwerk – Baukonstruktionen**	**m^2 BGF**					**100,0**	
410	Abwasser-, Wasser-, Gasanlagen	m^2 BGF	89	**100**	126	27,7	**37,3**	41,5
420	Wärmeversorgungsanlagen	m^2 BGF	50	**77**	155	16,1	**27,7**	40,0
430	Raumlufttechnische Anlagen	m^2 BGF	5	**7**	8	0,5	**1,7**	2,8
440	Elektrische Anlagen	m^2 BGF	41	**55**	73	14,0	**21,0**	29,9
450	Kommunikationstechnische Anlagen	m^2 BGF	2	**7**	9	1,2	**2,6**	3,1
460	Förderanlagen	m^2 BGF	41	**64**	86	0,0	**9,4**	21,2
470	Nutzungsspez. / verfahrenstech. Anl.	m^2 BGF	–	**3**	–	0,0	**0,2**	0,9
480	Gebäude- und Anlagenautomation	m^2 BGF	–	**–**	–	–	**–**	–
490	Sonst. Maßnahmen f. techn. Anl.	m^2 BGF	–	**< 1**	–	0,0	**< 0,1**	< 0,1
400	**Bauwerk – Technische Anlagen**	**m^2 BGF**					**100,0**	

Prozentanteile der Kosten 2.Ebene an den Kosten des Bauwerks nach DIN 276 (Von/Mittel/Bis)

KG	Kostengruppe	%
310	Baugrube / Erdbau	3,7
320	Gründung, Unterbau	5,4
330	Außenwände / vertikal außen	21,6
340	Innenwände / vertikal innen	13,1
350	Decken / horizontal	22,1
360	Dächer	8,8
370	Infrastrukturanlagen	
380	Baukonstruktive Einbauten	0,2
390	Sonst. Maßnahmen für Baukonst.	3,9
410	Abwasser-, Wasser-, Gasanlagen	7,6
420	Wärmeversorgungsanlagen	6,0
430	Raumlufttechnische Anlagen	0,4
440	Elektrische Anlagen	4,1
450	Kommunikationstechnische Anlagen	0,6
460	Förderanlagen	2,4
470	Nutzungsspez. / verfahrenstech. Anl.	< 0,1
480	Gebäude- und Anlagenautomation	
490	Sonst. Maßnahmen f. techn. Anl.	< 0,1

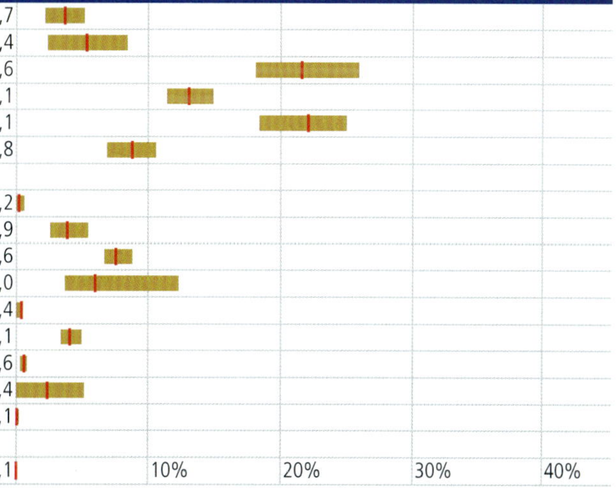

Kosten:
Stand 1. Quartal 2025
Bundesdurchschnitt
inkl. 19% MwSt.

Prozentanteile der Kosten für Leistungsbereiche nach STLB (Kosten Bauwerk nach DIN 276)

LB	Leistungsbereiche	▷	% an 300+400	◁
000	Baustellen-, Verkehrssich.- u. Sicherh.einr. inkl. 001	2,2	**3,5**	5,1
002	Erdarbeiten	1,3	**2,2**	4,5
006	Spezialtiefbauarbeiten inkl. 005	0,0	**1,2**	2,7
009	Entwässerungskanalarbeiten inkl. 011	0,2	**0,3**	0,3
010	Drän- und Versickerarbeiten	0,0	**0,3**	0,6
012	Mauerarbeiten	2,5	**6,3**	9,3
013	Betonarbeiten	17,9	**22,5**	35,9
014	Natur-, Betonwerksteinarbeiten	0,0	**0,9**	1,8
016	Zimmer- und Holzbauarbeiten	0,6	**1,3**	2,2
017	Stahlbauarbeiten	0,2	**4,1**	8,1
018	Abdichtungsarbeiten	< 0,1	**0,3**	0,6
020	Dachdeckungsarbeiten	< 0,1	**1,0**	2,0
021	Dachabdichtungsarbeiten	0,0	**1,1**	1,4
022	Klempnerarbeiten	1,0	**1,5**	3,1
	Rohbau	40,7	**46,5**	53,1
023	Putz- und Stuckarbeiten, Wärmedämmsysteme	3,6	**5,7**	8,0
024	Fliesen- und Plattenarbeiten	1,4	**1,9**	3,1
025	Estricharbeiten	1,2	**1,8**	2,5
026	Fenster, Außentüren inkl. 029, 032	4,7	**5,8**	8,7
027	Tischlerarbeiten	1,4	**2,7**	4,2
028	Parkettarbeiten, Holzpflasterarbeiten	0,0	**0,4**	1,8
030	Rollladenarbeiten	0,7	**1,4**	2,0
031	Metallbauarbeiten inkl. 035	3,2	**4,5**	5,7
034	Maler- und Lackiererarbeiten inkl. 037	1,7	**2,7**	3,9
036	Bodenbelagarbeiten	0,8	**1,9**	4,0
038	Vorgehängte hinterlüftete Fassaden	0,0	**0,2**	1,0
039	Trockenbauarbeiten	1,4	**3,0**	3,6
	Ausbau	28,2	**32,3**	36,3
040	Wärmeversorgungsanl. - Betriebseinr. inkl. 041	3,4	**5,5**	10,9
042	Gas- und Wasserinstallation, Leitungen inkl. 043	2,3	**3,6**	6,8
044	Abwasseranlagen - Leitungen, Abläufe, Armaturen	0,8	**1,5**	3,3
045	GWE - Einrichtungsgegenstände inkl. 046	0,0	**1,5**	2,1
047	Dämm- und Brandschutzarbeiten an techn. Anlagen	0,5	**1,3**	3,4
049	Feuerlöschanlagen, Feuerlöschgeräte	0,0	**< 0,1**	0,2
050	Blitzschutz- und Erdungsanlagen	< 0,1	**0,1**	0,2
052	Mittelspannungsanlagen	–	**–**	–
053	Niederspannungsanlagen inkl. 054	3,2	**3,6**	4,1
055	Sicherheits- und Ersatzstromversorgungsanlagen	–	**–**	–
057	Gebäudesystemtechnik	–	**–**	–
058	Leuchten und Lampen inkl. 059	< 0,1	**0,4**	0,8
060	Such-, Signal-, elektroakust. Anl., Med. inkl. 064	< 0,1	**0,1**	0,2
061	Kommunikations- und Übertragungsnetze inkl. 062	< 0,1	**0,3**	0,4
063	Gefahrenmeldeanlagen	< 0,1	**< 0,1**	0,1
069	Aufzüge	0,0	**2,4**	5,2
070	Gebäudeautomation	–	**–**	–
075	Raumlufttechnische Anlagen inkl. 078	0,0	**0,4**	0,5
	Gebäudetechnik	15,8	**20,7**	26,0
	Sonstige Leistungsbereiche inkl. 008, 033, 051	0,3	**0,5**	1,2

- ● KKW
- ▶ min
- ▷ von
- | Mittelwert
- ◁ bis
- ◀ max

Planungskennwerte für Flächen und Rauminhalte nach DIN 277

Grundflächen		▷	Fläche/NUF (%)	◁	▷	Fläche/BGF (%)	◁
NUF	Nutzungsfläche	100,0	**100,0**	100,0	66,5	**69,0**	74,4
TF	Technikfläche	1,5	**1,8**	2,4	1,1	**1,2**	1,6
VF	Verkehrsfläche	16,4	**18,9**	23,0	11,3	**12,8**	15,0
NRF	Netto-Raumfläche	117,6	**120,7**	124,5	80,9	**83,0**	86,1
KGF	Konstruktions-Grundfläche	20,2	**25,1**	27,6	13,9	**17,0**	19,1
BGF	Brutto-Grundfläche	136,9	**145,8**	151,4	100,0	**100,0**	100,0

Brutto-Rauminhalte		▷	BRI/NUF (m)	◁	▷	BRI/BGF (m)	◁
BRI	Brutto-Rauminhalt	4,06	**4,29**	4,42	2,83	**2,95**	3,03

Flächen von Nutzeinheiten	▷	NUF/Einheit (m²)	◁	▷	BGF/Einheit (m²)	◁
Nutzeinheit: Wohnfläche	1,29	**1,35**	1,55	1,83	**1,97**	2,31

Lufttechnisch behandelte Flächen	▷	Fläche/NUF (%)	◁	▷	Fläche/BGF (%)	◁
Entlüftete Fläche	–	**–**	–	–	**–**	–
Be- und entlüftete Fläche	66,4	**66,4**	66,4	45,6	**45,6**	45,6
Teilklimatisierte Fläche	–	**–**	–	–	**–**	–
Klimatisierte Fläche	–	**–**	–	–	**–**	–

KG	Kostengruppen (2. Ebene)	Einheit	▷	Menge/NUF	◁	▷	Menge/BGF	◁
310	Baugrube / Erdbau	m³ BGI	1,03	**1,22**	1,29	0,72	**0,84**	0,91
320	Gründung, Unterbau	m² GRF	0,29	**0,36**	0,37	0,20	**0,25**	0,26
330	Außenwände / vertikal außen	m² AWF	0,87	**0,91**	0,91	0,59	**0,64**	0,64
340	Innenwände / vertikal innen	m² IWF	1,03	**1,18**	1,39	0,73	**0,84**	1,01
350	Decken / horizontal	m² DEF	1,02	**1,04**	1,09	0,73	**0,73**	0,79
360	Dächer	m² DAF	0,30	**0,41**	0,42	0,29	**0,29**	0,32
370	Infrastrukturanlagen		–	**–**	–	–	**–**	–
380	Baukonstruktive Einbauten	m² BGF	1,37	**1,46**	1,51	1,00	**1,00**	1,00
390	Sonst. Maßnahmen für Baukonst.	m² BGF	1,37	**1,46**	1,51	1,00	**1,00**	1,00
300	**Bauwerk – Baukonstruktionen**	**m² BGF**	1,37	**1,46**	1,51	1,00	**1,00**	1,00

Planungskennwerte für Bauzeiten — 14 Vergleichsobjekte

Bauzeit in Wochen

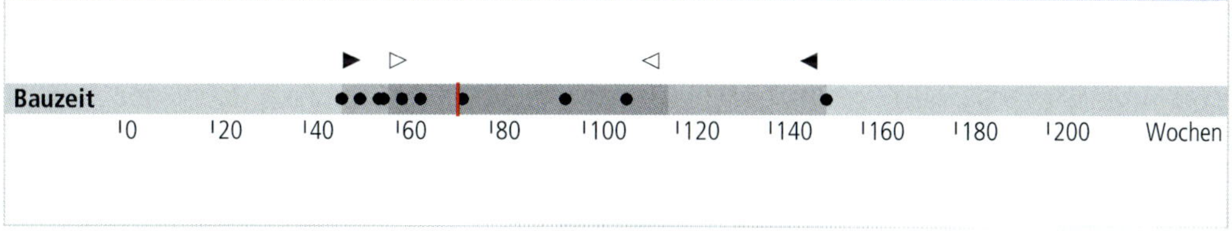

€/m² BGF

min	1.125	€/m²
von	1.260	€/m²
Mittel	**1.415**	**€/m²**
bis	1.500	€/m²
max	1.580	€/m²

Kosten:
Stand 1. Quartal 2025
Bundesdurchschnitt
inkl. 19% MwSt.

Objektübersicht zur Gebäudeart

6100-1451 Mehrfamilienhäuser (37 WE), TG (65 STP)

BRI 26.760 m³ **BGF** 8.935 m² **NUF** 5.730 m²

Sechs Mehrfamilienhäuser mit 37 Wohneinheiten und gemeinsamer Tiefgarage (65 STP). Mauerwerksbau.

Land: Bayern
Kreis: Starnberg
Standard: einfach
Bauzeit: 152 Wochen
Kennwerte: bis 1. Ebene DIN 276

BGF 1.548 €/m²

Planung: raumstation Architekten GmbH; Starnberg

veröffentlicht: BKI Objektdaten N17

6100-1480 Mehrfamilienhaus (22 WE)

BRI 7.554 m³ **BGF** 2.637 m² **NUF** 1.804 m²

Mehrfamilienhaus mit 22 WE. Massivbau.

Land: Berlin
Kreis: Berlin, Stadt
Standard: einfach
Bauzeit: 96 Wochen
Kennwerte: bis 1. Ebene DIN 276

BGF 1.439 €/m²

Planung: CKRS ARCHITEKTEN; Berlin

veröffentlicht: BKI Objektdaten E9

6100-1366 Mehrfamilienhaus (20 WE) - Effizienzhaus 40

BRI 6.355 m³ **BGF** 2.149 m² **NUF** 1.410 m²

Mehrfamilienhaus mit 20 WE (1.198 m² WFL), Effizienzhaus 40. Mauerwerksbau.

Land: Hamburg
Kreis: Hamburg, Stadt
Standard: einfach
Bauzeit: 57 Wochen
Kennwerte: bis 1. Ebene DIN 276

BGF 1.579 €/m²

Planung: MMST Architekten GmbH; Hamburg

veröffentlicht: BKI Objektdaten E8

6100-1436 Mehrfamilienhäuser (91 WE), TG - Effizienzhaus 55

BRI 25.462 m³ **BGF** 9.139 m² **NUF** 6.334 m²

Drei Mehrfamilienhäuser mit insgesamt 91 WE und Tiefgarage mit 32 Stellplätzen, Effizienzhaus 55. Massivbau.

Land: Berlin
Kreis: Berlin, Stadt
Standard: einfach
Bauzeit: 109 Wochen
Kennwerte: bis 1. Ebene DIN 276

BGF 1.434 €/m²

Planung: Itten + Brechbühl GmbH; Berlin

veröffentlicht: BKI Objektdaten E9

6100-1279 Mehrfamilienhaus (71 WE) - Effizienzhaus 70

BRI 23.654 m^3 **BGF** 7.852 m^2 **NUF** 5.231 m^2

Mehrfamilienhaus bestehend aus vier Gebäuden mit 71 WE (4.594 m^2 WFL), Inklusionsprojekt. Mauerwerksbau.

Land: Hamburg
Kreis: Hamburg, Stadt
Standard: einfach
Bauzeit: 56 Wochen
Kennwerte: bis 1. Ebene DIN 276

BGF **1.478 €/m^2**

Planung: Dohse Architekten; Hamburg

veröffentlicht: BKI Objektdaten E7

6100-1290 Mehrfamilienhäuser (36 WE) - Effizienzhaus 70

BRI 16.166 m^3 **BGF** 5.318 m^2 **NUF** 3.537 m^2

Mehrfamilienwohnhäuser, drei Gebäude (36 WE), Effizienzhaus 70. Massivbauweise.

Land: Thüringen
Kreis: Suhl, Stadt
Standard: einfach
Bauzeit: 65 Wochen
Kennwerte: bis 1. Ebene DIN 276

BGF **1.481 €/m^2**

Planung: PROJEKTSCHEUNE Lönnecker & Diplomingenieure; St. Kilian

veröffentlicht: BKI Objektdaten E7

6100-1248 Zwei Mehrfamilienhäuser (23 WE), TG (31 STP)

BRI 13.290 m^3 **BGF** 4.073 m^2 **NUF** 2.801 m^2

Zwei Mehrfamilienhäuser mit insgesamt 23 Wohneinheiten und Tiefgarage (31 STP). Massivbau.

Land: Bayern
Kreis: Landshut
Standard: einfach
Bauzeit: 74 Wochen
Kennwerte: bis 3. Ebene DIN 276

BGF **1.474 €/m^2**

Planung: NEUMEISTER & PARINGER ARCHITEKTEN BDA; Landshut

veröffentlicht: BKI Objektdaten N15

6100-1072 Wohnanlage (55 WE), TG - Effizienzhaus 70

BRI 20.560 m^3 **BGF** 7.876 m^2 **NUF** 4.776 m^2

Wohnanlage aus drei Blocks (55 WE) mit Tiefgarage (39 STP) und Stellplätzen (5 St) im Freien. Massivbau.

Land: Nordrhein-Westfalen
Kreis: Rhein-Sieg-Kreis
Standard: einfach
Bauzeit: 57 Wochen
Kennwerte: bis 1. Ebene DIN 276

BGF **1.323 €/m^2**

Planung: aaw Architektenbüro Arno Weirich; Alfter

veröffentlicht: BKI Objektdaten E6

Mehrfamilienhäuser, mit 20 oder mehr WE, einfacher Standard

€/m² BGF

min	1.125	€/m²
von	1.260	€/m²
Mittel	**1.415**	**€/m²**
bis	1.500	€/m²
max	1.580	€/m²

Kosten:
Stand 1. Quartal 2025
Bundesdurchschnitt
inkl. 19% MwSt.

Objektübersicht zur Gebäudeart

6100-1077 Mehrfamilienhaus (31 WE), TG - Effizienzhaus 55

BRI 14.890 m³ **BGF** 4.850 m² **NUF** 3.332 m²

Mehrfamilienhaus mit 31 WE (2.431 m² WFL) und Tiefgarage als Effizienzhaus 55. Massivbau.

Land: Nordrhein-Westfalen
Kreis: Duisburg, Stadt
Standard: einfach
Bauzeit: 65 Wochen
Kennwerte: bis 1. Ebene DIN 276

BGF 1.503 €/m²

Planung: Druschke Architektur | BDA; Duisburg

veröffentlicht: BKI Objektdaten E6

6100-1010 Mehrfamilienhäuser (73 WE), TG (2 St)

BRI 48.794 m³ **BGF** 16.157 m² **NUF** 10.794 m²

Sieben freistehende Mehrfamilienhäuser mit 73 WE (5.480 m² WFL), zwei Tiefgaragen mit 88 Stellplätzen in Garagenboxen. Alle Wohnungen sind barrierefrei zu erreichen. Die Häuser sind als KfW Effizienzhäuser 55 ausgeführt. Massivbau.

Land: Nordrhein-Westfalen
Kreis: Oberhausen, Stadt
Standard: einfach
Bauzeit: 65 Wochen
Kennwerte: bis 2. Ebene DIN 276

BGF 1.267 €/m²

Planung: Meier-Ebbers Architekten und Ingenieure; Oberhausen

veröffentlicht: BKI Objektdaten E5

6100-0709 Mehrfamilienhaus (40 WE)

BRI 15.510 m³ **BGF** 5.072 m² **NUF** 3.563 m²

Mehrfamilienwohnhaus mit 40 öffentlich geförderten Wohnungen. Mauerwerksbau; Stb-Decke; Stb-Flachdach.

Land: Nordrhein-Westfalen
Kreis: Hamm, Stadt
Standard: einfach
Bauzeit: 65 Wochen
Kennwerte: bis 1. Ebene DIN 276

BGF 1.342 €/m²

Planung: Architektur- und Ingenieurbüro Heinz-Rainer Eichhorst BDB; Hamm

veröffentlicht: BKI Objektdaten N10

6100-0629 Mehrfamilienhaus (50 WE)

BRI 15.410 m³ **BGF** 5.310 m² **NUF** 3.958 m²

Mehrfamilienhaus mit 50 WE (3.652 m² WFL). Mauerwerksbau.

Land: Bayern
Kreis: München, Stadt
Standard: einfach
Bauzeit: 52 Wochen
Kennwerte: bis 3. Ebene DIN 276

BGF 1.356 €/m²

Planung: Guggenbichler + Netzer Architekten GmbH; München

veröffentlicht: www.bki.de

6100-0388 Zwei Mehrfamilienhäuser (2x11 WE)

BRI 6.840 m³ **BGF** 2.505 m² **NUF** 1.779 m²

Zwei Mehrfamilienhäuser mit je elf WE (1.415 m² WFL II.BVO). Mauerwerksbau.

Land: Thüringen
Kreis: Saale-Orla-Kreis
Standard: einfach
Bauzeit: 48 Wochen
Kennwerte: bis 3. Ebene DIN 276

BGF 1.127 €/m²

Planung: thoma architekten; Zeulenroda

veröffentlicht: www.bki.de

6100-0371 Mehrfamilienhäuser (32 WE)

BRI 12.831 m³ **BGF** 4.367 m² **NUF** 3.673 m²

Mehrfamilienhaus mit 20 Drei- und zwölf Zweizimmerwohnungen (60 bis 95 m² WFL II.BVO), Tiefgarage mit 32 Stellplätzen; Niedrigenergiehaus-Standard. Mauerwerksbau.

Land: Nordrhein-Westfalen
Kreis: Bonn, Stadt
Standard: einfach
Bauzeit: 61 Wochen
Kennwerte: bis 1. Ebene DIN 276

BGF 1.440 €/m²

Planung: Büro für Architektur und Städtebau Architekt Prof. Peter Riemann; Bonn

veröffentlicht: www.bki.de

Verwaltung
Wissenschaft
Gesundheit
Bildung
Sport
Wohnen
Gewerbe
Versorgung
Kultur

Mehrfamilienhäuser, mit 20 oder mehr WE, mittlerer Standard

Kostenkennwerte für die Kosten des Bauwerks (Kostengruppen 300+400 nach DIN 276)

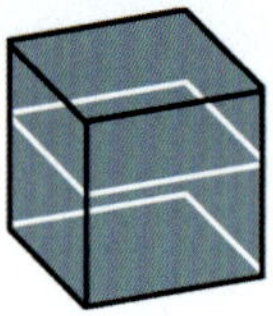

BRI 595 €/m³
von 525 €/m³
bis 735 €/m³

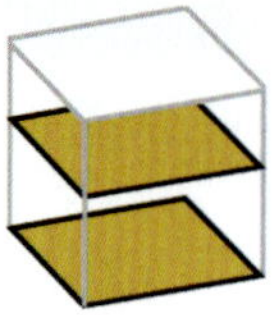

BGF 1.815 €/m²
von 1.595 €/m²
bis 2.245 €/m²

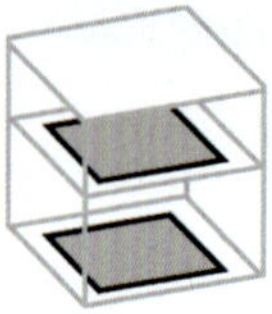

NUF 2.785 €/m²
von 2.410 €/m²
bis 3.545 €/m²

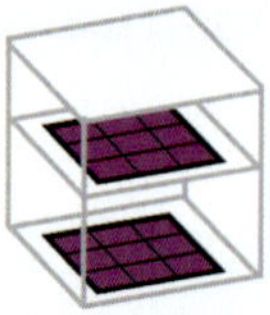

NE 3.360 €/NE
von 2.865 €/NE
bis 4.225 €/NE
NE: Wohnfläche

Objektbeispiele

Kosten:
Stand 1. Quartal 2025
Bundesdurchschnitt
inkl. 19% MwSt.

6100-1735

6100-1729

6100-1706

Kosten der 46 Vergleichsobjekte

Seiten 704 bis 715

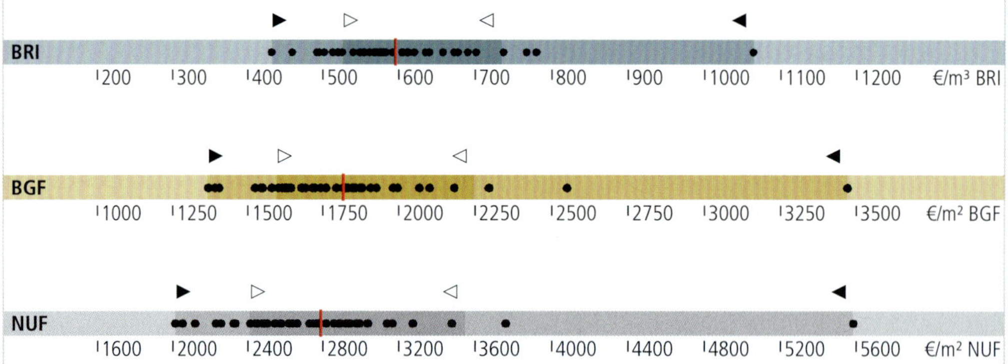

- ● KKW
- ▶ min
- ▷ von
- | Mittelwert
- ◁ bis
- ◀ max

Kostenkennwerte für die Kostengruppen der 1. und 2. Ebene DIN 276

KG	Kostengruppen der 1. Ebene	Einheit	▷	€/Einheit	◁	▷	% an 300+400	◁
100	Grundstück	m² GF	–	**–**	–	–	**–**	–
200	Vorbereitende Maßnahmen	m² GF	18	**108**	633	0,7	**3,2**	18,8
300	Bauwerk – Baukonstruktionen	m² BGF	1.265	**1.432**	1.793	75,8	**78,9**	82,4
400	Bauwerk – Technische Anlagen	m² BGF	307	**385**	500	17,6	**21,1**	24,2
	Bauwerk 300+400	m² BGF	1.595	**1.817**	2.247	100,0	**100,0**	100,0
500	Außenanlagen und Freiflächen	m² AF	137	**303**	643	2,9	**5,3**	9,6
600	Ausstattung und Kunstwerke	m² BGF	5	**13**	41	0,3	**0,8**	2,3
700	Baunebenkosten*	m² BGF	286	**319**	352	15,7	**17,5**	19,4 ◁
800	Finanzierung	m² BGF	–	**–**	–	–	**–**	–

* Auf Grundlage der HOAI 2021 berechnete Werte nach §§ 35, 52, 56. Weitere Informationen siehe Seite 56

KG	Kostengruppen der 2. Ebene	Einheit	▷	€/Einheit	◁	▷	% an 1. Ebene	◁
310	Baugrube / Erdbau	m³ BGI	43	**74**	121	1,8	**3,0**	5,0
320	Gründung, Unterbau	m² GRF	368	**506**	704	5,5	**9,1**	11,9
330	Außenwände / vertikal außen	m² AWF	469	**591**	782	21,6	**27,0**	30,3
340	Innenwände / vertikal innen	m² IWF	205	**227**	266	13,3	**17,0**	23,2
350	Decken / horizontal	m² DEF	377	**409**	454	16,4	**22,5**	26,5
360	Dächer	m² DAF	430	**523**	656	8,5	**11,0**	14,8
370	Infrastrukturanlagen		–	**–**	–	–	**–**	–
380	Baukonstruktive Einbauten	m² BGF	2	**12**	53	0,2	**0,9**	4,0
390	Sonst. Maßnahmen für Baukonst.	m² BGF	53	**129**	239	4,0	**9,4**	17,2
300	**Bauwerk – Baukonstruktionen**	**m² BGF**					**100,0**	
410	Abwasser-, Wasser-, Gasanlagen	m² BGF	74	**92**	125	23,6	**24,7**	26,4
420	Wärmeversorgungsanlagen	m² BGF	76	**96**	124	23,6	**26,0**	29,4
430	Raumlufttechnische Anlagen	m² BGF	5	**24**	42	1,5	**5,8**	9,0
440	Elektrische Anlagen	m² BGF	80	**104**	151	23,1	**27,8**	31,0
450	Kommunikationstechnische Anlagen	m² BGF	21	**26**	35	5,1	**7,7**	11,7
460	Förderanlagen	m² BGF	24	**31**	47	3,1	**7,4**	11,9
470	Nutzungsspez. / verfahrenstech. Anl.	m² BGF	–	**2**	–	0,0	**< 0,1**	0,4
480	Gebäude- und Anlagenautomation	m² BGF	–	**–**	–	–	**–**	–
490	Sonst. Maßnahmen f. techn. Anl.	m² BGF	< 1	**3**	9	< 0,1	**0,4**	1,7
400	**Bauwerk – Technische Anlagen**	**m² BGF**					**100,0**	

Prozentanteile der Kosten 2. Ebene an den Kosten des Bauwerks nach DIN 276 (Von/Mittel/Bis)

KG	Kostengruppe	%
310	Baugrube / Erdbau	2,4
320	Gründung, Unterbau	7,2
330	Außenwände / vertikal außen	21,2
340	Innenwände / vertikal innen	13,3
350	Decken / horizontal	17,7
360	Dächer	8,5
370	Infrastrukturanlagen	
380	Baukonstruktive Einbauten	0,7
390	Sonst. Maßnahmen für Baukonst.	7,4
410	Abwasser-, Wasser-, Gasanlagen	5,4
420	Wärmeversorgungsanlagen	5,6
430	Raumlufttechnische Anlagen	1,4
440	Elektrische Anlagen	6,0
450	Kommunikationstechnische Anlagen	1,6
460	Förderanlagen	1,5
470	Nutzungsspez. / verfahrenstech. Anl.	< 0,1
480	Gebäude- und Anlagenautomation	
490	Sonst. Maßnahmen f. techn. Anl.	0,1

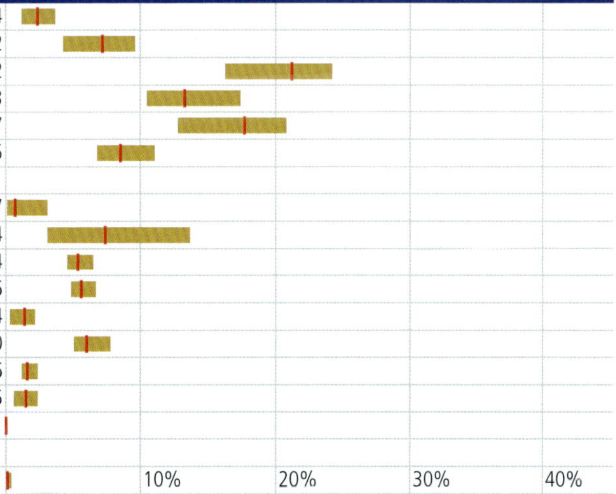

Prozentanteile der Kosten für Leistungsbereiche nach STLB (Kosten Bauwerk nach DIN 276)

LB	Leistungsbereiche	▷	% an 300+400	◁
000	Baustellen-, Verkehrssich.- u. Sicherh.einr. inkl. 001	2,2	**3,9**	5,3
002	Erdarbeiten	2,2	**3,2**	5,1
006	Spezialtiefbauarbeiten inkl. 005	0,0	**0,6**	3,1
009	Entwässerungskanalarbeiten inkl. 011	0,1	**0,3**	1,1
010	Drän- und Versickerarbeiten	0,0	**0,3**	0,5
012	Mauerarbeiten	2,8	**6,8**	10,5
013	Betonarbeiten	15,1	**20,9**	29,3
014	Natur-, Betonwerksteinarbeiten	< 0,1	**0,3**	1,4
016	Zimmer- und Holzbauarbeiten	0,0	**1,8**	3,6
017	Stahlbauarbeiten	0,0	**< 0,1**	< 0,1
018	Abdichtungsarbeiten	0,2	**0,6**	1,4
020	Dachdeckungsarbeiten	0,0	**1,4**	3,6
021	Dachabdichtungsarbeiten	0,5	**2,6**	4,4
022	Klempnerarbeiten	0,8	**1,1**	1,4
	Rohbau	37,9	**43,7**	47,8
023	Putz- und Stuckarbeiten, Wärmedämmsysteme	2,0	**5,7**	8,3
024	Fliesen- und Plattenarbeiten	0,8	**2,1**	3,9
025	Estricharbeiten	1,5	**2,4**	3,1
026	Fenster, Außentüren inkl. 029, 032	4,2	**5,7**	6,8
027	Tischlerarbeiten	1,8	**2,3**	3,2
028	Parkettarbeiten, Holzpflasterarbeiten	0,0	**1,1**	2,9
030	Rollladenarbeiten	0,1	**0,6**	1,3
031	Metallbauarbeiten inkl. 035	3,3	**5,0**	6,8
034	Maler- und Lackiererarbeiten inkl. 037	1,3	**2,1**	2,6
036	Bodenbelagarbeiten	< 0,1	**1,4**	1,8
038	Vorgehängte hinterlüftete Fassaden	0,0	**0,4**	1,8
039	Trockenbauarbeiten	3,0	**4,2**	6,1
	Ausbau	26,4	**33,0**	36,7
040	Wärmeversorgungsanl. - Betriebseinr. inkl. 041	4,3	**5,2**	6,3
042	Gas- und Wasserinstallation, Leitungen inkl. 043	1,2	**2,1**	3,4
044	Abwasseranlagen - Leitungen, Abläufe, Armaturen	0,7	**1,0**	1,4
045	GWE - Einrichtungsgegenstände inkl. 046	0,4	**1,5**	1,9
047	Dämm- und Brandschutzarbeiten an techn. Anlagen	0,6	**1,1**	1,5
049	Feuerlöschanlagen, Feuerlöschgeräte	0,0	**< 0,1**	< 0,1
050	Blitzschutz- und Erdungsanlagen	0,1	**0,2**	0,5
052	Mittelspannungsanlagen	0,0	**< 0,1**	< 0,1
053	Niederspannungsanlagen inkl. 054	3,9	**4,8**	7,8
055	Sicherheits- und Ersatzstromversorgungsanlagen	–	**–**	–
057	Gebäudesystemtechnik	–	**–**	–
058	Leuchten und Lampen inkl. 059	0,5	**0,9**	1,6
060	Such-, Signal-, elektroakust. Anl., Med. inkl. 064	0,2	**0,7**	1,7
061	Kommunikations- und Übertragungsnetze inkl. 062	0,4	**0,6**	0,8
063	Gefahrenmeldeanlagen	< 0,1	**0,2**	0,3
069	Aufzüge	0,6	**1,5**	2,4
070	Gebäudeautomation	–	**–**	–
075	Raumlufttechnische Anlagen inkl. 078	0,3	**1,3**	2,2
	Gebäudetechnik	18,1	**21,2**	23,9
	Sonstige Leistungsbereiche inkl. 008, 033, 051	0,3	**2,1**	9,4

Kosten:
Stand 1. Quartal 2025
Bundesdurchschnitt
inkl. 19% MwSt.

- ● KKW
- ▶ min
- ▷ von
- | Mittelwert
- ◁ bis
- ◀ max

Planungskennwerte für Flächen und Rauminhalte nach DIN 277

Grundflächen		▷	Fläche/NUF (%)	◁	▷	Fläche/BGF (%)	◁
NUF	Nutzungsfläche	100,0	**100,0**	100,0	62,6	**65,6**	69,2
TF	Technikfläche	1,5	**2,0**	3,0	1,0	**1,3**	1,9
VF	Verkehrsfläche	20,9	**25,3**	32,5	13,7	**16,3**	19,5
NRF	Netto-Raumfläche	122,8	**127,3**	134,3	81,4	**83,1**	84,8
KGF	Konstruktions-Grundfläche	22,9	**26,0**	29,6	15,2	**16,9**	18,6
BGF	Brutto-Grundfläche	146,5	**153,3**	161,8	100,0	**100,0**	100,0

Brutto-Rauminhalte		▷	BRI/NUF (m)	◁	▷	BRI/BGF (m)	◁
BRI	Brutto-Rauminhalt	4,47	**4,68**	5,02	2,96	**3,06**	3,16

Flächen von Nutzeinheiten	▷	NUF/Einheit (m²)	◁	▷	BGF/Einheit (m²)	◁
Nutzeinheit: Wohnfläche	1,13	**1,22**	1,37	1,73	**1,85**	2,00

Lufttechnisch behandelte Flächen	▷	Fläche/NUF (%)	◁	▷	Fläche/BGF (%)	◁
Entlüftete Fläche	72,1	**72,1**	72,1	46,0	**46,0**	46,0
Be- und entlüftete Fläche	70,0	**70,0**	70,0	50,6	**50,6**	50,6
Teilklimatisierte Fläche	–	**–**	–	–	**–**	–
Klimatisierte Fläche	–	**–**	–	–	**–**	–

KG	Kostengruppen (2. Ebene)	Einheit	▷	Menge/NUF	◁	▷	Menge/BGF	◁
310	Baugrube / Erdbau	m³ BGI	0,85	**0,87**	0,95	0,55	**0,57**	0,63
320	Gründung, Unterbau	m² GRF	0,33	**0,37**	0,38	0,22	**0,24**	0,26
330	Außenwände / vertikal außen	m² AWF	0,84	**0,99**	1,18	0,55	**0,64**	0,70
340	Innenwände / vertikal innen	m² IWF	1,34	**1,52**	1,56	0,93	**0,99**	1,03
350	Decken / horizontal	m² DEF	1,06	**1,09**	1,13	0,66	**0,72**	0,75
360	Dächer	m² DAF	0,36	**0,43**	0,51	0,24	**0,28**	0,28
370	Infrastrukturanlagen		–	**–**	–	–	**–**	–
380	Baukonstruktive Einbauten	m² BGF	1,46	**1,53**	1,62	1,00	**1,00**	1,00
390	Sonst. Maßnahmen für Baukonst.	m² BGF	1,46	**1,53**	1,62	1,00	**1,00**	1,00
300	**Bauwerk – Baukonstruktionen**	**m² BGF**	1,46	**1,53**	1,62	1,00	**1,00**	1,00

Planungskennwerte für Bauzeiten 46 Vergleichsobjekte

Bauzeit in Wochen

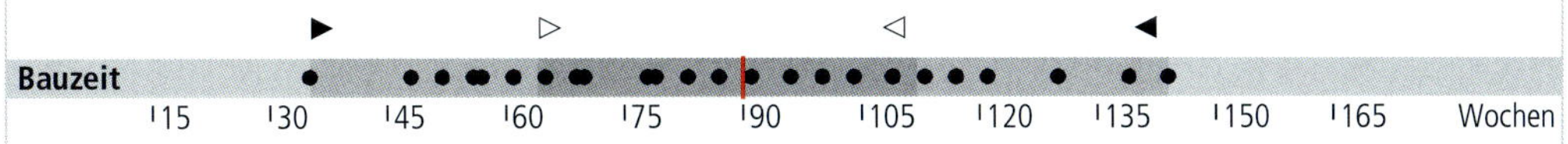

€/m² BGF

min	1.365	€/m²
von	1.595	€/m²
Mittel	**1.815**	**€/m²**
bis	2.245	€/m²
max	3.470	€/m²

Kosten:
Stand 1. Quartal 2025
Bundesdurchschnitt
inkl. 19% MwSt.

Objektübersicht zur Gebäudeart

6100-1695 Mehrfamilienhaus (21 WE)
BRI 5.171 m³ **BGF** 1.507 m² **NUF** 997 m²

© a hoch i netzwerk Lisa Groß

Mehrfamilienhaus mit 21 Wohneinheiten und 991 m² WFL. 15 Wohnungen mit je 45 m² WFL sind barrierefrei, zwei rollstuhlgerechte und vier barrierefreie Wohnungen haben je 60 m² WFL. Mauerwerk.

Land: Saarland
Kreis: Saarlouis
Standard: mittel
Bauzeit: 100 Wochen
Kennwerte: bis 3. Ebene DIN 276

BGF **1.980 €/m²**

Planung: a hoch i netzwerk Lisa Groß; Dillingen

vorgesehen: BKI Objektdaten N21

6100-1707 Mehrfamilienhäuser (7 Gebäude, 96 WE), TG
BRI 49.960 m³ **BGF** 14.584 m² **NUF** 9.211 m²

© Moritz Bernoully

Sieben Mehrfamilienhäuser mit 96 Wohnungen, eine Büroeinheit sowie eine Tiefgarage mit 70 Stellplätzen. Massivbau.

Land: Rheinland-Pfalz
Kreis: Mainz, Stadt
Standard: mittel
Bauzeit: 100 Wochen
Kennwerte: bis 1. Ebene DIN 276

BGF **2.067 €/m²**

Planung: happarchitecture JJh Architektengesellschaft mbH; Frankfurt am Main

vorgesehen: BKI Objektdaten N21

6100-1729 Mehrfamilienhaus (29 WE)
BRI 9.329 m³ **BGF** 3.096 m² **NUF** 1.910 m²

© Butzlaff Tewes Architekten + Ingenieure

Mehrfamilienhaus mit 29 Wohnungen. Massivbau.

Land: Schleswig-Holstein
Kreis: Pinneberg
Standard: mittel
Bauzeit: 83 Wochen
Kennwerte: bis 1. Ebene DIN 276

BGF **1.626 €/m²**

Planung: Butzlaff Tewes Architekten + Ingenieure; Brande-Hörnerkirchen

vorgesehen: BKI Objektdaten N21

6100-1735 Wohnanlage (104 WE), Kita (5 Gruppen), TG (92 STP)*
BRI 60.548 m³ **BGF** 18.826 m² **NUF** 12.121 m²

© Jürgen Voss

Wohnanlage mit elf Mehrfamilienhäusern und fünf Reihenhäusern, insgesamt 104 Wohneinheiten, einer Kindertagesstätte, zwei Gewerbeeinheiten sowie einer gemeinsamen Tiefgarage mit 92 Stellplätzen. Massivbau.

Land: Niedersachsen
Kreis: Hannover, Region
Standard: mittel
Bauzeit: 109 Wochen
Kennwerte: bis 1. Ebene DIN 276

BGF **2.614 €/m²**

Planung: HÜBOTTER + STÜRKEN + DIMITROVA Architektur&Stadtplanung; Hannover

vorgesehen: BKI Objektdaten N21
* Nicht in der Auswertung enthalten

6100-1680 Mehrfamilienhäuser (3 Gebäude, 45 WE)

BRI 19.396 m³ **BGF** 6.526 m² **NUF** 4.404 m²

Genossenschaftliches Wohnbauprojekt für 45 Wohneinheiten im geförderten Mietwohnungsbau. Tiefgarage mit 19 Stellplätzen, Fahrradgarage. Massivbau.

Land: Bayern
Kreis: München, Stadt
Standard: mittel
Bauzeit: 100 Wochen
Kennwerte: bis 1. Ebene DIN 276

BGF **1.523 €/m²**

Planung: Klumpe Architekten GbR; Mannheim

veröffentlicht: BKI Objektdaten N20

6100-1706 Wohnanlage (148 WE), TG (86 STP)

BRI 65.296 m³ **BGF** 21.101 m² **NUF** 13.714 m²

Wohnanlage mit zehn Gebäuden, 148 Wohnungen und 86 Tiefgaragenstellplätzen. Massivbau.

Land: Hamburg
Kreis: Hamburg, Stadt
Standard: mittel
Bauzeit: 121 Wochen
Kennwerte: bis 1. Ebene DIN 276

BGF **1.874 €/m²**

Planung: Architekten PETER + PASCHEN GmbH; Hamburg

vorgesehen: BKI Objektdaten N21

6100-1681 Mehrfamilienhäuser (3 Gebäude, 56 WE), Parkebene

BRI 18.210 m³ **BGF** 6.506 m² **NUF** 3.726 m²

Drei Mehrfamilienhäuser mit 56 Wohnungen und 2.755 m² Wohnfläche sowie zwei Parkebenen mit insgesamt 42 Stellplätzen. Massivbau.

Land: Niedersachsen
Kreis: Osnabrück, Stadt
Standard: mittel
Bauzeit: 117 Wochen
Kennwerte: bis 1. Ebene DIN 276

BGF **1.612 €/m²**

Planung: Plan.Concept Architekten GmbH; Osnabrück

vorgesehen: BKI Objektdaten N21

6100-1648 Mehrfamilienhaus (33 WE), TG (30 STP)

BRI 18.732 m³ **BGF** 5.790 m² **NUF** 3.369 m²

Mehrfamilienhaus mit 33 Wohneinheiten und einer Gewerbeeinheit. Es stehen 30 Stellplätze in der Tiefgarage zur Verfügung. Massivbau.

Land: Brandenburg
Kreis: Cottbus, Stadt
Standard: mittel
Bauzeit: 91 Wochen
Kennwerte: bis 1. Ebene DIN 276

BGF **1.600 €/m²**

Planung: Hampel Kotzur & Kollegen Architekten und Ingenieure; Cottbus

veröffentlicht: BKI Objektdaten N20

€/m² BGF

min	1.365	€/m²
von	1.595	€/m²
Mittel	**1.815**	**€/m²**
bis	2.245	€/m²
max	3.470	€/m²

Kosten:
Stand 1. Quartal 2025
Bundesdurchschnitt
inkl. 19% MwSt.

Objektübersicht zur Gebäudeart

6100-1684 Mehrfamilienhäuser (3 Gebäude, 34 WE), TG (33 STP)

BRI 19.700 m³ **BGF** 6.040 m² **NUF** 3.753 m²

Drei Mehrfamilienhäuser mit 34 WE und 3.043 m² WFL sowie Tiefgarage mit 33 Stellplätzen. Massivbau.

Land: Niedersachsen
Kreis: Hannover, Region
Standard: mittel
Bauzeit: 78 Wochen
Kennwerte: bis 1. Ebene DIN 276

BGF 3.470 €/m²

Planung: Architekturbüro pk nord Blencke und Knoll BDA; Hannover

vorgesehen: BKI Objektdaten N21

6100-1626 Mehrfamilienhäuser (2 Gebäude, 42 WE)

BRI 14.129 m³ **BGF** 4.786 m² **NUF** 3.361 m²

41 Geschosswohnungen, eine Wohneinheit mit zehn Einzelzimmer für betreutes Wohnen und Gemeinschaftsflächen im Erdgeschoß. Stb-Skelettbau.

Land: Berlin
Kreis: Berlin, Stadt
Standard: mittel
Bauzeit: 109 Wochen
Kennwerte: bis 1. Ebene DIN 276

BGF 1.632 €/m²

Planung: Peter Ruge Architekten GmbH; Berlin

veröffentlicht: BKI Objektdaten N20

6100-1570 Mehrfamilienhäuser (2 Gebäude, 69 WE)

BRI 19.204 m³ **BGF** 7.063 m² **NUF** 4.469 m²

Mehrfamilienprojekt mit zwei identischen Gebäuden und 69 Wohneinheiten sowie einem Gemeinschaftsraum (4.064 m² WFL). Massivbau.

Land: Schleswig-Holstein
Kreis: Rendsburg-Eckernförde
Standard: mittel
Bauzeit: 78 Wochen
Kennwerte: bis 1. Ebene DIN 276

BGF 1.829 €/m²

Planung: Planungsring Mumm + Partner GbR; Treia

veröffentlicht: BKI Objektdaten N19

6100-1660 Mehrfamilienhäuser (2 Gebäude, 30 WE)

BRI 15.127 m³ **BGF** 5.177 m² **NUF** 3.482 m²

Zwei Mehrfamilienhäuser mit 30 Wohneinheiten und 40 Stellplätzen. Massivbau.

Land: Bayern
Kreis: Eichstätt
Standard: mittel
Bauzeit: 104 Wochen
Kennwerte: bis 1. Ebene DIN 276

BGF 1.869 €/m²

Planung: Neumann & Heinsdorff Architekten; München

veröffentlicht: BKI Objektdaten N20

 Erläuterungen zu den Tabellen siehe Seite 62

6100-1576 Mehrfamilienhäuser (4 Gebäude, 40 WE)

BRI 13.652 m³ **BGF** 4.776 m² **NUF** 3.165 m²

Vier Mehrfamilienhäuser mit jeweils zehn Wohnungen. Massivbau.

Land: Mecklenburg-Vorpommern
Kreis: Vorpommern-Greifswald
Standard: mittel
Bauzeit: 113 Wochen
Kennwerte: bis 1. Ebene DIN 276

BGF **1.404 €/m²**

Planung: Planungsgesellschaft für Haus- und Stadterneuerung mbH; Greifswald

veröffentlicht: BKI Objektdaten N19

6100-1668 Wohnanlage (3 Gebäude, 24 WE)

BRI 9.849 m³ **BGF** 3.248 m² **NUF** 1.861 m²

Wohnanlage mit drei Gebäuden und insgesamt 24 Dreizimmerwohnungen. Massivbau.

Land: Brandenburg
Kreis: Cottbus, Stadt
Standard: mittel
Bauzeit: 65 Wochen
Kennwerte: bis 1. Ebene DIN 276

BGF **1.994 €/m²**

Planung: mayerwittig Architektur und Stadtplanung; Cottbus

vorgesehen: BKI Objektdaten N21

6100-1624 Mehrfamilienhäuser (8 Gebäude, 161 WE)

BRI 51.104 m³ **BGF** 16.241 m² **NUF** 10.514 m²

acht Mehrfamilienhäuser mit 157 barrierefreien Wohneinheiten sowie vier Wohnungen für demenzerkrankte Senioren. Massivbau.

Land: Brandenburg
Kreis: Potsdam, Stadt
Standard: mittel
Bauzeit: 144 Wochen
Kennwerte: bis 1. Ebene DIN 276

BGF **1.578 €/m²**

Planung: Galandi Schirmer Architekten + Ingenieure GmbH; Berlin

veröffentlicht: BKI Objektdaten N20

6100-1656 Mehrfamilienhäuser (82 WE), TG (70 STP)

BRI 32.268 m³ **BGF** 10.846 m² **NUF** 6.813 m²

Wohnanlage mit sieben Mehrfamilienhäusern mit 82 WE und 5.272 m² WFL, gemeinsamer Tiefgarage mit 66 Stellplätzen sowie vier Stellplätzen in der Freianlage. Massivbau.

Land: Hessen
Kreis: Wiesbaden, Stadt
Standard: mittel
Bauzeit: 104 Wochen
Kennwerte: bis 1. Ebene DIN 276

BGF **1.843 €/m²**

Planung: Kramm & Strigl Architekten und Stadtplanergesellschaft mbH; Darmstadt

veröffentlicht: BKI Objektdaten N20

€/m² BGF

min	1.365	€/m²
von	1.595	€/m²
Mittel	**1.815**	**€/m²**
bis	2.245	€/m²
max	3.470	€/m²

Kosten:
Stand 1. Quartal 2025
Bundesdurchschnitt
inkl. 19% MwSt.

Objektübersicht zur Gebäudeart

6100-1613 Mehrfamilienhaus (44 WE)

BRI 15.018 m³ **BGF** 5.098 m² **NUF** 3.381 m²

Mehrfamilienhaus mit 44 Wohnungen (2.855 m² WFL) als KfW-Effizienzhaus 55. Massivbau.

Land: Hessen
Kreis: Fulda
Standard: mittel
Bauzeit: 91 Wochen
Kennwerte: bis 1. Ebene DIN 276

BGF **1.548 €/m²**

Planung: Reith Wehner Storch Architekten; Fulda

veröffentlicht: BKI Objektdaten N20

6100-1525 Mehrfamilienhaus (53 WE)

BRI 18.509 m³ **BGF** 5.601 m² **NUF** 3.591 m²

Mehrfamilienhaus mit 53 Wohneinheiten und 3.634,79m² WFL. Massivbau.

Land: Berlin
Kreis: Berlin, Stadt
Standard: mittel
Bauzeit: 87 Wochen
Kennwerte: bis 1. Ebene DIN 276

BGF **1.832 €/m²**

Planung: Arnold und Gladisch Objektplanung Generalplanung GmbH; Berlin

veröffentlicht: BKI Objektdaten E9

6100-1554 Mehrfamilienhaus (30 WE)

BRI 7.799 m³ **BGF** 2.648 m² **NUF** 1.617 m²

Mehrfamilienhaus mit 30 Wohneinheiten. Mauerwerk.

Land: Hamburg
Kreis: Hamburg, Stadt
Standard: mittel
Bauzeit: 56 Wochen
Kennwerte: bis 1. Ebene DIN 276

BGF **2.296 €/m²**

Planung: Hartfil-Steinbrinck Architekten; Hamburg

veröffentlicht: BKI Objektdaten N18

6100-1557 Wohnanlage (91 WE), TG (42 STP)

BRI 46.987 m³ **BGF** 15.754 m² **NUF** 10.147 m²

Wohnquartier mit 84 Wohneinheiten in Mehrfamilienhäusern und sieben Reihenhäusern. Massivbau.

Land: Nordrhein-Westfalen
Kreis: Mülheim an der Ruhr, Stadt
Standard: mittel
Bauzeit: 104 Wochen
Kennwerte: bis 1. Ebene DIN 276

BGF **1.713 €/m²**

Planung: Druschke Architektur | BDA; Duisburg

veröffentlicht: BKI Objektdaten N18

Objektübersicht zur Gebäudeart

6100-1479 Mehrfamilienhaus (25 WE), TG (35 STP)

BRI 10.468 m^3 **BGF** 3.543 m^2 **NUF** 2.258 m^2

Mehrfamilienhaus mit 25 WE und Tiefgarage mit 35 Stellplätzen. Mauerwerksbau.

Land: Rheinland-Pfalz
Kreis: Mainz-Bingen
Standard: mittel
Bauzeit: 69 Wochen
Kennwerte: bis 1. Ebene DIN 276

BGF **1.621 €/m²**

Planung: Kramm & Strigl Architekten und Stadtplanergesellschaft mbH; Darmstadt

veröffentlicht: BKI Objektdaten N17

6100-1515 Mehrfamilienhaus (26 WE), TG (17 STP)

BRI 16.078 m^3 **BGF** 5.087 m^2 **NUF** 3.537 m^2

Mehrfamilienhaus mit 26 WE und einer Tiefgarage mit 17 STP. Mauerwerk.

Land: Sachsen
Kreis: Leipzig, Stadt
Standard: mittel
Bauzeit: 91 Wochen
Kennwerte: bis 1. Ebene DIN 276

BGF **2.182 €/m²**

Planung: Arnold und Gladisch Objektplanung Generalplanung GmbH; Berlin

veröffentlicht: BKI Objektdaten N18

6100-1492 Mehrfamilienhaus (20 WE), TG (24 STP)

BRI 11.833 m^3 **BGF** 3.987 m^2 **NUF** 2.757 m^2

Mehrfamilienhaus mit Tiefgarage. Massivbau.

Land: Rheinland-Pfalz
Kreis: Bad Dürkheim
Standard: mittel
Bauzeit: 91 Wochen
Kennwerte: bis 1. Ebene DIN 276

BGF **1.542 €/m²**

Planung: P4_Architekten BDA; Frankenthal

veröffentlicht: BKI Objektdaten E9

6100-1519 Wohnanlage (78 WE), TG (80 STP)

BRI 40.482 m^3 **BGF** 12.886 m^2 **NUF** 9.740 m^2

Wohnanlage mit 78 Wohneinheiten und einer Tiefgarage mit 80 Stellplätze. Massivbau.

Land: Thüringen
Kreis: Jena, Stadt
Standard: mittel
Bauzeit: 113 Wochen
Kennwerte: bis 1. Ebene DIN 276

BGF **1.824 €/m²**

Planung: Schettler & Partner PartG mbB; Weimar

veröffentlicht: BKI Objektdaten N18

€/m² BGF

min	1.365	€/m²
von	1.595	€/m²
Mittel	**1.815**	**€/m²**
bis	2.245	€/m²
max	3.470	€/m²

Kosten:
Stand 1. Quartal 2025
Bundesdurchschnitt
inkl. 19% MwSt.

Objektübersicht zur Gebäudeart

6100-1507 Mehrfamilienhäuser (21 WE)

BRI 6.149 m³ **BGF** 2.053 m² **NUF** 1.449 m²

Mehrfamilienhäuser mit 21 WE (1.231 m² WFL). Massivbau.

Land: Schleswig-Holstein
Kreis: Flensburg, Stadt
Standard: mittel
Bauzeit: 48 Wochen
Kennwerte: bis 1. Ebene DIN 276

BGF 2.100 €/m²

Planung: Architekten Asmussen + Partner GmbH; Flensburg

veröffentlicht: BKI Objektdaten N18

6100-1413 Mehrfamilienhaus (30 WE), TG (30 STP)

BRI 15.787 m³ **BGF** 5.244 m² **NUF** 3.441 m²

Mehrfamilienhaus mit 30 Wohneinheiten. Stb-Modulbau.

Land: Thüringen
Kreis: Nordhausen
Standard: mittel
Bauzeit: 35 Wochen
Kennwerte: bis 1. Ebene DIN 276

BGF 1.689 €/m²

Planung: Architekturbüro Wagner; Nordhausen

veröffentlicht: BKI Objektdaten N17

6100-1514 Mehrfamilienhäuser (3 Gebäude, 55 WE)

BRI 30.404 m³ **BGF** 9.789 m² **NUF** 6.796 m²

Drei Mehrfamilienhäuser mit 55 WE. Massivbau.

Land: Sachsen
Kreis: Chemnitz, Stadt
Standard: mittel
Bauzeit: 104 Wochen
Kennwerte: bis 1. Ebene DIN 276

BGF 1.925 €/m²

Planung: O+M Architekten GmbH BDA; Dresden

veröffentlicht: BKI Objektdaten N18

6100-1494 Mehrfamilienhaus (53 WE), TG (13 STP)

BRI 20.798 m³ **BGF** 6.430 m² **NUF** 4.411 m²

Mehrfamilienhaus mit 3.565 m² Wohnfläche, zwei Ladengeschäfte mit 112 m² Gewerbefläche und Tiefgarage mit 13 Stellplätzen. Stb-Skelettbau.

Land: Berlin
Kreis: Berlin, Stadt
Standard: mittel
Bauzeit: 78 Wochen
Kennwerte: bis 3. Ebene DIN 276

BGF 1.680 €/m²

Planung: Sommer + Sommer Architekten BDA; Berlin

veröffentlicht: BKI Objektdaten N18

6100-1487 Mehrfamilienhaus (9 WE) - Effizienzhaus 55

BRI 5.097 m³ | **BGF** 1.533 m² | **NUF** 1.040 m²

Mehrfamilienhaus (9 WE). Mischkonstruktion.

Land: Brandenburg
Kreis: Potsdam, Stadt
Standard: mittel
Bauzeit: 96 Wochen
Kennwerte: bis 1. Ebene DIN 276

BGF **2.550 €/m²**

Planung: Scharabi Architekten PartG mbB; Berlin

veröffentlicht: BKI Objektdaten E9

6100-1534 Mehrfamilienhaus (33 WE), TG (34 STP)

BRI 15.640 m³ | **BGF** 5.002 m² | **NUF** 3.099 m²

Mehrfamilienhaus für 33 Wohneinheiten mit 2.628m² Wohnfläche und Tiefgarage mit 34 Stellplätzen. Massivbau.

Land: Hessen
Kreis: Frankfurt am Main, Stadt
Standard: mittel
Bauzeit: 65 Wochen
Kennwerte: bis 1. Ebene DIN 276

BGF **1.849 €/m²**

Planung: Zaeske Architekten BDA Partnerschaftsgesellschaft mbB; Wiesbaden

veröffentlicht: BKI Objektdaten N18

6100-1528 Wohnanlage (31 WE), TG (31 STP)

BRI 20.802 m³ | **BGF** 6.553 m² | **NUF** 3.853 m²

Wohnanlage mit 31 Wohneinheiten und 31 Tiefgaragenstellplätzen. Massivbau.

Land: Bayern
Kreis: München, Stadt
Standard: mittel
Bauzeit: 100 Wochen
Kennwerte: bis 1. Ebene DIN 276

BGF **1.367 €/m²**

Planung: PLAN-Z ARCHITEKTEN; München

veröffentlicht: BKI Objektdaten N18

6100-1478 Mehrfamilienhäuser (78 WE), zwei TG (59 STP)

BRI 32.866 m³ | **BGF** 10.839 m² | **NUF** 7.403 m²

Sechs Mehrfamilienhäuser mit 78 Wohneinheiten und zwei Tiefgaragen mit 69 Stellplätzen. Mauerwerksbau.

Land: Hessen
Kreis: Wiesbaden, Stadt
Standard: mittel
Bauzeit: 104 Wochen
Kennwerte: bis 1. Ebene DIN 276

BGF **1.758 €/m²**

Planung: Kramm & Strigl Architekten und Stadtplaner- gesellschaft mbH; Darmstadt

veröffentlicht: BKI Objektdaten E9

€/m² BGF

min	1.365	€/m²
von	1.595	€/m²
Mittel	**1.815**	**€/m²**
bis	2.245	€/m²
max	3.470	€/m²

Kosten:
Stand 1. Quartal 2025
Bundesdurchschnitt
inkl. 19% MwSt.

Objektübersicht zur Gebäudeart

6100-1388 Mehrfamilienhaus (21 WE)

BRI 5.704 m³ **BGF** 1.940 m² **NUF** 1.147 m²

Mehrfamilienhaus mit Laubengängen für zwölf Wohneinheiten, barrierefrei erschlossen. Mauerwerksbau.

Land: Thüringen
Kreis: Ilm-Kreis
Standard: mittel
Bauzeit: 70 Wochen
Kennwerte: bis 3. Ebene DIN 276

BGF 1.794 €/m²

Planung: Architekturbüro Ludwig; Suhl

veröffentlicht: BKI Objektdaten E8

6100-1472 Mehrfamilienhaus (65 WE)

BRI 16.244 m³ **BGF** 5.652 m² **NUF** 4.001 m²

Mehrfamilienhaus mit 65 Wohneinheiten (3.511 m² WFL). Massivbau.

Land: Berlin
Kreis: Berlin, Stadt
Standard: mittel
Bauzeit: 83 Wochen
Kennwerte: bis 1. Ebene DIN 276

BGF 1.760 €/m²

Planung: Arnold und Gladisch Objektplanung Generalplanung GmbH; Berlin

veröffentlicht: BKI Objektdaten E9

6100-1510 Mehrfamilienhäuser (95 WE)

BRI 29.687 m³ **BGF** 9.741 m² **NUF** 6.134 m²

Fünf Mehrfamilienhäuser (5.915 m² WFL) mit 95 Wohneinheiten, 50 Pkw-Stellplätze und 250 Fahrrad-Stellplätze. Barrierefrei erschlossen. Massivbau.

Land: Brandenburg
Kreis: Potsdam, Stadt
Standard: mittel
Bauzeit: 130 Wochen
Kennwerte: bis 1. Ebene DIN 276

BGF 1.740 €/m²

Planung: Galandi Schirmer Architekten + Ingenieure GmbH; Berlin

veröffentlicht: BKI Objektdaten E9

6100-1389 Mehrfamilienhaus (3 Gebäude) - Effizienzhaus 70

BRI 15.251 m³ **BGF** 5.840 m² **NUF** 3.828 m²

Mehrfamilienhäuser (3St) mit 48 WE und 3.631 m² WFL als Effizienzhäuser 70. Mauerwerksbau.

Land: Niedersachsen
Kreis: Wolfsburg, Stadt
Standard: mittel
Bauzeit: 91 Wochen
Kennwerte: bis 1. Ebene DIN 276

BGF 1.924 €/m²

Planung: OTTINGERARCHITEKTEN; Braunschweig

veröffentlicht: BKI Objektdaten N17

Objektübersicht zur Gebäudeart

6100-1437 Mehrfamilienhäuser (180 WE) - Effizienzhaus 70

BRI 54.557 m³ **BGF** 18.668 m² **NUF** 13.855 m²

Mehrfamilienhäuser mit 180 Wohneinheiten und Tiefgarage für 61 Stellplätze, Effizienzhaus 70. Massivbau.

Land: Berlin
Kreis: Berlin, Stadt
Standard: mittel
Bauzeit: 109 Wochen
Kennwerte: bis 1. Ebene DIN 276

BGF **1.855 €/m²**

Planung: Arnold und Gladisch Objektplanung Generalplanung GmbH; Berlin

veröffentlicht: BKI Objektdaten E9

6100-1438 Wohnanlage (62 WE), TG (27 STP)

BRI 27.809 m³ **BGF** 8.627 m² **NUF** 5.943 m²

Wohnanlage mit 62 Wohneinheiten und Tiefgarage. Mischkonstruktion.

Land: Berlin
Kreis: Berlin, Stadt
Standard: mittel
Bauzeit: 57 Wochen
Kennwerte: bis 1. Ebene DIN 276

BGF **1.879 €/m²**

Planung: roedig.schop architekten; Berlin

veröffentlicht: BKI Objektdaten E9

6100-1371 Mehrfamilienhäuser (57 WE), TG (36 STP)

BRI 31.062 m³ **BGF** 10.712 m² **NUF** 6.725 m²

Mehrfamilienhäuser (4.809 m² WFL) mit 57 WE und Tiefgarage mit 36 STP. Massivbau.

Land: Nordrhein-Westfalen
Kreis: Düsseldorf, Stadt
Standard: mittel
Bauzeit: 104 Wochen
Kennwerte: bis 1. Ebene DIN 276

BGF **1.642 €/m²**

Planung: HGMB Architekten GmbH; Düsseldorf

veröffentlicht: BKI Objektdaten E8

6100-1321 Wohnanlage (101 WE), TG - Effizienzhaus 70

BRI 62.177 m³ **BGF** 19.443 m² **NUF** 15.843 m²

Wohnanlage mit neun Wohnhäusern (101 WE) und zwei Tiefgaragen (245 STP). Massivbau.

Land: Berlin
Kreis: Berlin, Stadt
Standard: mittel
Bauzeit: 113 Wochen
Kennwerte: bis 1. Ebene DIN 276

BGF **1.641 €/m²**

Planung: Thomas Hillig Architekten GmbH; Berlin

veröffentlicht: BKI Objektdaten E8

Mehrfamilienhäuser, mit 20 oder mehr WE, mittlerer Standard

€/m² BGF

min	1.365	€/m²
von	1.595	€/m²
Mittel	**1.815**	**€/m²**
bis	2.245	€/m²
max	3.470	€/m²

Kosten:
Stand 1. Quartal 2025
Bundesdurchschnitt
inkl. 19% MwSt.

Objektübersicht zur Gebäudeart

6100-1412 Wohnanlage (136 WE), TG - Effizienzhaus 70

BRI 44.337 m³ **BGF** 14.623 m² **NUF** 10.184 m²

© Andreas Muhs

Wohnanlage für 136 Wohneinheiten mit 10.184m² Wohnfläche sowie Tiefgarage für 60 Stellplätze als Effizienzhaus 70. Massivbau.

Land: Brandenburg
Kreis: Potsdam, Stadt
Standard: mittel
Bauzeit: 139 Wochen
Kennwerte: bis 1. Ebene DIN 276

BGF 1.722 €/m²

Planung: Galandi Schirmer Architekten + Ingenieure GmbH; Berlin

veröffentlicht: BKI Objektdaten N17

6100-1250 Mehrfamilienhaus, altengerecht (29 WE)

BRI 10.006 m³ **BGF** 3.158 m² **NUF** 2.052 m²

© Jörn Lehmann

Mehrfamilienhaus für altengerechtes Wohnen mit 29 WE und Gemeinschaftseinrichtung. MW-Massivbau.

Land: Mecklenburg-Vorpommern
Kreis: Rostock
Standard: mittel
Bauzeit: 65 Wochen
Kennwerte: bis 3. Ebene DIN 276

BGF 1.624 €/m²

Planung: Dipl.-Ing. Architekt E. Schneekloth + Partner; Schwerin

veröffentlicht: BKI Objektdaten N15

6100-1397 Mehrfamilienhaus (23 WE)

BRI 6.206 m³ **BGF** 2.208 m² **NUF** 1.428 m²

© Architekturbüro Ullrich Runge

Mehrfamilienhaus mit 20 WE (1.305m² WFL). Mauerwerksbau.

Land: Niedersachsen
Kreis: Delmenhorst, Stadt
Standard: mittel
Bauzeit: 57 Wochen
Kennwerte: bis 1. Ebene DIN 276

BGF 1.905 €/m²

Planung: Architekturbüro Ullrich Runge; Delmenhorst

veröffentlicht: BKI Objektdaten E8

6100-1362 Mehrfamilienhäuser (66 WE) - Effizienzhaus 70

BRI 22.310 m³ **BGF** 7.516 m² **NUF** 4.672 m²

© Birgit Schewe

Zwei Mehrfamilienhäuser mit jeweils 40 und 26 WE als Effizienzhaus 70. Mauerwerksbau.

Land: Schleswig-Holstein
Kreis: Flensburg, Stadt
Standard: mittel
Bauzeit: 87 Wochen
Kennwerte: bis 1. Ebene DIN 276

BGF 1.815 €/m²

Planung: Architekten Asmussen + Partner GmbH; Flensburg

veröffentlicht: BKI Objektdaten E8

Objektübersicht zur Gebäudeart

6100-1283 Mehrfamilienhaus (24 WE), TG (20 STP)

BRI 10.114 m³ **BGF** 3.143 m² **NUF** 1.665 m²

Mehrfamilienwohnhaus mit 24 WE (1.738 m² WFL), Tiefgarage mit 20 STP. Mauerwerksbau.

Land: Bremen
Kreis: Bremen, Stadt
Standard: mittel
Bauzeit: 61 Wochen
Kennwerte: bis 1. Ebene DIN 276

BGF **1.676 €/m²**

Planung: Gruppe GME Architekten BDA; Achim

veröffentlicht: BKI Objektdaten N15

6100-1081 Klimaschutzsiedlung (35 WE), TG (32 STP)

BRI 24.122 m³ **BGF** 7.130 m² **NUF** 5.149 m²

Klimaschutzsiedlung mit 35 WE (3.606 m² WFL) mit Doppelhäusern, Reihenhäuser und Mehrfamilienhäuser und Tiefgarage. Massivbau.

Land: Nordrhein-Westfalen
Kreis: Essen, Stadt
Standard: mittel
Bauzeit: 79 Wochen
Kennwerte: bis 1. Ebene DIN 276

BGF **1.856 €/m²**

Planung: Druschke Architektur | BDA; Duisburg

veröffentlicht: BKI Objektdaten E6

6100-0677 Mehrfamilienhaus, barrierefrei (25 WE)

BRI 9.941 m³ **BGF** 3.279 m² **NUF** 2.222 m²

Mehrfamilienhaus mit 25 WE, barrierefrei (1.638 m² WFL), Versammlungsraum mit 80 Sitzplätzen. Mauerwerksbau; Stb-Decke; Holzdachkonstruktion.

Land: Thüringen
Kreis: Greiz
Standard: mittel
Bauzeit: 52 Wochen
Kennwerte: bis 3. Ebene DIN 276

BGF **1.390 €/m²**

Planung: thoma architekten; Zeulenroda

veröffentlicht: BKI Objektdaten N10

Mehrfamilienhäuser, mit 20 oder mehr WE, hoher Standard

Kostenkennwerte für die Kosten des Bauwerks (Kostengruppen 300+400 nach DIN 276)

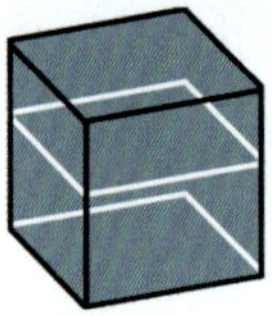

BRI 725 €/m³
von 610 €/m³
bis 850 €/m³

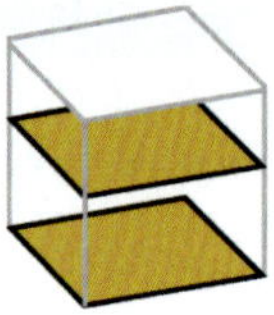

BGF 2.210 €/m²
von 1.895 €/m²
bis 2.635 €/m²

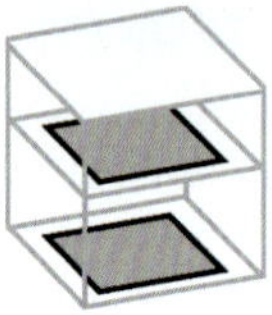

NUF 3.280 €/m²
von 2.680 €/m²
bis 3.995 €/m²

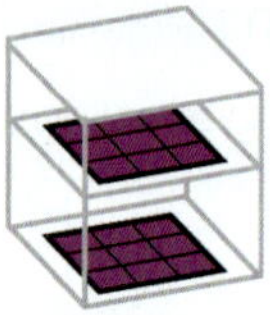

NE 4.230 €/NE
von 3.460 €/NE
bis 5.280 €/NE
NE: Wohnfläche

Objektbeispiele

Kosten:
Stand 1. Quartal 2025
Bundesdurchschnitt
inkl. 19% MwSt.

6100-1725

6100-1571

6100-1087

Kosten der 20 Vergleichsobjekte Seiten 720 bis 724

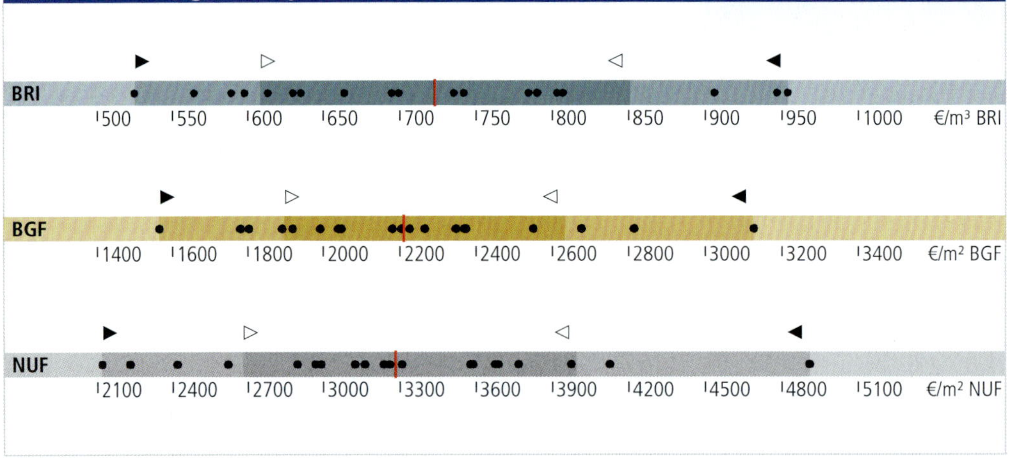

- ● KKW
- ▶ min
- ▷ von
- | Mittelwert
- ◁ bis
- ◀ max

Kostenkennwerte für die Kostengruppen der 1. und 2. Ebene DIN 276

KG	Kostengruppen der 1. Ebene	Einheit	▷	€/Einheit	◁	▷	% an 300+400	◁
100	Grundstück	m²GF	–	**–**	–	–	**–**	–
200	Vorbereitende Maßnahmen	m²GF	22	**62**	161	0,6	**2,1**	6,2
300	Bauwerk – Baukonstruktionen	m²BGF	1.465	**1.714**	1.966	71,5	**77,9**	81,9
400	Bauwerk – Technische Anlagen	m²BGF	386	**496**	793	18,1	**22,1**	28,5
	Bauwerk 300+400	m²BGF	1.895	**2.210**	2.633	100,0	**100,0**	100,0
500	Außenanlagen und Freiflächen	m²AF	145	**332**	604	2,7	**5,0**	7,2
600	Ausstattung und Kunstwerke	m²BGF	5	**29**	120	0,3	**1,2**	4,7
700	Baunebenkosten*	m²BGF	334	**373**	412	15,1	**16,9**	18,6 ◁
800	Finanzierung	m²BGF	–	**–**	–	–	**–**	–

◁ * Auf Grundlage der HOAI 2021 berechnete Werte nach §§ 35, 52, 56. Weitere Informationen siehe Seite 56

KG	Kostengruppen der 2. Ebene	Einheit	▷	€/Einheit	◁	▷	% an 1. Ebene	◁
310	Baugrube / Erdbau	m³BGI	29	**45**	74	3,9	**4,7**	6,2
320	Gründung, Unterbau	m²GRF	420	**460**	481	7,7	**9,8**	11,3
330	Außenwände / vertikal außen	m²AWF	384	**552**	664	27,0	**30,7**	38,0
340	Innenwände / vertikal innen	m²IWF	228	**268**	326	14,2	**16,4**	17,6
350	Decken / horizontal	m²DEF	422	**488**	584	15,3	**22,4**	26,6
360	Dächer	m²DAF	438	**509**	647	10,0	**10,8**	11,3
370	Infrastrukturanlagen		–	**–**	–	–	**–**	–
380	Baukonstruktive Einbauten	m²BGF	7	**17**	27	0,2	**0,8**	1,9
390	Sonst. Maßnahmen für Baukonst.	m²BGF	33	**61**	114	2,2	**4,3**	8,1
300	**Bauwerk – Baukonstruktionen**	**m²BGF**					**100,0**	
410	Abwasser-, Wasser-, Gasanlagen	m²BGF	109	**130**	165	27,2	**33,3**	36,4
420	Wärmeversorgungsanlagen	m²BGF	64	**93**	152	17,9	**23,1**	33,4
430	Raumlufttechnische Anlagen	m²BGF	21	**43**	87	5,1	**12,1**	25,6
440	Elektrische Anlagen	m²BGF	59	**68**	81	15,3	**17,6**	21,9
450	Kommunikationstechnische Anlagen	m²BGF	9	**15**	28	2,6	**3,8**	6,1
460	Förderanlagen	m²BGF	26	**58**	90	2,3	**10,0**	24,4
470	Nutzungsspez. / verfahrenstech. Anl.	m²BGF	–	**–**	–	–	**–**	–
480	Gebäude- und Anlagenautomation	m²BGF	–	**–**	–	–	**–**	–
490	Sonst. Maßnahmen f. techn. Anl.	m²BGF	–	**< 1**	–	0,0	**< 0,1**	0,2
400	**Bauwerk – Technische Anlagen**	**m²BGF**					**100,0**	

Prozentanteile der Kosten 2. Ebene an den Kosten des Bauwerks nach DIN 276 (Von/Mittel/Bis)

KG	Kostengruppe	%
310	Baugrube / Erdbau	3,7
320	Gründung, Unterbau	7,8
330	Außenwände / vertikal außen	24,3
340	Innenwände / vertikal innen	13,0
350	Decken / horizontal	17,7
360	Dächer	8,6
370	Infrastrukturanlagen	
380	Baukonstruktive Einbauten	0,6
390	Sonst. Maßnahmen für Baukonst.	3,4
410	Abwasser-, Wasser-, Gasanlagen	7,0
420	Wärmeversorgungsanlagen	4,8
430	Raumlufttechnische Anlagen	2,6
440	Elektrische Anlagen	3,7
450	Kommunikationstechnische Anlagen	0,8
460	Förderanlagen	2,1
470	Nutzungsspez. / verfahrenstech. Anl.	
480	Gebäude- und Anlagenautomation	
490	Sonst. Maßnahmen f. techn. Anl.	< 0,1

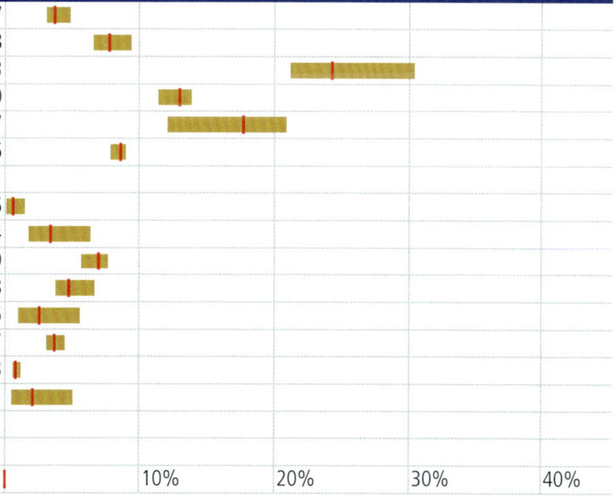

Mehrfamilienhäuser, mit 20 oder mehr WE, hoher Standard

Kosten:
Stand 1. Quartal 2025
Bundesdurchschnitt
inkl. 19% MwSt.

Prozentanteile der Kosten für Leistungsbereiche nach STLB (Kosten Bauwerk nach DIN 276)

LB	Leistungsbereiche	7,5% 15% 22,5% 30%	▷	% an 300+400	◁
000	Baustellen-, Verkehrssich.- u. Sicherh.einr. inkl. 001		1,5	**3,2**	4,5
002	Erdarbeiten		3,4	**3,6**	3,9
006	Spezialtiefbauarbeiten inkl. 005		0,4	**0,7**	1,1
009	Entwässerungskanalarbeiten inkl. 011		< 0,1	**0,3**	0,5
010	Drän- und Versickerarbeiten		0,1	**0,2**	0,3
012	Mauerarbeiten		2,5	**5,0**	7,8
013	Betonarbeiten		16,4	**23,0**	27,5
014	Natur-, Betonwerksteinarbeiten		0,7	**1,3**	2,4
016	Zimmer- und Holzbauarbeiten		0,0	**0,6**	1,1
017	Stahlbauarbeiten		–	**–**	–
018	Abdichtungsarbeiten		0,3	**0,6**	1,0
020	Dachdeckungsarbeiten		0,0	**1,8**	3,6
021	Dachabdichtungsarbeiten		2,2	**3,2**	4,3
022	Klempnerarbeiten		1,1	**1,4**	1,7
	Rohbau		42,4	**45,0**	47,0
023	Putz- und Stuckarbeiten, Wärmedämmsysteme		6,1	**7,4**	8,2
024	Fliesen- und Plattenarbeiten		1,8	**2,1**	2,5
025	Estricharbeiten		1,4	**1,7**	2,0
026	Fenster, Außentüren inkl. 029, 032		3,6	**4,5**	5,4
027	Tischlerarbeiten		2,0	**2,4**	2,8
028	Parkettarbeiten, Holzpflasterarbeiten		1,4	**1,8**	2,2
030	Rollladenarbeiten		0,4	**0,6**	0,8
031	Metallbauarbeiten inkl. 035		2,0	**5,2**	7,4
034	Maler- und Lackiererarbeiten inkl. 037		2,5	**2,7**	3,0
036	Bodenbelagarbeiten		0,5	**0,6**	0,8
038	Vorgehängte hinterlüftete Fassaden		0,0	**1,0**	1,9
039	Trockenbauarbeiten		3,3	**4,3**	5,1
	Ausbau		31,8	**34,3**	37,0
040	Wärmeversorgungsanl. - Betriebseinr. inkl. 041		3,3	**4,4**	5,5
042	Gas- und Wasserinstallation, Leitungen inkl. 043		1,2	**1,6**	2,2
044	Abwasseranlagen - Leitungen, Abläufe, Armaturen		0,7	**1,3**	1,8
045	GWE - Einrichtungsgegenstände inkl. 046		1,5	**2,9**	3,8
047	Dämm- und Brandschutzarbeiten an techn. Anlagen		0,8	**1,0**	1,3
049	Feuerlöschanlagen, Feuerlöschgeräte		–	**–**	–
050	Blitzschutz- und Erdungsanlagen		0,2	**0,3**	0,4
052	Mittelspannungsanlagen		–	**–**	–
053	Niederspannungsanlagen inkl. 054		2,8	**3,5**	3,9
055	Sicherheits- und Ersatzstromversorgungsanlagen		–	**–**	–
057	Gebäudesystemtechnik		–	**–**	–
058	Leuchten und Lampen inkl. 059		0,2	**0,3**	0,5
060	Such-, Signal-, elektroakust. Anl., Med. inkl. 064		0,1	**0,2**	0,2
061	Kommunikations- und Übertragungsnetze inkl. 062		0,3	**0,6**	0,8
063	Gefahrenmeldeanlagen		0,0	**< 0,1**	< 0,1
069	Aufzüge		0,2	**2,1**	3,6
070	Gebäudeautomation		–	**–**	–
075	Raumlufttechnische Anlagen inkl. 078		0,9	**2,5**	4,0
	Gebäudetechnik		20,1	**20,5**	21,0
	Sonstige Leistungsbereiche inkl. 008, 033, 051		< 0,1	**0,2**	0,4

- ● KKW
- ▶ min
- ▷ von
- | Mittelwert
- ◁ bis
- ◀ max

Planungskennwerte für Flächen und Rauminhalte nach DIN 277

Grundflächen		▷	Fläche/NUF (%)	◁	▷	Fläche/BGF (%)	◁
NUF	Nutzungsfläche	100,0	**100,0**	100,0	64,8	**68,1**	72,3
TF	Technikfläche	1,5	**1,9**	3,0	1,0	**1,3**	1,8
VF	Verkehrsfläche	17,8	**21,3**	27,8	11,2	**14,0**	17,1
NRF	Netto-Raumfläche	119,5	**123,2**	129,5	81,3	**83,4**	85,0
KGF	Konstruktions-Grundfläche	21,6	**24,9**	28,9	15,0	**16,6**	18,7
BGF	Brutto-Grundfläche	140,6	**148,1**	156,6	100,0	**100,0**	100,0

Brutto-Rauminhalte		▷	BRI/NUF (m)	◁	▷	BRI/BGF (m)	◁
BRI	Brutto-Rauminhalt	4,23	**4,55**	4,90	2,89	**3,07**	3,19

Flächen von Nutzeinheiten	▷	NUF/Einheit (m^2)	◁	▷	BGF/Einheit (m^2)	◁
Nutzeinheit: Wohnfläche	1,22	**1,31**	1,48	1,81	**1,92**	2,07

Lufttechnisch behandelte Flächen	▷	Fläche/NUF (%)	◁	▷	Fläche/BGF (%)	◁
Entlüftete Fläche	–	**–**	–	–	**–**	–
Be- und entlüftete Fläche	94,6	**94,6**	94,6	63,0	**63,0**	63,0
Teilklimatisierte Fläche	–	**–**	–	–	**–**	–
Klimatisierte Fläche	–	**–**	–	–	**–**	–

KG	Kostengruppen (2. Ebene)	Einheit	▷	Menge/NUF	◁	▷	Menge/BGF	◁
310	Baugrube / Erdbau	m^3 BGI	2,18	**2,42**	2,42	1,67	**1,80**	1,80
320	Gründung, Unterbau	m^2 GRF	0,38	**0,41**	0,41	0,29	**0,31**	0,31
330	Außenwände / vertikal außen	m^2 AWF	0,95	**1,17**	1,17	0,73	**0,87**	0,87
340	Innenwände / vertikal innen	m^2 IWF	1,19	**1,21**	1,21	0,86	**0,91**	0,91
350	Decken / horizontal	m^2 DEF	0,89	**0,89**	0,91	0,66	**0,66**	0,67
360	Dächer	m^2 DAF	0,39	**0,42**	0,42	0,30	**0,32**	0,32
370	Infrastrukturanlagen		–	**–**	–	–	**–**	–
380	Baukonstruktive Einbauten	m^2 BGF	1,41	**1,48**	1,57	1,00	**1,00**	1,00
390	Sonst. Maßnahmen für Baukonst.	m^2 BGF	1,41	**1,48**	1,57	1,00	**1,00**	1,00
300	**Bauwerk – Baukonstruktionen**	**m^2 BGF**	1,41	**1,48**	1,57	1,00	**1,00**	1,00

Planungskennwerte für Bauzeiten — 19 Vergleichsobjekte

Bauzeit in Wochen

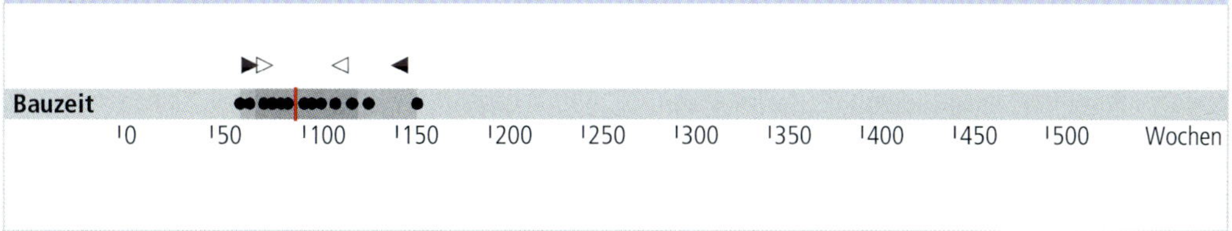

Mehrfamilienhäuser, mit 20 oder mehr WE, hoher Standard

€/m² BGF

min	1.565	€/m²
von	1.895	€/m²
Mittel	**2.210**	**€/m²**
bis	2.635	€/m²
max	3.125	€/m²

Kosten:
Stand 1. Quartal 2025
Bundesdurchschnitt
inkl. 19% MwSt.

Objektübersicht zur Gebäudeart

6100-1749 Mehrfamilienhäuser (131 WE), Kita, TG (132 STP)

BRI 80.198 m³ **BGF** 24.699 m² **NUF** 16.571 m²

Sechs Mehrfamilienhäuser mit 131 Wohnungen, Kita mit fünf Gruppen für 88 Kinder, Hort mit vier Gruppen für 100 Kinder, sowie eine Tiefgarage mit 132 Stellplätzen. Mauerwerk.

Land: Hessen
Kreis: Darmstadt, Stadt
Standard: hoch
Bauzeit: 135 Wochen
Kennwerte: bis 1. Ebene DIN 276

BGF **1.991 €/m²**

Planung: planungsgruppe DREI Part GmbB; Mühltal

vorgesehen: BKI Objektdaten N21

6100-1650 Mehrfamilienhaus (42 WE)

BRI 9.854 m³ **BGF** 3.486 m² **NUF** 2.347 m²

Mehrfamilienhaus mit 42 Wohneinheiten. Massivbau.

Land: Berlin
Kreis: Berlin, Stadt
Standard: mittel
Bauzeit: 70 Wochen
Kennwerte: bis 1. Ebene DIN 276

BGF **2.676 €/m²**

Planung: tafkaoo architects GmbH; Berlin

veröffentlicht: BKI Objektdaten N20

6100-1622 Mehrfamilienhäuser (5 Gebäude, 66 WE), TG

BRI 35.216 m³ **BGF** 10.874 m² **NUF** 7.011 m²

Fünf Mehrfamilienhäuser mit 66 Wohnungen und 6.207 m² Wohnfläche sowie Tiefgarage mit 66 Stellplätzen. Massivbau.

Land: Hessen
Kreis: Wiesbaden, Stadt
Standard: hoch
Bauzeit: 91 Wochen
Kennwerte: bis 1. Ebene DIN 276

BGF **2.039 €/m²**

Planung: grabowski.spork GmbH; Wiesbaden

veröffentlicht: BKI Objektdaten N20

6100-1725 Mehrfamilienhaus (31 WE), TG (26 STP)

BRI 7.978 m³ **BGF** 2.704 m² **NUF** 1.844 m²

Mehrfamilienhaus mit 31 Wohnungen und einer Tiefgarage mit 26 Stellplätzen. Massivbau.

Land: Niedersachsen
Kreis: Stade
Standard: hoch
Bauzeit: 83 Wochen
Kennwerte: bis 1. Ebene DIN 276

BGF **2.814 €/m²**

Planung: schüch & cassau architekten bda + beratender Ingenieur PartGmbB; Stade

vorgesehen: BKI Objektdaten N21

6100-1614 Wohnturm (21 WE), TG (21 STP)

BRI 15.733 m³ **BGF** 5.383 m² **NUF** 3.877 m²

Exklusiver 35m hoher Wohnturm mit Panoramablick, 10 Wohnetagen und Penthouse mit 21 Eigentumswohnungen (2.722m² Wohnfläche) und Tiefgarage, eine Gewerbeeinheit im Erdgeschoss. Stahlbeton.

Land: Hessen
Kreis: Kassel, Stadt
Standard: hoch
Bauzeit: 70 Wochen
Kennwerte: bis 1. Ebene DIN 276

BGF 2.347 €/m²

Planung: roller architekten gmbh; Kassel

veröffentlicht: BKI Objektdaten N20

6100-1571 Mehrfamilienhäuser (5 Gebäude, 101 WE)

BRI 41.354 m³ **BGF** 11.982 m² **NUF** 7.632 m²

Fünf Mehrfamilienhäuser mit 101 WE und 7.509 m² WFL. Mauerwerk.

Land: Niedersachsen
Kreis: Hannover, Region
Standard: hoch
Bauzeit: 109 Wochen
Kennwerte: bis 1. Ebene DIN 276

BGF 3.126 €/m²

Planung: gruppeomp Architektengesellschaft mbH BDA; Hannover

veröffentlicht: BKI Objektdaten N19

6100-1567 Mehrfamilienhaus (21 WE), TG (20 STP)

BRI 12.695 m³ **BGF** 3.867 m² **NUF** 2.548 m²

Mehrfamilienhaus mit 21 Wohneinheiten, Tiefgarage mit 20 Stellplätzen. Stahlbeton.

Land: Mecklenburg-Vorpommern
Kreis: Rostock, Stadt
Standard: hoch
Bauzeit: 117 Wochen
Kennwerte: bis 1. Ebene DIN 276

BGF 2.179 €/m²

Planung: Löser Lott Architekten GmbH (LPH 1-4) cubus architekten (LPH 5-8); Rostock

veröffentlicht: BKI Objektdaten N18

6100-1508 Mehrfamilienhäuser (57 WE), TG (58 STP)

BRI 31.722 m³ **BGF** 9.054 m² **NUF** 5.481 m²

Fünf Mehrfamilienhäuser (4.155m² WFL) mit 57 Wohneinheiten und einer Tiefgarage mit 58 Stellplätzen. Massivbau.

Land: Sachsen-Anhalt
Kreis: Halle (Saale), Stadt
Standard: hoch
Bauzeit: 135 Wochen
Kennwerte: bis 1. Ebene DIN 276

BGF 2.224 €/m²

Planung: ENKE WULF architekten; Berlin

veröffentlicht: BKI Objektdaten E9

Objektübersicht zur Gebäudeart

€/m² BGF

min	1.565	€/m²
von	1.895	€/m²
Mittel	**2.210**	**€/m²**
bis	2.635	€/m²
max	3.125	€/m²

Kosten:
Stand 1. Quartal 2025
Bundesdurchschnitt
inkl. 19% MwSt.

6100-1298 Mehrfamilienhaus (27 WE), TG - Effizienzhaus 70

BRI 17.271 m³ **BGF** 5.463 m² **NUF** 3.451 m²

© Liebscher-Tauber Architekten

Mehrfamilienhaus (3.194m² WFL) mit 27 WE, Büro-/Ladeneinheit, TG (16 STP). Mauerwerk.

Land: Berlin
Kreis: Berlin, Stadt
Standard: hoch
Bauzeit: 126 Wochen
Kennwerte: bis 1. Ebene DIN 276

BGF 1.889 €/m²

Planung: Liebscher-Tauber und Tauber Architekten PartG mbB; Berlin

veröffentlicht: BKI Objektdaten E7

6100-1146 Mehrfamilienhaus (20 WE), TG - Effizienzhaus 70

BRI 14.503 m³ **BGF** 4.829 m² **NUF** 3.960 m²

© Reinhard Hagemann GmbH

Mehrfamilienhaus (20 WE) mit 2.312m² WFL, Tiefgarage, Bootsliegeplätze. Stahlbetonbau.

Land: Hamburg
Kreis: Hamburg, Stadt
Standard: hoch
Bauzeit: 78 Wochen
Kennwerte: bis 1. Ebene DIN 276

BGF 2.374 €/m²

Planung: Reinhard Hagemann GmbH; Hamburg

veröffentlicht: BKI Objektdaten E6

6100-1173 Wohnanlage, TG (66 WE, 108 STP) - Effizienzhaus 85

BRI 42.128 m³ **BGF** 13.349 m² **NUF** 10.649 m²

© Klemens Ortmeyer

Wohnanlage, zwei Baufelder mit jeweils drei Mehrfamilienhäusern, 66 WE, Effizienzhaus 85, Tiefgaragen (108 STP). Stb-Konstruktion.

Land: Schleswig-Holstein
Kreis: Pinneberg
Standard: hoch
Bauzeit: 87 Wochen
Kennwerte: bis 3. Ebene DIN 276

BGF 1.780 €/m²

Planung: BIWERMAU Architekten BDA; Hamburg

veröffentlicht: BKI Objektdaten N13

6100-1222 Wohnanlage (44 WE), TG (48 STP)

BRI 17.370 m³ **BGF** 5.918 m² **NUF** 3.906 m²

© Sturm und Wartzeck GmbH Architekten BDA

Wohnanlage mit 44 WE und 48 STP mit 3.714m² WFL. Massivbau.

Land: Hessen
Kreis: Fulda
Standard: hoch
Bauzeit: 161 Wochen
Kennwerte: bis 1. Ebene DIN 276

BGF 2.368 €/m²

Planung: Sturm und Wartzeck GmbH Architekten BDA, Innenarchitekten; Dipperz

veröffentlicht: BKI Objektdaten N15

Objektübersicht zur Gebäudeart

6100-1087 Solarsiedlung (65 WE), TG (66 STP)

BRI 31.272 m³ **BGF** 10.218 m² **NUF** 7.617 m²

Wohnanlage, Geschosswohnungsbau und Reihenhäuser (4.461 m² WFL), Tiefgarage (66 STP). Massivbau.

Land: Nordrhein-Westfalen
Kreis: Düsseldorf, Stadt
Standard: hoch
Bauzeit: 100 Wochen
Kennwerte: bis 1. Ebene DIN 276

BGF **1.802 €/m²**

Planung: HGMB Architekten GmbH + Co. KG; Düsseldorf

veröffentlicht: BKI Objektdaten E6

6100-1023 Mehrfamilienhaus (24 WE), TG (24 STP)

BRI 14.301 m³ **BGF** 5.203 m² **NUF** 2.965 m²

Mehrfamilienwohnhaus mit 24 WE (2.356 m² WFL). Mauerwerksbau.

Land: Bremen
Kreis: Bremen, Stadt
Standard: hoch
Bauzeit: 70 Wochen
Kennwerte: bis 1. Ebene DIN 276

BGF **2.039 €/m²**

Planung: Gruppe GME Architekten BDA; Achim

veröffentlicht: BKI Objektdaten N12

6100-1033 Mehrfamilienhaus (21 WE), TG - Effizienzhaus 55

BRI 17.237 m³ **BGF** 5.433 m² **NUF** 3.176 m²

Mehrfamilienhaus mit 21 Wohneinheiten (2.549 m² WFL) und zwei Büros, Tiefgarage mit 22 Stellplätzen. Massivbau.

Land: Berlin
Kreis: Berlin, Stadt
Standard: hoch
Bauzeit: 82 Wochen
Kennwerte: bis 1. Ebene DIN 276

BGF **2.203 €/m²**

Planung: dp Architekten Drewes, Paulick, Zahn; Berlin

veröffentlicht: BKI Objektdaten E5

6100-1024 Mehrfamilienhaus Wohnanlage (92 WE)

BRI 30.825 m³ **BGF** 10.527 m² **NUF** 6.659 m²

Mehrfamilienwohnhaus. Insgesamt drei Mehrfamilienhäuser (2 x 9 WE, 1 x 66 WE) und vier Doppelhäuser (6.393 m² WFL). Mauerwerksbau.

Land: Bremen
Kreis: Bremen, Stadt
Standard: hoch
Bauzeit: 65 Wochen
Kennwerte: bis 1. Ebene DIN 276

BGF **2.047 €/m²**

Planung: Gruppe GME Architekten BDA; Achim

veröffentlicht: BKI Objektdaten N12

Mehrfamilienhäuser, mit 20 oder mehr WE, hoher Standard

€/m² BGF

min	1.565	€/m²
von	1.895	€/m²
Mittel	**2.210**	**€/m²**
bis	2.635	€/m²
max	3.125	€/m²

Kosten:
Stand 1. Quartal 2025
Bundesdurchschnitt
inkl. 19% MwSt.

Objektübersicht zur Gebäudeart

6100-0942 Mehrfamilienhaus (45 WE) - KfW 40

BRI 18.977 m³ **BGF** 5.837 m² **NUF** 4.037 m²

Mehrfamilienhaus (45 WE, 4.037 m² WFL), KfW 40. Ein Gebäude aus einem neuen Wohnquartier mit insgesamt fünf Wohngebäuden. Massivbau.

Land: Hessen
Kreis: Frankfurt am Main, Stadt
Standard: hoch
Bauzeit: 104 Wochen
Kennwerte: bis 1. Ebene DIN 276

BGF 2.551 €/m²

Planung: STEFAN FORSTER ARCHITEKTEN; Frankfurt am Main

veröffentlicht: BKI Objektdaten E5

6100-0659 8 Mehrfamilienhäuser (45 WE)

BRI 17.627 m³ **BGF** 5.911 m² **NUF** 4.365 m²

Acht Mehrfamilienhäuser mit 45 WE (3.558 m² WFL). Mauerwerksbau; Stb-Decken; zweischalige Metalldachkonstruktion.

Land: Thüringen
Kreis: Suhl, Stadt
Standard: hoch
Bauzeit: 65 Wochen
Kennwerte: bis 3. Ebene DIN 276

BGF 1.565 €/m²

Planung: ingenieurbüro bauwesen A&H GbR Suhl; Suhl

veröffentlicht: BKI Objektdaten N10

6100-1085 Solarsiedlung (101 WE), TG (137 STP)

BRI 48.732 m³ **BGF** 20.080 m² **NUF** 14.688 m²

Solarsiedlung mit 101 Wohnungen (9.209 m² WFL), Tiefgarage mit 137 Stellplätzen. Massivbau.

Land: Nordrhein-Westfalen
Kreis: Düsseldorf, Stadt
Standard: hoch
Bauzeit: 209 Wochen*
Kennwerte: bis 1. Ebene DIN 276

BGF 1.917 €/m²

Planung: HGMB Architekten GmbH + Co. KG; Düsseldorf

veröffentlicht: BKI Objektdaten E6
* Nicht in der Auswertung enthalten

6100-0626 Mehrgenerationen-Wohnanlage (30 WE)

BRI 9.780 m³ **BGF** 3.175 m² **NUF** 2.302 m²

Mehrgenerationen-Wohnanlage (30 WE, 2.114 m² WFL). Mauerwerksbau.

Land: Thüringen
Kreis: Ilm-Kreis
Standard: hoch
Bauzeit: 65 Wochen
Kennwerte: bis 3. Ebene DIN 276

BGF 2.265 €/m²

Planung: Architekten- und Ingenieurgruppe Erfurt & Partner GmbH; Erfurt

veröffentlicht: www.bki.de

Mehrfamilienhäuser, Passivhäuser

Kostenkennwerte für die Kosten des Bauwerks (Kostengruppen 300+400 nach DIN 276)

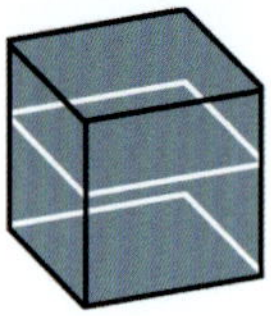

BRI 615 €/m³
von 540 €/m³
bis 685 €/m³

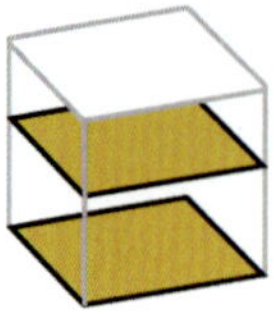

BGF 1.925 €/m²
von 1.575 €/m²
bis 2.280 €/m²

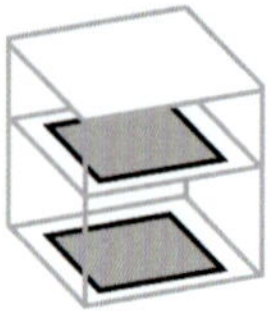

NUF 2.855 €/m²
von 2.395 €/m²
bis 3.610 €/m²

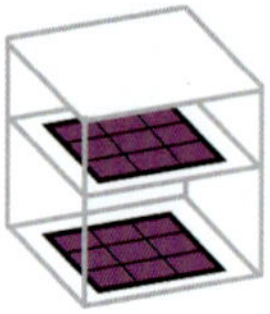

NE 3.270 €/NE
von 2.845 €/NE
bis 4.205 €/NE
NE: Wohnfläche

Objektbeispiele

Kosten:
Stand 1. Quartal 2025
Bundesdurchschnitt
inkl. 19% MwSt.

6100-1433

6100-1221

6100-1228

6100-1183

6100-1009

6100-1007

Kosten der 21 Vergleichsobjekte

Seiten 730 bis 735

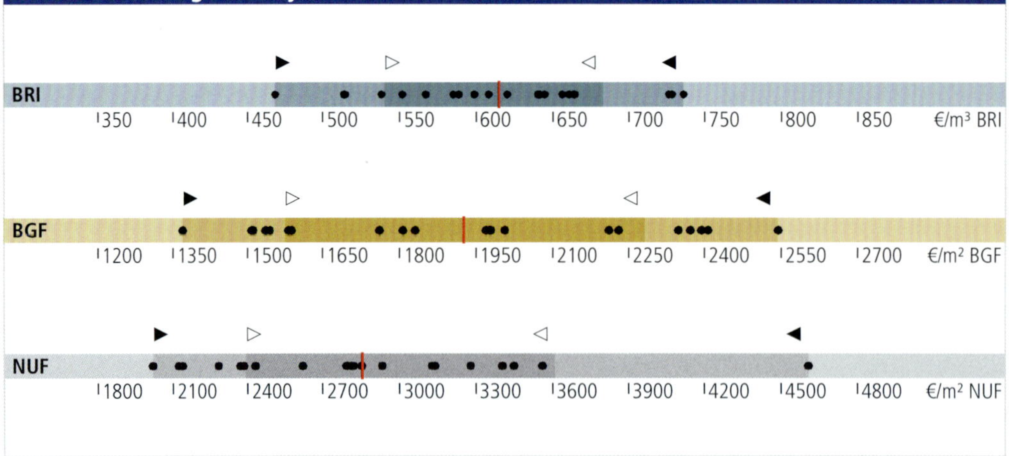

- ● KKW
- ▶ min
- ▷ von
- | Mittelwert
- ◁ bis
- ◀ max

Kostenkennwerte für die Kostengruppen der 1. und 2. Ebene DIN 276

KG	Kostengruppen der 1. Ebene	Einheit	▷	€/Einheit	◁	▷	% an 300+400	◁
100	Grundstück	m²GF	–	**–**	–	–	**–**	–
200	Vorbereitende Maßnahmen	m²GF	5	**18**	37	0,3	**0,8**	2,3
300	Bauwerk – Baukonstruktionen	m²BGF	1.260	**1.509**	1.798	75,0	**78,5**	82,0
400	Bauwerk – Technische Anlagen	m²BGF	301	**418**	522	18,0	**21,5**	25,0
	Bauwerk 300+400	m²BGF	1.574	**1.927**	2.282	100,0	**100,0**	100,0
500	Außenanlagen und Freiflächen	m²AF	122	**210**	341	2,3	**4,8**	10,6
600	Ausstattung und Kunstwerke	m²BGF	4	**16**	40	0,2	**0,7**	1,6
700	Baunebenkosten*	m²BGF	364	**406**	447	18,9	**21,1**	23,2
800	Finanzierung	m²BGF	–	**–**	–	–	**–**	–

◁ * Auf Grundlage der HOAI 2021 berechnete Werte nach §§ 35, 52, 56. Weitere Informationen siehe Seite 56

KG	Kostengruppen der 2. Ebene	Einheit	▷	€/Einheit	◁	▷	% an 1. Ebene	◁
310	Baugrube / Erdbau	m³BGI	32	**38**	40	1,7	**2,7**	4,4
320	Gründung, Unterbau	m²GRF	276	**390**	459	4,5	**8,3**	10,4
330	Außenwände / vertikal außen	m²AWF	455	**550**	635	30,0	**34,3**	38,4
340	Innenwände / vertikal innen	m²IWF	206	**231**	262	11,6	**14,1**	15,4
350	Decken / horizontal	m²DEF	469	**482**	499	16,8	**22,9**	30,0
360	Dächer	m²DAF	449	**553**	648	9,5	**12,5**	15,4
370	Infrastrukturanlagen		–	**–**	–	–	**–**	–
380	Baukonstruktive Einbauten	m²BGF	5	**14**	30	< 0,1	**0,4**	1,3
390	Sonst. Maßnahmen für Baukonst.	m²BGF	40	**64**	89	3,3	**4,7**	7,5
300	**Bauwerk – Baukonstruktionen**	**m²BGF**					**100,0**	
410	Abwasser-, Wasser-, Gasanlagen	m²BGF	77	**97**	131	24,9	**28,3**	34,9
420	Wärmeversorgungsanlagen	m²BGF	49	**90**	188	16,0	**23,1**	32,3
430	Raumlufttechnische Anlagen	m²BGF	42	**72**	98	15,5	**20,1**	27,2
440	Elektrische Anlagen	m²BGF	51	**71**	90	16,7	**20,5**	22,5
450	Kommunikationstechnische Anlagen	m²BGF	7	**14**	22	1,7	**4,2**	5,7
460	Förderanlagen	m²BGF	20	**36**	53	0,0	**3,7**	13,0
470	Nutzungsspez. / verfahrenstech. Anl.	m²BGF	–	**–**	–	–	**–**	–
480	Gebäude- und Anlagenautomation	m²BGF	–	**–**	–	–	**–**	–
490	Sonst. Maßnahmen f. techn. Anl.	m²BGF	–	**–**	–	–	**–**	–
400	**Bauwerk – Technische Anlagen**	**m²BGF**					**100,0**	

Prozentanteile der Kosten 2. Ebene an den Kosten des Bauwerks nach DIN 276 (Von/Mittel/Bis)

KG	Kostengruppe	%
310	Baugrube / Erdbau	2,2
320	Gründung, Unterbau	6,6
330	Außenwände / vertikal außen	27,4
340	Innenwände / vertikal innen	11,2
350	Decken / horizontal	18,3
360	Dächer	10,0
370	Infrastrukturanlagen	
380	Baukonstruktive Einbauten	0,3
390	Sonst. Maßnahmen für Baukonst.	3,8
410	Abwasser-, Wasser-, Gasanlagen	5,5
420	Wärmeversorgungsanlagen	4,8
430	Raumlufttechnische Anlagen	4,2
440	Elektrische Anlagen	4,1
450	Kommunikationstechnische Anlagen	0,8
460	Förderanlagen	0,8
470	Nutzungsspez. / verfahrenstech. Anl.	
480	Gebäude- und Anlagenautomation	
490	Sonst. Maßnahmen f. techn. Anl.	

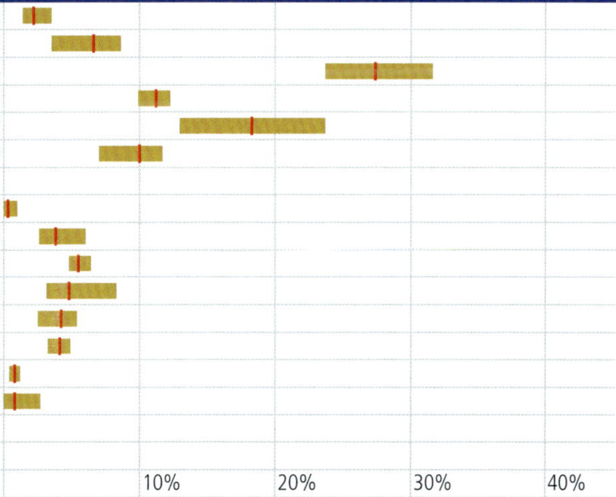

 Erläuterungen zu den Tabellen siehe Seite 54 und 56 Kostenstand: 1. Quartal 2025, Bundesdurchschnitt, **inkl. 19% MwSt.**

Prozentanteile der Kosten für Leistungsbereiche nach STLB (Kosten Bauwerk nach DIN 276)

Kosten:
Stand 1. Quartal 2025
Bundesdurchschnitt
inkl. 19% MwSt.

LB	Leistungsbereiche	5% 10% 15% 20%	▷	% an 300+400	◁
000	Baustellen-, Verkehrssich.- u. Sicherh.einr. inkl. 001		2,0	**3,3**	5,3
002	Erdarbeiten		1,9	**2,8**	4,3
006	Spezialtiefbauarbeiten inkl. 005		< 0,1	**0,2**	1,2
009	Entwässerungskanalarbeiten inkl. 011		0,4	**0,7**	1,0
010	Drän- und Versickerarbeiten		< 0,1	**< 0,1**	0,5
012	Mauerarbeiten		4,2	**6,9**	10,6
013	Betonarbeiten		11,7	**15,5**	20,7
014	Natur-, Betonwerksteinarbeiten		< 0,1	**0,4**	1,4
016	Zimmer- und Holzbauarbeiten		1,6	**5,7**	11,8
017	Stahlbauarbeiten		0,4	**2,6**	5,8
018	Abdichtungsarbeiten		0,5	**1,0**	1,4
020	Dachdeckungsarbeiten		0,0	**0,2**	1,7
021	Dachabdichtungsarbeiten		1,9	**3,2**	4,4
022	Klempnerarbeiten		1,1	**1,7**	2,6
	Rohbau		40,3	**44,3**	53,5
023	Putz- und Stuckarbeiten, Wärmedämmsysteme		6,9	**8,5**	11,3
024	Fliesen- und Plattenarbeiten		1,7	**2,6**	4,0
025	Estricharbeiten		1,7	**2,1**	2,4
026	Fenster, Außentüren inkl. 029, 032		6,3	**7,3**	8,7
027	Tischlerarbeiten		1,5	**1,9**	2,5
028	Parkettarbeiten, Holzpflasterarbeiten		0,7	**2,8**	3,8
030	Rollladenarbeiten		1,4	**1,9**	2,4
031	Metallbauarbeiten inkl. 035		0,7	**3,4**	5,7
034	Maler- und Lackiererarbeiten inkl. 037		1,3	**1,9**	2,8
036	Bodenbelagarbeiten		< 0,1	**0,5**	1,8
038	Vorgehängte hinterlüftete Fassaden		–	**–**	–
039	Trockenbauarbeiten		2,3	**3,4**	4,8
	Ausbau		33,1	**36,3**	39,6
040	Wärmeversorgungsanl. - Betriebseinr. inkl. 041		2,5	**4,1**	6,6
042	Gas- und Wasserinstallation, Leitungen inkl. 043		1,6	**2,9**	6,4
044	Abwasseranlagen - Leitungen, Abläufe, Armaturen		0,3	**0,8**	1,1
045	GWE - Einrichtungsgegenstände inkl. 046		0,5	**1,3**	2,0
047	Dämm- und Brandschutzarbeiten an techn. Anlagen		0,2	**0,6**	1,1
049	Feuerlöschanlagen, Feuerlöschgeräte		–	**–**	–
050	Blitzschutz- und Erdungsanlagen		< 0,1	**0,2**	0,3
052	Mittelspannungsanlagen		–	**–**	–
053	Niederspannungsanlagen inkl. 054		3,0	**3,7**	4,8
055	Sicherheits- und Ersatzstromversorgungsanlagen		–	**–**	–
057	Gebäudesystemtechnik		–	**–**	–
058	Leuchten und Lampen inkl. 059		< 0,1	**0,2**	0,4
060	Such-, Signal-, elektroakust. Anl., Med. inkl. 064		0,2	**0,2**	0,3
061	Kommunikations- und Übertragungsnetze inkl. 062		0,2	**0,6**	0,9
063	Gefahrenmeldeanlagen		< 0,1	**< 0,1**	0,1
069	Aufzüge		0,0	**0,7**	2,6
070	Gebäudeautomation		–	**–**	–
075	Raumlufttechnische Anlagen inkl. 078		2,4	**3,9**	4,8
	Gebäudetechnik		15,0	**19,0**	22,2
	Sonstige Leistungsbereiche inkl. 008, 033, 051		0,1	**0,4**	0,8

- ● KKW
- ▶ min
- ▷ von
- | Mittelwert
- ◁ bis
- ◀ max

Planungskennwerte für Flächen und Rauminhalte nach DIN 277

Grundflächen		▷	Fläche/NUF (%)	◁	▷	Fläche/BGF (%)	◁
NUF	Nutzungsfläche	100,0	**100,0**	100,0	62,6	**68,1**	71,5
TF	Technikfläche	2,9	**3,8**	10,8	2,0	**2,5**	6,6
VF	Verkehrsfläche	14,5	**18,6**	34,7	9,2	**11,8**	18,3
NRF	Netto-Raumfläche	117,2	**122,2**	138,9	79,6	**82,3**	84,4
KGF	Konstruktions-Grundfläche	22,7	**26,4**	31,9	15,6	**17,7**	20,4
BGF	Brutto-Grundfläche	141,6	**148,6**	166,2	100,0	**100,0**	100,0

Brutto-Rauminhalte		▷	BRI/NUF (m)	◁	▷	BRI/BGF (m)	◁
BRI	Brutto-Rauminhalt	4,37	**4,61**	5,12	2,94	**3,12**	3,34

Flächen von Nutzeinheiten	▷	NUF/Einheit (m²)	◁	▷	BGF/Einheit (m²)	◁
Nutzeinheit: Wohnfläche	1,10	**1,16**	1,24	1,55	**1,72**	1,82

Lufttechnisch behandelte Flächen	▷	Fläche/NUF (%)	◁	▷	Fläche/BGF (%)	◁
Entlüftete Fläche	–	**–**	–	–	**–**	–
Be- und entlüftete Fläche	80,7	**86,0**	87,6	56,6	**57,0**	61,5
Teilklimatisierte Fläche	–	**–**	–	–	**–**	–
Klimatisierte Fläche	–	**–**	–	–	**–**	–

KG	Kostengruppen (2. Ebene)	Einheit	▷	Menge/NUF	◁	▷	Menge/BGF	◁
310	Baugrube / Erdbau	m³ BGI	1,10	**1,39**	1,49	0,78	**0,95**	1,08
320	Gründung, Unterbau	m² GRF	0,34	**0,42**	0,46	0,24	**0,29**	0,33
330	Außenwände / vertikal außen	m² AWF	1,13	**1,29**	1,47	0,79	**0,88**	1,00
340	Innenwände / vertikal innen	m² IWF	1,15	**1,22**	1,32	0,78	**0,83**	0,87
350	Decken / horizontal	m² DEF	0,84	**0,92**	1,00	0,57	**0,63**	0,69
360	Dächer	m² DAF	0,38	**0,46**	0,47	0,27	**0,31**	0,33
370	Infrastrukturanlagen		–	**–**	–	–	**–**	–
380	Baukonstruktive Einbauten	m² BGF	1,42	**1,49**	1,66	1,00	**1,00**	1,00
390	Sonst. Maßnahmen für Baukonst.	m² BGF	1,42	**1,49**	1,66	1,00	**1,00**	1,00
300	**Bauwerk – Baukonstruktionen**	**m² BGF**	1,42	**1,49**	1,66	1,00	**1,00**	1,00

Planungskennwerte für Bauzeiten — 21 Vergleichsobjekte

Bauzeit in Wochen

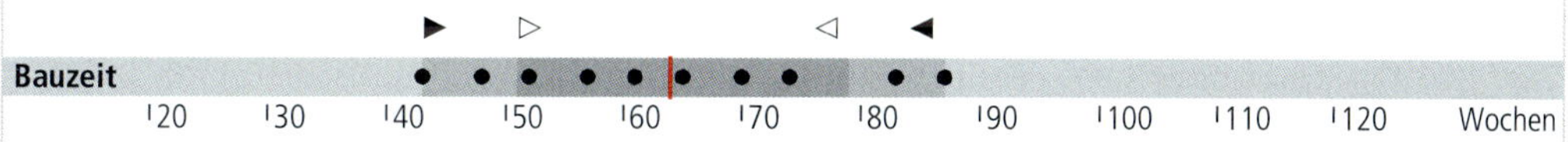

€/m² BGF

min	1.370	€/m²
von	1.575	€/m²
Mittel	**1.925**	**€/m²**
bis	2.280	€/m²
max	2.545	€/m²

Kosten:
Stand 1. Quartal 2025
Bundesdurchschnitt
inkl. 19% MwSt.

Objektübersicht zur Gebäudeart

6100-1433 Mehrfamilienhaus (5 WE) - Passivhaus

BRI 1.770 m³ **BGF** 624 m² **NUF** 408 m²

Mehrfamilienhaus mit fünf Wohneinheiten und Carports als Passivhaus. Massivbau.

Land: Nordrhein-Westfalen
Kreis: Heinsberg
Standard: hoch
Bauzeit: 48 Wochen
Kennwerte: bis 3. Ebene DIN 276

BGF **1.830 €/m²**

Planung: RONGEN ARCHITEKTEN PartG mbB; Wassenberg

veröffentlicht: BKI Objektdaten E9

6100-1399 Mehrfamilienhäuser (34 WE) - Passivhäuser

BRI 13.492 m³ **BGF** 4.168 m² **NUF** 2.919 m²

Zwei Mehrfamilienhäuser mit 34 WE als Passivhäuser. Mauerwerksbau.

Land: Hessen
Kreis: Frankfurt am Main, Stadt
Standard: mittel
Bauzeit: 57 Wochen
Kennwerte: bis 1. Ebene DIN 276

BGF **1.969 €/m²**

Planung: Scheffler + Partner Architekten mit Gottstein & Blumenstein; Frankfurt a.M.

veröffentlicht: BKI Objektdaten N17

6100-1380 Mehrfamilienhaus (25 WE) - Passivhaus

BRI 8.994 m³ **BGF** 2.942 m² **NUF** 2.113 m²

Mehrfamilienhaus mit 24 WE (1.743 m² WFL) als Passivhaus. Massivbau.

Land: Nordrhein-Westfalen
Kreis: Warendorf
Standard: mittel
Bauzeit: 83 Wochen
Kennwerte: bis 1. Ebene DIN 276

BGF **2.006 €/m²**

Planung: KUCKERT ARCHITEKTEN BDA; Münster

veröffentlicht: BKI Objektdaten E8

6100-1228 Mehrfamilienhaus (8 WE) - Passivhaus

BRI 2.314 m³ **BGF** 684 m² **NUF** 517 m²

Mehrfamilienhaus mit acht Wohneinheiten (513 m² WFL) als Passivhaus. Mauerwerksbau.

Land: Brandenburg
Kreis: Potsdam, Stadt
Standard: mittel
Bauzeit: 43 Wochen
Kennwerte: bis 1. Ebene DIN 276

BGF **1.979 €/m²**

Planung: Project Architecture Company; Berlin

veröffentlicht: BKI Objektdaten E7

6100-1236 Mehrfamilienhaus (7 WE), TG - Plusenergiehaus

BRI 4.776 m³ **BGF** 1.482 m² **NUF** 1.109 m²

Mehrfamilienhaus mit sieben Wohneinheiten (794m² WFL) und Tiefgarage (11 STP) als EnergiePlusHaus. Massivbau.

Land: Nordrhein-Westfalen
Kreis: Dortmund, Stadt
Standard: mittel
Bauzeit: 74 Wochen
Kennwerte: bis 1. Ebene DIN 276

BGF **2.348 €/m²**

Planung: Norbert Post • Hartmut Welters Architekten & Stadtplaner GmbH; Dortmund

veröffentlicht: BKI Objektdaten E7

6100-1134 Mehrfamilienhaus (5 WE) - Passivhaus

BRI 1.933 m³ **BGF** 523 m² **NUF** 378 m²

Mehrfamilienhaus als Mietobjekt mit fünf Wohneinheiten, Passivhaus. Mauerwerk, Holzskelettbau.

Land: Nordrhein-Westfalen
Kreis: Düren
Standard: mittel
Bauzeit: 57 Wochen
Kennwerte: bis 3. Ebene DIN 276

BGF **2.372 €/m²**

Planung: RONGEN ARCHITEKTEN PartG mbB; Wassenberg

veröffentlicht: BKI Objektdaten E6

6100-1221 Mehrfamilienhaus (10 WE), TG (18 STP) - Passivhaus

BRI 7.541 m³ **BGF** 2.307 m² **NUF** 1.559 m²

Mehrfamilienhaus mit zehn Wohneinheiten (1.132m² WFL) als Passivhaus mit Tiefgarage (18 STP). Mauerwerksbau.

Land: Hamburg
Kreis: Hamburg, Stadt
Standard: hoch
Bauzeit: 87 Wochen
Kennwerte: bis 1. Ebene DIN 276

BGF **2.406 €/m²**

Planung: Dipl. Ing. Jakob Siemonsen; Hamburg

veröffentlicht: BKI Objektdaten E7

6100-1183 Mehrfamilienhaus (22 WE) - Passivhaus

BRI 11.676 m³ **BGF** 3.478 m² **NUF** 2.646 m²

Mehrfamilienhaus mit 22 WE (2.384m² WFL) als Passivhaus. Stahlbeton, Holztafelbau.

Land: Berlin
Kreis: Berlin, Stadt
Standard: mittel
Bauzeit: 87 Wochen
Kennwerte: bis 1. Ebene DIN 276

BGF **2.230 €/m²**

Planung: Deimel Oelschläger Architekten Partnerschaft; Berlin

veröffentlicht: BKI Objektdaten E6

€/m² BGF

min	1.370	€/m²
von	1.575	€/m²
Mittel	**1.925**	**€/m²**
bis	2.280	€/m²
max	2.545	€/m²

Kosten:
Stand 1. Quartal 2025
Bundesdurchschnitt
inkl. 19% MwSt.

Objektübersicht zur Gebäudeart

6100-1188 Mehrfamilienhaus (17 WE) barrierefrei - Passivhaus

BRI 5.544 m³ **BGF** 1.821 m² **NUF** 874 m²

Mehrfamilienhaus (17 WE) mit 863 m² WFL mit Gemeinschaftsbereich als Passivhaus. Mauerwerksbau.

Land: Hamburg
Kreis: Hamburg, Stadt
Standard: mittel
Bauzeit: 74 Wochen
Kennwerte: bis 1. Ebene DIN 276

BGF 2.211 €/m²

Planung: Plan-R-Architektenbüro Joachim Reinig; Hamburg

veröffentlicht: BKI Objektdaten E7

6100-1016 Mehrfamilienhaus (3 WE) - Passivhaus

BRI 1.928 m³ **BGF** 605 m² **NUF** 351 m²

Mehrfamilienhaus (3 WE mit 349 m² WFL). Massivbau.

Land: Sachsen
Kreis: Dresden, Stadt
Standard: mittel
Bauzeit: 48 Wochen
Kennwerte: bis 1. Ebene DIN 276

BGF 1.977 €/m²

Planung: architekten dd Dipl.-Ing. Dietmar Eichelmann; Dresden

veröffentlicht: BKI Objektdaten E5

6100-1063 Mehrfamilienhaus (11 WE) - Passivhaus

BRI 6.964 m³ **BGF** 1.922 m² **NUF** 1.334 m²

Mehrfamilienhaus einer Baugemeinschaft als Passivhaus mit elf Wohneinheiten (1.334 m² WFL). Mauerwerksbau.

Land: Berlin
Kreis: Berlin, Stadt
Standard: mittel
Bauzeit: 70 Wochen
Kennwerte: bis 1. Ebene DIN 276

BGF 2.394 €/m²

Planung: pfeifer deegen architekten; Berlin-Kreuzberg

veröffentlicht: BKI Objektdaten E6

6100-1009 Mehrfamilienhaus (8 WE) - Passivhaus

BRI 4.070 m³ **BGF** 1.686 m² **NUF** 1.143 m²

Mehrfamilienhaus mit acht Wohneinheiten (892 m² WFL), die EG-Wohnungen sind barrierefrei. Mauerwerksbau.

Land: Baden-Württemberg
Kreis: Karlsruhe
Standard: hoch
Bauzeit: 74 Wochen
Kennwerte: bis 1. Ebene DIN 276

BGF 1.369 €/m²

Planung: Bisch.Otteni Architekten und Innenarchitekten; Karlsruhe

veröffentlicht: BKI Objektdaten E5

6100-1052 Mehrfamilienhaus (6 WE) - Plusenergiehaus*

BRI 4.060 m³ | **BGF** 1.215 m² | **NUF** 795 m²

Mehrfamilienwohnhaus mit sechs Wohneinheiten als Energie-Plus-Wohngebäude. Mehrlagiges Fassadensystem mit variablen Funktionen. Stb-Konstruktion.

Land: Schleswig-Holstein
Kreis: Schleswig-Flensburg
Standard: hoch
Bauzeit: 52 Wochen
Kennwerte: bis 3. Ebene DIN 276

BGF **5.235 €/m²** *

Planung: architekturbüro p. sindram Architekt Paul Sindram; Schleswig

veröffentlicht: BKI Objektdaten N12
* Nicht in der Auswertung enthalten

6100-1036 Mehrfamilienhaus (4 WE), Galerie - Passivhaus*

BRI 6.380 m³ | **BGF** 1.751 m² | **NUF** 1.188 m²

Mehrfamilienwohnhaus mit vier Wohneinheiten (702 m² WFL) und einer Galerie im EG und UG. Stb-Konstruktion.

Land: Berlin
Kreis: Berlin, Stadt
Standard: hoch
Bauzeit: 65 Wochen
Kennwerte: bis 1. Ebene DIN 276

BGF **2.979 €/m²** *

Planung: BCO Architekten; Berlin

veröffentlicht: BKI Objektdaten E5
* Nicht in der Auswertung enthalten

6100-0967 Mehrfamilienhaus (20 WE) - Passivhaus

BRI 7.842 m³ | **BGF** 2.628 m² | **NUF** 1.901 m²

Mehrfamilienhaus als Passivhaus (20 WE). Mauerwerksbau.

Land: Baden-Württemberg
Kreis: Freiburg im Breisgau
Standard: mittel
Bauzeit: 61 Wochen
Kennwerte: bis 3. Ebene DIN 276

BGF **1.535 €/m²**

Planung: Werkgruppe Freiburg Architekten; Freiburg

veröffentlicht: BKI Objektdaten E5

6100-1269 Mehrfamilienhaus (16 WE), TG (12 STP) - Passivhaus

BRI 10.120 m³ | **BGF** 3.355 m² | **NUF** 2.125 m²

Mehrfamilienhaus (16 WE) mit 1.667 m² WFL und TG (12 STP) als Passivhaus. Mischkonstruktion.

Land: Hamburg
Kreis: Hamburg, Stadt
Standard: mittel
Bauzeit: 65 Wochen
Kennwerte: bis 1. Ebene DIN 276

BGF **1.806 €/m²**

Planung: Neustadtarchitekten; Hamburg

veröffentlicht: BKI Objektdaten E7

€/m² BGF

min	1.370	€/m²
von	1.575	€/m²
Mittel	**1.925**	**€/m²**
bis	2.280	€/m²
max	2.545	€/m²

Kosten:
Stand 1. Quartal 2025
Bundesdurchschnitt
inkl. 19% MwSt.

Objektübersicht zur Gebäudeart

6100-1007 Mehrfamilienhaus (14 WE) - Passivhaus

BRI 6.680 m³ **BGF** 2.430 m² **NUF** 1.517 m²

© Architekt Konrad Schirmer

Mehrfamilienhaus mit 14 WE (1.317 m² WFL) als Passivhaus. Massivbauweise.

Land: Hessen
Kreis: Main-Taunus-Kreis
Standard: hoch
Bauzeit: 74 Wochen
Kennwerte: bis 1. Ebene DIN 276

BGF 1.760 €/m²

Planung: Dipl.Ing. Architekt Konrad Schirmer; Hattersheim

veröffentlicht: BKI Objektdaten E5

6100-0997 Mehrfamilienhaus (16 WE), TG (14 STP) - Passivhaus

BRI 9.621 m³ **BGF** 3.352 m² **NUF** 2.129 m²

© kuhs architekten freiburg

Mehrfamilienhaus (16 WE) mit Tiefgarage als Passivhaus. Massivbau.

Land: Baden-Württemberg
Kreis: Freiburg im Breisgau
Standard: mittel
Bauzeit: 52 Wochen
Kennwerte: bis 3. Ebene DIN 276

BGF 1.544 €/m²

Planung: kuhs architekten freiburg dipl-ing.(fh) winfried kuhs; Freiburg

veröffentlicht: BKI Objektdaten E5

6100-0882 Solarsiedlung (39 WE) - drei Passivhäuser

BRI 14.373 m³ **BGF** 3.750 m² **NUF** 3.050 m²

© Architekturbüro Thiel

Solarsiedlung. Drei Mehrfamilienhäuser als Passivhäuser mit 39 Mietwohnungen. (3.337 m² WFL). Mauerwerksbau.

Land: Nordrhein-Westfalen
Kreis: Münster, Stadt
Standard: mittel
Bauzeit: 52 Wochen
Kennwerte: bis 1. Ebene DIN 276

BGF 2.543 €/m²

Planung: Architekturbüro Thiel; Münster

veröffentlicht: www.bki.de

6100-0837 Mehrfamilienhaus (44 WE) - Passivhaus

BRI 19.406 m³ **BGF** 6.014 m² **NUF** 3.977 m²

© kolb+neumann Architekten BDA

Generationenübergreifendes Wohnen mit 44 WE. Gesamtanlage besteht aus zwei Baukörpern. Mauerwerksbau.

Land: Hessen
Kreis: Darmstadt, Stadt
Standard: mittel
Bauzeit: 87 Wochen
Kennwerte: bis 1. Ebene DIN 276

BGF 1.510 €/m²

Planung: kolb+neumann Architekten BDA; Darmstadt

veröffentlicht: www.bki.de

6100-0806 Mehrfamilienhaus (19 WE) - Passivhaus* **BRI** 10.455 m³ **BGF** 2.942 m² **NUF** 2.280 m²

Mehrfamilienwohnhaus für generationsübergreifendes Wohnen, 19 WE, Passivhaus, Mischbauweise. Holzrahmenbau.

Land: Berlin
Kreis: Berlin, Stadt
Standard: hoch
Bauzeit: 70 Wochen
Kennwerte: bis 1. Ebene DIN 276

BGF **2.335 €/m²**

Planung: Deimel Oelschläger Architekten Partnerschaft; Berlin

veröffentlicht: www.bki.de
* Nicht in der Auswertung enthalten

6100-0795 Mehrfamilienhaus (30 WE) - Passivhaus **BRI** 14.808 m³ **BGF** 5.163 m² **NUF** 3.425 m²

Mehrfamilienhaus mit 30 WE in vier Häusern im Passivhausstandard. Die BGF enthält einen hohen Anteil an (S)-Flächen. Mauerwerksbau.

Land: Hamburg
Kreis: Hamburg, Stadt
Standard: mittel
Bauzeit: 52 Wochen
Kennwerte: bis 3. Ebene DIN 276

BGF **1.581 €/m²**

Planung: NeuStadtArchitekten; Hamburg

veröffentlicht: www.bki.de

6100-0724 Mehrfamilienhaus (14 WE), TG (14 STP) - Passivhaus **BRI** 8.978 m³ **BGF** 3.328 m² **NUF** 2.229 m²

Mehrfamilienwohnhaus mit 14 Wohneinheiten, zwei Baukörper, selbstgenutztes Wohneigentum. Laubenganghaus; Stb-Wände (TG), KS-Mauerwerk; Stb-Filigrandecken; Stb-Flachdach.

Land: Sachsen
Kreis: Dresden, Stadt
Standard: mittel
Bauzeit: 52 Wochen
Kennwerte: bis 1. Ebene DIN 276

BGF **1.588 €/m²**

Planung: h.e.i.z. Haus Architektur.Stadtplanung Partnerschaft mbB; Dresden

veröffentlicht: www.bki.de

6100-0767 Mehrfamilienhaus (4 WE) - Passivhaus **BRI** 1.943 m³ **BGF** 662 m² **NUF** 467 m²

Mehrfamilienhaus mit drei Wohneinheiten im Passivhausstandard und eine Wohnung im KfW 40 Standard. Holzrahmenbau, Stahlbeton, Mauerwerk.

Land: Bayern
Kreis: Lindau (Bodensee)
Standard: mittel
Bauzeit: 48 Wochen
Kennwerte: bis 3. Ebene DIN 276

BGF **1.507 €/m²**

Planung: freie architektin Sabine Schmidt; Scheidegg

veröffentlicht: www.bki.de

Mehrfamilienhäuser, Holzbauweise

Kostenkennwerte für die Kosten des Bauwerks (Kostengruppen 300+400 nach DIN 276)

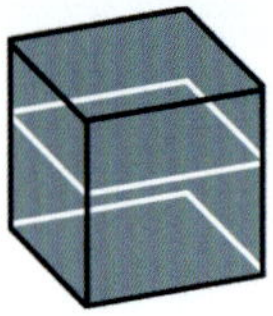

BRI 735 €/m³
von 570 €/m³
bis 900 €/m³

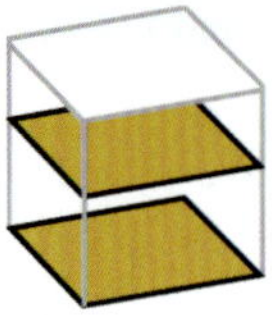

BGF 2.275 €/m²
von 1.745 €/m²
bis 2.725 €/m²

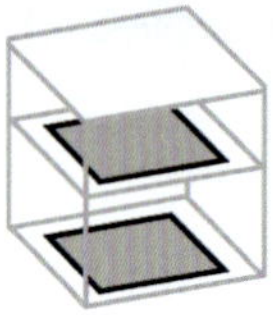

NUF 3.495 €/m²
von 2.780 €/m²
bis 4.315 €/m²

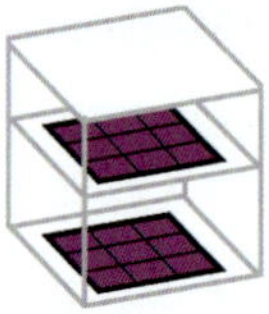

NE 3.780 €/NE
von 2.970 €/NE
bis 4.670 €/NE
NE: Wohnfläche

Objektbeispiele

Kosten:
Stand 1. Quartal 2025
Bundesdurchschnitt
inkl. 19% MwSt.

6100-1744

6100-1727

6100-1698

Kosten der 21 Vergleichsobjekte

Seiten 740 bis 745

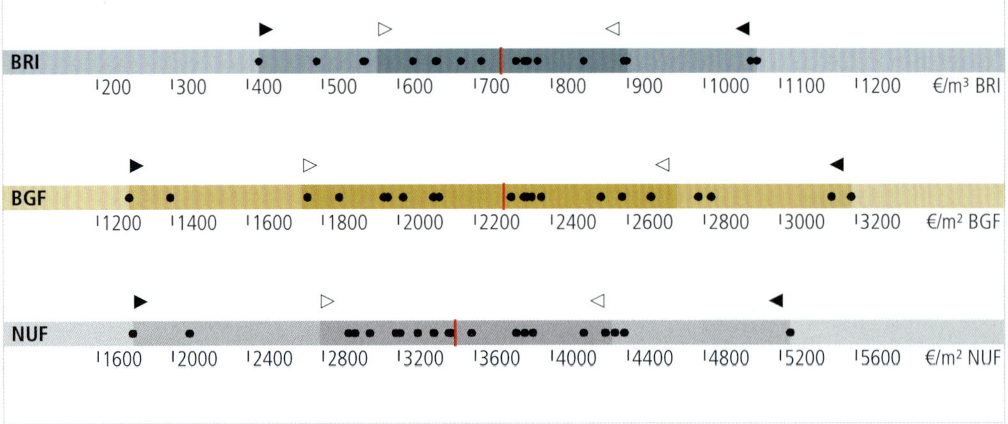

- ● KKW
- ▶ min
- ▷ von
- | Mittelwert
- ◁ bis
- ◀ max

Kostenkennwerte für die Kostengruppen der 1. und 2. Ebene DIN 276

KG	Kostengruppen der 1. Ebene	Einheit	▷	€/Einheit	◁	▷	% an 300+400	◁
100	Grundstück	m² GF	–	**–**	–	–	**–**	–
200	Vorbereitende Maßnahmen	m² GF	29	**59**	98	1,5	**3,0**	4,9
300	Bauwerk – Baukonstruktionen	m² BGF	1.404	**1.806**	2.174	75,3	**79,5**	84,3
400	Bauwerk – Technische Anlagen	m² BGF	314	**470**	620	15,7	**20,5**	24,7
	Bauwerk 300+400	m² BGF	1.744	**2.276**	2.727	100,0	**100,0**	100,0
500	Außenanlagen und Freiflächen	m² AF	109	**256**	621	2,9	**5,6**	8,3
600	Ausstattung und Kunstwerke	m² BGF	10	**51**	161	0,4	**1,8**	5,1
700	Baunebenkosten*	m² BGF	429	**478**	528	19,0	**21,2**	23,4 ◁
800	Finanzierung	m² BGF	–	**–**	–	–	**–**	–

* Auf Grundlage der HOAI 2021 berechnete Werte nach §§ 35, 52, 56. Weitere Informationen siehe Seite 56

KG	Kostengruppen der 2. Ebene	Einheit	▷	€/Einheit	◁	▷	% an 1. Ebene	◁
310	Baugrube / Erdbau	m³ BGI	32	**59**	78	1,5	**1,9**	2,3
320	Gründung, Unterbau	m² GRF	406	**485**	621	7,4	**9,1**	11,4
330	Außenwände / vertikal außen	m² AWF	444	**616**	753	25,5	**31,9**	37,0
340	Innenwände / vertikal innen	m² IWF	192	**266**	325	14,0	**16,5**	18,7
350	Decken / horizontal	m² DEF	481	**549**	656	21,2	**24,3**	27,2
360	Dächer	m² DAF	379	**549**	798	9,3	**11,3**	13,5
370	Infrastrukturanlagen		–	**–**	–	–	**–**	–
380	Baukonstruktive Einbauten	m² BGF	4	**20**	51	0,1	**0,7**	3,0
390	Sonst. Maßnahmen für Baukonst.	m² BGF	36	**65**	109	2,2	**4,2**	5,8
300	**Bauwerk – Baukonstruktionen**	**m² BGF**					**100,0**	
410	Abwasser-, Wasser-, Gasanlagen	m² BGF	64	**95**	137	18,7	**25,9**	33,6
420	Wärmeversorgungsanlagen	m² BGF	71	**101**	202	15,1	**27,9**	35,6
430	Raumlufttechnische Anlagen	m² BGF	11	**42**	92	3,7	**9,2**	17,4
440	Elektrische Anlagen	m² BGF	59	**127**	190	26,6	**31,4**	38,2
450	Kommunikationstechnische Anlagen	m² BGF	10	**16**	21	3,5	**4,1**	4,5
460	Förderanlagen	m² BGF	–	**43**	–	0,0	**1,4**	7,0
470	Nutzungsspez. / verfahrenstech. Anl.	m² BGF	–	**< 1**	–	0,0	**< 0,1**	0,1
480	Gebäude- und Anlagenautomation	m² BGF	–	**–**	–	–	**–**	–
490	Sonst. Maßnahmen f. techn. Anl.	m² BGF	–	**2**	–	0,0	**< 0,1**	0,3
400	**Bauwerk – Technische Anlagen**	**m² BGF**					**100,0**	

Prozentanteile der Kosten 2. Ebene an den Kosten des Bauwerks nach DIN 276 (Von/Mittel/Bis)

KG	Kostengruppe	%
310	Baugrube / Erdbau	1,5
320	Gründung, Unterbau	7,3
330	Außenwände / vertikal außen	25,5
340	Innenwände / vertikal innen	13,1
350	Decken / horizontal	19,4
360	Dächer	9,1
370	Infrastrukturanlagen	
380	Baukonstruktive Einbauten	0,5
390	Sonst. Maßnahmen für Baukonst.	3,3
410	Abwasser-, Wasser-, Gasanlagen	5,1
420	Wärmeversorgungsanlagen	5,4
430	Raumlufttechnische Anlagen	2,0
440	Elektrische Anlagen	6,4
450	Kommunikationstechnische Anlagen	0,8
460	Förderanlagen	0,4
470	Nutzungsspez. / verfahrenstech. Anl.	< 0,1
480	Gebäude- und Anlagenautomation	
490	Sonst. Maßnahmen f. techn. Anl.	< 0,1

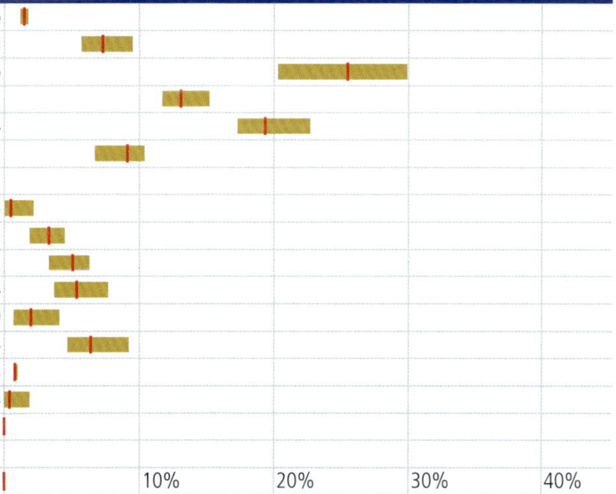

 Erläuterungen zu den Tabellen siehe Seite 54 und 56 Kostenstand: 1. Quartal 2025, Bundesdurchschnitt, **inkl. 19% MwSt.**

Mehrfamilienhäuser, Holzbauweise

Kosten:
Stand 1. Quartal 2025
Bundesdurchschnitt
inkl. 19% MwSt.

Prozentanteile der Kosten für Leistungsbereiche nach STLB (Kosten Bauwerk nach DIN 276)

LB	Leistungsbereiche	▷	% an 300+400	◁
000	Baustellen-, Verkehrssich.- u. Sicherh.einr. inkl. 001	1,9	**2,8**	4,3
002	Erdarbeiten	1,3	**1,8**	2,3
006	Spezialtiefbauarbeiten inkl. 005	< 0,1	**0,3**	0,8
009	Entwässerungskanalarbeiten inkl. 011	< 0,1	**0,1**	0,7
010	Drän- und Versickerarbeiten	0,0	**0,5**	0,8
012	Mauerarbeiten	0,1	**1,4**	6,7
013	Betonarbeiten	8,0	**13,0**	16,5
014	Natur-, Betonwerksteinarbeiten	–	**–**	–
016	Zimmer- und Holzbauarbeiten	8,5	**16,6**	30,4
017	Stahlbauarbeiten	< 0,1	**0,5**	2,1
018	Abdichtungsarbeiten	0,2	**0,9**	2,1
020	Dachdeckungsarbeiten	0,0	**0,5**	1,4
021	Dachabdichtungsarbeiten	0,0	**2,2**	3,7
022	Klempnerarbeiten	0,7	**1,3**	2,3
	Rohbau	34,7	**41,9**	53,7
023	Putz- und Stuckarbeiten, Wärmedämmsysteme	0,4	**1,4**	2,7
024	Fliesen- und Plattenarbeiten	1,7	**2,2**	3,1
025	Estricharbeiten	1,9	**2,3**	2,8
026	Fenster, Außentüren inkl. 029, 032	1,8	**5,6**	7,7
027	Tischlerarbeiten	2,6	**5,3**	13,5
028	Parkettarbeiten, Holzpflasterarbeiten	1,4	**2,7**	3,1
030	Rollladenarbeiten	0,2	**0,8**	1,6
031	Metallbauarbeiten inkl. 035	1,1	**3,0**	5,9
034	Maler- und Lackiererarbeiten inkl. 037	1,7	**3,4**	4,7
036	Bodenbelagarbeiten	0,0	**0,2**	0,6
038	Vorgehängte hinterlüftete Fassaden	0,5	**2,9**	6,6
039	Trockenbauarbeiten	5,3	**7,3**	10,1
	Ausbau	26,6	**37,2**	43,1
040	Wärmeversorgungsanl. - Betriebseinr. inkl. 041	3,4	**5,0**	7,3
042	Gas- und Wasserinstallation, Leitungen inkl. 043	1,2	**2,1**	3,3
044	Abwasseranlagen - Leitungen, Abläufe, Armaturen	0,8	**1,0**	1,4
045	GWE - Einrichtungsgegenstände inkl. 046	0,9	**1,8**	2,4
047	Dämm- und Brandschutzarbeiten an techn. Anlagen	0,6	**1,0**	1,2
049	Feuerlöschanlagen, Feuerlöschgeräte	0,0	**< 0,1**	< 0,1
050	Blitzschutz- und Erdungsanlagen	0,2	**0,2**	0,3
052	Mittelspannungsanlagen	–	**–**	–
053	Niederspannungsanlagen inkl. 054	4,4	**6,2**	9,4
055	Sicherheits- und Ersatzstromversorgungsanlagen	–	**–**	–
057	Gebäudesystemtechnik	–	**–**	–
058	Leuchten und Lampen inkl. 059	< 0,1	**0,3**	0,5
060	Such-, Signal-, elektroakust. Anl., Med. inkl. 064	0,1	**0,2**	0,4
061	Kommunikations- und Übertragungsnetze inkl. 062	0,2	**0,4**	0,7
063	Gefahrenmeldeanlagen	0,0	**< 0,1**	< 0,1
069	Aufzüge	0,0	**0,4**	1,9
070	Gebäudeautomation	0,0	**< 0,1**	< 0,1
075	Raumlufttechnische Anlagen inkl. 078	0,7	**2,0**	4,2
	Gebäudetechnik	16,6	**20,6**	27,6
	Sonstige Leistungsbereiche inkl. 008, 033, 051	< 0,1	**0,2**	0,5

● KKW
▶ min
▷ von
| Mittelwert
◁ bis
◀ max

Planungskennwerte für Flächen und Rauminhalte nach DIN 277

Grundflächen		▷	**Fläche/NUF (%)**	◁	▷	**Fläche/BGF (%)**	◁
NUF	Nutzungsfläche	100,0	**100,0**	100,0	62,4	**65,5**	70,5
TF	Technikfläche	2,5	**3,0**	4,3	1,6	**1,9**	3,0
VF	Verkehrsfläche	18,4	**24,6**	34,6	11,7	**15,3**	19,9
NRF	Netto-Raumfläche	122,5	**127,5**	137,3	80,4	**82,8**	84,6
KGF	Konstruktions-Grundfläche	22,8	**26,7**	31,6	15,4	**17,2**	19,6
BGF	Brutto-Grundfläche	144,7	**154,3**	161,9	100,0	**100,0**	100,0

Brutto-Rauminhalte		▷	**BRI/NUF (m)**	◁	▷	**BRI/BGF (m)**	◁
BRI	Brutto-Rauminhalt	4,54	**4,80**	5,20	3,02	**3,11**	3,31

Flächen von Nutzeinheiten	▷	**NUF/Einheit (m²)**	◁	▷	**BGF/Einheit (m²)**	◁
Nutzeinheit: Wohnfläche	1,08	**1,15**	1,38	1,64	**1,77**	2,37

Lufttechnisch behandelte Flächen	▷	**Fläche/NUF (%)**	◁	▷	**Fläche/BGF (%)**	◁
Entlüftete Fläche	39,5	**39,5**	39,5	27,8	**27,8**	27,8
Be- und entlüftete Fläche	86,8	**86,8**	86,8	52,9	**52,9**	52,9
Teilklimatisierte Fläche	–	**–**	–	–	**–**	–
Klimatisierte Fläche	–	**–**	–	–	**–**	–

KG	**Kostengruppen (2. Ebene)**	**Einheit**	▷	**Menge/NUF**	◁	▷	**Menge/BGF**	◁
310	Baugrube / Erdbau	m³ BGI	0,68	**0,85**	1,14	0,47	**0,56**	0,71
320	Gründung, Unterbau	m² GRF	0,33	**0,42**	0,46	0,22	**0,28**	0,31
330	Außenwände / vertikal außen	m² AWF	1,04	**1,15**	1,26	0,71	**0,77**	0,80
340	Innenwände / vertikal innen	m² IWF	1,26	**1,36**	1,40	0,82	**0,93**	0,99
350	Decken / horizontal	m² DEF	0,92	**0,94**	1,00	0,63	**0,64**	0,68
360	Dächer	m² DAF	0,39	**0,48**	0,52	0,27	**0,32**	0,33
370	Infrastrukturanlagen		–	**–**	–	–	**–**	–
380	Baukonstruktive Einbauten	m² BGF	1,45	**1,54**	1,62	1,00	**1,00**	1,00
390	Sonst. Maßnahmen für Baukonst.	m² BGF	1,45	**1,54**	1,62	1,00	**1,00**	1,00
300	**Bauwerk – Baukonstruktionen**	**m² BGF**	1,45	**1,54**	1,62	1,00	**1,00**	1,00

Planungskennwerte für Bauzeiten **21 Vergleichsobjekte**

Bauzeit in Wochen

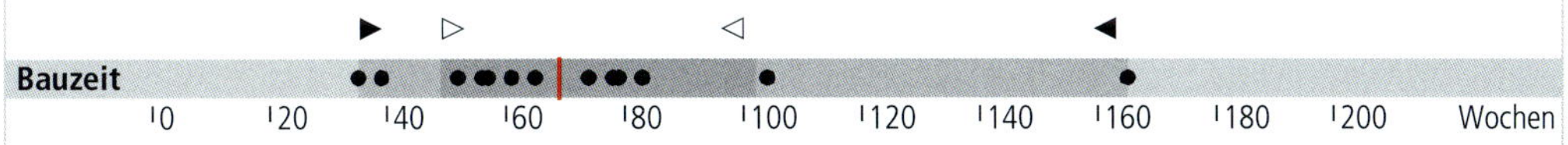

€/m² BGF

min	1.285	€/m²
von	1.745	€/m²
Mittel	**2.275**	**€/m²**
bis	2.725	€/m²
max	3.185	€/m²

Kosten:
Stand 1. Quartal 2025
Bundesdurchschnitt
inkl. 19% MwSt.

Objektübersicht zur Gebäudeart

6100-1744 Mehrfamilienhaus (12 WE)

BRI 4.843 m³ **BGF** 1.597 m² **NUF** 930 m²

Mehrfamilienhaus mit zwölf Wohneinheiten. Mischkonstruktion.

Land: Hessen
Kreis: Kassel, Stadt
Standard: mittel
Bauzeit: 74 Wochen
Kennwerte: bis 1. Ebene DIN 276

BGF 1.971 €/m²

Planung: Christoph Harney Architekt; Kassel

vorgesehen: BKI Objektdaten N21

6100-1634 Mehrfamilienhäuser (2 Gebäude, 11 WE)

BRI 4.691 m³ **BGF** 1.585 m² **NUF** 1.080 m²

Zwei Mehrfamilienhäuser mit elf Wohneinheiten und 923m² WFL. Massivbau.

Land: Niedersachsen
Kreis: Stade
Standard: mittel
Bauzeit: 65 Wochen
Kennwerte: bis 1. Ebene DIN 276

BGF 2.660 €/m²

Planung: Neustadtarchitekten; Hamburg

veröffentlicht: BKI Objektdaten N20

6100-1593 Mehrfamilienhaus (3 WE)

BRI 1.754 m³ **BGF** 565 m² **NUF** 345 m²

Mehrfamilienhaus mit drei Wohneinheiten und vier Garagenstellplätzen. Holzbau.

Land: Nordrhein-Westfalen
Kreis: Oberbergischer Kreis
Standard: hoch
Bauzeit: 57 Wochen
Kennwerte: bis 3. Ebene DIN 276

BGF 2.011 €/m²

Planung: bonfanti ARCHITEKTEN Anke und Ralph Bonfanti; Wiehl-Weiershagen

veröffentlicht: BKI Objektdaten S6

6100-1727 Mehrfamilienhaus (4 WE)

BRI 1.027 m³ **BGF** 350 m² **NUF** 209 m²

Mehrfamilienwohnhaus mit vier Wohneinheiten. Holzbau.

Land: Rheinland-Pfalz
Kreis: Westerwaldkreis
Standard: hoch
Bauzeit: 83 Wochen
Kennwerte: bis 1. Ebene DIN 276

BGF 3.135 €/m²

Planung: Freie Architektin Carina Zoth; Westernohe

vorgesehen: BKI Objektdaten N21

6100-1583 Mehrfamilienhäuser (5 Gebäude, 30 WE)

BRI 11.912 m³ **BGF** 3.963 m² **NUF** 3.030 m²

Fünf Mehrfamiliengebäude mit insgesamt 30 Wohnungen und 2.259 m² Wohnfläche. Holzbau.

Land: Schleswig-Holstein
Kreis: Plön
Standard: mittel
Bauzeit: 65 Wochen
Kennwerte: bis 1. Ebene DIN 276

BGF 3.186 €/m²

Planung: A.ONE STUDIO GmbH; Hamburg

veröffentlicht: BKI Objektdaten N19

6100-1587 Mehrfamilienhaus (9 WE)

BRI 2.836 m³ **BGF** 1.017 m² **NUF** 667 m²

Mehrfamilienhaus mit neun Wohneinheiten, davon drei Maisonettewohnungen im OG/DG (648m² WFL). Holzbau.

Land: Hamburg
Kreis: Hamburg, Stadt
Standard: mittel
Bauzeit: 56 Wochen
Kennwerte: bis 3. Ebene DIN 276

BGF 2.347 €/m²

Planung: Plan-R-Architektenbüro Martin Brüdigam; Hamburg

veröffentlicht: BKI Objektdaten N19

6100-1582 Mehrfamilienhaus (17 WE)

BRI 10.950 m³ **BGF** 3.543 m² **NUF** 2.329 m²

Wohnbebauung mit 17 Wohneinheiten und Tiefgarage mit 21 Stellplätzen. Massivbau.

Land: Bayern
Kreis: München, Stadt
Standard: hoch
Bauzeit: 104 Wochen
Kennwerte: bis 1. Ebene DIN 276

BGF 2.106 €/m²

Planung: raumstation Architekten GmbH; Starnberg

veröffentlicht: BKI Objektdaten N19

6100-1590 Mehrfamilienhaus (8 WE)

BRI 2.294 m³ **BGF** 761 m² **NUF** 508 m²

Mehrfamilienhaus mit acht Wohneinheiten und 511m² Wohnfläche als Effizienzhaus 55. Massivbau.

Land: Hessen
Kreis: Kassel
Standard: mittel
Bauzeit: 74 Wochen
Kennwerte: bis 1. Ebene DIN 276

BGF 1.960 €/m²

Planung: sunder plaßmann . noll plan+bau gmbh; Kassel

veröffentlicht: BKI Objektdaten N19

Objektübersicht zur Gebäudeart

€/m² BGF

min	1.285 €/m²
von	1.745 €/m²
Mittel	**2.275 €/m²**
bis	2.725 €/m²
max	3.185 €/m²

Kosten:
Stand 1. Quartal 2025
Bundesdurchschnitt
inkl. 19% MwSt.

6100-1612 Mehrfamilienhaus (33 WE), TG (42 STP)

BRI 10.557 m³ **BGF** 3.212 m² **NUF** 1.726 m²

Viergeschossiges Wohngebäude auf Stelzen in Massivholzbauweise mit 33 WE und Tiefgarage in Massivbau mit 42 STP (891 m² WFL), Tragrost über EG als Hybrid-Konstruktion aus Baubuche und Stahl. Mischkonstruktion.

Land: Bayern
Kreis: Regensburg, Stadt
Standard: hoch
Bauzeit: 79 Wochen
Kennwerte: bis 1. Ebene DIN 276

BGF 2.328 €/m²

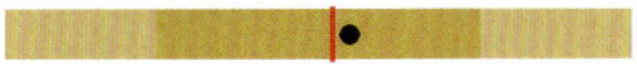

Planung: Bayerische Staatsforsten AöR Thomas Feigl & Lisa Schex; Regensburg

veröffentlicht: BKI Objektdaten N20

6100-1560 Mehrfamilienhaus (16 WE)

BRI 5.119 m³ **BGF** 1.714 m² **NUF** 1.037 m²

Mehrfamilienhaus mit 16 Wohneinheiten. Holzbau.

Land: Bayern
Kreis: Nürnberg, Stadt
Standard: mittel
Bauzeit: 57 Wochen
Kennwerte: bis 1. Ebene DIN 276

BGF 2.335 €/m²

Planung: wbg Nürnberg GmbH Immobilienunternehmen; Nürnberg

veröffentlicht: BKI Objektdaten N18

6100-1532 Mehrfamilienhäuser (2 Gebäude, 23 WE)

BRI 7.389 m³ **BGF** 2.390 m² **NUF** 1.638 m²

Zwei Mehrfamilienhäuser mit 23 Wohneinheiten, barrierefrei. Holzbau.

Land: Brandenburg
Kreis: Ostprignitz-Ruppin
Standard: mittel
Bauzeit: 74 Wochen
Kennwerte: bis 1. Ebene DIN 276

BGF 2.373 €/m²

Planung: Praeger Richter Architekten BDA; Berlin

veröffentlicht: BKI Objektdaten N18

6100-1561 Mehrfamilienhaus (7 WE)

BRI 2.664 m³ **BGF** 810 m² **NUF** 537 m²

Mehrfamilienhaus mit sieben Wohneinheiten. Holzbau.

Land: Thüringen
Kreis: Saalfeld-Rudolstadt
Standard: mittel
Bauzeit: 61 Wochen
Kennwerte: bis 1. Ebene DIN 276

BGF 2.529 €/m²

Planung: Architekturbüro Constanze Prause-Bergner; Remptendorf

veröffentlicht: BKI Objektdaten N19

6100-1573 Wohnanlage (96 WE), TG (77 STP)

BRI 42.760 m³ **BGF** 12.933 m² **NUF** 8.410 m²

Wohnanlage aus sechs Gebäuden mit 96 Wohneinheiten und einer Tiefgarage mit 77 Stellplätzen. Holzbau.

Land: Sachsen-Anhalt
Kreis: Halle (Saale), Stadt
Standard: mittel
Bauzeit: 165 Wochen
Kennwerte: bis 1. Ebene DIN 276

BGF **2.784 €/m²**

Planung: dietzsch & weber architekten bda; Halle (Saale)

veröffentlicht: BKI Objektdaten N19

6100-1600 Mehrfamilienhäuser (2 Gebäude, 18 WE)

BRI 6.572 m³ **BGF** 2.078 m² **NUF** 1.147 m²

Zwei Mehrfamilien mit 18 Wohneinheiten über Laubengänge erschlossen. Massivbau.

Land: Bayern
Kreis: Regensburg
Standard: mittel
Bauzeit: 52 Wochen
Kennwerte: bis 1. Ebene DIN 276

BGF **1.758 €/m²**

Planung: Auernhammer Wohlrab Architektur Architekten und Stadtplaner; München

veröffentlicht: BKI Objektdaten N19

6100-1484 Mehrfamilienhaus (3 WE)

BRI 797 m³ **BGF** 211 m² **NUF** 145 m²

Mehrfamilienhaus mit drei Wohnungen. Holzrahmenbau.

Land: Schleswig-Holstein
Kreis: Nordfriesland
Standard: mittel
Bauzeit: 39 Wochen
Kennwerte: bis 1. Ebene DIN 276

BGF **2.091 €/m²**

Planung: Inke von Dobro-Wolski Dipl. Ing. Architektin; Stedesand

veröffentlicht: BKI Objektdaten N17

6100-1284 Mehrfamilienhaus (3 WE) - Effizienzhaus 70

BRI 1.096 m³ **BGF** 368 m² **NUF** 223 m²

Mehrfamilienhaus (149 m² WFL) mit Garage (3 STP). Stahlbeton, Massivholzbau.

Land: Bayern
Kreis: Passau, Stadt
Standard: mittel
Bauzeit: 35 Wochen
Kennwerte: bis 1. Ebene DIN 276

BGF **1.843 €/m²**

Planung: Studio für Architektur Bernd Vordermeier; Ortenburg

veröffentlicht: BKI Objektdaten E7

Verwaltung
Wissenschaft
Gesundheit
Bildung
Sport
Wohnen
Gewerbe
Versorgung
Kultur

Objektübersicht zur Gebäudeart

€/m² BGF

min	1.285	€/m²
von	1.745	€/m²
Mittel	**2.275**	**€/m²**
bis	2.725	€/m²
max	3.185	€/m²

Kosten:
Stand 1.Quartal 2025
Bundesdurchschnitt
inkl. 19% MwSt.

6100-1241 Mehrfamilienhaus (6 WE), TG - Effizienzhaus 85

BRI 4.311 m³ **BGF** 1.275 m² **NUF** 752 m²

Mehrfamilienhaus (6 WE) mit Tiefgarage (12 STP). Holzrahmenbau, Massivholzbau, Stahlbeton.

Land: Berlin
Kreis: Berlin, Stadt
Standard: hoch
Bauzeit: 56 Wochen
Kennwerte: bis 1. Ebene DIN 276

BGF 2.584 €/m²

Planung: Roswag Architekten GvAmbH; Berlin

veröffentlicht: BKI Objektdaten E7

6100-1243 Mehrfamilienhaus (5 WE) - Effizienzhaus 55

BRI 2.500 m³ **BGF** 794 m² **NUF** 643 m²

Mehrfamilienwohnhaus mit fünf Wohneinheiten und vier Garagen (546m² WFL) als Effizienzhaus 55. Mischbauweise (Beton, Holz), Brettstapeldecken, Holzflachdach.

Land: Baden-Württemberg
Kreis: Heidenheim
Standard: hoch
Bauzeit: 74 Wochen
Kennwerte: bis 1. Ebene DIN 276

BGF 2.817 €/m²

Planung: Architekturbüro Rolf Keck, Dipl.-Ing. (FH); Heidenheim

veröffentlicht: BKI Objektdaten E7

6100-1186 Mehrfamilienhaus (9 WE) - Effizienzhaus Plus

BRI 4.610 m³ **BGF** 1.514 m² **NUF** 1.170 m²

Mehrfamilienhaus mit neun Wohneinheiten als Effizienzhaus Plus. Stb-Skelettbau, Holzrahmenbau.

Land: Baden-Württemberg
Kreis: Tübingen
Standard: mittel
Bauzeit: 78 Wochen
Kennwerte: bis 3. Ebene DIN 276

BGF 2.294 €/m²

Planung: Martin Wamsler Freier Architekt BDA Dipl.-Ing. (FH); Friedrichshafen

veröffentlicht: BKI Objektdaten E8

6100-1336 Mehrfamilienhäuser (37 WE)

BRI 13.069 m³ **BGF** 4.214 m² **NUF** 3.028 m²

Zwei Mehrfamilienhäuser mit 37 Wohneinheiten und zwei Nebengebäuden (2.139m² WFL). Holzrahmenbau, Massivholzbau.

Land: Bayern
Kreis: Ansbach, Stadt
Standard: einfach
Bauzeit: 74 Wochen
Kennwerte: bis 3. Ebene DIN 276

BGF 1.284 €/m²

Planung: Deppisch Architekten GmbH; Freising

veröffentlicht: BKI Objektdaten E9

6100-0522 Mehrfamilienhaus (4 WE), Carport

BRI 1.762m³ **BGF** 621m² **NUF** 415m²

Mehrfamilienhaus vier Wohneinheiten (413m² WFL II.BVO). Holzskelettbau, Mauerwerk, Stahlbeton.

Land: Bayern
Kreis: Bad Kissingen
Standard: einfach
Bauzeit: 35 Wochen
Kennwerte: bis 3. Ebene DIN 276

BGF **1.394€/m²**

Planung: RICHTER I ARCHITEKTUR; Bad Brückenau

veröffentlicht: www.bki.de

Arbeitsblatt zur Standardeinordnung bei Wohnhäusern, mit bis zu 15% Mischnutzung

Kosten:
Stand 1. Quartal 2025
Bundesdurchschnitt
inkl. 19% MwSt.

Kostenkennwerte für die Kosten des Bauwerks (Kostengruppen 300+400 nach DIN 276)

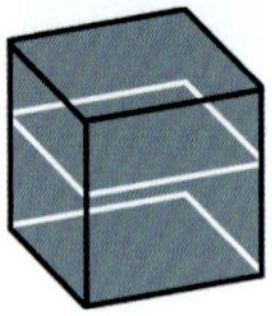

BRI 655 €/m³
von 540 €/m³
bis 825 €/m³

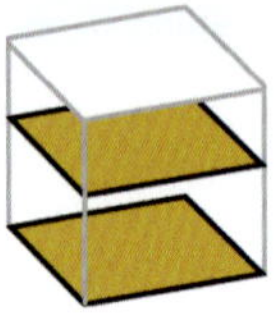

BGF 2.055 €/m²
von 1.615 €/m²
bis 2.700 €/m²

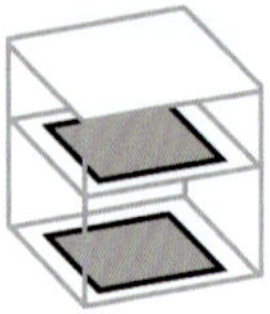

NUF 3.065 €/m²
von 2.395 €/m²
bis 4.020 €/m²

Standardzuordnung

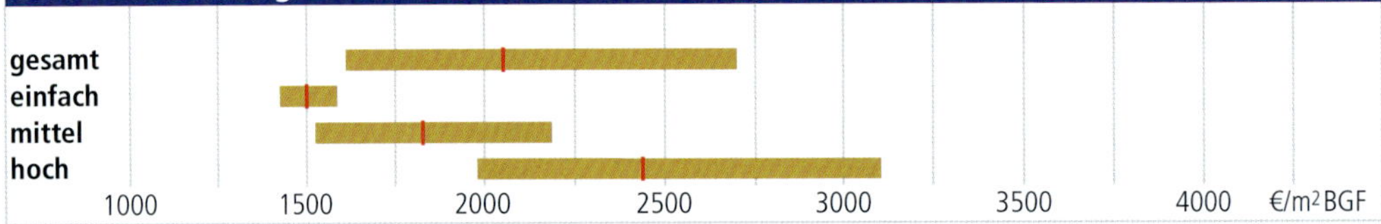

Standardeinordnung für Ihr Projekt:

KG	Kostengruppen der 2. Ebene	niedrig	mittel	hoch	Punkte
310	Baugrube / Erdbau				
320	Gründung, Unterbau	1	2	3	
330	Außenwände/Vert. Baukonstrukt., außen	6	8	9	
340	Innenwände/Vert. Baukonstrukt., innen	4	4	5	
350	Decken/Horizontale Baukonstruktionen	5	5	6	
360	Dächer	2	3	3	
370	Infrastrukturanlagen				
380	Baukonstruktive Einbauten	0	0	0	
390	Sonst. Maßnahmen für Baukonstrukt.				
410	Abwasser-, Wasser-, Gasanlagen	1	2	3	
420	Wärmeversorgungsanlagen	1	2	2	
430	Raumlufttechnische Anlagen	0	0	0	
440	Elektrische Anlagen	1	2	2	
450	Kommunikationstechnische Anlagen	0	0	0	
460	Förderanlagen	1	1	1	
470	Nutzungsspez. u. verfahrenstechn. Anl.	0	0	0	
480	Gebäude- und Anlagenautomation	0	0	0	
490	Sonst. Maßnahmen für techn. Anlagen				

Punkte: 22 bis 25 = einfach 26 bis 30 = mittel 31 bis 34 = hoch **Ihr Projekt (Summe):**

Erläuterung:
Obenstehende Tabelle soll Ihnen die Zuordnung zu den Gebäudearten mit einfachem, mittlerem und hohem Standard erleichtern. Schätzen Sie für jedes Grobelement ab, ob die Aufwendungen niedrig, mittel oder hoch sein werden und übertragen Sie die Punkte in die rechte Spalte. Bilden Sie die Summe der rechten Spalte und ordnen Sie Ihr Projekt nach dem Schema der untersten Zeile ein. Nehmen Sie dieses Schema auch als Hinweis darauf, bei welchen Kostengruppen Sie den Mittelwert nach oben oder unten anpassen sollten.

- ● KKW
- ▶ min
- ▷ von
- | Mittelwert
- ◁ bis
- ◀ max

 Kostenstand: 1. Quartal 2025, Bundesdurchschnitt, **inkl. 19% MwSt.**

Kostenkennwerte für die Kostengruppen der 1. und 2. Ebene DIN 276

KG	Kostengruppen der 1. Ebene	Einheit	▷	€/Einheit	◁	▷	% an 300+400	◁
100	Grundstück	m² GF	–	**–**	–	–	**–**	–
200	Vorbereitende Maßnahmen	m² GF	34	**77**	186	1,2	**2,2**	3,6
300	Bauwerk – Baukonstruktionen	m² BGF	1.294	**1.646**	2.168	75,9	**80,2**	85,3
400	Bauwerk – Technische Anlagen	m² BGF	295	**411**	615	14,7	**19,8**	24,1
	Bauwerk 300+400	m² BGF	1.615	**2.056**	2.702	100,0	**100,0**	100,0
500	Außenanlagen und Freiflächen	m² AF	114	**257**	484	2,4	**5,4**	10,5
600	Ausstattung und Kunstwerke	m² BGF	19	**67**	248	0,8	**3,0**	8,8
700	Baunebenkosten*	m² BGF	400	**446**	492	19,8	**22,1**	24,4 ◁
800	Finanzierung	m² BGF	–	**–**	–	–	**–**	–

* Auf Grundlage der HOAI 2021 berechnete Werte nach §§ 35, 52, 56. Weitere Informationen siehe Seite 56

KG	Kostengruppen der 2. Ebene	Einheit	▷	€/Einheit	◁	▷	% an 1. Ebene	◁
310	Baugrube / Erdbau	m³ BGI	38	**73**	189	1,6	**2,9**	5,4
320	Gründung, Unterbau	m² GRF	335	**486**	1.014	5,5	**8,6**	17,2
330	Außenwände / vertikal außen	m² AWF	454	**604**	840	27,9	**33,1**	38,6
340	Innenwände / vertikal innen	m² IWF	200	**262**	296	12,7	**17,4**	21,7
350	Decken / horizontal	m² DEF	277	**417**	496	11,9	**21,4**	26,9
360	Dächer	m² DAF	327	**634**	1.061	8,4	**11,2**	16,0
370	Infrastrukturanlagen		–	**–**	–	–	**–**	–
380	Baukonstruktive Einbauten	m² BGF	6	**18**	34	< 0,1	**0,9**	2,4
390	Sonst. Maßnahmen für Baukonst.	m² BGF	43	**73**	119	2,3	**4,5**	7,7
300	**Bauwerk – Baukonstruktionen**	**m² BGF**					**100,0**	
410	Abwasser-, Wasser-, Gasanlagen	m² BGF	76	**116**	176	26,7	**32,8**	36,9
420	Wärmeversorgungsanlagen	m² BGF	79	**102**	149	26,3	**31,2**	43,4
430	Raumlufttechnische Anlagen	m² BGF	4	**18**	29	0,7	**4,2**	8,2
440	Elektrische Anlagen	m² BGF	51	**81**	178	17,6	**22,0**	29,0
450	Kommunikationstechnische Anlagen	m² BGF	4	**9**	17	1,3	**2,9**	4,8
460	Förderanlagen	m² BGF	27	**37**	43	0,0	**6,9**	11,4
470	Nutzungsspez. / verfahrenstech. Anl.	m² BGF	–	**< 1**	–	0,0	**< 0,1**	< 0,1
480	Gebäude- und Anlagenautomation	m² BGF	–	**–**	–	–	**–**	–
490	Sonst. Maßnahmen f. techn. Anl.	m² BGF	–	**–**	–	–	**–**	–
400	**Bauwerk – Technische Anlagen**	**m² BGF**					**100,0**	

Prozentanteile der Kosten 2. Ebene an den Kosten des Bauwerks nach DIN 276 (Von/Mittel/Bis)

KG	Kostengruppe	%
310	Baugrube / Erdbau	2,3
320	Gründung, Unterbau	6,9
330	Außenwände / vertikal außen	26,5
340	Innenwände / vertikal innen	13,7
350	Decken / horizontal	16,9
360	Dächer	8,9
370	Infrastrukturanlagen	
380	Baukonstruktive Einbauten	0,7
390	Sonst. Maßnahmen für Baukonst.	3,6
410	Abwasser-, Wasser-, Gasanlagen	6,8
420	Wärmeversorgungsanlagen	6,2
430	Raumlufttechnische Anlagen	0,9
440	Elektrische Anlagen	4,6
450	Kommunikationstechnische Anlagen	0,6
460	Förderanlagen	1,4
470	Nutzungsspez. / verfahrenstech. Anl.	< 0,1
480	Gebäude- und Anlagenautomation	
490	Sonst. Maßnahmen f. techn. Anl.	

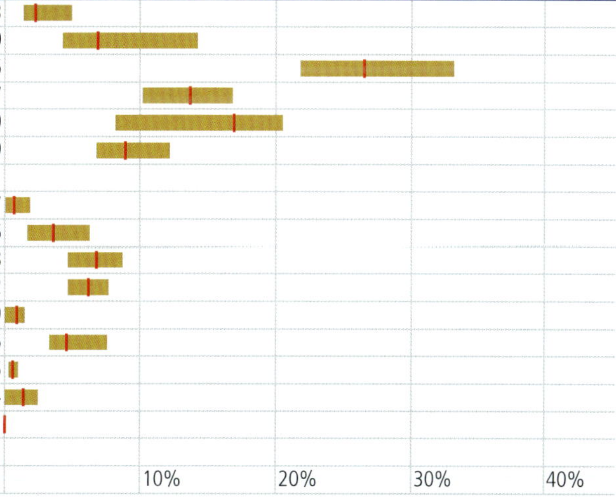

Kosten:
Stand 1. Quartal 2025
Bundesdurchschnitt
inkl. 19% MwSt.

Prozentanteile der Kosten für Leistungsbereiche nach STLB (Kosten Bauwerk nach DIN 276)

LB	Leistungsbereiche	7,5% 15% 22,5% 30%	▷	% an 300+400	◁
000	Baustellen-, Verkehrssich.- u. Sicherh.einr. inkl. 001		1,4	**3,1**	6,6
002	Erdarbeiten		0,9	**1,9**	2,7
006	Spezialtiefbauarbeiten inkl. 005		< 0,1	**0,9**	3,3
009	Entwässerungskanalarbeiten inkl. 011		0,2	**0,5**	0,9
010	Drän- und Versickerarbeiten		0,0	**< 0,1**	0,2
012	Mauerarbeiten		0,4	**3,1**	5,5
013	Betonarbeiten		8,2	**17,0**	22,8
014	Natur-, Betonwerksteinarbeiten		< 0,1	**0,6**	1,4
016	Zimmer- und Holzbauarbeiten		2,1	**11,7**	26,8
017	Stahlbauarbeiten		< 0,1	**0,2**	0,7
018	Abdichtungsarbeiten		< 0,1	**0,5**	1,2
020	Dachdeckungsarbeiten		< 0,1	**0,6**	5,6
021	Dachabdichtungsarbeiten		1,2	**2,9**	5,2
022	Klempnerarbeiten		0,6	**1,3**	1,9
	Rohbau		40,0	**44,2**	50,3
023	Putz- und Stuckarbeiten, Wärmedämmsysteme		1,7	**4,2**	7,3
024	Fliesen- und Plattenarbeiten		1,1	**2,2**	5,3
025	Estricharbeiten		1,5	**1,7**	2,3
026	Fenster, Außentüren inkl. 029, 032		7,6	**9,4**	11,8
027	Tischlerarbeiten		0,9	**3,4**	5,3
028	Parkettarbeiten, Holzpflasterarbeiten		0,6	**2,1**	4,0
030	Rollladenarbeiten		0,3	**1,3**	2,4
031	Metallbauarbeiten inkl. 035		1,1	**4,0**	6,9
034	Maler- und Lackiererarbeiten inkl. 037		1,8	**2,8**	4,8
036	Bodenbelagarbeiten		< 0,1	**0,4**	2,1
038	Vorgehängte hinterlüftete Fassaden		0,0	**2,1**	6,6
039	Trockenbauarbeiten		1,8	**3,7**	6,4
	Ausbau		30,0	**37,4**	40,7
040	Wärmeversorgungsanl. - Betriebseinr. inkl. 041		3,6	**5,3**	6,8
042	Gas- und Wasserinstallation, Leitungen inkl. 043		1,2	**1,8**	3,5
044	Abwasseranlagen - Leitungen, Abläufe, Armaturen		0,6	**1,3**	2,3
045	GWE - Einrichtungsgegenstände inkl. 046		1,4	**2,1**	3,1
047	Dämm- und Brandschutzarbeiten an techn. Anlagen		0,1	**0,5**	1,1
049	Feuerlöschanlagen, Feuerlöschgeräte		0,0	**< 0,1**	< 0,1
050	Blitzschutz- und Erdungsanlagen		0,1	**0,2**	0,3
052	Mittelspannungsanlagen		–	**–**	–
053	Niederspannungsanlagen inkl. 054		2,3	**3,2**	4,5
055	Sicherheits- und Ersatzstromversorgungsanlagen		–	**–**	–
057	Gebäudesystemtechnik		0,0	**< 0,1**	0,9
058	Leuchten und Lampen inkl. 059		< 0,1	**0,5**	1,3
060	Such-, Signal-, elektroakust. Anl., Med. inkl. 064		< 0,1	**< 0,1**	0,1
061	Kommunikations- und Übertragungsnetze inkl. 062		0,2	**0,5**	0,8
063	Gefahrenmeldeanlagen		< 0,1	**< 0,1**	0,3
069	Aufzüge		0,0	**1,4**	2,5
070	Gebäudeautomation		0,0	**< 0,1**	0,3
075	Raumlufttechnische Anlagen inkl. 078		0,1	**0,7**	1,5
	Gebäudetechnik		13,1	**17,7**	21,4
	Sonstige Leistungsbereiche inkl. 008, 033, 051		0,2	**0,6**	3,8

● KKW
▶ min
▷ von
| Mittelwert
◁ bis
◀ max

Planungskennwerte für Flächen und Rauminhalte nach DIN 277

Grundflächen		▷	Fläche/NUF (%)	◁	▷	Fläche/BGF (%)	◁
NUF	Nutzungsfläche	100,0	**100,0**	100,0	63,9	**67,7**	71,8
TF	Technikfläche	2,7	**3,5**	7,2	1,8	**2,3**	4,6
VF	Verkehrsfläche	13,0	**17,2**	23,8	8,6	**11,2**	14,1
NRF	Netto-Raumfläche	116,0	**120,4**	126,6	78,1	**80,9**	83,8
KGF	Konstruktions-Grundfläche	24,4	**29,1**	35,2	16,2	**19,1**	21,9
BGF	Brutto-Grundfläche	141,6	**149,5**	159,6	100,0	**100,0**	100,0

Brutto-Rauminhalte		▷	BRI/NUF (m)	◁	▷	BRI/BGF (m)	◁
BRI	Brutto-Rauminhalt	4,25	**4,66**	5,06	2,93	**3,12**	3,33

Flächen von Nutzeinheiten	▷	NUF/Einheit (m²)	◁	▷	BGF/Einheit (m²)	◁
Nutzeinheit:	–	–	–	–	–	–

Lufttechnisch behandelte Flächen	▷	Fläche/NUF (%)	◁	▷	Fläche/BGF (%)	◁
Entlüftete Fläche	30,8	**31,4**	31,4	20,8	**21,3**	21,3
Be- und entlüftete Fläche	69,2	**79,1**	79,1	48,6	**50,6**	50,6
Teilklimatisierte Fläche	–	–	–	–	–	–
Klimatisierte Fläche	–	–	–	–	–	–

KG	Kostengruppen (2. Ebene)	Einheit	▷	Menge/NUF	◁	▷	Menge/BGF	◁
310	Baugrube / Erdbau	m³ BGI	0,64	**0,82**	0,96	0,49	**0,62**	0,67
320	Gründung, Unterbau	m² GRF	0,27	**0,33**	0,44	0,22	**0,25**	0,34
330	Außenwände / vertikal außen	m² AWF	0,90	**1,00**	1,32	0,67	**0,76**	1,05
340	Innenwände / vertikal innen	m² IWF	1,08	**1,16**	1,29	0,70	**0,87**	1,02
350	Decken / horizontal	m² DEF	0,69	**0,88**	0,96	0,53	**0,66**	0,68
360	Dächer	m² DAF	0,35	**0,42**	0,54	0,29	**0,33**	0,43
370	Infrastrukturanlagen		–	–	–	–	–	–
380	Baukonstruktive Einbauten	m² BGF	1,42	**1,50**	1,60	1,00	**1,00**	1,00
390	Sonst. Maßnahmen für Baukonst.	m² BGF	1,42	**1,50**	1,60	1,00	**1,00**	1,00
300	**Bauwerk – Baukonstruktionen**	**m² BGF**	1,42	**1,50**	1,60	1,00	**1,00**	1,00

Planungskennwerte für Bauzeiten

Bauzeit in Wochen

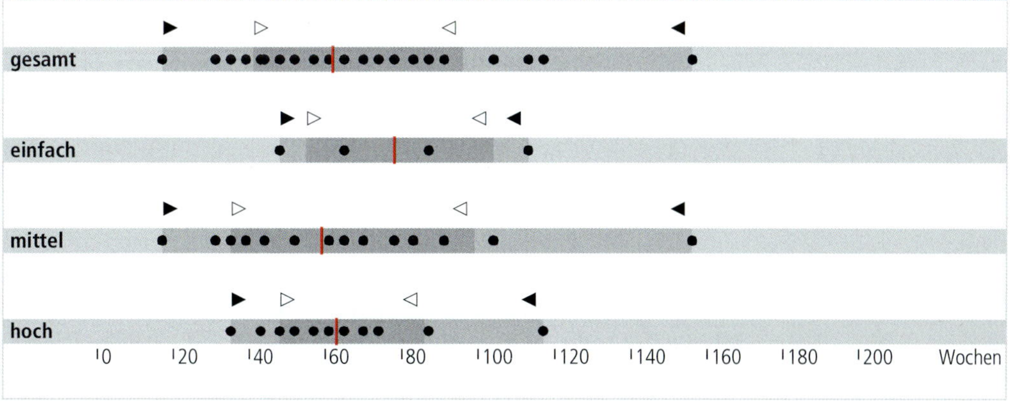

Verwaltung
Wissenschaft
Gesundheit
Bildung
Sport
Wohnen
Gewerbe
Versorgung
Kultur

Wohnhäuser, mit bis zu 15% Mischnutzung, einfacher Standard

Kostenkennwerte für die Kosten des Bauwerks (Kostengruppen 300+400 nach DIN 276)

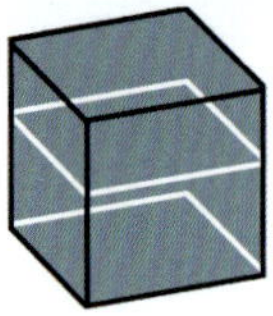

BRI 520 €/m³
von 510 €/m³
bis 530 €/m³

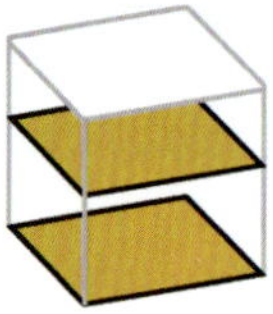

BGF 1.505 €/m²
von 1.430 €/m²
bis 1.590 €/m²

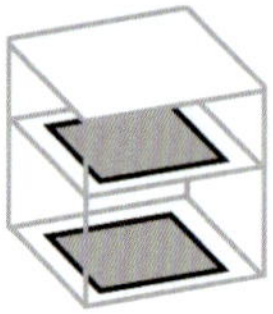

NUF 2.160 €/m²
von 1.905 €/m²
bis 2.435 €/m²

Kosten:
Stand 1.Quartal 2025
Bundesdurchschnitt
inkl. 19% MwSt.

Objektbeispiele

6100-0670

6100-0618

6100-0479

Kosten der 4 Vergleichsobjekte Seite 754

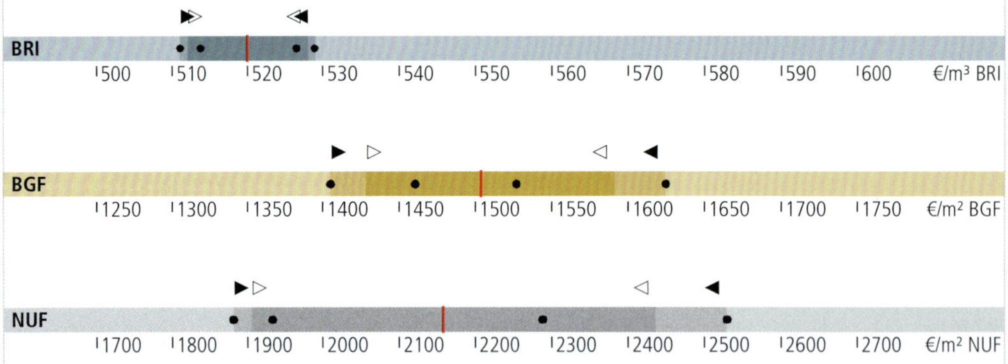

- ● KKW
- ▶ min
- ▷ von
- | Mittelwert
- ◁ bis
- ◀ max

Kostenkennwerte für die Kostengruppen der 1. und 2.Ebene DIN 276

KG	Kostengruppen der 1.Ebene	Einheit	▷	€/Einheit	◁	▷	% an 300+400	◁
100	Grundstück	m^2 GF	–	**–**	–	–	**–**	–
200	Vorbereitende Maßnahmen	m^2 GF	18	**31**	43	1,5	**1,6**	1,7
300	Bauwerk – Baukonstruktionen	m^2 BGF	1.099	**1.216**	1.343	75,1	**80,6**	83,6
400	Bauwerk – Technische Anlagen	m^2 BGF	247	**288**	332	16,4	**19,4**	24,9
	Bauwerk 300+400	m^2 BGF	1.428	**1.504**	1.591	100,0	**100,0**	100,0
500	Außenanlagen und Freiflächen	m^2 AF	–	**–**	–	1,7	**1,7**	1,7
600	Ausstattung und Kunstwerke	m^2 BGF	–	**–**	–	–	**–**	–
700	Baunebenkosten*	m^2 BGF	308	**343**	379	20,4	**22,8**	25,1 ◁
800	Finanzierung	m^2 BGF	–	**–**	–	–	**–**	–

* Auf Grundlage der HOAI 2021 berechnete Werte nach §§ 35, 52, 56. Weitere Informationen siehe Seite 56

KG	Kostengruppen der 2.Ebene	Einheit	▷	€/Einheit	◁	▷	% an 1.Ebene	◁
310	Baugrube / Erdbau	m^3 BGI	43	**64**	105	2,2	**3,2**	5,3
320	Gründung, Unterbau	m^2 GRF	359	**390**	408	4,9	**5,3**	6,0
330	Außenwände / vertikal außen	m^2 AWF	434	**617**	709	28,7	**31,9**	33,7
340	Innenwände / vertikal innen	m^2 IWF	182	**225**	289	11,2	**17,5**	21,4
350	Decken / horizontal	m^2 DEF	404	**427**	459	25,2	**27,6**	28,9
360	Dächer	m^2 DAF	457	**608**	692	7,9	**8,2**	8,7
370	Infrastrukturanlagen		–	**–**	–	–	**–**	–
380	Baukonstruktive Einbauten	m^2 BGF	4	**20**	36	0,2	**1,1**	2,9
390	Sonst. Maßnahmen für Baukonst.	m^2 BGF	39	**63**	110	3,5	**5,3**	8,9
300	**Bauwerk – Baukonstruktionen**	**m^2 BGF**					**100,0**	
410	Abwasser-, Wasser-, Gasanlagen	m^2 BGF	98	**108**	123	33,3	**35,0**	36,1
420	Wärmeversorgungsanlagen	m^2 BGF	78	**92**	115	24,7	**29,8**	32,5
430	Raumlufttechnische Anlagen	m^2 BGF	< 1	**5**	14	0,3	**1,8**	4,7
440	Elektrische Anlagen	m^2 BGF	54	**60**	71	16,8	**19,6**	24,4
450	Kommunikationstechnische Anlagen	m^2 BGF	4	**8**	10	1,3	**2,6**	3,3
460	Förderanlagen	m^2 BGF	24	**34**	42	8,1	**11,1**	12,6
470	Nutzungsspez. / verfahrenstech. Anl.	m^2 BGF	–	**< 1**	–	0,0	**< 0,1**	< 0,1
480	Gebäude- und Anlagenautomation	m^2 BGF	–	**–**	–	–	**–**	–
490	Sonst. Maßnahmen f. techn. Anl.	m^2 BGF	–	**–**	–	–	**–**	–
400	**Bauwerk – Technische Anlagen**	**m^2 BGF**					**100,0**	

Prozentanteile der Kosten 2.Ebene an den Kosten des Bauwerks nach DIN 276 (Von/Mittel/Bis)

KG	Kostengruppe	%
310	Baugrube / Erdbau	2,6
320	Gründung, Unterbau	4,2
330	Außenwände / vertikal außen	25,1
340	Innenwände / vertikal innen	13,8
350	Decken / horizontal	21,8
360	Dächer	6,4
370	Infrastrukturanlagen	
380	Baukonstruktive Einbauten	0,9
390	Sonst. Maßnahmen für Baukonst.	4,2
410	Abwasser-, Wasser-, Gasanlagen	7,4
420	Wärmeversorgungsanlagen	6,4
430	Raumlufttechnische Anlagen	0,3
440	Elektrische Anlagen	4,1
450	Kommunikationstechnische Anlagen	0,6
460	Förderanlagen	2,4
470	Nutzungsspez. / verfahrenstech. Anl.	< 0,1
480	Gebäude- und Anlagenautomation	
490	Sonst. Maßnahmen f. techn. Anl.	

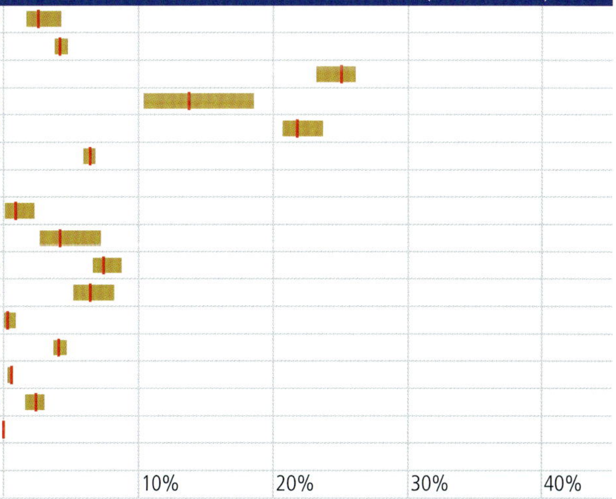

Wohnhäuser, mit bis zu 15% Mischnutzung, einfacher Standard

Kosten:
Stand 1. Quartal 2025
Bundesdurchschnitt
inkl. 19% MwSt.

● KKW
▶ min
▷ von
| Mittelwert
◁ bis
◀ max

Prozentanteile der Kosten für Leistungsbereiche nach STLB (Kosten Bauwerk nach DIN 276)

LB	Leistungsbereiche	▷	% an 300+400	◁
000	Baustellen-, Verkehrssich.- u. Sicherh.einr. inkl. 001	2,4	**3,9**	5,3
002	Erdarbeiten	2,0	**2,2**	2,5
006	Spezialtiefbauarbeiten inkl. 005	0,0	**0,3**	0,6
009	Entwässerungskanalarbeiten inkl. 011	0,3	**0,3**	0,4
010	Drän- und Versickerarbeiten	< 0,1	**< 0,1**	0,1
012	Mauerarbeiten	3,3	**4,4**	5,4
013	Betonarbeiten	15,6	**18,5**	22,1
014	Natur-, Betonwerksteinarbeiten	0,0	**< 0,1**	0,2
016	Zimmer- und Holzbauarbeiten	3,9	**7,7**	13,7
017	Stahlbauarbeiten	0,3	**0,5**	0,9
018	Abdichtungsarbeiten	0,0	**0,1**	0,2
020	Dachdeckungsarbeiten	–	**–**	–
021	Dachabdichtungsarbeiten	1,6	**2,1**	2,4
022	Klempnerarbeiten	0,5	**0,8**	1,1
	Rohbau	39,1	**41,0**	43,2
023	Putz- und Stuckarbeiten, Wärmedämmsysteme	4,8	**6,1**	8,0
024	Fliesen- und Plattenarbeiten	1,6	**2,2**	3,3
025	Estricharbeiten	1,7	**1,8**	1,8
026	Fenster, Außentüren inkl. 029, 032	7,7	**8,9**	9,6
027	Tischlerarbeiten	2,9	**3,4**	4,1
028	Parkettarbeiten, Holzpflasterarbeiten	0,1	**0,9**	1,5
030	Rollladenarbeiten	0,8	**1,4**	1,9
031	Metallbauarbeiten inkl. 035	4,3	**5,7**	7,8
034	Maler- und Lackiererarbeiten inkl. 037	1,9	**2,2**	2,6
036	Bodenbelagarbeiten	< 0,1	**0,9**	1,8
038	Vorgehängte hinterlüftete Fassaden	–	**–**	–
039	Trockenbauarbeiten	2,7	**3,7**	4,6
	Ausbau	35,1	**37,2**	40,4
040	Wärmeversorgungsanl. - Betriebseinr. inkl. 041	4,8	**6,2**	7,2
042	Gas- und Wasserinstallation, Leitungen inkl. 043	1,3	**2,2**	2,9
044	Abwasseranlagen - Leitungen, Abläufe, Armaturen	1,0	**1,6**	2,5
045	GWE - Einrichtungsgegenstände inkl. 046	2,0	**2,7**	3,3
047	Dämm- und Brandschutzarbeiten an techn. Anlagen	0,4	**0,5**	0,5
049	Feuerlöschanlagen, Feuerlöschgeräte	0,0	**< 0,1**	< 0,1
050	Blitzschutz- und Erdungsanlagen	0,2	**0,2**	0,2
052	Mittelspannungsanlagen	–	**–**	–
053	Niederspannungsanlagen inkl. 054	3,1	**3,3**	3,5
055	Sicherheits- und Ersatzstromversorgungsanlagen	–	**–**	–
057	Gebäudesystemtechnik	–	**–**	–
058	Leuchten und Lampen inkl. 059	0,1	**0,4**	0,6
060	Such-, Signal-, elektroakust. Anl., Med. inkl. 064	< 0,1	**< 0,1**	< 0,1
061	Kommunikations- und Übertragungsnetze inkl. 062	0,3	**0,5**	0,8
063	Gefahrenmeldeanlagen	–	**–**	–
069	Aufzüge	1,9	**2,3**	3,0
070	Gebäudeautomation	–	**–**	–
075	Raumlufttechnische Anlagen inkl. 078	< 0,1	**0,3**	0,6
	Gebäudetechnik	18,1	**20,3**	22,3
	Sonstige Leistungsbereiche inkl. 008, 033, 051	0,2	**1,4**	2,6

Planungskennwerte für Flächen und Rauminhalte nach DIN 277

Grundflächen		▷	Fläche/NUF (%)	◁	▷	Fläche/BGF (%)	◁
NUF	Nutzungsfläche	100,0	**100,0**	100,0	69,1	**70,3**	70,7
TF	Technikfläche	6,0	**6,3**	6,3	4,1	**4,3**	4,3
VF	Verkehrsfläche	12,7	**13,6**	16,5	8,3	**9,6**	10,9
NRF	Netto-Raumfläche	115,4	**118,4**	118,4	83,1	**83,1**	86,1
KGF	Konstruktions-Grundfläche	21,2	**24,6**	24,6	13,9	**16,9**	16,9
BGF	Brutto-Grundfläche	142,2	**142,9**	145,9	100,0	**100,0**	100,0

Brutto-Rauminhalte		▷	BRI/NUF (m)	◁	▷	BRI/BGF (m)	◁
BRI	Brutto-Rauminhalt	4,12	**4,16**	4,38	2,85	**2,90**	2,98

Flächen von Nutzeinheiten	▷	NUF/Einheit (m²)	◁	▷	BGF/Einheit (m²)	◁
Nutzeinheit:	–	**–**	–	–	**–**	–

Lufttechnisch behandelte Flächen	▷	Fläche/NUF (%)	◁	▷	Fläche/BGF (%)	◁
Entlüftete Fläche	–	**–**	–	–	**–**	–
Be- und entlüftete Fläche	–	**–**	–	–	**–**	–
Teilklimatisierte Fläche	–	**–**	–	–	**–**	–
Klimatisierte Fläche	–	**–**	–	–	**–**	–

KG	Kostengruppen (2. Ebene)	Einheit	▷	Menge/NUF	◁	▷	Menge/BGF	◁
310	Baugrube / Erdbau	m³ BGI	0,77	**0,82**	0,82	0,59	**0,59**	0,59
320	Gründung, Unterbau	m² GRF	0,22	**0,22**	0,22	0,16	**0,16**	0,16
330	Außenwände / vertikal außen	m² AWF	0,76	**0,87**	0,87	0,59	**0,63**	0,63
340	Innenwände / vertikal innen	m² IWF	1,22	**1,22**	1,23	0,87	**0,88**	0,88
350	Decken / horizontal	m² DEF	1,04	**1,04**	1,10	0,75	**0,75**	0,76
360	Dächer	m² DAF	0,22	**0,23**	0,23	0,15	**0,16**	0,16
370	Infrastrukturanlagen		–	**–**	–	–	**–**	–
380	Baukonstruktive Einbauten	m² BGF	1,42	**1,43**	1,46	1,00	**1,00**	1,00
390	Sonst. Maßnahmen für Baukonst.	m² BGF	1,42	**1,43**	1,46	1,00	**1,00**	1,00
300	**Bauwerk – Baukonstruktionen**	**m² BGF**	1,42	**1,43**	1,46	1,00	**1,00**	1,00

Planungskennwerte für Bauzeiten

4 Vergleichsobjekte

Bauzeit in Wochen

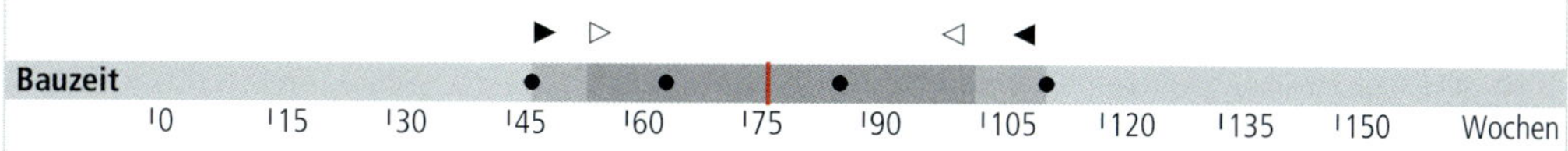

Wohnhäuser, mit bis zu 15% Mischnutzung, einfacher Standard

€/m² BGF

min	1.405	€/m²
von	1.430	€/m²
Mittel	**1.505**	**€/m²**
bis	1.590	€/m²
max	1.625	€/m²

Kosten:
Stand 1. Quartal 2025
Bundesdurchschnitt
inkl. 19% MwSt.

Objektübersicht zur Gebäudeart

6100-0670 Einfamilienhaus mit Büro

BRI 1.426 m³ **BGF** 451 m² **NUF** 290 m²

Wohn- und Büronutzung. Mauerwerksbau; Stb-Decken; Holzdachkonstruktion.

Land: Nordrhein-Westfalen
Kreis: Borken
Standard: einfach
Bauzeit: 87 Wochen
Kennwerte: bis 1. Ebene DIN 276

BGF **1.624 €/m²**

Planung: Scharlau Architektur; Legden

veröffentlicht: www.bki.de

6100-0618 Wohn- und Geschäftshaus (6 WE)

BRI 3.294 m³ **BGF** 1.234 m² **NUF** 922 m²

Wohn- und Geschäftshaus mit sechs Wohneinheiten und zwei Geschäften. Mauerwerksbau, Pfosten-Riegel-Fassade.

Land: Baden-Württemberg
Kreis: Tübingen
Standard: einfach
Bauzeit: 48 Wochen
Kennwerte: bis 3. Ebene DIN 276

BGF **1.405 €/m²**

Planung: ...die Architekten am Holzmarkt U. Plathe BDA U. Schlierf BDA; Tübingen

veröffentlicht: www.bki.de

6100-0619 Wohn- und Geschäftshaus (11 WE)

BRI 6.486 m³ **BGF** 2.349 m² **NUF** 1.775 m²

Wohn- und Geschäftshaus mit elf Wohneinheiten und zwei Geschäften. Mauerwerksbau, Pfosten-Riegel-Fassade.

Land: Baden-Württemberg
Kreis: Tübingen
Standard: einfach
Bauzeit: 65 Wochen
Kennwerte: bis 3. Ebene DIN 276

BGF **1.460 €/m²**

Planung: ...die Architekten am Holzmarkt U. Plathe BDA U. Schlierf BDA; Tübingen

veröffentlicht: www.bki.de

6100-0479 Mehrfamilienhaus (23 WE), Kita

BRI 14.564 m³ **BGF** 4.873 m² **NUF** 3.252 m²

Mehrfamilienhaus mit Kindertagesstätte im Erdgeschoss. Massivbau.

Land: Rheinland-Pfalz
Kreis: Mainz, Stadt
Standard: einfach
Bauzeit: 113 Wochen
Kennwerte: bis 3. Ebene DIN 276

BGF **1.527 €/m²**

Planung: Wohnbau Mainz GmbH; Mainz

veröffentlicht: www.bki.de

Wohnhäuser, mit bis zu 15% Mischnutzung, mittlerer Standard

Kostenkennwerte für die Kosten des Bauwerks (Kostengruppen 300+400 nach DIN 276)

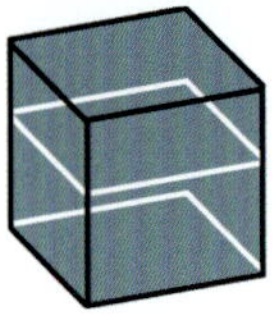

BRI 590 €/m³
von 520 €/m³
bis 680 €/m³

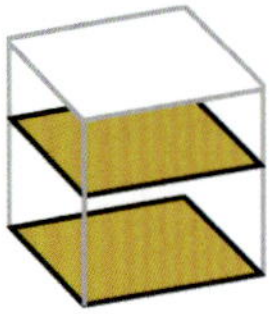

BGF 1.830 €/m²
von 1.530 €/m²
bis 2.190 €/m²

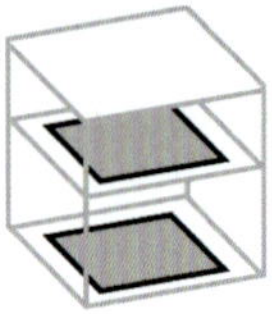

NUF 2.810 €/m²
von 2.255 €/m²
bis 3.545 €/m²

Kosten:
Stand 1. Quartal 2025
Bundesdurchschnitt
inkl. 19% MwSt.

Objektbeispiele

6100-1705

6100-1330

6100-1314

Kosten der 24 Vergleichsobjekte **Seiten 760 bis 765**

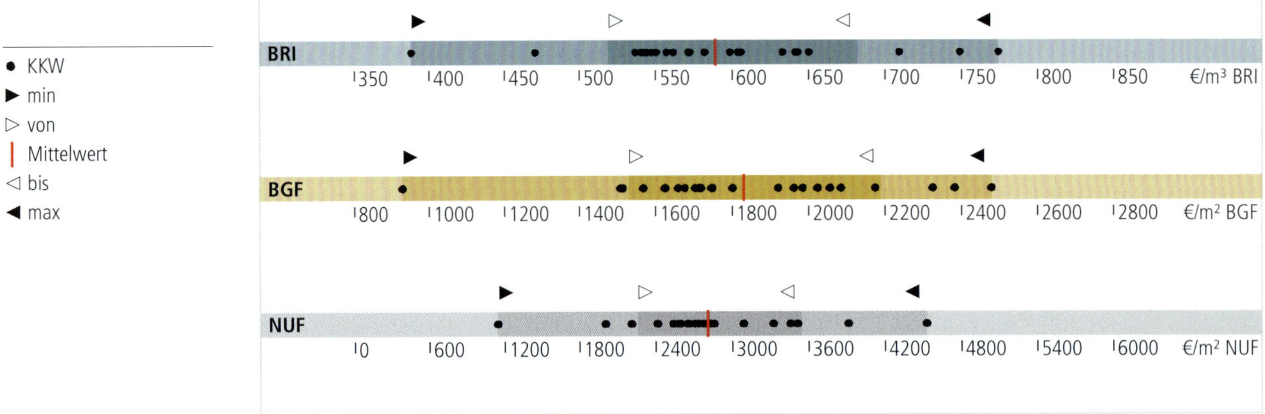

Kostenkennwerte für die Kostengruppen der 1. und 2. Ebene DIN 276

KG	Kostengruppen der 1. Ebene	Einheit	▷	€/Einheit	◁	▷	% an 300+400	◁
100	Grundstück	m^2 GF	–	**–**	–	–	**–**	–
200	Vorbereitende Maßnahmen	m^2 GF	22	**56**	92	0,9	**2,2**	3,5
300	Bauwerk – Baukonstruktionen	m^2 BGF	1.248	**1.465**	1.832	76,5	**80,1**	85,3
400	Bauwerk – Technische Anlagen	m^2 BGF	255	**365**	464	14,7	**19,9**	23,5
	Bauwerk 300+400	m^2 BGF	1.528	**1.830**	2.189	100,0	**100,0**	100,0
500	Außenanlagen und Freiflächen	m^2 AF	99	**226**	551	2,4	**4,4**	9,6
600	Ausstattung und Kunstwerke	m^2 BGF	13	**30**	57	0,7	**1,6**	3,0
700	Baunebenkosten*	m^2 BGF	366	**409**	451	20,4	**22,7**	25,1
800	Finanzierung	m^2 BGF	–	**–**	–	–	**–**	–

◁ * Auf Grundlage der HOAI 2021 berechnete Werte nach §§ 35, 52, 56. Weitere Informationen siehe Seite 56

KG	Kostengruppen der 2. Ebene	Einheit	▷	€/Einheit	◁	▷	% an 1. Ebene	◁
310	Baugrube / Erdbau	m^3 BGI	14	**34**	44	1,2	**1,3**	1,7
320	Gründung, Unterbau	m^2 GRF	261	**410**	508	6,7	**13,7**	17,2
330	Außenwände / vertikal außen	m^2 AWF	329	**475**	552	32,4	**36,8**	43,5
340	Innenwände / vertikal innen	m^2 IWF	245	**282**	307	12,2	**16,2**	22,5
350	Decken / horizontal	m^2 DEF	187	**329**	420	9,8	**14,2**	22,7
360	Dächer	m^2 DAF	207	**387**	709	11,7	**13,2**	16,1
370	Infrastrukturanlagen		–	**–**	–	–	**–**	–
380	Baukonstruktive Einbauten	m^2 BGF	15	**24**	32	0,4	**1,2**	2,5
390	Sonst. Maßnahmen für Baukonst.	m^2 BGF	45	**66**	87	0,0	**3,4**	5,7
300	**Bauwerk – Baukonstruktionen**	**m^2 BGF**					**100,0**	
410	Abwasser-, Wasser-, Gasanlagen	m^2 BGF	31	**93**	126	25,2	**30,7**	40,9
420	Wärmeversorgungsanlagen	m^2 BGF	75	**89**	109	26,8	**35,3**	52,3
430	Raumlufttechnische Anlagen	m^2 BGF	22	**29**	37	1,6	**5,5**	11,1
440	Elektrische Anlagen	m^2 BGF	36	**60**	101	15,3	**20,5**	23,7
450	Kommunikationstechnische Anlagen	m^2 BGF	4	**14**	20	3,3	**4,5**	6,3
460	Förderanlagen	m^2 BGF	–	**43**	–	0,0	**3,5**	10,6
470	Nutzungsspez. / verfahrenstech. Anl.	m^2 BGF	–	**–**	–	–	**–**	–
480	Gebäude- und Anlagenautomation	m^2 BGF	–	**–**	–	–	**–**	–
490	Sonst. Maßnahmen f. techn. Anl.	m^2 BGF	–	**–**	–	–	**–**	–
400	**Bauwerk – Technische Anlagen**	**m^2 BGF**					**100,0**	

Prozentanteile der Kosten 2. Ebene an den Kosten des Bauwerks nach DIN 276 (Von/Mittel/Bis)

KG	Kostengruppe	%
310	Baugrube / Erdbau	1,1
320	Gründung, Unterbau	11,1
330	Außenwände / vertikal außen	29,8
340	Innenwände / vertikal innen	12,9
350	Decken / horizontal	11,3
360	Dächer	10,7
370	Infrastrukturanlagen	
380	Baukonstruktive Einbauten	1,0
390	Sonst. Maßnahmen für Baukonst.	2,7
410	Abwasser-, Wasser-, Gasanlagen	6,1
420	Wärmeversorgungsanlagen	6,4
430	Raumlufttechnische Anlagen	1,2
440	Elektrische Anlagen	4,0
450	Kommunikationstechnische Anlagen	0,9
460	Förderanlagen	0,8
470	Nutzungsspez. / verfahrenstech. Anl.	
480	Gebäude- und Anlagenautomation	
490	Sonst. Maßnahmen f. techn. Anl.	

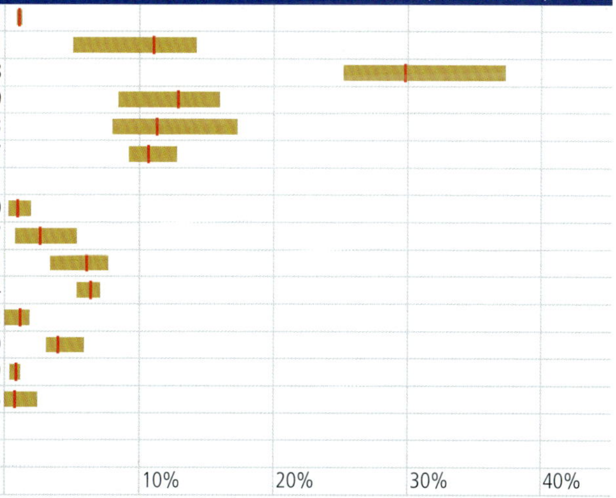

 Erläuterungen zu den Tabellen siehe Seite 54 und 56 Kostenstand: 1. Quartal 2025, Bundesdurchschnitt, **inkl. 19% MwSt.**

Wohnhäuser, mit bis zu 15% Mischnutzung, mittlerer Standard

Kosten:
Stand 1. Quartal 2025
Bundesdurchschnitt
inkl. 19% MwSt.

Prozentanteile der Kosten für Leistungsbereiche nach STLB (Kosten Bauwerk nach DIN 276)

LB	Leistungsbereiche	▷	% an 300+400	◁
000	Baustellen-, Verkehrssich.- u. Sicherh.einr. inkl. 001	0,3	**1,3**	2,1
002	Erdarbeiten	1,6	**2,2**	3,5
006	Spezialtiefbauarbeiten inkl. 005	–	**–**	–
009	Entwässerungskanalarbeiten inkl. 011	0,0	**0,4**	0,9
010	Drän- und Versickerarbeiten	0,0	**< 0,1**	0,2
012	Mauerarbeiten	0,5	**2,2**	7,3
013	Betonarbeiten	5,4	**11,5**	19,4
014	Natur-, Betonwerksteinarbeiten	0,0	**0,8**	1,6
016	Zimmer- und Holzbauarbeiten	4,2	**22,7**	29,6
017	Stahlbauarbeiten	< 0,1	**0,1**	0,5
018	Abdichtungsarbeiten	0,0	**0,5**	1,1
020	Dachdeckungsarbeiten	0,0	**1,4**	5,6
021	Dachabdichtungsarbeiten	0,8	**3,0**	5,3
022	Klempnerarbeiten	0,3	**1,4**	1,9
	Rohbau	43,5	**47,5**	55,1
023	Putz- und Stuckarbeiten, Wärmedämmsysteme	0,0	**2,2**	4,4
024	Fliesen- und Plattenarbeiten	0,8	**2,5**	7,4
025	Estricharbeiten	1,4	**1,6**	1,8
026	Fenster, Außentüren inkl. 029, 032	7,0	**8,1**	9,6
027	Tischlerarbeiten	3,3	**5,0**	6,7
028	Parkettarbeiten, Holzpflasterarbeiten	1,6	**3,2**	4,4
030	Rollladenarbeiten	0,0	**1,1**	2,3
031	Metallbauarbeiten inkl. 035	0,3	**1,5**	5,1
034	Maler- und Lackiererarbeiten inkl. 037	2,3	**3,1**	3,9
036	Bodenbelagarbeiten	0,0	**< 0,1**	0,1
038	Vorgehängte hinterlüftete Fassaden	0,0	**1,9**	3,9
039	Trockenbauarbeiten	3,6	**5,4**	7,4
	Ausbau	28,5	**35,7**	41,2
040	Wärmeversorgungsanl. - Betriebseinr. inkl. 041	3,9	**5,4**	6,8
042	Gas- und Wasserinstallation, Leitungen inkl. 043	1,5	**2,2**	4,2
044	Abwasseranlagen - Leitungen, Abläufe, Armaturen	0,6	**1,0**	1,4
045	GWE - Einrichtungsgegenstände inkl. 046	1,2	**1,7**	2,7
047	Dämm- und Brandschutzarbeiten an techn. Anlagen	0,0	**0,3**	1,2
049	Feuerlöschanlagen, Feuerlöschgeräte	–	**–**	–
050	Blitzschutz- und Erdungsanlagen	0,2	**0,3**	0,4
052	Mittelspannungsanlagen	–	**–**	–
053	Niederspannungsanlagen inkl. 054	2,8	**3,5**	5,6
055	Sicherheits- und Ersatzstromversorgungsanlagen	–	**–**	–
057	Gebäudesystemtechnik	–	**–**	–
058	Leuchten und Lampen inkl. 059	< 0,1	**0,2**	0,6
060	Such-, Signal-, elektroakust. Anl., Med. inkl. 064	< 0,1	**< 0,1**	0,2
061	Kommunikations- und Übertragungsnetze inkl. 062	0,1	**0,6**	1,0
063	Gefahrenmeldeanlagen	0,0	**< 0,1**	0,1
069	Aufzüge	0,0	**0,6**	2,5
070	Gebäudeautomation	–	**–**	–
075	Raumlufttechnische Anlagen inkl. 078	< 0,1	**0,9**	1,9
	Gebäudetechnik	11,7	**16,7**	21,7
	Sonstige Leistungsbereiche inkl. 008, 033, 051	0,0	**< 0,1**	0,4

- ● KKW
- ▶ min
- ▷ von
- | Mittelwert
- ◁ bis
- ◀ max

Planungskennwerte für Flächen und Rauminhalte nach DIN 277

Grundflächen		▷	Fläche/NUF (%)	◁	▷	Fläche/BGF (%)	◁
NUF	Nutzungsfläche	100,0	**100,0**	100,0	63,2	**66,3**	71,2
TF	Technikfläche	2,4	**3,1**	5,0	1,6	**2,0**	2,9
VF	Verkehrsfläche	13,9	**19,4**	26,3	8,9	**12,2**	15,1
NRF	Netto-Raumfläche	115,7	**122,2**	128,8	77,7	**80,4**	82,9
KGF	Konstruktions-Grundfläche	25,5	**30,6**	36,4	17,1	**19,6**	22,3
BGF	Brutto-Grundfläche	143,8	**152,8**	162,3	100,0	**100,0**	100,0

Brutto-Rauminhalte		▷	BRI/NUF (m)	◁	▷	BRI/BGF (m)	◁
BRI	Brutto-Rauminhalt	4,27	**4,73**	5,19	2,90	**3,09**	3,20

Flächen von Nutzeinheiten	▷	NUF/Einheit (m²)	◁	▷	BGF/Einheit (m²)	◁
Nutzeinheit:	–	–	–	–	–	–

Lufttechnisch behandelte Flächen	▷	Fläche/NUF (%)	◁	▷	Fläche/BGF (%)	◁
Entlüftete Fläche	87,8	**87,8**	87,8	58,9	**58,9**	58,9
Be- und entlüftete Fläche	125,5	**125,5**	125,5	72,9	**72,9**	72,9
Teilklimatisierte Fläche	–	–	–	–	–	–
Klimatisierte Fläche	–	–	–	–	–	–

KG	Kostengruppen (2. Ebene)	Einheit	▷	Menge/NUF	◁	▷	Menge/BGF	◁
310	Baugrube / Erdbau	m³ BGI	0,54	**0,75**	0,75	0,46	**0,58**	0,58
320	Gründung, Unterbau	m² GRF	0,48	**0,48**	0,53	0,38	**0,38**	0,41
330	Außenwände / vertikal außen	m² AWF	1,10	**1,20**	1,20	0,92	**0,93**	0,93
340	Innenwände / vertikal innen	m² IWF	0,79	**0,87**	0,87	0,57	**0,64**	0,64
350	Decken / horizontal	m² DEF	0,56	**0,65**	0,65	0,41	**0,48**	0,48
360	Dächer	m² DAF	0,66	**0,66**	0,67	0,52	**0,52**	0,52
370	Infrastrukturanlagen		–	–	–	–	–	–
380	Baukonstruktive Einbauten	m² BGF	1,44	**1,53**	1,62	1,00	**1,00**	1,00
390	Sonst. Maßnahmen für Baukonst.	m² BGF	1,44	**1,53**	1,62	1,00	**1,00**	1,00
300	**Bauwerk – Baukonstruktionen**	**m² BGF**	1,44	**1,53**	1,62	1,00	**1,00**	1,00

Planungskennwerte für Bauzeiten — 22 Vergleichsobjekte

Bauzeit in Wochen

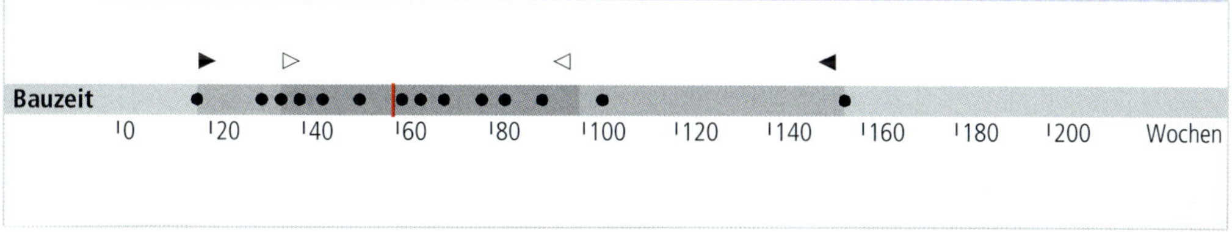

€/m² BGF

min	930	€/m²
von	1.530	€/m²
Mittel	**1.830**	**€/m²**
bis	2.190	€/m²
max	2.480	€/m²

Kosten:
Stand 1. Quartal 2025
Bundesdurchschnitt
inkl. 19% MwSt.

Objektübersicht zur Gebäudeart

6100-1662 Mehrfamilienhäuser (37 WE), Kindertagesstätte

BRI 14.494 m³ **BGF** 4.275 m² **NUF** 2.644 m²

Drei Mehrfamilienhäuser mit 37 Wohnungen und einer Kindertagesstätte für 34 Kinder. Massivbau.

Land: Hamburg
Kreis: Hamburg, Stadt
Standard: mittel
Bauzeit: 104 Wochen
Kennwerte: bis 1. Ebene DIN 276

BGF **2.174 €/m²**

Planung: RENNER HAINKE WIRTH ZIRN ARCHITEKTEN GMBH; Hamburg

veröffentlicht: BKI Objektdaten N20

6100-1705 Wohnanlage (40 WE), Kita (77 Kinder), TG

BRI 20.224 m³ **BGF** 6.522 m² **NUF** 4.031 m²

Mehrfamilienhaus mit 40 Wohnungen, eine Kindertagesstätte für 77 Kinder mit Familienzentrum sowie eine Tiefgarage mit 20 Stellplätzen und 40 Fahrradstellplätzen. Massivbau.

Land: Rheinland-Pfalz
Kreis: Mainz, Stadt
Standard: mittel
Bauzeit: 91 Wochen
Kennwerte: bis 1. Ebene DIN 276

BGF **1.676 €/m²**

Planung: Wohnbau Mainz GmbH; Mainz

vorgesehen: BKI Objektdaten N21

6100-1520 Wohnanlage (11 WE), Büro- und Schulungsräume, Café

BRI 7.373 m³ **BGF** 2.250 m² **NUF** 1.155 m²

Wohnanlage mit elf Wohnungen, einer privaten Akademie mit Büro- und Schulungsräumen und einem Café. Mauerwerk.

Land: Thüringen
Kreis: Nordhausen
Standard: mittel
Bauzeit: 78 Wochen
Kennwerte: bis 1. Ebene DIN 276

BGF **2.323 €/m²**

Planung: Architekturbüro Klima; Nordhausen

veröffentlicht: BKI Objektdaten N18

6100-1455 Wohn- und Geschäftshaus (98 WE) - Effizienzhaus 40

BRI 27.701 m³ **BGF** 8.546 m² **NUF** 6.672 m²

Wohn- und Gewerbeobjekt mit 98 Wohneinheiten und ein Kindergarten mit drei Gruppen für 30-35 Kinder. Holzrahmenbau, Stahlbeton.

Land: Berlin
Kreis: Berlin, Stadt
Standard: mittel
Bauzeit: 52 Wochen
Kennwerte: bis 1. Ebene DIN 276

BGF **2.084 €/m²**

Planung: SCHÄFERWENNINGER PROJEKT GmbH Generalplanung; Berlin

veröffentlicht: BKI Objektdaten E9

6100-1503 Wohnhäuser (2 Gebäude, 15 WE, 1 GE)

BRI 6.548 m³ **BGF** 2.146 m² **NUF** 1.502 m²

Zwei Wohngebäude mit 15 WE und einer Gewerbeeinheit. Massivbau.

Land: Berlin
Kreis: Berlin, Stadt
Standard: mittel
Bauzeit: 91 Wochen
Kennwerte: bis 1. Ebene DIN 276

BGF **1.984 €/m²**

Planung: Schenk Perfler Architekten GbR; Berlin

veröffentlicht: BKI Objektdaten E9

6100-1504 Mehrfamilienhaus (8 WE, 1 GE)

BRI 4.191 m³ **BGF** 1.309 m² **NUF** 829 m²

Mehrfamilienhaus mit acht Wohneinheiten. Massivbau.

Land: Sachsen-Anhalt
Kreis: Burgenlandkreis
Standard: mittel
Bauzeit: 156 Wochen
Kennwerte: bis 1. Ebene DIN 276

BGF **2.479 €/m²**

Planung: dietzsch & weber architekten bda; Halle

veröffentlicht: BKI Objektdaten N17

6100-1323 Wohn- und Geschäftshaus (14 WE) - Effizienzhaus 70

BRI 5.279 m³ **BGF** 1.679 m² **NUF** 979 m²

Wohnhaus mit 14 Wohnungen und zwei Gewerbeeinheiten. Massivbau.

Land: Berlin
Kreis: Berlin, Stadt
Standard: mittel
Bauzeit: 70 Wochen
Kennwerte: bis 1. Ebene DIN 276

BGF **1.800 €/m²**

Planung: HAAS Architekten BDA; Berlin

veröffentlicht: BKI Objektdaten S2

6100-1314 Wohn- und Geschäftshaus (10 WE) - Effizienzhaus 70

BRI 5.584 m³ **BGF** 1.747 m² **NUF** 1.247 m²

Wohn- und Geschäftshaus mit zehn Wohneinheiten, Eisdiele, Büro und Gemeinschaftsraum (1.003 m² WFL). Massivbau.

Land: Berlin
Kreis: Berlin, Stadt
Standard: mittel
Bauzeit: 83 Wochen
Kennwerte: bis 1. Ebene DIN 276

BGF **2.023 €/m²**

Planung: büro 1.0 architektur +; Berlin

veröffentlicht: BKI Objektdaten E7

€/m² BGF

min	930	€/m²
von	1.530	€/m²
Mittel	**1.830**	**€/m²**
bis	2.190	€/m²
max	2.480	€/m²

Kosten:
Stand 1. Quartal 2025
Bundesdurchschnitt
inkl. 19% MwSt.

Objektübersicht zur Gebäudeart

6100-1330 Mehrfamilienhaus (24 WE), Büro, TG (47 STP)

BRI 20.259 m³ **BGF** 6.774 m² **NUF** 4.561 m²

Mehrfamilienhaus mit 24 WE, einer Büroeinheit und zwei Tiefgaragengeschossen mit 47 STP im KfW 55-Standard. Mauerwerksbau.

Land: Hessen
Kreis: Kassel, Stadt
Standard: mittel
Bauzeit: 35 Wochen
Kennwerte: bis 1. Ebene DIN 276

BGF 1.623 €/m²

Planung: foundation 5+ architekten BDA; Kassel

veröffentlicht: BKI Objektdaten E8

6100-1300 Wohnanlage (52 WE) - Effizienzhaus 70

BRI 29.406 m³ **BGF** 8.667 m² **NUF** 5.147 m²

Wohnanlage (barrierefrei) mit vier Gebäuden, 52 WE (3.146 m² WFL), Gewerbe als Effizienzhaus 70. Mauerwerk.

Land: Nordrhein-Westfalen
Kreis: Bielefeld, Stadt
Standard: mittel
Bauzeit: 122 Wochen*
Kennwerte: bis 1. Ebene DIN 276

BGF 2.055 €/m²

Planung: BKS Architekten GmbH Krauß Stanczus Schurbohm + Partner; Lübbecke

veröffentlicht: BKI Objektdaten E7
* Nicht in der Auswertung enthalten

6100-1172 Wohnanlage (64 WE, 4 Büros, TG) - Effizienzhaus 55

BRI 30.982 m³ **BGF** 10.120 m² **NUF** 6.194 m²

Mehrfamiliengebäude mit Büros in zwei Bauabschnitten, sieben Gebäude, 64 WE, vier Büros, Effizienzhaus 55, Tiefgarage (60 STP). Mauerwerk.

Land: Schleswig-Holstein
Kreis: Herzogtum Lauenburg
Standard: mittel
Bauzeit: 157 Wochen*
Kennwerte: bis 1. Ebene DIN 276

BGF 1.749 €/m²

Planung: Jost Rintelen Planer GmbH; Hamburg

veröffentlicht: BKI Objektdaten E6
* Nicht in der Auswertung enthalten

6100-1232 Mehrfamilienhaus (28 WE) - Effizienzhaus 55

BRI 9.901 m³ **BGF** 3.672 m² **NUF** 2.305 m²

Mehrfamilienhaus (28 WE) mit drei Gewerbeeinheiten. Mauerwerksbau.

Land: Schleswig-Holstein
Kreis: Nordfriesland
Standard: mittel
Bauzeit: 65 Wochen
Kennwerte: bis 1. Ebene DIN 276

BGF 1.514 €/m²

Planung: Jost Rintelen Planer GmbH; Hamburg

veröffentlicht: BKI Objektdaten E7

6200-0059 Wohngebäude (15 WE), Tagespflegeeinrichtung

BRI 7.008 m³ **BGF** 1.989 m² **NUF** 1.471 m²

© CompConsult Pastor Architekten GmbH

Wohngebäude, barrierefrei (15 WE, 1.079m² WFL), Tagespflegeeinrichtung mit 18 Plätzen im EG. Mauerwerksbau.

Land: Nordrhein-Westfalen
Kreis: Wesel
Standard: mittel
Bauzeit: 44 Wochen
Kennwerte: bis 1. Ebene DIN 276

BGF **1.962 €/m²**

Planung: CompConsult Pastor Architekten GmbH; Kempen

veröffentlicht: BKI Objektdaten N13

6100-1184 Einfamilienhaus, Büro, Garage - Passivhaus

BRI 1.312 m³ **BGF** 409 m² **NUF** 238 m²

© Ingenieurbüro Miller

Einfamilienhaus (238m² WFL) mit Büro als Passivhaus. Holzrahmenbau.

Land: Bayern
Kreis: Bad Kissingen
Standard: mittel
Bauzeit: 52 Wochen
Kennwerte: bis 1. Ebene DIN 276

BGF **1.508 €/m²**

Planung: Ingenieurbüro Miller; Münnerstadt

veröffentlicht: BKI Objektdaten E7

6100-1069 Einfamilienhaus, Büro - Passivhaus

BRI 755 m³ **BGF** 236 m² **NUF** 144 m²

© Architekt Dirk Fellendorf

Einfamilienhaus (127m² WFL) mit Büro als Passivhaus. Mauerwerksbau.

Land: Sachsen
Kreis: Chemnitz, Stadt
Standard: mittel
Bauzeit: 35 Wochen
Kennwerte: bis 1. Ebene DIN 276

BGF **1.714 €/m²**

Planung: Dipl-Ing. (FH) Architekt Dirk Fellendorf; Chemnitz

veröffentlicht: BKI Objektdaten E6

6100-0944 Wohnhaus mit Atelier

BRI 351 m³ **BGF** 116 m² **NUF** 87 m²

© Prof. Wolfgang Fischer Architekt BDA

Wohnhaus mit Atelier (101m² WFL). Atelier, Bad und Schlafen im EG, Küche, Essen, Wohnen im OG. Holzrahmenbau.

Land: Bayern
Kreis: Würzburg, Stadt
Standard: mittel
Bauzeit: 35 Wochen
Kennwerte: bis 1. Ebene DIN 276

BGF **1.658 €/m²**

Planung: Prof. Wolfgang Fischer Dipl.-Ing. Architekt BDA; Würzburg

veröffentlicht: BKI Objektdaten N11

Verwaltung | Wissenschaft | Gesundheit | Bildung | Sport | Wohnen | Gewerbe | Versorgung | Kultur

€/m² BGF

min	930	€/m²
von	1.530	€/m²
Mittel	**1.830**	**€/m²**
bis	2.190	€/m²
max	2.480	€/m²

Kosten:
Stand 1. Quartal 2025
Bundesdurchschnitt
inkl. 19% MwSt.

Objektübersicht zur Gebäudeart

6100-0884 Mehrfamilienhaus (8 WE) - KfW 40

BRI 4.663 m³ | **BGF** 1.637 m² | **NUF** 1.100 m²

Baugemeinschafts-Mehrfamilienhaus mit kleiner Gewerbeeinheit. Stb-Konstruktion.

Land: Baden-Württemberg
Kreis: Tübingen
Standard: mittel
Bauzeit: 61 Wochen
Kennwerte: bis 3. Ebene DIN 276

BGF 1.705 €/m²

Planung: Manderscheid Partnerschaft Freie Architekten; Stuttgart

veröffentlicht: www.bki.de

6100-0909 Einfamilienhaus, Büro - Effizienzhaus 55

BRI 932 m³ | **BGF** 315 m² | **NUF** 195 m²

Einfamilienhaus mit Büroeinheit. Die Wohnebene befindet sich im OG (174m² WFL). Holzrahmenbau.

Land: Hessen
Kreis: Odenwaldkreis
Standard: mittel
Bauzeit: 31 Wochen
Kennwerte: bis 1. Ebene DIN 276

BGF 1.720 €/m²

Planung: Architekturbüro Daum-Klipstein; Bad König

veröffentlicht: BKI Objektdaten E5

6100-0846 Wohnhaus (2 WE), Tierarztpraxis

BRI 1.455 m³ | **BGF** 506 m² | **NUF** 307 m²

Wohnhaus mit zwei Wohneinheiten im 1.OG und DG. Tierarztpraxis im EG (4 Behandlungsräume). Mauerwerksbau.

Land: Rheinland-Pfalz
Kreis: Mainz, Stadt
Standard: mittel
Bauzeit: 52 Wochen
Kennwerte: bis 1. Ebene DIN 276

BGF 1.567 €/m²

Planung: Klemme-Architekten; Mainz

veröffentlicht: BKI Objektdaten N11

6100-0738 Einfamilienhaus, Büro - KfW 60

BRI 743 m³ | **BGF** 234 m² | **NUF** 159 m²

Einfamilienhaus mit Büro, nicht unterkellert, KfW 60. Holzrahmenbau.

Land: Nordrhein-Westfalen
Kreis: Recklinghausen
Standard: mittel
Bauzeit: 17 Wochen
Kennwerte: bis 1. Ebene DIN 276

BGF 1.920 €/m²

Planung: puschmann architektur; Recklinghausen

veröffentlicht: www.bki.de

6100-0826 Wohn- und Geschäftshaus (18 WE)

BRI 5.360 m³ | **BGF** 1.756 m² | **NUF** 1.120 m²

Drei Wohngemeinschaften für 18 Menschen mit Behinderung. Gewerblich genutzt Flächen im Erdgeschoss. Massivbau.

Land: Hessen
Kreis: Darmstadt-Dieburg
Standard: mittel
Bauzeit: 52 Wochen
Kennwerte: bis 1. Ebene DIN 276

BGF **1.746 €/m²**

Planung: planungsgruppe DREI Part GmbB; Mühltal

veröffentlicht: BKI Objektdaten N10

6100-1022 Einfamilienhaus, Büro, ELW

BRI 1.397 m³ | **BGF** 439 m² | **NUF** 315 m²

Einfamilienhaus mit ELW (237 m² WFL) und Büro (95 m²). Massivbau.

Land: Baden-Württemberg
Kreis: Heilbronn
Standard: mittel
Bauzeit: 35 Wochen
Kennwerte: bis 1. Ebene DIN 276

BGF **2.382 €/m²**

Planung: mattes+eppmann architekten; Abstatt

veröffentlicht: BKI Objektdaten N13

6100-0538 Einfamilienhaus, Musikzimmer

BRI 742 m³ | **BGF** 250 m² | **NUF** 202 m²

Einfamilienhaus mit Musikzimmer, Garage. Holzrahmenbau.

Land: Bayern
Kreis: Ostallgäu
Standard: mittel
Bauzeit: 17 Wochen
Kennwerte: bis 3. Ebene DIN 276

BGF **1.624 €/m²**

Planung: mse architekten gmbh; Kaufbeuren

veröffentlicht: www.bki.de

6100-0487 Wohn- und Bürogebäude (1 WE)

BRI 622 m³ | **BGF** 260 m² | **NUF** 211 m²

Wohn- und Bürogebäude, Dachgeschoss nicht ausgebaut. Holzrahmenbau.

Land: Nordrhein-Westfalen
Kreis: Minden-Lübbecke
Standard: mittel
Bauzeit: 39 Wochen
Kennwerte: bis 3. Ebene DIN 276

BGF **929 €/m²**

Planung: Architekt Dipl.-Ing. Roland Albers; Minden

veröffentlicht: www.bki.de

Wohnhäuser, mit bis zu 15% Mischnutzung, hoher Standard

Kosten:
Stand 1. Quartal 2025
Bundesdurchschnitt
inkl. 19% MwSt.

Kostenkennwerte für die Kosten des Bauwerks (Kostengruppen 300+400 nach DIN 276)

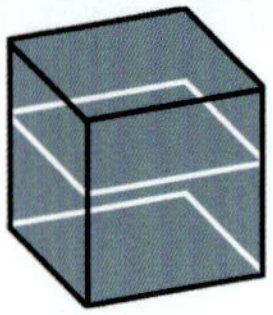

BRI 760 €/m³
von 610 €/m³
bis 885 €/m³

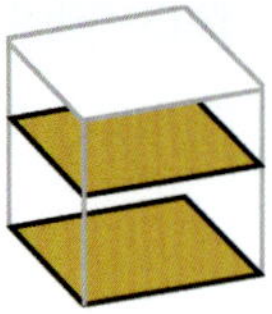

BGF 2.440 €/m²
von 1.980 €/m²
bis 3.105 €/m²

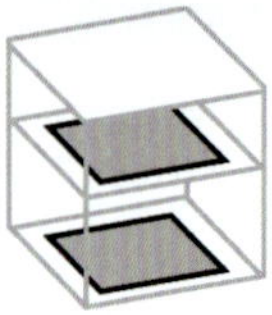

NUF 3.550 €/m²
von 2.890 €/m²
bis 4.390 €/m²

Objektbeispiele

6100-1688

6100-1649

6100-1263

Kosten der 20 Vergleichsobjekte

Seiten 770 bis 776

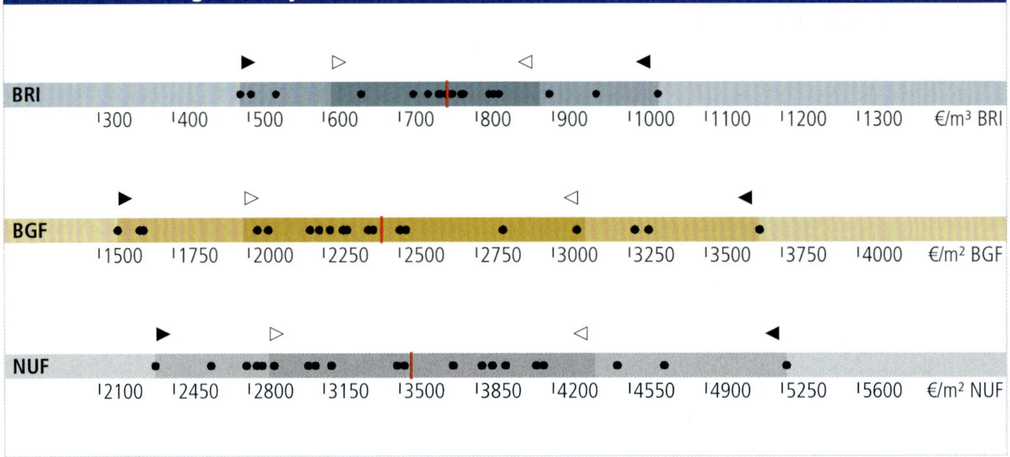

- ● KKW
- ▶ min
- ▷ von
- | Mittelwert
- ◁ bis
- ◀ max

Kostenkennwerte für die Kostengruppen der 1. und 2. Ebene DIN 276

KG	Kostengruppen der 1. Ebene	Einheit	▷	€/Einheit	◁	▷	% an 300+400	◁
100	Grundstück	m²GF	–	**–**	–	–	**–**	–
200	Vorbereitende Maßnahmen	m²GF	49	**114**	249	1,5	**2,3**	3,9
300	Bauwerk – Baukonstruktionen	m²BGF	1.586	**1.949**	2.477	75,3	**80,1**	85,7
400	Bauwerk – Technische Anlagen	m²BGF	339	**489**	700	14,3	**19,9**	24,7
	Bauwerk 300+400	m²BGF	1.982	**2.439**	3.105	100,0	**100,0**	100,0
500	Außenanlagen und Freiflächen	m²AF	149	**291**	458	2,8	**6,7**	11,3
600	Ausstattung und Kunstwerke	m²BGF	27	**129**	323	1,3	**5,4**	12,9
700	Baunebenkosten*	m²BGF	458	**511**	564	19,0	**21,1**	23,3
800	Finanzierung	m²BGF	–	**–**	–	–	**–**	–

◁ * Auf Grundlage der HOAI 2021 berechnete Werte nach §§ 35, 52, 56. Weitere Informationen siehe Seite 56

KG	Kostengruppen der 2. Ebene	Einheit	▷	€/Einheit	◁	▷	% an 1. Ebene	◁
310	Baugrube / Erdbau	m³BGI	55	**145**	234	3,1	**4,8**	6,4
320	Gründung, Unterbau	m²GRF	256	**743**	1.230	4,4	**6,0**	7,6
330	Außenwände / vertikal außen	m²AWF	576	**781**	986	24,1	**29,3**	34,5
340	Innenwände / vertikal innen	m²IWF	278	**288**	297	16,6	**18,9**	21,3
350	Decken / horizontal	m²DEF	528	**535**	541	19,9	**23,1**	26,2
360	Dächer	m²DAF	608	**1.044**	1.480	8,0	**12,9**	17,7
370	Infrastrukturanlagen		–	**–**	–	–	**–**	–
380	Baukonstruktive Einbauten	m²BGF	–	**4**	–	0,0	**< 0,1**	0,2
390	Sonst. Maßnahmen für Baukonst.	m²BGF	51	**97**	142	3,1	**5,0**	6,9
300	**Bauwerk – Baukonstruktionen**	**m²BGF**					**100,0**	
410	Abwasser-, Wasser-, Gasanlagen	m²BGF	107	**162**	218	31,5	**32,6**	33,6
420	Wärmeversorgungsanlagen	m²BGF	88	**135**	183	25,9	**27,0**	28,2
430	Raumlufttechnische Anlagen	m²BGF	26	**27**	27	4,1	**6,0**	7,9
440	Elektrische Anlagen	m²BGF	73	**145**	217	21,7	**27,6**	33,5
450	Kommunikationstechnische Anlagen	m²BGF	4	**5**	5	0,7	**1,0**	1,4
460	Förderanlagen	m²BGF	–	**39**	–	0,0	**5,8**	11,6
470	Nutzungsspez. / verfahrenstech. Anl.	m²BGF	–	**–**	–	–	**–**	–
480	Gebäude- und Anlagenautomation	m²BGF	–	**–**	–	–	**–**	–
490	Sonst. Maßnahmen f. techn. Anl.	m²BGF	–	**–**	–	–	**–**	–
400	**Bauwerk – Technische Anlagen**	**m²BGF**					**100,0**	

Prozentanteile der Kosten 2. Ebene an den Kosten des Bauwerks nach DIN 276 (Von/Mittel/Bis)

KG	Kostengruppe	%
310	Baugrube / Erdbau	3,9
320	Gründung, Unterbau	4,8
330	Außenwände / vertikal außen	23,4
340	Innenwände / vertikal innen	14,7
350	Decken / horizontal	17,9
360	Dächer	9,8
370	Infrastrukturanlagen	
380	Baukonstruktive Einbauten	< 0,1
390	Sonst. Maßnahmen für Baukonst.	4,1
410	Abwasser-, Wasser-, Gasanlagen	7,0
420	Wärmeversorgungsanlagen	5,8
430	Raumlufttechnische Anlagen	1,1
440	Elektrische Anlagen	6,3
450	Kommunikationstechnische Anlagen	0,2
460	Förderanlagen	0,8
470	Nutzungsspez. / verfahrenstech. Anl.	
480	Gebäude- und Anlagenautomation	
490	Sonst. Maßnahmen f. techn. Anl.	

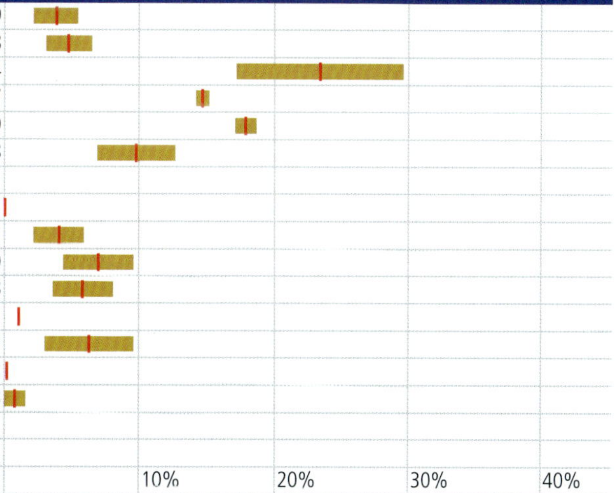

Kosten:
Stand 1. Quartal 2025
Bundesdurchschnitt
inkl. 19% MwSt.

Prozentanteile der Kosten für Leistungsbereiche nach STLB (Kosten Bauwerk nach DIN 276)

LB	Leistungsbereiche	7,5% 15% 22,5% 30%	▷	% an 300+400	◁
000	Baustellen-, Verkehrssich.- u. Sicherh.einr. inkl. 001		3,0	**4,8**	6,8
002	Erdarbeiten		0,2	**1,3**	1,9
006	Spezialtiefbauarbeiten inkl. 005		1,4	**2,6**	4,1
009	Entwässerungskanalarbeiten inkl. 011		0,5	**0,7**	1,0
010	Drän- und Versickerarbeiten		< 0,1	**0,1**	0,2
012	Mauerarbeiten		1,5	**3,0**	5,2
013	Betonarbeiten		21,0	**22,8**	25,8
014	Natur-, Betonwerksteinarbeiten		0,4	**0,8**	1,4
016	Zimmer- und Holzbauarbeiten		0,5	**0,9**	1,6
017	Stahlbauarbeiten		–	**–**	–
018	Abdichtungsarbeiten		0,3	**0,8**	1,2
020	Dachdeckungsarbeiten		0,0	**< 0,1**	0,2
021	Dachabdichtungsarbeiten		2,1	**3,5**	5,4
022	Klempnerarbeiten		1,3	**1,6**	1,9
	Rohbau		40,4	**43,0**	47,3
023	Putz- und Stuckarbeiten, Wärmedämmsysteme		3,5	**5,2**	6,7
024	Fliesen- und Plattenarbeiten		1,7	**1,8**	2,0
025	Estricharbeiten		1,5	**1,9**	2,3
026	Fenster, Außentüren inkl. 029, 032		10,0	**11,5**	13,0
027	Tischlerarbeiten		< 0,1	**1,3**	2,6
028	Parkettarbeiten, Holzpflasterarbeiten		0,2	**1,8**	2,9
030	Rollladenarbeiten		0,8	**1,5**	2,7
031	Metallbauarbeiten inkl. 035		4,5	**5,7**	7,4
034	Maler- und Lackiererarbeiten inkl. 037		1,2	**3,0**	4,7
036	Bodenbelagarbeiten		0,2	**0,5**	0,7
038	Vorgehängte hinterlüftete Fassaden		0,5	**4,3**	7,5
039	Trockenbauarbeiten		0,7	**1,4**	2,4
	Ausbau		37,9	**40,0**	41,3
040	Wärmeversorgungsanl. - Betriebseinr. inkl. 041		3,2	**4,3**	5,3
042	Gas- und Wasserinstallation, Leitungen inkl. 043		0,9	**1,1**	1,2
044	Abwasseranlagen - Leitungen, Abläufe, Armaturen		0,5	**1,3**	1,9
045	GWE - Einrichtungsgegenstände inkl. 046		1,3	**2,0**	2,4
047	Dämm- und Brandschutzarbeiten an techn. Anlagen		0,6	**0,8**	1,1
049	Feuerlöschanlagen, Feuerlöschgeräte		–	**–**	–
050	Blitzschutz- und Erdungsanlagen		< 0,1	**0,1**	0,1
052	Mittelspannungsanlagen		–	**–**	–
053	Niederspannungsanlagen inkl. 054		1,3	**2,6**	3,4
055	Sicherheits- und Ersatzstromversorgungsanlagen		–	**–**	–
057	Gebäudesystemtechnik		0,0	**0,3**	0,6
058	Leuchten und Lampen inkl. 059		0,4	**1,0**	1,5
060	Such-, Signal-, elektroakust. Anl., Med. inkl. 064		0,0	**< 0,1**	< 0,1
061	Kommunikations- und Übertragungsnetze inkl. 062		0,2	**0,3**	0,4
063	Gefahrenmeldeanlagen		< 0,1	**0,1**	0,3
069	Aufzüge		0,8	**1,5**	2,7
070	Gebäudeautomation		0,0	**< 0,1**	0,2
075	Raumlufttechnische Anlagen inkl. 078		0,7	**0,9**	1,0
	Gebäudetechnik		15,2	**16,5**	18,7
	Sonstige Leistungsbereiche inkl. 008, 033, 051		0,5	**0,5**	0,5

- ● KKW
- ▶ min
- ▷ von
- | Mittelwert
- ◁ bis
- ◀ max

Planungskennwerte für Flächen und Rauminhalte nach DIN 277

Grundflächen		▷	Fläche/NUF (%)	◁	▷	Fläche/BGF (%)	◁
NUF	Nutzungsfläche	100,0	**100,0**	100,0	64,7	**68,8**	72,8
TF	Technikfläche	2,9	**3,4**	6,7	1,9	**2,2**	4,2
VF	Verkehrsfläche	12,4	**15,4**	20,9	8,2	**10,2**	12,1
NRF	Netto-Raumfläche	116,3	**118,6**	124,3	78,5	**81,1**	83,8
KGF	Konstruktions-Grundfläche	23,5	**28,4**	33,5	16,2	**18,9**	21,5
BGF	Brutto-Grundfläche	139,6	**147,0**	157,3	100,0	**100,0**	100,0

Brutto-Rauminhalte		▷	BRI/NUF (m)	◁	▷	BRI/BGF (m)	◁
BRI	Brutto-Rauminhalt	4,34	**4,68**	4,98	3,00	**3,19**	3,46

Flächen von Nutzeinheiten	▷	NUF/Einheit (m²)	◁	▷	BGF/Einheit (m²)	◁
Nutzeinheit:	–	–	–	–	–	–

Lufttechnisch behandelte Flächen	▷	Fläche/NUF (%)	◁	▷	Fläche/BGF (%)	◁
Entlüftete Fläche	3,2	**3,2**	3,2	2,5	**2,5**	2,5
Be- und entlüftete Fläche	56,0	**56,0**	56,0	39,5	**39,5**	39,5
Teilklimatisierte Fläche	–	–	–	–	–	–
Klimatisierte Fläche	–	–	–	–	–	–

KG	Kostengruppen (2. Ebene)	Einheit	▷	Menge/NUF	◁	▷	Menge/BGF	◁
310	Baugrube / Erdbau	m³ BGI	0,93	**0,93**	0,93	0,74	**0,74**	0,74
320	Gründung, Unterbau	m² GRF	0,25	**0,25**	0,25	0,20	**0,20**	0,20
330	Außenwände / vertikal außen	m² AWF	0,88	**0,88**	0,88	0,70	**0,70**	0,70
340	Innenwände / vertikal innen	m² IWF	1,51	**1,51**	1,51	1,20	**1,20**	1,20
350	Decken / horizontal	m² DEF	0,99	**0,99**	0,99	0,78	**0,78**	0,78
360	Dächer	m² DAF	0,36	**0,36**	0,36	0,29	**0,29**	0,29
370	Infrastrukturanlagen		–	–	–	–	–	–
380	Baukonstruktive Einbauten	m² BGF	1,40	**1,47**	1,57	1,00	**1,00**	1,00
390	Sonst. Maßnahmen für Baukonst.	m² BGF	1,40	**1,47**	1,57	1,00	**1,00**	1,00
300	**Bauwerk – Baukonstruktionen**	**m² BGF**	1,40	**1,47**	1,57	1,00	**1,00**	1,00

Planungskennwerte für Bauzeiten — 17 Vergleichsobjekte

Bauzeit in Wochen

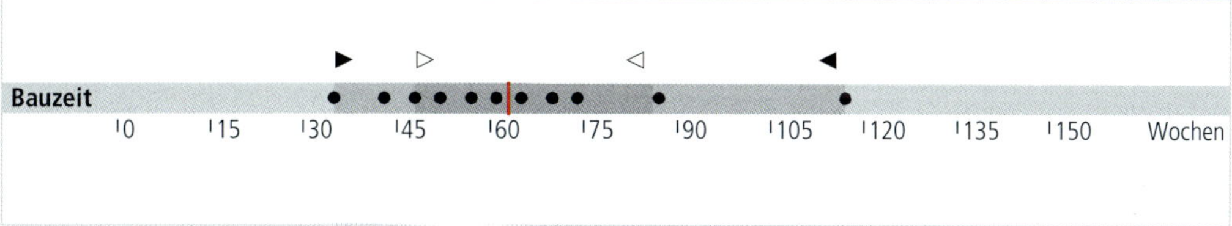

€/m² BGF		
min	1.565	€/m²
von	1.980	€/m²
Mittel	**2.440**	**€/m²**
bis	3.105	€/m²
max	3.675	€/m²

Kosten:
Stand 1.Quartal 2025
Bundesdurchschnitt
inkl. 19% MwSt.

Objektübersicht zur Gebäudeart

6100-1688 Mehrgenerationenhaus (2 WE, 1 GE)

BRI 2.620 m³ **BGF** 814 m² **NUF** 608 m²

© MZ Architektur Meier + Zeug

Mehrgenerationenhaus mit zwei Wohneinheiten und einer Gewerbeeinheit sowie einer Doppelgarage. Massivbau.

Land: Mecklenburg-Vorpommern
Kreis: Rostock, Stadt
Standard: hoch
Bauzeit: 74 Wochen
Kennwerte: bis 1. Ebene DIN 276

BGF 3.077 €/m²

Planung: MZ Architektur Meier + Zeug; Rostock

vorgesehen: BKI Objektdaten N21

6100-1649 Mehrfamilienhaus (31 WE), Gewerbe (3 GE)

BRI 14.888 m³ **BGF** 4.722 m² **NUF** 3.278 m²

Mehrfamilienhaus mit 31 WE, sowie drei Gewerbeeinheiten. Holzbau.

Land: Baden-Württemberg
Kreis: Mannheim, Stadt
Standard: mittel
Bauzeit: 87 Wochen
Kennwerte: bis 1. Ebene DIN 276

BGF 3.268 €/m²

Planung: Wandel Lorch Götze Wach GmbH; Frankfurt am Main

veröffentlicht: BKI Objektdaten N20

6100-1607 Mehrfamilienhaus (6 WE), Büro (4 AP)

BRI 3.002 m³ **BGF** 963 m² **NUF** 616 m²

© Robert Zech

Mehrfamilienhaus mit sechs Wohneinheiten, Büroeinheit und zwölf Stellplätzen. Mauerwerk.

Land: Rheinland-Pfalz
Kreis: Bad Dürkheim
Standard: hoch
Bauzeit: 61 Wochen
Kennwerte: bis 1. Ebene DIN 276

BGF 2.395 €/m²

Planung: raumbüro15b Judith Gress & Denise Kienel GbR; Bad Dürkheim

veröffentlicht: BKI Objektdaten N19

6100-1603 Wohnanlage (159 WE), Kita (65 Kinder), TG (85 STP)

BRI 63.932 m³ **BGF** 19.978 m² **NUF** 13.206 m²

© Lars Pillmann

Wohnanlage im KFW55-Standard mit fünf Gebäuden und 159 WE, Kindertagesstätte mit vier Gruppen für 65 Kinder und Tiefgarage mit 85 Stellplätzen. Massivbau.

Land: Berlin
Kreis: Berlin, Stadt
Standard: hoch
Bauzeit: 117 Wochen
Kennwerte: bis 1. Ebene DIN 276

BGF 1.563 €/m²

Planung: MBPK Architekten und Stadtplaner GmbH; Berlin

veröffentlicht: BKI Objektdaten N20

6100-1509 Wohn- und Geschäftshaus (276 WE), TG (100 STP)

BRI 112.313 m³ **BGF** 37.101 m² **NUF** 30.001 m²

Wohn- und Geschäftshaus mit 276 Wohneinheiten und Tiefgarage für 100 Stellplätze. Massivbau.

Land: Berlin
Kreis: Berlin, Stadt
Standard: hoch
Bauzeit: 178 Wochen*
Kennwerte: bis 1. Ebene DIN 276

BGF **2.313 €/m²**

Planung: HKA HASTRICH KEUTHAGE ARCHITEKTEN; Berlin

veröffentlicht: BKI Objektdaten N18
* Nicht in der Auswertung enthalten

6100-1370 Mehrfamilienhaus (14 WE), Gewerbe, TG (7 STP)

BRI 7.717 m³ **BGF** 2.350 m² **NUF** 1.516 m²

Mehrfamilienhaus mit 14 WE, Flächen für ein Gewerbe und Tiefgarage mit sieben Stellplätzen. Massivbau.

Land: Hamburg
Kreis: Hamburg, Stadt
Standard: hoch
Bauzeit: 70 Wochen
Kennwerte: bis 1. Ebene DIN 276

BGF **2.499 €/m²**

Planung: Kantstein Architekten Busse + Rampendahl Psg. mbB; Hamburg

veröffentlicht: BKI Objektdaten N16

6100-1263 Wohn-/Geschäftshaus (36 WE), TG - Effizienzhaus 55

BRI 16.822 m³ **BGF** 4.545 m² **NUF** 3.350 m²

Wohn- und Geschäftshaus (36 WE, 3 Gewerbeeinheiten) mit 2.709m² WFL und TG (33 STP) als Effizienzhaus 55. Stahlbetonbau.

Land: Hamburg
Kreis: Hamburg, Stadt
Standard: hoch
Bauzeit: 52 Wochen
Kennwerte: bis 1. Ebene DIN 276

BGF **3.312 €/m²**

Planung: 360grad+ architekten GmbH; Hamburg

veröffentlicht: BKI Objektdaten E7

6100-1278 Mehrfamilienhaus (9 WE), Büros - Effizienzhaus 70

BRI 5.173 m³ **BGF** 1.691 m² **NUF** 950 m²

Wohn- und Geschäftshaus mit neun Wohneinheiten (782m² WFL) und zwei Büroeinheiten, Tiefgarage mit Doppelparkern, Effizienzhaus 70. Mauerwerksbau.

Land: Hamburg
Kreis: Hamburg, Stadt
Standard: hoch
Bauzeit: 126 Wochen*
Kennwerte: bis 1. Ebene DIN 276

BGF **1.638 €/m²**

Planung: Holst Becker Architekten PartGmbB; Hamburg

veröffentlicht: BKI Objektdaten E7
* Nicht in der Auswertung enthalten

€/m² BGF

min	1.565	€/m²
von	1.980	€/m²
Mittel	**2.440**	**€/m²**
bis	3.105	€/m²
max	3.675	€/m²

Kosten:
Stand 1. Quartal 2025
Bundesdurchschnitt
inkl. 19% MwSt.

Objektübersicht zur Gebäudeart

6100-1057 Einfamilienhaus, Büro, Carport - Effizienzhaus 40

BRI 1.070 m³ **BGF** 352 m² **NUF** 250 m²

Einfamilienhaus, teilunterkellert (220m² WFL) mit Büro und Carport. Holzskelettbau, Holzrahmenbau.

Land: Baden-Württemberg
Kreis: Freudenstadt
Standard: hoch
Bauzeit: 35 Wochen
Kennwerte: bis 1. Ebene DIN 276

BGF 2.499 €/m²

Planung: arché techné néos stefan niesner freier architekt; Freudenstadt

veröffentlicht: BKI Objektdaten E6

6100-1107 Mehrfamilienhäuser (13 WE), Büro, TG (17 STP)

BRI 5.815 m³ **BGF** 1.416 m² **NUF** 988 m²

Zwei Mehrfamilienhäuser mit insgesamt 13 WE (895m² WFL), eine Büroeinheit und TG (17 STP). Massivbau.

Land: Baden-Württemberg
Kreis: Esslingen
Standard: hoch
Bauzeit: 74 Wochen
Kennwerte: bis 1. Ebene DIN 276

BGF 3.675 €/m²

Planung: BÜRO STOLL FÜR ARCHITEKTUR UND DESIGN; Ostfildern

veröffentlicht: BKI Objektdaten N13

6100-1041 Einfamilienhaus mit Atelier*

BRI 920 m³ **BGF** 265 m² **NUF** 198 m²

Einfamilienwohnhaus (165m² WFL) mit Atelier/Büro im EG. Massivbau.

Land: Nordrhein-Westfalen
Kreis: Köln, Stadt
Standard: hoch
Bauzeit: 43 Wochen
Kennwerte: bis 1. Ebene DIN 276

BGF 3.135 €/m²

Planung: Bachmann Badie Architekten; Köln

veröffentlicht: BKI Objektdaten N12
* Nicht in der Auswertung enthalten

6100-1000 Einfamilienhaus, Doppelgarage*

BRI 1.930 m³ **BGF** 578 m² **NUF** 374 m²

© Hans Kreye

Einfamilienhaus mit Doppelgarage (372m² WFL), Arbeitsräume im OG. Stb-Konstruktion mit Sichtmauerwerk, Mauerwerksbau.

Land: Bayern
Kreis: Weilheim-Schongau
Standard: hoch
Bauzeit: 65 Wochen
Kennwerte: bis 1. Ebene DIN 276

BGF 5.806 €/m² *

Planung: Design Associates Stephan Maria Lang; München

veröffentlicht: BKI Objektdaten N12
* Nicht in der Auswertung enthalten

Objektübersicht zur Gebäudeart

6100-0971 Einfamilienhaus, Praxis - Effizienzhaus 70

BRI 1.200 m³ | **BGF** 404 m² | **NUF** 236 m²

Einfamilienhaus (237m² WFL) mit einer Hauptpflegepraxis im Untergeschoss. Mauerwerk, Holzrahmenbau.

Land: Nordrhein-Westfalen
Kreis: Borken
Standard: hoch
Bauzeit: 61 Wochen
Kennwerte: bis 1. Ebene DIN 276

BGF **2.326 €/m²**

Planung: Architekturbüro Hermann Josef Steverding; Stadtlohn

veröffentlicht: BKI Objektdaten E5

6100-1002 Einfamilienhaus, Doppelgarage*

BRI 1.419 m³ | **BGF** 394 m² | **NUF** 273 m²

Einfamilienhaus mit Doppelgarage (253m² WFL), Arbeitsräume im OG. Mauerwerksbau.

Land: Bayern
Kreis: München, Stadt
Standard: hoch
Bauzeit: 74 Wochen
Kennwerte: bis 1. Ebene DIN 276

BGF **3.633 €/m²**

Planung: Design Associates Stephan Maria Lang; München

veröffentlicht: BKI Objektdaten N12
* Nicht in der Auswertung enthalten

6100-0936 Mehrfamilienhaus, Kita (50 Kinder) - Passivhaus

BRI 4.776 m³ | **BGF** 1.360 m² | **NUF** 983 m²

Mehrfamilienhaus mit fünf Wohnungen (905m² WFL) als Passivhaus mit Kindertagesstätte im EG (2 Gruppen, 50 Kinder). Holzrahmenbau, Mauerwerk.

Land: Niedersachsen
Kreis: Hannover, Region
Standard: hoch
Bauzeit: 48 Wochen
Kennwerte: bis 1. Ebene DIN 276

BGF **2.519 €/m²**

Planung: lindener baukontor; Hannover

veröffentlicht: BKI Objektdaten E5

6100-0959 Mehrfamilienhaus, Büro, TG*

BRI 6.881 m³ | **BGF** 2.535 m² | **NUF** 1.644 m²

Barrierefreie Wohnanlage (9 WE, 943m² WFL), die aus zwei Gebäuden besteht. Laubengangverbindung und Tiefgarage. Mauerwerksbau.

Land: Bayern
Kreis: München
Standard: hoch
Bauzeit: 78 Wochen
Kennwerte: bis 1. Ebene DIN 276

BGF **1.508 €/m²**

Planung: raumstation Architekten GmbH; Starnberg

veröffentlicht: BKI Objektdaten N11
* Nicht in der Auswertung enthalten

Wohnhäuser, mit bis zu 15% Mischnutzung, hoher Standard

€/m² BGF

min	1.565	€/m²
von	1.980	€/m²
Mittel	**2.440**	**€/m²**
bis	3.105	€/m²
max	3.675	€/m²

Kosten:
Stand 1. Quartal 2025
Bundesdurchschnitt
inkl. 19% MwSt.

Objektübersicht zur Gebäudeart

6100-0723 Zweifamilienhaus mit Gewerbe

BRI 2.037 m³ **BGF** 821 m² **NUF** 587 m²

© Rolf Sturm

Zweifamilienhaus mit Gewerbe (Schneiderei), zwei Garagen. Mauerwerksbau; Stb-Decken; Stb-Flachdach.

Land: Bayern
Kreis: Landshut
Standard: hoch
Bauzeit: 35 Wochen
Kennwerte: bis 1. Ebene DIN 276

BGF **2.027 €/m²**

Planung: Dipl.-Ing. Architektin B. Anetsberger; Landshut

veröffentlicht: BKI Objektdaten N10

6100-0855 Doppelhaus, Drei-Liter-Haus, Büro*

BRI 1.578 m³ **BGF** 520 m² **NUF** 303 m²

© Lubica Fahr Architekturfotografie

Zwei Doppelhaushälften, die auseinander geschoben und versetzt zueinander angeordnet sind. (219m² WFL). Büronutzung (75m²). Mauerwerksbau.

Land: Österreich
Kreis: Vorarlberg
Standard: hoch
Bauzeit: 48 Wochen
Kennwerte: bis 1. Ebene DIN 276

BGF **1.931 €/m²**

Planung: straub architektur; Lindau am Bodensee

veröffentlicht: www.bki.de
* Nicht in der Auswertung enthalten

6100-1003 Einfamilienhaus, Doppelgarage

BRI 1.399 m³ **BGF** 409 m² **NUF** 279 m²

© Hans Kreye

Einfamilienhaus mit Doppelgarage (275m² WFL). Massivbauweise.

Land: Bayern
Kreis: Fürstenfeldbruck
Standard: hoch
Bauzeit: 61 Wochen
Kennwerte: bis 1. Ebene DIN 276

BGF **2.835 €/m²**

Planung: Design Associates Stephan Maria Lang; München

veröffentlicht: BKI Objektdaten N12

6100-0818 Wohnhaus (3 WE), Büro

BRI 1.600 m³ **BGF** 465 m² **NUF** 338 m²

© Roland Halbe

Wohnhaus mit Bürotrakt und Mietobjekt (3 WE, einschl. Büro). Mauerwerksbau.

Land: Nordrhein-Westfalen
Kreis: Rheinisch-Bergischer Kreis
Standard: hoch
Bauzeit: 61 Wochen
Kennwerte: bis 1. Ebene DIN 276

BGF **2.233 €/m²**

Planung: Bieniussa Martinez Architekten; Bergisch Gladbach

veröffentlicht: BKI Objektdaten N10

6100-0749 Wohn- und Geschäftshaus (20 WE)

BRI 7.886 m³ **BGF** 2.793 m² **NUF** 1.568 m²

Mehrfamilienwohnhaus mit 20 Altenwohnungen, zwei Ladenlokalen und zehn Stellplätze im EG. Pfahlgründung; Stb-Konstruktion.

Land: Saarland
Kreis: Saarlouis
Standard: hoch
Bauzeit: 65 Wochen
Kennwerte: bis 1. Ebene DIN 276

BGF 2.203 €/m²

Planung: HEPP + ZENNER Ingenieurgesellschaft mbH; Saarbrücken

veröffentlicht: BKI Objektdaten N10

6100-0875 Wohnhaus mit ELW, Büro

BRI 1.212 m³ **BGF** 443 m² **NUF** 287 m²

Wohnhaus mit ELW, Büro und integrierten Pkw-Stellplätzen (257m² WFL). Mauerwerksbau.

Land: Nordrhein-Westfalen
Kreis: Olpe
Standard: hoch
Bauzeit: 109 Wochen*
Kennwerte: bis 1. Ebene DIN 276

BGF 2.062 €/m²

Planung: TATORT architektur; Attendorn

veröffentlicht: BKI Objektdaten N11
* Nicht in der Auswertung enthalten

6100-0854 Reihenendhaus (Büro) - Passivhaus

BRI 1.139 m³ **BGF** 347 m² **NUF** 218 m²

Reihenendhaus mit Büronutzung als Passivhaus. Holzrahmenbau.

Land: Bayern
Kreis: Erlangen, Stadt
Standard: hoch
Bauzeit: 43 Wochen
Kennwerte: bis 1. Ebene DIN 276

BGF 1.650 €/m²

Planung: Architekturbüro Frau Farzaneh Nouri-Schellinger; Erlangen

veröffentlicht: www.bki.de

6100-0337 Wohnhaus (4 WE), 4 Praxen

BRI 2.950 m³ **BGF** 958 m² **NUF** 780 m²

Mehrfamilienwohnhaus mit Praxen im UG und EG. Mauerwerksbau.

Land: Baden-Württemberg
Kreis: Heidelberg, Stadt
Standard: hoch
Bauzeit: 57 Wochen
Kennwerte: bis 2. Ebene DIN 276

BGF 2.269 €/m²

Planung: Böhm & Ruland Architekten B.A.U / SRL Ökologisches Bauen; Heidelberg

veröffentlicht: www.bki.de

Wohnhäuser,
mit bis zu
15% Mischnutzung,
hoher Standard

€/m² BGF

min	1.565	€/m²
von	1.980	€/m²
Mittel	**2.440**	**€/m²**
bis	3.105	€/m²
max	3.675	€/m²

Kosten:
Stand 1. Quartal 2025
Bundesdurchschnitt
inkl. 19% MwSt.

Objektübersicht zur Gebäudeart

6100-0215 Wohn- und Geschäftshaus (23 WE), TG

BRI 13.417 m³ **BGF** 4.178 m² **NUF** 3.240 m²

Wohn- und Geschäftshaus als Eckhaus mit TG (9 STP), vier Läden im EG, Büros und Arztpraxen im 1. und 2. OG, darüber Wohnungen. Mauerwerksbau.

Land: Sachsen
Kreis: Leipzig, Stadt
Standard: hoch
Bauzeit: 65 Wochen
Kennwerte: bis 3. Ebene DIN 276

BGF **2.411 €/m²**

Planung: Planungsgruppe IFB Dr. Braschel GmbH; Stuttgart

veröffentlicht: www.bki.de

Wohnhäuser, mit mehr als 15% Mischnutzung

Kostenkennwerte für die Kosten des Bauwerks (Kostengruppen 300+400 nach DIN 276)

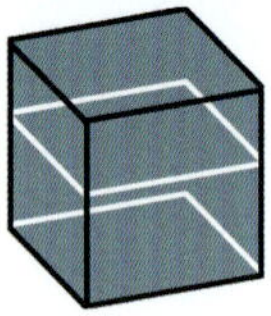

BRI 705 €/m³
von 575 €/m³
bis 890 €/m³

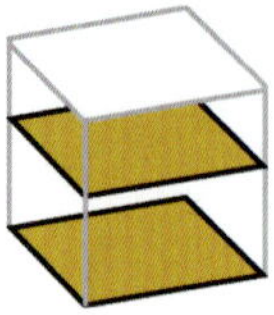

BGF 2.275 €/m²
von 1.825 €/m²
bis 2.925 €/m²

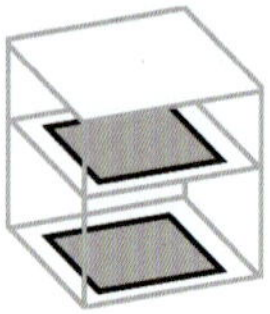

NUF 3.480 €/m²
von 2.725 €/m²
bis 4.655 €/m²

Kosten:
Stand 1. Quartal 2025
Bundesdurchschnitt
inkl. 19% MwSt.

Objektbeispiele

6100-1685

6100-1458

6100-1670

Kosten der 32 Vergleichsobjekte Seiten 782 bis 790

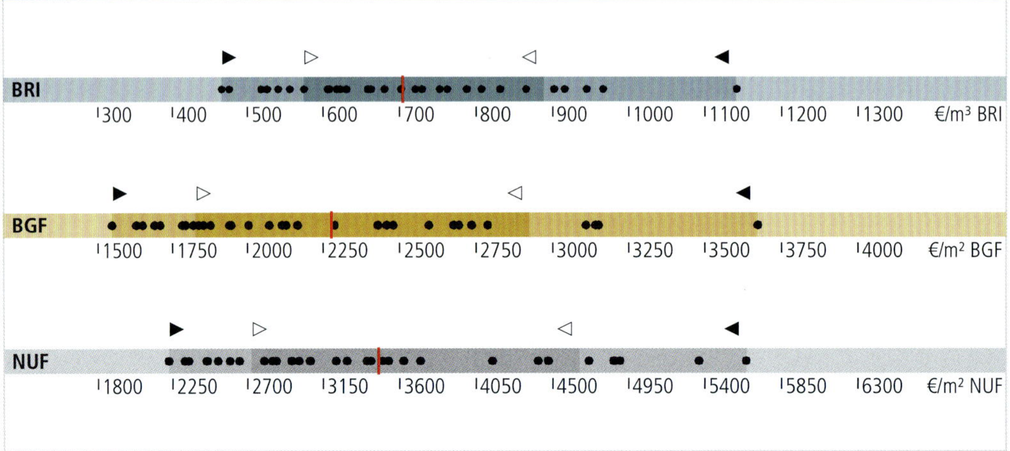

- ● KKW
- ▶ min
- ▷ von
- | Mittelwert
- ◁ bis
- ◀ max

Kostenkennwerte für die Kostengruppen der 1. und 2. Ebene DIN 276

KG	Kostengruppen der 1. Ebene	Einheit	▷	€/Einheit	◁	▷	% an 300+400	◁
100	Grundstück	m^2 GF	–	**–**	–	–	**–**	–
200	Vorbereitende Maßnahmen	m^2 GF	32	**91**	310	0,7	**1,9**	4,5
300	Bauwerk – Baukonstruktionen	m^2 BGF	1.456	**1.807**	2.272	73,9	**79,8**	85,9
400	Bauwerk – Technische Anlagen	m^2 BGF	320	**469**	752	14,1	**20,2**	26,1
	Bauwerk 300+400	m^2 BGF	1.826	**2.276**	2.923	100,0	**100,0**	100,0
500	Außenanlagen und Freiflächen	m^2 AF	166	**442**	1.357	2,3	**5,1**	8,3
600	Ausstattung und Kunstwerke	m^2 BGF	9	**24**	34	0,3	**1,0**	1,6
700	Baunebenkosten*	m^2 BGF	443	**494**	545	19,7	**22,0**	24,3 ◁
800	Finanzierung	m^2 BGF	–	**–**	–	–	**–**	–

* Auf Grundlage der HOAI 2021 berechnete Werte nach §§ 35, 52, 56. Weitere Informationen siehe Seite 56

KG	Kostengruppen der 2. Ebene	Einheit	▷	€/Einheit	◁	▷	% an 1. Ebene	◁
310	Baugrube / Erdbau	m^3 BGI	32	**44**	69	< 0,1	**2,0**	3,2
320	Gründung, Unterbau	m^2 GRF	334	**346**	370	4,7	**7,9**	14,1
330	Außenwände / vertikal außen	m^2 AWF	424	**568**	645	27,3	**36,0**	40,9
340	Innenwände / vertikal innen	m^2 IWF	225	**253**	268	16,4	**17,8**	20,5
350	Decken / horizontal	m^2 DEF	471	**479**	494	18,0	**18,5**	19,5
360	Dächer	m^2 DAF	322	**566**	701	9,9	**12,5**	13,9
370	Infrastrukturanlagen		–	**–**	–	–	**–**	–
380	Baukonstruktive Einbauten	m^2 BGF	5	**25**	45	0,2	**1,4**	3,8
390	Sonst. Maßnahmen für Baukonst.	m^2 BGF	25	**61**	81	2,1	**3,9**	4,9
300	**Bauwerk – Baukonstruktionen**	**m^2 BGF**					**100,0**	
410	Abwasser-, Wasser-, Gasanlagen	m^2 BGF	96	**160**	199	31,4	**32,0**	33,2
420	Wärmeversorgungsanlagen	m^2 BGF	102	**118**	146	16,0	**25,4**	30,4
430	Raumlufttechnische Anlagen	m^2 BGF	6	**14**	22	0,0	**1,7**	2,8
440	Elektrische Anlagen	m^2 BGF	79	**114**	177	9,9	**25,3**	33,1
450	Kommunikationstechnische Anlagen	m^2 BGF	11	**16**	20	0,0	**2,5**	3,7
460	Förderanlagen	m^2 BGF	–	**–**	–	–	**–**	–
470	Nutzungsspez. / verfahrenstech. Anl.	m^2 BGF	–	**269**	–	0,0	**13,2**	39,5
480	Gebäude- und Anlagenautomation	m^2 BGF	–	**–**	–	–	**–**	–
490	Sonst. Maßnahmen f. techn. Anl.	m^2 BGF	–	**–**	–	–	**–**	–
400	**Bauwerk – Technische Anlagen**	**m^2 BGF**					**100,0**	

Prozentanteile der Kosten 2. Ebene an den Kosten des Bauwerks nach DIN 276 (Von/Mittel/Bis)

KG	Kostengruppe	%
310	Baugrube / Erdbau	1,6
320	Gründung, Unterbau	5,6
330	Außenwände / vertikal außen	27,4
340	Innenwände / vertikal innen	13,2
350	Decken / horizontal	13,9
360	Dächer	9,3
370	Infrastrukturanlagen	
380	Baukonstruktive Einbauten	0,9
390	Sonst. Maßnahmen für Baukonst.	3,0
410	Abwasser-, Wasser-, Gasanlagen	8,0
420	Wärmeversorgungsanlagen	5,9
430	Raumlufttechnische Anlagen	0,5
440	Elektrische Anlagen	5,5
450	Kommunikationstechnische Anlagen	0,5
460	Förderanlagen	
470	Nutzungsspez. / verfahrenstech. Anl.	4,8
480	Gebäude- und Anlagenautomation	
490	Sonst. Maßnahmen f. techn. Anl.	

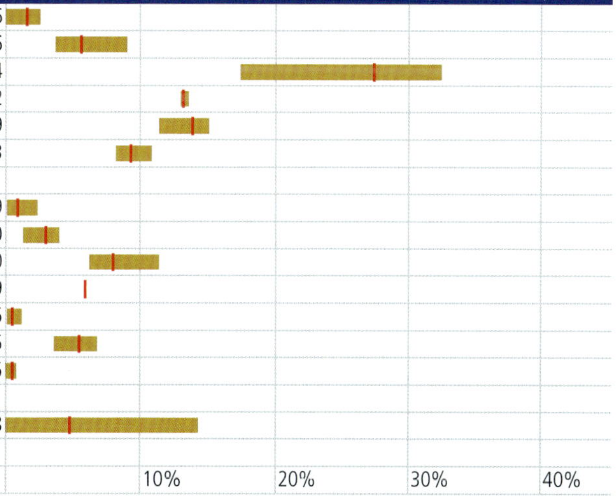

 Kostenstand: 1. Quartal 2025, Bundesdurchschnitt, **inkl. 19% MwSt.**

Wohnhäuser, mit mehr als 15% Mischnutzung

Kosten:
Stand 1. Quartal 2025
Bundesdurchschnitt
inkl. 19% MwSt.

Prozentanteile der Kosten für Leistungsbereiche nach STLB (Kosten Bauwerk nach DIN 276)

LB	Leistungsbereiche	▷	% an 300+400	◁
000	Baustellen-, Verkehrssich.- u. Sicherh.einr. inkl. 001	2,0	**2,8**	3,6
002	Erdarbeiten	0,8	**1,6**	2,8
006	Spezialtiefbauarbeiten inkl. 005	–	**–**	–
009	Entwässerungskanalarbeiten inkl. 011	0,5	**0,6**	0,8
010	Drän- und Versickerarbeiten	0,0	**< 0,1**	0,2
012	Mauerarbeiten	4,8	**7,3**	9,8
013	Betonarbeiten	9,7	**15,7**	19,6
014	Natur-, Betonwerksteinarbeiten	0,0	**3,2**	6,3
016	Zimmer- und Holzbauarbeiten	1,0	**1,9**	3,4
017	Stahlbauarbeiten	–	**–**	–
018	Abdichtungsarbeiten	0,0	**0,2**	0,4
020	Dachdeckungsarbeiten	0,3	**1,9**	3,0
021	Dachabdichtungsarbeiten	0,6	**2,0**	3,3
022	Klempnerarbeiten	0,3	**0,5**	0,9
	Rohbau	32,9	**37,7**	44,0
023	Putz- und Stuckarbeiten, Wärmedämmsysteme	0,2	**2,7**	5,1
024	Fliesen- und Plattenarbeiten	2,6	**4,7**	6,7
025	Estricharbeiten	1,1	**1,7**	2,0
026	Fenster, Außentüren inkl. 029, 032	9,8	**13,5**	17,7
027	Tischlerarbeiten	3,3	**5,3**	6,8
028	Parkettarbeiten, Holzpflasterarbeiten	0,2	**1,1**	1,7
030	Rollladenarbeiten	–	**–**	–
031	Metallbauarbeiten inkl. 035	2,2	**3,3**	4,5
034	Maler- und Lackiererarbeiten inkl. 037	0,7	**1,2**	1,9
036	Bodenbelagarbeiten	< 0,1	**0,5**	0,8
038	Vorgehängte hinterlüftete Fassaden	–	**–**	–
039	Trockenbauarbeiten	2,4	**3,6**	5,3
	Ausbau	36,1	**37,5**	38,6
040	Wärmeversorgungsanl. - Betriebseinr. inkl. 041	5,3	**5,6**	5,8
042	Gas- und Wasserinstallation, Leitungen inkl. 043	1,1	**2,0**	2,9
044	Abwasseranlagen - Leitungen, Abläufe, Armaturen	1,7	**2,1**	2,5
045	GWE - Einrichtungsgegenstände inkl. 046	2,1	**2,7**	3,1
047	Dämm- und Brandschutzarbeiten an techn. Anlagen	0,4	**0,6**	0,7
049	Feuerlöschanlagen, Feuerlöschgeräte	–	**–**	–
050	Blitzschutz- und Erdungsanlagen	0,1	**0,2**	0,2
052	Mittelspannungsanlagen	–	**–**	–
053	Niederspannungsanlagen inkl. 054	3,5	**5,1**	6,1
055	Sicherheits- und Ersatzstromversorgungsanlagen	–	**–**	–
057	Gebäudesystemtechnik	–	**–**	–
058	Leuchten und Lampen inkl. 059	< 0,1	**0,3**	0,4
060	Such-, Signal-, elektroakust. Anl., Med. inkl. 064	< 0,1	**< 0,1**	0,1
061	Kommunikations- und Übertragungsnetze inkl. 062	0,0	**0,2**	0,3
063	Gefahrenmeldeanlagen	0,0	**0,2**	0,5
069	Aufzüge	–	**–**	–
070	Gebäudeautomation	–	**–**	–
075	Raumlufttechnische Anlagen inkl. 078	< 0,1	**2,8**	5,4
	Gebäudetechnik	17,9	**21,8**	24,6
	Sonstige Leistungsbereiche inkl. 008, 033, 051	0,2	**3,0**	5,7

● KKW
▶ min
▷ von
| Mittelwert
◁ bis
◀ max

Planungskennwerte für Flächen und Rauminhalte nach DIN 277

Grundflächen		▷	Fläche/NUF (%)	◁	▷	Fläche/BGF (%)	◁
NUF	Nutzungsfläche	100,0	**100,0**	100,0	62,8	**66,3**	71,0
TF	Technikfläche	2,4	**3,0**	3,8	1,6	**2,0**	2,5
VF	Verkehrsfläche	14,7	**19,2**	24,0	9,4	**12,3**	14,8
NRF	Netto-Raumfläche	117,2	**122,2**	127,1	78,3	**80,6**	83,0
KGF	Konstruktions-Grundfläche	25,3	**30,0**	35,4	17,0	**19,4**	21,7
BGF	Brutto-Grundfläche	142,9	**152,2**	161,8	100,0	**100,0**	100,0

Brutto-Rauminhalte		▷	BRI/NUF (m)	◁	▷	BRI/BGF (m)	◁
BRI	Brutto-Rauminhalt	4,54	**4,92**	5,33	3,11	**3,23**	3,39

Flächen von Nutzeinheiten	▷	NUF/Einheit (m²)	◁	▷	BGF/Einheit (m²)	◁
Nutzeinheit:	–	–	–	–	–	–

Lufttechnisch behandelte Flächen	▷	Fläche/NUF (%)	◁	▷	Fläche/BGF (%)	◁
Entlüftete Fläche	–	–	–	–	–	–
Be- und entlüftete Fläche	82,5	**82,5**	82,5	57,1	**57,1**	57,1
Teilklimatisierte Fläche	–	–	–	–	–	–
Klimatisierte Fläche	–	–	–	–	–	–

KG	Kostengruppen (2. Ebene)	Einheit	▷	Menge/NUF	◁	▷	Menge/BGF	◁
310	Baugrube / Erdbau	m³ BGI	0,61	**1,06**	1,06	0,48	**0,79**	0,79
320	Gründung, Unterbau	m² GRF	0,40	**0,41**	0,41	0,30	**0,31**	0,31
330	Außenwände / vertikal außen	m² AWF	1,24	**1,30**	1,30	0,90	**0,95**	0,95
340	Innenwände / vertikal innen	m² IWF	1,40	**1,46**	1,46	1,02	**1,07**	1,07
350	Decken / horizontal	m² DEF	0,74	**0,80**	0,80	0,53	**0,59**	0,59
360	Dächer	m² DAF	0,43	**0,48**	0,48	0,34	**0,36**	0,36
370	Infrastrukturanlagen		–	–	–	–	–	–
380	Baukonstruktive Einbauten	m² BGF	1,43	**1,52**	1,62	1,00	**1,00**	1,00
390	Sonst. Maßnahmen für Baukonst.	m² BGF	1,43	**1,52**	1,62	1,00	**1,00**	1,00
300	**Bauwerk – Baukonstruktionen**	**m² BGF**	1,43	**1,52**	1,62	1,00	**1,00**	1,00

Planungskennwerte für Bauzeiten

32 Vergleichsobjekte

Bauzeit in Wochen

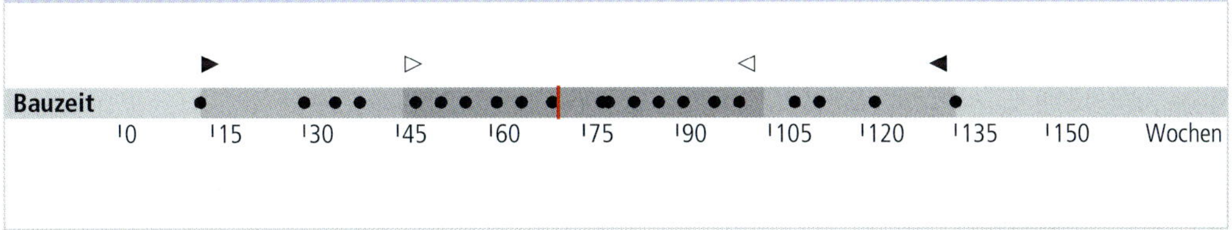

€/m² BGF

min	1.545	€/m²
von	1.825	€/m²
Mittel	**2.275**	**€/m²**
bis	2.925	€/m²
max	3.670	€/m²

Kosten:
Stand 1. Quartal 2025
Bundesdurchschnitt
inkl. 19% MwSt.

Objektübersicht zur Gebäudeart

6100-1682 Wohn- und Geschäftshaus (3 WE, 20 AP)

BRI 3.291 m³ **BGF** 1.097 m² **NUF** 674 m²

Wohn- und Geschäftshaus für 20 Mitarbeitende und drei Wohneinheiten in den Obergeschossen. Massivbau.

Land: Rheinland-Pfalz
Kreis: Kaiserslautern, Stadt
Standard: hoch
Bauzeit: 78 Wochen
Kennwerte: bis 1. Ebene DIN 276

BGF **2.286 €/m²**

Planung: .pg1 Architekten BDA; Kaiserslautern

veröffentlicht: BKI Objektdaten N20

6100-1635 Mehrfamilienhaus (24 WE), Sozialzentrum

BRI 9.738 m³ **BGF** 3.005 m² **NUF** 2.002 m²

24 Wohnungen, Begegnungsstätte mit zahlreichen Angeboten für Bewohner und Gäste: vom Mittagstisch über gesellige Nachmittage bis hin zu Vorträgen, Beratungen und anderen Veranstaltungen, Pflegedienst. Holzbau.

Land: Brandenburg
Kreis: Brandenburg a.d. Havel
Standard: mittel
Bauzeit: 61 Wochen
Kennwerte: bis 1. Ebene DIN 276

BGF **2.003 €/m²**

Planung: Matthias Wegner, Potsdam und SWP schäferwenningerprojekt GmbH; Berlin

veröffentlicht: BKI Objektdaten N20

6100-1689 Wohn- und Geschäftshaus (9 WE, 1 GE)

BRI 6.685 m³ **BGF** 2.031 m² **NUF** 1.340 m²

Wohn- und Geschäftshaus mit neun Wohnungen und einer Verwaltungseinheit sowie einem eingeschossigen Gebäude für den Regiebetrieb (6 AP) mit Sozialräumen, sieben Fertiggaragen und Fahrzeugunterstand für den Fuhrpark. Massivbau.

Land: Sachsen-Anhalt
Kreis: Wittenberg
Standard: hoch
Bauzeit: 96 Wochen
Kennwerte: bis 1. Ebene DIN 276

BGF **3.109 €/m²**

Planung: kmg Architekten und Ingenieure Kablitz-Meinel-Guderian mbB; Wittenberg

vorgesehen: BKI Objektdaten N21

6100-1670 Einfamilienhaus, Praxis

BRI 1.111 m³ **BGF** 335 m² **NUF** 183 m²

Einfamilienhaus mit Praxis. Massivbau.

Land: Nordrhein-Westfalen
Kreis: Rhein-Sieg-Kreis
Standard: mittel
Bauzeit: 87 Wochen
Kennwerte: bis 1. Ebene DIN 276

BGF **2.676 €/m²**

Planung: Architekturbüro Sylvia Fröbel; Bornheim

veröffentlicht: BKI Objektdaten N20

Objektübersicht zur Gebäudeart

6100-1651 Mehrfamilienhaus (3 WE), Praxis

BRI 1.943 m³ **BGF** 641 m² **NUF** 420 m²

Mehrfamilienhaus mit drei Wohneinheiten und einer Praxis im EG. Massivbau.

Land: Bayern
Kreis: Oberallgäu
Standard: hoch
Bauzeit: 70 Wochen
Kennwerte: bis 1. Ebene DIN 276

BGF 1.835 €/m²

Planung: brack architekten; Kempten

veröffentlicht: BKI Objektdaten N20

6100-1685 Mehrfamilienhäuser, Kita (9 WE, 120 Kinder)

BRI 10.079 m³ **BGF** 3.132 m² **NUF** 2.038 m²

Zwei Mehrfamilienhäuser mit neun Wohneinheiten und einer Kindertagesstätte in EG und 1.OG für 120 Kinder inkl. Familienzentrum, Elterncafé und Räumen zur Frühförderung. Holzbau.

Land: Bremen
Kreis: Bremen, Stadt
Standard: mittel
Bauzeit: 122 Wochen
Kennwerte: bis 1. Ebene DIN 276

BGF 3.672 €/m²

Planung: ZRS Architekten GvA mbH; Berlin

vorgesehen: BKI Objektdaten N21

6100-1627 Einfamilienhaus, experimentell*

BRI 1.365 m³ **BGF** 292 m² **NUF** 230 m²

Einfamilienwohnhaus als experimentelles Wohnen innerhalb einer Klimahülle. Massivbau.

Land: Brandenburg
Kreis: Potsdam-Mittelmark
Standard: mittel
Bauzeit: 130 Wochen
Kennwerte: bis 1. Ebene DIN 276

BGF 1.311 €/m²

*

Planung: c/o now (Studio CO NOW GmbH); Berlin

veröffentlicht: BKI Objektdaten N20
* Nicht in der Auswertung enthalten

6100-1633 Mehrfamilienhaus (12 WE), Gewerbe (14 AP)

BRI 6.467 m³ **BGF** 2.253 m² **NUF** 1.402 m²

Mehrfamilienhaus mit zwölf Wohneinheiten und einer Gewerbeeinheit mit 14 Arbeitsplätzen im Erdgeschoss. Massivbau.

Land: Nordrhein-Westfalen
Kreis: Warendorf
Standard: mittel
Bauzeit: 113 Wochen
Kennwerte: bis 1. Ebene DIN 276

BGF 1.649 €/m²

Planung: Thomas Becker Architekten GmbH; Ennigerloh

veröffentlicht: BKI Objektdaten N20

€/m² BGF

min	1.545	€/m²
von	1.825	€/m²
Mittel	**2.275**	**€/m²**
bis	2.925	€/m²
max	3.670	€/m²

Kosten:
Stand 1. Quartal 2025
Bundesdurchschnitt
inkl. 19% MwSt.

Objektübersicht zur Gebäudeart

6100-1566 Mehrfamilienhaus (8 WE), Effizienzhaus 40

BRI 4.378 m³ **BGF** 1.407 m² **NUF** 753 m²

Mehrfamilienhaus mit acht Wohneinheiten und einer Arztpraxis. Mauerwerk.

Land: Bayern
Kreis: Nürnberger Land
Standard: hoch
Bauzeit: 65 Wochen
Kennwerte: bis 1. Ebene DIN 276

BGF **1.939 €/m²**

Planung: Architekturbüro Klaus Thiemann; Hersbruck

veröffentlicht: BKI Objektdaten N19

6100-1548 Mehrfamilienhaus (62 WE), Bürogebäude, TG

BRI 59.052 m³ **BGF** 17.152 m² **NUF** 11.119 m²

Gebäudeensemble aus Wohn- und Geschäftshaus und einem Bürogebäude mit Café auf einer gemeinsamen Tiefgarage. Massivbau.

Land: Niedersachsen
Kreis: Braunschweig, Stadt
Standard: mittel
Bauzeit: 100 Wochen
Kennwerte: bis 1. Ebene DIN 276

BGF **3.151 €/m²**

Planung: Giesler Architekten Gesell. für Architektur und Stadtplanung; Braunschweig

veröffentlicht: BKI Objektdaten N18

6100-1458 Wohn- und Geschäftshaus (9 WE)

BRI 4.984 m³ **BGF** 1.546 m² **NUF** 965 m²

Wohn- und Geschäftshaus mit neun Wohneinheiten. Mauerwerk.

Land: Mecklenburg-Vorpommern
Kreis: Vorpommern-Greifswald
Standard: mittel
Bauzeit: 56 Wochen
Kennwerte: bis 1. Ebene DIN 276

BGF **1.792 €/m²**

Planung: Ingenieurbüro D. Neuhaus & Partner GmbH; Anklam

veröffentlicht: BKI Objektdaten N17

6100-1512 Wohn- und Geschäftshaus

BRI 5.654 m³ **BGF** 1.546 m² **NUF** 963 m²

Wohn-und Geschäftshaus mit vier Wohneinheiten und einem Gewerbe. Holzbau.

Land: Sachsen
Kreis: Leipzig, Stadt
Standard: hoch
Bauzeit: 83 Wochen
Kennwerte: bis 1. Ebene DIN 276

BGF **2.788 €/m²**

Planung: ASUNA Dipl.Ing.(FH) Architekt Dirk Stenzel; Leipzig

veröffentlicht: BKI Objektdaten N19

6100-1343 Pfarrhaus, Gemeindebüros

BRI 1.276 m³ **BGF** 388 m² **NUF** 242 m²

Pfarrerhaus (182 m² WFL) mit Gemeindeteil. Holzrahmenbau.

Land: Mecklenburg-Vorpommern
Kreis: Mecklenburgische Seenplatte
Standard: mittel
Bauzeit: 35 Wochen
Kennwerte: bis 1. Ebene DIN 276

BGF 2.594 €/m²

Planung: Architekturbüro Ulrike Ahnert; Malchow

veröffentlicht: BKI Objektdaten N16

6100-1342 Wohn- und Geschäftshaus - Effizienzhaus 70

BRI 6.718 m³ **BGF** 2.039 m² **NUF** 1.566 m²

Wohn- und Geschäftshaus mit 15 WE (1.418 m² WFL), Büros (2 GE), Effizienzhaus 70. Massivbau.

Land: Berlin
Kreis: Berlin, Stadt
Standard: mittel
Bauzeit: 91 Wochen
Kennwerte: bis 1. Ebene DIN 276

BGF 2.478 €/m²

Planung: roedig . schop architekten PartG mbB; Berlin

veröffentlicht: BKI Objektdaten E8

6100-1383 Einfamilienhaus mit Büro (10 AP), Gästeappartement*

BRI 2.582 m³ **BGF** 770 m² **NUF** 447 m²

Wohnhaus mit Gästeappartement, eine Büroetage, nicht unterkellert. Massivbau.

Land: Hamburg
Kreis: Hamburg, Stadt
Standard: hoch
Bauzeit: 152 Wochen
Kennwerte: bis 3. Ebene DIN 276

BGF 5.908 €/m²

Planung: Walter Gebhardt Architekt; Hamburg

veröffentlicht: BKI Objektdaten E9
* Nicht in der Auswertung enthalten

6100-1274 Einfamilienhaus Büro - Effizienzhaus 85

BRI 1.357 m³ **BGF** 413 m² **NUF** 253 m²

Einfamilienhaus mit 178 m² WFL, Büroeinheit und Garage. Mauerwerk.

Land: Hessen
Kreis: Groß-Gerau
Standard: hoch
Bauzeit: 56 Wochen
Kennwerte: bis 1. Ebene DIN 276

BGF 2.164 €/m²

Planung: mz³ architekten ingenieure GbR; Mainz

veröffentlicht: BKI Objektdaten E7

Wohnhäuser, mit mehr als 15% Mischnutzung

€/m² BGF

min	1.545 €/m²
von	1.825 €/m²
Mittel	**2.275 €/m²**
bis	2.925 €/m²
max	3.670 €/m²

Kosten:
Stand 1. Quartal 2025
Bundesdurchschnitt
inkl. 19% MwSt.

Objektübersicht zur Gebäudeart

6100-1332 Wohn- und Geschäftshaus (1 WE, 6 AP) — **BRI** 813m³ — **BGF** 277m² — **NUF** 189m²

Wohn- und Geschäftshaus (1 WE, 6 AP). Massivbau.

Land: Baden-Württemberg
Kreis: Esslingen
Standard: mittel
Bauzeit: 61 Wochen
Kennwerte: bis 1. Ebene DIN 276

BGF 1.945 €/m²

Planung: KILTZ KAZMAIER ARCHITEKTEN; Kirchheim unter Teck

veröffentlicht: BKI Objektdaten N16

6100-1224 Mehrfamilienhaus (2 WE), Büro - Passivhaus — **BRI** 1.675m³ — **BGF** 441m² — **NUF** 273m²

Mehrfamilienhaus (2 WE) mit Büro im EG (7 AP). Massivbau.

Land: Saarland
Kreis: Saarpfalz-Kreis
Standard: hoch
Bauzeit: 39 Wochen
Kennwerte: bis 1. Ebene DIN 276

BGF 2.735 €/m²

Planung: wack + marx - architekten; St. Ingbert

veröffentlicht: BKI Objektdaten E7

6100-1280 Wohn- und Gemeindehaus (25 WE) - Effizienzhaus 55 — **BRI** 15.155m³ — **BGF** 4.493m² — **NUF** 3.109m²

Wohn- und Gemeindehaus mit 25 WE (1.991m² WFL), Büros, Versammlungsräume, TG (13 STP), Effizienzhaus 55. Massivbau.

Land: Hamburg
Kreis: Hamburg, Stadt
Standard: hoch
Bauzeit: 109 Wochen
Kennwerte: bis 1. Ebene DIN 276

BGF 2.127 €/m²

Planung: Dohse Architekten; Hamburg

veröffentlicht: BKI Objektdaten E7

6100-1317 Wohn- und Geschäftshäuser (21 WE, 6 GE) — **BRI** 13.440m³ — **BGF** 3.705m² — **NUF** 2.413m²

Wohn- und Geschäftshäuser mit einer Hausmeisterwohnung, 20 Wohnungen für ältere Menschen, die selbstständig leben können und sechs Gewerbeeinheiten. Massivbau.

Land: Bayern
Kreis: Forchheim
Standard: mittel
Bauzeit: 78 Wochen
Kennwerte: bis 1. Ebene DIN 276

BGF 1.688 €/m²

Planung: Feddersen Architekten; Berlin

veröffentlicht: BKI Objektdaten N16

6100-1341 Wohn- und Geschäftshaus (10 WE)

BRI 10.207 m³ **BGF** 2.961 m² **NUF** 1.715 m²

Wohn- und Geschäftshaus mit zehn Wohneinheiten (1.330m² WFL), Proben- und Aufführraum mit Nebenräumen, Zimmer für Gastkünstler. Massivbau.

Land: Berlin
Kreis: Berlin, Stadt
Standard: mittel
Bauzeit: 135 Wochen
Kennwerte: bis 1. Ebene DIN 276

BGF **3.108 €/m²**

Planung: roedig . schop architekten PartG mbB; Berlin

veröffentlicht: BKI Objektdaten E8

6100-1233 Wohn- und Geschäftshaus (3 WE)

BRI 2.330 m³ **BGF** 717 m² **NUF** 462 m²

Mehrfamilienhaus mit drei Wohneinheiten (295m² WFL) und einer Büroeinheit (106m²). Mauerwerksbau.

Land: Hamburg
Kreis: Hamburg, Stadt
Standard: hoch
Bauzeit: 83 Wochen
Kennwerte: bis 1. Ebene DIN 276

BGF **3.140 €/m²**

Planung: Planungsbüro Köhler; Hamburg

veröffentlicht: BKI Objektdaten N15

6100-1109 Einfamilienhaus, Büroanbau, Garage - Passivhaus

BRI 1.006 m³ **BGF** 287 m² **NUF** 206 m²

Einfamilienhaus mit Büroanbau und Carport als Passivhaus (125m² WFL). Holzrahmenbau.

Land: Bayern
Kreis: Ostallgäu
Standard: hoch
Bauzeit: 13 Wochen
Kennwerte: bis 1. Ebene DIN 276

BGF **2.457 €/m²**

Planung: müllerschurr.architekten; Marktoberdorf

veröffentlicht: BKI Objektdaten E6

6100-1014 Mehrfamilienhaus (15 WE), Gewerbe - Passivhaus

BRI 7.656 m³ **BGF** 2.260 m² **NUF** 1.597 m²

Mehrfamilienhaus als Passivhaus mit 15 WE und zwei Gewerbeeinheiten im EG (Bankfiliale, Büro). Holztafelbau.

Land: Bayern
Kreis: Rosenheim
Standard: hoch
Bauzeit: 48 Wochen
Kennwerte: bis 1. Ebene DIN 276

BGF **1.781 €/m²**

Planung: Hubert Steinsailer Architekt; Bruckmühl mit Lebensraum Holz; Bad Aibling

veröffentlicht: BKI Objektdaten E5

€/m² BGF

min	1.545	€/m²
von	1.825	€/m²
Mittel	**2.275**	**€/m²**
bis	2.925	€/m²
max	3.670	€/m²

Kosten:
Stand 1. Quartal 2025
Bundesdurchschnitt
inkl. 19% MwSt.

Objektübersicht zur Gebäudeart

6100-1155 Mehrfamilienhaus (9 WE), Gewerbe, Atelier

BRI 10.010 m³ **BGF** 2.938 m² **NUF** 1.983 m²

Mehrfamilienhaus mit neun Wohneinheiten (1.103 m² WFL) und Gewerbe (Büros, Arztpraxen, Atelier). Stb-Skelettbau.

Land: Berlin
Kreis: Berlin, Stadt
Standard: hoch
Bauzeit: 79 Wochen
Kennwerte: bis 1. Ebene DIN 276

BGF 2.072 €/m²

Planung: walk | architekten Seeger Müller Architekten Partnerschaft; Berlin

veröffentlicht: BKI Objektdaten E6

6100-1025 Einfamilienhaus, Praxis

BRI 1.235 m³ **BGF** 426 m² **NUF** 274 m²

Einfamilienhaus (179 m² WFL) mit Praxis im UG. Betonfertigteil-Konstruktion.

Land: Nordrhein-Westfalen
Kreis: Dortmund, Stadt
Standard: mittel
Bauzeit: 52 Wochen
Kennwerte: bis 1. Ebene DIN 276

BGF 2.113 €/m²

Planung: Miele Architekten + Stadtplaner; Hagen

veröffentlicht: BKI Objektdaten N12

6100-0985 Einfamilienhaus, Büro - KfW 60

BRI 1.239 m³ **BGF** 415 m² **NUF** 274 m²

Einfamilienhaus mit Büro im Untergeschoss (267 m² WFL). Mauerwerk.

Land: Baden-Württemberg
Kreis: Heilbronn
Standard: hoch
Bauzeit: 39 Wochen
Kennwerte: bis 1. Ebene DIN 276

BGF 1.547 €/m²

Planung: Architekturbüro VÖHRINGER; Leingarten bei Heilbronn

veröffentlicht: BKI Objektdaten E5

6100-0838 Wohn- und Geschäftshaus (4 WE)

BRI 3.677 m³ **BGF** 1.180 m² **NUF** 933 m²

Mehrfamilienwohnhaus mit vier Wohneinheiten, Gastronomie im Erdgeschoss. Stahlbetonbau.

Land: Hessen
Kreis: Frankfurt am Main, Stadt
Standard: hoch
Bauzeit: 48 Wochen
Kennwerte: bis 1. Ebene DIN 276

BGF 2.694 €/m²

Planung: vav Fischer-Bumiller GbR; Frankfurt am Main

veröffentlicht: BKI Objektdaten N10

6100-0990 Mehrfamilienhaus (6 WE), Gaststätte

BRI 2.800 m³ **BGF** 930 m² **NUF** 617 m²

Wohn- und Geschäftshaus mit einer Gaststätte (45 Sitzplätze) im EG und Wohnungen (6 WE) in den Obergeschossen. Mauerwerksbau.

Land: Thüringen
Kreis: Weimarer Land
Standard: mittel
Bauzeit: 65 Wochen
Kennwerte: bis 1. Ebene DIN 276

BGF **1.627 €/m²**

Planung: SB - Projekt Apolda Architektur- & Ingenieurbüro; Apolda

veröffentlicht: BKI Objektdaten N12

6100-0842 Wohn- und Geschäftshaus (6 WE)

BRI 4.779 m³ **BGF** 1.596 m² **NUF** 980 m²

Wohn- und Geschäftshaus mit zwei Gewerbeeinheiten im Erdgeschoss und sechs Etagen- und Maisonettewohnungen. Stahlbetonbau.

Land: Berlin
Kreis: Berlin, Stadt
Standard: mittel
Bauzeit: 65 Wochen
Kennwerte: bis 1. Ebene DIN 276

BGF **1.818 €/m²**

Planung: roedig . schop architekten gbr; Berlin

veröffentlicht: BKI Objektdaten N10

1300-0162 Bürogebäude Wohnungen (2 WE)

BRI 1.303 m³ **BGF** 428 m² **NUF** 341 m²

Bürogebäude mit Wohnungen (2 WE). Mauerwerk, Stahlbeton.

Land: Hessen
Kreis: Frankfurt am Main, Stadt
Standard: mittel
Bauzeit: 30 Wochen
Kennwerte: bis 1. Ebene DIN 276

BGF **1.850 €/m²**

Planung: Klaus Eismann & Partner Planungs- und Bauleitungs GmbH; Frankfurt a.M.

veröffentlicht: BKI Objektdaten N10

6100-0617 Wohn- und Bürogebäude

BRI 3.067 m³ **BGF** 1.050 m² **NUF** 728 m²

Wohn- und Bürogebäude mit sechs Büroräumen für acht Mitarbeitende und drei Wohnungen. Mauerwerksbau, Pfosten-Riegel-Fassade; Holzdachkonstruktion.

Land: Nordrhein-Westfalen
Kreis: Köln, Stadt
Standard: hoch
Bauzeit: 122 Wochen
Kennwerte: bis 3. Ebene DIN 276

BGF **2.428 €/m²**

Planung: JSWD Architekten + Planer; Köln

veröffentlicht: www.bki.de

€/m² BGF

min	1.545	€/m²
von	1.825	€/m²
Mittel	**2.275**	**€/m²**
bis	2.925	€/m²
max	3.670	€/m²

Kosten:
Stand 1. Quartal 2025
Bundesdurchschnitt
inkl. 19% MwSt.

Objektübersicht zur Gebäudeart

6100-0578 Wohnhaus (10 WE) mit Schaukäserei

BRI 2.319 m³ **BGF** 841 m² **NUF** 642 m²

Käseproduktion, Hofladen, Hofcafé, zwei Wohnungen (304m² WFL). Mauerwerksbau.

Land: Baden-Württemberg
Kreis: Bodenseekreis
Standard: einfach
Bauzeit: 52 Wochen
Kennwerte: bis 3. Ebene DIN 276

BGF **1.874 €/m²**

Planung: Martin Wamsler Freier Architekt BDA Dipl.-Ing. (FH); Friedrichshafen

veröffentlicht: www.bki.de

6100-0622 Atelierhaus, Studios, Wohnungen

BRI 4.434 m³ **BGF** 1.234 m² **NUF** 947 m²

Atelierhaus mit zwölf Studios, Werkstätten und Wohnungen. Stb-Konstruktion, Holzrahmenausfachungen; Stb-Flachdach.

Land: Bayern
Kreis: Starnberg
Standard: mittel
Bauzeit: 52 Wochen
Kennwerte: bis 3. Ebene DIN 276

BGF **1.707 €/m²**

Planung: Dannheimer & Joos Architekten BDA; München

veröffentlicht: www.bki.de

Arbeitsblatt zur Standardeinordnung bei Seniorenwohnungen

Kosten:
Stand 1. Quartal 2025
Bundesdurchschnitt
inkl. 19% MwSt.

Kostenkennwerte für die Kosten des Bauwerks (Kostengruppen 300+400 nach DIN 276)

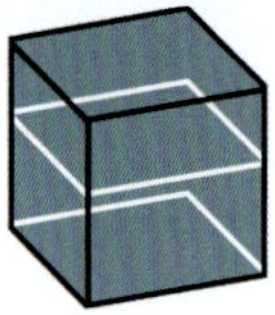

BRI 665 €/m³
von 550 €/m³
bis 850 €/m³

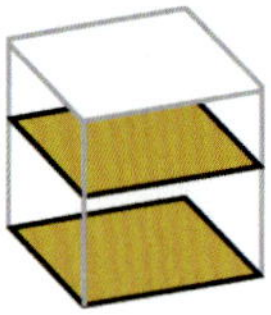

BGF 2.125 €/m²
von 1.645 €/m²
bis 2.945 €/m²

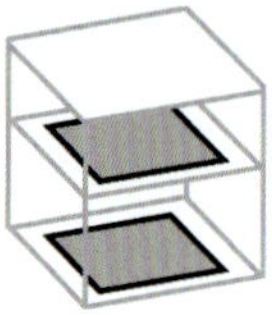

NUF 3.285 €/m²
von 2.515 €/m²
bis 4.705 €/m²

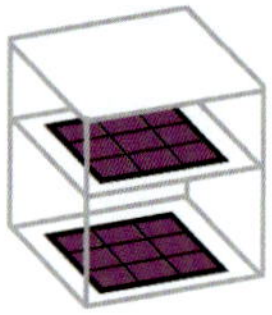

NE 3.900 €/NE
von 3.020 €/NE
bis 8.690 €/NE
NE: Wohnfläche

Standardzuordnung

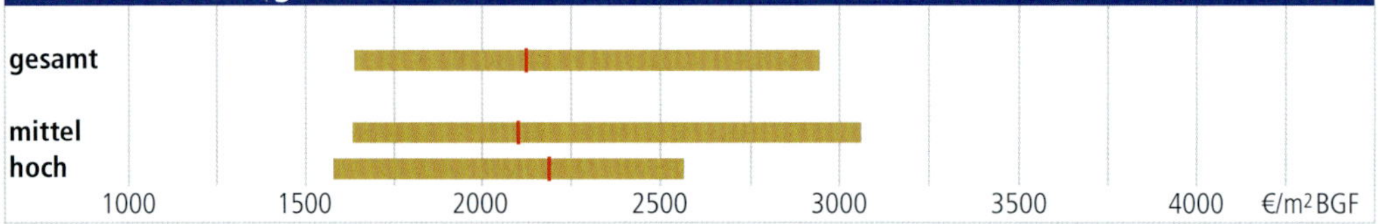

- ● KKW
- ▶ min
- ▷ von
- | Mittelwert
- ◁ bis
- ◀ max

Standardeinordnung für Ihr Projekt:

KG	Kostengruppen der 2. Ebene	niedrig	mittel	hoch	Punkte
310	Baugrube / Erdbau				
320	Gründung, Unterbau	1	2	2	
330	Außenwände/Vert. Baukonstrukt., außen	6	7	9	
340	Innenwände/Vert. Baukonstrukt., innen	4	5	5	
350	Decken/Horizontale Baukonstruktionen	6	6	7	
360	Dächer	3	3	4	
370	Infrastrukturanlagen				
380	Baukonstruktive Einbauten	0	0	1	
390	Sonst. Maßnahmen für Baukonstrukt.				
410	Abwasser-, Wasser-, Gasanlagen	2	3	4	
420	Wärmeversorgungsanlagen	2	2	3	
430	Raumlufttechnische Anlagen	0	0	0	
440	Elektrische Anlagen	2	2	2	
450	Kommunikationstechnische Anlagen	0	0	1	
460	Förderanlagen	1	1	2	
470	Nutzungsspez. u. verfahrenstechn. Anl.	0	0	0	
480	Gebäude- und Anlagenautomation	0	0	0	
490	Sonst. Maßnahmen für techn. Anlagen				

Punkte: bis = einfach **27 bis 27 = mittel** **28 bis 40 = hoch** **Ihr Projekt (Summe):**

Erläuterung:
Obenstehende Tabelle soll Ihnen die Zuordnung zu den Gebäudearten mit einfachem, mittlerem und hohem Standard erleichtern. Schätzen Sie für jedes Grobelement ab, ob die Aufwendungen niedrig, mittel oder hoch sein werden und übertragen Sie die Punkte in die rechte Spalte. Bilden Sie die Summe der rechten Spalte und ordnen Sie Ihr Projekt nach dem Schema der untersten Zeile ein. Nehmen Sie dieses Schema auch als Hinweis darauf, bei welchen Kostengruppen Sie den Mittelwert nach oben oder unten anpassen sollten.

Kostenkennwerte für die Kostengruppen der 1. und 2.Ebene DIN 276

KG	Kostengruppen der 1.Ebene	Einheit	▷	€/Einheit	◁	▷	% an 300+400	◁
100	Grundstück	m^2 GF	–	**–**	–	–	**–**	–
200	Vorbereitende Maßnahmen	m^2 GF	12	**46**	87	1,0	**2,8**	6,7
300	Bauwerk – Baukonstruktionen	m^2 BGF	1.245	**1.593**	2.249	70,4	**75,0**	79,4
400	Bauwerk – Technische Anlagen	m^2 BGF	378	**534**	768	20,6	**25,0**	29,6
	Bauwerk 300+400	m^2 BGF	1.643	**2.127**	2.947	100,0	**100,0**	100,0
500	Außenanlagen und Freiflächen	m^2 AF	93	**195**	354	3,9	**6,3**	12,2
600	Ausstattung und Kunstwerke	m^2 BGF	23	**65**	155	0,8	**2,6**	4,7
700	Baunebenkosten*	m^2 BGF	389	**433**	478	18,6	**20,7**	22,9 ◁
800	Finanzierung	m^2 BGF	–	**–**	–	–	**–**	–

* Auf Grundlage der HOAI 2021 berechnete Werte nach §§ 35, 52, 56. Weitere Informationen siehe Seite 56

KG	Kostengruppen der 2.Ebene	Einheit	▷	€/Einheit	◁	▷	% an 1.Ebene	◁
310	Baugrube / Erdbau	m^3 BGI	40	**67**	132	1,6	**3,0**	5,2
320	Gründung, Unterbau	m^2 GRF	224	**333**	392	4,9	**6,6**	7,6
330	Außenwände / vertikal außen	m^2 AWF	399	**512**	614	24,4	**29,5**	39,8
340	Innenwände / vertikal innen	m^2 IWF	199	**245**	293	16,8	**18,3**	20,0
350	Decken / horizontal	m^2 DEF	352	**391**	480	21,8	**23,6**	25,9
360	Dächer	m^2 DAF	346	**474**	639	9,6	**11,8**	14,5
370	Infrastrukturanlagen		–	**–**	–	–	**–**	–
380	Baukonstruktive Einbauten	m^2 BGF	6	**19**	75	0,3	**1,0**	5,5
390	Sonst. Maßnahmen für Baukonst.	m^2 BGF	38	**76**	176	3,1	**6,2**	14,8
300	**Bauwerk – Baukonstruktionen**	**m^2 BGF**					**100,0**	
410	Abwasser-, Wasser-, Gasanlagen	m^2 BGF	94	**129**	216	23,0	**29,4**	39,7
420	Wärmeversorgungsanlagen	m^2 BGF	67	**103**	152	16,3	**24,2**	36,0
430	Raumlufttechnische Anlagen	m^2 BGF	7	**12**	15	0,4	**2,5**	3,5
440	Elektrische Anlagen	m^2 BGF	78	**95**	108	17,7	**22,7**	26,6
450	Kommunikationstechnische Anlagen	m^2 BGF	14	**25**	41	3,8	**5,8**	11,3
460	Förderanlagen	m^2 BGF	31	**63**	106	7,3	**15,2**	27,1
470	Nutzungsspez. / verfahrenstech. Anl.	m^2 BGF	< 1	**< 1**	2	< 0,1	**0,2**	0,5
480	Gebäude- und Anlagenautomation	m^2 BGF	–	**–**	–	–	**–**	–
490	Sonst. Maßnahmen f. techn. Anl.	m^2 BGF	–	**–**	–	–	**–**	–
400	**Bauwerk – Technische Anlagen**	**m^2 BGF**					**100,0**	

Prozentanteile der Kosten 2.Ebene an den Kosten des Bauwerks nach DIN 276 (Von/Mittel/Bis)

KG	Kostengruppe	%
310	Baugrube / Erdbau	2,2
320	Gründung, Unterbau	5,0
330	Außenwände / vertikal außen	22,0
340	Innenwände / vertikal innen	13,6
350	Decken / horizontal	17,6
360	Dächer	8,8
370	Infrastrukturanlagen	
380	Baukonstruktive Einbauten	0,8
390	Sonst. Maßnahmen für Baukonst.	4,6
410	Abwasser-, Wasser-, Gasanlagen	7,7
420	Wärmeversorgungsanlagen	6,0
430	Raumlufttechnische Anlagen	0,6
440	Elektrische Anlagen	5,7
450	Kommunikationstechnische Anlagen	1,5
460	Förderanlagen	3,9
470	Nutzungsspez. / verfahrenstech. Anl.	< 0,1
480	Gebäude- und Anlagenautomation	
490	Sonst. Maßnahmen f. techn. Anl.	

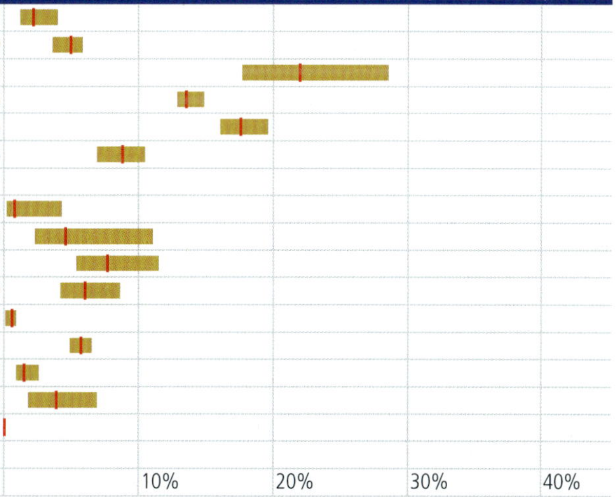

 Erläuterungen zu den Tabellen siehe Seite 54 und 56 Kostenstand: 1.Quartal 2025, Bundesdurchschnitt, **inkl. 19% MwSt.**

Prozentanteile der Kosten für Leistungsbereiche nach STLB (Kosten Bauwerk nach DIN 276)

Kosten:
Stand 1. Quartal 2025
Bundesdurchschnitt
inkl. 19% MwSt.

LB	Leistungsbereiche	▷	% an 300+400	◁
000	Baustellen-, Verkehrssich.- u. Sicherh.einr. inkl. 001	1,2	**2,8**	5,5
002	Erdarbeiten	1,0	**2,5**	4,3
006	Spezialtiefbauarbeiten inkl. 005	–	**–**	–
009	Entwässerungskanalarbeiten inkl. 011	0,0	**0,4**	0,9
010	Drän- und Versickerarbeiten	< 0,1	**< 0,1**	0,4
012	Mauerarbeiten	3,0	**6,1**	8,1
013	Betonarbeiten	14,4	**18,0**	38,6
014	Natur-, Betonwerksteinarbeiten	0,0	**0,3**	1,5
016	Zimmer- und Holzbauarbeiten	0,9	**2,5**	4,3
017	Stahlbauarbeiten	0,0	**0,1**	1,1
018	Abdichtungsarbeiten	0,1	**0,6**	1,0
020	Dachdeckungsarbeiten	0,2	**0,9**	2,2
021	Dachabdichtungsarbeiten	0,7	**1,7**	3,3
022	Klempnerarbeiten	1,7	**2,5**	3,8
	Rohbau	34,9	**38,6**	43,3
023	Putz- und Stuckarbeiten, Wärmedämmsysteme	4,8	**6,3**	7,5
024	Fliesen- und Plattenarbeiten	2,6	**3,3**	4,4
025	Estricharbeiten	1,4	**1,8**	3,0
026	Fenster, Außentüren inkl. 029, 032	5,0	**5,7**	6,9
027	Tischlerarbeiten	2,3	**3,2**	5,5
028	Parkettarbeiten, Holzpflasterarbeiten	0,0	**1,0**	2,8
030	Rollladenarbeiten	0,5	**2,6**	8,1
031	Metallbauarbeiten inkl. 035	2,6	**4,5**	6,9
034	Maler- und Lackiererarbeiten inkl. 037	2,4	**3,2**	4,0
036	Bodenbelagarbeiten	0,0	**1,1**	2,0
038	Vorgehängte hinterlüftete Fassaden	0,0	**1,1**	3,1
039	Trockenbauarbeiten	1,6	**2,7**	4,5
	Ausbau	33,0	**36,5**	42,0
040	Wärmeversorgungsanl. - Betriebseinr. inkl. 041	3,8	**5,3**	7,8
042	Gas- und Wasserinstallation, Leitungen inkl. 043	0,9	**1,9**	2,9
044	Abwasseranlagen - Leitungen, Abläufe, Armaturen	0,5	**1,3**	2,1
045	GWE - Einrichtungsgegenstände inkl. 046	1,9	**3,4**	6,4
047	Dämm- und Brandschutzarbeiten an techn. Anlagen	0,2	**1,1**	1,6
049	Feuerlöschanlagen, Feuerlöschgeräte	< 0,1	**< 0,1**	0,1
050	Blitzschutz- und Erdungsanlagen	0,2	**0,3**	0,6
052	Mittelspannungsanlagen	0,0	**0,7**	5,8
053	Niederspannungsanlagen inkl. 054	1,2	**4,0**	4,8
055	Sicherheits- und Ersatzstromversorgungsanlagen	–	**–**	–
057	Gebäudesystemtechnik	–	**–**	–
058	Leuchten und Lampen inkl. 059	0,2	**0,7**	1,1
060	Such-, Signal-, elektroakust. Anl., Med. inkl. 064	0,1	**0,6**	1,5
061	Kommunikations- und Übertragungsnetze inkl. 062	0,2	**0,5**	0,8
063	Gefahrenmeldeanlagen	< 0,1	**0,2**	0,4
069	Aufzüge	1,9	**3,8**	6,8
070	Gebäudeautomation	–	**–**	–
075	Raumlufttechnische Anlagen inkl. 078	0,1	**0,6**	0,8
	Gebäudetechnik	21,8	**24,5**	28,9
	Sonstige Leistungsbereiche inkl. 008, 033, 051	0,2	**0,4**	0,8

● KKW
▶ min
▷ von
| Mittelwert
◁ bis
◀ max

Planungskennwerte für Flächen und Rauminhalte nach DIN 277

Grundflächen		▷	Fläche/NUF (%)	◁	▷	Fläche/BGF (%)	◁
NUF	Nutzungsfläche	100,0	**100,0**	100,0	63,0	**65,3**	68,9
TF	Technikfläche	1,9	**2,3**	4,7	1,2	**1,5**	2,8
VF	Verkehrsfläche	20,2	**24,9**	29,7	12,8	**15,9**	18,8
NRF	Netto-Raumfläche	121,4	**127,1**	131,6	79,4	**82,5**	85,3
KGF	Konstruktions-Grundfläche	22,5	**27,0**	32,3	14,7	**17,5**	20,6
BGF	Brutto-Grundfläche	146,7	**154,1**	159,6	100,0	**100,0**	100,0

Brutto-Rauminhalte		▷	BRI/NUF (m)	◁	▷	BRI/BGF (m)	◁
BRI	Brutto-Rauminhalt	4,48	**4,89**	5,28	2,97	**3,17**	3,47

Flächen von Nutzeinheiten	▷	NUF/Einheit (m^2)	◁	▷	BGF/Einheit (m^2)	◁
Nutzeinheit: Wohnfläche	1,16	**1,29**	2,23	1,78	**1,97**	3,77

Lufttechnisch behandelte Flächen	▷	Fläche/NUF (%)	◁	▷	Fläche/BGF (%)	◁
Entlüftete Fläche	–	**–**	–	–	**–**	–
Be- und entlüftete Fläche	–	**–**	–	–	**–**	–
Teilklimatisierte Fläche	–	**–**	–	–	**–**	–
Klimatisierte Fläche	–	**–**	–	–	**–**	–

KG	Kostengruppen (2. Ebene)	Einheit	▷	Menge/NUF	◁	▷	Menge/BGF	◁
310	Baugrube / Erdbau	m^3 BGI	0,71	**0,86**	1,01	0,51	**0,59**	0,69
320	Gründung, Unterbau	m^2 GRF	0,36	**0,36**	0,38	0,24	**0,25**	0,26
330	Außenwände / vertikal außen	m^2 AWF	0,94	**1,05**	1,13	0,67	**0,71**	0,75
340	Innenwände / vertikal innen	m^2 IWF	1,27	**1,42**	1,67	0,87	**0,96**	1,03
350	Decken / horizontal	m^2 DEF	1,04	**1,10**	1,12	0,74	**0,75**	0,75
360	Dächer	m^2 DAF	0,44	**0,47**	0,50	0,31	**0,32**	0,32
370	Infrastrukturanlagen		–	**–**	–	–	**–**	–
380	Baukonstruktive Einbauten	m^2 BGF	1,47	**1,54**	1,60	1,00	**1,00**	1,00
390	Sonst. Maßnahmen für Baukonst.	m^2 BGF	1,47	**1,54**	1,60	1,00	**1,00**	1,00
300	**Bauwerk – Baukonstruktionen**	**m^2 BGF**	1,47	**1,54**	1,60	1,00	**1,00**	1,00

Planungskennwerte für Bauzeiten

Bauzeit in Wochen

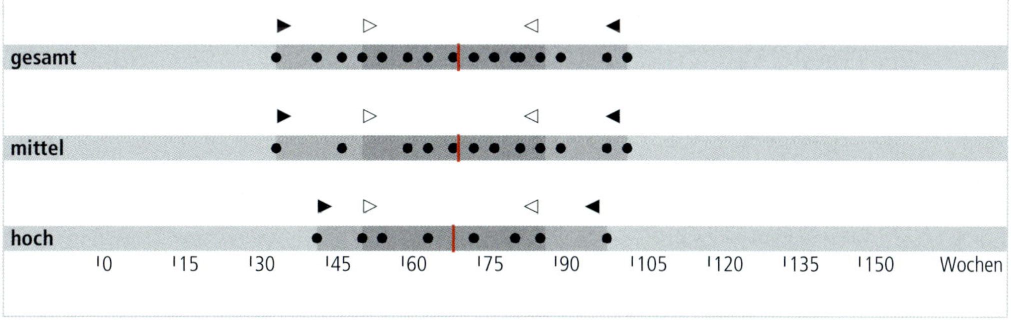

Seniorenwohnungen, mittlerer Standard

Kostenkennwerte für die Kosten des Bauwerks (Kostengruppen 300+400 nach DIN 276)

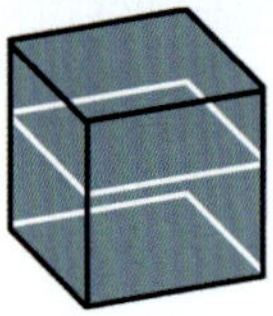

BRI 660 €/m³
von 555 €/m³
bis 905 €/m³

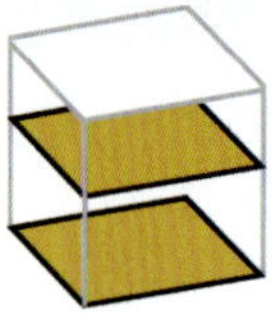

BGF 2.105 €/m²
von 1.635 €/m²
bis 3.065 €/m²

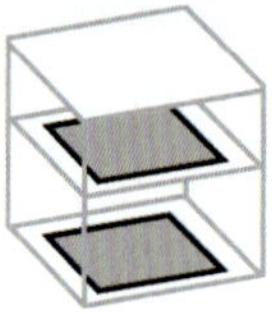

NUF 3.280 €/m²
von 2.535 €/m²
bis 4.835 €/m²

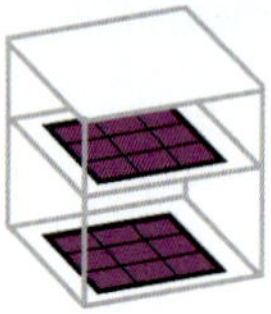

NE 3.965 €/NE
von 3.065 €/NE
bis 11.435 €/NE
NE: Wohnfläche

Kosten:
Stand 1. Quartal 2025
Bundesdurchschnitt
inkl. 19% MwSt.

Objektbeispiele

6200-0128

6200-0131

6200-0110

Kosten der 21 Vergleichsobjekte

Seiten 800 bis 805

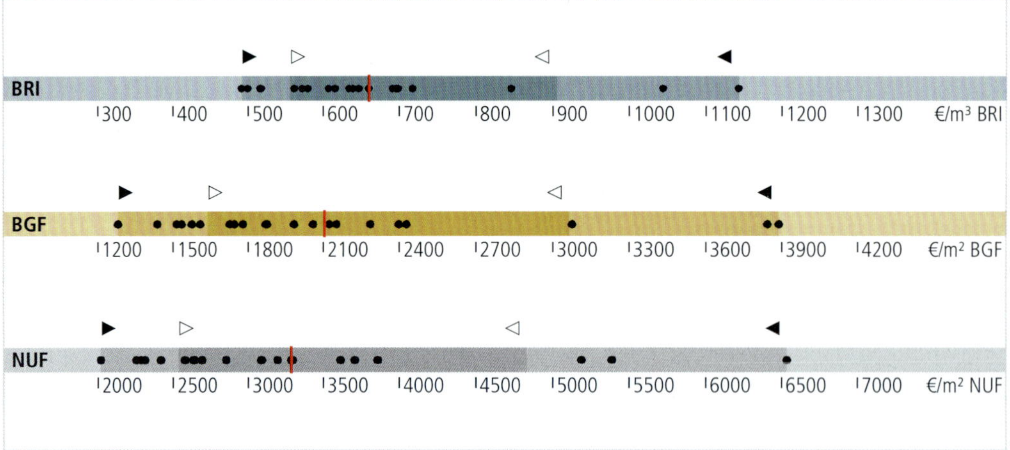

- ● KKW
- ▶ min
- ▷ von
- | Mittelwert
- ◁ bis
- ◀ max

Kostenkennwerte für die Kostengruppen der 1. und 2.Ebene DIN 276

KG	Kostengruppen der 1.Ebene	Einheit	▷	€/Einheit	◁	▷	% an 300+400	◁
100	Grundstück	m²GF	–	**–**	–	–	**–**	–
200	Vorbereitende Maßnahmen	m²GF	13	**44**	96	1,0	**2,3**	5,2
300	Bauwerk – Baukonstruktionen	m²BGF	1.243	**1.577**	2.362	70,5	**75,1**	79,0
400	Bauwerk – Technische Anlagen	m²BGF	373	**526**	770	21,0	**24,9**	29,5
	Bauwerk 300+400	m²BGF	1.637	**2.103**	3.063	100,0	**100,0**	100,0
500	Außenanlagen und Freiflächen	m²AF	89	**197**	328	4,0	**6,2**	10,3
600	Ausstattung und Kunstwerke	m²BGF	29	**66**	136	0,8	**2,7**	3,8
700	Baunebenkosten*	m²BGF	385	**430**	474	18,7	**20,8**	22,9 ◁
800	Finanzierung	m²BGF	–	**–**	–	–	**–**	–

* Auf Grundlage der HOAI 2021 berechnete Werte nach §§ 35, 52, 56. Weitere Informationen siehe Seite 56

KG	Kostengruppen der 2.Ebene	Einheit	▷	€/Einheit	◁	▷	% an 1.Ebene	◁
310	Baugrube / Erdbau	m³BGI	33	**53**	90	1,6	**2,1**	4,1
320	Gründung, Unterbau	m²GRF	221	**307**	356	4,9	**6,4**	7,8
330	Außenwände / vertikal außen	m²AWF	398	**499**	570	23,2	**30,2**	39,8
340	Innenwände / vertikal innen	m²IWF	177	**231**	262	17,6	**18,6**	20,3
350	Decken / horizontal	m²DEF	346	**370**	457	21,8	**22,6**	25,5
360	Dächer	m²DAF	329	**462**	663	9,2	**11,5**	14,9
370	Infrastrukturanlagen		–	**–**	–	–	**–**	–
380	Baukonstruktive Einbauten	m²BGF	5	**28**	75	0,2	**1,3**	5,5
390	Sonst. Maßnahmen für Baukonst.	m²BGF	34	**88**	178	2,8	**7,2**	15,0
300	**Bauwerk – Baukonstruktionen**	**m²BGF**					**100,0**	
410	Abwasser-, Wasser-, Gasanlagen	m²BGF	95	**129**	246	23,7	**30,3**	41,9
420	Wärmeversorgungsanlagen	m²BGF	57	**80**	103	15,3	**19,7**	28,4
430	Raumlufttechnische Anlagen	m²BGF	12	**14**	16	2,8	**3,4**	3,8
440	Elektrische Anlagen	m²BGF	79	**97**	110	20,7	**24,0**	28,0
450	Kommunikationstechnische Anlagen	m²BGF	14	**26**	45	4,1	**6,3**	13,6
460	Förderanlagen	m²BGF	31	**63**	112	7,2	**16,2**	29,7
470	Nutzungsspez. / verfahrenstech. Anl.	m²BGF	< 1	**1**	2	< 0,1	**0,2**	0,6
480	Gebäude- und Anlagenautomation	m²BGF	–	**–**	–	–	**–**	–
490	Sonst. Maßnahmen f. techn. Anl.	m²BGF	–	**–**	–	–	**–**	–
400	**Bauwerk – Technische Anlagen**	**m²BGF**					**100,0**	

Prozentanteile der Kosten 2.Ebene an den Kosten des Bauwerks nach DIN 276 (Von/Mittel/Bis)

KG	Kostengruppe	Mittel
310	Baugrube / Erdbau	1,6
320	Gründung, Unterbau	4,8
330	Außenwände / vertikal außen	22,6
340	Innenwände / vertikal innen	13,9
350	Decken / horizontal	17,0
360	Dächer	8,6
370	Infrastrukturanlagen	
380	Baukonstruktive Einbauten	1,0
390	Sonst. Maßnahmen für Baukonst.	5,3
410	Abwasser-, Wasser-, Gasanlagen	7,8
420	Wärmeversorgungsanlagen	4,9
430	Raumlufttechnische Anlagen	0,8
440	Elektrische Anlagen	6,0
450	Kommunikationstechnische Anlagen	1,6
460	Förderanlagen	4,0
470	Nutzungsspez. / verfahrenstech. Anl.	< 0,1
480	Gebäude- und Anlagenautomation	
490	Sonst. Maßnahmen f. techn. Anl.	

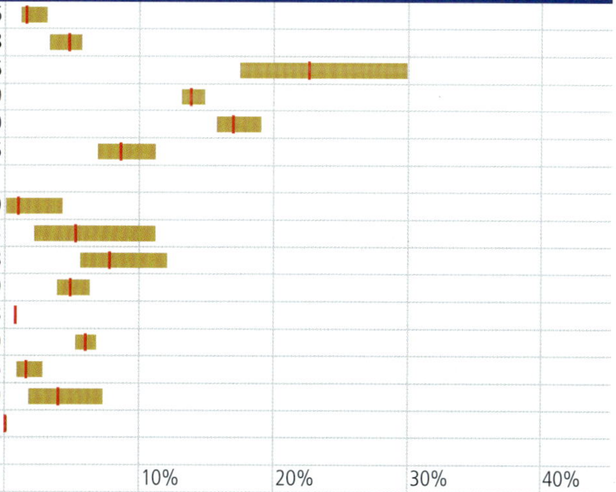

Senioren-wohnungen, mittlerer Standard

Kosten:
Stand 1. Quartal 2025
Bundesdurchschnitt
inkl. 19% MwSt.

Prozentanteile der Kosten für Leistungsbereiche nach STLB (Kosten Bauwerk nach DIN 276)

LB	Leistungsbereiche	▷	% an 300+400	◁
000	Baustellen-, Verkehrssich.- u. Sicherh.einr. inkl. 001	0,8	**3,0**	5,5
002	Erdarbeiten	0,9	**2,0**	3,7
006	Spezialtiefbauarbeiten inkl. 005	–	**–**	–
009	Entwässerungskanalarbeiten inkl. 011	0,0	**0,4**	1,0
010	Drän- und Versickerarbeiten	< 0,1	**< 0,1**	0,4
012	Mauerarbeiten	2,5	**6,1**	8,4
013	Betonarbeiten	13,9	**18,6**	38,6
014	Natur-, Betonwerksteinarbeiten	0,0	**0,3**	1,8
016	Zimmer- und Holzbauarbeiten	0,6	**1,7**	2,6
017	Stahlbauarbeiten	–	**–**	–
018	Abdichtungsarbeiten	0,2	**0,7**	1,1
020	Dachdeckungsarbeiten	0,1	**1,1**	2,2
021	Dachabdichtungsarbeiten	0,6	**1,6**	3,6
022	Klempnerarbeiten	1,5	**2,6**	3,8
	Rohbau	32,7	**38,0**	42,1
023	Putz- und Stuckarbeiten, Wärmedämmsysteme	4,5	**6,3**	7,6
024	Fliesen- und Plattenarbeiten	2,8	**3,5**	4,6
025	Estricharbeiten	1,5	**2,0**	3,1
026	Fenster, Außentüren inkl. 029, 032	5,3	**6,1**	6,9
027	Tischlerarbeiten	2,5	**3,4**	7,2
028	Parkettarbeiten, Holzpflasterarbeiten	0,0	**1,3**	2,8
030	Rollladenarbeiten	< 0,1	**2,8**	8,1
031	Metallbauarbeiten inkl. 035	2,6	**4,3**	7,8
034	Maler- und Lackiererarbeiten inkl. 037	2,1	**3,1**	3,7
036	Bodenbelagarbeiten	0,0	**0,9**	2,0
038	Vorgehängte hinterlüftete Fassaden	0,0	**1,5**	3,2
039	Trockenbauarbeiten	1,2	**2,4**	3,5
	Ausbau	33,3	**37,6**	42,1
040	Wärmeversorgungsanl. - Betriebseinr. inkl. 041	3,4	**4,3**	5,3
042	Gas- und Wasserinstallation, Leitungen inkl. 043	0,7	**1,8**	2,8
044	Abwasseranlagen - Leitungen, Abläufe, Armaturen	0,4	**1,3**	2,2
045	GWE - Einrichtungsgegenstände inkl. 046	1,9	**3,6**	7,0
047	Dämm- und Brandschutzarbeiten an techn. Anlagen	0,0	**1,0**	1,6
049	Feuerlöschanlagen, Feuerlöschgeräte	< 0,1	**< 0,1**	0,1
050	Blitzschutz- und Erdungsanlagen	0,2	**0,3**	0,7
052	Mittelspannungsanlagen	0,0	**1,0**	5,8
053	Niederspannungsanlagen inkl. 054	1,1	**3,8**	4,9
055	Sicherheits- und Ersatzstromversorgungsanlagen	–	**–**	–
057	Gebäudesystemtechnik	–	**–**	–
058	Leuchten und Lampen inkl. 059	0,4	**0,9**	1,2
060	Such-, Signal-, elektroakust. Anl., Med. inkl. 064	0,2	**0,6**	1,6
061	Kommunikations- und Übertragungsnetze inkl. 062	0,1	**0,5**	0,8
063	Gefahrenmeldeanlagen	0,1	**0,2**	0,5
069	Aufzüge	2,0	**3,8**	7,3
070	Gebäudeautomation	–	**–**	–
075	Raumlufttechnische Anlagen inkl. 078	0,7	**0,7**	0,9
	Gebäudetechnik	21,3	**24,0**	27,3
	Sonstige Leistungsbereiche inkl. 008, 033, 051	0,2	**0,4**	0,8

- ● KKW
- ▶ min
- ▷ von
- | Mittelwert
- ◁ bis
- ◀ max

Planungskennwerte für Flächen und Rauminhalte nach DIN 277

Grundflächen		▷	Fläche/NUF (%)	◁	▷	Fläche/BGF (%)	◁
NUF	Nutzungsfläche	100,0	**100,0**	100,0	62,5	**64,4**	67,5
TF	Technikfläche	1,9	**2,3**	5,4	1,2	**1,5**	3,1
VF	Verkehrsfläche	19,8	**26,0**	30,1	12,7	**16,5**	19,1
NRF	Netto-Raumfläche	121,2	**128,1**	132,1	78,9	**82,2**	85,3
KGF	Konstruktions-Grundfläche	23,0	**27,9**	33,1	14,7	**17,8**	21,1
BGF	Brutto-Grundfläche	149,6	**156,0**	161,3	100,0	**100,0**	100,0

Brutto-Rauminhalte		▷	BRI/NUF (m)	◁	▷	BRI/BGF (m)	◁
BRI	Brutto-Rauminhalt	4,58	**4,90**	5,29	2,95	**3,14**	3,31

Flächen von Nutzeinheiten	▷	NUF/Einheit (m²)	◁	▷	BGF/Einheit (m²)	◁
Nutzeinheit: Wohnfläche	1,15	**1,30**	2,46	1,83	**2,03**	4,02

Lufttechnisch behandelte Flächen	▷	Fläche/NUF (%)	◁	▷	Fläche/BGF (%)	◁
Entlüftete Fläche	–	**–**	–	–	**–**	–
Be- und entlüftete Fläche	–	**–**	–	–	**–**	–
Teilklimatisierte Fläche	–	**–**	–	–	**–**	–
Klimatisierte Fläche	–	**–**	–	–	**–**	–

KG	Kostengruppen (2. Ebene)	Einheit	▷	Menge/NUF	◁	▷	Menge/BGF	◁
310	Baugrube / Erdbau	m³ BGI	0,71	**0,84**	0,98	0,47	**0,55**	0,65
320	Gründung, Unterbau	m² GRF	0,38	**0,38**	0,38	0,25	**0,25**	0,25
330	Außenwände / vertikal außen	m² AWF	1,01	**1,10**	1,10	0,68	**0,73**	0,73
340	Innenwände / vertikal innen	m² IWF	1,43	**1,54**	1,67	0,95	**1,01**	1,09
350	Decken / horizontal	m² DEF	1,12	**1,13**	1,14	0,75	**0,75**	0,75
360	Dächer	m² DAF	0,46	**0,47**	0,47	0,30	**0,31**	0,33
370	Infrastrukturanlagen		–	**–**	–	–	**–**	–
380	Baukonstruktive Einbauten	m² BGF	1,50	**1,56**	1,61	1,00	**1,00**	1,00
390	Sonst. Maßnahmen für Baukonst.	m² BGF	1,50	**1,56**	1,61	1,00	**1,00**	1,00
300	**Bauwerk – Baukonstruktionen**	**m² BGF**	1,50	**1,56**	1,61	1,00	**1,00**	1,00

Planungskennwerte für Bauzeiten — 21 Vergleichsobjekte

Bauzeit in Wochen

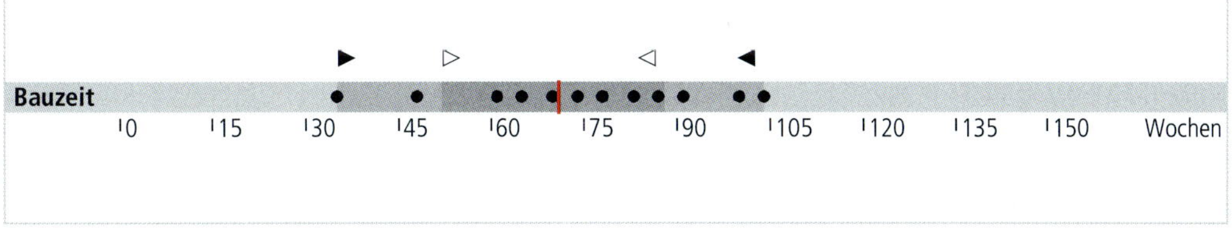

€/m² BGF

min	1.280	€/m²
von	1.635	€/m²
Mittel	**2.105**	**€/m²**
bis	3.065	€/m²
max	3.885	€/m²

Kosten:
Stand 1. Quartal 2025
Bundesdurchschnitt
inkl. 19% MwSt.

Objektübersicht zur Gebäudeart

6200-0128 Seniorenwohnanlage (2 Gebäude, 36 WE)

BRI 8.805 m³ **BGF** 2.858 m² **NUF** 1.873 m²

Zwei Gebäude mit je 18 barrierefreien Seniorenwohnungen. Massivbau.

Land: Brandenburg
Kreis: Barnim
Standard: mittel
Bauzeit: 65 Wochen
Kennwerte: bis 1. Ebene DIN 276

BGF **2.151 €/m²**

Planung: Fountis Jeschonnek Gesellschaft von Architekten mbH; Berlin

vorgesehen: BKI Objektdaten N21

6200-0122 Seniorenwohnanlage (27 WE), TG (15 STP)

BRI 9.367 m³ **BGF** 3.071 m² **NUF** 1.981 m²

Seniorenwohnheim mit 27 Wohneinheiten und 15 Tiefgaragenstellplätzen. Massivbau.

Land: Nordrhein-Westfalen
Kreis: Krefeld, Stadt
Standard: mittel
Bauzeit: 78 Wochen
Kennwerte: bis 1. Ebene DIN 276

BGF **2.122 €/m²**

Planung: Brechtel Architekten PartG mbB; Köln

veröffentlicht: BKI Objektdaten N20

6200-0131 Wohnanlage für Menschen mit Behinderung (32 WE)

BRI 10.168 m³ **BGF** 3.025 m² **NUF** 1.778 m²

Wohnanlage mit 32 Apartements für Menschen mit Behinderung. Holzbau.

Land: Niedersachsen
Kreis: Osterholz
Standard: mittel
Bauzeit: 104 Wochen
Kennwerte: bis 1. Ebene DIN 276

BGF **3.841 €/m²**

Planung: consilio pro; Möhnesee-Günne

vorgesehen: BKI Objektdaten N21

6100-1552 Wohnheim (16 Betten) - Effizienzhaus 55

BRI 4.585 m³ **BGF** 1.231 m² **NUF** 888 m²

Wohnheim für Menschen mit Behinderung (16 Betten) als Effizienzhaus 55. Massivbau.

Land: Hessen
Kreis: Odenwaldkreis
Standard: mittel
Bauzeit: 91 Wochen
Kennwerte: bis 1. Ebene DIN 276

BGF **3.887 €/m²**

Planung: GHP Architekten Schling I Vorsmann I Weimann; Oberursel

veröffentlicht: BKI Objektdaten N19

6400-0095 Familienzentrum, Kita (86 Kinder), Wohnen (9 WE)

BRI 9.454 m³ | **BGF** 2.729 m² | **NUF** 1.616 m²

Nachbarschafts-und Familienzentrum mit Kita und Seniorenwohnungen mit fünf Gruppen, 86 Kindern, neun Wohneinheiten und 430m² Wohnfläche. Massivbau.

Land: Hessen
Kreis: Groß-Gerau
Standard: mittel
Bauzeit: 83 Wochen
Kennwerte: bis 1. Ebene DIN 276

BGF 2.283 €/m²

Planung: raum-z architekten gmbh; Frankfurt am Main

veröffentlicht: BKI Objektdaten N20

6200-0110 Wohnheim für Menschen mit Behinderung (20 Betten)

BRI 4.703 m³ | **BGF** 1.294 m² | **NUF** 767 m²

Wohnheim für Menschen mit Behinderung (20 Betten). Mauerwerk.

Land: Schleswig-Holstein
Kreis: Schleswig-Flensburg
Standard: mittel
Bauzeit: 65 Wochen
Kennwerte: bis 1. Ebene DIN 276

BGF 3.074 €/m²

Planung: JANIAK + LIPPERT Architekten und Ingenieure GmbH; Fockbek

veröffentlicht: BKI Objektdaten N19

6200-0091 Seniorenwohnanlage (36 WE), TG (15 STP)

BRI 14.069 m³ | **BGF** 4.528 m² | **NUF** 2.821 m²

Wohnungen (36 WE) für selbständige Senioren, Wohncafé, Pflegedienst vor Ort, Tiefgarage mit 15 Stellplätzen. Mauerwerksbau.

Land: Hessen
Kreis: Groß-Gerau
Standard: mittel
Bauzeit: 78 Wochen
Kennwerte: bis 1. Ebene DIN 276

BGF 1.606 €/m²

Planung: FFM-ARCHITEKTEN. TOVAR + TOVAR PartGmbB; Frankfurt am Main

veröffentlicht: BKI Objektdaten N17

6200-0101 Seniorenwohnanlage (85 WE)

BRI 26.589 m³ | **BGF** 8.737 m² | **NUF** 5.306 m²

Seniorenwohnanlage mit 85 WE und Gemeinschaftsflächen. Mauerwerksbau.

Land: Hamburg
Kreis: Hamburg, Stadt
Standard: mittel
Bauzeit: 83 Wochen
Kennwerte: bis 1. Ebene DIN 276

BGF 1.873 €/m²

Planung: Thüs Farnschläder Architekten; Hamburg

veröffentlicht: BKI Objektdaten E9

€/m² BGF

min	1.280	€/m²
von	1.635	€/m²
Mittel	**2.105**	**€/m²**
bis	3.065	€/m²
max	3.885	€/m²

Kosten:
Stand 1.Quartal 2025
Bundesdurchschnitt
inkl. 19% MwSt.

Objektübersicht zur Gebäudeart

6200-0089 Wohnheim für betreutes Wohnen (24 Betten)

BRI 5.455 m³ **BGF** 1.552 m² **NUF** 1.017 m²

Wohnheim für betreutes Wohnen in vier Wohngruppen mit insgesamt 24 Betten. Mauerwerksbau.

Land: Niedersachsen
Kreis: Osnabrück
Standard: mittel
Bauzeit: 74 Wochen
Kennwerte: bis 1. Ebene DIN 276

BGF 2.428 €/m²

Planung: Hüdepohl . Ferner Architektur- und Ingenieurgesellschaft mbH; Osnabrück

veröffentlicht: BKI Objektdaten N17

6200-0090 Seniorengerechtes Wohnen - Effizienzhaus 70

BRI 9.157 m³ **BGF** 3.105 m² **NUF** 1.878 m²

Seniorengerechtes Wohnen mit Wohngruppen, Tagespflege, Begegnungsstätte und Pflegedienst-Station. Mauerwerk.

Land: Thüringen
Kreis: Erfurt, Stadt
Standard: mittel
Bauzeit: 70 Wochen
Kennwerte: bis 1. Ebene DIN 276

BGF 1.869 €/m²

Planung: WOLFF Architekten & Ingenieure; Erfurt

veröffentlicht: BKI Objektdaten E8

6200-0067 Seniorenwohnheim (45 WE), Pflegeeinrichtung

BRI 15.653 m³ **BGF** 5.048 m² **NUF** 3.503 m²

Senioren- und Servicezentrum mit Seniorenwohnanlage (45 WE), Pflege- und Wohngemeinschaft (24 Betten) und Begegnungsstätte. Mauerwerksbau.

Land: Mecklenburg-Vorpommern
Kreis: Vorpommern-Greifswald
Standard: mittel
Bauzeit: 61 Wochen
Kennwerte: bis 1. Ebene DIN 276

BGF 1.980 €/m²

Planung: Achim Dreischmeier, Architekt BDA und Stadtplaner; Ostseebad Koserow

veröffentlicht: BKI Objektdaten E7

6100-1004 Betreutes Wohnen (22 WE)

BRI 5.532 m³ **BGF** 1.729 m² **NUF** 1.123 m²

Betreutes Wohnen (22 WE), nicht unterkellert, Abstellräume im Dachgeschoss. Mauerwerksbau.

Land: Thüringen
Kreis: Ilm-Kreis
Standard: mittel
Bauzeit: 48 Wochen
Kennwerte: bis 3. Ebene DIN 276

BGF 1.573 €/m²

Planung: IBP-Ing.-Büro Bohlen; Erfurt

veröffentlicht: BKI Objektdaten N13

6100-1045 Wohnhaus für Menschen mit Behinderung - Passivhaus **BRI** 5.961 m³ **BGF** 1.783 m² **NUF** 1.339 m²

Wohngebäude mit 14 Wohnungen für Menschen mit Behinderung, Tiefgarage. Massivbau.

Land: Hamburg
Kreis: Hamburg, Stadt
Standard: mittel
Bauzeit: 78 Wochen
Kennwerte: bis 1. Ebene DIN 276

BGF **2.397 €/m²**

Planung: DR - Architekten GbR; Hamburg

veröffentlicht: BKI Objektdaten E5

6200-0041 Betreuungseinrichtung (30 Betten) **BRI** 7.586 m³ **BGF** 2.384 m² **NUF** 1.357 m²

© BECKER I RITZMANN Architekten + Ingenieure

Betreutes Wohnen (5 Wohngruppen mit 30 Betten) für eine psychiatrisch/neurologische Klinik. Mauerwerksbau.

Land: Rheinland-Pfalz
Kreis: Neustadt, Weinstraße
Standard: mittel
Bauzeit: 65 Wochen
Kennwerte: bis 1. Ebene DIN 276

BGF **2.057 €/m²**

Planung: BECKER I RITZMANN Architekten + Ingenieure; Neustadt

veröffentlicht: BKI Objektdaten N11

6100-0945 Seniorenwohnungen (32 WE), TG (8 STP) **BRI** 9.314 m³ **BGF** 3.022 m² **NUF** 1.976 m²

© Concavis Architekten + Ingenieure

Wohnungen (32 WE) für selbstständige Senioren, barrierefrei, Gemeinschaftsraum, Tiefgarage mit acht Stellplätzen. Massivbau.

Land: Nordrhein-Westfalen
Kreis: Bonn, Stadt
Standard: hoch
Bauzeit: 48 Wochen
Kennwerte: bis 3. Ebene DIN 276

BGF **1.727 €/m²**

Planung: Concavis Architekten + Ingenieure; Bornheim

veröffentlicht: BKI Objektdaten N12

6100-0995 Betreutes Wohnen (8 WE) **BRI** 1.968 m³ **BGF** 743 m² **NUF** 498 m²

© F29 Architekten GmbH

Mehrfamilienhaus mit barrierefreien Wohnungen (8 WE), nicht unterkellert. Mauerwerksbau.

Land: Bayern
Kreis: Miltenberg
Standard: mittel
Bauzeit: 48 Wochen
Kennwerte: bis 3. Ebene DIN 276

BGF **1.533 €/m²**

Planung: F29 Architekten GmbH; Dresden

veröffentlicht: BKI Objektdaten N11

€/m² BGF

min	1.280	€/m²
von	1.635	€/m²
Mittel	**2.105**	**€/m²**
bis	3.065	€/m²
max	3.885	€/m²

Kosten:
Stand 1. Quartal 2025
Bundesdurchschnitt
inkl. 19% MwSt.

Objektübersicht zur Gebäudeart

6100-0841 Seniorenwohnungen (22 WE)

BRI 5.775 m³ **BGF** 2.008 m² **NUF** 1.331 m²

Seniorenwohnungen (22 WE) mit Vorder- und Hinterhaus, die durch ein verglastes Treppenhaus verbunden sind; neun Wohnungen rollstuhlgerecht ausgeführt, alle anderen barrierefrei. Mauerwerksbau.

Land: Nordrhein-Westfalen
Kreis: Wesel
Standard: mittel
Bauzeit: 83 Wochen
Kennwerte: bis 1. Ebene DIN 276

BGF 1.744 €/m²

Planung: Eberl & Lohmeyer Architekten GbR; Wesel

veröffentlicht: BKI Objektdaten N11

6100-0852 Seniorenwohnungen (18 WE)

BRI 6.226 m³ **BGF** 1.803 m² **NUF** 1.192 m²

Barrierefreie Zweizimmerwohnungen für Senioren (18 WE). Massivbau.

Land: Nordrhein-Westfalen
Kreis: Krefeld, Stadt
Standard: mittel
Bauzeit: 100 Wochen
Kennwerte: bis 3. Ebene DIN 276

BGF 1.778 €/m²

Planung: DGM Architekten; Krefeld

veröffentlicht: BKI Objektdaten N15

6100-0919 Betreutes Wohnen (8 WE)

BRI 1.968 m³ **BGF** 743 m² **NUF** 498 m²

Mehrfamilienhaus mit barrierefreien Wohnungen (8 WE), nicht unterkellert. Mauerwerksbau.

Land: Bayern
Kreis: Miltenberg
Standard: mittel
Bauzeit: 35 Wochen
Kennwerte: bis 3. Ebene DIN 276

BGF 1.514 €/m²

Planung: F29 Architekten GmbH; Dresden

veröffentlicht: BKI Objektdaten N11

6100-0737 Seniorenwohnungen (9 WE)

BRI 2.804 m³ **BGF** 1.093 m² **NUF** 693 m²

Mehrfamilienwohnhaus (9 WE), barrierefrei, für seniorengerechtes Wohnen. Mauerwerksbau; Stb-Decken; Holzdachkonstruktion.

Land: Nordrhein-Westfalen
Kreis: Bielefeld, Stadt
Standard: mittel
Bauzeit: 48 Wochen
Kennwerte: bis 1. Ebene DIN 276

BGF 1.281 €/m²

Planung: Schützdeller-Münstermann Architekten; Rheda-Wiedenbrück

veröffentlicht: BKI Objektdaten N10

6100-0644 Seniorenwohnanlage (15 WE)

BRI 7.103 m³ **BGF** 2.425 m² **NUF** 1.508 m²

Seniorenwohnanlage mit 15 Wohnungen, Erstellung gemeinsam mit Objekt 6200-0036. Stb-Konstruktion.

Land: Baden-Württemberg
Kreis: Reutlingen
Standard: mittel
Bauzeit: 87 Wochen
Kennwerte: bis 1. Ebene DIN 276

BGF **1.437 €/m²**

Planung: Ackermann & Raff Architekten Stadtplaner BDA; Tübingen

veröffentlicht: www.bki.de

Seniorenwohnungen, hoher Standard

Kostenkennwerte für die Kosten des Bauwerks (Kostengruppen 300+400 nach DIN 276)

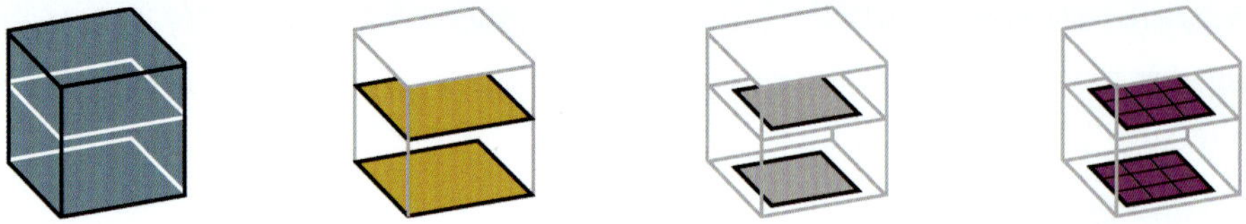

BRI 670 €/m³	BGF 2.190 €/m²	NUF 3.300 €/m²	NE 3.725 €/NE
von 565 €/m³	von 1.585 €/m²	von 2.365 €/m²	von 2.850 €/NE
bis 755 €/m³	bis 2.570 €/m²	bis 4.150 €/m²	bis 4.635 €/NE
			NE: Wohnfläche

Kosten:
Stand 1. Quartal 2025
Bundesdurchschnitt
inkl. 19% MwSt.

Objektbeispiele

6200-0130

6100-1076

6200-0062

Kosten der 8 Vergleichsobjekte — Seiten 810 bis 812

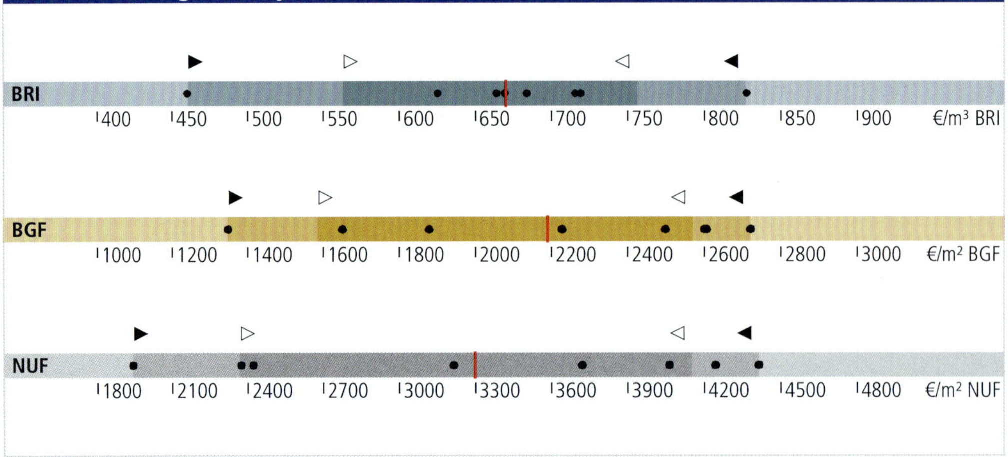

- ● KKW
- ▶ min
- ▷ von
- | Mittelwert
- ◁ bis
- ◀ max

Kostenstand: 1. Quartal 2025, Bundesdurchschnitt, **inkl. 19% MwSt.**

Kostenkennwerte für die Kostengruppen der 1. und 2. Ebene DIN 276

KG	Kostengruppen der 1. Ebene	Einheit	▷	€/Einheit	◁	▷	% an 300+400	◁
100	Grundstück	m² GF	–	**–**	–	–	**–**	–
200	Vorbereitende Maßnahmen	m² GF	5	**50**	70	0,9	**4,1**	8,5
300	Bauwerk – Baukonstruktionen	m² BGF	1.254	**1.635**	1.966	70,1	**74,9**	80,3
400	Bauwerk – Technische Anlagen	m² BGF	374	**555**	727	19,7	**25,1**	29,9
	Bauwerk 300+400	m² BGF	1.584	**2.190**	2.569	100,0	**100,0**	100,0
500	Außenanlagen und Freiflächen	m² AF	100	**189**	421	3,3	**6,5**	15,4
600	Ausstattung und Kunstwerke	m² BGF	16	**63**	184	0,7	**2,4**	6,8
700	Baunebenkosten*	m² BGF	398	**444**	489	18,4	**20,6**	22,7 ◁
800	Finanzierung	m² BGF	–	**–**	–	–	**–**	–

* Auf Grundlage der HOAI 2021 berechnete Werte nach §§ 35, 52, 56. Weitere Informationen siehe Seite 56

KG	Kostengruppen der 2. Ebene	Einheit	▷	€/Einheit	◁	▷	% an 1. Ebene	◁
310	Baugrube / Erdbau	m³ BGI	53	**102**	151	3,4	**5,0**	6,6
320	Gründung, Unterbau	m² GRF	338	**398**	458	6,7	**7,1**	7,6
330	Außenwände / vertikal außen	m² AWF	402	**545**	689	26,8	**27,6**	28,5
340	Innenwände / vertikal innen	m² IWF	240	**281**	322	15,6	**17,5**	19,3
350	Decken / horizontal	m² DEF	391	**444**	498	25,8	**26,0**	26,3
360	Dächer	m² DAF	431	**503**	575	11,8	**12,6**	13,4
370	Infrastrukturanlagen		–	**–**	–	–	**–**	–
380	Baukonstruktive Einbauten	m² BGF	5	**6**	7	0,4	**0,5**	0,5
390	Sonst. Maßnahmen für Baukonst.	m² BGF	42	**48**	53	3,6	**3,7**	3,7
300	**Bauwerk – Baukonstruktionen**	**m² BGF**					**100,0**	
410	Abwasser-, Wasser-, Gasanlagen	m² BGF	89	**129**	168	21,6	**27,1**	32,6
420	Wärmeversorgungsanlagen	m² BGF	143	**160**	177	27,8	**35,3**	42,8
430	Raumlufttechnische Anlagen	m² BGF	–	**5**	–	0,0	**0,4**	0,9
440	Elektrische Anlagen	m² BGF	76	**89**	101	14,9	**19,6**	24,3
450	Kommunikationstechnische Anlagen	m² BGF	14	**21**	29	3,3	**4,5**	5,7
460	Förderanlagen	m² BGF	32	**62**	93	7,7	**12,9**	18,1
470	Nutzungsspez. / verfahrenstech. Anl.	m² BGF	< 1	**< 1**	2	< 0,1	**0,2**	0,4
480	Gebäude- und Anlagenautomation	m² BGF	–	**–**	–	–	**–**	–
490	Sonst. Maßnahmen f. techn. Anl.	m² BGF	–	**–**	–	–	**–**	–
400	**Bauwerk – Technische Anlagen**	**m² BGF**					**100,0**	

Prozentanteile der Kosten 2. Ebene an den Kosten des Bauwerks nach DIN 276 (Von/Mittel/Bis)

KG	Kostengruppe	%
310	Baugrube / Erdbau	3,8
320	Gründung, Unterbau	5,2
330	Außenwände / vertikal außen	20,3
340	Innenwände / vertikal innen	12,7
350	Decken / horizontal	19,1
360	Dächer	9,2
370	Infrastrukturanlagen	
380	Baukonstruktive Einbauten	0,3
390	Sonst. Maßnahmen für Baukonst.	2,7
410	Abwasser-, Wasser-, Gasanlagen	7,5
420	Wärmeversorgungsanlagen	9,0
430	Raumlufttechnische Anlagen	0,1
440	Elektrische Anlagen	5,0
450	Kommunikationstechnische Anlagen	1,3
460	Förderanlagen	3,7
470	Nutzungsspez. / verfahrenstech. Anl.	< 0,1
480	Gebäude- und Anlagenautomation	
490	Sonst. Maßnahmen f. techn. Anl.	

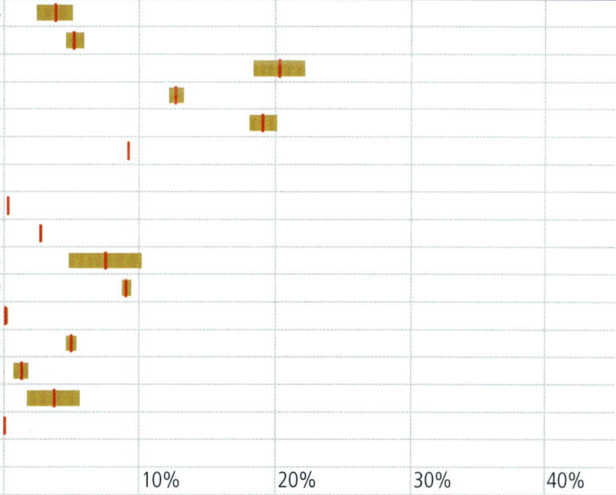

Kosten:
Stand 1. Quartal 2025
Bundesdurchschnitt
inkl. 19% MwSt.

Prozentanteile der Kosten für Leistungsbereiche nach STLB (Kosten Bauwerk nach DIN 276)

LB	Leistungsbereiche	5% 10% 15% 20%	▷	% an 300+400	◁
000	Baustellen-, Verkehrssich.- u. Sicherh.einr. inkl. 001		2,2	**2,3**	2,4
002	Erdarbeiten		2,5	**4,0**	5,6
006	Spezialtiefbauarbeiten inkl. 005		–	**–**	–
009	Entwässerungskanalarbeiten inkl. 011		0,5	**0,5**	0,5
010	Drän- und Versickerarbeiten		< 0,1	**0,2**	0,3
012	Mauerarbeiten		5,9	**6,3**	6,6
013	Betonarbeiten		15,8	**16,3**	16,7
014	Natur-, Betonwerksteinarbeiten		0,0	**0,5**	1,0
016	Zimmer- und Holzbauarbeiten		4,8	**5,1**	5,4
017	Stahlbauarbeiten		0,0	**0,5**	1,1
018	Abdichtungsarbeiten		< 0,1	**0,3**	0,6
020	Dachdeckungsarbeiten		0,0	**0,4**	0,8
021	Dachabdichtungsarbeiten		1,2	**1,8**	2,4
022	Klempnerarbeiten		2,1	**2,1**	2,1
	Rohbau		38,4	**40,2**	42,1
023	Putz- und Stuckarbeiten, Wärmedämmsysteme		6,1	**6,4**	6,7
024	Fliesen- und Plattenarbeiten		2,3	**2,7**	3,0
025	Estricharbeiten		1,1	**1,2**	1,3
026	Fenster, Außentüren inkl. 029, 032		4,5	**4,8**	5,1
027	Tischlerarbeiten		2,3	**2,5**	2,7
028	Parkettarbeiten, Holzpflasterarbeiten		–	**–**	–
030	Rollladenarbeiten		2,1	**2,1**	2,1
031	Metallbauarbeiten inkl. 035		4,5	**4,9**	5,3
034	Maler- und Lackiererarbeiten inkl. 037		2,9	**3,6**	4,4
036	Bodenbelagarbeiten		1,4	**1,7**	2,1
038	Vorgehängte hinterlüftete Fassaden		–	**–**	–
039	Trockenbauarbeiten		1,9	**3,6**	5,3
	Ausbau		31,1	**33,5**	35,8
040	Wärmeversorgungsanl. - Betriebseinr. inkl. 041		7,6	**8,2**	8,8
042	Gas- und Wasserinstallation, Leitungen inkl. 043		1,5	**2,3**	3,1
044	Abwasseranlagen - Leitungen, Abläufe, Armaturen		1,1	**1,3**	1,5
045	GWE - Einrichtungsgegenstände inkl. 046		1,8	**2,9**	4,1
047	Dämm- und Brandschutzarbeiten an techn. Anlagen		0,8	**1,2**	1,6
049	Feuerlöschanlagen, Feuerlöschgeräte		< 0,1	**< 0,1**	< 0,1
050	Blitzschutz- und Erdungsanlagen		0,3	**0,4**	0,5
052	Mittelspannungsanlagen		–	**–**	–
053	Niederspannungsanlagen inkl. 054		4,0	**4,4**	4,8
055	Sicherheits- und Ersatzstromversorgungsanlagen		–	**–**	–
057	Gebäudesystemtechnik		–	**–**	–
058	Leuchten und Lampen inkl. 059		0,2	**0,3**	0,4
060	Such-, Signal-, elektroakust. Anl., Med. inkl. 064		0,0	**0,5**	1,0
061	Kommunikations- und Übertragungsnetze inkl. 062		0,4	**0,6**	0,8
063	Gefahrenmeldeanlagen		0,0	**0,1**	0,3
069	Aufzüge		1,7	**3,6**	5,6
070	Gebäudeautomation		–	**–**	–
075	Raumlufttechnische Anlagen inkl. 078		0,0	**0,1**	0,3
	Gebäudetechnik		21,9	**26,1**	30,2
	Sonstige Leistungsbereiche inkl. 008, 033, 051		0,2	**0,2**	0,2

● KKW
▶ min
▷ von
| Mittelwert
◁ bis
◀ max

Planungskennwerte für Flächen und Rauminhalte nach DIN 277

Grundflächen		▷	Fläche/NUF (%)	◁	▷	Fläche/BGF (%)	◁
NUF	Nutzungsfläche	100,0	**100,0**	100,0	66,5	**67,6**	70,8
TF	Technikfläche	2,0	**2,3**	2,6	1,4	**1,5**	1,7
VF	Verkehrsfläche	18,8	**22,0**	25,4	12,2	**14,2**	16,2
NRF	Netto-Raumfläche	120,7	**124,3**	127,2	82,9	**83,4**	84,5
KGF	Konstruktions-Grundfläche	22,2	**24,9**	26,4	15,5	**16,6**	17,1
BGF	Brutto-Grundfläche	143,1	**149,2**	152,2	100,0	**100,0**	100,0

Brutto-Rauminhalte		▷	BRI/NUF (m)	◁	▷	BRI/BGF (m)	◁
BRI	Brutto-Rauminhalt	4,41	**4,87**	5,12	2,99	**3,26**	3,64

Flächen von Nutzeinheiten	▷	NUF/Einheit (m²)	◁	▷	BGF/Einheit (m²)	◁
Nutzeinheit: Wohnfläche	1,20	**1,27**	1,54	1,70	**1,82**	2,04

Lufttechnisch behandelte Flächen	▷	Fläche/NUF (%)	◁	▷	Fläche/BGF (%)	◁
Entlüftete Fläche	–	**–**	–	–	**–**	–
Be- und entlüftete Fläche	–	**–**	–	–	**–**	–
Teilklimatisierte Fläche	–	**–**	–	–	**–**	–
Klimatisierte Fläche	–	**–**	–	–	**–**	–

KG	Kostengruppen (2. Ebene)	Einheit	▷	Menge/NUF	◁	▷	Menge/BGF	◁
310	Baugrube / Erdbau	m³ BGI	0,94	**0,94**	0,94	0,68	**0,68**	0,68
320	Gründung, Unterbau	m² GRF	0,32	**0,32**	0,32	0,23	**0,23**	0,23
330	Außenwände / vertikal außen	m² AWF	0,94	**0,94**	0,94	0,68	**0,68**	0,68
340	Innenwände / vertikal innen	m² IWF	1,12	**1,12**	1,12	0,81	**0,81**	0,81
350	Decken / horizontal	m² DEF	1,04	**1,04**	1,04	0,76	**0,76**	0,76
360	Dächer	m² DAF	0,45	**0,45**	0,45	0,33	**0,33**	0,33
370	Infrastrukturanlagen		–	**–**	–	–	**–**	–
380	Baukonstruktive Einbauten	m² BGF	1,43	**1,49**	1,52	1,00	**1,00**	1,00
390	Sonst. Maßnahmen für Baukonst.	m² BGF	1,43	**1,49**	1,52	1,00	**1,00**	1,00
300	**Bauwerk – Baukonstruktionen**	**m² BGF**	1,43	**1,49**	1,52	1,00	**1,00**	1,00

Planungskennwerte für Bauzeiten — 8 Vergleichsobjekte

Bauzeit in Wochen

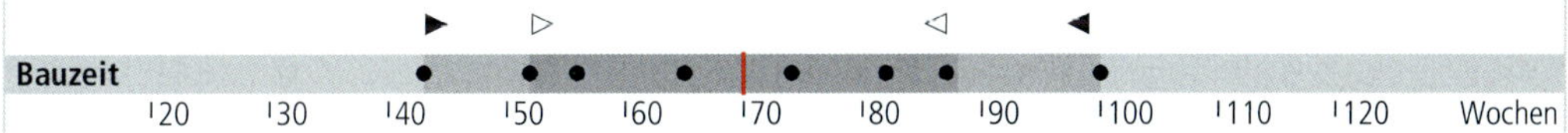

Senioren-
wohnungen,
hoher Standard

€/m² BGF

min	1.345	€/m²
von	1.585	€/m²
Mittel	**2.190**	**€/m²**
bis	2.570	€/m²
max	2.720	€/m²

Kosten:
Stand 1.Quartal 2025
Bundesdurchschnitt
inkl. 19% MwSt.

Objektübersicht zur Gebäudeart

6200-0130 Betreutes Wohnen (31 WE), Tagespflege (17 Plätze) — BRI 15.779m³ BGF 5.011m² NUF 2.958m²

© Oliver Pohl

31 Wohnungen mit Betreuungs- und Pflegeservice sowie einer Sozialstation und Tagespflegeeinrichtung für 17 Plätze. Massivbau.

Land: Nordrhein-Westfalen
Kreis: Mettmann
Standard: hoch
Bauzeit: 82 Wochen
Kennwerte: bis 1.Ebene DIN 276

BGF **2.605€/m²**

Planung: soleo* GmbH; Düsseldorf

vorgesehen: BKI Objektdaten N21

6100-1076 Betreutes Wohnen (36 WE) - Effizienzhaus 70 — BRI 16.639m³ BGF 3.822m² NUF 2.796m²

© Architektenbüro Lorenzen

Wohnanlage für betreutes Wohnen (2.495m² WFL) mit insgesamt sieben Gebäuden (Gemeinschaftshaus, Apartmenthäuser (2St), Wohnhäuser (4St). Mauerwerksbau.

Land: Schleswig-Holstein
Kreis: Schleswig-Flensburg
Standard: hoch
Bauzeit: 52 Wochen
Kennwerte: bis 1.Ebene DIN 276

BGF **2.721€/m²**

Planung: Architektenbüro Lorenzen Freischaffende Architekten BDA; Flensburg

veröffentlicht: BKI Objektdaten E6

6200-0062 Seniorenwohnungen (29 WE), Arztpraxen, Pflege — BRI 9.432m³ BGF 2.896m² NUF 2.006m²

© baukunst thomas serwe

Seniorenwohnungen (1.996m² WFL), zwei Arztpraxen und ein Pflegedienstbüro. Massivbau.

Land: Nordrhein-Westfalen
Kreis: Recklinghausen
Standard: hoch
Bauzeit: 100 Wochen
Kennwerte: bis 1.Ebene DIN 276

BGF **2.227€/m²**

Planung: baukunst thomas serwe; Münster

veröffentlicht: BKI Objektdaten N13

6200-0063 Hospiz (16 Betten) - Effizienzhaus 85 — BRI 7.795m³ BGF 2.156m² NUF 1.321m²

© Jochen Lehmann

Hospiz mit 16 Betten. Mauerwerksbau.

Land: Schleswig-Holstein
Kreis: Kiel, Stadt
Standard: hoch
Bauzeit: 74 Wochen
Kennwerte: bis 1.Ebene DIN 276

BGF **2.599€/m²**

Planung: Dipl.-Ing. Architekt E. Schneekloth + Partner; Lütjenburg

veröffentlicht: BKI Objektdaten E6

Objektübersicht zur Gebäudeart

6100-0727 Betreutes Wohnen (9 WE)

BRI 2.134 m³ | **BGF** 858 m² | **NUF** 597 m²

Mehrfamilienhaus (9 WE), barrierefrei mit Aufzug und Schwesternrufanlage. Mauerwerksbau.

Land: Baden-Württemberg
Kreis: Esslingen
Standard: hoch
Bauzeit: 43 Wochen
Kennwerte: bis 3. Ebene DIN 276

BGF 1.651 €/m²

Planung: Architekturbüro Mesch-Fehrle; Aichtal-Grötzingen

veröffentlicht: BKI Objektdaten N12

6100-0499 Wohnanlage (26 WE)

BRI 8.119 m³ | **BGF** 2.895 m² | **NUF** 2.245 m²

26 altengerechte Wohnungen, Tiefgarage. Mauerwerksbau.

Land: Thüringen
Kreis: Saalfeld-Rudolstadt
Standard: hoch
Bauzeit: 87 Wochen
Kennwerte: bis 3. Ebene DIN 276

BGF 1.877 €/m²

Planung: Architekten- und Ingenieurgruppe Erfurt & Partner GmbH; Erfurt

veröffentlicht: www.bki.de

6100-0441 Seniorenwohnanlage*

BRI 47.191 m³ | **BGF** 16.514 m² | **NUF** 11.550 m²

Seniorenwohnanlage mit 98 Wohneinheiten (67-155 m² WFL), TG, Schwimmbad, Aufenthaltsräume. Mauerwerksbau.

Land: Berlin
Kreis: Berlin, Stadt
Standard: hoch
Bauzeit: 61 Wochen
Kennwerte: bis 3. Ebene DIN 276

BGF 4.100 €/m² *

Planung: Hilmer+Sattler und T. Albrecht GmbH; Berlin

veröffentlicht: www.bki.de
* Nicht in der Auswertung enthalten

6100-0362 Servicewohnanlage (19 WE)

BRI 9.176 m³ | **BGF** 3.132 m² | **NUF** 2.170 m²

Service-Wohnanlage mit 19 Wohneinheiten (1.641 m² WFL II.BVO), die Wohnungen sind speziell für Senioren und Menschen mit Behinderung, 16 Wohnungen barrierefrei. Mauerwerksbau.

Land: Nordrhein-Westfalen
Kreis: Mülheim an der Ruhr, Stadt
Standard: hoch
Bauzeit: 56 Wochen
Kennwerte: bis 1. Ebene DIN 276

BGF 1.346 €/m²

Planung: Dipl.-Ing. Friedrich Kamp Architekturbüro; Mülheim a.d. Ruhr

veröffentlicht: www.bki.de

€/m² BGF

min	1.345	€/m²
von	1.585	€/m²
Mittel	**2.190**	**€/m²**
bis	2.570	€/m²
max	2.720	€/m²

Kosten:
Stand 1. Quartal 2025
Bundesdurchschnitt
inkl. 19% MwSt.

Objektübersicht zur Gebäudeart

6200-0020 Wohnheim für Menschen mit Behinderung (24 Betten) BRI 4.066 m³ BGF 1.165 m² NUF 716 m²

Gemeinschaftswohnungen für Menschen mit Behinderung (24 Betten); Gemeinschaftsräume und Verwaltung auch für Bewohner des Nachbargebäudes; Trainingswohnung im Untergeschoss. Mauerwerksbau.

Land: Nordrhein-Westfalen
Kreis: Höxter
Standard: hoch
Bauzeit: 65 Wochen
Kennwerte: bis 1. Ebene DIN 276

BGF **2.496 €/m²**

Planung: Michel + Wolf + Partner Freie Architekten BDA; Stuttgart

veröffentlicht: www.bki.de

Verwaltung
Wissenschaft
Gesundheit
Bildung
Sport
Wohnen
Gewerbe
Versorgung
Kultur

Kostenkennwerte für die Kosten des Bauwerks (Kostengruppen 300+400 nach DIN 276)

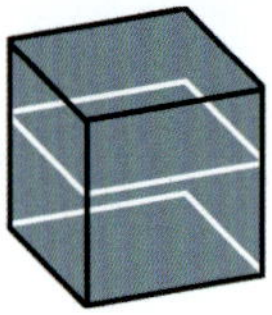
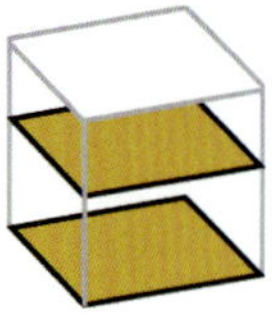
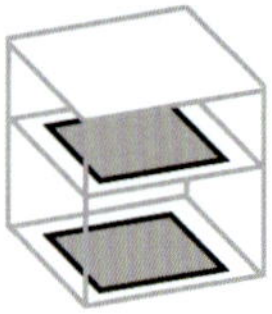
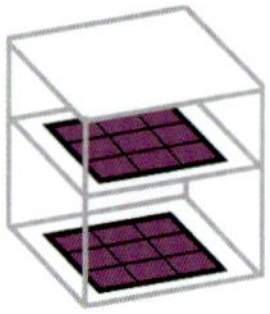

BRI 760 €/m³	BGF 2.465 €/m²	NUF 3.995 €/m²	NE 137.785 €/NE
von 585 €/m³	von 1.995 €/m²	von 3.080 €/m²	von 94.445 €/NE
bis 925 €/m³	bis 3.010 €/m²	bis 5.125 €/m²	bis 206.435 €/NE
			NE: Betten

Kosten:
Stand 1. Quartal 2025
Bundesdurchschnitt
inkl. 19% MwSt.

Objektbeispiele

6100-1687

6200-0134

6200-0135

Kosten der 41 Vergleichsobjekte

Seiten 818 bis 828

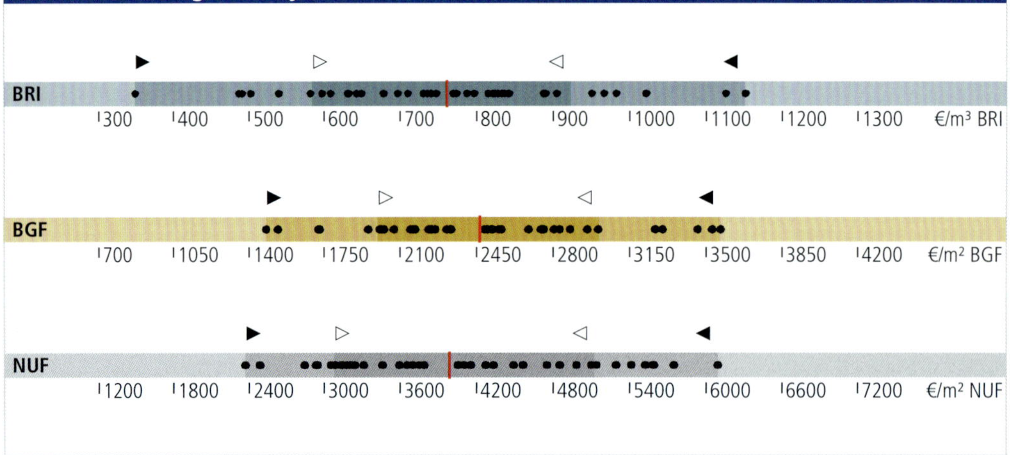

- ● KKW
- ▶ min
- ▷ von
- | Mittelwert
- ◁ bis
- ◀ max

Kostenkennwerte für die Kostengruppen der 1. und 2.Ebene DIN 276

KG	Kostengruppen der 1.Ebene	Einheit	▷	€/Einheit	◁	▷	% an 300+400	◁
100	Grundstück	m²GF	–	**–**	–	–	**–**	–
200	Vorbereitende Maßnahmen	m²GF	16	**50**	152	0,6	**1,8**	5,3
300	Bauwerk – Baukonstruktionen	m²BGF	1.531	**1.870**	2.271	69,8	**76,2**	80,8
400	Bauwerk – Technische Anlagen	m²BGF	419	**597**	864	19,2	**23,8**	30,2
	Bauwerk 300+400	m²BGF	1.997	**2.466**	3.010	100,0	**100,0**	100,0
500	Außenanlagen und Freiflächen	m²AF	140	**273**	451	3,1	**6,5**	10,5
600	Ausstattung und Kunstwerke	m²BGF	38	**115**	254	1,4	**4,3**	8,7
700	Baunebenkosten*	m²BGF	440	**491**	541	17,8	**19,9**	21,9 ◁
800	Finanzierung	m²BGF	–	**–**	–	–	**–**	–

* Auf Grundlage der HOAI 2021 berechnete Werte nach §§ 35, 52, 56. Weitere Informationen siehe Seite 56

KG	Kostengruppen der 2.Ebene	Einheit	▷	€/Einheit	◁	▷	% an 1.Ebene	◁
310	Baugrube / Erdbau	m³BGI	38	**52**	84	1,0	**2,2**	3,6
320	Gründung, Unterbau	m²GRF	294	**430**	544	6,4	**9,1**	12,9
330	Außenwände / vertikal außen	m²AWF	533	**642**	805	24,3	**29,7**	37,4
340	Innenwände / vertikal innen	m²IWF	275	**330**	400	16,4	**18,5**	25,9
350	Decken / horizontal	m²DEF	424	**537**	685	14,7	**18,8**	22,9
360	Dächer	m²DAF	380	**591**	716	8,7	**12,8**	16,8
370	Infrastrukturanlagen		–	**–**	–	–	**–**	–
380	Baukonstruktive Einbauten	m²BGF	12	**49**	88	0,3	**2,1**	5,3
390	Sonst. Maßnahmen für Baukonst.	m²BGF	59	**116**	489	3,5	**6,8**	27,8
300	**Bauwerk – Baukonstruktionen**	**m²BGF**					**100,0**	
410	Abwasser-, Wasser-, Gasanlagen	m²BGF	86	**133**	206	21,9	**26,0**	29,9
420	Wärmeversorgungsanlagen	m²BGF	80	**122**	172	17,6	**25,6**	34,3
430	Raumlufttechnische Anlagen	m²BGF	16	**52**	102	1,6	**7,9**	15,0
440	Elektrische Anlagen	m²BGF	102	**128**	219	20,7	**26,4**	31,7
450	Kommunikationstechnische Anlagen	m²BGF	13	**28**	51	1,6	**5,6**	7,7
460	Förderanlagen	m²BGF	17	**32**	46	0,4	**4,0**	9,8
470	Nutzungsspez. / verfahrenstech. Anl.	m²BGF	< 1	**32**	125	< 0,1	**2,5**	19,7
480	Gebäude- und Anlagenautomation	m²BGF	15	**20**	28	0,0	**1,6**	4,4
490	Sonst. Maßnahmen f. techn. Anl.	m²BGF	3	**6**	10	< 0,1	**0,4**	1,6
400	**Bauwerk – Technische Anlagen**	**m²BGF**					**100,0**	

Prozentanteile der Kosten 2.Ebene an den Kosten des Bauwerks nach DIN 276 (Von/Mittel/Bis)

KG	Kostengruppe	%
310	Baugrube / Erdbau	1,7
320	Gründung, Unterbau	7,1
330	Außenwände / vertikal außen	23,3
340	Innenwände / vertikal innen	14,4
350	Decken / horizontal	14,7
360	Dächer	9,9
370	Infrastrukturanlagen	
380	Baukonstruktive Einbauten	1,7
390	Sonst. Maßnahmen für Baukonst.	5,3
410	Abwasser-, Wasser-, Gasanlagen	5,7
420	Wärmeversorgungsanlagen	5,4
430	Raumlufttechnische Anlagen	1,8
440	Elektrische Anlagen	5,6
450	Kommunikationstechnische Anlagen	1,3
460	Förderanlagen	0,8
470	Nutzungsspez. / verfahrenstech. Anl.	0,6
480	Gebäude- und Anlagenautomation	0,4
490	Sonst. Maßnahmen f. techn. Anl.	< 0,1

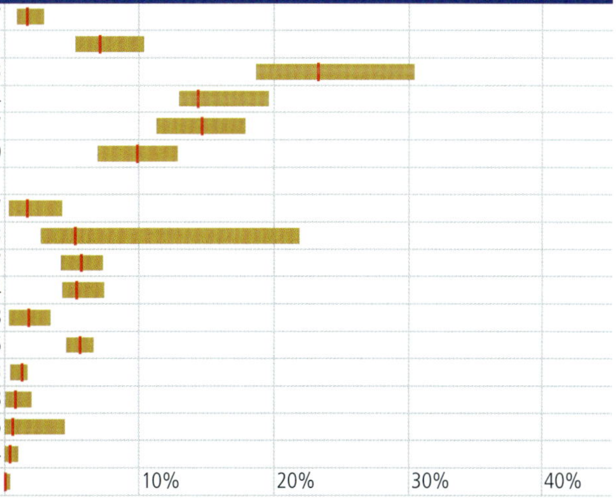

 Erläuterungen zu den Tabellen siehe Seite 54 und 56 Kostenstand: 1. Quartal 2025, Bundesdurchschnitt, **inkl. 19% MwSt.**

Kosten:
Stand 1.Quartal 2025
Bundesdurchschnitt
inkl. 19% MwSt.

Prozentanteile der Kosten für Leistungsbereiche nach STLB (Kosten Bauwerk nach DIN 276)

LB	Leistungsbereiche	▷	% an 300+400	◁
000	Baustellen-, Verkehrssich.- u. Sicherh.einr. inkl. 001	1,8	**4,0**	12,4
002	Erdarbeiten	1,3	**2,3**	3,2
006	Spezialtiefbauarbeiten inkl. 005	0,0	**0,4**	3,6
009	Entwässerungskanalarbeiten inkl. 011	0,0	**0,3**	0,5
010	Drän- und Versickerarbeiten	0,0	**< 0,1**	0,1
012	Mauerarbeiten	2,2	**5,4**	8,7
013	Betonarbeiten	15,6	**18,8**	23,9
014	Natur-, Betonwerksteinarbeiten	< 0,1	**0,7**	2,1
016	Zimmer- und Holzbauarbeiten	0,2	**2,3**	6,7
017	Stahlbauarbeiten	< 0,1	**0,2**	1,4
018	Abdichtungsarbeiten	0,3	**0,6**	1,2
020	Dachdeckungsarbeiten	0,1	**1,0**	4,5
021	Dachabdichtungsarbeiten	0,8	**3,1**	5,4
022	Klempnerarbeiten	0,6	**1,2**	2,2
	Rohbau	35,1	**40,3**	45,6
023	Putz- und Stuckarbeiten, Wärmedämmsysteme	2,0	**3,9**	5,0
024	Fliesen- und Plattenarbeiten	1,5	**2,3**	3,7
025	Estricharbeiten	1,1	**1,4**	1,8
026	Fenster, Außentüren inkl. 029, 032	5,5	**10,4**	19,1
027	Tischlerarbeiten	2,9	**4,6**	7,4
028	Parkettarbeiten, Holzpflasterarbeiten	< 0,1	**0,9**	2,2
030	Rollladenarbeiten	0,1	**0,8**	1,7
031	Metallbauarbeiten inkl. 035	1,4	**3,8**	5,7
034	Maler- und Lackiererarbeiten inkl. 037	1,6	**2,5**	3,6
036	Bodenbelagarbeiten	0,6	**1,5**	4,0
038	Vorgehängte hinterlüftete Fassaden	< 0,1	**0,9**	6,8
039	Trockenbauarbeiten	2,1	**3,6**	4,8
	Ausbau	30,1	**36,7**	45,6
040	Wärmeversorgungsanl. - Betriebseinr. inkl. 041	3,9	**5,0**	7,4
042	Gas- und Wasserinstallation, Leitungen inkl. 043	1,5	**2,1**	2,9
044	Abwasseranlagen - Leitungen, Abläufe, Armaturen	0,8	**1,1**	1,6
045	GWE - Einrichtungsgegenstände inkl. 046	1,4	**2,5**	3,7
047	Dämm- und Brandschutzarbeiten an techn. Anlagen	0,3	**1,0**	1,4
049	Feuerlöschanlagen, Feuerlöschgeräte	0,0	**< 0,1**	< 0,1
050	Blitzschutz- und Erdungsanlagen	0,1	**0,3**	1,1
052	Mittelspannungsanlagen	–	**–**	–
053	Niederspannungsanlagen inkl. 054	3,0	**3,9**	4,5
055	Sicherheits- und Ersatzstromversorgungsanlagen	0,0	**0,3**	2,3
057	Gebäudesystemtechnik	0,0	**0,1**	1,1
058	Leuchten und Lampen inkl. 059	0,4	**1,2**	2,3
060	Such-, Signal-, elektroakust. Anl., Med. inkl. 064	0,1	**0,2**	0,4
061	Kommunikations- und Übertragungsnetze inkl. 062	< 0,1	**0,4**	0,7
063	Gefahrenmeldeanlagen	0,2	**0,6**	0,9
069	Aufzüge	< 0,1	**0,8**	2,0
070	Gebäudeautomation	0,0	**0,2**	1,0
075	Raumlufttechnische Anlagen inkl. 078	0,3	**1,6**	3,0
	Gebäudetechnik	18,2	**21,5**	24,4
	Sonstige Leistungsbereiche inkl. 008, 033, 051	0,5	**1,5**	2,5

- ● KKW
- ▶ min
- ▷ von
- | Mittelwert
- ◁ bis
- ◀ max

Planungskennwerte für Flächen und Rauminhalte nach DIN 277

Grundflächen		▷	Fläche/NUF (%)	◁	▷	Fläche/BGF (%)	◁
NUF	Nutzungsfläche	100,0	**100,0**	100,0	58,2	**62,8**	67,0
TF	Technikfläche	3,0	**3,7**	7,5	1,8	**2,3**	4,2
VF	Verkehrsfläche	22,4	**28,3**	39,9	13,6	**17,0**	21,5
NRF	Netto-Raumfläche	125,6	**132,1**	143,6	80,0	**82,1**	84,2
KGF	Konstruktions-Grundfläche	25,4	**29,2**	34,3	15,8	**17,9**	20,0
BGF	Brutto-Grundfläche	151,7	**161,2**	176,8	100,0	**100,0**	100,0

Brutto-Rauminhalte		▷	BRI/NUF (m)	◁	▷	BRI/BGF (m)	◁
BRI	Brutto-Rauminhalt	4,89	**5,30**	6,23	3,14	**3,30**	4,00

Flächen von Nutzeinheiten	▷	NUF/Einheit (m^2)	◁	▷	BGF/Einheit (m^2)	◁
Nutzeinheit: Betten	25,74	**32,80**	48,89	40,22	**53,24**	74,18

Lufttechnisch behandelte Flächen	▷	Flache/NUF (%)	◁	▷	Fläche/BGF (%)	◁
Entlüftete Fläche	–	**–**	–	–	**–**	–
Be- und entlüftete Fläche	123,0	**123,0**	123,0	79,7	**79,7**	79,7
Teilklimatisierte Fläche	–	**–**	–	–	**–**	–
Klimatisierte Fläche	–	**–**	–	–	**–**	–

KG	Kostengruppen (2. Ebene)	Einheit	▷	Menge/NUF	◁	▷	Menge/BGF	◁
310	Baugrube / Erdbau	m^3 BGI	0,93	**1,33**	1,90	0,59	**0,86**	1,16
320	Gründung, Unterbau	m^2 GRF	0,52	**0,58**	0,61	0,33	**0,37**	0,38
330	Außenwände / vertikal außen	m^2 AWF	1,15	**1,25**	1,38	0,75	**0,81**	0,89
340	Innenwände / vertikal innen	m^2 IWF	1,46	**1,53**	1,97	0,91	**0,98**	1,22
350	Decken / horizontal	m^2 DEF	0,89	**0,93**	1,00	0,56	**0,61**	0,66
360	Dächer	m^2 DAF	0,53	**0,60**	0,60	0,34	**0,38**	0,39
370	Infrastrukturanlagen		–	**–**	–	–	**–**	–
380	Baukonstruktive Einbauten	m^2 BGF	1,52	**1,61**	1,77	1,00	**1,00**	1,00
390	Sonst. Maßnahmen für Baukonst.	m^2 BGF	1,52	**1,61**	1,77	1,00	**1,00**	1,00
300	**Bauwerk – Baukonstruktionen**	**m^2 BGF**	1,52	**1,61**	1,77	1,00	**1,00**	1,00

Planungskennwerte für Bauzeiten **41 Vergleichsobjekte**

Bauzeit in Wochen

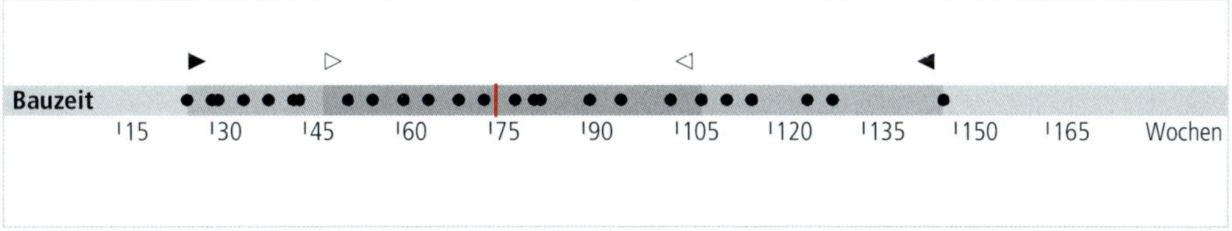

€/m² BGF

min	1.480	€/m²
von	1.995	€/m²
Mittel	**2.465**	**€/m²**
bis	3.010	€/m²
max	3.565	€/m²

Kosten:
Stand 1. Quartal 2025
Bundesdurchschnitt
inkl. 19% MwSt.

Objektübersicht zur Gebäudeart

6200-0136 Übergangswohnheim (120 Betten)

BRI 3.271 m³ **BGF** 1.250 m² **NUF** 898 m²

Übergangswohnheim mit 120 Betten. Holzbau.

Land: Nordrhein-Westfalen
Kreis: Wesel
Standard: mittel
Bauzeit: 30 Wochen
Kennwerte: bis 1. Ebene DIN 276

BGF 2.485 €/m²

Planung: W. u. J. Derix GmbH & Co; Niederkrüchten

vorgesehen: BKI Objektdaten N22

6200-0135 Übergangswohnheim (48 Betten)

BRI 2.559 m³ **BGF** 792 m² **NUF** 603 m²

Übergangswohnheim mit sechs Wohnungen für 92 Betten. Holzbau.

Land: Nordrhein-Westfalen
Kreis: Viersen
Standard: mittel
Bauzeit: 31 Wochen
Kennwerte: bis 1. Ebene DIN 276

BGF 3.298 €/m²

Planung: W. u. J. Derix GmbH & Co.; Niederkrüchten

vorgesehen: BKI Objektdaten N21

6100-1657 Studierendenappartements (11 WE)

BRI 1.234 m³ **BGF** 394 m² **NUF** 228 m²

Studierendenappartements mit 228m² Wohnfläche, elf Wohneinheiten für je eine Person. Holzbau.

Land: Hessen
Kreis: Fulda
Standard: mittel
Bauzeit: 26 Wochen
Kennwerte: bis 1. Ebene DIN 276

BGF 3.528 €/m²

Planung: HfM Architektur + Energiedesign; Fulda

veröffentlicht: BKI Objektdaten N20

6500-0059 Studierendenwohnheim (70 Betten), Mensa

BRI 19.694 m³ **BGF** 5.048 m² **NUF** 2.984 m²

Neubau einer Mensa mit 400 Sitzplätzen sowie 70 Wohnheimplätzen verteilt auf vier Etagen. Massivbau.

Land: Mecklenburg-Vorpommern
Kreis: Rostock, Stadt
Standard: hoch
Bauzeit: 104 Wochen
Kennwerte: bis 1. Ebene DIN 276

BGF 3.265 €/m²

Planung: MHB GmbH; Rostock

veröffentlicht: BKI Objektdaten N20

6200-0127 Studierendenwohnheim (110 WE)

BRI 17.073 m³ **BGF** 5.284 m² **NUF** 2.645 m²

Studierendenwohnheim mit 110 Einzelappartements sowie Gemeinschaftsräume. Stahlbeton.

Land: Rheinland-Pfalz
Kreis: Trier, Stadt
Standard: mittel
Bauzeit: 74 Wochen
Kennwerte: bis 1. Ebene DIN 276

BGF 2.876 €/m²

Planung: PUR+ ARCHITEKTEN STEIN HEMMES PARTNER GMBB; Kasel

veröffentlicht: BKI Objektdaten N20

6100-1687 Wohnheim (27 WE, 31 Betten)

BRI 13.942 m³ **BGF** 2.268 m² **NUF** 1.469 m²

Inklusives, gemeinschaftliches Wohnen mit 27 barrierefreien Appartements für 31 Menschen mit seelischer Behinderung sowie Verwaltungsräume für die ambulante Betreuung. Massivbau.

Land: Brandenburg
Kreis: Dahme-Spreewald
Standard: mittel
Bauzeit: 96 Wochen
Kennwerte: bis 1. Ebene DIN 276

BGF 2.146 €/m²

Planung: Fountis Jeschonnek Gesellschaft von Architekten mbH; Berlin

vorgesehen: BKI Objektdaten N21

6200-0134 Studierendenwohnheim (174 WE)

BRI 28.746 m³ **BGF** 10.411 m² **NUF** 5.220 m²

Studierendenwohnheim mit 174 Appartements für 211 Studenten. Mischkonstruktion.

Land: Bayern
Kreis: Rosenheim, Stadt
Standard: hoch
Bauzeit: 104 Wochen
Kennwerte: bis 1. Ebene DIN 276

BGF 2.498 €/m²

Planung: ACMS Architekten GmbH; Wuppertal

vorgesehen: BKI Objektdaten N21

4500-0020 Seminar- und Gästehaus (12 Betten)

BRI 3.333 m³ **BGF** 918 m² **NUF** 510 m²

Seminar- und Gästehaus mit zwölf Betten. Mauerwerk.

Land: Brandenburg
Kreis: Brandenburg a.d. Havel
Standard: mittel
Bauzeit: 61 Wochen
Kennwerte: bis 1. Ebene DIN 276

BGF 3.006 €/m²

Planung: LKK Lehrecke Kammerer Keiß Gesell. von Architekt:innen mbH BDA; Berlin

veröffentlicht: BKI Objektdaten N20

€/m² BGF

min	1.480	€/m²
von	1.995	€/m²
Mittel	**2.465**	**€/m²**
bis	3.010	€/m²
max	3.565	€/m²

Kosten:
Stand 1. Quartal 2025
Bundesdurchschnitt
inkl. 19% MwSt.

Objektübersicht zur Gebäudeart

6200-0120 Jugendwohnheim (2 Gebäude, 14 Betten)

BRI 2.966 m³ **BGF** 1.052 m² **NUF** 740 m²

Wohnanlage mit zwei Gebäuden für insgesamt 14 Jugendliche mit Einschränkungen, bestehend aus acht Kleinstwohnungen. Massivbau.

Land: Nordrhein-Westfalen
Kreis: Bielefeld, Stadt
Standard: mittel
Bauzeit: 96 Wochen
Kennwerte: bis 1. Ebene DIN 276

BGF 2.170 €/m²

Planung: alberts.architekten BDA; Bielefeld

veröffentlicht: BKI Objektdaten N19

6200-0105 Wohnheim für Jugendliche (15 Betten)

BRI 2.447 m³ **BGF** 681 m² **NUF** 397 m²

Wohnheim mit drei Wohneinheiten für 15 Jugendliche, sowie Verwaltungsräumen. Massivbau.

Land: Brandenburg
Kreis: Barnim
Standard: mittel
Bauzeit: 39 Wochen
Kennwerte: bis 1. Ebene DIN 276

BGF 2.829 €/m²

Planung: Parmakerli-Fountis Gesellschaft von Architekten mbH; Kleinmachnow

veröffentlicht: BKI Objektdaten N18

6200-0112 Internat für Berufsschüler (28 Betten)*

BRI 3.819 m³ **BGF** 1.211 m² **NUF** 706 m²

Internat für Berufsschüler mit Ausbildungsräumen, 14 Doppelzimmer mit Bad. Massivbau.

Land: Schleswig-Holstein
Kreis: Schleswig-Flensburg
Standard: hoch
Bauzeit: 126 Wochen
Kennwerte: bis 1. Ebene DIN 276

BGF 4.891 €/m²

Planung: DHBT. Architekten GmbH; Kiel

veröffentlicht: BKI Objektdaten N19
* Nicht in der Auswertung enthalten

6200-0107 Jugendwohngruppe

BRI 5.859 m³ **BGF** 1.936 m² **NUF** 1.336 m²

Stationäre Wohneinrichtung für Kinder und Jugendliche. Massivbau.

Land: Brandenburg
Kreis: Potsdam, Stadt
Standard: mittel
Bauzeit: 70 Wochen
Kennwerte: bis 1. Ebene DIN 276

BGF 2.551 €/m²

Planung: Miethe + Quehl architekten; Potsdam

veröffentlicht: BKI Objektdaten N18

6200-0113 Studierendenwohnheim (100 WE, 27 STP)

BRI 21.427 m³ **BGF** 7.124 m² **NUF** 4.129 m²

Studierendenwohnheim mit 100 WE. Stahlbeton.

Land: Niedersachsen
Kreis: Osnabrück, Stadt
Standard: hoch
Bauzeit: 96 Wochen
Kennwerte: bis 1. Ebene DIN 276

BGF **2.955 €/m²**

Planung: Plan. Concept Architekten GmbH; Osnabrück

veröffentlicht: BKI Objektdaten N19

6200-0111 Studierendenwohnheim (203 WE) - Passivhaus

BRI 33.183 m³ **BGF** 10.717 m² **NUF** 6.835 m²

Studierendenwohnheim mit 203 Wohneinheiten. Holzbau.

Land: Nordrhein-Westfalen
Kreis: Bochum, Stadt
Standard: mittel
Bauzeit: 126 Wochen
Kennwerte: bis 1. Ebene DIN 276

BGF **3.565 €/m²**

Planung: ACMS Architekten GmbH; Wuppertal

veröffentlicht: BKI Objektdaten N19

6200-0103 Studierendenwohnheim (50 WE)

BRI 7.208 m³ **BGF** 2.188 m² **NUF** 1.444 m²

Studierendenwohnheim mit 50 Wohneinheiten. Mauerwerk.

Land: Berlin
Kreis: Berlin, Stadt
Standard: mittel
Bauzeit: 82 Wochen
Kennwerte: bis 1. Ebene DIN 276

BGF **2.744 €/m²**

Planung: LKK Lehrecke Kammerer Keiß Gesell. von Architekt:innen mbH BDA; Berlin

veröffentlicht: BKI Objektdaten N18

6200-0108 Übergangswohnhaus (46 Zimmer)

BRI 5.193 m³ **BGF** 1.663 m² **NUF** 957 m²

Übergangswohnhaus zur zeitlich begrenzten Aufnahme von Wohnungslosen mit 46 Zimmer. Mauerwerk.

Land: Berlin
Kreis: Berlin, Stadt
Standard: einfach
Bauzeit: 130 Wochen
Kennwerte: bis 1. Ebene DIN 276

BGF **2.336 €/m²**

Planung: BHBVT Gesellschaft von Architekten mbH; Berlin

veröffentlicht: BKI Objektdaten N18

€/m² BGF

min	1.480	€/m²
von	1.995	€/m²
Mittel	**2.465**	**€/m²**
bis	3.010	€/m²
max	3.565	€/m²

Kosten:
Stand 1. Quartal 2025
Bundesdurchschnitt
inkl. 19% MwSt.

Objektübersicht zur Gebäudeart

6200-0104 Studierendenwohnheim (79 WE)

BRI 19.221 m³ **BGF** 6.490 m² **NUF** 3.934 m²

Studierendenwohnheim mit 79 Wohneinheiten. Massivbau.

Land: Thüringen
Kreis: Jena, Stadt
Standard: einfach
Bauzeit: 117 Wochen
Kennwerte: bis 1. Ebene DIN 276

BGF 1.721 €/m²

Planung: sittig-architekten; Jena

veröffentlicht: BKI Objektdaten E9

6200-0114 Wohnheim Kinder- und Jugendwohngruppe (11 Betten)

BRI 2.164 m³ **BGF** 625 m² **NUF** 371 m²

Wohnheim für eine Kinder- und Jugendwohngruppe mit elf Betten. Mauerwerk.

Land: Niedersachsen
Kreis: Aurich
Standard: mittel
Bauzeit: 52 Wochen
Kennwerte: bis 1. Ebene DIN 276

BGF 2.248 €/m²

Planung: 3ing Architektur- und Ingenieurbüro GmbH; Aurich

veröffentlicht: BKI Objektdaten N19

6200-0093 Wohnheim (34 Betten)

BRI 4.966 m³ **BGF** 1.714 m² **NUF** 1.052 m²

Wohnheim für Menschen mit einer Behinderung aus dem autistischen Spektrum (34 Betten). Massivbau.

Land: Berlin
Kreis: Berlin, Stadt
Standard: mittel
Bauzeit: 56 Wochen
Kennwerte: bis 1. Ebene DIN 276

BGF 2.243 €/m²

Planung: ZappeArchitekten; Berlin

veröffentlicht: BKI Objektdaten N17

6200-0082 Wohnheim, Jugendhilfe (3 Gebäude)

BRI 3.149 m³ **BGF** 886 m² **NUF** 498 m²

Jugendhilfeeinrichtung, drei Häuser á sechs Betten. KS-Mauerwerk.

Land: Brandenburg
Kreis: Barnim
Standard: mittel
Bauzeit: 44 Wochen
Kennwerte: bis 1. Ebene DIN 276

BGF 2.524 €/m²

Planung: Parmakerli-Fountis Gesellschaft von Architekten mbH; Kleinmachnow

veröffentlicht: BKI Objektdaten N16

6200-0077 Jugendwohngruppe (10 Betten)

BRI 1.804 m³ **BGF** 490 m² **NUF** 309 m²

Wohngruppe für zehn Jugendliche (379 m² WFL), umnutzbar in zwei Doppelhaushälften. Mauerwerk.

Land: Niedersachsen
Kreis: Goslar
Standard: mittel
Bauzeit: 35 Wochen
Kennwerte: bis 3. Ebene DIN 276

BGF **2.688 €/m²**

Planung: BRATHUHN + KÖNIG Architektur- u. Ingenieur-PartGmbB; Braunschweig

veröffentlicht: BKI Objektdaten N17

6100-1282 Modulhäuser (34 WE)*

BRI 12.674 m³ **BGF** 3.247 m² **NUF** 1.929 m²

Neun Wohngebäude zur temporären öffentlich rechtlichen Unterbringung. Stahlbau.

Land: Hamburg
Kreis: Hamburg, Stadt
Standard: einfach
Bauzeit: 17 Wochen
Kennwerte: bis 3. Ebene DIN 276

BGF **1.255 €/m²**

*

Planung: Plan-R-Architektenbüro; Hamburg

veröffentlicht: BKI Objektdaten N17
* Nicht in der Auswertung enthalten

6200-0083 Studierendenwohnheim, Verwaltung

BRI 11.489 m³ **BGF** 3.690 m² **NUF** 2.305 m²

Studierendenwohnheim (80 Betten) mit Verwaltung und studentischen Arbeitsplätzen. Massivbau.

Land: Niedersachsen
Kreis: Hannover, Region
Standard: mittel
Bauzeit: 74 Wochen
Kennwerte: bis 1. Ebene DIN 276

BGF **2.565 €/m²**

Planung: ACMS Architekten GmbH; Wuppertal

veröffentlicht: BKI Objektdaten E8

6200-0086 Studierendenwohnheim (62 Betten), TG - Passivhaus

BRI 11.243 m³ **BGF** 3.629 m² **NUF** 1.647 m²

Wohnheim für 62 Studierende (1.605 m² WFL) mit Tiefgarage (22 STP) als Passivhaus. Massivbau.

Land: Nordrhein-Westfalen
Kreis: Leverkusen, Stadt
Standard: mittel
Bauzeit: 96 Wochen
Kennwerte: bis 1. Ebene DIN 276

BGF **2.158 €/m²**

Planung: HU MA N hussmann und macht architektur | design GbR; Köln

veröffentlicht: BKI Objektdaten E8

Objektübersicht zur Gebäudeart

€/m² BGF

min	1.480	€/m²
von	1.995	€/m²
Mittel	**2.465**	**€/m²**
bis	3.010	€/m²
max	3.565	€/m²

Kosten:
Stand 1. Quartal 2025
Bundesdurchschnitt
inkl. 19% MwSt.

6200-0076 Studierendenappartements (57 WE) - Effizienzhaus 40

BRI 7.855 m³ | **BGF** 2.748 m² | **NUF** 1.782 m²

Studierendenappartements (57 WE) mit Gemeinschaftsbereichen. Mauerwerksbau.

Land: Hamburg
Kreis: Hamburg, Stadt
Standard: mittel
Bauzeit: 79 Wochen
Kennwerte: bis 1. Ebene DIN 276

BGF 2.330 €/m²

Planung: Heider Zeichardt Architekten; Hamburg

veröffentlicht: BKI Objektdaten N16

6600-0027 Gästehaus (40 Einzelzimmer), TG (39 STP)

BRI 8.710 m³ | **BGF** 2.520 m² | **NUF** 1.311 m²

Gästehaus mit 40 Einzelzimmern und Tiefgarage mit 39 Stellplätzen. Stahlbetonbau.

Land: Nordrhein-Westfalen
Kreis: Rhein-Sieg-Kreis
Standard: hoch
Bauzeit: 52 Wochen
Kennwerte: bis 1. Ebene DIN 276

BGF 2.754 €/m²

Planung: ARGE Luft-Brix Architekten mit Johannes Schneider Architekt BDA; Bremen

veröffentlicht: BKI Objektdaten E8

6200-0075 Wohnheim für Jugendliche - Effizienzhaus 70

BRI 2.957 m³ | **BGF** 893 m² | **NUF** 574 m²

Wohnheim für Kinder und Jugendliche mit 13 Plätzen als Effizienzhaus 70. Mauerwerksbau.

Land: Schleswig-Holstein
Kreis: Schleswig-Flensburg
Standard: mittel
Bauzeit: 56 Wochen
Kennwerte: bis 1. Ebene DIN 276

BGF 2.013 €/m²

Planung: LPP Architektur Jens Lassen; Eckernförde

veröffentlicht: BKI Objektdaten E7

6200-0079 Übergangswohnheim für Flüchtlinge (12 WE)

BRI 5.272 m³ | **BGF** 1.660 m² | **NUF** 1.040 m²

Übergangswohnheim (12 WE) für Flüchtlinge. Mauerwerksbau.

Land: Nordrhein-Westfalen
Kreis: Köln, Stadt
Standard: mittel
Bauzeit: 91 Wochen
Kennwerte: bis 1. Ebene DIN 276

BGF 2.005 €/m²

Planung: pagelhenn architektinnenarchitekt; Hilden

veröffentlicht: BKI Objektdaten N16

6200-0095 Studierendenwohnheim (99 WE), TG (24 STP)

BRI 17.400 m³ **BGF** 5.725 m² **NUF** 3.554 m²

Studierendenwohnheim mit 99 Wohneinheiten und Tiefgarage (24 STP). Massivbau.

Land: Bayern
Kreis: Bamberg, Stadt
Standard: mittel
Bauzeit: 113 Wochen
Kennwerte: bis 1. Ebene DIN 276

BGF **1.954 €/m²**

Planung: habermann.decker.architekten PartGmbB; Lemgo

veröffentlicht: BKI Objektdaten N17

6200-0087 Wohnheim für Menschen m. Behinderung (26 WE)

BRI 12.399 m³ **BGF** 4.145 m² **NUF** 2.781 m²

Wohnheim für Menschen mit Behinderung mit 24 WE und zwei Kurzzeitplätzen. Massivbau.

Land: Bayern
Kreis: Kempten (Allgäu)
Standard: hoch
Bauzeit: 148 Wochen
Kennwerte: bis 1. Ebene DIN 276

BGF **2.518 €/m²**

Planung: mse architekten gmbh; Kaufbeuren

veröffentlicht: BKI Objektdaten E8

6200-0080 Wohnanlage (28 WE), Inklusives Wohnen

BRI 15.744 m³ **BGF** 5.346 m² **NUF** 3.336 m²

Inklusive Wohnanlage mit Haus- und Wohngemeinschaften sowie Zwei- und Dreizimmerwohnungen für Menschen mit Behinderung. Im Erdgeschoss ist ein Café. Stahlbeton.

Land: Bayern
Kreis: Ingolstadt, Stadt
Standard: mittel
Bauzeit: 109 Wochen
Kennwerte: bis 3. Ebene DIN 276

BGF **1.478 €/m²**

Planung: eap Architekten Stadtplaner PartGmbH; München

veröffentlicht: BKI Objektdaten N18

6200-0069 Wohnungen für obdachlose Menschen (14 WE)

BRI 3.358 m³ **BGF** 728 m² **NUF** 562 m²

Obdachlosenheim (381 m² WFL) mit 14 Zimmern für 32 Betten, Büro, Werkstatt. Massivbau.

Land: Bayern
Kreis: Ingolstadt, Stadt
Standard: einfach
Bauzeit: 39 Wochen
Kennwerte: bis 1. Ebene DIN 276

BGF **2.263 €/m²**

Planung: eap Architekten Stadtplaner PartGmbH; München

veröffentlicht: BKI Objektdaten N15

€/m² BGF		
min	1.480	€/m²
von	1.995	€/m²
Mittel	**2.465**	**€/m²**
bis	3.010	€/m²
max	3.565	€/m²

Kosten:
Stand 1. Quartal 2025
Bundesdurchschnitt
inkl. 19% MwSt.

Objektübersicht zur Gebäudeart

6200-0068 Studierendenwohnheim (14 WE) - Effizienzhaus 40

BRI 1.514 m³ **BGF** 539 m² **NUF** 392 m²

Studierendenwohnheim mit 14 Wohneinheiten (343m² WFL). Mauerwerksbau.

Land: Bremen
Kreis: Bremen, Stadt
Standard: mittel
Bauzeit: 43 Wochen
Kennwerte: bis 1. Ebene DIN 276

BGF 2.315 €/m²

Planung: 360Grad / Architektur; Bremen

veröffentlicht: BKI Objektdaten E7

6200-0072 Wohnheimanlage (600 WE), TG (61 STP)

BRI 69.874 m³ **BGF** 22.882 m² **NUF** 14.694 m²

Wohnheim mit 600 WE (14.693m² WFL) in sechs Häusern (Wohnensemble). Massivbau.

Land: Hessen
Kreis: Frankfurt am Main, Stadt
Standard: mittel
Bauzeit: 91 Wochen
Kennwerte: bis 1. Ebene DIN 276

BGF 2.070 €/m²

Planung: APB. Architekten BDA Grossmann-Hensel - Schneider - Andresen; Hamburg

veröffentlicht: BKI Objektdaten N15

6600-0022 Jugendgästehaus (28 Betten), Bürogebäude

BRI 2.741 m³ **BGF** 771 m² **NUF** 537 m²

Jugendgästehaus mit 28 Betten und Bürogebäude mit drei Großbüros. Massivbau.

Land: Brandenburg
Kreis: Potsdam, Stadt
Standard: mittel
Bauzeit: 43 Wochen
Kennwerte: bis 3. Ebene DIN 276

BGF 1.729 €/m²

Planung: °pha Architekten BDA Banniza, Hermann, Öchsner PartGmbB; Potsdam

veröffentlicht: BKI Objektdaten N15

6200-0065 Vereinsheim (15 Betten)*

BRI 2.482 m³ **BGF** 662 m² **NUF** 387 m²

Vereinsheim mit 15 Wohn- und Schlafplätzen. Mauerwerk.

Land: Schleswig-Holstein
Kreis: Dithmarschen
Standard: mittel
Bauzeit: 52 Wochen
Kennwerte: bis 1. Ebene DIN 276

BGF 3.793 €/m²

 *

Planung: Detlefsen + Figge; Kiel

veröffentlicht: BKI Objektdaten N13
* Nicht in der Auswertung enthalten

Objektübersicht zur Gebäudeart

6200-0064 Studierendenwohnheim, Kindertagesstätte

BRI 10.279 m³ **BGF** 3.030 m² **NUF** 2.083 m²

Studierendenwohnheim im 1-3. OG mit 21 Wohneinheiten und 50 Betten, Kindertagesstätte im EG mit sechs Gruppen für 82 Kinder. Massivbau.

Land: Thüringen
Kreis: Erfurt, Stadt
Standard: mittel
Bauzeit: 61 Wochen
Kennwerte: bis 1. Ebene DIN 276

BGF **2.024 €/m²**

Planung: sittig-architekten; Jena

veröffentlicht: BKI Objektdaten N13

6200-0071 Studierendendorf (384 Studierende) - Effizienzhaus 4

BRI 47.290 m³ **BGF** 13.410 m² **NUF** 9.805 m²

Studierendendorf mit Einzel- und Doppelapartments für Studierende sowie Forscher und Lehrende. Massivbau.

Land: Berlin
Kreis: Berlin, Stadt
Standard: mittel
Bauzeit: 56 Wochen
Kennwerte: bis 1. Ebene DIN 276

BGF **2.231 €/m²**

Planung: Die Zusammenarbeiter Gesellschaft von Architekten mbH; Berlin

veröffentlicht: BKI Objektdaten N15

6600-0023 Bettenhaus (42 Betten), Seminarräume

BRI 4.153 m³ **BGF** 1.160 m² **NUF** 719 m²

Neubau eines Bettenhauses (36 Zimmer, 42 Betten) mit Seminarbereich als Erweiterung des Evangelischen Bildungszentrums Rastede. Mauerwerksbau.

Land: Niedersachsen
Kreis: Ammerland
Standard: mittel
Bauzeit: 83 Wochen
Kennwerte: bis 3. Ebene DIN 276

BGF **3.460 €/m²**

Planung: Angelis & Partner Architekten mbB; Oldenburg

veröffentlicht: BKI Objektdaten E6

6600-0018 Gästehaus (53 Betten)

BRI 4.327 m³ **BGF** 1.370 m² **NUF** 748 m²

Gästehaus (53 Betten) mit 27 Zimmern (625 m² WFL), Café und Speiseraum im EG. Mauerwerksbau.

Land: Thüringen
Kreis: Kyffhäuserkreis
Standard: mittel
Bauzeit: 70 Wochen
Kennwerte: bis 1. Ebene DIN 276

BGF **2.803 €/m²**

Planung: AIG mbH Sondershausen C. Kober Arch., K. Schmidt; Sondershausen

veröffentlicht: BKI Objektdaten N12

€/m² BGF

min	1.480	€/m²
von	1.995	€/m²
Mittel	**2.465**	**€/m²**
bis	3.010	€/m²
max	3.565	€/m²

Kosten:
Stand 1. Quartal 2025
Bundesdurchschnitt
inkl. 19% MwSt.

Objektübersicht zur Gebäudeart

6200-0057 Studierendenwohnheim (139 Betten)

BRI 17.355 m³ **BGF** 6.101 m² **NUF** 3.768 m²

Wohnheim für 139 Studierende (3.466 m² WFL). Das Gebäude gliedert sich in einen u-förmigen Gebäudeteil mit Einzelzimmern um eine Erschließungshalle und einen über Laubengänge erschlossenen Riegel, in dem je drei bzw. fünf Zimmer zu einer Wohngemeinschaft zusammengefasst sind. Stb-Skelettbau.

Land: Bayern
Kreis: Würzburg, Stadt
Standard: mittel
Bauzeit: 61 Wochen
Kennwerte: bis 3. Ebene DIN 276

BGF **1.533 €/m²**

Planung: Michel + Wolf + Partner Freie Architekten BDA; Stuttgart

veröffentlicht: BKI Objektdaten N15

6200-0049 Schwesternwohnheim, Büros

BRI 12.600 m³ **BGF** 4.182 m² **NUF** 2.879 m²

Schwesternwohnheim mit Verwaltungseinheit. Massivbau.

Land: Bayern
Kreis: München, Stadt
Standard: mittel
Bauzeit: 117 Wochen
Kennwerte: bis 3. Ebene DIN 276

BGF **2.233 €/m²**

Planung: Haindl + Kollegen GmbH Planung und Baumanagement; München

veröffentlicht: BKI Objektdaten N11

6200-0043 Internat für Jugendfußballer

BRI 8.495 m³ **BGF** 2.532 m² **NUF** 1.529 m²

Internat für Jugendfußballer mit 26 Zimmer / 30 Betten, im Sportfunktionsgebäude sind Umkleideräume, Duschen und Räume für Fitness und Funktionsräume für 80 Sportler. Es gibt eine Küche mit Speisesaal. Massivbau.

Land: Niedersachsen
Kreis: Wolfsburg, Stadt
Standard: mittel
Bauzeit: 65 Wochen
Kennwerte: bis 3. Ebene DIN 276

BGF **2.758 €/m²**

Planung: nb+b Neumann-Berking und Bendorf Planungsgesellschaft mbH; Wolfsburg

veröffentlicht: BKI Objektdaten N12

6200-0033 Elternhaus (15 WE)

BRI 5.726 m³ **BGF** 1.875 m² **NUF** 1.342 m²

Elternwohnhaus mit 15 Appartements, Elternecke, Raum für Geschwisterbetreuung, das ganze Gebäude ist barrierefrei, Aufzug, Geschäftsstelle, Tiefgarage. Massivbau; Stb-Wände, KS-Mauerwerk; Stb-Decken; Stb-Flachdach.

Land: Baden-Württemberg
Kreis: Ulm, Stadt
Standard: mittel
Bauzeit: 83 Wochen
Kennwerte: bis 3. Ebene DIN 276

BGF **2.247 €/m²**

Planung: idw Architekten Dipl.-Ing. (FH) Nicole Pflüger; Neu-Ulm

veröffentlicht: www.bki.de

Kostenkennwerte für die Kosten des Bauwerks (Kostengruppen 300+400 nach DIN 276)

BRI 850€/m³
von 720€/m³
bis 1.000€/m³

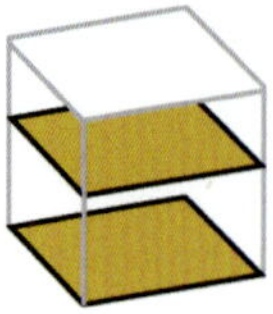

BGF 2.730€/m²
von 2.310€/m²
bis 3.350€/m²

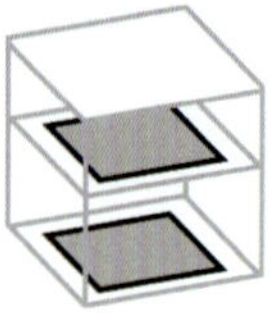

NUF 4.395€/m²
von 3.440€/m²
bis 5.970€/m²

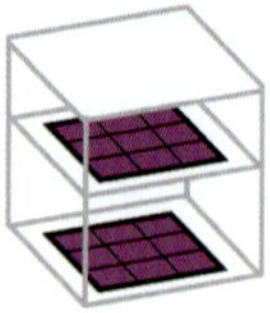

NE 198.670€/NE
von 137.465€/NE
bis 278.320€/NE
NE: Zimmer

Objektbeispiele

Kosten:
Stand 1. Quartal 2025
Bundesdurchschnitt
inkl. 19% MwSt.

6600-0038

6600-0039

6600-0034

Kosten der 15 Vergleichsobjekte

Seiten 832 bis 835

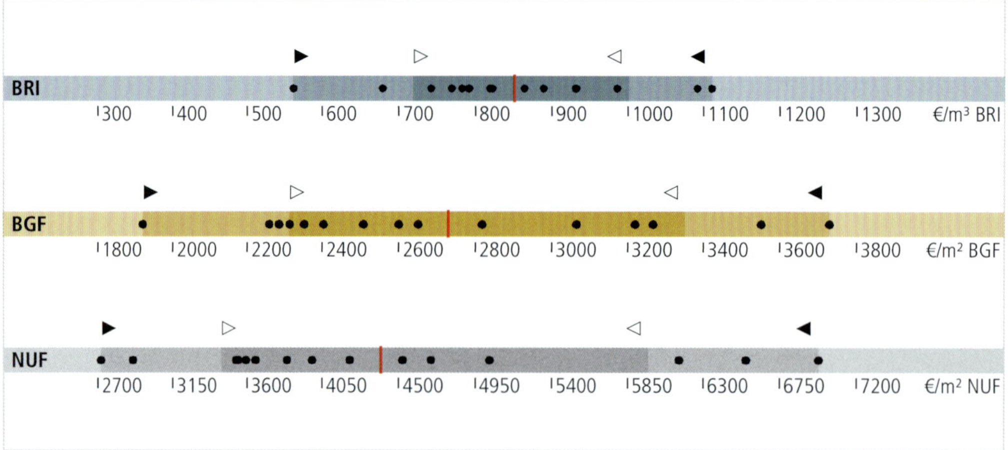

- ● KKW
- ▶ min
- ▷ von
- | Mittelwert
- ◁ bis
- ◀ max

Kostenstand: 1. Quartal 2025, Bundesdurchschnitt, **inkl. 19% MwSt.**

Kostenkennwerte für die Kostengruppen der 1. und 2.Ebene DIN 276

KG	Kostengruppen der 1.Ebene	Einheit	▷	€/Einheit	◁	▷	% an 300+400	◁
100	Grundstück	m^2 GF	–	**–**	–	–	**–**	–
200	Vorbereitende Maßnahmen	m^2 GF	55	**211**	819	2,0	**4,5**	7,3
300	Bauwerk – Baukonstruktionen	m^2 BGF	1.673	**2.015**	2.493	67,0	**74,0**	82,5
400	Bauwerk – Technische Anlagen	m^2 BGF	466	**714**	997	17,5	**26,0**	33,0
	Bauwerk 300+400	m^2 BGF	2.311	**2.729**	3.351	100,0	**100,0**	100,0
500	Außenanlagen und Freiflächen	m^2 AF	195	**421**	1.150	3,9	**8,1**	15,7
600	Ausstattung und Kunstwerke	m^2 BGF	71	**298**	520	2,9	**12,5**	22,0
700	Baunebenkosten*	m^2 BGF	519	**558**	597	19,3	**20,7**	22,2 ◁
800	Finanzierung	m^2 BGF	–	**–**	–	–	**–**	–

* Auf Grundlage der HOAI 2021 berechnete Werte nach §§ 35, 52, 56. Weitere Informationen siehe Seite 56

Planungskennwerte für Flächen und Rauminhalte nach DIN 277

Grundflächen		▷	Fläche/NUF (%)	◁	▷	Fläche/BGF (%)	◁
NUF	Nutzungsfläche	100,0	**100,0**	100,0	59,6	**63,9**	69,8
TF	Technikfläche	3,9	**5,3**	8,5	2,4	**3,2**	4,8
VF	Verkehrsfläche	19,9	**25,0**	32,2	12,0	**15,0**	18,2
NRF	Netto-Raumfläche	124,3	**130,3**	135,3	80,6	**82,1**	84,2
KGF	Konstruktions-Grundfläche	23,8	**28,8**	32,2	15,8	**17,9**	19,4
BGF	Brutto-Grundfläche	147,8	**159,1**	163,9	100,0	**100,0**	100,0

Brutto-Rauminhalte		▷	BRI/NUF (m)	◁	▷	BRI/BGF (m)	◁
BRI	Brutto-Rauminhalt	4,73	**5,15**	5,78	3,04	**3,22**	3,58

Flächen von Nutzeinheiten	▷	NUF/Einheit (m^2)	◁	▷	BGF/Einheit (m^2)	◁
Nutzeinheit: Zimmer	37,44	**44,01**	47,10	67,37	**71,76**	79,72

Lufttechnisch behandelte Flächen	▷	Fläche/NUF (%)	◁	▷	Fläche/BGF (%)	◁
Entlüftete Fläche	–	**–**	–	–	**–**	–
Be- und entlüftete Fläche	–	**–**	–	–	**–**	–
Teilklimatisierte Fläche	–	**–**	–	–	**–**	–
Klimatisierte Fläche	–	**–**	–	–	**–**	–

Planungskennwerte für Bauzeiten — 15 Vergleichsobjekte

Bauzeit in Wochen

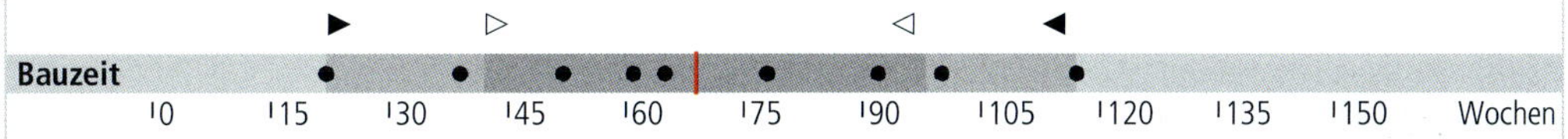

Objektübersicht zur Gebäudeart

€/m² BGF

min	1.920	€/m²
von	2.310	€/m²
Mittel	**2.730**	**€/m²**
bis	3.350	€/m²
max	3.730	€/m²

Kosten:
Stand 1. Quartal 2025
Bundesdurchschnitt
inkl. 19% MwSt.

6600-0038 Gästehaus, Seminarhotel (28 Betten)

BRI 2.463 m^3 **BGF** 776 m^2 **NUF** 569 m^2

Gästehaus mit 28 Betten für ein bestehendes Seminarhotel. Holzbau.

Land: Hessen
Kreis: Rheingau-Taunus-Kreis
Standard: mittel
Bauzeit: 22 Wochen
Kennwerte: bis 1. Ebene DIN 276

BGF 2.599 €/m²

Planung: A-Z Architekten BDA; Wiesbaden

vorgesehen: BKI Objektdaten N21

6600-0037 Hotel (194 Betten)

BRI 11.590 m^3 **BGF** 3.999 m^2 **NUF** 2.557 m^2

Hotel mit 194 Betten. Stahlbeton.

Land: Bremen
Kreis: Bremen, Stadt
Standard: mittel
Bauzeit: 61 Wochen
Kennwerte: bis 1. Ebene DIN 276

BGF 3.219 €/m²

Planung: Hilmes Lamprecht Architekten BDA; Bremen

veröffentlicht: BKI Objektdaten N19

9100-0212 Kirche (199 Sitzplätze), Gästehaus (15 Betten)

BRI 3.297 m^3 **BGF** 787 m^2 **NUF** 524 m^2

Gottesdienst- und Beherbergungsgebäude mit Gaststätte mit 199 Plätzen in der Kirche, 15 Betten sowie 53 Sitzplätzen in der Gaststätte. Holzbau.

Land: Hessen
Kreis: Waldeck-Frankenberg
Standard: einfach
Bauzeit: 52 Wochen
Kennwerte: bis 1. Ebene DIN 276

BGF 2.351 €/m²

Planung: foundation 5+ architekten BDA; Kassel

veröffentlicht: BKI Objektdaten N20

6600-0039 Boardinghouse (40 Zimmer)

BRI 9.306 m^3 **BGF** 3.110 m^2 **NUF** 1.650 m^2

Hotel mit 40 Zimmern, Café und Seminarraum. Holzbau.

Land: Bayern
Kreis: Rosenheim, Stadt
Standard: hoch
Bauzeit: 100 Wochen
Kennwerte: bis 1. Ebene DIN 276

BGF 3.266 €/m²

Planung: ACMS Architekten GmbH; Wuppertal

vorgesehen: BKI Objektdaten N21

Objektübersicht zur Gebäudeart

6600-0036 Hotel (122 Betten), Gaststätte, Festsaal

BRI 23.907 m³ **BGF** 6.319 m² **NUF** 3.377 m²

Kulturhof mit Festsaal mit 349 Sitzplätzen, einem Restaurant für 92 Personen und einem Hotel mit 122 Betten. Massivbau.

Land: Bayern
Kreis: Berchtesgadener Land
Standard: hoch
Bauzeit: 78 Wochen
Kennwerte: bis 1. Ebene DIN 276

BGF 3.729 €/m²

Planung: Arc Architekten Partnerschaft mbB; Hirschbach

veröffentlicht: BKI Objektdaten N19

6600-0035 Hotel (298 Betten)

BRI 17.785 m³ **BGF** 5.407 m² **NUF** 3.663 m²

Hotel mit 149 Hotelzimmern, 298 Betten. Massivbau.

Land: Baden-Württemberg
Kreis: Ortenaukreis
Standard: mittel
Bauzeit: 92 Wochen
Kennwerte: bis 1. Ebene DIN 276

BGF 3.064 €/m²

Planung: freiraum4plus; Wiesbaden

veröffentlicht: BKI Objektdaten N19

6600-0033 Hotel (358 Betten), TG (43 STP)

BRI 28.298 m³ **BGF** 8.932 m² **NUF** 4.775 m²

Hotel mit 358 Betten und Tiefgarage sowie erdgeschossiger Garage mit insgesamt 43 Stellplätzen. Stahlbeton.

Land: Hessen
Kreis: Frankfurt am Main, Stadt
Standard: mittel
Bauzeit: 100 Wochen
Kennwerte: bis 1. Ebene DIN 276

BGF 2.508 €/m²

Planung: haber turri architekten Partnerschaftsgesellschaft mbB; Frankfurt am Main

veröffentlicht: BKI Objektdaten N18

5300-0017 DLRG-Station, Ferienwohnungen (4 WE)

BRI 1.893 m³ **BGF** 728 m² **NUF** 461 m²

Neubau einer DLRG-Station mit vier Ferienwohnungen. Mischkonstruktion.

Land: Schleswig-Holstein
Kreis: Rendsburg-Eckernförde
Standard: mittel
Bauzeit: 39 Wochen
Kennwerte: bis 3. Ebene DIN 276

BGF 2.312 €/m²

Planung: Architekturbüro Wohlenberg; Eckernförde

veröffentlicht: BKI Objektdaten N18

Objektübersicht zur Gebäudeart

€/m² BGF

min	1.920	€/m²
von	2.310	€/m²
Mittel	**2.730**	**€/m²**
bis	3.350	€/m²
max	3.730	€/m²

Kosten:
Stand 1. Quartal 2025
Bundesdurchschnitt
inkl. 19% MwSt.

6600-0034 Hafenhotel (260 Betten), TG (112 STP)

BRI 49.448 m³ **BGF** 15.827 m² **NUF** 9.024 m²

© Rainer Taepper

Hafenhotel mit Leuchtfeuer mit 260 Betten, verteilt auf 108 Zimmer und Suiten sowie drei Hotelapartments, zweigeschossiger Tiefgarage mit 112 Stellplätzen. Massivbau.

Land: Schleswig-Holstein
Kreis: Dithmarschen
Standard: hoch
Bauzeit: 117 Wochen
Kennwerte: bis 1. Ebene DIN 276

BGF 2.403 €/m²

Planung: Architekturbüro Ladehoff GmbH; Hardebek

veröffentlicht: BKI Objektdaten N18

6600-0031 Gästehaus (28 Zimmer) - Effizienzhaus 70*

BRI 3.663 m³ **BGF** 804 m² **NUF** 519 m²

© Klemens Ortmeyer

Gästehaus eines Klosters mit 28 Zimmern. Mauerwerksbau.

Land: Niedersachsen
Kreis: Nienburg (Weser)
Standard: mittel
Bauzeit: 91 Wochen
Kennwerte: bis 1. Ebene DIN 276

BGF 6.888 €/m² *

Planung: pax brüning architekten bda; Hannover

veröffentlicht: BKI Objektdaten N17
* Nicht in der Auswertung enthalten

6600-0028 Hotel (214 Betten)

BRI 26.674 m³ **BGF** 8.668 m² **NUF** 5.511 m²

© Achim Banck

Hotel mit 214 Betten als Effizienzhaus. 4 Sterne. Mauerwerksbau.

Land: Schleswig-Holstein
Kreis: Dithmarschen
Standard: mittel
Bauzeit: 61 Wochen
Kennwerte: bis 1. Ebene DIN 276

BGF 2.284 €/m²

Planung: ARGE Architekturbüro Ladehoff GmbH; Hardebek

veröffentlicht: BKI Objektdaten N17

6600-0030 Hotel (250 Betten)

BRI 30.991 m³ **BGF** 9.622 m² **NUF** 6.393 m²

© Achim Banck

Hotel mit 250 Betten als Effizienzhaus. 3 Sterne. Mauerwerksbau.

Land: Schleswig-Holstein
Kreis: Ostholstein
Standard: mittel
Bauzeit: 78 Wochen
Kennwerte: bis 1. Ebene DIN 276

BGF 2.649 €/m²

Planung: ARGE: Büro Ladehoff GmbH; Hardebek und Holt & Nicolaisen; Flensburg

veröffentlicht: BKI Objektdaten N17

Objektübersicht zur Gebäudeart

6600-0029 Hotel (170 Betten)

BRI 13.484 m³ | **BGF** 4.135 m² | **NUF** 3.036 m²

Hotel mit 170 Betten. 3 Sterne. Mauerwerksbau.

Land: Schleswig-Holstein
Kreis: Ostholstein
Standard: mittel
Bauzeit: 65 Wochen
Kennwerte: bis 1. Ebene DIN 276

BGF 2.817 €/m²

Planung: ARGE: Büro Ladehoff GmbH; Hardebek und Holt & Nicolaisen; Flensburg

veröffentlicht: BKI Objektdaten N17

6600-0026 Hotel (94 Betten)

BRI 10.497 m³ | **BGF** 3.711 m² | **NUF** 2.447 m²

Hotel mit 47 Zimmern und 90 Plätzen in der Gastronomie. 3 Sterne. Mauerwerksbau.

Land: Schleswig-Holstein
Kreis: Nordfriesland
Standard: hoch
Bauzeit: 52 Wochen
Kennwerte: bis 1. Ebene DIN 276

BGF 1.920 €/m²

Planung: Architekturbüro Ladehoff GmbH; Hardebek

veröffentlicht: BKI Objektdaten E7

6600-0020 Hotel (76 Betten), Gewerbe

BRI 14.107 m³ | **BGF** 3.697 m² | **NUF** 2.004 m²

Hotel mit 38 Ein- und Zweizimmer-Appartemets (76 Betten) und Gewerbe, mit Teilunterkellerung. 3 Sterne. Stahlbeton.

Land: Sachsen
Kreis: Dresden, Stadt
Standard: hoch
Bauzeit: 100 Wochen
Kennwerte: bis 1. Ebene DIN 276

BGF 3.551 €/m²

Planung: IPRO Dresden Planungs- und Ingenieuraktiengesellschaft; Dresden

veröffentlicht: BKI Objektdaten N15

6100-1062 Ferienhaus (7 WE)

BRI 1.552 m³ | **BGF** 538 m² | **NUF** 447 m²

Ferienhaus (7 WE, 438 m² WFL) mit Gemeinschaftsküche und Servicebereich. Massivbau.

Land: Mecklenburg-Vorpommern
Kreis: Mecklenburgische Seenplatte
Standard: hoch
Bauzeit: 22 Wochen
Kennwerte: bis 1. Ebene DIN 276

BGF 2.258 €/m²

Planung: Kisse Architekt; Waren

veröffentlicht: BKI Objektdaten N13

Kostenkennwerte für die Kosten des Bauwerks (Kostengruppen 300+400 nach DIN 276)

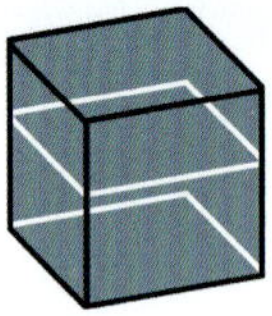

BRI 875 €/m³
von 655 €/m³
bis 1.090 €/m³

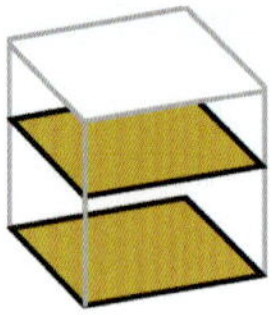

BGF 3.780 €/m²
von 2.910 €/m²
bis 4.870 €/m²

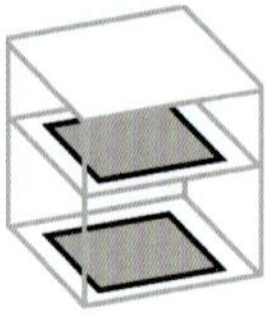

NUF 5.485 €/m²
von 3.985 €/m²
bis 8.000 €/m²

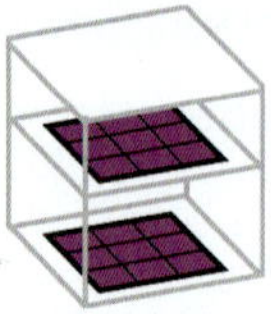

NE 20.260 €/NE
von 11.945 €/NE
bis 38.680 €/NE
NE: Sitzplätze

Kosten:
Stand 1. Quartal 2025
Bundesdurchschnitt
inkl. 19% MwSt.

Objektbeispiele

6500-0063

6500-0060

6500-0055

Kosten der 33 Vergleichsobjekte — Seiten 840 bis 848

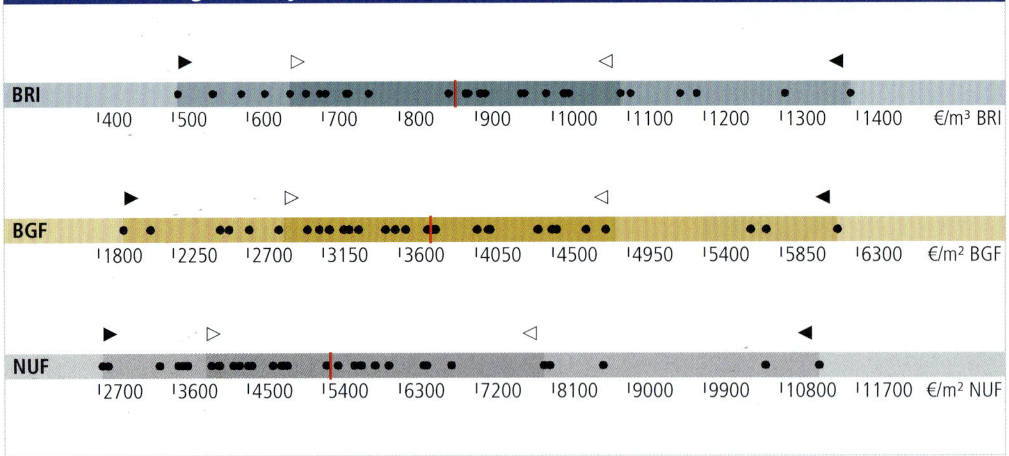

- ● KKW
- ▶ min
- ▷ von
- | Mittelwert
- ◁ bis
- ◀ max

 Erläuterungen zu den Tabellen siehe Seite 52

Kostenstand: 1. Quartal 2025, Bundesdurchschnitt, **inkl. 19% MwSt.**

Kostenkennwerte für die Kostengruppen der 1. und 2.Ebene DIN 276

KG	Kostengruppen der 1.Ebene	Einheit	▷	€/Einheit	◁	▷	% an 300+400	◁
100	Grundstück	m²GF	–	**–**	–	–	**–**	–
200	Vorbereitende Maßnahmen	m²GF	14	**69**	125	2,9	**6,7**	19,5
300	Bauwerk – Baukonstruktionen	m²BGF	2.042	**2.688**	3.420	64,2	**71,6**	79,9
400	Bauwerk – Technische Anlagen	m²BGF	693	**1.093**	1.619	20,1	**28,4**	35,8
	Bauwerk 300+400	m²BGF	2.912	**3.780**	4.872	100,0	**100,0**	100,0
500	Außenanlagen und Freiflächen	m²AF	156	**415**	1.786	5,1	**10,7**	20,7
600	Ausstattung und Kunstwerke	m²BGF	98	**237**	418	2,9	**6,7**	13,6
700	Baunebenkosten*	m²BGF	928	**996**	1.065	24,9	**26,7**	28,5 ◁
800	Finanzierung	m²BGF	–	**–**	–	–	**–**	–

* Auf Grundlage der HOAI 2021 berechnete Werte nach §§ 35, 52, 56. Weitere Informationen siehe Seite 56

KG	Kostengruppen der 2.Ebene	Einheit	▷	€/Einheit	◁	▷	% an 1.Ebene	◁
310	Baugrube / Erdbau	m³BGI	71	**87**	118	1,9	**3,0**	5,1
320	Gründung, Unterbau	m²GRF	429	**496**	617	6,0	**16,2**	23,0
330	Außenwände / vertikal außen	m²AWF	714	**861**	1.077	24,5	**27,8**	30,1
340	Innenwände / vertikal innen	m²IWF	235	**461**	582	13,5	**15,6**	19,4
350	Decken / horizontal	m²DEF	616	**697**	737	5,0	**10,3**	20,1
360	Dächer	m²DAF	391	**592**	953	18,8	**20,7**	24,0
370	Infrastrukturanlagen		–	**–**	–	–	**–**	–
380	Baukonstruktive Einbauten	m²BGF	9	**58**	108	0,2	**1,8**	5,1
390	Sonst. Maßnahmen für Baukonst.	m²BGF	11	**103**	150	0,7	**4,6**	6,5
300	**Bauwerk – Baukonstruktionen**	**m²BGF**					**100,0**	
410	Abwasser-, Wasser-, Gasanlagen	m²BGF	106	**145**	213	11,0	**15,0**	17,4
420	Wärmeversorgungsanlagen	m²BGF	125	**150**	163	11,9	**17,5**	28,2
430	Raumlufttechnische Anlagen	m²BGF	54	**272**	407	9,2	**24,7**	34,8
440	Elektrische Anlagen	m²BGF	178	**232**	334	17,0	**24,3**	28,0
450	Kommunikationstechnische Anlagen	m²BGF	14	**25**	46	1,2	**2,5**	3,5
460	Förderanlagen	m²BGF	–	**77**	–	0,0	**2,2**	6,6
470	Nutzungsspez. / verfahrenstech. Anl.	m²BGF	103	**118**	147	10,3	**12,9**	16,7
480	Gebäude- und Anlagenautomation	m²BGF	–	**–**	–	–	**–**	–
490	Sonst. Maßnahmen f. techn. Anl.	m²BGF	10	**14**	19	0,2	**0,8**	1,7
400	**Bauwerk – Technische Anlagen**	**m²BGF**					**100,0**	

Prozentanteile der Kosten 2.Ebene an den Kosten des Bauwerks nach DIN 276 (Von/Mittel/Bis)

KG	Kostengruppe	%
310	Baugrube / Erdbau	2,0
320	Gründung, Unterbau	11,2
330	Außenwände / vertikal außen	19,0
340	Innenwände / vertikal innen	10,6
350	Decken / horizontal	7,0
360	Dächer	14,1
370	Infrastrukturanlagen	
380	Baukonstruktive Einbauten	1,2
390	Sonst. Maßnahmen für Baukonst.	3,0
410	Abwasser-, Wasser-, Gasanlagen	4,7
420	Wärmeversorgungsanlagen	5,3
430	Raumlufttechnische Anlagen	8,3
440	Elektrische Anlagen	7,8
450	Kommunikationstechnische Anlagen	0,8
460	Förderanlagen	0,7
470	Nutzungsspez. / verfahrenstech. Anl.	4,0
480	Gebäude- und Anlagenautomation	
490	Sonst. Maßnahmen f. techn. Anl.	0,3

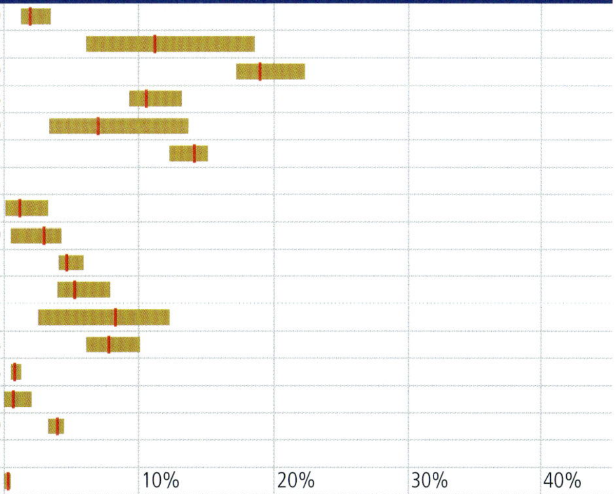

Gaststätten, Kantinen und Mensen

Kosten:
Stand 1. Quartal 2025
Bundesdurchschnitt
inkl. 19% MwSt.

Prozentanteile der Kosten für Leistungsbereiche nach STLB (Kosten Bauwerk nach DIN 276)

LB	Leistungsbereiche	▷	% an 300+400	◁
000	Baustellen-, Verkehrssich.- u. Sicherh.einr. inkl. 001	0,8	**1,8**	2,8
002	Erdarbeiten	0,0	**1,7**	3,5
006	Spezialtiefbauarbeiten inkl. 005	–	**–**	–
009	Entwässerungskanalarbeiten inkl. 011	0,0	**0,1**	0,2
010	Drän- und Versickerarbeiten	0,0	**0,1**	0,3
012	Mauerarbeiten	2,6	**18,5**	34,4
013	Betonarbeiten	0,0	**7,8**	15,6
014	Natur-, Betonwerksteinarbeiten	0,0	**1,7**	3,4
016	Zimmer- und Holzbauarbeiten	0,3	**1,1**	1,8
017	Stahlbauarbeiten	0,0	**1,3**	2,5
018	Abdichtungsarbeiten	0,0	**0,2**	0,4
020	Dachdeckungsarbeiten	0,8	**5,7**	10,6
021	Dachabdichtungsarbeiten	0,0	**0,7**	1,4
022	Klempnerarbeiten	0,0	**0,5**	0,9
	Rohbau	34,7	**41,2**	47,7
023	Putz- und Stuckarbeiten, Wärmedämmsysteme	2,7	**3,1**	3,6
024	Fliesen- und Plattenarbeiten	2,8	**3,3**	3,8
025	Estricharbeiten	0,9	**1,0**	1,1
026	Fenster, Außentüren inkl. 029, 032	1,3	**5,9**	10,6
027	Tischlerarbeiten	0,0	**0,9**	1,7
028	Parkettarbeiten, Holzpflasterarbeiten	0,0	**0,2**	0,4
030	Rollladenarbeiten	0,3	**1,2**	2,1
031	Metallbauarbeiten inkl. 035	5,6	**9,7**	13,9
034	Maler- und Lackiererarbeiten inkl. 037	0,4	**0,9**	1,3
036	Bodenbelagarbeiten	0,3	**1,3**	2,2
038	Vorgehängte hinterlüftete Fassaden	–	**–**	–
039	Trockenbauarbeiten	3,9	**5,2**	6,5
	Ausbau	31,5	**32,7**	34,0
040	Wärmeversorgungsanl. - Betriebseinr. inkl. 041	3,5	**4,7**	5,9
042	Gas- und Wasserinstallation, Leitungen inkl. 043	0,0	**0,4**	0,8
044	Abwasseranlagen - Leitungen, Abläufe, Armaturen	2,4	**2,6**	2,9
045	GWE - Einrichtungsgegenstände inkl. 046	1,9	**3,1**	4,2
047	Dämm- und Brandschutzarbeiten an techn. Anlagen	0,0	**1,2**	2,5
049	Feuerlöschanlagen, Feuerlöschgeräte	0,0	**< 0,1**	< 0,1
050	Blitzschutz- und Erdungsanlagen	0,0	**< 0,1**	0,2
052	Mittelspannungsanlagen	0,0	**0,7**	1,4
053	Niederspannungsanlagen inkl. 054	1,3	**3,4**	5,4
055	Sicherheits- und Ersatzstromversorgungsanlagen	0,0	**< 0,1**	< 0,1
057	Gebäudesystemtechnik	–	**–**	–
058	Leuchten und Lampen inkl. 059	0,0	**1,4**	2,7
060	Such-, Signal-, elektroakust. Anl., Med. inkl. 064	0,0	**0,3**	0,5
061	Kommunikations- und Übertragungsnetze inkl. 062	0,0	**0,1**	0,2
063	Gefahrenmeldeanlagen	0,0	**0,2**	0,5
069	Aufzüge	0,0	**1,0**	2,1
070	Gebäudeautomation	0,0	**1,4**	2,9
075	Raumlufttechnische Anlagen inkl. 078	0,0	**3,0**	6,1
	Gebäudetechnik	18,3	**23,7**	29,1
	Sonstige Leistungsbereiche inkl. 008, 033, 051	0,0	**2,4**	4,7

● KKW
▶ min
▷ von
| Mittelwert
◁ bis
◀ max

Planungskennwerte für Flächen und Rauminhalte nach DIN 277

Grundflächen		▷	Fläche/NUF (%)	◁	▷	Fläche/BGF (%)	◁
NUF	Nutzungsfläche	100,0	**100,0**	100,0	64,2	**71,4**	74,8
TF	Technikfläche	6,6	**9,0**	23,5	4,0	**5,7**	13,1
VF	Verkehrsfläche	13,0	**17,5**	32,9	8,5	**11,2**	17,3
NRF	Netto-Raumfläche	118,5	**125,1**	144,2	85,2	**87,5**	90,1
KGF	Konstruktions-Grundfläche	14,0	**18,0**	23,3	9,9	**12,5**	14,8
BGF	Brutto-Grundfläche	135,3	**143,1**	163,4	100,0	**100,0**	100,0

Brutto-Rauminhalte		▷	BRI/NUF (m)	◁	▷	BRI/BGF (m)	◁
BRI	Brutto-Rauminhalt	5,66	**6,20**	6,85	4,06	**4,36**	4,82

Flächen von Nutzeinheiten	▷	NUF/Einheit (m²)	◁	▷	BGF/Einheit (m²)	◁
Nutzeinheit: Sitzplätze	2,92	**3,59**	4,85	4,15	**5,22**	7,52

Lufttechnisch behandelte Flächen	▷	Fläche/NUF (%)	◁	▷	Fläche/BGF (%)	◁
Entlüftete Fläche	82,4	**82,4**	82,4	56,7	**56,7**	56,7
Be- und entlüftete Fläche	93,8	**93,8**	93,8	71,7	**71,7**	71,7
Teilklimatisierte Fläche	–	–	–	–	–	–
Klimatisierte Fläche	–	–	–	–	–	–

KG	Kostengruppen (2. Ebene)	Einheit	▷	Menge/NUF	◁	▷	Menge/BGF	◁
310	Baugrube / Erdbau	m³ BGI	1,12	**1,21**	1,21	0,74	**0,83**	0,83
320	Gründung, Unterbau	m² GRF	0,83	**0,83**	0,96	0,49	**0,60**	0,60
330	Außenwände / vertikal außen	m² AWF	0,93	**0,93**	0,97	0,66	**0,66**	0,67
340	Innenwände / vertikal innen	m² IWF	1,03	**1,03**	1,06	0,73	**0,73**	0,77
350	Decken / horizontal	m² DEF	0,44	**0,46**	0,46	0,30	**0,31**	0,31
360	Dächer	m² DAF	1,14	**1,14**	1,26	0,81	**0,81**	0,85
370	Infrastrukturanlagen		–	–	–	–	–	–
380	Baukonstruktive Einbauten	m² BGF	1,35	**1,43**	1,63	1,00	**1,00**	1,00
390	Sonst. Maßnahmen für Baukonst.	m² BGF	1,35	**1,43**	1,63	1,00	**1,00**	1,00
300	**Bauwerk – Baukonstruktionen**	**m² BGF**	1,35	**1,43**	1,63	1,00	**1,00**	1,00

Planungskennwerte für Bauzeiten — 32 Vergleichsobjekte

Bauzeit in Wochen

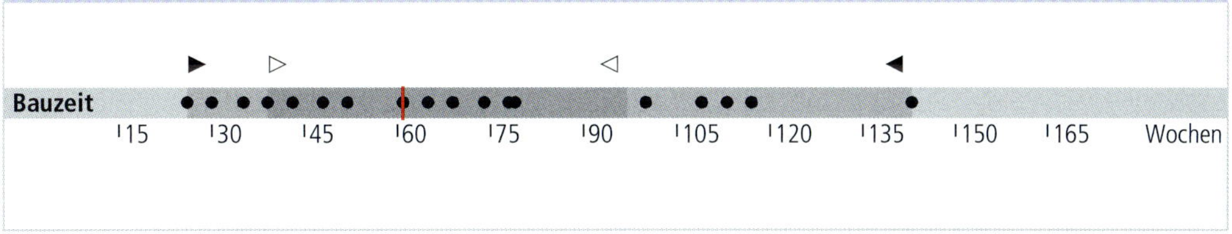

€/m² BGF

min	1.950	€/m²
von	2.910	€/m²
Mittel	**3.780**	**€/m²**
bis	4.870	€/m²
max	6.180	€/m²

Kosten:
Stand 1. Quartal 2025
Bundesdurchschnitt
inkl. 19% MwSt.

Objektübersicht zur Gebäudeart

6500-0061 Klostergaststätte (303 Sitzplätze), TG — BRI 5.585 m³ — BGF 1.506 m² — NUF 699 m²

Gaststätte für die benachbarte Abtei mit 151 innenliegenden Sitzplätzen und 152 Sitzplätzen auf der Terrasse. Parkplätze für 21 Pkws in einer offenen Garage unter dem Gebäude. Massivbau.

Land: Rheinland-Pfalz
Kreis: Ahrweiler
Standard: hoch
Bauzeit: 69 Wochen
Kennwerte: bis 1. Ebene DIN 276

BGF **2.708 €/m²**

Planung: fries architekten GmbH; Vallendar

veröffentlicht: BKI Objektdaten N20

6500-0058 Schulmensa (150 Sitzplätze) — BRI 3.691 m³ — BGF 831 m² — NUF 456 m²

Mensa mit 150 Sitzplätzen für die Schüler*innen eines Gymnasiums mit darunterliegenden Fahrradabstellplätzen. Massivbau.

Land: Sachsen-Anhalt
Kreis: Magdeburg, Stadt
Standard: mittel
Bauzeit: 52 Wochen
Kennwerte: bis 1. Ebene DIN 276

BGF **6.180 €/m²**

Planung: Prof. Dipl.-Ing. Ralf Niebergall; Magdeburg

veröffentlicht: BKI Objektdaten N20

6500-0057 Kurparkpavillon, Café (50 Sitzplätze) — BRI 695 m³ — BGF 168 m² — NUF 145 m²

Kurparkpavillon mit Café mit 50 Sitzplätzen, Ausgabestation für Minigolf-Anlage und öffentlicher WC-Anlage. Mauerwerk.

Land: Nordrhein-Westfalen
Kreis: Soest
Standard: hoch
Bauzeit: 30 Wochen
Kennwerte: bis 1. Ebene DIN 276

BGF **3.571 €/m²**

Planung: dh bauplanung & betreuung GmbH; Soest

veröffentlicht: BKI Objektdaten N19

6500-0063 Verwaltungsgebäude (20 AP), Betriebsrestaurant — BRI 6.806 m³ — BGF 1.498 m² — NUF 1.055 m²

Verwaltungsgebäude mit 20 Arbeitsplätzen, Großküche und Betriebsrestaurant mit 140 Plätzen. Massivbau.

Land: Mecklenburg-Vorpommern
Kreis: Mecklenburgische Seenplatte
Standard: mittel
Bauzeit: 109 Wochen
Kennwerte: bis 1. Ebene DIN 276

BGF **4.121 €/m²**

Planung: atelier05 Architektur + Innenarchitektur; Jürgenshagen

vorgesehen: BKI Objektdaten N21

Objektübersicht zur Gebäudeart

6500-0055 Schulmensa (160 Sitzplätze)

BRI 3.016 m³ **BGF** 694 m² **NUF** 371 m²

© Stefan Müller

Schulmensa für 320 Schulessen, wird bei Veranstaltungen auch als Bürgerhaus genutzt. Holzbau.

Land: Brandenburg
Kreis: Barnim
Standard: mittel
Bauzeit: 79 Wochen
Kennwerte: bis 1. Ebene DIN 276

BGF **5.670 €/m²**

Planung: Renner Architekten GmbH; Berlin

veröffentlicht: BKI Objektdaten N19

6500-0060 Mensa, Mediathek (350 Sitzplätze)

BRI 17.831 m³ **BGF** 4.326 m² **NUF** 2.394 m²

© Brigida González

Mensa und Mediathek mit 350 Sitzplätzen, Räume der VHS. Mischkonstruktion.

Land: Hessen
Kreis: Darmstadt, Stadt
Standard: mittel
Bauzeit: 143 Wochen
Kennwerte: bis 1. Ebene DIN 276

BGF **4.813 €/m²**

Planung: wulf architekten gmbh; Stuttgart

veröffentlicht: BKI Objektdaten N20

6500-0056 Küchen- und Speisesaalgebäude (150 Sitzplätze)

BRI 3.173 m³ **BGF** 783 m² **NUF** 522 m²

© Leighton Pino Juan Diego

Küchen- und Speisesaalgebäude mit 150 Sitzplätzen. Massivbau.

Land: Bayern
Kreis: Freyung-Grafenau
Standard: hoch
Bauzeit: 78 Wochen
Kennwerte: bis 1. Ebene DIN 276

BGF **4.414 €/m²**

Planung: wild & wilnhammer architekten, stadtplaner; Furth im Wald

veröffentlicht: BKI Objektdaten N19

6500-0052 Café, Restaurant - (72 Sitzplätze)

BRI 1.448 m³ **BGF** 339 m² **NUF** 262 m²

© HARTUNG Architekten

Café und Restaurant mit 72 Sitzplätze. Massivbau.

Land: Nordrhein-Westfalen
Kreis: Soest
Standard: hoch
Bauzeit: 43 Wochen
Kennwerte: bis 1. Ebene DIN 276

BGF **3.795 €/m²**

Planung: HARTUNG Architekten; Möhnesee

veröffentlicht: BKI Objektdaten N17

€/m² BGF

min	1.950	€/m²
von	2.910	€/m²
Mittel	**3.780**	**€/m²**
bis	4.870	€/m²
max	6.180	€/m²

Kosten:
Stand 1. Quartal 2025
Bundesdurchschnitt
inkl. 19% MwSt.

Objektübersicht zur Gebäudeart

6500-0053 Kiosk, WC-Anlage

BRI 812 m³ **BGF** 144 m² **NUF** 103 m²

Kiosk mit öffentlicher WC-Anlage. Stahlbeton.

Land: Nordrhein-Westfalen
Kreis: Rhein-Erft-Kreis
Standard: hoch
Bauzeit: 65 Wochen
Kennwerte: bis 1. Ebene DIN 276

BGF 5.762 €/m²

Planung: HJPplaner; Aachen

veröffentlicht: BKI Objektdaten N18

6500-0049 Speisesaal für Tagungsstätte (220 Sitzplätze)

BRI 6.360 m³ **BGF** 1.305 m² **NUF** 997 m²

Speisesaal, Tagungsstätte, Büros. Mischbauweise Massiv + Stahl.

Land: Thüringen
Kreis: Unstrut-Hainich-Kreis
Standard: mittel
Bauzeit: 117 Wochen
Kennwerte: bis 1. Ebene DIN 276

BGF 2.881 €/m²

Planung: Bauhütte Volkenroda; Volkenroda

veröffentlicht: BKI Objektdaten N17

6500-0043 Mensa

BRI 4.800 m³ **BGF** 776 m² **NUF** 643 m²

Mensa. Stahlbetonbau.

Land: Rheinland-Pfalz
Kreis: Bernkastel-Wittlich
Standard: mittel
Bauzeit: 65 Wochen
Kennwerte: bis 1. Ebene DIN 276

BGF 4.055 €/m²

Planung: Berdi Architekten; Bernkastel-Kues

veröffentlicht: BKI Objektdaten N15

5300-0013 Sport- und Vereinsheim

BRI 1.001 m³ **BGF** 268 m² **NUF** 197 m²

Sport- und Vereinsheim. Holzrahmenbau, Mauerwerk.

Land: Niedersachsen
Kreis: Braunschweig, Stadt
Standard: mittel
Bauzeit: 35 Wochen
Kennwerte: bis 1. Ebene DIN 276

BGF 2.530 €/m²

Planung: O. M. Architekten BDA Rainer Ottinger Thomas Möhlendick; Braunschweig

veröffentlicht: BKI Objektdaten N15

6500-0046 Mensa

BRI 1.952 m³ | **BGF** 385 m² | **NUF** 300 m²

Mensa mit 124 Sitzplätzen einer Schule. Massivbau.

Land: Hamburg
Kreis: Hamburg, Stadt
Standard: mittel
Bauzeit: 65 Wochen
Kennwerte: bis 1. Ebene DIN 276

BGF 4.493 €/m²

Planung: tun-architektur T. Müller / N. Dudda PartG mbB; Hamburg

veröffentlicht: BKI Objektdaten N16

6500-0045 Gaststätte (55 Sitzplätze)

BRI 1.243 m³ | **BGF** 331 m² | **NUF** 204 m²

Gaststätte mit 55 Sitzplätzen. Massivbau.

Land: Nordrhein-Westfalen
Kreis: Bonn, Stadt
Standard: hoch
Bauzeit: 48 Wochen
Kennwerte: bis 1. Ebene DIN 276

BGF 3.811 €/m²

Planung: Kastner Pichler Architekten; Köln

veröffentlicht: BKI Objektdaten N16

6500-0047 Mensa, Unterrichtsräume (256 Schüler) - Passivhaus

BRI 11.708 m³ | **BGF** 2.785 m² | **NUF** 1.685 m²

Mensa mit 500 Plätzen und allgemeine Unterrichtsräume mit acht Klassen und 256 Schüler. Mauerwerksbau.

Land: Niedersachsen
Kreis: Hannover, Region
Standard: hoch
Bauzeit: 100 Wochen
Kennwerte: bis 1. Ebene DIN 276

BGF 3.633 €/m²

Planung: (pfitzner moorkens) architekten; Hannover

veröffentlicht: BKI Objektdaten E8

6500-0044 Kantine (199 Sitzplätze)

BRI 3.626 m³ | **BGF** 919 m² | **NUF** 539 m²

Kantine für kirchliche Fortbildungseinrichtung mit 199 Sitzplätzen. Mischkonstruktion.

Land: Nordrhein-Westfalen
Kreis: Wuppertal, Stadt
Standard: mittel
Bauzeit: 61 Wochen
Kennwerte: bis 1. Ebene DIN 276

BGF 4.695 €/m²

Planung: Kastner Pichler Architekten; Köln

veröffentlicht: BKI Objektdaten E8

€/m² BGF

min	1.950	€/m²
von	2.910	€/m²
Mittel	**3.780**	**€/m²**
bis	4.870	€/m²
max	6.180	€/m²

Kosten:
Stand 1. Quartal 2025
Bundesdurchschnitt
inkl. 19% MwSt.

Objektübersicht zur Gebäudeart

6500-0040 Mensa, Multifunktionsräume

BRI 2.795 m³ **BGF** 583 m² **NUF** 466 m²

© Guido Erbring

Mensa mit unterteilbarem Speiseraum, Ausgabe- und Spülküche und Aufenthaltsraum. Mischkonstruktion.

Land: Rheinland-Pfalz
Kreis: Bernkastel-Wittlich
Standard: mittel
Bauzeit: 48 Wochen
Kennwerte: bis 1. Ebene DIN 276

BGF 3.514 €/m²

Planung: SpreierTrenner Architekten; Dreis

veröffentlicht: BKI Objektdaten N13

6500-0041 Mensa

BRI 1.430 m³ **BGF** 349 m² **NUF** 240 m²

© Carl Brunn / Konstantin Pichler

Mensa mit Speiseraum (144 Sitzplätze), Sozialräume, Speisesaal, Ausgabe, Aufwärmküche, Kühllager, Spülküche, Lager, Technik. Massivbau.

Land: Nordrhein-Westfalen
Kreis: Leverkusen, Stadt
Standard: mittel
Bauzeit: 52 Wochen
Kennwerte: bis 1. Ebene DIN 276

BGF 4.521 €/m²

Planung: Kastner Pichler Architekten; Köln

veröffentlicht: BKI Objektdaten N13

6500-0032 Mensa

BRI 1.735 m³ **BGF** 403 m² **NUF** 305 m²

© Rüdiger Lubricht

Mensa mit Speiseraum (100 Sitzplätze), Ausgabeküche, Spülküche, Lager und Sozialräumen. Holzskelettbau, Mauerwerk.

Land: Bremen
Kreis: Bremen, Stadt
Standard: mittel
Bauzeit: 39 Wochen
Kennwerte: bis 1. Ebene DIN 276

BGF 3.272 €/m²

Planung: Andreas Schneider Architekten GmbH & Co. KG; Bremen

veröffentlicht: BKI Objektdaten N12

6500-0035 Mensagebäude mit Hörsaal

BRI 8.773 m³ **BGF** 1.815 m² **NUF** 1.158 m²

© Ulrich Schrader

Mensa mit Küche für 600 Essen, Hörsaal (300 Sitzplätze), zwei Mehrzweckräume (je 50 Sitzplätze). Massivbau.

Land: Sachsen-Anhalt
Kreis: Salzlandkreis
Standard: hoch
Bauzeit: 74 Wochen
Kennwerte: bis 1. Ebene DIN 276

BGF 4.409 €/m²

Planung: Architekturbüro Heinz + Jörg Gardzella; Groß Quenstedt

veröffentlicht: BKI Objektdaten N13

Objektübersicht zur Gebäudeart

6500-0033 Mensa

BRI 2.292 m³ | **BGF** 467 m² | **NUF** 385 m²

Mensa mit Speiseraum (204 Sitzplätze), Speisesaal, Ausgabe, Vorbereitung, Spülküche, Lager- und Sozialräume. Massivbau.

Land: Nordrhein-Westfalen
Kreis: Lippe
Standard: mittel
Bauzeit: 26 Wochen
Kennwerte: bis 1. Ebene DIN 276

BGF **3.052 €/m²**

Planung: brüchner-hüttemann pasch bhp Architekten+Generalplaner GmbH; Bielefeld

veröffentlicht: BKI Objektdaten N13

6500-0028 Mensa

BRI 1.244 m³ | **BGF** 272 m² | **NUF** 193 m²

Mensa (rollstuhlgerecht) mit unterteilbarem Speiseraum, Ausgabe- und Spülküche. Mauerwerksbau.

Land: Nordrhein-Westfalen
Kreis: Rhein-Kreis Neuss
Standard: mittel
Bauzeit: 35 Wochen
Kennwerte: bis 1. Ebene DIN 276

BGF **3.186 €/m²**

Planung: Werkgemeinschaft Quasten + Berger; Grevenbroich

veröffentlicht: BKI Objektdaten N11

6500-0027 Café Pavillon

BRI 621 m³ | **BGF** 149 m² | **NUF** 124 m²

Friedhofscafé mit 85 Sitzplätzen als Trauer- und Begegnungsstätte. Massivholzbau.

Land: Nordrhein-Westfalen
Kreis: Düren
Standard: mittel
Bauzeit: 48 Wochen
Kennwerte: bis 1. Ebene DIN 276

BGF **4.131 €/m²**

Planung: amunt architekten martenson und nagel theissen; aachen, stuttgart

veröffentlicht: BKI Objektdaten N11

6500-0026 Mensa

BRI 1.768 m³ | **BGF** 398 m² | **NUF** 332 m²

Mensa mit Speiseraum (184 Sitzplätze), Ausgabeküche, Spülküche und Sozialräume. Stahlkonstruktion in Verbindung mit Stb-Skelettkonstruktion.

Land: Nordrhein-Westfalen
Kreis: Rhein-Kreis Neuss
Standard: mittel
Bauzeit: 35 Wochen
Kennwerte: bis 1. Ebene DIN 276

BGF **3.124 €/m²**

Planung: Lenze + Partner Dipl.-Ing. Architekten BDA; Grevenbroich

veröffentlicht: BKI Objektdaten N11

€/m² BGF

min	1.950	€/m²
von	2.910	€/m²
Mittel	**3.780**	**€/m²**
bis	4.870	€/m²
max	6.180	€/m²

Kosten:
Stand 1. Quartal 2025
Bundesdurchschnitt
inkl. 19% MwSt.

Objektübersicht zur Gebäudeart

6500-0030 Mensa, Klassenräume, Bibliothek

BRI 7.680 m³ **BGF** 1.640 m² **NUF** 1.160 m²

Multifunktionale Mensa (200 Sitzplätze), die auch als Veranstaltungsraum mit Bühne genutzt werden kann. Im OG befinden sich drei Klassenzimmer und Bibliothek. Mauerwerksbau.

Land: Schleswig-Holstein
Kreis: Nordfriesland
Standard: hoch
Bauzeit: 65 Wochen
Kennwerte: bis 1. Ebene DIN 276

BGF **2.586 €/m²**

Planung: Steinwender Architekten BDA; Heide

veröffentlicht: BKI Objektdaten N11

6500-0038 Café

BRI 327 m³ **BGF** 93 m² **NUF** 73 m²

Marktplatzgebäude mit Cafénutzung (15 Sitzplätze) und öffentlichem WC. Holzrahmenbau.

Land: Nordrhein-Westfalen
Kreis: Lippe
Standard: mittel
Bauzeit: 26 Wochen
Kennwerte: bis 1. Ebene DIN 276

BGF **3.182 €/m²**

Planung: mm architekten Martin A. Müller Architekt BDA; Hannover

veröffentlicht: BKI Objektdaten N13

6500-0031 Café

BRI 958 m³ **BGF** 244 m² **NUF** 202 m²

Café mit zwei Gasträumen (60 Sitzplätze). Im Außenbereich Musikpavillon und Platz für 100 Sitzplätze. Mauerwerksbau.

Land: Thüringen
Kreis: Saale-Orla-Kreis
Standard: mittel
Bauzeit: 39 Wochen
Kennwerte: bis 1. Ebene DIN 276

BGF **3.763 €/m²**

Planung: Architekturbüro Martin Raffelt; Pößneck

veröffentlicht: BKI Objektdaten N11

6500-0037 Tennis-Vereinsheim, Gaststätte

BRI 1.596 m³ **BGF** 453 m² **NUF** 314 m²

Vereinsheim mit Gaststätte (50 Sitzplätze). Holzrahmenbau.

Land: Baden-Württemberg
Kreis: Calw
Standard: mittel
Bauzeit: 52 Wochen
Kennwerte: bis 1. Ebene DIN 276

BGF **1.950 €/m²**

Planung: Architekturbüro Klaus; Karlsruhe

veröffentlicht: BKI Objektdaten N12

6500-0022 Mensa

BRI 4.468 m³ | **BGF** 952 m² | **NUF** 772 m²

Neubau einer Mensa für die Fachhochschule Pforzheim. Stb-Konstruktion, Stahl-Pfosten-Riegelfassade; Stb-Verbundträgerdach.

Land: Baden-Württemberg
Kreis: Pforzheim, Stadt
Standard: mittel
Bauzeit: 113 Wochen
Kennwerte: bis 1. Ebene DIN 276

BGF **4.522 €/m²**

Planung: Steinhilber+Weis Architekten; Stuttgart

veröffentlicht: www.bki.de

6500-0020 Speise- und Aufenthaltsgebäude

BRI 2.022 m³ | **BGF** 484 m² | **NUF** 373 m²

Speise- und Aufenthaltsraum. Massivbau.

Land: Bayern
Kreis: Bad Kissingen
Standard: einfach
Bauzeit: 26 Wochen
Kennwerte: bis 2. Ebene DIN 276

BGF **2.113 €/m²**

Planung: RICHTER I ARCHITEKTUR; Bad Brückenau

veröffentlicht: www.bki.de

6500-0021 Mensa

BRI 1.840 m³ | **BGF** 385 m² | **NUF** 311 m²

Mensa und Mehrzwecknutzung. Stb-Konstruktion.

Land: Rheinland-Pfalz
Kreis: Koblenz, Stadt
Standard: mittel
Bauzeit: 52 Wochen
Kennwerte: bis 1. Ebene DIN 276

BGF **3.359 €/m²**

Planung: Architekten BHP Planungsgesellschaft mbH; Koblenz

veröffentlicht: www.bki.de

6500-0018 Restaurant

BRI 3.775 m³ | **BGF** 1.162 m² | **NUF** 800 m²

Neubau eines Restaurants in bester Aussichtslage. Massivbau.

Land: Baden-Württemberg
Kreis: Reutlingen
Standard: hoch
Bauzeit: 143 Wochen
Kennwerte: bis 2. Ebene DIN 276

BGF **3.303 €/m²**

Planung: Hartmaier + Partner Freie Architekten; Münsingen

veröffentlicht: www.bki.de

€/m² BGF

min	1.950	€/m²
von	2.910	€/m²
Mittel	**3.780**	**€/m²**
bis	4.870	€/m²
max	6.180	€/m²

Kosten:
Stand 1. Quartal 2025
Bundesdurchschnitt
inkl. 19% MwSt.

Objektübersicht zur Gebäudeart

6500-0015 Autobahnraststätte

BRI 12.730 m³ **BGF** 3.113 m² **NUF** 2.080 m²

Rasthaus an einer Autobahn, WC- und Duschanlagen, Lager- und Kühlräume, Büroräume, Technikräume, Laderampe mit überdachtem Autohof, Personalräume im UG, Hauptzugang, Restaurant ca. 250 Plätze, Free-Flow-Zone, Küche mit Bäckerei, Shop, Freisitz, Konferenzraum, Emporenfläche, Haustechnikräume im OG. Mauerwerksbau.

Land: Rheinland-Pfalz
Kreis: Neuwied
Standard: hoch
Bauzeit: 78 Wochen
Kennwerte: bis 3. Ebene DIN 276

BGF **3.633 €/m²**

Planung: Architekturwerkstatt Aachen Hestermann-König-Schmidt; Bad Neuenahr

veröffentlicht: www.bki.de

Industrielle Produktionsgebäude, Massivbauweise

Kostenkennwerte für die Kosten des Bauwerks (Kostengruppen 300+400 nach DIN 276)

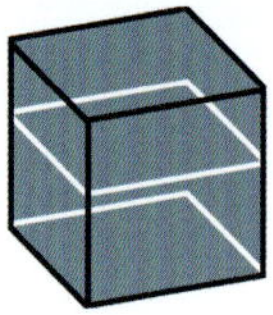

BRI 320 €/m³
von 230 €/m³
bis 445 €/m³

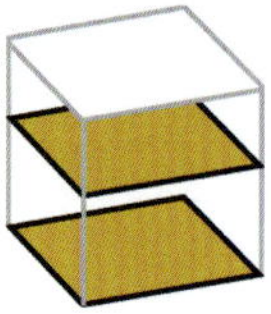

BGF 1.905 €/m²
von 1.435 €/m²
bis 2.320 €/m²

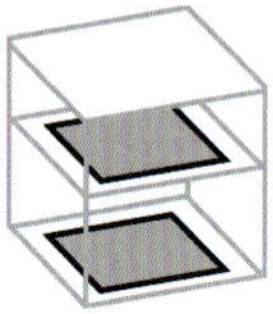

NUF 2.705 €/m²
von 1.855 €/m²
bis 3.560 €/m²

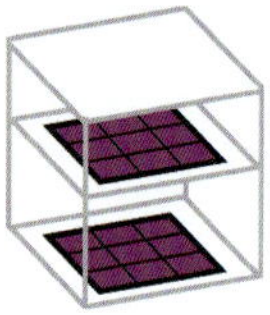

NE 540.865 €/NE
von 183.965 €/NE
bis 1.596.125 €/NE
NE: Arbeitsplätze

Objektbeispiele

Kosten:
Stand 1. Quartal 2025
Bundesdurchschnitt
inkl. 19% MwSt.

7100-0055

7100-0021

7700-0041

7100-0068

7100-0019

7700-0031

Kosten der 8 Vergleichsobjekte

Seiten 854 bis 856

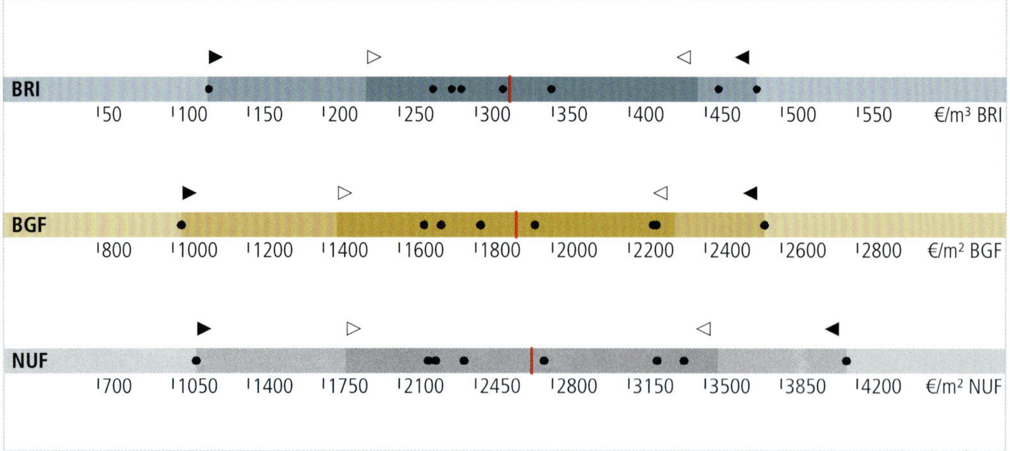

- ● KKW
- ▶ min
- ▷ von
- | Mittelwert
- ◁ bis
- ◀ max

Kostenkennwerte für die Kostengruppen der 1. und 2.Ebene DIN 276

KG	Kostengruppen der 1.Ebene	Einheit	▷	€/Einheit	◁	▷	% an 300+400	◁
100	Grundstück	m² GF	–	**–**	–	–	**–**	–
200	Vorbereitende Maßnahmen	m² GF	2	**7**	16	0,3	**1,2**	3,1
300	Bauwerk – Baukonstruktionen	m² BGF	905	**1.294**	1.515	52,7	**69,1**	78,1
400	Bauwerk – Technische Anlagen	m² BGF	366	**612**	1.094	21,9	**30,9**	47,3
	Bauwerk 300+400	m² BGF	1.435	**1.906**	2.319	100,0	**100,0**	100,0
500	Außenanlagen und Freiflächen	m² AF	52	**99**	172	9,3	**10,9**	15,7
600	Ausstattung und Kunstwerke	m² BGF	12	**103**	193	1,2	**5,6**	9,9
700	Baunebenkosten*	m² BGF	353	**393**	433	18,5	**20,6**	22,7 ◁
800	Finanzierung	m² BGF	–	**–**	–	–	**–**	–

* Auf Grundlage der HOAI 2021 berechnete Werte nach §§ 35, 52, 56. Weitere Informationen siehe Seite 56

KG	Kostengruppen der 2.Ebene	Einheit	▷	€/Einheit	◁	▷	% an 1.Ebene	◁
310	Baugrube / Erdbau	m³ BGI	26	**38**	56	1,0	**2,2**	3,8
320	Gründung, Unterbau	m² GRF	346	**395**	462	17,9	**21,1**	32,6
330	Außenwände / vertikal außen	m² AWF	470	**626**	762	23,4	**30,5**	34,1
340	Innenwände / vertikal innen	m² IWF	230	**358**	437	9,2	**11,6**	14,6
350	Decken / horizontal	m² DEF	402	**559**	681	9,7	**11,2**	13,1
360	Dächer	m² DAF	241	**352**	410	18,3	**19,3**	20,4
370	Infrastrukturanlagen		–	**–**	–	–	**–**	–
380	Baukonstruktive Einbauten	m² BGF	12	**32**	52	0,0	**0,9**	2,6
390	Sonst. Maßnahmen für Baukonst.	m² BGF	32	**42**	54	2,3	**3,2**	3,9
300	**Bauwerk – Baukonstruktionen**	**m² BGF**					**100,0**	
410	Abwasser-, Wasser-, Gasanlagen	m² BGF	58	**76**	93	10,3	**17,8**	26,3
420	Wärmeversorgungsanlagen	m² BGF	78	**93**	103	10,4	**22,2**	28,5
430	Raumlufttechnische Anlagen	m² BGF	13	**30**	54	2,1	**5,6**	17,9
440	Elektrische Anlagen	m² BGF	129	**167**	224	22,8	**35,2**	43,7
450	Kommunikationstechnische Anlagen	m² BGF	5	**13**	25	1,2	**2,6**	4,7
460	Förderanlagen	m² BGF	4	**22**	41	< 0,1	**1,9**	9,0
470	Nutzungsspez. / verfahrenstech. Anl.	m² BGF	8	**175**	842	2,0	**14,9**	66,5
480	Gebäude- und Anlagenautomation	m² BGF	–	**–**	–	–	**–**	–
490	Sonst. Maßnahmen f. techn. Anl.	m² BGF	–	**–**	–	–	**–**	–
400	**Bauwerk – Technische Anlagen**	**m² BGF**					**100,0**	

Prozentanteile der Kosten 2.Ebene an den Kosten des Bauwerks nach DIN 276 (Von/Mittel/Bis)

KG	Kostengruppe	%
310	Baugrube / Erdbau	1,5
320	Gründung, Unterbau	14,3
330	Außenwände / vertikal außen	22,6
340	Innenwände / vertikal innen	8,6
350	Decken / horizontal	7,9
360	Dächer	13,9
370	Infrastrukturanlagen	
380	Baukonstruktive Einbauten	0,6
390	Sonst. Maßnahmen für Baukonst.	2,2
410	Abwasser-, Wasser-, Gasanlagen	4,2
420	Wärmeversorgungsanlagen	5,1
430	Raumlufttechnische Anlagen	1,2
440	Elektrische Anlagen	8,9
450	Kommunikationstechnische Anlagen	0,7
460	Förderanlagen	0,5
470	Nutzungsspez. / verfahrenstech. Anl.	7,8
480	Gebäude- und Anlagenautomation	
490	Sonst. Maßnahmen f. techn. Anl.	

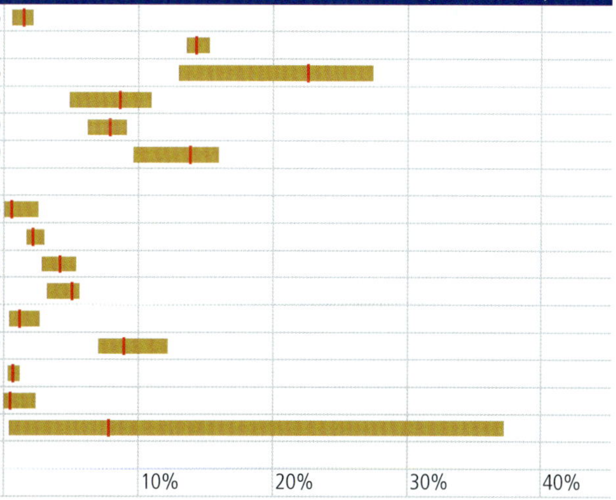

 Erläuterungen zu den Tabellen siehe Seite 54 und 56 Kostenstand: 1. Quartal 2025, Bundesdurchschnitt, **inkl. 19% MwSt.**

Prozentanteile der Kosten für Leistungsbereiche nach STLB (Kosten Bauwerk nach DIN 276)

LB	Leistungsbereiche	▷	% an 300+400	◁
000	Baustellen-, Verkehrssich.- u. Sicherh.einr. inkl. 001	1,5	**2,0**	2,6
002	Erdarbeiten	1,7	**1,9**	2,9
006	Spezialtiefbauarbeiten inkl. 005	–	**–**	–
009	Entwässerungskanalarbeiten inkl. 011	0,4	**0,8**	2,2
010	Drän- und Versickerarbeiten	0,0	**0,2**	0,5
012	Mauerarbeiten	3,8	**5,1**	7,6
013	Betonarbeiten	14,0	**19,9**	24,1
014	Natur-, Betonwerksteinarbeiten	–	**–**	–
016	Zimmer- und Holzbauarbeiten	< 0,1	**1,3**	3,8
017	Stahlbauarbeiten	2,2	**5,4**	9,2
018	Abdichtungsarbeiten	0,0	**0,1**	0,4
020	Dachdeckungsarbeiten	1,1	**3,1**	6,3
021	Dachabdichtungsarbeiten	0,2	**3,5**	5,9
022	Klempnerarbeiten	0,2	**1,2**	3,2
	Rohbau	37,3	**44,6**	49,8
023	Putz- und Stuckarbeiten, Wärmedämmsysteme	1,6	**3,0**	5,6
024	Fliesen- und Plattenarbeiten	0,6	**1,4**	3,0
025	Estricharbeiten	0,3	**1,6**	1,9
026	Fenster, Außentüren inkl. 029, 032	1,9	**3,4**	5,4
027	Tischlerarbeiten	0,7	**2,1**	6,7
028	Parkettarbeiten, Holzpflasterarbeiten	–	**–**	–
030	Rollladenarbeiten	0,2	**0,6**	1,3
031	Metallbauarbeiten inkl. 035	3,9	**10,3**	14,5
034	Maler- und Lackiererarbeiten inkl. 037	1,2	**1,5**	1,9
036	Bodenbelagarbeiten	0,4	**1,7**	4,2
038	Vorgehängte hinterlüftete Fassaden	0,0	**0,1**	0,7
039	Trockenbauarbeiten	0,8	**1,4**	2,2
	Ausbau	14,9	**27,1**	33,3
040	Wärmeversorgungsanl. - Betriebseinr. inkl. 041	3,5	**4,8**	5,5
042	Gas- und Wasserinstallation, Leitungen inkl. 043	1,0	**1,6**	2,5
044	Abwasseranlagen - Leitungen, Abläufe, Armaturen	0,4	**0,9**	1,5
045	GWE - Einrichtungsgegenstände inkl. 046	0,8	**1,1**	1,5
047	Dämm- und Brandschutzarbeiten an techn. Anlagen	0,1	**0,4**	0,8
049	Feuerlöschanlagen, Feuerlöschgeräte	< 0,1	**0,8**	4,0
050	Blitzschutz- und Erdungsanlagen	0,2	**0,3**	0,8
052	Mittelspannungsanlagen	0,0	**< 0,1**	0,2
053	Niederspannungsanlagen inkl. 054	4,1	**6,4**	9,8
055	Sicherheits- und Ersatzstromversorgungsanlagen	< 0,1	**0,4**	1,5
057	Gebäudesystemtechnik	–	**–**	–
058	Leuchten und Lampen inkl. 059	1,2	**2,2**	3,1
060	Such-, Signal-, elektroakust. Anl., Med. inkl. 064	0,0	**< 0,1**	< 0,1
061	Kommunikations- und Übertragungsnetze inkl. 062	< 0,1	**< 0,1**	0,2
063	Gefahrenmeldeanlagen	0,0	**0,2**	1,1
069	Aufzüge	< 0,1	**0,5**	2,3
070	Gebäudeautomation	–	**–**	–
075	Raumlufttechnische Anlagen inkl. 078	0,4	**1,2**	2,5
	Gebäudetechnik	18,5	**20,8**	24,4
	Sonstige Leistungsbereiche inkl. 008, 033, 051	0,9	**7,5**	33,5

Kosten:
Stand 1. Quartal 2025
Bundesdurchschnitt
inkl. 19% MwSt.

- ● KKW
- ▶ min
- ▷ von
- | Mittelwert
- ◁ bis
- ◀ max

Planungskennwerte für Flächen und Rauminhalte nach DIN 277

Grundflächen		▷	Fläche/NUF (%)	◁	▷	Fläche/BGF (%)	◁
NUF	Nutzungsfläche	100,0	**100,0**	100,0	69,2	**72,7**	78,5
TF	Technikfläche	8,0	**10,3**	12,8	5,3	**7,0**	7,7
VF	Verkehrsfläche	14,5	**17,7**	24,1	10,2	**12,4**	16,2
NRF	Netto-Raumfläche	122,5	**128,0**	136,8	90,2	**92,2**	93,2
KGF	Konstruktions-Grundfläche	8,9	**10,9**	13,7	6,8	**7,8**	9,8
BGF	Brutto-Grundfläche	130,1	**138,9**	147,0	100,0	**100,0**	100,0

Brutto-Rauminhalte		▷	BRI/NUF (m)	◁	▷	BRI/BGF (m)	◁
BRI	Brutto-Rauminhalt	7,50	**8,95**	11,37	5,22	**6,41**	7,52

Flächen von Nutzeinheiten	▷	NUF/Einheit (m²)	◁	▷	BGF/Einheit (m²)	◁
Nutzeinheit: Arbeitsplätze	144,94	**189,63**	189,63	221,71	**263,72**	263,72

Lufttechnisch behandelte Flächen	▷	Fläche/NUF (%)	◁	▷	Fläche/BGF (%)	◁
Entlüftete Fläche	5,2	**7,3**	7,3	3,8	**5,4**	5,4
Be- und entlüftete Fläche	48,1	**48,1**	48,1	32,0	**32,0**	32,0
Teilklimatisierte Fläche	–	**–**	–	–	**–**	–
Klimatisierte Fläche	–	**–**	–	–	**–**	–

KG	Kostengruppen (2. Ebene)	Einheit	▷	Menge/NUF	◁	▷	Menge/BGF	◁
310	Baugrube / Erdbau	m³ BGI	0,82	**0,94**	1,07	0,59	**0,68**	0,80
320	Gründung, Unterbau	m² GRF	0,88	**0,96**	1,14	0,63	**0,69**	0,77
330	Außenwände / vertikal außen	m² AWF	0,88	**0,92**	1,02	0,61	**0,67**	0,72
340	Innenwände / vertikal innen	m² IWF	0,54	**0,65**	0,65	0,39	**0,48**	0,68
350	Decken / horizontal	m² DEF	0,35	**0,39**	0,51	0,24	**0,28**	0,38
360	Dächer	m² DAF	0,95	**1,04**	1,15	0,69	**0,75**	0,77
370	Infrastrukturanlagen		–	**–**	–	–	**–**	–
380	Baukonstruktive Einbauten	m² BGF	1,30	**1,39**	1,47	1,00	**1,00**	1,00
390	Sonst. Maßnahmen für Baukonst.	m² BGF	1,30	**1,39**	1,47	1,00	**1,00**	1,00
300	**Bauwerk – Baukonstruktionen**	**m² BGF**	1,30	**1,39**	1,47	1,00	**1,00**	1,00

Planungskennwerte für Bauzeiten — 8 Vergleichsobjekte

Bauzeit in Wochen

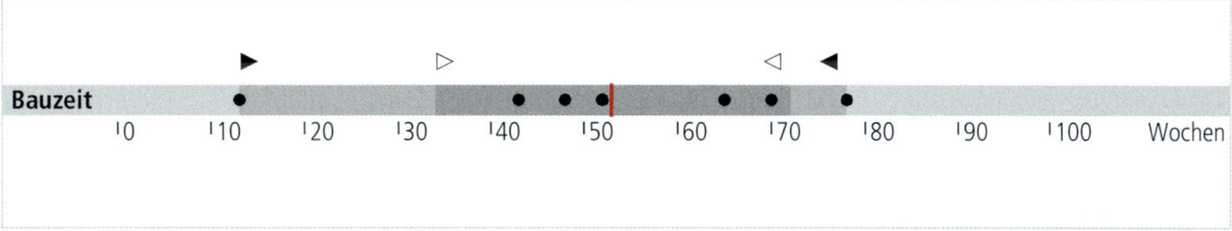

€/m² BGF

min	1.020	€/m²
von	1.435	€/m²
Mittel	**1.905**	**€/m²**
bis	2.320	€/m²
max	2.555	€/m²

Kosten:
Stand 1. Quartal 2025
Bundesdurchschnitt
inkl. 19% MwSt.

Objektübersicht zur Gebäudeart

7100-0068 Produktions- und Logistikhalle (60 AP)

BRI 86.307 m³ **BGF** 10.426 m² **NUF** 9.208 m²

© DIA179

Produktion- und Logistikhalle für 60 Arbeitsplätze. Stb-Skelettbau.

Land: Brandenburg
Kreis: Havelland
Standard: einfach
Bauzeit: 52 Wochen
Kennwerte: bis 1. Ebene DIN 276

BGF **1.022 €/m²**

Planung: DIA179 GmbH; Berlin

veröffentlicht: BKI Objektdaten N19

7100-0062 Produktionshalle mit Büroflächen (96 AP)*

BRI 42.077 m³ **BGF** 5.878 m² **NUF** 4.465 m²

© Barbara Staubach

Produktionshalle mit Bürogebäude, Technologiecenter und Betriebsrestaurant mit 96 Arbeitsplätzen. Stahlbeton.

Land: Hessen
Kreis: Fulda
Standard: mittel
Bauzeit: 74 Wochen
Kennwerte: bis 1. Ebene DIN 276

BGF **4.058 €/m²**

Planung: Staubach + Partner PartGmbB; Fulda

veröffentlicht: BKI Objektdaten N18
* Nicht in der Auswertung enthalten

7100-0055 Weinkellerei

BRI 27.438 m³ **BGF** 4.218 m² **NUF** 2.921 m²

© Georg Fischer

Weinkellerei mit sechs Arbeitsplätzen. Stahlbetonbau.

Land: Rheinland-Pfalz
Kreis: Alzey-Worms
Standard: hoch
Bauzeit: 70 Wochen
Kennwerte: bis 1. Ebene DIN 276

BGF **2.270 €/m²**

Planung: Architekt BDA Dr.-Ing Sever Severain; Wiesbaden

veröffentlicht: BKI Objektdaten N17

7700-0041 Galvanikbetrieb

BRI 1.511 m³ **BGF** 438 m² **NUF** 322 m²

© Planungsgesellschaft für Hochbau mbH Wirtz + Kölsch

Galvanikbetrieb (120 m²), Büroräume, Empfang, Lagerräume, Labore. Mauerwerksbau.

Land: Nordrhein-Westfalen
Kreis: Leverkusen, Stadt
Standard: einfach
Bauzeit: 13 Wochen
Kennwerte: bis 3. Ebene DIN 276

BGF **1.665 €/m²**

Planung: Planungsgesellschaft für Hochbau mbH Wirtz+Kölsch; Leverkusen

veröffentlicht: www.bki.de

7100-0021 Sanitärbetrieb, Büro, Ausstellung

BRI 5.253 m³ **BGF** 1.232 m² **NUF** 871 m²

© Freier Architekt Prof. Clemens Richarz

Büro- und Ausstellungsräume, Produktions- und Lagerhalle. Mauerwerksbau.

Land: Baden-Württemberg
Kreis: Böblingen
Standard: mittel
Bauzeit: 48 Wochen
Kennwerte: bis 3. Ebene DIN 276

BGF 1.954 €/m²

Planung: Freier Architekt BDA Prof. Clemens Richarz; München

veröffentlicht: www.bki.de

7100-0013 Produktionshalle

BRI 19.740 m³ **BGF** 2.100 m² **NUF** 1.293 m²

© Ibaupro Architekten- und Ingenieurbüro GmbH

Produktionshalle für 20 Arbeitsplätze, Verarbeitungsräume, Zuschnitt, Montage, Veredelung, Pressenraum mit Aggregatereihen, Lagerbereich, technische Werkstätten, Werkstattbüro, haustechnische Zentralen. Stahlbetonbau.

Land: Thüringen
Kreis: Weimarer Land
Standard: mittel
Bauzeit: 43 Wochen
Kennwerte: bis 1. Ebene DIN 276

BGF 2.554 €/m²

Planung: Ibaupro Architekten- und Ingenieurbüro GmbH; Jena

veröffentlicht: www.bki.de

7700-0031 Chemie Vertriebszentrale

BRI 176.142 m³ **BGF** 24.727 m² **NUF** 16.438 m²

© Mögel Freier Architekt

Produktion, Bürogebäude, Labore, Sozialgebäude. Die mit Tanklastern auf der Straße und Tankwagen auf der Schiene angelieferten Chemikalien werden zwischengelagert, gemischt und in große Behälter abgefüllt und an die Kundschaft mit Tanklastern und Lkw ausgeliefert. Bürotrakt Mauerwerk, Halle Stb-Skelettkonstruktion.

Land: Nordrhein-Westfalen
Kreis: Duisburg, Stadt
Standard: mittel
Bauzeit: 52 Wochen
Kennwerte: bis 2. Ebene DIN 276

BGF 2.262 €/m²

Planung: Helmut Mögel Freier Architekt BDA; Stuttgart

veröffentlicht: www.bki.de

7100-0020 Brauerei, Büros, Gaststätte*

BRI 13.951 m³ **BGF** 2.422 m² **NUF** 1.945 m²

© Planungsgruppe 5.4.3

Brauerei, Getränkegroßhandel, Verwaltung, Gaststätte. Mauerwerksbau.

Land: Sachsen
Kreis: Meißen
Standard: einfach
Bauzeit: 91 Wochen
Kennwerte: bis 2. Ebene DIN 276

BGF 3.447 €/m²

 *

Planung: Planungsgruppe 5.4.3 Architekten & Ingenieure GbR; Freilassing

veröffentlicht: www.bki.de
* Nicht in der Auswertung enthalten

€/m² BGF

min	1.020	€/m²
von	1.435	€/m²
Mittel	**1.905**	**€/m²**
bis	2.320	€/m²
max	2.555	€/m²

Kosten:
Stand 1. Quartal 2025
Bundesdurchschnitt
inkl. 19% MwSt.

Objektübersicht zur Gebäudeart

7700-0021 Produktions- und Lagerhalle, Büros

BRI 12.810 m³ **BGF** 2.008 m² **NUF** 1.519 m²

© Dieter Hosch Tecos GmbH

Drei Nutzungsbereiche: Produktion und Service, Büro, Ersatzteillager. Im Hochregallager steht das gesamte Angebot der Firma zum Versand bereit und wird teils durch zwei Kundendienstmonteure, teils durch die Post der Kundschaft zur Verfügung gestellt. Stahlbetonbau.

Land: Sachsen-Anhalt
Kreis: Börde
Standard: mittel
Bauzeit: 65 Wochen
Kennwerte: bis 3. Ebene DIN 276

BGF 1.813 €/m²

Planung: Dieter Hosch Dipl.-Ing. Tecos GmbH; Stuttgart

veröffentlicht: www.bki.de

7100-0019 Getriebefabrik, Bürotrakt

BRI 26.422 m³ **BGF** 4.491 m² **NUF** 3.437 m²

© Tecos GmbH

Nutzeinheit 1: Produktion und Service; Nutzeinheit 2: Büroanbau mit Caféteria; Nutzeinheit 3: Lackiererei mit Technikräumen; In der Produktion werden Schneckengetriebe hergestellt, die den verschiedensten Anbietern für große Übersetzungsverhältnisse angeboten werden. Mauerwerksbau.

Land: Sachsen
Kreis: Meißen
Standard: mittel
Bauzeit: 78 Wochen
Kennwerte: bis 2. Ebene DIN 276

BGF 1.709 €/m²

Planung: Tecos GmbH; Stuttgart

veröffentlicht: www.bki.de

Industrielle Produktionsgebäude, überwiegend Skelettbauweise

Kosten:
Stand 1. Quartal 2025
Bundesdurchschnitt
inkl. 19% MwSt.

Kostenkennwerte für die Kosten des Bauwerks (Kostengruppen 300+400 nach DIN 276)

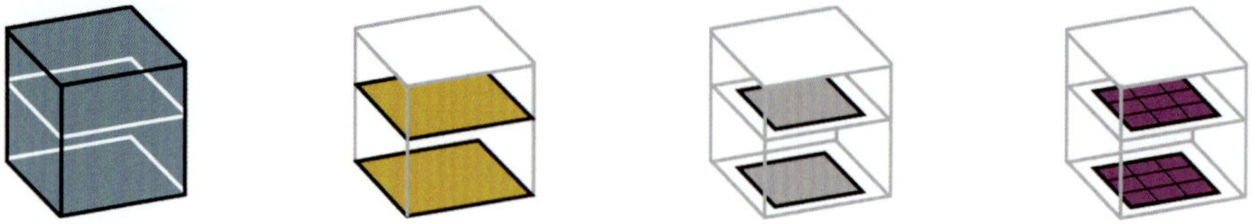

BRI 355 €/m³	BGF 2.175 €/m²	NUF 2.880 €/m²	NE 181.315 €/NE
von 230 €/m³	von 1.600 €/m²	von 2.000 €/m²	von 108.240 €/NE
bis 560 €/m³	bis 3.130 €/m²	bis 4.790 €/m²	bis 264.000 €/NE
			NE: Arbeitsplätze

Objektbeispiele

7700-0084

7300-0078

7100-0074

Kosten der 20 Vergleichsobjekte — Seiten 862 bis 867

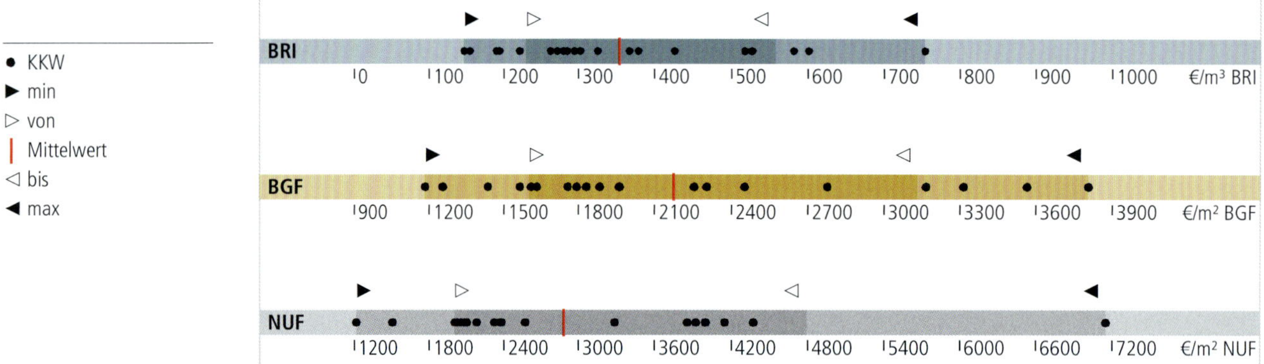

Kostenstand: 1. Quartal 2025, Bundesdurchschnitt, **inkl. 19% MwSt.**

Kostenkennwerte für die Kostengruppen der 1. und 2. Ebene DIN 276

KG	Kostengruppen der 1. Ebene	Einheit	▷	€/Einheit	◁	▷	% an 300+400	◁
100	Grundstück	m² GF	–	**–**	–	–	**–**	–
200	Vorbereitende Maßnahmen	m² GF	4	**12**	26	0,3	**1,4**	3,5
300	Bauwerk – Baukonstruktionen	m² BGF	1.158	**1.545**	2.242	63,6	**71,7**	78,5
400	Bauwerk – Technische Anlagen	m² BGF	432	**629**	1.240	21,5	**28,3**	36,4
	Bauwerk 300+400	m² BGF	1.598	**2.174**	3.131	100,0	**100,0**	100,0
500	Außenanlagen und Freiflächen	m² AF	95	**291**	1.158	3,5	**6,5**	11,1
600	Ausstattung und Kunstwerke	m² BGF	2	**4**	7	< 0,1	**0,1**	0,2
700	Baunebenkosten*	m² BGF	377	**420**	463	17,7	**19,7**	21,7 ◁
800	Finanzierung	m² BGF	–	**–**	–	–	**–**	–

* Auf Grundlage der HOAI 2021 berechnete Werte nach §§ 35, 52, 56. Weitere Informationen siehe Seite 56

KG	Kostengruppen der 2. Ebene	Einheit	▷	€/Einheit	◁	▷	% an 1. Ebene	◁
310	Baugrube / Erdbau	m³ BGI	21	**59**	107	0,7	**1,9**	3,4
320	Gründung, Unterbau	m² GRF	354	**512**	1.036	16,0	**23,5**	39,8
330	Außenwände / vertikal außen	m² AWF	361	**528**	856	19,1	**29,0**	36,0
340	Innenwände / vertikal innen	m² IWF	316	**379**	486	4,0	**11,3**	17,3
350	Decken / horizontal	m² DEF	303	**431**	599	2,0	**7,4**	12,1
360	Dächer	m² DAF	303	**425**	494	16,1	**21,7**	32,2
370	Infrastrukturanlagen		–	**–**	–	–	**–**	–
380	Baukonstruktive Einbauten	m² BGF	–	**3**	–	0,0	**< 0,1**	0,2
390	Sonst. Maßnahmen für Baukonst.	m² BGF	42	**80**	119	3,8	**5,1**	7,6
300	**Bauwerk – Baukonstruktionen**	**m² BGF**					**100,0**	
410	Abwasser-, Wasser-, Gasanlagen	m² BGF	26	**50**	77	4,3	**7,6**	11,0
420	Wärmeversorgungsanlagen	m² BGF	47	**71**	106	4,5	**9,4**	26,5
430	Raumlufttechnische Anlagen	m² BGF	69	**201**	419	5,1	**17,6**	31,9
440	Elektrische Anlagen	m² BGF	119	**213**	304	26,9	**31,8**	52,1
450	Kommunikationstechnische Anlagen	m² BGF	13	**42**	112	2,5	**5,2**	10,9
460	Förderanlagen	m² BGF	38	**85**	148	0,8	**6,5**	12,3
470	Nutzungsspez. / verfahrenstech. Anl.	m² BGF	24	**72**	168	5,0	**17,2**	68,8
480	Gebäude- und Anlagenautomation	m² BGF	26	**58**	84	0,7	**4,0**	7,0
490	Sonst. Maßnahmen f. techn. Anl.	m² BGF	7	**11**	16	< 0,1	**0,5**	1,3
400	**Bauwerk – Technische Anlagen**	**m² BGF**					**100,0**	

Prozentanteile der Kosten 2. Ebene an den Kosten des Bauwerks nach DIN 276 (Von/Mittel/Bis)

KG	Kostengruppe	%
310	Baugrube / Erdbau	1,4
320	Gründung, Unterbau	16,3
330	Außenwände / vertikal außen	20,2
340	Innenwände / vertikal innen	7,8
350	Decken / horizontal	5,0
360	Dächer	15,4
370	Infrastrukturanlagen	
380	Baukonstruktive Einbauten	< 0,1
390	Sonst. Maßnahmen für Baukonst.	3,5
410	Abwasser-, Wasser-, Gasanlagen	2,3
420	Wärmeversorgungsanlagen	2,7
430	Raumlufttechnische Anlagen	6,0
440	Elektrische Anlagen	9,5
450	Kommunikationstechnische Anlagen	1,7
460	Förderanlagen	2,1
470	Nutzungsspez. / verfahrenstech. Anl.	4,5
480	Gebäude- und Anlagenautomation	1,4
490	Sonst. Maßnahmen f. techn. Anl.	0,2

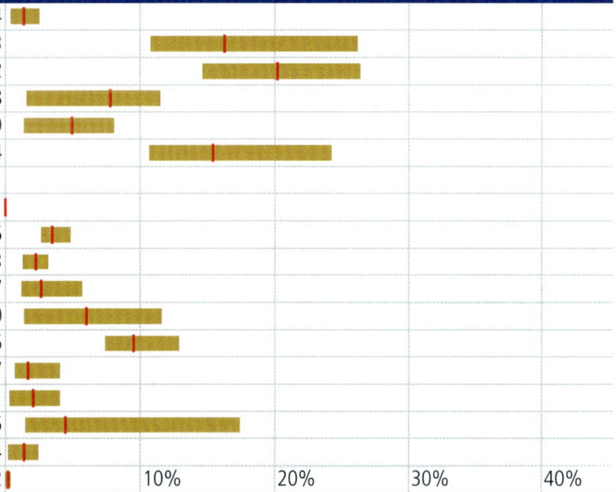

 Kostenstand: 1. Quartal 2025, Bundesdurchschnitt, **inkl. 19% MwSt.**

Kosten:
Stand 1. Quartal 2025
Bundesdurchschnitt
inkl. 19% MwSt.

Prozentanteile der Kosten für Leistungsbereiche nach STLB (Kosten Bauwerk nach DIN 276)

LB	Leistungsbereiche	▷	% an 300+400	◁
000	Baustellen-, Verkehrssich.- u. Sicherh.einr. inkl. 001	2,0	**3,1**	4,7
002	Erdarbeiten	1,0	**2,2**	3,4
006	Spezialtiefbauarbeiten inkl. 005	0,2	**1,8**	9,3
009	Entwässerungskanalarbeiten inkl. 011	0,1	**0,6**	1,0
010	Drän- und Versickerarbeiten	0,0	**0,1**	0,4
012	Mauerarbeiten	0,6	**1,6**	2,8
013	Betonarbeiten	16,0	**25,3**	34,4
014	Natur-, Betonwerksteinarbeiten	0,0	**< 0,1**	0,2
016	Zimmer- und Holzbauarbeiten	–	**–**	–
017	Stahlbauarbeiten	2,8	**10,4**	26,8
018	Abdichtungsarbeiten	< 0,1	**0,4**	0,9
020	Dachdeckungsarbeiten	0,0	**0,2**	1,0
021	Dachabdichtungsarbeiten	1,9	**3,5**	4,4
022	Klempnerarbeiten	1,3	**6,1**	15,0
	Rohbau	39,9	**55,2**	69,4
023	Putz- und Stuckarbeiten, Wärmedämmsysteme	0,2	**0,6**	0,9
024	Fliesen- und Plattenarbeiten	0,2	**0,5**	1,1
025	Estricharbeiten	0,2	**0,8**	2,1
026	Fenster, Außentüren inkl. 029, 032	1,0	**3,5**	9,2
027	Tischlerarbeiten	0,0	**0,3**	1,2
028	Parkettarbeiten, Holzpflasterarbeiten	–	**–**	–
030	Rollladenarbeiten	0,2	**1,0**	4,8
031	Metallbauarbeiten inkl. 035	0,6	**4,3**	8,4
034	Maler- und Lackiererarbeiten inkl. 037	0,5	**1,5**	2,5
036	Bodenbelagarbeiten	0,1	**0,8**	1,1
038	Vorgehängte hinterlüftete Fassaden	< 0,1	**0,9**	5,0
039	Trockenbauarbeiten	0,5	**1,8**	4,1
	Ausbau	5,3	**16,0**	27,4
040	Wärmeversorgungsanl. - Betriebseinr. inkl. 041	1,0	**2,3**	5,3
042	Gas- und Wasserinstallation, Leitungen inkl. 043	0,3	**0,8**	1,9
044	Abwasseranlagen - Leitungen, Abläufe, Armaturen	0,1	**0,3**	0,6
045	GWE - Einrichtungsgegenstände inkl. 046	0,3	**1,0**	2,4
047	Dämm- und Brandschutzarbeiten an techn. Anlagen	0,4	**1,1**	1,8
049	Feuerlöschanlagen, Feuerlöschgeräte	< 0,1	**< 0,1**	< 0,1
050	Blitzschutz- und Erdungsanlagen	0,2	**0,5**	0,8
052	Mittelspannungsanlagen	0,0	**0,2**	1,0
053	Niederspannungsanlagen inkl. 054	4,7	**7,1**	9,7
055	Sicherheits- und Ersatzstromversorgungsanlagen	0,0	**< 0,1**	0,2
057	Gebäudesystemtechnik	–	**–**	–
058	Leuchten und Lampen inkl. 059	1,3	**1,7**	2,8
060	Such-, Signal-, elektroakust. Anl., Med. inkl. 064	< 0,1	**< 0,1**	0,3
061	Kommunikations- und Übertragungsnetze inkl. 062	0,5	**0,9**	1,9
063	Gefahrenmeldeanlagen	0,1	**0,7**	2,0
069	Aufzüge	< 0,1	**0,7**	2,0
070	Gebäudeautomation	0,1	**1,0**	2,7
075	Raumlufttechnische Anlagen inkl. 078	1,3	**5,6**	10,5
	Gebäudetechnik	11,0	**24,0**	31,8
	Sonstige Leistungsbereiche inkl. 008, 033, 051	1,6	**4,8**	18,1

● KKW
▶ min
▷ von
| Mittelwert
◁ bis
◀ max

Planungskennwerte für Flächen und Rauminhalte nach DIN 277

Grundflächen		▷	Fläche/NUF (%)	◁	▷	Fläche/BGF (%)	◁
NUF	Nutzungsfläche	100,0	**100,0**	100,0	70,4	**78,6**	83,3
TF	Technikfläche	5,3	**7,2**	21,6	3,8	**4,8**	11,4
VF	Verkehrsfläche	9,2	**11,9**	16,2	6,9	**8,7**	12,0
NRF	Netto-Raumfläche	112,9	**117,8**	133,8	87,9	**91,2**	92,9
KGF	Konstruktions-Grundfläche	9,5	**11,8**	17,8	7,1	**8,8**	12,1
BGF	Brutto-Grundfläche	123,1	**129,5**	149,1	100,0	**100,0**	100,0

Brutto-Rauminhalte		▷	BRI/NUF (m)	◁	▷	BRI/BGF (m)	◁
BRI	Brutto-Rauminhalt	7,54	**8,57**	10,35	5,78	**6,70**	8,16

Flächen von Nutzeinheiten	▷	NUF/Einheit (m²)	◁	▷	BGF/Einheit (m²)	◁
Nutzeinheit: Arbeitsplätze	50,28	**63,45**	94,31	61,26	**79,80**	113,13

Lufttechnisch behandelte Flächen	▷	Fläche/NUF (%)	◁	▷	Fläche/BGF (%)	◁
Entlüftete Fläche	–	**–**	–	–	**–**	–
Be- und entlüftete Fläche	–	**–**	–	–	**–**	–
Teilklimatisierte Fläche	–	**–**	–	–	**–**	–
Klimatisierte Fläche	14,1	**14,1**	14,1	12,3	**12,3**	12,3

KG	Kostengruppen (2. Ebene)	Einheit	▷	Menge/NUF	◁	▷	Menge/BGF	◁
310	Baugrube / Erdbau	m³ BGI	0,73	**0,96**	0,96	0,57	**0,77**	0,77
320	Gründung, Unterbau	m² GRF	0,84	**0,88**	0,94	0,65	**0,71**	0,78
330	Außenwände / vertikal außen	m² AWF	1,02	**1,09**	1,32	0,84	**0,87**	1,03
340	Innenwände / vertikal innen	m² IWF	0,71	**0,81**	0,86	0,50	**0,58**	0,68
350	Decken / horizontal	m² DEF	0,46	**0,46**	0,54	0,33	**0,33**	0,41
360	Dächer	m² DAF	0,87	**0,92**	0,97	0,66	**0,74**	0,82
370	Infrastrukturanlagen		–	**–**	–	–	**–**	–
380	Baukonstruktive Einbauten	m² BGF	1,23	**1,30**	1,49	1,00	**1,00**	1,00
390	Sonst. Maßnahmen für Baukonst.	m² BGF	1,23	**1,30**	1,49	1,00	**1,00**	1,00
300	**Bauwerk – Baukonstruktionen**	**m² BGF**	1,23	**1,30**	1,49	1,00	**1,00**	1,00

Planungskennwerte für Bauzeiten **20 Vergleichsobjekte**

Bauzeit in Wochen

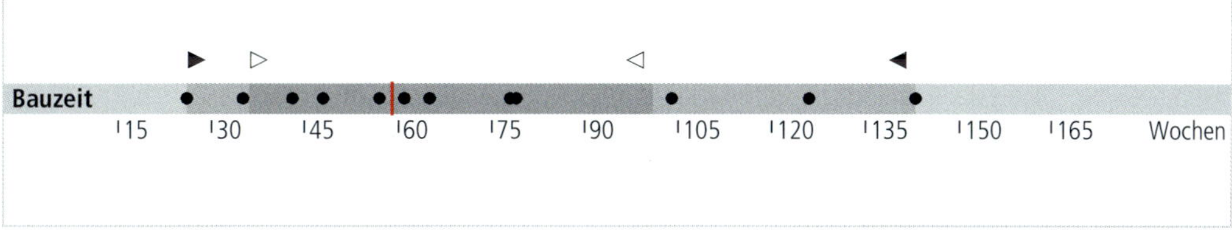

Industrielle Produktionsgebäude, überwiegend Skelettbauweise

€/m² BGF

min	1.185	€/m²
von	1.600	€/m²
Mittel	**2.175**	**€/m²**
bis	3.130	€/m²
max	3.805	€/m²

Kosten:
Stand 1. Quartal 2025
Bundesdurchschnitt
inkl. 19% MwSt.

Objektübersicht zur Gebäudeart

7100-0074 Produktionshalle (22 AP)

BRI 8.141 m³ | **BGF** 1.720 m² | **NUF** 1.402 m²

Produktionshalle für Urnen mit 22 Arbeitsplätzen. Stb-Skelettbau.

Land: Niedersachsen
Kreis: Hildesheim
Standard: hoch
Bauzeit: 126 Wochen
Kennwerte: bis 1. Ebene DIN 276

BGF 3.564 €/m²

Planung: K + H Architekten PartG mbB; Hildesheim

vorgesehen: BKI Objektdaten N21

7100-0066 Produktionsgebäude, Büro (120 AP)

BRI 17.141 m³ | **BGF** 3.710 m² | **NUF** 2.576 m²

Zweigeschossiges Produktionsgebäude (40 AP) mit viergeschossigem Bürogebäude (80 AP). Stb-Skelettbau.

Land: Bremen
Kreis: Bremen, Stadt
Standard: mittel
Bauzeit: 78 Wochen
Kennwerte: bis 3. Ebene DIN 276

BGF 2.776 €/m²

Planung: Johannes Schneider Architekt BDA; Bremen

veröffentlicht: BKI Objektdaten N18

7100-0071 Werkhalle (20 AP), Büro (8 AP)

BRI 20.561 m³ | **BGF** 3.064 m² | **NUF** 2.583 m²

Werkhalle mit Büro- und Sozialräumen mit 28 Arbeitsplätzen. Stb-Skelettbau.

Land: Schleswig-Holstein
Kreis: Segeberg
Standard: mittel
Bauzeit: 48 Wochen
Kennwerte: bis 1. Ebene DIN 276

BGF 1.755 €/m²

Planung: Architekten Johannsen und Partner mbB; Hamburg

veröffentlicht: BKI Objektdaten N19

7100-0064 Produktionshalle (48 AP)

BRI 31.792 m³ | **BGF** 4.405 m² | **NUF** 2.345 m²

Integrationshalle zur Herstellung von Satelliten mit 48 Arbeitsplätzen. Stb-Skelettbau.

Land: Bremen
Kreis: Bremen, Stadt
Standard: hoch
Bauzeit: 65 Wochen
Kennwerte: bis 1. Ebene DIN 276

BGF 3.805 €/m²

Planung: KAARS I SCHLICHTMANN Planungsgesellschaft mbH; Bremen

veröffentlicht: BKI Objektdaten N18

7100-0070 Produktionshalle (268 AP)

BRI 34.292 m³ **BGF** 5.611 m² **NUF** 4.527 m²

Neubau als Erweiterung eines Produktionswerks in zwei Bauabschnitten. Zwei Hallen mit Produktions- sowie Büroarbeitsplätzen im Energie-Plus-Standard. Stahlbeton.

Land: Baden-Württemberg
Kreis: Ravensburg
Standard: hoch
Bauzeit: 104 Wochen
Kennwerte: bis 1. Ebene DIN 276

BGF 3.164 €/m²

Planung: f64 Architekten und Stadtplaner PartGmbB; Kempten

veröffentlicht: BKI Objektdaten N20

7100-0069 Gewerbehof, Büroflächen (3 Hallen, 46 AP)

BRI 26.403 m³ **BGF** 3.645 m² **NUF** 3.076 m²

Gewerbehof mit drei Halleneinheiten und Verwaltungsflächen für 46 Arbeitsplätze. Massivbau.

Land: Nordrhein-Westfalen
Kreis: Mönchengladbach, Stadt
Standard: hoch
Bauzeit: 143 Wochen
Kennwerte: bis 1. Ebene DIN 276

BGF 1.962 €/m²

Planung: Sillmanns GmbH Architekten und Ingenieure; Mönchengladbach

veröffentlicht: BKI Objektdaten N19

7100-0057 Montagehalle mit Büronutzung (220 AP)

BRI 135.634 m³ **BGF** 14.647 m² **NUF** 12.037 m²

Montagehalle mit Büronutzung (220 AP). Betonfertigteilbau.

Land: Hessen
Kreis: Offenbach
Standard: mittel
Bauzeit: 57 Wochen
Kennwerte: bis 1. Ebene DIN 276

BGF 1.792 €/m²

Planung: MOW Architekten GmbH; Frankfurt

veröffentlicht: BKI Objektdaten N17

7700-0084 Logistikhalle (60 AP)

BRI 23.357 m³ **BGF** 3.050 m² **NUF** 2.677 m²

Logistikhalle (25 AP) mit Büros (35 AP). Holzrahmenbau.

Land: Baden-Württemberg
Kreis: Ravensburg
Standard: mittel
Bauzeit: 35 Wochen
Kennwerte: bis 1. Ebene DIN 276

BGF 2.254 €/m²

Planung: f64 Architekten und Stadtplaner PartGmbB; Kempten

veröffentlicht: BKI Objektdaten N17

€/m² BGF

min	1.185	€/m²
von	1.600	€/m²
Mittel	**2.175**	**€/m²**
bis	3.130	€/m²
max	3.805	€/m²

Kosten:
Stand 1. Quartal 2025
Bundesdurchschnitt
inkl. 19% MwSt.

Objektübersicht zur Gebäudeart

7700-0074 Werkhalle für Werkzeugbau (25 AP)

BRI 18.013 m³ **BGF** 1.545 m² **NUF** 1.328 m²

© Udo Richter Freier Architekt

Werkhalle für Werkzeugbau (25 AP). Stb-Skelettbau, Mauerwerk.

Land: Baden-Württemberg
Kreis: Heilbronn, Stadt
Standard: hoch
Bauzeit: 35 Wochen
Kennwerte: bis 3. Ebene DIN 276

BGF 3.314 €/m²

Planung: Architektur Udo Richter Dipl.-Ing. Freier Architekt; Heilbronn

veröffentlicht: BKI Objektdaten N15

7100-0051 Produktionshalle, Büro - Passivhaus

BRI 56.000 m³ **BGF** 6.882 m² **NUF** 5.701 m²

© Architekturbüro Thyroff-Krause

Produktionshalle mit Bürotrakt (Passivhaus) für 35 Mitarbeitende. Mischkonstruktion.

Land: Schleswig-Holstein
Kreis: Segeberg
Standard: mittel
Bauzeit: 26 Wochen
Kennwerte: bis 1. Ebene DIN 276

BGF 1.252 €/m²

Planung: Architekturbüro Thyroff-Krause; Kaltenkirchen

veröffentlicht: BKI Objektdaten E7

7100-0052 Technologietransferzentrum

BRI 32.224 m³ **BGF** 4.969 m² **NUF** 2.937 m²

© Martin Lukas Kim Fotografie

Neubau eines Laserzentrums mit zwei Industriehallen, technischem Labor und Bürotrakt. Mischbauweise.

Land: Hamburg
Kreis: Hamburg, Stadt
Standard: hoch
Bauzeit: 79 Wochen
Kennwerte: bis 3. Ebene DIN 276

BGF 2.452 €/m²

Planung: Planungsgemeinschaft blauraum Architekten ASSMANN GmbH; Hamburg

veröffentlicht: BKI Objektdaten N16

7100-0046 Betriebsgebäude - Niedrigenergie

BRI 10.170 m³ **BGF** 1.978 m² **NUF** 1.565 m²

© Roswag Architekten

Betriebsgebäude mit Produktion (20 Arbeitsplätze) und Verwaltung (20 Arbeitsplätze) in Niedrigenergiebauweise. Holztafelbau.

Land: Berlin
Kreis: Berlin, Stadt
Standard: mittel
Bauzeit: 26 Wochen
Kennwerte: bis 1. Ebene DIN 276

BGF 1.884 €/m²

Planung: Roswag Architekten GvAmbH; Berlin

veröffentlicht: BKI Objektdaten E5

7300-0078 Betriebs- und Produktionsgebäude

BRI 2.529 m^3 | **BGF** 639 m^2 | **NUF** 448 m^2

© kosel-architektur

Betriebs- und Produktionsgebäude für Messgeräte mit Werkstatt, Fertigung, und Verwaltung. Stb-Skelettbau, Holzrahmenbau.

Land: Niedersachsen
Kreis: Hameln-Pyrmont
Standard: hoch
Bauzeit: 35 Wochen
Kennwerte: bis 1. Ebene DIN 276

BGF **2.303 €/m^2**

Planung: kosel-architektur; Hameln

veröffentlicht: BKI Objektdaten N12

7100-0045 Produktionsgebäude, Verwaltung

BRI 35.040 m^3 | **BGF** 6.017 m^2 | **NUF** 4.672 m^2

© Christian Höhn

Produktionsgebäude (60 Arbeitsplätze) und Verwaltung (64 Mitarbeitende). Stb-Skelettbauweise.

Land: Bayern
Kreis: Bamberg
Standard: mittel
Bauzeit: 61 Wochen
Kennwerte: bis 1. Ebene DIN 276

BGF **1.629 €/m^2**

Planung: Glöckner^{3} Architekten GmbH; Nürnberg

veröffentlicht: BKI Objektdaten N12

7100-0050 Produktions- und Bürogebäude (20 AP)

BRI 14.963 m^3 | **BGF** 2.299 m^2 | **NUF** 1.648 m^2

© KF Architekten

Produktionshalle (12 Arbeitsplätze) und Verwaltungsbau mit Büroräumen (8 Arbeitsplätze), Ausstellungsfläche und Lager. Stahlskelettkonstruktion (Halle), Massivbauweise (Verwaltung).

Land: Nordrhein-Westfalen
Kreis: Köln, Stadt
Standard: mittel
Bauzeit: 43 Wochen
Kennwerte: bis 1. Ebene DIN 276

BGF **1.435 €/m^2**

Planung: KF Architekten; Köln

veröffentlicht: BKI Objektdaten N13

7100-0040 Produktionshalle, Verwaltungsbau

BRI 28.946 m^3 | **BGF** 4.806 m^2 | **NUF** 3.973 m^2

© H+F Architekten GmbH

Produktionshalle mit Verwaltungsbau. Ausstellung mit Caféteria, Büros (20 Büroarbeitsplätze) und Produktion, Lager, Versand (18 Arbeitsplätze). Holzrahmenbau.

Land: Bayern
Kreis: Amberg, Stadt
Standard: mittel
Bauzeit: 65 Wochen
Kennwerte: bis 1. Ebene DIN 276

BGF **1.959 €/m^2**

Planung: H+F Architekten GmbH; Amberg

veröffentlicht: BKI Objektdaten N11

€/m² BGF

min	1.185	€/m²
von	1.600	€/m²
Mittel	**2.175**	**€/m²**
bis	3.130	€/m²
max	3.805	€/m²

Kosten:
Stand 1. Quartal 2025
Bundesdurchschnitt
inkl. 19% MwSt.

Objektübersicht zur Gebäudeart

7100-0026 Produktions- und Montagehalle

BRI 62.445 m³ **BGF** 6.473 m² **NUF** 5.672 m²

Produktions- und Montagehalle mit Büro- und Sozialtrakt, Messraum. Pressenschiff mit vier Hydraulikpressen, zwei Kranbahnen. Stahlskelettkonstruktion.

Land: Sachsen
Kreis: Zwickau
Standard: mittel
Bauzeit: 43 Wochen
Kennwerte: bis 3. Ebene DIN 276

BGF **1.831 €/m²**

Planung: heine I reichold architekten Partnerschaftsgesellschaft mbB; Lichtenstein

veröffentlicht: BKI Objektdaten N10

7100-0043 Produktions- und Verwaltungsgebäude

BRI 9.028 m³ **BGF** 2.395 m² **NUF** 1.902 m²

Produktions- und Verwaltungsgebäude mit Schulungsräumen. Stb-Skelettbau.

Land: Bayern
Kreis: Oberallgäu
Standard: mittel
Bauzeit: 43 Wochen
Kennwerte: bis 3. Ebene DIN 276

BGF **1.606 €/m²**

Planung: Becker Architekten; Kempten/Allgäu

veröffentlicht: BKI Objektdaten N12

7100-0044 Produktionshalle

BRI 8.353 m³ **BGF** 1.031 m² **NUF** 1.004 m²

Produktionshalle für Laseranwendungstechnik. Stahlskelettkonstruktion.

Land: Thüringen
Kreis: Nordhausen
Standard: einfach
Bauzeit: 35 Wochen
Kennwerte: bis 3. Ebene DIN 276

BGF **1.183 €/m²**

Planung: Dipl.-Ing. Architekt Tobias Winkler; Nordhausen

veröffentlicht: BKI Objektdaten N12

7100-0027 Produktionsgebäude*

BRI 125.568 m³ **BGF** 20.161 m² **NUF** m²

Produktionsgebäude (2-geschossig) mit angebautem Büro- und Laborgebäude (viergeschossig). Stb-Skelettbau.

Land: Schweiz
Kreis: Kanton St. Gallen
Standard: mittel
Bauzeit: 57 Wochen
Kennwerte: bis 1. Ebene DIN 276

BGF **2.655 €/m²**

Planung: Andreas STIHL AG & Co.KG; Waiblingen

veröffentlicht: BKI Objektdaten N10
* Nicht in der Auswertung enthalten

7100-0022 Produktions-, Bürogebäude

BRI 7.587 m³ **BGF** 1.467 m² **NUF** 1.115 m²

© Heiner P. Klöckner Architektur

Produktions- und Bürogebäude, Foyer, Sozialräume, Versandhalle, Meisterbüro, Lagerräume, Büroräume für die Verwaltung, Produktionsräume. Massivholzbau.

Land: Baden-Württemberg
Kreis: Ludwigsburg
Standard: mittel
Bauzeit: 26 Wochen
Kennwerte: bis 1. Ebene DIN 276

BGF **1.562 €/m²**

Planung: Heiner P. Klöckner Architektur Freier Architekt; Stuttgart

veröffentlicht: www.bki.de

Verwaltung
Wissenschaft
Gesundheit
Bildung
Sport
Wohnen
Gewerbe
Versorgung
Kultur

Betriebs- und Werkstätten, eingeschossig

Kostenkennwerte für die Kosten des Bauwerks (Kostengruppen 300+400 nach DIN 276)

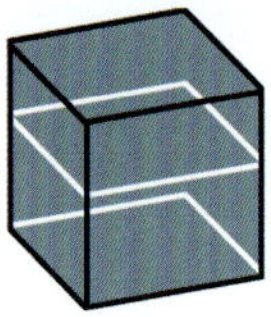

BRI 450 €/m³
von 265 €/m³
bis 765 €/m³

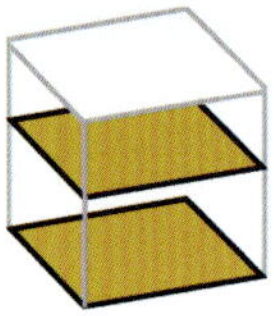

BGF 2.165 €/m²
von 1.330 €/m²
bis 3.055 €/m²

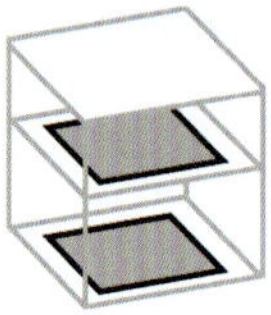

NUF 2.780 €/m²
von 1.575 €/m²
bis 4.255 €/m²

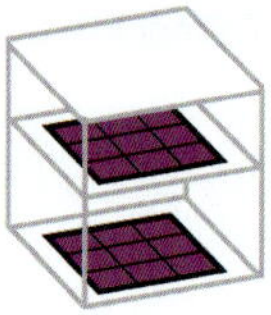

NE 148.365 €/NE
von 78.365 €/NE
bis 360.005 €/NE
NE: Arbeitsplätze

Kosten:
Stand 1. Quartal 2025
Bundesdurchschnitt
inkl. 19% MwSt.

Objektbeispiele

7300-0111

7300-0101

7300-0065

7700-0052

7300-0099

7300-0042

Kosten der 12 Vergleichsobjekte — Seiten 872 bis 875

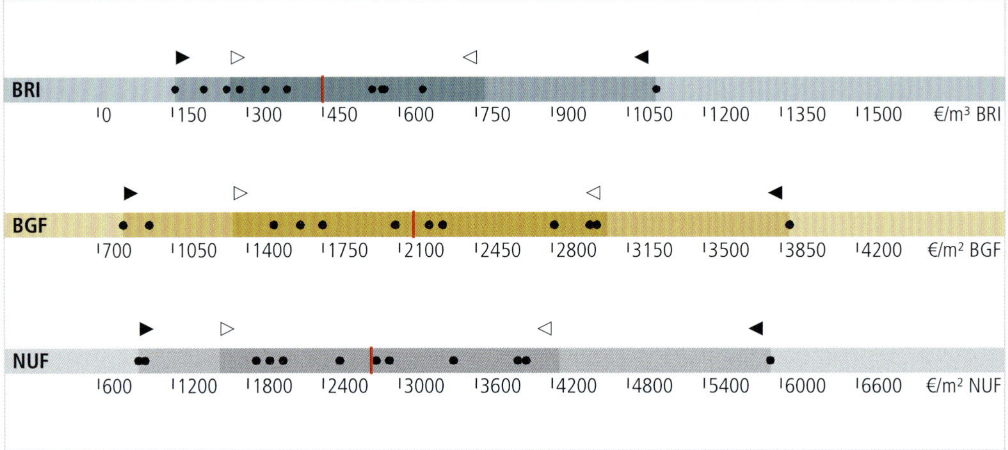

- ● KKW
- ▶ min
- ▷ von
- | Mittelwert
- ◁ bis
- ◀ max

Kostenkennwerte für die Kostengruppen der 1. und 2. Ebene DIN 276

KG	Kostengruppen der 1. Ebene	Einheit	▷	€/Einheit	◁	▷	% an 300+400	◁
100	Grundstück	m²GF	–	**–**	–	–	**–**	–
200	Vorbereitende Maßnahmen	m²GF	11	**28**	71	3,4	**8,6**	23,8
300	Bauwerk – Baukonstruktionen	m²BGF	1.121	**1.668**	2.478	70,3	**78,3**	86,0
400	Bauwerk – Technische Anlagen	m²BGF	205	**495**	713	14,0	**21,7**	29,7
	Bauwerk 300+400	m²BGF	1.330	**2.163**	3.056	100,0	**100,0**	100,0
500	Außenanlagen und Freiflächen	m²AF	64	**101**	179	7,4	**13,8**	42,3
600	Ausstattung und Kunstwerke	m²BGF	15	**31**	59	0,8	**2,9**	7,2
700	Baunebenkosten*	m²BGF	440	**491**	541	20,6	**23,0**	25,4 ◁
800	Finanzierung	m²BGF	–	**–**	–	–	**–**	–

* Auf Grundlage der HOAI 2021 berechnete Werte nach §§ 35, 52, 56. Weitere Informationen siehe Seite 56

KG	Kostengruppen der 2. Ebene	Einheit	▷	€/Einheit	◁	▷	% an 1. Ebene	◁
310	Baugrube / Erdbau	m³BGI	17	**24**	28	0,2	**1,3**	2,5
320	Gründung, Unterbau	m²GRF	309	**374**	452	18,1	**24,8**	30,9
330	Außenwände / vertikal außen	m²AWF	483	**575**	804	23,0	**27,9**	37,4
340	Innenwände / vertikal innen	m²IWF	231	**292**	353	5,8	**9,9**	17,6
350	Decken / horizontal	m²DEF	276	**345**	414	0,3	**3,0**	11,0
360	Dächer	m²DAF	338	**442**	545	25,6	**28,5**	36,0
370	Infrastrukturanlagen		–	**–**	–	–	**–**	–
380	Baukonstruktive Einbauten	m²BGF	–	**41**	–	0,0	**0,7**	2,9
390	Sonst. Maßnahmen für Baukonst.	m²BGF	17	**64**	110	1,3	**3,9**	6,2
300	**Bauwerk – Baukonstruktionen**	**m²BGF**					**100,0**	
410	Abwasser-, Wasser-, Gasanlagen	m²BGF	24	**62**	94	8,9	**14,7**	22,7
420	Wärmeversorgungsanlagen	m²BGF	113	**146**	206	4,5	**19,2**	33,0
430	Raumlufttechnische Anlagen	m²BGF	6	**135**	265	0,0	**9,7**	23,4
440	Elektrische Anlagen	m²BGF	43	**145**	219	2,8	**24,2**	33,3
450	Kommunikationstechnische Anlagen	m²BGF	2	**66**	109	1,5	**7,4**	15,1
460	Förderanlagen	m²BGF	32	**52**	90	4,4	**21,3**	69,0
470	Nutzungsspez. / verfahrenstech. Anl.	m²BGF	–	**32**	–	0,0	**0,9**	3,5
480	Gebäude- und Anlagenautomation	m²BGF	–	**97**	–	0,0	**2,7**	10,7
490	Sonst. Maßnahmen f. techn. Anl.	m²BGF	–	**–**	–	–	**–**	–
400	**Bauwerk – Technische Anlagen**	**m²BGF**					**100,0**	

Prozentanteile der Kosten 2. Ebene an den Kosten des Bauwerks nach DIN 276 (Von/Mittel/Bis)

KG	Kostengruppe	%
310	Baugrube / Erdbau	0,9
320	Gründung, Unterbau	19,8
330	Außenwände / vertikal außen	21,7
340	Innenwände / vertikal innen	7,0
350	Decken / horizontal	1,9
360	Dächer	22,4
370	Infrastrukturanlagen	
380	Baukonstruktive Einbauten	0,4
390	Sonst. Maßnahmen für Baukonst.	2,7
410	Abwasser-, Wasser-, Gasanlagen	3,2
420	Wärmeversorgungsanlagen	4,9
430	Raumlufttechnische Anlagen	3,0
440	Elektrische Anlagen	6,5
450	Kommunikationstechnische Anlagen	1,9
460	Förderanlagen	2,1
470	Nutzungsspez. / verfahrenstech. Anl.	0,3
480	Gebäude- und Anlagenautomation	1,1
490	Sonst. Maßnahmen f. techn. Anl.	

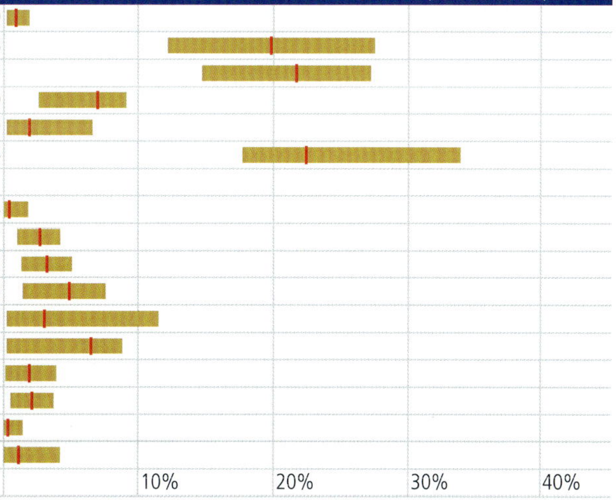

 Kostenstand: 1. Quartal 2025, Bundesdurchschnitt, **inkl. 19% MwSt.**

Prozentanteile der Kosten für Leistungsbereiche nach STLB (Kosten Bauwerk nach DIN 276)

LB	Leistungsbereiche	▷	% an 300+400	◁
000	Baustellen-, Verkehrssich.- u. Sicherh.einr. inkl. 001	1,8	**2,9**	4,1
002	Erdarbeiten	0,5	**1,0**	1,5
006	Spezialtiefbauarbeiten inkl. 005	–	**–**	–
009	Entwässerungskanalarbeiten inkl. 011	0,2	**0,4**	0,6
010	Drän- und Versickerarbeiten	–	**–**	–
012	Mauerarbeiten	0,4	**3,1**	5,2
013	Betonarbeiten	16,2	**17,2**	18,4
014	Natur-, Betonwerksteinarbeiten	–	**–**	–
016	Zimmer- und Holzbauarbeiten	–	**–**	–
017	Stahlbauarbeiten	4,3	**15,1**	24,8
018	Abdichtungsarbeiten	0,0	**0,6**	1,1
020	Dachdeckungsarbeiten	0,0	**2,6**	5,2
021	Dachabdichtungsarbeiten	0,7	**4,6**	7,1
022	Klempnerarbeiten	0,4	**0,7**	1,2
	Rohbau	37,4	**48,2**	55,1
023	Putz- und Stuckarbeiten, Wärmedämmsysteme	< 0,1	**3,0**	5,8
024	Fliesen- und Plattenarbeiten	0,3	**0,8**	1,1
025	Estricharbeiten	1,8	**3,0**	3,8
026	Fenster, Außentüren inkl. 029, 032	1,2	**5,8**	10,2
027	Tischlerarbeiten	< 0,1	**0,5**	1,0
028	Parkettarbeiten, Holzpflasterarbeiten	–	**–**	–
030	Rollladenarbeiten	0,0	**0,2**	0,4
031	Metallbauarbeiten inkl. 035	0,3	**5,3**	10,0
034	Maler- und Lackiererarbeiten inkl. 037	0,9	**1,0**	1,1
036	Bodenbelagarbeiten	0,7	**1,9**	3,0
038	Vorgehängte hinterlüftete Fassaden	0,0	**0,5**	1,0
039	Trockenbauarbeiten	0,4	**2,5**	4,0
	Ausbau	20,3	**24,4**	31,3
040	Wärmeversorgungsanl. - Betriebseinr. inkl. 041	4,1	**7,7**	10,2
042	Gas- und Wasserinstallation, Leitungen inkl. 043	0,1	**1,3**	2,2
044	Abwasseranlagen - Leitungen, Abläufe, Armaturen	0,4	**0,6**	0,8
045	GWE - Einrichtungsgegenstände inkl. 046	< 0,1	**0,2**	0,3
047	Dämm- und Brandschutzarbeiten an techn. Anlagen	0,2	**1,2**	1,9
049	Feuerlöschanlagen, Feuerlöschgeräte	–	**–**	–
050	Blitzschutz- und Erdungsanlagen	< 0,1	**0,3**	0,6
052	Mittelspannungsanlagen	0,0	**0,5**	0,9
053	Niederspannungsanlagen inkl. 054	5,8	**7,0**	8,3
055	Sicherheits- und Ersatzstromversorgungsanlagen	0,0	**< 0,1**	< 0,1
057	Gebäudesystemtechnik	–	**–**	–
058	Leuchten und Lampen inkl. 059	0,1	**1,0**	1,6
060	Such-, Signal-, elektroakust. Anl., Med. inkl. 064	–	**–**	–
061	Kommunikations- und Übertragungsnetze inkl. 062	< 0,1	**0,4**	0,9
063	Gefahrenmeldeanlagen	0,3	**2,0**	3,2
069	Aufzüge	0,0	**0,4**	0,8
070	Gebäudeautomation	0,0	**1,2**	2,3
075	Raumlufttechnische Anlagen inkl. 078	0,0	**3,4**	6,7
	Gebäudetechnik	21,0	**27,1**	33,0
	Sonstige Leistungsbereiche inkl. 008, 033, 051	0,0	**0,3**	0,5

(Diagrammskala: 7,5% · 15% · 22,5% · 30%)

Kosten:
Stand 1. Quartal 2025
Bundesdurchschnitt
inkl. 19% MwSt.

- ● KKW
- ▶ min
- ▷ von
- | Mittelwert
- ◁ bis
- ◀ max

Planungskennwerte für Flächen und Rauminhalte nach DIN 277

Grundflächen		▷	Fläche/NUF (%)	◁	▷	Fläche/BGF (%)	◁
NUF	Nutzungsfläche	100,0	**100,0**	100,0	76,5	**81,1**	86,1
TF	Technikfläche	3,7	**5,0**	6,4	3,1	**3,8**	5,1
VF	Verkehrsfläche	5,0	**7,0**	8,7	4,3	**5,4**	7,0
NRF	Netto-Raumfläche	108,1	**111,0**	114,9	85,7	**89,6**	91,7
KGF	Konstruktions-Grundfläche	10,8	**13,4**	20,0	8,3	**10,4**	14,3
BGF	Brutto-Grundfläche	118,1	**124,4**	133,2	100,0	**100,0**	100,0

Brutto-Rauminhalte		▷	BRI/NUF (m)	◁	▷	BRI/BGF (m)	◁
BRI	Brutto-Rauminhalt	5,78	**6,39**	7,50	4,70	**5,17**	6,13

Flächen von Nutzeinheiten	▷	NUF/Einheit (m²)	◁	▷	BGF/Einheit (m²)	◁
Nutzeinheit: Arbeitsplätze	39,32	**53,95**	105,68	50,56	**66,40**	129,70

Lufttechnisch behandelte Flächen	▷	Fläche/NUF (%)	◁	▷	Fläche/BGF (%)	◁
Entlüftete Fläche	100,6	**100,6**	100,6	97,0	**97,0**	97,0
Be- und entlüftete Fläche	–	**–**	–	–	**–**	–
Teilklimatisierte Fläche	–	**–**	–	–	**–**	–
Klimatisierte Fläche	–	**–**	–	–	**–**	–

KG	Kostengruppen (2. Ebene)	Einheit	▷	Menge/NUF	◁	▷	Menge/BGF	◁
310	Baugrube / Erdbau	m³ BGI	1,16	**1,16**	1,37	0,97	**0,97**	1,07
320	Gründung, Unterbau	m² GRF	0,92	**1,03**	1,06	0,90	**0,90**	0,91
330	Außenwände / vertikal außen	m² AWF	0,70	**0,80**	0,80	0,64	**0,68**	0,82
340	Innenwände / vertikal innen	m² IWF	0,39	**0,66**	0,73	0,55	**0,55**	0,67
350	Decken / horizontal	m² DEF	0,25	**0,25**	0,25	0,20	**0,20**	0,20
360	Dächer	m² DAF	0,93	**1,04**	1,06	0,90	**0,90**	0,92
370	Infrastrukturanlagen		–	**–**	–	–	**–**	–
380	Baukonstruktive Einbauten	m² BGF	1,18	**1,24**	1,33	1,00	**1,00**	1,00
390	Sonst. Maßnahmen für Baukonst.	m² BGF	1,18	**1,24**	1,33	1,00	**1,00**	1,00
300	**Bauwerk – Baukonstruktionen**	**m² BGF**	1,18	**1,24**	1,33	1,00	**1,00**	1,00

Planungskennwerte für Bauzeiten — 12 Vergleichsobjekte

Bauzeit in Wochen

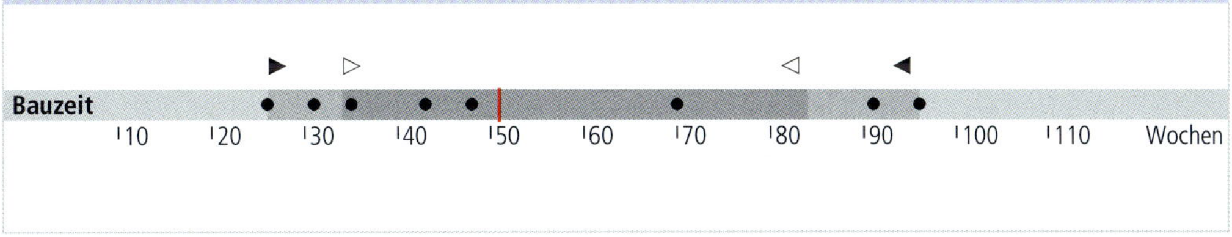

€/m² BGF

min	820	€/m²
von	1.330	€/m²
Mittel	**2.165**	**€/m²**
bis	3.055	€/m²
max	3.890	€/m²

Kosten:
Stand 1. Quartal 2025
Bundesdurchschnitt
inkl. 19% MwSt.

Objektübersicht zur Gebäudeart

7300-0111 Druckerei (9 AP)

BRI 3.879 m³ **BGF** 745 m² **NUF** 626 m²

© dh bauplanung & betreuung

Gewerbehalle mit Büros für einen Druckereibetrieb. Stahlbau.

Land: Nordrhein-Westfalen
Kreis: Soest
Standard: mittel
Bauzeit: 35 Wochen
Kennwerte: bis 1. Ebene DIN 276

BGF 1.746 €/m²

Planung: dh bauplanung & betreuung GmbH; Soest

veröffentlicht: BKI Objektdaten N20

7300-0110 Medienwerkstatt (18 AP), Seminarraum

BRI 1.335 m³ **BGF** 379 m² **NUF** 249 m²

© Constantin Meyer Fotografie

Film- und Tonstudio. Mauerwerk.

Land: Hessen
Kreis: Werra-Meißner-Kreis
Standard: mittel
Bauzeit: 70 Wochen
Kennwerte: bis 1. Ebene DIN 276

BGF 3.889 €/m²

Planung: foundation 5+ architekten BDA; Kassel

veröffentlicht: BKI Objektdaten N20

7300-0099 Werkstatthalle, LKW Waschstraße

BRI 5.147 m³ **BGF** 637 m² **NUF** 524 m²

© Brenncke Architekten

Werkstatthalle mit Lkw-Waschstraße, Sozialtrakt, Freiflächen und Stellplätzen. Stb-Skelettbau.

Land: Mecklenburg-Vorpommern
Kreis: Schwerin, Stadt
Standard: hoch
Bauzeit: 31 Wochen
Kennwerte: bis 1. Ebene DIN 276

BGF 2.079 €/m²

Planung: Brenncke Architekten Partnergesellschaft mbB; Schwerin

veröffentlicht: BKI Objektdaten E9

7300-0101 Werkstatt, Lager (4 AP)

BRI 1.289 m³ **BGF** 296 m² **NUF** 243 m²

© arko bauplanung GmbH

Werkstatt- und Lagergebäude für einen Betriebshof mit maximal vier Arbeitsplätzen. Massivbau.

Land: Thüringen
Kreis: Nordhausen
Standard: einfach
Bauzeit: 48 Wochen
Kennwerte: bis 3. Ebene DIN 276

BGF 2.810 €/m²

Planung: Architektur Contor Wienrich GmbH; Nordhausen

veröffentlicht: BKI Objektdaten N19

7300-0097 Betriebshof, Bürogebäude, Remise

BRI 6.085 m³ **BGF** 1.158 m² **NUF** 862 m²

Betriebshof mit Bürogebäude und Remise. Holzrahmenbau.

Land: Hamburg
Kreis: Hamburg, Stadt
Standard: mittel
Bauzeit: 70 Wochen
Kennwerte: bis 1. Ebene DIN 276

BGF **2.972 €/m²**

Planung: Stölken Schmidt Architekten BDA GmbB; Hamburg

veröffentlicht: BKI Objektdaten N17

7300-0081 Werkstatt für Menschen mit Behinderung*

BRI 4.235 m³ **BGF** 765 m² **NUF** 642 m²

Werkstatt für Menschen mit Behinderung (40 AP) mit Montagebereich, Hochregallager, Verwaltung, Sanitärraume. Stb-Konstruktion.

Land: Saarland
Kreis: Saarpfalz-Kreis
Standard: einfach
Bauzeit: 39 Wochen
Kennwerte: bis 1. Ebene DIN 276

BGF **3.516 €/m²**

Planung: sander.hofrichter architekten Partnerschaft; Ludwigshafen

veröffentlicht: BKI Objektdaten N12
* Nicht in der Auswertung enthalten

7300-0065 Produktionsgebäude, Büros (25 AP)

BRI 4.600 m³ **BGF** 1.124 m² **NUF** 893 m²

Produktionshalle mit Sozialgebäude und Verwaltung. Mauerwerksbau.

Land: Mecklenburg-Vorpommern
Kreis: Rostock
Standard: mittel
Bauzeit: 43 Wochen
Kennwerte: bis 1. Ebene DIN 276

BGF **2.235 €/m²**

Planung: AC Architekten Contor Klingbeil & Malcherek; Rostock

veröffentlicht: BKI Objektdaten N10

7700-0052 Gewerbehalle

BRI 2.326 m³ **BGF** 602 m² **NUF** 532 m²

Gewerbehalle für einen Handwerksbetrieb mit Büro und Sozialräumen. BSH-Hallenkonstruktion, Stahlblech-Sandwichelemente.

Land: Baden-Württemberg
Kreis: Lörrach
Standard: mittel
Bauzeit: 35 Wochen
Kennwerte: bis 1. Ebene DIN 276

BGF **818 €/m²**

Planung: Werkgruppe Freiburg Architekten; Freiburg

veröffentlicht: www.bki.de

€/m² BGF

min	820	€/m²
von	1.330	€/m²
Mittel	**2.165**	**€/m²**
bis	3.055	€/m²
max	3.890	€/m²

Kosten:
Stand 1. Quartal 2025
Bundesdurchschnitt
inkl. 19% MwSt.

Objektübersicht zur Gebäudeart

7300-0042 Offsetdruckerei

BRI 6.826 m³ **BGF** 1.275 m² **NUF** 982 m²

Produktionshalle (509m²), Räume für Arbeitsvorbereitung, Lagerräume, Sozialräume, Büroräume für die Verwaltung, Aufenthaltsraum. Mauerwerksbau mit Halle in Stahlkonstruktion.

Land: Baden-Württemberg
Kreis: Göppingen
Standard: mittel
Bauzeit: 43 Wochen
Kennwerte: bis 1. Ebene DIN 276

BGF **1.519 €/m²**

Planung: Heiner P. Klöckner Architektur Freier Architekt; Stuttgart

veröffentlicht: www.bki.de

7300-0035 Druckereigebäude

BRI 61.667 m³ **BGF** 10.132 m² **NUF** 7.979 m²

Druckereigebäude mit Verladehalle, Versandbereich, Versand/Rotationshalle, Nebenräume/Leitstand/Technikzentrale, Rotationshalle mit Rollenwechslerebene, zweigeschossiges Papierlager, Technikräume, Anlieferung; Räume für Personal/Werkstätten/Büros/Akzidenz/Plattenherstellung. Stb-Skelettbau.

Land: Bayern
Kreis: Kempten (Allgäu)
Standard: hoch
Bauzeit: 91 Wochen
Kennwerte: bis 3. Ebene DIN 276

BGF **2.298 €/m²**

Planung: IE Graphic-Engineering München GmbH; München

veröffentlicht: www.bki.de

7300-0016 Druckereigebäude

BRI 3.368 m³ **BGF** 687 m² **NUF** 605 m²

Druckereigebäude mit Büro- und Sozialräumen. Stahlskelettbau.

Land: Thüringen
Kreis: Hildburghausen
Standard: hoch
Bauzeit: 26 Wochen
Kennwerte: bis 3. Ebene DIN 276

BGF **1.642 €/m²**

Planung: k. A.

veröffentlicht: www.bki.de

7300-0030 Werkstatt für Menschen mit Behinderung

BRI 18.290 m³ **BGF** 3.471 m² **NUF** 2.656 m²

Werkstatt für Menschen mit Behinderung, Produktion, Lager, Wirtschaftsbereich, Verwaltung, Begleitender Dienst; insgesamt 190 Arbeitsplätze; Hausmeisterwohnung. Mauerwerksbau.

Land: Rheinland-Pfalz
Kreis: Cochem-Zell
Standard: mittel
Bauzeit: 96 Wochen
Kennwerte: bis 1. Ebene DIN 276

BGF **3.006 €/m²**

Planung: Architekten BHP Planungsgesellschaft mbH; Koblenz

veröffentlicht: www.bki.de

7300-0021 Produktionshalle Kunststoffverarbeitung

BRI 13.151 m³ **BGF** 2.167 m² **NUF** 2.090 m²

Produktionshalle, abgetrenntes Werkzeuglager, Sozialräume; Abwärme der Maschinen wird per Wärmerückgewinnung genutzt. Stb-Skelettbau.

Land: Nordrhein-Westfalen
Kreis: Ennepe-Ruhr-Kreis
Standard: hoch
Bauzeit: 26 Wochen
Kennwerte: bis 2. Ebene DIN 276

BGF **941 €/m²**

Planung: Rauh Damm Stiller & Partner Freie Architekten BDA; Hattingen

veröffentlicht: www.bki.de

Betriebs- und Werkstätten, mehrgeschossig, geringer Hallenanteil

Kostenkennwerte für die Kosten des Bauwerks (Kostengruppen 300+400 nach DIN 276)

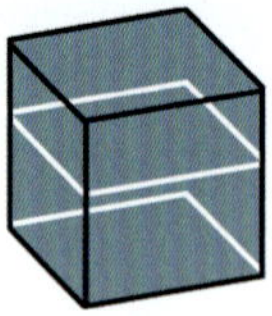

BRI 520 €/m³
von 360 €/m³
bis 760 €/m³

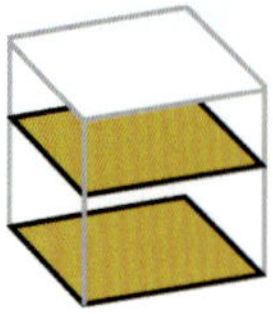

BGF 2.320 €/m²
von 1.650 €/m²
bis 3.730 €/m²

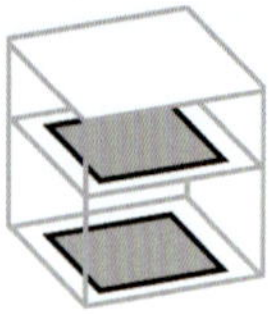

NUF 3.335 €/m²
von 2.110 €/m²
bis 6.330 €/m²

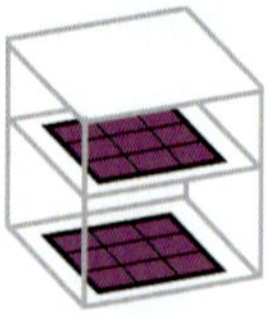

NE 150.850 €/NE
von 85.095 €/NE
bis 260.115 €/NE
NE: Arbeitsplätze

Objektbeispiele

Kosten:
Stand 1. Quartal 2025
Bundesdurchschnitt
inkl. 19% MwSt.

7300-0100

7300-0096

7300-0088

7300-0105

7300-0095

7300-0084

Kosten der 16 Vergleichsobjekte

Seiten 880 bis 884

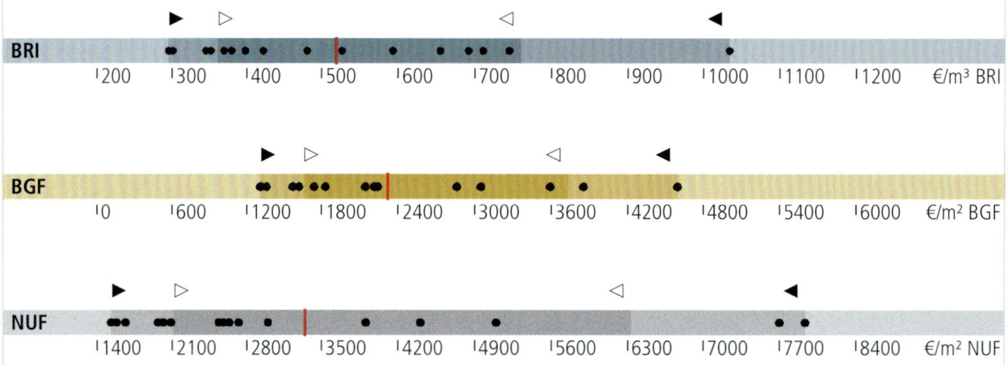

- ● KKW
- ▶ min
- ▷ von
- | Mittelwert
- ◁ bis
- ◀ max

Kostenkennwerte für die Kostengruppen der 1. und 2.Ebene DIN 276

KG	Kostengruppen der 1.Ebene	Einheit	▷	€/Einheit	◁	▷	% an 300+400	◁
100	Grundstück	m²GF	–	**–**	–	–	**–**	–
200	Vorbereitende Maßnahmen	m²GF	4	**18**	30	0,5	**1,1**	3,0
300	Bauwerk – Baukonstruktionen	m²BGF	1.313	**1.738**	2.599	68,0	**77,3**	86,7
400	Bauwerk – Technische Anlagen	m²BGF	250	**580**	1.089	13,3	**22,7**	32,0
	Bauwerk 300+400	m²BGF	1.652	**2.318**	3.730	100,0	**100,0**	100,0
500	Außenanlagen und Freiflächen	m²AF	55	**137**	237	3,3	**6,4**	10,9
600	Ausstattung und Kunstwerke	m²BGF	2	**17**	63	0,1	**0,8**	2,8
700	Baunebenkosten*	m²BGF	415	**463**	510	18,4	**20,5**	22,6 ◁
800	Finanzierung	m²BGF	–	**–**	–	–	**–**	–

* Auf Grundlage der HOAI 2021 berechnete Werte nach §§ 35, 52, 56. Weitere Informationen siehe Seite 56

KG	Kostengruppen der 2.Ebene	Einheit	▷	€/Einheit	◁	▷	% an 1.Ebene	◁
310	Baugrube / Erdbau	m³BGI	42	**73**	224	0,7	**3,0**	5,2
320	Gründung, Unterbau	m²GRF	320	**393**	450	11,5	**13,5**	16,6
330	Außenwände / vertikal außen	m²AWF	511	**644**	746	27,7	**31,4**	34,0
340	Innenwände / vertikal innen	m²IWF	277	**338**	482	9,4	**12,2**	14,4
350	Decken / horizontal	m²DEF	333	**433**	561	8,1	**11,4**	14,0
360	Dächer	m²DAF	363	**513**	734	16,8	**19,9**	24,7
370	Infrastrukturanlagen		–	**–**	–	–	**–**	–
380	Baukonstruktive Einbauten	m²BGF	13	**72**	186	0,2	**2,0**	11,9
390	Sonst. Maßnahmen für Baukonst.	m²BGF	48	**114**	314	3,4	**6,7**	16,9
300	**Bauwerk – Baukonstruktionen**	**m²BGF**					**100,0**	
410	Abwasser-, Wasser-, Gasanlagen	m²BGF	27	**59**	131	7,9	**13,8**	27,8
420	Wärmeversorgungsanlagen	m²BGF	68	**95**	127	7,2	**18,6**	32,1
430	Raumlufttechnische Anlagen	m²BGF	11	**175**	399	2,6	**16,8**	36,4
440	Elektrische Anlagen	m²BGF	47	**132**	216	16,8	**27,5**	38,5
450	Kommunikationstechnische Anlagen	m²BGF	5	**18**	32	0,8	**3,7**	10,0
460	Förderanlagen	m²BGF	13	**20**	23	0,8	**11,7**	76,0
470	Nutzungsspez. / verfahrenstech. Anl.	m²BGF	24	**142**	485	0,8	**6,5**	22,9
480	Gebäude- und Anlagenautomation	m²BGF	39	**47**	56	0,0	**1,3**	4,8
490	Sonst. Maßnahmen f. techn. Anl.	m²BGF	< 1	**4**	7	< 0,1	**< 0,1**	0,4
400	**Bauwerk – Technische Anlagen**	**m²BGF**					**100,0**	

Prozentanteile der Kosten 2.Ebene an den Kosten des Bauwerks nach DIN 276 (Von/Mittel/Bis)

KG	Kostengruppe	%
310	Baugrube / Erdbau	2,3
320	Gründung, Unterbau	10,6
330	Außenwände / vertikal außen	24,6
340	Innenwände / vertikal innen	9,6
350	Decken / horizontal	9,0
360	Dächer	15,1
370	Infrastrukturanlagen	
380	Baukonstruktive Einbauten	1,5
390	Sonst. Maßnahmen für Baukonst.	5,3
410	Abwasser-, Wasser-, Gasanlagen	2,6
420	Wärmeversorgungsanlagen	4,0
430	Raumlufttechnische Anlagen	5,4
440	Elektrische Anlagen	6,0
450	Kommunikationstechnische Anlagen	0,8
460	Förderanlagen	0,5
470	Nutzungsspez. / verfahrenstech. Anl.	2,4
480	Gebäude- und Anlagenautomation	0,5
490	Sonst. Maßnahmen f. techn. Anl.	< 0,1

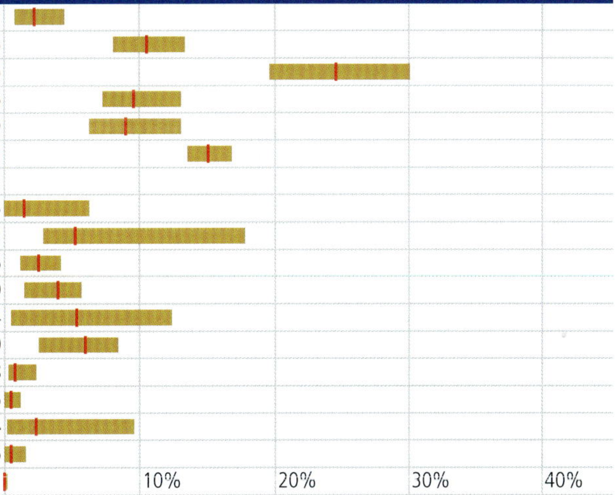

 Kostenstand: 1. Quartal 2025, Bundesdurchschnitt, **inkl. 19% MwSt.**

Betriebs- und Werkstätten, mehrgeschossig, geringer Hallenanteil

Kosten:
Stand 1.Quartal 2025
Bundesdurchschnitt
inkl. 19% MwSt.

Prozentanteile der Kosten für Leistungsbereiche nach STLB (Kosten Bauwerk nach DIN 276)

LB	Leistungsbereiche	7,5% 15% 22,5% 30%	▷	% an 300+400	◁
000	Baustellen-, Verkehrssich.- u. Sicherh.einr. inkl. 001		2,6	**4,7**	15,3
002	Erdarbeiten		1,8	**3,5**	7,1
006	Spezialtiefbauarbeiten inkl. 005		0,0	**< 0,1**	0,5
009	Entwässerungskanalarbeiten inkl. 011		< 0,1	**0,4**	1,1
010	Drän- und Versickerarbeiten		0,0	**< 0,1**	0,3
012	Mauerarbeiten		1,3	**3,8**	7,5
013	Betonarbeiten		11,0	**19,7**	26,6
014	Natur-, Betonwerksteinarbeiten		0,0	**0,5**	1,9
016	Zimmer- und Holzbauarbeiten		0,3	**3,1**	10,8
017	Stahlbauarbeiten		0,9	**4,1**	8,8
018	Abdichtungsarbeiten		0,2	**0,5**	1,3
020	Dachdeckungsarbeiten		< 0,1	**0,2**	0,6
021	Dachabdichtungsarbeiten		3,9	**6,1**	9,5
022	Klempnerarbeiten		0,3	**0,8**	2,2
	Rohbau		36,0	**47,4**	57,1
023	Putz- und Stuckarbeiten, Wärmedämmsysteme		1,1	**3,3**	5,9
024	Fliesen- und Plattenarbeiten		0,9	**1,9**	3,9
025	Estricharbeiten		1,3	**1,7**	2,1
026	Fenster, Außentüren inkl. 029, 032		3,0	**5,7**	9,8
027	Tischlerarbeiten		0,5	**2,6**	6,9
028	Parkettarbeiten, Holzpflasterarbeiten		–	**–**	–
030	Rollladenarbeiten		0,6	**1,4**	2,6
031	Metallbauarbeiten inkl. 035		2,2	**4,3**	6,9
034	Maler- und Lackiererarbeiten inkl. 037		0,7	**1,9**	3,8
036	Bodenbelagarbeiten		0,5	**1,3**	2,9
038	Vorgehängte hinterlüftete Fassaden		0,0	**2,6**	6,1
039	Trockenbauarbeiten		1,7	**3,3**	5,7
	Ausbau		21,3	**29,9**	37,6
040	Wärmeversorgungsanl. - Betriebseinr. inkl. 041		1,4	**3,7**	5,4
042	Gas- und Wasserinstallation, Leitungen inkl. 043		0,3	**0,6**	1,4
044	Abwasseranlagen - Leitungen, Abläufe, Armaturen		0,2	**0,7**	1,4
045	GWE - Einrichtungsgegenstände inkl. 046		0,4	**0,9**	1,2
047	Dämm- und Brandschutzarbeiten an techn. Anlagen		0,2	**0,6**	1,2
049	Feuerlöschanlagen, Feuerlöschgeräte		0,0	**< 0,1**	0,1
050	Blitzschutz- und Erdungsanlagen		0,1	**0,4**	0,7
052	Mittelspannungsanlagen		0,0	**< 0,1**	< 0,1
053	Niederspannungsanlagen inkl. 054		1,4	**3,9**	5,9
055	Sicherheits- und Ersatzstromversorgungsanlagen		–	**–**	–
057	Gebäudesystemtechnik		< 0,1	**0,2**	1,7
058	Leuchten und Lampen inkl. 059		0,4	**1,7**	2,8
060	Such-, Signal-, elektroakust. Anl., Med. inkl. 064		< 0,1	**< 0,1**	0,2
061	Kommunikations- und Übertragungsnetze inkl. 062		0,1	**0,4**	1,1
063	Gefahrenmeldeanlagen		< 0,1	**0,3**	1,7
069	Aufzüge		0,0	**0,5**	1,2
070	Gebäudeautomation		0,0	**0,2**	1,4
075	Raumlufttechnische Anlagen inkl. 078		0,5	**5,9**	14,2
	Gebäudetechnik		8,6	**20,1**	29,3
	Sonstige Leistungsbereiche inkl. 008, 033, 051		0,4	**2,6**	9,6

● KKW
▶ min
▷ von
| Mittelwert
◁ bis
◀ max

Planungskennwerte für Flächen und Rauminhalte nach DIN 277

Grundflächen		▷	Fläche/NUF (%)	◁	▷	Fläche/BGF (%)	◁
NUF	Nutzungsfläche	100,0	**100,0**	100,0	66,3	**74,6**	78,2
TF	Technikfläche	3,4	**4,3**	8,4	2,2	**2,9**	5,4
VF	Verkehrsfläche	13,1	**16,6**	31,7	8,8	**11,1**	16,6
NRF	Netto-Raumfläche	115,5	**120,6**	139,2	87,1	**88,5**	89,9
KGF	Konstruktions-Grundfläche	14,0	**16,2**	20,7	10,1	**11,5**	12,9
BGF	Brutto-Grundfläche	130,2	**136,8**	160,9	100,0	**100,0**	100,0

Brutto-Rauminhalte		▷	BRI/NUF (m)	◁	▷	BRI/BGF (m)	◁
BRI	Brutto-Rauminhalt	5,45	**6,15**	7,63	4,09	**4,46**	4,82

Flächen von Nutzeinheiten	▷	NUF/Einheit (m²)	◁	▷	BGF/Einheit (m²)	◁
Nutzeinheit: Arbeitsplätze	45,14	**56,32**	96,64	62,17	**75,16**	128,35

Lufttechnisch behandelte Flächen	▷	Fläche/NUF (%)	◁	▷	Fläche/BGF (%)	◁
Entlüftete Fläche	9,8	**9,8**	9,8	7,6	**7,6**	7,6
Be- und entlüftete Fläche	9,8	**9,8**	9,8	7,7	**7,7**	7,7
Teilklimatisierte Fläche	28,9	**28,9**	28,9	22,7	**22,7**	22,7
Klimatisierte Fläche	–	**–**	–	–	**–**	–

KG	Kostengruppen (2. Ebene)	Einheit	▷	Menge/NUF	◁	▷	Menge/BGF	◁
310	Baugrube / Erdbau	m³ BGI	1,09	**1,59**	2,93	0,94	**1,04**	1,47
320	Gründung, Unterbau	m² GRF	0,61	**0,75**	0,94	0,44	**0,54**	0,58
330	Außenwände / vertikal außen	m² AWF	0,87	**1,05**	1,33	0,67	**0,76**	0,82
340	Innenwände / vertikal innen	m² IWF	0,73	**0,83**	1,20	0,54	**0,58**	0,71
350	Decken / horizontal	m² DEF	0,51	**0,55**	0,62	0,37	**0,41**	0,42
360	Dächer	m² DAF	0,78	**0,86**	1,16	0,57	**0,62**	0,65
370	Infrastrukturanlagen		–	**–**	–	–	**–**	–
380	Baukonstruktive Einbauten	m² BGF	1,30	**1,37**	1,61	1,00	**1,00**	1,00
390	Sonst. Maßnahmen für Baukonst.	m² BGF	1,30	**1,37**	1,61	1,00	**1,00**	1,00
300	**Bauwerk – Baukonstruktionen**	**m² BGF**	1,30	**1,37**	1,61	1,00	**1,00**	1,00

Planungskennwerte für Bauzeiten — 16 Vergleichsobjekte

Bauzeit in Wochen

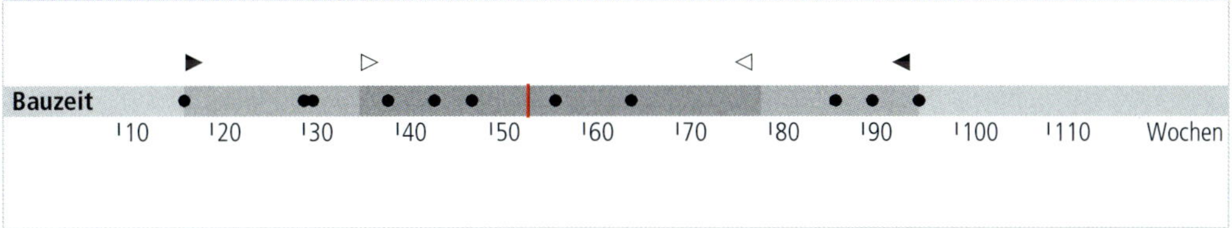

Betriebs- und Werkstätten, mehrgeschossig, geringer Hallenanteil

€/m² BGF

min	1.305	€/m²
von	1.650	€/m²
Mittel	**2.320**	**€/m²**
bis	3.730	€/m²
max	4.595	€/m²

Kosten:
Stand 1. Quartal 2025
Bundesdurchschnitt
inkl. 19% MwSt.

Objektübersicht zur Gebäudeart

7300-0104 Zentralküche (35 AP)

BRI 10.331 m³ **BGF** 1.998 m² **NUF** 970 m²

© Plan3Architekten PartGmbB

Zentralküche mit 35 Arbeitsplätzen für benachteilige Menschen zur Produktion von täglich bis zu 1.200 Mahlzeiten. Stahlbeton.

Land: Bayern
Kreis: Weilheim-Schongau
Standard: hoch
Bauzeit: 91 Wochen
Kennwerte: bis 3. Ebene DIN 276

BGF 3.851 €/m²

Planung: Plan3Architekten PartGmbB; Schongau

veröffentlicht: BKI Objektdaten N18

7300-0105 Betriebsgebäude (36 AP)

BRI 6.514 m³ **BGF** 1.466 m² **NUF** 875 m²

© IPROconsult GmbH

Betriebsgebäude mit 36 Arbeitsplätzen und teilbarem Mehrzweckraum für Betriebsversammlungen und Seminare. Massivbau.

Land: Sachsen
Kreis: Erzgebirgskreis
Standard: mittel
Bauzeit: 96 Wochen
Kennwerte: bis 1. Ebene DIN 276

BGF 4.593 €/m²

Planung: IPROconsult GmbH; Dresden

veröffentlicht: BKI Objektdaten N18

7300-0100 Gewerbegebäude (5 Einheiten, 26 AP)

BRI 5.459 m³ **BGF** 1.462 m² **NUF** 1.229 m²

© Andrea Janssen

Gewerbegebäude für insgesamt 26 Arbeitsplätze. Zugang der Gewerbeeinheiten im EG über Sektionaltore. Flexible Teilung der Flächen im OG möglich. Stahlbeton.

Land: Niedersachsen
Kreis: Hannover, Region
Standard: mittel
Bauzeit: 39 Wochen
Kennwerte: bis 3. Ebene DIN 276

BGF 2.213 €/m²

Planung: TW-Architekten Többen Woschek; Hannover

veröffentlicht: BKI Objektdaten N18

7300-0095 Werkstättengebäude (17 AP)

BRI 3.911 m³ **BGF** 902 m² **NUF** 640 m²

© Lüttmann Generalplaner GmbH

Werkstättengebäude für Großfahrzeuge (17 AP). Mauerwerk.

Land: Nordrhein-Westfalen
Kreis: Warendorf
Standard: mittel
Bauzeit: 48 Wochen
Kennwerte: bis 1. Ebene DIN 276

BGF 1.830 €/m²

Planung: Lüttmann Generalplaner GmbH; Ostbevern

veröffentlicht: BKI Objektdaten N16

7300-0096 Werkstatt für Menschen mit Behinderung (180 AP)

BRI 19.472 m³ **BGF** 4.539 m² **NUF** 3.144 m²

© ABACUS

Werkstatt (180 AP) für Menschen mit Behinderung, Küche und Speisesaal. Mauerwerk.

Land: Niedersachsen
Kreis: Hannover, Region
Standard: mittel
Bauzeit: 65 Wochen
Kennwerte: bis 1. Ebene DIN 276

BGF 3.050 €/m²

Planung: ABACUS Bau Projekt Management; Bremen

veröffentlicht: BKI Objektdaten N17

7300-0092 Großküche (28 AP)*

BRI 4.620 m³ **BGF** 1.083 m² **NUF** 712 m²

© Jerome Courtois

Großküche. Stahlbau, Stahldach, Mauerwerk.

Land: Niedersachsen
Kreis: Hannover, Region
Standard: mittel
Bauzeit: 43 Wochen
Kennwerte: bis 1. Ebene DIN 276

BGF 5.521 €/m² *

Planung: N2M Architektur GmbH; Hannover und Iwersen Architekten; Wilhelmshaven

veröffentlicht: BKI Objektdaten N16
* Nicht in der Auswertung enthalten

7300-0088 Betriebsgebäude (22 AP) - Helgoland

BRI 9.913 m³ **BGF** 1.808 m² **NUF** 1.273 m²

© Gössler Kinz Kerber Kreienbaum Architekten

Betriebsgebäude (22 AP) mit Büro und Halle eines Hochsee-Windparks. Mauerwerksbau (Büro) und Stb-Fertigteilbau (Halle).

Land: Schleswig-Holstein
Kreis: Pinneberg
Standard: mittel
Bauzeit: 48 Wochen
Kennwerte: bis 1. Ebene DIN 276

BGF 3.591 €/m²

Planung: Gössler Kinz Kerber Kreienbaum Architekten BDA; Hamburg

veröffentlicht: BKI Objektdaten N15

7100-0049 Büro-, Labor- und Produktionsgebäude (132 AP)

BRI 36.430 m³ **BGF** 8.813 m² **NUF** 6.448 m²

© Klaus Frahm / artur images

Labor-, Büro- und Produktionsgebäude (177 AP). Stb-Skelettbau.

Land: Sachsen
Kreis: Leipzig, Stadt
Standard: hoch
Bauzeit: 87 Wochen
Kennwerte: bis 1. Ebene DIN 276

BGF 2.859 €/m²

Planung: Spengler · Wiescholek Architekten Stadtplaner; Hamburg

veröffentlicht: BKI Objektdaten N13

Verwaltung | Wissenschaft | Gesundheit | Bildung | Sport | Wohnen | **Gewerbe** | Versorgung | Kultur

€/m² BGF

min	1.305	€/m²
von	1.650	€/m²
Mittel	**2.320**	**€/m²**
bis	3.730	€/m²
max	4.595	€/m²

Kosten:
Stand 1. Quartal 2025
Bundesdurchschnitt
inkl. 19% MwSt.

Objektübersicht zur Gebäudeart

7300-0084 Großbäckerei (Erweiterungsbau)

BRI 19.558 m³ **BGF** 4.254 m² **NUF** 3.295 m²

© Uwe Lukas Schneider

Neubau als Erweiterung einer Bäckerei mit Kommissionierung, Versand, Verwaltung und Produktion (Teilbereiche). Stb-Konstruktion.

Land: Bayern
Kreis: München, Stadt
Standard: mittel
Bauzeit: 57 Wochen
Kennwerte: bis 1. Ebene DIN 276

BGF **1.617 €/m²**

Planung: Kiessler + Partner Architekten GmbH; München

veröffentlicht: BKI Objektdaten N12

7100-0042 Lager, Werkstatt- und Bürogebäude

BRI 12.718 m³ **BGF** 2.851 m² **NUF** 2.243 m²

© aip vügten + partner GmbH

Betriebsgebäude mit Werkstatt- (837m²), Lager- (510m²) und Bürogebäude (1.018m²). Massivbau.

Land: Bremen
Kreis: Bremen, Stadt
Standard: hoch
Bauzeit: 57 Wochen
Kennwerte: bis 3. Ebene DIN 276

BGF **2.142 €/m²**

Planung: aip vügten + partner GmbH; Bremen

veröffentlicht: BKI Objektdaten N12

7300-0066 Verwaltungsgebäude, Werkstatt (54 AP)

BRI 13.595 m³ **BGF** 2.569 m² **NUF** 2.040 m²

© Fritz-Dieter Tollé Architekten

Verwaltungsgebäude mit Werkstatt (54 AP). Büro: Stb-Konstruktion; Halle: Stahlkonstruktion.

Land: Bremen
Kreis: Bremen, Stadt
Standard: mittel
Bauzeit: 65 Wochen
Kennwerte: bis 3. Ebene DIN 276

BGF **1.563 €/m²**

Planung: Fritz-Dieter Tollé Architekt BDB Architekten Stadtplaner Ingenieure; Verden

veröffentlicht: BKI Objektdaten N15

7300-0077 Tischlerei mit Ausstellung und Büro

BRI 4.886 m³ **BGF** 1.285 m² **NUF** 1.063 m²

© kosel-architektur

Tischlerei mit 18 Arbeitsplätzen, Werkstatt, Lager, Ausstellung und Verwaltung. Holzrahmenbau.

Land: Niedersachsen
Kreis: Hameln-Pyrmont
Standard: hoch
Bauzeit: 30 Wochen
Kennwerte: bis 1. Ebene DIN 276

BGF **1.311 €/m²**

Planung: kosel-architektur; Hameln

veröffentlicht: BKI Objektdaten N12

7300-0073 Produktions- und Bürogebäude (50 AP)

BRI 11.143 m³ **BGF** 2.469 m² **NUF** 2.008 m²

Produktions- und Bürogebäude. Stahlrahmenkonstruktion.

Land: Nordrhein-Westfalen
Kreis: Steinfurt
Standard: mittel
Bauzeit: 31 Wochen
Kennwerte: bis 3. Ebene DIN 276

BGF **1.356 €/m²**

Planung: Hillebrand + Welp Architekten BDA / BDB; Greven

veröffentlicht: BKI Objektdaten N13

7300-0070 Produktionshalle, Büro, Wohnen

BRI 11.159 m³ **BGF** 2.315 m² **NUF** 1.670 m²

Produktionshalle mit Büro- und Wohngebäude. Wohnen im OG (402m² WFL). Stahlbeton-Skelettkonstruktion.

Land: Bayern
Kreis: Pfaffenhofen a.d.Ilm
Standard: mittel
Bauzeit: 44 Wochen
Kennwerte: bis 1. Ebene DIN 276

BGF **1.829 €/m²**

Planung: Jaks Architekten + Ingenieure; München

veröffentlicht: BKI Objektdaten N11

7300-0054 Druckerei- und Geschäftsgebäude

BRI 3.864 m³ **BGF** 909 m² **NUF** 679 m²

Druckereigebäude für vier Mitarbeitende mit Büroräumen für 14 Mitarbeitende. Mauerwerk, Massivholzbau.

Land: Bayern
Kreis: Berchtesgadener Land
Standard: hoch
Bauzeit: 48 Wochen
Kennwerte: bis 3. Ebene DIN 276

BGF **2.240 €/m²**

Planung: Planungsgruppe 5.4.3 Architekten & Ingenieure GbR; Freilassing

veröffentlicht: www.bki.de

7300-0050 Betriebsgebäude, Ausstellung, Büro

BRI 2.994 m³ **BGF** 911 m² **NUF** 777 m²

Betriebsgebäude, Büroräume, Ausstellungsraum, Lagerräume, Tiefgarage. Massivbau.

Land: Baden-Württemberg
Kreis: Esslingen
Standard: mittel
Bauzeit: 17 Wochen
Kennwerte: bis 3. Ebene DIN 276

BGF **1.307 €/m²**

Planung: Habrik Architekten Helmut Habrik Freier Architekt BDA; Esslingen

veröffentlicht: www.bki.de

Betriebs- und Werkstätten, mehrgeschossig, geringer Hallenanteil

€/m² BGF

min	1.305	€/m²
von	1.650	€/m²
Mittel	**2.320**	**€/m²**
bis	3.730	€/m²
max	4.595	€/m²

Kosten:
Stand 1. Quartal 2025
Bundesdurchschnitt
inkl. 19% MwSt.

Objektübersicht zur Gebäudeart

7300-0038 Produktions-, Bürogebäude*

BRI 5.356 m³ **BGF** 1.172 m² **NUF** 904 m²

© Scholz & Partner GmbH Architekten und Ingenieure

Produktionsräume zur Herstellung von Unterhaltungselektronik (Bühnentechnik), Test-, Lager- und Versandräume; Serviceraum; Büroräume, Besprechungs- und Vorführraum, Archiv; Teeküche, Sanitärräume; Ruheräume. Mauerwerksbau.

Land: Bayern
Kreis: Würzburg
Standard: mittel
Bauzeit: 104 Wochen
Kennwerte: bis 3. Ebene DIN 276

BGF **1.187 €/m²**

Planung: Scholz & Partner GmbH Architekten und Ingenieure; Würzburg

veröffentlicht: www.bki.de
* Nicht in der Auswertung enthalten

7300-0024 Bäckerei, Sozialräume, (2 APP)

BRI 8.380 m³ **BGF** 1.780 m² **NUF** 1.534 m²

© Architekturbüro Thomas Schmied

Produktionshalle, Büro, Laden, Aufenthaltsräume, zwei Apartments, drei Lehrlingszimmer, Umkleideräume. Mauerwerksbau.

Land: Bayern
Kreis: Passau
Standard: mittel
Bauzeit: 44 Wochen
Kennwerte: bis 1. Ebene DIN 276

BGF **1.738 €/m²**

Planung: Thomas Schmied Architekturbüro; Passau

veröffentlicht: www.bki.de

Verwaltung
Wissenschaft
Gesundheit
Bildung
Sport
Wohnen
Gewerbe
Versorgung
Kultur

Betriebs- und Werkstätten, mehrgeschossig, hoher Hallenanteil

Kostenkennwerte für die Kosten des Bauwerks (Kostengruppen 300+400 nach DIN 276)

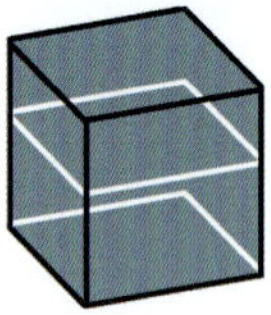

BRI 335 €/m³
von 195 €/m³
bis 505 €/m³

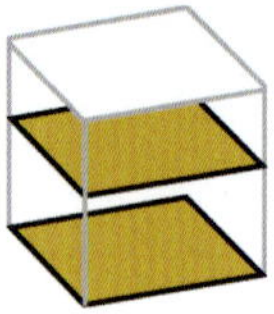

BGF 1.735 €/m²
von 1.300 €/m²
bis 2.410 €/m²

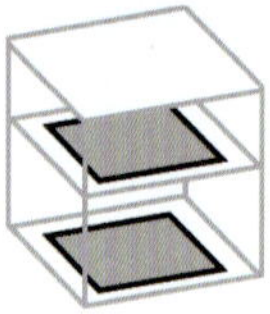

NUF 2.205 €/m²
von 1.620 €/m²
bis 3.355 €/m²

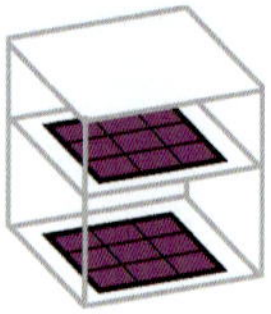

NE 133.795 €/NE
von 92.015 €/NE
bis 194.955 €/NE
NE: Arbeitsplätze

Kosten:
Stand 1. Quartal 2025
Bundesdurchschnitt
inkl. 19% MwSt.

Objektbeispiele

7700-0055

7300-0093

7300-0082

7700-0064

7300-0090

7300-0076

Kosten der 15 Vergleichsobjekte

Seiten 890 bis 893

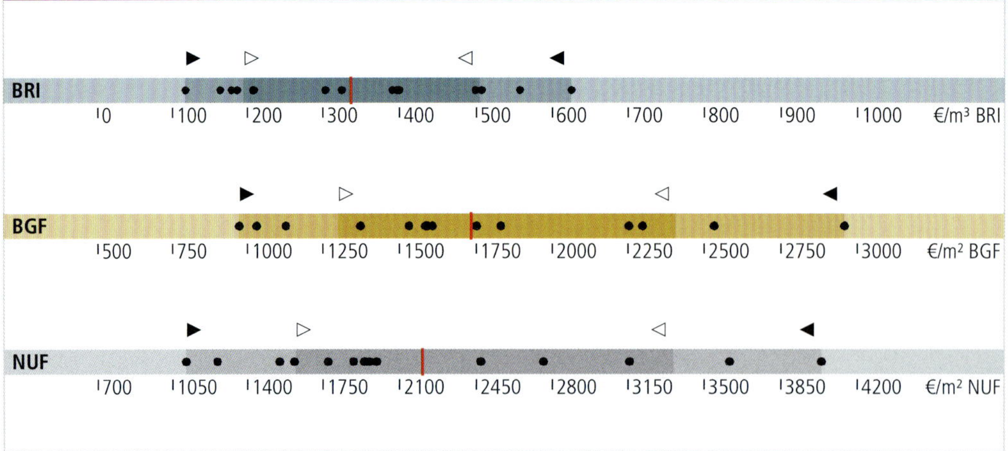

- ● KKW
- ▶ min
- ▷ von
- | Mittelwert
- ◁ bis
- ◀ max

Kostenkennwerte für die Kostengruppen der 1. und 2. Ebene DIN 276

KG	Kostengruppen der 1. Ebene	Einheit	▷	€/Einheit	◁	▷	% an 300+400	◁
100	Grundstück	m^2 GF	–	**–**	–	–	**–**	–
200	Vorbereitende Maßnahmen	m^2 GF	5	**12**	31	0,5	**1,5**	3,5
300	Bauwerk – Baukonstruktionen	m^2 BGF	906	**1.255**	1.651	62,7	**73,2**	83,1
400	Bauwerk – Technische Anlagen	m^2 BGF	269	**479**	779	16,9	**26,8**	37,3
	Bauwerk 300+400	m^2 BGF	1.299	**1.734**	2.408	100,0	**100,0**	100,0
500	Außenanlagen und Freiflächen	m^2 AF	63	**184**	371	4,9	**11,3**	16,7
600	Ausstattung und Kunstwerke	m^2 BGF	2	**68**	264	0,1	**4,4**	17,3
700	Baunebenkosten*	m^2 BGF	338	**377**	415	19,7	**22,0**	24,2 ◁
800	Finanzierung	m^2 BGF	–	**–**	–	–	**–**	–

* Auf Grundlage der HOAI 2021 berechnete Werte nach §§ 35, 52, 56. Weitere Informationen siehe Seite 56

KG	Kostengruppen der 2. Ebene	Einheit	▷	€/Einheit	◁	▷	% an 1. Ebene	◁
310	Baugrube / Erdbau	m^3 BGI	30	**57**	80	0,6	**2,8**	5,9
320	Gründung, Unterbau	m^2 GRF	194	**323**	467	11,8	**21,0**	28,5
330	Außenwände / vertikal außen	m^2 AWF	369	**447**	632	24,5	**29,3**	37,5
340	Innenwände / vertikal innen	m^2 IWF	222	**332**	443	5,8	**10,6**	15,2
350	Decken / horizontal	m^2 DEF	334	**433**	544	2,3	**5,9**	10,9
360	Dächer	m^2 DAF	284	**336**	429	19,1	**26,7**	33,3
370	Infrastrukturanlagen		–	**–**	–	–	**–**	–
380	Baukonstruktive Einbauten	m^2 BGF	< 1	**6**	12	< 0,1	**0,2**	1,5
390	Sonst. Maßnahmen für Baukonst.	m^2 BGF	21	**44**	78	1,6	**3,4**	4,7
300	**Bauwerk – Baukonstruktionen**	**m^2 BGF**					**100,0**	
410	Abwasser-, Wasser-, Gasanlagen	m^2 BGF	24	**70**	128	5,6	**19,3**	32,1
420	Wärmeversorgungsanlagen	m^2 BGF	62	**115**	181	19,9	**29,7**	37,8
430	Raumlufttechnische Anlagen	m^2 BGF	3	**45**	87	0,3	**3,4**	10,9
440	Elektrische Anlagen	m^2 BGF	71	**133**	213	26,5	**34,7**	52,9
450	Kommunikationstechnische Anlagen	m^2 BGF	6	**17**	44	0,6	**2,8**	6,1
460	Förderanlagen	m^2 BGF	12	**61**	94	0,6	**6,9**	24,5
470	Nutzungsspez. / verfahrenstech. Anl.	m^2 BGF	5	**22**	56	< 0,1	**1,3**	5,4
480	Gebäude- und Anlagenautomation	m^2 BGF	30	**49**	68	0,0	**1,8**	6,8
490	Sonst. Maßnahmen f. techn. Anl.	m^2 BGF	< 1	**2**	4	0,0	**< 0,1**	0,4
400	**Bauwerk – Technische Anlagen**	**m^2 BGF**					**100,0**	

Prozentanteile der Kosten 2. Ebene an den Kosten des Bauwerks nach DIN 276 (Von/Mittel/Bis)

KG	Kostengruppe	%
310	Baugrube / Erdbau	2,3
320	Gründung, Unterbau	16,5
330	Außenwände / vertikal außen	22,3
340	Innenwände / vertikal innen	7,9
350	Decken / horizontal	4,5
360	Dächer	20,0
370	Infrastrukturanlagen	
380	Baukonstruktive Einbauten	0,1
390	Sonst. Maßnahmen für Baukonst.	2,5
410	Abwasser-, Wasser-, Gasanlagen	3,8
420	Wärmeversorgungsanlagen	6,7
430	Raumlufttechnische Anlagen	1,3
440	Elektrische Anlagen	7,9
450	Kommunikationstechnische Anlagen	0,9
460	Förderanlagen	1,9
470	Nutzungsspez. / verfahrenstech. Anl.	0,6
480	Gebäude- und Anlagenautomation	0,6
490	Sonst. Maßnahmen f. techn. Anl.	< 0,1

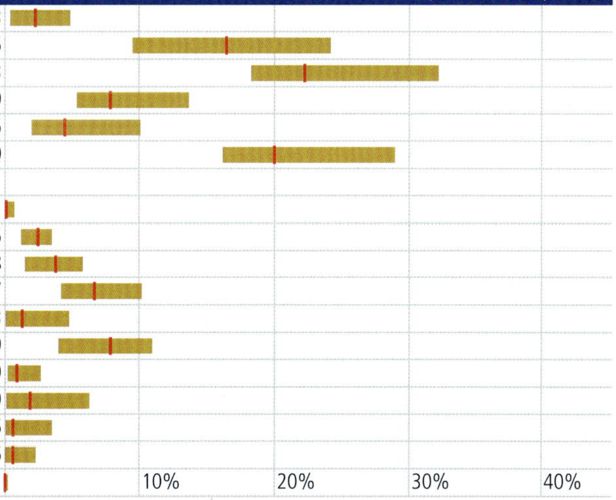

Betriebs- und Werkstätten, mehrgeschossig, hoher Hallenanteil

Kosten:
Stand 1. Quartal 2025
Bundesdurchschnitt
inkl. 19% MwSt.

Prozentanteile der Kosten für Leistungsbereiche nach STLB (Kosten Bauwerk nach DIN 276)

LB	Leistungsbereiche	▷	% an 300+400	◁
000	Baustellen-, Verkehrssich.- u. Sicherh.einr. inkl. 001	1,3	**2,4**	3,4
002	Erdarbeiten	0,5	**4,1**	6,5
006	Spezialtiefbauarbeiten inkl. 005	0,0	**0,9**	4,9
009	Entwässerungskanalarbeiten inkl. 011	0,2	**0,6**	1,8
010	Drän- und Versickerarbeiten	< 0,1	**0,1**	0,7
012	Mauerarbeiten	0,5	**3,2**	8,8
013	Betonarbeiten	10,7	**13,7**	17,6
014	Natur-, Betonwerksteinarbeiten	–	**–**	–
016	Zimmer- und Holzbauarbeiten	1,1	**6,5**	24,4
017	Stahlbauarbeiten	0,8	**7,3**	15,8
018	Abdichtungsarbeiten	< 0,1	**0,5**	1,3
020	Dachdeckungsarbeiten	< 0,1	**0,7**	2,0
021	Dachabdichtungsarbeiten	1,5	**4,6**	8,2
022	Klempnerarbeiten	0,5	**4,1**	10,4
	Rohbau	37,4	**48,8**	59,2
023	Putz- und Stuckarbeiten, Wärmedämmsysteme	< 0,1	**0,6**	1,3
024	Fliesen- und Plattenarbeiten	0,8	**2,5**	4,9
025	Estricharbeiten	0,6	**2,0**	5,3
026	Fenster, Außentüren inkl. 029, 032	2,3	**6,2**	16,4
027	Tischlerarbeiten	0,3	**1,0**	1,8
028	Parkettarbeiten, Holzpflasterarbeiten	0,0	**0,3**	1,5
030	Rollladenarbeiten	0,2	**0,8**	1,9
031	Metallbauarbeiten inkl. 035	4,7	**8,5**	13,9
034	Maler- und Lackiererarbeiten inkl. 037	0,3	**1,5**	1,9
036	Bodenbelagarbeiten	0,6	**1,2**	2,2
038	Vorgehängte hinterlüftete Fassaden	0,0	**0,1**	0,9
039	Trockenbauarbeiten	1,3	**2,8**	5,0
	Ausbau	19,9	**27,5**	35,5
040	Wärmeversorgungsanl. - Betriebseinr. inkl. 041	4,5	**6,8**	10,3
042	Gas- und Wasserinstallation, Leitungen inkl. 043	0,4	**1,3**	1,9
044	Abwasseranlagen - Leitungen, Abläufe, Armaturen	0,2	**0,6**	1,3
045	GWE - Einrichtungsgegenstände inkl. 046	0,2	**0,8**	1,5
047	Dämm- und Brandschutzarbeiten an techn. Anlagen	0,1	**0,9**	3,2
049	Feuerlöschanlagen, Feuerlöschgeräte	0,0	**0,1**	1,1
050	Blitzschutz- und Erdungsanlagen	0,1	**0,3**	0,4
052	Mittelspannungsanlagen	0,0	**0,3**	1,5
053	Niederspannungsanlagen inkl. 054	3,0	**5,4**	7,4
055	Sicherheits- und Ersatzstromversorgungsanlagen	0,0	**< 0,1**	< 0,1
057	Gebäudesystemtechnik	–	**–**	–
058	Leuchten und Lampen inkl. 059	0,7	**1,8**	3,5
060	Such-, Signal-, elektroakust. Anl., Med. inkl. 064	< 0,1	**< 0,1**	0,3
061	Kommunikations- und Übertragungsnetze inkl. 062	< 0,1	**0,4**	1,2
063	Gefahrenmeldeanlagen	< 0,1	**0,2**	1,8
069	Aufzüge	0,0	**0,2**	1,0
070	Gebäudeautomation	0,0	**0,8**	2,1
075	Raumlufttechnische Anlagen inkl. 078	< 0,1	**1,6**	4,2
	Gebäudetechnik	13,9	**21,6**	34,3
	Sonstige Leistungsbereiche inkl. 008, 033, 051	0,4	**2,1**	6,7

● KKW
▶ min
▷ von
| Mittelwert
◁ bis
◀ max

Planungskennwerte für Flächen und Rauminhalte nach DIN 277

Grundflächen		▷	Fläche/NUF (%)	◁	▷	Fläche/BGF (%)	◁
NUF	Nutzungsfläche	100,0	**100,0**	100,0	75,3	**80,4**	84,0
TF	Technikfläche	2,5	**3,4**	6,5	1,8	**2,6**	4,7
VF	Verkehrsfläche	8,3	**10,9**	18,6	6,1	**8,0**	12,5
NRF	Netto-Raumfläche	110,3	**113,4**	120,7	88,1	**90,3**	92,3
KGF	Konstruktions-Grundfläche	9,6	**12,6**	16,4	7,7	**9,7**	11,9
BGF	Brutto-Grundfläche	120,6	**126,0**	133,5	100,0	**100,0**	100,0

Brutto-Rauminhalte		▷	BRI/NUF (m)	◁	▷	BRI/BGF (m)	◁
BRI	Brutto-Rauminhalt	6,56	**7,17**	8,81	5,42	**5,84**	7,22

Flächen von Nutzeinheiten	▷	NUF/Einheit (m²)	◁	▷	BGF/Einheit (m²)	◁
Nutzeinheit: Arbeitsplätze	58,17	**78,13**	121,21	75,14	**98,82**	135,00

Lufttechnisch behandelte Flächen	▷	Fläche/NUF (%)	◁	▷	Fläche/BGF (%)	◁
Entlüftete Fläche	–	–	–	–	–	–
Be- und entlüftete Fläche	71,8	**71,8**	71,8	60,4	**60,4**	60,4
Teilklimatisierte Fläche	0,6	**0,6**	0,6	0,5	**0,5**	0,5
Klimatisierte Fläche	1,0	**1,0**	1,0	0,9	**0,9**	0,9

KG	Kostengruppen (2. Ebene)	Einheit	▷	Menge/NUF	◁	▷	Menge/BGF	◁
310	Baugrube / Erdbau	m³ BGI	0,70	**0,98**	1,64	0,55	**0,80**	1,37
320	Gründung, Unterbau	m² GRF	0,91	**0,99**	1,07	0,76	**0,82**	0,88
330	Außenwände / vertikal außen	m² AWF	0,90	**0,99**	1,16	0,80	**0,82**	0,95
340	Innenwände / vertikal innen	m² IWF	0,46	**0,54**	0,74	0,36	**0,44**	0,59
350	Decken / horizontal	m² DEF	0,20	**0,24**	0,29	0,17	**0,20**	0,22
360	Dächer	m² DAF	0,99	**1,16**	1,23	0,87	**0,95**	1,00
370	Infrastrukturanlagen		–	–	–	–	–	–
380	Baukonstruktive Einbauten	m² BGF	1,21	**1,26**	1,33	1,00	**1,00**	1,00
390	Sonst. Maßnahmen für Baukonst.	m² BGF	1,21	**1,26**	1,33	1,00	**1,00**	1,00
300	**Bauwerk – Baukonstruktionen**	**m² BGF**	1,21	**1,26**	1,33	1,00	**1,00**	1,00

Planungskennwerte für Bauzeiten — 15 Vergleichsobjekte

Bauzeit in Wochen

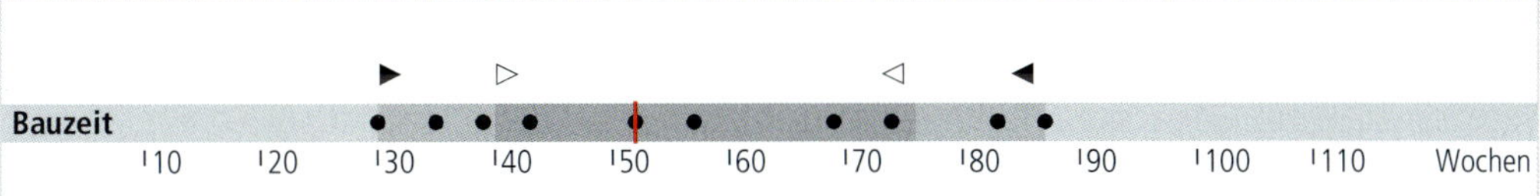

€/m² BGF

min	970	€/m²
von	1.300	€/m²
Mittel	**1.735**	**€/m²**
bis	2.410	€/m²
max	2.960	€/m²

Kosten:
Stand 1. Quartal 2025
Bundesdurchschnitt
inkl. 19% MwSt.

Objektübersicht zur Gebäudeart

7100-0058 Produktionsgebäude (8 AP) - Effizienzhaus 55

BRI 1.706 m³ **BGF** 386 m² **NUF** 349 m²

Büro- und Produktionsgebäude (8 AP). Stahlbau.

Land: Baden-Württemberg
Kreis: Karlsruhe, Stadt
Standard: mittel
Bauzeit: 69 Wochen
Kennwerte: bis 3. Ebene DIN 276

BGF 1.750 €/m²

Planung: medienundwerk; Karlsruhe

veröffentlicht: BKI Objektdaten E9

7300-0093 Betriebsgebäude (40 AP)

BRI 4.731 m³ **BGF** 999 m² **NUF** 732 m²

Betriebsgebäude mit Lagerhalle und Verwaltungsbau (40 AP). Stb-Fertigteile, Brettschichtholzbinder.

Land: Sachsen
Kreis: Dresden, Stadt
Standard: mittel
Bauzeit: 35 Wochen
Kennwerte: bis 1. Ebene DIN 276

BGF 2.958 €/m²

Planung: IPROconsult GmbH Planer Architekten Ingenieure; Dresden

veröffentlicht: BKI Objektdaten N16

7300-0090 Bäckerei, Verkaufsraum (25 AP)

BRI 10.130 m³ **BGF** 2.230 m² **NUF** 1.561 m²

Zentrales Bäckereigebäude mit angegliedertem Verkaufsraum, Büro- und Sozialtrakt (25 AP). Stb-Konstruktion.

Land: Schleswig-Holstein
Kreis: Rendsburg-Eckernförde
Standard: mittel
Bauzeit: 43 Wochen
Kennwerte: bis 3. Ebene DIN 276

BGF 2.531 €/m²

Planung: FB-Architekten; Gettorf

veröffentlicht: BKI Objektdaten E8

7300-0091 Produktionshalle, Büros (15 AP)

BRI 7.128 m³ **BGF** 1.343 m² **NUF** 1.108 m²

Produktionshalle mit angegliedertem Bürogebäude. Stahlbau.

Land: Nordrhein-Westfalen
Kreis: Lippe
Standard: mittel
Bauzeit: 39 Wochen
Kennwerte: bis 3. Ebene DIN 276

BGF 1.607 €/m²

Planung: STELLWERKSTATT architekturbüro; Detmold

veröffentlicht: BKI Objektdaten E8

7300-0086 Werkstatt für Menschen mit Behinderung

BRI 11.915 m³ **BGF** 2.630 m² **NUF** 1.913 m²

Werkstatt (60 AP) für Menschen mit Behinderung mit Lager, Speiseraum, Büros, Umkleiden und Sanitärbereich. Massivholzbau, Stahlbeton.

Land: Thüringen
Kreis: Gera, Stadt
Standard: hoch
Bauzeit: 39 Wochen
Kennwerte: bis 1. Ebene DIN 276

BGF 2.297 €/m²

Planung: Klaus Sorger BVS GmbH; Gera

veröffentlicht: BKI Objektdaten E6

7300-0082 Produktionshalle, Verwaltung

BRI 25.021 m³ **BGF** 3.409 m² **NUF** 2.942 m²

Produktionshalle mit Verwaltung (40 AP). Stb-Fertigteilkonstruktion.

Land: Hessen
Kreis: Marburg-Biedenkopf
Standard: mittel
Bauzeit: 43 Wochen
Kennwerte: bis 1. Ebene DIN 276

BGF 1.530 €/m²

Planung: Artec Architekten; Marburg

veröffentlicht: BKI Objektdaten N12

7300-0076 Büro- und Ausstellungsgebäude, Produktionshalle

BRI 5.260 m³ **BGF** 1.165 m² **NUF** 951 m²

Büro- und Ausstellungsgebäude mit Produktionshalle und Wohnung (1 WE). Mauerwerksbau und Stahlskelettkonstruktion mit Sandwichverbundelementen.

Land: Nordrhein-Westfalen
Kreis: Unna
Standard: mittel
Bauzeit: 52 Wochen
Kennwerte: bis 1. Ebene DIN 276

BGF 2.252 €/m²

Planung: k.A.

veröffentlicht: BKI Objektdaten N12

7700-0064 Produktionshalle mit Bürogebäude

BRI 8.640 m³ **BGF** 1.738 m² **NUF** 1.155 m²

Produktionshalle für holzverarbeitendes Gewerbe mit angeschlossenem zweigeschossigem Bürogebäude. Massivholzbau, Holzskelettbau.

Land: Thüringen
Kreis: Sömmerda
Standard: einfach
Bauzeit: 30 Wochen
Kennwerte: bis 1. Ebene DIN 276

BGF 1.029 €/m²

Planung: ipunktarchitektur Ilka Altenstädter, Architektin; Sömmerda

veröffentlicht: BKI Objektdaten N11

€/m² BGF

min	970	€/m²
von	1.300	€/m²
Mittel	**1.735**	**€/m²**
bis	2.410	€/m²
max	2.960	€/m²

Kosten:
Stand 1.Quartal 2025
Bundesdurchschnitt
inkl. 19% MwSt.

Objektübersicht zur Gebäudeart

7300-0075 Produktionshalle, Büro

BRI 114.347 m³ **BGF** 12.838 m² **NUF** 10.794 m²

Produktionshalle für Schienenfahrzeuge, Hochregallager, Büro- und Sozialräume. Halle: Stahlskelettkonstruktion; Bürogebäude: Stb-Konstruktion.

Land: Schleswig-Holstein
Kreis: Kiel, Stadt
Standard: mittel
Bauzeit: 43 Wochen
Kennwerte: bis 3. Ebene DIN 276

BGF 1.589 €/m²

Planung: FB-Architekten; Gettorf

veröffentlicht: BKI Objektdaten N11

7700-0055 Produktions- und Lagerhalle

BRI 241.262 m³ **BGF** 21.568 m² **NUF** 20.103 m²

Produktions- und Lagerhalle mit Hochregallager. Stahl-Faserbetonbodenplatte; Stb-Skelettkonstruktion; Stahl-Fachwerkbinder, Trapezblechdach.

Land: Sachsen
Kreis: Erzgebirgskreis
Standard: einfach
Bauzeit: 57 Wochen
Kennwerte: bis 1. Ebene DIN 276

BGF 1.830 €/m²

Planung: IPRO Dresden Planungs-Ingenieuraktiengesellschaft; Dresden

veröffentlicht: BKI Objektdaten N10

7300-0071 Produktionshalle, Schreinerei

BRI 3.441 m³ **BGF** 660 m² **NUF** 577 m²

Produktionshalle, Schreinerei mit Büro und Sozialräumen. Teilbereiche zweigeschossig. Stahlkonstruktion.

Land: Nordrhein-Westfalen
Kreis: Olpe
Standard: mittel
Bauzeit: 39 Wochen
Kennwerte: bis 1. Ebene DIN 276

BGF 971 €/m²

Planung: TATORT architektur; Attendorn

veröffentlicht: BKI Objektdaten N11

7300-0080 Produktionshalle

BRI 28.012 m³ **BGF** 2.911 m² **NUF** 2.603 m²

Anbau einer Produktionshalle als Stahlkonstruktion. Halle: Stahlrahmenkonstruktion; Büros: Stb-Konstruktion.

Land: Hessen
Kreis: Schwalm-Eder-Kreis
Standard: mittel
Bauzeit: 83 Wochen
Kennwerte: bis 3. Ebene DIN 276

BGF 1.125 €/m²

Planung: Harald Gläsel Architekt VfA; Schwalmstadt-Treysa

veröffentlicht: BKI Objektdaten N13

Objektübersicht zur Gebäudeart

7300-0059 Entwicklungszentrum

BRI 93.996 m³ **BGF** 23.696 m² **NUF** 15.187 m²

Entwicklungszentrum Automobilzulieferer. Stb-Skelettbau, Pfosten-Riegel-Fassade.

Land: Bayern
Kreis: Starnberg
Standard: mittel
Bauzeit: 87 Wochen
Kennwerte: bis 1. Ebene DIN 276

BGF 1.584 €/m²

Planung: barth architekten; Gauting

veröffentlicht: www.bki.de

7300-0061 Büro- und Produktionsgebäude*

BRI 82.770 m³ **BGF** 14.000 m² **NUF** 11.313 m²

Büro- und Produktionsgebäude mit 150 Büroarbeitsplätzen und 250 Arbeitsplätzen in der Produktion. Stb-Konstruktion.

Land: Baden-Württemberg
Kreis: Heilbronn, Stadt
Standard: mittel
Bauzeit: 100 Wochen
Kennwerte: bis 1. Ebene DIN 276

BGF 693 €/m²

*

Planung: Architektur Udo Richter Dipl.-Ing. Freier Architekt; Heilbronn

veröffentlicht: BKI Objektdaten N11
* Nicht in der Auswertung enthalten

7300-0053 Werkstatt, Büro, Wohnung

BRI 1.120 m³ **BGF** 275 m² **NUF** 219 m²

Werkstatt, Ausstellungsraum, Büroraum, Wohnung. Holzständerbau.

Land: Baden-Württemberg
Kreis: Emmendingen
Standard: mittel
Bauzeit: 52 Wochen
Kennwerte: bis 3. Ebene DIN 276

BGF 1.591 €/m²

Planung: Freier Architekt Manfred Mohr; Waldkirch

veröffentlicht: www.bki.de

7300-0057 Betriebsgebäude, Verwaltung

BRI 4.100 m³ **BGF** 970 m² **NUF** 824 m²

Betriebsgebäude mit Büroräumen, Sanitärräume. Stb-Skelettbau.

Land: Baden-Württemberg
Kreis: Emmendingen
Standard: mittel
Bauzeit: 74 Wochen
Kennwerte: bis 3. Ebene DIN 276

BGF 1.372 €/m²

Planung: Freier Architekt Manfred Mohr; Waldkirch

veröffentlicht: www.bki.de

Geschäftshäuser, mit Wohnungen

Kostenkennwerte für die Kosten des Bauwerks (Kostengruppen 300+400 nach DIN 276)

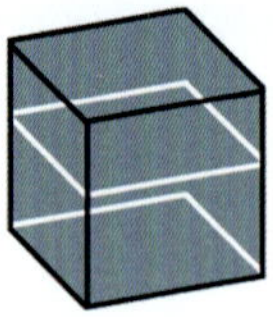

BRI 685 €/m³
von 540 €/m³
bis 830 €/m³

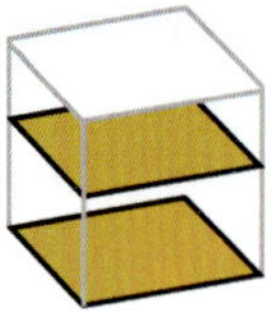

BGF 2.360 €/m²
von 1.930 €/m²
bis 3.265 €/m²

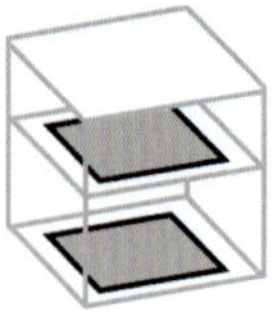

NUF 3.540 €/m²
von 2.755 €/m²
bis 5.055 €/m²

Objektbeispiele

Kosten:
Stand 1. Quartal 2025
Bundesdurchschnitt
inkl. 19% MwSt.

7500-0021

7200-0102

7500-0026

7200-0093

7200-0073

7200-0080

Kosten der 13 Vergleichsobjekte Seiten 898 bis 901

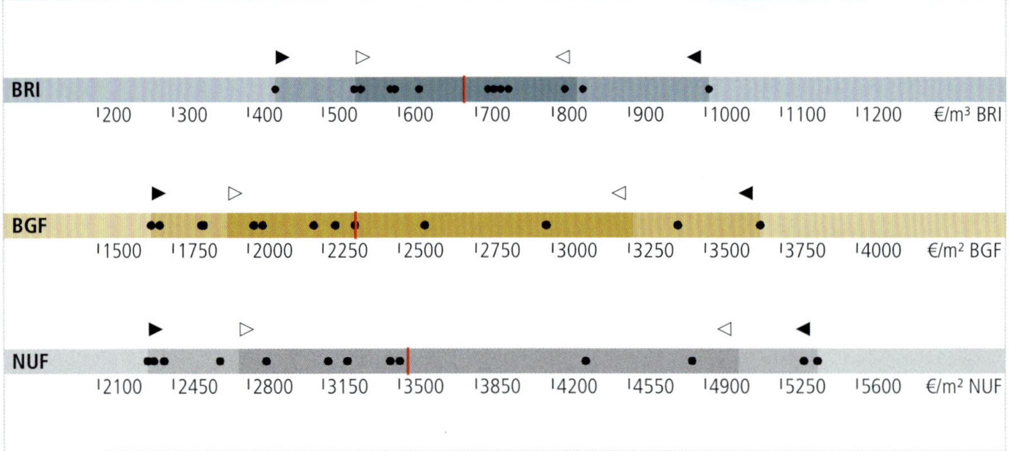

- ● KKW
- ▶ min
- ▷ von
- | Mittelwert
- ◁ bis
- ◀ max

Kostenkennwerte für die Kostengruppen der 1. und 2.Ebene DIN 276

KG	Kostengruppen der 1.Ebene	Einheit	▷	€/Einheit	◁	▷	% an 300+400	◁
100	Grundstück	m² GF	–	**–**	–	–	**–**	–
200	Vorbereitende Maßnahmen	m² GF	3	**820**	1.326	0,1	**6,4**	9,5
300	Bauwerk – Baukonstruktionen	m² BGF	1.500	**1.887**	2.414	74,9	**80,5**	86,1
400	Bauwerk – Technische Anlagen	m² BGF	303	**470**	759	13,9	**19,5**	25,1
	Bauwerk 300+400	m² BGF	1.930	**2.358**	3.264	100,0	**100,0**	100,0
500	Außenanlagen und Freiflächen	m² AF	174	**256**	364	1,8	**4,2**	9,8
600	Ausstattung und Kunstwerke	m² BGF	–	**6**	–	0,4	**0,4**	0,4
700	Baunebenkosten*	m² BGF	429	**479**	529	18,4	**20,5**	22,6 ◁
800	Finanzierung	m² BGF	–	**–**	–	–	**–**	–

* Auf Grundlage der HOAI 2021 berechnete Werte nach §§ 35, 52, 56. Weitere Informationen siehe Seite 56

KG	Kostengruppen der 2.Ebene	Einheit	▷	€/Einheit	◁	▷	% an 1.Ebene	◁
310	Baugrube / Erdbau	m³ BGI	27	**68**	148	1,8	**6,2**	15,0
320	Gründung, Unterbau	m² GRF	368	**469**	670	5,7	**6,4**	7,4
330	Außenwände / vertikal außen	m² AWF	631	**738**	792	28,1	**32,6**	41,4
340	Innenwände / vertikal innen	m² IWF	310	**369**	472	13,9	**15,6**	18,8
350	Decken / horizontal	m² DEF	461	**475**	482	25,5	**26,9**	29,1
360	Dächer	m² DAF	323	**439**	498	4,0	**9,1**	12,6
370	Infrastrukturanlagen		–	**–**	–	–	**–**	–
380	Baukonstruktive Einbauten	m² BGF	–	**7**	–	0,0	**0,2**	0,6
390	Sonst. Maßnahmen für Baukonst.	m² BGF	33	**44**	67	2,4	**3,1**	4,5
300	**Bauwerk – Baukonstruktionen**	**m² BGF**					**100,0**	
410	Abwasser-, Wasser-, Gasanlagen	m² BGF	36	**52**	62	6,7	**14,2**	18,0
420	Wärmeversorgungsanlagen	m² BGF	43	**71**	85	8,1	**20,1**	27,6
430	Raumlufttechnische Anlagen	m² BGF	3	**50**	143	1,0	**9,6**	26,9
440	Elektrische Anlagen	m² BGF	81	**122**	142	15,2	**33,9**	45,4
450	Kommunikationstechnische Anlagen	m² BGF	16	**24**	32	1,0	**3,7**	8,2
460	Förderanlagen	m² BGF	59	**104**	149	0,0	**14,5**	24,1
470	Nutzungsspez. / verfahrenstech. Anl.	m² BGF	< 1	**33**	64	0,1	**4,1**	12,1
480	Gebäude- und Anlagenautomation	m² BGF	–	**–**	–	–	**–**	–
490	Sonst. Maßnahmen f. techn. Anl.	m² BGF	–	**–**	–	–	**–**	–
400	**Bauwerk – Technische Anlagen**	**m² BGF**					**100,0**	

Prozentanteile der Kosten 2.Ebene an den Kosten des Bauwerks nach DIN 276 (Von/Mittel/Bis)

KG	Kostengruppe	%
310	Baugrube / Erdbau	4,6
320	Gründung, Unterbau	5,0
330	Außenwände / vertikal außen	25,6
340	Innenwände / vertikal innen	12,1
350	Decken / horizontal	20,9
360	Dächer	7,1
370	Infrastrukturanlagen	
380	Baukonstruktive Einbauten	0,1
390	Sonst. Maßnahmen für Baukonst.	2,4
410	Abwasser-, Wasser-, Gasanlagen	3,0
420	Wärmeversorgungsanlagen	4,1
430	Raumlufttechnische Anlagen	2,5
440	Elektrische Anlagen	6,9
450	Kommunikationstechnische Anlagen	0,9
460	Förderanlagen	3,7
470	Nutzungsspez. / verfahrenstech. Anl.	1,1
480	Gebäude- und Anlagenautomation	
490	Sonst. Maßnahmen f. techn. Anl.	

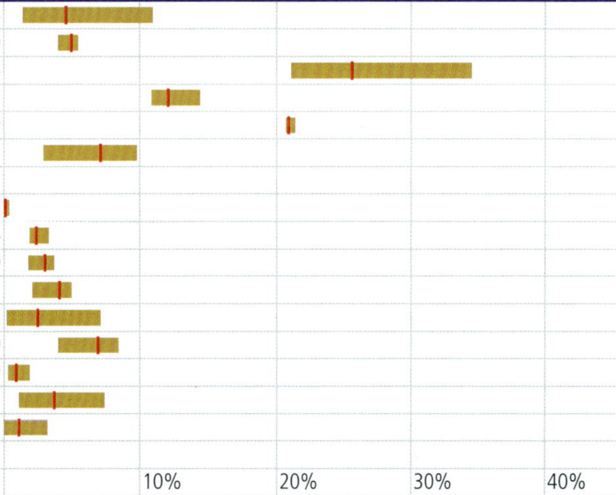

Kosten:
Stand 1.Quartal 2025
Bundesdurchschnitt
inkl. 19% MwSt.

Prozentanteile der Kosten für Leistungsbereiche nach STLB (Kosten Bauwerk nach DIN 276)

LB	Leistungsbereiche	▷	% an 300+400	◁
000	Baustellen-, Verkehrssich.- u. Sicherh.einr. inkl. 001	1,8	**2,2**	2,6
002	Erdarbeiten	1,7	**2,0**	2,3
006	Spezialtiefbauarbeiten inkl. 005	0,0	**3,0**	6,0
009	Entwässerungskanalarbeiten inkl. 011	0,0	**0,2**	0,4
010	Drän- und Versickerarbeiten	0,0	**< 0,1**	< 0,1
012	Mauerarbeiten	0,4	**2,8**	4,5
013	Betonarbeiten	16,7	**20,8**	23,3
014	Natur-, Betonwerksteinarbeiten	< 0,1	**0,8**	1,4
016	Zimmer- und Holzbauarbeiten	1,2	**2,3**	4,1
017	Stahlbauarbeiten	< 0,1	**2,0**	4,0
018	Abdichtungsarbeiten	0,0	**0,3**	0,7
020	Dachdeckungsarbeiten	0,8	**1,5**	2,6
021	Dachabdichtungsarbeiten	0,6	**0,8**	1,0
022	Klempnerarbeiten	0,5	**0,9**	1,5
	Rohbau	34,7	**39,7**	43,4
023	Putz- und Stuckarbeiten, Wärmedämmsysteme	1,2	**4,9**	7,4
024	Fliesen- und Plattenarbeiten	1,6	**2,2**	2,9
025	Estricharbeiten	0,5	**1,6**	2,3
026	Fenster, Außentüren inkl. 029, 032	1,1	**5,0**	8,4
027	Tischlerarbeiten	1,3	**2,2**	3,6
028	Parkettarbeiten, Holzpflasterarbeiten	0,7	**1,3**	2,0
030	Rollladenarbeiten	< 0,1	**0,8**	1,4
031	Metallbauarbeiten inkl. 035	7,9	**10,6**	12,6
034	Maler- und Lackiererarbeiten inkl. 037	1,2	**1,8**	2,3
036	Bodenbelagarbeiten	0,2	**1,3**	2,2
038	Vorgehängte hinterlüftete Fassaden	0,6	**1,3**	1,9
039	Trockenbauarbeiten	3,7	**5,3**	7,0
	Ausbau	32,5	**38,4**	48,2
040	Wärmeversorgungsanl. - Betriebseinr. inkl. 041	3,5	**4,2**	4,9
042	Gas- und Wasserinstallation, Leitungen inkl. 043	0,9	**1,1**	1,3
044	Abwasseranlagen - Leitungen, Abläufe, Armaturen	0,3	**0,8**	1,0
045	GWE - Einrichtungsgegenstände inkl. 046	0,6	**1,0**	1,4
047	Dämm- und Brandschutzarbeiten an techn. Anlagen	< 0,1	**0,2**	0,4
049	Feuerlöschanlagen, Feuerlöschgeräte	< 0,1	**1,1**	2,1
050	Blitzschutz- und Erdungsanlagen	< 0,1	**< 0,1**	0,1
052	Mittelspannungsanlagen	–	**–**	–
053	Niederspannungsanlagen inkl. 054	3,3	**4,8**	6,4
055	Sicherheits- und Ersatzstromversorgungsanlagen	0,0	**0,4**	0,8
057	Gebäudesystemtechnik	–	**–**	–
058	Leuchten und Lampen inkl. 059	1,0	**1,9**	2,6
060	Such-, Signal-, elektroakust. Anl., Med. inkl. 064	< 0,1	**0,2**	0,4
061	Kommunikations- und Übertragungsnetze inkl. 062	< 0,1	**0,2**	0,3
063	Gefahrenmeldeanlagen	< 0,1	**0,2**	0,4
069	Aufzüge	0,5	**3,6**	5,5
070	Gebäudeautomation	–	**–**	–
075	Raumlufttechnische Anlagen inkl. 078	0,1	**2,3**	4,3
	Gebäudetechnik	19,0	**21,9**	25,7
	Sonstige Leistungsbereiche inkl. 008, 033, 051	< 0,1	**< 0,1**	< 0,1

● KKW
▶ min
▷ von
| Mittelwert
◁ bis
◀ max

Planungskennwerte für Flächen und Rauminhalte nach DIN 277

Grundflächen		▷	Fläche/NUF (%)	◁	▷	Fläche/BGF (%)	◁
NUF	Nutzungsfläche	100,0	**100,0**	100,0	63,4	**67,8**	72,0
TF	Technikfläche	3,1	**4,2**	7,2	2,2	**2,7**	4,3
VF	Verkehrsfläche	16,9	**22,5**	31,8	11,0	**14,6**	19,5
NRF	Netto-Raumfläche	120,5	**126,7**	136,8	81,6	**85,1**	87,3
KGF	Konstruktions-Grundfläche	19,3	**22,4**	30,1	12,7	**14,9**	18,4
BGF	Brutto-Grundfläche	141,2	**149,1**	158,7	100,0	**100,0**	100,0

Brutto-Rauminhalte		▷	BRI/NUF (m)	◁	▷	BRI/BGF (m)	◁
BRI	Brutto-Rauminhalt	4,84	**5,14**	5,56	3,22	**3,46**	4,11

Flächen von Nutzeinheiten	▷	NUF/Einheit (m²)	◁	▷	BGF/Einheit (m²)	◁
Nutzeinheit:	–	–	–	–	–	–

Lufttechnisch behandelte Flächen	▷	Fläche/NUF (%)	◁	▷	Fläche/BGF (%)	◁
Entlüftete Fläche	37,6	**37,6**	37,6	21,9	**21,9**	21,9
Be- und entlüftete Fläche	1,7	**1,7**	1,7	1,2	**1,2**	1,2
Teilklimatisierte Fläche	105,6	**105,6**	105,6	61,6	**61,6**	61,6
Klimatisierte Fläche	–	–	–	–	–	–

KG	Kostengruppen (2. Ebene)	Einheit	▷	Menge/NUF	◁	▷	Menge/BGF	◁
310	Baugrube / Erdbau	m³ BGI	1,59	**1,68**	1,68	1,00	**1,09**	1,09
320	Gründung, Unterbau	m² GRF	0,30	**0,30**	0,33	0,21	**0,21**	0,22
330	Außenwände / vertikal außen	m² AWF	0,82	**0,95**	0,95	0,61	**0,64**	0,64
340	Innenwände / vertikal innen	m² IWF	0,91	**0,91**	0,91	0,56	**0,62**	0,62
350	Decken / horizontal	m² DEF	1,20	**1,21**	1,21	0,79	**0,80**	0,80
360	Dächer	m² DAF	0,43	**0,43**	0,44	0,30	**0,30**	0,31
370	Infrastrukturanlagen		–	–	–	–	–	–
380	Baukonstruktive Einbauten	m² BGF	1,41	**1,49**	1,59	1,00	**1,00**	1,00
390	Sonst. Maßnahmen für Baukonst.	m² BGF	1,41	**1,49**	1,59	1,00	**1,00**	1,00
300	**Bauwerk – Baukonstruktionen**	**m² BGF**	1,41	**1,49**	1,59	1,00	**1,00**	1,00

Planungskennwerte für Bauzeiten — 13 Vergleichsobjekte

Bauzeit in Wochen

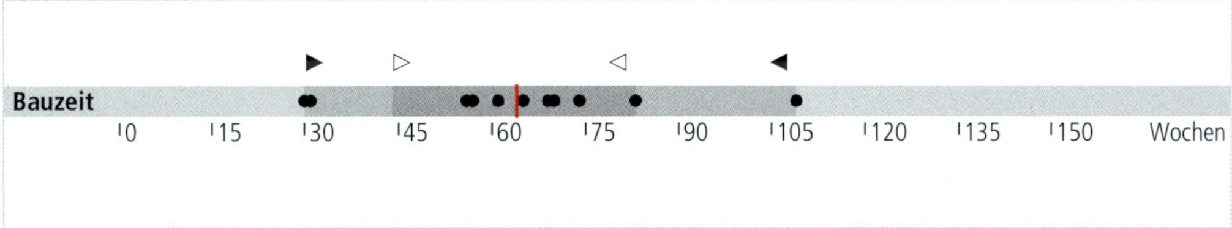

€/m² BGF

min	1.675	€/m²
von	1.930	€/m²
Mittel	**2.360**	**€/m²**
bis	3.265	€/m²
max	3.680	€/m²

Kosten:
Stand 1. Quartal 2025
Bundesdurchschnitt
inkl. 19% MwSt.

Objektübersicht zur Gebäudeart

7100-0073 Weingut (4 AP), Einfamilienhaus

BRI 3.899 m³ **BGF** 741 m² **NUF** 589 m²

Weingut mit Flaschenlager und Produktionshalle, sowie Verkaufsräumen und Büros im EG und Wohnung im OG. Massivbau.

Land: Rheinland-Pfalz
Kreis: Trier-Saarburg
Standard: mittel
Bauzeit: 56 Wochen
Kennwerte: bis 1. Ebene DIN 276

BGF 2.290 €/m²

Planung: BKS Architekten Hilt + Uhl PartGmbB; Trier

veröffentlicht: BKI Objektdaten N20

7200-0102 Wohn- und Geschäftshaus (6 WE, 2 GE)

BRI 9.082 m³ **BGF** 2.478 m² **NUF** 1.702 m²

Wohn- und Geschäftshaus mit sechs Wohneinheiten und 506 m² WFL sowie zwei Läden. Massivbau.

Land: Hessen
Kreis: Kassel, Stadt
Standard: mittel
Bauzeit: 69 Wochen
Kennwerte: bis 1. Ebene DIN 276

BGF 3.680 €/m²

Planung: ANP Architektur- und Planungsgesellschaft mbH; Kassel

veröffentlicht: BKI Objektdaten N20

1300-0291 Bürogebäude (4 AP), Wohnung (1 WE)

BRI 1.105 m³ **BGF** 340 m² **NUF** 228 m²

Bürogebäude für eine Steuerberatungskanzlei mit Wohnung im Obergeschoss (1 WE). Mauerwerk.

Land: Saarland
Kreis: Saarlouis
Standard: mittel
Bauzeit: 30 Wochen
Kennwerte: bis 1. Ebene DIN 276

BGF 2.354 €/m²

Planung: Architekturbüro Steffen; Überherrn

veröffentlicht: BKI Objektdaten N19

7100-0072 Vinothek (8 AP)*

BRI 2.388 m³ **BGF** 777 m² **NUF** 545 m²

Vinothek mit Büro und Mitarbeiterwohnung (8 AP). Stahlbeton.

Land: Rheinland-Pfalz
Kreis: Mainz-Bingen
Standard: hoch
Bauzeit: 104 Wochen
Kennwerte: bis 1. Ebene DIN 276

BGF 3.906 €/m² *

Planung: PFALZARCHITEKT REITER Wein-/Loft-/Firmenarchitektur; Kindenheim

veröffentlicht: BKI Objektdaten N20
* Nicht in der Auswertung enthalten

7500-0026 Bankfiliale Wohnungen (2 WE)

BRI 2.227 m³ **BGF** 533 m² **NUF** 375 m²

Bankfiliale (5 AP) und zwei Wohnungen (136m² WFL). Mauerwerksbau.

Land: Hessen
Kreis: Lahn-Dill-Kreis
Standard: mittel
Bauzeit: 57 Wochen
Kennwerte: bis 1. Ebene DIN 276

BGF 3.408 €/m²

Planung: Archidee Drommershausen • Böhme PartG mbB • Architekten BDB; Gießen

veröffentlicht: BKI Objektdaten N17

7200-0093 Wohn- und Geschäftshaus, Gastronomie, Hotel

BRI 48.810 m³ **BGF** 13.755 m² **NUF** 7.561 m²

Wohn- und Geschäftshaus mit Hotel (105 Zimmer), Gastronomie, Läden, Büros und Wohnungen (17 WE). Massivbau.

Land: Sachsen
Kreis: Dresden, Stadt
Standard: hoch
Bauzeit: 109 Wochen
Kennwerte: bis 1. Ebene DIN 276

BGF 2.979 €/m²

Planung: IPROconsult GmbH Planer Architekten Ingenieure; Dresden

veröffentlicht: BKI Objektdaten E8

7200-0092 Geschäftshaus, Wohnung (1 WE)

BRI 4.389 m³ **BGF** 1.215 m² **NUF** 722 m²

Geschäftshaus mit Einzelhandelsfläche, einem Büro und einer Maisonette-Wohnung mit Dachterrasse. Mauerwerksbau.

Land: Bremen
Kreis: Bremen, Stadt
Standard: hoch
Bauzeit: 74 Wochen
Kennwerte: bis 1. Ebene DIN 276

BGF 2.584 €/m²

Planung: Angelis & Partner mbB; Oldenburg

veröffentlicht: BKI Objektdaten N16

7200-0084 Wohn- und Geschäftshaus (7 WE)

BRI 13.953 m³ **BGF** 4.673 m² **NUF** 3.176 m²

Wohn- und Geschäftshaus mit Wohnungen (7WE), Praxisräumen, Büroräumen, Kindertagesstätte und Tiefgarage. Massivholzbau, Holztafelbau.

Land: Berlin
Kreis: Berlin, Stadt
Standard: hoch
Bauzeit: 65 Wochen
Kennwerte: bis 1. Ebene DIN 276

BGF 2.218 €/m²

Planung: Kaden + Partner; Berlin

veröffentlicht: BKI Objektdaten E6

€/m² BGF		
min	1.675	€/m²
von	1.930	€/m²
Mittel	**2.360**	**€/m²**
bis	3.265	€/m²
max	3.680	€/m²

Kosten:
Stand 1. Quartal 2025
Bundesdurchschnitt
inkl. 19% MwSt.

Objektübersicht zur Gebäudeart

7200-0080 Büro, Café, Wohnungen (10 WE) - KfW 60

BRI 8.508 m³ **BGF** 2.487 m² **NUF** 1.949 m²

Café und Büro im EG, Büro und Wohnungen (10 WE, 1.732 m² WFL) in den OGs. Massivbau.

Land: Sachsen-Anhalt
Kreis: Magdeburg, Stadt
Standard: mittel
Bauzeit: 61 Wochen
Kennwerte: bis 1. Ebene DIN 276

BGF 1.850 €/m²

Planung: ARC architekturconzept GmbH Lauterbach Oheim Schaper; Magdeburg

veröffentlicht: BKI Objektdaten E5

7200-0073 Geschäftshaus, Wohnungen (3 WE)

BRI 10.784 m³ **BGF** 3.478 m² **NUF** 2.402 m²

Geschäftshaus mit Wohnungen, das aus zwei Baukörpern besteht, Tiefgarage (19 Stellplätze), Gewerbeflächen, Büros, Wohnungen (3 WE). Holzrahmenbau.

Land: Baden-Württemberg
Kreis: Esslingen
Standard: mittel
Bauzeit: 70 Wochen
Kennwerte: bis 1. Ebene DIN 276

BGF 1.842 €/m²

Planung: BANKWITZ ARCHITEKTEN Fr. Architekten und Ing. GmbH; Kirchheim u. Teck

veröffentlicht: BKI Objektdaten N10

7500-0021 Bankgebäude, Wohnen (2 WE)

BRI 1.616 m³ **BGF** 594 m² **NUF** 434 m²

Zweigstelle einer Bank mit zwei Wohneinheiten (166 m² WFL II.BVO). Mauerwerksbau mit Stb-Decken und Holzdachkonstruktion.

Land: Baden-Württemberg
Kreis: Alb-Donau-Kreis
Standard: mittel
Bauzeit: 31 Wochen
Kennwerte: bis 3. Ebene DIN 276

BGF 1.705 €/m²

Planung: ott_architekten BDA partnerschaft mbB; Laichingen

veröffentlicht: www.bki.de

7200-0055 Apotheke, Arztpraxen, Wohnung (1 WE)

BRI 7.467 m³ **BGF** 2.446 m² **NUF** 1.704 m²

Geschäftshaus mit Apotheke im Erdgeschoss, Praxen und Büros in den Obergeschossen, sowie einer Wohnung im Dachgeschoss. Stahlbetonbau.

Land: Baden-Württemberg
Kreis: Freudenstadt
Standard: einfach
Bauzeit: 83 Wochen
Kennwerte: bis 3. Ebene DIN 276

BGF 1.677 €/m²

Planung: Detlef Brückner Dipl.-Ing. (FH) Freier Architekt; Freudenstadt

veröffentlicht: www.bki.de

7200-0038 Büro- und Geschäftshaus (1 WE)

BRI 2.075 m³ **BGF** 743 m² **NUF** 479 m²

Büro- und Geschäftshaus in einer Baulücke mit Laden und Werkstatt im Erdgeschoss, einem Architekturbüro im 1. und 2. Obergeschoss und einer Wohnung im 3. und 4. Obergeschoss. Mauerwerksbau.

Land: Bayern
Kreis: Straubing, Stadt
Standard: mittel
Bauzeit: 57 Wochen
Kennwerte: bis 1. Ebene DIN 276

BGF **2.046 €/m²**

Planung: Friedrich Herr Diplom-Ingenieur Architekt BDA; Straubing

veröffentlicht: www.bki.de

7200-0021 Geschäftshaus

BRI 25.691 m³ **BGF** 7.482 m² **NUF** 4.366 m²

Das Shop-in-Shop Geschäftshaus bietet in acht Geschossen Verkaufsfläche. Im DG befinden sich ein Personalraum sowie zwei (Hausmeister-) Wohnungen. Im EG befinden sich die Ein-/Ausfahrt zur Tiefgarage sowie die Hofzufahrt. Stb-Skelettbau.

Land: Berlin
Kreis: Berlin, Stadt
Standard: mittel
Bauzeit: 65 Wochen
Kennwerte: bis 3. Ebene DIN 276

BGF **2.017 €/m²**

Planung: Quick Bäckmann Quick Architekten BDA; Berlin

veröffentlicht: www.bki.de

Geschäftshäuser, ohne Wohnungen

Kostenkennwerte für die Kosten des Bauwerks (Kostengruppen 300+400 nach DIN 276)

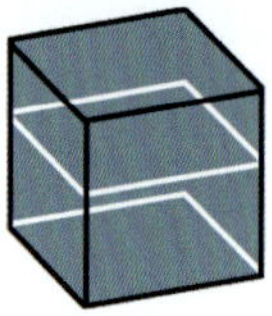

BRI 695 €/m³
von 545 €/m³
bis 845 €/m³

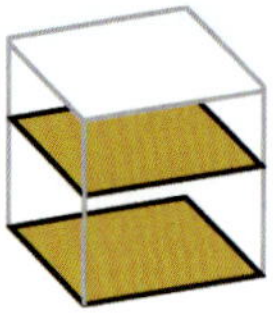

BGF 2.425 €/m²
von 1.750 €/m²
bis 3.175 €/m²

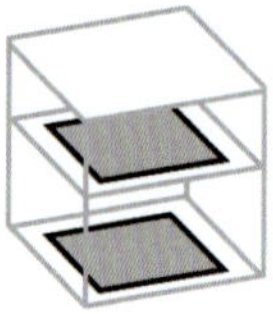

NUF 3.515 €/m²
von 2.515 €/m²
bis 4.485 €/m²

Objektbeispiele

Kosten:
Stand 1. Quartal 2025
Bundesdurchschnitt
inkl. 19% MwSt.

7200-0089

7200-0064

7200-0074

Kosten der 6 Vergleichsobjekte

Seiten 906 bis 907

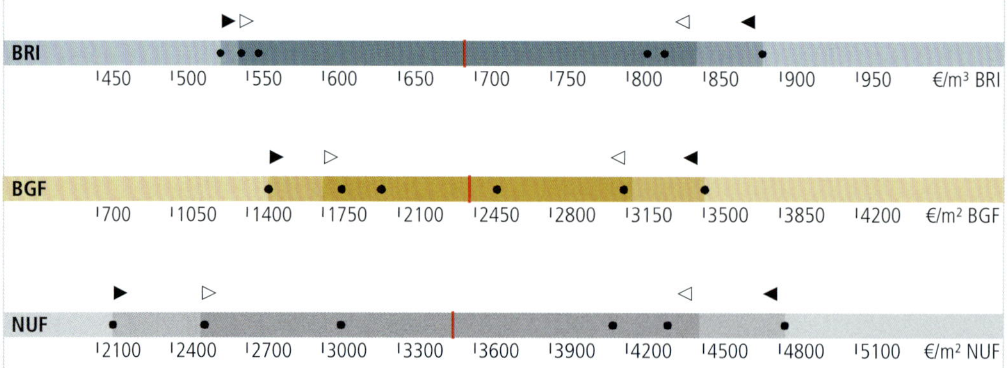

- ● KKW
- ▶ min
- ▷ von
- | Mittelwert
- ◁ bis
- ◀ max

Kostenkennwerte für die Kostengruppen der 1. und 2.Ebene DIN 276

KG	Kostengruppen der 1.Ebene	Einheit	▷	€/Einheit	◁	▷	% an 300+400	◁
100	Grundstück	m² GF	–	–	–	–	–	–
200	Vorbereitende Maßnahmen	m² GF	< 1	**181**	361	< 0,1	**1,4**	2,7
300	Bauwerk – Baukonstruktionen	m² BGF	1.411	**1.900**	2.529	71,8	**78,8**	82,2
400	Bauwerk – Technische Anlagen	m² BGF	336	**523**	784	17,8	**21,2**	28,2
	Bauwerk 300+400	m² BGF	1.749	**2.424**	3.174	100,0	**100,0**	100,0
500	Außenanlagen und Freiflächen	m² AF	228	**2.394**	8.874	3,0	**5,6**	7,8
600	Ausstattung und Kunstwerke	m² BGF	6	**225**	445	0,3	**7,3**	14,2
700	Baunebenkosten*	m² BGF	443	**495**	546	18,4	**20,5**	22,6
800	Finanzierung	m² BGF	–	–	–	–	–	–

◁ * Auf Grundlage der HOAI 2021 berechnete Werte nach §§ 35, 52, 56. Weitere Informationen siehe Seite 56

KG	Kostengruppen der 2.Ebene	Einheit	▷	€/Einheit	◁	▷	% an 1.Ebene	◁
310	Baugrube / Erdbau	m³ BGI	42	**52**	61	3,1	**3,8**	4,4
320	Gründung, Unterbau	m² GRF	338	**391**	444	5,9	**6,8**	7,7
330	Außenwände / vertikal außen	m² AWF	457	**498**	540	29,3	**34,2**	39,2
340	Innenwände / vertikal innen	m² IWF	283	**370**	456	13,9	**18,5**	23,1
350	Decken / horizontal	m² DEF	410	**436**	461	24,1	**25,0**	25,9
360	Dächer	m² DAF	416	**453**	490	8,6	**9,3**	10,0
370	Infrastrukturanlagen		–	–	–	–	–	–
380	Baukonstruktive Einbauten	m² BGF	–	**2**	–	0,1	**0,1**	0,2
390	Sonst. Maßnahmen für Baukonst.	m² BGF	28	**30**	33	1,9	**2,3**	2,6
300	**Bauwerk – Baukonstruktionen**	**m² BGF**					**100,0**	
410	Abwasser-, Wasser-, Gasanlagen	m² BGF	67	**86**	106	25,1	**26,4**	27,7
420	Wärmeversorgungsanlagen	m² BGF	101	**102**	104	27,4	**32,5**	37,7
430	Raumlufttechnische Anlagen	m² BGF	4	**4**	5	1,0	**1,4**	1,9
440	Elektrische Anlagen	m² BGF	60	**68**	76	15,8	**22,2**	28,6
450	Kommunikationstechnische Anlagen	m² BGF	7	**12**	18	1,7	**4,2**	6,7
460	Förderanlagen	m² BGF	–	**101**	–	0,0	**13,2**	26,5
470	Nutzungsspez. / verfahrenstech. Anl.	m² BGF	–	–	–	–	–	–
480	Gebäude- und Anlagenautomation	m² BGF	–	–	–	–	–	–
490	Sonst. Maßnahmen f. techn. Anl.	m² BGF	–	–	–	–	–	–
400	**Bauwerk – Technische Anlagen**	**m² BGF**					**100,0**	

Prozentanteile der Kosten 2.Ebene an den Kosten des Bauwerks nach DIN 276 (Von/Mittel/Bis)

KG	Kostengruppe	%
310	Baugrube / Erdbau	3,0
320	Gründung, Unterbau	5,4
330	Außenwände / vertikal außen	27,6
340	Innenwände / vertikal innen	15,0
350	Decken / horizontal	20,2
360	Dächer	7,5
370	Infrastrukturanlagen	
380	Baukonstruktive Einbauten	0,1
390	Sonst. Maßnahmen für Baukonst.	1,8
410	Abwasser-, Wasser-, Gasanlagen	5,1
420	Wärmeversorgungsanlagen	6,2
430	Raumlufttechnische Anlagen	0,3
440	Elektrische Anlagen	4,2
450	Kommunikationstechnische Anlagen	0,8
460	Förderanlagen	2,7
470	Nutzungsspez. / verfahrenstech. Anl.	
480	Gebäude- und Anlagenautomation	
490	Sonst. Maßnahmen f. techn. Anl.	

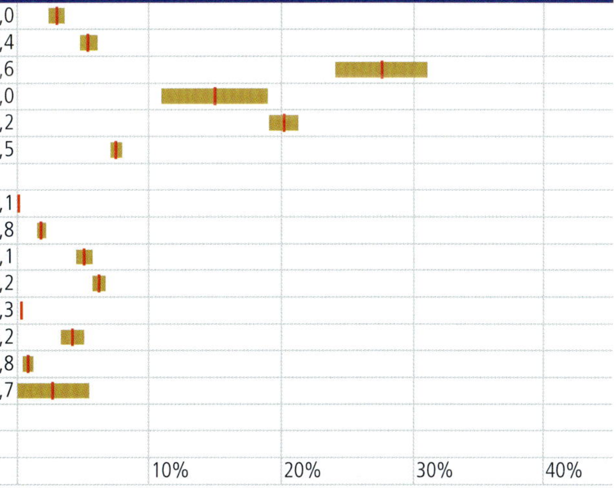

Kosten:
Stand 1. Quartal 2025
Bundesdurchschnitt
inkl. 19% MwSt.

Prozentanteile der Kosten für Leistungsbereiche nach STLB (Kosten Bauwerk nach DIN 276)

LB	Leistungsbereiche	▷	% an 300+400	◁
000	Baustellen-, Verkehrssich.- u. Sicherh.einr. inkl. 001	1,3	**1,4**	1,5
002	Erdarbeiten	2,6	**3,2**	3,7
006	Spezialtiefbauarbeiten inkl. 005	–	**–**	–
009	Entwässerungskanalarbeiten inkl. 011	0,1	**0,2**	0,4
010	Drän- und Versickerarbeiten	0,0	**0,2**	0,4
012	Mauerarbeiten	6,5	**7,8**	9,2
013	Betonarbeiten	17,5	**18,1**	18,6
014	Natur-, Betonwerksteinarbeiten	0,0	**1,3**	2,7
016	Zimmer- und Holzbauarbeiten	1,2	**1,9**	2,6
017	Stahlbauarbeiten	0,0	**< 0,1**	< 0,1
018	Abdichtungsarbeiten	0,8	**1,2**	1,6
020	Dachdeckungsarbeiten	2,0	**2,2**	2,4
021	Dachabdichtungsarbeiten	0,0	**0,7**	1,5
022	Klempnerarbeiten	1,0	**1,8**	2,7
	Rohbau	39,2	**40,2**	41,1
023	Putz- und Stuckarbeiten, Wärmedämmsysteme	5,6	**6,7**	7,9
024	Fliesen- und Plattenarbeiten	4,8	**5,2**	5,7
025	Estricharbeiten	1,7	**2,5**	3,2
026	Fenster, Außentüren inkl. 029, 032	8,1	**9,4**	10,7
027	Tischlerarbeiten	3,0	**5,9**	8,9
028	Parkettarbeiten, Holzpflasterarbeiten	0,0	**< 0,1**	0,2
030	Rollladenarbeiten	0,2	**0,9**	1,6
031	Metallbauarbeiten inkl. 035	2,8	**3,0**	3,3
034	Maler- und Lackiererarbeiten inkl. 037	1,5	**1,7**	1,9
036	Bodenbelagarbeiten	0,0	**1,5**	3,1
038	Vorgehängte hinterlüftete Fassaden	0,0	**0,5**	1,0
039	Trockenbauarbeiten	1,0	**2,9**	4,7
	Ausbau	38,3	**40,4**	42,5
040	Wärmeversorgungsanl. - Betriebseinr. inkl. 041	5,1	**5,4**	5,6
042	Gas- und Wasserinstallation, Leitungen inkl. 043	1,6	**1,8**	2,0
044	Abwasseranlagen - Leitungen, Abläufe, Armaturen	1,3	**1,5**	1,7
045	GWE - Einrichtungsgegenstände inkl. 046	1,0	**1,4**	1,7
047	Dämm- und Brandschutzarbeiten an techn. Anlagen	0,4	**0,5**	0,5
049	Feuerlöschanlagen, Feuerlöschgeräte	–	**–**	–
050	Blitzschutz- und Erdungsanlagen	0,1	**0,2**	0,3
052	Mittelspannungsanlagen	–	**–**	–
053	Niederspannungsanlagen inkl. 054	3,3	**3,9**	4,5
055	Sicherheits- und Ersatzstromversorgungsanlagen	–	**–**	–
057	Gebäudesystemtechnik	–	**–**	–
058	Leuchten und Lampen inkl. 059	0,3	**0,3**	0,3
060	Such-, Signal-, elektroakust. Anl., Med. inkl. 064	0,0	**< 0,1**	0,1
061	Kommunikations- und Übertragungsnetze inkl. 062	0,2	**0,3**	0,3
063	Gefahrenmeldeanlagen	0,0	**0,4**	0,9
069	Aufzüge	0,0	**2,7**	5,5
070	Gebäudeautomation	0,0	**0,4**	0,8
075	Raumlufttechnische Anlagen inkl. 078	0,2	**0,3**	0,3
	Gebäudetechnik	17,7	**19,1**	20,4
	Sonstige Leistungsbereiche inkl. 008, 033, 051	0,2	**0,4**	0,5

- ● KKW
- ▶ min
- ▷ von
- | Mittelwert
- ◁ bis
- ◀ max

Planungskennwerte für Flächen und Rauminhalte nach DIN 277

Grundflächen		▷	Fläche/NUF (%)	◁	▷	Fläche/BGF (%)	◁
NUF	Nutzungsfläche	100,0	**100,0**	100,0	62,5	**69,5**	75,3
TF	Technikfläche	4,7	**5,9**	8,8	3,2	**4,0**	6,3
VF	Verkehrsfläche	18,0	**25,1**	41,9	11,4	**15,8**	23,3
NRF	Netto-Raumfläche	123,0	**131,0**	147,3	89,3	**89,3**	89,7
KGF	Konstruktions-Grundfläche	14,5	**15,7**	16,6	10,3	**10,7**	10,7
BGF	Brutto-Grundfläche	136,9	**146,8**	165,2	100,0	**100,0**	100,0

Brutto-Rauminhalte		▷	BRI/NUF (m)	◁	▷	BRI/BGF (m)	◁
BRI	Brutto-Rauminhalt	4,64	**5,03**	5,42	3,23	**3,46**	3,76

Flächen von Nutzeinheiten	▷	NUF/Einheit (m²)	◁	▷	BGF/Einheit (m²)	◁
Nutzeinheit:	–	–	–	–	–	–

Lufttechnisch behandelte Flächen	▷	Fläche/NUF (%)	◁	▷	Fläche/BGF (%)	◁
Entlüftete Fläche	–	–	–	–	–	–
Be- und entlüftete Fläche	12,4	**12,4**	12,4	8,6	**8,6**	8,6
Teilklimatisierte Fläche	–	–	–	–	–	–
Klimatisierte Fläche	100,0	**100,0**	100,0	65,7	**65,7**	65,7

KG	Kostengruppen (2. Ebene)	Einheit	▷	Menge/NUF	◁	▷	Menge/BGF	◁
310	Baugrube / Erdbau	m³ BGI	1,38	**1,38**	1,38	0,98	**0,98**	0,98
320	Gründung, Unterbau	m² GRF	0,33	**0,33**	0,33	0,23	**0,23**	0,23
330	Außenwände / vertikal außen	m² AWF	1,34	**1,34**	1,34	0,96	**0,96**	0,96
340	Innenwände / vertikal innen	m² IWF	0,94	**0,94**	0,94	0,67	**0,67**	0,67
350	Decken / horizontal	m² DEF	1,08	**1,08**	1,08	0,77	**0,77**	0,77
360	Dächer	m² DAF	0,39	**0,39**	0,39	0,28	**0,28**	0,28
370	Infrastrukturanlagen		–	–	–	–	–	–
380	Baukonstruktive Einbauten	m² BGF	1,37	**1,47**	1,65	1,00	**1,00**	1,00
390	Sonst. Maßnahmen für Baukonst.	m² BGF	1,37	**1,47**	1,65	1,00	**1,00**	1,00
300	**Bauwerk – Baukonstruktionen**	**m² BGF**	1,37	**1,47**	1,65	1,00	**1,00**	1,00

Planungskennwerte für Bauzeiten — 6 Vergleichsobjekte

Bauzeit in Wochen

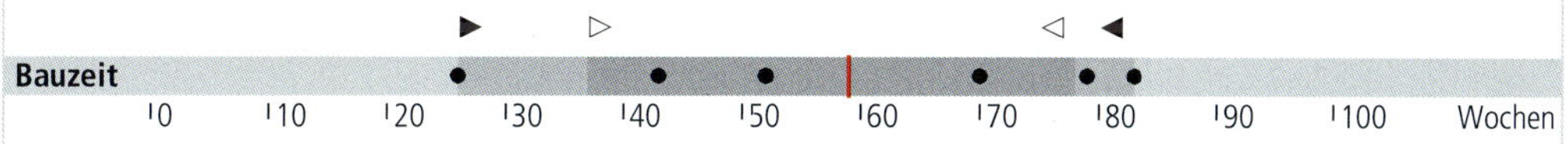

€/m² BGF

min	1.495	€/m²
von	1.750	€/m²
Mittel	**2.425**	**€/m²**
bis	3.175	€/m²
max	3.505	€/m²

Kosten:
Stand 1. Quartal 2025
Bundesdurchschnitt
inkl. 19% MwSt.

Objektübersicht zur Gebäudeart

7200-0089 Ärzte- und Geschäftshaus, TG (22 STP)

BRI 14.461 m³ **BGF** 3.807 m² **NUF** 2.503 m²

Geschäftshaus mit Tiefgarage (22 STP), Laden, Praxisräumen und Büroeinheiten. Massivbau.

Land: Nordrhein-Westfalen
Kreis: Essen, Stadt
Standard: hoch
Bauzeit: 70 Wochen
Kennwerte: bis 1. Ebene DIN 276

BGF **2.019 €/m²**

Planung: Format Architektur; Köln

veröffentlicht: BKI Objektdaten N15

7200-0074 Apotheke

BRI 961 m³ **BGF** 226 m² **NUF** 191 m²

Apotheke mit Verkaufsraum, Beratungsraum, Labor, Büro und Personalraum, Massivbau. Stahlbetonbau.

Land: Sachsen
Kreis: Zwickau
Standard: hoch
Bauzeit: 26 Wochen
Kennwerte: bis 1. Ebene DIN 276

BGF **3.504 €/m²**

Planung: atelier st I Schellenberg & Thaut GbR Freie Architekten BDA; Leipzig

veröffentlicht: BKI Objektdaten N10

7200-0064 Geschäftshaus

BRI 2.565 m³ **BGF** 778 m² **NUF** 565 m²

Geschäftshaus, Laden, Praxisräume, altengerecht und barrierefrei, Nutzungsfläche: 564m². Massivbau mit Stb-Decken und Holzdachstuhl.

Land: Rheinland-Pfalz
Kreis: Alzey-Worms
Standard: mittel
Bauzeit: 43 Wochen
Kennwerte: bis 3. Ebene DIN 276

BGF **1.837 €/m²**

Planung: Freier Architekt Dipl.-Ing. Jürgen Conrad; Worms

veröffentlicht: www.bki.de

7200-0056 Kaufhaus

BRI 55.000 m³ **BGF** 15.580 m² **NUF** 11.202 m²

Kaufhaus für Textil, Bücher, Wohnen, teilweise Fremdfirmen, Lebensmittel im UG; Verwaltung im DG. Stb-Skelettbau.

Land: Thüringen
Kreis: Erfurt, Stadt
Standard: hoch
Bauzeit: 79 Wochen
Kennwerte: bis 1. Ebene DIN 276

BGF **3.134 €/m²**

Planung: KBK Architekten Belz Lutz Guggenberger Architektengesell. mbH; Stuttgart

veröffentlicht: www.bki.de

7200-0034 Büro- und Geschäftshaus (27 WE) — **BRI** 29.340 m^3 **BGF** 9.349 m^2 **NUF** 4.949 m^2

© Uli Cyglatzki

Fahrgassen der Tiefgarage wurden der Verkehrsfläche zugeordnet (1.659 m^2). Stahlbetonbau.

Land: Bayern
Kreis: Traunstein
Standard: hoch
Bauzeit: 83 Wochen
Kennwerte: bis 1. Ebene DIN 276

BGF **2.551 €/m²**

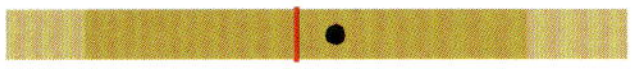

Planung: SSP Architekten Schmidt-Schicketanz und Partner GmbH; München

veröffentlicht: www.bki.de

7200-0022 Geschäftshaus, Apotheke* — **BRI** 2.445 m^3 **BGF** 678 m^2 **NUF** 427 m^2

© Hans Laun Architekt

EG und 1.OG: Apotheke mit hohem Ausbaustandard; 2. und 3.OG: Büroräume; vor der Fassade vorgehängte Stahlfachwerkscheibe, aus Brandschutzgründen (F90) mit zirkulierendem Kühlmittel gefüllt. Stahlbetonbau.

Land: Hessen
Kreis: Offenbach am Main, Stadt
Standard: hoch
Bauzeit: 78 Wochen
Kennwerte: bis 3. Ebene DIN 276

BGF **6.864 €/m²**

*

Planung: k.A.

veröffentlicht: www.bki.de
* Nicht in der Auswertung enthalten

7200-0017 Geschäftshaus mit Büros, Arztpraxen — **BRI** 6.058 m^3 **BGF** 2.208 m^2 **NUF** 1.529 m^2

© Baur Consult Ingenieure

Geschäftshaus mit Büros und Arztpraxen mit durchschnittlicher Grundausstattung; Einrichtung durch Mieter; Anschluss an Parkdeck (Objekt 7800-0013). Mauerwerksbau.

Land: Thüringen
Kreis: Südthüringen
Standard: einfach
Bauzeit: 52 Wochen
Kennwerte: bis 3. Ebene DIN 276

BGF **1.497 €/m²**

Planung: Baur Consult Ingenieure; Hassfurt

veröffentlicht: www.bki.de

Kostenkennwerte für die Kosten des Bauwerks (Kostengruppen 300+400 nach DIN 276)

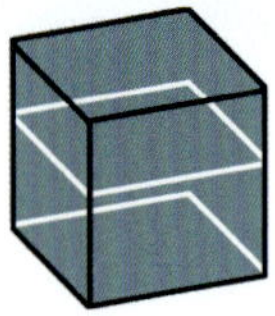

BRI 315 €/m³
von 265 €/m³
bis 395 €/m³

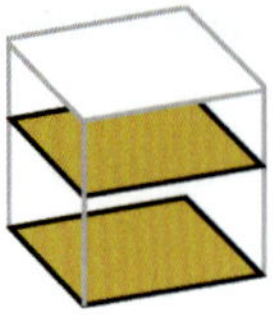

BGF 1.900 €/m²
von 1.500 €/m²
bis 2.460 €/m²

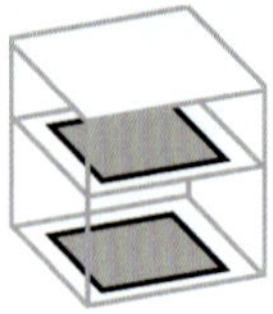

NUF 2.430 €/m²
von 1.840 €/m²
bis 3.250 €/m²

Kosten:
Stand 1. Quartal 2025
Bundesdurchschnitt
inkl. 19% MwSt.

Objektbeispiele

7200-0100

7200-0082

7200-0088

7200-0099

7200-0083

7200-0085

Kosten der 13 Vergleichsobjekte

Seiten 912 bis 915

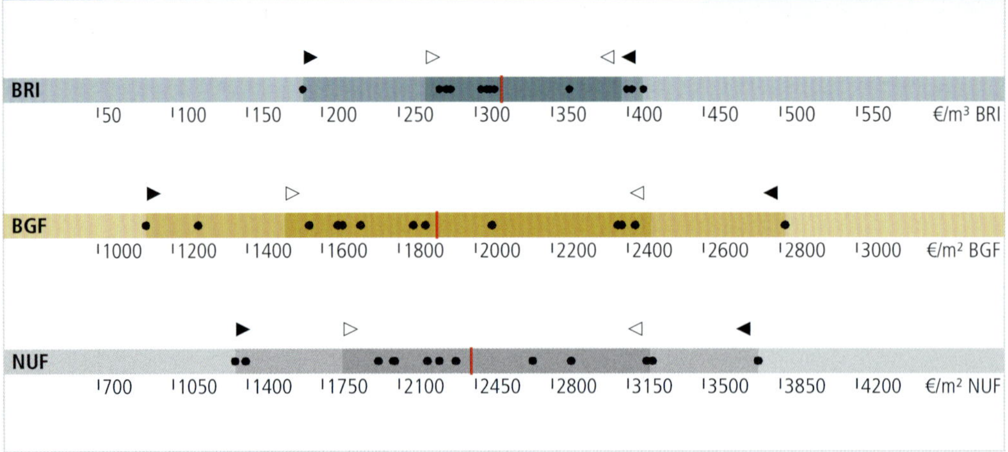

- ● KKW
- ▶ min
- ▷ von
- | Mittelwert
- ◁ bis
- ◀ max

Kostenkennwerte für die Kostengruppen der 1. und 2.Ebene DIN 276

KG	Kostengruppen der 1.Ebene	Einheit	▷	€/Einheit	◁	▷	% an 300+400	◁
100	Grundstück	m^2 GF	–	**–**	–	–	**–**	–
200	Vorbereitende Maßnahmen	m^2 GF	12	**40**	77	2,0	**6,1**	11,4
300	Bauwerk – Baukonstruktionen	m^2 BGF	1.182	**1.447**	1.808	71,8	**77,1**	84,8
400	Bauwerk – Technische Anlagen	m^2 BGF	246	**452**	619	15,2	**22,9**	28,2
	Bauwerk 300+400	m^2 BGF	1.499	**1.899**	2.462	100,0	**100,0**	100,0
500	Außenanlagen und Freiflächen	m^2 AF	96	**169**	249	10,5	**17,7**	30,1
600	Ausstattung und Kunstwerke	m^2 BGF	1	**2**	4	< 0,1	**0,1**	0,2
700	Baunebenkosten*	m^2 BGF	353	**393**	433	18,6	**20,7**	22,9 ◁
800	Finanzierung	m^2 BGF	–	**–**	–	–	**–**	–

* Auf Grundlage der HOAI 2021 berechnete Werte nach §§ 35, 52, 56. Weitere Informationen siehe Seite 56

KG	Kostengruppen der 2.Ebene	Einheit	▷	€/Einheit	◁	▷	% an 1.Ebene	◁
310	Baugrube / Erdbau	m^3 BGI	38	**51**	65	0,3	**1,0**	1,6
320	Gründung, Unterbau	m^2 GRF	283	**329**	375	22,1	**26,1**	30,0
330	Außenwände / vertikal außen	m^2 AWF	525	**681**	836	26,9	**28,2**	29,5
340	Innenwände / vertikal innen	m^2 IWF	333	**373**	412	12,7	**15,1**	17,5
350	Decken / horizontal	m^2 DEF	–	**–**	–	–	**–**	–
360	Dächer	m^2 DAF	277	**290**	304	26,1	**27,2**	28,3
370	Infrastrukturanlagen		–	**–**	–	–	**–**	–
380	Baukonstruktive Einbauten	m^2 BGF	–	**1**	–	0,0	**< 0,1**	0,1
390	Sonst. Maßnahmen für Baukonst.	m^2 BGF	21	**30**	38	1,7	**2,4**	3,1
300	**Bauwerk – Baukonstruktionen**	**m^2 BGF**					**100,0**	
410	Abwasser-, Wasser-, Gasanlagen	m^2 BGF	55	**76**	97	13,9	**14,6**	15,2
420	Wärmeversorgungsanlagen	m^2 BGF	63	**124**	186	16,0	**22,6**	29,3
430	Raumlufttechnische Anlagen	m^2 BGF	76	**91**	106	16,7	**17,9**	19,1
440	Elektrische Anlagen	m^2 BGF	141	**153**	164	25,8	**30,8**	35,7
450	Kommunikationstechnische Anlagen	m^2 BGF	7	**11**	14	1,8	**2,0**	2,3
460	Förderanlagen	m^2 BGF	–	**–**	–	–	**–**	–
470	Nutzungsspez. / verfahrenstech. Anl.	m^2 BGF	54	**61**	68	10,7	**12,1**	13,5
480	Gebäude- und Anlagenautomation	m^2 BGF	–	**–**	–	–	**–**	–
490	Sonst. Maßnahmen f. techn. Anl.	m^2 BGF	–	**–**	–	–	**–**	–
400	**Bauwerk – Technische Anlagen**	**m^2 BGF**					**100,0**	

Prozentanteile der Kosten 2.Ebene an den Kosten des Bauwerks nach DIN 276 (Von/Mittel/Bis)

KG	Kostengruppe	%
310	Baugrube / Erdbau	0,7
320	Gründung, Unterbau	18,3
330	Außenwände / vertikal außen	20,1
340	Innenwände / vertikal innen	10,8
350	Decken / horizontal	
360	Dächer	19,2
370	Infrastrukturanlagen	
380	Baukonstruktive Einbauten	< 0,1
390	Sonst. Maßnahmen für Baukonst.	1,7
410	Abwasser-, Wasser-, Gasanlagen	4,3
420	Wärmeversorgungsanlagen	6,9
430	Raumlufttechnische Anlagen	5,1
440	Elektrische Anlagen	8,7
450	Kommunikationstechnische Anlagen	0,6
460	Förderanlagen	
470	Nutzungsspez. / verfahrenstech. Anl.	3,5
480	Gebäude- und Anlagenautomation	
490	Sonst. Maßnahmen f. techn. Anl.	

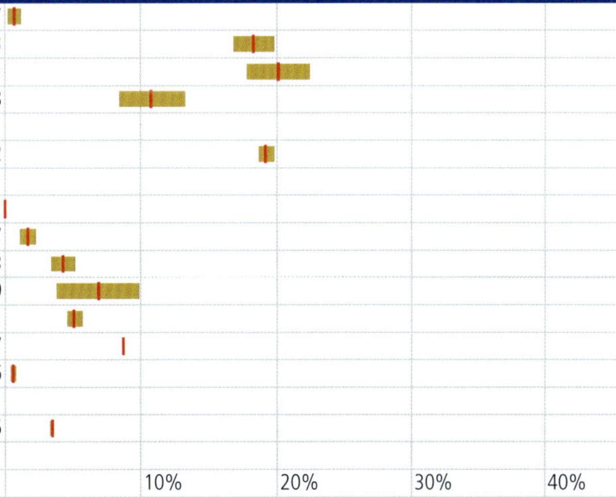

Prozentanteile der Kosten für Leistungsbereiche nach STLB (Kosten Bauwerk nach DIN 276)

Kosten:
Stand 1. Quartal 2025
Bundesdurchschnitt
inkl. 19% MwSt.

LB	Leistungsbereiche	▷	% an 300+400	◁
000	Baustellen-, Verkehrssich.- u. Sicherh.einr. inkl. 001	1,0	**1,6**	2,3
002	Erdarbeiten	1,8	**1,9**	2,1
006	Spezialtiefbauarbeiten inkl. 005	–	**–**	–
009	Entwässerungskanalarbeiten inkl. 011	0,0	**0,4**	0,9
010	Drän- und Versickerarbeiten	–	**–**	–
012	Mauerarbeiten	0,0	**7,9**	15,8
013	Betonarbeiten	9,9	**17,3**	24,6
014	Natur-, Betonwerksteinarbeiten	0,0	**2,6**	5,3
016	Zimmer- und Holzbauarbeiten	5,3	**6,5**	7,8
017	Stahlbauarbeiten	0,4	**0,7**	0,9
018	Abdichtungsarbeiten	0,0	**< 0,1**	0,1
020	Dachdeckungsarbeiten	5,7	**7,1**	8,4
021	Dachabdichtungsarbeiten	0,0	**0,6**	1,2
022	Klempnerarbeiten	1,7	**2,5**	3,2
	Rohbau	45,3	**49,2**	53,1
023	Putz- und Stuckarbeiten, Wärmedämmsysteme	0,0	**1,0**	2,1
024	Fliesen- und Plattenarbeiten	3,6	**5,5**	7,4
025	Estricharbeiten	0,0	**0,2**	0,4
026	Fenster, Außentüren inkl. 029, 032	4,2	**5,2**	6,1
027	Tischlerarbeiten	1,2	**1,2**	1,3
028	Parkettarbeiten, Holzpflasterarbeiten	–	**–**	–
030	Rollladenarbeiten	0,0	**< 0,1**	< 0,1
031	Metallbauarbeiten inkl. 035	2,5	**3,8**	5,0
034	Maler- und Lackiererarbeiten inkl. 037	0,8	**0,9**	1,1
036	Bodenbelagarbeiten	0,0	**0,3**	0,5
038	Vorgehängte hinterlüftete Fassaden	0,0	**1,6**	3,2
039	Trockenbauarbeiten	2,6	**2,8**	2,9
	Ausbau	22,3	**22,5**	22,8
040	Wärmeversorgungsanl. - Betriebseinr. inkl. 041	3,5	**6,1**	8,7
042	Gas- und Wasserinstallation, Leitungen inkl. 043	0,8	**1,2**	1,7
044	Abwasseranlagen - Leitungen, Abläufe, Armaturen	0,7	**1,1**	1,6
045	GWE - Einrichtungsgegenstände inkl. 046	1,1	**1,2**	1,3
047	Dämm- und Brandschutzarbeiten an techn. Anlagen	0,2	**1,2**	2,2
049	Feuerlöschanlagen, Feuerlöschgeräte	–	**–**	–
050	Blitzschutz- und Erdungsanlagen	0,1	**0,3**	0,5
052	Mittelspannungsanlagen	–	**–**	–
053	Niederspannungsanlagen inkl. 054	6,1	**6,8**	7,4
055	Sicherheits- und Ersatzstromversorgungsanlagen	–	**–**	–
057	Gebäudesystemtechnik	–	**–**	–
058	Leuchten und Lampen inkl. 059	0,7	**1,4**	2,0
060	Such-, Signal-, elektroakust. Anl., Med. inkl. 064	0,4	**0,4**	0,4
061	Kommunikations- und Übertragungsnetze inkl. 062	0,0	**< 0,1**	< 0,1
063	Gefahrenmeldeanlagen	0,0	**0,1**	0,3
069	Aufzüge	–	**–**	–
070	Gebäudeautomation	0,0	**0,7**	1,4
075	Raumlufttechnische Anlagen inkl. 078	7,3	**7,6**	7,9
	Gebäudetechnik	24,1	**28,2**	32,4
	Sonstige Leistungsbereiche inkl. 008, 033, 051	0,0	**< 0,1**	< 0,1

- ● KKW
- ► min
- ▷ von
- | Mittelwert
- ◁ bis
- ◄ max

Planungskennwerte für Flächen und Rauminhalte nach DIN 277

Grundflächen		▷	Fläche/NUF (%)	◁	▷	Fläche/BGF (%)	◁
NUF	Nutzungsfläche	100,0	**100,0**	100,0	77,0	**79,1**	83,2
TF	Technikfläche	3,7	**5,2**	7,2	2,8	**4,0**	5,7
VF	Verkehrsfläche	5,9	**8,2**	11,8	4,5	**6,3**	9,1
NRF	Netto-Raumfläche	109,0	**113,4**	118,0	87,1	**89,4**	91,1
KGF	Konstruktions-Grundfläche	11,3	**13,4**	17,1	8,9	**10,6**	12,9
BGF	Brutto-Grundfläche	121,2	**126,9**	129,9	100,0	**100,0**	100,0

Brutto-Rauminhalte		▷	BRI/NUF (m)	◁	▷	BRI/BGF (m)	◁
BRI	Brutto-Rauminhalt	6,51	**7,80**	8,99	5,17	**6,09**	6,99

Flächen von Nutzeinheiten	▷	NUF/Einheit (m²)	◁	▷	BGF/Einheit (m²)	◁
Nutzeinheit:	–	–	–	–	–	–

Lufttechnisch behandelte Flächen	▷	Fläche/NUF (%)	◁	▷	Fläche/BGF (%)	◁
Entlüftete Fläche	–	–	–	–	–	–
Be- und entlüftete Fläche	–	–	–	–	–	–
Teilklimatisierte Fläche	–	–	–	–	–	–
Klimatisierte Fläche	–	–	–	–	–	–

KG	Kostengruppen (2. Ebene)	Einheit	▷	Menge/NUF	◁	▷	Menge/BGF	◁
310	Baugrube / Erdbau	m³ BGI	0,26	**0,26**	0,26	0,20	**0,20**	0,20
320	Gründung, Unterbau	m² GRF	1,24	**1,24**	1,24	0,98	**0,98**	0,98
330	Außenwände / vertikal außen	m² AWF	0,68	**0,68**	0,68	0,54	**0,54**	0,54
340	Innenwände / vertikal innen	m² IWF	0,63	**0,63**	0,63	0,50	**0,50**	0,50
350	Decken / horizontal	m² DEF	–	–	–	–	–	–
360	Dächer	m² DAF	1,47	**1,47**	1,47	1,16	**1,16**	1,16
370	Infrastrukturanlagen		–	–	–	–	–	–
380	Baukonstruktive Einbauten	m² BGF	1,21	**1,27**	1,30	1,00	**1,00**	1,00
390	Sonst. Maßnahmen für Baukonst.	m² BGF	1,21	**1,27**	1,30	1,00	**1,00**	1,00
300	**Bauwerk – Baukonstruktionen**	**m² BGF**	1,21	**1,27**	1,30	1,00	**1,00**	1,00

Planungskennwerte für Bauzeiten — 12 Vergleichsobjekte

Bauzeit in Wochen

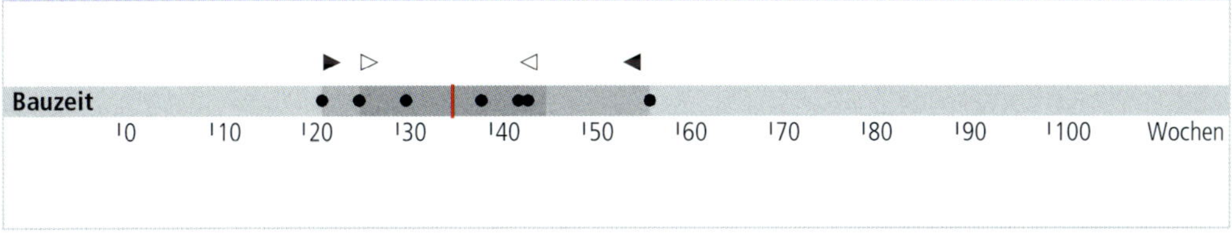

Objektübersicht zur Gebäudeart

€/m² BGF

min	1.130	€/m²
von	1.500	€/m²
Mittel	**1.900**	**€/m²**
bis	2.460	€/m²
max	2.810	€/m²

Kosten:
Stand 1. Quartal 2025
Bundesdurchschnitt
inkl. 19% MwSt.

7200-0100 Verbrauchermarkt (2 GE, 18 AP)

BRI 40.728 m³ **BGF** 5.784 m² **NUF** 4.340 m²

Verbrauchermarkt mit zwei Gewerbeeinheiten im KfW 55 Standard. Mischkonstruktion.

Land: Niedersachsen
Kreis: Oldenburg
Standard: mittel
Bauzeit: 57 Wochen
Kennwerte: bis 1. Ebene DIN 276

BGF 2.812 €/m²

Planung: Angelis & Partner Architekten mbB; Oldenburg

veröffentlicht: BKI Objektdaten N20

7200-0099 Dorfladen mit Café (10 Sitzplätze)

BRI 2.289 m³ **BGF** 388 m² **NUF** 325 m²

Dorfladen und Café mit zehn Sitzplätzen im Innenbereich und Stehtischen im Außenbereich. Mauerwerk.

Land: Hessen
Kreis: Marburg-Biedenkopf
Standard: mittel
Bauzeit: 44 Wochen
Kennwerte: bis 1. Ebene DIN 276

BGF 2.419 €/m²

Planung: integrale planung; Marburg

veröffentlicht: BKI Objektdaten N18

7200-0095 Nahversorgungsmarkt, Bäckerei, (30 AP)

BRI 16.190 m³ **BGF** 2.453 m² **NUF** 1.793 m²

Nahversorgungsmarkt mit Bäckerei (30 AP). Stb-Skelettbau.

Land: Nordrhein-Westfalen
Kreis: Lippe
Standard: mittel
Bauzeit: 26 Wochen
Kennwerte: bis 1. Ebene DIN 276

BGF 2.384 €/m²

Planung: Bits & Beits GmbH Büro für Architektur; Bad Salzuflen

veröffentlicht: BKI Objektdaten E9

7200-0097 Lebensmittelmarkt

BRI 19.204 m³ **BGF** 2.937 m² **NUF** 2.214 m²

Lebensmittelmarkt mit Backshop und Getränkemarkt. Stahlbeton.

Land: Sachsen
Kreis: Sächsische Schweiz
Standard: mittel
Bauzeit: 43 Wochen
Kennwerte: bis 1. Ebene DIN 276

BGF 2.043 €/m²

Planung: Seidel + Architekten; Pirna

veröffentlicht: BKI Objektdaten N18

7200-0088 Baufachmarkt, Ausstellungsgebäude

BRI 23.612 m³ **BGF** 2.819 m² **NUF** 2.202 m²

Baufachmarkt mit Ausstellungsfläche und Lager. Stb-Skelettbau.

Land: Bayern
Kreis: Passau
Standard: hoch
Bauzeit: 39 Wochen
Kennwerte: bis 1. Ebene DIN 276

BGF 1.564 €/m²

veröffentlicht: BKI Objektdaten N15

Planung: Neumeier Architekten PartGmbB; Tittling

7200-0091 Verbrauchermarkt

BRI 52.451 m³ **BGF** 8.528 m² **NUF** 6.504 m²

Verbrauchermarkt mit Kühlräumen, Personal- und Büroräumen. Stb-Skelettbau.

Land: Nordrhein-Westfalen
Kreis: Mettmann
Standard: mittel
Bauzeit: 43 Wochen
Kennwerte: bis 1. Ebene DIN 276

BGF 1.699 €/m²

veröffentlicht: BKI Objektdaten N16

Planung: nhp Neuwald Dulle Architekten - Ingenieure; Seevetal

7200-0085 Nahversorgungszentrum

BRI 38.225 m³ **BGF** 6.438 m² **NUF** 5.179 m²

Nahversorgungszentrum mit Lebensmittelläden, Drogeriemarkt und Fitnessstudio. Massivbau, Brettschichtholzträger.

Land: Niedersachsen
Kreis: Oldenburg, Stadt
Standard: mittel
Bauzeit: 39 Wochen
Kennwerte: bis 1. Ebene DIN 276

BGF 1.837 €/m²

veröffentlicht: BKI Objektdaten N13

Planung: 9 grad architektur; Oldenburg

7200-0076 Verkaufs- und Ausstellungsgebäude*

BRI 3.420 m³ **BGF** 755 m² **NUF** 601 m²

Verkaufs- und Ausstellungsgebäude für Elektrogeräte mit Ausstellungsfläche, Lager, Büro und Personalraum. Stb-Konstruktion.

Land: Nordrhein-Westfalen
Kreis: Rhein-Sieg-Kreis
Standard: mittel
Bauzeit: 22 Wochen
Kennwerte: bis 1. Ebene DIN 276

BGF 748 €/m²

veröffentlicht: BKI Objektdaten N11
* Nicht in der Auswertung enthalten

Planung: Dipl.-Ing. Claudia Schwister-Schulte; Hürth

Objektübersicht zur Gebäudeart

€/m² BGF

min	1.130	€/m²
von	1.500	€/m²
Mittel	**1.900**	**€/m²**
bis	2.460	€/m²
max	2.810	€/m²

Kosten:
Stand 1. Quartal 2025
Bundesdurchschnitt
inkl. 19% MwSt.

7200-0083 Verbrauchermarkt

BRI 7.180 m³ **BGF** 850 m² **NUF** 623 m²

© niko design

Verbrauchermarkt. Stb-Fertigteilkonstruktion, Nagelplattenbinder-Flachdachkonstruktion.

Land: Baden-Württemberg
Kreis: Enzkreis
Standard: mittel
Bauzeit: 26 Wochen
Kennwerte: bis 1. Ebene DIN 276

BGF **2.373 €/m²**

Planung: Architekturbüro Klaus; Karlsruhe

veröffentlicht: BKI Objektdaten N12

7200-0063 Obstverkaufshalle*

BRI 1.259 m³ **BGF** 379 m² **NUF** 307 m²

© Erber Architekten

Obstverkaufshalle mit Lagerräumen, Brennerei und Mitarbeiterwohnungen. Holzrahmenbau.

Land: Bayern
Kreis: Lindau (Bodensee)
Standard: mittel
Bauzeit: 31 Wochen
Kennwerte: bis 3. Ebene DIN 276

BGF **2.212 €/m²**

Planung: Erber Architekten; Lindau

veröffentlicht: www.bki.de
* Nicht in der Auswertung enthalten

7200-0065 Verbrauchermarkt

BRI 7.434 m³ **BGF** 1.223 m² **NUF** 968 m²

Verbrauchermarkt. Stb-Skelettkonstruktion, Stb-Sandwichplatten, Holzdachstuhl.

Land: Bayern
Kreis: Ebersberg
Standard: mittel
Bauzeit: 39 Wochen
Kennwerte: bis 3. Ebene DIN 276

BGF **1.868 €/m²**

Planung: Hans Baumann & Freunde Robert Kolbitsch; Moosach

veröffentlicht: www.bki.de

7200-0082 Fachmarktzentrum

BRI 33.064 m³ **BGF** 8.058 m² **NUF** 6.423 m²

© Jürgen Scharlach Architekt

Fachmarktzentrum mit Fachmärkten, Gastronomie, Fitnesscenter, Büros und Praxen, Stellplätze (140St). Massivbauweise.

Land: Niedersachsen
Kreis: Hannover, Region
Standard: einfach
Bauzeit: 78 Wochen*
Kennwerte: bis 1. Ebene DIN 276

BGF **1.652 €/m²**

Planung: Jürgen Scharlach Dipl.-Ing. Architekt DWB; Isernhagen

veröffentlicht: BKI Objektdaten N12
* Nicht in der Auswertung enthalten

7200-0045 Verbrauchermarkt

BRI 7.637 m³ **BGF** 1.310 m² **NUF** 1.034 m²

© Architekturbüro Wilfried Matzak

Lebensmitteleinzelhandel mit Getränkemarkt, Backshop, Friseursalon. Mauerwerksbau.

Land: Niedersachsen
Kreis: Harburg
Standard: mittel
Bauzeit: 22 Wochen
Kennwerte: bis 3. Ebene DIN 276

BGF **1.640 €/m²**

Planung: Architekturbüro Wilfried Matzak; Winsen/Luhe

veröffentlicht: www.bki.de

7200-0044 Verbrauchermarkt

BRI 6.469 m³ **BGF** 1.550 m² **NUF** 1.412 m²

© Peter Zirkel Architekten

Verbrauchermarkt im Erdgeschoss mit Büro- und Personalräumen, im Untergeschoss (Teilunterkellerung) Autozubehörhandel. Mauerwerksbau.

Land: Bayern
Kreis: Miltenberg
Standard: mittel
Bauzeit: 31 Wochen
Kennwerte: bis 1. Ebene DIN 276

BGF **1.267 €/m²**

Planung: Peter Zirkel Architekten; Dresden

veröffentlicht: www.bki.de

7700-0029 Büromarkt, Poststelle, Fachmarkt

BRI 7.678 m³ **BGF** 1.931 m² **NUF** 1.623 m²

© Architekturbüro Heinz u. Rolf Liebermann

Einkaufsmarkt, Tiefgarage 24 Plätze. Stahlskelettbau.

Land: Bayern
Kreis: Coburg
Standard: mittel
Bauzeit: 26 Wochen
Kennwerte: bis 1. Ebene DIN 276

BGF **1.128 €/m²**

Planung: Architekturbüro Heinz u. Rolf Liebermann; Coburg

veröffentlicht: www.bki.de

Kostenkennwerte für die Kosten des Bauwerks (Kostengruppen 300+400 nach DIN 276)

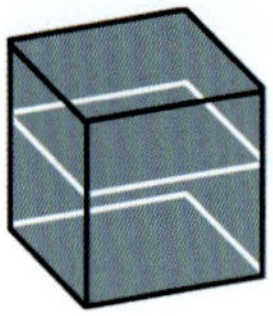

BRI 445 €/m³
von 415 €/m³
bis 545 €/m³

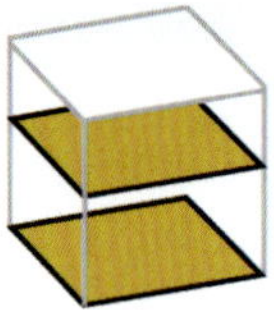

BGF 2.060 €/m²
von 1.810 €/m²
bis 2.210 €/m²

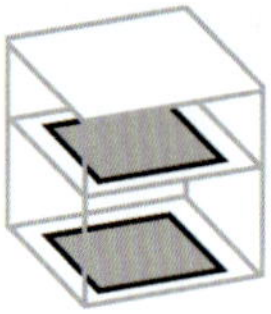

NUF 2.440 €/m²
von 2.060 €/m²
bis 2.710 €/m²

Objektbeispiele

Kosten:
Stand 1. Quartal 2025
Bundesdurchschnitt
inkl. 19% MwSt.

7200-0071

7200-0054

7200-0037

Kosten der 5 Vergleichsobjekte

Seiten 920 bis 921

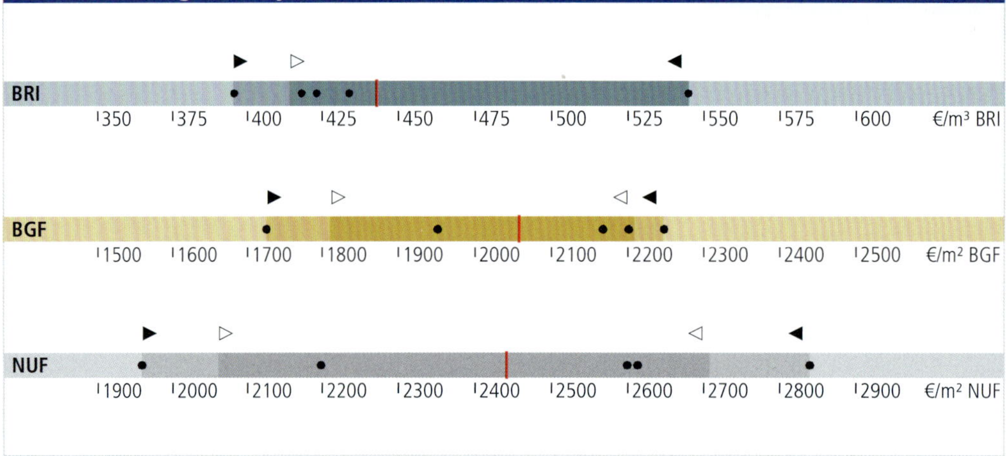

- ● KKW
- ▶ min
- ▷ von
- | Mittelwert
- ◁ bis
- ◀ max

Kostenkennwerte für die Kostengruppen der 1. und 2. Ebene DIN 276

KG	Kostengruppen der 1. Ebene	Einheit	▷	€/Einheit	◁	▷	% an 300+400	◁
100	Grundstück	m²GF	–	**–**	–	–	**–**	–
200	Vorbereitende Maßnahmen	m²GF	15	**37**	59	1,3	**5,4**	9,4
300	Bauwerk – Baukonstruktionen	m²BGF	1.428	**1.714**	1.962	79,3	**82,9**	94,7
400	Bauwerk – Technische Anlagen	m²BGF	119	**344**	411	5,3	**17,1**	20,7
	Bauwerk 300+400	m²BGF	1.811	**2.058**	2.209	100,0	**100,0**	100,0
500	Außenanlagen und Freiflächen	m²AF	39	**201**	527	10,8	**16,6**	24,9
600	Ausstattung und Kunstwerke	m²BGF	3	**89**	132	0,1	**4,8**	7,2
700	Baunebenkosten*	m²BGF	407	**454**	502	19,7	**22,0**	24,3
800	Finanzierung	m²BGF	–	**–**	–	–	**–**	–

◁ * Auf Grundlage der HOAI 2021 berechnete Werte nach §§ 35, 52, 56. Weitere Informationen siehe Seite 56

KG	Kostengruppen der 2. Ebene	Einheit	▷	€/Einheit	◁	▷	% an 1. Ebene	◁
310	Baugrube / Erdbau	m³BGI	26	**60**	116	4,5	**18,8**	46,5
320	Gründung, Unterbau	m²GRF	436	**461**	512	12,1	**21,3**	26,1
330	Außenwände / vertikal außen	m²AWF	226	**542**	740	17,4	**24,7**	28,8
340	Innenwände / vertikal innen	m²IWF	327	**347**	358	6,3	**11,6**	15,2
350	Decken / horizontal	m²DEF	297	**519**	631	2,8	**4,4**	5,2
360	Dächer	m²DAF	287	**332**	359	10,5	**15,8**	18,5
370	Infrastrukturanlagen		–	**–**	–	–	**–**	–
380	Baukonstruktive Einbauten	m²BGF	–	**5**	–	0,0	**< 0,1**	0,3
390	Sonst. Maßnahmen für Baukonst.	m²BGF	43	**57**	83	2,3	**3,3**	5,5
300	**Bauwerk – Baukonstruktionen**	**m²BGF**					**100,0**	
410	Abwasser-, Wasser-, Gasanlagen	m²BGF	29	**52**	91	9,9	**16,1**	20,1
420	Wärmeversorgungsanlagen	m²BGF	40	**90**	119	23,4	**28,7**	32,0
430	Raumlufttechnische Anlagen	m²BGF	2	**3**	6	0,7	**0,9**	1,4
440	Elektrische Anlagen	m²BGF	77	**123**	189	27,0	**40,3**	47,2
450	Kommunikationstechnische Anlagen	m²BGF	27	**29**	31	0,0	**4,5**	6,8
460	Förderanlagen	m²BGF	–	**117**	–	0,0	**8,7**	26,2
470	Nutzungsspez. / verfahrenstech. Anl.	m²BGF	–	**9**	–	0,0	**0,7**	2,2
480	Gebäude- und Anlagenautomation	m²BGF	–	**–**	–	–	**–**	–
490	Sonst. Maßnahmen f. techn. Anl.	m²BGF	–	**–**	–	–	**–**	–
400	**Bauwerk – Technische Anlagen**	**m²BGF**					**100,0**	

Prozentanteile der Kosten 2. Ebene an den Kosten des Bauwerks nach DIN 276 (Von/Mittel/Bis)

KG	Kostengruppe	%
310	Baugrube / Erdbau	17,2
320	Gründung, Unterbau	17,4
330	Außenwände / vertikal außen	20,4
340	Innenwände / vertikal innen	9,5
350	Decken / horizontal	3,8
360	Dächer	13,0
370	Infrastrukturanlagen	
380	Baukonstruktive Einbauten	< 0,1
390	Sonst. Maßnahmen für Baukonst.	2,7
410	Abwasser-, Wasser-, Gasanlagen	2,5
420	Wärmeversorgungsanlagen	4,3
430	Raumlufttechnische Anlagen	0,2
440	Elektrische Anlagen	5,8
450	Kommunikationstechnische Anlagen	1,0
460	Förderanlagen	2,0
470	Nutzungsspez. / verfahrenstech. Anl.	0,1
480	Gebäude- und Anlagenautomation	
490	Sonst. Maßnahmen f. techn. Anl.	

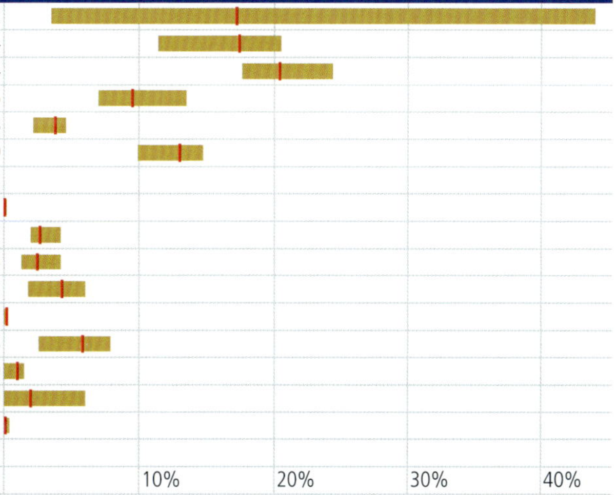

Prozentanteile der Kosten für Leistungsbereiche nach STLB (Kosten Bauwerk nach DIN 276)

LB	Leistungsbereiche	▷	% an 300+400	◁
000	Baustellen-, Verkehrssich.- u. Sicherh.einr. inkl. 001	1,2	**1,5**	2,1
002	Erdarbeiten	3,7	**6,5**	8,9
006	Spezialtiefbauarbeiten inkl. 005	0,0	**11,4**	22,9
009	Entwässerungskanalarbeiten inkl. 011	0,3	**0,6**	1,0
010	Drän- und Versickerarbeiten	< 0,1	**0,2**	0,3
012	Mauerarbeiten	0,9	**2,4**	3,7
013	Betonarbeiten	11,9	**17,5**	20,8
014	Natur-, Betonwerksteinarbeiten	–	**–**	–
016	Zimmer- und Holzbauarbeiten	0,0	**0,3**	0,7
017	Stahlbauarbeiten	3,6	**8,0**	11,0
018	Abdichtungsarbeiten	0,0	**0,1**	0,2
020	Dachdeckungsarbeiten	0,0	**0,9**	1,8
021	Dachabdichtungsarbeiten	1,6	**3,3**	5,2
022	Klempnerarbeiten	1,0	**2,0**	3,2
	Rohbau	46,9	**54,7**	61,2
023	Putz- und Stuckarbeiten, Wärmedämmsysteme	0,6	**0,8**	1,0
024	Fliesen- und Plattenarbeiten	1,8	**3,7**	4,9
025	Estricharbeiten	0,0	**1,0**	2,1
026	Fenster, Außentüren inkl. 029, 032	3,0	**5,2**	8,1
027	Tischlerarbeiten	0,1	**1,0**	1,8
028	Parkettarbeiten, Holzpflasterarbeiten	–	**–**	–
030	Rollladenarbeiten	< 0,1	**0,6**	1,0
031	Metallbauarbeiten inkl. 035	8,3	**12,9**	15,8
034	Maler- und Lackiererarbeiten inkl. 037	1,4	**1,9**	2,7
036	Bodenbelagarbeiten	0,3	**0,7**	1,0
038	Vorgehängte hinterlüftete Fassaden	0,0	**0,7**	1,4
039	Trockenbauarbeiten	1,6	**2,1**	2,9
	Ausbau	27,6	**30,6**	33,3
040	Wärmeversorgungsanl. - Betriebseinr. inkl. 041	1,8	**2,8**	3,5
042	Gas- und Wasserinstallation, Leitungen inkl. 043	0,5	**0,8**	1,3
044	Abwasseranlagen - Leitungen, Abläufe, Armaturen	0,5	**0,9**	1,5
045	GWE - Einrichtungsgegenstände inkl. 046	0,2	**0,3**	0,6
047	Dämm- und Brandschutzarbeiten an techn. Anlagen	< 0,1	**0,2**	0,3
049	Feuerlöschanlagen, Feuerlöschgeräte	–	**–**	–
050	Blitzschutz- und Erdungsanlagen	< 0,1	**< 0,1**	< 0,1
052	Mittelspannungsanlagen	–	**–**	–
053	Niederspannungsanlagen inkl. 054	3,2	**5,0**	6,8
055	Sicherheits- und Ersatzstromversorgungsanlagen	–	**–**	–
057	Gebäudesystemtechnik	–	**–**	–
058	Leuchten und Lampen inkl. 059	1,3	**2,5**	3,4
060	Such-, Signal-, elektroakust. Anl., Med. inkl. 064	–	**–**	–
061	Kommunikations- und Übertragungsnetze inkl. 062	0,0	**0,4**	0,8
063	Gefahrenmeldeanlagen	–	**–**	–
069	Aufzüge	–	**–**	–
070	Gebäudeautomation	–	**–**	–
075	Raumlufttechnische Anlagen inkl. 078	< 0,1	**0,1**	0,2
	Gebäudetechnik	9,0	**13,1**	17,3
	Sonstige Leistungsbereiche inkl. 008, 033, 051	0,1	**1,6**	2,8

Kosten:
Stand 1. Quartal 2025
Bundesdurchschnitt
inkl. 19% MwSt.

- ● KKW
- ▶ min
- ▷ von
- | Mittelwert
- ◁ bis
- ◀ max

Planungskennwerte für Flächen und Rauminhalte nach DIN 277

Grundflächen		▷	Fläche/NUF (%)	◁	▷	Fläche/BGF (%)	◁
NUF	Nutzungsfläche	100,0	**100,0**	100,0	82,0	**84,7**	85,7
TF	Technikfläche	1,3	**1,7**	1,9	1,1	**1,5**	1,7
VF	Verkehrsfläche	4,7	**5,5**	5,7	4,6	**4,6**	5,2
NRF	Netto-Raumfläche	106,5	**106,9**	107,7	87,3	**90,5**	92,3
KGF	Konstruktions-Grundfläche	9,1	**11,4**	16,3	7,7	**9,5**	12,7
BGF	Brutto-Grundfläche	117,0	**118,3**	122,5	100,0	**100,0**	100,0

Brutto-Rauminhalte		▷	BRI/NUF (m)	◁	▷	BRI/BGF (m)	◁
BRI	Brutto-Rauminhalt	5,35	**5,57**	6,15	4,46	**4,68**	4,97

Flächen von Nutzeinheiten	▷	NUF/Einheit (m²)	◁	▷	BGF/Einheit (m²)	◁
Nutzeinheit:	–	**–**	–	–	**–**	–

Lufttechnisch behandelte Flächen	▷	Fläche/NUF (%)	◁	▷	Fläche/BGF (%)	◁
Entlüftete Fläche	1,0	**1,0**	1,0	0,9	**0,9**	0,9
Be- und entlüftete Fläche	–	**–**	–	–	**–**	–
Teilklimatisierte Fläche	–	**–**	–	–	**–**	–
Klimatisierte Fläche	–	**–**	–	–	**–**	–

KG	Kostengruppen (2. Ebene)	Einheit	▷	Menge/NUF	◁	▷	Menge/BGF	◁
310	Baugrube / Erdbau	m³ BGI	4,41	**4,88**	4,88	3,75	**4,22**	4,22
320	Gründung, Unterbau	m² GRF	0,92	**0,92**	0,93	0,79	**0,79**	0,83
330	Außenwände / vertikal außen	m² AWF	1,15	**1,15**	1,15	0,97	**0,99**	0,99
340	Innenwände / vertikal innen	m² IWF	0,62	**0,67**	0,67	0,53	**0,57**	0,57
350	Decken / horizontal	m² DEF	0,17	**0,22**	0,22	0,15	**0,19**	0,19
360	Dächer	m² DAF	0,97	**0,97**	0,98	0,83	**0,83**	0,85
370	Infrastrukturanlagen		–	**–**	–	–	**–**	–
380	Baukonstruktive Einbauten	m² BGF	1,17	**1,18**	1,23	1,00	**1,00**	1,00
390	Sonst. Maßnahmen für Baukonst.	m² BGF	1,17	**1,18**	1,23	1,00	**1,00**	1,00
300	**Bauwerk – Baukonstruktionen**	**m² BGF**	1,17	**1,18**	1,23	1,00	**1,00**	1,00

Planungskennwerte für Bauzeiten — 5 Vergleichsobjekte

Bauzeit in Wochen

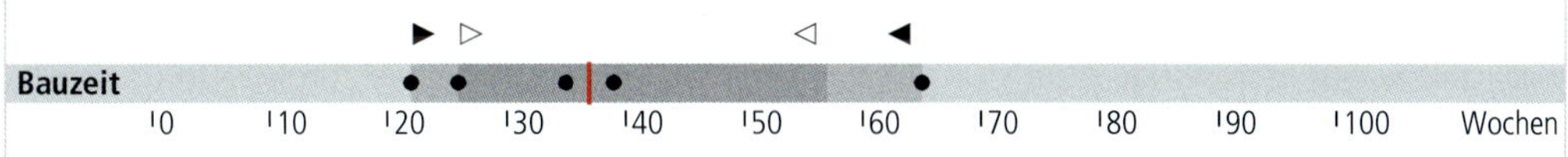

€/m² BGF

min	1.725	€/m²
von	1.810	€/m²
Mittel	**2.060**	**€/m²**
bis	2.210	€/m²
max	2.245	€/m²

Kosten:
Stand 1. Quartal 2025
Bundesdurchschnitt
inkl. 19% MwSt.

Objektübersicht zur Gebäudeart

7200-0071 Autohaus mit Werkstatt

BRI 7.524 m³ **BGF** 1.507 m² **NUF** 1.249 m²

Autohaus mit Werkstatt, Büroräume. Stb-Skelettkonstruktion.

Land: Bayern
Kreis: Altötting
Standard: mittel
Bauzeit: 35 Wochen
Kennwerte: bis 3. Ebene DIN 276

BGF 2.167 €/m²

Planung: Architektur Seidel; Mühldorf/Inn

veröffentlicht: BKI Objektdaten N11

7200-0075 Autohaus*

BRI 4.571 m³ **BGF** 699 m² **NUF** 646 m²

Autohaus mit Verkaufsraum und Galerie mit Kundenwartezone. Stahlkonstruktion.

Land: Saarland
Kreis: Neunkirchen
Standard: mittel
Bauzeit: 43 Wochen
Kennwerte: bis 1. Ebene DIN 276

BGF 3.096 €/m² *

Planung: Prof. Rollmann + Partner Architekten PartGmbB; Homburg

veröffentlicht: BKI Objektdaten N10
* Nicht in der Auswertung enthalten

7200-0054 Autozubehörvertrieb

BRI 1.842 m³ **BGF** 447 m² **NUF** 386 m²

Autozubehörhandel mit Werkstatt und Ausstellungsräumen. Stahlkonstruktion.

Land: Bayern
Kreis: Bad Kissingen
Standard: einfach
Bauzeit: 26 Wochen
Kennwerte: bis 3. Ebene DIN 276

BGF 2.247 €/m²

Planung: RICHTER I ARCHITEKTUR; Bad Brückenau

veröffentlicht: www.bki.de

7200-0042 Autohaus, Werkstatt, Büros

BRI 8.212 m³ **BGF** 1.475 m² **NUF** 1.144 m²

Ausstellungsräume, Büroräume für sechs Mitarbeitende. Stahlkonstruktion.

Land: Bayern
Kreis: Eichstätt
Standard: hoch
Bauzeit: 65 Wochen
Kennwerte: bis 1. Ebene DIN 276

BGF 2.201 €/m²

Planung: Architektur + Projektmanagement Bachschuster; Ingolstadt

veröffentlicht: www.bki.de

7200-0027 Autohaus

BRI 13.072 m³ **BGF** 3.168 m² **NUF** 2.789 m²

© Klaus Seidel & Paul Brandstetter Architekten

Zusammenlegung zweier komplett abgetrennter Autohäuser unter einem Dach. Mauerwerksbau.

Land: Bayern
Kreis: Mühldorf a.Inn
Standard: mittel
Bauzeit: 39 Wochen
Kennwerte: bis 1. Ebene DIN 276

BGF **1.725 €/m²**

Planung: Klaus Seidel & Paul Brandstetter Architekten Seidel & Partner; Mühldorf/Inn

veröffentlicht: www.bki.de

7200-0037 Autohaus, Werkstatt

BRI 4.350 m³ **BGF** 943 m² **NUF** 837 m²

© Scholz & Partner GmbH Architekten und Ingenieure

Autohaus mit Büro-, Ausstellungs-, Werkstatt und Sozialräumen, nicht unterkellert. Mauerwerksbau.

Land: Thüringen
Kreis: Erfurt, Stadt
Standard: mittel
Bauzeit: 22 Wochen
Kennwerte: bis 2. Ebene DIN 276

BGF **1.951 €/m²**

Planung: Scholz & Partner GmbH Architekten und Ingenieure; Würzburg

veröffentlicht: www.bki.de

Kostenkennwerte für die Kosten des Bauwerks (Kostengruppen 300+400 nach DIN 276)

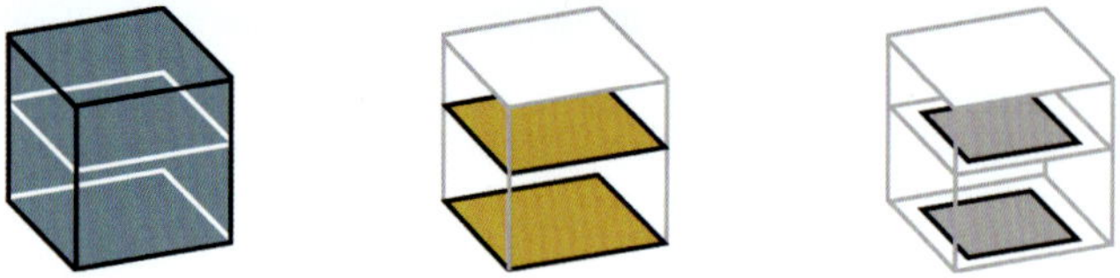

BRI 215 €/m³
von 135 €/m³
bis 355 €/m³

BGF 1.315 €/m²
von 775 €/m²
bis 1.840 €/m²

NUF 1.550 €/m²
von 845 €/m²
bis 2.200 €/m²

Kosten:
Stand 1. Quartal 2025
Bundesdurchschnitt
inkl. 19% MwSt.

Objektbeispiele

7700-0097

7700-0094

7700-0095

Kosten der 19 Vergleichsobjekte

Seiten 926 bis 931

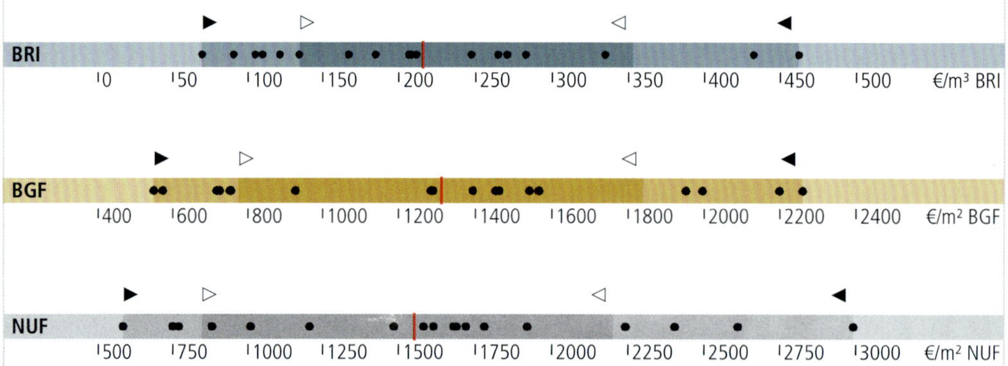

- ● KKW
- ▶ min
- ▷ von
- | Mittelwert
- ◁ bis
- ◀ max

Kostenkennwerte für die Kostengruppen der 1. und 2.Ebene DIN 276

KG	Kostengruppen der 1.Ebene	Einheit	▷	€/Einheit	◁	▷	% an 300+400	◁
100	Grundstück	m^2 GF	–	**–**	–	–	**–**	–
200	Vorbereitende Maßnahmen	m^2 GF	4	**13**	29	1,3	**3,4**	9,3
300	Bauwerk – Baukonstruktionen	m^2 BGF	629	**1.123**	1.499	69,8	**86,6**	96,0
400	Bauwerk – Technische Anlagen	m^2 BGF	74	**200**	601	4,6	**14,1**	30,4
	Bauwerk 300+400	m^2 BGF	774	**1.313**	1.840	100,0	**100,0**	100,0
500	Außenanlagen und Freiflächen	m^2 AF	56	**171**	571	8,5	**17,7**	60,7
600	Ausstattung und Kunstwerke	m^2 BGF	2	**129**	382	0,1	**5,9**	17,4
700	Baunebenkosten*	m^2 BGF	231	**255**	278	17,7	**19,5**	21,3 ◁
800	Finanzierung	m^2 BGF	–	**–**	–	–	**–**	–

* Auf Grundlage der HOAI 2021 berechnete Werte nach §§ 35, 52, 56. Weitere Informationen siehe Seite 56

KG	Kostengruppen der 2.Ebene	Einheit	▷	€/Einheit	◁	▷	% an 1.Ebene	◁
310	Baugrube / Erdbau	m^3 BGI	21	**48**	81	0,8	**3,6**	8,8
320	Gründung, Unterbau	m^2 GRF	185	**296**	474	19,9	**24,0**	28,8
330	Außenwände / vertikal außen	m^2 AWF	264	**432**	630	28,7	**35,0**	41,0
340	Innenwände / vertikal innen	m^2 IWF	206	**361**	521	1,0	**6,3**	9,8
350	Decken / horizontal	m^2 DEF	214	**314**	441	0,2	**2,4**	6,7
360	Dächer	m^2 DAF	145	**247**	347	15,5	**23,6**	31,0
370	Infrastrukturanlagen		–	**–**	–	–	**–**	–
380	Baukonstruktive Einbauten	m^2 BGF	2	**2**	3	0,0	**< 0,1**	0,3
390	Sonst. Maßnahmen für Baukonst.	m^2 BGF	37	**66**	155	3,7	**5,2**	8,2
300	**Bauwerk – Baukonstruktionen**	**m^2 BGF**					**100,0**	
410	Abwasser-, Wasser-, Gasanlagen	m^2 BGF	10	**19**	33	9,3	**24,8**	70,0
420	Wärmeversorgungsanlagen	m^2 BGF	41	**70**	166	4,4	**20,0**	42,6
430	Raumlufttechnische Anlagen	m^2 BGF	2	**62**	181	< 0,1	**2,8**	14,2
440	Elektrische Anlagen	m^2 BGF	28	**65**	145	27,2	**42,6**	72,1
450	Kommunikationstechnische Anlagen	m^2 BGF	11	**27**	85	0,7	**5,9**	11,6
460	Förderanlagen	m^2 BGF	–	**7**	–	0,0	**< 0,1**	0,8
470	Nutzungsspez. / verfahrenstech. Anl.	m^2 BGF	< 1	**104**	208	< 0,1	**2,8**	21,7
480	Gebäude- und Anlagenautomation	m^2 BGF	–	**66**	–	0,0	**0,9**	6,9
490	Sonst. Maßnahmen f. techn. Anl.	m^2 BGF	–	**3**	–	0,0	**< 0,1**	0,3
400	**Bauwerk – Technische Anlagen**	**m^2 BGF**					**100,0**	

Prozentanteile der Kosten 2.Ebene an den Kosten des Bauwerks nach DIN 276 (Von/Mittel/Bis)

KG	Kostengruppe	%
310	Baugrube / Erdbau	3,2
320	Gründung, Unterbau	21,1
330	Außenwände / vertikal außen	30,8
340	Innenwände / vertikal innen	5,2
350	Decken / horizontal	2,0
360	Dächer	20,1
370	Infrastrukturanlagen	
380	Baukonstruktive Einbauten	< 0,1
390	Sonst. Maßnahmen für Baukonst.	4,6
410	Abwasser-, Wasser-, Gasanlagen	1,6
420	Wärmeversorgungsanlagen	3,1
430	Raumlufttechnische Anlagen	1,1
440	Elektrische Anlagen	4,5
450	Kommunikationstechnische Anlagen	0,9
460	Förderanlagen	< 0,1
470	Nutzungsspez. / verfahrenstech. Anl.	1,2
480	Gebäude- und Anlagenautomation	0,4
490	Sonst. Maßnahmen f. techn. Anl.	< 0,1

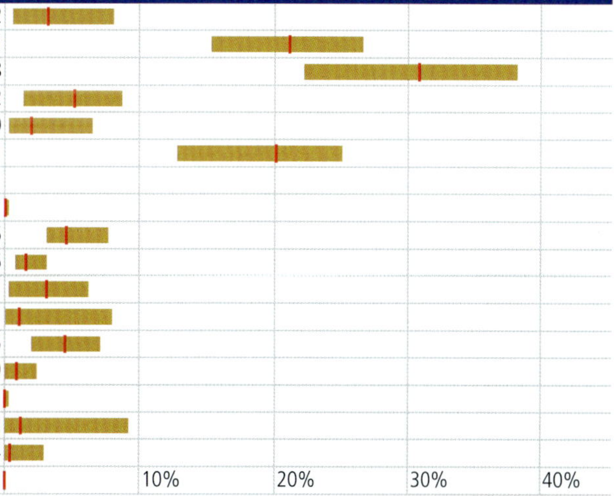

 Kostenstand: 1. Quartal 2025, Bundesdurchschnitt, **inkl. 19% MwSt.**

Kosten:
Stand 1. Quartal 2025
Bundesdurchschnitt
inkl. 19% MwSt.

Prozentanteile der Kosten für Leistungsbereiche nach STLB (Kosten Bauwerk nach DIN 276)

LB	Leistungsbereiche	▷	% an 300+400	◁
000	Baustellen-, Verkehrssich.- u. Sicherh.einr. inkl. 001	2,8	**4,2**	5,7
002	Erdarbeiten	1,8	**6,2**	14,0
006	Spezialtiefbauarbeiten inkl. 005	0,0	**1,0**	6,7
009	Entwässerungskanalarbeiten inkl. 011	0,1	**0,3**	0,7
010	Drän- und Versickerarbeiten	0,0	**< 0,1**	0,2
012	Mauerarbeiten	0,5	**4,2**	10,0
013	Betonarbeiten	16,2	**22,9**	55,4
014	Natur-, Betonwerksteinarbeiten	–	**–**	–
016	Zimmer- und Holzbauarbeiten	2,2	**12,9**	38,1
017	Stahlbauarbeiten	0,6	**5,8**	17,6
018	Abdichtungsarbeiten	< 0,1	**0,8**	2,7
020	Dachdeckungsarbeiten	0,8	**4,4**	12,5
021	Dachabdichtungsarbeiten	0,0	**1,9**	7,2
022	Klempnerarbeiten	1,6	**4,6**	9,4
	Rohbau	50,6	**69,4**	82,7
023	Putz- und Stuckarbeiten, Wärmedämmsysteme	< 0,1	**0,8**	2,0
024	Fliesen- und Plattenarbeiten	0,0	**0,1**	0,4
025	Estricharbeiten	< 0,1	**0,9**	3,1
026	Fenster, Außentüren inkl. 029, 032	0,4	**2,1**	4,9
027	Tischlerarbeiten	< 0,1	**0,3**	1,7
028	Parkettarbeiten, Holzpflasterarbeiten	–	**–**	–
030	Rollladenarbeiten	0,0	**0,3**	1,1
031	Metallbauarbeiten inkl. 035	2,2	**5,4**	12,4
034	Maler- und Lackiererarbeiten inkl. 037	0,4	**1,3**	2,5
036	Bodenbelagarbeiten	< 0,1	**0,3**	1,8
038	Vorgehängte hinterlüftete Fassaden	0,7	**5,2**	10,9
039	Trockenbauarbeiten	< 0,1	**1,2**	4,5
	Ausbau	7,2	**18,0**	28,0
040	Wärmeversorgungsanl. - Betriebseinr. inkl. 041	0,3	**2,6**	5,7
042	Gas- und Wasserinstallation, Leitungen inkl. 043	< 0,1	**0,5**	1,2
044	Abwasseranlagen - Leitungen, Abläufe, Armaturen	< 0,1	**0,5**	1,1
045	GWE - Einrichtungsgegenstände inkl. 046	< 0,1	**0,2**	0,5
047	Dämm- und Brandschutzarbeiten an techn. Anlagen	< 0,1	**0,4**	1,5
049	Feuerlöschanlagen, Feuerlöschgeräte	< 0,1	**0,1**	0,9
050	Blitzschutz- und Erdungsanlagen	0,2	**0,5**	1,8
052	Mittelspannungsanlagen	–	**–**	–
053	Niederspannungsanlagen inkl. 054	1,2	**2,8**	4,9
055	Sicherheits- und Ersatzstromversorgungsanlagen	–	**–**	–
057	Gebäudesystemtechnik	–	**–**	–
058	Leuchten und Lampen inkl. 059	0,3	**0,9**	2,2
060	Such-, Signal-, elektroakust. Anl., Med. inkl. 064	0,0	**< 0,1**	0,2
061	Kommunikations- und Übertragungsnetze inkl. 062	< 0,1	**0,1**	0,4
063	Gefahrenmeldeanlagen	0,0	**0,7**	2,1
069	Aufzüge	–	**–**	–
070	Gebäudeautomation	0,0	**0,3**	2,2
075	Raumlufttechnische Anlagen inkl. 078	< 0,1	**2,3**	15,2
	Gebäudetechnik	4,9	**12,0**	32,6
	Sonstige Leistungsbereiche inkl. 008, 033, 051	< 0,1	**0,6**	4,1

- ● KKW
- ▶ min
- ▷ von
- | Mittelwert
- ◁ bis
- ◀ max

Planungskennwerte für Flächen und Rauminhalte nach DIN 277

Grundflächen		▷	Fläche/NUF (%)	◁	▷	Fläche/BGF (%)	◁
NUF	Nutzungsfläche	100,0	**100,0**	100,0	79,2	**86,3**	89,5
TF	Technikfläche	2,7	**3,4**	7,7	2,2	**2,8**	6,0
VF	Verkehrsfläche	6,3	**8,9**	28,8	5,0	**6,3**	17,5
NRF	Netto-Raumfläche	105,6	**107,3**	123,9	88,9	**91,7**	93,6
KGF	Konstruktions-Grundfläche	7,1	**9,9**	11,9	6,4	**8,3**	11,1
BGF	Brutto-Grundfläche	112,7	**117,3**	129,9	100,0	**100,0**	100,0

Brutto-Rauminhalte		▷	BRI/NUF (m)	◁	▷	BRI/BGF (m)	◁
BRI	Brutto-Rauminhalt	6,74	**7,73**	10,87	5,57	**6,50**	8,06

Flächen von Nutzeinheiten	▷	NUF/Einheit (m²)	◁	▷	BGF/Einheit (m²)	◁
Nutzeinheit:	–	–	–	–	–	–

Lufttechnisch behandelte Flächen	▷	Fläche/NUF (%)	◁	▷	Fläche/BGF (%)	◁
Entlüftete Fläche	56,8	**56,8**	56,8	53,4	**53,4**	53,4
Be- und entlüftete Fläche	29,1	**29,1**	29,1	27,4	**27,4**	27,4
Teilklimatisierte Fläche	29,1	**29,1**	29,1	27,4	**27,4**	27,4
Klimatisierte Fläche	–	–	–	–	–	–

KG	Kostengruppen (2. Ebene)	Einheit	▷	Menge/NUF	◁	▷	Menge/BGF	◁
310	Baugrube / Erdbau	m³ BGI	1,03	**1,30**	2,07	0,95	**1,19**	1,97
320	Gründung, Unterbau	m² GRF	1,05	**1,07**	1,14	0,94	**0,96**	1,00
330	Außenwände / vertikal außen	m² AWF	1,00	**1,11**	1,18	0,89	**0,99**	1,15
340	Innenwände / vertikal innen	m² IWF	0,25	**0,33**	0,42	0,22	**0,29**	0,38
350	Decken / horizontal	m² DEF	0,08	**0,12**	0,17	0,08	**0,11**	0,16
360	Dächer	m² DAF	1,12	**1,20**	1,37	1,01	**1,08**	1,20
370	Infrastrukturanlagen		–	–	–	–	–	–
380	Baukonstruktive Einbauten	m² BGF	1,13	**1,17**	1,30	1,00	**1,00**	1,00
390	Sonst. Maßnahmen für Baukonst.	m² BGF	1,13	**1,17**	1,30	1,00	**1,00**	1,00
300	**Bauwerk – Baukonstruktionen**	**m² BGF**	1,13	**1,17**	1,30	1,00	**1,00**	1,00

Planungskennwerte für Bauzeiten 19 Vergleichsobjekte

Bauzeit in Wochen

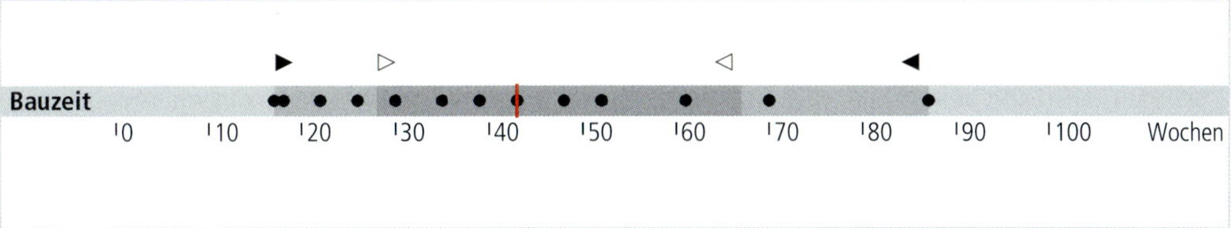

€/m² BGF

min	550	€/m²
von	775	€/m²
Mittel	**1.315**	**€/m²**
bis	1.840	€/m²
max	2.260	€/m²

Kosten:
Stand 1. Quartal 2025
Bundesdurchschnitt
inkl. 19% MwSt.

Objektübersicht zur Gebäudeart

7700-0095 Schüttgutlager

BRI 9.950 m³ | **BGF** 1.602 m² | **NUF** 1.370 m²

Überdachtes Schüttgutlager im Außenbereich. Mauerwerk.

Land: Sachsen-Anhalt
Kreis: Stendal
Standard: einfach
Bauzeit: 61 Wochen
Kennwerte: bis 1. Ebene DIN 276

BGF **751 €/m²**

Planung: Hallmann Architekten; Havelberg

vorgesehen: BKI Objektdaten N21

7700-0094 Lagerhalle, überdachte Ladezone

BRI 52.881 m³ | **BGF** 4.839 m² | **NUF** 3.026 m²

Baustofflagerhalle mit überdachter Ladezone. Stb-Skelettbau.

Land: Schleswig-Holstein
Kreis: Lübeck, Stadt
Standard: mittel
Bauzeit: 35 Wochen
Kennwerte: bis 1. Ebene DIN 276

BGF **753 €/m²**

Planung: Kay Urban Architektur & Bauleitung; Lübeck

veröffentlicht: BKI Objektdaten N20

7700-0092 Gerätehalle, temporär (2 STP)*

BRI 333 m³ | **BGF** 84 m² | **NUF** 81 m²

Temporäre, demontierbare Gärtnergerätehalle für zwei Traktoren und Anbaugerät, Gartengerät, Werkzeug Materiallager. Holzbau.

Land: Hessen
Kreis: Darmstadt, Stadt
Standard: hoch
Bauzeit: 35 Wochen*
Kennwerte: bis 1. Ebene DIN 276

BGF **3.461 €/m²**

*

Planung: Renn Architektur DA; Darmstadt

veröffentlicht: BKI Objektdaten N20
* Nicht in der Auswertung enthalten

7700-0097 Lagerhalle, Werkstattgebäude (16 AP)

BRI 11.280 m³ | **BGF** 1.433 m² | **NUF** 1.232 m²

Lagerhalle als Stahlhalle mit massivem Werkstattgebäude. Massivbau.

Land: Nordrhein-Westfalen
Kreis: Soest
Standard: mittel
Bauzeit: 39 Wochen
Kennwerte: bis 1. Ebene DIN 276

BGF **1.453 €/m²**

Planung: Acconci Architekten GmbH; Soest

vorgesehen: BKI Objektdaten N21

7700-0090 Streugutlagerhalle

BRI 13.435 m³ **BGF** 1.456 m² **NUF** 1.267 m²

Streugutlagerhalle. Holzbau.

Land: Sachsen
Kreis: Leipzig, Stadt
Standard: mittel
Bauzeit: 70 Wochen
Kennwerte: bis 3. Ebene DIN 276

BGF 1.951 €/m²

Planung: Eßmann | Gärtner | Nieper Architekten GbR; Leipzig

veröffentlicht: BKI Objektdaten N19

7700-0081 Lagerhalle

BRI 2.524 m³ **BGF** 457 m² **NUF** 414 m²

Lagerhalle für zweistöckige Palettenregale. Stb-Skelettbau.

Land: Bayern
Kreis: Passau
Standard: hoch
Bauzeit: 17 Wochen
Kennwerte: bis 1. Ebene DIN 276

BGF 1.462 €/m²

Planung: Andreas Köck Architekt & Stadtplaner; Grafenau

veröffentlicht: BKI Objektdaten N16

7700-0086 Zentraldepot für Kunstgut

BRI 29.525 m³ **BGF** 5.803 m² **NUF** 4.266 m²

Zentrales Kunstgutdepot. Stb-Skelettbau.

Land: Brandenburg
Kreis: Potsdam, Stadt
Standard: mittel
Bauzeit: 87 Wochen
Kennwerte: bis 1. Ebene DIN 276

BGF 2.199 €/m²

Planung: Staab Architekten GmbH; Berlin

veröffentlicht: BKI Objektdaten E9

7700-0083 Lagerhalle

BRI 3.660 m³ **BGF** 587 m² **NUF** 526 m²

Lagerhalle für einen Künstler. Stb-Skelettkonstruktion mit KS-Ausfachung.

Land: Brandenburg
Kreis: Teltow-Fläming
Standard: mittel
Bauzeit: 70 Wochen
Kennwerte: bis 1. Ebene DIN 276

BGF 1.541 €/m²

Planung: WÜRSCHINGER Architekten GmbH; Berlin

veröffentlicht: BKI Objektdaten N16

€/m² BGF

min	550	€/m²
von	775	€/m²
Mittel	**1.315**	**€/m²**
bis	1.840	€/m²
max	2.260	€/m²

Kosten:
Stand 1. Quartal 2025
Bundesdurchschnitt
inkl. 19% MwSt.

Objektübersicht zur Gebäudeart

7700-0079 Lagergebäude

BRI 9.946 m³ **BGF** 1.488 m² **NUF** 1.397 m²

Lagergebäude für Weinkellerei mit Lagerräumen für Holzgärständer und Barriquelager. Stahlbeton.

Land: Baden-Württemberg
Kreis: Ludwigsburg
Standard: mittel
Bauzeit: 22 Wochen
Kennwerte: bis 3. Ebene DIN 276

BGF **1.393 €/m²**

Planung: Helmut Mögel Freier Architekt BDA; Stuttgart

veröffentlicht: BKI Objektdaten N16

7700-0075 Aktiv- und Erholungspark, Abstellhaus

BRI 827 m³ **BGF** 182 m² **NUF** 139 m²

Abstellhaus in Aktiv- und Erholungspark für Familienhotelanlage zur Erweiterung der Outdoor-Angebote. Mauerwerksbau.

Land: Mecklenburg-Vorpommern
Kreis: Vorpommern-Greifswald
Standard: hoch
Bauzeit: 52 Wochen
Kennwerte: bis 3. Ebene DIN 276

BGF **1.284 €/m²**

Planung: Achim Dreischmeier Architekt BDA und Stadtplaner; Ostseebad Koserow

veröffentlicht: BKI Objektdaten F7

7700-0073 Lagerhalle

BRI 1.552 m³ **BGF** 268 m² **NUF** 236 m²

Lagerhalle als Teil eines Betriebsgebäudes. Mauerwerksbau, Stahlstützen, Holzleimbinder.

Land: Bremen
Kreis: Bremen, Stadt
Standard: mittel
Bauzeit: 39 Wochen
Kennwerte: bis 3. Ebene DIN 276

BGF **1.567 €/m²**

Planung: Püffel Architekten; Bremen

veröffentlicht: BKI Objektdaten N13

7700-0067 Tiefkühllager*

BRI 2.997 m³ **BGF** 330 m² **NUF** 272 m²

Tiefkühllager für Logistikzentrum. Stahl-Skelettkonstruktion.

Land: Sachsen
Kreis: Nordsachsen
Standard: mittel
Bauzeit: 26 Wochen
Kennwerte: bis 3. Ebene DIN 276

BGF **3.199 €/m²** *

Planung: heine I reichold architekten Partnerschaftsgesellschaft mbB; Lichtenstein

veröffentlicht: BKI Objektdaten N15
* Nicht in der Auswertung enthalten

7700-0082 Wirtschaftsgebäude

BRI 1.046 m³ **BGF** 309 m² **NUF** 252 m²

Wirtschaftsgebäude für ein Wohn- und Pflegeheim. Holzrahmenbau.

Land: Baden-Württemberg
Kreis: Neckar-Odenwald-Kreis
Standard: hoch
Bauzeit: 43 Wochen
Kennwerte: bis 1. Ebene DIN 276

BGF **1.566 €/m²**

Planung: Ecker Architekten; Heidelberg

veröffentlicht: BKI Objektdaten N16

7700-0072 Salzlagerhalle

BRI 3.127 m³ **BGF** 324 m² **NUF** 248 m²

Salzlagerhalle für 1.500t Streusalz für eine Straßenmeisterei. Holzbau.

Land: Bayern
Kreis: Landshut, Stadt
Standard: einfach
Bauzeit: 18 Wochen
Kennwerte: bis 1. Ebene DIN 276

BGF **1.995 €/m²**

Planung: Staatliches Bauamt Landshut

veröffentlicht: BKI Objektdaten N13

7300-0085 Gewächshaus, Sortierhalle, Sozialgebäude (50 AP)

BRI 79.338 m³ **BGF** 12.500 m² **NUF** 12.235 m²

Gewächshaus (120mx95m) mit Sortierhalle und Sozialtrakt (Aufenthaltsraum, Umkleide- und Sanitärräume, Büros, Technikräume). Stahlkonstruktion (Gewächshaus), Massivbau (Anbauten).

Land: Thüringen
Kreis: Gera, Stadt
Standard: mittel
Bauzeit: 43 Wochen
Kennwerte: bis 1. Ebene DIN 276

BGF **573 €/m²**

Planung: Klaus Sorger BVS GmbH; Gera

veröffentlicht: BKI Objektdaten N13

7700-0063 Lagerhalle mit Werkstatt

BRI 1.513 m³ **BGF** 242 m² **NUF** 197 m²

Lagerhalle mit Werkstatt und Sanitärbereich. Realisierung zusammen mit Bürogebäude Objekt-Nr.: 1300-0173. Stahl-Rahmenbinderkonstruktion.

Land: Nordrhein-Westfalen
Kreis: Steinfurt
Standard: mittel
Bauzeit: 26 Wochen
Kennwerte: bis 1. Ebene DIN 276

BGF **1.290 €/m²**

Planung: Bayer Berresheim Architekten Anuschka Wahl; Aachen, Frankfurt

veröffentlicht: BKI Objektdaten N11

€/m² BGF

min	550 €/m²
von	775 €/m²
Mittel	**1.315 €/m²**
bis	1.840 €/m²
max	2.260 €/m²

Kosten:
Stand 1. Quartal 2025
Bundesdurchschnitt
inkl. 19% MwSt.

Objektübersicht zur Gebäudeart

7300-0069 Kranhalle*

BRI 2.271 m³ | **BGF** 353 m² | **NUF** 328 m²

Kranhalle zur Fertigung von Edelstahlteilen (327m² Hallenfläche). Gemeinsam erstellt mit angrenzendem Umkleide- und Sanitärgebäude. Objekt-Nr. 7300-0068. Stahlkonstruktion.

Land: Nordrhein-Westfalen
Kreis: Dortmund, Stadt
Standard: mittel
Bauzeit: 26 Wochen
Kennwerte: bis 1. Ebene DIN 276

BGF 3.110 €/m² *

Planung: Echt.Fietz+Assoziierte GmbH I Architekten BDA; Dortmund

veröffentlicht: BKI Objektdaten N11
* Nicht in der Auswertung enthalten

7400-0008 Stellplatzüberdachung für Landmaschinen

BRI 5.921 m³ | **BGF** 1.441 m² | **NUF** 1.356 m²

Überdachter Stellplatz für 17 Landmaschinen. Holzskelettbau.

Land: Sachsen-Anhalt
Kreis: Burgenlandkreis
Standard: einfach
Bauzeit: 43 Wochen
Kennwerte: bis 1. Ebene DIN 276

BGF 549 €/m²

Planung: TRÄNKNER ARCHITEKTEN, Architekt Matthias Tränkner; Naumburg (Saale)

veröffentlicht: BKI Objektdaten N12

7700-0065 Material- und Weinlager*

BRI 4.100 m³ | **BGF** 838 m² | **NUF** 729 m²

Temperiertes Weintanklager, Materiallager, Rohstofflager für Abfüllung und Fertigteillager. Stb-Konstruktion.

Land: Sachsen-Anhalt
Kreis: Burgenlandkreis
Standard: mittel
Bauzeit: 48 Wochen
Kennwerte: bis 3. Ebene DIN 276

BGF 2.135 €/m²

Planung: Boy und Partner Ingenieurbüro für Bauwesen GmbH; Naumburg

veröffentlicht: BKI Objektdaten N11
* Nicht in der Auswertung enthalten

7700-0056 Maschinenhalle*

BRI 767 m³ | **BGF** 121 m² | **NUF** 111 m²

Maschinenhalle mit vier Stellplätzen. Holzrahmenbau.

Land: Baden-Württemberg
Kreis: Emmendingen
Standard: mittel
Bauzeit: 13 Wochen
Kennwerte: bis 1. Ebene DIN 276

BGF 1.787 €/m²

Planung: Architekturwerkstatt Holderer; Bahlingen

veröffentlicht: BKI Objektdaten N10
* Nicht in der Auswertung enthalten

7300-0079 Produktionshalle, Lagerbereich (90 AP)

BRI 17.395 m³ | **BGF** 2.579 m² | **NUF** 2.424 m²

Produktionshalle mit Lagerbereich. Stahl-Skelett-Konstruktion.

Land: Baden-Württemberg
Kreis: Neckar-Odenwald-Kreis
Standard: hoch
Bauzeit: 48 Wochen
Kennwerte: bis 3. Ebene DIN 276

BGF 2.259 €/m²

Planung: Link Architekten; Walldürn

veröffentlicht: BKI Objektdaten N13

7700-0045 Lagerhalle

BRI 11.433 m³ | **BGF** 1.672 m² | **NUF** 1.597 m²

Lagerhalle. Stahlskelettkonstruktion, Trapezblechdach.

Land: Bayern
Kreis: Berchtesgadener Land
Standard: mittel
Bauzeit: 52 Wochen
Kennwerte: bis 3. Ebene DIN 276

BGF 715 €/m²

Planung: Architekturbüro Armin Riedl; Surheim

veröffentlicht: www.bki.de

7400-0007 Maschinenhalle

BRI 2.256 m³ | **BGF** 341 m² | **NUF** 321 m²

Maschinenhalle, abstellen und in Stand setzen von Fahrzeugen, Geräten und Maschinen. Holzskelettbau.

Land: Baden-Württemberg
Kreis: Bodenseekreis
Standard: einfach
Bauzeit: 30 Wochen
Kennwerte: bis 3. Ebene DIN 276

BGF 723 €/m²

Planung: Martin Wamsler Freier Architekt BDA Dipl.-Ing. (FH); Friedrichshafen

veröffentlicht: www.bki.de

7700-0034 Lager, Bürogebäude

BRI 8.221 m³ | **BGF** 1.483 m² | **NUF** 1.362 m²

Lagergebäude für einen Schuhladen mit Büroräumen. Stahlrahmenkonstruktion.

Land: Baden-Württemberg
Kreis: Biberach
Standard: mittel
Bauzeit: 26 Wochen
Kennwerte: bis 2. Ebene DIN 276

BGF 925 €/m²

Planung: Joachim Hauser Dipl.-Ing. Architekt; Ehingen/Donau

veröffentlicht: www.bki.de

Lagergebäude, mit bis zu 25% Mischnutzung

Kostenkennwerte für die Kosten des Bauwerks (Kostengruppen 300+400 nach DIN 276)

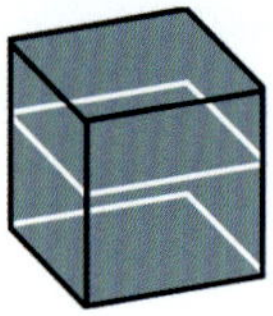

BRI 200 €/m³
von 115 €/m³
bis 320 €/m³

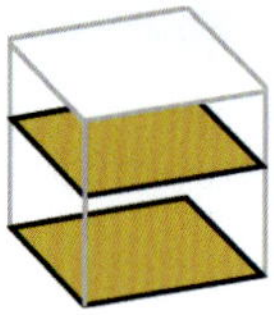

BGF 1.325 €/m²
von 1.015 €/m²
bis 1.715 €/m²

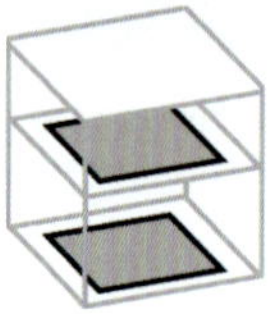

NUF 1.565 €/m²
von 1.125 €/m²
bis 2.090 €/m²

Objektbeispiele

Kosten:
Stand 1. Quartal 2025
Bundesdurchschnitt
inkl. 19% MwSt.

7700-0076

7700-0070

7700-0053

7700-0071

7700-0054

7700-0046

Kosten der 9 Vergleichsobjekte

Seiten 936 bis 938

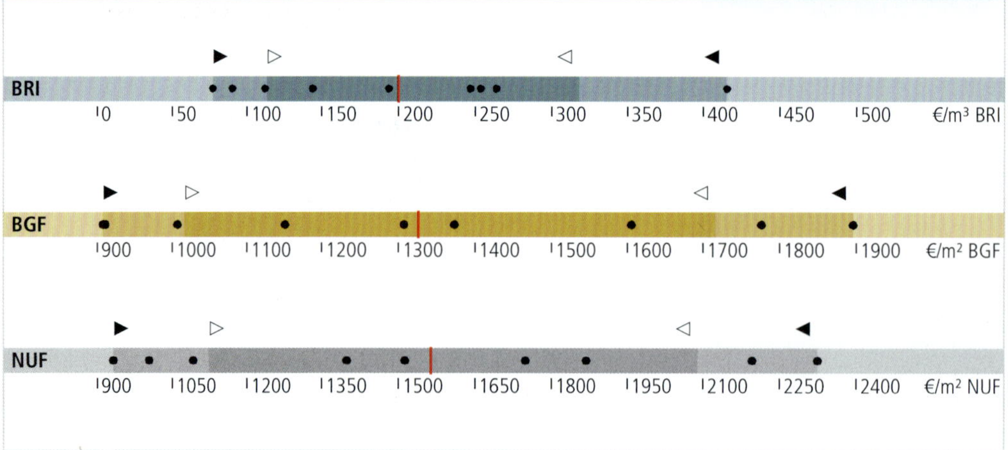

- ● KKW
- ▶ min
- ▷ von
- | Mittelwert
- ◁ bis
- ◀ max

Kostenkennwerte für die Kostengruppen der 1. und 2. Ebene DIN 276

KG	Kostengruppen der 1. Ebene	Einheit	▷	€/Einheit	◁	▷	% an 300+400	◁
100	Grundstück	m² GF	–	**–**	–	–	**–**	–
200	Vorbereitende Maßnahmen	m² GF	3	**17**	36	0,1	**4,4**	8,8
300	Bauwerk – Baukonstruktionen	m² BGF	756	**1.050**	1.309	73,2	**79,3**	86,5
400	Bauwerk – Technische Anlagen	m² BGF	186	**276**	448	13,5	**20,7**	26,8
	Bauwerk 300+400	m² BGF	1.016	**1.326**	1.716	100,0	**100,0**	100,0
500	Außenanlagen und Freiflächen	m² AF	53	**106**	181	6,8	**10,0**	20,6
600	Ausstattung und Kunstwerke	m² BGF	7	**29**	57	0,7	**2,5**	7,5
700	Baunebenkosten*	m² BGF	214	**236**	257	16,2	**17,8**	19,4
800	Finanzierung	m² BGF	–	**–**	–	–	**–**	–

◁ * Auf Grundlage der HOAI 2021 berechnete Werte nach §§ 35, 52, 56. Weitere Informationen siehe Seite 56

KG	Kostengruppen der 2. Ebene	Einheit	▷	€/Einheit	◁	▷	% an 1. Ebene	◁
310	Baugrube / Erdbau	m³ BGI	26	**38**	44	0,4	**1,3**	1,9
320	Gründung, Unterbau	m² GRF	215	**252**	323	14,7	**19,8**	28,1
330	Außenwände / vertikal außen	m² AWF	202	**387**	489	28,5	**30,4**	33,8
340	Innenwände / vertikal innen	m² IWF	266	**405**	631	1,8	**12,1**	18,6
350	Decken / horizontal	m² DEF	297	**430**	679	0,7	**4,2**	6,6
360	Dächer	m² DAF	293	**330**	404	18,8	**28,0**	34,5
370	Infrastrukturanlagen		–	**–**	–	–	**–**	–
380	Baukonstruktive Einbauten	m² BGF	–	**57**	–	0,0	**1,4**	4,1
390	Sonst. Maßnahmen für Baukonst.	m² BGF	21	**32**	53	1,4	**2,7**	3,5
300	**Bauwerk – Baukonstruktionen**	**m² BGF**					**100,0**	
410	Abwasser-, Wasser-, Gasanlagen	m² BGF	20	**34**	62	10,2	**13,5**	19,7
420	Wärmeversorgungsanlagen	m² BGF	54	**66**	89	20,9	**31,6**	50,5
430	Raumlufttechnische Anlagen	m² BGF	–	**67**	–	0,0	**4,3**	12,8
440	Elektrische Anlagen	m² BGF	53	**99**	168	30,8	**37,6**	51,0
450	Kommunikationstechnische Anlagen	m² BGF	24	**40**	55	0,0	**7,8**	11,8
460	Förderanlagen	m² BGF	–	**20**	–	0,0	**1,3**	3,9
470	Nutzungsspez. / verfahrenstech. Anl.	m² BGF	–	**19**	–	0,0	**1,2**	3,6
480	Gebäude- und Anlagenautomation	m² BGF	–	**43**	–	0,0	**2,8**	8,3
490	Sonst. Maßnahmen f. techn. Anl.	m² BGF	–	**–**	–	–	**–**	–
400	**Bauwerk – Technische Anlagen**	**m² BGF**					**100,0**	

Prozentanteile der Kosten 2. Ebene an den Kosten des Bauwerks nach DIN 276 (Von/Mittel/Bis)

KG	Kostengruppe	%
310	Baugrube / Erdbau	1,1
320	Gründung, Unterbau	16,7
330	Außenwände / vertikal außen	25,0
340	Innenwände / vertikal innen	9,6
350	Decken / horizontal	3,3
360	Dächer	23,6
370	Infrastrukturanlagen	
380	Baukonstruktive Einbauten	1,0
390	Sonst. Maßnahmen für Baukonst.	2,3
410	Abwasser-, Wasser-, Gasanlagen	2,3
420	Wärmeversorgungsanlagen	4,8
430	Raumlufttechnische Anlagen	1,2
440	Elektrische Anlagen	6,2
450	Kommunikationstechnische Anlagen	1,5
460	Förderanlagen	0,4
470	Nutzungsspez. / verfahrenstech. Anl.	0,3
480	Gebäude- und Anlagenautomation	0,8
490	Sonst. Maßnahmen f. techn. Anl.	

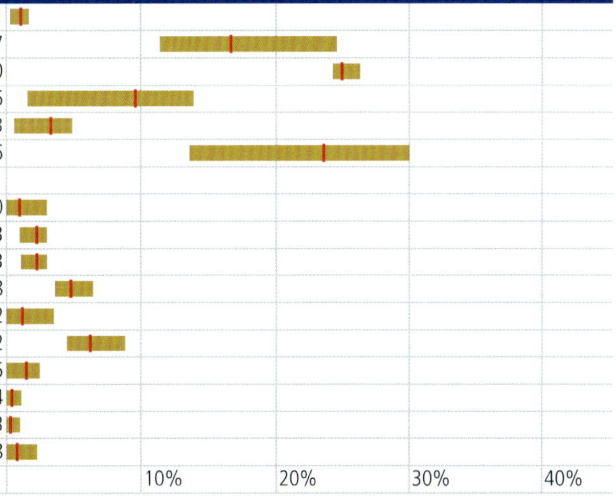

Lagergebäude, mit bis zu 25% Mischnutzung

Kosten:
Stand 1. Quartal 2025
Bundesdurchschnitt
inkl. 19% MwSt.

- ● KKW
- ▶ min
- ▷ von
- | Mittelwert
- ◁ bis
- ◀ max

Prozentanteile der Kosten für Leistungsbereiche nach STLB (Kosten Bauwerk nach DIN 276)

LB	Leistungsbereiche	7,5% 15% 22,5% 30%	▷	% an 300+400	◁
000	Baustellen-, Verkehrssich.- u. Sicherh.einr. inkl. 001		1,6	**2,2**	3,2
002	Erdarbeiten		1,6	**2,4**	3,1
006	Spezialtiefbauarbeiten inkl. 005		–	**–**	–
009	Entwässerungskanalarbeiten inkl. 011		0,1	**0,5**	0,7
010	Drän- und Versickerarbeiten		–	**–**	–
012	Mauerarbeiten		4,7	**5,5**	6,2
013	Betonarbeiten		18,7	**23,9**	27,5
014	Natur-, Betonwerksteinarbeiten		0,0	**< 0,1**	0,2
016	Zimmer- und Holzbauarbeiten		0,0	**2,2**	4,5
017	Stahlbauarbeiten		4,8	**14,6**	22,7
018	Abdichtungsarbeiten		< 0,1	**< 0,1**	< 0,1
020	Dachdeckungsarbeiten		0,0	**3,6**	7,3
021	Dachabdichtungsarbeiten		2,4	**4,8**	8,0
022	Klempnerarbeiten		0,4	**1,0**	1,4
	Rohbau		53,8	**60,9**	67,5
023	Putz- und Stuckarbeiten, Wärmedämmsysteme		< 0,1	**1,3**	2,5
024	Fliesen- und Plattenarbeiten		0,5	**0,6**	0,9
025	Estricharbeiten		0,2	**0,4**	0,7
026	Fenster, Außentüren inkl. 029, 032		4,6	**7,8**	10,6
027	Tischlerarbeiten		0,2	**1,2**	2,0
028	Parkettarbeiten, Holzpflasterarbeiten		0,0	**0,4**	0,9
030	Rollladenarbeiten		0,0	**0,4**	0,9
031	Metallbauarbeiten inkl. 035		4,9	**6,7**	7,9
034	Maler- und Lackiererarbeiten inkl. 037		0,3	**1,6**	2,4
036	Bodenbelagarbeiten		0,0	**0,4**	0,8
038	Vorgehängte hinterlüftete Fassaden		–	**–**	–
039	Trockenbauarbeiten		1,1	**1,5**	1,8
	Ausbau		14,7	**22,3**	28,2
040	Wärmeversorgungsanl. - Betriebseinr. inkl. 041		3,2	**4,5**	5,4
042	Gas- und Wasserinstallation, Leitungen inkl. 043		0,5	**1,1**	1,6
044	Abwasseranlagen - Leitungen, Abläufe, Armaturen		< 0,1	**< 0,1**	0,1
045	GWE - Einrichtungsgegenstände inkl. 046		< 0,1	**0,4**	0,6
047	Dämm- und Brandschutzarbeiten an techn. Anlagen		< 0,1	**0,6**	1,1
049	Feuerlöschanlagen, Feuerlöschgeräte		0,0	**0,2**	0,4
050	Blitzschutz- und Erdungsanlagen		0,3	**0,4**	0,4
052	Mittelspannungsanlagen		–	**–**	–
053	Niederspannungsanlagen inkl. 054		3,5	**4,0**	4,7
055	Sicherheits- und Ersatzstromversorgungsanlagen		–	**–**	–
057	Gebäudesystemtechnik		0,0	**0,8**	1,5
058	Leuchten und Lampen inkl. 059		0,8	**2,0**	2,9
060	Such-, Signal-, elektroakust. Anl., Med. inkl. 064		< 0,1	**0,1**	0,2
061	Kommunikations- und Übertragungsnetze inkl. 062		0,3	**0,7**	1,1
063	Gefahrenmeldeanlagen		< 0,1	**0,7**	1,2
069	Aufzüge		–	**–**	–
070	Gebäudeautomation		–	**–**	–
075	Raumlufttechnische Anlagen inkl. 078		0,1	**1,3**	2,2
	Gebäudetechnik		12,3	**16,7**	21,0
	Sonstige Leistungsbereiche inkl. 008, 033, 051		0,0	**0,1**	0,2

Planungskennwerte für Flächen und Rauminhalte nach DIN 277

Grundflächen		▷	Fläche/NUF (%)	◁	▷	Fläche/BGF (%)	◁
NUF	Nutzungsfläche	100,0	**100,0**	100,0	83,8	**86,2**	90,1
TF	Technikfläche	2,1	**2,7**	4,5	1,7	**2,3**	3,6
VF	Verkehrsfläche	4,1	**4,5**	4,9	3,4	**3,8**	4,0
NRF	Netto-Raumfläche	104,4	**105,9**	108,9	86,6	**91,2**	92,5
KGF	Konstruktions-Grundfläche	8,9	**10,6**	16,8	7,5	**8,8**	13,4
BGF	Brutto-Grundfläche	111,5	**116,5**	118,7	100,0	**100,0**	100,0

Brutto-Rauminhalte		▷	BRI/NUF (m)	◁	▷	BRI/BGF (m)	◁
BRI	Brutto-Rauminhalt	7,67	**9,20**	11,30	6,41	**7,98**	9,62

Flächen von Nutzeinheiten	▷	NUF/Einheit (m²)	◁	▷	BGF/Einheit (m²)	◁
Nutzeinheit:	–	**–**	–	–	**–**	–

Lufttechnisch behandelte Flächen	▷	Fläche/NUF (%)	◁	▷	Fläche/BGF (%)	◁
Entlüftete Fläche	–	**–**	–	–	**–**	–
Be- und entlüftete Fläche	–	**–**	–	–	**–**	–
Teilklimatisierte Fläche	–	**–**	–	–	**–**	–
Klimatisierte Fläche	–	**–**	–	–	**–**	–

KG	Kostengruppen (2. Ebene)	Einheit	▷	Menge/NUF	◁	▷	Menge/BGF	◁
310	Baugrube / Erdbau	m³ BGI	0,56	**0,61**	0,61	0,47	**0,53**	0,53
320	Gründung, Unterbau	m² GRF	1,00	**1,00**	1,00	0,87	**0,88**	0,88
330	Außenwände / vertikal außen	m² AWF	1,12	**1,12**	1,21	0,99	**0,99**	1,00
340	Innenwände / vertikal innen	m² IWF	0,32	**0,46**	0,46	0,26	**0,38**	0,38
350	Decken / horizontal	m² DEF	0,14	**0,14**	0,14	0,12	**0,12**	0,12
360	Dächer	m² DAF	1,09	**1,09**	1,12	0,96	**0,96**	0,96
370	Infrastrukturanlagen		–	**–**	–	–	**–**	–
380	Baukonstruktive Einbauten	m² BGF	1,12	**1,17**	1,19	1,00	**1,00**	1,00
390	Sonst. Maßnahmen für Baukonst.	m² BGF	1,12	**1,17**	1,19	1,00	**1,00**	1,00
300	**Bauwerk – Baukonstruktionen**	**m² BGF**	1,12	**1,17**	1,19	1,00	**1,00**	1,00

Planungskennwerte für Bauzeiten

9 Vergleichsobjekte

Bauzeit in Wochen

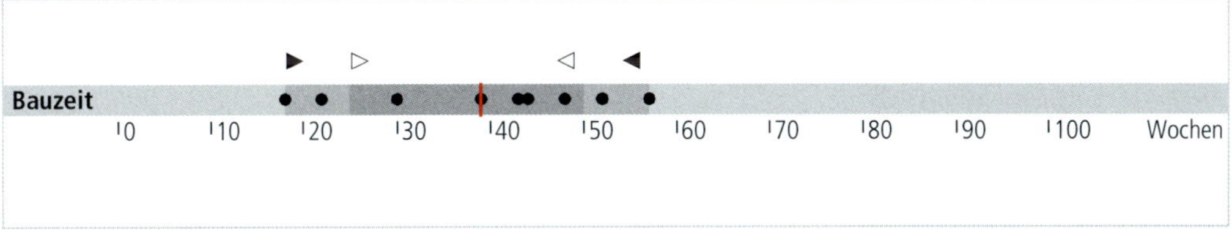

€/m² BGF

min	905	€/m²
von	1.015	€/m²
Mittel	**1.325**	**€/m²**
bis	1.715	€/m²
max	1.895	€/m²

Kosten:
Stand 1. Quartal 2025
Bundesdurchschnitt
inkl. 19% MwSt.

Objektübersicht zur Gebäudeart

7700-0076 Lager- und Vertriebsgebäude (50 AP)

BRI 238.726 m³ **BGF** 21.392 m² **NUF** 19.727 m²

© O. M. Architekten BDA

Lager- und Vertriebsgebäude (50 AP) mit Verwaltungsräumen. Stahlbetonfertigteilbau.

Land: Rheinland-Pfalz
Kreis: Alzey-Worms
Standard: mittel
Bauzeit: 44 Wochen
Kennwerte: bis 1. Ebene DIN 276

BGF 1.007 €/m²

Planung: O. M. Architekten BDA Rainer Ottinger Thomas Möhlendick; Braunschweig

veröffentlicht: BKI Objektdaten N15

7700-0071 Logistikhalle, Hochregallager

BRI 375.395 m³ **BGF** 31.736 m² **NUF** 28.800 m²

© DHBT. Architekten GmbH

Logistikhalle/Hochregallager für 138 Arbeitsplätze. Stahlbetonskelettkonstruktion.

Land: Schleswig-Holstein
Kreis: Stormarn
Standard: hoch
Bauzeit: 43 Wochen
Kennwerte: bis 1. Ebene DIN 276

BGF 911 €/m²

Planung: DHBT. Architekten GmbH; Kiel

veröffentlicht: BKI Objektdaten E6

7700-0070 Logistikzentrum, Verwaltung (120 AP)

BRI 191.756 m³ **BGF** 15.521 m² **NUF** 12.552 m²

© Hammer Pfeiffer Architekten

Logistikzentrum mit Lager, Kommissionierung und Verwaltung. Stahlkonstruktion, Stb-Konstruktion (Verwaltung).

Land: Sachsen-Anhalt
Kreis: Magdeburg, Stadt
Standard: hoch
Bauzeit: 48 Wochen
Kennwerte: bis 1. Ebene DIN 276

BGF 1.776 €/m²

Planung: Hammer Pfeiffer Architekten; Lindau

veröffentlicht: BKI Objektdaten N13

7300-0083 Logistikhalle mit Büro

BRI 7.780 m³ **BGF** 1.715 m² **NUF** 1.411 m²

© Haasz

Logistikhalle mit Büro, Ausstellung, Verkauf, und Schulungsraum (50 Arbeitsplätze). Mauerwerksbau, Stahlbinderkonstruktion (Halle).

Land: Bayern
Kreis: Freyung-Grafenau
Standard: hoch
Bauzeit: 52 Wochen
Kennwerte: bis 1. Ebene DIN 276

BGF 1.151 €/m²

Planung: Neumeier Architekten PartGmbB; Tittling

veröffentlicht: BKI Objektdaten N12

7700-0066 Lager-, Vertriebs-, und Bürogebäude*

BRI 13.880 m³ **BGF** 2.078 m² **NUF** 1.652 m²

Logistikzentrum mit Lager-, Vertriebs- und Büroflächen für 20 Mitarbeitende. Stb-Skelettbau.

Land: Bayern
Kreis: Miesbach
Standard: mittel
Bauzeit: 39 Wochen
Kennwerte: bis 1. Ebene DIN 276

BGF 1.863 €/m²

Planung: Beham Architekten; Bairawies

veröffentlicht: BKI Objektdaten N12
* Nicht in der Auswertung enthalten

7200-0077 Verkaufshalle, Lager

BRI 18.415 m³ **BGF** 2.727 m² **NUF** 2.357 m²

Holzzentrum mit Verkaufs- und Ausstellungshalle, Lager und Galerie. Stb-Konstruktion.

Land: Bayern
Kreis: Kempten (Allgäu)
Standard: mittel
Bauzeit: 39 Wochen
Kennwerte: bis 1. Ebene DIN 276

BGF 1.307 €/m²

Planung: Architekten HBH; München

veröffentlicht: BKI Objektdaten N11

7700-0054 Logistikzentrum

BRI 37.840 m³ **BGF** 4.930 m² **NUF** 4.020 m²

Logistikzentrum , Lagerhalle, Apotheke, Labore, Büroräume. Stahlskelettkonstruktion.

Land: Nordrhein-Westfalen
Kreis: Kleve
Standard: mittel
Bauzeit: 57 Wochen
Kennwerte: bis 3. Ebene DIN 276

BGF 1.896 €/m²

Planung: Fritz-Dieter Tollé Architekt BDB Architekten Stadtplaner Ingenieure; Verden

veröffentlicht: BKI Objektdaten N11

7700-0053 Lagerhalle, Büros

BRI 5.554 m³ **BGF** 913 m² **NUF** 784 m²

Lagergebäude mit Büros. Mauerwerksbau; Stb-Decke; Holzdachkonstruktion, Stahltrapezblechdeckung.

Land: Bayern
Kreis: Rosenheim
Standard: mittel
Bauzeit: 30 Wochen
Kennwerte: bis 3. Ebene DIN 276

BGF 1.605 €/m²

Planung: rabaschus und rosenthal büro für architektur und stadtplanung; Dresden

veröffentlicht: BKI Objektdaten N10

€/m² BGF

min	905	€/m²
von	1.015	€/m²
Mittel	**1.325**	**€/m²**
bis	1.715	€/m²
max	1.895	€/m²

Kosten:
Stand 1. Quartal 2025
Bundesdurchschnitt
inkl. 19% MwSt.

Objektübersicht zur Gebäudeart

7700-0050 Gewerbehalle

BRI 623 m³ **BGF** 188 m² **NUF** 148 m²

Gewerbehalle für einen Maler- und Lackierbetrieb. Holzrahmenbau.

Land: Baden-Württemberg
Kreis: Lörrach
Standard: mittel
Bauzeit: 18 Wochen
Kennwerte: bis 1. Ebene DIN 276

BGF **1.373 €/m²**

Planung: Werkgruppe Freiburg Architekten; Freiburg

veröffentlicht: www.bki.de

7700-0046 Logistikzentrum

BRI 13.514 m³ **BGF** 1.665 m² **NUF** 1.621 m²

Lagerhalle, Büro, Sanitärräume. Stahlkonstruktion, Stb-Decken, Stahltrapezblechdach.

Land: Baden-Württemberg
Kreis: Reutlingen
Standard: einfach
Bauzeit: 22 Wochen
Kennwerte: bis 3. Ebene DIN 276

BGF **907 €/m²**

Planung: Freier Architekt Dipl.-Ing. (FH) Gerhard Heinlin; Pfullingen

veröffentlicht: www.bki.de

Lagergebäude, mit mehr als 25% Mischnutzung

Kostenkennwerte für die Kosten des Bauwerks (Kostengruppen 300+400 nach DIN 276)

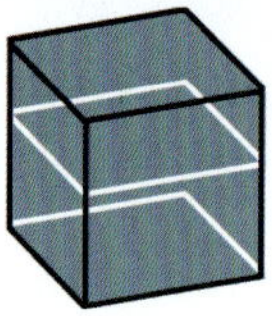

BRI 360€/m³
von 195€/m³
bis 465€/m³

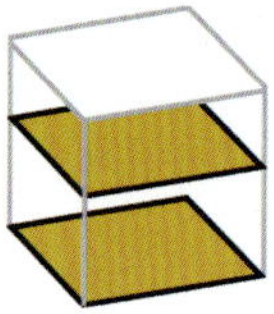

BGF 1.825€/m²
von 1.370€/m²
bis 2.180€/m²

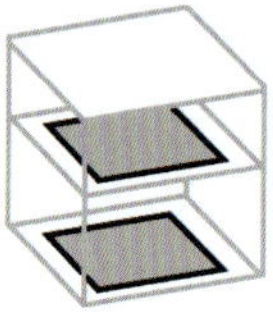

NUF 2.350€/m²
von 1.610€/m²
bis 3.040€/m²

Objektbeispiele

Kosten:
Stand 1.Quartal 2025
Bundesdurchschnitt
inkl. 19% MwSt.

7300-0113

7700-0077

7700-0017

Kosten der 9 Vergleichsobjekte

Seiten 944 bis 946

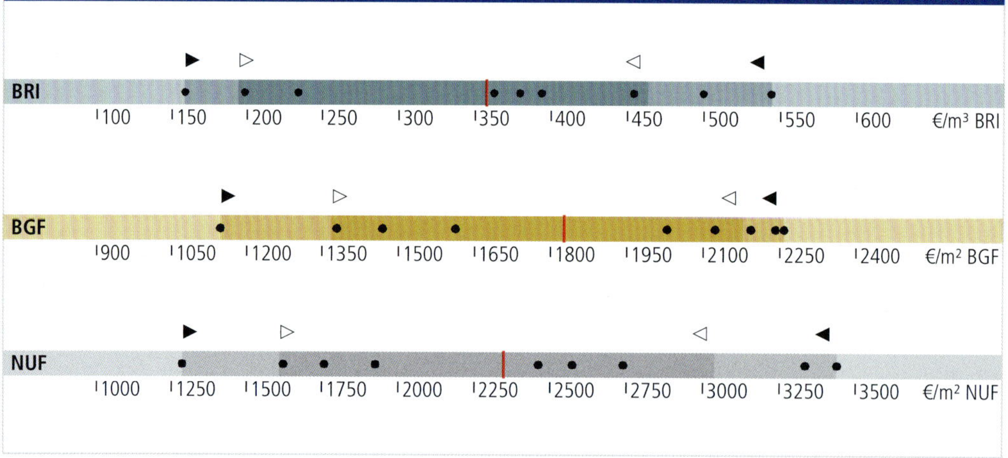

- ● KKW
- ▶ min
- ▷ von
- | Mittelwert
- ◁ bis
- ◀ max

Kostenkennwerte für die Kostengruppen der 1. und 2.Ebene DIN 276

KG	Kostengruppen der 1.Ebene	Einheit	▷	€/Einheit	◁	▷	% an 300+400	◁
100	Grundstück	m²GF	–	**–**	–	–	**–**	–
200	Vorbereitende Maßnahmen	m²GF	4	**30**	55	0,8	**4,3**	7,8
300	Bauwerk – Baukonstruktionen	m²BGF	1.118	**1.448**	1.686	76,7	**79,8**	84,2
400	Bauwerk – Technische Anlagen	m²BGF	231	**379**	501	15,8	**20,2**	23,3
	Bauwerk 300+400	m²BGF	1.369	**1.827**	2.178	100,0	**100,0**	100,0
500	Außenanlagen und Freiflächen	m²AF	74	**108**	153	7,9	**12,7**	23,7
600	Ausstattung und Kunstwerke	m²BGF	–	**–**	–	–	**–**	–
700	Baunebenkosten*	m²BGF	320	**352**	383	17,5	**19,2**	21,0 ◁
800	Finanzierung	m²BGF	–	**–**	–	–	**–**	–

* Auf Grundlage der HOAI 2021 berechnete Werte nach §§ 35, 52, 56. Weitere Informationen siehe Seite 56

KG	Kostengruppen der 2.Ebene	Einheit	▷	€/Einheit	◁	▷	% an 1.Ebene	◁
310	Baugrube / Erdbau	m³BGI	19	**39**	73	0,5	**1,7**	4,2
320	Gründung, Unterbau	m²GRF	226	**270**	349	15,3	**18,0**	22,3
330	Außenwände / vertikal außen	m²AWF	414	**541**	746	16,1	**25,7**	30,5
340	Innenwände / vertikal innen	m²IWF	347	**419**	456	10,0	**13,4**	15,6
350	Decken / horizontal	m²DEF	407	**443**	479	0,0	**6,0**	9,2
360	Dächer	m²DAF	278	**406**	609	24,5	**31,5**	45,3
370	Infrastrukturanlagen		–	**–**	–	–	**–**	–
380	Baukonstruktive Einbauten	m²BGF	–	**9**	–	0,0	**0,3**	0,8
390	Sonst. Maßnahmen für Baukonst.	m²BGF	33	**41**	59	2,5	**3,4**	5,1
300	**Bauwerk – Baukonstruktionen**	**m²BGF**					**100,0**	
410	Abwasser-, Wasser-, Gasanlagen	m²BGF	39	**47**	60	14,1	**18,1**	20,6
420	Wärmeversorgungsanlagen	m²BGF	35	**60**	74	11,0	**24,8**	31,7
430	Raumlufttechnische Anlagen	m²BGF	–	**3**	–	0,0	**0,4**	1,3
440	Elektrische Anlagen	m²BGF	74	**99**	141	20,3	**40,0**	51,1
450	Kommunikationstechnische Anlagen	m²BGF	–	**14**	–	0,0	**1,5**	4,4
460	Förderanlagen	m²BGF	–	**–**	–	–	**–**	–
470	Nutzungsspez. / verfahrenstech. Anl.	m²BGF	–	**147**	–	0,0	**15,2**	45,7
480	Gebäude- und Anlagenautomation	m²BGF	–	**–**	–	–	**–**	–
490	Sonst. Maßnahmen f. techn. Anl.	m²BGF	–	**–**	–	–	**–**	–
400	**Bauwerk – Technische Anlagen**	**m²BGF**					**100,0**	

Prozentanteile der Kosten 2.Ebene an den Kosten des Bauwerks nach DIN 276 (Von/Mittel/Bis)

KG	Kostengruppe	%
310	Baugrube / Erdbau	1,4
320	Gründung, Unterbau	14,8
330	Außenwände / vertikal außen	21,4
340	Innenwände / vertikal innen	11,0
350	Decken / horizontal	5,0
360	Dächer	25,6
370	Infrastrukturanlagen	
380	Baukonstruktive Einbauten	0,2
390	Sonst. Maßnahmen für Baukonst.	2,8
410	Abwasser-, Wasser-, Gasanlagen	3,1
420	Wärmeversorgungsanlagen	4,1
430	Raumlufttechnische Anlagen	< 0,1
440	Elektrische Anlagen	6,7
450	Kommunikationstechnische Anlagen	0,3
460	Förderanlagen	
470	Nutzungsspez. / verfahrenstech. Anl.	3,3
480	Gebäude- und Anlagenautomation	
490	Sonst. Maßnahmen f. techn. Anl.	

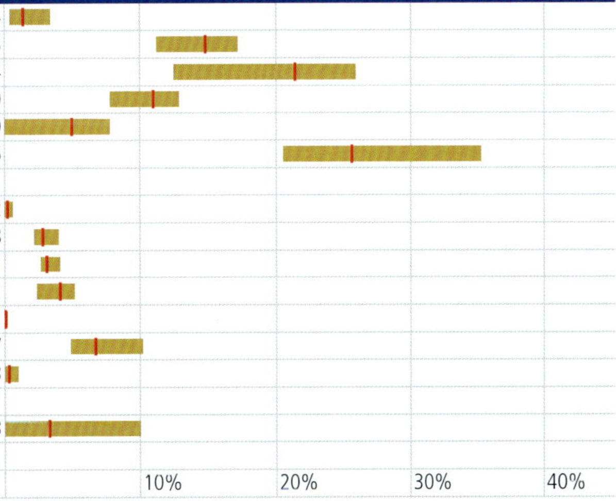

Prozentanteile der Kosten für Leistungsbereiche nach STLB (Kosten Bauwerk nach DIN 276)

LB	Leistungsbereiche	▷	% an 300+400	◁
000	Baustellen-, Verkehrssich.- u. Sicherh.einr. inkl. 001	2,0	**2,5**	2,9
002	Erdarbeiten	2,4	**2,8**	3,1
006	Spezialtiefbauarbeiten inkl. 005	–	**–**	–
009	Entwässerungskanalarbeiten inkl. 011	0,0	**0,3**	0,6
010	Drän- und Versickerarbeiten	–	**–**	–
012	Mauerarbeiten	2,6	**5,3**	7,4
013	Betonarbeiten	12,7	**14,1**	15,1
014	Natur-, Betonwerksteinarbeiten	< 0,1	**< 0,1**	0,2
016	Zimmer- und Holzbauarbeiten	0,0	**0,8**	1,5
017	Stahlbauarbeiten	11,2	**19,9**	26,3
018	Abdichtungsarbeiten	< 0,1	**0,2**	0,3
020	Dachdeckungsarbeiten	0,0	**6,3**	12,5
021	Dachabdichtungsarbeiten	–	**–**	–
022	Klempnerarbeiten	0,0	**0,3**	0,7
	Rohbau	50,4	**52,6**	56,1
023	Putz- und Stuckarbeiten, Wärmedämmsysteme	< 0,1	**1,9**	3,7
024	Fliesen- und Plattenarbeiten	0,6	**2,1**	3,0
025	Estricharbeiten	0,7	**1,1**	1,6
026	Fenster, Außentüren inkl. 029, 032	3,2	**6,3**	10,3
027	Tischlerarbeiten	0,7	**1,1**	1,3
028	Parkettarbeiten, Holzpflasterarbeiten	–	**–**	–
030	Rollladenarbeiten	< 0,1	**0,5**	0,8
031	Metallbauarbeiten inkl. 035	9,0	**11,0**	13,9
034	Maler- und Lackiererarbeiten inkl. 037	2,4	**2,8**	3,2
036	Bodenbelagarbeiten	< 0,1	**0,6**	1,0
038	Vorgehängte hinterlüftete Fassaden	–	**–**	–
039	Trockenbauarbeiten	0,3	**2,6**	4,4
	Ausbau	21,7	**29,8**	35,1
040	Wärmeversorgungsanl. - Betriebseinr. inkl. 041	3,0	**4,0**	5,5
042	Gas- und Wasserinstallation, Leitungen inkl. 043	1,9	**2,1**	2,5
044	Abwasseranlagen - Leitungen, Abläufe, Armaturen	0,0	**0,1**	0,3
045	GWE - Einrichtungsgegenstände inkl. 046	0,0	**0,5**	0,9
047	Dämm- und Brandschutzarbeiten an techn. Anlagen	0,0	**0,2**	0,4
049	Feuerlöschanlagen, Feuerlöschgeräte	–	**–**	–
050	Blitzschutz- und Erdungsanlagen	0,0	**< 0,1**	0,2
052	Mittelspannungsanlagen	–	**–**	–
053	Niederspannungsanlagen inkl. 054	2,8	**5,5**	7,8
055	Sicherheits- und Ersatzstromversorgungsanlagen	–	**–**	–
057	Gebäudesystemtechnik	–	**–**	–
058	Leuchten und Lampen inkl. 059	0,2	**1,3**	2,1
060	Such-, Signal-, elektroakust. Anl., Med. inkl. 064	–	**–**	–
061	Kommunikations- und Übertragungsnetze inkl. 062	0,0	**< 0,1**	< 0,1
063	Gefahrenmeldeanlagen	0,0	**0,3**	0,6
069	Aufzüge	–	**–**	–
070	Gebäudeautomation	–	**–**	–
075	Raumlufttechnische Anlagen inkl. 078	0,0	**< 0,1**	0,1
	Gebäudetechnik	11,6	**14,1**	16,3
	Sonstige Leistungsbereiche inkl. 008, 033, 051	0,0	**3,5**	6,9

Kosten:
Stand 1. Quartal 2025
Bundesdurchschnitt
inkl. 19% MwSt.

- ● KKW
- ► min
- ▷ von
- | Mittelwert
- ◁ bis
- ◄ max

Planungskennwerte für Flächen und Rauminhalte nach DIN 277

Grundflächen		▷	Fläche/NUF (%)	◁	▷	Fläche/BGF (%)	◁
NUF	Nutzungsfläche	100,0	**100,0**	100,0	74,7	**80,0**	82,1
TF	Technikfläche	1,8	**2,0**	3,9	1,3	**1,5**	2,7
VF	Verkehrsfläche	9,9	**11,9**	18,0	7,1	**8,8**	11,9
NRF	Netto-Raumfläche	111,3	**113,7**	121,1	87,8	**90,1**	93,2
KGF	Konstruktions-Grundfläche	9,2	**12,7**	16,2	6,8	**9,9**	12,2
BGF	Brutto-Grundfläche	123,4	**126,4**	136,7	100,0	**100,0**	100,0

Brutto-Rauminhalte		▷	BRI/NUF (m)	◁	▷	BRI/BGF (m)	◁
BRI	Brutto-Rauminhalt	6,19	**6,84**	7,56	4,99	**5,49**	6,16

Flächen von Nutzeinheiten	▷	NUF/Einheit (m²)	◁	▷	BGF/Einheit (m²)	◁
Nutzeinheit:	–	**–**	–	–	**–**	–

Lufttechnisch behandelte Flächen	▷	Fläche/NUF (%)	◁	▷	Fläche/BGF (%)	◁
Entlüftete Fläche	1,9	**1,9**	1,9	1,6	**1,6**	1,6
Be- und entlüftete Fläche	3,5	**3,5**	3,5	2,9	**2,9**	2,9
Teilklimatisierte Fläche	–	**–**	–	–	**–**	–
Klimatisierte Fläche	15,9	**15,9**	15,9	13,3	**13,3**	13,3

KG	Kostengruppen (2. Ebene)	Einheit	▷	Menge/NUF	◁	▷	Menge/BGF	◁
310	Baugrube / Erdbau	m³ BGI	0,60	**0,77**	0,77	0,51	**0,65**	0,65
320	Gründung, Unterbau	m² GRF	0,94	**0,98**	0,98	0,79	**0,83**	0,83
330	Außenwände / vertikal außen	m² AWF	0,68	**0,72**	0,72	0,58	**0,60**	0,60
340	Innenwände / vertikal innen	m² IWF	0,40	**0,48**	0,48	0,33	**0,40**	0,40
350	Decken / horizontal	m² DEF	0,31	**0,31**	0,31	0,26	**0,26**	0,26
360	Dächer	m² DAF	1,12	**1,17**	1,17	0,94	**0,99**	0,99
370	Infrastrukturanlagen		–	**–**	–	–	**–**	–
380	Baukonstruktive Einbauten	m² BGF	1,23	**1,26**	1,37	1,00	**1,00**	1,00
390	Sonst. Maßnahmen für Baukonst.	m² BGF	1,23	**1,26**	1,37	1,00	**1,00**	1,00
300	**Bauwerk – Baukonstruktionen**	**m² BGF**	1,23	**1,26**	1,37	1,00	**1,00**	1,00

Planungskennwerte für Bauzeiten — 9 Vergleichsobjekte

Bauzeit in Wochen

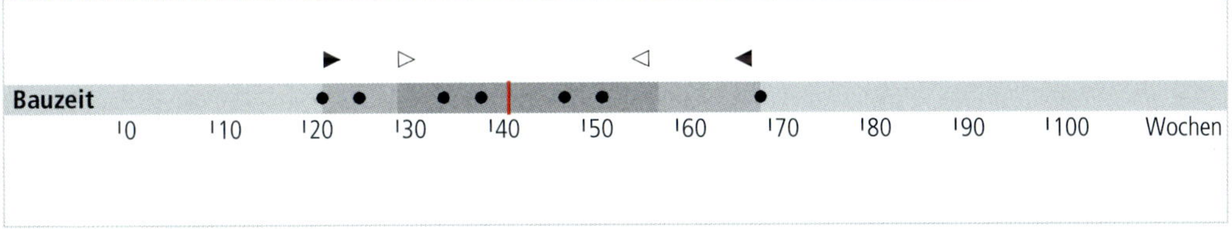

€/m² BGF

min	1.145	€/m²
von	1.370	€/m²
Mittel	**1.825**	**€/m²**
bis	2.180	€/m²
max	2.255	€/m²

Kosten:
Stand 1. Quartal 2025
Bundesdurchschnitt
inkl. 19% MwSt.

Objektübersicht zur Gebäudeart

7300-0113 Gewerbehalle, Showroom

BRI 2.365 m³ | **BGF** 443 m² | **NUF** 365 m²

© SVS Sports GmbH

Lagerhalle mit Showroom. Massivbau.

Land: Nordrhein-Westfalen
Kreis: Hochsauerlandkreis
Standard: mittel
Bauzeit: 52 Wochen
Kennwerte: bis 1. Ebene DIN 276

BGF 2.027 €/m²

Planung: Schmidt Thüner Architekten PartG mbB; Schmallenberg

vorgesehen: BKI Objektdaten N21

7300-0108 Holzschnitzerei, Holzlager, Büros (10 AP)

BRI 2.826 m³ | **BGF** 681 m² | **NUF** 447 m²

© Sascha Kletzsch

Holzschnitzerei mit Ausstellungsräumen, Ateliers, Büros und Lagerflächen für zehn Arbeitsplätze. Massivbau.

Land: Bayern
Kreis: Garmisch-Partenkirchen
Standard: mittel
Bauzeit: 48 Wochen
Kennwerte: bis 1. Ebene DIN 276

BGF 2.257 €/m²

Planung: Laubender Architektur; Bad Heilbrunn

veröffentlicht: BKI Objektdaten N19

7700-0078 Lager- und Verwaltungsgebäude (32 AP)

BRI 3.056 m³ | **BGF** 719 m² | **NUF** 557 m²

© Martin Gaissert

Lager- und Verwaltungsgebäude (32 AP) mit Seminarraum. Holzrahmenbau.

Land: Nordrhein-Westfalen
Kreis: Rheinisch-Bergischer Kreis
Standard: hoch
Bauzeit: 26 Wochen
Kennwerte: bis 1. Ebene DIN 276

BGF 2.123 €/m²

Planung: kg architektur Dipl.-Ing. Arch. Kai Grosche; Köln

veröffentlicht: BKI Objektdaten E7

7700-0077 Lager- und Werkstattgebäude, Büro (18 AP)

BRI 13.542 m³ | **BGF** 1.869 m² | **NUF** 1.669 m²

© Frauke Schumann

Lager- und Werkstattgebäude für Baumaschinen und Büro (18 AP). Sandwichpaneelen, Mauerwerk, Pfosten-Riegel-Konstruktion.

Land: Nordrhein-Westfalen
Kreis: Hagen, Stadt
Standard: mittel
Bauzeit: 39 Wochen
Kennwerte: bis 1. Ebene DIN 276

BGF 1.147 €/m²

Planung: projektplan gmbh runkel. freie architekten; Siegen

veröffentlicht: BKI Objektdaten N15

7700-0048 Büro-und Lagergebäude

BRI 6.360 m³ **BGF** 1.289 m² **NUF** 866 m²

© Muffler Architekten

Büro-und Lagergebäude. Stb-Konstruktion.

Land: Baden-Württemberg
Kreis: Tuttlingen
Standard: mittel
Bauzeit: 69 Wochen
Kennwerte: bis 1. Ebene DIN 276

BGF 2.240 €/m²

Planung: Muffler Architekten Freie Architekten BDA / DWB; Tuttlingen

veröffentlicht: www.bki.de

7300-0056 Versandgebäude, Verwaltung

BRI 9.300 m³ **BGF** 1.575 m² **NUF** 1.341 m²

© Freie Architekten Harald Kreuzberger

Versandgebäude mit Büroräumen, Besprechungszimmer, Ausstellungsraum. Stahlkonstruktion, Holzsatteldach, Stb-Flachdach.

Land: Baden-Württemberg
Kreis: Tübingen
Standard: einfach
Bauzeit: 22 Wochen
Kennwerte: bis 2. Ebene DIN 276

BGF 1.379 €/m²

Planung: Freie Architekten Harald Kreuzberger; Rottenburg

veröffentlicht: www.bki.de

7700-0018 Lager- und Verkaufsgebäude

BRI 32.167 m³ **BGF** 5.317 m² **NUF** 4.531 m²

© Tebarth Höhne Bauss Architekten

Verkauf und Lager von Türbeschlägen, Verwaltung mit Einzel- und Großraumbüros. Stb-Skelettbau.

Land: Brandenburg
Kreis: Teltow-Fläming
Standard: mittel
Bauzeit: 35 Wochen
Kennwerte: bis 1. Ebene DIN 276

BGF 2.192 €/m²

Planung: Tebarth Höhne Bauss Architekten; Berlin

veröffentlicht: www.bki.de

7700-0028 Vertriebszentrum, Lager, Büros

BRI 2.276 m³ **BGF** 556 m² **NUF** 466 m²

© Scholz & Partner GmbH Architekten und Ingenieure

Gewerblich genutztes Gebäude mit durchschnittlicher Ausstattung, ohne Einrichtungen. Stahlskelettbau.

Land: Bayern
Kreis: Kitzingen
Standard: mittel
Bauzeit: 35 Wochen
Kennwerte: bis 3. Ebene DIN 276

BGF 1.613 €/m²

Planung: Scholz & Partner GmbH Architekten und Ingenieure; Würzburg

veröffentlicht: www.bki.de

Lagergebäude, mit mehr als 25% Mischnutzung

€/m² BGF

min	1.145	€/m²
von	1.370	€/m²
Mittel	**1.825**	**€/m²**
bis	2.180	€/m²
max	2.255	€/m²

Kosten:
Stand 1. Quartal 2025
Bundesdurchschnitt
inkl. 19% MwSt.

Objektübersicht zur Gebäudeart

7700-0017 Gerüstlager, Werkstatt

BRI 36.791 m³ **BGF** 4.972 m² **NUF** 4.151 m²

Gerüstlager und Malerwerkstatt mit Sozialbereich über Werkstatt; Verwaltungsräume in Objekt 1300-0049. Stb-Skelettbau.

Land: Bayern
Kreis: Landshut
Standard: hoch
Bauzeit: 52 Wochen
Kennwerte: bis 3. Ebene DIN 276

BGF **1.467 €/m²**

Planung: Reindl + Team Architektur + Design; Nürnberg

veröffentlicht: www.bki.de

Einzel-, und Doppelgaragen

Kostenkennwerte für die Kosten des Bauwerks (Kostengruppen 300+400 nach DIN 276)

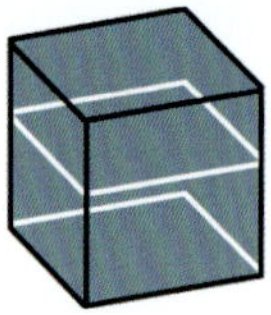

BRI 345 €/m³
von 205 €/m³
bis 445 €/m³

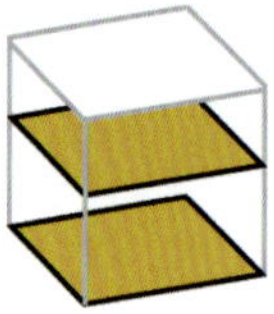

BGF 885 €/m²
von 525 €/m²
bis 1.155 €/m²

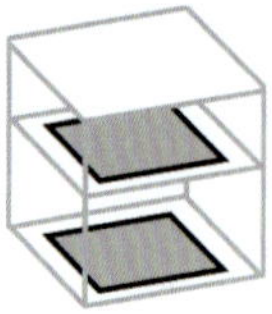

NUF 955 €/m²
von 590 €/m²
bis 1.245 €/m²

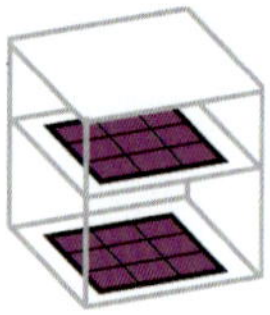

NE 19.820 €/NE
von 13.045 €/NE
bis 29.380 €/NE
NE: Stellplätze

Kosten:
Stand 1. Quartal 2025
Bundesdurchschnitt
inkl. 19% MwSt.

Objektbeispiele

6100-1642

7800-0024

8700-0066

6100-1641

6100-1396

6100-1440

Kosten der 7 Vergleichsobjekte

Seiten 952 bis 953

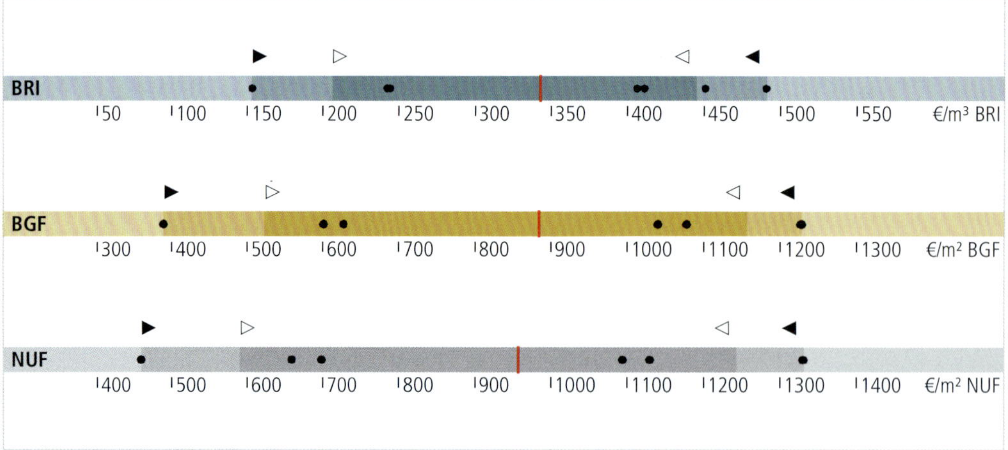

- ● KKW
- ▶ min
- ▷ von
- | Mittelwert
- ◁ bis
- ◀ max

Kostenstand: 1. Quartal 2025, Bundesdurchschnitt, **inkl. 19% MwSt.**

Kostenkennwerte für die Kostengruppen der 1. und 2.Ebene DIN 276

KG	Kostengruppen der 1.Ebene	Einheit	▷	€/Einheit	◁	▷	% an 300+400	◁
100	Grundstück	m² GF	–	**–**	–	–	**–**	–
200	Vorbereitende Maßnahmen	m² GF	–	**–**	–	–	**–**	–
300	Bauwerk – Baukonstruktionen	m² BGF	522	**865**	1.137	93,8	**98,2**	100,0
400	Bauwerk – Technische Anlagen	m² BGF	62	**65**	68	5,8	**6,2**	6,5
	Bauwerk 300+400	m² BGF	523	**884**	1.157	100,0	**100,0**	100,0
500	Außenanlagen und Freiflächen	m² AF	–	**2**	–	1,4	**1,4**	1,4
600	Ausstattung und Kunstwerke	m² BGF	–	**–**	–	–	**–**	–
700	Baunebenkosten*	m² BGF	214	**237**	260	24,1	**26,7**	29,3
800	Finanzierung	m² BGF	–	**–**	–	–	**–**	–

◁ * Auf Grundlage der HOAI 2021 berechnete Werte nach §§ 35, 52, 56. Weitere Informationen siehe Seite 56

KG	Kostengruppen der 2.Ebene	Einheit	▷	€/Einheit	◁	▷	% an 1.Ebene	◁
310	Baugrube / Erdbau	m³ BGI	–	**63**	–	0,0	**0,3**	1,5
320	Gründung, Unterbau	m² GRF	36	**109**	183	1,0	**7,8**	14,8
330	Außenwände / vertikal außen	m² AWF	–	**230**	–	0,0	**9,8**	58,8
340	Innenwände / vertikal innen	m² IWF	–	**–**	–	–	**–**	–
350	Decken / horizontal	m² DEF	–	**–**	–	–	**–**	–
360	Dächer	m² DAF	–	**147**	–	0,0	**6,3**	37,6
370	Infrastrukturanlagen		–	**–**	–	–	**–**	–
380	Baukonstruktive Einbauten	m² BGF	–	**–**	–	–	**–**	–
390	Sonst. Maßnahmen für Baukonst.	m² BGF	623	**844**	1.142	0,0	**75,9**	92,8
300	**Bauwerk – Baukonstruktionen**	**m² BGF**					**100,0**	
410	Abwasser-, Wasser-, Gasanlagen	m² BGF	–	**–**	–	–	**–**	–
420	Wärmeversorgungsanlagen	m² BGF	–	**–**	–	–	**–**	–
430	Raumlufttechnische Anlagen	m² BGF	–	**–**	–	–	**–**	–
440	Elektrische Anlagen	m² BGF	–	**68**	–	100,0	**100,0**	100,0
450	Kommunikationstechnische Anlagen	m² BGF	–	**–**	–	–	**–**	–
460	Förderanlagen	m² BGF	–	**–**	–	–	**–**	–
470	Nutzungsspez. / verfahrenstech. Anl.	m² BGF	–	**–**	–	–	**–**	–
480	Gebäude- und Anlagenautomation	m² BGF	–	**–**	–	–	**–**	–
490	Sonst. Maßnahmen f. techn. Anl.	m² BGF	–	**–**	–	–	**–**	–
400	**Bauwerk – Technische Anlagen**	**m² BGF**					**100,0**	

Prozentanteile der Kosten 2.Ebene an den Kosten des Bauwerks nach DIN 276 (Von/Mittel/Bis)

KG	Kostengruppe	%
310	Baugrube / Erdbau	0,3
320	Gründung, Unterbau	7,6
330	Außenwände / vertikal außen	9,8
340	Innenwände / vertikal innen	
350	Decken / horizontal	
360	Dächer	6,3
370	Infrastrukturanlagen	
380	Baukonstruktive Einbauten	
390	Sonst. Maßnahmen für Baukonst.	75,0
410	Abwasser-, Wasser-, Gasanlagen	
420	Wärmeversorgungsanlagen	
430	Raumlufttechnische Anlagen	
440	Elektrische Anlagen	1,1
450	Kommunikationstechnische Anlagen	
460	Förderanlagen	
470	Nutzungsspez. / verfahrenstech. Anl.	
480	Gebäude- und Anlagenautomation	
490	Sonst. Maßnahmen f. techn. Anl.	

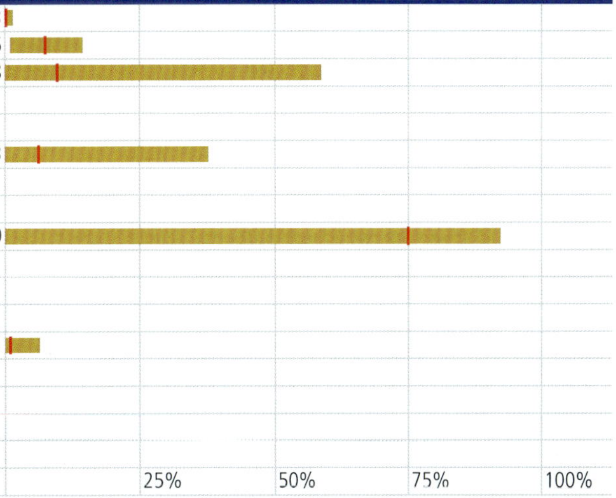

Kosten:
Stand 1. Quartal 2025
Bundesdurchschnitt
inkl. 19% MwSt.

Prozentanteile der Kosten für Leistungsbereiche nach STLB (Kosten Bauwerk nach DIN 276)

LB	Leistungsbereiche	25% 50% 75% 100%	▷	% an 300+400	◁
000	Baustellen-, Verkehrssich.- u. Sicherh.einr. inkl. 001		–	–	–
002	Erdarbeiten		0,0	**1,3**	3,9
006	Spezialtiefbauarbeiten inkl. 005		–	–	–
009	Entwässerungskanalarbeiten inkl. 011		–	–	–
010	Drän- und Versickerarbeiten		–	–	–
012	Mauerarbeiten		–	–	–
013	Betonarbeiten		2,7	**49,7**	96,7
014	Natur-, Betonwerksteinarbeiten		–	–	–
016	Zimmer- und Holzbauarbeiten		0,0	**11,0**	66,2
017	Stahlbauarbeiten		–	–	–
018	Abdichtungsarbeiten		–	–	–
020	Dachdeckungsarbeiten		–	–	–
021	Dachabdichtungsarbeiten		–	–	–
022	Klempnerarbeiten		< 0,1	**0,7**	4,0
	Rohbau		6,0	**62,7**	93,5
023	Putz- und Stuckarbeiten, Wärmedämmsysteme		–	–	–
024	Fliesen- und Plattenarbeiten		–	–	–
025	Estricharbeiten		–	–	–
026	Fenster, Außentüren inkl. 029, 032		0,0	**1,5**	9,1
027	Tischlerarbeiten		–	–	–
028	Parkettarbeiten, Holzpflasterarbeiten		–	–	–
030	Rollladenarbeiten		–	–	–
031	Metallbauarbeiten inkl. 035		0,0	**5,0**	29,7
034	Maler- und Lackiererarbeiten inkl. 037		–	–	–
036	Bodenbelagarbeiten		–	–	–
038	Vorgehängte hinterlüftete Fassaden		–	–	–
039	Trockenbauarbeiten		–	–	–
	Ausbau		0,0	**6,5**	23,0
040	Wärmeversorgungsanl. - Betriebseinr. inkl. 041		–	–	–
042	Gas- und Wasserinstallation, Leitungen inkl. 043		–	–	–
044	Abwasseranlagen - Leitungen, Abläufe, Armaturen		–	–	–
045	GWE - Einrichtungsgegenstände inkl. 046		–	–	–
047	Dämm- und Brandschutzarbeiten an techn. Anlagen		–	–	–
049	Feuerlöschanlagen, Feuerlöschgeräte		–	–	–
050	Blitzschutz- und Erdungsanlagen		–	–	–
052	Mittelspannungsanlagen		–	–	–
053	Niederspannungsanlagen inkl. 054		0,0	**1,1**	6,5
055	Sicherheits- und Ersatzstromversorgungsanlagen		–	–	–
057	Gebäudesystemtechnik		–	–	–
058	Leuchten und Lampen inkl. 059		–	–	–
060	Such-, Signal-, elektroakust. Anl., Med. inkl. 064		–	–	–
061	Kommunikations- und Übertragungsnetze inkl. 062		–	–	–
063	Gefahrenmeldeanlagen		–	–	–
069	Aufzüge		–	–	–
070	Gebäudeautomation		–	–	–
075	Raumlufttechnische Anlagen inkl. 078		–	–	–
	Gebäudetechnik		0,0	**1,1**	6,5
	Sonstige Leistungsbereiche inkl. 008, 033, 051		0,0	**29,7**	89,1

● KKW
► min
▷ von
| Mittelwert
◁ bis
◄ max

Planungskennwerte für Flächen und Rauminhalte nach DIN 277

Grundflächen		▷	Fläche/NUF (%)	◁	▷	Fläche/BGF (%)	◁
NUF	Nutzungsfläche	100,0	**100,0**	100,0	88,7	**91,5**	94,2
TF	Technikfläche	–	**–**	–	–	**–**	–
VF	Verkehrsfläche	–	**–**	–	–	**–**	–
NRF	Netto-Raumfläche	100,0	**100,0**	100,0	88,7	**91,5**	94,2
KGF	Konstruktions-Grundfläche	6,5	**9,4**	13,1	5,8	**8,5**	11,3
BGF	Brutto-Grundfläche	106,5	**109,4**	113,1	100,0	**100,0**	100,0

Brutto-Rauminhalte		▷	BRI/NUF (m)	◁	▷	BRI/BGF (m)	◁
BRI	Brutto-Rauminhalt	2,79	**2,81**	2,86	2,54	**2,57**	2,63

Flächen von Nutzeinheiten	▷	NUF/Einheit (m²)	◁	▷	BGF/Einheit (m²)	◁
Nutzeinheit: Stellplätze	16,56	**17,99**	19,62	18,17	**19,70**	20,41

Lufttechnisch behandelte Flächen	▷	Fläche/NUF (%)	◁	▷	Fläche/BGF (%)	◁
Entlüftete Fläche	–	**–**	–	–	**–**	–
Be- und entlüftete Fläche	–	**–**	–	–	**–**	–
Teilklimatisierte Fläche	–	**–**	–	–	**–**	–
Klimatisierte Fläche	–	**–**	–	–	**–**	–

KG	Kostengruppen (2. Ebene)	Einheit	▷	Menge/NUF	◁	▷	Menge/BGF	◁
310	Baugrube / Erdbau	m³ BGI	0,17	**0,17**	0,17	0,15	**0,15**	0,15
320	Gründung, Unterbau	m² GRF	1,10	**1,11**	1,11	1,00	**1,00**	1,00
330	Außenwände / vertikal außen	m² AWF	1,17	**1,17**	1,17	0,99	**0,99**	0,99
340	Innenwände / vertikal innen	m² IWF	–	**–**	–	–	**–**	–
350	Decken / horizontal	m² DEF	–	**–**	–	–	**–**	–
360	Dächer	m² DAF	1,18	**1,18**	1,18	1,00	**1,00**	1,00
370	Infrastrukturanlagen		–	**–**	–	–	**–**	–
380	Baukonstruktive Einbauten	m² BGF	1,06	**1,09**	1,13	1,00	**1,00**	1,00
390	Sonst. Maßnahmen für Baukonst.	m² BGF	1,06	**1,09**	1,13	1,00	**1,00**	1,00
300	**Bauwerk – Baukonstruktionen**	**m² BGF**	1,06	**1,09**	1,13	1,00	**1,00**	1,00

Planungskennwerte für Bauzeiten — 7 Vergleichsobjekte

Bauzeit in Wochen

€/m² BGF

min	390	€/m²
von	525	€/m²
Mittel	**885**	**€/m²**
bis	1.155	€/m²
max	1.230	€/m²

Kosten:
Stand 1. Quartal 2025
Bundesdurchschnitt
inkl. 19% MwSt.

Objektübersicht zur Gebäudeart

6100-1643 Fertigteilgarage

BRI 45 m³ **BGF** 18 m² **NUF** 16 m²

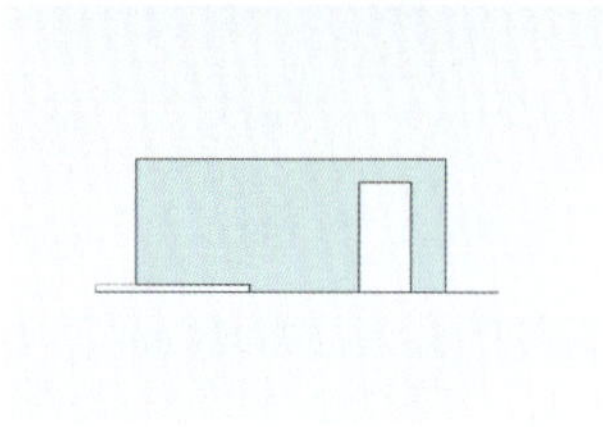

Fertigteilgarage. Modulbau.

Land: Nordrhein-Westfalen
Kreis: Viersen
Standard: mittel
Bauzeit: 4 Wochen
Kennwerte: bis 3. Ebene DIN 276

BGF 1.040 €/m²

Planung: bau grün ! energieeff. Gebäude Arch. Daniel Finocchiaro; Mönchengladbach

veröffentlicht: www.bki.de

6100-1642 Fertigteilgarage

BRI 35 m³ **BGF** 14 m² **NUF** 13 m²

Fertigteilgarage. Modulbau.

Land: Hamburg
Kreis: Hamburg, Stadt
Standard: einfach
Bauzeit: 2 Wochen
Kennwerte: bis 3. Ebene DIN 276

BGF 601 €/m²

Planung: Plan-R-Architektenbüro; Hamburg

veröffentlicht: www.bki.de

6100-1396 Garage mit Carport (2 STP)

BRI 130 m³ **BGF** 51 m² **NUF** 43 m²

Garage mit Carport. Mischbauweise.

Land: Schleswig-Holstein
Kreis: Rendsburg-Eckernförde
Standard: mittel
Bauzeit: 17 Wochen
Kennwerte: bis 3. Ebene DIN 276

BGF 389 €/m²

Planung: Jens Rühmann; Steenfeld

veröffentlicht: BKI Objektdaten N17

7800-0024 Auto- und Fahrradgarage (2 STP)

BRI 84 m³ **BGF** 32 m² **NUF** 31 m²

Doppelgarage für Pkw (2St) und Fahrräder. Holzskelettbau.

Land: Baden-Württemberg
Kreis: Rems-Murr-Kreis
Standard: hoch
Bauzeit: 18 Wochen
Kennwerte: bis 1. Ebene DIN 276

BGF 1.077 €/m²

Planung: archifaktur Architekt Julian Bärlin; Winterbach

veröffentlicht: BKI Objektdaten N13

6100-1440 Fertigteilgarage

BRI 42 m³ **BGF** 16 m² **NUF** 15 m²

Fertigteilgarage. Fertigteilbau.

Land: Baden-Württemberg
Kreis: Tübingen
Standard: einfach
Bauzeit: 4 Wochen
Kennwerte: bis 3. Ebene DIN 276

BGF **627 €/m²**

Planung: Architekt Rainer Graf Architektur + Energiekonzepte; Ofterdingen

veröffentlicht: BKI Objektdaten N17

6100-1641 Doppelgarage, Kellerersatzraum

BRI 147 m³ **BGF** 54 m² **NUF** 50 m²

Doppelgarage mit Kellerersatzraum. Modulbau.

Land: Bayern
Kreis: Aichach-Friedberg
Standard: einfach
Bauzeit: 3 Wochen
Kennwerte: bis 3. Ebene DIN 276

BGF **1.228 €/m²**

Planung: Architekturbüro Friedl Dr. Werner Friedl; Adelzhausen

veröffentlicht: www.bki.de

8700-0066 Fertigteilgarage

BRI 45 m³ **BGF** 18 m² **NUF** 17 m²

Fertigteilgarage. Modulbau.

Land: Brandenburg
Kreis: Potsdam, Stadt
Standard: mittel
Bauzeit: 7 Tage
Kennwerte: bis 3. Ebene DIN 276

BGF **1.226 €/m²**

Planung: k.A.

veröffentlicht: www.bki.de

7800-0021 Garage zu Einfamilienhaus*

BRI 61 m³ **BGF** 25 m² **NUF** 23 m²

Garage zum Einfamilienhaus. Mauerwerksbau mit Stb-Flachdach.

Land: Hessen
Kreis: Offenbach
Standard: mittel
Bauzeit: 26 Wochen
Kennwerte: bis 3. Ebene DIN 276

BGF **2.569 €/m²**

Planung: Fischer + Goth, Peter Goth, Walter F. Fischer; Aschaffenburg

veröffentlicht: www.bki.de
* Nicht in der Auswertung enthalten

Kostenkennwerte für die Kosten des Bauwerks (Kostengruppen 300+400 nach DIN 276)

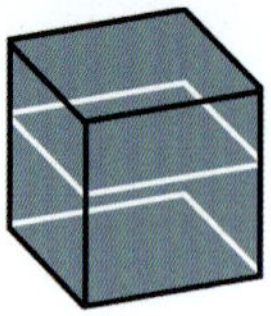

BRI 290 €/m³
von 170 €/m³
bis 415 €/m³

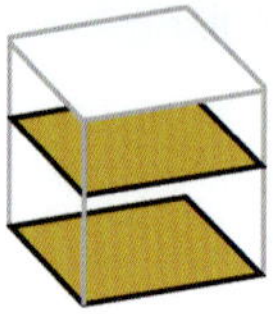

BGF 1.225 €/m²
von 825 €/m²
bis 2.020 €/m²

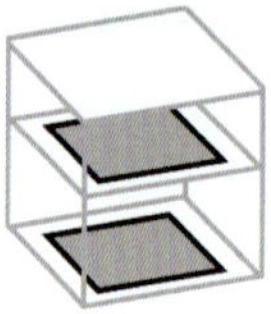

NUF 1.410 €/m²
von 910 €/m²
bis 2.385 €/m²

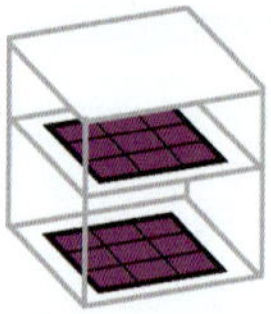

NE 33.435 €/NE
von 20.750 €/NE
bis 68.530 €/NE
NE: Stellplätze

Objektbeispiele

Kosten:
Stand 1. Quartal 2025
Bundesdurchschnitt
inkl. 19% MwSt.

7800-0018

7800-0017

7800-0019

Kosten der 6 Vergleichsobjekte

Seiten 958 bis 959

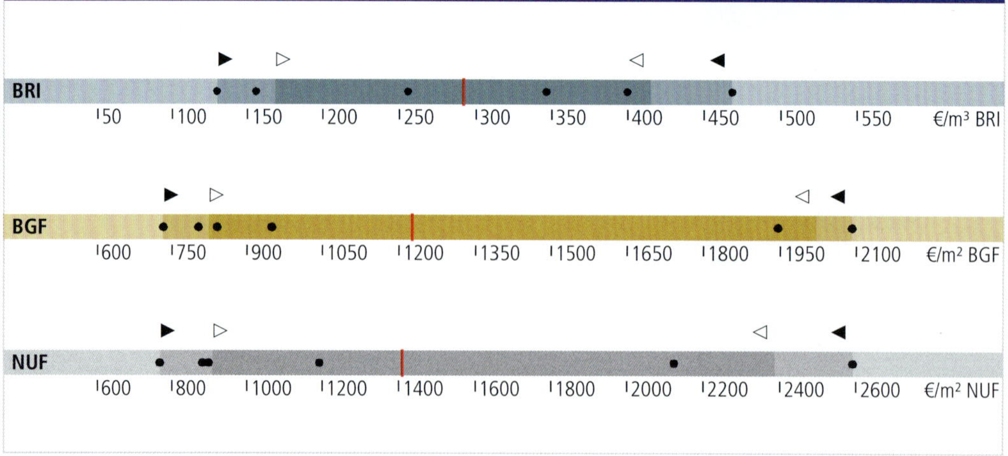

- ● KKW
- ▶ min
- ▷ von
- | Mittelwert
- ◁ bis
- ◀ max

Kostenkennwerte für die Kostengruppen der 1. und 2. Ebene DIN 276

KG	Kostengruppen der 1. Ebene	Einheit	▷	€/Einheit	◁	▷	% an 300+400	◁
100	Grundstück	m² GF	–	**–**	–	–	**–**	–
200	Vorbereitende Maßnahmen	m² GF	3	**10**	20	0,2	**0,8**	1,2
300	Bauwerk – Baukonstruktionen	m² BGF	770	**986**	1.464	64,7	**86,0**	96,3
400	Bauwerk – Technische Anlagen	m² BGF	36	**241**	689	3,7	**14,0**	35,3
	Bauwerk 300+400	m² BGF	823	**1.226**	2.021	100,0	**100,0**	100,0
500	Außenanlagen und Freiflächen	m² AF	–	**8**	–	2,8	**2,8**	2,8
600	Ausstattung und Kunstwerke	m² BGF	–	**10**	–	0,5	**0,5**	0,5
700	Baunebenkosten*	m² BGF	265	**291**	318	21,2	**23,3**	25,5
800	Finanzierung	m² BGF	–	**–**	–	–	**–**	–

* Auf Grundlage der HOAI 2021 berechnete Werte nach §§ 35, 52, 56. Weitere Informationen siehe Seite 56

KG	Kostengruppen der 2. Ebene	Einheit	▷	€/Einheit	◁	▷	% an 1. Ebene	◁
310	Baugrube / Erdbau	m³ BGI	15	**34**	44	0,3	**2,0**	4,6
320	Gründung, Unterbau	m² GRF	161	**297**	482	17,2	**24,0**	34,2
330	Außenwände / vertikal außen	m² AWF	277	**339**	578	29,0	**33,6**	40,3
340	Innenwände / vertikal innen	m² IWF	222	**268**	296	0,0	**4,6**	9,2
350	Decken / horizontal	m² DEF	327	**362**	396	0,2	**2,2**	9,9
360	Dächer	m² DAF	257	**322**	556	18,5	**31,5**	42,1
370	Infrastrukturanlagen		–	**–**	–	–	**–**	–
380	Baukonstruktive Einbauten	m² BGF	–	**3**	–	0,0	**< 0,1**	0,2
390	Sonst. Maßnahmen für Baukonst.	m² BGF	21	**42**	76	0,4	**2,2**	5,5
300	**Bauwerk – Baukonstruktionen**	**m² BGF**					**100,0**	
410	Abwasser-, Wasser-, Gasanlagen	m² BGF	14	**40**	139	13,0	**34,7**	65,0
420	Wärmeversorgungsanlagen	m² BGF	< 1	**98**	195	< 0,1	**8,9**	44,4
430	Raumlufttechnische Anlagen	m² BGF	–	**–**	–	–	**–**	–
440	Elektrische Anlagen	m² BGF	11	**27**	85	10,6	**24,1**	44,5
450	Kommunikationstechnische Anlagen	m² BGF	< 1	**6**	12	< 0,1	**0,6**	2,7
460	Förderanlagen	m² BGF	–	**825**	–	0,0	**19,6**	97,9
470	Nutzungsspez. / verfahrenstech. Anl.	m² BGF	9	**36**	63	0,5	**12,1**	58,3
480	Gebäude- und Anlagenautomation	m² BGF	–	**–**	–	–	**–**	–
490	Sonst. Maßnahmen f. techn. Anl.	m² BGF	–	**–**	–	–	**–**	–
400	**Bauwerk – Technische Anlagen**	**m² BGF**					**100,0**	

Prozentanteile der Kosten 2. Ebene an den Kosten des Bauwerks nach DIN 276 (Von/Mittel/Bis)

KG	Kostengruppe	%
310	Baugrube / Erdbau	1,4
320	Gründung, Unterbau	18,8
330	Außenwände / vertikal außen	28,4
340	Innenwände / vertikal innen	3,9
350	Decken / horizontal	1,8
360	Dächer	27,5
370	Infrastrukturanlagen	
380	Baukonstruktive Einbauten	< 0,1
390	Sonst. Maßnahmen für Baukonst.	1,4
410	Abwasser-, Wasser-, Gasanlagen	2,8
420	Wärmeversorgungsanlagen	1,9
430	Raumlufttechnische Anlagen	
440	Elektrische Anlagen	1,9
450	Kommunikationstechnische Anlagen	0,1
460	Förderanlagen	8,5
470	Nutzungsspez. / verfahrenstech. Anl.	1,6
480	Gebäude- und Anlagenautomation	
490	Sonst. Maßnahmen f. techn. Anl.	

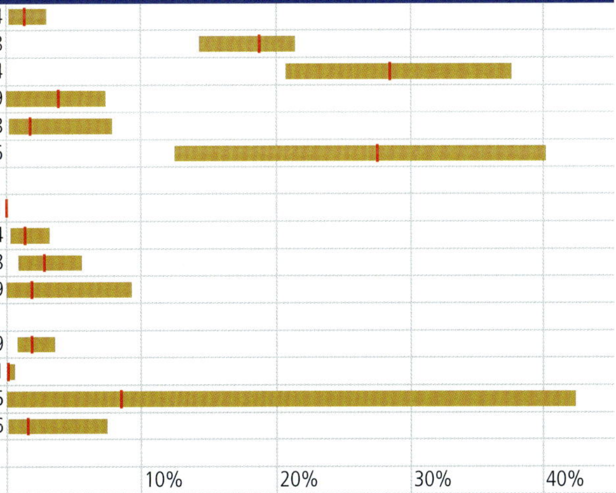

Prozentanteile der Kosten für Leistungsbereiche nach STLB (Kosten Bauwerk nach DIN 276)

LB	Leistungsbereiche	▷	% an 300+400	◁
000	Baustellen-, Verkehrssich.- u. Sicherh.einr. inkl. 001	0,2	**1,2**	3,0
002	Erdarbeiten	1,5	**5,9**	9,3
006	Spezialtiefbauarbeiten inkl. 005	–	**–**	–
009	Entwässerungskanalarbeiten inkl. 011	0,3	**1,3**	3,1
010	Drän- und Versickerarbeiten	0,0	**< 0,1**	0,3
012	Mauerarbeiten	0,1	**0,7**	1,5
013	Betonarbeiten	13,4	**28,3**	38,2
014	Natur-, Betonwerksteinarbeiten	< 0,1	**0,5**	2,5
016	Zimmer- und Holzbauarbeiten	0,0	**2,1**	10,6
017	Stahlbauarbeiten	0,0	**21,7**	54,4
018	Abdichtungsarbeiten	0,1	**1,2**	3,5
020	Dachdeckungsarbeiten	0,0	**0,5**	2,3
021	Dachabdichtungsarbeiten	0,0	**7,3**	22,3
022	Klempnerarbeiten	0,4	**1,0**	1,9
	Rohbau	57,9	**71,8**	83,1
023	Putz- und Stuckarbeiten, Wärmedämmsysteme	0,0	**< 0,1**	0,4
024	Fliesen- und Plattenarbeiten	< 0,1	**0,6**	2,7
025	Estricharbeiten	< 0,1	**0,2**	1,0
026	Fenster, Außentüren inkl. 029, 032	1,0	**5,7**	12,5
027	Tischlerarbeiten	0,0	**0,3**	1,4
028	Parkettarbeiten, Holzpflasterarbeiten	0,0	**0,3**	1,5
030	Rollladenarbeiten	0,0	**0,7**	3,5
031	Metallbauarbeiten inkl. 035	< 0,1	**2,8**	8,7
034	Maler- und Lackiererarbeiten inkl. 037	0,4	**1,8**	6,9
036	Bodenbelagarbeiten	0,0	**< 0,1**	0,3
038	Vorgehängte hinterlüftete Fassaden	–	**–**	–
039	Trockenbauarbeiten	< 0,1	**0,4**	1,7
	Ausbau	1,0	**13,0**	22,4
040	Wärmeversorgungsanl. - Betriebseinr. inkl. 041	< 0,1	**1,7**	8,3
042	Gas- und Wasserinstallation, Leitungen inkl. 043	< 0,1	**0,3**	1,4
044	Abwasseranlagen - Leitungen, Abläufe, Armaturen	0,0	**0,1**	0,2
045	GWE - Einrichtungsgegenstände inkl. 046	0,1	**0,9**	3,8
047	Dämm- und Brandschutzarbeiten an techn. Anlagen	< 0,1	**0,2**	0,7
049	Feuerlöschanlagen, Feuerlöschgeräte	0,0	**< 0,1**	< 0,1
050	Blitzschutz- und Erdungsanlagen	< 0,1	**0,3**	1,2
052	Mittelspannungsanlagen	–	**–**	–
053	Niederspannungsanlagen inkl. 054	0,3	**1,3**	2,8
055	Sicherheits- und Ersatzstromversorgungsanlagen	–	**–**	–
057	Gebäudesystemtechnik	–	**–**	–
058	Leuchten und Lampen inkl. 059	< 0,1	**0,3**	0,9
060	Such-, Signal-, elektroakust. Anl., Med. inkl. 064	< 0,1	**< 0,1**	0,1
061	Kommunikations- und Übertragungsnetze inkl. 062	0,0	**< 0,1**	< 0,1
063	Gefahrenmeldeanlagen	0,0	**< 0,1**	< 0,1
069	Aufzüge	–	**–**	–
070	Gebäudeautomation	–	**–**	–
075	Raumlufttechnische Anlagen inkl. 078	–	**–**	–
	Gebäudetechnik	1,4	**5,1**	19,2
	Sonstige Leistungsbereiche inkl. 008, 033, 051	1,4	**10,1**	42,7

Kosten:
Stand 1. Quartal 2025
Bundesdurchschnitt
inkl. 19% MwSt.

- ● KKW
- ▶ min
- ▷ von
- | Mittelwert
- ◁ bis
- ◀ max

Planungskennwerte für Flächen und Rauminhalte nach DIN 277

Grundflächen		▷	Fläche/NUF (%)	◁	▷	Fläche/BGF (%)	◁
NUF	Nutzungsfläche	100,0	**100,0**	100,0	88,0	**88,6**	91,2
TF	Technikfläche	3,1	**3,1**	3,1	2,5	**2,5**	2,5
VF	Verkehrsfläche	5,3	**5,3**	5,3	4,2	**4,2**	4,2
NRF	Netto-Raumfläche	102,3	**102,3**	102,8	88,6	**90,4**	92,2
KGF	Konstruktions-Grundfläche	9,2	**11,2**	14,1	7,8	**9,6**	11,4
BGF	Brutto-Grundfläche	110,5	**113,5**	114,4	100,0	**100,0**	100,0

Brutto-Rauminhalte		▷	BRI/NUF (m)	◁	▷	BRI/BGF (m)	◁
BRI	Brutto-Rauminhalt	4,43	**4,93**	5,27	3,79	**4,38**	4,55

Flächen von Nutzeinheiten	▷	NUF/Einheit (m²)	◁	▷	BGF/Einheit (m²)	◁
Nutzeinheit: Stellplätze	27,14	**32,07**	32,07	28,32	**35,27**	35,27

Lufttechnisch behandelte Flächen	▷	Fläche/NUF (%)	◁	▷	Fläche/BGF (%)	◁
Entlüftete Fläche	–	**–**	–	–	**–**	–
Be- und entlüftete Fläche	–	**–**	–	–	**–**	–
Teilklimatisierte Fläche	–	**–**	–	–	**–**	–
Klimatisierte Fläche	–	**–**	–	–	**–**	–

KG	Kostengruppen (2. Ebene)	Einheit	▷	Menge/NUF	◁	▷	Menge/BGF	◁
310	Baugrube / Erdbau	m³ BGI	1,30	**1,30**	1,32	1,19	**1,19**	1,20
320	Gründung, Unterbau	m² GRF	0,90	**0,99**	1,10	0,87	**0,87**	0,92
330	Außenwände / vertikal außen	m² AWF	0,98	**1,16**	1,28	1,02	**1,02**	1,08
340	Innenwände / vertikal innen	m² IWF	0,46	**0,50**	0,50	0,39	**0,41**	0,41
350	Decken / horizontal	m² DEF	0,27	**0,27**	0,27	0,22	**0,22**	0,22
360	Dächer	m² DAF	0,98	**1,06**	1,07	0,89	**0,94**	0,94
370	Infrastrukturanlagen		–	**–**	–	–	**–**	–
380	Baukonstruktive Einbauten	m² BGF	1,10	**1,13**	1,14	1,00	**1,00**	1,00
390	Sonst. Maßnahmen für Baukonst.	m² BGF	1,10	**1,13**	1,14	1,00	**1,00**	1,00
300	**Bauwerk – Baukonstruktionen**	**m² BGF**	1,10	**1,13**	1,14	1,00	**1,00**	1,00

Planungskennwerte für Bauzeiten

6 Vergleichsobjekte

Bauzeit in Wochen

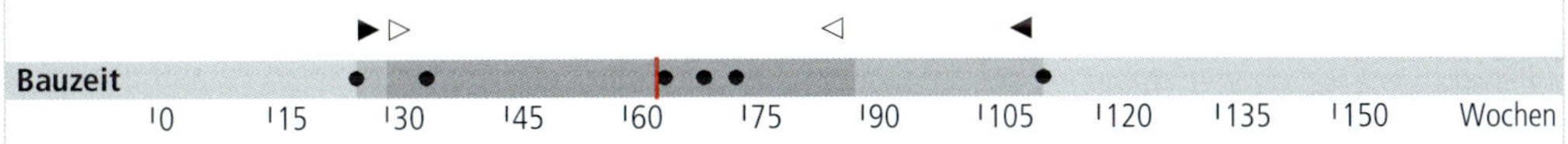

Objektübersicht zur Gebäudeart

€/m² BGF

min	730	€/m²
von	825	€/m²
Mittel	**1.225**	**€/m²**
bis	2.020	€/m²
max	2.090	€/m²

Kosten:
Stand 1. Quartal 2025
Bundesdurchschnitt
inkl. 19% MwSt.

7800-0025 Pkw-Garagen (6 STP)

BRI 359 m³ **BGF** 114 m² **NUF** 102 m²

Garage mit sechs Stellplätzen. Massivholzbau.

Land: Nordrhein-Westfalen
Kreis: Mönchengladbach, Stadt
Standard: mittel
Bauzeit: 26 Wochen
Kennwerte: bis 1. Ebene DIN 276

BGF 802 €/m²

Planung: bau grün ! energieeff. Gebäude Arch. Daniel Finocchiaro; Mönchengladbach

veröffentlicht: BKI Objektdaten N15

7800-0022 Lkw-Halle (3 Lkw), Wohnen

BRI 3.425 m³ **BGF** 655 m² **NUF** 528 m²

Lkw-Halle für Lkws mit Anhänger (3 STP), Waschplatz, Montagegrube, Zapfstelle, zwei Betriebswohnungen. Stahlbetonbau.

Land: Bayern
Kreis: Ebersberg
Standard: mittel
Bauzeit: 35 Wochen
Kennwerte: bis 3. Ebene DIN 276

BGF 2.091 €/m²

Planung: Hans Baumann & Freunde Robert Kolbitsch; Moosach

veröffentlicht: www.bki.de

7800-0020 Garage zu Mehrfamilienhaus (6 STP)

BRI 470 m³ **BGF** 172 m² **NUF** 137 m²

Drei Doppelgaragen, Raum für Mülltonnen. Stahlbetonbau.

Land: Baden-Württemberg
Kreis: Ortenaukreis
Standard: mittel
Bauzeit: 70 Wochen
Kennwerte: bis 3. Ebene DIN 276

BGF 948 €/m²

Planung: Freier Architekt Rainer Roth; Offenburg

veröffentlicht: www.bki.de

7800-0018 Garage Wohnanlage (23 STP)

BRI 1.119 m³ **BGF** 269 m² **NUF** 247 m²

Garagengebäude mit Doppelparker für 23 Pkw und Mülltonnenstandplatz für Wohnanlage. Stahlbetonbau.

Land: Rheinland-Pfalz
Kreis: Mainz, Stadt
Standard: hoch
Bauzeit: 113 Wochen
Kennwerte: bis 3. Ebene DIN 276

BGF 1.945 €/m²

Planung: Wohnbau Mainz GmbH; Mainz

veröffentlicht: www.bki.de

7800-0017 Busabstellhalle (16 STP), Tankstelle

BRI 7.052 m³ **BGF** 1.306 m² **NUF** 1.244 m²

Busabstellhalle für 16 Busse als Teil eines Omnibusbetriebshofs. Mauerwerksbau.

Land: Baden-Württemberg
Kreis: Freudenstadt
Standard: mittel
Bauzeit: 65 Wochen
Kennwerte: bis 3. Ebene DIN 276

BGF **840 €/m²**

Planung: Detlef Brückner Dipl.-Ing. (FH) Freier Architekt; Freudenstadt

veröffentlicht: www.bki.de

7800-0019 Busbetriebshalle (6 Fahrzeuge)

BRI 1.826 m³ **BGF** 323 m² **NUF** 308 m²

Busbetriebshalle mit sechs Fahrzeugstellplätzen. Stahlskelettbau.

Land: Bayern
Kreis: Main-Spessart
Standard: einfach
Bauzeit: 74 Wochen
Kennwerte: bis 3. Ebene DIN 276

BGF **732 €/m²**

Planung: Scholz & Völker Architektengemeinschaft; Würzburg

veröffentlicht: www.bki.de

Kostenkennwerte für die Kosten des Bauwerks (Kostengruppen 300+400 nach DIN 276)

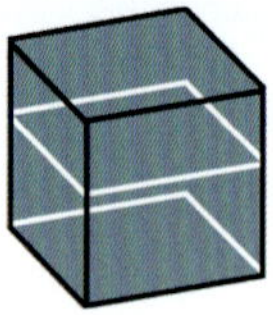

BRI 305 €/m³
von 220 €/m³
bis 390 €/m³

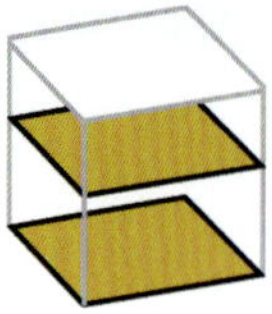

BGF 885 €/m²
von 650 €/m²
bis 1.125 €/m²

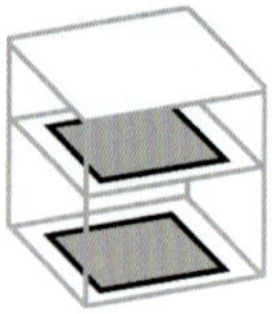

NUF 1.820 €/m²
von 1.110 €/m²
bis 2.735 €/m²

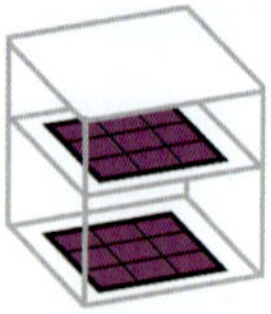

NE 28.175 €/NE
von 20.230 €/NE
bis 39.040 €/NE
NE: Stellplätze

Objektbeispiele

Kosten:
Stand 1. Quartal 2025
Bundesdurchschnitt
inkl. 19% MwSt.

7800-0031

7800-0032

7800-0028

7800-0037

7800-0033

7800-0023

Kosten der 6 Vergleichsobjekte Seiten 964 bis 965

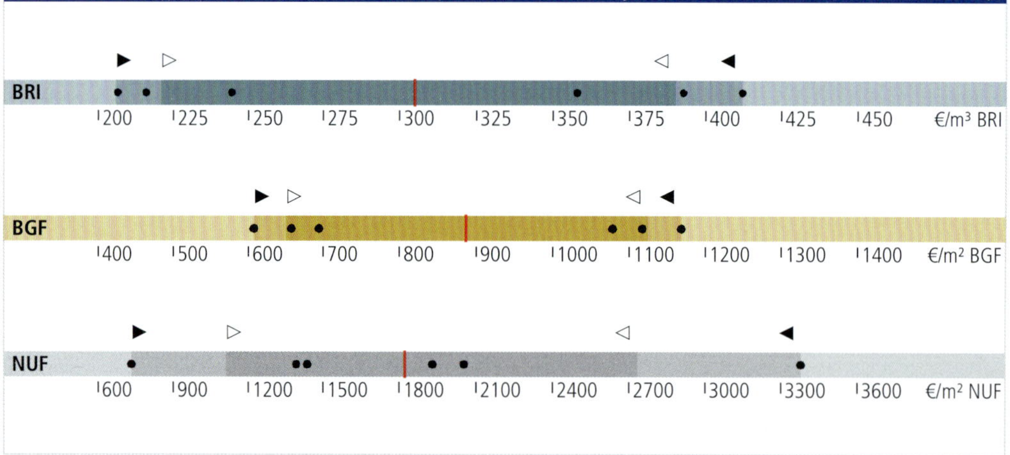

- ● KKW
- ▶ min
- ▷ von
- | Mittelwert
- ◁ bis
- ◀ max

Kostenkennwerte für die Kostengruppen der 1. und 2. Ebene DIN 276

KG	Kostengruppen der 1. Ebene	Einheit	▷	€/Einheit	◁	▷	% an 300+400	◁
100	Grundstück	m² GF	–	**–**	–	–	**–**	–
200	Vorbereitende Maßnahmen	m² GF	2	**15**	28	< 0,1	**5,8**	9,3
300	Bauwerk – Baukonstruktionen	m² BGF	591	**803**	1.011	83,4	**90,8**	95,1
400	Bauwerk – Technische Anlagen	m² BGF	34	**84**	142	4,9	**9,2**	16,6
	Bauwerk 300+400	m² BGF	650	**887**	1.124	100,0	**100,0**	100,0
500	Außenanlagen und Freiflächen	m² AF	142	**289**	538	1,2	**5,5**	14,7
600	Ausstattung und Kunstwerke	m² BGF	–	**2**	–	0,2	**0,2**	0,2
700	Baunebenkosten*	m² BGF	121	**134**	146	13,4	**14,8**	16,1
800	Finanzierung	m² BGF	–	**–**	–	–	**–**	–

◁ * Auf Grundlage der HOAI 2021 berechnete Werte nach §§ 35, 52, 56. Weitere Informationen siehe Seite 56

KG	Kostengruppen der 2. Ebene	Einheit	▷	€/Einheit	◁	▷	% an 1. Ebene	◁
310	Baugrube / Erdbau	m³ BGI	53	**106**	141	1,5	**3,7**	7,6
320	Gründung, Unterbau	m² GRF	315	**626**	1.198	10,1	**19,3**	24,4
330	Außenwände / vertikal außen	m² AWF	362	**1.028**	2.302	17,7	**23,2**	26,0
340	Innenwände / vertikal innen	m² IWF	358	**782**	1.206	< 0,1	**2,7**	7,9
350	Decken / horizontal	m² DEF	416	**475**	590	25,7	**26,7**	27,2
360	Dächer	m² DAF	451	**494**	576	10,5	**19,1**	24,4
370	Infrastrukturanlagen		–	**–**	–	–	**–**	–
380	Baukonstruktive Einbauten	m² BGF	4	**11**	18	0,2	**1,1**	2,8
390	Sonst. Maßnahmen für Baukonst.	m² BGF	15	**40**	83	1,7	**4,3**	8,8
300	**Bauwerk – Baukonstruktionen**	**m² BGF**					**100,0**	
410	Abwasser-, Wasser-, Gasanlagen	m² BGF	3	**13**	20	12,4	**16,0**	17,7
420	Wärmeversorgungsanlagen	m² BGF	–	**1**	–	0,0	**0,2**	0,6
430	Raumlufttechnische Anlagen	m² BGF	–	**4**	–	0,0	**0,8**	2,3
440	Elektrische Anlagen	m² BGF	12	**42**	58	34,5	**59,3**	74,9
450	Kommunikationstechnische Anlagen	m² BGF	7	**30**	74	6,9	**20,5**	40,5
460	Förderanlagen	m² BGF	–	**9**	–	0,0	**1,7**	5,1
470	Nutzungsspez. / verfahrenstech. Anl.	m² BGF	–	**4**	–	0,0	**0,8**	2,4
480	Gebäude- und Anlagenautomation	m² BGF	–	**–**	–	–	**–**	–
490	Sonst. Maßnahmen f. techn. Anl.	m² BGF	–	**4**	–	0,0	**0,8**	2,3
400	**Bauwerk – Technische Anlagen**	**m² BGF**					**100,0**	

Prozentanteile der Kosten 2. Ebene an den Kosten des Bauwerks nach DIN 276 (Von/Mittel/Bis)

KG	Kostengruppe	%
310	Baugrube / Erdbau	3,4
320	Gründung, Unterbau	17,5
330	Außenwände / vertikal außen	21,4
340	Innenwände / vertikal innen	2,2
350	Decken / horizontal	24,4
360	Dächer	17,7
370	Infrastrukturanlagen	
380	Baukonstruktive Einbauten	1,0
390	Sonst. Maßnahmen für Baukonst.	3,7
410	Abwasser-, Wasser-, Gasanlagen	1,3
420	Wärmeversorgungsanlagen	< 0,1
430	Raumlufttechnische Anlagen	0,1
440	Elektrische Anlagen	4,1
450	Kommunikationstechnische Anlagen	2,7
460	Förderanlagen	0,3
470	Nutzungsspez. / verfahrenstech. Anl.	0,1
480	Gebäude- und Anlagenautomation	
490	Sonst. Maßnahmen f. techn. Anl.	0,1

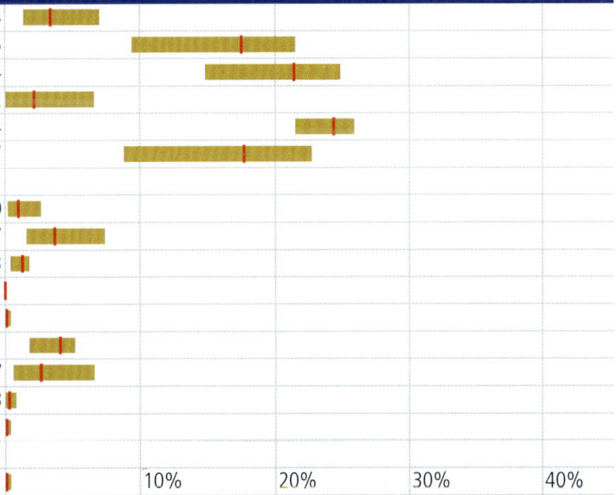

Prozentanteile der Kosten für Leistungsbereiche nach STLB (Kosten Bauwerk nach DIN 276)

Kosten:
Stand 1. Quartal 2025
Bundesdurchschnitt
inkl. 19% MwSt.

LB	Leistungsbereiche	▷	% an 300+400	◁
000	Baustellen-, Verkehrssich.- u. Sicherh.einr. inkl. 001	1,1	**3,8**	5,7
002	Erdarbeiten	2,9	**4,7**	6,2
006	Spezialtiefbauarbeiten inkl. 005	0,0	**3,9**	7,7
009	Entwässerungskanalarbeiten inkl. 011	0,3	**0,5**	0,6
010	Drän- und Versickerarbeiten	–	**–**	–
012	Mauerarbeiten	–	**–**	–
013	Betonarbeiten	9,5	**27,9**	39,2
014	Natur-, Betonwerksteinarbeiten	0,1	**1,1**	1,9
016	Zimmer- und Holzbauarbeiten	0,0	**13,0**	26,1
017	Stahlbauarbeiten	13,6	**14,2**	14,8
018	Abdichtungsarbeiten	< 0,1	**0,4**	0,7
020	Dachdeckungsarbeiten	< 0,1	**3,4**	6,7
021	Dachabdichtungsarbeiten	< 0,1	**1,6**	3,2
022	Klempnerarbeiten	0,3	**1,0**	1,4
	Rohbau	70,4	**75,4**	82,4
023	Putz- und Stuckarbeiten, Wärmedämmsysteme	–	**–**	–
024	Fliesen- und Plattenarbeiten	0,0	**0,1**	0,2
025	Estricharbeiten	0,0	**< 0,1**	0,2
026	Fenster, Außentüren inkl. 029, 032	0,0	**0,7**	1,5
027	Tischlerarbeiten	0,0	**< 0,1**	0,2
028	Parkettarbeiten, Holzpflasterarbeiten	–	**–**	–
030	Rollladenarbeiten	–	**–**	–
031	Metallbauarbeiten inkl. 035	0,4	**4,3**	8,1
034	Maler- und Lackiererarbeiten inkl. 037	0,6	**1,6**	2,2
036	Bodenbelagarbeiten	0,0	**3,0**	6,0
038	Vorgehängte hinterlüftete Fassaden	0,0	**1,9**	3,9
039	Trockenbauarbeiten	0,0	**0,2**	0,4
	Ausbau	6,5	**12,0**	17,8
040	Wärmeversorgungsanl. - Betriebseinr. inkl. 041	0,0	**< 0,1**	< 0,1
042	Gas- und Wasserinstallation, Leitungen inkl. 043	< 0,1	**< 0,1**	0,1
044	Abwasseranlagen - Leitungen, Abläufe, Armaturen	0,3	**0,5**	0,7
045	GWE - Einrichtungsgegenstände inkl. 046	0,0	**0,1**	0,3
047	Dämm- und Brandschutzarbeiten an techn. Anlagen	< 0,1	**< 0,1**	< 0,1
049	Feuerlöschanlagen, Feuerlöschgeräte	0,0	**< 0,1**	< 0,1
050	Blitzschutz- und Erdungsanlagen	0,1	**0,2**	0,3
052	Mittelspannungsanlagen	–	**–**	–
053	Niederspannungsanlagen inkl. 054	0,8	**1,5**	2,2
055	Sicherheits- und Ersatzstromversorgungsanlagen	0,0	**< 0,1**	0,1
057	Gebäudesystemtechnik	–	**–**	–
058	Leuchten und Lampen inkl. 059	0,9	**2,5**	3,5
060	Such-, Signal-, elektroakust. Anl., Med. inkl. 064	0,2	**1,7**	3,0
061	Kommunikations- und Übertragungsnetze inkl. 062	< 0,1	**< 0,1**	< 0,1
063	Gefahrenmeldeanlagen	0,0	**0,8**	1,7
069	Aufzüge	0,0	**0,3**	0,6
070	Gebäudeautomation	–	**–**	–
075	Raumlufttechnische Anlagen inkl. 078	0,0	**0,1**	0,2
	Gebäudetechnik	2,9	**8,0**	11,5
	Sonstige Leistungsbereiche inkl. 008, 033, 051	2,5	**4,5**	6,5

● KKW
▶ min
▷ von
| Mittelwert
◁ bis
◀ max

Planungskennwerte für Flächen und Rauminhalte nach DIN 277

Grundflächen		▷	Fläche/NUF (%)	◁	▷	Fläche/BGF (%)	◁
NUF	Nutzungsfläche	100,0	**100,0**	100,0	47,7	**54,5**	70,1
TF	Technikfläche	0,6	**0,8**	0,8	0,3	**0,4**	0,4
VF	Verkehrsfläche	56,0	**85,2**	117,5	21,6	**37,7**	42,0
NRF	Netto-Raumfläche	156,3	**185,9**	218,4	91,6	**92,6**	93,7
KGF	Konstruktions-Grundfläche	13,6	**15,2**	23,3	6,3	**7,4**	8,4
BGF	Brutto-Grundfläche	168,0	**201,1**	234,1	100,0	**100,0**	100,0

Brutto-Rauminhalte		▷	BRI/NUF (m)	◁	▷	BRI/BGF (m)	◁
BRI	Brutto-Rauminhalt	4,78	**5,87**	6,61	2,91	**2,92**	3,03

Flächen von Nutzeinheiten	▷	NUF/Einheit (m²)	◁	▷	BGF/Einheit (m²)	◁
Nutzeinheit: Stellplätze	16,74	**17,61**	17,61	30,79	**32,04**	36,35

Lufttechnisch behandelte Flächen	▷	Fläche/NUF (%)	◁	▷	Fläche/BGF (%)	◁
Entlüftete Fläche	–	–	–	–	–	–
Be- und entlüftete Fläche	–	–	–	–	–	–
Teilklimatisierte Fläche	–	–	–	–	–	–
Klimatisierte Fläche	–	–	–	–	–	–

KG	Kostengruppen (2. Ebene)	Einheit	▷	Menge/NUF	◁	▷	Menge/BGF	◁
310	Baugrube / Erdbau	m³ BGI	0,56	**0,56**	0,64	0,20	**0,27**	0,27
320	Gründung, Unterbau	m² GRF	0,60	**0,60**	0,70	0,28	**0,32**	0,32
330	Außenwände / vertikal außen	m² AWF	0,65	**0,65**	0,75	0,27	**0,45**	0,45
340	Innenwände / vertikal innen	m² IWF	0,09	**0,09**	0,09	0,03	**0,03**	0,03
350	Decken / horizontal	m² DEF	0,83	**1,02**	1,02	0,46	**0,49**	0,49
360	Dächer	m² DAF	0,60	**0,60**	0,69	0,28	**0,32**	0,32
370	Infrastrukturanlagen		–	–	–	–	–	–
380	Baukonstruktive Einbauten	m² BGF	1,68	**2,01**	2,34	1,00	**1,00**	1,00
390	Sonst. Maßnahmen für Baukonst.	m² BGF	1,68	**2,01**	2,34	1,00	**1,00**	1,00
300	**Bauwerk – Baukonstruktionen**	**m² BGF**	1,68	**2,01**	2,34	1,00	**1,00**	1,00

Planungskennwerte für Bauzeiten — 6 Vergleichsobjekte

Bauzeit in Wochen

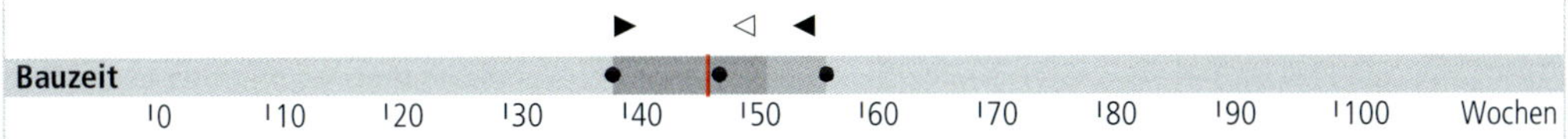

Objektübersicht zur Gebäudeart

€/m² BGF

min	605	€/m²
von	650	€/m²
Mittel	**885**	**€/m²**
bis	1.125	€/m²
max	1.170	€/m²

Kosten:
Stand 1. Quartal 2025
Bundesdurchschnitt
inkl. 19% MwSt.

7800-0032 Parkhaus (69 STP)

BRI 5.045 m³ **BGF** 1.696 m² **NUF** 964 m²

Parkhaus als offene Großgarage in Skelettkonstruktion mit 69 Stellplätzen. Stahlbau.

Land: Hessen
Kreis: Groß-Gerau
Standard: mittel
Bauzeit: 48 Wochen
Kennwerte: bis 1. Ebene DIN 276

BGF 1.168 €/m²

Planung: SCHOYERER ARCHITEKTEN_SYRA; Mainz

veröffentlicht: BKI Objektdaten N20

7800-0037 Parkhaus (77 STP)

BRI 6.384 m³ **BGF** 2.118 m² **NUF** 1.183 m²

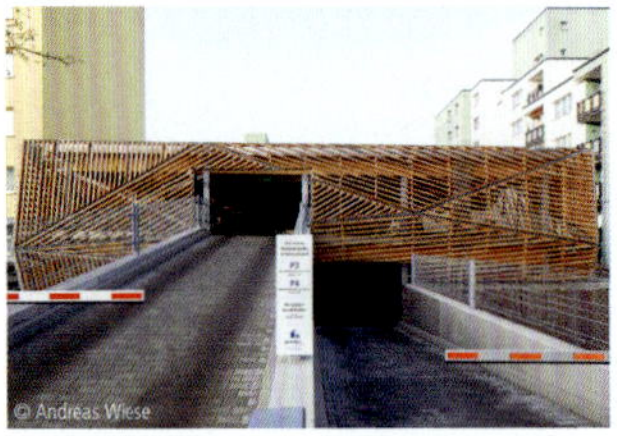

Parkhaus mit 77 Stellplätzen auf zwei Ebenen. Holzbau.

Land: Hessen
Kreis: Groß-Gerau
Standard: mittel
Bauzeit: 39 Wochen
Kennwerte: bis 3. Ebene DIN 276

BGF 1.078 €/m²

Planung: kg5 architekten Küstermeier I Gentner; Düsseldorf

veröffentlicht: BKI Objektdaten S6

7800-0033 Parkhaus (804 STP)

BRI 76.154 m³ **BGF** 25.910 m² **NUF** 10.951 m²

Parkhaus mit 804 Stellplätzen. Stahlbau.

Land: Hessen
Kreis: Darmstadt, Stadt
Standard: hoch
Bauzeit: 57 Wochen
Kennwerte: bis 1. Ebene DIN 276

BGF 607 €/m²

Planung: Lengfeld & Wilisch Architekten PartG mbB; Darmstadt

veröffentlicht: BKI Objektdaten N20

7800-0028 Parkhaus (445 STP)

BRI 36.184 m³ **BGF** 11.268 m² **NUF** 5.618 m²

Parkhaus mit 445 Stellplätzen. Stahlbau.

Land: Bayern
Kreis: Aschaffenburg, Stadt
Standard: mittel
Bauzeit: 39 Wochen
Kennwerte: bis 1. Ebene DIN 276

BGF 694 €/m²

Planung: RitterBauerArchitektenGmbH; Aschaffenburg

veröffentlicht: BKI Objektdaten N18

7800-0031 Parkhaus (211 STP)

BRI 24.028 m^3 **BGF** 8.866 m^2 **NUF** 2.930 m^2

© Stephan Schmatz

Parkhaus mit 211 Stellplätzen und öffentlichem WC. Stahlbau.

Land: Mecklenburg-Vorpommern
Kreis: Nordwestmecklenburg
Standard: mittel
Bauzeit: 48 Wochen
Kennwerte: bis 3. Ebene DIN 276

BGF **1.117 €/m²**

Planung: Lengfeld & Wilisch Architekten PartG mbB; Darmstadt

veröffentlicht: BKI Objektdaten N18

7800-0023 Parkgarage (158 STP)

BRI 17.219 m^3 **BGF** 6.409 m^2 **NUF** 5.722 m^2

© Freier Architekt Stefan Musil

Parkgarage mit 158 Stellplätzen, durch die Innenstadtlage waren besondere Gestaltung und Emissionsschutz vorgeschrieben. Stahlkonstruktion.

Land: Rheinland-Pfalz
Kreis: Westerwaldkreis
Standard: hoch
Bauzeit: 48 Wochen
Kennwerte: bis 3. Ebene DIN 276

BGF **656 €/m²**

Planung: Freier Architekt BDA Stefan Musil; Ransbach-Baumbach

veröffentlicht: BKI Objektdaten N12

Kostenkennwerte für die Kosten des Bauwerks (Kostengruppen 300+400 nach DIN 276)

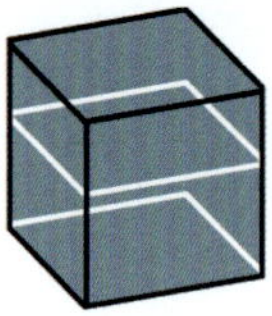

BRI 505 €/m³
von 240 €/m³
bis 595 €/m³

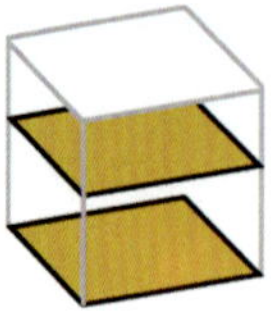

BGF 2.085 €/m²
von 740 €/m²
bis 2.630 €/m²

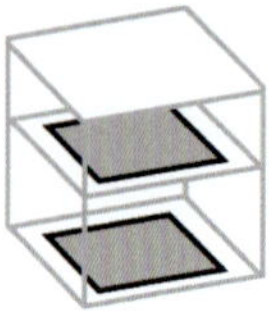

NUF 3.975 €/m²
von 1.375 €/m²
bis 4.910 €/m²

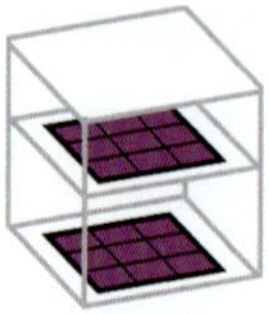

NE 3.870 €/NE
von 2.845 €/NE
bis 4.895 €/NE
NE: Stellplätze

Kosten:
Stand 1. Quartal 2025
Bundesdurchschnitt
inkl. 19% MwSt.

Objektbeispiele

7800-0035

7800-0034

7800-0030

Kosten der 4 Vergleichsobjekte

Seiten 970 bis 971

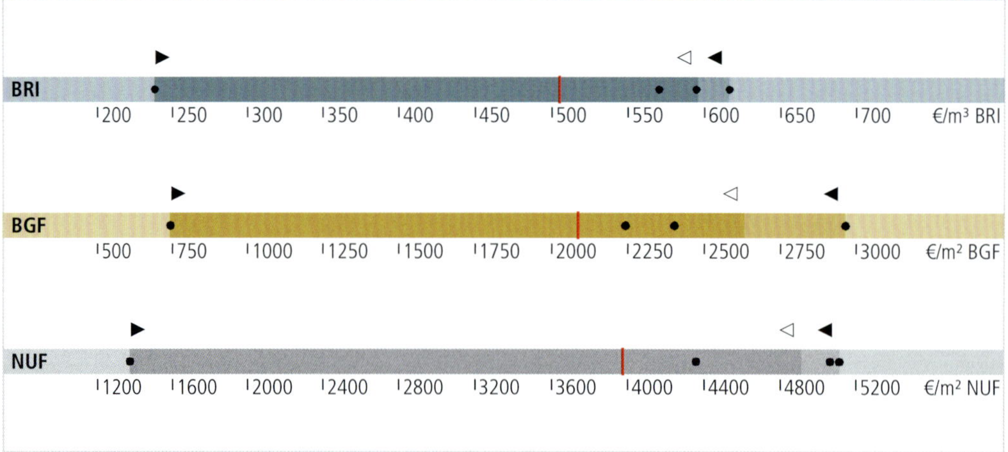

- ● KKW
- ▶ min
- ▷ von
- | Mittelwert
- ◁ bis
- ◀ max

Kostenkennwerte für die Kostengruppen der 1. und 2. Ebene DIN 276

KG	Kostengruppen der 1. Ebene	Einheit	▷	€/Einheit	◁	▷	% an 300+400	◁
100	Grundstück	m^2 GF	–	**–**	–	–	**–**	–
200	Vorbereitende Maßnahmen	m^2 GF	–	**26**	–	2,8	**5,3**	7,7
300	Bauwerk – Baukonstruktionen	m^2 BGF	684	**1.817**	2.210	79,1	**88,5**	91,8
400	Bauwerk – Technische Anlagen	m^2 BGF	133	**271**	621	8,2	**11,5**	20,9
	Bauwerk 300+400	m^2 BGF	742	**2.087**	2.632	100,0	**100,0**	100,0
500	Außenanlagen und Freiflächen	m^2 AF	426	**504**	583	4,1	**6,1**	7,3
600	Ausstattung und Kunstwerke	m^2 BGF	< 1	**118**	351	< 0,1	**5,2**	15,7
700	Baunebenkosten*	m^2 BGF	357	**393**	429	16,4	**18,1**	19,7
800	Finanzierung	m^2 BGF	–	**–**	–	–	**–**	–

◁ * Auf Grundlage der HOAI 2021 berechnete Werte nach §§ 35, 52, 56. Weitere Informationen siehe Seite 56

KG	Kostengruppen der 2. Ebene	Einheit	▷	€/Einheit	◁	▷	% an 1. Ebene	◁
310	Baugrube / Erdbau	m^3 BGI	81	**193**	305	0,4	**1,8**	4,3
320	Gründung, Unterbau	m^2 GRF	74	**218**	296	5,2	**11,1**	21,8
330	Außenwände / vertikal außen	m^2 AWF	606	**866**	1.017	28,7	**33,7**	37,3
340	Innenwände / vertikal innen	m^2 IWF	394	**417**	440	1,1	**4,4**	10,6
350	Decken / horizontal	m^2 DEF	–	**719**	–	0,0	**6,1**	18,3
360	Dächer	m^2 DAF	406	**634**	995	13,4	**23,5**	42,5
370	Infrastrukturanlagen		–	**–**	–	–	**–**	–
380	Baukonstruktive Einbauten	m^2 BGF	70	**201**	439	1,2	**13,3**	19,4
390	Sonst. Maßnahmen für Baukonst.	m^2 BGF	39	**107**	244	3,0	**6,0**	11,3
300	**Bauwerk – Baukonstruktionen**	**m^2 BGF**					**100,0**	
410	Abwasser-, Wasser-, Gasanlagen	m^2 BGF	9	**19**	29	0,0	**9,1**	13,9
420	Wärmeversorgungsanlagen	m^2 BGF	9	**30**	50	0,0	**12,5**	19,2
430	Raumlufttechnische Anlagen	m^2 BGF	< 1	**30**	59	0,2	**8,4**	24,9
440	Elektrische Anlagen	m^2 BGF	56	**199**	481	35,0	**56,6**	71,4
450	Kommunikationstechnische Anlagen	m^2 BGF	8	**52**	139	6,3	**12,0**	22,4
460	Förderanlagen	m^2 BGF	–	**–**	–	–	**–**	–
470	Nutzungsspez. / verfahrenstech. Anl.	m^2 BGF	–	**3**	–	0,0	**0,5**	1,5
480	Gebäude- und Anlagenautomation	m^2 BGF	–	**–**	–	–	**–**	–
490	Sonst. Maßnahmen f. techn. Anl.	m^2 BGF	–	**1**	–	0,2	**0,9**	2,0
400	**Bauwerk – Technische Anlagen**	**m^2 BGF**					**100,0**	

Prozentanteile der Kosten 2. Ebene an den Kosten des Bauwerks nach DIN 276 (Von/Mittel/Bis)

KG	Kostengruppe	%
310	Baugrube / Erdbau	1,6
320	Gründung, Unterbau	10,0
330	Außenwände / vertikal außen	29,4
340	Innenwände / vertikal innen	4,0
350	Decken / horizontal	5,5
360	Dächer	19,7
370	Infrastrukturanlagen	
380	Baukonstruktive Einbauten	11,5
390	Sonst. Maßnahmen für Baukonst.	5,4
410	Abwasser-, Wasser-, Gasanlagen	0,8
420	Wärmeversorgungsanlagen	1,1
430	Raumlufttechnische Anlagen	0,8
440	Elektrische Anlagen	8,1
450	Kommunikationstechnische Anlagen	1,9
460	Förderanlagen	
470	Nutzungsspez. / verfahrenstech. Anl.	< 0,1
480	Gebäude- und Anlagenautomation	
490	Sonst. Maßnahmen f. techn. Anl.	< 0,1

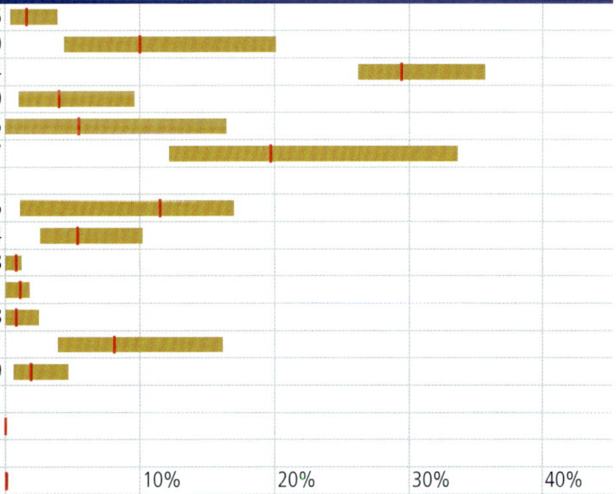

Prozentanteile der Kosten für Leistungsbereiche nach STLB (Kosten Bauwerk nach DIN 276)

LB	Leistungsbereiche	▷	% an 300+400	◁
000	Baustellen-, Verkehrssich.- u. Sicherh.einr. inkl. 001	1,8	**5,2**	7,6
002	Erdarbeiten	1,7	**3,0**	4,3
006	Spezialtiefbauarbeiten inkl. 005	0,0	**0,8**	1,6
009	Entwässerungskanalarbeiten inkl. 011	< 0,1	**0,1**	0,2
010	Drän- und Versickerarbeiten	–	**–**	–
012	Mauerarbeiten	0,0	**0,2**	0,3
013	Betonarbeiten	4,3	**6,5**	10,1
014	Natur-, Betonwerksteinarbeiten	–	**–**	–
016	Zimmer- und Holzbauarbeiten	0,0	**10,0**	20,0
017	Stahlbauarbeiten	14,9	**29,7**	47,0
018	Abdichtungsarbeiten	0,3	**0,5**	0,9
020	Dachdeckungsarbeiten	0,0	**1,8**	3,6
021	Dachabdichtungsarbeiten	0,3	**2,9**	5,2
022	Klempnerarbeiten	0,3	**0,8**	1,2
	Rohbau	58,5	**61,6**	64,7
023	Putz- und Stuckarbeiten, Wärmedämmsysteme	0,0	**0,4**	0,7
024	Fliesen- und Plattenarbeiten	< 0,1	**0,2**	0,3
025	Estricharbeiten	< 0,1	**0,6**	1,0
026	Fenster, Außentüren inkl. 029, 032	1,2	**6,3**	9,7
027	Tischlerarbeiten	< 0,1	**0,3**	0,4
028	Parkettarbeiten, Holzpflasterarbeiten	–	**–**	–
030	Rollladenarbeiten	–	**–**	–
031	Metallbauarbeiten inkl. 035	8,6	**12,9**	18,8
034	Maler- und Lackiererarbeiten inkl. 037	< 0,1	**2,8**	5,5
036	Bodenbelagarbeiten	0,0	**0,2**	0,4
038	Vorgehängte hinterlüftete Fassaden	–	**–**	–
039	Trockenbauarbeiten	< 0,1	**0,6**	1,1
	Ausbau	20,7	**24,2**	27,3
040	Wärmeversorgungsanl. - Betriebseinr. inkl. 041	1,2	**1,5**	1,8
042	Gas- und Wasserinstallation, Leitungen inkl. 043	0,1	**0,3**	0,5
044	Abwasseranlagen - Leitungen, Abläufe, Armaturen	< 0,1	**0,1**	0,2
045	GWE - Einrichtungsgegenstände inkl. 046	< 0,1	**0,2**	0,3
047	Dämm- und Brandschutzarbeiten an techn. Anlagen	< 0,1	**0,1**	0,2
049	Feuerlöschanlagen, Feuerlöschgeräte	–	**–**	–
050	Blitzschutz- und Erdungsanlagen	0,1	**0,1**	0,1
052	Mittelspannungsanlagen	–	**–**	–
053	Niederspannungsanlagen inkl. 054	2,3	**2,7**	3,1
055	Sicherheits- und Ersatzstromversorgungsanlagen	–	**–**	–
057	Gebäudesystemtechnik	–	**–**	–
058	Leuchten und Lampen inkl. 059	1,3	**4,8**	8,1
060	Such-, Signal-, elektroakust. Anl., Med. inkl. 064	< 0,1	**1,0**	2,0
061	Kommunikations- und Übertragungsnetze inkl. 062	0,1	**0,2**	0,4
063	Gefahrenmeldeanlagen	< 0,1	**0,8**	1,3
069	Aufzüge	–	**–**	–
070	Gebäudeautomation	–	**–**	–
075	Raumlufttechnische Anlagen inkl. 078	< 0,1	**0,8**	1,6
	Gebäudetechnik	7,9	**12,7**	16,8
	Sonstige Leistungsbereiche inkl. 008, 033, 051	0,3	**1,5**	2,5

Kosten:
Stand 1. Quartal 2025
Bundesdurchschnitt
inkl. 19% MwSt.

- ● KKW
- ▶ min
- ▷ von
- | Mittelwert
- ◁ bis
- ◀ max

Planungskennwerte für Flächen und Rauminhalte nach DIN 277

Grundflächen		▷	Fläche/NUF (%)	◁	▷	Fläche/BGF (%)	◁
NUF	Nutzungsfläche	100,0	**100,0**	100,0	50,5	**52,7**	55,0
TF	Technikfläche	3,2	**3,2**	4,3	1,7	**1,7**	2,2
VF	Verkehrsfläche	59,8	**60,5**	63,5	30,8	**31,7**	31,9
NRF	Netto-Raumfläche	162,1	**163,7**	163,7	84,3	**86,2**	89,2
KGF	Konstruktions-Grundfläche	21,0	**27,1**	32,6	10,8	**13,8**	15,7
BGF	Brutto-Grundfläche	183,6	**190,8**	200,1	100,0	**100,0**	100,0

Brutto-Rauminhalte		▷	BRI/NUF (m)	◁	▷	BRI/BGF (m)	◁
BRI	Brutto-Rauminhalt	6,93	**7,58**	7,72	3,74	**4,00**	4,58

Flächen von Nutzeinheiten	▷	NUF/Einheit (m²)	◁	▷	BGF/Einheit (m²)	◁
Nutzeinheit:	–	–	–	–	–	–

Lufttechnisch behandelte Flächen	▷	Fläche/NUF (%)	◁	▷	Fläche/BGF (%)	◁
Entlüftete Fläche	–	–	–	–	–	–
Be- und entlüftete Fläche	–	–	–	–	–	–
Teilklimatisierte Fläche	–	–	–	–	–	–
Klimatisierte Fläche	–	–	–	–	–	–

KG	Kostengruppen (2. Ebene)	Einheit	▷	Menge/NUF	◁	▷	Menge/BGF	◁
310	Baugrube / Erdbau	m³ BGI	1,26	**1,26**	1,26	0,59	**0,59**	0,59
320	Gründung, Unterbau	m² GRF	1,25	**1,33**	1,33	0,71	**0,71**	0,71
330	Außenwände / vertikal außen	m² AWF	1,38	**1,38**	1,77	0,53	**0,74**	0,74
340	Innenwände / vertikal innen	m² IWF	0,66	**0,66**	0,66	0,31	**0,31**	0,31
350	Decken / horizontal	m² DEF	1,17	**1,17**	1,17	0,55	**0,55**	0,55
360	Dächer	m² DAF	1,16	**1,16**	1,35	0,62	**0,62**	0,81
370	Infrastrukturanlagen		–	–	–	–	–	–
380	Baukonstruktive Einbauten	m² BGF	1,84	**1,91**	2,00	1,00	**1,00**	1,00
390	Sonst. Maßnahmen für Baukonst.	m² BGF	1,84	**1,91**	2,00	1,00	**1,00**	1,00
300	**Bauwerk – Baukonstruktionen**	**m² BGF**	1,84	**1,91**	2,00	1,00	**1,00**	1,00

Planungskennwerte für Bauzeiten — 4 Vergleichsobjekte

Bauzeit in Wochen

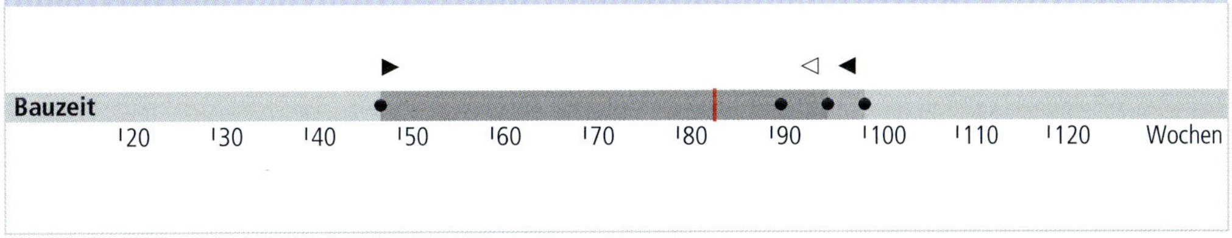

Objektübersicht zur Gebäudeart

€/m² BGF

min	740	€/m²
von	740	€/m²
Mittel	**2.085**	**€/m²**
bis	2.630	€/m²
max	2.965	€/m²

Kosten:
Stand 1. Quartal 2025
Bundesdurchschnitt
inkl. 19% MwSt.

7800-0034 Fahrradparkhaus (604 STP)

BRI 4.800 m³ **BGF** 1.319 m² **NUF** 679 m²

© Michael Ryan

Fahrradparkhaus mit 604 Parkplätzen. Holzbau.

Land: Brandenburg
Kreis: Barnim
Standard: mittel
Bauzeit: 100 Wochen
Kennwerte: bis 1. Ebene DIN 276

BGF **2.242 €/m²**

Planung: Leitplan GmbH Planungs- und Entwicklungsgesellschaft; Berlin

veröffentlicht: BKI Objektdaten S6

7800-0035 Fahrradparkhaus (1.032 STP)

BRI 9.175 m³ **BGF** 2.944 m² **NUF** 1.590 m²

© SCHOYERER ARCHITEKTEN_SYRA

Fahrradparkhaus für 1.032 Stellplätze. Stahlbau.

Land: Rheinland-Pfalz
Kreis: Mainz, Stadt
Standard: mittel
Bauzeit: 91 Wochen
Kennwerte: bis 3. Ebene DIN 276

BGF **742 €/m²**

Planung: SCHOYERER ARCHITEKTEN_SYRA; Mainz

vorgesehen: BKI Objektdaten N21

7800-0036 Fahrradabstellbox (11 STP)*

BRI 30 m³ **BGF** 10 m² **NUF** 9 m²

© baubar urbanlaboratorium

Fahrradabstellbox mit elf Stellplätzen. Stahlbau.

Land: Saarland
Kreis: Saarbrücken, Regionalverband
Standard: einfach
Bauzeit: 4 Wochen*
Kennwerte: bis 1. Ebene DIN 276

BGF **3.147 €/m²** *

Planung: baubar urbanlaboratorium Diez und Torres GbR; Saarbrücken

vorgesehen: BKI Objektdaten N21
* Nicht in der Auswertung enthalten

7800-0030 Fahrradparkhaus (224 STP)

BRI 6.728 m³ **BGF** 1.666 m² **NUF** 782 m²

© Mathias Ackerknecht

Fahrradparkhaus mit Fahrradwerkstatt/Verkaufsraum, Kundencenter und Aufenthaltsräumen für Busfahrer. Holzbau.

Land: Rheinland-Pfalz
Kreis: Bad Kreuznach
Standard: mittel
Bauzeit: 96 Wochen
Kennwerte: bis 3. Ebene DIN 276

BGF **2.401 €/m²**

Planung: slb_architekten und ingenieure Inhaber Andreas Roll; Boppard

veröffentlicht: BKI Objektdaten N18

7800-0029 Fahrradparkhaus (200 STP)

BRI 998 m³ | **BGF** 192 m² | **NUF** 112 m²

Planung: HJPplaner; Aachen

Fahrradparkhaus für 200 Fahrräder. Stahlbau.

Land: Nordrhein-Westfalen
Kreis: Rhein-Erft-Kreis
Standard: mittel
Bauzeit: 48 Wochen
Kennwerte: bis 3. Ebene DIN 276

BGF **2.963 €/m²**

veröffentlicht: BKI Objektdaten N19

Kostenkennwerte für die Kosten des Bauwerks (Kostengruppen 300+400 nach DIN 276)

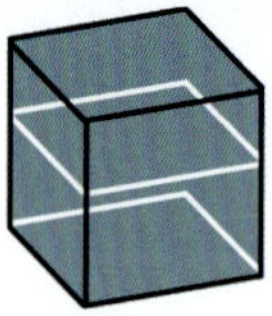

BRI 365 €/m³
von 255 €/m³
bis 540 €/m³

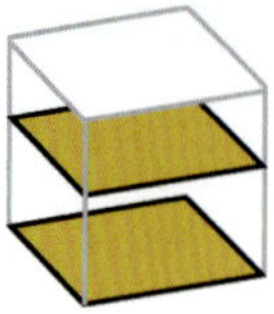

BGF 1.055 €/m²
von 705 €/m²
bis 1.565 €/m²

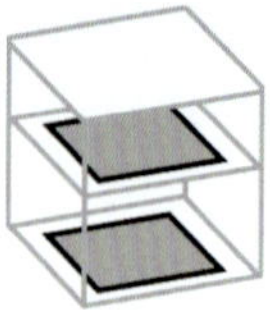

NUF 1.280 €/m²
von 815 €/m²
bis 2.440 €/m²

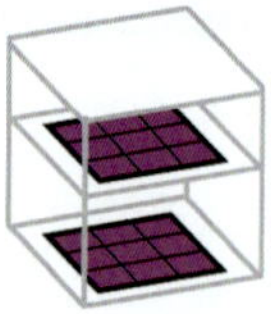

NE 40.225 €/NE
von 14.175 €/NE
bis 78.580 €/NE
NE: Stellplätze

Objektbeispiele

Kosten:
Stand 1. Quartal 2025
Bundesdurchschnitt
inkl. 19% MwSt.

6100-1646

6200-0124

6100-1645

Kosten der 7 Vergleichsobjekte

Seiten 976 bis 977

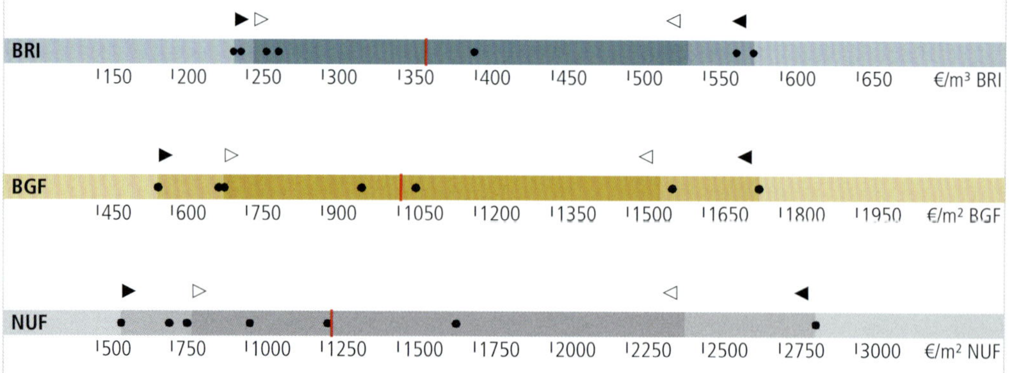

- ● KKW
- ▶ min
- ▷ von
- | Mittelwert
- ◁ bis
- ◀ max

Kostenkennwerte für die Kostengruppen der 1. und 2. Ebene DIN 276

KG	Kostengruppen der 1. Ebene	Einheit	▷	€/Einheit	◁	▷	% an 300+400	◁
100	Grundstück	m² GF	–	**–**	–	–	**–**	–
200	Vorbereitende Maßnahmen	m² GF	–	**–**	–	–	**–**	–
300	Bauwerk – Baukonstruktionen	m² BGF	703	**1.053**	1.564	100,0	**100,0**	100,0
400	Bauwerk – Technische Anlagen	m² BGF	–	**–**	–	–	**–**	–
	Bauwerk 300+400	m² BGF	703	**1.053**	1.564	100,0	**100,0**	100,0
500	Außenanlagen und Freiflächen	m² AF	–	**–**	–	–	**–**	–
600	Ausstattung und Kunstwerke	m² BGF	–	**–**	–	–	**–**	–
700	Baunebenkosten*	m² BGF	228	**253**	278	21,8	**24,1**	26,5
800	Finanzierung	m² BGF	–	**–**	–	–	**–**	–

◁ * Auf Grundlage der HOAI 2021 berechnete Werte nach §§ 35, 52, 56. Weitere Informationen siehe Seite 56

KG	Kostengruppen der 2. Ebene	Einheit	▷	€/Einheit	◁	▷	% an 1. Ebene	◁
310	Baugrube / Erdbau	m³ BGI	–	**88**	–	0,0	**0,4**	3,0
320	Gründung, Unterbau	m² GRF	59	**175**	509	6,0	**11,3**	18,0
330	Außenwände / vertikal außen	m² AWF	228	**325**	481	5,5	**23,1**	45,4
340	Innenwände / vertikal innen	m² IWF	–	**143**	–	< 0,1	**0,2**	1,7
350	Decken / horizontal	m² DEF	–	**–**	–	–	**–**	–
360	Dächer	m² DAF	215	**379**	622	0,0	**24,1**	34,8
370	Infrastrukturanlagen		–	**–**	–	–	**–**	–
380	Baukonstruktive Einbauten	m² BGF	–	**–**	–	–	**–**	–
390	Sonst. Maßnahmen für Baukonst.	m² BGF	116	**480**	747	0,2	**40,8**	78,2
300	**Bauwerk – Baukonstruktionen**	**m² BGF**					**100,0**	
410	Abwasser-, Wasser-, Gasanlagen	m² BGF	–	**–**	–	–	**–**	–
420	Wärmeversorgungsanlagen	m² BGF	–	**–**	–	–	**–**	–
430	Raumlufttechnische Anlagen	m² BGF	–	**–**	–	–	**–**	–
440	Elektrische Anlagen	m² BGF	–	**–**	–	–	**–**	–
450	Kommunikationstechnische Anlagen	m² BGF	–	**–**	–	–	**–**	–
460	Förderanlagen	m² BGF	–	**–**	–	–	**–**	–
470	Nutzungsspez. / verfahrenstech. Anl.	m² BGF	–	**–**	–	–	**–**	–
480	Gebäude- und Anlagenautomation	m² BGF	–	**–**	–	–	**–**	–
490	Sonst. Maßnahmen f. techn. Anl.	m² BGF	–	**–**	–	–	**–**	–
400	**Bauwerk – Technische Anlagen**	**m² BGF**					**100,0**	

Prozentanteile der Kosten 2. Ebene an den Kosten des Bauwerks nach DIN 276 (Von/Mittel/Bis)

KG	Kostengruppe	%
310	Baugrube / Erdbau	0,4
320	Gründung, Unterbau	11,3
330	Außenwände / vertikal außen	23,1
340	Innenwände / vertikal innen	0,2
350	Decken / horizontal	
360	Dächer	24,1
370	Infrastrukturanlagen	
380	Baukonstruktive Einbauten	
390	Sonst. Maßnahmen für Baukonst.	40,8
410	Abwasser-, Wasser-, Gasanlagen	
420	Wärmeversorgungsanlagen	
430	Raumlufttechnische Anlagen	
440	Elektrische Anlagen	
450	Kommunikationstechnische Anlagen	
460	Förderanlagen	
470	Nutzungsspez. / verfahrenstech. Anl.	
480	Gebäude- und Anlagenautomation	
490	Sonst. Maßnahmen f. techn. Anl.	

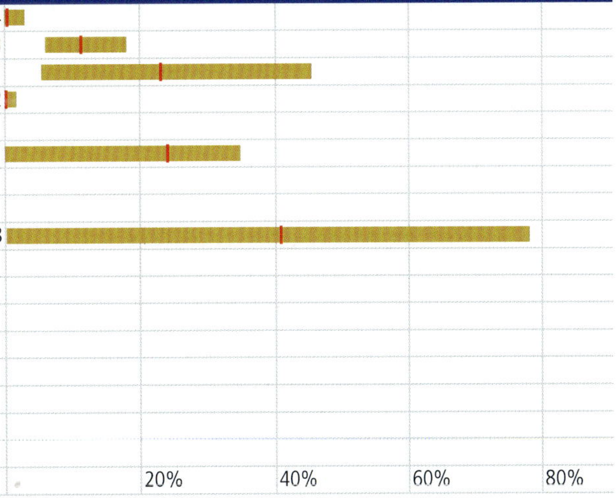

Prozentanteile der Kosten für Leistungsbereiche nach STLB (Kosten Bauwerk nach DIN 276)

Kosten:
Stand 1. Quartal 2025
Bundesdurchschnitt
inkl. 19% MwSt.

LB	Leistungsbereiche	▷	% an 300+400	◁
000	Baustellen-, Verkehrssich.- u. Sicherh.einr. inkl. 001	–	**–**	–
002	Erdarbeiten	0,1	**1,1**	3,8
006	Spezialtiefbauarbeiten inkl. 005	–	**–**	–
009	Entwässerungskanalarbeiten inkl. 011	–	**–**	–
010	Drän- und Versickerarbeiten	–	**–**	–
012	Mauerarbeiten	–	**–**	–
013	Betonarbeiten	11,1	**24,8**	64,9
014	Natur-, Betonwerksteinarbeiten	–	**–**	–
016	Zimmer- und Holzbauarbeiten	5,2	**32,7**	57,1
017	Stahlbauarbeiten	0,0	**8,9**	62,2
018	Abdichtungsarbeiten	< 0,1	**< 0,1**	0,5
020	Dachdeckungsarbeiten	0,0	**2,7**	18,8
021	Dachabdichtungsarbeiten	0,8	**12,3**	23,2
022	Klempnerarbeiten	0,5	**4,7**	11,5
	Rohbau	59,6	**87,3**	97,2
023	Putz- und Stuckarbeiten, Wärmedämmsysteme	–	**–**	–
024	Fliesen- und Plattenarbeiten	–	**–**	–
025	Estricharbeiten	–	**–**	–
026	Fenster, Außentüren inkl. 029, 032	0,0	**0,7**	4,6
027	Tischlerarbeiten	–	**–**	–
028	Parkettarbeiten, Holzpflasterarbeiten	–	**–**	–
030	Rollladenarbeiten	–	**–**	–
031	Metallbauarbeiten inkl. 035	0,0	**9,2**	39,3
034	Maler- und Lackiererarbeiten inkl. 037	–	**–**	–
036	Bodenbelagarbeiten	–	**–**	–
038	Vorgehängte hinterlüftete Fassaden	–	**–**	–
039	Trockenbauarbeiten	–	**–**	–
	Ausbau	0,0	**9,9**	39,9
040	Wärmeversorgungsanl. - Betriebseinr. inkl. 041	–	**–**	–
042	Gas- und Wasserinstallation, Leitungen inkl. 043	–	**–**	–
044	Abwasseranlagen - Leitungen, Abläufe, Armaturen	–	**–**	–
045	GWE - Einrichtungsgegenstände inkl. 046	–	**–**	–
047	Dämm- und Brandschutzarbeiten an techn. Anlagen	–	**–**	–
049	Feuerlöschanlagen, Feuerlöschgeräte	–	**–**	–
050	Blitzschutz- und Erdungsanlagen	–	**–**	–
052	Mittelspannungsanlagen	–	**–**	–
053	Niederspannungsanlagen inkl. 054	–	**–**	–
055	Sicherheits- und Ersatzstromversorgungsanlagen	–	**–**	–
057	Gebäudesystemtechnik	–	**–**	–
058	Leuchten und Lampen inkl. 059	–	**–**	–
060	Such-, Signal-, elektroakust. Anl., Med. inkl. 064	–	**–**	–
061	Kommunikations- und Übertragungsnetze inkl. 062	–	**–**	–
063	Gefahrenmeldeanlagen	–	**–**	–
069	Aufzüge	–	**–**	–
070	Gebäudeautomation	–	**–**	–
075	Raumlufttechnische Anlagen inkl. 078	–	**–**	–
	Gebäudetechnik	–	**–**	–
	Sonstige Leistungsbereiche inkl. 008, 033, 051	< 0,1	**2,9**	10,0

- ● KKW
- ▶ min
- ▷ von
- | Mittelwert
- ◁ bis
- ◀ max

Planungskennwerte für Flächen und Rauminhalte nach DIN 277

Grundflächen		▷	Fläche/NUF (%)	◁	▷	Fläche/BGF (%)	◁
NUF	Nutzungsfläche	100,0	**100,0**	100,0	76,2	**88,2**	90,3
TF	Technikfläche	48,4	**48,4**	48,4	29,6	**29,6**	29,6
VF	Verkehrsfläche	–	**–**	–	–	**–**	–
NRF	Netto-Raumfläche	106,9	**106,9**	106,9	90,1	**92,4**	94,5
KGF	Konstruktions-Grundfläche	6,9	**9,1**	10,6	5,5	**7,6**	9,9
BGF	Brutto-Grundfläche	111,9	**116,1**	139,0	100,0	**100,0**	100,0

Brutto-Rauminhalte		▷	BRI/NUF (m)	◁	▷	BRI/BGF (m)	◁
BRI	Brutto-Rauminhalt	3,09	**3,38**	3,55	2,71	**2,88**	3,37

Flächen von Nutzeinheiten	▷	NUF/Einheit (m²)	◁	▷	BGF/Einheit (m²)	◁
Nutzeinheit: Stellplätze	25,45	**27,70**	34,11	29,79	**32,73**	34,47

Lufttechnisch behandelte Flächen	▷	Fläche/NUF (%)	◁	▷	Fläche/BGF (%)	◁
Entlüftete Fläche	–	**–**	–	–	**–**	–
Be- und entlüftete Fläche	–	**–**	–	–	**–**	–
Teilklimatisierte Fläche	–	**–**	–	–	**–**	–
Klimatisierte Fläche	–	**–**	–	–	**–**	–

KG	Kostengruppen (2. Ebene)	Einheit	▷	Menge/NUF	◁	▷	Menge/BGF	◁
310	Baugrube / Erdbau	m³ BGI	0,58	**0,58**	0,58	0,54	**0,54**	0,54
320	Gründung, Unterbau	m² GRF	1,01	**1,06**	1,10	0,93	**0,93**	0,94
330	Außenwände / vertikal außen	m² AWF	1,07	**1,40**	2,30	0,90	**1,10**	1,46
340	Innenwände / vertikal innen	m² IWF	0,35	**0,35**	0,35	0,21	**0,21**	0,21
350	Decken / horizontal	m² DEF	–	**–**	–	–	**–**	–
360	Dächer	m² DAF	1,25	**1,27**	1,45	1,05	**1,06**	1,12
370	Infrastrukturanlagen		–	**–**	–	–	**–**	–
380	Baukonstruktive Einbauten	m² BGF	1,12	**1,16**	1,39	1,00	**1,00**	1,00
390	Sonst. Maßnahmen für Baukonst.	m² BGF	1,12	**1,16**	1,39	1,00	**1,00**	1,00
300	**Bauwerk – Baukonstruktionen**	**m² BGF**	1,12	**1,16**	1,39	1,00	**1,00**	1,00

Planungskennwerte für Bauzeiten — 7 Vergleichsobjekte

Bauzeit in Wochen

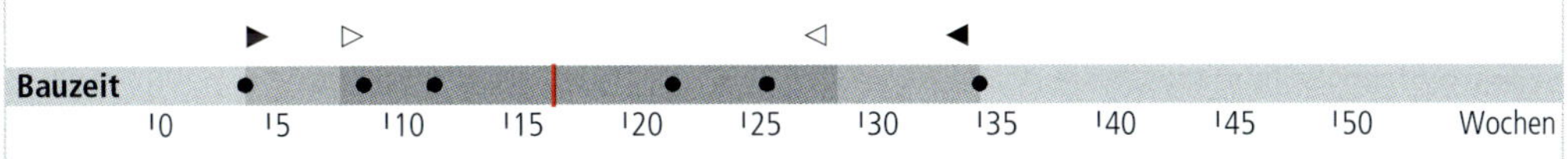

€/m² BGF

min	570	€/m²
von	705	€/m²
Mittel	**1.055**	**€/m²**
bis	1.565	€/m²
max	1.760	€/m²

Kosten:
Stand 1. Quartal 2025
Bundesdurchschnitt
inkl. 19% MwSt.

Objektübersicht zur Gebäudeart

7300-0109 Carport, Außenabstellraum

BRI 192 m³ | **BGF** 48 m² | **NUF** 41 m²

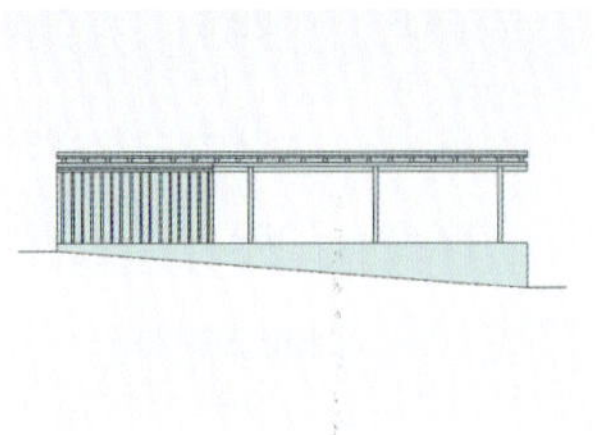

Carport mit Abstellraum. Stahlbau.

Land: Bayern
Kreis: Weilheim-Schongau
Standard: hoch
Bauzeit: 22 Wochen
Kennwerte: bis 3. Ebene DIN 276

BGF 1.082 €/m²

Planung: Plan3Architekten PartGmbB; Schongau

veröffentlicht: www.bki.de

6200-0125 Carport

BRI 161 m³ | **BGF** 52 m² | **NUF** 32 m²

Carport mit Wärmepumpenraum und Geräteraum. Holzbau.

Land: Bayern
Kreis: Rosenheim
Standard: hoch
Bauzeit: 12 Wochen
Kennwerte: bis 3. Ebene DIN 276

BGF 1.758 €/m²

Planung: Sweco GmbH; München

veröffentlicht: www.bki.de

6100-1647 Carports (5 STP), Außenabstellräume

BRI 290 m³ | **BGF** 108 m² | **NUF** 95 m²

Carports (5 STP) mit Außenabstellräumen. Holzbau.

Land: Nordrhein-Westfalen
Kreis: Heinsberg
Standard: mittel
Bauzeit: 9 Wochen
Kennwerte: bis 3. Ebene DIN 276

BGF 704 €/m²

Planung: RONGEN ARCHITEKTEN PartG mbB; Wassenberg

veröffentlicht: www.bki.de

6200-0124 Carport, Fahrradabstellraum

BRI 138 m³ | **BGF** 51 m² | **NUF** 48 m²

Carport mit Fahrradabstellraum. Holzbau.

Land: Niedersachsen
Kreis: Goslar
Standard: mittel
Bauzeit: 35 Wochen
Kennwerte: bis 3. Ebene DIN 276

BGF 1.588 €/m²

Planung: BRATHUHN + KÖNIG Architektur- u. Ingenieur-PartGmbB; Braunschweig

veröffentlicht: www.bki.de

6100-1646 Carports (16 STP), Fahrradstellplätze

BRI 600 m³ | **BGF** 258 m² | **NUF** 255 m²

Zwei Carports mit zehn und sechs Stellplätzen. Holzbau.

Land: Hamburg
Kreis: Hamburg, Stadt
Standard: mittel
Bauzeit: 4 Wochen
Kennwerte: bis 3. Ebene DIN 276

BGF **571 €/m²**

Planung: EBERT ARCHITEKTUR; Hamburg

veröffentlicht: www.bki.de

6100-1645 Carport (2 STP), Außenabstellraum

BRI 134 m³ | **BGF** 46 m² | **NUF** 43 m²

Carport mit zwei Stellplätzen und Außenabstellraum. Stahlbeton.

Land: Baden-Württemberg
Kreis: Breisgau-Hochschwarzwald
Standard: mittel
Bauzeit: 26 Wochen
Kennwerte: bis 3. Ebene DIN 276

BGF **693 €/m²**

Planung: Werkgruppe Freiburg Architekten; Freiburg

veröffentlicht: www.bki.de

6100-1644 Carport (2 STP), Außenabstellräume

BRI 85 m³ | **BGF** 35 m² | **NUF** 33 m²

Carport mit Stellplätzen für zwei Pkws und zwei Außenabstellräumen. Stahlbau.

Land: Baden-Württemberg
Kreis: Lörrach
Standard: mittel
Bauzeit: 9 Wochen
Kennwerte: bis 3. Ebene DIN 276

BGF **977 €/m²**

Planung: Werkgruppe Freiburg Architekten; Freiburg

veröffentlicht: www.bki.de

Kostenkennwerte für die Kosten des Bauwerks (Kostengruppen 300+400 nach DIN 276)

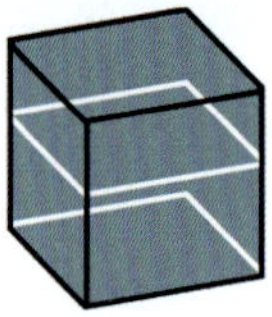

BRI 435 €/m³
von 360 €/m³
bis 570 €/m³

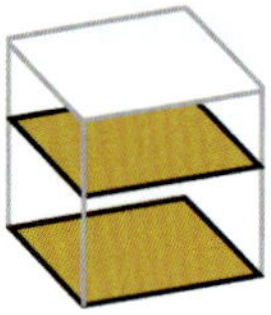

BGF 1.380 €/m²
von 1.050 €/m²
bis 1.795 €/m²

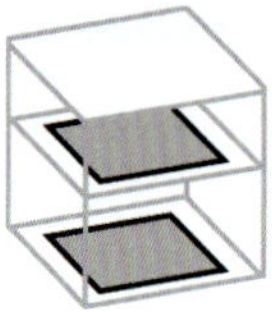

NUF 3.110 €/m²
von 1.950 €/m²
bis 4.270 €/m²

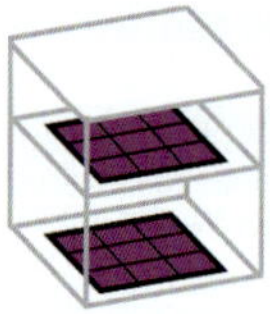

NE 37.110 €/NE
von 22.595 €/NE
bis 47.745 €/NE
NE: Stellplätze

Objektbeispiele

Kosten:
Stand 1. Quartal 2025
Bundesdurchschnitt
inkl. 19% MwSt.

7800-0042

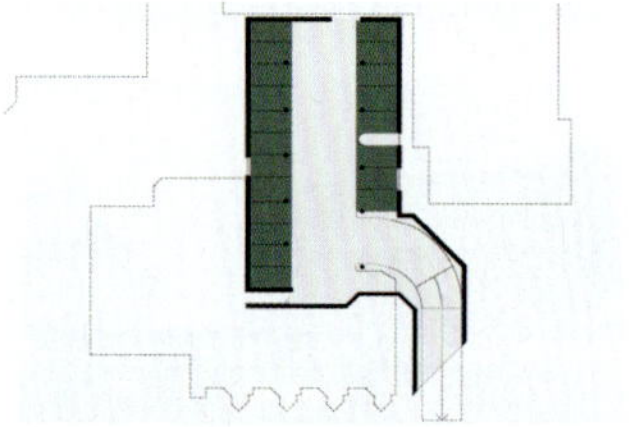

7800-0009

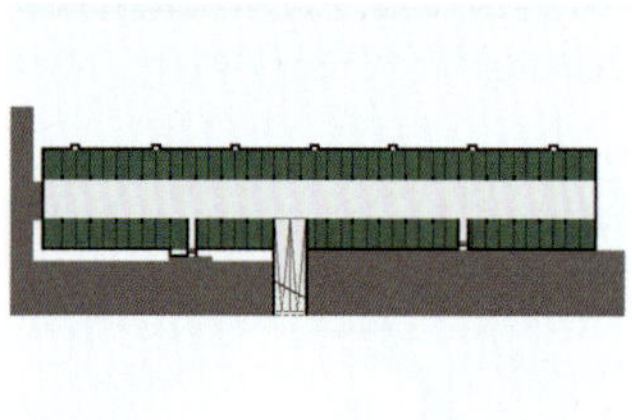

7800-0010

Kosten der 9 Vergleichsobjekte

Seiten 982 bis 984

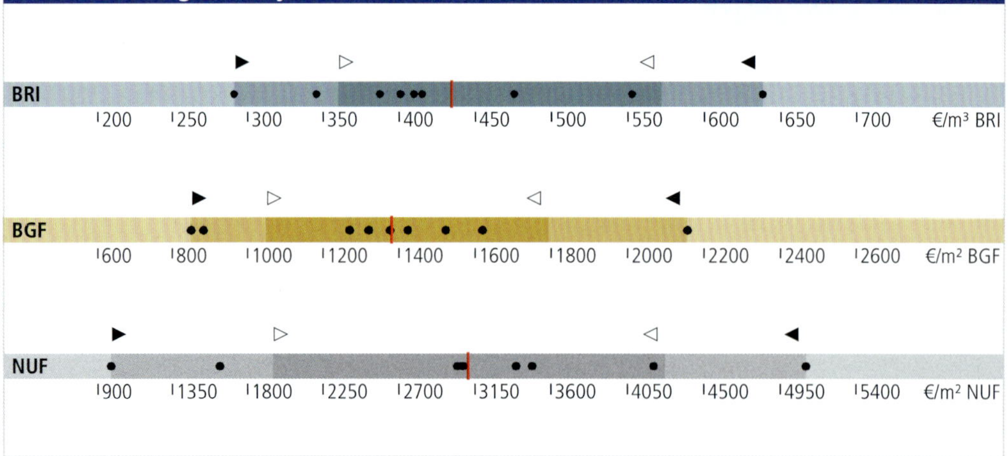

- ● KKW
- ▶ min
- ▷ von
- | Mittelwert
- ◁ bis
- ◀ max

Kostenkennwerte für die Kostengruppen der 1. und 2. Ebene DIN 276

KG	Kostengruppen der 1. Ebene	Einheit	▷	€/Einheit	◁	▷	% an 300+400	◁
100	Grundstück	m² GF	–	–	–	–	–	–
200	Vorbereitende Maßnahmen	m² GF	5	**15**	22	1,5	**5,0**	9,7
300	Bauwerk – Baukonstruktionen	m² BGF	936	**1.294**	1.644	89,8	**93,7**	95,8
400	Bauwerk – Technische Anlagen	m² BGF	57	**86**	146	4,2	**6,3**	10,2
	Bauwerk 300+400	m² BGF	1.049	**1.380**	1.793	100,0	**100,0**	100,0
500	Außenanlagen und Freiflächen	m² AF	7	**10**	11	1,0	**2,2**	5,6
600	Ausstattung und Kunstwerke	m² BGF	–	–	–	–	–	–
700	Baunebenkosten*	m² BGF	254	**285**	315	18,7	**20,9**	23,1 ◁
800	Finanzierung	m² BGF	–	–	–	–	–	–

* Auf Grundlage der HOAI 2021 berechnete Werte nach §§ 35, 52, 56. Weitere Informationen siehe Seite 56

KG	Kostengruppen der 2. Ebene	Einheit	▷	€/Einheit	◁	▷	% an 1. Ebene	◁
310	Baugrube / Erdbau	m³ BGI	24	**57**	86	8,1	**14,5**	19,7
320	Gründung, Unterbau	m² GRF	174	**350**	494	15,7	**25,8**	30,9
330	Außenwände / vertikal außen	m² AWF	311	**439**	556	10,0	**12,1**	16,0
340	Innenwände / vertikal innen	m² IWF	257	**377**	539	5,0	**8,6**	11,2
350	Decken / horizontal	m² DEF	244	**356**	474	1,9	**9,1**	18,6
360	Dächer	m² DAF	353	**408**	478	7,2	**21,5**	39,5
370	Infrastrukturanlagen		–	–	–	–	–	–
380	Baukonstruktive Einbauten	m² BGF	3	**12**	44	< 0,1	**0,5**	3,5
390	Sonst. Maßnahmen für Baukonst.	m² BGF	53	**96**	140	4,6	**7,9**	12,1
300	**Bauwerk – Baukonstruktionen**	**m² BGF**					**100,0**	
410	Abwasser-, Wasser-, Gasanlagen	m² BGF	13	**22**	33	19,0	**31,2**	75,4
420	Wärmeversorgungsanlagen	m² BGF	10	**12**	16	0,0	**5,9**	13,5
430	Raumlufttechnische Anlagen	m² BGF	8	**24**	39	2,6	**14,8**	45,5
440	Elektrische Anlagen	m² BGF	17	**45**	83	8,4	**47,6**	61,8
450	Kommunikationstechnische Anlagen	m² BGF	< 1	**1**	4	0,0	**0,5**	1,5
460	Förderanlagen	m² BGF	–	–	–	–	–	–
470	Nutzungsspez. / verfahrenstech. Anl.	m² BGF	< 1	**< 1**	< 1	0,0	**< 0,1**	0,5
480	Gebäude- und Anlagenautomation	m² BGF	–	–	–	–	–	–
490	Sonst. Maßnahmen f. techn. Anl.	m² BGF	< 1	**< 1**	< 1	0,0	**< 0,1**	0,2
400	**Bauwerk – Technische Anlagen**	**m² BGF**					**100,0**	

Prozentanteile der Kosten 2. Ebene an den Kosten des Bauwerks nach DIN 276 (Von/Mittel/Bis)

KG	Kostengruppe	%
310	Baugrube / Erdbau	13,7
320	Gründung, Unterbau	24,2
330	Außenwände / vertikal außen	11,3
340	Innenwände / vertikal innen	8,1
350	Decken / horizontal	8,6
360	Dächer	20,0
370	Infrastrukturanlagen	
380	Baukonstruktive Einbauten	0,5
390	Sonst. Maßnahmen für Baukonst.	7,4
410	Abwasser-, Wasser-, Gasanlagen	1,7
420	Wärmeversorgungsanlagen	0,3
430	Raumlufttechnische Anlagen	1,2
440	Elektrische Anlagen	3,0
450	Kommunikationstechnische Anlagen	< 0,1
460	Förderanlagen	
470	Nutzungsspez. / verfahrenstech. Anl.	< 0,1
480	Gebäude- und Anlagenautomation	
490	Sonst. Maßnahmen f. techn. Anl.	< 0,1

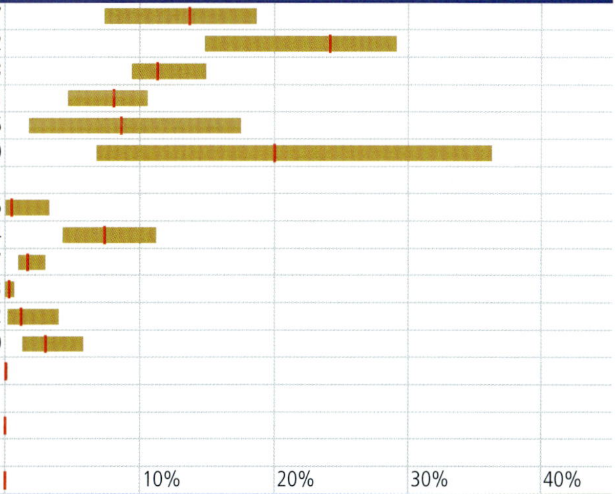

Prozentanteile der Kosten für Leistungsbereiche nach STLB (Kosten Bauwerk nach DIN 276)

Kosten:
Stand 1. Quartal 2025
Bundesdurchschnitt
inkl. 19% MwSt.

LB	Leistungsbereiche	▷	% an 300+400	◁
000	Baustellen-, Verkehrssich.- u. Sicherh.einr. inkl. 001	2,8	**6,6**	10,1
002	Erdarbeiten	5,4	**10,3**	12,8
006	Spezialtiefbauarbeiten inkl. 005	1,2	**4,1**	8,1
009	Entwässerungskanalarbeiten inkl. 011	< 0,1	**0,3**	0,7
010	Drän- und Versickerarbeiten	–	**–**	–
012	Mauerarbeiten	< 0,1	**0,3**	1,2
013	Betonarbeiten	47,8	**54,0**	56,2
014	Natur-, Betonwerksteinarbeiten	0,3	**1,1**	5,6
016	Zimmer- und Holzbauarbeiten	–	**–**	–
017	Stahlbauarbeiten	–	**–**	–
018	Abdichtungsarbeiten	0,0	**0,3**	0,8
020	Dachdeckungsarbeiten	–	**–**	–
021	Dachabdichtungsarbeiten	1,2	**4,4**	8,6
022	Klempnerarbeiten	< 0,1	**< 0,1**	0,2
	Rohbau	73,3	**81,6**	85,6
023	Putz- und Stuckarbeiten, Wärmedämmsysteme	0,8	**2,5**	11,6
024	Fliesen- und Plattenarbeiten	0,0	**0,2**	0,6
025	Estricharbeiten	0,7	**1,4**	2,7
026	Fenster, Außentüren inkl. 029, 032	0,1	**0,5**	1,3
027	Tischlerarbeiten	< 0,1	**0,3**	1,2
028	Parkettarbeiten, Holzpflasterarbeiten	–	**–**	–
030	Rollladenarbeiten	0,0	**< 0,1**	< 0,1
031	Metallbauarbeiten inkl. 035	1,5	**2,9**	4,3
034	Maler- und Lackiererarbeiten inkl. 037	0,3	**1,0**	2,7
036	Bodenbelagarbeiten	0,0	**2,0**	6,0
038	Vorgehängte hinterlüftete Fassaden	–	**–**	–
039	Trockenbauarbeiten	< 0,1	**0,3**	0,6
	Ausbau	5,5	**11,0**	17,3
040	Wärmeversorgungsanl. - Betriebseinr. inkl. 041	< 0,1	**< 0,1**	0,5
042	Gas- und Wasserinstallation, Leitungen inkl. 043	< 0,1	**0,1**	0,8
044	Abwasseranlagen - Leitungen, Abläufe, Armaturen	0,2	**0,7**	1,0
045	GWE - Einrichtungsgegenstände inkl. 046	0,0	**0,2**	0,5
047	Dämm- und Brandschutzarbeiten an techn. Anlagen	0,0	**< 0,1**	< 0,1
049	Feuerlöschanlagen, Feuerlöschgeräte	< 0,1	**< 0,1**	< 0,1
050	Blitzschutz- und Erdungsanlagen	0,1	**0,4**	0,6
052	Mittelspannungsanlagen	–	**–**	–
053	Niederspannungsanlagen inkl. 054	0,8	**1,8**	2,7
055	Sicherheits- und Ersatzstromversorgungsanlagen	–	**–**	–
057	Gebäudesystemtechnik	–	**–**	–
058	Leuchten und Lampen inkl. 059	0,3	**0,7**	1,1
060	Such-, Signal-, elektroakust. Anl., Med. inkl. 064	–	**–**	–
061	Kommunikations- und Übertragungsnetze inkl. 062	–	**–**	–
063	Gefahrenmeldeanlagen	0,0	**< 0,1**	< 0,1
069	Aufzüge	–	**–**	–
070	Gebäudeautomation	–	**–**	–
075	Raumlufttechnische Anlagen inkl. 078	0,3	**1,2**	6,0
	Gebäudetechnik	4,0	**5,2**	7,1
	Sonstige Leistungsbereiche inkl. 008, 033, 051	0,4	**2,2**	4,0

- ● KKW
- ▶ min
- ▷ von
- | Mittelwert
- ◁ bis
- ◀ max

Planungskennwerte für Flächen und Rauminhalte nach DIN 277

Grundflächen		▷	Fläche/NUF (%)	◁	▷	Fläche/BGF (%)	◁
NUF	Nutzungsfläche	100,0	**100,0**	100,0	43,7	**48,7**	65,0
TF	Technikfläche	6,4	**9,6**	12,2	2,5	**3,8**	4,0
VF	Verkehrsfläche	55,8	**96,2**	119,0	21,0	**41,1**	44,8
NRF	Netto-Raumfläche	164,0	**203,7**	231,1	90,9	**92,8**	94,0
KGF	Konstruktions-Grundfläche	12,5	**15,8**	23,3	6,0	**7,2**	9,1
BGF	Brutto-Grundfläche	179,9	**219,4**	254,2	100,0	**100,0**	100,0

Brutto-Rauminhalte		▷	BRI/NUF (m)	◁	▷	BRI/BGF (m)	◁
BRI	Brutto-Rauminhalt	5,86	**7,00**	8,24	2,95	**3,15**	3,24

Flächen von Nutzeinheiten	▷	NUF/Einheit (m^2)	◁	▷	BGF/Einheit (m^2)	◁
Nutzeinheit: Stellplätze	18,00	**18,74**	20,01	38,35	**41,43**	52,95

Lufttechnisch behandelte Flächen	▷	Fläche/NUF (%)	◁	▷	Fläche/BGF (%)	◁
Entlüftete Fläche	164,6	**164,6**	164,6	90,6	**90,6**	90,6
Be- und entlüftete Fläche	–	**–**	–	–	**–**	–
Teilklimatisierte Fläche	–	**–**	–	–	**–**	–
Klimatisierte Fläche	–	**–**	–	–	**–**	–

KG	Kostengruppen (2. Ebene)	Einheit	▷	Menge/NUF	◁	▷	Menge/BGF	◁
310	Baugrube / Erdbau	m^3 BGI	6,88	**7,98**	10,29	3,26	**3,68**	4,73
320	Gründung, Unterbau	m^2 GRF	1,83	**2,22**	2,58	1,00	**1,01**	1,01
330	Außenwände / vertikal außen	m^2 AWF	0,70	**0,80**	0,98	0,31	**0,36**	0,44
340	Innenwände / vertikal innen	m^2 IWF	0,64	**0,79**	1,14	0,29	**0,34**	0,38
350	Decken / horizontal	m^2 DEF	1,26	**1,46**	1,87	0,50	**0,58**	0,59
360	Dächer	m^2 DAF	1,34	**1,50**	1,72	0,66	**0,76**	0,79
370	Infrastrukturanlagen		–	**–**	–	–	**–**	–
380	Baukonstruktive Einbauten	m^2 BGF	1,80	**2,19**	2,54	1,00	**1,00**	1,00
390	Sonst. Maßnahmen für Baukonst.	m^2 BGF	1,80	**2,19**	2,54	1,00	**1,00**	1,00
300	**Bauwerk – Baukonstruktionen**	**m^2 BGF**	1,80	**2,19**	2,54	1,00	**1,00**	1,00

Planungskennwerte für Bauzeiten — 8 Vergleichsobjekte

Bauzeit in Wochen

€/m² BGF

min	850	€/m²
von	1.050	€/m²
Mittel	**1.380**	**€/m²**
bis	1.795	€/m²
max	2.155	€/m²

Kosten:
Stand 1. Quartal 2025
Bundesdurchschnitt
inkl. 19% MwSt.

Objektübersicht zur Gebäudeart

7800-0044 Tiefgarage (19 STP) für Landratsamt

BRI 3.104 m³ **BGF** 918 m² **NUF** 388 m²

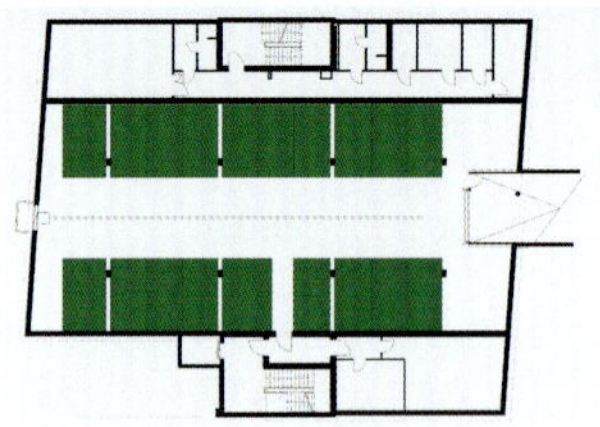

Tiefgarage mit 19 Kfz-Stellplätzen, Archiv, Umkleiden und Technikräume für ein Landratsamt (BKI-Objektdokumentation 1300-0292). Stahlbeton.

Land: Baden-Württemberg
Kreis: Biberach
Standard: hoch
Bauzeit: 22 Wochen
Kennwerte: bis 3. Ebene DIN 276

BGF 2.156 €/m²

Planung: ArGe Gurland+Seher+Rapp Architekten; Biberach a.d. Riss

vorgesehen: BKI Objektdaten N21

7800-0039 Tiefgarage (68 STP) für Bürogebäude

BRI 7.247 m³ **BGF** 2.263 m² **NUF** 988 m²

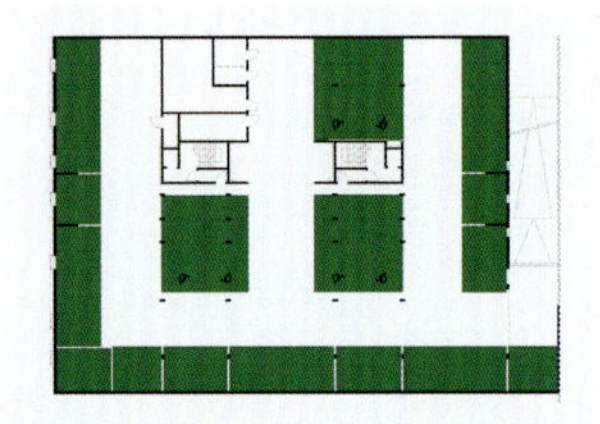

Tiefgarage mit 68 Stellplätzen und Fahrradabstellraum für Bürogebäude (BKI-Objektdokumentation 1300-0269). Stb-Skelettbau.

Land: Niedersachsen
Kreis: Osnabrück, Stadt
Standard: mittel
Bauzeit: 26 Wochen
Kennwerte: bis 3. Ebene DIN 276

BGF 1.524 €/m²

Planung: Plan. Concept Architekten GmbH; Osnabrück

vorgesehen: BKI Objektdaten N21

7800-0043 Tiefgarage (13 STP) für Mehrfamilienhaus

BRI 3.374 m³ **BGF** 990 m² **NUF** 311 m²

Tiefgarage mit 31 Pkw-Stellplätzen, Abstell- und Technikräumen für Mehrfamilienhaus (BKI-Objektdokumention 6100-1494). Stb-Skelettbau.

Land: Berlin
Kreis: Berlin, Stadt
Standard: mittel
Bauzeit: 78 Wochen
Kennwerte: bis 3. Ebene DIN 276

BGF 1.320 €/m²

Planung: Sommer + Sommer Architekten BDA; Berlin

vorgesehen: BKI Objektdaten N21

7800-0042 Tiefgarage (31 STP) für Wohnanlage

BRI 2.757 m³ **BGF** 941 m² **NUF** 449 m²

Tiefgarage mit 31 Pkw-Stellplätzen und Fahrradabstellraum für Wohnanlage (BKI-Objektdokumention 6100-1248). Stahlbeton.

Land: Bayern
Kreis: Landshut
Standard: einfach
Bauzeit: 17 Wochen
Kennwerte: bis 3. Ebene DIN 276

BGF 1.619 €/m²

Planung: NEUMEISTER & PARINGER ARCHITEKTEN BDA

vorgesehen: BKI Objektdaten N21

7800-0041 Tiefgaragen (55 STP) für Wohnanlage

BRI 9.268 m³ **BGF** 2.705 m² **NUF** 1.262 m²

Tiefgarage Baufeld B mit 55 Pkw-Stellplätzen, Mieterkellern und Technikräumen für Wohnanlage auf zwei Baufeldern (BKI-Objektdokumention 6100-1173, Tiefgarage Baufeld A: BKI-Objektnummer 7800-0040). Stahlbeton.

Land: Schleswig-Holstein
Kreis: Pinneberg
Standard: hoch
Bauzeit: 13 Wochen
Kennwerte: bis 3. Ebene DIN 276

BGF **1.422 €/m²**

Planung: BIWERMAU Architekten BDA; Hamburg

vorgesehen: BKI Objektdaten N21

7800-0040 Tiefgarage (53 STP) für Wohnanlage

BRI 9.356 m³ **BGF** 2.724 m² **NUF** 1.216 m²

Tiefgarage Baufeld A mit 53 Pkw-Stellplätzen, Mieterkellern und Technikräumen für Wohnanlage auf zwei Baufeldern (BKI-Objektdokumention 6100-1173, Tiefgarage Baufeld B: BKI-Objektnummer 7800-0041). Stahlbeton.

Land: Schleswig-Holstein
Kreis: Pinneberg
Standard: hoch
Bauzeit: 13 Wochen
Kennwerte: bis 3. Ebene DIN 276

BGF **1.375 €/m²**

Planung: BIWERMAU Architekten BDA; Hamburg

vorgesehen: BKI Objektdaten N21

7800-0010 Tiefgarage für Wohnanlage (75 STP)

BRI 5.363 m³ **BGF** 1.836 m² **NUF** 1.591 m²

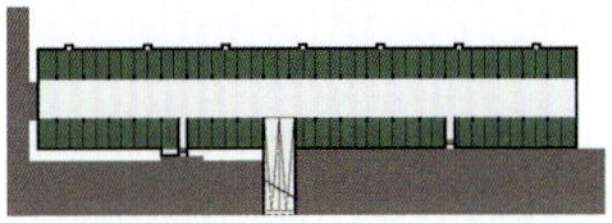

Tiefgarage für Wohnanlage (Objekt 6100-0070) 75 Pkw-Stellplätze, Nebenräume für Entlüftungsanlage und Waschplatz. Stahlbetonbau.

Land: Bayern
Kreis: München
Standard: mittel
Bauzeit: 65 Wochen
Kennwerte: bis 2. Ebene DIN 276

BGF **849 €/m²**

Planung: k.A.

veröffentlicht: www.bki.de

7800-0009 Tiefgarage (20 STP)

BRI 1.966 m³ **BGF** 634 m² **NUF** 262 m²

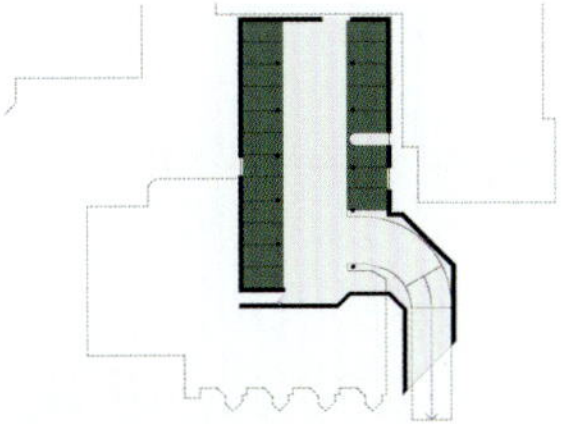

Tiefgarage mit 20 Stellplätzen als Teil eines Altenzentrums. Stahlbetonbau.

Land: Baden-Württemberg
Kreis: Freudenstadt
Standard: mittel
Bauzeit: 221 Wochen
Kennwerte: bis 2. Ebene DIN 276

BGF **1.270 €/m²**

Planung: k.A.

veröffentlicht: www.bki.de

Objektübersicht zur Gebäudeart

€/m² BGF

min	850	€/m²
von	1.050	€/m²
Mittel	**1.380**	**€/m²**
bis	1.795	€/m²
max	2.155	€/m²

Kosten:
Stand 1.Quartal 2025
Bundesdurchschnitt
inkl. 19% MwSt.

7800-0006 Tiefgarage (102 STP)

BRI 7.285 m³ **BGF** 2.854 m² **NUF** 1.542 m²

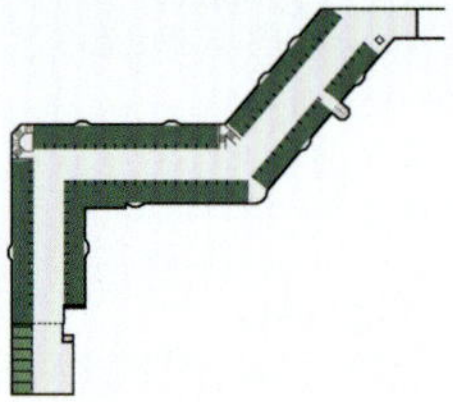

Planung: k.A.

Tiefgarage mit 102 Stellplätzen zu Mehrfamilienhaus. Wegen Hanglage keine mechanische Belüftung. Stahlbetonbau.

Land: Baden-Württemberg
Kreis: Böblingen
Standard: einfach
Bauzeit: 39 Wochen
Kennwerte: bis 2. Ebene DIN 276

BGF **881 €/m²**

veröffentlicht: www.bki.de

Kostenkennwerte für die Kosten des Bauwerks (Kostengruppen 300+400 nach DIN 276)

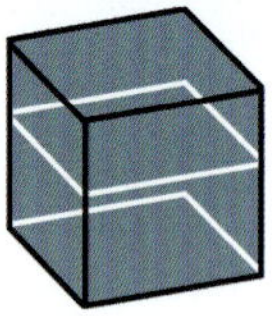

BRI 615 €/m³
von 500 €/m³
bis 830 €/m³

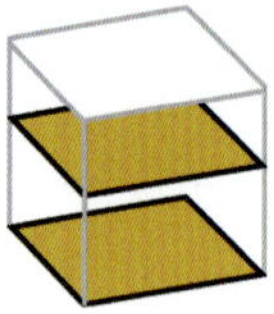

BGF 2.840 €/m²
von 2.230 €/m²
bis 3.665 €/m²

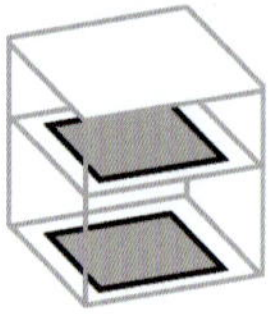

NUF 3.900 €/m²
von 2.975 €/m²
bis 5.190 €/m²

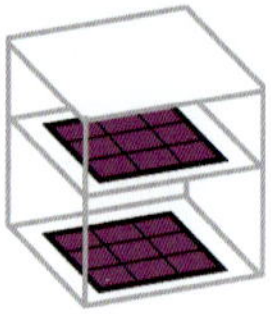

NE 756.740 €/NE
von 497.430 €/NE
bis 1.193.830 €/NE
NE: Fahrzeugstellplätze

Kosten:
Stand 1. Quartal 2025
Bundesdurchschnitt
inkl. 19% MwSt.

Objektbeispiele

7600-0089

7600-0105

7600-0103

Kosten der 40 Vergleichsobjekte

Seiten 990 bis 1000

● KKW
▶ min
▷ von
| Mittelwert
◁ bis
◀ max

Kostenstand: 1. Quartal 2025, Bundesdurchschnitt, **inkl. 19% MwSt.**

Kostenkennwerte für die Kostengruppen der 1. und 2. Ebene DIN 276

KG	Kostengruppen der 1. Ebene	Einheit	▷	€/Einheit	◁	▷	% an 300+400	◁
100	Grundstück	m² GF	–	**–**	–	–	**–**	–
200	Vorbereitende Maßnahmen	m² GF	10	**29**	143	1,3	**3,1**	9,9
300	Bauwerk – Baukonstruktionen	m² BGF	1.651	**2.093**	2.726	69,0	**73,9**	79,2
400	Bauwerk – Technische Anlagen	m² BGF	524	**745**	1.022	20,8	**26,1**	31,0
	Bauwerk 300+400	m² BGF	2.232	**2.839**	3.666	100,0	**100,0**	100,0
500	Außenanlagen und Freiflächen	m² AF	108	**213**	429	8,5	**14,0**	21,3
600	Ausstattung und Kunstwerke	m² BGF	41	**92**	142	1,9	**3,5**	5,7
700	Baunebenkosten*	m² BGF	554	**617**	680	19,8	**22,0**	24,3
800	Finanzierung	m² BGF	–	**–**	–	–	**–**	–

◁ * Auf Grundlage der HOAI 2021 berechnete Werte nach §§ 35, 52, 56. Weitere Informationen siehe Seite 56

KG	Kostengruppen der 2. Ebene	Einheit	▷	€/Einheit	◁	▷	% an 1. Ebene	◁
310	Baugrube / Erdbau	m³ BGI	23	**48**	84	1,5	**2,3**	3,9
320	Gründung, Unterbau	m² GRF	267	**384**	523	11,6	**18,8**	23,5
330	Außenwände / vertikal außen	m² AWF	596	**608**	647	26,6	**30,1**	34,5
340	Innenwände / vertikal innen	m² IWF	292	**346**	386	12,8	**16,4**	19,6
350	Decken / horizontal	m² DEF	274	**449**	520	0,6	**5,3**	8,9
360	Dächer	m² DAF	349	**389**	444	18,3	**20,4**	22,1
370	Infrastrukturanlagen		–	**–**	–	–	**–**	–
380	Baukonstruktive Einbauten	m² BGF	30	**45**	72	0,3	**2,0**	4,8
390	Sonst. Maßnahmen für Baukonst.	m² BGF	49	**80**	103	3,8	**4,8**	6,1
300	**Bauwerk – Baukonstruktionen**	**m² BGF**					**100,0**	
410	Abwasser-, Wasser-, Gasanlagen	m² BGF	93	**147**	227	13,8	**21,4**	26,6
420	Wärmeversorgungsanlagen	m² BGF	78	**126**	197	13,6	**18,1**	23,3
430	Raumlufttechnische Anlagen	m² BGF	30	**47**	72	4,0	**8,1**	14,0
440	Elektrische Anlagen	m² BGF	140	**197**	285	25,2	**28,7**	35,1
450	Kommunikationstechnische Anlagen	m² BGF	40	**74**	124	5,0	**10,7**	15,0
460	Förderanlagen	m² BGF	–	**25**	–	0,0	**0,8**	4,0
470	Nutzungsspez. / verfahrenstech. Anl.	m² BGF	35	**72**	105	3,1	**9,7**	19,5
480	Gebäude- und Anlagenautomation	m² BGF	9	**32**	56	0,2	**2,0**	8,8
490	Sonst. Maßnahmen f. techn. Anl.	m² BGF	1	**4**	9	< 0,1	**0,4**	1,7
400	**Bauwerk – Technische Anlagen**	**m² BGF**					**100,0**	

Prozentanteile der Kosten 2. Ebene an den Kosten des Bauwerks nach DIN 276 (Von/Mittel/Bis)

KG	Kostengruppe	%
310	Baugrube / Erdbau	1,6
320	Gründung, Unterbau	13,3
330	Außenwände / vertikal außen	21,4
340	Innenwände / vertikal innen	11,7
350	Decken / horizontal	3,7
360	Dächer	14,5
370	Infrastrukturanlagen	
380	Baukonstruktive Einbauten	1,4
390	Sonst. Maßnahmen für Baukonst.	3,4
410	Abwasser-, Wasser-, Gasanlagen	6,2
420	Wärmeversorgungsanlagen	5,3
430	Raumlufttechnische Anlagen	2,2
440	Elektrische Anlagen	8,4
450	Kommunikationstechnische Anlagen	3,1
460	Förderanlagen	0,2
470	Nutzungsspez. / verfahrenstech. Anl.	2,8
480	Gebäude- und Anlagenautomation	0,6
490	Sonst. Maßnahmen f. techn. Anl.	< 0,1

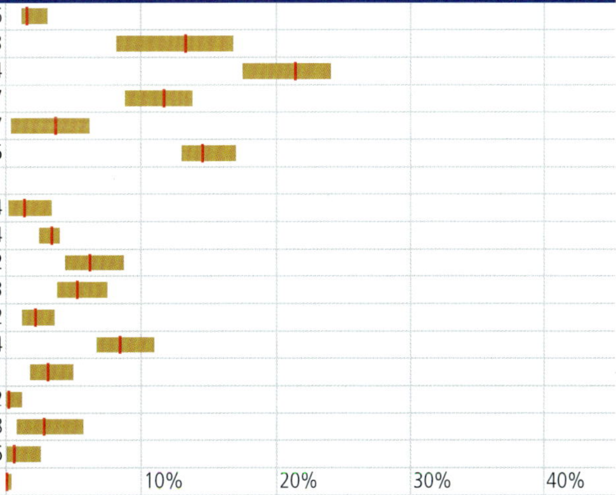

Prozentanteile der Kosten für Leistungsbereiche nach STLB (Kosten Bauwerk nach DIN 276)

Kosten:
Stand 1. Quartal 2025
Bundesdurchschnitt
inkl. 19% MwSt.

LB	Leistungsbereiche	▷	% an 300+400	◁
000	Baustellen-, Verkehrssich.- u. Sicherh.einr. inkl. 001	2,2	**3,2**	3,8
002	Erdarbeiten	1,6	**3,9**	5,8
006	Spezialtiefbauarbeiten inkl. 005	–	**–**	–
009	Entwässerungskanalarbeiten inkl. 011	0,4	**1,4**	3,0
010	Drän- und Versickerarbeiten	0,0	**0,1**	0,2
012	Mauerarbeiten	3,0	**5,7**	7,3
013	Betonarbeiten	9,0	**14,8**	18,0
014	Natur-, Betonwerksteinarbeiten	< 0,1	**< 0,1**	0,3
016	Zimmer- und Holzbauarbeiten	0,0	**0,9**	2,4
017	Stahlbauarbeiten	0,3	**2,0**	4,6
018	Abdichtungsarbeiten	0,3	**0,8**	1,5
020	Dachdeckungsarbeiten	–	**–**	–
021	Dachabdichtungsarbeiten	4,9	**5,5**	7,5
022	Klempnerarbeiten	0,7	**1,3**	2,2
	Rohbau	36,0	**39,6**	44,7
023	Putz- und Stuckarbeiten, Wärmedämmsysteme	1,1	**4,0**	8,6
024	Fliesen- und Plattenarbeiten	1,8	**3,7**	6,3
025	Estricharbeiten	0,6	**0,9**	1,1
026	Fenster, Außentüren inkl. 029, 032	3,0	**4,7**	11,0
027	Tischlerarbeiten	1,9	**3,0**	6,6
028	Parkettarbeiten, Holzpflasterarbeiten	0,0	**0,5**	1,2
030	Rollladenarbeiten	0,1	**1,1**	5,0
031	Metallbauarbeiten inkl. 035	5,1	**7,4**	11,0
034	Maler- und Lackiererarbeiten inkl. 037	1,1	**1,8**	2,7
036	Bodenbelagarbeiten	0,3	**1,0**	1,6
038	Vorgehängte hinterlüftete Fassaden	0,0	**1,3**	6,4
039	Trockenbauarbeiten	2,3	**3,3**	6,7
	Ausbau	26,9	**32,5**	35,4
040	Wärmeversorgungsanl. - Betriebseinr. inkl. 041	3,4	**4,8**	6,9
042	Gas- und Wasserinstallation, Leitungen inkl. 043	1,0	**1,2**	1,5
044	Abwasseranlagen - Leitungen, Abläufe, Armaturen	0,9	**1,3**	1,9
045	GWE - Einrichtungsgegenstände inkl. 046	1,1	**2,0**	2,6
047	Dämm- und Brandschutzarbeiten an techn. Anlagen	0,6	**1,0**	1,6
049	Feuerlöschanlagen, Feuerlöschgeräte	< 0,1	**0,5**	1,4
050	Blitzschutz- und Erdungsanlagen	0,3	**0,5**	0,8
052	Mittelspannungsanlagen	–	**–**	–
053	Niederspannungsanlagen inkl. 054	4,0	**5,4**	8,0
055	Sicherheits- und Ersatzstromversorgungsanlagen	0,0	**< 0,1**	0,4
057	Gebäudesystemtechnik	0,0	**0,1**	0,7
058	Leuchten und Lampen inkl. 059	1,8	**2,5**	2,9
060	Such-, Signal-, elektroakust. Anl., Med. inkl. 064	< 0,1	**0,5**	1,3
061	Kommunikations- und Übertragungsnetze inkl. 062	0,3	**1,1**	1,7
063	Gefahrenmeldeanlagen	0,2	**1,4**	3,1
069	Aufzüge	0,0	**0,2**	1,1
070	Gebäudeautomation	0,0	**0,5**	2,6
075	Raumlufttechnische Anlagen inkl. 078	1,5	**3,2**	4,4
	Gebäudetechnik	22,3	**26,4**	29,0
	Sonstige Leistungsbereiche inkl. 008, 033, 051	0,4	**1,5**	3,7

- ● KKW
- ▶ min
- ▷ von
- | Mittelwert
- ◁ bis
- ◀ max

Planungskennwerte für Flächen und Rauminhalte nach DIN 277

Grundflächen			▷	Fläche/NUF (%)	◁	▷	Fläche/BGF (%)	◁
NUF	Nutzungsfläche		100,0	**100,0**	100,0	70,2	**73,6**	76,6
TF	Technikfläche		4,0	**5,0**	8,9	2,9	**3,6**	6,3
VF	Verkehrsfläche		10,2	**12,7**	17,6	7,3	**9,1**	12,0
NRF	Netto-Raumfläche		114,6	**117,7**	123,2	84,0	**86,3**	88,0
KGF	Konstruktions-Grundfläche		15,7	**18,9**	23,1	12,0	**13,7**	16,0
BGF	Brutto-Grundfläche		131,1	**136,6**	144,0	100,0	**100,0**	100,0

Brutto-Rauminhalte			▷	BRI/NUF (m)	◁	▷	BRI/BGF (m)	◁
BRI	Brutto-Rauminhalt		5,83	**6,36**	6,95	4,27	**4,66**	5,04

Flächen von Nutzeinheiten	▷	NUF/Einheit (m²)	◁	▷	BGF/Einheit (m²)	◁
Nutzeinheit: Fahrzeugstellplätze	167,73	**187,45**	233,27	231,69	**257,27**	326,79

Lufttechnisch behandelte Flächen	▷	Fläche/NUF (%)	◁	▷	Fläche/BGF (%)	◁
Entlüftete Fläche	16,3	**16,3**	16,3	13,2	**13,2**	13,2
Be- und entlüftete Fläche	–	**–**	–	–	**–**	–
Teilklimatisierte Fläche	–	**–**	–	–	**–**	–
Klimatisierte Fläche	–	**–**	–	–	**–**	–

KG	Kostengruppen (2. Ebene)	Einheit	▷	Menge/NUF	◁	▷	Menge/BGF	◁
310	Baugrube / Erdbau	m³ BGI	1,32	**1,37**	1,77	1,02	**1,06**	1,32
320	Gründung, Unterbau	m² GRF	0,96	**1,03**	1,11	0,74	**0,80**	0,81
330	Außenwände / vertikal außen	m² AWF	0,97	**1,02**	1,12	0,75	**0,79**	0,81
340	Innenwände / vertikal innen	m² IWF	0,89	**1,02**	1,16	0,69	**0,80**	0,99
350	Decken / horizontal	m² DEF	0,19	**0,29**	0,30	0,15	**0,23**	0,24
360	Dächer	m² DAF	1,05	**1,10**	1,20	0,81	**0,85**	0,86
370	Infrastrukturanlagen		–	**–**	–	–	**–**	–
380	Baukonstruktive Einbauten	m² BGF	1,31	**1,37**	1,44	1,00	**1,00**	1,00
390	Sonst. Maßnahmen für Baukonst.	m² BGF	1,31	**1,37**	1,44	1,00	**1,00**	1,00
300	**Bauwerk – Baukonstruktionen**	**m² BGF**	1,31	**1,37**	1,44	1,00	**1,00**	1,00

Planungskennwerte für Bauzeiten — 40 Vergleichsobjekte

Bauzeit in Wochen

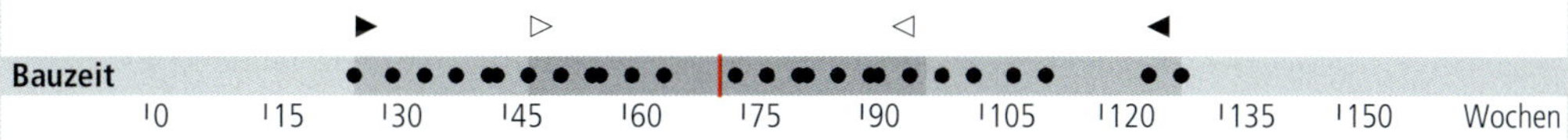

Objektübersicht zur Gebäudeart

€/m² BGF

min	1.710	€/m²
von	2.230	€/m²
Mittel	**2.840**	**€/m²**
bis	3.665	€/m²
max	4.685	€/m²

Kosten:
Stand 1. Quartal 2025
Bundesdurchschnitt
inkl. 19% MwSt.

7600-0106 Feuerwehrhaus (2 Fahrzeuge)

BRI 2.740 m³ **BGF** 533 m² **NUF** 389 m²

Feuerwehrgerätehaus für zwei Stellplätze. Massivbau.

Land: Bayern
Kreis: Cham
Standard: mittel
Bauzeit: 91 Wochen
Kennwerte: bis 1. Ebene DIN 276

BGF **4.037 €/m²**

Planung: Schnabel Architekten GmbH; Bad Kötzting

vorgesehen: BKI Objektdaten N21

7600-0099 Feuerwehrgerätehaus (5 Fahrzeuge)

BRI 9.962 m³ **BGF** 1.552 m² **NUF** 1.173 m²

Feuerwehrgerätehaus für fünf Fahrzeuge, Werkstatt und Räumlichkeiten für die Jugendfeuerwehr. Holzbau.

Land: Nordrhein-Westfalen
Kreis: Rhein-Sieg-Kreis
Standard: mittel
Bauzeit: 74 Wochen
Kennwerte: bis 1. Ebene DIN 276

BGF **4.160 €/m²**

Planung: ZACHARIAS PLANUNGSGRUPPE GbR; Sankt Augustin

veröffentlicht: BKI Objektdaten N20

7600-0096 Feuerwehrhaus (1 Fahrzeug)

BRI 1.041 m³ **BGF** 319 m² **NUF** 218 m²

Feuerwehrhaus für ein Löschfahrzeug und Dorfgemeinschaftsraum. Mauerwerk.

Land: Schleswig-Holstein
Kreis: Nordfriesland
Standard: mittel
Bauzeit: 43 Wochen
Kennwerte: bis 1. Ebene DIN 276

BGF **2.860 €/m²**

Planung: Inke von Dobro-Wolski Dipl. Ing. Architektin; Stedesand

veröffentlicht: BKI Objektdaten N20

7600-0101 Feuerwehrgerätehaus (2 Fahrzeuge)

BRI 1.944 m³ **BGF** 442 m² **NUF** 323 m²

Feuerwehrgerätehaus für zwei Fahrzeuge mit Werkstatt und Sozialräumen. Holzbau.

Land: Niedersachsen
Kreis: Hannover, Region
Standard: hoch
Bauzeit: 61 Wochen
Kennwerte: bis 1. Ebene DIN 276

BGF **4.685 €/m²**

Planung: architekten schäfer krause schulz mbB; Hannover

veröffentlicht: BKI Objektdaten N20

7600-0104 Feuerwehrhaus (3 Fahrzeuge)

BRI 4.525 m³ **BGF** 1.090 m² **NUF** 787 m²

© Butzlaff Tewes Architekten + Ingenieure

Feuerwehrhaus für drei Fahrzeuge mit Mehrzweckraum. Massivbau.

Land: Schleswig-Holstein
Kreis: Pinneberg
Standard: mittel
Bauzeit: 56 Wochen
Kennwerte: bis 1. Ebene DIN 276

BGF **2.104 €/m²**

Planung: Butzlaff Tewes Architekten + Ingenieure; Brande-Hörnerkirchen

vorgesehen: BKI Objektdaten N21

7600-0100 Feuerwehr (6 Fahrzeuge)

BRI 9.500 m³ **BGF** 1.778 m² **NUF** 1.281 m²

© Ortmann & Möller Bauplanung GmbH

Feuerwehr mit sechs Fahrzeugstellplätzen. Massivbau.

Land: Niedersachsen
Kreis: Cloppenburg
Standard: mittel
Bauzeit: 87 Wochen
Kennwerte: bis 1. Ebene DIN 276

BGF **2.645 €/m²**

Planung: Ortmann & Möller Bauplanung GmbH; Lastrup

veröffentlicht: BKI Objektdaten N20

7600-0103 Feuerwehrgerätehaus (3 Fahrzeuge)

BRI 4.283 m³ **BGF** 943 m² **NUF** 688 m²

© Marc Jung

Feuerwehrgerätehaus für drei Fahrzeuge. Stahlbeton.

Land: Saarland
Kreis: Saarpfalz-Kreis
Standard: hoch
Bauzeit: 126 Wochen
Kennwerte: bis 1. Ebene DIN 276

BGF **3.691 €/m²**

Planung: Architekturbüro Michaeli & Jung; St. Ingbert Rohrbach

vorgesehen: BKI Objektdaten N21

7600-0098 Werkfeuerwehr (6 Fahrzeuge)

BRI 7.692 m³ **BGF** 1.670 m² **NUF** 1.205 m²

© wack + marx - architekten

Werkfeuerwehr für sechs Fahrzeuge. Stahlbeton.

Land: Saarland
Kreis: Saarpfalz-Kreis
Standard: mittel
Bauzeit: 92 Wochen
Kennwerte: bis 1. Ebene DIN 276

BGF **3.218 €/m²**

Planung: wack + marx - architekten; St. Ingbert

veröffentlicht: BKI Objektdaten N20

Objektübersicht zur Gebäudeart

€/m² BGF

min	1.710	€/m²
von	2.230	€/m²
Mittel	**2.840**	**€/m²**
bis	3.665	€/m²
max	4.685	€/m²

Kosten:
Stand 1. Quartal 2025
Bundesdurchschnitt
inkl. 19% MwSt.

7600-0095 Feuerwehr (10 Fahrzeuge)

BRI 11.427 m³ **BGF** 2.149 m² **NUF** 1.579 m²

Feuerwehr mit zehn Feuerwehrfahrzeugen. Massivbau.

Land: Niedersachsen
Kreis: Grafschaft Bentheim
Standard: mittel
Bauzeit: 91 Wochen
Kennwerte: bis 1. Ebene DIN 276

BGF 3.140 €/m²

Planung: Echt.Fietz+Assoziierte GmbH I Architekten BDA; Dortmund

veröffentlicht: BKI Objektdaten N20

7600-0105 Feuerwehrzentrum (36 AP, 10 Fahrzeuge)*

BRI 24.555 m³ **BGF** 5.625 m² **NUF** 3.527 m²

Feuerwehrzentrum mit Schulungsräumen und Fahrzeughalle für zehn Einsatzfahrzeuge. Massivbau.

Land: Nordrhein-Westfalen
Kreis: Minden-Lübbecke
Standard: mittel
Bauzeit: 148 Wochen
Kennwerte: bis 1. Ebene DIN 276

BGF 7.359 €/m²

*

Planung: eggersmende architekten Partnerschaftsgemeinschaft mbB; Braunschweig

vorgesehen: BKI Objektdaten N21
* Nicht in der Auswertung enthalten

7600-0087 Rettungswache, Wohnmobilwerkstatt, Prüfhalle

BRI 4.561 m³ **BGF** 931 m² **NUF** 755 m²

Kombinationsgebäude mit Rettungswache (3 Fahrzeuge, 7 AP), Werkstattgebäude als Prüfhalle (1 Fahrzeug) und Wohnmobilwerkstatt (3 Fahrzeuge, 5 AP) mit zusätzlichen Außenstellplätzen (18 STP). Mischkonstruktion.

Land: Schleswig-Holstein
Kreis: Rendsburg-Eckernförde
Standard: mittel
Bauzeit: 52 Wochen
Kennwerte: bis 3. Ebene DIN 276

BGF 2.655 €/m²

Planung: schulteplan; Eckernförde

veröffentlicht: BKI Objektdaten N19

7600-0097 Feuerwache (14 Fahrzeuge)

BRI 16.158 m³ **BGF** 3.341 m² **NUF** 2.232 m²

Feuerwache mit Fahrzeughalle für 14 Einsatzfahrzeuge mit Werkstätten, Waschhalle, Übungsturm sowie Schulungsraum, Vereinsraum mit Küche und Jugendraum. Massivbau.

Land: Bayern
Kreis: Main-Spessart
Standard: mittel
Bauzeit: 130 Wochen
Kennwerte: bis 1. Ebene DIN

BGF 4.487 €/m²

Planung: Georg Redelbach Architekten; Marktheidenfeld

veröffentlicht: BKI Objektdate N20

7600-0093 Feuerwache (6 Fahrzeuge)

BRI 14.969 m³ **BGF** 3.313 m² **NUF** 2.144 m²

Feuerwache mit Fahrzeughalle für sechs Einsatzfahrzeuge, Verwaltung und Seminarräumen. Stahlbeton.

Land: Niedersachsen
Kreis: Osnabrück, Stadt
Standard: mittel
Bauzeit: 104 Wochen
Kennwerte: bis 1. Ebene DIN 276

BGF 4.002 €/m²

Planung: von Ey Architektur; Berlin

veröffentlicht: BKI Objektdaten N19

7600-0089 Rettungswache (2 Fahrzeuge)*

BRI 1.164 m³ **BGF** 325 m² **NUF** 246 m²

Rettungswache mit zwei Fahrzeugstellplätzen, Werkstatt, Büros, Aufenthalts- und Umkleideräumen. Holzbau.

Land: Bayern
Kreis: Oberallgäu
Standard: mittel
Bauzeit: 22 Wochen
Kennwerte: bis 3. Ebene DIN 276

BGF 1.759 €/m²

Planung: brack architekten; Kempten

veröffentlicht: BKI Objektdaten S6
* Nicht in der Auswertung enthalten

7600-0092 Feuerwehrhaus (4 Fahrzeuge)

BRI 3.634 m³ **BGF** 748 m² **NUF** 537 m²

Feuerwache mit vier Fahrzeugstellplätzen, Werkstatt, Schulungs- und Jugendraum. Mauerwerk.

Land: Niedersachsen
Kreis: Wittmund
Standard: mittel
Bauzeit: 78 Wochen
Kennwerte: bis 1. Ebene DIN 276

BGF 2.953 €/m²

Planung: 3ing Architektur- und Ingenieurbüro GmbH; Aurich

veröffentlicht: BKI Objektdaten N19

7600-0086 Feuerwehrhaus (11 Fahrzeuge)

BRI 12.957 m³ **BGF** 2.537 m² **NUF** 2.028 m²

Feuerwehrhaus mit 11 Fahrzeugstellplätzen und Waschhalle. Stahlbeton.

Land: Rheinland-Pfalz
Kreis: Mainz-Bingen
Standard: mittel
Bauzeit: 78 Wochen
Kennwerte: bis 1. Ebene DIN 276

BGF 2.443 €/m²

Planung: Lengfeld & Wilisch Architekten PartG mbB; Darmstadt

veröffentlicht: BKI Objektdaten N19

Objektübersicht zur Gebäudeart

€/m² BGF

min	1.710	€/m²
von	2.230	€/m²
Mittel	**2.840**	**€/m²**
bis	3.665	€/m²
max	4.685	€/m²

Kosten:
Stand 1. Quartal 2025
Bundesdurchschnitt
inkl. 19% MwSt.

7600-0090 Feuerwehrhaus (3 Fahrzeuge)

BRI 2.881 m³ **BGF** 642 m² **NUF** 480 m²

Feuerwehrhaus mit drei Fahrzeugstellplätzen, Werkstatt, Schulungs- und Jugendraum. Massivbau.

Land: Bayern
Kreis: Neuburg-Schrobenhausen
Standard: mittel
Bauzeit: 100 Wochen
Kennwerte: bis 1. Ebene DIN 276

BGF 2.137 €/m²

Planung: Architekturbüro Schwalm Claudia Maria Schwalm; Karlskron

veröffentlicht: BKI Objektdaten N18

7600-0094 Feuerwehr (2 Fahrzeuge)

BRI 3.668 m³ **BGF** 718 m² **NUF** 490 m²

Feuerwehr mit zwei Fahrzeugen inkl. Werkstatt, Lager und Jugendfeuerwehrbereich. Mauerwerk.

Land: Niedersachsen
Kreis: Cuxhaven
Standard: mittel
Bauzeit: 113 Wochen
Kennwerte: bis 1. Ebene DIN 276

BGF 2.952 €/m²

Planung: hoche steitz architekten; Bremerhaven

veröffentlicht: BKI Objektdaten N19

7600-0082 Feuerwache (3 Fahrzeuge)

BRI 5.818 m³ **BGF** 1.135 m² **NUF** 861 m²

Feuerwache für die Freiwillige Feuerwehr mit drei Fahrzeugstellplätzen. Fertigteilbauweise.

Land: Berlin
Kreis: Berlin, Stadt
Standard: mittel
Bauzeit: 52 Wochen
Kennwerte: bis 1. Ebene DIN 276

BGF 2.883 €/m²

Planung: Steiner Weißenberger Architekten BDA; Berlin

veröffentlicht: BKI Objektdaten E9

7600-0083 Feuerwache

BRI 3.373 m³ **BGF** 644 m² **NUF** 411 m²

Feuerwache mit einem Büro- und Schulungsbereich. Massivbau.

Land: Bayern
Kreis: Straubing, Stadt
Standard: mittel
Bauzeit: 57 Wochen
Kennwerte: bis 1. Ebene DIN 276

BGF 3.011 €/m²

Planung: hiw architekten gmbh; Straubing

veröffentlicht: BKI Objektdaten E9

7600-0088 Feuerwehrgerätehaus, (10 Fahrzeuge)

BRI 11.045 m³ **BGF** 2.378 m² **NUF** 1.775 m²

Feuerwehrgerätehaus für zehn Fahrzeuge mit Übungsturm. Massivbau.

Land: Bayern
Kreis: Tirschenreuth
Standard: mittel
Bauzeit: 109 Wochen
Kennwerte: bis 1. Ebene DIN 276

BGF 3.061 €/m²

Planung: Brückner & Brückner Architekten GmbH; Tirschenreuth

veröffentlicht: BKI Objektdaten N19

7600-0084 Feuerwehrhaus (5 Fahrzeuge)

BRI 5.614 m³ **BGF** 1.176 m² **NUF** 908 m²

Feuerwehrhaus mit fünf Fahrzeugplätze. Massivbau.

Land: Sachsen-Anhalt
Kreis: Salzlandkreis
Standard: hoch
Bauzeit: 74 Wochen
Kennwerte: bis 1. Ebene DIN 276

BGF 3.894 €/m²

Planung: Stuve & Jürgens Architekten BDA, Atelier für Architektur; Köthen/Anhalt

veröffentlicht: BKI Objektdaten N17

7600-0081 Feuerwehrstützpunkt (8 Fahrzeuge)

BRI 7.320 m³ **BGF** 1.624 m² **NUF** 1.311 m²

Feuerwehrstützpunkt (8 Fahrzeuge).

Land: Brandenburg
Kreis: Potsdam-Mittelmark
Standard: mittel
Bauzeit: 61 Wochen
Kennwerte: bis 3. Ebene DIN 276

BGF 2.575 €/m²

Planung: KÖBER-PLAN GmbH; Brandenburg

veröffentlicht: BKI Objektdaten N18

7600-0075 Feuerwehrgerätehaus - Effizienzhaus 70

BRI 2.949 m³ **BGF** 681 m² **NUF** 494 m²

Feuerwehrgerätehaus mit drei Fahrzeugstellplätzen. Massivbau.

Land: Bayern
Kreis: Bamberg, Stadt
Standard: mittel
Bauzeit: 48 Wochen
Kennwerte: bis 1. Ebene DIN 276

BGF 3.153 €/m²

Planung: Eis Architekten GmbH; Bamberg

veröffentlicht: BKI Objektdaten E8

Objektübersicht zur Gebäudeart

€/m² BGF

min	1.710	€/m²
von	2.230	€/m²
Mittel	**2.840**	**€/m²**
bis	3.665	€/m²
max	4.685	€/m²

Kosten:
Stand 1. Quartal 2025
Bundesdurchschnitt
inkl. 19% MwSt.

7600-0080 Feuerwache (4 Fahrzeuge)

BRI 7.809m³ **BGF** 1.665m² **NUF** 1.219m²

© Ortmann & Möller Bauplanung GmbH

Feuerwache, im OG mit Räumen eines Musikvereins. Mauerwerks- und Stahlbau.

Land: Niedersachsen
Kreis: Cloppenburg
Standard: mittel
Bauzeit: 83 Wochen
Kennwerte: bis 1. Ebene DIN 276

BGF 2.288 €/m²

Planung: Ortmann & Möller Bauplanung GmbH; Lastrup

veröffentlicht: BKI Objektdaten N17

7600-0073 Feuerwehrhaus

BRI 2.118m³ **BGF** 471m² **NUF** 329m²

© plan² - Architekturbüro Stendel

Feuerwehrhaus für 39 freiwillige Feuerwehrmänner und -frauen und zwei Einsatzfahrzeuge. Mauerwerk.

Land: Mecklenburg-Vorpommern
Kreis: Vorpommern-Greifswald
Standard: mittel
Bauzeit: 31 Wochen
Kennwerte: bis 3. Ebene DIN 276

BGF 2.338 €/m²

Planung: plan² Architekturbüro Stendel; Ribnitz-Damgarten

veröffentlicht: BKI Objektdaten E7

7600-0079 Feuerwehrhaus, Fahrzeughalle

BRI 4.409m³ **BGF** 971m² **NUF** 699m²

© mh bauplanBAR GmbH

Feuerwehrhaus. MW-Massivbau.

Land: Brandenburg
Kreis: Barnim
Standard: mittel
Bauzeit: 83 Wochen
Kennwerte: bis 1. Ebene DIN 276

BGF 2.895 €/m²

Planung: mh bauplanBAR GmbH u. Reimann_Hübler Studio f. Architektur; Bernau

veröffentlicht: BKI Objektdaten N17

7600-0077 Seminargebäude, Fahrzeughalle

BRI 6.030m³ **BGF** 1.534m² **NUF** 941m²

© Jens Weber

Seminargebäude für ca. 40 Teilnehmende mit Fahrzeughalle (5 STP). Massivbau.

Land: Bayern
Kreis: Bad Tölz
Standard: hoch
Bauzeit: 65 Wochen
Kennwerte: bis 1. Ebene DIN 276

BGF 2.708 €/m²

Planung: Schätzler I Architekten GmbH; München

veröffentlicht: BKI Objektdaten N16

7600-0076 Feuerwehrgerätehaus, Übungsturm - Passivhaus

BRI 4.395 m³ | **BGF** 898 m² | **NUF** 716 m²

Feuerwehrgerätehaus mit Übungsturm, Sozialtrakt als Passivhaus. Massivbau.

Land: Baden-Württemberg
Kreis: Heidelberg, Stadt
Standard: hoch
Bauzeit: 61 Wochen
Kennwerte: bis 1. Ebene DIN 276

BGF **2.989 €/m²**

Planung: Lengfeld & Wilisch Architekten PartG mbB; Darmstadt

veröffentlicht: BKI Objektdaten E8

7600-0070 Feuerwehrhaus

BRI 4.283 m³ | **BGF** 860 m² | **NUF** 667 m²

Feuerwehrgerätehaus mit vier Fahrzeugplätzen. Massivbau.

Land: Sachsen
Kreis: Vogtlandkreis
Standard: hoch
Bauzeit: 82 Wochen
Kennwerte: bis 1. Ebene DIN 276

BGF **2.321 €/m²**

Planung: Fugmann Architekten GmbH; Falkenstein

veröffentlicht: BKI Objektdaten N15

7600-0069 Feuer- und Rettungswache

BRI 4.631 m³ | **BGF** 918 m² | **NUF** 648 m²

Feuer- und Rettungswache mit vier Fahrzeugstellplätzen, Aufenthalts- und Seminarräume, Büros und Werkstatt. Massivbau.

Land: Thüringen
Kreis: Erfurt, Stadt
Standard: mittel
Bauzeit: 65 Wochen
Kennwerte: bis 1. Ebene DIN 276

BGF **2.349 €/m²**

Planung: HOFFMANN.SEIFERT.PARTNER architekten ingenieure; Erfurt

veröffentlicht: BKI Objektdaten N15

7600-0071 Feuerwehrhaus

BRI 3.208 m³ | **BGF** 686 m² | **NUF** 525 m²

Feuerwache. Stahlbau (Fahrzeughalle), Mauerwerk (Sozialgebäudeteil).

Land: Schleswig-Holstein
Kreis: Nordfriesland
Standard: mittel
Bauzeit: 26 Wochen
Kennwerte: bis 1. Ebene DIN 276

BGF **2.522 €/m²**

Planung: Johannsen und Fuchs; Husum

veröffentlicht: BKI Objektdaten N15

Objektübersicht zur Gebäudeart

€/m² BGF

min	1.710	€/m²
von	2.230	€/m²
Mittel	**2.840**	**€/m²**
bis	3.665	€/m²
max	4.685	€/m²

Kosten:
Stand 1. Quartal 2025
Bundesdurchschnitt
inkl. 19% MwSt.

7600-0063 Feuerwehrhaus

BRI 1.497 m³ **BGF** 322 m² **NUF** 228 m²

Feuerwehrhaus mit Halle, Schulungsraum und Küche (2 Fahrzeuge). Mauerwerksbau.

Land: Bayern
Kreis: Landshut, Stadt
Standard: einfach
Bauzeit: 39 Wochen
Kennwerte: bis 1. Ebene DIN 276

BGF 2.515 €/m²

Planung: NEUMEISTER & PARINGER ARCHITEKTEN BDA; Landshut

veröffentlicht: BKI Objektdaten N12

7600-0074 Feuerwehrhaus

BRI 1.876 m³ **BGF** 412 m² **NUF** 285 m²

Feuerwehrgerätehaus mit zwei Fahrzeugstellplätzen, Schulungsraum und Geräteraum. Mauerwerk.

Land: Sachsen
Kreis: Erzgebirgskreis
Standard: einfach
Bauzeit: 91 Wochen
Kennwerte: bis 1. Ebene DIN 276

BGF 2.010 €/m²

Planung: Bauplanungsbüro Jürgen Schmiedel; Jöhstadt

veröffentlicht: BKI Objektdaten N15

7600-0062 Feuerwehrhaus, Rettungswache

BRI 8.669 m³ **BGF** 1.850 m² **NUF** 1.528 m²

Feuerwehrhaus (6 Fahrzeuge) und Rettungswache (2 Rettungswagen). Massivbau.

Land: Nordrhein-Westfalen
Kreis: Gütersloh
Standard: hoch
Bauzeit: 52 Wochen
Kennwerte: bis 1. Ebene DIN 276

BGF 2.782 €/m²

Planung: Martin Wypior Freier Architekt; Stuttgart

veröffentlicht: BKI Objektdaten N12

7600-0068 Feuerwehrhaus

BRI 4.507 m³ **BGF** 1.093 m² **NUF** 880 m²

Feuerwehrhaus mit fünf Fahrzeugstellplätzen, Schulungsraum, Werkstatt und Jugendraum. Massivbau.

Land: Baden-Württemberg
Kreis: Ortenaukreis
Standard: mittel
Bauzeit: 52 Wochen
Kennwerte: bis 1. Ebene DIN 276

BGF 1.791 €/m²

Planung: Waßmer-STRAUB Architekten; Sasbach

veröffentlicht: BKI Objektdaten N13

7600-0053 Feuerwehr, Bürgerhaus*

BRI 1.437 m³ **BGF** 413 m² **NUF** 317 m²

Feuerwehr und Bürgerhaus, Wagenhalle, Geräteraum, Werkstatt, Bürgersaal mit 80 Sitzplätzen und Küche, Bürgermeisterbüro. Mauerwerk, Holzrahmenbau.

Land: Brandenburg
Kreis: Oberhavel
Standard: hoch
Bauzeit: 31 Wochen
Kennwerte: bis 3. Ebene DIN 276

BGF 3.041 €/m²

Planung: Dritte Haut° Architekten Dipl.-Ing. Architekt Peter Garkisch; Berlin

veröffentlicht: BKI Objektdaten N12
* Nicht in der Auswertung enthalten

7600-0052 Feuerwehrhaus

BRI 1.137 m³ **BGF** 328 m² **NUF** 212 m²

Feuerwehrhaus für ein Fahrzeug, mit Schulungsraum und Nebenräumen. Massivbau.

Land: Hessen
Kreis: Lahn-Dill-Kreis
Standard: mittel
Bauzeit: 74 Wochen
Kennwerte: bis 1. Ebene DIN 276

BGF 3.059 €/m²

Planung: SWOBODA . BEHR-SWOBODA ARCHITEKTEN+INGENIEURE; Braunfels

veröffentlicht: BKI Objektdaten N10

7600-0054 Feuerwehrhaus

BRI 13.142 m³ **BGF** 2.733 m² **NUF** 2.187 m²

Feuerwehrhaus mit zwölf Fahrzeugstellplätzen, Schlauchtrockenturm, Wasch- und Wartungshalle. Massivbau.

Land: Baden-Württemberg
Kreis: Ravensburg
Standard: mittel
Bauzeit: 61 Wochen
Kennwerte: bis 3. Ebene DIN 276

BGF 2.181 €/m²

Planung: wassung bader architekten; Tettnang

veröffentlicht: BKI Objektdaten N15

7600-0049 Feuerwehrhaus

BRI 9.810 m³ **BGF** 2.120 m² **NUF** 1.552 m²

Feuerwehrhaus mit zehn Fahrzeugstellplätzen. Massivbau.

Land: Schleswig-Holstein
Kreis: Plön
Standard: mittel
Bauzeit: 56 Wochen
Kennwerte: bis 1. Ebene DIN 276

BGF 2.271 €/m²

Planung: bbp : architekten bda brockstedt.bergfeld.petersen; Kiel

veröffentlicht: BKI Objektdaten N10

€/m² BGF

min	1.710	€/m²
von	2.230	€/m²
Mittel	**2.840**	**€/m²**
bis	3.665	€/m²
max	4.685	€/m²

Kosten:
Stand 1. Quartal 2025
Bundesdurchschnitt
inkl. 19% MwSt.

Objektübersicht zur Gebäudeart

7600-0055 Feuerwehrhaus, Rettungswache

BRI 2.838 m³ **BGF** 746 m² **NUF** 639 m²

Feuerwehrhaus (4 Fahrzeugstellplätze) und Rettungswache. Im OG Schulungsraum, Küche und Sanitäranlagen. Stb-Skelettkonstruktion.

Land: Niedersachsen
Kreis: Peine
Standard: mittel
Bauzeit: 44 Wochen
Kennwerte: bis 1. Ebene DIN 276

BGF 2.058 €/m²

Planung: maurer - ARCHITEKTUR; Vechelde

veröffentlicht: BKI Objektdaten N11

7600-0047 Feuerwehrgerätehaus

BRI 10.336 m³ **BGF** 2.198 m² **NUF** 1.565 m²

Feuerwehrgerätehaus, Fahrzeughalle, Schlauchwerkstatt, Werkstattbereich mit Waschhalle, Umkleide- und Sanitärbereiche, Schulungs- und Aufenthaltsraum. Mauerwerksbau.

Land: Rheinland-Pfalz
Kreis: Rhein-Pfalz-Kreis
Standard: mittel
Bauzeit: 96 Wochen
Kennwerte: bis 1. Ebene DIN 276

BGF 2.016 €/m²

Planung: kplan AG Abteilung Architektur; Abensberg

veröffentlicht: BKI Objektdaten N10

7600-0035 Feuerwehrhaus (2 Kfz)*

BRI 1.870 m³ **BGF** 601 m² **NUF** 361 m²

Feuerwehrhaus mit zwei Stellplätzen und Schulungsraum. Mauerwerksbau.

Land: Baden-Württemberg
Kreis: Alb-Donau-Kreis
Standard: mittel
Bauzeit: 52 Wochen
Kennwerte: bis 3. Ebene DIN 276

BGF 1.187 €/m²

Planung: Architekturbüro Klein + Thierer; Gerstetten

veröffentlicht: www.bki.de
* Nicht in der Auswertung enthalten

7600-0040 Feuerwehrgerätehaus (11 Kfz)

BRI 8.230 m³ **BGF** 2.010 m² **NUF** 1.615 m²

Feuerwehrhaus mit elf Stellplätzen für Einsatzfahrzeuge, Funkzentrale, Umkleide- und Sanitärräume, Verwaltung. Stb-Konstruktion, Pfosten-Riegel-Fassade.

Land: Baden-Württemberg
Kreis: Heilbronn
Standard: mittel
Bauzeit: 35 Wochen
Kennwerte: bis 3. Ebene DIN 276

BGF 1.709 €/m²

Planung: Freier Architekt Bernd Zimmermann BDA; Heilbronn

veröffentlicht: www.bki.de

Kostenkennwerte für die Kosten des Bauwerks (Kostengruppen 300+400 nach DIN 276)

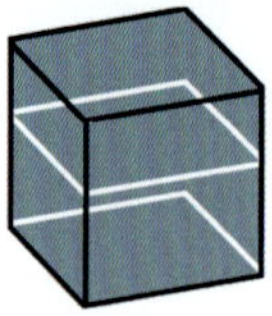

BRI 530 €/m³
von 345 €/m³
bis 815 €/m³

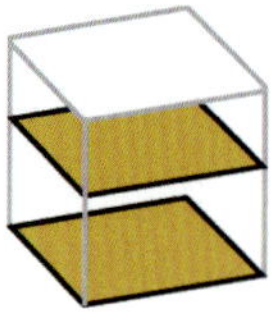

BGF 2.465 €/m²
von 1.835 €/m²
bis 3.340 €/m²

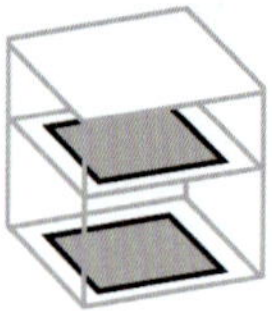

NUF 3.150 €/m²
von 2.320 €/m²
bis 4.300 €/m²

Objektbeispiele

Kosten:
Stand 1. Quartal 2025
Bundesdurchschnitt
inkl. 19% MwSt.

7600-0072

7600-0067

7600-0050

7700-0047

7600-0065

7600-0046

Kosten der 8 Vergleichsobjekte

Seiten 1006 bis 1007

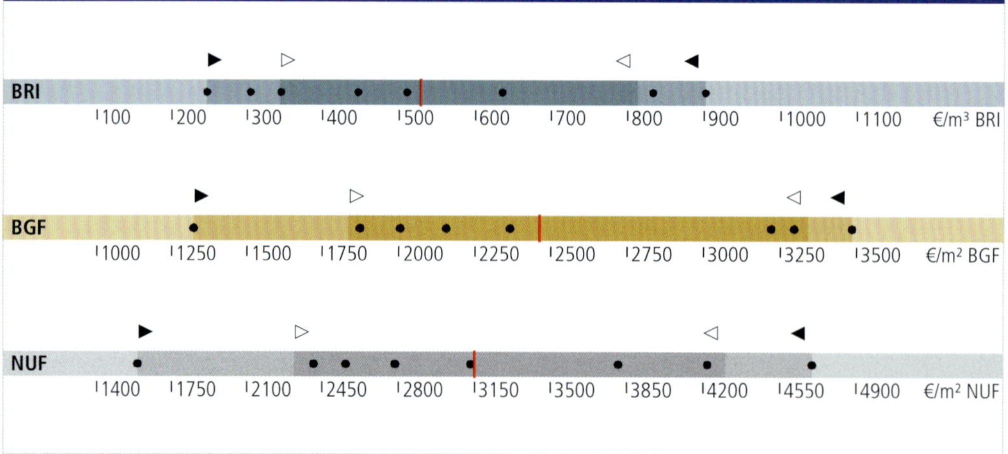

- ● KKW
- ▶ min
- ▷ von
- | Mittelwert
- ◁ bis
- ◀ max

Kostenstand: 1. Quartal 2025, Bundesdurchschnitt, **inkl. 19% MwSt.**

Kostenkennwerte für die Kostengruppen der 1. und 2. Ebene DIN 276

KG	Kostengruppen der 1. Ebene	Einheit	▷	€/Einheit	◁	▷	% an 300+400	◁
100	Grundstück	m² GF	–	**–**	–	–	**–**	–
200	Vorbereitende Maßnahmen	m² GF	4	**8**	16	1,0	**1,4**	2,0
300	Bauwerk – Baukonstruktionen	m² BGF	1.455	**2.021**	2.846	72,7	**81,3**	86,2
400	Bauwerk – Technische Anlagen	m² BGF	288	**444**	588	13,8	**18,7**	27,3
	Bauwerk 300+400	m² BGF	1.836	**2.465**	3.340	100,0	**100,0**	100,0
500	Außenanlagen und Freiflächen	m² AF	6	**73**	122	2,7	**9,7**	19,4
600	Ausstattung und Kunstwerke	m² BGF	10	**12**	14	0,5	**0,5**	0,6
700	Baunebenkosten*	m² BGF	544	**607**	669	21,6	**24,1**	26,6
800	Finanzierung	m² BGF	–	**–**	–	–	**–**	–

◁ * Auf Grundlage der HOAI 2021 berechnete Werte nach §§ 35, 52, 56. Weitere Informationen siehe Seite 56

KG	Kostengruppen der 2. Ebene	Einheit	▷	€/Einheit	◁	▷	% an 1. Ebene	◁
310	Baugrube / Erdbau	m³ BGI	18	**43**	52	1,3	**3,1**	7,3
320	Gründung, Unterbau	m² GRF	325	**365**	482	7,6	**18,4**	23,0
330	Außenwände / vertikal außen	m² AWF	529	**645**	954	28,8	**34,5**	40,5
340	Innenwände / vertikal innen	m² IWF	337	**425**	541	4,6	**10,7**	16,6
350	Decken / horizontal	m² DEF	176	**312**	364	3,2	**6,2**	9,5
360	Dächer	m² DAF	213	**377**	572	14,7	**19,1**	23,6
370	Infrastrukturanlagen		–	**–**	–	–	**–**	–
380	Baukonstruktive Einbauten	m² BGF	29	**99**	168	0,5	**2,9**	9,3
390	Sonst. Maßnahmen für Baukonst.	m² BGF	54	**74**	131	3,8	**5,0**	7,9
300	**Bauwerk – Baukonstruktionen**	**m² BGF**					**100,0**	
410	Abwasser-, Wasser-, Gasanlagen	m² BGF	21	**44**	70	7,7	**10,4**	13,0
420	Wärmeversorgungsanlagen	m² BGF	47	**54**	72	9,8	**15,0**	19,9
430	Raumlufttechnische Anlagen	m² BGF	41	**45**	54	2,2	**7,8**	13,3
440	Elektrische Anlagen	m² BGF	107	**137**	217	25,5	**38,5**	63,0
450	Kommunikationstechnische Anlagen	m² BGF	13	**35**	56	4,5	**9,6**	22,3
460	Förderanlagen	m² BGF	–	**20**	–	0,0	**0,9**	3,5
470	Nutzungsspez. / verfahrenstech. Anl.	m² BGF	25	**133**	344	2,7	**15,7**	52,5
480	Gebäude- und Anlagenautomation	m² BGF	16	**25**	34	0,0	**2,0**	4,4
490	Sonst. Maßnahmen f. techn. Anl.	m² BGF	< 1	**< 1**	1	< 0,1	**< 0,1**	0,2
400	**Bauwerk – Technische Anlagen**	**m² BGF**					**100,0**	

Prozentanteile der Kosten 2. Ebene an den Kosten des Bauwerks nach DIN 276 (Von/Mittel/Bis)

KG	Kostengruppe	%
310	Baugrube / Erdbau	2,6
320	Gründung, Unterbau	14,6
330	Außenwände / vertikal außen	27,1
340	Innenwände / vertikal innen	8,0
350	Decken / horizontal	4,8
360	Dächer	15,0
370	Infrastrukturanlagen	
380	Baukonstruktive Einbauten	2,1
390	Sonst. Maßnahmen für Baukonst.	4,0
410	Abwasser-, Wasser-, Gasanlagen	2,2
420	Wärmeversorgungsanlagen	2,9
430	Raumlufttechnische Anlagen	1,9
440	Elektrische Anlagen	7,2
450	Kommunikationstechnische Anlagen	2,0
460	Förderanlagen	0,2
470	Nutzungsspez. / verfahrenstech. Anl.	4,9
480	Gebäude- und Anlagenautomation	0,6
490	Sonst. Maßnahmen f. techn. Anl.	< 0,1

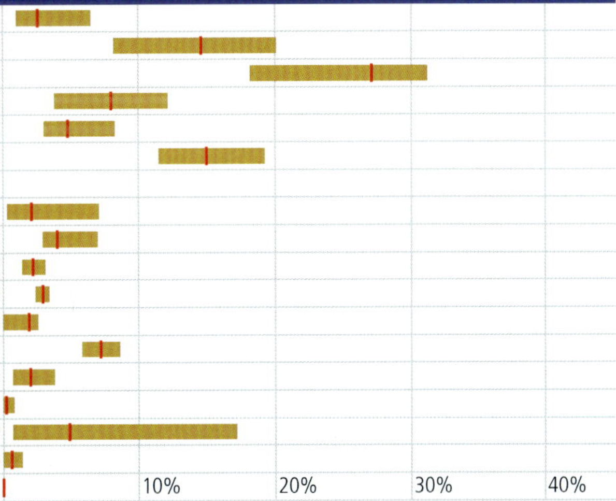

Prozentanteile der Kosten für Leistungsbereiche nach STLB (Kosten Bauwerk nach DIN 276)

LB	Leistungsbereiche	▷	% an 300+400	◁
000	Baustellen-, Verkehrssich.- u. Sicherh.einr. inkl. 001	2,4	**3,1**	3,7
002	Erdarbeiten	1,8	**3,4**	7,0
006	Spezialtiefbauarbeiten inkl. 005	0,0	**1,5**	6,0
009	Entwässerungskanalarbeiten inkl. 011	0,4	**0,6**	0,9
010	Drän- und Versickerarbeiten	< 0,1	**< 0,1**	0,1
012	Mauerarbeiten	3,2	**4,0**	6,0
013	Betonarbeiten	11,9	**17,0**	27,5
014	Natur-, Betonwerksteinarbeiten	0,0	**0,2**	0,7
016	Zimmer- und Holzbauarbeiten	0,0	**5,0**	19,9
017	Stahlbauarbeiten	3,7	**8,2**	13,4
018	Abdichtungsarbeiten	< 0,1	**0,3**	0,5
020	Dachdeckungsarbeiten	0,0	**0,8**	3,1
021	Dachabdichtungsarbeiten	0,5	**2,8**	5,1
022	Klempnerarbeiten	2,2	**2,9**	3,7
	Rohbau	36,3	**49,8**	65,2
023	Putz- und Stuckarbeiten, Wärmedämmsysteme	2,3	**5,8**	14,7
024	Fliesen- und Plattenarbeiten	0,2	**0,7**	1,2
025	Estricharbeiten	0,2	**0,4**	1,1
026	Fenster, Außentüren inkl. 029, 032	< 0,1	**6,2**	8,9
027	Tischlerarbeiten	0,3	**1,4**	3,0
028	Parkettarbeiten, Holzpflasterarbeiten	0,0	**0,2**	0,4
030	Rollladenarbeiten	< 0,1	**0,4**	0,6
031	Metallbauarbeiten inkl. 035	1,6	**7,6**	13,3
034	Maler- und Lackiererarbeiten inkl. 037	0,0	**0,5**	0,7
036	Bodenbelagarbeiten	0,0	**0,5**	1,0
038	Vorgehängte hinterlüftete Fassaden	0,0	**2,7**	10,7
039	Trockenbauarbeiten	0,2	**1,0**	3,3
	Ausbau	19,9	**27,3**	44,5
040	Wärmeversorgungsanl. - Betriebseinr. inkl. 041	2,2	**2,5**	3,3
042	Gas- und Wasserinstallation, Leitungen inkl. 043	0,3	**0,5**	0,6
044	Abwasseranlagen - Leitungen, Abläufe, Armaturen	0,1	**0,6**	1,7
045	GWE - Einrichtungsgegenstände inkl. 046	0,3	**1,0**	2,6
047	Dämm- und Brandschutzarbeiten an techn. Anlagen	0,4	**0,5**	0,8
049	Feuerlöschanlagen, Feuerlöschgeräte	–	**–**	–
050	Blitzschutz- und Erdungsanlagen	0,2	**0,3**	0,6
052	Mittelspannungsanlagen	–	**–**	–
053	Niederspannungsanlagen inkl. 054	3,0	**5,3**	6,0
055	Sicherheits- und Ersatzstromversorgungsanlagen	< 0,1	**0,3**	1,0
057	Gebäudesystemtechnik	–	**–**	–
058	Leuchten und Lampen inkl. 059	1,2	**1,6**	2,1
060	Such-, Signal-, elektroakust. Anl., Med. inkl. 064	< 0,1	**0,2**	0,7
061	Kommunikations- und Übertragungsnetze inkl. 062	0,4	**0,5**	0,6
063	Gefahrenmeldeanlagen	0,4	**1,3**	3,8
069	Aufzüge	0,0	**0,2**	0,8
070	Gebäudeautomation	0,0	**0,6**	1,5
075	Raumlufttechnische Anlagen inkl. 078	0,0	**1,8**	2,6
	Gebäudetechnik	12,3	**17,1**	20,6
	Sonstige Leistungsbereiche inkl. 008, 033, 051	1,6	**5,8**	18,1

Kosten:
Stand 1.Quartal 2025
Bundesdurchschnitt
inkl. 19% MwSt.

- ● KKW
- ▶ min
- ▷ von
- | Mittelwert
- ◁ bis
- ◀ max

Planungskennwerte für Flächen und Rauminhalte nach DIN 277

Grundflächen		▷	Fläche/NUF (%)	◁	▷	Fläche/BGF (%)	◁
NUF	Nutzungsfläche	100,0	**100,0**	100,0	75,2	**78,8**	80,2
TF	Technikfläche	1,8	**2,4**	3,2	1,4	**1,9**	2,6
VF	Verkehrsfläche	10,9	**13,5**	25,1	7,6	**9,9**	17,5
NRF	Netto-Raumfläche	109,8	**114,0**	124,3	86,6	**89,2**	90,6
KGF	Konstruktions-Grundfläche	12,7	**14,0**	19,0	9,4	**10,8**	13,4
BGF	Brutto-Grundfläche	126,0	**127,9**	135,0	100,0	**100,0**	100,0

Brutto-Rauminhalte		▷	BRI/NUF (m)	◁	▷	BRI/BGF (m)	◁
BRI	Brutto-Rauminhalt	5,76	**6,38**	7,06	4,83	**5,06**	5,62

Flächen von Nutzeinheiten	▷	NUF/Einheit (m²)	◁	▷	BGF/Einheit (m²)	◁
Nutzeinheit:	–	**–**	–	–	**–**	–

Lufttechnisch behandelte Flächen	▷	Fläche/NUF (%)	◁	▷	Fläche/BGF (%)	◁
Entlüftete Fläche	–	**–**	–	–	**–**	–
Be- und entlüftete Fläche	–	**–**	–	–	**–**	–
Teilklimatisierte Fläche	–	**–**	–	–	**–**	–
Klimatisierte Fläche	–	**–**	–	–	**–**	–

KG	Kostengruppen (2. Ebene)	Einheit	▷	Menge/NUF	◁	▷	Menge/BGF	◁
310	Baugrube / Erdbau	m³ BGI	1,08	**1,49**	2,04	0,77	**1,11**	1,33
320	Gründung, Unterbau	m² GRF	0,72	**0,91**	0,95	0,70	**0,70**	0,75
330	Außenwände / vertikal außen	m² AWF	1,03	**1,06**	1,06	0,78	**0,80**	0,80
340	Innenwände / vertikal innen	m² IWF	0,52	**0,55**	0,90	0,42	**0,42**	0,66
350	Decken / horizontal	m² DEF	0,32	**0,39**	0,39	0,25	**0,30**	0,30
360	Dächer	m² DAF	0,96	**1,18**	1,18	0,71	**0,89**	1,18
370	Infrastrukturanlagen		–	**–**	–	–	**–**	–
380	Baukonstruktive Einbauten	m² BGF	1,26	**1,28**	1,35	1,00	**1,00**	1,00
390	Sonst. Maßnahmen für Baukonst.	m² BGF	1,26	**1,28**	1,35	1,00	**1,00**	1,00
300	**Bauwerk – Baukonstruktionen**	**m² BGF**	1,26	**1,28**	1,35	1,00	**1,00**	1,00

Planungskennwerte für Bauzeiten — 8 Vergleichsobjekte

Bauzeit in Wochen

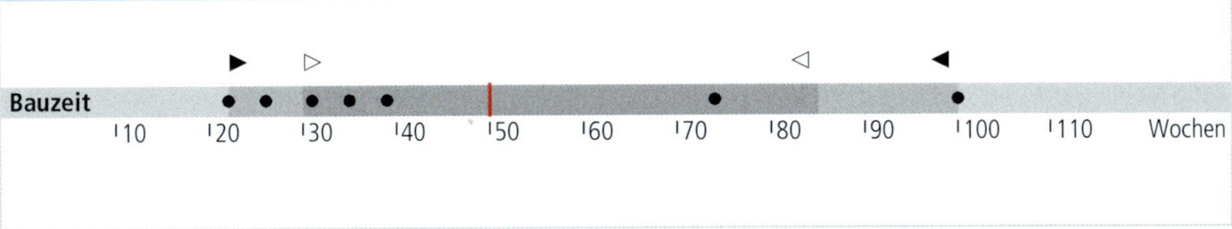

€/m² BGF

min	1.320	€/m²
von	1.835	€/m²
Mittel	**2.465**	**€/m²**
bis	3.340	€/m²
max	3.485	€/m²

Kosten:
Stand 1. Quartal 2025
Bundesdurchschnitt
inkl. 19% MwSt.

Objektübersicht zur Gebäudeart

7600-0072 Straßenmeisterei (25 AP)

BRI 17.562 m³ **BGF** 2.666 m² **NUF** 2.217 m²

© HOFFMANN.SEIFERT.PARTNER

Straßenmeisterei mit Salzsiloanlage (25 AP). Stahlbau.

Land: Thüringen
Kreis: Altenburger Land
Standard: mittel
Bauzeit: 74 Wochen
Kennwerte: bis 3. Ebene DIN 276

BGF 2.004 €/m²

Planung: HOFFMANN.SEIFERT.PARTNER architekten ingenieure; Zwickau

veröffentlicht: BKI Objektdaten N16

7600-0065 Sozialgebäude (Friedhofsamt)

BRI 584 m³ **BGF** 164 m² **NUF** 112 m²

© Jens Kirchner

Sozialgebäude (Friedhofsamt) für 25 Personen. Mauerwerksbau.

Land: Nordrhein-Westfalen
Kreis: Mettmann
Standard: mittel
Bauzeit: 39 Wochen
Kennwerte: bis 1. Ebene DIN 276

BGF 3.219 €/m²

Planung: pagelhenn architektinnenarchitekt; Hilden

veröffentlicht: BKI Objektdaten N13

7600-0067 Wirtschaftsgebäude

BRI 2.562 m³ **BGF** 375 m² **NUF** 310 m²

© Werner Huthmacher

Wirtschaftsgebäude mit Lager-, Funktionstrakt und Garagenbereich (8 STP). Holzrahmenbau.

Land: Sachsen
Kreis: Erzgebirgskreis
Standard: hoch
Bauzeit: 22 Wochen
Kennwerte: bis 1. Ebene DIN 276

BGF 3.484 €/m²

Planung: Atelier ST Gesellschaft von Architekten mbH; Leipzig

veröffentlicht: BKI Objektdaten N13

7600-0050 Straßenmeisterei

BRI 9.588 m³ **BGF** 1.531 m² **NUF** 1.290 m²

© Thomas Ott, www.o2t.de

Straßenmeisterei. Bestehend aus drei Bauteilen: Büros und Lkw-Geräteboxen, Werkstatt, Salzlagerhalle. Holzskelettbau, Mauerwerk, Stahlbeton.

Land: Hessen
Kreis: Rheingau-Taunus-Kreis
Standard: mittel
Bauzeit: 31 Wochen
Kennwerte: bis 1. Ebene DIN 276

BGF 2.156 €/m²

Planung: BGF + Architekten; Wiesbaden

veröffentlicht: BKI Objektdaten N10

Objektübersicht zur Gebäudeart

7600-0048 Hauptrettungsstation

BRI 328 m³ **BGF** 83 m² **NUF** 72 m²

Hauptrettungsstation mit Unfallhilfestellung. Holzrahmenbau.

Land: Mecklenburg-Vorpommern
Kreis: Vorpommern-Greifswald
Standard: mittel
Bauzeit: 26 Wochen
Kennwerte: bis 1. Ebene DIN 276

BGF 3.295 €/m²

Planung: Architekt BDA und Stadtplaner Achim Dreischmeier; Ostseebad Koserow

veröffentlicht: BKI Objektdaten N10

7600-0046 Betriebshof

BRI 3.200 m³ **BGF** 763 m² **NUF** 513 m²

Stellplätze für Fahrzeuge, Lagerflächen, Büroraum. Mauerwerk, Holzrahmenbau.

Land: Baden-Württemberg
Kreis: Ravensburg
Standard: mittel
Bauzeit: 35 Wochen
Kennwerte: bis 3. Ebene DIN 276

BGF 1.873 €/m²

Planung: Frankenhauser Architekten; Ravensburg

veröffentlicht: BKI Objektdaten N12

7600-0044 Feuer- und Rettungswache

BRI 12.150 m³ **BGF** 3.264 m² **NUF** 2.465 m²

Feuer- und Rettungswache für sieben Fahrzeuge, vier Brandschutz- und drei Rettungstransportfahrzeuge, Waschhalle, Werkstätten, Umkleideräume, Büroräume für zehn Mitarbeitende, Schulungsräume, Besprechungszimmer. Stb-Konstruktion, Pfosten-Riegel-Fassade; Stb-Filigrandecken; Stahl-Dachtragwerk.

Land: Nordrhein-Westfalen
Kreis: Herford
Standard: mittel
Bauzeit: 100 Wochen
Kennwerte: bis 3. Ebene DIN 276

BGF 2.366 €/m²

Planung: Architekten Prof. Sill; Hamburg

veröffentlicht: www.bki.de

7700-0047 Fahrzeughalle

BRI 3.635 m³ **BGF** 677 m² **NUF** 561 m²

Fahrzeughalle für Einsatzfahrzeuge. Mauerwerksbau; Stahlträgerdachkonstruktion, Trapezblechdeckung.

Land: Rheinland-Pfalz
Kreis: Südliche Weinstraße
Standard: mittel
Bauzeit: 74 Wochen
Kennwerte: bis 3. Ebene DIN 276

BGF 1.322 €/m²

Planung: BECKER I RITZMANN Architekten + Ingenieure; Neustadt

veröffentlicht: BKI Objektdaten N10

Bibliotheken, Museen und Ausstellungen

Kostenkennwerte für die Kosten des Bauwerks (Kostengruppen 300+400 nach DIN 276)

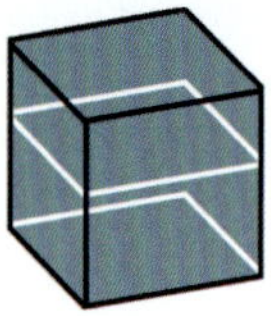

BRI 875 €/m³
von 600 €/m³
bis 1.225 €/m³

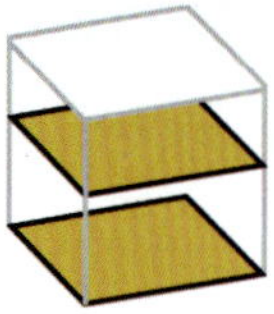

BGF 3.895 €/m²
von 2.730 €/m²
bis 5.840 €/m²

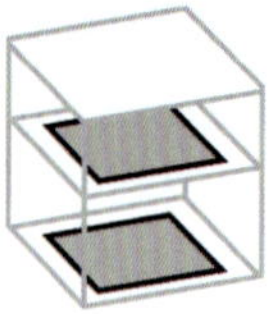

NUF 5.790 €/m²
von 3.880 €/m²
bis 9.380 €/m²

Objektbeispiele

Kosten:
Stand 1. Quartal 2025
Bundesdurchschnitt
inkl. 19% MwSt.

9100-0217

9100-0206

9100-0180

Kosten der 31 Vergleichsobjekte

Seiten 1012 bis 1019

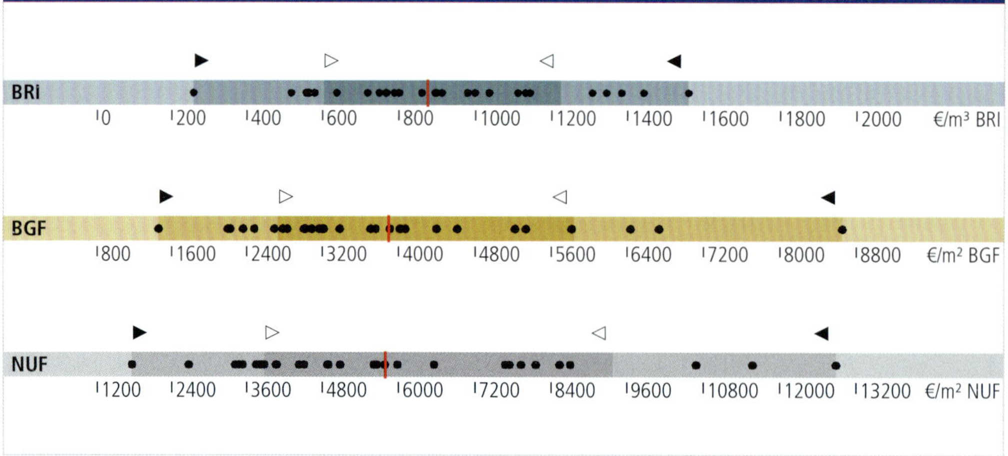

- ● KKW
- ▶ min
- ▷ von
- | Mittelwert
- ◁ bis
- ◀ max

Kostenkennwerte für die Kostengruppen der 1. und 2.Ebene DIN 276

KG	Kostengruppen der 1.Ebene	Einheit	▷	€/Einheit	◁	▷	% an 300+400	◁
100	Grundstück	m² GF	–	**–**	–	–	**–**	–
200	Vorbereitende Maßnahmen	m² GF	16	**43**	140	1,1	**2,8**	6,3
300	Bauwerk – Baukonstruktionen	m² BGF	2.085	**2.922**	4.534	66,1	**75,6**	83,2
400	Bauwerk – Technische Anlagen	m² BGF	511	**972**	1.549	16,8	**24,4**	33,9
	Bauwerk 300+400	m² BGF	2.731	**3.893**	5.838	100,0	**100,0**	100,0
500	Außenanlagen und Freiflächen	m² AF	166	**485**	1.725	3,5	**7,7**	15,3
600	Ausstattung und Kunstwerke	m² BGF	84	**275**	1.118	2,0	**7,1**	21,7
700	Baunebenkosten*	m² BGF	843	**904**	966	21,8	**23,3**	24,9 ◁
800	Finanzierung	m² BGF	–	**–**	–	–	**–**	–

* Auf Grundlage der HOAI 2021 berechnete Werte nach §§ 35, 52, 56. Weitere Informationen siehe Seite 56

KG	Kostengruppen der 2.Ebene	Einheit	▷	€/Einheit	◁	▷	% an 1.Ebene	◁
310	Baugrube / Erdbau	m³ BGI	32	**72**	170	1,4	**2,0**	2,4
320	Gründung, Unterbau	m² GRF	505	**787**	1.575	8,8	**14,1**	18,3
330	Außenwände / vertikal außen	m² AWF	689	**1.068**	1.635	24,2	**33,9**	42,1
340	Innenwände / vertikal innen	m² IWF	328	**431**	566	6,4	**12,0**	16,2
350	Decken / horizontal	m² DEF	304	**554**	715	0,3	**9,9**	18,9
360	Dächer	m² DAF	635	**890**	1.599	11,6	**17,3**	22,4
370	Infrastrukturanlagen		–	**–**	–	–	**–**	–
380	Baukonstruktive Einbauten	m² BGF	44	**141**	241	1,1	**4,4**	8,6
390	Sonst. Maßnahmen für Baukonst.	m² BGF	91	**167**	236	3,9	**6,5**	10,8
300	**Bauwerk – Baukonstruktionen**	**m² BGF**					**100,0**	
410	Abwasser-, Wasser-, Gasanlagen	m² BGF	63	**98**	170	7,3	**13,7**	20,9
420	Wärmeversorgungsanlagen	m² BGF	72	**128**	306	10,1	**16,7**	33,7
430	Raumlufttechnische Anlagen	m² BGF	51	**164**	398	0,9	**11,9**	20,7
440	Elektrische Anlagen	m² BGF	185	**337**	1.098	23,7	**36,2**	45,9
450	Kommunikationstechnische Anlagen	m² BGF	29	**65**	112	2,9	**8,1**	12,1
460	Förderanlagen	m² BGF	52	**108**	164	0,0	**1,9**	6,8
470	Nutzungsspez. / verfahrenstech. Anl.	m² BGF	4	**71**	172	0,6	**5,9**	19,3
480	Gebäude- und Anlagenautomation	m² BGF	31	**87**	126	0,3	**3,3**	11,4
490	Sonst. Maßnahmen f. techn. Anl.	m² BGF	6	**21**	34	0,2	**2,1**	6,4
400	**Bauwerk – Technische Anlagen**	**m² BGF**					**100,0**	

Prozentanteile der Kosten 2.Ebene an den Kosten des Bauwerks nach DIN 276 (Von/Mittel/Bis)

310	Baugrube / Erdbau	1,5
320	Gründung, Unterbau	10,9
330	Außenwände / vertikal außen	26,8
340	Innenwände / vertikal innen	9,0
350	Decken / horizontal	7,3
360	Dächer	13,6
370	Infrastrukturanlagen	
380	Baukonstruktive Einbauten	3,3
390	Sonst. Maßnahmen für Baukonst.	4,9
410	Abwasser-, Wasser-, Gasanlagen	2,7
420	Wärmeversorgungsanlagen	3,4
430	Raumlufttechnische Anlagen	3,4
440	Elektrische Anlagen	8,0
450	Kommunikationstechnische Anlagen	1,7
460	Förderanlagen	0,6
470	Nutzungsspez. / verfahrenstech. Anl.	1,4
480	Gebäude- und Anlagenautomation	1,0
490	Sonst. Maßnahmen f. techn. Anl.	0,4

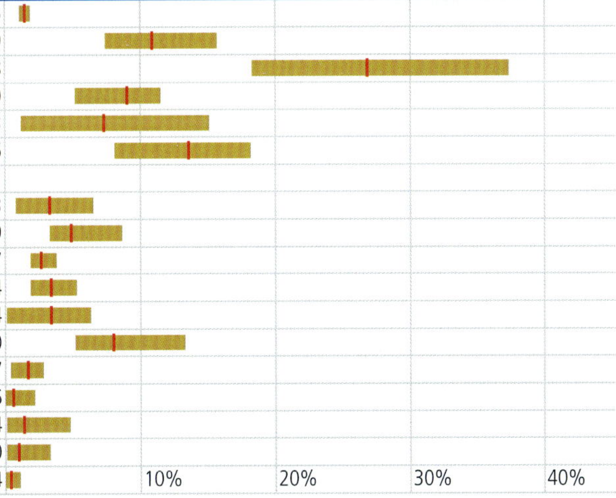

 Kostenstand: 1. Quartal 2025, Bundesdurchschnitt, **inkl. 19% MwSt.**

Kosten:
Stand 1. Quartal 2025
Bundesdurchschnitt
inkl. 19% MwSt.

● KKW
▶ min
▷ von
| Mittelwert
◁ bis
◀ max

Prozentanteile der Kosten für Leistungsbereiche nach STLB (Kosten Bauwerk nach DIN 276)

LB	Leistungsbereiche	▷	% an 300+400	◁
000	Baustellen-, Verkehrssich.- u. Sicherh.einr. inkl. 001	2,9	**4,6**	8,4
002	Erdarbeiten	1,5	**2,1**	2,9
006	Spezialtiefbauarbeiten inkl. 005	–	**–**	–
009	Entwässerungskanalarbeiten inkl. 011	< 0,1	**0,1**	0,3
010	Drän- und Versickerarbeiten	< 0,1	**< 0,1**	0,1
012	Mauerarbeiten	2,9	**7,3**	10,3
013	Betonarbeiten	11,8	**16,6**	25,9
014	Natur-, Betonwerksteinarbeiten	< 0,1	**1,2**	5,4
016	Zimmer- und Holzbauarbeiten	0,1	**4,7**	16,0
017	Stahlbauarbeiten	< 0,1	**0,6**	2,4
018	Abdichtungsarbeiten	< 0,1	**0,7**	1,6
020	Dachdeckungsarbeiten	0,0	**0,2**	1,3
021	Dachabdichtungsarbeiten	1,6	**4,4**	7,1
022	Klempnerarbeiten	0,5	**1,4**	3,7
	Rohbau	36,4	**44,0**	54,2
023	Putz- und Stuckarbeiten, Wärmedämmsysteme	0,3	**2,2**	4,3
024	Fliesen- und Plattenarbeiten	0,3	**1,1**	3,0
025	Estricharbeiten	0,8	**1,2**	2,2
026	Fenster, Außentüren inkl. 029, 032	2,4	**6,2**	11,0
027	Tischlerarbeiten	0,9	**4,2**	5,7
028	Parkettarbeiten, Holzpflasterarbeiten	0,3	**1,6**	4,4
030	Rollladenarbeiten	< 0,1	**0,7**	1,6
031	Metallbauarbeiten inkl. 035	2,0	**5,3**	13,5
034	Maler- und Lackiererarbeiten inkl. 037	1,2	**2,3**	4,8
036	Bodenbelagarbeiten	0,1	**0,6**	1,9
038	Vorgehängte hinterlüftete Fassaden	< 0,1	**2,8**	19,7
039	Trockenbauarbeiten	1,3	**4,3**	8,4
	Ausbau	20,7	**32,4**	41,8
040	Wärmeversorgungsanl. - Betriebseinr. inkl. 041	1,8	**3,2**	5,1
042	Gas- und Wasserinstallation, Leitungen inkl. 043	0,4	**0,8**	1,7
044	Abwasseranlagen - Leitungen, Abläufe, Armaturen	0,3	**0,8**	2,4
045	GWE - Einrichtungsgegenstände inkl. 046	0,3	**0,6**	1,0
047	Dämm- und Brandschutzarbeiten an techn. Anlagen	0,1	**0,6**	2,2
049	Feuerlöschanlagen, Feuerlöschgeräte	< 0,1	**0,8**	5,0
050	Blitzschutz- und Erdungsanlagen	0,2	**0,5**	0,8
052	Mittelspannungsanlagen	0,0	**0,2**	1,1
053	Niederspannungsanlagen inkl. 054	3,1	**5,0**	11,1
055	Sicherheits- und Ersatzstromversorgungsanlagen	0,0	**< 0,1**	< 0,1
057	Gebäudesystemtechnik	0,0	**< 0,1**	0,4
058	Leuchten und Lampen inkl. 059	0,9	**2,6**	4,2
060	Such-, Signal-, elektroakust. Anl., Med. inkl. 064	< 0,1	**0,5**	2,0
061	Kommunikations- und Übertragungsnetze inkl. 062	< 0,1	**0,4**	0,7
063	Gefahrenmeldeanlagen	< 0,1	**0,8**	1,7
069	Aufzüge	0,0	**0,5**	2,0
070	Gebäudeautomation	0,0	**0,9**	3,3
075	Raumlufttechnische Anlagen inkl. 078	0,1	**3,2**	5,9
	Gebäudetechnik	13,1	**21,4**	30,3
	Sonstige Leistungsbereiche inkl. 008, 033, 051	0,3	**2,1**	7,1

Planungskennwerte für Flächen und Rauminhalte nach DIN 277

Grundflächen		▷	Fläche/NUF (%)	◁	▷	Fläche/BGF (%)	◁
NUF	Nutzungsfläche	100,0	**100,0**	100,0	64,8	**69,6**	75,4
TF	Technikfläche	5,2	**7,5**	14,5	3,5	**4,8**	8,1
VF	Verkehrsfläche	13,3	**18,2**	23,2	8,9	**11,9**	14,6
NRF	Netto-Raumfläche	117,4	**124,0**	133,1	82,0	**85,2**	87,6
KGF	Konstruktions-Grundfläche	17,7	**22,1**	28,8	12,4	**14,8**	18,0
BGF	Brutto-Grundfläche	135,0	**146,1**	158,7	100,0	**100,0**	100,0

Brutto-Rauminhalte		▷	BRI/NUF (m)	◁	▷	BRI/BGF (m)	◁
BRI	Brutto-Rauminhalt	5,77	**6,60**	7,53	4,14	**4,51**	5,04

Flächen von Nutzeinheiten	▷	NUF/Einheit (m²)	◁	▷	BGF/Einheit (m²)	◁
Nutzeinheit:	–	**–**	–	–	**–**	–

Lufttechnisch behandelte Flächen	▷	Fläche/NUF (%)	◁	▷	Fläche/BGF (%)	◁
Entlüftete Fläche	–	**–**	–	–	**–**	–
Be- und entlüftete Fläche	115,1	**115,1**	115,1	89,7	**89,7**	89,7
Teilklimatisierte Fläche	–	**–**	–	–	**–**	–
Klimatisierte Fläche	–	**–**	–	–	**–**	–

KG	Kostengruppen (2. Ebene)	Einheit	▷	Menge/NUF	◁	▷	Menge/BGF	◁
310	Baugrube / Erdbau	m³ BGI	1,50	**1,96**	3,40	1,04	**1,35**	2,01
320	Gründung, Unterbau	m² GRF	0,67	**0,84**	0,97	0,50	**0,60**	0,61
330	Außenwände / vertikal außen	m² AWF	1,16	**1,40**	1,59	0,85	**0,95**	1,07
340	Innenwände / vertikal innen	m² IWF	0,87	**1,11**	1,42	0,59	**0,72**	0,83
350	Decken / horizontal	m² DEF	0,54	**0,84**	0,88	0,34	**0,52**	0,58
360	Dächer	m² DAF	0,79	**0,89**	1,07	0,47	**0,63**	0,69
370	Infrastrukturanlagen		–	**–**	–	–	**–**	–
380	Baukonstruktive Einbauten	m² BGF	1,35	**1,46**	1,59	1,00	**1,00**	1,00
390	Sonst. Maßnahmen für Baukonst.	m² BGF	1,35	**1,46**	1,59	1,00	**1,00**	1,00
300	**Bauwerk – Baukonstruktionen**	**m² BGF**	1,35	**1,46**	1,59	1,00	**1,00**	1,00

Planungskennwerte für Bauzeiten — 31 Vergleichsobjekte

Bauzeit in Wochen

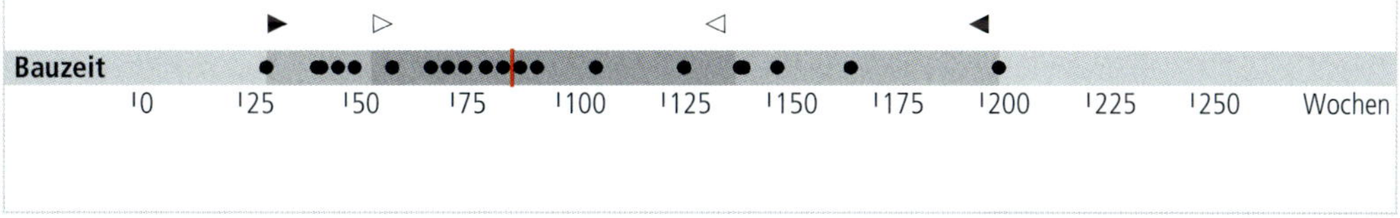

€/m² BGF

min	1.455	€/m²
von	2.730	€/m²
Mittel	**3.895**	**€/m²**
bis	5.840	€/m²
max	8.650	€/m²

Kosten:
Stand 1. Quartal 2025
Bundesdurchschnitt
inkl. 19% MwSt.

Objektübersicht zur Gebäudeart

9100-0206 Ausstellungspavillon

BRI 1.560 m³ **BGF** 383 m² **NUF** 302 m²

Ausstellungspavillon für die Archäologische Landesausstellung NRW im LVR-Archäologischen Park Xanten. Stahlbeton.

Land: Nordrhein-Westfalen
Kreis: Wesel
Standard: hoch
Bauzeit: 52 Wochen
Kennwerte: bis 1. Ebene DIN 276

BGF 3.207 €/m²

Planung: LVR-Archäologischer Park Xanten Bauabteilung; Xanten

veröffentlicht: BKI Objektdaten N20

9100-0207 Besucherzentrum

BRI 2.400 m³ **BGF** 400 m² **NUF** 269 m²

Besucherzentrum und Ausstellungsgebäude des UNESCO-Welterbes Bauhausdenkmal Bundesschule Bernau. Stahlbeton.

Land: Brandenburg
Kreis: Barnim
Standard: hoch
Bauzeit: 87 Wochen
Kennwerte: bis 1. Ebene DIN 276

BGF 8.651 €/m²

Planung: Steimle Architekten GmbH Freie Architekten BDA; Stuttgart

veröffentlicht: BKI Objektdaten N20

9100-0195 Speicherbibliothek

BRI 16.209 m³ **BGF** 3.814 m² **NUF** 2.369 m²

Speicherbibliothek, Universitätsarchiv. Massivbau.

Land: Berlin
Kreis: Berlin, Stadt
Standard: mittel
Bauzeit: 83 Wochen
Kennwerte: bis 3. Ebene DIN 276

BGF 2.194 €/m²

Planung: Humboldt-Uni LPH 1-4, Schmidtmann und Gölling LPH 5-8; Berlin

veröffentlicht: BKI Objektdaten N18

9100-0197 Kreismuseum

BRI 3.793 m³ **BGF** 639 m² **NUF** 455 m²

Museum, Ausstellungsfläche. Stahlbeton.

Land: Niedersachsen
Kreis: Diepholz
Standard: mittel
Bauzeit: 109 Wochen
Kennwerte: bis 1. Ebene DIN 276

BGF 5.810 €/m²

Planung: Freitag Hartmann Architekten; Berlin

veröffentlicht: BKI Objektdaten N19

9100-0191 Besucher- und Dokumentationszentrum

BRI 3.498m³ **BGF** 928m² **NUF** 556m²

© Werner Huthmacher

Besucher- und Dokumentationszentrum einer KZ-Gedenkstätte. Massivbau.

Land: Sachsen-Anhalt
Kreis: Altmarkkreis Salzwedel
Standard: mittel
Bauzeit: 70 Wochen
Kennwerte: bis 1. Ebene DIN 276

BGF **5.217€/m²**

Planung: BHBVT Gesellschaft von Architekten mbH; Berlin

veröffentlicht: BKI Objektdaten N18

9100-0217 Stadtarchiv (7 AP)

BRI 9.570m³ **BGF** 2.149m² **NUF** 1.291m²

© Albrecht Voss

Archive mit Büros und Nebenräume. Massivbau.

Land: Mecklenburg-Vorpommern
Kreis: Vorpommern-Greifswald
Standard: mittel
Bauzeit: 152 Wochen
Kennwerte: bis 1. Ebene DIN 276

BGF **4.612€/m²**

Planung: CODE UNIQUE Architekten GmbH; Dresden

vorgesehen: BKI Objektdaten N21

9100-0210 Landesmuseum für Volkskunde

BRI 11.377m³ **BGF** 3.295m² **NUF** 2.291m²

© Stephan Baumann, bild_raum

Museum für Volkskunde mit einer Ausstellungsfläche von 1.300m². Massivbau.

Land: Schleswig-Holstein
Kreis: Rendsburg-Eckernförde
Standard: hoch
Bauzeit: 204 Wochen
Kennwerte: bis 1. Ebene DIN 276

BGF **3.905€/m²**

Planung: ppp architekten + stadtplaner gmbh; Lübeck

veröffentlicht: BKI Objektdaten N20

9100-0180 Veranstaltungsgebäude (300 Sitzplätze)

BRI 6.518m³ **BGF** 1.398m² **NUF** 873m²

© Marco Kany Fotodesign

Kultur- und Veranstaltungsgebäude mit Bankfiliale im UG. Stahlbetonbau.

Land: Saarland
Kreis: Saarbrücken, Regionalverband
Standard: hoch
Bauzeit: 78 Wochen
Kennwerte: bis 1. Ebene DIN 276

BGF **5.330€/m²**

Planung: Hepp + Zenner Ingenieurgesellschaft für Objekt- und; Saarbrücken

veröffentlicht: BKI Objektdaten E9

€/m² BGF

min	1.455	€/m²
von	2.730	€/m²
Mittel	**3.895**	**€/m²**
bis	5.840	€/m²
max	8.650	€/m²

Kosten:
Stand 1. Quartal 2025
Bundesdurchschnitt
inkl. 19% MwSt.

Objektübersicht zur Gebäudeart

9100-0153 Kreis- und Kommunalarchiv, Bibliothek

BRI 9.634 m³ **BGF** 2.525 m² **NUF** 1.683 m²

© Oliver Diericks

Kreis- und Kommunalarchiv mit Bibliothek. Mauerwerksbau.

Land: Niedersachsen
Kreis: Grafschaft Bentheim
Standard: mittel
Bauzeit: 61 Wochen
Kennwerte: bis 1. Ebene DIN 276

BGF 3.003 €/m²

Planung: Haslob Kruse + Partner; Bremen

veröffentlicht: BKI Objektdaten N16

9100-0159 Skulpturenzentrum

BRI 31.320 m³ **BGF** 7.028 m² **NUF** 4.639 m²

© bullahuth Fotografie und Gestaltung

Skulpturenzentrum mit Ateliers, Museum und Gastronomie, teilunterkellert. Massivbau.

Land: Berlin
Kreis: Berlin, Stadt
Standard: mittel
Bauzeit: 109 Wochen
Kennwerte: bis 1. Ebene DIN 276

BGF 2.476 €/m²

Planung: Reiner Maria Löneke Architekten GmbH; Berlin

veröffentlicht: BKI Objektdaten N16

9100-0129 Ausstellungsgebäude

BRI 5.409 m³ **BGF** 836 m² **NUF** 628 m²

© Michael Setzpfandt

Das "Haus der Flüsse" informiert mit einer Dauerausstellung und dem vorgelagerten Themenpark über die Flusslandschaft. Holztafelbau, Pfosten-Riegel-Fassade.

Land: Sachsen-Anhalt
Kreis: Stendal
Standard: mittel
Bauzeit: 48 Wochen
Kennwerte: bis 1. Ebene DIN 276

BGF 5.815 €/m²

Planung: däschler architekten & ingenieure gmbh; Halle (Saale)

veröffentlicht: BKI Objektdaten N15

9100-0166 Stadthalle, TG (88 STP)

BRI 39.021 m³ **BGF** 7.561 m² **NUF** 4.851 m²

© Brigida González

Stadthalle mit Veranstaltungssaal und Konferenzräumen. Stb-Massivbau.

Land: Bayern
Kreis: Main-Spessart
Standard: mittel
Bauzeit: 144 Wochen
Kennwerte: bis 1. Ebene DIN 276

BGF 3.708 €/m²

Planung: Bez + Kock Architekten Generalplaner GmbH; Stuttgart

veröffentlicht: BKI Objektdaten E9

Objektübersicht zur Gebäudeart

9100-0136 Mediathek

BRI 9.839m³ **BGF** 2.391m² **NUF** 1.588m²

Mediatheks- und Leistungszentrum für integriertes Informationsmanagement mit Bibliothek und Hörsaal. Stb-Skelettbau.

Land: Sachsen-Anhalt
Kreis: Halle (Saale), Stadt
Standard: mittel
Bauzeit: 95 Wochen
Kennwerte: bis 1. Ebene DIN 276

BGF **3.757 €/m²**

Planung: F29 Architekten; Dresden mit ZILA Architekten; Leipzig

veröffentlicht: BKI Objektdaten N15

9100-0139 Bibliothek

BRI 9.580m³ **BGF** 2.642m² **NUF** 1.931m²

Bibliothek mit Foyer, Versammlungsraum und Verwaltung. Stahlbeton.

Land: Berlin
Kreis: Berlin, Stadt
Standard: mittel
Bauzeit: 74 Wochen
Kennwerte: bis 1. Ebene DIN 276

BGF **2.777 €/m²**

Planung: AV1 Architekten GmbH; Kaiserslautern

veröffentlicht: BKI Objektdaten E7

9100-0151 Bibliothek

BRI 17.507m³ **BGF** 4.629m² **NUF** 3.198m²

Bibliothek mit 185 Arbeitsplätzen und 11.568m Regalkapazität. Massivbau.

Land: Mecklenburg-Vorpommern
Kreis: Vorpommern-Greifswald
Standard: mittel
Bauzeit: 130 Wochen
Kennwerte: bis 1. Ebene DIN 276

BGF **3.381 €/m²**

Planung: Eßmann | Gärtner | Nieper Architekten GbR; Leipzig

veröffentlicht: BKI Objektdaten N16

9100-0094 Eingangsgebäude Freilichtmuseum (2 AP)

BRI 255m³ **BGF** 82m² **NUF** 66m²

Eingangsbauwerk für Freilichtmuseum. Massivbau.

Land: Sachsen-Anhalt
Kreis: Mansfeld-Südharz
Standard: hoch
Bauzeit: 43 Wochen
Kennwerte: bis 3. Ebene DIN 276

BGF **4.062 €/m²**

Planung: petermann.thiele.kochanek architekten und ingenieure; Bad Frankenhausen

veröffentlicht: BKI Objektdaten N13

€/m² BGF

min	1.455	€/m²
von	2.730	€/m²
Mittel	**3.895**	**€/m²**
bis	5.840	€/m²
max	8.650	€/m²

Kosten:
Stand 1. Quartal 2025
Bundesdurchschnitt
inkl. 19% MwSt.

Objektübersicht zur Gebäudeart

9100-0155 Zweigbibliothek (150 Leseplätze, 12 AP)

BRI 31.931 m³ **BGF** 7.494 m² **NUF** 4.899 m²

Zweigbibliothek mit 150 Leseplätzen, Kompaktmagazin und PC-Pools, insgesamt zwölf Arbeitsplätze. Stahlbeton.

Land: Sachsen-Anhalt
Kreis: Halle (Saale), Stadt
Standard: mittel
Bauzeit: 169 Wochen
Kennwerte: bis 3. Ebene DIN 276

BGF **3.188 €/m²**

Planung: Eßmann | Gärtner | Nieper Architekten GbR; Leipzig

veröffentlicht: BKI Objektdaten N18

9100-0113 Kunstmuseum

BRI 7.143 m³ **BGF** 1.426 m² **NUF** 898 m²

Kunstmuseum mit Foyer, Veranstaltung, Ausstellung, Café und Museumspädagogik. Stb-Konstruktion.

Land: Mecklenburg-Vorpommern
Kreis: Vorpommern-Rügen
Standard: hoch
Bauzeit: 91 Wochen
Kennwerte: bis 1. Ebene DIN 276

BGF **6.732 €/m²**

Planung: Staab Architekten GmbH; Berlin

veröffentlicht: BKI Objektdaten N13

9100-0098 Naturparkzentrum, Agrarmuseum*

BRI 10.997 m³ **BGF** 2.086 m² **NUF** 1.669 m²

Naturparkzentrum und Agrarmuseum als Gebäudeensemble. Holztafelbau, Mauerwerk, Stahlbeton.

Land: Brandenburg
Kreis: Barnim
Standard: hoch
Bauzeit: 118 Wochen
Kennwerte: bis 1. Ebene DIN 276

BGF **3.295 €/m²**

Planung: rw+ Architekten; Berlin

veröffentlicht: BKI Objektdaten E6
* Nicht in der Auswertung enthalten

9100-0097 Museum

BRI 2.704 m³ **BGF** 655 m² **NUF** 364 m²

Museumsgebäude als Erweiterung zum Melanchthonhaus. Massivbau.

Land: Sachsen-Anhalt
Kreis: Wittenberg
Standard: hoch
Bauzeit: 109 Wochen
Kennwerte: bis 3. Ebene DIN 276

BGF **6.434 €/m²**

Planung: dietzsch & weber architekten bda; Halle

veröffentlicht: BKI Objektdaten N16

9100-0089 Ausstellungsgebäude

BRI 4.910 m³ **BGF** 869 m² **NUF** 718 m²

Ausstellungsgebäude bestehend aus drei Gebäudeteilen. Stahlkonstruktion.

Land: Mecklenburg-Vorpommern
Kreis: Mecklenburgische Seenplatte
Standard: mittel
Bauzeit: 143 Wochen
Kennwerte: bis 1. Ebene DIN 276

BGF **1.457 €/m²**

Planung: Kisse Architekt; Waren

veröffentlicht: BKI Objektdaten N13

9100-0095 Stadtteilbibliothek (3 AP)

BRI 2.885 m³ **BGF** 553 m² **NUF** 488 m²

Stadtteilbibliothek mit Sortierraum, Bilderbuchkino und Personalräumen. Stb-Konstruktion.

Land: Bremen
Kreis: Bremerhaven, Stadt
Standard: mittel
Bauzeit: 48 Wochen
Kennwerte: bis 1. Ebene DIN 276

BGF **3.017 €/m²**

Planung: Architekturbüro Werner Grannemann; Bremerhaven

veröffentlicht: BKI Objektdaten N13

9100-0082 Stadtbibliothek

BRI 11.178 m³ **BGF** 2.646 m² **NUF** 1.835 m²

Bibliothek mit Veranstaltungsflächen, Büros, Archiv und Nebenräumen. Massivbau.

Land: Niedersachsen
Kreis: Hannover, Region
Standard: hoch
Bauzeit: 74 Wochen
Kennwerte: bis 1. Ebene DIN 276

BGF **2.688 €/m²**

Planung: Hochbauabteilung Stadt Garbsen und Neustädter Bauplanung; Garbsen

veröffentlicht: BKI Objektdaten N12

9100-0101 Bücherei

BRI 924 m³ **BGF** 240 m² **NUF** 213 m²

Gemeindebücherei. Holzrahmenbau.

Land: Schleswig-Holstein
Kreis: Plön
Standard: hoch
Bauzeit: 31 Wochen
Kennwerte: bis 3. Ebene DIN 276

BGF **3.080 €/m²**

Planung: DA-Diekmann Architekturbüro Horst Diekmann; Schönberg

veröffentlicht: BKI Objektdaten N13

€/m² BGF

min	1.455	€/m²
von	2.730	€/m²
Mittel	**3.895**	**€/m²**
bis	5.840	€/m²
max	8.650	€/m²

Kosten:
Stand 1. Quartal 2025
Bundesdurchschnitt
inkl. 19% MwSt.

Objektübersicht zur Gebäudeart

9100-0077 Weinkulturhaus

BRI 2.631 m³ **BGF** 665 m² **NUF** 445 m²

Umbau eines Wohnhauses mit Scheune zum Weinkulturhaus mit Probierstube, Vinothek, Veranstaltungs- und Ausstellungsräumen. Mauerwerkswände (Bestand), Stb-Wände und Decken.

Land: Bayern
Kreis: Miltenberg
Standard: hoch
Bauzeit: 52 Wochen
Kennwerte: bis 1. Ebene DIN 276

BGF 4.394 €/m²

Planung: Büro für Städtebau und Architektur Dr. Hartmut Holl; Würzburg

veröffentlicht: BKI Objektdaten N11

9100-0112 Stadthalle

BRI 49.169 m³ **BGF** 9.383 m² **NUF** 4.757 m²

Stadthalle mit Foyer, Veranstaltungssälen (2St), Restaurant, Tagungsräume, Ballettsaal und Orchesterprobenraum. Stb-Konstruktion.

Land: Thüringen
Kreis: Greiz
Standard: mittel
Bauzeit: 130 Wochen
Kennwerte: bis 1. Ebene DIN 276

BGF 4.020 €/m²

Planung: HOFFMANN.SEIFERT.PARTNER architekten ingenieure; Erfurt

veröffentlicht: BKI Objektdaten N15

9100-0076 Kirche, Gemeindehaus

BRI 1.342 m³ **BGF** 245 m² **NUF** 170 m²

Gemeindehaus und Kirche mit 100 Sitzplätzen. Stb-Stützen, Mauerwerk.

Land: Brandenburg
Kreis: Oberhavel
Standard: mittel
Bauzeit: 48 Wochen
Kennwerte: bis 1. Ebene DIN 276

BGF 2.826 €/m²

Planung: Neuapostolische Kirche Berlin-Brandenburg; Berlin

veröffentlicht: BKI Objektdaten N11

9100-0065 Ausstellungsgebäude

BRI 3.070 m³ **BGF** 970 m² **NUF** 791 m²

Ausstellungs- und Informationsgebäude direkt am Ostseestrand. Erschließung über eine Gangway. Stahlrahmenkonstruktion.

Land: Schleswig-Holstein
Kreis: Rendsburg-Eckernförde
Standard: hoch
Bauzeit: 44 Wochen
Kennwerte: bis 1. Ebene DIN 276

BGF 3.160 €/m²

Planung: Architekturbüro Giese+Hanke GbR; Eckernförde

veröffentlicht: BKI Objektdaten N10

9100-0058 Bibliotheksgebäude

BRI 11.510 m³ **BGF** 2.900 m² **NUF** 2.409 m²

Hochschulbibliothek, Archiv, Seminarräume. Stb-Konstruktion; KS-Mauerwerk, Pfosten-Riegel-Fassade; Stb-Decken; Stb-Flachdach.

Land: Sachsen-Anhalt
Kreis: Jerichower Land
Standard: mittel
Bauzeit: 44 Wochen
Kennwerte: bis 1. Ebene DIN 276

BGF **2.222 €/m²**

Planung: Architektengemeinschaft Mayer-Winderlich / Martinez Moreno; Potsdam

veröffentlicht: BKI Objektdaten N10

9100-0050 Bauernhofmuseum, Eingangsbereich

BRI 2.579 m³ **BGF** 617 m² **NUF** 380 m²

Eingangsgebäude für ein Bauernhofmuseum. Stahlbeton, Holzrahmenbau, Mauerwerk.

Land: Bayern
Kreis: Hof
Standard: mittel
Bauzeit: 61 Wochen
Kennwerte: bis 3. Ebene DIN 276

BGF **2.358 €/m²**

Planung: Architekt Dipl.-Ing. (FH) Dietrich Scheler; Münchberg

veröffentlicht: BKI Objektdaten N10

9100-0055 Kultur und Sportzentrum

BRI 18.242 m³ **BGF** 3.185 m² **NUF** 2.307 m²

Sporthalle, Bücherei, Bürgersaal, Jugendtreff. Stb-Skelettkonstruktion, Stahldachkonstruktion.

Land: Baden-Württemberg
Kreis: Stuttgart, Stadt
Standard: hoch
Bauzeit: 78 Wochen
Kennwerte: bis 1. Ebene DIN 276

BGF **3.211 €/m²**

Planung: weinbrenner.single.arabzadeh ArchitektenWerkgemeinschaft; Nürtingen

veröffentlicht: www.bki.de

9100-0045 Stadthalle

BRI 10.300 m³ **BGF** 2.209 m² **NUF** 1.480 m²

Stadthalle mit 570m² großem Saal, beweglicher Trennwand zur Unterteilung in zwei kleine Einheiten. Bühne mit Bühnentechnik und Funktionsräumen. Stb-Konstruktion.

Land: Baden-Württemberg
Kreis: Göppingen
Standard: mittel
Bauzeit: 83 Wochen
Kennwerte: bis 3. Ebene DIN 276

BGF **4.007 €/m²**

Planung: K+H Architekten Freie Architekten und Stadtplaner; Stuttgart

veröffentlicht: www.bki.de

Kostenkennwerte für die Kosten des Bauwerks (Kostengruppen 300+400 nach DIN 276)

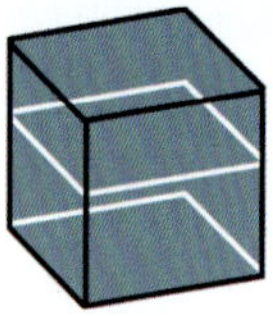

BRI 835 €/m³
von 720 €/m³
bis 975 €/m³

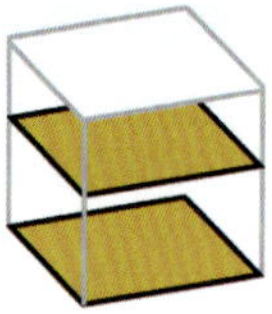

BGF 4.410 €/m²
von 3.230 €/m²
bis 5.620 €/m²

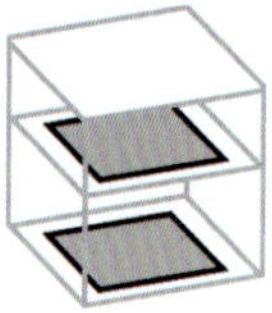

NUF 9.460 €/m²
von 5.000 €/m²
bis 14.355 €/m²

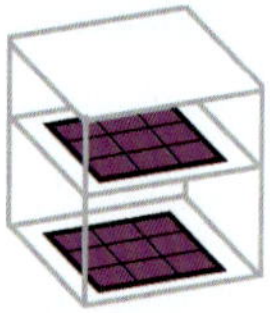

NE 75.750 €/NE
von 13.020 €/NE
bis 173.930 €/NE
NE: Sitzplätze

Objektbeispiele

Kosten:
Stand 1. Quartal 2025
Bundesdurchschnitt
inkl. 19% MwSt.

9100-0226

9100-0074

9100-0018

Kosten der 6 Vergleichsobjekte

Seiten 1024 bis 1025

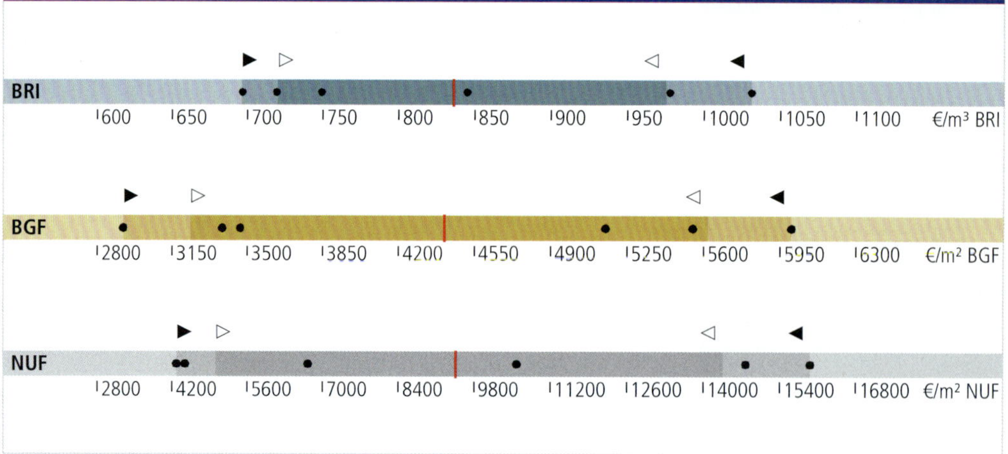

- ● KKW
- ▶ min
- ▷ von
- | Mittelwert
- ◁ bis
- ◀ max

Kostenkennwerte für die Kostengruppen der 1. und 2. Ebene DIN 276

KG	Kostengruppen der 1. Ebene	Einheit	▷	€/Einheit	◁	▷	% an 300+400	◁
100	Grundstück	m² GF	–	**–**	–	–	**–**	–
200	Vorbereitende Maßnahmen	m² GF	45	**224**	576	1,7	**3,8**	6,9
300	Bauwerk – Baukonstruktionen	m² BGF	2.458	**3.166**	3.818	66,3	**73,2**	85,1
400	Bauwerk – Technische Anlagen	m² BGF	620	**1.245**	1.908	14,9	**26,8**	33,7
	Bauwerk 300+400	m² BGF	3.232	**4.412**	5.618	100,0	**100,0**	100,0
500	Außenanlagen und Freiflächen	m² AF	–	**398**	–	2,7	**2,7**	2,7
600	Ausstattung und Kunstwerke	m² BGF	31	**109**	261	0,7	**2,0**	4,4
700	Baunebenkosten*	m² BGF	877	**921**	964	20,7	**21,7**	22,7
800	Finanzierung	m² BGF	–	**–**	–	–	**–**	–

◁ * Auf Grundlage der HOAI 2021 berechnete Werte nach §§ 35, 52, 56. Weitere Informationen siehe Seite 56

KG	Kostengruppen der 2. Ebene	Einheit	▷	€/Einheit	◁	▷	% an 1. Ebene	◁
310	Baugrube / Erdbau	m³ BGI	33	**37**	41	1,8	**2,3**	2,7
320	Gründung, Unterbau	m² GRF	574	**701**	856	7,2	**11,1**	15,4
330	Außenwände / vertikal außen	m² AWF	687	**1.064**	1.410	17,2	**24,5**	27,2
340	Innenwände / vertikal innen	m² IWF	533	**629**	730	19,2	**21,1**	21,8
350	Decken / horizontal	m² DEF	496	**686**	896	3,2	**15,9**	21,6
360	Dächer	m² DAF	776	**952**	1.161	11,5	**15,0**	24,4
370	Infrastrukturanlagen		–	**–**	–	–	**–**	–
380	Baukonstruktive Einbauten	m² BGF	60	**154**	186	3,1	**5,9**	8,5
390	Sonst. Maßnahmen für Baukonst.	m² BGF	91	**118**	144	3,5	**4,2**	4,8
300	**Bauwerk – Baukonstruktionen**	**m² BGF**					**100,0**	
410	Abwasser-, Wasser-, Gasanlagen	m² BGF	100	**137**	175	10,9	**19,4**	43,6
420	Wärmeversorgungsanlagen	m² BGF	103	**152**	179	2,9	**10,5**	17,2
430	Raumlufttechnische Anlagen	m² BGF	226	**339**	398	6,4	**24,0**	41,1
440	Elektrische Anlagen	m² BGF	115	**176**	243	13,6	**24,1**	54,5
450	Kommunikationstechnische Anlagen	m² BGF	13	**54**	99	2,5	**5,9**	16,1
460	Förderanlagen	m² BGF	31	**48**	56	0,9	**3,3**	5,6
470	Nutzungsspez. / verfahrenstech. Anl.	m² BGF	14	**358**	1.045	1,0	**12,7**	47,6
480	Gebäude- und Anlagenautomation	m² BGF	–	**–**	–	–	**–**	–
490	Sonst. Maßnahmen f. techn. Anl.	m² BGF	–	**–**	–	–	**–**	–
400	**Bauwerk – Technische Anlagen**	**m² BGF**					**100,0**	

Prozentanteile der Kosten 2. Ebene an den Kosten des Bauwerks nach DIN 276 (Von/Mittel/Bis)

KG	Kostengruppe	%
310	Baugrube / Erdbau	1,7
320	Gründung, Unterbau	8,7
330	Außenwände / vertikal außen	18,3
340	Innenwände / vertikal innen	15,7
350	Decken / horizontal	11,3
360	Dächer	11,6
370	Infrastrukturanlagen	
380	Baukonstruktive Einbauten	4,2
390	Sonst. Maßnahmen für Baukonst.	3,2
410	Abwasser-, Wasser-, Gasanlagen	3,6
420	Wärmeversorgungsanlagen	3,0
430	Raumlufttechnische Anlagen	6,9
440	Elektrische Anlagen	4,5
450	Kommunikationstechnische Anlagen	1,4
460	Förderanlagen	1,0
470	Nutzungsspez. / verfahrenstech. Anl.	4,9
480	Gebäude- und Anlagenautomation	
490	Sonst. Maßnahmen f. techn. Anl.	

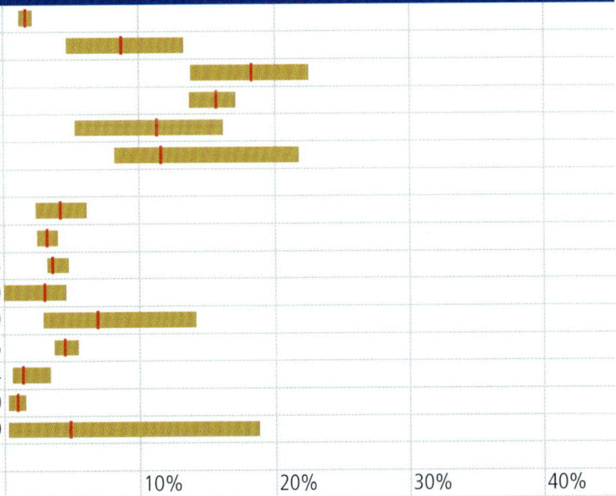

 Erläuterungen zu den Tabellen siehe Seite 54 und 56 Kostenstand: 1. Quartal 2025, Bundesdurchschnitt, **inkl. 19% MwSt.**

Prozentanteile der Kosten für Leistungsbereiche nach STLB (Kosten Bauwerk nach DIN 276)

Kosten:
Stand 1. Quartal 2025
Bundesdurchschnitt
inkl. 19% MwSt.

LB	Leistungsbereiche	10% 20% 30% 40%	▷	% an 300+400	◁
000	Baustellen-, Verkehrssich.- u. Sicherh.einr. inkl. 001		2,3	**3,3**	4,3
002	Erdarbeiten		1,2	**2,1**	2,9
006	Spezialtiefbauarbeiten inkl. 005		0,0	**1,4**	2,7
009	Entwässerungskanalarbeiten inkl. 011		0,0	**< 0,1**	0,2
010	Drän- und Versickerarbeiten		< 0,1	**0,1**	0,1
012	Mauerarbeiten		0,0	**0,7**	1,5
013	Betonarbeiten		5,8	**10,8**	15,8
014	Natur-, Betonwerksteinarbeiten		0,0	**0,6**	1,2
016	Zimmer- und Holzbauarbeiten		0,0	**18,7**	37,4
017	Stahlbauarbeiten		0,0	**1,3**	2,7
018	Abdichtungsarbeiten		0,0	**0,3**	0,6
020	Dachdeckungsarbeiten		0,0	**2,9**	5,8
021	Dachabdichtungsarbeiten		0,0	**0,7**	1,4
022	Klempnerarbeiten		0,4	**1,1**	1,8
	Rohbau		27,3	**44,0**	60,8
023	Putz- und Stuckarbeiten, Wärmedämmsysteme		0,0	**0,6**	1,1
024	Fliesen- und Plattenarbeiten		0,0	**0,2**	0,4
025	Estricharbeiten		0,0	**0,4**	0,9
026	Fenster, Außentüren inkl. 029, 032		0,3	**0,8**	1,2
027	Tischlerarbeiten		4,0	**4,1**	4,3
028	Parkettarbeiten, Holzpflasterarbeiten		0,0	**0,5**	1,1
030	Rollladenarbeiten		0,1	**0,5**	0,9
031	Metallbauarbeiten inkl. 035		7,3	**12,6**	18,0
034	Maler- und Lackiererarbeiten inkl. 037		1,0	**1,5**	1,9
036	Bodenbelagarbeiten		0,3	**0,9**	1,4
038	Vorgehängte hinterlüftete Fassaden		–	**–**	–
039	Trockenbauarbeiten		4,1	**8,2**	12,2
	Ausbau		27,6	**30,3**	33,0
040	Wärmeversorgungsanl. - Betriebseinr. inkl. 041		0,0	**1,5**	2,9
042	Gas- und Wasserinstallation, Leitungen inkl. 043		0,4	**1,2**	2,0
044	Abwasseranlagen - Leitungen, Abläufe, Armaturen		0,1	**0,5**	0,8
045	GWE - Einrichtungsgegenstände inkl. 046		0,2	**2,1**	4,1
047	Dämm- und Brandschutzarbeiten an techn. Anlagen		< 0,1	**0,8**	1,6
049	Feuerlöschanlagen, Feuerlöschgeräte		0,0	**0,4**	0,8
050	Blitzschutz- und Erdungsanlagen		< 0,1	**0,2**	0,3
052	Mittelspannungsanlagen		–	**–**	–
053	Niederspannungsanlagen inkl. 054		3,2	**3,5**	3,8
055	Sicherheits- und Ersatzstromversorgungsanlagen		0,0	**< 0,1**	0,2
057	Gebäudesystemtechnik		–	**–**	–
058	Leuchten und Lampen inkl. 059		0,9	**1,6**	2,3
060	Such-, Signal-, elektroakust. Anl., Med. inkl. 064		< 0,1	**0,2**	0,4
061	Kommunikations- und Übertragungsnetze inkl. 062		0,2	**0,4**	0,6
063	Gefahrenmeldeanlagen		0,0	**0,2**	0,4
069	Aufzüge		0,0	**0,5**	1,0
070	Gebäudeautomation		–	**–**	–
075	Raumlufttechnische Anlagen inkl. 078		0,0	**2,9**	5,8
	Gebäudetechnik		10,8	**16,0**	21,1
	Sonstige Leistungsbereiche inkl. 008, 033, 051		0,8	**9,7**	18,6

- ● KKW
- ▶ min
- ▷ von
- | Mittelwert
- ◁ bis
- ◀ max

Planungskennwerte für Flächen und Rauminhalte nach DIN 277

Grundflächen		▷	Fläche/NUF (%)	◁	▷	Fläche/BGF (%)	◁
NUF	Nutzungsfläche	100,0	**100,0**	100,0	47,1	**54,3**	56,7
TF	Technikfläche	16,5	**21,3**	31,4	7,1	**9,1**	10,2
VF	Verkehrsfläche	40,3	**55,4**	85,5	15,7	**22,7**	29,7
NRF	Netto-Raumfläche	150,8	**176,8**	217,7	85,4	**86,2**	87,8
KGF	Konstruktions-Grundfläche	24,2	**28,5**	35,9	12,2	**13,8**	14,6
BGF	Brutto-Grundfläche	175,2	**205,3**	239,8	100,0	**100,0**	100,0

Brutto-Rauminhalte		▷	BRI/NUF (m)	◁	▷	BRI/BGF (m)	◁
BRI	Brutto-Rauminhalt	9,24	**11,43**	15,33	4,99	**5,27**	6,10

Flächen von Nutzeinheiten	▷	NUF/Einheit (m²)	◁	▷	BGF/Einheit (m²)	◁
Nutzeinheit: Sitzplätze	6,02	**6,33**	6,40	13,00	**13,73**	17,59

Lufttechnisch behandelte Flächen	▷	Fläche/NUF (%)	◁	▷	Fläche/BGF (%)	◁
Entlüftete Fläche	–	**–**	–	–	**–**	–
Be- und entlüftete Fläche	83,2	**83,2**	83,2	43,6	**43,6**	43,6
Teilklimatisierte Fläche	–	**–**	–	–	**–**	–
Klimatisierte Fläche	–	**–**	–	–	**–**	–

KG	Kostengruppen (2. Ebene)	Einheit	▷	Menge/NUF	◁	▷	Menge/BGF	◁
310	Baugrube / Erdbau	m³ BGI	2,47	**2,81**	2,81	1,60	**1,69**	1,89
320	Gründung, Unterbau	m² GRF	0,61	**0,69**	0,77	0,39	**0,44**	0,44
330	Außenwände / vertikal außen	m² AWF	1,00	**1,12**	1,29	0,64	**0,67**	0,67
340	Innenwände / vertikal innen	m² IWF	1,42	**1,56**	1,68	0,93	**0,93**	0,98
350	Decken / horizontal	m² DEF	0,83	**1,09**	1,55	0,59	**0,59**	0,73
360	Dächer	m² DAF	0,61	**0,70**	0,79	0,40	**0,44**	0,44
370	Infrastrukturanlagen		–	**–**	–	–	**–**	–
380	Baukonstruktive Einbauten	m² BGF	1,75	**2,05**	2,40	1,00	**1,00**	1,00
390	Sonst. Maßnahmen für Baukonst.	m² BGF	1,75	**2,05**	2,40	1,00	**1,00**	1,00
300	**Bauwerk – Baukonstruktionen**	**m² BGF**	1,75	**2,05**	2,40	1,00	**1,00**	1,00

Planungskennwerte für Bauzeiten — 6 Vergleichsobjekte

Bauzeit in Wochen

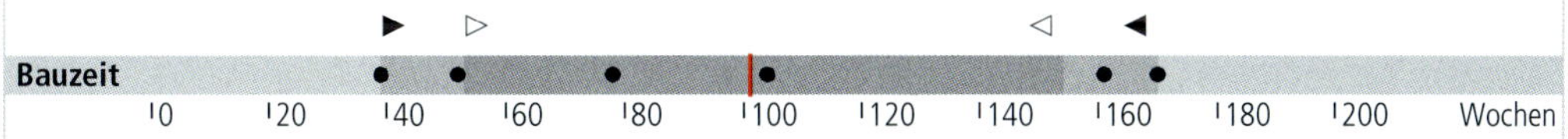

Objektübersicht zur Gebäudeart

€/m² BGF

min	2.925	€/m²
von	3.230	€/m²
Mittel	**4.410**	**€/m²**
bis	5.620	€/m²
max	6.000	€/m²

Kosten:
Stand 1. Quartal 2025
Bundesdurchschnitt
inkl. 19% MwSt.

9100-0226 Konzertsaal (1.956 Sitzplätze)

BRI 54.890 m³ **BGF** 7.425 m² **NUF** 2.395 m²

© gmp International GmbH

Konzertsaal mit 1.956 Sitzplätzen. Stahlbau.

Land: Bayern
Kreis: München, Stadt
Standard: hoch
Bauzeit: 78 Wochen
Kennwerte: bis 1. Ebene DIN 276

BGF 5.149 €/m²

Planung: gmp International GmbH; Berlin

vorgesehen: BKI Objektdaten N21

9100-0165 Musikforum, Konzertsaal (962 Sitzplätze)

BRI 33.500 m³ **BGF** 5.457 m² **NUF** 2.216 m²

© Brigida González

Musikforum und Konzertsaal. Stb-Massivbau.

Land: Nordrhein-Westfalen
Kreis: Bochum, Stadt
Standard: hoch
Bauzeit: 161 Wochen
Kennwerte: bis 1. Ebene DIN 276

BGF 6.001 €/m²

Planung: Bez + Kock Architekten Generalplaner GmbH; Stuttgart

veröffentlicht: BKI Objektdaten N17

9100-0074 Freilichttheater Bühnenhaus

BRI 2.200 m³ **BGF** 476 m² **NUF** 385 m²

© Christoph Rokitta

Multifunktionales Freilicht-Bühnenhaus, flexible Benutzbarkeit der Anlage für unterschiedliche Formate von Veranstaltungen. Holzskelettbau.

Land: Brandenburg
Kreis: Spree-Neiße
Standard: mittel
Bauzeit: 39 Wochen
Kennwerte: bis 3. Ebene DIN 276

BGF 3.465 €/m²

Planung: subsolar; Berlin

veröffentlicht: BKI Objektdaten N11

9100-0018 Theatergebäude

BRI 77.370 m³ **BGF** 14.373 m² **NUF** 7.534 m²

© Thomas Gottschall

Theatergebäude einer Kreisstadt mit Zuschauerparkett (369 Plätze) und Rang (198 Plätze), Unterbühne und Orchestergraben, zweigeschossiges Zuschauerfoyer, Bühnenturm, Probenräume, Werkstätten, Magazine, Verwaltung, Technik. Stb-Skelettbau.

Land: Bayern
Kreis: Hof, Stadt
Standard: hoch
Bauzeit: 170 Wochen
Kennwerte: bis 3. Ebene DIN 276

BGF 5.550 €/m²

Planung: Architekten Auer+Weber mit Thomas Bittcher-Zeitz; München

veröffentlicht: www.bki.de

9100-0001 Stadthalle

BRI 13.130 m³ **BGF** 3.231 m² **NUF** 1.405 m²

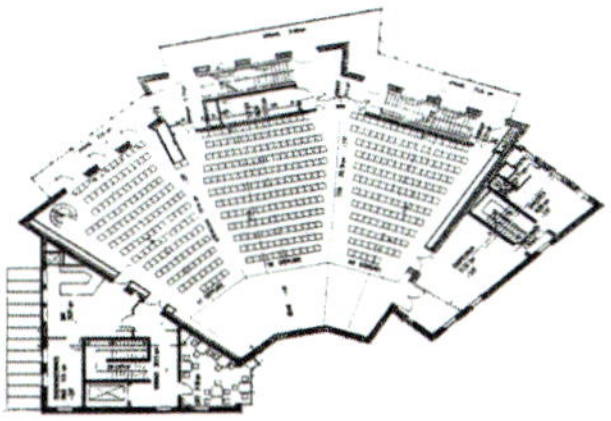

Planung: k. A.

Stadthalle mit Theater- und Versammlungsraum, Café, Restaurant, Tanzbar, Ausstellungsraum. Mauerwerksbau.

Land: Bayern
Kreis: Berchtesgadener Land
Standard: hoch
Bauzeit: 52 Wochen
Kennwerte: bis 2. Ebene DIN 276

BGF **2.923 €/m²**

veröffentlicht: www.bki.de

6400-0008 Bürgerzentrum, Theatersaal, (3 WE)

BRI 18.912 m³ **BGF** 4.727 m² **NUF** 3.606 m²

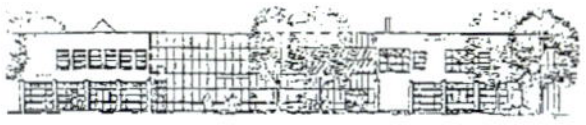

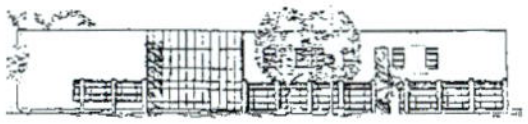

Planung: k. A.

Bürgerzentrum mit Theater, Jugendzentrum, Restaurant, Kegelbahn, Schießstand, Bibliothek und drei Wohneinheiten. UG sowie zwei Vollgeschosse. Stb-Skelettbau.

Land: Bayern
Kreis: München
Standard: hoch
Bauzeit: 104 Wochen
Kennwerte: bis 2. Ebene DIN 276

BGF **3.381 €/m²**

veröffentlicht: www.bki.de

Arbeitsblatt zur Standardeinordnung bei Gemeindezentren

Kosten:
Stand 1. Quartal 2025
Bundesdurchschnitt
inkl. 19% MwSt.

Kostenkennwerte für die Kosten des Bauwerks (Kostengruppen 300+400 nach DIN 276)

BRI 735 €/m³
von 560 €/m³
bis 900 €/m³

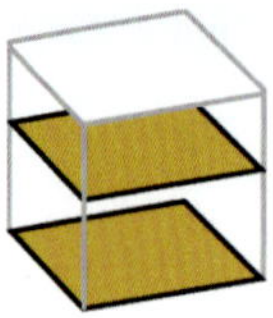

BGF 3.120 €/m²
von 2.320 €/m²
bis 4.040 €/m²

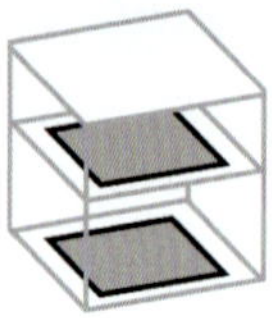

NUF 4.840 €/m²
von 3.375 €/m²
bis 6.370 €/m²

Standardzuordnung

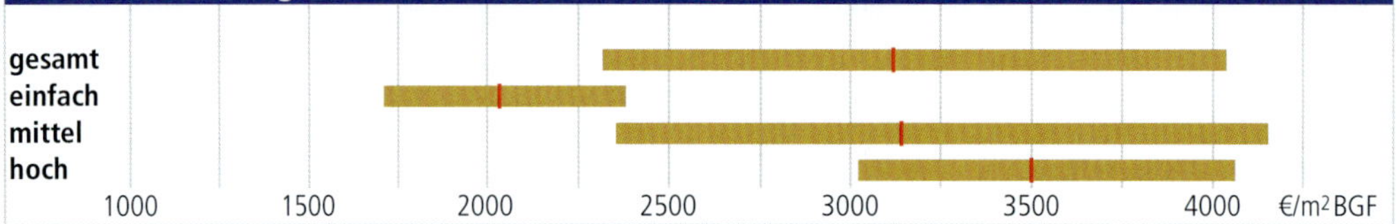

Standardeinordnung für Ihr Projekt:

KG	Kostengruppen der 2. Ebene	niedrig	mittel	hoch	Punkte
310	Baugrube / Erdbau				
320	Gründung, Unterbau	1	3	4	
330	Außenwände/Vert. Baukonstrukt., außen	5	7	9	
340	Innenwände/Vert. Baukonstrukt., innen	3	3	4	
350	Decken/Horizontale Baukonstruktionen	1	2	3	
360	Dächer	3	5	7	
370	Infrastrukturanlagen				
380	Baukonstruktive Einbauten	0	1	2	
390	Sonst. Maßnahmen für Baukonstrukt.				
410	Abwasser-, Wasser-, Gasanlagen	1	1	1	
420	Wärmeversorgungsanlagen	1	1	2	
430	Raumlufttechnische Anlagen	0	1	1	
440	Elektrische Anlagen	1	2	2	
450	Kommunikationstechnische Anlagen	0	0	0	
460	Förderanlagen	1	1	1	
470	Nutzungsspez. u. verfahrenstechn. Anl.	0	0	1	
480	Gebäude- und Anlagenautomation	1	1	1	
490	Sonst. Maßnahmen für techn. Anlagen				

Punkte: 18 bis 23 = einfach 24 bis 32 = mittel 33 bis 38 = hoch Ihr Projekt (Summe):

Erläuterung:
Obenstehende Tabelle soll Ihnen die Zuordnung zu den Gebäudearten mit einfachem, mittlerem und hohem Standard erleichtern. Schätzen Sie für jedes Grobelement ab, ob die Aufwendungen niedrig, mittel oder hoch sein werden und übertragen Sie die Punkte in die rechte Spalte. Bilden Sie die Summe der rechten Spalte und ordnen Sie Ihr Projekt nach dem Schema der untersten Zeile ein. Nehmen Sie dieses Schema auch als Hinweis darauf, bei welchen Kostengruppen Sie den Mittelwert nach oben oder unten anpassen sollten.

- ● KKW
- ▶ min
- ▷ von
- | Mittelwert
- ◁ bis
- ◀ max

Kostenkennwerte für die Kostengruppen der 1. und 2.Ebene DIN 276

KG	Kostengruppen der 1.Ebene	Einheit	▷	€/Einheit	◁	▷	% an 300+400	◁
100	Grundstück	m^2 GF	–	**–**	–	–	**–**	–
200	Vorbereitende Maßnahmen	m^2 GF	19	**59**	227	1,6	**4,3**	8,8
300	Bauwerk – Baukonstruktionen	m^2 BGF	1.830	**2.462**	3.182	72,0	**79,2**	83,9
400	Bauwerk – Technische Anlagen	m^2 BGF	412	**659**	955	16,1	**20,8**	28,0
	Bauwerk 300+400	m^2 BGF	2.318	**3.120**	4.038	100,0	**100,0**	100,0
500	Außenanlagen und Freiflächen	m^2 AF	76	**191**	479	2,6	**8,6**	14,9
600	Ausstattung und Kunstwerke	m^2 BGF	24	**90**	165	0,9	**2,9**	5,7
700	Baunebenkosten*	m^2 BGF	756	**811**	866	24,6	**26,4**	28,2 ◁
800	Finanzierung	m^2 BGF	–	**–**	–	–	**–**	–

* Auf Grundlage der HOAI 2021 berechnete Werte nach §§ 35, 52, 56. Weitere Informationen siehe Seite 56

KG	Kostengruppen der 2.Ebene	Einheit	▷	€/Einheit	◁	▷	% an 1.Ebene	◁
310	Baugrube / Erdbau	m^3 BGI	50	**99**	171	0,9	**3,2**	8,4
320	Gründung, Unterbau	m^2 GRF	298	**437**	569	7,6	**13,2**	16,4
330	Außenwände / vertikal außen	m^2 AWF	625	**810**	1.095	28,0	**32,4**	39,2
340	Innenwände / vertikal innen	m^2 IWF	321	**457**	620	11,2	**14,7**	17,6
350	Decken / horizontal	m^2 DEF	364	**610**	1.175	2,6	**8,8**	15,3
360	Dächer	m^2 DAF	409	**547**	829	15,2	**20,0**	26,4
370	Infrastrukturanlagen		–	**–**	–	–	**–**	–
380	Baukonstruktive Einbauten	m^2 BGF	21	**78**	152	1,1	**3,6**	7,9
390	Sonst. Maßnahmen für Baukonst.	m^2 BGF	54	**105**	239	2,7	**4,3**	7,5
300	**Bauwerk – Baukonstruktionen**	**m^2 BGF**					**100,0**	
410	Abwasser-, Wasser-, Gasanlagen	m^2 BGF	68	**103**	156	14,6	**20,1**	25,6
420	Wärmeversorgungsanlagen	m^2 BGF	84	**139**	180	23,0	**26,9**	35,0
430	Raumlufttechnische Anlagen	m^2 BGF	17	**54**	130	0,9	**5,6**	14,2
440	Elektrische Anlagen	m^2 BGF	95	**182**	271	25,3	**32,7**	40,6
450	Kommunikationstechnische Anlagen	m^2 BGF	8	**29**	55	1,4	**3,9**	8,6
460	Förderanlagen	m^2 BGF	34	**79**	129	< 0,1	**5,1**	17,8
470	Nutzungsspez. / verfahrenstech. Anl.	m^2 BGF	1	**37**	99	0,2	**4,2**	17,1
480	Gebäude- und Anlagenautomation	m^2 BGF	27	**84**	140	< 0,1	**1,5**	10,4
490	Sonst. Maßnahmen f. techn. Anl.	m^2 BGF	2	**4**	6	0,0	**< 0,1**	0,5
400	**Bauwerk – Technische Anlagen**	**m^2 BGF**					**100,0**	

Prozentanteile der Kosten 2.Ebene an den Kosten des Bauwerks nach DIN 276 (Von/Mittel/Bis)

KG	Kostengruppe	%
310	Baugrube / Erdbau	2,5
320	Gründung, Unterbau	10,7
330	Außenwände / vertikal außen	26,2
340	Innenwände / vertikal innen	11,8
350	Decken / horizontal	7,0
360	Dächer	16,3
370	Infrastrukturanlagen	
380	Baukonstruktive Einbauten	2,9
390	Sonst. Maßnahmen für Baukonst.	3,4
410	Abwasser-, Wasser-, Gasanlagen	3,7
420	Wärmeversorgungsanlagen	5,0
430	Raumlufttechnische Anlagen	1,2
440	Elektrische Anlagen	6,2
450	Kommunikationstechnische Anlagen	0,8
460	Förderanlagen	1,1
470	Nutzungsspez. / verfahrenstech. Anl.	0,9
480	Gebäude- und Anlagenautomation	0,3
490	Sonst. Maßnahmen f. techn. Anl.	< 0,1

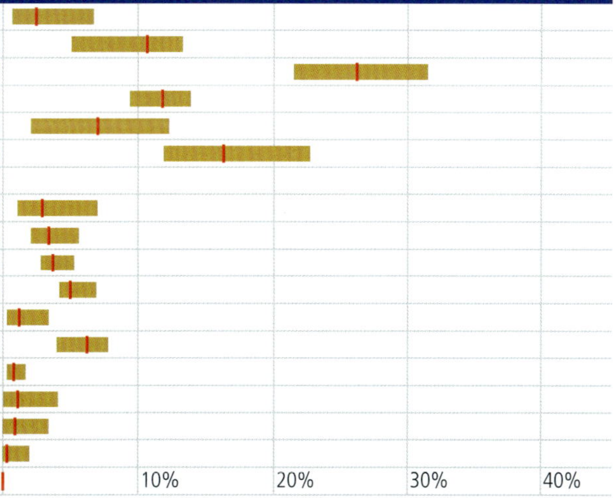

 Erläuterungen zu den Tabellen siehe Seite 54 und 56 Kostenstand: 1. Quartal 2025, Bundesdurchschnitt, **inkl. 19% MwSt.**

Prozentanteile der Kosten für Leistungsbereiche nach STLB (Kosten Bauwerk nach DIN 276)

LB	Leistungsbereiche	▷	% an 300+400	◁
000	Baustellen-, Verkehrssich.- u. Sicherh.einr. inkl. 001	1,9	**2,8**	4,8
002	Erdarbeiten	1,3	**3,0**	6,6
006	Spezialtiefbauarbeiten inkl. 005	0,0	**0,1**	1,6
009	Entwässerungskanalarbeiten inkl. 011	0,2	**0,5**	0,9
010	Drän- und Versickerarbeiten	0,0	**< 0,1**	0,5
012	Mauerarbeiten	3,3	**8,2**	13,5
013	Betonarbeiten	8,9	**14,2**	18,4
014	Natur-, Betonwerksteinarbeiten	< 0,1	**0,8**	3,1
016	Zimmer- und Holzbauarbeiten	1,9	**5,9**	18,8
017	Stahlbauarbeiten	0,6	**2,1**	7,5
018	Abdichtungsarbeiten	0,5	**0,9**	1,9
020	Dachdeckungsarbeiten	0,4	**2,9**	6,0
021	Dachabdichtungsarbeiten	0,8	**2,5**	5,2
022	Klempnerarbeiten	0,8	**1,8**	3,7
	Rohbau	36,6	**45,9**	53,2
023	Putz- und Stuckarbeiten, Wärmedämmsysteme	2,0	**3,8**	5,4
024	Fliesen- und Plattenarbeiten	1,3	**2,2**	4,2
025	Estricharbeiten	1,0	**1,7**	3,4
026	Fenster, Außentüren inkl. 029, 032	4,9	**9,0**	13,2
027	Tischlerarbeiten	4,3	**7,1**	10,3
028	Parkettarbeiten, Holzpflasterarbeiten	< 0,1	**0,7**	2,1
030	Rollladenarbeiten	< 0,1	**0,7**	3,3
031	Metallbauarbeiten inkl. 035	0,9	**2,8**	6,8
034	Maler- und Lackiererarbeiten inkl. 037	1,0	**1,8**	2,6
036	Bodenbelagarbeiten	0,3	**1,2**	2,9
038	Vorgehängte hinterlüftete Fassaden	0,0	**1,0**	7,3
039	Trockenbauarbeiten	1,8	**4,0**	7,4
	Ausbau	30,8	**36,1**	44,7
040	Wärmeversorgungsanl. - Betriebseinr. inkl. 041	3,7	**4,5**	6,4
042	Gas- und Wasserinstallation, Leitungen inkl. 043	0,5	**1,0**	1,7
044	Abwasseranlagen - Leitungen, Abläufe, Armaturen	0,3	**0,6**	1,2
045	GWE - Einrichtungsgegenstände inkl. 046	0,9	**1,4**	2,5
047	Dämm- und Brandschutzarbeiten an techn. Anlagen	0,1	**0,4**	0,9
049	Feuerlöschanlagen, Feuerlöschgeräte	< 0,1	**< 0,1**	< 0,1
050	Blitzschutz- und Erdungsanlagen	0,1	**0,3**	0,6
052	Mittelspannungsanlagen	–	**–**	–
053	Niederspannungsanlagen inkl. 054	2,0	**3,1**	4,4
055	Sicherheits- und Ersatzstromversorgungsanlagen	–	**–**	–
057	Gebäudesystemtechnik	< 0,1	**< 0,1**	0,6
058	Leuchten und Lampen inkl. 059	1,8	**2,8**	4,4
060	Such-, Signal-, elektroakust. Anl., Med. inkl. 064	< 0,1	**0,3**	1,0
061	Kommunikations- und Übertragungsnetze inkl. 062	< 0,1	**0,3**	1,0
063	Gefahrenmeldeanlagen	< 0,1	**0,1**	0,5
069	Aufzüge	0,0	**0,6**	2,8
070	Gebäudeautomation	< 0,1	**0,2**	2,7
075	Raumlufttechnische Anlagen inkl. 078	0,1	**1,0**	2,9
	Gebäudetechnik	12,0	**16,7**	21,4
	Sonstige Leistungsbereiche inkl. 008, 033, 051	0,2	**1,3**	3,7

Kosten:
Stand 1. Quartal 2025
Bundesdurchschnitt
inkl. 19% MwSt.

- ● KKW
- ▶ min
- ▷ von
- | Mittelwert
- ◁ bis
- ◀ max

Planungskennwerte für Flächen und Rauminhalte nach DIN 277

Grundflächen		▷	Fläche/NUF (%)	◁	▷	Fläche/BGF (%)	◁
NUF	Nutzungsfläche	100,0	**100,0**	100,0	61,1	**65,7**	69,8
TF	Technikfläche	5,6	**7,0**	15,9	3,5	**4,3**	8,7
VF	Verkehrsfläche	16,2	**21,4**	30,3	10,1	**13,4**	17,5
NRF	Netto-Raumfläche	121,3	**127,6**	139,5	79,3	**83,0**	85,1
KGF	Konstruktions-Grundfläche	22,9	**26,7**	34,4	14,9	**17,0**	20,7
BGF	Brutto-Grundfläche	146,1	**154,3**	168,8	100,0	**100,0**	100,0

Brutto-Rauminhalte		▷	BRI/NUF (m)	◁	▷	BRI/BGF (m)	◁
BRI	Brutto-Rauminhalt	5,94	**6,60**	7,57	3,90	**4,29**	5,04

Flächen von Nutzeinheiten	▷	NUF/Einheit (m²)	◁	▷	BGF/Einheit (m²)	◁
Nutzeinheit:	–	**–**	–	–	**–**	–

Lufttechnisch behandelte Flächen	▷	Fläche/NUF (%)	◁	▷	Fläche/BGF (%)	◁
Entlüftete Fläche	14,8	**14,8**	14,8	7,7	**7,7**	7,7
Be- und entlüftete Fläche	–	**–**	–	–	**–**	–
Teilklimatisierte Fläche	–	**–**	–	–	**–**	–
Klimatisierte Fläche	–	**–**	–	–	**–**	–

KG	Kostengruppen (2. Ebene)	Einheit	▷	Menge/NUF	◁	▷	Menge/BGF	◁
310	Baugrube / Erdbau	m^3 BGI	0,87	**1,21**	1,67	0,58	**0,82**	1,22
320	Gründung, Unterbau	m^2 GRF	0,83	**0,98**	1,13	0,58	**0,69**	0,81
330	Außenwände / vertikal außen	m^2 AWF	1,18	**1,31**	1,44	0,81	**0,90**	1,01
340	Innenwände / vertikal innen	m^2 IWF	0,94	**1,07**	1,22	0,68	**0,74**	0,89
350	Decken / horizontal	m^2 DEF	0,50	**0,61**	0,72	0,34	**0,42**	0,46
360	Dächer	m^2 DAF	0,96	**1,22**	1,40	0,70	**0,85**	0,99
370	Infrastrukturanlagen		–	**–**	–	–	**–**	–
380	Baukonstruktive Einbauten	m^2 BGF	1,46	**1,54**	1,69	1,00	**1,00**	1,00
390	Sonst. Maßnahmen für Baukonst.	m^2 BGF	1,46	**1,54**	1,69	1,00	**1,00**	1,00
300	**Bauwerk – Baukonstruktionen**	**m^2 BGF**	1,46	**1,54**	1,69	1,00	**1,00**	1,00

Planungskennwerte für Bauzeiten

Bauzeit in Wochen

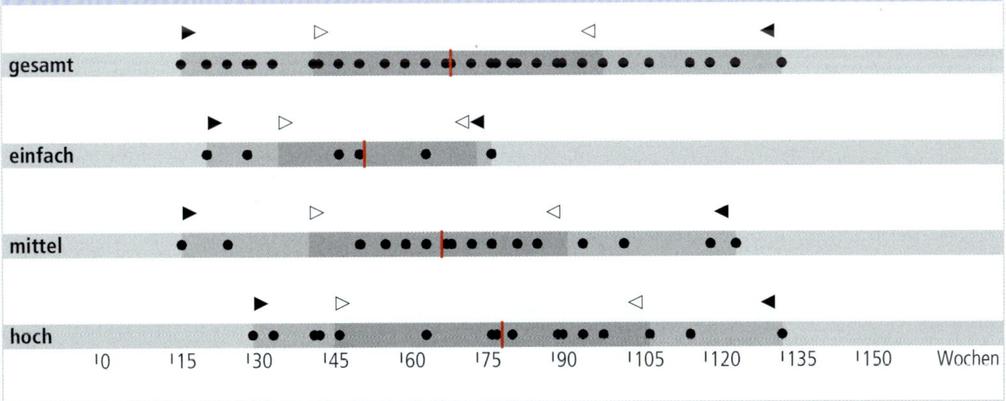

Kostenkennwerte für die Kosten des Bauwerks (Kostengruppen 300+400 nach DIN 276)

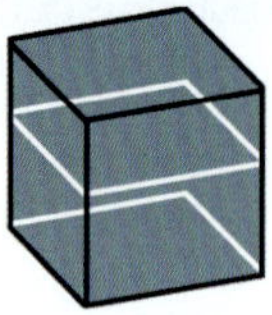

BRI 485 €/m³
von 370 €/m³
bis 525 €/m³

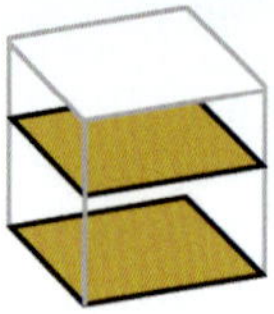

BGF 2.040 €/m²
von 1.715 €/m²
bis 2.385 €/m²

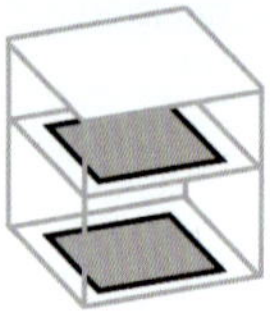

NUF 2.885 €/m²
von 2.460 €/m²
bis 3.845 €/m²

Kosten:
Stand 1. Quartal 2025
Bundesdurchschnitt
inkl. 19% MwSt.

Objektbeispiele

9100-0140

6400-0075

6400-0059

9100-0056

6400-0061

6400-0045

Kosten der 8 Vergleichsobjekte

Seiten 1034 bis 1035

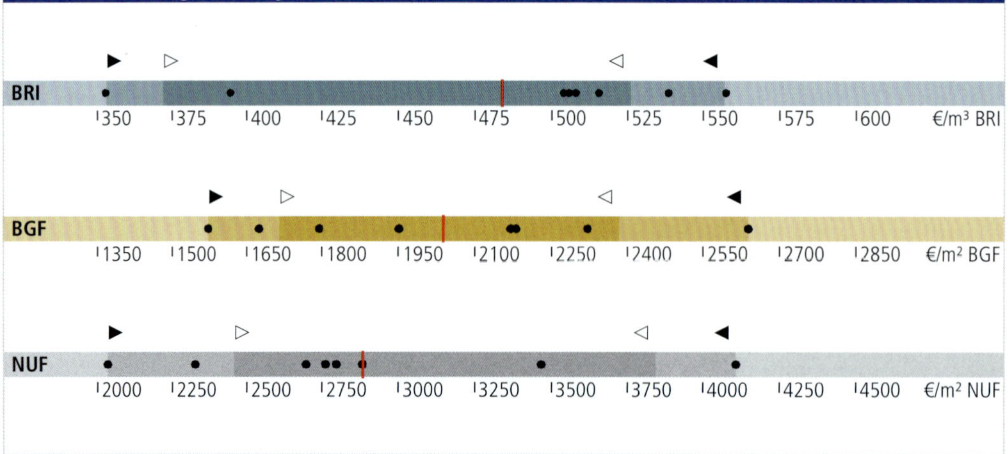

- ● KKW
- ▶ min
- ▷ von
- | Mittelwert
- ◁ bis
- ◀ max

Kostenkennwerte für die Kostengruppen der 1. und 2. Ebene DIN 276

KG	Kostengruppen der 1. Ebene	Einheit	▷	€/Einheit	◁	▷	% an 300+400	◁
100	Grundstück	m²GF	–	**–**	–	–	**–**	–
200	Vorbereitende Maßnahmen	m²GF	4	**6**	8	0,8	**6,0**	8,6
300	Bauwerk – Baukonstruktionen	m²BGF	1.397	**1.725**	1.977	82,3	**84,7**	88,7
400	Bauwerk – Technische Anlagen	m²BGF	231	**313**	405	11,3	**15,3**	17,7
	Bauwerk 300+400	m²BGF	1.715	**2.038**	2.384	100,0	**100,0**	100,0
500	Außenanlagen und Freiflächen	m²AF	8	**30**	85	2,5	**5,2**	8,4
600	Ausstattung und Kunstwerke	m²BGF	36	**92**	204	1,8	**4,3**	9,4
700	Baunebenkosten*	m²BGF	569	**610**	651	27,6	**29,6**	31,6
800	Finanzierung	m²BGF	–	**–**	–	–	**–**	–

◁ * Auf Grundlage der HOAI 2021 berechnete Werte nach §§ 35, 52, 56. Weitere Informationen siehe Seite 56

KG	Kostengruppen der 2. Ebene	Einheit	▷	€/Einheit	◁	▷	% an 1. Ebene	◁
310	Baugrube / Erdbau	m³BGI	36	**70**	119	0,5	**4,2**	11,6
320	Gründung, Unterbau	m²GRF	209	**267**	297	6,5	**11,5**	14,7
330	Außenwände / vertikal außen	m²AWF	555	**574**	585	28,3	**29,2**	30,7
340	Innenwände / vertikal innen	m²IWF	255	**320**	354	11,5	**15,0**	20,1
350	Decken / horizontal	m²DEF	361	**498**	635	0,0	**8,4**	13,9
360	Dächer	m²DAF	345	**456**	678	15,8	**23,0**	34,8
370	Infrastrukturanlagen		–	**–**	–	–	**–**	–
380	Baukonstruktive Einbauten	m²BGF	42	**107**	222	2,7	**6,4**	12,1
390	Sonst. Maßnahmen für Baukonst.	m²BGF	28	**36**	40	1,6	**2,2**	2,7
300	**Bauwerk – Baukonstruktionen**	**m²BGF**					**100,0**	
410	Abwasser-, Wasser-, Gasanlagen	m²BGF	54	**66**	91	22,3	**25,6**	27,6
420	Wärmeversorgungsanlagen	m²BGF	70	**84**	108	28,2	**33,3**	42,1
430	Raumlufttechnische Anlagen	m²BGF	2	**11**	20	0,3	**2,2**	5,9
440	Elektrische Anlagen	m²BGF	51	**74**	118	20,1	**27,7**	32,4
450	Kommunikationstechnische Anlagen	m²BGF	7	**8**	8	0,0	**1,8**	2,9
460	Förderanlagen	m²BGF	–	**16**	–	0,0	**2,1**	6,4
470	Nutzungsspez. / verfahrenstech. Anl.	m²BGF	1	**18**	52	0,5	**7,3**	20,9
480	Gebäude- und Anlagenautomation	m²BGF	–	**–**	–	–	**–**	–
490	Sonst. Maßnahmen f. techn. Anl.	m²BGF	–	**–**	–	–	**–**	–
400	**Bauwerk – Technische Anlagen**	**m²BGF**					**100,0**	

Prozentanteile der Kosten 2. Ebene an den Kosten des Bauwerks nach DIN 276 (Von/Mittel/Bis)

KG	Kostengruppe	%
310	Baugrube / Erdbau	3,5
320	Gründung, Unterbau	10,0
330	Außenwände / vertikal außen	25,3
340	Innenwände / vertikal innen	12,9
350	Decken / horizontal	7,3
360	Dächer	20,1
370	Infrastrukturanlagen	
380	Baukonstruktive Einbauten	5,4
390	Sonst. Maßnahmen für Baukonst.	1,9
410	Abwasser-, Wasser-, Gasanlagen	3,4
420	Wärmeversorgungsanlagen	4,4
430	Raumlufttechnische Anlagen	0,3
440	Elektrische Anlagen	3,8
450	Kommunikationstechnische Anlagen	0,3
460	Förderanlagen	0,3
470	Nutzungsspez. / verfahrenstech. Anl.	1,1
480	Gebäude- und Anlagenautomation	
490	Sonst. Maßnahmen f. techn. Anl.	

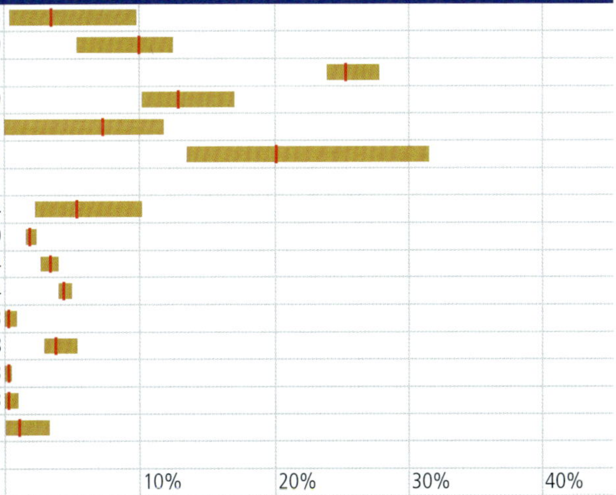

Prozentanteile der Kosten für Leistungsbereiche nach STLB (Kosten Bauwerk nach DIN 276)

LB	Leistungsbereiche	▷	% an 300+400	◁
000	Baustellen-, Verkehrssich.- u. Sicherh.einr. inkl. 001	1,4	**1,8**	2,2
002	Erdarbeiten	0,8	**4,0**	7,1
006	Spezialtiefbauarbeiten inkl. 005	–	**–**	–
009	Entwässerungskanalarbeiten inkl. 011	< 0,1	**0,4**	0,7
010	Drän- und Versickerarbeiten	–	**–**	–
012	Mauerarbeiten	9,0	**12,1**	14,6
013	Betonarbeiten	10,1	**12,6**	14,3
014	Natur-, Betonwerksteinarbeiten	< 0,1	**1,3**	2,4
016	Zimmer- und Holzbauarbeiten	4,0	**4,6**	5,2
017	Stahlbauarbeiten	0,9	**4,1**	7,3
018	Abdichtungsarbeiten	0,4	**0,6**	0,7
020	Dachdeckungsarbeiten	4,1	**5,8**	8,3
021	Dachabdichtungsarbeiten	0,3	**2,2**	3,5
022	Klempnerarbeiten	0,7	**1,2**	1,6
	Rohbau	43,4	**50,7**	61,0
023	Putz- und Stuckarbeiten, Wärmedämmsysteme	3,1	**3,7**	4,6
024	Fliesen- und Plattenarbeiten	1,4	**2,4**	3,3
025	Estricharbeiten	1,6	**1,7**	1,9
026	Fenster, Außentüren inkl. 029, 032	6,8	**7,4**	8,0
027	Tischlerarbeiten	6,2	**8,6**	12,5
028	Parkettarbeiten, Holzpflasterarbeiten	0,0	**< 0,1**	< 0,1
030	Rollladenarbeiten	0,6	**1,2**	2,1
031	Metallbauarbeiten inkl. 035	0,9	**1,9**	3,4
034	Maler- und Lackiererarbeiten inkl. 037	1,1	**1,8**	2,3
036	Bodenbelagarbeiten	1,7	**2,7**	3,9
038	Vorgehängte hinterlüftete Fassaden	–	**–**	–
039	Trockenbauarbeiten	2,6	**4,8**	6,7
	Ausbau	29,1	**36,2**	42,2
040	Wärmeversorgungsanl. - Betriebseinr. inkl. 041	3,9	**4,0**	4,0
042	Gas- und Wasserinstallation, Leitungen inkl. 043	0,7	**1,1**	1,6
044	Abwasseranlagen - Leitungen, Abläufe, Armaturen	0,3	**0,5**	0,6
045	GWE - Einrichtungsgegenstände inkl. 046	1,2	**1,8**	2,3
047	Dämm- und Brandschutzarbeiten an techn. Anlagen	< 0,1	**< 0,1**	0,2
049	Feuerlöschanlagen, Feuerlöschgeräte	< 0,1	**< 0,1**	< 0,1
050	Blitzschutz- und Erdungsanlagen	0,1	**0,3**	0,4
052	Mittelspannungsanlagen	–	**–**	–
053	Niederspannungsanlagen inkl. 054	1,3	**1,6**	1,9
055	Sicherheits- und Ersatzstromversorgungsanlagen	–	**–**	–
057	Gebäudesystemtechnik	–	**–**	–
058	Leuchten und Lampen inkl. 059	1,0	**1,9**	2,6
060	Such-, Signal-, elektroakust. Anl., Med. inkl. 064	< 0,1	**< 0,1**	0,1
061	Kommunikations- und Übertragungsnetze inkl. 062	< 0,1	**0,2**	0,3
063	Gefahrenmeldeanlagen	0,0	**< 0,1**	< 0,1
069	Aufzüge	0,0	**0,3**	0,7
070	Gebäudeautomation	–	**–**	–
075	Raumlufttechnische Anlagen inkl. 078	< 0,1	**0,2**	0,3
	Gebäudetechnik	9,5	**12,1**	14,0
	Sonstige Leistungsbereiche inkl. 008, 033, 051	0,0	**1,0**	1,9

Kosten:
Stand 1. Quartal 2025
Bundesdurchschnitt
inkl. 19% MwSt.

- ● KKW
- ▶ min
- ▷ von
- | Mittelwert
- ◁ bis
- ◀ max

Planungskennwerte für Flächen und Rauminhalte nach DIN 277

Grundflächen		▷	Fläche/NUF (%)	◁	▷	Fläche/BGF (%)	◁
NUF	Nutzungsfläche	100,0	**100,0**	100,0	68,6	**71,5**	73,8
TF	Technikfläche	6,0	**6,7**	11,8	3,8	**4,3**	7,1
VF	Verkehrsfläche	10,1	**13,6**	15,6	8,1	**9,7**	11,0
NRF	Netto-Raumfläche	114,1	**117,8**	121,8	81,6	**83,9**	84,2
KGF	Konstruktions-Grundfläche	19,1	**23,3**	28,9	15,8	**16,1**	18,4
BGF	Brutto-Grundfläche	137,1	**141,1**	148,4	100,0	**100,0**	100,0

Brutto-Rauminhalte		▷	BRI/NUF (m)	◁	▷	BRI/BGF (m)	◁
BRI	Brutto-Rauminhalt	5,54	**6,03**	6,57	3,89	**4,28**	4,96

Flächen von Nutzeinheiten	▷	NUF/Einheit (m²)	◁	▷	BGF/Einheit (m²)	◁
Nutzeinheit:	–	–	–	–	–	–

Lufttechnisch behandelte Flächen	▷	Fläche/NUF (%)	◁	▷	Fläche/BGF (%)	◁
Entlüftete Fläche	–	–	–	–	–	–
Be- und entlüftete Fläche	–	–	–	–	–	–
Teilklimatisierte Fläche	–	–	–	–	–	–
Klimatisierte Fläche	–	–	–	–	–	–

KG	Kostengruppen (2. Ebene)	Einheit	▷	Menge/NUF	◁	▷	Menge/BGF	◁
310	Baugrube / Erdbau	m³ BGI	0,94	**1,17**	1,17	0,72	**0,91**	0,91
320	Gründung, Unterbau	m² GRF	0,93	**0,93**	1,05	0,71	**0,71**	0,84
330	Außenwände / vertikal außen	m² AWF	1,10	**1,10**	1,17	0,83	**0,83**	0,85
340	Innenwände / vertikal innen	m² IWF	0,86	**1,02**	1,02	0,64	**0,78**	0,78
350	Decken / horizontal	m² DEF	0,56	**0,56**	0,56	0,42	**0,42**	0,42
360	Dächer	m² DAF	1,10	**1,10**	1,17	0,84	**0,84**	0,93
370	Infrastrukturanlagen		–	–	–	–	–	–
380	Baukonstruktive Einbauten	m² BGF	1,37	**1,41**	1,48	1,00	**1,00**	1,00
390	Sonst. Maßnahmen für Baukonst.	m² BGF	1,37	**1,41**	1,48	1,00	**1,00**	1,00
300	**Bauwerk – Baukonstruktionen**	**m² BGF**	1,37	**1,41**	1,48	1,00	**1,00**	1,00

Planungskennwerte für Bauzeiten — 8 Vergleichsobjekte

Bauzeit in Wochen

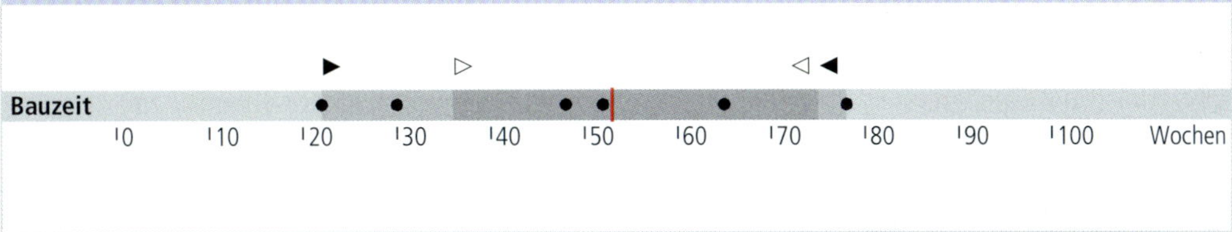

Verwaltung
Wissenschaft
Gesundheit
Bildung
Sport
Wohnen
Gewerbe
Versorgung
Kultur

€/m² BGF

min	1.570	€/m²
von	1.715	€/m²
Mittel	**2.040**	**€/m²**
bis	2.385	€/m²
max	2.640	€/m²

Kosten:
Stand 1.Quartal 2025
Bundesdurchschnitt
inkl. 19% MwSt.

Objektübersicht zur Gebäudeart

9100-0140 Nachbarschaftstreff

BRI 1.369 m³ **BGF** 425 m² **NUF** 328 m²

Nachbarschaftstreff für flexible Nutzung eines Neubaugebiets. Mauerwerksbau.

Land: Bayern
Kreis: München, Stadt
Standard: einfach
Bauzeit: 65 Wochen
Kennwerte: bis 1. Ebene DIN 276

BGF 1.794 €/m²

Planung: zillerplus Architekten und Stadtplaner Michael Ziller; München

veröffentlicht: BKI Objektdaten N15

9100-0107 Gemeindehaus

BRI 1.475 m³ **BGF** 301 m² **NUF** 193 m²

Gemeindehaus mit Saal, Küche und Sanitärräumen. Mauerwerk.

Land: Niedersachsen
Kreis: Gifhorn
Standard: einfach
Bauzeit: 22 Wochen
Kennwerte: bis 1. Ebene DIN 276

BGF 2.639 €/m²

Planung: k.A.

veröffentlicht: BKI Objektdaten N13

6400-0075 Gemeindehaus

BRI 531 m³ **BGF** 116 m² **NUF** 77 m²

Gemeindehaus mit Saal (30 Sitzplätze), Büro, Teeküche und Nebenräumen. Mauerwerksbau.

Land: Sachsen-Anhalt
Kreis: Magdeburg, Stadt
Standard: einfach
Bauzeit: 30 Wochen
Kennwerte: bis 1. Ebene DIN 276

BGF 2.321 €/m²

Planung: Steinblock Architekten GmbH; Magdeburg

veröffentlicht: BKI Objektdaten N12

6400-0061 Gemeindezentrum

BRI 1.893 m³ **BGF** 570 m² **NUF** 341 m²

Kirchliches Gemeindezentrum mit Versammlungsraum, Gruppenräumen und Büro. Mauerwerksbau.

Land: Mecklenburg-Vorpommern
Kreis: Nordwestmecklenburg
Standard: einfach
Bauzeit: 52 Wochen
Kennwerte: bis 1. Ebene DIN 276

BGF 1.674 €/m²

Planung: Architekt Dipl.-Ing. Axel Danne; Herrnburg

veröffentlicht: BKI Objektdaten N10

9100-0056 Evangelische Kirche und Gemeindezentrum

BRI 2.675 m³ **BGF** 435 m² **NUF** 327 m²

Kirche, Gemeindezentrum. Mauerwerksbau.

Land: Brandenburg
Kreis: Havelland
Standard: einfach
Bauzeit: 48 Wochen
Kennwerte: bis 1. Ebene DIN 276

BGF 2.171 €/m²

Planung: Architekturbüro Albeshausen+Hänsel; Frankfurt (Oder)

veröffentlicht: www.bki.de

6400-0059 Gemeindezentrum, Pfarrhaus

BRI 9.955 m³ **BGF** 2.498 m² **NUF** 1.931 m²

Gemeindezentrum für Gottesdienste mit 450 Sitzplätzen, kirchliche Gemeindearbeit, Jugendarbeit, Dienstwohnung, Pfarrhaus. Massivbau.

Land: Nordrhein-Westfalen
Kreis: Leverkusen, Stadt
Standard: einfach
Bauzeit: 78 Wochen
Kennwerte: bis 3. Ebene DIN 276

BGF 1.572 €/m²

Planung: Wolfgang Zelck Dipl. - Ing. Architekt; Köln

veröffentlicht: BKI Objektdaten N12

6400-0046 Jugendhaus

BRI 1.604 m³ **BGF** 418 m² **NUF** 302 m²

Jugendhaus als selbstständiger Teil einer Dorfgemeinschaftsanlage. Mauerwerksbau.

Land: Niedersachsen
Kreis: Gifhorn
Standard: einfach
Bauzeit: 78 Wochen
Kennwerte: bis 3. Ebene DIN 276

BGF 1.950 €/m²

Planung: Dreischhoff + Partner Planungsgesell. mbH Architekten BDB; Braunschweig

veröffentlicht: www.bki.de

6400-0045 Kinder- und Jugendhaus

BRI 1.231 m³ **BGF** 291 m² **NUF** 230 m²

Kinder- und Jugendhaus mit einzügigem Kindergarten und getrennt zugänglichem Bereich für Jugendliche. Mauerwerksbau.

Land: Hessen
Kreis: Schwalm-Eder-Kreis
Standard: einfach
Bauzeit: 52 Wochen
Kennwerte: bis 3. Ebene DIN 276

BGF 2.181 €/m²

Planung: Harald Gläsel Architekt VfA; Schwalmstadt-Treysa

veröffentlicht: www.bki.de

Gemeindezentren, mittlerer Standard

Kostenkennwerte für die Kosten des Bauwerks (Kostengruppen 300+400 nach DIN 276)

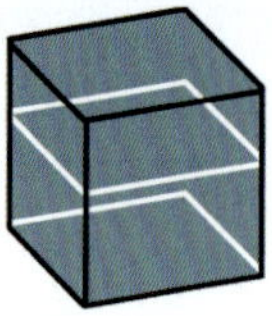

BRI 765 €/m³
von 640 €/m³
bis 930 €/m³

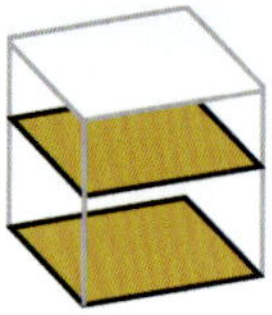

BGF 3.140 €/m²
von 2.355 €/m²
bis 4.155 €/m²

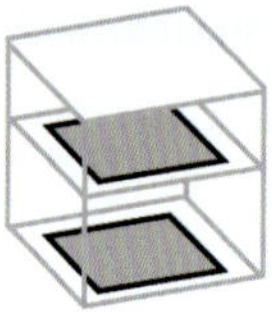

NUF 4.885 €/m²
von 3.565 €/m²
bis 6.495 €/m²

Objektbeispiele

Kosten:
Stand 1. Quartal 2025
Bundesdurchschnitt
inkl. 19% MwSt.

9100-0223

9100-0199

6500-0062

Kosten der 31 Vergleichsobjekte

Seiten 1040 bis 1047

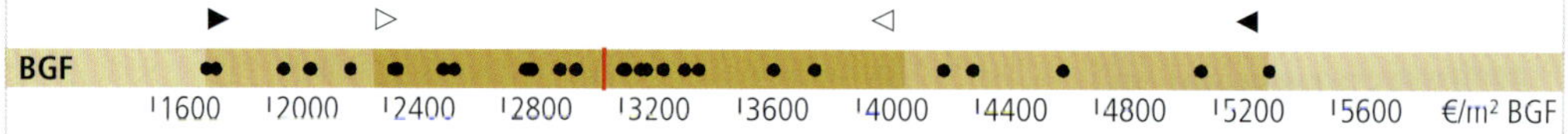

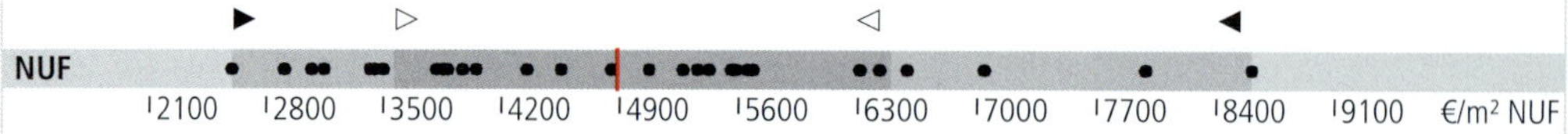

- ● KKW
- ▶ min
- ▷ von
- | Mittelwert
- ◁ bis
- ◀ max

Kostenkennwerte für die Kostengruppen der 1. und 2. Ebene DIN 276

KG	Kostengruppen der 1. Ebene	Einheit	▷	€/Einheit	◁	▷	% an 300+400	◁
100	Grundstück	m² GF	–	**–**	–	–	**–**	–
200	Vorbereitende Maßnahmen	m² GF	18	**37**	89	2,2	**4,6**	10,1
300	Bauwerk – Baukonstruktionen	m² BGF	1.853	**2.468**	3.384	70,0	**78,4**	83,1
400	Bauwerk – Technische Anlagen	m² BGF	443	**673**	936	16,9	**21,6**	30,0
	Bauwerk 300+400	m² BGF	2.357	**3.142**	4.155	100,0	**100,0**	100,0
500	Außenanlagen und Freiflächen	m² AF	95	**216**	559	4,2	**10,7**	17,2
600	Ausstattung und Kunstwerke	m² BGF	14	**62**	163	0,3	**1,9**	4,7
700	Baunebenkosten*	m² BGF	772	**828**	885	24,8	**26,6**	28,4 ◁
800	Finanzierung	m² BGF	–	**–**	–	–	**–**	–

* Auf Grundlage der HOAI 2021 berechnete Werte nach §§ 35, 52, 56. Weitere Informationen siehe Seite 56

KG	Kostengruppen der 2. Ebene	Einheit	▷	€/Einheit	◁	▷	% an 1. Ebene	◁
310	Baugrube / Erdbau	m³ BGI	58	**113**	196	0,8	**3,0**	7,0
320	Gründung, Unterbau	m² GRF	347	**498**	603	9,7	**13,9**	18,0
330	Außenwände / vertikal außen	m² AWF	661	**881**	1.225	29,4	**33,8**	41,3
340	Innenwände / vertikal innen	m² IWF	313	**470**	614	11,0	**13,9**	17,5
350	Decken / horizontal	m² DEF	371	**748**	1.726	2,0	**8,7**	18,5
360	Dächer	m² DAF	457	**581**	967	14,7	**19,2**	21,7
370	Infrastrukturanlagen		–	**–**	–	–	**–**	–
380	Baukonstruktive Einbauten	m² BGF	10	**35**	76	0,6	**1,2**	2,1
390	Sonst. Maßnahmen für Baukonst.	m² BGF	79	**162**	298	3,8	**6,3**	8,1
300	**Bauwerk – Baukonstruktionen**	**m² BGF**					**100,0**	
410	Abwasser-, Wasser-, Gasanlagen	m² BGF	65	**104**	134	15,9	**17,6**	24,0
420	Wärmeversorgungsanlagen	m² BGF	90	**146**	186	21,3	**24,6**	28,7
430	Raumlufttechnische Anlagen	m² BGF	75	**122**	149	0,0	**9,2**	17,2
440	Elektrische Anlagen	m² BGF	140	**203**	302	29,4	**33,8**	40,5
450	Kommunikationstechnische Anlagen	m² BGF	8	**21**	40	1,7	**3,1**	5,4
460	Förderanlagen	m² BGF	72	**76**	80	0,0	**7,0**	19,9
470	Nutzungsspez. / verfahrenstech. Anl.	m² BGF	1	**32**	64	< 0,1	**1,8**	8,8
480	Gebäude- und Anlagenautomation	m² BGF	–	**140**	–	0,0	**2,8**	13,9
490	Sonst. Maßnahmen f. techn. Anl.	m² BGF	2	**4**	6	0,0	**0,2**	0,5
400	**Bauwerk – Technische Anlagen**	**m² BGF**					**100,0**	

Prozentanteile der Kosten 2. Ebene an den Kosten des Bauwerks nach DIN 276 (Von/Mittel/Bis)

KG	Kostengruppe	%
310	Baugrube / Erdbau	2,2
320	Gründung, Unterbau	11,2
330	Außenwände / vertikal außen	26,9
340	Innenwände / vertikal innen	10,8
350	Decken / horizontal	6,8
360	Dächer	15,4
370	Infrastrukturanlagen	
380	Baukonstruktive Einbauten	0,9
390	Sonst. Maßnahmen für Baukonst.	4,9
410	Abwasser-, Wasser-, Gasanlagen	3,6
420	Wärmeversorgungsanlagen	5,1
430	Raumlufttechnische Anlagen	2,1
440	Elektrische Anlagen	6,8
450	Kommunikationstechnische Anlagen	0,7
460	Förderanlagen	1,4
470	Nutzungsspez. / verfahrenstech. Anl.	0,6
480	Gebäude- und Anlagenautomation	0,5
490	Sonst. Maßnahmen f. techn. Anl.	< 0,1

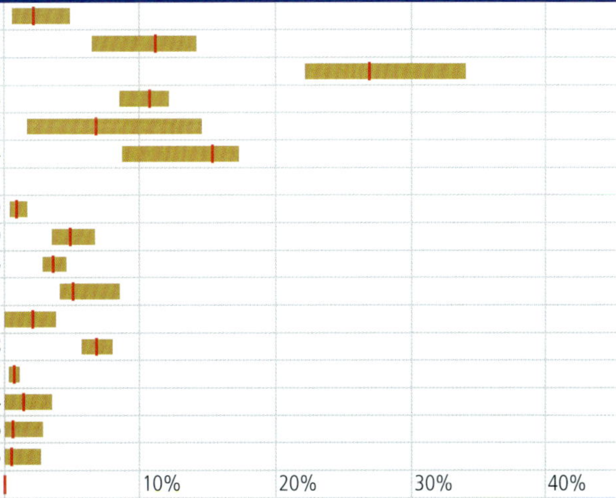

 Erläuterungen zu den Tabellen siehe Seite 54 und 56   Kostenstand: 1. Quartal 2025, Bundesdurchschnitt, **inkl. 19% MwSt.**

Prozentanteile der Kosten für Leistungsbereiche nach STLB (Kosten Bauwerk nach DIN 276)

LB	Leistungsbereiche	▷	% an 300+400	◁
000	Baustellen-, Verkehrssich.- u. Sicherh.einr. inkl. 001	2,5	**3,8**	5,1
002	Erdarbeiten	1,6	**3,3**	5,2
006	Spezialtiefbauarbeiten inkl. 005	–	**–**	–
009	Entwässerungskanalarbeiten inkl. 011	0,4	**0,6**	0,8
010	Drän- und Versickerarbeiten	0,0	**< 0,1**	0,6
012	Mauerarbeiten	4,1	**9,3**	13,5
013	Betonarbeiten	13,1	**16,3**	19,3
014	Natur-, Betonwerksteinarbeiten	0,0	**< 0,1**	0,1
016	Zimmer- und Holzbauarbeiten	0,4	**2,7**	6,7
017	Stahlbauarbeiten	0,5	**1,8**	4,9
018	Abdichtungsarbeiten	0,4	**1,0**	1,3
020	Dachdeckungsarbeiten	< 0,1	**1,5**	4,6
021	Dachabdichtungsarbeiten	1,2	**3,6**	5,8
022	Klempnerarbeiten	0,5	**1,3**	2,2
	Rohbau	38,9	**45,4**	48,8
023	Putz- und Stuckarbeiten, Wärmedämmsysteme	2,3	**4,0**	5,6
024	Fliesen- und Plattenarbeiten	1,2	**2,1**	3,6
025	Estricharbeiten	1,4	**2,1**	5,1
026	Fenster, Außentüren inkl. 029, 032	8,2	**9,8**	11,0
027	Tischlerarbeiten	3,3	**5,3**	7,4
028	Parkettarbeiten, Holzpflasterarbeiten	0,0	**0,7**	1,7
030	Rollladenarbeiten	< 0,1	**0,9**	4,9
031	Metallbauarbeiten inkl. 035	0,7	**2,3**	4,1
034	Maler- und Lackiererarbeiten inkl. 037	1,2	**1,5**	1,9
036	Bodenbelagarbeiten	0,2	**1,0**	2,3
038	Vorgehängte hinterlüftete Fassaden	0,0	**0,7**	4,0
039	Trockenbauarbeiten	3,8	**5,2**	8,5
	Ausbau	32,7	**35,5**	39,6
040	Wärmeversorgungsanl. - Betriebseinr. inkl. 041	3,5	**4,5**	8,2
042	Gas- und Wasserinstallation, Leitungen inkl. 043	0,6	**1,0**	1,8
044	Abwasseranlagen - Leitungen, Abläufe, Armaturen	0,3	**0,6**	1,2
045	GWE - Einrichtungsgegenstände inkl. 046	0,6	**1,1**	2,0
047	Dämm- und Brandschutzarbeiten an techn. Anlagen	0,2	**0,6**	1,1
049	Feuerlöschanlagen, Feuerlöschgeräte	0,0	**< 0,1**	< 0,1
050	Blitzschutz- und Erdungsanlagen	0,2	**0,4**	0,7
052	Mittelspannungsanlagen	–	**–**	–
053	Niederspannungsanlagen inkl. 054	2,7	**3,4**	5,3
055	Sicherheits- und Ersatzstromversorgungsanlagen	–	**–**	–
057	Gebäudesystemtechnik	–	**–**	–
058	Leuchten und Lampen inkl. 059	2,1	**2,8**	4,0
060	Such-, Signal-, elektroakust. Anl., Med. inkl. 064	< 0,1	**0,3**	0,5
061	Kommunikations- und Übertragungsnetze inkl. 062	0,1	**0,3**	0,6
063	Gefahrenmeldeanlagen	< 0,1	**0,1**	0,5
069	Aufzüge	0,0	**1,1**	3,2
070	Gebäudeautomation	< 0,1	**0,5**	2,7
075	Raumlufttechnische Anlagen inkl. 078	0,0	**1,6**	3,5
	Gebäudetechnik	13,2	**18,2**	24,0
	Sonstige Leistungsbereiche inkl. 008, 033, 051	0,3	**0,9**	1,8

Kosten:
Stand 1. Quartal 2025
Bundesdurchschnitt
inkl. 19% MwSt.

- ● KKW
- ▶ min
- ▷ von
- | Mittelwert
- ◁ bis
- ◀ max

Planungskennwerte für Flächen und Rauminhalte nach DIN 277

Grundflächen		▷	Fläche/NUF (%)	◁	▷	Fläche/BGF (%)	◁
NUF	Nutzungsfläche	100,0	**100,0**	100,0	60,2	**65,0**	69,7
TF	Technikfläche	5,6	**7,0**	18,9	3,4	**4,3**	10,1
VF	Verkehrsfläche	14,3	**20,2**	26,7	9,7	**12,6**	15,6
NRF	Netto-Raumfläche	119,9	**127,0**	138,3	78,2	**81,8**	83,6
KGF	Konstruktions-Grundfläche	25,3	**28,8**	36,8	16,4	**18,2**	21,8
BGF	Brutto-Grundfläche	146,6	**155,8**	172,3	100,0	**100,0**	100,0

Brutto-Rauminhalte		▷	BRI/NUF (m)	◁	▷	BRI/BGF (m)	◁
BRI	Brutto-Rauminhalt	5,78	**6,32**	6,99	3,76	**4,08**	4,52

Flächen von Nutzeinheiten	▷	NUF/Einheit (m²)	◁	▷	BGF/Einheit (m²)	◁
Nutzeinheit:	–	**–**	–	–	**–**	–

Lufttechnisch behandelte Flächen	▷	Fläche/NUF (%)	◁	▷	Fläche/BGF (%)	◁
Entlüftete Fläche	–	**–**	–	–	**–**	–
Be- und entlüftete Fläche	–	**–**	–	–	**–**	–
Teilklimatisierte Fläche	–	**–**	–	–	**–**	–
Klimatisierte Fläche	–	**–**	–	–	**–**	–

KG	Kostengruppen (2. Ebene)	Einheit	▷	Menge/NUF	◁	▷	Menge/BGF	◁
310	Baugrube / Erdbau	m³ BGI	0,73	**1,10**	1,41	0,51	**0,76**	1,06
320	Gründung, Unterbau	m² GRF	0,90	**0,97**	1,12	0,53	**0,66**	0,72
330	Außenwände / vertikal außen	m² AWF	1,26	**1,34**	1,46	0,86	**0,90**	1,00
340	Innenwände / vertikal innen	m² IWF	0,92	**1,03**	1,22	0,65	**0,71**	0,90
350	Decken / horizontal	m² DEF	0,42	**0,55**	0,55	0,30	**0,38**	0,38
360	Dächer	m² DAF	0,98	**1,22**	1,32	0,66	**0,82**	0,86
370	Infrastrukturanlagen		–	**–**	–	–	**–**	–
380	Baukonstruktive Einbauten	m² BGF	1,47	**1,56**	1,72	1,00	**1,00**	1,00
390	Sonst. Maßnahmen für Baukonst.	m² BGF	1,47	**1,56**	1,72	1,00	**1,00**	1,00
300	**Bauwerk – Baukonstruktionen**	**m² BGF**	1,47	**1,56**	1,72	1,00	**1,00**	1,00

Planungskennwerte für Bauzeiten — 31 Vergleichsobjekte

Bauzeit in Wochen

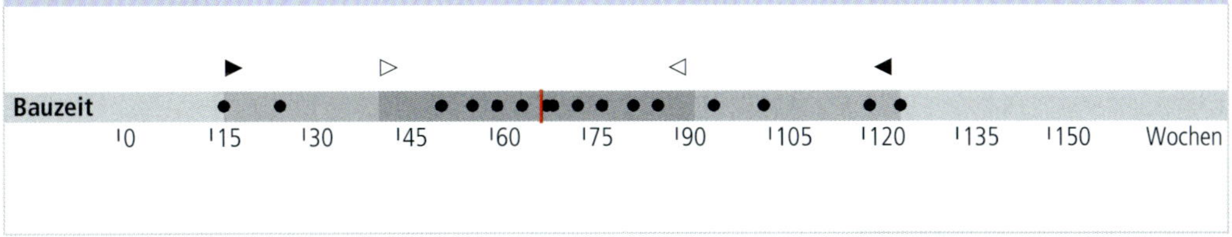

€/m² BGF

min	1.785	€/m²
von	2.355	€/m²
Mittel	**3.140**	**€/m²**
bis	4.155	€/m²
max	5.380	€/m²

Kosten:
Stand 1. Quartal 2025
Bundesdurchschnitt
inkl. 19% MwSt.

Objektübersicht zur Gebäudeart

6400-0125 Bürgerhaus (48 Sitzplätze)

BRI 982 m³ **BGF** 212 m² **NUF** 177 m²

Nichtunterkellertes, eingeschossiges Bürgerhaus mit einem Saal für 48 Besucher. Massivbau.

Land: Rheinland-Pfalz
Kreis: Mayen-Koblenz
Standard: mittel
Bauzeit: 69 Wochen
Kennwerte: bis 1. Ebene DIN 276

BGF 3.212 €/m²

Planung: Neukirch Architektur; Trier

veröffentlicht: BKI Objektdaten N20

6500-0062 Multifunktionsgebäude, Mensa (199 Sitzplätze)

BRI 6.617 m³ **BGF** 1.963 m² **NUF** 1.018 m²

Multifunktionales Gemeinschaftsgebäude mit Mensa /Veranstaltungsraum (199 Sitzplätze), Büroräumen, zusammenschaltbaren Räumen für Vereine, Schulungen, Workshops und Seniorencafé. Massivbau.

Land: Niedersachsen
Kreis: Lüneburg
Standard: mittel
Bauzeit: 96 Wochen
Kennwerte: bis 1. Ebene DIN 276

BGF 2.887 €/m²

Planung: Paskopulos Architekten; Lüneburg

vorgesehen: BKI Objektdaten N21

9100-0223 Stadtteilzentrum, Veranstaltungsraum

BRI 6.470 m³ **BGF** 1.491 m² **NUF** 880 m²

Stadtteilzentrum mit Veranstaltungsraum mit 120 Sitzplätzen. Stahlbeton.

Land: Hessen
Kreis: Main-Kinzig-Kreis
Standard: mittel
Bauzeit: 126 Wochen
Kennwerte: bis 1. Ebene DIN 276

BGF 3.283 €/m²

Planung: pätzold kremer architekten PartG mbB; Offenbach am Main

vorgesehen: BKI Objektdaten N21

6400-0132 Dorfgemeinschaftshaus (120 Sitzplätze)

BRI 2.503 m³ **BGF** 611 m² **NUF** 375 m²

Dorfgemeinschaftshaus mit einem Saal mit 120 Sitzplätzen und Vereinsräumen. Massivbau.

Land: Bayern
Kreis: Neustadt a.d. Aisch
Standard: mittel
Bauzeit: 121 Wochen
Kennwerte: bis 1. Ebene DIN 276

BGF 2.438 €/m²

Planung: Haas + Haas Architekt I Stadtplaner I Beratender Ing. PartGmbB; Eibelstadt

vorgesehen: BKI Objektdaten N21

9100-0201 Bürgerhaus (180 Sitzplätze), Feuerwehr

BRI 3.016 m³ **BGF** 875 m² **NUF** 611 m²

Bürgerhaus mit Veranstaltungssaal, Vereinsräumen und Feuerwehrstützpunkt. Massivbau.

Land: Bayern
Kreis: Augsburg
Standard: mittel
Bauzeit: 78 Wochen
Kennwerte: bis 1. Ebene DIN 276

BGF 1.816 €/m²

Planung: Opla brack architekten; Kempten

veröffentlicht: BKI Objektdaten N19

6400-0118 Gemeindezentrum, Kindertagesstätte (3 Gruppen)

BRI 2.360 m³ **BGF** 555 m² **NUF** 373 m²

Gemeindezentrum mit Kindertagesstätte. Massivbau.

Land: Brandenburg
Kreis: Märkisch-Oderland
Standard: mittel
Bauzeit: 74 Wochen
Kennwerte: bis 1. Ebene DIN 276

BGF 3.263 €/m²

Planung: D:4 Architektur; Berlin

veröffentlicht: BKI Objektdaten N18

9100-0199 Kirchenzentrum (199 Sitzplätze)

BRI 2.368 m³ **BGF** 496 m² **NUF** 320 m²

Kirchenzentrum mit 199 Sitzplätzen. Mauerwerk.

Land: Niedersachsen
Kreis: Hannover, Region
Standard: mittel
Bauzeit: 70 Wochen
Kennwerte: bis 3. Ebene DIN 276

BGF 5.150 €/m²

Planung: ksw architekten + stadtplaner gmbh; Hannover

vorgesehen: BKI Objektdaten N21

6400-0117 Gemeindehaus (195 Sitzplätze)

BRI 1.489 m³ **BGF** 340 m² **NUF** 223 m²

Gemeindehaus. Mauerwerk.

Land: Hessen
Kreis: Kassel
Standard: mittel
Bauzeit: 57 Wochen
Kennwerte: bis 1. Ebene DIN 276

BGF 3.713 €/m²

Planung: Architekturbüro Müntinga und Puy; Bad Arolsen

veröffentlicht: BKI Objektdaten N18

€/m² BGF

min	1.785	€/m²
von	2.355	€/m²
Mittel	**3.140**	**€/m²**
bis	4.155	€/m²
max	5.380	€/m²

Kosten:
Stand 1. Quartal 2025
Bundesdurchschnitt
inkl. 19% MwSt.

Objektübersicht zur Gebäudeart

9100-0194 Bürgerhaus Multifunktionshalle (350 Sitzplätze)*

BRI 8.932 m³ **BGF** 1.411 m² **NUF** 1.097 m²

© lumen-Martin Joppich

Bürgerhaus mit Multifunktionshalle und kleinem Saal. Massivbau.

Land: Hessen
Kreis: Darmstadt-Dieburg
Standard: mittel
Bauzeit: 113 Wochen
Kennwerte: bis 1. Ebene DIN 276

BGF **4.319 €/m²**

Planung: pätzold kremer architekten PartG mbB; Offenbach am Main

veröffentlicht: BKI Objektdaten N18
* Nicht in der Auswertung enthalten

6400-0109 Kinder- und Jugendhaus

BRI 2.888 m³ **BGF** 609 m² **NUF** 447 m²

© IPROconsult GmbH

Kinder- und Jugendhaus mit Büros/Verwaltung für Abenteuerspielplatz. Massivbau.

Land: Sachsen
Kreis: Dresden, Stadt
Standard: mittel
Bauzeit: 96 Wochen
Kennwerte: bis 3. Ebene DIN 276

BGF **3.339 €/m²**

Planung: IPROconsult GmbH; Dresden

veröffentlicht: BKI Objektdaten N19

6400-0103 Gemeindehaus

BRI 2.639 m³ **BGF** 700 m² **NUF** 420 m²

© Kemper Steiner & Partner

Gemeindehaus mit Jugendbereich. Massivbau.

Land: Nordrhein-Westfalen
Kreis: Ennepe-Ruhr-Kreis
Standard: mittel
Bauzeit: 52 Wochen
Kennwerte: bis 1. Ebene DIN 276

BGF **3.046 €/m²**

Planung: Kemper Steiner & Partner Architekten GmbH; Bochum

veröffentlicht: BKI Objektdaten N16

9100-0156 Chor- und Gemeindehaus

BRI 2.292 m³ **BGF** 421 m² **NUF** 274 m²

© Johannsen und Partner

Chor- und Gemeindehaus mit max. 180 Sitzplätzen. Massivbau.

Land: Mecklenburg-Vorpommern
Kreis: Rostock
Standard: mittel
Bauzeit: 52 Wochen
Kennwerte: bis 1. Ebene DIN 276

BGF **4.284 €/m²**

Planung: Architekten Johannsen und Partner; Hamburg

veröffentlicht: BKI Objektdaten E8

9100-0179 Gemeindehaus

BRI 2.166 m³ | **BGF** 536 m² | **NUF** 372 m²

Gemeindehaus mit 270 Sitzplätzen. Massivbau.

Land: Baden-Württemberg
Kreis: Ortenaukreis
Standard: mittel
Bauzeit: 87 Wochen
Kennwerte: bis 1. Ebene DIN 276

BGF 4.385 €/m²

Planung: VON M GmbH; Stuttgart

veröffentlicht: BKI Objektdaten N17

6400-0104 Jugendtreff

BRI 2.400 m³ | **BGF** 583 m² | **NUF** 414 m²

Jugendtreff für ca. 30 Kinder. Massivbau.

Land: Bayern
Kreis: Eichstätt
Standard: mittel
Bauzeit: 52 Wochen
Kennwerte: bis 1. Ebene DIN 276

BGF 3.853 €/m²

Planung: ABHD Architekten Beck und Denzinger; Neuburg

veröffentlicht: BKI Objektdaten N16

6400-0119 Gemeindehaus (70 Sitzplätze)

BRI 2.823 m³ | **BGF** 573 m² | **NUF** 358 m²

Gemeindehaus mit Bücherei. Massivbau.

Land: Nordrhein-Westfalen
Kreis: Bielefeld, Stadt
Standard: mittel
Bauzeit: 104 Wochen
Kennwerte: bis 1. Ebene DIN 276

BGF 5.381 €/m²

Planung: Terbrack Architekten BDA; Bielefeld

veröffentlicht: BKI Objektdaten N18

6400-0099 Gemeindehaus, Wohnung (1 WE)

BRI 6.171 m³ | **BGF** 1.458 m² | **NUF** 924 m²

Gemeindehaus mit einer Wohneinheit (108m² WFL) und vier Gruppenräumen. Massivbau.

Land: Nordrhein-Westfalen
Kreis: Mönchengladbach, Stadt
Standard: mittel
Bauzeit: 74 Wochen
Kennwerte: bis 1. Ebene DIN 276

BGF 3.343 €/m²

Planung: LEPEL & LEPEL Architektur, Innenarchitektur; Köln

veröffentlicht: BKI Objektdaten N16

€/m² BGF

min	1.785	€/m²
von	2.355	€/m²
Mittel	**3.140**	**€/m²**
bis	4.155	€/m²
max	5.380	€/m²

Kosten:
Stand 1. Quartal 2025
Bundesdurchschnitt
inkl. 19% MwSt.

Objektübersicht zur Gebäudeart

9100-0133 Gemeindezentrum, Restaurant, Pension (10 Betten)

BRI 2.856 m³ **BGF** 682 m² **NUF** 469 m²

Gemeindezentrum mit Veranstaltungssaal (175 Sitzplätze), Restaurant und Pension (10 Betten). Mauerwerksbau.

Land: Schleswig-Holstein
Kreis: Dithmarschen
Standard: mittel
Bauzeit: 26 Wochen
Kennwerte: bis 1. Ebene DIN 276

BGF 2.993 €/m²

Planung: JEBENS SCHOOF ARCHITEKTEN BDA; Heide

veröffentlicht: BKI Objektdaten N15

6400-0106 Gemeindehaus

BRI 3.415 m³ **BGF** 610 m² **NUF** 406 m²

Gemeindehaus mit 99 Sitzplätzen. Massivbau.

Land: Niedersachsen
Kreis: Hannover, Region
Standard: mittel
Bauzeit: 78 Wochen
Kennwerte: bis 1. Ebene DIN 276

BGF 4.685 €/m²

Planung: pax brüning architekten bda; Hannover

veröffentlicht: BKI Objektdaten N16

9100-0163 Gemeindezentrum

BRI 2.587 m³ **BGF** 589 m² **NUF** 375 m²

Gemeindezentrum mit Saal (231 Sitzplätze). Massivbau.

Land: Nordrhein-Westfalen
Kreis: Märkischer Kreis
Standard: mittel
Bauzeit: 78 Wochen
Kennwerte: bis 1. Ebene DIN 276

BGF 3.415 €/m²

Planung: BATHE + REBER Architekten GbR; Dortmund

veröffentlicht: BKI Objektdaten N17

6400-0101 Gemeindehaus

BRI 574 m³ **BGF** 150 m² **NUF** 93 m²

Gemeindehaus. Mauerwerksbau.

Land: Schleswig-Holstein
Kreis: Stormarn
Standard: mittel
Bauzeit: 26 Wochen
Kennwerte: bis 1. Ebene DIN 276

BGF 3.464 €/m²

Planung: Dohse Architekten; Hamburg

veröffentlicht: BKI Objektdaten N16

6400-0098 Gemeindehaus (199 Sitzplätze)

BRI 3.773m³ **BGF** 1.136m² **NUF** 512m²

Gemeindehaus (199 Sitzplätze). Massivbau.

Land: Nordrhein-Westfalen
Kreis: Mettmann
Standard: mittel
Bauzeit: 70 Wochen
Kennwerte: bis 1. Ebene DIN 276

BGF 2.896€/m²

Planung: Kastner Pichler Architekten; Köln

veröffentlicht: BKI Objektdaten N16

6400-0090 Gemeindehaus

BRI 750m³ **BGF** 229m² **NUF** 142m²

Gemeindehaus mit Gemeindesaal, Küche und Büro. MW-Massivbau.

Land: Niedersachsen
Kreis: Gifhorn
Standard: mittel
Bauzeit: 26 Wochen
Kennwerte: bis 3. Ebene DIN 276

BGF 2.139€/m²

Planung: k.A.

veröffentlicht: BKI Objektdaten N15

6400-0091 Pfarrhaus

BRI 796m³ **BGF** 266m² **NUF** 159m²

Pfarrhaus mit Wohnung (161m² WFL) und Amtszimmer. Mauerwerksbau.

Land: Hamburg
Kreis: Hamburg, Stadt
Standard: mittel
Bauzeit: 52 Wochen
Kennwerte: bis 1. Ebene DIN 276

BGF 2.048€/m²

Planung: Architekten Johannsen und Partner; Hamburg

veröffentlicht: BKI Objektdaten N15

6400-0084 Pfarr- und Jugendheim

BRI 2.021m³ **BGF** 595m² **NUF** 415m²

Pfarr- und Jugendheim. Mauerwerksbau.

Land: Bayern
Kreis: Neustadt a.d.Waldnaab
Standard: mittel
Bauzeit: 74 Wochen
Kennwerte: bis 3. Ebene DIN 276

BGF 2.136€/m²

Planung: Architekturbüro Michael Dittmann; Amberg

veröffentlicht: BKI Objektdaten E6

€/m² BGF

min	1.785	€/m²
von	2.355	€/m²
Mittel	**3.140**	**€/m²**
bis	4.155	€/m²
max	5.380	€/m²

Kosten:
Stand 1. Quartal 2025
Bundesdurchschnitt
inkl. 19% MwSt.

Objektübersicht zur Gebäudeart

9100-0099 Ökumenisches Zentrum

BRI 24.000 m³ **BGF** 6.400 m² **NUF** 4.004 m²

Ökumenisches Zentrum mit Kapelle, Café, Veranstaltungsraum, Büronutzung, Wohnungen und Stadtkloster. Stahlskelettbau.

Land: Hamburg
Kreis: Hamburg, Stadt
Standard: mittel
Bauzeit: 83 Wochen
Kennwerte: bis 1. Ebene DIN 276

BGF **2.425 €/m²**

Planung: Wandel Lorch Götze Wach GmbH; Saarbrücken

veröffentlicht: BKI Objektdaten E6

6400-0079 Gemeindezentrum

BRI 2.523 m³ **BGF** 567 m² **NUF** 320 m²

Gemeindezentrum mit Saal (120 Sitzplätze), Büroräumen, und Kantorei. Massivbau.

Land: Hessen
Kreis: Hersfeld-Rotenburg
Standard: mittel
Bauzeit: 65 Wochen
Kennwerte: bis 1. Ebene DIN 276

BGF **3.203 €/m²**

Planung: DORBRITZ ARCHITEKTEN BDA; Bad Hersfeld

veröffentlicht: BKI Objektdaten N13

6400-0072 Gemeindehaus

BRI 336 m³ **BGF** 84 m² **NUF** 63 m²

Gemeindehaus mit Gemeinderaum (45 Sitzplätze), Küche und Sanitärräumen. Mauerwerksbau.

Land: Thüringen
Kreis: Weimarer Land
Standard: mittel
Bauzeit: 17 Wochen
Kennwerte: bis 1. Ebene DIN 276

BGF **2.875 €/m²**

Planung: B19 ARCHITEKTEN BDA; Weimar

veröffentlicht: BKI Objektdaten N11

6400-0077 Pfarramt - Effizienzhaus 70

BRI 914 m³ **BGF** 280 m² **NUF** 172 m²

Pfarramt mit Büro und Wohnung. Mauerwerksbau, Holzdachkonstruktion.

Land: Hamburg
Kreis: Hamburg, Stadt
Standard: mittel
Bauzeit: 52 Wochen
Kennwerte: bis 1. Ebene DIN 276

BGF **1.784 €/m²**

Planung: Stefan-Andreas Zech; Hamburg

veröffentlicht: BKI Objektdaten E5

Objektübersicht zur Gebäudeart

9100-0069 Gemeindehaus mit Kita, Wohnung

BRI 4.393 m³ **BGF** 1.324 m² **NUF** 838 m²

© Zastrow + Zastrow Architekten und Stadtplaner

Gemeindehaus mit Gemeindesaal, Kindertagesstätte, Jugendraum, Amtszimmer und Küsterwohnung. Mauerwerksbau.

Land: Schleswig-Holstein
Kreis: Kiel, Stadt
Standard: mittel
Bauzeit: 52 Wochen
Kennwerte: bis 1. Ebene DIN 276

BGF 2.438 €/m²

Planung: Zastrow + Zastrow Architekten und Stadtplaner; Kiel

veröffentlicht: BKI Objektdaten N11

9100-0072 Kirche, Gemeindesaal, Pfarrhaus

BRI 6.033 m³ **BGF** 1.227 m² **NUF** 786 m²

© Thomas Ott, www.o2t.de

Kirche (80 Sitzplätze), Gemeindesaal und Pfarrhaus mit zwei Wohneinheiten (209 m² WFL). Massivbau.

Land: Baden-Württemberg
Kreis: Heidelberg, Stadt
Standard: mittel
Bauzeit: 87 Wochen
Kennwerte: bis 1. Ebene DIN 276

BGF 2.592 €/m²

Planung: AAg Architekten GmbH; Heidelberg

veröffentlicht: BKI Objektdaten N11

6400-0071 Gemeindehaus

BRI 3.323 m³ **BGF** 1.090 m² **NUF** 790 m²

© Zooey Braun

Katholisches Gemeindehaus für flexible Nutzungen aller Gemeindegruppierungen. Massivbau.

Land: Baden-Württemberg
Kreis: Esslingen
Standard: mittel
Bauzeit: 57 Wochen
Kennwerte: bis 3. Ebene DIN 276

BGF 2.275 €/m²

Planung: KLE-Architekten Dipl.-Ing. Freie Architekten BDA; Kirchheim u. Teck

veröffentlicht: BKI Objektdaten N13

9100-0059 Kirche und Gemeindezentrum

BRI 2.797 m³ **BGF** 678 m² **NUF** 510 m²

© Eberl & Lohmeyer

Kirche (300 Sitzplätze) mit Gemeinderäumen, Seniorentreff, Foyer. Mauerwerksbau; Stb-Decke; Stb-Flachdach.

Land: Nordrhein-Westfalen
Kreis: Duisburg, Stadt
Standard: mittel
Bauzeit: 61 Wochen
Kennwerte: bis 1. Ebene DIN 276

BGF 2.630 €/m²

Planung: Eberl & Lohmeyer Architekten GbR; Wesel

veröffentlicht: BKI Objektdaten N10

Kostenkennwerte für die Kosten des Bauwerks (Kostengruppen 300+400 nach DIN 276)

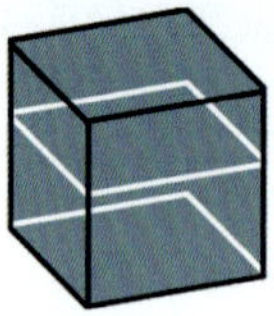

BRI 785 €/m³
von 620 €/m³
bis 910 €/m³

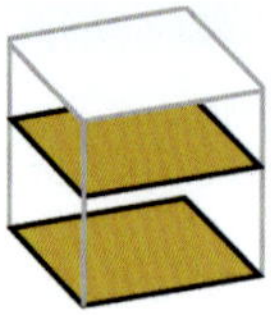

BGF 3.500 €/m²
von 3.020 €/m²
bis 4.065 €/m²

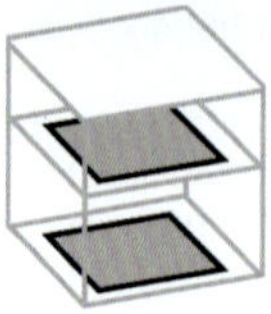

NUF 5.515 €/m²
von 4.540 €/m²
bis 6.720 €/m²

Kosten:
Stand 1. Quartal 2025
Bundesdurchschnitt
inkl. 19% MwSt.

Objektbeispiele

6400-0128

9100-0162

9100-0057

Kosten der 21 Vergleichsobjekte

Seiten 1052 bis 1057

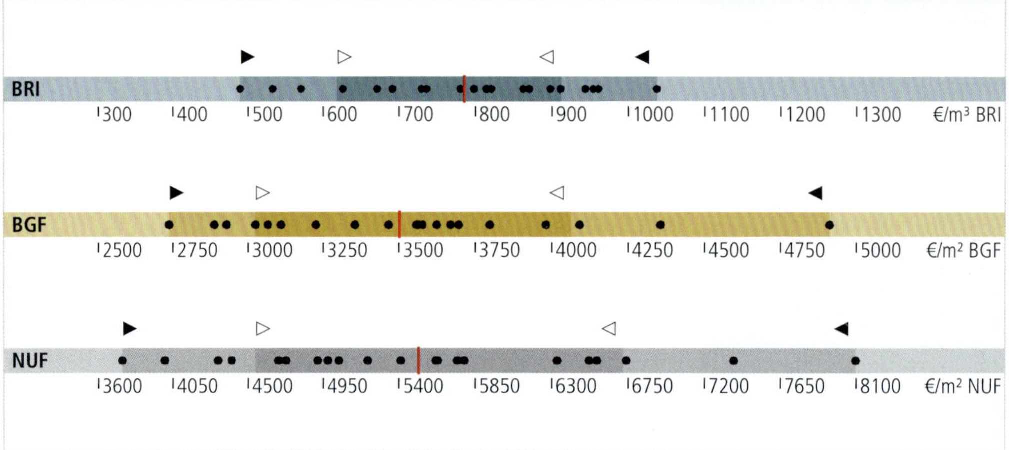

- ● KKW
- ▶ min
- ▷ von
- | Mittelwert
- ◁ bis
- ◀ max

Kostenkennwerte für die Kostengruppen der 1. und 2.Ebene DIN 276

KG	Kostengruppen der 1.Ebene	Einheit	▷	€/Einheit	◁	▷	% an 300+400	◁
100	Grundstück	m² GF	–	**–**	–	–	**–**	–
200	Vorbereitende Maßnahmen	m² GF	30	**116**	320	1,2	**3,4**	7,2
300	Bauwerk – Baukonstruktionen	m² BGF	2.364	**2.732**	3.152	73,2	**78,2**	82,7
400	Bauwerk – Technische Anlagen	m² BGF	597	**769**	1.101	17,3	**21,8**	26,8
	Bauwerk 300+400	m² BGF	3.022	**3.501**	4.063	100,0	**100,0**	100,0
500	Außenanlagen und Freiflächen	m² AF	101	**209**	406	1,7	**6,5**	12,0
600	Ausstattung und Kunstwerke	m² BGF	52	**117**	164	1,7	**3,5**	5,2
700	Baunebenkosten*	m² BGF	803	**861**	919	23,2	**24,9**	26,6 ◁
800	Finanzierung	m² BGF	–	**–**	–	–	**–**	–

* Auf Grundlage der HOAI 2021 berechnete Werte nach §§ 35, 52, 56. Weitere Informationen siehe Seite 56

KG	Kostengruppen der 2.Ebene	Einheit	▷	€/Einheit	◁	▷	% an 1.Ebene	◁
310	Baugrube / Erdbau	m³ BGI	52	**104**	159	1,2	**2,6**	6,3
320	Gründung, Unterbau	m² GRF	361	**488**	531	7,4	**13,5**	16,3
330	Außenwände / vertikal außen	m² AWF	803	**900**	996	26,5	**33,0**	38,8
340	Innenwände / vertikal innen	m² IWF	414	**544**	670	13,8	**15,5**	17,0
350	Decken / horizontal	m² DEF	435	**528**	782	6,2	**9,0**	11,6
360	Dächer	m² DAF	450	**572**	901	15,7	**18,6**	22,7
370	Infrastrukturanlagen		–	**–**	–	–	**–**	–
380	Baukonstruktive Einbauten	m² BGF	60	**109**	158	2,3	**4,4**	6,3
390	Sonst. Maßnahmen für Baukonst.	m² BGF	69	**85**	119	2,9	**3,3**	4,4
300	**Bauwerk – Baukonstruktionen**	**m² BGF**					**100,0**	
410	Abwasser-, Wasser-, Gasanlagen	m² BGF	85	**130**	180	12,6	**19,0**	25,4
420	Wärmeversorgungsanlagen	m² BGF	152	**171**	189	22,7	**25,1**	27,8
430	Raumlufttechnische Anlagen	m² BGF	9	**25**	41	1,3	**3,8**	6,7
440	Elektrische Anlagen	m² BGF	185	**235**	282	25,6	**35,1**	44,2
450	Kommunikationstechnische Anlagen	m² BGF	35	**57**	68	1,8	**6,4**	10,2
460	Förderanlagen	m² BGF	–	**150**	–	0,0	**5,1**	20,3
470	Nutzungsspez. / verfahrenstech. Anl.	m² BGF	3	**71**	139	0,1	**4,7**	18,3
480	Gebäude- und Anlagenautomation	m² BGF	–	**27**	–	0,0	**0,9**	3,6
490	Sonst. Maßnahmen f. techn. Anl.	m² BGF	–	**–**	–	–	**–**	–
400	**Bauwerk – Technische Anlagen**	**m² BGF**					**100,0**	

Prozentanteile der Kosten 2.Ebene an den Kosten des Bauwerks nach DIN 276 (Von/Mittel/Bis)

KG	Kostengruppe	%
310	Baugrube / Erdbau	2,0
320	Gründung, Unterbau	10,7
330	Außenwände / vertikal außen	26,1
340	Innenwände / vertikal innen	12,2
350	Decken / horizontal	7,1
360	Dächer	14,6
370	Infrastrukturanlagen	
380	Baukonstruktive Einbauten	3,4
390	Sonst. Maßnahmen für Baukonst.	2,6
410	Abwasser-, Wasser-, Gasanlagen	4,1
420	Wärmeversorgungsanlagen	5,3
430	Raumlufttechnische Anlagen	0,8
440	Elektrische Anlagen	7,2
450	Kommunikationstechnische Anlagen	1,3
460	Förderanlagen	1,3
470	Nutzungsspez. / verfahrenstech. Anl.	1,0
480	Gebäude- und Anlagenautomation	0,2
490	Sonst. Maßnahmen f. techn. Anl.	

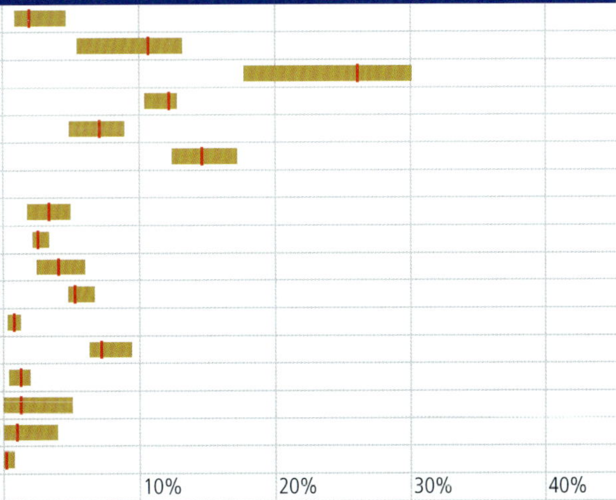

 Kostenstand: 1.Quartal 2025, Bundesdurchschnitt, **inkl. 19% MwSt.**

Prozentanteile der Kosten für Leistungsbereiche nach STLB (Kosten Bauwerk nach DIN 276)

Kosten:
Stand 1. Quartal 2025
Bundesdurchschnitt
inkl. 19% MwSt.

LB	Leistungsbereiche	▷	% an 300+400	◁
000	Baustellen-, Verkehrssich.- u. Sicherh.einr. inkl. 001	1,1	**2,1**	2,5
002	Erdarbeiten	1,2	**1,8**	2,5
006	Spezialtiefbauarbeiten inkl. 005	0,0	**0,4**	1,6
009	Entwässerungskanalarbeiten inkl. 011	0,2	**0,6**	0,9
010	Drän- und Versickerarbeiten	0,0	**0,1**	0,5
012	Mauerarbeiten	1,0	**3,7**	6,3
013	Betonarbeiten	5,7	**12,3**	18,6
014	Natur-, Betonwerksteinarbeiten	0,2	**1,4**	3,1
016	Zimmer- und Holzbauarbeiten	4,3	**11,7**	31,4
017	Stahlbauarbeiten	0,2	**1,1**	3,4
018	Abdichtungsarbeiten	0,4	**1,0**	2,8
020	Dachdeckungsarbeiten	0,6	**2,7**	4,6
021	Dachabdichtungsarbeiten	0,3	**1,1**	1,4
022	Klempnerarbeiten	1,3	**3,0**	4,9
	Rohbau	35,1	**43,0**	51,0
023	Putz- und Stuckarbeiten, Wärmedämmsysteme	1,4	**3,7**	5,8
024	Fliesen- und Plattenarbeiten	1,3	**2,3**	5,1
025	Estricharbeiten	0,3	**1,2**	2,0
026	Fenster, Außentüren inkl. 029, 032	2,3	**9,0**	16,5
027	Tischlerarbeiten	7,1	**8,7**	10,0
028	Parkettarbeiten, Holzpflasterarbeiten	0,0	**1,3**	2,6
030	Rollladenarbeiten	0,0	**0,2**	0,6
031	Metallbauarbeiten inkl. 035	1,4	**4,2**	11,4
034	Maler- und Lackiererarbeiten inkl. 037	0,2	**2,1**	2,8
036	Bodenbelagarbeiten	< 0,1	**0,6**	1,4
038	Vorgehängte hinterlüftete Fassaden	0,0	**2,3**	9,4
039	Trockenbauarbeiten	0,2	**1,4**	3,1
	Ausbau	28,5	**37,0**	45,7
040	Wärmeversorgungsanl. - Betriebseinr. inkl. 041	4,4	**4,8**	5,0
042	Gas- und Wasserinstallation, Leitungen inkl. 043	0,4	**0,9**	1,3
044	Abwasseranlagen - Leitungen, Abläufe, Armaturen	0,3	**0,7**	1,6
045	GWE - Einrichtungsgegenstände inkl. 046	1,1	**1,6**	2,3
047	Dämm- und Brandschutzarbeiten an techn. Anlagen	< 0,1	**0,2**	0,3
049	Feuerlöschanlagen, Feuerlöschgeräte	0,0	**< 0,1**	< 0,1
050	Blitzschutz- und Erdungsanlagen	< 0,1	**0,3**	0,5
052	Mittelspannungsanlagen	–	**–**	–
053	Niederspannungsanlagen inkl. 054	2,3	**3,5**	4,0
055	Sicherheits- und Ersatzstromversorgungsanlagen	–	**–**	–
057	Gebäudesystemtechnik	< 0,1	**0,2**	0,8
058	Leuchten und Lampen inkl. 059	2,2	**3,6**	5,0
060	Such-, Signal-, elektroakust. Anl., Med. inkl. 064	0,1	**0,6**	1,6
061	Kommunikations- und Übertragungsnetze inkl. 062	0,1	**0,6**	1,7
063	Gefahrenmeldeanlagen	< 0,1	**0,2**	0,6
069	Aufzüge	–	**–**	–
070	Gebäudeautomation	0,0	**< 0,1**	< 0,1
075	Raumlufttechnische Anlagen inkl. 078	0,3	**0,7**	1,2
	Gebäudetechnik	17,3	**17,9**	18,3
	Sonstige Leistungsbereiche inkl. 008, 033, 051	< 0,1	**2,2**	5,0

● KKW
▶ min
▷ von
| Mittelwert
◁ bis
◀ max

Planungskennwerte für Flächen und Rauminhalte nach DIN 277

Grundflächen		▷	Fläche/NUF (%)	◁	▷	Fläche/BGF (%)	◁
NUF	Nutzungsfläche	100,0	**100,0**	100,0	60,6	**64,5**	68,2
TF	Technikfläche	5,6	**7,0**	10,7	3,6	**4,3**	6,5
VF	Verkehrsfläche	20,9	**26,1**	35,3	12,8	**16,0**	19,9
NRF	Netto-Raumfläche	125,8	**132,4**	143,8	80,7	**84,4**	86,5
KGF	Konstruktions-Grundfläche	22,1	**24,9**	32,5	13,5	**15,6**	19,3
BGF	Brutto-Grundfläche	148,5	**157,3**	166,8	100,0	**100,0**	100,0

Brutto-Rauminhalte		▷	BRI/NUF (m)	◁	▷	BRI/BGF (m)	◁
BRI	Brutto-Rauminhalt	6,37	**7,22**	8,12	4,23	**4,61**	5,34

Flächen von Nutzeinheiten	▷	NUF/Einheit (m²)	◁	▷	BGF/Einheit (m²)	◁
Nutzeinheit:	–	**–**	–	–	**–**	–

Lufttechnisch behandelte Flächen	▷	Fläche/NUF (%)	◁	▷	Fläche/BGF (%)	◁
Entlüftete Fläche	14,8	**14,8**	14,8	7,7	**7,7**	7,7
Be- und entlüftete Fläche	–	**–**	–	–	**–**	–
Teilklimatisierte Fläche	–	**–**	–	–	**–**	–
Klimatisierte Fläche	–	**–**	–	–	**–**	–

KG	Kostengruppen (2. Ebene)	Einheit	▷	Menge/NUF	◁	▷	Menge/BGF	◁
310	Baugrube / Erdbau	m³ BGI	1,02	**1,38**	1,78	0,59	**0,84**	0,89
320	Gründung, Unterbau	m² GRF	0,96	**1,03**	1,03	0,58	**0,70**	0,82
330	Außenwände / vertikal außen	m² AWF	1,39	**1,42**	1,50	0,82	**0,95**	1,01
340	Innenwände / vertikal innen	m² IWF	1,05	**1,15**	1,19	0,71	**0,76**	0,80
350	Decken / horizontal	m² DEF	0,67	**0,70**	0,80	0,44	**0,45**	0,51
360	Dächer	m² DAF	1,28	**1,32**	1,32	0,78	**0,90**	0,90
370	Infrastrukturanlagen		–	**–**	–	–	**–**	–
380	Baukonstruktive Einbauten	m² BGF	1,49	**1,57**	1,67	1,00	**1,00**	1,00
390	Sonst. Maßnahmen für Baukonst.	m² BGF	1,49	**1,57**	1,67	1,00	**1,00**	1,00
300	**Bauwerk – Baukonstruktionen**	**m² BGF**	1,49	**1,57**	1,67	1,00	**1,00**	1,00

Planungskennwerte für Bauzeiten

21 Vergleichsobjekte

Bauzeit in Wochen

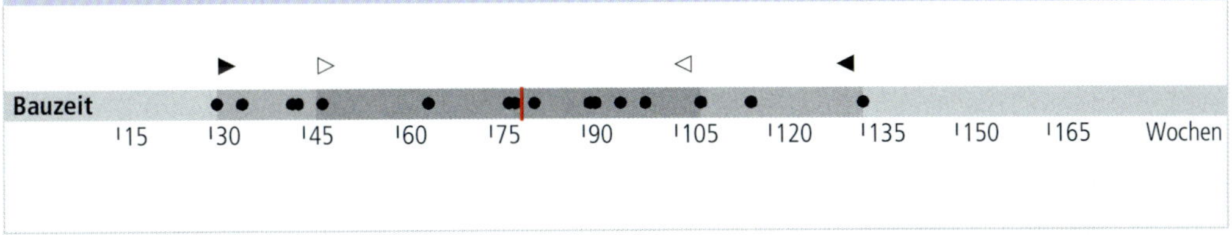

€/m² BGF

min	2.735	€/m²
von	3.020	€/m²
Mittel	**3.500**	**€/m²**
bis	4.065	€/m²
max	4.910	€/m²

Kosten:
Stand 1. Quartal 2025
Bundesdurchschnitt
inkl. 19% MwSt.

Objektübersicht zur Gebäudeart

6400-0128 Gemeindehaus, Gruppenpfarramt (6 AP)
BRI 3.131 m³ **BGF** 820 m² **NUF** 458 m²

© MoRe Architekten

Gemeindehaus mit Gruppenpfarramt. Stahlbeton.

Land: Baden-Württemberg
Kreis: Rastatt
Standard: hoch
Bauzeit: 82 Wochen
Kennwerte: bis 1. Ebene DIN 276

BGF 3.669 €/m²

Planung: MoRe Architekten PartGmbB; Freiburg

vorgesehen: BKI Objektdaten N21

9100-0202 Bürgerhaus, Veranstaltungssaal (500 Sitzplätze)
BRI 12.860 m³ **BGF** 2.351 m² **NUF** 1.426 m²

© Michael Heinrich

Bürgerhaus mit Veranstaltungssaal mit 500 Sitzplätzen, Verwaltungsbüros und Vereinsräumen. Massivbau.

Land: Rheinland-Pfalz
Kreis: Mainz, Stadt
Standard: hoch
Bauzeit: 100 Wochen
Kennwerte: bis 1. Ebene DIN 276

BGF 4.911 €/m²

Planung: AV1 Architekten GmbH; Kaiserslautern

veröffentlicht: BKI Objektdaten N19

9100-0203 Bürgerhaus, Veranstaltungssaal (500 Sitzplätze)
BRI 13.443 m³ **BGF** 2.695 m² **NUF** 1.592 m²

© Michael Heinrich

Bürgerhaus mit Festsaal für 500 Personen, Verwaltungs- und Vereinsräumen. Massivbau.

Land: Rheinland-Pfalz
Kreis: Mainz, Stadt
Standard: hoch
Bauzeit: 100 Wochen
Kennwerte: bis 1. Ebene DIN 276

BGF 3.981 €/m²

Planung: AV1 Architekten GmbH; Kaiserslautern

veröffentlicht: BKI Objektdaten N19

6400-0115 Jugendfreizeiteinrichtung, Familienzentrum
BRI 2.855 m³ **BGF** 680 m² **NUF** 402 m²

© Alexander Blumhoff

Jugendfreizeiteinrichtung mit 70 Plätzen und Familienzentrum mit 30 Plätzen. Massivbau.

Land: Berlin
Kreis: Berlin, Stadt
Standard: hoch
Bauzeit: 78 Wochen
Kennwerte: bis 1. Ebene DIN 276

BGF 4.355 €/m²

Planung: Gruber + Popp Architekt:innen BDA; Berlin

veröffentlicht: BKI Objektdaten N18

6400-0112 Gemeindezentrum (80 Sitzplätze)

BRI 2.480 m³ **BGF** 393 m² **NUF** 300 m²

© Sebastian Thiemann

Planung: Architekturbüro Thiemann; Hersbruck

Gemeindezentrum, zwei Gruppen. Holzbau.

Land: Bayern
Kreis: Regensburg
Standard: hoch
Bauzeit: 44 Wochen
Kennwerte: bis 3. Ebene DIN 276

BGF 3.355 €/m²

veröffentlicht: BKI Objektdaten N19

9100-0164 Sport-, Jugend- und Gemeinschaftshaus

BRI 6.321 m³ **BGF** 1.686 m² **NUF** 1.143 m²

© k. A.

Planung: Meyer Steffens Architekten und Stadtplan; Lübeck

Gemeinschaftshaus mit Seminar-/Versammlungsräumen, Bistro, Kinder- und Jugendräumen sowie Räumen für einen Sportverein. Mauerwerksbau.

Land: Schleswig-Holstein
Kreis: Herzogtum Lauenburg
Standard: hoch
Bauzeit: 79 Wochen
Kennwerte: bis 1. Ebene DIN 276

BGF 2.927 €/m²

veröffentlicht: BKI Objektdaten N17

6400-0102 Familienzentrum, Kinderkrippe (24 Kinder)

BRI 4.691 m³ **BGF** 1.197 m² **NUF** 764 m²

© THALEN CONSULT GmbH

Planung: THALEN CONSULT GmbH; Neuenburg

Familienzentrum mit Beratungsräumen, Café, Büros und Kinderkrippe (2 Gruppen, 24 Kinder). Massivbau.

Land: Niedersachsen
Kreis: Wilhelmshaven, Stadt
Standard: hoch
Bauzeit: 65 Wochen
Kennwerte: bis 1. Ebene DIN 276

BGF 3.695 €/m²

veröffentlicht: BKI Objektdaten N16

9100-0123 Informations- und Kommunikationszentrum*

BRI 1.312 m³ **BGF** 360 m² **NUF** 230 m²

© Lothar Sprenger

Planung: Architekturbüro Raum und Bau GmbH; Dresden

Informations- und Kommunikationszentrum für Hochschule und Stadt mit Kinderhort (5 Kinder) und Jugendclubräumen (29 Jugendliche). Mauerwerks- und Stahlbetonbau.

Land: Sachsen
Kreis: Mittelsachsen
Standard: hoch
Bauzeit: 48 Wochen
Kennwerte: bis 1. Ebene DIN 276

BGF 4.377 €/m²

veröffentlicht: BKI Objektdaten N15
* Nicht in der Auswertung enthalten

€/m² BGF

min	2.735	€/m²
von	3.020	€/m²
Mittel	**3.500**	**€/m²**
bis	4.065	€/m²
max	4.910	€/m²

Kosten:
Stand 1. Quartal 2025
Bundesdurchschnitt
inkl. 19% MwSt.

Objektübersicht zur Gebäudeart

6400-0093 Gemeindezentrum

BRI 2.295 m³ **BGF** 466 m² **NUF** 300 m²

Gemeindezentrum mit Saal und Gruppenräumen. Mauerwerksbau.

Land: Bayern
Kreis: Nürnberg, Stadt
Standard: hoch
Bauzeit: 48 Wochen
Kennwerte: bis 1. Ebene DIN 276

BGF 3.624 €/m²

Planung: Architekturbüro Klaus Thiemann; Hersbruck

veröffentlicht: BKI Objektdaten N15

6400-0083 Pfarrhaus, Doppelgarage

BRI 1.075 m³ **BGF** 339 m² **NUF** 248 m²

Pfarrhaus mit zwei Wohneinheiten (167 m² WFL) und Bürofläche (81 m² NUF), Doppelgarage und Nebenraum. Mauerwerk.

Land: Bayern
Kreis: Regensburg, Stadt
Standard: hoch
Bauzeit: 31 Wochen
Kennwerte: bis 1. Ebene DIN 276

BGF 2.736 €/m²

Planung: Michael Feil Architekt; Regensburg

veröffentlicht: BKI Objektdaten E6

9100-0162 Festhalle (600 Sitzplätze)

BRI 15.532 m³ **BGF** 2.377 m² **NUF** 1.535 m²

Fest- und Mehrzweckhalle für Veranstaltungen (600 Sitzplätze) und Vereins- und Schulsport mit Tribüne. Mischkonstruktion.

Land: Baden-Württemberg
Kreis: Bodenseekreis
Standard: hoch
Bauzeit: 135 Wochen
Kennwerte: bis 1. Ebene DIN 276

BGF 4.089 €/m²

Planung: SPREEN ARCHITEKTEN Partnerschaft mbB; München

veröffentlicht: BKI Objektdaten N17

6400-0085 Pfarrzentrum

BRI 5.123 m³ **BGF** 1.247 m² **NUF** 884 m²

Pfarrzentrum mit drei Gebäudeteilen (Pfarrheim, Pfarrhaus und Sakristei). Stb-Konstruktion.

Land: Bayern
Kreis: Regensburg, Stadt
Standard: hoch
Bauzeit: 92 Wochen
Kennwerte: bis 1. Ebene DIN 276

BGF 3.576 €/m²

Planung: Kühn & Neuwald Architekten; Regenstauf

veröffentlicht: BKI Objektdaten E6

6400-0081 Gemeindehaus

BRI 1.300 m³ **BGF** 351 m² **NUF** 203 m²

Gemeindehaus mit Gemeindesaal (80 Sitzplätze), Foyer, Küche und Büros. Massivbau.

Land: Bayern
Kreis: Würzburg, Stadt
Standard: hoch
Bauzeit: 43 Wochen
Kennwerte: bis 1. Ebene DIN 276

BGF 3.024 €/m²

Planung: Georg Redelbach Architekten; Marktheidenfeld

veröffentlicht: BKI Objektdaten N13

6400-0076 Kommunikationszentrum, Kita - Passivhaus

BRI 9.878 m³ **BGF** 1.864 m² **NUF** 1.017 m²

Kommunikationszentrum für studentische Nutzung (Saal, Aufenthaltsräume) und einer Kindertagesstätte für 15 Kinder. Massivbauweise.

Land: Rheinland-Pfalz
Kreis: Birkenfeld
Standard: hoch
Bauzeit: 96 Wochen
Kennwerte: bis 1. Ebene DIN 276

BGF 3.556 €/m²

Planung: planungsgruppe DREI Part GmbB; Mühltal

veröffentlicht: BKI Objektdaten E6

6400-0088 Pfarrheim

BRI 2.429 m³ **BGF** 583 m² **NUF** 409 m²

Pfarrheim mit Gemeindesaal, Jugend- und Seminarraum. Massivbau.

Land: Nordrhein-Westfalen
Kreis: Mettmann
Standard: hoch
Bauzeit: 65 Wochen
Kennwerte: bis 1. Ebene DIN 276

BGF 3.797 €/m²

Planung: TRU Architekten Partnerschaft mbB; Düsseldorf

veröffentlicht: BKI Objektdaten N13

9100-0068 Gemeindehaus mit Wohnung

BRI 2.385 m³ **BGF** 673 m² **NUF** 411 m²

Gemeindehaus mit Saal und Küsterwohnung im OG. Mauerwerksbau.

Land: Schleswig-Holstein
Kreis: Kiel, Stadt
Standard: hoch
Bauzeit: 35 Wochen
Kennwerte: bis 1. Ebene DIN 276

BGF 2.885 €/m²

Planung: Zastrow + Zastrow Architekten und Stadtplaner; Kiel

veröffentlicht: BKI Objektdaten N11

€/m² BGF

min	2.735	€/m²
von	3.020	€/m²
Mittel	**3.500**	**€/m²**
bis	4.065	€/m²
max	4.910	€/m²

Kosten:
Stand 1. Quartal 2025
Bundesdurchschnitt
inkl. 19% MwSt.

Objektübersicht zur Gebäudeart

6400-0065 Begegnungszentrum, Wohnungen, TG

BRI 5.643 m³ **BGF** 1.731 m² **NUF** 1.345 m²

© Architekten Bathe + Reber

Begegnungszentrum mit Tiefgarage (7 STP) und vier Wohnungen in den beiden Obergeschossen. Mauerwerksbau.

Land: Nordrhein-Westfalen
Kreis: Rhein-Erft-Kreis
Standard: hoch
Bauzeit: 117 Wochen
Kennwerte: bis 1. Ebene DIN 276

BGF 3.108 €/m²

Planung: BATHE + REBER Architekten GbR; Dortmund

veröffentlicht: BKI Objektdaten N11

9100-0057 Gemeindehaus

BRI 3.412 m³ **BGF** 786 m² **NUF** 570 m²

© Architekten Bathe + Reber

Versammlungsstätte mit Versammlungsraum, Gruppenräumen, Jugendräumen und Büros. Stb-Konstruktion; Stahl-Pfosten-Riegel-Fassade; Stb-Flachdach.

Land: Nordrhein-Westfalen
Kreis: Hagen, Stadt
Standard: hoch
Bauzeit: 91 Wochen
Kennwerte: bis 1. Ebene DIN 276

BGF 3.563 €/m²

Planung: BATHE + REBER Architekten GbR; Dortmund

veröffentlicht: BKI Objektdaten N10

6400-0056 Pfarr- und Jugendheim

BRI 2.415 m³ **BGF** 426 m² **NUF** 294 m²

© Nadler und Sperk

Pfarr- und Jugendheim mit einem Saal, Gruppenräumen, Teeküche, Büro, Lagerräume und ein Pfarrbüro. Mauerwerksbau.

Land: Bayern
Kreis: Dingolfing-Landau
Standard: mittel
Bauzeit: 35 Wochen
Kennwerte: bis 3. Ebene DIN 276

BGF 3.224 €/m²

Planung: Nadler und Sperk Architektenpartnerschaft; Landshut

veröffentlicht: BKI Objektdaten N10

6400-0053 Dorfgemeinschaftshaus

BRI 7.380 m³ **BGF** 1.040 m² **NUF** 724 m²

© Ecker Architekten

Dorfgemeinschaftshaus für Veranstaltungen mit 300 Sitzplätzen an Tischen, Bühne, Veranstaltungsküche. Mauerwerksbau.

Land: Baden-Württemberg
Kreis: Neckar-Odenwald-Kreis
Standard: hoch
Bauzeit: 117 Wochen
Kennwerte: bis 3. Ebene DIN 276

BGF 3.465 €/m²

Planung: Ecker Architekten; Buchen

veröffentlicht: www.bki.de

6400-0028 Bürgerhaus

BRI 3.469 m³ | **BGF** 782 m² | **NUF** 417 m²

Bürgerhaus mit Veranstaltungssaal, Sitzungssaal, Bistro mit Küche, Bücherei, Bürgermeisterraum. Mauerwerksbau.

Land: Rheinland-Pfalz
Kreis: Südwestpfalz
Standard: hoch
Bauzeit: 109 Wochen
Kennwerte: bis 1. Ebene DIN 276

BGF **3.064 €/m²**

Planung: Planwerk 3 Emmer und Schröder mit Henning

veröffentlicht: www.bki.de

9100-0012 Musikschule*

BRI 5.173 m³ | **BGF** 1.358 m² | **NUF** 760 m²

Musikschulgebäude als Teil einer Gesamtanlage (Objekte 4100-0010, 5100-0023, 6100-0160). Stb-Skelettbau.

Land: Bayern
Kreis: Dingolfing-Landau
Standard: hoch
Bauzeit: 143 Wochen
Kennwerte: bis 2. Ebene DIN 276

BGF **3.868 €/m²**

Planung: k. A.

veröffentlicht: www.bki.de
* Nicht in der Auswertung enthalten

9100-0006 Dorfgemeinschaftshaus, Saal (100 STP)

BRI 1.970 m³ | **BGF** 491 m² | **NUF** 256 m²

Kleiner Gemeindesaal (100 Plätze), als neuer Anbau an einen denkmalgeschützten Bau aus dem 18.Jahrhundert, im Dorf-Mittelpunkt, als Dorf-Gemeinschaftshaus genutzt. Mauerwerksbau.

Land: Rheinland-Pfalz
Kreis: Südliche Weinstraße
Standard: hoch
Bauzeit: 117 Wochen
Kennwerte: bis 3. Ebene DIN 276

BGF **2.925 €/m²**

Planung: Prof. Peter Sulzer Architekt; Gleisweiler

veröffentlicht: www.bki.de

Gemeindezentren, Holzbauweise

Kostenkennwerte für die Kosten des Bauwerks (Kostengruppen 300+400 nach DIN 276)

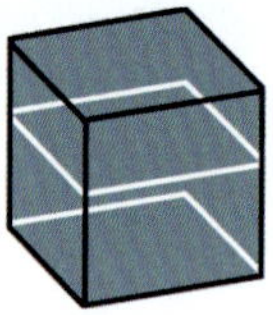

BRI 700 €/m³
von 560 €/m³
bis 825 €/m³

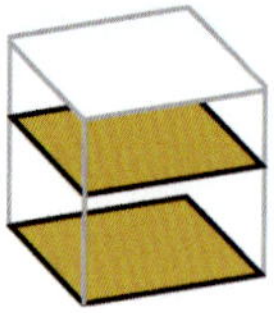

BGF 3.260 €/m²
von 2.530 €/m²
bis 4.090 €/m²

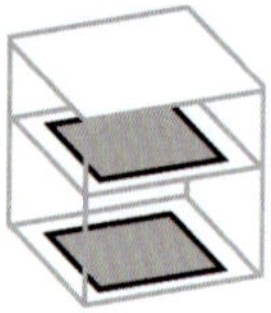

NUF 4.660 €/m²
von 3.635 €/m²
bis 6.050 €/m²

Objektbeispiele

Kosten:
Stand 1. Quartal 2025
Bundesdurchschnitt
inkl. 19% MwSt.

6400-0126

6400-0129

6400-0130

Kosten der 16 Vergleichsobjekte

Seiten 1062 bis 1066

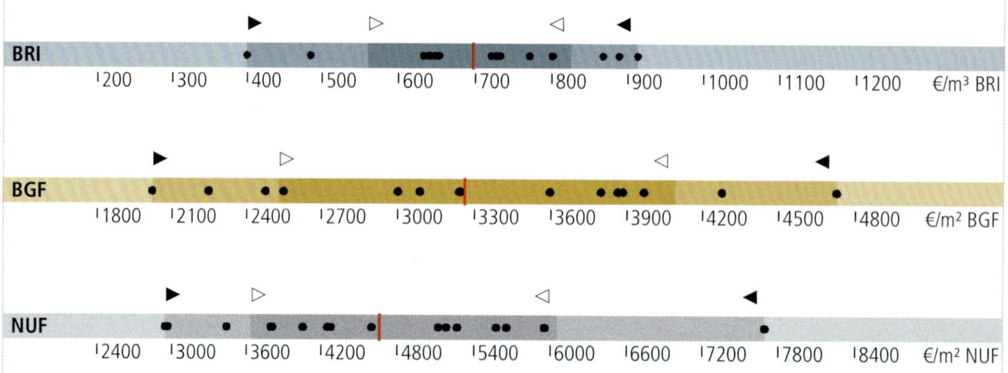

- ● KKW
- ▶ min
- ▷ von
- | Mittelwert
- ◁ bis
- ◀ max

Kostenkennwerte für die Kostengruppen der 1. und 2. Ebene DIN 276

KG	Kostengruppen der 1. Ebene	Einheit	▷	€/Einheit	◁	▷	% an 300+400	◁
100	Grundstück	m² GF	–	**–**	–	–	**–**	–
200	Vorbereitende Maßnahmen	m² GF	15	**36**	108	1,4	**3,6**	6,8
300	Bauwerk – Baukonstruktionen	m² BGF	1.835	**2.545**	3.124	73,4	**77,8**	84,3
400	Bauwerk – Technische Anlagen	m² BGF	504	**717**	1.001	15,7	**22,2**	26,6
	Bauwerk 300+400	m² BGF	2.528	**3.262**	4.090	100,0	**100,0**	100,0
500	Außenanlagen und Freiflächen	m² AF	43	**155**	305	4,1	**10,3**	22,2
600	Ausstattung und Kunstwerke	m² BGF	28	**83**	131	1,0	**2,8**	4,2
700	Baunebenkosten*	m² BGF	813	**872**	931	25,1	**27,0**	28,8
800	Finanzierung	m² BGF	–	**–**	–	–	**–**	–

◁ * Auf Grundlage der HOAI 2021 berechnete Werte nach §§ 35, 52, 56. Weitere Informationen siehe Seite 56

KG	Kostengruppen der 2. Ebene	Einheit	▷	€/Einheit	◁	▷	% an 1. Ebene	◁
310	Baugrube / Erdbau	m³ BGI	28	**59**	108	0,2	**1,4**	2,3
320	Gründung, Unterbau	m² GRF	416	**450**	516	13,6	**15,2**	16,1
330	Außenwände / vertikal außen	m² AWF	764	**836**	963	24,7	**34,0**	39,0
340	Innenwände / vertikal innen	m² IWF	446	**493**	577	9,3	**14,5**	17,6
350	Decken / horizontal	m² DEF	422	**642**	772	1,2	**4,0**	9,6
360	Dächer	m² DAF	429	**497**	633	21,6	**23,8**	25,2
370	Infrastrukturanlagen		–	**–**	–	–	**–**	–
380	Baukonstruktive Einbauten	m² BGF	56	**75**	109	2,4	**2,9**	3,9
390	Sonst. Maßnahmen für Baukonst.	m² BGF	79	**104**	149	3,4	**4,1**	5,3
300	**Bauwerk – Baukonstruktionen**	**m² BGF**					**100,0**	
410	Abwasser-, Wasser-, Gasanlagen	m² BGF	88	**103**	133	11,2	**17,6**	20,7
420	Wärmeversorgungsanlagen	m² BGF	91	**134**	157	19,8	**21,7**	25,5
430	Raumlufttechnische Anlagen	m² BGF	5	**60**	170	0,9	**8,2**	22,7
440	Elektrische Anlagen	m² BGF	207	**278**	321	45,1	**45,5**	46,2
450	Kommunikationstechnische Anlagen	m² BGF	9	**18**	37	1,5	**3,0**	5,8
460	Förderanlagen	m² BGF	–	**–**	–	–	**–**	–
470	Nutzungsspez. / verfahrenstech. Anl.	m² BGF	< 1	**14**	41	0,1	**3,1**	9,2
480	Gebäude- und Anlagenautomation	m² BGF	–	**14**	–	0,0	**0,7**	2,2
490	Sonst. Maßnahmen f. techn. Anl.	m² BGF	–	**2**	–	0,0	**0,1**	0,3
400	**Bauwerk – Technische Anlagen**	**m² BGF**					**100,0**	

Prozentanteile der Kosten 2. Ebene an den Kosten des Bauwerks nach DIN 276 (Von/Mittel/Bis)

KG	Kostengruppe	%
310	Baugrube / Erdbau	1,2
320	Gründung, Unterbau	12,1
330	Außenwände / vertikal außen	27,5
340	Innenwände / vertikal innen	11,5
350	Decken / horizontal	3,1
360	Dächer	19,0
370	Infrastrukturanlagen	
380	Baukonstruktive Einbauten	2,4
390	Sonst. Maßnahmen für Baukonst.	3,3
410	Abwasser-, Wasser-, Gasanlagen	3,3
420	Wärmeversorgungsanlagen	4,3
430	Raumlufttechnische Anlagen	2,0
440	Elektrische Anlagen	9,0
450	Kommunikationstechnische Anlagen	0,6
460	Förderanlagen	
470	Nutzungsspez. / verfahrenstech. Anl.	0,4
480	Gebäude- und Anlagenautomation	0,2
490	Sonst. Maßnahmen f. techn. Anl.	< 0,1

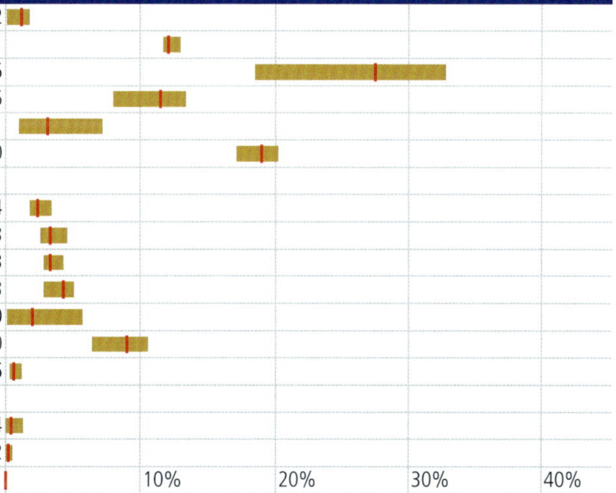

 Erläuterungen zu den Tabellen siehe Seite 54 und 56 Kostenstand: 1. Quartal 2025, Bundesdurchschnitt, **inkl. 19% MwSt.**

Prozentanteile der Kosten für Leistungsbereiche nach STLB (Kosten Bauwerk nach DIN 276)

LB	Leistungsbereiche	7,5% 15% 22,5% 30%	▷	% an 300+400	◁
000	Baustellen-, Verkehrssich.- u. Sicherh.einr. inkl. 001		1,8	**2,9**	3,8
002	Erdarbeiten		1,2	**1,7**	2,2
006	Spezialtiefbauarbeiten inkl. 005		–	**–**	–
009	Entwässerungskanalarbeiten inkl. 011		0,3	**0,5**	0,7
010	Drän- und Versickerarbeiten		–	**–**	–
012	Mauerarbeiten		< 0,1	**2,1**	4,1
013	Betonarbeiten		6,1	**7,4**	8,4
014	Natur-, Betonwerksteinarbeiten		–	**–**	–
016	Zimmer- und Holzbauarbeiten		11,3	**17,5**	22,7
017	Stahlbauarbeiten		1,3	**1,9**	2,5
018	Abdichtungsarbeiten		0,6	**0,9**	1,2
020	Dachdeckungsarbeiten		0,0	**1,1**	2,1
021	Dachabdichtungsarbeiten		1,4	**2,7**	4,4
022	Klempnerarbeiten		1,2	**2,9**	4,2
	Rohbau		34,6	**41,5**	47,6
023	Putz- und Stuckarbeiten, Wärmedämmsysteme		0,1	**0,8**	1,3
024	Fliesen- und Plattenarbeiten		1,4	**2,3**	2,9
025	Estricharbeiten		1,5	**1,6**	1,9
026	Fenster, Außentüren inkl. 029, 032		7,5	**10,1**	14,4
027	Tischlerarbeiten		5,6	**9,0**	11,4
028	Parkettarbeiten, Holzpflasterarbeiten		1,0	**2,1**	3,2
030	Rollladenarbeiten		< 0,1	**0,9**	1,6
031	Metallbauarbeiten inkl. 035		< 0,1	**0,9**	1,5
034	Maler- und Lackiererarbeiten inkl. 037		1,7	**1,9**	2,1
036	Bodenbelagarbeiten		< 0,1	**0,2**	0,4
038	Vorgehängte hinterlüftete Fassaden		1,4	**2,7**	4,9
039	Trockenbauarbeiten		4,4	**6,4**	7,8
	Ausbau		35,3	**38,9**	41,3
040	Wärmeversorgungsanl. - Betriebseinr. inkl. 041		2,8	**3,8**	4,4
042	Gas- und Wasserinstallation, Leitungen inkl. 043		0,8	**0,9**	1,1
044	Abwasseranlagen - Leitungen, Abläufe, Armaturen		0,4	**0,5**	0,8
045	GWE - Einrichtungsgegenstände inkl. 046		0,8	**1,3**	1,8
047	Dämm- und Brandschutzarbeiten an techn. Anlagen		0,1	**0,6**	0,9
049	Feuerlöschanlagen, Feuerlöschgeräte		0,0	**< 0,1**	< 0,1
050	Blitzschutz- und Erdungsanlagen		0,3	**0,3**	0,4
052	Mittelspannungsanlagen		–	**–**	–
053	Niederspannungsanlagen inkl. 054		3,4	**4,2**	5,2
055	Sicherheits- und Ersatzstromversorgungsanlagen		–	**–**	–
057	Gebäudesystemtechnik		–	**–**	–
058	Leuchten und Lampen inkl. 059		3,5	**4,4**	5,0
060	Such-, Signal-, elektroakust. Anl., Med. inkl. 064		< 0,1	**< 0,1**	0,2
061	Kommunikations- und Übertragungsnetze inkl. 062		0,2	**0,4**	0,6
063	Gefahrenmeldeanlagen		0,0	**< 0,1**	0,2
069	Aufzüge		–	**–**	–
070	Gebäudeautomation		< 0,1	**0,7**	1,1
075	Raumlufttechnische Anlagen inkl. 078		< 0,1	**1,4**	2,6
	Gebäudetechnik		15,2	**18,8**	23,6
	Sonstige Leistungsbereiche inkl. 008, 033, 051		0,1	**0,9**	1,4

Kosten:
Stand 1. Quartal 2025
Bundesdurchschnitt
inkl. 19% MwSt.

- ● KKW
- ▶ min
- ▷ von
- | Mittelwert
- ◁ bis
- ◀ max

Planungskennwerte für Flächen und Rauminhalte nach DIN 277

Grundflächen		▷	Fläche/NUF (%)	◁	▷	Fläche/BGF (%)	◁
NUF	Nutzungsfläche	100,0	**100,0**	100,0	66,2	**70,5**	74,1
TF	Technikfläche	3,1	**3,8**	5,9	2,1	**2,7**	3,9
VF	Verkehrsfläche	15,2	**18,8**	27,3	10,5	**12,6**	17,5
NRF	Netto-Raumfläche	115,1	**121,2**	129,7	81,8	**84,8**	86,5
KGF	Konstruktions-Grundfläche	19,6	**22,1**	28,0	13,5	**15,2**	18,2
BGF	Brutto-Grundfläche	136,8	**143,3**	153,3	100,0	**100,0**	100,0

Brutto-Rauminhalte		▷	BRI/NUF (m)	◁	▷	BRI/BGF (m)	◁
BRI	Brutto-Rauminhalt	6,27	**6,67**	7,43	4,32	**4,67**	4,94

Flächen von Nutzeinheiten	▷	NUF/Einheit (m²)	◁	▷	BGF/Einheit (m²)	◁
Nutzeinheit:	–	**–**	–	–	**–**	–

Lufttechnisch behandelte Flächen	▷	Fläche/NUF (%)	◁	▷	Fläche/BGF (%)	◁
Entlüftete Fläche	12,5	**12,5**	12,5	9,0	**9,0**	9,0
Be- und entlüftete Fläche	46,5	**46,5**	46,5	34,9	**34,9**	34,9
Teilklimatisierte Fläche	–	**–**	–	–	**–**	–
Klimatisierte Fläche	–	**–**	–	–	**–**	–

KG	Kostengruppen (2. Ebene)	Einheit	▷	Menge/NUF	◁	▷	Menge/BGF	◁
310	Baugrube / Erdbau	m³ BGI	0,68	**0,84**	0,84	0,56	**0,62**	0,62
320	Gründung, Unterbau	m² GRF	1,07	**1,22**	1,22	0,85	**0,85**	0,90
330	Außenwände / vertikal außen	m² AWF	1,46	**1,53**	1,53	0,94	**1,03**	1,03
340	Innenwände / vertikal innen	m² IWF	0,99	**1,01**	1,01	0,72	**0,72**	0,79
350	Decken / horizontal	m² DEF	0,13	**0,18**	0,18	0,10	**0,12**	0,12
360	Dächer	m² DAF	1,65	**1,80**	1,80	1,23	**1,23**	1,37
370	Infrastrukturanlagen		–	**–**	–	–	**–**	–
380	Baukonstruktive Einbauten	m² BGF	1,37	**1,43**	1,53	1,00	**1,00**	1,00
390	Sonst. Maßnahmen für Baukonst.	m² BGF	1,37	**1,43**	1,53	1,00	**1,00**	1,00
300	**Bauwerk – Baukonstruktionen**	**m² BGF**	1,37	**1,43**	1,53	1,00	**1,00**	1,00

Planungskennwerte für Bauzeiten — 16 Vergleichsobjekte

Bauzeit in Wochen

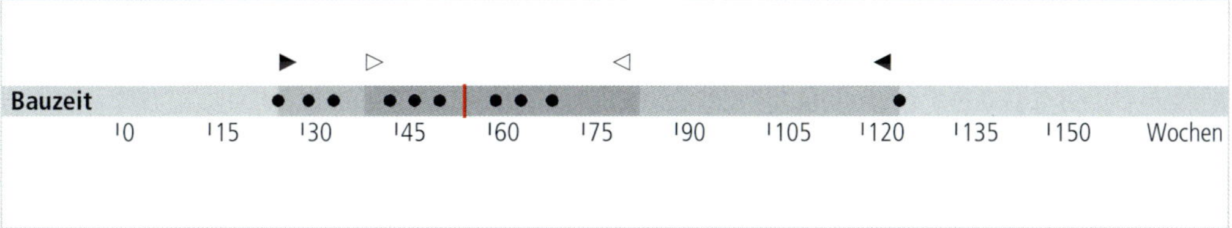

€/m² BGF

min	2.020	€/m²
von	2.530	€/m²
Mittel	**3.260**	**€/m²**
bis	4.090	€/m²
max	4.725	€/m²

Kosten:
Stand 1. Quartal 2025
Bundesdurchschnitt
inkl. 19% MwSt.

Objektübersicht zur Gebäudeart

6400-0130 Gemeindehaus (199 Sitzplätze)

BRI 3.166 m³ **BGF** 595 m² **NUF** 366 m²

Gemeindehaus mit Sälen für 199 Besucher. Holzbau.

Land: Bayern
Kreis: Erlangen-Höchstadt
Standard: mittel
Bauzeit: 70 Wochen
Kennwerte: bis 1. Ebene DIN 276

BGF 4.725 €/m²

Planung: PLAN@K Architekten Kress PartGmbB; Erlangen

vorgesehen: BKI Objektdaten N21

6400-0129 Dorfgemeinschaftshaus

BRI 810 m³ **BGF** 144 m² **NUF** 121 m²

Dorfgemeinschaftshaus mit Multifunktionsraum, Holzbackofen sowie einem Vereinsraum. Holzbau.

Land: Bayern
Kreis: Tirschenreuth
Standard: mittel
Bauzeit: 70 Wochen
Kennwerte: bis 1. Ebene DIN 276

BGF 3.596 €/m²

Planung: HILGARTH Architekten-Stadtplaner; Marktredwitz

vorgesehen: BKI Objektdaten N21

6400-0126 Gemeindehaus (140 Sitzplätze)

BRI 1.776 m³ **BGF** 328 m² **NUF** 218 m²

Gemeindehaus mit Pfarrsaal für 140 Personen und Pfarrbüro. Für die Gruppen und Verbände der Kirchenstiftung stehen zwei Gruppenräume zur Verfügung. Massivbau.

Land: Bayern
Kreis: Landshut
Standard: hoch
Bauzeit: 61 Wochen
Kennwerte: bis 1. Ebene DIN 276

BGF 3.966 €/m²

Planung: Bindhammer Architekten, Stadtplaner und Ber. Ing. Part mbB; Bayerbach

veröffentlicht: BKI Objektdaten S6

6400-0124 Bürgerhaus (120 Sitzplätze), Remise

BRI 2.227 m³ **BGF** 418 m² **NUF** 313 m²

Bürgerhaus mit Saal für 120 Besucher, sowie Küche und WC-Anlagen. Nebengebäude mit Lagerfläche. Massivbau.

Land: Bayern
Kreis: Straubing-Bogen
Standard: hoch
Bauzeit: 126 Wochen
Kennwerte: bis 1. Ebene DIN 276

BGF 3.882 €/m²

Planung: querluft architekten GmbH; Straubing

veröffentlicht: BKI Objektdaten N20

6400-0116 Dorfgemeinschaftshaus

BRI 2.350 m³ **BGF** 598 m² **NUF** 402 m²

Dorfgemeinschaftshaus, Effizienzhaus 55. Holzbau.

Land: Niedersachsen
Kreis: Harburg
Standard: hoch
Bauzeit: 44 Wochen
Kennwerte: bis 1. Ebene DIN 276

BGF 2.547 €/m²

Planung: jup.arc weinert jegenhorst juraschek architekten partmbb; Winsen/Luhe

veröffentlicht: BKI Objektdaten E9

6400-0113 Bildungscampus

BRI 4.707 m³ **BGF** 1.113 m² **NUF** 815 m²

Multifunktionaler Bildungscampus mit Jugendzentrum mit einer Gruppe für 20 Kinder, einer Kindertagesstätte mit drei Gruppen für 45 Kinder, einer Schule mit zwei Klassen für 50 Schüler und Dorfgemeinschaftsräumen. Holzrahmenbau.

Land: Schleswig-Holstein
Kreis: Schleswig-Flensburg
Standard: mittel
Bauzeit: 61 Wochen
Kennwerte: bis 1. Ebene DIN 276

BGF 3.862 €/m²

Planung: heinobrodersen architekt; Flensburg

veröffentlicht: BKI Objektdaten E9

6400-0114 Kirchliches Gemeindezentrum

BRI 1.437 m³ **BGF** 284 m² **NUF** 166 m²

Kirchliches Gemeindezentrum. Holzahmenbau.

Land: Schleswig-Holstein
Kreis: Pinneberg
Standard: hoch
Bauzeit: 26 Wochen
Kennwerte: bis 3. Ebene DIN 276

BGF 3.245 €/m²

Planung: MMST Architekten GmbH; Hamburg

veröffentlicht: BKI Objektdaten N18

6400-0110 Jugendhaus

BRI 1.762 m³ **BGF** 380 m² **NUF** 289 m²

Jugendhaus. Holzbau.

Land: Baden-Württemberg
Kreis: Heilbronn
Standard: mittel
Bauzeit: 48 Wochen
Kennwerte: bis 1. Ebene DIN 276

BGF 2.243 €/m²

Planung: MATTES//EPPMANN ARCHITEKTEN GbR; Abstatt

veröffentlicht: BKI Objektdaten N17

€/m² BGF

min	2.020	€/m²
von	2.530	€/m²
Mittel	**3.260**	**€/m²**
bis	4.090	€/m²
max	4.725	€/m²

Kosten:
Stand 1. Quartal 2025
Bundesdurchschnitt
inkl. 19% MwSt.

Objektübersicht zur Gebäudeart

6400-0096 Gemeindezentrum

BRI 5.487 m³ **BGF** 1.084 m² **NUF** 738 m²

© Anya Zuchold

Gemeindezentrum. Holzrahmenbau.

Land: Niedersachsen
Kreis: Harburg
Standard: einfach
Bauzeit: 48 Wochen
Kennwerte: bis 1. Ebene DIN 276

BGF 2.020 €/m²

Planung: Studio b2; Brackel

veröffentlicht: BKI Objektdaten N16

6400-0105 Bürgerhaus

BRI 4.840 m³ **BGF** 1.021 m² **NUF** 757 m²

© Christopher Unger

Bürgerhaus als Versammlungsstätte mit einem Saal für 250 Personen. Holzskelettbau, Stahlbeton.

Land: Hessen
Kreis: Lahn-Dill-Kreis
Standard: mittel
Bauzeit: 48 Wochen
Kennwerte: bis 1. Ebene DIN 276

BGF 3.796 €/m²

Planung: STUDIOBORNHEIM Unger Ritter Architekten PartG mbB; Frankfurt am Main

veröffentlicht: BKI Objektdaten N16

6400-0094 Spielhaus, Jugendtreff

BRI 1.705 m³ **BGF** 480 m² **NUF** 313 m²

© Frank Püffel

Spielhaus und Jugendtreff für Kinder und Jugendliche ab sechs Jahren. Holzrahmenbau.

Land: Bremen
Kreis: Bremen, Stadt
Standard: mittel
Bauzeit: 31 Wochen
Kennwerte: bis 1. Ebene DIN 276

BGF 2.246 €/m²

Planung: Püffel Architekten; Bremen

veröffentlicht: BKI Objektdaten E7

6400-0097 Gemeindehaus

BRI 2.520 m³ **BGF** 511 m² **NUF** 386 m²

© Thomas Ott, www.o2t.de

Gemeindehaus (100 Sitzplätze). Stahlbeton in Verbindung mit Brettstapelkonstruktion.

Land: Baden-Württemberg
Kreis: Pforzheim, Stadt
Standard: mittel
Bauzeit: 70 Wochen
Kennwerte: bis 1. Ebene DIN 276

BGF 4.275 €/m²

Planung: AAg Architekten GmbH; Heidelberg

veröffentlicht: BKI Objektdaten N16

6400-0082 Gemeindehaus

BRI 1.118 m³ **BGF** 266 m² **NUF** 187 m²

© hage.felshart.griesenberg Architekten

Gemeindehaus mit teilbarem Saal (80 Sitzplätze), Foyer, Jugendraum und Büro. Holzrahmenbau.

Land: Schleswig-Holstein
Kreis: Pinneberg
Standard: mittel
Bauzeit: 35 Wochen
Kennwerte: bis 1. Ebene DIN 276

BGF **3.241 €/m²**

Planung: hage.felshart.griesenberg Architekten BDA; Ahrensburg

veröffentlicht: BKI Objektdaten E6

6400-0078 Gemeindehaus

BRI 2.185 m³ **BGF** 576 m² **NUF** 336 m²

© Stoy-Architekten

Gemeindehaus mit Saal (158 Sitzplätze), Jugendgemeindebereich im DG. Holzrahmenbau.

Land: Schleswig-Holstein
Kreis: Segeberg
Standard: mittel
Bauzeit: 52 Wochen
Kennwerte: bis 1. Ebene DIN 276

BGF **2.474 €/m²**

Planung: Stoy-Architekten; Neumünster

veröffentlicht: BKI Objektdaten N12

6400-0063 Begegnungszentrum

BRI 1.995 m³ **BGF** 466 m² **NUF** 378 m²

© maurer - ARCHITEKTUR

Begegnungszentrum. Holzrahmenbau.

Land: Niedersachsen
Kreis: Braunschweig, Stadt
Standard: mittel
Bauzeit: 48 Wochen
Kennwerte: bis 3. Ebene DIN 276

BGF **3.084 €/m²**

Planung: maurer - ARCHITEKTUR; Vechelde

veröffentlicht: BKI Objektdaten N13

6400-0060 Gemeindehaus, Kindergarten*

BRI 2.890 m³ **BGF** 773 m² **NUF** 428 m²

© Cukrowicz Nachbaur Architekten

Gemeindehaus, Kindergarten (15 Kinder), Dorfladen, Mehrzweckraum, Gemeindeamt, zertifiziertes Passivhaus. Stahlbeton, Massivholzbau.

Land: Österreich
Kreis: Vorarlberg
Standard: hoch
Bauzeit: 48 Wochen
Kennwerte: bis 3. Ebene DIN 276

BGF **4.521 €/m²**

Planung: Cukrowicz Nachbaur Architekten ZT GmbH; Bregenz (AT)

veröffentlicht: www.bki.de
* Nicht in der Auswertung enthalten

Objektübersicht zur Gebäudeart

€/m² BGF

min	2.020	€/m²
von	2.530	€/m²
Mittel	**3.260**	**€/m²**
bis	4.090	€/m²
max	4.725	€/m²

Kosten:
Stand 1. Quartal 2025
Bundesdurchschnitt
inkl. 19% MwSt.

6400-0026 Gemeindezentrum

BRI 6.632 m³ **BGF** 1.444 m² **NUF** 1.069 m²

Gemeindezentrum mit Saal, Küche, Nebenräumen; zusammen errichtet mit Kindergarten (Objekt 4400-0014). Holzskelettbau.

Land: Bayern
Kreis: Augsburg
Standard: hoch
Bauzeit: 65 Wochen
Kennwerte: bis 3. Ebene DIN 276

BGF **2.998 €/m²**

Planung: Architektengruppe 4 Braun-Dietz-Lüling-Schlagenhaufer; Ingolstadt

veröffentlicht: www.bki.de

Kostenkennwerte für die Kosten des Bauwerks (Kostengruppen 300+400 nach DIN 276)

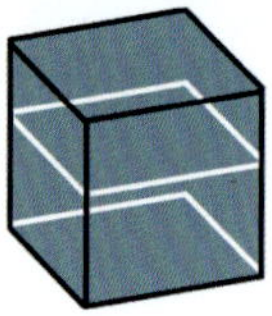

BRI 735 €/m³
von 620 €/m³
bis 890 €/m³

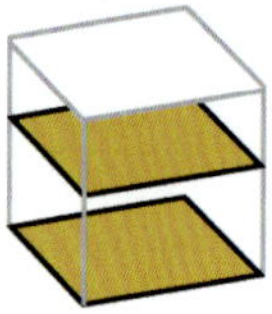

BGF 3.835 €/m²
von 3.215 €/m²
bis 4.335 €/m²

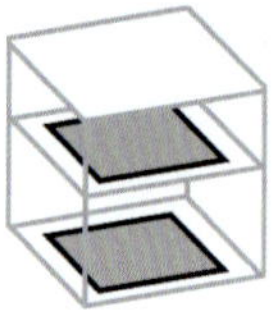

NUF 5.525 €/m²
von 4.420 €/m²
bis 6.685 €/m²

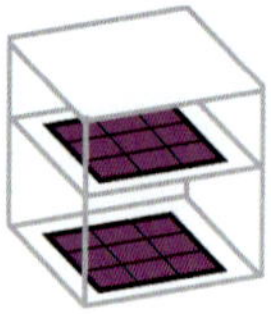

NE 11.765 €/NE
von 7.065 €/NE
bis 17.100 €/NE
NE: Sitzplätze

Objektbeispiele

Kosten:
Stand 1. Quartal 2025
Bundesdurchschnitt
inkl. 19% MwSt.

9100-0161

9100-0061

9100-0085

9100-0187

9100-0160

9100-0115

Kosten der 12 Vergleichsobjekte

Seiten 1070 bis 1073

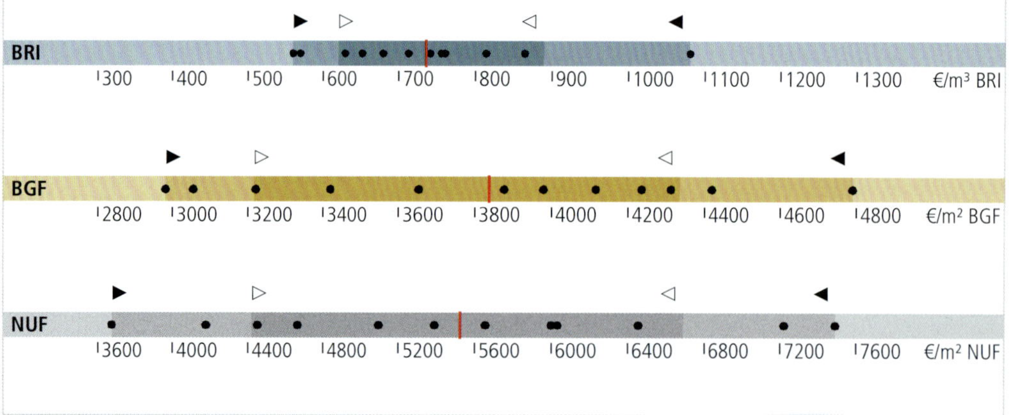

- ● KKW
- ▶ min
- ▷ von
- | Mittelwert
- ◁ bis
- ◀ max

Kostenkennwerte für die Kostengruppen der 1. und 2.Ebene DIN 276

KG	Kostengruppen der 1.Ebene	Einheit	▷	€/Einheit	◁	▷	% an 300+400	◁
100	Grundstück	m² GF	–	**–**	–	–	**–**	–
200	Vorbereitende Maßnahmen	m² GF	28	**79**	161	1,6	**5,2**	8,9
300	Bauwerk – Baukonstruktionen	m² BGF	2.759	**3.298**	3.789	82,5	**85,8**	88,3
400	Bauwerk – Technische Anlagen	m² BGF	430	**540**	635	11,7	**14,2**	17,5
	Bauwerk 300+400	m² BGF	3.215	**3.837**	4.334	100,0	**100,0**	100,0
500	Außenanlagen und Freiflächen	m² AF	81	**210**	321	5,7	**10,5**	14,5
600	Ausstattung und Kunstwerke	m² BGF	285	**431**	627	6,6	**10,7**	14,0
700	Baunebenkosten*	m² BGF	931	**998**	1.065	24,4	**26,1**	27,9 ◁
800	Finanzierung	m² BGF	–	**–**	–	–	**–**	–

* Auf Grundlage der HOAI 2021 berechnete Werte nach §§ 35, 52, 56. Weitere Informationen siehe Seite 56

Planungskennwerte für Flächen und Rauminhalte nach DIN 277

Grundflächen		▷	Fläche/NUF (%)	◁	▷	Fläche/BGF (%)	◁
NUF	Nutzungsfläche	100,0	**100,0**	100,0	66,4	**70,7**	75,5
TF	Technikfläche	3,0	**3,5**	4,6	2,0	**2,5**	3,5
VF	Verkehrsfläche	14,9	**19,4**	27,0	9,7	**12,9**	17,1
NRF	Netto-Raumfläche	114,8	**121,0**	128,7	81,1	**84,7**	86,8
KGF	Konstruktions-Grundfläche	18,6	**22,4**	30,4	13,2	**15,3**	18,9
BGF	Brutto-Grundfläche	134,2	**143,3**	153,3	100,0	**100,0**	100,0

Brutto-Rauminhalte		▷	BRI/NUF (m)	◁	▷	BRI/BGF (m)	◁
BRI	Brutto-Rauminhalt	7,13	**7,64**	8,79	4,85	**5,33**	6,03

Flächen von Nutzeinheiten	▷	NUF/Einheit (m²)	◁	▷	BGF/Einheit (m²)	◁
Nutzeinheit: Sitzplätze	1,65	**1,99**	2,51	2,46	**2,87**	3,66

Lufttechnisch behandelte Flächen	▷	Fläche/NUF (%)	◁	▷	Fläche/BGF (%)	◁
Entlüftete Fläche	–	**–**	–	–	**–**	–
Be- und entlüftete Fläche	–	**–**	–	–	**–**	–
Teilklimatisierte Fläche	100,0	**100,0**	100,0	82,1	**82,1**	82,1
Klimatisierte Fläche	–	**–**	–	–	**–**	–

Planungskennwerte für Bauzeiten 12 Vergleichsobjekte

Bauzeit in Wochen

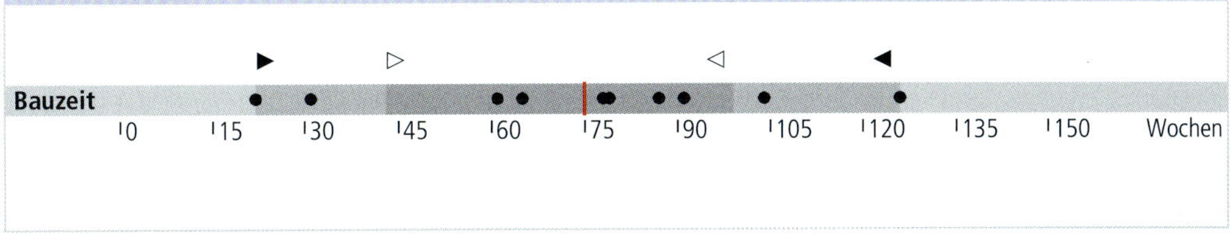

Objektübersicht zur Gebäudeart

€/m² BGF

min	2.980	€/m²
von	3.215	€/m²
Mittel	**3.835**	**€/m²**
bis	4.335	€/m²
max	4.790	€/m²

Kosten:
Stand 1. Quartal 2025
Bundesdurchschnitt
inkl. 19% MwSt.

9100-0187 Neuapostolische Kirche (212 Sitzplätze)

BRI 2.481 m³ **BGF** 426 m² **NUF** 254 m²

Kirche mit 212 Sitzplätzen, Foyer, Sakristei, Sanitärräume, Teeküche und Mehrzweckräumen für kirchliche Unterrichte, Jugendabende, Gemeinde- und Seniorenzusammenkünfte. Massivbau.

Land: Brandenburg
Kreis: Dahme-Spreewald
Standard: mittel
Bauzeit: 61 Wochen
Kennwerte: bis 1. Ebene DIN 276

BGF **4.311 €/m²**

Planung: ATG Bau-Planung GmbH Architektur- und Ingenieurbüro; Berlin

veröffentlicht: BKI Objektdaten N18

9100-0171 Jugendkapelle

BRI 283 m³ **BGF** 53 m² **NUF** 44 m²

Jugendkapelle mit 40 Sitzplätzen. Holzrahmenbau.

Land: Bayern
Kreis: Amberg-Sulzbach
Standard: mittel
Bauzeit: 22 Wochen
Kennwerte: bis 1. Ebene DIN 276

BGF **3.054 €/m²**

Planung: Architekturbüro Klaus Thiemann; Hersbruck

veröffentlicht: BKI Objektdaten N17

9100-0160 Neuapostolische Kirche

BRI 2.684 m³ **BGF** 465 m² **NUF** 319 m²

Neuapostolische Kirche mit 150 Sitzplätzen. Massivbau.

Land: Baden-Württemberg
Kreis: Rhein-Neckar-Kreis
Standard: mittel
Bauzeit: 79 Wochen
Kennwerte: bis 1. Ebene DIN 276

BGF **4.115 €/m²**

Planung: Bodamer Faber Architekten BDA; Stuttgart

veröffentlicht: BKI Objektdaten N16

9100-0161 Kirche

BRI 3.408 m³ **BGF** 647 m² **NUF** 455 m²

Kirche mit 172 Sitzplätzen, Foyer und Nebenräumen. Massivbau.

Land: Baden-Württemberg
Kreis: Rottweil
Standard: hoch
Bauzeit: 87 Wochen
Kennwerte: bis 1. Ebene DIN 276

BGF **3.979 €/m²**

Planung: Bodamer Faber Architekten BDA; Stuttgart

veröffentlicht: BKI Objektdaten E8

9100-0115 Kirche

BRI 6.263 m³ **BGF** 827 m² **NUF** 543 m²

Kath. Kirche (164 Sitzplätze), Taufkapelle und Sakristei. Stb-Konstruktion, Holzdach.

Land: Bayern
Kreis: Schweinfurt
Standard: hoch
Bauzeit: 126 Wochen
Kennwerte: bis 1. Ebene DIN 276

BGF **4.235 €/m²**

Planung: Architekturbüro Gerber; Werneck

veröffentlicht: BKI Objektdaten N15

9100-0142 Kapelle, Gemeinderäume, Café

BRI 3.295 m³ **BGF** 840 m² **NUF** 492 m²

Sakralbau mit Kirchenraum, Café, Wohngemeinschaft, Seminar- und Büroräumen, separat stehendem Glockenturm. Mauerwerksbau.

Land: Niedersachsen
Kreis: Vechta
Standard: hoch
Bauzeit: 61 Wochen
Kennwerte: bis 1. Ebene DIN 276

BGF **2.981 €/m²**

Planung: ulrich TILGNER thomas GROTZ Architekten GmbH; Bremen

veröffentlicht: BKI Objektdaten N15

9100-0116 Kirche*

BRI 4.397 m³ **BGF** 698 m² **NUF** 458 m²

Kath. Kirche (236 Sitzplätze) mit Nebenräumen und Glockenstube. Stb-Konstruktion.

Land: Niedersachsen
Kreis: Friesland
Standard: mittel
Bauzeit: 92 Wochen
Kennwerte: bis 1. Ebene DIN 276

BGF **9.322 €/m²**

Planung: Königs Architekten; Köln

veröffentlicht: BKI Objektdaten N15
* Nicht in der Auswertung enthalten

9100-0087 Kirche

BRI 3.090 m³ **BGF** 552 m² **NUF** 453 m²

Eingeschossiger Kirchenneubau (230 Sitzplätze) mit Versammlungs- und Andachtsraum, Unterrichtsräumen, Büro und Café. Massivbau, Stahlbetonunterzüge.

Land: Brandenburg
Kreis: Brandenburg a.d. Havel
Standard: mittel
Bauzeit: 65 Wochen
Kennwerte: bis 1. Ebene DIN 276

BGF **3.652 €/m²**

Planung: Bauabteilung NAK, (LPH1-5); Berlin / I+P GmbH (LPH5-8); Hohen Neuendorf

veröffentlicht: BKI Objektdaten N12

€/m² BGF

min	2.980	€/m²
von	3.215	€/m²
Mittel	**3.835**	**€/m²**
bis	4.335	€/m²
max	4.790	€/m²

Kosten:
Stand 1. Quartal 2025
Bundesdurchschnitt
inkl. 19% MwSt.

Objektübersicht zur Gebäudeart

9100-0085 Kirche

BRI 2.577 m³ **BGF** 438 m² **NUF** 280 m²

Kirche mit Kirchensaal (140 Sitzplätze), Nebenräumen für Unterricht und Gemeinschaft, Sakristei. Massivbau.

Land: Baden-Württemberg
Kreis: Esslingen
Standard: mittel
Bauzeit: 78 Wochen
Kennwerte: bis 1. Ebene DIN 276

BGF 4.789 €/m²

Planung: k.A.

veröffentlicht: BKI Objektdaten N12

9100-0061 Synagoge

BRI 1.197 m³ **BGF** 267 m² **NUF** 192 m²

Synagoge mit 120 Sitzplätzen, Foyer, Garderobe und Technikraum. Stb-Skelett mit Mauerwerk.

Land: Mecklenburg-Vorpommern
Kreis: Schwerin, Stadt
Standard: mittel
Bauzeit: 31 Wochen
Kennwerte: bis 1. Ebene DIN 276

BGF 3.875 €/m²

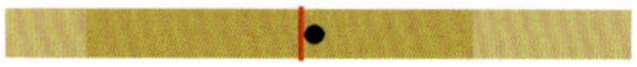

Planung: Architekturbüro Brenncke; Schwerin

veröffentlicht: BKI Objektdaten N10

9100-0032 Evangelische Kirche*

BRI 2.084 m³ **BGF** 331 m² **NUF** 261 m²

Unterteilbarer Kirchenraum, Abstellräume, Teeküche, WCs, Technikraum. Holzskelettbau, Massivholzbau.

Land: Niedersachsen
Kreis: Heidekreis
Standard: hoch
Bauzeit: 56 Wochen
Kennwerte: bis 1. Ebene DIN 276

BGF 6.557 €/m²

Planung: ARCHITEKTURBÜRO TABERY; Bremervörde

veröffentlicht: www.bki.de
* Nicht in der Auswertung enthalten

6400-0042 Kirche, Gemeinderäume

BRI 8.756 m³ **BGF** 1.612 m² **NUF** 1.320 m²

Kirche mit Taufkapelle, Sakristei und Pfarrwohnung, Unterkirche (Pfarrsaal) mit Teeküche. Mauerwerksbau.

Land: Rheinland-Pfalz
Kreis: Neustadt, Weinstraße
Standard: hoch
Bauzeit: 104 Wochen
Kennwerte: bis 1. Ebene DIN 276

BGF 3.419 €/m²

Planung: Disson + Ritzer Freie Architekten; Neustadt/Weinstr.

veröffentlicht: www.bki.de

6400-0029 Ev. Gemeindehaus

BRI 1.118 m³ **BGF** 273 m² **NUF** 200 m²

Ein holzverschalter Kubus umschließt den Versammlungsraum (über 2 Geschosse); ein massiver, unterkellerter Baukörper beinhaltet notwendige Nebenräume. Beide Baukörper werden durch eine Foyer- und Eingangszone miteinander verbunden. Mauerwerksbau.

Land: Hessen
Kreis: Gießen
Standard: hoch
Bauzeit: 91 Wochen
Kennwerte: bis 2. Ebene DIN 276

BGF **4.418 €/m²**

Planung: Hempelt + Bernhardt Freie Architekten BDA; Darmstadt

veröffentlicht: www.bki.de

9100-0003 Evangelische Kirche*

BRI 2.051 m³ **BGF** 339 m² **NUF** 252 m²

Evangelische Kirche mit Glockenturm, Anbau an bestehendes Gemeindezentrum, Nebenräume. Mauerwerksbau.

Land: Bayern
Kreis: Würzburg
Standard: hoch
Bauzeit: 78 Wochen
Kennwerte: bis 2. Ebene DIN 276

BGF **7.724 €/m²**

*

Planung: k. A.

veröffentlicht: www.bki.de
* Nicht in der Auswertung enthalten

6400-0006 Kirche und Gemeindezentrum

BRI 8.028 m³ **BGF** 1.694 m² **NUF** 1.170 m²

Kirche, Gemeindesäle, Alten- und Jugendräume als Teil eines Gemeindezentrums. UG, EG und teilweise OG. Mauerwerksbau.

Land: Baden-Württemberg
Kreis: Stuttgart, Stadt
Standard: hoch
Bauzeit: 91 Wochen
Kennwerte: bis 2. Ebene DIN 276

BGF **3.220 €/m²**

Planung: k. A.

veröffentlicht: www.bki.de

Kostenkennwerte für die Kosten des Bauwerks (Kostengruppen 300+400 nach DIN 276)

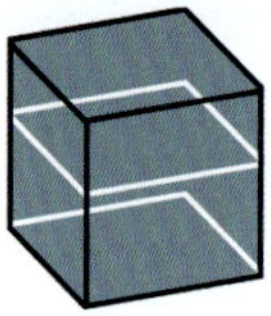

BRI 775 €/m³
von 535 €/m³
bis 1.065 €/m³

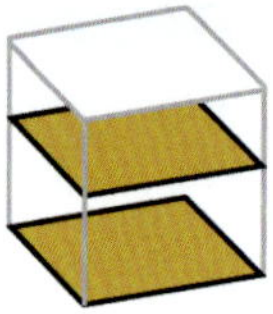

BGF 3.610 €/m²
von 2.630 €/m²
bis 4.780 €/m²

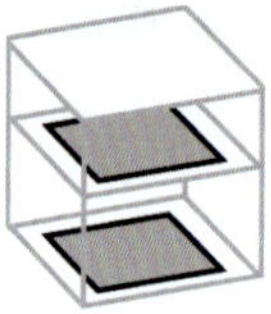

NUF 5.025 €/m²
von 3.660 €/m²
bis 7.120 €/m²

Objektbeispiele

Kosten:
Stand 1. Quartal 2025
Bundesdurchschnitt
inkl. 19% MwSt.

9700-0034

9700-0033

9700-0035

9700-0028

9700-0026

9700-0016

Kosten der 17 Vergleichsobjekte

Seiten 1078 bis 1083

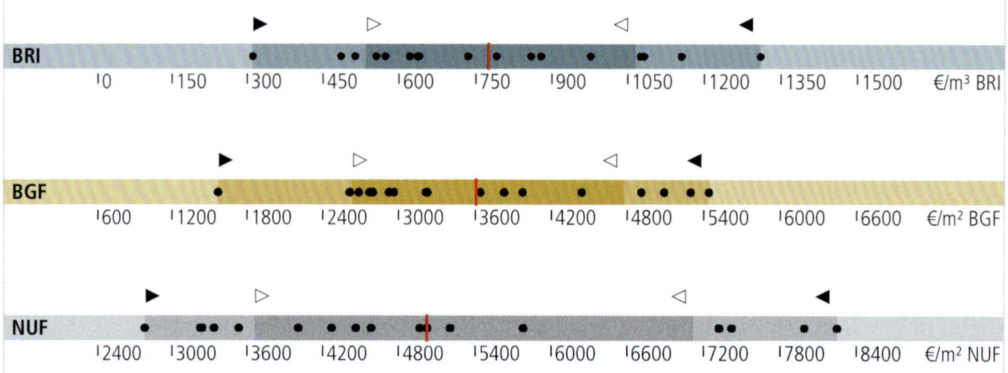

- ● KKW
- ▶ min
- ▷ von
- | Mittelwert
- ◁ bis
- ◀ max

Kostenkennwerte für die Kostengruppen der 1. und 2. Ebene DIN 276

KG	Kostengruppen der 1. Ebene	Einheit	▷	€/Einheit	◁	▷	% an 300+400	◁
100	Grundstück	m^2 GF	–	**–**	–	–	**–**	–
200	Vorbereitende Maßnahmen	m^2 GF	5	**20**	74	1,3	**2,8**	3,9
300	Bauwerk – Baukonstruktionen	m^2 BGF	2.330	**2.922**	3.897	62,3	**83,4**	90,5
400	Bauwerk – Technische Anlagen	m^2 BGF	313	**686**	1.895	9,5	**16,6**	37,7
	Bauwerk 300+400	m^2 BGF	2.631	**3.608**	4.778	100,0	**100,0**	100,0
500	Außenanlagen und Freiflächen	m^2 AF	61	**153**	263	6,4	**11,5**	19,1
600	Ausstattung und Kunstwerke	m^2 BGF	71	**152**	274	2,0	**4,7**	9,5
700	Baunebenkosten*	m^2 BGF	938	**1.006**	1.074	26,6	**28,5**	30,5
800	Finanzierung	m^2 BGF	–	**–**	–	–	**–**	–

◁ * Auf Grundlage der HOAI 2021 berechnete Werte nach §§ 35, 52, 56. Weitere Informationen siehe Seite 56

KG	Kostengruppen der 2. Ebene	Einheit	▷	€/Einheit	◁	▷	% an 1. Ebene	◁
310	Baugrube / Erdbau	m^3 BGI	69	**83**	109	0,8	**4,5**	15,0
320	Gründung, Unterbau	m^2 GRF	238	**419**	488	8,1	**12,5**	16,5
330	Außenwände / vertikal außen	m^2 AWF	570	**774**	990	26,6	**32,0**	39,3
340	Innenwände / vertikal innen	m^2 IWF	444	**579**	700	8,9	**12,3**	15,6
350	Decken / horizontal	m^2 DEF	458	**591**	724	0,0	**3,8**	7,7
360	Dächer	m^2 DAF	498	**668**	858	19,0	**29,0**	39,5
370	Infrastrukturanlagen		–	**–**	–	–	**–**	–
380	Baukonstruktive Einbauten	m^2 BGF	23	**28**	32	0,0	**0,5**	1,1
390	Sonst. Maßnahmen für Baukonst.	m^2 BGF	68	**137**	307	2,9	**5,2**	10,7
300	**Bauwerk – Baukonstruktionen**	**m^2 BGF**					**100,0**	
410	Abwasser-, Wasser-, Gasanlagen	m^2 BGF	28	**77**	120	8,2	**18,3**	28,9
420	Wärmeversorgungsanlagen	m^2 BGF	124	**146**	167	1,6	**11,6**	40,5
430	Raumlufttechnische Anlagen	m^2 BGF	54	**143**	275	3,3	**17,1**	57,7
440	Elektrische Anlagen	m^2 BGF	40	**100**	167	14,4	**32,0**	80,0
450	Kommunikationstechnische Anlagen	m^2 BGF	20	**34**	47	0,0	**1,8**	4,0
460	Förderanlagen	m^2 BGF	–	**56**	–	0,0	**0,7**	2,8
470	Nutzungsspez. / verfahrenstech. Anl.	m^2 BGF	21	**655**	1.289	1,5	**17,0**	63,0
480	Gebäude- und Anlagenautomation	m^2 BGF	–	**106**	–	0,0	**1,3**	5,2
490	Sonst. Maßnahmen f. techn. Anl.	m^2 BGF	–	**8**	–	0,0	**< 0,1**	0,4
400	**Bauwerk – Technische Anlagen**	**m^2 BGF**					**100,0**	

Prozentanteile der Kosten 2. Ebene an den Kosten des Bauwerks nach DIN 276 (Von/Mittel/Bis)

KG	Kostengruppe	%
310	Baugrube / Erdbau	2,8
320	Gründung, Unterbau	10,5
330	Außenwände / vertikal außen	26,5
340	Innenwände / vertikal innen	9,9
350	Decken / horizontal	2,7
360	Dächer	25,0
370	Infrastrukturanlagen	
380	Baukonstruktive Einbauten	0,4
390	Sonst. Maßnahmen für Baukonst.	3,8
410	Abwasser-, Wasser-, Gasanlagen	2,3
420	Wärmeversorgungsanlagen	1,9
430	Raumlufttechnische Anlagen	3,3
440	Elektrische Anlagen	3,0
450	Kommunikationstechnische Anlagen	0,4
460	Förderanlagen	0,3
470	Nutzungsspez. / verfahrenstech. Anl.	6,7
480	Gebäude- und Anlagenautomation	0,5
490	Sonst. Maßnahmen f. techn. Anl.	< 0,1

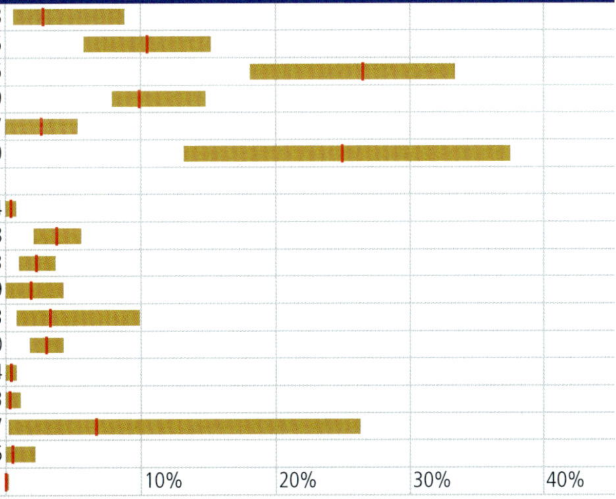

 Erläuterungen zu den Tabellen siehe Seite 54 und 56 Kostenstand: 1. Quartal 2025, Bundesdurchschnitt, **inkl. 19% MwSt.**

Prozentanteile der Kosten für Leistungsbereiche nach STLB (Kosten Bauwerk nach DIN 276)

Kosten:
Stand 1. Quartal 2025
Bundesdurchschnitt
inkl. 19% MwSt.

LB	Leistungsbereiche	▷	% an 300+400	◁
000	Baustellen-, Verkehrssich.- u. Sicherh.einr. inkl. 001	2,1	**3,2**	4,4
002	Erdarbeiten	2,0	**4,8**	7,3
006	Spezialtiefbauarbeiten inkl. 005	0,0	**0,3**	0,5
009	Entwässerungskanalarbeiten inkl. 011	0,0	**0,2**	0,3
010	Drän- und Versickerarbeiten	0,2	**0,7**	1,0
012	Mauerarbeiten	1,8	**5,0**	7,0
013	Betonarbeiten	9,5	**12,4**	16,5
014	Natur-, Betonwerksteinarbeiten	0,9	**3,2**	4,8
016	Zimmer- und Holzbauarbeiten	1,7	**11,4**	17,5
017	Stahlbauarbeiten	0,9	**1,9**	2,9
018	Abdichtungsarbeiten	< 0,1	**0,5**	1,0
020	Dachdeckungsarbeiten	0,2	**1,3**	2,2
021	Dachabdichtungsarbeiten	0,6	**6,8**	12,0
022	Klempnerarbeiten	0,7	**2,1**	3,0
	Rohbau	45,0	**53,7**	61,8
023	Putz- und Stuckarbeiten, Wärmedämmsysteme	0,7	**2,9**	4,8
024	Fliesen- und Plattenarbeiten	1,2	**2,1**	3,0
025	Estricharbeiten	0,6	**0,9**	1,0
026	Fenster, Außentüren inkl. 029, 032	1,0	**6,9**	12,4
027	Tischlerarbeiten	1,0	**7,8**	13,9
028	Parkettarbeiten, Holzpflasterarbeiten	0,0	**< 0,1**	0,1
030	Rollladenarbeiten	0,0	**< 0,1**	< 0,1
031	Metallbauarbeiten inkl. 035	1,0	**1,9**	3,1
034	Maler- und Lackiererarbeiten inkl. 037	0,5	**1,0**	1,4
036	Bodenbelagarbeiten	–	**–**	–
038	Vorgehängte hinterlüftete Fassaden	0,0	**0,4**	0,7
039	Trockenbauarbeiten	1,0	**2,1**	3,5
	Ausbau	20,3	**26,0**	34,7
040	Wärmeversorgungsanl. - Betriebseinr. inkl. 041	0,0	**0,6**	1,2
042	Gas- und Wasserinstallation, Leitungen inkl. 043	0,2	**0,5**	0,9
044	Abwasseranlagen - Leitungen, Abläufe, Armaturen	< 0,1	**0,4**	0,7
045	GWE - Einrichtungsgegenstände inkl. 046	0,2	**0,4**	0,8
047	Dämm- und Brandschutzarbeiten an techn. Anlagen	< 0,1	**0,3**	0,6
049	Feuerlöschanlagen, Feuerlöschgeräte	0,0	**< 0,1**	< 0,1
050	Blitzschutz- und Erdungsanlagen	0,3	**0,6**	0,8
052	Mittelspannungsanlagen	–	**–**	–
053	Niederspannungsanlagen inkl. 054	1,5	**2,5**	3,3
055	Sicherheits- und Ersatzstromversorgungsanlagen	–	**–**	–
057	Gebäudesystemtechnik	–	**–**	–
058	Leuchten und Lampen inkl. 059	< 0,1	**0,6**	0,9
060	Such-, Signal-, elektroakust. Anl., Med. inkl. 064	0,0	**< 0,1**	0,2
061	Kommunikations- und Übertragungsnetze inkl. 062	0,0	**< 0,1**	0,1
063	Gefahrenmeldeanlagen	0,0	**< 0,1**	0,2
069	Aufzüge	0,0	**0,3**	0,6
070	Gebäudeautomation	0,0	**0,6**	1,2
075	Raumlufttechnische Anlagen inkl. 078	0,6	**4,3**	6,7
	Gebäudetechnik	6,9	**11,5**	16,5
	Sonstige Leistungsbereiche inkl. 008, 033, 051	0,3	**8,8**	17,3

● KKW
► min
▷ von
| Mittelwert
◁ bis
◄ max

Planungskennwerte für Flächen und Rauminhalte nach DIN 277

Grundflächen		▷	Fläche/NUF (%)	◁	▷	Fläche/BGF (%)	◁
NUF	Nutzungsfläche	100,0	**100,0**	100,0	69,3	**73,0**	78,1
TF	Technikfläche	4,9	**6,0**	11,3	3,2	**4,0**	7,1
VF	Verkehrsfläche	15,7	**21,5**	32,9	10,2	**13,9**	19,3
NRF	Netto-Raumfläche	112,9	**118,7**	127,5	83,7	**85,2**	86,8
KGF	Konstruktions-Grundfläche	17,5	**20,5**	23,2	13,2	**14,8**	16,3
BGF	Brutto-Grundfläche	131,5	**139,2**	148,9	100,0	**100,0**	100,0

Brutto-Rauminhalte		▷	BRI/NUF (m)	◁	▷	BRI/BGF (m)	◁
BRI	Brutto-Rauminhalt	5,99	**6,64**	7,44	4,44	**4,79**	5,41

Flächen von Nutzeinheiten	▷	NUF/Einheit (m²)	◁	▷	BGF/Einheit (m²)	◁
Nutzeinheit:	–	**–**	–	–	**–**	–

Lufttechnisch behandelte Flächen	▷	Fläche/NUF (%)	◁	▷	Fläche/BGF (%)	◁
Entlüftete Fläche	2,1	**2,1**	2,1	1,3	**1,3**	1,3
Be- und entlüftete Fläche	78,7	**78,7**	78,7	48,4	**48,4**	48,4
Teilklimatisierte Fläche	–	**–**	–	–	**–**	–
Klimatisierte Fläche	–	**–**	–	–	**–**	–

KG	Kostengruppen (2. Ebene)	Einheit	▷	Menge/NUF	◁	▷	Menge/BGF	◁
310	Baugrube / Erdbau	m³ BGI	2,08	**2,60**	2,60	1,24	**1,66**	1,66
320	Gründung, Unterbau	m² GRF	0,95	**1,20**	1,28	0,62	**0,73**	0,74
330	Außenwände / vertikal außen	m² AWF	1,51	**1,55**	1,81	0,97	**1,02**	1,02
340	Innenwände / vertikal innen	m² IWF	0,80	**0,82**	0,87	0,48	**0,52**	0,55
350	Decken / horizontal	m² DEF	0,49	**0,49**	0,49	0,34	**0,34**	0,34
360	Dächer	m² DAF	1,40	**1,59**	1,94	1,01	**1,01**	1,14
370	Infrastrukturanlagen		–	**–**	–	–	**–**	–
380	Baukonstruktive Einbauten	m² BGF	1,31	**1,39**	1,49	1,00	**1,00**	1,00
390	Sonst. Maßnahmen für Baukonst.	m² BGF	1,31	**1,39**	1,49	1,00	**1,00**	1,00
300	**Bauwerk – Baukonstruktionen**	**m² BGF**	1,31	**1,39**	1,49	1,00	**1,00**	1,00

Planungskennwerte für Bauzeiten — 17 Vergleichsobjekte

Bauzeit in Wochen

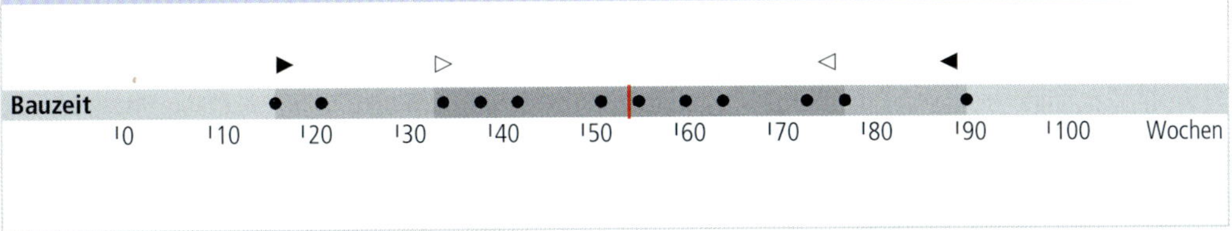

Objektübersicht zur Gebäudeart

€/m² BGF

min	1.565	€/m²
von	2.630	€/m²
Mittel	**3.610**	**€/m²**
bis	4.780	€/m²
max	5.440	€/m²

Kosten:
Stand 1. Quartal 2025
Bundesdurchschnitt
inkl. 19% MwSt.

9700-0034 Friedhofskapelle (40 Sitzplätze)

BRI 641 m³ **BGF** 141 m² **NUF** 108 m²

Friedhofskapelle mit 40 Sitzplätzen. Massivbau.

Land: Niedersachsen
Kreis: Vechta
Standard: mittel
Bauzeit: 56 Wochen
Kennwerte: bis 1. Ebene DIN 276

BGF 4.438 €/m²

Planung: Bocklage + Buddelmeyer Architekten GmbH; Vechta

veröffentlicht: BKI Objektdaten N20

9700-0033 Aussegnungshalle (80 Sitzplätze)

BRI 1.161 m³ **BGF** 187 m² **NUF** 139 m²

Aussegnungshalle mit drei Aufbewahrräumen, Seelsorgeraum und WC-Anlagen. Stahlbeton.

Land: Bayern
Kreis: Neumarkt i.d.OPf.
Standard: einfach
Bauzeit: 65 Wochen
Kennwerte: bis 1. Ebene DIN 276

BGF 5.439 €/m²

Planung: kraus.krauss Architekten GmbH; Neumarkt i.d.OPf.

veröffentlicht: BKI Objektdaten N20

9700-0035 Aussegnungshalle

BRI 1.190 m³ **BGF** 253 m² **NUF** 173 m²

Aussegnungshalle mit Nebenräumen. Massivbau.

Land: Bayern
Kreis: Landshut
Standard: hoch
Bauzeit: 74 Wochen
Kennwerte: bis 1. Ebene DIN 276

BGF 5.088 €/m²

Planung: Bindhammer Architekten, Stadtplaner und Beratender Ingenieur; Bayerbach

veröffentlicht: BKI Objektdaten N20

9700-0028 Krematorium

BRI 6.835 m³ **BGF** 1.608 m² **NUF** 988 m²

Krematorium. Stahlbeton.

Land: Baden-Württemberg
Kreis: Schwarzwald-Baar-Kreis
Standard: hoch
Bauzeit: 91 Wochen
Kennwerte: bis 3. Ebene DIN 276

BGF 4.910 €/m²

Planung: Amt f. Gebäudewirtschaft, T. Walderich Architekt; Villingen-Schwenningen

veröffentlicht: BKI Objektdaten N19

9700-0026 Krematorium

BRI 4.697 m³ **BGF** 1.161 m² **NUF** 745 m²

Krematorium. Massivbau.

Land: Thüringen
Kreis: Jena, Stadt
Standard: mittel
Bauzeit: 78 Wochen
Kennwerte: bis 1. Ebene DIN 276

BGF 5.296 €/m²

Planung: Architekten S. Beier + A. Wölfel + N. Havermann (LPH 1-2); Mellingen

veröffentlicht: BKI Objektdaten N15

9700-0024 Aufbahrungsgebäude*

BRI 750 m³ **BGF** 218 m² **NUF** 176 m²

Aufbahrungsgebäude mit Lager und Doppelgarage. Massivbau.

Land: Bayern
Kreis: Erding
Standard: einfach
Bauzeit: 31 Wochen
Kennwerte: bis 1. Ebene DIN 276

BGF 1.691 €/m²

Planung: oberprillerarchitekten; Hörmannsdorf

veröffentlicht: BKI Objektdaten N15
* Nicht in der Auswertung enthalten

9700-0023 Aussegnungshalle

BRI 1.557 m³ **BGF** 421 m² **NUF** 333 m²

Aussegnungshalle mit Aufbahrungräumen (3St), öffentlichen WCs (2St) und Nebenräumen. Mauerwerksbau.

Land: Bayern
Kreis: Dillingen a.d.Donau
Standard: hoch
Bauzeit: 61 Wochen
Kennwerte: bis 1. Ebene DIN 276

BGF 3.970 €/m²

Planung: DBW Architekten; Haunsheim

veröffentlicht: BKI Objektdaten N15

9700-0021 Aussegnungshalle

BRI 1.446 m³ **BGF** 280 m² **NUF** 186 m²

Aussegnungshalle mit 50 Sitzplätzen, Aufbahrungräumen (2St), öffentliche WCs (2St) und Nebenräumen. Mischkonstruktion.

Land: Bayern
Kreis: Pfaffenhofen a.d.Ilm
Standard: mittel
Bauzeit: 52 Wochen
Kennwerte: bis 1. Ebene DIN 276

BGF 2.960 €/m²

Planung: architekturbüro raum-modul Stephan Karches; Ingolstadt

veröffentlicht: BKI Objektdaten N13

Objektübersicht zur Gebäudeart

€/m² BGF

min	1.565	€/m²
von	2.630	€/m²
Mittel	**3.610**	**€/m²**
bis	4.780	€/m²
max	5.440	€/m²

Kosten:
Stand 1. Quartal 2025
Bundesdurchschnitt
inkl. 19% MwSt.

9700-0020 Kolumbarium*

BRI 224 m³ **BGF** 49 m² **NUF** 33 m²

Kolumbarium mit 322 Urnenplätzen. Stb-Konstruktion.

Land: Nordrhein-Westfalen
Kreis: Rheinisch-Bergischer Kreis
Standard: mittel
Bauzeit: 48 Wochen
Kennwerte: bis 1. Ebene DIN 276

BGF 8.914 €/m² *

Planung: Architekturbüro Dipl.-Ing. Dagmar Ditzer; Bergisch Gladbach

veröffentlicht: BKI Objektdaten N13
* Nicht in der Auswertung enthalten

9700-0018 Aussegnungshalle

BRI 707 m³ **BGF** 157 m² **NUF** 132 m²

Aussegnungshalle mit 100 Sitzplätzen. Mauerwerksbau.

Land: Nordrhein-Westfalen
Kreis: Gütersloh
Standard: mittel
Bauzeit: 35 Wochen
Kennwerte: bis 1. Ebene DIN 276

BGF 2.796 €/m²

Planung: Nopto Architekt; Herzebrock-Clarholz

veröffentlicht: BKI Objektdaten N11

9700-0016 Friedhofshalle, Aufbahrungshaus

BRI 1.413 m³ **BGF** 235 m² **NUF** 196 m²

Friedhofshalle (80 Sitzplätze), Aufbahrungshaus mit zwei Aufbahrungsräumen. Mauerwerksbau.

Land: Baden-Württemberg
Kreis: Lörrach
Standard: mittel
Bauzeit: 43 Wochen
Kennwerte: bis 1. Ebene DIN 276

BGF 3.826 €/m²

Planung: Böttcher & Riesterer Architekten Partnerschaft; Efringen-Kirchen

veröffentlicht: BKI Objektdaten N11

9700-0015 Trauerhalle

BRI 1.091 m³ **BGF** 192 m² **NUF** 174 m²

Trauerhalle mit ca. 80 Sitzplätzen und 40 Stehplätzen. Holzrahmenbau.

Land: Thüringen
Kreis: Wartburgkreis
Standard: mittel
Bauzeit: 43 Wochen
Kennwerte: bis 1. Ebene DIN 276

BGF 2.922 €/m²

Planung: Lehrmann & Partner GbR Architekten und Ingenieure; Schmerbach

veröffentlicht: BKI Objektdaten N10

9700-0014 Kolumbarium*

BRI 515 m³ | **BGF** 62 m² | **NUF** 56 m²

Kolumbarium (Gebäude für Urnenaufstellung). Ort des Abschieds und der Einkehr. Stb-Fertigteile.

Land: Mecklenburg-Vorpommern
Kreis: Rostock
Standard: hoch
Bauzeit: 22 Wochen
Kennwerte: bis 1. Ebene DIN 276

BGF 15.234 €/m²

Planung: HASS+BRIESE Architekten BG Freier Architekten; Rostock

veröffentlicht: BKI Objektdaten N10
* Nicht in der Auswertung enthalten

9700-0013 Bestattungsgebäude, Trauerhaus

BRI 1.045 m³ | **BGF** 216 m² | **NUF** 179 m²

Christliches Trauerhaus. Stahlbau.

Land: Nordrhein-Westfalen
Kreis: Recklinghausen
Standard: mittel
Bauzeit: 17 Wochen
Kennwerte: bis 1. Ebene DIN 276

BGF 2.681 €/m²

Planung: Dipl.-Ing. Rainer Steinke Architekt BDA; Herten

veröffentlicht: BKI Objektdaten N10

9700-0012 Friedhofshalle

BRI 4.400 m³ | **BGF** 1.077 m² | **NUF** 702 m²

Aussegnungshalle, Andachtsraum mit 210 Sitzplätzen, Aufbahrungszellen (6St), Nebenräume. Stb-Konstruktion; Holzdachkonstruktion.

Land: Baden-Württemberg
Kreis: Tuttlingen
Standard: mittel
Bauzeit: 78 Wochen
Kennwerte: bis 1. Ebene DIN 276

BGF 2.611 €/m²

Planung: Muffler Architekten Freie Architekten BDA / DWB; Tuttlingen

veröffentlicht: www.bki.de

9700-0008 Aufbahrungshalle

BRI 301 m³ | **BGF** 86 m² | **NUF** 67 m²

Aufbahrungshalle. Stb-Konstruktion, Holzdachstuhl.

Land: Baden-Württemberg
Kreis: Esslingen
Standard: mittel
Bauzeit: 22 Wochen
Kennwerte: bis 3. Ebene DIN 276

BGF 2.770 €/m²

Planung: Gregor Dahlmann Dipl.-Ing. (FH) Freier Architekt; Stuttgart

veröffentlicht: www.bki.de

€/m² BGF

min	1.565	€/m²
von	2.630	€/m²
Mittel	**3.610**	**€/m²**
bis	4.780	€/m²
max	5.440	€/m²

Kosten:
Stand 1.Quartal 2025
Bundesdurchschnitt
inkl. 19% MwSt.

Objektübersicht zur Gebäudeart

9700-0007 Friedhofsgebäude* — **BRI** 361 m³ **BGF** 83 m² **NUF** 75 m²

© Architekt Jean-Elie Hamesse

Versammlungsraum für Trauerfeiern. Mauerwerksbau.

Land: Sachsen-Anhalt
Kreis: Harz
Standard: einfach
Bauzeit: 30 Wochen
Kennwerte: bis 1. Ebene DIN 276

BGF 1.532 €/m²

Planung: Jean-Elie Hamesse Architekt + Planer; Braunschweig

veröffentlicht: www.bki.de
* Nicht in der Auswertung enthalten

9700-0005 Friedhofskapelle — **BRI** 1.140 m³ **BGF** 269 m² **NUF** 197 m²

© Miele + Rabe Architekten

Atrium, Kapelle, drei Leichenzellen, Nebenräume. Mauerwerksbau.

Land: Nordrhein-Westfalen
Kreis: Essen, Stadt
Standard: hoch
Bauzeit: 43 Wochen
Kennwerte: bis 1. Ebene DIN 276

BGF 3.638 €/m²

Planung: Miele + Rabe Dipl.-Ing. Architekten AKNW; Hagen-Hohenlimburg

veröffentlicht: www.bki.de

9700-0004 Friedhofskapelle, Aussegnungshalle — **BRI** 1.176 m³ **BGF** 177 m² **NUF** 134 m²

© Willi Räke Architekt

Aussegnungshalle, Aufbewahrungsräume, Aufenthaltsräume für Angehörige. Mauerwerksbau.

Land: Niedersachsen
Kreis: Osterholz
Standard: mittel
Bauzeit: 43 Wochen
Kennwerte: bis 1. Ebene DIN 276

BGF 3.222 €/m²

Planung: Willi Räke Dipl.-Ing. Architekt; Bremen

veröffentlicht: www.bki.de

9700-0003 Dörfliches Friedhofsgebäude — **BRI** 877 m³ **BGF** 174 m² **NUF** 98 m²

© Erika Sulzer-Kleinemeier

Einfaches dörfliches Friedhofsgebäude, nicht unterkellert; Versammlungsraum, Aufbahrungsraum mit Leichenkühlzelle, Umkleideraum für Pfarrer, Geräteraum, Chemikalientoilette, geringe technische Ausstattung, Rohbau als Selbstbau der Dorfbewohner. Mauerwerksbau.

Land: Rheinland-Pfalz
Kreis: Südliche Weinstraße
Standard: einfach
Bauzeit: 91 Wochen
Kennwerte: bis 2. Ebene DIN 276

BGF 1.564 €/m²

Planung: k. A.

veröffentlicht: www.bki.de

9700-0002 Friedhofsgebäude

BRI 3.528 m³ **BGF** 808 m² **NUF** 498 m²

Planung: k. A.

Leichenhalle mit vier Sargzellen, Einsegnungshalle mit 97 Sitzplätzen. Stahlbetonbau.

Land: Baden-Württemberg
Kreis: Heilbronn
Standard: hoch
Bauzeit: 39 Wochen
Kennwerte: bis 2. Ebene DIN 276

BGF **3.209 €/m²**

veröffentlicht: www.bki.de

Erläuterung

Die BKI-NHK 2025 wurden auf Anregung aus der Bewertungspraxis speziell für die Belange der Beleihungswertermittlung entwickelt. Untersuchungen zeigen, dass Bewertungen auf Basis NHK 2010 im Vergleich zu Bewertungen mit aktuellen BKI Kostenkennwerten zu häufig erheblichen Abweichungen führen.

Die BKI-NHK basieren auf der Auswertung realer, abgerechneter Neubauten aus der BKI Neubau Datenbanken. Diese wurden den Gebäudetypen nach NHK zugeordnet und ausgewertet. Die Gliederung und die Strukturen entsprechen daher weitgehend der gewohnten NHK Darstellung.

Für die Gebäudetypen 1-3 sind neben den empirischen Daten zur Feingliederung auch Faktoren zur Bildung unterschiedlicher Standards, Gebäudetypen mit nicht ausgebautem Dach und Gebäudetypen mit Flachdach erforderlich.

Die Faktoren zur Bildung der Standardstufen der Gebäudetypen 1-3 beruhen auf einer Analyse der NHK 2010 Faktoren. Diese wurden überprüft, für brauchbar befunden und für BKI NHK angewendet.

Die Bildung von Faktoren zur Differenzierung in nicht ausgebaute Dachgeschosse und Flachdachtypen wurden auf Grundlage von Analysen entsprechender Gebäuden aus der BKI Neubau Datenbanken vorgenommen.

Für die Gebäudetypen 1-3 wurden die Kosten besonderer Bauteile untersucht und in Abzug gebracht. Kosten besonderer Bauteile (Terrassen, Balkone, Vordächer u. ä.) sind bei diesen Gebäudetypen daher gesondert zu berechnen. Bei den übrigen Gebäudetypen sind bei den BKI Objekten besondere Bauteile nicht in einem relevanten Anteil enthalten.

Die Baunebenkosten enthalten Honorare (KG 730) und Gebühren (KG 771) im üblichen Umfang. Zur Berechnung des BKI-NHK Honoraranteils wurde vom Basishonorarsatz der geringstmöglichen Honorarzone (nach HOAI 2021) ausgegangen.

Die BKI-NHK erscheinen jährlich in Verbindung mit der Fachbuchreihe BKI Baukosten Neubau. Sie beinhalten dann auch die jeweils zu den Datenbanken neu hinzugekommen Neubau-Objekte. Durch die jährliche Überarbeitung, Anpassung und Veröffentlichung ist eine ständige Aktualität der Daten gewährleistet.

Dachgeschoss, voll ausgebaut

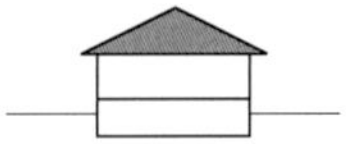

Dachgeschoss, voll ausgebaut

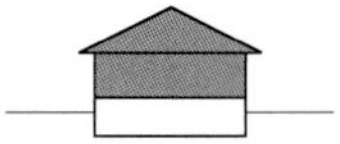

Keller-, Erdgeschoss		Standardstufe				
		1	2	3	4	5
1.01	freistehende Einfamilienhäuser	1.795	1.995	2.300	2.755	3.460
2.01	Doppel- und Reihenendhäuser	1.470	1.635	1.885	2.255	2.835
3.01	Reihenmittelhäuser	1.230	1.370	1.580	1.890	2.375

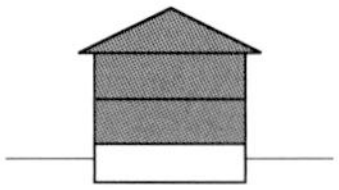

Keller-, Erd-, Obergeschoss		Standardstufe				
		1	2	3	4	5
1.11	freistehende Einfamilienhäuser	1.745	1.940	2.235	2.680	3.370
2.11	Doppel- und Reihenendhäuser	1.550	1.725	1.985	2.380	2.990
3.11	Reihenmittelhäuser	1.420	1.580	1.820	2.180	2.740

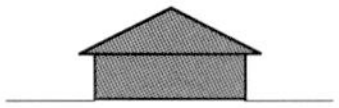

Erdgeschoss, nicht unterkellert		Standardstufe				
		1	2	3	4	5
1.21	freistehende Einfamilienhäuser	1.970	2.190	2.520	3.020	3.795
2.21	Doppel- und Reihenendhäuser	1.515	1.685	1.940	2.325	2.925
3.21	Reihenmittelhäuser	1.520	1.690	1.950	2.335	2.935

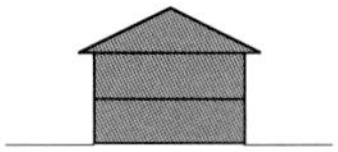

Erd-, Obergeschoss, nicht unterkellert		Standardstufe				
		1	2	3	4	5
1.31	freistehende Einfamilienhäuser	1.790	1.995	2.295	2.750	3.455
2.31	Doppel- und Reihenendhäuser	1.490	1.660	1.910	2.290	2.880
3.31	Reihenmittelhäuser	1.535	1.705	1.965	2.355	2.960

Dachgeschoss, nicht ausgebaut

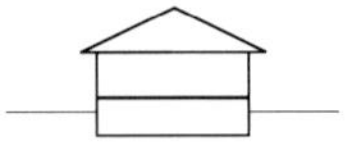

Dachgeschoss, nicht ausgebaut

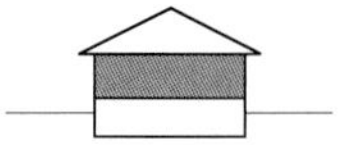

Keller-, Erdgeschoss		Standardstufe				
		1	2	3	4	5
1.02	freistehende Einfamilienhäuser	1.595	1.775	2.045	2.450	3.080
2.02	Doppel- und Reihenendhäuser	1.310	1.455	1.675	2.010	2.525
3.02	Reihenmittelhäuser	1.095	1.220	1.405	1.685	2.115

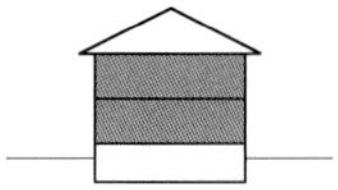

Keller-, Erd-, Obergeschoss		Standardstufe				
		1	2	3	4	5
1.12	freistehende Einfamilienhäuser	1.640	1.825	2.105	2.520	3.165
2.12	Doppel- und Reihenendhäuser	1.455	1.620	1.870	2.235	2.810
3.12	Reihenmittelhäuser	1.335	1.485	1.710	2.050	2.575

Erdgeschoss, nicht unterkellert		Standardstufe				
		1	2	3	4	5
1.22	freistehende Einfamilienhäuser	1.690	1.885	2.170	2.600	3.265
2.22	Doppel- und Reihenendhäuser	1.305	1.450	1.670	2.000	2.515
3.22	Reihenmittelhäuser	1.310	1.455	1.675	2.010	2.525

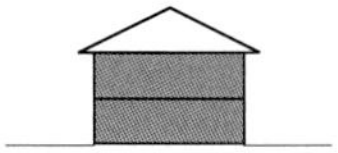

Erd-, Obergeschoss, nicht unterkellert		Standardstufe				
		1	2	3	4	5
1.32	freistehende Einfamilienhäuser	1.665	1.855	2.135	2.560	3.215
2.32	Doppel- und Reihenendhäuser	1.385	1.545	1.780	2.130	2.675
3.32	Reihenmittelhäuser	1.425	1.585	1.825	2.190	2.750

Kostenstand: 1.Quartal 2025, Bundesdurchschnitt, **inkl. 19% MwSt.**

Flachdach oder flach geneigtes Dach

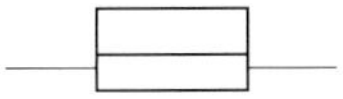

Flachdach oder flach geneigtes Dach

Keller-, Erdgeschoss		Standardstufe				
		1	2	3	4	5
1.03	freistehende Einfamilienhäuser	1.750	1.945	2.245	2.685	3.375
2.03	Doppel- und Reihenendhäuser	1.460	1.625	1.875	2.245	2.820
3.03	Reihenmittelhäuser	1.250	1.395	1.605	1.920	2.415

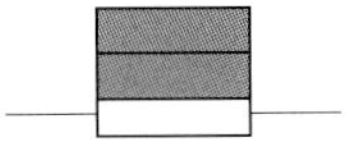

Keller-, Erd-, Obergeschoss		Standardstufe				
		1	2	3	4	5
1.13	freistehende Einfamilienhäuser	1.735	1.930	2.225	2.665	3.350
2.13	Doppel- und Reihenendhäuser	1.555	1.730	1.990	2.385	3.000
3.13	Reihenmittelhäuser	1.435	1.595	1.835	2.200	2.765

Erdgeschoss, nicht unterkellert		Standardstufe				
		1	2	3	4	5
1.23	freistehende Einfamilienhäuser	1.990	2.215	2.550	3.055	3.840
2.23	Doppel- und Reihenendhäuser	1.605	1.785	2.055	2.460	3.095
3.23	Reihenmittelhäuser	1.610	1.795	2.065	2.475	3.110

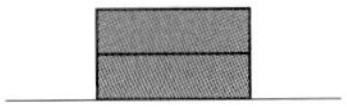

Erd-, Obergeschoss, nicht unterkellert		Standardstufe				
		1	2	3	4	5
1.33	freistehende Einfamilienhäuser	1.810	2.015	2.325	2.780	3.495
2.33	Doppel- und Reihenendhäuser	1.520	1.690	1.950	2.335	2.935
3.33	Reihenmittelhäuser	1.575	1.750	2.020	2.415	3.035

Einschl. Baunebenkosten i.H.v. 21%

4 Mehrfamilienhäuser		Standardstufe		
		3	4	5
4.1	Mehrfamilienhäuser mit bis zu 6 WE	1.555	2.390	2.710
4.2	Mehrfamilienhäuser mit 7 bis 20 WE	1.695	2.215	2.575
4.3	Mehrfamilienhäuser mit mehr als 20 WE	1.785	2.265	2.640

Einschl. Baunebenkosten i.H.v. 22%

5 Wohnhäuser mit Mischnutzung, Banken / Geschäftshäuser		Standardstufe		
		3	4	5
5.1	Wohnhäuser mit Mischnutzung	2.050	2.550	3.300
5.2	Banken und Geschäftshäuser mit Wohnungen	2.415	2.920	3.715
5.3	Banken und Geschäftshäuser ohne Wohnungen	2.535	3.190	4.145

Einschl. Baunebenkosten i.H.v. 23%

6 Bürogebäude		Standardstufe		
		3	4	5
6.1	Bürogebäude, Massivbau	2.240	3.145	4.280
6.2	Bürogebäude, Stahlbetonskelettbau	2.995	3.685	4.480

Einschl. Baunebenkosten i.H.v. 22%

7 Gemeindezentren, Saalbauten / Veranstaltungsgebäude		Standardstufe		
		3	4	5
7.1	Gemeindezentren	2.590	3.980	4.330
7.2	Saalbauten / Veranstaltungsgebäude	3.320	4.120	5.460

Einschl. Baunebenkosten i.H.v. 26% für 7.1 und 22% für 7.2

8 Kindergärten / Schulen		Standardstufe		
		3	4	5
8.1	Kindergärten	3.075	3.490	3.910
8.2	Allgemeinbildende Schulen, Berufsbildende Schulen	2.825	3.490	4.425
8.3	Sonderschulen	3.000	3.500	4.260

Einschl. Baunebenkosten i.H.v. 22% für 8.1 und 23% für 8.2 bis 8.3

9 Wohnheime, Alten- / Pflegeheime		Standardstufe		
		3	4	5
9.1	Wohnheime / Internate	2.435	2.975	3.795
9.2	Alten- / Pflegeheime	2.530	3.225	4.335

Einschl. Baunebenkosten i.H.v. 22%

10 Krankenhäuser, Tageskliniken		Standardstufe		
		3	4	5
10.1	Krankenhäuser / Kliniken	2.980	3.550	4.015
10.2	Tageskliniken / Ärztehäuser	2.725	3.660	4.495

Einschl. Baunebenkosten i.H.v. 24%

11 Beherbergungsstätten, Verpflegungseinrichtungen		Standardstufe		
		3	4	5
11.1	Hotels	2.865	3.370	4.075

Einschl. Baunebenkosten i.H.v. 22%

12 Sporthallen, Freizeitbäder / Heilbäder		Standardstufe		
		3	4	5
12.1	Sporthallen (Einfeldhallen)	2.955	3.510	4.325
12.2	Sporthallen (Dreifeldhallen / Mehrfeldhallen)	2.375	3.265	3.895
12.3	Tennishallen	1.335	2.030	2.230
12.4	Freizeitbäder / Heilbäder	4.380	5.000	5.685

Einschl. Baunebenkosten i.H.v. 22% für 12.1, 23% für 12.2, 21% für 12.3 und 26% für 12.4

13 Verbrauchermärkte, Kauf- / Warenhäuser, Autohäuser		Standardstufe		
		3	4	5
13.1	Verbrauchermärkte	1.770	2.280	2.890
13.2	Kauf-/ Warenhäuser	3.170	3.780	4.900
13.3	Autohäuser ohne Werkstatt	1.300	2.105	2.750

Einschl. Baunebenkosten i.H.v. 21% für 13.1. 24% für 13.2 und 23% für 13.3

14 Garagen		Standardstufe		
		3	4	5
14.1	Einzelgaragen / Mehrfachgaragen	680	1.050	1.390
14.2	Hochgaragen	775	1.075	1.325
14.3	Tiefgaragen	1.065	1.380	1.595
14.4	Nutzfahrzeuggaragen	1.050	1.630	2.705

Einschl. Baunebenkosten i.H.v. 15% für 14.1, 20% für 14.2 bis 14.4

15 Betriebs- / Werkstätten, Produktionsgebäude		Standardstufe		
		3	4	5
15.1	Betriebs-/Werkstätten, eingeschossig	2.290	2.985	4.045
15.2	Betriebs-/Werkstätten, mehrgeschossig, ohne Hallenanteil	1.975	2.690	3.990
15.3	Betriebs-/Werkstätten, mehrgeschossig, hoher Hallenanteil	1.640	2.125	2.985
15.4	Industrielle Produktionsgebäude, Massivbauweise	1.745	2.330	2.805
15.5	Industrielle Produktionsgebäude, überwiegend Skelettbauweise	1.945	2.605	3.805

Einschl. Baunebenkosten i.H.v. 23%

16 Lagergebäude		Standardstufe		
		3	4	5
16.1	Lagergebäude ohne Mischnutzung, Kaltlager	835	1.560	2.130
16.2	Lagergebäude mit bis zu 25% Mischnutzung	1.195	1.580	2.020
16.3	Lagergebäude mit mehr als 25% Mischnutzung	1.510	2.230	2.590

Einschl. Baunebenkosten i.H.v. 20% für 16.1, 19% für 16.2 und 20% für 16.3

17 Sonstige Gebäude		Standardstufe		
		3	4	5
17.1	Museen	4.120	5.665	8.020
17.2	Theater	4.185	5.320	6.980
17.3	Sakralbauten	4.505	5.455	9.480
17.4	Friedhofsgebäude	3.035	4.300	5.900

Einschl. Baunebenkosten i.H.v. 23% für 17.1, 25% für 17.2, 24% für 17.3 und 28% für 17.4

Anhang

Regionalfaktoren

Regionalfaktoren Deutschland

Diese Faktoren geben Aufschluss darüber, inwieweit die Baukosten in einer bestimmten Region Deutschlands teurer oder günstiger liegen als im Bundesdurchschnitt. Sie können dazu verwendet werden, die BKI Baukosten an das besondere Baupreisniveau einer Region anzupassen.
Hinweis: Alle Angaben wurden durch Untersuchungen des BKI weitgehend verifiziert. Dennoch können Abweichungen zu den angegebenen Werten entstehen. In Grenznähe zu einem Land-/Stadtkreis mit anderen Baupreisfaktoren sollte dessen Baupreisniveau mit berücksichtigt werden, da die Übergänge zwischen den Land-/Stadtkreisen fließend sind. Die Besonderheiten des Einzelfalls können ebenfalls zu Abweichungen führen.
Für die größeren Inseln Deutschlands wurden separate Regionalfaktoren ermittelt. Dazu wurde der zugehörige Landkreis in Festland und Inseln unterteilt. Alle Inseln eines Landkreises erhalten durch dieses Verfahren den gleichen Regionalfaktor. Der Regionalfaktor des Festlandes erhält keine Inseln mehr und ist daher gegenüber früheren Ausgaben verringert.

Land- / Stadtkreis / Insel	Bundeskorrekturfaktor
Aachen, Städteregion	0,935
Ahrweiler	0,985
Aichach-Friedberg	1,085
Alb-Donau-Kreis	1,040
Altenburger Land	0,881
Altenkirchen (Westerwald)	1,009
Altmarkkreis Salzwedel	0,855
Altötting	1,009
Alzey-Worms	0,942
Amberg, Stadt	1,075
Amberg-Sulzbach	1,023
Ammerland	0,823
Amrum, Insel	1,278
Anhalt-Bitterfeld	0,833
Ansbach	1,080
Ansbach, Stadt	1,108
Aschaffenburg	1,103
Aschaffenburg, Stadt	1,047
Augsburg	1,049
Augsburg, Stadt	1,239
Aurich, Festlandanteil	0,732
Aurich, Inselanteil	1,201
Bad Dürkheim	1,005
Bad Kissingen	1,064
Bad Kreuznach	0,972
Bad Tölz-Wolfratshausen	1,225
Baden-Baden, Stadtkreis	1,039
Baltrum, Insel	1,201
Bamberg	1,078
Bamberg, Stadt	1,170
Barnim	0,859
Bautzen	0,889
Bayreuth	1,080
Bayreuth, Stadt	1,011
Berchtesgadener Land	1,100
Bergstraße	1,002
Berlin, Stadt	1,128
Bernkastel-Wittlich	1,070
Biberach	1,052
Bielefeld, Stadt	0,836
Birkenfeld	1,053
Bochum, Stadt	0,894
Bodenseekreis	0,969
Bonn, Stadt	0,918
Borken	0,918
Borkum, Insel	1,099
Bottrop, Stadt	0,826
Brandenburg an der Havel, Stadt	1,022
Braunschweig, Stadt	0,697
Breisgau-Hochschwarzwald	1,088
Bremen, Stadt	0,937
Bremerhaven, Stadt	0,914
Burgenlandkreis	0,894
Böblingen	1,127
Börde	0,867
Calw	1,030
Celle	0,876
Cham	0,872
Chemnitz, Stadt	0,850
Cloppenburg	0,759
Coburg	1,027
Coburg, Stadt	1,098
Cochem-Zell	1,035
Coesfeld	0,921
Cottbus, Stadt	0,971
Cuxhaven	0,773
Dachau	1,227
Dahme-Spreewald	0,930
Darmstadt, Stadt	1,025
Darmstadt-Dieburg	0,979
Deggendorf	1,004

Delmenhorst, Stadt 0,797
Dessau-Roßlau, Stadt 0,854
Diepholz 0,798
Dillingen a.d.Donau 1,058
Dingolfing-Landau 0,972
Dithmarschen 1,063
Donau-Ries 1,031
Donnersbergkreis 0,957
Dortmund, Stadt 0,770
Dresden, Stadt 0,940
Duisburg, Stadt 0,953
Düren 0,955
Düsseldorf, Stadt 0,940

Ebersberg 1,309
Eichsfeld 0,931
Eichstätt 1,056
Eifelkreis Bitburg-Prüm 1,002
Elbe-Elster 0,899
Emden, Stadt 0,670
Emmendingen 1,117
Emsland 0,819
Ennepe-Ruhr-Kreis 0,884
Enzkreis 1,044
Erding 1,132
Erfurt, Stadt 0,902
Erlangen, Stadt 1,137
Erlangen-Höchstadt 1,022
Erzgebirgskreis 0,912
Essen, Stadt 0,871
Esslingen 0,989
Euskirchen 0,889

Fehmarn, Insel 1,171
Flensburg, Stadt 0,797
Forchheim 1,124
Frankenthal (Pfalz), Stadt 0,881
Frankfurt (Oder), Stadt 0,907
Frankfurt am Main, Stadt 0,981
Freiburg im Breisgau, Stadtkreis 1,166
Freising 1,054
Freudenstadt 1,017
Freyung-Grafenau 1,018
Friesland, Festlandanteil 0,810
Friesland, Inselanteil 1,408
Fulda 1,017
Föhr, Insel 1,278
Fürstenfeldbruck 1,218
Fürth 1,045
Fürth, Stadt 1,053

Garmisch-Partenkirchen 1,212
Gelsenkirchen, Stadt 0,854
Gera, Stadt 0,938
Germersheim 1,021
Gießen 0,964
Gifhorn 0,834
Goslar 0,796
Gotha 0,880
Grafschaft Bentheim 0,817
Greiz 0,922
Groß-Gerau 1,015
Göppingen 1,009
Görlitz 0,893
Göttingen 0,902
Günzburg 1,042
Gütersloh 0,905

Hagen, Stadt 0,864
Halle (Saale), Stadt 0,729
Hamburg, Freie und Hansestadt 1,112
Hameln-Pyrmont 0,819
Hamm, Stadt 0,893
Hannover, Region 0,900
Harburg 0,951
Harz 0,816
Havelland 1,006
Haßberge 1,095
Heidekreis 0,881
Heidelberg, Stadtkreis 1,092
Heidenheim 1,001
Heilbronn 0,990
Heilbronn, Stadtkreis 0,990
Heinsberg 0,953
Helgoland, Insel 1,409
Helmstedt 0,854
Herford 0,863
Herne, Stadt 0,951
Hersfeld-Rotenburg 1,001
Herzogtum Lauenburg 0,952
Hiddensee, Insel 1,121
Hildburghausen 0,863
Hildesheim 0,820
Hochsauerlandkreis 0,922
Hochtaunuskreis 1,025
Hof 1,074
Hof, Stadt 1,101
Hohenlohekreis 1,030
Holzminden 0,782
Höxter 0,902

Ilm-Kreis 0,893
Ingolstadt, Stadt 1,109

Jena, Stadt 1,046
Jerichower Land 0,862
Juist, Insel 1,201

Kaiserslautern	0,933
Kaiserslautern, Stadt	0,973
Karlsruhe	0,961
Karlsruhe, Stadtkreis	1,102
Kassel	1,033
Kassel, Stadt	0,946
Kaufbeuren	1,114
Kelheim	1,019
Kempten (Allgäu)	1,112
Kiel, Stadt	1,161
Kitzingen	1,027
Kleve	0,914
Koblenz, Stadt	0,875
Konstanz	1,052
Krefeld, Stadt	0,841
Kronach	1,146
Kulmbach	1,096
Kusel	0,933
Kyffhäuserkreis	0,860
Köln, Stadt	0,917
Lahn-Dill-Kreis	1,023
Landau in der Pfalz, Stadt	0,984
Landsberg am Lech	1,108
Landshut	0,995
Landshut, Stadt	1,075
Langeoog, Insel	1,073
Leer, Festlandanteil	0,744
Leer, Inselanteil	1,099
Leipzig	0,978
Leipzig, Stadt	0,820
Leverkusen, Stadt	0,848
Lichtenfels	1,053
Limburg-Weilburg	0,961
Lindau (Bodensee)	1,090
Lippe	0,886
Ludwigsburg	1,088
Ludwigshafen am Rhein, Stadt	1,053
Ludwigslust-Parchim	0,925
Lörrach	1,022
Lübeck, Hansestadt	0,934
Lüchow-Dannenberg	0,867
Lüneburg	0,893
Magdeburg, Stadt	0,884
Main-Kinzig-Kreis	0,996
Main-Spessart	1,074
Main-Tauber-Kreis	1,015
Main-Taunus-Kreis	0,984
Mainz, Stadt	0,986
Mainz-Bingen	1,006
Mannheim, Stadtkreis	1,073
Mansfeld-Südharz	0,898
Marburg-Biedenkopf	0,985
Mayen-Koblenz	0,989
Mecklenburgische Seenplatte	0,915
Meißen	0,913
Memmingen	1,044
Merzig-Wadern	0,943
Mettmann	0,902
Miesbach	1,271
Miltenberg	1,128
Minden-Lübbecke	0,826
Mittelsachsen	0,925
Märkisch-Oderland	0,908
Märkischer Kreis	0,906
Mönchengladbach, Stadt	0,913
Mühldorf a.Inn	1,025
Mülheim an der Ruhr, Stadt	0,879
München	1,347
München, Stadt	1,502
Münster, Stadt	0,896
Neckar-Odenwald-Kreis	1,039
Neu-Ulm	1,083
Neuburg-Schrobenhausen	1,052
Neumarkt i.d.OPf.	0,961
Neumünster, Stadt	0,877
Neunkirchen	0,950
Neustadt a.d.Aisch-Bad Windsheim	1,088
Neustadt a.d.Waldnaab	1,026
Neustadt an der Weinstraße, Stadt	0,967
Neuwied	0,917
Nienburg (Weser)	0,777
Norderney, Insel	1,201
Nordfriesland, Festlandanteil	1,105
Nordfriesland, Inselanteil	1,278
Nordhausen	0,851
Nordsachsen	0,902
Nordwest-Mecklenburg, Inselanteil	1,219
Nordwestmecklenburg, Festlandanteil	0,964
Northeim	0,887
Nürnberg, Stadt	1,066
Nürnberger Land	1,120
Oberallgäu	1,070
Oberbergischer Kreis	0,869
Oberhausen, Stadt	0,871
Oberhavel	0,992
Oberspreewald-Lausitz	0,932
Odenwaldkreis	0,973
Oder-Spree	0,942
Offenbach	0,972
Offenbach am Main, Stadt	0,962
Oldenburg	0,849
Oldenburg (Oldb), Stadt	0,823
Olpe	0,986
Ortenaukreis	0,987

Osnabrück	0,855
Osnabrück, Stadt	0,799
Ostalbkreis	1,049
Ostallgäu	1,059
Osterholz	0,870
Ostholstein, Festlandanteil	0,919
Ostholstein, Inselanteil	1,171
Ostprignitz-Ruppin	0,917
Paderborn	0,910
Passau	0,948
Passau, Stadt	1,051
Peine	0,806
Pellworm, Insel	1,278
Pfaffenhofen a.d.Ilm	1,054
Pforzheim, Stadtkreis	1,008
Pinneberg, Festlandanteil	0,975
Pinneberg, Inselanteil	1,409
Pirmasens, Stadt	0,993
Plön	0,966
Poel, Insel	1,219
Potsdam, Stadt	1,063
Potsdam-Mittelmark	0,948
Prignitz	0,818
Rastatt	0,998
Ravensburg	1,004
Recklinghausen	0,854
Regen	0,937
Regensburg	1,005
Regensburg, Stadt	1,094
Rems-Murr-Kreis	1,048
Remscheid, Stadt	0,885
Rendsburg-Eckernförde	0,966
Reutlingen	1,018
Rhein-Erft-Kreis	0,905
Rhein-Hunsrück-Kreis	1,018
Rhein-Kreis Neuss	0,885
Rhein-Lahn-Kreis	1,048
Rhein-Neckar-Kreis	1,041
Rhein-Pfalz-Kreis	0,996
Rhein-Sieg-Kreis	0,970
Rheingau-Taunus-Kreis	1,050
Rheinisch-Bergischer Kreis	0,920
Rhön-Grabfeld	1,107
Rosenheim	1,229
Rosenheim, Stadt	1,199
Rostock	0,946
Rostock, Stadt	0,964
Rotenburg (Wümme)	0,763
Roth	1,116
Rottal-Inn	0,990
Rottweil	0,962
Rügen, Insel	1,121
Saale-Holzland-Kreis	0,872
Saale-Orla-Kreis	0,840
Saalekreis	0,866
Saalfeld-Rudolstadt	0,945
Saarbrücken, Regionalverband	0,951
Saarlouis	0,963
Saarpfalz-Kreis	0,976
Salzgitter, Stadt	0,809
Salzlandkreis	0,806
Schaumburg	0,781
Schleswig-Flensburg	0,882
Schmalkalden-Meiningen	0,983
Schwabach, Stadt	1,075
Schwalm-Eder-Kreis	0,984
Schwandorf	0,979
Schwarzwald-Baar-Kreis	0,936
Schweinfurt	1,119
Schweinfurt, Stadt	1,041
Schwerin, Stadt	1,100
Schwäbisch Hall	0,958
Segeberg	0,935
Siegen-Wittgenstein	0,932
Sigmaringen	1,012
Soest	0,873
Solingen, Stadt	0,889
Sonneberg	0,888
Speyer, Stadt	1,078
Spiekeroog, Insel	1,073
Spree-Neiße	0,735
St. Wendel	0,984
Stade	0,827
Starnberg	1,302
Steinburg	0,959
Steinfurt	0,879
Stendal	0,698
Stormarn	0,952
Straubing, Stadt	1,272
Straubing-Bogen	1,015
Stuttgart, Stadtkreis	1,108
Suhl, Stadt	0,826
Sylt, Insel	1,278
Sächsische Schweiz-Osterzgebirge	0,992
Sömmerda	0,912
Südliche Weinstraße	1,002
Südwestpfalz	0,999
Teltow-Fläming	0,936
Tirschenreuth	1,081
Traunstein	1,126
Trier, Stadt	1,101
Trier-Saarburg	1,106
Tuttlingen	1,018
Tübingen	1,064

Uckermark 0,922
Uelzen 0,844
Ulm, Stadtkreis 1,086
Unna 0,901
Unstrut-Hainich-Kreis 0,833
Unterallgäu 1,022
Usedom, Insel 1,061

Vechta 0,850
Verden 0,809
Viersen 0,930
Vogelsbergkreis 0,982
Vogtlandkreis 0,906
Vorpommern-Greifswald, Festlandanteil 0,999
Vorpommern-Greifswald, Inselanteil 1,061
Vorpommern-Rügen, Festlandanteil 0,932
Vorpommern-Rügen, Inselanteil 1,121
Vulkaneifel 0,974

Waldeck-Frankenberg 0,980
Waldshut 1,035
Wangerooge, Insel 1,408
Warendorf 0,898
Wartburgkreis 0,888
Weiden i.d.OPf., Stadt 1,052
Weilheim-Schongau 1,144
Weimar, Stadt 1,182
Weimarer Land 0,904
Weißenburg-Gunzenhausen 1,060
Werra-Meißner-Kreis 0,997
Wesel 0,938
Wesermarsch 0,830
Westerwaldkreis 1,010
Wetteraukreis 0,989
Wiesbaden, Stadt 0,968
Wilhelmshaven, Stadt 0,843
Wittenberg 0,773
Wittmund, Festlandanteil 0,763
Wittmund, Inselanteil 1,073
Wolfenbüttel 0,864
Wolfsburg, Stadt 0,851
Worms, Stadt 0,992
Wunsiedel i.Fichtelgebirge 1,077
Wuppertal, Stadt 0,847
Würzburg 1,127
Würzburg, Stadt 1,172

Zingst, Insel 1,121
Zollernalbkreis 1,013
Zweibrücken, Stadt 0,994
Zwickau 0,936

Regionalfaktoren Österreich

Bundesland	Korrekturfaktor
Burgenland	1,115
Kärnten	1,103
Niederösterreich	1,028
Oberösterreich	1,104
Salzburg	1,104
Steiermark	1,097
Tirol	1,019
Vorarlberg	1,069
Wien	1,095

Regionalfaktoren für den Europa-Raum

Land	Korrekturfaktor
Albanien	0,324
Belgien	0,640
Bosnien und Herzegowina	0,303
Bulgarien	0,415
Dänemark	0,848
Deutschland	1,000
Estland	0,511
Finnland	0,884
Frankreich	0,754
Griechenland	0,473
Irland	0,687
Island	0,833
Italien	0,571
Kroatien	0,341
Lettland	0,528
Litauen	0,476
Luxemburg	0,836
Malta	0,563
Mazedonien	0,336
Montenegro	0,370
Niederlande	0,810
Norwegen	0,889
Österreich	1,101
Polen	0,448
Portugal	0,458
Rumänien	0,367
Schweden	0,988
Schweiz	1,078
Serbien	0,383
Slowakei	0,497
Slowenien	0,452
Spanien	0,526
Tschechien	0,508
Türkei	0,320
Ungarn	0,442
Zypern	0,480